U0159331

"十三五"国家重点出版物出版规划项目

中 国 生 物 物 种 名 录

第二卷 动 物

昆虫(Ⅶ)

双翅目（3）Diptera (3)

短角亚目 蝇类（上册）　Cyclorrhaphous Brachycera（ⅰ）

杨 定　王孟卿　李文亮 等　编著

科学出版社
北 京

内 容 简 介

本书收录了中国双翅目短角亚目蝇类昆虫 15 总科 65 科 1309 属 9313 种。每一种的内容包括中文名、拉丁学名、异名、模式产地、国内分布和国外分布等主要信息，所有属均列出了模式种信息及异名。

本书可作为昆虫分类学、动物地理学和生物多样性研究的基础资料，也可作为植物保护、生物防治及相关专业高等院校师生的参考书。

图书在版编目（CIP）数据

中国生物物种名录. 第二卷, 动物. 昆虫. VII, 双翅目. 3, 短角亚目. 蝇类/杨定等编著. —北京：科学出版社，2020.12

"十二五"国家重点出版物出版规划项目 国家出版基金项目

ISBN 978-7-03-066942-1

I. ①中… II. ①杨… III. ①生物–物种–中国–名录 ②蝇科–物种–中国–名录 IV. ①Q152.2-62 ②Q969.453.8-62

中国版本图书馆 CIP 数据核字（2020）第 228574 号

责任编辑：王 静 马 俊 付 聪 侯彩霞 / 责任校对：郑金红
责任印制：徐晓晨 / 封面设计：刘新新

科 学 出 版 社 出版

北京东黄城根北街 16 号
邮政编码：100717
http://www.sciencep.com

北京虎彩文化传播有限公司 印刷
科学出版社发行 各地新华书店经销

＊

2020 年 12 月第 一 版 开本：889×1194 1/16
2020 年 12 月第一次印刷 印张：86 3/4
字数：3 061 000

定价：**680.00 元**（全两册）
（如有印装质量问题，我社负责调换）

Species Catalogue of China

Volume 2 Animals

INSECTA (VII)

Diptera (3): Cyclorrhaphous Brachycera (i)

Authors: Ding Yang　Mengqing Wang　Wenliang Li　*et al.*

Science Press

Beijing

《中国生物物种名录》编委会

主 任（主 编） 陈宜瑜

副主任（副主编） 洪德元 刘瑞玉 马克平 魏江春 郑光美

委 员（编 委）

卜文俊	南开大学	陈宜瑜	国家自然科学基金委员会
洪德元	中国科学院植物研究所	纪力强	中国科学院动物研究所
李 玉	吉林农业大学	李枢强	中国科学院动物研究所
李振宇	中国科学院植物研究所	刘瑞玉	中国科学院海洋研究所
马克平	中国科学院植物研究所	彭 华	中国科学院昆明植物研究所
覃海宁	中国科学院植物研究所	邵广昭	台湾"中研院"生物多样性研究中心
王跃招	中国科学院成都生物研究所	魏江春	中国科学院微生物研究所
夏念和	中国科学院华南植物园	杨 定	中国农业大学
杨奇森	中国科学院动物研究所	姚一建	中国科学院微生物研究所
张宪春	中国科学院植物研究所	张志翔	北京林业大学
郑光美	北京师范大学	郑儒永	中国科学院微生物研究所
周红章	中国科学院动物研究所	朱相云	中国科学院植物研究所
庄文颖	中国科学院微生物研究所		

工 作 组

组 长 马克平

副组长 纪力强 覃海宁 姚一建

成 员 韩 艳 纪力强 林聪田 刘忆南 马克平 覃海宁 王利松 魏铁铮
薛纳新 杨 柳 姚一建

本书编著委员会

主　任　　杨　定　王孟卿　李文亮

副主任　　薛万琦　陈宏伟　张春田　刘广纯　张文霞　霍科科　史　丽

编著者（以姓氏拼音为序）

曹祎可	陈宏伟	陈小琳	丁双玫	董　慧	董奇彪	董艳杰	杜　晶
韩少林	郝　博	侯　鹏	霍　姗	霍科科	李　新	李　竹	李文亮
李晓丽	李心钰	李轩昆	刘广纯	刘立群	刘晓艳	裴文娅	琪勒莫格
史　丽	苏立新	唐楚飞	王　亮	王　勇	王俊潮	王丽华	王孟卿
王明福	王心丽	吴　鸿	席玉强	肖文敏	谢　明	薛万琦	杨　定
杨金英	张　东	张春田	张俊华	张婷婷	张文霞	赵晨静	周嘉乐
周青霞	嵩　洪	James E. O'Hara	Stephen D. Gaimari				

编著者分工

尖翅蝇科　　董奇彪[1]　杨定[2]（1 内蒙古自治区植保植检站　呼和浩特 010010；2 中国农业大学植物保护学院　北京 100193）

蚤蝇科　　刘广纯（沈阳大学生命科学与工程学院　沈阳 110044）

扁足蝇科　　韩少林　杨定（中国农业大学植物保护学院　北京 100193）

头蝇科　　霍姗[1]　杨定[2]（1 北京市通州区林业保护站　北京 101100；2 中国农业大学植物保护学院　北京 100193）

蚜蝇科　　霍科科（陕西理工大学生物科学与工程学院　汉中 723001）

眼蝇科　　丁双玫　杨定（中国农业大学植物保护学院　北京 100193）

滨蝇科　　席玉强[1]　杨定[2]（1 河南农业大学植物保护学院　郑州 450003；2 中国农业大学植物保护学院　北京 100193）

鸟蝇科　　李晓丽　杨定（中国农业大学植物保护学院　北京 100193）

秆蝇科　　刘晓艳[1]　杨定[2]（1 华中农业大学植物科学技术学院　武汉 430070；2 中国农业大学植物保护学院　北京 100193）

叶蝇科　　席玉强[1]　杨定[2]（1 河南农业大学植物保护学院　郑州 450003；2 中国农业大学植物保护学院　北京 100193）

岸蝇科　　席玉强[1]　杨定[2]（1 河南农业大学植物保护学院　郑州 450003；2 中国农

业大学植物保护学院 北京 100193）

突眼蝇科 刘立群[1] 李新[2] 吴鸿[3] 周嘉乐[2] 杨定[2]（1 浙江省金华市林业局 金华 321000; 2 中国农业大学植物保护学院 北京 100193; 3 浙江农林大学林业与生物技术学院 杭州 311300）

棘股蝇科 琪勒莫格[1] 杨定[2]（1 包头师范学院生物科学与技术学院 包头 014030; 2 中国农业大学植物保护学院 北京 100193）

幻蝇科 琪勒莫格[1] 杨定[2]（1 包头师范学院生物科学与技术学院 包头 014030; 2 中国农业大学植物保护学院 北京 100193）

茎蝇科 唐楚飞[1,2] 王心丽[2] 周嘉乐[2] 杨定[2]（1 江苏省农业科学院休闲农业研究所 南京 210014; 2 中国农业大学植物保护学院 北京 100193）

圆目蝇科 琪勒莫格[1] 王心丽[2] 周嘉乐[2] 杨定[2]（1 包头师范学院生物科学与技术学院 包头 014030; 2 中国农业大学植物保护学院 北京 100193）

水蝇科 张俊华[1] 王亮[2] 杨定[2]（1 中国检验检疫科学研究院 北京 100176; 2 中国农业大学植物保护学院 北京 100193）

细果蝇科 周青霞 杨定（中国农业大学植物保护学院 北京 100193）

果蝇科 张文霞[1] 陈宏伟[2]（1 北京大学生命科学学院 北京 100871; 2 华南农业大学农学院 广州 510642）

蜂蝇科 赵晨静[1] 杨定[2]（1 太原师范学院 晋中 030619; 2 中国农业大学植物保护学院 北京 100193）

隐芒蝇科 席玉强[1] 杨定[2]（1 河南农业大学植物保护学院 郑州 450003; 2 中国农业大学植物保护学院 北京 100193）

卡密蝇科 周青霞 杨定（中国农业大学植物保护学院 北京 100193）

拟果蝇科 曹祎可 杨定（中国农业大学植物保护学院 北京 100193）

甲蝇科 杨金英[1] 李新[2] 杨定[2]（1 中华人民共和国贵阳海关 贵阳 550002; 2 中国农业大学植物保护学院 北京 100193）

斑腹蝇科 王孟卿[1,2] Stephen D. Gaimari[2] 谢明[1]（1 中国农业科学院植物保护研究所 北京 100193; 2 Plant Pest Diagnostics Center, California Department of Food and Agriculture, California, 95832, USA）

缟蝇科 李文亮[1] 史丽[2] 王俊潮[3] 杨定[3]（1 河南科技大学园艺与植物保护学院 洛阳 471023; 2 内蒙古农业大学农学院 呼和浩特 010019; 3 中国农业大学植物保护学院 北京 100193）

燕蝇科 琪勒莫格[1] 杨定[2]（1 包头师范学院生物科学与技术学院 包头 014030; 2 中国农业大学植物保护学院 北京 100193）

瘦足蝇科 李轩昆[1,2] 杨定[3]［1 Australian National Insect Collection (CSIRO), Canberra 2601; 2 Research School of Biology, Australian National University, Canberra

2601；3 中国农业大学植物保护学院 北京 100193]

指角蝇科　李轩昆[1,2] 杨定[3] [1 Australian National Insect Collection (CSIRO), Canberra 2601；2 Research School of Biology, Australian National University, Canberra 2601；3 中国农业大学植物保护学院 北京 100193]

潜蝇科　陈小琳 王勇（中国科学院动物研究所 北京 100101）

小花蝇科　肖文敏 杨定（中国农业大学植物保护学院 北京 100193）

寡脉蝇科　王亮 杨定（中国农业大学植物保护学院 北京 100193）

腐木蝇科　席玉强[1] 杨定[2]（1 河南农业大学植物保护学院 郑州 450003；2 中国农业大学植物保护学院 北京 100193）

刺股蝇科　琪勒莫格[1] 杨定[2]（1 包头师范学院生物科学与技术学院 包头 014030；2 中国农业大学植物保护学院 北京 100193）

树创蝇科　李晓丽 杨定（中国农业大学植物保护学院 北京 100193）

禾蝇科　王亮 杨定（中国农业大学植物保护学院 北京 100193）

树洞蝇科　肖文敏 杨定（中国农业大学植物保护学院 北京 100193）

奇蝇科　王亮 杨定（中国农业大学植物保护学院 北京 100193）

萤蝇科　肖文敏 杨定（中国农业大学植物保护学院 北京 100193）

鳖蝇科　肖文敏 杨定（中国农业大学植物保护学院 北京 100193）

沼蝇科　李竹[1] 杨定[2]（1 北京自然博物馆 北京 100050；2 中国农业大学植物保护学院 北京 100193）

鼓翅蝇科　李轩昆[1,2] 杨定[3] [1 Australian National Insect Collection (CSIRO), Canberra 2601；2 Research School of Biology, Australian National University, Canberra 2601；3 中国农业大学植物保护学院 北京 100193]

液蝇科　曹祎可 肖文敏 杨定（中国农业大学植物保护学院 北京 100193）

日蝇科　赵晨静[1] 杨定[2]（1 太原师范学院 晋中 030619；2 中国农业大学植物保护学院 北京 100193）

小粪蝇科　董慧[1] 苏立新[2] 杨定[3]（1 深圳市中国科学院仙湖植物园 深圳 518004；2 沈阳师范大学生命科学学院 沈阳 110034；3 中国农业大学植物保护学院 北京 100193）

芒蝇科　丁双玫 杨定（中国农业大学植物保护学院 北京 100193）

尖尾蝇科　张婷婷[1] 杨定[2]（1 山东农业大学植物保护学院 泰安 271018；2 中国农业大学植物保护学院 北京 100193）

草蝇科　赵晨静[1] 杨定[2]（1 太原师范学院 晋中 030619；2 中国农业大学植物保护学院 北京 100193）

酪蝇科　周青霞 杨定（中国农业大学植物保护学院 北京 100193）

广口蝇科　陈小琳 王勇（中国科学院动物研究所 北京 100101）

蜣蝇科　丁双玫　王丽华　杨定（中国农业大学植物保护学院　北京　100193）

实蝇科　陈小琳　王勇（中国科学院动物研究所　北京　100101）

斑蝇科　陈小琳　王勇（中国科学院动物研究所　北京　100101）

虱蝇科　张东　李心钰　裴文娅（北京林业大学生态与自然保护学院　北京　100083）

蛛蝇科　张东　李心钰　裴文娅（北京林业大学生态与自然保护学院　北京　100083）

蝠蝇科　张东　李心钰　裴文娅（北京林业大学生态与自然保护学院　北京　100083）

花蝇科　薛万琦　杜晶（沈阳师范大学生命科学学院　沈阳　110034）

厕蝇科　王明福（沈阳师范大学生命科学学院　沈阳　110034）

蝇科　薛万琦[1]　李文亮[2]　刘晓艳[3]（1 沈阳师范大学生命科学学院　沈阳　110034；2 河南科技大学园艺与植物保护学院　洛阳　471023；3 华中农业大学植物科学技术学院　武汉　430070）

粪蝇科　李轩昆[1,2]　杨定[3]　[1 Australian National Insect Collection (CSIRO), Canberra 2601；2 Research School of Biology, Australian National University, Canberra 2601；3 中国农业大学植物保护学院　北京　100193]

丽蝇科　薛万琦　董艳杰（沈阳师范大学生命科学学院　沈阳　110034）

狂蝇科　张东　李心钰（北京林业大学生态与自然保护学院　北京　100083）

麻蝇科　薛万琦　郝博（沈阳师范大学生命科学学院　沈阳　110034）

短角寄蝇科　侯鹏[1,2]　杨定[2]（1 沈阳大学生命科学与工程学院　沈阳　110044；2 中国农业大学植物保护学院　北京　100193）

寄蝇科　James E. O'Hara[1]　张春田[2]　嵩洪[3]（1 Canadian National Collection of Insects, Agriculture and Agri-Food Canada, Ottawa, Ontario, K1A 0C6；2 沈阳师范大学生命科学学院　沈阳　110034；3 日本九州大学博物馆　福冈　812-8581）

Editorial Committee of This Book

Chairmen   Ding Yang   Mengqing Wang   Wenliang Li
Vice Chairmen   Wanqi Xue   Hongwei Chen   Chuntian Zhang   Guangchun Liu
                  Wenxia Zhang   Keke Huo   Li Shi

Authors (in the order of Chinese pinyin)

Yike Cao   Hongwei Chen   Xiaolin Chen   Shuangmei Ding   Hui Dong
Qibiao Dong   Yanjie Dong   Jing Du   Shaolin Han   Bo Hao   Peng Hou
Shan Huo   Keke Huo   Xin Li   Zhu Li   Wenliang Li   Xiaoli Li
Xinyu Li   Xuankun Li   Guangchun Liu   Liqun Liu   Xiaoyan Liu
Wenya Pei   Qilemoge   Li Shi   Lixin Su   Chufei Tang   Liang Wang
Yong Wang   Junchao Wang   Lihua Wang   Mengqing Wang
Mingfu Wang   Xinli Wang   Hong Wu   Yuqiang Xi   Wenmin Xiao
Ming Xie   Wanqi Xue   Ding Yang   Jinying Yang   Dong Zhang
Chuntian Zhang   Junhua Zhang   Tingting Zhang   Wenxia Zhang
Chenjing Zhao   Jiale Zhou   Qingxia Zhou   Hiroshi Shima
James E. O'Hara   Stephen D. Gaimari

Authors and Their Work

Lonchopteridae   Qibiao Dong[1], Ding Yang[2] (1 Inner Mongolia Plant Protection and Quarantine Station, Hohhot 010010; 2 College of Plant Protection, China Agricultural University, Beijing 100193)

Phoridae   Guangchun Liu (College of Life Science and Bioengineering, Shenyang University, Shenyang 110044)

Platypezidae   Shaolin Han, Ding Yang (College of Plant Protection, China Agricultural University, Beijing 100193)

Pipunculidae   Shan Huo[1], Ding Yang[2] (1 Forest Protection Station of Tongzhou District, Beijing 101100; 2 College of Plant Protection, China Agricultural University, Beijing 100193)

Syrphidae   Keke Huo (School of Biological Science and Engineering, Shaanxi University of Technology, Hanzhong 723001)

Conopidae   Shuangmei Ding, Ding Yang (College of Plant Protection, China Agricultural University, Beijing 100193)

Canacidae   Yuqiang Xi[1], Ding Yang[2] (1 College of Plant Protection, Henan

Agricultural University, Zhengzhou 450003; 2 College of Plant Protection, China Agricultural University, Beijing 100193)

Carnidae Xiaoli Li, Ding Yang (College of Plant Protection, China Agricultural University, Beijing 100193)

Chloropidae Xiaoyan Liu[1], Ding Yang[2] (1 College of Plant Science & Technology of Huazhong Agricultural University, Wuhan 430070; 2 College of Plant Protection, China Agricultural University, Beijing 100193)

Milichiidae Yuqiang Xi[1], Ding Yang[2] (1 College of Plant Protection, Henan Agricultural University, Zhengzhou 450003; 2 College of Plant Protection, China Agricultural University, Beijing 100193)

Tethinidae Yuqiang Xi[1], Ding Yang[2] (1 College of Plant Protection, Henan Agricultural University, Zhengzhou 450003; 2 College of Plant Protection, China Agricultural University, Beijing 100193)

Diopsidae Liqun Liu[1], Xin Li[2], Hong Wu[3], Jiale Zhou[2], Ding Yang[2] (1 Bureau of Jinhua Foresty, Jinhua 321000; 2 College of Plant Protection, China Agricultural University, Beijing 100193; 3 College of Forestry and Biotechnology, Zhejiang A&F University, Hangzhou 311300)

Gobryidae Qilemoge[1], Ding Yang[2] (1 School of Biological Science and Technology, Baotou Teachers' College, Baotou 014030; 2 College of Plant Protection, China Agricultural University, Beijing 100193)

Nothybidae Qilemoge[1], Ding Yang[2] (1 School of Biological Science and Technology of Baotou Teachers' College, Baotou 014030; 2 College of Plant Protection, China Agricultural University, Beijing 100193)

Psilidae Chufei Tang[1, 2], Xinli Wang[2], Jiale Zhou[2], Ding Yang[2] (1 Institute of Leisure Agriculture, Jiangsu Academy of Agricultural Sciences, Nanjing 210014; 2 College of Plant Protection, China Agricultural University, Beijing 100193)

Strongylophthalmyiidae Qilemoge[1], Xinli Wang[2], Jiale Zhou[2], Ding Yang[2] (1 School of Biological Science and Technology of Baotou Teachers' College, Baotou 014030; 2 College of Plant Protection, China Agricultural University, Beijing 100193)

Ephydridae Junhua Zhang[1], Liang Wang[2], Ding Yang[2] (1 Chinese Academy of Inspection and Quarantine, Beijing 100176; 2 College of Plant Protection, China Agricultural University, Beijing 100193)

Diastatidae Qingxia Zhou, Ding Yang (College of Plant Protection, China Agricultural University, Beijing 100193)

Drosophilidae Wenxia Zhang[1], Hongwei Chen[2] (1 School of Life Sciences, Peking University, Beijing 100871; 2 College of Agriculture, South China Agricultural University, Guangzhou 510642)

Braulidae Chenjing Zhao[1], Ding Yang[2] (1 Taiyuan Normal University, Jinzhong,

030619; 2 College of Plant Protection, China Agricultural University, Beijing 100193)

Cryptochetidae Yuqiang Xi[1], Ding Yang[2] (1 College of Plant Protection, Henan Agricultural University, Zhengzhou 450003; 2 College of Plant Protection, China Agricultural University, Beijing 100193)

Camillidae Qingxia Zhou, Ding Yang (College of Plant Protection, China Agricultural University, Beijing 100193)

Curtonotidae Yike Cao, Ding Yang (College of Plant Protection, China Agricultural University, Beijing 100193)

Celyphidae Jinying Yang[1], Xin Li[2], Ding Yang[2] (1 Guiyang Customs District P.R. China, Guiyang 550081; 2 College of Plant Protection, China Agricultural University, Beijing 100193)

Chamaemyiidae Mengqing Wang[1, 2], Stephen D. Gaimari[2], Ming Xie[1] (1 Institute of Plant Protection, Chinese Academy of Agricultural Sciences, Beijing, 100193; 2 Plant Pest Diagnostics Center, California Department of Food and Agriculture, California, 95832, USA)

Lauxaniidae Wenliang Li[1], Li Shi[2], Junchao Wang[3], Ding Yang[3] (1 College of Horticulture and Plant Protection, Henan University of Science & Technology, Luoyang 471023; 2 Agricultural College, Inner Mongolia Agricultural University, Hohhot 010019; 3 College of Plant Protection, China Agricultural University, Beijing 100193)

Cypselosomatidae Qilemoge[1], Ding Yang[2] (1 School of Biological Science and Technology of Baotou Teachers' College, Baotou 014030; 2 College of Plant Protection, China Agricultural University, Beijing 100193)

Micropezidae Xuankun Li[1, 2], Ding Yang[3] [1 Australian National Insect Collection (CSIRO), Canberra 2601; 2 Research School of Biology, Australian National University, Canberra 2601; 3 College of Plant Protection, China Agricultural University, Beijing 100193]

Neriidae Xuankun Li[1, 2], Ding Yang[3] [1 Australian National Insect Collection (CSIRO), Canberra 2601; 2 Research School of Biology, Australian National University, Canberra 2601; 3 College of Plant Protection, China Agricultural University, Beijing 100193]

Agromyzidae Xiaolin Chen, Yong Wang (Institute of Zoology, Chinese Academy of Sciences, Beijing 100101)

Anthomyzidae Wenmin Xiao, Ding Yang (College of Plant Protection, China Agricultural University, Beijing 100193)

Asteiidae Liang Wang, Ding Yang (College of Plant Protection, China Agricultural University, Beijing 100193)

Clusiidae Yuqiang Xi[1], Ding Yang[2] (1 College of Plant Protection, Henan Agricultural University, Zhengzhou 450003; 2 College of Plant Protection,

China Agricultural University, Beijing 100193)

Megamerinidae Qilemoge[1], Ding Yang[2] (1 School of Biological Science and Technology of Baotou Teachers' College, Baotou 014030; 2 College of Plant Protection, China Agricultural University, Beijing 100193)

Odiniidae Xiaoli Li, Ding Yang (College of Plant Protection, China Agricultural University, Beijing 100193)

Opomyzidae Liang Wang, Ding Yang (College of Plant Protection, China Agricultural University, Beijing 100193)

Periscelididae Wenmin Xiao, Ding Yang (College of Plant Protection, China Agricultural University, Beijing 100193)

Teratomyzidae Liang Wang, Ding Yang (College of Plant Protection, China Agricultural University, Beijing 100193)

Xenasteiidae Wenmin Xiao, Ding Yang (College of Plant Protection, China Agricultural University, Beijing 100193)

Dryomyzidae Wenmin Xiao, Ding Yang (College of Plant Protection, China Agricultural University, Beijing 100193)

Sciomyzidae Zhu Li[1], Ding Yang[2] (1 Beijing Museum of Natural History, Beijing 100050; 2 College of Plant Protection, China Agricultural University, Beijing 100193)

Sepsidae Xuankun Li[1,2], Ding Yang[3] [1 Australian National Insect Collection (CSIRO), Canberra 2601; 2 Research School of Biology, Australian National University, Canberra 2601; 3 College of Plant Protection, China Agricultural University, Beijing 100193]

Chyromyidae Yike Cao, Wenmin Xiao, Ding Yang (College of Plant Protection, China Agricultural University, Beijing 100193)

Heleomyzidae Chenjing Zhao[1], Ding Yang[2] (1 Taiyuan Normal University, Jinzhong, 030619; 2 College of Plant Protection, China Agricultural University, Beijing 100193)

Sphaeroceridae Hui Dong[1], Lixin Su[2], Ding Yang[3] (1 Fairy Lake Botanical Garden, Shenzhen and Chinese Academy of Sciences, Shenzhen 518004; 2 College of Life Science, Shenyang Normal University, Shenyang 110034; 3 College of Plant Protection, China Agricultural University, Beijing 100193)

Ctenostylidae Shuangmei Ding, Ding Yang (College of Plant Protection, China Agricultural University, Beijing 100193)

Lonchaeidae Tingting Zhang[1], Ding Yang[2] (1 College of Plant Protection, Shandong Agricultural University, Tai'an 271018; 2 College of Plant Protection, China Agricultural University, Beijing 100193)

Pallopteridae Chenjing Zhao[1], Ding Yang[2] (1 Taiyuan Normal University, Jinzhong, 030619; 2 College of Plant Protection, China Agricultural University,

Beijing 100193)

Piophilidae	Qingxia Zhou, Ding Yang (College of Plant Protection, China Agricultural University, Beijing 100193)
Platystomatindae	Xiaolin Chen, Yong Wang (Institute of Zoology, Chinese Academy of Sciences, Beijing 100101)
Pyrgotidae	Shuangmei Ding, Lihua Wang, Ding Yang (College of Plant Protection, China Agricultural University, Beijing 100193)
Tephritidae	Xiaolin Chen, Yong Wang (Institute of Zoology, Chinese Academy of Sciences, Beijing 100101)
Ulidiidae	Xiaolin Chen, Yong Wang (Institute of Zoology, Chinese Academy of Sciences, Beijing 100101)
Hippoboscidae	Dong Zhang, Xinyu Li, Wenya Pei (School of Ecology and Nature Conservation, Beijing Forestry University, Beijing 100083)
Nycteribiidae	Dong Zhang, Xinyu Li, Wenya Pei (School of Ecology and Nature Conservation, Beijing Forestry University, Beijing 100083)
Streblidae	Dong Zhang, Xinyu Li, Wenya Pei (School of Ecology and Nature Conservation, Beijing Forestry University, Beijing 100083)
Anthomyiidae	Wanqi Xue, Jing Du (College of Life Science, Shenyang Normal University, Shenyang 110034)
Fanniidae	Mingfu Wang (College of Life Science, Shenyang Normal University, Shenyang 110034)
Muscidae	Wanqi Xue[1], Wenliang Li[2], Xiaoyan Liu[3] (1 College of Life Science, Shenyang Normal University, Shenyang 110034; 2 College of Horticulture and Plant Protection, Henan University of Science & Technology, Luoyang 471023; 3 College of Plant Science & Technology of Huazhong Agricultural University, Wuhan 430070)
Scathophagidae	Xuankun Li[1, 2] Ding Yang[3] [1 Australian National Insect Collection (CSIRO), Canberra 2601; 2 Research School of Biology, Australian National University, Canberra 2601; 3 College of Plant Protection, China Agricultural University, Beijing 100193]
Calliphoridae	Wanqi Xue, Yanjie Dong (College of Life Science, Shenyang Normal University, Shenyang 110034)
Oestridae	Dong Zhang, Xinyu Li (School of Ecology and Nature Conservation, Beijing Forestry University, Beijing 100083)
Sarcophagidae	Wanqi Xue, Bo Hao (College of Life Science, Shenyang Normal University, Shenyang 110034)
Rhinophoridae	Peng Hou[1, 2], Ding Yang[2] (1 College of Life Science and Bioengineering, Shenyang University, Shenyang 110044; 2 College of Plant Protection, China Agricultural University, Beijing 100193)
Tachinidae	James E. O'Hara[1], Chuntian Zhang[2], Hiroshi Shima[3] (1 Canadian National

Collection of Insects, Agriculture and Agri-Food Canada, Ottawa, Ontario, K1A 0C6; 2 College of Life Science, Shenyang Normal University, Shenyang 110034; 3 Kyushu University Museum, Fukuoka 812-8581)

总　序

生物多样性保护研究、管理和监测等许多工作都需要翔实的物种名录作为基础。建立可靠的生物物种名录也是生物多样性信息学建设的首要工作。通过物种唯一的有效学名可查询关联到国内外相关数据库中该物种的所有资料，这一点在网络时代尤为重要，也是整合生物多样性信息最容易实现的一种方式。此外，"物种数目"也是一个国家生物多样性丰富程度的重要统计指标。然而，像中国这样生物种类非常丰富的国家，各生物类群研究基础不同，物种信息散见于不同的志书或不同时期的刊物中，加之分类系统及物种学名也在不断被修订。因此建立实时更新、资料翔实，且经过专家审订的全国性生物物种名录，对我国生物多样性保护具有重要的意义。

生物多样性信息学的发展推动了生物物种名录编研工作。比较有代表性的项目，如全球鱼类数据库（FishBase）、国际豆科数据库（ILDIS）、全球生物物种名录（CoL）、全球植物名录（TPL）和全球生物名称（GNA）等项目；最有影响的全球生物多样性信息网络（GBIF）也专门设立子项目处理生物物种名称（ECAT）。生物物种名录的核心是明确某个区域或某个类群的物种数量，处理分类学名称，厘清生物分类学上有效发表的拉丁学名的性质，即接受名还是异名及其演变过程；好的生物物种名录是生物分类学研究进展的重要标志，是各种志书编研必需的基础性工作。

自 2007 年以来，中国科学院生物多样性委员会组织国内外 100 多位分类学专家编辑中国生物物种名录；并于 2008 年 4 月正式发布《中国生物物种名录》光盘版和网络版（http://www.sp2000.org.cn/），此后，每年更新一次；2012 年版名录已于同年 9 月面世，包括 70 596 个物种（含种下等级）。该名录自发布受到广泛使用和好评，成为环境保护部物种普查和农业部作物野生近缘种普查的核心名录库，并为环境保护部中国年度环境公报物种数量的数据源，我国还是全球首个按年度连续发布全国生物物种名录的国家。

电子版名录发布以后，有大量的读者来信索取光盘或从网站上下载名录数据，取得了良好的社会效果。有很多读者和编者建议出版《中国生物物种名录》印刷版，以方便读者、扩大名录的影响。为此，在 2011 年 3 月 31 日中国科学院生物多样性委员会换届大会上正式征求委员的意见，与会者建议尽快编辑出版《中国生物物种名录》印刷版。该项工作得到原中国科学院生命科学与生物技术局的大力支持，设立专门项目，支持《中国生物物种名录》的编研，项目于 2013 年正式启动。

组织编研出版《中国生物物种名录》（印刷版）主要基于以下几点考虑。①及时反映和推动中国生物分类学工作。"三志"是本项工作的重要基础。从目前情况看，植物方面的基础相对较好，2004 年 10 月《中国植物志》80 卷 126 册全部正式出版，*Flora of China* 的编研也已完成；动物方面的基础相对薄弱，《中国动物志》虽已出版 130 余卷，但仍有很多类群没有出版；《中国孢子植物志》已出版 80 余卷，很多类群仍有待编研，且微生物名录数字化基础比较薄弱，在 2012 年版中国生物物种名录光盘版中仅收录 900 多种，而植物有 35 000 多种，动物有 24 000 多种。需要及时总结分类学研究成果，把新种和新的修订，包括分类系统修订的信息及时整合到生物物种名录中，以克服志书编写出版周期长的不足，让各个方面的读者和用户及时了解和使用新的分类学成果。②生物物种名称的审订和处理是志书编写的基础性工作，名录的编研出版可以推动生物志书的编研；相关学科如生物地理学、保护生物学、生态学等的研究工作需要及时更新的生物物种名录。③政府部门和社会团体等在生物多样性保护和可持续利用的实践中，希望及时得到中国物种多样性的统计信息。④全球生物物种名录等国际项目需要中国生物物种名录等区域性名录信息不断更新完善，因此，我们的工作也可以在一定程度上推动全球生物多样性编目与保护工作的进展。

　　编研出版《中国生物物种名录》（印刷版）是一项艰巨的任务，尽管不追求短期内涉及所有类群，也是难度很大的。衷心感谢各位参编人员的严谨奉献，感谢几位副主编和工作组的把关和协调，特别感谢不幸过世的副主编刘瑞玉院士的积极支持。感谢国家出版基金和科学出版社的资助和支持，保证了本系列丛书的顺利出版。在此，对所有为《中国生物物种名录》编研出版付出艰辛努力的同仁表示诚挚的谢意。

　　虽然我们在《中国生物物种名录》网络版和光盘版的基础上，组织有关专家重新审订和编写名录的印刷版。但限于资料和编研队伍等多方面因素，肯定会有诸多不尽如人意之处，恳请各位同行和专家批评指正，以便不断更新完善。

陈宜瑜

2013 年 1 月 30 日于北京

动物卷前言

《中国生物物种名录》（印刷版）动物卷是在该名录电子版的基础上，经编委会讨论协商，选择出部分关注度高、分类数据较完整、近年名录内容更新较多的动物类群，组织分类学专家再次进行审核修订，形成的中国动物名录的系列专著。它涵盖了在中国分布的脊椎动物全部类群、无脊椎动物的部分类群。目前计划出版 14 册，包括兽类（1 册）、鸟类（1 册）、爬行类（1 册）、两栖类（1 册）、鱼类（1 册）、无脊椎动物蜘蛛纲蜘蛛目（1 册）和部分昆虫（7 册）名录，以及脊椎动物总名录（1 册）。

动物卷各类群均列出了中文名、学名、异名、原始文献和国内分布，部分类群列出了国外分布和模式信息，还有部分类群将重要参考文献以其他文献的方式列出。在国内分布中，省级行政区按以下顺序排序：黑龙江、吉林、辽宁、内蒙古、河北、天津、北京、山西、山东、河南、陕西、宁夏、甘肃、青海、新疆、安徽、江苏、上海、浙江、江西、湖南、湖北、四川、重庆、贵州、云南、西藏、福建、台湾、广东、广西、海南、香港、澳门。为了便于国外读者阅读，将省级行政区英文缩写括注在中文名之后，缩写说明见前言后附表格。为规范和统一出版物中对系列书各分册的引用，我们还给出了引用方式的建议，见缩写词表格后的图书引用建议。

为了帮助各分册作者编辑名录内容，动物卷工作组建立了一个网络化的物种信息采集系统，先期将电子版的各分册内容导入，并为各作者开设了工作账号和工作空间。作者可以随时在网络平台上补充、修改和审定名录数据。在完成一个分册的名录内容后，按照名录印刷版的格式要求导出名录，形成完整规范的书稿。此平台极大地方便了作者的编撰工作，提高了印刷版名录的编辑效率。

据初步统计，共有 62 名动物分类学家参与了动物卷各分册的编写工作。编写分类学名录是一项繁琐、细致的工作，需要对研究的类群有充分了解，掌握本学科国内外的研究历史和最新动态。核对一个名称，查找一篇文献，都可能花费很多的时间精力。正是他们一丝不苟、精益求精的工作态度，不求名利的奉献精神，才使这套基础性、公益性的高质量成果得以面世。我们借此机会感谢各位专家学者默默无闻的贡献，向他们表示诚挚的敬意。

我们还要感谢丛书主编陈宜瑜，副主编洪德元、刘瑞玉、马克平、魏江春、郑光美给予动物卷编写工作的指导和支持，特别感谢马克平副主编大量具体细致的指导和帮助；感谢科学出版社编辑认真细致的编辑和联络工作。

随着分类学研究的进展，物种名录的内容也在不断更新。电子版名录在每年更新，印刷版名录也将在未来适当的时候再版。最新版的名录内容可以从物种 2000 中国节点的网站（http://www.sp2000.org.cn/）上获得。

《中国生物物种名录》动物卷工作组

2016 年 6 月

中国各省（自治区、直辖市和特区）名称和英文缩写

Abbreviations of provinces, autonomous regions and special administrative regions in China

Abb.	Regions	Abb.	Regions	Abb.	Regions	Abb.	Regions	Abb.	Regions	Abb.	Regions
AH	Anhui	GX	Guangxi	HK	Hong Kong	LN	Liaoning	SD	Shandong	XJ	Xinjiang
BJ	Beijing	GZ	Guizhou	HL	Heilongjiang	MC	Macau	SH	Shanghai	XZ	Xizang
CQ	Chongqing	HB	Hubei	HN	Hunan	NM	Inner Mongolia	SN	Shaanxi	YN	Yunnan
FJ	Fujian	HEB	Hebei	JL	Jilin	NX	Ningxia	SX	Shanxi	ZJ	Zhejiang
GD	Guangdong	HEN	Henan	JS	Jiangsu	QH	Qinghai	TJ	Tianjin		
GS	Gansu	HI	Hainan	JX	Jiangxi	SC	Sichuan	TW	Taiwan		

图书引用建议（以本书为例）

中文出版物引用：杨定，王孟卿，李文亮，等. 2020. 中国生物物种名录·第二卷动物·昆虫（Ⅶ）/双翅目（3）：短角亚目　蝇类. 北京：科学出版社：引用内容所在页码

Suggested Citation: Yang D, Wang M Q, Li W L, *et al*. 2020. Species Catalogue of China. Vol. 2. Animals, Insecta (Ⅶ), Diptera (3): Cyclorrhaphous Brachycera. Beijing: Science Press: Page number for cited contents

前　言

双翅目 Diptera 是昆虫纲中第四大类群，包括蚊、蠓、蚋、虻、蝇等。该类群目前采用 2 个亚目的分类系统，即长角亚目 Nematocera 和短角亚目 Brachycera，本名录中收录的类群属于短角亚目的蝇类。蝇类是短角亚目中比较高等的类群，体小至大型，有发达的髻；触角较短，三节，第 3 节较粗大且背面具触角芒；雄蝇生殖背板马鞍形，下生殖板"U"形。幼虫水生或陆生，无头型，蛆状，3 龄；围蛹，羽化时环裂。蝇类昆虫多为腐食性，在降解有机质和维护生态平衡方面发挥着重要作用；有些类群为重要的农业害虫，如实蝇、潜蝇、花蝇的一些种类；有些类群为寄生性，如寄蝇、头蝇等为有益的天敌昆虫；有些类群有访花习性，如食蚜蝇、花蝇等为有益的传粉昆虫；有些类群吸血传播疾病，可使家畜得寄生虫病，为卫生和畜牧害虫。

中国蝇类昆虫区系极为丰富。本书收录中国蝇类昆虫 15 总科 65 科 1309 属 9313 种，包括蚤蝇总科 3 科 39 属 260 种（尖翅蝇科 3 属 26 种；蚤蝇科 34 属 226 种；扁足蝇科 2 属 8 种）；蚜蝇总科 2 科 131 属 1042 种（头蝇科 12 属 85 种；蚜蝇科 119 属 957 种）；眼蝇总科 1 科 17 属 91 种（眼蝇科 17 属 91 种）；鸟蝇总科 5 科 90 属 376 种（滨蝇科 5 属 10 种；鸟蝇科 1 属 1 种；秆蝇科 70 属 315 种；叶蝇科 10 属 39 种；岸蝇科 4 属 11 种）；突眼蝇总科 5 科 15 属 111 种（突眼蝇科 6 属 31 种；棘股蝇科 1 属 1 种；幻蝇科 1 属 1 种；茎蝇科 6 属 67 种；圆目蝇科 1 属 11 种）；水蝇总科 7 科 102 属 1165 种（水蝇科 58 属 191 种；细果蝇科 1 属 1 种；果蝇科 38 属 953 种；蜂蝇科 1 属 1 种；隐芒蝇科 1 属 16 种；卡密蝇科 1 属 1 种；拟果蝇科 2 属 2 种）；缟蝇总科 3 科 38 属 364 种（甲蝇科 3 属 45 种；斑腹蝇科 5 属 20 种；缟蝇科 30 属 299 种）；指角蝇总科 3 科 13 属 36 种（燕蝇科 2 属 2 种；瘦足蝇科 7 属 29 种；指角蝇科 4 属 5 种）；禾蝇总科 10 科 38 属 214 种（潜蝇科 21 属 169 种；小花蝇科 1 属 3 种；寡脉蝇科 1 属 16 种；腐木蝇科 6 属 6 种；刺股蝇科 2 属 7 种；树创蝇科 1 属 1 种；禾蝇科 2 属 4 种；树洞蝇科 2 属 3 种；奇蝇科 1 属 4 种；萤蝇科 1 属 1 种）；沼蝇总科 3 科 35 属 118 种（鳖蝇科 3 属 3 种；沼蝇科 19 属 56 种；鼓翅蝇科 13 属 59 种）；小粪蝇总科 3 科 46 属 180 种（液蝇科 2 属 2 种；日蝇科 9 属 18 种；小粪蝇科 35 属 160 种）；实蝇总科 8 科 175 属 821 种（芒蝇科 3 属 5 种；尖尾蝇科 5 属 25 种；草蝇科 2 属 3 种；酪蝇科 3 属 3 种；广口蝇科 17 属 70 种；蜣蝇科 7 属 43 种；实蝇科 126 属 623 种；斑蝇科 12 属 49 种）；虱蝇总科 3 科 21 属 60 种（虱蝇科 11 属 34 种；蛛蝇科 6 属 19 种；蝠蝇科 4 属 7 种）；蝇总科 4 科 111 属 2550 种（花蝇科 36 属 670 种；厕蝇科 3 属 135 种；蝇科 61 属 1705 种；粪蝇科 11 属 40 种）；狂蝇总科 5 科 438 属 1925 种（丽蝇科 51 属 313 种；狂蝇科 11 属 32 种；麻蝇科 100 属 331 种；短角寄蝇科 1 属 1 种；寄蝇科 275 属 1248 种）。

本名录收录了各属的中文名、拉丁学名、异名、模式种信息，以及各种的中文名、拉丁学名、异名、模式产地、分布等信息，同时提供了相关的分类研究参考文献。

文稿承蒙中国科学院动物研究所武春生研究员审阅；中国科学院动物研究所纪力强研究员、李枢强研究员、朱朝东研究员和牛泽清博士，中国科学院植物研究所马克平研究员，首都师范大学任东教授提出宝贵意见，作者在此表示衷心感谢。

本名录的编研得到国家自然科学基金（31772497、31672326、31272279、31093430、31401990）的资助。特在此表示衷心感谢！

本名录涉及面广，而编著者知识有限，不足之处敬请读者批评指正。

编著者

2020 年 8 月 30 日

Preface

Including mosquitoes, midges, blackflies, horseflies, and other flies, Diptera is the fourth largest order in insects. It falls into two suborders currently: Nematocera and Brachycera. This catalogue deals with Cyclorrhaphous Brachycera. Cyclorrhaphous Brachycera is a relatively advanced group in Diptera. They are small to large sized with well developed bristles. Antennae are rather short and 3-segmented, but segment 3 is rather large with the arista dorsally. The epandrium is saddle-shaped, and the hypandrium is U-shaped. Larvae are aquatic or terrestrial, acephalous and maggot-like with 3 instars. Pupae are coarctated and seamed circularly during emergence. They are mostly saprophagous and play an important role in degrading organic matter and maintaining ecological balance. Some groups such as fruit flies, agromyzid flies, and anthomyiid flies are important agricultural pests. Some groups are parasitic, such as tachinid flies and big-headed flies, which are beneficial natural enemy insects. Some groups have the habit of visiting flowers, such as hoverflies, anthomyiid flies, etc., which are beneficial pollinators. Some groups can suck blood and even transfer disease in human and domestic animals, which are health and livestock pests.

The fauna of Cyclorrhaphous Brachycera in China is very rich. In the present catalogue, 1309 genera and 9313 species belonging to 65 families in 15 superfamilies of Cyclorrhaphous Brachycera are recorded in China. Among them there are 3 families, 39 genera and 260 species in Phoroidea (Lonchopteridae: 3 genera and 26 species; Phoridae: 34 genera and 226 species; Platypezidae: 2 genera and 8 species); 2 families, 131 genera and 1042 species in Syrphoidea (Pipunculidae: 12 genera and 85 species; Syrphidae: 119 genera and 957 species); 1 family, 17 genera and 91 species in Conopoidea (Conopidae: 17 genera 91 species); 5 families, 90 genera and 376 species in Carnoidea (Canacidae: 5 genera and 10 species; Carnidae: 1 genus and 1 species; Chloropidae: 70 genera and 315 species; Milichiidae: 10 genera and 39 species; Tethinidae: 4 genera and 11 species); 5 families, 15 genera and 111 species in Diopsoidea (Diopsidae: 6 genera and 31 species; Gobryidae: 1 genus and 1 species; Nothybidae: 1 genus and 1 species; Psilidae: 6 genera and 67 species; Strongylophthalmyiidae: 1 genus and 11 species); 7 families, 102 genera and 1165 species in Ephydroidea (Ephydridae: 58 genera and 191 species; Diastatidae: 1 genus and 1 species; Drosophilidae: 38 genera and 953 species; Braulidae: 1 genus and 1 species; Cryptochetidae: 1 genus and 16 species; Camillidae: 1 genus and 1 species; Curtonotidae: 2 genera and 2 species); 3 families, 38 genera and 364 species in Lauxanioidea (Celyphidae: 3 genera and 45 species; Chamaemyiidae: 5 genera and 20 species; Lauxaniidae: 30 genera and 299 species); 3 families, 13 genera and 36 species in Nerioidea (Cypselosomatidae: 2 genera and 2 species; Micropezidae: 7 genera and 29 species; Neriidae: 4 genera and 5 species); 10 families, 38 genera and 214 species in Opomyzoidea (Agromyzidae: 21 genera and 169 species; Anthomyzidae: 1 genus and 3 species; Asteiidae: 1 genus and 16 species; Clusiidae: 6 genera and 6 species; Megamerinidae: 2 genera and 7 species; Odiniidae: 1 genus and 1 species; Opomyzidae: 2 genera and 4 species; Periscelididae: 2 genera and 3 species; Teratomyzidae: 1 genus and 4 species; Xenasteiidae: 1 genus and 1 species); 3 families, 35 genera and 118 species in Sciomyzoidea (Dryomyzidae: 3 genera and 3 species; Sciomyzidae: 19 genera and 56 species; Sepsidae: 13 genera and 59 species); 3 families, 46 genera and 180 species in Sphaeroceroidea (Chyromyidae: 2 genera and 2 species; Heleomyzidae: 9 genera and 18 species; Sphaeroceridae: 35 genera and 160 species), 8 families, 175 genera and 821 species in Tephritoidea (Ctenostylidae: 3 genera and 5 species; Lonchaeidae: 5

genera and 25 species; Pallopteridae: 2 genera and 3 species; Piophilidae: 3 genera and 3 species; Platystomatindae: 17 genera and 70 species; Pyrgotidae: 7 genera and 43 species; Tephritidae: 126 genera and 623 species; Ulidiidae: 12 genera and 49 species); 3 families, 21 genera and 60 species in Hippoboscoidea (Hippoboscidae: 11 genera and 34 species; Nycteribiidae: 6 genera and 19 species; Streblidae: 4 genera and 7 species); 4 families, 111 genera and 2550 species in Muscoidea (Anthomyiidae: 36 genera and 670 species; Fanniidae: 3 genera and 135 species; Muscidae: 61 genera and 1705 species; Scathophagidae: 11 genera and 40 species); 5 families, 438 genera and 1925 species in Oestroidea (Calliphoridae: 51 genera and 313 species; Oestridae: 11 genera and 32 species; Sarcophagidae: 100 genera and 331 species; Rhinophoridae: 1 genus and 1 species; Tachinidae: 275 genera and 1248 species).

The present catalogue includes the Chinese name, the scientific name, the synonym, and the type locality and distribution of genus and species from China.

We are grateful to Prof. Chunsheng Wu from the Institute of Zoology, Chinese Academy of Sciences to review the catalogue. We are also much indebted to Prof. Liqiang Ji, Prof. Shuqiang Li, Prof. Chaodong Zhu and Dr. Zeqing Niu from the Institute of Zoology, Chinese Academy of Sciences, Prof. Keping Ma from Institute of Botany, the Chinese Academy of Sciences, and Prof. Dong Ren from the Capital Normal University to give some suggestions about the catalogue.

This present work was supported by the National Natural Science Foundation of China (31772497, 31672326, 31272279, 31093430, 31401990).

It would be much appreciated if any mistakes and omissions are brought to our attention.

Authors

30 August, 2020

目　录

总序

动物卷前言

前言

Preface

蚤蝇总科 **Phoroidea** ································ 1

尖翅蝇科 Lonchopteridae ······················ 1

蚤蝇科 Phoridae ································ 3

扁足蝇科 Platypezidae ······················ 21

蚜蝇总科 **Syrphoidea** ························ 23

头蝇科 Pipunculidae ······················ 23

蚜蝇科 Syrphidae ························· 30

眼蝇总科 **Conopoidea** ···················· 182

眼蝇科 Conopidae ····················· 182

鸟蝇总科 **Carnoidea** ····················· 193

滨蝇科 Canacidae ····················· 193

鸟蝇科 Carnidae ······················ 194

秆蝇科 Chloropidae ···················· 194

叶蝇科 Milichiidae ···················· 223

岸蝇科 Tethinidae ····················· 226

突眼蝇总科 **Diopsoidea** ···················· 228

突眼蝇科 Diopsidae ···················· 228

棘股蝇科 Gobryidae ···················· 230

幻蝇科 Nothybidae ······················ 230

茎蝇科 Psilidae ························· 231

圆目蝇科 Strongylophthalmyiidae ············ 236

水蝇总科 **Ephydroidea** ···················· 237

水蝇科 Ephydridae ····················· 237

细果蝇科 Diastatidae ··················· 260

果蝇科 Drosophilidae ··················· 260

蜂蝇科 Braulidae ······················ 333

隐芒蝇科 Cryptochetidae ················· 333

卡密蝇科 Camillidae ···················· 335

拟果蝇科 Curtonotidae ·················· 335

缟蝇总科 **Lauxanioidea** ···················· 336

甲蝇科 Celyphidae ····················· 336

斑腹蝇科 Chamaemyiidae ················· 339

缟蝇科 Lauxaniidae ···················· 342

指角蝇总科 **Nerioidea** ······················ 368

燕蝇科 Cypselosomatidae ················· 368

瘦足蝇科 Micropezidae ·················· 368

指角蝇科 Neriidae ·········· 371

禾蝇总科 Opomyzoidea ·········· 373

潜蝇科 Agromyzidae ·········· 373

小花蝇科 Anthomyzidae ·········· 389

寡脉蝇科 Asteiidae ·········· 389

腐木蝇科 Clusiidae ·········· 390

刺股蝇科 Megamerinidae ·········· 391

树创蝇科 Odiniidae ·········· 392

禾蝇科 Opomyzidae ·········· 392

树洞蝇科 Periscelididae ·········· 393

奇蝇科 Teratomyzidae ·········· 394

萤蝇科 Xenasteiidae ·········· 394

沼蝇总科 Sciomyzoidea ·········· 395

鳖蝇科 Dryomyzidae ·········· 395

沼蝇科 Sciomyzidae ·········· 395

鼓翅蝇科 Sepsidae ·········· 401

小粪蝇总科 Sphaeroceroidea ·········· 411

液蝇科 Chyromyidae ·········· 411

日蝇科 Heleomyzidae ·········· 411

小粪蝇科 Sphaeroceridae ·········· 413

实蝇总科 Tephritoidea ·········· 433

芒蝇科 Ctenostylidae ·········· 433

尖尾蝇科 Lonchaeidae ·········· 433

草蝇科 Pallopteridae ·········· 435

酪蝇科 Piophilidae ·········· 436

广口蝇科 Platystomatidae ·········· 436

蜣蝇科 Pyrgotidae ·········· 443

实蝇科 Tephritidae ·········· 448

斑蝇科 Ulidiidae ·········· 507

虱蝇总科 Hippoboscoidea ·········· 512

虱蝇科 Hippoboscidae ·········· 512

蛛蝇科 Nycteribiidae ·········· 516

蝠蝇科 Streblidae ·········· 518

蝇总科 Muscoidea ·········· 520

花蝇科 Anthomyiidae ·········· 520

厕蝇科 Fanniidae ·········· 577

蝇科 Muscidae ·········· 589

粪蝇科 Scathophagidae ·········· 723

狂蝇总科 Oestroidea ·········· 729

丽蝇科 Calliphoridae ·········· 729

狂蝇科 Oestridae ·········· 766

麻蝇科 Sarcophagidae ·········· 772

短角寄蝇科 Rhinophoridae ·········· 841

寄蝇科 Tachinidae ·········· 841

主要参考文献 ·········· 964

中文名索引 ·········· 1163

学名索引 ·········· 1246

蚤蝇总科 Phoroidea

尖翅蝇科 Lonchopteridae

1. 同尖翅蝇属 *Homolonchoptera* Yang, 1998

Homolonchoptera Yang, 1998. *In*: Xue *et* Chao, 1998. Flies of China, Vol. 1: 50. **Type species:** *Homolonchoptera tautineura* Yang, 1998 (monotypy).

（1）脉同尖翅蝇 *Homolonchoptera tautineura* Yang, 1998

Homolonchoptera tautineura Yang, 1998. *In*: Xue *et* Chao, 1998. Flies of China, Vol. 1: 50. **Type locality:** China: Yunnan, Longchuan.

分布（Distribution）：云南（YN）。

2. 尖翅蝇属 *Lonchoptera* Meigen, 1803

Lonchoptera Meigen, 1803. Mag. Insektenkd. 2: 272. **Type species:** *Lonchoptera lutea* Panzer, 1809 (by designation of Curtis, 1839).
Musidora Meigen, 1800. Nouve. Class.: 30. **Type species:** *Lonchoptera lutea* Panzer, 1809 (by designation of Coquillett, 1910) (suppressed name by ICZN, 1963).
Dipsa Fallén, 1810. Specim. Ent. Novam Dipt.: 20. **Type species:** *Dipsa bifurcate* Fallén, 1810 (monotypy).
Lonchopteryx Stephens, 1829. Nomencl. Brit. Ins. 2: 63. **Type species:** *Lonchoptera tristis* Meigen, 1824.

（2）双叉尖翅蝇 *Lonchoptera bifurcata* (Fallén, 1810)

Dipsa bifurcata Fallén, 1810. Specim. Ent. Novam Dipt.: 26. **Type locality:** Not given (Sweden).
Dipsa furcata Fallén, 1823. Phytomyzides *et* Ochtidiae Sveciae: 1. **Type locality:** Not given (Sweden).
Lonchoptera lacustris Meigen, 1824. Syst. Beschr. Europ. Zweifl. Insekt. 4: 107. **Type locality:** Not given (? Germany).
Lonchoptera rivalis Meigen, 1824. Syst. Beschr. Europ. Zweifl. Insekt. 4: 107. **Type locality:** Not given (? Germany).
Lonchoptera cinerella Zetterstedt, 1838. Insecta Lapp.: 792. **Type locality:** Sweden: Lapponia.
Lonchoptera tristis var. *pseudotrilineata* Strobl, 1899a. Wien. Ent. Ztg. 18: 144. **Type locality:** Spain: Sierra Morena.
Lonchoptera apicalis Meigen, 1975. *In*: Morge, 1975. Beitr. Ent. 25: 405. **Type locality:** Not given (? Germany).
分布（Distribution）：内蒙古（NM）、宁夏（NX）、甘肃（GS）；前苏联、瑞典、德国、西班牙、以色列、土耳其、阿富汗、蒙古国、日本、新西兰；非洲（北部）、美洲。

（3）双鬃尖翅蝇 *Lonchoptera bisetosa* Dong *et* Yang, 2012

Lonchoptera bisetosa Dong *et* Yang, 2012. Acta Zootaxon. Sin. 37 (4): 819. **Type locality:** China: Yunnan, Jinping.
分布（Distribution）：云南（YN）。

（4）尾翼尖翅蝇 *Lonchoptera caudala* Yang, 1995

Lonchoptera caudala Yang, 1995a. *In*: Zhu, 1995. Insects and Macrofungi of Gutianshan, Zhejiang: 241. **Type locality:** China: Zhejiang, Mt. Gutian.
分布（Distribution）：宁夏（NX）、浙江（ZJ）。

（5）凹尾尖翅蝇 *Lonchoptera caudexcavata* Dong *et* Yang, 2012

Lonchoptera caudexcavata Dong *et* Yang, 2012. Acta Zootaxon. Sin. 37 (4): 819. **Type locality:** China: Yunnan, Lvchun, Huanglian Mountain.
分布（Distribution）：云南（YN）。

（6）纤毛尖翅蝇 *Lonchoptera ciliosa* Dong *et* Yang, 2011

Lonchoptera ciliosa Dong *et* Yang, 2011. Entomotaxon. 33 (4): 267. **Type locality:** China: Shaanxi, Yangxian.
分布（Distribution）：陕西（SN）。

（7）弯鬃尖翅蝇 *Lonchoptera curvsetosa* Dong *et* Yang, 2012

Lonchoptera curvsetosa Dong *et* Yang, 2012. Acta Zootaxon. Sin. 37 (4): 821. **Type locality:** China: Yunnan, Pingbian, Dawei Mountain.
分布（Distribution）：云南（YN）。

（8）指形尖翅蝇 *Lonchoptera digitata* Dong, Pang *et* Yang, 2008

Lonchoptera digitata Dong, Pang *et* Yang, 2008. Acta Zootaxon. Sin. 33 (2): 401. **Type locality:** China: Shaanxi, Yangxian.
分布（Distribution）：陕西（SN）。

（9）膨突尖翅蝇 *Lonchoptera elinorae* Andersson, 1971

Lonchoptera elinorae Andersson, 1971. Ent. Tijdskr. 92 (3-4): 221. **Type locality:** Burma: Kambaiti.
分布（Distribution）：云南（YN）；缅甸。

（10）凹腿尖翅蝇 *Lonchoptera excavata* Yang *et* Chen, 1995

Lonchoptera excavata Yang *et* Chen, 1995. *In*: Wu, 1995. Insects of Baishanzu Mountain, Eastern China: 520. **Type locality:** China: Zhejiang, Baishanzu Mountain.

分布（Distribution）：浙江（ZJ）、广西（GX）。

（11）古田山尖翅蝇 *Lonchoptera gutianshana* Yang, 1995

Lonchoptera gutianshana Yang, 1995a. *In*: Zhu, 1995. Insects and Macrofungi of Gutianshan, Zhejiang: 242. **Type locality:** China: Zhejiang, Mt. Gutian.

分布（Distribution）：浙江（ZJ）。

（12）马氏尖翅蝇 *Lonchoptera malaisei* Andersson, 1971

Lonchoptera malaisei Andersson, 1971. Ent. Tijdskr. 92 (3-4): 218. **Type locality:** Myanmar: Kambaiti.

分布（Distribution）：台湾（TW）；缅甸。

（13）黑体尖翅蝇 *Lonchoptera melanosoma* Yang, 1998

Lonchoptera melanosoma Yang, 1998. *In*: Xue *et* Chao, 1998. Flies of China, Vol. 1: 52. **Type locality:** China: Yunnan, Lincang.

分布（Distribution）：云南（YN）。

（14）多鬃尖翅蝇 *Lonchoptera multiseta* Dong *et* Yang, 2011

Lonchoptera multiseta Dong *et* Yang, 2011. Entomotaxon. 33 (4): 269. **Type locality:** China: Gansu, Lanzhou, Xinglong Mountain.

分布（Distribution）：甘肃（GS）。

（15）亮额尖翅蝇 *Lonchoptera nitidifrons* Strobl, 1899

Lonchoptera nitidifrons Strobl, 1899. Mitt. Naturwiss. Ver. Steiermark: 221. **Type locality:** Austria: Steiermark, Kalbling.

分布（Distribution）：新疆（XJ）；中亚、欧洲。

（16）东方尖翅蝇 *Lonchoptera orientalis* (Kertész, 1914)

Lonchoptera orientalis Kertész, 1914a. Ann. Hist.-Nat. Mus. Natl. Hung. 12: 675. **Type locality:** China: Taiwan.

分布（Distribution）：云南（YN）、台湾（TW）、广西（GX）；缅甸。

（17）平龙山尖翅蝇 *Lonchoptera pinlongshanesis* Dong, Pang *et* Yang, 2008

Lonchoptera pinlongshanesis Dong, Pang *et* Yang, 2008. Zootaxa 1806: 61. **Type locality:** China: Guangxi, Shangsi.

分布（Distribution）：广西（GX）。

（18）柱尾尖翅蝇 *Lonchoptera pipi* Andersson, 1971

Lonchoptera pipi Andersson, 1971. Ent. Tijdskr. 92 (3-4): 230. **Type locality:** Myanmar: Kambaiti.

分布（Distribution）：广西（GX）；缅甸。

（19）陕西尖翅蝇 *Lonchoptera shaanxiensis* Dong, Pang *et* Yang, 2008

Lonchoptera shaanxiensis Dong, Pang *et* Yang, 2008. Acta Zootaxon. Sin. 33 (2): 404. **Type locality:** China: Shaanxi, Yangxian.

分布（Distribution）：陕西（SN）。

（20）跗异尖翅蝇 *Lonchoptera tarsulenta* Yang, 1998

Lonchoptera tarsulenta Yang, 1998. *In*: Xue *et* Chao, 1998. Flies of China, Vol. 1: 53. **Type locality:** China: Zhejiang, Mt. West Tianmu.

分布（Distribution）：浙江（ZJ）、贵州（GZ）。

（21）单色尖翅蝇 *Lonchoptera unicolor* Dong, Pang *et* Yang, 2008

Lonchoptera unicolor Dong, Pang *et* Yang, 2008. Zootaxa 1806: 61. **Type locality:** China: Guangxi, Shangsi, Pinglongshan.

分布（Distribution）：广西（GX）。

3. 瑕尖翅蝇属 *Spilolonchoptera* Yang, 1998

Spilolonchoptera Yang, 1998. *In*: Xue *et* Chao, 1998. Flies of China, Vol. 1: 54. **Type species:** *Spilolonchoptera chinica* Yang, 1998 (by original designation).

（22）短尾瑕尖翅蝇 *Spilolonchoptera brevicaudata* Dong *et* Yang, 2013

Spilolonchoptera brevicaudata Dong *et* Yang, 2013. Entomotaxon. 35 (1): 68. **Type locality:** China: Yunnan, Jinping.

分布（Distribution）：云南（YN）。

（23）中华瑕尖翅蝇 *Spilolonchoptera chinica* Yang, 1998

Spilolonchoptera chinica Yang, 1998. *In*: Xue *et* Chao, 1998. Flies of China, Vol. 1: 54. **Type locality:** China: Xizang, Bomi.

分布（Distribution）：西藏（XZ）。

（24）短叉瑕尖翅蝇 *Spilolonchoptera curtifurcata* Yang, 1998

Spilolonchoptera curtifurcata Yang, 1998. *In*: Xue *et* Chao, 1998. Flies of China, Vol. 1: 54. **Type locality:** China: Yunnan, Longchuan.

Spilolonchoptera curtifurcata: Dong, Pang *et* Yang, 2008.

Zootaxa 1806: 64.

分布（Distribution）：云南（YN）、广西（GX）。

（25）长鬃瑕尖翅蝇 *Spilolonchoptera longisetosa* Yang *et* Chen, 1998

Spilolonchoptera longisetosa Yang *et* Chen, 1998. *In*: Shen *et* Shi, 1998. The Fauna and Taxonomy of Insects in Henan Vol. 2: 92. **Type locality:** China: Henan, Luanchuan.

分布（Distribution）：河南（HEN）。

（26）杨氏瑕尖翅蝇 *Spilolonchoptera yangi* Dong *et* Yang, 2013

Spilolonchoptera yangi Dong *et* Yang, 2013. Entomotaxon. 35 (1): 71. **Type locality:** China: Shaanxi, Huashan.

分布（Distribution）：陕西（SN）、宁夏（NX）、甘肃（GS）。

蚤蝇科 Phoridae

蚤蝇亚科 Phorinae

1. 脉蚤蝇属 *Anevrina* Lioy, 1864

Anevrina Lioy, 1864. Atti R. Ist. Véneto Sci. Lett. Arti 10 (3): 77. **Type species:** *Phora urbana* Meigen, 1830 (by designation of Coquillett, 1910).

（1）裸斑脉蚤蝇 *Anevrina glabrata* Liu *et* Zhu, 2006

Anevrina glabrata Liu *et* Zhu, 2006. *In*: Liu, Fang *et* Zhu, 2006. Acta Zootaxon. Sin. 31 (2): 426. **Type locality:** China: Gansu, Zhangye.

分布（Distribution）：甘肃（GS）。

（2）微毛脉蚤蝇 *Anevrina microcilia* Liu *et* Fang, 2006

Anevrina microcilia Liu *et* Fang, 2006. *In*: Liu, Fang *et* Zhu, 2006. Acta Zootaxon. Sin. 31 (2): 426. **Type locality:** China: Hainan, Mt. Jianfengling.

分布（Distribution）：海南（HI）。

2. 粪蚤蝇属 *Borophaga* Enderlein, 1924

Borophaga Enderlein, 1924a. Ent. Mitt. 13 (8): 277. **Type species:** *Phora flavimana* Meigen, 1830 (by original designation) [= *Phora femorata* Meigen, 1830].

（3）裸胫粪蚤蝇 *Borophaga tibialis* Liu *et* Zeng, 1995

Borophaga tibialis Liu *et* Zeng, 1995. Entomotaxon. 17 (2): 126. **Type locality:** China: Shaanxi, Mt. Qinling.

Borophaga tibialis: Liu, 2001. A Taxonomic Study of Chinese Phorid Flies (Diptera: Phoridae) 1: 37.

分布（Distribution）：陕西（SN）。

3. 鬃蚤蝇属 *Chaetogodavaria* Liu, 1996

Chaetogodavaria Liu, 1996. Entomologist 115 (1): 14. **Type species:** *Chaetogodavaria sinica* Liu, 1996 (by original designation).

（4）中华鬃蚤蝇 *Chaetogodavaria sinica* Liu, 1996

Chaetogodavaria sinica Liu, 1996. Entomologist 115 (1): 15. **Type locality:** China: Yunnan, Mengla.

Chaetogodavaria sinica: Liu, 2001. A Taxonomic Study of Chinese Phorid Flies (Diptera: Phoridae) 1: 44.

分布（Distribution）：云南（YN）。

4. 毛蚤蝇属 *Chaetopleurophora* Schmitz, 1922

Chaetopleurophora Schmitz, 1922. Schr. Phys.-Ökon. Ges. Königsb. 63: 130. **Type species:** *Phora erythronota* Strobl, 1892 (by designation of Schmitz, 1927).

（5）亚洲毛蚤蝇 *Chaetopleurophora asiatica* Borgmeier, 1962

Chaetopleurophora asiatica Borgmeier, 1962. Stud. Ent. 5: 453. **Type locality:** China: Taiwan, Mushi.

Chaetopleurophora asiatica: Liu, 1998. *In*: Xue *et* Chao, 1998. Flies of China, Vol. 1: 63.

分布（Distribution）：台湾（TW）。

5. 锥蚤蝇属 *Conicera* Meigen, 1830

Conicera Meigen, 1830. Syst. Beschr. Europ. Zweifl. Insekt. 6: 226. **Type species:** *Conicera atra* Meigen, 1830 (monotypy) [= *Phora dauci* Meigen, 1830].

（6）道氏锥蚤蝇 *Conicera dauci* (Meigen, 1830)

Phora dauci Meigen, 1830. Syst. Beschr. Europ. Zweifl. Insekt. 6: 223. **Type locality:** Europe.

Phora albipennis Meigen, 1830. Syst. Beschr. Europ. Zweifl. Insekt. 6: 223. **Type locality:** Europe.

Conicera atra Meigen, 1830. Syst. Beschr. Europ. Zweifl. Insekt. 6: 226. **Type locality:** Europe.

Phora nickerli Kowarz, 1894. Cat. Insect. Faun. Bohemicae 2. Fliegen (Diptera) Boehmens: 35. **Type locality:** Czech.

Conicera dauci: Brues, 1915. Bull. Nat. Hist. Soc. (1914) 12: 106; Liu, 2001. A Taxonomic Study of Chinese Phorid Flies (Diptera: Phoridae) 1: 120.

分布（Distribution）：黑龙江（HL）、吉林（JL）、辽宁（LN）、内蒙古（NM）、河北（HEB）、北京（BJ）、山东（SD）、河南（HEN）、陕西（SN）；日本、奥地利、比利时、瑞士、捷克、德国、法国、英国、匈牙利、意大利、爱尔兰、荷兰、葡萄牙、波兰、瑞典、芬兰、加拿大、美国。

（7）指突锥蚤蝇 *Conicera digitalis* Liu *et* Zhang, 2009

Conicera digitalis Liu *et* Zhang, 2009. *In*: Zhang *et* Liu, 2009.

Acta Zootaxon. Sin. 34 (3): 472. **Type locality:** China: Xinjiang, Yili.

分布（**Distribution**）：新疆（XJ）。

（8）台湾锥蚤蝇 *Conicera formosensis* Brues, 1911

Conicera formosensis Brues, 1911. Ann. Hist.-Nat. Mus. Natl. Hung. 9: 539. **Type locality:** China: Taiwan, Takao.

Conicera breviciliata Schmitz, 1926. Ent. Mitt. 15 (1): 48. **Type locality:** China: Taiwan, Maruyama and Daitotei.

Conicera formosensis: Liu, 2001. A Taxonomic Study of Chinese Phorid Flies (Diptera: Phoridae) 1: 115.

分布（**Distribution**）：陕西（SN）、台湾（TW）、广西（GX）。

（9）凯氏锥蚤蝇 *Conicera kempi* Brunetti, 1924

Conicera kempi Brunetti, 1924. Rec. India Mus. 7: 106. **Type locality:** India: Assam.

Conicera kempi: Liu, 2001. A Taxonomic Study of Chinese Phorid Flies (Diptera: Phoridae) 1: 116.

分布（**Distribution**）：陕西（SN）；印度。

（10）长毛锥蚤蝇 *Conicera longicilia* Liu, 2000

Conicera longicilia Liu, 2000. *In*: Zhang, 2000. Study on the Insect Fauna: 166. **Type locality:** China: Sichuan, Mt. Gongga.

Conicera longicilia: Liu, 2001. A Taxonomic Study of Chinese Phorid Flies (Diptera: Phoridae) 1: 117.

分布（**Distribution**）：四川（SC）。

（11）长叶锥蚤蝇 *Conicera longilobusa* Liu, 2000

Conicera longilobusa Liu, 2000. *In*: Zhang, 2000. Study on the Insect Fauna: 170. **Type locality:** China: Hainan, Mt. Jianfeng.

Conicera longilobusa: Liu, 2001. A Taxonomic Study of Chinese Phorid Flies (Diptera: Phoridae) 1: 125.

分布（**Distribution**）：海南（HI）。

（12）方叶锥蚤蝇 *Conicera quadrata* Mostovski *et* Disney, 2003

Conicera quadrata Mostovski *et* Disney, 2003. Ent. Mon. Mag. 139: 43. **Type locality:** Russia: Sakhalin Island.

Conicera quadrata: Zhang *et* Liu, 2009. Acta Zootaxon. Sin. 34 (3): 472.

分布（**Distribution**）：辽宁（LN）；俄罗斯。

（13）直角锥蚤蝇 *Conicera rectangularis* Liu, 2000

Conicera rectangularis Liu, 2000. *In*: Zhang, 2000. Study on the Insect Fauna: 169. **Type locality:** China: Yunnan, Mengla.

Conicera rectangularis: Liu, 2001. A Taxonomic Study of Chinese Phorid Flies (Diptera: Phoridae) 1: 124.

分布（**Distribution**）：云南（YN）。

（14）肾叶锥蚤蝇 *Conicera reniformis* Liu, 2000

Conicera reniformis Liu, 2000. *In*: Zhang, 2000. Study on the Insect Fauna: 167. **Type locality:** China: Guangxi, Longsheng.

Conicera reniformis: Liu, 2001. A Taxonomic Study of Chinese Phorid Flies (Diptera: Phoridae) 1: 118.

分布（**Distribution**）：广西（GX）。

（15）刺尾锥蚤蝇 *Conicera spinifera* Liu, 2000

Conicera spinifera Liu, 2000. *In*: Zhang, 2000. Study on the Insect Fauna: 169. **Type locality:** China: Guangxi, Longsheng.

Conicera spinifera: Liu, 2001. A Taxonomic Study of Chinese Phorid Flies (Diptera: Phoridae) 1: 122.

分布（**Distribution**）：云南（YN）、广西（GX）。

（16）巫氏锥蚤蝇 *Conicera ulrichi* Liu, 2000

Conicera ulrichi Liu, 2000. *In*: Zhang, 2000. Study on the Insect Fauna: 168. **Type locality:** China: Yunnan, Mengla.

Conicera ulrichi: Liu, 2001. A Taxonomic Study of Chinese Phorid Flies (Diptera: Phoridae) 1: 123.

分布（**Distribution**）：云南（YN）。

6. 栅蚤蝇属 *Diplonevra* Lioy, 1864

Diplonevra Lioy, 1864. Atti R. Ist. Véneto Sci. Lett. Arti 10 (3): 77. **Type species:** *Bibio florea* Fabricius, 1794 [= *Musca florescens* Turton, 1801].

Phorynchus Brunetti, 1912. Rec. India Mus. 7 (5): 445. **Type species:** *Phorynchus ater* Brunetti, 1912.

Diploneura (emend.): Enderlein, 1924a. Ent. Mitt. 13 (8): 272.

Pentagynoplax Enderlein, 1924a. Ent. Mitt. 13 (8): 273. **Type species:** *Phora crassicornis* Meigen, 1830.

Apopteromyia Beyer, 1958. Brotéria 27: 121. **Type species:** *Apopterymyia gynaptera* Fuller *et* Lee, 1938.

（17）黑腹栅蚤蝇 *Diplonevra abbreviata* (von Roser, 1840)

Phora abbreviata von Roser, 1840. Correspondenzbl. K. Württemb. Landw. Ver., Stuttgart 37 [= N. S. 17] (1): 64. **Type locality:** Germany: Württemberg.

Phora sordipennis Dufour, 1841. Mém. Soc. Sci. Aric. Lille (1840): 422. **Type locality:** France.

Diploneura (*Tristoechia*) *abbreviata*: Schmitz, 1927b. Natuurh. Maandbl. 16: 47; Liu, 2001. A Taxonomic Study of Chinese Phorid Flies (Diptera: Phoridae) 1: 91; Liu *et* Yang, 2016. Zootaxa 4205 (1): 34.

分布（**Distribution**）：吉林（JL）、辽宁（LN）、陕西（SN）、云南（YN）、海南（HI）；俄罗斯、挪威、英国、德国、法国、斯洛文尼亚。

（18）双带栅蚤蝇 *Diplonevra bifasciata* (Walker, 1860)

Phora bifasciata Walker, 1860b. J. Proc. Linn. Soc. London Zool. 4: 172. **Type locality:** Indonesia: Celebes [= Sulawesi].

Phora egregia Brues, 1911. Ann. Hist.-Nat. Mus. Natl. Hung. 9: 534. **Type locality:** China: Taiwan.

Phora bicolorata Becker, 1914. Suppl. Ent. 3: 88. **Type locality:** China: Taiwan.

Phora cinctiventris Senior-White, 1922. Mem. Dept. Agric. India (Ent. Ser.) 7: 154. **Type locality:** Sri Lanka.

Diploneura (*Tristoechia*) *bifasciata*: Schmitz, 1929. Revision der Phoriden: 105; Liu, 2001. A Taxonomic Study of Chinese Phorid Flies (Diptera: Phoridae) 1: 88; Liu *et* Yang, 2016. Zootaxa 4205 (1): 33.

分布（**Distribution**）：辽宁（LN）、甘肃（GS）、贵州（GZ）、云南（YN）、台湾（TW）、广东（GD）、广西（GX）、海南（HI）；日本、泰国、印度、斯里兰卡、印度尼西亚。

（19）二鬃栅蚤蝇 *Diplonevra bisetifera* **Liu, 1995**

Diplonevra bisetifera Liu, 1995. J. Shenyang Agric. Univ. 26 (3): 256. **Type locality:** China: Yunnan, Mengla.

Diplonevra bisetifera: Liu, 2001. A Taxonomic Study of Chinese Phorid Flies (Diptera: Phoridae) 1: 90; Liu *et* Yang, 2016. Zootaxa 4205 (1): 33.

分布（**Distribution**）：辽宁（LN）、贵州（GZ）、云南（YN）。

（20）短突栅蚤蝇 *Diplonevra brevicula* **Liu *et* Yang, 2016**

Diplonevra brevicula Liu *et* Yang, 2016. Zootaxa 4205 (1): 48. **Type locality:** China: Liaoning, Mt. Laotie.

分布（**Distribution**）：辽宁（LN）。

（21）角栓栅蚤蝇 *Diplonevra corniculata* **Liu *et* Yang, 2016**

Diplonevra corniculata Liu *et* Yang, 2016. Zootaxa 4205 (1): 37. **Type locality:** China: Guizhou, Mt. Leigong.

分布（**Distribution**）：贵州（GZ）、海南（HI）。

（22）黄腹栅蚤蝇 *Diplonevra fasciiventris* **(Brues, 1911)**

Phora fasciiventris Brues, 1911. Ann. Hist.-Nat. Mus. Natl. Hung. 9: 532. **Type locality:** China: Taiwan, Chip.

Diplonevra fasciiventris: Liu, 2001. A Taxonomic Study of Chinese Phorid Flies (Diptera: Phoridae) 1: 91.

分布（**Distribution**）：台湾（TW）。

（23）趋花栅蚤蝇 *Diplonevra florescens* **(Turton, 1801)**

Musca florescens Turton, 1801. A General System of Nature Vol. III (1800): 636 (replacement name for *Bibio florea* Fabricius, 1794 nec Linnaeus, 1758).

Bibio florea Fabricius, 1794. Ent. Syst. 4: 255 (preoccupied by Linnaeus, 1758). **Type locality:** Germany: "Germania".

Trineura abdominalis Fallén, 1823. Phytomyzides *et* Ochtidiae Sveciae: 5. **Type locality:** Sweden.

Trineura palpina Zetterstedt, 1848. Dipt. Scand. 7: 2868. **Type locality:** Sweden: "Esperoed, Transas Scaniae".

Phora flexuosa Egger, 1862. Verh. Zool.-Bot. Ges. Wien 12: 1233. **Type locality:** Austria.

Phora sororcula Wulp, 1871. Tijdschr. Ent. 2 (6): 209. **Type locality:** Netherlands: Amsterdam.

Diploneura versicolor Schmitz, 1920. Jaarb. Natuurh. Genoot. Limburg 1919: 105. **Type locality:** Netherlands: Limburg.

Diplonevra florescens: Thompson *et* Pont, 1993. Theses Zoologicae 20: 76; Liu *et* Yang, 2016. Zootaxa 4205 (1): 36.

分布（**Distribution**）：辽宁（LN）、宁夏（NX）；奥地利、瑞士、捷克、德国、丹麦、西班牙、法国、英国、匈牙利、意大利、爱尔兰、荷兰、葡萄牙、波兰、瑞典、芬兰、土耳其、前苏联。

（24）墓地栅蚤蝇 *Diplonevra funebris* **(Meigen, 1830)**

Phora funebris Meigen, 1830. Syst. Beschr. Europ. Zweifl. Insekt. 6: 221. **Type locality:** Europe.

Phora pseudoconcinna Strobl, 1892. Wien. Ent. Ztg. 11: 199. **Type locality:** Austria: Seitenstetten.

Phora luctuosa Becker, 1901. Abh. Zool.-Bot. Ges. Wien 1 (1): 72 (misidentification).

Dohrniphora concinna Malloch, 1912. Proc. U. S. Natl. Mus. 43: 431 (misidentification).

Dohrniphora concinna var. *rostralis* Schmitz, 1918. Jaarb. Natuurh. Genoot. Limburg 1917: 111. **Type locality:** Germany: Holstein, Dahme.

Diplonevra funebris: Liu *et* Yang, 2016. Zootaxa 4205 (1): 38.

分布（**Distribution**）：辽宁（LN）；奥地利、比利时、捷克、德国、丹麦、西班牙、法国、英国、希腊、意大利、爱尔兰、荷兰、葡萄牙、波兰、瑞典、芬兰、前南斯拉夫、前苏联、加拿大、美国。

（25）叉鬃栅蚤蝇 *Diplonevra furcavectis* **Liu *et* Yang, 2016**

Diplonevra furcavectis Liu *et* Yang, 2016. Zootaxa 4205 (1): 47. **Type locality:** China: Ningxia, Mt. Liupan.

分布（**Distribution**）：宁夏（NX）。

（26）鳃足栅蚤蝇 *Diplonevra lamella* **Liu *et* Yang, 2016**

Diplonevra lamella Liu *et* Yang, 2016. Zootaxa 4205 (1): 40. **Type locality:** China: Henan, Nanzhao.

分布（**Distribution**）：辽宁（LN）、河南（HEN）。

（27）粗角栅蚤蝇 *Diplonevra pachycera* **(Schmitz, 1918)**

Dohrniphora concinna var. *pachycera* Schmitz, 1918. Jaarb. Natuurh. Genoot. Limburg 1917: 111. **Type locality:** Netherlands: Limburg, Watersleijde.

Diploneura pachycera: Schmitz, 1927d. Wien Ent. Ztg. 44: 71; Liu *et* Yang, 2016. Zootaxa 4205 (1): 40.

分布（**Distribution**）：吉林（JL）、辽宁（LN）；奥地利、德国、荷兰。

（28）广东栅蚤蝇 *Diplonevra peregrina* **(Wiedemann, 1830)**

Trineura peregrina Wiedemann, 1830. Aussereurop. Zweifl.

Insekt. 2: 600. **Type locality:** China: Guangdong, Canton.

Phora sinensis Schiner, 1868. Reise der Österreichischen Fregatte Novara, Diptera 2 (1B): 223. **Type locality:** China: Hong Kong.

Phora conventa Brues, 1911. Ann. Hist.-Nat. Mus. Natl. Hung. 9: 537. **Type locality:** China: Taiwan, Takao.

Diploneura peregrina: Schmitz, 1929. Rivision der Phoriden: 13; Liu, 2001. A Taxonomic Study of Chinese Phorid Flies (Diptera: Phoridae) 1: 93; Liu *et* Yang, 2016. Zootaxa 4205 (1): 35.

分布（Distribution）：黑龙江（HL）、吉林（JL）、辽宁（LN）、台湾（TW）、广东（GD）、香港（HK）；日本、澳大利亚。

（29）聚刺栅蚤蝇 *Diplonevra spinibotra* Liu *et* Yang, 2016

Diplonevra spinibotra Liu *et* Yang, 2016. Zootaxa 4205 (1): 49. **Type locality:** China: Ningxia, Mt. Liupan.

分布（Distribution）：宁夏（NX）。

（30）远东栅蚤蝇 *Diplonevra taigaensis* Mikhaĭlovskaya, 1990

Diplonevra taigaensis Mikhaĭlovskaya, 1990. Ent. Obozr. 69 (3): 697. **Type locality:** Russia: Taiga.

Diplonevra taigaensis: Liu, 2001. A Taxonomic Study of Chinese Phorid Flies (Diptera: Phoridae) 1: 94; Liu *et* Yang, 2016. Zootaxa 4205 (1): 47.

分布（Distribution）：黑龙江（HL）、吉林（JL）、辽宁（LN）；俄罗斯。

（31）梯突栅蚤蝇 *Diplonevra trapezia* Liu *et* Yang, 2016

Diplonevra trapezia Liu *et* Yang, 2016. Zootaxa 4205 (1): 38. **Type locality:** China: Inner Mongolia, Wusutu.

分布（Distribution）：内蒙古（NM）。

（32）三角栅蚤蝇 *Diplonevra triangulata* Liu *et* Yang, 2016

Diplonevra triangulata Liu *et* Yang, 2016. Zootaxa 4205 (1): 48. **Type locality:** China: Inner Mongolia, Huhhot.

分布（Distribution）：内蒙古（NM）。

（33）粗鬃栅蚤蝇 *Diplonevra vecticrassa* Liu *et* Yang, 2016

Diplonevra vecticrassa Liu *et* Yang, 2016. Zootaxa 4205 (1): 39. **Type locality:** China: Qinghai, Huzhu.

分布（Distribution）：河北（HEB）、青海（QH）。

7. 栓蚤蝇属 *Dohrniphora* Dahl, 1898

Dohrniphora Dahl, 1898. Sber. Ges. Naturf. Freunde Berl.: 188. **Type species:** *Dohrniphora dohrni* Dahl, 1898 (by original designation).

（34）无栓栓蚤蝇 *Dohrniphora aspinula* Liu, 2015

Dohrniphora aspinula Liu, 2015. Zootaxa 3986 (3): 319. **Type locality:** China: Guangxi, Shiwandashan.

分布（Distribution）：广西（GX）。

（35）贝氏栓蚤蝇 *Dohrniphora belyaevae* Mostovski, 2000

Dohrniphora belyaevae Mostovski, 2000. Zool. Žhur. 79 (3): 313. **Type locality:** Vietnam: Saigon.

Dohrniphora belyaevae: Liu, 2015. Zootaxa 3986 (3): 317.

分布（Distribution）：海南（HI）；越南。

（36）凯氏栓蚤蝇 *Dohrniphora caini* Disney, 1990

Dohrniphora caini Disney, 1990. Zool. J. Linn. Soc. 99: 361. **Type locality:** Indonesia: Sulawesi, Dumoga-Bone National Park.

Dohrniphora caini: Liu, 2001. A Taxonomic Study of Chinese Phorid Flies (Diptera: Phoridae) 1: 107; Liu, 2015. Zootaxa 3986 (3): 317.

分布（Distribution）：云南（YN）；菲律宾、印度尼西亚。

（37）细齿栓蚤蝇 *Dohrniphora capillaris* Liu, 2015

Dohrniphora capillaris Liu, 2015. Zootaxa 3986 (3): 313. **Type locality:** China: Taiwan, Hualian, Bilvshenmu.

分布（Distribution）：台湾（TW）。

（38）横脊栓蚤蝇 *Dohrniphora carinata* Liu, 2015

Dohrniphora carinata Liu, 2015. Zootaxa 3986 (3): 325. **Type locality:** China: Shaanxi, Mt. Qinling.

分布（Distribution）：陕西（SN）。

（39）簇齿栓蚤蝇 *Dohrniphora cespitula* Liu, 2015

Dohrniphora cespitula Liu, 2015. Zootaxa 3986 (3): 327. **Type locality:** China: Hainan, Mt. Jianfeng.

分布（Distribution）：海南（HI）。

（40）角喙栓蚤蝇 *Dohrniphora cornuta* (Bigot, 1857)

Phora cornuta Bigot, 1857. Hist. Nat. Cuba (1856) 7: 348. **Type locality:** Cuba.

Phora cleghorni Bigot, 1890. Indian Mus. Notes 1: 191. **Type locality:** India: Murshidābād, Indoustan.

Phora mordax Brues, 1911. Ann. Hist.-Nat. Mus. Natl. Hung. 9: 531. **Type locality:** China: Taiwan, Takao.

Dohrniphora cornuta: Liu, 2001. A Taxonomic Study of Chinese Phorid Flies (Diptera: Phoridae) 1: 100; Liu, 2015. Zootaxa 3986 (3): 310.

分布（Distribution）：黑龙江（HL）、吉林（JL）、辽宁（LN）、河北（HEB）、北京（BJ）、河南（HEN）、台湾（TW）、广东（GD）、广西（GX）；泰国、菲律宾、印度、澳大利亚、新西兰、日本、伊朗、以色列、奥地利、捷克、德国、西班牙、法国、英国、意大利、荷兰、葡萄牙、波兰、前南斯拉夫、前苏联、加拿大、美国、古巴。

（41）密齿栓蚤蝇 *Dohrniphora densilinearis* Yang *et* Liu, 2012

Dohrniphora densilinearis Yang *et* Liu, 2012. Entomotaxon. 34 (2): 340. **Type locality:** China: Hainan, Diaoluoshan.

Dohrniphora densilinearis: Liu, 2015. Zootaxa 3986 (3): 317.

分布（Distribution）：海南（HI）。

（42）短齿栓蚤蝇 *Dohrniphora dentiretusa* Liu, 2015

Dohrniphora dentiretusa Liu, 2015. Zootaxa 3986 (3): 319. **Type locality:** China: Taiwan, Nantou.

分布（Distribution）：台湾（TW）。

（43）泛刺栓蚤蝇 *Dohrniphora dilatata* Liu, 2015

Dohrniphora dilatata Liu, 2015. Zootaxa 3986 (3): 323. **Type locality:** China: Shaanxi, Zhuoxian.

分布（Distribution）：陕西（SN）。

（44）异齿栓蚤蝇 *Dohrniphora disparilis* Liu, 2015

Dohrniphora disparilis Liu, 2015. Zootaxa 3986 (3): 325. **Type locality:** China: Hainan, Mt. Jianfeng.

分布（Distribution）：海南（HI）。

（45）疏齿栓蚤蝇 *Dohrniphora infrequens* Liu, 2015

Dohrniphora infrequens Liu, 2015. Zootaxa 3986 (3): 317. **Type locality:** China: Hainan, Diaoluo.

分布（Distribution）：海南（HI）。

（46）海岛栓蚤蝇 *Dohrniphora insulana* Liu, 2001

Dohrniphora insulana Liu, 2001. A Taxonomic Study of Chinese Phorid Flies (Diptera: Phoridae) 1: 106. **Type locality:** China: Hainan, Mt. Jianfeng.

Dohrniphora insulanai: Liu, 2015. Zootaxa 3986 (3): 326.

分布（Distribution）：海南（HI）。

（47）阔须栓蚤蝇 *Dohrniphora intumescens* Liu, 2001

Dohrniphora intumescens Liu, 2001. A Taxonomic Study of Chinese Phorid Flies (Diptera: Phoridae) 1: 105. **Type locality:** China: Hainan, Mt. Jianfeng.

Dohrniphora intumescens: Liu, 2015. Zootaxa 3986 (3): 312.

分布（Distribution）：海南（HI）。

（48）李氏栓蚤蝇 *Dohrniphora leei* Disney, 2005

Dohrniphora leei Disney, 2005a. Ent. Mon. Mag. 141: 198. **Type locality:** R. O. Korea: Sacheon, Gyeongsangnam-do.

Dohrniphora leei: Liu, 2015. Zootaxa 3986 (3): 310.

分布（Distribution）：辽宁（LN）；韩国。

（49）长鬃栓蚤蝇 *Dohrniphora longisetalis* Liu, 2015

Dohrniphora longisetalis Liu, 2015. Zootaxa 3986 (3): 315.

Type locality: China: Zhejiang, Mt. Tianmu.

分布（Distribution）：浙江（ZJ）。

（50）马来栓蚤蝇 *Dohrniphora malaysiae* Green, 1997

Dohrniphora malaysiae Green, 1997. Malayan Nat. J. 50: 159. **Type locality:** Malaysia: Genting Highlands.

Dohrniphora rectilinearis Liu, 2001. A Taxonomic Study of Chinese Phorid Flies (Diptera: Phoridae) 1: 104. **Type locality:** China: Yunnan, Mengla.

Dohrniphora malaysiae: Liu, 2015. Zootaxa 3986 (3): 319.

分布（Distribution）：云南（YN）；马来西亚。

（51）微刺栓蚤蝇 *Dohrniphora microtrichina* Liu, 2015

Dohrniphora microtrichina Liu, 2015. Zootaxa 3986 (3): 322. **Type locality:** China: Guangdong, Mt. Nanling.

分布（Distribution）：广东（GD）。

（52）默低栓蚤蝇 *Dohrniphora modesta* Disney *et* Michailovskaya, 2000

Dohrniphora modesta Disney *et* Michailovskaya, 2000. Ent. Gaz. 51: 91. **Type locality:** Russia: Primorskii Krai, Grnotayozhnoe.

Dohrniphora modesta: Liu, 2015. Zootaxa 3986 (3): 312.

分布（Distribution）：辽宁（LN）；俄罗斯。

（53）巴布亚栓蚤蝇 *Dohrniphora papuana* (Brues, 1905)

Phora papuana Brues, 1905. Ann. Hist.-Nat. Mus. Natl. Hung. 3: 541. **Type locality:** New Guinea: Huon Gulf, Sattelberg.

Phora papuana: Liu, 2001. A Taxonomic Study of Chinese Phorid Flies (Diptera: Phoridae) 1: 109; Liu, 2015. Zootaxa 3986 (3): 309.

分布（Distribution）：云南（YN）；新几内亚岛。

（54）普韦栓蚤蝇 *Dohrniphora prescherweberae* Liu, 2001

Dohrniphora prescherweberae Liu, 2001. A Taxonomic Study of Chinese Phorid Flies (Diptera: Phoridae) 1: 110. **Type locality:** China: Yunnan, Mengla.

Dohrniphora microspinosa Shen *et* Liu, 2009. Acta Zootaxon. Sin. 34 (4): 801. **Type locality:** China: Hainan, Mt. Jianfeng.

Dohrniphora prescherweberae: Liu, 2015. Zootaxa 3986 (3): 322.

分布（Distribution）：云南（YN）、海南（HI）。

（55）致密栓蚤蝇 *Dohrniphora proxima* Liu, 2015

Dohrniphora proxima Liu, 2015. Zootaxa 3986 (3): 315. **Type locality:** China: Hainan, Mt. Jianfeng.

分布（Distribution）：海南（HI）。

（56）秦川栓蚤蝇 *Dohrniphora qinnica* Liu, 2001

Dohrniphora qinnica Liu, 2001. A Taxonomic Study of

Chinese Phorid Flies (Diptera: Phoridae) 1: 108. **Type locality:** China: Shaanxi, Mt. Qinling.

Dohrniphora qinnica: Liu, 2015. Zootaxa 3986 (3): 323.

分布（Distribution）：陕西（SN）。

（57）直角栓蚤蝇 *Dohrniphora rectangularis* Liu, 2015

Dohrniphora rectangularis Liu, 2015. Zootaxa 3986 (3): 310. **Type locality:** China: Hainan, Mt. Jianfeng.

分布（Distribution）：海南（HI）。

（58）穿越栓蚤蝇 *Dohrniphora separata* Liu, 2015

Dohrniphora separata Liu, 2015. Zootaxa 3986 (3): 320. **Type locality:** China: Hainan, Mt. Jianfeng.

分布（Distribution）：海南（HI）。

（59）毛须栓蚤蝇 *Dohrniphora setulipalpis* Liu, 2001

Dohrniphora setulipalpis Liu, 2001. A Taxonomic Study of Chinese Phorid Flies (Diptera: Phoridae) 1: 103. **Type locality:** China: Hainan, Mt. Jianfeng.

Dohrniphora setulipalpis: Liu, 2015. Zootaxa 3986 (3): 313.

分布（Distribution）：海南（HI）。

（60）三角栓蚤蝇 *Dohrniphora triangula* Liu, 2015

Dohrniphora triangula Liu, 2015. Zootaxa 3986 (3): 327. **Type locality:** China: Yunnan, Dehong.

分布（Distribution）：云南（YN）。

8. 戈蚤蝇属 *Godavaria* Brown, 1992

Godavaria Brown, 1992. Mem. Ent. Soc. Can. 164: 38. **Type species:** *Godavaria setulosa* Brown, 1992 (by original designation).

（61）罗氏戈蚤蝇 *Godavaria robinsoni* Liu, 2001

Godavaria robinsoni Liu, 2001. A Taxonomic Study of Chinese Phorid Flies (Diptera: Phoridae) 1: 42. **Type locality:** China: Hainan, Mt. Jianfeng.

分布（Distribution）：海南（HI）。

9. 栉蚤蝇属 *Hypocera* Lioy, 1864

Hypocera Lioy, 1864. Atti R. Ist. Véneto Sci. Lett. Arti 10 (3): 78. **Type species:** *Trineura mordellaria* Fallén, 1823 (by designation of Brues, 1906).

（62）环尾栉蚤蝇 *Hypocera anularia* Nakayama *et* Shima, 2001

Hypocera anularia Nakayama *et* Shima, 2001. Entomol. Sci. 4 (3): 380. **Type locality:** Japan: Hokkaidō, Ashoro-cho.

分布（Distribution）：台湾（TW）；日本、泰国。

（63）墨体栉蚤蝇 *Hypocera mordellaria* (Fallén, 1823)

Trineura mordellaria Fallén, 1823. Phytomyzides *et* Ochtidiae

Sveciae: 6. **Type locality:** Sweden.

Hypocera mordellaria: Liu, 2001. A Taxonomic Study of Chinese Phorid Flies (Diptera: Phoridae) 1: 35.

分布（Distribution）：陕西（SN）、台湾（TW）；奥地利、捷克、德国、丹麦、法国、英国、匈牙利、挪威、荷兰、波兰、瑞典、芬兰、前南斯拉夫、前苏联、加拿大、美国。

（64）束毛栉蚤蝇 *Hypocera racemosa* Liu, 2001

Hypocera racemosa Liu, 2001. A Taxonomic Study of Chinese Phorid Flies (Diptera: Phoridae) 1: 34. **Type locality:** China: Sichuan, Shimian.

分布（Distribution）：四川（SC）。

（65）黄体栉蚤蝇 *Hypocera rectangulata* Malloch, 1912

Hypocera rectangulata Malloch, 1912. Proc. U. S. Natl. Mus. 43: 512. **Type locality:** Indonesia: Java, Mount. Gede.

Hypocera rectangulatai Liu, 2001. A Taxonomic Study of Chinese Phorid Flies (Diptera: Phoridae) 1: 32.

分布（Distribution）：台湾（TW）、海南（HI）；印度尼西亚。

10. 阔蚤蝇属 *Latiborophora* Brown, 1992

Latiborophora Brown, 1992. Mem. Ent. Soc. Can. 164: 40. **Type species:** *Borophaga rufibasis* Beyer, 1959.

（66）小痣阔蚤蝇 *Latiborophaga bathmis* Liu, 2001

Latiborophaga bathmis Liu, 2001. A Taxonomic Study of Chinese Phorid Flies (Diptera: Phoridae) 1: 39. **Type locality:** China: Sichuan, Baoxing.

分布（Distribution）：四川（SC）。

11. 曼蚤蝇属 *Mannheimsia* Beyer, 1965

Mannheimsia Beyer, 1965. Explor. Parc Natl. Albert Miss. G. F. de Witte (1933-1935) 99: 28. **Type species:** *Mannheimsia stricta* Beyer, 1965 (by original designation).

Chouomyia Liu, 1995. Stud. Dipt. 2 (2): 185. **Type species:** *Chouomyia tianzena* Liu, 1995. Brown, 2005. Afr. Invertebr. 46: 134.

（67）指突曼蚤蝇 *Mannheimsia stylodactyla* (Liu, 1995)

Chouomyia stylodactyla Liu, 1995. Stud. Dipt. 2 (2): 186. **Type locality:** China: Yunnan, Mengla.

Chouomyia ramai Mostovski, 1997. Zool. Žhur. 76: 876. **Type locality:** Thailand.

Mannheimsia stylodactyla: Brown, 2004. Afr. Invertebr. 45: 137.

分布（Distribution）：云南（YN）；泰国。

（68）天则曼蚤蝇 *Mannheimsia tianzena* (Liu, 1995)

Chouomyia tianzena Liu, 1995. Stud. Dipt. 2 (2): 186. **Type**

locality: China: Shaanxi, Yangling.

Mannheimsia tianzena: Brown, 2004. Afr. Invertebr. 45: 139.

分布（Distribution）：陕西（SN）。

12. 蚤蝇属 *Phora* Latreille, 1796

Phora Latreille, 1796. Précis Caract. Gén. Ins.: 169. **Type species**: *Musca aterrima* Fabricius, 1794 (by designation of Latreille, 1802: monotypy) [= *Trineura atra* Meigen, 1804].

（69）针叶蚤蝇 *Phora acerosa* Gotoh, 2006

Phora acerosa Gotoh, 2006. Bull. Kitakyushu Mus. Nat. Hist. Hum. Hist. 4: 20. **Type locality**: China: Taiwan, Nanshanchi.

分布（Distribution）：台湾（TW）；尼泊尔。

（70）阔额蚤蝇 *Phora amplifrons* Goto, 1985

Phora amplifrons Goto, 1985. Kontyû 53 (3): 549. **Type locality**: Japan: Hokkaidō, Meckan.

Phora amplifrons: Liu *et* Wang, 2010. Zootaxa 2359: 40.

分布（Distribution）：宁夏（NX）；日本。

（71）毛额蚤蝇 *Phora capillosa* Schmitz, 1933

Phora capillosa Schmitz, 1933. Ark. Zool. 27B (2): 1. **Type locality**: China: Kansu.

Phora capillosa: Liu *et* Chou, 1994. Entomotaxon. 16 (1): 64; Liu, 2001. A Taxonomic Study of Chinese Phorid Flies (Diptera: Phoridae) 1: 65.

分布（Distribution）：甘肃（GS）、四川（SC）。

（72）双凹蚤蝇 *Phora concava* Liu *et* Wang, 2010

Phora concava Liu *et* Wang, 2010. Zootaxa 2359: 38. **Type locality**: China: Ningxia, Mt. Liupan.

分布（Distribution）：宁夏（NX）。

（73）聚额蚤蝇 *Phora convergens* Schmitz, 1920

Phora convergens Schmitz, 1920. Jaarb. Natuurh. Genoot. Limburg 1919: 117. **Type locality**: Austria: Zillertal.

Phora convergens: Liu *et* Chou, 1994. Entomotaxon. 16 (1): 67; Liu, 2001. A Taxonomic Study of Chinese Phorid Flies (Diptera: Phoridae) 1: 69.

分布（Distribution）：四川（SC）；日本、奥地利、捷克、德国、波兰、瑞典、前苏联。

（74）缺齿蚤蝇 *Phora edentata* Schmitz, 1920

Phora edentata Schmitz, 1920. Jaarb. Natuurh. Genoot. Limburg 1919: 122. **Type locality**: Netherlands: Limburg.

Phora edentate Wang *et* Liu, 2009. Acta Zootaxon. Sin. 34 (4): 806.

分布（Distribution）：宁夏（NX）；日本、奥地利、比利时、德国、丹麦、西班牙、法国、英国、匈牙利、爱尔兰、荷兰、葡萄牙、波兰、瑞典、芬兰、前南斯拉夫、前苏联。

（75）方额蚤蝇 *Phora fenestrata* Gotoh, 2006

Phora fenestrata Gotoh, 2006. Bull. Kitakyushu Mus. Nat.

Hist. Hum. Hist. 4: 12. **Type locality**: China: Taiwan, Nantou, Meifeng-Tshufeng.

分布（Distribution）：台湾（TW）。

（76）叉突蚤蝇 *Phora furcularis* Liu *et* Wang, 2009

Phora furcularis Liu *et* Wang, 2009. *In*: Wang *et* Liu, 2009. Acta Zootaxon. Sin. 34 (4): 804. **Type locality**: China: Ningxia, Mt. Liupan.

分布（Distribution）：宁夏（NX）。

（77）钩尾蚤蝇 *Phora hamulata* Liu *et* Chou, 1994

Phora hamulata Liu *et* Chou, 1994. Entomotaxon. 16 (1): 68. **Type locality**: China: Shaanxi, Mt. Qinling.

Phora hamulata: Liu, 2001. A Taxonomic Study of Chinese Phorid Flies (Diptera: Phoridae) 1: 67.

分布（Distribution）：陕西（SN）。

（78）全绒蚤蝇 *Phora holosericea* Schmitz, 1920

Phora holosericea Schmitz, 1920. Jaarb. Natuurh. Genoot. Limburg 1919: 121. **Type locality**: Netherlands.

Phora holosericea: Liu *et* Chou, 1994. Entomotaxon. 16 (1): 67; Liu, 2001. A Taxonomic Study of Chinese Phorid Flies (Diptera: Phoridae) 1: 74.

分布（Distribution）：黑龙江（HL）、吉林（JL）、辽宁（LN）、陕西（SN）；日本、蒙古国、以色列、奥地利、比利时、瑞士、捷克、德国、丹麦、西班牙、英国、匈牙利、意大利、爱尔兰、挪威、荷兰、葡萄牙、波兰、瑞典、芬兰、前苏联、加拿大、美国。

（79）凹叶蚤蝇 *Phora lacunifera* Goto, 1984

Phora lacunifera Goto, 1984. Kontyû 52 (1): 166. **Type locality**: Japan: Kagoshima, Ibusuki-gun, Hanasezaki.

Phora lacunifera: Liu *et* Chou, 1994. Entomotaxon. 16 (1): 67; Liu, 2001. A Taxonomic Study of Chinese Phorid Flies (Diptera: Phoridae) 1: 72.

分布（Distribution）：陕西（SN）、云南（YN）、台湾（TW）、海南（HI）；日本、尼泊尔。

（80）西方蚤蝇 *Phora occidentata* Malloch, 1912

Phora occidentata Malloch, 1912. Proc. U. S. Natl. Mus. 43: 438. **Type locality**: USA: Alaska, Popoff Island.

Phora zetterstedti Schmitz, 1927c. Konowia 6: 151. **Type locality**: Sweden.

Phora occidentata: Liu *et* Chou, 1994. Entomotaxon. 16 (1): 66; Liu, 2001. A Taxonomic Study of Chinese Phorid Flies (Diptera: Phoridae) 1: 71.

分布（Distribution）：内蒙古（NM）、甘肃（GS）、四川（SC）；日本、挪威、瑞典、芬兰、前苏联、加拿大、美国。

（81）东亚蚤蝇 *Phora orientis* Gotoh, 2006

Phora orientis Gotoh, 2006. Bull. Kitakyushu Mus. Nat. Hist. Hum. Hist. 4: 9. **Type locality**: R. O. Korea: Gyeongsangbuk-do, Mt. Sudosan.

分布（**Distribution**）：四川（SC）；韩国。

（82）喙尾蚤蝇 *Phora rostrata* Liu *et* Wang, 2010

Phora rostrata Liu *et* Wang, 2010. Zootaxa 2359: 36. **Type locality:** China: Ningxia, Mt. Liupan.
分布（**Distribution**）：宁夏（NX）。

（83）三枝蚤蝇 *Phora saigusai* Goto, 1986

Phora saigusai Goto, 1986. Kontyû 54 (1): 128. **Type locality:** Japan: Kumamoto Pref., Izumi-mura, Hakucho-zan.
Phora saigusai: Liu *et* Chou, 1994. Entomotaxon. 16 (1): 68; Liu, 2001. A Taxonomic Study of Chinese Phorid Flies (Diptera: Phoridae) 1: 75.
分布（**Distribution**）：云南（YN）；日本。

（84）白水蚤蝇 *Phora shirozui* Gotoh, 2006

Phora shirozui Gotoh, 2006. Bull. Kitakyushu Mus. Nat. Hist. Hum. Hist. 4: 14. **Type locality:** China: Taiwan, Chiai Hsien, Mt. Lulin.
分布（**Distribution**）：台湾（TW）。

（85）亚谷蚤蝇 *Phora subconvallium* Gotoh, 2006

Phora subconvallium Gotoh, 2006. Bull. Kitakyushu Mus. Nat. Hist. Hum. Hist. 4: 16. **Type locality:** China: Taiwan, Nantou, Tsuifeng.
分布（**Distribution**）：台湾（TW）。

（86）台湾蚤蝇 *Phora taiwana* Gotoh, 2006

Phora taiwana Gotoh, 2006. Bull. Kitakyushu Mus. Nat. Hist. Hum. Hist. 4: 24. **Type locality:** China: Taiwan, Nantou Hsien, Tsuifeng.
分布（**Distribution**）：台湾（TW）。

（87）鹿林蚤蝇 *Phora tattakana* Gotoh, 2006

Phora tattakana Gotoh, 2006. Bull. Kitakyushu Mus. Nat. Hist. Hum. Hist. 4: 33. **Type locality:** China: Taiwan, Chiai Hsien, Lulingshan, Tatachia-anpu.
分布（**Distribution**）：台湾（TW）。

13. 刺蚤蝇属 *Spiniphora* Malloch, 1909

Spiniphora Malloch, 1909. Glasgow Nat. 1: 26. **Type species:** *Phora maculata* Meigen, 1830 (by designation of Malloch, 1910).

（88）异尾刺蚤蝇 *Spiniphora genitalis* Schmitz, 1940

Spiniphora genitalis Schmitz, 1940. Natuurh. Maandbl. 29: 78. **Type locality:** Malaysia: Kuala Lumpur.
Spiniphora genitalis: Liu, 2001. A Taxonomic Study of Chinese Phorid Flies (Diptera: Phoridae) 1: 79.
分布（**Distribution**）：广西（GX）；印度尼西亚、马来西亚。

（89）单色刺蚤蝇 *Spiniphora unicolor* Liu, 2001

Spiniphora unicolor Liu, 2001. A Taxonomic Study of Chinese

Phorid Flies (Diptera: Phoridae) 1: 81. **Type locality:** China: Guangdong, Mt. Dinghu.
分布（**Distribution**）：广东（GD）。

14. 弧蚤蝇属 *Stichillus* Enderlein, 1924

Stichillus Enderlein, 1924a. Ent. Mitt. 13 (8): 279. **Type species:** *Stichillus acutivertex* Enderlein, 1924 (by original designation) [= *Hypocera inperata* Brues, 1911].

（90）尖尾弧蚤蝇 *Stichillus acuminatus* Liu *et* Chou, 1996

Stichillus acuminatus Liu *et* Chou, 1996. Entomotaxon. 18 (1): 42. **Type locality:** China: Sichuan, Baoxing.
Stichillus acuminatus: Liu, 2001. A Taxonomic Study of Chinese Phorid Flies (Diptera: Phoridae) 1: 52.
分布（**Distribution**）：四川（SC）。

（91）日本弧蚤蝇 *Stichillus japonicus* (Matsumura, 1916)

Conicera japonica Matsumura, 1916. Thousand Ins. Japan Add. 2: 377. **Type locality:** Japan: Hokkaidō, Sapporo.
Stichillus matsumurai Schmitz, 1953. *In*: Lindner, 1953. Flieg. Palaearkt. Reg. 4 (7): 276. **Type locality:** Japan: Hokkaidō, Sapporo.
Stichillus japonicus: Takagi, 1962. Ins. Matsumura 25 (1): 44; Liu *et* Chou, 1996. Entomotaxon. 18 (1): 41; Liu, 2001. A Taxonomic Study of Chinese Phorid Flies (Diptera: Phoridae) 1: 56.
分布（**Distribution**）：四川（SC）；日本。

（92）圆尾弧蚤蝇 *Stichillus orbiculatus* Liu *et* Chou, 1996

Stichillus orbiculatus Liu *et* Chou, 1996. Entomotaxon. 18 (1): 44. **Type locality:** China: Shaanxi, Mt. Qinling.
Stichillus orbiculatus: Liu, 2001. A Taxonomic Study of Chinese Phorid Flies (Diptera: Phoridae) 1: 59.
分布（**Distribution**）：陕西（SN）。

（93）毛尾弧蚤蝇 *Stichillus polychaetous* Liu *et* Chou, 1996

Stichillus polychaetous Liu *et* Chou, 1996. Entomotaxon. 18 (1): 40. **Type locality:** China: Sichuan, Shimian.
Stichillus polychaetous: Liu, 2001. A Taxonomic Study of Chinese Phorid Flies (Diptera: Phoridae) 1: 54.
分布（**Distribution**）：四川（SC）。

（94）曲弧蚤蝇 *Stichillus sinuosus* Schmitz, 1926

Stichillus sinuosus Schmitz, 1926. Ent. Mitt. 15 (1): 47. **Type locality:** China: Taiwan, Toa Tsui Kutsu.
Stichillus sinuosus: Liu, 2001. A Taxonomic Study of Chinese Phorid Flies 1: 60.
分布（**Distribution**）：台湾（TW）。

（95）刺鞘弧蚤蝇 *Stichillus spinosus* **Liu** *et* **Chou, 1996**

Stichillus spinosus Liu et Chou, 1996. Entomotaxon. 18 (1): 44.
Type locality: China: Sichuan, Baoxing.
Stichillus spinosus: Liu, 2001. A Taxonomic Study of Chinese Phorid Flies (Diptera: Phoridae) 1: 61.
分布（Distribution）：四川（SC）；日本。

（96）惊弧蚤蝇 *Stichillus suspectus* **(Brues, 1911)**

Hypocera suspecta Brues, 1911. Ann. Hist.-Nat. Mus. Natl. Hung. 9: 537. **Type locality:** China: Taiwan, Toyenmongai.
Stichillus suspectus: Liu et Chou, 1996. Entomotaxon. 18 (1): 39; Liu, 2001. A Taxonomic Study of Chinese Phorid Flies (Diptera: Phoridae) 1: 50.
分布（Distribution）：云南（YN）、台湾（TW）；缅甸。

（97）疣尾弧蚤蝇 *Stichillus tuberculosus* **Liu** *et* **Chou, 1996**

Stichillus tuberculosus Liu et Chou, 1996. Entomotaxon. 18 (1): 43. **Type locality:** China: Yunnan, Kunming.
Stichillus tuberculosus: Liu, 2001. A Taxonomic Study of Chinese Phorid Flies (Diptera: Phoridae) 1: 61.
分布（Distribution）：云南（YN）。

15. 寒蚤蝇属 *Triphleba* Rondani, 1856

Triphleba Rondani, 1856. Dipt. Ital. Prodromus, Vol. I: 136. **Type species:** *Triphleba hyemalis* Rondani, 1856 (by original designation) [= *Phora hyalinata* Meigen, 1830].

（98）锥角寒蚤蝇 *Triphleba conchiformis* **Liu** *et* **Liu, 2012**

Triphleba conchiformis Liu et Liu, 2012. Entomotaxon. 34 (2): 326. **Type locality:** China: Ningxia, Zhongwei.
分布（Distribution）：宁夏（NX）。

（99）壳叶寒蚤蝇 *Triphleba coniformis* **Liu, 2001**

Triphleba coniformis Liu, 2001. A Taxonomic Study of Chinese Phorid Flies (Diptera: Phoridae) 1: 132. **Type locality:** ·China: Sichuan, Mt. Gongga.
分布（Distribution）：四川（SC）。

裂蚤蝇亚科 Metopininae

16. 挨蚤蝇属 *Achaetophora* Disney, 1996

Achaetophora Disney, 1996. Sociobiology 28 (1): 1. **Type species:** *Achaetophora aristafurca* Disney, 1996 (by original designation).

（100）叉须挨蚤蝇 *Achaetophora aristafurca* **Disney, 1996**

Achaetophora aristafurca Disney, 1996. Sociobiology 28 (1): 2. **Type locality:** China: Taiwan, Taibei.

分布（Distribution）：台湾（TW）。

17. 博蚤蝇属 *Bolsiusia* Schmitz, 1913

Bolsiusia Schmitz, 1913. Zool. Anz. 42: 268. **Type species:** *Bolsiusia temitophila* Schmitz, 1913 (by original designation).

（101）匙毛博蚤蝇 *Bolsiusia spatulasetae* **Disney, 1996**

Bolsiusia spatulasetae Disney, 1996. Sociobiology 28 (1): 5. **Type locality:** China: Taiwan, Taibei.
分布（Distribution）：台湾（TW）。

18. 细蚤蝇属 *Chonocephalus* Wandolleck, 1898

Chonocephalus Wandolleck, 1898. Zool. Jahrb. (Syst.) 11: 428. **Type species:** *Chonocephalus dorsalis* Wandolleck, 1898 (by original designation).

（102）扁背细蚤蝇 *Chonocephalus depressus* **Meijere, 1912**

Chonocephalus depressus Meijere, 1912. Zool. Jahrb. 15 (Suppl.) 1: 151. **Type locality:** Indonesia: Sumatra, Medan.
分布（Distribution）：广西（GX）；印度尼西亚。

（103）弗氏细蚤蝇 *Chonocephalus fletcheri* **Schmitz, 1912**

Chonocephalus fletcheri Schmitz, 1912. Zool. Anz. 39: 727. **Type locality:** India: Bengal, Chaumashani.
Chonocephalus fletcheri: Liu et Chu, 2016. Zool. Syst. 41 (1): 119.
分布（Distribution）：云南（YN）；印度、孟加拉国、阿曼、也门、加拿大、牙买加、波多黎各（美）、特立尼达和多巴哥。

（104）钳尾细蚤蝇 *Chonocephalus forcipulus* **Liu** *et* **Chu, 2016**

Chonocephalus forcipulus Liu et Chu, 2016. Zool. Syst. 41 (1): 119. **Type locality:** China: Tibet, Motuo.
分布（Distribution）：西藏（XZ）。

19. 梳蚤蝇属 *Ctenopleuriphora* Liu, 1996

Ctenopleuriphora Liu, 1996. Eur. J. Ent. 93 (4): 641. **Type species:** *Ctenopleuriphora decemsetalis* Liu, 1996 (monotypy).

（105）多鬃梳蚤蝇 *Ctenopleuriphora decemsetalis* **Liu, 1996**

Ctenopleuriphora decemsetalis Liu, 1996. Eur. J. Ent. 93 (4): 642. **Type locality:** China: Hainan, Mt. Jianfeng.
Ctenopleuriphora decemsetalis: Brown, 2009. Stud. Dipt. 15: 185.
分布（Distribution）：海南（HI）；泰国。

20. 叉蚤蝇属 *Dicranopteron* Schmitz, 1931

Dicranopteron Schmitz, 1931. Natuurh. Maandbl. 20: 176. **Type species:** *Dicranopteron philotermes* Schmitz, 1931 (by original designation).

（106）扇毛叉蚤蝇 *Dicranopteron flabellatum* Liu et Feng, 2011

Dicranopteron flabellatum Liu et Feng, 2011. Acta Zootaxon. Sin. 36 (4): 909. **Type locality:** China: Taiwan, Pingdong, Hengchun.

分布（Distribution）：台湾（TW）。

21. 寡蚤蝇属 *Gymnophora* Macquart, 1835

Gymnophora Macquart, 1835. Hist. Nat. Ins., Dipt. 2: 631. **Type species:** *Phora arcuata* Meigen, 1830 (monotypy).

（107）布朗寡蚤蝇 *Gymnophora browni* Liu, 2001

Gymnophora browni Liu, 2001. A Taxonomic Study of Chinese Phorid Flies (Diptera: Phoridae) 1: 155. **Type locality:** China: Sichuan, Mt. Gongga.

分布（Distribution）：四川（SC）。

（108）细脉寡蚤蝇 *Gymnophora nonpachyneura* Liu, 2001

Gymnophora nonpachyneura Liu, 2001. A Taxonomic Study of Chinese Phorid Flies (Diptera: Phoridae) 1: 156. **Type locality:** China: Sichuan, Mt. Gongga.

分布（Distribution）：四川（SC）。

22. 异蚤蝇属 *Megaselia* Rondani, 1856

Megaselia Rondani, 1856. Dipt. Ital. Prodromus, Vol. I: 137. **Type species:** *Megaselia crassineura* Rondani, 1856 (by original designation) [= *Phora costalis* von Roser, 1840].

（109）阔跗异蚤蝇 *Megaselia aemula* (Brues, 1911)

Aphiochaeta aemula Brues, 1911. Ann. Hist.-Nat. Mus. Natl. Hung. 9: 549. **Type locality:** China: Taiwan, Polisha.

Megaselia aemula: Liu, 1998. *In*: Xue *et* Chao, 1998. Flies of China, Vol. 2: 2297.

分布（Distribution）：台湾（TW）、广西（GX）；菲律宾。

（110）挨鬃异蚤蝇 *Megaselia agnata* Schmitz, 1926

Megaselia agnata Schmitz, 1926. Ent. Mitt. 15 (1): 50. **Type locality:** China: Taiwan, Daitotei.

Megaselia agnata: Liu, 1998. *In*: Xue *et* Chao, 1998. Flies of China, Vol. 2: 2295.

分布（Distribution）：台湾（TW）、广西（GX）。

（111）白尾异蚤蝇 *Megaselia albicaudata* (Wood, 1910)

Phora albicaudata Wood, 1910. Ent. Mon. Mag. 46: 245.

Type locality: England: Herefordshire.

Megaselia albicaudata: Fang *et* Liu, 2009. *In*: Fang, Hai *et* Liu, 2009. Entomotaxon. 31 (2): 137.

分布（Distribution）：甘肃（GS）；以色列、奥地利、比利时、捷克、德国、丹麦、西班牙、法国、英国、匈牙利、爱尔兰、荷兰、波兰、芬兰、加那利群岛、加拿大、美国。

（112）倍毛异蚤蝇 *Megaselia aliseta* Borgmeier, 1967

Megaselia aliseta Borgmeier, 1967. Stud. Ent. (1966) 9: 310. **Type locality:** China: Taiwan, Hassenzan.

Megaselia aliseta: Liu, 1998. *In*: Xue *et* Chao, 1998. Flies of China, Vol. 1: 74.

分布（Distribution）：台湾（TW）。

（113）狭喙异蚤蝇 *Megaselia angustirostris* Fang et Liu, 2009

Megaselia angustirostris Fang *et* Liu, 2009. *In*: Fang, Hai *et* Liu, 2009. Entomotaxon. 31 (2): 135. **Type locality:** China: Gansu, Zhangye.

分布（Distribution）：甘肃（GS）。

（114）窃蜂异蚤蝇 *Megaselia apifurtiva* Liu, 2014

Megaselia apifurtiva Liu, 2014. *In*: Liu *et al.*, 2014. Pan-Pac. Entomol. 90 (1): 34. **Type locality:** China: Yunnan, Pingbian, Duimenpo.

分布（Distribution）：云南（YN）。

（115）黑爪异蚤蝇 *Megaselia atriclava* (Brues, 1911)

Aphiodhaeta atriclava Brues, 1911. Ann. Hist.-Nat. Mus. Natl. Hung. 9: 545. **Type locality:** China: Taiwan, Polisha.

Aphiodhaeta atriclava: Liu, 1998. *In*: Xue *et* Chao, 1998. Flies of China, Vol. 1: 75.

分布（Distribution）：台湾（TW）。

（116）黑角异蚤蝇 *Megaselia atrita* (Brues, 1915)

Aphiochaeta atrita Brues, 1915. J. N. Y. Ent. Soc. 23 (3): 188. **Type locality:** Indonesia: Java, Mount. Gede.

Megaselia atrita: Liu, 1998. *In*: Xue *et* Chao, 1998. Flies of China, Vol. 1: 77.

分布（Distribution）：辽宁（LN）、台湾（TW）、广东（GD）；印度尼西亚。

（117）双鬃异蚤蝇 *Megaselia bisetalis* Fang et Liu, 2005

Megaselia bisetalis Fang *et* Liu, 2005. Acta Zootaxon. Sin. 30 (3): 636. **Type locality:** China: Guangdong, Mt. Dinghu.

分布（Distribution）：广东（GD）。

（118）双斑异蚤蝇 *Megaselia bisticta* Wang et Liu, 2016

Megaselia bisticta Wang *et* Liu, 2016. Zootaxa 4067 (5): 582.

Type locality: China: Guangxi, Shiwandashan.

分布（Distribution）：广西（GX）。

（119）短尾异蚤蝇 *Megaselia breviuscula* (Brues, 1924)

Aphiochaeta breviuscula Brues, 1924. Psyche 31 (5): 217. Type locality: China: Taiwan, Anping.

Megaselia curtiuscula Beyer, 1966. Pac. Insects 8 (1): 193. Type locality: China: Taiwan, Anping.

Aphiochaeta breviuscula: Liu, 1998. *In*: Xue *et* Chao, 1998. Flies of China, Vol. 1: 75.

分布（Distribution）：台湾（TW）。

（120）褐背异蚤蝇 *Megaselia brunnicans* (Brues, 1924)

Aphiochaeta brunnicans Brues, 1924. Psyche 31 (5): 215. Type locality: China: Taiwan, Taihoku.

分布（Distribution）：台湾（TW）。

（121）知本异蚤蝇 *Megaselia chipensis* (Brues, 1911)

Achaetophora chipensis Brues, 1911. Ann. Hist.-Nat. Mus. Natl. Hung. 9: 554. Type locality: China: Taiwan, Chip.

分布（Distribution）：台湾（TW）。

（122）克氏异蚤蝇 *Megaselia claggi* Brues, 1936

Megaselia claggi Brues, 1936. Proc. Am. Acad. Arts Sci. Boston 70: 373. Type locality: Philippines: Mindanao.

Megaselia claggi: Liu, 1998. *In*: Xue *et* Chao, 1998. Flies of China, Vol. 1: 2296.

分布（Distribution）：云南（YN）；菲律宾。

（123）类鬃异蚤蝇 *Megaselia congrua* Schmitz, 1926

Megaselia congrua Schmitz, 1926. Ent. Mitt. 15 (1): 52. Type locality: China: Taiwan, Maruyama.

分布（Distribution）：台湾（TW）。

（124）角须异蚤蝇 *Megaselia cornipalpis* Fang *et* Liu, 2015

Megaselia cornipalpis Fang *et* Liu, 2015. Zootaxa 3999 (1): 135. Type locality: China: Liaoning, Mt. Qianshan.

分布（Distribution）：辽宁（LN）。

（125）短额异蚤蝇 *Megaselia curtifrons* Brues, 1915

Megaselia curtifrons Brues, 1915. Bull. Wis. Nat. Hist. Soc. (1914) 12: 116 (replacement name for *Aphiochaeta latifrons* Brues, 1911 nec Wood, 1910).

Aphiochaeta latifrons Brues, 1911. Ann. Hist.-Nat. Mus. Natl. Hung. 9: 548 (preoccupied by Wood, 1910). Type locality: China: Taiwan, Takao.

分布（Distribution）：台湾（TW）；印度尼西亚。

（126）短脉异蚤蝇 *Megaselia curtineura* (Brues, 1909)

Aphiochaeta curtineura Brues, 1909. J. N. Y. Ent. Soc. 17: 6. Type locality: Philippines: Manila.

Aphiochaeta insulana Brues, 1911. Ann. Hist.-Nat. Mus. Natl. Hung. 9: 542. Type locality: China: Taiwan, Anping.

Megaselia koffleri Schmitz, 1935. Brotéria 31: 11. Type locality: Israel: Rehoboth.

Megaselia curtineura: Liu, 1998. *In*: Xue *et* Chao, 1998. Flies of China, Vol. 1: 78.

分布（Distribution）：台湾（TW）；以色列、菲律宾、印度、夏威夷群岛。

（127）弧脉异蚤蝇 *Megaselia curva* Brues, 1911

Megaselia curva Brues, 1911. Ann. Hist.-Nat. Mus. Natl. Hung. 9: 552. Type locality: China: Taiwan, Polisha.

分布（Distribution）：台湾（TW）。

（128）长鬃异蚤蝇 *Megaselia dinacantha* Borgmeier, 1967

Megaselia dinacantha Borgmeier, 1967. Stud. Ent. (1966) 9: 293. Type locality: Philippines: Mindanao, Mt. Apo.

Megaselia dinacantha: Liu, 1998. *In*: Xue *et* Chao, 1998. Flies of China, Vol. 2: 2298.

分布（Distribution）：云南（YN）；菲律宾。

（129）直脉异蚤蝇 *Megaselia directa* Brues, 1936

Megaselia directa Brues, 1936. Proc. Am. Acad. Arts Sci. Boston 70: 436. Type locality: Philippines: Mindanao, Mt. Apo, Galog River.

Megaselia directa: Liu, 1998. *In*: Xue *et* Chao, 1998. Flies of China, Vol. 2: 2299.

分布（Distribution）：云南（YN）；菲律宾。

（130）离散异蚤蝇 *Megaselia divergens* (Malloch, 1912)

Aphiochaeta divergens Malloch, 1912. Proc. U. S. Natl. Mus. 43: 480. Type locality: USA: Arizona.

Megaselia divergens: Liu, 1998. *In*: Xue *et* Chao, 1998. Flies of China, Vol. 2: 2299.

分布（Distribution）：陕西（SN）；日本、俄罗斯、美国。

（131）黄体异蚤蝇 *Megaselia flava* (Fallén, 1823)

Trineura flava Fallén, 1823. Dipt. Sveciae, Phytomyzides: 7. Type locality: Sweden: "Ostrogothia".

Aphiochaeta matsutakei Sasaki, 1935. Proc. Imp. Acad. Japan 11: 112. Type locality: Japan.

分布（Distribution）：辽宁（LN）、北京（BJ）、台湾（TW）；日本、几内亚、以色列、瑞典、奥地利、瑞士、捷克、德国、丹麦、法国、英国、匈牙利、爱尔兰、挪威、荷兰、波兰、罗马尼亚。

（132）台湾异蚤蝇 *Megaselia formosana* Brues, 1924

Megaselia formosana Brues, 1924. Psyche 31 (5): 212. **Type locality:** China: Taiwan, Taihoku.

分布（Distribution）：台湾（TW）。

（133）阔脉异蚤蝇 *Megaselia fortinervis* Schmitz, 1926

Megaselia fortinervis Schmitz, 1926. Ent. Mitt. 15 (1): 51. **Type locality:** China: Taiwan, Daitotei.

Megaselia fortinervis: Liu, 1998. *In*: Xue *et* Chao, 1998. Flies of China, Vol. 1: 75.

分布（Distribution）：台湾（TW）；澳大利亚、萨摩亚。

（134）粗体异蚤蝇 *Megaselia fortipes* Borgmeier, 1967

Megaselia fortipes Borgmeier, 1967. Stud. Ent. (1966) 9: 217. **Type locality:** China: Taiwan, Arisan.

分布（Distribution）：台湾（TW）。

（135）吉劳异蚤蝇 *Megaselia giraudii* (Egger, 1862)

Phora giraudii Egger, 1862. Verh. Zool.-Bot. Ges. Wien 12: 1235. **Type locality:** Austria.

分布（Distribution）：内蒙古（NM）、宁夏（NX）；俄罗斯、奥地利、比利时、瑞士、捷克、德国、丹麦、西班牙、法国、英国、匈牙利、爱尔兰、挪威、荷兰、葡萄牙、波兰、瑞典、芬兰、前南斯拉夫、加那利群岛、马德拉群岛、加拿大、美国。

（136）巨翅异蚤蝇 *Megaselia grandipennis* Borgmeier, 1967

Megaselia grandipennis Borgmeier, 1967. Stud. Ent. (1966) 9: 242. **Type locality:** China: Taiwan, Arisan.

分布（Distribution）：台湾（TW）。

（137）灰翅异蚤蝇 *Megaselia grisaria* Schmitz, 1933

Megaselia grisaria Schmitz, 1933. Ark. Zool. 27B (2): 3. **Type locality:** China: Gansu.

Megaselia grisaria: Liu, 1998. *In*: Xue *et* Chao, 1998. Flies of China, Vol. 1: 75.

分布（Distribution）：甘肃（GS）。

（138）阔唇异蚤蝇 *Megaselia labialis* Brues, 1936

Megaselia labialis Brues, 1936. Proc. Am. Acad. Arts Sci. Boston 70: 372. **Type locality:** Philippines: Mindanao, the Mount. Apo Region.

Megaselia labialis: Liu, 1998. *In*: Xue *et* Chao, 1998. Flies of China, Vol. 2: 2296.

分布（Distribution）：海南（HI）；菲律宾。

（139）凹跗异蚤蝇 *Megaselia lacunitarsalis* Fang *et* Liu, 2015

Megaselia lacunitarsalis Fang *et* Liu, 2015. Zootaxa 3999 (1):

137. **Type locality:** China: Jilin, Mt. Changbai.

分布（Distribution）：吉林（JL）。

（140）纺锤异蚤蝇 *Megaselia lanceolata* Brues, 1924

Megaselia lanceolata Brues, 1924. Psyche 31 (5): 220. **Type locality:** China: Taiwan, Tahorin.

分布（Distribution）：台湾（TW）。

（141）亮侧异蚤蝇 *Megaselia lateralis* Schmitz, 1926

Megaselia lateralis Schmitz, 1926. Ent. Mitt. 15 (1): 53. **Type locality:** China: Taiwan, Maruyama.

分布（Distribution）：台湾（TW）。

（142）宽脉异蚤蝇 *Megaselia laticosta* Schmitz, 1938

Megaselia laticosta Schmitz, 1938. Ent. Mitt. 5: 292. **Type locality:** China: Taiwan, Hoozan.

分布（Distribution）：台湾（TW）。

（143）土黄异蚤蝇 *Megaselia luteoides* Schmitz, 1926

Megaselia luteoides Schmitz, 1926. Ent. Mitt. 15 (1): 51. **Type locality:** China: Taiwan, Daitotei.

分布（Distribution）：台湾（TW）。

（144）马莱异蚤蝇 *Megaselia malaisei* Beyer, 1958

Megaselia malaisei Beyer, 1958. Soc. Sci. Fenn. Comm. Bio. 18: 55. **Type locality:** Burma.

Megaselia malaisei: Liu, 1998. *In*: Xue *et* Chao, 1998. Flies of China, Vol. 2: 2298.

分布（Distribution）：广东（GD）；缅甸。

（145）迈耶异蚤蝇 *Megaselia meijerei* Brues, 1915

Megaselia meijerei Brues, 1915. J. N. Y. Ent. Soc. 23 (3): 189. **Type locality:** Indonesia: Java, Wonosobo.

Megaselia meijerei: Brues, 1924. Psyche 31 (5): 211; Liu, 1998. *In*: Xue *et* Chao, 1998. Flies of China, Vol. 1: 78.

分布（Distribution）：台湾（TW）、海南（HI）；印度尼西亚。

（146）浅黄异蚤蝇 *Megaselia meracula* Brues, 1911

Megaselia meracula Brues, 1911. Ann. Hist.-Nat. Mus. Natl. Hung. 9: 555. **Type locality:** China: Taiwan, Toyemongai.

分布（Distribution）：台湾（TW）。

（147）黑微异蚤蝇 *Megaselia nana* Brues, 1911

Megaselia nana Brues, 1911. Ann. Hist.-Nat. Mus. Natl. Hung. 9: 551. **Type locality:** China: Taiwan, Takao and Tainan.

分布（Distribution）：台湾（TW）。

（148）黑背异蚤蝇 *Megaselia nigra* (Meigen, 1830)

Phora nigra Meigen, 1830. Syst. Beschr. Europ. Zweifl. Insekt.

6: 218. **Type locality:** Europe.

Phora derasa Wood, 1909. Ent. Mon. Mag. 45: 194. **Type locality:** England: Herefordshire.

Aphiochaeta armata Santos Abreu, 1921. Mem. R. Acad. Cienc. Artes Barcelona 17 (1): 55 (misidentification).

Megaselia deflexa Schmitz, 1940. Natuurh. Maandbl. 29: 119 (misidentification).

分布（Distribution）：甘肃（GS）、新疆（XJ）；日本、以色列、保加利亚、捷克、德国、丹麦、西班牙、法国、英国、匈牙利、爱尔兰、挪威、荷兰、葡萄牙、波兰、瑞典、芬兰、前苏联、加拿大、美国。

（149）赭色异蚤蝇 *Megaselia ochracea* (Brues, 1911)

Aphiochaeta ochracea Brues, 1911. Ann. Hist.-Nat. Mus. Natl. Hung. 9: 543. **Type locality:** China: Taiwan, Takao.

分布（Distribution）：台湾（TW）。

（150）柄背异蚤蝇 *Megaselia pedicellata* (Brues, 1924)

Aphiochaeta pedicellata Brues, 1924. Psyche 31 (5): 213. **Type locality:** China: Taiwan, Taihorin.

Megaselia pedicellata: Liu, 1998. *In*: Xue *et* Chao, 1998. Flies of China, Vol. 1: 78.

分布（Distribution）：台湾（TW）、海南（HI）。

（151）羽鬃异蚤蝇 *Megaselia pennisetalis* Fang *et* Liu, 2012

Megaselia pennisetalis Fang *et* Liu, 2012. Entomotaxon. 34 (2): 321. **Type locality:** China: Inner Mongolia, Mt. Daqing.

分布（Distribution）：内蒙古（NM）。

（152）暗翅异蚤蝇 *Megaselia picta* (Lehmann, 1822)

Phora picta Lehmann, 1822. Observ. Zool. Praesertim: 43. **Type locality:** Germany: Wellingsbuttel.

Megaselia picta: Liu, 1998. *In*: Xue *et* Chao, 1998. Flies of China, Vol. 1: 79.

分布（Distribution）：云南（YN）、台湾（TW）、广西（GX）、海南（HI）；日本、菲律宾、奥地利、比利时、瑞士、德国、丹麦、西班牙、法国、英国、匈牙利、爱尔兰、荷兰、波兰、芬兰、前苏联、加拿大、美国、巴西。

（153）短鬃异蚤蝇 *Megaselia pleuralis* (Wood, 1909)

Phora pleuralis Wood, 1909. Ent. Mon. Mag. 45: 117. **Type locality:** England: Herefordshire.

Aphiochaeta secunda Brues, 1915. Bull. Wis. Nat. Hist. Soc. (1914) 12: 132 (misidentification).

Aphiochaeta luteimana Santos Abreu, 1921. Mem. R. Acad. Cienc. Artes Barcelona 17: 47. **Type locality:** Canary Is.: La Isla de La Palma.

Megaselia pleuralis: Liu, 1998. *In*: Xue *et* Chao, 1998. Flies of China, Vol. 1: 76.

分布（Distribution）：吉林（JL）、辽宁（LN）、内蒙古（NM）、北京（BJ）、陕西（SN）、宁夏（NX）；日本、以色列、奥地利、比利时、瑞士、捷克、德国、丹麦、西班牙、加那利群岛、法国、英国、匈牙利、意大利、爱尔兰、冰岛、挪威、荷兰、葡萄牙、罗马尼亚、波兰、瑞典、芬兰、土耳其、前苏联、加拿大、美国。

（154）多刺异蚤蝇 *Megaselia plurispinulosa* (Zetterstedt, 1860)

Trineura plurispinulosa Zetterstedt, 1860. Dipt. Scand. 14: 6473. **Type locality:** Sweden: Scania Lindholm.

Aphiochaeta submeigeni Wood, 1914. Ent. Mon. Mag. 50: 153. **Type locality:** England: Herefordshire, Monnow.

Megaselia plurispinulosa: Schmitz, 1933. Ark. Zool. 27B (2): 5; Liu, 1998. *In*: Xue *et* Chao, 1998. Flies of China, Vol. 1: 79.

分布（Distribution）：甘肃（GS）、江苏（JS）；奥地利、比利时、瑞士、捷克、德国、丹麦、西班牙、法国、英国、匈牙利、意大利、爱尔兰、冰岛、挪威、荷兰、葡萄牙、罗马尼亚、波兰、瑞典、芬兰、土耳其、前苏联。

（155）亮额异蚤蝇 *Megaselia politifrons* Brues, 1936

Megaselia politifrons Brues, 1936. Proc. Am. Acad. Arts Sci. Boston 70: 439. **Type locality:** Philippines: Midanao, Mt. Apo, Galog River.

Megaselia vernicosier Beyer, 1966. Pac. Insects 8 (1): 211. **Type locality:** Papua New Guinea: New Ireland.

Megaselia politifrons: Liu, 1998. *In*: Xue *et* Chao, 1998. Flies of China, Vol. 2: 2300.

分布（Distribution）：云南（YN）；菲律宾、巴布亚新几内亚。

（156）微小异蚤蝇 *Megaselia pusilla* (Meigen, 1830)

Phora pusilla Meigen, 1830. Syst. Beschr. Europ. Zweifl. Insekt. 6: 218. **Type locality:** Europe.

Megaselia pusilla: Schmitz, 1933. Ark. Zool. 27B (2): 5; Liu, 1998. *In*: Xue *et* Chao, 1998. Flies of China, Vol. 1: 76.

分布（Distribution）：甘肃（GS）；奥地利、比利时、瑞士、捷克、德国、丹麦、西班牙、法国、英国、匈牙利、爱尔兰、挪威、葡萄牙、波兰、瑞典、芬兰、前苏联、加拿大、美国。

（157）直列异蚤蝇 *Megaselia recta* (Brues, 1911)

Aphiochaeta recta Brues, 1911. Ann. Hist.-Nat. Mus. Natl. Hung. 9: 553. **Type locality:** China: Taiwan, Toyenmongai.

分布（Distribution）：台湾（TW）。

（158）多色异蚤蝇 *Megaselia reversa* Brues, 1936

Megaselia reversa Brues, 1936. Proc. Am. Acad. Arts Sci. Boston 70: 450. **Type locality:** Philippines: Midanao, Mt. Apo, Galog River.

Megaselia deflexa Brues, 1936. Proc. Am. Acad. Arts Sci. Boston 70: 453. **Type locality:** Philippines: Midanao, Mt. Apo, Galog River.

Megaselia teoensis Brues, 1936. Proc. Am. Acad. Arts Sci. Boston 70: 455. **Type locality:** Philippines: Midanao, Mt. Apo, Teo Ridge.

Megaselia reversa: Liu, 1998. *In*: Xue *et* Chao, 1998. Flies of China, Vol. 2: 2300.

分布（**Distribution**）：海南（HI）；菲律宾。

（159）绍特异蚤蝇 *Megaselia sauteri* (Brues, 1911)

Aphiochaeta sauteri Brues, 1911. Ann. Hist.-Nat. Mus. Natl. Hung. 9: 536. **Type locality:** China: Taiwan, Chip.

分布（**Distribution**）：台湾（TW）。

（160）糙额异蚤蝇 *Megaselia scabra* Schmitz, 1926

Megaselia scabra Schmitz, 1926. Ent. Mitt. 15 (1): 56. **Type locality:** China: Taiwan, Maruyama and Daitotei.

分布（**Distribution**）：台湾（TW）。

（161）蛆症异蚤蝇 *Megaselia scalaris* (Loew, 1866)

Phora scalaris Loew, 1866. Berl. Ent. Z. 10: 53. **Type locality:** Cuba.

Aphiochaeta banksi Brues, 1909. J. N. Y. Ent. Soc. 17: 5. **Type locality:** Philippines: Luzon, Manila.

Aphiochaeta circumsetosa de Meijere, 1911. Tijdschr. Ent. 54: 348. **Type locality:** Indonesia: Java, Batavia [= Djakarta].

Megaselia ferrugines Brunetti, 1912. Rec. India Mus. 7 (5): 507. **Type locality:** India: Calcutta.

Megaselia scalaris: Liu, 1998. *In*: Xue *et* Chao, 1998. Flies of China, Vol. 1: 80.

分布（**Distribution**）：辽宁（LN）、河北（HEB）、北京（BJ）、河南（HEN）、安徽（AH）、浙江（ZJ）、湖南（HN）、广东（GD）、广西（GX）、海南（HI）；日本、斯里兰卡、印度、菲律宾、印度尼西亚、古巴、德国、英国、马德拉群岛、加那利群岛、加拿大、美国。

（162）变称异蚤蝇 *Megaselia semota* Beyer, 1959

Megaselia semota Beyer, 1959. Publ. Cult. Comp. Diam. Ang. 45: 67 (replacement name for *Mallochina sauteri* Brues, 1924). **Type locality:** China: Taiwan, Anping.

Mallochina sauteri Brues, 1924. Psyche 31 (5): 223 (preoccupied by Brues, 1911). **Type locality:** China: Taiwan, Anping.

分布（**Distribution**）：台湾（TW）。

（163）叉刺异蚤蝇 *Megaselia setifurcana* Liu *et* Fang, 2009

Megaselia setifurcana Liu *et* Fang, 2009. *In*: Fang, Xia *et* Liu,

2009. Acta Zootaxon. Sin. 34 (2): 262. **Type locality:** China: Hainan, Mt. Jianfeng.

分布（**Distribution**）：海南（HI）。

（164）陆氏异蚤蝇 *Megaselia shiyiluae* Disney, 1997

Megaselia shiyiluae Disney, 1997. *In*: Disney, Li *et* Li, 1997. G. It. Ent. 7: 335. **Type locality:** China: Guangdong, Sanshui.

分布（**Distribution**）：广东（GD）。

（165）简约异蚤蝇 *Megaselia simplicior* (Brues, 1924)

Aphiochaeta simplicior Brues, 1924. Psyche 31 (5): 219. **Type locality:** China: Taiwan, Taihoku.

分布（**Distribution**）：台湾（TW）。

（166）东亚异蚤蝇 *Megaselia spiracularis* Schmitz, 1938

Megaselia spiracularis Schmitz, 1938. Natuurh. Maandbl. 27: 81. **Type locality:** Japan: Tokyo.

Megaselia spiracularis: Liu, 1998. *In*: Xue *et* Chao, 1998. Flies of China, Vol. 1: 76.

分布（**Distribution**）：黑龙江（HL）、吉林（JL）、辽宁（LN）、河北（HEB）、北京（BJ）、河南（HEN）、安徽（AH）、浙江（ZJ）、湖南（HN）、台湾（TW）、广东（GD）、广西（GX）、海南（HI）；日本、马来西亚、澳大利亚。

（167）磺角异蚤蝇 *Megaselia sulfurella* Schmitz, 1926

Megaselia sulfurella Schmitz, 1926. Ent. Mitt. 15 (1): 55. **Type locality:** China: Taiwan, Daitotei.

分布（**Distribution**）：台湾（TW）。

（168）泰纳异蚤蝇 *Megaselia tamilnaduensis* Disney, 1996

Megaselia tamilnaduensis Disney, 1996. *In*: Mohan, Mohan *et* Disney, 1996. Bull. Entomol. Res. 85: 516. **Type locality:** India: Tamil Nādu, Coimbatore.

分布（**Distribution**）：辽宁（LN）、广西（GX）；韩国、印度。

（169）膨跗异蚤蝇 *Megaselia tarsocrassa* Fang *et* Liu, 2012

Megaselia tarsocrassa Fang *et* Liu, 2012. Entomotaxon. 34 (2): 322. **Type locality:** China: Liaoning, Shenyang.

分布（**Distribution**）：辽宁（LN）。

（170）蚁居异蚤蝇 *Megaselia termimycana* Disney, 1996

Megaselia termimycana Disney, 1996. *In*: Disney *et* Chou, 1996. Zool. Studies 35 (3): 215. **Type locality:** China: Taiwan, Taibei, Botanic Garden.

分布（**Distribution**）：台湾（TW）。

（171） 赤角异蚤蝇 *Megaselia testaceicornis* **Borgmeier, 1967**

Megaselia testaceicornis Borgmeier, 1967. Stud. Ent. (1966) 9: 238. **Type locality:** China: Taiwan, Chirifu.
分布（Distribution）：台湾（TW）。

（172）胫距异蚤蝇 *Megaselia tibisetalis* **Fang, 2009**

Megaselia tibisetalis Fang, 2009. *In*: Fang, Xia *et* Liu, 2009. Acta Zootaxon. Sin. 34 (2): 261. **Type locality:** China: Jiangxi, Mt. Jinggang.
分布（Distribution）：江西（JX）。

（173）三斑异蚤蝇 *Megaselia trimacula* **Fang *et* Liu, 2015**

Megaselia trimacula Fang *et* Liu, 2015. Zootaxa 3999 (1): 139. **Type locality:** China: Xinjiang, Yili, Gouzigou.
分布（Distribution）：新疆（XJ）。

（174）长背异蚤蝇 *Megaselia tritomegas* **Borgmeier, 1967**

Megaselia tritomegas Borgmeier, 1967. Stud. Ent. (1966) 9: 277. **Type locality:** Philippines: Mindanao, Mainit River.
Megaselia tritomegas: Liu, 1998. *In*: Xue *et* Chao, 1998. Flies of China, Vol. 2: 2297.
分布（Distribution）：海南（HI）；菲律宾。

（175）寻常异蚤蝇 *Megaselia trivialis* **(Brues, 1911)**

Aphiochaeta trivialis Brues, 1911. Ann. Hist.-Nat. Mus. Natl. Hung. 9: 544. **Type locality:** China: Taiwan, Takao.
分布（Distribution）：台湾（TW）。

（176） 转鬃异蚤蝇 *Megaselia trochanterica* **Schmitz, 1926**

Megaselia trochanterica Schmitz, 1926. Ent. Mitt. 15 (1): 53. **Type locality:** China: Taiwan, Maruyama.
分布（Distribution）：台湾（TW）。

（177）单色异蚤蝇 *Megaselia unicolor* **(Schmitz, 1919)**

Aphiochaeta unicolor Schmitz, 1919. Ent. Ber. Ned. Ent. Ver. 5: 113. **Type locality:** Netherlands: Sittard.
Megaselia unicolor: Schmitz, 1933. Ark. Zool. 27B (2): 5; Liu, 1998. *In*: Xue *et* Chao, 1998. Flies of China, Vol. 1: 77.
分布（Distribution）：甘肃（GS）；奥地利、比利时、德国、丹麦、法国、英国、爱尔兰、荷兰、波兰、芬兰。

（178）五指异蚤蝇 *Megaselia wuzhiensis* **Fang *et* Liu, 2005**

Megaselia wuzhiensis Fang *et* Liu, 2005. Entomotaxon. 27 (4): 289. **Type locality:** China: Hainan, Mt. Wuzhi.
分布（Distribution）：海南（HI）。

23. 裂蚤蝇属 *Metopina* Macquart, 1835

Metopina Macquart, 1835. Hist. Nat. Ins., Dipt. 2: 666. **Type species:** *Phora galeata* Haliday, 1833 (monotypy).

（179）迪氏裂蚤蝇 *Metopina disneyi* **Liu, 1995**

Metopina disneyi Liu, 1995. Proceedings of the Second Annual Meeting of Young Agronomists: 485. **Type locality:** China: Guangxi, Nanning.
分布（Distribution）：广西（GX）。

（180）膨腹裂蚤蝇 *Metopina expansa* **Liu, 1995**

Metopina expansa Liu, 1995. Proceedings of the Second Annual Meeting of Young Agronomists: 484. **Type locality:** China: Guangxi, Longsheng.
分布（Distribution）：广西（GX）。

（181）高帽裂蚤蝇 *Metopina grandimitralis* **Yang *et* Wang, 1995**

Metopina grandimitralis Yang *et* Wang, 1995. *In*: Wu, 1995. Insects of Baishanzu Mountain, Eastern China: 422. **Type locality:** China: Zhejiang, Mt. Baishanzu.
分布（Distribution）：浙江（ZJ）。

（182）钩足裂蚤蝇 *Metopina hamularis* **Liu, 1995**

Metopina hamularis Liu, 1995. Proceedings of the Second Annual Meeting of Young Agronomists: 484. **Type locality:** China: Guangdong, Mt. Dinghu.
分布（Distribution）：广东（GD）。

（183）寡毛裂蚤蝇 *Metopina paucisetalis* **Liu, 1995**

Metopina paucisetalis Liu, 1995. Proceedings of the Second Annual Meeting of Young Agronomists: 483. **Type locality:** China: Guangdong, Mt. Dinghu.
分布（Distribution）：广东（GD）。

（184）圆背裂蚤蝇 *Metopina rotundata* **Wang *et* Liu, 2012**

Metopina rotundata Wang *et* Liu, 2012. Acta Zootaxon. Sin. 37 (1): 209. **Type locality:** China: Liaoning, Lvshun, Mt. Laotie.
分布（Distribution）：辽宁（LN）。

（185）矛片裂蚤蝇 *Metopina sagittata* **Liu, 1995**

Metopina sagittata Liu, 1995. Proceedings of the Second Annual Meeting of Young Agronomists: 485. **Type locality:** China: Guangdong, Guangzhou.
分布（Distribution）：广东（GD）、广西（GX）。

24. 伐蚤蝇属 *Phalacrotophora* Enderlein, 1912

Phalacrotophora Enderlein, 1912b. Stettin. Ent. Ztg. 73: 21. **Type species:** *Phalacrotophora bruesiana* Enderlein, 1912 (by

original designation).

（186）尖尾伐蚤蝇 *Phalacrotophora caudarguta* Cai *et* Liu, 2012

Phalacrotophora caudarguta Cai *et* Liu, 2012. Acta Zootaxon. Sin. 37 (1): 203. **Type locality:** China: Guangxi, Chongzuo, Bapen Nature Reserve.

分布（Distribution）：广西（GX）。

（187）十斑伐蚤蝇 *Phalacrotophora decimaculata* Liu, 2001

Phalacrotophora decimaculata Liu, 2001. A Taxonomic Study of Chinese Phorid Flies (Diptera: Phoridae) 1: 177. **Type locality:** China: Shaanxi, Foping.

分布（Distribution）：陕西（SN）。

（188）黄爪伐蚤蝇 *Phalacrotophora flaviclava* (Brues, 1911)

Aphiochaeta flaviclava Brues, 1911. Ann. Hist.-Nat. Mus. Natl. Hung. 9: 547. **Type locality:** China: Taiwan, Polisha.

分布（Distribution）：台湾（TW）。

（189）雅氏伐蚤蝇 *Phalacrotophora jacobsoni* Brues, 1915

Phalacrotophora jacobsoni Brues, 1915. J. N. Y. Ent. Soc. 23 (3): 190. **Type locality:** Indonesia: Java (Batavia).

Phalacrotophora jacobsoni: Liu, 1998. *In*: Xue *et* Chao, 1998. Flies of China, Vol. 1: 82.

分布（Distribution）：云南（YN）；印度尼西亚。

（190）点额伐蚤蝇 *Phalacrotophora punctifrons* Brues, 1924

Phalacrotophora punctifrons Brues, 1924. Psyche 31 (5): 207. **Type locality:** China: Taiwan, Tainan.

分布（Distribution）：台湾（TW）、广东（GD）。

（191）四斑伐蚤蝇 *Phalacrotophora quadrimaculata* Schmitz, 1926

Phalacrotophora quadrimaculata Schmitz, 1926. Ent. Mitt. 15 (1): 49. **Type locality:** China: Taiwan, Daitotei.

分布（Distribution）：台湾（TW）、广东（GD）；印度尼西亚、新喀里多尼亚（法）。

25. 蚍蚤蝇属 *Pseudacteon* Coquillett, 1907

Pseudacteon Coquillett, 1907. Can. Entomol. 39 (6): 208. **Type species:** *Pseudacteon crawfordi* Coquillett, 1907 (by original designation).

（192）六鬃蚍蚤蝇 *Pseudacteon hexasetalis* Liu *et* Wang, 2013

Pseudacteon hexasetalis Liu *et* Wang, 2013. *In*: Liu, Wang *et* Cai, 2013. Entomol. Fennica 24: 56. **Type locality:** China: Guangxi, Mt. Daming.

分布（Distribution）：广西（GX）。

（193）钝片蚍蚤蝇 *Pseudacteon obtusatus* Liu *et* Cai, 2013

Pseudacteon obtusatus Liu *et* Cai, 2013. *In*: Liu, Wang *et* Cai, 2013. Entomol. Fennica 24: 56. **Type locality:** China: Gansu, Wenxian, Qiujiaba.

分布（Distribution）：甘肃（GS）。

（194）四鬃蚍蚤蝇 *Pseudacteon quadrisetalis* Liu *et* Cai, 2013

Pseudacteon quadrisetalis Liu *et* Cai, 2013. *In*: Liu, Wang *et* Cai, 2013. Entomol. Fennica 24: 54. **Type locality:** China: Gansu, Tanchang, Guan E Gou.

分布（Distribution）：甘肃（GS）。

26. 蚤蚤蝇属 *Puliciphora* Dahl, 1897

Puliciphora Dahl, 1897. Zool. Anz. 20: 410. **Type species:** *Puliciphora lucifera* Dahl, 1897 (by original designation).

（195）蘑菇蚤蚤蝇 *Puliciphora fungicola* Yang *et* Wang, 1993

Puliciphora fungicola Yang *et* Wang, 1993. Entomotaxon. 15 (4): 323. **Type locality:** China: Guizhou, Guiyang.

分布（Distribution）：贵州（GZ）。

（196）克氏蚤蚤蝇 *Puliciphora kertezsi* Brues, 1911

Puliciphora kertezsi Brues, 1911. Ann. Hist.-Nat. Mus. Natl. Hung. 9: 557. **Type locality:** China: Taiwan, Takao.

分布（Distribution）：台湾（TW）。

（197）黔蚤蚤蝇 *Puliciphora qianana* Yang *et* Wang, 1993

Puliciphora qianana Yang *et* Wang, 1993. Entomotaxon. 15 (4): 324. **Type locality:** China: Guizhou, Guiyang.

分布（Distribution）：贵州（GZ）。

（198）盔背蚤蚤蝇 *Puliciphora togata* Schimitz, 1925

Puliciphora togata Schimitz, 1925. Ent. Mitt. 14: 61. **Type locality:** Indonesia: Sumatra, Fort de Kock.

分布（Distribution）：广东（GD）；印度尼西亚。

27. 罗蚤蝇属 *Rhopica* Schmitz, 1927

Rhopica Schmitz, 1927a. Natuurh. Maandbl. 16: 21. **Type species:** *Rhopida cornigera* Schmitz, 1927 (by original designation).

（199）钝突罗蚤蝇 *Rhopica obtusata* Liu, 2001

Rhopica obtusata Liu, 2001. A Taxonomic Study of Chinese

Phorid Flies (Diptera: Phoridae) 1: 135. **Type locality:** China: Hainan, Mt. Jianfeng.

分布（Distribution）：海南（HI）。

28. 喙蚤蝇属 *Trophithauma* Schmitz, 1925

Trophithauma Schmitz, 1925. Natuurh. Maandbl. 12: 40. **Type species:** *Trophithauma porientum* Schmitz, 1925 (by original designation).

（200）黄腰喙蚤蝇 *Trophithauma gastroflavidum* Liu, 1995

Trophithauma gastroflavidum Liu, 1995. *In*: Liu *et* Zeng, 1995. Zool. Res. 16 (4): 349. **Type locality:** China: Yunnan, Mengla. *Trophithauma gastroflavidum*: Liu, 2001. A Taxonomic Study of Chinese Phorid Flies (Diptera: Phoridae) 1: 147.

分布（Distribution）：云南（YN）。

（201）曲脉喙蚤蝇 *Trophithauma sinuatum* Liu *et* Chou, 1993

Trophithauma sinuatum Liu *et* Chou, 1993. Entomotaxon. 15 (3): 228. **Type locality:** China: Hainan, Mt. Jianfeng. *Trophithauma sinuatum*: Liu, 2001. A Taxonomic Study of Chinese Phorid Flies (Diptera: Phoridae) 1: 145.

分布（Distribution）：海南（HI）。

29. 乌蚤蝇属 *Woodiphora* Schmitz, 1926

Woodiphora Schmitz, 1926. Encycl. Ent. (B II) Dipt. (1925) 2: 73. **Type species:** *Phora retroversa* Wood, 1908 (by original designation).

（202）囊片乌蚤蝇 *Woodiphora capsicularis* Liu, 2001

Woodiphora capsicularis Liu, 2001. A Taxonomic Study of Chinese Phorid Flies (Diptera: Phoridae) 1: 167. **Type locality:** China: Hainan, Mt. Jianfeng.

分布（Distribution）：海南（HI）。

（203）赵氏乌蚤蝇 *Woodiphora chaoi* Disney, 2005

Woodiphora chaoi Disney, 2005b. Ent. Mon. Mag. 141: 144. **Type locality:** China: Taiwan, Taibei.

分布（Distribution）：台湾（TW）。

（204）齿足乌蚤蝇 *Woodiphora dentifemur* Borgmeier, 1967

Woodiphora dentifemur Borgmeier, 1967. Stud. Ent. (1966) 9: 157. **Type locality:** Malaysia: Malaya (Selangor, Kuala Lumpur, Kegon Forest Residence). *Woodiphora dentifemuri* Liu, 2001. A Taxonomic Study of Chinese Phorid Flies (Diptera: Phoridae) 1: 160.

分布（Distribution）：四川（SC）；马来西亚。

（205）双凹乌蚤蝇 *Woodiphora dilacuna* Liu, 2001

Woodiphora dilacuna Liu, 2001. A Taxonomic Study of Chinese Phorid Flies (Diptera: Phoridae) 1: 169. **Type locality:** China: Shaanxi, Mt. Qinling.

分布（Distribution）：陕西（SN）。

（206）明带乌蚤蝇 *Woodiphora fasciaria* Liu *et* Zhu, 2009

Woodiphora fasciaria Liu *et* Zhu, 2009. *In*: Zhu *et* Liu, 2009. Acta Zootaxon. Sin. 34 (3): 457. **Type locality:** China: Hainan, Mt. Jianfeng.

分布（Distribution）：海南（HI）。

（207）巨须乌蚤蝇 *Woodiphora grandipalpis* Liu, 2001

Woodiphora grandipalpis Liu, 2001. A Taxonomic Study of Chinese Phorid Flies (Diptera: Phoridae) 1: 164. **Type locality:** China: Sichuan, Mt. Gongga.

分布（Distribution）：四川（SC）。

（208）哈氏乌蚤蝇 *Woodiphora harveyi* Disney, 1989

Woodiphora harveyi Disney, 1989. J. Nat. Hist. 23: 1162. **Type locality:** Philippines: Palawan, Tonabag Valley. *Woodiphora harveyi*: Liu, 2001. A Taxonomic Study of Chinese Phorid Flies (Diptera: Phoridae) 1: 164.

分布（Distribution）：云南（YN）；菲律宾、马来西亚。

（209）葫片乌蚤蝇 *Woodiphora lageniformis* Liu *et* Zhu, 2009

Woodiphora lageniformis Liu *et* Zhu, 2009. *In*: Zhu *et* Liu, 2009. Acta Zootaxon. Sin. 34 (3): 457. **Type locality:** China: Sichuan, Mt. Gongga.

分布（Distribution）：四川（SC）。

（210）舌叶乌蚤蝇 *Woodiphora linguiformis* Liu, 2001

Woodiphora linguiformis Liu, 2001. A Taxonomic Study of Chinese Phorid Flies (Diptera: Phoridae) 1: 162. **Type locality:** China: Yunnan, Mengla.

分布（Distribution）：云南（YN）。

（211）东洋乌蚤蝇 *Woodiphora orientalis* Schmitz, 1926

Woodiphora orientalis Schmitz, 1926a. Ent. Mitt. 15 (1): 50. **Type locality:** China: Taiwan, Chosokei.

分布（Distribution）：台湾（TW）。

（212）微体乌蚤蝇 *Woodiphora parvula* Schmitz, 1927

Woodiphora parvula Schmitz, 1927b. Natuurh. Maandbl. 16: 95. **Type locality:** Indonesia: Java. *Woodiphora parvula*: Liu, 2001. A Taxonomic Study of

Chinese Phorid Flies (Diptera: Phoridae) 1: 160.

分布（Distribution）：云南（YN）；印度尼西亚、马来西亚。

（213）方背乌蚤蝇 *Woodiphora quadrata* Liu, 2001

Woodiphora quadrata Liu, 2001. A Taxonomic Study of Chinese Phorid Flies (Diptera: Phoridae) 1: 170. **Type locality:** China: Shaanxi, Mt. Qinling.

分布（Distribution）：陕西（SN）。

（214）鬃额乌蚤蝇 *Woodiphora setosa* Liu, 2001

Woodiphora setosa Liu, 2001. A Taxonomic Study of Chinese Phorid Flies (Diptera: Phoridae) 1: 167. **Type locality:** China: Yunnan, Mengla.

分布（Distribution）：云南（YN）。

（215）垂脉乌蚤蝇 *Woodiphora verticalis* Liu, 2001

Woodiphora verticalis Liu, 2001. A Taxonomic Study of Chinese Phorid Flies (Diptera: Phoridae) 1: 165. **Type locality:** China: Guangdong, Mt. Dinghu.

分布（Distribution）：广东（GD）。

扁蚤蝇亚科 Aenigmatiinae

30. 扁蚤蝇属 *Aenigmatias* Meinert, 1890

Aenigmatias Meinert, 1890. Ent. Medd. 2: 213. **Type species:** *Aenigmatias blattoides* Meinert, 1890 (monotypy) [= *Platyphora lubbocki* Verrall, 1877].

（216）卢氏扁蚤蝇 *Aenigmatias lubbocki* (Verrall, 1877)

Platyphora lubbocki Verrall, 1877. J. Linn. Soc. Lond. 13: 260. **Type locality:** Europe.

分布（Distribution）：宁夏（NX）；捷克、德国、丹麦、英国、卢森堡、挪威、波兰。

（217）匙尾扁蚤蝇 *Aenigmatias spatulatus* Liu *et* Wang, 2011

Aenigmatias spatulatus Liu *et* Wang, 2011. *In*: Liu, Wang *et* Cai, 2011. Orient. Insects 45 (2-3): 282. **Type locality:** China: Ningxia, Mt. Liupan.

分布（Distribution）：宁夏（NX）。

螱蚤蝇亚科 Termitoxeniinae

31. 锡蚤蝇属 *Ceylonoxenia* Schmitz, 1936

Ceylonoxenia Schmitz, 1936. Natuurh. Maandbl. 25: 38, 40. **Type species:** *Termitoxenia butteli* Wasmann, 1925 (by original designation).

（218）侧鬃锡蚤蝇 *Ceylonoxenia setipleura* Disney, 1997

Ceylonoxenia setipleura Disney, 1997. *In*: Disney *et* Kistner, 1997. Sociobiology 29 (1): 25. **Type locality:** Pakistan:

Punjab.

分布（Distribution）：台湾（TW）；巴基斯坦。

32. 鞍蚤蝇属 *Clitelloxenia* Kemner, 1932

Clitelloxenia Kemner, 1932. Ent. Tidskr. 53: 18. **Type species:** *Clitelloxenia hemicyclia* Schmitz, 1931 (by original designation).

Teratophora Yang *et* Wang, 1995. *In*: Wu, 1995. Insects of Baishanzu Mountain, Eastern China: 523. **Type species:** *Teratophora sinica* Yang *et* Wang, 1995.

（219）缺鬃鞍蚤蝇 *Clitelloxenia antenuda* Disney, 1997

Clitelloxenia antenuda Disney, 1997. *In*: Disney *et* Kistner, 1997. Sociobiology 29 (1): 30. **Type locality:** China: Yunnan, Menghai, Manzhen.

分布（Distribution）：云南（YN）。

（220）阿斯鞍蚤蝇 *Clitelloxenia assmuthi* (Wasmann, 1902)

Termitoxenia assmuthi Wasmann, 1902. Zool. Jahrb. (Syst.) 17: 151. **Type locality:** India: Khandāla.

Clitelloxenia assmuthi: Disney, 2008. *In*: Disney, Kistner *et* Mo, 2008. Sociobiology 52 (2): 272.

分布（Distribution）：云南（YN）；巴基斯坦、印度、斯里兰卡、马来西亚、印度尼西亚。

（221）奥氏鞍蚤蝇 *Clitelloxenia audreyae* Disney, 1997

Clitelloxenia audreyae Disney, 1997. *In*: Disney *et* Kistner, 1997. Sociobiology 29 (1): 38. **Type locality:** China: Taiwan, Taibei.

分布（Distribution）：台湾（TW）。

（222）台湾鞍蚤蝇 *Clitelloxenia formosana* (Shiraki, 1925)

Termitoxenia formosana Shiraki, 1925. Trans. Nat. Hist. Soc. Formosa 159 (79-80): 210. **Type locality:** China: Taiwan.

分布（Distribution）：浙江（ZJ）、台湾（TW）、广东（GD）。

（223）八鬃鞍蚤蝇 *Clitelloxenia octosetae* Disney, 1997

Clitelloxenia octosetae Disney, 1997. *In*: Disney *et* Kistner, 1997. Sociobiology 29 (1): 52. **Type locality:** Malaysia: Wellesley, Pantai.

分布（Distribution）：云南（YN）；马来西亚。

（224）中华鞍蚤蝇 *Clitelloxenia sinica* (Yang *et* Wang, 1995)

Teratophora sinica Yang *et* Wang, 1995. *In*: Wu, 1995. Insects of Baishanzu Mountain, Eastern China: 523. **Type locality:** China: Zhejiang, Mt. Baishanzu.

分布（Distribution）：浙江（ZJ）。

33. 缢蚤蝇属 *Horologiphora* Disney, 1997

Horologiphora Disney, 1997. *In*: Disney *et* Kistner, 1997. Sociobiology 29 (1): 56. **Type species:** *Horologiphora sinensis* Disney, 1997 (by original designation).

（225）中华缢蚤蝇 *Horologiphora sinensis* Disney, 1997

Horologiphora sinensis Disney, 1997. *In*: Disney *et* Kistner, 1997. Sociobiology 29 (1): 61. **Type locality:** China: Taiwan, Taibei.

分布（Distribution）：台湾（TW）。

34. 秀蚤蝇属 *Pseudotermitoxenia* Shiraki, 1925

Pseudotermitoxenia Shiraki, 1925. Trans. Nat. Hist. Soc. Formosa 159 (79-80): 210. **Type species:** *Pseudotermitoxenia nitobei* Shiraki, 1925 (monotypy).
Brevrostrophora Disney, 1997. *In*: Disney *et* Kistner, 1997. Sociobiology 29 (1): 14. **Type species:** *Brevrostrophora fuscoterrga* Disney, 1997 (by original designation).

（226）新渡秀蚤蝇 *Pseudotermitoxenia nitobei* Shiraki, 1925

Pseudotermitoxenia nitobei Shiraki, 1925. Trans. Nat. Hist. Soc. Formosa 159 (79-80): 210. **Type locality:** China: Taiwan.
Brevrostrophora fuscoterrga Disney, 1997. *In*: Disney *et* Kistner, 1997. Sociobiology 29 (1): 14. **Type locality:** China: Taiwan, Taipei.
Pseudotermitoxenia nitobei: Maruyama, Komatsu *et* Disney, 2011. Entomol. Sci. 14: 78.

分布（Distribution）：台湾（TW）。

扁足蝇科 Platypezidae

1. 林扁足蝇属 *Lindneromyia* Kessel, 1965

Lindneromyia Kessel, 1965. Stuttg. Beitr. Naturkd. 143: 1. **Type species:** *Lindneromyia africana* Kessel, 1965 (by original designation).
Symmetricella Kessel, 1965. Wasmann J. Biol. 23: 235. **Type species:** *Symmetricella fumapex* Kessel, 1965 (by original designation).
Plesioclythia Kessel *et* Maggioncalda, 1968. Wasmann J. Biol. 26: 58. **Type species:** *Platypeza agarici* Willard, 1914 (by original designation).
Penesymmeetria Kessel *et* Maggioncalda, 1968. Wasmann J. Biol. 26: 63. **Type species:** *Platypeza umbrosa* Snow, 1894 (by original designation).
Lindneromyia: Chandler, 1994. Invert. Taxon. 8 (2): 386.

（1）弯钩林扁足蝇 *Lindneromyia argyrogyna* (de Meijere, 1907)

Platypeza argyrogyna de Meijere, 1907b. Tijdschr. Ent. 50: 257. **Type locality:** Indonesia: Java, Semarang.
Clythia argyrogyna: Oldenberg, 1913. Ann. Hist.-Nat. Mus. Natl. Hung. 11: 341.
Plesioclythia argyrogyna: Kessel *et* Clopton, 1969. Wasmann J. Biol. 27: 56.
Lindneromyia argyrogyna: Chandler, 1989. *In*: Ecenhuis, 1989. Cat. Dipt. Austr. Reg. No. 86: 421; Chandler, 1994. Invert. Taxon. 8 (2): 402.

分布（Distribution）：台湾（TW）、香港（HK）；尼泊尔、印度、斯里兰卡、老挝、越南、泰国、菲律宾、马来西亚、印度尼西亚、巴布亚新几内亚、澳大利亚。

（2）布氏林扁足蝇 *Lindneromyia brunettii* (Kessel *et* Clopton, 1969)

Plesioclythia brunettii Kessel *et* Clopton, 1969. Wasmann J. Biol. 27: 48 (replacement name for *Platypeza obscura* Brunetti, 1912 nec Loew, 1866).
Platypeza obscura Brunetti, 1912. Rec. India Mus. 7 (5): 482 (preoccupied by Loew, 1866). **Type locality:** India: West Bengal, Dārjiling.
Plesioclythia schlingeri Kessel *et* Clopton, 1969. Wasmann J. Biol. 27: 54. **Type locality:** China: Taiwan, nr. Taipei, Qua In-Shan.
Lindneromyia brunettii: Chandler, 1994. Invert. Taxon. 8 (2): 408.

分布（Distribution）：四川（SC）、台湾（TW）；印度、斯里兰卡、泰国、菲律宾、印度尼西亚、缅甸、越南、马来西亚、琉球群岛。

（3）短尾林扁足蝇 *Lindneromyia kandyi* Chandler, 1994

Lindneromyia kandyi Chandler, 1994. Invert. Taxon. 8 (2): 412. **Type locality:** China: Hong Kong, Saikung, Kowloon.

分布（Distribution）：香港（HK）；斯里兰卡、越南、新加坡。

（4）克氏林扁足蝇 *Lindneromyia kerteszi* (Oldenberg, 1913)

Clythia kerteszi Oldenberg, 1913. Ann. Hist.-Nat. Mus. Natl. Hung. 11: 340. **Type locality:** China: Taiwan, Toyenmongai.
Symmetricella kerteszi: Kessel *et* Clopton, 1969. Wasmann J. Biol. 27: 61.
Lindneromyia sauteri: Chandler, 1994. Invert. Taxon. 8 (2): 396.

分布（Distribution）：台湾（TW）。

（5）邵氏林扁足蝇 *Lindneromyia sauteri* (Oldenberg, 1914)

Clythia sauteri Oldenberg, 1914b. Suppl. Ent. 3: 79. **Type** locality: China: Taiwan, Kankau.

Platypeza sauteri: Kessel *et* Clopton, 1969. Wasmann J. Biol. 27: 41.

Lindneromyia sauteri: Chandler, 1994. Invert. Taxon. 8 (2): 392.

分布（Distribution）：台湾（TW）。

2. 粗腿扁足蝇属 *Agathomyia* Verrall, 1901

Agathomyia Verrall, 1901. Platypezidae, Pipunculidae and Syrphidae of Great Britain 8: 30. **Type species:** *Callomyza antennata* Zetterstedt, 1819 (by designation of Coquillett, 1910).

Agathomyia: Chandler, 1994. Invert. Taxon. 8 (2): 368.

（6） 粗鬃粗腿扁足蝇 *Agathomyia antennata* (Zetterstedt, 1819)

Callomyza antennata Zetterstedt, 1819a. K. Svenska Vetensk. Akad. Handl. 1819: 79. **Type locality:** China: Taiwan, nr. Taipei.

Agathomyia hardyi Kessel *et* Clopton, 1969. Wasmann J. Biol. 27: 34. **Type locality:** China: Taiwan, nr. Taipei, "Qua In-Shan".

Agathomyia antennata: Chandler, 1994. Invert. Taxon. 8 (2): 369.

分布（Distribution）：台湾（TW）。

（7） 黑腹粗腿扁足蝇 *Agathomyia nigriventris* Oldenberg, 1917

Agathomyia nigriventris Oldenberg, 1917. Arch. Naturgesch. 82: 119. **Type locality:** China: Taiwan, Hokuto.

Agathomyia nigriventris: Chandler, 1994. Invert. Taxon. 8 (2): 371.

分布（Distribution）：台湾（TW）。

（8） 甲仙粗腿扁足蝇 *Agathomyia thoracica* Oldenberg, 1913

Agathomyia thoracica Oldenberg, 1913. Ann. Hist.-Nat. Mus. Natl. Hung. 11: 339. **Type locality:** China: Taiwan, Kosembo.

Agathomyia thoracica: Chandler, 1994. Invert. Taxon. 8 (2): 375.

分布（Distribution）：台湾（TW）。

蚜蝇总科 Syrphoidea

头蝇科 Pipunculidae

肾头蝇亚科 Nephrocerinae

1. 肾头蝇属 *Nephrocerus* Zetterstedt, 1838

Nephrocerus Zetterstedt, 1838. Insecta Lapp.: 578. **Type species:** *Nephrocerus lapponicus* Zetterstedt, 1838 (monotypy).

（1）耳肾头蝇 *Nephrocerus auritus* Xu *et* Yang, 1997

Nephrocerus auritus Xu *et* Yang, 1997. Entomotaxon. 19 (1): 34. **Type locality:** China: Gansu, Wenxian.
分布（**Distribution**）：甘肃（GS）。

隐脉头蝇亚科 Chalarinae

2. 隐脉头蝇属 *Chalarus* Walker, 1834

Chalarus Walker, 1834. Ent. Mag. 2: 269. **Type species:** *Chalarus spurious* Fallén, 1816 (by designation of Westwood, 1840).
Atelenevra Macquart, 1834. Mém. Soc. Sci. Agric. Lille [1833]: 356. **Type species:** *Pipunculus holosericeus* Meigen, 1824 (by original designation) [= *Cephalops spurius* Fallén, 1816)].

（2）窄额隐脉头蝇 *Chalarus angustifrons* Morakote, 1990

Chalarus angustifrons Morakote, 1990. *In*: Morakote *et* Hirashima, 1990. J. Fac. Agric. Kyushu Univ. 34: 168. **Type locality:** Japan: Hokkaidō, Akan-kohan.
分布（**Distribution**）：内蒙古（NM）；日本。

（3）北京隐脉头蝇 *Chalarus beijingensis* Yang *et* Xu, 1998

Chalarus beijingensis Yang *et* Xu, 1998. *In*: Xue *et* Chao, 1998. Flies of China, Vol. 1: 93. **Type locality:** China: Beijing, Haidian.
分布（**Distribution**）：北京（BJ）。

（4）流苏隐脉头蝇 *Chalarus fimbriatus* Coe, 1966

Chalarus fimbriatus Coe, 1966. Proc. R. Ent. Soc. London (B) 35 (11-12): 153. **Type locality:** England: Surrey, Selsdon Wood.

Chalarus kamijoi Morakote, 1990. *In*: Morakote *et* Hirashima, 1990. J. Fac. Agric. Kyushu Univ. 34: 170. **Type locality:** Japan: Hokkaidō, Sapporo.
分布（**Distribution**）：内蒙古（NM）；比利时、捷克、丹麦、芬兰、法国、德国、英国、匈牙利、爱尔兰、以色列、意大利、日本、拉脱维亚、荷兰、波兰、斯洛伐克、西班牙、瑞典、瑞士。

（5）朱莉娅隐脉头蝇 *Chalarus juliae* Jervis, 1992

Chalarus juliae Jervis, 1992. Zool. J. Linn. Soc. 105: 277. **Type locality:** France: Haute-Garonne, "Montréjeau".
分布（**Distribution**）：台湾（TW）；法国、德国、波兰、瑞典、夏威夷群岛、加拿大、智利、萨尔瓦多、瑞士、英国、以色列、芬兰、俄罗斯。

（6）宽额隐脉头蝇 *Chalarus latifrons* Hardy, 1943

Chalarus latifrons Hardy, 1943. Kans. Univ. Sci. Bull. 29 (1): 33. **Type locality:** USA: Arizona, Mt. Chiricahua.
Chalarus latifrons: Jervis, 1992. Zool. J. Linn. Soc. 105: 295.
分布（**Distribution**）：台湾（TW）；德国、波兰、瑞典、美国、夏威夷群岛、加拿大、智利、萨尔瓦多、瑞士、英国、以色列、芬兰、俄罗斯。

（7）长尾隐脉头蝇 *Chalarus longicaudis* Jervis, 1992

Chalarus longicaudis Jervis, 1992. Zool. J. Linn. Soc. 105: 331. **Type locality:** France: Vienne, Vivonne.
分布（**Distribution**）：湖北（HB）；比利时、捷克、法国、德国、英国、意大利、波兰、斯洛伐克、西班牙、瑞典、瑞士。

（8）多鬃隐脉头蝇 *Chalarus polychaetus* Huo *et* Yang, 2011

Chalarus polychaetus Huo *et* Yang, 2011. Trans. Am. Ent. Soc. 137 (1+2): 192. **Type locality:** China: Inner Mongolia, Mt. Helan.
分布（**Distribution**）：内蒙古（NM）。

（9）假隐脉头蝇 *Chalarus spurius* (Fallén, 1816)

Cephalops spurius Fallén, 1816. Syrphici Sveciae: 16. **Type locality:** Sweden: Esperöd, Rijksmuseet Stockholm.
Chalarus spurius: Jervis, 1992. Zool. J. Linn. Soc. 105: 332.
分布（**Distribution**）：台湾（TW）；德国、波兰、瑞典、加拿大、夏威夷群岛、智利、萨尔瓦多、瑞士、英国、

以色列、芬兰、俄罗斯。

（10）藏隐脉头蝇 _Chalarus zangnus_ Yang _et_ Xu, 1987

Chalarus zangnus Yang _et_ Xu, 1987. _In_: Zhang, 1987. Agricultural Insects, Spiders, Plant Diseases and Weeds of Tibet 2: 179. **Type locality:** China: Tibet, Bomi.

分布（Distribution）：西藏（XZ）。

3. 蜇头蝇属 _Jassidophaga_ Aczél, 1939

Jassidophaga Aczél, 1939. Zool. Anz. 125 (1/2): 20. **Type species:** _Pipunculus pilosus_ Zetterstedt, 1838 (by original designation).

（11）裂蜇头蝇 _Jassidophaga abscissa_ (Thomson, 1869)

Pipunculus abscissus Thomson, 1869. K. Svenska Fregatten Eugenies Resa, Zool., Dipt. 2 (1): 514. **Type locality:** China: Taiwan.

分布（Distribution）：台湾（TW）。

（12）甲蜇头蝇 _Jassidophaga armata_ (Thomson, 1869)

Pipunculus armatus Thomson, 1869. K. Svenska Fregatten Eugenies Resa, Zool., Dipt. 2 (1): 513. **Type locality:** China: Taiwan.

分布（Distribution）：台湾（TW）。

（13）缢尾蜇头蝇 _Jassidophaga contracta_ Yang _et_ Xu, 1998

Jassidophaga contracta Yang _et_ Xu, 1998. _In_: Xue _et_ Chao, 1998. Flies of China, Vol. 1: 94. **Type locality:** China: Guangxi, Wuming.

分布（Distribution）：广西（GX）。

（14）广西蜇头蝇 _Jassidophaga guangxiensis_ Yang _et_ Xu, 1998

Jassidophaga guangxiensis Yang _et_ Xu, 1998. _In_: Xue _et_ Chao, 1998. Flies of China, Vol. 1: 94. **Type locality:** China: Guangxi, Wuming.

分布（Distribution）：广西（GX）。

（15）浓毛蜇头蝇 _Jassidophaga pilosa_ (Zetterstedt, 1838)

Pipunculus pilosus Zetterstedt, 1838. Insecta Lapp.: 579. **Type locality:** Norway: Oppland, Dovre.
Pipunculus fasciatus von Roser, 1840. Correspondenzbl. K. Württemb. Landw. Ver., Stuttgart 37 [= N. S. 17] (1): 55. **Type locality:** Germany: "Württemberg".

分布（Distribution）：内蒙古（NM）；奥地利、比利时、保加利亚、瑞士、捷克、德国、丹麦、爱沙尼亚、法国、英国、匈牙利、意大利、爱尔兰、拉脱维亚、挪威、荷兰、

波兰、罗马尼亚、俄罗斯、瑞典、芬兰、斯洛伐克、前南斯拉夫、加拿大、美国。

（16）柔毛蜇头蝇 _Jassidophaga villosa_ (Roser, 1840)

Pipunculus villosus Roser, 1840. Correspondenzbl. K. Württemb. Landw. Ver., Stuttgart 37 [= N. S. 17] (1): 55. **Type locality:** Germany: "Württemberg".
Verrallia triloba Yang _et_ Xu, 1989. Entomotaxon. 11 (1-2): 157. **Type locality:** China: Shaanxi, Nanwutai. **Syn. nov.**

分布（Distribution）：北京（BJ）、陕西（SN）、宁夏（NX）；奥地利、比利时、捷克、丹麦、爱沙尼亚、芬兰、法国、德国、英国、匈牙利、意大利、日本、拉脱维亚、韩国、挪威、波兰、罗马尼亚、俄罗斯、斯洛伐克、西班牙、瑞典、瑞士、荷兰。

头蝇亚科 Pipunculinae

4. 光头蝇属 _Cephalops_ Fallén, 1810

Cephalops Fallén, 1810. Specim. Ent. Novam Dipt.: 10. **Type species:** _Cephalops aeneus_ Fallén, 1810 (monotypy).
Wittella Hardy, 1950. Explor. Parc Natl. Albert Miss. G. F. de Witte 62: 41. **Type species:** _Dorilas candidulus_ Hardy, 1949 (by original designation).

（17）敏锐光头蝇 _Cephalops argutus_ (Hardy, 1968)

Pipunculus (_Pipunculus_) _argutus_ Hardy, 1968. Ent. Medd. 36: 470. **Type locality:** Papua New Guinea: Bismarck Arch, Lemkamin.

分布（Distribution）：海南（HI）；缅甸、马来西亚、菲律宾、新加坡、泰国、澳大利亚、新喀里多尼亚（法）、巴布亚新几内亚（俾斯麦群岛）。

（18）粗管光头蝇 _Cephalops crassipinus_ Yang _et_ Xu, 1998

Cephalops crassipinus Yang _et_ Xu, 1998. _In_: Xue _et_ Chao, 1998. Flies of China, Vol. 1: 97. **Type locality:** China: Beijing, Haidian.

分布（Distribution）：北京（BJ）、陕西（SN）。

（19）倩光头蝇 _Cephalops excellens_ (Kertész, 1912)

Dorylas excellens Kertész, 1912. Ann. Hist.-Nat. Mus. Natl. Hung. 10: 288. **Type locality:** China: Taiwan.

分布（Distribution）：台湾（TW）。

（20）益友光头蝇 _Cephalops fraternus_ (Kertész, 1912)

Dorylas fraternus Kertész, 1912. Ann. Hist.-Nat. Mus. Natl. Hung. 10: 289. **Type locality:** China: Taiwan, Taizhong.
Pipunculus (_Pipnlculius_) _fraternus_: Hardy, 1968. Ent. Medd. 36: 473.

分布（**Distribution**）：台湾（TW）；泰国、越南、巴布亚新几内亚（俾斯麦群岛）、新爱尔兰岛。

（21）甘肃光头蝇 *Cephalops gansuensis* **Yang et Xu, 1998**

Cephalops gansuensis Yang *et* Xu, 1998. *In*: Xue *et* Chao, 1998. Flies of China, Vol. 1: 98. **Type locality:** China: Gansu, Kangxian.

分布（**Distribution**）：甘肃（GS）。

（22）细管光头蝇 *Cephalops gracilentus* **Yang et Xu, 1998**

Cephalops gracilentus Yang *et* Xu, 1998. *In*: Xue *et* Chao, 1998. Flies of China, Vol. 1: 98. **Type locality:** China: Beijing, Mt. Miaofeng.

分布（**Distribution**）：北京（BJ）。

（23）毛腿光头蝇 *Cephalops hirtifemurus* **Yang et Xu, 1998**

Cephalops hirtifemurus Yang *et* Xu, 1998. *In*: Xue *et* Chao, 1998. Flies of China, Vol. 1: 99. **Type locality:** China: Shaanxi, Mt. Huashan.

分布（**Distribution**）：陕西（SN）。

（24）华山光头蝇 *Cephalops huashanensis* **Yang et Xu, 1989**

Pipunculus (*Cephalops*) *huashanensis* Yang *et* Xu, 1989. Entomotaxon. 11 (1-2): 158. **Type locality:** China: Shaanxi, Mt. Huashan.

分布（**Distribution**）：陕西（SN）。

（25）长尾光头蝇 *Cephalops longicaudus* **Yang et Xu, 1998**

Cephalops longicaudus Yang *et* Xu, 1998. *In*: Xue *et* Chao, 1998. Flies of China, Vol. 1: 99. **Type locality:** China: Beijing, Mt. Miaofeng.

分布（**Distribution**）：北京（BJ）。

（26）长痣光头蝇 *Cephalops longistigmatis* **Yang et Xu, 1998**

Cephalops longistigmatis Yang *et* Xu, 1998. *In*: Xue *et* Chao, 1998. Flies of China, Vol. 1: 99. **Type locality:** China: Zhejiang, Mt. Tianmu.

分布（**Distribution**）：浙江（ZJ）。

（27）圆膜光头蝇 *Cephalops orbiculatus* **Yang et Xu, 1998**

Cephalops orbiculatus Yang *et* Xu, 1998. *In*: Xue *et* Chao, 1998. Flies of China, Vol. 1: 100. **Type locality:** China: Jilin, Mt. Changbai.

分布（**Distribution**）：吉林（JL）。

（28）巴拉光头蝇 *Cephalops palawanensis* **(Hardy, 1972)**

Pipunculus (*Cephalops*) *palawanensis* Hardy, 1972. Orient.

Insects Suppl. 2: 26. **Type locality:** Philippines: Palawan, Mt. Beaufort.

分布（**Distribution**）：宁夏（NX）；菲律宾。

（29）巨垫光头蝇 *Cephalops pulvillatus* **(Kertész, 1915)**

Dorylas pullvillatus Kertész, 1915a. Ann. Hist.-Nat. Mus. Natl. Hung. 13: 387. **Type locality:** China: Taiwan, Kankau.

分布（**Distribution**）：台湾（TW）；菲律宾、日本。

（30）十三陵光头蝇 *Cephalops shisanlingensis* **Yang et Xu, 1998**

Cephalops shisanlingensis Yang *et* Xu, 1998. *In*: Xue *et* Chao, 1998. Flies of China, Vol. 1: 100. **Type locality:** China: Beijing, Changping.

分布（**Distribution**）：北京（BJ）。

（31）台湾光头蝇 *Cephalops taiwanensis* **De Meyer, 1992**

Cephalops taiwanensis De Meyer, 1992. Bull. Inst. R. Sci. Nat. Eoto. 62: 97. **Type locality:** China: Taiwan, Beaufort.

分布（**Distribution**）：台湾（TW）。

（32）西藏光头蝇 *Cephalops tibetanus* **Yang et Xu, 1987**

Cephalops tibetanus Yang *et* Xu, 1987. *In*: Zhang, 1987. Agricultural Insects, Spiders, Plant Diseases and Weeds of Tibet 2: 177. **Type locality:** China: Tibet, Bomi.

分布（**Distribution**）：西藏（XZ）。

5. 枝脉头蝇属 *Claraeola* Aczél, 1940

Claraeola Aczél, 1940. Zool. Anz. 132 (7/8): 151. **Type species:** *Dorylas adventitius* Kertész, 1912 (by original designation).

（33）加枝头蝇 *Claraeola adventitia* **(Kertész, 1912)**

Dorylas adventicius Kertész, 1912. Ann. Hist.-Nat. Mus. Natl. Hung. 10: 292. **Type locality:** China: Taiwan, Koshun.

分布（**Distribution**）：台湾（TW）。

（34）巨型枝脉头蝇 *Claraeola gigas* **(Kertész, 1912)**

Dorylas gigas Kertész, 1912. Ann. Hist.-Nat. Mus. Natl. Hung. 10: 293. **Type locality:** China: Taiwan, Tainan.

分布（**Distribution**）：台湾（TW）。

（35）极少枝脉头蝇 *Claraeola perpaucisquamosa* **Kehlmaier, 2005**

Claraeola perpaucisquamosa Kehlmaier, 2005. Zootaxa 1030 (1): 19. **Type locality:** China: Beijing, Mt. Xishan.

分布（**Distribution**）：北京（BJ）。

6. 斜尾头蝇属 *Clistoabdominalis* Skevington, 2001

Clistoabdominalis Skevington, 2001. *In*: Skevington *et* Yeates, 2001. Syst. Ent. 26: 435. **Type species:** *Pipunculus helluo* Perkins, 1905 (by designation of Skevington, 2001).

（36）混斜尾头蝇 *Clistoabdominalis confusoides* (Lamb, 1922)

Pipunculus confusoides Lamb, 1922. Trans. Linn. Soc. Lond. (2, Zool.) 18: 412. **Type locality:** Seychelles Is: "Mahé", "Morne Blane".
Dorylomorpha lini Hardy, 1972. Proc. Hawaii. Ent. Soc. 21 (1): 81. **Type locality:** Philippines: Palawan, Puerto Princesa.
分布（Distribution）：台湾（TW）；日本、留尼汪（法）、塞舌尔、以色列、印度、菲律宾、泰国。

（37）巨斜尾头蝇 *Clistoabdominalis macropygus* (de Meijere, 1914)

Pipunculus macropygus de Meijere, 1914. Tijdschr. Ent. 57: 167. **Type locality:** Indonesia: Java, Wonosobo.
Pipunculus chalybeus Brunetti, 1923. Fauna Brit. India (Dipt.) 3: 15. **Type locality:** India: "Wynaad".
Pipunculus (*Eudorylas*) *macropygus*: Hardy, 1968. Ent. Medd. 36: 453.
分布（Distribution）：台湾（TW）、广西（GX）、海南（HI）；印度、印度尼西亚、老挝、尼泊尔、泰国、越南、韩国、菲律宾。

（38）罗拉斜尾头蝇 *Clistoabdominalis roralis* (Kertész, 1915)

Dorylas roralis Kertész, 1915a. Ann. Hist.-Nat. Mus. Natl. Hung. 13: 389. **Type locality:** China: Taiwan.
Pipunculus (*Eudorylas*) *roralis*: Hardy, 1968. Ent. Medd. 36: 461.
分布（Distribution）：台湾（TW）；日本、印度、老挝、泰国、越南、菲律宾。

7. 毛头蝇属 *Dasydorylas* Skevington, 2001

Dasydorylas Skevington, 2001. *In*: Skevington *et* Yeates, 2001. Syst. Ent. 26: 435. **Type species:** *Pipunculus eucalypti* Perkins, 1905 (by designation of Skevington, 2001).

（39）桉树毛头蝇 *Dasydorylas eucalypti* (Perkins, 1905)

Pipunculus eucalypti Perkins, 1905. Bull. Div. Ent. Hawaiian Sug. Plant. Assoc. 1: 138. **Type locality:** Australia: Queensland, Bundaberg.
分布（Distribution）：台湾（TW）；澳大利亚。

（40）整列毛头蝇 *Dasydorylas holosericeus* (Becker, 1898)

Pipunculus holosericeus Becker, 1898. Berl. Ent. Z. 42: 55. **Type locality:** Italy: Mori *et* Roumania, "Siebeubürgen".
Pipunculus sericeus Becker, 1898. Berl. Ent. Z. 42: 100 (unjustified replacement name for *Pipunculus holosericeus* Becker, 1898).
Pipunculus clavatus Becker, 1898. Berl. Ent. Z. 42: 56. **Type locality:** Italy: Mori.
分布（Distribution）：台湾（TW）；丹麦、意大利、波兰、罗马尼亚、菲律宾。

（41）东方毛头蝇 *Dasydorylas orientalis* (Koizumi, 1959)

Dorilas (*Eudorylas*) *orientalis* Koizumi, 1959. Scient. Rep. Fac. Agric. Okayama Univ. 13: 43. **Type locality:** Japan: Honshū, Miyagi.
分布（Distribution）：台湾（TW）；日本、韩国、缅甸、印度、老挝、菲律宾、泰国、巴布亚新几内亚。

8. 肖头蝇属 *Dorylomorpha* Aczél, 1939

Dorylomorpha Aczél, 1939. Zool. Anz. 125 (1/2): 22 (as a subgenus of *Tomosvaryella*). **Type species:** *Pipunculus rufipes* Meigen, 1824 (by original designation).

（42）中国肖头蝇 *Dorylomorpha sinensis* Xu *et* Yang, 1990

Dorylomorpha sinensis Xu *et* Yang, 1990. Entomotaxon. 12 (3-4): 306. **Type locality:** China: Inner Mongolia, Jining.
分布（Distribution）：内蒙古（NM）。

9. 优头蝇属 *Eudorylas* Aczél, 1940

Eudorylas Aczél, 1940. Zool. Anz. 132 (7/8): 151. **Type species:** *Cephalops opacus* Fallén, 1816 (by original designation).

（43）反角优头蝇 *Eudorylas atrigonius* Huo *et* Yang, 2010

Eudorylas atrigonius Huo *et* Yang, 2010. Trans. Am. Ent. Soc. 136 (3+4): 243. **Type locality:** China: Beijing, Yanqing.
分布（Distribution）：北京（BJ）。

（44）剑管优头蝇 *Eudorylas attenuatus* (Yang *et* Xu, 1989)

Pipunculus (*Eudorylas*) *attenuatus* Yang *et* Xu, 1989. Entomotaxon. 11 (1-2): 158. **Type locality:** China: Shaanxi, Zhouzhi.
分布（Distribution）：陕西（SN）。

（45）北岳优头蝇 *Eudorylas beiyue* Yang *et* Xu, 1998

Pipunculus (*Eudorylas*) *beiyue* Yang *et* Xu, 1998. *In*: Xue *et* Chao, 1998. Flies of China, Vol. 1: 104. **Type locality:** China: Shanxi, Hunyuan.
分布（Distribution）：山西（SX）。

（46）双色优头蝇 *Eudorylas bicolor* (Becker, 1924)

Pipunculus bicolor Becker, 1924. Ent. Mitt. 13: 15. **Type locality**: China: Taiwan, Parve.

分布（**Distribution**）：台湾（TW）。

（47）凹腿优头蝇 *Eudorylas concavus* Yang *et* Xu, 1998

Pipunculus (Eudorylas) concavus Yang *et* Xu, 1998. *In*: Xue *et* Chao, 1998. Flies of China, Vol. 1: 105. **Type locality**: China: Gansu, Wenxian.

分布（**Distribution**）：甘肃（GS）。

（48）脉优头蝇 *Eudorylas costalis* (Becker, 1924)

Pipunculus costalis Becker, 1924. Ent. Mitt. 13: 16. **Type locality**: Japan: Hokkaidō, Sapporo, Maruyama.

分布（**Distribution**）：台湾（TW）；日本。

（49）二叉优头蝇 *Eudorylas dicraum* Huo *et* Yang, 2010

Eudorylas dicraum Huo *et* Yang, 2010. Trans. Am. Ent. Soc. 136 (3+4): 241. **Type locality**: China: Beijing, Yanqing.

分布（**Distribution**）：北京（BJ）。

（50）指突优头蝇 *Eudorylas digitatus* Yang *et* Xu, 1998

Pipunculus (Eudorylas) digitatu Yang *et* Xu, 1998. *In*: Xue *et* Chao, 1998. Flies of China, Vol. 1: 105. **Type locality**: China: Guangxi, Jinxiu, Mt. Dayao.

分布（**Distribution**）：广西（GX）。

（51）球尾优头蝇 *Eudorylas globosus* Yang *et* Xu, 1998

Pipunculus (Eudorylas) globosus Yang *et* Xu, 1998. *In*: Xue *et* Chao, 1998. Flies of China, Vol. 1: 105. **Type locality**: China: Fujian, Chong'an.

分布（**Distribution**）：福建（FJ）。

（52）哈氏优头蝇 *Eudorylas hardyi* (Yang *et* Xu, 1989)

Pipunculus (Eudorylas) hardyi Yang *et* Xu, 1989. Entomotaxon. 11 (1-2): 160. **Type locality**: China: Shaanxi, Zhouzhi.

分布（**Distribution**）：北京（BJ）、陕西（SN）。

（53）爪哇优头蝇 *Eudorylas javanensis* (de Meijere, 1907)

Pipunculus javanensis de Meijere, 1907b. Tijdschr. Ent. 50: 262. **Type locality**: Indonesia: Java, Semarang.

Dorylas formosanus Kertész, 1912. Ann. Hist.-Nat. Mus. Natl. Hung. 10: 298. **Type locality**: China: Taiwan, Tainan and Kaohsiung.

Pipunculus transversus Brunetti, 1923. Fauna Brit. India (Dipt.) 3: 13. **Type locality**: India: Pūsa.

Dorilas (Eudorylas) tsuboii Koizumi, 1959. Scient. Rep. Fac. Agric. Okayama Univ. 13: 40. **Type locality**: Japan: Honshū, Shikoku.

分布（**Distribution**）：福建（FJ）、台湾（TW）、广西（GX）；日本、巴布亚新几内亚、印度、印度尼西亚、老挝、菲律宾、泰国。

（54）凸形优头蝇 *Eudorylas lentiger* (Kertész, 1915)

Dorylas lentiger Kertész, 1915a. Ann. Hist.-Nat. Mus. Natl. Hung. 13: 386. **Type locality**: China: Taiwan, Kankan.

Dorylas mutilatus Kertész, 1912. Ann. Hist.-Nat. Mus. Natl. Hung. 10: 295.

分布（**Distribution**）：台湾（TW）；泰国、越南、马来西亚。

（55）长角优头蝇 *Eudorylas longicornis* Yang *et* Xu, 1998

Pipunculus (Eudorylas) longicornis Yang *et* Xu, 1998. *In*: Xue *et* Chao, 1998. Flies of China, Vol. 1: 106. **Type locality**: China: Jiangsu, Nanjing.

分布（**Distribution**）：江苏（JS）。

（56）刺腿优头蝇 *Eudorylas longispinus* Yang *et* Xu, 1998

Pipunculus (Eudorylas) longispinus Yang *et* Xu, 1998. *In*: Xue *et* Chao, 1998. Flies of China, Vol. 1: 106. **Type locality**: China: Beijing, Dongcheng.

分布（**Distribution**）：北京（BJ）。

（57）巨头优头蝇 *Eudorylas megacephalus* (Kertész, 1912)

Dorylas megacephalus Kertész, 1912. Ann. Hist.-Nat. Mus. Natl. Hung. 10: 297. **Type locality**: China: Taiwan, Koshun.

分布（**Distribution**）：台湾（TW）。

（58）月管优头蝇 *Eudorylas meniscatus* Yang *et* Xu, 1998

Pipunculus (Eudorylas) meniscatus Yang *et* Xu, 1998. *In*: Xue *et* Chao, 1998. Flies of China, Vol. 1: 104. **Type locality**: China: Fujian, Jianyang.

分布（**Distribution**）：福建（FJ）。

（59）体小优头蝇 *Eudorylas minor* (Cresson, 1911)

Pipunculus minor Cresson, 1911. Trans. Am. Ent. Soc. 36: 293. **Type locality**: USA: Connecticut, North Haven.

分布（**Distribution**）：陕西（SN）；加拿大、美国、墨西哥。

（60）黄足优头蝇 *Eudorylas mutillatus* (Loew, 1858)

Pipunculus mutillatus Loew, 1858c. Öfvers. K. Vetensk. Akad. Förh. (1857) 14: 374. **Type locality**: South Africa: Caffraria.

Pipunculus kumamotensis Matsumura, 1915. Thousand Ins. Japan Add. 2: 30. **Type locality:** Japan: Kyūshū, Kumamoto.

Pipunculus aequalis Becker, 1924. Ent. Mitt. 13: 16. **Type locality:** China: Taiwan, Hokuto.

Pipunculus matema Curran, 1936. Proc. Calif. Acad. Sci. 22: 22. **Type locality:** Solomon Is.: Santa Cruz Is., "Matema I".

Dorilas (Eudorylas) hiatus Hardy, 1956. Insects Micronesia 13: 5. **Type locality:** Micronesia: Caroline Is., Yap.

Pipunculus (Eudorylas) distocruciator Hardy, 1966. Bull. Br. Mus. (Nat. Hist.) Ent. 17: 441. **Type locality:** Nepal: Taplejung District, Sangu.

Pipunculus (Eudorylas) ranikhetiensis Kapoor, Agarwal *et* Grewal, 1977. Bull. Ent. 18: 74. **Type locality:** India: Uttar Pradesh, Mt. Kumaon.

Pipunculus (Eudorylas) kumaonensis Kapoor, Agarwal *et* Grewal, 1977. Bull. Ent. 18: 74. **Type locality:** India: Uttar Pradesh, Ranikhet.

分布（Distribution）：山西（SX）、湖南（HN）、四川（SC）、台湾（TW）、广西（GX）；日本、印度；非洲、大洋洲。

（61）内蒙优头蝇 *Eudorylas neimongolanus* (**Xu** *et* **Yang, 1990**)

Pipunculus (Eudorylas) neimongolanus Xu *et* Yang, 1990. Entomotaxon. 12 (3-4): 305. **Type locality:** China: Inner Mongolia, Jining.

分布（Distribution）：内蒙古（NM）。

（62）宁夏优头蝇 *Eudorylas ningxiaensis* (**Yang** *et* **Xu, 1998**)

Pipunculus (Eudorylas) ningxiaensis Yang *et* Xu, 1998. *In*: Xue *et* Chao, 1998. Flies of China, Vol. 1: 108. **Type locality:** China: Ningxia, Mt. Helan.

分布（Distribution）：宁夏（NX）。

（63）少毛优头蝇 *Eudorylas nudus* (**Kertész, 1912**)

Dorylas nudus Kertész, 1912. Ann. Hist.-Nat. Mus. Natl. Hung. 10: 294. **Type locality:** China: Taiwan, Taizhong.

分布（Distribution）：台湾（TW）。

（64）方抱优头蝇 *Eudorylas orthogoninus* (**Yang** *et* **Xu, 1989**)

Pipunculus (Eudorylas) orthogoninus Yang *et* Xu, 1989. Entomotaxon. 11 (1-2): 159. **Type locality:** China: Shaanxi, Louguantai.

分布（Distribution）：陕西（SN）。

（65）白腹优头蝇 *Eudorylas pallidiventris* (**de Meijere, 1914**)

Pipunculus pallidiventris de Meijere, 1914. Tijdschr. Ent. 57: 169. **Type locality:** Liberia: Grand Gedeh, Mt. Gedeh.

分布（Distribution）：台湾（TW）；泰国、越南、印度尼西亚、利比里亚。

（66）梨状优头蝇 *Eudorylas piriformis* (**Xu** *et* **Yang, 1990**)

Pipunculus (Eudorylas) piriformis Xu *et* Yang, 1990. Entomotaxon. 12 (3-4): 305. **Type locality:** China: Inner Mongolia, Jining.

分布（Distribution）：内蒙古（NM）。

（67）阔跗优头蝇 *Eudorylas platytarsis* (**Kertész, 1912**)

Dorylas platytarsis Kertész, 1912. Ann. Hist.-Nat. Mus. Natl. Hung. 10: 290. **Type locality:** China: Taiwan, Tainan.

分布（Distribution）：台湾（TW）。

（68）翘角优头蝇 *Eudorylas revolutus* (**Yang** *et* **Xu, 1989**)

Pipunculus (Eudorylas) revolutus Yang *et* Xu, 1989. Entomotaxon. 11 (1-2): 160. **Type locality:** China: Shaanxi, Louguantai.

分布（Distribution）：陕西（SN）。

（69）萨氏优头蝇 *Eudorylas sauteri* (**Kertész, 1907**)

Pipunculus sauteri Kertész, 1907. Ann. Hist.-Nat. Mus. Natl. Hung. 5: 580. **Type locality:** China: Taiwan, Takao.

分布（Distribution）：台湾（TW）。

（70）分离优头蝇 *Eudorylas separates* (**Kertész, 1915**)

Dorylas separatus Kertész, 1915a. Ann. Hist.-Nat. Mus. Natl. Hung. 13: 390. **Type locality:** China: Taiwan, Kankau.

分布（Distribution）：台湾（TW）。

（71）云南优头蝇 *Eudorylas yunnanensis* (**Yang** *et* **Xu, 1998**)

Pipunculus (Eudorylas) yunnanensis Yang *et* Xu, 1998. *In*: Xue *et* Chao, 1998. Flies of China, Vol. 1: 110. **Type locality:** China: Yunnan, Kunming.

分布（Distribution）：云南（YN）。

10. 小光头蝇属 *Microcephalops* De Meyer, 1989

Microcephalops De Meyer, 1989. Bull. Inst. R. Sci. Nat. Belg. 59: 120. **Type species:** *Pipunculus banksi* Aczél, 1940 (by original designation).

（72）近铜小光头蝇 *Microcephalops subaeneus* (**Brunetti, 1923**)

Pipunculus subaeneus Brunetti, 1923. Fauna Brit. India (Dipt.) 3: 12. **Type locality:** India: Assam, Khāsi Hills.

Pipunculus (Cephalops) subaeneus: Hardy, 1972. Orient. Insects Suppl. 2: 31.

分布（Distribution）：海南（HI）；印度。

11. 头蝇属 *Pipunculus* Latreille, 1802

Pipunculus Latreille, 1802. Histoire naturelle, générale *et* particulière des Crustés *et* des Insectes 3: 463. **Type species:**

Pipunculus campestris Latreille, 1802 (monotypy).

Dorilas Meigen, 1800. Nouve. Class.: 31. **Type species:** *Pipunculus campestris* Latreille, 1802 (by designation of Coquillett, 1910).

Microcera Meigen, 1803. Mag. Insektenkd. 2: 273. **Type species:** *Pipunculus campestris* Latreille, 1805 (by designation of Coquillett, 1910).

（73）平原头蝇 *Pipunculus campestris* Latreille, 1802

Pipunculus campestris Latreille, 1802. Histoire naturelle, générale *et* particulière des Crustés *et* des Insectes 3: 463. **Type locality:** France: "environs de Paris".

Musca (*Cephalotes*) *campestris* Bosc, 1792. J. Hist. Nat. 2: 55. **Type locality:** France: Parisiis.

Pipunculus ater Meigen, 1824. Syst. Beschr. Europ. Zweifl. Insekt. 4: 23. **Type locality:** Not given.

Pipunculus dentipes Meigen, 1838. Syst. Beschr. Europ. Zweifl. Insekt. 7: 146. **Type locality:** Not given.

Pipunculus dispar Zetterstedt, 1838. Insecta Lapp.: 579. **Type locality:** Sweden: Lapland, Lycksele.

Pipunculus cingulatus Loew, 1866. Berl. Ent. Z. 9: 176. **Type locality:** USA: District of Columbia.

Pipunculus horvathi Kertész, 1907. Ann. Hist.-Nat. Mus. Natl. Hung. 5: 579. **Type locality:** USA: New York, Long Lake.

Pipunculus townsendi Malloch, 1913. Proc. U. S. Natl. Mus. 43: 292. **Type locality:** USA: New Mexico, Rio Ruidoso.

Dorilas hertzogi Rapp, 1943. Entomol. News 54: 118. **Type locality:** USA: New Jersey, Gloucester Co.

Pipunculus campestris var. *himalayensis* Brunetti, 1912. Rec. India Mus. 7 (5): 487. **Type locality:** India: Darjeeling.

Pipunculus cingulatus var. *velutinus* Cresson, 1911. Trans. Am. Ent. Soc. 36: 300. **Type locality:** USA: Pennsylvania, Swarthmore.

Pipunculus wolfi Kowarz, 1887. Wien. Ent. Ztg. 6: 152. **Type locality:** Czech Republic: Marienbad.

分布（**Distribution**）：台湾（TW）；印度、法国、瑞典、捷克、加拿大、美国。

12. 佗头蝇属 *Tomosvaryella* Aczél, 1939

Tomosvaryella Aczél, 1939. Zool. Anz. 125 (1/2): 22. **Type species:** *Pipunculus sylvaticus* Meigen, 1824 (by original designation).

Alloneura Rondani, 1856. Dipt. Ital. Prodromus, Vol. I: 140. **Type species:** *Pipunculus flavipes* Meigen, 1824 (monotypy) (suppressed by ICZN, 1961).

（74）铜腹佗头蝇 *Tomosvaryella aeneiventris* (Kertész, 1903)

Pipunculus aeneiventris Kertész, 1903. Ann. Hist.-Nat. Mus. Natl. Hung. 1: 468. **Type locality:** Sri Lanka: Colombo.

分布（**Distribution**）：台湾（TW）；斯里兰卡。

（75）凹额佗头蝇 *Tomosvaryella concavifronta* Yang *et* Xu, 1998

Tomosvaryella concavifronta Yang *et* Xu, 1998. *In*: Xue *et* Chao, 1998. Flies of China, Vol. 1: 113. **Type locality:** China: Hebei, Zhuozhou.

分布（**Distribution**）：河北（HEB）、北京（BJ）、浙江（ZJ）。

（76）东岳佗头蝇 *Tomosvaryella dongyue* Yang *et* Xu, 1998

Tomosvaryella dongyue Yang *et* Xu, 1998. *In*: Xue *et* Chao, 1998. Flies of China, Vol. 1: 111. **Type locality:** China: Shandong, Mt. Taishan.

分布（**Distribution**）：山东（SD）。

（77）靓佗头蝇 *Tomosvaryella epichalca* (Perkins, 1905)

Pipunculus epichalcus Perkins, 1905. Bull. Div. Ent. Hawaiian Sug. Plant. Assoc. 1: 150. **Type locality:** Australia: Queensland, Cairns.

分布（**Distribution**）：台湾（TW）；日本、澳大利亚、柬埔寨、印度、菲律宾。

（78）状管佗头蝇 *Tomosvaryella forter* Yang *et* Xu, 1998

Tomosvaryella forter Yang *et* Xu, 1998. *In*: Xue *et* Chao, 1998. Flies of China, Vol. 1: 112. **Type locality:** China: Hunan, Changsha.

分布（**Distribution**）：湖南（HN）。

（79）稻佗头蝇 *Tomosvaryella oryzaetora* Koizumi, 1959

Tomosvaryella oryzaetora Koizumi, 1959. Scient. Rep. Fac. Agric. Okayama Univ. 13: 38. **Type locality:** Japan: Honshū, Shikoku.

分布（**Distribution**）：台湾（TW）；日本、印度、马来西亚、菲律宾、泰国。

（80）光亮佗头蝇 *Tomosvaryella pernitida* (Becker, 1924)

Pipunculus pernitidus Becker, 1924. Ent. Mitt. 13: 14. **Type locality:** Japan: Hokkaidō, Sapporo, Maruyama.

分布（**Distribution**）：台湾（TW）；日本。

（81）刀币佗头蝇 *Tomosvaryella scalprata* Yang *et* Xu, 1987

Tomosvaryella scalprata Yang *et* Xu, 1987. *In*: Zhang, 1987. Agricultural Insects, Spiders, Plant Diseases and Weeds of Tibet 2: 178. **Type locality:** China: Tibet, Lhasa.

分布（**Distribution**）：西藏（XZ）。

（82）韶山佗头蝇 *Tomosvaryella shaoshanensis* Yang *et* Xu, 1998

Tomosvaryella shaoshanensis Yang *et* Xu, 1998. *In*: Xue *et* Chao, 1998. Flies of China, Vol. 1: 112. **Type locality**: China: Hunan, Mt. Shaoshan.

分布（Distribution）：湖南（HN）。

（83）小穗佗头蝇 *Tomosvaryella spiculata* Hardy, 1971

Tomosvaryella spiculata Hardy, 1971. Proc. Hawaii. Ent. Soc. 21 (1): 85. **Type locality**: China: Taiwan, Pingtung.

分布（Distribution）：台湾（TW）；菲律宾。

（84）淡绿佗头蝇 *Tomosvaryella subvirescens* (Loew, 1872)

Pipunculus subvirescens Loew, 1872. Berl. Ent. Z. 16: 87. **Type locality**: USA: Texas, Belfrage.

Pipunculus aridus Williston, 1893. N. Am. Fauna 7: 255. **Type locality**: USA: California, Mt. Argus.

Pipunculus pilosiventris Becker, 1900. Berl. Ent. Z. 45: 236. **Type locality**: Egypt: Kairo, Assiut und in der Oase Fayum.

Pipunculus glabrum Adams, 1905. Kans. Univ. Sci. Bull. 3: 165. **Type locality**: Zimbabwe: nr. Harare.

Pipunculus insularis Cresson, 1911. Trans. Am. Ent. Soc. 36: 317. **Type locality**: Bermuda Is.: Hamilton Parish.

Pipunculus albiseta Cresson, 1911. Trans. Am. Ent. Soc. 36: 318. **Type locality**: Bermuda Is.: Hamilton Parish.

Pipunculus metallescens Malloch, 1913. Proc. U. S. Natl. Mus. 43: 298. **Type locality**: Nicaragua: Chinandega.

Pipunculus similans Becker, 1924. Ent. Mitt. 13: 15. **Type locality**: China: Taiwan, Taibei.

Pipunculus knowltoni Hardy, 1939. J. Kans. Ent. Soc. 12: 20. **Type locality**: USA: Utah, Cache Junction.

分布（Distribution）：福建（FJ）、台湾（TW）、广西（GX）；世界广布。

（85）森林佗头蝇 *Tomosvaryella sylvatica* (Meigen, 1824)

Pipunculus sylvaticus Meigen, 1824. Syst. Beschr. Europ. Zweifl. Insekt. 4: 20. **Type locality**: Not given.

Pipunculus scoparius Cresson, 1911. Trans. Am. Ent. Soc. 36: 317. **Type locality**: USA: Maine.

Pipunculus nudus var. *tangomus* Rapp, 1943. Entomol. News 54: 224. **Type locality**: Canada: Quebec, St. Placide.

Alloneura sylvatica: Koizumi, 1960. Scient. Rep. Fac. Agric. Okayama Univ. 16: 39.

分布（Distribution）：河南（HEN）、台湾（TW）、广西（GX）；亚洲、欧洲。

蚜蝇科 Syrphidae

管蚜蝇亚科 Eristalinae

短腹蚜蝇族 Brachyopini

短腹蚜蝇亚族 Brachyopina

1. 短腹蚜蝇属 *Brachyopa* Meigen, 1822

Brachyopa Meigen, 1822. Syst. Beschr. Europ. Zweifl. Insekt. 3: 260. **Type species**: *Musca conica* Panzer, 1798 (by designation of Westwood, 1840) [= *Brachyopa panzeri* Goffe, 1945].

Trichobrachyopa Kassebeer, 2001. Dipteron 4: 38. **Type species**: *Brachyopa tristis* Kassebeer, 2001 (by original designation).

（1）天祝短腹蚜蝇 *Brachyopa tianzhuensis* Li *et* Li, 1990

Brachyopa tianzhuensis Li *et* Li, 1990. The Syrphidae of Gansu Province: 84. **Type locality**: China: Gansu.

Brachyopa tianzhuensis: Huang, Cheng *et* Yang, 1998. *In*: Xue *et* Chao, 1998. Flies of China, Vol. 1: 176; Huang *et* Cheng, 2012. Fauna Sinica, Insecta, Vol. 50: 483.

分布（Distribution）：甘肃（GS）。

（2）条纹短腹蚜蝇 *Brachyopa vittata* Zetterstedt, 1843

Brachyopa vittata Zetterstedt, 1843. Dipt. Scand. 2: 687. **Type locality**: Sweden. Norway.

Brachyopa vittata: Peck, 1988. *In*: Soós *et* Papp, 1988. Cat. Palaearct. Dipt. 8: 133; He, Sun *et* Zhang, 1997. J. Shanghai Agric. Coll. 15 (4): 321.

分布（Distribution）：吉林（JL）；挪威、瑞典、俄罗斯；欧洲。

2. 金蚜蝇属 *Chrysogaster* Meigen, 1803

Chrysogaster Meigen, 1803. Mag. Insektenkd. 2: 274. **Type species**: *Syrphus coemiteriorum* Fabricius, 1775 (probably misidentification of *Musca cemiteriorum* Linnaeus, 1758) (by designation of Zetterstedt, 1843, as *Eristalis solstitialis* Fallén, 1817).

Chrysogaster Meigen, 1800. Nouve. Class.: 32. **Type species**: *Eristalis solstitialis* Fallén, 1817 (by designation of Coquillett, 1910) (suppressed by ICZN, 1963).

Lardaria Gistel, 1848. Naturgeschichte des Thierreichs für höhere Schulen, Stuttgart 16: 154 (replacement name for *Chrysogaster*).

Melanogaster Rondani, 1857. Dipt. Ital. Prodromus, Vol. II: 166. **Type species**: *Melanogaster nubilis* Rondani, 1857 (by designation of Coquillett, 1910).

Ighboulomyia Kassebeer, 1999. Dipteron 2: 12. **Type species:** *Ighboulomyia atlasi* Kassebeer, 1999 (by original designation).

(3) 暗晕金蚜蝇 *Chrysogaster chalybeata* Meigen, 1822

Chrysogaster chalybeata Meigen, 1822. Syst. Beschr. Europ. Zweifl. Insekt. 3: 267. **Type locality:** Germany: Aachen *et* Stolberg.

Chrysogaster cupraria Macquart, 1829a. Mém. Soc. R. Sci. Agric. Arts Lille 1827-1828: 194; Macquart, 1829b. Ins. Dipt. N. Fr. 4: 46. **Type locality:** Northern France.

Chrysogaster coenotaphii Meigen, 1830. Syst. Beschr. Europ. Zweifl. Insekt. 6: 351. **Type locality:** Germany: Harz.

Chrysogaster chalybeata var. *coerulea* Strobl, 1909. Verh. K. K. Zool.-Bot. Ges. Wien 59: 207. **Type locality:** Spain: "Escoriai, Spanien".

Chrysogaster chalybeata ab. *azurea* Szilády, 1935. Ann. Hist.-Nat. Mus. Natl. Hung. (Zool.) 29: 214. **Type locality:** Tunisia.

Chrysogaster chalybeata: Peck, 1988. *In*: Soós *et* Papp, 1988. Cat. Palaearct. Dipt. 8: 134; Huang, Cheng *et* Yang, 1998. *In*: Xue *et* Chao, 1998. Flies of China, Vol. 1: 177; Huang *et* Cheng, 2012. Fauna Sinica, Insecta, Vol. 50: 466.

分布（Distribution）：新疆（XJ）、西藏（XZ）、福建（FJ）；德国、西班牙、前苏联；欧洲。

(4) 中华金蚜蝇 *Chrysogaster sinensis* Stackelberg, 1952

Chrysogaster sinensis Stackelberg, 1952. Trudy Zool. Inst. 12: 366. **Type locality:** China: R. Pei-Cho.

Chrysogaster sinensis: Peck, 1988. *In*: Soós *et* Papp, 1988. Cat. Palaearct. Dipt. 8: 135; Huang, Cheng *et* Yang, 1998. *In*: Xue *et* Chao, 1998. Flies of China, Vol. 1: 177.

分布（Distribution）：中国（省份不明）。

3. 锤蚜蝇属 *Hammerschmidtia* Schummel, 1834

Hammerschmidtia Schummel, 1834. Isis (Oken's) 7: 739. **Type species:** *Hammerschmidtia vittata* Schummel, 1834 (monotypy) [= *Hammerschmidtia ferruginea* (Fallén, 1817)].

Mentagrana Gistel, 1848. Naturgeschichte des Thierreichs für höhere Schulen, Stuttgart 16: 9 (replacement name for *Hammerschmitia*).

Eugeniamyia Williston, 1882. Can. Entomol. 14: 80. **Type species:** *Eugeniamyia rufa* Williston, 1822 (monotypy) [= *Hammerschmidtia ferruginea* Fallén, 1817].

Exocheila Rondani, 1857. Dipt. Ital. Prodromus, Vol. II: 170. **Type species:** *Rhingia ferruginea* Fallén, 1817 (by original designation).

(5) 脊颜锤蚜蝇 *Hammerschmidtia tropia* Chu, 1994

Hammerschmidtia tropia Chu, 1994. Acta Ent. Sin. 37 (4): 494. **Type locality:** China: Jiangsu.

分布（Distribution）：江苏（JS）。

4. 亮腹蚜蝇属 *Lejogaster* Rondani, 1857

Lejogaster Rondani, 1857. Dipt. Ital. Prodromus, Vol. II: 166. **Type species:** *Chrysogaster tarsatus* Meigen, 1822 (monotypy) [= *Lejogaster splendida* (Meigen, 1822)].

Sulcatella Goffe, 1944. Ent. Mon. Mag. 80 [= ser. 4, 5]: 129 (replacement name for *Lejogaster*). **Type species:** *Chrysogaster tarsata* Meigen, 1822 [= *Chrysogaster splendida* (Meigen, 1822)].

Liogaster: Scudder, 1882. Bull. U. S. Natl. Mus. 19 (1): 189 (emendation of *Lejogaster*).

(6) 金亮腹蚜蝇 *Lejogaster metallina* (Fabricius, 1781)

Syrphus metallina Fabricius, 1781. Species Insect. 2: 431. **Type locality:** Germany: "Germania".

Musca metallina: Gmelin, 1790. Syst. Nat. 5: 2874.

Eristalis metallicus: Fabricius, 1805. Syst. Antliat.: 246.

Chrysogaster discicornis Meigen, 1822. Syst. Beschr. Europ. Zweifl. Insekt. 3: 270. **Type locality:** Germany. Austria.

Chrysogaster grandicornis Meigen, 1822. Syst. Beschr. Europ. Zweifl. Insekt. 3: 270. **Type locality:** Germany: Aachen *et* Stolberg.

Chrysogaster violacea Meigen, 1822. Syst. Beschr. Europ. Zweifl. Insekt. 3: 267. **Type locality:** Germany.

Chrysogaster coerulescens Macquart, 1829a. Mém. Soc. R. Sci. Agric. Arts Lille 1827-1828: 192; Macquart, 1829b. Ins. Dipt. N. Fr. 4: 44. **Type locality:** Northern France.

Chrysogaster varipes Curtis, 1837. Guide Brrang. Bri. Ins.: 251. **Type locality:** England.

Lejogaster virgo Rondani, 1865. Atti Soc. Ital. Sci. Nat. Milano 8: 138. **Type locality:** Italy: "Alpibus Insubriae".

Lejogaster metallina: Peck, 1988. *In*: Soós *et* Papp, 1988. Cat. Palaearct. Dipt. 8: 137; Huang *et* Cheng, 2012. Fauna Sinica, Insecta, Vol. 50: 468.

分布（Distribution）：新疆（XJ）；前苏联、德国、奥地利、法国、英国、阿富汗。

(7) 淡跗亮腹蚜蝇 *Lejogaster splendida* (Meigen, 1822)

Chrysogaster splendida Meigen, 1822. Syst. Beschr. Europ. Zweifl. Insekt. 3: 271. **Type locality:** Austria.

Chrysogaster tarsata Meigen, 1822. Syst. Beschr. Europ. Zweifl. Insekt. 3: 271. **Type locality:** Austria.

Chrysogaster aenea Meigen, 1822. Syst. Beschr. Europ. Zweifl. Insekt. 3: 270. **Type locality:** Austria.

Chrysogaster bicolor Macquart, 1829a. Mém. Soc. R. Sci.

Agric. Arts Lille 1827-1828: 193; Macquart, 1829b. Ins. Dipt. N. Fr. 4: 45. **Type locality:** France: Arras.

Chrysogaster amethystina Macquart, 1834. Hist. Nat. Ins., Dipt.: 563. **Type locality:** Italy: Sicily.

Chrysogaster rufitarsis Loew, 1840. Öffentl. Prüf. Schüler K. Friedrich-Wilhelms-Gymnasiums zu Posen 1840 (7-8): 30; Loew, 1840. Isis (Oken's) 1840 (VII-VIII): 565. **Type locality:** Poland: Poznan.

Liogaster aurichalcea Becker, 1913. Annu. Mus. Zool. Acad. Sci. Russ. St.-Pétersb. (1912) 17: 606. **Type locality:** Persian Belüdshistan.

Orthoneura longior Becker, 1921. Mitt. Zool. Mus. Berl. 10: 17. **Type locality:** France: Corsica, Silesia. Hungary. Caucasus.

Orthoneura aurichalcea: Li *et* Li, 1990. The Syrphidae of Gansu Province: 91.

Liogaster splendida: Li *et* Li, 1990. The Syrphidae of Gansu Province: 90.

Lejogaster splendida: Peck, 1988. *In*: Soós *et* Papp, 1988. Cat. Palaearct. Dipt. 8: 138; Huang, Cheng *et* Yang, 1998. *In*: Xue *et* Chao, 1998. Flies of China, Vol. 1: 177; Huang *et* Cheng, 2012. Fauna Sinica, Insecta, Vol. 50: 469.

分布（Distribution）：内蒙古（NM）、河北（HEB）、北京（BJ）、宁夏（NX）、甘肃（GS）、新疆（XJ）、四川（SC）；法国、奥地利、匈牙利、前苏联、蒙古国、伊朗、阿富汗；欧洲。

5. 平金蚜蝇属 *Liochrysogaster* Stackelberg, 1924

Liochrysogaster Stackelberg, 1924. Wien. Ent. Ztg. 41: 25 (as a subgenus of *Chrysogaster*). **Type species:** *Liochrysogaster przewalskii* Stackelberg, 1924 (by original designation).

（8）普平金蚜蝇 *Liochrysogaster przewalskii* Stackelberg, 1924

Chrysogaster (Liochrysogaster) przewalskii Stackelberg, 1924. Wien. Ent. Ztg. 41: 25. **Type locality:** "Oasis Nia In Turkestania chinensi *et* jugum montinum Rossicum in Kwen-Lun".

Chrysogaster (Liochrysogaster) przewalskii: Cheng, 1940. Biol. Bull. Fukien Christian Univ. 1: 42.

Liochrysogaster przewalskii: Wu, 1940. Cat. Ins. Sin. 5: 264; Peck, 1988. *In*: Soós *et* Papp, 1988. Cat. Palaearct. Dipt. 8: 138.

分布（Distribution）：新疆（XJ）；前苏联。

6. 瘦黑蚜蝇属 *Myolepta* Newman, 1838

Myolepta Newman, 1838. Ent. Mag. 5: 373. **Type species:** *Musca luteola* Gmelin, 1790 (monotypy).

Myiolepta: Newman, 1841. Familiar Intro. Hist. Ins.: 226 (emendation of *Myolepta*).

Xylotaeja Rondani, 1845. Nuovi Ann. Sci. Nat. (2) 2: 457.

Type species: *Syrphus vara* Panzer, 1798 (by original designation).

Sarolepta Hull, 1941. J. Wash. Acad. Sci. 31: 436. **Type species:** *Sarolepta dolorosa* Hull, 1941 (by original designation).

Protolepidostola Hull, 1949. Trans. Zool. Soc. Lond. 26: 333 (as a subgenus of *Myolepta*). **Type species:** *Lepidostola scintillans* Hull, 1946 (by original designation).

（9）双斑瘦黑蚜蝇 *Myolepta bimaculata* Chu *et* He, 1992

Myolepta bimaculata Chu *et* He, 1992. J. Shanghai Agric. Coll. 10 (1): 80. **Type locality:** China: Jiangsu, Nanjing.

Myolepta bimaculata: Huang, Cheng *et* Yang, 1998. *In*: Xue *et* Chao, 1998. Flies of China, Vol. 1: 177; Huang *et* Cheng, 2012. Fauna Sinica, Insecta, Vol. 50: 463.

分布（Distribution）：江苏（JS）。

（10）中华瘦黑蚜蝇 *Myolepta sinica* Chu *et* He, 1992

Myolepta sinica Chu *et* He, 1992. J. Shanghai Agric. Coll. 10 (1): 78. **Type locality:** China: Jiangsu, Nanjing.

Myolepta sinica: Huang, Cheng *et* Yang, 1998. *In*: Xue *et* Chao, 1998. Flies of China, Vol. 1: 178; Huang *et* Cheng, 2012. Fauna Sinica, Insecta, Vol. 50: 464.

分布（Distribution）：江苏（JS）。

（11）条背瘦黑蚜蝇 *Myolepta vittata* Chu *et* He, 1992

Myolepta vittata Chu *et* He, 1992. J. Shanghai Agric. Coll. 10 (1): 79. **Type locality:** China: Jiangsu, Nanjing.

Myolepta vittata: Huang, Cheng *et* Yang, 1998. *In*: Xue *et* Chao, 1998. Flies of China, Vol. 1: 178; Huang *et* Cheng, 2012. Fauna Sinica, Insecta, Vol. 50: 465.

分布（Distribution）：江苏（JS）。

7. 闪光蚜蝇属 *Orthonevra* Macquart, 1829

Orthonevra Macquart, 1829a. Mém. Soc. R. Sci. Agric. Arts Lille 1827-1828: 188; Macquart, 1829b. Ins. Dipt. N. Fr. 4: 40. **Type species:** *Chrysogaster elegans* Meigen, 1822 (monotypy).

Campeneura Rondani, 1856. Dipt. Ital. Prodromus, Vol. I: 52. **Type species:** *Campeneura venusta* Rondani, 1856 (by original designation) [= *Orthonevra frontalis* (Loew, 1834)].

Cryptineura Bigot, 1859b. Revue Mag. Zool. (2) 11: 308. **Type species:** *Cryptineura hieroglyphica* Bigot, 1859 (monotypy) [= *Orthonevra nitida* (Wiedemann, 1830)].

Riponnensia Maibach, Goeldin *et* Speight, 1994. Ann. Soc. Entomol. Fr. (N. S.) 30 (1): 237. **Type species:** *Chrysogaster splendens* Meigen, 1822 (by original designation).

Orthoneura: Loew, 1843. Stettin. Ent. Ztg. 4 (7): 207 (misspelling of *Orthonevra*).

Campineura: Rondani, 1857. Dipt. Ital. Prodromus, Vol. II: 12

(emendation of *Campeneura*).

Camponeura: Verrall, 1882. *In*: Scudder, 1882. Bull. U. S. Natl. Mus. 19 (1): 58 (unjustified emendation).

Campyneura: Schiner, 1868. Reise der Österreichischen Fregatte Novara, Diptera 2 (1B): 339 (misspelling of *Campeneura*).

Cryptoneura: Bigot, 1882. Bull. Bimens. Soc. Ent. Fr. 1882 (2): 21 (emendation of *Cryptineura*). Scudder, 1882. Bull. U. S. Natl. Mus. 19 (1): 91 (emendation of *Cryptineura*); Bigot, 1884a. Ann. Soc. Entomol. Fr. (6) 3: 315 (emendation of *Cryptineura*).

Camptoneura: Williston, 1887. Bull. U. S. Natl. Mus. (1886) 31: 31 (misspelling of *Campeneura*).

Camponeura: Sack, 1928. *In*: Lindner, 1928. Flieg. Palaearkt. Reg. 4 (6): 34 (misspelling of *Campeneura*).

（12）角闪光蚜蝇 *Orthonevra ceratura* (Stackelberg, 1952)

Orthoneura ceratura Stackelberg, 1952. Trudy Zool. Inst. 12: 360. **Type locality:** China: R. Bomin.

Orthoneura ceratura: Peck, 1988. *In*: Soós *et* Papp, 1988. Cat. Palaearct. Dipt. 8: 140.

分布（Distribution）：山东（SD）；蒙古国。

（13）丽闪光蚜蝇 *Orthonevra elegans* (Meigen, 1822)

Chrysogaster elegans Meigen, 1822. Syst. Beschr. Europ. Zweifl. Insekt. 3: 272. **Type locality:** Germany.

Orthonevra elegans: Peck, 1988. *In*: Soós *et* Papp, 1988. Cat. Palaearct. Dipt. 8: 140; Li *et* Li, 1990. The Syrphidae of Gansu Province: 92; Huang, Cheng *et* Yang, 1998. *In*: Xue *et* Chao, 1998. Flies of China, Vol. 1: 178; Huang *et* Cheng, 2012. Fauna Sinica, Insecta, Vol. 50: 473.

分布（Distribution）：黑龙江（HL）、吉林（JL）、内蒙古（NM）、甘肃（GS）；前苏联、德国、蒙古国；欧洲。

（14）台湾闪光蚜蝇 *Orthonevra formosana* (Shiraki, 1930)

Chrysogaster (*Orthonevra*) *formosana* Shiraki, 1930. Mem. Fac. Sci. Agric. Taihoku Imp. Univ. 1: 256. **Type locality:** China: Taiwan, Toseikaku.

Orthonevra formosana: Knutson, Thompson *et* Vockeroth, 1975. *In*: Delfinado *et* Hardy, 1975. Cat. Dipt. Orient. Reg. 2: 337; Huang *et* Cheng, 2012. Fauna Sinica, Insecta, Vol. 50: 477.

分布（Distribution）：台湾（TW）。

（15）喜马拉雅闪光蚜蝇 *Orthonevra himalayensis* Nielsen, 2001

Orthonevra himalayensis Nielsen, 2001. Dipteron 4: 13. **Type locality:** China: Tibet, Mt. Qomolangma, Rongbuk Valley.

分布（Distribution）：西藏（XZ）。

（16）晕翅闪光蚜蝇 *Orthonevra karumaiensis* (Matsumura, 1916)

Pipizella karumaiensis Matsumura, 1916. *In*: Matsumura *et* Adachi, 1916. Ent. Mag. Kyoto 2 (1): 16. **Type locality:** Japan: Honshū, Iwate.

Orthonevra ussuriana Stackelberg, 1930. Russk. Ent. Obozr. 23 (3-4) (1929): 248. **Type locality:** Russia: South Ussuri-area.

Orthonevra karumaiensis: Peck, 1988. *In*: Soós *et* Papp, 1988. Cat. Palaearct. Dipt. 8: 141; Sun, 1993. Insects of the Hengduan Mountains Region 2: 1109; Huang, Cheng *et* Yang, 1998. *In*: Xue *et* Chao, 1998. Flies of China, Vol. 1: 178; Huang *et* Cheng, 2012. Fauna Sinica, Insecta, Vol. 50: 474.

分布（Distribution）：黑龙江（HL）、河北（HEB）、北京（BJ）、湖北（HB）、四川（SC）、云南（YN）、福建（FJ）；前苏联、韩国、日本。

（17）科氏闪光蚜蝇 *Orthonevra kozlovi* Stackelberg, 1952

Orthonevra kozlovi Stackelberg, 1952. Trudy Zool. Inst. 12: 357. **Type locality:** China: Bomyn and Northern

Orthonevra kozlovi: Peck, 1988. *In*: Soós *et* Papp, 1988. Cat. Palaearct. Dipt. 8: 141.

分布（Distribution）：山东（SD）；阿富汗、蒙古国。

（18）白鬃闪光蚜蝇 *Orthonevra nobilis* (Fallén, 1817)

Eristalis nobilis Fallén, 1817. Syrphici Sveciae: 57. **Type locality:** Sweden: Scania, Esperod.

Chrysogaster nigricollis Meigen, 1822. Syst. Beschr. Europ. Zweifl. Insekt. 3: 271. **Type locality:** Austria.

Chrysogaster byzantina Strobl, 1902. Glasn. Zemalj. Mus. Bosni Herceg. 14: 479. **Type locality:** Yugoslovia: San Stephano By Byzanz.

Orthoneura anomala Becker, 1921. Mitt. Zool. Mus. Berl. 10: 16. **Type locality:** Czechoslovakia: Altvater Mts. Silesia.

Orthonevra nobilis: Cheng, 1940. Biol. Bull. Fukien Christian Univ. 1: 42; Peck, 1988. *In*: Soós *et* Papp, 1988. Cat. Palaearct. Dipt. 8: 142; Li *et* Li, 1990. The Syrphidae of Gansu Province: 94; Huang, Cheng *et* Yang, 1998. *In*: Xue *et* Chao, 1998. Flies of China, Vol. 1: 178; Huang *et* Cheng, 2012. Fauna Sinica, Insecta, Vol. 50: 475.

分布（Distribution）：内蒙古（NM）、山西（SX）、陕西（SN）、甘肃（GS）、新疆（XJ）、云南（YN）；前苏联、蒙古国、瑞典、奥地利、前南斯拉夫、前捷克斯洛伐克。

（19）淡棒闪光蚜蝇 *Orthonevra plumbago* (Loew, 1840)

Chrysogaster plumbago Loew, 1840. Öffentl. Prüf. Schüler K. Friedrich-Wilhelms-Gymnasiums zu Posen 1840 (7-8): 30; Loew, 1840. Isis (Oken's) 1840 (VII-VIII): 565. **Type locality:** Poland: Poznan.

Orthonevra plumbago: Peck, 1988. *In*: Soós *et* Papp, 1988. Cat. Palaearct. Dipt. 8: 142; Huang, Cheng *et* Yang, 1998. *In*: Xue *et* Chao, 1998. Flies of China, Vol. 1: 180; Huang *et* Cheng, 2012. Fauna Sinica, Insecta, Vol. 50: 476.

分布（Distribution）：青海（QH）、西藏（XZ）；前苏联、蒙古国、波兰。

（20）罗氏闪光蚜蝇 *Orthonevra roborovskii* Stackelberg, 1952

Orthonevra roborovskii Stackelberg, 1952. Trudy Zool. Inst. 12: 359. **Type locality:** China: R. Bomin.

Orthonevra roborovskii: Peck, 1988. *In*: Soós *et* Papp, 1988. Cat. Palaearct. Dipt. 8: 142.

分布（Distribution）：山东（SD）；蒙古国。

棒腹蚜蝇亚族 Spheginina

8. 小喙蚜蝇属 *Neoascia* Williston, 1887

Neoascia Williston, 1887. Bull. U. S. Natl. Mus. (1886) 31: 111 (replacement name for *Ascia*).

Ascia Meigen, 1822. Syst. Beschr. Europ. Zweifl. Insekt. 3: 185 (preoccupied by Scopoli, 1777). **Type species:** *Syrphus podagricus* Fabricius, 1775 (by designation of Westwood, 1840).

Stenopipiza Matsumura, 1919. *In*: Matsumura *et* Adachi, 1919. Ent. Mag. Kyoto 3: 140. **Type species:** *Stenopipiza bipunctata* Matsumura, 1919 (by original designation).

Neoasciella Stackelberg, 1965. Ent. Obozr. 44: 913 (as a subgenus of *Neoascia*). **Type species:** *Ascia interrupta* Meigen, 1822 (by original designation).

（21）净翅小喙蚜蝇 *Neoascia dispar* (Meigen, 1822)

Ascia dispar Meigen, 1822. Syst. Beschr. Europ. Zweifl. Insekt. 3: 188. **Type locality:** Germany: Schroffenberg, near Berchtesgarden.

Neoascia floralis lapponica Kanervo, 1934. Ann. Soc. Zool.-Bot. Fenn. 14 (5): 118. **Type locality:** Finland. Russia.

Neoascia floralis lapponica var. *splendida* Kanervo, 1934. Ann. Soc. Zool.-Bot. Fenn. 14 (5): 120. **Type locality:** Russia: Petsamo, Parkkino. Finland.

Neoascia (*Neoascia*) *dispar*: Peck, 1988. *In*: Soós *et* Papp, 1988. Cat. Palaearct. Dipt. 8: 143.

Neoascia dispar: Huang *et* Cheng, 2012. Fauna Sinica, Insecta, Vol. 50: 471.

分布（Distribution）：内蒙古（NM）；前苏联、蒙古国、德国、俄罗斯、芬兰。

（22）粗腿小喙蚜蝇 *Neoascia podagrica* (Fabricius, 1775)

Syrphus podagrica Fabricius, 1775. Syst. Entom.: 768. **Type locality:** Denmark.

Musca molio Harris, 1780. Expos. Engl. Ins.: 111. **Type locality:** England.

Musca tenur Harris, 1780. Expos. Engl. Ins.: 112. **Type locality:** England.

Ascia floralis Meigen, 1822. Syst. Beschr. Europ. Zweifl. Insekt. 3: 188. **Type locality:** Germany.

Ascia lanceolata Meigen, 1822. Syst. Beschr. Europ. Zweifl. Insekt. 3: 187. **Type locality:** Germany: Aachen *et* Stolberg.

Ascia maculata Macquart, 1829b. Ins. Dipt. N. Fr. 4: 169. **Type locality:** Northern France.

Ascia podagrica var. *unifasciata* Strobl, 1898. Mitt. Naturwiss. Ver. Steiermark (1897) 34: 222. **Type locality:** Austria: Steiermark, Admont.

Ascia bipunctata Curtis, 1837. Guide Brrang. Bri. Ins.: 250. **Type locality:** England.

Musca podagrica: Gmelin, 1790. Syst. Nat. 5: 2873.

Neoascia (*Neoascia*) *podagrica*: Peck, 1988. *In*: Soós *et* Papp, 1988. Cat. Palaearct. Dipt. 8: 144.

Neoascia podagrica: Huang *et* Cheng, 2012. Fauna Sinica, Insecta, Vol. 50: 472.

分布（Distribution）：黑龙江（HL）；德国、英国、法国、丹麦、奥地利。

9. 棒腹蚜蝇属 *Sphegina* Meigen, 1822

Sphegina Meigen, 1822. Syst. Beschr. Europ. Zweifl. Insekt. 3: 193. **Type species:** *Milesia clunipes* Fallén, 1816 (by designation of Westwood, 1840).

Humatrix Gistel, 1848. Naturgeschichte des Thierreichs für höhere Schulen, Stuttgart 16: 154. **Type species:** *Milesia clunipes* Fallén, 1816 (monotypy).

Asiosphegina Stackelberg, 1953. Trudy Zool. Inst. 13: 376 (nomen nudum).

Asiosphegina: Knutson, Thompson *et* Vockeroth, 1975. *In*: Delfinado *et* Hardy, 1975. Cat. Dipt. Orient. Reg. 2: 338.

Asiosphegina Stackelberg, 1974. Ent. Obozr. 53: 446 (as a subgenus of *Sphegina*). **Type species:** *Sphegina sibirica* Stackelberg, 1953 (by original designation).

（23）无斑棒腹蚜蝇 *Sphegina* (*Asiosphegina*) *apicalis* Shiraki, 1930

Sphegina apicalis Shiraki, 1930. Mem. Fac. Sci. Agric. Taihoku Imp. Univ. 1: 42. **Type locality:** China: Taiwan, Musha.

Sphegina apicalis: Knutson, Thompson *et* Vockeroth, 1975. *In*: Delfinado *et* Hardy, 1975. Cat. Dipt. Orient. Reg. 2: 338 (as an unplaced species of *Sphegina*); Huang *et* Cheng, 2012. Fauna Sinica, Insecta, Vol. 50: 480.

分布（Distribution）：台湾（TW）。

（24）黑条棒腹蚜蝇 *Sphegina* (*Asiosphegina*) *fasciata* Shiraki, 1968

Sphegina fasciata Shiraki, 1968. *In*: Ikada *et al.*, 1968. Fauna Jap. Syrphidae 2: 191. **Type locality:** Japan: Matsuyama,

Sugitate.

Sphegina fasciata: Knutson, Thompson *et* Vockeroth, 1975. *In*: Delfinado *et* Hardy, 1975. Cat. Dipt. Orient. Reg. 2: 338 (as an unplaced species of *Sphegina*); Peck, 1988. *In*: Soós *et* Papp, 1988. Cat. Palaearct. Dipt. 8: 149; Huang *et* Cheng, 2012. Fauna Sinica, Insecta, Vol. 50: 481.

分布（Distribution）：甘肃（GS）、湖北（HB）；日本。

（25）日本棒腹蚜蝇 *Sphegina* (*Asiosphegina*) *japonica* Shiraki *et* Edashige, 1953

Sphegina japonica Shiraki *et* Edashige, 1953. Trans. Shikoku Ent. Soc. 3 (5-6): 108. **Type locality**: Japan: Shikoku, Omogo Valley, Ehime.

Sphegina macrocerca Stackelberg, 1956. Ent. Obozr. 35: 938. **Type locality**: Russia: Far East [Sakhalin (Southern Sakhalinsk)].

Sphegina (*Asiosphegina*) *japonica*: Peck, 1988. *In*: Soós *et* Papp, 1988. Cat. Palaearct. Dipt. 8: 146.

分布（Distribution）：黑龙江（HL）、辽宁（LN）；日本、俄罗斯。

（26）东方棒腹蚜蝇 *Sphegina* (*Asiosphegina*) *orientalis* Kertész, 1914

Sphegina orientalis Kertész, 1914b. Ann. Hist.-Nat. Mus. Natl. Hung. 12: 73. **Type locality**: China: Taiwan, Kosempo, Chip-chip and Taihorin.

Sphegina orientalis: Shiraki, 1930. Mem. Fac. Sci. Agric. Taihoku Imp. Univ. 1: 420; Knutson, Thompson *et* Vockeroth, 1975. *In*: Delfinado *et* Hardy, 1975. Cat. Dipt. Orient. Reg. 2: 338 (as an unplaced species of *Sphegina*); Huang *et* Cheng, 2012. Fauna Sinica, Insecta, Vol. 50: 478.

分布（Distribution）：湖北（HB）、四川（SC）、福建（FJ）、台湾（TW）、广西（GX）；菲律宾。

（27）波棒腹蚜蝇 *Sphegina* (*Asiosphegina*) *potanini* Stackelberg, 1953

Sphegina potanini Stackelberg, 1953. Trudy Zool. Inst. 13: 378. **Type locality**: China: Sitsuan, Tatszinlu, Valley.

Sphegina potanini: Huang, Cheng *et* Yang, 1998. *In*: Xue *et* Chao, 1998. Flies of China, Vol. 1: 180.

Sphegina (*Asiosphegina*) *potanini*: Peck, 1988. *In*: Soós *et* Papp, 1988. Cat. Palaearct. Dipt. 8: 147.

分布（Distribution）：四川（SC）。

（28）多色棒腹蚜蝇 *Sphegina* (*Asiosphegina*) *varidissima* Shiraki, 1930

Sphegina varidissima Shiraki, 1930. Mem. Fac. Sci. Agric. Taihoku Imp. Univ. 1: 421. **Type locality**: China: Taiwan, Horisha.

Sphegina varidissima: Knutson, Thompson *et* Vockeroth, 1975. *In*: Delfinado *et* Hardy, 1975. Cat. Dipt. Orient. Reg. 2: 338 (as an unplaced species of *Sphegina*); Huang *et* Cheng, 2012. Fauna Sinica, Insecta, Vol. 50: 482.

分布（Distribution）：台湾（TW）。

（29）棒腹蚜蝇 *Sphegina* (*Sphegina*) *claviventris* Stackelberg, 1956

Sphegina claviventris Stackelberg, 1956. Ent. Obozr. 35: 942. **Type locality**: Russia: Sakhalin, Southern Part of USSR.

Sphegina (*Sphegina*) *claviventris*: Peck, 1988. *In*: Soós *et* Papp, 1988. Cat. Palaearct. Dipt. 8: 147.

分布（Distribution）：内蒙古（NM）；前苏联。

（30）宽额棒腹蚜蝇 *Sphegina* (*Sphegina*) *latifrons* Egger, 1865

Sphegina latifrons Egger, 1865. Verh. K. K. Zool.-Bot. Ges. Wien 15: 294. **Type locality**: Austria: Alpes.

分布（Distributii）：陕西（SN）；前苏联、奥地利；欧洲。

（31）米仓棒腹蚜蝇 *Sphegina* (*Sphegina*) *micangensis* Huo, Ren *et* Zheng, 2007

Sphegina micangensis Huo, Ren *et* Zheng, 2007. Fauna of Syrphidae from Mt. Qinling-Bashan in China (Insecta: Diptera): 271. **Type locality**: China: Sichuan, Nanjiang.

分布（Distribution）：四川（SC）。

（32）端黑棒腹蚜蝇 *Sphegina* (*Sphegina*) *nigrapicula* Huo, Ren *et* Zheng, 2007

Sphegina nigrapicula Huo, Ren *et* Zheng, 2007. Fauna of Syrphidae from Mt. Qinling-Bashan in China (Insecta: Diptera): 272. **Type locality**: China: Shaanxi, Liuba.

分布（Distribution）：陕西（SN）。

（33）四鬃棒腹蚜蝇 *Sphegina* (*Sphegina*) *quadrisetae* Huo *et* Ren, 2006

Sphegina quadrisetae Huo *et* Ren, 2006. Acta Zootaxon. Sin. 31 (2): 434. **Type locality**: China: Shaanxi, Meixian, Honghe Valley.

Sphegina quadrisetae: Huo, Ren *et* Zheng, 2007. Fauna of Syrphidae from Mt. Qinling-Bashan in China (Insecta: Diptera): 273.

分布（Distribution）：陕西（SN）。

（34）真棒腹蚜蝇 *Sphegina* (*Sphegina*) *spheginea* (Zetterstedt, 1838)

Ascia spheginea Zetterstedt, 1838. Insecta Lapp.: 582. **Type locality**: Sweden.

Sphegina loewii Zeller, 1843. Stettin. Ent. Ztg. 4 (10): 305. **Type locality**: Poland: Silesia, "Weistritzthal bei Reinerz".

Sphegina zetterstedti Schiner, 1857. Verh. K. K. Zool.-Bot. Ges. Wien 7: 382 (replacement name for *Ascia spheginea*).

Sphegina zetterstedtii var. *rufiventris* Strobl, 1910. Mitt. Naturwiss. Ver. Steiermark 46 (1909): 96. **Type locality**: Austria: Steiermark.

Sphegina rubripes Becker, 1921. Mitt. Zool. Mus. Berl. 10: 35. **Type locality**: Sweden: Morsil.

Sphegina zetterstedti var. *sanguinea* Becker, 1921. Mitt. Zool.

Mus. Berl. 10: 36. **Type locality:** Poland: "Wölfelsfall, Schlesien".

Sphegina loewii: Peck, 1988. *In*: Soós et Papp, 1988. Cat. Palaearct. Dipt. 8: 149 (as a doubtful species of *Sphegina*).

Sphegina rubripes: Peck, 1988. *In*: Soós et Papp, 1988. Cat. Palaearct. Dipt. 8: 147 (as a valid species).

Sphegina (Sphegina) spheginea: Peck, 1988. *In*: Soós et Papp, 1988. Cat. Palaearct. Dipt. 8: 147.

分布（Distribution）：内蒙古（NM）；前苏联、瑞典、奥地利、波兰。

（35）刺腹棒腹蚜蝇 *Sphegina (Sphegina) spiniventris* Stackelberg, 1953

Sphegina spiniventris Stackelberg, 1953. Trudy Zool. Inst. 13: 383. **Type locality:** Russia: Pribaikal, Irkutsk Prov.

Sphegina ozeensis Shiraki, 1968. *In*: Ikada et al., 1968. Fauna Jap. Syrphidae 2: 189. **Type locality:** Japan: Gumma Pref., Oze.

Sphegina ozeensis: Peck, 1988. *In*: Soós et Papp, 1988. Cat. Palaearct. Dipt. 8: 149 (as a doubtful species of *Sphegina*).

分布（Distribution）：黑龙江（HL）、辽宁（LN）；前苏联、日本。

（36）太白山棒腹蚜蝇 *Sphegina (Sphegina) taibaishanensis* Huo et Ren, 2006

Sphegina taibaishensis Huo et Ren, 2006. Acta Zootaxon. Sin. 31 (2): 435. **Type locality:** China: Shaanxi, Meixian, Mt. Taibai.

Sphegina taibaishensis: Huo, Ren et Zheng, 2007. Fauna of Syrphidae from Mt. Qinling-Bashan in China (Insecta: Diptera): 274.

分布（Distribution）：陕西（SN）。

（37）三色棒腹蚜蝇 *Sphegina (Sphegina) tricoloripes* Brunetti, 1915

Sphegina tricoloripes Brunetti, 1915. Rec. India Mus. 11: 225. **Type locality:** India: Kumaon District, Bhowali.

Sphegina (Sphegina) tricoloripes: Knutson, Thompson et Vockeroth, 1975. *In*: Delfinado et Hardy, 1975. Cat. Dipt. Orient. Reg. 2: 337.

Sphegina tricoloripes: Sun, 1993. Insects of the Hengduan Mountains Region 2: 1109; Huang, Cheng et Yang, 1998. *In*: Xue et Chao, 1998. Flies of China, Vol. 1: 180; Huang et Cheng, 2012. Fauna Sinica, Insecta, Vol. 50: 479.

分布（Distribution）：湖南（HN）、湖北（HB）、四川（SC）；印度。

（38）单斑棒腹蚜蝇 *Sphegina (Sphegina) univittata* Huo, Ren et Zheng, 2007

Sphegina univittata Huo, Ren et Zheng, 2007. Fauna of Syrphidae from Mt. Qinling-Bashan in China (Insecta: Diptera): 276. **Type locality:** China: Sichuan, Nanjiang.

分布（Distribution）：四川（SC）。

（39）黑斑棒腹蚜蝇 *Sphegina nigerrima* Shiraki, 1930

Sphegina nigerrima Shiraki, 1930. Mem. Fac. Sci. Agric. Taihoku Imp. Univ. 1: 425. **Type locality:** China: Taiwan, Rantaisan.

Sphegina nigerrima: Knutson, Thompson et Vockeroth, 1975. *In*: Delfinado et Hardy, 1975. Cat. Dipt. Orient. Reg. 2: 338 (as an unplaced species of *Sphegina*).

分布（Distribution）：台湾（TW）。

丽角蚜蝇族 Callicerini

10. 丽角蚜蝇属 *Callicera* Panzer, 1809

Callicera Panzer, 1809. Faunae insectorum germanicae initia oder Deutschlands Insecten 104: 17. **Type species:** *Bibio aenea* Fabricius, 1781 (monotypy).

Calicera: Billberg, 1820. Enumeratio Insectorum in Museo Gust. Joh. Billberg: 118 (misspelling of *Callicera* Panzer, 1809).

Gallicera: Imperial Bureau of Entomology, 1928: 337 (misspelling of *Callicera* Panzer, 1809).

（40）铜色丽角蚜蝇 *Callicera aenea* (Fabricius, 1781)

Bibio aenea Fabricius, 1781. Species Insect. 2: 413. **Type locality:** Germany.

Syrphus aurata Rossi, 1790. Fauna Etrusca 2: 288. **Type locality:** Italy: "in provinciis Fiorentina et Pisana" [= Firenze and Pisa].

Callicera panzerii Rondani, 1844. Ann. Soc. Entomol. Fr. (2) 2: 68. **Type locality:** Germany: Lowenberg; Transylvania.

Calicera aenea: Yang et Li, 1992. J. Shanxi Agric. Univ. 12 (2): 150 (misspelling of *Callicera aenea*).

Callicera aenea: Peck, 1988. *In*: Soós et Papp, 1988. Cat. Palaearct. Dipt. 8: 126; Knutson, Thompson et Vockeroth, 1975. *In*: Delfinado et Hardy, 1975. Cat. Dipt. Orient. Reg. 2: 332; Huo, Ren et Zheng, 2007. Fauna of Syrphidae from Mt. Qinling-Bashan in China (Insecta: Diptera): 226.

分布（Distribution）：陕西（SN）、台湾（TW）；瑞典、比利时、利比亚、英国、芬兰、德国、捷克、法国、奥地利、意大利、前南斯拉夫、罗马尼亚、前苏联。

（41）锈毛丽角蚜蝇 *Callicera rufa* Schummel, 1841

Callicera rufa Schummel, 1841. Uebers. Schles. Ges. Vaterl. Kult. 1841: 112. **Type locality:** Schlesia, Lissa, near Breslau.

Callicera fagesii Guérin-Méneville, 1844. Iconographie du Règne Animal de G. Cuvier: 546. **Type locality:** France: "Montpellier" (Hérault).

Callicera macquarti Rondani, 1844. Ann. Soc. Entomol. Fr. (2) 2: 66. **Type locality:** Italy: "in collibus ditionis Parmensis" [= region of Parma].

Callicera yerburyi Verrall, 1904. Ent. Month. Mag. (2) 15: 229.

Type locality: England: Scotland, Inverness, Nethy Bridge.

Callicera rufa: Peck, 1988. *In*: Soós *et* Papp, 1988. Cat. Palaearct. Dipt. 8: 126; Huo *et* Zhang, 2006. J. Shaanxi Nor. Univ. (Nat. Sci. Ed.) 34 (Sup.): 42; Huo, Ren *et* Zheng, 2007. Fauna of Syrphidae from Mt. Qinling-Bashan in China (Insecta: Diptera): 227; Huang *et* Cheng, 2012. Fauna Sinica, Insecta, Vol. 50: 309.

分布（Distribution）：河南（HEN）、陕西（SN）、甘肃（GS）、湖北（HB）、福建（FJ）；法国、意大利、英国。

突角蚜蝇族 Cerioidini

11. 突角蚜蝇属 *Ceriana* Rafinesque, 1815

Ceriana Rafinesque, 1815. Analyse: 131 (replacement name for *Ceria*).

Ceria Fabricius, 1794. Ent. Syst. 4: 277 (preoccupied by Scopoli, 1763). **Type species:** *Ceria clavicornis* Fabricius, 1794 (by designation of Weber, 1795) [= *Ceriana conopsoides* (Linnaeus, 1758)].

Cina Fabricius, 1798. Suppl. Ent. Syst. 4: 557. **Type species:** *Ceria clavicornis* Fabricius (monotypy) [= *Ceriana conopsoides* (Linnaeus, 1758)].

Tenthredomyia Shannon, 1925. Insecutor Inscit. Menstr. 13: 50. **Type species:** *Ceria abbreviata* Loew, 1925 (by original designation).

Vespidomyia Shannon, 1925. Insecutor Inscit. Menstr. 13: 52. **Type species:** *Musca conopoides* Linnaeus, 1758 (monotypy).

Pterygophoromyia Shannon, 1927. J. Wash. Acad. Sci. 17: 42. **Type species:** *Tenthredomyia saundersi* Shannon, 1927 (monotypy).

Stylocera Enderlein, 1934. Sber. Ges. Naturf. Freunde Berl. 1934 (4-7): 185 (replacement name for *Ceria*).

Stylocera Enderlein, 1936. Tierwelt Mitteleur., 6 (2), Ins. 3: 125, 127 (preoccupied by Enderlein, 1934). **Type species:** *Musca conopsoides* Linnaeus, 1758 (monotypy).

Hisamatsumyia Shiraki, 1968. *In*: Ikada *et al.*, 1968. Fauna Jap. Syrphidae 3: 148. **Type species:** *Hisamatsumyia japonica* Shiraki, 1968 (by original designation).

（42）牯岭突角蚜蝇 *Ceriana anaglypha* (Séguy, 1948)

Cerioides anaglypha Séguy, 1948. Notes Ent. Chin. 12 (14): 163. **Type locality:** China: Jiangxi, Lushan, Kouling.

Cerioides anaglypha: Knutson, Thompson *et* Vockeroth, 1975. *In*: Delfinado *et* Hardy, 1975. Cat. Dipt. Orient. Reg. 2: 344 (new combination of *Cerioides anaglypha*); Huang, Cheng *et* Yang, 1998. *In*: Xue *et* Chao, 1998. Flies of China, Vol. 1: 162.

Ceriana anaglypha: Peck, 1988. *In*: Soós *et* Papp, 1988. Cat. Palaearct. Dipt. 8: 178.

分布（Distribution）：江西（JX）。

（43）双顶突角蚜蝇 *Ceriana anceps* (Séguy, 1948)

Cerioides anceps Séguy, 1948. Notes Ent. Chin. 12 (14): 163.

Type locality: China: Jiangsu, Nanking.

Ceriana anceps: Huang, Cheng *et* Yang, 1998. *In*: Xue *et* Chao, 1998. Flies of China, Vol. 1: 162; Huang *et* Cheng, 2012. Fauna Sinica, Insecta, Vol. 50: 311.

分布（Distribution）：河北（HEB）、北京（BJ）、甘肃（GS）、江苏（JS）、浙江（ZJ）、云南（YN）。

（44）浙江突角蚜蝇 *Ceriana chekiangensis* (Ôuchi, 1943)

Tenthredomyia chekiangensis Ôuchi, 1943. Shanghai Sizenkagaku Kenkyusyo Iho 13: 20. **Type locality:** China.

Ceriana chekiangensis: Peck, 1988. *In*: Soós *et* Papp, 1988. Cat. Palaearct. Dipt. 8: 178; Huang, Cheng *et* Yang, 1998. *In*: Xue *et* Chao, 1998. Flies of China, Vol. 1: 162; Huang *et* Cheng, 2012. Fauna Sinica, Insecta, Vol. 50: 312.

分布（Distribution）：甘肃（GS）、安徽（AH）、江苏（JS）、浙江（ZJ）、江西（JX）、四川（SC）、云南（YN）。

（45）赤峰突角蚜蝇 *Ceriana chiefengensis* (Ôuchi, 1943)

Tenthredomyia chiefengensis Ôuchi, 1943. Shanghai Sizenkagaku Kenkyusyo Iho 13: 20. **Type locality:** China.

Ceriana chiefengensis: Huang, Cheng *et* Yang, 1998. *In*: Xue *et* Chao, 1998. Flies of China, Vol. 1: 162.

分布（Distribution）：内蒙古（NM）。

（46）类眼蝇突角蚜蝇 *Ceriana conopsoides* (Linnaeus, 1758)

Musca conopsoides Linnaeus, 1758. Syst. Nat. Ed. 10 (1): 590. **Type locality:** Sweden.

Musca adunata Geoffroy, 1785. *In*: Fourcroy, 1785. Entomologia Parisiensis; Sive Catalogus Insectorum quae in Agro Parisiensi Reperiuntur 2: 488. **Type locality:** France: Paris.

Ceria clavicornis Fabricius, 1794. Ent. Syst. 4: 277. **Type locality:** Germany: Kiel *et* "Barbaria".

Musca univalvis Turton, 1801. A General System of Nature Vol. III (1800): 632.

Conops vaginicornis Schrank, 1803. Fauna Boica 3 (1): 163. **Type locality:** Germany: Bavaria.

Cerioides uralensis Becker, 1921. Mitt. Zool. Mus. Berl. 10: 89. **Type locality:** Russia: Ural, Jekatarinenburg.

Cerioides conopoides: Bezzi *et* Stein, 1907. Kat. Pal. Dipt. 3: 156 (unjustified emendation).

分布（Distribution）：中国（省份不明）；瑞典、法国、德国、俄罗斯；非洲（北部）。

（47）台湾突角蚜蝇 *Ceriana formosensis* (Shiraki, 1930)

Cerioides (Cerioides) formosensis Shiraki, 1930. Mem. Fac. Sci. Agric. Taihoku Imp. Univ. 1: 3. **Type locality:** China: Taiwan, Shinnensho *et* Musha.

Ceriana formosensis: Knutson, Thompson *et* Vockeroth, 1975.

In: Delfinado *et* Hardy, 1975. Cat. Dipt. Orient. Reg. 2: 344; Huang *et* Cheng, 2012. Fauna Sinica, Insecta, Vol. 50: 316.

分布（Distribution）：台湾（TW）。

（48）斑额突角蚜蝇 *Ceriana grahami* (Shannon, 1925)

Tenthredomyia grahami Shaanon, 1925. Insecutor Inscit. Menstr. 13: 53. **Type locality**: China: Sichuan, Suifu.

Tenthredomyia grahami: Cheng, 1940. Biol. Bull. Fukien Christian Univ. 1: 47; Wu, 1940. Cat. Ins. Sin. 5: 318.

Ceriana grahami: Peck, 1988. *In*: Soós *et* Papp, 1988. Cat. Palaearct. Dipt. 8: 178; Huang, Cheng *et* Yang, 1998. *In*: Xue *et* Chao, 1998. Flies of China, Vol. 1: 162; Huo, Ren *et* Zheng, 2007. Fauna of Syrphidae from Mt. Qinling-Bashan in China (Insecta: Diptera): 229; Huang *et* Cheng, 2012. Fauna Sinica, Insecta, Vol. 50: 313.

分布（Distribution）：河北（HEB）、北京（BJ）、陕西（SN）、江苏（JS）、浙江（ZJ）、四川（SC）。

（49）红突突角蚜蝇 *Ceriana hungkingi* (Shaanon, 1927)

Tenthredomyia hungkingi Shaanon, 1927. J. Wash. Acad. Sci. 17: 46. **Type locality**: China.

Tenthredomyia hungkingi: Cheng, 1940. Biol. Bull. Fukien Christian Univ. 1: 47; Wu, 1940. Cat. Ins. Sin. 5: 318.

Ceriana hungkingi: Peck, 1988. *In*: Soós *et* Papp, 1988. Cat. Palaearct. Dipt. 8: 178; Huang, Cheng *et* Yang, 1998. *In*: Xue *et* Chao, 1998. Flies of China, Vol. 1: 162; Huo, Ren *et* Zheng, 2007. Fauna of Syrphidae from Mt. Qinling-Bashan in China (Insecta: Diptera): 230; Huang *et* Cheng, 2012. Fauna Sinica, Insecta, Vol. 50: 314.

分布（Distribution）：黑龙江（HL）、河北（HEB）、山东（SD）、陕西（SN）、宁夏（NX）、甘肃（GS）、青海（QH）、江苏（JS）。

（50）日本突角蚜蝇 *Ceriana japonica* Shiraki, 1968

Hisamatsumyia japonica Shiraki, 1968. *In*: Ikada *et al.*, 1968. Fauna Jap. Syrphidae 3: 148. **Type locality**: Japan: Shikoku, Ehime Pref.

Ceriana japonica: Peck, 1988. *In*: Soós *et* Papp, 1988. Cat. Palaearct. Dipt. 8: 178; Huo, Ren *et* Zheng, 2007. Fauna of Syrphidae from Mt. Qinling-Bashan in China (Insecta: Diptera): 231.

分布（Distribution）：陕西（SN）；日本。

（51）黄盾突角蚜蝇 *Ceriana sartorum* Smirnov, 1924

Cerioides sartorum Smirnov, 1924. Zool. Anz. 58: 350. **Type locality**: Turkestan.

Cerioides sartorum: Peck, 1988. *In*: Soós *et* Papp, 1988. Cat. Palaearct. Dipt. 8: 179; Huang, Cheng *et* Yang, 1998. *In*: Xue *et* Chao, 1998. Flies of China, Vol. 1: 162; Huang *et* Cheng, 2012. Fauna Sinica, Insecta, Vol. 50: 315.

分布（Distribution）：新疆（XJ）；前苏联。

（52）胡蜂突角蚜蝇 *Ceriana vespiformis* Latreille, 1809

Ceria vespiformis Latreille, 1809. Nouv. Dict. Hist. Nat. 24 (3): 328; Latreille, 1809. Gen. Crust. Ins. 4: 328. **Type locality**: Italy: Barbaria.

Ceria scutellata Macquart, 1842. Dipt. Exot. 2 (2): 70. **Type locality**: Algeria.

Ceria intricata Saunders, 1845. Trans. R. Ent. Soc. London 4: 64. **Type locality**: Albania.

Cerioides vespiformis: Peck, 1988. *In*: Soós *et* Papp, 1988. Cat. Palaearct. Dipt. 8: 179; Yang, 1992. J. Shanxi Agric. Univ. 12 (3): 237.

分布（Distribution）：山西（SX）；意大利、阿尔巴尼亚、阿尔及利亚。

12. 柄角蚜蝇属 *Monoceromyia* Shaanon, 1922

Cerioides (*Monoceromyia*) Shaanon, 1922. Bull. Brooklyn Ent. Soc. 17: 41. **Type species**: *Ceria tricolor* Loew, 1861 (monotypy).

Sphyximorphoides Shiraki, 1930. Mem. Fac. Sci. Agric. Taihoku Imp. Univ. 1: 6 (as a subgenus of *Cerioides*). **Type species**: *Sphiximorpha pleuralis* Coquillett, 1898 (by original designation).

（53）无斑柄角蚜蝇 *Monoceromyia annulata* (Kertész, 1913)

Cerioides annulata Kertész, 1913a. Ann. Hist.-Nat. Mus. Natl. Hung. 11: 407. **Type locality**: China: Taiwan, Fuhosho, Suihenkyaku *et* Kanshirei.

Sphiximorpha horishana Matsumura, 1916. *In*: Matsumura *et* Adachi, 1916. Ent. Mag. Kyoto 2 (1): 186. **Type locality**: China: Taiwan, Horisha.

Cerioides (*Monoceromyia*) *annulata*: Shiraki, 1930. Mem. Fac. Sci. Agric. Taihoku Imp. Univ. 1: 5.

Sphiximorpha horishana: Knutson, Thompson *et* Vockeroth, 1975. *In*: Delfinado *et* Hardy, 1975. Cat. Dipt. Orient. Reg. 2: 344.

Monoceromyia annulata: Knutson, Thompson *et* Vockeroth, 1975. *In*: Delfinado *et* Hardy, 1975. Cat. Dipt. Orient. Reg. 2: 344; Peck, 1988. *In*: Soós *et* Papp, 1988. Cat. Palaearct. Dipt. 8: 179; Huang *et* Cheng, 2012. Fauna Sinica, Insecta, Vol. 50: 331.

分布（Distribution）：台湾（TW）；日本。

（54）褐色柄角蚜蝇 *Monoceromyia brunnecorpora* Yang *et* Cheng, 1998

Monoceromyia brunnecorporalis Yang *et* Cheng, 1998. *In*:

Xue *et* Chao, 1998. Flies of China, Vol. 1: 163. **Type locality:** China: Xizang, Zayü.

Monoceromyia brunnecorporalis: Huang *et* Cheng, 2012. Fauna Sinica, Insecta, Vol. 50: 319.

分布（Distribution）：西藏（XZ）。

（55）牛郎柄角蚜蝇 *Monoceromyia bubulici* Yang *et* Cheng, 1998

Monoceromyia bubulici Yang *et* Cheng, 1998. *In*: Xue *et* Chao, 1998. Flies of China, Vol. 1: 163. **Type locality:** China: Shaanxi, Ganquan.

分布（Distribution）：陕西（SN）。

（56）舟山柄角蚜蝇 *Monoceromyia chusanensis* Ôuchi, 1943

Monoceromyia chusanensis Ôuchi, 1943. Shanghai Sizenkagaku Kenkyusyo Iho 13: 22. **Type locality:** China.

Monoceromyia chusanensis: Huang, Cheng *et* Yang, 1998. *In*: Xue *et* Chao, 1998. Flies of China, Vol. 1: 166; Huang *et* Cheng, 2012. Fauna Sinica, Insecta, Vol. 50: 319.

分布（Distribution）：甘肃（GS）、浙江（ZJ）。

（57）橘腹柄角蚜蝇 *Monoceromyia crocota* Cheng, 2012

Monoceromyia crocota Cheng, 2012. *In*: Huang *et* Cheng, 2012. Fauna Sinica, Insecta, Vol. 50: 320. **Type locality:** China: Zhejiang, Moganshan.

分布（Distribution）：甘肃（GS）、浙江（ZJ）。

（58）细小柄角蚜蝇 *Monoceromyia fenestrata* (Brunetti, 1923)

Ceria fenestrata Brunetti, 1923. Fauna Brit. India (Dipt.) 3: 333. **Type locality:** India: Sikkim, Ranjit Valley.

Monoceromyia fenestrata: Knutson, Thompson *et* Vockeroth, 1975. *In*: Delfinado *et* Hardy, 1975. Cat. Dipt. Orient. Reg. 2: 344; Huang *et* Cheng, 2012. Fauna Sinica, Insecta, Vol. 50: 321.

分布（Distribution）：四川（SC）、云南（YN）；印度。

（59）广西柄角蚜蝇 *Monoceromyia guangxiana* Yang *et* Cheng, 1998

Monoceromyia guangxiana Yang *et* Cheng, 1998. *In*: Xue *et* Chao, 1998. Flies of China, Vol. 1: 166. **Type locality:** China: Guangxi, Ganquan.

Monoceromyia guangxiana: Huang *et* Cheng, 2012. Fauna Sinica, Insecta, Vol. 50: 322.

分布（Distribution）：广西（GX）。

（60）赫氏柄角蚜蝇 *Monoceromyia hervebazini* Shaanon, 1927

Monoceromyia hervebazini Shaanon, 1927. J. Wash. Acad. Sci. 17: 48. **Type locality:** China: Shanghai.

Monoceromyia hervebazini: Cheng, 1940. Biol. Bull. Fukien Christian Univ. 1: 47; Wu, 1940. Cat. Ins. Sin. 5: 317; Peck, 1988. *In*: Soós *et* Papp, 1988. Cat. Palaearct. Dipt. 8: 179; Huang, Cheng *et* Yang, 1998. *In*: Xue *et* Chao, 1998. Flies of China, Vol. 1: 166.

分布（Distribution）：江苏（JS）、上海（SH）。

（61）爪哇柄角蚜蝇 *Monoceromyia javana* (Wiedemann, 1824)

Ceria javana Wiedemann, 1824a. Munus Rectoris in Academia Christiana Albertina Aditurus Analecta Entomológica ex Museo Regio Havniensi Máxime Congesta Profert Iconibusque Illustrat: 32. **Type locality:** Indonesia: Java.

Monoceromyia javana: Knutson, Thompson *et* Vockeroth, 1975. *In*: Delfinado *et* Hardy, 1975. Cat. Dipt. Orient. Reg. 2: 344; Huang, Cheng *et* Yang, 1998. *In*: Xue *et* Chao, 1998. Flies of China, Vol. 1: 166; Huang *et* Cheng, 2012. Fauna Sinica, Insecta, Vol. 50: 323.

分布（Distribution）：云南（YN）；印度尼西亚。

（62）大斑柄角蚜蝇 *Monoceromyia macrosticta* Cheng *et* Huang, 1997

Monoceromyia macrosticta Cheng *et* Huang, 1997. Acta Zootaxon. Sin. 22 (4): 421. **Type locality:** China: Yunnan, Xishuangbanna.

Monoceromyia macrosticta: Huang *et* Cheng, 2012. Fauna Sinica, Insecta, Vol. 50: 324.

分布（Distribution）：云南（YN）。

（63）黑色柄角蚜蝇 *Monoceromyia melanosoma* Cheng, 2012

Monoceromyia melanosoma Cheng, 2012. *In*: Huang *et* Cheng, 2012. Fauna Sinica, Insecta, Vol. 50: 325. **Type locality:** China: Yunnan, Xiaomengyang.

分布（Distribution）：云南（YN）。

（64）侧斑柄角蚜蝇 *Monoceromyia pleuralis* (Coquillett, 1898)

Sphiximorpha pleuralis Coquillett, 1898. Proc. U. S. Natl. Mus. 21: 302. **Type locality:** Japan.

Cerioides (Sphiximorpha) pleuralis: Shiraki, 1930. Mem. Fac. Sci. Agric. Taihoku Imp. Univ. 1: 6.

Monoceromyia pleuralis: Peck, 1988. *In*: Soós *et* Papp, 1988. Cat. Palaearct. Dipt. 8: 179; Huang *et* Cheng, 2012. Fauna Sinica, Insecta, Vol. 50: 326.

分布（Distribution）：山东（SD）、四川（SC）；前苏联、日本。

（65）红腹柄角蚜蝇 *Monoceromyia rufipetiolata* Huo *et* Ren, 2006

Monoceromyia rufipetiolata Huo *et* Ren, 2006. Acta Zootaxon. Sin. 31 (4): 887. **Type locality:** China: Guangxi, Tianlin,

Jiudongping.

分布（Distribution）：广西（GX）。

（66）黑额柄角蚜蝇 *Monoceromyia similis* (Kertész, 1913)

Cerioides similis Kertész, 1913a. Ann. Hist.-Nat. Mus. Natl. Hung. 11: 405. **Type locality:** China: Taiwan, Kosempo, Fuhosho *et* Toyenmongai.

Cerioides (*Monoceromyia*) *similis*: Shiraki, 1930. Mem. Fac. Sci. Agric. Taihoku Imp. Univ. 1: 5.

Monoceromyia similis: Knutson, Thompson *et* Vockeroth, 1975. *In*: Delfinado *et* Hardy, 1975. Cat. Dipt. Orient. Reg. 2: 345; Huang *et* Cheng, 2012. Fauna Sinica, Insecta, Vol. 50: 331.

分布（Distribution）：台湾（TW）。

（67）天目柄角蚜蝇 *Monoceromyia tienmushanensis* Ôuchi, 1943

Monoceromyia tienmushanensis Ôuchi, 1943. Shanghai Sizenkagaku Kenkyusyo Iho 13: 20. **Type locality:** China: Zhejiang.

Monoceromyia tienmushanensis: Huang, Cheng *et* Yang, 1998. *In*: Xue *et* Chao, 1998. Flies of China, Vol. 1: 166; Huang *et* Cheng, 2012. Fauna Sinica, Insecta, Vol. 50: 327.

分布（Distribution）：浙江（ZJ）。

（68）黄斑柄角蚜蝇 *Monoceromyia tredecimpunctata* Brunetti, 1923

Ceria tredecimpunctata Brunetti, 1923. Fauna Brit. India (Dipt.) 3: 336. **Type locality:** India. Burma.

Monoceromyia tredecimpunctata: Knutson, Thompson *et* Vockeroth, 1975. *In*: Delfinado *et* Hardy, 1975. Cat. Dipt. Orient. Reg. 2: 345; Huang, Cheng *et* Yang, 1998. *In*: Xue *et* Chao, 1998. Flies of China, Vol. 1: 166; Huang *et* Cheng, 2012. Fauna Sinica, Insecta, Vol. 50: 327.

分布（Distribution）：云南（YN）；缅甸、印度。

（69）三斑柄角蚜蝇 *Monoceromyia trinotata* (de Meijere, 1904)

Ceria trinotata de Meijere, 1904. Bijdr. Dierkd. 17/18: 97. **Type locality:** India: Darjeeling.

Cerioides trinotata: Wu, 1940. Cat. Ins. Sin. 5: 317.

Monoceromyia trinotata: Knutson, Thompson *et* Vockeroth, 1975. *In*: Delfinado *et* Hardy, 1975. Cat. Dipt. Orient. Reg. 2: 345; Huang, Cheng *et* Yang, 1998. *In*: Xue *et* Chao, 1998. Flies of China, Vol. 1: 166; Huang *et* Cheng, 2012. Fauna Sinica, Insecta, Vol. 50: 328.

分布（Distribution）：云南（YN）、广东（GD）、广西（GX）；缅甸、印度、老挝、马来西亚。

（70）黄肩柄角蚜蝇 *Monoceromyia wiedemanni* Shaanon, 1927

Monoceromyia wiedemanni Shaanon, 1927. J. Wash. Acad. Sci.

17: 47. **Type locality:** Laos: Luang Prabang, Ban Nam Mo.

Monoceromyia wiedemanni: Knutson, Thompson *et* Vockeroth, 1975. *In*: Delfinado *et* Hardy, 1975. Cat. Dipt. Orient. Reg. 2: 345; Sun, 1993. Insects of the Hengduan Mountains Region 2: 1110; Huang, Cheng *et* Yang, 1998. *In*: Xue *et* Chao, 1998. Flies of China, Vol. 1: 167; Huang *et* Cheng, 2012. Fauna Sinica, Insecta, Vol. 50: 329.

分布（Distribution）：四川（SC）、云南（YN）；老挝。

（71）胡氏柄角蚜蝇 *Monoceromyia wui* Shaanon, 1925

Monoceromyia wui Shaanon, 1925. Insecutor Inscit. Menstr. 13: 53. **Type locality:** China: Sichuan, Suifu.

Monoceromyia wui: Cheng, 1940. Biol. Bull. Fukien Christian Univ. 1: 47; Wu, 1940. Cat. Ins. Sin. 5: 317; Peck, 1988. *In*: Soós *et* Papp, 1988. Cat. Palaearct. Dipt. 8: 179; Huang, Cheng *et* Yang, 1998. *In*: Xue *et* Chao, 1998. Flies of China, Vol. 1: 167; Huang *et* Cheng, 2012. Fauna Sinica, Insecta, Vol. 50: 330.

分布（Distribution）：四川（SC）、贵州（GZ）、福建（FJ）。

（72）雁荡柄角蚜蝇 *Monoceromyia yentaushanensis* Ôuchi, 1943

Monoceromyia yentaushanensis Ôuchi, 1943. Shanghai Sizenkagaku Kenkyusyo Iho 13: 21. **Type locality:** China.

Monoceromyia yentaushanensis: Huang, Cheng *et* Yang, 1998. *In*: Xue *et* Chao, 1998. Flies of China, Vol. 1: 167; Huang *et* Cheng, 2012. Fauna Sinica, Insecta, Vol. 50: 330.

分布（Distribution）：浙江（ZJ）、贵州（GZ）、云南（YN）、福建（FJ）、广东（GD）、广西（GX）。

13. 首角蚜蝇属 *Primocerioides* Shaanon, 1927

Primocerioides Shaanon, 1927. J. Wash. Acad. Sci. 17: 41. **Type species:** *Cerioides petri* Hervé-Bazin, 1914 (by original designation).

（73）北京首角蚜蝇 *Primocerioides beijingensis* Yang *et* Cheng, 1998

Primocerioides beijingensis Yang *et* Cheng, 1998. *In*: Xue *et* Chao, 1998. Flies of China, Vol. 1: 167. **Type locality:** China: Beijing.

Primocerioides beijingensis: Huang *et* Cheng, 2012. Fauna Sinica, Insecta, Vol. 50: 332.

分布（Distribution）：北京（BJ）。

（74）属模首角蚜蝇 *Primocerioides petri* (Hervé-Bazin, 1914)

Cerioides petri Hervé-Bazin, 1914. Ann. Soc. Entomol. Fr. 83: 414. **Type locality:** Japan: Kumanotaira near Karuizawa.

Cerioides petri: Wu, 1940. Cat. Ins. Sin. 5: 317.

Cerioides (*Primocerioides*) *petri*: Shiraki, 1930. Mem. Fac.

Sci. Agric. Taihoku Imp. Univ. 1: 7.

Primocerioides petri: Cheng, 1940. Biol. Bull. Fukien Christian Univ. 1: 47; Peck, 1988. *In*: Soós *et* Papp, 1988. Cat. Palaearct. Dipt. 8: 180; Huang, Cheng *et* Yang, 1998. *In*: Xue *et* Chao, 1998. Flies of China, Vol. 1: 168; Huang *et* Cheng, 2012. Fauna Sinica, Insecta, Vol. 50: 333.

分布（Distribution）：河北（HEB）、北京（BJ）、山东（SD）、甘肃（GS）、江苏（JS）、浙江（ZJ）；日本。

14. 腰角蚜蝇属 *Sphiximorpha* Rondani, 1850

Sphiximorpha Rondani, 1850. Ann. Soc. Entomol. Fr. (2) 8: 213. **Type species:** *Ceria subsessilis* Illiger, 1807 (by original designation).

Cerioides Rondani, 1850. Ann. Soc. Entomol. Fr. (2) 8: 211. **Type species:** *Ceria subsessilis* Illiger, 1807 (monotypy).

Ceriathrix Hull, 1949. Trans. Zool. Soc. Lond. 26: 381 (as a subgenus of *Polybiomyia*). **Type species:** *Cerioides bulbosa* Meijere, 1924 (by original designation).

Shambalia Violovitsh, 1981a. Novye I Maloizvestnye Vidy Fauny Sibiri 15: 85. **Type species:** *Shambalia rachmaninovi* Violovitsh, 1981 (by original designation).

Sphyximorpha: Rondani, 1856. Dipt. Ital. Prodromus, Vol. I: 55 (misspelling of *Sphiximorpha*).

Sphixiomorpha: Hagen, 1862. Die Litteratur uber das ganze Gebiet der Entomologie bis zum Jahre 1862: 90 (misspelling of *Sphiximorpha*).

Sphecomorpha: Bezzi, 1906. Z. Syst. Hymenopt. Dipt. 6 (1): 51 (preoccupied by Hubner, 1809 and Newman, 1838) (emendation of *Sphiximorpha*).

Sphinimorpha: Shaanon, 1925. Insecutor Inscit. Menstr. 13: 51 (misspelling of *Sphiximorpha*).

（75）环腿腰角蚜蝇 *Sphiximorpha annulifemoralis* Yang *et* Cheng, 1998

Sphiximorpha annulifemoralis Yang *et* Cheng, 1998. *In*: Xue *et* Chao, 1998. Flies of China, Vol. 1: 171. **Type locality:** China: Fujian; Jiangxi.

分布（Distribution）：江西（JX）、福建（FJ）。

（76）丽颜腰角蚜蝇 *Sphiximorpha bellifacialis* Yang *et* Cheng, 1998

Sphiximorpha bellifacialis Yang *et* Cheng, 1998. *In*: Xue *et* Chao, 1998. Flies of China, Vol. 1: 169. **Type locality:** China: Hebei.

Sphiximorpha bellifacialis: Huo, Ren *et* Zheng, 2007. Fauna of Syrphidae from Mt. Qinling-Bashan in China (Insecta: Diptera): 233; Huang *et* Cheng, 2012. Fauna Sinica, Insecta, Vol. 50: 334.

分布（Distribution）：河北（HEB）、北京（BJ）、河南（HEN）、江苏（JS）。

（77）短腰角蚜蝇 *Sphiximorpha brevilimbata* Yang *et* Cheng, 1998

Sphiximorpha brevilimbata Yang *et* Cheng, 1998. *In*: Xue *et* Chao, 1998. Flies of China, Vol. 1: 169. **Type locality:** China: Yunnan, Kunming.

Sphiximorpha brevilimbata: Huang *et* Cheng, 2012. Fauna Sinica, Insecta, Vol. 50: 335.

分布（Distribution）：云南（YN）。

（78）台湾腰角蚜蝇 *Sphiximorpha formosensis* (Shiraki, 1930)

Cerioides formosensis Shiraki, 1930. Mem. Fac. Sci. Agric. Taihoku Imp. Univ. 1: 3. **Type locality:** China: Taiwan, Shinnensho, Musha.

分布（Distribution）：台湾（TW）。

（79）蜂腰角蚜蝇 *Sphiximorpha polista* (Séguy, 1948)

Ceriana polista Séguy, 1948. Notes Ent. Chin. 12 (14): 161. **Type locality:** Laos: Namlang.

Sphiximorpha polista: Knutson, Thompson *et* Vockeroth, 1975. *In*: Delfinado *et* Hardy, 1975. Cat. Dipt. Orient. Reg. 2: 346; Huang, Cheng *et* Yang, 1998. *In*: Xue *et* Chao, 1998. Flies of China, Vol. 1: 171; Huang *et* Cheng, 2012. Fauna Sinica, Insecta, Vol. 50: 336.

分布（Distribution）：云南（YN）；老挝。

（80）华腰角蚜蝇 *Sphiximorpha sinensis* Ôuchi, 1943

Cerioides sinensis Ôuchi, 1943. Shanghai Sizenkagaku Kenkyusyo Iho 13: 17. **Type locality:** China.

Sphiximorpha sinensis: Huang, Cheng *et* Yang, 1998. *In*: Xue *et* Chao, 1998. Flies of China, Vol. 1: 171; Huang *et* Cheng, 2012. Fauna Sinica, Insecta, Vol. 50: 336.

分布（Distribution）：安徽（AH）、江苏（JS）、浙江（ZJ）、四川（SC）、福建（FJ）、广西（GX）。

管蚜蝇族 Eristalini

管蚜蝇亚族 Eristalina

15. 异管蚜蝇属 *Dissoptera* Edwards, 1915

Dissoptera Edwards, 1915. Trans. Zool. Soc. Lond. 20: 400. **Type species:** *Eristalis pollinosa* Edwards, 1915 (monotypy) [= *Dissoptera heterothrix* (Meijere, 1908)].

Xenozoon Hull, 1949. Trans. Zool. Soc. Lond. 26: 401. **Type species:** *Dissoptera maritima* Hull, 1929 (by original designation).

（81）异毛异管蚜蝇 *Dissoptera heterothrix* (Meijere, 1908)

Eristalis heterothrix Meijere, 1908a. Tijdschr. Ent. 51: 273.

Type locality: Borneo: Mahakkam; Cretin Island, Tami.

Eristalis pollinosa Edwards, 1915. Trans. Zool. Soc. Lond. 20: 410. **Type locality:** New Guinea: Iwaka River.

Eristalis flavohirta Klocker, 1924. Mem. Queensl. Mus. 8: 57. **Type locality:** Australia: Dunk Island, Hamlyn-Harris.

Dissopter pollinosa: Shiraki, 1930. Mem. Fac. Sci. Agric. Taihoku Imp. Univ. 1: 161; Wu, 1940. Cat. Ins. Sin. 5: 297.

Dissoptera heterothrix: Knutson, Thompson *et* Vockeroth, 1975. *In*: Delfinado *et* Hardy, 1975. Cat. Dipt. Orient. Reg. 2: 347.

分布（Distribution）：西藏（XZ）；新几内亚岛、澳大利亚、加里曼丹岛。

16. 离眼管蚜蝇属 *Eristalinus* Rondani, 1845

Eristalinus Rondani, 1845. Nuovi Ann. Sci. Nat. (2) 2: 453 (as a subgenus of *Eristalis*). **Type species:** *Musca sepulchralis* Linnaeus, 1758 (by designation of Rondani, 1857).

（82）钝黑离眼管蚜蝇 *Eristalinus sepulchralis* (Linnaeus, 1758)

Musca sepulchralis Linnaeus, 1758. Syst. Nat. Ed. 10 (1): 596. **Type locality:** Sweden.

Musca ater Harris, 1776. Expos. Engl. Ins.: 58. **Type locality:** England.

Musca melanius Harris, 1776. Expos. Engl. Ins.: 53. **Type locality:** England.

Syrphus tristis Fabricius, 1794. Ent. Syst. 4: 303. **Type locality:** Germany: Kiel.

Eristalis sepulchralis var. *impunctata* Strobl, 1910. Mitt. Naturwiss. Ver. Steiermark 46 (1909): 106. **Type locality:** Austria: Radkersburg.

Eristalinus riki Violovitsh, 1957. Ent. Obozr. 36: 752. **Type locality:** Russia: Far East, Sakhalin.

Syrphus sepulchralis: Fabricius, 1775. Syst. Entom.: 772.

Volucella sepulchralis: Müller, 1776. Zool. Danicae Prodromus: 179.

Eristalis (Eristalinus) sepulchralis: Shiraki, 1930. Mem. Fac. Sci. Agric. Taihoku Imp. Univ. 1: 139.

Eristalinus (Eristalinus) sepulchralis: Peck, 1988. *In*: Soós *et* Papp, 1988. Cat. Palaearct. Dipt. 8: 181.

Eristalinus riki: Mutin *et* Barkalov, 1997. Spec. Div. 2: 212 (new synonym).

Eristalinus sepulchralis: Cheng, 1940. Biol. Bull. Fukien Christian Univ. 1: 45; Wu, 1940. Cat. Ins. Sin. 5: 303; Knutson, Thompson *et* Vockeroth, 1975. *In*: Delfinado *et* Hardy, 1975. Cat. Dipt. Orient. Reg. 2: 349; Li *et* Li, 1990. The Syrphidae of Gansu Province: 102; Huang, Cheng *et* Yang, 1998. *In*: Xue *et* Chao, 1998. Flies of China, Vol. 1: 184; Huo, Ren *et* Zheng, 2007. Fauna of Syrphidae from Mt. Qinling-Bashan in China (Insecta: Diptera): 278; Huang *et* Cheng, 2012. Fauna Sinica, Insecta, Vol. 50: 495.

分布（Distribution）：内蒙古（NM）、河北（HEB）、山西（SX）、山东（SD）、陕西（SN）、甘肃（GS）、新疆（XJ）、江苏（JS）、浙江（ZJ）、江西（JX）、湖南（HN）、湖北（HB）、四川（SC）、西藏（XZ）、广东（GD）；前苏联、蒙古国、日本、斯里兰卡、印度、英国、德国、瑞典、俄罗斯、奥地利；非洲（北部）。

17. 管蚜蝇属 *Eristalis* Latreille, 1804

Eristalis Latreille, 1804. Nouv. Dict. Hist. Nat. 24 (3): 194. **Type species:** *Musca tenax* Linnaeus, 1758 (by designation of Curtis, 1832).

Tubifera Meigen, 1800. Nouve. Class.: 34. **Type species:** *Musca tenax* Linnaeus, 1758 (by designation of Coquillett, 1910).

Elophilus Meigen, 1803. Mag. Insektenkd. 2: 274. **Type species:** *Musca tenax* Linnaeus, 1758 (by designation of Latreille, 1810).

Eristalomya Rondani, 1857. Dipt. Ital. Prodromus, Vol. II: 40. **Type species:** *Musca tenax* Linnaeus, 1758 (by original designation).

Eriops Lioy, 1864. Atti R. Ist. Véneto Sci. Lett. Arti (3) 9: 743 (preoccupied by Klug, 1808). **Type species:** *Musca tenax* Linnaeus, 1758 (by designation of Goffe, 1946).

Eoseristalis Kanervo, 1938. Ann. Univ. Turkuensis (A) 6 (4): 40. **Type species:** *Eristalis cerealis* Fabricius, 1805 (by original designation).

Cryptoeristalis Kuznetzov, 1994. Dipt. Res. 5: 231. **Type species:** *Musca oestracea* Linnaeus, 1758 (by original designation).

Erophilus: Fischer, 1813. Zoognosia: 344 (misspelling of *Elophilus*).

Evistalis: Leach, 1817. Brewster's Edinb. Encycl. 12 (1): 159 (misspelling of *Eristalis*).

Helophilus: Leach, 1817. Brewster's Edinb. Encycl. 12 (1): 159 (emendation of *Elophilus*).

Cristalis: Wiedemann, 1828. Aussereurop. Zweifl. Insekt.: x (misspelling of *Eristalis*).

Eristalomyia: Scudder, 1882. Bull. U. S. Natl. Mus. 19 (1): 127 (emendation of *Eristalomya*); Verrall, 1882. *In*: Scudder, 1882. Bull. U. S. Natl. Mus. 19 (1): 127 (unjustified emendation).

（83）远林管蚜蝇 *Eristalis abusivus* Collin, 1931

Eristalis abusivus Collin, 1931. Ent. Mon. Mag. 67: 180. **Type locality:** England: Thames Marshes at Higham, Upton Norfolk.

Eristalis germanica Sack, 1935. Verh. Ver. Naturw. Heimatforsch. Hamburg 24: 162. **Type locality:** Germany: Schleswig-Holstein.

Eristalis germanica: Peck, 1988. *In*: Soós *et* Papp, 1988. Cat. Palaearct. Dipt. 8: 192 (as a doubtful species of *Eristalis*).

Eristalis (Eoseristalis) abusivus: Peck, 1988. *In*: Soós *et* Papp, 1988. Cat. Palaearct. Dipt. 8: 185; Li, 1999. Entomol. Sin. 6 (3): 210.

分布（Distribution）：新疆（XJ）；德国、英国。

（84）白管蚜蝇 *Eristalis albibasis* Bigot, 1880

Eristalis albibasis Bigot, 1880. Ann. Soc. Entomol. Fr. (5) 10: 215. **Type locality:** "Indostan".

Eristalis (*Eoseristalis*) *albibasis*: Knutson, Thompson *et* Vockeroth, 1975. *In*: Delfinado *et* Hardy, 1975. Cat. Dipt. Orient. Reg. 2: 351; Peck, 1988. *In*: Soós *et* Papp, 1988. Cat. Palaearct. Dipt. 8: 185.

分布（Distribution）：四川（SC）、云南（YN）、台湾（TW）；印度。

（85）狭缘管蚜蝇 *Eristalis angustimarginalis* Brunetti, 1923

Eristalis angustimarginalis Brunetti, 1923. Fauna Brit. India (Dipt.) 3: 176. **Type locality:** Myanmar: Takepum Mt. Chinese Frontier.

Eristalis angustimarginalis: Cheng, 1940. Biol. Bull. Fukien Christian Univ. 1: 44; Wu, 1940. Cat. Ins. Sin. 5: 299; Knutson, Thompson *et* Vockeroth, 1975. *In*: Delfinado *et* Hardy, 1975. Cat. Dipt. Orient. Reg. 2: 352 (as an unplaced species of *Eristalis*); Huang *et* Cheng, 2012. Fauna Sinica, Insecta, Vol. 50: 506.

分布（Distribution）：中国（省份不明）；缅甸、印度。

（86）花蚤蝇管蚜蝇 *Eristalis anthophorinus* (Fallén, 1817)

Syrphus anthophorinus Fallén, 1817. Syrphici Sveciae: 28. **Type locality:** Sweden: Scania.

Eristalis bastardii Macquart, 1842. Dipt. Exot. 2 (2): 95. **Type locality:** North America.

Syrphus nitidiventris Zetterstedt, 1843. Dipt. Scand. 2: 665. **Type locality:** Sweden: Gotland [= Gottlandia]: "Lummelund".

Eristalis nebulosus Walker, 1849. List of the specimens of dipterous insets in the collection of the British Museum Part III: 616. **Type locality:** USA: New York. Canada: Nova Scotia *et* Ontario.

Eristalis semimetallicus Macquart, 1850. Mém. Soc. R. Sci. Agric. Arts Lille 1849: 444. **Type locality:** Canada: Nova Scotia.

Eristalis everes Walker, 1852. Ins. Saund. (Ⅰ) Dipt. 3-4: 246. **Type locality:** North America.

Eristalis montanus Williston, 1882. Proc. Am. Philos. Soc. 20: 322. **Type locality:** USA: Wyoming Territory.

Eristalis occidentalis Osburn, 1907. Bull. British Columbia. Ent. Soc. 8: 3. **Type locality:** USA: Washington Territory.

Eristalis toyohare Matsumura, 1911. J. Coll. Agric. Hokkaido Imp. Univ. 4 (1): 75. **Type locality:** Russia: Sakhalin (Solowiyofka, Toyohara, Chipsani).

Eristalis anthophorinus var. *lapponica* Schirmer, 1913. Wien. Ent. Ztg. 32 (7-9): 222. **Type locality:** Sweden: "Lappland" (N Scandinavia).

Eristalis toyoharensis Matsumura, 1916. Thousand Ins. Japan

Add. 2: 235. **Type locality:** Russia: Sakhalin, Toyohara.

Eristalis mellissoides Hull, 1925. Ohio J. Sci. 25: 19. **Type locality:** Unknown.

Eristalis perplexus Hull, 1925. Ohio J. Sci. 25: 22. **Type locality:** Unknown.

Eristalomyia anthophorinus var. *luleoensis* Kanervo, 1934. Ann. Soc. Zool.-Bot. Fenn. 14 (5): 132. **Type locality:** Russia: Petsamo, Parkkino.

Syrphus nitidiventris: Peck, 1988. *In*: Soós *et* Papp, 1988. Cat. Palaearct. Dipt. 8: 192 (as a doubtful species of *Eristalis*).

Eristalis (*Eristalis*) *anthophorinus*: Shiraki, 1930. Mem. Fac. Sci. Agric. Taihoku Imp. Univ. 1: 132.

Eristalis (*Eoseristalis*) *anthophorinus*: Peck, 1988. *In*: Soós *et* Papp, 1988. Cat. Palaearct. Dipt. 8: 185.

分布（Distribution）：江苏（JS）；蒙古国、日本、瑞典、俄罗斯、美国、加拿大。

（87）短腹管蚜蝇 *Eristalis arbustorum* (Linnaeus, 1758)

Musca arbustorum Linnaeus, 1758. Syst. Nat. Ed. 10 (1): 591. **Type locality:** Sweden.

Musca nemorum Linnaeus, 1758. Syst. Nat. Ed. 10 (1): 591. **Type locality:** Sweden.

Musca lineolae Harris, 1776. Expos. Engl. Ins.: 58. **Type locality:** Not given.

Musca horticola De Geer, 1776. Mém. Pour Serv. Hist. Insect. 6: 140. **Type locality:** Sweden.

Musca lyra Harris, 1776. Expos. Engl. Ins.: 42. **Type locality:** England.

Musca parralleli Harris, 1776. Expos. Engl. Ins.: 43. **Type locality:** England.

Volucella tricincta Müller, 1776. Zool. Danicae Prodromus: 178. **Type locality:** Denmark.

Syrphus deflagratus Preyssler, 1793. *In*: Preyssler, Lindacker *et* Hofer, 1793. Samml. Physik. Aufsätze J. Mayer, Dresden 3: 369. **Type locality:** Czechoslovakia: Sumava Mts., Kvilda.

Eristalis sylvarum Meigen, 1838. Syst. Beschr. Europ. Zweifl. Insekt. 7: 144. **Type locality:** Germany: "Baiern" [= Bavaria].

Eristalis toyoharae Matsumura, 1911. J. Coll. Agric. Hokkaido Imp. Univ. 4 (1): 75. **Type locality:** Russia: Solowiyofka, Toyohara, Chipsani.

Eristalis toyoharensis Matsumura, 1916. Thousand Ins. Japan Add. 2: 235. **Type locality:** "Saghalien (Toyohara)" [= Yuzhno-Sakhalinsk].

Eristalis sachalinensis Matsumura, 1916. Thousand Ins. Japan Add. 2: 263. **Type locality:** Russia: Sakhalin.

Eristalis fumigata Becker, 1921. Mitt. Zool. Mus. Berl. 10: 53. **Type locality:** Poland: "Umgebung von Liegnitz" [= near Legnica].

Eristalis (*Eristalis*) *nemorum*: Shiraki, 1930. Mem. Fac. Sci. Agric. Taihoku Imp. Univ. 1: 132.

Eristalis (*Eristalis*) *arbustorum*: Shiraki, 1930. Mem. Fac. Sci. Agric. Taihoku Imp. Univ. 1: 131.

Eristalis bulgarica Szilády, 1934. Mitt. Bulg. Ent. Ges. 8: 149. **Type locality:** Bulgaria. central Hungary.

Eristalis polonica Szilády, 1934. Mitt. Bulg. Ent. Ges. 8: 151. **Type locality:** Poland: Silesia *et* Olkusz.

Eristalis nemorum var. *carelica* Kanervo, 1938. Ann. Univ. Turkuensis (A) 6 (4): 16, 37. **Type locality:** Finland: Kl. Sortavala. Russia: Karelia.

Eristalis arbustorum var. *strandi* Duda, 1940. Folia Zool. Hydrobiol. 10 (1): 225. **Type locality:** Sweden: Lappland, Gellivara.

Eristalis arbustorum: Cheng, 1940. Biol. Bull. Fukien Christian Univ. 1: 44; Wu, 1940. Cat. Ins. Sin. 5: 299; Li *et* Li, 1990. The Syrphidae of Gansu Province: 103; Huang, Cheng *et* Yang, 1998. *In*: Xue *et* Chao, 1998. Flies of China, Vol. 1: 185; Huo, Ren *et* Zheng, 2007. Fauna of Syrphidae from Mt. Qinling-Bashan in China (Insecta: Diptera): 280; Huang *et* Cheng, 2012. Fauna Sinica, Insecta, Vol. 50: 501.

Eristalomya distincta Shiraki, 1968. *In*: Ikada *et al.*, 1968. Fauna Jap. Syrphidae 2: 166. **Type locality:** Japan: Hyogo Pref., Kobe.

Eristalis (*Eoseristalis*) *arbustorum*: Knutson, Thompson *et* Vockeroth, 1975. *In*: Delfinado *et* Hardy, 1975. Cat. Dipt. Orient. Reg. 2: 351; Peck, 1988. *In*: Soós *et* Papp, 1988. Cat. Palaearct. Dipt. 8: 186.

Eristalis (*Eoseristalis*) *nemorum*: Peck, 1988. *In*: Soós *et* Papp, 1988. Cat. Palaearct. Dipt. 8: 188 (as a valid species).

Eristalis (*Eoseristalis*) *fumigata*: Peck, 1988. *In*: Soós *et* Papp, 1988. Cat. Palaearct. Dipt. 8: 187 (as a valid species).

Eristalis (*Eoseristalis*) *distincta*: Peck, 1988. *In*: Soós *et* Papp, 1988. Cat. Palaearct. Dipt. 8: 187 (as a valid species).

Eristalis fumigate: Hippa, Nielsen *et* Steenis, 2001. Norw. J. Ent. 48 (2): 296 (new synonym).

分布（Distribution）：黑龙江（HL）、吉林（JL）、辽宁（LN）、内蒙古（NM）、河北（HEB）、山西（SX）、山东（SD）、河南（HEN）、陕西（SN）、宁夏（NX）、甘肃（GS）、青海（QH）、新疆（XJ）、浙江（ZJ）、湖北（HB）、四川（SC）、云南（YN）、西藏（XZ）、福建（FJ）；印度、伊朗、叙利亚、阿富汗、日本、瑞典、英国、丹麦、匈牙利、波兰、俄罗斯、芬兰；非洲（北部）、北美洲。

（88）北方管蚜蝇 *Eristalis borealis* Huo *et* Ren, 2006

Eristalis borealis Huo *et* Ren, 2006. Acta Zootaxon. Sin. 31 (4): 890. **Type locality:** China: Heilongjiang; Jilin; Nei Mongolia.

分布（Distribution）：黑龙江（HL）、吉林（JL）、内蒙古（NM）。

（89）灰带管蚜蝇 *Eristalis cerealis* Fabricius, 1805

Eristalis cerealis Fabricius, 1805. Syst. Antliat.: 232. **Type locality:** China.

Eristalis solitus Walker, 1849. List of the specimens of dipterous insets in the collection of the British Museum Part III: 619. **Type locality:** Nepal.

Eristalis incisuralis Loew, 1858a. Wien. Ent. Monatschr. 2: 108. **Type locality:** Japan.

Eristalis barbata Bigot, 1880. Ann. Soc. Entomol. Fr. (5) 10: 214. **Type locality:** "Indostan".

Eristalis sachalinensis Matsumura, 1916. Thousand Ins. Japan Add. 2: 263. **Type locality:** "Saghalien".

Eristalis (*Eristalis*) *cerealis*: Shiraki, 1930. Mem. Fac. Sci. Agric. Taihoku Imp. Univ. 1: 130.

Lathyrophthalmus solitus: Cheng, 1940. Biol. Bull. Fukien Christian Univ. 1: 45.

Eristalis (*Eoseristalis*) *cerealis*: Knutson, Thompson *et* Vockeroth, 1975. *In*: Delfinado *et* Hardy, 1975. Cat. Dipt. Orient. Reg. 2: 351; Peck, 1988. *In*: Soós *et* Papp, 1988. Cat. Palaearct. Dipt. 8: 186.

Eristalis cerealis: Cheng, 1940. Biol. Bull. Fukien Christian Univ. 1: 44, 56; Wu, 1940. Cat. Ins. Sin. 5: 301; Li *et* Li, 1990. The Syrphidae of Gansu Province: 106; Huang, Cheng *et* Yang, 1998. *In*: Xue *et* Chao, 1998. Flies of China, Vol. 1: 185; Huo, Ren *et* Zheng, 2007. Fauna of Syrphidae from Mt. Qinling-Bashan in China (Insecta: Diptera): 281; Huang *et* Cheng, 2012. Fauna Sinica, Insecta, Vol. 50: 502.

分布（Distribution）：黑龙江（HL）、辽宁（LN）、内蒙古（NM）、河北（HEB）、山东（SD）、河南（HEN）、陕西（SN）、甘肃（GS）、青海（QH）、新疆（XJ）、安徽（AH）、江苏（JS）、浙江（ZJ）、江西（JX）、湖南（HN）、湖北（HB）、四川（SC）、云南（YN）、西藏（XZ）、福建（FJ）、台湾（TW）、广东（GD）；前苏联、尼泊尔、朝鲜、日本；东洋区。

（90）带管蚜蝇 *Eristalis cingulata* Sack, 1927

Eristalis cingulata Sack, 1927. Stettin. Ent. Ztg. 88: 311. **Type locality:** China: Taiwan, Tappani, Kanshizei.

Eristalis (*Eristalomyia*) *cingulata*: Shiraki, 1930. Mem. Fac. Sci. Agric. Taihoku Imp. Univ. 1: 140.

Eristalis cingulata: Knutson, Thompson *et* Vockeroth, 1975. *In*: Delfinado *et* Hardy, 1975. Cat. Dipt. Orient. Reg. 2: 352 (as an unplaced species of *Eristalis*).

分布（Distribution）：台湾（TW）；菲律宾。

（91）裸环管蚜蝇 *Eristalis deserta* Violovitsh, 1977

Eristalis desertas Violovitsh, 1977. Novye I Maloizvestnye Vidy Fauny Sibiri 11: 73. **Type locality:** China: Gobi Desert, River Orogin-sirtin.

Eristalis (*Eoseristalis*) *deserta*: Peck, 1988. *In*: Soós *et* Papp, 1988. Cat. Palaearct. Dipt. 8: 187.

分布（Distribution）：新疆（XJ）。

（92）平端管蚜蝇 *Eristalis flatiparamerus* Li, 1999

Eristalis flatiparamerus Li, 1999. Entomol. Sin. 6 (3): 211. **Type locality:** China: Qinghai, Xining.

Eristalis flatiparamerus: Huang *et* Cheng, 2012. Fauna Sinica, Insecta, Vol. 50: 507.

分布（Distribution）：青海（QH）。

（93）黄毛管蚜蝇 *Eristalis flavovillosa* Hull, 1937

Eristalis flavovillosa Hull, 1937. J. Wash. Acad. Sci. 27: 174. **Type locality:** "China: Szechuan, Suifu".

Eristalis (*Eoseristalis*) *flavovillosa*: Peck, 1988. *In*: Soós *et* Papp, 1988. Cat. Palaearct. Dipt. 8: 187.

分布（Distribution）：四川（SC）。

（94）台湾管蚜蝇 *Eristalis formosanus* Shiraki, 1930

Eristalis (*Eristalomyia*) *formosana* Shiraki, 1930. Mem. Fac. Sci. Agric. Taihoku Imp. Univ. 1: 144. **Type locality:** China: Taiwan, Asahi, Tenchosan, Arisan.

Eristalis formosanus: Knutson, Thompson *et* Vockeroth, 1975. *In*: Delfinado *et* Hardy, 1975. Cat. Dipt. Orient. Reg. 2: 352 (as an unplaced species of *Eristalis*); Huang *et* Cheng, 2012. Fauna Sinica, Insecta, Vol. 50: 508.

Eristalis (*Eoseristalis*) *formosanus*: Li, 1999. Entomol. Sin. 6 (3): 209.

分布（Distribution）：台湾（TW）。

（95）刀茎管蚜蝇 *Eristalis gladiparamerus* Li, 1999

Eristalis (*Eoseristalis*) *gladiparamerus* Li, 1999. Entomol. Sin. 6 (3): 213. **Type locality:** China: Qinghai, Xining.

Eristalis gladiparamerus: Huang *et* Cheng, 2012. Fauna Sinica, Insecta, Vol. 50: 508.

分布（Distribution）：青海（QH）。

（96）喜马拉雅管蚜蝇 *Eristalis himalayensis* Brunetti, 1908

Eristalomyia himalayensis Brunetti, 1908. Rec. India Mus. 2 (1): 70 (replacement name for *Eristalis ursinus*).

Eristalis ursinus Bigot, 1880. Ann. Soc. Entomol. Fr. (5) 10: 215 (preoccupied by Jaennicke, 1867). **Type locality:** "Indostan".

Eristalomyia himalayensis: Wu, 1940. Cat. Ins. Sin. 5: 301.

Eristalis (*Eoseristalis*) *himalayensis*: Knutson, Thompson *et* Vockeroth, 1975. *In*: Delfinado *et* Hardy, 1975. Cat. Dipt. Orient. Reg. 2: 351; Peck, 1988. *In*: Soós *et* Papp, 1988. Cat. Palaearct. Dipt. 8: 187.

Eristalis himalayensis: Huang, Cheng *et* Yang, 1998. *In*: Xue *et* Chao, 1998. Flies of China, Vol. 1: 185; Huo, Ren *et* Zheng, 2007. Fauna of Syrphidae from Mt. Qinling-Bashan in China (Insecta: Diptera): 283; Huang *et* Cheng, 2012. Fauna Sinica, Insecta, Vol. 50: 504.

分布（Distribution）：陕西（SN）、湖北（HB）、四川（SC）、云南（YN）、西藏（XZ）；印度、缅甸、尼泊尔。

（97）花斑管蚜蝇 *Eristalis horticola* (De Geer, 1776)

Musca horticola De Geer, 1776. Mém. Pour Serv. Hist. Insect. 6: 140. **Type locality:** Sweden.

Musco cincia Harris, 1776. Expos. Engl. Ins.: 43 (preoccupied by Allioni, 1766 and Drury, 1770). **Type locality:** Not given.

Musca lineata Harris, 1776. Expos. Engl. Ins.: 42. **Type locality:** Not given.

Musca lunula Villers, 1789. Caroli Linnaei Ent. 3: 433. **Type locality:** "Europa".

Eristalis flavicincta Fabricius, 1805. Syst. Antliat.: 232. **Type locality:** Germany: "Germania".

Eristalis basifemorata Brunetti, 1923. Fauna Brit. India (Dipt.) 3: 175. **Type locality:** India.

Eristalis (*Eoseristalis*) *horticola*: Knutson, Thompson *et* Vockeroth, 1975. *In*: Delfinado *et* Hardy, 1975. Cat. Dipt. Orient. Reg. 2: 351; Peck, 1988. *In*: Soós *et* Papp, 1988. Cat. Palaearct. Dipt. 8: 187.

分布（Distribution）：新疆（XJ）；瑞典、德国、印度；非洲（北部）。

（98）透翅管蚜蝇 *Eristalis hyaloptera* Huo, Ren *et* Zheng, 2007

Eristalis hyaloptera Huo, Ren *et* Zheng, 2007. Fauna of Syrphidae from Mt. Qinling-Bashan in China (Insecta: Diptera): 285. **Type locality:** China: Shaanxi, Meixian, Huxian; Gansu, Tianshui.

分布（Distribution）：陕西（SN）、甘肃（GS）。

（99）无斑管蚜蝇 *Eristalis immaculatis* Huo *et* Ren, 2006

Eristalis immaculatis Huo *et* Ren, 2006. Acta Zootaxon. Sin. 31 (4): 891. **Type locality:** China: Heilongjiang, Mohe; Xizang.

分布（Distribution）：黑龙江（HL）、西藏（XZ）。

（100）内突管蚜蝇 *Eristalis intricaria* (Linnaeus, 1758)

Musca intricaria Linnaeus, 1758. Syst. Nat. Ed. 10 (1): 592. **Type locality:** Sweden.

Conops leucorrhaeus Scopoli, 1763. Ent. Carniolica: 354. **Type locality:** Slovenia [as "Carniola"].

Musca fuscus Harris, 1776. Expos. Engl. Ins.: 42. **Type locality:** England.

Syrphus bombyliformis Fabricius, 1794. Ent. Syst. 4: 281. **Type locality:** Germany.

Musca intricata Turton, 1801. A General System of Nature Vol. III (1800): 638 (replacement name for *intricaria* Linnaeus).

Syrphus aureus Panzer, 1805. Fauna Germanica 90: 20. **Type locality:** Germany: Nurnberg.

Eristalis intricarius var. *furvus* Verrall, 1901. Platypezidae, Pipunculidae and Syrphidae of Great Britain 8: 510. **Type locality:** England: Abbey Wood.

分布（Distribution）：新疆（XJ）；瑞典、斯洛文尼亚、英国、德国。

（101）日本管蚜蝇 *Eristalis japonicus* van der Goot, 1964

Eristalis japonicus van der Goot, 1964. Beaufortia 10: 218

(replacement name for *nigricans* Matsumura).

Eristalis nigricans Matsumura, 1905. Thousand Ins. Japan 2: 93 (preoccupied by Wiedemann, 1830). **Type locality:** Japan.

Eristalis nigricans: Cheng, 1940. Biol. Bull. Fukien Christian Univ. 1: 44.

Eristalis (*Eristalis*) *nigricans*: Shiraki, 1930. Mem. Fac. Sci. Agric. Taihoku Imp. Univ. 1: 132.

Eristalis (*Eoseristalis*) *japonicus*: Li, 1999. Entomol. Sin. 6 (3): 211.

分布（**Distribution**）：北京（BJ）、江苏（JS）；日本；欧洲。

（102）漠河管蚜蝇 *Eristalis mohensis* Huo *et* Ren, 2006

Eristalis mohensis Huo *et* Ren, 2006. Acta Zootaxon. Sin. 31 (4): 891. **Type locality:** China: Heilongjiang, Mohe.

分布（**Distribution**）：黑龙江（HL）。

（103）黑颜管蚜蝇 *Eristalis nigriceps* Li, 1999

Eristalis (*Eoseristalis*) *nigriceps* Li, 1999. Entomol. Sin. 6 (3): 215. **Type locality:** China: Gansu, Zhangye.

Eristalis nigriceps: Huang *et* Cheng, 2012. Fauna Sinica, Insecta, Vol. 50: 509.

分布（**Distribution**）：甘肃（GS）。

（104）刺管蚜蝇 *Eristalis oestracea* (Linnaeus, 1758)

Musca oestracea Linnaeus, 1758. Syst. Nat. Ed. 10 (1): 592. **Type locality:** Sweden.

Syrphus apiformis Fallén, 1817. Syrphici Sveciae: 28. **Type locality:** Sweden: Stockholm.

Syrphus oestriformis Walker, 1849. List of the specimens of dipterous insets in the collection of the British Museum Part III: 573. **Type locality:** Canada: Ontario, Hudson's Bay, Albany River.

Eristalis (*Eoseristalis*) *oestracea*: Peck, 1988. *In*: Soós *et* Papp, 1988. Cat. Palaearct. Dipt. 8: 189.

分布（**Distribution**）：新疆（XJ）；瑞典、加拿大。

（105）草地管蚜蝇 *Eristalis pratorum* Meigen, 1822

Eristalis pratorum Meigen, 1822. Syst. Beschr. Europ. Zweifl. Insekt. 3: 393. **Type locality:** Germany. Austria.

Eristalis nigroantennatus Schummel, 1844. Uebers. Schles. Ges. Vaterl. Kult. 1843: 191. **Type locality:** Schlesia.

Eristalis pascuorum Rondani, 1857. Dipt. Ital. Prodromus, Vol. II: 41. **Type locality:** Italy.

Eristalis (*Eoseristalis*) *pratorum*: Peck, 1988. *In*: Soós *et* Papp, 1988. Cat. Palaearct. Dipt. 8: 189.

分布（**Distribution**）：新疆（XJ）；德国、奥地利、意大利。

（106）爬管蚜蝇 *Eristalis proserpina* Wiedemann, 1830

Eristalis proserpina Wiedemann, 1830. Aussereurop. Zweifl.

Insekt. 2: 157. **Type locality:** China.

Eristalis proserpina: Cheng, 1940. Biol. Bull. Fukien Christian Univ. 1: 44; Wu, 1940. Cat. Ins. Sin. 5: 301.

Eristalis (*Eristalis*) *proserpina*: Knutson, Thompson *et* Vockeroth, 1975. *In*: Delfinado *et* Hardy, 1975. Cat. Dipt. Orient. Reg. 2: 351; Peck, 1988. *In*: Soós *et* Papp, 1988. Cat. Palaearct. Dipt. 8: 191.

分布（**Distribution**）：中国（省份不明）；东洋区。

（107）红管蚜蝇 *Eristalis rossica* Stackelberg, 1958

Eristalis rossica Stackelberg, 1958. Trudy Zool. Inst. 24: 199. **Type locality:** Russia: Leningrad Prov., Lusjskij Dis.

Eristalis (*Eoseristalis*) *rossica*: Peck, 1988. *In*: Soós *et* Papp, 1988. Cat. Palaearct. Dipt. 8: 189.

分布（**Distribution**）：黑龙江（HL）、吉林（JL）、辽宁（LN）；蒙古国、前苏联。

（108）缝管蚜蝇 *Eristalis rupium* Fabricius, 1805

Eristalis rupium Fabricius, 1805. Syst. Antliat.: 241. **Type locality:** Germany.

Syrphus piceus Fallén, 1817. Syrphici Sveciae: 24. **Type locality:** Sweden.

Eristalis nitidus Wehr, 1924. Univ. Stud. Univ. Neb. 22: 151. **Type locality:** USA: Colorado Pike's Peak.

Eristalis rupium hybrida Kanervo, 1938. Ann. Univ. Turkuensis (A) 6 (4): 27. **Type locality:** Finland and Central Eur. Part of Sssr.

Eristalis rupium var. *infuscata* Kanervo, 1938. Ann. Univ. Turkuensis (A) 6 (4): 28. **Type locality:** Finland: Karjalohja, Sortavala.

Eristalis rupium var. *nigrofasciata* Kanervo, 1938. Ann. Univ. Turkuensis (A) 6 (4): 28. **Type locality:** Eastern Finland: Sortavala.

Eristalis rupium var. *nigrotarsata* Kanervo, 1938. Ann. Univ. Turkuensis (A) 6 (4): 28. **Type locality:** Finland. Norway.

Eristalis (*Eoseristalis*) *rupium*: Li, 1999. Entomol. Sin. 6 (3): 210.

分布（**Distribution**）：宁夏（NX）；蒙古国、前苏联、德国、瑞典、芬兰、挪威、美国。

（109）萨克管蚜蝇 *Eristalis sacki* van der Goot, 1964

Eristalis sacki van der Goot, 1964. Beaufortia 10: 220 (replacement name for *Eristalis semisplendens*).

Eristalis (*Eristalomyia*) *semisplendens* Shiraki, 1930. Mem. Fac. Sci. Agric. Taihoku Imp. Univ. 1: 140 (preoccupied by Sack, 1926). **Type locality:** China: Taiwan, Kotosh, Kankau, Sokutsu, *et* Kosempo.

Eristalis sacki: Knutson, Thompson *et* Vockeroth, 1975. *In*: Delfinado *et* Hardy, 1975. Cat. Dipt. Orient. Reg. 2: 353 (as an unplaced species of *Eristalis*); Huang *et* Cheng, 2012. Fauna Sinica, Insecta, Vol. 50: 510.

分布（**Distribution**）：台湾（TW）。

（110）敏管蚜蝇 *Eristalis senilis* Sack, 1933

Eristalis senilis Sack, 1933. Ark. Zool. 26A (1) 6: 6. **Type locality:** China: S. Kansu.

Eristalis senilis: Cheng, 1940. Biol. Bull. Fukien Christian Univ. 1: 45; Peck, 1988. *In*: Soós *et* Papp, 1988. Cat. Palaearct. Dipt. 8: 192 (as a doubtful species of *Eristalis*).

分布（**Distribution**）：甘肃（GS）。

（111）长尾管蚜蝇 *Eristalis tenax* (Linnaeus, 1758)

Musca tenax Linnaeus, 1758. Syst. Nat. Ed. 10 (1): 591. **Type locality:** Sweden.

Conops interrupta Poda, 1761. Insect. Mus. Graecensis: 118. **Type locality:** Not given.

Conops fusca Scopoli, 1763. Ent. Carniolica: 355 (replacement name for *interrupta* Poda).

Conops vulgaris Scopoli, 1763. Ent. Carniolica: 354. **Type locality:** Slovenia [as "Carniola"].

Musca porcina De Geer, 1776. Mém. Pour Serv. Hist. Insect. 6: 98 (replacement name for *tenax* Linnaeus, 1758).

Musca apiformis Geoffroy, 1785. *In*: Fourcroy, 1785. Entomologia Parisiensis; Sive Catalogus Insectorum quae in Agro Parisiensi Reperiuntur 2: 488. **Type locality:** Sweden.

Musca obfuscata Gmelin, 1790. Syst. Nat. 5: 2880 (replacement name for *Conops fuscus* Scopoli).

Eristalis campestris Meigen, 1822. Syst. Beschr. Europ. Zweifl. Insekt. 3: 387. **Type locality:** Germany. Austria.

Eristalis hortorum Meigen, 1822. Syst. Beschr. Europ. Zweifl. Insekt. 3: 387. **Type locality:** Germany.

Eristalis sylvaticus Meigen, 1822. Syst. Beschr. Europ. Zweifl. Insekt. 3: 388. **Type locality:** Austria.

Eristalis vulpinus Meigen, 1822. Syst. Beschr. Europ. Zweifl. Insekt. 3: 388. **Type locality:** Austria.

Eristalis cognatus Wiedemann, 1824a. Munus Rectoris in Academia Christiana Albertina Aditurus Analecta Entomológica ex Museo Regio Havniensi Máxime Congesta Profert Iconibusque Illustrat: 37. **Type locality:** India: Tranquebar.

Eristalis sinensis Wiedemann, 1824a. Munus Rectoris in Academia Christiana Albertina Aditurus Analecta Entomológica ex Museo Regio Havniensi Máxime Congesta Profert Iconibusque Illustrat: 37. **Type locality:** China.

Eristalis columbica Macquart, 1855. Mém. Soc. Sci. Agric. Arts Lille (2) 1: 108. **Type locality:** Colombia.

Eristalis ventralis Thomson, 1869. K. Svenska Fregatten Eugenies Resa, Zool., Dipt. 2 (1): 489. **Type locality:** China.

Eristalis tenax var. *alpinus* Strobl, 1893b. Mitt. Naturwiss. Ver. Steiermark (1892) 29: 185. **Type locality:** Austria [as "Alpenwiesen des Pyrgas"].

Eristalis tenax var. *claripes* Santos Abreu, 1924. Mem. R. Acad. Cienc. Artes Barcelona (3) 19 (1): 104. **Type locality:** Canary Is.: Tenerife.

Eristalis (*Eristalomyia*) *tenax*: Shiraki, 1930. Mem. Fac. Sci. Agric. Taihoku Imp. Univ. 1: 140.

Eristalomyia ventralis: Cheng, 1940. Biol. Bull. Fukien Christian Univ. 1: 45; Wu, 1940. Cat. Ins. Sin. 5: 305.

Eristalomyia tenax: Cheng, 1940. Biol. Bull. Fukien Christian Univ. 1: 45, 57; Wu, 1940. Cat. Ins. Sin. 5: 305.

Eristalomyia sinensis: Cheng, 1940. Biol. Bull. Fukien Christian Univ. 1: 45; Wu, 1940. Cat. Ins. Sin. 5: 305; Knutson, Thompson *et* Vockeroth, 1975. *In*: Delfinado *et* Hardy, 1975. Cat. Dipt. Orient. Reg. 2: 351 (as new synonym of *Eristalis tenax*).

Eristalis cognatus: Knutson, Thompson *et* Vockeroth, 1975. *In*: Delfinado *et* Hardy, 1975. Cat. Dipt. Orient. Reg. 2: 351 (new synonym of *Eristalis tenax*).

Eristalis ventralis: Knutson, Thompson *et* Vockeroth, 1975. *In*: Delfinado *et* Hardy, 1975. Cat. Dipt. Orient. Reg. 2: 351 (as new synonym of *Eristalis tenax*).

Eristalis (*Eristalis*) *tenax*: Knutson, Thompson *et* Vockeroth, 1975. *In*: Delfinado *et* Hardy, 1975. Cat. Dipt. Orient. Reg. 2: 351.

Eristalis rubix Violovitsh, 1977. Novye I Maloizvestnye Vidy Fauny Sibiri 11: 78. **Type locality:** Russia: Altaj, Belokurikha.

Eristalis (*Eoseristalis*) *rubix*: Peck, 1988. *In*: Soós *et* Papp, 1988. Cat. Palaearct. Dipt. 8: 190 (as a valid species).

Eristalis tenax: Peck, 1988. *In*: Soós *et* Papp, 1988. Cat. Palaearct. Dipt. 8: 191; Huang, Cheng *et* Yang, 1998. *In*: Xue *et* Chao, 1998. Flies of China, Vol. 1: 185; Huo, Ren *et* Zheng, 2007. Fauna of Syrphidae from Mt. Qinling-Bashan in China (Insecta: Diptera): 286; Huang *et* Cheng, 2012. Fauna Sinica, Insecta, Vol. 50: 504.

分布（**Distribution**）：中国广布；世界广布。

（112）西藏管蚜蝇 *Eristalis tibeticus* Violovitsh, 1976

Eristalis tibeticus Violovitsh, 1976a. Novye I Maloizvestnye Vidy Fauny Sibiri 10: 125. **Type locality:** China: Tibet, River Dzhagyngol.

Eristalis (*Eoseristalis*) *tibetica*: Peck, 1988. *In*: Soós *et* Papp, 1988. Cat. Palaearct. Dipt. 8: 190.

Eristalis tibetica: Huang, Cheng *et* Yang, 1998. *In*: Xue *et* Chao, 1998. Flies of China, Vol. 1: 185.

分布（**Distribution**）：西藏（XZ）。

（113）郑氏管蚜蝇 *Eristalis zhengi* Huo *et* Ren, 2006

Eristalis zhengi Huo *et* Ren, 2006. Acta Zootaxon. Sin. 31 (4): 893. **Type locality:** China: Xizang, Maizhokunggar.

分布（**Distribution**）：西藏（XZ）。

18. 条眼蚜蝇属 *Eristalodes* Mik, 1897

Eristalodes Mik, 1897. Wien. Ent. Ztg. 16: 114. **Type species:** *Eristalis taeniopus* Wiedemann, 1818 (by original designation).

Eristaloides Rondani, 1845. Nuovi Ann. Sci. Nat. (2) 2: 453 (as a subgenus of *Eristalis*). **Type species:** *Musca tenax*

Linnaeus, 1758 (by designation of Coquillett, 1910).

（114）黑股条眼蚜蝇 *Eristalodes paria* (Bigot, 1880)

Eristalomyia paria Bigot, 1880. Ann. Soc. Entomol. Fr. (5) 10: 218. **Type locality:** Sri Lanka.

Eristalomyia zebrina Bigot, 1880. Ann. Soc. Entomol. Fr. (5) 10: 222. **Type locality:** Indonesia: Maluku (Ternate).

Eristalis kobusi Meijere, 1908a. Tijdschr. Ent. 51: 252. **Type locality:** Indonesia: West Java, Tosari.

Eristalis arisanus Matsumura, 1916. Thousand Ins. Japan Add. 2: 264. **Type locality:** China: Taiwan, Arisan.

Eristalis quinquelineatus var. *orientalis* Brunetti, 1923. Fauna Brit. India (Dipt.) 3: 183. **Type locality:** India.

Eristalis (*Eristalodes*) *kobusi*: Shiraki, 1930. Mem. Fac. Sci. Agric. Taihoku Imp. Univ. 1: 135.

Eristalinus (*Eristalodes*) *paria*: Knutson, Thompson *et* Vockeroth, 1975. *In*: Delfinado *et* Hardy, 1975. Cat. Dipt. Orient. Reg. 2: 349 (new combination of *Eristalomyia paria*); Peck, 1988. *In*: Soós *et* Papp, 1988. Cat. Palaearct. Dipt. 8: 182.

Eristalinus paria: Huang, Cheng *et* Yang, 1998. *In*: Xue *et* Chao, 1998. Flies of China, Vol. 1: 183; Huang *et* Cheng, 2012. Fauna Sinica, Insecta, Vol. 50: 491.

分布（Distribution）： 江西（JX）、四川（SC）、云南（YN）、西藏（XZ）、台湾（TW）、广西（GX）；日本、斯里兰卡、印度尼西亚、印度。

（115）带状条眼管蚜蝇 *Eristalodes taeniops* Wiedemann, 1818

Eristalis taeniops Wiedemann, 1818. Zool. Mag., Kiel 1 (2): 42. **Type locality:** South Africa: Cape of Good Hope.

Helophilus pulchriceps Wiedemann, 1822. *In*: Meigen, 1822. Syst. Beschr. Europ. Zweifl. Insekt. 3: 375. **Type locality:** Portugal.

Eristalis fasciatus Germar, 1845. Fauna Ins. Europ. Fasc. 23: pl. 23. **Type locality:** Southern Europe: Turkey.

Eristalis aegyptius Walker, 1849. List of the specimens of dipterous insets in the collection of the British Museum Part III: 621. **Type locality:** Egypt.

Eristalis secretus Walker, 1849. List of the specimens of dipterous insets in the collection of the British Museum Part III: 620. **Type locality:** Unknown.

Eristalis torridus Walker, 1849. List of the specimens of dipterous insets in the collection of the British Museum Part III: 612. **Type locality:** Unknown.

Eristalis communis Adams, 1905. Kans. Univ. Sci. Bull. 3: 162. **Type locality:** Zimbabwe.

Eristalis concinna Santos Abreu, 1924. Mem. R. Acad. Cienc. Artes Barcelona (3) 19 (1): 109. **Type locality:** Canary Is.: La Palma.

Eristalis taeniops var. *completa* Santos Abreu, 1924. Mem. R. Acad. Cienc. Artes Barcelona (3) 19 (1): 110. **Type locality:** Canary Is.: La Palma.

Eristalius (*Eristalodes*) *taeniops*: Knutson, Thompson *et* Vockeroth, 1975. *In*: Delfinado *et* Hardy, 1975. Cat. Dipt. Orient. Reg. 2: 350 (new combination of *Eristalis taeniops*); Peck, 1988. *In*: Soós *et* Papp, 1988. Cat. Palaearct. Dipt. 8: 182.

分布（Distribution）： 新疆（XJ）；印度、尼泊尔、巴基斯坦、葡萄牙、土耳其、埃及、南非、加那利群岛；欧洲、美洲。

19. 盾边蚜蝇属 *Kerte|sziomyia* Shiraki, 1930

Kertesziomyia Shiraki, 1930. Mem. Fac. Sci. Agric. Taihoku Imp. Univ. 1: 151. **Type species:** *Eristalis violascens* Kertész, 1913 (by original designation).

Kertesziomya: Neave, 1939. Nomenclator Zoologicus: 825 (misspelling of *Kertesziomyia*).

Catacores Hull, 1944. Ent. News 55: 205. **Type species:** *Axona cyanea* Brunetti (by original designation).

（116）紫色盾边蚜蝇 *Kertesziomyia violascens* (Kertész, 1913)

Eristalis violascens Kertész, 1913b. Ann. Hist.-Nat. Mus. Natl. Hung. 11: 282. **Type locality:** China: Taiwan, Kosempo, Fuhosho, Polisha *et* Alikang.

Kertesziomyia violacens: Shiraki, 1930. Mem. Fac. Sci. Agric. Taihoku Imp. Univ. 1: 151 (misspelling of *Kertesziomyia violascens*).

Eristalis violascens: Huang, Cheng *et* Yang, 1998. *In*: Xue *et* Chao, 1998. Flies of China, Vol. 1: 188.

Kertesziomyia violascens: Knutson, Thompson *et* Vockeroth, 1975. *In*: Delfinado *et* Hardy, 1975. Cat. Dipt. Orient. Reg. 2: 354; Peck, 1988. *In*: Soós *et* Papp, 1988. Cat. Palaearct. Dipt. 8: 192; Huang, Cheng *et* Yang, 1998. *In*: Xue *et* Chao, 1998. Flies of China, Vol. 1: 188; Huang *et* Cheng, 2012. Fauna Sinica, Insecta, Vol. 50: 525.

分布（Distribution）： 西藏（XZ）、台湾（TW）、广西（GX）；东洋区。

20. 斑目蚜蝇属 *Lathyrophthalmus* Mik, 1897

Lathyrophthalmus Mik, 1897. Wien. Ent. Ztg. 16: 114. **Type species:** *Conops aeneus* Scopoli, 1763 (by original designation).

Metalloeristalis Kanervo, 1938. Ann. Univ. Turkuensis (A) 6 (4): 43. **Type species:** *Conops aenea* Scopoli, 1763 (by original designation).

Oreristalis Séguy, 1951a. Rev. Fr. Ent. 18: 16 (nomen nudum).

（117）黑色斑目蚜蝇 *Lathyrophthalmus aeneus* (Scopoli, 1763)

Conops aeneus Scopoli, 1763. Ent. Carniolica: 356. **Type locality:** Slovenia [as "Carniola"].

Musca punctata Müller, 1764. Fauna Insect. Fridr. 7: 85. **Type** locality: Denmark: Sjaelland, Frederiksdal.

Musca leucocephala Gmelin, 1790. Syst. Nat. 5: 2878 (preoccupied by Villers, 1789). **Type locality:** Europe.

Musca macrophthalma Preyssler, 1791. Samml. Physik. Aufsätze J. Mayer, Dresden 1: 68. **Type locality:** Czech Republic: Bohemia.

Syrphus aeneus Fabricius, 1794. Ent. Syst. 4: 302 (preoccupied by Scopoli, 1763). **Type locality:** Germany.

Eristalis cuprovittatus Wiedemann, 1830. Aussereurop. Zweifl. Insekt. 2: 190. **Type locality:** North America.

Eristalis taphicus Wiedemann, 1830. Aussereurop. Zweifl. Insekt. 2: 191. **Type locality:** Egypt.

Conops stygius Newman, 1835. Ent. Mag. 2: 313. **Type locality:** England.

Eristalis sincerus Harris, 1841. Rep. Ins. Massach. Inju. Vege.: 409. **Type locality:** USA: Massachusetts.

Eristalis aenescens Macquart, 1842. Mém. Soc. Sci. Agric. Lille 1841 (1): 119; Macquart, 1842. Dipt. Exot. 2 (2): 59. **Type locality:** Unknown.

Eristalis sincerus Walker, 1849. List of the specimens of dipterous insets in the collection of the British Museum Part III: 611. **Type locality:** USA.

Eristalis concolor Philippi, 1865. Abh. K. K. Zool.-Bot. Ges. Wien 15: 743. **Type locality:** Chile: Valparaiso.

Syrphus auricalcicus Rondani, 1865. Atti Soc. Ital. Sci. Nat. Milano 8: 129. **Type locality:** Italy: Aprutio.

Lathyrophthalmus aeneus var. *nigrolineatus* Hervé-Bazin, 1923. Ann. Sci. Nat. Zool. (10) 6 (19): 134. **Type locality:** Pakistan: Karachi.

Eristalis taphicus: Wu, 1940. Cat. Ins. Sin. 5: 303.

Lathyrophthalmus taphicus: Cheng, 1940. Biol. Bull. Fukien Christian Univ. 1: 45, 60.

Eristalis aenea: Wu, 1940. Cat. Ins. Sin. 5: 298.

Lathyrophthalmus aeneus: Cheng, 1940. Biol. Bull. Fukien Christian Univ. 1: 45; Wu, 1940. Cat. Ins. Sin. 5: 309; Li, 1995. J. South China Agric. Univ. 16 (3): 41; Huo, Ren *et* Zheng, 2007. Fauna of Syrphidae from Mt. Qinling-Bashan in China (Insecta: Diptera): 294.

Eristalinus aeneus var. *nigrolineatus*: Knutson, Thompson *et* Vockeroth, 1975. *In*: Delfinado *et* Hardy, 1975. Cat. Dipt. Orient. Reg. 2: 347.

Eristalinus taphicus: Knutson, Thompson *et* Vockeroth, 1975. *In*: Delfinado *et* Hardy, 1975. Cat. Dipt. Orient. Reg. 2: 347 (new combination of *Eristalis taphicus*).

Eristalinus aeneus: Knutson, Thompson *et* Vockeroth, 1975. *In*: Delfinado *et* Hardy, 1975. Cat. Dipt. Orient. Reg. 2: 347 (new combination of *Conops aeneus*); Li *et* Li, 1990. The Syrphidae of Gansu Province: 100; Huang, Cheng *et* Yang, 1998. *In*: Xue *et* Chao, 1998. Flies of China, Vol. 1: 183; Huang *et* Cheng, 2012. Fauna Sinica, Insecta, Vol. 50: 486.

Eristalinus (*Lathyrophthalmus*) *aeneus*: Peck, 1988. *In*: Soós

et Papp, 1988. Cat. Palaearct. Dipt. 8: 182.

Eristalis concolor: Thompson, 1999. Contr. Ent. International 3 (3): 340 (new synonym of *Eristalinus aeneus*).

Syrphus auricalcicus: Hippa, Nielsen *et* Steenis, 2001. Norw. J. Ent. 48 (2): 325 (new synonym of *Eristalinus aeneus*).

分布（**Distribution**）：黑龙江（HL）、内蒙古（NM）、河北（HEB）、北京（BJ）、山东（SD）、河南（HEN）、甘肃（GS）、新疆（XJ）、江苏（JS）、上海（SH）、浙江（ZJ）、湖南（HN）、四川（SC）、云南（YN）、福建（FJ）、广东（GD）、广西（GX）、海南（HI）；古北区、新北区、东洋区、非洲热带区、澳洲区。

（118）棕腿斑目蚜蝇 *Lathyrophthalmus arvorum* (Fabricius, 1787)

Syrphus arvorum Fabricius, 1787. Mantissa Insectorum [2]: 335. **Type locality:** China.

Syrphus quadrilineatus Fabricius, 1787. Mantissa Insectorum [2]: 336. **Type locality:** India: Tranquebar.

Musca tranquebarica Gmelin, 1790. Syst. Nat. 5: 2870 (replacement name for *Musca quadrilineatus*).

Musca arvorum: Gmelin, 1790. Syst. Nat. 5: 2869.

Eristalis fulvipes Macquart, 1846. Mém. Soc. R. Sci. Agric. Arts Lille 1844: 128; Macquart, 1846. Dipt. Exot. Suppl. 1: 256. **Type locality:** Australia.

Eristalis anicetus Walker, 1849. List of the specimens of dipterous insets in the collection of the British Museum Part III: 624. **Type locality:** Unknown.

Eristalis antidotus Walker, 1849. List of the specimens of dipterous insets in the collection of the British Museum Part III: 626. **Type locality:** China.

Eristalomyia fo Bigot, 1880. Ann. Soc. Entomol. Fr. (5) 10: 220. **Type locality:** China: Fujian, Xiamen.

Eristalomyia eunotata Bigot, 1890. Nouv. Archs Mus. Hist. Nat. Paris (3) 2: 208. **Type locality:** Laos.

Eristalis okinawensis Matsumura, 1916. Thousand Ins. Japan Add. 2: 261. **Type locality:** Japan: Ryukyu, Okinawa.

Eristalis (*Lathyrophthalmus*) *arvorum*: Shiraki, 1930. Mem. Fac. Sci. Agric. Taihoku Imp. Univ. 1: 138.

Eristalomyia fo: Cheng, 1940. Biol. Bull. Fukien Christian Univ. 1: 45.

Eristalis fo: Wu, 1940. Cat. Ins. Sin. 5: 301.

Lathyrophthalmus arvorum: Cheng, 1940. Biol. Bull. Fukien Christian Univ. 1: 45, 59; Wu, 1940. Cat. Ins. Sin. 5: 310; Li, 1995. J. South China Agric. Univ. 16 (3): 42.

Eristalis anicetus: Thompson, 1988. J. N. Y. Ent. Soc. 96 (2): 205 (new synonym of *Eristatinus arvorum*).

Eristatinus (*Lathyrophthalmus*) *arvorum*: Peck, 1988. *In*: Soós *et* Papp, 1988. Cat. Palaearct. Dipt. 8: 183.

Eristatinus arvorum: Knutson, Thompson *et* Vockeroth, 1975. *In*: Delfinado *et* Hardy, 1975. Cat. Dipt. Orient. Reg. 2: 347 (new combination of *Syrphus arvorum*); Huang, Cheng *et* Yang, 1998. *In*: Xue *et* Chao, 1998. Flies of China, Vol. 1: 183;

Huang *et* Cheng, 2012. Fauna Sinica, Insecta, Vol. 50: 488.

分布（Distribution）：甘肃（GS）、江苏（JS）、浙江（ZJ）、江西（JX）、湖南（HN）、四川（SC）、云南（YN）、西藏（XZ）、福建（FJ）、台湾（TW）、广东（GD）、广西（GX）、海南（HI）、香港（HK）；日本、印度；大洋洲、北美洲。

（119） 石桓斑目蚜蝇 *Lathyrophthalmus ishigakiensis* Shiraki, 1968

Lathyrophthalmus ishigakiensis Shiraki, 1968. *In*: Ikada *et al.*, 1968. Fauna Jap. Syrphidae 3: 177. **Type locality:** Japan: Ryukyu, Ishigaki Is.

Eristalinus (*Lathyrophthalmus*) *ishigakiensis*: Peck, 1988. *In*: Soós *et* Papp, 1988. Cat. Palaearct. Dipt. 8: 183.

Lathyrophthalmus ishigakiensis: Li, 1995. J. South China Agric. Univ. 16 (3): 43; Huo, Ren *et* Zheng, 2007. Fauna of Syrphidae from Mt. Qinling-Bashan in China (Insecta: Diptera): 295.

Eristalinus ishigakiensis: Huang *et* Cheng, 2012. Fauna Sinica, Insecta, Vol. 50: 498.

分布（Distribution）：陕西（SN）、湖南（HN）、福建（FJ）、广东（GD）、广西（GX）；日本。

（120） 喜斑目蚜蝇 *Lathyrophthalmus laetus* (Wiedemann, 1830)

Eristalis laetus Wiedemann, 1830. Aussereurop. Zweifl. Insekt. 2: 192. **Type locality:** China.

Eristalis pallinevris Macquart, 1842. Dipt. Exot. 2 (2): 106. **Type locality:** India. Bengal.

Eristalis obscuritarsis de Meijere, 1908a. Tijdschr. Ent. 51: 250. **Type locality:** Indonesia: Java, Semarang. Singapore. Malaysia: Malaya. India: Bombay.

Lathyrophthalmus obscuritarsis: Cheng, 1940. Biol. Bull. Fukien Christian Univ. 1: 45, 58 (misspelling of *Eristalis abscuritarsis*).

Eristalomyia laeta: Cheng, 1940. Biol. Bull. Fukien Christian Univ. 1: 45; Wu, 1940. Cat. Ins. Sin. 5: 305.

Eristalis pallinevri: Knutson, Thompson *et* Vockeroth, 1975. *In*: Delfinado *et* Hardy, 1975. Cat. Dipt. Orient. Reg. 2: 348 (new synonym of *Eristalius laetus*).

Eristalis obscuritarsis: Knutson, Thompson *et* Vockeroth, 1975. *In*: Delfinado *et* Hardy, 1975. Cat. Dipt. Orient. Reg. 2: 348 (new synonym of *Eristalius laetus*).

Eristalinus laetus: Knutson, Thompson *et* Vockeroth, 1975. *In*: Delfinado *et* Hardy, 1975. Cat. Dipt. Orient. Reg. 2: 348 (new combination of *Eristalis laetus*); Huang *et* Cheng, 2012. Fauna Sinica, Insecta, Vol. 50: 499.

Eristalinus (*Lathyrophthalmus*) *laetus*: Peck, 1988. *In*: Soós *et* Papp, 1988. Cat. Palaearct. Dipt. 8: 183.

Lathyrophthalmus laetus: Li, 1995. J. South China Agric. Univ. 16 (3): 44.

分布（Distribution）：台湾（TW）、香港（HK）；阿富汗、印度、尼泊尔、孟加拉湾、印度尼西亚、新加坡、马来西亚。

（121） 钝斑斑目蚜蝇 *Lathyrophthalmus lugens* (Wiedemann, 1830)

Eristalis lugens Wiedemann, 1830. Aussereurop. Zweifl. Insekt. 2: 193. **Type locality:** China.

Lathyrophthalmus albitarsis Sack, 1927. Stettin. Ent. Ztg. 88: 312. **Type locality:** China: Taiwan, Chosokai *et* Suisharyo.

Eristalis (*Lathyrophthalmus*) *albitarsis*: Shiraki, 1930. Mem. Fac. Sci. Agric. Taihoku Imp. Univ. 1: 136.

Lathyrophthalmus albitarsis: Wu, 1940. Cat. Ins. Sin. 5: 310; Knutson, Thompson *et* Vockeroth, 1975. *In*: Delfinado *et* Hardy, 1975. Cat. Dipt. Orient. Reg. 2: 348 (new synonym of *Eristalius laetus*).

Eristalinus lugens: Knutson, Thompson *et* Vockeroth, 1975. *In*: Delfinado *et* Hardy, 1975. Cat. Dipt. Orient. Reg. 2: 348 (new combination of *Eristalis lugens*); Huang, Cheng *et* Yang, 1998. *In*: Xue *et* Chao, 1998. Flies of China, Vol. 1: 183; Huang *et* Cheng, 2012. Fauna Sinica, Insecta, Vol. 50: 490.

Eristalinus (*Lathyrophthalmus*) *lugens*: Peck, 1988. *In*: Soós *et* Papp, 1988. Cat. Palaearct. Dipt. 8: 183.

Lathyrophthalmus lugens: Li, 1995. J. South China Agric. Univ. 16 (3): 44.

分布（Distribution）：山东（SD）、甘肃（GS）、上海（SH）、浙江（ZJ）、江西（JX）、湖南（HN）、福建（FJ）、台湾（TW）、广东（GD）、广西（GX）。

（122） 斜斑斑目蚜蝇 *Lathyrophthalmus obliquus* (Wiedemann, 1824)

Eristalis obliquus Wiedemann, 1824a. Munus Rectoris in Academia Christiana Albertina Aditurus Analecta Entomológica ex Museo Regio Havniensi Máxime Congesta Profert Iconibusque Illustrat: 38. **Type locality:** India. Bengal.

Lathyrophthalmus obliqua: Cheng, 1940. Biol. Bull. Fukien Christian Univ. 1: 45; Wu, 1940. Cat. Ins. Sin. 5: 31; Li, 1995. J. South China Agric. Univ. 16 (3): 45.

Eristalinus obliquus: Knutson, Thompson *et* Vockeroth, 1975. *In*: Delfinado *et* Hardy, 1975. Cat. Dipt. Orient. Reg. 2: 349 (new combination of *Eristalis obliquus*); Huang *et* Cheng, 2012. Fauna Sinica, Insecta, Vol. 50: 490.

分布（Distribution）：湖南（HN）、海南（HI）、香港（HK）；印度、孟加拉湾、新几内亚；东洋区（南部）。

（123） 八斑斑目蚜蝇 *Lathyrophthalmus octopunctatus* Li, 1995

Lathyrophthalmus octopunctatus Li, 1995. J. South China Agric. Univ. 16 (3): 45. **Type locality:** China: Guangdong, Shunde.

Eristalinus octopunctatus: Huang *et* Cheng, 2012. Fauna Sinica, Insecta, Vol. 50: 499.

分布（Distribution）：广东（GD）。

（124） 黑跗斑目蚜蝇 *Lathyrophthalmus quinquelineatus* (Fabricius, 1781)

Syrphus quinquelineatus Fabricius, 1781. Species Insect. 2:

425. **Type locality:** Africa.

Musca quinquelineata: Gmelin, 1790. Syst. Nat. 5: 2870.

Eristalis fasciatus Meigen, 1835. Faunus (Gistel's) 2: 70; Meigen, 1838. Syst. Beschr. Europ. Zweifl. Insekt. 7: 143. **Type locality:** Not given.

Eristalis jucundus Walker, 1849. List of the specimens of dipterous insets in the collection of the British Museum Part III: 620. **Type locality:** Unknown.

Eristalis quinquevittatus Macquart, 1849. Explor. Scient. Algérie, Zool. 3: 465. **Type locality:** "d'Ain-Dréan, aux environs du cercle de Lacalle" (Algeria).

Eristalis jucundus: Thompson, 1988. J. N. Y. Ent. Soc. 96 (2): 214 (new synonym of *Eristalinus quinquelineatus*).

Eristalinus quinquelineatus: Huang, Cheng *et* Yang, 1998. *In*: Xue *et* Chao, 1998. Flies of China, Vol. 1: 183; Huang *et* Cheng, 2012. Fauna Sinica, Insecta, Vol. 50: 493.

Lathyrophthalmus quinquelineatus: Li, 1995. J. South China Agric. Univ. 16 (3): 46.

分布（Distribution）：安徽（AH）、江苏（JS）、浙江（ZJ）、江西（JX）、湖南（HN）、湖北（HB）、四川（SC）、云南（YN）、西藏（XZ）、福建（FJ）、广东（GD）、广西（GX）、海南（HI）、香港（HK）；前苏联、伊朗、阿富汗；欧洲、非洲。

（125）黄跗斑目蚜蝇 *Lathyrophthalmus quinquestriatus* (Fabricius, 1794)

Syrphus quinquestriatus Fabricius, 1794. Ent. Syst. 4: 289. **Type locality:** "India Orientali".

Musca quinquestriata: Turton, 1801. A General System of Nature Vol. III (1800): 642.

Eristalis pictus Macquart, 1846. Mém. Soc. R. Sci. Agric. Arts Lille 1844: 258; Macquart, 1846. Dipt. Exot. Suppl. 1: 130. **Type locality:** Not given.

Eristalis aesepus Walker, 1849. List of the specimens of dipterous insets in the collection of the British Museum Part III: 625. **Type locality:** China.

Eristalomyia picta Bigot, 1880. Ann. Soc. Entomol. Fr. (5) 10: 219. **Type locality:** "Indostan".

Eristalis (Lathyrophthalmus) quinquestriatus: Shiraki, 1930. Mem. Fac. Sci. Agric. Taihoku Imp. Univ. 1: 137.

Lathyrophthalmus basalis Shiraki, 1968. *In*: Ikada *et al.*, 1968. Fauna Jap. Syrphidae 3: 175. **Type locality:** Japan: Ryukyu, Iriomote Is.

Eristalinus (Lathyrophthalmus) quinquestriatus: Peck, 1988. *In*: Soós *et* Papp, 1988. Cat. Palaearct. Dipt. 8: 184.

Eristalinus quinquestriatus: Knutson, Thompson *et* Vockeroth, 1975. *In*: Delfinado *et* Hardy, 1975. Cat. Dipt. Orient. Reg. 2: 349 (new combination of *Syrphus quinquestriatus*); Huang, Cheng *et* Yang, 1998. *In*: Xue *et* Chao, 1998. Flies of China, Vol. 1: 184; Huang *et* Cheng, 2012. Fauna Sinica, Insecta, Vol. 50: 494.

Lathyrophthalmus quinquestriatus: Cheng, 1940. Biol. Bull. Fukien Christian Univ. 1: 45, 59; Wu, 1940. Cat. Ins. Sin. 5:

312; Li, 1995. J. South China Agric. Univ. 16 (3): 46.

分布（Distribution）：甘肃（GS）、安徽（AH）、江苏（JS）、浙江（ZJ）、江西（JX）、湖南（HN）、湖北（HB）、云南（YN）、西藏（XZ）、福建（FJ）、台湾（TW）、广西（GX）、海南（HI）；日本；东洋区。

（126）类虻斑目蚜蝇 *Lathyrophthalmus tabanoides* (Jaennicke, 1867)

Eristalis tabanoides Jaennicke, 1867. Abh. Senckenb. Naturforsch. Ges. 6: 402. **Type locality:** Eritrea.

Eristalis punctifer Walker, 1871. Entomologist 5: 274. **Type locality:** Djibouti.

Eristalis tabanoides: Wu, 1940. Cat. Ins. Sin. 5: 302.

Eristalinus (Lathyrophthalmus) tabanoides: Peck, 1988. *In*: Soós *et* Papp, 1988. Cat. Palaearct. Dipt. 8: 184.

Lathyrophthalmus tabanoides: Cheng, 1940. Biol. Bull. Fukien Christian Univ. 1: 45, 60; Li, 1995. J. South China Agric. Univ. 16 (3): 47.

分布（Distribution）：福建（FJ）；非洲。

（127）亮黑斑目蚜蝇 *Lathyrophthalmus tarsalis* (Macquart, 1855)

Eristalis tarsalis Macquart, 1855. Mém. Soc. Sci. Agric. Arts Lille 2 (1): 107. **Type locality:** "Chine Boreale".

Eristalis ocularius Coquillett, 1898. Proc. U. S. Natl. Mus. 21: 325. **Type locality:** Japan.

Eristalis (Lathyrophthalmus) ocularis: Shiraki, 1930. Mem. Fac. Sci. Agric. Taihoku Imp. Univ. 1: 136.

Lathyrophthalmus ocularius: Wu, 1940. Cat. Ins. Sin. 5: 311.

Eristalinus (Lathyrophthalmus) tarsalis: Peck, 1988. *In*: Soós *et* Papp, 1988. Cat. Palaearct. Dipt. 8: 184.

Eristalis ocularius: Knutson, Thompson *et* Vockeroth, 1975. *In*: Delfinado *et* Hardy, 1975. Cat. Dipt. Orient. Reg. 2: 349 (new synonym of *Eristalinus tarsalis*).

Eristalinus tarsalis: Knutson, Thompson *et* Vockeroth, 1975. *In*: Delfinado *et* Hardy, 1975. Cat. Dipt. Orient. Reg. 2: 349 (new combination of *Eristalis tarsalis*); Huang, Cheng *et* Yang, 1998. *In*: Xue *et* Chao, 1998. Flies of China, Vol. 1: 184; Huang *et* Cheng, 2012. Fauna Sinica, Insecta, Vol. 50: 496.

Lathyrophthalmus tarsalis: Li, 1995. J. South China Agric. Univ. 16 (3): 47; Huo, Ren *et* Zheng, 2007. Fauna of Syrphidae from Mt. Qinling-Bashan in China (Insecta: Diptera): 296.

分布（Distribution）：河北（HEB）、陕西（SN）、甘肃（GS）、江苏（JS）、浙江（ZJ）、湖南（HN）、四川（SC）、西藏（XZ）、福建（FJ）、台湾（TW）、广东（GD）、广西（GX）；朝鲜、日本、印度、尼泊尔。

（128）绿黑斑目蚜蝇 *Lathyrophthalmus viridis* (Coquillett, 1898)

Eristalis viridis Coquillett, 1898. Proc. U. S. Natl. Mus. 21: 326. **Type locality:** Japan.

Eristalis (*Lathyrophthalmus*) *viridis*: Shiraki, 1930. Mem. Fac. Sci. Agric. Taihoku Imp. Univ. 1: 136.

Eristalis viridis: Wu, 1940. Cat. Ins. Sin. 5: 303 (as a valid species of *Eristalis*).

Megaspis viridis: Wu, 1940. Cat. Ins. Sin. 5: 313.

Lathyrophthalmus viridis: Cheng, 1940. Biol. Bull. Fukien Christian Univ. 1: 45; Li, 1995. J. South China Agric. Univ. 16 (3): 47; Huo, Ren *et* Zheng, 2007. Fauna of Syrphidae from Mt. Qinling-Bashan in China (Insecta: Diptera): 298.

Eristalinus (*Lathyrophthalmus*) *viridis*: Peck, 1988. *In*: Soós *et* Papp, 1988. Cat. Palaearct. Dipt. 8: 184.

Eristalinus viridis: Huang, Cheng *et* Yang, 1998. *In*: Xue *et* Chao, 1998. Flies of China, Vol. 1: 184; Huang *et* Cheng, 2012. Fauna Sinica, Insecta, Vol. 50: 497.

分布（Distribution）：陕西（SN）、甘肃（GS）、江苏（JS）、浙江（ZJ）、湖北（HB）、四川（SC）、福建（FJ）、广西（GX）；日本。

21. 裸芒管蚜蝇属 *Palpada* Macquart, 1834

Palpada Macquart, 1834. Hist. Nat. Ins., Dipt.: 512. **Type species:** *Palpada scutellata* Macquart, 1834 (monotypy) [= *Palpada scutellaris* (Fabricius, 1805)].

Doliosyrphus Bigot, 1882. Ann. Soc. Entomol. Fr. 6, 2 (Bul.): cxx. **Type species:** *Doliosyrphus scutellatus* Bigot, 1883 (by designation of Williston, 1887).

（129）黑盾裸芒管蚜蝇 *Palpada scutellaris* (Fabricius, 1805)

Milesia scutellaris Fabricius, 1805. Syst. Antliat.: 190. **Type locality:** "America meridionali".

Palpada scutellata Macquart, 1834. Hist. Nat. Ins., Dipt.: 513. **Type locality:** Brazil.

Eristalis angustatus Rondani, 1848. Stud. Ent. (Turin) 1: 70. **Type locality:** Brazil: Para, Belem.

Eristalis cognatus Rondani, 1848. Stud. Ent. (Turin) 1: 69. **Type locality:** Brazil: Para, Belem.

Eristalis cyaneifer Walker, 1849. List of the specimens of dipterous insets in the collection of the British Museum Part III: 621. **Type locality:** Unknown.

Eristalis fascithorax Macquart, 1850. Mém. Soc. R. Sci. Agric. Arts Lille 1849: 443. **Type locality:** Amerique.

Eristalis limbatinevris Macquart, 1850. Mém. Soc. R. Sci. Agric. Arts Lille 1849: 441. **Type locality:** Brazil.

Eristalis agnatus Rondani, 1851. Nuovi Ann. Sci. Nat. (3) (1850) 2: 358 (replacement name for *cognatus* Rondani).

Doliosyrphus scutellatus Bigot, 1883. Ann. Soc. Entomol. Fr. 1882 (6) 2: CXX. **Type locality:** Panama.

Priomerus bimaculatus Bigot, 1883. Ann. Soc. Entomol. Fr. (6) 3: 222 (nomen nudum).

Doliosyrphus rileyi Williston, 1887. Bull. U. S. Natl. Mus. (1886) 31: 178. **Type locality:** USA: New Mexico.

Eristalis scutellaris: Wu, 1940. Cat. Ins. Sin. 5: 301.

分布（Distribution）：北京（BJ）、新疆（XJ）、上海（SH）、江西（JX）、福建（FJ）、广东（GD）；美洲。

22. 宽盾蚜蝇属 *Phytomia* Guérin-Méneville, 1834

Phytomia Guérin-Méneville, 1834. Voyage aux Indes Orient., Zool.: 509. **Type species:** *Eristalis chrysopygus* Wiedemann, 1819 (monotypy).

Pachycephalus Wiedemann, 1830. Aussereurop. Zweifl. Insekt. 2: 152 (preoccupied by Stephens, 1826). **Type species:** *Eristalis chrysopygus* Wiedemann, 1819 (by designation of Knutson, Thompson *et* Vocker, 1975).

Megaspis Macquart, 1842. Dipt. Exot. 2 (2): 87. **Type species:** *Eristalis chrysopygus* Wiedemann, 1819 (by designation of Brunetti, 1923).

Dolichomerus Macquart, 1850. Mém. Soc. R. Sci. Agric. Arts Lille 1849: 436. **Type species:** *Syrphus crassus* Fabricius, 1787 (by original designation).

Phytomyia: Scudder, 1882. Bull. U. S. Natl. Mus. 19 (1): 263 (emendtion of *Phytomia*); Kertész, 1910. Catalogus Dipterorum Hucusque Descriptorum VII: 244 (emendtion of *Phytomia*).

Streblia Enderlein, 1938. Sber. Ges. Naturf. Freunde Berl. 1937: 237 (preoccupied by Pomel, 1872). **Type species:** *Eristalis natalensis* Macquart, 1850 (by original designation).

（130）金尾宽盾蚜蝇 *Phytomia chrysopyga* (Wiedemann, 1819)

Eristalis chrysopyga Wiedemann, 1819. Zool. Mag. 1 (3): 15. **Type locality:** Indonesia: Java.

Volucella aurata Macquart, 1834. Hist. Nat. Ins., Dipt.: 494. **Type locality:** Indonesia: Java.

Phytomia (*Phytomia*) *chrysopyga*: Knutson, Thompson *et* Vockeroth, 1975. *In*: Delfinado *et* Hardy, 1975. Cat. Dipt. Orient. Reg. 2: 357.

Phytomia chrysopyga: Huang *et* Cheng, 2012. Fauna Sinica, Insecta, Vol. 50: 550.

分布（Distribution）：山西（SX）、云南（YN）、广西（GX）；缅甸、印度、印度尼西亚、老挝、泰国、马来西亚。

（131）裸芒宽盾蚜蝇 *Phytomia errans* (Fabricius, 1787)

Syrphus errans Fabricius, 1787. Mantissa Insectorum [2]: 337. **Type locality:** China.

Musca errans: Gmelin, 1790. Syst. Nat. 5: 2872.

Eristalis varipes Macquart, 1842. Mém. Soc. Sci. Agric. Lille 1841 (1): 106; Macquart, 1842. Dipt. Exot. 2 (2): 46. **Type locality:** "Indes Orientales". China.

Eristalis amphicrates Walker, 1849. List of the specimens of dipterous insets in the collection of the British Museum Part III: 623. **Type locality:** India. N Bengal. Indonesia: Java. "East Indies". China.

Eristalis aryrus Walker, 1849. List of the specimens of dipterous insets in the collection of the British Museum Part

III: 629. **Type locality:** Philippines.

Eristalis babytace Walker, 1849. List of the specimens of dipterous insets in the collection of the British Museum Part III: 629. **Type locality:** Philippines.

Eristalis plistoanax Walker, 1849. List of the specimens of dipterous insets in the collection of the British Museum Part III: 628. **Type locality:** Philippines.

Eristalis macquartii Doleschall, 1856. Natuurkd. Tijdschr. Ned.-Indië 10 (7): 410. **Type locality:** Indonesia: Java.

Megaspis erran: Shiraki, 1930. Mem. Fac. Sci. Agric. Taihoku Imp. Univ. 1: 153; Cheng, 1940. Biol. Bull. Fukien Christian Univ. 1: 46, 60; Wu, 1940. Cat. Ins. Sin. 5: 312.

Phytomia (*Phytomia*) *errans*: Knutson, Thompson *et* Vockeroth, 1975. *In*: Delfinado *et* Hardy, 1975. Cat. Dipt. Orient. Reg. 2: 357.

Phytomia errans: Knutson, Thompson *et* Vockeroth, 1975. *In*: Delfinado *et* Hardy, 1975. Cat. Dipt. Orient. Reg. 2: 357; Peck, 1988. *In*: Soós *et* Papp, 1988. Cat. Palaearct. Dipt. 8: 192; Huang, Cheng *et* Yang, 1998. *In*: Xue *et* Chao, 1998. Flies of China, Vol. 1: 189; Huo, Ren *et* Zheng, 2007. Fauna of Syrphidae from Mt. Qinling-Bashan in China (Insecta: Diptera): 313; Huang *et* Cheng, 2012. Fauna Sinica, Insecta, Vol. 50: 551.

分布（Distribution）： 陕西（SN）、宁夏（NX）、甘肃（GS）、江苏（JS）、浙江（ZJ）、江西（JX）、湖南（HN）、湖北（HB）、四川（SC）、云南（YN）、西藏（XZ）、福建（FJ）、台湾（TW）、广西（GX）、海南（HI）；孟加拉湾、印度、印度尼西亚、菲律宾、日本。

（132）羽芒宽盾蚜蝇 *Phytomia zonata* (Fabricius, 1787)

Syrphus zonatus Fabricius, 1787. Mantissa Insectorum [2]: 337. **Type locality:** China.

Musca sinensis Gmelin, 1790. Syst. Nat. 5: 2872 (replacement name for *zonatus* Fabricius).

Syrphus zonalis: Fabricius, 1794. Ent. Syst. 4: 294 (misspelling of *zonatus* Fabricius).

Musca zonalis: Turton, 1801. A General System of Nature Vol. III (1800): 644.

Eristalis lata Macquart, 1842. Dipt. Exot. 2 (2): 95. **Type locality:** Unknown.

Eristalis latus Macquart, 1842. Dipt. Exot. 2 (2): 90. **Type locality:** "Patrie inconnue".

Eristalis rufitarsis Macquart, 1842. Dipt. Exot. 2 (2): 118. **Type locality:** "Patrie inconnue".

Eristalis andraemon Walker, 1849. List of the specimens of dipterous insets in the collection of the British Museum Part III: 627. **Type locality:** Pakistan, Sylhet *et* Sikkim.

Eristalis datamus Walker, 1849. List of the specimens of dipterous insets in the collection of the British Museum Part III: 628. **Type locality:** Unknown.

Eristalis babytace Walker, 1849. List of the specimens of dipterous insets in the collection of the British Museum Part

III: 629. **Type locality:** Philippine Islands.

Eristalis inamames Walker, 1849. List of the specimens of dipterous insets in the collection of the British Museum Part III: 627. **Type locality:** USA: Hawaii.

Eristalis exterus Walker, 1852. Ins. Saund. (Ⅰ) Dipt. 3-4: 248. **Type locality:** East Indies.

Megaspis cingulata Vollenhoven, 1863. Versl. Meded. K. Akad. Wet. Amst. Afdel. Natuurk. 15: 12. **Type locality:** Japan.

Megaspis zonata: Shiraki, 1930. Mem. Fac. Sci. Agric. Taihoku Imp. Univ. 1: 152.

Megaspis zonatus: Cheng, 1940. Biol. Bull. Fukien Christian Univ. 1: 46, 61; Wu, 1940. Cat. Ins. Sin. 5: 313.

Phytomia (*Phytomia*) *zonata*: Knutson, Thompson *et* Vockeroth, 1975. *In*: Delfinado *et* Hardy, 1975. Cat. Dipt. Orient. Reg. 2: 357-358.

Phytomia zonata (Fabricius, 1787): Knutson, Thompson *et* Vockeroth, 1975. *In*: Delfinado *et* Hardy, 1975. Cat. Dipt. Orient. Reg. 2: 357; Peck, 1988. *In*: Soós *et* Papp, 1988. Cat. Palaearct. Dipt. 8: 193; Huang, Cheng *et* Yang, 1998. *In*: Xue *et* Chao, 1998. Flies of China, Vol. 1: 189; Huo, Ren *et* Zheng, 2007. Fauna of Syrphidae from Mt. Qinling-Bashan in China (Insecta: Diptera): 315; Huang *et* Cheng, 2012. Fauna Sinica, Insecta, Vol. 50: 553.

Eristalis rufitarsis: Thompson, 1988. J. N. Y. Ent. Soc. 96 (2): 218 (new synonym of *Phytomia zonata*).

分布（Distribution）： 黑龙江（HL）、吉林（JL）、辽宁（LN）、内蒙古（NM）、河北（HEB）、山东（SD）、河南（HEN）、陕西（SN）、甘肃（GS）、江苏（JS）、浙江（ZJ）、江西（JX）、湖南（HN）、湖北（HB）、四川（SC）、云南（YN）、福建（FJ）、台湾（TW）、广东（GD）、广西（GX）、海南（HI）；前苏联、朝鲜、日本、巴基斯坦、印度、孟加拉国、菲律宾、夏威夷群岛。

23. 羽角管蚜蝇属 *Plumantenna* Huo *et* Ren, 2008

Plumantenna Huo *et* Ren, 2008. Acta Zootaxon. Sin. 33 (3): 626. **Type species:** *Plumantenna hainanensis* Huo *et* Ren, 2008 (by original designation).

（133）海南羽角管蚜蝇 *Plumantenna hainanensis* Huo *et* Ren, 2008

Plumantenna hainanensis Huo *et* Ren, 2008. Acta Zootaxon. Sin. 33 (3): 627. **Type locality:** China: Hainan.

分布（Distribution）： 海南（HI）。

24. 拟管蚜蝇属 *Pseuderistalis* Shiraki, 1930

Pseuderistalis Shiraki, 1930. Mem. Fac. Sci. Agric. Taihoku Imp. Univ. 1: 148 (as a subgenus of *Eristalis*). **Type species:** *Pseuderistalis bicolor* Shiraki, 1930 (by original designation).

（134）双色拟管蚜蝇 *Pseuderistalis bicolor* **Shiraki, 1930**

Eristalis bicolor Shiraki, 1930. Mem. Fac. Sci. Agric. Taihoku Imp. Univ. 1: 148. **Type locality:** China: Taiwan, Suisha.

Eristalis bicolor: Knutson, Thompson *et* Vockeroth, 1975. *In*: Delfinado *et* Hardy, 1975. Cat. Dipt. Orient. Reg. 2: 358; Huang *et* Cheng, 2012. Fauna Sinica, Insecta, Vol. 50: 512.

分布（Distribution）：台湾（TW）。

（135）黑拟管蚜蝇 *Pseuderistalis nigra* **(Wiedemann, 1824)**

Eristalis nigra Wiedemann, 1824a. Munus Rectoris in Academia Christiana Albertina Aditurus Analecta Entomológica ex Museo Regio Havniensi Máxime Congesta Profert Iconibusque Illustrat: 38. **Type locality:** Indonesia: Java.

Eristalis bomboides Walker, 1859. J. Proc. Linn. Soc. London Zool. 4: 119. **Type locality:** Indonesia: Celebes [= Sulawesi] (Makassar [= Ujung Pandang]).

Eristalis obscurata Walker, 1861a. J. Proc. Linn. Soc. London Zool. 5: 239. **Type locality:** New Guinea: Dorey.

Eristalis tortuosa Walker, 1861a. J. Proc. Linn. Soc. London Zool. 5: 266. **Type locality:** Indonesia: Celebes [= Sulawesi], Tond.

Pseuderistalis nigra: Knutson, Thompson *et* Vockeroth, 1975. *In*: Delfinado *et* Hardy, 1975. Cat. Dipt. Orient. Reg. 2: 358; Huang *et* Cheng, 2012. Fauna Sinica, Insecta, Vol. 50: 511.

分布（Distribution）：浙江（ZJ）；印度尼西亚、新几内亚岛。

25. 艳管蚜蝇属 *Pseudomeromacrus* Li, 1994

Pseudomeromacrus setipenitus Li, 1994. Entomol. Sin. 1 (2): 146. **Type species:** *Pseudomeromacrus setipenitus* Li, 1994 (by original designation).

（136）刺茎艳管蚜蝇 *Pseudomeromacrus setipenitus* **Li, 1994**

Pseudomeromacrus setipenitus Li, 1994. Entomol. Sin. 1 (2): 146. **Type locality:** China: Guangdong, Guangzhou.

分布（Distribution）：广东（GD）。

条胸蚜蝇亚族 Helophilina

26. 条胸蚜蝇属 *Helophilus* Meigen, 1822

Helophilus Meigen, 1822. Syst. Beschr. Europ. Zweifl. Insekt. 3: 368. **Type species:** *Musca pendula* Linnaeus, 175 (by designation of Curtis, 1832).

Halophilus: Lioy, 1864. Atti R. Ist. Véneto Sci. Lett. Arti (3) 9: 743 (misspelling of *Helophilus* Meigen).

Kirimyia Bigot, 1882. Ann. Soc. Entomol. Fr. 6, 2 (Bul.): cxxxvi. **Type species:** *Kirimyia eristaloidea* Bigot, 1882 (monotypy).

Pilinasica Malloch, 1922. N. Z. J. Sci. Tech. 5: 227. **Type species:** *Syrphus cingulatus* Fabricius, 1775 (monotypy).

Prohelophilus Curran *et* Fluke, 1926. Trans. Wis. Acad. Sci. Arts Lett. 22: 210. **Type species:** *Syrphus trilineatus* Fabricius, 1775 (by original designation).

Prohelophilus Curran *et* Fluke, 1926. Trans. Wis. Acad. Sci. Arts Lett. 22: 210. **Type species:** *Syrphus trilineatus* Fabricius, 1775 (by original designation).

Palaeoxylota Hull, 1949. Trans. Zool. Soc. Lond. 26: 361 (as a subgenus of *Helophilus*). **Type species:** *Xylota probosca* Hull, 1950 (by original designation).

（137）黑股条胸蚜蝇 *Helophilus affinis* **Wahlberg, 1844**

Helophilus affinis Wahlberg, 1844. Öfvers. K. Vetensk. Akad. Förh. 1 (5): 64. **Type locality:** Sweden.

Helophilus borealis Siebke, 1863. Nytt Mag. Naturvidensk. 12: 156 (preoccupied by Staeger, 1845). **Type locality:** Sweden: Vaarstien.

Helophilus siebkii Verrall, 1901. Platypezidae, Pipunculidae and Syrphidae of Great Britain 8: 86 (replacement name for *borealis* Siebke).

Helophilus (*Helophilus*) *affinis*: Peck, 1988. *In*: Soós *et* Papp, 1988. Cat. Palaearct. Dipt. 8: 195.

Helophilus affinis: Huang, Cheng *et* Yang, 1998. *In*: Xue *et* Chao, 1998. Flies of China, Vol. 1: 187; Huang *et* Cheng, 2012. Fauna Sinica, Insecta, Vol. 50: 514.

Helophilus borealis: Huang, Cheng *et* Yang, 1998. *In*: Xue *et* Chao, 1998. Flies of China, Vol. 1: 187.

分布（Distribution）：黑龙江（HL）、吉林（JL）、内蒙古（NM）、青海（QH）、四川（SC）、西藏（XZ）；前苏联、蒙古国、瑞典。

（138）储条胸蚜蝇 *Helophilus chui* **Li, 1995**

Helophilus (*Kirimyia*) *chui* Li, 1995. J. South China Agric. Univ. 16 (2): 35. **Type locality:** China: Jiangsu, Nanjing.

Helophilus chui: Huang *et* Cheng, 2012. Fauna Sinica, Insecta, Vol. 50: 521.

分布（Distribution）：江苏（JS）。

（139）连斑条胸蚜蝇 *Helophilus continuus* **Loew, 1854**

Helophilus continuus Loew, 1854. Programm K. Realschule Meseritz 1854: 18. **Type locality:** Russia: Siberia.

Helophilus (*Helophilus*) *continuus*: Peck, 1988. *In*: Soós *et* Papp, 1988. Cat. Palaearct. Dipt. 8: 196.

Helophilus continuus: Li *et* Li, 1990. The Syrphidae of Gansu Province: 107; Huang, Cheng *et* Yang, 1998. *In*: Xue *et* Chao, 1998. Flies of China, Vol. 1: 187; Huang *et* Cheng, 2012. Fauna Sinica, Insecta, Vol. 50: 514.

分布（Distribution）：吉林（JL）、内蒙古（NM）、河北（HEB）、北京（BJ）、宁夏（NX）、新疆（XJ）、江苏（JS）、四川（SC）、西藏（XZ）；前苏联、蒙古国、阿富汗。

（140）黄氏条胸蚜蝇 *Helophilus hwangi* Li, 1993

Helophibus (*Helophibus*) *hwangi* Li, 1993. J. South China Agric. Univ. 14 (4): 113. **Type locality:** China: Xinjiang, Jinhe.

Helophibus hwangi: Huang *et* Cheng, 2012. Fauna Sinica, Insecta, Vol. 50: 522.

分布（**Distribution**）：新疆（XJ）。

（141）杂色条胸蚜蝇 *Helophilus hybridus* Loew, 1846

Helophilus hybridus Loew, 1846b. Stettin. Ent. Ztg. 7: 141. **Type locality:** Middle and Northern Europe.

Helophilus novaescotiae Macquart, 1847. Mém. Soc. R. Sci. Agric. Arts Lille (1846): 76; Macquart, 1847. Dipt. Exot. Suppl. 2: 60. **Type locality:** Canada: Nova Scotia.

Helophilus henricii Schnabl, 1880. Wiad. Nauk Przyrod. 1: 13. **Type locality:** Poland.

Helophilus latitarsis Hunter, 1897. Can. Entomol. 29 (6): 134. **Type locality:** USA: Minnesota.

Helophilus (*Helophilus*) *hybridus*: Peck, 1988. *In*: Soós *et* Papp, 1988. Cat. Palaearct. Dipt. 8: 196; Li *et* He, 1992. J. Shanghai Agric. Coll. 10 (2): 144.

Helophilus hybridus: Huang *et* Cheng, 2012. Fauna Sinica, Insecta, Vol. 50: 523.

分布（**Distribution**）：新疆（XJ）；波兰、美国、加拿大、蒙古国；欧洲。

（142）中黑条胸蚜蝇 *Helophilus melanodasys* Huo, Ren *et* Zheng, 2007

Helophilus melanodasys Huo, Ren *et* Zheng, 2007. Fauna of Syrphidae from Mt. Qinling-Bashan in China (Insecta: Diptera): 209. **Type locality:** China: Shaanxi, Baoji; Sichuan.

分布（**Distribution**）：陕西（SN）、四川（SC）。

（143）黄条条胸蚜蝇 *Helophilus parallelus* (Harris, 1776)

Musca parallelus Harris, 1776. Expos. Engl. Ins.: 57. **Type locality:** England.

Eristalis trivittatus Fabricius, 1805. Syst. Antliat.: 235. **Type locality:** Austria.

Helophilus camporum Meigen, 1822. Syst. Beschr. Europ. Zweifl. Insekt. 3: 372. **Type locality:** Germany.

Helophilus solitarius Rondani, 1857. Dipt. Ital. Prodromus, Vol. II: 50. **Type locality:** Italy: Parma.

Tubifera trivittata: Wu, 1940. Cat. Ins. Sin. 5: 315.

Helophilus trivittata: Cheng, 1940. Biol. Bull. Fukien Christian Univ. 1: 45.

Helophilus paralelbus: Peck, 1988. *In*: Soós *et* Papp, 1988. Cat. Palaearct. Dipt. 8: 197; Huang, Cheng *et* Yang, 1998. *In*: Xue *et* Chao, 1998. Flies of China, Vol. 1: 187; Huang *et* Cheng, 2012. Fauna Sinica, Insecta, Vol. 50: 516.

Helophilus (*Helophilus*) *paralelbus*: Peck, 1988. *In*: Soós *et* Papp, 1988. Cat. Palaearct. Dipt. 8: 197.

Helophilus (*Helophilus*) *trivittatus*: Li *et* He, 1992. J. Shanghai Agric. Coll. 10 (2): 142.

分布（**Distribution**）：内蒙古（NM）、河北（HEB）、北京（BJ）、新疆（XJ）、浙江（ZJ）；前苏联、蒙古国、伊朗、阿富汗、德国、英国、奥地利、意大利。

（144）黑角条胸蚜蝇 *Helophilus pendulus* (Linnaeus, 1758)

Musca pendula Linnaeus, 1758. Syst. Nat. Ed. 10 (1): 591. **Type locality:** Sweden.

Musca trilenvus Harris, 1776. Expos. Engl. Ins.: 58. **Type locality:** England.

Syrphus praecox Rossi, 1790. Fauna Etrusca 2: 294. **Type locality:** Italy: Tuscany, Firenze *et* Pisa.

Helophilus similis Curtis, 1832. Brit. Ent. 9: 429. **Type locality:** England: Dover.

Helophilus pendulus turanicus Smirnov, 1923. Zool. Anz. 56 (3/4): 85. **Type locality:** "Iskander, Prov. Samarkand; Tashkent".

Tubifera bigutlatus Szilády, 1940. Ann. Hist.-Nat. Mus. Natl. Hung. 33: 64. **Type locality:** "Kazakhstan: Djarkent, Turkestan".

Tubifera trizonus Szilády, 1940. Ann. Hist.-Nat. Mus. Natl. Hung. 33: 65. **Type locality:** "Kazakhstan: Djarkent, Turkestan".

Helophilus (*Helophilus*) *turanicus*: Peck, 1988. *In*: Soós *et* Papp, 1988. Cat. Palaearct. Dipt. 8: 197 (as a valid species).

Helophilus (*Helophilus*) *pendulus*: Peck, 1988. *In*: Soós *et* Papp, 1988. Cat. Palaearct. Dipt. 8: 197; Li *et* He, 1992. J. Shanghai Agric. Coll. 10 (2): 145.

Helophilus pendulus: Peck, 1988. *In*: Soós *et* Papp, 1988. Cat. Palaearct. Dipt. 8: 197; Sun, 1988. Insects of Nanjagbarwa Region of Xizang: 486; Huang, Cheng *et* Yang, 1998. *In*: Xue *et* Chao, 1998. Flies of China, Vol. 1: 187; Huang *et* Cheng, 2012. Fauna Sinica, Insecta, Vol. 50: 517.

分布（**Distribution**）：内蒙古（NM）、河北（HEB）、青海（QH）、浙江（ZJ）、江西（JX）、湖北（HB）、四川（SC）、云南（YN）、西藏（XZ）、福建（FJ）；前苏联、哈萨克斯坦、瑞典、英国、意大利。

（145）札幌条胸蚜蝇 *Helophilus sapporensis* Matsumura, 1911

Helophilus pendulus var. *sapporensis* Matsumura, 1911. J. Coll. Agric. Hokkaido Imp. Univ. 4 (1): 75. **Type locality:** Russia: Sakhalin, Naiptchi. Japan: Hokkaidō, Sapporo.

Helophilus lateralis Matsumura, 1916. Thousand Ins. Japan Add. 2: 247. **Type locality:** Japan: Hokkaidō, Sapporo.

Helophilus (*Helophilus*) *sapporensis*: Shiraki, 1930. Mem. Fac. Sci. Agric. Taihoku Imp. Univ. 1: 166; Peck, 1988. *In*: Soós *et* Papp, 1988. Cat. Palaearct. Dipt. 8: 197.

Helophilus sapporensis: Ho, 1987. *In*: Zhang, 1987. Agricultural Insects, Spiders, Plant Diseases and Weeds of Tibet II: 200; Huang, Cheng *et* Yang, 1998. *In*: Xue *et* Chao,

1998. Flies of China, Vol. 1: 188; Huang *et* Cheng, 2012. Fauna Sinica, Insecta, Vol. 50: 518.

分布（Distribution）：黑龙江（HL）、吉林（JL）、西藏（XZ）；前苏联、日本。

（146）西伯利亚条胸蚜蝇 *Helophilus sibiricus* Smirnov, 1923

Helophilus sibiricus Smirnov, 1923. Zool. Anz. 56 (3/4): 86. **Type locality:** Russia: Golf Tshiverkuy, Lake Baikal.

Helophilus roerichi Violovitsh, 1977. Novye I Maloizvestnye Vidy Fauny Sibiri 11: 85. **Type locality:** Russia: Tuva, r. Sug-Aksy (W Siberia).

Helophilus (Helophilus) sibiricus: Peck, 1988. *In*: Soós *et* Papp, 1988. Cat. Palaearct. Dipt. 8: 197.

分布（Distribution）：青海（QH）；前苏联、蒙古国。

（147）薛氏条胸蚜蝇 *Helophilus smirnovi* (Stackelberg, 1924)

Tubifera (Anasimyia) smirnovi Stackelberg, 1924. Wien. Ent. Ztg. 41: 27. **Type locality:** China: Gobi, Tsaidaum.

Tubifera (Anasimyia) smirnovi: Peck, 1988. *In*: Soós *et* Papp, 1988. Cat. Palaearct. Dipt. 8: 195.

分布（Distribution）：山东（SD）。

（148）狭带条胸蚜蝇 *Helophilus virgatus* Coquillett, 1898

Helophilus virgatus Coquillett, 1898. Proc. U. S. Natl. Mus. 21: 326. **Type locality:** Japan.

Helophilus frequens Matsumura, 1905. Thousand Ins. Japan 2: 103. **Type locality:** Japan.

Helophilus (Helophilus) virgata: Shiraki, 1930. Mem. Fac. Sci. Agric. Taihoku Imp. Univ. 1: 163.

Helophilus zodinus Matsumura, 1931. 6000 Illust. Ins. Jap. Emp.: 341. **Type locality:** Japan.

Helophilus virgata: Cheng, 1940. Biol. Bull. Fukien Christian Univ. 1: 45.

Tubifera virgata: Wu, 1940. Cat. Ins. Sin. 5: 316.

Helophilus (Helophilus) virgatus: Peck, 1988. *In*: Soós *et* Papp, 1988. Cat. Palaearct. Dipt. 8: 198.

Helophilus (Helophilus) zodinus: Peck, 1988. *In*: Soós *et* Papp, 1988. Cat. Palaearct. Dipt. 8: 198 (as a valid species).

Helophilus virgatus: Peck, 1988. *In*: Soós *et* Papp, 1988. Cat. Palaearct. Dipt. 8: 198; Huang, Cheng *et* Yang, 1998. *In*: Xue *et* Chao, 1998. Flies of China, Vol. 1: 188; Huo, Ren *et* Zheng, 2007. Fauna of Syrphidae from Mt. Qinling-Bashan in China (Insecta: Diptera): 292; Huang *et* Cheng, 2012. Fauna Sinica, Insecta, Vol. 50: 519.

分布（Distribution）：辽宁（LN）、河北（HEB）、北京（BJ）、陕西（SN）、江苏（JS）、上海（SH）、浙江（ZJ）、江西（JX）、湖南（HN）、湖北（HB）、四川（SC）、云南（YN）、西藏（XZ）、福建（FJ）、广西（GX）；前苏联、日本。

27. 平管蚜蝇属 *Lejops* Rondani, 1857

Lejops Rondani, 1857. Dipt. Ital. Prodromus, Vol. II: 33. **Type species:** *Mallota vittata* Meigen, 1822 (by original designation).

Polydonta Macquart, 1850. Mém. Soc. R. Sci. Agric. Arts Lille 1849: 448 (preoccupied by Fischer, 1807; Schmacher, 1817; Ferussac, 1829). **Type species:** *Polydonta bicolor* Macquart, 1850 (by original designation) [= *Lejops curvipes* (Wiedemann, 1830)].

Anasimyia Schiner, 1864a. Catal. Syst. Dipt. Europ.: 108. **Type species:** *Musca transfuga* Linnaeus, 1758 (by designation of Coquillett, 1910).

Asemosyrphus Bigot, 1882. Ann. Soc. Entomol. Fr. 6, 2 (Bul.): cxxviii. **Type species:** *Asemosyrphus oculiferus* Bigot, 1882 (by designation of Aldrich, 1933).

Liops: Scudder, 1882. Bull. U. S. Natl. Mus. 19 (1): 190 (emendation of *Lejops*); Verrall, 1882. *In*: Scudder, 1882. Bull. U. S. Natl. Mus. 19 (1): 190.

Eurhimyia: Bigot, 1883. Ann. Soc. Entomol. Fr. (6) 3: 226, 230 (misspelling of *Eurimyia*).

Polydnota: Bigot, 1883. Ann. Soc. Entomol. Fr. (6) 3: 239 (misspelling of *Polydonta*).

Eurimyia Bigot, 1883. Ann. Soc. Entomol. Fr. 6 (3) (Bul.): xx. **Type species:** *Eurimyia rhingioidis* Bigot, 1883 (monotypy) [= *Lejops lineatus* (Fabricius, 1787)].

Triodonta Williston, 1885. Bull. Brooklyn Ent. Soc. 7: 136. (replacement name for *Polydonta*). (preoccupied by Bory, 1827; Mulsant, 1842; Agassiz, 1846; Gray, 1851).

Dimorphomyia Bigot, 1885. Bull. [Bimens.] Soc. Ent. Fr. (1885) 19: clxxiii. **Type species:** *Dimorphomyia calliphoroides* Bigot, 1885 (monotypy) [= *Lejops mexicanus* (Macquart, 1842)].

Eurymyia: Mik, 1885. Dipera: 68 (misspelling of *Eurimyia*).

Adasymyia: Bigot, 1888. Dipteres [sect. v.]: 25 (misspelling of *Anasimyia*).

Eurhymyia: Bigot, 1888. Dipteres [sect. v.]: 25 (misspelling of *Eurimyia*).

Polydontomyia Williston, 1896a. Manual N. Am. Dipt.: 164. **Type species:** *Merodon curvipes* Wiedemann, 1830 (by designation of Coquillett, 1910).

Eurinomyia: Mik, 1897. Wien. Ent. Ztg. 16: 115 (preoccupied by Rye, 1885) (emendation of *Eurimyia*).

Liops: Verrall, 1901. Platypezidae, Pipunculidae and Syrphidae of Great Britain 8: 525 (preoccupied by Fieber, 1870) (emendation of *Lejops*).

Arctosyrphus Frey, 1918. Acta Soc. Fauna Flora Fenn. 46 (2): 15. **Type species:** *Arctosyrphus nitidulus* Frey, 1918 (by original designation) [= *Lejops willingii* (Smith, 1912)].

Lunomyia Curran *et* Fluke, 1926. Trans. Wis. Acad. Sci. Arts Lett. 22: 252. **Type species:** *Tropidia cooleyi* Sedman, 1917 (by original designation).

Furynomyia: Zimina, 1957. Bjull. Moskov. Obst. Isp. Prir. (Otd. Biol.) 62 (4): 56 (misspelling of *Eurinomyia*).

（149）线平管蚜蝇 *Lejops lineatus* (Fabricius, 1787)

Rhingia lineata Fabricius, 1787. Mantissa Insectorum [2]: 357. **Type locality:** Denmark: Copenhagen.

Musca femorata Panzer, 1794. Faunae insectorum germanicae initia oder Deutschlands Insecten 20: 24. **Type locality:** Germany: Dresden.

Rhingia muscarius Fabricius, 1794. Ent. Syst. 4: 375. **Type locality:** Germany.

Musca femorata Panzer, 1794. Faunae insectorum germanicae initia oder Deutschlands Insecten 20: 24. **Type locality:** Germany: Dresden.

Helophilus stipatus Walker, 1849. List of the specimens of dipterous insets in the collection of the British Museum Part III: 602. **Type locality:** USA: New York, Trenton Falls.

Helophilus lineatus var. *novus* Siebke, 1877. Enu. Insect. Nor. Fasc. IV: 54. **Type locality:** Norway: Oslo.

Eurimyia rhingioides Bigot, 1883. Ann. Soc. Entomol. Fr. 6 (3) (Bul.): xxi. **Type locality:** France: "d'Elbeuf, aux Coteaux d'Orival".

Helophilus conostomus Williston, 1887. Bull. U. S. Natl. Mus. (1886) 31: 193. **Type locality:** USA: Connecticut.

Stomoxys lineate: Gmelin, 1790. Syst. Nat. 5: 2892.

Helophilus (Eurimyia) lineatus: Peck, 1988. *In*: Soós *et* Papp, 1988. Cat. Palaearct. Dipt. 8: 195; Li, 1993. J. South China Agric. Univ. 14 (4): 112.

Helophilus lineatus: Huang *et* Cheng, 2012. Fauna Sinica, Insecta, Vol. 50: 524.

分布（Distribution）：云南（YN）；丹麦、德国、法国、挪威、前苏联、蒙古国、美国。

（150）灰纹条胸蚜蝇 *Lejops transfugus* (Linnaeus, 1758)

Musca transfuga Linnaeus, 1758. Syst. Nat. Ed. 10 (1): 594. **Type locality:** Sweden.

Helophilus (Helophilus) transfugus: Peck, 1988. *In*: Soós *et* Papp, 1988. Cat. Palaearct. Dipt. 8: 195.

Helophilus (Anasimyia) transfugus: Peck, 1988. *In*: Soós *et* Papp, 1988. Cat. Palaearct. Dipt. 8: 195; Li *et* He, 1992. J. Shanghai Agric. Coll. 10 (2): 147.

Helophilus transfugus: Huang *et* Cheng, 2012. Fauna Sinica, Insecta, Vol. 50: 524.

分布（Distribution）：新疆（XJ）；瑞典。

（151）条纹平管蚜蝇 *Lejops vittatus* (Meigen, 1822)

Mallota vittata Meigen, 1822. Syst. Beschr. Europ. Zweifl. Insekt. 3: 378. **Type locality:** Austria.

Helophilus ruddii Curtis, 1832. Brit. Ent. 9: 429. **Type locality:** England: Norfolk, Yarmoutn.

Helophilus (Anasimyia) vittatus: Li, 1995. J. South China Agric. Univ. 16 (2): 31.

Lejops vittatus: Peck, 1988. *In*: Soós *et* Papp, 1988. Cat. Palaearct. Dipt. 8: 199; Huang *et* Cheng, 2012. Fauna Sinica, Insecta, Vol. 50: 555.

分布（Distribution）：新疆（XJ）；前苏联、奥地利、英国。

28. 毛管蚜蝇属 *Mallota* Meigen, 1822

Mallota Meigen, 1822. Syst. Beschr. Europ. Zweifl. Insekt. 3: 377. **Type species:** *Syrphus fuciformis* Fabricius, 1794 (by designation of Blanchard, 1845).

Imatisma Macquart, 1842. Dipt. Exot. 2 (2): 127. **Type species:** *Eristalis posticatus* Fabricius, 1805 (by original designation).

Zetterstedtia Rondani, 1845. Nuovi Ann. Sci. Nat. (2) 2: 452. **Type species:** *Syrphus cimbiciformis* Fallén, 1817 (by original designation).

Himatisma: Agassiz, 1846. Nomencl. Zool. Index Univ.: 182 (emendation of *Imatisma*).

Teuchomerus Sack, 1922. Arch. Naturgesch. (A) 87 (11): 266. **Type species:** *Polydonta orientalis* Brunetti, 1908 (by original designation) [= *Mallota curvigaster* (Macquart, 1842)].

Paramallota Shiraki, 1930. Mem. Fac. Sci. Agric. Taihoku Imp. Univ. 1: 191 (as a subgenus of *Mallota*). **Type species:** *Mallota haemorrhoidalis* Sack, 1927 (by original designation).

Pseudomallota Shiraki, 1930. Mem. Fac. Sci. Agric. Taihoku Imp. Univ. 1: 187 (as a subgenus of *Mallota*). **Type species:** *Mallota tricolor* Loew, 1871 (by original designation).

Pseudomerodon Shiraki, 1930. Mem. Fac. Sci. Agric. Taihoku Imp. Univ. 1: 189 (as a subgenus of *Mallota*). **Type species:** *Mallota takasagoensis* Matsumura, 1916 (by original designation).

Klossia Curran, 1931c. J. Fed. Malay St. Mus. 16: 370. **Type species:** *Klossia dimidiata* Curran, 1931 (by original designation) [= *Kerteszomyia singularis* (Walker, 1857)].

Bombozelosis Enderlein, 1934. Sber. Ges. Naturf. Freunde Berl. 1934 (4-7): 186. **Type species:** *Bombozelosis coreana* Enderlein, 1934 (by original designation).

Klossia: Knutson, Thompson *et* Vockeroth, 1975. *In*: Delfinado *et* Hardy, 1975. Cat. Dipt. Orient. Reg. 2: 354 (new synonym of *Mallota* Meigen, 1822).

（152）日本毛管蚜蝇 *Mallota analis* (Shiraki, 1968)

Imatisma analis Shiraki, 1968. *In*: Ikada *et al.*, 1968. Fauna Jap. Syrphidae 3: 241. **Type locality:** Japan: Yakushima Is.

Imatisma abdominalis Shiraki, 1968. *In*: Ikada *et al.*, 1968. Fauna Jap. Syrphidae 3: 236. **Type locality:** Japan: Fukuoka Pref.

Imatisma ambiguum Shiraki, 1968. *In*: Ikada *et al.*, 1968. Fauna Jap. Syrphidae 3: 238. **Type locality:** Japan: Tokyo, Takao-san.

Mallota shirakii Peck, 1985. Ent. Obozr. 64: 396 (replacement name for *abdominalis* Shiraki, 1968).

Mallota shirakii: Peck, 1988. *In*: Soós *et* Papp, 1988. Cat. Palaearct. Dipt. 8: 202 (as a valid species).

Mallota analis: Peck, 1988. *In*: Soós *et* Papp, 1988. Cat. Palaearct. Dipt. 8: 200.

Mallota yakushimana Kassebeer, 1996. Stud. Dipt. 3 (1): 163 (replacement name for *Imatisma analis*).

分布（Distribution）：江西（JX）；日本。

（153）双色毛管蚜蝇 *Mallota bicolor* Sack, 1910

Mallota bicolor Sack, 1910. Beil. Programm Wöhler-Realgymn. Frankfurt a. M. 1910: 35. **Type locality:** Russia: Siberia, Ussuri.

Bombozelosis koreana Enderlein, 1934. Sber. Ges. Naturf. Freunde Berl. 1934 (4-7): 186. **Type locality:** D. P. R. Korea: Ompo.

Mallota citrea Violovitsh, 1978. Novye I Maloizvestnye Vidy Fauny Sibiri 12: 178. **Type locality:** Russia: SFSR.

Mallota subcitrea Violovitsh, 1978. Novye I Maloizvestnye Vidy Fauny Sibiri 12: 171. **Type locality:** Russia: SFSR.

Mallota bicolor: Peck, 1988. *In*: Soós *et* Papp, 1988. Cat. Palaearct. Dipt. 8: 200; Huang *et* Cheng, 2012. Fauna Sinica, Insecta, Vol. 50: 528.

Mallota koreana: Peck, 1988. *In*: Soós *et* Papp, 1988. Cat. Palaearct. Dipt. 8: 201 (as a valid species).

Mallota citrea: Peck, 1988. *In*: Soós *et* Papp, 1988. Cat. Palaearct. Dipt. 8: 200 (as a valid species).

Mallota subcitrea: Peck, 1988. *In*: Soós *et* Papp, 1988. Cat. Palaearct. Dipt. 8: 202 (as a valid species).

分布（Distribution）：吉林（JL）、内蒙古（NM）、浙江（ZJ）；前苏联、朝鲜。

（154）类蜂毛管蚜蝇 *Mallota bombiformis* Li *et* Liu, 1996

Mallota bombiformis Li *et* Liu, 1996. Entomol. Sin. 3 (3): 224. **Type locality:** China: Heilongjiang, Jiangshanjiao.

Mallota bombiformis: Huang *et* Cheng, 2012. Fauna Sinica, Insecta, Vol. 50: 535.

分布（Distribution）：黑龙江（HL）。

（155）离斑毛管蚜蝇 *Mallota dimorpha* (Shiraki, 1930)

Mallota (*Imatisma*) *dimorpha* Shiraki, 1930. Mem. Fac. Sci. Agric. Taihoku Imp. Univ. 1: 202. **Type locality:** Japan: Hokkaidō, Teshio, Josankei, Sapporo.

Imatisma dimorpha: Cheng, 1940. Biol. Bull. Fukien Christian Univ. 1: 45.

Mallota floreae Violovitsh, 1952. Soobshch. Dalnevostochnogo Filiala Akad. SSR 4: 57. **Type locality:** Russia: Sakhalin, Poronaysk District.

Mallota dimorpha: Peck, 1988. *In*: Soós *et* Papp, 1988. Cat. Palaearct. Dipt. 8: 200; Huang *et* Cheng, 2012. Fauna Sinica, Insecta, Vol. 50: 536.

分布（Distribution）：中国（东北部，省份不明）；俄罗斯、日本。

（156）台湾毛管蚜蝇 *Mallota formosana* Shiraki, 1930

Mallota (*Paramallota*) *formosana* Shiraki, 1930. Mem. Fac.

Sci. Agric. Taihoku Imp. Univ. 1: 196. **Type locality:** China: Taiwan, Horisha, Koshun, Kosempo.

Mallota formosana: Knutson, Thompson *et* Vockeroth, 1975. *In*: Delfinado *et* Hardy, 1975. Cat. Dipt. Orient. Reg. 2: 354; Huang *et* Cheng, 2012. Fauna Sinica, Insecta, Vol. 50: 537.

分布（Distribution）：台湾（TW）。

（157）血红毛管蚜蝇 *Mallota haemorrhoidalis* Sack, 1927

Mallota haemorrhoidalis Sack, 1927. Stettin. Ent. Ztg. 88: 317. **Type locality:** China: Taiwan, Kosempo *et* Chosokai.

Mallota (*Paramallota*) *haemorrhoidalis*: Shiraki, 1930. Mem. Fac. Sci. Agric. Taihoku Imp. Univ. 1: 192-193.

Mallota haemorrhoidalis: Knutson, Thompson *et* Vockeroth, 1975. *In*: Delfinado *et* Hardy, 1975. Cat. Dipt. Orient. Reg. 2: 355; Huang *et* Cheng, 2012. Fauna Sinica, Insecta, Vol. 50: 538.

分布（Distribution）：台湾（TW）。

（158）亮黄毛管蚜蝇 *Mallota hysopia* Vockerth, 1975

Mallota hysopia Vockeroth, 1975. *In*: Knutson, Thompson *et* Vockeroth, 1975. *In*: Delfinado *et* Hardy, 1975. Cat. Dipt. Orient. Reg. 2: 355 (replacement name for *horishanus* Shiraki, 1930, new combination of *Helophilus* (*Paramesembrius*) *horishanus* Shiraki, 1930).

Helophilus (*Paramesembrius*) *horishanus* Shiraki, 1930. Mem. Fac. Sci. Agric. Taihoku Imp. Univ. 1: 178 (preoccupied by Shiraki, 1930). **Type locality:** China: Taiwan, Horisha.

Mallota hysopia: Huang *et* Cheng, 2012. Fauna Sinica, Insecta, Vol. 50: 539.

分布（Distribution）：台湾（TW）。

（159）拟毛管蚜蝇 *Mallota matolla* Knutson, 1975

Mallota matolla Knutson, 1975. *In*: Knutson, Thompson *et* Vockeroth, 1975. *In*: Delfinado *et* Hardy, 1975. Cat. Dipt. Orient. Reg. 2: 355 (replacement name for *Imatisma orientalis* Macquart, 1842); Huang *et* Cheng, 2012. Fauna Sinica, Insecta, Vol. 50: 530.

Imatisma orientalis Macquart, 1842. Dipt. Exot. 2 (2): 129 (preoccupied by Wiedemann, 1824). **Type locality:** "Indes Orientales".

分布（Distribution）：云南（YN）、台湾（TW）；马来西亚。

（160）大毛管蚜蝇 *Mallota megilliformis* (Fallén, 1817)

Syrphus megilliformis Fallén, 1817. Syrphici Sveciae: 27. **Type locality:** Sweden.

分布（Distribution）：黑龙江（HL）；瑞典。

（161）南京毛管蚜蝇 *Mallota nanjingensis* Li *et* Liu, 1996

Mallota nanjingensis Li *et* Liu, 1996. Entomol. Sin. 3 (3): 226. **Type locality:** China: Jiangsu, Nanjing.

Mallota nanjingensis: Huang *et* Cheng, 2012. Fauna Sinica, Insecta, Vol. 50: 539.

分布（**Distribution**）：江苏（JS）。

（162） 东方毛管蚜蝇 *Mallota orientalis* (Wiedemann, 1824)

Eristalis orientalis Wiedemann, 1824a. Munus Rectoris in Academia Christiana Albertina Aditurus Analecta Entomológica ex Museo Regio Havniensi Máxime Congesta Profert Iconibusque Illustrat: 38. **Type locality:** Indonesia: Java.

Mallota orientalis: Knutson, Thompson *et* Vockeroth, 1975. *In*: Delfinado *et* Hardy, 1975. Cat. Dipt. Orient. Reg. 2: 355; Huang *et* Cheng, 2012. Fauna Sinica, Insecta, Vol. 50: 530.

分布（**Distribution**）：陕西（SN）、四川（SC）、云南（YN）、台湾（TW）；印度、印度尼西亚、老挝、马来西亚。

（163）拟三色毛管蚜蝇 *Mallota pseuditricolor* Huo, Ren *et* Zheng, 2007

Mallota pseuditricolor Huo, Ren *et* Zheng, 2007. Fauna of Syrphidae from Mt. Qinling-Bashan in China (Insecta: Diptera): 300. **Type locality:** China: Shaanxi, Pingli.

分布（**Distribution**）：陕西（SN）。

（164）红盾毛管蚜蝇 *Mallota rossica* Portschinsky, 1877

Mallota rossica Portschinsky, 1877. Trudy Russk. Ent. Obshch. 10 (2, 3-4): 175. **Type locality:** Russia: Rossia Media.

Mallota auricoma Sack, 1910. Beil. Programm Wöhler-Realgymn. Frankfurt a. M. 1910: 36. **Type locality:** Altai, Beresowski.

Mallota auricoma: Wu, 1940. Cat. Ins. Sin. 5: 312; Peck, 1988. *In*: Soós *et* Papp, 1988. Cat. Palaearct. Dipt. 8: 200 (as a valid species); Kassebeer, 1996. Stud. Dipt. 3 (1): 163 (new synonym of *Mallota rossica*).

Mallota aino Violovitsh, 1952. Soobshch. Dalnevostochnogo Filiala Akad. SSR 4: 56. **Type locality:** Russia: Far East [Sakhalin (Southern Dolinsk)].

Mallota rossica: Peck, 1988. *In*: Soós *et* Papp, 1988. Cat. Palaearct. Dipt. 8: 202; Huang *et* Cheng, 2012. Fauna Sinica, Insecta, Vol. 50: 531.

Mallota aino: Peck, 1988. *In*: Soós *et* Papp, 1988. Cat. Palaearct. Dipt. 8: 200 (as a valid species); Kassebeer, 1996. Stud. Dipt. 3 (1): 162 (new synonym of *Mallota rossica*).

分布（**Distribution**）：吉林（JL）、内蒙古（NM）；前苏联。

（165）索格毛管蚜蝇 *Mallota sogdiana* Stackelberg, 1950

Mallota sogdiana Stackelberg, 1950. Ent. Obozr. 31: 290. **Type locality:** Uzbekistan: Samarkand Prov., Kuropatkino.

Mallota sogdiana: Peck, 1988. *In*: Soós *et* Papp, 1988. Cat. Palaearct. Dipt. 8: 202.

分布（**Distribution**）：陕西（SN）。

（166） 高砂毛管蚜蝇 *Mallota takasagoensis* Matsumura, 1916

Mallota takasagoensis Matsumura, 1916. Thousand Ins. Japan Add. 2: 203. **Type locality:** Japan: Honshū, Takasago; Kyoto, Tokyo; Kyushu.

Mallota takasagoensis: Peck, 1988. *In*: Soós *et* Papp, 1988. Cat. Palaearct. Dipt. 8: 202.

Mallota (Pseudomerodon) takasagoensis: Shiraki, 1930. Mem. Fac. Sci. Agric. Taihoku Imp. Univ. 1: 189.

分布（**Distribution**）：上海（SH）；日本。

（167）三色毛管蚜蝇 *Mallota tricolor* Loew, 1871

Mallota tricolor Loew, 1871. Beschr. Europ. Dipt.: 234. **Type locality:** Russia: Krasnoarmeysk, nr. Volgograd.

Mallota japonica Matsumura, 1916. Thousand Ins. Japan Add. 2: 200. **Type locality:** Japan: Hokkaidō, Sapporo; Honshū.

Mallota (Pseudomallota) tricolor: Shiraki, 1930. Mem. Fac. Sci. Agric. Taihoku Imp. Univ. 1: 187.

Mallota japonica: Peck, 1988. *In*: Soós *et* Papp, 1988. Cat. Palaearct. Dipt. 8: 201 (as a valid species).

Mallota tricolor: Peck, 1988. *In*: Soós *et* Papp, 1988. Cat. Palaearct. Dipt. 8: 202; Huo, Ren *et* Zheng, 2007. Fauna of Syrphidae from Mt. Qinling-Bashan in China (Insecta: Diptera): 301; Huang *et* Cheng, 2012. Fauna Sinica, Insecta, Vol. 50: 532.

分布（**Distribution**）：黑龙江（HL）、吉林（JL）、河北（HEB）、北京（BJ）、浙江（ZJ）、四川（SC）；前苏联、土耳其、日本；欧洲。

（168）狭腹毛管蚜蝇 *Mallota vilis* (Wiedemann, 1830)

Eristalis vilis Wiedemann, 1830. Aussereurop. Zweifl. Insekt. 2: 164. **Type locality:** Indonesia: Java.

Mallota eristaloides Curran, 1928. J. Fed. Malay St. Mus. 14 (2): 293 (procc. Loew, 1856). **Type locality:** Thailand: Nakhon Si Thammarat, Khao Luang.

Mallota malayana Curran, 1931a. J. Fed. Malay St. Mus. 16: 328 (replacement name for *eristaloides* Curran, 1928).

Mallota eristaloides: Knutson, Thompson *et* Vockeroth, 1975. *In*: Delfinado *et* Hardy, 1975. Cat. Dipt. Orient. Reg. 2: 355 (new synonym of *Eristalis vilis*).

Mallota vilis: Knutson, Thompson *et* Vockeroth, 1975. *In*: Delfinado *et* Hardy, 1975. Cat. Dipt. Orient. Reg. 2: 355; Huo, Ren *et* Zheng, 2007. Fauna of Syrphidae from Mt. Qinling-Bashan in China (Insecta: Diptera): 303; Huang *et* Cheng, 2012. Fauna Sinica, Insecta, Vol. 50: 533.

分布（**Distribution**）：四川（SC）、云南（YN）、海南（HI）；印度、泰国、印度尼西亚、斯里兰卡。

（169）黄绿毛管蚜蝇 *Mallota viridiflavescentis* Huo *et* Ren, 2006

Mallota viridiflavescentis Huo *et* Ren, 2006. Acta Zootaxon.

Sin. 31 (4): 894. **Type locality:** China: Shaanxi, Liuba, Mt. Zibai; Hebei.

Mallota viridiflavescentis: Huo, Ren *et* Zheng, 2007. Fauna of Syrphidae from Mt. Qinling-Bashan in China (Insecta: Diptera): 304.

分布（Distribution）：河北（HEB）、陕西（SN）。

29. 墨管蚜蝇属 *Mesembrius* Rondani, 1857

Mesembrius Rondani, 1857. Dipt. Ital. Prodromus, Vol. II: 50. **Type species:** *Helophilus peregrinus* Loew, 1846 (monotypy).
Eumerosyrphus Bigot, 1882. Ann. Soc. Entomol. Fr. 6, 2 (Bul.): cxxviii. **Type species:** *Eumerosyrphus indianus* Bigot, 1882 (monotypy) [= *Mesembrius bengalensis* (Wiedemann, 1819)].
Prionotomyia Bigot, 1882. Ann. Soc. Entomol. Fr. 6, 2 (Bul.): cxxi. **Type species:** *Prionotomyia tarsata* Bigot, 1882 (monotypy).
Prionotomys: Bigot, 1883. Ann. Soc. Entomol. Fr. (6) 3: 241 (misspelling of *Prionotomyia*).
Tityusia Hull, 1937. Psyche 44: 118. **Type species:** *Tityusia regulus* Hull, 1937 (by original designation).
Vadonimyia Séguy, 1951a. Rev. Fr. Ent. 18: 16. **Type species:** *Vadonimyia discohora* Séguy, 1951 (by original designation).

（170）钩叶墨管蚜蝇 *Mesembrius aduncatus* Li, 1995

Mesembrius aduncatus Li, 1995. Entomotaxon. 17 (2): 120. **Type locality:** China: Guangdong, Dinghushan.
Mesembrius aduncatus: Huang *et* Cheng, 2012. Fauna Sinica, Insecta, Vol. 50: 544.

分布（Distribution）：广东（GD）。

（171）中宽墨管蚜蝇 *Mesembrius amplintersitus* Huo, Ren *et* Zheng, 2007

Mesembrius amplintersitus Huo, Ren *et* Zheng, 2007. Fauna of Syrphidae from Mt. Qinling-Bashan in China (Insecta: Diptera): 306. **Type locality:** China: Shaanxi, Nanzheng.

分布（Distribution）：陕西（SN）。

（172）斑腹墨管蚜蝇 *Mesembrius bengalensis* (Wiedemann, 1819)

Eristalis bengalensis Wiedemann, 1819. Zool. Mag. 1 (3): 16. **Type locality:** India: Bengal.
Helophilus pilipse Doleschall, 1857. Natuurkd. Tijdschr. Ned.-Indië 14: 410. **Type locality:** Indonesia: middle Java.
Eumerosyrphus indianus Bigot, 1882. Ann. Soc. Entomol. Fr. 6, 2 (Bul.): cxxviii. **Type locality:** India.
Tubifera bengalensis: Wu, 1940. Cat. Ins. Sin. 5: 314.
Mesembrius bengalensis: Knutson, Thompson *et* Vockeroth, 1975. *In*: Delfinado *et* Hardy, 1975. Cat. Dipt. Orient. Reg. 2: 356; Huang, Cheng *et* Yang, 1998. *In*: Xue *et* Chao, 1998. Flies of China, Vol. 1: 189; Huang *et* Cheng, 2012. Fauna Sinica, Insecta, Vol. 50: 541.
Helophilus (*Mesembrius*) *bengalensis*: Li *et* He, 1992. J.

Shanghai Agric. Coll. 10 (2): 147.

分布（Distribution）：云南（YN）、福建（FJ）；印度、印度尼西亚；东南亚至新几内亚岛、澳大利亚（北部）。

（173）宽条墨管蚜蝇 *Mesembrius flaviceps* (Matsumura, 1905)

Helophilus flaviceps Matsumura, 1905. Thousand Ins. Japan 2: 104. **Type locality:** Japan.
Helophilus akakurensis Matsumura, 1916. Thousand Ins. Japan Add. 2: 246. **Type locality:** Japan: "Honshū (Akakura in the Prov. Shinano)".
Helophilus (*Mesmbrius*) *flavipes*: Shiraki, 1930. Mem. Fac. Sci. Agric. Taihoku Imp. Univ. 1: 169 (misspelling of *Mesembrius flaviceps*).
Mesembrius flaviceps: Cheng, 1940. Biol. Bull. Fukien Christian Univ. 1: 46; Peck, 1988. *In*: Soós *et* Papp, 1988. Cat. Palaearct. Dipt. 8: 202; Huang, Cheng *et* Yang, 1998. *In*: Xue *et* Chao, 1998. Flies of China, Vol. 1: 189; Huang *et* Cheng, 2012. Fauna Sinica, Insecta, Vol. 50: 541.
Helophilus (*Mesembrius*) *flaviceps*: Li *et* He, 1992. J. Shanghai Agric. Coll. 10 (2): 147.

分布（Distribution）：河北（HEB）、北京（BJ）、甘肃（GS）、江苏（JS）、上海（SH）、浙江（ZJ）、湖南（HN）、湖北（HB）、四川（SC）、贵州（GZ）；前苏联、朝鲜、日本。

（174）台湾墨管蚜蝇 *Mesembrius formosanus* (Shiraki, 1930)

Helophilus (*Mesembrius*) *formosanus* Shiraki, 1930. Mem. Fac. Sci. Agric. Taihoku Imp. Univ. 1: 172. **Type locality:** China: Taiwan, Shinchiku, Horisha, Jurkirin, Taihorin.
Mesembrius formosanus: Knutson, Thompson *et* Vockeroth, 1975. *In*: Delfinado *et* Hardy, 1975. Cat. Dipt. Orient. Reg. 2: 356; Huang *et* Cheng, 2012. Fauna Sinica, Insecta, Vol. 50: 546.

分布（Distribution）：台湾（TW）。

（175）细叶墨管蚜蝇 *Mesembrius gracilifolius* Li, 1996

Mesembrius gracilifolius Li, 1996. Acta Zootaxon. Sin. 21 (4): 483. **Type locality:** China: Fujian, Fuzhou; Guangdong; Guangxi.
Mesembrius gracilifolius: Huang *et* Cheng, 2012. Fauna Sinica, Insecta, Vol. 50: 547.

分布（Distribution）：福建（FJ）、广东（GD）、广西（GX）。

（176）细条墨管蚜蝇 *Mesembrius gracinterstatus* Huo, Ren *et* Zheng, 2007

Mesembrius gracinterstatus Huo, Ren *et* Zheng, 2007. Fauna of Syrphidae from Mt. Qinling-Bashan in China (Insecta: Diptera): 307. **Type locality:** China: Shaanxi, Nanzheng.

分布（Distribution）：陕西（SN）。

（177）海南墨管蚜蝇 *Mesembrius hainanensis* **Li, 1995**

Mesembrius hainanensis Li, 1995. Entomotaxon. 17 (2): 121. **Type locality:** China: Hainan, Mt. Jianfengling.

Mesembrius hainanensis: Huang *et* Cheng, 2012. Fauna Sinica, Insecta, Vol. 50: 548.

分布（Distribution）：海南（HI）。

（178）长茎粉颜蚜蝇 *Mesembrius longipenitus* **Li, 1996**

Mesembrius longipenitus Li, 1996. Acta Zootaxon. Sin. 21 (4): 483. **Type locality:** China: Anhui, Liuan.

Mesembrius longipenitus: Huang *et* Cheng, 2012. Fauna Sinica, Insecta, Vol. 50: 549.

分布（Distribution）：安徽（AH）。

（179）黑色墨管蚜蝇 *Mesembrius niger* **Shiraki, 1968**

Mesembrius niger Shiraki, 1968. *In*: Ikada *et al.*, 1968. Fauna Jap. Syrphidae 3: 225. **Type locality:** Japan: Tokyo, Musashiseki.

Mesembrius niger: Peck, 1988. *In*: Soós *et* Papp, 1988. Cat. Palaearct. Dipt. 8: 225; Huang *et* Cheng, 2012. Fauna Sinica, Insecta, Vol. 50: 543.

Mesembrius nigra: Li, 1995. Entomotaxon. 17 (2): 120 (misspelling of *Mesembrius niger*).

分布（Distribution）：江苏（JS）、上海（SH）、浙江（ZJ）、四川（SC）；日本、朝鲜。

（180）黑腹墨管蚜蝇 *Mesembrius nigrabdominus* **Huo, Ren *et* Zheng, 2007**

Mesembrius nigrabdominus Huo, Ren *et* Zheng, 2007. Fauna of Syrphidae from Mt. Qinling-Bashan in China (Insecta: Diptera): 309. **Type locality:** China: Shaanxi, Hanzhong.

分布（Distribution）：陕西（SN）。

（181）白墨管蚜蝇 *Mesembrius niveiceps* **(de Meijere, 1908)**

Helophilus niveiceps de Meijere, 1908a. Tijdschr. Ent. 51: 236. **Type locality:** Indonesia: Java.

Helophilus (*Mesembrius*) *niveiceps*: Shiraki, 1930. Mem. Fac. Sci. Agric. Taihoku Imp. Univ. 1: 175.

Mesembrius niveiceps: Knutson, Thompson *et* Vockeroth, 1975. *In*: Delfinado *et* Hardy, 1975. Cat. Dipt. Orient. Reg. 2: 356.

分布（Distribution）：台湾（TW）；印度尼西亚。

（182）奇异墨管蚜蝇 *Mesembrius peregrinus* **(Loew, 1846)**

Helophilus peregrinus Loew, 1846b. Stettin. Ent. Ztg. 7: 118. **Type locality:** Italy: Sicily, Syracuse.

Tropidia sinensis Macquart, 1855. Mém. Soc. Sci. Agric. Arts Lille (2) 1: 111. **Type locality:** Northern China.

Helophilus flaviceps Matsumura, 1905. Thousand Ins. Japan 2: 104. **Type locality:** Japan.

Helophilus akakurensis Matsumura, 1916. Thousand Ins. Japan Add. 2: 246. **Type locality:** Japan: Honshū, Shinano Akakura Prov.

Tropidia sinensis: Cheng, 1940. Biol. Bull. Fukien Christian Univ. 1: 46; Wu, 1940. Cat. Ins. Sin. 5: 322.

Mesembrius okinawaensis Shiraki, 1968. *In*: Ikada *et al.*, 1968. Fauna Jap. Syrphidae 3: 222. **Type locality:** Japan: Ryukyu, Okinawa Is.

Mesembrius okinawaensis: Peck, 1988. *In*: Soós *et* Papp, 1988. Cat. Palaearct. Dipt. 8: 203 (as a valid species).

Mesembrius peregrinus: Peck, 1988. *In*: Soós *et* Papp, 1988. Cat. Palaearct. Dipt. 8: 203.

分布（Distribution）：四川（SC）；意大利、日本。

（183）拟黄颜墨管蚜蝇 *Mesembrius pseudiflaviceps* **Huo, Ren *et* Zheng, 2007**

Mesembrius pseudiflaviceps Huo, Ren *et* Zheng, 2007. Fauna of Syrphidae from Mt. Qinling-Bashan in China (Insecta: Diptera): 310. **Type locality:** China: Shaanxi, Nanzheng.

分布（Distribution）：陕西（SN）。

（184）瘤突墨管蚜蝇 *Mesembrius tuberosus* **Curran, 1925**

Mesembrius tuberosus Curran, 1925. Amer. Mus. Novit. 200: 5. **Type locality:** China: Fujian, Ten-ping.

Mesembrius tuberosum: Cheng, 1940. Biol. Bull. Fukien Christian Univ. 1: 46, 61; Wu, 1940. Cat. Ins. Sin. 5: 316.

Mesembrius tuberosus: Knutson, Thompson *et* Vockeroth, 1975. *In*: Delfinado *et* Hardy, 1975. Cat. Dipt. Orient. Reg. 2: 356; Huang, Cheng *et* Yang, 1998. *In*: Xue *et* Chao, 1998. Flies of China, Vol. 1: 189; Huang *et* Cheng, 2012. Fauna Sinica, Insecta, Vol. 50: 544.

分布（Distribution）：湖南（HN）、贵州（GZ）、云南（YN）、福建（FJ）、广西（GX）；新几内亚岛；东南亚。

（185）胡墨管蚜蝇 *Mesembrius wulpi* **van der Goot, 1964**

Mesembrius wulpi van der Goot, 1964. Beaufortia 10: 220 (replacement name for *albiceps* Wulp, 1868).

Helophilus albiceps Wulp, 1868. Tijdschr. Ent. (2) 3: 116 (preoccupied by Macquart, 1846). **Type locality:** Indonesia: Sulawesi *et* Aru Is.

Mesembrius albiceps: Cheng, 1940. Biol. Bull. Fukien Christian Univ. 1: 46.

Tubifera albiceps: Wu, 1940. Cat. Ins. Sin. 5: 314.

Mesembrius wulpi: Knutson, Thompson *et* Vockeroth, 1975. *In*: Delfinado *et* Hardy, 1975. Cat. Dipt. Orient. Reg. 2: 356.

分布（Distribution）：江苏（JS）、浙江（ZJ）、福建（FJ）、台湾（TW）；印度尼西亚。

30. 毛眼管蚜蝇属 *Myathropa* Rondani, 1845

Myathropa Rondani, 1845. Nuovi Ann. Sci. Nat. (2) 2: 453. **Type species:** *Musca florea* Linnaeus, 1758 (by original designation).

Myatropa: Rondani, 1857. Dipt. Ital. Prodromus, Vol. II: 260 (misspelling of *Myathropa*); Lioy, 1864. Atti R. Ist. Véneto Sci. Lett. Arti (3) 9: 744 (misspelling of *Myathropa*).

Myiathropa: Rondani, 1868c. Atti Soc. Ital. Sci. Nat. Milano 11: 570 (misspelling of *Myathropa*); Verrall, 1882. *In*: Scudder, 1882. Bull. U. S. Natl. Mus. 19 (1): 218 (unjustified emendation); Scudder, 1882. Bull. U. S. Natl. Mus. 19 (1): 218 (emendation of *Myathropa*).

（186）艳毛眼管蚜蝇 *Myathropa florea* (Linnaeus, 1758)

Musca florea Linnaeus, 1758. Syst. Nat. Ed. 10 (1): 591. **Type locality:** Sweden.

Musca ablectus Harris, 1776. Expos. Engl. Ins.: 41. **Type locality:** England.

Musca atropos Schrank, 1776. Beitrage zür Naturgeschichte: 94. **Type locality:** Austria: Linz.

Eristalis herbicola Gravenhorst, 1807. Vergl. Ueber.: 371. **Type locality:** Germany.

Helophilus bigotii Macquart, 1850. Mém. Soc. R. Sci. Agric. Arts Lille 1849: 445. **Type locality:** Egypt.

Helophilus nigrotarsata Schiner, 1862b. Fauna Austriaca (Díptera) 1: 339. **Type locality:** Austria: Kierling.

Myiathropa florea var. *flavofemorata* Strobl, 1902. Glasn. Zemalj. Mus. Bosni Herceg. 14: 481. **Type locality:** Yugoslavia *et* Austria.

Myiatropa florea var. *nigrofasciata* Becker, 1907. Z. Syst. Hymenopt. Dipt. 7: 250. **Type locality:** Algeria: Algier.

Eristalomyia auripila Becker, 1921. Mitt. Zool. Mus. Berl. 10: 53. **Type locality:** USSR: Caucasia, Stavropol.

Myiatropa florea var. *nigrofemorata* Santos Abreu, 1924. Mem. R. Acad. Cienc. Artes Barcelona (3) 19 (1): 115. **Type locality:** Canary Is.: La Palma.

Myiatropa florea var. *pygmaea* Santos Abreu, 1924. Mem. R. Acad. Cienc. Artes Barcelona (3) 19 (1): 115. **Type locality:** Canary Is.: La Palma.

Myiatropa florea var. *varifemorata* Santos Abreu, 1924. Mem. R. Acad. Cienc. Artes Barcelona (3) 19 (1): 115. **Type locality:** Canary Is.: La Palma.

Myiatropa florea var. *nigrolanata* Frey, 1945. Commentat. Biol. (1944) 8 (10): 57. **Type locality:** Azores Islands: Flores, Ribeira Fazenda.

Myiathropa florea: Li *et* Liu, 1995. J. Aug. 1st Agric. Coll. 18 (1): 2.

分布（**Distribution**）：新疆（XJ）；俄罗斯、阿尔及利亚、瑞典、英国、奥地利、德国、埃及、加那利群岛、前南斯拉夫。

（187）薛氏毛眼管蚜蝇 *Myathropa semenovi* (Smirnov, 1925)

Myiatropa semenovi Smirnov, 1925. Ent. Mitt. 14 (3/4): 295. **Type locality:** Uzbekistan.

Myiatropa semenovi: Peck, 1988. *In*: Soós *et* Papp, 1988. Cat. Palaearct. Dipt. 8: 204; Huo *et* Zhang, 2006. J. Shaanxi Nor. Univ. (Nat. Sci. Ed.) 34 (Sup.): 43; Huo, Ren *et* Zheng, 2007. Fauna of Syrphidae from Mt. Qinling-Bashan in China (Insecta: Diptera): 312.

分布（**Distribution**）：陕西（SN）、四川（SC）、西藏（XZ）；乌兹别克斯坦。

31. 拟墨管蚜蝇属 *Paramesembrius* Shiraki, 1930

Paramesembrius Shiraki, 1930. Mem. Fac. Sci. Agric. Taihoku Imp. Univ. 1: 176 (as a subgenus of *Mesembrius*). **Type species:** *Tubifera abdominalis* Sack, 1927 (by designation of Shiraki, 1969).

（188）腹毛拟墨管蚜蝇 *Paramesembrius abdominalis* (Sack, 1927)

Tubifera abdominalis Sack, 1927. Stettin. Ent. Ztg. 88: 314. **Type locality:** China: Taiwan, Suisharyo *et* Kankau.

Helophilus (*Paramesembrius*) *abdominalis*: Shiraki, 1930. Mem. Fac. Sci. Agric. Taihoku Imp. Univ. 1: 176-178 (new combination of *Tubifera abdominalis*).

Mallota abdominalis: Knutson, Thompson *et* Vockeroth, 1975. *In*: Delfinado *et* Hardy, 1975. Cat. Dipt. Orient. Reg. 2: 354 (as new combination of *Tubifera abdominalis*); Peck, 1988. *In*: Soós *et* Papp, 1988. Cat. Palaearct. Dipt. 8: 200; Huang *et* Cheng, 2012. Fauna Sinica, Insecta, Vol. 50: 534.

分布（**Distribution**）：台湾（TW）；日本。

（189）美丽拟墨管蚜蝇 *Paramesembrius bellus* Li, 1997

Paramesembrius bellus Li, 1997. Acta Ent. Sin. 40 (4): 414. **Type locality:** China: Guangdong, Danxia Mountains.

Mallota bellus: Huang *et* Cheng, 2012. Fauna Sinica, Insecta, Vol. 50: 534.

分布（**Distribution**）：广东（GD）。

32. 拟条胸蚜蝇属 *Parhelophilus* Girschner, 1897

Parhelophilus Girschner, 1897. Illust. Wochenschr. Ent. 2: 604. **Type species:** *Syrphus frutetorum* Fabricius, 1775 (by designation of Curran *et* Fluke, 1926).

Pleskeola Stackelberg, 1924. Wien. Ent. Ztg. 41: 25. **Type species:** *Pleskeola sibirica* Stackelberg, 1924 (by original designation).

Parchelophilus: Violovitsh, 1983. Siberian syrphids (Diptera, Syrphidae): 123 (misspelling of *Parhelophilus*).

（190）短枝拟条胸蚜蝇 *Parhelophilus frutetorum* (Fabricius, 1775)

Syrphus frutetorum Fabricius, 1775. Syst. Entom.: 765. **Type locality:** England.

Musca frutetorum: Gmelin, 1790. Syst. Nat. 5: 2870.

Syrphus femoralis Fallén, 1817. Syrphici Sveciae: 31. **Type locality:** Sweden: "in paroecia Farhult Scaniae".

Helophilus frutetorum var. *xanthopygus* Loew, 1846b. Stettin. Ent. Ztg. 7: 149. **Type locality:** Italy: Sicily, Sycrause.

Helophilus versicolor: Malm, 1860. Anteck. Syrphici Skand. Finland: 79 (misidentification).

Helophilus (*Parhelophilus*) *frutetorum*: Peck, 1988. *In*: Soós *et* Papp, 1988. Cat. Palaearct. Dipt. 8: 198; Li *et* He, 1992. J. Shanghai Agric. Coll. 10 (2): 148.

Helophilus frutetorum: Huang *et* Cheng, 2012. Fauna Sinica, Insecta, Vol. 50: 522.

分布（Distribution）：新疆（XJ）；俄罗斯、英国、瑞典、意大利。

（191）异色拟条胸蚜蝇 *Parhelophilus versicolor* (Fabricius, 1794)

Syrphus versicolor Fabricius, 1794. Ent. Syst. 4: 283. **Type locality:** Germany.

Musca versicolorata Turton, 1801. A General System of Nature Vol. III (1800): 639 (replacement name for *versicolor* Fabricius).

Syrphus femoralis Fallén, 1817. Syrphici Sveciae: 31. **Type locality:** Sweden: Farhult.

Parhelophilus almasyi Szilády, 1940. Ann. Hist.-Nat. Mus. Natl. Hung. 33: 65 (as "*almäsyi*"). **Type locality:** "Djarkent, Turkestan" [= Panfilov, Taldy-Kurgan region] (Kazakhstan).

Helophilus (*Parhelophilus*) *versicolor*: Peck, 1988. *In*: Soós *et* Papp, 1988. Cat. Palaearct. Dipt. 8: 199; Li, 1995. J. South China Agric. Univ. 16 (2): 36.

Helophilus versicolor: Huang *et* Cheng, 2012. Fauna Sinica, Insecta, Vol. 50: 525.

分布（Distribution）：新疆（XJ）；俄罗斯、德国、瑞典、哈萨克斯坦。

33. 叉茎管蚜蝇属 *Tigridemyia* Bigot, 1882

Tigridemyia Bigot, 1882. Ann. Soc. Entomol. Fr. 6, 2 (Bul.): cxxi. **Type species:** *Tigridemyia pictipes* Bigot, 1882 (monotypy).

Tigridiamyia: Bigot, 1883. Ann. Soc. Entomol. Fr. (6) 3: 228 (emendation of *Tigridemyia*).

Tigridomyia: Bigot, 1884b. Ann. Soc. Entomol. Fr. 1833 (6) 3: 549 (emendation of *Tigridemyia*); Mik, 1884. Wien. Ent. Ztg. 3: 26 (emendation of *Tigridemyia*); Rye, 1884. Zool. Rec. 19: 11 (emendation of *Tigridemyia*); Kertész, 1910. Catalogus Dipterorum Hucusque Descriptorum VII: 266 (emendation of *Tigridemyia*).

Tigroidomyia: Rye, 1884. Zool. Rec. 19: 11 (emendation of *Tigridemyia*).

（192）刺腿叉茎管蚜蝇 *Tigridemyia acanthfemorilis* Li *et* Liu, 1995

Tigridemyia acanthfemorilis Li *et* Liu, 1995. Entomol. Sin. 2 (4): 317. **Type locality:** China: Jiangsu, Nanjing.

分布（Distribution）：江苏（JS）。

（193）弯腹叉茎管蚜蝇 *Tigridemyia curvigaster* (Macquart, 1842)

Helophilus curvigaster Macquart, 1842. Mém. Soc. Sci. Agric. Lille 1841 (1): 122; Macquart, 1842. Dipt. Exot. 2 (2): 62. **Type locality:** Indonesia: Java.

Merodon interveniens Walker, 1859. J. Proc. Linn. Soc. London Zool. 4: 120. **Type locality:** Indonesia: Celebes [= Sulawesi] (Makassar [= Ujung Pandang]).

Tigridemyia pictipes Bigot, 1882. Ann. Soc. Entomol. Fr. 6, 2 (Bul.): cxxi. **Type locality:** Indonesia: Java.

Polydonta orientalis Brunetti, 1908. Rec. India Mus. 2 (1): 74. **Type locality:** "Inde".

Tigridomyia curvigaster: Shiraki, 1930. Mem. Fac. Sci. Agric. Taihoku Imp. Univ. 1: 208.

Tubifera curvigaster: Wu, 1940. Cat. Ins. Sin. 5: 315.

Merodon interveniens: Cheng, 1940. Biol. Bull. Fukien Christian Univ. 1: 46.

Mallota sera Stackelberg, 1950. Ent. Obozr. 31: 288. **Type locality:** China: environs of Tientsin.

Mallota sera: Peck, 1988. *In*: Soós *et* Papp, 1988. Cat. Palaearct. Dipt. 8: 202; Kassebeer, 1996. Stud. Dipt. 3 (1): 162 (new synonym of *Tigridemyia curvigaster*).

Tigridemyia curvigaster: Li *et* Liu, 1995. Entomol. Sin. 2 (4): 317.

Mallota curvigaster: Knutson, Thompson *et* Vockeroth, 1975. *In*: Delfinado *et* Hardy, 1975. Cat. Dipt. Orient. Reg. 2: 354; Peck, 1988. *In*: Soós *et* Papp, 1988. Cat. Palaearct. Dipt. 8: 200; Huang *et* Cheng, 2012. Fauna Sinica, Insecta, Vol. 50: 529.

分布（Distribution）：北京（BJ）、山东（SD）、新疆（XJ）、江苏（JS）、上海（SH）、浙江（ZJ）、四川（SC）、云南（YN）、福建（FJ）、台湾（TW）、海南（HI）；印度、印度尼西亚、斯里兰卡、马来西亚、加里曼丹岛。

平颜蚜蝇族 Eumerini

34. 直腿蚜蝇属 *Azpeytia* Walker, 1865

Azpeytia Walker, 1865. J. Proc. Linn. Soc. London Zool. 8: 113. **Type species:** *Azpeytia scutellaris* Walker, 1865 (monotypy).

Azpeitia: Bigot, 1883. Ann. Soc. Entomol. Fr. (6) 3: 243 (misspelling of *Azpeytia*).

Aspeitia Williston, 1887. Bull. U. S. Natl. Mus. (1886) 31: 286 (misspelling of *Azpeytia*).

Aspeytia: Williston, 1887. Bull. U. S. Natl. Mus. (1886) 31: 286 (emendation of *Azpeytia*).

（194）黄盾直腿蚜蝇 *Azpeytia flavoscutellata* Kertész, 1913

Azpeytia flavoscutellata Kertész, 1913b. Ann. Hist.-Nat. Mus. Natl. Hung. 11: 284. **Type locality:** China: Taiwan, Kosempo and Mt. Hoozan.

Azpeytia flavoscutellata: Shiraki, 1930. Mem. Fac. Sci. Agric. Taihoku Imp. Univ. 1: 209; Knutson, Thompson *et* Vockeroth, 1975. *In*: Delfinado *et* Hardy, 1975. Cat. Dipt. Orient. Reg. 2: 340.

分布（Distribution）：台湾（TW）。

（195）带斑直腿蚜蝇 *Azpeytia maculata* Shiraki, 1930

Azpeytia aculate Shiraki, 1930. Mem. Fac. Sci. Agric. Taihoku Imp. Univ. 1: 209. **Type locality:** China: Taiwan, Karenko District. Myanmar: Tenasserim.

Azpeytia aculate: Knutson, Thompson *et* Vockeroth, 1975. *In*: Delfinado *et* Hardy, 1975. Cat. Dipt. Orient. Reg. 2: 340; Huang *et* Cheng, 2012. Fauna Sinica, Insecta, Vol. 50: 556.

分布（Distribution）：四川（SC）、云南（YN）、台湾（TW）；缅甸。

35. 平颜蚜蝇属 *Eumerus* Meigen, 1822

Eumerus Meigen, 1822. Syst. Beschr. Europ. Zweifl. Insekt. 3: 202. **Type species:** *Syrphus tricolor* Fabricius, 1798 (by designation of Curtis, 1839).

Eumeris: Gimmerthal, 1834. Bull. Soc. Imp. Nat. Moscou 7: 131 (misspelling of *Eumerus*).

Pumilio Rondani, 1850. Ann. Soc. Entomol. Fr. (2) 8: 127. **Type species:** *Pumilio delicatae* Rondani, 1850 (monotypy).

Citibaena Walker, 1857. J. Proc. Linn. Soc. London Zool. 1: 124. **Type species:** *Citibaena aurata* Walker, 1857 (monotypy).

Citibena: Bigot, 1883. Ann. Soc. Entomol. Fr. (6) 3: 225 (misspelling of *Citibaena*).

Megatrigon Johnson, 1898. Proc. Acad. Nat. Sci. Phila. 1898: 159. **Type species:** *Megatrigon sexfasciatus* Johnson, 1898 (by original designation).

Pumilio Kertész, 1910. Catalogus Dipterorum Hucusque Descriptorum VII: 313 (nomen nudum).

Amphoterus Bezzi, 1915. Syrph. Ethio. Reg.: 116. **Type species:** *Amphoterus cribratus* Bezzi, 1915 (by original designation).

Paragopsis Matsumura, 1916. Thousand Ins. Japan Add. 2: 250. **Type species:** *Paragopsis griseofasciatus* Matsumura, 1916 (by original designation).

Paragopsis Matsumura, 1916. Thousand Ins. Japan Add. 2: 250. **Type species:** *Paragopsis griseofasciata* Matsumura, 1916 (by original designation).

Microxylota Jones, 1917. Ann. Ent. Soc. Am. 10: 230. **Type species:** *Microxylota robii* Jones, 1917 (by original designation).

Citabaena: Curran, 1938. Amer. Mus. Novit. 1009: 7 (misspelling of *Citibaena*).

（196）尖角平颜蚜蝇 *Eumerus acuticornis* Sack, 1933

Eumerus acuticornis Sack, 1933. Ark. Zool. 26A (1) 6: 8. **Type locality:** China: Inner Mongolia.

Eumerus acuticornis: Cheng, 1940. Biol. Bull. Fukien Christian Univ. 1: 46; Peck, 1988. *In*: Soós *et* Papp, 1988. Cat. Palaearct. Dipt. 8: 153; Huang, Cheng *et* Yang, 1998. *In*: Xue *et* Chao, 1998. Flies of China, Vol. 1: 181.

分布（Distribution）：内蒙古（NM）。

（197）羊角平颜蚜蝇 *Eumerus ammophilus* Paramonov, 1926

Eumerus ammophilus Paramonov, 1926. Zap. Fiz.-Mat. Vidd. Vseukr. Akad. Nauk. 2 (1): 79. **Type locality:** Transcaspien, Repetek.

Eumerus ammophilus var. *quadrinotatus* Doesburg, 1955. Beaufortia 5: 51. **Type locality:** Karakorum: Shyoktal, Shokpa Kungland.

Eumerus ammophilus: Peck, 1988. *In*: Soós *et* Papp, 1988. Cat. Palaearct. Dipt. 8: 153.

Eumerus ammophilus quadrinotatus: Peck, 1988. *In*: Soós *et* Papp, 1988. Cat. Palaearct. Dipt. 8: 154.

分布（Distribution）：新疆（XJ）；前苏联。

（198）银斑平颜蚜蝇 *Eumerus argentipes* Walker, 1861

Eumerus argentipes Walker, 1861c. J. Proc. Linn. Soc. London Zool. 5: 284. **Type locality:** Indonesia: Batchian.

Eumerus argyropus Doleschall, 1857. Natuurkd. Tijdschr. Ned.-Indië 14: 410 (preoccupied by Loew, 1848). **Type locality:** Indonesia: Maluku (Ambon).

Eumerus doleschallii Shiraki, 1930. Mem. Fac. Sci. Agric. Taihoku Imp. Univ. 1: 97 (replacement name for *Eumerus argyropus*).

Eumerus argentipes: Knutson, Thompson *et* Vockeroth, 1975. *In*: Delfinado *et* Hardy, 1975. Cat. Dipt. Orient. Reg. 2: 341.

分布（Distribution）：台湾（TW）；菲律宾、斯里兰卡、印度尼西亚（马鲁古群岛）、新几内亚岛。

（199）金平颜蚜蝇 *Eumerus aurifrons* (Wiedemann, 1824)

Pipiza aurifrons Wiedemann, 1824a. Munus Rectoris in Academia Christiana Albertina Aditurus Analecta Entomológica ex Museo Regio Havniensi Máxime Congesta Profert Iconibusque Illustrat: 32. **Type locality:** "Ind. Orient.".

Eumerus aurifrons: Shiraki, 1930. Mem. Fac. Sci. Agric. Taihoku Imp. Univ. 1: 98; Knutson, Thompson *et* Vockeroth,

1975. *In*: Delfinado *et* Hardy, 1975. Cat. Dipt. Orient. Reg. 2: 341.

Eumerus aurifrons var. *similis* Keiser, 1958. Rev. Suisse Zool. 65: 216. **Type locality:** Sri Lanka: Kandy, Deiyannewela.

Eumerus albipes Keiser, 1971. Verhandl. Naturf. Ges. Basal 81: 302. **Type locality:** Madagascar.

Eumerus aurifrons similis: Knutson, Thompson *et* Vockeroth, 1975. *In*: Delfinado *et* Hardy, 1975. Cat. Dipt. Orient. Reg. 2: 341.

分布（**Distribution**）：台湾（TW）；斯里兰卡、印度、菲律宾、印度尼西亚、澳大利亚、夏威夷群岛。

（200）丽尾节平颜蚜蝇 *Eumerus chrysopygus* Sack, 1941

Eumerus chrysopygus Sack, 1941. Arb. Morph. Taxon. Ent. Berl. 8 (3): 190. **Type locality:** China: Northeast China, Sjaolin.

Eumerus dux Violovitsh, 1981a. Novye I Maloizvestnye Vidy Fauny Sibiri 15: 87. **Type locality:** Russia: Primorye, Spassk area.

Eumerus dux: Ler, 1999. Key Ins. Rus. Far East Vol. 6, Part 1: 474 (new synonym of *Eumerus chrysopygus*).

分布（**Distribution**）：中国（东北部）；俄罗斯。

（201）四国平颜蚜蝇 *Eumerus ehimensis* Shiraki *et* Edashige, 1953

Eumerus ehimensis Shiraki *et* Edashige, 1953. Trans. Shikoku Ent. Soc. 3 (5-6): 112. **Type locality:** Japan: Shikoku, Omogo Valley.

Eumerus ehimensis: Huo, Ren *et* Zheng, 2007. Fauna of Syrphidae from Mt. Qinling-Bashan in China (Insecta: Diptera): 318.

分布（**Distribution**）：陕西（SN）；日本。

（202）黄边平颜蚜蝇 *Eumerus figurans* Walker, 1859

Eumerus figurans Walker, 1859. J. Proc. Linn. Soc. London Zool. 4: 121. **Type locality:** Indonesia: Celebes [= Sulawesi] (Makassar [= Ujung Pandang]).

Eumerus marginatus Grimshaw, 1902. *In*: Grimshaw *et* Speiser, 1902. Fauna Hawaiiensis 3: 82. **Type locality:** USA: Hawaii, Oahu, Honolulu.

Eumerus figurans: Shiraki, 1930. Mem. Fac. Sci. Agric. Taihoku Imp. Univ. 1: 97; Knutson, Thompson *et* Vockeroth, 1975. *In*: Delfinado *et* Hardy, 1975. Cat. Dipt. Orient. Reg. 2: 341; Huang *et* Cheng, 2012. Fauna Sinica, Insecta, Vol. 50: 558.

分布（**Distribution**）：四川（SC）、云南（YN）、福建（FJ）、台湾（TW）、广西（GX）、海南（HI）；印度尼西亚、夏威夷群岛。

（203）黄带平颜蚜蝇 *Eumerus flavicinctus* de Meijere, 1908

Eumerus flavicinctus de Meijere, 1908a. Tijdschr. Ent. 51: 215.

Type locality: Indonesia: Sumatra, Medan; Java, Buitenzorg, Semarang.

Eumerus flavicinctus: Knutson, Thompson *et* Vockeroth, 1975. *In*: Delfinado *et* Hardy, 1975. Cat. Dipt. Orient. Reg. 2: 341.

分布（**Distribution**）：台湾（TW）；印度尼西亚、菲律宾。

（204）丰平颜蚜蝇 *Eumerus grandis* Meigen, 1822

Eumerus grandis Meigen, 1822. Syst. Beschr. Europ. Zweifl. Insekt. 3: 203. **Type locality:** Germany.

Syrphus annulatus Panzer, 1798. Faunae insectorum germanicae initia oder Deutschlands Insecten, Fasc. 60: 11 (preoccupied by Fabricius, 1794). **Type locality:** "Austria".

Pipiza lateralis Zetterstedt, 1819a. K. Svenska Vetensk. Akad. Handl. 1819: 83. **Type locality:** Sweden.

Eumerus varius Meigen, 1822. Syst. Beschr. Europ. Zweifl. Insekt. 3: 205. **Type locality:** France. Austria.

Pipiza lateralis: Peck, 1988. *In*: Soós *et* Papp, 1988. Cat. Palaearct. Dipt. 8: 165 (as a doubtful species of *Eumerus*).

Eumerus grandis: Peck, 1988. *In*: Soós *et* Papp, 1988. Cat. Palaearct. Dipt. 8: 157.

分布（**Distribution**）：中国（省份不明）；蒙古国、瑞典、奥地利、德国、法国。

（205）库峪平颜蚜蝇 *Eumerus kuyuensis* Huo, Ren *et* Zheng, 2007

Eumerus kuyuensis Huo, Ren *et* Zheng, 2007. Fauna of Syrphidae from Mt. Qinling-Bashan in China (Insecta: Diptera): 319. **Type locality:** China: Shaanxi, Kuyu, Chang'an; Sichuan.

分布（**Distribution**）：陕西（SN）、四川（SC）。

（206）闪光平颜蚜蝇 *Eumerus lucidus* Loew, 1848

Eumerus lucidus Loew, 1848. Stettin. Ent. Ztg. 9 (4-5): 134. **Type locality:** Greece: Rhodes.

Eumerus lucidus: Peck, 1988. *In*: Soós *et* Papp, 1988. Cat. Palaearct. Dipt. 8: 158; Huang, Cheng *et* Yang, 1998. *In*: Xue *et* Chao, 1998. Flies of China, Vol. 1: 181; Huang *et* Cheng, 2012. Fauna Sinica, Insecta, Vol. 50: 558.

分布（**Distribution**）：吉林（JL）、内蒙古（NM）、河北（HEB）、北京（BJ）、山西（SX）、山东（SD）、浙江（ZJ）、江西（JX）、湖北（HB）、四川（SC）、云南（YN）、香港（HK）；前苏联、希腊。

（207）大尾须平颜蚜蝇 *Eumerus macrocerus* Wiedemann, 1830

Eumerus macrocerus Wiedemann, 1830. Aussereurop. Zweifl. Insekt. 2: 113. **Type locality:** China.

Eumerus macrocerus: Cheng, 1940. Biol. Bull. Fukien Christian Univ. 1: 47; Wu, 1940. Cat. Ins. Sin. 5: 319; Knutson, Thompson *et* Vockeroth, 1975. *In*: Delfinado *et* Hardy, 1975. Cat. Dipt. Orient. Reg. 2: 342; Peck, 1988. *In*: Soós *et* Papp, 1988. Cat. Palaearct. Dipt. 8: 158; Huang, Cheng *et* Yang,

1998. *In*: Xue *et* Chao, 1998. Flies of China, Vol. 1: 181.

分布（Distribution）：中国（省份不明）；东洋区。

（208）尼科巴平颜蚜蝇 *Eumerus nicobarensis* Schiner, 1868

Eumerus nicobarensis Schiner, 1868. Reise der Österreichischen Fregatte Novara, Diptera 2 (1B): 368. **Type locality:** India: Nicobar Is.

Eumerus nicobarensis: Shiraki, 1930. Mem. Fac. Sci. Agric. Taihoku Imp. Univ. 1: 96; Cheng, 1940. Biol. Bull. Fukien Christian Univ. 1: 47, 62; Wu, 1940. Cat. Ins. Sin. 5: 324; Knutson, Thompson *et* Vockeroth, 1975. *In*: Delfinado *et* Hardy, 1975. Cat. Dipt. Orient. Reg. 2: 342; Huang, Cheng *et* Yang, 1998. *In*: Xue *et* Chao, 1998. Flies of China, Vol. 1: 181.

分布（Distribution）：福建（FJ）、台湾（TW）；加里曼丹岛、斯里兰卡、印度、马来西亚。

（209）雪色平颜蚜蝇 *Eumerus niveus* Huo, Ren *et* Zheng, 2007

Eumerus niveus Huo, Ren *et* Zheng, 2007. Fauna of Syrphidae from Mt. Qinling-Bashan in China (Insecta: Diptera): 321. **Type locality:** China: Shaanxi, Kuyu, Chang'an.

分布（Distribution）：陕西（SN）。

（210）齿转平颜蚜蝇 *Eumerus odontotrochantus* Huo, Ren *et* Zheng, 2007

Eumerus odontotrochantus Huo, Ren *et* Zheng, 2007. Fauna of Syrphidae from Mt. Qinling-Bashan in China (Insecta: Diptera): 323. **Type locality:** Chnia: Shaanxi, Yangxian.

分布（Distribution）：陕西（SN）。

（211）冲绳平颜蚜蝇 *Eumerus okinawaensis* Shiraki, 1930

Eumerus okinawaensis Shiraki, 1930. Mem. Fac. Sci. Agric. Taihoku Imp. Univ. 1: 98. **Type locality:** Japan: Okinawa, Naha, Yayeyama, Haibara.

Eumerus okinawaensis: Knutson, Thompson *et* Vockeroth, 1975. *In*: Delfinado *et* Hardy, 1975. Cat. Dipt. Orient. Reg. 2: 342; Peck, 1988. *In*: Soós *et* Papp, 1988. Cat. Palaearct. Dipt. 8: 160; Huang, Cheng *et* Yang, 1998. *In*: Xue *et* Chao, 1998. Flies of China, Vol. 1: 181; Huang *et* Cheng, 2012. Fauna Sinica, Insecta, Vol. 50: 560.

分布（Distribution）：辽宁（LN）、内蒙古（NM）、云南（YN）、西藏（XZ）、福建（FJ）、广西（GX）、海南（HI）；日本；东洋区。

（212）粉斑平颜蚜蝇 *Eumerus perpensus* Brunetti, 1917

Eumerus perpensus Brunetti, 1917. Rec. India Mus. 13: 88. **Type locality:** India: Simla District, Phagu.

Eumerus perpensus: Cheng, 1940. Biol. Bull. Fukien Christian

Univ. 1: 47; Knutson, Thompson *et* Vockeroth, 1975. *In*: Delfinado *et* Hardy, 1975. Cat. Dipt. Orient. Reg. 2: 342.

分布（Distribution）：福建（FJ）；印度。

（213）拉氏平颜蚜蝇 *Eumerus roborovskii* Stackelberg, 1952

Eumerus roborovskii Stackelberg, 1952. Trudy Zool. Inst. 12: 398. **Type locality:** China: Xinjiang Uygur Autonomous Region, Bugas at Khami.

Eumerus roborovskii: Peck, 1988. *In*: Soós *et* Papp, 1988. Cat. Palaearct. Dipt. 8: 161.

分布（Distribution）：新疆（XJ）；前苏联。

（214）红胫平颜蚜蝇 *Eumerus rufitibiis* Sack, 1922

Eumerus rufitibiis Sack, 1922. Arch. Naturgesch. (A) 87 (11): 271. **Type locality:** China: Taiwan, Kankau.

Eumerus rufitibiis: Shiraki, 1930. Mem. Fac. Sci. Agric. Taihoku Imp. Univ. 1: 101; Knutson, Thompson *et* Vockeroth, 1975. *In*: Delfinado *et* Hardy, 1975. Cat. Dipt. Orient. Reg. 2: 342.

分布（Distribution）：台湾（TW）。

（215）红腹平颜蚜蝇 *Eumerus sabulonum* (Fallén, 1817)

Pipiza sabulonum Fallén, 1817. Syrphici Sveciae: 61. **Type locality:** Sweden: Scania, Engelholm *et* Stenshufvud.

Eumerus selene Meigen, 1822. Syst. Beschr. Europ. Zweifl. Insekt. 3: 210. **Type locality:** Germany.

Eumerus rubriventris Macquart, 1829b. Ins. Dipt. N. Fr. 4: 267. **Type locality:** Northern France.

Eumerus litoralis Curtis, 1839. Brit. Ent. 16: 749. **Type locality:** England: near Christchurch.

Eumerus sabulonum: Peck, 1988. *In*: Soós *et* Papp, 1988. Cat. Palaearct. Dipt. 8: 162; Li *et* Li, 1990. The Syrphidae of Gansu Province: 95; Huang, Cheng *et* Yang, 1998. *In*: Xue *et* Chao, 1998. Flies of China, Vol. 1: 181; Huang *et* Cheng, 2012. Fauna Sinica, Insecta, Vol. 50: 560.

分布（Distribution）：甘肃（GS）；前苏联、德国、瑞典、法国、英国；非洲（北部）。

（216）梭平颜蚜蝇 *Eumerus sogdianus* Stackelberg, 1952

Eumerus sogdianus Stackelberg, 1952. Trudy Zool. Inst. 12: 390. **Type locality:** Tadzhikistan.

分布（Distribution）：中国（省份不明）；前苏联、蒙古国。

（217）刺跗平颜蚜蝇 *Eumerus spinimanus* Huo, Ren *et* Zheng, 2007

Eumerus spinimanus Huo, Ren *et* Zheng, 2007. Fauna of Syrphidae from Mt. Qinling-Bashan in China (Insecta: Diptera): 325. **Type locality:** China: Shaanxi, Chang'an.

分布（Distribution）：陕西（SN）。

（218）洋葱平颜蚜蝇 *Eumerus strigatus* (Fallén, 1817)

Pipiza strigata Fallén, 1817. Syrphici Sveciae: 61. **Type locality:** Sweden: Vestrogothia *et* Scania.

Eumerus funeralis Meigen, 1822. Syst. Beschr. Europ. Zweifl. Insekt. 3: 208. **Type locality:** Not given.

Eumerus grandicornis Meigen, 1822. Syst. Beschr. Europ. Zweifl. Insekt. 3: 208. **Type locality:** Germany: Aachen *et* Stolberg.

Eumerus lunulatus Meigen, 1822. Syst. Beschr. Europ. Zweifl. Insekt. 3: 209. **Type locality:** Austria.

Eumerus planifrons Meigen, 1822. Syst. Beschr. Europ. Zweifl. Insekt. 3: 209. **Type locality:** Germany.

Eumerus aeneus Macquart, 1829b. Ins. Dipt. N. Fr. 4: 269. **Type locality:** Northern France.

Eumerus melanopus Rondani, 1857. Dipt. Ital. Prodromus, Vol. II: 90. **Type locality:** Italy: Parma.

Eumerus lunulatus var. *rufitarsis* Strobl, 1906. Mem. R. Soc. Esp. Hist. Nat. (Madrid) (1905) 3 (5): 329. **Type locality:** Spain: Villa Rutis.

Paragopsis griseofasciatus Matsumura, 1916. Thousand Ins. Japan Add. 2: 250. **Type locality:** Japan: "Hokkaidō, Sapporo".

Eumerus strigatus: Shiraki, 1930. Mem. Fac. Sci. Agric. Taihoku Imp. Univ. 1: 96; Cheng, 1940. Biol. Bull. Fukien Christian Univ. 1: 47; Peck, 1988. *In*: Soós *et* Papp, 1988. Cat. Palaearct. Dipt. 8: 163; Li *et* Li, 1990. The Syrphidae of Gansu Province: 96; Huang, Cheng *et* Yang, 1998. *In*: Xue *et* Chao, 1998. Flies of China, Vol. 1: 181; Huang *et* Cheng, 2012. Fauna Sinica, Insecta, Vol. 50: 561.

分布（Distribution）：内蒙古（NM）、山东（SD）、甘肃（GS）、新疆（XJ）、江苏（JS）、浙江（ZJ）、云南（YN）；瑞典、德国、奥地利、法国、西班牙、日本、前苏联、蒙古国；欧洲、非洲（北部）、北美洲。

（219）三纹平颜蚜蝇 *Eumerus trivittatus* Huo, Ren *et* Zheng, 2007

Eumerus trivittatus Huo, Ren *et* Zheng, 2007. Fauna of Syrphidae from Mt. Qinling-Bashan in China (Insecta: Diptera): 326. **Type locality:** China: Shaanxi, Liuba.

分布（Distribution）：陕西（SN）。

（220）疣腿平颜蚜蝇 *Eumerus tuberculatus* Rondani, 1857

Eumerus tuberculatus Rondani, 1857. Dipt. Ital. Prodromus, Vol. II: 93. **Type locality:** Italy: Parma.

Eumerus tuberculatus: Peck, 1988. *In*: Soós *et* Papp, 1988. Cat. Palaearct. Dipt. 8: 164; Li *et* Li, 1990. The Syrphidae of Gansu Province: 98; Huang, Cheng *et* Yang, 1998. *In*: Xue *et* Chao, 1998. Flies of China, Vol. 1: 181; Huang *et* Cheng, 2012. Fauna Sinica, Insecta, Vol. 50: 562.

分布（Distribution）：黑龙江（HL）、内蒙古（NM）、河北（HEB）、甘肃（GS）、新疆（XJ）；蒙古国、前苏联、意大利；北美洲。

（221）小河平颜蚜蝇 *Eumerus xiaohe* Huo, Ren *et* Zheng, 2007

Eumerus xiaohe Huo, Ren *et* Zheng, 2007. Fauna of Syrphidae from Mt. Qinling-Bashan in China (Insecta: Diptera): 328. **Type locality:** China: Shaanxi, Chenggu.

分布（Distribution）：陕西（SN）。

36. 齿腿蚜蝇属 *Merodon* Meigen, 1803

Merodon Meigen, 1803. Mag. Insektenkd. 2: 274. **Type species:** *Syrphus clavipes* Fabricius, 1781 (by designation of Saint-Vincent, 1826).

Lampetia Meigen, 1800. Nouve. Class.: 34. **Type species:** *Syrphus clavipes* Fabricius, 1781 (by designation of Coquillett, 1910) (suppressed by ICZN, 1963).

Exmerodon Becker, 1913. Annu. Mus. Zool. Acad. Sci. Russ. St.-Pétersb. (1912) 17: 604 (as a subgenus of *Merodon*). **Type species:** *Exmerodon fulcratus* Becker, 1913 (monotypy).

Aberodon: Gimmerthal, 1834. Bull. Soc. Imp. Nat. Moscou 7: 131 (misspelling of *Merodon*).

Exmerodon: Peck, 1988. *In*: Soós *et* Papp, 1988. Cat. Palaearct. Dipt. 8: 165.

Mirodon: Whitney, 1921. Proc. Hawaii. Ent. Soc. 4: 606 (misspelling of *Merodon*); Bryan, 1934. Proc. Hawaii. Ent. Soc. 8: 414.

（222）小齿腿蚜蝇 *Merodon micromegas* (Hervé-Bazin, 1929)

Lampetia micromegas Hervé-Bazin, 1929. Bull. Soc. Ent. Fr. 1929 (6): 111. **Type locality:** China: Tchen-Kiang.

Merodon kawamurae Matsumura, 1916. Thousand Ins. Japan Add. 2: 256. **Type locality:** Japan: "Kiushu (Kumamoto)".

Merodon kawamurae: Shiraki, 1930. Mem. Fac. Sci. Agric. Taihoku Imp. Univ. 1: 206; Hurkmans, 1993. Tijdschr. Ent. 136: 165 (new synonym of *Merodon micromegas*).

Merodon micromegas: Peck, 1988. *In*: Soós *et* Papp, 1988. Cat. Palaearct. Dipt. 8: 172; Huang *et* Cheng, 2012. Fauna Sinica, Insecta, Vol. 50: 563.

分布（Distribution）：江苏（JS）、浙江（ZJ）；日本。

（223）红斑齿腿蚜蝇 *Merodon rufimaculatum* Huo, Ren *et* Zheng, 2007

Merodon rufimaculatum Huo, Ren *et* Zheng, 2007. Fauna of Syrphidae from Mt. Qinling-Bashan in China (Insecta: Diptera): 332. **Type locality:** China: Shaanxi, Chang'an.

分布（Distribution）：陕西（SN）。

（224）黄盾齿腿蚜蝇 *Merodon scutellaris* Shiraki, 1968

Merodon scutellaris Shiraki, 1968. *In*: Ikada *et al.*, 1968.

Fauna Jap. Syrphidae 3: 200. **Type locality:** Japan: Nikko.

Merodon scutellaris: Huo, Ren *et* Zheng, 2007. Fauna of Syrphidae from Mt. Qinling-Bashan in China (Insecta: Diptera): 330.

分布（**Distribution**）：陕西（SN）；日本。

迷蚜蝇族 Milesiini

短毛蚜蝇亚族 Blerina

37. 短毛蚜蝇属 *Blera* Billberg, 1820

Blera Billberg, 1820. Enumeratio Insectorum in Museo Gust. Joh. Billberg: 118. **Type species:** *Musca fallax* Linnaeus, 1758 (by designation of Johnson, 1911).

Penthesilea Meigen, 1800. Nouve. Class.: 35. **Type species:** *Musca ruficauda* De Geer (by designation of Bezzi in Hendel, 1908) (suppressed by ICZN, 1963).

Cynorhina Williston, 1887. Bull. U. S. Natl. Mus. (1886) 31: 209, 212 (as a subgenus of *Criorhina*). **Type species:** *Milesia analis* Macquart, 1842 (by original designation).

Cynorrhina: Verrall, 1901. Platypezidae, Pipunculidae and Syrphidae of Great Britain 8: 589 (emendation of *Cynorhina*).

（225）等斑短毛蚜蝇 *Blera equimacula* Huo, Ren *et* Zheng, 2007

Blera equimacula Huo, Ren *et* Zheng, 2007. Fauna of Syrphidae from Mt. Qinling-Bashan in China (Insecta: Diptera): 334. **Type locality:** China: Shaanxi, Ningshan.

分布（**Distribution**）：陕西（SN）。

（226）锈端短毛蚜蝇 *Blera fallax* (Linnaeus, 1758)

Musca fallax Linnaeus, 1758. Syst. Nat. Ed. 10 (1): 592. **Type locality:** Sweden.

Musca ruficaudis De Geer, 1776. Mém. Pour Serv. Hist. Insect. 6: 127 (unjustified replacement name for *M. fallax* Linnaeus).

Syrphus semirufus Fabricius, 1794. Ent. Syst. 4: 301. **Type locality:** Germany.

Syrphus seminiger Panzer, 1804. D. Jacobi Christiani Schaefferi.: 153. **Type locality:** Germany: Bavaria, Regensburg.

Blera nipponica Shiraki, 1968. *In*: Ikada *et al.*, 1968. Fauna Jap. Syrphidae 3: 64. **Type locality:** Japan: Hokkaidō, Teshio.

Musca semirufa: Turton, 1801. A General System of Nature Vol. III (1800): 648.

Blera nipponica: Peck, 1988. *In*: Soós *et* Papp, 1988. Cat. Palaearct. Dipt. 8: 205 (as a valid species).

Cynorrhina fallax: Shiraki, 1930. Mem. Fac. Sci. Agric. Taihoku Imp. Univ. 1: 60; Cheng, 1940. Biol. Bull. Fukien Christian Univ. 1: 46; Wu, 1940. Cat. Ins. Sin. 5: 318.

Blera (*Blera*) *fallax*: Barkalov *et* Mutin, 1991. Ent. Obozr. 70 (3): 739, 747; Barkalov *et* Cheng, 2011. Zoosyst. Rossica 20 (2): 353.

Blera fallax: Peck, 1988. *In*: Soós *et* Papp, 1988. Cat.

Palaearct. Dipt. 8: 204; Huang *et* Cheng, 2012. Fauna Sinica, Insecta, Vol. 50: 565.

分布（**Distribution**）：黑龙江（HL）、吉林（JL）、内蒙古（NM）；日本、前苏联、瑞典、德国。

（227）日本短毛蚜蝇 *Blera japonica* (Shiraki, 1930)

Cynorrhina japonica Shiraki, 1930. Mem. Fac. Sci. Agric. Taihoku Imp. Univ. 1: 60. **Type locality:** Japan.

Cynorrhina japonica: Shiraki, 1952. Mushi 23: 4; Shiraki, 1968. *In*: Ikada *et al.*, 1968. Fauna Jap. Syrphidae 3: 66.

Blera japonica: Shiraki, 1968. *In*: Ikada *et al.*, 1968. Fauna Jap. Syrphidae 3: 66; Peck, 1988. *In*: Soós *et* Papp, 1988. Cat. Palaearct. Dipt.: 205.

Blera (*Blera*) *japonica*: Barkalov *et* Mutin, 1991. Ent. Obozr. 70 (3): 743, 747; Barkalov *et* Cheng, 2011. Zoosyst. Rossica 20 (2): 353.

分布（**Distribution**）：内蒙古（NM）；前苏联、日本、朝鲜。

（228）巨芒短毛蚜蝇 *Blera longiseta* Barkalov *et* Cheng, 2011

Blera (*Blera*) *longiseta* Barkalov *et* Cheng, 2011. Zoosyst. Rossica 20 (2): 351. **Type locality:** China: Xizang, Milin.

分布（**Distribution**）：西藏（XZ）。

（229）亮斑短毛蚜蝇 *Blera nitens* (Stackelberg, 1923)

Cynorrhina nitens Stackelberg, 1923. Suppl. Ent. 9: 22. **Type locality:** Russia.

Cynorrhina nitens var. *pallipes* Stackelberg, 1928. Konowia 7 (3): 254. **Type locality:** Russia: Irkutsk-distr. D. P. R. Korea.

Cynorrhina nitens var. *pallipes*: Barkalov *et* Mutin, 1991. Ent. Obozr. 70 (1): 207 (new synonym of *Blera nitens*).

Blera nitens: Peck, 1988. *In*: Soós *et* Papp, 1988. Cat. Palaearct. Dipt. 8: 205; Huang *et* Cheng, 2012. Fauna Sinica, Insecta, Vol. 50: 566.

Blera (*Blera*) *nitens*: Barkalov *et* Mutin, 1991. Ent. Obozr. 70 (3): 743, 748; Barkalov *et* Cheng, 2011. Zoosyst. Rossica 20 (2): 353.

分布（**Distribution**）：吉林（JL）、内蒙古（NM）；前苏联、朝鲜。

（230）维氏短毛蚜蝇 *Blera violovitshi* Mutin, 1991

Blera violovitshi Mutin, 1991. *In*: Barkalov *et* Mutin, 1991. Ent. Obozr. 70 (1): 209. **Type locality:** Russia: SFSR.

Blera (*Blera*) *violovitshi*: Mutin, 1991. *In*: Barkalov *et* Mutin, 1991. Ent. Obozr. 70 (3): 740; Barkalov *et* Cheng, 2011. Zoosyst. Rossica 20 (2): 355.

分布（**Distribution**）：吉林（JL）；前苏联。

皮毛蚜蝇亚族　Criorhinina

38. 皮毛蚜蝇属　*Criorhina* Meigen, 1822

Criorhina Meigen, 1822. Syst. Beschr. Europ. Zweifl. Insekt. 3: 236. **Type species:** *Syrphus asilicus* Fallén, 1816 (by designation of Westwood, 1840).

Penthesilea Meigen, 1800. Nouve. Class.: 35. **Type species:** *Musca ruficauda* De Geer, 1776 (suppressed by ICZN, 1963).

Brachymyia Williston, 1882. Can. Entomol. 14: 77. **Type species:** *Brachymyia lupina* Williston, 1822 (by designation of Coquillett, 1910).

Eurhinomallota Bigot, 1882. Ann. Soc. Entomol. Fr. 6, 2 (Bul.): lxvii. **Type species:** *Eurhinomallota metallica* Bigot, 1882 (monotypy).

Narumyia Shiraki, 1952. Mushi 23: 10. **Type species:** *Narumyia narumii* Shiraki, 1952 (by original designation) [= *Criorhina japonica* Matsumura, 1916].

Romaleosyrphus Bigot, 1882. Ann. Soc. Entomol. Fr. 6, 2 (Bul.): cxxix. **Type species:** *Romaleosyrphus villosus* Bigot, 1882 (monotypy).

Criorrhina: Verrall, 1882. *In*: Scudder, 1882. Bull. U. S. Natl. Mus. 19 (1): 90 (unjustified emendation).

Chriorhyna: Rondani, 1845. Nuovi Ann. Sci. Nat. (2) 2: 456 (misspelling of *Criorhina*).

Chryorhina: Rondani, 1856. Dipt. Ital. Prodromus, Vol. I: 205 (misspelling of *Criorhina*).

Criorrhina: Egger, 1856. Abh. K. K. Zool.-Bot. Ges. Wien 6: 391 (misspelling of *Criorhina*).

Chryorhyna: Rondani, 1857. Dipt. Ital. Prodromus, Vol. II: 255 (misspelling of *Criorhina*).

Eurhinamallota: Williston, 1882. Proc. Am. Philos. Soc. 20: 330 (misspelling of *Eurhinomallota*).

Eurhynomallota: Bigot, 1883. Ann. Soc. Entomol. Fr. (6) 3: 225 (misspelling of *Eurhinomallota*).

Criorrhina: Verrall, 1901. Catalog. Syrph. Euro. Distr. Refer. Syn.: 96 (emendation of *Criorhina*); Verrall, 1901. Platypezidae, Pipunculidae and Syrphidae of Great Britain 8: 576 (emendation of *Criorhina*).

Eurinomallota: Kertész, 1910. Catalogus Dipterorum Hucusque Descriptorum VII: 286 (emendation of *Eurhinomallota*).

Narumyia: Peck, 1988. *In*: Soós et Papp, 1988. Cat. Palaearct. Dipt. 8: 210 (as a valid geuns).

Rhomaleosyprhus: Rye, 1884. Zool. Rec. 19: 10 (emendation of *Romaleosyrphus*).

（231）拟虻皮毛蚜蝇 *Criorhina asilica* (Fallén, 1816)

Syrphus asilicus Fallén, 1816. Syrphici Sveciae: 22. **Type locality:** Sweden.

Xylota rufipila Wiedemann, 1822. *In*: Meigen, 1822. Syst. Beschr. Europ. Zweifl. Insekt. 3: 215. **Type locality:** Austria.

Criorrhina asilica: Shiraki, 1930. Mem. Fac. Sci. Agric. Taihoku Imp. Univ. 1: 48.

Criorhina asilica: Peck, 1988. *In*: Soós et Papp, 1988. Cat. Palaearct. Dipt. 8: 207; Huang et Cheng, 2012. Fauna Sinica, Insecta, Vol. 50: 567.

分布（Distribution）：黑龙江（HL）、吉林（JL）、河北（HEB）；前苏联、瑞典、奥地利。

（232）台湾皮毛蚜蝇 *Criorhina formosana* (Shiraki, 1930)

Criorrhina formosana Shiraki, 1930. Mem. Fac. Sci. Agric. Taihoku Imp. Univ. 1: 51. **Type locality:** China: Taiwan, Rantaizan.

Criorhina formosana: Knutson, Thompson et Vockeroth, 1975. *In*: Delfinado et Hardy, 1975. Cat. Dipt. Orient. Reg. 2: 360; Huang et Cheng, 2012. Fauna Sinica, Insecta, Vol. 50: 568.

分布（Distribution）：台湾（TW）。

（233）红足皮毛蚜蝇 *Criorhina rubripes* (Matsumura, 1916)

Mallota rubripes Matsumura, 1916. Thousand Ins. Japan Add. 2: 218. **Type locality:** Japan: Honshū, Kyoto.

Criorrhina rubripes: Shiraki, 1930. Mem. Fac. Sci. Agric. Taihoku Imp. Univ. 1: 50.

Criorhina rubripes: Knutson, Thompson et Vockeroth, 1975. *In*: Delfinado et Hardy, 1975. Cat. Dipt. Orient. Reg. 2: 360; Peck, 1988. *In*: Soós et Papp, 1988. Cat. Palaearct. Dipt. 8: 208; Huang et Cheng, 2012. Fauna Sinica, Insecta, Vol. 50: 568.

分布（Distribution）：台湾（TW）；日本。

39. 长吻蚜蝇属 *Lycastris* Walker, 1857

Lycastris Walker, 1857. Trans. Ent. Soc. Lond. (N. S.) 4: 155. **Type species:** *Lycastris albipes* Walker, 1857 (monotypy).

Xiphopheromyia Bigot, 1892. J. Asiat. Soc. Bengal (N. S.) 61: 161. **Type species:** *Xiphopheromyia glossata* Bigot, 1892 (monotypy) [= *Lycastris albipes* Walker, 1857].

（234）角长吻蚜蝇 *Lycastris cornuta* Enderlein, 1910

Lycastris cornuta Enderlein, 1910. Stettin. Ent. Ztg. 72: 136. **Type locality:** China: Taiwan.

Lycastris cornutus: Shiraki, 1930. Mem. Fac. Sci. Agric. Taihoku Imp. Univ. 1: 47.

Lycastris cornuta: Knutson, Thompson et Vockeroth, 1975. *In*: Delfinado et Hardy, 1975. Cat. Dipt. Orient. Reg. 2: 361.

分布（Distribution）：台湾（TW）。

（235）亮毛长吻蚜蝇 *Lycastris flavicrinis* Cheng, 2012

Lycastris flavicrinis Cheng, 2012. *In*: Huang et Cheng, 2012. Fauna Sinica, Insecta, Vol. 50: 573. **Type locality:** China:

Yunnan, Xishuangbanna.
分布（Distribution）：云南（YN）。

（236）黄盾长吻蚜蝇 *Lycastris flaviscutatis* Huo *et* Ren, 2009

Lycastris flaviscutatis Huo *et* Ren, 2009. Entomotaxon. 31 (2): 140. **Type locality:** China: Hainan, Jianfengling.
分布（Distribution）：海南（HI）。

40. 松村蚜蝇属 *Matsumyia* Shiraki, 1949

Matsumyia Shiraki, 1949. Insecta Matsum. 17 (1): 1. **Type species:** *Priomerus jesoensis* Matsumura, 1911 (by original designation).

（237）双斑木村蚜蝇 *Matsumyia bimaculata* Huo *et* Ren, 2006

Matsumyia bimaculata Huo *et* Ren, 2006. Zootaxa 1374: 63. **Type locality:** China: Sichuan, Nanjiang, Muyang.
Matsumyia bimaculata: Huo, Ren *et* Zheng, 2007. Fauna of Syrphidae from Mt. Qinling-Bashan in China (Insecta: Diptera): 335.
分布（Distribution）：四川（SC）。

（238）粗毛木村蚜蝇 *Matsumyia setosa* (Shiraki, 1930)

Criorrhina setosa Shiraki, 1930. Mem. Fac. Sci. Agric. Taihoku Imp. Univ. 1: 54. **Type locality:** China: Taiwan, Karenko.
Criorhina setosa: Knutson, Thompson *et* Vockeroth, 1975. *In*: Delfinado *et* Hardy, 1975. Cat. Dipt. Orient. Reg. 2: 360; Huang *et* Cheng, 2012. Fauna Sinica, Insecta, Vol. 50: 569.
分布（Distribution）：台湾（TW）。

（239）素木木村蚜蝇 *Matsumyia shirakii* van der Goot, 1964

Criorhina shirakii van der Goot, 1964. Beaufortia 10: 220 (replacement name for *apiformis* Shiraki).
Criorrhina apiformis Shiraki, 1930. Mem. Fac. Sci. Agric. Taihoku Imp. Univ. 1: 52 (preoccupied by Macquart, 1829). **Type locality:** China: Taiwan, Karenko.
Criorhina shirakii: Knutson, Thompson *et* Vockeroth, 1975. *In*: Delfinado *et* Hardy, 1975. Cat. Dipt. Orient. Reg. 2: 360; Huang *et* Cheng, 2012. Fauna Sinica, Insecta, Vol. 50: 570.
分布（Distribution）：台湾（TW）。

（240）三带木村蚜蝇 *Matsumyia trifasciata* (Shiraki, 1930)

Criorrhina trifasciata Shiraki, 1930. Mem. Fac. Sci. Agric. Taihoku Imp. Univ. 1: 56. **Type locality:** China: Taiwan, Rantaizan.
Criorhina trifasciata: Knutson, Thompson *et* Vockeroth, 1975. *In*: Delfinado *et* Hardy, 1975. Cat. Dipt. Orient. Reg. 2: 360;

Huang *et* Cheng, 2012. Fauna Sinica, Insecta, Vol. 50: 571.
分布（Distribution）：台湾（TW）。

（241）紫柏木村蚜蝇 *Matsumyia zibaiensis* Huo *et* Ren, 2006

Matsumyia zibaiensis Huo *et* Ren, 2006. Zootaxa 1374: 65. **Type locality:** China: Shaanxi, Liuba, Mt. Zibai.
Matsumyia zibaiensis: Huo, Ren *et* Zheng, 2007. Fauna of Syrphidae from Mt. Qinling-Bashan in China (Insecta: Diptera): 336.
分布（Distribution）：陕西（SN）。

迷蚜蝇亚族 Milesiina

41. 迷蚜蝇属 *Milesia* Latreille, 1804

Milesia Latreille, 1804. Nouv. Dict. Hist. Nat. 24 (3): 194. **Type species:** *Syrphus crabroniformis* Fabricius, 1775 (by designation of Audouin, 1845).
Sphixea Rondani, 1845. Nuovi Ann. Sci. Nat. (2) 2: 455. **Type species:** *Eristalis fulminans* Fabricius, 1805 (by original designation) [= *Milesia semiluctifera* (Villers, 1789)].
Pogonosyrphus Malloch, 1932d. Stylops 1: 125. **Type species:** *Pogonosyrphus arnoldi* Malloch, 1932 (by original designation).
Sphixaea: Rondani, 1856. Dipt. Ital. Prodromus, Vol. I: 46 (misspelling of *Sphixea*).
Sphyxaea: Rondani, 1856. Dipt. Ital. Prodromus, Vol. I: 223 (misspelling of *Sphixea*).
Sphizaea: Schiner, 1864a. Catal. Syst. Dipt. Europ.: 109 (misspelling of *Sphixea*).
Sphyxaea: Scudder, 1882. Bull. U. S. Natl. Mus. 19 (1): 312 (emendation of *Sphixea*).
Sphecea: Bezzi, 1906. Z. Syst. Hymenopt. Dipt. 6 (1): 51 (emendation of *Sphixea*).
Sphinxea: Neave, 1940. Nomenclator Zoologicus: 250 (misspelling of *Sphixea*).

（242）闽小迷蚜蝇 *Milesia apsycta* Séguy, 1948

Milesia apsycta Séguy, 1948. Notes Ent. Chin. 12 (14): 167 (emendation of *apsyctos* Séguy). **Type locality:** China: "Fou-kien, San-tao-ho, Ile des Araignees".
Milesia apsycta: Knutson, Thompson *et* Vockeroth, 1975. *In*: Delfinado *et* Hardy, 1975. Cat. Dipt. Orient. Reg. 2: 362; Huang, Cheng *et* Yang, 1998. *In*: Xue *et* Chao, 1998. Flies of China, Vol. 1: 191; Huang *et* Cheng, 2012. Fauna Sinica, Insecta, Vol. 50: 576.
分布（Distribution）：浙江（ZJ）、福建（FJ）、广西（GX）。

（243）玉带迷蚜蝇 *Milesia balteata* Kertész, 1901

Milesia balteata Kertész, 1901a. Természetr. Füz. 24: 412. **Type locality:** India: Sikkim.
Milesia himalayensis Brunetti, 1908. Rec. India Mus. 2 (1): 82. **Type locality:** India: Assam, Sibsāgar.

Milesia balteata: Knutson, Thompson *et* Vockeroth, 1975. *In*: Delfinado *et* Hardy, 1975. Cat. Dipt. Orient. Reg. 2: 362; Huang, Cheng *et* Yang, 1998. *In*: Xue *et* Chao, 1998. Flies of China, Vol. 1: 191; Huang *et* Cheng, 2012. Fauna Sinica, Insecta, Vol. 50: 577.

Milesia balteatus: Cheng *et* Huang, 1997. Acta Zootaxon. Sin. 22 (4): 425.

分布（Distribution）：贵州（GZ）、云南（YN）、广西（GX）、海南（HI）；老挝、泰国、印度、马来西亚。

（244）黄带迷蚜蝇 *Milesia cretosa* Hippa, 1990

Milesia cretosa Hippa, 1990. Acta Zool. Fenn. 187: 122. **Type locality:** Myanmar: Chinhills, Mt. Victoria.

Milesia ruiliana Yang *et* Cheng, 1998. *In*: Xue *et* Chao, 1998. Flies of China, Vol. 1: 191. **Type locality:** China: Yunnan, Ruili.

Milesia tachina Yang *et* Cheng, 1998. *In*: Xue *et* Chao, 1998. Flies of China, Vol. 1: 193. **Type locality:** China: Yunnan, Kunming, Chenggon.

Milesia cretosa: Cheng, 2003. Entomotaxon. 25 (4): 273; Huang *et* Cheng, 2012. Fauna Sinica, Insecta, Vol. 50: 578.

Milesia ruiliana: Cheng, 2003. Entomotaxon. 25 (4): 273 (new synonym of *Milesia cretosa*).

Milesia tachina: Cheng, 2003. Entomotaxon. 25 (4): 273 (new synonym of *Milesia cretosa*).

分布（Distribution）：云南（YN）、海南（HI）；印度、缅甸。

（245）锈色迷蚜蝇 *Milesia ferruginosa* Brunetti, 1913

Milesia ferruginosa Brunetti, 1913. Rec. India Mus. 9: 268. **Type locality:** ? India: Kumaon District, Darjeeling.

Milesia maolana Yang *et* Cheng, 1993. *In*: Yang *et* Wang, 1993. Entomotaxon. 15 (4): 327. **Type locality:** China: Guizhou.

Milesia ferruginosa: Knutson, Thompson *et* Vockeroth, 1975. *In*: Delfinado *et* Hardy, 1975. Cat. Dipt. Orient. Reg. 2: 363; Cheng, 2003. Entomotaxon. 25 (4): 274; Huo, Ren *et* Zheng, 2007. Fauna of Syrphidae from Mt. Qinling-Bashan in China (Insecta: Diptera): 338; Huang *et* Cheng, 2012. Fauna Sinica, Insecta, Vol. 50: 579.

Milesia maolana: Huang, Cheng *et* Yang, 1998. *In*: Xue *et* Chao, 1998. Flies of China, Vol. 1: 191; Cheng, 2003. Entomotaxon. 25 (4): 273 (new synonym of *Milesia ferruginosa*).

分布（Distribution）：陕西（SN）、四川（SC）、贵州（GZ）、云南（YN）；印度。

（246）狭斑迷蚜蝇 *Milesia fissipennis* Speiser, 1911

Milesia fissipennis Speiser, 1911. Jahrb. Nass. Ver. Naturk. 64: 241. **Type locality:** China: Taiwan.

Milesia elegans Matsumura, 1916. Thousand Ins. Japan Add. 2: 232. **Type locality:** Japan: Ryukyu, Okinawa.

Milesia yayeyamana Matsumura, 1916. Thousand Ins. Japan Add. 2: 230. **Type locality:** Japan: Okinawa, Yayeyama.

Milesia fissiformis var. *okinawaensis* Shiraki, 1930. Mem. Fac. Sci. Agric. Taihoku Imp. Univ. 1: 117. **Type locality:** Japan: Ryukyu Is.

Milesia ishigakiensis Shiraki, 1968. *In*: Ikada *et al*., 1968. Fauna Jap. Syrphidae 3: 137. **Type locality:** Japan.

Milesia fissiformis: Shiraki, 1930. Mem. Fac. Sci. Agric. Taihoku Imp. Univ. 1: 116 (misspelling of *Milesia fissipennis*).

Milesia fissipennis: Knutson, Thompson *et* Vockeroth, 1975. *In*: Delfinado *et* Hardy, 1975. Cat. Dipt. Orient. Reg. 2: 363; Cheng, 2003. Entomotaxon. 25 (4): 274; Huang *et* Cheng, 2012. Fauna Sinica, Insecta, Vol. 50: 587.

分布（Distribution）：台湾（TW）；日本。

（247）缘带迷蚜蝇 *Milesia fuscicosta* (Bigot, 1875)

Sphixea fuscicosta Bigot, 1875. Ann. Soc. Entomol. Fr. (5) 5: 469. **Type locality:** Malaysia: Sarawak.

Milesia tenuiformis Curran, 1928. J. Fed. Malay St. Mus. 14 (2): 176. **Type locality:** Malaysia: Pahang, *et* Kuala Tahan, Selangor, Kuala Lumpur.

Milesia fuscicosta: Cheng, 2003. Entomotaxon. 25 (4): 275.

分布（Distribution）：中国（省份不明）；马来西亚。

（248）非凡迷蚜蝇 *Milesia insignis* Hippa, 1990

Milesia insignis Hippa, 1990. Acta Zool. Fenn. 187: 122. **Type locality:** China: Fujian, Foochow [= Fuzhou].

Milesia insignis: Yang *et* Cheng, 1993. Wuyi Sci. J. 10: 44; Huang, Cheng *et* Yang, 1998. *In*: Xue *et* Chao, 1998. Flies of China, Vol. 1: 191; Cheng, 2003. Entomotaxon. 25 (4): 275; Huang *et* Cheng, 2012. Fauna Sinica, Insecta, Vol. 50: 580.

分布（Distribution）：浙江（ZJ）、云南（YN）、福建（FJ）。

（249）马氏迷蚜蝇 *Milesia maai* Hippa, 1990

Milesia maai Hippa, 1990. Acta Zool. Fenn. 187: 109. **Type locality:** China: Fujian, Tachulan.

Milesia maai: Yang *et* Cheng, 1993. Wuyi Sci. J. 10: 43; Huang, Cheng *et* Yang, 1998. *In*: Xue *et* Chao, 1998. Flies of China, Vol. 1: 191; Cheng, 2003. Entomotaxon. 25 (4): 275; Huang *et* Cheng, 2012. Fauna Sinica, Insecta, Vol. 50: 580.

分布（Distribution）：云南（YN）、福建（FJ）、广西（GX）。

（250）黑腹迷蚜蝇 *Milesia nigriventris* He *et* Chu, 1994

Milesia nigriventris He *et* Chu, 1994. Wuyi Sci. J. 11: 103. **Type locality:** China: Fujian, Wuyi Shan.

分布（Distribution）：福建（FJ）。

（251）寡斑迷蚜蝇 *Milesia paucipunctata* Yang *et* Cheng, 1993

Milesia paucipunctata Yang *et* Cheng, 1993. Wuyi Sci. J. 10: 44. **Type locality:** China: Fujian, Liancheng.

Milesia paucipunctata: Huang, Cheng *et* Yang, 1998. *In*: Xue *et* Chao, 1998. Flies of China, Vol. 1: 191; Cheng, 2003.

Entomotaxon. 25 (4): 275; Huang *et* Cheng, 2012. Fauna Sinica, Insecta, Vol. 50: 582.

分布（**Distribution**）：福建（FJ）。

（252）黑色迷蚜蝇 *Milesia quantula* Hippa, 1990

Milesia quantula Hippa, 1990. Acta Zool. Fenn. 187: 44. **Type locality:** Myanmar: S. Shan, Kolaw.

Milesia atricorporis Yang *et* Cheng, 1993. Wuyi Sci. J. 10: 45. **Type locality:** China: Fujian.

Milesia quantula: Cheng, 2003. Entomotaxon. 25 (4): 275; Huang *et* Cheng, 2012. Fauna Sinica, Insecta, Vol. 50: 583.

Milesia atricorporis: Huang, Cheng *et* Yang, 1998. *In*: Xue *et* Chao, 1998. Flies of China, Vol. 1: 191; Cheng, 2003. Entomotaxon. 25 (4): 275 (new synonym of *Milesia quantula*).

分布（**Distribution**）：四川（SC）、福建（FJ）；缅甸。

（253）中华迷蚜蝇 *Milesia sinensis* Curran, 1925

Milesia sinensis Curran, 1925. Amer. Mus. Novit. 200: 3. **Type locality:** China: Yen-ping.

Milesia ammochrysus Séguy, 1948. Notes Ent. Chin. 12 (14): 166. **Type locality:** Vietnam: Annam, Caleu.

Milesia sinensis: Cheng, 1940. Biol. Bull. Fukien Christian Univ. 1: 46; Wu, 1940. Cat. Ins. Sin. 5: 319; Knutson, Thompson *et* Vockeroth, 1975. *In*: Delfinado *et* Hardy, 1975. Cat. Dipt. Orient. Reg. 2: 364; Yang *et* Cheng, 1993. Wuyi Sci. J. 10: 43; Cheng *et* Yang, 1993. *In*: Yang *et* Wang, 1993. Entomotaxon. 15 (4): 329; Huang, Cheng *et* Yang, 1998. *In*: Xue *et* Chao, 1998. Flies of China, Vol. 1: 193; Cheng, 2003. Entomotaxon. 25 (4): 276; Huang *et* Cheng, 2012. Fauna Sinica, Insecta, Vol. 50: 584.

Milesia ammochrysus: Hippa, 1990. Acta Zool. Fenn. 187: 163 (new synonym of *Milesia sinensis*).

分布（**Distribution**）：江西（JX）、湖南（HN）、四川（SC）、福建（FJ）、广东（GD）、广西（GX）、海南（HI）；越南。

（254）波迷蚜蝇 *Milesia undulata* Vollenhoven, 1863

Milesia undulata Vollenhoven, 1863. Versl. Meded. K. Akad. Wet. Amst. Afdel. Natuurk. 15: 12. **Type locality:** Japan.

Milesia undulate: Shiraki, 1930. Mem. Fac. Sci. Agric. Taihoku Imp. Univ. 1: 117; Peck, 1988. *In*: Soós *et* Papp, 1988. Cat. Palaearct. Dipt. 8: 210.

分布（**Distribution**）：台湾（TW）。

（255）橘斑迷蚜蝇 *Milesia variegata* Brunetti, 1908

Milesia variegata Brunetti, 1908. Rec. India Mus. 2 (1): 80. **Type locality:** India: Sikkim.

Milesia variegate: Knutson, Thompson *et* Vockeroth, 1975. *In*: Delfinado *et* Hardy, 1975. Cat. Dipt. Orient. Reg. 2: 364; Cheng, 2003. Entomotaxon. 25 (4): 276; Huang *et* Cheng, 2012. Fauna Sinica, Insecta, Vol. 50: 585.

分布（**Distribution**）：福建（FJ）、台湾（TW）；老挝、印度。

（256）隆顶迷蚜蝇 *Milesia verticalis* Brunetti, 1923

Milesia verticalis Brunetti, 1923. Fauna Brit. India (Dipt.) 3: 269. **Type locality:** India: Assam, Gāro Hills, Tura.

Milesia vesparia Shiraki, 1930. Mem. Fac. Sci. Agric. Taihoku Imp. Univ. 1: 118. **Type locality:** China: Taiwan, Shinchiku, Horisha, Rono, Karenko, Fuhosho *et* Kosempo.

Milesia turgidiverticis Yang *et* Cheng, 1993. Wuyi Sci. J. 10: 45. **Type locality:** China: Fujian.

Milesia verticalis: Knutson, Thompson *et* Vockeroth, 1975. *In*: Delfinado *et* Hardy, 1975. Cat. Dipt. Orient. Reg. 2: 364; Cheng, 2003. Entomotaxon. 25 (4): 276; Huang *et* Cheng, 2012. Fauna Sinica, Insecta, Vol. 50: 586.

Milesia vesparia: Cheng, 2003. Entomotaxon. 25 (4): 276 (new synonym of *Milesia verticalis*).

Milesia turgidiverticis: Cheng, 2003. Entomotaxon. 25 (4): 276 (new synonym of *Milesia verticalis*).

分布（**Distribution**）：云南（YN）、福建（FJ）、台湾（TW）、广西（GX）；印度。

42. 斑胸蚜蝇属 *Spilomyia* Meigen, 1803

Spilomyia Meigen, 1803. Mag. Insektenkd. 2: 273. **Type species:** *Musca diophthalma* Linnaeus, 1758 (by original designation).

Mixtemyia Macquart, 1834. Hist. Nat. Ins., Dipt.: 491. **Type species:** *Paragus quadrifasciatus* Say, 1824 (monotypy) [= *Spilomyia sayi* (Goot, 1964)].

Spilomya: Oken, 1815. Zoologie 3 (1): 513 (misspelling of *Spilomyia*).

Myxtemyia: Blanchard, 1845. F. Didot Freres, Paris 2: 476 (misspelling of *Mixtemyia*).

Mictomyia: Agassiz, 1846. Nomencl. Zool. Index Univ.: 234 (emendation of *Mixtemyia*).

Psilomyia: Neuhaus, 1886. Diptera Marchica: iii (misspelling of *Spilomyia*).

Myxomyia: Sack, 1932. *In*: Lindner, 1932. Flieg. Palaearkt. Reg. 4 (6): 427 (misspelling of *Mixtemyia*).

（257）双齿斑胸蚜蝇 *Spilomyia bidentica* Huo, 2013

Spilomyia bidentica Huo, 2013. Acta Zootaxon. Sin. 38 (1): 167. **Type locality:** China: Liaoning, Dahaishan, Beipiao.

分布（**Distribution**）：辽宁（LN）。

（258）中华斑胸蚜蝇 *Spilomyia chinensis* Hull, 1950

Spilomyia chinensis Hull, 1950. Ann. Mag. Nat. Hist. (12) 3: 603. **Type locality:** China: Yunnan, Yei-chih, Mekong River.

Spilomyia chinensis: Knutson, Thompson *et* Vockeroth, 1975. *In*: Delfinado *et* Hardy, 1975. Cat. Dipt. Orient. Reg. 2: 364; Huang, Cheng *et* Yang, 1998. *In*: Xue *et* Chao, 1998. Flies of China, Vol. 1: 196; Huo, 2013. Acta Zootaxon. Sin. 38 (1):

167.

分布（Distribution）：云南（YN）。

（259）凹斑斑胸蚜蝇 *Spilomyia curvimaculata* Cheng, 2012

Spilomyia curvimaculata Cheng, 2012. *In*: Huang *et* Cheng, 2012. Fauna Sinica, Insecta, Vol. 50: 595. **Type locality:** China: Zhejiang, Tianmushan; Anhui, Huangshan.

Spilomyia curvimaculata: Huo, 2013. Acta Zootaxon. Sin. 38 (1): 167.

分布（Distribution）：山西（SX）、安徽（AH）、浙江（ZJ）、江西（JX）。

（260）双带斑胸蚜蝇 *Spilomyia diophthalma* (Linnaeus, 1758)

Musca diophthalma Linnaeus, 1758. Syst. Nat. Ed. 10 (1): 593. **Type locality:** Sweden.

Spilomyia diophthalma: Stackelberg, 1958. Ent. Obozr. 37: 766; Peck, 1988. *In*: Soós *et* Papp, 1988. Cat. Palaearct. Dipt. 8: 213; Barendregt, Steenis *et* Steenis, 2000. Ent. Ber., 60 (3): 42; Steenis, 2000. Mitt. Ent. Schweiz. Ges. 73: 150; Huo, 2013. Acta Zootaxon. Sin. 38 (1): 167.

分布（Distribution）：吉林（JL）；前苏联、蒙古国、瑞典；非洲（北部）。

（261）褐翅斑胸蚜蝇 *Spilomyia maxima* Sack, 1910

Spilomyia maxima Sack, 1910. Beil. Programm Wöhler-Realgymn. Frankfurt a. M. 1910: 18. **Type locality:** Russia: Ussuri, Kasakewitsch.

Spilomyia maxima: Peck, 1988. *In*: Soós *et* Papp, 1988. Cat. Palaearct. Dipt. 8: 24; Huang, Cheng *et* Yang, 1998. *In*: Xue *et* Chao, 1998. Flies of China, Vol. 1: 196; Huang *et* Cheng, 2012. Fauna Sinica, Insecta, Vol. 50: 596; Huo, 2013. Acta Zootaxon. Sin. 38 (1): 167.

分布（Distribution）：黑龙江（HL）、吉林（JL）；前苏联、蒙古国。

（262）连斑斑胸蚜蝇 *Spilomyia panfilovi* Zimina, 1952

Spilomyia panfilovi Zimina, 1952. Ent. Obozr. 32: 329. **Type locality:** Russia: Eastern Siberia.

Spilomyia panfilovi: Peck, 1988. *In*: Soós *et* Papp, 1988. Cat. Palaearct. Dipt. 8: 214; Huo *et* Ren, 2006. Entomotaxon. 28 (2): 120; Huo, Ren *et* Zheng, 2007. Fauna of Syrphidae from Mt. Qinling-Bashan in China (Insecta: Diptera): 345; Huo, 2013. Acta Zootaxon. Sin. 38 (1): 167.

分布（Distribution）：陕西（SN）；俄罗斯。

（263）楯斑斑胸蚜蝇 *Spilomyia scutimaculata* Huo *et* Ren, 2006

Spilomyia scutimaculata Huo *et* Ren, 2006. Entomotaxon. 28 (2): 118. **Type locality:** China: Shaanxi, Meixian, Red River Hollow.

Spilomyia scutimaculata: Huo, Ren *et* Zheng, 2007. Fauna of Syrphidae from Mt. Qinling-Bashan in China (Insecta: Diptera): 346; Huo, 2013. Acta Zootaxon. Sin. 38 (1): 168.

分布（Distribution）：陕西（SN）。

（264）黄腹斑胸蚜蝇 *Spilomyia sulphurea* Sack, 1910

Spilomyia sulphurea Sack, 1910. Beil. Programm Wöhler-Realgymn. Frankfurt a. M. 1910: 19. **Type locality:** W. Pamir.

Spilomyia sulphurea: Peck, 1988. *In*: Soós *et* Papp, 1988. Cat. Palaearct. Dipt. 8: 214; Huang, Cheng *et* Yang, 1998. *In*: Xue *et* Chao, 1998. Flies of China, Vol. 1: 196; Huang *et* Cheng, 2012. Fauna Sinica, Insecta, Vol. 50: 598; Huo, 2013. Acta Zootaxon. Sin. 38 (1): 168.

分布（Distribution）：新疆（XJ）；前苏联、阿富汗。

（265）大斑胸蚜蝇 *Spilomyia suzukii* Matsumura, 1916

Spilomyia suzukii Matsumura, 1916. Thousand Ins. Japan Add. 2: 229. **Type locality:** Japan: Honshū, Kyoto.

Spilomyia suzukii: Shiraki, 1930. Mem. Fac. Sci. Agric. Taihoku Imp. Univ. 1: 111; Cheng, 1940. Biol. Bull. Fukien Christian Univ. 1: 46; Peck, 1988. *In*: Soós *et* Papp, 1988. Cat. Palaearct. Dipt. 8: 214; Huang, Cheng *et* Yang, 1998. *In*: Xue *et* Chao, 1998. Flies of China, Vol. 1: 196; Huang *et* Cheng, 2012. Fauna Sinica, Insecta, Vol. 50: 599; Huo, 2013. Acta Zootaxon. Sin. 38 (1): 168.

分布（Distribution）：河北（HEB）、北京（BJ）、陕西（SN）、浙江（ZJ）、江西（JX）、四川（SC）；前苏联、日本。

拟木蚜蝇亚族 Temnostomina

43. 斜环蚜蝇属 *Korinchia* Rondani, 1865

Palubia Rondani, 1865. Atti Soc. Ital. Sci. Nat. Milano 8: 129. **Type species:** *Korinchia sincula* Rondani, 1865 (by designation of Thompson, 1975) [= *Palubia bellieri* (Bigot, 1860)].

Korinchia Edwards, 1919. J. Fed. Malay St. Mus. 8 (3): 40. **Type species:** *Korinchia klossi* Edwards, 1919 (by designation of Edwardis, 1923).

（266）狭腹斜环蚜蝇 *Korinchia angustiabdomena* (Huo, Ren *et* Zheng, 2007)

Palumbia angustiabdomena Huo, Ren *et* Zheng, 2007. Fauna of Syrphidae from Mt. Qinling-Bashan in China (Insecta: Diptera): 340. **Type locality:** China: Shaanxi, Shangnan.

Korinchia angustiabdomena: Steenis *et* Hippa, 2012. Tijdschr. Ent. 155 (2-3): 216 (new combination of *Palumbia angustiabdomena*).

分布（Distribution）：陕西（SN）。

（267）尖斜环蚜蝇 *Korinchia apicalis* Shiraki, 1930

Korinchia apicalis Shiraki, 1930. Mem. Fac. Sci. Agric. Taihoku Imp. Univ. 1: 157. **Type locality:** China: Taiwan, Karenko.

Korinchia apicalis: Knutson, Thompson *et* Vockeroth, 1975. *In*: Delfinado *et* Hardy, 1975. Cat. Dipt. Orient. Reg. 2: 361; Steenis *et* Hippa, 2012. Tijdschr. Ent. 155 (2-3): 216; Huang *et* Cheng, 2012. Fauna Sinica, Insecta, Vol. 50: 591.

Palumbia (*Korinchia*) *apicalis*: Thompson, 1975. Proc. Ent. Soc. Wash. 77 (2): 203.

分布（Distribution）：台湾（TW）。

（268）黄饰斜环蚜蝇 *Korinchia flavissima* Steenis *et* Hippa, 2012

Korinchia flavissima Steenis *et* Hippa, 2012. Tijdschr. Ent. 155 (2-3): 226. **Type locality:** China: Szechwan, Yachow.

Palumbia sinensis: sensu Huo, Ren *et* Zheng, 2007. Fauna of Syrphidae from Mt. Qinling-Bashan in China (Insecta: Diptera): 344 (misidentification).

分布（Distribution）：陕西（SN）、四川（SC）。

（269）黑跗斜环蚜蝇 *Korinchia formosana* Shiraki, 1930

Korinchia formosana Shiraki, 1930. Mem. Fac. Sci. Agric. Taihoku Imp. Univ. 1: 154. **Type locality:** China: Taiwan, Shinchiku, Arisan, Karenko.

Palumbia formosana: Huang, Cheng *et* Yang, 1998. *In*: Xue *et* Chao, 1998. Flies of China, Vol. 1: 194.

Palumbia (*Korinchia*) *formosana*: Thompson, 1975. Proc. Ent. Soc. Wash. 77 (2): 207.

Korinchia formosana: Knutson, Thompson *et* Vockeroth, 1975. *In*: Delfinado *et* Hardy, 1975. Cat. Dipt. Orient. Reg. 2: 361; Steenis *et* Hippa, 2012. Tijdschr. Ent. 155 (2-3): 228; Huang *et* Cheng, 2012. Fauna Sinica, Insecta, Vol. 50: 588.

分布（Distribution）：四川（SC）、云南（YN）、西藏（XZ）、福建（FJ）、台湾（TW）。

（270）喜马拉雅斜环蚜蝇 *Korinchia himalayensis* Steenis *et* Hippa, 2012

Korinchia himalayensis Steenis *et* Hippa, 2012. Tijdschr. Ent. 155 (2-3): 229. **Type locality:** Nepal.China, Tibet.

分布（Distribution）：西藏（XZ）；尼泊尔。

（271）黄缘斜环蚜蝇 *Korinchia nova* Hull, 1937

Korinchia nova Hull, 1937. J. Wash. Acad. Sci. 27: 175. **Type locality:** China: Ningyuenfu.

Korinchia nova: Knutson, Thompson *et* Vockeroth, 1975. *In*: Delfinado *et* Hardy, 1975. Cat. Dipt. Orient. Reg. 2: 361; Steenis *et* Hippa, 2012. Tijdschr. Ent. 155 (2-3): 241; Huang *et* Cheng, 2012. Fauna Sinica, Insecta, Vol. 50: 589.

Palumbia nova: Huang, Cheng *et* Yang, 1998. *In*: Xue *et* Chao, 1998. Flies of China, Vol. 1: 194; Huo, Ren *et* Zheng, 2007.

Fauna of Syrphidae from Mt. Qinling-Bashan in China (Insecta: Diptera): 342.

分布（Distribution）：陕西（SN）、四川（SC）。

（272）波斜环蚜蝇 *Korinchia potanini* Stackelberg, 1963

Korinchia potanini Stackelberg, 1963. Stuttg. Beitr. Naturkd. 113: 5. **Type locality:** China: Western, Sze-chuen, Tazsinlu.

Korinchia potanini: Steenis *et* Hippa, 2012. Tijdschr. Ent. 155 (2-3): 247; Huang *et* Cheng, 2012. Fauna Sinica, Insecta, Vol. 50: 591.

Palumbia potanini: Huang, Cheng *et* Yang, 1998. *In*: Xue *et* Chao, 1998. Flies of China, Vol. 1: 194.

Palumbia (*Korinchia*) *potanini*: Thompson, 1975. Proc. Ent. Soc. Wash. 77 (2): 207; Peck, 1988. *In*: Soós *et* Papp, 1988. Cat. Palaearct. Dipt. 8: 211.

分布（Distribution）：四川（SC）。

（273）桔足斜环蚜蝇 *Korinchia rufa* Hervé-Bazin, 1922

Korinchia rufa Hervé-Bazin, 1922. Bull. Soc. Ent. Fr. 1922: 122. **Type locality:** India: South Kodaikānal.

Korinchia rufa: Knutson, Thompson *et* Vockeroth, 1975. *In*: Delfinado *et* Hardy, 1975. Cat. Dipt. Orient. Reg. 2: 361; Steenis *et* Hippa, 2012. Tijdschr. Ent. 155 (2-3): 251; Huang *et* Cheng, 2012. Fauna Sinica, Insecta, Vol. 50: 590.

Palumbia (*Korinchia*) *rufa*: Thompson, 1975. Proc. Ent. Soc. Wash. 77 (2): 207.

分布（Distribution）：海南（HI）；印度。

（274）拟黄缘斜环蚜蝇 *Korinchia similinova* (Huo, Ren *et* Zheng, 2007)

Palumbia similinova Huo, Ren *et* Zheng, 2007. Fauna of Syrphidae from Mt. Qinling-Bashan in China (Insecta: Diptera): 343. **Type locality:** China: Shaanxi, Meixian.

Korinchia similinova: Steenis *et* Hippa, 2012. Tijdschr. Ent. 155 (2-3): 255 (new combination of *Palumbia similinova*).

分布（Distribution）：陕西（SN）。

（275）红腹斜环蚜蝇 *Korinchia sinensis* Curran, 1929

Korinchia sinensis Curran, 1929. Ann. Ent. Soc. Am. 22 (3): 503. **Type locality:** China: Sichuan.

Korinchia sinensis: Cheng, 1940. Biol. Bull. Fukien Christian Univ. 1: 45; Wu, 1940. Cat. Ins. Sin. 5: 309; Steenis *et* Hippa, 2012. Tijdschr. Ent. 155 (2-3): 261; Huang *et* Cheng, 2012. Fauna Sinica, Insecta, Vol. 50: 590.

Palumbia (*Korinchia*) *sinensis*: Thompson, 1975. Proc. Ent. Soc. Wash. 77 (2): 207.

Palumbia sinensis: Huang, Cheng *et* Yang, 1998. *In*: Xue *et* Chao, 1998. Flies of China, Vol. 1: 194; Huo, Ren *et* Zheng, 2007. Fauna of Syrphidae from Mt. Qinling-Bashan in China (Insecta: Diptera): 344 (misidentification).

分布（**Distribution**）：四川（SC）。

44. 伪斜环蚜蝇属 *Pterallastes* Loew, 1863

Pterallastes Loew, 1863. Berl. Ent. Z. 7: 317. **Type species:** *Pterallastes thoracicus* Loew, 1863 (by designation of Osten-Sacken, 1878).

Pseudozetterstedtia Shiraki, 1930. Mem. Fac. Sci. Agric. Taihoku Imp. Univ. 1: 199 (as a subgenus of *Mallota*). **Type species:** *Pseudozetterstedtia unicolor* Shiraki, 1930 (by original designation).

Pteralastes: Loew, 1864. Diptera Americae Septentrionalis Indigena 1: 263 (misspelling of *Pterallastes*); Schiner, 1868. Reise der Österreichischen Fregatte Novara, Diptera 2 (1B): 339 (misspelling of *Pterallastes*).

Pterellastes: Scudder, 1882. Bull. U. S. Natl. Mus. 19 (1): 269 (emendation of *Pterallastes*).

Pterallastes: Peck, 1988. *In*: Soós *et* Papp, 1988. Cat. Palaearct. Dipt. 8: 212; Huang *et* Cheng, 2012. Fauna Sinica, Insecta, Vol. 50: 592.

（276）贝伪斜环蚜蝇 *Pterallastes bettyae* Thompson, 1979

Pterallastes bettyae Thompson, 1979. Pan-Pac. Entomol. 54: 297. **Type locality:** China: Kwanhsien.

Pterallastes bettyae: Peck, 1988. *In*: Soós *et* Papp, 1988. Cat. Palaearct. Dipt. 8: 212; Huang *et* Cheng, 2012. Fauna Sinica, Insecta, Vol. 50: 593.

分布（**Distribution**）：中国（省份不明）。

（277）蜂伪斜环蚜蝇 *Pterallastes bomboides* Thompson, 1974

Pterallastes bomboides Thompson, 1974. J. N. Y. Ent. Soc. 82: 22. **Type locality:** China: Sichuan, near Tatsielu, West of Chetu Pass.

Pterallastes bomboides: Peck, 1988. *In*: Soós *et* Papp, 1988. Cat. Palaearct. Dipt. 8: 212; Huang *et* Cheng, 2012. Fauna Sinica, Insecta, Vol. 50: 592.

分布（**Distribution**）：青海（QH）、四川（SC）、西藏（XZ）。

45. 小瓣蚜蝇属 *Takaomyia* Hervé-Bazin, 1914

Takaomyia Hervé-Bazin, 1914. Ann. Soc. Entomol. Fr. 83: 412. **Type species:** *Takaomyia johannis* Hervé-Bazin, 1914 (monotypy).

Vespiomyia Matsumura, 1916. Thousand Ins. Japan Add. 2: 228. **Type species:** *Vespiomyia sexmaculata* Matsumura, 1916 (by original designation).

（278）暗腿小瓣蚜蝇 *Takaomyia caligicrura* Cheng, 2012

Takaomyia caligicrura Cheng, 2012. *In*: Huang *et* Cheng, 2012. Fauna Sinica, Insecta, Vol. 50: 603. **Type locality:**

China: Sichuan, Mt. Emei.

分布（**Distribution**）：四川（SC）。

（279）台湾小瓣蚜蝇 *Takaomyia formosana* Shiraki, 1930

Takaomyia formosana Shiraki, 1930. Mem. Fac. Sci. Agric. Taihoku Imp. Univ. 1: 125. **Type locality:** China: Taiwan, Musha, Horisha.

Takaomyia formosana: Knutson, Thompson *et* Vockeroth, 1975. *In*: Delfinado *et* Hardy, 1975. Cat. Dipt. Orient. Reg. 2: 365; Huang, Cheng *et* Yang, 1998. *In*: Xue *et* Chao, 1998. Flies of China, Vol. 1: 197; Huang *et* Cheng, 2012. Fauna Sinica, Insecta, Vol. 50: 604.

分布（**Distribution**）：台湾（TW）。

（280）约翰尼斯小瓣蚜蝇 *Takaomyia johannis* Hervé-Bazin, 1914

Takaomyia johannis Hervé-Bazin, 1914. Ann. Soc. Entomol. Fr. 83: 413. **Type locality:** Japan: "Mont Takao, Pres Hachioji".

Takaomyia johannis: Shiraki, 1930. Mem. Fac. Sci. Agric. Taihoku Imp. Univ. 1: 122; Knutson, Thompson *et* Vockeroth, 1975. *In*: Delfinado *et* Hardy, 1975. Cat. Dipt. Orient. Reg. 2: 365; Peck, 1988. *In*: Soós *et* Papp, 1988. Cat. Palaearct. Dipt. 8: 215.

分布（**Distribution**）：台湾（TW）；泰国、日本。

46. 拟木蚜蝇属 *Temnostoma* Le Peletier *et* Serville, 1828

Temnostoma Le Peletier *et* Serville, 1828. *In*: Latreille *et al*., 1828. Encycl. Méth. Hist. Nat. 10 (2): 518 (as a subgenus of *Milesia*). **Type species:** *Milesia bombylans* Fabricius, 1805 (by designation of Coquillett, 1910).

Tritonia Meigen, 1800. Nouve. Class.: 33 (preoccupied by Cuvier, 1798). **Type species:** *Musca vespiformis* Linnaeus, 1758 (by designation of Coquillett, 1910) (suppressed by ICZN, 1963).

Microrhincus Lioy, 1864. Atti R. Ist. Véneto Sci. Lett. Arti (3) 9: 751. **Type species:** *Musca vespiformis* Linnaeus, 1758 (monotypy).

Microrhincus: Scudder, 1882. Bull. U. S. Natl. Mus. 19 (1): 212 (emendation of *Microrhincus*).

Micrhrorhynchus: Bigot, 1883. Ann. Soc. Entomol. Fr. (6) 3: 225 (misspelling of *Microrhincus*).

Microrrhynchus: Bezzi *et* Stein, 1907. Kat. Pal. Dipt. 3: 143 (misspelling of *Microrrhincus*); Kertész, 1910. Catalogus Dipterorum Hucusque Descriptorum VII: 335 (emendation of *Microrhinchus*).

（281）白纹拟木蚜蝇 *Temnostoma albostriatum* Huo, Ren *et* Zheng, 2007

Temnostoma albostriatum Huo, Ren *et* Zheng, 2007. Fauna of

Syrphidae from Mt. Qinling-Bashan in China (Insecta: Diptera): 350. **Type locality:** China: Shaanxi, Liuba.

分布（Distribution）：陕西（SN）。

（282） 淡斑拟木蚜蝇 *Temnostoma apiforme* (Fabricius, 1794)

Syrphus apiforme Fabricius, 1794. Ent. Syst. 4: 300. **Type locality:** Germany.

Milesia wagae Gorski, 1852. Analecta Ad Ent. Prov. Occid.-Mer. Imp. Rossici 1: 175. **Type locality:** "in sylva Bialovesha, e regione uralensi".

Temnostoma pallidum Sack, 1910. Beil. Programm Wöhler-Realgymn. Frankfurt a. M. 1910: 26. **Type locality:** Russia: S. Amur Region.

Temnostoma apiforme var. *carens* Gaunitz, 1936. Ent. Tidskr. 57: 8. **Type locality:** Sweden: Lule Lappmark: Saltoluokta.

Temnostoma pallidum: Shiraki, 1930. Mem. Fac. Sci. Agric. Taihoku Imp. Univ. 1: 111.

Temnostoma apiforme: Shiraki, 1930. Mem. Fac. Sci. Agric. Taihoku Imp. Univ. 1: 109; Peck, 1988. *In*: Soós *et* Papp, 1988. Cat. Palaearct. Dipt. 8: 216; Huang *et* Cheng, 2012. Fauna Sinica, Insecta, Vol. 50: 606.

分布（Distribution）：黑龙江（HL）、吉林（JL）、辽宁（LN）、内蒙古（NM）、北京（BJ）、云南（YN）；德国、俄罗斯、瑞典。

（283） 弓形拟木蚜蝇 *Temnostoma arciforma* He *et* Chu, 1995

Temnostoma arciforma He *et* Chu, 1995. Zool. Res. 16 (1): 13. **Type locality:** China: Heilongjiang.

Temnostoma arciforma: Huo, Ren *et* Zheng, 2007. Fauna of Syrphidae from Mt. Qinling-Bashan in China (Insecta: Diptera): 352; Huang *et* Cheng, 2012. Fauna Sinica, Insecta, Vol. 50: 607.

分布（Distribution）：黑龙江（HL）、陕西（SN）。

（284） 熊蜂拟木蚜蝇 *Temnostoma bombylans* (Fabricius, 1805)

Milesia bombylans Fabricius, 1805. Syst. Antliat.: 189. **Type locality:** Spain.

Milesia zetterstedtii Fallén, 1816. Syrphici Sveciae: 8. **Type locality:** Sweden: Östergötlands [= Ostrogothia]: Larketorp; Smolandia.

Temnostoma nitobei Matsumura, 1916. Thousand Ins. Japan Add. 2: 189. **Type locality:** Japan: Hokkaidō, Sapporo; Honshū, Admori.

Temnostoma japonicum Hull, 1944. Psyche 51: 41. **Type locality:** Japan: Nikko.

Temnostoma takahasii Violovitsh, 1976a. Novye I Maloizvestnye Vidy Fauny Sibiri 10: 128. **Type locality:** Japan: Uradani Kitashidara, Aichi Pref.

Temnostoma bombylans ssp. *flavifemur* Krivosheina, 2002. Ent.

Review 82: 1258? **Type locality:** Russia: Krasnodar Territory, L'vovskiy.

Temnostoma takahasii: Peck, 1988. *In*: Soós *et* Papp, 1988. Cat. Palaearct. Dipt.: 217 (as a valid species).

Temnostoma bombylans: Shiraki, 1930. Mem. Fac. Sci. Agric. Taihoku Imp. Univ. 1: 108; Peck, 1988. *In*: Soós *et* Papp, 1988. Cat. Palaearct. Dipt. 8: 216; Huang, Cheng *et* Yang, 1998. *In*: Xue *et* Chao, 1998. Flies of China, Vol. 1: 198; Huang *et* Cheng, 2012. Fauna Sinica, Insecta, Vol. 50: 608.

分布（Distribution）：吉林（JL）；朝鲜、日本、前苏联、西班牙、瑞典；非洲（北部）。

（285）黄色拟木蚜蝇 *Temnostoma flavidistriatum* Huo, Ren *et* Zheng, 2007

Temnostoma flavidistriatum Huo, Ren *et* Zheng, 2007. Fauna of Syrphidae from Mt. Qinling-Bashan in China (Insecta: Diptera): 352. **Type locality:** China: Shaanxi.

分布（Distribution）：陕西（SN）。

（286）宁陕拟木蚜蝇 *Temnostoma ningshanensis* Huo, Ren *et* Zheng, 2007

Temnostoma ningshanensis Huo, Ren *et* Zheng, 2007. Fauna of Syrphidae from Mt. Qinling-Bashan in China (Insecta: Diptera): 354. **Type locality:** China: Shaanxi.

分布（Distribution）：陕西（SN）。

（287）褐尾拟木蚜蝇 *Temnostoma ravicauda* He *et* Chu, 1995

Temnostoma ravicauda He *et* Chu, 1995. Zool. Res. 16 (1): 13. **Type locality:** China: Hubei, Shennongjia.

Temnostoma ravicauda: Huang *et* Cheng, 2012. Fauna Sinica, Insecta, Vol. 50: 611.

分布（Distribution）：湖北（HB）。

（288）断带拟木蚜蝇 *Temnostoma ruptizona* Cheng, 2012

Temnostoma ruptizona Cheng, 2012. *In*: Huang *et* Cheng, 2012. Fauna Sinica, Insecta, Vol. 50: 609. **Type locality:** China: Yunnan.

分布（Distribution）：云南（YN）。

（289） 台湾拟木蚜蝇 *Temnostoma taiwanum* Shiraki, 1930

Temnostoma taiwanum Shiraki, 1930. Mem. Fac. Sci. Agric. Taihoku Imp. Univ. 1: 104. **Type locality:** China: Tawian, Asahi.

Temnostoma taiwanum: Knutson, Thompson *et* Vockeroth, 1975. *In*: Delfinado *et* Hardy, 1975. Cat. Dipt. Orient. Reg. 2: 366; He *et* Chu, 1995. Zool. Res. 16 (1): 14; Huang *et* Cheng, 2012. Fauna Sinica, Insecta, Vol. 50: 611.

分布（Distribution）：台湾（TW）。

（290） 胡拟木蚜蝇 *Temnostoma vespiforme* (Linnaeus, 1758)

Musca vespiformis Linnaeus, 1758. Syst. Nat. Ed. 10 (1): 593. **Type locality:** Sweden.

Milesia excentrica Harris, 1841. Rep. Ins. Massach. Inju. Vege.: 409. **Type locality:** USA: New Hampshire, Dublin.

Milesia wagae Gorski, 1852. Analecta Ad Ent. Prov. Occid.-Mer. Imp. Rossici 1: 175. **Type locality:** Russia: Bialowiezha *et* Ural.

Temnostoma aequalis Loew, 1864c. Berl. Ent. Z. 8: 68. **Type locality:** Canada: Ontario, English River.

Spilomyia vespiformis var. *sericomyiaeforme* Portschinsky, 1886. Horae Soc. Ent. Ross. 21: 8. **Type locality:** USSR: Mohilew, Boristhenem.

Spilomyia vespiformis var. *sibiricum* Portschinsky, 1886. Horae Soc. Ent. Ross. 21: 7. **Type locality:** USSR: Siberia *et* Amur.

Spilomyia vespiformis var. *vulgare* Portschinsky, 1886. Horae Soc. Ent. Ross. 21: 7. **Type locality:** USSR: Caucasus.

Spilomyia jozankeana Matsumura, 1916. Thousand Ins. Japan Add. 2: 196. **Type locality:** Japan.

Syrphus frequens Matsumura, 1931. 6000 Illust. Ins. Jap. Emp.: 354. **Type locality:** Japan: Hokkaidō; Honshū.

Temnostoma strigosum Sack, 1941. Arb. Morph. Taxon. Ent. Berl. 8 (3): 191. **Type locality:** China: Northeast China, Gaolinzsy.

Temnostoma meridionale Krivosheina *et* Mamaev, 1962. Ent. Obozr. 41: 928. **Type locality:** European USSR: Krasnodar Terr.

Syrphus vespiformis: Fabricius, 1775. Syst. Entom.: 769.

Temnostoma meridionale: Peck, 1988. *In*: Soós *et* Papp, 1988. Cat. Palaearct. Dipt. 8: 217 (as a valid species).

Temnostoma vespiforme: Shiaki, 1930: 109; Peck, 1988. *In*: Soós *et* Papp, 1988. Cat. Palaearct. Dipt. 8: 217; He *et* Chu, 1995. Zool. Res. 16 (1): 14; Huo, Ren *et* Zheng, 2007. Fauna of Syrphidae from Mt. Qinling-Bashan in China (Insecta: Diptera): 355; Huang *et* Cheng, 2012. Fauna Sinica, Insecta, Vol. 50: 609.

分布（**Distribution**）：黑龙江（HL）、吉林（JL）、内蒙古（NM）、北京（BJ）；日本、俄罗斯、瑞典、美国、加拿大。

齿腿蚜蝇亚族 Tropidiina

47. 硕木蚜蝇属 *Macrozelima* Stackelberg, 1930

Macrozelima Stackelberg, 1930. Konowia 9: 229. **Type species:** *Macrozelima bidentata* Stackelberg, 1930 (by original designation) [= *Macrozelima hervei* (Shiraki, 1930)].

（291）赫尔硕木蚜蝇 *Macrozelima hervei* (Shiraki, 1930)

Zelima hervei Shiraki, 1930. Mem. Fac. Sci. Agric. Taihoku Imp. Univ. 1: 86. **Type locality:** Japan: Honshū, Chuzenji.

Macrozelima bidentata Stackelberg, 1930. Konowia 9: 229. **Type locality:** Russia: Ussuri-gebiet, Kreise Sutshan, Station.

Macrozelima hervei: Peck, 1988. *In*: Soós *et* Papp, 1988. Cat. Palaearct. Dipt. 8: 209; Huang *et* Cheng, 2012. Fauna Sinica, Insecta, Vol. 50: 573.

分布（**Distribution**）：辽宁（LN）；前苏联、日本。

48. 短喙蚜蝇属 *Rhinotropidia* Stackelberg, 1930

Rhinotropidia Stackelberg, 1930. Konowia 9: 227. **Type species:** *Tropidia rostrata* Shiraki, 1930 (by original designation).

Parrhyngia Shiraki, 1968. *In*: Ikada *et al.*, 1968. Fauna Jap. Syrphidae 3: 205. **Type species:** *Parrhyngia quadrimaculata* Shiraki, 1968 (by original designation) [= *Rhinotropidia rostrata* (Shiraki, 1930)].

（292）黄短喙蚜蝇 *Rhinotropidia rostrata* (Shiraki, 1930)

Tropidia rostrata Shiraki, 1930. Mem. Fac. Sci. Agric. Taihoku Imp. Univ. 1: 90. **Type locality:** Japan.

Parrhyngia quadrimaculata Shiraki, 1968. *In*: Ikada *et al.*, 1968. Fauna Jap. Syrphidae 3: 205. **Type locality:** Japan.

Parrhyngia quadrimaculata: Mutin, 1986. Ent. Obozr. 65: 830 (new synonym of *Rhinotropidia rostrata*).

Rhinotropidia rostrata: Peck, 1988. *In*: Soós *et* Papp, 1988. Cat. Palaearct. Dipt. 8: 212.

Tropidia rostrata: Huang *et* Cheng, 2012. Fauna Sinica, Insecta, Vol. 50: 594.

分布（**Distribution**）：河北（HEB）、北京（BJ）、河南（HEN）、江苏（JS）、浙江（ZJ）、广东（GD）；前苏联、日本。

49. 粗股蚜蝇属 *Syritta* Le Peletier *et* Serville, 1828

Syritta Le Peletier *et* Serville, 1828. *In*: Latreille *et al.*, 1828. Encycl. Méth. Hist. Nat. 10 (2): 808 (as a subgenus of *Xylota*). **Type specise:** *Musca pipiens* Linnaeus, 1758 (monotypy).

Austrosyritta Marnef, 1967. Bull. Ann. Soc. R. Ent. Belg. 103: 268. **Type species:** *Austrosyritta cortesi* Marnef, 1967 (by original designation) [= *Syritta flaviventris* Macquart, 1842].

Coprina Zetterstedt, 1837. Isis (Oken's) 21: 35 (preoccupied by Robineau-Desvoidy, 1830). **Type species:** *Musca pipiens* Linnaeus, 1758 (monotypy).

Xylota Westwood, 1840. Synopsis Gen. Brit. Ins. 2: 136. **Type species:** *Musca pipiens* Linnaeus, 1758 (monotypy).

Volvula Gistel, 1848. Naturgeschichte des Thierreichs für höhere Schulen, Stuttgart 16: viii (replacement name for *Coprina* Zetterstedt, 1837).

Trizota Scudder, 1882. Bull. U. S. Natl. Mus. 19 (1): 344 (nomen nudum).

Siritta: Rondani, 1873. Annali Mus. Civ. Stor. Nat. Giacomo Doria 4: 293 (misspelling of *Syritta*).

（293）印度粗股蚜蝇 *Syritta indica* (Wiedemann, 1824)

Eumerus indica Wiedemann, 1824a. Munus Rectoris in Academia Christiana Albertina Aditurus Analecta Entomológica ex Museo Regio Havniensi Máxime Congesta Profert Iconibusque Illustrat: 33. **Type locality:** East Indies.

Syritta femorata Sack, 1913. Ent. Mitt. 2: 8. **Type locality:** China: Taiwan, Tainan.

Syritta rufifacies Bigot, 1884b. Ann. Soc. Entomol. Fr. 1833 (6) 3: 538. **Type locality:** India: Pondicherry.

Syritta femorata: Knutson, Thompson *et* Vockeroth, 1975. *In*: Delfinado *et* Hardy, 1975. Cat. Dipt. Orient. Reg. 2: 364 (new synonym of *Syritta indica*).

Syritta rufifacies: Knutson, Thompson *et* Vockeroth, 1975. *In*: Delfinado *et* Hardy, 1975. Cat. Dipt. Orient. Reg. 2: 364 (new synonym of *Syritta indica*).

分布（**Distribution**）：台湾（TW）；尼泊尔、印度、新几内亚岛。

（294）东方粗股蚜蝇 *Syritta orientalis* Macquart, 1842

Syritta orientalis Macquart, 1842. Dipt. Exot. 2 (2): 136. **Type locality:** India: Madras, Pondicherry.

Senogaster lutescens Doleschall, 1856. Natuurk. Tijdschr. Ned.-Indië 10 (7): 410. **Type locality:** Indonesia: Java (Djokjakarta).

Syritta amboinensis Doleschall, 1858. Natuurkd. Tijdschr. Ned.-Indië 17: 97. **Type locality:** Indonesia: Maluku (Ambon).

Syritta illucida Walker, 1859. J. Proc. Linn. Soc. London Zool. 4: 121. **Type locality:** Indonesia: Celebes [= Sulawesi] (Makassar [= Ujung Pandang]).

Syritta orientalis: Shiraki, 1930. Mem. Fac. Agric. Taihoku. Imp Univ. 1: 89; Cheng, 1940. Biol. Bull. Fukien Christian Univ. 1: 46, 63; Wu, 1940. Cat. Ins. Sin. 5: 319; Knutson, Thompson *et* Vockeroth, 1975. *In*: Delfinado *et* Hardy, 1975. Cat. Dipt. Orient. Reg. 2: 365; Huang, Cheng *et* Yang, 1998. *In*: Xue *et* Chao, 1998. Flies of China, Vol. 1: 197; Huo, Ren *et* Zheng, 2007. Fauna of Syrphidae from Mt. Qinling-Bashan in China (Insecta: Diptera): 348; Huang *et* Cheng, 2012. Fauna Sinica, Insecta, Vol. 50: 600.

分布（**Distribution**）：陕西（SN）、安徽（AH）、江苏（JS）、湖南（HN）、湖北（HB）、四川（SC）、贵州（GZ）、福建（FJ）、台湾（TW）、广东（GD）；印度、印度尼西亚、斯里兰卡。

（295）黄环粗股蚜蝇 *Syritta pipiens* (Linnaeus, 1758)

Musca pipiens Linnaeus, 1758. Syst. Nat. Ed. 10 (1): 594. **Type locality:** Sweden.

Xylota proxima Say, 1824. Am. Ent. Descri. Ins. North Ame. 1: 8. **Type locality:** USA.

Syritta pipiens var. *obscuripes* Strobl, 1899a. Wien. Ent. Ztg. 18: 146. **Type locality:** Spain: Algeciras.

Syritta pipiens var. *albicincta* Santos Abreu, 1924. Mem. R. Acad. Cienc. Artes Barcelona (3) 19 (1): 125. **Type locality:** Spain: Canary Is., La Palma, Dehesa de la Encarnacion.

Syritta pipiens var. *flavicans* Szilády, 1940. Ann. Hist.-Nat. Mus. Natl. Hung. 33: 68. **Type locality:** Cyprus.

Syritta pipiens var. *vicina* Szilády, 1940. Ann. Hist.-Nat. Mus. Natl. Hung. 33: 67. **Type locality:** Turkey: Izmir *et* Cyprus.

Spheginoides tenofemorus Dzhafarova, 1974. Uchen. Zap. Azerbaid. Univ. (Ser. Biol.) 1: 40. **Type locality:** Azerbaijan: Barda, Agdzhabedi *et* Mardakert districts.

Musca pipines: Fourcroy, 1785. Entomologia Parisiensis; Sive Catalogus Insectorum quae in Agro Parisiensi Reperiuntur 2: 486 (misspelling of *pipiens* Linnaeus).

Syritta pipiens: Cheng, 1940. Biol. Bull. Fukien Christian Univ. 1: 46; Wu, 1940. Cat. Ins. Sin. 5: 320; Knutson, Thompson *et* Vockeroth, 1975. *In*: Delfinado *et* Hardy, 1975. Cat. Dipt. Orient. Reg. 2: 365; Peck, 1988. *In*: Soós *et* Papp, 1988. Cat. Palaearct. Dipt. 8: 215; Li *et* Li, 1990. The Syrphidae of Gansu Province: 108; Huang, Cheng *et* Yang, 1998. *In*: Xue *et* Chao, 1998. Flies of China, Vol. 1: 197; Huo, Ren *et* Zheng, 2007. Fauna of Syrphidae from Mt. Qinling-Bashan in China (Insecta: Diptera): 348; Huang *et* Cheng, 2012. Fauna Sinica, Insecta, Vol. 50: 601.

分布（**Distribution**）：黑龙江（HL）、河北（HEB）、山西（SX）、陕西（SN）、甘肃（GS）、新疆（XJ）、云南（YN）、福建（FJ）；西班牙、瑞典、土耳其、尼泊尔、美国；全北区。

木蚜蝇亚族 Xylotina

50. 瘤木蚜蝇属 *Brachypalpoides* Hippa, 1978

Brachypalpoides Hippa, 1978. Acta Zool. Fenn. 156: 79. **Type species:** *Xylota lenta* Meigen, 1822 (by original designation).

（296）卷毛短角瘤木蚜蝇 *Brachypalpoides crispichaeta* He *et* Chu, 1992

Brachypalpoides crispichaeta He *et* Chu, 1992a. J. Shanghai Agric. Coll. 10 (1): 9. **Type locality:** China: Fujian, Shaowu.

Brachypalpoides crispichaeta: Huang, Cheng *et* Yang, 1998. *In*: Xue *et* Chao, 1998. Flies of China, Vol. 1: 205; Huang *et* Cheng, 2012. Fauna Sinica, Insecta, Vol. 50: 655.

分布（**Distribution**）：福建（FJ）。

（297）血红瘤木蚜蝇 *Brachypalpoides lentus* (Meigen, 1822)

Xylota lentus Meigen, 1822. Syst. Beschr. Europ. Zweifl. Insekt. 3: 222. **Type locality:** Germany.

Zelima lenta var. *lateralis* Szilády, 1940. Ann. Hist.-Nat. Mus. Natl. Hung. 33: 68. **Type locality:** Krivosije.

Brachypalpoides lentus: Peck, 1988. *In*: Soós *et* Papp, 1988. Cat. Palaearct. Dipt. 8: 218; Huang *et* Cheng, 2012. Fauna Sinica, Insecta, Vol. 50: 652.

分布（Distribution）：黑龙江（HL）、吉林（JL）、河北（HEB）、北京（BJ）、云南（YN）、西藏（XZ）；德国、前苏联；欧洲。

（298）亮黑瘤木蚜蝇 *Brachypalpoides lucidicorpus* Cheng, 2012

Brachypalpoides lucidicorpus Cheng, 2012. *In*: Huang *et* Cheng, 2012. Fauna Sinica, Insecta, Vol. 50: 653. **Type locality:** China: Yunnan.

分布（Distribution）：云南（YN）。

（299）黄足瘤木蚜蝇 *Brachypalpoides makiana* (Shiraki, 1930)

Zelima makiana Shiraki, 1930. Mem. Fac. Sci. Agric. Taihoku Imp. Univ. 1: 65. **Type locality:** China: Taiwan, Kosempo, Arisan, Toyenmongai *et* Fuhosho.

Xylota makiana: Knutson, Thompson *et* Vockeroth, 1975. *In*: Delfinado *et* Hardy, 1975. Cat. Dipt. Orient. Reg. 2: 367.

Brachypalpoides makiana: Hippa, 1978. Acta Zool. Fenn. 156: 82; He *et* Chu, 1992a. J. Shanghai Agric. Coll. 10 (1): 3; Huang, Cheng *et* Yang, 1998. *In*: Xue *et* Chao, 1998. Flies of China, Vol. 1: 205; Huang *et* Cheng, 2012. Fauna Sinica, Insecta, Vol. 50: 654.

分布（Distribution）：浙江（ZJ）、四川（SC）、贵州（GZ）、云南（YN）、福建（FJ）、台湾（TW）；尼泊尔。

（300）黑腹瘤木蚜蝇 *Brachypalpoides nigrabdomenis* Huo, Zhang *et* Zheng, 2004

Brachypalpoides nigrabdomenis Huo, Zhang *et* Zheng, 2004. Acta Zootaxon. Sin. 29 (4): 797. **Type locality:** China: Shaanxi.

分布（Distribution）：陕西（SN）。

51. 脊木蚜蝇属 *Brachypalpus* Macquart, 1834

Brachypalpus Macquart, 1834. Hist. Nat. Ins., Dipt.: 523. **Type species:** *Brachypalpus tuberculatus* Macquart, 1834 (by designation of Rondani, 1844) [= *Syrphus valgus* Panzer, 1798].

Crioprora Osten-Sacken, 1878. Catal. Descr. Dipt. Nor. Ame. [Ed. 2]: 136, 251. **Type species:** *Pocota alopex* Osten-Sacken, 1877 (by designation of Williston, 1887).

Brachipalpus: Rondani, 1844-1845. Nuovi Ann. Sci. Nat. (2) 2: 456 (misspelling of *Brachypalpus*).

（301）黑腹脊木蚜蝇 *Brachypalpus laphriformis* (Fallén, 1816)

Syrphus laphriformis Fallén, 1816. Syrphici Sveciae: 22. **Type locality:** Sweden: Scania: Esperod.

Xylota bimaculatus Macquart, 1829a. Mém. Soc. R. Sci. Agric. Arts Lille 1827-1828: 282; Macquart, 1829b. Ins. Dipt. N. Fr. 4: 134. **Type locality:** "Lestrem".

Brachypalpus angustus Egger, 1860c. Verh. K. K. Zool.-Bot. Ges. Wien 10: 665. **Type locality:** Austria.

Brachypalpus angustatus Schiner, 1862. Fauna Austriaca (Díptera) 1: 353. **Type locality:** Austria: "Schneeberg".

Syrphus laphriformis: Peck, 1988. *In*: Soós *et* Papp, 1988. Cat. Palaearct. Dipt. 8: 219; Yang, Bai *et* Wang, 1999. J. Shanxi Agric. Univ. 19 (3): 194; Yang, Lv *et* Wang, 2000. J. Shanxi Agric. Univ. 20 (1): 98.

分布（Distribution）：山西（SX）；瑞典、奥地利、前苏联。

（302）日本脊木蚜蝇 *Brachypalpus nipponicus* Shiraki, 1952

Brachypalpus nipponicus Shiraki, 1952. Mushi 23: 7. **Type locality:** Japan: Honshū, Kamikochi, Nagano.

Brachypalpus dentitibia Violovitsh, 1960. Trudy Vses. Ent. Obshch. 47: 249 (nomen nudum).

Brachypalpus nipponicus: Peck, 1988. *In*: Soós *et* Papp, 1988. Cat. Palaearct. Dipt. 8: 219; Huang, Cheng *et* Yang, 1998. *In*: Xue *et* Chao, 1998. Flies of China, Vol. 1: 205; Huang *et* Cheng, 2012. Fauna Sinica, Insecta, Vol. 50: 657.

分布（Distribution）：吉林（JL）、河北（HEB）、北京（BJ）；前苏联、日本。

52. 桐木蚜蝇属 *Chalcosyrphus* Curran, 1925

Chalcosyrphus Curran, 1925. Kans. Univ. Sci. Bull. (1924) 15: 122 (as a subgenus of *Chalcomyia*). **Type species:** *Chalcomyia atra* Curran, 1925 (by original designation) [= *Chalcosyrphus depressus* (Shaanon, 1925)].

Cheiroxylota Hull, 1949. Trans. Zool. Soc. Lond. 26: 361 (as a subgenus of *Xylota*). **Type species:** *Xylota dimidiata* Brunetti, 1923 (by original designation).

Dimorphoxylota Hippa, 1978. Acta Zool. Fenn. 156: 114. **Type species:** *Xylota eumera* Loew, 1869 (by original designation).

Hardimyia Ferguson, 1926b. Proc. Linn. Soc. N. S. W. 51: 533. **Type species:** *Chrysotoxum elongatum* Hardy, 1921 (by original designation).

Planes Rondani, 1863. E. Soliani Modena: 9 (preoccupied by Bowdich, 1825; Sausure, 1862). **Type species:** *Xylota vagans* Wiedemann, 1830 (monotypy).

Xylotodes Shaanon, 1926. Proc. U. S. Natl. Mus. 69 (9): 9, 22 (as a valid genus). **Type species:** *Brachypalpus inarmatus* Hunter, 1897 (by original designation).

Xylotomima Shaanon, 1926. Proc. U. S. Natl. Mus. 69 (9): 15. **Type species:** *Xylota vecors* Osten-Sacken, 1875 (by original designation).

Neplas: Porter, 1927. Revta Chil. Hist. Nat. 31: 96 (replacement name for *Planes*).

Spheginoides Szilády, 1939. Ann. Hist.-Nat. Mus. Natl. Hung. 32: 138. **Type species:** *Spheginoides obscura* Szilády, 1939 (monotypy).

Neploneura Hippa, 1978. Acta Zool. Fenn. 156: 125. **Type species:** *Neploneura melanocephala* Hippa, 1978 (by original designation).

Dimorphoxylota Hippa, 1978. Acta Zool. Fenn. 156: 114 (as a subgenus of *Chalcosyrphus* Curran, 1925). **Type species:** *Xylota eumera* Loew, 1869 (by original designation).

Syrittoxylota Hippa, 1978. Acta Zool. Fenn. 156: 116 (as a subgenus of *Chalcosyrphus*). **Type species:** *Xylota annulata* Brunetti, 1919 (by original designation).

Xylotina Hippa, 1978. Acta Zool. Fenn. 156: 117 (as a subgenus of *Chalcosyrphus*). **Type species:** *Milesia nemorum* Fabricius, 1805 (by original designation).

（303）长桐木蚜蝇 *Chalcosyrphus acoetes* (Séguy, 1948)

Zelima acoetes Séguy, 1948. Notes Ent. Chin. 12 (14): 165. **Type locality:** China: Che-mo.

Xylota acoetes: Knutson, Thompson *et* Vockeroth, 1975. *In*: Delfinado *et* Hardy, 1975. Cat. Dipt. Orient. Reg. 2: 366.

Chalcosyrphus (*Xylotomima*) *acoetes*: Peck, 1988. *In*: Soós *et* Papp, 1988. Cat. Palaearct. Dipt. 8: 222; He *et* Chu, 1992a. J. Shanghai Agric. Coll. 10 (1): 3.

Chalcosyrphus acoetes: Huang, Cheng *et* Yang, 1998. *In*: Xue *et* Chao, 1998. Flies of China, Vol. 1: 206; Huo, Ren *et* Zheng, 2007. Fauna of Syrphidae from Mt. Qinling-Bashan in China (Insecta: Diptera): 386; Huang *et* Cheng, 2012. Fauna Sinica, Insecta, Vol. 50: 659.

分布（Distribution）：河北（HEB）、江苏（JS）、浙江（ZJ）。

（304）无斑桐木蚜蝇 *Chalcosyrphus amaculatus* Huo, Ren *et* Zheng, 2007

Chalcosyrphus amaculatus Huo, Ren *et* Zheng, 2007. Fauna of Syrphidae from Mt. Qinling-Bashan in China (Insecta: Diptera): 388. **Type locality:** China: Shaanxi.

分布（Distribution）：陕西（SN）。

（305）黑龙江桐木蚜蝇 *Chalcosyrphus amurensis* (Stackelberg, 1925)

Zelima (*Xylota*) *amurensis* Stackelberg, 1925. Dtsch. Ent. Z. 4: 285. **Type locality:** Russia: East Siberia.

Chalcosyrphus (*Xylotomima*) *amurensis*: Peck, 1988. *In*: Soós *et* Papp, 1988. Cat. Palaearct. Dipt. 8: 223; He *et* Chu, 1992a. J. Shanghai Agric. Coll. 10 (1): 3.

Chalcosyrphus amurensis: He *et* Chu, 1995. Entomotaxon. 17 (3): 233; Huang, Cheng *et* Yang, 1998. *In*: Xue *et* Chao, 1998. Flies of China, Vol. 1: 206; Huang *et* Cheng, 2012. Fauna Sinica, Insecta, Vol. 50: 659.

分布（Distribution）：黑龙江（HL）、吉林（JL）、内蒙古（NM）、河北（HEB）、北京（BJ）、湖南（HN）、四川（SC）；前苏联。

（306）环腿桐木蚜蝇 *Chalcosyrphus annulatus* (Brunetti, 1913)

Xylota annulata Brunetti, 1913. Rec. India Mus. 9: 270. **Type locality:** India: Singla, and Darjeeling.

Zelima annulatus: Shiraki, 1930. Mem. Fac. Sci. Agric. Taihoku Imp. Univ. 1: 80.

Xylota annulata: Knutson, Thompson *et* Vockeroth, 1975. *In*: Delfinado *et* Hardy, 1975. Cat. Dipt. Orient. Reg. 2: 366.

Chalcosyrphus (*Syrittoxylota*) *annulatus*: He *et* Chu, 1992a. J. Shanghai Agric. Coll. 10 (1): 3.

Chalcosyrphus annulatus: Hippa, 1978. Acta Zool. Fenn. 156: 116; Huang, Cheng *et* Yang, 1998. *In*: Xue *et* Chao, 1998. Flies of China, Vol. 1: 206; Huang *et* Cheng, 2012. Fauna Sinica, Insecta, Vol. 50: 660.

分布（Distribution）：云南（YN）；印度、孟加拉国、老挝、马来西亚。

（307）怪颜桐木蚜蝇 *Chalcosyrphus atopos* Yang *et* Cheng, 1998

Chalcosyrphus atopos Yang *et* Cheng, 1998. *In*: Xue *et* Chao, 1998. Flies of China, Vol. 1: 206. **Type locality:** China: Yunnan, Ruili.

Chalcosyrphus atopos: Huang *et* Cheng, 2012. Fauna Sinica, Insecta, Vol. 50: 661.

分布（Distribution）：云南（YN）。

（308）蓝色桐木蚜蝇 *Chalcosyrphus blanki* Hauser *et* Hippa, 2015

Chalcosyrphus blanki Hauser *et* Hippa, 2015. Zootaxa 3986 (1): 144. **Type locality:** Thailand: Chiang Mai, Doi Inthanon NP, Summit marsh. China: Yunnan. Burma: Kambaiti. Vietnam: Tonkin.

分布（Distribution）：云南（YN）；泰国、缅甸、越南。

（309）周氏桐木蚜蝇 *Chalcosyrphus choui* He *et* Chu, 1992

Chalcosyrphus (*Xylotomima*) *choui* He *et* Chu, 1992a. J. Shanghai Agric. Coll. 10 (1): 7. **Type locality:** China: Heilongjiang, Ning'an.

Chalcosyrphus choui: Huang, Cheng *et* Yang, 1998. *In*: Xue *et* Chao, 1998. Flies of China, Vol. 1: 209; Huang *et* Cheng, 2012. Fauna Sinica, Insecta, Vol. 50: 666.

分布（Distribution）：黑龙江（HL）。

（310）弯足桐木蚜蝇 *Chalcosyrphus curvipes* (Loew, 1854)

Xylota curvipes Loew, 1854. Programm K. Realschule Meseritz 1854: 19. **Type locality:** Schlesien, Böhmen, Oesterreich, Schweiz.

Chalcosyrphus (*Xylotomima*) *curvipes*: Peck, 1988. *In*: Soós *et* Papp, 1988. Cat. Palaearct. Dipt. 8: 223.

Chalcosyrphus curvipes: Huang, Cheng *et* Yang, 1998. *In*: Xue *et* Chao, 1998. Flies of China, Vol. 1: 209; Huang *et* Cheng,

2012. Fauna Sinica, Insecta, Vol. 50: 662.

分布（Distribution）：吉林（JL）、河北（HEB）、北京（BJ）、新疆（XJ）；前苏联、前捷克斯洛伐克、奥地利、瑞士；欧洲。

（311）弯脉桐木蚜蝇 *Chalcosyrphus eumerus* (Loew, 1869)

Xylota eumera Loew, 1869. Beschr. Europ. Dipt. 1: 254. **Type locality:** Russia: "Sarepta".

Xylota pictipes Loew, 1871. Beschr. Europ. Dipt. 2: 237. **Type locality:** USSR: Archangel.

Zelima pictipes: Wu, 1940. Cat. Ins. Sin. 5: 323.

Chalcosyrphus (Dimorphoxylota) eumerus: Peck, 1988. *In:* Soós et Papp, 1988. Cat. Palaearct. Dipt. 8: 220; He et Chu, 1992a. J. Shanghai Agric. Coll. 10 (1): 3.

分布（Distribution）：中国（省份不明）；前苏联。

（312）桔腿桐木蚜蝇 *Chalcosyrphus femorata* (Linnaeus, 1758)

Musca femorata Linnaeus, 1758. Syst. Nat. Ed. 10 (1): 595. **Type locality:** Sweden.

Musca longipes Thunberg, 1791. D. D. Museum Naturalium Academiae Upsaliensis. Appendix Ⅱ: 127 (replacement name for *Musca femoratus* Linnaeus).

Srphus volvulus Fabricius, 1794. Ent. Syst. 4: 295. **Type locality:** France.

Zelima sapporoensis Shiraki, 1930. Mem. Fac. Sci. Agric. Taihoku Imp. Univ. 1: 76. **Type locality:** "Japan (Sapporo) und aus Korea".

Zelima femorata: Cheng, 1940. Biol. Bull. Fukien Christian Univ. 1: 46; Wu, 1940. Cat. Ins. Sin. 5: 322.

Chalcosyrphus (Xylotomima) femoratus: Peck, 1988. *In:* Soós et Papp, 1988. Cat. Palaearct. Dipt. 8: 223; He et Chu, 1992a. J. Shanghai Agric. Coll. 10 (1): 3.

Chalcosyrphus femoratus: Huang et Cheng, 2012. Fauna Sinica, Insecta, Vol. 50: 663.

分布（Distribution）：黑龙江（HL）、吉林（JL）、内蒙古（NM）、山西（SX）、浙江（ZJ）；前苏联、瑞典、法国、日本。

（313）黄桐木蚜蝇 *Chalcosyrphus flavipes* (Sack, 1927)

Zelima flavipes Sack, 1927. Stettin. Ent. Ztg. 88: 316. **Type locality:** China: Taiwan, Toa Tsui Kutsu.

分布（Distribution）：福建（FJ）、台湾（TW）。

（314）强桐木蚜蝇 *Chalcosyrphus fortis* He et Chu, 1995

Chalcosyrphus fortis He et Chu, 1995. J. Shanghai Agric. Coll. 13 (1): 12. **Type locality:** China: Hubei, Shennongjia.

Chalcosyrphus fortis: Huang et Cheng, 2012. Fauna Sinica, Insecta, Vol. 50: 667.

分布（Distribution）：湖北（HB）。

（315）江氏桐木蚜蝇 *Chalcosyrphus jiangi* He et Chu, 1997

Chalcosyrphus (Xylotina) jiangi He et Chu, 1997. Acta Zootaxon. Sin. 22 (1): 104. **Type locality:** China: Shaanxi, Mt. Taibai.

Chalcosyrphus (Xylotina) jiangi: Huo, Ren et Zheng, 2007. Fauna of Syrphidae from Mt. Qinling-Bashan in China (Insecta: Diptera): 389.

分布（Distribution）：陕西（SN）。

（316）方斑桐木蚜蝇 *Chalcosyrphus maculiquadratus* Yang et Cheng, 1993

Chalcosyrphus (Xylotina) maculiquadratus Yang et Cheng, 1993. *In:* Cheng et Yang, 1993. Entomotaxon. 15 (4): 329. **Type locality:** China: Guizhou, Huishui.

Chalcosyrphus (Xylotina) maculiquadratus Huang, Cheng et Yang, 1998. *In:* Xue et Chao, 1998. Flies of China, Vol. 1: 209; Huang et Cheng, 2012. Fauna Sinica, Insecta, Vol. 50: 664.

分布（Distribution）：贵州（GZ）。

（317）林桐木蚜蝇 *Chalcosyrphus nemorum* (Fabricius, 1805)

Milesia nemorum Fabricius, 1805. Syst. Antliat.: 192. **Type locality:** Austria.

Syrphus interruptus Panzer, 1804. D. Jacobi Christiani Schaefferi.: 168. **Type locality:** Germany: Bavaria, Regensburg.

Xylota bifasciatus Meigen, 1822. Syst. Beschr. Europ. Zweifl. Insekt. 3: 219. **Type locality:** Not given.

Xylota baton Walker, 1849. List of the specimens of dipterous insets in the collection of the British Museum Part III: 554. **Type locality:** USA: Florida. Canada. Nova Scotia.

Xylota fraudulosa Loew, 1864c. Berl. Ent. Z. 8: 71. **Type locality:** USA: Illinois et Wisconsin.

Xylota nemorum var. *pallidipes* Stackelberg, 1922. Russk. Ent. Obozr. 18 (1): 27. **Type locality:** USSR: Prov. Batumensis.

Zelim nemorum: Shiraki, 1930. Mem. Fac. Sci. Agric. Taihoku Imp. Univ. 1: 79.

Xylotomima americana Shaanon, 1926. Proc. U. S. Natl. Mus. 69 (9): 21. **Type locality:** USA: California, Walnut Creek.

Xylota arsenjevi Violovitsh, 1980. Novye I Maloizvestnye Vidy Fauny Sibiri 14: 127. **Type locality:** Russia: SFSR.

Chalcosyrphus (Xylotina) arsenjevi: Peck, 1988. *In:* Soós et Papp, 1988. Cat. Palaearct. Dipt. 8: 221.

Chalcosyrphus (Xylotina) nemorum: Peck, 1988. *In:* Soós et Papp, 1988. Cat. Palaearct. Dipt. 8: 221.

Chalcosyrphus nemorum: Huang, Cheng et Yang, 1998. *In:* Xue et Chao, 1998. Flies of China, Vol. 1: 209 (new record to China); Huang et Cheng, 2012. Fauna Sinica, Insecta, Vol. 50: 664.

分布（Distribution）：黑龙江（HL）、吉林（JL）；日本、前苏联、德国、奥地利、美国、加拿大。

（318）烁桐木蚜蝇 *Chalcosyrphus nitidus* **(Portschinsky, 1879)**

Xylota nitida Portschinsky, 1879. Horae Soc. Ent. Ross. 15: 157. **Type locality:** Russia: Mehileria, Boristhenem.

Zelima nitida: Wu, 1940. Cat. Ins. Sin. 5: 323.

Zelima nitidia: Cheng, 1940. Biol. Bull. Fukien Christian Univ. 1: 46.

Chalcosyrphus (*Xylotina*) *nitidia*: Peck, 1988. *In*: Soós *et* Papp, 1988. Cat. Palaearct. Dipt. 8: 221; He *et* Chu, 1992a. J. Shanghai Agric. Coll. 10 (1): 3.

分布（**Distribution**）：中国（省份不明）；前苏联。

（319）饰桐木蚜蝇 *Chalcosyrphus ornatipes* **(Sack, 1927)**

Zelima ornatipes Sack, 1927. Stettin. Ent. Ztg. 88: 317. **Type locality:** China: Taiwan, Toa Tsui Kutsu.

Xylota annulata var. *ornatipes*: Knutson, Thompson *et* Vockeroth, 1975. *In*: Delfinado *et* Hardy, 1975. Cat. Dipt. Orient. Reg. 2: 366.

Chalcosyrphus (*Syrittoxylota*) *ornatipes*: He *et* Chu, 1992a. J. Shanghai Agric. Coll. 10 (1): 3.

分布（**Distribution**）：台湾（TW）。

（320）缓桐木蚜蝇 *Chalcosyrphus piger* **(Fabricius, 1794)**

Syrphus piger Fabricius, 1794. Ent. Syst. 4: 295. **Type locality:** Germany.

Milesia haematodes Fabricius, 1805. Syst. Antliat.: 19. **Type locality:** USA: Carolina.

Xylota crassipes Wahlberg, 1839. K. Svenska Vetensk. Akad. Handl. [ser. 3] 1838: 15. **Type locality:** Sweden: Östergötlands: Gusum; Mariaeberg near Stockholm.

Xylota fulviventris Bigot, 1861. Ann. Soc. Entomol. Fr. (4) 1: 228. **Type locality:** France: "Corse" [= Corsica].

Xylota pini Perris, 1870. Ann. Soc. Entomol. Fr. 4 (10): 330. **Type locality:** France.

Xylota rubbiginigaster Bigot, 1884b. Ann. Soc. Entomol. Fr. 1833 (6) 3: 543. **Type locality:** USA: Colorado.

Xylota nigerrimus Becker, 1910. Dtsch. Ent. Z. 1910: 653. **Type locality:** France: "Vizzavona" [= Corsica].

Zelima pigra: Cheng, 1940. Biol. Bull. Fukien Christian Univ. 1: 46; Wu, 1940. Cat. Ins. Sin. 5: 323.

Chalcosyrphus (*Xylotode*) *piger*: Peck, 1988. *In*: Soós *et* Papp, 1988. Cat. Palaearct. Dipt. 8: 222; He *et* Chu, 1992a. J. Shanghai Agric. Coll. 10 (1): 3.

Chalcosyrphus piger: Huang, Cheng *et* Yang, 1998. *In*: Xue *et* Chao, 1998. Flies of China, Vol. 1: 209.

分布（**Distribution**）：中国（北部，省份不明）；前苏联；新北区；欧洲。

（321）梯斑桐木蚜蝇 *Chalcosyrphus scalistictus* **Yang *et* Cheng, 1998**

Chalcosyrphus scalistictus Yang *et* Cheng, 1998. *In*: Xue *et*

Chao, 1998. Flies of China, Vol. 1: 206. **Type locality:** China: Guangxi, Longsheng.

Chalcosyrphus scalistictus: Huang *et* Cheng, 2012. Fauna Sinica, Insecta, Vol. 50: 665.

分布（**Distribution**）：广西（GX）。

53. 大木蚜蝇属 *Macrometopia* Philippi, 1865

Macrometopia Philippi, 1865. Abh. K. K. Zool.-Bot. Ges. Wien 15: 740. **Type species:** *Macrometopia atra* Philippi, 1865 (monotypy).

（322）黑色大木蚜蝇 *Macrometopia atra* **Philippi, 1865**

Macrometopia atra Philippi, 1865. Abh. K. K. Zool.-Bot. Ges. Wien 15: 740. **Type locality:** Chile: Corral.

Macrometopia atra: Cheng, 1940. Biol. Bull. Fukien Christian Univ. 1: 46.

分布（**Distribution**）：中国（省份不明）；智利、阿根廷。

54. 木蚜蝇属 *Xylota* Meigen, 1822

Xylota Meigen, 1822. Syst. Beschr. Europ. Zweifl. Insekt. 3: 211 (replacement name for *Heliophilus*). **Type species:** *Musca sylvarum* Linnaeus, 1758.

Zelima Meigen, 1800. Nouve. Class.: 34. **Type species:** *Musca segnis* Linnaeus, 1758 (by designation of Coquillett, 1910).

Eumeros Meigen, 1803. Mag. Insektenkd. 2: 273. **Type species:** *Musca segnis* Linnaeus1758 (by designation of Coquillett, 1910).

Heliophilus Meigen, 1803. Mag. Insektenkd. 2: 273. **Type species:** *Musca sylvarum* Linnaeus, 1758 (monotypy).

Micraptoma Westwood, 1840. Synopsis Gen. Brit. Ins. 2: 136. **Type species:** *Musca segnis* Linnaeus, 1758 (by original designation).

Pelia Gistel, 1848. Naturgeschichte des Thierreichs für höhere Schulen, Stuttgart 16: ix (replacement name for *Eumenes*). [preoccupied by Bell, 1836 (*Eumenes* = *Eumeros*)].

Eumerus: Meigen, 1804. Klass. Beschr. 1 (2): xx (misspelling of *Eumeros*).

Hovaxylota Keiser, 1971. Verhandl. Naturf. Ges. Basal 81: 279. **Type species:** *Hovaxylota setosa* Keiser, 1971 (by original designation).

Ameroxylota Hippa, 1978. Acta Zool. Fenn. 156: 75. **Type species:** *Heliophilus flukei* Curran (by original designation).

Sterphoides Hippa, 1978. Acta Zool. Fenn. 156: 76. **Type species:** *Xylota brachygaster* Williston, 1892 (by original designation).

Haploxylota Mutin *et* Gilbert, 1999. Dipteron 2: 46 (as a subgenus of *Xylota*). **Type species:** *Xylota sichotana* Mutin, 1985 (by original designation).

Heliophylus: Fischer, 1813. Zoognosia: 344 (misspelling of

Heliophilus).

Eumenos: Leach, 1817. Brewster's Edinb. Encycl. 12 (1): 160 (misspelling of *Eumeros*).

Fumerus: Eversmann, 1834. Bull. Soc. Imp. Nat. Moscou 7: 425 (misspelling of *Eumeros*).

Eumenis: Gimmerthal, 1834. Bull. Soc. Imp. Nat. Moscou 7: 131 (misspelling of *Eumeros*).

Hylota: Stahl, 1883. Fauna de Puerto-Rico: 97 (misspelling of *Xylota*).

（323）离木蚜蝇 *Xylota abiens* **Meigen, 1822**

Xylota abiens Meigen, 1822. Syst. Beschr. Europ. Zweifl. Insekt. 3: 218. **Type locality:** Europe.

Musca semulator Harris, 1780. Expos. Engl. Ins.: 112. **Type locality:** England.

Zelima subabiens Stackelberg, 1952. Ent. Obozr. 32: 326. **Type locality:** USSR: Leningrad Prov.

Zelima abiens: Shiraki, 1930. Mem. Fac. Sci. Agric. Taihoku Imp. Univ. 1: 71.

Xylota abiens: Peck, 1988. *In*: Soós *et* Papp, 1988. Cat. Palaearct. Dipt. 8: 224; Huang, Cheng *et* Yang, 1998. *In*: Xue *et* Chao, 1998. Flies of China, Vol. 1: 211; Huang *et* Cheng, 2012. Fauna Sinica, Insecta, Vol. 50: 669.

分布（Distribution）：吉林（JL）；前苏联；欧洲。

（324）铜斑木蚜蝇 *Xylota aeneimaculata* **Meijere, 1908**

Xylota aeneimaculata Meijere, 1908a. Tijdschr. Ent. 51: 227. **Type locality:** New Guinea: Moroka.

Xylota aeneimaculata: Knutson, Thompson *et* Vockeroth, 1975. *In*: Delfinado *et* Hardy, 1975. Cat. Dipt. Orient. Reg. 2: 366; He *et* Chu, 1992a. J. Shanghai Agric. Coll. 10 (1): 2.

分布（Distribution）：台湾（TW）；新几内亚岛。

（325）无斑木蚜蝇 *Xylota amaculata* **Yang *et* Cheng, 1998**

Xylota amaculata Yang *et* Cheng, 1998. *In*: Xue *et* Chao, 1998. Flies of China, Vol. 1: 211. **Type locality:** China: Jilin, Mt. Changbai.

Xylota amaculata: Huo, Ren *et* Zheng, 2007. Fauna of Syrphidae from Mt. Qinling-Bashan in China (Insecta: Diptera): 390; Huang *et* Cheng, 2012. Fauna Sinica, Insecta, Vol. 50: 670.

分布（Distribution）：吉林（JL）、陕西（SN）、四川（SC）。

（326）粉斑木蚜蝇 *Xylota amylostigma* **Yang *et* Cheng, 1998**

Xylota amylostigma Yang *et* Cheng, 1998. *In*: Xue *et* Chao, 1998. Flies of China, Vol. 1: 211. **Type locality:** China: Jilin, Mt. Changbai.

Xylota amylostigma: Huang *et* Cheng, 2012. Fauna Sinica, Insecta, Vol. 50: 671.

分布（Distribution）：吉林（JL）。

（327）树木蚜蝇 *Xylota arboris* **He *et* Chu, 1992**

Xylota arboris He *et* Chu, 1992a. J. Shanghai Agric. Coll. 10 (1): 5. **Type locality:** China: Heilongjiang.

Xylota arboris: Huang, Cheng *et* Yang, 1998. *In*: Xue *et* Chao, 1998. Flies of China, Vol. 1: 212; Mutin *et* Gilbert, 1999. Dipteron 2: 53 (new synonym of *Xylota tarda*); Huang *et* Cheng, 2012. Fauna Sinica, Insecta, Vol. 50: 680.

分布（Distribution）：黑龙江（HL）。

（328）黑颜木蚜蝇 *Xylota armipes* **(Sack, 1922)**

Zelima armipes Sack, 1922. Arch. Naturgesch. (A) 87 (11): 269. **Type locality:** China: Taiwan, Sokutsu, Fuhosho.

Xylota armipe: Knutson, Thompson *et* Vockeroth, 1975. *In*: Delfinado *et* Hardy, 1975. Cat. Dipt. Orient. Reg. 2: 366; He *et* Chu, 1992a. J. Shanghai Agric. Coll. 10 (1): 2; Huang *et* Cheng, 2012. Fauna Sinica, Insecta, Vol. 50: 682.

分布（Distribution）：台湾（TW）。

（329）金色木蚜蝇 *Xylota aurionitens* **Brunetti, 1908**

Xylota aurionitens Brunetti, 1908. Rec. India Mus. 2 (1): 78. **Type locality:** India: Mārgherita, Assam.

Zelima spinipes Shiraki, 1930. Mem. Fac. Sci. Agric. Taihoku Imp. Univ. 1: 72. **Type locality:** China: Taiwan, Shinchiku, Karenko, Koshun, Taiheizan.

Xylota aurionitens: Knutson, Thompson *et* Vockeroth, 1975. *In*: Delfinado *et* Hardy, 1975. Cat. Dipt. Orient. Reg. 2: 366.

分布（Distribution）：台湾（TW）；印度。

（330）双斑木蚜蝇 *Xylota bimaculata* **(Shiraki, 1930)**

Zelima bimaculata Shiraki, 1930. Mem. Fac. Sci. Agric. Taihoku Imp. Univ. 1: 85. **Type locality:** China: Taiwan, Taikan.

Zelima bimaculata: Knutson, Thompson *et* Vockeroth, 1975. *In*: Delfinado *et* Hardy, 1975. Cat. Dipt. Orient. Reg. 2: 366.

分布（Distribution）：台湾（TW）。

（331）瘤木木蚜蝇 *Xylota brachypalpoides* **(Shiraki, 1930)**

Zelima brachypalpoides Shiraki, 1930. Mem. Fac. Sci. Agric. Taihoku Imp. Univ. 1: 70. **Type locality:** China: Taiwan, Sinsuie.

Brachypalpus brachypalpoides: Huang, Cheng et Yang, 1998. *In*: Xue *et* Chao, 1998. Flies of China, Vol. 1: 205.

Xylota brachypalpoides: Knutson, Thompson *et* Vockeroth, 1975. *In*: Delfinado *et* Hardy, 1975. Cat. Dipt. Orient. Reg. 2: 366.

分布（Distribution）：台湾（TW）。

（332）黑腹木蚜蝇 *Xylota coquilletti* **Hervé-Bazin, 1914**

Xylota coquilletti Hervé-Bazin, 1914. Ann. Soc. Entomol. Fr.

83: 409 (replacement name for *Xylota cuprina*).

Xylota cuprina Coquillett, 1898. Proc. U. S. Natl. Mus. 21: 327 (preoccupied by Bigot, 1885). **Type locality:** Japan.

Zelima coquilletti: Shiraki, 1930. Mem. Fac. Sci. Agric. Taihoku Imp. Univ. 1: 72.

Xylota coquilletti: Knutson, Thompson *et* Vockeroth, 1975. *In*: Delfinado *et* Hardy, 1975. Cat. Dipt. Orient. Reg. 2: 367; Peck, 1988. *In*: Soós *et* Papp, 1988. Cat. Palaearct. Dipt. 8: 225; Huang, Cheng *et* Yang, 1998. *In*: Xue *et* Chao, 1998. Flies of China, Vol. 1: 212; Huo, Ren *et* Zheng, 2007. Fauna of Syrphidae from Mt. Qinling-Bashan in China (Insecta: Diptera): 391; Huang *et* Cheng, 2012. Fauna Sinica, Insecta, Vol. 50: 671.

Xylota silvicola Mutin, 1987. *In*: Storozheva *et* Kusakin, 1987. Taxonomy of Insects of Siberia ans the Far East of USSR: 103. **Type locality:** Russia: SFSR.

Xylota silvicola: Mutin *et* Gilbert, 1999. Dipteron 2: 50 (new synonym of *Xylota conquilletti*).

分布（**Distribution**）：黑龙江（HL）、台湾（TW）；前苏联、日本。

（333）暗木蚜蝇 *Xylota crepera* He *et* Chu, 1992

Xylota crepera He *et* Chu, 1992a. J. Shanghai Agric. Coll. 10 (1): 3. **Type locality:** China: Heilongjiang.

Xylota crepera: Huang, Cheng *et* Yang, 1998. *In*: Xue *et* Chao, 1998. Flies of China, Vol. 1: 212; Mutin *et* Gilbert, 1999. Dipteron 2: 52 (new synonym of *Xylota pseudoignava*); Huang *et* Cheng, 2012. Fauna Sinica, Insecta, Vol. 50: 682.

分布（**Distribution**）：黑龙江（HL）。

（334）紫色木蚜蝇 *Xylota cupripurpura* Huo, Zhang *et* Zheng, 2004

Xylota cupripurpura Huo, Zhang *et* Zheng, 2004. Acta Zootaxon. Sin. 29 (4): 798. **Type locality:** China: Shaanxi, Meixian, Red-river Hollow.

Xylota cupripurpura: Huo, Ren *et* Zheng, 2007. Fauna of Syrphidae from Mt. Qinling-Bashan in China (Insecta: Diptera): 394.

分布（**Distribution**）：陕西（SN）。

（335）黄木蚜蝇 *Xylota flavipes* (Sack, 1927)

Zelima flavipes Sack, 1927. Stettin. Ent. Ztg. 88: 316. **Type locality:** China: Taiwan, Toa Tsui Kutsu.

Zelima flavipes: Shiraki, 1930. Mem. Fac. Sci. Agric. Taihoku Imp. Univ. 1: 82.

Xylota flavipes: Knutson, Thompson *et* Vockeroth, 1975. *In*: Delfinado *et* Hardy, 1975. Cat. Dipt. Orient. Reg. 2: 367.

分布（**Distribution**）：福建（FJ）、台湾（TW）。

（336）黄斑木蚜蝇 *Xylota florum* (Fabricius, 1805)

Scaeva florum Fabricius, 1805. Syst. Antliat.: 250. **Type locality:** Austria.

Syrphus lugens Rossi, 1790. Fauna Etrusca 2: 298. **Type**

locality: Italy: Tuscany, Firenze *et* Pisa.

Xylota corbulo Walker, 1849. List of the specimens of dipterous insets in the collection of the British Museum Part III: 556. **Type locality:** Unknown.

Xylota florum: Peck, 1988. *In*: Soós *et* Papp, 1988. Cat. Palaearct. Dipt. 8: 225; He *et* Chu, 1992a. J. Shanghai Agric. Coll. 10 (1): 2; Huang *et* Cheng, 2012. Fauna Sinica, Insecta, Vol. 50: 672.

分布（**Distribution**）：吉林（JL）、内蒙古（NM）、甘肃（GS）、西藏（XZ）；前苏联、意大利、奥地利。

（337）云南木蚜蝇 *Xylota fo* Hull, 1944

Xylota fo Hull, 1944. Proc. Ent. Soc. Wash. 46: 45. **Type locality:** China: Yunnan, San-nen-kai.

Xylota fo: Knutson, Thompson *et* Vockeroth, 1975. *In*: Delfinado *et* Hardy, 1975. Cat. Dipt. Orient. Reg. 2: 367; He, 1992. J. Shanghai Agric. Coll. 10 (1): 58; He *et* Chu, 1992a. J. Shanghai Agric. Coll. 10 (1): 2; Huang, Cheng *et* Yang, 1998. *In*: Xue *et* Chao, 1998. Flies of China, Vol. 1: 212; Huang *et* Cheng, 2012. Fauna Sinica, Insecta, Vol. 50: 673.

分布（**Distribution**）：吉林（JL）、河北（HEB）、陕西（SN）、甘肃（GS）、安徽（AH）、江苏（JS）、上海（SH）、浙江（ZJ）、江西（JX）、四川（SC）、云南（YN）、福建（FJ）。

（338）台湾木蚜蝇 *Xylota formosana* (Matsumura, 1915)

Zelima formosana Matsumura, 1915. Thousand Ins. Japan Add. 2: 251. **Type locality:** China: Taiwan, Horisha.

Zelima formosana: Shiraki, 1930. Mem. Fac. Sci. Agric. Taihoku Imp. Univ. 1: 77.

Xylota formosana: Knutson, Thompson *et* Vockeroth, 1975. *In*: Delfinado *et* Hardy, 1975. Cat. Dipt. Orient. Reg. 2: 367; Huang *et* Cheng, 2012. Fauna Sinica, Insecta, Vol. 50: 683.

Xylota formosa: He *et* Chu, 1992a. J. Shanghai Agric. Coll. 10 (1): 2 (missp. of *Xylota formosana*).

分布（**Distribution**）：台湾（TW）。

（339）红河木蚜蝇 *Xylota honghe* Huo, Zhang *et* Zheng, 2004

Xylota honghe Huo, Zhang *et* Zheng, 2004. Acta Zootaxon. Sin. 29 (4): 800. **Type locality:** China: Shaanxi, Meixian, Red-river Hollow.

Xylota honghe: Huo, Ren *et* Zheng, 2007. Fauna of Syrphidae from Mt. Qinling-Bashan in China (Insecta: Diptera): 394.

分布（**Distribution**）：陕西（SN）。

（340）黄山斑木蚜蝇 *Xylota huangshanensis* He *et* Chu, 1992

Xylota huangshanensis He *et* Chu, 1992a. J. Shanghai Agric. Coll. 10 (1): 6. **Type locality:** China: Anhui, Huangshan.

Xylota huangshanensis: Huang, Cheng *et* Yang, 1998. *In*: Xue *et* Chao, 1998. Flies of China, Vol. 1: 212; Mutin *et* Gilbert,

1999. Dipteron 2: 50 (new synonym of *Xylota coquilletti*); Huang *et* Cheng, 2012. Fauna Sinica, Insecta, Vol. 50: 684.

分布（Distribution）：安徽（AH）。

（341）黄颜木蚜蝇 *Xylota ignava* (Panzer, 1798)

Syrphus ignavus Panzer, 1798. Faunae insectorum germanicae initia oder Deutschlands Insecten, Fasc. 60: 4. **Type locality:** Germany: Nurnberg.

Musca pigra Schrank, 1803. Fauna Boica 3 (1): 114. **Type locality:** Germany: near Gern and Ingolstadt.

Xylota basalis Matsumura, 1911. J. Coll. Agric. Hokkaido Imp. Univ. 4 (1): 74. **Type locality:** Russia: Far East, Sakhalin, Kusunnai, Solowiyofka.

Xylota inermis Becker, 1921. Mitt. Zool. Mus. Berl. 10: 86. **Type locality:** USSR: Transbaikal, Tachita, Siberia.

Zelima ignava: Shiraki, 1930. Mem. Fac. Sci. Agric. Taihoku Imp. Univ. 1: 80.

Xylota ignava: Peck, 1988. *In*: Soós *et* Papp, 1988. Cat. Palaearct. Dipt. 8: 225; Li *et* Li, 1990. The Syrphidae of Gansu Province: 111; He *et* Chu, 1992a. J. Shanghai Agric. Coll. 10 (1): 2; Huang, Cheng *et* Yang, 1998. *In*: Xue *et* Chao, 1998. Flies of China, Vol. 1: 212; Huang *et* Cheng, 2012. Fauna Sinica, Insecta, Vol. 50: 674.

分布（Distribution）：黑龙江（HL）、吉林（JL）、内蒙古（NM）、河北（HEB）、山西（SX）、青海（QH）、新疆（XJ）、四川（SC）、云南（YN）、西藏（XZ）；朝鲜、日本、蒙古国、前苏联、德国。

（342）壮木蚜蝇 *Xylota impensa* He, Zhang *et* Sun, 1997

Xylota impensa He, Zhang *et* Sun, 1997. Wuyi Sci. J. 13: 31. **Type locality:** China: Jilin, Changbai Shan.

分布（Distribution）：吉林（JL）。

（343）隐斑木蚜蝇 *Xylota maculabstrusa* Yang *et* Cheng, 1998

Xylota maculabstrusa Yang *et* Cheng, 1998. *In*: Xue *et* Chao, 1998. Flies of China, Vol. 1: 212. **Type locality:** China: Jilin, Fusong.

Xylota maculabstrusa: Huang *et* Cheng, 2012. Fauna Sinica, Insecta, Vol. 50: 675.

分布（Distribution）：吉林（JL）。

（344）马卡木蚜蝇 *Xylota makiana* (Shiraki, 1930)

Zelima makiana Shiraki, 1930. Mem. Fac. Sci. Agric. Taihoku Imp. Univ. 1: 65. **Type locality:** China: Taiwan, Kosempo, Arisan, Toyenmongai, Fuhosho.

Xylota makiana: Knutson, Thompson *et* Vockeroth, 1975. *In*: Delfinado *et* Hardy, 1975. Cat. Dipt. Orient. Reg. 2: 367.

分布（Distribution）：台湾（TW）。

（345）刷足木蚜蝇 *Xylota penicillata* Brunetti, 1923

Xylota penicillata Brunetti, 1923. Fauna Brit. India (Dipt.) 3: 242. **Type locality:** India: Khāsi Hills, Lower Ranges.

Xylota penicillata: Knutson, Thompson *et* Vockeroth, 1975. *In*: Delfinado *et* Hardy, 1975. Cat. Dipt. Orient. Reg. 2: 368; Huang, Cheng *et* Yang, 1998. *In*: Xue *et* Chao, 1998. Flies of China, Vol. 1: 212; Huang *et* Cheng, 2012. Fauna Sinica, Insecta, Vol. 50: 676.

分布（Distribution）：云南（YN）；印度。

（346）缓木蚜蝇 *Xylota segnis* (Linnaeus, 1758)

Musca segnis Linnaeus, 1758. Syst. Nat. Ed. 10 (1): 595. **Type locality:** Sweden.

Musca maritima Scopoli, 1763. Ent. Carniolica: 344. **Type locality:** Slovenia.

Musca fucatus Harris, 1780. Expos. Engl. Ins.: 83. **Type locality:** England.

Musca contracta Geoffroy, 1785. *In*: Fourcroy, 1785. Entomologia Parisiensis; Sive Catalogus Insectorum quae in Agro Parisiensi Reperiuntur 2: 491. **Type locality:** Sweden.

Musca melanochrysa Gmelin, 1790. Syst. Nat. 5: 2879. **Type locality:** Europe.

Musca brassicaria Donovan, 1796. Illustr. Br. Ins. 5: 17. **Type locality:** Not given.

Syrphus segnis: Fabricius, 1775. Syst. Entom.: 772.

Xylota segnis: He *et* Chu, 1992a. J. Shanghai Agric. Coll. 10 (1): 2; Huang *et* Cheng, 2012. Fauna Sinica, Insecta, Vol. 50: 676.

Musca maritime: Thompson *et* Pont, 1993. Theses Zoologicae 20: 162 (new synonym of *Xylota segnis*).

Musca contracta: Thompson *et* Pont, 1993. Theses Zoologicae 20: 162 (new synonym of *Xylota segnis*).

Musca melanochrysa: Thompson *et* Pont, 1993. Theses Zoologicae 20: 162 (new synonym of *Xylota segnis*).

分布（Distribution）：吉林（JL）、陕西（SN）；前苏联、瑞典、英国、斯洛文尼亚；欧洲、非洲（北部）、北美洲。

（347）西伯利亚木蚜蝇 *Xylota sibirica* Loew, 1871

Xylota sibirica Loew, 1871. Beschr. Europ. Dipt. 2: 233. **Type locality:** Russia: Siberia.

Xylota sibirica: Peck, 1988. *In*: Soós *et* Papp, 1988. Cat. Palaearct. Dipt. 8: 226; He *et* Chu, 1992a. J. Shanghai Agric. Coll. 10 (1): 2; Huang, Cheng *et* Yang, 1998. *In*: Xue *et* Chao, 1998. Flies of China, Vol. 1: 215; Huang *et* Cheng, 2012. Fauna Sinica, Insecta, Vol. 50: 677.

分布（Distribution）：四川（SC）、云南（YN）、西藏（XZ）；前苏联、蒙古国。

（348）肖普通木蚜蝇 *Xylota spurivulgaris* Yang *et* Cheng, 1998

Xylota spurivulgaris Yang *et* Cheng, 1998. *In*: Xue *et* Chao, 1998. Flies of China, Vol. 1: 215. **Type locality:** China: Jilin, Mt. Changbai.

Xylota spurivulgaris: Huang *et* Cheng, 2012. Fauna Sinica, Insecta, Vol. 50: 678.

分布（Distribution）：吉林（JL）。

（349）刺木蚜蝇 *Xylota steyskali* Thompson, 1975

Xylota steyskali Thompson, 1975. *In*: Knutson, Thompson *et* Vockeroth, 1975. *In*: Delfinado *et* Hardy, 1975. Cat. Dipt. Orient. Reg. 2: 368 (replacement name for *Xylota spinipes*).

Xylota spinipes Shiraki, 1930. Mem. Fac. Sci. Agric. Taihoku Imp. Univ. 1: 72 (preoccupied by Curran, 1928). **Type locality:** China: Taiwan, Shinchiku, Karenko, Koshun *et* Taiheizan.

分布（Distribution）：台湾（TW）。

（350）金毛木蚜蝇 *Xylota sylvarum* (Linnaeus, 1758)

Musca sylvarum Linnaeus, 1758. Syst. Nat. Ed. 10 (1): 592. **Type locality:** Sweden.

Musca longisco Harris, 1780. Expos. Engl. Ins.: 83. **Type locality:** England.

Syrphus impiger Rossi, 1790. Fauna Etrusca 2: 289. **Type locality:** Italy.

Xylota sylvarum: Peck, 1988. *In*: Soós *et* Papp, 1988. Cat. Palaearct. Dipt. 8: 226; Huang *et* Cheng, 2012. Fauna Sinica, Insecta, Vol. 50: 678.

分布（Distribution）：黑龙江（HL）、吉林（JL）、陕西（SN）；前苏联、蒙古国、瑞典、英国、意大利。

（351）太白山木蚜蝇 *Xylota taibaishanensis* He *et* Chu, 1997

Xylota taibaishanensis He *et* Chu, 1997. Acta Zootaxon. Sin. 22 (1): 103. **Type locality:** China: Shaanxi, Mt. Taibai.

Xylota taibaishanensis: Huo, Ren *et* Zheng, 2007. Fauna of Syrphidae from Mt. Qinling-Bashan in China (Insecta: Diptera): 395.

分布（Distribution）：陕西（SN）。

（352）懒木蚜蝇 *Xylota tarda* Meigen, 1822

Xylota tarda Meigen, 1822. Syst. Beschr. Europ. Zweifl. Insekt. 3: 225. **Type locality:** Austria.

Xylota confinis Zetterstedt, 1843. Dipt. Scand. 2: 872. **Type locality:** Sweden: Östergötlands *et* Gotland.

Xylota tarda: He *et* Chu, 1992. J. Shanghai Agric. Coll. 10 (1): 2.

分布（Distribution）：黑龙江（HL）；奥地利、瑞典、前苏联。

（353）细长木蚜蝇 *Xylota tenulonga* Yang *et* Cheng, 1998

Xylota tenulonga Yang *et* Cheng, 1998. *In*: Xue *et* Chao, 1998. Flies of China, Vol. 1: 215. **Type locality:** China: Yunnan, Mengla.

Xylota tenulonga: Huang *et* Cheng, 2012. Fauna Sinica, Insecta, Vol. 50: 679.

分布（Distribution）：云南（YN）。

（354）普通木蚜蝇 *Xylota vulgaris* Yang *et* Cheng, 1993

Xylota vulgaris Yang *et* Cheng, 1993. *In*: Cheng *et* Yang, 1993. Entomotaxon. 15 (4): 330. **Type locality:** China: Guizhou; Hubei; Jilin.

Xylota vulgaris: Huang, Cheng *et* Yang, 1998. *In*: Xue *et* Chao, 1998. Flies of China, Vol. 1: 215; Huang *et* Cheng, 2012. Fauna Sinica, Insecta, Vol. 50: 680.

分布（Distribution）：吉林（JL）、湖北（HB）、贵州（GZ）。

鼻颜蚜蝇族 Rhingiini

黑蚜蝇亚族 Cheilosiina

55. 黑蚜蝇属 *Cheilosia* Meigen, 1822

Cheilosia Meigen, 1822. Syst. Beschr. Europ. Zweifl. Insekt. 3: 289. **Type species:** *Eristalis scutellatus* Fallén, 1817 (by designation of Rondani, 1856).

Chilosia Agassiz, 1846. Nomencl. Zool. Index Univ.: 78 (emendation of *Cheilosia*).

Cartosyrphus Bigot, 1883. Ann. Soc. Entomol. Fr. (6) 3: 230. **Type species:** *Syrphus paganus* Meigen, 1822 (by designation of Coquillett, 1910).

Nephomyia Matsumura, 1916. Thousand Ins. Japan Add. 2: 220. **Type species:** *Nephomyia bombiformis* Matsumura, 1916 (by original designation).

Stenocheilosia Matsumura, 1916. Thousand Ins. Japan Add. 2: 242. **Type species:** *Stenocheilosia isshikii* Matsumura, 1916 (by original designation).

Nephomyia Matsumura, 1916. Thousand Ins. Japan Add. 2: 220. **Type species:** *Nephomyia bombiformis* Matsumura, 1916 (by original designation).

Taeniochilosia Oldenberg, 1916. Wien. Ent. Ztg. 35 (3-4): 101 (as a subgenus of *Cheilosia*). **Type species:** *Chilosia atriseta* Oldenberg, 1916 (monotypy).

Chilomyia Shaanon, 1922. Insecutor Inscit. Menstr. 10: 121 (as a subgenus of *Chilosia*). **Type species:** *Cheilosia occidentalis* Williston, 1882 (by original designation).

Chaetochilosia Enderlein, 1936. Tierwelt Mitteleur. 6 (2), Ins. 3: 125 (as a subgenus of *Cheilosia*). **Type species:** *Syrphus canicularis* Panzer, 1801 (by original designation).

Dasychilosia Enderlein, 1936. Tierwelt Mitteleur. 6 (2), Ins. 3: 125 (as a subgenus of *Cheilosia*). **Type species:** *Syrphus variabilis* Panzer, 1798 (by original designation).

Gymnochilosia Goffe, 1944. Ent. Mon. Mag. 80 [= ser. 4, 5]: 246 (name in synonymy, not subsequently validated). **Type species:** *Syrphus antiquus* Meigen, 1822.

Nigrocheilosia Shatalkin, 1975. Ent. Obozr. 54: 901 (as a subgenus of *Cheilosia*). **Type species:** *Eristalis pubera* Zetterstedt, 1838 (by original designation).

Neocheilosia Barkalov, 1983. Akad. SSSR Zool. Inst.: 6. **Type species:** *Cheilosia scanica* (Ringdahl, 1937) (by original

designation).

Neocheilosia Barkalov, 1983. Akad. SSSR Zool. Inst.: 6 (as a subgenus of *Cheilosia*). **Type species:** *Chilosia scanica* Ringdahl, 1937 (by original designation).

Conicheila Barkalov, 2002. Ent. Obozr. 81 (1): 231 (as a subgenus of *Cheilosia*). **Type species:** *Cheilosia conifacies* Stackelberg, 1963 (by original designation).

Convocheila Barkalov, 2002. Ent. Obozr. 81 (1): 231 (as a subgenus of *Cheilosia*). **Type species:** *Cheilosia cumanica* (Szilády, 1938) (by original designation).

Eucartosyrphus Barkalov, 2002. Ent. Obozr. 81 (1): 227 (as a subgenus of *Cheilosia*). **Type species:** *Eristalis longula* Zetterstedt, 1938 (by original designation).

Floccocheila Barkalov, 2002. Ent. Obozr. 81 (1): 228 (as a subgenus of *Cheilosia*). **Type species:** *Musca illustrata* Harris, 1780 (by original designation).

Montanocheila Barkalov, 2002. Ent. Obozr. 81 (1): 228 (as a subgenus of *Cheilosia*). **Type species:** *Eristalis alpina* Zetterstedt, 1838 (by original designation).

Nephocheila Barkalov, 2002. Ent. Obozr. 81 (1): 228 (as a subgenus of *Cheilosia*). **Type species:** *Nephomyia bombiformis* Matsumura, 1916 (by original designation).

Pollinocheila Barkalov, 2002. Ent. Obozr. 81 (1): 228 (as a subgenus of *Cheilosia*). **Type species:** *Cheilosia fasciata* (Schiner *et* Egger, 1853) (by original designation).

Rubrocheila Barkalov, 2002. Ent. Obozr. 81 (1): 232 (as a subgenus of *Cheilosia*). **Type species:** *Cheilosia egregia* Barkalov *et* Cheng, 1998 (by original designation).

Chilosia: Williston, 1887. Bull. U. S. Natl. Mus. (1886) 31: 38 (emendation of *Cheilosia*).

（355）白粗毛黑蚜 *Cheilosia albohirta* (Hellén, 1930)

Chilosia albohirta Hellén, 1930. Not. Ent. 10: 27. **Type locality:** Russia: Eastern Siberia, Transbaikal, Dauria.

Cheilosia (Cheilosia) albohirta: Barkalov *et* Cheng, 2004. Volucella 7: 89; Barkalov *et* Cheng, 2004. Contr. Ent. Intern. 5 (4): 284.

Cheilosia albohirta: Peck, 1988. *In*: Soós *et* Papp, 1988. Cat. Palaearct. Dipt. 8: 96; Huo, Ren *et* Zheng, 2007. Fauna of Syrphidae from Mt. Qinling-Bashan in China (Insecta: Diptera): 236; Huang *et* Cheng, 2012. Fauna Sinica, Insecta, Vol. 50: 347.

分布（Distribution）：黑龙江（HL）、河北（HEB）、陕西（SN）；蒙古国、俄罗斯。

（356）白毛黑蚜蝇 *Cheilosia albopubifera* Huo, Ren *et* Zheng, 2007

Cheilosia albopubifera Huo, Ren *et* Zheng, 2007. Fauna of Syrphidae from Mt. Qinling-Bashan in China (Insecta: Diptera): 237. **Type locality:** China: Shaanxi, Chang'an.

分布（Distribution）：陕西（SN）。

（357）喙黑蚜蝇 *Cheilosia altera* Barkalov *et* Cheng, 2004

Cheilosia (Conicheila) altera Barkalov *et* Cheng, 2004. Contr. Ent. Intern. 5 (4): 285. **Type locality:** China: Qinghai, Yushu; Sichuan.

Cheilosia altera: Huang *et* Cheng, 2012. Fauna Sinica, Insecta, Vol. 50: 349.

分布（Distribution）：青海（QH）、四川（SC）。

（358）高山黑蚜蝇 *Cheilosia altimontana* Barkalov *et* Cheng, 2004

Cheilosia (Montanocheila) altimontana Barkalov *et* Cheng, 2004. Contr. Ent. Intern. 5 (4): 285. **Type locality:** China: Xinjiang, Yecheng; Qinghai, Kekexili.

Cheilosia altimontana: Huang *et* Cheng, 2012. Fauna Sinica, Insecta, Vol. 50: 350.

分布（Distribution）：青海（QH）、新疆（XJ）。

（359）长角黑蚜蝇 *Cheilosia antennalis* (Hervé-Bazin, 1929)

Chilosia antennalis Hervé-Bazin, 1929. Encycl. Ent. (B) II 5: 99. **Type locality:** China: Jiangsu, Nanking.

Chilosia lucens Hervé-Bazin, 1930. Bull. Soc. Ent. Fr. 1930: 44. **Type locality:** China: Zakawei.

Chilosia ussuriana Barkalov, 1980. Novye I Maloizvestnye Vidy Fauny Sibiri, Novosibirsk 14: 132. **Type locality:** Russia: SFSR.

Chilosia antennalis: Cheng, 1940. Biol. Bull. Fukien Christian Univ. 1: 41; Wu, 1940. Cat. Ins. Sin. 5: 263.

Chilosia lucens: Cheng, 1940. Biol. Bull. Fukien Christian Univ. 1: 41; Wu, 1940. Cat. Ins. Sin. 5: 263.

Cheilosia lucens: Peck, 1988. *In*: Soós *et* Papp, 1988. Cat. Palaearct. Dipt. 8: 108; Huang, Cheng *et* Yang, 1998. *In*: Xue *et* Chao, 1998. Flies of China, Vol. 1: 173.

Cheilosia ussuriana: Peck, 1988. *In*: Soós *et* Papp, 1988. Cat. Palaearct. Dipt. 8: 119 (as a valid species).

Cheilosia antennalis: Peck, 1988. *In*: Soós *et* Papp, 1988. Cat. Palaearct. Dipt. 8: 97; Huang, Cheng *et* Yang, 1998. *In*: Xue *et* Chao, 1998. Flies of China, Vol. 1: 172; Huang *et* Cheng, 2012. Fauna Sinica, Insecta, Vol. 50: 351.

Cheilosia (Cheilosia) antennalis: Barkalov *et* Cheng, 2004. Contr. Ent. Intern. 5 (4): 287.

分布（Distribution）：江苏（JS）、上海（SH）；俄罗斯。

（360）古黑蚜蝇 *Cheilosia antiqua* (Meigen, 1822)

Syrphus antiquus Meigen, 1822. Syst. Beschr. Europ. Zweifl. Insekt. 3: 291. **Type locality:** Germany: Stolberg near Aachen.

Cheilosia sparsa Loew, 1857. Verh. K. K. Zool.-Bot. Ges. Wien 7: 604. **Type locality:** Austria: Silesia.

Cheilosia antiqua: Peck, 1988. *In*: Soós *et* Papp, 1988. Cat. Palaearct. Dipt. 8: 97; Sun, 1993. Insects of the Hengduan Mountains Region 2: 1108; Huang, Cheng *et* Yang, 1998. *In*: Xue *et* Chao, 1998. Flies of China, Vol. 1: 172.

分布（Distribution）：四川（SC）、云南（YN）；德国、奥地利。

（361） 卧毛黑蚜 *Cheilosia aokii* Shiraki *et* Edashige, 1953

Cheilosia aokii Shiraki *et* Edashige, 1953. Trans. Shikoku Ent. Soc. 3 (5-6): 91. **Type locality:** Japan: Honshū (Kamikochi), Nagano Pref. (Kamikochi).

Cheilosia aokii: Peck, 1988. *In*: Soós *et* Papp, 1988. Cat. Palaearct. Dipt. 8: 97; Huo, Ren *et* Zheng, 2007. Fauna of Syrphidae from Mt. Qinling-Bashan in China (Insecta: Diptera): 238; Huang *et* Cheng, 2012. Fauna Sinica, Insecta, Vol. 50: 352.

Cheilosia (Eucartosyrphus) aokii: Barkalov *et* Cheng, 2004. Contr. Ent. Intern. 5 (4): 288.

分布（Distribution）：吉林（JL）、陕西（SN）、甘肃（GS）；日本。

（362）黑角黑蚜蝇 *Cheilosia atericornis* Barkalov *et* Cheng, 2004

Cheilosia (Montanocheila) atericornis Barkalov *et* Cheng, 2004. Contr. Ent. Intern. 5 (4): 289. **Type locality:** China: Yunnan, Dali.

Cheilosia atericornis: Huang *et* Cheng, 2012. Fauna Sinica, Insecta, Vol. 50: 354.

分布（Distribution）：云南（YN）。

（363）纵条黑蚜蝇 *Cheilosia aterrima* (Sack, 1927)

Chilosia aterrima Sack, 1927. Stettin. Ent. Ztg. 88: 305. **Type locality:** China: Taiwan, Toa Tus Kutsu.

Chilosia aterrima: Shiraki, 1930. Mem. Fac. Sci. Agric. Taihoku Imp. Univ. 1: 263.

Cheilosia aterrima (Sack, 1927): Knutson, Thompson *et* Vockeroth, 1975. *In*: Delfinado *et* Hardy, 1975. Cat. Dipt. Orient. Reg. 2: 329; Peck, 1988. *In*: Soós *et* Papp, 1988. Cat. Palaearct. Dipt. 8: 97; Huang *et* Cheng, 2012. Fauna Sinica, Insecta, Vol. 50: 355.

Cheilosia (Pollinocheila) aterrima: Barkalov *et* Cheng, 2004. Contr. Ent. Intern. 5 (4): 289.

分布（Distribution）：浙江（ZJ）、台湾（TW）；日本。

（364）毛颜黑蚜蝇 *Cheilosia barbata* Loew, 1857

Cheilosia barbata Loew, 1857. Verh. K. K. Zool.-Bot. Ges. Wien 7: 586. **Type locality:** Schlesia.

Cheilosia fuscicornis Rondani, 1865. Atti Soc. ital. Sci. Nat. Milano 8: 137. **Type locality:** Italy: "Alpibus Insubriae".

Chilosia erytrocheila Rondani, 1868b. Atti Soc. Ital. Sci. Nat. Milano 11: 29. **Type locality:** Italy: Liguria.

Chilosia erythrochila: Bezzi *et* Stein, 1907. Kat. Pal. Dipt. 3: 27 (emendation of *Chilosia erythrocheila*).

Cheilosia barbata: Peck, 1988. *In*: Soós *et* Papp, 1988. Cat. Palaearct. Dipt. 8: 98; Yang, Bai *et* Wang, 1999. J. Shanxi Agric. Univ. 19 (3): 194.

分布（Distribution）：山西（SX）；欧洲。

（365）巴氏黑蚜蝇 *Cheilosia barkalovi* Ståhls, 1997

Cheilosia barkalovi Ståhls, 1997. *In*: Barkalov *et* Ståhls, 1997. Acta Zool. Fenn. 208: 16. **Type locality:** Kazakstan: Talgar.

Cheilosia barkalovi: Barkalov *et* Cheng, 2004. Volucella 7: 90; Huang *et* Cheng, 2012. Fauna Sinica, Insecta, Vol. 50: 356.

Cheilosia latigena: Barkalov *et* Cheng, 1998. Zoosyst. Rossica 7 (2): 318.

Cheilosia (Taeniochilosia) barkalovi: Barkalov *et* Cheng, 2004. Contr. Ent. Intern. 5 (4): 291?

分布（Distribution）：新疆（XJ）；俄罗斯、土耳其。

（366）巴山黑蚜蝇 *Cheilosia bashanensis* Huo, Ren *et* Zheng, 2007

Cheilosia bashanensis Huo, Ren *et* Zheng, 2007. Fauna of Syrphidae from Mt. Qinling-Bashan in China (Insecta: Diptera): 239. **Type locality:** China: Sichuan, Nanjiang Co.; Shaanxi.

分布（Distribution）：陕西（SN）、四川（SC）。

（367）波黑蚜蝇 *Cheilosia bergenstammi* (Becker, 1894)

Chilosia bergenstammi Becker, 1894. Nova Acta Leopold.-Carol. Akad. Naturf. 62 (3): 462. **Type locality:** Austria. Germany. Scandinavia.

Chilosia longiventris Becker, 1894. Nova Acta Leopold.-Carol. Akad. Naturf. 62 (3): 482. **Type locality:** Southern Switzerland.

Cheilosia longiventris: Peck, 1988. *In*: Soós *et* Papp, 1988. Cat. Palaearct. Dipt. 8: 108 (as a valid species).

Cheilosia bergenstammi: Peck, 1988. *In*: Soós *et* Papp, 1988. Cat. Palaearct. Dipt. 8: 98; Zhang, Zhao, Gao *et* Xue, 1998. J. Shenyang Teach. Coll. (Nat. Sci.) 16 (2): 58.

分布（Distribution）：辽宁（LN）；德国、奥地利、瑞士、英国；斯堪的纳维亚半岛。

（368） 熊蜂黑蚜蝇 *Cheilosia bombiformis* (Matsumura, 1916)

Nephomyia bombiformis Matsumura, 1916. Thousand Ins. Japan Add. 2: 220. **Type locality:** Japan: Honshū, Nikko.

Cheilosia sachtlebeni Stackelberg, 1963. Beitr. Ent. 13 (3/4): 513. **Type locality:** USSR: Amur Terr., Simonovo.

Cheilosia sachtlebeni: Peck, 1988. *In*: Soós *et* Papp, 1988. Cat. Palaearct. Dipt. 8: 115 (as a valid species).

Cheilosia bombiformis: Sun, 1993. Insects of the Hengduan Mountains Region 2: 1108; Huang *et* Cheng, 2012. Fauna Sinica, Insecta, Vol. 50: 357.

Cheilosia (Nephocheila) bombiformis: Barkalov *et* Cheng, 2004. Contr. Ent. Intern. 5 (4): 292.

分布（Distribution）：黑龙江（HL）、吉林（JL）、陕西（SN）、四川（SC）、西藏（XZ）；日本、俄罗斯。

（369）黄毛黑蚜蝇 *Cheilosia certa* Barkalov *et* Cheng, 1998

Cheilosia (*Cheilosia*) *certa* Barkalov *et* Cheng, 1998. Zoosyst. Rossica 7 (2): 317. **Type locality:** China: Qinghai, Baitang.

Cheilosia (*Cheilosia*) *certa*: Barkalov *et* Cheng, 2004. Contr. Ent. Intern. 5 (4): 293.

Cheilosia certa: Huang *et* Cheng, 2012. Fauna Sinica, Insecta, Vol. 50: 358.

分布（Distribution）：甘肃（GS）、青海（QH）、四川（SC）。

（370）黄盾毛黑蚜蝇 *Cheilosia charae* Barkalov *et* Cheng, 2004

Cheilosia (*Montanocheila*) *charae* Barkalov *et* Cheng, 2004. Contr. Ent. Intern. 5 (4): 294. **Type locality:** China: Sichuan, Wushan.

Cheilosia charae: Huang *et* Cheng, 2012. Fauna Sinica, Insecta, Vol. 50: 360.

分布（Distribution）：四川（SC）。

（371）浅色黑蚜蝇 *Cheilosia chloris* (Meigen, 1822)

Syrphus chloris Meigen, 1822. Syst. Beschr. Europ. Zweifl. Insekt. 3: 284. **Type locality:** Germany: Aachen *et* Stolberg.

Cheilosia limbata Macquart, 1829a. Mém. Soc. R. Sci. Agric. Arts Lille 1827-1828: 204; Macquart, 1829b. Ins. Dipt. N. Fr. 4: 56. **Type locality:** France: "Nord de la France".

Chilosia chloris: Schiner, 1857. Verh. K. K. Zool.-Bot. Ges. Wien 7: 328 (emendation of *Cheilosia chlorus*).

Cheilosia chloris: Peck, 1988. *In*: Soós *et* Papp, 1988. Cat. Palaearct. Dipt. 8: 100.

分布（Distribution）：四川（SC）；德国、法国。

（372）囊喙黑蚜蝇 *Cheilosia cystorhyncha* Barkalov, 1999

Cheilosia cystorhyncha Barkalov, 1999. Volucella 4 (1/2): 70. **Type locality:** China: Sichuan, Mu Sang Sai.

Cheilosia (*Cheilosia*) *cystorhyncha*: Barkalov *et* Cheng, 2004. Contr. Ent. Intern. 5 (4): 294.

Cheilosia cystorhyncha: Huang *et* Cheng, 2012. Fauna Sinica, Insecta, Vol. 50: 361.

分布（Distribution）：四川（SC）。

（373）毛斑黑蚜蝇 *Cheilosia decima* Barkalov *et* Cheng, 2004

Cheilosia (*Floccocheila*) *decima* Barkalov *et* Cheng, 2004. Contr. Ent. Intern. 5 (4): 295. **Type locality:** China: Sichuan, Emei Shan; Hubei, Xinshan.

Cheilosia decima: Huang *et* Cheng, 2012. Fauna Sinica, Insecta, Vol. 50: 362.

分布（Distribution）：湖北（HB）、四川（SC）。

（374）无锡黑蚜蝇 *Cheilosia difficilis* (Hervé-Bazin, 1929)

Chilosia difficilis Hervé-Bazin, 1929. Encycl. Ent. (B) II 5: 97.

Type locality: China: la basse vallee du Yang-Tse-Kiang, Chang-Hai.

Chilosia difficilis: Cheng, 1940. Biol. Bull. Fukien Christian Univ. 1: 41; Wu, 1940. Cat. Ins. Sin. 5: 263.

Cheilosia difficilis: Peck, 1988. *In*: Soós *et* Papp, 1988. Cat. Palaearct. Dipt. 8: 101; Huang, Cheng *et* Yang, 1998. *In*: Xue *et* Chao, 1998. Flies of China, Vol. 1: 172; Huang *et* Cheng, 2012. Fauna Sinica, Insecta, Vol. 50: 363.

Cheilosia (s. str.) *difficilis*: Barkalov *et* Cheng, 2004. Contr. Ent. Intern. 5 (4): 296.

分布（Distribution）：陕西（SN）、四川（SC）。

（375）黄斑黑蚜蝇 *Cheilosia distincta* Barkalov *et* Cheng, 1998

Cheilosia distincta Barkalov *et* Cheng, 1998. Zoosyst. Rossica 7 (2): 313. **Type locality:** China: Sichuan, Xiangcheng.

Cheilosia (*Montanocheila*) *distincta*: Barkalov *et* Cheng, 2004. Contr. Ent. Intern. 5 (4): 297.

Cheilosia distincta: Huang *et* Cheng, 2012. Fauna Sinica, Insecta, Vol. 50: 364.

分布（Distribution）：山西（SX）、陕西（SN）、四川（SC）、云南（YN）、西藏（XZ）。

（376）橙腹黑蚜蝇 *Cheilosia egregia* Barkalov *et* Cheng, 1998

Cheilosia egregia Barkalov *et* Cheng, 1998. Zoosyst. Rossica 7 (2): 314. **Type locality:** China: Sichuan, Emeishan.

Cheilosia (*Rubracheila*) *egregia*: Barkalov *et* Cheng, 2004. Contr. Ent. Intern. 5 (4): 298.

Cheilosia egregia: Huang *et* Cheng, 2012. Fauna Sinica, Insecta, Vol. 50: 366.

分布（Distribution）：四川（SC）。

（377）暗红黑蚜蝇 *Cheilosia erubescense* Huo *et* Ren, 2006

Cheilosia erubescense Huo *et* Ren, 2006. Acta Zootaxon. Sin. 31 (4): 888. **Type locality:** China: Ningxia, Jingyuan, Mt. Liupan.

分布（Distribution）：宁夏（NX）。

（378）凤黑蚜蝇 *Cheilosia fengensis* Huo, 2017. nom. nov.

Cheilosia flava Huo, 2007. *In*: Huo, Ren *et* Zheng, 2007. Fauna of Syrphidae from Mt. Qinling-Bashan in China (Insecta: Diptera): 240 (preoccupied by Barkalov *et* Cheng, 2004). **Type locality:** China: Shaanxi, Fengxian.

分布（Distribution）：陕西（SN）。

（379）黄角黑蚜蝇 *Cheilosia flava* Barkalov *et* Cheng, 2004

Cheilosia (*Cheilosia*) *flava* Barkalov *et* Cheng, 2004. Contr. Ent. Intern. 5 (4): 299. **Type locality:** China: Zhejiang, Tianmu Shan.

Cheilosia flava: Huang *et* Cheng, 2012. Fauna Sinica, Insecta, Vol. 50: 367.

分布（**Distribution**）：浙江（ZJ）。

（380）黄胫黑蚜蝇 *Cheilosia flavitibia* **Barkalov *et* Cheng, 2004**

Cheilosia (Cheilosia) flavitibia Barkalov *et* Cheng, 2004. Contr. Ent. Intern. 5 (4): 300. **Type locality:** China: Zhejiang, Tianmu Shan; Guangxi.

Cheilosia flavitibia: Huang *et* Cheng, 2012. Fauna Sinica, Insecta, Vol. 50: 368.

分布（**Distribution**）：浙江（ZJ）、广西（GX）。

（381）台湾黑蚜蝇 *Cheilosia formosana* (Shiraki, 1930)

Chilosia formosana Shiraki, 1930. Mem. Fac. Sci. Agric. Taihoku Imp. Univ. 1: 309. **Type locality:** China: Taiwan, Rikiriki, Funkiko, *et* Nitakagun.

Cheilosia formosana: Knutson, Thompson *et* Vockeroth, 1975. *In*: Delfinado *et* Hardy, 1975. Cat. Dipt. Orient. Reg. 2: 329; Huo, Ren *et* Zheng, 2007. Fauna of Syrphidae from Mt. Qinling-Bashan in China (Insecta: Diptera): 241; Huang *et* Cheng, 2012. Fauna Sinica, Insecta, Vol. 50: 369.

Cheilosia (Endoiasimyia) formosana: Barkalov *et* Cheng, 2004. Contr. Ent. Intern. 5 (4): 301.

分布（**Distribution**）：陕西（SN）、甘肃（GS）、新疆（XJ）、四川（SC）、云南（YN）、西藏（XZ）、台湾（TW）、广西（GX）；俄罗斯、日本。

（382）中华黑蚜蝇 *Cheilosia fumipennis* (Sack, 1941)

Chilosia fumipennis Sack, 1941. Arb. Morph. Taxon. Ent. Berl. 8 (3): 186. **Type locality:** China: Northeast China, Sjadlin.

Cheilosia (Cheilosia) fumipennis: Barkalov *et* Cheng, 2004. Contr. Ent. Intern. 5 (4): 302.

Cheilosia fumipennis: Peck, 1988. *In*: Soós *et* Papp, 1988. Cat. Palaearct. Dipt. 8: 103; Huang, Cheng *et* Yang, 1998. *In*: Xue *et* Chao, 1998. Flies of China, Vol. 1: 172; Huang *et* Cheng, 2012. Fauna Sinica, Insecta, Vol. 50: 444.

分布（**Distribution**）：河南（HEN）。

（383）长毛黑蚜蝇 *Cheilosia gigantea* (Zetterstedt, 1838)

Eristalis gigantea Zetterstedt, 1838. Insecta Lapp.: 612. **Type locality:** Sweden. Norway.

Eristalis olivacea Zetterstedt, 1838. Insecta Lapp.: 611. **Type locality:** Sweden: Lapponia Meridionali.

Chilosia gracilis Hellén, 1914. Medd. Soc. Fauna Flora Fenn. 40: 61. **Type locality:** Finland: Nylandia (Helsinki), Tavastia.

Chilosia gracilis: Peck, 1988. *In*: Soós *et* Papp, 1988. Cat. Palaearct. Dipt. 8: 103 (as a valid species).

Cheilosia (Cheilosia) gigantea: Barkalov *et* Cheng, 2004. Contr. Ent. Intern. 5 (4): 302.

Cheilosia gigantea: Peck, 1988. *In*: Soós *et* Papp, 1988. Cat. Palaearct. Dipt. 8: 103; Huang *et* Cheng, 2012. Fauna Sinica, Insecta, Vol. 50: 371.

分布（**Distribution**）：黑龙江（HL）；瑞典、挪威、芬兰。

（384）透翅黑蚜蝇 *Cheilosia glabroptera* **Barkalov *et* Cheng, 2004**

Cheilosia (Montanocheila) glabroptera Barkalov *et* Cheng, 2004. Contr. Ent. Intern. 5 (4): 303. **Type locality:** China: Sichuan, Deqin; Qinghai.

Cheilosia glabroptera: Huang *et* Cheng, 2012. Fauna Sinica, Insecta, Vol. 50: 372.

分布（**Distribution**）：青海（QH）、四川（SC）。

（385）汉黑蚜蝇 *Cheilosia grahami* **Barkalov, 1999**

Cheilosia grahami Barkalov, 1999. Volucella 4 (1/2): 72. **Type locality:** China: Sichuan, West of Chetu Pass, near Tatsiehu.

Cheilosia grahami: Huang, Cheng *et* Yang, 1998. *In*: Xue *et* Chao, 1998. Flies of China, Vol. 1: 173; Huang *et* Cheng, 2012. Fauna Sinica, Insecta, Vol. 50: 373.

Chielosia (Nephocheila) grahami: Barkalov *et* Cheng, 2004. Contr. Ent. Intern. 5 (4): 304-305.

分布（**Distribution**）：北京（BJ）、青海（QH）、四川（SC）、云南（YN）、西藏（XZ）。

（386）丘黑蚜蝇 *Cheilosia grummi* **Stackelberg, 1963**

Cheilosia grummi Stackelberg, 1963. Stuttg. Beitr. Naturkd. 113: 3. **Type locality:** China: Northern Sinin Mts.

Cheilosia grummi: Peck, 1988. *In*: Soós *et* Papp, 1988. Cat. Palaearct. Dipt. 8: 104; Huang *et* Cheng, 2012. Fauna Sinica, Insecta, Vol. 50: 375.

Cheilosia (s. str.) grummi: Huang, Cheng *et* Yang, 1998. *In*: Xue *et* Chao, 1998. Flies of China, Vol. 1: 173; Barkalov *et* Cheng, 2004. Contr. Ent. Intern. 5 (4): 305.

分布（**Distribution**）：中国（东北部，省份不明）。

（387）杂毛黑蚜蝇 *Cheilosia illustrata* (Harris, 1780)

Musca illustratus Harris, 1780. Expos. Engl. Ins.: 104. **Type locality:** England.

Musca fulva Gmelin, 1790. Syst. Nat. 5: 2878. **Type locality:** Europe.

Syrphus rupestris Panzer, 1798. Faunae insectorum germanicae initia oder Deutschlands Insecten, Fasc. 59: 13. **Type locality:** Poland: "in Silesiae montibus".

Cheilosia illustrata: Peck, 1988. *In*: Soós *et* Papp, 1988. Cat. Palaearct. Dipt. 8: 104; Sun, 1993. Insects of the Hengduan Mountains Region 2: 1108; Huang, Cheng *et* Yang, 1998. *In*: Xue *et* Chao, 1998. Flies of China, Vol. 1: 173.

分布（**Distribution**）：辽宁（LN）、四川（SC）、云南（YN）；前苏联、波兰、英国；欧洲。

（388）印黑蚜蝇 *Cheilosia impressa* (Loew, 1840)

Chilosia impressa Loew, 1840. Öffentl. Prüf. Schüler K. Friedrich-Wilhelms-Gymnasiums zu Posen 1840 (7-8): 30; Loew, 1840. Isis (Oken's) 1840 (VII-VIII): 565 (replacement name for *Syrphus vernalis* Meigen, 1822, not Fallén). **Type locality:** Not given.

Cheilosia albiseta Rondani, 1865. Atti Soc. Ital. Sci. Nat. Milano 8: 136 (preoccupied by Meigen, 1838). **Type locality:** Italy: "Alpibus Inscbriae".

Cheilosia albicheta Rondani, 1868b. Atti Soc. Ital. Sci. Nat. Milano 11: 31 (replacement name for *Cheilosia albiseta* Rondani).

Chilosia planifacies Becker, 1894. Nova Acta Leopold.-Carol. Akad. Naturf. 62 (3): 438. **Type locality:** Schlesia.

Chilosia impressa var. *geniculata* Strobl, 1910. Mitt. Naturwiss. Ver. Steiermark 46 (1909): 102. **Type locality:** Austria: Steinbruck.

Cheilosia kusunaii Matsumura, 1911. J. Coll. Agric. Hokkaido Imp. Univ. 4 (1): 79. **Type locality:** Russia: Far East, Sakhalin, Kusunnai, Chipsani.

Chilosia impressa: Shiraki, 1930. Mem. Fac. Sci. Agric. Taihoku Imp. Univ. 1: 301.

Chilosia kusunaii: Shiraki, 1930. Mem. Fac. Sci. Agric. Taihoku Imp. Univ. 1: 301.

Cheilosia albiseta: Peck, 1988. *In*: Soós *et* Papp, 1988. Cat. Palaearct. Dipt. 8: 121 (as a doubtful species of *Cheilosia*).

Cheilosia albicheta: Peck, 1988. *In*: Soós *et* Papp, 1988. Cat. Palaearct. Dipt. 8: 121 (as a doubtful species of *Cheilosia* Meigen, 1822).

Cheilosia impressa: Peck, 1988. *In*: Soós *et* Papp, 1988. Cat. Palaearct. Dipt. 8: 105; Huang *et* Cheng, 2012. Fauna Sinica, Insecta, Vol. 50: 375.

Cheilosia planifacies: Peck, 1988. *In*: Soós *et* Papp, 1988. Cat. Palaearct. Dipt. 8: 113.

Cheilosia (*Cheilosia*) *impressa*: Barkalov *et* Cheng, 2004. Contr. Ent. Intern. 5 (4): 306-307.

分布（Distribution）：黑龙江（HL）、内蒙古（NM）、新疆（XJ）；奥地利、俄罗斯；古北区（北部）。

（389）适黑蚜蝇 *Cheilosia intermedia* Barkalov, 1999

Cheilosia intermedia Barkalov, 1999. Volucella 4 (1/2): 74. **Type locality:** China: Sichuan, Gao-Gi.

Cheilosia (*Eucarlosyrphus*) *intermedia*: Barkalov *et* Cheng, 2004. Contr. Ent. Intern. 5 (4): 307?

Cheilosia intermedia: Huo, Ren *et* Zheng, 2007. Fauna of Syrphidae from Mt. Qinling-Bashan in China (Insecta: Diptera): 242; Huang *et* Cheng, 2012. Fauna Sinica, Insecta, Vol. 50: 377.

分布（Distribution）：陕西（SN）、甘肃（GS）、四川（SC）。

（390）黑跗黑蚜蝇 *Cheilosia intonsaformis* Barkalov *et* Cheng, 2004

Cheilosia (*Cheilosia*) *intonsaformis* Barkalov *et* Cheng, 2004.

Contr. Ent. Intern. 5 (4): 308. **Type locality:** China: Qinghai, Yushu.

Cheilosia intonsaformis: Huang *et* Cheng, 2012. Fauna Sinica, Insecta, Vol. 50: 378.

分布（Distribution）：青海（QH）。

（391）萦黑蚜蝇 *Cheilosia irregula* Barkalov *et* Cheng, 2004

Cheilosia (*Cheilosia*) *irregula* Barkalov *et* Cheng, 2004. Contr. Ent. Intern. 5 (4): 309. **Type locality:** China: Zhejiang, Anji.

Cheilosia irregula: Huang *et* Cheng, 2012. Fauna Sinica, Insecta, Vol. 50: 379.

分布（Distribution）：浙江（ZJ）。

（392）日本黑蚜蝇 *Cheilosia josankeiana* (Shiraki, 1930)

Chilosia josankeiana Shiraki, 1930. Mem. Fac. Sci. Agric. Taihoku Imp. Univ. 1: 306. **Type locality:** Japan: Hokkaidō, Josankei.

Chilosia josankeiana var. *nuda* Shiraki, 1930. Mem. Fac. Sci. Agric. Taihoku Imp. Univ. 1: 308. **Type locality:** Japan: Hokkaidō, Sapporo.

Chilosia kunashirica Violovitsh, 1956. Ent. Obozr. 35 (2): 467. **Type locality:** Japan: Hokkaidō, Kunashir Island.

Chilosia plumuliseta Violovitsh, 1956. Ent. Obozr. 35 (2): 468. **Type locality:** USSR: Kunashir Island, environs of Lake Lagunnoe.

Cheilosia brevipila Shiraki, 1968. *In*: Ikada *et al.*, 1968. Fauna Jap. Syrphidae 2: 83. **Type locality:** Japan: Tokushima Pref., Mt. Tsurugi.

Cheilosia kunashirica: Peck, 1988. *In*: Soós *et* Papp, 1988. Cat. Palaearct. Dipt. 8: 106 (as a valid species); Huang, Cheng *et* Yang, 1998. *In*: Xue *et* Chao, 1998. Flies of China, Vol. 1: 173.

Cheilosia brevipila: Peck, 1988. *In*: Soós *et* Papp, 1988. Cat. Palaearct. Dipt. 8: 98 (as a valid species).

Cheilosia josankeiana: Peck, 1988. *In*: Soós *et* Papp, 1988. Cat. Palaearct. Dipt. 8: 106; Huo, Ren *et* Zheng, 2007. Fauna of Syrphidae from Mt. Qinling-Bashan in China (Insecta: Diptera): 242; Huang *et* Cheng, 2012. Fauna Sinica, Insecta, Vol. 50: 381.

Cheilosia (*Eucarlosyrphus*) *josankeiana*: Barkalov *et* Cheng, 2004. Contr. Ent. Intern. 5 (4): 310.

分布（Distribution）：黑龙江（HL）、陕西（SN）、甘肃（GS）、四川（SC）；俄罗斯、日本。

（393）吉尔吉斯黑蚜蝇 *Cheilosia kirgizorum* Peck, 1971

Cheilosia kirgizorum Peck, 1971. Ent. Obozr. 50 (3): 696. **Type locality:** Kirgizia: Tien Shan, Saridsjaz.

Cheilosia kirgizorum: Peck, 1988. *In*: Soós *et* Papp, 1988. Cat. Palaearct. Dipt. 8: 106; Huang *et* Cheng, 2012. Fauna Sinica, Insecta, Vol. 50: 382.

Cheilosia (*Motanocheila*) *kirgizorum*: Barkalov *et* Cheng, 2004. Contr. Ent. Intern. 5 (4): 311-312.

分布（Distribution）：青海（QH）、新疆（XJ）、四川（SC）；吉尔吉斯斯坦。

（394）科氏黑蚜蝇 *Cheilosia kozlovi* Barkalov *et* Peck, 1994

Cheilosia kozlovi Barkalov *et* Peck, 1994. Zool. Žhur. 73 (12): 133. **Type locality:** China: Tibet.

Cheilosia kozlovi: Huang *et* Cheng, 2012. Fauna Sinica, Insecta, Vol. 50: 383.

Cheilosia (Montanocheila) kozlovi: Barkalov *et* Cheng, 2004. Contr. Ent. Intern. 5 (4): 312-313.

分布（Distribution）：西藏（XZ）。

（395）牯岭黑蚜蝇 *Cheilosia kulinensis* (Hervé-Bazin, 1930)

Chilosia kulinensis Hervé-Bazin, 1930. Bull. Soc. Ent. Fr. 1930: 47. **Type locality:** China: Jiangxi, Kouling.

Cheilosia mupinensis Barkalov, 1999. Volucella 4 (1/2): 76. **Type locality:** China: Sichuan, Mupin.

Chilosia kulinensis: Cheng, 1940. Biol. Bull. Fukien Christian Univ. 1: 41; Wu, 1940. Cat. Ins. Sin. 5: 263.

Cheilosia (Cheilosia) kulinensis: Barkalov *et* Cheng, 2004. Contr. Ent. Intern. 5 (4): 313.

Cheilosia kulinensis: Peck, 1988. *In*: Soós *et* Papp, 1988. Cat. Palaearct. Dipt. 8: 106; Huang, Cheng *et* Yang, 1998. *In*: Xue *et* Chao, 1998. Flies of China, Vol. 1: 173; Huo, Ren *et* Zheng, 2007. Fauna of Syrphidae from Mt. Qinling-Bashan in China (Insecta: Diptera): 243; Huang *et* Cheng, 2012. Fauna Sinica, Insecta, Vol. 50: 384.

分布（Distribution）：浙江（ZJ）、江西（JX）、四川（SC）。

（396）扁突黑蚜蝇 *Cheilosia leptorrhyncha* (Shiraki, 1930)

Chilosia leptorrhyncha Shiraki, 1930. Mem. Fac. Sci. Agric. Taihoku Imp. Univ. 1: 269. **Type locality:** China: Taiwan, Kanko *et* Shukoran.

Cheilosia (Cheilosia) leptorrhyncha: Barkalov *et* Cheng, 2004. Contr. Ent. Intern. 5 (4): 314.

Cheilosia leptorrhyncha: Knutson, Thompson *et* Vockeroth, 1975. *In*: Delfinado *et* Hardy, 1975. Cat. Dipt. Orient. Reg. 2: 329; Huang *et* Cheng, 2012. Fauna Sinica, Insecta, Vol. 50: 386.

分布（Distribution）：台湾（TW）。

（397）长翅黑蚜蝇 *Cheilosia longiptera* Shiraki, 1968

Cheilosia longiptera Shiraki, 1968. *In*: Ikada *et al.*, 1968. Fauna Jap. Syrphidae 2: 103. **Type locality:** Japan: Nagano Pref., Mt. Tadeshina.

Cheilosia longiptera: Peck, 1988. *In*: Soós *et* Papp, 1988. Cat. Palaearct. Dipt. 8: 108; Huang *et* Cheng, 2012. Fauna Sinica, Insecta, Vol. 50: 387.

Cheilosia (Nephocheila) longiptera: Barkalov *et* Cheng, 2004. Contr. Ent. Intern. 5 (4): 315.

分布（Distribution）：四川（SC）；俄罗斯、朝鲜、日本。

（398）尖突黑蚜蝇 *Cheilosia longula* (Zetterstedt, 1838)

Eristalis longula Zetterstedt, 1838. Insecta Lapp.: 613. **Type locality:** Sweden.

Cheilosia nigricornis Macquart, 1829b. Ins. Dipt. N. Fr. 4: 203. **Type locality:** Northern France.

Cheilosia albiseta Meigen, 1838. Syst. Beschr. Europ. Zweifl. Insekt. 7: 127. **Type locality:** Germany.

Eristalis geniculata Zetterstedt, 1855. Dipt. Scand. 12: 4669. **Type locality:** Sweden.

Cheilosia plumulifera Loew, 1857. Verh. K. K. Zool.-Bot. Ges. Wien 7: 600. **Type locality:** Middle Europe: Siberia.

Cheilosia omogensis Shiraki in Shiraki *et* Edashige, 1953. Trans. Shikoku Ent. Soc. 3 (5-6): 92. **Type locality:** Japan: Shikoku, Omogo Valley, Ehime.

Cheilosia hasegawai Shiraki, 1968. *In*: Ikada *et al.*, 1968. Fauna Jap. Syrphidae 2: 85. **Type locality:** Japan: "Mt. Ontake, Nagano Pref.".

Cheilosia omogensis: Peck, 1988. *In*: Soós *et* Papp, 1988. Cat. Palaearct. Dipt. 8: 112 (as a valid species).

Cheilosia (Eucartosyrphus) longula: Barkalov *et* Cheng, 2004. Contr. Ent. Intern. 5 (4): 316-317.

Cheilosia longula: Peck, 1988. *In*: Soós *et* Papp, 1988. Cat. Palaearct. Dipt. 8: 108; Huo, Ren *et* Zheng, 2007. Fauna of Syrphidae from Mt. Qinling-Bashan in China (Insecta: Diptera): 244; Huang *et* Cheng, 2012. Fauna Sinica, Insecta, Vol. 50: 388.

分布（Distribution）：陕西（SN）、甘肃（GS）、江西（JX）、湖北（HB）、四川（SC）、云南（YN）、西藏（XZ）；俄罗斯、蒙古国、瑞典、法国、德国、日本。

（399）绿泽黑蚜蝇 *Cheilosia lucida* Barkalov *et* Cheng, 1998

Cheilosia lucida Barkalov *et* Cheng, 1998. Zoosyst. Rossica 7 (2): 318. **Type locality:** China: Sichuan, Emeishan.

Cheilosia (Cheilosia) lucida: Barkalov *et* Cheng, 2004. Contr. Ent. Intern. 5 (4): 317.

Cheilosia lucida: Huang, Cheng *et* Yang, 1998. *In*: Xue *et* Chao, 1998. Flies of China, Vol. 1: 173; Huo, Ren *et* Zheng, 2007. Fauna of Syrphidae from Mt. Qinling-Bashan in China (Insecta: Diptera): 244; Huang *et* Cheng, 2012. Fauna Sinica, Insecta, Vol. 50: 390.

分布（Distribution）：四川（SC）、云南（YN）。

（400）大黑蚜蝇 *Cheilosia maja* Barkalov *et* Cheng, 2004

Cheilosia (Montanocheila) maja Barkalov *et* Cheng, 2004. Contr. Ent. Intern. 5 (4): 318. **Type locality:** China: Sichuan, Ya'an, Erlang Shan.

Cheilosia maja: Huang *et* Cheng, 2012. Fauna Sinica, Insecta, Vol. 50: 391.

分布（**Distribution**）：四川（SC）；古北区。

（401）马卡黑蚜蝇 *Cheilosia makiana* (**Shiraki, 1930**)

Chilosia makiana Shiraki, 1930. Mem. Fac. Sci. Agric. Taihoku Imp. Univ. 1: 272. **Type locality:** China: Taiwan, Horisha *et* Karenko.

Cheilosia makiana: Knutson, Thompson *et* Vockeroth, 1975. *In*: Delfinado *et* Hardy, 1975. Cat. Dipt. Orient. Reg. 2: 329; Huang *et* Cheng, 2012. Fauna Sinica, Insecta, Vol. 50: 444.

Cheilosia (*Cheilosia*) *makiana*: Barkalov *et* Cheng, 2004. Contr. Ent. Intern. 5 (4): 319.

分布（**Distribution**）：台湾（TW）。

（402）马氏黑蚜蝇 *Cheilosia matsumurana* (**Shiraki, 1930**)

Chilosia matsumurana Shiraki, 1930. Mem. Fac. Sci. Agric. Taihoku Imp. Univ. 1: 316. **Type locality:** Japan: Hokkaidō.

Chilosia luteipes Shiraki, 1930. Mem. Fac. Sci. Agric. Taihoku Imp. Univ. 1: 319. **Type locality:** Japan: Honshū; Hokkaidō.

Cheilosia moneronica Violovitsh, 1971. Novye I Maloizvestnye Vidy Fauny Sibiri 5: 109. **Type locality:** Russia: Sakhalin, Moneron Island.

Cheilosia moneronica: Peck, 1988. *In*: Soós *et* Papp, 1988. Cat. Palaearct. Dipt. 8: 109 (as a valid species).

Cheilosia (*Cheilosia*) *matsumurana*: Barkalov *et* Cheng, 2004. Contr. Ent. Intern. 5 (4): 320.

Cheilosia matsumurana: Peck, 1988. *In*: Soós *et* Papp, 1988. Cat. Palaearct. Dipt. 8: 108; Huang *et* Cheng, 2012. Fauna Sinica, Insecta, Vol. 50: 392.

分布（**Distribution**）：四川（SC）；前苏联、日本。

（403）微鬃黑蚜蝇 *Cheilosia minutissima* **Barkalov** *et* **Cheng, 2004**

Cheilosia (*Cheilosia*) *minutissima* Barkalov *et* Cheng, 2004. Contr. Ent. Intern. 5 (4): 321. **Type locality:** China: Sichuan, Emei Shan.

Cheilosia minutissima: Huang *et* Cheng, 2012. Fauna Sinica, Insecta, Vol. 50: 393.

分布（**Distribution**）：四川（SC）。

（404）褐斑黑蚜蝇 *Cheilosia motodomariensis* **Matsumura, 1916**

Cheilosia motodomariensis Matsumura, 1916. Thousand Ins. Japan Add. 2: 239. **Type locality:** Russia: Sakhalin (Motodomari).

Chilosia magnifica Hellén, 1930. Not. Ent. 10: 29. **Type locality:** Russia: East Siberia, Ajan and Kamchatka Pen.

Chilosia unicolor Sack, 1941. Arb. Morph. Taxon. Ent. Berl. 8 (3): 189. **Type locality:** China: Northeast China, Gaolinzsy.

Cheilosia illustrata portschinskiana Stackelberg, 1960. Ent. Obozr. 39: 441. **Type locality:** Armenia: Kirovakan.

Cheilosia subillustrata Stackelberg, 1963. Stuttg. Beitr.

Naturkd. 113: 2. **Type locality:** USSR: Eastern Siberia, Baikit, Podkamen.

Cheilosia unicolor Shiraki, 1968. *In*: Ikada *et al.*, 1968. Fauna Jap. Syrphidae 2: 94 (preoccupied by Sack, 1941). **Type locality:** Japan: Nagano Pref., Mt. Tadeshina.

Cheilosia illustrata magnifica: Peck, 1988. *In*: Soós *et* Papp, 1988. Cat. Palaearct. Dipt. 8: 105.

Cheilosia (*Floccocheila*) *motodomariensis*: Barkalov *et* Cheng, 2004. Contr. Ent. Intern. 5 (4): 321.

Cheilosia motodomariensis: Peck, 1988. *In*: Soós *et* Papp, 1988. Cat. Palaearct. Dipt. 8: 109; Huo, Ren *et* Zheng, 2007. Fauna of Syrphidae from Mt. Qinling-Bashan in China (Insecta: Diptera): 245; Huang *et* Cheng, 2012. Fauna Sinica, Insecta, Vol. 50: 394.

分布（**Distribution**）：吉林（JL）、辽宁（LN）、内蒙古（NM）、河北（HEB）、北京（BJ）、山西（SX）、陕西（SN）、四川（SC）；前苏联、蒙古国、日本。

（405）毛眼黑蚜蝇 *Cheilosia multa* **Barkalov** *et* **Cheng, 2004**

Cheilosia (*Nephocheila*) *multa* Barkalov *et* Cheng, 2004. Contr. Ent. Intern. 5 (4): 322. **Type locality:** China: Sichuan, Nanping; Beijing; Shaanxi.

Cheilosia multa: Huang *et* Cheng, 2012. Fauna Sinica, Insecta, Vol. 50: 396.

分布（**Distribution**）：北京（BJ）、陕西（SN）、四川（SC）。

（406）细小条黑蚜蝇 *Cheilosia mutini* **Barkalov, 1984**

Cheilosia mutini Barkalov, 1984. Novye I Maloizvestnye Vidy Fauny Sibiri 17: 83. **Type locality:** Russia: Komsomol'sk-na-Amure, Silinskii park.

Cheilosia mutini: Huang *et* Cheng, 2012. Fauna Sinica, Insecta, Vol. 50: 397.

Cheilosia (*Cheilosia*) *mutini*: Barkalov *et* Cheng, 2004. Contr. Ent. Intern. 5 (4): 323.

分布（**Distribution**）：中国（东北部，省份不明）；俄罗斯。

（407）亮突黑蚜蝇 *Cheilosia nadiae* **Barkalov** *et* **Cheng, 2004**

Cheilosia (*Nephocheila*) *nadiae* Barkalov *et* Cheng, 2004. Contr. Ent. Intern. 5 (4): 324. **Type locality:** China: Sichuan, Lixian.

Cheilosia nadiae: Huang *et* Cheng, 2012. Fauna Sinica, Insecta, Vol. 50: 398.

分布（**Distribution**）：四川（SC）。

（408）烟翅黑蚜蝇 *Cheilosia nebulosa* (**Verrall, 1871**)

Chilosia nebulosa Verrall, 1871. Ent. Mon. Mag. 7: 201. **Type locality:** England: Sussex, near Battle, Bathurst.

Chilosia langhofferi Becker, 1894. Nova Acta Leopold.-Carol. Akad. Naturf. 62 (3): 411. **Type locality:** Germany. Austria.

Croatia: Dalmatia.

Cheilosia verralliana Mik, 1897. Wien. Ent. Ztg. 16: 116. **Type locality:** Southern Austria.

Cheilosia langhofferi: Peck, 1988. *In*: Soós *et* Papp, 1988. Cat. Palaearct. Dipt. 8: 106 (as a valid species).

Cheilosia nebulosa: Peck, 1988. *In*: Soós *et* Papp, 1988. Cat. Palaearct. Dipt. 8: 110; Sun, 1993. Insects of the Hengduan Mountains Region 2: 1108; Huang, Cheng *et* Yang, 1998. *In*: Xue *et* Chao, 1998. Flies of China, Vol. 1: 173.

分布（Distribution）：吉林（JL）、四川（SC）、云南（YN）；英国、德国、奥地利、克罗地亚。

（409）双色黑蚜蝇 *Cheilosia neversicolor* Barkalov, 1999

Cheilosia neversicolor Barkalov, 1999. Volucella 4 (1/2): 78. **Type locality:** China: Sichuan, Tatisenlu.

Cheilosia neversicolor: Huang *et* Cheng, 2012. Fauna Sinica, Insecta, Vol. 50: 399.

Cheilosia (Floccocheila) neversicolor: Barkalov *et* Cheng, 2004. Contr. Ent. Intern. 5 (4): 325.

分布（Distribution）：四川（SC）、西藏（XZ）。

（410）黑足黑蚜蝇 *Cheilosia nigripes* (Meigen, 1822)

Syrphus nigripes Meigen, 1822. Syst. Beschr. Europ. Zweifl. Insekt. 3: 282. **Type locality:** Germany. Austria.

Syrphus tropicus Meigen, 1822. Syst. Beschr. Europ. Zweifl. Insekt. 3: 291. **Type locality:** Germany: Stolberg near Aachen.

Eristalis lugubris Zetterstedt, 1838. Insecta Lapp.: 614. **Type locality:** Sweden: Västerbotten: Lappland, Lycksele.

Eristalis schmidtii Zetterstedt, 1843. Dipt. Scand. 2: 813. **Type locality:** Sweden. Norway.

Cartosyrphus castaneiventris Bigot, 1884b. Ann. Soc. Entomol. Fr. 1833 (6) 3: 551. **Type locality:** Asia Minor.

Chilosia tropica var. *minuta* Hellén, 1914. Medd. Soc. Fauna Flora Fenn. 40: 58. **Type locality:** Finland: Akkas, Messuby; Ta.

Cheilosia (Taeniochilosia) nigripes: Barkalov *et* Cheng, 2004. Contr. Ent. Intern. 5 (4): 326.

Cheilosia nigripes: Peck, 1988. *In*: Soós *et* Papp, 1988. Cat. Palaearct. Dipt. 8: 110; Huang, Cheng *et* Yang, 1998. *In*: Xue *et* Chao, 1998. Flies of China, Vol. 1: 173; Huang *et* Cheng, 2012. Fauna Sinica, Insecta, Vol. 50: 401.

分布（Distribution）：黑龙江（HL）、吉林（JL）；德国、奥地利、瑞典、挪威、芬兰。

（411）黑腹黑蚜蝇 *Cheilosia nigriventris* Barkalov *et* Cheng, 2004

Cheilosia (Montanocheila) nigriventris Barkalov *et* Cheng, 2004. Contr. Ent. Intern. 5 (4): 327. **Type locality:** China: Tibet, Yadong.

Cheilosia nigriventris: Huang *et* Cheng, 2012. Fauna Sinica, Insecta, Vol. 50: 402.

分布（Distribution）：西藏（XZ）。

（412）狭带黑蚜蝇 *Cheilosia niitakana* (Shiraki, 1930)

Chilosia niitakana Shiraki, 1930. Mem. Fac. Sci. Agric. Taihoku Imp. Univ. 1: 275. **Type locality:** China: Taiwan, Niitakayama.

Cheilosia (Cheilosia) niitakana: Barkalov *et* Cheng, 2004. Contr. Ent. Intern. 5 (4): 328.

Cheilosia niitakana: Knutson, Thompson *et* Vockeroth, 1975. *In*: Delfinado *et* Hardy, 1975. Cat. Dipt. Orient. Reg. 2: 330; Huang *et* Cheng, 2012. Fauna Sinica, Insecta, Vol. 50: 445.

分布（Distribution）：台湾（TW）。

（413）宽额黑蚜蝇 *Cheilosia nona* Barkalov *et* Cheng, 2004

Cheilosia (Montanocheila) nona Barkalov *et* Cheng, 2004. Contr. Ent. Intern. 5 (4): 329. **Type locality:** China: Tibet, Mangchu.

Cheilosia nona: Huang *et* Cheng, 2012. Fauna Sinica, Insecta, Vol. 50: 403.

分布（Distribution）：西藏（XZ）。

（414）裸芒黑蚜蝇 *Cheilosia nuda* (Shiraki, 1930)

Chilosia josankeiana var. *nuda* Shiraki, 1930. Mem. Fac. Sci. Agric. Taihoku Imp. Univ. 1: 308. **Type locality:** Japan: Hokkaidō, Sapporo.

Cheilosia nuda: Peck, 1988. *In*: Soós *et* Papp, 1988. Cat. Palaearct. Dipt. 8: 111; Huang *et* Cheng, 2012. Fauna Sinica, Insecta, Vol. 50: 403.

Cheilosia (Eucartosyrphus) nuda: Barkalov *et* Cheng, 2004. Contr. Ent. Intern. 5 (4): 329.

分布（Distribution）：黑龙江（HL）；前苏联、日本。

（415）长鬃黑蚜蝇 *Cheilosia oblonga* Barkalov, 1999

Cheilosia oblonga Barkalov, 1999. Volucella 4 (1/2): 80. **Type locality:** China: Sichuan, near Mupin.

Cheilosia oblonga: Huang *et* Cheng, 2012. Fauna Sinica, Insecta, Vol. 50: 405.

Cheilosia (Cheilosia) oblonga: Barkalov *et* Cheng, 2004. Contr. Ent. Intern. 5 (4): 330.

分布（Distribution）：四川（SC）。

（416）橙角黑蚜蝇 *Cheilosia occulta* Barkalov, 1988

Cheilosia occulta Barkalov, 1988. Novye I Maloizvestnye Vidy Fauny Sibiri, Novosibirsk 20: 103. **Type locality:** Russia: environs of Yakutsk Town.

Cheilosia occulta: Huang *et* Cheng, 2012. Fauna Sinica, Insecta, Vol. 50: 406.

Cheilosia (Cheilosia) occulta: Barkalov *et* Cheng, 2004. Contr. Ent. Intern. 5 (4): 331.

分布（Distribution）：河北（HEB）；前苏联。

（417）橘毛黑蚜蝇 *Cheilosia ochreipila* (Shiraki, 1930)

Chilosia ochreipila Shiraki, 1930. Mem. Fac. Sci. Agric. Taihoku Imp. Univ. 1: 283. **Type locality:** China: Taiwan, Shukoran, Taihesisan *et* Roeichi.

Cheilosia (*Cheilosia*) *ochreipila*: Barkalov *et* Cheng, 2004. Contr. Ent. Intern. 5 (4): 332.

Cheilosia ochreipila: Knutson, Thompson *et* Vockeroth, 1975. *In*: Delfinado *et* Hardy, 1975. Cat. Dipt. Orient. Reg. 2: 330; Huang *et* Cheng, 2012. Fauna Sinica, Insecta, Vol. 50: 446.

分布（Distribution）：台湾（TW）。

（418）斑翅黑蚜蝇 *Cheilosia octava* Barkalov *et* Cheng, 2004

Cheilosia (*Cheilosia*) *octava* Barkalov *et* Cheng, 2004. Contr. Ent. Intern. 5 (4): 333. **Type locality:** China: Yunnan, Lushui.

Cheilosia octava: Huang *et* Cheng, 2012. Fauna Sinica, Insecta, Vol. 50: 407.

分布（Distribution）：云南（YN）。

（419）冲绳黑蚜蝇 *Cheilosia okinawae* (Shiraki, 1930)

Chilosia okinawae Shiraki, 1930. Mem. Fac. Sci. Agric. Taihoku Imp. Univ. 1: 281. **Type locality:** Japan: Ryukyu, Okinawa.

Cheilosia okinawae: Barkalov *et* Cheng, 1998. Zoosyst. Rossica 7 (2): 321; Huang *et* Cheng, 2012. Fauna Sinica, Insecta, Vol. 50: 409.

Cheilosia (*Cheilosia*) *okinawae*: Barkalov *et* Cheng, 2004. Contr. Ent. Intern. 5 (4): 334.

分布（Distribution）：浙江（ZJ）；日本。

（420）田园黑蚜蝇 *Cheilosia pagana* (Meigen, 1822)

Syrphus paganus Meigen, 1822. Syst. Beschr. Europ. Zweifl. Insekt. 3: 292. **Type locality:** Germany: Stolberg near Aachen.

Cheilosia atra Gimmerthal, 1842. Bull. Soc. Imp. Nat. Moscou 15 (3): 670. **Type locality:** "Lief-und Kurlands" [= Estonian and Latvian SSR].

Chilosia pulchripes Loew, 1857. Verh. K. K. Zool.-Bot. Ges. Wien 7: 597. **Type locality:** Europe.

Syrphus subalpina Rondani, 1857. Dipt. Ital. Prodromus, Vol. II: 161. **Type locality:** Italy: Piedmont.

Eristalis maculicornis Bonsdorff, 1861. Bidr. Finl. Naturk. Etnogr. Stat. 6: 266. **Type locality:** Finland.

Eristalis magnicornis Bonsdorff, 1861. Bidr. Finl. Naturk. Etnogr. Stat. 6: 271. **Type locality:** Finland: "kittila lappmark".

Chilosia pulchripes var. *nigropilosa* Strobl, 1898. Glasn. Zemalj. Mus. Bosni Herceg. 10: 432. **Type locality:** Yugoslovia: Lasva.

Chilosia pulchripes var. *floccosa* Verrall, 1901. Platypezidae, Pipunculidae and Syrphidae of Great Britain 8: 224. **Type locality:** England.

Cartosyrphus kincaidi Shaanon, 1922. Insecutor Inscit. Menstr. 10: 134. **Type locality:** USA: Alaska, Kukak Bay.

Chilosia platycera Hine, 1922. Ohio J. Sci. 22: 143. **Type locality:** USA: Alaska, Katmai.

Cheilosia (*Cheilosia*) *pagana*: Barkalov *et* Cheng, 2004. Contr. Ent. Intern. 5 (4): 335.

Cheilosia pagana: Peck, 1988. *In*: Soós *et* Papp, 1988. Cat. Palaearct. Dipt. 8: 112; Huang *et* Cheng, 2012. Fauna Sinica, Insecta, Vol. 50: 410.

分布（Distribution）：吉林（JL）；蒙古国、德国、意大利、芬兰、英国、前南斯拉夫、美国（阿拉斯加）；欧洲。

（421）黄盾黑蚜蝇 *Cheilosia pallipes* (Loew, 1863)

Chilosia pallipes Loew, 1863. Berl. Ent. Z. 7: 311. **Type locality:** USA: District of Columbia.

Chilosia flavissima Becker, 1894. Nova Acta Leopold.-Carol. Akad. Naturf. 62 (3): 371. **Type locality:** Europe.

Cheilosia flavoscutellata Shiraki, 1968. *In*: Ikada *et al.*, 1968. Fauna Jap. Syrphidae 2: 66. **Type locality:** Japan: "Shikotsu-ko, Hokkaidō".

Cheilosia pallipes: Peck, 1988. *In*: Soós *et* Papp, 1988. Cat. Palaearct. Dipt. 8: 112; Huo *et* Ren, 2007. Entomotaxon. 29 (3): 177.

分布（Distribution）：河北（HEB）；美国；欧洲。

（422）拟毛黑蚜蝇 *Cheilosia parachloris* (Hervé-Bazin, 1929)

Chilosia parachloris Hervé-Bazin, 1929. Encycl. Ent. (B) II 5: 96. **Type locality:** China: "Tchen-Kiang", "Che-Mo *et* Sia-Shu (Collibus aux environs de Nanking)".

Chilosia parachloris: Cheng, 1940. Biol. Bull. Fukien Christian Univ. 1: 41; Wu, 1940. Cat. Ins. Sin. 5: 263.

Cheilosia (*Cheilosia*) *parachloris*: Barkalov *et* Cheng, 2004. Contr. Ent. Intern. 5 (4): 335.

Cheilosia parachloris: Peck, 1988. *In*: Soós *et* Papp, 1988. Cat. Palaearct. Dipt. 8: 112; Huang, Cheng *et* Yang, 1998. *In*: Xue *et* Chao, 1998. Flies of China, Vol. 1: 173; Huang *et* Cheng, 2012. Fauna Sinica, Insecta, Vol. 50: 411.

分布（Distribution）：河北（HEB）、江苏（JS）、浙江（ZJ）、湖北（HB）、福建（FJ）。

（423）小黑蚜蝇 *Cheilosia parvula* Barkalov *et* Cheng, 2004

Cheilosia (*Cheilosia*) *parvula* Barkalov *et* Cheng, 2004. Contr. Ent. Intern. 5 (4): 336. **Type locality:** China: Tibet, Zogang.

Cheilosia parvula: Huang *et* Cheng, 2012. Fauna Sinica, Insecta, Vol. 50: 411.

分布（Distribution）：西藏（XZ）。

（424）粉带黑蚜蝇 *Cheilosia pollistriata* Huo, Ren et Zheng, 2007

Cheilosia pollistriata Huo, Ren *et* Zheng, 2007. Fauna of Syrphidae from Mt. Qinling-Bashan in China (Insecta: Diptera): 246. **Type locality:** China: Shaanxi, Meixian.

分布（Distribution）：陕西（SN）。

（425）鸟突黑蚜蝇 *Cheilosia prima* Barkalov et Cheng, 2004

Cheilosia (*Nephocheila*) *prima* Barkalov *et* Cheng, 2004. Contr. Ent. Intern. 5 (4): 337 (preoccupied by Hunter, 1896). **Type locality:** China: Sichuan, Erlong.

Cheilosia prima: Huang *et* Cheng, 2012. Fauna Sinica, Insecta, Vol. 50: 413.

分布（Distribution）：四川（SC）。

（426）等长毛黑蚜蝇 *Cheilosia proxima* (Zetterstedt, 1843)

Eristalis proxima Zetterstedt, 1843. Dipt. Scand. 2: 792. **Type locality:** Sweden: Östergötlands [= Ostrogothia]: "Haradshammor".

Eristalis modesta Egger, 1860b. Verh. K. K. Zool.-Bot. Ges. Wien 10: 354. **Type locality:** Austria.

Cheilosia fuscicornis Rondani, 1865. Atti Soc. Ital. Sci. Nat. Milano 8: 137. **Type locality:** Italy: "in Apennino *et* in Alpibus Insubriae" [= Apennines and Italian Alps].

Cheilosia (*Cheilosia*) *proxima*: Barkalov *et* Cheng, 2004. Contr. Ent. Intern. 5 (4): 338.

Cheilosia proxima: Peck, 1988. *In*: Soós *et* Papp, 1988. Cat. Palaearct. Dipt. 8: 114; Huang *et* Cheng, 2012. Fauna Sinica, Insecta, Vol. 50: 414.

分布（Distribution）：新疆（XJ）；瑞典、奥地利、意大利。

（427）拟蠹黑蚜蝇 *Cheilosia pseudomorio* Barkalov et Cheng, 2004

Cheilosia (*Neocheilosia*) *pseudomorio* Barkalov *et* Cheng, 2004. Contr. Ent. Intern. 5 (4): 339. **Type locality:** China: Yunnan, Tenma.

Cheilosia pseudomorio: Huang *et* Cheng, 2012. Fauna Sinica, Insecta, Vol. 50: 416.

分布（Distribution）：云南（YN）。

（428）秦岭黑蚜蝇 *Cheilosia qinlingensis* Huo, Ren et Zheng, 2007

Cheilosia qinlingensis Huo, Ren *et* Zheng, 2007. Fauna of Syrphidae from Mt. Qinling-Bashan in China (Insecta: Diptera): 247. **Type locality:** China: Shaanxi, Liuba.

分布（Distribution）：陕西（SN）。

（429）黄肩黑蚜蝇 *Cheilosia quarta* Barkalov et Cheng, 2004

Cheilosia (*Eucartosyrphus*) *quarta* Barkalov *et* Cheng, 2004. Contr. Ent. Intern. 5 (4): 340. **Type locality:** China: Jiangxi, Kuling.

Cheilosia quarta: Huang *et* Cheng, 2012. Fauna Sinica, Insecta, Vol. 50: 417.

分布（Distribution）：江西（JX）。

（430）黄足黑蚜蝇 *Cheilosia quinta* Barkalov et Cheng, 2004

Cheilosia (*Pollinocheila*) *quinta* Barkalov *et* Cheng, 2004. Contr. Ent. Intern. 5 (4): 341. **Type locality:** China: Yunnan, Lushui; Zhejiang; Sichuan; Xizang.

Cheilosia quinta: Huang *et* Cheng, 2012. Fauna Sinica, Insecta, Vol. 50: 418.

分布（Distribution）：浙江（ZJ）、四川（SC）、云南（YN）、西藏（XZ）。

（431）拉古黑蚜蝇 *Cheilosia rakurakuensis* (Shiraki, 1930)

Chilosia rakurakuensis Shiraki, 1930. Mem. Fac. Sci. Agric. Taihoku Imp. Univ. 1: 265. **Type locality:** China: Taiwan, Rakuraku.

Cheilosia (*Cheilosia*) *rakurakuensis*: Barkalov *et* Cheng, 2004. Contr. Ent. Intern. 5 (4): 342.

Cheilosia rakurakuensis: Knutson, Thompson *et* Vockeroth, 1975. *In*: Delfinado *et* Hardy, 1975. Cat. Dipt. Orient. Reg. 2: 330; Huang *et* Cheng, 2012. Fauna Sinica, Insecta, Vol. 50: 447.

分布（Distribution）：台湾（TW）。

（432）红斑黑蚜蝇 *Cheilosia rufimaculata* Huo, Ren et Zheng, 2007

Cheilosia rufimaculata Huo, Ren *et* Zheng, 2007. Fauna of Syrphidae from Mt. Qinling-Bashan in China (Insecta: Diptera): 248. **Type locality:** China: Sichuan, Nanjiang.

分布（Distribution）：四川（SC）。

（433）异盾黑蚜蝇 *Cheilosia scutellata* (Fallén, 1817)

Eristalis scutellata Fallén, 1817. Syrphici Sveciae: 55. **Type locality:** Sweden: Skåne [= Scania], "Esperod"; Varmland: Aras.

Syrphus anthraeiformis Meigen, 1822. Syst. Beschr. Europ. Zweifl. Insekt. 3: 289. **Type locality:** "Österreich" (Austria).

Syrphus curialis Meigen, 1822. Syst. Beschr. Europ. Zweifl. Insekt. 3: 287. **Type locality:** "Österreich" (Austria).

Cheilosia scutellaris Matsumura, 1911. J. Coll. Agric. Hokkaido Imp. Univ. 4 (1): 80. **Type locality:** Russia: "Chipsani" [= Sakhalin: Ozërskiy].

Chilosia scutellata: Shiraki, 1930. Mem. Fac. Sci. Agric. Taihoku Imp. Univ. 1: 306.

Cheilosia (*Eucartosyrphus*) *scutellata*: Barkalov *et* Cheng, 2004. Contr. Ent. Intern. 5 (4): 342.

Cheilosia scutellata: Peck, 1988. *In*: Soós *et* Papp, 1988. Cat.

Palaearct. Dipt. 8: 116; Huo, Ren *et* Zheng, 2007. Fauna of Syrphidae from Mt. Qinling-Bashan in China (Insecta: Diptera): 249; Huang *et* Cheng, 2012. Fauna Sinica, Insecta, Vol. 50: 420.

分布（**Distribution**）：黑龙江（HL）、内蒙古（NM）、北京（BJ）、陕西（SN）、四川（SC）、重庆（CQ）；瑞典、奥地利、俄罗斯；古北区。

（434）弱鬃黑蚜蝇 *Cheilosia senia* **Barkalov, 2001**

Cheilosia (*Cheilosia*) *senia* Barkalov, 2001. Zool. Žhur. 80 (3): 376. **Type locality:** China: Sichuan, Lunan-fu, Khodzigou.

Cheilosia (*Montanocheila*) *senia*: Barkalov *et* Cheng, 2004. Contr. Ent. Intern. 5 (4): 344.

Cheilosia senia: Huang *et* Cheng, 2012. Fauna Sinica, Insecta, Vol. 50: 421.

分布（**Distribution**）：四川（SC）。

（435）间黑蚜蝇 *Cheilosia septima* **Barkalov** *et* **Cheng, 2004**

Cheilosia (*Taeniochilosia*) *septima* Barkalov *et* Cheng, 2004. Contr. Ent. Intern. 5 (4): 344. **Type locality:** China: Heilongjiang, Gaolinzi; Jilin.

Cheilosi septima: Huo, Ren *et* Zheng, 2007. Fauna of Syrphidae from Mt. Qinling-Bashan in China (Insecta: Diptera): 250; Huang *et* Cheng, 2012. Fauna Sinica, Insecta, Vol. 50: 422.

分布（**Distribution**）：黑龙江（HL）、吉林（JL）、陕西（SN）。

（436）丝毛黑蚜蝇 *Cheilosia sera* **Barkalov, 1999**

Cheilosia sera Barkalov, 1999. Volucella 4 (1/2): 81. **Type locality:** China: Sichuan, West of Chetu Pass, near Tatsienlu.

Chielosia (*Chielosia*) *sera*: Barkalov *et* Cheng, 2004. Contr. Ent. Intern. 5 (4): 345.

Cheilosia sera: Huang *et* Cheng, 2012. Fauna Sinica, Insecta, Vol. 50: 423.

分布（**Distribution**）：青海（QH）、四川（SC）、西藏（XZ）。

（437）亮腹黑蚜蝇 *Cheilosia sexta* **Barkalov** *et* **Cheng, 2004**

Cheilosia (*Montanocheila*) *sexta* Barkalov *et* Cheng, 2004. Contr. Ent. Intern. 5 (4): 346. **Type locality:** China: Sichuan, Xiangcheng.

Cheilosia sexta: Huang *et* Cheng, 2012. Fauna Sinica, Insecta, Vol. 50: 424.

分布（**Distribution**）：四川（SC）。

（438）陕西黑蚜蝇 *Cheilosia shaanxiensis* **Huo, Ren** *et* **Zheng, 2007**

Cheilosia shaanxiensis Huo, Ren *et* Zheng, 2007. Fauna of Syrphidae from Mt. Qinling-Bashan in China (Insecta: Diptera): 250. **Type locality:** China: Shaanxi, Hanzhong.

分布（**Distribution**）：陕西（SN）。

（439）条纹黑蚜蝇 *Cheilosia shanhaica* **Barkalov** *et* **Cheng, 2004**

Cheilosia (*Cheilosia*) *shanhaica* Barkalov *et* Cheng, 2004. Contr. Ent. Intern. 5 (4): 347. **Type locality:** China: Shaanxi, Fengxian; Beijing; Sichuan.

Cheilosia shanhaica: Huo, Ren *et* Zheng, 2007. Fauna of Syrphidae from Mt. Qinling-Bashan in China (Insecta: Diptera): 251; Huang *et* Cheng, 2012. Fauna Sinica, Insecta, Vol. 50: 425.

分布（**Distribution**）：北京（BJ）、陕西（SN）、四川（SC）。

（440）素木黑蚜蝇 *Cheilosia shirakiana* **Barkalov, 2001**

Cheilosia (*Cheilosia*) *shirakiana* Barkalov, 2001. Zool. Žhur. 80 (3): 376 (replacement name for *Endoiasimyia formosana* Shiraki, 1930 nec *Cheilosia formosana* Shiraki, 1930).

Endoiasimyia formosana Shiraki, 1930. Mem. Fac. Sci. Agric. Taihoku Imp. Univ. 1: 321. **Type locality:** China: Taiwan, Asahi, Tenchosan, Arisan.

Cheilosia (*Eucartosyrphus*) *shirakiana*: Barkalov *et* Cheng, 2004. Contr. Ent. Intern. 5 (4): 348.

Cheilosia shirakiana: Huang *et* Cheng, 2012. Fauna Sinica, Insecta, Vol. 50: 448.

分布（**Distribution**）：台湾（TW）；日本。

（441）拟歪黑蚜蝇 *Cheilosia simianobliqua* **Barkalov** *et* **Cheng, 2004**

Cheilosia (*Montanocheila*) *simianobliqua* Barkalov *et* Cheng, 2004. Contr. Ent. Intern. 5 (4): 348. **Type locality:** China: Tibet, Markam.

Cheilosia simianobliqua: Huang *et* Cheng, 2012. Fauna Sinica, Insecta, Vol. 50: 427.

分布（**Distribution**）：西藏（XZ）。

（442）蓝泽黑蚜蝇 *Cheilosia sini* **Barkalov** *et* **Cheng, 1998**

Cheilosia sini Barkalov *et* Cheng, 1998. Zoosyst. Rossica 7 (2): 315. **Type locality:** China: Sichuan, Emeishan.

Cheilosia sini: Huo, Ren *et* Zheng, 2007. Fauna of Syrphidae from Mt. Qinling-Bashan in China (Insecta: Diptera): 252; Huang *et* Cheng, 2012. Fauna Sinica, Insecta, Vol. 50: 428.

Cheilosia (*Cheilosia*) *sini*: Barkalov *et* Cheng, 2004. Contr. Ent. Intern. 5 (4): 349.

分布（**Distribution**）：北京（BJ）、陕西（SN）、浙江（ZJ）、湖北（HB）、四川（SC）、云南（YN）。

（443）紫泽黑蚜蝇 *Cheilosia splendida* **(Shiraki, 1930)**

Chilosia splendida Shiraki, 1930. Mem. Fac. Sci. Agric. Taihoku Imp. Univ. 1: 302. **Type locality:** China: Taiwan, Karenko, Asahi, Musha.

Cheilosia (*Cheilosia*) *splendida*: Barkalov *et* Cheng, 2004.

Contr. Ent. Intern. 5 (4): 349.

Cheilosia splendida: Knutson, Thompson *et* Vockeroth, 1975. *In*: Delfinado *et* Hardy, 1975. Cat. Dipt. Orient. Reg. 2: 330.

分布（Distribution）：台湾（TW）。

（444）疑黑蚜蝇 *Cheilosia suspecta* Barkalov *et* Cheng, 1998

Cheilosia suspecta Barkalov *et* Cheng, 1998. Zoosyst. Rossica 7 (2): 317. **Type locality:** China: Sichuan, Xiangcheng.

Cheilosia suspecta: Huang *et* Cheng, 2012. Fauna Sinica, Insecta, Vol. 50: 429.

Cheilosia (Cheilosia) suspecta: Barkalov *et* Cheng, 2004. Contr. Ent. Intern. 5 (4): 351.

分布（Distribution）：甘肃（GS）、四川（SC）。

（445）鸟嘴黑蚜蝇 *Cheilosia tetria* Barkalov *et* Cheng, 2004

Cheilosia (Conicheila) tetria Barkalov *et* Cheng, 2004. Contr. Ent. Intern. 5 (4): 352. **Type locality:** China: Sichuan, Kangding.

Cheilosia tetria: Huang *et* Cheng, 2012. Fauna Sinica, Insecta, Vol. 50: 430.

分布（Distribution）：四川（SC）。

（446）汤普森黑蚜蝇 *Cheilosia thompsoni* Barkalov *et* Cheng, 2004

Cheilosia (?Montanocheila) thompsoni Barkalov *et* Cheng, 2004. Contr. Ent. Intern. 5 (4): 353. **Type locality:** China: Yunnan, Deqin.

Cheilosia thompsoni: Huang *et* Cheng, 2012. Fauna Sinica, Insecta, Vol. 50: 431.

分布（Distribution）：云南（YN）。

（447）黑芒黑蚜蝇 *Cheilosia tibetana* Stackelberg, 1963

Cheilosia tibetana Stackelberg, 1963. Beitr. Ent. 13 (3/4): 516. **Type locality:** China: East Tibet, River Dzhagyngol.

Cheilosia tibetana: Peck, 1988. *In*: Soós *et* Papp, 1988. Cat. Palaearct. Dipt. 8: 118; Huang *et* Cheng, 2012. Fauna Sinica, Insecta, Vol. 50: 432.

Cheilosia (Cheilosia) tibetana: Barkalov *et* Cheng, 2004. Contr. Ent. Intern. 5 (4): 353.

分布（Distribution）：西藏（XZ）。

（448）胫栉黑蚜蝇 *Cheilosia tibetica* Barkalov *et* Peck, 1994

Cheilosia tibetica Barkalov *et* Peck, 1994. Zool. Žhur. 73 (12): 132. **Type locality:** China: Tibet.

Cheilosia tibetica: Huang *et* Cheng, 2012. Fauna Sinica, Insecta, Vol. 50: 433.

Cheilosia (Montanocheila) tibetica: Barkalov *et* Cheng, 2004. Contr. Ent. Intern. 5 (4): 354.

分布（Distribution）：西藏（XZ）。

（449）三色黑蚜蝇 *Cheilosia tricolor* Huo, Ren *et* Zheng, 2007

Cheilosia tricolor Huo, Ren *et* Zheng, 2007. Fauna of Syrphidae from Mt. Qinling-Bashan in China (Insecta: Diptera): 253. **Type locality:** China: Shaanxi, Meixian.

分布（Distribution）：陕西（SN）。

（450）鹅绒黑蚜蝇 *Cheilosia velutina* Loew, 1840

Chilosia velutina Loew, 1840. Öffentl. Prüf. Schüler K. Friedrich-Wilhelms-Gymnasiums zu Posen 1840 (7-8): 33; Loew, 1840. Isis (Oken's) 1840 (VII-VIII): 570. **Type locality:** Poland: Poznan.

Cheilosia decidua Egger, 1860b. Verh. K. K. Zool.-Bot. Ges. Wien 10: 356. **Type locality:** Austria.

Cheilosia (Cheilosia) velutina: Barkalov *et* Cheng, 2004. Contr. Ent. Intern. 5 (4): 355.

Cheilosia velutina: Barkalov *et* Cheng, 1998. Zoosyst. Rossica 7 (2): 320; Huang *et* Cheng, 2012. Fauna Sinica, Insecta, Vol. 50: 434.

分布（Distribution）：黑龙江（HL）、吉林（JL）、内蒙古（NM）、河北（HEB）、陕西（SN）、甘肃（GS）、新疆（XJ）、四川（SC）、西藏（XZ）；奥地利；古北区。

（451）多色黑蚜蝇 *Cheilosia versicolor* (Curran, 1929)

Chilosia versicolor Curran, 1929. Ann. Ent. Soc. Am. 22 (3): 496. **Type locality:** China: Sichuan.

Chilosia versicolor: Cheng, 1940. Biol. Bull. Fukien Christian Univ. 1: 41; Wu, 1940. Cat. Ins. Sin. 5: 263.

Cheilosia versicolor: Peck, 1988. *In*: Soós *et* Papp, 1988. Cat. Palaearct. Dipt. 8: 120; Barkalov *et* Cheng, 1998. Zoosyst. Rossica 7 (2): 320; Huang, Cheng *et* Yang, 1998. *In*: Xue *et* Chao, 1998. Flies of China, Vol. 1: 173; Huang *et* Cheng, 2012. Fauna Sinica, Insecta, Vol. 50: 435.

Cheilosia (Flaccocheila) versicolor: Barkalov *et* Cheng, 2004. Contr. Ent. Intern. 5 (4): 356.

分布（Distribution）：吉林（JL）、青海（QH）、四川（SC）、云南（YN）、西藏（XZ）。

（452）维多利亚黑蚜蝇 *Cheilosia victoria* (Hervé-Bazin, 1930)

Chilosia victoria Hervé-Bazin, 1930. Bull. Soc. Ent. Fr. 1930: 44. **Type locality:** China: Jiangxi, Kouling.

Chilosia victoria: Cheng, 1940. Biol. Bull. Fukien Christian Univ. 1: 41; Wu, 1940. Cat. Ins. Sin. 5: 263.

Cheilosia victoria: Peck, 1988. *In*: Soós *et* Papp, 1988. Cat. Palaearct. Dipt. 8: 120; Huang, Cheng *et* Yang, 1998. *In*: Xue *et* Chao, 1998. Flies of China, Vol. 1: 173; Huo, Ren *et* Zheng, 2007. Fauna of Syrphidae from Mt. Qinling-Bashan in China (Insecta: Diptera): 254; Huang *et* Cheng, 2012. Fauna Sinica, Insecta, Vol. 50: 437.

Cheilosia (Cheilosia) victoria: Barkalov *et* Cheng, 2004. Contr. Ent. Intern. 5 (4): 355.

分布（**Distribution**）：河北（HEB）、陕西（SN）、甘肃（GS）、江苏（JS）、江西（JX）、四川（SC）。

（453）西藏黑蚜蝇 *Cheilosia xizangica* **Barkalov** *et* **Cheng, 2004**

Cheilosia (Floccocheila) xizangica Barkalov *et* Cheng, 2004. Contr. Ent. Intern. 5 (4): 358. **Type locality:** China: Tibet, Zhagyab.

Cheilosia xizangica: Huang *et* Cheng, 2012. Fauna Sinica, Insecta, Vol. 50: 438.

分布（**Distribution**）：西藏（XZ）。

（454）褐跗黑蚜蝇 *Cheilosia yoshinoi* **(Shiraki, 1930)**

Chilosia yoshinoi Shiraki, 1930. Mem. Fac. Sci. Agric. Taihoku Imp. Univ. 1: 267. **Type locality:** China: Taiwan, Karenko.

Cheilosia yoshinoi: Knutson, Thompson *et* Vockeroth, 1975. *In*: Delfinado *et* Hardy, 1975. Cat. Dipt. Orient. Reg. 2: 330; Barkalov *et* Cheng, 2004. Contr. Ent. Intern. 5 (4): 359; Huang *et* Cheng, 2012. Fauna Sinica, Insecta, Vol. 50: 450.

分布（**Distribution**）：台湾（TW）。

（455）樟目黑蚜蝇 *Cheilosia zhangmuensis* **Huo** *et* **Ren, 2006**

Cheilosia zhangmuensis Huo *et* Ren, 2006. Acta Zootaxon. Sin. 31 (4): 889. **Type locality:** China: Tibet, Zhangmu.

分布（**Distribution**）：西藏（XZ）。

（456）周氏黑蚜蝇 *Cheilosia zhoui* **Barkalov** *et* **Cheng, 2004**

Cheilosia (Montanocheila) zhoui Barkalov *et* Cheng, 2004. Contr. Ent. Intern. 5 (4): 360. **Type locality:** China: Sichuan, Gongga Shan.

Cheilosia zhoui: Huang *et* Cheng, 2012. Fauna Sinica, Insecta, Vol. 50: 439.

分布（**Distribution**）：四川（SC）。

（457）宽颜黑蚜蝇 *Cheilosia zinovievi* **Stackelberg, 1963**

Cheilosia zinovievi Stackelberg, 1963. Beitr. Ent. 13 (3/4): 517. **Type locality:** Russia: Amur Terr., Klimoutzy, W. Swobodny.

Cheilosia zinovievi: Peck, 1988. *In*: Soós *et* Papp, 1988. Cat. Palaearct. Dipt. 8: 121; Huang *et* Cheng, 2012. Fauna Sinica, Insecta, Vol. 50: 441.

Cheilosia (Eucartosyrphus) zinovievi: Barkalov *et* Cheng, 2004. Contr. Ent. Intern. 5 (4): 361.

分布（**Distribution**）：黑龙江（HL）、北京（BJ）；前苏联。

（458）前突黑蚜蝇 *Cheilosia zlotini* **Peck, 1969**

Cheilosia zlotini Peck, 1969. Ent. Obozr. 48: 205. **Type locality:** Kirgizia: Tien Shan, Mt. Aksiyrak.

Cheilosia zlotini: Peck, 1988. *In*: Soós *et* Papp, 1988. Cat. Palaearct. Dipt. 8: 121; Huang *et* Cheng, 2012. Fauna Sinica, Insecta, Vol. 50: 442.

Cheilosia (Montanocheila) zlotini: Barkalov *et* Cheng, 2004. Contr. Ent. Intern. 5 (4): 362.

分布（**Distribution**）：青海（QH）；吉尔吉斯斯坦。

（459）无鬃黑蚜蝇 *Cheilosia zolotarenkoi* **Barkalov** *et* **Cheng, 2004**

Cheilosia (Montanocheila) zolotarenkoi Barkalov *et* Cheng, 2004. Contr. Ent. Intern. 5 (4): 362. **Type locality:** China: Tibet, Yadong.

Cheilosia zolotarenkoi: Huang *et* Cheng, 2012. Fauna Sinica, Insecta, Vol. 50: 443.

分布（**Distribution**）：西藏（XZ）。

56. 里蚜蝇属 *Endoiasimyia* Bigot, 1882

Endoiasimyia Bigot, 1882. Ann. Soc. Entomol. Fr. 6, 2 (Bul.): cxxxvi. **Type species:** *Endoiasimyia indiana* Bigot, 1822 (monotypy).

Endoiasimomyia Rye, 1884. Zool. Rec. 19: 4 (emendation of *Endoiasimyia*).

Sonanomyia Shiraki, 1930. Mem. Fac. Sci. Agric. Taihoku Imp. Univ. 1: 320. **Type species:** *Sonanomyia formosana* Shiraki, 1930 (by original designation).

（460）台湾里蚜蝇 *Endoiasimyia formosana* **(Shiraki, 1930)**

Sonanomyia formosana Shiraki, 1930. Mem. Fac. Sci. Agric. Taihoku Imp. Univ. 1: 321. **Type locality:** China: Taiwan, Asahi, Tenchosan, Arisan.

Endoiasimyia formosana: Peck, 1988. *In*: Soós *et* Papp, 1988. Cat. Palaearct. Dipt. 8: 122; Knutson, Thompson *et* Vockeroth, 1975. *In*: Delfinado *et* Hardy, 1975. Cat. Dipt. Orient. Reg. 2: 330; Huang, Cheng *et* Yang, 1998. *In*: Xue *et* Chao, 1998. Flies of China, Vol. 1: 174.

分布（**Distribution**）：台湾（TW）。

（461）羽里蚜蝇 *Endoiasimyia plumicornis* **(Sack, 1941)**

Chilosia plumicornis Sack, 1941. Arb. Morph. Taxon. Ent. Berl. 8 (3): 188. **Type locality:** China: Northeast China, Erzendjanzsy.

Endoiasimyia plumicornis: Peck, 1988. *In*: Soós *et* Papp, 1988. Cat. Palaearct. Dipt. 8: 122; Huang, Cheng *et* Yang, 1998. *In*: Xue *et* Chao, 1998. Flies of China, Vol. 1: 174.

分布（**Distribution**）：中国（省份不明）。

57. 鬃胸蚜蝇属 *Ferdinandea* Rondani, 1844

Ferdinandea Rondani, 1844. Nuovi Ann. Sci. Nat. (2) 2: 196. **Type species:** *Conops cuprea* Scopoli, 1763 (by designation of Rondani, 1856).

Dinanthea: Erichson, 1846. Arch. Naturgesch. 12: 284 (misspelling of *Ferdinandea*).

Chrysoclamis Walker, 1851. *In*: Walker, Stainton *et* Wilkinson, 1851. Ins. Brit., Dípt. 1: 279 (replacement name for *Ferdinandea*).

Chrysoclamys Rondani, 1856. Dipt. Ital. Prodromus, Vol. I: 51 (replacement name for *Ferdinandea*).

Ferdinandaea: Rondani, 1856. Dipt. Ital. Prodromus, Vol. I: 51 (misspelling of *Ferdinandea*).

Chrysochlamis: Schiner, 1857. Verh. K. K. Zool.-Bot. Ges. Wien 7: 431 (misspelling of *Chrysoclamis*).

Chrysochlamys: Rondani, 1857. Dipt. Ital. Prodromus, Vol. II: 145 (misspelling of *Chrysoclamis*).

（462）铜鬃胸蚜蝇 *Ferdinandea cuprea* (Scopoli, 1763)

Conops cupreus Scopoli, 1763. Ent. Carniolica: 355. **Type locality:** Slovenia [as "Carniola"].

Musca rutilo Harris, 1780. Expos. Engl. Ins.: 80. **Type locality:** England.

Musca nitens Villers, 1789. Caroli Linnaei Ent. 3: 549. **Type locality:** Southern France.

Ferdinandea testacicornis Rondani, 1844. Nuovi Ann. Sci. Nat. (2) 2: 201. **Type locality:** Italy.

Ferdinandea suzukii Matsumura, 1916. Thousand Ins. Japan Add. 2: 224. **Type locality:** Japan: Honshū, Kyoto.

Dideoides eizoi Azuma, 2001. Bio. Res. Mt. Daisen Houki Prov. Japan: 460. **Type locality:** Japan: Mt. Daisen, Okawara.

Ferdinandea cuprea: Shiraki, 1930. Mem. Fac. Sci. Agric. Taihoku Imp. Univ. 1 102; Peck, 1988. *In*: Soós *et* Papp, 1988. Cat. Palaearct. Dipt. 8: 122; Sun, 1993. Insects of the Hengduan Mountains Region 2: 1109; Huang, Cheng *et* Yang, 1998. *In*: Xue *et* Chao, 1998. Flies of China, Vol. 1: 174; Huo, Ren *et* Zheng, 2007. Fauna of Syrphidae from Mt. Qinling-Bashan in China (Insecta: Diptera): 255; Huang *et* Cheng, 2012. Fauna Sinica, Insecta, Vol. 50: 451.

分布（Distribution）：吉林（JL）、陕西（SN）、甘肃（GS）、浙江（ZJ）、湖南（HN）、四川（SC）、贵州（GZ）、云南（YN）；前苏联、日本、法国；欧洲。

（463）台湾鬃胸蚜蝇 *Ferdinandea formosana* Shiraki, 1930

Ferdinandea formosana Shiraki, 1930. Mem. Fac. Sci. Agric. Taihoku Imp. Univ. 1: 103. **Type locality:** China: Taiwan, Musha.

Ferdinandea formosana: Knutson, Thompson *et* Vockeroth, 1975. *In*: Delfinado *et* Hardy, 1975. Cat. Dipt. Orient. Reg. 2: 330; Huang *et* Cheng, 2012. Fauna Sinica, Insecta, Vol. 50: 454.

分布（Distribution）：台湾（TW）。

（464）黑额鬃胸蚜蝇 *Ferdinandea nigrifrons* (Egger, 1860)

Chrysochlamys nigrifrons Egger, 1860c. Verh. K. K. Zool.-Bot. Ges. Wien 10: 664. **Type locality:** Austria: Wien Region.

Ferdinandea nigrifrons: Peck, 1988. *In*: Soós *et* Papp, 1988. Cat. Palaearct. Dipt. 8: 123; Li *et* Li, 1990. The Syrphidae of Gansu Province: 86; Huang, Cheng *et* Yang, 1998. *In*: Xue *et* Chao, 1998. Flies of China, Vol. 1: 174; Huang *et* Cheng, 2012. Fauna Sinica, Insecta, Vol. 50: 453.

分布（Distribution）：河北（HEB）、宁夏（NX）、四川（SC）；奥地利。

（465）红角鬃胸蚜蝇 *Ferdinandea ruficornis* (Fabricius, 1775)

Syrphus ruficornis Fabricius, 1775. Syst. Entom.: 769. **Type locality:** Denmark.

Musca ruficornis: Gmelin, 1790. Syst. Nat. 5: 2874.

Ferdinandea ruficornis: Huang *et* Cheng, 2012. Fauna Sinica, Insecta, Vol. 50: 453.

分布（Distribution）：黑龙江（HL）、吉林（JL）、辽宁（LN）、浙江（ZJ）；丹麦。

58. 颜突蚜蝇属 *Portevinia* Goffe, 1944

Portevinia Goffe, 1944. Ent. Mon. Mag. 80 [= ser. 4, 5]: 244. **Type species:** *Eristalis maculatus* Fallén, 1817 (by original designation).

（466）阿尔泰颜突蚜蝇 *Portevinia altaica* (Stackelberg, 1926)

Chilosia altaica Stackelberg, 1926. Annu. Mus. Zool. Acad. Sci. Russ. 1925/1926 (1/2): 87. **Type locality:** Russia: West Siberia.

Portevinia altaica: Peck, 1988. *In*: Soós *et* Papp, 1988. Cat. Palaearct. Dipt. 8: 124; Huo *et* Zhang, 2006. J. Shaanxi Nor. Univ. (Nat. Sci. Ed.) 34 (Sup.): 42; Huo, Ren *et* Zheng, 2007. Fauna of Syrphidae from Mt. Qinling-Bashan in China (Insecta: Diptera): 257.

分布（Distribution）：陕西（SN）；前苏联、蒙古国。

（467）巴山颜突蚜蝇 *Portevinia bashanensis* Huo, Ren *et* Zheng, 2007

Portevinia bashanensis Huo, Ren *et* Zheng, 2007. Fauna of Syrphidae from Mt. Qinling-Bashan in China (Insecta: Diptera): 259. **Type locality:** China: Shaanxi, Nanzheng.

分布（Distribution）：陕西（SN）。

（468）异斑颜突蚜蝇 *Portevinia dispar* (Hervé-Bazin, 1929)

Chilosia dispar Hervé-Bazin, 1929. Encycl. Ent. (B) II 5: 93. **Type locality:** China: Shanghai.

Chilosia lunulifera Stackelberg, 1930. Zool. Anz. 90 (3/4): 113. **Type locality:** Russia: Ussuria (near the station Tigrovaja).

Chilosia dispar: Cheng, 1940. Biol. Bull. Fukien Christian Univ. 1: 41; Wu, 1940. Cat. Ins. Sin. 5: 263.

Portevinia dispar: Peck, 1988. *In*: Soós *et* Papp, 1988. Cat.

Palaearct. Dipt. 8: 124.

分布（Distribution）：上海（SH）、浙江（ZJ）；俄罗斯。

（469）灰斑颜突蚜蝇 *Portevinia maculata* (Fallén, 1817)

Eristalis maculata Fallén, 1817. Syrphici Sveciae: 52. **Type locality:** Sweden: Scania, Esperod, Abusa.

Cheilosia maculata: Sun, 1993. Insects of the Hengduan Mountains Region 2: 1108.

Portevinia maculata: Peck, 1988. *In*: Soós *et* Papp, 1988. Cat. Palaearct. Dipt. 8: 124; Huang *et* Cheng, 2012. Fauna Sinica, Insecta, Vol. 50: 454.

分布（Distribution）：黑龙江（HL）、江苏（JS）、浙江（ZJ）、云南（YN）；瑞典；欧洲。

斧角蚜蝇亚族 Pelecocerina

59. 大斧角蚜蝇属 *Macropelecocera* Stackelberg, 1952

Macropelecocera Stackelberg, 1952. Trudy Zool. Inst. 12: 372. **Type species:** *Macropelecocera paradoxa* Stackelberg, 1952 (by original designation).

（470）粗大斧角蚜蝇 *Macropelecocera paradoxa* Stackelberg, 1952

Macropelecocera paradoxa Stackelberg, 1952. Trudy Zool. Inst. 12: 373. **Type locality:** Russia: Mts. Central Asia.

Macropelecocera paradoxa: Peck, 1988. *In*: Soós *et* Papp, 1988. Cat. Palaearct. Dipt. 8: 123; Huang *et* Cheng, 2012. Fauna Sinica, Insecta, Vol. 50: 461.

分布（Distribution）：新疆（XJ）；俄罗斯；中亚。

鼻颜蚜蝇亚族 Rhingiina

60. 鼻颜蚜蝇属 *Rhingia* Scopoli, 1763

Rhingia Scopoli, 1763. Ent. Carniolica: 358. **Type species:** *Conops rostrata* Linnaeus, 1758 (monotypy).

Eorhingia Hull, 1949. Trans. Zool. Soc. Lond. 26: 341 (as a subgenus of *Rhingia*). **Type species:** *Rhingia cuthbertsoni* Curran, 1939 (by original designation).

Rhyngia Trost, 1801. Kleiner Beytrag: 70 (misspelling of *Rhingia*); Rondani, 1844. Nuovi Ann. Sci. Nat. (2) 2: 459 (misspelling of *Rhingia*).

Rhynchia: Agassiz, 1846. Nomencl. Zool. Index Univ.: 323 (emendation of *Rhingia*).

（471）艳色鼻颜蚜蝇 *Rhingia aureola* Huo *et* Ren, 2007

Rhingia aureola Huo *et* Ren, 2007. Entomotaxon. 29 (3): 192. **Type locality:** China: Hebei, Zhoulu.

分布（Distribution）：河北（HEB）。

（472）二斑鼻颜蚜蝇 *Rhingia bimaculata* Huo *et* Ren, 2007

Rhingia bimaculata Huo *et* Ren, 2007. Entomotaxon. 29 (3): 193. **Type locality:** China: Hebei, Zhoulu.

分布（Distribution）：河北（HEB）。

（473）四斑鼻颜蚜蝇 *Rhingia binotata* Brunetti, 1908

Rhingia binotata Brunetti, 1908. Rec. India Mus. 2 (1): 59. **Type locality:** India: Darjeeling.

Rhingia binotata quadrinotata Hervé-Bazin, 1914. Insecta 41: 151. **Type locality:** "Inde".

Rhingia binotata: Shiraki, 1930. Mem. Fac. Sci. Agric. Taihoku Imp. Univ. 1 430; Knutson, Thompson *et* Vockeroth, 1975. *In*: Delfinado *et* Hardy, 1975. Cat. Dipt. Orient. Reg. 2: 331; Huang, Cheng *et* Yang, 1998. *In*: Xue *et* Chao, 1998. Flies of China, Vol. 1: 175; Huo, Ren *et* Zheng, 2007. Fauna of Syrphidae from Mt. Qinling-Bashan in China (Insecta: Diptera): 261; Huang *et* Cheng, 2012. Fauna Sinica, Insecta, Vol. 50: 456.

Rhingia binotata: Knutson, Thompson *et* Vockeroth, 1975. *In*: Delfinado *et* Hardy, 1975. Cat. Dipt. Orient. Reg. 2: 331.

分布（Distribution）：吉林（JL）、陕西（SN）、甘肃（GS）、浙江（ZJ）、四川（SC）、贵州（GZ）、云南（YN）、西藏（XZ）、福建（FJ）、台湾（TW）、广东（GD）、广西（GX）；印度、尼泊尔。

（474）短喙鼻颜蚜蝇 *Rhingia brachyrrhyncha* Huo, Ren *et* Zheng, 2007

Rhingia brachyrrhyncha Huo, Ren *et* Zheng, 2007. Fauna of Syrphidae from Mt. Qinling-Bashan in China (Insecta: Diptera): 262. **Type locality:** China: Shaanxi, Huxian.

分布（Distribution）：陕西（SN）、西藏（XZ）。

（475）黑边鼻颜蚜蝇 *Rhingia campestris* Meigen, 1822

Rhingia campestris Meigen, 1822. Syst. Beschr. Europ. Zweifl. Insekt. 3: 259. **Type locality:** Germany: Herzog Thum Mt.

Musca nasatus Harris, 1780. Expos. Engl. Ins.: 105. **Type locality:** England.

Musca nosata Harris, 1780. Expos. Engl. Ins.: 105. **Type locality:** England.

Rhingia campestris: Peck, 1988. *In*: Soós *et* Papp, 1988. Cat. Palaearct. Dipt. 8: 125; Li *et* Li, 1990. The Syrphidae of Gansu Province: 87; Huang, Cheng *et* Yang, 1998. *In*: Xue *et* Chao, 1998. Flies of China, Vol. 1: 175; Huang *et* Cheng, 2012. Fauna Sinica, Insecta, Vol. 50: 457.

分布（Distribution）：四川（SC）；蒙古国、前苏联、德国；欧洲。

（476）带鼻颜蚜蝇 *Rhingia cincta* de Meijere, 1904

Rhingia cincta de Meijere, 1904. Bijdr. Dierkd. 17/18: 101.

Type locality: Indonesia: Java.

Rhingia cincta: Knutson, Thompson *et* Vockeroth, 1975. *In*: Delfinado *et* Hardy, 1975. Cat. Dipt. Orient. Reg. 2: 331.

分布（**Distribution**）：台湾（TW）；印度、印度尼西亚。

（477）台湾鼻颜蚜蝇 *Rhingia formosana* Shiraki, 1930

Rhingia formosana Shiraki, 1930. Mem. Fac. Sci. Agric. Taihoku Imp. Univ. 1: 431. **Type locality:** China: Taiwan, Arisan, Musha, Tainan, Kanko, Taiheisan.

Rhingia formosana: Knutson, Thompson *et* Vockeroth, 1975. *In*: Delfinado *et* Hardy, 1975. Cat. Dipt. Orient. Reg. 2: 331; Huang, Cheng *et* Yang, 1998. *In*: Xue *et* Chao, 1998. Flies of China, Vol. 1: 175; Huo, Ren *et* Zheng, 2007. Fauna of Syrphidae from Mt. Qinling-Bashan in China (Insecta: Diptera): 264; Huang *et* Cheng, 2012. Fauna Sinica, Insecta, Vol. 50: 458.

分布（**Distribution**）：黑龙江（HL）、内蒙古（NM）、北京（BJ）、陕西（SN）、甘肃（GS）、新疆（XJ）、湖北（HB）、四川（SC）、云南（YN）、西藏（XZ）、福建（FJ）、台湾（TW）。

（478）亮黑鼻颜蚜蝇 *Rhingia laevigata* Loew, 1858

Rhingia laevigata Loew, 1858a. Wien. Ent. Monatschr. 2: 107. **Type locality:** Japan.

Rhingia apicalis Matsumura, 1905. Thousand Ins. Japan 2: 97. **Type locality:** Japan.

Rhingia laevigata: Shiraki, 1930. Mem. Fac. Sci. Agric. Taihoku Imp. Univ. 1: 433; Peck, 1988. *In*: Soós *et* Papp, 1988. Cat. Palaearct. Dipt. 8: 125; Li *et* Li, 1990. The Syrphidae of Gansu Province: 88; Huang, Cheng *et* Yang, 1998. *In*: Xue *et* Chao, 1998. Flies of China, Vol. 1: 175; Huang *et* Cheng, 2012. Fauna Sinica, Insecta, Vol. 50: 459.

分布（**Distribution**）：黑龙江（HL）、吉林（JL）、河北（HEB）、北京（BJ）、甘肃（GS）、广东（GD）；前苏联、日本。

（479）边鼻颜蚜蝇 *Rhingia lateralis* Curran, 1929

Rhingia lateralis Curran, 1929. Ann. Ent. Soc. Am. 22 (3): 496. **Type locality:** China: Sichuan.

Rhingia lateralis: Cheng, 1940. Biol. Bull. Fukien Christian Univ. 1: 42; Wu, 1940. Cat. Ins. Sin. 5: 264; Peck, 1988. *In*: Soós *et* Papp, 1988. Cat. Palaearct. Dipt. 8: 125; Huang, Cheng *et* Yang, 1998. *In*: Xue *et* Chao, 1998. Flies of China, Vol. 1: 175.

分布（**Distribution**）：四川（SC）。

（480）黄喙鼻颜蚜蝇 *Rhingia laticincta* Brunetti, 1907

Rhingia laticincta Brunetti, 1907. Rec. Indian Mus. 1: pl. 11, figs. 7 & 8; Brunetti, 1908. Rec. Indian Mus. 2 (1): 58. **Type locality:** India: Darjeeling District *et* Mussoorie.

Rhingia laticincta fasciata Brunetti, 1908. Rec. India Mus.

2 (1): 58. **Type locality:** India: Darjeeling.

Rhingia laticincta: Knutson, Thompson *et* Vockeroth, 1975. *In*: Delfinado *et* Hardy, 1975. Cat. Dipt. Orient. Reg. 2: 331; Ho, 1987. *In*: Zhang, 1987. Agricultural Insects, Spiders, Plant Diseases and Weeds of Tibet II: 198; Huang, Cheng *et* Yang, 1998. *In*: Xue *et* Chao, 1998. Flies of China, Vol. 1: 175; Huang *et* Cheng, 2012. Fauna Sinica, Insecta, Vol. 50: 460.

Rhingia laticincta fasciata: Knutson, Thompson *et* Vockeroth, 1975. *In*: Delfinado *et* Hardy, 1975. Cat. Dipt. Orient. Reg. 2: 331.

分布（**Distribution**）：北京（BJ）、湖北（HB）、四川（SC）、西藏（XZ）；印度。

（481）楼观鼻颜蚜蝇 *Rhingia louguanensis* Huo, Ren *et* Zheng, 2007

Rhingia louguanensis Huo, Ren *et* Zheng, 2007. Fauna of Syrphidae from Mt. Qinling-Bashan in China (Insecta: Diptera): 265. **Type locality:** China: Shaanxi, Chang'an.

分布（**Distribution**）：陕西（SN）。

（482）黑缘鼻颜蚜蝇 *Rhingia nigrimargina* Huo, Ren *et* Zheng, 2007

Rhingia nigrimargina Huo, Ren *et* Zheng, 2007. Fauna of Syrphidae from Mt. Qinling-Bashan in China (Insecta: Diptera): 266. **Type locality:** China: Shaanxi, Liuba.

分布（**Distribution**）：陕西（SN）。

（483）黑盾鼻颜蚜蝇 *Rhingia nigriscutella* Yuan, Huo *et* Ren, 2012

Rhingia nigriscutella Yuan, Huo *et* Ren, 2012. Acta Zootaxon. Sin. 37 (3): 637. **Type locality:** China: Jilin, Linjiang.

分布（**Distribution**）：吉林（JL）。

（484）六斑鼻颜蚜蝇 *Rhingia sexmaculata* Brunetti, 1913

Rhingia sexmaculata Brunetti, 1913c. Rec. India Mus. 8: 166. **Type locality:** India: Assam, Dibrugarh.

Rhingia sexmaculata: Knutson, Thompson *et* Vockeroth, 1975. *In*: Delfinado *et* Hardy, 1975. Cat. Dipt. Orient. Reg. 2: 332; She, 1989. J. Fujian Agric. Coll. 18 (3): 333; Huo, Ren *et* Zheng, 2007. Fauna of Syrphidae from Mt. Qinling-Bashan in China (Insecta: Diptera): 268.

分布（**Distribution**）：陕西（SN）、甘肃（GS）；印度。

（485）黄足鼻颜蚜蝇 *Rhingia xanthopoda* Huo, Ren *et* Zheng, 2007

Rhingia xanthopoda Huo, Ren *et* Zheng, 2007. Fauna of Syrphidae from Mt. Qinling-Bashan in China (Insecta: Diptera): 269. **Type locality:** China: Gansu, Tianshui, Meijishan.

分布（**Distribution**）：陕西（SN）、甘肃（GS）。

丝蚜蝇族 Sericomyiini

61. 羽毛蚜蝇属 *Pararctophila* Hervé-Bazin, 1914

Pararctophila Hervé-Bazin, 1914. Insecta 41: 152. **Type species:** *Pararctophila oberthueri* Hervé-Bazin, 1914 (monotypy).
Syngenicomyia Becker, 1921. Mitt. Zool. Mus. Berl. 10: 88 (as a subgenus of *Arctophila*). **Type species:** *Syngenicomyia pellicae* Becker, 1921 (monotypy) [= *Pararctophila oberthueri* Hervé-Banzin, 1914].

（486）褐色羽毛蚜蝇 *Pararctophila brunnescens* Huo *et* Shi, 2007

Pararctophila brunnescens Huo *et* Shi, 2007a. Acta Zootaxon. Sin. 32 (3): 590. **Type locality:** China: Sichuan.
分布（Distribution）：四川（SC）、西藏（XZ）。

（487）红毛羽毛蚜蝇 *Pararctophila oberthuri* Hervé-Bazin, 1914

Pararctophila oberthuri Hervé-Bazin, 1914. Insecta 41: 153. **Type locality:** India: Padong, British Bootan.
Arctophila simplicipes Brunetti, 1915. Rec. India Mus. 11: 247. **Type locality:** Western Himalayas: Garhwal Dist. Kumaon.
Syngenicomyia pellicea Becker, 1921. Mitt. Zool. Mus. Berl. 10: 88. **Type locality:** USSR: Siberia, Tachita, Transbaikal.
Pararctophila oberthuri: Knutson, Thompson *et* Vockeroth, 1975. *In*: Delfinado *et* Hardy, 1975. Cat. Dipt. Orient. Reg. 2: 339; Peck, 1988. *In*: Soós *et* Papp, 1988. Cat. Palaearct. Dipt. 8: 151; Huang, Cheng *et* Yang, 1998. *In*: Xue *et* Chao, 1998. Flies of China, Vol. 1: 200; Huang *et* Cheng, 2012. Fauna Sinica, Insecta, Vol. 50: 613.
分布（Distribution）：河北（HEB）、北京（BJ）、宁夏（NX）、甘肃（GS）、江苏（JS）、浙江（ZJ）、湖北（HB）、四川（SC）、云南（YN）、西藏（XZ）、福建（FJ）；前苏联、蒙古国、印度。

62. 拟蜂蚜蝇属 *Pseudovolucella* Shiraki, 1930

Pseudovolucella Shiraki, 1930. Mem. Fac. Sci. Agric. Taihoku Imp. Univ. 1: 39. **Type species:** *Pseudovolucella mimica* Shiraki, 1930 (by original designation).

（488）拟蜂蚜蝇 *Pseudovolucella mimica* Shiraki, 1930

Pseudovolucella mimica Shiraki, 1930. Mem. Fac. Sci. Agric. Taihoku Imp. Univ. 1: 40. **Type locality:** China: Taiwan, Ashai *et* Tamaru.
Pseudovolucella mimica: Knutson, Thompson *et* Vockeroth, 1975. *In*: Delfinado *et* Hardy, 1975. Cat. Dipt. Orient. Reg. 2: 339; Huang *et* Cheng, 2012. Fauna Sinica, Insecta, Vol. 50: 614.
分布（Distribution）：四川（SC）、福建（FJ）、台湾（TW）、广西（GX）、海南（HI）。

63. 丝蚜蝇属 *Sericomyia* Meigen, 1803

Sericomyia Meigen, 1803. Mag. Insektenkd. 2: 274. **Type species:** *Musca lappona* Linnaeus, 1758 (by designation of Latreille, 1810).
Cinxia Meigen, 1800. Nouve. Class.: 35. **Type species:** *Musca lappona* Linnaeus, 1758 (by designation of Coquillett, 1910) (suppressed by ICZN, 1963. Opinion 678: 339).
Arctophila Schiner, 1860. Wien. Ent. Monatschr. 4: 215. **Type species:** *Syrphus bombiformis* Fallén, 1810 (by designation of Williston, 1887).
Sericomyza Zetterstedt, 1838. Insecta Lapp.: 589 (replacement name for *Sericomyia*).
Condidea Coquillett, 1907. Can. Entomol. 39 (3): 75. **Type species:** *Condidea lata* Coquillett, 1907 (by original designation).
Tapetomyia Fluke, 1939. Ann. Ent. Soc. Am. 32: 370. **Type species:** *Tapetomyia meyeri* Fluke, 1939 (by original designation).
Conosyrphus Frey, 1915. Zap. Imp. Akad. Nauk. (ser. 8) 19 (10): 17. **Type species:** *Conosyrphus tolli* Frey, 1915 (by original designation).
Bulboscrobia Gaunitz, 1937. Ent. Tidskr. 58: 91. **Type species:** *Bulboscrobia undulans* Gaunitz, 1937 (by original designation) [= *Musca lappona* Linnaeus, 1758].
Sericomya: Oken, 1815. Zoologie 3 (1): 515 (misspelling of *Sericomyia*).
Acrophila: Matsumura, 1916. *In*: Matsumura *et* Adachi, 1916. Ent. Mag. Kyoto 2 (1): 5 (misspelling of *Arctophila*).
Conosyrphus: Peck, 1988. *In*: Soós *et* Papp, 1988. Cat. Palaearct. Dipt. 8: 150 (as a valid genus).

（489）全态丝蚜蝇 *Sericomyia completa* Curran, 1929

Sericomyia completa Curran, 1929. Ann. Ent. Soc. Am. 22 (3): 502. **Type locality:** China: Taiwan, Kiluno.
Sericomyia completa: Knutson, Thompson *et* Vockeroth, 1975. *In*: Delfinado *et* Hardy, 1975. Cat. Dipt. Orient. Reg. 2: 340; Huang *et* Cheng, 2012. Fauna Sinica, Insecta, Vol. 50: 616.
分布（Distribution）：台湾（TW）。

（490）姬丝蚜蝇 *Sericomyia dux* (Stackelberg, 1930)

Cinxia dux Stackelberg, 1930. Zool. Anz. 90 (3/4): 119. **Type locality:** USSR: East Siberia, Ussuri-area.
Sericomyia dux: Peck, 1988. *In*: Soós *et* Papp, 1988. Cat. Palaearct. Dipt. 8: 152; Long, Zhang *et* Li, 2008. Acta Zootaxon. Sin. 33 (2): 423.
分布（Distribution）：黑龙江（HL）；前苏联、韩国。

（491）康丝蚜蝇 *Sericomyia khamensis* Thompson *et* Xie, 2014

Sericomyia khamensis Thompson *et* Xie, 2014. *In*: Xie, Cunningham, Yeates *et* Thompson, 2014. Zootaxa 3860 (1): 81. **Type Locality:** China: Sichuan; Yunnan.

分布（Distribution）：四川（SC）、云南（YN）。

（492）黄斑丝蚜蝇 *Sericomyia lappona* (Linnaeus, 1758)

Musca lappona Linnaeus, 1758. Syst. Nat. Ed. 10 (1): 591. **Type locality:** Sweden.

Volucella tricincta Müller, 1776. Zool. Danicae Prodromus: 178. **Type locality:** Not given.

Cinxia lappona orientalis Stackelberg, 1927. Materialy Komissii po Izucheniyu Yakutskoi ASSR 20: 18. **Type locality:** China: Northeast China. St. Kresty. Russia: Sakhalin.

Bulboscrobia undulans Gaunitz, 1937. Ent. Tidskr. 58: 91. **Type locality:** South Sweden: Småland [= Smolandia].

Volucella lappona: Müller, 1776. Zool. Danicae Prodromus: 178.

Sericomyia undulans: Peck, 1988. *In*: Soós *et* Papp, 1988. Cat. Palaearct. Dipt. 8: 153 (as a valid species).

Sericomyia lappona: Peck, 1988. *In*: Soós *et* Papp, 1988. Cat. Palaearct. Dipt. 8: 152; Huang *et* Cheng, 2012. Fauna Sinica, Insecta, Vol. 50: 616.

分布（Distribution）：新疆（XJ）；日本、瑞典；欧洲。

（493）萨哈林丝蚜蝇 *Sericomyia sachalinica* Stackelberg, 1926

Sericomyia sachalinica Stackelberg, 1926. Annu. Mus. Zool. Acad. Sci. Russ. 1925/1926 (1/2): 92. **Type locality:** Russia: Far East, Sakhalin.

Sericomyia japonica Shiraki, 1930. Mem. Fac. Sci. Agric. Taihoku Imp. Univ. 1: 45. **Type locality:** Japan: Hokkaidō, Jozankei, Sapporo, Teshio.

Sericomyia nigriceps Shiraki, 1930. Mem. Fac. Sci. Agric. Taihoku Imp. Univ. 1: 46. **Type locality:** Japan: Hokkaidō, Josankei. Russia: Sakhalin.

Sericomyia sachalinica: Peck, 1988. *In*: Soós *et* Papp, 1988. Cat. Palaearct. Dipt. 8: 152; Long, Zhang *et* Li, 2008. Acta Zootaxon. Sin. 33 (2): 423.

分布（Distribution）：黑龙江（HL）；日本、俄罗斯[萨哈林岛（库页岛）]。

蜂蚜蝇族 Volucellini

64. 缺伪蚜蝇属 *Graptomyza* Wiedemann, 1820

Graptomyza Wiedemann, 1820. Nova Dipt. Gen.: 16. **Type species:** *Graptomyza longirostris* Wiedemann, 1820 (by original designation).

Graptomyza Henning, 1832. Bull. Soc. Imp. Nat. Moscou 4: 332 (preoccupied by Wiedemann, 1820). **Type species:** *Graptomyza longicornis* Meijere, 1908 (by designation of Thompson *et* Vockeroth, 1989).

Baryterocera Walker, 1857. J. Proc. Linn. Soc. London Zool. 1: 123. **Type species:** *Baryterocera inclusa* Walker, 1857 (monotypy).

Ptilostylomyia Bigot, 1882. Ann. Soc. Entomol. Fr. 6, 2 (Bul.): cxiv. **Type species:** *Graptomyza brevirostris* Wiedemann, 1820 (by designation of Knutson, Thompson *et* Vockero, 1975).

Protograptomyza Hull, 1949. Trans. Zool. Soc. Lond. 26: 351 (as a subgenus of *Graptomyza*). **Type species:** *Graptomyza doddi* Ferguson, 1926 (by original designation).

Barytocera: Bigot, 1883. Ann. Soc. Entomol. Fr. (6) 3: 225 (misspelling of *Baryterocera*).

（494）端斑缺伪蚜蝇 *Graptomyza apicimaculata* Cheng, 2012

Graptomyza apicimaculata Cheng, 2012. *In*: Huang *et* Cheng, 2012. Fauna Sinica, Insecta, Vol. 50: 618. **Type locality:** China: Yunnan.

分布（Distribution）：云南（YN）。

（495）阿里山缺伪蚜蝇 *Graptomyza arisana* Shiraki, 1930

Graptomyza arisana Shiraki, 1930. Mem. Fac. Sci. Agric. Taihoku Imp. Univ. 1: 236. **Type locality:** China: Taiwan, Arisan.

Graptomyza arisana: Knutson, Thompson *et* Vockeroth, 1975. *In*: Delfinado *et* Hardy, 1975. Cat. Dipt. Orient. Reg. 2: 333; Huang *et* Cheng, 1995. Entomotaxon. 17 (Suppl.): 92; Huang *et* Cheng, 2012. Fauna Sinica, Insecta, Vol. 50: 628.

分布（Distribution）：台湾（TW）。

（496）短角缺伪蚜蝇 *Graptomyza brevirostris* Wiedemann, 1820

Graptomyza brevirostris Wiedemann, 1820. Nova Dipt. Gen.: 17. **Type locality:** Indonesia: Java.

Graptomyza brevirostris: Knutson, Thompson *et* Vockeroth, 1975. *In*: Delfinado *et* Hardy, 1975. Cat. Dipt. Orient. Reg. 2: 333; Huang *et* Cheng, 1995. Entomotaxon. 17 (Suppl.): 92; Huang, Cheng *et* Yang, 1998. *In*: Xue *et* Chao, 1998. Flies of China, Vol. 1: 201; Huang *et* Cheng, 2012. Fauna Sinica, Insecta, Vol. 50: 619.

Graptomyza brevirostris Henning, 1832. Bull. Soc. Imp. Nat. Moscou 4: 334 (preoccupied by Wiedemann, 1820). **Type locality:** Indonesia: Java.

分布（Distribution）：陕西（SN）、云南（YN）、广西（GX）；印度尼西亚；东洋区。

（497）全带缺伪蚜蝇 *Graptomyza completa* Huo, Ren *et* Zheng, 2007

Graptomyza completa Huo, Ren *et* Zheng, 2007. Fauna of

Syrphidae from Mt. Qinling-Bashan in China (Insecta: Diptera): 368. **Type locality:** China: Sichuan, Nanjiang.

分布（**Distribution**）：四川（SC）。

（498）犬头缺伪蚜蝇 *Graptomyza cynocephala* Kertész, 1914

Graptomyza cynocephala Kertész, 1914b. Ann. Hist.-Nat. Mus. Natl. Hung. 12: 81. **Type locality:** China: Taiwan, Shu-Shu.

Graptomyza cynocephala: Shiraki, 1930. Mem. Fac. Sci. Agric. Taihoku Imp. Univ. 1: 235; Knutson, Thompson *et* Vockeroth, 1975. *In*: Delfinado *et* Hardy, 1975. Cat. Dipt. Orient. Reg. 2: 333; Huang *et* Cheng, 1995. Entomotaxon. 17 (Suppl.): 92; Huang *et* Cheng, 2012. Fauna Sinica, Insecta, Vol. 50: 629.

分布（**Distribution**）：台湾（TW）。

（499）端齿缺伪蚜蝇 *Graptomyza dentata* Kertész, 1914

Graptomyza dentata Kertész, 1914b. Ann. Hist.-Nat. Mus. Natl. Hung. 12: 83. **Type locality:** China: Taiwan, Toyenmongai, Shu-Shu.

Graptomyza dentata: Shiraki, 1930. Mem. Fac. Sci. Agric. Taihoku Imp. Univ. 1: 238; Knutson, Thompson *et* Vockeroth, 1975. *In*: Delfinado *et* Hardy, 1975. Cat. Dipt. Orient. Reg. 2: 333; Huang *et* Cheng, 1995. Entomotaxon. 17 (Suppl.): 92; Huang *et* Cheng, 2012. Fauna Sinica, Insecta, Vol. 50: 620.

分布（**Distribution**）：福建（FJ）、台湾（TW）。

（500）长角缺伪蚜蝇 *Graptomyza dolichocera* Kertész, 1914

Graptomyza dolichocera Kertész, 1914b. Ann. Hist.-Nat. Mus. Natl. Hung. 12: 79. **Type locality:** China: Taiwan, Koshun *et* Chip-chip, Kosempo.

Graptomyza dolichocera: Shiraki, 1930. Mem. Fac. Sci. Agric. Taihoku Imp. Univ. 1: 237; Knutson, Thompson *et* Vockeroth, 1975. *In*: Delfinado *et* Hardy, 1975. Cat. Dipt. Orient. Reg. 2: 333; Huang *et* Cheng, 1995. Entomotaxon. 17 (Suppl.): 92; Huang *et* Cheng, 2012. Fauna Sinica, Insecta, Vol. 50: 629.

分布（**Distribution**）：台湾（TW）。

（501）斑翅缺伪蚜蝇 *Graptomyza fascipennis* Sack, 1922

Graptomyza fascipennis Sack, 1922. Arch. Naturgesch. (A) 87 (11): 262. **Type locality:** China: Taiwan, Shishastames.

Graptomyza fascipennis: Shiraki, 1930. Mem. Fac. Sci. Agric. Taihoku Imp. Univ. 1: 235; Knutson, Thompson *et* Vockeroth, 1975. *In*: Delfinado *et* Hardy, 1975. Cat. Dipt. Orient. Reg. 2: 333; Huang *et* Cheng, 1995. Entomotaxon. 17 (Suppl.): 92.

分布（**Distribution**）：台湾（TW）。

（502）台湾缺伪蚜蝇 *Graptomyza formosana* Shiraki, 1930

Graptomyza formosana Shiraki, 1930. Mem. Fac. Sci. Agric. Taihoku Imp. Univ. 1: 234. **Type locality:** China: Taiwan,

Shu-shu, Taihorin, Shinchiku, Arisan *et* Kosempo.

Graptomyza formosana: Knutson, Thompson *et* Vockeroth, 1975. *In*: Delfinado *et* Hardy, 1975. Cat. Dipt. Orient. Reg. 2: 333; Huang *et* Cheng, 1995. Entomotaxon. 17 (Suppl.): 92; Huang *et* Cheng, 2012. Fauna Sinica, Insecta, Vol. 50: 621.

分布（**Distribution**）：河北（HEB）、北京（BJ）、安徽（AH）、浙江（ZJ）、四川（SC）、贵州（GZ）、台湾（TW）。

（503）弯缺伪蚜蝇 *Graptomyza gibbula* (Walker, 1859)

Baryterocera gibbula Walker, 1859. J. Proc. Linn. Soc. London Zool. 4: 120. **Type locality:** Indonesia: Celebes [= Sulawesi] (Makassar [= Ujung Pandang]).

Graptomyza gibbula: Knutson, Thompson *et* Vockeroth, 1975. *In*: Delfinado *et* Hardy, 1975. Cat. Dipt. Orient. Reg. 2: 333.

分布（**Distribution**）：台湾（TW）；印度尼西亚（苏拉威西岛）。

（504）长喙缺伪蚜蝇 *Graptomyza longirostris* Wiedemann, 1820

Graptomyza longirostris Wiedemann, 1820. Nova Dipt. Gen.: 16. **Type locality:** Indonesia: Java.

Graptomyza longirostris Henning, 1832. Bull. Soc. Imp. Nat. Moscou 4: 333 (preoccupied by Wiedemann, 1820). **Type locality:** Indonesia: Java.

Graptomyza longirostris var. *duodecimnotata* Brunetti, 1908. Rec. India Mus. 2 (1): 63. **Type locality:** India: Assam, Sadiya.

Graptomyza longirostris var. *duodecimnotata*: Knutson, Thompson *et* Vockeroth, 1975. *In*: Delfinado *et* Hardy, 1975. Cat. Dipt. Orient. Reg. 2: 334.

Graptomyza longirostris: Knutson, Thompson *et* Vockeroth, 1975. *In*: Delfinado *et* Hardy, 1975. Cat. Dipt. Orient. Reg. 2: 334; Huang *et* Cheng, 1995. Entomotaxon. 17 (Suppl.): 92; Huang *et* Cheng, 2012. Fauna Sinica, Insecta, Vol. 50: 621.

分布（**Distribution**）：云南（YN）、广西（GX）；缅甸、印度、印度尼西亚、马来西亚。

（505）龙栖山缺伪蚜蝇 *Graptomyza longqishanica* Huang *et* Chu, 1995

Graptomyza longqishanica Huang *et* Chu, 1995. *In*: Huang *et* Cheng, 1995. Entomotaxon. 17 (Suppl.): 92. **Type locality:** China: Fujian, Jiangle.

Graptomyza longqishanica: Huang *et* Cheng, 2012. Fauna Sinica, Insecta, Vol. 50: 622.

分布（**Distribution**）：福建（FJ）。

（506）多鬃缺伪蚜蝇 *Graptomyza multiseta* Huang *et* Cheng, 1995

Graptomyza multiseta Huang *et* Cheng, 1995. Entomotaxon. 17 (Suppl.): 95. **Type locality:** China: Zhejiang, Tianmushan.

Graptomyza multiseta: Huang *et* Cheng, 2012. Fauna Sinica, Insecta, Vol. 50: 623.

分布（Distribution）：浙江（ZJ）。

（507）黑足缺伪蚜蝇 *Graptomyza nigripes* Brunetti, 1913

Graptomyza nigripes Brunetti, 1913c. Rec. India Mus. 8: 167. **Type locality:** India: Assam, Sadiya.

Graptomyza nigripes: Knutson, Thompson *et* Vockeroth, 1975. *In*: Delfinado *et* Hardy, 1975. Cat. Dipt. Orient. Reg. 2: 334; Huang *et* Cheng, 1995. Entomotaxon. 17 (Suppl.): 92; Huang, Cheng *et* Yang, 1998. *In*: Xue *et* Chao, 1998. Flies of China, Vol. 1: 201; Huang *et* Cheng, 2012. Fauna Sinica, Insecta, Vol. 50: 624.

分布（Distribution）：湖南（HN）、四川（SC）、云南（YN）、西藏（XZ）、广西（GX）；印度、马来西亚。

（508）额斑缺伪蚜蝇 *Graptomyza nitobei* Shiraki, 1930

Graptomyza nitobei Shiraki, 1930. Mem. Fac. Sci. Agric. Taihoku Imp. Univ. 1: 238. **Type locality:** China: Taiwan, Arisan.

Graptomyza nitobei: Knutson, Thompson *et* Vockeroth, 1975. *In*: Delfinado *et* Hardy, 1975. Cat. Dipt. Orient. Reg. 2: 334; Huang *et* Cheng, 1995. Entomotaxon. 17 (Suppl.): 92; Huang *et* Cheng, 2012. Fauna Sinica, Insecta, Vol. 50: 625.

分布（Distribution）：西藏（XZ）、台湾（TW）。

（509）钝斑缺伪蚜蝇 *Graptomyza obtusa* Kertész, 1914

Graptomyza obtusa Kertész, 1914b. Ann. Hist.-Nat. Mus. Natl. Hung. 12: 77. **Type locality:** China: Taiwan, Toyenmongai.

Graptomyza obtuse: Shiraki, 1930. Mem. Fac. Sci. Agric. Taihoku Imp. Univ. 1: 238; Knutson, Thompson *et* Vockeroth, 1975. *In*: Delfinado *et* Hardy, 1975. Cat. Dipt. Orient. Reg. 2: 334; Huang *et* Cheng, 1995. Entomotaxon. 17 (Suppl): 92; Huang *et* Cheng, 2012. Fauna Sinica, Insecta, Vol. 50: 626.

分布（Distribution）：江西（JX）、云南（YN）、西藏（XZ）、福建（FJ）、台湾（TW）。

（510）桔缘缺伪蚜蝇 *Graptomyza periaurantaca* Huang *et* Cheng, 1995

Graptomyza periaurantaca Huang *et* Cheng, 1995. Entomotaxon. 17 (Suppl.): 95. **Type locality:** China: Sichuan, Ermishan.

Graptomyza periaurantaca: Huang *et* Cheng, 2012. Fauna Sinica, Insecta, Vol. 50: 626.

分布（Distribution）：四川（SC）。

（511）弦斑缺伪蚜蝇 *Graptomyza semicircularia* Huo, Ren *et* Zheng, 2007

Graptomyza semicircularia Huo, Ren *et* Zheng, 2007. Fauna of Syrphidae from Mt. Qinling-Bashan in China (Insecta: Diptera): 371. **Type locality:** China: Shaanxi, Yangxian.

分布（Distribution）：陕西（SN）。

（512）杨氏缺伪蚜蝇 *Graptomyza yangi* Huang *et* Cheng, 1995

Graptomyza yangi Huang *et* Cheng, 1995. Entomotaxon. 17 (Suppl.): 94. **Type locality:** China: Yunnan, Xishuangbanna.

Graptomyza yangi: Huang *et* Cheng, 2012. Fauna Sinica, Insecta, Vol. 50: 627.

分布（Distribution）：云南（YN）。

65. 蜂蚜蝇属 *Volucella* Geoffroy, 1762

Volucella Geoffroy, 1762. Hist. Abreg. Insect. Paris 2: 540. **Type species:** *Musca pellucens* Linnaeus, 1758 (by designation of Curtis, 1833).

Apivora Meigen, 1800. Nouve. Class.: 37. **Type species:** *Musca pellucens* Linnaeus, 1758 (by designation of Coquillett, 1910).

Pterocera Meigen, 1803. Mag. Insektenkd. 2: 275 (preoccupied by Lamarck, 1799). **Type species:** *Musca pellucens* Linnaeus, 1758 (by designation of Coquillett, 1910).

Cenogaster Duméril, 1805. Zool. Analytique: 282. **Type species:** *Musca pellucens* Linnaeus, 1758 (by designation of Thompson, 1986).

Temnocera Le Peletier *et* Serville, 1828. *In*: Latreille *et al.*, 1828. Encycl. Méth. Hist. Nat. 10 (2): 786. **Type species:** *Temnocera violacea* Le Peletier *et* Serville, 1828 (by original designation).

Coenogaster: Agassiz, 1846. Nomencl. Zool. Index Univ.: 93 (misspelling of *Cenogaster*).

（513）双带蜂蚜蝇 *Volucella bivitta* Huo, Ren *et* Zheng, 2007

Volucella bivitta Huo, Ren *et* Zheng, 2007. Fauna of Syrphidae from Mt. Qinling-Bashan in China (Insecta: Diptera): 373. **Type locality:** China: Shaanxi, Hanzhong; Hebei; Sichuan.

分布（Distribution）：辽宁（LN）、河北（HEB）、山西（SX）、陕西（SN）、甘肃（GS）、四川（SC）。

（514）熊蜂蚜蝇 *Volucella bombylans* (Linnaeus, 1758)

Musca bombylans Linnaeus, 1758. Syst. Nat. Ed. 10 (1): 591. **Type locality:** Sweden.

Musca mystacea Linnaeus, 1758. Syst. Nat. Ed. 10 (1): 591. **Type locality:** "Europa".

Conops pocopyges Poda, 1761. Insect. Mus. Graecensis: 118. **Type locality:** Austria: Graz.

Conops tricolor Poda, 1761. Insect. Mus. Graecensis: 118. **Type locality:** Austria: Graz.

Conops pennatus Scopoli, 1763. Ent. Carniolica: 353. **Type locality:** Slovenia [as "Carniola"].

Musca melanopyrrha Forster, 1771. Novae Spec. Ins. Cent. I: 98. **Type locality:** England. Germany.

Musca plumata De Geer, 1776. Mém. Pour Serv. Hist. Insect. 6: 134. **Type locality:** Sweden.

Musca sonora Müller, 1776. Zool. Danicae Prodromus: 178. **Type locality:** Denmark.

Musca hirsutissima Razoumowsky, 1789. Histoire Natu. 1: 230. **Type locality:** Switzerland.

Musca plumosa Gmelin, 1790. Syst. Nat. 5: 2877. **Type locality:** Europe.

Volucella vulpina Meigen, 1830. Syst. Beschr. Europ. Zweifl. Insekt. 6: 355. **Type locality:** Germany.

Volucella haemorrhoidalis Zetterstedt, 1838. Insecta Lapp.: 591. **Type locality:** Sweden: Muonioniska *et* Alten.

Volucella evecta Walker, 1852. Ins. Saund. (Ⅰ) Dipt. 3-4: 251. **Type locality:** USA.

Volucella alpicola Rondani, 1857. Dipt. Ital. Prodromus, Vol. II: 32. **Type locality:** Italy: Taurina.

Volucella proxima Rondani, 1857. Dipt. Ital. Prodromus, Vol. II: 32. **Type locality:** Italy: Parma.

Volucella variabilis Malm, 1863. Göteborg. Vetensk. Akad. Nya Handl. 8: 13. **Type locality:** Sweden.

Volucella adulterina Rondani, 1865. Atti Soc. Ital. Sci. Nat. Milano 8: 128. **Type locality:** Italy: "Sub-Apennines".

Volucella hybrida Rondani, 1865. Atti Soc. Ital. Sci. Nat. Milano 8: 127. **Type locality:** Italy: "Alpibus Insubriae".

Volucella incestuosa Rondani, 1865. Atti Soc. Ital. Sci. Nat. Milano 8: 128. **Type locality:** Italy: "Apennines".

Volucella spuria Rondani, 1865. Atti Soc. Ital. Sci. Nat. Milano 8: 128. **Type locality:** Italy: "Apennines".

Volucella facialis Williston, 1882. Proc. Am. Philos. Soc. 20: 316. **Type locality:** USA: California.

Volucella bombylans var. *caucasica* Portschinsky, 1877. Trudy Russk. Ent. Obshch. 10 (2, 3-4): 167. **Type locality:** Russia: "Caucasus".

Volucella evecta var. *sanguinea* Williston, 1887. Bull. U. S. Natl. Mus. (1886) 31: 136. **Type locality:** USA.

Volucella bombylans var. *xantholeuca* Mik, 1887. Wien. Ent. Ztg. 6: 265. **Type locality:** Germany: Wellingholzhausen, near Osnabruck.

Volucella bombylans f. *alpina* Strobl, 1893b. Mitt. Naturwiss. Ver. Steiermark (1892) 29: 183. **Type locality:** Yugoslavia: Klekovaca, Trebevic Mt.

Volucella bombylans f. *americana* Johnson, 1916a. Psyche 23: 162. **Type locality:** USA: Maine, Monmouth *et* Orr's Isl *et* New Hampshire.

Volucella bombylans f. *arctica* Johnson, 1916a. Psyche 23: 163. **Type locality:** Canada: Labrador, Rama *et* Nain.

Volucella bombylans f. *lateralis* Johnson, 1916a. Psyche 23: 162. **Type locality:** Canada: Newfoundland, Red Indian Lake *et* Lewis Point.

Volucella rufomaculata Jones, 1917. Ann. Ent. Soc. Am. 10: 227. **Type locality:** USA: Colorado, Estes Park *et* Poudre Canon.

Volucella bombylans var. *brunnea* Schirmer, 1918. Dtsch. Ent. Z. 1918: 137. **Type locality:** Germany: Berlin, Buckow.

Volucella bombylans var. *flava* Gabritschevsky, 1926. Biol. Bull. 51: 276. **Type locality:** Russia.

Volucella terestriformis Drensky, 1934. Izv. Bulg. Ent. Druzh. 8: 123. **Type locality:** Bulgaria: Witoscha Mts., near Belata Woda.

Volucella pyrenaea Doesburg, 1951. Vie Milieu 2 (4): 485. **Type locality:** France: Hautes-Pyrénées, Heas.

Syrphus bombylans: Fabricius, 1775. Syst. Entom.: 762.

Volucella bombylans: Müller, 1776. Zool. Danicae Prodromus: 178.

Volucella bombylans: Wu, 1940. Cat. Ins. Sin. 5: 290; Peck, 1988. *In*: Soós *et* Papp, 1988. Cat. Palaearct. Dipt. 8: 128; Huang, Cheng *et* Yang, 1998. *In*: Xue *et* Chao, 1998. Flies of China, Vol. 1: 202; Huang *et* Cheng, 2012. Fauna Sinica, Insecta, Vol. 50: 631.

分布（**Distribution**）：黑龙江（HL）、吉林（JL）、内蒙古（NM）、河北（HEB）、山西（SX）、新疆（XJ）；蒙古国、前苏联、美国、加拿大、瑞典、奥地利、德国、法国、前南斯拉夫；欧洲。

（515）拟胡蜂蚜蝇 *Volucella coreana* Shiraki, 1930

Volucella coreana Shiraki, 1930. Mem. Fac. Sci. Agric. Taihoku Imp. Univ. 1: 225. **Type locality:** D. P. R. Korea: Koryo.

Volucella coreana: Peck, 1988. *In*: Soós *et* Papp, 1988. Cat. Palaearct. Dipt. 8: 129; Huang, Cheng *et* Yang, 1998. *In*: Xue *et* Chao, 1998. Flies of China, Vol. 1: 202; Huang *et* Cheng, 2012. Fauna Sinica, Insecta, Vol. 50: 632.

分布（**Distribution**）：湖南（HN）；朝鲜、前苏联。

（516）离蜂蚜蝇 *Volucella dimidiata* Sack, 1922

Volucella dimidiata Sack, 1922. Arch. Naturgesch. (A) 87 (11): 261. **Type locality:** China: Taiwan, Taihcrinsho.

Volucella dimidiate: Shiraki, 1930. Mem. Fac. Sci. Agric. Taihoku Imp. Univ. 1: 228; Knutson, Thompson *et* Vockeroth, 1975. *In*: Delfinado *et* Hardy, 1975. Cat. Dipt. Orient. Reg. 2: 335.

分布（**Distribution**）：台湾（TW）。

（517）黄腰蜂蚜蝇 *Volucella flavizona* Cheng, 2012

Volucella flavizona Cheng, 2012. *In*: Huang *et* Cheng, 2012. Fauna Sinica, Insecta, Vol. 50: 633. **Type locality:** China: Sichuan, Emei Mt.

分布（**Distribution**）：四川（SC）。

（518）黄色蜂蚜蝇 *Volucella galbicorpus* Cheng, 2012

Volucella galbicorpus Cheng, 2012. *In*: Huang *et* Cheng, 2012. Fauna Sinica, Insecta, Vol. 50: 634. **Type locality:** China: Hainan.

分布（**Distribution**）：海南（HI）。

（519）黑鬃蜂蚜蝇 *Volucella inanis* (Linnaeus, 1758)

Musca inanis Linnaeus, 1758. Syst. Nat. Ed. 10 (1): 595. **Type** locality: Sweden.

Conops trifasciatus Scopoli, 1763. Ent. Carniolica: 352. **Type locality:** Slovenia [as "Carniola"].

Musca apivora De Geer, 1776. Mém. Pour Serv. Hist. Insect. 6: 56. **Type locality:** Sweden.

Musca annulata Harris, 1776. Expos. Engl. Ins.: 40. **Type locality:** England.

Musca annulatus Harris, 1776. Expos. Engl. Ins.: 40. **Type locality:** England.

Syrphus micans Fabricius, 1794. Ent. Syst. 4: 278. **Type locality:** Italy.

Musca trifasciata: Schrank, 1781. Enum. Insect. Austr. Indig.: 453.

Musca micans: Turton, 1801. A General System of Nature Vol. III (1800): 637.

Volucella inanis: Peck, 1988. *In*: Soós *et* Papp, 1988. Cat. Palaearct. Dipt. 8: 129; Huang *et* Cheng, 2012. Fauna Sinica, Insecta, Vol. 50: 635.

分布（Distribution）：新疆（XJ）；蒙古国、前苏联、瑞典、斯洛文尼亚、英国、意大利、阿富汗、叙利亚。

（520）凹角蜂蚜蝇 *Volucella inanoides* Hervé-Bazin, 1923

Volucella inanoides Hervé-Bazin, 1923. Bull. Mus. Natl. Hist. Nat. 29 (3): 256. **Type locality:** China: Sichuan [as "Se-tchouen"].

Volucella inanoides: Cheng, 1940. Biol. Bull. Fukien Christian Univ. 1: 44; Wu, 1940. Cat. Ins. Sin. 5: 294; Peck, 1988. *In*: Soós *et* Papp, 1988. Cat. Palaearct. Dipt. 8: 130; Huo, Ren *et* Zheng, 2007. Fauna of Syrphidae from Mt. Qinling-Bashan in China (Insecta: Diptera): 375; Huang *et* Cheng, 2012. Fauna Sinica, Insecta, Vol. 50: 636.

分布（Distribution）：陕西（SN）、湖北（HB）、四川（SC）。

（521）黄膝蜂蚜蝇 *Volucella inflata* (Fabricius, 1794)

Syrphus inflatus Fabricius, 1794. Ent. Syst. 4: 280. **Type locality:** Italy.

Syrphus diaphanus Gravenhorst, 1807. Vergl. Ueber.: 370. **Type locality:** Germany.

Volucella hochhuthii Gimmerthal, 1847. Progr. zur Feier des 50 jährigen Doctor-Jubiläums Dr. Fischer von Waldheim, Zwölf Neue Dipteren: 10. **Type locality:** Ukraine: Kiev.

Musca inflate: Turton, 1801. A General System of Nature Vol. III (1800): 637.

Volucella inflata: Wu, 1940. Cat. Ins. Sin. 5: 294; Peck, 1988. *In*: Soós *et* Papp, 1988. Cat. Palaearct. Dipt. 8: 130.

分布（Distribution）：中国（省份不明）；意大利、德国、乌克兰。

（522）短腹蜂蚜蝇 *Volucella jeddona* Bigot, 1875

Volucella jeddona Bigot, 1875. Ann. Soc. Entomol. Fr. (5) 5: 472. **Type locality:** Japan.

Volucella brevipila Portschinsky, 1886. Horae Soc. Ent. Ross. 21: 5. **Type locality:** Russia: Amur.

Volucella jeddona var. *nigrithorax* Zimina, 1961. Sb. Trud. Zool. Mus. Mosk. Gos. Univ. 8: 143. **Type locality:** Russia: Southern Primorye.

Volucella brevipila: Huang, Cheng *et* Yang, 1998. *In*: Xue *et* Chao, 1998. Flies of China, Vol. 1: 202.

Volucella jeddona: Shiraki, 1930. Mem. Fac. Sci. Agric. Taihoku Imp. Univ. 1: 214; Knutson, Thompson *et* Vockeroth, 1975. *In*: Delfinado *et* Hardy, 1975. Cat. Dipt. Orient. Reg. 2: 336; Peck, 1988. *In*: Soós *et* Papp, 1988. Cat. Palaearct. Dipt. 8: 130; Huang, Cheng, *et* Yang, 1998. *In*: Xue *et* Chao, 1998. Flies of China, Vol. 1: 202; Huang *et* Cheng, 2012. Fauna Sinica, Insecta, Vol. 50: 637.

分布（Distribution）：黑龙江（HL）、吉林（JL）、内蒙古（NM）、河北（HEB）、北京（BJ）、山西（SX）、安徽（AH）、云南（YN）；俄罗斯（远东地区）、蒙古国、日本。

（523）老君山蜂蚜蝇 *Volucella laojunshanana* Qiao *et* Qin, 2010

Volucella laojunshanana Qiao *et* Qin, 2010. Entomotaxon. 32 (2): 140. **Type locality:** China: Henan, Laojunshan, Luanchuan.

分布（Distribution）：河南（HEN）、陕西（SN）。

（524）宽带蜂蚜蝇 *Volucella latifasciata* Cheng, 2012

Volucella latifasciata Cheng, 2012. *In*: Huang *et* Cheng, 2012. Fauna Sinica, Insecta, Vol. 50: 639. **Type locality:** China: Yunnan; Shaanxi; Sichuan; Beijing.

分布（Distribution）：北京（BJ）、陕西（SN）、四川（SC）、云南（YN）。

（525）亮丽蜂蚜蝇 *Volucella linearis* Walker, 1852

Volucella linearis Walker, 1852. Ins. Saund. (Ⅰ) Dipt. 3-4: 251. **Type locality:** Unknown.

Volucella nitobei Matsumura, 1916. Thousand Ins. Japan Add. 2: 210. **Type locality:** Japan: Honshū, Admori, Kyoto *et* Osaka.

Volucella linearis: Knutson, Thompson *et* Vockeroth, 1975. *In*: Delfinado *et* Hardy, 1975. Cat. Dipt. Orient. Reg. 2: 336 (new synonym of *Volucella trifasciata* Wiedmann, 183).

Volucella nitobei: Shiraki, 1930. Mem. Fac. Sci. Agric. Taihoku Imp. Univ. 1: 221; Thompson, 1988. J. N. Y. Ent. Soc. 96 (2): 216 (new synonym of *Volucella lineari*); Huang *et* Cheng, 2012. Fauna Sinica, Insecta, Vol. 50: 641 (as a valid species).

分布（Distribution）：陕西（SN）、浙江（ZJ）、四川（SC）、福建（FJ）；日本。

（526）六盘山蜂蚜蝇 *Volucella liupanshanensis* Huo, Yu *et* Wang, 2009

Volucella liupanshanensis Huo, Yu *et* Wang, 2009. Acta

Zootaxon. Sin. 34 (3): 620. **Type locality:** China: Ningxia, Jingyuan.

分布（Distribution）：宁夏（NX）。

（527）蓝腹蜂蚜蝇 *Volucella lividiventris* **Brunetti, 1908**

Volucella lividiventris Brunetti, 1908. Rec. India Mus. 2 (1): 62. **Type locality:** India: Sikkim.

Volucella lividiventris: Peck, 1988. *In*: Soós *et* Papp, 1988. Cat. Palaearct. Dipt. 8: 130; Knutson, Thompson *et* Vockeroth, 1975. *In*: Delfinado *et* Hardy, 1975. Cat. Dipt. Orient. Reg. 2: 335.

分布（Distribution）：西藏（XZ）；印度。

（528）黑蜂蚜蝇 *Volucella nigricans* **Coquillett, 1898**

Volucella nigricans Coquillett, 1898. Proc. U. S. Natl. Mus. 21: 324. **Type locality:** Japan.

Volucella nigricans: Shiraki, 1930. Mem. Fac. Sci. Agric. Taihoku Imp. Univ. 1: 216; Knutson, Thompson *et* Vockeroth, 1975. *In*: Delfinado *et* Hardy, 1975. Cat. Dipt. Orient. Reg. 2: 336; Peck, 1988. *In*: Soós *et* Papp, 1988. Cat. Palaearct. Dipt. 8: 130; Huang, Cheng *et* Yang, 1998. *In*: Xue *et* Chao, 1998. Flies of China, Vol. 1: 202; Huo, Ren *et* Zheng, 2007. Fauna of Syrphidae from Mt. Qinling-Bashan in China (Insecta: Diptera): 377; Huo, Yu *et* Wang, 2009. Acta Zootaxon. Sin. 34 (3): 620; Huang *et* Cheng, 2012. Fauna Sinica, Insecta, Vol. 50: 639.

分布（Distribution）：陕西（SN）、安徽（AH）、浙江（ZJ）、江西（JX）、湖南（HN）、湖北（HB）、四川（SC）、福建（FJ）、台湾（TW）、广西（GX）；朝鲜、日本。

（529）六斑蜂蚜蝇 *Volucella nigropicta* **Portschinsky, 1884**

Volucella nigropicta Portschinsky, 1884. Horae Soc. Ent. Ross. 18: 127. **Type locality:** Russia: Amur.

Volucella sexmaculata Matsumura, 1916. Thousand Ins. Japan Add. 2: 212. **Type locality:** Japan: Honshū, Kyoto *et* Osaka.

Volucella nigropicta: Peck, 1988. *In*: Soós *et* Papp, 1988. Cat. Palaearct. Dipt. 8: 130; Huang, Cheng *et* Yang, 1998. *In*: Xue *et* Chao, 1998. Flies of China, Vol. 1: 202; Huang *et* Cheng, 2012. Fauna Sinica, Insecta, Vol. 50: 640.

分布（Distribution）：河北（HEB）、北京（BJ）、甘肃（GS）、浙江（ZJ）；前苏联、日本。

（530）拟黑色蜂蚜蝇 *Volucella nigropictoides* **Curran, 1925**

Volucella nigropictoides Curran, 1925. Amer. Mus. Novit. 200: 2. **Type locality:** China: Fujian, Yenping.

Volucella coreana Shiraki, 1930. Mem. Fac. Sci. Agric. Taihoku Imp. Univ. 1: 225. **Type locality:** D. P. R. Korea: Koryo.

Volucella nigropictoides: Cheng, 1940. Biol. Bull. Fukien Christian Univ. 1: 44; Wu, 1940. Cat. Ins. Sin. 5: 295; Knutson, Thompson *et* Vockeroth, 1975. *In*: Delfinado *et* Hardy, 1975. Cat. Dipt. Orient. Reg. 2: 336.

分布（Distribution）：福建（FJ）；朝鲜。

（531）黄盾蜂蚜蝇 *Volucella pellucens tabanoides* **Motschulsky, 1859**

Volucella tabanoides Motschulsky, 1859. Bull. Soc. Imp. Nat. Moscou 32 (2): 504. **Type locality:** Russia: Amur Region.

Volucella japonica Bigot, 1875. Ann. Soc. Entomol. Fr. (5) 5: 473. **Type locality:** Japan.

Volucella tabanoides: Shiraki, 1930. Mem. Fac. Sci. Agric. Taihoku Imp. Univ. 1: 216.

Volucella pellucens tabanoides: Peck, 1988. *In*: Soós *et* Papp, 1988. Cat. Palaearct. Dipt. 8: 131; Huang, Cheng *et* Yang, 1998. *In*: Xue *et* Chao, 1998. Flies of China, Vol. 1: 204; Huo, Ren *et* Zheng, 2007. Fauna of Syrphidae from Mt. Qinling-Bashan in China (Insecta: Diptera): 378; Huo, Yu *et* Wang, 2009. Acta Zootaxon. Sin. 34 (3): 620; Huang *et* Cheng, 2012. Fauna Sinica, Insecta, Vol. 50: 643.

分布（Distribution）：黑龙江（HL）、吉林（JL）、辽宁（LN）、内蒙古（NM）、河北（HEB）、北京（BJ）、山西（SX）、陕西（SN）、甘肃（GS）、青海（QH）、新疆（XJ）、湖北（HB）、四川（SC）、云南（YN）；前苏联、蒙古国、朝鲜、日本。

（532）柔毛蜂蚜蝇 *Volucella plumatoides* **Hervé-Bazin, 1923**

Volucella plumatoides Hervé-Bazin, 1923. Bull. Mus. Natl. Hist. Nat. 29 (3): 257. **Type locality:** China: Sichuan, "Ta-tsien-lou".

Volucella plumatoides: Wu, 1940. Cat. Ins. Sin. 5: 296; Peck, 1988. *In*: Soós *et* Papp, 1988. Cat. Palaearct. Dipt. 8: 131; Huang, Cheng *et* Yang, 1998. *In*: Xue *et* Chao, 1998. Flies of China, Vol. 1: 204; Huo, Ren *et* Zheng, 2007. Fauna of Syrphidae from Mt. Qinling-Bashan in China (Insecta: Diptera): 380; Huang *et* Cheng, 2012. Fauna Sinica, Insecta, Vol. 50: 644.

分布（Distribution）：河北（HEB）、陕西（SN）、青海（QH）、新疆（XJ）、四川（SC）、云南（YN）、西藏（XZ）；前苏联、蒙古国。

（533）圆蜂蚜蝇 *Volucella rotundata* **Edwards, 1919**

Volucella rotundata Edwards, 1919. J. Fed. Malay St. Mus. 8 (3): 38. **Type locality:** Indonesia: Sumatra, Sandaran Agong.

Volucella rotundata: Knutson, Thompson *et* Vockeroth, 1975. *In*: Delfinado *et* Hardy, 1975. Cat. Dipt. Orient. Reg. 2: 336; Huang *et* Cheng, 2012. Fauna Sinica, Insecta, Vol. 50: 645.

分布（Distribution）：江苏（JS）、浙江（ZJ）、福建（FJ）；马来西亚、印度尼西亚。

（534）红缘蜂蚜蝇 *Volucella rufimargina* **Huo, Ren et Zheng, 2007**

Volucella rufimargina Huo, Ren *et* Zheng, 2007. Fauna of Syrphidae from Mt. Qinling-Bashan in China (Insecta: Diptera): 381. **Type locality:** China: Shaanxi, Meixian.

分布（Distribution）：陕西（SN）。

（535）四川蜂蚜蝇 *Volucella sichuanensis* **Huo et Ren, 2006**

Volucella sichuanica Huo *et* Ren, 2006. Acta Zootaxon. Sin. 31 (4): 895. **Type locality:** China: Sichuan, Kangding, Mt. Quegong.

分布（Distribution）：四川（SC）。

（536）褐蜂蚜蝇 *Volucella suzukii* **Matsumura, 1916**

Volucella suzukii Matsumura, 1916. Thousand Ins. Japan Add. 2: 236. **Type locality:** Japan: Honshū, Kyoto.

Volucella suzukii: Shiraki, 1930. Mem. Fac. Sci. Agric. Taihoku Imp. Univ. 1: 217; Peck, 1988. *In*: Soós *et* Papp, 1988. Cat. Palaearct. Dipt. 8: 131; Huang *et* Cheng, 2012. Fauna Sinica, Insecta, Vol. 50: 646.

分布（Distribution）：陕西（SN）、江苏（JS）、四川（SC）、广西（GX）、海南（HI）；日本。

（537）台湾蜂蚜蝇 *Volucella taiwana* **Shiraki, 1930**

Volucella taiwana Shiraki, 1930. Mem. Fac. Sci. Agric. Taihoku Imp. Univ. 1: 215. **Type locality:** China: Taiwan, Tenchosan-Karenko.

Volucella taiwana: Cheng, 1940. Biol. Bull. Fukien Christian Univ. 1: 44; Knutson, Thompson *et* Vockeroth, 1975. *In*: Delfinado *et* Hardy, 1975. Cat. Dipt. Orient. Reg. 2: 336; Huang *et* Cheng, 2012. Fauna Sinica, Insecta, Vol. 50: 650.

分布（Distribution）：台湾（TW）。

（538）蜡黄蜂蚜蝇 *Volucella terauchii* **Matsumura, 1916**

Volucella terauchii Matsumura, 1916. Thousand Ins. Japan Add. 2: 237. **Type locality:** China: Taiwan, Gyochi, near Horisha.

Volucella terauchii: Shiraki, 1930. Mem. Fac. Sci. Agric. Taihoku Imp. Univ. 1: 219; Knutson, Thompson *et* Vockeroth, 1975. *In*: Delfinado *et* Hardy, 1975. Cat. Dipt. Orient. Reg. 2: 336; Huang *et* Cheng, 2012. Fauna Sinica, Insecta, Vol. 50: 650.

分布（Distribution）：台湾（TW）。

（539）三带蜂蚜蝇 *Volucella trifasciata* **Wiedemann, 1830**

Volucella trifasciata Wiedemann, 1830. Aussereurop. Zweifl. Insekt. 2: 196. **Type locality:** Indonesia: Java.

Volucella decorata Walker, 1859. J. Proc. Linn. Soc. London Zool. 4: 120. **Type locality:** Indonesia: Celebes [= Sulawesi] (Makassar [= Ujung Pandang]).

Volucella trifasciata var. *auropila* Curran, 1928. J. Fed. Malay St. Mus. 14 (2): 163. **Type locality:** Malaysia: Malaya.

Volucella nubeculosa Bigot, 1875. Ann. Soc. Entomol. Fr. (5) 5: 474. **Type locality:** China.

Volucella trigasciata: She, 1989. J. Fujian Agric. Coll. 18 (3): 334 (misspelling of *Volucella trifasciata*).

Volucella trifasciata var. *auropila*: Knutson, Thompson *et* Vockeroth, 1975. *In*: Delfinado *et* Hardy, 1975. Cat. Dipt. Orient. Reg. 2: 336.

Volucella nubeculosa: Cheng, 1940. Biol. Bull. Fukien Christian Univ. 1: 44; Wu, 1940. Cat. Ins. Sin. 5: 295.

Volucella trifasciata: Shiraki, 1930. Mem. Fac. Sci. Agric. Taihoku Imp. Univ. 1: 223; Cheng, 1940. Biol. Bull. Fukien Christian Univ. 1: 44; Wu, 1940. Cat. Ins. Sin. 5: 296; Knutson, Thompson *et* Vockeroth, 1975. *In*: Delfinado *et* Hardy, 1975. Cat. Dipt. Orient. Reg. 2: 336; Huang, Cheng *et* Yang, 1998. *In*: Xue *et* Chao, 1998. Flies of China, Vol. 1: 204; Huang *et* Cheng, 2012. Fauna Sinica, Insecta, Vol. 50: 647.

分布（Distribution）：陕西（SN）、甘肃（GS）、浙江（ZJ）、湖南（HN）、湖北（HB）、四川（SC）、贵州（GZ）、云南（YN）、福建（FJ）、台湾（TW）、广西（GX）、海南（HI）；印度尼西亚、马来西亚。

（540）胡蜂蚜蝇 *Volucella vespimima* **Shiraki, 1930**

Volucella vespimima Shiraki, 1930. Mem. Fac. Sci. Agric. Taihoku Imp. Univ. 1: 228. **Type locality:** China: Taiwan, Arisan, Kobayashi *et* Karenko.

Volucella vespimima: Knutson, Thompson *et* Vockeroth, 1975. *In*: Delfinado *et* Hardy, 1975. Cat. Dipt. Orient. Reg. 2: 336; Huang *et* Cheng, 2012. Fauna Sinica, Insecta, Vol. 50: 648.

分布（Distribution）：安徽（AH）、浙江（ZJ）、四川（SC）、福建（FJ）、台湾（TW）、广西（GX）。

（541）紫蜂蚜蝇 *Volucella violacea* **(Le Peletier et Serville, 1828)**

Temnocera violacea Le Peletier *et* Serville, 1828. *In*: Latreille *et al.*, 1828. Encycl. Méth. Hist. Nat. 10 (2): 787. **Type locality:** China.

Volucella mulata Wiedemann, 1830. Aussereurop. Zweifl. Insekt. 2: 19. **Type locality:** "China".

Temnocera violacea: Wu, 1940. Cat. Ins. Sin. 5: 290.

Volucella violacea: Cheng, 1940. Biol. Bull. Fukien Christian Univ. 1: 44; Knutson, Thompson *et* Vockeroth, 1975. *In*: Delfinado *et* Hardy, 1975. Cat. Dipt. Orient. Reg. 2: 334; Peck, 1988. *In*: Soós *et* Papp, 1988. Cat. Palaearct. Dipt. 8: 131.

分布（Distribution）：中国（省份不明）。

（542）紫柏蜂蚜蝇 *Volucella zibaiensis* **Huo, Ren et Zheng, 2007**

Volucella zibaiensis Huo, Ren *et* Zheng, 2007. Fauna of

Syrphidae from Mt. Qinling-Bashan in China (Insecta: Diptera): 382. **Type locality:** China: Shaanxi, Liuba; Hebei.
Volucella zibaiensis: Huo, Yu *et* Wang, 2009. Acta Zootaxon. Sin. 34 (3): 620.
分布（Distribution）：河北（HEB）、陕西（SN）。

（543）黑带蜂蚜蝇 *Volucella zonaria* (Poda, 1761)

Conops zonaria Poda, 1761. Insect. Mus. Graecensis: 118. **Type locality:** Austria: Graz.
Conops bifasciatus Scopoli, 1763. Ent. Carniolica: 351 (replacement name for *Conops zonarius*). **Type locality:** Slovenia [as "Carniola"].
Musca valentina Müller, 1766. Mélanges Soc. Turin 3 (7): 198. **Type locality:** Italy: Piedmont, Turin.
Syrphus bifasciatus Panzer, 1792. Faunae insectorum germanicae initia oder Deutschlands Insecten: 8. **Type locality:** Austria: Vienna. Germany: Nurnberg.
Volucella radicum Schrank, 1803. Fauna Boica 3 (1): 131. **Type locality:** Germany: Bavaria.
Volucella fasciata Herrich-Schäffer, 1829. Faunae Insect. Germ. Fasc. 111: 23. **Type locality:** Germany.
Volucella fasciata Verrall, 1901. Catalog. Syrph. Euro. Distr. Refer. Syn.: 76. **Type locality:** Germany: Bavaria, Regensburg.
Volucella zonaria ssp. *beckeri* Goot, 1961. Ent. Ber. 21: 222. **Type locality:** France: Corsica, Asco, Forest of Carozzica.
Musca zonaria: Schrank, 1781. Enum. Insect. Austr. Indig.: 454.
Syrphus zonarius: Mikan, 1798. Neue Abhandl. K. Bohem. Gesellsch. Wissensch. 3: 134.
Volucella zonaria: Peck, 1988. *In*: Soós *et* Papp, 1988. Cat. Palaearct. Dipt. 8: 131; Huang, Cheng *et* Yang, 1998. *In*: Xue *et* Chao, 1998. Flies of China, Vol. 1: 204; Huang *et* Cheng, 2012. Fauna Sinica, Insecta, Vol. 50: 649.
分布（Distribution）：河北（HEB）、北京（BJ）、陕西（SN）、甘肃（GS）、新疆（XJ）；前苏联、蒙古国、伊朗、德国、法国、奥地利；欧洲、非洲（北部）。

巢穴蚜蝇亚科 Microdontinae

巢穴蚜蝇族 Microdontini

66. 支角蚜蝇属 *Furcantenna* Cheng, 2008

Furcantenna Cheng, 2008. *In*: Cheng *et* Thomposon, 2008. Zootaxa 1879: 29. **Type species:** *Furcantenna yangi* Cheng, 2008 (by original designation).

（544）紫光支角蚜蝇 *Furcantenna yangi* Cheng, 2008

Furcantenna yangi Cheng, 2008. *In*: Cheng *et* Thomposon, 2008. Zootaxa 1879: 29. **Type locality:** China: Guangxi, Jinxiu, Dayaoshan.

分布（Distribution）：广西（GX）。

67. 类巢穴蚜蝇属 *Metadon* Reemer, 2013

Metadon Reemer, 2013. *In*: Reemer *et* Ståhls, 2013. ZooKeys (288): 41. **Type species:** *Microdon wulpii* Mik, 1899 (replacement for *Microdon apicalis* Wulp, 1892, preoccupied by Walker, 1858) (by original designation).

（545）褐翅类巢穴蚜蝇 *Metadon brunneipennis* (Huo, Ren *et* Zheng, 2007)

Microdon brunneipennis Huo, Ren *et* Zheng, 2007. Fauna of Syrphidae from Mt. Qinling-Bashan in China (Insecta: Diptera): 398. **Type locality:** China: Shaanxi, Shangnan; Chongqing.
分布（Distribution）：陕西（SN）、重庆（CQ）。

（546）平利类巢穴蚜蝇 *Metadon pingliensis* (Huo, Ren *et* Zheng, 2007)

Microdon pingliensis Huo, Ren *et* Zheng, 2007. Fauna of Syrphidae from Mt. Qinling-Bashan in China (Insecta: Diptera): 401. **Type locality:** China: Shaanxi, Pingli; Chongqing.
分布（Distribution）：陕西（SN）、重庆（CQ）。

（547）拟二带类巢穴蚜蝇 *Metadon spuribifasciatus* (Huo, Ren *et* Zheng, 2007)

Microdon spuribifasciatus Huo, Ren *et* Zheng, 2007. Fauna of Syrphidae from Mt. Qinling-Bashan in China (Insecta: Diptera): 403. **Type locality:** China: Shaanxi, Fengxian.
分布（Distribution）：陕西（SN）。

68. 巢穴蚜蝇属 *Microdon* Meigen, 1803

Microdon Meigen, 1803. Mag. Insektenkd. 2: 275. **Type species:** *Musca mutabilis* Linnaeus, 1758 (monotypy).
Aphritis Latreille, 1804. Nouv. Dict. Hist. Nat. 24 (3): 193. **Type species:** *Aphritis auropubescens* Latreille, 1805 (subsequent monotypy, Latreille, 1805).
Scutelligera Spix, 1824. Denkschr. Akad. Wiss. München 9 (1823-4): 124. **Type species:** *Scutelligera amerlandia* Spix, 1824 (monotypy) [= *Musca mutabilis* Linnaeus, 1758].
Ceratophya Wiedemann, 1824a. Munus Rectoris in Academia Christiana Albertina Aditurus Analecta Entomológica ex Museo Regio Havniensi Máxime Congesta Profert Iconibusque Illustrat: 14. **Type species:** *Ceratophya notata* Wiedemann, 1824 (by designation of Blanchard, 1846).
Parmula Heyden, 1825. Isis (Oken's) 1825: 589. **Type species:** *Parmula cocciformis* Heyden, 1825 (monotypy) [= *Musca mutabilis* Linnaeus, 1758].
Chymophila Macquart, 1834. Hist. Nat. Ins., Dipt.: 485. **Type species:** *Chymophila splendens* Macquart, 1834 (monotypy) [= *Microdon fulgens* Wiedemann, 1830].
Dimeraspis Newman, 1838. Ent. Mag. 5: 372. **Type species:**

111

Dimeraspis podagra Newman, 1838 (monotypy) [= *Mulio globosus* Fabricius, 1805].

Colacis Gistel, 1848. Naturgeschichte des Thierreichs für höhere Schulen, Stuttgart 16: x (replacement name for *Microdon*).

Mesophila Walker, 1849. List of the specimens of dipterous insets in the collection of the British Museum Part IV: 1157. **Type species:** *Ceratophya fuscipennis* Macquart, 1834 (monotypy).

Ceratoconcha Simroth, 1907. Zool. Anz. 31: 796 (preoccupied by Kramberger-Gorjanovic, 1889). **Type species:** *Ceratoconcha schultzei* Simroth, 1907 (monotypy).

Eumicrodon Curran, 1925. Kans. Univ. Sci. Bull. (1924) 15: 50 (as a subgenus of *Microdon*). **Type species:** *Microdon fulgens* Wiedemann, 1830 (by original designation).

Papiliomyia Hull, 1937. Psyche 44: 27. **Type species:** *Papiliomyia sepulchrasilva* Hull, 1937 (by original designation).

Syrphipogon Hull, 1937. Psyche 44: 120. **Type species:** *Syrphipogon fucatissimus* Hull, 1937 (by original designation).

Kryptopyga Hull, 1944. J. Wash. Acad. Sci. 34: 129. **Type species:** *Kryptopyga pendulosa* Hull, 1944 (by original designation).

Microdon subg. *Archimicrodon* Hull, 1945. Proc. New England Zool. Club 23: 75. **Type species:** *Microdon* (*Archimicrodon*) *digitator* Hull, 1945 (by original designation).

Myiacerapis Hull, 1949. Trans. Zool. Soc. Lond. 26: 309 (as a subgenus of *Microdon*). **Type species:** *Microdon villosus* Bezzi, 1915 (by original designation).

Hovamicrodon Keiser, 1971. Verhandl. Naturf. Ges. Basal 81: 248. **Type species:** *Hovamicrodon silvester* Keiser, 1971 (by original designation).

Megodon Keiser, 1971. Verhandl. Naturf. Ges. Basal 81: 252. **Type species:** *Megodon stuckenbergi* Keiser, 1971 (by original designation).

Ceratophyia: Osten-Sacken, 1858. Smithson. Misc. Coll. 3: 46 (misspelling of *Ceratophya*).

Chimophila: Osten-Sacken, 1875. Bull. Buffalo Soc. Nat. Sci. 3: 46 (misspelling of *Chymophila*).

Scutigerella: Haas, 1924. Bull. Inst. Catalána Hist. Nat. 2 (4): 148 (misspelling of *Scutelligera*).

（548）长巢穴蚜蝇 *Microdon apidiformis* Brunetti, 1923

Microdon apiformis Brunetti, 1923. Fauna Brit. India (Dipt.) 3: 314 (preoccupied by De Geer, 1776). **Type locality:** India: Assam, Gāro Hills, Tura.

Microdon apidiformis Brunetti, 1924. Rec. India Mus. 26: 153 (replacement name for *apiformis* Brunetti, 1923).

Microdon apiformis: Huang *et* Cheng, 2012. Fauna Sinica, Insecta, Vol. 50: 687.

Microdon (*Microdon*) *apidiformis*: Knutson, Thompson *et*

Vockeroth, 1975. *In*: Delfinado *et* Hardy, 1975. Cat. Dipt. Orient. Reg. 2: 369.

分布（Distribution）：浙江（ZJ）、四川（SC）、云南（YN）、广西（GX）；印度。

（549）金带巢穴蚜蝇 *Microdon auricinctus* Brunetti, 1908

Microdon auricinctus Brunetti, 1908. Rec. India Mus. 2 (1): 93. **Type locality:** Sri Lanka: Kandy.

Microdon auricinctus: Shiraki, 1930. Mem. Fac. Sci. Agric. Taihoku Imp. Univ. 1: 25.

Microdon (*Microdon*) *auricinctus*: Knutson, Thompson *et* Vockeroth, 1975. *In*: Delfinado *et* Hardy, 1975. Cat. Dipt. Orient. Reg. 2: 369.

分布（Distribution）：台湾（TW）；斯里兰卡、印度、菲律宾。

（550）无刺巢穴蚜蝇 *Microdon auricomus* Coquillett, 1898

Microdon auricomus Coquillett, 1898. Proc. U. S. Natl. Mus. 21: 320. **Type locality:** Japan.

Microdon auricomus var. *nigripes* Shiraki, 1930. Mem. Fac. Sci. Agric. Taihoku Imp. Univ. 1: 22. **Type locality:** Japan: Koyasan. D. P. R. Korea.

Microdon auricomus: Shiraki, 1930. Mem. Fac. Sci. Agric. Taihoku Imp. Univ. 1: 21; Peck, 1988. *In*: Soós *et* Papp, 1988. Cat. Palaearct. Dipt. 8: 227; Huo, Ren *et* Zheng, 2007. Fauna of Syrphidae from Mt. Qinling-Bashan in China (Insecta: Diptera): 397; Huang *et* Cheng, 2012. Fauna Sinica, Insecta, Vol. 50: 688.

分布（Distribution）：辽宁（LN）、北京（BJ）、甘肃（GS）、江苏（JS）、浙江（ZJ）、江西（JX）、湖北（HB）、四川（SC）、贵州（GZ）、福建（FJ）、广西（GX）；朝鲜、日本。

（551）金盾巢穴蚜蝇 *Microdon auroscutatus* Curran, 1928

Microdon auroscutatus Curran, 1928. J. Fed. Malay St. Mus. 14 (2): 152. **Type locality:** Malaysia: Kuala Tahan. Thailand.

Microdon auroscutatus var. *variventris* Curran, 1928. J. Fed. Malay St. Mus. 14 (2): 154. **Type locality:** Malaysia: Kuala Tahan.

Microdon auroscutatus var. *variventris*: Knutson, Thompson *et* Vockeroth, 1975. *In*: Delfinado *et* Hardy, 1975. Cat. Dipt. Orient. Reg. 2: 369.

Microdon (*Microdon*) *auroscutatus*: Knutson, Thompson *et* Vockeroth, 1975. *In*: Delfinado *et* Hardy, 1975. Cat. Dipt. Orient. Reg. 2: 369.

分布（Distribution）：海南（HI）；马来西亚、泰国。

（552）丽巢穴蚜蝇 *Microdon bellus* Brunetti, 1923

Microdon bellus Brunetti, 1923. Fauna Brit. India (Dipt.) 3:

315. **Type locality:** India: Mussoorie.

Microdon (*Microdon*) *bellus*: Knutson, Thompson *et* Vockeroth, 1975. *In*: Delfinado *et* Hardy, 1975. Cat. Dipt. Orient. Reg. 2: 369.

Microdon bellus: Cheng, 1940. Biol. Bull. Fukien Christian Univ. 1: 47, 63; Huang *et* Cheng, 2012. Fauna Sinica, Insecta, Vol. 50: 689.

分布（Distribution）：海南（HI）；印度、尼泊尔。

（553）双色巢穴蚜蝇 *Microdon bicolor* Sack, 1922

Microdon bicolor Sack, 1922. Arch. Naturgesch. (A) 87 (11): 272. **Type locality:** China: Taiwan, Amping.

Microdon bicolor: Shiraki, 1930. Mem. Fac. Sci. Agric. Taihoku Imp. Univ. 1: 15.

Microdon (*Microdon*) *bicolor*: Knutson, Thompson *et* Vockeroth, 1975. *In*: Delfinado *et* Hardy, 1975. Cat. Dipt. Orient. Reg. 2: 369.

分布（Distribution）：台湾（TW）；印度、印度尼西亚。

（554）小巢穴蚜蝇 *Microdon caeruleus* Brunetti, 1908

Microdon caeruleus Brunetti, 1908. Rec. India Mus. 2 (1): 92. **Type locality:** India: Assam, Mārgherita.

Microdon caeruleus: Brunetti, 1923. Fauna Brit. India (Dipt.) 3: 303; Shiraki, 1930. Mem. Fac. Sci. Agric. Taihoku Imp. Univ. 1: 14; Huang *et* Cheng, 2012. Fauna Sinica, Insecta, Vol. 50: 690.

Microdon (*Microdon*) *caeruleus*: Knutson, Thompson *et* Vockeroth, 1975. *In*: Delfinado *et* Hardy, 1975. Cat. Dipt. Orient. Reg. 2: 369.

分布（Distribution）：山东（SD）、甘肃（GS）、浙江（ZJ）、湖北（HB）、四川（SC）、云南（YN）、福建（FJ）、台湾（TW）、广东（GD）；日本、印度。

（555）狭腹巢穴蚜蝇 *Microdon chapini* Hull, 1941

Microdon chapini Hull, 1941. J. Wash. Acad. Sci. 31: 438. **Type locality:** Thailand: Patmeung Mts.

Microdon chapini: Huang *et* Cheng, 2012. Fauna Sinica, Insecta, Vol. 50: 690.

Microdon (*Microdon*) *chapini*: Knutson, Thompson *et* Vockeroth, 1975. *In*: Delfinado *et* Hardy, 1975. Cat. Dipt. Orient. Reg. 2: 369.

分布（Distribution）：云南（YN）；泰国。

（556）黄足巢穴蚜蝇 *Microdon flavipes* Brunetti, 1908

Microdon flavipes Brunetti, 1908. Rec. India Mus. 2 (1): 92. **Type locality:** Myanmar: Mergui.

Microdon (*Microdon*) *flavipes*: Knutson, Thompson *et* Vockeroth, 1975. *In*: Delfinado *et* Hardy, 1975. Cat. Dipt. Orient. Reg. 2: 370.

分布（Distribution）：台湾（TW）、海南（HI）；缅甸、印度。

（557）台湾巢穴蚜蝇 *Microdon formosanus* Shiraki, 1930

Microdon formosanus Shiraki, 1930. Mem. Fac. Sci. Agric. Taihoku Imp. Univ. 1: 22. **Type locality:** China: Taiwan, Horisha *et* Musha.

Microdon (*Microdon*) *formosanus*: Knutson, Thompson *et* Vockeroth, 1975. *In*: Delfinado *et* Hardy, 1975. Cat. Dipt. Orient. Reg. 2: 370.

Microdon formosanus: Huang *et* Cheng, 2012. Fauna Sinica, Insecta, Vol. 50: 694.

分布（Distribution）：台湾（TW）。

（558）黄毛巢穴蚜蝇 *Microdon fulvopubescens* Brunetti, 1923

Microdon fulvopubescens Brunetti, 1923. Fauna Brit. India (Dipt.) 3: 313. **Type locality:** Sri Lanka.

Microdon (*Microdon*) *fulvopubescens*: Knutson, Thompson *et* Vockeroth, 1975. *In*: Delfinado *et* Hardy, 1975. Cat. Dipt. Orient. Reg. 2: 370.

Microdon fulvopubescens: Huo, Ren *et* Zheng, 2007. Fauna of Syrphidae from Mt. Qinling-Bashan in China (Insecta: Diptera): 399.

分布（Distribution）：陕西（SN）、宁夏（NX）；斯里兰卡。

（559）陌巢穴蚜蝇 *Microdon ignotus* Violovitsh, 1976

Microdon ignotus Violovitsh, 1976c. Novye I Maloizvestnye Vidy Fauny Sibiri 10: 160. **Type locality:** Russia: Eastern Siberia, S. Primorje.

Microdon ignotus: Peck, 1988. *In*: Soós *et* Papp, 1988. Cat. Palaearct. Dipt. 8: 228.

分布（Distribution）：辽宁（LN）；俄罗斯。

（560）日本巢穴蚜蝇 *Microdon japonicus* Yano, 1915

Microdon japonicus Yano, 1915. Konchyusekai [Insect World] 19 (1): 5. **Type locality:** Japan.

Microdon jezoensis Matsumura, 1916. Thousand Ins. Japan Add. 2: 255. **Type locality:** Japan: Hokkaidō, Sapporo.

Microdon japonicus: Shiraki, 1930. Mem. Fac. Sci. Agric. Taihoku Imp. Univ. 1: 20; Huo, Ren *et* Zheng, 2007. Fauna of Syrphidae from Mt. Qinling-Bashan in China (Insecta: Diptera): 399.

分布（Distribution）：陕西（SN）；日本。

（561）宽额巢穴蚜蝇 *Microdon latifrons* Loew, 1856

Microdon latifrons Loew, 1856. Verh. K. K. Zool.-Bot. Ges. Wien 6: 599. **Type locality:** Europe.

Microdon latifrons: Peck, 1988. *In*: Soós *et* Papp, 1988. Cat. Palaearct. Dipt. 8: 228.

分布（Distribution）：辽宁（LN）；蒙古国；欧洲。

（562）金巢穴蚜蝇 *Microdon metallicus* de Meijere, 1904

Microdon metallicus de Meijere, 1904. Bijdr. Dierkd. 17/18: 98. **Type locality:** India: Darjeeling.

Microdon (*Microdon*) *metallicus*: Knutson, Thompson *et* Vockeroth, 1975. *In*: Delfinado *et* Hardy, 1975. Cat. Dipt. Orient. Reg. 2: 371.

Microdon metallicus: Knutson, Thompson *et* Vockeroth, 1975. *In*: Delfinado *et* Hardy, 1975. Cat. Dipt. Orient. Reg. 2: 371; Huang *et* Cheng, 2012. Fauna Sinica, Insecta, Vol. 50: 692.

分布（Distribution）：云南（YN）、海南（HI）；印度。

（563）青铜巢穴蚜蝇 *Microdon oitanus* Shiraki, 1930

Microdon oitanus Shiraki, 1930. Mem. Fac. Sci. Agric. Taihoku Imp. Univ. 1: 18. **Type locality:** Japan: Oita.

Microdon oitanus: Peck, 1988. *In*: Soós *et* Papp, 1988. Cat. Palaearct. Dipt. 8: 229; Huo, Ren *et* Zheng, 2007. Fauna of Syrphidae from Mt. Qinling-Bashan in China (Insecta: Diptera): 400.

分布（Distribution）：陕西（SN）；日本。

（564）黑足巢穴蚜蝇 *Microdon podomelainum* Huo, Ren *et* Zheng, 2007

Microdon podomelainum Huo, Ren *et* Zheng, 2007. Fauna of Syrphidae from Mt. Qinling-Bashan in China (Insecta: Diptera): 402. **Type locality:** China: Shaanxi, Liuba.

分布（Distribution）：陕西（SN）。

（565）红尾巢穴蚜蝇 *Microdon ruficaudus* Brunetti, 1907

Microdon ruficaudus Brunetti, 1907. Rec. Indian Mus. 1: pl. 13. fig. 11; Brunetti, 1908. Rec. Indian Mus. 2 (1): 93. **Type locality:** India: Calcutta.

Microdon ruficauda: Shiraki, 1930. Mem. Fac. Sci. Agric. Taihoku Imp. Univ. 1: 15.

Microdon (*Microdon*) *ruficaudus*: Knutson, Thompson *et* Vockeroth, 1975. *In*: Delfinado *et* Hardy, 1975. Cat. Dipt. Orient. Reg. 2: 371.

Microdon ruficaudus: Huang, Cheng *et* Yang, 1998. *In*: Xue *et* Chao, 1998. Flies of China, Vol. 1: 216.

分布（Distribution）：湖南（HN）、湖北（HB）、四川（SC）、贵州（GZ）、台湾（TW）；印度。

（566）简巢穴蚜蝇 *Microdon simplex* Shiraki, 1930

Microdon caeruleus var. *simplex* Shiraki, 1930. Mem. Fac. Sci. Agric. Taihoku Imp. Univ. 1: 15. **Type locality:** Japan: Yamaguchi. China: Taiwan, Asahi.

Microdon caeruleus var. *simplex*: Knutson, Thompson *et* Vockeroth, 1975. *In*: Delfinado *et* Hardy, 1975. Cat. Dipt. Orient. Reg. 2: 369.

Microdon caeruleus simplex: Peck, 1988. *In*: Soós *et* Papp, 1988. Cat. Palaearct. Dipt. 8: 227.

分布（Distribution）：台湾（TW）；日本。

（567）亮巢穴蚜蝇 *Microdon stilboides* Walker, 1849

Microdon stilboides Walker, 1849. List of the specimens of dipterous insets in the collection of the British Museum Part III: 538. **Type locality:** East Indies.

Microdon stilboides: Shiraki, 1930. Mem. Fac. Sci. Agric. Taihoku Imp. Univ. 1: 17; Huang *et* Cheng, 2012. Fauna Sinica, Insecta, Vol. 50: 693.

Microdon (*Microdon*) *stilboides*: Knutson, Thompson *et* Vockeroth, 1975. *In*: Delfinado *et* Hardy, 1975. Cat. Dipt. Orient. Reg. 2: 372.

分布（Distribution）：浙江（ZJ）、台湾（TW）、广西（GX）、海南（HI）；印度、印度尼西亚、菲律宾。

（568）松村巢穴蚜蝇 *Microdon taiwanus* Matsumura, 1931

Microdon taiwanus Matsumura, 1931. 6000 Illust. Ins. Jap. Emp.: 347. **Type locality:** China: Taiwan.

分布（Distribution）：台湾（TW）。

（569）角斑巢穴蚜蝇 *Microdon trigonospilus* Bezzi, 1927

Microdon trigonospilus Bezzi, 1927. Boll. Lab. Zool. Gen. Agr. R. Scuola Agric. Portici. 20: 4. **Type locality:** China: Honan, La Kow.

Microdon trigonospilus: Cheng, 1940. Biol. Bull. Fukien Christian Univ. 1: 47; Wu, 1940. Cat. Ins. Sin. 5: 289.

Microdon (*Microdon*) *trigonospilus*: Knutson, Thompson *et* Vockeroth, 1975. *In*: Delfinado *et* Hardy, 1975. Cat. Dipt. Orient. Reg. 2: 372.

分布（Distribution）：广东（GD）、海南（HI）。

69. 拟巢穴蚜蝇属 *Paramicrodon* de Meijere, 1913

Paramicrodon de Meijere, 1913. Nova Guinea 9: 359. **Type species:** *Paramicrodon lorentzi* Meijere, 1913 (monotypy).

Syrphinella Hervé-Bazin, 1926. Encycl. Ent. (B) II 3: 73. **Type species:** *Syrphinella miranda* Hervé-Bazin, 1926 (monotypy).

Myxogasteroides Shiraki, 1930. Mem. Fac. Sci. Agric. Taihoku Imp. Univ. 1: 9. **Type species:** *Myxogaster nigripennis* Sack, 1922 (by original designation).

Nannomyrmecomyia Hull, 1945. Proc. New England Zool. Club 23: 75 (as a subgenus of *Spheginobaccha*). **Type species:** *Paramicrodon delicatulus* Hull, 1937 (by original designation).

（570）暗翅拟巢穴蚜蝇 *Paramicrodon nigripennis* (Sack, 1922)

Myxogaster nigripennis Sack, 1922. Arch. Naturgesch. (A)

87 (11): 275. **Type locality:** China: Taiwan, Toa Tsai Kutsu.

Myxogasteroides nigripennis: Shiraki, 1930. Mem. Fac. Sci. Agric. Taihoku Imp. Univ. 1: 10.

Paramicrodon nigripennis: Knutson, Thompson *et* Vockeroth, 1975. *In*: Delfinado *et* Hardy, 1975. Cat. Dipt. Orient. Reg. 2: 373 (new combination of *Myxogaster nigripennis*); Huang *et* Cheng, 2012. Fauna Sinica, Insecta, Vol. 50: 699.

分布（Distribution）：台湾（TW）。

70. 柄腹蚜蝇属 *Paramixogaster* Brunetti, 1923

Paramixogaster Brunetti, 1923. Fauna Brit. India (Dipt.) 3: 319. **Type species:** *Mixogaster vespiformis* Brunetti, 1923 (by original designation).

Paramixogasteroides Shiraki, 1930. Mem. Fac. Sci. Agric. Taihoku Imp. Univ. 1: 8. **Type species:** *Myxogaster variegata* Sack, 1922 (by original designation).

Tanaopicera Hull, 1945. Proc. New England Zool. Club 23: 76 (as a subgenus of *Pseudomicrodon*). **Type species:** *Ceratophya variegata* Walker, 1852 (by original designation).

（571）福建柄腹蚜蝇 *Paramixogaster fujianensis* Cheng, 2012

Paramixogaster fujianensis Cheng, 2012. *In*: Huang *et* Cheng, 2012. Fauna Sinica, Insecta, Vol. 50: 695. **Type locality:** China: Fujian.

分布（Distribution）：福建（FJ）。

（572）多色拟柄腹蚜蝇 *Paramixogaster variegata* (Sack, 1922)

Myxogaster variegata Sack, 1922. Arch. Naturgesch. (A) 87 (11): 274. **Type locality:** China: Taiwan, Toa Tsai Kutau.

Paramixogasteroides variegata: Shiraki, 1930. Mem. Fac. Sci. Agric. Taihoku Imp. Univ. 1: 9.

分布（Distribution）：台湾（TW）。

（573）云南柄腹蚜蝇 *Paramixogaster yunnanensis* Cheng, 2012

Paramixogaster yunnanensis Cheng, 2012. *In*: Huang *et* Cheng, 2012. Fauna Sinica, Insecta, Vol. 50: 696. **Type locality:** China: Yunnan.

分布（Distribution）：云南（YN）。

71. 似膝蚜蝇属 *Parocyptamus* Shiraki, 1930

Parocyptamus Shiraki, 1930. Mem. Fac. Sci. Agric. Taihoku Imp. Univ. 1: 2. **Type species:** *Parocyptamus sonamii* Shiraki, 1930 (by original designation).

Stenomicrodon Hull, 1937. Psyche 44: 26. **Type species:** *Stenomicrodon purpureus* Hull, 1937 (by original designation).

（574）紫似膝蚜蝇 *Parocyptamus purpureus* (Hull, 1937)

Stenomicrodon purpureus Hull, 1937. Psyche 44: 26. **Type locality:** China: Taiwan, Tainan.

Parocyptamus purpureus: Knutson, Thompson *et* Vockeroth, 1975. *In*: Delfinado *et* Hardy, 1975. Cat. Dipt. Orient. Reg. 2: 373.

分布（Distribution）：台湾（TW）。

（575）索那咪似膝蚜蝇 *Parocyptamus sonamii* Shiraki, 1930

Parocyptamus sonamii Shiraki, 1930. Mem. Fac. Sci. Agric. Taihoku Imp. Univ. 1: 12. **Type locality:** China: Taiwan, Shinchiku, Sokutsu, Chipon.

Parocyptamus sonamii: Knutson, Thompson *et* Vockeroth, 1975. *In*: Delfinado *et* Hardy, 1975. Cat. Dipt. Orient. Reg. 2: 373; Huang *et* Cheng, 2012. Fauna Sinica, Insecta, Vol. 50: 697.

分布（Distribution）：台湾（TW）。

棒巴蚜蝇族 Spheginobacchini

72. 棒巴蚜蝇属 *Spheginobaccha* Shiraki, 1908

Spheginobaccha Meijere, 1908a. Tijdschr. Ent. 51: 327. **Type species:** *Sphegina macropoda* Bigot, 1908 (monotypy).

Dexiosyrphus Hull, 1944. J. Wash. Acad. Sci. 34: 131 (as a subgenus of *Spheginobaccha*). **Type species:** *Spheginobaccha* (*Dexiosyrphus*) *funeralis* Hull, 1944 (by original designation).

（576）齐氏棒巴蚜蝇 *Spheginobaccha chillcotti* Thompson, 1974

Spheginobaccha chillcotti Thompson, 1974. Trans. Am. Ent. Soc. 100: 274. **Type locality:** Nepal: Katmundu, Balaju.

Spheginobaccha chillcotti: Cheng *et* Huang, 1997. Acta Zootaxon. Sin. 22 (4): 423, 425; Huang *et* Cheng, 2012. Fauna Sinica, Insecta, Vol. 50: 700.

分布（Distribution）：云南（YN）、福建（FJ）、广西（GX）、海南（HI）；尼泊尔。

（577）科氏棒巴蚜蝇 *Spheginobaccha knutsoni* Thompson, 1974

Spheginobaccha knutsoni Thompson, 1974. Trans. Am. Ent. Soc. 100: 271. **Type locality:** China: Hainan Island, Ta Hau.

分布（Distribution）：海南（HI）。

（578）大足棒巴蚜蝇 *Spheginobaccha macropoda* (Bigot, 1884)

Sphegina macropoda Bigot, 1884a. Ann. Soc. Entomol. Fr. (6) 3: 331. **Type locality:** Myanmar.

Baccha robusta Brunetti, 1907. Rec. Indian Mus. 1: pl. 11, fig. 3; Brunetti, 1908. Rec. Indian Mus. 2 (1): 50. **Type locality:** Myanmar: Mergui.

Spheginobaccha macropoda: Knutson, Thompson *et* Vockeroth, 1975. *In*: Delfinado *et* Hardy, 1975. Cat. Dipt.

Orient. Reg. 2: 339; Cheng *et* Huang, 1997. Acta Zootaxon. Sin. 22 (4): 423, 425; Huang *et* Cheng, 2012. Fauna Sinica, Insecta, Vol. 50: 701.

分布（Distribution）：云南（YN）、西藏（XZ）、广西（GX）、海南（HI）；缅甸。

蚜蝇亚科 Syrphinae

巴蚜蝇族 Bacchini

73. 异巴蚜蝇属 *Allobaccha* Curran, 1928

Allobaccha Curran, 1928. J. Fed. Malay St. Mus. 14 (2): 251 (as a subgenus of *Baccha*). **Type species:** *Baccha rubella* Wulp, 1898 (by original designation).

Ptileuria Enderlein, 1938. Sber. Ges. Naturf. Freunde Berl. 1937: 235. **Type species:** *Baccha picta* Wiedemann, 1830 (by original designation).

Asiobaccha Violovitsh, 1976b. Novye I Maloizvestnye Vidy Fauny Sibiri 10: 132 (as a subgenus of *Baccha*). **Type species:** *Baccha nubilipennis* Austen, 1893 (by original designation).

（579） 黄斑异巴蚜蝇 *Allobaccha amphithoe* (Walker, 1849)

Baccha amphithoe Walker, 1849. List of the specimens of dipterous insets in the collection of the British Museum Part III: 549. **Type locality:** "E. Ind/Mulmein".

Baccha pedicellata Doleschall, 1856. Natuurkd. Tijdschr. Ned.-Indië 10 (7): 411. **Type locality:** Indonesia: Java.

Baccha bicincta Meijere, 1910. Tijdschr. Ent. 53: 104. **Type locality:** Indonesia: Java, Djakarta, Tandjong Priok.

Baccha flavopunctata Brunetti, 1913c. Rec. India Mus. 8: 165. **Type locality:** India: Assam, Dibrugarh.

Baccha fulvicostalis Matsumura, 1916. Thousand Ins. Japan Add. 2: 226. **Type locality:** China: Taiwan.

Baccha amphithoe: Shiraki, 1930. Mem. Fac. Sci. Agric. Taihoku Imp. Univ. 1: 416.

Baccha (*Allobaccha*) *amphithoe*: Knutson, Thompson *et* Vockeroth, 1975. *In*: Delfinado *et* Hardy, 1975. Cat. Dipt. Orient. Reg. 2: 321.

Allobaccha amphithoe: Huang, Cheng *et* Yang, 1998. *In*: Xue *et* Chao, 1998. Flies of China, Vol. 1: 120; Huang *et* Cheng, 2012. Fauna Sinica, Insecta, Vol. 50: 72.

分布（Distribution）：台湾（TW）、广东（GD）、广西（GX）；印度、斯里兰卡、印度尼西亚。

（580） 紫额异巴蚜蝇 *Allobaccha apicalis* (Loew, 1858)

Baccha apicalis Loew, 1858a. Wien. Ent. Monatschr. 2: 106. **Type locality:** Japan.

Baccha pulchrifrons Austen, 1893. Proc. Zool. Soc. Lond. 1893: 139. **Type locality:** Sri Lanka: Trincomali, Hot Wells.

Baccha apicenotata Brunetti, 1915. Rec. India Mus. 11: 221. **Type locality:** India: W. Himalaya, Bhowali.

Baccha apicalis: Shiraki, 1930. Mem. Fac. Sci. Agric. Taihoku Imp. Univ. 1: 419.

Baccha pulchrifrons: Shiraki, 1930. Mem. Fac. Sci. Agric. Taihoku Imp. Univ. 1: 415.

Baccha (*Allobaccha*) *apicalis*: Knutson, Thompson *et* Vockeroth, 1975. *In*: Delfinado *et* Hardy, 1975. Cat. Dipt. Orient. Reg. 2: 321.

Allobaccha apicalis: Peck, 1988. *In*: Soós *et* Papp, 1988. Cat. Palaearct. Dipt. 8: 53; Huang, Cheng *et* Yang, 1998. *In*: Xue *et* Chao, 1998. Flies of China, Vol. 1: 120; Huo, Ren *et* Zheng, 2007. Fauna of Syrphidae from Mt. Qinling-Bashan in China (Insecta: Diptera): 57; Huang *et* Cheng, 2012. Fauna Sinica, Insecta, Vol. 50: 70.

分布（Distribution）：陕西（SN）、甘肃（GS）、安徽（AH）、江苏（JS）、浙江（ZJ）、江西（JX）、湖南（HN）、湖北（HB）、四川（SC）、云南（YN）、福建（FJ）、台湾（TW）、广东（GD）、广西（GX）、香港（HK）；前苏联、日本、斯里兰卡、印度。

（581） 法异巴蚜蝇 *Allobaccha fallax* (Austen, 1893)

Baccha fallax Austen, 1893. Proc. Zool. Soc. Lond. 1893: 142. **Type locality:** Sri Lanka: Haycock Hill, Nr Galle.

Baccha (*Allobaccha*) *fallax*: Knutson, Thompson *et* Vockeroth, 1975. *In*: Delfinado *et* Hardy, 1975. Cat. Dipt. Orient. Reg. 2: 322.

Allobaccha fallax: Peck, 1988. *In*: Soós *et* Papp, 1988. Cat. Palaearct. Dipt. 8: 53.

分布（Distribution）：台湾（TW）；加里曼丹岛、斯里兰卡、印度、马来西亚。

（582）梅异巴蚜蝇 *Allobaccha meijerei* (Kertész, 1913)

Baccha meijerei Kertész, 1913b. Ann. Hist.-Nat. Mus. Natl. Hung. 11: 278. **Type locality:** Indonesia: Java, Tandjong Priok *et* Semarang.

Baccha (*Allobaccha*) *meijerei*: Knutson, Thompson *et* Vockeroth, 1975. *In*: Delfinado *et* Hardy, 1975. Cat. Dipt. Orient. Reg. 2: 322.

分布（Distribution）：台湾（TW）；菲律宾、印度尼西亚。

（583） 黑缘异巴蚜蝇 *Allobaccha nigricosta* (Brunetti, 1907)

Baccha nigricosta Brunetti, 1907. Rec. Indian Mus. 1: pl. 11, fig. 5; Brunetti, 1908. Rec. Indian Mus. 2 (1): 50. **Type locality:** India: Kumaon, Bhim Tal.

Baccha (*Allobaccha*) *nigricosta*: Knutson, Thompson *et* Vockeroth, 1975. *In*: Delfinado *et* Hardy, 1975. Cat. Dipt. Orient. Reg. 2: 322.

Allobaccha nigricosta: Huo *et* Zheng, 2003. Entomotaxon. 25 (4): 281; Huo, Ren *et* Zheng, 2007. Fauna of Syrphidae from Mt. Qinling-Bashan in China (Insecta: Diptera): 58.

分布（Distribution）：山西（SX）、陕西（SN）、四川（SC）；

印度、巴基斯坦。

（584）褐翅异巴蚜蝇 *Allobaccha nubilipennis* (Austen, 1893)

Baccha nubilipennis Austen, 1893. Proc. Zool. Soc. Lond. 1893: 136. **Type locality:** Sri Lanka: Kandy.

Baccha nubilipennis Matsumura, 1916. Thousand Ins. Japan Add. 2: 225. **Type locality:** Japan: "Okinawa".

Baccha nubilipennis: Shiraki, 1930. Mem. Fac. Sci. Agric. Taihoku Imp. Univ. 1: 416.

Baccha (*Allobaccha*) *nubilipenni*: Knutson, Thompson *et* Vockeroth, 1975. *In*: Delfinado *et* Hardy, 1975. Cat. Dipt. Orient. Reg. 2: 322.

Allobaccha nubilipennis: Peck, 1988. *In*: Soós *et* Papp, 1988. Cat. Palaearct. Dipt. 8: 53; Huang, Cheng *et* Yang, 1998. *In*: Xue *et* Chao, 1998. Flies of China, Vol. 1: 120; Huang *et* Cheng, 2012. Fauna Sinica, Insecta, Vol. 50: 72.

分布（Distribution）： 浙江（ZJ）、湖南（HN）、云南（YN）、福建（FJ）、台湾（TW）、广西（GX）；日本、印度、尼泊尔、斯里兰卡。

（585）青玉异巴蚜蝇 *Allobaccha sapphirina* (Wiedemann, 1830)

Baccha sapphirina Wiedemann, 1830. Aussereurop. Zweifl. Insekt. 2: 96. **Type locality:** East Indies.

Baccha flavicornis Loew, 1863. Wien. Ent. Monatschr. 7: 15. **Type locality:** South Africa.

Baccha punctum Bigot, 1884a. Ann. Soc. Entomol. Fr. (6) 3: 332. **Type locality:** Senegal.

Baccha umbrosa Brunetti, 1923. Fauna Brit. India (Dipt.) 3: 119. **Type locality:** India: Rājasthān, Ābu.

Baccha sapphirina: Shiraki, 1930. Mem. Fac. Sci. Agric. Taihoku Imp. Univ. 1: 415.

Baccha (*Allobaccha*) *umbrosa*: Knutson, Thompson *et* Vockeroth, 1975. *In*: Delfinado *et* Hardy, 1975. Cat. Dipt. Orient. Reg. 2: 323 (as a valid species).

Baccha (*Allobaccha*) *sapphirina*: Knutson, Thompson *et* Vockeroth, 1975. *In*: Delfinado *et* Hardy, 1975. Cat. Dipt. Orient. Reg. 2: 322.

分布（Distribution）： 台湾（TW）；印度、新几内亚岛、塞内加尔；非洲。

74. 巴蚜蝇属 *Baccha* Fabricius, 1805

Baccha Fabricius, 1805. Syst. Antliat.: 199. **Type species:** *Syrphus elongatus* Fabricius, 1775 (by designation of Curtis, 1839).

Bacchina Williston, 1896a. Manual N. Am. Dipt.: 86. **Type species:** *Syrphus elongatus* Fabricius, 1775 (by designation of Wirth, Sedman and *et* Weems, 1965).

Bacca: Rondani, 1844. Nuovi Ann. Sci. Nat. (2) 2: 458 (misspelling of *Baccha*).

Bacha: Schiner, 1857. Verh. K. K. Zool.-Bot. Ges. Wien 7: 383 (misspelling of *Baccha*).

Vaccha: Parsons, 1948. Ann. Ent. Soc. Am. 41: 226 (misspelling of *Baccha*).

（586）短额巴蚜蝇 *Baccha elongata* (Fabricius, 1775)

Syrphus elongatus Fabricius, 1775. Syst. Entom.: 768. **Type locality:** Denmark.

Musca erratica Scopoli, 1763. Ent. Carniolica: 345. **Type locality:** Slovenia [as "Carniola"].

Musca perexilis Harris, 1780. Expos. Engl. Ins.: 81. **Type locality:** Not given.

Baccha abbreviata Meigen, 1822. Syst. Beschr. Europ. Zweifl. Insekt. 3: 200. **Type locality:** "Österreich" (Austria).

Baccha nigripennis Meigen, 1822. Syst. Beschr. Europ. Zweifl. Insekt. 3: 200. **Type locality:** Austria.

Baccha scutellata Meigen, 1822. Syst. Beschr. Europ. Zweifl. Insekt. 3: 198. **Type locality:** Germany.

Baccha sphegina Meigen, 1822. Syst. Beschr. Europ. Zweifl. Insekt. 3: 198. **Type locality:** Germany.

Baccha tabida Meigen, 1822. Syst. Beschr. Europ. Zweifl. Insekt. 3: 199. **Type locality:** Austria. France.

Baccha vitripennis Meigen, 1822. Syst. Beschr. Europ. Zweifl. Insekt. 3: 200. **Type locality:** Austria.

Baccha klugii Meigen, 1830. Syst. Beschr. Europ. Zweifl. Insekt. 6: 349. **Type locality:** Germany: Berlin.

Baccha nigricornis Schummel, 1841. Uebers. Schles. Ges. Vaterl. Kult. 1841: 169. **Type locality:** Schlesia, Breslau.

Baccha cognata Loew, 1863. Berl. Ent. Z. 7: 15. **Type locality:** USA: New York.

Baccha obscuricornis Loew, 1863. Berl. Ent. Z. 7: 15. **Type locality:** USA: Alaska, Sitka.

Baccha angusta Osten-Sacken, 1877. Bull. U. S. Geol. Geogr. Surv. Territ. 3: 332. **Type locality:** USA: California, Marin, Lagunitas Crk.

Baccha tricincta Bigot, 1884a. Ann. Soc. Entomol. Fr. (6) 3: 333. **Type locality:** America: Septentr. Washington Territory.

Baccha karpatica Violovitsh, 1976b. Novye I Maloizvestnye Vidy Fauny Sibiri 10: 138. **Type locality:** Russia: Carpathians.

Musca elongate: Schrank, 1803. Fauna Boica 3 (1): 108.

Musca erratica: Peck, 1988. *In*: Soós *et* Papp, 1988. Cat. Palaearct. Dipt. 8: 56 (as a doubtful species of *Baccha*).

Baccha karpatica: Peck, 1988. *In*: Soós *et* Papp, 1988. Cat. Palaearct. Dipt. 8: 55 (as a valid species).

Baccha elongata: Li *et* Li, 1990. The Syrphidae of Gansu Province: 38; Huang, Cheng *et* Yang, 1998. *In*: Xue *et* Chao, 1998. Flies of China, Vol. 1: 121; Huo, Ren *et* Zheng, 2007. Fauna of Syrphidae from Mt. Qinling-Bashan in China (Insecta: Diptera): 59; Huang *et* Cheng, 2012. Fauna Sinica, Insecta, Vol. 50: 75.

分布（Distribution）： 辽宁（LN）、陕西（SN）、甘肃（GS）、西藏（XZ）；丹麦、斯洛文尼亚、法国、奥地利、德国、前苏联、美国。

（587）纤细巴蚜蝇 *Baccha maculata* **Walker, 1852**

Baccha maculata Walker, 1852. Ins. Saund. （Ⅰ） Dipt. 3-4: 223. **Type locality:** East Indies.

Baccha tinctipennis Brunetti, 1907. Rec. Indian Mus. 1: pl. 11, fig. 6; Brunetti, 1908. Rec. Indian Mus. 2 (1): 51. **Type locality:** India: Kumaon, Bhim Tal.

Baccha tenera Meijere, 1910. Tijdschr. Ent. 53: 103. **Type locality:** Indonesia: Java, Tankuban Prahu.

Baccha eronis Curran, 1928. J. Fed. Malay St. Mus. 14 (2): 248. **Type locality:** Malaysia: Pahang, Lubok Tamang.

Baccha austeni Meijere, 1908a. Tijdschr. Ent. 51: 325. **Type locality:** Indonesia: Java, Gunung Salak, nr. Buitenzorg.

Baccha eoa Violovitsh, 1976b. Novye I Maloizvestnye Vidy Fauny Sibiri 10: 141. **Type locality:** Russia: Sakhalin, Bikovo (Primorje).

Baccha pulla Violovitsh, 1976b. Novye I Maloizvestnye Vidy Fauny Sibiri 10: 146. **Type locality:** Russia: Siberia, Amur Distr., Svobodnyi.

Baccha (*Baccha*) *maculata*: Knutson, Thompson *et* Vockeroth, 1975. *In*: Delfinado *et* Hardy, 1975. Cat. Dipt. Orient. Reg. 2: 323.

Baccha eoa: Peck, 1988. *In*: Soós *et* Papp, 1988. Cat. Palaearct. Dipt. 8: 54; Huang *et* Cheng, 2012. Fauna Sinica, Insecta, Vol. 50: 74.

Baccha pulla: Peck, 1988. *In*: Soós *et* Papp, 1988. Cat. Palaearct. Dipt. 8: 55.

Baccha maculate: Shiraki, 1930. Mem. Fac. Sci. Agric. Taihoku Imp. Univ. 1: 417; Cheng, 1940. Biol. Bull. Fukien Christian Univ. 1: 42, 49; Wu, 1940. Cat. Ins. Sin. 5: 288; Peck, 1988. *In*: Soós *et* Papp, 1988. Cat. Palaearct. Dipt. 8: 55; Huang, Cheng *et* Yang, 1998. *In*: Xue *et* Chao, 1998. Flies of China, Vol. 1: 121; Huo, Ren *et* Zheng, 2007. Fauna of Syrphidae from Mt. Qinling-Bashan in China (Insecta: Diptera): 60; Huang *et* Cheng, 2012. Fauna Sinica, Insecta, Vol. 50: 73.

分布（**Distribution**）：河北（HEB）、北京（BJ）、山西（SX）、陕西（SN）、安徽（AH）、浙江（ZJ）、江西（JX）、湖南（HN）、湖北（HB）、四川（SC）、云南（YN）、西藏（XZ）、福建（FJ）、台湾（TW）、广西（GX）；俄罗斯、朝鲜、日本、印度、印度尼西亚、马来西亚。

（588）索特巴蚜蝇 *Baccha sauteri* **Kertész, 1913**

Baccha sauteri Kertész, 1913b. Ann. Hist.-Nat. Mus. Natl. Hung. 11: 275. **Type locality:** China: Taiwan, Takao, Janano-taiko, Kosempo, Tainan, *etc.*

Baccha sauteri: Shiraki, 1930. Mem. Fac. Sci. Agric. Taihoku Imp. Univ. 1: 416.

Baccha (*Baccha*) *sauteri*: Knutson, Thompson *et* Vockeroth, 1975. *In*: Delfinado *et* Hardy, 1975. Cat. Dipt. Orient. Reg. 2: 324 (as an unplaced species of *Baccha*).

分布（**Distribution**）：台湾（TW）。

75. 墨蚜蝇属 *Melanostoma* **Schiner, 1860**

Melanostoma Schiner, 1860. Wien. Ent. Monatschr. 4: 213. **Type species:** *Musca mellina* Linnaeus, 1758 (by original designation).

Plesia Macquart, 1850. Mém. Soc. R. Sci. Agric. Arts Lille 1849: 460 (preoccupied by Jurine, 1807; Klug, 1833). **Type species:** *Plesia fasciata* Macquart, 1850 (by original designation).

Psilogaster Lioy, 1864. Atti R. Ist. Véneto Sci. Lett. Arti (3) 9: 753 (preoccupied by Blanchard, 1840; Hartig, 1846). **Type species:** *Musca mellina* Linnaeus, 1758 (by designation of Goffe, 1946).

Atrichosticha Enderlein, 1938. Sber. Ges. Naturf. Freunde Berl. 1937: 234. **Type species:** *Spathiogaster aurantiaca* Becker, 1921 (by original designation).

Anocheila Hellén, 1949. Not. Ent. 29: 90 (as a subgenus). **Type species:** *Chilosia freyi* Hellén, 1949 (monotypy).

Ptylogaster: Bigot, 1883. Ann. Soc. Entomol. Fr. (6) 3: 225 (misspelling of *Psilogaster*).

Psilogaster: Bezzi *et* Stein, 1907. Kat. Pal. Dipt. 3: 57 (misspelling of *Psylogaster*).

（589）无斑墨蚜蝇 *Melanostoma abdominale* **Shiraki, 1930**

Melanostoma abdominale Shiraki, 1930. Mem. Fac. Sci. Agric. Taihoku Imp. Univ. 1: 330. **Type locality:** China: Taiwan, Musha, *et* Arisan.

Melanostoma abdominale: Knutson, Thompson *et* Vockeroth, 1975. *In*: Delfinado *et* Hardy, 1975. Cat. Dipt. Orient. Reg. 2: 324; Huang *et* Cheng, 2012. Fauna Sinica, Insecta, Vol. 50: 108.

分布（**Distribution**）：台湾（TW）。

（590）橙斑墨蚜蝇 *Melanostoma aurantiaca* **(Becker, 1921)**

Spathiogaster aurantiaca Becker, 1921. Mitt. Zool. Mus. Berl. 10: 29. **Type locality:** Russia: Siberia, Altai Mts.

Spathiogaster aurantiaca: Cheng, 1940. Biol. Bull. Fukien Christian Univ. 1: 43; Wu, 1940. Cat. Ins. Sin. 5: 288.

分布（**Distribution**）：中国（省份不明）；俄罗斯。

（591）裂带墨蚜蝇 *Melanostoma interruptum* **Matsumura, 1919**

Melanostoma interruptum Matsumura, 1919. *In*: Matsumura *et* Adachi, 1919. Ent. Mag. Kyoto 3: 138. **Type locality:** Japan: Hokkaidō, Sapporo; Honshū, Iwate.

Melanostoma interruptum: Peck, 1988. *In*: Soós *et* Papp, 1988. Cat. Palaearct. Dipt. 8: 63 (as synonym of *Melanostoma mellinum*).

分布（**Distribution**）：陕西（SN）；日本、前苏联。

（592） 方斑墨蚜蝇 *Melanostoma mellinum* (Linnaeus, 1758)

Musca mellina Linnaeus, 1758. Syst. Nat. Ed. 10 (1): 594. **Type locality:** Sweden.

Musca facultas Harris, 1780. Expos. Engl. Ins.: 109. **Type locality:** England.

Syrphus albimanus Fabricius, 1781. Species Insect. 2: 434. **Type locality:** England.

Syrphus mellarius Meigen, 1822. Syst. Beschr. Europ. Zweifl. Insekt. 3: 328. **Type locality:** Germany.

Syrphus melliturgus Meigen, 1822. Syst. Beschr. Europ. Zweifl. Insekt. 3: 329. **Type locality:** Germany.

Syrphus minutus Macquart, 1829a. Mém. Soc. R. Sci. Agric. Arts Lille 1827-1828: 234; Macquart, 1829b. Ins. Dipt. N. Fr. 4: 86. **Type locality:** Northern France.

Syrphus unicolor Macquart, 1829a. Mém. Soc. R. Sci. Agric. Arts Lille 1827-1828: 236; Macquart, 1829b. Ins. Dipt. N. Fr. 4: 88. **Type locality:** Northern France.

Syrphus lachrymosus Harris, 1835. Insects: 598 (nomen nudum).

Syrphus laevigatus Meigen, 1838. Syst. Beschr. Europ. Zweifl. Insekt. 7: 134. **Type locality:** Germany.

Syrphus concolor Walker, 1851. *In*: Walker, Stainton *et* Wilkinson, 1851. Ins. Brit., Dípt. 1: 296. **Type locality:** England.

Cheilosia parva Williston, 1882. Proc. Am. Philos. Soc. 20: 307. **Type locality:** USA: Oregon, Mt. Hood.

Melanostoma bicruciata Bigot, 1884c. Ann. Soc. Entomol. Fr. (6) 4: 79. **Type locality:** USA: California.

Melanostoma cruciata Bigot, 1884c. Ann. Soc. Entomol. Fr. (6) 4: 81. **Type locality:** Mexico.

Melanostoma pachytarse Bigot, 1884c. Ann. Soc. Entomol. Fr. (6) 4: 80. **Type locality:** USA: California.

Melanostoma pictipes Bigot, 1884c. Ann. Soc. Entomol. Fr. (6) 4: 78. **Type locality:** USA: California.

Melanostoma pruinosa Bigot, 1884c. Ann. Soc. Entomol. Fr. (6) 4: 79. **Type locality:** USA: California.

Melanostoma angustatum Williston, 1887. Bull. U. S. Natl. Mus. (1886) 31: 50. **Type locality:** USA: Washington Territory.

Melanostoma bellum Giglio-Tos, 1892. Boll. Mus. Zool. Anat. Comp. R. Univ. 7 (132): 3. **Type locality:** Mexico.

Melanostoma mellinum var. *nigricornis* Strobl, 1893b. Mitt. Naturwiss. Ver. Steiermark (1892) 29: 172. **Type locality:** Austria: Steiermark.

Melanostoma montivagum Johnson, 1916b. Psyche 23: 78. **Type locality:** USA: New Hampshire, Mt. Washington, Halfway H.

Melanostoma inornatum Matsumura, 1919. *In*: Matsumura *et* Adachi, 1919. Ent. Mag. Kyoto 3: 132. **Type locality:** Japan: Hokkaidō, Sapporo.

Melanostoma ochiaianum Matsumura, 1919. *In*: Matsumura *et* Adachi, 1919. Ent. Mag. Kyoto 3: 136. **Type locality:** Russia:

Sakhalin (Ochiai).

Melanostoma ogasawarae Matsumura, 1919. *In*: Matsumura *et* Adachi, 1919. Ent. Mag. Kyoto 3: 137. **Type locality:** Japan: Honshū, Iwate.

Melanostoma sachalinense Matsumura, 1919. *In*: Matsumura *et* Adachi, 1919. Ent. Mag. Kyoto 3: 139. **Type locality:** Russia: Sakhalin (Toyohara).

Melanostoma fallax Curran, 1923. Can. Entomol. 55 (12): 271. **Type locality:** Canada: Alberta, Banff.

Melanostoma pallitarse Curran, 1926. Can. Entomol. 58 (4): 83. **Type locality:** USA: Wisconsin, Madison.

Melanostoma melanderi Curran, 1930. Bull. Am. Mus. Nat. Hist. (1931) 61: 64. **Type locality:** USA: Washington, Ilwaco.

Melanostoma mellinum var. *angustatoides* Kanervo, 1934. Ann. Soc. Zool.-Bot. Fenn. 14 (5): 123. **Type locality:** Finland: Sodankyla.

Melanostoma mellinum var. *melanatum* Kanervo, 1934. Ann. Soc. Zool.-Bot. Fenn. 14 (5): 124. **Type locality:** Russia: Petsamo (Haukilampi).

Melanostoma mellinum var. *obscuripes* Kanervo, 1934. Ann. Soc. Zool.-Bot. Fenn. 14 (5): 123. **Type locality:** Russia: Petsamo (Parkkino).

Melanostoma mellinum aber. *dilatatum* Szilády, 1940. Ann. Hist.-Nat. Mus. Natl. Hung. 33: 59. **Type locality:** Croatia: Fuzine.

Melanostoma mellinum var. *deficiens* Szilády, 1940. Ann. Hist.-Nat. Mus. Natl. Hung. 33: 59. **Type locality:** Hungary: Radnaer Mts.

Syrphus mellinus: Fabricius, 1775. Syst. Entom.: 771.

Melanostoma mellinum: Cheng, 1940. Biol. Bull. Fukien Christian Univ. 1: 42, 51; Wu, 1940. Cat. Ins. Sin. 5: 271; Peck, 1988. *In*: Soós *et* Papp, 1988. Cat. Palaearct. Dipt. 8: 66; Li *et* Li, 1990. The Syrphidae of Gansu Province: 20; Huang, Cheng *et* Yang, 1998. *In*: Xue *et* Chao, 1998. Flies of China, Vol. 1: 126; Huo, Ren *et* Zheng, 2007. Fauna of Syrphidae from Mt. Qinling-Bashan in China (Insecta: Diptera): 76; Huang *et* Cheng, 2012. Fauna Sinica, Insecta, Vol. 50: 103.

分布（Distribution）： 黑龙江（HL）、吉林（JL）、辽宁（LN）、内蒙古（NM）、河北（HEB）、北京（BJ）、甘肃（GS）、青海（QH）、新疆（XJ）、上海（SH）、浙江（ZJ）、江西（JX）、湖南（HN）、湖北（HB）、四川（SC）、贵州（GZ）、云南（YN）、西藏（XZ）、福建（FJ）、广西（GX）、海南（HI）；前苏联、蒙古国、日本、伊朗、阿富汗、瑞典、英国、法国、德国、匈牙利、奥地利、美国、加拿大；非洲（北部）。

（593） 东方墨蚜蝇 *Melanostoma orientale* (Wiedemann, 1824)

Syrphus orientale Wiedemann, 1824a. Munus Rectoris in Academia Christiana Albertina Aditurus Analecta Entomológica ex Museo Regio Havniensi Máxime Congesta Profert Iconibusque Illustrat: 36. **Type locality:** "Ind. Or.".

Melanostoma orientale: Shiraki, 1930. Mem. Fac. Sci. Agric.

Taihoku Imp. Univ. 1: 329; Cheng, 1940. Biol. Bull. Fukien Christian Univ. 1: 42; Wu, 1940. Cat. Ins. Sin. 5: 273; Knutson, Thompson *et* Vockeroth, 1975. *In*: Delfinado *et* Hardy, 1975. Cat. Dipt. Orient. Reg. 2: 325; Peck, 1988. *In*: Soós *et* Papp, 1988. Cat. Palaearct. Dipt. 8: 66; Huang, Cheng *et* Yang, 1998. *In*: Xue *et* Chao, 1998. Flies of China, Vol. 1: 126; Huo, Ren *et* Zheng, 2007. Fauna of Syrphidae from Mt. Qinling-Bashan in China (Insecta: Diptera): 78; Huang *et* Cheng, 2012. Fauna Sinica, Insecta, Vol. 50: 126.

分布（Distribution）：吉林（JL）、内蒙古（NM）、青海（QH）、新疆（XJ）、上海（SH）、浙江（ZJ）、湖南（HN）、湖北（HB）、四川（SC）、贵州（GZ）、云南（YN）、西藏（XZ）、福建（FJ）、广西（GX）；前苏联、日本；东洋区广布。

（594）梯斑墨蚜蝇 *Melanostoma scalare* (Fabricius, 1794)

Syrphus scalaris Fabricius, 1794. Ent. Syst. 4: 308. **Type locality:** Denmark: Copenhagen.

Syrphus gracilis Meigen, 1822. Syst. Beschr. Europ. Zweifl. Insekt. 3: 328. **Type locality:** Germany.

Syrphus maculosus Meigen, 1822. Syst. Beschr. Europ. Zweifl. Insekt. 3: 330. **Type locality:** England.

Melanostoma ceylonense Meijere, 1911. Tijdschr. Ent. 54: 348. **Type locality:** Sri Lanka: Pattipola.

Baccha strandi Duda, 1940. Folia Zool. Hydrobiol. 10 (1): 224. **Type locality:** France: Bretagne, Concarneau.

Baccha strandi: Peck, 1988. *In*: Soós *et* Papp, 1988. Cat. Palaearct. Dipt. 8: 55; Doczkal, 1998. Volucella 3 (1/2): 85 (as synonym of *Melanostoma scalare*).

Melanostoma scalare: Shiraki, 1930. Mem. Fac. Sci. Agric. Taihoku Imp. Univ. 1: 329; Cheng, 1940. Biol. Bull. Fukien Christian Univ. 1: 42, 51; Wu, 1940. Cat. Ins. Sin. 5: 274; Knutson, Thompson *et* Vockeroth, 1975. *In*: Delfinado *et* Hardy, 1975. Cat. Dipt. Orient. Reg. 2: 325; Peck, 1988. *In*: Soós *et* Papp, 1988. Cat. Palaearct. Dipt. 8: 67; Li *et* Li, 1990. The Syrphidae of Gansu Province: 22; Huang, Cheng *et* Yang, 1998. *In*: Xue *et* Chao, 1998. Flies of China, Vol. 1: 126; Huo, Ren *et* Zheng, 2007. Fauna of Syrphidae from Mt. Qinling-Bashan in China (Insecta: Diptera): 80; Huang *et* Cheng, 2012. Fauna Sinica, Insecta, Vol. 50: 106.

分布（Distribution）：内蒙古（NM）、河北（HEB）、北京（BJ）、山东（SD）、陕西（SN）、甘肃（GS）、新疆（XJ）、江苏（JS）、浙江（ZJ）、江西（JX）、湖南（HN）、湖北（HB）、四川（SC）、贵州（GZ）、云南（YN）、西藏（XZ）、福建（FJ）、台湾（TW）；日本、前苏联、丹麦、英国、德国、法国、蒙古国、阿富汗、斯里兰卡、新几内亚岛；东洋区广布；非洲热带区。

（595）天台墨蚜蝇 *Melanostoma tiantaiensis* Huo *et* Zheng, 2003

Melanostoma tiantaiensis Huo *et* Zheng, 2003. Entomotaxon. 25 (4): 287. **Type locality:** China: Shaanxi, Hanzhong, Tiantai Mountain.

Melanostoma tiantaiensis: Huo, Ren *et* Zheng, 2007. Fauna of Syrphidae from Mt. Qinling-Bashan in China (Insecta: Diptera): 81; Huang *et* Cheng, 2012. Fauna Sinica, Insecta, Vol. 50: 109.

分布（Distribution）：陕西（SN）。

（596）直颜墨蚜蝇 *Melanostoma univittatum* (Wiedemann, 1824)

Syrphus univittatum Wiedemann, 1824a. Munus Rectoris in Academia Christiana Albertina Aditurus Analecta Entomológica ex Museo Regio Havniensi Máxime Congesta Profert Iconibusque Illustrat: 36. **Type locality:** "Ind. Or.".

Syrphus planifacies Macquart, 1848. Mém. Soc. R. Sci. Agric. Arts Lille 1847 (2): 203. **Type locality:** Indonesia: Java.

Syrphus cyathifer Walker, 1857. J. Proc. Linn. Soc. London Zool. 1: 125. **Type locality:** Malaysia: Sarawak.

Melanostoma univittata: Sun, 1987. *In*: Forertry Department of Yunnan Province, Institute of Zoology of Chinese Academy of Sciences. Forest Insects of Yunnan: 1179; Sun, 1987. *In*: Institute of Zoology, Chinese Academy of Sciences. 1987. Agricultural Insect of China: 632.

Melanostoma univittatum: Shiraki, 1930. Mem. Fac. Sci. Agric. Taihoku Imp. Univ. 1: 330; Knutson, Thompson *et* Vockeroth, 1975. *In*: Delfinado *et* Hardy, 1975. Cat. Dipt. Orient. Reg. 2: 325; Huang, Cheng *et* Yang, 1998. *In*: Xue *et* Chao, 1998. Flies of China, Vol. 1: 126; Huang *et* Cheng, 2012. Fauna Sinica, Insecta, Vol. 50: 108.

分布（Distribution）：四川（SC）、云南（YN）、福建（FJ）、台湾（TW）、广东（GD）、广西（GX）、海南（HI）；日本、马来西亚、印度尼西亚、印度、澳大利亚。

76. 宽跗蚜蝇属 *Platycheirus* Le Peletier *et* Serville, 1828

Platycheirus Le Peletier *et* Serville, 1828. *In*: Latreille *et al.*, 1828. Encycl. Méth. Hist. Nat. 10 (2): 513. **Type species:** *Syrphus scutatus* Meigen, 1822 (by designation of Westwood, 1840).

Platychirus Agassiz, 1846. Nomencl. Zool. Index Univ.: 295 (emendation of *Platycheirus*).

Carposcalis Enderlein, 1938. Sber. Ges. Naturf. Freunde Berl. 1937: 199. **Type species:** *Syrphus stegnus* Say, 1829 (by original designation).

Pachysphyria Enderlein, 1938. Sber. Ges. Naturf. Freunde Berl. 1937: 196. **Type species:** *Scaeva ambigua* Fallén, 1817 (by original designation).

Eocheilosia Hull, 1949. Trans. Zool. Soc. Lond. 26: 327 (as a subgenus of *Cheilosia*). **Type species:** *Cheilosia ronana* Miller, 1921 (by original designation).

Stenocheilosia Matsumura, 1916. Thousand Ins. Japan Add. 2: 242. **Type species:** *Stenocheilosia isshikii* Matsumura, 1916 (by original designation).

Polycheirus: Neuhaus, 1886. Diptera Marchica: 99 (misspelling of *Platycheirus*).

（597） 白毛宽跗蚜蝇 *Platycheirus aeratus* Coquillett, 1900

Platychirus aeratus Coquillett, 1900. Proc. Wash. Acad. Sci. 2: 430. **Type locality:** USA: Alaska, Muir Inlet.

Platycheirus pauper Hull, 1944. Bull. Brooklyn Ent. Soc. 39: 77. **Type locality:** USA: Colorado, Trail Ridge Road.

Platychirus aeratus: Zhang *et* Li, 2007. J. Northeast Forestry Univ. 35 (3): 91.

分布（Distribution）：黑龙江（HL）；挪威、瑞典、美国。

（598） 黑腹宽跗蚜蝇 *Platycheirus albimanus* (Fabricius, 1781)

Syrphus albimanus Fabricius, 1781. Species Insect. 2: 434. **Type locality:** England.

Musca cyanea Müller, 1764. Fauna Insect. Fridr. 7: 85. **Type locality:** Denmark: Sjaelland, Frederiksdal.

Syrphus cyaneus Walker, 1851. *In*: Walker, Stainton *et* Wilkinson, 1851. Ins. Brit., Dípt. 1: 294. **Type locality:** Not given.

Platycheirus pulchellus Palma, 1864. Annali Accad. Aspir. Natur. Napoli. (3) 3 (1863): 56. **Type locality:** Italy: Napoli, San Severino.

Platychirus albimanus var. *nigrofemoratus* Kanervo, 1934. Ann. Soc. Zool.-Bot. Fenn. 14 (5): 122. **Type locality:** Russia: Petsamo, Parkkino.

Platycheirus albimanus: Cheng, 1940. Biol. Bull. Fukien Christian Univ. 1: 43; Knutson, Thompson *et* Vockeroth, 1975. *In*: Delfinado *et* Hardy, 1975. Cat. Dipt. Orient. Reg. 2: 325; Peck, 1988. *In*: Soós *et* Papp, 1988. Cat. Palaearct. Dipt. 8: 68; Li *et* Li, 1990. The Syrphidae of Gansu Province: 25; Huang, Cheng *et* Yang, 1998. *In*: Xue *et* Chao, 1998. Flies of China, Vol. 1: 127; Huo, Ren *et* Zheng, 2007. Fauna of Syrphidae from Mt. Qinling-Bashan in China (Insecta: Diptera): 82; Huang *et* Cheng, 2012. Fauna Sinica, Insecta, Vol. 50: 112.

分布（Distribution）：吉林（JL）、辽宁（LN）、河北（HEB）、山西（SX）、陕西（SN）、宁夏（NX）、甘肃（GS）、青海（QH）、湖北（HB）、四川（SC）、云南（YN）、西藏（XZ）；蒙古国、前苏联、丹麦、英国、意大利；新北区、东洋区。

（599） 西藏宽跗蚜蝇 *Platycheirus altotibeticus* Nielsen, 2001

Platycheirus altotibeticus Nielsen, 2001. Dipteron 4: 11. **Type locality:** China: Tibet, Lamna La.

分布（Distribution）：西藏（XZ）。

（600） 卷毛宽跗蚜蝇 *Platycheirus ambiguus* (Fallén, 1817)

Scaeva ambiguus Fallén, 1817. Syrphici Sveciae: 47. **Type locality:** Sweden.

Syrphus monochaetus Loew, 1871. Beschr. Europ. Dipt. 2: 224.

Type locality: Yugoslavia: "Dalmatien".

Melanostoma ambiguus: Knutson, Thompson *et* Vockeroth, 1975. *In*: Delfinado *et* Hardy, 1975. Cat. Dipt. Orient. Reg. 2: 325.

Platycheirus ambiguus: Peck, 1988. *In*: Soós *et* Papp, 1988. Cat. Palaearct. Dipt. 8: 69; Li *et* Li, 1990. The Syrphidae of Gansu Province: 27; Huang, Cheng *et* Yang, 1998. *In*: Xue *et* Chao, 1998. Flies of China, Vol. 1: 127; Huang *et* Cheng, 2012. Fauna Sinica, Insecta, Vol. 50: 113.

分布（Distribution）：黑龙江（HL）、河北（HEB）、北京（BJ）、甘肃（GS）、西藏（XZ）；前苏联、蒙古国、日本、印度、尼泊尔、瑞典、前南斯拉夫；北美洲。

（601） 狭腹宽跗蚜蝇 *Platycheirus angustatus* (Zetterstedt, 1843)

Scaeva angustatus Zetterstedt, 1843. Dipt. Scand. 2: 762. **Type locality:** Sweden: Skåne [= Scania]: Lund; Östergötlands [= Ostrogothia].

Platychirus angustatus var. *major* Szilády, 1940. Ann. Hist.-Nat. Mus. Natl. Hung. 33: 56. **Type locality:** Rumania: Siebenburgen, Resica.

Melanostoma elongatum Matsumura, 1919. *In*: Matsumura *et* Adachi, 1919. Ent. Mag. Kyoto 3: 133. **Type locality:** Russia: Sakhalin, Toyohara.

Melanostoma elongatum: Mutin *et* Barkalov, 1997. Spec. Div. 2: 199 (new synonym of *Platycheirus angustatus*).

Platycheirus angustatus: Peck, 1988. *In*: Soós *et* Papp, 1988. Cat. Palaearct. Dipt. 8: 69; Li *et* Li, 1990. The Syrphidae of Gansu Province: 28; Huang, Cheng *et* Yang, 1998. *In*: Xue *et* Chao, 1998. Flies of China, Vol. 1: 127; Huang *et* Cheng, 2012. Fauna Sinica, Insecta, Vol. 50: 114.

分布（Distribution）：吉林（JL）、内蒙古（NM）、甘肃（GS）、青海（QH）、新疆（XJ）；前苏联、蒙古国、日本、瑞典、罗马尼亚；新北区。

（602） 亚洲卷毛宽跗蚜蝇 *Platycheirus asioambiguus* Skufjin, 1987

Platycheirus asioambiguus Skufjin, 1987b. Nauchnye Doklady Vysshei Shkoly Biologicheskie Nauki 12: 37. **Type locality:** China.

分布（Distribution）：中国（省份不明）。

（603） 叉尾宽跗蚜蝇 *Platycheirus bidentatus* Huo *et* Zheng, 2003

Platycheirus bidentatus Huo *et* Zheng, 2003. Entomotaxon. 25 (4): 288. **Type locality:** China: Shaanxi, Ningshan, Pinghe Mountaintop.

Platycheirus bidentatus: Huo, Ren *et* Zheng, 2007. Fauna of Syrphidae from Mt. Qinling-Bashan in China (Insecta: Diptera): 84; Huang *et* Cheng, 2012. Fauna Sinica, Insecta, Vol. 50: 120.

分布（Distribution）：陕西（SN）。

（604）短斑宽跗蚜蝇 *Platycheirus clypeatus* (Meigen, 1822)

Syrphus clypeatus Meigen, 1822. Syst. Beschr. Europ. Zweifl. Insekt. 3: 335. **Type locality:** Germany.

Syrphus dilatatus Macquart, 1834. Hist. Nat. Ins., Dipt.: 547. **Type locality:** France.

Platycheirus clypeatus var. *alpinus* Strobl, 1893b. Mitt. Naturwiss. Ver. Steiermark (1892) 29: 174. **Type locality:** Austria: Kalbling, Natterriegel *et* Hohentauern.

Platycheirus clypeatus: Peck, 1988. *In*: Soós *et* Papp, 1988. Cat. Palaearct. Dipt. 8: 70; Li *et* Li, 1990. The Syrphidae of Gansu Province: 29; Huang, Cheng *et* Yang, 1998. *In*: Xue *et* Chao, 1998. Flies of China, Vol. 1: 127; Huang *et* Cheng, 2012. Fauna Sinica, Insecta, Vol. 50: 121.

分布（Distribution）：黑龙江（HL）、山西（SX）、甘肃（GS）、青海（QH）；蒙古国、日本、阿富汗、德国、法国、奥地利；新北区。

（605）污波纹宽跗蚜蝇 *Platycheirus discimanus* (Loew, 1871)

Platychirus discimanus Loew, 1871. Beschr. Europ. Dipt. 2: 227. **Type locality:** Czech Republic.

Platychirus discimanus: Peck, 1988. *In*: Soós *et* Papp, 1988. Cat. Palaearct. Dipt. 8: 70.

分布（Distribution）：中国（北部，省份不明）；蒙古国、捷克、阿富汗；新北区。

（606）台湾宽跗蚜蝇 *Platycheirus formosanus* Shiraki, 1930

Platychirus formosanus Shiraki, 1930. Mem. Fac. Sci. Agric. Taihoku Imp. Univ. 1: 325. **Type locality:** China: Taiwan, Arisan, Royeichi, Shukoran, Taiheisan, *etc.*

Platycheirus formosanus: Knutson, Thompson *et* Vockeroth, 1975. *In*: Delfinado *et* Hardy, 1975. Cat. Dipt. Orient. Reg. 2: 325; Huang *et* Cheng, 2012. Fauna Sinica, Insecta, Vol. 50: 121.

分布（Distribution）：台湾（TW）。

（607）黄腹宽跗蚜蝇 *Platycheirus fulviventris* (Macquart, 1829)

Syrphus fulviventris Macquart, 1829a. Mém. Soc. R. Sci. Agric. Arts Lille 1827-1828: 229; Macquart, 1829b. Ins. Dipt. N. Fr. 4: 81. **Type locality:** France: Valenciennes.

Syrphus ferrugineus Macquart, 1829a. Mém. Soc. R. Sci. Agric. Arts Lille 1827-1828: 229; Macquart, 1829b. Ins. Dipt. N. Fr. 4: 81. **Type locality:** Northern France.

Syrphus winthemii Meigen, 1830. Syst. Beschr. Europ. Zweifl. Insekt. 6: 353. **Type locality:** Europe.

Platycheirus fulviventris: Peck, 1988. *In*: Soós *et* Papp, 1988. Cat. Palaearct. Dipt. 8: 70; Li *et* Li, 1990. The Syrphidae of Gansu Province: 30; Huang, Cheng *et* Yang, 1998. *In*: Xue *et* Chao, 1998. Flies of China, Vol. 1: 128; Huang *et* Cheng, 2012.

Fauna Sinica, Insecta, Vol. 50: 115.

分布（Distribution）：吉林（JL）、内蒙古（NM）、新疆（XJ）、江苏（JS）、上海（SH）；前苏联、蒙古国、法国；欧洲。

（608）无缘宽跗蚜蝇 *Platycheirus immarginatus* (Zetterstedt, 1849)

Scaeva immarginatus Zetterstedt, 1849. Dipt. Scand. 8: 3149. **Type locality:** Denmark: Copenhagen. Sweden.

Musca navus Harris, 1780. Expos. Engl. Ins.: 109. **Type locality:** England.

Platycheirus palmulosus Snow, 1895. Kans. Univ. Q. 3: 231. **Type locality:** USA: Colorado, Colorado Springs.

Platycheirus felix Curran, 1931. Can. Entomol. 63 (4): 94. **Type locality:** Canada: Quebec, Bonne Esperance.

Platycheirus immarginatus: Shiraki, 1930. Mem. Fac. Sci. Agric. Taihoku Imp. Univ. 1: 324; Peck, 1988. *In*: Soós *et* Papp, 1988. Cat. Palaearct. Dipt. 8: 71; Huang, Cheng *et* Yang, 1998. *In*: Xue *et* Chao, 1998. Flies of China, Vol. 1: 128; Huang *et* Cheng, 2012. Fauna Sinica, Insecta, Vol. 50: 115.

分布（Distribution）：内蒙古（NM）、宁夏（NX）、甘肃（GS）；前苏联、丹麦、瑞典、英国、美国、加拿大。

（609）大角宽跗蚜蝇 *Platycheirus macroantennae* He, 1992

Platycheirus macroantennae He, 1992. J. Shanghai Agric. Coll. 10 (1): 58. **Type locality:** China: Shanghai.

Platycheirus macroantennae: Huang, Cheng *et* Yang, 1998. *In*: Xue *et* Chao, 1998. Flies of China, Vol. 1: 128; Huang *et* Cheng, 2012. Fauna Sinica, Insecta, Vol. 50: 122.

分布（Distribution）：上海（SH）。

（610）凸颜宽跗蚜蝇 *Platycheirus manicatus* (Meigen, 1822)

Syrphus manicatus Meigen, 1822. Syst. Beschr. Europ. Zweifl. Insekt. 3: 336. **Type locality:** Germany.

Eristalis geniculatus Zetterstedt, 1838. Insecta Lapp.: 612. **Type locality:** Norway.

Syrphus alpicola Schummel, 1844. Uebers. Schles. Ges. Vaterl. Kult. 1843: 190. **Type locality:** Schlesia.

Platycheirus ciliger Loew, 1856. Programm K. Realschule Meseritz 1856: 44. **Type locality:** Austria: Steiermark, Obdachnach.

Platycheirus manicatus: Cheng, 1940. Biol. Bull. Fukien Christian Univ. 1: 43; Peck, 1988. *In*: Soós *et* Papp, 1988. Cat. Palaearct. Dipt. 8: 72; Li *et* Li, 1990. The Syrphidae of Gansu Province: 32; Huang, Cheng *et* Yang, 1998. *In*: Xue *et* Chao, 1998. Flies of China, Vol. 1: 128; Huang *et* Cheng, 2012. Fauna Sinica, Insecta, Vol. 50: 117.

分布（Distribution）：甘肃（GS）、四川（SC）；前苏联、蒙古国、奥地利、挪威、德国。

（611）黑色宽跗蚜蝇 *Platycheirus nigritus* Huo, Ren *et* Zheng, 2007

Platycheirus nigritus Huo, Ren *et* Zheng, 2007. Fauna of Syrphidae from Mt. Qinling-Bashan in China (Insecta: Diptera): 85. **Type locality:** China: Shaanxi, Hanzhong, Mt. Tiantai.

分布（Distribution）：陕西（SN）。

（612）卵圆宽跗蚜蝇 *Platycheirus parmatus* Rondani, 1857

Platycheirus parmatus Rondani, 1857. Dipt. Ital. Prodromus, Vol. II: 121. **Type locality:** Italy: Piedemont. Switzerland.

Platycheirus bigelowi Curran, 1927. Am. Mus. Novit., 247: 2, 5. **Type locality:** Canada: Ontario, Lake Abitibi, Low Bush.

Platycheirus ovalis Becker, 1921. Mitt. Zool. Mus. Berl. 10: 27. **Type locality:** Russia: Ural, Goro-blagodat.

Platycheirus parmatus: Peck, 1988. *In*: Soós *et* Papp, 1988. Cat. Palaearct. Dipt. 8: 72 (as synonym of *Platycheirus melanopsi*).

Platycheirus ovalis: Peck, 1988. *In*: Soós *et* Papp, 1988. Cat. Palaearct. Dipt. 8: 72; Li *et* Li, 1990. The Syrphidae of Gansu Province: 3; Vockeroth, 1990. Can. Entomol. 122: 721 (new synonym of *Platycheirus parmatus*); Huang, Cheng *et* Yang, 1998. *In*: Xue *et* Chao, 1998. Flies of China, Vol. 1: 128; Huo, Ren *et* Zheng, 2007. Fauna of Syrphidae from Mt. Qinling-Bashan in China (Insecta: Diptera): 86; Huang *et* Cheng, 2012. Fauna Sinica, Insecta, Vol. 50: 118.

分布（Distribution）：甘肃（GS）、新疆（XJ）、四川（SC）、西藏（XZ）；前苏联、蒙古国、日本、意大利、瑞士、加拿大。

（613）菱斑宽跗蚜蝇 *Platycheirus peltatus* (Meigen, 1822)

Syrphus peltatus Meigen, 1822. Syst. Beschr. Europ. Zweifl. Insekt. 3: 334. **Type locality:** Germany.

Musca timeo Harris, 1780. Expos. Engl. Ins.: 107. **Type locality:** England.

Syrphus cristatus Schummel, 1836. Uebers. Schles. Ges. Vaterl. Kult. 1836: 85. **Type locality:** Schlesia, Breslau.

Scaeva rostratus Zetterstedt, 1838. Insecta Lapp.: 607. **Type locality:** Sweden: "ad Lycksele Lapponiae Umensis (Lapponia. Scania ad Villam Abusae)".

Syrphus octomaculatus von Roser, 1840. Correspondenzbl. K. Württemb. Landw. Ver., Stuttgart 37 [= N. S. 17] (1): 55. **Type locality:** Not given.

Platychirus peltatus var. *islandicus* Ringdahl, 1930. Ent. Tidskr. 50: 173. **Type locality:** Iceland.

Platychirus islandicus Fristrup, 1943. Ent. Medd. 23 (1): 157. **Type locality:** Iceland: Tungudalur, Isafjodur.

Platycheirus peltatus: Cheng, 1940. Biol. Bull. Fukien Christian Univ. 1: 43; Peck, 1988. *In*: Soós *et* Papp, 1988. Cat. Palaearct. Dipt. 8: 72; Li *et* Li, 1990. The Syrphidae of Gansu

Province: 35; Huang, Cheng *et* Yang, 1998. *In*: Xue *et* Chao, 1998. Flies of China, Vol. 1: 128; Huang *et* Cheng, 2012. Fauna Sinica, Insecta, Vol. 50: 123.

分布（Distribution）：陕西（SN）、甘肃（GS）、青海（QH）；蒙古国、日本、德国、英国、瑞典、冰岛；新北区。

（614）锐足宽跗蚜蝇 *Platycheirus pennipes* Ôhara, 1980

Platycheirus pennipes Ôhara, 1980. Esakia 15: 130. **Type locality:** Japan.

Platycheirus pennipes: Peck, 1988. *In*: Soós *et* Papp, 1988. Cat. Palaearct. Dipt. 8: 73; He, 1992. J. Shanghai Agric. Coll. 10 (1): 58; Huang, Cheng *et* Yang, 1998. *In*: Xue *et* Chao, 1998. Flies of China, Vol. 1: 128.

分布（Distribution）：陕西（SN）、上海（SH）；日本。

（615）小宽跗蚜蝇 *Platycheirus pusillus* Nielsen *et* Romig, 2010

Platycheirus pusillus Nielsen *et* Romig, 2010. Norw. J. Ent. 57: 1. **Type locality:** China: Sichuan.

分布（Distribution）：四川（SC）。

（616）红缘宽跗蚜蝇 *Platycheirus rubrolateralis* Nielsen *et* Romig, 2010

Platycheirus rubrolateralis Nielsen *et* Romig, 2010. Norw. J. Ent. 57: 5. **Type locality:** China: Sichuan.

分布（Distribution）：四川（SC）。

（617）斜斑宽跗蚜蝇 *Platycheirus scutatus* (Meigen, 1822)

Syrphus scutatus Meigen, 1822. Syst. Beschr. Europ. Zweifl. Insekt. 3: 333. **Type locality:** Germany.

Syrphus sexnotatus Meigen, 1838. Syst. Beschr. Europ. Zweifl. Insekt. 7: 134. **Type locality:** Germany.

Syrphus quadratus Macquart, 1829b. Ins. Dipt. N. Fr. 4: 230. **Type locality:** Northern France.

Platychirus scutatus var. *pygmaeus* Frey, 1907. Medd. Soc. Fauna Flora Fenn. 33: 69. **Type locality:** Finland: Tavastia, nr. Tampere.

Platycheirus scutatus: Peck, 1988. *In*: Soós *et* Papp, 1988. Cat. Palaearct. Dipt. 8: 73; Li *et* Li, 1990. The Syrphidae of Gansu Province: 36; Huang, Cheng *et* Yang, 1998. *In*: Xue *et* Chao, 1998. Flies of China, Vol. 1: 128; Huo, Ren *et* Zheng, 2007. Fauna of Syrphidae from Mt. Qinling-Bashan in China (Insecta: Diptera): 87; Huang *et* Cheng, 2012. Fauna Sinica, Insecta, Vol. 50: 124.

分布（Distribution）：山西（SX）、陕西（SN）、甘肃（GS）、西藏（XZ）；芬兰、爱尔兰、英国、丹麦、荷兰、比利时、法国、意大利、德国、前南斯拉夫、罗马尼亚、前苏联。

（618）棒胫宽跗蚜蝇 *Platycheirus sticticus* (Meigen, 1822)

Syrphus sticticus Meigen, 1822. Syst. Beschr. Europ. Zweifl.

Insekt. 3: 332. **Type locality:** Germany.

Platycheirus spathulatus Rondani, 1857. Dipt. Ital. Prodromus, Vol. II: 121. **Type locality:** Italy: Parma.

Syrphus complicatus Becker, 1889. Berl. Ent. Z. 33: 172. **Type locality:** Switzerland: St. Moritz.

Platycheirus complicatus: Peck, 1988. *In*: Soós *et* Papp, 1988. Cat. Palaearct. Dipt. 8: 70 (as a valid species).

Platycheirus sticticus: Peck, 1988. *In*: Soós *et* Papp, 1988. Cat. Palaearct. Dipt. 8: 73; Sun, 1993. Insects of the Hengduan Mountains Region 2: 1107; Huang, Cheng *et* Yang, 1998. *In*: Xue *et* Chao, 1998. Flies of China, Vol. 1: 128; Huang *et* Cheng, 2012. Fauna Sinica, Insecta, Vol. 50: 119.

分布（**Distribution**）：四川（SC）、云南（YN）；前苏联、德国、意大利、瑞士。

（619）乌拉宽跗蚜蝇 *Platycheirus urakawensis* (Matsumura, 1919)

Melanostoma urakawense Matsumura, 1919. *In*: Matsumura *et* Adachi, 1919. Ent. Mag. Kyoto 3: 132. **Type locality:** Japan: Hokkaidō, Sapporo, Hidaka.

Melanostoma alpinum Shiraki *et* Edashige, 1953. Trans. Shikoku Ent. Soc. 3 (5-6): 96 (preoccupied by Strobl, 1893 and Szilády, 1942). **Type locality:** Japan: Shikoku, Mt. Ishizuchi.

Melanostoma japonicum Goot, 1964. Beaufortia 10: 218 (replacement name for *alpinum* Shiraki *et* Edashige).

Platycheirus urakawensis: Peck, 1988. *In*: Soós *et* Papp, 1988. Cat. Palaearct. Dipt. 8: 74; Huo *et* Ren, 2007. Entomotaxon. 29 (3): 174.

分布（**Distribution**）：河北（HEB）；美国（阿拉斯加）、哥伦比亚、加拿大、俄罗斯（西伯利亚）、尼泊尔、日本。

77. 拟宽跗蚜蝇属 *Pseudoplatychirus* Doesburg, 1955

Pseudoplatychirus Doesburg, 1955. Beaufortia 5: 48. **Type species:** *Pseudoplatychirus peteri* van Doesburg, 1955 (by original designation).

（620）彼得拟宽跗蚜蝇 *Pseudoplatychirus peteri* Doesburg, 1955

Pseudoplatychirus peteri Doesburg, 1955. Beaufortia 5: 48. **Type locality:** Karakorum: Aghil Mts., Polu.

Pseudoplatychirus peteri: Peck, 1988. *In*: Soós *et* Papp, 1988. Cat. Palaearct. Dipt. 8: 75; Huang *et* Cheng, 2012. Fauna Sinica, Insecta, Vol. 50: 131.

分布（**Distribution**）：新疆（XJ）；蒙古国。

78. 派蚜蝇属 *Pyrophaena* Schiner, 1860

Pyrophaena Schiner, 1860. Wien. Ent. Monatschr. 4: 213. **Type species:** *Syrphus rosarum* Fabricius, 1878 (by original designation).

Cheilosia Panzer, 1809. Faunae insectorum germanicae initia

oder Deutschlands Insecten 104: 14. **Type species:** *Syrphus rosarum* Fabricius, 1878 (monotypy) (suppressed by ICZN).

Poliphaena: Neuhaus, 1886. Diptera Marchica: 105 (misspelling of *Pyrophaena*).

Polyphaena: Neuhaus, 1886. Diptera Marchica: 86 (misspelling of *Pyrophaena*).

（621）厚跗派蚜蝇 *Pyrophaena granditarsis* (Forster, 1771)

Musca granditarsa Forster, 1771. Novae Spec. Ins. Cent. I: 99. **Type locality:** England.

Musca confusus Harris, 1780. Expos. Engl. Ins.: 110. **Type locality:** England.

Syrphus ocymi Fabricius, 1794. Ent. Syst. 4: 309. **Type locality:** Germany.

Musca brassicariae Panzer, 1794. Faunae insectorum germanicae initia oder Deutschlands Insecten 20: 20. **Type locality:** Not given.

Syrphus lobatus Meigen, 1822. Syst. Beschr. Europ. Zweifl. Insekt. 3: 336. **Type locality:** France.

Pyrophaena granditarsis var. *apicauda* Curran, 1925. Kans. Univ. Sci. Bull. (1924) 15: 115. **Type locality:** USA: California, San Jose.

Pyrophaena granditarsa var. *lindrothi* Ringdahl, 1930. Ent. Tidskr. 50: 173. **Type locality:** Iceland.

Pyrophaena digitalis Fluke, 1939. Ann. Ent. Soc. Am. 32: 367. **Type locality:** USA: Colorado, Roggen.

Pyrophaena granditarsis: Peck, 1988. *In*: Soós *et* Papp, 1988. Cat. Palaearct. Dipt. 8: 75; Huang *et* Cheng, 2012. Fauna Sinica, Insecta, Vol. 50: 129.

分布（**Distribution**）：中国（北部，省份不明）；英国、德国、法国、冰岛、美国。

（622）平腹派蚜蝇 *Pyrophaena platygastra* Loew, 1871

Pyrophaena platygastra Loew, 1871. Beschr. Europ. Dipt. 2: 229. **Type locality:** Russia: Kultuk.

Pyrophaena platygastra: Li *et* Li, 1990. The Syrphidae of Gansu Province: 37; Huang, Cheng *et* Yang, 1998. *In*: Xue *et* Chao, 1998. Flies of China, Vol. 1: 129; Huang *et* Cheng, 2012. Fauna Sinica, Insecta, Vol. 50: 129.

分布（**Distribution**）：甘肃（GS）、青海（QH）；俄罗斯。

79. 罗登蚜蝇属 *Rohdendorfia* Smirnov, 1924

Rohdendorfia Smirnov, 1924. Ent. Mitt. 13: 94. **Type species:** *Rohdendorfia dimorpha* Smirnov, 1924 (monotypy).

（623）二形罗登蚜蝇 *Rohdendorfia dimorpha* Smirnov, 1924

Rohdendorfia dimorpha Smirnov, 1924. Ent. Mitt. 13: 94. **Type locality:** Turkestan.Ruissa. Uzbekistan: Dzhizak, Samarkand.

Platychirus nigripes Enderlein, 1933. Dtsch. Ent. Z. 1933: 138.

Type locality: North Pamirs, Djol-boeruljuk.

Platychirus nigripes Szilády, 1940. Ann. Hist.-Nat. Mus. Natl. Hung. 33: 56. **Type locality:** Czechoslovakia: Tatra-szeplak.

Chilosia reinigi Lindner, 1954. Verh. K. K. Zool.-Bot. Ges. Wien 94: 41 (replacement name for *Platychirus nigripes* Enderlein, 1933).

Platychirus sziladyi Goot, 1964. Beaufortia 10: 218 (replacement name for *Platychirus nigripes* Szilády, 1940).

Rohdendorfia dimorpha: Peck, 1988. *In*: Soós et Papp, 1988. Cat. Palaearct. Dipt. 8: 76; Huang *et* Cheng, 2012. Fauna Sinica, Insecta, Vol. 50: 130.

分布（**Distribution**）：新疆（XJ）；土耳其斯坦、俄罗斯、前捷克斯洛伐克。

80. 平腹蚜蝇属 *Spazigaster* Rondani, 1843

Spazigaster Rondani, 1843. Nuovi Ann. Sci. Nat. 10 (1): 43. **Type species:** *Spazigaster apennini* Rondani, 1843 (monotypy) [= *ambulans* Fabricius, 1798].

Syrphisoma Costa, 1857. Giambattista Vico. 2: 440. **Type species:** *Syrphisoma lugubris* Costa, 1857 (by original designation) [= *Syrphus ambulans* Fabricius, 1798].

Spazogaster: Agassiz, 1846. Nomencl. Zool. Index Univ.: 345 (emendation of *Spazigaster*); Scudder, 1882. Bull. U. S. Natl. Mus. 19 (1): 310 (emendation of *Spazigaster*).

Spatigaster: Schiner, 1862b. Fauna Austriaca (Díptera) 1: 298 (emendation of *Spazigaster*).

Spathegaster: Schiner, 1868. Reise der Österreichischen Fregatte Novara, Diptera 2 (1B): 339 (misspelling of *Spazigaster*).

Spathidogaster: Loew, 1876. Zeitschr. Ent. Breslau (N. F.) 5: 18 (emendation of *Spazigaster*).

Spathiogaster: Loew, 1876. Zeitschr. Ent. Breslau (N. F.) 5: 18 (emendation of *Spathigaster*).

Spaziogaster: Scudder, 1882. Bull. U. S. Natl. Mus. 19 (1): 292 (misspelling of *Spazigaster*).

Sparzigaster: Woodworth, 1913. Guide to California Insects: 145 (misspelling of *Spazigaster*).

（624）异色平腹蚜蝇 *Spazigaster allochromus* Cheng, 2012

Spazigaster allochromus Cheng, 2012. *In*: Huang *et* Cheng, 2012. Fauna Sinica, Insecta, Vol. 50: 125. **Type locality:** China: Sichuan, Mt. Emei.

分布（**Distribution**）：四川（SC）。

81. 瘤墨蚜蝇属 *Tuberculanostoma* Fluke, 1943

Tuberculanostoma Fluke, 1943. Ann. Ent. Soc. Am. 36: 425. **Type species:** *Tuberculanostoma antennatum* Fluke, 1943 (by original designation).

（625）厚跗瘤墨蚜蝇 *Tuberculanostoma solitarium* Doesburg, 1955

Tuberculanostoma solitarium Doesburg, 1955. Beaufortia 5: 50. **Type locality:** China: Karakorum, Aghil Mts., Polu.

Tuberculanostoma solitarium: Peck, 1988. *In*: Soós *et* Papp, 1988. Cat. Palaearct. Dipt. 8: 67; Huang *et* Cheng, 2012. Fauna Sinica, Insecta, Vol. 50: 132.

分布（**Distribution**）：新疆（XJ）。

82. 宽扁蚜蝇属 *Xanthandrus* Verrall, 1901

Xanthandrus Verrall, 1901. Platypezidae, Pipunculidae and Syrphidae of Great Britain 8: 316. **Type species:** *Musca comtus* Harris, 1780 (by designation of Coquillett, 1910).

Hiratana Matsumura, 1919. *In*: Matsumura *et* Adachi, 1919. Ent. Mag. Kyoto 3: 129. **Type species:** *Syrphus quadriguttulus* Matsumura, 1911 (by original designation) [= *Xanthandrus comtus* (Harris, 1780)].

Androsyrphus Thompson, 1981. Mem. Ent. Soc. Wash. 9: 106 (as a subgenus of *Xanthandrus*). **Type species:** *Xanthandrus setifemoratus* Thompson, 1981 (by original designation).

Indosyrphus Kohli, 1987. Haryana Agric. Univ. 13: 132. **Type species:** *Indosyrphus garhwalensis* Kohli, 1987 (by original designation).

Indosyrphus Kohli, Kapoor *et* Gupta, 1988. J. Insect Sci. 1: 121. **Type species:** *Indosyrphus garhwalensis* Kohli, Kapoor *et* Gupta, 1988 (by original designation).

Afroxanthandrus Kassebeer, 2000. Dipteron 3: 150. **Type species:** *Xanthandrus congoensis* Curran, 1938 (by original designation).

（626）敏宽扁蚜蝇 *Xanthandrus callidus* Curran, 1928

Xanthandrus callidus Curran, 1928. J. Fed. Malay St. Mus. 14 (2): 261. **Type locality:** Thailand: Khao Luang. Malaysia.

Xanthandrus callidus: Knutson, Thompson *et* Vockeroth, 1975. *In*: Delfinado *et* Hardy, 1975. Cat. Dipt. Orient. Reg. 2: 326; Yang, Bai *et* Wang, 1999. J. Shanxi Agric. Univ. 19 (3): 194; Yang *et* Yang, 2001. J. Shanxi Agric. Univ. 21 (3): 228.

分布（**Distribution**）：山西（SX）；马来西亚、泰国。

（627）圆斑宽扁蚜蝇 *Xanthandrus comtus* (Harris, 1780)

Musca comtus Harris, 1780. Expos. Engl. Ins.: 108. **Type locality:** England.

Scaeva saltatrix Gravenhorst, 1807. Vergl. Ueber.: 374. **Type locality:** Germany.

Scaeva hyalinata Fallén, 1817. Syrphici Sveciae: 43. **Type locality:** Sweden.

Syrphus quadriguttulus Matsumura, 1911. J. Coll. Agric. Hokkaido Imp. Univ. 4 (1): 78. **Type locality:** Russia: Sakhalin, Galkinowraskae.

Epistrophe reducta Čepelák, 1940. Čas. Čsl. Spol. Ent. 37 (1):

34. **Type locality:** Czechoslovakia: Inovec nr. Trencin.

Epistrophe undulata Čepelák, 1940. Čas. Čsl. Spol. Ent. 37 (1): 33. **Type locality:** Czechoslovakia: Inovec nr. Trencin.

Xanthandrus comtus: Shiraki, 1930. Mem. Fac. Sci. Agric. Taihoku Imp. Univ. 1: 332; Knutson, Thompson *et* Vockeroth, 1975. *In*: Delfinado *et* Hardy, 1975. Cat. Dipt. Orient. Reg. 2: 326; Peck, 1988. *In*: Soós *et* Papp, 1988. Cat. Palaearct. Dipt. 8: 68; Huang, Cheng *et* Yang, 1998. *In*: Xue *et* Chao, 1998. Flies of China, Vol. 1: 129; Huo, Ren *et* Zheng, 2007. Fauna of Syrphidae from Mt. Qinling-Bashan in China (Insecta: Diptera): 88; Huang *et* Cheng, 2012. Fauna Sinica, Insecta, Vol. 50: 126.

分布（Distribution）： 吉林（JL）、内蒙古（NM）、北京（BJ）、江苏（JS）、浙江（ZJ）、四川（SC）、福建（FJ）、台湾（TW）、广东（GD）；前苏联、英国、德国、瑞典、前捷克斯洛伐克、蒙古国、朝鲜、日本。

（628）短角宽扁蚜蝇 *Xanthandrus talamaui* (Meijere, 1924)

Melanostoma talamaui Meijere, 1924a. Tijdschr. Ent. 67 (Suppl.): 21. **Type locality:** Indonesia: Sumatra, Gunung Talamau.

Xanthandrus brevicornis Curran, 1928. J. Fed. Malay St. Mus. 14 (2): 263. **Type locality:** Malaysia: Pahang, Cameron Highlands, Rhododendron Hill.

Xanthandrus talamaui: Knutson, Thompson *et* Vockeroth, 1975. *In*: Delfinado *et* Hardy, 1975. Cat. Dipt. Orient. Reg. 2: 326; Sun, 1988. Insects of Nanjagbarwa Region of Xizang: 482; Huang, Cheng *et* Yang, 1998. *In*: Xue *et* Chao, 1998. Flies of China, Vol. 1: 129; Huang *et* Cheng, 2012. Fauna Sinica, Insecta, Vol. 50: 127.

分布（Distribution）： 吉林（JL）、内蒙古（NM）、陕西（SN）、江苏（JS）、浙江（ZJ）、江西（JX）、四川（SC）、云南（YN）、西藏（XZ）、福建（FJ）；马来西亚、印度尼西亚。

小蚜蝇族 Paragini

83. 小蚜蝇属 *Paragus* Latreille, 1804

Paragus Latreille, 1804. Nouv. Dict. Hist. Nat. 24 (3): 194. **Type species:** *Syrphus bicolor* Fabricius, 1794 (monotypy).

Pandasyopthalmus Stuckenberg, 1954. Revue Zool. Bot. Afr. 49: 100 (as a subgenus of *Paragus*). **Type species:** *Paragus longiventris* Loew, 1857 (by original designation).

Paragius Rafinesque, 1815. Analyse: 131 (emendation of *Paragus*).

（629）白额小蚜蝇 *Paragus albifrons* (Fallén, 1817)

Pipiza albifrons Fallén, 1817. Syrphici Sveciae: 60. **Type locality:** Sweden: Scania, Stenshufvud.

Syrphus thymastri Fabricius, 1781. Species Insect. 2: 433. **Type locality:** Germany.

Musca pusilla Gmelin, 1790. Syst. Nat. 5: 2879. **Type locality:** Europe.

Syrphus lacerus Loew, 1840. Öffentl. Prüf. Schüler K. Friedrich-Wilhelms-Gymnasiums zu Posen 1840 (7-8): 27; Loew, 1840. Isis (Oken's) 1840 (VII-VIII): 559. **Type locality:** Poland: "Posener Gegend" [= Poznan].

Paragus albifrons ab. *macularis* Szilády, 1940. Ann. Hist.-Nat. Mus. Natl. Hung. 33: 55. **Type locality:** Not given.

Paragus lavendulae Rondani, 1865. Atti Soc. Ital. Sci. Nat. Milano 8: 140. **Type locality:** Italy: Low Apennines.

Musca thymastri: Gmelin, 1790. Syst. Nat. 5: 2876.

Paragus (Paragus) albifrons: Peck, 1988. *In*: Soós *et* Papp, 1988. Cat. Palaearct. Dipt. 8: 79.

Paragus albifrons: Li *et* Li, 1990. The Syrphidae of Gansu Province: 12; Huang, Cheng *et* Yang, 1998. *In*: Xue *et* Chao, 1998. Flies of China, Vol. 1: 130; Sorokina *et* Cheng, 2007. Volucella 8: 11; Huang *et* Cheng, 2012. Fauna Sinica, Insecta, Vol. 50: 140.

分布（Distribution）： 北京（BJ）、山西（SX）、陕西（SN）、甘肃（GS）；蒙古国、伊朗、阿富汗、德国、瑞典、波兰、意大利；欧洲。

（630）巴氏小蚜蝇 *Paragus balachonovae* Sorokina *et* Cheng, 2007

Paragus (Paragus) balachonovae Sorokina *et* Cheng, 2007. Volucella 8: 7. **Type locality:** Russia: Altai (Ongudaji). China: Xinjiang, Qinghe.

分布（Distribution）： 新疆（XJ）；俄罗斯。

（631）双色小蚜蝇 *Paragus bicolor* (Fabricius, 1794)

Syrphus bicolor Fabricius, 1794. Ent. Syst. 4: 297. **Type locality:** "Barbariae [= NW Africa].".

Musca cruentatus Geoffroy, 1785. *In*: Fourcroy, 1785. Entomologia Parisiensis; Sive Catalogus Insectorum quae in Agro Parisiensi Reperiuntur 2: 462. **Type locality:** France: Paris.

Paragus arcuatus Meigen, 1822. Syst. Beschr. Europ. Zweifl. Insekt. 3: 179. **Type locality:** France: Provence.

Paragus ater Meigen, 1822. Syst. Beschr. Europ. Zweifl. Insekt. 3: 182. **Type locality:** France: "Carpentras".

Paragus taeniatus Meigen, 1822. Syst. Beschr. Europ. Zweifl. Insekt. 3: 179. **Type locality:** Southern France.

Paragus testaceus Meigen, 1822. Syst. Beschr. Europ. Zweifl. Insekt. 3: 180. **Type locality:** Austria. France.

Paragus ruficauda Zetterstedt, 1843. Dipt. Scand. 2: 852. **Type locality:** Sweden: Scania: Esperod.

Paragus tacchettii Rondani, 1865. Atti Soc. Ital. Sci. Nat. Milano 8: 140. **Type locality:** Italy: Brescia.

Paragus (Paragus) bicolor: Peck, 1988. *In*: Soós *et* Papp, 1988. Cat. Palaearct. Dipt. 8: 80.

Paragus bicolor: Cheng, 1940. Biol. Bull. Fukien Christian Univ. 1: 42; Sorokina *et* Cheng, 2007. Volucella 8: 11; Huang *et* Cheng, 2012. Fauna Sinica, Insecta, Vol. 50: 134.

分布（**Distribution**）：内蒙古（NM）、河北（HEB）、北京（BJ）、山西（SX）、山东（SD）、青海（QH）、新疆（XJ）、江苏（JS）、西藏（XZ）；前苏联、蒙古国、伊朗、阿富汗、法国、意大利、奥地利、瑞典；新北区；非洲（北部）。

（632）克劳氏小蚜蝇 *Paragus clausseni* Mutin, 1999

Paragus clausseni Mutin, 1999. *In*: Mutin *et* Barkalov, 1999. Syrphidae: 374. **Type locality:** Russia: Far East, Primorye, Blagodatnoe.

Paragus clausseni: Sorokina *et* Cheng, 2007. Volucella 8: 12.

分布（**Distribution**）：黑龙江（HL）、吉林（JL）、北京（BJ）、安徽（AH）、上海（SH）、浙江（ZJ）；俄罗斯（远东地区）。

（633）短舌小蚜蝇 *Paragus compeditus* Wiedemann, 1830

Paragus compeditus Wiedemann, 1830. Aussereurop. Zweifl. Insekt. 2: 89. **Type locality:** Egypt.

Paragus aegyptius Macquart, 1850. Mém. Soc. R. Sci. Agric. Arts Lille 1849: 464. **Type locality:** Egypt.

Paragus nitidissimus Costa, 1878. Atti Accad. Sci. Fis. Mat. 7 (2): 15. **Type locality:** Egypt: Rhoda.

Paragus luteus Brunetti, 1908. Rec. India Mus. 2 (1): 52. **Type locality:** "Persia, Bushire" [= Bushir] (Iran).

Paragus luteus: Huang, Cheng *et* Yang, 1998. *In*: Xue *et* Chao, 1998. Flies of China, Vol. 1: 130.

Paragus (*Paragus*) *compeditus*: Peck, 1988. *In*: Soós *et* Papp, 1988. Cat. Palaearct. Dipt. 8: 81.

Paragus compeditus: Li *et* Li, 1990. The Syrphidae of Gansu Province: 13; Huang, Cheng *et* Yang, 1998. *In*: Xue *et* Chao, 1998. Flies of China, Vol. 1: 130; Sorokina *et* Cheng, 2007. Volucella 8: 12; Huang *et* Cheng, 2012. Fauna Sinica, Insecta, Vol. 50: 135.

分布（**Distribution**）：内蒙古（NM）、河北（HEB）、北京（BJ）、山西（SX）、山东（SD）、宁夏（NX）、甘肃（GS）、新疆（XJ）、江苏（JS）、上海（SH）、浙江（ZJ）、西藏（XZ）；伊朗、阿富汗、埃及；欧洲（南部）。

（634）锯盾小蚜蝇 *Paragus crenulatus* Thomson, 1869

Paragus crenulatus Thomson, 1869. K. Svenska Fregatten Eugenies Resa, Zool., Dipt. 2 (1): 503. **Type locality:** China.

Paragus (*Paragus*) *crenulatu*: Knutson, Thompson *et* Vockeroth, 1975. *In*: Delfinado *et* Hardy, 1975. Cat. Dipt. Orient. Reg. 2: 327; Peck, 1988. *In*: Soós *et* Papp, 1988. Cat. Palaearct. Dipt. 8: 81.

Paragus crenulatus: Cheng, 1940. Biol. Bull. Fukien Christian Univ. 1: 42; Wu, 1940. Cat. Ins. Sin. 5: 275; Peck, 1988. *In*: Soós *et* Papp, 1988. Cat. Palaearct. Dipt. 8: 83 (as a doubtful species of *Paragus*); Huang, Cheng *et* Yang, 1998. *In*: Xue *et* Chao, 1998. Flies of China, Vol. 1: 130; Sorokina *et* Cheng,

2007. Volucella 8: 12; Huang *et* Cheng, 2012. Fauna Sinica, Insecta, Vol. 50: 136.

分布（**Distribution**）：新疆（XJ）、四川（SC）、云南（YN）、福建（FJ）、广东（GD）、广西（GX）、海南（HI）；东洋区、澳洲区。

（635）直毛小蚜蝇 *Paragus erectus* Sorokina *et* Cheng, 2007

Paragus (*Paragus*) *erectus* Sorokina *et* Cheng, 2007. Volucella 8: 5. **Type locality:** China: Xinjiang, road between Toto *et* Wutai.

分布（**Distribution**）：新疆（XJ）。

（636）红缘小蚜蝇 *Paragus expressus* Sorokina *et* Cheng, 2007

Paragus (*Pandasyopthalmus*) *expressus* Sorokina *et* Cheng, 2007. Volucella 8: 9. **Type locality:** China: Beijing; Xinjiang; Nei Mongolia; Gansu; Henan. Russia.

分布（**Distribution**）：内蒙古（NM）、北京（BJ）、河南（HEN）、甘肃（GS）、新疆（XJ）；俄罗斯。

（637）斑纹小蚜蝇 *Paragus fasciatus* Coquillett, 1898

Paragus fasciatus Coquillett, 1898. Proc. U. S. Natl. Mus. 21: 320. **Type locality:** Japan.

Paragus fasciatus: Shiraki, 1930. Mem. Fac. Sci. Agric. Taihoku Imp. Univ. 1: 246; Cheng, 1940. Biol. Bull. Fukien Christian Univ. 1: 42.

Paragus (*Paragus*) *fasciatus*: Peck, 1988. *In*: Soós *et* Papp, 1988. Cat. Palaearct. Dipt. 8: 81.

分布（**Distribution**）：内蒙古（NM）、宁夏（NX）、上海（SH）；日本。

（638）焰色小蚜蝇 *Paragus flammeus* Goeldlin, 1971

Paragus flammeus Goeldlin, 1971. Mitt. Schweiz. Ent. Ges. 43: 275. **Type locality:** Switzerzland: Vaud, Devens.

Paragus flammeus: Li, 1989. J. Aug. 1st Agric. Coll. 12 (4): 38; Huang *et* Cheng, 2012. Fauna Sinica, Insecta, Vol. 50: 140.

Paragus (*Paragus*) *flammeus*: Peck, 1988. *In*: Soós *et* Papp, 1988. Cat. Palaearct. Dipt. 8: 81.

分布（**Distribution**）：新疆（XJ）；伊朗、瑞典。

（639）古浪小蚜蝇 *Paragus gulangensis* Li *et* Li, 1990

Paragus gulangensis Li *et* Li, 1990. The Syrphidae of Gansu Province: 15. **Type locality:** China: Gansu, Gulang, Tianzhu.

Paragus gulangensis: Huang, Cheng *et* Yang, 1998. *In*: Xue *et* Chao, 1998. Flies of China, Vol. 1: 130; Sorokina *et* Cheng, 2007. Volucella 8: 12; Huang *et* Cheng, 2012. Fauna Sinica, Insecta, Vol. 50: 141.

Paragus dauricus: Mutin, 1999. *In*: Mutin *et* Barkalov, 1999.

Syrphidae: 374; Huang, Cheng et Yang, 1998. In: Xue et Chao, 1998. Flies of China, Vol. 1: 130; Mutin, 2001. Far East. Ent. 99: 20 (new synonym of *Paragus gulangensis*).

分布（Distribution）：内蒙古（NM）、甘肃（GS）、青海（QH）、西藏（XZ）。

（640）暗红小蚜蝇 *Paragus haemorrhous* Meigen, 1822

Paragus haemorrhous Meigen, 1822. Syst. Beschr. Europ. Zweifl. Insekt. 3: 182. **Type locality:** Austria. Southern France.

Paragus sigillatus Curtis, 1836. Brit. Ent. 12: 593. **Type locality:** England: Darent.

Paragus trianguliferus Zetterstedt, 1838. Insecta Lapp.: 3. **Type locality:** Sweden: Novacculum Umenaes.

Paragus substitutus Loew, 1858c. Öfvers. K. Vetensk. Akad. Förh. (1857) 14: 376. **Type locality:** South Africa.

Paragus dimidiatus Loew, 1863. Berl. Ent. Z. 7: 308. **Type locality:** USA: District of Columbia.

Paragus auricaudatus Bigot, 1884b. Ann. Soc. Entomol. Fr. 1883 (6) 3: 540. **Type locality:** USA: California.

Paragus ogasawarae Matsumura, 1916. In: Matsumura et Adachi, 1916. Ent. Mag. Kyoto 2 (1): 13. **Type locality:** Japan: Honshū, Iwate.

Paragus pallipes Matsumura, 1916. In: Matsumura et Adachi, 1916. Ent. Mag. Kyoto 2 (1): 11. **Type locality:** Russia: Sakhalin. Japan: Honshū, Tokyo, Towada.

Paragus tamagawanus Matsumura, 1916. In: Matsumura et Adachi, 1916. Ent. Mag. Kyoto 2 (1): 9. **Type locality:** Japan: Honshū, Tamagawa.

Paragus coreanus Shiraki, 1930. Mem. Fac. Sci. Agric. Taihoku Imp. Univ. 1: 250. **Type locality:** D. P. R. Korea: Koryo, Kongo, Shakuoji.

Paragus (Pandasyophthalmus) haemorrhous: Peck, 1988. In: Soós et Papp, 1988. Cat. Palaearct. Dipt. 8: 78.

Paragus haemorrhous: Wu, 1940. Cat. Ins. Sin. 5: 277 (as synonym of *Paragus tibialis*); Li, 1989. J. Aug. 1st Agric. Coll. 12 (4): 38; Li et Li, 1990. The Syrphidae of Gansu Province: 17; Huang, Cheng et Yang, 1998. In: Xue et Chao, 1998. Flies of China, Vol. 1: 131; Huo, Ren et Zheng, 2007. Fauna of Syrphidae from Mt. Qinling-Bashan in China (Insecta: Diptera): 90; Sorokina et Cheng, 2007. Volucella 8: 13; Huang et Cheng, 2012. Fauna Sinica, Insecta, Vol. 50: 142.

分布（Distribution）：河北（HEB）、陕西（SN）、甘肃（GS）、青海（QH）、新疆（XJ）、西藏（XZ）；蒙古国、朝鲜、日本、阿富汗、奥地利、英国、瑞典、法国、俄罗斯、美国、加拿大；非洲。

（641）汉中小蚜蝇 *Paragus hanzhongensis* Huo, Zheng et Huang, 2005

Paragus hanzhongensis Huo, Zheng et Huang, 2005. J. Northwest Univ. (Nat. Sci. Ed.) 35 (2): 187. **Type locality:** China: Shaanxi, Hanzhong.

Paragus hanzhongensis: Huo, Ren et Zheng, 2007. Fauna of Syrphidae from Mt. Qinling-Bashan in China (Insecta: Diptera): 92.

分布（Distribution）：陕西（SN）。

（642）北山小蚜蝇 *Paragus hokusankoensis* Shiraki, 1930

Paragus hokusankoensis Shiraki, 1930. Mem. Fac. Sci. Agric. Taihoku Imp. Univ. 1: 249. **Type locality:** China: Taiwan, Hokusanko.

Paragus (Pandasyophthalmus) hokusankoensi: Knutson, Thompson et Vockeroth, 1975. In: Delfinado et Hardy, 1975. Cat. Dipt. Orient. Reg. 2: 328.

Paragus hokusankoensis: Huang et Cheng, 2012. Fauna Sinica, Insecta, Vol. 50: 142.

分布（Distribution）：台湾（TW）。

（643）九池小蚜蝇 *Paragus jiuchiensis* Huo, Zheng et Huang, 2005

Paragus hanzhongensis Huo, Zheng et Huang, 2005. J. Northwest Univ. (Nat. Sci. Ed.) 35 (2): 188. **Type locality:** China: Shaanxi, Yangxian.

Paragus hanzhongensis: Huo, Ren et Zheng, 2007. Fauna of Syrphidae from Mt. Qinling-Bashan in China (Insecta: Diptera): 93.

分布（Distribution）：陕西（SN）。

（644）莱氏小蚜蝇 *Paragus leleji* Mutin, 1986

Paragus leleji Mutin, 1986. Ent. Obozr. 65: 826. **Type locality:** Russia: Maritime Prov.

Paragus leleji: Sorokina et Cheng, 2007. Volucella 8: 13.

分布（Distribution）：内蒙古（NM）、河北（HEB）、北京（BJ）、山东（SD）、新疆（XJ）；俄罗斯。

（645）黄色小蚜蝇 *Paragus luteus* Brunetti, 1908

Paragus luteus Brunetti, 1908. Rec. India Mus. 2 (1): 52. **Type locality:** Iran: Bushire.

Paragus luteus: Sorokina et Cheng, 2007. Volucella 8: 13.

分布（Distribution）：新疆（XJ）；伊朗。

（646）菱斑小蚜蝇 *Paragus milkoi* Sorokina, 2002

Paragus milkoi Sorokina, 2002. Volucella 6: 3. **Type locality:** Kyrgyzstan: Sary-Dzhaz, Kaindy Ravine, prope Tash-Koroo.

Paragus milkoi: Sorokina et Cheng, 2007. Volucella 8: 13.

分布（Distribution）：新疆（XJ）；吉尔吉斯斯坦。

（647）宽腹小蚜蝇 *Paragus oltenicus* Stănescu, 1977

Paragus oltenicus Stănescu, 1977. Stud. Comun. Muz. Brukental St. Nat. 21: 287. **Type locality:** Romania: Craiova, Obedeanu.

Paragus oltenicus: Sorokina et Cheng, 2007. Volucella 8: 13.

分布（Distribution）：新疆（XJ）；土耳其、罗马尼亚。

（648）平小蚜蝇 *Paragus politus* Wiedemann, 1830

Paragus politus Wiedemann, 1830. Aussereurop. Zweifl. Insekt. 2: 89. **Type locality:** China.

Paragus (Pandasyophthalmus) tibialis rufiventris Brunetti, 1913c. Rec. India Mus. 8: 175. **Type locality:** India: Assam, Sadiya.

Paragus (Pandasyophthalmus) tibialis rufiventris: Knutson, Thompson *et* Vockeroth, 1975. *In*: Delfinado *et* Hardy, 1975. Cat. Dipt. Orient. Reg. 2: 328.

Paragus (Pandasyophthalmus) politus: Peck, 1988. *In*: Soós *et* Papp, 1988. Cat. Palaearct. Dipt. 8: 78.

Paragus politus: Huang, Cheng *et* Yang, 1998. *In*: Xue *et* Chao, 1998. Flies of China, Vol. 1: 131.

分布（Distribution）：四川（SC）、云南（YN）、福建（FJ）；菲律宾、印度、澳大利亚。

（649）四条小蚜蝇 *Paragus quadrifasciatus* Meigen, 1822

Paragus quadrifasciatus Meigen, 1822. Syst. Beschr. Europ. Zweifl. Insekt. 3: 181. **Type locality:** France.

Syrphus concinnus Wiedemann, 1822. *In*: Meigen, 1822. Syst. Beschr. Europ. Zweifl. Insekt. 3: 321. **Type locality:** Italy: Naples.

Syrphus bifasciatus Macquart, 1834. Hist. Nat. Ins., Dipt.: 566. **Type locality:** France: Bordeaux.

Paragus pulcherrimus Strobl, 1893a. Wien. Ent. Ztg. 12: 78. **Type locality:** Yugoslovia: Fiume *et* Abbazia.

Paragus variofasciatus Becker, 1907. Z. Syst. Hymenopt. Dipt. 7: 249. **Type locality:** Algeria: Biskra.

Paragus nohirae Matsumura, 1916. *In*: Matsumura *et* Adachi, 1916. Ent. Mag. Kyoto 2 (1): 12. **Type locality:** Japan: Honshū, Kyoto, Kurama.

Paragus variofasciatus var. *sexnotatus* Szilády, 1940. Ann. Hist.-Nat. Mus. Natl. Hung. 33: 54. **Type locality:** Turkey: Ulukishla.

Paragus niger Šuster, 1959. Fauna R. P. R. Insecta 11 (3): 129. **Type locality:** Rumania: Zagavia.

Paragus nohirae: Wu, 1940. Cat. Ins. Sin. 5: 275 (as a valid species).

Paragus (Paragus) quadrifasciatus: Peck, 1988. *In*: Soós *et* Papp, 1988. Cat. Palaearct. Dipt. 8: 82.

Paragus quadrifasciatus: Shiraki, 1930. Mem. Fac. Sci. Agric. Taihoku Imp. Univ. 1: 246; Cheng, 1940. Biol. Bull. Fukien Christian Univ. 1: 42; Huang, Cheng *et* Yang, 1998. *In*: Xue *et* Chao, 1998. Flies of China, Vol. 1: 131; Sorokina *et* Cheng, 2007. Volucella 8: 12; Huang *et* Cheng, 2012. Fauna Sinica, Insecta, Vol. 50: 137.

分布（Distribution）：黑龙江（HL）、河北（HEB）、北京（BJ）、山西（SX）、山东（SD）、河南（HEN）、甘肃（GS）、青海（QH）、新疆（XJ）、江苏（JS）、浙江（ZJ）、湖北（HB）、四川（SC）、云南（YN）、西藏（XZ）、海南（HI）；前苏联、朝鲜、日本、伊朗、阿富汗、土耳其、法国、意大利、前捷克斯洛伐克、阿尔及利亚、罗马尼亚；非洲（北部）。

（650）弯叶小蚜蝇 *Paragus rufocincta* (Brunetti, 1908)

Pipizella rufocincta Brunetti, 1908. Rec. India Mus. 2 (1): 53. **Type locality:** Myanmar: Rangoon.

Paragus (Pandasyophthalmus) rufocincta: Knutson, Thompson *et* Vockeroth, 1975. *In*: Delfinado *et* Hardy, 1975. Cat. Dipt. Orient. Reg. 2: 328; Sorokina *et* Cheng, 2007. Volucella 8: 14.

分布（Distribution）：云南（YN）；缅甸、印度、斯里兰卡。

（651）锯缘小蚜蝇 *Paragus serratiparamerus* Li, 1990

Paragus serratiparamerus Li, 1990. J. Aug. 1st Agric. Coll. 13 (2): 45. **Type locality:** China: Xinjiang, Manasi.

Paragus serratiparamerus: Huang *et* Cheng, 2012. Fauna Sinica, Insecta, Vol. 50: 142.

分布（Distribution）：新疆（XJ）。

（652）锯齿小蚜蝇 *Paragus serratus* (Fabricius, 1805)

Mulio serratus Fabricius, 1805. Syst. Antliat.: 186. **Type locality:** India: Tranquebar.

Paragus (Paragus) serratus: Knutson, Thompson *et* Vockeroth, 1975. *In*: Delfinado *et* Hardy, 1975. Cat. Dipt. Orient. Reg. 2: 327; Peck, 1988. *In*: Soós *et* Papp, 1988. Cat. Palaearct. Dipt. 8: 81.

Paragus serratus: Shiraki, 1930. Mem. Fac. Sci. Agric. Taihoku Imp. Univ. 1: 246; Cheng, 1940. Biol. Bull. Fukien Christian Univ. 1: 42, 51; Wu, 1940. Cat. Ins. Sin. 5: 275; Huang, Cheng *et* Yang, 1998. *In*: Xue *et* Chao, 1998. Flies of China, Vol. 1: 131.

分布（Distribution）：北京（BJ）、福建（FJ）；印度。

（653）华小蚜蝇 *Paragus sinicus* Sorokina *et* Cheng, 2007

Paragus (Paragus) sinicus Sorokina *et* Cheng, 2007. Volucella 8: 2. **Type locality:** China: Beijing; Shandong; Nei Mongolia; Henan.

分布（Distribution）：内蒙古（NM）、北京（BJ）、山东（SD）、河南（HEN）。

（654）史氏小蚜蝇 *Paragus stackelbergi* Bańkowska, 1968

Paragus stackelbergi Bańkowska, 1968. Bull. Acad. Polon. Sci. (Sér. Biol.) 16 (4): 239. **Type locality:** Mongolia: Ulan Bator, Urga.

Paragus (Paragus) stackelbergi: Peck, 1988. *In*: Soós *et* Papp, 1988. Cat. Palaearct. Dipt. 8: 82; Sorokina *et* Cheng, 2007. Volucella 8: 13.

分布（Distribution）：中国（北部，省份不明）；前苏联、蒙古国。

（655）刻点小蚜蝇 *Paragus tibialis* (Fallén, 1817)

Pipiza tibialis Fallén, 1817. Syrphici Sveciae: 60. **Type locality:** Sweden: "Vestergothia".

Paragus aeneus Meigen, 1822. Syst. Beschr. Europ. Zweifl. Insekt. 3: 183. **Type locality:** Southern France.

Paragus femoratus Meigen, 1822. Syst. Beschr. Europ. Zweifl. Insekt. 3: 184. **Type locality:** Austria.

Paragus obscurus Meigen, 1822. Syst. Beschr. Europ. Zweifl. Insekt. 3: 183. **Type locality:** France.

Paragus zonatus Meigen, 1822. Syst. Beschr. Europ. Zweifl. Insekt. 3: 177. **Type locality:** Germany: Herzogthum Mts.

Ascia analis Macquart, 1839. *In*: Webb *et* Berthelot, 1839. Hist. Nat. Iles Canaries, Entom. 2 (2), 13. Dipt.: 109. **Type locality:** Canary Is.

Paragus dispar Schummel, 1841. Uebers. Schles. Ges. Vaterl. Kult. 1841: 163. **Type locality:** Schlesia, Lissa.

Paragus nigritus Gimmerthal, 1842. Bull. Soc. Imp. Nat. Moscou 15 (3): 668. **Type locality:** "Lief-und Kurland" [= Estonian and Latvian SSR].

Paragus numdia Macquart, 1849. Explor. Scient. Algérie, Zool. 3: 471. **Type locality:** Algeria.

Paragus mundus Wollaston, 1858. Ann. Mag. Nat. Hist. (3) 1: 115. **Type locality:** Portugal: Madeira: Porto Santo.

Orthonevra varipes Bigot, 1880. Ann. Soc. Entomol. Fr. (5) 10: 150. **Type locality:** Iran: Northern Iran or Caucasus.

Pipizella indicus Brunetti, 1908. Rec. India Mus. 2 (1): 52. **Type locality:** India: Simla Hills, Matiana.

Paragus rufiventris Brunetti, 1913c. Rec. India Mus. 8: 157. **Type locality:** India: Assam, Sadiya.

Paragus ogasawarae Matsumura, 1916. *In*: Matsumura *et* Adachi, 1916. Ent. Mag. Kyoto 2 (1): 13. **Type locality:** Japan: "Honshū, Iwate".

Paragus tamagawanus Matsumura, 1916. *In*: Matsumura *et* Adachi, 1916. Ent. Mag. Kyoto 2 (1): 9. **Type locality:** Japan: "Honshū, Tamagawa".

Paragus tibialis var. *meridionalis* Becker, 1921. Mitt. Zool. Mus. Berl. 10: 4. **Type locality:** "Griechenland, Nord-Africa, Sarepta, Turkestan, Teneriffa, Schlesien" (Greece. North Africa. Russia: Krasnoarmeysk, Turkestan; Canary Is, Poland).

Paragus monogolicus Kanervo, 1938. Ann. Ent. Fenn. 4 (3): 149. **Type locality:** Mongolia.

Paragus dispar: Huang *et* Cheng, 2012. Fauna Sinica, Insecta, Vol. 50: 138.

Paragus (*Pandasyophthalmus*) *tibialis rufiventris*: Knutson, Thompson *et* Vockeroth, 1975. *In*: Delfinado *et* Hardy, 1975. Cat. Dipt. Orient. Reg. 2: 328.

Paragus (*Pandasyophthalmus*) *tibialis*: Knutson, Thompson *et* Vockeroth, 1975. *In*: Delfinado *et* Hardy, 1975. Cat. Dipt. Orient. Reg. 2: 328; Peck, 1988. *In*: Soós *et* Papp, 1988. Cat. Palaearct. Dipt. 8: 78; Sorokina *et* Cheng, 2007. Volucella 8: 13.

Paragus tibialis: Shiraki, 1930. Mem. Fac. Sci. Agric. Taihoku Imp. Univ. 1: 247; Cheng, 1940. Biol. Bull. Fukien Christian Univ. 1: 43, 52; Wu, 1940. Cat. Ins. Sin. 5: 276; Li *et* Li, 1990. The Syrphidae of Gansu Province: 18; Huang, Cheng *et* Yang, 1998. *In*: Xue *et* Chao, 1998. Flies of China, Vol. 1: 131; Huo, Ren *et* Zheng, 2007. Fauna of Syrphidae from Mt. Qinling-Bashan in China (Insecta: Diptera): 95; Huang *et* Cheng, 2012. Fauna Sinica, Insecta, Vol. 50: 138.

分布（**Distribution**）：吉林（JL）、内蒙古（NM）、河北（HEB）、北京（BJ）、山东（SD）、陕西（SN）、甘肃（GS）、新疆（XJ）、江苏（JS）、浙江（ZJ）、湖南（HN）、湖北（HB）、四川（SC）、贵州（GZ）、云南（YN）、西藏（XZ）、福建（FJ）、台湾（TW）、广东（GD）、广西（GX）、海南（HI）；俄罗斯、蒙古国、瑞典、法国、奥地利、德国、阿尔及利亚、葡萄牙、西班牙、希腊、波兰、印度、日本；新北区；非洲（北部）。

（656）三叉小蚜蝇 *Paragus tribuliparamerus* Li, 1990

Paragus tribuliparamerus Li, 1990. J. Aug. 1st Agric. Coll. 13 (2): 46. **Type locality:** China: Xinjiang, Manasi, Shihezi.

Paragus tribuliparamerus: Huang *et* Cheng, 2012. Fauna Sinica, Insecta, Vol. 50: 144.

分布（**Distribution**）：新疆（XJ）。

（657）新源小蚜蝇 *Paragus xinyuanensis* Li *et* He, 1993

Paragus xinyuanensis Li *et* He, 1993. Entomotaxon. 15 (1): 62. **Type locality:** China: Xinjiang.

Paragus xinyuanensis: Huang *et* Cheng, 2012. Fauna Sinica, Insecta, Vol. 50: 145.

分布（**Distribution**）：新疆（XJ）。

缩颜蚜蝇族 Pipizini

84. 赫氏蚜蝇属 *Heringia* Rondani, 1856

Heringia Rondani, 1856. Dipt. Ital. Prodromus, Vol. I: 53. **Type species:** *Pipiza heringi* Zetterstedt, 1843 (by original designation).

Heryngia: Rondani, 1857. Dipt. Ital. Prodromus, Vol. II: 184 (misspelling of *Heringia*).

（658）华赫氏蚜蝇 *Heringia sinica* Cheng, Huang, Duan *et* Li, 1998

Heringia sinica Cheng, Huang, Duan *et* Li, 1998. Acta Zootaxon. Sin. 23 (4): 420. **Type locality:** China: Jilin, Changbaishan; Gansu; Sichuan.

Heringia sinica: Huang *et* Cheng, 2012. Fauna Sinica, Insecta, Vol. 50: 283.

分布（**Distribution**）：吉林（JL）、甘肃（GS）、四川（SC）。

85. 转突蚜蝇属 *Neocnemodon* Goffe, 1944

Neocnemodon Goffe, 1944. Ent. Mon. Mag. 80 [= ser. 4, 5]:

128 (replacement name for *Cnemodon*).

Cnemodon Egger, 1865. Verh. K. K. Zool.-Bot. Ges. Wien 15: 573 (preoccupied by Schoenherr, 1823). **Type species:** *Neocnemodon latitarsis* Egger (by designation of Goffe, 1944).

（659）短齿转突蚜蝇 *Neocnemodon brevidens* (Egger, 1865)

Cnemodon brevidens Egger, 1865. Verh. K. K. Zool.-Bot. Ges. Wien 15: 574. **Type locality:** Austria.

Cnemodon micans Doesburg, 1949. Ent. Ber. 12 (294): 442. **Type locality:** Netherlands: Baarn, Eindhoven *et* Eperheide.

Heringia brevidens: Huang *et* Cheng, 2012. Fauna Sinica, Insecta, Vol. 50: 284.

Neocnemodon brevidens: Peck, 1988. *In*: Soós *et* Papp, 1988. Cat. Palaearct. Dipt. 8: 84; Cheng, Huang, Duan *et* Li, 1998. Acta Zootaxon. Sin. 23 (4): 415; Huo, Ren *et* Zheng, 2007. Fauna of Syrphidae from Mt. Qinling-Bashan in China (Insecta: Diptera): 357.

分布（Distribution）：内蒙古（NM）、山东（SD）、陕西（SN）、甘肃（GS）；前苏联、奥地利、荷兰。

（660）洞跗转突蚜蝇 *Neocnemodon vitripennis* (Meigen, 1822)

Pipiza vitripennis Meigen, 1822. Syst. Beschr. Europ. Zweifl. Insekt. 3: 254. **Type locality:** Austria.

Pipiza albohirta Wiedemann, 1830. Aussereurop. Zweifl. Insekt. 2: 110. **Type locality:** Unknown.

Pipiza acuminatus Loew, 1840. Öffentl. Prüf. Schüler K. Friedrich-Wilhelms-Gymnasiums zu Posen 1840 (7-8): 30; Loew, 1840. Isis (Oken's) 1840 (VII-VIII): 564. **Type locality:** Poland: Poznan [as "Posen"].

Pipiza aphidiphagus Costa, 1853. Atti R. Ist. Incorag. Sci. Nat. 9: 85. **Type locality:** Italy.

Cnemodon dreyfusiae Delucchi *et* Pschorn-Walcher, 1955. Z. Angew. Ent. 37: 502. **Type locality:** Austria.

Neocnemodon vitripennis: Peck, 1988. *In*: Soós *et* Papp, 1988. Cat. Palaearct. Dipt. 8: 85; Cheng, Huang, Duan *et* Li, 1998. Acta Zootaxon. Sin. 23 (4): 415; Huang, Cheng *et* Yang, 1998. *In*: Xue *et* Chao, 1998. Flies of China, Vol. 1: 198.

Heringia vitripennis: Huang *et* Cheng, 2012. Fauna Sinica, Insecta, Vol. 50: 285.

分布（Distribution）：北京（BJ）；蒙古国、前苏联、奥地利、波兰、意大利。

86. 缩颜蚜蝇属 *Pipiza* Fallén, 1810

Pipiza Fallén, 1810. Specim. Ent. Novam Dipt.: 11. **Type species:** *Musca noctiluca* Linaeus, 1758 (by designation of Curtis, 1837).

Penium Philippi, 1865. Abh. K. K. Zool.-Bot. Ges. Wien 15: 741. **Type species:** *Penium triste* Philippi, 1865 (monotypy).

Pseudopipiza Violovitsh, 1985. Novye I Maloizvestnye Vidy

Fauny Sibiri 18: 81 (preoccupied by Hull, 1945). **Type species:** *Pseudopipiza notabila* Violovitsh, 1985 (by original designation).

Cryptopipiza Mutin, 1998. Dipt. Res. 9: 13 (replacement name for *Pseudopipiza*).

Pennium: Schiner, 1868. Reise der Österreichischen Fregatte Novara, Diptera 2 (1B): 340 (misspelling of *Penium*).

（661）奥地利缩颜蚜蝇 *Pipiza austriaca* Meigen, 1822

Pipiza austriaca Meigen, 1822. Syst. Beschr. Europ. Zweifl. Insekt. 3: 252. **Type locality:** Austria.

Pipiza austriaca: Shiraki, 1930. Mem. Fac. Sci. Agric. Taihoku Imp. Univ. 1: 254; Peck, 1988. *In*: Soós *et* Papp, 1988. Cat. Palaearct. Dipt. 8: 86; Cheng, Huang, Duan *et* Li, 1998. Acta Zootaxon. Sin. 23 (4): 416; Huang *et* Cheng, 2012. Fauna Sinica, Insecta, Vol. 50: 287.

分布（Distribution）：黑龙江（HL）、吉林（JL）、河北（HEB）；日本、前苏联、奥地利；欧洲。

（662）双斑缩颜蚜蝇 *Pipiza bimaculata* Meigen, 1822

Pipiza bimaculata Meigen, 1822. Syst. Beschr. Europ. Zweifl. Insekt. 3: 246. **Type locality:** Germany.

Pipiza chalybeata Meigen, 1822. Syst. Beschr. Europ. Zweifl. Insekt. 3: 252. **Type locality:** Germany: Aachen *et* Stolberg.

Pipiza geniculata Meigen, 1822. Syst. Beschr. Europ. Zweifl. Insekt. 3: 245. **Type locality:** Germany: Aachen *et* Stolberg.

Pipiza guttata Meigen, 1822. Syst. Beschr. Europ. Zweifl. Insekt. 3: 247. **Type locality:** Austria. Germany.

Neocnemodon nox Violovitsh, 1978. Novye I Maloizvestnye Vidy Fauny Sibiri 12: 179. **Type locality:** Russia.

Pipiza humilifrons Violovitsh, 1985. Arthropods of Siberia and the Soviet Far East: 200. **Type locality:** Russia: SFSR.

Pipiza sachalinica Violovitsh, 1988. Novye I Maloizvestnye Vidy Fauny Sibiri 20: 123. **Type locality:** Russia: Sakhalin (Yuzhno-Sakhalinsk).

Pipiza sachalinica: Mutin *et* Barkalov, 1997. Spec. Div. 2: 202 (new synonym of *Pipiza bimaculata*).

Neocnemodon nox: Peck, 1988. *In*: Soós *et* Papp, 1988. Cat. Palaearct. Dipt. 8: 85; Mutin *et* Barkalov, 1997. Spec. Div. 2: 202 (new synonym of *Pipiza bimaculata*).

Pipiza bimaculata: Peck, 1988. *In*: Soós *et* Papp, 1988. Cat. Palaearct. Dipt. 8: 86; Cheng, Huang, Duan *et* Li, 1998. Acta Zootaxon. Sin. 23 (4): 417; Huang *et* Cheng, 2012. Fauna Sinica, Insecta, Vol. 50: 288.

分布（Distribution）：黑龙江（HL）、辽宁（LN）、新疆（XJ）、四川（SC）、西藏（XZ）；蒙古国、前苏联、德国、奥地利；欧洲。

（663）短线缩颜蚜蝇 *Pipiza curtilinea* Cheng, Huang, Duan *et* Li, 1998

Pipiza curtilinea Cheng, Huang, Duan *et* Li, 1998. Acta

Zootaxon. Sin. 23 (4): 421. **Type locality:** China: Inneer Mongolia, Nanxing'an.

Pipiza curtilinea: Huang *et* Cheng, 2012. Fauna Sinica, Insecta, Vol. 50: 289.

分布（Distribution）：内蒙古（NM）。

（664）普通缩颜蚜蝇 *Pipiza familiaris* Matsumura, 1918

Pipiza familiaris Matsumura, 1918. J. Coll. Agric. Hokkaido Imp. Univ. 8: 2. **Type locality:** Japan: Hokkaidō, Sapporo.

Pipizella nitida Shiraki *et* Edashige, 1953. Trans. Shikoku Ent. Soc. 3 (5-6): 86. **Type locality:** Japan: Shikoku, Omogo Valley.

Pipizella nitida: Peck, 1988. *In*: Soós *et* Papp, 1988. Cat. Palaearct. Dipt. 8: 90.

Pipiza familiaris: Shiraki, 1930. Mem. Fac. Sci. Agric. Taihoku Imp. Univ. 1: 255; Peck, 1988. *In*: Soós *et* Papp, 1988. Cat. Palaearct. Dipt. 8: 86; Cheng, Huang, Duan *et* Li, 1998. Acta Zootaxon. Sin. 23 (4): 416; Huo, Ren *et* Zheng, 2007. Fauna of Syrphidae from Mt. Qinling-Bashan in China (Insecta: Diptera): 358; Huang *et* Cheng, 2012. Fauna Sinica, Insecta, Vol. 50: 290.

分布（Distribution）：内蒙古（NM）、河北（HEB）、陕西（SN）、甘肃（GS）；日本。

（665）亮跗缩颜蚜蝇 *Pipiza festiva* Meigen, 1822

Pipiza festiva Meigen, 1822. Syst. Beschr. Europ. Zweifl. Insekt. 3: 243. **Type locality:** Germany: Aachen *et* Stolberg.

Pipiza artemis Meigen, 1822. Syst. Beschr. Europ. Zweifl. Insekt. 3: 244. **Type locality:** Austria.

Pipiza lunata Meigen, 1822. Syst. Beschr. Europ. Zweifl. Insekt. 3: 243. **Type locality:** Austria.

Pipiza ornata Meigen, 1822. Syst. Beschr. Europ. Zweifl. Insekt. 3: 243. **Type locality:** Austria.

Pipiza leucopeza Meigen, 1838. Syst. Beschr. Europ. Zweifl. Insekt. 7: 118. **Type locality:** Germany: Bavaria.

Pipiza excalceata Rondani, 1857. Dipt. Ital. Prodromus, Vol. II: 181. **Type locality:** Italy: Parma.

Myolepta fairmairei Bigot, 1884b. Ann. Soc. Entomol. Fr. 1883 (6) 3: 536. **Type locality:** France: Alps.

Pipiza festiva var. *zonata* Szilády, 1935. Ann. Hist.-Nat. Mus. Natl. Hung. (Zool.) 29: 213. **Type locality:** Ungarn.

Pipiza austriaca nigricans Violovitsh, 1988. Novye I Maloizvestnye Vidy Fauny Sibiri 20: 117. **Type locality:** Russia: West Sayan.

Pipiza festiva: Peck, 1988. *In*: Soós *et* Papp, 1988. Cat. Palaearct. Dipt. 8: 86; Cheng, Huang, Duan *et* Li, 1998. Acta Zootaxon. Sin. 23 (4): 417; Huang *et* Cheng, 2012. Fauna Sinica, Insecta, Vol. 50: 291.

分布（Distribution）：黑龙江（HL）、吉林（JL）、北京（BJ）；前苏联、德国、奥地利、意大利、法国。

（666）黄斑缩颜蚜蝇 *Pipiza flavimaculata* Matsumura, 1918

Pipiza flavimaculata Matsumura, 1918. J. Coll. Agric. Hokkaido Imp. Univ. 8: 2. **Type locality:** Japan: Honshū, Iwate.

Pipiza flavimaculata: Shiraki, 1930. Mem. Fac. Sci. Agric. Taihoku Imp. Univ. 1: 255; Peck, 1988. *In*: Soós *et* Papp, 1988. Cat. Palaearct. Dipt. 8: 87; Cheng, Huang, Duan *et* Li, 1998. Acta Zootaxon. Sin. 23 (4): 417; Huo, Ren *et* Zheng, 2007. Fauna of Syrphidae from Mt. Qinling-Bashan in China (Insecta: Diptera): 359; Huang *et* Cheng, 2012. Fauna Sinica, Insecta, Vol. 50: 292.

分布（Distribution）：吉林（JL）、陕西（SN）、江苏（JS）；日本。

（667）红河缩颜蚜蝇 *Pipiza hongheensis* Huo, Ren *et* Zheng, 2007

Pipiza hongheensis Huo, Ren *et* Zheng, 2007. Fauna of Syrphidae from Mt. Qinling-Bashan in China (Insecta: Diptera): 360. **Type locality:** China: Shaanxi, Meixian, Honghe Valley.

分布（Distribution）：陕西（SN）。

（668）无饰缩颜蚜蝇 *Pipiza inornata* Matsumura, 1916

Pipiza inornata Matsumura, 1916. *In*: Matsumura *et* Adachi, 1916. Ent. Mag. Kyoto 2 (1): 15. **Type locality:** Japan: Hokkaidō, Sapporo, Moiwa.

Pipiza inornata: Shiraki, 1930. Mem. Fac. Sci. Agric. Taihoku Imp. Univ. 1: 255; Peck, 1988. *In*: Soós *et* Papp, 1988. Cat. Palaearct. Dipt. 8: 87; Huo, Ren *et* Zheng, 2007. Fauna of Syrphidae from Mt. Qinling-Bashan in China (Insecta: Diptera): 361; Huang *et* Cheng, 2012. Fauna Sinica, Insecta, Vol. 50: 292.

分布（Distribution）：陕西（SN）、云南（YN）；日本。

（669）黑色缩颜蚜蝇 *Pipiza lugubris* (Fabricius, 1775)

Syrphus lugubris Fabricius, 1775. Syst. Entom.: 770. **Type locality:** Denmark.

Musca dirae Harris, 1780. Expos. Engl. Ins.: 112. **Type locality:** Not given (England).

Musca moesta Gmelin, 1790. Syst. Nat. 5: 2874 (replacement name for *lugubris* Fabricius, 1775).

Pipiza funebris Meigen, 1822. Syst. Beschr. Europ. Zweifl. Insekt. 3: 250. **Type locality:** Germany.

Pipiza luctuosa Macquart, 1829b. Ins. Dipt. N. Fr. 4: 179. **Type locality:** Northern France.

Pipiza lugubris: Peck, 1988. *In*: Soós *et* Papp, 1988. Cat. Palaearct. Dipt. 87; Cheng, Huang, Duan *et* Li, 1998. Acta Zootaxon. Sin. 23 (4): 416; Huo, Ren *et* Zheng, 2007. Fauna of Syrphidae from Mt. Qinling-Bashan in China (Insecta:

Diptera): 363; Huang *et* Cheng, 2012. Fauna Sinica, Insecta, Vol. 50: 293.

分布（Distribution）：吉林（JL）、河北（HEB）、山东（SD）、陕西（SN）、甘肃（GS）、江苏（JS）、浙江（ZJ）、云南（YN）、广西（GX）；前苏联、丹麦、英国、法国、德国。

（670）黄跗缩颜蚜蝇 *Pipiza luteitarsis* **Zetterstedt, 1843**

Pipiza luteitarsis Zetterstedt, 1843. Dipt. Scand. 2: 828. **Type locality:** Sweden: Skåne [= Scania]: Lund.

Pipiza luteitarsis: Peck, 1988. *In*: Soós *et* Papp, 1988. Cat. Palaearct. Dipt. 8: 87; Cheng, Huang, Duan *et* Li, 1998. Acta Zootaxon. Sin. 23 (4): 417; Huang *et* Cheng, 2012. Fauna Sinica, Insecta, Vol. 50: 294.

分布（Distribution）：北京（BJ）；前苏联、瑞典。

（671）夜光缩颜蚜蝇 *Pipiza noctiluca* **(Linnaeus, 1758)**

Musca noctiluca Linnaeus, 1758. Syst. Nat. Ed. 10 (1): 593. **Type locality:** Sweden.

Musca tristor Harris, 1780. Expos. Engl. Ins.: 107. **Type locality:** England.

Pipiza anthracina Meigen, 1822. Syst. Beschr. Europ. Zweifl. Insekt. 3: 253. **Type locality:** Germany: Aachen *et* Stolberg.

Pipiza albipila Meigen, 1830. Syst. Beschr. Europ. Zweifl. Insekt. 6: 350. **Type locality:** Europe.

Pipiza albitarsis Meigen, 1830. Syst. Beschr. Europ. Zweifl. Insekt. 6: 350. **Type locality:** Europe.

Pipiza rufithorax Meigen, 1830. Syst. Beschr. Europ. Zweifl. Insekt. 6: 350. **Type locality:** Europe.

Pipiza biguttula Zetterstedt, 1838. Insecta Lapp.: 616. **Type locality:** Sweden. Norway.

Pipiza binotata Zetterstedt, 1838. Insecta Lapp.: 616. **Type locality:** Sweden: Västerbotten: Lappland, Lycksele.

Pipiza hyalipennis Zetterstedt, 1838. Insecta Lapp.: 616. **Type locality:** Sweden: Västerbotten: Lappland, Lycksele.

Pipiza obsoleta Zetterstedt, 1838. Insecta Lapp.: 616. **Type locality:** Sweden: Västerbotten: Lappland, Lycksele.

Pipiza vana Zetterstedt, 1843. Dipt. Scand. 2: 835. **Type locality:** Sweden: Skåne [= Scania]: Lund.

Pipiza plana Rondani, 1857. Dipt. Ital. Prodromus, Vol. II: 181. **Type locality:** Italy: Parma.

Pipiza vidua Rondani, 1857. Dipt. Ital. Prodromus, Vol. II: 183. **Type locality:** Italy: Parma.

Pipiza stigmatica Zetterstedt, 1859. Dipt. Scand. 13: 6029. **Type locality:** Sweden: Scania, Stodhaf.

Pipiza jablonskii Mik, 1867. Verh. K. K. Zool.-Bot. Ges. Wien 17: 417. **Type locality:** Austria.

Pipiza noctiluca: Peck, 1988. *In*: Soós *et* Papp, 1988. Cat. Palaearct. Dipt. 8: 88; Li *et* Li, 1990. The Syrphidae of Gansu Province: 79; Huang, Cheng *et* Yang, 1998. *In*: Xue *et* Chao, 1998. Flies of China, Vol. 1: 199; Cheng, Huang, Duan *et* Li, 1998. Acta Zootaxon. Sin. 23 (4): 417; Huo, Ren *et* Zheng,

2007. Fauna of Syrphidae from Mt. Qinling-Bashan in China (Insecta: Diptera): 363; Huang *et* Cheng, 2012. Fauna Sinica, Insecta, Vol. 50: 296.

分布（Distribution）：吉林（JL）、内蒙古（NM）、河北（HEB）、北京（BJ）、陕西（SN）、甘肃（GS）、青海（QH）、江苏（JS）、湖南（HN）、湖北（HB）；前苏联、瑞典、英国、德国、挪威、意大利、奥地利；欧洲。

（672）四斑缩颜蚜蝇 *Pipiza quadrimaculata* **(Panzer, 1804)**

Syrphus quadrimaculatus Panzer, 1804. Faunae insectorum germanicae initia oder Deutschlands Insecten 86: 19. **Type locality:** Germany: Nurnberg.

Pipiza quadriguttata Macquart, 1829b. Ins. Dipt. N. Fr. 4: 178. **Type locality:** France: Normandie.

Pipiza quadrimaculata var *bipunctata* Strobl, 1898. Mitt. Naturwiss. Ver. Steiermark (1897) 34: 230. **Type locality:** Austria: Seitenstetten.

Pipiza quadrimaculata var *immaculata* Strobl, 1898. Mitt. Naturwiss. Ver. Steiermark (1897) 34: 230. **Type locality:** Austria.

Pipiza insolata Violovitsh, 1985. Arthropods of Siberia and the Soviet Far East: 207. **Type locality:** Russia: Sakhalin (Yuzhno-Sakhalinsk).

Pipiza quatuorguttata: Rondani, 1857. Dipt. Ital. Prodromus, Vol. II: 183 (misspelling of *quadrimaculata* Panzer, 1804).

Pipiza quatuormaculata: Rondani, 1857. Dipt. Ital. Prodromus, Vol. II: 183 (misspelling of *quadrimaculata* Panzer, 1804).

Pipiza maculata: Zetterstedt, 1859. Dipt. Scand. 13: 6028 (misspelling of *quadrimaculata*).

Pipiza quadrimaculata: Peck, 1988. *In*: Soós *et* Papp, 1988. Cat. Palaearct. Dipt. 8: 88; Cheng, Huang, Duan *et* Li, 1998. Acta Zootaxon. Sin. 23 (4): 417; Huang *et* Cheng, 2012. Fauna Sinica, Insecta, Vol. 50: 297.

分布（Distribution）：吉林（JL）；蒙古国、前苏联、德国、法国、奥地利；新北区。

（673）台湾缩颜蚜蝇 *Pipiza signata* **Meigen, 1822**

Pipiza signata Meigen, 1822. Syst. Beschr. Europ. Zweifl. Insekt. 3: 246. **Type locality:** Germany.

Pipiza signata: Shiraki, 1930. Mem. Fac. Sci. Agric. Taihoku Imp. Univ. 1: 255; Knutson, Thompson *et* Vockeroth, 1975. *In*: Delfinado *et* Hardy, 1975. Cat. Dipt. Orient. Reg. 2: 328.

分布（Distribution）：台湾（TW）；德国。

（674）单斑缩颜蚜蝇 *Pipiza unimaculata* **Cheng, Huang, Duan *et* Li, 1998**

Pipiza unimaculata Cheng, Huang, Duan *et* Li, 1998. Acta Zootaxon. Sin. 23 (4): 421. **Type locality:** China: Nei Mongolia, Solon.

Pipiza unimaculata: Huang *et* Cheng, 2012. Fauna Sinica, Insecta, Vol. 50: 298.

分布（Distribution）：内蒙古（NM）。

87. 斜额蚜蝇属 *Pipizella* Rondani, 1856

Pipizella Rondani, 1856. Dipt. Ital. Prodromus, Vol. I: 54. **Type species:** *Mulio virens* Fabricius, 1805 (by original designation).

Phalangus Meigen, 1822. Syst. Beschr. Europ. Zweifl. Insekt. 3: 253. **Type species:** *Phalangus tristis* Meigen, 1822 (monotypy) [= *Mulio virens* Fabricius, 1805].

Pipizopsis Matsumura, 1918. J. Coll. Agric. Hokkaido Imp. Univ. 8: 3. **Type species:** *Pipiza biglumis* Matsumura, 1916 (by original designation).

Pizipella: Schiner, 1862b. Fauna Austriaca (Díptera) 1: 259 (misspelling of *Pipizella*).

（675）长角斜额蚜蝇 *Pipizella antennata* Violovitsh, 1981

Pipizella antennata Violovitsh, 1981b. Novye I Maloizvestnye Vidy Fauny Sibiri 15: 65. **Type locality:** Russia: Primorye, Khasan.

Pipizella inversa Violovitsh, 1981b. Novye I Maloizvestnye Vidy Fauny Sibiri 15: 67. **Type locality:** Russia: West Siberia, Novosibirsk Region, Kuybyshev District, village Chumakovo.

Pipizella antennata: Peck, 1988. *In*: Soós *et* Papp, 1988. Cat. Palaearct. Dipt. 8: 89; Cheng, Huang, Duan *et* Li, 1998. Acta Zootaxon. Sin. 23 (4): 417; Huang *et* Cheng, 2012. Fauna Sinica, Insecta, Vol. 50: 299.

Pipizella inverse: Peck, 1988. *In*: Soós *et* Papp, 1988. Cat. Palaearct. Dipt. 8: 90; Thompson, 1988. J. N. Y. Ent. Soc. 96 (2): 213 (new synonym of *Pipizella antennata*).

分布（Distribution）：吉林（JL）、内蒙古（NM）、河北（HEB）、北京（BJ）、山西（SX）、山东（SD）、陕西（SN）、江苏（JS）；俄罗斯。

（676）短角斜额蚜蝇 *Pipizella brevantenna* Cheng, Huang, Duan *et* Li, 1998

Pipizella brevantenna Cheng, Huang, Duan *et* Li, 1998. Acta Zootaxon. Sin. 23 (4): 422. **Type locality:** China: Tibet, Jiangda; Qinghai; Sichuan; Gansu.

Pipizella brevantenna: Huang *et* Cheng, 2012. Fauna Sinica, Insecta, Vol. 50: 300.

分布（Distribution）：甘肃（GS）、青海（QH）、四川（SC）、西藏（XZ）。

（677）蒙古斜额蚜蝇 *Pipizella mongolorum* Stackelberg, 1952

Pipizella mongolorum Stackelberg, 1952. Trudy Zool. Inst. 12: 350. **Type locality:** Mongolia: Ulan Bator; River Tola.

Pipizella mongolorum: Peck, 1988. *In*: Soós *et* Papp, 1988. Cat. Palaearct. Dipt. 8: 90; Cheng, Huang, Duan *et* Li, 1998. Acta Zootaxon. Sin. 23 (4): 418; Huang *et* Cheng, 2012. Fauna Sinica, Insecta, Vol. 50: 301.

分布（Distribution）：内蒙古（NM）、新疆（XJ）、西藏（XZ）；蒙古国、前苏联。

（678）天台斜额蚜蝇 *Pipizella tiantaiensis* Huo, Ren *et* Zheng, 2007

Pipizella tiantaiensis Huo, Ren *et* Zheng, 2007. Fauna of Syrphidae from Mt. Qinling-Bashan in China (Insecta: Diptera): 365. **Type locality:** China: Shaanxi, Hanzhong.

分布（Distribution）：陕西（SN）。

（679）多色斜额蚜蝇 *Pipizella varipes* (Meigen, 1822)

Pipiza varipes Meigen, 1822. Syst. Beschr. Europ. Zweifl. Insekt. 3: 254. **Type locality:** Germany: Aachen *et* Stolberg.

Pipiza obscuripennis Meigen, 1835. Faunus (Gistel's) 2: 70; Meigen, 1838. Syst. Beschr. Europ. Zweifl. Insekt. 7: 119. **Type locality:** Germany: "Umgegend von München" [= near München].

Pipiza tristis Meigen, 1838. Syst. Beschr. Europ. Zweifl. Insekt. 7: 119. **Type locality:** Germany: "Baiern" [= Bavaria] ("in hiesiger Gegend") (Stolberg near Aachen).

Pipizella varipes: Peck, 1988. *In*: Soós *et* Papp, 1988. Cat. Palaearct. Dipt. 8: 91; Li *et* Li, 1990. The Syrphidae of Gansu Province: 81; Huang, Cheng *et* Yang, 1998. *In*: Xue *et* Chao, 1998. Flies of China, Vol. 1: 199; Cheng, Huang, Duan *et* Li, 1998. Acta Zootaxon. Sin. 23 (4): 418; Huang *et* Cheng, 2012. Fauna Sinica, Insecta, Vol. 50: 302.

分布（Distribution）：吉林（JL）、内蒙古（NM）、河北（HEB）、北京（BJ）、山西（SX）、宁夏（NX）、甘肃（GS）、青海（QH）、新疆（XJ）、西藏（XZ）；蒙古国、前苏联、德国；欧洲。

（680）金绿斜额蚜蝇 *Pipizella virens* (Fabricius, 1805)

Mulio virens Fabricius, 1805. Syst. Antliat.: 186. **Type locality:** Austria.

Pipiza campestris Fallén, 1817. Syrphici Sveciae: 59. **Type locality:** Sweden: "prope Stenshufvud Scaniae".

Pipiza fulvitarsis Macquart, 1829b. Ins. Dipt. N. Fr. 4: 182. **Type locality:** Northern France.

Pipiza nigripes Macquart, 1829a. Mém. Soc. R. Sci. Agric. Arts Lille 1827-1828: 182; Macquart, 1829b. Ins. Dipt. N. Fr. 4: 34. **Type locality:** Northern France.

Pipiza interrupta Haliday, 1833. Ent. Mag. 1 (2): 165. **Type locality:** Great Britain: Northern Ireland, Holywood.

Paragus geniculata Curtis, 1836. Brit. Ent. 12: 593. **Type locality:** England.

Pipiza morosa Loew, 1840. Öffentl. Prüf. Schüler K. Friedrich-Wilhelms-Gymnasiums zu Posen 1840 (7-8): 29; Loew, 1840. Isis (Oken's), 1840 (VII-VIII): 564. **Type locality:** Poland: Poznan.

Pipiza varians Rondani, 1847. Nuovi Ann. Sci. Nat. (2) 8: 343. **Type locality:** Italy.

Pipizella virens var. *sacculata* Becker, 1921. Mitt. Zool. Mus. Berl. 10: 11. **Type locality:** Switzerland: "Zermatt".

Heringia fumida Goeldlin, 1974. Mitt. Schweiz. Ent. Ges. 47 (3-4): 239. **Type locality:** France: Gavarnie, Hautes-Pyrénées.

Pipizella fumida: Peck, 1988. *In*: Soós *et* Papp, 1988. Cat. Palaearct. Dipt. 8: 90.

Pipiza nigripes: Peck, 1988. *In*: Soós *et* Papp, 1988. Cat. Palaearct. Dipt. 8: 92 (as a doubtful species of *Pipizella* Rondani, 1856).

Pipizella virens: Peck, 1988. *In*: Soós *et* Papp, 1988. Cat. Palaearct. Dipt. 8: 91; Sun, 1993. Insects of the Hengduan Mountains Region 2: 1108; Huang, Cheng *et* Yang, 1998. *In*: Xue *et* Chao, 1998. Flies of China, Vol. 1: 199; Cheng, Huang, Duan *et* Li, 1998. Acta Zootaxon. Sin. 23 (4): 418; Huo, Ren *et* Zheng, 2007. Fauna of Syrphidae from Mt. Qinling-Bashan in China (Insecta: Diptera): 366; Huang *et* Cheng, 2012. Fauna Sinica, Insecta, Vol. 50: 303.

分布（**Distribution**）：内蒙古（NM）、河北（HEB）、山西（SX）、甘肃（GS）、江苏（JS）、四川（SC）、云南（YN）；蒙古国、前苏联、奥地利、瑞典、法国、英国、波兰、意大利、瑞士、伊朗。

88. 黑毛蚜蝇属 *Trichopsomyia* Williston, 1888

Trichopsomyia Williston, 1888. Trans. Am. Ent. Soc. 15: 259. **Type species:** *Trichopsomyia polita* Williston, 1888 (by designation of Hull, 1949).

Trichophthalmomyia Williston, 1908. Manual of North American Diptera. Ed. 3: 251. **Type species:** *Trichopsomyia puella* Williston, 1908 (by designation of Curran, 1934).

Halictomyia Shaanon, 1927. Proc. U. S. Natl. Mus. 70 (9): 13. **Type species:** *Halictomyia boliviensis* Shaanon, 1927 (by original designation).

Parapenium Collin, 1952. J. Soc. Br. Ent. 4 (4): 85. **Type species:** *Pipiza carbonarium* Meigen, 1843 (by original designation).

Penium: Kowarz, 1885. Wien. Ent. Ztg. 4: 241.

（681）黄跗黑毛蚜蝇 *Trichopsomyia flavitarsis* (Meigen, 1822)

Pipiza flavitarsis Meigen, 1822. Syst. Beschr. Europ. Zweifl. Insekt. 3: 248. **Type locality:** Germany.

Pipiza melancholica Meigen, 1822. Syst. Beschr. Europ. Zweifl. Insekt. 3: 251. **Type locality:** Germany.

Pipiza vitrea Meigen, 1822. Syst. Beschr. Europ. Zweifl. Insekt. 3: 249. **Type locality:** Germany: Aachen *et* Stolberg.

Pipiza coerulescens Macquart, 1829a. Mém. Soc. R. Sci. Agric. Arts Lille 1827-1828: 180; Macquart, 1829b. Ins. Dipt. N. Fr. 4: 32. **Type locality:** Northern France.

Pipiza fulvitarsis Macquart, 1829a. Mém. Soc. R. Sci. Agric. Arts Lille 1827-1828: 182; Macquart, 1829b. Ins. Dipt. N. Fr. 4: 34. **Type locality:** France: "Nord de la France".

Pipiza biguttata Curtis, 1837. Brit. Ent. 14: 669. **Type locality:** Great Britain: "at Amblside and Glanville's Wootton".

Pipiza ratzeburgi Zetterstedt, 1843. Dipt. Scand. 2: 843. **Type locality:** Sweden.

Pipiza sculpeonata Rondani, 1865. Atti Soc. Ital. Sci. Nat. Milano 8: 139. **Type locality:** Italy.

Pipiza neuphritica Rondani, 1868b. Atti Soc. Ital. Sci. Nat. Milano 11: 34. **Type locality:** Italy: "lunensis".

Pipizella bipunetata Strobl, 1880. Progr. K. K. Obergymn. Benedictiner Seitenstetten 14: 60. **Type locality:** Austria: "Niederösterreich".

Pipizella pyrenaica Becker, 1921. Mitt. Zool. Mus. Berl. 10: 11. **Type locality:** E. Pyrenees, Vernet.

Neocnemodon buka Violovitsh, 1978. Novye I Maloizvestnye Vidy Fauny Sibiri 12: 179. **Type locality:** Russia: SFSR.

Neocnemodon buka: Peck, 1988. *In*: Soós *et* Papp, 1988. Cat. Palaearct. Dipt. 8: 84.

Trichopsomyia flavitarsis: Peck, 1988. *In*: Soós *et* Papp, 1988. Cat. Palaearct. Dipt. 8: 92; Cheng, Huang, Duan *et* Li, 1998. Acta Zootaxon. Sin. 23 (4): 419; Huang *et* Cheng, 2012. Fauna Sinica, Insecta, Vol. 50: 304.

分布（**Distribution**）：北京（BJ）；前苏联、德国、法国、英国、瑞典、意大利、奥地利。

89. 寡节蚜蝇属 *Triglyphus* Loew, 1840

Triglyphus Loew, 1840. Öffentl. Prüf. Schüler K. Friedrich-Wilhelms-Gymnasiums zu Posen 1840 (7-8): 30; Loew, 1840. Isis (Oken's) 1840 (VII-VIII): 565. **Type species:** *Triglyphus primus* Loew, 1840 (monotypy).

Trigliphus: Rondani, 1856. Dipt. Ital. Prodromus, Vol. I: 53 (misspelling of *Triglyphus*).

Triglyptus: Schiner, 1868. Reise der Österreichischen Fregatte Novara, Diptera 2 (1B): 339 (misspelling of *Triglyphus*).

（682）蓝色寡节蚜蝇 *Triglyphus cyanea* (Brunetti, 1915)

Psilota cyanea Brunetti, 1915. Rec. India Mus. 11: 202. **Type locality:** India: Gangtok, Sikkim.

Triglyphus cyaneus: Knutson, Thompson *et* Vockeroth, 1975. *In*: Delfinado *et* Hardy, 1975. Cat. Dipt. Orient. Reg. 2: 329.

Triglyphus cyanea: Cheng, Huang, Duan *et* Li, 1998. Acta Zootaxon. Sin. 23 (4): 420; Huang *et* Cheng, 2012. Fauna Sinica, Insecta, Vol. 50: 305.

分布（**Distribution**）：福建（FJ）；印度。

（683）台湾寡节蚜蝇 *Triglyphus formosanus* Shiraki, 1930

Triglyphus formosanus Shiraki, 1930. Mem. Fac. Sci. Agric. Taihoku Imp. Univ. 1: 251. **Type locality:** China: Taiwan, Musha.

Triglyphus formosanus: Knutson, Thompson *et* Vockeroth, 1975. *In*: Delfinado *et* Hardy, 1975. Cat. Dipt. Orient. Reg. 2: 329.

分布（**Distribution**）：台湾（TW）。

（684）长翅寡节蚜蝇 *Triglyphus primus* **Loew, 1840**

Triglyphus primus Loew, 1840. Öffentl. Prüf. Schüler K. Friedrich-Wilhelms-Gymnasiums zu Posen 1840 (7-8): 30; Loew, 1840. Isis (Oken's) 1840 (VII-VIII): 565. **Type locality:** Poland: Poznan.

Triglyphus primus: Shiraki, 1930. Mem. Fac. Sci. Agric. Taihoku Imp. Univ. 1: 251; Ho, 1987. *In*: Zhang, 1987. Agricultural Insects, Spiders, Plant Diseases And Weeds of Tibet II: 199; Peck, 1988. *In*: Soós *et* Papp, 1988. Cat. Palaearct. Dipt. 8: 93; Li *et* Li, 1990. The Syrphidae of Gansu Province: 83; Huang, Cheng *et* Yang, 1998. *In*: Xue *et* Chao, 1998. Flies of China, Vol. 1: 200; Cheng, Huang, Duan *et* Li, 1998. Acta Zootaxon. Sin. 23 (4): 420; Huo, Ren *et* Zheng, 2007. Fauna of Syrphidae from Mt. Qinling-Bashan in China (Insecta: Diptera): 366; Huang *et* Cheng, 2012. Fauna Sinica, Insecta, Vol. 50: 307.

分布（Distribution）：河北（HEB）、北京（BJ）、山东（SD）、甘肃（GS）、浙江（ZJ）、四川（SC）、西藏（XZ）；波兰、前苏联、朝鲜、日本。

（685）四川寡节蚜蝇 *Triglyphus sichuanicus* **Cheng, Huang, Duan *et* Li, 1998**

Triglyphus sichuanicus Cheng, Huang, Duan *et* Li, 1998. Acta Zootaxon. Sin. 23 (4): 422. **Type locality:** China: Sichuan, Emeishan.

Triglyphus sichuanicus: Huo, Ren *et* Zheng, 2007. Fauna of Syrphidae from Mt. Qinling-Bashan in China (Insecta: Diptera): 368; Huang *et* Cheng, 2012. Fauna Sinica, Insecta, Vol. 50: 307.

分布（Distribution）：陕西（SN）、四川（SC）。

蚜蝇族　Syrphini

90. 洁蚜蝇属 *Agnisyrphus* Ghorpadé, 1994

Agnisyrphus Ghorpadé, 1994. Colemania Ins. Biosyst. 3: 6. **Type species:** *Agnisyrphus angara* Ghorpadé, 1994 (by original designation).

（686）汉洁蚜蝇 *Agnisyrphus grahami* **Ghorpadé, 2007**

Agnisyrphus grahami Ghorpadé, 2007. Colemania Ins. Biosyst. 14: 7. **Type locality:** China: Szechuen (Sichuan), near Mupin.

分布（Distribution）：四川（SC）。

（687）科洁蚜蝇 *Agnisyrphus klapperichi* **Ghorpadé, 2007**

Agnisyrphus klapperichii Ghorpadé, 2007. Colemania Ins. Biosyst. 14: 9. **Type locality:** China: Fukien, Kwangtseh, Shaowu.

分布（Distribution）：福建（FJ）。

（688）曼洁蚜蝇 *Agnisyrphus mandarinus* **Ghorpadé, 2007**

Agnisyrphus mandarinus Ghorpadé, 2007. Colemania Ins. Biosyst. 14: 11. **Type locality:** China: Fukien, Kautun.

分布（Distribution）：福建（FJ）。

91. 异蚜蝇属 *Allograpta* Osten Sacken, 1875

Allograpta Osten Sacken, 1875. Bull. Buffalo Soc. Nat. Sci. 3: 49. **Type species:** *Scaeva obliqua* Say, 1823 (monotypy).
Fazia Shaanon, 1927. Proc. U. S. Natl. Mus. 70 (9): 25. **Type species:** *Fazia bullaephora* Shaanon, 1927 (by original designation).
Chasmia Enderlein, 1938. Sber. Ges. Naturf. Freunde Berl. 1937: 213 (preoccupied by Enderlein, 1922). **Type species:** *Chasmia hians* Enderlein, 1938 by (by original designation).
Oligorhina Hull, 1937. Psyche 44: 30 (preoccupied by Fairmaire *et* Germain, 1863). **Type species:** *Oligorhina aenea* Hull, 1937 (by original designation).
Rhinoprosopa Hull, 1942. Proc. New England Zool. Club 30: 23 (replacement name for *Oligorhina*).
Microsphaerophoria Frey, 1946. Not. Ent. (1945) 25: 168. **Type species:** *Microsphaerophoria plaumanni* Frey, 1946 (by original designation).
Miogramma Frey, 1946. Not. Ent. (1945) 25: 165. **Type species:** *Syrphus javanus* Wiedemann, 1824 (by original designation).
Neoscaeva Frey, 1946. Not. Ent. (1945) 25: 170. **Type species:** *Syrphus aeruginosifrons* Schiner, 1868 (by original designation).
Metallograpta Hull, 1949. Trans. Zool. Soc. Lond. 26: 293 (as a subgenus of *Epistrophe*). **Type species:** *Allograpta colombia* Curran, 1925 (by original designation).
Metepistrophe Hull, 1949. Trans. Zool. Soc. Lond. 26: 293 (as a subgenus of *Epistrophe*). **Type species:** *Epistrophe remigis* Fluke, 1942 (by original designation).
Helenomyia Bańkowska, 1962. Bull. Acad. Polon. Sci. (Sér. Biol.) 10 (8): 311. **Type species:** *Syrphus javanus* Wiedemann, 1824 (by original designation).
Antillus Vockeroth, 1969. Mem. Ent. Soc. Can. 101 (62): 130. **Type species:** *Antillus ascitus* Vockeroth, 1969 (by original designation).
Paraxanthogramma Tao *et* Chiu, 1971. Taiwan Agric. Res. Inst. 10: 74 (nomen nudum).
Claraplumula Shaanon, 1927. Proc. U. S. Natl. Mus. 70 (9): 8. **Type species:** *Claraplumula latifacies* Shaanon (by original designation).

（689）黄胫异蚜蝇 *Allograpta aurotibia* **Huo, Ren *et* Zheng, 2007**

Allograpta aurotibia Huo, Ren *et* Zheng, 2007. Fauna of Syrphidae from Mt. Qinling-Bashan in China (Insecta: Diptera): 98. **Type locality:** China: Shaanxi, Meixian, Honghe Valley; Sichuan.

Allograpta aurotibia: Bai, Zhang, Li *et* Jiang, 2011. J. Henan Agric. Sci. 40 (7): 87.

分布（Distribution）：河北（HEB）、陕西（SN）、四川（SC）。

（690）爪哇异蚜蝇 *Allograpta javana* (Wiedemann, 1824)

Syrphus javanus Wiedemann, 1824a. Munus Rectoris in Academia Christiana Albertina Aditurus Analecta Entomológica ex Museo Regio Havniensi Máxime Congesta Profert Iconibusque Illustrat: 34. **Type locality**: Indonesia: Java.

Melithreptus distinctus Kertész, 1899. Természetr. Füz. 22: 177. **Type locality**: New Guinea: Astrolabe Bay, Erima.

Xanthogramma nakamurae Matsumura, 1918. J. Coll. Agric. Hokkaido Imp. Univ. 8: 9. **Type locality**: Japan: Honshū, Echigo at Kashiwazaki.

Xanthogramma nakamurae: Shiraki, 1930. Mem. Fac. Sci. Agric. Taihoku Imp. Univ. 1: 412; Peck, 1988. *In*: Soós *et* Papp, 1988. Cat. Palaearct. Dipt. 8: 51.

Sphaerophoria javana: Shiraki, 1930. Mem. Fac. Sci. Agric. Taihoku Imp. Univ. 1: 394.

Sphaerophoria javanus: Cheng, 1940. Biol. Bull. Fukien Christian Univ. 1: 43.

Allograpta javana: Knutson, Thompson *et* Vockeroth, 1975. *In*: Delfinado *et* Hardy, 1975. Cat. Dipt. Orient. Reg. 2: 308; Peck, 1988. *In*: Soós *et* Papp, 1988. Cat. Palaearct. Dipt. 8: 12; Huang, Cheng *et* Yang, 1998. *In*: Xue *et* Chao, 1998. Flies of China, Vol. 1: 134; Huo, Ren *et* Zheng, 2007. Fauna of Syrphidae from Mt. Qinling-Bashan in China (Insecta: Diptera): 100; Huang *et* Cheng, 2012. Fauna Sinica, Insecta, Vol. 50: 149.

分布（Distribution）：黑龙江（HL）、吉林（JL）、辽宁（LN）、北京（BJ）、陕西（SN）、甘肃（GS）、四川（SC）、云南（YN）、广西（GX）；前苏联、蒙古国、朝鲜、日本、泰国、印度、斯里兰卡、印度尼西亚、加里曼丹岛、马来西亚、菲律宾；澳洲区。

（691）黑胫异蚜蝇 *Allograpta nigritibia* Huo, Ren *et* Zheng, 2007

Allograpta nigritibia Huo, Ren *et* Zheng, 2007. Fauna of Syrphidae from Mt. Qinling-Bashan in China (Insecta: Diptera): 101. **Type locality**: China: Shaanxi, Meixian, Mt. Taibai; Sichuan; Hainan.

分布（Distribution）：陕西（SN）、四川（SC）、海南（HI）。

（692）太白异巴蚜蝇 *Allograpta taibaiensis* Huo, Ren *et* Zheng, 2007

Allograpta taibaiensis Huo, Ren *et* Zheng, 2007. Fauna of Syrphidae from Mt. Qinling-Bashan in China (Insecta: Diptera): 101. **Type locality**: China: Shaanxi, Meixian, Mt. Taibai.

分布（Distribution）：陕西（SN）。

92. 狭口蚜蝇属 *Asarkina* Macquart, 1842

Asarkina Macquart, 1842. Mém. Soc. Sci. Agric. Lille 1841 (1): 137; Macquart, 1842. Dipt. Exot. 2 (2): 137. **Type species**: *Syrphus rostrata* Wiedemann, 1824 (monotypy).

Ancylosyrphus Bigot, 1882. Ann. Soc. Entomol. Fr. 6, 2 (Bul.): lxviii. **Type species**: *Syrphus salviae* Fabricius, 1794 (by original designation).

Achoanus Munro, 1924. Ann. Transv. Mus. 10: 87. **Type species**: *Achoanus hulleyi* Munro, 1924 (by original designation).

Asarcina: Agassiz, 1846. Nomencl. Zool. Index Univ.: 35 (emendation of *Asarkina*).

（693）切黑狭口蚜蝇 *Asarkina ericetorum* (Fabricius, 1781)

Syrphus ericetorum Fabricius, 1781. Species Insect. 2: 425. **Type locality**: Africa.

Syrphus incisuralis Macquart, 1855. Mém. Soc. Sci. Agric. Arts Lille (2) 1: 114. **Type locality**: Inde.

Didea diaphana Doleschall, 1857a. Natuurkd. Tijdschr. Ned.-Indië 14: 409. **Type locality**: Indonesia: Maluku, Ambon.

Didea macquarti Doleschall, 1857. Natuurkd. Tijdschr. Ned.-Indië 14: 408. **Type locality**: Indonesia: Maluku, Ambon.

Asarkina ericetorum formosae Bezzi, 1908. Ann. Hist.-Nat. Mus. Natl. Hung. 6: 499. **Type locality**: ? China: Taiwan, Takao.

Asarkina ericetorum var. *typica* Bezzi, 1908. Ann. Hist.-Nat. Mus. Natl. Hung. 6: 500. **Type locality**: South Africa. Tanzania.

Asarkina ericetorum var. *usambarensis* Bezzi, 1908. Ann. Hist.-Nat. Mus. Natl. Hung. 6: 500. **Type locality**: Ghana. Tanzania.

Musca ericetorum: Gmelin, 1790. Syst. Nat. 5: 2870.

Asarkina ericetorum formosae: Shiraki, 1930. Mem. Fac. Sci. Agric. Taihoku Imp. Univ. 1: 346; Knutson, Thompson *et* Vockeroth, 1975. *In*: Delfinado *et* Hardy, 1975. Cat. Dipt. Orient. Reg. 2: 309.

Asarcina ericetorum: Wu, 1940. Cat. Ins. Sin. 5: 265.

Asarkina (*Asarkina*) *ericetorum*: Knutson, Thompson *et* Vockeroth, 1975. *In*: Delfinado *et* Hardy, 1975. Cat. Dipt. Orient. Reg. 2: 309.

Asarkina ericetorum: Cheng, 1940. Biol. Bull. Fukien Christian Univ. 1: 42, 48; Huang, Cheng *et* Yang, 1998. *In*: Xue *et* Chao, 1998. Flies of China, Vol. 1: 135; Huo, Ren *et* Zheng, 2007. Fauna of Syrphidae from Mt. Qinling-Bashan in China (Insecta: Diptera): 104; Huang *et* Cheng, 2012. Fauna Sinica, Insecta, Vol. 50: 151.

分布（Distribution）：黑龙江（HL）、辽宁（LN）、内蒙古（NM）、河北（HEB）、陕西（SN）、甘肃（GS）、浙江（ZJ）、湖南（HN）、四川（SC）、贵州（GZ）、云南（YN）、西藏

（XZ）、福建（FJ）、台湾（TW）、广西（GX）；前苏联、日本、印度、斯里兰卡、印度尼西亚、南非、坦桑尼亚。

（694）宽条狭口食蚜蝇 *Asarkina eurytaeniata* Bezzi, 1908

Asarkina eurytaeniata Bezzi, 1908. Ann. Hist.-Nat. Mus. Natl. Hung. 6: 501. **Type locality:** Malaysia: Kelantan, Malacca.

Asarkina eurytaeniata: Shiraki, 1930. Mem. Fac. Sci. Agric. Taihoku Imp. Univ. 1: 348.

Asarkina (Asarkina) eurytaeniata: Knutson, Thompson *et* Vockeroth, 1975. *In*: Delfinado *et* Hardy, 1975. Cat. Dipt. Orient. Reg. 2: 310.

分布（Distribution）：台湾（TW）；菲律宾、马来西亚、瓜达康纳尔岛。

（695）烟翅狭口食蚜蝇 *Asarkina fumipennis* Sack, 1913

Asarkina fumipennis Sack, 1913. Ent. Mitt. 2: 3. **Type locality:** China: Taiwan, Yamo and Chip-chip.

Asarcina porcina fumipenni: Shiraki, 1930. Mem. Fac. Sci. Agric. Taihoku Imp. Univ. 1: 347.

Asarkina (Asarkina) fumipennis: Knutson, Thompson *et* Vockeroth, 1975. *In*: Delfinado *et* Hardy, 1975. Cat. Dipt. Orient. Reg. 2: 310.

分布（Distribution）：台湾（TW）。

（696）东方狭口食蚜蝇 *Asarkina orientalis* Bezzi, 1908

Asarkina ericetorum var. *orientalis* Bezzi, 1908. Ann. Hist.-Nat. Mus. Natl. Hung. 6: 498. **Type locality:** China. Malaysia: Malaya.

Asarkina ericetorum var. *orientalis*: Cheng, 1940. Biol. Bull. Fukien Christian Univ. 1: 42; Wu, 1940. Cat. Ins. Sin. 5: 264.

Asarkina (Asarkina) orientalis: Knutson, Thompson *et* Vockeroth, 1975. *In*: Delfinado *et* Hardy, 1975. Cat. Dipt. Orient. Reg. 2: 310.

Asarkina orientalis: Peck, 1988. *In*: Soós *et* Papp, 1988. Cat. Palaearct. Dipt. 8: 13; Huang, Cheng *et* Yang, 1998. *In*: Xue *et* Chao, 1998. Flies of China, Vol. 1: 135; Huang *et* Cheng, 2012. Fauna Sinica, Insecta, Vol. 50: 152.

分布（Distribution）：辽宁（LN）、贵州（GZ）、云南（YN）、台湾（TW）、海南（HI）；印度、马来西亚、菲律宾。

（697）黄腹狭口蚜蝇 *Asarkina porcina* (Coquillett, 1898)

Syrphus porcina Coquillett, 1898. Proc. U. S. Natl. Mus. 21: 322. **Type locality:** Japan.

Asarcina porcina porcina: Shiraki, 1930. Mem. Fac. Sci. Agric. Taihoku Imp. Univ. 1: 347.

Asarcina porcina: Wu, 1940. Cat. Ins. Sin. 5: 265.

Asarkina (Asarkina) porcina porcina: Knutson, Thompson *et* Vockeroth, 1975. *In*: Delfinado *et* Hardy, 1975. Cat. Dipt. Orient. Reg. 2: 310.

Asarkina porcina: Cheng, 1940. Biol. Bull. Fukien Christian Univ. 1: 42; Peck, 1988. *In*: Soós *et* Papp, 1988. Cat. Palaearct. Dipt. 8: 13; Li *et* Li, 1990. The Syrphidae of Gansu Province: 43; Huang, Cheng *et* Yang, 1998. *In*: Xue *et* Chao, 1998. Flies of China, Vol. 1: 135; Huo, Ren *et* Zheng, 2007. Fauna of Syrphidae from Mt. Qinling-Bashan in China (Insecta: Diptera): 106; Huang *et* Cheng, 2012. Fauna Sinica, Insecta, Vol. 50: 153.

分布（Distribution）：黑龙江（HL）、辽宁（LN）、内蒙古（NM）、河北（HEB）、北京（BJ）、山西（SX）、陕西（SN）、甘肃（GS）、江苏（JS）、浙江（ZJ）、湖南（HN）、湖北（HB）、四川（SC）、贵州（GZ）、云南（YN）、西藏（XZ）、福建（FJ）、广西（GX）；前苏联、日本、印度、斯里兰卡。

（698）银白狭口食蚜蝇 *Asarkina salviae* (Fabricius, 1794)

Syrphus salviae Fabricius, 1794. Ent. Syst. 4: 306. **Type locality:** Sierra Leone.

Syrphus salviae: Wu, 1940. Cat. Ins. Sin. 5: 265 (new synonym of *Asarkina orientalis*).

Musca salviae: Gmelin, 1790. Syst. Nat. 5: 2877.

Asarkina (Asarkina) salviae: Knutson, Thompson *et* Vockeroth, 1975. *In*: Delfinado *et* Hardy, 1975. Cat. Dipt. Orient. Reg. 2: 310.

Asarkina salviae: Huang *et* Cheng, 2012. Fauna Sinica, Insecta, Vol. 50: 154.

分布（Distribution）：北京（BJ）、山东（SD）、江苏（JS）、浙江（ZJ）、四川（SC）、云南（YN）、福建（FJ）、广东（GD）、广西（GX）、海南（HI）；加里曼丹岛、印度、马来西亚。

93. 弯脉蚜蝇属 *Asiodidea* Stackelberg, 1930

Asiodidea Stackelberg, 1930. Konowia 9: 224. **Type species:** *Asiodidea potanini* Stackelberg, 1930 (by original designation) [= *Brachyopa nikkoensis* Matsumura, 1916].

（699）日本弯脉食蚜蝇 *Asiodidea nikkoensis* (Matsumura, 1916)

Brachyopa nikkoensis Matsumura, 1916. Thousand Ins. Japan Add. 2: 233. **Type locality:** Japan: Honshū, Nikko.

Didea nikkoensis: Shiraki, 1930. Mem. Fac. Sci. Agric. Taihoku Imp. Univ. 1: 338.

Asiodidea potanini Stackelberg, 1930. Konowia 9: 225. **Type locality:** China: Sichuan.

Asiodidea potanini: Cheng, 1940. Biol. Bull. Fukien Christian Univ. 1: 42; Wu, 1940. Cat. Ins. Sin. 5: 266.

Asiodidea nikkoensis: Peck, 1988. *In*: Soós *et* Papp, 1988. Cat. Palaearct. Dipt. 8: 13; Li *et* Li, 1990. The Syrphidae of Gansu Province: 45; Huang, Cheng *et* Yang, 1998. *In*: Xue *et* Chao, 1998. Flies of China, Vol. 1: 135; Huang *et* Cheng, 2012. Fauna Sinica, Insecta, Vol. 50: 156.

分布（Distribution）：宁夏（NX）、甘肃（GS）、四川（SC）、云南（YN）；前苏联、日本。

94. 贝蚜蝇属 *Betasyrphus* Matsumura, 1917

Betasyrphus Matsumura, 1917. *In*: Matsumura *et* Adachi, 1917. Ent. Mag. Kyoto 2 (4): 143. **Type species:** *Syrphus serarius* Wiedemann, 1830 (by original designation).

（700）狭带贝蚜蝇 *Betasyrphus serarius* (Wiedemann, 1830)

Syrphus serarius Wiedemann, 1830. Aussereurop. Zweifl. Insekt. 2: 128. **Type locality:** China.
Syrphus serarius: Shiraki, 1930. Mem. Fac. Sci. Agric. Taihoku Imp. Univ. 1: 360; Cheng, 1940. Biol. Bull. Fukien Christian Univ. 1: 43, 55; Wu, 1940. Cat. Ins. Sin. 5: 284.
Betasyrphus serarius: Knutson, Thompson *et* Vockeroth, 1975. *In*: Delfinado *et* Hardy, 1975. Cat. Dipt. Orient. Reg. 2: 310; Peck, 1988. *In*: Soós *et* Papp, 1988. Cat. Palaearct. Dipt. 8: 13; Li *et* Li, 1990. The Syrphidae of Gansu Province: 46; Huang, Cheng *et* Yang, 1998. *In*: Xue *et* Chao, 1998. Flies of China, Vol. 1: 136; Huo, Ren *et* Zheng, 2007. Fauna of Syrphidae from Mt. Qinling-Bashan in China (Insecta: Diptera): 108; Huang *et* Cheng, 2012. Fauna Sinica, Insecta, Vol. 50: 157.

分布（**Distribution**）：黑龙江（HL）、吉林（JL）、辽宁（LN）、内蒙古（NM）、河北（HEB）、陕西（SN）、甘肃（GS）、江苏（JS）、浙江（ZJ）、江西（JX）、湖南（HN）、湖北（HB）、四川（SC）、贵州（GZ）、云南（YN）、西藏（XZ）、福建（FJ）、台湾（TW）、广东（GD）、广西（GX）、海南（HI）；前苏联、朝鲜、日本、新几内亚岛、澳大利亚；东南亚。

95. 长角蚜蝇属 *Chrysotoxum* Meigen, 1803

Chrysotoxum Meigen, 1803. Mag. Insektenkd. 2: 275. **Type species:** *Musca bicincta* Linnaeus, 1758 (by designation of Latreille, 1810).
Mulio Fabricius, 1798. Suppl. Ent. Syst. 4: 548 (preoccupied by Latreille, 1796). **Type species:** *Musca bicincta* Linnaeus, 1758 (by designation of Thompson, 1987).
Antiopa Meigen, 1800. Nouve. Class.: 32. **Type species:** *Musca bicincta* Linnaeus (by designation of Coquillett, 1910).
Hylax Gistel, 1848. Naturgeschichte des Thierreichs für höhere Schulen, Stuttgart 16: 154 (replacement name for *Chrysotoxum*, preoccupied by Dejean, 1835).
Primochrysotoxum Shaanon, 1926. Proc. U. S. Natl. Mus. 69 (11): 5 (as a subgenus of *Chrysotoxum*). **Type species:** *Chrysotoxum ypsilon* Williston, 1887 (by original designation).
Chrysostoxum: Eversmann, 1834. Bull. Soc. Imp. Nat. Moscou 7: 425 (misspelling of *Chrysotoxum*).
Cyrsotoxum: Rondani, 1865. Atti Soc. Ital. Sci. Nat. Milano 8: 141 (misspelling of *Chrysotoxum*).
Chrosotoxum: Williston, 1908. Manual of North American Diptera. Ed. 3: 251 (misspelling of *Chrysotoxum*).
Chrysothoxum: Drensky, 1934. Izv. Bulg. Ent. Druzh. 8: 120 (misspelling of *Chrysotoxum*).

（701）弓斑长角蚜蝇 *Chrysotoxum arcuatum* (Linnaeus, 1758)

Musca arcuata Linnaeus, 1758. Syst. Nat. Ed. 10 (1): 592. **Type locality:** Sweden.
Musca intersectum Geoffroy, 1785. *In*: Fourcroy, 1785. Entomologia Parisiensis; Sive Catalogus Insectorum quae in Agro Parisiensi Reperiuntur 2: 479. **Type locality:** France: "Paris".
Musca vespiforme Geoffroy, 1785. *In*: Fourcroy, 1785. Entomologia Parisiensis; Sive Catalogus Insectorum quae in Agro Parisiensi Reperiuntur 2: 478 (preoccupied by Linnaeus, 1758 [= *Temnostoma vespiforme* (Linnaeus)]). **Type locality:** France: "Paris".
Musca bipunctatum Müller, 1776. Zool. Danicae Prodromus: 174. **Type locality:** Denmark.
Musca imbellis Harris, 1776. Expos. Engl. Ins.: 60. **Type locality:** England.
Musca festiva Geoffroy, 1785. *In*: Fourcroy, 1785. Entomologia Parisiensis; Sive Catalogus Insectorum quae in Agro Parisiensi Reperiuntur 2: 479 (preoccupied by Linnaeus, 1758). **Type locality:** France: Paris.
Mulio zonatus Gravenhorst, 1807. Vergl. Ueber.: 367. **Type locality:** Germany.
Chrysotoxum hortense Meigen, 1822. Syst. Beschr. Europ. Zweifl. Insekt. 3: 173. **Type locality:** Not given.
Chrysotoxum scoticum Curtis, 1837. Brit. Ent. 14: 653. **Type locality:** "Isle of Skye".
Chrysotoxum arcuatum var. *annulatum* Loew, 1840. Öffentl. Prüf. Schüler K. Friedrich-Wilhelms-Gymnasiums zu Posen 1840 (7-8): 26. **Type locality:** Poland: Poznan [as "Posen"].
Chrysotoxum arcuatum var. *infuscatum* Loew, 1840. Öffentl. Prüf. Schüler K. Friedrich-Wilhelms-Gymnasiums zu Posen 1840 (7-8): 26. **Type locality:** Poland: Poznan [as "Posen"].
Chrysotoxum arcuatum var. *scutellare* Loew, 1840. Öffentl. Prüf. Schüler K. Friedrich-Wilhelms-Gymnasiums zu Posen 1840 (7-8): 26. **Type locality:** Poland: Poznan [as "Posen"].
Chrysotoxum alpinum Rondani, 1865. Atti Soc. Ital. Sci. Nat. Milano 8: 141. **Type locality:** Italy: "in Alpibus Insubriae".
Chrysotoxum arcuatum var. *angustifasciatum* Mik, 1897. Wien. Ent. Ztg. 16: 115. **Type locality:** Austria: "Salzburger und Tiroler Alpen".
Chrysotoxum hortense var. *nigropilosum* Giglio-Tos, 1890. Atti Accad. Sci. Torino 26: 142. **Type locality:** Austria. Italy.
Chrysotoxum festivum var. *tomentosum* Giglio-Tos, 1890. Atti Accad. Sci. Torino 26: 159. **Type locality:** Italy.
Chrysotoxum motasi Šuster, 1936. C. R. Séanc. Acad. Sci. Roum. 1: 238. **Type locality:** Rumania: Reg. Mures, Borsec.
Chrysotoxum motasi Peck, 1988. *In*: Soós *et* Papp, 1988. Cat. Palaearct. Dipt. 8: 61 (as a valid species).
Chrysotoxum arcuatum: Shiraki, 1930. Mem. Fac. Sci. Agric. Taihoku Imp. Univ. 1: 27; Peck, 1988. *In*: Soós *et* Papp, 1988. Cat. Palaearct. Dipt. 8: 56; Huo, Zhang *et* Zheng, 2006. Acta Zootaxon. Sin. 31 (2): 440.

分布（Distribution）：吉林（JL）；瑞典、伊朗、蒙古国、日本、前苏联、法国、德国、奥地利；欧洲。

（702）亚洲长角蚜蝇 *Chrysotoxum asiaticum* Becker, 1921

Chrysotoxum asiaticum Becker, 1921. Mitt. Zool. Mus. Berl. 10: 80. **Type locality:** China: Mongolei, In Shan.

Chrysotoxum asiaticum: Shiraki, 1930. Mem. Fac. Sci. Agric. Taihoku Imp. Univ. 1: 37; Peck, 1988. *In*: Soós *et* Papp, 1988. Cat. Palaearct. Dipt. 8: 57.

分布（Distribution）：内蒙古（NM）；蒙古国、日本。

（703）棕腹长角蚜蝇 *Chrysotoxum baphrus* Walker, 1849

Chrysotoxum baphrus Walker, 1849. List of the specimens of dipterous insets in the collection of the British Museum Part III: 542. **Type locality:** India: North Bengal.

Chrysotoxum indicum Walker, 1852. Ins. Saund. (Ⅰ) Dipt. 3-4: 218. **Type locality:** East Indies.

Chrysotoxum sexfasciatum Brunetti, 1907. Rec. Indian Mus. 1: pl. 13, fig. 9; Brunetti, 1908. Rec. Indian Mus. 2 (1): 89. **Type locality:** India: Bijnor District, Rampore Chaka.

Chrysotoxum citronellum Brunetti, 1908. Rec. India Mus. 2 (1): 90. **Type locality:** Sri Lanka: Kandy.

Chrysotoxum mundulum Hervé-Bazin, 1923a. Bull. Soc. Ent. Fr. 1923: 27. **Type locality:** Cochinchina.

Chrysotoxum baphrus: Knutson, Thompson *et* Vockeroth, 1975. *In*: Delfinado *et* Hardy, 1975. Cat. Dipt. Orient. Reg. 2: 326; Sun, 1988. Insects of Nanjagbarwa Region of Xizang: 486; She, 1989. J. Fujian Agric. Coll. 18 (3): 330; Li *et* He, 1992. J. Shanghai Agric. Coll. 10 (1): 71; Huang, Cheng *et* Yang, 1998. *In*: Xue *et* Chao, 1998. Flies of China, Vol. 1: 122; Huo, Ren *et* Zheng, 2007. Fauna of Syrphidae from Mt. Qinling-Bashan in China (Insecta: Diptera): 63; Huang *et* Cheng, 2012. Fauna Sinica, Insecta, Vol. 50: 77.

分布（Distribution）：陕西（SN）、湖南（HN）、云南（YN）、西藏（XZ）、福建（FJ）、广东（GD）、广西（GX）；老挝、印度、尼泊尔、斯里兰卡。

（704）二带长角蚜蝇 *Chrysotoxum bicinctum* (Linnaeus, 1758)

Musca bicincta Linnaeus, 1758. Syst. Nat. Ed. 10 (1): 592. **Type locality:** Sweden.

Musca callosus Harris, 1776. Expos. Engl. Ins.: 61. **Type locality:** England.

Musca bicinctatum Turton, 1801. A General System of Nature Vol. III (1800): 639 (replacement name for *Musca bicinctum*).

Chrysotoxum tricinctum Rondani, 1845. Ann. Soc. Entomol. Fr. (2) 3: 201. **Type locality:** Italy: Parma.

Syrphus bicinctus: Fabricius, 1775. Syst. Entom.: 767.

Chrysotoxum bicinctum: Peck, 1988. *In*: Soós *et* Papp, 1988. Cat. Palaearct. Dipt. 8: 57; Li *et* He, 1992. J. Shanghai Agric. Coll. 10 (1): 70; Huang, Cheng *et* Yang, 1998. *In*: Xue *et* Chao,

1998. Flies of China, Vol. 1: 122; Huang *et* Cheng, 2012. Fauna Sinica, Insecta, Vol. 50: 98.

分布（Distribution）：辽宁（LN）、新疆（XJ）；蒙古国、前苏联、摩洛哥、瑞典；欧洲。

（705）二斑长角蚜蝇 *Chrysotoxum biguttatum* Matsumura, 1911

Chrysotoxum biguttatum Matsumura, 1911. J. Coll. Agric. Hokkaido Imp. Univ. 4 (1): 73. **Type locality:** Russia: Sakhalin, Chipsani, Shiraraka.

Chrysotoxum biguttatum Matsumura, 1916. *In*: Matsumura *et* Adachi, 1916. Ent. Mag. Kyoto 2 (1): 6 (preoccupied by Matsumura, 1911). **Type locality:** Japan: Hokkaidō, Sapporo. Russia: Far East (Sakhalin).

Chrysotoxum subbicinctum Violovitsh, 1956. Ent. Obozr. 35 (2): 471. **Type locality:** Russia: Far East, Sakhalin, Bykov; Juzhno.

Chrysotoxum biguttatum: Shiraki, 1930. Mem. Fac. Sci. Agric. Taihoku Imp. Univ. 1: 34; Cheng, 1940. Biol. Bull. Fukien Christian Univ. 1: 47; Peck, 1988. *In*: Soós *et* Papp, 1988. Cat. Palaearct. Dipt. 8: 57.

Chrysotoxum subbicinctum: Peck, 1988. *In*: Soós *et* Papp, 1988. Cat. Palaearct. Dipt. 8: 63 (as a valid species).

分布（Distribution）：河北（HEB）；前苏联、日本；欧洲。

（706）棕额长角蚜蝇 *Chrysotoxum brunnefrontum* Huo, Ren *et* Zheng, 2007

Chrysotoxum brunnefrontum Huo, Ren *et* Zheng, 2007. Fauna of Syrphidae from Mt. Qinling-Bashan in China (Insecta: Diptera): 64. **Type locality:** China: Shaanxi, Liuba, Mt. Zibai.

Chrysotoxum brunnefrontum: Huo, 2011. Acta Zootaxon. Sin. 36 (3): 827.

分布（Distribution）：陕西（SN）。

（707）雕长角蚜蝇 *Chrysotoxum caeleste* Shaanon, 1926

Chrysotoxum caeleste Shaanon, 1926. Proc. U. S. Natl. Mus. 69 (11): 16. **Type locality:** China: Sichuan.

Chrysotoxum caeleste: Cheng, 1940. Biol. Bull. Fukien Christian Univ. 1: 47; Wu, 1940. Cat. Ins. Sin. 5: 288; Peck, 1988. *In*: Soós *et* Papp, 1988. Cat. Palaearct. Dipt. 8: 57; Huang, Cheng *et* Yang, 1998. *In*: Xue *et* Chao, 1998. Flies of China, Vol. 1: 123.

分布（Distribution）：四川（SC）。

（708）黄颊长角蚜蝇 *Chrysotoxum cautum* (Harris, 1776)

Musca cautus Harris, 1776. Expos. Engl. Ins.: 60. **Type locality:** England.

Chrysotoxum sylvarum Wiedemann, 1822. *In*: Meigen, 1822. Syst. Beschr. Europ. Zweifl. Insekt. 3: 171. **Type locality:** Austria.

Chrysotoxum scutellatum Macquart, 1829b. Ins. Dipt. N. Fr. 4: 349. **Type locality:** Northern France.

Chrysotoxum sylvarum var. *impudicum* Loew, 1856. Verh. K. K. Zool.-Bot. Ges. Wien 6: 609. **Type locality:** Italy: Sicily.

Chrysotoxum lubricum Giglio-Tos, 1890. Atti Accad. Sci. Torino 26: 151. **Type locality:** Italy: Piedmont, Turin.

Chrysotoxum cautum: Peck, 1988. *In*: Soós *et* Papp, 1988. Cat. Palaearct. Dipt. 8: 57; Li *et* Li, 1990. The Syrphidae of Gansu Province: 40; Huang, Cheng *et* Yang, 1998. *In*: Xue *et* Chao, 1998. Flies of China, Vol. 1: 122; Huang *et* Cheng, 2012. Fauna Sinica, Insecta, Vol. 50: 79.

分布（Distribution）：吉林（JL）、河北（HEB）、北京（BJ）、陕西（SN）、甘肃（GS）、湖南（HN）、云南（YN）、西藏（XZ）、福建（FJ）、广东（GD）、广西（GX）；前苏联、英国、奥地利、法国、意大利。

（709）中华长角蚜蝇 *Chrysotoxum chinense* Shaanon, 1926

Chrysotoxum chinense Shaanon, 1926. Proc. U. S. Natl. Mus. 69 (11): 13. **Type locality:** China: Sichuan, W. nr. Tatsienlu.

Chrysotoxum chinense: Cheng, 1940. Biol. Bull. Fukien Christian Univ. 1: 47; Wu, 1940. Cat. Ins. Sin. 5: 288; Peck, 1988. *In*: Soós *et* Papp, 1988. Cat. Palaearct. Dipt. 8: 58; Huang, Cheng *et* Yang, 1998. *In*: Xue *et* Chao, 1998. Flies of China, Vol. 1: 123; Huang *et* Cheng, 2012. Fauna Sinica, Insecta, Vol. 50: 79.

分布（Distribution）：四川（SC）。

（710）弧缘长角蚜蝇 *Chrysotoxum convexum* Brunetti, 1915

Chrysotoxum convexum Brunetti, 1915. Rec. India Mus. 11: 249. **Type locality:** India: Garhwal District, Andarban.

Chrysotoxum convexum: Knutson, Thompson *et* Vockeroth, 1975. *In*: Delfinado *et* Hardy, 1975. Cat. Dipt. Orient. Reg. 2: 327; Sun, 1993. Insects of the Hengduan Mountains Region 2: 1107; Huang, Cheng *et* Yang, 1998. *In*: Xue *et* Chao, 1998. Flies of China, Vol. 1: 123; Huang *et* Cheng, 2012. Fauna Sinica, Insecta, Vol. 50: 80.

分布（Distribution）：湖南（HN）、四川（SC）、云南（YN）；印度。

（711）高丽长角蚜蝇 *Chrysotoxum coreanum* Shiraki, 1930

Chrysotoxum coreanum Shiraki, 1930. Mem. Fac. Sci. Agric. Taihoku Imp. Univ. 1: 32. **Type locality:** R. O. Korea: Shakuoji.

Chrysotoxum coreanum: Peck, 1988. *In*: Soós *et* Papp, 1988. Cat. Palaearct. Dipt. 8: 58; Huang, Cheng *et* Yang, 1998. *In*: Xue *et* Chao, 1998. Flies of China, Vol. 1: 123; Huang *et* Cheng, 2012. Fauna Sinica, Insecta, Vol. 50: 81.

分布（Distribution）：湖南（HN）；前苏联、韩国。

（712）隐条长角蚜蝇 *Chrysotoxum draco* Shaanon, 1926

Chrysotoxum draco Shaanon, 1926. Proc. U. S. Natl. Mus. 69 (11): 15. **Type locality:** China: Szechuen.

Chrysotoxum draco: Cheng, 1940. Biol. Bull. Fukien Christian Univ. 1: 47; Wu, 1940. Cat. Ins. Sin. 5: 289; Peck, 1988. *In*: Soós *et* Papp, 1988. Cat. Palaearct. Dipt. 8: 58; Huang, Cheng *et* Yang, 1998. *In*: Xue *et* Chao, 1998. Flies of China, Vol. 1: 123; Huang *et* Cheng, 2012. Fauna Sinica, Insecta, Vol. 50: 82.

分布（Distribution）：河南（HEN）、陕西（SN）、浙江（ZJ）、湖南（HN）、湖北（HB）、四川（SC）。

（713）丽纹长角蚜蝇 *Chrysotoxum elegans* Loew, 1841

Chrysotoxum elegans Loew, 1841. Stettin. Ent. Ztg. 2: 140. **Type locality:** Austria: Vienna.

Chrysotoxum bigoti Giglio-Tos, 1890. Atti Accad. Sci. Torino 26: 154. **Type locality:** Italy: Piedmont.

Chrysotoxum latilimbatum Collin, 1940. Ent. Mon. Mag. 76: 157. **Type locality:** England.

Chrysotoxum elegans: Peck, 1988. *In*: Soós *et* Papp, 1988. Cat. Palaearct. Dipt. 8: 58; Li *et* He, 1992. J. Shanghai Agric. Coll. 10 (1): 70; Huang, Cheng *et* Yang, 1998. *In*: Xue *et* Chao, 1998. Flies of China, Vol. 1: 123; Huo, Ren *et* Zheng, 2007. Fauna of Syrphidae from Mt. Qinling-Bashan in China (Insecta: Diptera): 65; Huang *et* Cheng, 2012. Fauna Sinica, Insecta, Vol. 50: 83.

分布（Distribution）：黑龙江（HL）、吉林（JL）、辽宁（LN）、河北（HEB）、北京（BJ）、陕西（SN）、新疆（XJ）、浙江（ZJ）、江西（JX）、湖南（HN）；前苏联、奥地利；欧洲。

（714）瘤颜长角蚜蝇 *Chrysotoxum faciotuberculatum* Zhang, Huo *et* Ren, 2010

Chrysotoxum faciotuberculatum Zhang, Huo *et* Ren, 2010. Acta Zootaxon. Sin. 35 (3): 649. **Type locality:** China: Shaanxi, Liuba, Mt. Zibai; Ningxia.

分布（Distribution）：陕西（SN）、宁夏（NX）。

（715）侧宽长角蚜蝇 *Chrysotoxum fasciolatum* (De Geer, 1776)

Musca fasciolata De Geer, 1776. Mém. Pour Serv. Hist. Insect. 6: 124. **Type locality:** Sweden.

Syrphus lineola Preyssler, 1793. *In*: Preyssler, Lindacker *et* Hofer, 1793. Samml. Physik. Aufsätze J. Mayer, Dresden 3: 370. **Type locality:** Czechoslovakia: Sumava Mts., Kvilda.

Chrysotoxum costale Wiedemann, 1822. *In*: Meigen, 1822. Syst. Beschr. Europ. Zweifl. Insekt. 3: 172. **Type locality:** Austria.

Chrysotoxum marginatum Meigen, 1822. Syst. Beschr. Europ. Zweifl. Insekt. 3: 171. **Type locality:** Sweden.

Chrysotoxum albopilosum Strobl, 1893b. Mitt. Naturwiss. Ver. Steiermark (1892) 29: 197. **Type locality:** Austria.

Chrysotoxum sachalinensis Matsumura, 1911. J. Coll. Agric. Hokkaido Imp. Univ. 4 (1): 73. **Type locality:** Russia: Sakhalin (Solowiyofka).

Chrysotoxum fasciolatum: Shiraki, 1930. Mem. Fac. Sci. Agric. Taihoku Imp. Univ. 1: 37; Cheng, 1940. Biol. Bull. Fukien Christian Univ. 1: 47; Peck, 1988. *In*: Soós *et* Papp, 1988. Cat. Palaearct. Dipt. 8: 58; Huang *et* Cheng, 2012. Fauna Sinica, Insecta, Vol. 50: 84.

分布（Distribution）：吉林（JL）、内蒙古（NM）、河北（HEB）、四川（SC）；前苏联、日本、瑞典、前捷克斯洛伐克、奥地利；北美洲。

（716）黄股长角蚜蝇 *Chrysotoxum festivum* (Linnaeus, 1758)

Musca festivum Linnaeus, 1758. Syst. Nat. Ed. 10: 593. **Type locality:** Europe.

Musca bipunctatum Müller, 1776. Zool. Danicae Prodromus: 174. **Type locality:** Denmark.

Musca imbelle Harris, 1776. Expos. Engl. Ins.: 60. **Type locality:** Not given.

Musca geographicum Geoffroy, 1785. *In*: Fourcroy, 1785. Entomologia Parisiensis; Sive Catalogus Insectorum quae in Agro Parisiensi Reperiuntur 2: 478. **Type locality:** France: "Paris".

Musca arcuata Linnaeus, 1758. Syst. Nat. Ed. 10 (1): 592. **Type locality:** Sweden.

Chrysotoxum arcuatum var. *annulatum* Loew, 1840. Öffentl. Prüf. Schüler K. Friedrich-Wilhelms-Gymnasiums zu Posen 1840 (7-8): 26; Loew, 1840. Isis (Oken's) 1840 (VII-VIII): 558. **Type locality:** Poland: Poznan.

Chrysotoxum arcuatum var. *infuscatum* Loew, 1840. Öffentl. Prüf. Schüler K. Friedrich-Wilhelms-Gymnasiums zu Posen 1840 (7-8): 26; Loew, 1840. Isis (Oken's) 1840 (VII-VIII): 558. **Type locality:** Poland: Poznan.

Chrysotoxum arcuatum var. *scutellare* Loew, 1840. Öffentl. Prüf. Schüler K. Friedrich-Wilhelms-Gymnasiums zu Posen 1840 (7-8): 26; Loew, 1840. Isis (Oken's) 1840 (VII-VIII): 558. **Type locality:** Poland: Poznan.

Chrysotoxum festivum var. *tomentosum* Giglio-Tos, 1890. Atti Accad. Sci. Torino 26: 159. **Type locality:** Italy.

Chrysotoxum japonicum Matsumura, 1916. Thousand Ins. Japan Add. 2: 253; Matsumura *et* Adachi, 1916. Ent. Mag. Kyoto 2 (1): 6. **Type locality:** Japan: Honshū, Nikko.

Chrysotoxum festivum: Shiraki, 1930. Mem. Fac. Sci. Agric. Taihoku Imp. Univ. 1: 31; Cheng, 1940. Biol. Bull. Fukien Christian Univ. 1: 47; Knutson, Thompson *et* Vockeroth, 1975. *In*: Delfinado *et* Hardy, 1975. Cat. Dipt. Orient. Reg. 2: 327; Peck, 1988. *In*: Soós *et* Papp, 1988. Cat. Palaearct. Dipt. 8: 58; Huang, Cheng *et* Yang, 1998. *In*: Xue *et* Chao, 1998. Flies of China, Vol. 1: 123; Huo, Ren *et* Zheng, 2007. Fauna of Syrphidae from Mt. Qinling-Bashan in China (Insecta: Diptera): 66; Huang *et* Cheng, 2012. Fauna Sinica, Insecta, Vol. 50: 86.

分布（Distribution）：黑龙江（HL）、辽宁（LN）、河北（HEB）、

北京（BJ）、陕西（SN）、宁夏（NX）、新疆（XJ）、湖南（HN）；前苏联、蒙古国、日本、印度、丹麦、瑞典、法国、波兰、意大利；欧洲。

（717）台湾长角蚜蝇 *Chrysotoxum formosanum* Shiraki, 1930

Chrysotoxum formosanum Shiraki, 1930. Mem. Fac. Sci. Agric. Taihoku Imp. Univ. 1: 27. **Type locality:** China: Taiwan, Paiwan, Arisan.

Chrysotoxum formosanum: Knutson, Thompson *et* Vockeroth, 1975. *In*: Delfinado *et* Hardy, 1975. Cat. Dipt. Orient. Reg. 2: 327; Huang *et* Cheng, 2012. Fauna Sinica, Insecta, Vol. 50: 98.

分布（Distribution）：台湾（TW）。

（718）弗拉长角蚜蝇 *Chrysotoxum fratellum* Shaanon, 1926

Chrysotoxum fratellum Shaanon, 1926. Proc. U. S. Natl. Mus. 69 (11): 15. **Type locality:** China: Szechuen (W. nr. Tatsienlu).

Chrysotoxum fratellum: Cheng, 1940. Biol. Bull. Fukien Christian Univ. 1: 47; Wu, 1940. Cat. Ins. Sin. 5: 289; Peck, 1988. *In*: Soós *et* Papp, 1988. Cat. Palaearct. Dipt. 8: 59; Huang, Cheng *et* Yang, 1998. *In*: Xue *et* Chao, 1998. Flies of China, Vol. 1: 123.

分布（Distribution）：四川（SC）。

（719）大长角蚜蝇 *Chrysotoxum grande* Matsumura, 1911

Chrysotoxum grande Matsumura, 1911. J. Coll. Agric. Hokkaido Imp. Univ. 4 (1): 72. **Type locality:** Russia: Sakhalin, Chibesani. Japan: Hokkaidō, Sapporo.

Chrysotoxum grande: Shiraki, 1930. Mem. Fac. Sci. Agric. Taihoku Imp. Univ. 1: 29; Cheng, 1940. Biol. Bull. Fukien Christian Univ. 1: 47; Peck, 1988. *In*: Soós *et* Papp, 1988. Cat. Palaearct. Dipt. 8: 59; Huang, Cheng *et* Yang, 1998. *In*: Xue *et* Chao, 1998. Flies of China, Vol. 1: 123; Huang *et* Cheng, 2012. Fauna Sinica, Insecta, Vol. 50: 87.

分布（Distribution）：辽宁（LN）、山西（SX）、湖南（HN）、四川（SC）、贵州（GZ）、云南（YN）、广东（GD）；前苏联、韩国、日本。

（720）吉尔吉斯长角蚜蝇 *Chrysotoxum kirghizorum* Peck, 1974

Chrysotoxum kirghizorum Peck, 1974. Ent. Obozr. 53: 912. **Type locality:** Kirgizia: Talass Range.

Chrysotoxum kirghizorum: Peck, 1988. *In*: Soós *et* Papp, 1988. Cat. Palaearct. Dipt. 8: 60; Li *et* He, 1992. J. Shanghai Agric. Coll. 10 (1): 71; Huang, Cheng *et* Yang, 1998. *In*: Xue *et* Chao, 1998. Flies of China, Vol. 1: 124; Huang *et* Cheng, 2012. Fauna Sinica, Insecta, Vol. 50: 99.

分布（Distribution）：新疆（XJ）；前苏联。

（721）大斑长角蚜蝇 *Chrysotoxum kozhevnikovi* Smirnov, 1925

Chrysotoxum kozhevnikovi Smirnov, 1925. Ent. Mitt. 14 (3/4):

290. **Type locality:** Uzbekistan: Ak-Tash Mts. Kazakhstan: Kara-Tau Mts.

Chrysotoxum kozhevnikovi: Peck, 1988. *In*: Soós *et* Papp, 1988. Cat. Palaearct. Dipt. 8: 60; Li *et* He, 1992. J. Shanghai Agric. Coll. 10 (1): 69; Huang, Cheng *et* Yang, 1998. *In*: Xue *et* Chao, 1998. Flies of China, Vol. 1: 124; Huang *et* Cheng, 2012. Fauna Sinica, Insecta, Vol. 50: 88.

分布（Distribution）：新疆（XJ）；乌兹别克斯坦、哈萨克斯坦、塔吉克斯坦、吉尔吉斯斯坦。

（722）科氏长角蚜蝇 *Chrysotoxum kozlovi* Violovitsh, 1973

Chrysotoxum kozlovi Violovitsh, 1973. Novye I Maloizvestnye Vidy Fauny Sibiri 6: 101. **Type locality:** China: Gobi, Alashanian Mountain Ridge, Urgin-Khuduk.

Chrysotoxum kozlovi: Peck, 1988. *In*: Soós *et* Papp, 1988. Cat. Palaearct. Dipt. 8: 60; Huang, Cheng *et* Yang, 1998. *In*: Xue *et* Chao, 1998. Flies of China, Vol. 1: 124.

分布（Distribution）：新疆（XJ）；前苏联。

（723）宽斑长角蚜蝇 *Chrysotoxum ladakense* Shaanon, 1926

Chrysotoxum ladakense Shaanon, 1926. Proc. U. S. Natl. Mus. 69 (11): 13. **Type locality:** India: Kashmir, Rupshu Ledak.

Chrysotoxum ladakense: Knutson, Thompson *et* Vockeroth, 1975. *In*: Delfinado *et* Hardy, 1975. Cat. Dipt. Orient. Reg. 2: 327; Peck, 1988. *In*: Soós *et* Papp, 1988. Cat. Palaearct. Dipt. 8: 60; Huang, Cheng *et* Yang, 1998. *In*: Xue *et* Chao, 1998. Flies of China, Vol. 1: 124; Huang *et* Cheng, 2012. Fauna Sinica, Insecta, Vol. 50: 88.

分布（Distribution）：新疆（XJ）；前苏联、印度、克什米尔地区。

（724）短毛长角蚜蝇 *Chrysotoxum lanulosum* Violovitsh, 1973

Chrysotoxum lanulosum Violovitsh, 1973. Ent. Obozr. 52 (4): 928. **Type locality:** Russia: Siberia, Tuva Assr (Mt. Tannu).

Chrysotoxum lanulosum: Peck, 1988. *In*: Soós *et* Papp, 1988. Cat. Palaearct. Dipt. 8: 61; Huang, Cheng *et* Yang, 1998. *In*: Xue *et* Chao, 1998. Flies of China, Vol. 1: 124; Huang *et* Cheng, 2012. Fauna Sinica, Insecta, Vol. 50: 89.

分布（Distribution）：内蒙古（NM）、甘肃（GS）、西藏（XZ）；前苏联。

（725）六盘山长角蚜蝇 *Chrysotoxum liupanshanense* Zhang, Huo *et* Ren, 2010

Chrysotoxum liupanshanense Zhang, Huo *et* Ren, 2010. Acta Zootaxon. Sin. 35 (3): 649. **Type locality:** China: Ningxia, Xixia Forestry Centrel.

分布（Distribution）：宁夏（NX）。

（726）帽儿山长角蚜蝇 *Chrysotoxum maoershanicum* Li *et* He, 1994

Chrysotoxum maoershanicum Li *et* He, 1994. Entomotaxon.

16 (2): 150. **Type locality:** China: Heilongjiang, Ning'an, Shangzhui, Maoershan.

Chrysotoxum maoershanicum: Huang *et* Cheng, 2012. Fauna Sinica, Insecta, Vol. 50: 99.

分布（Distribution）：黑龙江（HL）。

（727）蒙古长角蚜蝇 *Chrysotoxum mongol* Shaanon, 1926

Chrysotoxum mongol Shaanon, 1926. Proc. U. S. Natl. Mus. 69 (11): 15. **Type locality:** China: Sichuan, Yellow Dragon Gorge near Songpan.

Chrysotoxum mongol: Cheng, 1940. Biol. Bull. Fukien Christian Univ. 1: 47; Wu, 1940. Cat. Ins. Sin. 5: 289; Peck, 1988. *In*: Soós *et* Papp, 1988. Cat. Palaearct. Dipt. 8: 61; Huang, Cheng *et* Yang, 1998. *In*: Xue *et* Chao, 1998. Flies of China, Vol. 1: 124.

分布（Distribution）：四川（SC）。

（728）黑刺长角蚜蝇 *Chrysotoxum nigricentivum* Li *et* He, 1992

Chrysotoxum nigricentivum Li *et* He, 1992. J. Shanghai Agric. Coll. 10 (1): 69. **Type locality:** China: Xinjiang, Fangcao Hu, Hutubi.

Chrysotoxum nigricentivum: Huang, Cheng *et* Yang, 1998. *In*: Xue *et* Chao, 1998. Flies of China, Vol. 1: 124; Huang *et* Cheng, 2012. Fauna Sinica, Insecta, Vol. 50: 100.

分布（Distribution）：新疆（XJ）。

（729）黑颜长角蚜蝇 *Chrysotoxum nigrifacies* Shaanon, 1926

Chrysotoxum nigrifacies Shaanon, 1926. Proc. U. S. Natl. Mus. 69 (11): 13. **Type locality:** China: Szechuen.

Chrysotoxum nigrifacies: Cheng, 1940. Biol. Bull. Fukien Christian Univ. 1: 47; Wu, 1940. Cat. Ins. Sin. 5: 289; Peck, 1988. *In*: Soós *et* Papp, 1988. Cat. Palaearct. Dipt. 8: 61; Huang, Cheng *et* Yang, 1998. *In*: Xue *et* Chao, 1998. Flies of China, Vol. 1: 124.

分布（Distribution）：四川（SC）。

（730）黑缘长角蚜蝇 *Chrysotoxum nigrimarginatum* Yuan, Huo *et* Ren, 2011

Chrysotoxum nigrimarginatum Yuan, Huo *et* Ren, 2011. Acta Zootaxon. Sin. 36 (3): 800. **Type locality:** China: Jilin, Changbaishan.

分布（Distribution）：吉林（JL）。

（731）八斑长角蚜蝇 *Chrysotoxum octomaculatum* Curtis, 1837

Chrysotoxum octomaculatum Curtis, 1837. Brit. Ent. 14: 653. **Type locality:** England.

Musca elegans Villers, 1789. Caroli Linnaei Ent. 3: 464. **Type locality:** "Gallia Australiori".

Chrysotoxum octomaculatum: Peck, 1988. *In*: Soós *et* Papp,

1988. Cat. Palaearct. Dipt. 8: 61; Li *et* Li, 1990. The Syrphidae of Gansu Province: 41; Huang, Cheng *et* Yang, 1998. *In*: Xue *et* Chao, 1998. Flies of China, Vol. 1: 124; Huo, Ren *et* Zheng, 2007. Fauna of Syrphidae from Mt. Qinling-Bashan in China (Insecta: Diptera): 67; Huang *et* Cheng, 2012. Fauna Sinica, Insecta, Vol. 50: 90.

分布（Distribution）：黑龙江（HL）、辽宁（LN）、内蒙古（NM）、北京（BJ）、山西（SX）、陕西（SN）、宁夏（NX）、甘肃（GS）、浙江（ZJ）、江西（JX）、湖南（HN）、湖北（HB）、四川（SC）；英国、奥地利。

（732）拟突额长角蚜蝇 *Chrysotoxum projicienfrontoides* Huo *et* Zheng, 2004

Chrysotoxum projicienfrontoides Huo *et* Zheng, 2004. Acta Zootaxon. Sin. 29 (1): 166. **Type locality:** China: Shaanxi, Meixian, Red River Hollow.

Chrysotoxum projicienfrontoides: Huo, Ren *et* Zheng, 2007. Fauna of Syrphidae from Mt. Qinling-Bashan in China (Insecta: Diptera): 68; Huo, 2011. Acta Zootaxon. Sin. 36 (3): 826.

分布（Distribution）：陕西（SN）、宁夏（NX）、甘肃（GS）。

（733）普氏长角蚜蝇 *Chrysotoxum przewalskyi* Portschinsky, 1886

Chrysotoxum przewalskyi Portschinsky, 1886. Horae Soc. Ent. Ross. 21: 4. **Type locality:** Russia: Monskeria, Oasis Nia.

Chrysotoxum przewalskyi: Cheng, 1940. Biol. Bull. Fukien Christian Univ. 1: 47.

分布（Distribution）：中国（省份不明）；前苏联。

（734）红盾长角蚜蝇 *Chrysotoxum rossicum* Becker, 1921

Chrysotoxum rossicum Becker, 1921. Mitt. Zool. Mus. Berl. 10: 78. **Type locality:** Russia: Siberia, Lake Baikal.

Chrysotoxum rossicum: Peck, 1988. *In*: Soós *et* Papp, 1988. Cat. Palaearct. Dipt. 8: 62; Huang *et* Cheng, 2012. Fauna Sinica, Insecta, Vol. 50: 92.

分布（Distribution）：黑龙江（HL）、内蒙古（NM）、河北（HEB）；前苏联、蒙古国。

（735）红腹长角蚜蝇 *Chrysotoxum rufabdominus* Huo *et* Zheng, 2004

Chrysotoxum rufabdominus Huo *et* Zheng, 2004. Acta Zootaxon. Sin. 29 (1): 166, 167. **Type locality:** China: Shaanxi, Huxian, Zhuque Forest Park.

Chrysotoxum rufabdominus: Huo, Ren *et* Zheng, 2007. Fauna of Syrphidae from Mt. Qinling-Bashan in China (Insecta: Diptera): 69.

分布（Distribution）：陕西（SN）。

（736）札幌长角蚜蝇 *Chrysotoxum sapporense* Matsumura, 1916

Chrysotoxum sapporense Matsumura, 1916. *In*: Matsumura *et* Adachi, 1916. Ent. Mag. Kyoto 2 (1): 7. **Type locality:** Japan: Hokkaidō, Sapporo.

Chrysotoxum japonicum Matsumura, 1916. *In*: Matsumura *et* Adachi, 1916. Ent. Mag. Kyoto 2 (1): 6. **Type locality:** Japan: Honshū, Nikko.

Chrysotoxum japonicum Matsumura, 1916. Thousand Ins. Japan Add. 2: 253. **Type locality:** Japan: Honshū, Kyoto, Nikko.

Chrysotoxum carinatum Matsumura, 1916. *In*: Matsumura *et* Adachi, 1916. Ent. Mag. Kyoto 2 (1): 8. **Type locality:** Japan: Hokkaidō, Sapporo.

Olbiosyrphus sapporense: Shiraki, 1930. Mem. Fac. Sci. Agric. Taihoku Imp. Univ. 1: 398.

Chrysotoxum sapporense: Shiraki, 1930. Mem. Fac. Sci. Agric. Taihoku Imp. Univ. 1: 35; Cheng, 1940. Biol. Bull. Fukien Christian Univ. 1: 47; Peck, 1988. *In*: Soós *et* Papp, 1988. Cat. Palaearct. Dipt. 8: 62.

分布（Distribution）：河北（HEB）、山西（SX）；日本。

（737）日本长角蚜蝇 *Chrysotoxum shirakii* Matsumura, 1931

Chrysotoxum shirakii Matsumura, 1931. 6000 Illust. Ins. Jap. Emp.: 334. **Type locality:** Japan.

Chrysotoxum shirakii: Peck, 1988. *In*: Soós *et* Papp, 1988. Cat. Palaearct. Dipt. 8: 62; Huang *et* Cheng, 2012. Fauna Sinica, Insecta, Vol. 50: 93.

Chrysotoxum japonicum Shiraki, 1930. Mem. Fac. Sci. Agric. Taihoku Imp. Univ. 1: 35. **Type locality:** "Japan (Sapporo) und R. O. Korea (Kasan)".

分布（Distribution）：黑龙江（HL）、吉林（JL）、河北（HEB）、湖南（HN）；韩国、日本。

（738）西伯利亚长角蚜蝇 *Chrysotoxum sibiricum* Loew, 1856

Chrysotoxum sibiricum Loew, 1856. Verh. K. K. Zool.-Bot. Ges. Wien 6: 611. **Type locality:** Russia: Siberia.

Chrysotoxum sibiricum: Peck, 1988. *In*: Soós *et* Papp, 1988. Cat. Palaearct. Dipt. 8: 62; Li *et* He, 1992. J. Shanghai Agric. Coll. 10 (1): 71; Huang, Cheng *et* Yang, 1998. *In*: Xue *et* Chao, 1998. Flies of China, Vol. 1: 124; Huang *et* Cheng, 2012. Fauna Sinica, Insecta, Vol. 50: 93.

分布（Distribution）：吉林（JL）、内蒙古（NM）、河北（HEB）、北京（BJ）、山西（SX）、甘肃（GS）、青海（QH）、新疆（XJ）、西藏（XZ）；前苏联、蒙古国、朝鲜。

（739）拟黄股长角蚜蝇 *Chrysotoxum similifestivum* Huo *et* Ren, 2007

Chrysotoxum similifestivum Huo *et* Ren, 2007. Entomotaxon. 29 (3): 173, 179. **Type locality:** China: Hebei, Zhuolu.

分布（Distribution）：河北（HEB）。

（740）宽条长角蚜蝇 *Chrysotoxum stackelbergi* Violovitsh, 1953

Chrysotoxum stackelbergi Violovitsh, 1953. Ent. Obozr. 33:

358. **Type locality:** Uzbekistan: Chatirsti.

Chrysotoxum stackelbergi: Peck, 1988. *In*: Soós *et* Papp, 1988. Cat. Palaearct. Dipt. 8: 62; Huang, Cheng *et* Yang, 1998. *In*: Xue *et* Chao, 1998. Flies of China, Vol. 1: 124; Huang *et* Cheng, 2012. Fauna Sinica, Insecta, Vol. 50: 94.

分布（Distribution）：新疆（XJ）；乌兹别克斯坦。

（741）达边长角蚜蝇 *Chrysotoxum tartar* Shaanon, 1926

Chrysotoxum tartar Shaanon, 1926. Proc. U. S. Natl. Mus. 69 (11): 14. **Type locality:** China: Sichuan, West nr. Tatsienlu.

Chrysotoxum tartar: Cheng, 1940. Biol. Bull. Fukien Christian Univ. 1: 47; Wu, 1940. Cat. Ins. Sin. 5: 289; Peck, 1988. *In*: Soós *et* Papp, 1988. Cat. Palaearct. Dipt. 8: 63; Huang, Cheng *et* Yang, 1998. *In*: Xue *et* Chao, 1998. Flies of China, Vol. 1: 124.

分布（Distribution）：四川（SC）。

（742）壳长角蚜蝇 *Chrysotoxum testaceum* Sack, 1913

Chrysotoxum testaceum Sack, 1913. Ent. Mitt. 2: 9. **Type locality:** China: Taiwan, Yama *et* Tappani.

Chrysotoxum testaceum: Shiraki, 1930. Mem. Fac. Sci. Agric. Taihoku Imp. Univ. 1: 29; Knutson, Thompson *et* Vockeroth, 1975. *In*: Delfinado *et* Hardy, 1975. Cat. Dipt. Orient. Reg. 2: 327; Peck, 1988. *In*: Soós *et* Papp, 1988. Cat. Palaearct. Dipt. 8: 63.

分布（Distribution）：山西（SX）、台湾（TW）；日本。

（743）天台长角蚜蝇 *Chrysotoxum tiantaiensis* Huo *et* Zheng, 2004

Chrysotoxum tiantaiensis Huo *et* Zheng, 2004. Acta Zootaxon. Sin. 29 (1): 166. **Type locality:** China: Shaanxi, Hanzhong, Tiantaishan.

Chrysotoxum tiantaiensis: Huo, Ren *et* Zheng, 2007. Fauna of Syrphidae from Mt. Qinling-Bashan in China (Insecta: Diptera): 70.

分布（Distribution）：河南（HEN）、陕西（SN）。

（744）梯长角蚜蝇 *Chrysotoxum tjanshanicum* Peck, 1974

Chrysotoxum tjanshanicum Peck, 1974. Ent. Obozr. 53: 912. **Type locality:** Kirgizia: Gulicha, Alai.

Chrysotoxum tjanshanicum: Peck, 1988. *In*: Soós *et* Papp, 1988. Cat. Palaearct. Dipt. 8: 63; Li *et* He, 1992. J. Shanghai Agric. Coll. 10 (1): 70; Huang, Cheng *et* Yang, 1998. *In*: Xue *et* Chao, 1998. Flies of China, Vol. 1: 125; Huang *et* Cheng, 2012. Fauna Sinica, Insecta, Vol. 50: 101.

分布（Distribution）：新疆（XJ）；前苏联、吉尔吉斯斯坦。

（745）瘤长角蚜蝇 *Chrysotoxum tuberculatum* Shaanon, 1926

Chrysotoxum tuberculatum Shaanon, 1926. Proc. U. S. Natl.

Mus. 69 (11): 14. **Type locality:** China: Sichuan (Uen Chaun Shien).

Chrysotoxum amurense Violovitsh, 1973. Ent. Obozr. 52 (4): 926. **Type locality:** USSR: Klimoutzy, Amur Region.

Chrysotoxum amurense: Peck, 1988. *In*: Soós *et* Papp, 1988. Cat. Palaearct. Dipt. 8: 56; Huang, Cheng *et* Yang, 1998. *In*: Xue *et* Chao, 1998. Flies of China, Vol. 1: 122; Ler, 1999. Key Ins. Rus. Far East Vol. 6, Part 1: 378 (new synonym of *Chrysotoxum tuberculatum*).

Chrysotoxum tuberculatum: Cheng, 1940. Biol. Bull. Fukien Christian Univ. 1: 47; Wu, 1940. Cat. Ins. Sin. 5: 289; Peck, 1988. *In*: Soós *et* Papp, 1988. Cat. Palaearct. Dipt. 8: 63; Huang, Cheng *et* Yang, 1998. *In*: Xue *et* Chao, 1998. Flies of China, Vol. 1: 125; Huo, Ren *et* Zheng, 2007. Fauna of Syrphidae from Mt. Qinling-Bashan in China (Insecta: Diptera): 72; Huang *et* Cheng, 2012. Fauna Sinica, Insecta, Vol. 50: 95.

分布（Distribution）：河北（HEB）、北京（BJ）、陕西（SN）、四川（SC）；前苏联。

（746）土斑长角蚜蝇 *Chrysotoxum vernale* Loew, 1841

Chrysotoxum vernale Loew, 1841. Stettin. Ent. Ztg. 2: 138. **Type locality:** Poland.

Chrysotoxum collinum Rondani, 1857. Dipt. Ital. Prodromus, Vol. II: 202. **Type locality:** Italy: Parma.

Chrysotoxum flavipenne Palma, 1864. Annali Accad. Aspir. Natur. Napoli. (3) 3 (1863): 40. **Type locality:** Italy: Napoli.

Chrysotoxum fuscum Giglio-Tos, 1890. Atti Accad. Sci. Torino 26: 160. **Type locality:** Italy: Piedmont.

Chrysotoxum fuscum var. *vernaloides* Giglio-Tos, 1890. Atti Accad. Sci. Torino 26: 161. **Type locality:** Italy: Piedmont, Valdieri, Moncenisio.

Chrysotoxum vernale: Peck, 1988. *In*: Soós *et* Papp, 1988. Cat. Palaearct. Dipt. 8: 63; Li *et* He, 1992. J. Shanghai Agric. Coll. 10 (1): 71; Huang, Cheng *et* Yang, 1998. *In*: Xue *et* Chao, 1998. Flies of China, Vol. 1: 125; Huo, Ren *et* Zheng, 2007. Fauna of Syrphidae from Mt. Qinling-Bashan in China (Insecta: Diptera): 73; Huang *et* Cheng, 2012. Fauna Sinica, Insecta, Vol. 50: 96.

分布（Distribution）：黑龙江（HL）、吉林（JL）、河北（HEB）、陕西（SN）、新疆（XJ）、浙江（ZJ）、四川（SC）；前苏联、伊朗、波兰、意大利。

（747）紫柏长角蚜蝇 *Chrysotoxum zibaiensis* Huo, Zhang *et* Zheng, 2006

Chrysotoxum zibaiensis Huo, Zhang *et* Zheng, 2006. Acta Zootaxon. Sin. 31 (2): 438. **Type locality:** China: Shaanxi, Fengxian, Zibai Mt.

Chrysotoxum zibaiensis: Huo, Ren *et* Zheng, 2007. Fauna of Syrphidae from Mt. Qinling-Bashan in China (Insecta:

Diptera): 74.

分布（Distribution）：陕西（SN）、宁夏（NX）、甘肃（GS）。

96. 裸眼蚜蝇属 *Citrogramma* Vockeroth, 1969

Citrogramma Vockeroth, 1969. Mem. Ent. Soc. Can. 101 (6)2: 92. **Type species:** *Syrphus hervebazini* Curran, 1928 (by original designation).

（748）黄色裸眼蚜蝇 *Citrogramma amarilla* Mengual, 2012

Citrogramma amarilla Mengual, 2012. Zool. J. Linn. Soc. 164 (1): 106. **Type locality:** India: Tamil Nādu, Anaimalai Hills, Kadamparai.

Citrogramma amarilla: Huo *et* Pan, 2012. Acta Zootaxon. Sin. 37 (3): 623.

分布（Distribution）：海南（HI）；印度、尼泊尔、印度尼西亚、菲律宾、泰国、老挝。

（749）阿里山裸眼蚜蝇 *Citrogramma arisanicum* (Shiraki, 1930)

Xanthogramma arisanicum Shiraki, 1930. Mem. Fac. Sci. Agric. Taihoku Imp. Univ. 1: 405. **Type locality:** China: Taiwan, Arisan, Shishito, Kosempo.

Xanthogramma arisanicum: Knutson, Thompson *et* Vockeroth, 1975. *In*: Delfinado *et* Hardy, 1975. Cat. Dipt. Orient. Reg. 2: 320; Huang *et* Cheng, 2012. Fauna Sinica, Insecta, Vol. 50: 279.

Xanthogramma arisanica: Knutson, Thompson *et* Vockeroth, 1975. *In*: Delfinado *et* Hardy, 1975. Cat. Dipt. Orient. Reg. 2: 320.

Citrogramma arisanicum: Mengual, 2012. Zool. J. Linn. Soc. 164 (1): 128; Huo *et* Pan, 2012. Acta Zootaxon. Sin. 37 (3): 624.

分布（Distribution）：台湾（TW）、海南（HI）。

（750）黑腿裸眼蚜蝇 *Citrogramma citrinoides* Wyatt, 1991

Citrogramma citrinoides Wyatt, 1991. Orient. Insects 25: 158. **Type locality:** Malaysia: Mt. Jasar.

Citrogramma citrinoides: Mengual, 2012. Zool. J. Linn. Soc. 164 (1): 134; Huo *et* Pan, 2012. Acta Zootaxon. Sin. 37 (3): 624.

分布（Distribution）：海南（HI）；马来西亚。

（751）柑桔裸眼蚜蝇 *Citrogramma citrinum* (Brunetti, 1923)

Xanthogramma citrinum Brunetti, 1923. Fauna Brit. India (Dipt.) 3: 95. **Type locality:** India: Mangaldai.

Olbiosyrphus citrinus Hervé-Bazin, 1923b. Bull. Soc. Ent. Fr. 1923: 290.

Olbiosyrphus citrinus: Hervé-Bazin, 1926. Encycl. Ent. (B) II

3: 67.

Xanthogramma citrinum: Shiraki, 1930. Mem. Fac. Sci. Agric. Taihoku Imp. Univ. 1: 405, 408; Cheng, 1940. Biol. Bull. Fukien Christian Univ. 1: 43, 56; Huang, Cheng *et* Yang, 1998. *In*: Xue *et* Chao, 1998. Flies of China, Vol. 1: 159.

Citrogramma citrinum: Knutson, Thompson *et* Vockeroth, 1975. *In*: Delfinado *et* Hardy, 1975. Cat. Dipt. Orient. Reg. 2: 311; Huang, Cheng *et* Yang, 1998. *In*: Xue *et* Chao, 1998. Flies of China, Vol. 1: 136; Mengual, 2012. Zool. J. Linn. Soc. 164 (1): 134; Huo *et* Pan, 2012. Acta Zootaxon. Sin. 37 (3): 626; Huang *et* Cheng, 2012. Fauna Sinica, Insecta, Vol. 50: 159.

分布（Distribution）：四川（SC）、云南（YN）、福建（FJ）、海南（HI）；泰国、印度、马来西亚。

（752）清丽裸眼蚜蝇 *Citrogramma clarum* (Hervé-Bazin, 1923)

Olbiosyrphus clarus Hervé-Bazin, 1923a. Bull. Soc. Ent. Fr. 1923: 25. **Type locality:** Vietnam: Chapa.

Xanthogramma fasciata Shiraki, 1930. Mem. Fac. Sci. Agric. Taihoku Imp. Univ. 1: 410. **Type locality:** China: Taiwan, Rakuraku, Kosempo.

Xanthogramma fasciata: Knutson, Thompson *et* Vockeroth, 1975. *In*: Delfinado *et* Hardy, 1975. Cat. Dipt. Orient. Reg. 2: 320; Huang *et* Cheng, 2012. Fauna Sinica, Insecta, Vol. 50: 277.

Citrogramma clarum: Knutson, Thompson *et* Vockeroth, 1975. *In*: Delfinado *et* Hardy, 1975. Cat. Dipt. Orient. Reg. 2: 311; Mengual, 2012. Zool. J. Linn. Soc. 164 (1): 136; Huo *et* Pan, 2012. Acta Zootaxon. Sin. 37 (3): 626.

分布（Distribution）：云南（YN）、西藏（XZ）、台湾（TW）；加里曼丹岛、菲律宾、越南、泰国、印度尼西亚、马来西亚。

（753）卡氏裸眼蚜蝇 *Citrogramma currani* Ghorpadé, 2012

Citrogramma currani Ghorpadé, 2012. *In*: Mengual, 2012. Zool. J. Linn. Soc. 164 (1): 137. **Type locality:** Thailand: Chiang Mai Province, Doi Suthep.

Citrogramma currani: Huo *et* Pan, 2012. Acta Zootaxon. Sin. 37 (3): 627.

分布（Distribution）：海南（HI）；泰国。

（754）烟翅裸眼蚜蝇 *Citrogramma fumipenne* (Matsumura, 1916)

Xanthogramma fumipenne Matsumura, 1916. *In*: Matsumura *et* Adachi, 1916. Ent. Mag. Kyoto 2 (1): 29. **Type locality:** China: Taiwan, Horisha.

Xanthogramma fumipenne: Shiraki, 1930. Mem. Fac. Sci. Agric. Taihoku Imp. Univ. 1: 408; Huang *et* Cheng, 2012. Fauna Sinica, Insecta, Vol. 50: 280.

Xanthogramma fumipennis: Knutson, Thompson *et* Vockeroth, 1975. *In*: Delfinado *et* Hardy, 1975. Cat. Dipt. Orient. Reg. 2: 320.

Citrogramma fumipenne: Mengual, 2012. Zool. J. Linn. Soc. 164 (1): 142; Huo *et* Pan, 2012. Acta Zootaxon. Sin. 37 (3): 627.

分布（Distribution）：云南（YN）、西藏（XZ）、台湾（TW）。

（755）吉德裸眼蚜蝇 *Citrogramma gedehanum* (de Meijere, 1914)

Syrphus gedehanus de Meijere, 1914. Tijdschr. Ent. 57: 156. **Type locality:** Indonesia: Java, Gunung Gedeh.

Citrogramma gedehanum: Knutson, Thompson *et* Vockeroth, 1975. *In*: Delfinado *et* Hardy, 1975. Cat. Dipt. Orient. Reg. 2: 311 (new combination of *Syrphus gedehanus*); Mengual, 2012. Zool. J. Linn. Soc. 164 (1): 143; Huo *et* Pan, 2012. Acta Zootaxon. Sin. 37 (3): 627.

分布（Distribution）：海南（HI）；印度尼西亚。

（756）松村裸眼蚜蝇 *Citrogramma matsumurai* Mengual, 2012

Citrogramma matsumurai Mengual, 2012. Zool. J. Linn. Soc. 164 (1): 151. **Type locality:** China: Taiwan, Nantou Hsien, Puli.

Xanthogramma fumipenne sensu Shiraki, 1930. Mem. Fac. Sci. Agric. Taihoku Imp. Univ. 1: 402, 408 (in part).

Citrogramma matsumurai: Huo *et* Pan, 2012. Acta Zootaxon. Sin. 37 (3): 628.

分布（Distribution）：台湾（TW）；新几内亚岛。

（757）素木裸眼蚜蝇 *Citrogramma shirakii* Mengual, 2012

Citrogramma shirakii Mengual, 2012. Zool. J. Linn. Soc. 164 (1): 163. **Type locality:** China: Taiwan, Hualien, Hualien City.

Xanthogramma fumipenne sensu Shiraki, 1930. Mem. Fac. Sci. Agric. Taihoku Imp. Univ. 1: 402, 408 (in part). **Type locality:** China: Taiwan, Horisha.

Citrogramma shirakii: Huo *et* Pan, 2012. Acta Zootaxon. Sin. 37 (3): 629.

分布（Distribution）：台湾（TW）。

（758）西藏裸眼蚜蝇 *Citrogramma xizangensis* Huo *et* Pan, 2012

Citrogramma xizangensis Huo *et* Pan, 2012. Acta Zootaxon. Sin. 37 (3): 629. **Type locality:** China: Xizang.

分布（Distribution）：西藏（XZ）。

97. 毛蚜蝇属 *Dasysyrphus* Enderlein, 1938

Dasysyrphus Enderlein, 1938. Sber. Ges. Naturf. Freunde Berl. 1937: 208 (as a subgenus of *Syrphus*). **Type species:** *Scaeva albostriata* Fallén, 1817 (by original designation).

Conosyrphus Matsumura, 1918. J. Coll. Agric. Hokkaido Imp. Univ. 8: 11 (preoccupied by Frey, 1915). **Type species:** *Conosyrphus okunii* Matsumura, 1918 (by original designation)

[= *Dasysyrphus tricinctus* (Fallén, 1817)].

Dasyepistrophe Szilády, 1940. Ann. Hist.-Nat. Mus. Natl. Hung. 33: 59 (nomen nudum).

Syrphella Goffe, 1944. Ent. Mon. Mag. 80 [= ser. 4, 5]: 129 (replacement name for *Conosyrphus*).

Dendrosyrphus Dušek *et* Láska, 1967. Acta Sci. Nat. Brno 1: 365 (as a subgenus of *Dasysyrphus*). **Type species:** *Syrphus lunulatus* Meigen, 1822 (by original designation).

（759）白纹毛蚜蝇 *Dasysyrphus albostriatus* (Fallén, 1817)

Scaeva albostriata Fallén, 1817. Syrphici Sveciae: 42. **Type locality:** Sweden: Scania.

Lasiophthicus coronatus Rondani, 1857. Dipt. Ital. Prodromus, Vol. II: 143. **Type locality:** Italy: Parma.

Syrphus confusus Egger, 1860c. Verh. K. K. Zool.-Bot. Ges. Wien 10: 664. **Type locality:** Austria.

Syrphus arcuatus var. *carinthiacus* Latzel, 1876. Jb. Naturh. Landes Mus. Kärnten 22-24: 105. **Type locality:** Austria.

Syrphus albostriatus var. *nigrum* Brown, 1971. Ent. Rec. J. Variation 83: 356. **Type locality:** England: South East Dorset.

Syrphus albostriatus: Cheng, 1940. Biol. Bull. Fukien Christian Univ. 1: 43.

Dasysyrphus albostriatus: Knutson, Thompson *et* Vockeroth, 1975. *In*: Delfinado *et* Hardy, 1975. Cat. Dipt. Orient. Reg. 2: 311 (new synonym of *Dasysyrphus bilineatus*); Peck, 1988. *In*: Soós *et* Papp, 1988. Cat. Palaearct. Dipt. 8: 14; Li *et* Li, 1990. The Syrphidae of Gansu Province: 48; Huang, Cheng *et* Yang, 1998. *In*: Xue *et* Chao, 1998. Flies of China, Vol. 1: 137; Huang *et* Cheng, 2012. Fauna Sinica, Insecta, Vol. 50: 161.

分布（Distribution）：甘肃（GS）、新疆（XJ）；俄罗斯（远东地区）、蒙古国、日本、瑞典、奥地利；欧洲。

（760）狭角毛蚜蝇 *Dasysyrphus angustatantennus* Huo, Zhang *et* Zheng, 2005

Dasysyrphus angustatantennus Huo, Zhang *et* Zheng, 2005. Acta Zootaxon. Sin. 30 (4): 847. **Type locality:** China: Shaanxi, Meixian, Red River Valley.

Dasysyrphus angustatantennus: Huo, Ren *et* Zheng, 2007. Fauna of Syrphidae from Mt. Qinling-Bashan in China (Insecta: Diptera): 110.

分布（Distribution）：山西（SX）、陕西（SN）。

（761）双线毛蚜蝇 *Dasysyrphus bilineatus* (Matsumura, 1917)

Syrphus (Syrphus) bilineatus Matsumura, 1917. *In*: Matsumura *et* Adachi, 1917. Ent. Mag. Kyoto 3: 38. **Type locality:** Japan: Hokkaidō, Sapporo.

Catabomba excavata Matsumura, 1918. J. Coll. Agric. Hokkaido Imp. Univ. 8: 14. **Type locality:** Japan: Hokkaidō, Sapporo; Honshū.

Syrphus (Syrphus) bilineatus: Shiraki, 1930. Mem. Fac. Sci. Agric. Taihoku Imp. Univ. 1: 354.

Dasysyrphus bilineatus: Knutson, Thompson *et* Vockeroth, 1975. *In*: Delfinado *et* Hardy, 1975. Cat. Dipt. Orient. Reg. 2: 311; Peck, 1988. *In*: Soós *et* Papp, 1988. Cat. Palaearct. Dipt. 8: 14; Huang, Cheng *et* Yang, 1998. *In*: Xue *et* Chao, 1998. Flies of China, Vol. 1: 137; Huo, Ren *et* Zheng, 2007. Fauna of Syrphidae from Mt. Qinling-Bashan in China (Insecta: Diptera): 111; Huang *et* Cheng, 2012. Fauna Sinica, Insecta, Vol. 50: 162.

分布（Distribution）：吉林（JL）、辽宁（LN）、北京（BJ）、陕西（SN）、宁夏（NX）、台湾（TW）；前苏联、奥地利、朝鲜、日本。

（762）四灰条毛蚜蝇 *Dasysyrphus eggeri* (Schiner, 1862)

Syrphus eggeri Schiner, 1862b. Fauna Austriaca (Díptera) 1: 303. **Type locality:** Austria: Schneeberg.

Syrphus grisescens Šuster *et* Zilberman, 1958. Studii Cerc. Stiint. Iaşi. Ser. Biol. Stiint. Agric. 9: 325. **Type locality:** Romania: Reg. Suceava, Moldovita-ferestr.

Dasysyrphus eggeri: Peck, 1988. *In*: Soós *et* Papp, 1988. Cat. Palaearct. Dipt. 8: 14; Sun *et* He, 1995. J. Shanghai Agric. Coll. 13 (3): 234; Huang, Cheng *et* Yang, 1998. *In*: Xue *et* Chao, 1998. Flies of China, Vol. 1: 137; Huang *et* Cheng, 2012. Fauna Sinica, Insecta, Vol. 50: 164.

分布（Distribution）：新疆（XJ）；奥地利、罗马尼亚。

（763）曲毛食蚜蝇 *Dasysyrphus licinus* He, 1991

Dasysyrphus licinus He, 1991. Entomotaxon. 13 (4): 303. **Type locality:** China: Gansu, Zhangye, Mt. Qilian.

Dasysyrphus licinus: Huang, Cheng *et* Yang, 1998. *In*: Xue *et* Chao, 1998. Flies of China, Vol. 1: 137; Huang *et* Cheng, 2012. Fauna Sinica, Insecta, Vol. 50: 168.

分布（Distribution）：甘肃（GS）。

（764）喇形毛蚜蝇 *Dasysyrphus lituiformis* He, 1991

Dasysyrphus lituiformis He, 1991. Entomotaxon. 13 (4): 304. **Type locality:** China: Xinjiang, Shihezi, Korgas.

Dasysyrphus lituiformis: Huang, Cheng *et* Yang, 1998. *In*: Xue *et* Chao, 1998. Flies of China, Vol. 1: 137; Huang *et* Cheng, 2012. Fauna Sinica, Insecta, Vol. 50: 169.

分布（Distribution）：新疆（XJ）。

（765）新月毛蚜蝇 *Dasysyrphus lunulatus* (Meigen, 1822)

Syrphus lunulatus Meigen, 1822. Syst. Beschr. Europ. Zweifl. Insekt. 3: 299. **Type locality:** Germany.

Dasysyrphus lunulatus: Peck, 1988. *In*: Soós *et* Papp, 1988. Cat. Palaearct. Dipt. 8: 15; Huang, Cheng *et* Yang, 1998. *In*: Xue *et* Chao, 1998. Flies of China, Vol. 1: 137; Huang *et* Cheng, 2012. Fauna Sinica, Insecta, Vol. 50: 164.

分布（Distribution）：吉林（JL）、河北（HEB）、北京（BJ）、新疆（XJ）、四川（SC）、云南（YN）、西藏（XZ）；前苏

联、德国、蒙古国、日本；欧洲、北美洲。

（766）具带毛蚜蝇 *Dasysyrphus orsua* (Walker, 1852)

Syrphus orsua Walker, 1852. Ins. Saund. (Ⅰ) Dipt. 3-4: 231. **Type locality:** East Indies.

Syrphus brunettii Hervé-Bazin, 1923b. Bull. Soc. Ent. Fr. 1923: 290 (replacement name for *allostrialus* Brunetti, 1923 not Fallén, 1817). **Type locality:** India: Matiana; Darjeeling *et* Kurseong.

Dasysyrphus orsua: Knutson, Thompson *et* Vockeroth, 1975. *In*: Delfinado *et* Hardy, 1975. Cat. Dipt. Orient. Reg. 2: 312.

Dasysyrphus brunettii: Knutson, Thompson *et* Vockeroth, 1975. *In*: Delfinado *et* Hardy, 1975. Cat. Dipt. Orient. Reg. 2: 311 (new combination of *Syrphus brunettii*); Huo, Zheng *et* Zhang, 2003. J. Shaanxi Nor. Univ. (Nat. Sci. Ed.) 33 (Sup.): 70; Huo, Zhang *et* Zheng, 2005. Acta Zootaxon. Sin. 30 (4): 849; Huo, Ren *et* Zheng, 2007. Fauna of Syrphidae from Mt. Qinling-Bashan in China (Insecta: Diptera): 112; Huang *et* Cheng, 2012. Fauna Sinica, Insecta, Vol. 50: 163.

分布（Distribution）：河北（HEB）、陕西（SN）、宁夏（NX）、甘肃（GS）、四川（SC）、西藏（XZ）；印度、尼泊尔。

（767）角纹毛蚜蝇 *Dasysyrphus postclaviger* (Štys *et* Moucha, 1962)

Syrphus postclaviger Štys *et* Moucha, 1962. Acta Univ. Carol. Biol. Suppl.: 60 (replacement name for *claviger* Frey).

Syrphus claviger Frey, 1930. Not. Ent. 10: 83. **Type locality:** Finland. USSR.

Syrphus postclaviger carpathicus Štys *et* Moucha, 1962. Acta Univ. Carol. Biol. Suppl.: 60. **Type locality:** Slovakia: "Slovakia Bor., Vysoke Tatry, Furkotska".

Dasysyrphus postclaviger: Peck, 1988. *In*: Soós *et* Papp, 1988. Cat. Palaearct. Dipt. 8: 15, 16; Li *et* Li, 1990. The Syrphidae of Gansu Province: 49; Huang, Cheng *et* Yang, 1998. *In*: Xue *et* Chao, 1998. Flies of China, Vol. 1: 137; Huo, Zhang *et* Zheng, 2005. Acta Zootaxon. Sin. 30 (4): 850; Huo, Ren *et* Zheng, 2007. Fauna of Syrphidae from Mt. Qinling-Bashan in China (Insecta: Diptera): 114; Huang *et* Cheng, 2012. Fauna Sinica, Insecta, Vol. 50: 165.

分布（Distribution）：吉林（JL）、陕西（SN）、甘肃（GS）、青海（QH）、西藏（XZ）；前苏联；欧洲。

（768）太白毛蚜蝇 *Dasysyrphus taibaiensis* Huo, Zhang *et* Zheng, 2005

Dasysyrphus taibaiensis Huo, Zhang *et* Zheng, 2005. Acta Zootaxon. Sin. 30 (4): 848. **Type locality:** China: Shaanxi, Meixian, Mt. Taibai.

Dasysyrphus taibaiensis: Huo, Ren *et* Zheng, 2007. Fauna of Syrphidae from Mt. Qinling-Bashan in China (Insecta: Diptera): 115.

分布（Distribution）：陕西（SN）。

（769）三带毛蚜蝇 *Dasysyrphus tricinctus* (Fallén, 1817)

Scaeva tricincta Fallén, 1817. Syrphici Sveciae: 41. **Type locality:** Sweden: Vastra Gotaland [= Westrogothia] *et* Skåne [= Scania].

Lasiophthicus coronatus Rondani, 1857. Dipt. Ital. Prodromus, Vol. II: 143. **Type locality:** Italy: Parma.

Conosyrphus okunii Matsumura, 1918. J. Coll. Agric. Hokkaido Imp. Univ. 8: 11. **Type locality:** Japan: Hokkaidō, Sapporo.

Syrphus tricincta: Shiraki, 1930. Mem. Fac. Sci. Agric. Taihoku Imp. Univ. 1: 361.

Dasysyrphus tricinctus: Peck, 1988. *In*: Soós *et* Papp, 1988. Cat. Palaearct. Dipt. 8: 16; Sun *et* He, 1995. J. Shanghai Agric. Coll. 13 (3): 234; Huang, Cheng *et* Yang, 1998. *In*: Xue *et* Chao, 1998. Flies of China, Vol. 1: 138; Huo, Zhang *et* Zheng, 2005. Acta Zootaxon. Sin. 30 (4): 849; Huang *et* Cheng, 2012. Fauna Sinica, Insecta, Vol. 50: 166.

分布（Distribution）：黑龙江（HL）、内蒙古（NM）、河北（HEB）、北京（BJ）、新疆（XJ）；前苏联、蒙古国、日本、瑞典、意大利。

（770）暗突毛蚜蝇 *Dasysyrphus venustus* (Meigen, 1822)

Syrphus venustus Meigen, 1822. Syst. Beschr. Europ. Zweifl. Insekt. 3: 299. **Type locality:** Germany.

Scaeva arcuata Fallén, 1817. Syrphici Sveciae: 42. **Type locality:** Sweden: Scania: Esperod.

Syrphus implicatus Meigen, 1822. Syst. Beschr. Europ. Zweifl. Insekt. 3: 301. **Type locality:** Europe.

Scaeva solitaria Zetterstedt, 1838. Insecta Lapp.: 603. **Type locality:** Sweden: Västerbotten: Lappland, Lycksele.

Syrphus berberidis Loew, 1840. Öffentl. Prüf. Schüler K. Friedrich-Wilhelms-Gymnasiums zu Posen 1840 (7-8): 34; Loew, 1840. Isis (Oken's) 1840 (VII-VIII): 572. **Type locality:** Poland: Poznan [as "Posen"].

Scaeva hilaris Zetterstedt, 1843. Dipt. Scand. 2: 729. **Type locality:** Sweden: Östergötlands [= Ostrogothia]: "Fredensborg".

Syrphus cupreus Am Stein, 1860. Jber. Naturf. Ges. Graubündens (N. F.) 5: 99. **Type locality:** Switzerland.

Syrphus intrudens Osten-Sacken, 1877. Bull. U. S. Geol. Geogr. Surv. Territ. 3: 326. **Type locality:** USA: California, Lagunitas Creek.

Syrphus arcuatus var. *bipunctatus* Girschner, 1884. Wien. Ent. Ztg. 3 (7): 197. **Type locality:** Germany: "Schnepfenthal in Thüringen" [= environs of Waltershausen] [DDR].

Syrphus disgregus Snow, 1895. Kans. Univ. Q. 3: 233. **Type locality:** USA: New Mexico, Magdalena Mts., Hop Canyon.

Syrphus osburni Curran, 1925. Kans. Univ. Sci. Bull. (1924) 15: 177. **Type locality:** Canada: Ontario, Orillia.

Syrphus pauxilloides Petch *et* Maltais, 1932. Annu. Rpt.

Quebec Soc. Protect. Plants 23. 24 (Sup. to 24): 47 (nomen nudum).

Syrphus venustus var. *atricornis* Szilády, 1940. Ann. Hist.-Nat. Mus. Natl. Hung. 33: 63. **Type locality:** Czechoslovakia.

Syrphus abayiecus Violovitsh, 1973. Trudy Biol. Inst. Sib. Otd. Akad. Nauk SSSR Novosibirsk 2: 147. **Type locality:** USSR: Altai, Ust'-Koksa district, 30 km SW Abai.

Syrphus intrudens: Vockeroth, 1986. Can. Entomol. 118: 203 (new synonym of *Dasysyrphus venustus*).

Syrphus disgregus: Vockeroth, 1986. Can. Entomol. 118: 203 (new synonym of *Dasysyrphus venustus*).

Syrphus osburni: Vockeroth, 1986. Can. Entomol. 118: 203 (new synonym of *Dasysyrphus venustus*).

Dasysyrphus hilaris: Peck, 1988. *In*: Soós *et* Papp, 1988. Cat. Palaearct. Dipt. 8: 15.

Dasysyrphus venustus: Peck, 1988. *In*: Soós *et* Papp, 1988. Cat. Palaearct. Dipt. 8: 16; Huang, Cheng *et* Yang, 1998. *In*: Xue *et* Chao, 1998. Flies of China, Vol. 1: 138; Huang *et* Cheng, 2012. Fauna Sinica, Insecta, Vol. 50: 167.

分布（Distribution）：北京（BJ）、山西（SX）、宁夏（NX）、四川（SC）、西藏（XZ）；前苏联、蒙古国、瑞典、意大利、德国、前捷克斯洛伐克、波兰、美国、加拿大；欧洲。

（771）西藏毛蚜蝇 *Dasysyrphus xizangensis* Pan, Wang *et* Huo, 2010

Dasysyrphus xizangensis Pan, Wang *et* Huo, 2010. J. Northeast Forestry Univ. 38 (11): 133. **Type locality:** China: Xizang, Bayi Town of Linzhi Region.

分布（Distribution）：内蒙古（NM）、山西（SX）、西藏（XZ）。

（772）杨氏毛蚜蝇 *Dasysyrphus yangi* He *et* Chu, 1992

Dasysyrphus yangi He *et* Chu, 1992b. J. Shanghai Agric. Coll. 10 (1): 89. **Type locality:** China: Jiangsu, Nanjing.

Dasysyrphus yangi: Huang, Cheng *et* Yang, 1998. *In*: Xue *et* Chao, 1998. Flies of China, Vol. 1: 138; Huo, Zhang *et* Zheng, 2005. Acta Zootaxon. Sin. 30 (4): 849; Huo, Ren *et* Zheng, 2007. Fauna of Syrphidae from Mt. Qinling-Bashan in China (Insecta: Diptera): 116; Huang *et* Cheng, 2012. Fauna Sinica, Insecta, Vol. 50: 169.

分布（Distribution）：陕西（SN）、江苏（JS）。

98. 边蚜蝇属 *Didea* Macquart, 1834

Didea Macquart, 1834. Hist. Nat. Ins., Dipt.: 508. **Type species:** *Didea fasciata* Macquart, 1834 (monotypy).

Enica Meigen, 1838. Syst. Beschr. Europ. Zweifl. Insekt. 7: 140 (preoccupied by Macquart, 1834). **Type species:** *Enica foersteri* Meigen, 1838 (monotypy) [= *Enica fasciata* Macquart, 1834].

Henica: Agassiz, 1846. Nomencl. Zool. Index Univ.: 138, 178 (emendation of *Enica*).

（773）浅环边蚜蝇 *Didea alneti* (Fallén, 1817)

Scaeva alneti Fallén, 1817. Syrphici Sveciae: 38. **Type locality:** Sweden: Småland [= Smolandia].

Syrphus pellucidulus Wiedemann, 1822. *In*: Meigen, 1822. Syst. Beschr. Europ. Zweifl. Insekt. 3: 311. **Type locality:** Austria.

Didea japonica Matsumura, 1917. *In*: Matsumura *et* Adachi, 1917. Ent. Mag. Kyoto 2 (4): 138. **Type locality:** Russia: Sakhalin. Japan: Honshū.

Didea sachalinensis Matsumura, 1917. *In*: Matsumura *et* Adachi, 1917. Ent. Mag. Kyoto 2 (4): 138. **Type locality:** Russia: Sakhalin, Ohtani.

Didea alneti: Shiraki, 1930. Mem. Fac. Sci. Agric. Taihoku Imp. Univ. 1: 337; Cheng, 1940. Biol. Bull. Fukien Christian Univ. 1: 42; Wu, 1940. Cat. Ins. Sin. 5: 264; Peck, 1988. *In*: Soós *et* Papp, 1988. Cat. Palaearct. Dipt. 8: 17; Huang, Cheng *et* Yang, 1998. *In*: Xue *et* Chao, 1998. Flies of China, Vol. 1: 138; Huo, Ren *et* Zheng, 2007. Fauna of Syrphidae from Mt. Qinling-Bashan in China (Insecta: Diptera): 117; Huang *et* Cheng, 2012. Fauna Sinica, Insecta, Vol. 50: 171.

分布（**Distribution**）：辽宁（LN）、陕西（SN）、甘肃（GS）、浙江（ZJ）、江西（JX）、四川（SC）；前苏联、蒙古国、朝鲜、日本、瑞典、奥地利；北美洲。

（774）巨斑边蚜蝇 *Didea fasciata* Macquart, 1834

Didea fasciata Macquart, 1834. Hist. Nat. Ins., Dipt.: 508. **Type locality:** France: Paris.

Enica foersteri Meigen, 1838. Syst. Beschr. Europ. Zweifl. Insekt. 7: 140. **Type locality:** Germany.

Didea fasciata: Shiraki, 1930. Mem. Fac. Sci. Agric. Taihoku Imp. Univ. 1: 338; Cheng, 1940. Biol. Bull. Fukien Christian Univ. 1: 42, 49; Wu, 1940. Cat. Ins. Sin. 5: 267; Knutson, Thompson *et* Vockeroth, 1975. *In*: Delfinado *et* Hardy, 1975. Cat. Dipt. Orient. Reg. 2: 312; Peck, 1988. *In*: Soós *et* Papp, 1988. Cat. Palaearct. Dipt. 8: 17; Huang, Cheng *et* Yang, 1998. *In*: Xue *et* Chao, 1998. Flies of China, Vol. 1: 140; Huo, Ren *et* Zheng, 2007. Fauna of Syrphidae from Mt. Qinling-Bashan in China (Insecta: Diptera): 119; Huang *et* Cheng, 2012. Fauna Sinica, Insecta, Vol. 50: 172.

分布（**Distribution**）：陕西（SN）、江苏（JS）、浙江（ZJ）、江西（JX）、四川（SC）、云南（YN）、福建（FJ）、台湾（TW）；前苏联、日本、法国、德国；北美洲。

（775）暗棒边蚜蝇 *Didea intermedia* Loew, 1854

Didea intermedia Loew, 1854. Programm K. Realschule Meseritz 1854: 18. **Type locality:** Poland: Poznan.

Didea intermedia: Peck, 1988. *In*: Soós *et* Papp, 1988. Cat. Palaearct. Dipt. 8: 17; Sun, 1993. Insects of the Hengduan Mountains Region 2: 1099; Huang, Cheng *et* Yang, 1998. *In*: Xue *et* Chao, 1998. Flies of China, Vol. 1: 140; Huang *et* Cheng, 2012. Fauna Sinica, Insecta, Vol. 50: 173.

分布（**Distribution**）：浙江（ZJ）、四川（SC）、云南（YN）、西藏（XZ）；前苏联、波兰。

（776）中条山边蚜蝇 *Didea zhongtiaoshanensis* Huo *et* Wang, 2014

Didea zhongtiaoshanensis Huo *et* Wang, 2014. Entomotaxon. 36 (4): 293. **Type locality:** China: Shanxi, Qinshui.

分布（**Distribution**）：山西（SX）。

99. 直脉蚜蝇属 *Dideoides* Brunetti, 1908

Dideoides Brunetti, 1908. Rec. India Mus. 2 (1): 54. **Type species:** *Dideoides ovata* Brunetti, 1908 (monotypy).

Dideodes Matsumura, 1917. *In*: Matsumura *et* Adachi, 1917. Ent. Mag. Kyoto 2 (4): 140. **Type species:** *Syrphus latus* Coquillett, 1898 (by original designation) [= *Dideoides coquillett* van der Goot, 1964].

Malayomyia Curran, 1928. J. Fed. Malay St. Mus. 14 (2): 225. **Type species:** *Malayomyia pretiosa* Curran, 1928 (by original designation).

（777）宽带直脉蚜蝇 *Dideoides coquilletti* (Goot, 1964)

Syrphus coquilletti Goot, 1964. Beaufortia 10: 218 (replacement name for *Syrphus lautus*).

Syrphus lautus Coquillett, 1898. Proc. U. S. Natl. Mus. 21: 322 (preoccupied by Giglio-Tos, 1898). **Type locality:** Japan.

Dideoides lautus: Shiraki, 1930. Mem. Fac. Sci. Agric. Taihoku Imp. Univ. 1: 341.

Didea coquilletti: She, 1989. J. Fujian Agric. Coll. 18 (3): 331.

Dideoides coquilletti: Knutson, Thompson *et* Vockeroth, 1975. *In*: Delfinado *et* Hardy, 1975. Cat. Dipt. Orient. Reg. 2: 312; Peck, 1988. *In*: Soós *et* Papp, 1988. Cat. Palaearct. Dipt. 8: 18; Huo, Ren *et* Zheng, 2007. Fauna of Syrphidae from Mt. Qinling-Bashan in China (Insecta: Diptera), 121; Huang *et* Cheng, 2012. Fauna Sinica, Insecta, Vol. 50: 174.

分布（**Distribution**）：陕西（SN）、甘肃（GS）、浙江（ZJ）、江西（JX）、四川（SC）、福建（FJ）、台湾（TW）；韩国、日本。

（778）狭带直脉蚜蝇 *Dideoides kempi* Brunetti, 1923

Dideoides kempi Brunetti, 1923. Fauna Brit. India (Dipt.) 3: 59. **Type locality:** India: Assam, Gāro Hills above Tura.

Dideoides kempi: Knutson, Thompson *et* Vockeroth, 1975. *In*: Delfinado *et* Hardy, 1975. Cat. Dipt. Orient. Reg. 2: 312; Sun, 1993. Insects of the Hengduan Mountains Region 2: 1100; Huang, Cheng *et* Yang, 1998. *In*: Xue *et* Chao, 1998. Flies of China, Vol. 1: 140; Huang *et* Cheng, 2012. Fauna Sinica, Insecta, Vol. 50: 175.

分布（**Distribution**）：浙江（ZJ）、江西（JX）、四川（SC）、云南（YN）、西藏（XZ）、福建（FJ）、广西（GX）；印度。

（779）侧斑直脉蚜蝇 *Dideoides latus* (Coquillett, 1898)

Syrphus latus Coquillett, 1898. Proc. U. S. Natl. Mus. 21: 322.

Type locality: Japan.

Syrphus formosanus Matsumura, 1911. Mém. Soc. R. Ent. Belg. 18: 140. **Type locality:** China: Taiwan, Taihoku, Tainan.

Dideoides latus formosanus: Shiraki, 1930. Mem. Fac. Sci. Agric. Taihoku Imp. Univ. 1: 345; Knutson, Thompson *et* Vockeroth, 1975. *In*: Delfinado *et* Hardy, 1975. Cat. Dipt. Orient. Reg. 2: 312.

Dideoides lata lata: Shiraki, 1930. Mem. Fac. Sci. Agric. Taihoku Imp. Univ. 1: 343.

Dideoides latus: Knutson, Thompson *et* Vockeroth, 1975. *In*: Delfinado *et* Hardy, 1975. Cat. Dipt. Orient. Reg. 2: 312; Peck, 1988. *In*: Soós *et* Papp, 1988. Cat. Palaearct. Dipt. 8: 18; Huang, Cheng *et* Yang, 1998. *In*: Xue *et* Chao, 1998. Flies of China, Vol. 1: 140; Huo, Ren *et* Zheng, 2007. Fauna of Syrphidae from Mt. Qinling-Bashan in China (Insecta: Diptera): 123; Huang *et* Cheng, 2012. Fauna Sinica, Insecta, Vol. 50: 176.

分布（Distribution）：辽宁（LN）、陕西（SN）、甘肃（GS）、江苏（JS）、浙江（ZJ）、江西（JX）、湖南（HN）、四川（SC）、云南（YN）、福建（FJ）、台湾（TW）、广东（GD）、广西（GX）、海南（HI）；日本。

（780）卵腹直脉蚜蝇 *Dideoides ovatus* **Brunetti, 1908**

Dideoides ovatus Brunetti, 1908. Rec. India Mus. 2 (1): 54. **Type locality:** India: Sikkim.

Dideoides ovatus: Knutson, Thompson *et* Vockeroth, 1975. *In*: Delfinado *et* Hardy, 1975. Cat. Dipt. Orient. Reg. 2: 312; Sun, 1993. Insects of the Hengduan Mountains Region 2: 1100; Huang, Cheng *et* Yang, 1998. *In*: Xue *et* Chao, 1998. Flies of China, Vol. 1: 140; Huo, Ren *et* Zheng, 2007. Fauna of Syrphidae from Mt. Qinling-Bashan in China (Insecta: Diptera): 124; Huang *et* Cheng, 2012. Fauna Sinica, Insecta, Vol. 50: 177.

分布（Distribution）：陕西（SN）、湖北（HB）、四川（SC）、云南（YN）、广西（GX）；印度、老挝。

（781）秦岭直脉蚜蝇 *Dideoides qinlingensis* **Huo, Ren *et* Zheng, 2007**

Dideoides qinlingensis Huo, Ren *et* Zheng, 2007. Fauna of Syrphidae from Mt. Qinling-Bashan in China (Insecta: Diptera): 124. **Type locality:** China: Shaanxi, Liuba, Mt. Zibai.

分布（Distribution）：陕西（SN）、甘肃（GS）。

（782）郑氏直脉蚜蝇 *Dideoides zhengi* **Huo, Ren *et* Zheng, 2007**

Dideoides zhengi Huo, Ren *et* Zheng, 2007. Fauna of Syrphidae from Mt. Qinling-Bashan in China (Insecta: Diptera): 126. **Type locality:** China: Shaanxi, Liuba, Mt. Zibai.

分布（Distribution）：陕西（SN）。

100. 斑翅蚜蝇属 *Dideopsis* Matsumura, 1917

Dideopsis Matsumura, 1917. *In*: Matsumura and Adachi, 1917. Ent. Mag. Kyoto 2 (4): 142. **Type species:** *Eristalis aegrotus* Fabricius, 1805 (by original designation).

Aegrotomyia Frey, 1946. Not. Ent. (1945) 25: 158. **Type species:** *Eristalis aegrota* Fabricius, 1805 (by original designation).

（783）斑翅蚜蝇 *Dideopsis aegrota* **(Fabricius, 1805)**

Eristalis aegrotus Fabricius, 1805. Syst. Antliat.: 243. **Type locality:** China.

Syrphus fascipennis Macquart, 1834. Hist. Nat. Ins., Dipt.: 537. **Type locality:** Indonesia: Java.

Didea ellenriederi Doleschall, 1857. Natuurkd. Tijdschr. Ned.-Indië 14: 407. **Type locality:** Indonesia: Maluku (Ambon).

Syrphus infirmus Rondani, 1875b. Ann. Mus. Civ. St. Nat. Genova 7: 423. **Type locality:** Malaysia: Sarawak.

Syrphus aegrotus: Shiraki, 1930. Mem. Fac. Sci. Agric. Taihoku Imp. Univ. 1: 354.

Asarcina aegrota: Wu, 1940. Cat. Ins. Sin. 5: 264.

Asarkina aegrota: Cheng, 1940. Biol. Bull. Fukien Christian Univ. 1: 42.

Dideopsis aegrota: Knutson, Thompson *et* Vockeroth, 1975. *In*: Delfinado *et* Hardy, 1975. Cat. Dipt. Orient. Reg. 2: 313; Huang, Cheng *et* Yang, 1998. *In*: Xue *et* Chao, 1998. Flies of China, Vol. 1: 141; Huang *et* Cheng, 2012. Fauna Sinica, Insecta, Vol. 50: 179.

分布（Distribution）：浙江（ZJ）、江西（JX）、湖南（HN）、湖北（HB）、四川（SC）、云南（YN）、福建（FJ）、台湾（TW）、广西（GX）、海南（HI）；尼泊尔、印度、印度尼西亚、马来西亚；澳洲区；东南亚。

101. 囊蚜蝇属 *Doros* Meigen, 1803

Doros Meigen, 1803. Mag. Insektenkd. 2: 274. **Type species:** *Syrphus conopseus* Fabricius, 1775 (by designation of Sory de Saint-Vineint, 1824) [= *Musca profuges* Harris, 1780].

Dones Billberg, 1820. Enumeratio Insectorum in Museo Gust. Joh. Billberg: 118. **Type species:** *Syrphus conopseus* Fabricius, 1775 (by designation of Thompson, 1987) [= *Musca profuges* Harris, 1780].

Dorus Agassiz, 1846. Nomencl. Zool. Index Univ.: 129 (emendation of *Doros*).

Bacchiopsis Matsumura, 1916. Thousand Ins. Japan Add. 2: 208. **Type species:** *Bacchiopsis vespiformis* Matsumura, 1916 (by original designation) [= *Doros conopseus* (Fabricius, 1775)].

（784）棕翅囊蚜蝇 *Doros conopseus* (Fabricius, 1775)

Syrphus conopseus Fabricius, 1775. Syst. Entom.: 768. **Type locality:** Europe.

Musca profuges Harris, 1780. Expos. Engl. Ins.: 81. **Type locality:** England.

Syrphus coarctatus Panzer, 1797. Fauna Germanica 45: 22. **Type locality:** Austria: Carinthia, Mountains.

Doros conopeus Zeller, 1842. Isis (Oken's) 1842: 830 (emendation of *conopseus* Fabricius, 1775).

Doros conopseus var. *bipunctatus* Mik, 1885. Verh. K. K. Zool.-Bot. Ges. Wien 35: 328. **Type locality:** France.

Doros destillatorius Mik, 1885. Wien. Ent. Ztg. 4: 53. **Type locality:** Italy.

Bacchiopsis vespiformis Matsumura, 1916. Thousand Ins. Japan Add. 2: 207. **Type locality:** Japan: Hokkaidō, Sapporo.

Musca conopsea: Gmelin, 1790. Syst. Nat. 5: 2868.

Doros conopseus: Shiraki, 1930. Mem. Fac. Sci. Agric. Taihoku Imp. Univ. 1: 412; Peck, 1988. *In*: Soós *et* Papp, 1988. Cat. Palaearct. Dipt. 8: 18; Huang, Cheng *et* Yang, 1998. *In*: Xue *et* Chao, 1998. Flies of China, Vol. 1: 141; Huang *et* Cheng, 2012. Fauna Sinica, Insecta, Vol. 50: 180.

分布（**Distribution**）：辽宁（LN）、河北（HEB）、北京（BJ）、山西（SX）；前苏联、蒙古国、日本、英国、奥地利、法国、意大利；欧洲。

（785）罗氏囊蚜蝇 *Doros rohdendorfi* Smirnov, 1926

Doros rohdendorfi Smirnov, 1926. Arch. Naturgesch. 91 (A): 66. **Type locality:** Turkestan.

分布（**Distribution**）：新疆（XJ）；土耳其、前苏联。

102. 垂边蚜蝇属 *Epistrophe* Walker, 1852

Epistrophe Walker, 1852. Ins. Saund. (I) Dipt. 3-4: 242. **Type species:** *Epistrophe conjungens* Walker, 1852 (monotypy) [= *grossulariae* Meigen, 1822].

Euryepistrophe Szilády, 1940. Ann. Hist.-Nat. Mus. Natl. Hung. 33: 59 (nomen nudum).

Euryepistrophe Goffe, 1944. Entomologist 77: 136. **Type species:** *Epistrophe grossulariae* Meigen, 1822 (by original designation).

Lagenosyrphus Mik, 1897. Wien. Ent. Ztg. 16: 64. **Type species:** *Syrphus leiophthalmus* Schiner *et* Egger, 1853 (by original designation).

Eristalosyrphus Matsumura, 1918. J. Coll. Agric. Hokkaido Imp. Univ. 8: 15. **Type species:** *Eristalosyrphus griseofasciatus* Matsumura, 1918.

Sagenosyrphus Šuster, 1943. Bull. Sect. Sci. Bucharest Acad. Romana. 25: 567 (misspelling of *Lagenosyrphus*).

Eristalosyrphus Matsumura, 1918. J. Coll. Agric. Hokkaido Imp. Univ. 8: 15. **Type species:** *Eristalosyrphus griseofasciatus* Matsumura, 1918 (by original designation).

Zimaera Hippa, 1968. Acta Entomol. Fennica 25: 69 (as a subgenus of *Meligramma*). **Type species:** *Syrphus euchroma* Kowarz, 1885 (by original designation).

Stackelbergina Violovitsh, 1979. Trudy Vses. Ent. Obshch. 61: 190 (preoccupied by Shilova *et* Zelentsov, 1978). **Type species:** *Stackelbergina amicorum* Violovitsh, 1979 (by original designation) [= *Epistrophe leiophthalma* (Schiner *et* Egger, 1853)].

Epistrophella Dušek *et* Láska, 1967. Acta Sci. Nat. Brno 1: 368. **Type species:** *Syrphus euchromus* Kowarz, 1885 (by original designation).

Epistrophe: Edwards *et* Hopwood, 1966. Nomenclator Zoologicus 6: 92.

Epistrophus: Bigot, 1883. Ann. Soc. Entomol. Fr. (6) 3: 255 (misspelling of *Epistrophe*).

（786）狭带垂边蚜蝇 *Epistrophe angusticincta* Huo, Ren *et* Zheng, 2007

Epistrophe angusticincta Huo, Ren *et* Zheng, 2007. Fauna of Syrphidae from Mt. Qinling-Bashan in China (Insecta: Diptera): 128. **Type locality:** China: Shaanxi, Meixian, Red River Vally.

分布（**Distribution**）：陕西（SN）。

（787）狭隔垂边蚜蝇 *Epistrophe angustinterstin* Huo, Ren *et* Zheng, 2007

Epistrophe angustinterstin Huo, Ren *et* Zheng, 2007. Fauna of Syrphidae from Mt. Qinling-Bashan in China (Insecta: Diptera): 130. **Type locality:** China: Shaanxi, Meixian, Red River Vally.

分布（**Distribution**）：陕西（SN）。

（788）环跗垂边蚜蝇 *Epistrophe annulitarsis* (Stackelberg, 1918)

Syrphus annulitarsis Stackelberg, 1918. Bull. Acad. Sci. Russ. (ser. 6): 2155. **Type locality:** Russia: Prov. Novgorod, SE of Leningrad.

Epistrophe annulitarsis: Peck, 1988. *In*: Soós *et* Papp, 1988. Cat. Palaearct. Dipt. 8: 19; Sun, 1993. Insects of the Hengduan Mountains Region 2: 1100; Huang, Cheng *et* Yang, 1998. *In*: Xue *et* Chao, 1998. Flies of China, Vol. 1: 143; Huang *et* Cheng, 2012. Fauna Sinica, Insecta, Vol. 50: 182.

分布（**Distribution**）：四川（SC）、云南（YN）、西藏（XZ）；前苏联。

（789）巴山垂边蚜蝇 *Epistrophe bashanensis* Huo, Ren *et* Zheng, 2007

Epistrophe bashanensis Huo, Ren *et* Zheng, 2007. Fauna of Syrphidae from Mt. Qinling-Bashan in China (Insecta: Diptera): 132. **Type locality:** China: Sichuan, Nanjiang.

分布（**Distribution**）：四川（SC）。

（790）双线垂边蚜蝇 *Epistrophe bicostata* Huo, Ren *et* Zheng, 2007

Epistrophe bicostata Huo, Ren *et* Zheng, 2007. Fauna of Syrphidae from Mt. Qinling-Bashan in China (Insecta: Diptera): 132. **Type locality:** China: Shaanxi, Meixian, Red River Vally.

分布（Distribution）：陕西（SN）。

（791）等宽垂边蚜蝇 *Epistrophe equilata* Huo, Ren *et* Zheng, 2007

Epistrophe equilata Huo, Ren *et* Zheng, 2007. Fauna of Syrphidae from Mt. Qinling-Bashan in China (Insecta: Diptera): 133. **Type locality:** China: Shaanxi, Meixian, Red River Vally.

分布（Distribution）：陕西（SN）。

（792）黄足垂边蚜蝇 *Epistrophe flavipennis* Huo, Ren *et* Zheng, 2007

Epistrophe equilata Huo, Ren *et* Zheng, 2007. Fauna of Syrphidae from Mt. Qinling-Bashan in China (Insecta: Diptera): 134. **Type locality:** China: Shaanxi, Liuba.

分布（Distribution）：陕西（SN）。

（793）线斑垂边蚜蝇 *Epistrophe gracilicincta* Huo, Ren *et* Zheng, 2007

Epistrophe gracilicincta Huo, Ren *et* Zheng, 2007. Fauna of Syrphidae from Mt. Qinling-Bashan in China (Insecta: Diptera): 135. **Type locality:** China: Shaanxi, Meixian, Red River Vally.

分布（Distribution）：陕西（SN）。

（794）灰带垂边蚜蝇 *Epistrophe griseocinctus* (Brunetti, 1923)

Syrphus griseocinctus Brunetti, 1923. Fauna Brit. India (Dipt.) 3: 77. **Type locality:** India: Kumaon, Bagarkote.

Epistrophe griseocincta: Huang *et* Cheng, 2012. Fauna Sinica, Insecta, Vol. 50: 183.

Epistrophe (*Epistrophe*) *griseocincta*: Knutson, Thompson *et* Vockeroth, 1975. *In*: Delfinado *et* Hardy, 1975. Cat. Dipt. Orient. Reg. 2: 314 (new combination of *Syrphus griseocinctus*); Huang, Cheng *et* Yang, 1998. *In*: Xue *et* Chao, 1998. Flies of China, Vol. 1: 143; Huang *et* Cheng, 2012. Fauna Sinica, Insecta, Vol. 50: 183.

Epistrophe griseocinctus: Sun, 1993. Insects of the Hengduan Mountains Region 2: 1100.

分布（Distribution）：内蒙古（NM）、四川（SC）、云南（YN）；印度。

（795）狭纹垂边蚜蝇 *Epistrophe griseofasciata* (Matsumura, 1918)

Eristalosyrphus griseofasciatus Matsumura, 1918. J. Coll. Agric. Hokkaido Imp. Univ. 8: 15. **Type locality:** Japan:

Hokkaidō, Sapporo.

Syrphus angustifasciatus Violovitsh, 1956. Zool. Žhur. 35: 744. **Type locality:** USSR: Kuril Islands.

Epistrophe griseofasciata: Huang, Cheng *et* Yang, 1998. *In*: Xue *et* Chao, 1998. Flies of China, Vol. 1: 143.

分布（Distribution）：吉林（JL）、内蒙古（NM）、四川（SC）、云南（YN）；印度。

（796）离缘垂边蚜蝇 *Epistrophe grossulariae* (Meigen, 1822)

Syrphus grossulariae Meigen, 1822. Syst. Beschr. Europ. Zweifl. Insekt. 3: 306. **Type locality:** Germany.

Musca formosus Harris, 1780. Expos. Engl. Ins.: 107. **Type locality:** England.

Syrphus lesueurii Macquart, 1842. Dipt. Exot. 2 (2): 152. **Type locality:** USA: Pennsylvania (Philadelphia).

Epistrophe conjugens Walker, 1852. Ins. Saund. (Ⅰ) Dipt. 3-4: 242. **Type locality:** USA.

Syrphus melanis Curran, 1922. Can. Entomol. 54: 96. **Type locality:** Canada: Ontario, Orillia.

Syrphus grossulariae: Shiraki, 1930. Mem. Fac. Sci. Agric. Taihoku Imp. Univ. 1: 371.

Epistrophe grossulariae: Peck, 1988. *In*: Soós *et* Papp, 1988. Cat. Palaearct. Dipt. 8: 20; Huang, Cheng *et* Yang, 1998. *In*: Xue *et* Chao, 1998. Flies of China, Vol. 1: 143; Huo, Ren *et* Zheng, 2007. Fauna of Syrphidae from Mt. Qinling-Bashan in China (Insecta: Diptera): 137; Huang *et* Cheng, 2012. Fauna Sinica, Insecta, Vol. 50: 183.

分布（Distribution）：黑龙江（HL）、吉林（JL）、辽宁（LN）、内蒙古（NM）、河北（HEB）、陕西（SN）；前苏联、蒙古国、日本、英国、德国、美国、加拿大。

（797）何氏垂边蚜蝇 *Epistrophe hei* Huo, Ren *et* Zheng, 2007

Epistrophe hei Huo, Ren *et* Zheng, 2007. Fauna of Syrphidae from Mt. Qinling-Bashan in China (Insecta: Diptera): 137. **Type locality:** China: Sichuan, Nanjiang.

分布（Distribution）：四川（SC）。

（798）宽带垂边蚜蝇 *Epistrophe horishana* (Matsumura, 1917)

Syrphus horishana Matsumura, 1917. *In*: Matsumura *et* Adachi, 1917. Ent. Mag. Kyoto 3: 24. **Type locality:** Philippines.

Syrphus (*Macrosyrphus*) *koannania* Matsumura, 1917. *In*: Matsumura *et* Adachi, 1917. Ent. Mag. Kyoto 3: 25. **Type locality:** China: Taiwan (Koannania, Kaushirei).

Syrphus quinquevittatus Brunetti, 1923. Fauna Brit. India (Dipt.) 3: 81. **Type locality:** India: Darjeeling District, Kālimpong.

Syrphus horishanus: Shiraki, 1930. Mem. Fac. Sci. Agric. Taihoku Imp. Univ. 1: 372.

Epistrophe (*Epistrophella*) *horishana*: Peck, 1988. *In*: Soós *et*

Papp, 1988. Cat. Palaearct. Dipt. 8: 22; Knutson, Thompson *et* Vockeroth, 1975. *In*: Delfinado *et* Hardy, 1975. Cat. Dipt. Orient. Reg. 2: 314.

Epistrophe horishana: Huang *et* Cheng, 2012. Fauna Sinica, Insecta, Vol. 50: 184.

分布（**Distribution**）：湖南（HN）、福建（FJ）、台湾（TW）；日本、菲律宾、印度。

（799）狭垂边蚜蝇 *Epistrophe issikii* (Shiraki, 1930)

Syrphus issikii Shiraki, 1930. Mem. Fac. Sci. Agric. Taihoku Imp. Univ. 1: 378. **Type locality:** China: Taiwan, Shu-shu *et* Fuhosho, Kusukusu.

Syrphus issikii: Knutson, Thompson *et* Vockeroth, 1975. *In*: Delfinado *et* Hardy, 1975. Cat. Dipt. Orient. Reg. 2: 320 (as an unplaced species of *Syrphus*); Huang *et* Cheng, 2012. Fauna Sinica, Insecta, Vol. 50: 269.

分布（**Distribution**）：台湾（TW）。

（800）吉林垂边蚜蝇 *Epistrophe jilinensis* Hao, Huo *et* Ren, 2012

Epistrophe jilinensis Hao, Huo *et* Ren, 2012. Acta Zootaxon. Sin. 37 (1): 199. **Type locality:** China: Jilin.

分布（**Distribution**）：吉林（JL）。

（801）平腹垂边蚜蝇 *Epistrophe lamellata* Huo, Ren *et* Zheng, 2007

Epistrophe lamellata Huo, Ren *et* Zheng, 2007. Fauna of Syrphidae from Mt. Qinling-Bashan in China (Insecta: Diptera): 138. **Type locality:** China: Gansu, Meijishan; Shaanxi; Sichuan.

分布（**Distribution**）：陕西（SN）、甘肃（GS）、四川（SC）。

（802）宽纹垂边蚜蝇 *Epistrophe latifasciata* Huo, Ren *et* Zheng, 2007

Epistrophe latifasciata Huo, Ren *et* Zheng, 2007. Fauna of Syrphidae from Mt. Qinling-Bashan in China (Insecta: Diptera): 140. **Type locality:** China: Shaanxi, Chang'an.

分布（**Distribution**）：陕西（SN）。

（803）暗跗垂边蚜蝇 *Epistrophe melatarsis* Hao, Huo *et* Ren, 2012

Epistrophe melatarsis Hao, Huo *et* Ren, 2012. Acta Zootaxon. Sin. 37 (1): 199. **Type locality:** China: Jilin.

分布（**Distribution**）：吉林（JL）。

（804）南京垂边蚜蝇 *Epistrophe nankinensis* Chu *et* He, 1993

Epistrophe nankinensis Chu *et* He, 1993. J. Shanghai Agric. Coll. 11 (2): 150. **Type locality:** China: Jiangsu, Nanjing.

Epistrophe nankinensis: Huang *et* Cheng, 2012. Fauna Sinica, Insecta, Vol. 50: 186.

分布（**Distribution**）：江苏（JS）。

（805）黑胫垂边蚜蝇 *Epistrophe nigritibia* Huo, Ren *et* Zheng, 2007

Epistrophe nigritibia Huo, Ren *et* Zheng, 2007. Fauna of Syrphidae from Mt. Qinling-Bashan in China (Insecta: Diptera): 141. **Type locality:** China: Sichuan, Nanjiang.

分布（**Distribution**）：四川（SC）。

（806）条颜垂边蚜蝇 *Epistrophe nigroepistomata* Shiraki *et* Edashige, 1953

Epistrophe nigroepistomata Shiraki *et* Edashige, 1953. Trans. Shikoku Ent. Soc. 3 (5-6): 99. **Type locality:** Japan: Shikoku, Omogo Valley, Ehime Pref.

Epistrophe nigroepistomata: Peck, 1988. *In*: Soós *et* Papp, 1988. Cat. Palaearct. Dipt. 8: 21; Sun, 1993. Insects of the Hengduan Mountains Region 2: 1101; Huang, Cheng *et* Yang, 1998. *In*: Xue *et* Chao, 1998. Flies of China, Vol. 1: 143; Huang *et* Cheng, 2012. Fauna Sinica, Insecta, Vol. 50: 184.

分布（**Distribution**）：四川（SC）、云南（YN）；日本。

（807）亮颈垂边蚜蝇 *Epistrophe nitidicollis* (Meigen, 1822)

Syrphus nitidicollis Meigen, 1822. Syst. Beschr. Europ. Zweifl. Insekt. 3: 308. **Type locality:** Germany.

Syrphus protritus Osten-Sacken, 1877. Bull. U. S. Geol. Geogr. Surv. Territ. 3: 328. **Type locality:** USA: California, Marin, Saucelito.

Stenosyrphus hunteri Curran, 1925. Kans. Univ. Sci. Bull. (1924) 15: 171. **Type locality:** Canada: Manitoba, Teulon.

Syrphus nitidicollis: Shiraki, 1930. Mem. Fac. Sci. Agric. Taihoku Imp. Univ. 1: 366; Cheng, 1940. Biol. Bull. Fukien Christian Univ. 1: 44.

分布（**Distribution**）：四川（SC）；日本、德国、美国、加拿大。

（808）黄口垂边蚜蝇 *Epistrophe ochrostoma* (Zetterstedt, 1849)

Scaeva ochrostoma Zetterstedt, 1849. Dipt. Scand. 8: 3133. **Type locality:** Sweden: Västerbotten, Lappland, Lycksele.

Epistrophe ochrostoma: Yang, Bai *et* Wang, 1999. J. Shanxi Agric. Univ. 19 (3): 191.

分布（**Distribution**）：山西（SX）；瑞典。

（809）秦岭垂边蚜蝇 *Epistrophe qinlingensis* Huo *et* Ren, 2007

Epistrophe qinlingensis Huo *et* Ren, 2007. Entomotaxon. 29 (3): 174, 181. **Type locality:** China: Shaanxi, Huxian; Hebei.

Epistrophe qinlingensis: Huo, Ren *et* Zheng, 2007. Fauna of Syrphidae from Mt. Qinling-Bashan in China (Insecta: Diptera): 142.

分布（**Distribution**）：河北（HEB）、陕西（SN）。

（810）直带垂边蚜蝇 *Epistrophe rectistrigata* Huo et Ren, 2006

Epistrophe rectistrigata Huo et Ren, 2006. Acta Zootaxon. Sin. 31 (3): 653. **Type locality:** China: Hebei, Shanjiankou; Heilongjiang.

分布（Distribution）：黑龙江（HL）、河北（HEB）、山西（SX）。

（811）毛缝垂边蚜蝇 *Epistrophe setifera* Chu et He, 1993

Epistrophe setifera Chu et He, 1993. J. Shanghai Agric. Coll. 11 (2): 149. **Type locality:** China: Heilongjiang, Ning'an, Jinbo Lake.

Epistrophe setifera: Huang et Cheng, 2012. Fauna Sinica, Insecta, Vol. 50: 187.

分布（Distribution）：黑龙江（HL）。

（812）华垂边蚜蝇 *Epistrophe splendida* Chu et He, 1993

Epistrophe setifera Chu et He, 1993. J. Shanghai Agric. Coll. 11 (2): 149. **Type locality:** China: Jiangsu, Nanjing.

Epistrophe setifera: Huang et Cheng, 2012. Fauna Sinica, Insecta, Vol. 50: 188.

分布（Distribution）：江苏（JS）。

（813）天台垂边蚜蝇 *Epistrophe tiantaiensis* Huo, Ren et Zheng, 2007

Epistrophe tiantaiensis Huo, Ren et Zheng, 2007. Fauna of Syrphidae from Mt. Qinling-Bashan in China (Insecta: Diptera): 140. **Type locality:** China: Shaanxi, Hanzhong.

分布（Distribution）：陕西（SN）。

（814）三带垂边蚜蝇 *Epistrophe trifasciata* Ho, 1987

Epistrophe trifasciata Ho, 1987. *In*: Zhang, 1987. Agricultural Insects, Spiders, Plant Diseases And Weeds of Tibet II: 186. **Type locality:** China: Xizang, Jilong.

Epistrophe trifasciata: Huang, Cheng et Yang, 1998. *In*: Xue et Chao, 1998. Flies of China, Vol. 1: 143; Huang et Cheng, 2012. Fauna Sinica, Insecta, Vol. 50: 189.

分布（Distribution）：西藏（XZ）。

（815）紫柏垂边蚜蝇 *Epistrophe zibaiensis* Huo, Ren et Zheng, 2007

Epistrophe zibaiensis Huo, Ren et Zheng, 2007. Fauna of Syrphidae from Mt. Qinling-Bashan in China (Insecta: Diptera): 145. **Type locality:** China: Shaanxi, Liuba; Sichuan.

分布（Distribution）：陕西（SN）、四川（SC）。

103. 黑带蚜蝇属 *Episyrphus* Matsumura et Adachi, 1917

Episyrphus Matsumura et Adachi, 1917. Ent. Mag. Kyoto 2: 134; Matsumura et Adachi, 1917. Ent. Mag. Kyoto 3: 16. **Type species:** *Episyrphus fallaciosus* Matsumura, 1917 (monotypy) [= *Musca balteatus* De Geer, 1776].

Heterepistrophe Szilády, 1940. Ann. Hist.-Nat. Mus. Natl. Hung. 33: 59 (nomen nudum).

Heterepistrophe Goffe, 1944. Entomologist 77: 136. **Type species:** *Musca balteata* De Geer, 1776 (by original designation).

Asiobaccha Violovitsh, 1976b. Novye I Maloizvestnye Vidy Fauny Sibiri 10: 131 (as a subgenus of *Baccha*). **Type species:** *Baccha nubilipennis* Austen, 1893 (by original designation).

Erisyrphus: Ninomiya, 1929. J. Appl. Zool. 1: 47 (misspelling of *Episyrphus*).

（816）弯黑带蚜蝇 *Episyrphus arcifer* (Sack, 1927)

Syrphus arcifer Sack, 1927. Stettin. Ent. Ztg. 88: 306. **Type locality:** China: Taiwan, Kankau et Fuhosho.

Syrphus arcifer: Shiraki, 1930. Mem. Fac. Sci. Agric. Taihoku Imp. Univ. 1: 385.

Episyrphus arcifer: Knutson, Thompson et Vockeroth, 1975. *In*: Delfinado et Hardy, 1975. Cat. Dipt. Orient. Reg. 2: 314; Huang et Cheng, 2012. Fauna Sinica, Insecta, Vol. 50: 193.

分布（Distribution）：台湾（TW）；马来西亚、尼泊尔。

（817）黑带蚜蝇 *Episyrphus balteatus* (De Geer, 1776)

Musca balteata De Geer, 1776. Mém. Pour Serv. Hist. Insect. 6: 116. **Type locality:** Sweden.

Musca palustris Scopoli, 1763. Ent. Carniolica: 345. **Type locality:** Slovenia [as "Carniola"].

Syrphus nectareus Fabricius, 1787. Mantissa Insectorum [2]: 341. **Type locality:** Denmark.

Musca scitulus Harris, 1780. Expos. Engl. Ins.: 105. **Type locality:** England.

Musca scitule Harris, 1780. Expos. Engl. Ins.: 111. **Type locality:** England.

Musca alternata Schrank, 1781. Enum. Insect. Austr. Indig.: 448. **Type locality:** Austria.

Musca inaequalis Geoffroy, 1785. *In*: Fourcroy, 1785. Entomologia Parisiensis; Sive Catalogus Insectorum quae in Agro Parisiensi Reperiuntur 2: 483. **Type locality:** France.

Musca elegans Villers, 1789. Caroli Linnaei Ent. 3: 464. **Type locality:** Southern France.

Syrphus triligatus Walker, 1857. J. Proc. Linn. Soc. London Zool. 1: 19. **Type locality:** Malaysia: Mt. Ophir.

Syrphus pleuralis Thomson, 1869. K. Svenska Fregatten Eugenies Resa, Zool., Dipt. 2 (1): 497. **Type locality:** China.

Syrphus balteatus forma *andalusiacus* Strobl, 1899a. Wien. Ent. Ztg. 18: 145. **Type locality:** Spain: Algeciras et Iativa.

Episyrphus fallaciosus Matsumura, 1917. *In*: Matsumura et Adachi, 1917. Ent. Mag. Kyoto. 2 (4): pl. 6; Matsumura et Adachi, 1917. Ent. Mag. Kyoto 3: 18. **Type locality:** Japan: Honshū, Kiushu.

Episyrphus hirayamae Matsumura, 1918. J. Coll. Agric.

Hokkaido Imp. Univ. 8: 12. **Type locality:** Japan: Honshū, Tokyo at Komaba.

Syrphus balteatus var. *proximus* Santos Abreu, 1924. Mem. R. Acad. Cienc. Artes Barcelona (3) 19 (1): 40. **Type locality:** Spain: Canary Is., La Palma.

Syrphus balteatus var. *signatus* Santos Abreu, 1924. Mem. R. Acad. Cienc. Artes Barcelona (3) 19 (1): 41. **Type locality:** Spain: Canary Is., La Palma.

Syrphus alternatus: Rossi, 1790. Fauna Etrusca 2: 297.

Syrphus pleuralis: Cheng, 1940. Biol. Bull. Fukien Christian Univ. 1: 43; Wu, 1940. Cat. Ins. Sin. 5: 284.

Episyrphus hirayamae: Peck, 1988. *In*: Soós *et* Papp, 1988. Cat. Palaearct. Dipt. 8: 23 (as a valid species).

Syrphus balteatus: Shiraki, 1930. Mem. Fac. Sci. Agric. Taihoku Imp. Univ. 1: 381; Cheng, 1940. Biol. Bull. Fukien Christian Univ. 1: 43.

Syrphus balteatus balteatus: Shiraki, 1930. Mem. Fac. Sci. Agric. Taihoku Imp. Univ. 1: 382.

Episyrphus balteatus: Wu, 1940. Cat. Ins. Sin. 5: 286; Knutson, Thompson *et* Vockeroth, 1975. *In*: Delfinado *et* Hardy, 1975. Cat. Dipt. Orient. Reg. 2: 314; Peck, 1988. *In*: Soós *et* Papp, 1988. Cat. Palaearct. Dipt. 8: 22; Li *et* Li, 1990. The Syrphidae of Gansu Province: 51; Huang, Cheng *et* Yang, 1998. *In*: Xue *et* Chao, 1998. Flies of China, Vol. 1: 143; Huo, Ren *et* Zheng, 2007. Fauna of Syrphidae from Mt. Qinling-Bashan in China (Insecta: Diptera): 147; Huang *et* Cheng, 2012. Fauna Sinica, Insecta, Vol. 50: 190.

分布（**Distribution**）：黑龙江（HL）、吉林（JL）、辽宁（LN）、河北（HEB）、陕西（SN）、甘肃（GS）、江苏（JS）、浙江（ZJ）、江西（JX）、湖南（HN）、湖北（HB）、四川（SC）、云南（YN）、西藏（XZ）、福建（FJ）、广东（GD）、广西（GX）；日本、蒙古国、马来西亚、前苏联、阿富汗、澳大利亚、瑞典、斯洛文尼亚、丹麦、英国、奥地利、法国、西班牙；东洋区。

（818）裂黑带蚜蝇 *Episyrphus cretensis* (Becker, 1921)

Syrphus cretensis Becker, 1921. Mitt. Zool. Mus. Berl. 10: 52. **Type locality:** Crete.

Syrphus cretensis: Peck, 1988. *In*: Soós *et* Papp, 1988. Cat. Palaearct. Dipt. 8: 49 (as a doubtful species of *Syrphus*).

Episyrphus cretensis: Li *et* Li, 1990. The Syrphidae of Gansu Province: 53; Huang *et* Cheng, 2012. Fauna Sinica, Insecta, Vol. 50: 192.

Epistrophe cretensis: Huang, Cheng *et* Yang, 1998. *In*: Xue *et* Chao, 1998. Flies of China, Vol. 1: 143.

分布（**Distribution**）：甘肃（GS）、江苏（JS）、上海（SH）、四川（SC）、云南（YN）、西藏（XZ）、福建（FJ）、广西（GX）；欧洲。

（819）离黑带蚜蝇 *Episyrphus divertens* (Walker, 1857)

Syrphus divertens Walker, 1857. J. Proc. Linn. Soc. London Zool. 1: 124. **Type locality:** Malaysia: Sarawak.

Syrphus divertens: Shiraki, 1930. Mem. Fac. Sci. Agric. Taihoku Imp. Univ. 1: 383.

Syrphus claviger Sack, 1927. Stettin. Ent. Ztg. 88: 308. **Type locality:** China: Taiwan, Fuhosho.

Episyrphus divertens: Knutson, Thompson *et* Vockeroth, 1975. *In*: Delfinado *et* Hardy, 1975. Cat. Dipt. Orient. Reg. 2: 315; Huang *et* Cheng, 2012. Fauna Sinica, Insecta, Vol. 50: 193.

分布（**Distribution**）：台湾（TW）；马来西亚、泰国。

（820）有色黑带蚜蝇 *Episyrphus graptus* (Hull, 1944)

Syrphus graptus Hull, 1944. Psyche 51: 22. **Type locality:** China: Taiwan, Sozan.

Episyrphus graptus: Knutson, Thompson *et* Vockeroth, 1975. *In*: Delfinado *et* Hardy, 1975. Cat. Dipt. Orient. Reg. 2: 315.

分布（**Distribution**）：台湾（TW）。

（821）异黑带蚜蝇 *Episyrphus heterogaster* (Thomson, 1869)

Syrphus heterogaster Thomson, 1869. K. Svenska Fregatten Eugenies Resa, Zool., Dipt. 2 (1): 498. **Type locality:** China.

Syrphus heterogaster: Cheng, 1940. Biol. Bull. Fukien Christian Univ. 1: 43; Wu, 1940. Cat. Ins. Sin. 5: 284.

Episyrphus heterogaster: Knutson, Thompson *et* Vockeroth, 1975. *In*: Delfinado *et* Hardy, 1975. Cat. Dipt. Orient. Reg. 2: 315 (new combination of *Syrphus heterogaster*).

分布（**Distribution**）：中国（省份不明）。

（822）斜黑带蚜蝇 *Episyrphus obligatus* (Curran, 1931)

Syrphus obligatus Curran, 1931a. J. Fed. Malay St. Mus. 16: 316. **Type locality:** Malaysia: Kedah Peak.

Syrphus obligatus: Cheng, 1940. Biol. Bull. Fukien Christian Univ. 1: 44, 54; Wu, 1940. Cat. Ins. Sin. 5: 284.

Episyrphus obligatus: Knutson, Thompson *et* Vockeroth, 1975. *In*: Delfinado *et* Hardy, 1975. Cat. Dipt. Orient. Reg. 2: 315.

分布（**Distribution**）：福建（FJ）。

（823）慧黑带蚜蝇 *Episyrphus perscitus* He *et* Chu, 1992

Episyrphus perscitus He *et* Chu, 1992c. J. Shanghai Agric. Coll. 10 (1): 93. **Type locality:** China: Heilongjiang, Ning'an, ingpo Hu.

Episyrphus perscitus: Huang, Cheng *et* Yang, 1998. *In*: Xue *et* Chao, 1998. Flies of China, Vol. 1: 143; Huo, Ren *et* Zheng, 2007. Fauna of Syrphidae from Mt. Qinling-Bashan in China (Insecta: Diptera): 150; Huang *et* Cheng, 2012. Fauna Sinica, Insecta, Vol. 50: 194.

分布（Distribution）：黑龙江（HL）、陕西（SN）。

（824）绿色黑带蚜蝇 *Episyrphus viridaureus* (Wiedemann, 1824)

Syrphus viridaureus Wiedemann, 1824a. Munus Rectoris in Academia Christiana Albertina Aditurus Analecta Entomológica ex Museo Regio Havniensi Máxime Congesta Profert Iconibusque Illustrat: 35. **Type locality:** Indonesia: Java.

Syrphus nectarinus Wiedemann, 1830. Aussereurop. Zweifl. Insekt. 2: 128. **Type locality:** China.

Syrphus nectarinus: Cheng, 1940. Biol. Bull. Fukien Christian Univ. 1: 43, 54.

Syrphus baltertus nectarinus: Shiraki, 1930. Mem. Fac. Sci. Agric. Taihoku Imp. Univ. 1: 382.

Episyrphus nectarinus: Wu, 1940. Cat. Ins. Sin. 5: 287; Knutson, Thompson *et* Vockeroth, 1975. *In*: Delfinado *et* Hardy, 1975. Cat. Dipt. Orient. Reg. 2: 315 (as a valid species); Peck, 1988. *In*: Soós *et* Papp, 1988. Cat. Palaearct. Dipt. 8: 23 (as a valid species); Huang, Cheng *et* Yang, 1998. *In*: Xue *et* Chao, 1998. Flies of China, Vol. 1: 144.

Episyrphus viridaureus: Knutson, Thompson *et* Vockeroth, 1975. *In*: Delfinado *et* Hardy, 1975. Cat. Dipt. Orient. Reg. 2: 315.

分布（Distribution）：福建（FJ）；新几内亚岛、澳大利亚、印度尼西亚、马来西亚、新喀里多尼亚（法）。

104. 密毛蚜蝇属 *Eriozona* Schiner, 1860

Eriozona Schiner, 1860. Wien. Ent. Monatschr. 4: 214. **Type species:** *Syrphus oestriformis* Meigen, 1822 (by original designation) [= *Syrphus syrphoides* (Fallén, 1917)].

（825）暗盾密毛蚜蝇 *Eriozona nigroscutellata* Shiraki, 1930

Eriozona nigroscutellata Shiraki, 1930. Mem. Fac. Sci. Agric. Taihoku Imp. Univ. 1: 333. **Type locality:** China: Taiwan, Daisuikutsu, and Royeichi.

Eriozona nigroscutellata: Knutson, Thompson *et* Vockeroth, 1975. *In*: Delfinado *et* Hardy, 1975. Cat. Dipt. Orient. Reg. 2: 315; Huang, Cheng *et* Yang, 1998. *In*: Xue *et* Chao, 1998. Flies of China, Vol. 1: 144; Huang *et* Cheng, 2012. Fauna Sinica, Insecta, Vol. 50: 195.

分布（Distribution）：吉林（JL）、河北（HEB）、四川（SC）、云南（YN）、西藏（XZ）、台湾（TW）。

（826）黄盾密毛蚜蝇 *Eriozona syrphoides* (Fallén, 1817)

Scaeva syrphoides Fallén, 1817. Syrphici Sveciae: 36. **Type locality:** Sweden: Calmariensi.

Syrphus oestriformis Meigen, 1822. Syst. Beschr. Europ. Zweifl. Insekt. 3: 315 (replacement name for *Scaeva syrphoides*).

Syrphus amplus Walker, 1849. List of the specimens of dipterous insets in the collection of the British Museum Part III: 576. **Type locality:** Unknown.

Eriozona syrphoides: Peck, 1988. *In*: Soós *et* Papp, 1988. Cat. Palaearct. Dipt. 8: 23; Huang *et* Cheng, 2012. Fauna Sinica, Insecta, Vol. 50: 196.

分布（Distribution）：内蒙古（NM）、山西（SX）、新疆（XJ）；前苏联、瑞典；欧洲。

（827）三色密毛蚜蝇 *Eriozona tricolorata* Huo, Ren *et* Zheng, 2007

Epistrophe equilata Huo, Ren *et* Zheng, 2007. Fauna of Syrphidae from Mt. Qinling-Bashan in China (Insecta: Diptera): 150. **Type locality:** China: Shaanxi, Meixian, Mt. Taibai.

分布（Distribution）：陕西（SN）。

105. 优蚜蝇属 *Eupeodes* Osten-Sacken, 1877

Eupeodes Osten-Sacken, 1877. Bull. U. S. Geol. Geogr. Surv. Territ. 3: 328. **Type species:** *Eupeodes volucris* Osten-Sacken, 1877 (monotypy).

Metasyrphus Matsumura, 1917. *In*: Matsumura *et* Adachi, 1917. Ent. Mag. Kyoto 2 (4): 147. **Type species:** *Scaeva corollae* Fabricius, 1794 (by original designation).

Macrosyrphus Matsumura, 1917. *In*: Matsumura *et* Adachi, 1917. Ent. Mag. Kyoto 2 (4): pl. 6 (as a subgenus of *Syrphus*); Matsumura *et* Adachi, 1917. Ent. Mag. Kyoto 3: 23. **Type species:** *Syrphus okinawae* Matsumura, 1917 (by designation of Matsumura *et* Adachi, 1917) [= *Eupeodes okinawensis* (Matsumura, 1916)] (monotypy).

Posthonia Enderlein, 1938. Sber. Ges. Naturf. Freunde Berl. 1937: 203. **Type species:** *Posthonia longipenis* Enderlein, 1938 (by original designation) [= *Eupeodes volucris* Osten-Sacken, 1877].

Posthosyrphus Enderlein, 1938. Sber. Ges. Naturf. Freunde Berl. 1937: 204. **Type species:** *Syrphus americanus* Wiedemann, 1830 (by original designation).

Scaevosyrphus Dušek *et* Láska, 1967. Acta Sci. Nat. Brno 1: 367 (as a subgenus of *Metasyrphus*). **Type species:** *Syrphus lundbecki* Sootryen, 1946 (by original designation).

Lapposyrphus Dušek *et* Láska, 1967. Acta Sci. Nat. Brno 1: 367 (as a subgenus of *Metasyrphus*). **Type species:** *Scaeva lapponica* Zetterstedt, 1838 (by original designation).

Beszella Hippa, 1968. Acta Entomol. Fennica 25: 36 (as a subgenus of *Scaeva*). **Type species:** *Scaeva lapponica* Zetterstedt, 1838 (by original designation).

（828）捷优蚜蝇 *Eupeodes alaceris* He *et* Li, 1998

Eupeodes (*Eupeodes*) *alaceris* He *et* Li, 1998. *In*: He, Li *et* Sun, 1998. Acta Ent. Sin. 41 (3): 295. **Type locality:** China: Shaanxi, Wugong.

Eupeodes alaceris: Huang *et* Cheng, 2012. Fauna Sinica, Insecta, Vol. 50: 207.

分布（Distribution）：黑龙江（HL）、陕西（SN）、宁夏（NX）。

（829）狭优蚜蝇 *Eupeodes angustus* He, 1992

Eupeodes (*Eupeodes*) *angustus* He, 1992. Entomotaxon. 14 (4): 303. **Type locality:** China: Jiangxi, Nanchang.

Eupeodes angustus: Huang *et* Cheng, 2012. Fauna Sinica, Insecta, Vol. 50: 208.

分布（Distribution）：江西（JX）。

（830）金优蚜蝇 *Eupeodes aurosus* He, 1993

Eupeodes (*Eupeodes*) *aurosus* He, 1993. Acta Zootaxon. Sin. 18 (1): 87. **Type locality:** China: Heilongjiang, Mao'ershan, Shangzhi.

Eupeodes aurosus: Huang *et* Cheng, 2012. Fauna Sinica, Insecta, Vol. 50: 207.

分布（Distribution）：黑龙江（HL）。

（831）郑氏优蚜蝇 *Eupeodes chengi* He, 1992

Eupeodes (*Eupeodes*) *chengi* He, 1992. Entomotaxon. 14 (4): 302. **Type locality:** China: Zhejiang, Mt. Longwang, Ji'an.

Eupeodes chengi: Huang *et* Cheng, 2012. Fauna Sinica, Insecta, Vol. 50: 207.

分布（Distribution）：浙江（ZJ）。

（832）陈氏优蚜蝇 *Eupeodes cheni* He, 1993

Eupeodes (*Eupeodes*) *cheni* He, 1993. Acta Zootaxon. Sin. 18 (1): 90. **Type locality:** China: Heilongjiang, Jingbo Hu, Ning'an.

Eupeodes cheni: Huang *et* Cheng, 2012. Fauna Sinica, Insecta, Vol. 50: 207.

分布（Distribution）：黑龙江（HL）。

（833）宽带优蚜蝇 *Eupeodes confrater* (Wiedemann, 1830)

Syrphus confrater Wiedemann, 1830. Aussereurop. Zweifl. Insekt. 2: 120. **Type locality:** China.

Syrphus cranapes Walker, 1852. Ins. Saund. (Ⅰ) Dipt. 3-4: 231. **Type locality:** East Indies.

Syrphus mundus Walker, 1852. Ins. Saund. (Ⅰ) Dipt. 3-4: 230. **Type locality:** East Indies.

Syrphus macropterus Thomson, 1869. K. Svenska Fregatten Eugenies Resa, Zool., Dipt. 2 (1): 498. **Type locality:** China.

Syrphus trilimbatus Bigot, 1884c. Ann. Soc. Entomol. Fr. (6) 4: 86. **Type locality:** Indies.

Syrphus torvoides Meijere, 1914. Tijdschr. Ent. 57: 155. **Type locality:** Indonesia: Java, Nongkodjadijar.

Syrphus confrater: Shiraki, 1930. Mem. Fac. Sci. Agric. Taihoku Imp. Univ. 1: 364; Cheng, 1940. Biol. Bull. Fukien Christian Univ. 1: 43, 53; Wu, 1940. Cat. Ins. Sin. 5: 282.

Syrphus macropterus: Cheng, 1940. Biol. Bull. Fukien Christian Univ. 1: 43; Wu, 1940. Cat. Ins. Sin. 5: 284.

Metasyrphus (*Metasyrphus*) *macropterus*: Knutson, Thompson *et* Vockeroth, 1975. *In*: Delfinado *et* Hardy, 1975. Cat. Dipt. Orient. Reg. 2: 317 (new combination of *Syrphus macropterus*).

Metasyrphus (*Metasyrphus*) *torvoides*: Knutson, Thompson *et* Vockeroth, 1975. *In*: Delfinado *et* Hardy, 1975. Cat. Dipt. Orient. Reg. 2: 317 (new combination of *Syrphus torvoides*).

Eupeodes (*Eupeodes*) *macropterus*: He, 1992. Entomotaxon. 14 (4): 297 (new combination of *Syrphus macropterus*).

Metasyrphus (*Metasyrphus*) *confrater*: Knutson, Thompson *et* Vockeroth, 1975. *In*: Delfinado *et* Hardy, 1975. Cat. Dipt. Orient. Reg. 2: 317; Peck, 1988. *In*: Soós *et* Papp, 1988. Cat. Palaearct. Dipt. 8: 32.

Metasyrphus confrater: Li *et* Li, 1990. The Syrphidae of Gansu Province: 57; Huang, Cheng *et* Yang, 1998. *In*: Xue *et* Chao, 1998. Flies of China, Vol. 1: 150.

Eupeodes (*Eupeodes*) *confrater*: He, Li *et* Sun, 1998. Acta Ent. Sin. 41 (3): 292.

Eupeodes confrater: Peck, 1988. *In*: Soós *et* Papp, 1988. Cat. Palaearct. Dipt. 8: 120; Huo, Ren *et* Zheng, 2007. Fauna of Syrphidae from Mt. Qinling-Bashan in China (Insecta: Diptera): 154; Huang *et* Cheng, 2012. Fauna Sinica, Insecta, Vol. 50: 198.

分布（Distribution）：辽宁（LN）、陕西（SN）、宁夏（NX）、甘肃（GS）、江西（JX）、湖南（HN）、四川（SC）、贵州（GZ）、云南（YN）、西藏（XZ）、广西（GX）、海南（HI）；日本、新几内亚、印度尼西亚；东洋区。

（834）大灰优蚜蝇 *Eupeodes corollae* (Fabricius, 1794)

Syrphus corollae Fabricius, 1794. Ent. Syst. 4: 306. **Type locality:** "Killiae".

Musca pyrorum Schrank, 1803. Fauna Boica 3 (1): 114. **Type locality:** Germany: Bavaria.

Scaeva olitoria Fallén, 1817. Syrphici Sveciae: 43. **Type locality:** Sweden.

Syrphus lacerus Meigen, 1822. Syst. Beschr. Europ. Zweifl. Insekt. 3: 301. **Type locality:** Austria.

Syrphus crenatus Macquart, 1829b. Ins. Dipt. N. Fr. 4: 243. **Type locality:** Northern France.

Syrphus flaviventris Macquart, 1829b. Ins. Dipt. N. Fr. 4: 240. **Type locality:** Northern France.

Syrphus fulvifrons Macquart, 1829b. Ins. Dipt. N. Fr. 4: 240. **Type locality:** Northern France.

Syrphus nigrifemoratus Macquart, 1829b. Ins. Dipt. N. Fr. 4: 241. **Type locality:** Northern France.

Syrphus terminalis Wiedemann, 1830. Aussereurop. Zweifl. Insekt. 2: 135. **Type locality:** Egypt.

Scaeva annularis Curtis, 1837. Guide Brrang. Bri. Ins.: 252. **Type locality:** England: Nomen Nudum.

Scaeva octomaculata Curtis, 1837. Guide Brrang. Bri. Ins.: 219. **Type locality:** England.

Syrphus disjunctus Macquart, 1842. Mém. Soc. Sci. Agric. Lille 1841 (1): 148; Macquart, 1842. Dipt. Exot. 2 (2): 148. **Type locality:** Algeria.

Syrphus algirus Macquart, 1849. Explor. Scient. Algérie, Zool.

3: 469. **Type locality:** Algeria.

Syrphus corolloides Macquart, 1850. Mém. Soc. R. Sci. Agric. Arts Lille 1849: 460. **Type locality:** Patrie inconnue.

Syrphus dentatus Walker, 1852. Ins. Saund. （Ⅰ） Dipt. 3-4: 229. **Type locality:** South Africa.

Syrphus cognatus Loew, 1858c. Öfvers. K. Vetensk. Akad. Förh. (1857) 14: 378. **Type locality:** South Africa.

Syrphus berber Bigot, 1884c. Ann. Soc. Entomol. Fr. (6) 4: 87. **Type locality:** Morocco.

Metasyrphus candidus Matsumura, 1918. J. Coll. Agric. Hokkaido Imp. Univ. 8: 17. **Type locality:** Japan: Hokkaidō, Imp. Univ. Sapporo.

Metasyrphus libyensis Nayar, 1978. Polsk. Pismo Ent. 48: 539. **Type locality:** Libya: Benghazi.

Musca corollae: Turton, 1801. A General System of Nature Vol. III (1800): 650.

Syrphus corollae: Shiraki, 1930. Mem. Fac. Sci. Agric. Taihoku Imp. Univ. 1: 370; Cheng, 1940. Biol. Bull. Fukien Christian Univ. 1: 43, 53; Wu, 1940. Cat. Ins. Sin. 5: 282.

Metasyrphus (*Metasyrphus*) *libyensis*: Peck, 1988. *In*: Soós *et* Papp, 1988. Cat. Palaearct. Dipt. 8: 35.

Metasyrphus (*Metasyrphus*) *corollae*: Knutson, Thompson *et* Vockeroth, 1975. *In*: Delfinado *et* Hardy, 1975. Cat. Dipt. Orient. Reg. 2: 317; Peck, 1988. *In*: Soós *et* Papp, 1988. Cat. Palaearct. Dipt. 8: 32.

Metasyrphus corollae: Li *et* Li, 1990. The Syrphidae of Gansu Province: 58; Huang, Cheng *et* Yang, 1998. *In*: Xue *et* Chao, 1998. Flies of China, Vol. 1: 150.

Eupeodes (*Eupeodes*) *corollae*: He, Li *et* Sun, 1998. Acta Ent. Sin. 41 (3): 292, 294.

Eupeodes corollae: Huo, Ren *et* Zheng, 2007. Fauna of Syrphidae from Mt. Qinling-Bashan in China (Insecta: Diptera): 155; Huang *et* Cheng, 2012. Fauna Sinica, Insecta, Vol. 50: 200.

分布（**Distribution**）：黑龙江（HL）、吉林（JL）、辽宁（LN）、内蒙古（NM）、河北（HEB）、天津（TJ）、北京（BJ）、山东（SD）、河南（HEN）、陕西（SN）、宁夏（NX）、甘肃（GS）、青海（QH）、新疆（XJ）、江苏（JS）、浙江（ZJ）、江西（JX）、湖南（HN）、湖北（HB）、四川（SC）、贵州（GZ）、云南（YN）、西藏（XZ）、福建（FJ）、台湾（TW）、广西（GX）；前苏联、德国、瑞典、奥地利、法国、蒙古国、日本；欧洲、非洲。

（835）晓优蚜蝇 *Eupeodes eosus* He, 1992

Eupeodes (*Eupeodes*) *eosus* He, 1992. Entomotaxon. 14 (4): 299. **Type locality:** China: Jiangsu, Nanjing.

Eupeodes (*Eupeodes*) *eosus*: He, Li *et* Sun, 1998. Acta Ent. Sin. 41 (3): 293.

Eupeodes eosus: Huang *et* Cheng, 2012. Fauna Sinica, Insecta, Vol. 50: 213.

分布（**Distribution**）：江苏（JS）。

（836）丽优蚜蝇 *Eupeodes epicharus* He, 1992

Eupeodes (*Eupeodes*) *epicharus* He, 1992. Entomotaxon. 14 (4): 298. **Type locality:** China: Xinjiang Uygur Autonomous Region, Manas.

Eupeodes (*Eupeodes*) *epicharus*: He, Li *et* Sun, 1998. Acta Ent. Sin. 41 (3): 293.

Eupeodes epicharus: Huang *et* Cheng, 2012. Fauna Sinica, Insecta, Vol. 50: 214.

分布（**Distribution**）：新疆（XJ）。

（837）喜优蚜蝇 *Eupeodes erasmus* He, 1992

Eupeodes (*Eupeodes*) *erasmus* He, 1992. Entomotaxon. 14 (4): 301. **Type locality:** China: Jiangxi, Nanjing.

Eupeodes (*Eupeodes*) *erasmus*: He, Li *et* Sun, 1998. Acta Ent. Sin. 41 (3): 293.

Eupeodes erasmus: Huang *et* Cheng, 2012. Fauna Sinica, Insecta, Vol. 50: 215.

分布（**Distribution**）：江苏（JS）。

（838）黄斑优蚜蝇 *Eupeodes flaviceps* (Rondani, 1857)

Syrphus flaviceps Rondani, 1857. Dipt. Ital. Prodromus, Vol. II: 133. **Type locality:** Italy: Parma.

Syrphus braueri Egger, 1858. Verh. K. K. Zool.-Bot. Ges. Wien 8: 714. **Type locality:** Austria: Schneeberg.

Metasyrphus flaviceps: Peck, 1988. *In*: Soós *et* Papp, 1988. Cat. Palaearct. Dipt. 8: 33; Huang, Cheng *et* Yang, 1998. *In*: Xue *et* Chao, 1998. Flies of China, Vol. 1: 150.

Eupeodes flaviceps: Huang *et* Cheng, 2012. Fauna Sinica, Insecta, Vol. 50: 201.

分布（**Distribution**）：新疆（XJ）、西藏（XZ）；前苏联、奥地利；欧洲。

（839）黄带优蚜蝇 *Eupeodes flavofasciatus* (Ho, 1987)

Metasyrphus flavofasciatus Ho, 1987. *In*: Zhang, 1987. Agricultural Insects, Spiders, Plant Diseases and Weeds of Tibet II: 189. **Type locality:** China: Xizang, Lhasa.

Metasyrphus flavofasciatus: Huang, Cheng *et* Yang, 1998. *In*: Xue *et* Chao, 1998. Flies of China, Vol. 1: 150.

Eupeodes (*Eupeodes*) *flavofasciatus*: He, 1992. Entomotaxon. 14 (4): 297 (new combination of *Metasyrphus flavofasciatus*); He, Li *et* Sun, 1998. Acta Ent. Sin. 41 (3): 293.

Eupeodes flavofasciatus: Huo, Ren *et* Zheng, 2007. Fauna of Syrphidae from Mt. Qinling-Bashan in China (Insecta: Diptera): 157; Huang *et* Cheng, 2012. Fauna Sinica, Insecta, Vol. 50: 216.

分布（**Distribution**）：河北（HEB）、陕西（SN）、甘肃（GS）、西藏（XZ）。

（840）哈优蚜蝇 *Eupeodes harbinensis* He, 1992

Eupeodes (*Eupeodes*) *harbinensis* He, 1992. Entomotaxon. 14 (4): 305. **Type locality:** China: Heilongjiang, Harbin.

Eupeodes harbinensis: Huang *et* Cheng, 2012. Fauna Sinica, Insecta, Vol. 50: 217.

分布（Distribution）：黑龙江（HL）、河北（HEB）、青海（QH）、西藏（XZ）。

（841）拉优蚜蝇 *Eupeodes lapponicus* (Zetterstedt, 1838)

Scaeva lapponicus Zetterstedt, 1838. Insecta Lapp.: 598. **Type locality:** Sweden: Lapponia, Tornensi, Kihlangi.

Syrphus agnon Walker, 1849. List of the specimens of dipterous insets in the collection of the British Museum Part III: 579. **Type locality:** Canada: Ontario, Hudson's Bay, Albany River, St. Martin's Falls.

Syrphus alcidice Walker, 1849. List of the specimens of dipterous insets in the collection of the British Museum Part III: 579. **Type locality:** Canada: Ontario, Hudson's Bay, Albany River.

Syrphus arcucinctus Walker, 1849. List of the specimens of dipterous insets in the collection of the British Museum Part III: 580. **Type locality:** Canada: Ontario, Hudson's Bay, Albany River.

Syrphus aruatus var. *bipunctatus* Girschner, 1884. Wien. Ent. Ztg. 3 (7): 197. **Type locality:** Germany: Thuringia, Schnepfenthal.

Catabomba komabensis Matsumura, 1917. *In*: Matsumura *et* Adachi, 1917. Ent. Mag. Kyoto 2 (4): 146. **Type locality:** Japan: Honshū, Komaba in Tokyo.

Syrphus marginatus Jones, 1917. Ann. Ent. Soc. Am. 10: 222. **Type locality:** USA: Colorado, Fort Collins.

Epistrophe mediaconstrictus Fluke, 1930. Ann. Ent. Soc. Am. 23: 135. **Type locality:** USA: Colorado, Pingree Park.

Syrphus lapponicus var. *sibericus* Kanervo, 1938. Ann. Ent. Fenn. 4 (3): 149. **Type locality:** Russia: Siberia, Lena River, Shigansk.

Scaeva lapponicus: Li, 1988. J. Aug. 1st Agric. Coll. 35 (1): 41.

Eupeodes (*Lapposyrphus*) *lapponicus*: Peck, 1988. *In*: Soós *et* Papp, 1988. Cat. Palaearct. Dipt. 8: 31; He, Li *et* Sun, 1998. Acta Ent. Sin. 41 (3): 291.

分布（Distribution）：吉林（JL）、河北（HEB）、山西（SX）、新疆（XJ）；日本、俄罗斯、瑞典、德国、美国、加拿大。

（842）宽条优蚜蝇 *Eupeodes latifasciatus* (Macquart, 1829)

Syrphus latifasciatus Macquart, 1829a. Mém. Soc. R. Sci. Agric. Arts Lille 1827-1828: 242; Macquart, 1829b. Ins. Dipt. N. Fr. 4: 92. **Type locality:** France: Fortifications of Arras.

Syrphus affinis Loew, 1840. Öffentl. Prüf. Schüler K. Friedrich-Wilhelms-Gymnasiums zu Posen 1840 (7-8): 35; Loew, 1840. Isis (Oken's) 1840 (VII-VIII): 574. **Type locality:** Poland: Poznan [as "Posen"].

Scaeva abbreviata Zetterstedt, 1849. Dipt. Scand. 8: 3136. **Type locality:** Sweden: Lapponia Nempe Lulensi *et* Lapponia.

Syrphus affinis Palma, 1864. Annali Accad. Aspir. Natur. Napoli. (3) 3 (1863): 52. **Type locality:** Italy: Napoli, San Severino.

Syrphus latifasciatus var. *submaculatus* Frey, 1918. Acta Soc. Fauna Flora Fenn. 46 (2): 13. **Type locality:** Finland.

Syrphus pallifrons Curran, 1925. Kans. Univ. Sci. Bull. (1924) 15: 172. **Type locality:** USA: Wisconsin, Sturgeon Bay.

Metasyrphus depressus Fluke, 1933. Trans. Wis. Acad. Sci. Arts Lett. 28: 97. **Type locality:** USA: Alaska, Healy.

Metasyrphus chillcotti Fluke, 1952. Amer. Mus. Novit. 1590: 20. **Type locality:** Canada: Manitoba, Fort Churchill.

Syrphus latifasciatus: Cheng, 1940. Biol. Bull. Fukien Christian Univ. 1: 43.

Metasyrphus (*Metasyrphus*) *latifasciatus*: Knutson, Thompson *et* Vockeroth, 1975. *In*: Delfinado *et* Hardy, 1975. Cat. Dipt. Orient. Reg. 2: 317; Peck, 1988. *In*: Soós *et* Papp, 1988. Cat. Palaearct. Dipt. 8: 34.

Metasyrphus latifasciatus: Li *et* Li, 1990. The Syrphidae of Gansu Province: 60; Huang, Cheng *et* Yang, 1998. *In*: Xue *et* Chao, 1998. Flies of China, Vol. 1: 151.

Eupeodes (*Eupeodes*) *latifasciatus*: He, Li *et* Sun, 1998. Acta Ent. Sin. 41 (3): 293.

Eupeodes latifasciatus: Huang *et* Cheng, 2012. Fauna Sinica, Insecta, Vol. 50: 202.

分布（Distribution）：内蒙古（NM）、河北（HEB）、新疆（XJ）、四川（SC）、云南（YN）；前苏联、蒙古国、印度、阿富汗、叙利亚、法国、波兰、瑞典、意大利、芬兰、美国、加拿大。

（843）宽月优蚜蝇 *Eupeodes latilunulatus* (Collin, 1931)

Syrphus latilunulatus Collin, 1931. Ent. Mon. Mag. 67: 179. **Type locality:** England: Forfarshire, Monifieth.

Metasyrphus (*Metasyrphus*) *latilunulatus*: Peck, 1988. *In*: Soós *et* Papp, 1988. Cat. Palaearct. Dipt. 8: 34.

Eupeodes latilunulatus: Huang, Li *et* Lian, 2010. Chin. Bull. Ent. 47 (3): 584.

分布（Distribution）：陕西（SN）；英国。

（844）半月斑优蚜蝇 *Eupeodes latimacula* (Peck, 1969)

Syrphus latimacula Peck, 1969. Ent. Obozr. 48: 203. **Type locality:** Kirgizia: Tien Shan, Sari-Dsjaz.

Metasyrphus latimacula: Huang, Cheng *et* Yang, 1998. *In*: Xue *et* Chao, 1998. Flies of China, Vol. 1: 150.

Metasyrphus (*Metasyrphus*) *latimacula*: Peck, 1988. *In*: Soós *et* Papp, 1988. Cat. Palaearct. Dipt. 8: 35.

Eupeodes (*Eupeodes*) *latimacula*: He, Li *et* Sun, 1998. Acta Ent. Sin. 41 (3): 292 (new combination of *Syrphus latimacula*).

Eupeodes latimacula: Huang *et* Cheng, 2012. Fauna Sinica, Insecta, Vol. 50: 203.

分布（Distribution）：河北（HEB）、青海（QH）、新疆（XJ）、

四川（SC）、西藏（XZ）；前苏联、蒙古国；中亚。

（845）雅优蚜蝇 *Eupeodes lepidi* He *et* Li, 1998

Eupeodes (*Eupeodes*) *lepidi* He *et* Li, 1998. *In*: He, Li *et* Sun, 1998. Acta Ent. Sin. 41 (3): 297. **Type locality:** China: Ningxia Hui Autonomous Region, Yanchi.

Eupeodes lepidi: Huang *et* Cheng, 2012. Fauna Sinica, Insecta, Vol. 50: 218.

分布（Distribution）：宁夏（NX）。

（846）辽优蚜蝇 *Eupeodes liaoensis* nom. nov.

Eupeodes (*Eupeodes*) *borealis* He *et* Zhang, 1997. *In*: He, Zhang *et* Sun, 1997. J. Shanghai Agric. Coll. 15 (2): 126 (preoccupied by Dušek *et* Láska, 1973). **Type locality:** China: Liaoning, Benxi.

Eupeodes borealis: Huang *et* Cheng, 2012. Fauna Sinica, Insecta, Vol. 50: 210.

分布（Distribution）：辽宁（LN）。

（847）新月斑优蚜蝇 *Eupeodes luniger* (Meigen, 1822)

Syrphus luniger Meigen, 1822. Syst. Beschr. Europ. Zweifl. Insekt. 3: 300. **Type locality:** France.

Syrphus nigrifemoratus Macquart, 1829a. Mém. Soc. R. Sci. Agric. Arts Lille 1827-1828: 241; Macquart, 1829b. Ins. Dipt. N. Fr. 4: 93. **Type locality:** France: "Nord de la France".

Syrphus bucculatus Rondani, 1857. Dipt. Ital. Prodromus, Vol. II: 134. **Type locality:** Italy: "agri Parmensis" [= Parma].

Syrphus luniger var. *maricolor* Enderlein, 1938. Sber. Ges. Naturf. Freunde Berl. 1937: 210. **Type locality:** Germany: Harz. Spain: Andalusia. Italy.

Syrphus maricolor Enderlein, 1938. Sber. Ges. Naturf. Freunde Berl. 1937: 210. **Type locality:** Germany: Harz. Spain: Andalusia. Italy.

Syrphus luniger var. *azureus* Szilády, 1940. Ann. Hist.-Nat. Mus. Natl. Hung. 33: 63. **Type locality:** Austria. Central-Hungary.

Syrphus luniger var. *transcendens* Szilády, 1940. Ann. Hist.-Nat. Mus. Natl. Hung. 33: 62. **Type locality:** Maria-besnyo.

Metasyrphus astutus Fluke, 1952. Amer. Mus. Novit. 1590: 15. **Type locality:** USA: Colorado, Lake City.

Metasyrphus vockerothi Fluke, 1952. Amer. Mus. Novit. 1590: 17. **Type locality:** Canada: Northwest Territories, Mackenzie Delta.

Syrphus luniger: Shiraki, 1930. Mem. Fac. Sci. Agric. Taihoku Imp. Univ. 1: 364.

Syrphus luniger: Cheng, 1940. Biol. Bull. Fukien Christian Univ. 1: 43.

Metasyrphus (*Metasyrphus*) *luniger*: Knutson, Thompson *et* Vockeroth, 1975. *In*: Delfinado *et* Hardy, 1975. Cat. Dipt. Orient. Reg. 2: 317.

Metasyrphus luniger: Huang, Cheng *et* Yang, 1998. *In*: Xue *et* Chao, 1998. Flies of China, Vol. 1: 151.

Eupeodes luniger: Li *et* Li, 1990. The Syrphidae of Gansu Province: 61; Huo, Ren *et* Zheng, 2007. Fauna of Syrphidae from Mt. Qinling-Bashan in China (Insecta: Diptera): 159; Huang *et* Cheng, 2012. Fauna Sinica, Insecta, Vol. 50: 205.

Eupeodes (*Eupeodes*) *luniger*: He, Li *et* Sun, 1998. Acta Ent. Sin. 41 (3): 293.

分布（Distribution）：河北（HEB）、北京（BJ）、甘肃（GS）、新疆（XJ）、江苏（JS）、四川（SC）、云南（YN）；前苏联、蒙古国、日本、印度、阿富汗、法国、意大利、德国、西班牙、匈牙利、奥地利、美国、加拿大；非洲（北部）。

（848）凹带优蚜蝇 *Eupeodes nitens* (Zetterstedt, 1843)

Scaeva nitens Zetterstedt, 1843. Dipt. Scand. 2: 712. **Type locality:** Sweden: Östergötlands [= Ostrogothia]: Larketorp.

Syrphus bisinuatus Palma, 1864. Annali Accad. Aspir. Natur. Napoli. (3) 3 (1863): 53. **Type locality:** Italy: Napoli, Cancello.

Metasyrphus frequens Matsumura, 1917. *In*: Matsumura *et* Adachi, 1917. Ent. Mag. Kyoto 2 (4): 148. **Type locality:** Japan: Hokkaidō; Honshū, Kiushu.

Syrphus nitens var. *abbreviatus* Kanervo, 1934. Ann. Soc. Zool.-Bot. Fenn. 14 (5): 127. **Type locality:** Finland: Sodankyla (Southern Lappland).

Syrphus nitens var. *errans* Kanervo, 1934. Ann. Soc. Zool.-Bot. Fenn. 14 (5): 128. **Type locality:** Southern Finland: Karjalohja.

Syrphus nitens: Shiraki, 1930. Mem. Fac. Sci. Agric. Taihoku Imp. Univ. 1: 365; Cheng, 1940. Biol. Bull. Fukien Christian Univ. 1: 43.

Metasyrphus nitens: Li *et* Li, 1990. The Syrphidae of Gansu Province: 62; Huang, Cheng *et* Yang, 1998. *In*: Xue *et* Chao, 1998. Flies of China, Vol. 1: 151.

Metasyrphus (*Metasyrphus*) *nitens*: Peck, 1988. *In*: Soós *et* Papp, 1988. Cat. Palaearct. Dipt. 8: 36.

Eupeodes (*Eupeodes*) *nitens*: He, Li *et* Sun, 1998. Acta Ent. Sin. 41 (3): 293.

Eupeodes nitens: Huang *et* Cheng, 2012. Fauna Sinica, Insecta, Vol. 50: 206.

分布（Distribution）：黑龙江（HL）、吉林（JL）、内蒙古（NM）、河北（HEB）、北京（BJ）、陕西（SN）、宁夏（NX）、甘肃（GS）、新疆（XJ）、江苏（JS）、浙江（ZJ）、江西（JX）、四川（SC）、云南（YN）、西藏（XZ）、福建（FJ）、广西（GX）；前苏联、蒙古国、朝鲜、日本、阿富汗、瑞典、意大利、芬兰。

（849）云优蚜蝇 *Eupeodes nuba* (Wiedemann, 1830)

Syrphus nuba Wiedemann, 1830. Aussereurop. Zweifl. Insekt. 2: 136. **Type locality:** Sudan.

Syrphus interrumpens Walker, 1871. Entomologist 5: 273.

Type locality: Egypt: Cairo, Wady Nash.

Syrphus rufinasutus Bigot, 1884c. Ann. Soc. Entomol. Fr. (6) 4: 88. Type locality: Morocco.

Syrphus novigradensis Coe, 1960. Proc. R. Ent. Soc. London (B) 29: 73. Type locality: Yugoslavia.

Metasyrphus (*Metasyrphus*) *nuba*: Peck, 1988. *In*: Soós *et* Papp, 1988. Cat. Palaearct. Dipt. 8: 36.

Eupeodes (*Eupeodes*) *nuba*: He, Li *et* Sun, 1998. Acta Ent. Sin. 41 (3): 292 (new combination of *Syrphus nuba*).

分布（Distribution）：新疆（XJ）；苏丹、埃及、摩洛哥、以色列、前南斯拉夫。

（850）小优蚜蝇 *Eupeodes parvus* He, 1990

Eupeodes (*Eupeodes*) *parvus* He, 1990. Zool. Res. 11 (4): 275. Type locality: China: Sichuan, Guanxian.

Eupeodes (*Eupeodes*) *parvus*: He, Li *et* Sun, 1998. Acta Ent. Sin. 41 (3): 293.

Eupeodes parvus: Huang *et* Cheng, 2012. Fauna Sinica, Insecta, Vol. 50: 219.

分布（Distribution）：四川（SC）。

（851）拟凹带优蚜蝇 *Eupeodes pseudonitens* (Dušek *et* Láska, 1980)

Metasyrphus pseudonitens Dušek *et* Láska, 1980. Acta Ent. Bohem. 77: 125. Type locality: Afghanistan.

Metasyrphus (*Metasyrphus*) *pseudonitens*: Peck, 1988. *In*: Soós *et* Papp, 1988. Cat. Palaearct. Dipt. 8: 36.

Eupeodes (*Eupeodes*) *pseudonitens*: He, 1992. Entomotaxon. 14 (4): 297 (new combination of *Metasyrphus pseudonitens*).

分布（Distribution）：中国（省份不明）；阿富汗。

（852）青优蚜蝇 *Eupeodes qingchengshanensis* He, 1990

Eupeodes (*Eupeodes*) *qingchengshanensis* He, 1990. Zool. Res. 11 (4): 273. Type locality: China: Sichuan, Qingchengshan, Guanxian.

Eupeodes (*Eupeodes*) *qingchengshanensis*: He, Li *et* Sun, 1998. Acta Ent. Sin. 41 (3): 293.

Eupeodes qinchengshanensis: Huo, Ren *et* Zheng, 2007. Fauna of Syrphidae from Mt. Qinling-Bashan in China (Insecta: Diptera): 160 (misspelling of *Eupeodes qingchengshanensis*).

Eupeodes qingchengshanensis: Huang *et* Cheng, 2012. Fauna Sinica, Insecta, Vol. 50: 220.

分布（Distribution）：陕西（SN）、甘肃（GS）、四川（SC）。

（853）林优蚜蝇 *Eupeodes silvaticus* He, 1993

Eupeodes (*Eupeodes*) *silvaticus* He, 1993. Acta Zootaxon. Sin. 18 (1): 89. Type locality: China: Heilongjiang, Ning'an.

Eupeodes (*Eupeodes*) *silvaticus*: He, Li *et* Sun, 1998. Acta Ent. Sin. 41 (3): 293.

Eupeodes silvaticus: Huo, Ren *et* Zheng, 2007. Fauna of Syrphidae from Mt. Qinling-Bashan in China (Insecta: Diptera): 162; Huang *et* Cheng, 2012. Fauna Sinica, Insecta,

Vol. 50: 221.

分布（Distribution）：黑龙江（HL）、陕西（SN）。

（854）拟大灰优蚜蝇 *Eupeodes similicorollae* Huo, Ren *et* Zheng, 2007

Eupeodes similicorollae Huo, Ren *et* Zheng, 2007. Fauna of Syrphidae from Mt. Qinling-Bashan in China (Insecta: Diptera): 145. Type locality: China: Shaanxi, Hanzhong.

分布（Distribution）：陕西（SN）。

（855）波优蚜蝇 *Eupeodes sinuatus* (Ho, 1987)

Metasyrphus sinuatus Ho, 1987. *In*: Zhang, 1987. Agricultural Insects, Spiders, Plant Diseases And Weeds of Tibet II: 189. Type locality: China: Xizang, Nzedang.

Metasyrphus sinuatus: Huang, Cheng *et* Yang, 1998. *In*: Xue *et* Chao, 1998. Flies of China, Vol. 1: 150.

Eupeodes (*Eupeodes*) *sinuatus*: He, 1992. Entomotaxon. 14 (4): 297 (new combination of *Metasyrphus sinuatus*); He, Li *et* Sun, 1998. Acta Ent. Sin. 41 (3): 293.

Eupeodes sinuatus: Huang *et* Cheng, 2012. Fauna Sinica, Insecta, Vol. 50: 222.

分布（Distribution）：西藏（XZ）。

（856）条优蚜蝇 *Eupeodes taeniatus* (Ho, 1987)

Metasyrphus taeniatus Ho, 1987. *In*: Zhang, 1987. Agricultural Insects, Spiders, Plant Diseases And Weeds of Tibet II: 191. Type locality: China: Xizang, Gyaca.

Metasyrphus taeniatus: Huang, Cheng *et* Yang, 1998. *In*: Xue *et* Chao, 1998. Flies of China, Vol. 1: 151.

Eupeodes (*Eupeodes*) *taeniatu*: He, 1992. Entomotaxon. 14 (4): 297 (new combination of *Metasyrphus taeniatus*).

Eupeodes taeniatu: Huang *et* Cheng, 2012. Fauna Sinica, Insecta, Vol. 50: 223.

分布（Distribution）：陕西（SN）、西藏（XZ）。

106. 玉带蚜蝇属 *Flavizona* Huo, 2010

Flavizona Huo, 2010. *In*: Huo *et* Shi, 2010. Zootaxa 2428: 51. Type species: *Flavizona dolichostigma* Huo, 2010 (by original designation).

（857）长痣玉带蚜蝇 *Flavizona dolichostigma* Huo, 2010

Flavizona dolichostigma Huo, 2010. *In*: Huo *et* Shi, 2010. Zootaxa 2428: 51. Type locality: China: Henan, Baiyun Mountain, Songxian; Sichuan, Hongba, Jiulong.

分布（Distribution）：河南（HEN）、四川（SC）。

107. 刺腿蚜蝇属 *Ischiodon* Sack, 1913

Ischiodon Sack, 1913. Ent. Mitt. 2: 5. Type species: *Ischiodon trochanterica* Sack, 1913 (monotypy) [= *Ischiodon scutellaris* (Fabricius, 1805)].

（858）埃及刺腿蚜蝇 *Ischiodon aegyptius* (Wiedemann, 1830)

Syrphus aegyptius Wiedemann, 1830. Aussereurop. Zweifl. Insekt. 2: 133. **Type locality:** Egypt. Sudan.

Musca nigra Forskål, 1775. Descri. Ani.: xxiv. **Type locality:** Egypt: Arabia.

Syrphus senegalensis Guérin-Méneville, 1832. Iconographie du Règne Animal de G. Cuvier: 99. **Type locality:** Senegal.

Sphaerophoria annulipes Macquart, 1842. Mém. Soc. Sci. Agric. Lille 1841 (1): 163; Macquart, 1842. Dipt. Exot. 2 (2): 103. **Type locality:** Egypt.

Syrphus longicornis Macquart, 1842. Mém. Soc. Sci. Agric. Lille 1841 (1): 154. **Type locality:** South Africa.

Syrphus natalensis Macquart, 1846. Dipt. Exot. Suppl. 1: 262. **Type locality:** South Africa.

Syrphus felix Walker, 1852. Ins. Saund. (Ⅰ) Dipt. 3-4: 229. **Type locality:** Canary Is.

Syrphus brachypterus Thomson, 1869. K. Svenska Fregatten Eugenies Resa, Zool., Dipt. 2 (1): 496. **Type locality:** Maderia.

Sphaerophoria borbonica Bigot, 1884c. Ann. Soc. Entomol. Fr. (6) 4: 100. **Type locality:** Reunion.

Sphaerophoria pyrrura Bigot, 1884c. Ann. Soc. Entomol. Fr. (6) 4: 99. **Type locality:** Senegal.

Xanthogramma catalonicum Andréu, 1926. Bol. Asoc. Esp. Ent. 9: 110. **Type locality:** Spain: Prov. Barcelona, Moya.

Xanthogramma catalonicum: Peck, 1988. *In*: Soós *et* Papp, 1988. Cat. Palaearct. Dipt. 8: 50.

Ischiodon aegyptius: Peck, 1988. *In*: Soós *et* Papp, 1988. Cat. Palaearct. Dipt. 8: 23; Huang, Cheng *et* Yang, 1998. *In*: Xue *et* Chao, 1998. Flies of China, Vol. 1: 144; Huang *et* Cheng, 2012. Fauna Sinica, Insecta, Vol. 50: 224.

分布（Distribution）： 北京（BJ）、山东（SD）、新疆（XJ）、江苏（JS）、浙江（ZJ）、江西（JX）、湖南（HN）、湖北（HB）、云南（YN）、广东（GD）；叙利亚、西班牙、埃及、塞内加尔、苏丹、加那利群岛；非洲热带区。

（859）短刺刺腿蚜蝇 *Ischiodon scutellaris* (Fabricius, 1805)

Scaeva scutellaris Fabricius, 1805. Syst. Antliat.: 252. **Type locality:** India: Tranquebar.

Syrphus coromandelensis Macquart, 1842. Dipt. Exot. 2 (2): 89. **Type locality:** India.

Sphaerophoria annulipes Macquart, 1855. Mém. Soc. Sci. Agric. Arts Lille (2) 1: 116. **Type locality:** Marquesas.

Syrphus splendens Doleschall, 1856. Natuurkd. Tijdschr. Ned.-Indië 10 (7): 410. **Type locality:** Indonesia: Java.

Syrphus nodalis Thomson, 1869. K. Svenska Fregatten Eugenies Resa, Zool., Dipt. 2 (1): 497. **Type locality:** French Polynesia, Society Is., Tahiti.

Syrphus erythropygus Bigot, 1884c. Ann. Soc. Entomol. Fr. (6) 4: 87. **Type locality:** India.

Syrphus ruficauda Bigot, 1884c. Ann. Soc. Entomol. Fr. (6) 4: 96. **Type locality:** New Caledonia.

Melithreptus novaeguineae Kertész, 1899. Természetr. Füz. 22: 178. **Type locality:** New Guinea: Erima.

Ischiodon trochanterica Sack, 1913. Ent. Mitt. 2: 6. **Type locality:** China: Taiwan, Kanshizei, Polishe, Suihenkyaku, Tainah.

Melithreptus ogasawarensis Matsumura, 1916. *In*: Matsumura *et* Adachi, 1916. Ent. Mag. Kyoto 2 (1): 23. **Type locality:** Japan: Bonin Is., Ogasawara-jima.

Ischiodon boninensis Matsumura, 1919. *In*: Matsumura *et* Adachi, 1919. Ent. Mag. Kyoto 3: 128. **Type locality:** Japan: Bonin Is., Chichijima, Ogasawara-jima.

Epistrophe platychiroides Frey, 1946. Not. Ent. (1945) 25: 164. **Type locality:** Philippines: Luzon, Quezon, Atimonan.

Ischiodon penicillatus Hardy, 1952. Proc. Hawaii. Ent. Soc. 14: 363. **Type locality:** ?.

Epistrophe magnicornis Shiraki, 1963. Insects Micronesia 13: 141. **Type locality:** Micronesia: Wena (Moen), Truk, Caroline Is.

Sphaerophoria macquarti Goot, 1964. Beaufortia 10: 220 (replacement name for *Sphaerophoria annulipes*).

Ischiodon scutellare: Shiraki, 1930. Mem. Fac. Sci. Agric. Taihoku Imp. Univ. 1: 397.

Ischiodon scutellaris: Cheng, 1940. Biol. Bull. Fukien Christian Univ. 1: 42, 50; Knutson, Thompson *et* Vockeroth, 1975. *In*: Delfinado *et* Hardy, 1975. Cat. Dipt. Orient. Reg. 2: 315; Peck, 1988. *In*: Soós *et* Papp, 1988. Cat. Palaearct. Dipt. 8: 23; Huang, Cheng *et* Yang, 1998. *In*: Xue *et* Chao, 1998. Flies of China, Vol. 1: 146; Huo, Ren *et* Zheng, 2007. Fauna of Syrphidae from Mt. Qinling-Bashan in China (Insecta: Diptera): 165; Huang *et* Cheng, 2012. Fauna Sinica, Insecta, Vol. 50: 225.

分布（Distribution）： 河北（HEB）、山东（SD）、陕西（SN）、甘肃（GS）、新疆（XJ）、江苏（JS）、浙江（ZJ）、江西（JX）、湖南（HN）、云南（YN）、台湾（TW）、广东（GD）、广西（GX）；日本、越南、印度、印度尼西亚、菲律宾、新几内亚岛；非洲。

108. 壮蚜蝇属 *Ischyrosyrphus* Bigot, 1882

Ischyrosyrphus Bigot, 1882. Ann. Soc. Entomol. Fr. 6, 2 (Bul.): lxviii. **Type species:** *Ischyrosyrphus sivae* Bigot, 1822 (by designation of Kirby, 1883).

Karasyrphus Matsumura, 1918. J. Coll. Agric. Hokkaido Imp. Univ. 8: 9. **Type species:** *Chamaesyrphus miyakei* Matsumura, 1911 (by original designation) [= *Musca glaucia* Linnaeus, 1758].

Ischgrosyrphus: Woodworth, 1913. Guide to California Insects: 144 (misspelling of *Ischyrosyrphus*).

（860）黄盾壮蚜蝇 *Ischyrosyrphus glaucius* (Linnaeus, 1758)

Musca glaucia Linnaeus, 1758. Syst. Nat. Ed. 10 (1): 593.

Type locality: Sweden.

Musca depressa Swederus, 1787. K. Vetensk. Acad. Nya Handl. (2) 8: 287. **Type locality:** Russia: Far East, Kamchatka.

Scaeva elegans Gravenhorst, 1807. Vergl. Ueber.: 374. **Type locality:** Germany.

Syrphus nobilis Meigen, 1822. Syst. Beschr. Europ. Zweifl. Insekt. 3: 316. **Type locality:** Germany.

Syrphus leucozonus Germar, 1825. Fauna Ins. Europ. Fasc. 11: 25. **Type locality:** Germany.

Chamaesyrphus miyakae Matsumura, 1911. J. Coll. Agric. Hokkaido Imp. Univ. 4 (1): 77. **Type locality:** Russia: Sakhalin (Mauka, Korsakoff).

Ischyrosyrphus strandi Duda, 1940. Folia Zool. Hydrobiol. 10 (1): 222. **Type locality:** "Ludwigstal (Altvatergeb.)" [= Jesenik, Sudety Mts on border of Poland with Czechoslovakia].

Ischyrosyrphus vernalis Šuster, 1959. Fauna R. P. R. Insecta 11 (3): 155. **Type locality:** Rumania: Reg. Mures, Borse.

Ischyrosyrphus glaucius: Shiraki, 1930. Mem. Fac. Sci. Agric. Taihoku Imp. Univ. 1: 335; Peck, 1988. *In*: Soós *et* Papp, 1988. Cat. Palaearct. Dipt. 8: 24; Huang, Cheng *et* Yang, 1998. *In*: Xue *et* Chao, 1998. Flies of China, Vol. 1: 146; Huang *et* Cheng, 2012. Fauna Sinica, Insecta, Vol. 50: 227.

分布（Distribution）：黑龙江（HL）、吉林（JL）、辽宁（LN）、内蒙古（NM）、北京（BJ）、甘肃（GS）；前苏联、蒙古国、日本、罗马尼亚、瑞典、俄罗斯、德国、前捷克斯洛伐克。

（861）黑盾壮蚜蝇 *Ischyrosyrphus laternarius* (Müller, 1776)

Musca laternarius Müller, 1776. Zool. Danicae Prodromus: 174. **Type locality:** Denmark.

Scaeva nyctheinera Gravenhorst, 1807. Vergl. Ueber.: 374. **Type locality:** Germany.

Scaeva mutata Zetterstedt, 1849. Dipt. Scand. 8: 3140. **Type locality:** Denmark: Copenhagen.

Karasyrphus sachalinensis Matsumura, 1918. J. Coll. Agric. Hokkaido Imp. Univ. 8: 10. **Type locality:** Russia: Sakhalin (Odomari, Mauka, and Motodomari).

Ischyrosyrphus laternarius: Shiraki, 1930. Mem. Fac. Sci. Agric. Taihoku Imp. Univ. 1: 335; Peck, 1988. *In*: Soós *et* Papp, 1988. Cat. Palaearct. Dipt. 8: 24; Huang, Cheng *et* Yang, 1998. *In*: Xue *et* Chao, 1998. Flies of China, Vol. 1: 146; Huang *et* Cheng, 2012. Fauna Sinica, Insecta, Vol. 50: 228.

分布（Distribution）：黑龙江（HL）、吉林（JL）、辽宁（LN）、内蒙古（NM）、河北（HEB）、北京（BJ）、宁夏（NX）、四川（SC）；前苏联、蒙古国、日本、丹麦、德国。

（862）横带壮蚜蝇 *Ischyrosyrphus transifasciatus* Huo *et* Ren, 2007

Ischyrosyrphus transifasciatus Huo *et* Ren, 2007. Entomotaxon. 29 (3): 175, 183. **Type locality:** China: Shaanxi, Mt. Taibai, Meixian; Hebei.

Ischyrosyrphus transifasciatus: Huo, Ren *et* Zheng, 2007.

Fauna of Syrphidae from Mt. Qinling-Bashan in China (Insecta: Diptera): 167.

分布（Distribution）：河北（HEB）、河南（HEN）、陕西（SN）、宁夏（NX）。

109. 平背蚜蝇属 *Lamellidorsum* Huo *et* Zheng, 2005

Lamellidorsum Huo *et* Zheng, 2005. Acta Zootaxon. Sin. 30 (3): 631. **Type species:** *Lamellidorsum piliflavum* Huo *et* Zheng, 2005 (by original designation).

（863）黄毛平背蚜蝇 *Lamellidorsum piliflavum* Huo *et* Zheng, 2005

Lamellidorsum piliflavum Huo *et* Zheng, 2005. Acta Zootaxon. Sin. 30 (3): 631. **Type locality:** China: Shaanxi, Red River Hollow, Meixian.

Lamellidorsum piliflavum: Huo, Ren *et* Zheng, 2007. Fauna of Syrphidae from Mt. Qinling-Bashan in China (Insecta: Diptera): 169.

分布（Distribution）：陕西（SN）、甘肃（GS）。

（864）黑毛平背蚜蝇 *Lamellidorsum pilinigrum* Huo *et* Zheng, 2005

Lamellidorsum pilinigrum Huo *et* Zheng, 2005. Acta Zootaxon. Sin. 30 (3): 632. **Type locality:** China: Shaanxi, Red River Hollow, Meixian.

Lamellidorsum pilinigrum: Huo, Ren *et* Zheng, 2007. Fauna of Syrphidae from Mt. Qinling-Bashan in China (Insecta: Diptera): 170.

分布（Distribution）：陕西（SN）、甘肃（GS）。

110. 白腰蚜蝇属 *Leucozona* Schiner, 1860

Leucozona Schiner, 1860. Wien. Ent. Monatschr. 4: 214. **Type species:** *Musca lucorum* Linnaeus, 1758 (by original designation).

Leocozona: Šuster, 1943. Bull. Sect. Sci. Bucharest Acad. Romana. 25: 568 (misspelling of *Leucozona*).

（865）黄缘白腰蚜蝇 *Leucozona flavimarginata* Huo *et* Ren, 2007

Leucozona flavimarginata Huo *et* Ren, 2007. Entomotaxon. 29 (3): 175, 184. **Type locality:** China: Shaanxi, Chang'an; Hebei.

Leucozona flavimarginata: Huo, Ren *et* Zheng, 2007. Fauna of Syrphidae from Mt. Qinling-Bashan in China (Insecta: Diptera): 171.

分布（Distribution）：河北（HEB）、山西（SX）、陕西（SN）。

（866）黑色白腰蚜蝇 *Leucozona lucorum* (Linnaeus, 1758)

Musca lucorum Linnaeus, 1758. Syst. Nat. Ed. 10 (1): 592.

Type locality: Sweden.

Conops praecinctus Scopoli, 1763. Ent. Carniolica: 357. **Type locality:** Slovenia [as "Carniola"].

Musca pellucens Harris, 1780. Expos. Engl. Ins.: 82 (preoccupied by Linnaeus, 1758). **Type locality:** England.

Syrphus asiliformis Fabricius, 1781. Species Insect. 2: 306. **Type locality:** Germany.

Leucozona leucorum var. *nigripila* Mik, 1888. Wien. Ent. Ztg. 7: 140. **Type locality:** Circassia.

Leucozona americana Curran, 1923. Can. Entomol 55 (2): 38. **Type locality:** Canada: Quebec.

Leucozona lucorum var. *differens* Frey, 1946. Not. Ent. (1945) 25: 158. **Type locality:** Northern and Eastern Part Finland.

Musca lucorum: Houttuyn, 1768. Natuurlyke historie: 488.

Musca asiliformis: Gmelin, 1790. Syst. Nat. 5: 2871.

Leucozona lucorum: Shiraki, 1930. Mem. Fac. Sci. Agric. Taihoku Imp. Univ. 1: 332; Cheng, 1940. Biol. Bull. Fukien Christian Univ. 1: 42; Peck, 1988. *In*: Soós *et* Papp, 1988. Cat. Palaearct. Dipt. 8: 25; Huang, Cheng *et* Yang, 1998. *In*: Xue *et* Chao, 1998. Flies of China, Vol. 1: 147; Huo, Ren *et* Zheng, 2007. Fauna of Syrphidae from Mt. Qinling-Bashan in China (Insecta: Diptera): 172; Huang *et* Cheng, 2012. Fauna Sinica, Insecta, Vol. 50: 230.

分布（**Distribution**）：黑龙江（HL）、甘肃（GS）、四川（SC）、云南（YN）、西藏（XZ）；前苏联、蒙古国、日本、瑞典、斯洛文尼亚、英国、德国、芬兰、加拿大。

（867） 普鲁白腰蚜蝇 *Leucozona pruninosa* Doczkal, 2003

Leucozona pruinosa Doczkal, 2003. Volucella 6 (2002): 41. **Type locality:** China: Yunnan, Zongdian.

分布（**Distribution**）：云南（YN）；尼泊尔。

111. 硕蚜蝇属 *Megasyrphus* Dušek *et* Láska, 1967

Megasyrphus Dušek *et* Láska, 1967. Acta Sci. Nat. Brno 1: 363. **Type species:** *Scaeva annulipes* Zetterstedt, 1838 (by original designation) [= *Musca erratica* Linnaeus, 1758].

Syrphoides Hippa, 1968. Acta Entomol. Fennica 25: 83. **Type species:** *Scaeva annulipes* Zetterstedt, 1838 (by original designation) [= *Musca erratica* Linnaeus, 1758].

（868） 阿拉善硕蚜蝇 *Megasyrphus alashanicus* Peck, 1974

Megasyrphus alashayicus Peck, 1974. Ent. Obozr. 53: 910. **Type locality:** China: Gobi, Alashan.

Megasyrphus alashayicus: Peck, 1988. *In*: Soós *et* Papp, 1988. Cat. Palaearct. Dipt. 8: 25; Huang, Cheng *et* Yang, 1998. *In*: Xue *et* Chao, 1998. Flies of China, Vol. 1: 147.

分布（**Distribution**）：内蒙古（NM）。

（869） 中华硕蚜蝇 *Megasyrphus chinensis* Ho, 1987

Megasyrphus chinensis Ho, 1987. *In*: Zhang, 1987. Agricultural Insects, Spiders, Plant Diseases And Weeds of Tibet II: 195. **Type locality:** China: Xizang, Bomi.

Megasyrphus chinensis: Huang, Cheng *et* Yang, 1998. *In*: Xue *et* Chao, 1998. Flies of China, Vol. 1: 147; Huang *et* Cheng, 2012. Fauna Sinica, Insecta, Vol. 50: 281.

分布（**Distribution**）：山西（SX）、陕西（SN）、西藏（XZ）。

112. 美蓝蚜蝇属 *Melangyna* Verrall, 1901

Melangyna Verrall, 1901. Platypezidae, Pipunculidae and Syrphidae of Great Britain 8: 313. **Type species:** *Melanostoma quadrimaculatum* Verrall, 1873 (monotypy).

Eusyrphus Matsumura *et* Adachi, 1917. Ent. Mag. Kyoto 2 (4): pl. 6; Matsumura *et* Adachi, 1917. Ent. Mag. Kyoto 3: 20. **Type species:** *Eusyrphus cingulatus* Matsumura, 1917 (monotypy) [= *Melangyna compositarum* (Verrall, 1873)].

Mesosyrphus Matsumura, 1917. *In*: Matsumura *et* Adachi, 1917. Ent. Mag. Kyoto 2 (4): 134; Matsumura *et* Adachi, 1917. Ent. Mag. Kyoto 3: 19. **Type species:** *Mesosyrphus constrictus* Matsumura, 1917 (monotypy) [= *Scaeva lasiophthalma* Zetterstedt, 1843].

Stenosyrphus Matsumura *et* Adachi, 1917. Ent. Mag. Kyoto 2 (4): 134. **Type species:** *Stenosyrphus motodomariensis* Matsumura, 1917 [= *Melangyna barbifrons* (Fallén, 1817)] (monotypy).

Meligramma Frey, 1946. Not. Ent. (1945) 25: 165 (as a subgenus of *Epistrophe*). **Type species:** *Scaeva guttata* Fallén, 1917 (by original designation).

Fagisyrphus Dušek *et* Láska, 1967. Acta Sci. Nat. Brno 1: 369. **Type species:** *Scaeva cincta* Fallén, 1817 (by original designation).

Austrosyrphus Vockeroth, 1969. Mem. Ent. Soc. Can. 101 (62): 85 (as a subgenus of *Melangyna*). **Type species:** *Syrphus novaezelandiae* Macquart, 1855 (by original designation).

Melanosyrphus Vockeroth, 1969. Mem. Ent. Soc. Can. 101 (62): 86 (as a subgenus of *Melangyna*). **Type species:** *Melangyna dichoptica* Vockeroth, 1969 (by original designation).

Meligramma: Peck, 1988. *In*: Soós *et* Papp, 1988. Cat. Palaearct. Dipt. 8: 26 (as a subgenus of *Melangyna*).

（870） 髭额美蓝食蚜蝇 *Melangyna barbifrons* (Fallén, 1817)

Scaeva barbifrons Fallén, 1817. Syrphici Sveciae: 45. **Type locality:** Sweden.

Syrphus latifrons Schummel, 1836. Uebers. Schles. Ges. Vaterl. Kult. 1836: 84. **Type locality:** Schlesia.

Scaeva nitidula Zetterstedt, 1838. Insecta Lapp.: 608. **Type locality:** Sweden: Västerbotten, Lappland, Lycksele; Hernosand, Angermannia.

Stenosyrphus motodomariensis Matsumura, 1917. *In*:

Matsumura *et* Adachi, 1917. Ent. Mag. Kyoto 3: 15. **Type locality:** Russia: Sakhalin (Motodomari).

Syrphus barbifrons: Shiraki, 1930. Mem. Fac. Sci. Agric. Taihoku Imp. Univ. 1: 368; Cheng, 1940. Biol. Bull. Fukien Christian Univ. 1: 43.

Melangyna (*Melangyna*) *barbifrons*: Peck, 1988. *In*: Soós *et* Papp, 1988. Cat. Palaearct. Dipt. 8: 27.

分布（Distribution）：甘肃（GS）；瑞典、俄罗斯。

（871）狭颜美蓝蚜蝇 *Melangyna cincta* (**Fallén, 1817**)

Scaeva cincta Fallén, 1817. Syrphici Sveciae: 45. **Type locality:** Sweden.

Syrphus placidus Meigen, 1822. Syst. Beschr. Europ. Zweifl. Insekt. 3: 322. **Type locality:** Germany.

Melangyna (*Melangyna*) *cincta*: Peck, 1988. *In*: Soós *et* Papp, 1988. Cat. Palaearct. Dipt. 8: 29.

Melangyna cincta: Sun, 1993. Insects of the Hengduan Mountains Region 2: 1101; Huang, Cheng *et* Yang, 1998. *In*: Xue *et* Chao, 1998. Flies of China, Vol. 1: 148; Huang *et* Cheng, 2012. Fauna Sinica, Insecta, Vol. 50: 232.

分布（Distribution）：河北（HEB）、四川（SC）、云南（YN）、福建（FJ）；前苏联、瑞典、德国。

（872）缺纹美蓝蚜蝇 *Melangyna evittata* **Huo *et* Ren, 2007**

Melangyna evittata Huo *et* Ren, 2007. Acta Zootaxon. Sin. 32 (2): 324. **Type locality:** China: Shaanxi, Taixin Forestry Park, Chang'an.

Melangyna evittata: Huo, Ren *et* Zheng, 2007. Fauna of Syrphidae from Mt. Qinling-Bashan in China (Insecta: Diptera): 174.

分布（Distribution）：陕西（SN）、西藏（XZ）。

（873）大斑美蓝蚜蝇 *Melangyna grandimaculata* **Huo *et* Ren, 2007**

Melangyna grandimaculata Huo *et* Ren, 2007. Entomotaxon. 29 (3): 175, 188. **Type locality:** China: Hebei, Zhuolu; Shaanxi.

Melangyna grandimaculata: Huo, Ren *et* Zheng, 2007. Fauna of Syrphidae from Mt. Qinling-Bashan in China (Insecta: Diptera): 175.

分布（Distribution）：河北（HEB）、山西（SX）、陕西（SN）。

（874）斑盾美蓝蚜蝇 *Melangyna guttata* (**Fallén, 1817**)

Scaeva guttata Fallén, 1817. Syrphici Sveciae: 44. **Type locality:** Sweden: Östergötlands [= Ostrogothia]; Scania: Esperod.

Syrphus flavifrons Verrall, 1873. Ent. Mon. Mag. 9: 256. **Type locality:** Scotland: Rannoch.

Xanthogramma habilis Snow, 1895. Kans. Univ. Q. 3: 238. **Type locality:** USA: New Mexico, Magdalena Mts.

Sphaerophoria interrupta Jones, 1917. Ann. Ent. Soc. Am. 10: 225. **Type locality:** USA: Colorado, Happy Hollow.

Syrphus savtshenkoi Violovitsh, 1965. Novye I Maloizvestnye Vidy Fauny Sibiri 1: 11. **Type locality:** USSR: Siberia, Tuva Assr (Chagitay).

Melangyna sajanica Violovitsh, 1975. Novye I Maloizvestnye Vidy Fauny Sibiri 9: 75. **Type locality:** USSR: Siberia, Chakasia, Mt. W. Sayan.

Melangyna (*Meligramma*) *guttata*: Peck, 1988. *In*: Soós *et* Papp, 1988. Cat. Palaearct. Dipt. 8: 29.

Melangyna guttata: Li *et* Li, 1990. The Syrphidae of Gansu Province: 55; Huang, Cheng *et* Yang, 1998. *In*: Xue *et* Chao, 1998. Flies of China, Vol. 1: 148; Huo, Ren *et* Zheng, 2007. Fauna of Syrphidae from Mt. Qinling-Bashan in China (Insecta: Diptera): 176.

分布（Distribution）：山西（SX）、陕西（SN）、宁夏（NX）、甘肃（GS）；前苏联、瑞典、英国（苏格兰）；北美洲。

（875）黑龙江美蓝蚜蝇 *Melangyna heilongjiangensis* **Huo *et* Ren, 2006**

Melangyna heilongjiangensis Huo *et* Ren, 2006. Acta Zootaxon. Sin. 31 (3): 655. **Type locality:** China: Heilongjiang, Suifen River.

分布（Distribution）：黑龙江（HL）。

（876）黄氏美蓝蚜蝇 *Melangyna hwangi* **He *et* Li, 1992**

Melangyna hwangi He *et* Li, 1992a. J. Shanghai Agric. Coll. 10 (1): 86. **Type locality:** China: Xinjiang Uygur Autonomous Region.

Melangyna hwangi: Huang, Cheng *et* Yang, 1998. *In*: Xue *et* Chao, 1998. Flies of China, Vol. 1: 148; Huang *et* Cheng, 2012. Fauna Sinica, Insecta, Vol. 50: 235.

分布（Distribution）：新疆（XJ）。

（877）唇美蓝蚜蝇 *Melangyna labiatarum* (**Verrall, 1901**)

Syrphus labiatarum Verrall, 1901. Platypezidae, Pipunculidae and Syrphidae of Great Britain 8: 415. **Type locality:** England.

Melangyna (*Melangyna*) *labiatarum*: Peck, 1988. *In*: Soós *et* Papp, 1988. Cat. Palaearct. Dipt. 8: 28.

Melangyna labiatarum: Sun, 1993. Insects of the Hengduan Mountains Region 2: 1101; Huang, Cheng *et* Yang, 1998. *In*: Xue *et* Chao, 1998. Flies of China, Vol. 1: 148.

分布（Distribution）：吉林（JL）、河北（HEB）、四川（SC）、云南（YN）；英国。

（878）暗颊美蓝蚜蝇 *Melangyna lasiophthalma* (**Zetterstedt, 1843**)

Scaeva lasiophthalma Zetterstedt, 1843. Dipt. Scand. 2: 735. **Type locality:** Sweden: Stockholm.

Syrphus sexguttata Meigen, 1835. Faunus (Gistel's) 2: 69; Meigen, 1838. Syst. Beschr. Europ. Zweifl. Insekt. 7: 135.

Type locality: Not given.

Syrphus sexquadratus Walker, 1849. List of the specimens of dipterous insets in the collection of the British Museum Part III: 586. **Type locality:** Canada: Ontario, Hudson's Bay, Albany River.

Syrphus mentalis Williston, 1887. Bull. U. S. Natl. Mus. (1886) 31: 72. **Type locality:** USA: Washington Territory.

Mesosyrphus constrictus Matsumura, 1917. *In*: Matsumura *et* Adachi, 1917. Ent. Mag. Kyoto 3: 19. **Type locality:** Japan: Hokkaidō, Sapporo.

Mesosyrphus constrictus var. *elongatus* Matsumura, 1917. *In*: Matsumura *et* Adachi, 1917. Ent. Mag. Kyoto 3: 20. **Type locality:** Japan: Hokkaidō, Sapporo; Urakawa.

Stenosyrphus lasiophthalmus var *saghalinensis* Matsumura, 1917. *In*: Matsumura *et* Adachi, 1917. Ent. Mag. Kyoto 3: 15. **Type locality:** Russia: Sakhalin (Shiska, Motodomari).

Stenosyrphus nikkoensis Matsumura, 1918. J. Coll. Agric. Hokkaido Imp. Univ. 8: 12. **Type locality:** Japan: Honshū, Nikko.

Stenosyrphus yezoensis Matsumura, 1918. J. Coll. Agric. Hokkaido imp. Univ. 8: 13. **Type locality:** Japan: Hokkaidō, Sapporo.

Stenosyrphus vittifacies Curran, 1923. Occas. Pap. Boston Soc. Nat. Hist. 5: 66. **Type locality:** Canada: New Hampton.

Epistrophe abruptus Curran, 1924. Occas. Pap. Boston Soc. Nat. Hist. 5: 80. **Type locality:** USA: New Hampshire, Mount Washington.

Stenosyrphus columbiae Curran, 1925. Kans. Univ. Sci. Bull. (1924) 15: 110. **Type locality:** Canada: British Columbia, Chilcotin.

Stenosyrphus garretti Curran, 1925. Kans. Univ. Sci. Bull. (1924) 15: 109. **Type locality:** Canada: British Columbia, Bull River.

Syrphus flavosignatus Hull, 1930. Trans. Am. Ent. Soc. 56: 139. **Type locality:** Canada: British Columbia, Vancouver, Capilano.

Syrphus lasiophthalmus: Shiraki, 1930. Mem. Fac. Sci. Agric. Taihoku Imp. Univ. 1: 362.

Syrphus lasiophthalma: Cheng, 1940. Biol. Bull. Fukien Christian Univ. 1: 43.

Stenosyrphus yezoensis: Peck, 1988. *In*: Soós *et* Papp, 1988. Cat. Palaearct. Dipt. 8: 27 (as a synonym of *Melangyna compositarum*).

Melangyna (*Melangyna*) *lasiophthalma*: Peck, 1988. *In*: Soós *et* Papp, 1988. Cat. Palaearct. Dipt. 8: 28.

Melangyna lasiophthalma: Li *et* Li, 1990. The Syrphidae of Gansu Province: 56; Huang, Cheng *et* Yang, 1998. *In*: Xue *et* Chao, 1998. Flies of China, Vol. 1: 149; Huo, Ren *et* Zheng, 2007. Fauna of Syrphidae from Mt. Qinling-Bashan in China (Insecta: Diptera): 178; Huang *et* Cheng, 2012. Fauna Sinica, Insecta, Vol. 50: 234.

分布（**Distribution**）：黑龙江（HL）、吉林（JL）、内蒙古（NM）、河北（HEB）、陕西（SN）、宁夏（NX）、甘肃（GS）、四川（SC）、云南（YN）、西藏（XZ）；前苏联、蒙古国、日本、瑞典、美国、加拿大。

（879）秦岭美蓝蚜蝇 *Melangyna qinlingensis* Huo *et* Ren, 2007

Melangyna qinlingensis Huo *et* Ren, 2007. Acta Zootaxon. Sin. 32 (2): 324, 325. **Type locality:** China: Shaanxi, Mt. Taibai, Meixian.

Melangyna qinlingensis: Huo, Ren *et* Zheng, 2007. Fauna of Syrphidae from Mt. Qinling-Bashan in China (Insecta: Diptera): 178.

分布（**Distribution**）：陕西（SN）。

（880）伞形美蓝蚜蝇 *Melangyna umbellatarum* (Fabricius, 1794)

Syrphus umbellatarum Fabricius, 1794. Ent. Syst. 4: 307. **Type locality:** Denmark: Copenhagen.

Syrphus amoenus Loew, 1840. Öffentl. Prüf. Schüler K. Friedrich-Wilhelms-Gymnasiums zu Posen 1840 (7-8): 35; Loew, 1840. Isis (Oken's) 1840 (VII-VIII): 575. **Type locality:** Poland: Poznan [as "Posen"].

Syrphus pullula Snow, 1895. Kans. Univ. Q. 3: 237. **Type locality:** USA: New Mexico, Magdalena Mts.

Melanostoma cherokeensis Jones, 1917. Ann. Ent. Soc. Am. 10: 219. **Type locality:** USA: Colorado, Cherokee Park.

Stenosyrphus albipunctata Curran, 1925. Kans. Univ. Sci. Bull. (1924) 15: 104. **Type locality:** USA: Washington, Mt. Rainier, Paradise Park.

Stenosyrphus nudifrons Curran, 1925. Kans. Univ. Sci. Bull. (1924) 15: 104. **Type locality:** USA: New York, Top of Mount. Marcy.

Stenosyrphus remotus Curran, 1925. Kans. Univ. Sci. Bull. (1924) 15: 108. **Type locality:** USA: Oregon, Mount. Jefferson.

Melangyna (*Melangyna*) *umbellatarum*: Peck, 1988. *In*: Soós *et* Papp, 1988. Cat. Palaearct. Dipt. 8: 29.

Melangyna umbellatarum: Huo *et* Ren, 2007. Entomotaxon. 29 (3): 175.

分布（**Distribution**）：河北（HEB）、四川（SC）、云南（YN）；波兰、丹麦、美国。

（881）小五台美蓝蚜蝇 *Melangyna xiaowutaiensis* Huo *et* Ren, 2007

Melangyna xiaowutaiensis Huo *et* Ren, 2007. Entomotaxon. 29 (3): 175, 188. **Type locality:** China: Hebei, Zhuolu.

分布（**Distribution**）：河北（HEB）。

113. 狭腹蚜蝇属 *Meliscaeva* Frey, 1946

Meliscaeva Frey, 1946. Not. Ent. (1945) 25: 164 (as a subgenus of *Epistrophe*). **Type species:** *Scaeva cinctella* Zetterstedt, 1843 (by original designation).

（882）狭腹蚜蝇 *Meliscaeva abdominalis* (Sack, 1927)

Baccha abdominalis Sack, 1927. Stettin. Ent. Ztg. 88: 310. **Type locality:** China: Taiwan, Kutsu, Toa Tsu.

Baccha abdominalis: Shiraki, 1930. Mem. Fac. Sci. Agric. Taihoku Imp. Univ. 1: 417.

Meliscaeva abdominalis: Knutson, Thompson *et* Vockeroth, 1975. *In*: Delfinado *et* Hardy, 1975. Cat. Dipt. Orient. Reg. 2: 316 (new combination of *Baccha abdominalis*).

分布（Distribution）：台湾（TW）。

（883）黄带狭腹蚜蝇 *Meliscaeva cinctella* (Zetterstedt, 1843)

Syrphus cinctella Zetterstedt, 1843. Dipt. Scand. 2: 742. **Type locality:** Sweden: Östergötlands [= Ostrogothia], "Karketorp".

Musca libatrix Scopoli, 1763. Ent. Carniolica: 346. **Type locality:** Slovenia [as "Carniola"].

Syrphus diversipes Macquart, 1850. Mém. Soc. R. Sci. Agric. Arts Lille 1849: 459. **Type locality:** Canada: Newfoundland.

Syrphus cinctellus var. *unifasciata* Strobl, 1910. Mitt. Naturwiss. Ver. Steiermark 46 (1909): 98. **Type locality:** Austria: "Krummholzregion des Kalbling" [= near Admont].

Syrphus cinctellus var. *formosana* Shiraki, 1930. Mem. Fac. Sci. Agric. Taihoku Imp. Univ. 1: 388. **Type locality:** China: Taiwan, Shukoran, Royeichi, Daisuikutsu, Arisan.

Syrphus cinctellus var. *taiwana* Shiraki, 1930. Mem. Fac. Sci. Agric. Taihoku Imp. Univ. 1: 387. **Type locality:** China: Taiwan, Arisan, *et* Musha.

Syrphus cinctella: Cheng, 1940. Biol. Bull. Fukien Christian Univ. 1: 43.

Syrphus cinctellus: Shiraki, 1930. Mem. Fac. Sci. Agric. Taihoku Imp. Univ. 1: 387.

Meliscaeva cinctella var. *formosana*: Knutson, Thompson *et* Vockeroth, 1975. *In*: Delfinado *et* Hardy, 1975. Cat. Dipt. Orient. Reg. 2: 316.

Meliscaeva cinctella var. *taiwana*: Knutson, Thompson *et* Vockeroth, 1975. *In*: Delfinado *et* Hardy, 1975. Cat. Dipt. Orient. Reg. 2: 316.

Meliscaeva cinctella: Knutson, Thompson *et* Vockeroth, 1975. *In*: Delfinado *et* Hardy, 1975. Cat. Dipt. Orient. Reg. 2: 316; Peck, 1988. *In*: Soós *et* Papp, 1988. Cat. Palaearct. Dipt. 8: 31; Huang, Cheng *et* Yang, 1998. *In*: Xue *et* Chao, 1998. Flies of China, Vol. 1: 149; Huo, Ren *et* Zheng, 2007. Fauna of Syrphidae from Mt. Qinling-Bashan in China (Insecta: Diptera): 181; Huang *et* Cheng, 2012. Fauna Sinica, Insecta, Vol. 50: 236.

分布（Distribution）：河北（HEB）、陕西（SN）、宁夏（NX）、甘肃（GS）、湖北（HB）、四川（SC）、贵州（GZ）、云南（YN）、西藏（XZ）、台湾（TW）、广西（GX）；前苏联、蒙古国、日本、印度、斯里兰卡、尼泊尔、瑞典、斯洛文尼亚、奥地利、加拿大。

（884）宽带狭腹蚜蝇 *Meliscaeva latifasciata* Huo, Ren *et* Zheng, 2007

Meliscaeva latifasciata Huo, Ren *et* Zheng, 2007. Fauna of Syrphidae from Mt. Qinling-Bashan in China (Insecta: Diptera): 182. **Type locality:** China: Shaanxi, Mt. Zibai, Liuba.

分布（Distribution）：陕西（SN）、西藏（XZ）。

（885）高山狭腹蚜蝇 *Meliscaeva monticola* (de Meijere, 1914)

Syrphus monticola de Meijere, 1914. Tijdschr. Ent. 57: 159. **Type locality:** Indonesia: Java, Gunung Gede, Tosari.

Syrphus cinctellus monticola: Shiraki, 1930. Mem. Fac. Sci. Agric. Taihoku Imp. Univ. 1: 388.

Meliscaeva monticola: Knutson, Thompson *et* Vockeroth, 1975. *In*: Delfinado *et* Hardy, 1975. Cat. Dipt. Orient. Reg. 2: 316 (new combination of *Syrphus monticola*); Huang, Cheng *et* Yang, 1998. *In*: Xue *et* Chao, 1998. Flies of China, Vol. 1: 149; Huo, Ren *et* Zheng, 2007. Fauna of Syrphidae from Mt. Qinling-Bashan in China (Insecta: Diptera): 184.

分布（Distribution）：陕西（SN）、宁夏（NX）、甘肃（GS）、四川（SC）、云南（YN）、西藏（XZ）、台湾（TW）；斯里兰卡、印度尼西亚。

（886）索那米狭腹蚜蝇 *Meliscaeva sonami* (Shiraki, 1930)

Syrphus sonami Shiraki, 1930. Mem. Fac. Sci. Agric. Taihoku Imp. Univ. 1: 389. **Type locality:** China: Taiwan, Kanko, *et* Asaki, Toroen, Arisan.

Syrphus arisanicus Shiraki, 1930. Mem. Fac. Sci. Agric. Taihoku Imp. Univ. 1: 391. **Type locality:** China: Taiwan, Arisan.

Syrphus sonami: Knutson, Thompson *et* Vockeroth, 1975. *In*: Delfinado *et* Hardy, 1975. Cat. Dipt. Orient. Reg. 2: 320 (as an unplaced species of *Syrphus*); Huang *et* Cheng, 2012. Fauna Sinica, Insecta, Vol. 50: 273.

Syrphus arisanicus: Knutson, Thompson *et* Vockeroth, 1975. *In*: Delfinado *et* Hardy, 1975. Cat. Dipt. Orient. Reg. 2: 320 (as an subspecies of *Syrphus sonami*).

分布（Distribution）：台湾（TW）。

（887）丽狭腹蚜蝇 *Meliscaeva splendida* Huo, Ren *et* Zheng, 2007

Meliscaeva splendida Huo, Ren *et* Zheng, 2007. Fauna of Syrphidae from Mt. Qinling-Bashan in China (Insecta: Diptera): 185. **Type locality:** China: Shaanxi, Red River Valley, Meixian.

分布（Distribution）：陕西（SN）。

（888）条额狭腹蚜蝇 *Meliscaeva strigifrons* (de Meijere, 1914)

Syrphus cinctellus var. *strigifrons* de Meijere, 1914. Tijdschr. Ent. 57: 158. **Type locality:** Indonesia: Java, Gunung Gede, Nongkodjadjar.

Meliscaeva strigifrons: Knutson, Thompson *et* Vockeroth, 1975. *In*: Delfinado *et* Hardy, 1975. Cat. Dipt. Orient. Reg. 2: 317.

分布（**Distribution**）：台湾（TW）；印度尼西亚。

（889）台湾狭腹蚜蝇 *Meliscaeva taiwana* (Shiraki, 1930)

Syrphus cinctellus var. *taiwana* Shiraki, 1930. Mem. Fac. Sci. Agric. Taihoku Imp. Univ. 1: 387. China: Taiwan, Arisan, Musha.

分布（**Distribution**）：台湾（TW）。

114. 拟蚜蝇属 *Parasyrphus* Matsumura, 1917

Parasyrphus Matsumura, 1917. *In*: Matsumura *et* Adachi, 1917. Ent. Mag. Kyoto 3: 23 (as a subgenus of *Syrphus*). **Type species:** *Syrphus aeneostoma* Matsumura, 1917 (monotypy).

Petersina Enderlein, 1938. Sber. Ges. Naturf. Freunde Berl. 1937: 205. **Type species:** *Petersina lanata* Enderlein, 1938 (by original designation) [= *Scaeva tarsatus* Zetterstedt, 1938].

Phalacrodira Enderlein, 1938. Sber. Ges. Naturf. Freunde Berl. 1937: 205. **Type species:** *Scaeva tarsata* Zetterstedt, 1938 (by original designation).

Dasyepistrophe Szilády, 1940. Ann. Hist.-Nat. Mus. Natl. Hung. 33: 59 (nomen nudum).

Dasyepistrophe Goffe, 1944. Entomologist 77: 136. **Type species:** *Scaeva macularis* Zetterstedt, 1843 (by original designation).

（890）环带拟蚜蝇 *Parasyrphus annulatus* (Zetterstedt, 1838)

Scaeva annulata Zetterstedt, 1838. Insecta Lapp.: 604. **Type locality:** Sweden.

Scaeva unifasciata Zetterstedt, 1838. Insecta Lapp.: 603. **Type locality:** Sweden. Norway.

Syrphus sinuatus Palma, 1864. Annali Accad. Aspir. Natur. Napoli. (3) 3 (1863): 51. **Type locality:** Italy: Napoli, Cancello.

Syrphus zetterstedti Verhoeff, 1891. Ent. Nachr. 17: 360. **Type locality:** Germany: Bonn, Venus Mts.

Syrphus annulata: Shiraki, 1930. Mem. Fac. Sci. Agric. Taihoku Imp. Univ. 1: 370.

Parasyrphus annulatus: Peck, 1988. *In*: Soós *et* Papp, 1988. Cat. Palaearct. Dipt. 8: 38; Huang, Cheng *et* Yang, 1998. *In*: Xue *et* Chao, 1998. Flies of China, Vol. 1: 152; Huang *et* Cheng, 2012. Fauna Sinica, Insecta, Vol. 50: 239.

分布（**Distribution**）：辽宁（LN）、宁夏（NX）、新疆（XJ）；

前苏联、蒙古国、日本、瑞典、挪威、意大利、德国。

（891）黑角拟蚜蝇 *Parasyrphus kirgizorum* (Peck, 1969)

Syrphus kirgizorum Peck, 1969. Ent. Obozr. 48: 201. **Type locality:** Kirgizia: Tien Shan, Taste.

Parasyrphus kirgizorum: Peck, 1988. *In*: Soós *et* Papp, 1988. Cat. Palaearct. Dipt. 8: 38; Sun, 1993. Insects of the Hengduan Mountains Region 2: 1103; Huang, Cheng *et* Yang, 1998. *In*: Xue *et* Chao, 1998. Flies of China, Vol. 1: 152; Huang *et* Cheng, 2012. Fauna Sinica, Insecta, Vol. 50: 238.

分布（**Distribution**）：吉林（JL）、四川（SC）、云南（YN）、西藏（XZ）；吉尔吉斯斯坦。

（892）直带拟蚜蝇 *Parasyrphus lineolus* (Zetterstedt, 1843)

Scaeva lineola Zetterstedt, 1843. Dipt. Scand. 2: 714. **Type locality:** Sweden.

Syrphus lineola var. *unifasciatus* Strobl, 1910. Mitt. Naturwiss. Ver. Steiermark. 46 (1909): 98. **Type locality:** Austria: Krummholzregion.

Parasyrphus lineolus: Peck, 1988. *In*: Soós *et* Papp, 1988. Cat. Palaearct. Dipt. 8: 38; Huo, Ren *et* Zheng, 2007. Fauna of Syrphidae from Mt. Qinling-Bashan in China (Insecta: Diptera): 186.

分布（**Distribution**）：陕西（SN）、四川（SC）；前苏联、瑞典、奥地利；新热带区；亚洲。

（893）新月拟蚜蝇 *Parasyrphus macularis* (Zetterstedt, 1843)

Scaeva macularis Zetterstedt, 1843. Dipt. Scand. 2: 730. **Type locality:** Sweden: Jemtlandia.

Stenosyrphus nigrifacies Curran, 1923. Can. Entomol. 55: 62. **Type locality:** Canada: Alberta, Banff.

Epistrophe fulviptera Šuster, 1959. Fauna R. P. R. Insecta 11 (3): 159. **Type locality:** Rumania: Reg. Suceava, Moldovita-ferastr.

Parasyrphus macularis: Peck, 1988. *In*: Soós *et* Papp, 1988. Cat. Palaearct. Dipt. 8: 38.

分布（**Distribution**）：山西（SX）；瑞典、罗马尼亚、加拿大。

（894）小拟蚜蝇 *Parasyrphus minimus* (Shiraki, 1930)

Syrphus minimus Shiraki, 1930. Mem. Fac. Sci. Agric. Taihoku Imp. Univ. 1: 358. **Type locality:** Japan: Hokkaidō, Sapporo. China: Taiwan.

Syrphus minimus: Knutson, Thompson *et* Vockeroth, 1975. *In*: Delfinado *et* Hardy, 1975. Cat. Dipt. Orient. Reg. 2: 320 (as an unplaced species of *Syrphus*); Peck, 1988. *In*: Soós *et* Papp, 1988. Cat. Palaearct. Dipt. 8: 50 (as an unplaced species of *Syrphus*); Huang *et* Cheng, 2012. Fauna Sinica, Insecta, Vol. 50: 271.

分布（**Distribution**）：台湾（TW）；日本。

（895）斑拟蚜蝇 *Parasyrphus punctulatus* (Verrall, 1873)

Syrphus punctulatus Verrall, 1873. Ent. Mon. Mag. 9: 254. **Type locality:** England.

Syrphus montincola Becker, 1921. Mitt. Zool. Mus. Berl. 10: 51. **Type locality:** Austria: Wiener Schneeberg *et* Rettenberg.

Syrphus beckeri Hervé-Bazin, 1923d. Bull. Soc. Ent. Fr. 1923: 129 (replacement name for *montincola*).

Syrphus punctulatus: Shiraki, 1930. Mem. Fac. Sci. Agric. Taihoku Imp. Univ. 1: 362.

Parasyrphus punctulatus: Huo, Ren *et* Zheng, 2007. Fauna of Syrphidae from Mt. Qinling-Bashan in China (Insecta: Diptera): 188.

分布（Distribution）：陕西（SN）；日本、英国、奥地利。

（896）黑跗拟蚜蝇 *Parasyrphus tarsatus* (Zetterstedt, 1838)

Scaeva tarsata Zetterstedt, 1838. Insecta Lapp.: 601. **Type locality:** Sweden: Lapponia Tornensis Pello.

Syrphus adolescens Walker, 1849. List of the specimens of dipterous insets in the collection of the British Museum Part III: 584. **Type locality:** Canada: Ontario, Hudson's Bay, Albany River.

Scaeva dryadis Holmgren, 1869. K. Svenska Vetensk. Akad. Handl. (N. S.) [= ser. 4] 8 (5): 26. **Type locality:** Norway: Spitzbergen, Advent Bay.

Syrphus contumax Osten-Sacken, 1875. Proc. Boston Soc. Nat. Hist. (1875-1876) 18: 147. **Type locality:** USA: New Hampshire, White Mountains.

Syrphus sodalis Williston, 1887. Bull. U. S. Natl. Mus. (1886) 31: 74. **Type locality:** USA: Colorado.

Syrphus bryantii Johnson, 1898. Entomol. News 9: 17. **Type locality:** USA: Alaska, Mt. St. Elias, Great Melaspina.

Epistrophe nigropilosa Curran, 1927. Amer. Mus. Novit. 247: 12. **Type locality:** Greenland: Umanak.

Syrphus monachus Hull, 1930. Trans. Am. Ent. Soc. 56: 140. **Type locality:** Greenland.

Syrphus tarsatus var. *distinctus* Kanervo, 1934. Ann. Soc. Zool.-Bot. Fenn. 14 (5): 124. **Type locality:** Russia: Petsamo (Mt. Kammikivi, Parkkino).

Syrphus tarsatus var. *immaculatus* Kanervo, 1934. Ann. Soc. Zool.-Bot. Fenn. 14 (5): 125. **Type locality:** Russia: Petsamo (Mts. Petsamontunturit).

Syrphus tarsatus var. *scutellatus* Kanervo, 1934. Ann. Soc. Zool.-Bot. Fenn. 14 (5): 125. **Type locality:** Russia: Petsamo (Mt. Kammikivi, Parkkino).

Petersina lanata Enderlein, 1938. Sber. Ges. Naturf. Freunde Berl. 1937: 206. **Type locality:** Greenland: West, Scoresby Sound, Cape H.

Petersina lanata var. *evanescens* Enderlein, 1938. Sber. Ges. Naturf. Freunde Berl. 1937: 207. **Type locality:** Greenland: Scoresby Sound, Cape H.

Petersina lanata var. *extrema* Enderlein, 1938. Sber. Ges. Naturf. Freunde Berl. 1937: 207. **Type locality:** Greenland: Scoresby Sound, Cape H.

Petersina lanata var. *flavifacies* Enderlein, 1938. Sber. Ges. Naturf. Freunde Berl. 1937: 207. **Type locality:** Greenland: Scoresby Sound, Cape H.

Petersina lanata var. *violaceiventris* Enderlein, 1938. Sber. Ges. Naturf. Freunde Berl. 1937: 207. **Type locality:** Greenland: Scoresby Sound, Cape H.

Parasyrphus dryadis: Peck, 1988. *In*: Soós *et* Papp, 1988. Cat. Palaearct. Dipt. 8: 38.

Phalacrodira tarsatus: Li *et* Li, 1990. The Syrphidae of Gansu Province: 63.

Parasyrphus tarsata: Sun, 1993. Insects of the Hengduan Mountains Region 2: 1101.

Parasyrphus tarsatus: Peck, 1988. *In*: Soós *et* Papp, 1988. Cat. Palaearct. Dipt. 8: 39; Huang, Cheng *et* Yang, 1998. *In*: Xue *et* Chao, 1998. Flies of China, Vol. 1: 152; Huang *et* Cheng, 2012. Fauna Sinica, Insecta, Vol. 50: 238.

分布（Distribution）：辽宁（LN）、甘肃（GS）、四川（SC）、云南（YN）；前苏联、蒙古国、瑞典、挪威、格陵兰（丹）、美国、加拿大。

（897）郑氏拟蚜蝇 *Parasyrphus zhengi* Yuan, Huo *et* Ren, 2011

Parasyrphus zhengi Yuan, Huo *et* Ren, 2011. Acta Zootaxon. Sin. 36 (3): 799. **Type locality:** China: Jilin, Changbaishan.

分布（Distribution）：吉林（JL）。

115. 鼓额蚜蝇属 *Scaeva* Fabricius, 1805

Scaeva Fabricius, 1805. Syst. Antliat.: 248. **Type species:** *Musca pyrastri* Linnaeus, 1758 (by designation of Curtis, 1834).

Lasiopthicus Rondani, 1845. Nuovi Ann. Sci. Nat. (2) 2: 459. **Type species:** *Musca pyrastri* Linnaeus, 1758 (by original designation).

Catabomba Osten-Sacken, 1877. Bull. U. S. Geol. Geogr. Surv. Territ. 3: 326. **Type species:** *Musca pyrastri* Linne, 1758 (monotypy).

Mecoscaeva Kuznetzov, 1985. Ent. Obozr. 64 (2): 418 (as a subgenus of *Scaeva*). **Type species:** *Lasiopthicus mecogramma* Bigot, 1860 (by original designation).

Semiscaeva Kuznetzov, 1985. Ent. Obozr. 64 (2): 412 (as a subgenus of *Scaeva*). **Type species:** *Catabomba odessana* Paramonov, 1924 (by original designation).

Scaepha: Wiedemann, 1828. Aussereurop. Zweifl. Insekt.: xi (misspelling of *Scaeva*).

Lasiophthicus: Rondani, 1856. Dipt. Ital. Prodromus, Vol. I: 51 (misspelling of *Lasiopthicus*).

Lasiopticus: Verrall, 1901. Platypezidae, Pipunculidae and Syrphidae of Great Britain 8: 56 (emendation of *Lasiopthicus*).

Lasiophthicus: Bezzi, 1907. Wien. Ent. Ztg. 26: 55 (emendation of *Lasiopthicus*).

Lasiopticus: Sack, 1930. Flieg. Palaearkt. Reg. 1930: 180 (emendation of *Lasiopthicus*).

（898）大斑鼓额蚜蝇 *Scaeva albomaculata* (Macquart, 1842)

Syrphus albomaculatus Macquart, 1842. Mém. Soc. Sci. Agric. Lille 1841 (1): 146; Macquart, 1842. Dipt. Exot. 2 (2): 86. **Type locality:** Egypt: Mount Sinai. Algeria.

Lasiophticus gemellarii Rondani, 1846. Ann. Accad. Aspir. Natur. Napoli 3 (1845-1846): 157. **Type locality:** Italy: Sicily, Etna.

Lasiopticus albomaculatus var. *sulphureus* Sack, 1935. Wissenschaft. Ergebn. Niederl. Exped. Karakorum 1: 401. **Type locality:** China: Karakorum, camps 51 and 53.

Olbiosyrphus scufina Dzhafarova, 1974. Uchen. Zap. Azerbaid. Univ. (Ser. Biol.) 1: 42. **Type locality:** Azerbaijan: Agdzhabedi district.

Scaeva albomaculata: Peck, 1988. *In*: Soós *et* Papp, 1988. Cat. Palaearct. Dipt. 8: 40; Li *et* Li, 1990. The Syrphidae of Gansu Province: 65; Huang, Cheng *et* Yang, 1998. *In*: Xue *et* Chao, 1998. Flies of China, Vol. 1: 154; Huang *et* Cheng, 2012. Fauna Sinica, Insecta, Vol. 50: 240.

分布（Distribution）：内蒙古（NM）、山西（SX）、新疆（XJ）、四川（SC）；前苏联、蒙古国、阿富汗、黎巴嫩；欧洲、非洲（北部）。

（899）阿勒泰鼓额蚜蝇 *Scaeva altaica* Violovitsh, 1975

Scaeva altaica Violovitsh, 1975. Ent. Obozr. 54: 178. **Type locality:** Russia: Altai, Teletskoe Lake; Terekta.

Scaeva altaica: Li, 1988. J. Aug. 1st Agric. Coll. 35 (1): 41; Huang *et* Cheng, 2012. Fauna Sinica, Insecta, Vol. 50: 245.

分布（Distribution）：新疆（XJ）；前苏联。

（900）高加索鼓额蚜蝇 *Scaeva caucasica* Kuznetzov, 1985

Scaeva caucasica Kuznetzov, 1985. Ent. Obozr. 64 (2): 402. **Type locality:** USSR: Central Caucasus, Northern Ossetia.

Scaeva caucasica: Li, 1988. J. Aug. 1st Agric. Coll. 35 (1): 40; Huang *et* Cheng, 2012. Fauna Sinica, Insecta, Vol. 50: 245.

分布（Distribution）：新疆（XJ）；前苏联。

（901）壮月鼓额蚜蝇 *Scaeva dignota* (Rondani, 1857)

Lasiophthicus dignotus Rondani, 1857. Dipt. Ital. Prodromus, Vol. II: 141. **Type locality:** Italy: Parma.

Catabomba odessana Paramonov, 1924. Konowia 3 (4/6): 249. **Type locality:** Ukraine: Bolschoj Fontan.

Syrphus etnensis Goot, 1964. Zoöl. Meded. 39: 428. **Type locality:** Italy: Sicily, Etna, Rifugio Filiciusa.

Scaeva odessana: Li, 1988. J. Aug. 1st Agric. Coll. 35 (1): 41.

Scaeva dignota: Peck, 1988. *In*: Soós *et* Papp, 1988. Cat. Palaearct. Dipt. 8: 40; Huang *et* Cheng, 2012. Fauna Sinica, Insecta, Vol. 50: 246.

分布（Distribution）：新疆（XJ）；前苏联、土耳其、意大利、乌克兰；非洲（北部）。

（902）黄氏鼓额蚜蝇 *Scaeva hwangi* Ho, 1987

Scaeva hwangi Ho, 1987. *In*: Zhang, 1987. Agricultural Insects, Spiders, Plant Diseases And Weeds of Tibet II: 194. **Type locality:** China: Xizang, Xigaze.

Scaeva hwangi: Huang, Cheng *et* Yang, 1998. *In*: Xue *et* Chao, 1998. Flies of China, Vol. 1: 154; Huang *et* Cheng, 2012. Fauna Sinica, Insecta, Vol. 50: 246.

分布（Distribution）：西藏（XZ）。

（903）弯斑鼓额蚜蝇 *Scaeva komabensis* (Matsumura, 1918)

Metasyrphus komabensis Matsumura, 1918. J. Coll. Agric. Hokkaido Imp. Univ. 8: 21. **Type locality:** Japan: Honshū at Komaba, Tokyo.

Catabomba komabensis Matsumura, 1917. *In*: Matsumura *et* Adachi, 1917. Ent. Mag. Kyoto 2 (4): 146. **Type locality:** Japan: "Honshū (Komaba in Tokyo)".

Lasiopticus komabensis: Shiraki, 1930. Mem. Fac. Sci. Agric. Taihoku Imp. Univ. 1: 349.

Scaeva komabensis: Peck, 1988. *In*: Soós *et* Papp, 1988. Cat. Palaearct. Dipt. 8: 40; Huang, Cheng *et* Yang, 1998. *In*: Xue *et* Chao, 1998. Flies of China, Vol. 1: 154; Huang *et* Cheng, 2012. Fauna Sinica, Insecta, Vol. 50: 246.

分布（Distribution）：上海（SH）、江西（JX）；日本、前苏联。

（904）条颜鼓额蚜蝇 *Scaeva latimaculata* (Brunetti, 1923)

Lasiopticus latimaculata Brunetti, 1923. Fauna Brit. India (Dipt.) 3: 68. **Type locality:** India: Allāhābād.

Scaeva montana Violovitsh, 1975. Ent. Obozr. 54 (4): 177. **Type locality:** Tadzhikistan: Mt. Gissar, Takob.

Scaeva latimaculata: Knutson, Thompson *et* Vockeroth, 1975. *In*: Delfinado *et* Hardy, 1975. Cat. Dipt. Orient. Reg. 2: 318; Peck, 1988. *In*: Soós *et* Papp, 1988. Cat. Palaearct. Dipt. 8: 40; Huang, Cheng *et* Yang, 1998. *In*: Xue *et* Chao, 1998. Flies of China, Vol. 1: 154; Huang *et* Cheng, 2012. Fauna Sinica, Insecta, Vol. 50: 241.

分布（Distribution）：西藏（XZ）；前苏联、印度、阿富汗、伊朗。

（905）眉斑鼓额蚜蝇 *Scaeva lunata* (Wiedemann, 1830)

Syrphus lunata Wiedemann, 1830. Aussereurop. Zweifl. Insekt. 2: 121. **Type locality:** "China".

Lasiopticus sinensis Sack, 1938. Ark. Zool. 30A (3): 4. **Type locality:** China: "Prov. Kiangsu", "Tsingtau" [= Quigtau].

Syrphus lunata: Peck, 1988. *In*: Soós *et* Papp, 1988. Cat. Palaearct. Dipt. 8: 40.

Lasiopticus sinensis: Peck, 1988. *In*: Soós *et* Papp, 1988. Cat.

Palaearct. Dipt. 8: 41.

分布（Distribution）：江苏（JS）；前苏联、阿富汗。

（906）南京鼓额蚜蝇 *Scaeva nanjingensis* He *et* Chu, 1992

Scaeva nanjingensis He *et* Chu, 1992b. J. Shanghai Agric. Coll. 10 (1): 91. **Type locality:** China: Jiangsu, Nanjing.

Scaeva nanjingensis: Huang, Cheng *et* Yang, 1998. *In*: Xue *et* Chao, 1998. Flies of China, Vol. 1: 154; Huang *et* Cheng, 2012. Fauna Sinica, Insecta, Vol. 50: 247.

分布（Distribution）：江苏（JS）。

（907）小鼓额蚜蝇 *Scaeva opimius* (Walker, 1852)

Syrphus opimius Walker, 1852. Ins. Saund. (Ⅰ) Dipt. 3-4: 232. **Type locality:** East Indies.

Syrphus opimius: Cheng, 1940. Biol. Bull. Fukien Christian Univ. 1: 43, 54; Wu, 1940. Cat. Ins. Sin. 5: 284.

Lasiophthicus annamites Bigot, 1885. Ann. Soc. Entomol. Fr. 6 (5): 250. **Type locality:** Viet Nam: Cochinchine.

Scaeva opimius: Knutson, Thompson *et* Vockeroth, 1975. *In*: Delfinado *et* Hardy, 1975. Cat. Dipt. Orient. Reg. 2: 318 (new combination of *Syrphus opimius*).

分布（Distribution）：福建（FJ）；印度。

（908）斜斑鼓额蚜蝇 *Scaeva pyrastri* (Linnaeus, 1758)

Musca pyrastri Linnaeus, 1758. Syst. Nat. Ed. 10 (1): 594. **Type locality:** Sweden.

Musca rosae De Geer, 1776. Mém. Pour Serv. Hist. Insect. 6: 108 (replacement name for *Musca pyrastri*).

Musca mellina Harris, 1780. Expos. Engl. Ins.: 30. **Type locality:** England.

Syrphus transfuga Fabricius, 1794. Ent. Syst. 4: 306. **Type locality:** "Europa".

Syrphus pyrastri var. *flavoscutellatus* Girschner, 1884. Wien. Ent. Ztg. 3 (7): 197. **Type locality:** Germany: Thuringia.

Scaeva corrusca Gravenhorst, 1807. Vergl. Ueber.: 375. **Type locality:** Germany.

Scaeva affinis Say, 1823. J. Acad. Nat. Sci. Philad. 3: 93. **Type locality:** USA: Arkansas.

Lasioptigus seleniticus var. *unicolor* Curtis, 1834. Brit. Ent. 11: 509. **Type locality:** England: Neighourhood of London.

Syrphus pyrastri var. *flavoscutellatus*: Wu, 1940. Cat. Ins. Sin. 5: 269.

Lasioptigus seleniticus var. *unicolor*: Wu, 1940. Cat. Ins. Sin. 5: 270.

Lasioptigus pyrastri: Cheng, 1940. Biol. Bull. Fukien Christian Univ. 1: 42; Wu, 1940. Cat. Ins. Sin. 5: 267.

Lasiopticus pyrastri: Shiraki, 1930. Mem. Fac. Sci. Agric. Taihoku Imp. Univ. 1: 348; Huang *et* Cheng, 2012. Fauna Sinica, Insecta, Vol. 50: 242.

Scaeva pyrastri: Peck, 1988. *In*: Soós *et* Papp, 1988. Cat. Palaearct. Dipt. 8: 41; Li *et* Li, 1990. The Syrphidae of Gansu Province: 66; Huang, Cheng *et* Yang, 1998. *In*: Xue *et* Chao,

1998. Flies of China, Vol. 1: 154; Huo, Ren *et* Zheng, 2007. Fauna of Syrphidae from Mt. Qinling-Bashan in China (Insecta: Diptera): 189; Huang *et* Cheng, 2012. Fauna Sinica, Insecta, Vol. 50: 242.

分布（Distribution）：黑龙江（HL）、辽宁（LN）、内蒙古（NM）、河北（HEB）、山东（SD）、陕西（SN）、甘肃（GS）、青海（QH）、新疆（XJ）、江苏（JS）、江西（JX）、四川（SC）、云南（YN）、西藏（XZ）；前苏联、蒙古国、日本、阿富汗、瑞典、英国、德国、美国；非洲（北部）。

（909）月斑鼓额蚜蝇 *Scaeva selenitica* (Meigen, 1822)

Syrphus seleniticus Meigen, 1822. Syst. Beschr. Europ. Zweifl. Insekt. 3: 304. **Type locality:** Germany.

Syrphus lunatus Wiedemann, 1830. Aussereurop. Zweifl. Insekt. 2: 121. **Type locality:** China.

Lasioptigus seleniticus: Cheng, 1940. Biol. Bull. Fukien Christian Univ. 1: 42; Wu, 1940. Cat. Ins. Sin. 5: 270.

Lasiophthicus annamites Bigot, 1885. Ann. Soc. Entomol. Fr. (6) 5: 250. **Type locality:** Viet Nam: Cochinchine.

Lasioptigus seleniticus: Cheng, 1940. Biol. Bull. Fukien Christian Univ. 1: 42; Wu, 1940. Cat. Ins. Sin. 5: 270.

Scaeva selenitica: Knutson, Thompson *et* Vockeroth, 1975. *In*: Delfinado *et* Hardy, 1975. Cat. Dipt. Orient. Reg. 2: 318; Peck, 1988. *In*: Soós *et* Papp, 1988. Cat. Palaearct. Dipt. 8: 41; Li *et* Li, 1990. The Syrphidae of Gansu Province: 67; Huang, Cheng *et* Yang, 1998. *In*: Xue *et* Chao, 1998. Flies of China, Vol. 1: 154; Huo, Ren *et* Zheng, 2007. Fauna of Syrphidae from Mt. Qinling-Bashan in China (Insecta: Diptera): 191; Huang *et* Cheng, 2012. Fauna Sinica, Insecta, Vol. 50: 244.

分布（Distribution）：黑龙江（HL）、吉林（JL）、河北（HEB）、陕西（SN）、甘肃（GS）、江苏（JS）、浙江（ZJ）、江西（JX）、湖南（HN）、四川（SC）、云南（YN）、广西（GX）；前苏联、德国、蒙古国、印度、越南、阿富汗；欧洲。

（910）中华鼓额蚜蝇 *Scaeva sinensis* (Sack, 1938)

Lasiopticus sinensis Sack, 1938. Ark. Zool. 30A (3): 4. **Type locality:** China: Jiangsu, Tsingtau [= Quigtau].

分布（Distribution）：江苏（JS）。

116. 拟柄腹蚜蝇属 *Spazigasteroides* Huo, 2014

Spazigasteroides Huo, 2014. Zootaxa 3755 (3): 230. **Type species:** *Spazigasteroides caeruleus* Huo, 2014 (by original designation).

（911）紫色拟柄腹蚜蝇 *Spazigasteroides caeruleus* Huo, 2014

Spazigasteroides caeruleus Huo, 2014. Zootaxa 3755 (3): 230. **Type locality:** China: Shaanxi; Ningxia Hui Autonomous Region.

分布（Distribution）：陕西（SN）、宁夏（NX）、四川（SC）。

117. 细腹蚜蝇属 *Sphaerophoria* Le Peletier *et* Serville, 1828

Sphaerophoria Le Peletier *et* Serville, 1828. *In*: Latreille *et al.*, 1828. Encycl. Méth. Hist. Nat. 10 (2): 513 (as a subgenus of *Syrphus*). **Type species:** *Musca scripta* Linnaeus, 1758 (by designation of Rondani, 1845).

Melithreptus Loew, 1840. Öffentl. Prüf. Schüler K. Friedrich-Wilhelms-Gymnasiums zu Posen 1840 (7-8): 36; Loew, 1840. Isis (Oken's) 1840 (VII-VIII): 577 (replacement name for *Sphaerophoria*) (preoccupied by Vieillot, 1816).

Vibex Gistel, 1848. Naturgeschichte des Thierreichs für höhere Schulen, Stuttgart 16: 154 (preoccupied by Oken, 1815; Gray, 1840). **Type species:** *Syrphus taeniatus* Meigen, 1822 (monotypy).

Melitrophus Haliday, 1856. *In*: Walker, 1856. Ins. Brit., Dípt. 3: XXI (replacement name for *Melithreptus*).

Nesosyrphus Frey, 1945. Commentat. Biol. (1944) 8 (10): 60 (as a subgenus *Sphaerophoria*). **Type species:** *Sphaerophoria nigra* Frey, 1945 (by original designation).

Loveridgeana Doesburg *et* Doesburg, 1977. Ann. Mus. R. Afr. Cent. Ser. 8 (Sci. Zool.) 215 (1976): 63. **Type species:** *Loveridgeana beattiei* Doesburg *et* Doesburg, 1977 (monotypy).

Sphoerophoria: Lioy, 1864. Atti R. Ist. Véneto Sci. Lett. Arti (3) 9: 755 (misspelling of *Sphaerophoria*).

Spaerophoria: Rondani, 1868. Ann. Soc. Nat. Modena 3: 25 (misspelling of *Sphaerophoria*).

Sphoerophoria: Scudder, 1882. Bull. U. S. Natl. Mus. 19 (1): 312 (emendation of *Sphaerophoria*).

（912） 离带细腹蚜蝇 *Sphaerophoria abbreviata* Zetterstedt, 1849

Sphaerophoria abbreviata Zetterstedt, 1849. Dipt. Scand. 8: 3136. **Type locality:** Sweden: Västerbotten, Lappland, Lycksele.

Sphaerophoria abbreviate: Peck, 1988. *In*: Soós *et* Papp, 1988. Cat. Palaearct. Dipt. 8: 42; He *et* Li, 1992b. J. Shanghai Agric. Coll. 10 (1): 16, 19; Huang, Cheng *et* Yang, 1998. *In*: Xue *et* Chao, 1998. Flies of China, Vol. 1: 156; Huang *et* Cheng, 2012. Fauna Sinica, Insecta, Vol. 50: 257.

分布（Distribution）：甘肃（GS）、上海（SH）；瑞典。

（913） 阿萨姆细腹蚜蝇 *Sphaerophoria assamensis* Joseph, 1970

Sphaerophoria assamensis Joseph, 1970. Eos 45: 168. **Type locality:** China: Arunachal Pradesh, Dunn Bridge.

Sphaerophoria assamensis: Knutson, Thompson *et* Vockeroth, 1975. *In*: Delfinado *et* Hardy, 1975. Cat. Dipt. Orient. Reg. 2: 318; Sun, 1988. Insects of Nanjagbarwa Region of Xizang: 483; Huang, Cheng *et* Yang, 1998. *In*: Xue *et* Chao, 1998. Flies of China, Vol. 1: 156; Huang *et* Cheng, 2012. Fauna

Sinica, Insecta, Vol. 50: 249.

分布（Distribution）：云南（YN）、西藏（XZ）、福建（FJ）；印度。

（914） 孟加拉细腹蚜蝇 *Sphaerophoria bengalensis* Macquart, 1842

Sphaerophoria bengalensis Macquart, 1842. Mém. Soc. Sci. Agric. Lille 1841 (1): 164; Macquart, 1842. Dipt. Exot. 2 (2): 104. **Type locality:** India. Bengal.

Sphaerophoria flavobdominalis Brunetti, 1915. Rec. India Mus. 11: 214. **Type locality:** India: Simla Hills, Dharampur.

Sphaerophoria bengalensis: Knutson, Thompson *et* Vockeroth, 1975. *In*: Delfinado *et* Hardy, 1975. Cat. Dipt. Orient. Reg. 2: 318; Peck, 1988. *In*: Soós *et* Papp, 1988. Cat. Palaearct. Dipt. 8: 42; He *et* Li, 1992b. J. Shanghai Agric. Coll. 10 (1): 20.

分布（Distribution）：中国（省份不明）；伊朗、韩国、日本、印度、孟加拉湾；东洋区。

（915）双钩细腹蚜蝇 *Sphaerophoria biunciata* Huo, Ren *et* Zheng, 2007

Sphaerophoria biunciata Huo, Ren *et* Zheng, 2007. Fauna of Syrphidae from Mt. Qinling-Bashan in China (Insecta: Diptera): 194. **Type locality:** China: Shaanxi, Nanzheng.

分布（Distribution）：陕西（SN）。

（916） 长安细腹蚜蝇 *Sphaerophoria changanensis* Huo, Ren *et* Zheng, 2007

Sphaerophoria changanensis Huo, Ren *et* Zheng, 2007. Fauna of Syrphidae from Mt. Qinling-Bashan in China (Insecta: Diptera): 194. **Type locality:** China: Shaanxi, Chang'an.

分布（Distribution）：陕西（SN）、宁夏（NX）、西藏（XZ）。

（917） 川西细腹蚜蝇 *Sphaerophoria chuanxiensis* Huo *et* Shi, 2007

Sphaerophoria chuanxiensis Huo *et* Shi, 2007b. Acta Zootaxon. Sin. 32 (3): 582. **Type locality:** China: Sichuan, Luhuo.

分布（Distribution）：四川（SC）。

（918）筒形细腹蚜蝇 *Sphaerophoria cylindrica* (Say, 1824)

Syrphus cylindricus Say, 1824. Am. Ent. Descri. Ins. North Ame. 1: 11. **Type locality:** USA: Pennsylvania (near Philadelphia).

Sphaerophoria cylindrica: Shiraki, 1930. Mem. Fac. Sci. Agric. Taihoku Imp. Univ. 1: 395; Cheng, 1940. Biol. Bull. Fukien Christian Univ. 1: 43; Wu, 1940. Cat. Ins. Sin. 5: 278; He *et* Li, 1992b. J. Shanghai Agric. Coll. 10 (1): 16, 19; Huang, Cheng *et* Yang, 1998. *In*: Xue *et* Chao, 1998. Flies of China, Vol. 1: 156; Huang *et* Cheng, 2012. Fauna Sinica, Insecta, Vol. 50: 250.

分布（Distribution）：新疆（XJ）、西藏（XZ）、海南（HI）；

日本、美国。

（919）婷婷细腹蚜蝇 *Sphaerophoria evida* He *et* Li, 1992

Sphaerophoria evida He *et* Li, 1992b. J. Shanghai Agric. Coll. 10 (1): 18. **Type locality:** China: Heilongjiang, Ning'an.

Sphaerophoria evida: Huang, Cheng *et* Yang, 1998. *In*: Xue *et* Chao, 1998. Flies of China, Vol. 1: 156; Huang *et* Cheng, 2012. Fauna Sinica, Insecta, Vol. 50: 257.

分布（**Distribution**）：黑龙江（HL）、辽宁（LN）。

（920）黄色细腹蚜蝇 *Sphaerophoria flavescentis* Huo, Ren *et* Zheng, 2007

Sphaerophoria flavescentis Huo, Ren *et* Zheng, 2007. Fauna of Syrphidae from Mt. Qinling-Bashan in China (Insecta: Diptera): 195. **Type locality:** China: Shaanxi, Hanzhong.

分布（**Distribution**）：陕西（SN）。

（921）黄颜细腹蚜蝇 *Sphaerophoria flavianusana* Li *et* Pang, 1993

Sphaerophoria flavianusana Li *et* Pang, 1993. J. South China Agric. Univ. 14: 47. **Type locality:** China: Guangxi, Huaping, Longsheng.

Sphaerophoria flavianusana: Huang *et* Cheng, 2012. Fauna Sinica, Insecta, Vol. 50: 258.

分布（**Distribution**）：广西（GX）。

（922）台湾细腹蚜蝇 *Sphaerophoria formosana* (Matsumura, 1916)

Melithreptus formosana Matsumura, 1916. *In*: Matsumura *et* Adachi, 1916. Ent. Mag. Kyoto 2 (1): 23. **Type locality:** China: Taiwan, Heirinbi.

Sphaerophoria formosana: Knutson, Thompson *et* Vockeroth, 1975. *In*: Delfinado *et* Hardy, 1975. Cat. Dipt. Orient. Reg. 2: 318.

分布（**Distribution**）：台湾（TW）。

（923）印度细腹蚜蝇 *Sphaerophoria indiana* Bigot, 1884

Sphaerophoria indiana Bigot, 1884c. Ann. Soc. Entomol. Fr. (6) 4: 99. **Type locality:** Indes.

Sphaerophoria nigritarsis Brunetti, 1915. Rec. India Mus. 11: 216. **Type locality:** India: Simla Hills, Matiana.

Melithreptus diminuta Matsumura, 1916. *In*: Matsumura *et* Adachi, 1916. Ent. Mag. Kyoto 2 (1): 27. **Type locality:** Japan: Honshū, Kyoto.

Melithreptus kumamotensis Matsumura, 1916. *In*: Matsumura *et* Adachi, 1916. Ent. Mag. Kyoto 2 (1): 26. **Type locality:** Japan: Honshū, Kiushu.

Melithreptus diminuta: Peck, 1988. *In*: Soós *et* Papp, 1988. Cat. Palaearct. Dipt. 8: 42 (as synonym of *Sphaerophoria contigua*).

Melithreptus kumamotensis: Peck, 1988. *In*: Soós *et* Papp, 1988. Cat. Palaearct. Dipt. 8: 42 (new synonym of

Sphaerophoria contigua).

Sphaerophoria indiana: Cheng, 1940. Biol. Bull. Fukien Christian Univ. 1: 43. 52; Wu, 1940. Cat. Ins. Sin. 5: 278; Knutson, Thompson *et* Vockeroth, 1975. *In*: Delfinado *et* Hardy, 1975. Cat. Dipt. Orient. Reg. 2: 318; Peck, 1988. *In*: Soós *et* Papp, 1988. Cat. Palaearct. Dipt. 8: 41; He *et* Li, 1992b. J. Shanghai Agric. Coll. 10 (1): 16; Huang, Cheng *et* Yang, 1998. *In*: Xue *et* Chao, 1998. Flies of China, Vol. 1: 156; Huo, Ren *et* Zheng, 2007. Fauna of Syrphidae from Mt. Qinling-Bashan in China (Insecta: Diptera): 197; Huang *et* Cheng, 2012. Fauna Sinica, Insecta, Vol. 50: 250.

分布（**Distribution**）：黑龙江（HL）、河北（HEB）、陕西（SN）、甘肃（GS）、江苏（JS）、浙江（ZJ）、湖南（HN）、湖北（HB）、四川（SC）、贵州（GZ）、云南（YN）、西藏（XZ）、广东（GD）；前苏联、蒙古国、朝鲜、日本、印度、阿富汗。

（924）黑角细腹蚜蝇 *Sphaerophoria loewi* Zetterstedt, 1843

Sphaerophoria loewii Zetterstedt, 1843. Dipt. Scand. 2: 774. **Type locality:** Sweden.

Melithreptus formosa Egger, 1859. Verh. K. K. Zool.-Bot. Ges. Wien 9: 406. **Type locality:** Austria: Voslav, Heideteiche.

Sphaerophoria loewii: Peck, 1988. *In*: Soós *et* Papp, 1988. Cat. Palaearct. Dipt. 8: 43; Huang *et* Cheng, 2012. Fauna Sinica, Insecta, Vol. 50: 251.

分布（**Distribution**）：宁夏（NX）；前苏联、蒙古国、瑞典、奥地利；欧洲。

（925）远东细腹蚜蝇 *Sphaerophoria macrogaster* (Thomson, 1869)

Syrphus macrogaster Thomson, 1869. K. Svenska Fregatten Eugenies Resa, Zool., Dipt. 2 (1): 501. **Type locality:** Australia: New South Wales, Sydney.

Mesograpta pallida Bigot, 1884c. Ann. Soc. Entomol. Fr. (6) 4: 115. **Type locality:** New Caledonia.

Mesograpta quinquevittata Bigot, 1884c. Ann. Soc. Entomol. Fr. (6) 4: 115. **Type locality:** New Caledonia.

Melithreptus hirayamae Matsumura, 1916. *In*: Matsumura *et* Adachi, 1916. Ent. Mag. Kyoto 2 (1): 25. **Type locality:** Japan: Honshū, Tokyo.

Melithreptus shibatensis Matsumura, 1916. *In*: Matsumura *et* Adachi, 1916. Ent. Mag. Kyoto 2 (1): 26. **Type locality:** Japan: Honshū.

Melithreptus takasagensis Matsumura, 1916. *In*: Matsumura *et* Adachi, 1916. Ent. Mag. Kyoto 2 (1): 24. **Type locality:** Japan: Hokkaidō, Sapporo; Honshū, Takasa.

Sphaerophoria kerteszi Klocker, 1924. Mem. Queensl. Mus. 8: 56. **Type locality:** Australia: Queensland, Brisbane.

Sphaerophoria koreana Bańkowska, 1964. Ann. Zool. 22 (15): 339. **Type locality:** D. P. R. Korea: Dephuand Kujang.

Melithreptus hirayamae: Peck, 1988. *In*: Soós *et* Papp, 1988. Cat. Palaearct. Dipt. 8: 42 (as synonym of *Sphaerophoria*

contigua).

Melithreptus shibatensis: Peck, 1988. *In*: Soós *et* Papp, 1988. Cat. Palaearct. Dipt. 8: 42 (as synonym of *Sphaerophoria contigua*).

Melithreptus takasagensis: Peck, 1988. *In*: Soós *et* Papp, 1988. Cat. Palaearct. Dipt. 8: 42 (as synonym of *Sphaerophoria contigua*).

Sphaerophoria macrogaster: Knutson, Thompson *et* Vockeroth, 1975. *In*: Delfinado *et* Hardy, 1975. Cat. Dipt. Orient. Reg. 2: 318; Peck, 1988. *In*: Soós *et* Papp, 1988. Cat. Palaearct. Dipt. 8: 43; He *et* Li, 1992b. J. Shanghai Agric. Coll. 10 (1): 16; Huang, Cheng *et* Yang, 1998. *In*: Xue *et* Chao, 1998. Flies of China, Vol. 1: 156; Huo, Ren *et* Zheng, 2007. Fauna of Syrphidae from Mt. Qinling-Bashan in China (Insecta: Diptera): 198; Huang *et* Cheng, 2012. Fauna Sinica, Insecta, Vol. 50: 252.

分布（Distribution）：内蒙古（NM）、陕西（SN）、江苏（JS）、江西（JX）、四川（SC）；前苏联、蒙古国、朝鲜、日本、印度、尼泊尔、斯里兰卡、新几内亚岛、澳大利亚。

（926）黑颊细腹蚜蝇 *Sphaerophoria melagena* Huo *et* Shi, 2007

Sphaerophoria melagena Huo *et* Shi, 2007b. Acta Zootaxon. Sin. 32 (3): 581. **Type locality:** China: Sichuan, Luhuo.

分布（Distribution）：四川（SC）。

（927）长翅细腹蚜蝇 *Sphaerophoria menthastri* (Linnaeus, 1758)

Musca menthastri Linnaeus, 1758. Syst. Nat. Ed. 10 (1): 594. **Type locality:** Sweden.

Conops gemmatus Scopoli, 1763. Ent. Carniolica: 356. **Type locality:** Slovenia [as "Carniola"].

Syrphus hieroglyphica Meigen, 1822. Syst. Beschr. Europ. Zweifl. Insekt. 3: 327. **Type locality:** "Österreich" (Austria).

Syrphus melissae Meigen, 1822. Syst. Beschr. Europ. Zweifl. Insekt. 3: 326. **Type locality:** Germany.

Syrphus picta Meigen, 1822. Syst. Beschr. Europ. Zweifl. Insekt. 3: 326. **Type locality:** Germany.

Sphaerophoria abbreviata Zetterstedt, 1859. Dipt. Scand. 13: 6007. **Type locality:** Sweden.

Sphaerophoria menthastri: Shiraki, 1930. Mem. Fac. Sci. Agric. Taihoku Imp. Univ. 1: 396; Cheng, 1940. Biol. Bull. Fukien Christian Univ. 1: 43; Wu, 1940. Cat. Ins. Sin. 5: 278; Peck, 1988. *In*: Soós *et* Papp, 1988. Cat. Palaearct. Dipt. 8: 43; He *et* Li, 1992b. J. Shanghai Agric. Coll. 10 (1): 16; Huang, Cheng *et* Yang, 1998. *In*: Xue *et* Chao, 1998. Flies of China, Vol. 1: 156; Huang *et* Cheng, 2012. Fauna Sinica, Insecta, Vol. 50: 252.

分布（Distribution）：河北（HEB）、甘肃（GS）、新疆（XJ）、江苏（JS）、浙江（ZJ）、四川（SC）、云南（YN）；前苏联、蒙古国、日本、瑞典、斯洛文尼亚、奥地利、德国；非洲（北部）。

（928）暗跗细腹蚜蝇 *Sphaerophoria philanthus* (Meigen, 1822)

Syrphus philanthus Meigen, 1822. Syst. Beschr. Europ. Zweifl. Insekt. 3: 327. **Type locality:** Germany.

Sphaerophoria origani Macquart, 1829a. Mém. Soc. R. Sci. Agric. Arts Lille 1827-1828: 220; Macquart, 1829b. Ins. Dipt. N. Fr. 4: 72. **Type locality:** Northern France.

Melithrephus insisa Loew, 1840. Öffentl. Prüf. Schüler K. Friedrich-Wilhelms-Gymnasiums zu Posen 1840 (7-8): 37; Loew, 1840. Isis (Oken's) 1840 (VII-VIII): 578. **Type locality:** Poland: "Grossherzogthum Posen" [= Poznan].

Sphaerophoria nigricoxa Zetterstedt, 1843. Dipt. Scand. 2: 767. **Type locality:** Sweden.

Sphaerophoria dubia Zetterstedt, 1849. Dipt. Scand. 8: 3162. **Type locality:** Denmark. Sweden.

Sphaerophoria insignita Zetterstedt, 1859. Dipt. Scand. 13: 6010. **Type locality:** Sweden: Skåne [= Scania], Lake Ringsjon.

Sphaerophoria multipunctata Zetterstedt, 1859. Dipt. Scand. 13: 6009. **Type locality:** Sweden: Lapponia Umensi, Stensele.

Sphaerophoria multipunctata Rondani, 1865. Atti Soc. Ital. Sci. Nat. Milano 8: 134 (preoccupied by Zetterstedt, 1859). **Type locality:** Italy: Bologna.

Sphaerophoria nigritarsi Fluke, 1930. Ann. Ent. Soc. Am. 23: 143. **Type locality:** USA: Colorado, Pingree.

Sphaerophoria robusta Curran, 1930. Bull. Am. Mus. Nat. Hist. (1931) 61: 62. **Type locality:** USA: Maine, Rangeley.

Sphaerophoria sarmatica Bańkowska, 1964. Ann. Zool. 22 (15): 329. **Type locality:** Poland: Warszawa-bemowo.

Sphaerophoria philanthus: Peck, 1988. *In*: Soós *et* Papp, 1988. Cat. Palaearct. Dipt. 8: 44; Li *et* Li, 1990. The Syrphidae of Gansu Province: 69; He *et* Li, 1992b. J. Shanghai Agric. Coll. 10 (1): 16; Huang, Cheng *et* Yang, 1998. *In*: Xue *et* Chao, 1998. Flies of China, Vol. 1: 156; Huang *et* Cheng, 2012. Fauna Sinica, Insecta, Vol. 50: 260.

分布（Distribution）：山西（SX）、河南（HEN）、宁夏（NX）、甘肃（GS）、青海（QH）、四川（SC）、云南（YN）；德国、法国、波兰、丹麦、瑞典、意大利、美国。

（929）秦巴细腹蚜蝇 *Sphaerophoria qinbaensis* Huo *et* Ren, 2006

Sphaerophoria qingbaensis Huo *et* Ren, 2006. Acta Zootaxon. Sin. 31 (3): 656. **Type locality:** China: Shaanxi, Zhangliang temple, Liuba; Fujian.

Sphaerophoria qinbaensis: Huo, Ren *et* Zheng, 2007. Fauna of Syrphidae from Mt. Qinling-Bashan in China (Insecta: Diptera): 194.

分布（Distribution）：河南（HEN）、陕西（SN）、福建（FJ）。

（930）秦岭细腹蚜蝇 *Sphaerophoria qinlinensis* Huo *et* Ren, 2006

Sphaerophoria qinglinensis Huo *et* Ren, 2006. Acta Zootaxon. Sin. 31 (3): 657. **Type locality:** China: Shaanxi, Zhangliang temple, Liuba; Fujian.

Sphaerophoria qinlinensis: Huo, Ren *et* Zheng, 2007. Fauna of Syrphidae from Mt. Qinling-Bashan in China (Insecta: Diptera): 201.

分布（**Distribution**）：陕西（SN）、四川（SC）、福建（FJ）。

（931） 宽尾细腹蚜蝇 *Sphaerophoria rueppellii* (Wiedemann, 1830)

Syrphus rueppellii Wiedemann, 1830. Aussereurop. Zweifl. Insekt. 2: 141. **Type locality:** Sudan.

Syrphus incertus Wiedemann, 1830. Aussereurop. Zweifl. Insekt. 2: 143. **Type locality:** Sudan.

Sphaerophoria calceolata Macquart, 1842. Mém. Soc. Sci. Agric. Lille 1841 (1): 164; Macquart, 1842. Dipt. Exot. 2 (2): 104. **Type locality:** Egypt.

Sphaerophoria flavicauda Zetterstedt, 1843. Dipt. Scand. 2: 771. **Type locality:** Sweden: Östergötlands [= Ostrogothia]: Vadstena [= Wadstena].

Sphaerophoria nitidicollis Zetterstedt, 1849. Dipt. Scand. 8: 3163. **Type locality:** Denmark. Sweden.

Syrphus oleandri Rondani, 1857. Dipt. Ital. Prodromus, Vol. II: 114. **Type locality:** Malta.

Sphaerophoria serpilli Rondani, 1857. Dipt. Ital. Prodromus, Vol. II: 115. **Type locality:** Italy: Parma.

Sphaerophoria pictipes Boheman, 1863. Öfvers. K. Vetensk. Akad. Förh. 20 (2): 80. **Type locality:** Sweden: Malmo.

Ischiodon libycum Nayar, 1978. Polsk. Pismo Ent. 48: 413. **Type locality:** Libya: Almarg.

Sphaerophoria pictipes: Peck, 1988. *In*: Soós *et* Papp, 1988. Cat. Palaearct. Dipt. 8: 44 (as a valid species).

Sphaerophoria rueppelli: Peck, 1988. *In*: Soós *et* Papp, 1988. Cat. Palaearct. Dipt. 8: 44; Li *et* Li, 1990. The Syrphidae of Gansu Province: 71; He *et* Li, 1992b. J. Shanghai Agric. Coll. 10 (1): 16; Huang, Cheng *et* Yang, 1998. *In*: Xue *et* Chao, 1998. Flies of China, Vol. 1: 157; Huang *et* Cheng, 2012. Fauna Sinica, Insecta, Vol. 50: 253.

分布（**Distribution**）：辽宁（LN）、河北（HEB）、北京（BJ）、甘肃（GS）、新疆（XJ）、江苏（JS）、上海（SH）、浙江（ZJ）、四川（SC）、福建（FJ）；瑞典。

（932） 短翅细腹蚜蝇 *Sphaerophoria scripta* (Linnaeus, 1758)

Musca scripta Linnaeus, 1758. Syst. Nat. Ed. 10 (1): 594. **Type locality:** Sweden.

Conops gemmata Scopoli, 1763. Ent. Carniolica: 356. **Type locality:** Yugoslavia: "Carniolia".

Musca libatrix Scopoli, 1763. Ent. Carniolica: 346. **Type locality:** Yugoslavia: "Carniolia".

Musca fasciata Müller, 1764. Fauna Insect. Fridr. 7: 85. **Type locality:** Not given ("Fridrichsdal") [= Frederiksdal near Copenhagen] (Denmark).

Musca invisito Harris, 1780. Expos. Engl. Ins.: 83. **Type locality:** England.

Musca molita Harris, 1780. Expos. Engl. Ins.: 110. **Type locality:** Not given (England).

Sphoerophoria lavandulae Macquart, 1829a. Mém. Soc. R. Sci. Agric. Arts Lille 1827-1828: 220; Macquart, 1829b. Ins. Dipt. N. Fr. 4: 72. **Type locality:** Northern France.

Sphaerophoria limbata Macquart, 1829a. Mém. Soc. R. Sci. Agric. Arts Lille 1827-1828: 220; Macquart, 1829b. Ins. Dipt. N. Fr. 4: 72. **Type locality:** France.

Sphoerophoria analis Macquart, 1834. Hist. Nat. Ins., Dipt.: 553. **Type locality:** France: Bordeaux.

Sphoerophoria sinuata Macquart, 1834. Hist. Nat. Ins., Dipt.: 553. **Type locality:** France: Bordeaux.

Melithreptus dispar Loew, 1840. Öffentl. Prüf. Schüler K. Friedrich-Wilhelms-Gymnasiums zu Posen 1840 (7-8): 37; Loew, 1840. Isis (Oken's) 1840 (VII-VIII): 578. **Type locality:** Poland: Poznan [as "Posen"].

Sphaerophoria nigricoxa Zetterstedt, 1843. Dipt. Scand. 2: 767. **Type locality:** Sweden.

Sphaerophoria strigata Staeger, 1845. Naturh. Tidsskr. (2) 1: 362. **Type locality:** Greenland.

Sphaerophoria scripta var. *scutellata* Portevin, 1909. Ann. Ass. Nat. Levallois-Perret. 14: 25. **Type locality:** France.

Sphaerophoria menthastri var. *violacea* Santos Abreu, 1924. Mem. R. Acad. Cienc. Artes Barcelona (3) 19 (1): 71. **Type locality:** Canary Is.: La Palma.

Sphaerophoria brunettii Joseph, 1968. Orient. Insects 1: 243. **Type locality:** India: Kashmir, Srīnagar.

Sphaerophoria scripta: Cheng, 1940. Biol. Bull. Fukien Christian Univ. 1: 43; Knutson, Thompson *et* Vockeroth, 1975. *In*: Delfinado *et* Hardy, 1975. Cat. Dipt. Orient. Reg. 2: 319; Peck, 1988. *In*: Soós *et* Papp, 1988. Cat. Palaearct. Dipt. 8: 45; Li *et* Li, 1990. The Syrphidae of Gansu Province: 72; He *et* Li, 1992b. J. Shanghai Agric. Coll. 10 (1): 16; Huang, Cheng *et* Yang, 1998. *In*: Xue *et* Chao, 1998. Flies of China, Vol. 1: 157; Huo, Ren *et* Zheng, 2007. Fauna of Syrphidae from Mt. Qinling-Bashan in China (Insecta: Diptera); 203; Huang *et* Cheng, 2012. Fauna Sinica, Insecta, Vol. 50: 254.

分布（**Distribution**）：陕西（SN）、甘肃（GS）、新疆（XJ）、江苏（JS）、湖南（HN）、四川（SC）、贵州（GZ）、云南（YN）、福建（FJ）；印度、尼泊尔、前苏联、蒙古国、瑞典、丹麦、英国、前南斯拉夫、法国、波兰、叙利亚、阿富汗、加那利群岛；北美洲。

（933） 连带细腹蚜蝇 *Sphaerophoria taeniata* (Meigen, 1822)

Syrphus taeniatus Meigen, 1822. Syst. Beschr. Europ. Zweifl. Insekt. 3: 325. **Type locality:** Germany.

Melithreptus suzukii Matsumura, 1916. *In*: Matsumura *et* Adachi, 1916. Ent. Mag. Kyoto 2 (1): 21. **Type locality:** Japan: Honshū, Kyoto.

Melithreptus harimensis Matsumura, 1918. J. Coll. Agric. Hokkaido Imp. Univ. 8: 4. **Type locality:** Japan: Honshū, Harima.

Melithreptus kuwayamae Matsumura, 1918. J. Coll. Agric. Hokkaido Imp. Univ. 8: 3. **Type locality:** Japan: Hokkaidō, Hakodate.

Sphaerophoria taeniata: Cheng, 1940. Biol. Bull. Fukien Christian Univ. 1: 43 (as a variety of *Sphaerophoria menthastri*); Wu, 1940. Cat. Ins. Sin. 5: 280 (as a variety of *Sphaerophoria menthastri*); Peck, 1988. *In*: Soós *et* Papp, 1988. Cat. Palaearct. Dipt. 8: 46; He *et* Li, 1992b. J. Shanghai Agric. Coll. 10 (1): 16; Huang, Cheng *et* Yang, 1998. *In*: Xue *et* Chao, 1998. Flies of China, Vol. 1: 157; Huo, Ren *et* Zheng, 2007. Fauna of Syrphidae from Mt. Qinling-Bashan in China (Insecta: Diptera): 204; Huang *et* Cheng, 2012. Fauna Sinica, Insecta, Vol. 50: 255.

分布（Distribution）： 内蒙古（NM）、河北（HEB）、陕西（SN）、甘肃（GS）；前苏联、蒙古国、日本、德国。

（934）蔡氏细腹蚜蝇 *Sphaerophoria tsaii* He *et* Li, 1992

Sphaerophoria tsaii He *et* Li, 1992b. J. Shanghai Agric. Coll. 10 (1): 17. **Type locality:** China: Tibet, Yadong, Huamu, Gyirong.

Sphaerophoria tsaii: Huang, Cheng *et* Yang, 1998. *In*: Xue *et* Chao, 1998. Flies of China, Vol. 1: 157; Huo, Ren *et* Zheng, 2007. Fauna of Syrphidae from Mt. Qinling-Bashan in China (Insecta: Diptera): 206; Huang *et* Cheng, 2012. Fauna Sinica, Insecta, Vol. 50: 260.

分布（Distribution）： 陕西（SN）、宁夏（NX）、甘肃（GS）、西藏（XZ）。

（935）绿色细腹蚜蝇 *Sphaerophoria viridaenea* Brunetti, 1915

Sphaerophoria viridaenea Brunetti, 1915. Rec. India Mus. 11: 216. **Type locality:** India: Simla.

Sphaerophoria viridaenea: Shiraki, 1930. Mem. Fac. Sci. Agric. Taihoku Imp. Univ. 1: 396; Knutson, Thompson *et* Vockeroth, 1975. *In*: Delfinado *et* Hardy, 1975. Cat. Dipt. Orient. Reg. 2: 319; He *et* Li, 1992b. J. Shanghai Agric. Coll. 10 (1): 16; Huang, Cheng *et* Yang, 1998. *In*: Xue *et* Chao, 1998. Flies of China, Vol. 1: 157; Huang *et* Cheng, 2012. Fauna Sinica, Insecta, Vol. 50: 256.

分布（Distribution）： 黑龙江（HL）、内蒙古（NM）、河北（HEB）、北京（BJ）、甘肃（GS）、新疆（XJ）、上海（SH）、四川（SC）、云南（YN）、西藏（XZ）、福建（FJ）、台湾（TW）、广东（GD）、海南（HI）；前苏联、蒙古国、朝鲜、印度、阿富汗。

（936）沃氏细腹蚜蝇 *Sphaerophoria vockerothi* Joseph, 1970

Sphaerophoria vockerothi Joseph, 1970. Eos 45: 165. **Type locality:** India: Arunachal Pradesh, Kimin.

Sphaerophoria vockerothi: Knutson, Thompson *et* Vockeroth, 1975. *In*: Delfinado *et* Hardy, 1975. Cat. Dipt. Orient. Reg. 2: 319.

分布（Distribution）： 台湾（TW）；印度。

118. 蚜蝇属 *Syrphus* Fabricius, 1775

Syrphus Fabricius, 1775. Syst. Entom.: 762. **Type species:** *Musca ribesii* Linnaeus, 1758 (by designation of Ropdani, 1844).

Syrphidis Goffe, 1933. Trans. Ent. Soc. S. Engl. (1932) 8: 78. **Type species:** *Musca ribesii* Linnaeus, 1758 (by original designation).

（937）疑蚜蝇 *Syrphus ambiguus* Shiraki, 1930

Syrphus ambiguus Shiraki, 1930. Mem. Fac. Sci. Agric. Taihoku Imp. Univ. 1: 376. **Type locality:** China: Taiwan, Rantaisan.

Syrphus ambiguous: Knutson, Thompson *et* Vockeroth, 1975. *In*: Delfinado *et* Hardy, 1975. Cat. Dipt. Orient. Reg. 2: 319 (as an unplaced species of *Syrphus*); Huang *et* Cheng, 2012. Fauna Sinica, Insecta, Vol. 50: 267.

分布（Distribution）： 台湾（TW）。

（938）黄额蚜蝇 *Syrphus aurifrontus* Huo *et* Ren, 2007

Syrphus aurifrontus Huo *et* Ren, 2007. Entomotaxon. 29 (3): 176, 189. **Type locality:** China: Hebei, Zhuolu.

分布（Distribution）： 河北（HEB）、陕西（SN）。

（939）长白山蚜蝇 *Syrphus changbaishani* Huo *et* Ren, 2006

Syrphus changbaishani Huo *et* Ren, 2006. Acta Zootaxon. Sin. 31 (3): 658. **Type locality:** China: Jilin, Mt. Changbai.

分布（Distribution）： 吉林（JL）。

（940）东灵山蚜蝇 *Syrphus donglinshanensis* Huo *et* Ren, 2007

Syrphus donglinshanensis Huo *et* Ren, 2007. Entomotaxon. 29 (3): 176, 190. **Type locality:** China: Hebei, Zhuolu.

分布（Distribution）： 河北（HEB）。

（941）黄蚜蝇 *Syrphus flavus* He *et* Li, 1992

Syrphus flavus He *et* Li, 1992a. J. Shanghai Agric. Coll. 10 (1): 85. **Type locality:** China: Xinjiang, Manas.

Syrphus flavus: Huang, Cheng *et* Yang, 1998. *In*: Xue *et* Chao, 1998. Flies of China, Vol. 1: 158; Huang *et* Cheng, 2012. Fauna Sinica, Insecta, Vol. 50: 262.

分布（Distribution）： 河北（HEB）、新疆（XJ）。

（942）金黄斑蚜蝇 *Syrphus fulvifacies* Brunetti, 1913

Syrphus fulvifacies Brunetti, 1913c. Rec. India Mus. 8: 161. **Type locality:** India: Rotung.

Syrphus fulvifacies: Cheng, 1940. Biol. Bull. Fukien Christian Univ. 1: 43; Wu, 1940. Cat. Ins. Sin. 5: 284; Knutson, Thompson *et* Vockeroth, 1975. *In*: Delfinado *et* Hardy, 1975.

Cat. Dipt. Orient. Reg. 2: 319 (as an unplaced species of *Syrphus*); Huang *et* Cheng, 2012. Fauna Sinica, Insecta, Vol. 50: 263.

分布（Distribution）：陕西（SN）、云南（YN）、西藏（XZ）；印度、印度尼西亚、老挝、尼泊尔。

（943）胡氏蚜蝇 *Syrphus hui* He *et* Chu, 1996

Syrphus hui He *et* Chu, 1996. Acta Ent. Sin. 39 (3): 313. **Type locality:** China: Tibet, Yadong.

Syrphus hui: Huo, Ren *et* Zheng, 2007. Fauna of Syrphidae from Mt. Qinling-Bashan in China (Insecta: Diptera): 209; Huang *et* Cheng, 2012. Fauna Sinica, Insecta, Vol. 50: 268.

分布（Distribution）：黑龙江（HL）、陕西（SN）、新疆（XJ）、西藏（XZ）。

（944）日本蚜蝇 *Syrphus japonicus* Loew, 1858

Syrphus japonicus Loew, 1858a. Wien. Ent. Monatschr. 2: 108. **Type locality:** Japan.

Syrphus japonicus: Peck, 1988. *In*: Soós *et* Papp, 1988. Cat. Palaearct. Dipt. 8: 49 (as a doubtful species of *Syrphus*).

分布（Distribution）：新疆（XJ）；日本。

（945）硕蚜蝇 *Syrphus magnus* He *et* Li, 1992

Syrphus magnus He *et* Li, 1992. J. Shanghai Agric. Coll. 10 (2): 150. **Type locality:** China: Jiangxi, Lushan.

Syrphus magnus: He *et* Chu, 1996. Acta Ent. Sin. 39 (3): 313; Huang *et* Cheng, 2012. Fauna Sinica, Insecta, Vol. 50: 270.

分布（Distribution）：江西（JX）。

（946）黑条蚜蝇 *Syrphus nigrilinearus* Huo, Ren *et* Zheng, 2007

Syrphus nigrilinearus Huo, Ren *et* Zheng, 2007. Fauna of Syrphidae from Mt. Qinling-Bashan in China (Insecta: Diptera): 210. **Type locality:** China: Shaanxi, Red River Valley, Meixian.

分布（Distribution）：陕西（SN）。

（947）敏食蚜蝇 *Syrphus pernicis* He *et* Li, 1992

Syrphus pernicis He *et* Li, 1992. J. Shanghai Agric. Coll. 10 (2): 151. **Type locality:** China: Tibet, Mainling.

Syrphus pernicis: Huang *et* Cheng, 2012. Fauna Sinica, Insecta, Vol. 50: 272.

分布（Distribution）：西藏（XZ）。

（948）黄颜蚜蝇 *Syrphus ribesii* (Linnaeus, 1758)

Musca ribesii Linnaeus, 1758. Syst. Nat. Ed. 10 (1): 593. **Type locality:** Sweden.

Musca vacua Scopoli, 1763. Ent. Carniolica: 346. **Type locality:** Slovenia.

Musca blandus Harris, 1780. Expos. Engl. Ins.: 106. **Type locality:** England.

Musca tetragonus Geoffroy, 1785. *In*: Fourcroy, 1785. Entomologia Parisiensis; Sive Catalogus Insectorum quae in Agro Parisiensi Reperiuntur 2: 484. **Type locality:** France:

"Paris".

Scaeva concava Say, 1823. J. Acad. Nat. Sci. Philad. 3: 89. **Type locality:** USA: Pennsylvania.

Syrphus philadelphicus Macquart, 1842. Mém. Soc. Sci. Agric. Lille 1841 (1): 153. **Type locality:** USA: Pennsylvania (Philadelphia).

Syrphus vittafrons Shaanon, 1916. Proc. Biol. Soc. Wash. 29: 202. **Type locality:** USA: Maryland, near Plummers Island.

Syrphus japonicus Matsumura, 1917. *In*: Matsumura *et* Adachi, 1917. Ent. Mag. Kyoto 2 (4): pl. 6; Matsumura *et* Adachi, 1917. Ent. Mag. Kyoto 3: 31 (preoccupied by Loew, 1858). **Type locality:** Japan: Hokkaidō, Sapporo; Honshū, Nikkō.

Syrphus jezoensis Matsumura, 1917. *In*: Matsumura *et* Adachi, 1917. Ent. Mag. Kyoto 3: 32. **Type locality:** Japan: Hokkaidō, Sapporo.

Syrphus kotoriensis Matsumura, 1917. *In*: Matsumura *et* Adachi, 1917. Ent. Mag. Kyoto 3: 36. **Type locality:** Russia: Sakhalin, Kotori.

Syrphus moiwanus Matsumura, 1917. *In*: Matsumura *et* Adachi, 1917. Ent. Mag. Kyoto 3: 33. **Type locality:** Japan: Hokkaidō, Mt. Moiwa nr. Sapporo.

Syrphus tsukisappensis Matsumura, 1917. *In*: Matsumura *et* Adachi, 1917. Ent. Mag. Kyoto 3: 33. **Type locality:** Japan: Hokkaidō, Sapporo, Tsukisappu.

Syrphus kuccharensis Matsumura, 1918. J. Coll. Agric. Hokkaido Imp. Univ. 8: 29. **Type locality:** Japan: Hokkaidō.

Syrphus similis Jones, 1917. Ann. Ent. Soc. Am. 10: 224. **Type locality:** USA: Colorado, Estes Park.

Syrphus yamahanensis Matsumura, 1917. *In*: Matsumura *et* Adachi, 1917. Ent. Mag. Kyoto 3: 34. **Type locality:** Japan: Hokkaidō, Yamakawa nr. Sapporo.

Syrphus (*Syrphus*) *kuccharensis* Matsumura, 1918. J. Coll. Agric. Hokkaido imp. Univ. 8: 29. **Type locality:** Japan: "Hokkaidō, Kushiro; … at the lake-region of Kuccharo".

Syrphus (*Syrphus*) *maculifer* Matsumura, 1918. J. Coll. Agric. Hokkaido Imp. Univ. 8: 29. **Type locality:** Japan: Hokkaidō, Imp. Univ., Sapporo.

Syrphus (*Syrphus*) *okadensi* Matsumura, 1918. J. Coll. Agric. Hokkaido Imp. Univ. 8: 29. **Type locality:** Japan: Hokkaidō Sapporo at Okada Park.

Syrphus (*Syrphus*) *tenuis* Matsumura, 1918. J. Coll. Agric. Hokkaido Imp. Univ. 8: 26. **Type locality:** Japan: Hokkaidō, Imp. Univ., Sapporo.

Syrphus (*Syrphus*) *teshikaganus* Matsumura, 1918. J. Coll. Agric. Hokkaido Imp. Univ. 8: 29. **Type locality:** Japan: Hokkaidō at Teshikaga.

Syrphus (*Syrphus*) *velox* Matsumura, 1918. J. Coll. Agric. Hokkaido Imp. Univ. 8: 25. **Type locality:** Japan: Hokkaidō, Sapporo.

Syrphus ribesii var. *interruptus* Ringdahl, 1930. Ent. Tidskr. 50: 173. **Type locality:** Iceland.

Syrphus bigelowi Curran, 1924. Can. Entomol. 56 (12): 288. **Type locality:** Canada: Manitoba, Aweme.

Syrphus brevicinctus Kanervo, 1938. Ann. Ent. Fenn. 4 (3):

155. **Type locality:** Russia: Siberia, Nikol'skaya.

Syrphus ribesii var. *nigrigena* Enderlein, 1938. Sber. Ges. Naturf. Freunde Berl. 1937: 209. **Type locality:** Sweden. Romania. Russia: Siberia.

Syrphus jonesii Fluke, 1949. Proc. U. S. Natl. Mus. 100: 41 (replacement name for *Syrphus similis*).

Syrphus autumnalis Fluke, 1954. Amer. Mus. Novit. 1690: 3. **Type locality:** Canada: Ontario, Lake Abitibi, Low Bush.

Syrphus himalayanus Nayar, 1968. Agra Univ. J. Res. (Sci.) 16 [1967]: 121. **Type locality:** India: Monalsu Gorge, nr. Post Office.

Syrphus beringi Violovitsh, 1975. Novye I Maloizvestnye Vidy Fauny Sibiri 9: 78. **Type locality:** Russia: Siberia, Magadansk.

Syrphus himalayanus: Knutson, Thompson *et* Vockeroth, 1975. *In*: Delfinado *et* Hardy, 1975. Cat. Dipt. Orient. Reg. 2: 319 (as an unplaced species of *Syrphus*).

Syrphus ribesii: Shiraki, 1930. Mem. Fac. Sci. Agric. Taihoku Imp. Univ. 1: 366; Cheng, 1940. Biol. Bull. Fukien Christian Univ. 1: 43; Peck, 1988. *In*: Soós *et* Papp, 1988. Cat. Palaearct. Dipt. 8: 47; Li *et* Li, 1990. The Syrphidae of Gansu Province: 76; Huang, Cheng *et* Yang, 1998. *In*: Xue *et* Chao, 1998. Flies of China, Vol. 1: 158; Huo, Ren *et* Zheng, 2007. Fauna of Syrphidae from Mt. Qinling-Bashan in China (Insecta: Diptera): 212; Huang *et* Cheng, 2012. Fauna Sinica, Insecta, Vol. 50: 264.

分布（Distribution）：黑龙江（HL）、吉林（JL）、辽宁（LN）、河北（HEB）、山西（SX）、陕西（SN）、宁夏（NX）、甘肃（GS）、青海（QH）、新疆（XJ）、四川（SC）、云南（YN）、西藏（XZ）；俄罗斯、蒙古国、日本、印度、阿富汗、瑞典、斯洛文尼亚、罗马尼亚、英国、法国、美国、加拿大。

（949）野蚜蝇 *Syrphus torvus* Osten-Sacken, 1875

Syrphus torvus Osten-Sacken, 1875. Proc. Boston Soc. Nat. Hist. (1875-1876) 18: 139. **Type locality:** USA: New Hampshire, Mount Washington.

Syrphus conspicuous Matsumura, 1918. J. Coll. Agric. Hokkaido Imp. Univ. 8: 28. **Type locality:** Japan: "Hokkaidō, Sapporo".

Syrphus torvus var. *discretus* Szilády, 1940. Ann. Hist.-Nat. Mus. Natl. Hung. 33: 63. **Type locality:** Austria: ("Niederösterreich").

Syrphus torvus: Shiraki, 1930. Mem. Fac. Sci. Agric. Taihoku Imp. Univ. 1: 357; Cheng, 1940. Biol. Bull. Fukien Christian Univ. 1: 43, 55; Wu, 1940. Cat. Ins. Sin. 5: 284; Knutson, Thompson *et* Vockeroth, 1975. *In*: Delfinado *et* Hardy, 1975. Cat. Dipt. Orient. Reg. 2: 319; Peck, 1988. *In*: Soós *et* Papp, 1988. Cat. Palaearct. Dipt. 8: 48; Li *et* Li, 1990. The Syrphidae of Gansu Province: 74; Huang, Cheng *et* Yang, 1998. *In*: Xue *et* Chao, 1998. Flies of China, Vol. 1: 158; Huo, Ren *et* Zheng, 2007. Fauna of Syrphidae from Mt. Qinling-Bashan in China (Insecta: Diptera): 214; Huang *et* Cheng, 2012. Fauna Sinica, Insecta, Vol. 50: 264.

分布（Distribution）：黑龙江（HL）、吉林（JL）、辽宁（LN）、河北（HEB）、陕西（SN）、甘肃（GS）、浙江（ZJ）、湖南（HN）、四川（SC）、贵州（GZ）、云南（YN）、西藏（XZ）、福建（FJ）、台湾（TW）；前苏联、蒙古国、日本、印度、尼泊尔、泰国；欧洲、北美洲。

（950）黑足蚜蝇 *Syrphus vitripennis* Meigen, 1822

Syrphus vitripennis Meigen, 1822. Syst. Beschr. Europ. Zweifl. Insekt. 3: 308. **Type locality:** Germany.

Syrphus topiarius Meigen, 1822. Syst. Beschr. Europ. Zweifl. Insekt. 3: 305. **Type locality:** Austria.

Scaeva confinis Zetterstedt, 1838. Insecta Lapp.: 602. **Type locality:** Sweden: Västerbotten, Lappland, Lycksele; Brattiksfjell.

Syrphus (*Syrphus*) *akakurensis* Matsumura, 1917. *In*: Matsumura *et* Adachi, 1917. Ent. Mag. Kyoto 3: 35. **Type locality:** Japan: Honshū, Echigo, Akakura Prov.

Syrphus (*Syrphus*) *chujenjianus* Matsumura, 1917. *In*: Matsumura *et* Adachi, 1917. Ent. Mag. Kyoto 3: 35. **Type locality:** Japan: Hokkaidō; Chitose, Honshū.

Syrphus (*Syrphus*) *tsukisappensis* Matsumura, 1917. *In*: Matsumura *et* Adachi, 1917. Ent. Mag. Kyoto 3: 33. **Type locality:** Japan: "Hokkaido (Sapporo and Tsukisapp near Sapporo)".

Syrphus (*Macrosyrphus*) *agitatus* Matsumura, 1918. J. Coll. Agric. Hokkaido imp. Univ. 8: 23. **Type locality:** Japan: Hokkaidō, Sapporo.

Metasyrphus (*Macrosyrphus*) *agitatus*: Peck, 1988. *In*: Soós *et* Papp, 1988. Cat. Palaearct. Dipt. 8: 32.

Syrphus (*Syrphus*) *campestris* Matsumura, 1918. J. Coll. Agric. Hokkaido Imp. Univ. 8: 30. **Type locality:** Japan: Hokkaidō, ? Sapporo.

Syrphus (*Syrphus*) *candidus* Matsumura, 1918. J. Coll. Agric. Hokkaido Imp. Univ. 8: 17. **Type locality:** Japan: Hokkaidō, Sapporo.

Syrphus (*Syrphus*) *conspicuus* Matsumura, 1918. J. Coll. Agric. Hokkaido Imp. Univ. 8: 28. **Type locality:** Japan: ? Hokkaidō, Sapporo.

Syrphus (*Syrphus*) *dubius* Matsumura, 1918. J. Coll. Agric. Hokkaido Imp. Univ. 8: 28. **Type locality:** Japan: Hokkaidō at Nakajima Park.

Syrphus (*Syrphus*) *kitakawae* Matsumura, 1918. J. Coll. Agric. Hokkaido Imp. Univ. 8: 25. **Type locality:** Japan: Hokkaidō, Hokk. Imp. Univ., Sapporo.

Syrphus (*Syrphus*) *kuccharensis* Matsumura, 1918. J. Coll. Agric. Hokkaido Imp. Univ. 8: 29. **Type locality:** Japan: Hokkaidō.

Syrphus (*Syrphus*) *kushirensis* Matsumura, 1918. J. Coll. Agric. Hokkaido Imp. Univ. 8: 30. **Type locality:** Japan: Hokkaidō, Kushiro.

Syrphus (*Syrphus*) *okadensis* Matsumura, 1918. J. Coll. Agric. Hokkaido Imp. Univ. 8: 27. **Type locality:** Japan: Hokkaidō Sapporo at Okada Park.

Syrphus (*Syrphus*) *palliventralis* Matsumura, 1918. J. Coll. Agric. Hokkaido imp. Univ. 8: 26. **Type locality:** Japan: Hokkaidō, Imp. Univ., Sapporo.

Syrphus (*Syrphus*) *shibechensis* Matsumura, 1918. J. Coll. Agric. Hokkaido imp. Univ. 8: 31. **Type locality:** Japan: Hokkaidō.

Syrphus tenuis Matsumura, 1918. J. Coll. Agric. Hokkaido Imp. Univ. 8: 26. **Type locality:** Japan: Hokkaidō, Imp. Univ., Sapporo.

Syrphus velox Matsumura, 1918. J. Coll. Agric. Hokkaido Imp. Univ. 8: 25. **Type locality:** Japan: Hokkaidō, Sapporo.

Syrphus strandi Duda, 1940. Folia Zool. Hydrobiol. 10 (1): 224. **Type locality:** Poland: Silesia, Nimptsch.

Syrphus ribesii vitripennis: Shiraki, 1930. Mem. Fac. Sci. Agric. Taihoku Imp. Univ. 1: 367.

Syrphus (*Syrphus*) *okadensis*: Shiraki, 1930. Mem. Fac. Sci. Agric. Taihoku Imp. Univ. 1: 368.

Syrphus strandi: Peck, 1988. *In*: Soós *et* Papp, 1988. Cat. Palaearct. Dipt. 8: 49 (as a doubtful species of *Syrphus*).

Syrphus vitripennis: Knutson, Thompson *et* Vockeroth, 1975. *In*: Delfinado *et* Hardy, 1975. Cat. Dipt. Orient. Reg. 2: 319; Peck, 1988. *In*: Soós *et* Papp, 1988. Cat. Palaearct. Dipt. 8: 48; Li *et* Li, 1990. The Syrphidae of Gansu Province: 77; Huang, Cheng *et* Yang, 1996. *In*: Xue *et* Chao, 1998. Flies of China, Vol. 1: 158; Huo, Ren *et* Zheng, 2007. Fauna of Syrphidae from Mt. Qinling-Bashan in China (Insecta: Diptera): 216; Huang *et* Cheng, 2012. Fauna Sinica, Insecta, Vol. 50: 266.

分布（Distribution）：河北（HEB）、陕西（SN）、甘肃（GS）、浙江（ZJ）、湖南（HN）、四川（SC）、贵州（GZ）、云南（YN）、西藏（XZ）、福建（FJ）、台湾（TW）；前苏联、蒙古国、日本、伊朗、阿富汗；欧洲、北美洲。

119. 黄斑蚜蝇属 *Xanthogramma* Schiner, 1860

Xanthogramma Schiner, 1860. Wien. Ent. Monatschr. 4: 215. **Type species:** *Syrphus ornatus* Meigen, 1822 (by designation of Williston, 1887) [= *Musca pedissequum* Harris, 1776].

Olbiosyrphus Mik, 1897. Wien. Ent. Ztg. 16: 66. **Type species:** *Syrphus laetus* Fabricius, 1794 (monotypy).

Philhelius Coquillett, 1910. Can. Entomol. 42 (11): 378. **Type species:** *Musca citrofasciata* De Geer, 1776 (by original designation) [= *Musca pedisequum* Harris, 1776].

（951）异带黄斑蚜蝇 *Xanthogramma anisomorphum* Huo, Ren *et* Zheng, 2007

Xanthogramma anisomorphum Huo, Ren *et* Zheng, 2007. Fauna of Syrphidae from Mt. Qinling-Bashan in China (Insecta: Diptera): 218. **Type locality:** China: Shaanxi, Liuba.

分布（Distribution）：河北（HEB）、北京（BJ）、山西（SX）、陕西（SN）。

（952）等宽黄斑蚜蝇 *Xanthogramma citrofasciatum* (De Geer, 1776)

Musca citrofasciata De Geer, 1776. Mém. Pour Serv. Hist. Insect. 6: 118 (replacement name for *Musca festiva*).

Musca festiva Linnaeus, 1758. Syst. Nat. Ed. 10 (1): 593. **Type locality:** Sweden.

Musca anteambulo Harris, 1776. Expos. Engl. Ins.: 60. **Type locality:** England.

Scaeva philanthinum Illiger, 1807. Favna Etrusca (Ed. 2) 2: 450. **Type locality:** Italy: Toscana; in the provinces of Firenze and Pisa.

Xanthogramma citrofasciatum: Peck, 1988. *In*: Soós *et* Papp, 1988. Cat. Palaearct. Dipt. 8: 50; Huang *et* Cheng, 2012. Fauna Sinica, Insecta, Vol. 50: 275.

分布（Distribution）：河北（HEB）、北京（BJ）；瑞典、英国、意大利。

（953）褐线黄斑蚜蝇 *Xanthogramma coreanum* Shiraki, 1930

Xanthogramma coreanum Shiraki, 1930. Mem. Fac. Sci. Agric. Taihoku Imp. Univ. 1: 403. **Type locality:** D. P. R. Korea: Koryo, Shakuoji.

Xanthogramma coreanum: Peck, 1988. *In*: Soós *et* Papp, 1988. Cat. Palaearct. Dipt. 8: 51; Sun, 1993. Insects of the Hengduan Mountains Region 2: 1106; Huang, Cheng *et* Yang, 1998. *In*: Xue *et* Chao, 1998. Flies of China, Vol. 1: 159; Huo, Ren *et* Zheng, 2007. Fauna of Syrphidae from Mt. Qinling-Bashan in China (Insecta: Diptera): 220; Huang *et* Cheng, 2012. Fauna Sinica, Insecta, Vol. 50: 276.

分布（Distribution）：河北（HEB）、北京（BJ）、陕西（SN）、甘肃（GS）、湖南（HN）、湖北（HB）、四川（SC）、云南（YN）；前苏联、朝鲜。

（954）亮黄斑蚜蝇 *Xanthogramma laetum* (Fabricius, 1794)

Syrphus laetus Fabricius, 1794. Ent. Syst. 4: 301. **Type locality:** Germany: Kiel.

Lasiophthicus novum Rondani, 1857. Dipt. Ital. Prodromus, Vol. II: 140. **Type locality:** Italy: "in apennino ditionis Parmensis" [= region of Parma].

Xanthogramma laetum: Peck, 1988. *In*: Soós *et* Papp, 1988. Cat. Palaearct. Dipt. 8: 51; Huo, Ren *et* Zheng, 2007. Fauna of Syrphidae from Mt. Qinling-Bashan in China (Insecta: Diptera): 221.

分布（Distribution）：河南（HEN）、陕西（SN）、甘肃（GS）；前苏联、比利时、保加利亚、德国、意大利、波兰、捷克、匈牙利、罗马尼亚、前南斯拉夫。

（955）秦岭黄斑蚜蝇 *Xanthogramma qinlingense* Huo, Ren *et* Zheng, 2007

Xanthogramma qinlingense Huo, Ren *et* Zheng, 2007. Fauna of Syrphidae from Mt. Qinling-Bashan in China (Insecta:

Diptera): 223. **Type locality:** China: Shaanxi, Chang'an.

分布（**Distribution**）：陕西（SN）。

（956）札幌黄斑蚜蝇 *Xanthogramma sapporense* Matsumura, 1916

Xanthogramma sapporense Matsumura, 1916. *In*: Matsumura *et* Adachi, 1916. Ent. Mag. Kyoto 2 (1): 29. **Type locality:** Japan: Hokkaidō, Sapporo.

Xanthogramma bambusae Matsumura, 1918. J. Coll. Agric. Hokkaido Imp. Univ. 8: 4. **Type locality:** Japan: Hokkaidō, Sapporo.

Xanthogramma fuscoclavatum Matsumura, 1918. J. Coll. Agric. Hokkaido Imp. Univ. 8: 6. **Type locality:** Japan: Hokkaidō, Sapporo.

Xanthogramma jozanum Matsumura, 1918. J. Coll. Agric. Hokkaido Imp. Univ. 8: 7. **Type locality:** Japan: Hokkaidō Sapporo at Jozankei.

Xanthogramma kuccharense Matsumura, 1918. J. Coll. Agric. Hokkaido Imp. Univ. 8: 5. **Type locality:** Japan: Hokkaidō, Kushiro, Kuccharo.

Xanthogramma minus Matsumura, 1918. J. Coll. Agric. Hokkaido Imp. Univ. 8: 7. **Type locality:** Japan: Hokkaidō, Sapporo.

Xanthogramma moiwanum Matsumura, 1918. J. Coll. Agric. Hokkaido Imp. Univ. 8: 6. **Type locality:** Japan: Hokkaidō, Sapporo, Mt. Moiwa.

Xanthogramma okunii Matsumura, 1918. J. Coll. Agric. Hokkaido Imp. Univ. 8: 5. **Type locality:** Japan: Hokkaidō, Sapporo.

Xanthogramma shibechanum Matsumura, 1918. J. Coll. Agric. Hokkaido Imp. Univ. 8: 8. **Type locality:** Japan: Hokkaidō, Kushiro at Shibecha.

Xanthogramma sachalinica Violovitsh, 1975. Novye I Maloizvestnye Vidy Fauny Sibiri 9: 104. **Type locality:** Russia.

Xanthogramma sapporense: Peck, 1988. *In*: Soós *et* Papp, 1988. Cat. Palaearct. Dipt. 8: 52; Huang, Cheng *et* Yang, 1998. *In*: Xue *et* Chao, 1998. Flies of China, Vol. 1: 159; Huang *et* Cheng, 2012. Fauna Sinica, Insecta, Vol. 50: 278.

分布（**Distribution**）：黑龙江（HL）、陕西（SN）、甘肃（GS）；前苏联、日本。

（957）六斑黄斑蚜蝇 *Xanthogramma seximaculatum* Huo, Ren *et* Zheng, 2007

Xanthogramma seximaculatum Huo, Ren *et* Zheng, 2007. Fauna of Syrphidae from Mt. Qinling-Bashan in China (Insecta: Diptera): 224. **Type locality:** China: Shaanxi.

分布（**Distribution**）：陕西（SN）。

眼蝇总科 Conopoidea

眼蝇科 Conopidae

眼蝇亚科 Conopinae

1. 阿其眼蝇属 *Archiconops* Kröber, 1939

Archiconops Kröber, 1939. Ann. Mag. Nat. Hist. (11) 4: 381.
Type species: *Conops insularis* Kröber, 1936 (by original designation).

（1）淡红阿其眼蝇 *Archiconops erythrocephalus* （Fabricius, 1794）

Conops erythrocephalus Fabricius, 1794. Ent. Syst. 4: 392.
Type locality: India.
Conops niponensis Vollenhoven, 1863. Versl. Meded. K. Akad. Wet. Amst. Afdel. Natuurk. 15: 10. **Type locality:** Japan.
Conops nigricans Matsumura, 1916. Thousand Ins. Japan Add. 2: 268. **Type locality:** Japan: Kiushu and Honshū.
分布（Distribution）：北京（BJ）、山东（SD）、江苏（JS）；日本、印度、泰国、缅甸、斯里兰卡、印度尼西亚；非洲。

2. 眼蝇属 *Conops* Linnaeus, 1758

Conops Linnaeus, 1758. Syst. Nat. Ed. 10 (1): 604. **Type species:** *Conops flavipes* Linnaeus, 1758 (by designation of Curtis, 1831).
Conopaejus Rondani, 1845. Nuovi Ann. Sci. Nat. Bologna (2) 3: 7. **Type species:** *Conops quadrifasciatus* De Geer, 1776 (by original designation).
Conopilla Rondani, 1856. Dipt. Ital. Prodromus, Vol. I: 56. **Type species:** *Conops ceriaeformis* Meigen, 1824 (by original designation).
Sphixosoma Rondani, 1857. Dipt. Ital. Prodromus, Vol. II: 223. **Type species:** *Conops vesicularis* Linnaeus, 1761 (by designation of Zimina, 1976).
Bombidia Lioy, 1864. Atti R. Ist. Véneto Sci. Lett. Arti (3) 9: 1326. **Type species:** *Conops flavipes* Linnaeus, 1758 (by original designation).

1）亚洲眼蝇亚属 *Asiconops* Chen, 1939

Asiconops Chen, 1939. Notes Ent. Chin. 6 (10): 170. **Type species:** *Conops aureomaculatus* Kröber, 1934 (by original designation).

（2）金翼眼蝇 *Conops* (*Asiconops*) *aureiventris* Chen, 1939

Conops aureiventris Chen, 1939. Notes Ent. Chin. 6 (10): 172.
Type locality: China: Ningxia.
分布（Distribution）：宁夏（NX）。

（3）金斑眼蝇 *Conops* (*Asiconops*) *aureomaculatus* Kröber, 1933

Conops aureomaculatus Kröber, 1933. Ark. Zool. 26A (8): 16.
Type locality: China: Kiangsu.
Conops pieli Séguy, 1935. Notes Ent. Chin. 2 (9): 178. **Type locality:** China: Kiangsu, Nanking.
Conops japonicas Kröber, 1939. Ann. Mag. Nat. Hist. (11) 4: 366. **Type locality:** Japan: Yokohama.
分布（Distribution）：天津（TJ）、山西（SX）、山东（SD）、安徽（AH）、江苏（JS）、浙江（ZJ）、湖南（HN）；日本、俄罗斯。

（4）中国眼蝇 *Conops* (*Asiconops*) *chinensis* Camras, 1960

Conops chinensis Camras, 1960. Proc. U. S. Natl. Mus. 112 (3432): 112. **Type locality:** China: Fukien, Yenping.
分布（Distribution）：福建（FJ）。

（5）苕溪眼蝇 *Conops* (*Asiconops*) *chochensis* Ôuchi, 1939

Conops chochensis Ôuchi, 1939a. J. Shanghai Sci. Inst. (3) 4: 192. **Type locality:** China: Zhejiang, Tiaoxi.
分布（Distribution）：浙江（ZJ）。

（6）戈氏眼蝇 *Conops* (*Asiconops*) *grahami* Camras, 1960

Conops grahami Camras, 1960. Proc. U. S. Natl. Mus. 112 (3432): 113. **Type locality:** China: Szechwan, Suifu, Uen Chuan Shien.
分布（Distribution）：四川（SC）。

（7）棒眼蝇 *Conops* (*Asiconops*) *haltertus* Chen, 1939

Conops haltertus Chen, 1939. Notes Ent. Chin. 6 (10): 179.
Type locality: China: Shansi, Tsien-ou.
分布（Distribution）：山西（SX）。

（8）黄氏眼蝇 *Conops* (*Asiconops*) *hwangi* **Chen, 1939**

Conops hwangi Chen, 1939. Notes Ent. Chin. 6 (10): 175. **Type locality:** China: Kiangsu, Chinkiang; Chekiang, Tienmushan.

分布（Distribution）：江苏（JS）、浙江（ZJ）、湖南（HN）。

（9）牯岭眼蝇 *Conops* (*Asiconops*) *kulinicus* **Chen, 1939**

Conops kulinicus Chen, 1939. Notes Ent. Chin. 6 (10): 180. **Type locality:** China: Kiangsi, Kuling.

分布（Distribution）：江西（JX）。

（10）壮眼蝇 *Conops* (*Asiconops*) *opimus* **Coquillett, 1898**

Conops opimus Coquillett, 1898. Proc. U. S. Natl. Mus. 21: 329. **Type locality:** Not given (Japan).

Conops flavonervosus Kröber, 1939. Ann. Mag. Nat. Hist. (11) 4: 366. **Type locality:** Japan.

分布（Distribution）：中国（省份不明）；日本。

（11）红角眼蝇 *Conops* (*Asiconops*) *rubricornis* **Chen, 1939**

Conops rubricornis Chen, 1939. Notes Ent. Chin. 6 (10): 176. **Type locality:** China: Kiangsu, Chinkiang.

分布（Distribution）：江苏（JS）、浙江（ZJ）。

（12）四川眼蝇 *Conops* (*Asiconops*) *szechwanensis* **Camras, 1960**

Conops szechwanensis Camras, 1960. Proc. U. S. Natl. Mus. 112 (3432): 114. **Type locality:** China: Szechwan, Suifu to Hongya.

分布（Distribution）：四川（SC）。

（13）黄盾眼蝇 *Conops* (*Asiconops*) *thecus* **Camras, 1960**

Conops thecus Camras, 1960. Proc. U. S. Natl. Mus. 112 (3432): 115. **Type locality:** China: Szechwan, Suifu.

分布（Distribution）：四川（SC）。

（14）暗眼蝇 *Conops* (*Asiconops*) *tristis* **Chen, 1939**

Conops tristis Chen, 1939. Notes Ent. Chin. 6 (10): 180. **Type locality:** China: Anhwei, Ningkwo.

分布（Distribution）：安徽（AH）。

2）眼蝇亚属 *Conops* Linnaeus, 1758

Conops Linnaeus, 1758. Syst. Nat. Ed. 10 (1): 604. **Type species:** *Conops flavipes* Linnaeus, 1758 (by designation of Curtis, 1831).

（15）天目山眼蝇 *Conops* (*Conops*) *annulosus tienmushanensis* **Ôuchi, 1939**

Conops annulosus tienmushanensis Ôuchi, 1939a. J. Shanghai

Sci. Inst. (3) 4: 194. **Type locality:** China: Chekiang, Tienmushan.

分布（Distribution）：浙江（ZJ）。

（16）黄额眼蝇 *Conops* (*Conops*) *flavifrons* **Meigen, 1824**

Conops flavifrons Meigen, 1824. Syst. Beschr. Europ. Zweifl. Insekt. 4: 125. **Type locality:** France: Lyon.

Physocephala pugioniformis Becker, 1913. Annu. Mus. Zool. Acad. Sci. Russ. St.-Pétersb. (1912) 17: 611. **Type locality:** Iran: "Pers. Belüdshistan, Kirman, zwischen Dech-i-Pabid und Chasyk, und aus Chorassan beim Dorfe Kalende".

Conops minor Becker, 1922. Konowia 1: 207. **Type locality:** Griechenland: Ungarn, Bozen, Sarepta.

Conops kroeberi Paramonov, 1927. Soc. Ent. 42: 4. **Type locality:** Armenia: Erivan.

Conops immaculata Paramonov, 1927. Soc. Ent. 42: 5. **Type locality:** Armenia: Erivan.

分布（Distribution）：中国（南部）；土耳其、伊朗、叙利亚、突尼斯、埃及、法国；中亚、欧洲。

（17）黄带眼蝇 *Conops* (*Conops*) *flavipes* **Linnaeus, 1758**

Conops flavipes Linnaeus, 1758. Syst. Nat. Ed. 10 (1): 604. **Type locality:** Europe.

Conops trifasciata De Geer, 1776. Mém. Pour Serv. Hist. Insect. 6: 262. **Type locality:** Not given (Sweden).

Conops melanocephala Meigen, 1804. Klass. Beschr. 1 (2): 278. **Type locality:** Frankreich.

Conops bicncta Meigen, 1830. Syst. Beschr. Europ. Zweifl. Insekt. 6: 365. **Type locality:** Not given (Europe).

Conops aterrima Coucke, 1896. Ann. Soc. Ent. Belg. 40: 227. **Type locality:** Belgique: Hertogenwald.

Conops jozankeanus Matsumura, 1916. Thousand Ins. Japan Add. 2: 269. **Type locality:** Japan: Hokkaidō, Jozankei near Sapporo.

Conops hungaricus Szilády, 1926. Ann. Hist.-Nat. Mus. Natl. Hung. 24: 588. **Type locality:** Côte d'Ivoire: Roumania, Ungarn, Rezbänya.

Conops nigrita Čepelák, 1940. Čas. Čsl. Spol. Ent. 37 (1): 45. **Type locality:** Slovakia: Trencin.

分布（Distribution）：辽宁（LN）、北京（BJ）；瑞典；古北区；欧洲。

（18）丽森眼蝇 *Conops* (*Conops*) *licenti* **Chen, 1939**

Conops licenti Chen, 1939. Notes Ent. Chin. 6 (10): 174. **Type locality:** China: Shansi, Tsili-yu.

分布（Distribution）：山西（SX）。

（19）黑额眼蝇 *Conops* (*Conops*) *nigrifrons* **Kröber, 1916**

Conops nigrifrons Kröber, 1916. Arch. Naturgesch. 81A (11):

55. **Type locality:** Japan.
分布（Distribution）：中国（省份不明）；日本、俄罗斯。

（20）红额眼蝇 *Conops (Conops) rufifrons* Doleschall, 1857

Conops rufifrons Doleschall, 1857. Natuurkd. Tijdschr. Ned.-Indië 14: 412. **Type locality:** Indonesia: Moluccas (Amboina).
分布（Distribution）：江苏（JS）、浙江（ZJ）。

（21）鞘眼蝇 *Conops (Conops) thecoides* Camras, 1960

Conops thecoides Camras, 1960. Proc. U. S. Natl. Mus. 112 (3432): 109. **Type locality:** China: Szechwan, Uen Chuan.
分布（Distribution）：四川（SC）。

（22）伪胡峰眼蝇 *Conops (Conops) vesicularis* Linnaeus, 1761

Conops vesicularis Linnaeus, 1761. Fauna Svecica Sistens Animalia Sveciae Regni, Ed. 2: 486. **Type locality:** Not given (Sweden).
Asilus clavicornis Fourcroy, 1785. Entomologia Parisiensis; Sive Catalogus Insectorum quae in Agro Parisiensi Reperiuntur 2: 463. **Type locality:** Not given (France: Paris).
Asilus gibbosus Fourcroy, 1785. Entomologia Parisiensis; Sive Catalogus Insectorum quae in Agro Parisiensi Reperiuntur 2: 463. **Type locality:** Not given (France: Paris).
Conops cylindricus Meigen, 1804. Klass. Beschr. 1 (2): 275. **Type locality:** Frankreich: Lyon.
Conops ferrugineus Macquart, 1834. Mém. Soc. Sci. Agric. Lille [1833]: 348. **Type locality:** Not given (France).
分布（Distribution）：辽宁（LN）；日本、瑞典、法国；欧洲。

3. 火眼蝇属 *Leopoldius* Rondani, 1834

Leopoldius Rondani, 1834. Nuovi Ann. Sci. Nat. Bologna 10 (1): 34. **Type species:** *Leopoldius erostratus* Rondani, 1843 (by original designation).
Brachyglossum Rondani, 1856. Dipt. Ital. Prodromus, Vol. I: 56. **Type species:** *Leopoldius erostratus* Rondani, 1843 (by original designation).

（23）山西火眼蝇 *Leopoldius shansiensis* (Chen, 1939)

Brachyglossum shansiensis Chen, 1939. Notes Ent. Chin. 6 (10): 194. **Type locality:** China: Shansi, Yao-chan.
分布（Distribution）：北京（BJ）、山西（SX）。

4. 巨眼蝇属 *Macroconops* Kröber, 1927

Macroconops Kröber, 1927. Konowia 6: 125. **Type species:** *Macroconops helleri* Kröber, 1927 (monotypy).

（24）环巨眼蝇 *Macroconops helleri* Kröber, 1927

Macroconops helleri Kröber, 1927. Konowia 6: 126. **Type locality:** China: Szechwan, Omei-shan.
分布（Distribution）：江苏（JS）、四川（SC）。

（25）中华巨眼蝇 *Macroconops sinensis* Ôuchi, 1942

Macroconops sinensis Ôuchi, 1942c. J. Shanghai Sci. Inst. Sect. III 2: 61. **Type locality:** China: Chekiang, Mokonshan.
分布（Distribution）：浙江（ZJ）。

5. 纽眼蝇属 *Neobrachyceraea* Szilády, 1926

Neobrachyceraea Szilády, 1926. Ann. Hist.-Nat. Mus. Natl. Hung. 24: 587. **Type species:** *Beachyceraea obscuripennis* Kröber, 1913 (by original designation).
Neobrachyceraea: Stuke, 2015. *In*: Stuke *et* Clements, 2015. Tijdschr. Ent. 148: 355.

（26）黄山纽眼蝇 *Neobrachyceraea huangahangensis* Ôuchi, 1939

Neobrachyceraea obscuripennis var. *huangahangensis* Ôuchi, 1939a. J. Shanghai Sci. Inst. (3) 4: 197. **Type locality:** China: Anhwei, Huangshan.
分布（Distribution）：安徽（AH）。

（27）暗纽眼蝇 *Neobrachyceraea nigrita* (Kröber, 1937)

Brachyceraea obscuripennis var. *nigrita* Kröber, 1937. Stettin. Ent. Ztg. 98: 99. **Type locality:** China: Kiangsi.
分布（Distribution）：吉林（JL）、北京（BJ）、江苏（JS）、浙江（ZJ）、江西（JX）、湖南（HN）、四川（SC）、福建（FJ）、台湾（TW）、广东（GD）；朝鲜、韩国、印度、马来西亚。

（28）墨纽眼蝇 *Neobrachyceraea obscuripennis* (Kröber, 1913)

Brachyceraea obscuripennis Kröber, 1913. Ent. Mitt. 2 (9): 277. **Type locality:** China: Taiwan, Kosempo, Sokutsu, Taihorin.
分布（Distribution）：台湾（TW）。

6. 叉芒眼蝇属 *Physocephala* Schiner, 1861

Physocephala Schiner, 1861. Wien. Ent. Monatschr. 5 (5): 137. **Type species:** *Conops rufipes* Fabricius, 1781 (by original designation).

（29）怪叉芒眼蝇 *Physocephala antiqua* Wiedemann, 1830

Physocephala antiqua Wiedemann, 1830. Aussereurop. Zweifl. Insekt. 2: 239. **Type locality:** Egypte.
Conops arabica Macquart, 1850. Mém. Soc. R. Sci. Agric.

Arts Lille 1849: 465. **Type locality:** Arabie: Djidda.

Physocephala syriaca Kröber, 1915a. Arch. Naturgesch. 80A (10): 72. **Type locality:** Egypt: Cairo, Jericho.

分布（Distribution）：中国（省份不明）；俄罗斯、蒙古国、叙利亚、伊朗、阿尔及利亚、埃及；中东地区；中亚。

（30）缝叉芒眼蝇 *Physocephala aterrima* Kröber, 1915

Physocephala aterrima Kröber, 1915. Arch. Naturgesch. 81A (4): 122. **Type locality:** India: Sikkim.

分布（Distribution）：浙江（ZJ）；印度。

（31）双色叉芒眼蝇 *Physocephala bicolorata* Brunetti, 1925

Physocephala bicolorata Brunetti, 1925. Rec. India Mus. 27: 79. **Type locality:** China: Chekiang.

Physocephala hieolor Brunetti, 1923. Fauna Brit. India (Dipt.) 3: 357. **Type locality:** India: Seuduim Spur, Sitong, and Sureil, Darjeeling District; Konsanie, Kumaon District; Simla; Cherrapunji; Khāsi Hills.

分布（Distribution）：浙江（ZJ）；印度、尼泊尔。

（32）热带叉芒眼蝇 *Physocephala calopa* Bigot, 1887

Physocephala calopa Bigot, 1887. Ann. Soc. Entomol. Fr. (6) 7: 33. **Type locality:** India: Pondicherry.

Conops quadrata Brunetti, 1913. Rec. India Mus. 9: 274. **Type locality:** India: Darjeeling.

分布（Distribution）：浙江（ZJ）、福建（FJ）；印度、巴基斯坦。

（33）查兰叉芒眼蝇 *Physocephala chalantungensis* Ôuchi, 1939

Physocephala chalantungensis Ôuchi, 1939a. J. Shanghai Sci. Inst. (3) 4: 202. **Type locality:** China: Heilongjiang, Chalantung.

分布（Distribution）：黑龙江（HL）、吉林（JL）、辽宁（LN）；朝鲜。

（34）浙江叉芒眼蝇 *Physocephala chekiangensis* Ôuchi, 1939

Physocephala chekiangensis Ôuchi, 1939a. J. Shanghai Sci. Inst. (3) 4: 199. **Type locality:** China: Chekiang, Tienmushan.

分布（Distribution）：浙江（ZJ）。

（35）辽宁叉芒眼蝇 *Physocephala chiahensis* Ôuchi, 1939

Physocephala chiahensis Ôuchi, 1939a. J. Shanghai Sci. Inst. (3) 4: 202. **Type locality:** China: Liaoning, Zhangwu.

Physocephala shuotsuensis Ôuchi, 1939a. J. Shanghai Sci. Inst. (3) 4: 204. **Type locality:** D. P. R. Korea: Shuotsu.

分布（Distribution）：辽宁（LN）；朝鲜。

（36）金腹叉芒眼蝇 *Physocephala chrysorrhoea* (Meigen, 1824)

Conops chrysorrhoea Meigen, 1824. Syst. Beschr. Europ. Zweifl. Insekt. 4: 128. **Type locality:** "Oesterreich".

Conops pallasii Meigen, 1824. Syst. Beschr. Europ. Zweifl. Insekt. 4: 128. **Type locality:** "Südrussland".

Conops serpylleti Zeller, 1842. Isis (Oken's) 1842: 837. **Type locality:** Poland: Glogau. Germany: Mecklenburg.

Physocephala zarudnyi Becker, 1913. Annu. Mus. Zool. Acad. Sci. Russ. St.-Pétersb. (1912) 17: 614. **Type locality:** Iran: Stuckaus Chorassa Umgegend von Dys.

Physocephala truncata var. *maculigera* Kröber, 1915a. Arch. Naturgesch. 80A (10): 71. **Type locality:** "Ober Aegypten, Tunis, Syrien, Algir, Birkra".

Physocephala truncata var. *pseudomaculigera* Kröber, 1915a. Arch. Naturgesch. 80A (10): 72. **Type locality:** Aegypten, Oase Sfax.

Physocephala aureotomentosa Kröber, 1915a. Arch. Naturgesch. 81A (10): 74. **Type locality:** Turkey: Amasia.

Physocephala emiliae Zimina, 1974. Zool. Žhur. 52: 132. **Type locality:** Kyrgyzstan: Pamir, Lyangar.

Physocephala zaitzevi Zimina, 1979. Trudy Vses. Ent. Obsh. 61: 196. **Type locality:** Turkmeniya: Bakhaden, Ipaj-Kala.

分布（Distribution）：黑龙江（HL）、吉林（JL）、辽宁（LN）、河北（HEB）、山西（SX）；蒙古国、俄罗斯、伊朗、叙利亚、摩洛哥、阿尔及利亚、突尼斯、埃及、德国、奥地利；欧洲。

（37）暗角叉芒眼蝇 *Physocephala confusa* Stuke, 2006

Physocephala confusa Stuke, 2006. Stud. Dipt. 12 (2): 376. **Type locality:** China: Fujian, Yenpingfu.

分布（Distribution）：四川（SC）、福建（FJ）。

（38）大叉芒眼蝇 *Physocephala gigas* (Macquart, 1843)

Conops gigas Macquart, 1843b. Mém. Soc. Sci. Agric. Arts Lille [1842]: 167. **Type locality:** Indonesia: Java.

Physocephala lugens Vollenhoven, 1863. Versl. Meded. K. Akad. Wet. Amst. Afdel. Natuurk. 15: 10. **Type locality:** Netherlands: Amsterdam.

Physocephala ammophiliformis Kröber, 1915d. Arch. Naturgesch. 81A (4): 122. **Type locality:** Myanmar: Carin Cheba.

分布（Distribution）：四川（SC）；荷兰、缅甸、印度尼西亚。

（39）缘叉芒眼蝇 *Physocephala limbipennis* de Meijere, 1910

Physocephala limbipennis de Meijere, 1910. Tijdschr. Ent. 53: 165. **Type locality:** Indonesia: Java [Semarang, Krakatau (Bali)].

分布（Distribution）：台湾（TW）；印度、菲律宾、马来西亚、印度尼西亚。

（40）黑叉芒眼蝇 *Physocephala nigra* De Geer, 1776

Physocephala nigra De Geer, 1776. Mém. Pour Serv. Hist. Insect. 6: 265. **Type locality:** Not given (Sweden).

Conops macrocephala Fabricius, 1781. Species Insect. 2: 466. **Type locality:** Europae nemoribus.

分布（Distribution）：中国（北部）；蒙古国、瑞典；中亚、欧洲、非洲（北部）。

（41）暗缘叉芒眼蝇 *Physocephala nigripennis* Stuke, 2006

Physocephala nigripennis Stuke, 2006. Stud. Dipt. 12 (2): 378. **Type locality:** China: Taiwan, N-Nantou County.

分布（Distribution）：台湾（TW）。

（42）暗叉芒眼蝇 *Physocephala obscura* Kröber, 1915

Physocephala obscura Kröber, 1915a. Arch. Naturgesch. 80A (10): 53. **Type locality:** Russia: Amur, Vladivostok.

Physocephala jezoensis Matsumura, 1916. Thousand Ins. Japan Add. 2: 270. **Type locality:** Japan: Hokkaidō, Sapporo.

分布（Distribution）：山西（SX）、江苏（JS）、浙江（ZJ）、江西（JX）、福建（FJ）；俄罗斯、日本、印度。

（43）派叉芒眼蝇 *Physocephala pielina* Chen, 1939

Physocephala pielina Chen, 1939. Notes Ent. Chin. 6 (10): 190. **Type locality:** China: Chekiang, Tienmushan; Shansi, Tsi-li-yu; Kiangsi, Kuling.

分布（Distribution）：河北（HEB）、山西（SX）、江苏（JS）、浙江（ZJ）、江西（JX）、湖南（HN）、福建（FJ）、海南（HI）；俄罗斯。

（44）徽叉芒眼蝇 *Physocephala pusilla* (Meigen, 1824)

Conops pusilla Meigen, 1824. Syst. Beschr. Europ. Zweifl. Insekt. 4: 131. **Type locality:** Frankreich.

Conops lacera Meigen, 1824. Syst. Beschr. Europ. Zweifl. Insekt. 4: 130. **Type locality:** Oesterreich.

Conops pumila Macquart, 1835. Hist. Nat. Ins., Dipt. 2: 26. **Type locality:** France: Bordeaux.

Conops tener Loew, 1847b. Jber. Naturw. Ver. Posen 1846: 22. **Type locality:** Sicilien.

Physocephala persica Becker, 1913. Annu. Mus. Zool. Acad. Sci. Russ. St.-Pétersb. (1912) 17: 609. **Type locality:** "Pers.-Belüdshistan, Kirman aus der Umgegend von Rampur und Basman, sowie zwischen Ku-i-Murgak und Dech-i-Pabid; Umgebung von Kunscha".

Physocephala punctithorax Becker, 1913. Annu. Mus. Zool. Acad. Sci. Russ. St.-Pétersb. (1912) 17: 611. **Type locality:** "Pers.-Belüdshistan, vom nordischen Teil des Bergkegels Kuch-i-Tuftan".

分布（Distribution）：河北（HEB）、天津（TJ）、山西（SX）、湖南（HN）；俄罗斯、叙利亚、伊朗、阿富汗、法国、奥地利；中亚、欧洲、非洲（北部）。

（45）红面叉芒眼蝇 *Physocephala reducta* Chen, 1939

Physocephala reducta Chen, 1939. Notes Ent. Chin. 6 (10): 185. **Type locality:** China: Hebei, Suiyüan.

分布（Distribution）：河北（HEB）。

（46）红额叉芒眼蝇 *Physocephala rufifrons* Camras, 1960

Physocephala rufifrons Camras, 1960. Proc. U. S. Natl. Mus. 112 (3432): 121. **Type locality:** China: Szechwan, Ningyenfu.

Physocephala robusta Zimina, 1974. Zool. Žhur. 53: 478. **Type locality:** Russia: Vladivostok.

分布（Distribution）：四川（SC）；俄罗斯。

（47）红带叉芒眼蝇 *Physocephala rufipes* (Fabricius, 1781)

Conops rufipes Fabricius, 1781. Species Insect. 2: 466. **Type locality:** Germany: "Germania".

Conops petiolata Donovan, 1808. Brit. Ins. 13: 451. **Type locality:** Not given (Great Britain).

Conops laticincta Brullé, 1832. Expédition Scientifique de Morée: Section des Sciences Physiques III (1e) 2: 380. **Type locality:** Greece: Caritène.

Conops meridionalis Macquart, 1835. Hist. Nat. Ins., Dipt. 2: 26. **Type locality:** Italy: Sicily.

分布（Distribution）：新疆（XJ）；俄罗斯、蒙古国、德国、希腊；中亚、欧洲。

（48）简叉芒眼蝇 *Physocephala simplex* Chen, 1939

Physocephala simplex Chen, 1939. Notes Ent. Chin. 6 (10): 186. **Type locality:** China: Shansi, Ling-teou.

分布（Distribution）：山西（SX）。

（49）唐叉芒眼蝇 *Physocephala sinensis* Kröber, 1933

Physocephala sinensis Kröber, 1933. Ark. Zool. 26A (8): 15. **Type locality:** China: Kiangsu.

分布（Distribution）：北京（BJ）、山东（SD）、安徽（AH）、江苏（JS）、上海（SH）、浙江（ZJ）。

（50）河北叉芒眼蝇 *Physocephala theca* Camras, 1960

Physocephala theca Camras, 1960. Proc. U. S. Natl. Mus. 112 (3432): 123. **Type locality:** China: Hopeh, Chao Yang.

分布（Distribution）：河北（HEB）。

（51）异色叉芒眼蝇 *Physocephala variegata* **(Meigen, 1824)**

Conops variegata Meigen, 1824. Syst. Beschr. Europ. Zweifl. Insekt. 4: 132. **Type locality:** Frankreich.

Conops aurulentus Bigot, 1887. Ann. Soc. Entomol. Fr. (6) 7: 31. **Type locality:** "Europe merid".

Physocephala laeta Becker, 1913. Annu. Mus. Zool. Acad. Sci. Russ. St.-Pétersb. (1912) 17: 613. **Type locality:** Iran: Belüdshistan, Kirman.

Physocephala furax Becker, 1913. Annu. Mus. Zool. Acad. Sci. Russ. St.-Pétersb. (1912) 17: 612. **Type locality:** Iran: Belüdshistan, Saargad, Kirman; "von östlichen Teil des Bergkegels Kuch-i-tuftan, und aus Chorassan, Dorf Kalender-abas".

分布（**Distribution**）：中国（省份不明）；俄罗斯、伊朗、阿富汗、埃及；中亚、欧洲。

（52）条纹叉芒眼蝇 *Physocephala vittata* **(Fabricius, 1794)**

Conops vittata Fabricius, 1794. Ent. Syst. 4: 392. **Type locality:** Germany: Kiliae [= Kiel].

Conops dorsalis Wiedemann, 1824b. Syst. Beschr. Europ. Zweifl. Insekt. 4: 133. **Type locality:** "Oesterreich".

Conops maculata Macquart, 1834. Mém. Soc. Sci. Agric. Lille [1833]: 348. **Type locality:** France: "environs de Paris".

Conops solaeformis Gimmerthal, 1842. Bull. Soc. Imp. Nat. Moscou 15: 651, 672. **Type locality:** Not given (Kurlands, Latvia).

Conops flaviceps Macquart, 1844. Diptères exotiques nouveaux ou peu connus [1843]: 172. **Type locality:** "Amerique septentrionale".

Conops truncata Loew, 1847b. Jber. Naturw. Ver. Posen 1846: 21. **Type locality:** Sicilien bei Syrakus.

Conops fraternal Loew, 1847b. Jber. Naturw. Ver. Posen 1846: 18. **Type locality:** "Kleinasien, Griechenland, Dalmatien und ganz Italien, von Zeller bei Syracuse, Rom und in der Gegend von Spoleto".

Conops semiatrata Costa, 1844. Atti Accad. Sci. Napoli 5 (2): 89. **Type locality:** Italy: Procida.

Physocephala detecta Becker, 1913. Annu. Mus. Zool. Acad. USSR St.-Pétersbourg (1912) 17: 615. **Type locality:** Iran: Chorassan, Landschaft Sirkuch.

Physocephala abdominalis Kröber, 1915a. Arch. Naturgesch. 80A (10): 57. **Type locality:** "Anatolien, Ak-Chehir; Syrie; Kleinasien, Cypern".

Physocephala curticornis Kröber, 1915a. Arch. Naturgesch. 80A (10): 54. **Type locality:** "Ungarn", "Ungarn: Cinkota".

Physocephala maculigera Kröber, 1915a. Arch. Naturgesch. 80A (10): 71. **Type locality:** Oberägypten, Tunis, Sinai, Syrien, Algir, Biskra.

Physocephala semirufa Kröber, 1915a. Arch. Naturgesch. 80A (10): 58. **Type locality:** Tel-Aviv: Jaffa.

Physocephala immaculata Kröber, 1939. Ann. Mag. Nat. Hist. (11) 4: 365. **Type locality:** "Cypern, Yamagusta, M. Ktisma, Limassol".

Physocephala jakutica Zimina, 1968. Zool. Žhur. 46: 780. **Type locality:** Russia: "Yakutsk aerea".

分布（**Distribution**）：甘肃（GS）、江苏（JS）；蒙古国、俄罗斯、叙利亚、以色列、伊朗、土耳其、阿富汗；中亚、欧洲、非洲（北部）。

7. 长角眼蝇属 *Pleurocerinella* Brunetti, 1923

Pleurocerinalla Brunetti, 1923. Fauna Brit. India (Dipt.) 3: 368. **Type species:** *Pleurocerinella dioctriaeformis* Brunetti, 1923 (by original designation).

（53）胫长角眼蝇 *Pleurocerinalla tibialis* **Chen, 1939**

Pleurocerinalla tibialis Chen, 1939. Notes Ent. Chin. 6 (10): 196. **Type locality:** China: Hopeh, Ya-ti.

分布（**Distribution**）：内蒙古（NM）、河北（HEB）、福建（FJ）；蒙古国、俄罗斯、日本。

8. 唐眼蝇属 *Siniconops* Chen, 1939

Siniconops Chen, 1939. Notes Ent. Chin. 6 (10): 197. **Type species:** *Siniconops elegans* Chen, 1939 (by original designation).

（54）陈氏唐眼蝇 *Siniconops cheni* **Qiao *et* Chao, 1998**

Siniconops cheni Qiao *et* Chao, 1998. *In*: Shi, 1996. *In*: Xue *et* Chao, 1998. Flies of China, Vol. 1: 609. **Type locality:** China: Zhejiang.

分布（**Distribution**）：浙江（ZJ）、四川（SC）。

（55）丽唐眼蝇 *Siniconops elegans* **Chen, 1939**

Siniconops elegans Chen, 1939. Notes Ent. Chin. 6 (10): 198. **Type locality:** China: Anhui.

Abrachyglossum wui Ôuchi, 1939a. J. Shanghai Sci. Inst. (3) 4: 195. **Type locality:** China: Chekiang, Tienmushan.

分布（**Distribution**）：安徽（AH）、浙江（ZJ）。

（56）暗黑唐眼蝇 *Siniconops fuscatus* **Qiao *et* Chao, 1998**

Siniconops fuscatus Qiao *et* Chao, 1998. *In*: Shi, 1996. *In*: Xue *et* Chao, 1998. Flies of China, Vol. 1: 610. **Type locality:** China: Hainan, Jianfengling.

分布（**Distribution**）：海南（HI）。

（57）巨唐眼蝇 *Siniconops grandens* **Camras, 1960**

Siniconops grandens Camras, 1960. Proc. U. S. Natl. Mus. 112 (3432): 119. **Type locality:** China: Szechwan, Yachow.

分布（**Distribution**）：浙江（ZJ）、四川（SC）、福建（FJ）。

（58）斑额唐眼蝇 *Siniconops maculifrons* (Kröber, 1916)

Conops maculifrons Kröber, 1916. Arch. Naturgesch. 81A (11): 41. **Type locality**: Russia: Amur.

分布（Distribution）：中国（东北部）；俄罗斯。

（59）闪光唐眼蝇 *Siniconops splendens* Camras, 1960

Siniconops splendens Camras, 1960. Proc. U. S. Natl. Mus. 112 (3432): 118. **Type locality**: China: Szechwan, Yachow.

分布（Distribution）：四川（SC）。

9. 类叉芒眼蝇属 *Tropidomyia* Williston, 1888

Tropidomyia Williston, 1888. Can. Entomol. 20: 11. **Type species**: *Tropidomyia bimaculata* Williston, 1888 (monotypy).

（60）金面类叉芒眼蝇 *Tropidomyia aureifacies* Kröber, 1915

Tropidomyia aureifacies Kröber, 1915e. Arch. Naturgesch. 81A (1): 71. **Type locality**: Turkey: Brussa.

分布（Distribution）：北京（BJ）、山西（SX）；日本、叙利亚、土耳其、阿富汗、？南非；中亚、欧洲。

达氏眼蝇亚科 Dalmanniinae

10. 达氏眼蝇属 *Dalmannia* Robineau-Desvoidy, 1830

Dalmannia Robineau-Desvoidy, 1830. Mém. Prés. Div. Sav. Acad. R. Sci. Inst. Fr. 2 (2): 248. **Type species**: *Myopa punctata* Fabricius, 1794 (by designation of Rondani, 1856).
Stachynia Macquart, 1835. Hist. Nat. Ins., Dipt. 2: 36. **Type species**: *Myopa punctata* Fabricius, 1794 (by original designation).

（61）缘达氏眼蝇 *Dalmannia affinis* Chen, 1939

Dalmannia affinis Chen, 1939. Notes Ent. Chin. 6 (10): 228. **Type locality**: China: Kiangsu, Zikawei.

分布（Distribution）：山东（SD）、上海（SH）；俄罗斯。

（62）星达氏眼蝇 *Dalmannia signata* Chen, 1939

Dalmannia signata Chen, 1939. Notes Ent. Chin. 6 (10): 230. **Type locality**: China: Kiangsu, Zikawei.

分布（Distribution）：上海（SH）；俄罗斯、日本。

短腹眼蝇亚科 Myopinae

11. 黑衣眼蝇属 *Carbonosicus* Zimina, 1958

Carbonosicus Zimina, 1958. Ent. Obozr. 37: 933. **Type species**: *Myopa nigra* Meigen, 1824 (by original designation).

（63）煤黑衣眼蝇 *Carbonosicus carbonarius* (Kröber, 1915)

Melanosoma carbonaria Kröber, 1915b. Arch. Naturgesch. 80A (10): 86. **Type locality**: "Zentral-Asien: Korla, Turkestan, Djarkent".

分布（Distribution）：新疆（XJ）；中亚。

12. 虻眼蝇属 *Myopa* Fabricius, 1775

Myopa Fabricius, 1775. Syst. Entom.: 789. **Type species**: *Conops buccata* Linnaeus, 1758 (by designation of Curtis, 1838).
Pictinia Robineau-Desvoidy, 1853. Bull. Soc. Sci. Hist. Nat. Yonne 7: 95. **Type species**: *Myopa buccata* Robineau-Desvoidy, 1830 (by original designation).
Myopella Robineau-Desvoidy, 1853. Bull. Soc. Sci. Hist. Nat. Yonne 7: 98. **Type species**: *Conops buccata* Linnaeus, 1758 (by original designation).
Phorosia Robineau-Desvoidy, 1853. Bull. Soc. Sci. Hist. Nat. Yonne 7: 109. **Type species**: *Conops testaceus* Linnaeus, 1767 (by original designation).
Fairmairia Robineau-Desvoidy, 1853. Bull. Soc. Sci. Hist. Nat. Yonne 7: 111. **Type species**: *Myopa morio* Meigen, 1804 (by original designation).
Lonchopalpus Robineau-Desvoidy, 1853. Bull. Soc. Sci. Hist. Nat. Yonne 7: 115. **Type species**: *Myopa dorsalis* Fabricius, 1794 (by original designation).
Purpurella Robineau-Desvoidy, 1853. Bull. Soc. Sci. Hist. Nat. Yonne 7: 117. **Type species**: *Purpurella nobilis* Robineau-Desvoidy, 1853 (by original designation).
Myopina Robineau-Desvoidy, 1853. Bull. Soc. Sci. Hist. Nat. Yonne 7: 119. **Type species**: *Myopa variegata* Meigen, 1804 (by original designation).
Haustellia Robineau-Desvoidy, 1853. Bull. Soc. Sci. Hist. Nat. Yonne 7: 127. **Type species**: *Myopa occulta* Wiedemann, 1824 (by original designation).
Glossigona Rondani, 1856. Dipt. Ital. Prodromus, Vol. I: 58. **Type species**: *Myopa occulta* Wiedemann, 1824 (by original designation).
Gonirhynchus Rondani, 1857. Dipt. Ital. Prodromus, Vol. II: 240. **Type species**: *Gonirhynchus dispar* Rondani, 1857 (monotypy).
Arpagita Lioy, 1864. Atti R. Ist. Véneto Sci. Lett. Arti (3) 9: 1327. **Type species**: *Myopa dorsalis* Fabricius, 1794 (by original designation).
Ischiodonta Lioy, 1864. Atti R. Ist. Véneto Sci. Lett. Arti (3) 9: 1311. **Type species**: *Myopa fasciata* Meigen, 1804 (by original designation).

（64）颊虻眼蝇 *Myopa buccata* (Linnaeus, 1758)

Conops buccata Linnaeus, 1758. Syst. Nat. Ed. 10 (1): 605. **Type locality**: Europa.
Conops buccae Harris, 1776. Expos. Engl. Ins.: 71. **Type locality**: Not given (England).

Myopella punctipes Robineau-Desvoidy, 1853. Bull. Soc. Sci. Hist. Nat. Yonne 7: 99. **Type locality:** Not given (France: Paris).

Myopella marginalis Robineau-Desvoidy, 1853. Bull. Soc. Sci. Hist. Nat. Yonne 7: 101. **Type locality:** Not given (France: Paris).

Myopella punctigera Robineau-Desvoidy, 1853. Bull. Soc. Sci. Hist. Nat. Yonne 7: 102. **Type locality:** Not given (France: Paris).

分布（Distribution）：山东（SD）、浙江（ZJ）、四川（SC）；俄罗斯、法国；欧洲。

（65）裸板虻眼蝇 *Myopa dorsalis* Fabricius, 1794

Myopa dorsalis Fabricius, 1794. Ent. Syst. 4: 397. **Type locality:** Germany: Germania.

Conops testacea Gmelin, 1793. Syst. Nat. Ed. 13 (rev.) 1 (5): 2894. **Type locality:** Germany: Germania.

Myopa ferruginea Panzer, 1794. Faunae insectorum germanicae initia oder Deutschlands Insecten 22: 24. **Type locality:** Not given (Germany).

Myopa grandis Meigen, 1804. Klass. Beschr. 1 (2): 284. **Type locality:** Germany: Aachen.

Myopa dorsalis var. *nigrifacies* Becker, 1922. Konowia 1: 289. **Type locality:** Not given.

分布（Distribution）：中国（东北部）；俄罗斯、蒙古国、朝鲜、印度、土耳其、伊朗、德国；欧洲、非洲（北部）。

（66）裸脸虻眼蝇 *Myopa fasciata* Meigen, 1804

Myopa fasciata Meigen, 1804. Klass. Beschr. 1 (2): 286. **Type locality:** Not given (Germany: Aachen env.).

Conops fuscus Harris, 1776. Expos. Engl. Ins.: 72. **Type locality:** Not given (England).

Myopa ephippium Fabricius, 1805. Syst. Antliat.: 180. **Type locality:** Germany: Germania.

Myopa curtirostris Kröber, 1916. Arch. Naturgesch. 81A (7): 81. **Type locality:** Russia: Amur.

Myopa chalantungensis Ôuchi, 1939a. J. Shanghai Sci. Inst. (3) 4: 206. **Type locality:** China: Heilongjiang, Chalantung.

Myopa fasciata var. *fusenensis* Ôuchi, 1939a. J. Shanghai Sci. Inst. (3) 4: 209. **Type locality:** D. P. R. Korea: Fusen.

分布（Distribution）：黑龙江（HL）、河北（HEB）；朝鲜、俄罗斯、蒙古国、韩国、日本、德国；欧洲。

（67）欧洲虻眼蝇 *Myopa pellucida* Robineau-Desvoidy, 1830

Myopa pellucida Robineau-Desvoidy, 1830. Mém. Prés. Div. Sav. Acad. R. Sci. Inst. Fr. 2 (2): 244. **Type locality:** France: Paris.

Myopa fulvipalpis Robineau-Desvoidy, 1853. Bull. Soc. Sci. Hist. Nat. Yonne 7: 96. **Type locality:** France: Paris.

Myopa extricata Collin, 1960. Ent. Mon. Mag. (1959) 95: 151.

Type locality: England: Southend, Essex.

Myopa pellucida: Stuke, 2008. Zootaxa 1713: 16.

分布（Distribution）：山东（SD）；古北区。

（68）绣虻眼蝇 *Myopa picta* Panzer, 1798

Myopa picta Panzer, 1798. Faunae insectorum germanicae initia oder Deutschlands Insecten, Fasc. 59: 22. **Type locality:** Austria.

Myopa varia Wiedemann, 1830. Aussereurop. Zweifl. Insekt. 2: 242. **Type locality:** Egypten.

Myopa meridionalis Macquart, 1835. Hist. Nat. Ins., Dipt. 2: 34. **Type locality:** Egypte.

Myopa chusanensis Ôuchi, 1939a. J. Shanghai Sci. Inst. (3) 4: 205. **Type locality:** China: Chekiang, Chusan Island.

分布（Distribution）：江苏（JS）、上海（SH）、浙江（ZJ）；印度、奥地利；中亚、欧洲、非洲（北部）。

（69）毛虻眼蝇 *Myopa polystigma* Rondani, 1857

Myopa polystigma Rondani, 1857. Dipt. Ital. Prodromus, Vol. II: 247. **Type locality:** Italy: Parma.

分布（Distribution）：江苏（JS）、上海（SH）；俄罗斯；欧洲。

（70）唐虻眼蝇 *Myopa sinensis* Chen, 1939

Myopa sinensis Chen, 1939. Notes Ent. Chin. 6 (10): 215. **Type locality:** China: Shansi, Ko-tong-ze; Kiangsu, Chin-Kiang.

分布（Distribution）：山西（SX）、江苏（JS）、上海（SH）、浙江（ZJ）；俄罗斯。

（71）纹虻眼蝇 *Myopa tessellatipennis* Motschulsky, 1859

Myopa tessellatipennis Motschulsky, 1859. Bull. Soc. Imp. Nat. Moscou 32 (2): 504. **Type locality:** Not given (Russia: Amur).

分布（Distribution）：中国（省份不明）；俄罗斯；欧洲。

（72）砖虻眼蝇 *Myopa testacea* (Linnaeus, 1767)

Conops testacea Linnaeus, 1767. Syst. Nat. Ed. 12, 1 (2): 1006. **Type locality:** Europa australis Ascanius.

Myopa longirostris Robineau-Desvoidy, 1830. Mém. Prés. Div. Sav. Acad. R. Sci. Inst. Fr. 2 (2): 243. **Type locality:** Not given (Cárcel coll.).

Myopa pictipennis Robineau-Desvoidy, 1830. Mém. Prés. Div. Sav. Acad. R. Sci. Inst. Fr. 2 (2): 243. **Type locality:** Not given (Cárcel coll.).

Myopa umbripennis Robineau-Desvoidy, 1830. Mém. Prés. Div. Sav. Acad. R. Sci. Inst. Fr. 2 (2): 243. **Type locality:** Not given (Dejean coll.).

Myopa testacea var. *japonica* Kröber, 1916. Arch. Naturgesch. 81A (7): 89. **Type locality:** Japan.

分布（Distribution）：江苏（JS）、上海（SH）；蒙古国、印度、土耳其、阿富汗；欧洲。

（73）网腹虻眼蝇 *Myopa variegata* **Meigen, 1804**

Myopa variegata Meigen, 1804. Klass. Beschr. 1 (2): 286. **Type locality:** Not given (Baumhauer coll.).

Myopa nitidula Fabricius, 1805. Syst. Antliat.: 180. **Type locality:** Germany: Germania.

Myopa variegata var. *asiatica* Kröber, 1916. Arch. Naturgesch. 81A (7): 77. **Type locality:** Przewalsk, Issyk-kul. Russia: Sibirien (Minusinsk), Nord Mongolei.

分布（**Distribution**）：吉林（JL）、河北（HEB）、甘肃（GS）；俄罗斯、德国、蒙古国、土耳其；欧洲。

13. 迷眼蝇属 *Myopotta* Zimina, 1969

Myopotta Zimina, 1969. Ent. Obozr. 48: 671. **Type species:** *Myopa pallipes* Wiedemann, 1824 (by original designation).

（74）淡色迷眼蝇 *Myopotta pallipes* (Wiedemann, 1824)

Myopa pallipes Wiedemann, 1824b. Syst. Beschr. Europ. Zweifl. Insekt. 4: 149. **Type locality:** Oesterreich.

Myopa argentea Robineau-Desvoidy, 1830. Mém. Prés. Div. Sav. Acad. R. Sci. Inst. Fr. 2 (2): 246. **Type locality:** Not given (Dejean coll.).

Melanosoma zetterstedti Robineau-Desvoidy, 1853. Bull. Soc. Sci. Hist. Nat. Yonne 7: 126. **Type locality:** Not given (France: Paris).

Melanosoma abdominalis Kröber, 1915b. Arch. Naturgesch. 80A (10): 83. **Type locality:** Griechenland.

分布（**Distribution**）：中国（省份不明）；法国、奥地利、蒙古国、俄罗斯、土耳其、伊朗；欧洲。

14. 锡眼蝇属 *Sicus* Scopoli, 1763

Sicus Scopoli, 1763. Ent. Carniolica: 369. **Type species:** *Conops ferrugineus* Linnaeus, 1761 (by designation of Camras, 1965).

Cylindrogaster Lioy, 1864. Atti R. Ist. Véneto Sci. Lett. Arti (3) 9: 1327. **Type species:** *Conops ferrugineus* Linnaeus, 1761 (by original designation).

（75）腹锡眼蝇 *Sicus abdominalis* **Kröber, 1915**

Sicus ferrugineus var. *abdominalis* Kröber, 1915e. Arch. Naturgesch. 81A (1): 88. **Type locality:** Russia: Amur.

Occemyia ogumae Matsumura, 1916. Thousand Ins. Japan Add. 2: 274. **Type locality:** Japan: Saghalien, Shirarka.

Sicus benkoi Zimina, 1976. Sb. Trud. Zool. Mus. Mosk. Gos. Univ. 15: 181. **Type locality:** Not given.

分布（**Distribution**）：河北（HEB）、山西（SX）、江苏（JS）、浙江（ZJ）；蒙古国、日本、印度、俄罗斯；欧洲。

（76）锈锡眼蝇 *Sicus ferrugineus* (Linnaeus, 1761)

Conops ferrugineus Linnaeus, 1761. Fauna Svecica Sistens Animalia Sveciae Regni, Ed. 2: 468. **Type locality:** Not given (Sweden).

Conops cessans Harris, 1776. Expos. Engl. Ins.: 71. **Type locality:** Not given (England).

Myopa annulipes Robineau-Desvoidy, 1830. Mém. Prés. Div. Sav. Acad. R. Sci. Inst. Fr. 2 (2): 246. **Type locality:** Not given (France: Saint-Sauveur).

分布（**Distribution**）：甘肃（GS）、新疆（XJ）；法国、瑞典、？印度；欧洲。

（77）赴战锡眼蝇 *Sicus fusenensis* **Ôuchi, 1939**

Sicus fusenensis Ôuchi, 1939a. J. Shanghai Sci. Inst. (3) 4: 209. **Type locality:** D. P. R. Korea: Fusen.

分布（**Distribution**）：西藏（XZ）；俄罗斯、朝鲜、韩国、蒙古国；欧洲。

（78）日本锡眼蝇 *Sicus nishitapensis* (Matsumura, 1916)

Occemyia nishitapensis Matsumura, 1916. Thousand Ins. Japan Add. 2: 272. **Type locality:** Japan: Hokkaidō, Sapporo.

Sicu ferrugineus var. *nigricans* Kröber, 1939. Ann. Mag. Nat. Hist. (11) 4: 370. **Type locality:** Russia: "Sutschan, Ussuri".

分布（**Distribution**）：中国（省份不明）；韩国、日本、俄罗斯。

15. 微蜂眼蝇属 *Thecophora* Rondani, 1845

Thecophora Rondani, 1845. Nuovi Ann. Sci. Nat. Bologna (2) 3: 15. **Type species:** *Myopa atra* Fabricius, 1775 (monotypy).

Occemya Robineau-Desvoidy, 1853. Bull. Soc. Sci. Hist. Nat. Yonne 7: 130. **Type species:** *Myopa atra* Fabricius, 1775 (by original designation).

（79）黑尾微蜂眼蝇 *Thecophora atra* (Fabricius, 1775)

Myopa atra Fabricius, 1775. Syst. Entom.: 799. **Type locality:** Daniae nemoribus.

Conops bimaculata Preyssler, 1775. Samml. Physik. Aufsätze 1: 133. **Type locality:** "Prag env." (Czechoslovakia: Bohemia).

Myopa annulata Fabricius, 1794. Ent. Syst. 4: 399. **Type locality:** Italia.

Myopa cinerascens Meigen, 1804. Klass. Beschr. 1 (2): 287. **Type locality:** Not given (Germany: Aachen env.).

Myopa maculata Meigen, 1804. Klass. Beschr. 1 (2): 287. **Type locality:** St. Cloud bei Paris.

Myopa micans Meigen, 1804. Klass. Beschr. 1 (2): 288. **Type locality:** Frankreich.

Myopa femorata Fabricius, 1805. Syst. Antliat.: 181. **Type locality:** Germany: Germania.

Myopa nana Robineau-Desvoidy, 1830. Mém. Prés. Div. Sav. Acad. R. Sci. Inst. Fr. 2 (2): 24. **Type locality:** France: Paris.

Myopa bigoti Robineau-Desvoidy, 1853. Bull. Soc. Sci. Hist. Nat. Yonne 7: 142. **Type locality:** France: Paris.

Myopa brunipes Robineau-Desvoidy, 1853. Bull. Soc. Sci.

Hist. Nat. Yonne 7: 143. **Type locality:** France: Paris.

Myopa dufouri Robineau-Desvoidy, 1853. Bull. Soc. Sci. Hist. Nat. Yonne 7: 136. **Type locality:** France: Paris.

Myopa femoralis Robineau-Desvoidy, 1853. Bull. Soc. Sci. Hist. Nat. Yonne 7: 132. **Type locality:** France: Paris.

Myopa fulvifrons Robineau-Desvoidy, 1853. Bull. Soc. Sci. Hist. Nat. Yonne 7: 134. **Type locality:** France: Paris.

Myopa grisea Robineau-Desvoidy, 1853. Bull. Soc. Sci. Hist. Nat. Yonne 7: 137. **Type locality:** France: Paris.

Myopa guerini Robineau-Desvoidy, 1853. Bull. Soc. Sci. Hist. Nat. Yonne 7: 141. **Type locality:** France: Paris.

Myopa lamarcki Robineau-Desvoidy, 1853. Bull. Soc. Sci. Hist. Nat. Yonne 7: 140. **Type locality:** France: Paris.

Myopa lucasi Robineau-Desvoidy, 1853. Bull. Soc. Sci. Hist. Nat. Yonne 7: 144. **Type locality:** France: Paris.

Myopa nitidula Robineau-Desvoidy, 1853. Bull. Soc. Sci. Hist. Nat. Yonne 7: 133. **Type locality:** France: Paris.

Myopa macquarti Robineau-Desvoidy, 1853. Bull. Soc. Sci. Hist. Nat. Yonne 7: 141. **Type locality:** France: Paris.

Myopa meigeni Robineau-Desvoidy, 1853. Bull. Soc. Sci. Hist. Nat. Yonne 7: 135. **Type locality:** France: Paris.

Myopa pallipes Robineau-Desvoidy, 1853. Bull. Soc. Sci. Hist. Nat. Yonne 7: 136. **Type locality:** France: Paris.

分布（**Distribution**）：上海（SH）、浙江（ZJ）；印度、德国、法国；古北区。

（80）蛛微蜂眼蝇 *Thecophora distincta* (Wiedemann, 1824)

Myopa distincta Wiedemann, 1824b. Syst. Beschr. Europ. Zweifl. Insekt. 4: 149. **Type locality:** Oesterreich.

Thecophora melanopa Rondani, 1857. Dipt. Ital. Prodromus, Vol. II: 238. **Type locality:** "in ditionis Parmensis inveni" (Italy).

分布（**Distribution**）：中国（北部，省份不明）；奥地利、蒙古国、土耳其、伊朗、俄罗斯；欧洲。

（81）黄微蜂眼蝇 *Thecophora fulvipes* (Robineau-Desvoidy, 1830)

Myopa fulvipes Robineau-Desvoidy, 1830. Mém. Prés. Div. Sav. Acad. R. Sci. Inst. Fr. 2 (2): 246. **Type locality:** France: Paris.

Myopa atra var. B Fallén, 1817c. Diss. Lund: 12. **Type locality:** "Sueciae".

Myopa sundewalli Zetterstedt, 1844. Dipt. Scand. 3: 942. **Type locality:** Not given (Sweden).

分布（**Distribution**）：辽宁（LN）、山西（SX）、江苏（JS）、上海（SH）；法国、瑞典、蒙古国、俄罗斯；欧洲、非洲（北部）。

（82）暗昏微蜂眼蝇 *Thecophora obscuripes* (Chen, 1939)

Occemyia obscuripes Chen, 1939. Notes Ent. Chin. 6 (10): 222. **Type locality:** China: "Shansi, Kiao-cheu".

分布（**Distribution**）：山西（SX）、江苏（JS）。

（83）小微蜂眼蝇 *Thecophora pusilla* (Meigen, 1824)

Myopa pusilla Meigen, 1824. Syst. Beschr. Europ. Zweifl. Insekt. 4: 150. **Type locality:** "Oesterreich".

Occemyia abdominalis Chen, 1939. Notes Ent. Chin. 6 (10): 223. **Type locality:** China: Inner Mongolia, Chahar, Ma-hoang-yu.

分布（**Distribution**）：内蒙古（NM）；奥地利、蒙古国、日本、叙利亚、土耳其、伊朗、阿富汗、俄罗斯；欧洲、非洲（北部）。

（84）壳微蜂眼蝇 *Thecophora testaceipes* (Chen, 1939)

Occemyia testaceipes Chen, 1939. Notes Ent. Chin. 6 (10): 221. **Type locality:** China: "Jiangsu, Zi-ka-wei".

分布（**Distribution**）：上海（SH）。

16. 佐眼蝇属 *Zodion* Latreille, 1796

Zodion Latreille, 1796. Précis Caract. Gén. Ins.: 162. **Type species:** *Myopa cinerea* Fabricius, 1794 (monotypy).

（85）亚洲佐眼蝇 *Zodion asiaticum* Becker, 1922

Zodion asiaticum Becker, 1922. Konowia 1: 283. **Type locality:** Russia: Sibirien, Alai Gebirge.

分布（**Distribution**）：中国（省份不明）；蒙古国、俄罗斯；中亚。

（86）灰佐眼蝇 *Zodion cinereum* (Fabricius, 1794)

Myopa cinereum Fabricius, 1794. Ent. Syst. 4: 399. **Type locality:** Italia.

Myopa tibiale Fabricius, 1805. Syst. Antliat.: 182. **Type locality:** Europa.

Zodion conopsoides Latreille, 1809. Gen. Crust. Ins. 4: 336. **Type locality:** Iron: Parisiis er in Galllia australi.

Zodion notatum Robineau-Desvoidy, 1830. Mém. Prés. Div. Sav. Acad. R. Sci. Inst. Fr. 2 (2): 251. **Type locality:** France: Paris.

Zodion fuliginosum Robineau-Desvoidy, 1853. Bull. Soc. Sci. Hist. Nat. Yonne 7: 156. **Type locality:** Not given (France: Paris).

Zodion fulvicorne Robineau-Desvoidy, 1853. Bull. Soc. Sci. Hist. Nat. Yonne 7: 157. **Type locality:** Not given (France: Paris).

Zodion pedicillatum Robineau-Desvoidy, 1830. Mém. Prés. Div. Sav. Acad. R. Sci. Inst. Fr. 2 (2): 252. **Type locality:** Not given (Dejean coll.).

Zodion kerteszi Szilády, 1926. Ann. Hist.-Nat. Mus. Natl. Hung. 24: 589. **Type locality:** Ungarn: Gödöllö.

Zodion koreberi Szilády, 1926. Ann. Hist.-Nat. Mus. Natl. Hung. 24: 589. **Type locality:** Ungarn: Gödöllö.

Zodion rubescens Szilády, 1926. Ann. Hist.-Nat. Mus. Natl. Hung. 24: 589. **Type locality:** Ungarn: Gödöllö.

分布（**Distribution**）：吉林（JL）、山西（SX）；法国、印度、日本、阿尔及利亚；欧洲。

（87）长佐眼蝇 *Zodion longirostre* Chen, 1939

Zodion longirostre Chen, 1939. Notes Ent. Chin. 6 (10): 204. **Type locality:** China: Kiangsu, Chinkiang.

分布（**Distribution**）：江苏（JS）、浙江（ZJ）。

（88）黑角佐眼蝇 *Zodion nigricorne* Chen, 1939

Zodion nigricorne Chen, 1939. Notes Ent. Chin. 6 (10): 204. **Type locality:** China: Jehol, Iho-tchang.

分布（**Distribution**）：天津（TJ）。

（89）毛佐眼蝇 *Zodion pilosum* Chen, 1939

Zodion pilosum Chen, 1939. Notes Ent. Chin. 6 (10): 208. **Type locality:** China: Hopeh, Paita.

分布（**Distribution**）：河北（HEB）。

（90）红足佐眼蝇 *Zodion rufipes* Chen, 1939

Zodion rufipes Chen, 1939. Notes Ent. Chin. 6 (10): 208. **Type locality:** China: Hopeh, Tongling; Shansi, Kiaocheu.

分布（**Distribution**）：辽宁（LN）、河北（HEB）、天津（TJ）、山西（SX）。

似眼蝇亚科 Stylogasterinae

17. 似眼蝇属 *Stylogaster* Macquart, 1835

Stylogaster Macquart, 1835. Hist. Nat. Ins., Dipt. 2: 38. **Type species:** *Conops stylatus* Fabricius, (monotypy).

（91）中华似眼蝇 *Stylogaster sinicus* Yang, 1995

Stylogaster sinicus Yang, 1995. Guangxi Sci. 2 (1): 49. **Type locality:** China: Guangxi, Mt. Maoershan.

分布（**Distribution**）：广西（GX）。

鸟蝇总科 Carnoidea

滨蝇科 Canacidae

滨蝇亚科 Canacinae

1. 毛滨蝇属 *Chaetocanace* Hendel, 1914

Chaetocanade Hendel, 1914a. Suppl. Ent. 3: 98. **Type species:** *Canace biseta* Hendel, 1914 (by original designation).

（1）双毛滨蝇 *Chaetocanace biseta* (Hendel, 1913)
Canace biseta Hendel, 1913a. Suppl. Ent. 2: 95. **Type locality:** China: Taiwan, Tainan.
Chaetocanade biseta: Hendel, 1914a. Suppl. Ent. 3: 98.
分布（Distribution）：台湾（TW）；韩国、日本、菲律宾。

2. 夜滨蝇属 *Nocticanace* Malloch, 1933

Nocticanace Malloch, 1933. Ber. Pac. Bishop Mus. Bull. 114: 4. **Type species:** *Nocticanace peculiaris* Malloch, 1933 (by original designation).

（2）光夜滨蝇 *Nocticanace litoralis* Delfinado, 1971
Nocticanace litoralis Delfinado, 1971. Orient. Insects 5 (1): 119. **Type locality:** China: Taiwan, Taipei.
分布（Distribution）：台湾（TW）。

（3）肥夜滨蝇 *Nocticanace pacifica* Sasakawa, 1955
Nocticanace pacifica Sasakawa, 1955. Publ. Seto Mar. Biol. Lab. 4: 367. **Type locality:** Japan: Ryukyu Islands.
分布（Distribution）：台湾（TW）；日本。

3. 前滨蝇属 *Procanace* Hendel, 1913

Procanace Hendel, 1913a. Suppl. Ent. 2: 93. **Type species:** *Procanace grisescens* Hendel, 1913 (by original designation).

（4）强前滨蝇 *Procanace cressoni* Wirth, 1951
Procanace cressoni Wirth, 1951. Occ. Pap. Bishop Mus. 20 (14): 256. **Type locality:** China: Fukien [= Fujian], Foochow [= Fuzhou].
分布（Distribution）：福建（FJ）；日本。

（5）毛背前滨蝇 *Procanace grisescens* Hendel, 1913
Procanace grisescens Hendel, 1913a. Suppl. Ent. 2: 93. **Type**
locality: China: Taiwan, Anping.
分布（Distribution）：台湾（TW）；泰国、巴基斯坦。

（6）亨德尔前滨蝇 *Procanace hendeli* Delfinado, 1971
Procanace hendeli Delfinado, 1971. Orient. Insects 5 (1): 119.
Type locality: China: Taiwan, Taibei.
分布（Distribution）：台湾（TW）。

（7）台湾前滨蝇 *Procanace taiwanensis* Delfinado, 1971
Procanace hendeli Delfinado, 1971. Orient. Insects 5 (1): 118.
Type locality: China: Taiwan, Taibei.
分布（Distribution）：台湾（TW）。

4. 鬃滨蝇属 *Trichocanace* Wirth, 1951

Trichocanace Wirth, 1951. Occ. Pap. Bishop Mus. 20 (14): 252. **Type species:** *Trichocanace sinensis* Wirth, 1951 (by original designation).

（8）中华鬃滨蝇 *Trichocanace sinensis* Wirth, 1951
Trichocanace sinensis Wirth, 1951. Occ. Pap. Bishop Mus. 20 (14): 253. **Type locality:** China: Fukien [= Fujian], Foochow [= Fuzhou].
分布（Distribution）：福建（FJ）；肯尼亚、马达加斯加、马来西亚、泰国、澳大利亚。

5. 黄滨蝇属 *Xanthocanace* Hendel, 1914

Xanthocanace Hendel, 1914a. Suppl. Ent. 3: 98. **Type species:** *Canace ranula* Loew, 1874 (by original designation).
Dinomyia Becker, 1926. Flieg. Palaearkt. Reg. 6 (1): 107. **Type species:** *Canace ranula* Loew, 1874 (monotypy).
Myioblax Enderlein, 1935. Sber. Ges. Naturf. Freunde Berl. 18: 81. **Type species:** *Canace ranula* Loew, 1874 (by original designation).

（9）大黄滨蝇 *Xanthocanace magna* (Hendel, 1913)
Canace magna Hendel, 1913a. Suppl. Ent. 2: 95. **Type locality:** China: Taiwan, Anping.
Xanthocanace magna: Hendel, 1914a. Suppl. Ent. 3: 98.
分布（Distribution）：台湾（TW）。

（10）东方黄滨蝇 *Xanthocanace orientalis* (Hendel, 1913)
Canace orientalis Hendel, 1913a. Suppl. Ent. 2: 94. **Type**

locality: China: Taiwan, Anping.

Xanthocanace orientalis: Hendel, 1914a. Suppl. Ent. 3: 98.

分布（Distribution）：台湾（TW）。

鸟蝇科 Carnidae

1. 媚鸟蝇属 *Meoneura* Rondani, 1856

Meoneura Rondani, 1856. Dipt. Ital. Prodromus, Vol. I: 128. **Type species:** *Agromyza obscurella* Fallén, 1823 (monotypy).

Anisonevra Lioy, 1864. Atti R. Ist. Véneto Sci. Lett. Arti (3) 9: 1314. **Type species:** *Agromyza lacteipennis* Fallén, 1913 (monotypy).

Agrobia Lioy, 1864. Atti R. Ist. Véneto Sci. Lett. Arti (3) 9: 1313. **Type species:** *Agromyza pectinata* Meigen, 1830 (monotypy) [= *Agromyza obscurella* Fallén, 1823].

Psalidotus Becker, 1903. Mitt. Zool. Mus. Berl. 2 (3): 191. **Type species:** *Psalidotus primus* Becker, 1903 (monotypy).

Meoneura: Collin, 1930. Ent. Mon. Mag. 66: 82; Hennig, 1937. *In*: Lindner, 1937. Flieg. Palaearkt. Reg. 6 (1): 59; Papp, 1976. Acta Zool. Acad. Sci. Hung. 22: 385.

（1）暗媚鸟蝇 *Meoneura obscurella* (Fallén, 1823)

Agromyza obscurella Fallén, 1823. Agromyzides Sveciae: 6. **Type locality:** Sweden: Skåne [= Scania].

Agromyza pectinata Meigen, 1830. Syst. Beschr. Europ. Zweifl. Insekt. 6: 179. **Type locality:** Not given (? Austria).

Agromyza infuscata Meigen, 1830. Syst. Beschr. Europ. Zweifl. Insekt. 6: 184. **Type locality:** Not given (? Austria).

Agromyza tritici Fitch, 1856. Trans. N. Y. St. Agric. Soc. 15: 535. **Type locality:** USA: New York.

Agromyza vagans var. *geniculata* Strobl, 1898. Glasn. Zemalj. Mus. Bosni Herceg. 10: 585. **Type locality:** Bosnia and Herzegovina: Mostar & Trebinje.

Meonura obscurella: Becker, 1907. Annu. Mus. Zool. Acad. Sci. Russ. St.-Pétersb. 12 (3): 59; Brake, 2009. Myia 12: 124.

分布（Distribution）：中国（省份不明）；欧洲、北美洲。

秆蝇科 Chloropidae

秆蝇亚科 Chloropinae

1. 粉秆蝇属 *Anthracophagella* Andersson, 1977

Anthracophagella Andersson, 1977. Ent. Scand. Suppl. 8: 141. **Type species:** *Anthracophagella sulcifrons* Becker, 1911 (by original designation).

（1）杂色粉秆蝇 *Anthracophagella albovariegata* (Thomson, 1869)

Eurina albovariegata Thomson, 1869. K. Svenska Fregatten

Eugenies Resa, Zool., Dipt. 2 (1): 606. **Type locality:** Malaysia: Malacca.

分布（Distribution）：江苏（JS）、湖北（HB）、台湾（TW）；日本、菲律宾、马来西亚、印度尼西亚、泰国、新加坡、印度、澳大利亚。

（2）中华粉秆蝇 *Anthracophagella sinensis* Yang *et* Yang, 1989

Anthracophagella sinensis Yang *et* Yang, 1989. Guizhou Sci. 7 (2): 83. **Type locality:** China: Guizhou, Guiyang.

分布（Distribution）：贵州（GZ）。

2. 螳秆蝇属 *Aragara* Walker, 1860

Aragara Walker, 1860b. J. Proc. Linn. Soc. London Zool. 4: 154. **Type species:** *Aragara crassipes* Walker, 1860 (by original designation).

Ochtherisoma Becker, 1911. Ann. Hist.-Nat. Mus. Natl. Hung. 9: 39. **Type species:** *Ochtherisoma imitator* Becker, 1911 (monotypy).

（3）黄芒螳秆蝇 *Aragara flavaristata* Liu *et* Yang, 2014

Aragara flavaristata Liu *et* Yang, 2014. Zootaxa 3895 (1): 128. **Type locality:** China: Yunnan, Mengla.

分布（Distribution）：云南（YN）。

（4）勐腊螳秆蝇 *Aragara menglaensis* Liu *et* Yang, 2014

Aragara menglaensis Liu *et* Yang, 2014. Zootaxa 3895 (1): 131. **Type locality:** China: Yunnan, Mengla.

分布（Distribution）：云南（YN）。

（5）中华螳秆蝇 *Aragara sinensis* (Yang *et* Yang, 1994)

Formosina sinensis Yang *et* Yang, 1994. Entomotaxon. 16 (1): 76. **Type locality:** China: Yunnan, Yuanjiang.

分布（Distribution）：云南（YN）。

（6）三线螳秆蝇 *Aragara trilineata* Cherian, 1984

Aragara trilineata Cherian, 1984. Orient. Insects 18: 88. **Type locality:** India: Meghālaya.

分布（Distribution）：云南（YN）；印度。

3. 隆盾秆蝇属 *Centorisoma* Becker, 1910

Centorisoma Becker, 1910. Arch. Zool. 1 (10): 106. **Type species:** *Centorisoma elegantulum* Becker, 1911 (monotypy).

（7）端凸隆盾秆蝇 *Centorisoma convexum* Liu *et* Yang, 2014

Centorisoma convexum Liu *et* Yang, 2014. Zootaxa 3821 (1): 103. **Type locality:** China: Guizhou, Suiyang.

分布（Distribution）：河北（HEB）、北京（BJ）、贵州（GZ）。

（8）分须隆盾秆蝇 *Centorisoma divisum* Liu *et* Yang, 2012

Centorisoma divisum Liu *et* Yang, 2012. Zootaxa 3361: 20. **Type locality:** China: Inner Mongolia, Helan Mountain.

分布（Distribution）：内蒙古（NM）。

（9）甘肃隆盾秆蝇 *Centorisoma gansuensis* Liu *et* Yang, 2012

Centorisoma gansuensis Liu *et* Yang, 2012. Zootaxa 3361: 21. **Type locality:** China: Gansu, Nankonggangmu.

分布（Distribution）：甘肃（GS）。

（10）贺兰山隆盾秆蝇 *Centorisoma helanshanensis* Liu *et* Yang, 2012

Centorisoma helanshanensis Liu *et* Yang, 2012. Zootaxa 3361: 22. **Type locality:** China: Inner Mongolia, Helan Mountain.

分布（Distribution）：内蒙古（NM）。

（11）中凸隆盾秆蝇 *Centorisoma mediconvexum* Liu *et* Yang, 2014

Centorisoma mediconvexum Liu *et* Yang, 2014. Zootaxa 3821 (1): 105. **Type locality:** China: Shaanxi, Houzhenzi.

分布（Distribution）：陕西（SN）、湖北（HB）、四川（SC）。

（12）内蒙古隆盾秆蝇 *Centorisoma neimengguensis* Liu *et* Yang, 2014

Centorisoma neimengguensis Liu *et* Yang, 2014. Zootaxa 3821 (1): 108. **Type locality:** China: Inner Mongolia, Helan Mountain.

分布（Distribution）：内蒙古（NM）。

（13）黑芒凸盾秆蝇 *Centorisoma nigriaristatum* Yang *et* Yang, 1992

Centorisoma nigriaristatum Yang *et* Yang, 1992. Jpn. J. Ent. 60 (3): 647. **Type locality:** China: Qinghai, Menyuan.

分布（Distribution）：青海（QH）。

（14）多边隆盾秆蝇 *Centorisoma pentagonium* Liu *et* Yang, 2014

Centorisoma pentagonium Liu *et* Yang, 2014. Zootaxa 3821 (1): 110. **Type locality:** China: Beijing, Yanqing.

分布（Distribution）：北京（BJ）、宁夏（NX）。

（15）盾形隆盾秆蝇 *Centorisoma scutatum* Liu *et* Yang, 2012

Centorisoma scutatum Liu *et* Yang, 2012. Zootaxa 3361: 24. **Type locality:** China: Ningxia, Liupan Mountain.

分布（Distribution）：北京（BJ）、宁夏（NX）。

（16）六边隆盾秆蝇 *Centorisoma sexangulatum* Liu *et* Yang, 2014

Centorisoma sexangulatum Liu *et* Yang, 2014. Zootaxa 3821 (1): 112. **Type locality:** China: Ningxia, Liupan Mountain.

分布（Distribution）：河北（HEB）、北京（BJ）、宁夏（NX）。

（17）陕西隆盾秆蝇 *Centorisoma shaanxiensis* Liu *et* Yang, 2012

Centorisoma shaanxiensis Liu *et* Yang, 2012. Zootaxa 3361: 25. **Type locality:** China: Shaanxi, Zhouzhi.

分布（Distribution）：陕西（SN）。

4. 角秆蝇属 *Cerais* van der Wulp, 1881

Cerais van der Wulp, 1881. Midden-Sumatra Exped. Dipt. 4 (9): 54. **Type species:** *Cerais magnicornis* van der Wulp, 1881 (monotypy).

Euryparia Becker, 1911. Ann. Hist.-Nat. Mus. Natl. Hung. 9: 84. **Type species:** *Euryparia rara* Becker, 1911 (monotypy).

（18）罕见角秆蝇 *Cerais magnicornis* van der Wulp, 1881

Cerais magnicornis van der Wulp, 1881. Midden-Sumatra Exped. Dipt. 4 (9): 55. **Type locality:** Indonesia: Sumatra, Soeroelangoen.

Euryparia rara Becker, 1911. Ann. Hist.-Nat. Mus. Natl. Hung. 9: 84. **Type locality:** China: Taiwan, Tainan.

分布（Distribution）：台湾（TW）；印度尼西亚。

5. 中距秆蝇属 *Cetema* Hendel, 1907

Cetema Hendel, 1907. Wien. Ent. Ztg. 26 (3): 98 (replacement name for *Centor* Loew, 1866 nec Schönherr, 1847). **Type species:** *Oscinis cereris* Fallén, 1820 (automatic).

Centor Loew, 1866d. Z. Ent. (1861) 15: 7 (preoccupied by Schönherr, 1848). **Type species:** *Oscinis cereris* Fallén, 1820 (by designation of Coquillett, 1910).

Centorella Strand, 1928. Arch. Naturgesch. (1926) 92A (8): 48 (replacement name for *Centor* Loew, 1866 nec Schönherr, 1848). **Type species:** *Oscinis cereris* Fallén, 1820 (automatic).

Archecetema Nartshuk, 1976. Trudy Zool. Inst. 62: 123. **Type species:** *Cetema necopinata* Nartshuk, 1976 (by original designation).

（19）甘肃中距秆蝇 *Cetema gansuensis* Yang *et* Yang, 1998

Cetema gansuensis Yang *et* Yang, 1998. *In*: Xue *et* Chao, 1998. Flies of China, Vol. 1: 548. **Type locality:** China: Gansu, Zhuonilubasi.

分布（Distribution）：甘肃（GS）。

（20）山西中距秆蝇 *Cetema shanxiensis* Yang *et* Yang, 1998

Cetema shanxiensis Yang *et* Yang, 1998. *In*: Xue *et* Chao, 1998. Flies of China, Vol. 1: 550. **Type locality:** China: Shanxi, Wutai Mountain.

分布（Distribution）：山西（SX）。

（21）中华中距秆蝇 *Cetema sinensis* Yang *et* Yang, 1998

Cetema sinensis Yang *et* Yang, 1998. *In*: Xue *et* Chao, 1998. Flies of China, Vol. 1: 550. **Type locality:** China: Ningxia, Liupan Mountain.

分布（Distribution）：宁夏（NX）。

（22）中黄中距秆蝇 *Cetema sulcifrons nigritarsis* Duda, 1933

Cetema sulcifrons nigritarsis Duda, 1933. *In*: Lindner, 1933. Flieg. Palaearkt. Reg. 6 (1): 229. **Type locality:** China: Sichuan.

分布（Distribution）：宁夏（NX）、四川（SC）。

6. 秆蝇属 *Chlorops* Meigen, 1803

Chlorops Meigen, 1803. Mag. Insektenkd. 2: 278. **Type species:** *Musca pumilionis* Bjerkander, 1778 (by designation of ICZN, 1955).

Oscinis Latreille, 1804. Nouv. Dict. Hist. Nat. 24 (3): 196. **Type species:** *Musca pumilionis* Bjerkander, 1778 [= *Musca pumilionis* Bjerkander, 1778] (by designation of Zetterstedt, 1838).

Cotilea Lioy, 1864. Atti R. Ist. Véneto Sci. Lett. Arti (3) 9: 1123. **Type species:** *Chlorops gracilis* Meigen, 1830 (monotypy).

Anthracophaga Loew, 1866. Z. Ent. (1861) 15: 15. **Type species:** *Musca strigula* Fabricius, 1794 (by designation of Coquillett, 1910).

Lasiochlorops Duda, 1934b. Tijdschr. Ent. 77: 127. **Type species:** *Chlorops grisescens* Becker, 1916 (by original designation).

Sclerophallus Beschovski, 1978. Nouv. Rev. Ent. 8 (4): 400. **Type species:** *Chlorops varsoviensis* Becker, 1910 (by original designation).

Asianochlorops Kanmiya, 1983. Mem. Ent. Soc. Wash. 11: 299. **Type species:** *Chlorops lenis* Becker, 1924 (by original designation).

（23）阿里山秆蝇 *Chlorops alishanensis* Kanmiya, 1978

Chlorops alishanensis Kanmiya, 1978. Kontyû 46 (1): 53. **Type locality:** China: Taiwan, Ali Mountain.

分布（Distribution）：台湾（TW）。

（24）钩突秆蝇 *Chlorops ancistrus* Cui *et* Yang, 2011

Chlorops ancistrus Cui *et* Yang, 2011. Trans. Am. Entomol. Soc. 137 (3): 331. **Type locality:** China: Yunnan, Gongshan.

分布（Distribution）：云南（YN）。

（25）堂皇秆蝇 *Chlorops augustus* Cui *et* Yang, 2011

Chlorops augustus Cui *et* Yang, 2011. Trans. Am. Entomol. Soc. 137 (3): 331. **Type locality:** China: Yunnan, Tengchong.

分布（Distribution）：云南（YN）。

（26）双毛秆蝇 *Chlorops bisetulifer* Cui *et* Yang, 2015

Chlorops bisetulifer Cui *et* Yang, 2015. Trans. Am. Ent. Soc. 141: 93. **Type locality:** China: Guangxi, Huaping.

分布（Distribution）：广西（GX）。

（27）短突秆蝇 *Chlorops breviprocessus* new name

Chlorops brevis Cui *et* Yang, 2015. Trans. Am. Ent. Soc. 141: 94 (preoccupied by Becker, 1916). **Type locality:** China: Fujian, Wuyi Mountain.

分布（Distribution）：福建（FJ）。

（28）沟秆蝇 *Chlorops canaliculatus* Becker, 1911

Chlorops canaliculatus Becker, 1911. Ann. Hist.-Nat. Mus. Natl. Hung. 9: 71. **Type locality:** China: Taiwan, Tainan.

分布（Distribution）：台湾（TW）；菲律宾。

（29）指突秆蝇 *Chlorops digitatus* Cui *et* Yang, 2011

Chlorops digitatus Cui *et* Yang, 2011. Trans. Am. Entomol. Soc. 137 (3): 344. **Type locality:** China: Yunnan, Tengchong.

分布（Distribution）：云南（YN）。

（30）黑芒秆蝇 *Chlorops extraneus* Wiedemann, 1830

Chlorops extraneus Wiedemann, 1830. Aussereurop. Zweifl. Insekt. 2: 596. **Type locality:** China.

分布（Distribution）：中国（省份不明）。

（31）黄芒秆蝇 *Chlorops flavaristatus* Cui *et* Yang, 2011

Chlorops flavaristatus Cui *et* Yang, 2011. Trans. Am. Entomol. Soc. 137 (3): 345. **Type locality:** China: Yunnan, Dulongjiang.

分布（Distribution）：云南（YN）。

（32）黄角秆蝇 *Chlorops flavicorneus* Cui *et* Yang, 2015

Chlorops flavicorneus Cui *et* Yang, 2015. Trans. Am. Ent. Soc. 141: 95. **Type locality:** China: Fujian, Wuyi Mountain.

分布（Distribution）：福建（FJ）。

（33）黄斑秆蝇 *Chlorops flavimaculatus* Cui *et* Yang, 2015

Chlorops flavimaculatus Cui *et* Yang, 2015. Trans. Am. Ent.

Soc. 141: 96. **Type locality:** China: Fujian, Meihua Mountain.

分布（Distribution）：福建（FJ）。

（34）黄须秆蝇 *Chlorops flavipalpus* **Cui *et* Yang, 2011**

Chlorops flavipalpus Cui *et* Yang, 2011. Zootaxa 2987: 19. **Type locality:** China: Beijing, Yanqing.

分布（Distribution）：北京（BJ）、宁夏（NX）。

（35）宽额秆蝇 *Chlorops frontatus* **Becker, 1911**

Chlorops frontatus Becker, 1911. Ann. Hist.-Nat. Mus. Natl. Hung. 9: 68. **Type locality:** China: Taiwan, Kaohsiung.

分布（Distribution）：台湾（TW）。

（36）甘肃秆蝇 *Chlorops gansuensis* **Cui *et* Yang, 2011**

Chlorops gansuensis Cui *et* Yang, 2011. Zootaxa 2987: 21. **Type locality:** China: Gansu, Xinglong Mountain.

分布（Distribution）：宁夏（NX）、甘肃（GS）。

（37）灰秆蝇 *Chlorops grisescens* **Becker, 1916**

Chlorops grisescens Becker, 1916. Ann. Hist.-Nat. Mus. Natl. Hung. 14: 439. **Type locality:** China: Taiwan, Tainan and Anping.

分布（Distribution）：台湾（TW）。

（38）内突秆蝇 *Chlorops internus* **Cui *et* Yang, 2015**

Chlorops internus Cui *et* Yang, 2015. Trans. Am. Ent. Soc. 141: 97. **Type locality:** China: Sichuan, Luding.

分布（Distribution）：四川（SC）。

（39）宽颊秆蝇 *Chlorops latiusculus* **Cui *et* Yang, 2011**

Chlorops latiusculus Cui *et* Yang, 2011. Trans. Am. Entomol. Soc. 137 (3): 346. **Type locality:** China: Yunnan, Dulongjiang.

分布（Distribution）：云南（YN）。

（40）宽板秆蝇 *Chlorops latus* **Cui *et* Yang, 2011**

Chlorops latus Cui *et* Yang, 2011. Trans. Am. Entomol. Soc. 137 (3): 346. **Type locality:** China: Yunnan, Tengchong.

分布（Distribution）：云南（YN）。

（41）温柔秆蝇 *Chlorops lenis* **Becker, 1924**

Chlorops lenis Becker, 1924. Ent. Mitt. 13: 117. **Type locality:** China: Taiwan, Taipei.

分布（Distribution）：台湾（TW）；日本。

（42）李氏秆蝇 *Chlorops liae* **Cui *et* Yang, 2011**

Chlorops liae Cui *et* Yang, 2011. Trans. Am. Entomol. Soc. 137 (3): 347. **Type locality:** China: Yunnan, Tengchong.

分布（Distribution）：云南（YN）。

（43）六盘山秆蝇 *Chlorops liupanshanus* **Cui *et* Yang, 2011**

Chlorops liupanshanus Cui *et* Yang, 2011. Zootaxa 2987: 22. **Type locality:** China: Ningxia, Liupan Mountain.

分布（Distribution）：宁夏（NX）。

（44）黄缘秆蝇 *Chlorops marginatus* **Cui *et* Yang, 2011**

Chlorops marginatus Cui *et* Yang, 2011. Trans. Am. Entomol. Soc. 137 (3): 348. **Type locality:** China: Yunnan, Menglun.

分布（Distribution）：云南（YN）。

（45）中沟秆蝇 *Chlorops medialis* **Cui *et* Yang, 2015**

Chlorops medialis Cui *et* Yang, 2015. Trans. Am. Ent. Soc. 141: 98. **Type locality:** China: Sichuan, Ya'an (Erlang Mountain).

分布（Distribution）：四川（SC）。

（46）梅花山秆蝇 *Chlorops meihuashanensis* **Cui *et* Yang, 2015**

Chlorops meihuashanensis Cui *et* Yang, 2015. Trans. Am. Ent. Soc. 141: 99. **Type locality:** China: Fujian, Meihua Mountain.

分布（Distribution）：福建（FJ）。

（47）小秆蝇 *Chlorops minimus* **Becker, 1911**

Chlorops minimus Becker, 1911. Ann. Hist.-Nat. Mus. Natl. Hung. 9: 66. **Type locality:** China: Taiwan, Kaohsiung.

分布（Distribution）：台湾（TW）；印度尼西亚、菲律宾。

（48）黑角秆蝇 *Chlorops nigricornoides* **Sabrosky, 1977**

Chlorops nigricornoides Sabrosky, 1977b. *In*: Delfinado *et* Hardy, 1977. Cat. Dipt. Orient. Reg. 3: 305 (replacement name for *Chlorops nigricornis* Duda, 1930 nec Brunetti, 1917). **Type locality:** China: Taiwan, Beitou.

Chlorops nigricornis Duda, 1930. Stettin. Ent. Ztg. 91: 297 (preoccupied by Brunetti, 1917). **Type locality:** China: Taiwan, Beitou.

分布（Distribution）：台湾（TW）。

（49）黑毛秆蝇 *Chlorops nigripila* **(Duda, 1933)**

Oscinis nigripila Duda, 1933. *In*: Lindner, 1933. Flieg. Palaearkt. Reg. 6 (1): 231. **Type locality:** China: Sichuan, Shibangou.

分布（Distribution）：四川（SC）。

（50）黑缘秆蝇 *Chlorops oralis* **(Duda, 1933)**

Oscinis oralis Duda, 1933. *In*: Lindner, 1933. Flieg. Palaearkt. Reg. 6 (1): 187. **Type locality:** China: Gansu.

分布（Distribution）：甘肃（GS）。

（51）稻秆蝇 *Chlorops oryzae* **Matsumura, 1915**

Chlorops oryzae Matsumura, 1915. Dainihon Gaichū Zensho 2: 52. **Type locality:** Japan: Honshū.

Chlorops kuwanae Aldrich, 1925. Proc. U. S. Natl. Mus. 66 (18): 2. **Type locality:** Japan: Tokyo.

分布（Distribution）：浙江（ZJ）、江西（JX）、湖南（HN）、湖北（HB）、四川（SC）、贵州（GZ）、云南（YN）、福建（FJ）、广东（GD）；朝鲜、日本。

（52）后突秆蝇 *Chlorops posticus* **Cui et Yang, 2011**

Chlorops posticus Cui et Yang, 2011. Trans. Am. Entomol. Soc. 137 (3): 349. **Type locality:** China: Yunnan, Menglun.

分布（Distribution）：云南（YN）。

（53）黑跗秆蝇 *Chlorops potanini* **(Duda, 1933)**

Oscinis potanini Duda, 1933. *In*: Lindner, 1933. Flieg. Palaearkt. Reg. 6 (1): 232. **Type locality:** China: Sichuan.

分布（Distribution）：四川（SC）。

（54）基黄秆蝇 *Chlorops punctatus* **(Duda, 1933)**

Oscinis punctatus Duda, 1933. *In*: Lindner, 1933. Flieg. Palaearkt. Reg. 6 (1): 94. **Type locality:** China: Sichuan.

分布（Distribution）：四川（SC）。

（55）圆茎秆蝇 *Chlorops rotundatus* **Cui et Yang, 2011**

Chlorops rotundatus Cui et Yang, 2011. Trans. Am. Entomol. Soc. 137 (3): 349. **Type locality:** China: Yunnan, Mengla.

分布（Distribution）：云南（YN）。

（56）三斑秆蝇 *Chlorops rubricollis* **Becker, 1911**

Chlorops rubricollis Becker, 1911. Ann. Hist.-Nat. Mus. Natl. Hung. 9: 68. **Type locality:** China: Taiwan, Kaohsiung.

分布（Distribution）：台湾（TW）。

（57）古北秆蝇 *Chlorops rufinus* **(Zetterstedt, 1848)**

Oscinis rufina Zetterstedt, 1848. Dipt. Scand. 7: 2628. **Type locality:** Sweden: Östergötlands, Mjölby, Lärketorp.

分布（Distribution）：北京（BJ）、新疆（XJ）；奥地利、保加利亚、前捷克斯洛伐克、芬兰、德国、英国、匈牙利、荷兰、波兰、罗马尼亚、俄罗斯、西班牙、瑞典、日本、蒙古国。

（58）褐端秆蝇 *Chlorops stigmatella* **Becker, 1911**

Chlorops stigmatella Becker, 1911. Ann. Hist.-Nat. Mus. Natl. Hung. 9: 95. **Type locality:** Australia: Sydney. China: Taiwan.

Chlorops robustus Smirnov et Fedoseeva, 1976. Zool. Žhur. 55 (10): 1494. **Type locality:** Japan: Misaki, Kyushu.

分布（Distribution）：贵州（GZ）、云南（YN）、福建（FJ）、台湾（TW）、广东（GD）；澳大利亚、日本。

（59）腾冲秆蝇 *Chlorops tengchongensis* **Cui et Yang, 2011**

Chlorops tengchongensis Cui et Yang, 2011. Trans. Am. Entomol. Soc. 137 (3): 350. **Type locality:** China: Yunnan, Tengchong.

分布（Distribution）：云南（YN）。

（60）短毛秆蝇 *Chlorops tomentosus* **Smirnov et Fedoseeva, 1978**

Chlorops tomentosus Smirnov et Fedoseeva, 1978. Nauch. Dokl. Vyssh. Shk. Biol. Nauki (7): 46. **Type locality:** China: Inner Mongolia, Alashan.

分布（Distribution）：内蒙古（NM）。

（61）角突秆蝇 *Chlorops triangulatus* **Cui et Yang, 2011**

Chlorops triangulatus Cui et Yang, 2011. Trans. Am. Entomol. Soc. 137 (3): 351. **Type locality:** China: Yunnan, Tengchong.

分布（Distribution）：云南（YN）。

（62）三毛秆蝇 *Chlorops trisetifer* **Cui et Yang, 2011**

Chlorops trisetifer Cui et Yang, 2011. Zootaxa 2987: 24. **Type locality:** China: Xinjiang, Habahe.

分布（Distribution）：新疆（XJ）。

（63）费氏秆蝇 *Chlorops victorovi* **Smirnov et Fedoseeva, 1976**

Chlorops victorovi Smirnov et Fedoseeva, 1976. Zool. Žhur. 55 (10): 1489. **Type locality:** Russia: Far East.

分布（Distribution）：内蒙古（NM）；俄罗斯。

（64）武夷山秆蝇 *Chlorops wuyishanus* **Cui et Yang, 2015**

Chlorops wuyishanus Cui et Yang, 2015. Trans. Am. Ent. Soc. 141: 100. **Type locality:** China: Fujian, Wuyi Mountain.

分布（Distribution）：福建（FJ）。

（65）新疆秆蝇 *Chlorops xinjiangensis* **Cui et Yang, 2011**

Chlorops xinjiangensis Cui et Yang, 2011. Zootaxa 2987: 26. **Type locality:** China: Xinjiang, Gongnaisi.

分布（Distribution）：新疆（XJ）。

7. 基脉秆蝇属 *Chloropsina* Becker, 1911

Chloropsina Becker, 1911. Ann. Hist.-Nat. Mus. Natl. Hung. 9: 51. **Type species:** *Chloropsina oculata* Becker, 1911 (by designation of Malloch, 1931).

Globiops Andersson, 1977. Ent. Scand. Suppl. 8: 166. **Type species:** *Globiops brunnescens* Andersson, 1977 (by original designation).

（66）趋黄基脉秆蝇 *Chloropsina flavovaria* Becker, 1916

Chloropsina flavovaria Becker, 1916. Ann. Hist.-Nat. Mus. Natl. Hung. 14: 440. **Type locality:** China: Taiwan.

分布（**Distribution**）：台湾（TW）。

（67）微小基脉秆蝇 *Chloropsina minima* (Becker, 1911)

Chlorops minima Becker, 1911. Ann. Hist.-Nat. Mus. Natl. Hung. 9: 66. **Type locality:** China: Taiwan.

分布（**Distribution**）：台湾（TW）；日本、印度尼西亚、菲律宾。

8. 棒秆蝇属 *Cordylosomides* Strand, 1928

Cordylosomides Strand, 1928. Arch. Naturgesch. (1926) 92A (8): 73 (replacement name for *Cordylosoma* Becker, 1924 nec Voigt, 1904). **Type species:** *Assuania tuberifera* Becker, 1924 (automatic).

Cordylosoma Becker, 1924. Ent. Mitt. 13: 119 (preoccupied by Voigt, 1904). **Type species:** *Assuania tuberifera* Becker, 1924 (monotypy).

（68）多瘤棒秆蝇 *Cordylosomides tuberifer* (Becker, 1912)

Assuania tuberifer Becker, 1912. Ann. Hist.-Nat. Mus. Natl. Hung. 10: 254. **Type locality:** China: Taiwan, Toyenmongai.

分布（**Distribution**）：台湾（TW）；马来西亚。

9. 隐脉秆蝇属 *Cryptonevra* Lioy, 1864

Cryptonevra Lioy, 1864. Atti R. Ist. Véneto Sci. Lett. Arti (3) 9: 1125. **Type species:** *Chlorops flavitarsis* Meigen, 1830 (monotypy).

Haplegis Loew, 1866. Z. Ent. (1861) 15: 22. **Type species:** *Haplegis rufifrons* Loew, 1866 [= *Chlorops diadema* Meigen, 1830] (by designation of Coquillett, 1910).

Neohaplegis Beschovski, 1981. Reichenbachia 19: 51. **Type species:** *Oscinis tarsata* Fallén, 1820 (by original designation).

（69）王冠隐脉秆蝇 *Cryptonevra diadema* (Meigen, 1830)

Chlorops diadema Meigen, 1830. Syst. Beschr. Europ. Zweifl. Insekt. 6: 158. **Type locality:** Not given.

Haplegis rufifrons Loew, 1866. Z. Ent. (1861) 15: 23. **Type locality:** Austria: Grafschaft Glatz. Poland: Wiener Gegend bei Dornbach.

分布（**Distribution**）：台湾（TW）；哈萨克斯坦、意大利、波兰、奥地利、保加利亚、丹麦、法国、芬兰、德国、匈牙利、以色列、西班牙、俄罗斯。

（70）黄跗隐脉秆蝇 *Cryptonevra flavitarsis* (Meigen, 1830)

Chlorops flavitarsis Meigen, 1830. Syst. Beschr. Europ.

Zweifl. Insekt. 6: 161. **Type locality:** Not given.

Haplegis divergens Loew, 1866. Z. Ent. (1861) 15: 24. **Type locality:** Poland: Furstenstein. Germany.

分布（**Distribution**）：中国（省份不明）；蒙古国、哈萨克斯坦、奥地利、瑞典、比利时、英国、捷克、斯洛伐克、丹麦、法国、芬兰、德国、匈牙利、摩洛哥、波兰、罗马尼亚、俄罗斯。

10. 近脉秆蝇属 *Diplotoxa* Loew, 1863

Diplotoxa Loew, 1863. Berl. Ent. Z. 7: 54. **Type species:** *Diplotoxa verscicolor* Loew, 1863 (monotypy).

Anthoboa Lioy, 1864. Atti R. Ist. Véneto Sci. Lett. Arti. (3) 9: 1124. **Type species:** *Chlorops lateralis* Macquart, 1835 [= *Oscinis messoria* Fallén, 1820] (by designation of Becker, 1912).

Apterosoma Salmon, 1939. Proc. R. Ent. Soc. London (B) 8: 113. **Type species:** *Apterosoma moorei* Salmon, 1939 (by original designation).

（71）基黄近脉秆蝇 *Diplotoxa basinigra* Yang et Yang, 1993

Diplotoxa basinigra Yang et Yang, 1993. Bull. Inst. R. Sci. Nat. Belg. 63: 174. **Type locality:** China: Qinghai, Menyuan.

分布（**Distribution**）：青海（QH）。

（72）黄尖近脉秆蝇 *Diplotoxa xantha* Yang et Yang, 1993

Diplotoxa xantha Yang et Yang, 1993. Bull. Inst. R. Sci. Nat. Belg. 63: 175. **Type locality:** China: Inner Mongolia, Liancheng.

分布（**Distribution**）：内蒙古（NM）。

11. 毛瘤秆蝇属 *Elachiptereicus* Becker, 1909

Elachiptereicus Becker, 1909. Bull. Mus. Natl. Hist. Nat. (1) 15: 119. **Type species:** *Elachiptereicus bistriatus* Becker, 1909 (monotypy).

Opsiceras Séguy, 1946. Encycl. Ent. (B) II Dipt. 10: 12. **Type species:** *Opsiceras bistriatus* Séguy, 1946 [= *Elachiptericus bistriatus* Becker, 1909] (monotypy).

（73）暗腹毛瘤秆蝇 *Elachiptereicus ventriniger* Yang et Yang, 1992

Elachiptereicus ventriniger Yang et Yang, 1992. Guizhou Sci. 10 (2): 53. **Type locality:** China: Guizhou, Huaxi.

分布（**Distribution**）：贵州（GZ）。

12. 扁芒秆蝇属 *Ensiferella* Andersson, 1977

Ensiferella Andersson, 1977. Ent. Scand. Suppl. 8: 169. **Type species:** *Ensiferella ceylonica* Andersson, 1977 (by original designation).

（74）长茎扁芒秆蝇 *Ensiferella elongata* Liu *et* Yang, 2012

Ensiferella elongata Liu *et* Yang, 2012. Zootaxa 3207: 55.
Type locality: China: Yunnan, Mengla.
分布（Distribution）：云南（YN）、海南（HI）。

（75）台湾扁芒秆蝇 *Ensiferella formosa* (Becker, 1911)

Steleocerus formosus Becker, 1911. Ann. Hist.-Nat. Mus. Natl. Hung. 9: 46. **Type locality:** China: Taiwan.
分布（Distribution）：台湾（TW）。

（76）上宫扁芒秆蝇 *Ensiferella kanmiyai* Nartshuk, 1993

Ensiferella kanmiyai Nartshuk, 1993. Trudy Zool. Inst. 240: 104. **Type locality:** Vietnam.
分布（Distribution）：云南（YN）、福建（FJ）、海南（HI）；越南。

（77）长刺扁芒秆蝇 *Ensiferella longispina* Liu *et* Yang, 2012

Ensiferella longispina Liu *et* Yang, 2012. Zootaxa 3207: 57.
Type locality: China: Guangdong, Yingde.
分布（Distribution）：福建（FJ）、广东（GD）、海南（HI）。

（78）暗黑扁芒秆蝇 *Ensiferella obscurella* (Becker, 1911)

Steleocerus obscurellus Becker, 1911. Ann. Hist.-Nat. Mus. Natl. Hung. 9: 45. **Type locality:** Papua New Guinea.
分布（Distribution）：台湾（TW）；日本、印度尼西亚、马来西亚、菲律宾、澳大利亚、巴布亚新几内亚。

（79）萨氏扁芒秆蝇 *Ensiferella sabroskyi* Nartshuk, 1993

Ensiferella sabroskyi Nartshuk, 1993. Trudy Zool. Inst. 240: 105. **Type locality:** Vietnam.
分布（Distribution）：云南（YN）；越南。

（80）涉谷扁芒秆蝇 *Ensiferella shibuyai* Kanmiya, 1977

Ensiferella shibuyai Kanmiya, 1977. Kurume Univ. J. 26 (1): 54. **Type locality:** China: Taiwan.
分布（Distribution）：台湾（TW）。

13. 刻点秆蝇属 *Epichlorops* Becker, 1910

Epichlorops Becker, 1910. Arch. Zool. 1 (10): 77. **Type species:** *Oscinis puncticollis* Zetterstedt, 1848 (by original designation).

（81）钩突刻点秆蝇 *Epichlorops puncticollis* (Zetterstedt, 1848)

Oscinis puncticollis Zetterstedt, 1848. Dipt. Scand. 7: 2636.

Type locality: Sweden: Gotland.
分布（Distribution）：新疆（XJ）；日本、哈萨克斯坦、蒙古国、奥地利、英国、捷克、斯洛伐克、丹麦、芬兰、瑞典、法国、德国、匈牙利、挪威、波兰、罗马尼亚、俄罗斯、加拿大、冰岛、美国。

（82）云南刻点秆蝇 *Epichlorops yunnanensis* Cui *et* Yang, 2009

Epichlorops yunnanensis Cui *et* Yang, 2009. Zootaxa 2017: 42. **Type locality:** China: Yunnan, Tengchong.
分布（Distribution）：云南（YN）。

14. 颜脊秆蝇属 *Eurina* Meigen, 1830

Eurina Meigen, 1830. Syst. Beschr. Europ. Zweifl. Insekt. 6: 3.
Type species: *Eurina lurida* Meigen, 1830 (by designation of Westwood, 1840).
Polydecta Gistel, 1848. Naturgeschichte des Thierreichs für höhere Schulen, Stuttgart 16: ix (replacement name on the erroneous assumption that *Eurina* Meigen, 1830 was preoccupied by Schönherr, 1825). **Type species:** *Eurina lurida* Meigen, 1830 (automatic).

（83）贵州颜脊秆蝇 *Eurina guizhouensis* Yang *et* Yang, 1990

Eurina guizhouensis Yang *et* Yang, 1990. Guizhou Sci. 8 (2): 1.
Type locality: China: Guizhou, Guiyang.
分布（Distribution）：贵州（GZ）。

（84）永富颜脊秆蝇 *Eurina nagatomii* Yang *et* Yang, 1993

Eurina nagatomii Yang *et* Yang, 1993. Guizhou Sci. 11 (4): 1.
Type locality: China: Guizhou, Maolan.
分布（Distribution）：贵州（GZ）。

（85）东方颜脊秆蝇 *Eurina orientalis* Becker, 1911
Eurina orientalis Becker, 1911. Ann. Hist.-Nat. Mus. Natl. Hung. 9: 44. **Type locality:** China: Taiwan, Chip-chip.
分布（Distribution）：台湾（TW）。

（86）圆角颜脊秆蝇 *Eurina rotunda* Yang *et* Yang, 1995

Eurina rotunda Yang *et* Yang, 1995. *In*: Wu, 1995. Insects of Baishanzu Mountain, Eastern China: 542. **Type locality:** China: Zhejiang, Baishanzu Mountain.
分布（Distribution）：浙江（ZJ）。

15. 聚鬃秆蝇属 *Eutropha* Loew, 1866

Eurtropha Loew, 1866. Z. Ent. (1861) 15: 26. **Type species:** *Chlorops fulvifrons* Halidy, 1833 (by designation of Becker, 1910).
Pseudoformosina Malloch, 1938. Proc. Linn. Soc. N. S. W. 63:

355. **Type species:** *Chlorops nicobarensis* Schiner, 1868 [= *Oscinis noctilux* Walker, 1859] (by original designation).

（87）具粉聚鬃秆蝇 *Eutropha farinose* (Becker, 1911)

Chlorops farinose Becker, 1911. Ann. Hist.-Nat. Mus. Natl. Hung. 9: 25. **Type locality:** China: Taiwan, Takao.

分布（Distribution）：台湾（TW）。

（88）黄额聚鬃秆蝇 *Eutropha flavofrontata* (Becker, 1911)

Chlorops flavofrontata Becker, 1911. Ann. Hist.-Nat. Mus. Natl. Hung. 9: 64. **Type locality:** China: Taiwan, Takao.

分布（Distribution）：台湾（TW）。

（89）黑盾聚鬃秆蝇 *Eutropha nigroscutellata* (Becker, 1911)

Assuania nigroscutellata Becker, 1911. Ann. Hist.-Nat. Mus. Natl. Hung. 9: 81. **Type locality:** Australia: Townsville, Queensland.

分布（Distribution）：台湾（TW）；澳大利亚。

（90）奥氏聚鬃秆蝇 *Eutropha oldenbergi* Duda, 1934

Eutropha oldenbergi Duda, 1934c. Arb. Morph. Taxon. Ent. Berl. 1: 58. **Type locality:** China: Taiwan, Anping.

分布（Distribution）：台湾（TW）。

（91）瑞丽聚鬃秆蝇 *Eutropha ruiliensis* Yang *et* Yang, 1993

Eutropha ruiliensis Yang *et* Yang, 1993. Spixiana 16 (3): 238. **Type locality:** China: Yunnan, Ruili.

分布（Distribution）：云南（YN）。

16. 长角秆蝇属 *Lagaroceras* Becker, 1903

Lagaroceras Becker, 1903. Mitt. Zool. Mus. Berl. 2 (3): 148. **Type species:** *Lagaroceras megalops* Becker, 1903 (monotypy).

（92）长角秆蝇 *Lagaroceras longicorne* (Thomson, 1869)

Chlorops longicorne Thomson, 1869. K. Svenska Fregatten Eugenies Resa, Zool., Dipt. 2 (1): 604. **Type locality:** China.

分布（Distribution）：中国（省份不明）；印度。

（93）黑长角秆蝇 *Lagaroceras nigra* Yang *et* Yang, 1995

Lagaroceras nigra Yang *et* Yang, 1995. Dtsch. Ent. Z. (N. F.) 42 (2): 440. **Type locality:** China: Yunnan, Yuanjiang.

分布（Distribution）：云南（YN）。

17. 愈背秆蝇属 *Lasiosina* Becker, 1910

Lasiosina Becker, 1910. Arch. Zool. 1 (10): 73. **Type species:** *Chlorops cinctipes* Meigen, 1830 [= *Chlorops herpini*

Guérin-Méneville, 1843] (by original designation).
Euchlorops Malloch, 1913d. Proc. U. S. Natl. Mus. 46: 139. **Type species:** *Euchlorops vittatus* Malloch, 1913 (by original designation).

（94）黑线愈背秆蝇 *Lasiosina nigrolineata* Liu *et* Yang, 2016

Lasiosina nigrolineata Liu *et* Yang, 2016. Zootaxa 4168 (2): 383. **Type locality:** China: Inner Mongolia, Helan Mountain.

分布（Distribution）：内蒙古（NM）。

（95）东方愈背秆蝇 *Lasiosina orientalis* Nartshuk, 1973

Lasiosina orientalis Nartshuk, 1973. Ent. Obozr. 52 (1): 224. **Type locality:** Mongolia.

分布（Distribution）：中国（东北部）；日本、蒙古国、俄罗斯。

（96）弯茎愈背秆蝇 *Lasiosina recurvata* Liu *et* Yang, 2016

Lasiosina recurvata Liu *et* Yang, 2016. Zootaxa 4168 (2): 385. **Type locality:** China: Hebei, Xiaowutai Mountain.

分布（Distribution）：河北（HEB）。

18. 扁跗秆蝇属 *Luzonia* Frey, 1923

Luzonia Frey, 1923. Not. Ent. 3: 79. **Type species:** *Luzonia obliquefasciata* Frey, 1923 (by original designation).
Coniochlorops Duda, 1934b. Tijdschr. Ent. 77: 126. **Type species:** *Chlorops incisa* de Meijere, 1910 (by original designation).

（97）凹扁跗秆蝇 *Luzonia incise* (de Meijere, 1910)

Chlorops incise de Meijere, 1910. Tijdschr. Ent. 53: 147. **Type locality:** Indonesia: Krakatau.

分布（Distribution）：云南（YN）、台湾（TW）；日本、印度尼西亚。

19. 髭角秆蝇属 *Melanum* Becker, 1910

Melanum Becker, 1910. Arch. Zool. 1 (10): 50. **Type species:** *Chlorops lateralis* Haliday, 1833 (by original designation).

（98）髭角秆蝇 *Melanum laterale* (Haliday, 1833)

Chlorops laterale Haliday, 1833. Ent. Mag. 1 (2): 172. **Type locality:** Great Britain: Northern Ireland, Holywood.
Capnoptera hyalipenne Strobl, 1899b. Wien. Ent. Ztg. 18 (7): 247. **Type locality:** North Spain.

分布（Distribution）：中国（省份不明）；蒙古国、日本、哈萨克斯坦、奥地利、比利时、英国、保加利亚、捷克、斯洛伐克、芬兰、法国、德国、匈牙利、意大利、波兰、俄罗斯、西班牙、土耳其、前南斯拉夫。

20. 平胸秆蝇属 *Mepachymerus* Speiser, 1910

Mepachymerus Speiser, 1910. Sjöstedt's Zool. Kilimandjaro-Meru Exped. 2 (10): 197. **Type species:** *Mepachymerus baculus* Speiser, 1910 (by original designation).
Steleocerus Becker, 1910. Ann. Hist.-Nat. Mus. Natl. Hung. 8: 399. **Type species:** *Steleocerus lepidopus* Becker, 1910 [= *Mepachymerus baculus* Speiser, 1910] (by designation of Sabrosky, 1941).

（99）长芒平胸秆蝇 *Mepachymerus elongates* Yang *et* Yang, 1995

Mepachymerus elongates Yang *et* Yang, 1995. *In*: Wu, 1995. Insects of Baishanzu Mountain, Eastern China: 542. **Type locality:** China: Zhejiang, Baishanzu Mountain.
分布（Distribution）：浙江（ZJ）。

（100）巨平胸秆蝇 *Mepachymerus grandis* An *et* Yang, 2007

Mepachymerus grandis An *et* Yang, 2007. Dtsch. Ent. Z. (N. F.) 54 (2): 272. **Type locality:** China: Yunnan, Menglun.
分布（Distribution）：云南（YN）。

（101）南方平胸秆蝇 *Mepachymerus meridionalis* An *et* Yang, 2007

Mepachymerus meridionalis An *et* Yang, 2007. Dtsch. Ent. Z. (N. F.) 54 (2): 272. **Type locality:** China: Guangdong, Ruyuan.
分布（Distribution）：广东（GD）。

（102）黑腿平胸秆蝇 *Mepachymerus necopinus* Kanmiya, 1983

Mepachymerus necopinus Kanmiya, 1983. Mem. Ent. Soc. Wash. 11: 215 (replacement name for *Mepachymerus sabroskyi* Kanmiya, 1977 nec Kapoor, 1974). **Type locality:** China: Taiwan, Huanshan.
Mepachymerus sabroskyi Kanmiya, 1977. Kurume Univ. J. 26 (1): 50 (preoccupied by Kapoor, 1974). **Type locality:** China: Taiwan, Huanshan.
分布（Distribution）：台湾（TW）；日本。

（103）天目山平胸秆蝇 *Mepachymerus tianmushanensis* An *et* Yang, 2007

Mepachymerus tianmushanensis An *et* Yang, 2007. Dtsch. Ent. Z. (N. F.) 54 (2): 275. **Type locality:** China: Zhejiang, Tianmu Mountain.
分布（Distribution）：浙江（ZJ）。

（104）吴氏平胸秆蝇 *Mepachymerus wui* An *et* Yang, 2007

Mepachymerus wui An *et* Yang, 2007. Dtsch. Ent. Z. (N. F.) 54 (2): 278. **Type locality:** China: Zhejiang, Tianmu Mountain.
分布（Distribution）：浙江（ZJ）。

21. 台秆蝇属 *Merochlorops* Howlett, 1909

Merochlorops Howlett, 1909. *In*: Maxwell-Lefroy *et* Howlett, 1909. Indian Insect Life: 627. **Type species:** *Formosina ceylanica* Duda, 1930 (by designation of Sabrosky, 1984).
Formosina Becker, 1911. Ann. Hist.-Nat. Mus. Natl. Hung. 9: 78. **Type species:** *Chloropisca lucens* de Meijere, 1911 (by designation of Malloch, 1931).
Coomanimyia Séguy, 1938c. Encycl. Ent. (B II) Dipt. 9: 102. **Type species:** *Coomanimyia ops* Séguy, 1938 (by original designation).

（105）铃形台秆蝇 *Merochlorops campanulatus* Liu, Nartshuk *et* Yang, 2015

Merochlorops campanulatus Liu, Nartshuk *et* Yang, 2015. Entomotaxon. 37 (4): 286. **Type locality:** China: Yunnan, Menglun.
分布（Distribution）：云南（YN）。

（106）膨台秆蝇 *Merochlorops cinctus* (de Meijere, 1916)

Formosina cinctus de Meijere, 1916d. Tijdschr. Ent. (1915) 58 (Suppl.): 54. **Type locality:** Indonesia: Sumatra, Sinabang.
Formosina tumida Becker, 1916. Ann. Hist.-Nat. Mus. Natl. Hung. 14: 441. **Type locality:** China: Taiwan.
分布（Distribution）：台湾（TW）；印度尼西亚（苏门答腊岛）、日本、菲律宾、印度。

（107）巨型台秆蝇 *Merochlorops gigas* (Becker, 1911)

Formosina gigas Becker, 1911. Ann. Hist.-Nat. Mus. Natl. Hung. 9: 79. **Type locality:** China: Taiwan.
分布（Distribution）：台湾（TW）。

（108）黑台秆蝇 *Merochlorops lucens* (de Meijere, 1908)

Chloropittca lucens de Meijere, 1908b. Tijdschr. Ent. 51: 169. **Type locality:** Indonesia: Java.
Formosina adolcscens Becker, 1916. Ann. Hist.-Nat. Mus. Natl. Hung. 14: 441. **Type locality:** China: Taiwan.
分布（Distribution）：四川（SC）、云南（YN）、台湾（TW）；印度尼西亚。

（109）棕色台秆蝇 *Merochlorops ochracea* (Becker, 1911)

Formosina ochracea Becker, 1911. Ann. Hist.-Nat. Mus. Natl. Hung. 9: 81. **Type locality:** China: Taiwan.
分布（Distribution）：台湾（TW）。

22. 麦秆蝇属 *Meromyza* Meigen, 1830

Meromyza Meigen, 1830. Syst. Beschr. Europ. Zweifl. Insekt.

6: 163. **Type species:** *Musca saltatrix* Linnaeus, 1761 (by designation of Macquart, 1835).

Meromyza Stephens, 1829. Nomencl. Brit. Ins. 2: 62 (nomen nudum).

Aschabadicola Frey, 1921. Not. Ent. 1 (3): 80. **Type species:** *Aschabadicola longicornis* Frey, 1921 (by original designation).

Nippomera Fedoseeva *et* Nartshuk, 1983. *In*: Nartshuk *et* Fedoseeva, 1983. Systematics and Ecological-Faunistic Review of Some Orders of the Far East Insects: 79. **Type species:** *Meromyza nipponensis* Nishijima, 1955 (by original designation).

（110）端尖麦秆蝇 *Meromyza acutata* An *et* Yang, 2005

Meromyza acutata An *et* Yang, 2005. Ann. Zool. 55 (1): 77. **Type locality:** China: Inner Mongolia, Linhe.

分布（Distribution）：内蒙古（NM）。

（111）聚斑麦秆蝇 *Meromyza congruens* An *et* Yang, 2005

Meromyza congruens An *et* Yang, 2005. Ann. Zool. 55 (1): 79. **Type locality:** China: Inner Mongolia, Bayannur.

分布（Distribution）：内蒙古（NM）。

（112）甘肃麦秆蝇 *Meromyza gansuensis* An *et* Yang, 2005

Meromyza gansuensis An *et* Yang, 2005. Entomol. Fennica 16: 152. **Type locality:** China: Gansu, Minxian.

分布（Distribution）：甘肃（GS）。

（113）内蒙麦秆蝇 *Meromyza neimengensis* An *et* Yang, 2005

Meromyza neimengensis An *et* Yang, 2005. Ann. Zool. 55 (1): 80. **Type locality:** China: Inner Mongolia, Bayannur.

分布（Distribution）：内蒙古（NM）。

（114）黑色麦秆蝇 *Meromyza nigripes* Duda, 1933

Meromyza nigripes Duda, 1933. *In*: Lindner, 1933. Flieg. Palaearkt. Reg. 6 (1): 228. **Type locality:** China: Sichuan.

分布（Distribution）：四川（SC）。

（115）黑腹麦秆蝇 *Meromyza nigriventris* Macquart, 1835

Meromyza nigriventris Macquart, 1835. Hist. Nat. Ins., Dipt. 2: 590. **Type locality:** France.

Meromyza cerealium Reuter, 1902. Medd. Soc. Fauna Flora Fenn. 28 (B): 84. **Type locality:** Finland.

Chlorops hordei Matsumura, 1927. Insecta Matsum. 1 (3): 127. **Type locality:** Japan.

Meromyza hercyniae Duda, 1933. *In*: Lindner, 1933. Flieg. Palaearkt. Reg. 6 (1): 119. **Type locality:** Not given.

分布（Distribution）：甘肃（GS）；阿尔巴尼亚、奥地利、

比利时、英国、保加利亚、捷克、斯洛伐克、芬兰、法国、爱尔兰、德国、匈牙利、意大利、挪威、波兰、罗马尼亚、俄罗斯、西班牙、瑞典、前南斯拉夫、美国、哈萨克斯坦、蒙古国、日本。

（116）黑带麦秆蝇 *Meromyza nigrofasciata* Hendel, 1938

Meromyza nigrofasciata Hendel, 1938. Ark. Zool. 30A (3): 12. **Type locality:** China: Inner Mongolia.

分布（Distribution）：内蒙古（NM）。

（117）宁夏麦秆蝇 *Meromyza ningxiaensis* An *et* Yang, 2005

Meromyza ningxiaensis An *et* Yang, 2005. Entomol. Fennica 16: 154. **Type locality:** China: Ningxia, Guyuan.

分布（Distribution）：宁夏（NX）。

（118）黄须麦秆蝇 *Meromyza pratorum* Meigen, 1830

Meromyza pratorum Meigen, 1830. Syst. Beschr. Europ. Zweifl. Insekt. 6: 165. **Type locality:** Not given.

Meromyza viridula Haliday, 1833. Ent. Mag. 1 (2): 172. **Type locality:** Great Britain: Northern Ireland.

分布（Distribution）：甘肃（GS）；奥地利、比利时、英国、捷克、斯洛伐克、法国、德国、匈牙利、爱尔兰、意大利、挪威、波兰、罗马尼亚、俄罗斯、瑞典、前南斯拉夫、日本、哈萨克斯坦、蒙古国、墨西哥、美国。

（119）麦秆蝇 *Meromyza saltatrix* (Linnaeus, 1761)

Musca saltatrix Linnaeus, 1761. Fauna Svecica Sistens Animalia Sveciae Regni, Ed. 2: 555. **Type locality:** Sweden.

Musca minuta Fabricius, 1787. Mantissa Insectorum [2]: 353. **Type locality:** Germany: Kiel.

Musca pigra Geoffroy, 1785. *In*: Fourcroy, 1785. Entomologia Parisiensis; Sive Catalogus Insectorum quae in Agro Parisiensi Reperiuntur 2: 499. **Type locality:** France: Paris.

分布（Distribution）：甘肃（GS）；俄罗斯、阿尔巴尼亚、奥地利、比利时、英国、保加利亚、前捷克斯洛伐克、芬兰、法国、爱尔兰、德国、匈牙利、意大利、挪威、波兰、罗马尼亚、西班牙、瑞典、南斯拉夫、哈萨克斯坦、蒙古国；北美洲。

（120）武夷山麦秆蝇 *Meromyza wuyishanensis* An *et* Yang, 2009

Meromyza wuyishanensis An *et* Yang, 2009. Entomol. Fennica 20 (17): 95. **Type locality:** China: Fujian, Wuyi Mountain.

分布（Distribution）：福建（FJ）。

（121）杨氏麦秆蝇 *Meromyza yangi* An *et* Yang, 2009

Meromyza yangi An *et* Yang, 2009. Entomol. Fennica 20 (17): 96. **Type locality:** China: Inner Mongolia, Ximengbaiqi.

分布（Distribution）：内蒙古（NM）。

（122）朱氏麦秆蝇 *Meromyza zhuae* **An** *et* **Yang, 2009**

Meromyza zhuae An *et* Yang, 2009. Entomol. Fennica 20 (17): 97. **Type locality:** China: Inner Mongolia, Ximengbaiqi.
分布（Distribution）：内蒙古（NM）。

23. 额斑秆蝇属 *Metopostigma* Becker, 1903

Metopostigma Becker, 1903. Mitt. Zool. Mus. Berl. 2 (3): 146. **Type species:** *Chlorops tenuiseta* Loew, 1860 (by original designation).

（123）索氏额斑秆蝇 *Metopostigma sauteri* **Becker, 1911**

Metopostigma sauteri Becker, 1911. Ann. Hist.-Nat. Mus. Natl. Hung. 9: 52. **Type locality:** China: Taiwan, Tainan.
分布（Distribution）：台湾（TW）；印度、菲律宾。

24. 长梗秆蝇属 *Neoloxotaenia* Sabrosky, 1964

Neoloxotaenia Sabrosky, 1964. Entomol. News 75: 180 (replacement name for *Loxotaenia* Becker, 1911 nec Herrich-Schaeffer, 1845). **Type species:** *Lagaroceras gracile* de Meijere, 1908 (automatic).
Loxotaenia Becker, 1911. Ann. Hist.-Nat. Mus. Natl. Hung. 9: 83 (preoccupied by Herrich-Schaeffer, 1845). **Type species:** *Lagaroceras gracile* de Meijere, 1908 (by original designation).

（124）横带长梗秆蝇 *Neoloxotaenia fasciata* **(de Meijere, 1913)**

Loxotaenia fasciata de Meijere, 1913. Ann. Hist.-Nat. Mus. Natl. Hung. 56: 301. **Type locality:** Indonesia: Java.
分布（Distribution）：云南（YN）、海南（HI）；缅甸、印度尼西亚。

（125）纤细长梗秆蝇 *Neoloxotaenia gracilis* **(de Meijere, 1908)**

Lagaroceras gracile de Meijere, 1908b. Tijdschr. Ent. 51: 170. **Type locality:** Indonesia: Java.
分布（Distribution）：四川（SC）、云南（YN）、台湾（TW）、海南（HI）；印度尼西亚、日本、菲律宾、马来西亚、泰国、印度、斯里兰卡、美国。

25. 粗腿秆蝇属 *Pachylophus* Loew, 1858

Pachylophus Loew, 1858d. Berl. Ent. Z. 2: 121. **Type species:** *Pachylophus frontalis* Loew, 1858 (monotypy).

（126）中华粗腿秆蝇 *Pachylophus chinensis* **Nartshuk, 1962**

Pachylophus chinensis Nartshuk, 1962. Ent. Obozr. 41: 678.

Type locality: China: Guizhou.
分布（Distribution）：贵州（GZ）、云南（YN）。

（127）离脉粗腿秆蝇 *Pachylophus rohdendorfi* **Nartshuk, 1962**

Pachylophus rohdendorfi Nartshuk, 1962. Ent. Obozr. 41: 680. **Type locality:** China: Guangdong, Guangzhou.
分布（Distribution）：广东（GD）。

（128）锈色粗腿秆蝇 *Pachylophus rufescens* **(de Meijere, 1904)**

Myrmemorpha rufescens de Meijere, 1904. Bijdr. Dierkd. 17/18: 113. **Type locality:** Indonesia: Java, Pasuran.
分布（Distribution）：河北（HEB）、江苏（JS）、贵州（GZ）、云南（YN）、福建（FJ）、台湾（TW）、广东（GD）、海南（HI）；日本、缅甸、尼泊尔、斯里兰卡、巴基斯坦、印度、越南、泰国、柬埔寨、菲律宾、印度尼西亚、澳大利亚。

（129）愈斑粗腿秆蝇 *Pachylophus vittatus* **Nartshuk, 1962**

Pachylophus vittatus Nartshuk, 1962. Ent. Obozr. 41: 680. **Type locality:** China: Yunnan, Lungling.
分布（Distribution）：云南（YN）。

（130）云南粗腿秆蝇 *Pachylophus yunnanensis* **Yang** *et* **Yang, 1994**

Pachylophus yunnanensis Yang *et* Yang, 1994. Entomotaxon. 16 (1): 75. **Type locality:** China: Yunnan.
分布（Distribution）：云南（YN）。

26. 昆仲秆蝇属 *Phyladelphus* Becker, 1910

Phyladelphus Becker, 1910. Arch. Zool. 1 (10): 54. **Type species:** *Phyladelphus thalhammeri* Becker, 1910 (monotypy).

（131）褐棕昆仲秆蝇 *Phyladelphus infuscatus* **Becker, 1916**

Phyladelphus infuscatus Becker, 1916. Ann. Hist.-Nat. Mus. Natl. Hung. 14: 442. **Type locality:** China: Taiwan, Tainan.
分布（Distribution）：台湾（TW）。

27. 宽头秆蝇属 *Platycephala* Fallén, 1820

Platycephala Fallén, 1820. Oscinides Sveciae: 2. **Type species:** *Platycephala culmorum* Fallén, 1820 (by designation of Curtis, 1839).
Phlyarus Gistel, 1848. Naturgeschichte des Thierreichs für höhere Schulen, Stuttgart 16: x (replacement name on erroneous assumption that *Platycephala* was preoccupied by *Platycephalus* Bloch, 1820). **Type species:** *Platycephala culmorum* Fallén, 1820 (automatic).

（132）端黑宽头秆蝇 *Platycephala apiciniger* **An et Yang, 2009**

Platycephala apiciniger An et Yang, 2009. J. Nat. Hist. 43 (7-8): 400. **Type locality:** China: Guangdong, Ruyuan.
分布（Distribution）：广东（GD）。

（133）短腿宽头秆蝇 *Platycephala brevifemurus* **An et Yang, 2009**

Platycephala brevifemurus An et Yang, 2009. J. Nat. Hist. 43 (7-8): 403. **Type locality:** China: Guangdong, Dabu.
分布（Distribution）：广东（GD）。

（134）短突宽头秆蝇 *Platycephala brevis* **An et Yang, 2008**

Platycephala brevis An et Yang, 2008. Dtsch. Ent. Z. (N. F.) 55 (1): 138. **Type locality:** China: Guangdong, Ruyuan.
分布（Distribution）：广东（GD）。

（135）长突宽头秆蝇 *Platycephala elongata* **An et Yang, 2008**

Platycephala elongata An et Yang, 2008. Dtsch. Ent. Z. (N. F.) 55 (1): 139. **Type locality:** China: Guangdong, Ruyuan.
分布（Distribution）：广东（GD）。

（136）广东宽头秆蝇 *Platycephala guangdongensis* **An et Yang, 2008**

Platycephala guangdongensis An et Yang, 2008. Dtsch. Ent. Z. (N. F.) 55 (1): 140. **Type locality:** China: Guangdong, Ruyuan.
分布（Distribution）：广东（GD）。

（137）广西宽头秆蝇 *Platycephala guangxiensis* **An et Yang, 2004**

Platycephala guangxiensis An et Yang, 2004. Entomol. News 115 (1): 11. **Type locality:** China: Guangxi, Tianlin, Cengwanglao Mountain.
分布（Distribution）：广西（GX）。

（138）贵州宽头秆蝇 *Platycephala guizhouensis* **An et Yang, 2003**

Platycephala guizhouensis An et Yang, 2003. Ann. Zool. 53 (4): 651. **Type locality:** China: Guizhou, Fanjing Mountain.
分布（Distribution）：贵州（GZ）。

（139）侧黑宽头秆蝇 *Platycephala lateralis* **An et Yang, 2009**

Platycephala lateralis An et Yang, 2009. J. Nat. Hist. 43 (7-8): 405. **Type locality:** China: Guangdong, Ruyuan.
分布（Distribution）：广东（GD）。

（140）李氏宽头秆蝇 *Platycephala lii* **An et Yang, 2003**

Platycephala lii An et Yang, 2003. Ann. Zool. 53 (4): 653.

Type locality: China: Guizhou, Fanjing Mountain.
分布（Distribution）：贵州（GZ）。

（141）斑翅宽头秆蝇 *Platycephala maculata* **An et Yang, 2003**

Platycephala maculata An et Yang, 2003. Ann. Zool. 53 (4): 655. **Type locality:** China: Guizhou, Fanjing Mountain.
分布（Distribution）：贵州（GZ）。

（142）南岭宽头秆蝇 *Platycephala nanlingensis* **An et Yang, 2009**

Platycephala nanlingensis An et Yang, 2009. J. Nat. Hist. 43 (7-8): 407. **Type locality:** China: Guangdong, Ruyuan.
分布（Distribution）：广东（GD）。

（143）四川宽头秆蝇 *Platycephala sichuanensis* **Yang et Yang, 1997**

Platycephala sichuanensis Yang et Yang, 1997. *In*: Yang, 1997. Insects of the Three Gorge Reservoir Area of Yangtze River: 1553. **Type locality:** China: Chongqing, Wushan.
分布（Distribution）：重庆（CQ）、广东（GD）。

（144）中华宽头秆蝇 *Platycephala sinensis* **Yang et Yang, 1994**

Platycephala sinensis Yang et Yang, 1994. Entomotaxon. 16 (2): 153. **Type locality:** China: Shaanxi, Fengxian.
分布（Distribution）：陕西（SN）。

（145）三斑宽头秆蝇 *Platycephala umbraculata* **(Fabricius, 1794)**

Musca umbraculata Fabricius, 1794. Ent. Syst. 4: 348. **Type locality:** France.
Platycephala agrorum Fallén, 1820. Oscinides Sveciae: 2. **Type locality:** Sweden.
分布（Distribution）：黑龙江（HL）、吉林（JL）、辽宁（LN）、内蒙古（NM）、河北（HEB）、北京（BJ）；奥地利、比利时、保加利亚、捷克、斯洛伐克、芬兰、波兰、罗马尼亚、俄罗斯、法国、德国、匈牙利、西班牙、瑞典、前南斯拉夫、意大利、日本、哈萨克斯坦、蒙古国。

（146）黄色宽头秆蝇 *Platycephala xanthodes* **Yang et Yang, 1994**

Platycephala xanthodes Yang et Yang, 1994. Entomotaxon. 16 (2): 154. **Type locality:** China: Yunnan, Mengla.
分布（Distribution）：云南（YN）。

（147）许氏宽头秆蝇 *Platycephala xui* **An et Yang, 2008**

Platycephala xui An et Yang, 2008. Dtsch. Ent. Z. (N. F.) 55 (1): 143. **Type locality:** China: Guangdong, Ruyuan.

分布（Distribution）：广东（GD）。

（148）浙江宽头秆蝇 *Platycephala zhejiangensis* Yang *et* Yang, 1995

Platycephala zhejiangensis Yang *et* Yang, 1995. *In*: Wu, 1995. Insects of Baishanzu Mountain, Eastern China: 542. **Type locality:** China: Zhejiang.

分布（Distribution）：浙江（ZJ）。

28. 伪近脉秆蝇属 *Pseudopachychaeta* Strobl, 1902

Pseudopachychaeta Strobl, 1902. Glasn. Zemalj. Mus. Bosni Herceg. 14: 500. **Type species:** *Pseudopachychaeta pachycera* Strobl, 1902 (monotypy).

（149）东方伪近脉秆蝇 *Pseudopachychaeta orientalis* Yang, Kanmiya *et* Yang, 1993

Pseudopachychaeta orientalis Yang, Kanmiya *et* Yang, 1993. Jpn. J. Ent. 61 (1): 133. **Type locality:** China: Yunnan, Tengchong.

分布（Distribution）：云南（YN）。

29. 鬃背秆蝇属 *Semaranga* Becker, 1911

Semaranga Becker, 1911. Ann. Hist.-Nat. Mus. Natl. Hung. 9: 48. **Type species:** *Semaranga dorsocentralis* Becker, 1911 (monotypy).

（150）鬃背秆蝇 *Semaranga dorsocentralis* Becker, 1911

Semaranga dorsocentralis Becker, 1911. Ann. Hist.-Nat. Mus. Natl. Hung. 9: 48. **Type locality:** Indonesia: Java, Semarang. India: Bombay.

分布（Distribution）：浙江（ZJ）、江西（JX）、贵州（GZ）、云南（YN）、台湾（TW）、广西（GX）；埃塞俄比亚、加纳、莫桑比克、尼日尔、尼日利亚、南非、坦桑尼亚、佛得角、俄罗斯、印度、印度尼西亚、菲律宾、斯里兰卡、澳大利亚、美国。

30. 华颜脊秆蝇属 *Sineurina* Yang *et* Yang, 1992

Sineurina Yang *et* Yang, 1992. Guizhou Sci. 10 (2): 53 (replacement name for *Pseudeurina* Yang *et* Yang, 1990 nec de Meijere, 1904). **Type species:** *Pseudeurina guizhouensis* Yang *et* Yang, 1990 (automatic).

Pseudeurina Yang *et* Yang, 1990. Guizhou Sci. 8 (3): 2 (preoccupied by de Meijere, 1904). **Type species:** *Pseudeurina guizhouensis* Yang *et* Yang, 1990 (by original designation).

（151）贵州华颜脊秆蝇 *Sineurina guizhouensis* Yang *et* Yang, 1990

Sineurina guizhouensis Yang *et* Yang, 1990. Guizhou Sci. 8 (3): 2. **Type locality:** China: Guizhou.

分布（Distribution）：贵州（GZ）。

31. 剑芒秆蝇属 *Steleocerellus* Frey, 1961

Steleocerellus Frey, 1961. Not. Ent. 41: 35. **Type species:** *Steleocerus tenellus* Becker, 1910 (by original designation).

（152）角突剑芒秆蝇 *Steleocerellus cornifer* (Becker, 1911)

Phyladelphus cornifer Becker, 1911. Ann. Hist.-Nat. Mus. Natl. Hung. 9: 49. **Type locality:** India.

Steleocerus cornifer de Meijere, 1916c. Tijdschr. Ent. 59: 208. **Type locality:** Indonesia: Java.

Steleocerus pallidior Becker, 1924. Ent. Mitt. 13: 119. **Type locality:** China: Taiwan.

分布（Distribution）：浙江（ZJ）、贵州（GZ）、云南（YN）、台湾（TW）；日本、印度、印度尼西亚。

（153）中黄剑芒秆蝇 *Steleocerellus ensifer* (Thomson, 1869)

Oscinis ensifer Thomson, 1869. K. Svenska Fregatten Eugenies Resa, Zool., Dipt. 2 (1): 605. **Type locality:** China.

分布（Distribution）：河南（HEN）、浙江（ZJ）、四川（SC）、贵州（GZ）、云南（YN）、台湾（TW）、广东（GD）、广西（GX）、海南（HI）；俄罗斯、日本、菲律宾、印度尼西亚、马来西亚、越南、泰国、斯里兰卡、印度、尼泊尔。

（154）斑基剑芒秆蝇 *Steleocerellus maculicoxa* (Kanmiya, 1977)

Mepachymerus maculicoxa Kanmiya, 1977. Kurume Univ. J. 26 (1): 57. **Type locality:** China: Taiwan.

分布（Distribution）：台湾（TW）；日本。

（155）单剑芒秆蝇 *Steleocerellus singularis* (Becker, 1913)

Phyladelphus singularis Becker, 1913. Ann. Hist.-Nat. Mus. Natl. Hung. 11: 153. **Type locality:** Ethiopia.

分布（Distribution）：中国（省份不明）；日本、埃塞俄比亚、肯尼亚、马拉维、津巴布韦、塞拉利昂、坦桑尼亚、乌干达。

（156）娇嫩剑芒秆蝇 *Steleocerellus tenellus* (Becker, 1910)

Steleocerus tenellus Becker, 1910. Ann. Hist.-Nat. Mus. Natl. Hung. 8: 401. **Type locality:** Tanzania.

分布（Distribution）：台湾（TW）；南非、坦桑尼亚、乌干达。

32. 黑斑秆蝇属 *Terusa* Kanmiya, 1983

Terusa Kanmiya, 1983. Mem. Ent. Soc. Wash. 11: 263. **Type species:** *Chlorops frontatus* Becker, 1911 (by original designation).

（157）额黑斑秆蝇 *Terusa frontata* (Becker, 1911)

Chlorops frontata Becker, 1911. Ann. Hist.-Nat. Mus. Natl. Hung. 9: 68. **Type locality:** China: Taiwan, Yentempo.

分布（Distribution）：台湾（TW）；日本。

33. 近鬃秆蝇属 *Thaumatomyia* Zenker, 1833

Thaumatomyia Zenker, 1833. Notiz. Geb. Nat. Heilk. 35: 344. **Type species:** *Thaumatomyia prodigiosa* Zenker, 1833 [= *Chlorops notata* Meigen, 1830] (monotypy).
Chloropisca Loew, 1866. Z. Ent. (1861) 15: 79. **Type species:** *Chlorops glabra* Meigen, 1910 (by designation of Coquillett, 1910).
Pseudochlorops Malloch, 1914b. Can. Entomol. 46: 119. **Type species:** *Chlorops unocolor* Loew, 1914 [= *Chlorops pullus* Adams, 1904] (by original designation).

（158）裸近鬃秆蝇 *Thaumatomyia glabra* (Meigen, 1830)

Chlorops glabra Meigen, 1830. Syst. Beschr. Europ. Zweifl. Insekt. 6: 149. **Type locality:** Not given.
Chlorops assimilis Macquart, 1851. Mém. Soc. Sci. Agric. Lille 1849 [1850]: 279. **Type locality:** USA.
Chlorops nigrimana Macquart, 1835. Hist. Nat. Ins., Dipt. 2: 591. **Type locality:** France.
Siphonella obesa Fitch, 1856. Trans. N. Y. St. Agric. Soc. (1855) 15: 531. **Type locality:** USA: New York.
Chlorops trivialis Loew, 1863. Berl. Ent. Z. 7: 47. **Type locality:** USA: Columbia.
Chlorops hortensis Fitch, 1872. Trans. N. Y. St. Agric. Soc. (1870) 30: 363. **Type locality:** USA: New York.
Chlorops halteralis Adams, 1903. Kans. Univ. Sci. Bull. 2: 41. **Type locality:** USA.

分布（Distribution）：中国（省份不明）；奥地利、比利时、英国、保加利亚、捷克、斯洛伐克、丹麦、芬兰、德国、匈牙利、意大利、哈萨克斯坦、蒙古国、荷兰、波兰、罗马尼亚、法国、瑞典、俄罗斯、前南斯拉夫、美国、加拿大、墨西哥。

（159）长颈近鬃秆蝇 *Thaumatomyia longicollis* (Becker, 1924)

Chlorops longicollis Becker, 1924. Ent. Mitt. 13: 118. **Type locality:** China: Taiwan, Maruyama.

分布（Distribution）：台湾（TW）。

（160）窄颊近鬃秆蝇 *Thaumatomyia notata* (Meigen, 1830)

Chlorops notate Meigen, 1830. Syst. Beschr. Europ. Zweifl. Insekt. 6: 144. **Type locality:** Not given.
Chlorops circumdata Meigen, 1830. Syst. Beschr. Europ. Zweifl. Insekt. 6: 147. **Type locality:** Not given.
Chlorops ornate Meigen, 1830. Syst. Beschr. Europ. Zweifl. Insekt. 6: 152. **Type locality:** Not given.
Chlorops confusa Wiedemann, 1830. Aussereurop. Zweifl. Insekt. 2: 579. **Type locality:** China.
Thaumatomyia prodigiosa Zenker, 1833. Notiz. Geb. Nat. Heilk. 35: 344. **Type locality:** Germany.
Chlorops brunnicornis Macquart, 1835. Hist. Nat. Ins., Dipt. 2: 591. **Type locality:** France.
Chlorops lucida Meigen, 1838. Syst. Beschr. Europ. Zweifl. Insekt. 7: 384. **Type locality:** Germany: Bavaria.
Chlorops copiosa Schiner, 1872. Verh. K. K. Zool.-Bot. Ges. Wien 22: 70. **Type locality:** Poland: Warszawa.
Thaumatomyia alpina Strobl, 1910. Mitt. Naturwiss. Ver. Steiermark 46 (1909): 201. **Type locality:** Austria.
Thaumatomyia pretiosa Duda, 1933. *In*: Lindner, 1933. Flieg. Palaearkt. Reg. 6 (1): 218. **Type locality:** Yugoslavia: Korsika, Asia Minor, Novi. Greece: Attika, Tulisha. Tunisia: Saint Germain.

分布（Distribution）：中国各地；埃塞俄比亚、索马里、乌干达、阿尔巴尼亚、奥地利、亚速尔群岛（葡）、比利时、英国、保加利亚、捷克、斯洛伐克、芬兰、法国、希腊、德国、匈牙利、意大利、以色列、日本、哈萨克斯坦、蒙古国、荷兰、波兰、巴基斯坦、罗马尼亚、俄罗斯、西班牙、瑞典、土耳其、前南斯拉夫、缅甸。

（161）普通近鬃秆蝇 *Thaumatomyia rufa* (Macquart, 1835)

Chlorops rufa Macquart, 1835. Hist. Nat. Ins., Dipt. 2: 593. **Type locality:** France: Bordeaux.
Chlorops simplex Meigen, 1838. Syst. Beschr. Europ. Zweifl. Insekt. 7: 385. **Type locality:** Germany: Bavaria.
Oscinis abbreviate Zetterstedt, 1848. Dipt. Scand. 7: 2612. **Type locality:** Sweden.
Chloropisca nigrovittata Strobl, 1899b. Wien. Ent. Ztg. 18 (7): 249. **Type locality:** Spain: Sierra Morena.
Chloropisca rufovittata Strobl, 1899b. Wien. Ent. Ztg. 18 (7): 249. **Type locality:** Austria: Steiermark. Yugoslavia.
Chloropisca variegate Strobl, 1899b. Wien. Ent. Ztg. 18 (7): 249. **Type locality:** Spain: Sierra Morena.

分布（Distribution）：中国（省份不明）；蒙古国、哈萨克斯坦、伊朗、阿尔及利亚、奥地利、比利时、英国、保加利亚、捷克、斯洛伐克、芬兰、法国、德国、匈牙利、意大利、波兰、俄罗斯、西班牙、瑞典、前南斯拉夫。

（162）具角近鬃秆蝇 *Thaumatomyia ruficornis* (Becker, 1907)

Chloropsca ruficornis Becker, 1907. Annu. Mus. Zool. Acad. Sci. Russ. St-Pétersb. 12 (3): 297. **Type locality:** China: Tibet.

分布（Distribution）：西藏（XZ）。

（163）沟额近鬃秆蝇 *Thaumatomyia sulcifrons* (Becker, 1907)

Chloropisca sulcifrons Becker, 1907. Z. Syst. Hymenopt. Dipt. 7 (5): 394. **Type locality:** Canary Is. southern Russia. Central Asia. Algeria: Biskra.

Thaumatomyia aragonensis Duda, 1933. *In*: Lindner, 1933. Flieg. Palaearkt. Reg. 6 (1): 222. **Type locality:** Spain: Aragon, Noguera, Moscardon; Albarracin and Algeciras.

Thaumatomyia plicata Duda, 1933. *In*: Lindner, 1933. Flieg. Palaearkt. Reg. 6 (1): 222. **Type locality:** Russia: Transbaikalia.

Chlorops nigricornis Brunetti, 1917. Rec. India Mus. 13: 100. **Type locality:** India: Uttar Pradesh, Bahraich Distr., Bhachkahi and Himāchal Pradesh, Simla.

分布（**Distribution**）：中国各地；蒙古国、阿富汗、阿尔及利亚、保加利亚、法国、匈牙利、伊朗、以色列、摩洛哥、突尼斯、俄罗斯、西班牙、加那利群岛、前南斯拉夫、印度、巴基斯坦；中亚。

（164）三斑近鬃秆蝇 *Thaumatomyia trifasciata* (Zetterstedt, 1848)

Oscinis trfasciata Zetterstedt, 1848. Dipt. Scand. 7: 2609. **Type locality:** Sweden.

Oscinis parvula Zetterstedt, 1848. Dipt. Scand. 7: 2620. **Type locality:** Sweden.

分布（**Distribution**）：中国（省份不明）；蒙古国、比利时、英国、捷克、斯洛伐克、丹麦、法国、芬兰、德国、挪威、波兰、俄罗斯、瑞典、加拿大、冰岛、美国。

34. 羽芒秆蝇属 *Thressa* Walker, 1860

Thressa Walker, 1860b. J. Proc. Linn. Soc. London Zool. 4: 146. **Type species:** *Thressa signifera* Walker, 1860 (monotypy).

Uranucha Czerny, 1903a. Wien. Ent. Ztg. 22: 127. **Type species:** *Geomyza spuria* Thomson, 1869 (by original designation).

Chalcidomyia de Meijere, 1910. Tijdschr. Ent. 53: 156. **Type species:** *Chalcidomyia punctifera* de Meijere, 1910 (by designation of Sabrosky, 1941).

Hemisphaerisoma Becker, 1911. Ann. Hist.-Nat. Mus. Natl. Hung. 9: 47. **Type species:** *Hemisphaerisoma politum* Becker, 1911 (monotypy) (preoccupied by de Meijere, 1910, replacement name for *Chalcidomyia beckeri* Meijere, 1913).

（165）贝氏羽芒秆蝇 *Thressa beckeri* (de Meijere, 1913)

Chalcidomyia beckeri de Meijere, 1913. *In*: Becker *et* de Meijere, 1913. Tijdschr. Ent. 56: 292 (replacement name for *Chalcidomyia politum* Becker, 1911 nec de Meijere, 1910). **Type locality:** China: Taiwan.

Chalcidomyia politum Becker, 1911. Ann. Hist.-Nat. Mus. Natl. Hung. 9: 47 (preoccupied by de Meijere, 1910). **Type**
locality: China: Taiwan, Kosempo.

Hemisphaerisoma politum Becker, 1911. Ann. Hist.-Nat. Mus. Natl. Hung. 9: 47 (preoccupied by *Chalcidomyia polita* de Meijere, 1910). **Type locality:** China: Taiwan.

分布（**Distribution**）：台湾（TW）；印度尼西亚、菲律宾、澳大利亚。

（166）双斑羽芒秆蝇 *Thressa bimaculata* Liu, Yang *et* Nartshuk, 2011

Thressa bimaculata Liu, Yang *et* Nartshuk, 2011. ZooKeys 129: 32. **Type locality:** China: Yunnan, Mengla.

分布（**Distribution**）：云南（YN）。

（167）蔚蓝羽芒秆蝇 *Thressa cyanescens* (Becker, 1916)

Chalcidomyia cyanescens Becker, 1916. Ann. Hist.-Nat. Mus. Natl. Hung. 14: 440. **Type locality:** China: Taiwan, Kankau.

分布（**Distribution**）：台湾（TW）；日本。

（168）戴云山羽芒秆蝇 *Thressa daiyunshana* Liu, Yang *et* Nartshuk, 2011

Thressa daiyunshana Liu, Yang *et* Nartshuk, 2011. ZooKeys 129: 35. **Type locality:** China: Fujian, Daiyun Mountain.

分布（**Distribution**）：福建（FJ）。

（169）黄纹羽芒秆蝇 *Thressa flavior* (Duda, 1934)

Chalcidomyia flavior Duda, 1934b. Tijdschr. Ent. 77: 124. **Type locality:** Indonesia: Sumatra.

分布（**Distribution**）：云南（YN）、海南（HI）；印度尼西亚、马来西亚。

（170）叶突羽芒秆蝇 *Thressa foliacea* Liu, Yang *et* Nartshuk, 2011

Thressa foliacea Liu, Yang *et* Nartshuk, 2011. ZooKeys 129: 38. **Type locality:** China: Hainan, Baisha.

分布（**Distribution**）：海南（HI）。

（171）贵州羽芒秆蝇 *Thressa guizhouensis* Yang, 1992

Thressa guizhouensis Yang, 1992. Acta Agric. Univ. Pekin. 18 (3): 315. **Type locality:** China: Guizhou, Guiyang.

分布（**Distribution**）：贵州（GZ）、福建（FJ）、广西（GX）、海南（HI）。

（172）长斑羽芒秆蝇 *Thressa longimaculata* Liu, Yang *et* Nartshuk, 2011

Thressa longimaculata Liu, Yang *et* Nartshuk, 2011. ZooKeys 129: 40. **Type locality:** China: Fujian, Wuyi Mountain.

分布（**Distribution**）：福建（FJ）。

（173）斑翅羽芒秆蝇 *Thressa maculata* Yang, 1992

Thressa maculata Yang, 1992. Acta Agric. Univ. Pekin. 18 (3):

315. **Type locality:** China: Yunnan, Jinghong.
分布（Distribution）：云南（YN）。

（174）距突羽芒秆蝇 *Thressa spuria* (Thomson, 1869)

Geomyza spuria Thomson, 1869. K. Svenska Fregatten Eugenies Resa, Zool., Dipt. 2 (1): 599. **Type locality:** China.
分布（Distribution）：中国（省份不明）；巴基斯坦。

长缘秆蝇亚科 Oscinellinae

35. 猬秆蝇属 *Anatrichus* Loew, 1860

Anatrichus Loew, 1860. Öfvers. K. Vetensk. Akad. Förh. 17 (2): 97. **Type species:** *Anatrichus erinaceus* Loew, 1860 (monotypy).
Myrmecosepsis Kertész, 1914b. Ann. Hist.-Nat. Mus. Natl. Hung. 12: 244. **Type species:** *Myrmecosepsis hystrix* Kertész, 1914 (monotypy).
Echinia Paramonov, 1962. Ann. Mag. Nat. Hist. (13) 4 (1961): 97. **Type species:** *Echinia bisegmenta* Paramonov, 1962 [= *Anatrichus pygmaeus* Lamb, 1918] (by original designation).

（175）豪猪猬秆蝇 *Anatrichus hystrix* (Kertész, 1914)

Myrmecosepsis hystrix Kertész, 1914b. Ann. Hist.-Nat. Mus. Natl. Hung. 12: 245. **Type locality:** China: Taiwan, Takao and Tainan.
分布（Distribution）：台湾（TW）。

（176）猬秆蝇 *Anatrichus pygmaeus* Lamb, 1918

Anatrichus pygmaeus Lamb, 1918. Ann. Mag. Nat. Hist. (9) 1: 348. **Type locality:** Sri Lanka.
分布（Distribution）：云南（YN）、台湾（TW）、广东（GD）、海南（HI）；日本、菲律宾、马来西亚、印度尼西亚、泰国、缅甸、尼泊尔、孟加拉国、斯里兰卡、印度、巴基斯坦。

36. 隐形秆蝇属 *Aphanotrigonella* Nartshuk, 1964

Aphanotrigonella Nartshuk, 1964. Tr. Zool. Inst. Akad. Nauk SSSR 34: 309. **Type species:** *Aphanotrigonum longinervis* Nartshuk, 1964 (by original designation).

（177）长脉隐形秆蝇 *Aphanotrigonella longinervis* (Nartshuk, 1964)

Aphanotrigonum longinervis Nartshuk, 1964. Tr. Zool. Inst. Akad. Nauk SSSR 34: 309. **Type locality:** Kazakhstan: Kokshetau Mountain, Tersakkan river, Tselinograd region.
分布（Distribution）：中国（省份不明）；哈萨克斯坦、蒙古国、土库曼斯坦、乌兹别克斯坦、俄罗斯。

37. 隐角秆蝇属 *Aphanotrigonum* Duda, 1932

Aphanotrigonum Duda, 1932. *In*: Lindner, 1932. Flieg. Palaearkt. Reg. 6 (1): 35. **Type species:** *Chlorops trilineata* Meigen, 1830 (by original designation).

（178）短喙隐角秆蝇 *Aphanotrigonum cinctellum* (Zetterstedt, 1848)

Oscinis cinctellum Zetterstedt, 1848. Dipt. Scand. 7: 2659. **Type locality:** Sweden: Gotland.
Oscinis brevirostris Loew, 1858f. Wien. Ent. Monatschr. 2: 60. **Type locality:** Turkey: Stambul.
Conioscinella pallidinerve Duda, 1933. *In*: Lindner, 1933. Flieg. Palaearkt. Reg. 6 (1): 50. **Type locality:** Ukraine: Odessa.
分布（Distribution）：中国（省份不明）；阿富汗、阿尔及利亚、英国、捷克、斯洛伐克、丹麦、埃及、爱沙尼亚、德国、匈牙利、伊朗、以色列、意大利、哈萨克斯坦、拉脱维亚、蒙古国、巴基斯坦、波兰、罗马尼亚、俄罗斯、西班牙、瑞典、乌克兰。

38. 野秆蝇属 *Aprometopis* Becker, 1910

Aprometopis Becker, 1910. Ann. Hist.-Nat. Mus. Natl. Hung. 8: 438. **Type species:** *Aprometopis flavofacies* Becker, 1910 (monotypy).
Strobliola Czerny, 1909. *In*: Czerny *et* Strobl, 1909. Verh. K. K. Zool.-Bot. Ges. Wien 59 (6): 289. **Type species:** *Strobliola albidipennis* Czerny, 1909 (monotypy).

（179）东方野秆蝇 *Aprometopis orientalis* Becker, 1924

Aprometopis orientalis Becker, 1924. Ent. Mitt. 13: 124. **Type locality:** China: Taiwan, Taipei.
分布（Distribution）：台湾（TW）。

39. 弓秆蝇属 *Arcuator* Sabrosky, 1985

Arcuator Sabrosky, 1985. Ann. Natal Mus. 27 (1): 341. **Type species:** *Hippelates stigmaticus* Lamb, 1912 (by original designation).

（180）丝弓秆蝇 *Arcuator filia* (Becker, 1911)

Oscinella filia Becker, 1911. Ann. Hist.-Nat. Mus. Natl. Hung. 9: 154. **Type locality:** Australia: Neu-Guinea.
分布（Distribution）：台湾（TW）；印度尼西亚、澳大利亚。

（181）半斑弓秆蝇 *Arcuator semimaculata* (Becker, 1911)

Oscinella semimaculata Becker, 1911. Ann. Hist.-Nat. Mus. Natl. Hung. 9: 164. **Type locality:** China: Taiwan.
分布（Distribution）：台湾（TW）；柬埔寨、印度尼西亚、菲律宾、澳大利亚。

40. 距秆蝇属 *Cadrema* Walker, 1859

Cadrema Walker, 1859. J. Proc. Linn. Soc. London Zool. 3: 117. **Type species:** *Cadrema lonchopteroides* Walker, 1860 (monotypy).

Prohippielates Malloch, 1913f. Proc. U. S. Natl. Mus. 46: 260. **Type species:** *Hippelates pallidus* Loew, 1866 (by original designation).

Palaeogaurax Duda, 1930. Folia Zool. Hydrobiol. 2: 57. **Type species:** *Hippelates pallidus* Loew, 1866 (by designation of Sabrosky, 1941).

Anadrema Nartshuk, 2002. Ent. Obozr. 81 (1): 249. **Type species:** *Cadrema colombensis* Nartshuk, 2002 (by original designation).

（182）台南距秆蝇 *Cadrema citreiformis* (Becker, 1911)

Hippelates citreiformis Becker, 1911. Ann. Hist.-Nat. Mus. Natl. Hung. 9: 108. **Type locality:** China: Taiwan, Tainan.

分布（**Distribution**）：台湾（TW）；菲律宾。

（183）贵州小距秆蝇 *Cadrema guizhouensis* Yang *et* Yang, 1990

Cadrema guizhouensis Yang *et* Yang, 1990. Guizhou Sci. 8 (2): 3. **Type locality:** China: Guizhou.

分布（**Distribution**）：贵州（GZ）。

（184）小距秆蝇 *Cadrema minor* (de Meijere, 1908)

Hippelates minor de Meijere, 1908b. Tijdschr. Ent. 51: 168. **Type locality:** Indonesia: Java (Semarang).

Liohippelates nigritibia Duda, 1934b. Tijdschr. Ent. 77: 61, 62. **Type locality:** Indonesia: Java (Semarang).

分布（**Distribution**）：云南（YN）、福建（FJ）、台湾（TW）、广东（GD）；菲律宾、印度尼西亚、马来西亚、泰国、斯里兰卡、印度。

（185）黑角距秆蝇 *Cadrema nigricornis* (Thomson, 1869)

Hippelates nigricornis Thomson, 1869. K. Svenska Fregatten Eugenies Resa, Zool., Dipt. 2 (1): 607. **Type locality:** Australia: Keeling.

分布（**Distribution**）：台湾（TW）；印度尼西亚、马来西亚、新加坡、泰国、澳大利亚、美国、罗斯岛、皮特卡恩岛、塞舌尔。

（186）灰白距秆蝇 *Cadrema pallida* (Loew, 1866)

Hippelates pallida Loew, 1866. Berl. Ent. Z. 9: 184. **Type locality:** Cuba.

Hippaelates flatus Thomson, 1869. K. Svenska Fregatten Eugenies Resa, Zool., Dipt. 2 (1): 607. **Type locality:** Australia: Keeling.

Hippelates planiscutellatus Becker, 1908a. Mitt. Zool. Mus. Berl. 4 (1): 149. **Type locality:** Canary Is.

Hippelates longiseta Lamb, 1912. Trans. Linn. Soc. Lond. (2, Zool.) 15: 334. **Type locality:** Seychelles.

分布（**Distribution**）：台湾（TW）；菲律宾、以色列、西班牙、阿尔达布拉岛、安哥拉、佛得角、马达加斯加、莫桑比克、罗德里格斯（毛里求）、塞舌尔、坦桑尼亚、澳大利亚、美国、安提瓜和巴布达、巴哈马、巴巴多斯、百慕大（英）、克利伯群岛、加那利群岛、哥伦比亚、古巴、牙买加、巴拿马。

（187）索氏距秆蝇 *Cadrema setaria* (Becker, 1911)

Hippelates setaria Becker, 1911. Ann. Hist.-Nat. Mus. Natl. Hung. 9: 107. **Type locality:** China: Taiwan, Koshun.

分布（**Distribution**）：台湾（TW）；菲律宾。

41. 芦苇秆蝇属 *Calamoncosis* Enderlein, 1911

Calamoncosis Enderlein, 1911. Sber. Ges. Naturf. Freunde Berl. 1911 (4): 235. **Type species:** *Lipara rufitarsis* Loew, 1858 [= *Lipara minima* Strobl, 1893] (by original designation).

Stizambia Enderlein, 1936. Tierwelt Mitteleur. 6 (2), Ins. 3: 187 (unavailable name).

Stizambia Sabrosky, 1941. Ann. Ent. Soc. Am. 34 (4): 749. **Type species:** *Chlorops aprica* Meigen, 1830 (by original designation).

Rhaphiopyga Nartshuk, 1971. Ann. Hist.-Nat. Mus. Natl. Hung. 63: 292. **Type species:** *Calamoncosis glyceriae* Nartshuk, 1958 (by original designation).

（188）堆芦苇秆蝇 *Calamoncosis sorella* (Becker, 1911)

Oscinella sorella Becker, 1911. Ann. Hist.-Nat. Mus. Natl. Hung. 9: 161. **Type locality:** China: Taiwan, Tainan.

Scoliophthalmus albipennis Becker, 1911. Ann. Hist.-Nat. Mus. Natl. Hung. 9: 114. **Type locality:** China: Taiwan, Tainan.

Oscinella lacteipennis Becker, 1916. Ann. Hist.-Nat. Mus. Natl. Hung. 14: 443. **Type locality:** China: Taiwan, Anping.

分布（**Distribution**）：台湾（TW）。

42. 柄托秆蝇属 *Cauloscinis* Yang *et* Yang, 1991

Cauloscinis Yang *et* Yang, 1991a. Acta Zootaxon. Sin. 16 (3): 471. **Type species:** *Cauloscinis sisensis* Yang *et* Yang, 1991 (by original designation).

（189）中华柄托秆蝇 *Cauloscinis sinensis* Yang *et* Yang, 1991

Cauloscinis sisensis Yang *et* Yang, 1991a. Acta Zootaxon. Sin. 16 (3): 471. **Type locality:** China: Yunnan, Kunming.

分布（**Distribution**）：云南（YN）。

43. 洞穴秆蝇属 *Caviceps* Malloch, 1924

Caviceps Malloch, 1924. Proc. Linn. Soc. N. S. W. 49: 355. **Type species:** *Caviceps flavipes* Malloch, 1924 (by original designation).

（190）东方洞穴秆蝇 *Caviceps orientalis* (Becker, 1924)

Apromrtopis orientalis Becker, 1924. Ent. Mitt. 13: 124. **Type locality:** China: Taiwan, Maruyama.

分布（Distribution）：台湾（TW）。

44. 圆锥秆蝇属 *Conioscinella* Duda, 1929

Conioscinella Duda, 1929a. Konowia 8: 166, 169. **Type species:** *Oscinella soluta* Becker, 1912 (by designation of Sabrosky, 1941).

（191）台湾圆锥秆蝇 *Conioscinella formosa* (Becker, 1911)

Oscinella formosa Becker, 1911. Ann. Hist.-Nat. Mus. Natl. Hung. 9: 143. **Type locality:** China: Taiwan, Tainan.
Oscinella inornata Becker, 1913. *In*: Becker *et* de Meijere, 1913. Tijdschr. Ent. 56: 304. **Type locality:** Indonesia: Java (Semarang).
Oscinella pumila Becker, 1924. Ent. Mitt. 13: 121. **Type locality:** China: Taiwan, Hokuto.

分布（Distribution）：台湾（TW）；日本、印度尼西亚、罗德里格斯（毛里求）、美国。

（192）灰胸圆锥秆蝇 *Conioscinella griseicollis* (Becker, 1911)

Oscinella griseicollis Becker, 1911. Ann. Hist.-Nat. Mus. Natl. Hung. 9: 158. **Type locality:** China: Taiwan, Tainan.

分布（Distribution）：台湾（TW）。

（193）灰缘圆锥秆蝇 *Conioscinella griseostriata* Duda, 1930

Conioscinella griseostriata Duda, 1930. Stettin. Ent. Ztg. 91: 289. **Type locality:** China: Taiwan, N. Paiwan District.

分布（Distribution）：台湾（TW）。

（194）中间圆锥秆蝇 *Conioscinella intrita* (Becker, 1911)

Oscinella intrita Becker, 1911. Ann. Hist.-Nat. Mus. Natl. Hung. 9: 160. **Type locality:** China: Taiwan, Chip-chip.

分布（Distribution）：台湾（TW）。

（195）具斑圆锥秆蝇 *Conioscinella maculata* (Becker, 1911)

Oscinella maculata Becker, 1911. Ann. Hist.-Nat. Mus. Natl. Hung. 9: 155. **Type locality:** China: Taiwan, Tainan.

分布（Distribution）：台湾（TW）；印度尼西亚。

（196）黑棒圆锥秆蝇 *Conioscinella nigrohalterata* Duda, 1930

Conioscinella nigrohalterata Duda, 1930. Stettin. Ent. Ztg. 91: 291. **Type locality:** China: Taiwan, N. Paiwan District.
Lioscinella nigrohalterata Duda, 1930. Folia Zool. Hydrobiol. 2: 97, 108. **Type locality:** Not given.

分布（Distribution）：台湾（TW）；印度尼西亚。

（197）斑额圆锥秆蝇 *Conioscinella opacifrons* Duda, 1930

Conioscinella opacifrons Duda, 1930. Stettin. Ent. Ztg. 91: 291. **Type locality:** China: Taiwan, N. Paiwan District, Paroe.

分布（Distribution）：台湾（TW）。

（198）淡色圆锥秆蝇 *Conioscinella pallidinervis* (Becker, 1911)

Oscinella pallidinervis Becker, 1911. Ann. Hist.-Nat. Mus. Natl. Hung. 9: 160. **Type locality:** China: Taiwan, Tainan.

分布（Distribution）：台湾（TW）。

（199）雅腹圆锥秆蝇 *Conioscinella poecilogaster* (Becker, 1911)

Oscinella poecilogaster Becker, 1911. Ann. Hist.-Nat. Mus. Natl. Hung. 9: 161. **Type locality:** China: Taiwan. Fiji.
Oscinella perspicienda Becker, 1924. Ent. Mitt. 13: 123. **Type locality:** China: Taiwan, Taipei.

分布（Distribution）：台湾（TW）；菲律宾、斐济。

（200）短圆锥秆蝇 *Conioscinella pumilio* (Becker, 1916)

Oscinella pumilio Becker, 1916. Ann. Hist.-Nat. Mus. Natl. Hung. 14: 442. **Type locality:** China: Taiwan, Tainan.

分布（Distribution）：台湾（TW）。

（201）索氏圆锥秆蝇 *Conioscinella sauteri* Duda, 1930

Conioscinella sauteri Duda, 1930. Stettin. Ent. Ztg. 91: 292. **Type locality:** China: Taiwan, Tainan.

分布（Distribution）：台湾（TW）。

（202）北投圆锥秆蝇 *Conioscinella similans* (Becker, 1911)

Oscinella similans Becker, 1911. Ann. Hist.-Nat. Mus. Natl. Hung. 9: 160. **Type locality:** China: Taiwan, Tainan.
Oscinella dispar Becker, 1924. Ent. Mitt. 13: 121. **Type locality:** China: Taiwan, Taihoku, Hokuto.

分布（Distribution）：台湾（TW）。

（203）微亮圆锥秆蝇 *Conioscinella subnitens* (Becker, 1924)

Oscinella subnitens Becker, 1924. Ent. Mitt. 13: 124. **Type**

locality: China: Taiwan, N. Paiwan District, Paroe.

分布（Distribution）：台湾（TW）。

（204）窄鬃圆锥秆蝇 *Conioscinella tenuiseta* (Becker, 1911)

Gaurax tenuiseta Becker, 1911. Ann. Hist.-Nat. Mus. Natl. Hung. 9: 143. **Type locality:** China: Taiwan, Tainan.

分布（Distribution）：四川（SC）、台湾（TW）。

45. 长脉秆蝇属 *Dicraeus* Loew, 1873

Dicraeus Loew, 1873. Berl. Ent. Z. 17: 51. **Type species:** *Dicraeus obscurus* Loew, 1873 (monotypy).

Parastia Pandellé, 1898. Rev. Ent. 17 (Suppl.): 18. **Type species:** *Oscinis raptus* Haliday, 1838 (by designation of Sabrosky, 1964).

Oedesiella Becker, 1910. Arch. Zool. 1 (10): 146. **Type species:** *Oedesiella discolor* Becker, 1910 (monotypy).

Oxyapium Becker, 1912. Ann. Hist.-Nat. Mus. Natl. Hung. 10: 250. **Type species:** *Oxyapium longinerve* Becker, 1912 (monotypy).

Dicraeinus Enderlein, 1936. Tierwelt Mitteleur. 6 (2), Ins. 3: 186. **Type species:** *Eutropha ingratus* Loew, 1866 (monotypy).

Paroedesiella Enderlein, 1936. Tierwelt Mitteleur. 6 (2), Ins. 3: 187 (unavailable name).

Paroedesiella Anonymous, 1937. *In:* Imperial Institute of Entomology, 1937: 394. **Type species:** *Oscinis styriacus* Strobl, 1898 (monotypy).

Paroedesiella Sabrosky, 1941. Ann. Ent. Soc. Am. 34 (4): 761 (preoccupied by Anonymous, 1937). **Type species:** *Oscinis styriacus* Strobl, 1898 (by original designation).

Eudicraeus Nartshuk, 1967. Ent. Obozr. 46 (2): 426. **Type species:** *Dicraeus rossicus* Stackelberg, 1955 (by original designation).

（205）黄足长脉秆蝇 *Dicraeus flavipes* Duda, 1930

Dicraeus flavipes Duda, 1930. Stettin. Ent. Ztg. 91: 295. **Type locality:** China: Taiwan.

分布（Distribution）：台湾（TW）。

（206）东亚长脉秆蝇 *Dicraeus orientalis* Becker, 1911

Dicraeus orientalis Becker, 1911. Ann. Hist.-Nat. Mus. Natl. Hung. 9: 143. **Type locality:** China: Taiwan, Chip-chip.

Oscinella giabrina Becker, 1924. Ent. Mitt. 13: 122. **Type locality:** China: Taiwan, Chip-chip.

分布（Distribution）：云南（YN）、台湾（TW）；印度。

（207）叶穗长脉秆蝇 *Dicraeus phyllostachyus* Kanmiya, 1971

Dicraeus phyllostachyus Kanmiya, 1971. Mushi 45: 166. **Type locality:** Japan.

分布（Distribution）：陕西（SN）、四川（SC）、福建（FJ）；

日本。

（208）福建长脉秆蝇 *Dicraeus phyllostachyus fujianensis* Yang *et* Yang, 2003

Dicraeus phyllostachyus fujianensis Yang *et* Yang, 2003. *In:* Huang, 2003. Fauna of Insects in Fujian Province of China 8: 532. **Type locality:** China: Fujian.

分布（Distribution）：福建（FJ）。

46. 指突秆蝇属 *Disciphus* Becker, 1911

Disciphus Becker, 1911. Ann. Hist.-Nat. Mus. Natl. Hung. 9: 98. **Type species:** *Disciphus peregrinus* Becker, 1911 (by designation of Sabrosky, 1941).

Discadrema Yang *et* Yang, 1989. Acta Agric. Univ. Jiangxi. 11 (41): 50. **Type species:** *Discadrema sinica* Yang *et* Yang, 1989 (by original designation).

（209）黄跗指突秆蝇 *Disciphus flavitarsis* Duda, 1930

Disciphus flavitarsis Duda, 1930. Stettin. Ent. Ztg. 91: 284. **Type locality:** China: Taiwan.

分布（Distribution）：贵州（GZ）、台湾（TW）。

（210）东方指突秆蝇 *Disciphus peregrinus* Becker, 1911

Disciphus peregrinus Becker, 1911. Ann. Hist.-Nat. Mus. Natl. Hung. 9: 98. **Type locality:** China: Taiwan.

分布（Distribution）：四川（SC）、贵州（GZ）、云南（YN）、福建（FJ）、台湾（TW）、海南（HI）；印度尼西亚。

（211）中华指突秆蝇 *Disciphus sinica* (Yang *et* Yang, 1989)

Discadrema sinica Yang *et* Yang, 1989. Acta Agric. Univ. Jiangxi. 11: 51. **Type locality:** China: Guangxi, Jinxiu, Dayao Mountain.

分布（Distribution）：江西（JX）、贵州（GZ）、广西（GX）。

47. 瘤秆蝇属 *Elachiptera* Macquart, 1835

Elachiptera Macquart, 1835. Hist. Nat. Ins., Dipt. 2: 621. **Type species:** *Chlorops brevipennis* Meigen, 1830 (by original designation).

Myrmemorpha Dufour, 1833. Ann. Sci. Nat. 30: 218. **Type species:** *Myrmemorpha brachyptera* Dufour, 1833 (monotypy).

Crassiseta von Roser, 1840. Correspondenzbl. K. Württemb. Landw. Ver., Stuttgart 37 [= N. S. 17] (1): 63. **Type species:** *Oscinis cornuta* Fallén, 1820 (by designation of Corti, 1909).

Pachychaeta Loew, 1845. Öffentl. Prüf. Schüler K. Friedrich-Wilhelms-Gymnasiums zu Posen 1845: 50. **Type species:** *Oscinis cornuta* Fallén, 1820 (monotypy).

Macrochetum Rondani, 1856. Dipt. Ital. Prodromus, Vol. I: 127. **Type species:** *Oscinis cornuta* Fallén, 1820 (by original

designation).

Ceratobarys Coquillett, 1898. J. N. Y. Ent. Soc. 6: 45. **Type species:** *Hippelates eulophus* Loew, 1872 (by original designation).

Doliomyia Johannsen, 1924. Can. Entomol. 56 (4): 89. **Type species:** *Melanochaeta longiventris* Johannsen, 1924 (by original designation).

Myrmecomorpha Corti, 1909. Bull. Soc. Ent. Ital. 40 (1908): 141. **Type species:** *Chlorops brevipennis* Meigen, 1830 (monotypy).

Neoelachiptera Séguy, 1938. Mém. Mus. Natl. Hist. Nat. (N. S.) 8: 360. **Type species:** *Neoelachiptera lerouxi* Séguy, 1938 (by original designation).

（212）角瘤秆蝇 *Elachiptera cornuta* (Fallén, 1820)

Oscinis cornuta Fallén, 1820. Oscinides Sveciae: 6. **Type locality:** Sweden: Hellastad Skåne.

Chlorops femoralis Meigen, 1838. Syst. Beschr. Europ. Zweifl. Insekt. 7: 390. **Type locality:** Germany: Bavaria.

Crassiseta annulipes von Roser, 1840. Correspondenzbl. K. Württemb. Landw. Ver., Stuttgart 37 [= N. S. 17] (1): 63. **Type locality:** Germany: Baden-Württemberg.

Crassiseta flaviventris von Roser, 1840. Correspondenzbl. K. Württemb. Landw. Ver., Stuttgart 37 [= N. S. 17] (1): 63. **Type locality:** Germany: Baden-Württemberg.

Crassiseta fuscipes von Roser, 1840. Correspondenzbl. K. Württemb. Landw. Ver., Stuttgart 37 [= N. S. 17] (1): 63. **Type locality:** Germany: Baden-Württemberg.

Elachiptera nigromaculata Strobl, 1894. Mitt. Naturwiss. Ver. Steiermark 30 (1893): 123. **Type locality:** Austria: Steiermark.

Crassiseta strobl Corti, 1909. Bull. Soc. Ent. Ital. 40 (1908): 160. **Type locality:** Spain: Algeciras.

Elachiptera nuda Duda, 1932. *In*: Lindner, 1932. Flieg. Palaearkt. Reg. 6 (1): 61. **Type locality:** Germany.

分布（**Distribution**）：中国（省份不明）、蒙古国、奥地利、白俄罗斯、比利时、波黑、英国、保加利亚、克罗地亚、前捷克斯洛伐克、丹麦、爱沙尼亚、芬兰、法国、德国、匈牙利、爱尔兰、意大利、哈萨克斯坦、拉脱维亚、立陶宛、马其顿、摩尔多瓦、挪威、波兰、罗马尼亚、俄罗斯、斯洛文尼亚、西班牙、瑞典、瑞士、荷兰、乌克兰。

（213）淡色瘤秆蝇 *Elachiptera insignis* (Thomson, 1869)

Oscinis insignia Thomson, 1869. K. Svenska Fregatten Eugenies Resa, Zool., Dipt. 2 (1): 605. **Type locality:** China.

Elachiptera obscurior Duda, 1932. *In*: Lindner, 1932. Flieg. Palaearkt. Reg. 6 (1): 28. **Type locality:** China: Taiwan.

分布（**Distribution**）：四川（SC）、云南（YN）、福建（FJ）、台湾（TW）；日本、俄罗斯。

（214）波氏瘤秆蝇 *Elachiptera popovi* Nartshuk, 1962

Elachiptera popovi Nartshuk, 1962. Ent. Obozr. 41: 676. **Type**

locality: China: Yunnan.

分布（**Distribution**）：云南（YN）。

（215）普通瘤秆蝇 *Elachiptera sibirica* (Loew, 1858)

Crassiseta sibirica Loew, 1858f. Wien. Ent. Monatschr. 2: 73. **Type locality:** Russia: Siberia.

Elachiptera nigroscutellata Becker, 1911. Ann. Hist.-Nat. Mus. Natl. Hung. 9: 99. **Type locality:** China: Taiwan.

分布（**Distribution**）：北京（BJ）、云南（YN）、福建（FJ）、台湾（TW）；日本、蒙古国、俄罗斯；欧洲。

（216）瘤秆蝇 *Elachiptera tuberculifera* (Corti, 1909)

Crassiseta tuberculifera Corti, 1909. Bull. Soc. Ent. Ital. 40 (1908): 132. **Type locality:** Italia.

分布（**Distribution**）：北京（BJ）；蒙古国、日本、哈萨克斯坦、奥地利、白俄罗斯、比利时、英国、保加利亚、丹麦、芬兰、法国、德国、匈牙利、爱尔兰、意大利、挪威、罗马尼亚、俄罗斯、西班牙、瑞典、瑞士、荷兰、乌克兰。

（217）西藏瘤秆蝇 *Elachiptera xizangensis* Yang *et* Yang, 1991

Elachiptera xizangensis Yang *et* Yang, 1991a. Acta Zootaxon. Sin. 16 (3): 473. **Type locality:** China: Tibet.

分布（**Distribution**）：西藏（XZ）。

48. 绯秆蝇属 *Fiebrigella* Duda, 1921

Fiebrigella Duda, 1921a. Tijdschr. Ent. 64: 123, 125. **Type species:** *Fiebrigella verrucosa* Duda, 1921 (by original designation and monotypy).

Teleocoma Aldrich, 1924. Proc. U. S. Natl. Mus. 65: 1. **Type species:** *Teleocoma crassipes* Aldrich, 1924 (by original designation).

Goniopsis Duda, 1929a. Konowia 8: 166 (preoccupied by de Haan, 1835; Melichar, 1899). **Type species:** *Goniopsis verrucosa* Duda, 1921 [= *Fiebrigella boliviensis* Sabrosky, 1970] (by original designation).

Goniopsita Duda, 1930. Folia Zool. Hydrobiol. 2: 69, 72. **Type species:** *Goniopsis verrucosa* Duda, 1929 [= *Fiebrigella boliviensis* Sabrosky, 1970] (by designation of Sabrosky, 1941).

Laccometopa Duda, 1930. Folia Zool. Hydrobiol. 2: 69. **Type species:** *Siphonella breviventris* Becker, 1916 (monotypy).

Mimoscinis Malloch, 1934. Diptera of Patagonia and South Chile. Part VI, Fasc. 5: 432. **Type species:** *Oscinosoma maculiventris* Malloch, 1934 (monotypy).

（218）土黄绯秆蝇 *Fiebrigella luteifrons* (Duda, 1934)

Goniopsita luteifrons Duda, 1934b. Tijdschr. Ent. 77: 80. **Type locality:** China: Taiwan.

分布（Distribution）：台湾（TW）。

49. 曲角秆蝇属 *Gampsocera* Schiner, 1862

Gampsocera Schiner, 1862c. Wien. Ent. Monatschr. 6 (12): 431. **Type species:** *Chlorops numerata* Heeger, 1858 (monotypy).

Lordophleps Enderlein, 1933. Ark. Zool. 27B: 1. **Type species:** *Gampsocera curvinervis* Becker, 1911 (monotypy).

（219） 白毛曲角秆蝇 *Gampsocera albopilosa* (Becker, 1924)

Melanochaeta albopilosa Becker, 1924. Ent. Mitt. 13: 120. **Type locality:** China: Taiwan, Maruyama.

分布（Distribution）：台湾（TW）。

（220） 北京曲角秆蝇 *Gampsocera beijingensis* (Yang *et* Yang, 1990)

Melanochaeta beijingensis Yang *et* Yang, 1990. Acta Agric. Univ. Pekin. 16 (2): 202. **Type locality:** China: Beijing.

分布（Distribution）：北京（BJ）。

（221）双显曲角秆蝇 *Gampsocera binotata* Becker, 1911

Gampsocera binotata Becker, 1911. Ann. Hist.-Nat. Mus. Natl. Hung. 9: 135. **Type locality:** China: Taiwan, Chip-chip.

分布（Distribution）：台湾（TW）。

（222） 弧脉曲角秆蝇 *Gampsocera curvinervis* Becker, 1911

Gampsocera curvinervis Becker, 1911. Ann. Hist.-Nat. Mus. Natl. Hung. 9: 135. **Type locality:** China: Taiwan, Chip-chip.

分布（Distribution）：台湾（TW）。

（223）分离曲角秆蝇 *Gampsocera divisa* Becker, 1911

Gampsocera divisa Becker, 1911. Ann. Hist.-Nat. Mus. Natl. Hung. 9: 138. **Type locality:** China: Taiwan, Tainan, Chip-chip.

分布（Distribution）：台湾（TW）；马来西亚。

（224）居所曲角秆蝇 *Gampsocera hedini* Enderlein, 1933

Gampsocera hedini Enderlein, 1933. Ark. Zool. 27B: 2. **Type locality:** China: Gansu.

分布（Distribution）：甘肃（GS）。

（225） 矛形曲角秆蝇 *Gampsocera lanceolate* Becker, 1911

Gampsocera lanceolate Becker, 1911. Ann. Hist.-Nat. Mus. Natl. Hung. 9: 136. **Type locality:** China: Taiwan, Chip-chip.

分布（Distribution）：台湾（TW）。

（226）宽翅曲角秆蝇 *Gampsocera latipennis* Becker, 1911

Gampsocera latipennis Becker, 1911. Ann. Hist.-Nat. Mus. Natl. Hung. 9: 136. **Type locality:** China: Taiwan, Chip-chip.

分布（Distribution）：台湾（TW）。

（227） 斑翅曲角秆蝇 *Gampsocera maculipennis* Becker, 1911

Gampsocera maculipennis Becker, 1911. Ann. Hist.-Nat. Mus. Natl. Hung. 9: 132. **Type locality:** China: Taiwan, Tainan.

分布（Distribution）：台湾（TW）。

（228） 变异曲角秆蝇 *Gampsocera mutata* Becker, 1911

Gampsocera mutata Becker, 1911. Ann. Hist. -Nat. Mus. Natl. Hung. 9: 134. **Type locality:** Indonesia: Java, Djakarta. China: Taiwan, Takao, Koshun.

Gampsocera trivialis Becker, 1912. Ann. Hist.-Nat. Mus. Natl. Hung. 10: 254. **Type locality:** China: Taiwan, Toyenmongai.

分布（Distribution）：台湾（TW）；缅甸、印度、印度尼西亚、马来西亚、泰国、加里曼丹岛。

（229）离斑曲角秆蝇 *Gampsocera separata* (Yang *et* Yang, 1991)

Melanochaeta separate Yang *et* Yang, 1991b. Acta Zootaxon. Sin. 16 (4): 478. **Type locality:** China: Yunnan, Kunming.

分布（Distribution）：云南（YN）。

（230） 浙江曲角秆蝇 *Gampsocera zhejiangensis* (Yang *et* Yang, 1990)

Melanochaeta zhejiangensis Yang *et* Yang, 1990. Acta Agric. Univ. Pekin. 16 (2): 202. **Type locality:** China: Zhejiang, Zhoushan.

分布（Distribution）：浙江（ZJ）。

50. 长须秆蝇属 *Gaurax* Loew, 1863

Gaurax Loew, 1863. Berl. Ent. Z. 7: 35. **Type species:** *Gaurax festivus* Loew, 1863 (monotypy).

Botanobia Lioy, 1864. Atti R. Ist. Véneto Sci. Lett. Arti (3) 9: 1125. **Type species:** *Oscinis dubia* Macquart, 1835 (monotypy).

Neogaurax Malloch, 1914b. Can. Entomol. 46: 119. **Type species:** *Gaurax montanus* Coquillett, 1898 (by original designation).

Pseudochlorops Duda, 1930. Folia Zool. Hydrobiol. 2: 106 (preoccupied by Malloch, 1914). **Type species:** *Pseudolchlorops costaricana* Duda, 1930 (monotypy).

Pseudoscinella Duda, 1931. Folia Zool. Hydrobiol. 3: 160 (replacement name for *Pseudochlorops* Duda, 1930 nec Malloch, 1914). **Type species:** *Pseudochlorops costaricana* Duda, 1931 (automatic).

（231）埔里长须秆蝇 *Gaurax aequalis* Becker, 1911

Gaurax aequalis Becker, 1911. Ann. Hist.-Nat. Mus. Natl. Hung. 9: 128. **Type locality:** China: Taiwan.

分布（Distribution）：台湾（TW）。

（232）黑额长须秆蝇 *Gaurax atrifrons* Becker, 1911

Gaurax atrifrons Becker, 1911. Ann. Hist.-Nat. Mus. Natl. Hung. 9: 126. **Type locality:** China: Taiwan.

分布（Distribution）：台湾（TW）。

（233）多脉长须秆蝇 *Gaurax nervosus* Becker, 1911

Gaurax nervosus Becker, 1911. Ann. Hist.-Nat. Mus. Natl. Hung. 9: 127. **Type locality:** China: Taiwan.

分布（Distribution）：台湾（TW）。

（234）慧眼长须秆蝇 *Gaurax oculatus* Becker, 1911

Gaurax oculatus Becker, 1911. Ann. Hist.-Nat. Mus. Natl. Hung. 9: 127. **Type locality:** China: Taiwan.

分布（Distribution）：台湾（TW）。

（235）幽黑长须秆蝇 *Gaurax piceus* Becker, 1911

Gaurax piceus Becker, 1911. Ann. Hist.-Nat. Mus. Natl. Hung. 9: 126. **Type locality:** China: Taiwan.

分布（Distribution）：台湾（TW）。

51. 异影秆蝇属 *Heteroscinis* Lamb, 1918

Heteroscinis Lamb, 1918. Ann. Mag. Nat. Hist. (9) 1: 339. **Type species:** *Heteroscinis variegata* Lamb, 1918 (by original designation).

Pseudogoniopsita Duda, 1934b. Tijdschr. Ent. 77: 80. **Type species:** *Oscinella siphonelloides* Becker, 1911 (by original designation).

（236）长管异影秆蝇 *Heteroscinis siphonelloides* (Becker, 1911)

Oscinella siphonelloides Becker, 1911. Ann. Hist.-Nat. Mus. Natl. Hung. 9: 149. **Type locality:** China: Taiwan, Tainan.

分布（Distribution）：台湾（TW）；印度尼西亚。

52. 疑秆蝇属 *Incertella* Sabrosky, 1980

Incertella Sabrosky, 1980. Proc. Ent. Soc. Wash. 82: 420. **Type species:** *Oscinella incerta* Becker, 1912 (by original designation).

（237）白须疑秆蝇 *Incertella albipalpis* (Meigen, 1830)

Chlorops albipalpis Meigen, 1830. Syst. Beschr. Europ. Zweifl. Insekt. 6: 163. **Type locality:** Not given.

Chimps socia Meigen, 1830. Syst. Beschr. Europ. Zweifl. Insekt. 6: 155. **Type locality:** Not given.

Oscinis basalis Zetterstedt, 1860. Dipt. Scand. 14: 6441. **Type** locality: Sweden: Skåne.

分布（Distribution）：中国（省份不明）；阿富汗、奥地利、白俄罗斯、比利时、波黑、英国、保加利亚、捷克、斯洛伐克、丹麦、爱沙尼亚、芬兰、法国、德国、匈牙利、爱尔兰、哈萨克斯坦、拉脱维亚、马其顿、蒙古国、波兰、罗马尼亚、俄罗斯、斯洛文尼亚、西班牙、瑞典、瑞士、荷兰、乌克兰。

53. 多毛秆蝇属 *Lasiochaeta* Corti, 1909

Lasiochaeta Corti, 1909. Bull. Soc. Ent. Ital. 40 (1908): 147. **Type species:** *Elachiptera pubescens* Thalhammer, 1898 (monotypy).

（238）双斑多毛秆蝇 *Lasiochaeta bimaculata* (Yang et Yang, 1991)

Melanochaeta bimaculata Yang et Yang, 1991b. Acta Zootaxon. Sin. 16 (4): 476. **Type locality:** China: Yunnan, Kunming.

分布（Distribution）：云南（YN）。

（239）宽斑多毛秆蝇 *Lasiochaeta grandipunctata* (Yang et Yang, 1990)

Melanochaeta grandipunctata Yang et Yang, 1990. Acta Agric. Univ. Pekin. 16 (2): 201. **Type locality:** China: Beijing.

分布（Distribution）：北京（BJ）。

（240）黑胸多毛秆蝇 *Lasiochaeta indistincta* (Becker, 1911)

Gampsocera indistincta Becker, 1911. Ann. Hist.-Nat. Mus. Natl. Hung. 9: 134. **Type locality:** Sri Lanka.

Melanochaeta brevicornis Brunetti, 1917. Rec. India Mus. 13: 101. **Type locality:** India.

分布（Distribution）：云南（YN）；斯里兰卡、印度。

（241）景洪多毛秆蝇 *Lasiochaeta jinghongensis* (Yang et Yang, 1991)

Melanochaeta jinghongensis Yang et Yang, 1991b. Acta Zootaxon. Sin. 16 (4): 481. **Type locality:** China: Yunnan, Jinghong.

分布（Distribution）：云南（YN）。

（242）昆明多毛秆蝇 *Lasiochaeta kunmingensis* (Yang et Yang, 1991)

Melanochaeta kunmingensis Yang et Yang, 1991b. Acta Zootaxon. Sin. 16 (4): 479. **Type locality:** China: Yunnan, Kunming.

分布（Distribution）：云南（YN）。

（243）李氏多毛秆蝇 *Lasiochaeta lii* (Yang et Yang, 1991)

Melanochaeta lii Yang et Yang, 1991b. Acta Zootaxon. Sin.

16 (4): 477. **Type locality:** China: Yunnan, Kunming.

分布（Distribution）：云南（YN）。

（244）长带多毛秆蝇 *Lasiochaeta longistriata* (Yang *et* Yang, 1991)

Melanochaeta longistriata Yang *et* Yang, 1991a. Acta Zootaxon. Sin. 16 (3): 472. **Type locality:** China: Yunnan, Mengla.

分布（Distribution）：云南（YN）。

（245）勐腊多毛秆蝇 *Lasiochaeta menglaensis* (Yang *et* Yang, 1991)

Melanochaeta menglaensis Yang *et* Yang, 1991a. Acta Zootaxon. Sin. 16 (3): 473. **Type locality:** China: Yunnan, Mengla.

分布（Distribution）：云南（YN）。

（246）内蒙多毛秆蝇 *Lasiochaeta neimengguensis* (Yang *et* Yang, 1990)

Melanochaeta neimengguensis Yang *et* Yang, 1990. Entomotaxon. 12 (3-4): 309. **Type locality:** China: Inner Mongolia.

分布（Distribution）：内蒙古（NM）。

（247）寡斑多毛秆蝇 *Lasiochaeta parca* (Yang *et* Yang, 1991)

Melanochaeta parca Yang *et* Yang, 1991b. Acta Zootaxon. Sin. 16 (4): 481. **Type locality:** China: Yunnan, Ruili.

分布（Distribution）：云南（YN）。

（248）荫影多毛秆蝇 *Lasiochaeta umbrosa* (Becker, 1924)

Elachiptera umbrosa Becker, 1924. Ent. Mitt. 13: 120. **Type locality:** China: Taiwan.

分布（Distribution）：台湾（TW）；柬埔寨、日本、菲律宾、印度、泰国、越南。

（249）单斑多毛秆蝇 *Lasiochaeta unlmaculata* (Yang *et* Yang, 1991)

Melanochaeta unlmaculata Yang *et* Yang, 1991b. Acta Zootaxon. Sin. 16 (4): 476. **Type locality:** China: Yunnan, Lancang.

分布（Distribution）：云南（YN）。

（250）云南多毛秆蝇 *Lasiochaeta yunnanensis* (Yang *et* Yang, 1991)

Melanochaeta yunnanensis Yang *et* Yang, 1991b. Acta Zootaxon. Sin. 16 (4): 479. **Type locality:** China: Yunnan, Lincang.

分布（Distribution）：云南（YN）。

54. 环秆蝇属 *Meijerella* Sabrosky, 1976

Meijerella Sabrosky, 1976. Pac. Insects 17: 91. **Type species:**

Oscinella cavernae de Meijere, 1913 (by original designation).

（251）洞穴环秆蝇 *Meijerella cavernae* (de Meijere, 1913)

Oscinella cavernae de Meijere, 1913. *In*: Becker *et* de Meijere, 1913. Tijdschr. Ent. 56: 306. **Type locality:** Indonesia: Java, Djocja, Goewa Grengser.

分布（Distribution）：台湾（TW）；印度尼西亚、马来西亚、菲律宾。

（252）黑瘤环秆蝇 *Meijerella inaequalis* (Becker, 1911)

Oscinella inaequalis Becker, 1911. Ann. Hist.-Nat. Mus. Natl. Hung. 9: 164. **Type locality:** China: Taiwan, Tainan.

Oscinella paenultima Becker, 1911. Ann. Hist.-Nat. Mus. Natl. Hung. 9: 163. **Type locality:** Indonesia: Semarang and Salatiga.

分布（Distribution）：台湾（TW）、广东（GD）、香港（HK）；日本、泰国、马来西亚、菲律宾、印度尼西亚、印度、澳大利亚。

55. 长缘秆蝇属 *Oscinella* Becker, 1909

Oscinella Becker, 1909. Bull. Mus. Natl. Hist. Nat. (1) 15: 120. **Type species:** *Musca frit* Linnaeus, 1758 (by designation of ICZN, 1978).

Pachychoeta Bezzi, 1895. Bull. Soc. Ent. Ital. 27: 72 (preoccupied by Bigot, 1857). **Type species:** *Elachiptera aterrima* Strobl, 1880 [= *Oscinis capreolus* Haliday, 1838] (by original designation).

Melanochaeta Bezzi, 1906. Z. Syst. Hymenopt. Dipt. 6 (1): 50 (replacement name for *Pachychoeta* Bezzi, 1895 nec Bigot, 1857). **Type species:** *Elachiptera aterrima* Strobl, 1880 [= *Oscinis capreolus* Haliday, 1838] (automatic).

Paroscinella Becker, 1913. Ann. Hist.-Nat. Mus. Natl. Hung. 11: 164. **Type species:** *Paroscinella impar* Becker, 1913 (monotypy).

Pachychaetina Hendel, 1907. Wien. Ent. Ztg. 26 (3): 98 (replacement name for *Pachychaeta* Bezzi, 1895 nec Bigot, 1857). **Type species:** *Oscinis capreolus* Haliday, 1838 (automatic).

Cyclocercula Beschovski, 1978. Acta Zool. Bulgar. 10: 25. **Type species:** *Oscinella nartshukiana* Beschovski, 1978 (by original designation).

（253）狡猾长缘秆蝇 *Oscinella fallax* Duda, 1934

Oscinella fallax Duda, 1934b. Tijdschr. Ent. 77: 113 (replacement name for *Oscinella particeps* Becker, 1924 nec Becker, 1912). **Type locality:** China: Taiwan, Taipei.

Oscinella particeps Becker, 1924. Ent. Mitt. 13: 123 (preoccupied by Becker, 1912). **Type locality:** China: Taiwan, Taipei.

分布（Distribution）：台湾（TW）。

（254）似额长缘秆蝇 *Oscinella similifrons* **Becker, 1911**

Oscinella similifrons Becker, 1911. Ann. Hist.-Nat. Mus. Natl. Hung. 9: 152. **Type locality:** Australia: Queensland. China: Taiwan, Tainan.

分布（Distribution）：台湾（TW）；澳大利亚。

（255）腰带长缘秆蝇 *Oscinella ventralis* **Becker, 1916**

Oscinella ventralis Becker, 1916. Ann. Hist.-Nat. Mus. Natl. Hung. 14: 442. **Type locality:** China: Taiwan, Tainan.

分布（Distribution）：台湾（TW）。

56. 鸣鸟秆蝇属 *Oscinisoma* Lioy, 1864

Oscinisoma Lioy, 1864. Atti R. Ist. Véneto Sci. Lett. Arti (3) 9: 1125. **Type species:** *Chlorops vitripenne* Meigen, 1830 [= *Chlorops cognatus* Meigen, 1830] (by designation of Coquillett, 1910).

（256）直角鸣鸟秆蝇 *Oscinisoma rectum* (Becker, 1911)

Meroscinis rectum Becker, 1911. Ann. Hist.-Nat. Mus. Natl. Hung. 9: 91. **Type locality:** China: Taiwan, Chip-chip.

分布（Distribution）：台湾（TW）。

57. 多鬃秆蝇属 *Polyodaspis* Duda, 1933

Polyodaspis Duda, 1933. *In*: Lindner, 1933. Flieg. Palaearkt. Reg. 6 (1): 224 (replacement name for *Macrothorax* Lioy, 1864 nec Desmarest, 1851). **Type species:** *Siphonella ruficornis* Macquart, 1835 (automatic).

Macrothorax Lioy, 1864. Atti R. Ist. Véneto Sci. Lett. Arti (3) 9: 1121 (preoccupied by Desmarest, 1851). **Type species:** *Siphonella ruficornis* Macquart, 1835 (monotypy).

（257）锈色多鬃秆蝇 *Polyodaspis ferruginea* **Yang et Yang, 2003**

Polyodaspis ferruginea Yang *et* Yang, 2003. *In*: Huang, 2003. Fauna of Insects in Fujian Province of China 8: 530. **Type locality:** China: Fujian, Xiamen.

分布（Distribution）：福建（FJ）。

（258）中华多鬃秆蝇 *Polyodaspis sinensis* **Yang et Yang, 2003**

Polyodaspis sinensis Yang *et* Yang, 2003. *In*: Huang, 2003. Fauna of Insects in Fujian Province of China 8: 529. **Type locality:** China: Fujian, Jianyang.

分布（Distribution）：福建（FJ）。

58. 伪东风秆蝇属 *Pseudeurina* de Meijere, 1904

Pseudeurina de Meijere, 1904. Bijdr. Dierkd. 17/18: 112. **Type species:** *Pseudeurina maculata* de Meijere, 1904 (monotypy).

Gallomyia Nartshuk, 1965. Ent. Obozr. 44: 200. **Type species:** *Gallomyia miscanthi* Nartshuk, 1965 (by original designation).

（259）具斑伪东风秆蝇 *Pseudeurina maculata* **de Meijere, 1904**

Pseudeurina maculata de Meijere, 1904. Bijdr. Dierkd. 17/18: 112. **Type locality:** Indonesia: Pasuruan.

Gallomyia miscanthi Nartshuk, 1965. Ent. Obozr. 44: 200. **Type locality:** Russia: Maritime Territory, Khasan-lake.

分布（Distribution）：台湾（TW）；柬埔寨、印度、印度尼西亚、马来西亚、菲律宾、斯里兰卡、俄罗斯。

59. 长盾秆蝇属 *Pseudogaurax* Malloch, 1915

Pseudogaurax Malloch, 1915. Proc. Ent. Soc. Wash. 17: 159. **Type species:** *Gaurax anchora* Loew, 1866 (by original designation).

Pseudogaurax Duda, 1930. Folia Zool. Hydrobiol. 2: 86 (preoccupied by Malloch, 1915). **Type species:** *Gaurax interruptus* Becker, 1912 (monotypy).

Mimogaurax Hall, 1937. J. Wash. Acad. Sci. 27: 257 (replacement name for *Pseudogaurax* Duda, 1930 nec Malloch, 1915). **Type species:** *Gaurax interruptus* Becker, 1912 (automatic).

（260）密毛长盾秆蝇 *Pseudogaurax densipilis* **Duda, 1934**

Pseudogaurax densipilis Duda, 1934c. Arb. Morph. Taxon. Ent. Berl. 1: 55. **Type locality:** China: Shandong, Qingdao.

分布（Distribution）：山东（SD）。

60. 鼓翅秆蝇属 *Sepsidoscinis* Hendel, 1914

Sepsidoscinis Hendel, 1914b. Ann. Hist.-Nat. Mus. Natl. Hung. 12: 247. **Type species:** *Sepsidoscinis maculipennis* Hendel, 1914 (monotypy).

（261）鼓翅秆蝇 *Sepsidoscinis maculipennis* **Hendel, 1914**

Sepsidoscinis maculipennis Hendel, 1914b. Ann. Hist.-Nat. Mus. Natl. Hung. 12: 248. **Type locality:** Sri Lanka.

分布（Distribution）：福建（FJ）、台湾（TW）、广东（GD）、海南（HI）；菲律宾、印度尼西亚、斯里兰卡、印度。

61. 短脉秆蝇属 *Siphunculina* Rondani, 1856

Siphunculina Rondani, 1856. Dipt. Ital. Prodromus, Vol. I: 128. **Type species:** *Siphunculina aenea* Rondani, 1856 [= *Siphonella aenea* Macquart, 1835] (by original designation).

Microneurum Becker, 1903. Mitt. Zool. Mus. Berl. 2 (3): 152.

Type species: *Microneurum maculifrons* Becker, 1903 [= *Oscinis ornatifrons* Loew, 1858] (monotypy).
Liomicroneurum Enderlein, 1911. Sber. Ges. Naturf. Freunde Berl. 1911 (4): 230. **Type species:** *Siphonella funicola* de Meijere, 1905 (by original designation).

（262）粉带短脉秆蝇 *Siphunculina fasciata* Cherian, 1970

Siphunculina fasciata Cherian, 1970. Orient. Insects 4 (4): 365.
Type locality: India.

分布（Distribution）：浙江（ZJ）；印度。

（263）小短脉秆蝇 *Siphunculina minima* (de Meijere, 1908)

Siphonella minima de Meijere, 1908b. Tijdschr. Ent. 51: 176.
Type locality: Indonesia: Java.

分布（Distribution）：台湾（TW）；印度、印度尼西亚、马来西亚、泰国。

（264）光额短脉秆蝇 *Siphunculina nitidissima* Kanmiya, 1982

Siphunculina nitidissima Kanmiya, 1982. Jpn. J. Sanit. Zool. 33 (2): 115. **Type locality:** Japan.

分布（Distribution）：台湾（TW）；日本、澳大利亚。

（265）网纹短脉秆蝇 *Siphunculina striolata* (Wiedemann, 1830)

Chlorops striolata Wiedemann, 1830. Aussereurop. Zweifl. Insekt. 2: 597. **Type locality:** China.
Homalura plumbella Wiedemann, 1830. Aussereurop. Zweifl. Insekt. 2: 574. **Type locality:** West Indies.
Oscinis signata Wollaston, 1858. Ann. Mag. Nat. Hist. (3) 1: 117. **Type locality:** Portugal: Madeira, Funchal.
Siphonella reticulata Loew, 1869e. Berl. Ent. Z. 13 (1-2): 43.
Type locality: Cuba.

分布（Distribution）：中国（省份不明）；日本、缅甸、印度、印度尼西亚、马来西亚、巴基斯坦、菲律宾、泰国、斐济、美国、巴西、古巴、厄瓜多尔、海地、牙买加、巴拉圭、巴拿马、秘鲁、波多黎各（美）、委内瑞拉、喀麦隆、埃塞俄比亚；太平洋（西部和南部岛屿）。

62. 球突秆蝇属 *Speccafrons* Sabrosky, 1980

Speccafrons Sabrosky, 1980. Proc. Ent. Soc. Wash. 82: 424.
Type species: *Oscinella mallochi* Sabrosky, 1938 (by original designation).

（266）中脉球突秆蝇 *Speccafrons costalis* (Duda, 1930)

Siphunculina costalis Duda, 1930. Stettin. Ent. Ztg. 91: 282.
Type locality: China: Taiwan, Taipei.

分布（Distribution）：云南（YN）、台湾（TW）；日本。

（267）指状球突秆蝇 *Speccafrons digitiformis* Liu et Yang, 2015

Speccafrons digitiformis Liu et Yang, 2015. Florida Ent. 98 (2): 564. **Type locality:** China: Yunnan, Kunming.

分布（Distribution）：贵州（GZ）、云南（YN）。

63. 棘鬃秆蝇属 *Togeciphus* Nishijima, 1955

Togeciphus Nishijima, 1955. Insecta Matsum. 19: 53 (replacement name for *Chaetaspis* Nishijima, 1954 nec Bollman, 1887). **Type species:** *Chaetaspis katoi* Nishijima, 1954 (automatic).
Chaetaspis Nishijima, 1954. Insecta Matsum. 18: 84 (preoccupied by Bollman, 1887). **Type species:** *Chaetaspis katoi* Nashijima, 1954 (by original designation).

（268）棘鬃秆蝇 *Togeciphus katoi* (Nishijima, 1954)

Chaetaspis katoi Nishijima, 1954. Insecta Matsum. 18: 85.
Type locality: Japan.

分布（Distribution）：湖南（HN）、四川（SC）、贵州（GZ）、云南（YN）、福建（FJ）、台湾（TW）、广西（GX）；日本。

（269）平须棘鬃秆蝇 *Togeciphus truncatus* Liu et Yang, 2012

Togeciphus truncatus Liu et Yang, 2012. Zootaxa 3298: 20.
Type locality: China: Guizhou, Suiyang.

分布（Distribution）：四川（SC）、贵州（GZ）。

64. 沟背秆蝇属 *Tricimba* Lioy, 1864

Tricimba Lioy, 1864. Atti R. Ist. Véneto Sci. Lett. Arti (3) 9: 1125. **Type species:** *Oscinis lineella* Fallén, 1820 (by designation of Enderlein, 1911).
Notonaulax Becker, 1903. Mitt. Zool. Mus. Berl. 2 (3): 153.
Type species: *Oscinis lineela* Fallén, 1820 (by designation of Enderlein, 1911).
Pentanotaulax Enderlein, 1911. Sber. Ges. Naturf. Freunde Berl. 1911 (4): 197. **Type species:** *Pentanotaulax virgulata* Enderlein, 1911 (by original designation).
Neuropachys Thalhammer, 1913. Ann. Soc. Sci. Brux. 37: 342 (preoccupied by Heer, 1858). **Type species:** *Neuropachys brachyptera* Thalhammer, 1913 (monotypy).
Euhippelates Malloch, 1925. Proc. Linn. Soc. N. S. W. 50 (4): 96. **Type species:** *Euhippelates pallidiseta* Malloch, 1925 (by original designation).
Gauracisoma Duda, 1930. Folia Zool. Hydrobiol. 2: 76. **Type species:** *Pentanotaulax caviventris* Enderlein, 1911 (by designation of Duda, 1931).
Hammaspis Duda, 1930. Folia Zool. Hydrobiol. 2: 76. **Type species:** *Tricimba spinigera* Malloch, 1913 (monotypy).
Microchaetaspis Duda, 1930. Folia Zool. Hydrobiol. 2: 77. **Type species:** *Microchaetaspis crassiseta* Duda, 1930 (by original designation).
Apteroscinis Malloch, 1931e. Rec. Canterbury Mus. 3: 407.

Type species: *Apteroscinis deansi* Malloch, 1913 (by original designation).

Eutricimba Malloch, 1931e. Rec. Canterbury Mus. 3: 408. **Type species:** *Eutricimba tinctipennis* Malloch, 1931 (by original designation).

Echimba Duda, 1935b. Stylops 4: 27. **Type species:** *Echimba annulipes* Duda, 1935 (by original designation).

Syphonerina Séguy, 1938. Mém. Mus. Natl. Hist. Nat. (N. S.) 8: 361. **Type species:** *Syphonerina armata* Séguy, 1938 (by original designation).

Crassivenula Sabrosky, 1941. Ann. Ent. Soc. Am. 34 (4): 751 (replacement name for *Neuropachys* Thalhammer, 1913 nec Heer, 1858). **Type species:** *Neuropachys brachyptera* Thalhammer, 1913 (by original designation).

Nartshukiella Beschovski, 1981. Reichenbachia 19: 119. **Type species:** *Chlorops cincta* Meigen, 1830 (by original designation).

Schumanniella Beschovski, 1981. Reichenbachia 19: 120. **Type species:** *Notonaulax setulosa* Becker, 1903 (by original designation).

（270）黄条沟背秆蝇 *Tricimba aequiseta* Nartshuk, 1962

Tricimba aequiseta Nartshuk, 1962. Ent. Obozr. 41: 675. **Type locality:** China: Guangdong, Guangzhou.

分布（Distribution）：广东（GD）。

（271）双色沟背秆蝇 *Tricimba cincta* (Meigen, 1830)

Chlorops cincta Meigen, 1830. Syst. Beschr. Europ. Zweifl. Insekt. 6: 162. **Type locality:** Germany: Aachen.

Chlorops apicalis von Roser, 1840. Correspondenzbl. K. Württemb. Landw. Ver., Stuttgart 37 [= N. S. 17] (1): 63. **Type locality:** Germany: Baden-Württemberg, Württemberg.

Oscinis aristolochiae Rondani, 1869. Arch. Zool. Anat. Fisiol. (2) 1: 188. **Type locality:** Italy.

Oscinis sulcella Zetterstedt, 1848. Dipt. Scand. 7: 2657. **Type locality:** Sweden: Skåne.

Tricimba flavipila Duda, 1932. *In*: Lindner, 1932. Flieg. Palaearkt. Reg. 6 (1): 39. **Type locality:** Not given.

Tricimba fungicola Dely-Draskovits, 1983. Acta Zool. Acad. Sci. Hung. 29 (4): 349. **Type locality:** Hungary.

分布（Distribution）：贵州（GZ）；日本、奥地利、白俄罗斯、比利时、波黑、英国、保加利亚、丹麦、爱沙尼亚、芬兰、法国、德国、匈牙利、爱尔兰、以色列、意大利、哈萨克斯坦、拉脱维亚、立陶宛、蒙古国、挪威、波兰、俄罗斯、西班牙、瑞典、瑞士、荷兰、乌克兰、美国。

（272）带足沟背秆蝇 *Tricimba fascipes* (Becker, 1911)

Notonaulax fascipes Becker, 1911. Ann. Hist.-Nat. Mus. Natl. Hung. 9: 142. **Type locality:** China: Taiwan.

分布（Distribution）：台湾（TW）。

（273）中黑沟背秆蝇 *Tricimba humeralis* (Loew, 1858)

Oscinis humeralis Loew, 1858f. Wien. Ent. Monatschr. 2: 59. **Type locality:** Italy: Sicily.

Notonaulax maculifrons Becker, 1903. Mitt. Zool. Mus. Berl. 2 (3): 153. **Type locality:** Egypt: Kairo, Assiut.

Tricimba punctifrons Becker, 1914. *In*: Becker et Stein, 1914. Annu. Mus. Zool. Acad. Sci. Russ. St.-Pétersb. (1913) 18: 93. **Type locality:** Morocco: Tanger.

Tricimba opacifrons Duda, 1932. *In*: Lindner, 1932. Flieg. Palaearkt. Reg. 6 (1): 40. **Type locality:** Spain: Canary Is.

分布（Distribution）：中国（省份不明）；阿富汗、阿尔及利亚、奥地利、比利时、波黑、英国、保加利亚、塞浦路斯、埃及、法国、德国、匈牙利、伊朗、以色列、意大利、塔吉克斯坦、蒙古国、摩洛哥、挪威、波兰、葡萄牙、罗马尼亚、俄罗斯、西班牙、苏丹、瑞典、瑞士、突尼斯、乌克兰；非洲（北部）。

（274）海洋沟背秆蝇 *Tricimba marina* (Becker, 1911)

Notonaulax marina Becker, 1911. Ann. Hist.-Nat. Mus. Natl. Hung. 9: 143. **Type locality:** China: Taiwan.

分布（Distribution）：台湾（TW）。

锥秆蝇亚科 Rhodesiellinae

65. 鬃腿秆蝇属 *Dactylothyrea* de Meijere, 1910

Dactylothyrea de Meijere, 1910. Tijdschr. Ent. 53: 154. **Type species:** *Dactylothyrea infumata* de Meijere, 1910 (by designation of Sabrosky, 1941).

Elaphaspis Bezzi, 1912. Revue Zool. Bot. Afr. 2: 82. **Type species:** *Rhinotora leucopsis* Bigot, 1912 (by original designation).

（275）刺鬃腿秆蝇 *Dactylothyrea spinipes* Becker, 1916

Dactylothyrea spinipes Becker, 1916. Ann. Hist.-Nat. Mus. Natl. Hung. 14: 443. **Type locality:** China: Taiwan, Taihoku, Sokotsu.

Dactylothyrea bakeri Malloch, 1931c. Ann. Mag. Nat. Hist. (10) 7: 491. **Type locality:** Philippines: Luzon.

分布（Distribution）：云南（YN）、台湾（TW）、广西（GX）；斯里兰卡、印度、菲律宾。

66. 新锥秆蝇属 *Neorhodesiella* Cherian, 2002

Neorhodesiella Cherian, 2002. The Fauna of India and Adjacent Countries, Diptera IX. Chloropidae (Part 1): 241.

Type species: *Rhodesiella typical* Cherian, 1973 (by original designation).

（276）费氏新锥秆蝇 *Neorhodesiella fedtshenkoi* (Nartshuk, 1978)

Rhodesiella fedtshenkoi Nartshuk, 1978. Trudy Zool. Inst. 71: 83. **Type locality:** Russia.
分布（Distribution）：北京（BJ）；日本、俄罗斯。

（277）边界新锥秆蝇 *Neorhodesiella finitima* (Becker, 1911)

Meroscinis finitima Becker, 1911. Ann. Hist.-Nat. Mus. Natl. Hung. 9: 92. **Type locality:** China: Taiwan.
分布（Distribution）：台湾（TW）、广东（GD）、广西（GX）。

（278）广西新锥秆蝇 *Neorhodesiella guangxiensis* Xu, Yang *et* Nartshuk, 2011

Neorhodesiella guangxiensis Xu, Yang *et* Nartshuk, 2011. Acta Zootaxon. Sin. 36 (4): 901. **Type locality:** China: Guangxi, Fusui.
分布（Distribution）：广西（GX）。

（279）齿突新锥秆蝇 *Neorhodesiella serrata* (Yang *et* Yang, 2003)

Rhodesiella serrata Yang *et* Yang, 2003. *In*: Huang, 2003. Fauna of Insects in Fujian Province of China 8: 529. **Type locality:** China: Fujian, Gulangyu.
分布（Distribution）：福建（FJ）。

（280）云南新锥秆蝇 *Neorhodesiella yunnaniensis* (Yang *et* Yang, 1993)

Rhodesiella yunnnaensis Yang *et* Yang, 1993. Acta Ent. Sin. 36 (2): 220. **Type locality:** China: Yunnan, Tengchong.
分布（Distribution）：云南（YN）。

67. 锥秆蝇属 *Rhodesiella* Adams, 1905

Rhodesiella Adams, 1905. Kans. Univ. Sci. Bull. 3: 198. **Type species:** *Rhodesiella tarsalis* Adams, 1905 (by original designation).
Macrostyla Lioy, 1864. Atti R. Ist. Véneto Sci. Lett. Arti 3 (9): 1126 (preoccupied by Winnertz, 1846). **Type species:** *Macrostyla plumiger* Meigen, 1830 [= *Chlorops plumiger* Meigen, 1830] (monotypy).
Meroscinis de Meijere, 1908b. Tijdschr. Ent. 51: 172. **Type species:** *Meroscinis scutellata* de Meijere, 1908 (monotypy).
Prionoscelus Becker, 1911. Ann. Hist.-Nat. Mus. Natl. Hung. 9: 99. **Type species:** *Prionoscelus magnus* Becker, 1911 (by designation of Sabrosky, 1941).
Lonchonotus Lamb, 1918. Ann. Mag. Nat. Hist. (9) 1: 337. **Type species:** *Lonchonotus formosus* Lamb, 1918 (by original designation).

Aspistyla Duda, 1933. *In*: Lindner, 1933. Flieg. Palaearkt. Reg. 6 (1): 224 (replacement name for *Macrostyla* Lioy, 1864 nec Winnertz, 1846). **Type species:** *Chlorops plumiger* Meigen, 1846 (automatic).

（281）基黄锥秆蝇 *Rhodesiella basiflava* Yang *et* Yang, 1995

Rhodemiella basiflava Yang *et* Yang, 1995. Dtsch. Ent. Z. (N. F.) 42 (1): 58. **Type locality:** China: Yunnan, Mengla.
分布（Distribution）：云南（YN）。

（282）崔氏锥秆蝇 *Rhodesiella chui* Kanmiya, 1987

Rhodesiella chui Kanmiya, 1987. Sieboldia (Suppl.): 19. **Type locality:** China: Taiwan.
分布（Distribution）：台湾（TW）。

（283）指状锥秆蝇 *Rhodesiella digitata* Yang *et* Yang, 1995

Rhodesiella digitata Yang *et* Yang, 1995. Dtsch. Ent. Z. (N. F.) 42 (1): 59. **Type locality:** China: Yunnan, Mengla.
分布（Distribution）：云南（YN）、广东（GD）、广西（GX）。

（284）分隔锥秆蝇 *Rhodesiella dimidiata* (Becker, 1911)

Meroscinis dimidiata Becker, 1911. Ann. Hist.-Nat. Mus. Natl. Hung. 9: 91. **Type locality:** China: Taiwan.
分布（Distribution）：台湾（TW）；日本、印度、马来西亚。

（285）雅锥秆蝇 *Rhodesiella elegantula* (Becker, 1911)

Meroscinis elegantula Becker, 1911. Ann. Hist.-Nat. Mus. Natl. Hung. 9: 89. **Type locality:** China: Taiwan.
Meroscinis quadriseta de Meijere, 1913. *In*: Becker *et* de Meijere, 1913. Tijdschr. Ent. 56: 296. **Type locality:** Indonesia: Java.
分布（Distribution）：台湾（TW）、广西（GX）；日本、印度、菲律宾、印度尼西亚、美国。

（286）边界锥秆蝇 *Rhodesiella finitima* (Becker, 1911)

Meroscinis finitima Becker, 1911. Ann. Hist.-Nat. Mus. Natl. Hung. 9: 92. **Type locality:** China: Taiwan.
分布（Distribution）：台湾（TW）；新几内亚岛。

（287）福建锥秆蝇 *Rhodesiella fujianensis* Yang *et* Yang, 2003

Rhodesiella fujianensis Yang *et* Yang, 2003. *In*: Huang, 2003. Fauna of Insects in Fujian Province of China 8: 528. **Type locality:** China: Fujian, Jianyang.
分布（Distribution）：福建（FJ）。

（288）广东锥秆蝇 *Rhodesiella guangdongensis* **Xu et Yang, 2005**

Rhodesiella guangdongensis Xu *et* Yang, 2005. Zootaxa 1046: 50. **Type locality:** China: Guangdong, Ruyuan.
分布（Distribution）：广东（GD）。

（289）海南锥秆蝇 *Rhodesiella hainana* **Yang, 2002**

Rhodesiella hainana Yang, 2002. *In*: Huang, 2002. Forest Insects of Hainan: 770. **Type locality:** China: Hainan, Nada.
分布（Distribution）：海南（HI）。

（290）双刺锥秆蝇 *Rhodesiella hirtimana* **(Malloch, 1931)**

Macmstyla hirtimana Malloch, 1931d. Ann. Mag. Nat. Hist. 10 (8): 60. **Type locality:** Indonesia: Java.
Rhodesiella yamagishii Kanmiya, 1983. Mem. Ent. Soc. Wash. 11: 48. **Type locality:** Japan.
分布（Distribution）：台湾（TW）、广东（GD）、广西（GX）；日本、印度尼西亚、印度。

（291）加纳锥秆蝇 *Rhodesiella kanoi* **Kanmiya, 1987**

Rhodesiella kanoi Kanmiya, 1987. Sieboldia (Suppl.): 15. **Type locality:** China: Taiwan.
分布（Distribution）：台湾（TW）。

（292）昆明锥秆蝇 *Rhodesiella kunmingana* **Yang et Yang, 1995**

Rhodesiella kunmingana Yang *et* Yang, 1995. Dtsch. Ent. Z. (N. F.) 42 (1): 56. **Type locality:** China: Yunnan, Xishan.
分布（Distribution）：重庆（CQ）、云南（YN）。

（293）宽带锥秆蝇 *Rhodesiella latizona* **Yang et Yang, 1995**

Rhodesiella latizona Yang *et* Yang, 1995. Dtsch. Ent. Z. (N. F.) 42 (1): 60. **Type locality:** China: Yunnan, Mengla.
分布（Distribution）：云南（YN）。

（294）山锥秆蝇 *Rhodesiella monticola* **Kanmiya, 1987**

Rhodesiella monticola Kanmiya, 1987. Sieboldia (Suppl.): 17. **Type locality:** China: Taiwan.
分布（Distribution）：台湾（TW）、广西（GX）。

（295）黑脉锥秆蝇 *Rhodesiella nigrovenosa* **(de Meijere, 1924)**

Meroscinis nigrovenosa de Meijere, 1924a. Tijdschr. Ent. 67 (Suppl.): 44. **Type locality:** Indonesia: Sumatra.
分布（Distribution）：台湾（TW）；印度尼西亚。

（296）亮额锥秆蝇 *Rhodesiella nitidifrons* **(Becker, 1911)**

Meroscinis nitidifrons Becker, 1911. Ann. Hist.-Nat. Mus. Natl.
Hung. 9: 93. **Type locality:** India. China: Taiwan.
Rhodesiella indica Cherian, 1977. Orient. Insects 11 (4): 491. **Type locality:** India.
分布（Distribution）：贵州（GZ）、台湾（TW）；印度、印度尼西亚、日本。

（297）黄腿锥秆蝇 *Rhodesiella pallipes* **(Duda, 1934)**

Aspistyla pallipes Duda, 1934c. Arb. Morph. Taxon. Ent. Berl. 1: 51. **Type locality:** China: Shandong, Qingdao.
分布（Distribution）：内蒙古（NM）、北京（BJ）、山东（SD）；俄罗斯。

（298）极黑锥秆蝇 *Rhodesiella pernigra* **Kanmiya, 1987**

Rhodesiella pernigra Kanmiya, 1987. Sieboldia (Suppl.): 22. **Type locality:** China: Taiwan.
分布（Distribution）：台湾（TW）。

（299）后黑锥秆蝇 *Rhodesiella postinigra* **Yang et Yang, 1993**

Rhodesiella postinigra Yang *et* Yang, 1993. Acta Ent. Sin. 36 (2): 220. **Type locality:** China: Yunnan, Mengla.
分布（Distribution）：云南（YN）。

（300）瑞丽锥秆蝇 *Rhodesiella ruiliensis* **Yang et Yang, 1995**

Rhodesiella ruiliensis Yang *et* Yang, 1995. Dtsch. Ent. Z. (N. F.) 42 (1): 57. **Type locality:** China: Yunnan, Ruili.
分布（Distribution）：云南（YN）。

（301）邵德锥秆蝇 *Rhodesiella sauteri* **(Duda, 1930)**

Meroscinis sauteri Duda, 1930. Stettin. Ent. Ztg. 91: 286. **Type locality:** China: Taiwan.
分布（Distribution）：台湾（TW）；美国。

（302）齿腿锥秆蝇 *Rhodesiella scutellata* **(de Meijere, 1908)**

Meroscinis scutellata de Meijere, 1908b. Tijdschr. Ent. 51: 172. **Type locality:** Indonesia: Java, Semarang, Batavia [= Djakarta].
分布（Distribution）：四川（SC）、贵州（GZ）、云南（YN）、福建（FJ）、台湾（TW）、广东（GD）、广西（GX）、海南（HI）；印度、菲律宾、印度尼西亚、马来西亚、巴布亚新几内亚、美国。

（303）尖突锥秆蝇 *Rhodesiella simulans* **Kanmiya, 1983**

Rhodesiella sinudans Kanmiya, 1983. Mem. Ent. Soc. Wash. 11: 50. **Type locality:** Japan: Okinawa.
分布（Distribution）：广西（GX）；日本。

（304）西藏锥秆蝇 *Rhodesiella xizangensis* **Yang** *et* **Yang, 1993**

Rhodesiella xizangensis Yang *et* Yang, 1993. Acta Ent. Sin. 36 (2): 219. **Type locality:** China: Tibet, Bomi.

分布（Distribution）：西藏（XZ）。

（305）带突锥秆蝇 *Rhodesiella zonalis* **Yang** *et* **Yang, 1995**

Rhodesiella zonalis Yang *et* Yang, 1995. Dtsch. Ent. Z. (N. F.) 42 (1): 57. **Type locality:** China: Yunnan, Ruili.

分布（Distribution）：云南（YN）、海南（HI）。

68. 曲眼秆蝇属 *Scoliophthalmus* Becker, 1903

Scoliophthalmus Becker, 1903. Mitt. Zool. Mus. Berl. 2 (3): 147. **Type species:** *Scoliophthalmus trapezoids* Becker, 1903 (monotypy).

（306）狭额曲眼秆蝇 *Scoliophthalmus angustifrons* **(Duda, 1930)**

Goniopsita angustifrons Duda, 1930. Stettin. Ent. Ztg. 91: 284. **Type locality:** China: Taiwan.

分布（Distribution）：台湾（TW）。

（307）台湾曲眼秆蝇 *Scoliophthalmus formosanus* **(Duda, 1930)**

Goniopsita formosanus Duda, 1930. Stettin. Ent. Ztg. 91: 283. **Type locality:** China: Taiwan.

分布（Distribution）：贵州（GZ）、台湾（TW）；日本。

（308）浅色曲眼秆蝇 *Scoliophthalmus palldinervis* **Becker, 1916**

Scoliophthalmus pallidinervis Becker, 1916. Ann. Hist.-Nat. Mus. Natl. Hung. 14: 444. **Type locality:** China: Taiwan.

分布（Distribution）：台湾（TW）；日本。

69. 狭秆蝇属 *Stenoscinis* Malloch, 1918

Stenoscinis Malloch, 1918. Bull. Brooklyn Ent. Soc. 13: 21. **Type species:** *Oscinis longipes* Loew, 1863 (by original designation).

（309）南台狭秆蝇 *Stenoscinis aequisecta* **(Duda, 1930)**

Lioscinella aequisecta Duda, 1930. Stettin. Ent. Ztg. 91: 296. **Type locality:** China: Taiwan.

分布（Distribution）：台湾（TW）。

奇鬃秆蝇亚科 Siphonellopsinae

70. 显鬃秆蝇属 *Apotropina* Hendel, 1907

Apotropina Hendel, 1907. Wien. Ent. Ztg. 26 (3): 98

(replacement name for *Ectropa* Schiner, 1868 nec Wallengen, 1863). **Type species:** *Ectropa viduata* Schiner, 1868 (automatic).

Ectropa Schiner, 1868. Reise der Österreichischen Fregatte Novara, Diptera 2 (1B): 242 (preoccupied by Wallengen, 1863). **Type species:** *Ectropa viduata* Schiner, 1868 (by original designation).

Lasiopleura Becker, 1910. Arch. Zool. 1 (10): 130. **Type species:** *Osinis longepilosa* Strobl, 1893 (monotypy).

Parahippelates Becker, 1911. Ann. Hist.-Nat. Mus. Natl. Hung. 9: 109. **Type species:** *Osisnis pulchrifrons* de Meijere, 1906 (by original designation).

Pseudohippelates Malloch, 1913f. Proc. U. S. Natl. Mus. 46: 261. **Type species:** *Hippelatas capax* Coquillett, 1898 (by original designation).

Emmalochaeta Becker, 1916. Ann. Hist.-Nat. Mus. Natl. Hung. 14: 444. **Type species:** *Emmalochaeta gigantea* Becker, 1916 (by original designation).

Ephydroscinis Malloch, 1924. Proc. Linn. Soc. N. S. W. 49: 331. **Type species:** *Ephydroscinis australis* Malloch, 1924 (by original designation).

Terraereginia Malloch, 1928. Proc. Linn. Soc. N. S. W. 53 (3): 301. **Type species:** *Parahippelates dasypleura* Malloch, 1928 (monotypy).

Omochaeta Duda, 1930. Folia Zool. Hydrobiol. 2: 59. **Type species:** *Omochaeta sepecularifrons* Endelein, 1911 (by designation of Sabrosky, 1941).

Hopkinsella Malloch, 1930e. Insects Samoa 6: 244. **Type species:** *Hopkinsella purpurascens* Malloch, 1930 (by original designation).

Neoborborus Rayment, 1931. Vic. Nat. 47: 189. **Type species:** *Neoborborus speculabundus* Rayment, 1931 (monotypy).

Liomochaeta Duda, 1934. Arb. Morph. Taxon. Ent. Berl. 1: 42. **Type species:** *Oscinis dimorpha* Osten-Sacken (by original designation).

Oscinelloides Malloch, 1940. Proc. Linn. Soc. N. S. W. 65: 267. **Type species:** *Oscinella bispinosa* Becker, 1911 (by original designation).

（310）双斑显鬃秆蝇 *Apotropina bistriata* **Liu** *et* **Yang, 2015**

Apotropina bistriata Liu *et* Yang, 2015. Zootaxa 3947 (1): 123. **Type locality:** China: Guangdong, Zengcheng.

分布（Distribution）：广东（GD）。

（311）长突显鬃秆蝇 *Apotropina longiprocessa* **Liu** *et* **Yang, 2015**

Apotropina longiprocessa Liu *et* Yang, 2015. Zootaxa 3947 (1): 126. **Type locality:** China: Sichuan, Emei Mountain.

分布（Distribution）：四川（SC）、广西（GX）、海南（HI）。

（312）永富显鬃秆蝇 *Apotropina nagatomii* **Yang, Yang** *et* **Kanmiya, 1993**

Apotropina nagatomii Yang, Yang *et* Kanmiya, 1993. Jpn. J.

Ent. 61 (1): 32. **Type locality:** China: Yunnan, Jinghong.

分布（**Distribution**）：云南（YN）、海南（HI）。

（313）中华显鬃秆蝇 *Apotropina sinensis* Yang, Yang *et* Kanmiya, 1993

Apotropina sinensis Yang, Yang *et* Kanmiya, 1993. Jpn. J. Ent. 61 (1): 34. **Type locality:** China: Yunnan, Mengla.

分布（**Distribution**）：云南（YN）、海南（HI）。

（314）三斑显鬃秆蝇 *Apotropina tristriata* Liu *et* Yang, 2015

Apotropina tristriata Liu *et* Yang, 2015. Zootaxa 3947 (1): 128. **Type locality:** China: Guizhou, Leishan.

分布（**Distribution**）：贵州（GZ）。

（315）宽颊显鬃秆蝇 *Apotropina uniformis* Yang, Yang *et* Kanmiya, 1993

Apotropina uniformis Yang, Yang *et* Kanmiya, 1993. Jpn. J. Ent. 61 (1): 35. **Type locality:** China: Yunnan, Jinghong.

分布（**Distribution**）：宁夏（NX）、四川（SC）、云南（YN）。

叶蝇科 Milichiidae

平鬃叶蝇亚科 Madizinae

1. 纹额叶蝇属 *Desmometopa* Loew, 1866

Desmometopa Loew, 1866. Berl. Ent. Z. 9: 184. **Type species:** *Agromyza m-atrum* Meigen, 1830. Syst. Beschr. Europ. Zweifl. Insekt. 6: 170 (by designation of Hendel, 1903) [= *Madiza sordida* Fallén, 1820].

Platophrymia Williston, 1896b. Trans. R. Ent. Soc. London 1896: 426. **Type species:** *Platophrymia nigra* Williston, 1896 (monotypy) [= *Desmometopa tarsalis* Loew, 1866].

Liodesma Duda, 1935a. Natuurh. Maandbl. 24: 25 (as a subgenus of *Desmometopa*). **Type species:** *Liodesma atra* Duda, 1935 (by original designation) [= *Madiza sordida* Fallén, 1820].

Liodesmometopa Duda, 1935a. Natuurh. Maandbl. 24: 24 (invalid: first published as a synonym of *Liodesma* Duda).

（1）小纹额叶蝇 *Desmometopa microps* Lamb, 1914

Desmometopa microps Lamb, 1914. Trans. Linn. Soc. Lond. (2, Zool.) 16: 364. **Type locality:** Seychelles.

分布（**Distribution**）：北京（BJ）、山西（SX）、山东（SD）、陕西（SN）、台湾（TW）；塞舌尔。

（2）塞氏纹额叶蝇 *Desmometopa sabroskyi* Brake *et* Freidberg, 2003

Desmometopa sabroskyi Brake *et* Freidberg, 2003. Proc. Ent.

Soc. Wash. 105 (2): 280. **Type locality:** Uganda.

分布（**Distribution**）：北京（BJ）；乌干达。

（3）三裂纹额叶蝇 *Desmometopa tristicula* Hendel, 1914

Desmometopa tristicula Hendel, 1914a. Suppl. Ent. 3: 96. **Type locality:** China: Taiwan, Anping.

分布（**Distribution**）：台湾（TW）；菲律宾。

（4）变须纹额叶蝇 *Desmometopa varipalpis* Malloch, 1927

Desmometopa varipalpis Malloch, 1927g. Proc. Linn. Soc. N. S. W. 52: 7. **Type locality:** Australia: Bourke.

分布（**Distribution**）：陕西（SN）、重庆（CQ）、云南（YN）、西藏（XZ）；大洋洲。

2. 平鬃叶蝇属 *Madiza* Fallén, 1810

Madiza Fallén, 1810. Specim. Ent. Novam Dipt.: 19. **Type species:** *Madiza glabra* Fallén, 1820 (by designation of Hendel, 1903).

Cleptoneria Lioy, 1864. Atti R. Ist. Véneto Sci. Lett. Arti (3) 9: 1120. **Type species:** *Madiza glabra* Fallén, 1820 (monotypy).

Polphorina Enderlein, 1921. Zool. Anz. 52 (8/9): 231. **Type species:** *Piophila flavitarsis* Meigen, 1830 (by original designation) [= *Madiza glabra* Fallén, 1820].

Desmomyza Curran, 1934. Fam. Gen. N. Am. Dipt.: 338. **Type species:** *Desmomyza confusa* Curran, 1934 (by original designation) [= *Madiza glabra* Fallén, 1820].

（5）光秃平鬃叶蝇 *Madiza glabra* Fallén, 1820

Madiza glabra Fallén, 1820. Oscinides Sveciae: 9. **Type locality:** Sweden.

Piophlia flavitarsis Meigen, 1830. Syst. Beschr. Europ. Zweifl. Insekt. 6: 383. **Type locality:** Germany.

Gymnopa rufitarsis Meigen, 1838. Syst. Beschr. Europ. Zweifl. Insekt. 7: 384. **Type locality:** Germany.

分布（**Distribution**）：内蒙古（NM）、北京（BJ）、新疆（XJ）；瑞典、德国。

（6）白羽平鬃叶蝇 *Madiza lacteipennis* Hendel, 1913

Madiza lacteipennis Hendel, 1913a. Suppl. Ent. 2: 108. **Type locality:** China: Taiwan, Anping and Tainan.

分布（**Distribution**）：台湾（TW）。

叶蝇亚科 Milichiinae

3. 叶蝇属 *Milichia* Meigen, 1830

Milichia Meigen, 1830. Syst. Beschr. Europ. Zweifl. Insekt. 6: 131. **Type species:** *Milichia speciosa* Meigen, 1830 (by designation of Westwood, 1840).

Lobioptera Wahlberg, 1847. Öfvers. K. Vetensk. Akad. Förh. 4 (9): 259. **Type species:** *Lobioptera ludens* Wahlberg, 1847 (monotypy).

Prosaetomilichia Meijere, 1909. Tijdschr. Ent. 52: 170. **Type species:** *Prosaetomilichia mymecophila* de Meijere, 1909 (by designation of Sabrosky, 1977).

（7）圆叶蝇 *Milichia argyrata* Hendel, 1913

Milichia argyrata Hendel, 1913a. Suppl. Ent. 2: 107. **Type locality:** China: Taiwan, Kankau and Koshun.

分布（Distribution）：台湾（TW）。

（8）柔毛叶蝇 *Milichia pubescens* Becker, 1907

Milichia pubescebs Becker, 1907. Ann. Hist.-Nat. Mus. Natl. Hung. 5: 519. **Type locality:** China: Taiwan.

Milichia mediocris Sabrosky, 1958. Stuttg. Beitr. Naturkd. 4: 1. **Type locality:** Somalia: Mogadishu.

分布（Distribution）：台湾（TW）；索马里。

4. 凹痕叶蝇属 *Milichiella* Giglio-Tos, 1895

Milichiella Giglio-Tos, 1895. *In*: Giglio-Tos *et* Hatchett, 1895. Ann. Soc. Entomol. Fr. 64: 367. **Type species:** *Tephritis argentea* Fabricius, 1805 (monotypy) (misidentification of the species which was subsequently described as *Milichiella tosi* Becker, 1907).

（9）亚洲凹痕叶蝇 *Milichiella asiatica* Brake, 2009

Milichiella asiatica Brake, 2009. Zootaxa 2188: 34. **Type locality:** China: Taiwan, Yangming Mountain.

分布（Distribution）：台湾（TW）。

（10）台湾凹痕叶蝇 *Milichiella formosae* Brake, 2009

Milichiella formosae Brake, 2009. Zootaxa 2188: 39. **Type locality:** China: Taiwan, Taoyuan.

分布（Distribution）：台湾（TW）；印度。

（11）针芒凹痕叶蝇 *Milichiella spinthera* Hendel, 1913

Milichiella spinthera Hendel, 1913a. Suppl. Ent. 2: 107. **Type locality:** China: Taiwan, Pilam.

分布（Distribution）：台湾（TW）；印度。

真叶蝇亚科 Phyllomyzinae

5. 芒叶蝇属 *Aldrichiomyza* Hendel, 1914

Aldrichiomyza Hendel, 1914c. Ent. Mitt. 3: 73 (replacement name for *Aldrichiella* Hendel, 1911 nec Vaughan, 1903). **Type species:** *Aldrichiella agromyzina* Hendel, 1911 (automatic).

Aldrichiella Hendel, 1911. Wien. Ent. Ztg. 30: 35 (preoccupied by Vaughan, 1903). **Type species:** *Aldrichiella agromyzina* Hendel, 1911 (by original designation).

（12）象芒叶蝇 *Aldrichiomyza elephas* (Hendel, 1913)

Aldrichiella elephas Hendel, 1913a. Suppl. Ent. 2: 108. **Type locality:** China: Taiwan, Anping and Taihupu.

Aldrichiomyza elephas: Hendel, 1914c. Ent. Mitt. 3: 73.

分布（Distribution）：台湾（TW）；韩国。

6. 新叶蝇属 *Neophyllomyza* Melander, 1913

Neophyllomyza Melander, 1913. J. N. Y. Ent. Soc. 21: 243. **Type species:** *Neophyllomyza quadricornis* Melander, 1913 (by original designation).

Vichyia Villeneuve, 1920f. Bull. Soc. Ent. Fr. 1920: 69. **Type species:** *Vichyia acyglossa* Villeneuve, 1920 (monotypy).

（13）李氏新叶蝇 *Neophyllomyza lii* Xi *et* Yang, 2014

Neophyllomyza lii Xi *et* Yang, 2014. Florida Ent. 97 (4): 1643. **Type locality:** China: Yunnan, Yingjiang.

分布（Distribution）：云南（YN）。

（14）黄须新叶蝇 *Neophyllomyza luteipalpis* Xi *et* Yang, 2014

Neophyllomyza luteipalpis Xi *et* Yang, 2014. Florida Ent. 97 (4): 1641. **Type locality:** China: Yunnan, Baihualing.

分布（Distribution）：江西（JX）、四川（SC）、云南（YN）、西藏（XZ）、台湾（TW）、广西（GX）。

（15）西藏新叶蝇 *Neophyllomyza tibetensis* Xi *et* Yang, 2014

Neophyllomyza luteipalpis Xi *et* Yang, 2014. Florida Ent. 97 (4): 1643. **Type locality:** China: Tibet, Bayi Town.

分布（Distribution）：西藏（XZ）。

7. 并脉叶蝇属 *Paramyia* Williston, 1897

Paramyia Williston, 1897. Kans. Univ. Q. (A) 6: 1. **Type species:** *Paramyia nigra* Williston, 1897 (monotypy).

（16）台湾并脉叶蝇 *Paramyia formosana* Papp, 2001

Paramyia formosana Papp, 2001. Acta Zool. Acad. Sci. Hung. 47 (4): 331. **Type locality:** China: Taiwan, Nantou.

分布（Distribution）：台湾（TW）。

8. 隐芒叶蝇属 *Paramyioides* Papp, 2001

Paramyioides Papp, 2001. Acta Zool. Acad. Sci. Hung. 47 (4): 345. **Type species:** *Paramyioides perlucida* Papp, 2001 (by original designation).

（17）透亮隐芒叶蝇 *Paramyioides perlucida* Papp, 2001

Paramyioides perlucida Papp, 2001. Acta Zool. Acad. Sci. Hung. 47 (4): 346. **Type locality:** China: Taiwan, Taipei.

分布（**Distribution**）：台湾（TW）。

9. 真叶蝇属 *Phyllomyza* Fallén, 1810

Phyllomyza Fallén, 1810. Specim. Ent. Novam Dipt.: 20. **Type species:** *Phyllomyza securicornis* Fallén, 1823 (subsequent monotypy).

（18）窄颊真叶蝇 *Phyllomyza angustigenis* Xi et Yang, 2013

Phyllomyza angustigenis Xi et Yang, 2013. Zootaxa 3718 (6): 576. **Type locality:** China: Yunnan, Xima.

分布（**Distribution**）：贵州（GZ）、云南（YN）。

（19）金黄真叶蝇 *Phyllomyza aureolusa* Xi, Yin et Yang, 2016

Phyllomyza aureolusa Xi, Yin et Yang, 2016. Entomotaxon. 38 (1): 31. **Type locality:** China: Yunnan, Lvchun.

分布（**Distribution**）：云南（YN）。

（20）宽基真叶蝇 *Phyllomyza basilatusa* Xi, Yin et Yang, 2016

Phyllomyza basilatusa Xi, Yin et Yang, 2016. Entomotaxon. 38 (1): 32. **Type locality:** China: Yunnan, Xima.

分布（**Distribution**）：云南（YN）。

（21）棒须真叶蝇 *Phyllomyza clavellata* Xi et Yang, 2013

Phyllomyza clavellata Xi et Yang, 2013. Zootaxa 3718 (6): 579. **Type locality:** China: Yunnan, Jietou.

分布（**Distribution**）：重庆（CQ）、云南（YN）、广西（GX）。

（22）锤角真叶蝇 *Phyllomyza claviconis* Yang, 1998

Phyllomyza claviconis Yang, 1998e. *In*: Shen et Shi, 1998. The Fauna and Taxonomy of Insects in Henan 2: 95. **Type locality:** China: Henan, Luanchuan.

分布（**Distribution**）：河南（HEN）、湖南（HN）、四川（SC）、重庆（CQ）、云南（YN）、西藏（XZ）、台湾（TW）、广西（GX）。

（23）尖髭真叶蝇 *Phyllomyza cuspigera* Xi et Yang, 2013

Phyllomyza cuspigera Xi et Yang, 2013. Zootaxa 3718 (6): 578. **Type locality:** China: Yunnan, Xima.

分布（**Distribution**）：江西（JX）、云南（YN）、广西（GX）。

（24）二尖真叶蝇 *Phyllomyza dicrana* Xi et Yang, 2015

Phyllomyza dicrana Xi et Yang, 2015b. Trans. Am. Ent. Soc. 141: 49. **Type locality:** China: Chongqing, Liangping.

分布（**Distribution**）：山西（SX）、陕西（SN）、湖北（HB）、重庆（CQ）、云南（YN）、西藏（XZ）、台湾（TW）。

（25）膨须真叶蝇 *Phyllomyza dilatata* **Malloch, 1914**

Phyllomyza dilatata Malloch, 1914d. Ann. Hist.-Nat. Mus. Natl. Hung. 12: 311. **Type locality:** China: Taiwan, Toyenmongai.

分布（**Distribution**）：台湾（TW）。

（26）镰须真叶蝇 *Phyllomyza drepanipalpis* Xi et Yang, 2015

Phyllomyza drepanipalpis Xi et Yang, 2015. Florida Ent. 98 (2): 496. **Type locality:** China: Tibet, Beibeng.

分布（**Distribution**）：云南（YN）、西藏（XZ）。

（27）峨眉山真叶蝇 *Phyllomyza emeishanensis* Xi et Yang, 2015

Phyllomyza planipalpis Xi et Yang, 2015b. Trans. Am. Ent. Soc. 141: 45. **Type locality:** China: Sichuan, Emei Mountain.

分布（**Distribution**）：陕西（SN）、四川（SC）、云南（YN）、西藏（XZ）、广西（GX）。

（28）额瘤真叶蝇 *Phyllomyza epitacta* Hendel, 1914

Phyllomyza epitacta Hendel, 1914a. Suppl. Ent. 3: 97. **Type locality:** China: Taiwan, Chipun and Paroc.

分布（**Distribution**）：台湾（TW）。

（29）直须真叶蝇 *Phyllomyza euthyipalpis* Xi et Yang, 2013

Phyllomyza euthyipalpis Xi et Yang, 2013. Zootaxa 3718 (6): 581. **Type locality:** China: Yunnan, Xima.

分布（**Distribution**）：陕西（SN）、四川（SC）、云南（YN）。

（30）棕真叶蝇 *Phyllomyza fuscusa* Xi, Yin et Yang, 2016

Phyllomyza aureolusa Xi, Yin et Yang, 2016. Entomotaxon. 38 (1): 34. **Type locality:** China: Yunnan, Lvchun.

分布（**Distribution**）：云南（YN）。

（31）日本真叶蝇 *Phyllomyza japonica* Iwasa, 2003

Phyllomyza japonica Iwasa, 2003. Entomol. Sci. 6: 287. **Type locality:** Japan: Kyushu and Shikoku.

分布（**Distribution**）：北京（BJ）、陕西（SN）、甘肃（GS）、湖北（HB）、云南（YN）、广西（GX）；日本。

（32）宽颊真叶蝇 *Phyllomyza latustigenis* Xi et Yang, 2015

Phyllomyza latustigenis Xi et Yang, 2015b. Trans. Am. Ent. Soc. 141: 46. **Type locality:** China: Neimenggu, Daqinggou.

分布（**Distribution**）：内蒙古（NM）。

（33）平须真叶蝇 *Phyllomyza leioipalpa* **Xi, Yin** *et* **Yang, 2016**

Phyllomyza leioipalpa Xi, Yin *et* Yang, 2016. Entomotaxon. 38 (1): 36. **Type locality:** China: Yunnan, Lvchun.

分布（**Distribution**）：云南（YN）。

（34）黄须真叶蝇 *Phyllomyza luteipalpis* **Malloch, 1914**

Phyllomyza luteipalpis Malloch, 1914d. Ann. Hist.-Nat. Mus. Natl. Hung. 12: 310. **Type locality:** China: Taiwan, Takao.

分布（**Distribution**）：台湾（TW）。

（35）裸须真叶蝇 *Phyllomyza nudipalpis* **Malloch, 1914**

Phyllomyza nudipalpis Malloch, 1914d. Ann. Hist.-Nat. Mus. Natl. Hung. 12: 311. **Type locality:** China: Taiwan, Takao.

分布（**Distribution**）：台湾（TW）。

（36）扁须真叶蝇 *Phyllomyza planipalpis* **Xi** *et* **Yang, 2015**

Phyllomyza planipalpis Xi *et* Yang, 2015b. Trans. Am. Ent. Soc. 141: 47. **Type locality:** China: Tibet, Beibeng.

分布（**Distribution**）：陕西（SN）、云南（YN）、西藏（XZ）、广西（GX）。

（37）中华真叶蝇 *Phyllomyza sinensis* **Xi** *et* **Yang, 2015**

Phyllomyza sinensis Xi *et* Yang, 2015. Florida Ent. 98 (2): 498. **Type locality:** China: Tibet, Beibeng.

分布（**Distribution**）：四川（SC）、云南（YN）、西藏（XZ）。

（38）西藏真叶蝇 *Phyllomyza tibetensis* **Xi** *et* **Yang, 2015**

Phyllomyza planipalpis Xi *et* Yang, 2015b. Trans. Am. Ent. Soc. 141: 48. **Type locality:** China: Tibet, Beibeng.

分布（**Distribution**）：云南（YN）、西藏（XZ）。

10. 膨端叶蝇属 *Stomosis* Melander, 1913

Stomosis Melander, 1913. J. N. Y. Ent. Soc. 21: 242. **Type species:** *Desmometopa luteola* Coquillett, 1902 (by original designation) [= *Agromyza innominata* (Williston, 1896)]. *Siphonomyiella* Frey, 1918. Öfvers. Finska Vetensk-Soc. Förh. (1917-1918) 60 (Afd. A, No. 14): 16. **Type species:** *Siphononzyiella rufula* Frey, 1918 (by original designation).

（39）黑背膨端叶蝇 *Stomosis melannotala* **Xi, Yin** *et* **Yang, 2016**

Stomosis melannotala Xi, Yin *et* Yang, 2016. Entomotaxon. 38 (3): 218. **Type locality:** China: Yunnan, Lvchun.

分布（**Distribution**）：云南（YN）。

岸蝇科 Tethinidae

泥岸蝇亚科 Pelomyiinae

1. 泥股岸蝇属 *Pelomyiella* Hendel, 1934

Pelomyiella Hendel, 1934a. Tijdschr. Ent. 77: 39. **Type species:** *Pelomyia hungarica* Czerny, 1928 (by original designation).

（1）土泥股岸蝇 *Pelomyiella cinerella* **(Haliday, 1837)**

Opomyza (*Leptomyza*) *cinerella* Haliday, 1837. Ent. Mag. 4 (2): 151. **Type locality:** Great Britain: Northern Ireland, Holywood.
Rhicnoessa cinerella: Loew, 1865. Berl. Ent. Z. 9: 38.
Tethina cinerella: Hendel, 1911. Wien. Ent. Ztg. 30: 42.
Pelomyia cinerella: Czerny, 1928. *In*: Lindner, 1928. Flieg. Palaearkt. Reg. 5 (2): 2.
Pelomyiella cinerella: Hendel, 1934a. Tijdschr. Ent. 77: 54.

分布（**Distribution**）：西藏（XZ）；欧洲。

（2）毛泥股岸蝇 *Pelomyiella mallochi* **(Sturtevant, 1923)**

Pelomyia mallochi Sturtevant, 1923. Amer. Mus. Novit. 76: 7. **Type locality:** USA: Massachusetts.
Pelomyia angustifacies de Meijere, 1928. Tijdschr. Ent. 71: 76. **Type locality:** Netherlands: Amsterdam, Diemen.
Pelomyia kuntzei Czerny, 1928. *In*: Lindner, 1928. Flieg. Palaearkt. Reg. 5 (2): 2. **Type locality:** Ungarn.
Pelomyiella mallochi: Hendel, 1934a. Tijdschr. Ent. 77: 52.

分布（**Distribution**）：西藏（XZ）；荷兰、匈牙利、美国。

（3）暗泥股岸蝇蝇 *Pelomyiella obscurior* **(Becker, 1907)**

Tethina obscurior Becker, 1907. Annu. Mus. Zool. Acad. Sci. Russ. St.-Pétersb. 12 (3): 308. **Type locality:** Orogyn: Syrtyn ju Nanyschanja Gobi.
Pelomyiella obscurior: Soós, 1978. Acta Zool. Acad. Sci. Hung. 24: 408.

分布（**Distribution**）：西藏（XZ）；瑞士、匈牙利。

岸蝇亚科 Tethininae

2. 粗毛岸蝇属 *Dasyrhicnoessa* Hendel, 1934

Dasyrhicnoessa Hendel, 1934a. Tijdschr. Ent. 77: 38. **Type species:** *Rhicnoessa fulva* Hendel, 1934 (by original designation).

（4）硬粗毛岸蝇 *Dasyrhicnoessa ferruginea* **(Lamb, 1914)**

Rhicnoessa ferruginea Lamb, 1914. Trans. Linn. Soc. Lond. (2, Zool.) 16: 367. **Type locality:** Seychelles.
Dasyrhicnoessa ferruginea: Munari, 1988. Soc. Vene. Sci.

Nat.-Lav. 13: 48.

分布（**Distribution**）：香港（HK）；菲律宾、马来西亚、塞舌尔。

（5）金黄粗毛岸蝇 *Dasyrhicnoessa fulva* **(Hendel, 1913)**

Rhicnoessa fulva Hendel, 1913a. Suppl. Ent. 2: 110. **Type locality:** China: Taiwan, Tainan and Anping.

Dasyrhicnoessa fulva: Hendel, 1934a. Tijdschr. Ent. 77: 51.

分布（**Distribution**）：台湾（TW）；斯里兰卡。

（6）海岛粗毛岸蝇 *Dasyrhicnoessa insularis* **(Aldrich, 1931)**

Tethina insularis Aldrich, 1931. Proc. Hawaii. Ent. Soc. 7 (3): 395. **Type locality:** USA.

Tethina lasiophthalma Malloch, 1933. Ber. Pac. Bishop Mus. Bull. 114: 17. **Type locality:** Marquesas: Hivaoa, Tahauku.

Dasyrhicnoessa lasiophthalma Sasakawa, 1974. Akitu 1: 2.

Dasyrhicnoessa insularis Hardy *et* Delfinado, 1980. *In*: Hardy *et* Delfinado, 1980. Insects of Hawaii: 372. **Type locality:** USA: Hawaii.

Rhicnoessa insularis: Hendel, 1934a. Tijdschr. Ent. 77: 44.

分布（**Distribution**）：广东（GD）；斯里兰卡、美国、法属波利尼西亚（马克萨斯群岛）。

（7）六列粗毛岸蝇 *Dasyrhicnoessa sexseriata* **(Hendel, 1913)**

Rhicnoessa sexseriata Hendel, 1913a. Suppl. Ent. 2: 110. **Type locality:** China: Taiwan, Anping.

Tethina sexseriata: Steyskal *et* Sasakawa, 1977. *In*: Delfinado *et* Hardy, 1977. Cat. Dipt. Orient. Reg. 3: 395.

Dasyrhicnoessa sexseriata: Mathis *et* Munari, 1996. Smithson. Contr. Zool. 584: 12.

分布（**Distribution**）：台湾（TW）、香港（HK）；菲律宾、澳大利亚、斐济。

（8）善安粗毛岸蝇 *Dasyrhicnoessa yoshiyasui* **Sasakawa, 1986**

Dasyrhicnoessa yoshiyasui Sasakawa, 1986. Kontyû 54 (3):

439. **Type locality:** Japan: Ryukyus, Iriomote-jima Island.

分布（**Distribution**）：香港（HK）；日本。

3. 伪岸蝇属 *Pseudorhicnoessa* Malloch, 1914

Pseudorhicnoessa Malloch, 1914d. Ann. Hist.-Nat. Mus. Natl. Hung. 12: 306. **Type species:** *Pseudorhicnoessa spinipes* Malloch, 1914 (by original designation).

（9）多刺伪岸蝇 *Pseudorhicnoessa spinipes* **Malloch, 1914**

Pseudorhicnoessa spinipes Malloch, 1914d. Ann. Hist.-Nat. Mus. Natl. Hung. 12: 307. **Type locality:** China: Taiwan, Takao.

分布（**Distribution**）：台湾（TW）；泰国、越南、琉球群岛、马来西亚、新加坡、菲律宾；澳洲区。

4. 岸蝇属 *Tethina* Haliday, 1838

Tethina Haliday, 1838. Ann. Mag. Nat. Hist. 2 (9): 188. **Type species:** *Opomyza* (*Tethina*) *illota* Haliday, 1838 (monotypy).

（10）东方岸蝇 *Tethina orientalis* **(Hendel, 1934)**

Rhicnoessa orientalis Hendel, 1934a. Tijdschr. Ent. 77: 47. **Type locality:** China: Taiwan, Anping.

Tethina orientalis: Sasakawa, 1974. Akitu 1: 1.

分布（**Distribution**）：台湾（TW）。

（11）膨足岸蝇 *Tethina pallipes* **(Loew, 1865)**

Rhicnoessa pallipes Loew, 1865. Berl. Ent. Z. 9: 37. **Type locality:** Greece.

Rhicnoessa ochracea Hendel, 1913. Suppl. Ent. 2: 109. **Type locality:** China: Taiwan, Anping.

Tethina pallipes: Munari, 2007. Bull. Soc. Ent. Ital. 139 (2): 111.

分布（**Distribution**）：台湾（TW）；印度、澳大利亚；中东地区；欧洲、非洲、美洲。

突眼蝇总科 Diopsoidea

突眼蝇科 Diopsidae

突眼蝇亚科 Diopsinae

突眼蝇族 Diopsini

1. 曲突眼蝇属 *Cyrtodiopsis* Frey, 1928

Cyrtodipsis Frey, 1928a. Not. Ent. 8: 70. **Type species:** *Diopsis dalmanni* Wiedemann, 1830 (by designation of Frey, 1928).

（1）凹曲突眼蝇 *Cyrtodiopsis concava* Yang *et* Chen, 1998

Cyrtodiopsis concava Yang *et* Chen, 1998. *In*: Xue *et* Chao, 1998. Flies of China, Vol. 1: 466. **Type locality:** China: Yunnan, Mengla, Menglun.

分布（**Distribution**）：云南（YN）。

（2）达氏曲突眼蝇 *Cyrtodiopsis dalmanni* (Wiedemann, 1830)

Diopsis dalmanni Wiedemann, 1830. Aussereurop. Zweifl. Insekt. 2: 560. **Type locality:** Indonesia: Java.

Diopsis attenuate Doleschall, 1856. Natuurkd. Tijdschr. Ned.-Indië 19: 415. **Type locality:** Indonesia: Java.

Diopsis latimana Rondani, 1875b. Ann. Mus. Civ. St. Nat. Genova 7: 444. **Type locality:** Malaysia: Sarawak.

Diopsis lativola Rondani, 1875b. Ann. Mus. Civ. St. Nat. Genova 7: 445. **Type locality:** Malaysia: Sarawak.

Teleopsis truncata Brunetti, 1928. Ann. Mag. Nat. Hist. (10) 2: 277. **Type locality:** Thailand.

分布（**Distribution**）：云南（YN）；泰国、马来西亚、印度尼西亚。

（3）广西曲突眼蝇 *Cyrtodiopsis guangxiensis* Liu, Wu *et* Yang, 2013

Cyrtodiopsis guangxiensis Liu, Wu *et* Yang, 2013a. Acta Zootaxon. Sin. 38 (1): 162. **Type locality:** China: Guangxi, Jinxiu.

分布（**Distribution**）：广西（GX）。

（4）平曲突眼蝇 *Cyrtodiopsis plauta* Yang *et* Chen, 1998

Cyrtodiopsis plauta Yang *et* Chen, 1998. *In*: Xue *et* Chao,

1998. Flies of China, Vol. 1: 466. **Type locality:** China: Yunnan, Menghai.

分布（**Distribution**）：浙江（ZJ）、云南（YN）、广东（GD）、广西（GX）。

（5）拟凹曲突眼蝇 *Cyrtodiopsis pseudoconcava* Liu, Wu *et* Yang, 2009

Cyrtodiopsis pseudoconcava Liu, Wu *et* Yang, 2009. Zootaxa 2010: 60. **Type locality:** China: Yunnan, Xishuangbanna.

分布（**Distribution**）：云南（YN）。

（6）五斑曲突眼蝇 *Cyrtodiopsis quinqueguttata* (Walker, 1856)

Diopsis quinqueguttata Walker, 1856a. J. Proc. Linn. Soc. London Zool. 1: 36. **Type locality:** Malaysia: Malaya.

Diopsis villosa Bigot, 1874. Ann. Soc. Entomol. Fr. (5) 4: 114. **Type locality:** Malaysia: Borneo.

分布（**Distribution**）：广西（GX）；马来西亚。

（7）西藏曲突眼蝇 *Cyrtodiopsis tibetana* (Yang, 2004)

Cyrtodiopsis tibetana Yang, 2004. *In*: Yang, 2004. Insects of the Great Yarlung Zangbo Canyon of Xizang, China: 95. **Type locality:** China: Xizang, Medog.

分布（**Distribution**）：西藏（XZ）。

（8）云南曲突眼蝇 *Cyrtodiopsis yunnanensis* Liu, Wu *et* Yang, 2009

Cyrtodiopsis yunnanensis Liu, Wu *et* Yang, 2009. Zootaxa 2010: 64. **Type locality:** China: Yunnan, Xishuangbanna, Jinghong.

分布（**Distribution**）：云南（YN）。

2. 突眼蝇属 *Diopsis* Linnaeus, 1775

Diopsis Linnaeus, 1775. Dissert. Ent. Ins. Sistens *etc*.: 1. **Type species:** *Diopsis ichneumonea* Linnaeus, 1775 (monotypy).

（9）中国突眼蝇 *Diopsis chinica* Yang *et* Chen, 1998

Diopsis chinica Yang *et* Chen, 1998. *In*: Xue *et* Chao, 1998. Flies of China, Vol. 1: 468. **Type locality:** China: Yunnan, Xishuangbanna.

分布（**Distribution**）：云南（YN）、广西（GX）。

（10）印度突眼蝇 *Diopsis indica* Westwood, 1837

Diopsis indica Westwood, 1837. Trans. Linn. Soc. Lond. 17: 299. **Type locality:** Bengal.

Diopsis apicalis Doleschall, 1856. Natuurkd. Tijdschr. Ned.-Indië 10 (7): 413 (preoccupied by Dalman, 1817). **Type locality:** Not cited.

Diopsis graminicola Doleschall, 1857a. Natuurkd. Tijdschr. Ned.-Indië 14: 417 (replacement name for *Diopsis apicalis* Doleschall, 1856).

分布（Distribution）：贵州（GZ）、云南（YN）、福建（FJ）、广东（GD）、广西（GX）；巴基斯坦、印度。

3. 华突眼蝇属 *Eosiopsis* Feijen, 2008

Eosiopsis Feijen, 2008. Zool. Med. 82: 267 (replacement name for *Sinodiopsis* Feijen, 1989 nec Eames, 1957). **Type species:** *Diopsis sinensis* Ôuchi, 1942 (automatic).

Sinodiopsis Feijen, 1989. Flies Nearct. Reg. IX (12): 112. **Type species:** *Diopsis sinensis* Ôuchi, 1942 (by original designation) (preoccupied by Eames, 1957).

Sinodiopsis Yang *et* Chen, 1998. *In*: Xue *et* Chao, 1998. Flies of China, Vol. 1: 470 (not Feijen, 1989). **Type species:** *Diopsis sinensis* Ôuchi, 1942 (by original designation).

（11）东方华突眼蝇 *Eosiopsis orientalis* (Ôuchi, 1942)

Diopsis orientalis Ôuchi, 1942b. J. Shanghai Sci. Inst. (n. Ser.) 2 (2): 46. **Type locality:** China: Zhejiang, Mogan Mountain.

分布（Distribution）：浙江（ZJ）、江西（JX）、四川（SC）、贵州（GZ）、福建（FJ）、广东（GD）。

（12）短小华突眼蝇 *Eosiopsis pumila* (Yang *et* Chen, 1998)

Sinodiopsis pumila Yang *et* Chen, 1998. *In*: Xue *et* Chao, 1998. Flies of China, Vol. 1: 471. **Type locality:** China: Yunnan, Ruili.

分布（Distribution）：云南（YN）、福建（FJ）。

（13）中国华突眼蝇 *Eosiopsis sinensis* (Ôuchi, 1942)

Diopsis sinensis Ôuchi, 1942b. J. Shanghai Sci. Inst. (n. Ser.) 2 (2): 45. **Type locality:** China: Zhejiang, Tianmu Mountain.

分布（Distribution）：浙江（ZJ）、福建（FJ）、广西（GX）。

4. 宽突眼蝇属 *Eurydiopsis* Frey, 1928

Eurydiopsis Frey, 1928a. Not. Ent. 8: 70. **Type species:** *Diopsis subnotata* Westwood, 1838 (by original designation).

（14）隆额宽突眼蝇 *Eurydiopsis conflata* Yang *et* Chen, 1998

Eurydiopsis conflata Yang *et* Chen, 1998. *In*: Xue *et* Chao, 1998. Flies of China, Vol. 1: 470. **Type locality:** China: Yunnan, Xishuangbanna.

Eurydiopsis conflata: Chen *et* Wang, 2006. Entomol. News 117 (1): 74.

分布（Distribution）：云南（YN）、海南（HI）。

（15）粗腿宽突眼蝇 *Eurydiopsis pachya* Chen *et* Wang, 2006

Eurydiopsis pachya Chen *et* Wang, 2006. Entomol. News 117 (1): 75. **Type locality:** China: Yunnan, Cheli.

分布（Distribution）：云南（YN）。

（16）紫色宽突眼蝇 *Eurydiopsis porphyries* Chen *et* Wang, 2006

Eurydiopsis porphyries Chen *et* Wang, 2006. Entomol. News 117 (1): 76. **Type locality:** China: Yunnan, Simao.

分布（Distribution）：云南（YN）。

（17）离斑宽突眼蝇 *Eurydiopsis pseudoheldingeni* Chen *et* Wang, 2006

Eurydiopsis pseudoheldingeni Chen *et* Wang, 2006. Entomol. News 117 (1): 77. **Type locality:** China: Yunnan, Puwen.

分布（Distribution）：云南（YN）。

5. 泰突眼蝇属 *Teleopsis* Rondani, 1875

Teleopsis Rondani, 1875b. Ann. Mus. Civ. St. Nat. Genova 7: 442. **Type species:** *Diopsis sykesii* Westwood, 1837 (by original designation).

Megalabops Frey, 1928a. Not. Ent. 8: 70. **Type species:** *Diopsis quadriguttata* Walker, 1856 (by original designation).

（18）陈氏泰突眼蝇 *Teleopsis cheni* Yang *et* Chen, 1998

Teleopsis cheni Yang *et* Chen, 1998. *In*: Xue *et* Chao, 1998. Flies of China, Vol. 1: 473. **Type locality:** China: Yunnan, Xishuangbanna.

分布（Distribution）：云南（YN）。

（19）福建泰突眼蝇 *Teleopsis fujianensis* Liu, Wu *et* Yang, 2013

Teleopsis fujianensis Liu, Wu *et* Yang, 2013b. Acta Zootaxon. Sin. 38 (1): 154. **Type locality:** China: Fujian, Wuyi Mountain.

分布（Distribution）：福建（FJ）。

（20）广西泰突眼蝇 *Teleopsis guangxiensis* Liu, Wu *et* Yang, 2013

Teleopsis guangxiensis Liu, Wu *et* Yang, 2013b. Acta Zootaxon. Sin. 38 (1): 154. **Type locality:** China: Guangxi, Jinxiu.

分布（Distribution）：广西（GX）。

（21）海南泰突眼蝇 *Teleopsis hainanensis* Liu, Wu *et* Yang, 2009

Teleopsis hainanensis Liu, Wu *et* Yang, 2009. Acta Zootaxon. Sin. 34 (2): 377. **Type locality:** China: Hainan, Wuzhi Mountain.

分布（Distribution）：海南（HI）。

（22）拟截泰突眼蝇 *Teleopsis pseudotruncata* **Liu, Wu et Yang, 2009**

Teleopsis pseudotruncata Liu, Wu et Yang, 2009. Acta Zootaxon. Sin. 34 (2): 379. **Type locality:** China: Hainan, Diaoluo Mountain.

分布（Distribution）：海南（HI）。

（23）四斑泰突眼蝇 *Teleopsis quadriguttata* **(Walker, 1856)**

Diopsis quadriguttata Walker, 1856a. J. Proc. Linn. Soc. London Zool. 1: 37. **Type locality:** Malaysia: Malaya, Malacca.

Teleopsis bigoti Hendel, 1914a. Suppl. Ent. 3: 94. **Type locality:** China: Taiwan, Chip-Chip.

Diasemopsis fenestrata Bigot (MS): Brunetti, 1907. Rec. India Mus. 1: 165 (nomen nudum).

分布（Distribution）：贵州（GZ）、福建（FJ）、台湾（TW）、广东（GD）、广西（GX）、海南（HI）；越南、马来西亚、印度尼西亚。

（24）六斑泰突眼蝇 *Teleopsis sexguttata* **Brunetti, 1928**

Teleopsis sexguttata Brunetti, 1928. Ann. Mag. Nat. Hist. (10) 2: 275. **Type locality:** Thailand: Bukit, Besar.

分布（Distribution）：海南（HI）；泰国。

（25）绣色泰突眼蝇 *Teleopsis similis* **Liu, Wu et Yang, 2013**

Teleopsis similis Liu, Wu et Yang, 2013b. Acta Zootaxon. Sin. 38 (1): 154. **Type locality:** China: Yunnan, Xishuangbanna.

分布（Distribution）：云南（YN）。

（26）五指山泰突眼蝇 *Teleopsis wuzhishanensis* **Liu, Wu et Yang, 2013**

Teleopsis wuzhishanensis Liu, Wu et Yang, 2013b. Acta Zootaxon. Sin. 38 (1): 154. **Type locality:** China: Hainan, Wuzhi Mountain.

分布（Distribution）：海南（HI）。

（27）杨氏泰突眼蝇 *Teleopsis yangi* **Liu, Wu et Yang, 2013**

Teleopsis yangi Liu, Wu et Yang, 2013b. Acta Zootaxon. Sin. 38 (1): 154. **Type locality:** China: Yunnan, Xishuangbanna.

分布（Distribution）：云南（YN）。

（28）云南泰突眼蝇 *Teleopsis yunnana* **Yang et Chen, 1998**

Teleopsis yunnana Yang et Chen, 1998. *In*: Xue et Chao, 1998. Flies of China, Vol. 1: 473. **Type locality:** China: Yunnan, Xishuangbanna.

分布（Distribution）：云南（YN）。

（29）张氏泰突眼蝇 *Teleopsis zhangae* **Liu, Wu et Yang, 2013**

Teleopsis zhangae Liu, Wu et Yang, 2013b. Acta Zootaxon. Sin. 38 (1): 154. **Type locality:** China: Guangxi, Longzhou.

分布（Distribution）：广西（GX）。

锤突眼蝇族　Sphyracephalini

6. 锤突眼蝇属　*Sphyracephala* Say, 1828

Sphyracephala Say, 1828. Am. Ent. Descri. Ins. North Ame. 3: pl. 52. **Type species:** *Diopsis brevicornis* Say, 1817 (monotypy).

Zygocephala Rondani, 1875b. Ann. Mus. Civ. St. Nat. Genova 7: 443. **Type species:** *Diopsis hearseiana* Westwood, 1845 (by original designation).

（30）寡锤突眼蝇 *Sphyracephala detrahens* **(Walker, 1860)**

Diopsis detrahens Walker, 1860b. J. Proc. Linn. Soc. London Zool. 4: 161. **Type locality:** Indonesia: Celebes [= Sulawesi].

Sphyracephala cothurnata Bigot, 1874. Ann. Soc. Entomol. Fr. (5) 4: 115. **Type locality:** Indonesia: Celebes [= Sulawesi].

分布（Distribution）：云南（YN）、广东（GD）、广西（GX）、海南（HI）；印度尼西亚、菲律宾、巴布亚新几内亚。

（31）黑锤突眼蝇 *Sphyracephala nigrimana* **Loew, 1873**

Sphyracephala nigrimana Loew, 1873. Zts. F. D. Ges. Naturwiss. 42: 103. **Type locality:** China: Heilongjiang.

分布（Distribution）：黑龙江（HL）、海南（HI）；俄罗斯。

棘股蝇科　Gobryidae

1. 棘股蝇属　*Gobrya* Walker, 1860

Gobrya Walker, 1860b. J. Proc. Linn. Soc. London Zool. 4: 166. **Type species:** *Gobrya bacchoides* Walker, 1860 (monotypy).

Syrittomyia Hendel, 1913a. Suppl. Ent. 2: 90. **Type species:** *Syrittomyia syrphoides* Hendel, 1913 (monotypy).

（1）甲仙棘股蝇 *Gobrya syrphoides* **(Hendel, 1913)**

Syrittomyia syrphoides Hendel, 1913a. Suppl. Ent. 2: 92. **Type locality:** China: Taiwan, Kosempo and Kankau.

分布（Distribution）：台湾（TW）。

幻蝇科　Nothybidae

1. 幻蝇属　*Nothybus* Rondani, 1875

Nothybus Rondani, 1875b. Ann. Mus. Civ. St. Nat. Genova 7:

439. **Type species:** *Nothybus longithorax* Rondani, 1875 (monotypy).

Nothybus: Lonsdale *et* Marshall, 2016. Zootaxa 4098 (1): 12.

（1）广西幻蝇 *Nothybus absens* Lonsdale *et* Marshall, 2016

Nothybus absens Lonsdale *et* Marshall, 2016. Zootaxa 4098 (1): 12. **Type locality:** China: Guangxi, Damingshan, Tianping Mountain.

分布（Distribution）：广西（GX）。

茎蝇科 Psilidae

1. 顶茎蝇属 *Chamaepsila* Hendel, 1917

Chamaepsila Hendel, 1917. Dtsch. Ent. Z. 33: 37. **Type species:** *Musca rosae* Fabricius, 1794 (by original designation).

Tetrapsila Frey, 1925b. Not. Ent. 5: 48. **Type species:** *Psila obscuritarsis* Loew, 1856 (monotypy).

（1）白鬃顶茎蝇 *Chamaepsila albiseta* (Becker, 1907)

Psila albiseta Becker, 1907. Annu. Mus. Zool. Acad. Sci. Russ. St.-Pétersb. 12 (3): 295. **Type locality:** China: Tibet, "O.-Zaidam im N.-O. Tibet, Kurlyk".

分布（Distribution）：西藏（XZ）；蒙古国。

（2）端鬃顶茎蝇 *Chamaepsila apicalis* Wiedemann, 1830

Chamaepsila apicalis Wiedemann, 1830. Aussereurop. Zweifl. Insekt. 2: 527. **Type locality:** China.

分布（Distribution）：中国（省份不明）。

（3）毛背顶茎蝇 *Chamaepsila crinidorsa* Wang *et* Yang, 1998

Chamaepsila (*Chamaepsila*) *crinidorsa* Wang *et* Yang, 1998. *In*: Xue *et* Chao, 1998. Flies of China, Vol. 1: 427. **Type locality:** China: Hubei, Wudang Mountain.

分布（Distribution）：湖北（HB）。

（4）甘肃顶茎蝇 *Chamaepsila gansuana* Wang *et* Yang, 1998

Chamaepsila (*Chamaepsila*) *gansuana* Wang *et* Yang, 1998. *In*: Xue *et* Chao, 1998. Flies of China, Vol. 1: 427. **Type locality:** China: Gansu, Lintan.

分布（Distribution）：甘肃（GS）。

（5）细顶茎蝇 *Chamaepsila gracilis* (Meigen, 1826)

Psila gracilis Meigen, 1826. Syst. Beschr. Europ. Zweifl. Insekt. 5: 359. **Type locality:** Germany.

Psila atrimana Meigen, 1826. Syst. Beschr. Europ. Zweifl. Insekt. 5: 360. **Type locality:** "Oesterreich".

Scatophaga buccata Fallén, 1826. Suppl. Dipt. Sveciae [Part II]: 15. **Type locality:** Sweden: "Esperöd Scan".

Scatophaga fuscinervis Zetterstedt, 1835. Ann. Soc. Entomol. Fr. 4: 183. **Type locality:** Sweden: "Suecia Media".

Psilomyia intermedia Macquart, 1835. Hist. Nat. Ins., Dipt. 2: 421. **Type locality:** France: "Du nord de la France".

Chamaepsila (*Chamaepsila*) *gracilis*: Wang *et* Yang, 1998. *In*: Xue *et* Chao, 1998. Flies of China, Vol. 1: 429.

分布（Distribution）：青海（QH）；俄罗斯；欧洲。

（6）大顶茎蝇 *Chamaepsila grandis* Wang *et* Yang, 1998

Chamaepsila (*Tetrapsila*) *grandis* Wang *et* Yang, 1998. *In*: Xue *et* Chao, 1998. Flies of China, Vol. 1: 433. **Type locality:** China: Zhejiang, Tianmu Mountain.

分布（Distribution）：浙江（ZJ）。

（7）华山顶茎蝇 *Chamaepsila huashana* Wang *et* Yang, 1989

Chamaepsila huashana Wang *et* Yang, 1989. Entomotaxon. 11 (1-2): 175. **Type locality:** China: Shaanxi, Huashan Mountain.

分布（Distribution）：陕西（SN）。

（8）卓尼顶茎蝇 *Chamaepsila joneana* Wang *et* Yang, 1998

Chamaepsila (*Chamaepsila*) *joneana* Wang *et* Yang, 1998. *In*: Xue *et* Chao, 1998. Flies of China, Vol. 1: 429. **Type locality:** China: Gansu, Zhuoni.

分布（Distribution）：甘肃（GS）。

（9）斑背顶茎蝇 *Chamaepsila maculadorsa* Wang *et* Yang, 1998

Chamaepsila (*Tetrapsila*) *maculadorsa* Wang *et* Yang, 1998. *In*: Xue *et* Chao, 1998. Flies of China, Vol. 1: 433. **Type locality:** China: Ningxia, Jingyuan.

分布（Distribution）：宁夏（NX）。

（10）斑顶茎蝇 *Chamaepsila maculatala* Wang *et* Yang, 1998

Chamaepsila (*Chamaepsila*) *maculatala* Wang *et* Yang, 1998. *In*: Xue *et* Chao, 1998. Flies of China, Vol. 1: 429. **Type locality:** China: Hebei, Wuling Mountain.

分布（Distribution）：河北（HEB）、山西（SX）、甘肃（GS）。

（11）蒙古顶茎蝇 *Chamaepsila mongolica* (Soós, 1974)

Psila (*Chamaepsila*) *mongolica* Soós, 1974. Ann. Hist.-Nat. Mus. Natl. Hung. 66: 236. **Type locality:** Mongolia: "Bajan-Ölgijaimak, NO-Ecke des Sees Tolbo-nuur".

分布（Distribution）：内蒙古（NM）；蒙古国。

（12）黑肩顶茎蝇 *Chamaepsila nigrohumera* Wang *et* Yang, 1998

Chamaepsila (*Tetrapsila*) *nigrohumera* Wang *et* Yang, 1998. *In*: Xue *et* Chao, 1998. Flies of China, Vol. 1: 433. **Type locality:** China: Hubei, Wudang Mountain.

分布（Distribution）：湖北（HB）。

（13）浅顶茎蝇 *Chamaepsila pallida* (Fallén, 1820)

Scatophaga pallida Fallén, 1820. Opomyzides Sveciae: 9. **Type locality:** Sweden: "Esperöd".

Scatophaga unilineata Zetterstedt, 1847. Dipt. Scand. 6: 2396. **Type locality:** "Norvegia litorali ad Levanger".

Psila debilis Egger, 1862. Verh. Zool.-Bot. Ges. Wien 12: 777. **Type locality:** Austria.

Psila obscurior Strobl, 1906. Mem. R. Soc. Esp. Hist. Nat. (Madrid) (1905) 3 (5): 361. **Type locality:** "Provincia de Madrid".

Chamaepsila nigrosetosa Frey, 1925b. Not. Ent. 5: 49. **Type locality:** Finland: "Helsingfors".

分布（Distribution）：宁夏（NX）、甘肃（GS）；澳大利亚；欧洲。

（14）近甘顶茎蝇 *Chamaepsila paragansuana* Wang *et* Yang, 1998

Chamaepsila paragansuana Wang *et* Yang, 1998. *In*: Xue *et* Chao, 1998. Flies of China, Vol. 1: 430. **Type locality:** China: Ningxia, Liupan Mountain.

分布（Distribution）：宁夏（NX）。

（15）秦岭顶茎蝇 *Chamaepsila qinlingana* Wang *et* Yang, 1989

Chamaepsila qinlingana Wang *et* Yang, 1989. Entomotaxon. 11 (1-2): 176. **Type locality:** China: Shaanxi, Qinling Moutain.

Chamaepsila (*Chamaepsila*) *qinlingana*: Wang *et* Yang, 1998. *In*: Xue *et* Chao, 1998. Flies of China, Vol. 1: 430.

分布（Distribution）：陕西（SN）。

（16）胡萝卜顶茎蝇 *Chamaepsila rosae* (Fabricius, 1794)

Musca rosae Fabricius, 1794. Ent. Syst. 4: 356. **Type locality:** Germany.

Chamaepsila (*Chamaepsila*) *rosae*: Wang *et* Yang, 1998. *In*: Xue *et* Chao, 1998. Flies of China, Vol. 1: 432.

分布（Distribution）：宁夏（NX）；俄罗斯、蒙古国、朝鲜、韩国、日本、澳大利亚、新西兰；中亚、欧洲、北美洲。

（17）西伯利亚顶茎蝇 *Chamaepsila sibirica* Frey, 1925

Chamaepsila sibirica Frey, 1925b. Not. Ent. 5: 48. **Type locality:** Russia: "Sibirier (Irkutsk)".

Chamaepsila sibirica femoralis Frey, 1925b. Not. Ent. 5: 48. **Type locality:** "Kamtsckatka: Bolscherjetsk".

分布（Distribution）：山西（SX）；俄罗斯。

（18）龟纹顶茎蝇 *Chamaepsila testudinaria* Wang *et* Yang, 1998

Chamaepsila (*Chamaepsila*) *testudinaria* Wang *et* Yang, 1998. *In*: Xue *et* Chao, 1998. Flies of China, Vol. 1: 432. **Type locality:** China: Qinghai, Menyuan.

分布（Distribution）：青海（QH）。

（19）西藏顶茎蝇 *Chamaepsila tibetana* Yang *et* Wang, 1987

Chamaepsila tibetana Yang *et* Wang, 1987. *In*: Zhang, 1987. Agricultural Insects, Spiders, Plant Diseases and Weeds of Tibet II: 181. **Type locality:** China: Tibet, Linzhi.

Chamaepsila (*Chamaepsila*) *tibetana*: Wang *et* Yang, 1998. *In*: Xue *et* Chao, 1998. Flies of China, Vol. 1: 432.

分布（Distribution）：西藏（XZ）。

（20）单鬃顶茎蝇 *Chamaepsila unicrinita* Wang *et* Yang, 1998

Chamaepsila (*Chamaepsila*) *unicrinita* Wang *et* Yang, 1998. *In*: Xue *et* Chao, 1998. Flies of China, Vol. 1: 432. **Type locality:** China: Guangxi, Tianlin.

分布（Distribution）：广西（GX）。

2. 绒茎蝇属 *Chyliza* Fallén, 1820

Chyliza Fallén, 1820. Opomyzides Sveciae: 6. **Type species:** *Musca leptogaster* Panzer, 1798 (by designation of Westwood, 1840).

Dasyna Robineau-Desvoidy, 1830. Mém. Prés. Div. Sav. Acad. R. Sci. Inst. Fr. 2 (2): 667. **Type species:** *Dasyna fuscipennis* Robineau-Desvoidy, 1830 (by designation of Coquillett, 1910) [= *Dasyna extenuata* Rossi, 1790].

Megachetum Rondani, 1856. Dipt. Ital. Prodromus, Vol. I: 123. **Type species:** *Chiliza atriseta* Meigen, 1826 (by original designation) [= *Dasyna extenuata* Rossi, 1790].

Chyliza: Wang *et* Yang, 1998. *In*: Xue *et* Chao, 1998. Flies of China, Vol. 1: 433.

（21）伪竹笋绒茎蝇 *Chyliza abambusae* Wang *et* Yang, 1998

Chyliza abambusae Wang *et* Yang, 1998. *In*: Xue *et* Chao, 1998. Flies of China, Vol. 1: 434. **Type locality:** China: Sichuan, Emei Mountain.

分布（Distribution）：四川（SC）。

（22）黑体绒茎蝇 *Chyliza atricorpa* Wang *et* Yang, 1998

Chyliza abambusae Wang *et* Yang, 1998. *In*: Xue *et* Chao, 1998. Flies of China, Vol. 1: 434. **Type locality:** China:

Beijing, Xiangshan.

分布（**Distribution**）：辽宁（LN）、北京（BJ）、山西（SX）、陕西（SN）。

（23）竹笋绒茎蝇 *Chyliza bambusae* Yang *et* Wang, 1988

Chyliza bambusae Yang *et* Wang, 1988. For. Res. 1 (3): 275. **Type locality:** China: Zhejiang.

分布（**Distribution**）：浙江（ZJ）。

（24）集昆绒茎蝇 *Chyliza chikuni* Wang, 1995

Chyliza chikuni Wang, 1995. Entomotaxon. 17 (Suppl.): 100. **Type locality:** China: Guangxi, Maoer Mountain.

分布（**Distribution**）：广西（GX）。

（25）雅绒茎蝇 *Chyliza elegans* Hendel, 1913

Chyliza elegans Hendel, 1913a. Suppl. Ent. 2: 88. **Type locality:** China: Taiwan, Tainan.

分布（**Distribution**）：台湾（TW）；印度尼西亚。

（26）峨眉绒茎蝇 *Chyliza emeiensis* Wang *et* Yang, 1998

Chyliza emeiensis Wang *et* Yang, 1998. *In*: Xue *et* Chao, 1998. Flies of China, Vol. 1: 437. **Type locality:** China: Sichuan, Emei Mountain.

分布（**Distribution**）：四川（SC）。

（27）黄足绒茎蝇 *Chyliza flavicrura* Wang *et* Yang, 1998

Chyliza flavicrura Wang *et* Yang, 1998. *In*: Xue *et* Chao, 1998. Flies of China, Vol. 1: 437. **Type locality:** China: Zhejiang, Tianmu Mountain.

分布（**Distribution**）：浙江（ZJ）。

（28）烟翅绒茎蝇 *Chyliza fumipennis* Hendel, 1913

Chyliza fumipennis Hendel, 1913a. Suppl. Ent. 2: 90. **Type locality:** China: Taiwan, Taipei.

分布（**Distribution**）：台湾（TW）。

（29）回绒茎蝇 *Chyliza huiana* Wang *et* Yang, 1998

Chyliza huiana Wang *et* Yang, 1998. *In*: Xue *et* Chao, 1998. Flies of China, Vol. 1: 438. **Type locality:** China: Ningxia, Guyuan.

分布（**Distribution**）：宁夏（NX）。

（30）强鬃绒茎蝇 *Chyliza ingetiseta* Wang, 1995

Chyliza ingetiseta Wang, 1995. Entomotaxon. 17 (Suppl.): 101. **Type locality:** China: Zhejiang, Songyang.

分布（**Distribution**）：浙江（ZJ）。

（31）柔绒茎蝇 *Chyliza inopinata* Shatalkin, 1998

Chyliza inopinata Shatalkin, 1998. Russ. Ent. J. 6 (1-2): 103. **Type locality:** China: Sichuan, Emeishan.

分布（**Distribution**）：四川（SC）。

（32）明翅绒茎蝇 *Chyliza limpidipennis* Hendel, 1913

Chyliza limpidipennis Hendel, 1913c. Suppl. Ent. 2: 41. **Type locality:** China: Taiwan.

分布（**Distribution**）：台湾（TW）。

（33）斑胸绒茎蝇 *Chyliza maculasterna* Wang *et* Yang, 1998

Chyliza maculasterna Wang *et* Yang, 1998. *In*: Xue *et* Chao, 1998. Flies of China, Vol. 1: 438. **Type locality:** China: Gansu, Diebu.

分布（**Distribution**）：宁夏（NX）、甘肃（GS）。

（34）喜山绒茎蝇 *Chyliza oreophila* Shatalkin, 1998

Chyliza oreophila Shatalkin, 1998. Russ. Ent. J. 6 (1-2): 106. **Type locality:** China: Sichuan, Mountain Omei.

分布（**Distribution**）：四川（SC）。

（35）覆绒茎蝇 *Chyliza panfilovi* Shatalkin, 1998

Chyliza panfilovi Shatalkin, 1998. Russ. Ent. J. 6 (1-2): 107. **Type locality:** China: Yunnan, Nanno Shan.

分布（**Distribution**）：云南（YN）。

（36）丽绒茎蝇 *Chyliza sauteri* Shatalkin, 1998

Chyliza sauteri Shatalkin, 1998. Russ. Ent. J. 6 (1-2): 109. **Type locality:** China: Taiwan, Tainan, Toyenmongai.

分布（**Distribution**）：台湾（TW）。

（37）遴绒茎蝇 *Chyliza selecta* Osten-Sacken, 1913

Chyliza selecta Osten-Sacken, 1913. Berl. Ent. Z. 26: 193. **Type locality:** Philippines.

分布（**Distribution**）：台湾（TW）；印度尼西亚、菲律宾。

（38）选绒茎蝇 *Chyliza selectoides* Hennig, 1940

Chyliza selectoides Hennig, 1940. Arb. Morph. Taxon. Ent. 7: 304. **Type locality:** China: Taiwan.

分布（**Distribution**）：台湾（TW）。

（39）中国绒茎蝇 *Chyliza sinensis* Wang *et* Yang, 1998

Chyliza sinensis Wang *et* Yang, 1998. *In*: Xue *et* Chao, 1998. Flies of China, Vol. 1: 438. **Type locality:** China: Yunnan, Menghai.

分布（**Distribution**）：宁夏（NX）、甘肃（GS）、云南（YN）。

（40）藏绒茎蝇 *Chyliza zangana* Yang *et* Wang, 1987

Chyliza zangana Yang *et* Wang, 1987. *In*: Zhang, 1987. Agricultural Insects, Spiders, Plant Diseases and Weeds of Tibet II: 181. **Type locality:** China: Tibet.

分布（**Distribution**）：西藏（XZ）。

3. 长角茎蝇属 *Loxocera* Meigen, 1803

Loxocera Meigen, 1803. Mag. Insektenkd. 2: 275. **Type species:** *Musca aristata* Panzer, 1801 (monotypy).
Imantimyia Frey, 1925b. Not. Ent. 5: 50 (as a subgenus of *Loxocera*). **Type species:** *Nemotelus albiseta* Schrank, 1803 (by original designation).
Platystyla Macquart, 1835. Hist. Nat. Ins., Dipt. 2: 374. **Type species:** *Loxocera hoffmannseggi* Meigen, 1826 (monotypy).
Loxocera: Wang *et* Yang, 1998. *In*: Xue *et* Chao, 1998. Flies of China, Vol. 1: 439.

（41）环腹长角茎蝇 *Loxocera anulata* Wang *et* Yang, 1998

Loxocera anulata Wang *et* Yang, 1998. *In*: Xue *et* Chao, 1998. Flies of China, Vol. 1: 440. **Type locality:** China: Hubei, Shennongjia.
分布（**Distribution**）：湖北（HB）。

（42）中国长角茎蝇 *Loxocera chinensis* Iwasa, 1996

Loxocera chinensis Iwasa, 1996. Jpn. J. Ent. 64 (1): 61. **Type locality:** China: Yunnan.
分布（**Distribution**）：云南（YN）。

（43）台湾长角茎蝇 *Loxocera formosana* Hennig, 1940

Loxocera formosana Hennig, 1940. Arb. Morph. Taxon. Ent. 7: 306. **Type locality:** China: Taiwan, Toa Tsui Kusu.
分布（**Distribution**）：台湾（TW）。

（44）新月长角茎蝇 *Loxocera lunata* Wang *et* Yang, 1998

Loxocera lunata Wang *et* Yang, 1998. *In*: Xue *et* Chao, 1998. Flies of China, Vol. 1: 442. **Type locality:** China: Yunnan, Yuanjiang.
分布（**Distribution**）：江西（JX）、云南（YN）。

（45）斑翅长角茎蝇 *Loxocera maculipennis* Hendel, 1913

Loxocera lunata Hendel, 1913a. Suppl. Ent. 2: 86. **Type locality:** China: Taiwan.
分布（**Distribution**）：台湾（TW）。

（46）峨眉长角茎蝇 *Loxocera omei* Shatalkin, 1998

Loxocera omei Shatalkin, 1998. Russ. Ent. J. 6 (3-4): 97. **Type locality:** China: Sichuan.
分布（**Distribution**）：四川（SC）。

（47）少鬃长角茎蝇 *Loxocera pauciseta* Wang *et* Yang, 1998

Loxocera pauciseta Wang *et* Yang, 1998. *In*: Xue *et* Chao, 1998. Flies of China, Vol. 1: 442. **Type locality:** China: Beijing, Xiangshan.
分布（**Distribution**）：北京（BJ）、浙江（ZJ）。

（48）平脉长角茎蝇 *Loxocera planivena* Wang *et* Yang, 1998

Loxocera pauciseta Wang *et* Yang, 1998. *In*: Xue *et* Chao, 1998. Flies of China, Vol. 1: 442. **Type locality:** China: Guangxi, Shangsi.
分布（**Distribution**）：广西（GX）。

（49）中华长角茎蝇 *Loxocera sinica* Wang *et* Yang, 1998

Loxocera sinica Wang *et* Yang, 1998. *In*: Xue *et* Chao, 1998. Flies of China, Vol. 1: 444. **Type locality:** China: Fujian, Meihua Mountain.
分布（**Distribution**）：贵州（GZ）、云南（YN）、福建（FJ）、广西（GX）。

（50）三纹长角茎蝇 *Loxocera triplagata* Wang *et* Yang, 1998

Loocera triplagata Wang *et* Yang, 1998. *In*: Xue *et* Chao, 1998. Flies of China, Vol. 1: 444. **Type locality:** China: Gansu, Wenxian.
分布（**Distribution**）：甘肃（GS）。

（51）单纹长角茎蝇 *Loxocera univittata* Wang *et* Yang, 1998

Loxocera triplagata Wang *et* Yang, 1998. *In*: Xue *et* Chao, 1998. Flies of China, Vol. 1: 444. **Type locality:** China: Hubei, Wudang Mountain.
分布（**Distribution**）：北京（BJ）、甘肃（GS）、浙江（ZJ）、湖北（HB）、贵州（GZ）。

（52）黄眼单纹长角茎蝇 *Loxocera univittata galbocula* Wang *et* Yang, 1998

Loxocera triplagata galbocula Wang *et* Yang, 1998. *In*: Xue *et* Chao, 1998. Flies of China, Vol. 1: 444. **Type locality:** China: Fujian, Wuyi Mountain.
分布（**Distribution**）：福建（FJ）。

4. 尖茎蝇属 *Oxypsila* Frey, 1925

Oxypsila Frey, 1925b. Not. Ent. 5: 47. **Type species:** *Psila abdominalis* Shummel, 1844 (monotypy).
Synaphopsila Hendel, 1934b. Ark. Zool. 25A (21): 7. **Type species:** *Synaphopsila hummeli* Hendel, 1934 (monotypy).
Oxypsila: Wang *et* Yang, 1998. *In*: Xue *et* Chao, 1998. Flies of China, Vol. 1: 445.

（53）凸额尖茎蝇 *Oxypsila altusfronsa* Wang *et* Yang, 1998

Oxypsila altusfronsa Wang *et* Yang, 1998. *In*: Xue *et* Chao,

1998. Flies of China, Vol. 1: 447. **Type locality:** China: Gansu, Lintan.

分布（Distribution）：河北（HEB）、甘肃（GS）。

（54）联室尖茎蝇 *Oxypsila hummeli* (Hendel, 1934)

Synaphopsila hummeli Hendel, 1934b. Ark. Zool. 25A (21): 8. **Type locality:** China: "S. Kansu".

Oxypsila hummeli: Wang *et* Yang, 1998. *In*: Xue *et* Chao, 1998. Flies of China, Vol. 1: 447.

分布（Distribution）：甘肃（GS）。

（55）黑体尖茎蝇 *Oxypsila nigricorpa* **Wang** *et* **Yang, 1998**

Oxypsila nigricorpa Wang *et* Yang, 1998. *In*: Xue *et* Chao, 1998. Flies of China, Vol. 1: 447. **Type locality:** China: Yunnan, Tengchong.

分布（Distribution）：云南（YN）。

（56）单纹尖茎蝇 *Oxypsila unistripeda* **Wang** *et* **Yang, 1998**

Oxypsila unistripeda Wang *et* Yang, 1998. *In*: Xue *et* Chao, 1998. Flies of China, Vol. 1: 447. **Type locality:** China: Gansu, Diebu.

分布（Distribution）：甘肃（GS）。

5. 茎蝇属 *Psila* Meigen, 1803

Psila Meigen, 1803. Mag. Insektenkd. 2: 278. **Type species:** *Musca fimetaria* Linnaeus, 1761 (by designation of Westwood, 1840).

Peletophila Hagenbach, 1822. Symbola Faunae Ins. Helvetiae Fasc. 1: 48. **Type species:** *Musca flava* Schellenberg, 1803 (monotypy) [= *Musca fimetaria* Linnaeus, 1761].

Psilomyia Latreille, 1829. *In* Cuvier, Le règne animal distr. d'après son organ., pour servir de base à l'hist. nat. des animaux *et* d'introd. à l'anat. compar. 5: 525 (unjustified replacement name for *Psila* Meigen, 1803).

Oblicia Robineau-Desvoidy, 1803. Essai Myod.: 620. **Type species:** *Oblicia testacea* Robineau-Desvoidy, 1830 (monotypy) [= *Musca fimetaria* Linnaeus, 1761].

Phytopsila Iwasa, 1987. Appl. Ent. Zool. 22 (3): 310. **Type species:** *Phytopsila carota* Iwasa, 1987 (monotypy).

（57）端锐茎蝇 *Psila acmocephala* **Shatalkin, 2000**

Psila acmocephala Shatalkin, 2000. Russ. Ent. J. 9 (2): 157. **Type locality:** China: Sichuan.

分布（Distribution）：四川（SC）。

（58）高加索茎蝇 *Psila caucasica* **Mik, 1887**

Psila caucasica Mik, 1887. Wien. Ent. Ztg. 6: 164. **Type locality:** "Caucasus, Schach Dag".

分布（Distribution）：四川（SC）；伊朗。

（59）腹纹茎蝇 *Psila celidoptera* **Shatalkin, 1986**

Psila celidoptera Shatalkin, 1986. Trudy Zool. Inst. 146: 34. **Type locality:** China: Sichuan.

分布（Distribution）：四川（SC）。

（60）厚茎蝇 *Psila crassula* **Shatalkin, 2000**

Psila crassula Shatalkin, 2000. Russ. Ent. J. 9 (2): 158. **Type locality:** China: Sichuan.

分布（Distribution）：四川（SC）。

（61）颜斑茎蝇 *Psila faciplagata* **Wang** *et* **Yang, 1998**

Psila faciplagata Wang *et* Yang, 1998. *In*: Xue *et* Chao, 1998. Flies of China, Vol. 1: 449. **Type locality:** China: Shanxi, Jiexiu.

分布（Distribution）：山西（SX）。

（62）纹面茎蝇 *Psila facivittata* (Yang *et* Wang, 1992)

Oxypsila facivittata Yang *et* Wang, 1992. J. Zhejiang For. Coll. 9(4): 446. **Type locality:** China: Zhejiang, Mogan Mountain.

分布（Distribution）：浙江（ZJ）。

（63）线茎蝇 *Psila lineata* **Hendel, 1934**

Psila lineata Hendel, 1934b. Ark. Zool. 25A (21): 7. **Type locality:** China: "S. Kansu".

分布（Distribution）：甘肃（GS）。

（64）波塔茎蝇 *Psila potanini* **Shatalkin, 1986**

Psila potanini Shatalkin, 1986. Trudy Zool. Inst. 146: 36. **Type locality:** China: Sichuan, Kangding, Tunbokhe Valley.

分布（Distribution）：四川（SC）。

（65）暗小茎蝇 *Psila pullparva* **Wang** *et* **Yang, 1998**

Psila pullparva Wang *et* Yang, 1998. *In*: Xue *et* Chao, 1998. Flies of China, Vol. 1: 449. **Type locality:** China: Tibet, Linzhi.

分布（Distribution）：西藏（XZ）。

（66）巴蜀茎蝇 *Psila szechuana* **Shatalkin, 2000**

Psila szechuana Shatalkin, 2000. Russ. Ent. J. 9 (2): 160. **Type locality:** China: Sichuan.

分布（Distribution）：四川（SC）。

6. 怪芒茎蝇属 *Terarista* Yang *et* Wang, 2003

Terarista Yang *et* Wang, 2003. *In*: Wang *et* Yang, 2003. *In*: Huang, 2003. Fauna of insects in Fujian Province of China 8: 563. **Type species:** *Terarista fujiana* Yang *et* Wang, 2003 (monotypy).

（67）福建怪芒茎蝇 *Terarista fujiana* **Yang** *et* **Wang, 2003**

Terarista fujiana Yang *et* Wang, 2003. *In*: Wang *et* Yang, 2003.

In: Huang, 2003. Fauna of insects in Fujian Province of China 8: 563. **Type locality:** China: Fujian, Wuyi Mountain.

分布（Distribution）：福建（FJ）。

圆目蝇科 Strongylophthalmyiidae

1. 圆目蝇属 *Strongylophthalmyia* Heller, 1902

Strongylophthalmyia Heller, 1902. Wien. Ent. Ztg. 21: 226 (replacement name for *Strongylophthalmus* Hendel, 1902 nec Mannerheim, 1853). **Type species:** *Chyliza ustulata* Zetterstedt, 1847 (automatic).

Strongylophthalmus Hendel, 1902b. Wien. Ent. Ztg. 21: 179 (preoccupied by Mannerheim, 1853 in Coleoptera). **Type species:** *Chyliza ustulata* Zetterstedt, 1847 (by original designation).

Labropsila de Meijere, 1914. Tijdschr. Ent. 57: 241. **Type species:** *Labropsila polita* de Meijere, 1914 (by designation of Hennig, 1941).

（1）双带圆目蝇 *Strongylophthalmyia bifasciata* Yang *et* Wang, 1992

Strongylophthalmyia bifasciata Yang *et* Wang, 1992. J. Zhejiang For. Coll. 9 (4): 447. **Type locality:** China: Zhejiang.

分布（Distribution）：浙江（ZJ）。

（2）窄圆目蝇 *Strongylophthalmyia coarctata* Hendel, 1913

Strongylophthalmyia coarctata Hendel, 1913a. Suppl. Ent. 2: 87. **Type locality:** China: Taiwan, Kankau, Koshun.

分布（Distribution）：台湾（TW）。

（3）多毛圆目蝇 *Strongylophthalmyia crinita* Hennig, 1940

Strongylophthalmyia crinita Hennig, 1940. Arb. Morph. Taxon. Ent. 7: 311. **Type locality:** China: Taiwan, Kosempo.

分布（Distribution）：台湾（TW）；缅甸、越南、日本、俄罗斯。

（4）无斑圆目蝇 *Strongylophthalmyia immaculata* Hennig, 1940

Strongylophthalmyia immaculata Hennig, 1940. Arb. Morph. Taxon. Ent. 7: 309. **Type locality:** China: Taiwan, Toa Tsui Kutsu.

Strongylophthalmyia immaculata: Evenhuis, 2016. Zootaxa 4189 (2): 219.

分布（Distribution）：台湾（TW）。

（5）斑翅圆目蝇 *Strongylophthalmyia maculipennis* Hendel, 1913

Strongylophthalmyia maculipennis Hendel, 1913a. Suppl. Ent. 2: 88. **Type locality:** China: Taiwan, Sokutsu.

分布（Distribution）：台湾（TW）。

（6）费氏圆目蝇 *Strongylophthalmyia phillindablank* Evenhuis, 2016

Strongylophthalmyia phillindablank Evenhuis, 2016. Zootaxa 4189 (2): 234. **Type locality:** China: Yunnan, 10 km NW of Gongshan.

分布（Distribution）：云南（YN）。

（7）斑点圆目蝇 *Strongylophthalmyia punctata* Hennig, 1940

Strongylophthalmyia punctata Hennig, 1940. Arb. Morph. Taxon. Ent. 7: 315. **Type locality:** China: Taiwan, Toa Tsui Kutsu.

Strongylophthalmyia punctata: Evenhuis, 2016. Zootaxa 4189 (2): 235.

分布（Distribution）：台湾（TW）；泰国。

（8）四川圆目蝇 *Strongylophthalmyia sichuanica* Evenhuis, 2016

Strongylophthalmyia sichuanica Evenhuis, 2016. Zootaxa 4189 (2): 236. **Type locality:** China: Sichuan, Mt. Emei.

分布（Distribution）：四川（SC）。

（9）华彩圆目蝇 *Strongylophthalmyia splendida* Yang *et* Wang, 1998

Strongylophthalmyia splendida Yang *et* Wang, 1998. *In*: Xue *et* Chao, 1998. Flies of China, Vol. 1: 459. **Type locality:** China: Xizang, Bomi, Tongmai.

Strongylophthalmyia splendida: Galinskaya *et* Shatalkin, 2016. ZooKeys 625: 137.

分布（Distribution）：西藏（XZ）；越南。

（10）三带圆目蝇 *Strongylophthalmyia trifasciata* Hennig, 1940

Strongylophthalmyia trifasciata Hennig, 1940. Arb. Morph. Taxon. Ent. 7: 310. **Type locality:** China: Taiwan, Toa Tsui Kutsu.

分布（Distribution）：西藏（XZ）、台湾（TW）。

（11）瑶山圆目蝇 *Strongylophthalmyia yaoshana* Yang *et* Wang, 1998

Strongylophthalmyia yaoshana Yang *et* Wang, 1998. *In*: Xue *et* Chao, 1998. Flies of China, Vol. 1: 459. **Type locality:** China: Guangxi, Jinxiu, Dayaoshan.

分布（Distribution）：广西（GX）。

水蝇总科 Ephydroidea

水蝇科 Ephydridae

盘水蝇亚科 Discomyzinae

1. 长角水蝇属 *Ceropsilopa* Cresson, 1917

Ceropsilopa Cresson, 1917. Entomol. News 28 (8): 340. **Type species:** *Ceropsilopa nasuta* Cresson, 1917 (by original designation).

Pelex Cresson, 1925. Trans. Am. Ent. Soc. 51: 235. **Type species:** *Pelex purimana* Cresson, 1925 (by original designation).

Batula Cresson, 1940. Acad. Nat. Sci. Phila. 38: 2. **Type species:** *Psilopa mellipes* Coquillett, 1900 (by original designation).

（1）铜腹长角水蝇 *Ceropsilopa cupreiventris* (van der Wulp, 1897)

Lauxania cupreiventris van der Wulp, 1897. Természetr. Füz. 20: 142. **Type locality:** Sri Lanka: Kandy.

Psilopa longicornis de Meijere, 1916b. Tijdschr. Ent. 59: 266 (preoccupied by Lamb, 1912). **Type locality:** Indonesia: Java.

Ceropsilopa bidigitata Cresson, 1925. Trans. Am. Ent. Soc. 51: 252 (replacement name for *Psilopa longicornis* de Meijere, 1916 nec Lamb, 1912).

分布（Distribution）：浙江（ZJ）、贵州（GZ）、云南（YN）、福建（FJ）、台湾（TW）、海南（HI）；日本、印度、泰国、斯里兰卡、印度尼西亚。

（2）十字长角水蝇 *Ceropsilopa decussate* Cresson, 1925

Ceropsilopa decussate Cresson, 1925. Trans. Am. Ent. Soc. 51: 251. **Type locality:** China: Taiwan, Tainan.

分布（Distribution）：台湾（TW）、海南（HI）；菲律宾、澳大利亚。

（3）辐射长角水蝇 *Ceropsilopa radiatula* (Thomson, 1868)

Notiphila radiatula Thomson, 1868. K. Svenska Vetensk. Akad. Handl. 2: 595. **Type locality:** China: Hong Kong.

分布（Distribution）：香港（HK）。

2. 折脉水蝇属 *Clanoneurum* Becker, 1903

Clanoneurum Becker, 1903. Mitt. Zool. Mus. Berl. 2 (3): 165. **Type species:** *Discomyza infumatum* Becker, 1903 (monotypy) [= *Discomyza cimiciformis* Haliday, 1855].

Cyclocephala Strobl, 1902. Glasn. Zemalj. Mus. Bosni Herceg. 14: 502. **Type species:** *Cyclocephala margininervis* Strobl, 1902 (monotypy) [= *Discomyza cimiciformis* Haliday, 1855].

Cyclocephalomyia Hendel, 1907. Wien. Ent. Ztg. 26 (3): 98 (replacement name for *Cyclocephala* Strobl, 1902 nec Laterille, 1829). **Type species:** *Cyclocephala margininervis* Strobl, 1902 (monotypy) [= *Discomyza cimiciformis* Haliday, 1855].

Discomyzoides Becker, 1926. *In*: Lindner, 1926. Flieg. Palaearkt. Reg. 6 (1): 23. **Type species:** *Discomyzoides longicornis* Becker, 1926 (monotypy) [= *Discomyza cimiciformis* Haliday, 1855].

Heringium Enderlein, 1934. Zool. Anz. 105: 192. **Type species:** *Heringium ephydrininum* Enderlein, 1934 (by original designation) [= *Discomyza cimiciformis* Haliday, 1855].

（4）东洋折脉水蝇 *Clanoneurum orientale* Hendel, 1913

Clanoneurum orientale Hendel, 1913a. Suppl. Ent. 2: 97. **Type locality:** China: Taiwan, Anping.

分布（Distribution）：台湾（TW）。

3. 双鬃水蝇属 *Clasiopella* Hendel, 1914

Clasiopella Hendel, 1914a. Suppl. Ent. 3: 109. **Type species:** *Clasiopella uncinata* Hendel, 1914 (by original designation).

（5）钩刺双鬃水蝇 *Clasiopella uncinata* Hendel, 1914

Clasiopella uncinata Hendel, 1914a. Suppl. Ent. 3: 110. **Type locality:** China: Taiwan, Anping.

Psilopa giloipes Becker, 1924. Ent. Mitt. 13: 91. **Type locality:** China: Taiwan, Anping.

分布（Distribution）：台湾（TW）、海南（HI）；菲律宾、肯尼亚、马达加斯加、澳大利亚、关岛（美）、夏威夷群岛、马里亚纳群岛、美国、伯里兹、哥伦比亚、加拉帕哥斯群岛、墨西哥、特立尼达和多巴哥、印度。

4. 盘水蝇属 *Discomyza* Meigen, 1830

Discomyza Meigen, 1830. Syst. Beschr. Europ. Zweifl. Insekt. 6: 176. **Type species:** *Psilopa incurva* Fallén, 1823 (monotypy).

（6）内弯盘水蝇 *Discomyza incurva* (Fallén, 1823)

Psilopa incurva Fallén, 1823. Hydromyzides Sveciae: 6. **Type locality:** Sweden: Uplandia and Esperöd.

Discomyza italica Séguy, 1929. Bull. Soc. Ent. Ital. 61 (10): 168. **Type locality:** Italy: Spolamberto, Emilia.

分布（Distribution）：北京（BJ）、河南（HEN）；俄罗斯、日本、塞内加尔、阿尔巴尼亚、阿尔及利亚、澳大利亚、保加利亚、高加索山脉、塞浦路斯、捷克、丹麦、芬兰、法国、德国、英国、希腊、匈牙利、意大利、摩洛哥、荷兰、挪威、波兰、罗马尼亚、斯洛伐克、西班牙、瑞典、突尼斯、乌克兰。

（7）斑翅盘水蝇 *Discomyza maculipennis* (Wiedemann, 1824)

Notiphila maculipennis Wiedemann, 1824a. Munus Rectoris in Academia Christiana Albertina Aditurus Analecta Entomológica ex Museo Regio Havniensi Máxime Congesta Profert Iconibusque Illustrat: 57. **Type locality:** India: Orient.

Discomyza obscurata Walker, 1860b. J. Proc. Linn. Soc. London Zool. 4: 169. **Type locality:** Indonesia: Sulawesi (Makassar [= Ujung Pandang]).

Discomyza balioptera Loew, 1862. Smithson. Misc. Collect. 6 (141): 140. **Type locality:** Cuba.

Discomyza pelagica Frauenfeld, 1867. Verh. K. K. Zool.-Bot. Ges. Wien 17: 451. **Type locality:** India: Bay of Bengal, Nicobar Islands.

Discomyza amabilis Kertész, 1901a. Természetr. Füz. 24: 421. **Type locality:** Singapore.

分布（Distribution）：湖南（HN）、云南（YN）、台湾（TW）、广东（GD）、广西（GX）；日本、印度、马来西亚、菲律宾、新加坡、斯里兰卡、印度尼西亚（苏拉威西岛）、越南、帕劳、复活岛、斐济、法属波利尼西亚、关岛（美）、夏威夷群岛、马绍尔群岛、密克罗尼西亚、北马里亚纳群岛（美）、巴布亚新几内亚、萨摩亚群岛、所罗门群岛、瓦努阿图、古巴、美国。

5. 瘦额水蝇属 *Leptopsilopa* Cresson, 1922

Leptopsilopa Cresson, 1922. Entomol. News 33 (5): 136. **Type species:** *Psilopa similis* Coquillett, 1900 (by original designation).

（8）粉尘瘦额水蝇 *Leptopsilopa pollinosa* (Kertész, 1901)

Ephygrobia pollinosa Kertész, 1901. Természetr. Füz. 24: 81. **Type locality:** Singapore.

Psilopa irregularis Malloch, 1934. Insects Samoa, Pt. 6, Fasc. 8: 314. **Type locality:** American Samoa (Tutuila).

分布（Distribution）：台湾（TW）；印度、密克罗尼西亚、菲律宾、斯里兰卡、澳大利亚、美国、萨摩亚群岛、斐济、

巴布亚新几内亚、所罗门群岛、汤加。

6. 凸额水蝇属 *Psilopa* Fallén, 1823

Psilopa Fallén, 1823. Hydromyzides Sveciae: 6. **Type species:** *Notiphhila nitidula* Fallén, 1813 (by designation of Rondani, 1856).

Hygrella Haliday, 1839. Ann. Nat. Hist. 3: 223. **Type species:** *Notiphila nitidula* Fallén, 1813 (by designation of Westwood, 1840).

Diasemocera Bezzi, 1895. Wien. Ent. Ztg. 14 (4): 137. **Type species:** *Psilopa nigrotaeniata* Bezzi, 1895 (monotypy) [= *Psilopa roederi* Girschner, 1889].

Domina Hutton, 1901. Trans. Proc. N. Z. Inst. 33: 90. **Type species:** *Domina metallica* Hutton, 1901 (monotypy).

Discocerinella Mercier, 1927. Bull. Ann. Soc. R. Ent. Belg. 67 (3-4): 123. **Type species:** *Discocerinella omanvillea* Mercier, 1927 (by original designation) [= *Notiphila pulicaria* Haliday, 1839].

（9）头饰凸额水蝇 *Psilopa compta* (Meigen, 1830)

Notiphila compta Meigen, 1830. Syst. Beschr. Europ. Zweifl. Insekt. 6: 68. **Type locality:** Not given (? Germany).

分布（Distribution）：新疆（XJ）、西藏（XZ）；俄罗斯、阿富汗、阿尔及利亚、奥地利、比利时、保加利亚、加那利群岛、塞浦路斯、捷克、爱沙尼亚、芬兰、英国、匈牙利、意大利、马其顿、马略卡岛、马耳他、摩洛哥、荷兰、波兰、罗马尼亚、博茨瓦纳、冈比亚、肯尼亚、塞内加尔、加拿大、美国。

（10）黄角凸额水蝇 *Psilopa flaviantennalis* Miyagi, 1977

Psilopa flaviantennalis Miyagi, 1977. *In*: Ikada *et al.*, 1977. Fauna Japonica, Ephydridae (Insecta: Diptera): 13. **Type locality:** Japan: Honshū.

分布（Distribution）：黑龙江（HL）、内蒙古（NM）、河北（HEB）、北京（BJ）、河南（HEN）；日本。

（11）黄足凸额水蝇 *Psilopa flavimana* Hendel, 1913

Psilopa flavimanus Hendel, 1913a. Suppl. Ent. 2: 97. **Type locality:** China: Taiwan, Tainan.

分布（Distribution）：台湾（TW）；印度、斯里兰卡、越南、澳大利亚、小笠原群岛、加罗林群岛、斐济、新赫布里底群岛、巴布亚新几内亚、所罗门群岛、瓦努阿图。

（12）哥瑞克那凸额水蝇 *Psilopa grischneri* von Röder, 1889

Psilopa grischneri von Röder, 1889. Ent. Nachr. 15 (4): 55. **Type locality:** Germany: Artern, Sachsen.

Psilopa nigropuncta Williston, 1896b. Trans. R. Ent. Soc. London 1896: 393. **Type locality:** West Indies: St. Vincent.

Psilopa dimidiate Cresson, 1922. Entomol. News 33 (5): 137.

Type locality: USA: Idaho, Chatcoler.

Psilopa olga Cresson, 1922. Entomol. News 33 (5): 137. **Type locality:** USA: Washington, San Jan County, Olga.

分布（Distribution）：台湾（TW）；德国、波兰、瑞典、夏威夷群岛、加拿大、智利、萨尔瓦多、加拉帕格斯群岛、印度。

（13）后斑凸额水蝇 *Psilopa leucostoma* (Meigen, 1830)

Notiphila leucostoma Meigen, 1830. Syst. Beschr. Europ. Zweifl. Insekt. 6: 68. **Type locality:** Not given (? Germany).

分布（Distribution）：内蒙古（NM）；俄罗斯、奥地利、比利时、芬兰、法国、德国、英国、匈牙利、意大利、荷兰、波兰、罗马尼亚、西班牙、瑞典、加拿大、美国。

（14）褐缘凸额水蝇 *Psilopa marginella* (Fallén, 1823)

Psilopa marginella Fallén, 1823. Hydromyzides Sveciae: 7. **Type locality:** Sweden: Skåne.

分布（Distribution）：内蒙古（NM）；捷克、爱沙尼亚、芬兰、德国、英国、希腊、匈牙利、荷兰、波兰、斯洛文尼亚、瑞典、瑞士。

（15）矮凸额水蝇 *Psilopa nana* Loew, 1860

Psilopa nana Loew, 1860. Programm K. Realschule Meseritz: 9. **Type locality:** Turkey: Constantinople, Bujukdere.

分布（Distribution）：西藏（XZ）；阿尔及利亚、加那利群岛、埃及、德国、英国、荷兰、西班牙、土耳其、德国、波兰、瑞典、夏威夷群岛、加拿大、佛得角、塞内加尔。

（16）小黑凸额水蝇 *Psilopa nigritella* Stennammar, 1844

Psilopa nigritella Stennammar, 1844. K. Vetensk. Acad. Nya Handl. 3: 262. **Type locality:** Sweden: Östergötlands, Jonsberg.

分布（Distribution）：西藏（XZ）；俄罗斯、阿尔及利亚、奥地利、比利时、前捷克斯洛伐克、埃及、芬兰、法国、德国、英国、匈牙利、意大利、马略卡岛、马耳他、摩洛哥、荷兰、波兰、西班牙、瑞典、瑞士、乌克兰。

（17）光亮凸额水蝇 *Psilopa nitidula* (Fallén, 1813)

Notiphila nitidula Fallén, 1813. K. Vetensk. Acad. Nya Handl. 5 (3): 252. **Type locality:** Sweden.

Keratocera viridescens Robineau-Desvoidy, 1830. Mém. Prés. Div. Sav. Acad. R. Sci. Inst. Fr. 2 (2): 790. **Type locality:** France: Paris.

Notiphila nigrimana von Roser, 1840. Correspondenzbl. K. Württemb. Landw. Ver., Stuttgart 37 [= N. S. 17] (1): 61. **Type locality:** Germany: Württemberg.

分布（Distribution）：西藏（XZ）；俄罗斯、阿尔及利亚、奥地利、比利时、保加利亚、加那利群岛、高加索地区、塞浦路斯、前捷克斯洛伐克、埃及、爱沙尼亚、芬兰、法国、德国、英国、匈牙利、意大利、马其顿、马耳他、摩洛哥、荷兰、波兰、葡萄牙、罗马、斯洛文尼亚、西班牙、瑞典、瑞士、前南斯拉夫、乌克兰。

（18）磨光凸额水蝇 *Psilopa polita* (Macquart, 1835)

Hydrellia polita Macquart, 1835. His. Nat. Ins., Dipt. 2: 252. **Type locality:** Sweden.

Notiphila coeruleifons von Roser, 1840. Correspondenzbl. K. Württemb. Landw. Ver., Stuttgart 37 [= N. S. 17] (1): 61. **Type locality:** Germany: Württemberg.

Psilopa tarsella Zetterstedt, 1846. Dipt. Scand. 5: 1934. **Type locality:** Sweden: Scania ad Esperöd.

分布（Distribution）：黑龙江（HL）、辽宁（LN）、内蒙古（NM）、河北（HEB）、北京（BJ）、河南（HEN）、陕西（SN）、宁夏（NX）、甘肃（GS）、新疆（XJ）、浙江（ZJ）、湖南（HN）、四川（SC）、贵州（GZ）、云南（YN）、福建（FJ）、广东（GD）、广西（GX）、海南（HI）；俄罗斯、日本、奥地利、保加利亚、前捷克斯洛伐克、芬兰、法国、德国、匈牙利、意大利、韩国、摩洛哥、波兰、罗马、西班牙、瑞典、瑞士、前南斯拉夫、乌克兰。

（19）方形凸额水蝇 *Psilopa quadratula* Becker, 1907

Ephygrobia quadratula Becker, 1907. Annu. Mus. Zool. Acad. Sci. Russ. St.-Pétersb. 12 (3): 300. **Type locality:** China: Tibet, Kurlyk.

分布（Distribution）：河北（HEB）、西藏（XZ）。

（20）红足凸额水蝇 *Psilopa rufipes* (Hendel, 1913)

Psilopa rufipes Hendel, 1913a. Suppl. Ent. 2: 97. **Type locality:** China: Taiwan, Tainan.

Psilopa bella Becker, 1924. Ent. Mitt. 13: 92. **Type locality:** China: Taiwan, Taihota.

分布（Distribution）：黑龙江（HL）、台湾（TW）；日本、印度、菲律宾、马来西亚、澳大利亚、关岛（美）、巴布亚新几内亚。

（21）中华凸额水蝇 *Psilopa sinensis* Canzoneri, 1993

Psilopa sinensis Canzoneri, 1993. Boll. Mus. Civ. Stor. Nat. Venezia 17: 514. **Type locality:** China: Fukien, Kuatun.

分布（Distribution）：福建（FJ）。

（22）新加坡凸额水蝇 *Psilopa singaporensis* (Kertész, 1901)

Ephygrobia singaporensis Kertész, 1901. Természetr. Füz. 24: 81. **Type locality:** Singapore.

分布（Distribution）：台湾（TW）；马来西亚、新几内亚岛、新加坡。

（23）王氏凸额水蝇 *Psilopa wangi* Zhou, Yang *et* Zhang, 2012

Psilopa wangi Zhou, Yang *et* Zhang, 2012. Acta Zootaxon. Sin. 37 (3): 632. **Type locality:** China: Liaoning, Huanren.

分布（Distribution）：辽宁（LN）、北京（BJ）。

7. 裸喙水蝇属 *Rhynchopsilopa* Hendel, 1913

Rhynchopsilopa Hendel, 1913a. Suppl. Ent. 2: 96. **Type species:** *Rhynchopsilopa magnicornis* Hendel, 1913 (by original designation).

Lissodrosophila Okada, 1966. Bull. Br. Mus. (Nat. Hist.) Ent. Suppl. 6: 45. **Type species:** *Lissodrosophila longicornis* Okada, 1966 (by original designation).

（24）广东裸喙水蝇 *Rhynchopsilopa guangdongensis* Zhang, Yang *et* Mathis, 2012

Rhynchopsilopa guangdongensis Zhang, Yang *et* Mathis, 2012. ZooKeys 216: 27. **Type locality:** China: Guangdong, Dabu.

分布（Distribution）：广东（GD）、广西（GX）。

（25）黄坑裸喙水蝇 *Rhynchopsilopa huangkengensis* Zhang, Yang *et* Mathis, 2012

Rhynchopsilopa huangkengensis Zhang, Yang *et* Mathis, 2012. ZooKeys 216: 29. **Type locality:** China: Fujian, Huangkeng.

分布（Distribution）：贵州（GZ）、福建（FJ）、广东（GD）、广西（GX）；尼泊尔。

（26）金秀裸喙水蝇 *Rhynchopsilopa jinxiuensis* Zhang, Yang *et* Mathis, 2012

Rhynchopsilopa jinxiuensis Zhang, Yang *et* Mathis, 2012. ZooKeys 216: 32. **Type locality:** China: Guangxi, Jinxiu.

分布（Distribution）：广东（GD）、广西（GX）；尼泊尔。

（27）长角裸喙水蝇 *Rhynchopsilopa longicornis* (Okada, 1966)

Lissodrosophila longicornis Okada, 1966. Bull. Br. Mus. (Nat. Hist.) Ent. Suppl. 6: 45. **Type locality:** Nepal: Taplejung District, below Sangu.

Rhynchopsilopa coei Wirth, 1968. Ann. Natal. Mus. 20 (1): 41. **Type locality:** Nepal: Taplejung, North of Sangu.

Rhynchopsilopa longicornis: Cogan *et* Wirth, 1977. *In*: Delfinado *et* Hardy, 1977. Cat. Dipt. Orient. Reg. 3: 330 (generic combination); Zhang, Yang *et* Mathis, 2012. ZooKeys 216: 34.

分布（Distribution）：贵州（GZ）、福建（FJ）、广东（GD）、广西（GX）；尼泊尔。

（28）大角裸喙水蝇 *Rhynchopsilopa magnicornis* Hendel, 1913

Rhynchopsilopa magnicornis Hendel, 1913a. Suppl. Ent. 2: 96.

Type locality: China: Taiwan, Kankau, Paroe, N. Paiwan District.

Rhynchopsilopa rugosiscutata de Meijere, 1916b. Tijdschr. Ent. 59: 267. **Type locality:** Indonesia: Java, Gunung Ungaran.

Rhynchopsilopa magnicornis: Zhang, Yang *et* Mathis, 2012. ZooKeys 216: 36.

分布（Distribution）：台湾（TW）；泰国、菲律宾、马来西亚、印度尼西亚。

（29）始兴裸喙水蝇 *Rhynchopsilopa shixingensis* Zhang, Yang *et* Mathis, 2012

Rhynchopsilopashixingensis Zhang, Yang *et* Mathis, 2012. ZooKeys 216: 39. **Type locality:** China: Guangdong, Shixingxian.

分布（Distribution）：福建（FJ）、广东（GD）；尼泊尔。

8. 余脉水蝇属 *Trypetomima* de Meijere, 1916

Trypetomima de Meijere, 1916b. Tijdschr. Ent. 59: 265. **Type species:** *Trypetomima pulchripennis* de Meijere, 1916 (monotypy).

Eupsilopa Malloch, 1934. Insects Samoa, Pt. 6, Fasc. 8: 315. **Type species:** *Eupsilopa fascipennis* Malloch, 1934 (by original designation) [= *Trypetomima completa* Cresson, 1929].

（30）台湾余脉水蝇 *Trypetomima formosina* (Becker, 1924)

Actocetor formosina Becker, 1924. Ent. Mitt. 13: 90. **Type locality:** China: Taiwan, Anping.

分布（Distribution）：台湾（TW）。

水蝇亚科 Ephydrinae

9. 短脉水蝇属 *Brachydeutera* Loew, 1862

Brachydeutera Loew, 1862. Smithson. Misc. Collect. 6 (141): 162. **Type species:** *Brachydeutera dimidiata* Loew, 1862 (monotypy) [= *Notiphila argentata* Walker, 1853].

（31）银唇短脉水蝇 *Brachydeutera ibari* Ninomiya, 1929

Brachydeutera ibari Ninomiya, 1929. J. Appl. Zool. 1: 190. **Type locality:** Japan: Honshū, Ogahanto.

分布（Distribution）：黑龙江（HL）、吉林（JL）、辽宁（LN）、内蒙古（NM）、河北（HEB）、天津（TJ）、北京（BJ）、山东（SD）、河南（HEN）、宁夏（NX）、浙江（ZJ）、湖南（HN）、贵州（GZ）、云南（YN）、台湾（TW）、广东（GD）、广西（GX）；俄罗斯、日本、夏威夷群岛、以色列、马达加斯岛。

（32）长足短脉水蝇 *Brachydeutera longipes* **Hendel, 1913**

Brachydeutera longipes Hendel, 1913a. Suppl. Ent. 2: 99. **Type locality:** China: Taiwan, Kankau.

分布（**Distribution**）：北京（BJ）、河南（HEN）、江苏（JS）、浙江（ZJ）、云南（YN）、台湾（TW）、广西（GX）、海南（HI）、香港（HK）；日本、巴基斯坦、印度、越南、泰国、柬埔寨、斯里兰卡、菲律宾、马来西亚、新加坡、印度尼西亚、伊朗、加拿大、美国、墨西哥、委内瑞拉。

（33）异色短脉水蝇 *Brachydeutera pleuralis* **Malloch, 1928**

Brachydeutera pleuralis Malloch, 1928. Proc. Linn. Soc. N. S. W. 53 (4): 354. **Type locality:** Australia: Queensland, Townsville.

分布（**Distribution**）：山东（SD）、浙江（ZJ）、贵州（GZ）、云南（YN）、福建（FJ）、广东（GD）、广西（GX）、海南（HI）；印度、越南、马来西亚、佛得角、马达加斯加、南非、坦桑尼亚、澳大利亚。

10. 聚合水蝇属 *Coenia* Robineau-Desvoidy, 1830

Coenia Robineau-Desvoidy, 1830. Mém. Prés. Div. Sav. Acad. R. Sci. Inst. Fr. 2 (2): 800. **Type species:** *Coenia caricicola* Robineau-Desvoidy, 1830 (monotypy) [= *Ephydra palustris* Fallén, 1823].

（34）沼泽聚合水蝇 *Coenia palustris* (Fallén, 1823)

Ephydra palustris Fallén, 1823. Dipt. Sveciae, Hydromyzides: 4. **Type locality:** Sweden.

Coenia caricicola Robineau-Desvoidy, 1830. Mém. Prés. Div. Sav. Acad. R. Sci. Inst. Fr. 2 (2): 800. **Type locality:** France.

分布（**Distribution**）：西藏（XZ）；俄罗斯、哈萨克斯坦、奥地利、亚速尔群岛（葡）、比利时、保加利亚、加那利群岛、前捷克斯洛伐克、爱沙尼亚、芬兰、法国、德国、英国、匈牙利、意大利、荷兰、挪威、波兰、斯洛文尼亚、瑞典、瑞士、乌克兰。

11. 水蝇属 *Ephydra* Fallén, 1810

Ephydra Fallén, 1810. Specim. Ent. Novam Dipt.: 22. **Type species:** *Ephydra riparia* Fallén, 1813 (by designation of Curtis, 1832).

1）水蝇亚属 *Ephydra* Fallén, 1810

Ephydra Fallén, 1810. Specim. Ent. Novam Dipt.: 22. **Type species:** *Ephydra riparia* Fallén, 1813 (by designation of Curtis, 1832).

（35）阿富汗水蝇 *Ephydra* (*Ephydra*) *afghanica* **Dahl, 1961**

Ephydra afghanica Dahl, 1961. Ent. Tidskr. 82 (1-2): 87. **Type locality:** Afghanistan: Dahlah, Qandahar.

分布（**Distribution**）：新疆（XJ）；阿富汗、土库曼斯坦、乌兹别克斯坦。

（36）背突水蝇 *Ephydra* (*Ephydra*) *dorsala* **Hu et Yang, 2001**

Ephydra dorsala Hu et Yang, 2001. Stud. Dipt. 8 (2): 536. **Type locality:** China: Tibet.

分布（**Distribution**）：西藏（XZ）。

（37）和静水蝇 *Ephydra* (*Ephydra*) *hejingensis* **Hu et Yang, 2001**

Ephydra hejingensis Hu et Yang, 2001. Stud. Dipt. 8 (2): 533. **Type locality:** China: Xinjiang.

分布（**Distribution**）：新疆（XJ）。

（38）日本水蝇 *Ephydra* (*Ephydra*) *japonica* **Miyagi, 1966**

Ephydra japonica Miyagi, 1966. Kontyû 34 (2): 137. **Type locality:** Japan: Hokkaidō, Sapporo.

分布（**Distribution**）：新疆（XJ）；俄罗斯、小笠原群岛、日本、韩国。

（39）锤突水蝇 *Ephydra* (*Ephydra*) *riparia* **Fallén, 1813**

Ephydra riparia Fallén, 1813. K. Vetensk. Acad. Nya Handl. 5 (3): 246. **Type locality:** Sweden.

Ephydra albula Meigen, 1830. Syst. Beschr. Europ. Zweifl. Insekt. 6: 115. **Type locality:** Not given (? Germany).

Ephydra salina von Heyden, 1843. Stettin. Ent. Ztg. 4 (8): 228. **Type locality:** Germany.

Coenia halophila von Heyden, 1844. Stettin. Ent. Ztg. 5 (6): 203. **Type locality:** Germany.

Ephydra salinae Zetterstedt, 1846. Dipt. Scand. 5: 1812. **Type locality:** Poland.

Ephydra strenzkei Giordani Soika, 1960. Dtsch. Ent. Z. 7 (4-5): 456. **Type locality:** Germany.

分布（**Distribution**）：内蒙古（NM）、河北（HEB）；法国、英国、前苏联、匈牙利；北美洲。

（40）西藏水蝇 *Ephydra* (*Ephydra*) *tibetensis* **Cresson, 1934**

Ephydra tibetensis Cresson, 1934. Mem. Conn. Acad. Arts Sci. 10: 2. **Type locality:** India: Tibet.

分布（**Distribution**）：西藏（XZ）；印度、蒙古国。

（41）杨氏水蝇 *Ephydra* (*Ephydra*) *yangi* **Hu et Yang, 2001**

Ephydra yangi Hu et Yang, 2001. Stud. Dipt. 8 (2): 532. **Type locality:** China: Xinjiang.

分布（**Distribution**）：内蒙古（NM）、新疆（XJ）。

2）盐水蝇亚属 *Halephydra* Wirth, 1971

Halephydra Wirth, 1971. Ann. Ent. Soc. Am. 64 (2): 371.

Type species: *Ephydra cinerea* Jones, 1906 (by original designation) [= *Ephydra gracilis* Packard, 1871].

（42）尖突水蝇 *Ephydra* (*Halephydra*) *acutata* Hu et Yang, 2001

Ephydra acutata Hu et Yang, 2001. Stud. Dipt. 8 (2): 535. **Type locality:** China: Tibet.

分布（**Distribution**）：西藏（XZ）。

（43）矮突水蝇 *Ephydra* (*Halephydra*) *breva* Hu et Yang, 2001

Ephydra breva Hu et Yang, 2001. Stud. Dipt. 8 (2): 534. **Type locality:** China: Nei Mongol.

分布（**Distribution**）：内蒙古（NM）。

（44）蓝额水蝇 *Ephydra* (*Halephydra*) *glauca* Meigen, 1830

Ephydra glauca Meigen, 1830. Syst. Beschr. Europ. Zweifl. Insekt. 6: 120. **Type locality:** Not given (? Germany).

Ephydra obscuripes Becker, 1896. Berl. Ent. Z. 41 (2): 222 (preoccupied by Loew, 1866). **Type locality:** Russia.

Ephydra beckeri Jones, 1906. Univ. Calif. Publ. Ent. 1 (2): 193 (unnecessary replacement name for *E. obscuripes* Becker, 1896 nec Loew, 1866).

分布（**Distribution**）：辽宁（LN）、内蒙古（NM）；俄罗斯、蒙古国、阿尔及利亚、保加利亚、法国、德国、匈牙利、意大利、波兰、罗马尼亚、土耳其。

12. 哈水蝇属 *Halmopota* Haliday, 1856

Halmopota Haliday, 1856. *In*: Walker, 1856. Ins. Brit., Dípt. 3: 346. **Type species:** *Ephydra salinaria* Bouché, 1834 (monotypy).

（45）胡氏哈水蝇 *Halmopota hutchinsoni* Cresson, 1934

Halmopota hutchinsoni Cresson, 1934. Mem. Conn. Acad. Arts Sci. 10: 3. **Type locality:** India: Jammu and Kashmir, Tso-kar.

分布（**Distribution**）：西藏（XZ）。

（46）考氏哈水蝇 *Halmopota kozlovi* Becker, 1907

Halmopota kozlovi Becker, 1907. Annu. Mus. Zool. Acad. Sci. Russ. St.-Pétersb. 12 (3): 303. **Type locality:** China: Tibet, N. O. [= Northeast)]

Halmopota murina Becker, 1926. *In*: Lindner, 1926. Flieg. Palaearkt. Reg. 6 (1): 97. **Type locality:** China: Tibet, Lago Habirga, Baga Candamin (Kaidam orientale).

分布（**Distribution**）：西藏（XZ）。

（47）地中海哈水蝇 *Halmopota mediteraneus* Loew, 1860

Halmopota mediteraneus Loew, 1860. Programm K.

Realschule Meseritz: 34. **Type locality:** Turkey.

分布（**Distribution**）：西藏（XZ）。

（48）毛哈水蝇 *Halmopota villosus* Becker, 1907

Halmopota villosus Becker, 1907. Annu. Mus. Zool. Acad. Sci. Russ. St.-Pétersb. 12 (3): 304. **Type locality:** China: Tibet.

分布（**Distribution**）：西藏（XZ）。

13. 横眼水蝇属 *Haloscatella* Mathis, 1979

Haloscatella Mathis, 1979. Smithson. Contr. Zool. 295: 6. **Type species:** *Lamproscatella arichaeta* Mathis, 1979 (by original designation).

（49）双鬃横眼水蝇 *Haloscatella dichaeta* (Loew, 1860)

Scatella dichaeta Loew, 1860. Programm K. Realschule Meseritz: 40. **Type locality:** Germany: Harz.

分布（**Distribution**）：西藏（XZ）；俄罗斯、阿尔及利亚、奥地利、比利时、保加利亚、加那利群岛、前捷克斯洛伐克、丹麦、埃及、芬兰、法国、德国、英国、匈牙利、以色列、意大利、马其顿、摩洛哥、荷兰、波兰、罗马尼亚、瑞典、瑞士、突尼斯、南非。

14. 立眼水蝇属 *Lamproscatella* Hendel, 1917

Lamproscatella Hendel, 1917. Dtsch. Ent. Z. 33: 42. **Type species:** *Ephydra sibilans* Haliday, 1833 (by original designation).

（50）中国立眼水蝇 *Lamproscatella sinica* Mathis et Jin, 1988

Lamproscatella (*Lamproscatella*) *sinica* Mathis et Jin, 1988. Proc. Biol. Soc. Wash. 101 (3): 544. **Type locality:** China: Sichuan.

分布（**Distribution**）：甘肃（GS）、四川（SC）。

（51）西藏立眼水蝇 *Lamproscatella tibetensis* Mathis et Jin, 1988

Lamproscatella (*Lamproscatella*) *tibetensis* Mathis et Jin, 1988. Proc. Biol. Soc. Wash. 101 (3): 547. **Type locality:** China: Tibet.

分布（**Distribution**）：西藏（XZ）。

（52）细鬃立眼水蝇 *Lamproscatella zhoui* Zhou, Yang et Zhang, 2013

Lamproscatella (*Lamproscatella*) *minuta* Zhou, Yang et Zhang, 2013. Acta Zootaxon. Sin. 38 (1): 165 (preoccupied by Krivosheina, 2004). **Type locality:** China: Beijing.

分布（**Distribution**）：河北（HEB）、北京（BJ）。

15. 沼泽水蝇属 *Limnellia* Malloch, 1925

Limnellia Malloch, 1925. Proc. Linn. Soc. N. S. W. 50 (4): 331.

Type species: *Limnellia maculipennis* Malloch, 1925 (by original designation).

Eustigoptera Cresson, 1930. Trans. Am. Ent. Soc. 56: 126. **Type species:** *Notiphila quadrata* Fallén, 1813 (by original designation).

Stictoscatella Collin, 1930. Ent. Mon. Mag. 66: 133. **Type species:** *Notiphila quadrata* Fallén, 1813 (by original designation).

Stranditella Duda, 1942. Dtsch. Ent. Z. (1-4): 30 (as a subgenus of *Lamproscatella*). **Type species:** *Notiphila quadrata* Fallén, 1813 (by original designation).

（53）黄跗沼泽水蝇 *Limnellia flavitarsis* Zhang et Yang, 2009

Limnellia flavitarsis Zhang et Yang, 2009. Zootaxa 2308: 59. **Type locality:** China: Sichuan.

分布（Distribution）：四川（SC）、贵州（GZ）。

（54）绿春沼泽水蝇 *Limnellia lvchunensis* Zhang et Yang, 2009

Limnellia lvchunensis Zhang et Yang, 2009. Zootaxa 2308: 60. **Type locality:** China: Yunnan.

分布（Distribution）：河北（HEB）、陕西（SN）、贵州（GZ）、云南（YN）。

（55）斑翅沼泽水蝇 *Limnellia maculipennis* Malloch, 1925

Limnellia maculipennis Malloch, 1925. Proc. Linn. Soc. N. S. W. 50 (4): 332. **Type locality:** Australia: New South Wales, Sydney.

分布（Distribution）：云南（YN）；澳大利亚。

（56）斯特恩汉姆沼泽水蝇 *Limnellia stenhammari* Zetterstedt, 1846

Ephydra stenhammari Zetterstedt, 1846. Dipt. Scand. 5: 1842. **Type locality:** Sweden: Skåne [= Scania], Mellby, Esperöd.

Ephydra meleagris Zetterstedt, 1846. Dipt. Scand. 5: 1843 (nomen nudum, published in synonymy).

Ephydra oscitans Walker, 1849. List of the specimens of dipterous insets in the collection of the British Museum Part IV: 1106. **Type locality:** Canada: Ontario, Hudson Bay, Albany River, St. Martin's Falls.

分布（Distribution）：内蒙古（NM）、河北（HEB）、北京（BJ）；日本、俄罗斯、阿尔及利亚、奥地利、捷克、爱沙尼亚、芬兰、法国、德国、英国、匈牙利、荷兰、挪威、波兰、西班牙、瑞典、加拿大、格陵兰（丹）、美国。

16. 滨水蝇属 *Parydra* Stenhammar, 1844

Parydra Stenhammar, 1844. K. Vetensk. Acad. Nya Handl. 1843: 144. **Type species:** *Ephydra aquila* Fallén, 1813 (by designation of Coquillett, 1910).

Chaetoapnaea Hendel, 1930. Konowia 9 (2): 150. **Type species:** *Ephydra pusilla* Meigen, 1830 (by original designation).

1）离鬃水蝇亚属 *Chaetoapnaea* Hendel, 1930

Chaetoapnaea Hendel, 1930. Konowia 9 (2): 150. **Type species:** *Ephydra pusilla* Meigen, 1830 (by original designation).

（57）双翼滨水蝇 *Parydra (Chaetoapnaea) albipulvis* Miyagi, 1977

Parydra (Chaetoapnaea) albipulvis Miyagi, 1977. *In*: Ikada et al., 1977. Fauna Japonica, Ephydridae (Insecta: Diptera): 71. **Type locality:** Japan: Honshū.

分布（Distribution）：河北（HEB）、河南（HEN）、宁夏（NX）；日本。

（58）盾突滨水蝇 *Parydra (Chaetoapnaea) fossarum* (Haliday, 1833)

Ephydra fossrum Haliday, 1833. Ent. Mag. 1 (2): 175. **Type locality:** Great Britain: Northern Ireland, Down Holywood.

Ephydra (Parydra) affinis Stenhammar, 1844. K. Vetensk. Acad. Nya Handl. 1843: 192. **Type locality:** Sweden.

Napaea stagnicola var. *minor* Robineau-Desvoidy, 1830. Mém. Prés. Div. Sav. Acad. R. Sci. Inst. Fr. 2 (2): 800. **Type locality:** Not given (? France).

Parydra (Chaetoapnaea) parasocia Clausen et Cook, 1971. Mem. Am. Ent. Soc. 27: 83. **Type locality:** USA: Iowa.

分布（Distribution）：西藏（XZ）；俄罗斯、阿尔及利亚、奥地利、亚速尔群岛（葡）、比利时、加那利群岛、前捷克斯洛伐克、爱沙尼亚、法罗群岛（丹）、芬兰、法国、德国、英国、匈牙利、爱尔兰、意大利、马其顿、马德拉群岛、摩洛哥、荷兰、挪威、波兰、罗马尼亚、斯洛文尼亚、西班牙、瑞典、土库曼斯坦、乌克兰、前南斯拉夫、加拿大、美国。

（59）斑翅滨水蝇 *Parydra (Chaetoapnaea) lutumilis* Miyagi, 1977

Parydra (Chaetoapnaea) lutumilis Miyagi, 1977. *In*: Ikada et al., 1977. Fauna Japonica, Ephydridae (Insecta: Diptera): 69. **Type locality:** Japan: Hokkaidō, Soranuma.

分布（Distribution）：河南（HEN）、贵州（GZ）；日本。

（60）黄胫滨水蝇 *Parydra (Chaetoapnaea) pacifica* Miyagi, 1977

Parydra (Chaetoapnaea) pacifica Miyagi, 1977. *In*: Ikada et al., 1977. Fauna Japonica, Ephydridae (Insecta: Diptera): 70. **Type locality:** Japan: Ryukyu Islands, Iriomote-jima.

分布（Distribution）：云南（YN）；日本。

（61）黑胫滨水蝇 *Parydra (Chaetoapnaea) pulvisa* Miyagi, 1977

Parydra (Chaetoapnaea) pulvisa Miyagi, 1977. *In*: Ikada et al.,

1977. Fauna Japonica, Ephydridae (Insecta: Diptera): 72. **Type locality:** Japan: Honshū.

分布（Distribution）：新疆（XJ）；日本。

（62）四斑滨水蝇 *Parydra* (*Chaetoapnaea*) *quadripunctata* Meigen, 1830

Ephydra quadripunctata Meigen, 1830. Syst. Beschr. Europ. Zweifl. Insekt. 6: 117. **Type locality:** Not given (? Germany).

Ephydra furcata Zetterstedt, 1838. Insecta Lapp.: 716. **Type locality:** Sweden.

分布（Distribution）：河北（HEB）、北京（BJ）、宁夏（NX）、新疆（XJ）；俄罗斯、塔吉克斯坦、乌兹别克斯坦、日本、阿富汗、奥地利、比利时、高加索地区、前捷克斯洛伐克、丹麦、法罗群岛（丹）、芬兰、法国、德国、英国、匈牙利、意大利、荷兰、挪威、波兰、罗马尼亚、斯洛文尼亚、西班牙、瑞典、瑞士、乌克兰。

2）滨水蝇亚属 *Parydra* Stenhammar, 1844

Parydra Stenhammar, 1844. K. Vetensk. Acad. Nya Handl. 1843: 144. **Type species:** *Ephydra aquila* Fallén, 1813 (by designation of Coquillett, 1910).

（63）鬃瘤滨水蝇 *Parydra* (*Parydra*) *aquila* (Fallén, 1813)

Ephydra aquila Fallén, 1813. K. Vetensk. Acad. Nya Handl. 5 (3): 247. **Type locality:** Sweden.

Parydra bituberculata Loew, 1862. Smithson. Misc. Collect. 6 (141): 165. **Type locality:** USA: Middle States.

Parydra nitida Cresson, 1915. Entomol. News 26 (2): 70. **Type locality:** USA: Idaho.

Parydra tibialis Cresson, 1916. Entomol. News 27 (4): 150. **Type locality:** USA: Arizona.

Parydra papulata Cresson, 1949. Trans. Am. Ent. Soc. 74: 247. **Type locality:** USA: Washington.

分布（Distribution）：河北（HEB）；俄罗斯、日本、哈萨克斯坦、奥地利、比利时、捷克、丹麦、芬兰、法国、德国、英国、匈牙利、意大利、黑山、摩洛哥、荷兰、挪威、波兰、罗马尼亚、斯洛文尼亚、塞尔维亚、瑞典、瑞士、乌克兰、加拿大、美国。

（64）密聚滨水蝇 *Parydra* (*Parydra*) *coarctata* (Fallén, 1813)

Ephydra coarctata Fallén, 1813. K. Vetensk. Acad. Nya Handl. 5 (3): 247. **Type locality:** Sweden.

Napaea stagnicola variety *major* Robineau-Desvoidy, 1830. Mém. Prés. Div. Sav. Acad. R. Sci. Inst. Fr. 2 (2): 800. **Type locality:** France.

Ephydra rufitarsis Macquart, 1835. Hist. Nat. Ins., Dipt. 2: 536. **Type locality:** France.

Ephydra fuscipennis Macquart, 1835. Hist. Nat. Ins., Dipt. 2: 540. **Type locality:** Belgium.

分布（Distribution）：西藏（XZ）；俄罗斯、塔吉克斯坦、奥地利、亚速尔群岛（葡）、比利时、加那利群岛、前捷克斯洛伐克、法罗群岛（丹）、芬兰、法国、德国、英国、匈牙利、伊朗、意大利、马德拉群岛、马其顿、摩洛哥、荷兰、挪威、波兰、罗马尼亚、西班牙、瑞典、瑞士、土库曼斯坦、乌克兰。

（65）台湾滨水蝇 *Parydra* (*Parydra*) *formosana* (Cresson, 1937)

Napaea formosana Cresson, 1937. Arb. Morph. Taxon. Ent. Berl. 4 (3): 206. **Type locality:** China: Taiwan, Tainan.

分布（Distribution）：湖南（HN）、贵州（GZ）、云南（YN）、台湾（TW）、广东（GD）、广西（GX）。

（66）敖脉滨水蝇 *Parydra* (*Parydra*) *inornata* (Becker, 1924)

Napaea (*Parhydra*) *inornata* Becker, 1924. Ent. Mitt. 13: 92. **Type locality:** China: Taiwan, Daitotei.

分布（Distribution）：河北（HEB）、贵州（GZ）、云南（YN）、福建（FJ）、台湾（TW）。

17. 裸颜水蝇属 *Psilephydra* Hendel, 1914

Psilephydra Hendel, 1914a. Suppl. Ent. 3: 99. **Type species:** *Psilephydra cyanoprosopa* Hendel, 1914 (by original designation).

（67）蓝裸颜水蝇 *Psilephydra cyanoprosopa* Hendel, 1914

Psilephydra cyanoprosopa Hendel, 1914a. Suppl. Ent. 3: 100. **Type locality:** China: Taiwan, Hoozan.

分布（Distribution）：台湾（TW）、广西（GX）。

（68）广西裸颜水蝇 *Psilephydra guangxiensis* Zhang *et* Yang, 2007

Psilephydra guangxiensis Zhang *et* Yang, 2007. Trans. Am. Ent. Soc. 133: 347. **Type locality:** China: Guangxi.

分布（Distribution）：陕西（SN）、云南（YN）、福建（FJ）、广东（GD）、广西（GX）。

（69）四川裸颜水蝇 *Psilephydra sichuanensis* Zhang *et* Yang, 2007

Psilephydra sichuanensis Zhang *et* Yang, 2007. Trans. Am. Ent. Soc. 133: 349. **Type locality:** China: Sichuan.

分布（Distribution）：四川（SC）。

18. 温泉水蝇属 *Scatella* Robineau-Desvoidy, 1830

Scatella Robineau-Desvoidy, 1830. Mém. Prés. Div. Sav. Acad. R. Sci. Inst. Fr. 2 (2): 801. **Type species:** *Scatella buccata* Robineau-Desvoidy, 1830 (by designation of Coquillett, 1910) [= *Ephydra stagnatis* Fallén, 1813].

1）温泉水蝇亚属 *Scatella* Robineau-Desvoidy, 1830

Scatella Robineau-Desvoidy, 1830. Mém. Prés. Div. Sav. Acad. R. Sci. Inst. Fr. 2 (2): 801. **Type species:** *Scatella buccata* Robineau-Desvoidy, 1830 (by designation of Coquillett, 1910) [= *Ephydra stagnatis* Fallén, 1813].

（70）厚脉温泉水蝇 *Scatella* (*Scatella*) *bullacosta* Cresson, 1934

Scatella bullacosta Cresson, 1934. Trans. Am. Ent. Soc. 60: 219. **Type locality:** China: Taiwan, Tainan.

分布（**Distribution**）：黑龙江（HL）、辽宁（LN）、内蒙古（NM）、湖南（HN）、贵州（GZ）、台湾（TW）、广东（GD）、广西（GX）。

（71）河南温泉水蝇 *Scatella* (*Scatella*) *henanensis* Zhang *et* Yang, 2005

Scatella henanensis Zhang *et* Yang, 2005. Zootaxa 931: 4. **Type locality:** China: Henan.

分布（**Distribution**）：黑龙江（HL）、河北（HEB）、河南（HEN）、宁夏（NX）。

（72）露沙温泉水蝇 *Scatella* (*Scatella*) *lutosa* Haliday, 1833

Scatella lutosa Haliday, 1833. Ent. Mag. 1 (2): 176. **Type locality:** Great Britain.

Ephydra (*Ephydra*) *flavescens* Stenhammar, 1844. K. Vetensk. Acad. Nya Handl. 1843: 175. **Type locality:** Sweden.

Ephydra lutosa var. *nigripes* Oldenberg, 1923. Dtsch. Ent. Z. 1923: 315. **Type locality:** Romania.

分布（**Distribution**）：西藏（XZ）；俄罗斯、阿尔及利亚、奥地利、比利时、保加利亚、前捷克斯洛伐克、埃及、芬兰、法国、德国、英国、爱尔兰、意大利、荷兰、波兰、瑞典、突尼斯、土库曼斯坦。

（73）静水温泉水蝇 *Scatella* (*Scatella*) *stagnalis* (Fallén, 1813)

Epphydra stagnalis Fallén, 1813. K. Vetensk. Acad. Nya Handl. 5 (3): 248. **Type locality:** Sweden.

Ephydra lacustris Meigen, 1830. Syst. Beschr. Europ. Zweifl. Insekt. 6: 118. **Type locality:** Not given (? Germany).

Scatella buccata Robineau-Desvoidy, 1830. Mém. Prés. Div. Sav. Acad. R. Sci. Inst. Fr. 2 (2): 801. **Type locality:** Not given (? France).

Scatella tateyamana Matsumura, 1915. Konchyu Sekai 19 (6): 225. **Type locality:** Not given (? Japan).

分布（**Distribution**）：内蒙古（NM）、河北（HEB）、新疆（XJ）、贵州（GZ）、西藏（XZ）；瑞典、德国、法国；世界广布。

（74）细脉温泉水蝇 *Scatella* (*Scatella*) *tenuicosta* Collin, 1930

Scatella tenuicosta Collin, 1930. Ent. Mon. Mag. 66: 136. **Type locality:** Great Britain.

Scatella (*Scatella*) *thermarum* Collin, 1930. Ent. Mon. Mag. 66: 138. **Type locality:** Iceland.

分布（**Distribution**）：黑龙江（HL）、辽宁（LN）、内蒙古（NM）、河北（HEB）、北京（BJ）、山东（SD）、宁夏（NX）、江苏（JS）、浙江（ZJ）、湖南（HN）、贵州（GZ）、云南（YN）、广西（GX）；俄罗斯、亚速尔群岛（葡）、奥地利、保加利亚、金丝雀岛、塞浦路斯、丹麦、埃及、芬兰、法国、德国、英国、希腊、匈牙利、冰岛、挪威、西班牙、瑞典、瑞士、土耳其、突尼斯、前南斯拉夫。

19. 白斑水蝇属 *Scatophila* Becker, 1896

Scatophila Becker, 1896. Berl. Ent. Z. 41 (2): 237. **Type species:** *Ephydra caviceps* Stenhammar, 1844 (by original designation).

Centromeromyia Frey, 1954. Results Norw. Scient. Exped. Tristan da Cunha 4 (26): 40. **Type species:** *Centromeromyia eremite* Frey, 1954 (by original designation).

（75）凹颜白斑水蝇 *Scatophila caviceps* (Stenhammar, 1844)

Ephydra (*Ephydra*) *caviceps* Stenhammar, 1844. K. Vetensk. Acad. Nya Handl. 1843: 270. **Type locality:** Sweden: Ostrogothia.

分布（**Distribution**）：内蒙古（NM）、河北（HEB）、北京（BJ）、宁夏（NX）、新疆（XJ）；俄罗斯、阿富汗、奥地利、比利时、丹麦、芬兰、法国、德国、英国、匈牙利、意大利、马德拉群岛、摩洛哥、荷兰、挪威、波兰、罗马尼亚、斯洛文尼亚、西班牙、瑞典、瑞士。

（76）突颜白斑水蝇 *Scatophila despecta* (Haliday, 1839)

Ephydra (*Scatella*) *despecta* Haliday, 1839. Ann. Nat. Hist. 3: 409. **Type locality:** Not given (Great Britain: ? Northern Ireland).

Ephydra (*Ephydra*) *fenesrata* Stenhammar, 1844. K. Vetensk. Acad. Nya Handl. 1843: 181. **Type locality:** Sweden: Osteogothia.

Scatophila hamifera Becker, 1896. Berl. Ent. Z. 41 (2): 242. **Type locality:** Norway: Gudbrandsdalen, Molde.

分布（**Distribution**）：河北（HEB）、新疆（XJ）；俄罗斯、阿尔及利亚、奥地利、亚速尔群岛（葡）、比利时、加那利群岛、捷克、丹麦、芬兰、法国、德国、英国、匈牙利、爱尔兰、意大利、摩洛哥、荷兰、挪威、波兰、罗马尼亚、斯洛文尼亚、瑞典、美国。

20. 双芒水蝇属 *Setacera* Cresson, 1930

Setacera Cresson, 1930. Trans. Am. Ent. Soc. 56: 116. **Type species:** *Ephydra pacifica* Cresson, 1925 (by original designation).

（77）短腹双芒水蝇 *Setacera breviventris* (Loew, 1860)

Ephydra breviventris Loew, 1860. Programm K. Realschule Meseritz: 37. **Type locality:** Southern Germany. Italy.
Ephydra laeta Hendel, 1913a. Suppl. Ent. 2: 99. **Type locality:** China: Taiwan, Tainan.
Ephydra glabra de Meijere, 1916b. Tijdschr. Ent. 59: 272. **Type locality:** Indonesia: Java.
Setacera pedalis Cresson, 1930. Trans. Am. Ent. Soc. 56: 117. **Type locality:** Austria: Wien.
Setacera fluxa Miyagi, 1966. Kontyû 34 (2): 139. **Type locality:** Japan: Honshū, Fukui.
分布（Distribution）：江苏（JS）、云南（YN）、台湾（TW）；俄罗斯、日本、印度、尼泊尔、孟加拉国、越南、泰国、斯里兰卡、菲律宾、印度尼西亚、奥地利、前捷克斯洛伐克、埃及、德国、希腊、伊朗、以色列、意大利、波兰、瑞典、土库曼斯坦、澳大利亚、关岛（美）、加里曼丹岛、安哥拉、肯尼亚、尼日利亚。

21. 华水蝇属 *Sinops* Zhang, Yang *et* Mathis, 2005

Sinops Zhang, Yang *et* Mathis, 2005. Zootaxa 1040: 34. **Type species:** *Sinops sichuanensis* Zhang, Yang *et* Mathis, 2005 (by original designation).

（78）四川华水蝇 *Sinops sichuanensis* Zhang, Yang *et* Mathis, 2005

Sinops sichuanensis Zhang, Yang *et* Mathis, 2005. Zootaxa 1040: 35. **Type locality:** China: Sichuan.
分布（Distribution）：陕西（SN）、四川（SC）。

22. 沙水蝇属 *Thinoscatella* Mathis, 1979

Thinoscatella Mathis, 1979. Smithson. Contr. Zool. 295: 20. **Type species:** *Lamproscatella lattini* Mathis, 1979 (by original designation).

（79）西藏沙水蝇 *Thinoscatella tibetensis* Zhang *et* Yang, 2005

Thinoscatella tibetensis Zhang *et* Yang, 2005. Zootaxa 1051: 34. **Type locality:** China: Tibet.
分布（Distribution）：西藏（XZ）。

隆颜水蝇亚科 Gymnomyzinae

23. 矮颊水蝇属 *Allotrichoma* Becker, 1896

Allotrichoma Becker, 1896. Berl. Ent. Z. 41 (2): 121. **Type species:** *Hecamede lateralis* Loew, 1860 (by original designation).

（80）双鬃矮颊水蝇 *Allotrichoma* (*Allotrichoma*) *biroi* Cresson, 1929

Allotrichoma biroi Cresson, 1929. Trans. Am. Ent. Soc. 55: 174. **Type locality:** India: Bombay.
分布（Distribution）：湖南（HN）、海南（HI）、香港（HK）；印度、老挝、菲律宾、苏丹、埃及、埃塞俄比亚、阿曼。

（81）盾形矮颊水蝇 *Allotrichoma* (*Allotrichoma*) *clypeatum* (Becker, 1907)

Epiphasis clypeata Becker, 1907. Annu. Mus. Zool. Acad. Sci. Russ. St.-Pétersb. 12 (3): 302. **Type locality:** China: Tibet.
分布（Distribution）：西藏（XZ）。

（82）中国矮颊水蝇 *Allotrichoma* (*Allotrichoma*) *dyna* Krivosheina *et* Zatwarnicki, 1997

Allotrichoma dyna Krivosheina *et* Zatwarnicki, 1997. Pol. J. Ent. 5 (66): 299. **Type locality:** China: Guangdong.
分布（Distribution）：广东（GD）。

（83）丝状矮颊水蝇 *Allotrichoma* (*Allotrichoma*) *filiforme* Becker, 1896

Allotrichoma filiforme Becker, 1896. Berl. Ent. Z. 41 (2): 123. **Type locality:** Russia: Sarepta [= Volgograd-Krasnoarmejsk].
Allotrichoma trispinum Becker, 1896. Berl. Ent. Z. 41 (2): 124. **Type locality:** Poland: Oderwalde dei Maltsch, Schlesien [= Malczyce, Lower Silesia].
分布（Distribution）：黑龙江（HL）、辽宁（LN）、河南（HEN）、西藏（XZ）；俄罗斯、奥地利、保加利亚、捷克、法国、匈牙利、以色列、意大利、摩洛哥、波兰、西班牙、瑞士、前南斯拉夫。

（84）活跃矮颊水蝇 *Allotrichoma* (*Allotrichoma*) *livens* Cresson, 1929

Allotrichoma livens Cresson, 1929. Trans. Am. Ent. Soc. 55: 174. **Type locality:** India: Bombay.
分布（Distribution）：台湾（TW）；印度。

24. 平颜水蝇属 *Athyroglossa* Loew, 1860

Athyroglossa Loew, 1860. Programm K. Realschule Meseritz: 12. **Type species:** *Notiphila glabra* Meigen, 1830 (monotypy).
Parathyroglossa Hendel, 1931. Bull. Soc. R. Ent. Egypte 15 (2): 68. **Type species:** *Athyroglossa ordinata* Becker, 1896 (by original designation).

1）平颜水蝇亚属 *Athyroglossa* Loew, 1860

Athyroglossa Loew, 1860. Programm K. Realschule Meseritz: 12. **Type species:** *Notiphila glabra* Meigen, 1830 (monotypy).

（85）黄胫平颜水蝇 *Athyroglossa* (*Athyroglossa*) *freta* Cresson, 1925

Athroglossa freta Cresson, 1925. Trans. Am. Ent. Soc. 51: 238. **Type locality:** China: Taiwan, Kankau.

分布（Distribution）：贵州（GZ）、云南（YN）、福建（FJ）、台湾（TW）、广西（GX）、海南（HI）；菲律宾、澳大利亚、巴布亚新几内亚、马绍尔群岛、所罗门群岛、加里曼丹岛、印度尼西亚。

（86）黄趾平颜水蝇 *Athyroglossa* (*Athyroglossa*) *glabra* (Meigen, 1830)

Notiphila glabra Meigen, 1830. Syst. Beschr. Europ. Zweifl. Insekt. 6: 69. **Type locality:** Not given (? Germany).

Clasiopa brevipesctinata Becker, 1896. Berl. Ent. Z. 41 (2): 149. **Type locality:** Norway: Gudbransdal.

分布（Distribution）：辽宁（LN）、内蒙古（NM）、河北（HEB）、北京（BJ）、河南（HEN）、陕西（SN）、宁夏（NX）、新疆（XJ）、四川（SC）、贵州（GZ）、云南（YN）；俄罗斯、阿尔及利亚、奥地利、比利时、波黑、保加利亚、捷克、芬兰、法国、德国、英国、希腊、匈牙利、以色列、意大利、朝鲜、马其顿、黑山、摩洛哥、荷兰、挪威、波兰、罗马尼亚、斯洛文尼亚、塞尔维亚、西班牙、瑞典、瑞士、乌克兰、美国。

2）侧颜水蝇亚属 *Parathyroglossa* Hendel, 1931

Parathyroglossa Hendel, 1931. Bull. Soc. R. Ent. Egypte 15 (2): 68. **Type species:** *Athyroglossa ordinata* Becker, 1896 (by original designation).

（87）有序平颜水蝇 *Athyroglossa* (*Parathyroglossa*) *ordinata* Becker, 1896

Athyroglossa ordinata Becker, 1896. Berl. Ent. Z. 41 (2): 135. **Type locality:** Romania: Orsova.

分布（Distribution）：贵州（GZ）、云南（YN）；阿富汗、阿尔巴尼亚、奥地利、比利时、加那利群岛、克罗地亚、德国、英国、希腊、匈牙利、以色列、意大利、摩洛哥、波兰、罗马尼亚、西班牙。

25. 短毛水蝇属 *Chaetomosillus* Hendel, 1934

Chaetomosillus Hendel, 1934b. Ark. Zool. 25A (21): 14. **Type species:** *Gymnopa dentifemur* Cresson, 1925 (by original designation).

（88）齿腿短毛水蝇 *Chaetomosillus dentifemur* (Cresson, 1925)

Gymnopa dentifemur Cresson, 1925. Trans. Am. Ent. Soc. 51: 233. **Type locality:** China: Taiwan, Mt. Hoozan.

分布（Distribution）：浙江（ZJ）、云南（YN）、福建（FJ）、台湾（TW）；印度。

（89）日本短毛水蝇 *Chaetomosillus japonica* Miyagi, 1977

Chaetomosillus japonica Miyagi, 1977. *In*: Ikada *et al*., 1977. Fauna Japonica, Ephydridae (Insecta: Diptera): 28. **Type locality:** Japan: Kyushu, Nobeoka, Miyazaki-ken.

分布（Distribution）：陕西（SN）、四川（SC）、云南（YN）；日本。

26. 狄克水蝇属 *Diclasiopa* Hendel, 1917

Diclasiopa Hendel, 1917. Dtsch. Ent. Z. 33: 42. **Type species:** *Hecamede xanthocera* Loew, 1869 (by original designation) [= *Orasiopa lacteipennis* Loew, 1862].

（90）侧翼狄克水蝇 *Diclasiopa lateipennis* (Loew, 1862)

Orasiopa lateipennis Loew, 1862. Smithson. Misc. Collect. 6 (141): 145. **Type locality:** USA: District of Columbia, Washington.

Hecamede aurella Strobl, 1893c. Wien. Ent. Ztg. 12 (7): 256. **Type locality:** Austria: Steiermark, Admont.

Hecamede xanthocera Loew, 1869. Ber. Naturhist. Ver. Augsburg 20: 58. **Type locality:** Germany: Augsburg.

分布（Distribution）：云南（YN）；阿尔及利亚、奥地利、比利时、保加利亚、加那利群岛、克罗地亚、前捷克斯洛伐克、芬兰、法国、德国、英国、希腊、匈牙利、意大利、荷兰、摩洛哥、波兰、罗马尼亚、斯洛文尼亚、西班牙、瑞典、瑞士、前南斯拉夫、肯尼亚、苏丹、加拿大、美国。

27. 毛颜水蝇属 *Discocerina* Macquart, 1835

Discocerina Macquart, 1835. Hist. Nat. Ins., Dipt. 2: 527. **Type species:** *Notiphila pusilla* Meigen, 1830 (by designation of Cresson, 1925) [= *Notiphila obscurella* Fallén, 1813].

（91）暗毛颜水蝇 *Discocerina* (*Discocerina*) *obscurella* Fallén, 1813

Notiphila obscurella Fallén, 1813. K. Vetensk. Acad. Nya Handl. 5 (3): 251. **Type locality:** Sweden.

Drosophila cinerella Fallén, 1823e. Geomyzides Sveciae: 7. **Type locality:** Sweden.

Diastata luctuosa Meigen, 1830. Syst. Beschr. Europ. Zweifl. Insekt. 6: 97. **Type locality:** Not given (? Germany).

Notiphila nigrina Meigen, 1830. Syst. Beschr. Europ. Zweifl. Insekt. 6: 69. **Type locality:** Not given (? Germany).

Notiphila pusilla Meigen, 1830. Syst. Beschr. Europ. Zweifl. Insekt. 6: 71. **Type locality:** Not given (? Germany).

Notiphila tristis Meigen, 1830. Syst. Beschr. Europ. Zweifl. Insekt. 6: 72. **Type locality:** Not given (? Germany).

Psilopa (*Clasiopa*) *pallidula* Stenhammar, 1844. K. Vetensk. Acad. Nya Handl. 1843: 257. **Type locality:** Sweden: Osteogothia ad Haradshammar.

Discocerina parva Loew, 1862. Smithson. Misc. Collect.

6 (141): 146. **Type locality:** USA: District of Columbia, Washington.

Discocerina parva var. *nigriventris* Cresson, 1916. Entomol. News 27 (4): 148. **Type locality:** USA: California, Alameda County, Berkeley Hills.

Hippelates porteri Brèthes, 1925. Rev. Chil. Hist. Nat. 29: 35. **Type locality:** Argentina: San José de Maipo.

Discocerina (*Discocerina*) *nitidiventris* Hendel, 1930. Konowia 9 (2): 136. **Type locality:** Argentina: San José, Bolivia, San José de Chiquitos Paraguay.

分布（**Distribution**）：河北（HEB）、北京（BJ）；俄罗斯、奥地利、阿尔及利亚、亚速尔群岛（葡）、比利时、保加利亚、加那利群岛、克罗地亚、捷克、爱沙尼亚、芬兰、法国、德国、英国、匈牙利、伊朗、意大利、马其顿、黑山、摩洛哥、荷兰、波兰、罗马尼亚、斯洛文尼亚、塞尔维亚、西班牙、瑞典、瑞士、土耳其、加拿大、美国、佛得角、肯尼亚、罗德里格斯（毛里求）、刚果（金）、阿根廷、巴哈马、玻利维亚、巴西、智利、哥伦比亚、哥斯达黎加、厄瓜多尔、危地马拉、墨西哥、巴拿马、巴拉圭、秘鲁、委内瑞拉、西印度群岛。

28. 寡毛水蝇属 *Ditrichophora* Cresson, 1924

Ditrichophora Cresson, 1924. Entomol. News 35 (5): 159. **Type species:** *Ditrichophora exigua* Cresson, 1924 (by original designation).

Strandiscocera Duda, 1942. Dtsch. Ent. Z. (1-4): 15. **Type species:** *Discocerina nigrithorax* Becker, 1926 (by original designation).

（92）白跗寡毛水蝇 *Ditrichophora albitarsis* (van der Wulp, 1881)

Clasiopa albitarsis van der Wulp, 1881. Midden-Sumatra Exped. Dipt. 4 (9): 56. **Type locality:** Indonesia: Sumatra, Soeroelangoen.

分布（**Distribution**）：云南（YN）、台湾（TW）；印度尼西亚。

（93）褐脉寡毛水蝇 *Ditrichophora brunnicosa* (Becker, 1907)

Clasiopa brunnicosa Becker, 1907. Annu. Mus. Zool. Acad. Sci. Russ. St.-Pétersb. 12 (3): 300. **Type locality:** China: Tibet.
Ditrichophora brunnicosa: Zatwarnicki *et* Mathis, 2010. Trans. Am. Ent. Soc. 136 (3+4): 203.

分布（**Distribution**）：西藏（XZ）。

（94）棕色寡毛水蝇 *Ditrichophora fusca* Miyagi, 1977

Ditrichophora fusca Miyagi, 1977. *In*: Ikada *et al.*, 1977. Fauna Japonica, Ephydridae (Insecta: Diptera): 18. **Type locality:** Japan: Hokkaidō, Sapporo.

分布（**Distribution**）：陕西（SN）；日本。

（95）贝克寡毛水蝇 *Ditrichophora pernigra* Becker, 1924

Discocerina pernigra Becker, 1924. Ent. Mitt. 13: 93. **Type locality:** China: Taiwan, Toa Tsui.

分布（**Distribution**）：福建（FJ）、台湾（TW）、海南（HI）。

（96）三鬃寡毛水蝇 *Ditrichophora triseta* Cresson, 1934

Ditrichophora triseta Cresson, 1934. Trans. Am. Ent. Soc. 60: 200. **Type locality:** Japan: Materan, Konkan.

分布（**Distribution**）：云南（YN）；印度。

29. 格水蝇属 *Glenanthe* Haliday, 1839

Glenanthe Haliday, 1839. Ann. Nat. Hist. 3: 404. **Type species:** *Hydrellia ripicola* Haliday, 1839 (monotypy).

（97）居溪格水蝇 *Glenanthe ripicola* (Haliday, 1839)

Hydrellia (*Glenanthe*) *ripicola* Haliday, 1839. Ann. Nat. Hist. 3: 404. **Type locality:** Great Britain.

Glenanthe fuscinervis Becker, 1896. Berl. Ent. Z. 41 (2): 165. **Type locality:** Norway.

Glenanthe fusciventris Becker, 1903. Mitt. Zool. Mus. Berl. 2 (3): 170. **Type locality:** Egypt.

Hydrina ochracea Oldenberg, 1923. Dtsch. Ent. Z. 1923: 313. **Type locality:** Germany.

分布（**Distribution**）：西藏（XZ）；阿尔及利亚、奥地利、比利时、保加利亚、埃及、芬兰、法国、德国、英国、匈牙利、爱尔兰、意大利、马略卡岛、荷兰、挪威、波兰、西班牙、瑞典。

30. 裸背水蝇属 *Gymnoclasiopa* Hendel, 1930

Gymnoclasiopa Hendel, 1930. Konowia 9 (2): 136 (as a subgenus of *Discocerina*). **Type species:** *Notiphila plumose* Fallén, 1823 (by original designation).

（98）沃斯裸背水蝇 *Gymnoclasiopa awirthi* (Miyagi, 1977)

Ditrichophora awirthi Miyagi, 1977. *In*: Ikada *et al.*, 1977. Fauna Japonica, Ephydridae (Insecta: Diptera): 17. **Type locality:** Japan: Hokkaidō, Bibai.

分布（**Distribution**）：河北（HEB）；日本。

（99）南欧裸背水蝇 *Gymnoclasiopa meridionalis* Canzoneri *et* Meneghini, 1977

Orasiopa (*Ditrichophora*) *meridionalis* Canzoneri *et* Meneghini, 1977. Soc. Vene. Sci. Nat.-Lav. 2: 26. **Type locality:** Italy.

分布（**Distribution**）：四川（SC）；意大利。

（100）黑须裸背水蝇 *Gymnoclasiopa nigerrima* (Strobl, 1893)

Clasiopa nigerrima Strobl, 1893c. Wien. Ent. Ztg. 12 (7): 254. **Type locality:** Austria: Steiermark, Admont.

分布（**Distribution**）：陕西（SN）；奥地利、比利时、高加索山脉、意大利、罗马尼亚、瑞典、瑞士。

31. 多鬃水蝇属 *Hecamede* Haliday, 1837

Hecamede Haliday, 1837. A Guide to an Arrangement of British Insects Ed. 2: 281. **Type species:** *Notiphila albicans* Meigen, 1830 (monotypy).

Hemicyclops de Meijere, 1913. Bijdr. Dierkd. 19: 66. **Type species:** *Hemicyclops planifrons* Meijere, 1913 (monotypy).

（101）颗粒多鬃水蝇 *Hecamede granifera* (Thomson, 1868)

Notiphila granifera Thomson, 1868. K. Svenska Vetensk. Akad. Handl. 2: 594. **Type locality:** Insulae Rossii.

Hecamede lacteipennis Lamb, 1912. Trans. Linn. Soc. Lond. (2, Zool.) 15: 318. **Type locality:** Seychelles.

Hecamede persimilis Hendel, 1913a. Suppl. Ent. 2: 99. **Type locality:** China: Taiwan, Anping.

Hecamede femoralis Malloch, 1930. Rec. Canterbury Mus. 4: 245. **Type locality:** New Zealand.

Hecamede nivea de Meijere, 1916d. Tijdschr. Ent. (1915) 58 (Suppl.): 61. **Type locality:** Indonesia.

分布（**Distribution**）：河北（HEB）、台湾（TW）、海南（HI）、香港（HK）；日本、印度、马来西亚、菲律宾、斯里兰卡、泰国、印度尼西亚、科科斯群岛、美国、肯尼亚、马达加斯加、莫桑比克、罗德里格斯岛、塞内加尔、塞舌尔、澳大利亚、帕劳、小笠原群岛、库克群岛（新西）、关岛（美）、基里巴斯、马绍尔群岛、密克罗尼西亚、新西兰、北马里亚纳群岛（美）、巴布亚新几内亚、所罗门群岛、威克岛。

32. 鬃瘤水蝇属 *Hecamedoides* Hendel, 1917

Hecamedoides Hendel, 1917. Dtsch. Ent. Z. 33: 41. **Type species:** *Psilopa glaucell* Stenhammar, 1844 (by original designation).

（102）黄胫鬃瘤水蝇 *Hecamedoides canolimbatus* (de Meijere, 1916)

Orasiopa canolimbatus de Meijere, 1916b. Tijdschr. Ent. 59: 269. **Type locality:** Indonesia: Java, Semarang.

Hecamedoides caprina Cresson, 1929. Trans. Am. Ent. Soc. 55: 168. **Type locality:** China: Taiwan, Takao.

分布（**Distribution**）：台湾（TW）、海南（HI）；泰国、马来西亚、印度尼西亚、澳大利亚、巴布亚新几内亚、塞舌尔、刚果（金）。

（103）青颜鬃瘤水蝇 *Hecamedoides glaucellus* (Stenhammar, 1844)

Psilopa (Clasiopa) glaucellus Stenhammar, 1844. K. Vetensk. Acad. Nya Handl. 1843: 253. **Type locality:** Sweden: Scaniae.

Strandiscocera buccalis Duda, 1942. Dtsch. Ent. Z. (1-4): 16. **Type locality:** Lithuania: Nidden am Kurischen Haff.

分布（**Distribution**）：四川（SC）、云南（YN）；阿尔及利亚、奥地利、比利时、克罗地亚、前捷克斯洛伐克、芬兰、法国、德国、英国、希腊、匈牙利、意大利、立陶宛、摩洛哥、荷兰、波兰、罗马尼亚、俄罗斯、西班牙、瑞典、突尼斯、土耳其、前南斯拉夫。

（104）幼稚鬃瘤水蝇 *Hecamedoides infantinus* (Becker, 1924)

Orasiopa infantinus Becker, 1924. Ent. Mitt. 13: 93. **Type locality:** China: Taiwan, Taihoku.

Hecamedoides sinensis Cresson, 1939. Acad. Nat. Sci. Phila. 21: 6. **Type locality:** China: Fukien.

分布（**Distribution**）：福建（FJ）、台湾（TW）、广西（GX）、海南（HI）。

（105）赭胸鬃瘤水蝇 *Hecamedoides invidus* Cresson, 1929

Hecamedoides invida Cresson, 1929. Trans. Am. Ent. Soc. 55: 169. **Type locality:** Papua New Guinea.

分布（**Distribution**）：台湾（TW）；佛罗伦群岛、松巴哇岛、巴布亚新几内亚。

33. 凹腹水蝇属 *Mosillus* Latreille, 1804

Mosillus Latreille, 1804. Nouv. Dict. Hist. Nat. 24 (3): 196. **Type species:** *Mosillus arcuatus* Latreille, 1805 (by designation of Latreille, 1805).

（106）角突凹腹水蝇 *Mosillus asiaticus* Mathis, Zatwarnicki *et* Krivosheina, 1993

Mosillus asiaticus Mathis, Zatwarnicki *et* Krivosheina, 1993. Smithson. Contr. Zool. 548: 22. **Type locality:** China: Gansu, Etsin-gol [= Ruo Shui], south Alashan', Gobi.

分布（**Distribution**）：甘肃（GS）；蒙古国。

（107）短突凹腹水蝇 *Mosillus subsultans* (Fabricius, 1794)

Syrphus subsultans Fabricius, 1794. Ent. Syst. 4: 304. **Type locality:** Denmark: Hafniae [= Copenhagen].

Mosillus arcuatus Latreille, 1805. Histoire naturelle, générale *et* particulière des Crustés *et* des Insectes: 390. **Type locality:** Not given (? France).

Gymnopa aenae Fallén, 1820e. Oscinides Sveciae: 10. **Type locality:** Sweden.

Mosillus coronatus: Becker, 1926. *In*: Lindner, 1926. Flieg. Palaearkt. Reg. 6 (1): 21 (misspelling of *M. arcuatus*

Latreille).

Gymnopa nigra Meigen, 1830. Syst. Beschr. Europ. Zweifl. Insekt. 6: 137. **Type locality:** Not given (? Germany).

Glabrinus murorum Rondani, 1856. Dipt. Ital. Prodromus, Vol. I: 132. **Type locality:** Not given (? Italy).

分布（**Distribution**）：北京（BJ）、新疆（XJ）、西藏（XZ）；俄罗斯、阿富汗、阿尔及利亚、奥地利、亚速尔群岛（葡）、比利时、保加利亚、加那利群岛、捷克、丹麦、埃及、芬兰、法国、英国、德国、匈牙利、意大利、马德拉群岛、马耳他、摩洛哥、荷兰、波兰、罗马尼亚、斯洛伐克、西班牙、瑞典、乌克兰。

34. 螳水蝇属 *Ochthera* Latreille, 1803

Ochthera Latreille, 1803. Histoire naturelle, générale *et* particulière des Crustacés *et* des Insectes: 391. **Type species:** *Musca mantis* De Geer, 1782 (by designation of Latreille, 1810).

（108）尖唇螳水蝇 *Ochthera circularis* Cresson, 1926

Ochthera circularis Cresson, 1926. Trans. Am. Ent. Soc. 51: 254. **Type locality:** China: Taiwan, Takao.

分布（**Distribution**）：河南（HEN）、湖南（HN）、贵州（GZ）、台湾（TW）、广东（GD）、广西（GX）；日本、印度、尼泊尔、越南、菲律宾、马来西亚、斯里兰卡、印度尼西亚。

（109）广东螳水蝇 *Ochthera guangdongensis* Zhang *et* Yang, 2006

Ochthera guangdongensis Zhang *et* Yang, 2006. Zootaxa 1206: 5. **Type locality:** China: Guangdong.

分布（**Distribution**）：云南（YN）、福建（FJ）、广东（GD）。

（110）海南螳水蝇 *Ochthera hainanensis* Zhang *et* Yang, 2006

Ochthera hainanensis Zhang *et* Yang, 2006. Zootaxa 1206: 8. **Type locality:** China: Hainan.

分布（**Distribution**）：海南（HI）。

（111）日本螳水蝇 *Ochthera japonica* Miyagi, 1977

Ochthera japonica Miyagi, 1977. *In*: Ikada *et al.*, 1977. Fauna Japonica, Ephydridae (Insecta: Diptera): 504. **Type locality:** Japan: Hokkaidō, Sapporo, Moiwayama.

分布（**Distribution**）：黑龙江（HL）、辽宁（LN）、河北（HEB）、北京（BJ）、新疆（XJ）；俄罗斯、日本。

（112）长鬃螳水蝇 *Ochthera macrothrix* Clausen, 1977

Ochthera macrothrix Clausen, 1977. Trans. Am. Ent. Soc. 103: 504. **Type locality:** India: Mysore, Shimoga, Tunga River.

分布（**Distribution**）：云南（YN）；印度、澳大利亚。

（113）黄跗螳水蝇 *Ochthera pilimana* (Becker, 1903)

Ochthera pilimana Becker, 1903. Mitt. Zool. Mus. Berl. 2 (3): 181. **Type locality:** Egypt: Iskandariya.

Ochthera canescens Cresson, 1931. Entomol. News 42 (6): 168; Hennig, 1941a. Ent. Beih. Berl. 8: 162. **Type locality:** China: Taiwan.

分布（**Distribution**）：台湾（TW）、海南（HI）；印度、印度尼西亚、菲律宾、埃及、以色列、日本、澳大利亚、关岛（美）、密克罗尼西亚、新喀里多尼亚（法）、塞拉利昂、也门。

（114）沙特螳水蝇 *Ochthera sauteri* Cresson, 1932

Ochthera sauteri Cresson, 1932. Trans. Am. Ent. Soc. 58: 32. **Type locality:** China: Taiwan, Pilam.

分布（**Distribution**）：台湾（TW）；印度。

35. 黄额水蝇属 *Orasiopa* Zatwarnicki *et* Mathis, 2001

Orasiopa Zatwarnicki *et* Mathis, 2001. Ann. Zool. 51 (1): 39. **Type species:** *Orasiopa millennica* Zatwarnicki *et* Mathis (by original designation).

（115）纯黄额水蝇 *Orasiopa mera* (Cresson, 1939)

Discocerina mera Cresson, 1939. Acad. Nat. Sci. Phila. 21: 6. **Type locality:** China: Taiwan, Takao.

Discocerina peculiaris Miyagi, 1977. *In*: Ikada *et al.*, 1977. Fauna Japonica, Ephydridae (Insecta: Diptera): 15. **Type locality:** Japan: Shikoku, Uwajima, Ehime-ken.

分布（**Distribution**）：台湾（TW）；日本、泰国、越南、马来西亚、澳大利亚、加罗林群岛、埃尔威托克岛、斐济、法属波利尼西亚、吉尔伯特群岛、夏威夷群岛、关岛（美）、马里亚纳群岛、马绍尔群岛、巴布亚新几内亚、所罗门群岛、百慕大（英）、伯利兹、印度。

36. 羽芒水蝇属 *Placopsidella* Kertész, 1901

Placopsidella Kertész, 1901a. Természetr. Füz. 24: 424. **Type species:** *Placopsidella cynocephala* Kertész, 1901 (monotypy).

Enchastes Lamb, 1912. Trans. Linn. Soc. Lond. (2, Zool.) 15: 319. **Type species:** *Enchastes scotti* Lamb, 1912 (by original designation).

Oscinomima Enderlein, 1912c. Stettin. Ent. Ztg. 73: 163. **Type species:** *Oscinomima signatella* Enderlein, 1912 (by original designation).

（116）巨羽芒水蝇 *Placopsidella grandis* Cresson, 1925

Placopsidella grandis Cresson, 1925. Trans. Am. Ent. Soc. 51: 232. **Type locality:** China: Taiwan, Takao [= Kaohsiung].

Placopsidella opaca Miyagi, 1977. *In*: Ikada *et al.*, 1977. Fauna Japonica, Ephydridae (Insecta: Diptera): 30. **Type locality:** Japan: Hachijo-jima.

Placopsidella rossii Canzoneri, 1986. Accademia Nazionale dei Lincei: 71. **Type locality:** Sierra Leone: Juba.

分布（Distribution）：台湾（TW）；日本、以色列、帕劳、夏威夷群岛、美国、巴拿马、喀麦隆、尼日利亚、塞拉利昂。

（117）印痕羽芒水蝇 *Placopsidella signatella* (Enderlein, 1912)

Oscinomima signatella Enderlein, 1912c. Stettin. Ent. Ztg. 73: 164. **Type locality:** China: Taiwan, Takao [= Kaohsiung].

分布（Distribution）：台湾（TW）；马达加斯加、塞舌尔。

37. 多毛水蝇属 *Polytrichophora* Cresson, 1924

Polytrichophora Cresson, 1924. Entomol. News 35 (5): 161. **Type species:** *Polytrichophora agens* Cresson, 1924 (by original designation).

（118）棕额多毛水蝇 *Polytrichophora brunneifrons* (de Meijere, 1916)

Orasiopa brunneifrons de Meijere, 1916b. Tijdschr. Ent. 59: 270. **Type locality:** Indonesia: Java.

分布（Distribution）：湖南（HN）、云南（YN）、台湾（TW）、海南（HI）；日本、印度、印度尼西亚、马来西亚、巴基斯坦、泰国、阿尔达布拉岛、塞舌尔、澳大利亚、帕劳、法属波利尼西亚、关岛（美）、密克罗尼西亚、巴布亚新几内亚、所罗门群岛。

（119）长突多毛水蝇 *Polytrichophora canora* Cresson, 1929

Polytrichophora canora Cresson, 1929. Trans. Am. Ent. Soc. 55: 165. **Type locality:** China: Taiwan, Tainan.

Polytrichophora luteicornis Cresson, 1929. Trans. Am. Ent. Soc. 55: 166. **Type locality:** Malaysia. Singapore.

分布（Distribution）：台湾（TW）、广西（GX）；日本、马来西亚、新加坡、泰国、帕劳、密克罗尼西亚、所罗门群岛。

38. 尖颊水蝇属 *Trimerogastra* Hendel, 1914

Trimerogastra Hendel, 1914a. Suppl. Ent. 3: 110. **Type species:** *Trimerogastra cincta* Hendel, 1914 (by original designation).

Tetramerogastra Hendel, 1914a. Suppl. Ent. 3: 111. **Type species:** *Tetramerogastra fumipennis* Hendel, 1914 (by original designation).

Pseudopelina Miyagi, 1977. *In*: Ikada *et al.*, 1977. Fauna Japonica, Ephydridae (Insecta: Diptera): 64. **Type species:**

Pseudopelina setosa Miyagi, 1977 (by original designation).

（120）围绕尖颊水蝇 *Trimerogastra cincta* Hendel, 1914

Trimerogastra cincta Hendel, 1914a. Suppl. Ent. 3: 111. **Type locality:** China: Taiwan, Anping.

分布（Distribution）：台湾（TW）；印度、马来西亚、新加坡、斯里兰卡、泰国。

（121）烟翅尖颊水蝇 *Trimerogastra fumipennis* Hendel, 1914

Tetramerogastra fumipennis Hendel, 1914a. Suppl. Ent. 3: 111. **Type locality:** China: Taiwan, Anping.

分布（Distribution）：台湾（TW）。

毛眼水蝇亚科 Hydrelliinae

39. 突颜水蝇属 *Atissa* Haliday, 1837

Atissa Haliday, 1837. A Guide to an Arrangement of British Insects Ed. 2: 281. **Type species:** *Ephydra pygmaea* Haliday, 1833 (monotypy).

Parephydra Coquillett, 1902. J. N. Y. Ent. Soc. 10 (4): 183. **Type species:** *Parephydra humilis* Coquillett, 1902 (by original designation).

Pelignellus Sturtevant *et* Wheeler, 1954. Trans. Am. Ent. Soc. 79: 252. **Type species:** *Pelignellus subnudus* Sturtevant *et* Wheeler, 1954 (by original designation).

（122）小突颜水蝇 *Atissa pygmaea* (Haliday, 1833)

Ephydra pygmaea Haliday, 1833. Ent. Mag. 1 (2): 174. **Type locality:** Great Britain: Northern Ireland.

分布（Distribution）：内蒙古（NM）；阿尔及利亚、奥地利、亚速尔群岛（葡）、比利时、保加利亚、加那利群岛、克罗地亚、埃及、法国、德国、英国、匈牙利、爱尔兰、意大利、日本、摩洛哥、荷兰、罗马尼亚、西班牙、瑞典、叙利亚、突尼斯、乌克兰、肯尼亚、塞内加尔、塞拉利昂。

40. 刺突水蝇属 *Cavatorella* Deonier, 1995

Cavatorella Deonier, 1995. Insecta Mundi 9 (3-4): 178. **Type species:** *Cavatorella spirodelae* Deonier, 1995 (by original designation).

（123）金平刺突水蝇 *Cavatorella jinpingensis* Zhang, Yang *et* Hayashi, 2009

Cavatorella jinpingensis Zhang, Yang *et* Hayashi, 2009. Trans. Am. Ent. Soc. 315: 206. **Type locality:** China: Yunnan, Jinping.

分布（Distribution）：贵州（GZ）、云南（YN）、福建（FJ）、广东（GD）、广西（GX）。

（124）螺旋刺突水蝇 *Cavatorella spirodelae* **Deonier, 1995**

Cavatorella spirodelae Deonier, 1995. Insecta Mundi 9 (3-4): 178. **Type locality:** Japan: Honshū, Midoro Pond.

分布（Distribution）：北京（BJ）；日本。

41. 翘水蝇属 *Dichaeta* Meigen, 1830

Dichaeta Meigen, 1830. Syst. Beschr. Europ. Zweifl. Insekt. 6: 61. **Type species:** *Notiphila caudata* Fallén, 1813 (monotypy).

（125）三鬃翘水蝇 *Dichaeta caudata* (**Fallén, 1813**)

Notiphila caudata Fallén, 1813. K. Vetensk. Acad. Nya Handl. 5 (3): 249. **Type locality:** Sweden.

Dichaeta brevicauda Loew, 1860. Programm K. Realschule Meseritz: 5. **Type locality:** Poland: Schlesien.

Dichaeta tibialis Brullé, 1832. Expedition Scientifique de Moree: Section des Sciences Physiques III (1e): 318. **Type locality:** Not given (? Greece).

分布（Distribution）：内蒙古（NM）、新疆（XJ）；俄罗斯、哈萨克斯坦、吉尔克斯坦、塔吉克斯坦、日本、奥地利、比利时、捷克、丹麦、爱沙尼亚、芬兰、法国、德国、希腊、英国、匈牙利、意大利、黑山、荷兰、波兰、瑞典、罗马尼亚、斯洛文尼亚、塞尔维亚、西班牙、土库曼斯坦、乌克兰。

（126）乌苏里翘水蝇 *Dichaeta ussurica* (**Krivosheina, 1986**)

Dichaeta ussurica Krivosheina, 1986. Zool. Žhur. 65 (5): 811. **Type locality:** Russia: South Primor'ye.

分布（Distribution）：内蒙古（NM）；俄罗斯。

42. 弯脉水蝇属 *Dryxo* Robineau-Desvoidy, 1830

Dryxo Robineau-Desvoidy, 1830. Mém. Prés. Div. Sav. Acad. R. Sci. Inst. Fr. 2 (2): 787. **Type species:** *Dryxo lispoidea* Robineau-Desvoidy, 1830 (monotypy).

Blepharitarsis Macquart, 1844. Mém. Soc. Sci. Agric. Lille 1840: 411. **Type species:** *Blepharitarisis ornatus* Macquart, 1844 (monotypy).

Cyphops Jaennicke, 1867. Abh. Senckenb. Naturforsch. Ges. 6: 367. **Type species:** *Cyphops fasciatus* Jaennicke, 1867 (monotypy).

（127）裸跗弯脉水蝇 *Dryxo lispoidea* (**Robineau-Desvoidy, 1830**)

Dryxo lispoidea Robineau-Desvoidy, 1830. Mém. Prés. Div. Sav. Acad. R. Sci. Inst. Fr. 2 (2): 787. **Type locality:** Indonesia: Tamatave.

Cyphops fasciata Jaennicke, 1867. Abh. Senckenb. Naturforsch. Ges. 6: 368. **Type locality:** Indonesia: Java.

分布（Distribution）：台湾（TW）、海南（HI）；印度、斯里兰卡、泰国、巴布亚新几内亚、印度尼西亚。

（128）寡毛弯脉水蝇 *Dryxo nudicorpus* **Miyagi, 1977**

Dryxo nudicorpus Miyagi, 1977. *In*: Ikada *et al.*, 1977. Fauna Japonica, Ephydridae (Insecta: Diptera): 35. **Type locality:** Japan: Hokkaidō.

分布（Distribution）：河北（HEB）；俄罗斯、日本。

43. 稀水蝇属 *Eleleides* Cresson, 1948

Eleleides Cresson, 1948. Trans. Am. Ent. Soc. 74: 20. **Type species:** *Eleleides chloris* Cresson, 1948 (by original designation).

（129）绿色稀水蝇 *Eleleides chloris* **Cresson, 1948**

Eleleides chloris Cresson, 1948. Trans. Am. Ent. Soc. 74: 20. **Type locality:** Australia: Victoria.

分布（Distribution）：台湾（TW）、香港（HK）；澳大利亚。

44. 毛眼水蝇属 *Hydrellia* Robineau-Desvoidy, 1830

Hydrellia Robineau-Desvoidy, 1830. Mém. Prés. Div. Sav. Acad. R. Sci. Inst. Fr. 2 (2): 790. **Type species:** *Notiphila communis* Robineau-Desvoidy, 1830 (by designation of Duponchel, 1845) [= *Notiphila griseola* Fallén, 1813].

（130）银颊毛眼水蝇 *Hydrellia argyrogenis* (**Becker, 1896**)

Hydrellia argyrogenis Becker, 1896. Berl. Ent. Z. 41 (2): 185. **Type locality:** Italy: Mailand.

Hydrellia ghanii Deonier, 1978. Ent. Scand. 9 (3): 188. **Type locality:** Pakistan: Hassanabdal.

分布（Distribution）：北京（BJ）、贵州（GZ）、云南（YN）；巴基斯坦、奥地利、加那利群岛、前捷克斯洛伐克、英国、匈牙利、伊朗、摩洛哥、荷兰、西班牙、突尼斯。

（131）黄颜毛眼水蝇 *Hydrellia flaviceps* (**Meigen, 1830**)

Notiphila flaviceps Meigen, 1830. Syst. Beschr. Europ. Zweifl. Insekt. 6: 72. **Type locality:** Not given (? Germany).

Hydrellia aurifacies Robineau-Desvoidy, 1830. Mém. Prés. Div. Sav. Acad. R. Sci. Inst. Fr. 2 (2): 791. **Type locality:** France: Saint-Sauveur *et* à Paris.

Hydrellia transsylvana Becker, 1896. Berl. Ent. Z. 41 (2): 184. **Type locality:** Romania: Siebenbürgen.

Hydrellia discors Collin, 1966. Boll. Mus. Civ. Stor. Nat. Venezia 16 (1963): 16. **Type locality:** Great Britain: Scotland, Nairn, Yerbury.

Hydrellia parvisa Miyagi, 1977. *In*: Ikada *et al.*, 1977. Fauna Japonica, Ephydridae (Insecta: Diptera): 49. **Type locality:** Japan: Hokkaidō, Sapporo.

分布（Distribution）：四川（SC）、贵州（GZ）、云南（YN）、福建（FJ）、台湾（TW）；俄罗斯、尼泊尔、日本、奥地利、比利时、捷克、芬兰、法国、德国、英国、匈牙利、意大利、荷兰、波兰、罗马尼亚、斯洛伐克、瑞典。

（132）棕色毛眼水蝇 *Hydrellia fusca* (Stenhammar, 1844)

Notiphila fusca Stenhammar, 1844. K. Vetensk. Acad. Nya Handl. 1843: 225. **Type locality:** Sweden.

Hydrellia potamogeti Hering, 1930. Z. Angew. Ent. 17 (2): 450. **Type locality:** Germany: Soritz.

Hydrellia affabilis Cresson, 1932. Trans. Am. Ent. Soc. 58: 20. **Type locality:** Halicia [= former Galicia, partially SE Poland and Ukraine].

Hydrellia auriceps Cresson, 1932. Trans. Am. Ent. Soc. 58: 21. **Type locality:** Austria: Freistadt.

分布（Distribution）：河北（HEB）、湖南（HN）、贵州（GZ）、云南（YN）；奥地利、前捷克斯洛伐克、芬兰、德国、意大利、马其顿、荷兰、波兰、塞尔维亚、瑞典、瑞士、乌克兰。

（133）屈膝毛眼水蝇 *Hydrellia geniculata geniculata* (Stenhammar, 1844)

Notiphila geniculata geniculata Stenhammar, 1844. K. Vetensk. Acad. Nya Handl. 1843: 224. **Type locality:** Sweden.

Hydrellia algentivultus Miyagi, 1977. *In*: Ikada *et al.*, 1977. Fauna Japonica, Ephydridae (Insecta: Diptera): 48. **Type locality:** Japan: Hokkaidō, Uttonai.

分布（Distribution）：江苏（JS）、福建（FJ）、广西（GX）；日本、奥地利、德国、意大利、瑞典。

（134）小灰毛眼水蝇 *Hydrellia griseola* (Fallén, 1813)

Notiphila griseola Fallén, 1813. K. Vetensk. Acad. Nya Handl. 5 (3): 250. **Type locality:** Sweden.

Tephritis hordei Olivier, 1813. Mém. Soc. Sci. Agric. Lille 16: 485. **Type locality:** Not given (? Germany).

Tephritis pallida Olivier, 1813. Mém. Soc. Sci. Agric. Lille 16: 488. **Type locality:** Not given (? Germany).

Notiphila chrysostoma Meigen, 1830. Syst. Beschr. Europ. Zweifl. Insekt. 6: 67. **Type locality:** Not given (? Germany).

Ephydra obscura Meigen, 1830. Syst. Beschr. Europ. Zweifl. Insekt. 6: 115. **Type locality:** Not given (? Germany).

Hydrellia communis Robineau-Desvoidy, 1830. Mém. Prés. Div. Sav. Acad. R. Sci. Inst. Fr. 2 (2): 791. **Type locality:** Not given (? France).

Hydrellia hypoleuca Loew, 1862. Smithson. Misc. Collect. 6 (141): 151. **Type locality:** USA: Middle States.

Hydrellia obscuriceps Loew, 1862. Smithson. Misc. Collect. 6 (141): 152. **Type locality:** USA: Middle States.

Hydrellia scapularis Loew, 1862. Smithson. Misc. Collect.

6 (141): 153. **Type locality:** USA: Middle States.

Psilopa incerta Becker, 1924. Ent. Mitt. 13: 91. **Type locality:** China: Taiwan, Anping, Paroe.

Hydrellia chinensis Qu *et* Li, 1983. *In*: Fan *et al.*, 1983. Entomotaxon. 5 (1): 9. **Type locality:** China: Qinghai, Xining.

Hydrellia sinica Fan *et* Xia, 1983. *In*: Fan *et al.*, 1983. Entomotaxon. 5 (1): 7. **Type locality:** China: Anhui, Hefei.

分布（Distribution）：黑龙江（HL）、辽宁（LN）、内蒙古（NM）、河北（HEB）、北京（BJ）、河南（HEN）、陕西（SN）、宁夏（NX）、甘肃（GS）、青海（QH）、安徽（AH）、湖南（HN）、四川（SC）、贵州（GZ）、云南（YN）、西藏（XZ）、台湾（TW）；俄罗斯、日本、尼泊尔、菲律宾、阿富汗、阿尔及利亚、奥地利、亚速尔群岛（葡）、比利时、加那利群岛、塞浦路斯、前捷克斯洛伐克、丹麦、埃及、爱沙尼亚、法罗群岛（丹）、芬兰、法国、德国、英国、希腊、匈牙利、冰岛、意大利、马其顿、马德拉群岛、马耳他、摩洛哥、荷兰、挪威、波兰、罗马尼亚、斯洛伐克、西班牙、瑞典、瑞士、前南斯拉夫、乌克兰、澳大利亚、百慕大（英）、加拿大、美国、哥伦比亚。

（135）黄角毛眼水蝇 *Hydrellia indicae* Deonier, 1978

Hydrellia indicae Deonier, 1978. Ent. Scand. 9 (3): 192. **Type locality:** Pakistan: Misriot Dam, near Rawalpindi.

分布（Distribution）：河南（HEN）、福建（FJ）；巴基斯坦。

（136）臀毛眼水蝇 *Hydrellia ischiaca* Loew, 1862

Hydrellia ischiaca Loew, 1862. Smithson. Misc. Collect. 6 (141): 150. **Type locality:** USA: Middle States.

Hydrrellia fallax Duda, 1942. Dtsch. Ent. Z. (1-4): 23. **Type locality:** Germany.

Hydrellia appendiculata Collin, 1966. Boll. Mus. Civ. Stor. Nat. Venezia 16 (1963): 15. **Type locality:** England: Suffolk, Newmarket, Sussex Lodge (Pond).

Hydrellia tomiokai Miyagi, 1977. *In*: Ikada *et al.*, 1977. Fauna Japonica, Ephydridae (Insecta: Diptera): 54. **Type locality:** Japan: Hokkaidō, Sapporo.

分布（Distribution）：河北（HEB）、北京（BJ）、河南（HEN）；俄罗斯、日本、前捷克斯洛伐克、德国、英国、匈牙利、意大利、波兰、罗马尼亚、瑞典、加拿大、美国。

（137）黄足毛眼水蝇 *Hydrellia luteipes* Cresson, 1932

Hydrellia luteipes Cresson, 1932. Trans. Am. Ent. Soc. 58: 13. **Type locality:** China: Taiwan, Anping.

分布（Distribution）：台湾（TW）。

（138）梅根毛眼水蝇 *Hydrellia meigeni* Zatwarnicki, 1988

Hydrellia meigeni Zatwarnicki, 1988. Polsk. Pismo Ent. 58 (3): 603 (replacement name for *Notiphila albiceps* Meigen, 1830 nec Meigen, 1824).

Notiphila albiceps Meigen, 1830. Syst. Beschr. Europ. Zweifl. Insekt. 6: 68 (preoccupied by Meigen, 1824). **Type locality:** Not given (? Germany).

Hydrellia atripes Collin, 1966. Boll. Mus. Civ. Stor. Nat. Venezia 16 (1963): 15 (nomen nudum).

分布（**Distribution**）：西藏（XZ）；俄罗斯、奥地利、保加利亚、爱沙尼亚、芬兰、德国、英国、匈牙利、波兰、瑞典。

（139）东洋毛眼水蝇 *Hydrellia orientalis* Miyagi, 1977

Hydrellia orientalis Miyagi, 1977. *In*: Ikada *et al.*, 1977. Fauna Japonica, Ephydridae (Insecta: Diptera): 50. **Type locality:** Japan: Ryukyu Islands, Ishigaki-jima.

分布（**Distribution**）：贵州（GZ）、福建（FJ）、台湾（TW）、广东（GD）、广西（GX）、海南（HI）、香港（HK）；日本、尼泊尔、越南、老挝。

（140）巴基斯坦毛眼水蝇 *Hydrellia pakistanae* Deonier, 1978

Hydrellia pakistanae Deonier, 1978. Ent. Scand. 9 (3): 195. **Type locality:** Pakistan: Jhelum.

分布（**Distribution**）：北京（BJ）；巴基斯坦、印度。

（141）菲岛毛眼水蝇 *Hydrellia philippina* Ferino, 1968

Hydrellia philippina Ferino, 1968. Phil. Ent. 1 (1): 3. **Type locality:** Philippines: Luzon, Los Baños, Laguna.

分布（**Distribution**）：浙江（ZJ）、湖南（HN）、贵州（GZ）、云南（YN）、台湾（TW）、广西（GX）、海南（HI）；印度、越南、泰国、菲律宾。

（142）茸跗毛眼水蝇 *Hydrellia pilitarsis* (Stenhammar, 1844)

Notiphila (*Hydrellia*) *pilitarsis* Stenhammar, 1844. K. Vetensk. Acad. Nya Handl. 1843: 219. **Type locality:** Sweden: Uplandia ad Holmiam [= Stockholm].

Hydrellia flaviantennalis Miyagi, 1977. *In*: Ikada *et al.*, 1977. Fauna Japonica, Ephydridae (Insecta: Diptera): 51. **Type locality:** Japan: Hokkaidō, Sapporo.

分布（**Distribution**）：云南（YN）；日本、比利时、保加利亚、前捷克斯洛伐克、芬兰、法国、德国、波兰、西班牙、瑞典。

（143）莎拉毛眼水蝇 *Hydrellia sarahae sarahae* Deonier, 1993

Hydrellia sarahae sarahae Deonier, 1993. Insecta Mundi 7 (3): 141. **Type locality:** China: Beijing, Sanjia Dian Reservoir.

分布（**Distribution**）：北京（BJ）。

（144）稻茎毛眼水蝇 *Hydrellia sasakii* Yuasa *et* Isitani, 1939

Hydrellia sasakii Yuasa *et* Isitani, 1939. Zool. Mag. Tokyo 51: 448. **Type locality:** Japan: Honshū, Tokyo.

分布（**Distribution**）：安徽（AH）、湖北（HB）、贵州（GZ）、云南（YN）、福建（FJ）；日本、印度。

（145）黑须毛眼水蝇 *Hydrellia thoracica* Haliday, 1839

Hydrellia thoracica Haliday, 1839. Ann. Nat. Hist. 3: 402. **Type locality:** Great Britain: Northern Ireland, Down Holywood.

Hydrellia lamina Becker, 1896. Berl. Ent. Z. 41 (2): 184. **Type locality:** Poland.

Hydrellia glyceriae Hendel, 1926. Blattminenkunde Europas I: 36. **Type locality:** Germany.

Hydrellia thoracica var. *astriata* Duda, 1942. Dtsch. Ent. Z. (1-4): 26. **Type locality:** Poland.

分布（**Distribution**）：云南（YN）；奥地利、比利时、前捷克斯洛伐克、芬兰、法国、德国、英国、匈牙利、爱尔兰、意大利、荷兰、波兰、瑞士。

（146）瓦萨克毛眼水蝇 *Hydrellia warsakensis* Deonier, 1978

Hydrellia warsakensis Deonier, 1978. Ent. Scand. 9 (3): 193. **Type locality:** Pakistan: Warsak.

分布（**Distribution**）：中国（省份不明）；巴基斯坦。

45. 刺角水蝇属 *Notiphila* Fallén, 1810

Notiphila Fallén, 1810. Specim. Ent. Novam Dipt.: 22. **Type species:** *Notiphila cinerea* Fallén, 1813 (by designation of Westwood, 1840).

1）野沼水蝇亚属 *Agrolimna* Cresson, 1917

Agrolimna Cresson, 1917. Trans. Am. Ent. Soc. 43: 48. **Type species:** *Notiphila scalaris* Loew, 1862 (by original designation).

（147）多斑刺角水蝇 *Notiphila* (*Agrolimna*) *puncta* de Meijere, 1911

Notiphila puncta de Meijere, 1911. Tijdschr. Ent. 54: 391. **Type locality:** Indonesia: Java, Depok, Pangerango.

分布（**Distribution**）：陕西（SN）、贵州（GZ）、台湾（TW）；印度、尼泊尔、菲律宾、斯里兰卡、印度尼西亚。

（148）黑须刺角水蝇 *Notiphila* (*Agrolimna*) *uliginosa* Haliday, 1839

Notiphila (*Notiphila*) *uliginosa* Haliday, 1839. Ann. Nat. Hist. 3: 222. **Type locality:** Great Britain: Northern Ireland.

Notiphila (*Notiphila*) *tarsata* Stenhammar, 1844. K. Vetensk. Acad. Nya Handl. 1843: 207. **Type locality:** Sweden: Bahusia, Gottlandia, Ostrogothia, Scania.

分布（**Distribution**）：河北（HEB）、西藏（XZ）；俄罗斯、奥地利、前捷克斯洛伐克、丹麦、埃及、爱沙尼亚、芬兰、德国、英国、爱尔兰、荷兰、挪威、波兰、瑞典、加拿大、美国。

2）刺角水蝇亚属 *Notiphila* Fallén, 1810

Notiphila Fallén, 1810. Specim. Ent. Novam Dipt.: 22. **Type species:** *Notiphila cinerea* Fallén, 1813 (by designation of Westwood, 1840).

Keratocera Robineau-Desvoidy, 1830. Mém. Prés. Div. Sav. Acad. R. Sci. Inst. Fr. 2 (2): 788. **Type species:** *Keratocera stagnicola* Robineau-Desvoidy, 1830 (by designation of Cogan, 1984).

Notiphilacantha Hendel, 1914a. Suppl. Ent. 3: 102. **Type species:** *Notiphila dorsopunctata* Wiedemann, 1830 (by original designation).

（149） 指 突 刺 角 水 蝇 *Notiphila* (*Notiphila*) *canescens* Miyagi, 1966

Notiphila canescens Miyagi, 1966. Insecta Matsum. 28 (2): 123. **Type locality:** Japan: Ryukyu Islands, Iriomote-jima.

分布（Distribution）：云南（YN）；日本。

（150）灰质刺角水蝇 *Notiphila* (*Notiphila*) *cinerea* Fallén, 1813

Notiphila cinerea Fallén, 1813. K. Vetensk. Acad. Nya Handl. 5 (3): 250. **Type locality:** Sweden.

Keratocera fulvicornis Robineau-Desvoidy, 1830. Mém. Prés. Div. Sav. Acad. R. Sci. Inst. Fr. 2 (2): 789. **Type locality:** France: Saint-Sauveur [= Yonne].

Keratocera palustris Robineau-Desvoidy, 1830. Mém. Prés. Div. Sav. Acad. R. Sci. Inst. Fr. 2 (2): 788. **Type locality:** Not given (? France).

Keratocera trapae Robineau-Desvoidy, 1830. Mém. Prés. Div. Sav. Acad. R. Sci. Inst. Fr. 2 (2): 789. **Type locality:** France: Saint-Sauveur [= Yonne].

分布（Distribution）：西藏（XZ）；阿尔及利亚、奥地利、亚速尔群岛（葡）、比利时、保加利亚、加那利群岛、前捷克斯洛伐克、丹麦、埃及、法罗群岛（丹）、芬兰、法国、德国、英国、匈牙利、意大利、马其顿、马耳他、摩洛哥、荷兰、挪威、波兰、罗马尼亚、俄罗斯、斯洛伐克、西班牙、瑞典、瑞士、乌克兰、西撒哈拉沙漠。

（151）黑胫刺角水蝇 *Notiphila* (*Notiphila*) *dorsata* Stenhammar, 1844

Notiphila (*Notiphila*) *dorsata* Stenhammar, 1844. K. Vetensk. Acad. Nya Handl. 1843: 198. **Type locality:** Sweden: Ostrogothia ad Häradshammar *et* Gusam.

分布（Distribution）：西藏（XZ）；俄罗斯、奥地利、比利时、前捷克斯洛伐克、丹麦、芬兰、法国、德国、英国、匈牙利、意大利、摩洛哥、荷兰、波兰、西班牙、瑞典。

（152） 背 点 刺 角 水 蝇 *Notiphila* (*Notiphila*) *dorsopunctata* Wiedemann, 1824

Notiphila dorsopunctata Wiedemann, 1824a. Munus Rectoris in Academia Christiana Albertina Aditurus Analecta Entomológica ex Museo Regio Havniensi Máxime Congesta Profert Iconibusque Illustrat: 58. **Type locality:** India: Orient.

Notiphila ciliate van der Wulp, 1881. Midden-Sumatra Exped. Dipt. 4 (9): 55. **Type locality:** Indonesia: Sumatra, Solok.

分布（Distribution）：台湾（TW）、海南（HI）；日本、印度、斯里兰卡、泰国、印度尼西亚。

（153）虾夷刺角水蝇 *Notiphila* (*Notiphila*) *ezoensis* Miyagi, 1966

Notiphila ezoensis Miyagi, 1966. Insecta Matsum. 28 (2): 122. **Type locality:** Japan: Hokkaidō, Kama, Jalalabad.

分布（Distribution）：贵州（GZ）；日本。

（154） 黄 角 刺 角 水 蝇 *Notiphila* (*Notiphila*) *flavoantennata* Krivosheina, 1998

Notiphila flavoantennata Krivosheina, 1998. Int. J. Dipt. Res. 9 (1): 42. **Type locality:** Not given (? Russia).

分布（Distribution）：河北（HEB）；俄罗斯。

（155）侧颊刺角水蝇 *Notiphila* (*Notiphila*) *latigenis* Hendel, 1914

Notiphila latigenis Hendel, 1914a. Suppl. Ent. 3: 102. **Type locality:** China: Taiwan, Anping.

分布（Distribution）：云南（YN）、台湾（TW）；菲律宾。

（156）黑角刺角水蝇 *Notiphila* (*Notiphila*) *nigricornis* Stenhammar, 1844

Notiphila (*Notiphila*) *dorsata* Stenhammar, 1844. K. Vetensk. Acad. Nya Handl. 1843: 202. **Type locality:** Sweden: Uplandia ad Holmiam, Ostrogothia ad Sudercopiam *et* Hardshammar.

分布（Distribution）：西藏（XZ）；俄罗斯、奥地利、比利时、前捷克斯洛伐克、丹麦、法国、德国、英国、匈牙利、意大利、马其顿、荷兰、波兰、罗马尼亚、斯洛伐克、西班牙、瑞典、瑞士、土库曼斯坦。

（157）矮颊刺角水蝇 *Notiphila* (*Notiphila*) *phaea* Hendel, 1914

Notiphila phaea Hendel, 1914a. Suppl. Ent. 3: 101. **Type locality:** China: Taiwan, Tainan.

分布（Distribution）：台湾（TW）、海南（HI）；印度尼西亚。

（158） 相似刺角水蝇 *Notiphila* (*Notiphila*) *similis* de Meijere, 1908

Notiphila similis de Meijere, 1908b. Tijdschr. Ent. 51: 162. **Type locality:** Indonesia: Java, Semarang, Djakarta, Bogor.

分布（Distribution）：云南（YN）、台湾（TW）；印度、菲律宾、越南、印度尼西亚。

（159） 福建刺角水蝇 *Notiphila* (*Notiphila*) *tschungseni* Canzoneri, 1993

Notiphila tschungseni Canzoneri, 1993. Boll. Mus. Civ. Stor. Nat. Venezia 17: 513. **Type locality:** China: Fukien, Kuatun.
分布（Distribution）：福建（FJ）。

（160） 杜边刺角水蝇 *Notiphila* (*Notiphila*) *watanabei* Miyagi, 1966

Notiphila watanabei Miyagi, 1966. Insecta Matsum. 28 (2): 121. **Type locality:** Japan: Hokkaidō, Sapporo, Moiwayama.
分布（Distribution）：贵州（GZ）；日本。

46. 瘤水蝇属 *Oedenopiforma* Cogan, 1968

Oedenopiforma Cogan, 1968. Bull. Br. Mus. (Nat. Hist.) Ent. 21 (6): 319. **Type species:** *Paralimna madecassa* Giordani Soika, 1956 (by original designation).

（161）东洋瘤水蝇 *Oedenopiforma orientalis* Zhang, Yang *et* Mathis, 2009

Oedenopiforma orientalis Zhang, Yang *et* Mathis, 2009. Proc. Ent. Soc. Wash. 111 (1): 201. **Type locality:** China: Hainan, Danzhou.
分布（Distribution）：云南（YN）、海南（HI）。

47. 短芒水蝇属 *Oedenops* Becker, 1903

Oedenops Becker, 1903. Mitt. Zool. Mus. Berl. 2 (3): 178. **Type species:** *Oedenops isis* Becker, 1903 (monotypy).

（162）黄跗短芒水蝇 *Oedenops isis* Becker, 1903

Oedenops isis Becker, 1903. Mitt. Zool. Mus. Berl. 2 (3): 179. **Type locality:** Egypt: Insel Philae bei Assuan.
Oedenops aurantiacus Giordani Soika, 1956. Boll. Mus. Civ. Stor. Nat. Venezia 9: 123. **Type locality:** Madagascar: Tamatave, Maroantsetra.
Oedenops flavitarsis Miyagi, 1977. *In*: Ikada *et al.*, 1977. Fauna Japonica, Ephydridae (Insecta: Diptera): 46. **Type locality:** Japan: Kyushu, Tsushima.
分布（Distribution）：云南（YN）、台湾（TW）；日本、巴基斯坦、印度、越南、泰国、马来西亚、以色列、埃及、喀麦隆、埃塞俄比亚、纳米比亚、苏丹、马达加斯加、澳大利亚。

48. 沼刺水蝇属 *Paralimna* Loew, 1862

Paralimna Loew, 1862. Smithson. Misc. Collect. 6 (141): 138. **Type species:** *Paralimna appendiculata* Loew, 1862 (monotypy) [= *Notiphila punctipennis* Wiedemann, 1830].

1）沼刺水蝇亚属 *Paralimna* Loew, 1862

Paralimna Loew, 1862. Smithson. Misc. Collect. 6 (141): 138. **Type species:** *Paralimna appendiculata* Loew, 1862 (monotypy) [= *Notiphila punctipennis* Wiedemann, 1830].

（163） 白颜沼刺水蝇 *Paralimna* (*Paralimna*) *concors* Cresson, 1929

Paralimna concors Cresson, 1929. Trans. Am. Ent. Soc. 55: 189. **Type locality:** Philippines: Luzon, Baguio.
分布（Distribution）：河北（HEB）、北京（BJ）、河南（HEN）、海南（HI）；菲律宾、印度尼西亚（马鲁古群岛）。

（164） 粗角沼刺水蝇 *Paralimna* (*Paralimna*) *hirticornis* (de Meijere, 1913)

Paralimna hirticornis de Meijere, 1913. Bijdr. Dierkd. 19: 65. **Type locality:** Indonesia: Saonet.
Paralimna nitens Bezzi, 1914b. Philipp. J. Sci. (D) 8 (4): 332. **Type locality:** Philippines: Luzon, Los Baños, Laguna.
分布（Distribution）：台湾（TW）、海南（HI）；巴基斯坦、印度、尼泊尔、缅甸、菲律宾、斯里兰卡、印度尼西亚。

（165） 爪哇沼刺水蝇 *Paralimna* (*Paralimna*) *javana* van der Wulp, 1892

Paralimna javana van der Wulp, 1892. Tijdschr. Ent. (1891) 34: 215. **Type locality:** Indonesia: Java.
Paralimna biseta Hendel, 1914a. Suppl. Ent. 3: 105. **Type locality:** China: Taiwan, Tainan.
Paralimna atrimana Malloch, 1925. Proc. Linn. Soc. N. S. W. 50 (4): 326. **Type locality:** Australia: New South Wales, Belaringar.
分布（Distribution）：云南（YN）、台湾（TW）；加里曼丹岛、孟加拉国、印度、斯里兰卡、印度尼西亚、澳大利亚。

（166）原沼刺水蝇 *Paralimna* (*Paralimna*) *major* de Meijere, 1911

Paralimna major de Meijere, 1911. Tijdschr. Ent. 54: 393. **Type locality:** Indonesia: Java, Tandjang Priok nahe Batavia [= Djakarta].
分布（Distribution）：台湾（TW）；印度尼西亚、日本、马来西亚。

（167）长毛沼刺水蝇 *Paralimna* (*Paralimna*) *opaca* Miyagi, 1977

Paralimna opaca Miyagi, 1977. *In*: Ikada *et al.*, 1977. Fauna Japonica, Ephydridae (Insecta: Diptera): 44. **Type locality:** Japan: Honshū, Nara.
分布（Distribution）：河北（HEB）、北京（BJ）、河南（HEN）；日本。

（168）四列沼刺水蝇 *Paralimna* (*Paralimna*) *quadrifascia* (Walker, 1860)

Notiphila quadrifascia Walker, 1860b. J. Proc. Linn. Soc. London Zool. 4: 170. **Type locality:** Indonesia: Sulawesi (Makassar [= Ujung Pandang]).

Ephydra pleuralis Thomson, 1868. K. Svenska Vetensk. Akad. Handl. 2: 591. **Type locality:** Philippines: Manila.

Paralimna punctata de Meijere, 1908b. Tijdschr. Ent. 51: 164. **Type locality:** Indonesia: Java, Djakarta and Semarang.

Paralimna cinerella Hendel, 1914a. Suppl. Ent. 3: 107. **Type locality:** China: Taiwan, Tainan.

Paralimna minor Hendel, 1914a. Suppl. Ent. 3: 108. **Type locality:** China: Taiwan, Tainan.

分布（**Distribution**）：台湾（TW）；印度、印度尼西亚、马来西亚、菲律宾、斯里兰卡。

（169）中华沼刺水蝇 *Paralimna* (*Paralimna*) *sinensis* Schiner, 1868

Notiphila sinensis Schiner, 1868. Reise der Österreichischen Fregatte Novara, Diptera 2 (1B): 241. **Type locality:** China: Hong Kong.

分布（**Distribution**）：台湾（TW）、海南（HI）、香港（HK）；日本。

2）暗胸水蝇亚属 *Phaiosterna* Cresson, 1916

Phaiosterna Cresson, 1916. Trans. Am. Ent. Soc. 42: 104. **Type species:** *Paralimna decipiens* Loew, 1878 (by original designation).

（170）条带沼刺水蝇 *Paralimna* (*Phaiosterna*) *lineata* de Meijere, 1908

Paralimna lineata de Meijere, 1908b. Tijdschr. Ent. 51: 165. **Type locality:** Indonesia: Java, Semarang.

Phaiosterna aequalis Cresson, 1929. Trans. Am. Ent. Soc. 55: 193. **Type locality:** Middle Anam [= Vietnam].

Paralimna (*Phaiosterna*) *vidua* Giordani Soika, 1956. Boll. Mus. Civ. Stor. Nat. Venezia 9: 124. **Type locality:** Zaire: Banana.

分布（**Distribution**）：云南（YN）、台湾（TW）、海南（HI）；印度、越南、斯里兰卡、菲律宾、印度尼西亚、马达加斯加、肯尼亚、塞舌尔、塞拉利昂、苏丹、也门、刚果（金）、澳大利亚、萨摩亚群岛、斐济、法属波利尼西亚、基里巴斯、密克罗尼西亚。

49. 隐鬃水蝇属 *Schema* Becker, 1907

Schema Becker, 1907. Annu. Mus. Zool. Acad. Sci. Russ. St.-Pétersb. 12 (3): 302. **Type species:** *Schema minuta* Becker, 1907 (monotypy).

Pelignus Cresson, 1926. Trans. Am. Ent. Soc. 52: 254. **Type species:** *Atissa durrenbergensis* Loew, 1864 (by original designation).

Atissina Cresson, 1936. Trans. Am. Ent. Soc. 62: 270. **Type species:** *Atissa durrenbergensis* Loew, 1864 (by original designation).

Pseudoedenops Séguy, 1951. Tananarive 5 (2): 4. **Type species:** *Pseudoedenops soikana* Séguy, 1951 (by original designation) [= *Atissa acrostichalis* Becker, 1903].

（171）小型隐鬃水蝇 *Schema minutum* Becker, 1907

Schema minutum Becker, 1907. Annu. Mus. Zool. Acad. Sci. Russ. St.-Pétersb. 12 (3): 303. **Type locality:** China: Tibet.

分布（**Distribution**）：西藏（XZ）。

50. 亮水蝇属 *Typopsilopa* Cresson, 1916

Typopsilopa Cresson, 1916. Entomol. News 27 (4): 147. **Type species:** *Typopsilopa flavitarsis* Cresson, 1916 (by original designation) [= *Psilopa nigra* Williston, 1896].

Psilopina Becker, 1926. *In*: Lindner, 1926. Flieg. Palaearkt. Reg. 6 (1): 38. **Type species:** *Ephygrobia electa* Becker, 1903 (by original designation).

（172）中华亮水蝇 *Typopsilopa chinensis* (Wiedemann, 1830)

Notiphila chinensis Wiedemann, 1830. Aussereurop. Zweifl. Insekt. 2: 592. **Type locality:** China.

Orasiopa flavitarsis Frey, 1917. Öfvers. Finska Vetensk-Soc. Förh. 59A (20): 30. **Type locality:** Sri Lanka: Mount. Lavinia.

Psilopa sorella Becker, 1924. Ent. Mitt. 13: 91. **Type locality:** China: Taiwan, Taihoku District, Maruyama.

分布（**Distribution**）：江苏（JS）、浙江（ZJ）、湖南（HN）、四川（SC）、贵州（GZ）、云南（YN）、福建（FJ）、台湾（TW）、广东（GD）、广西（GX）、海南（HI）；日本、印度、尼泊尔、菲律宾、斯里兰卡、泰国、澳大利亚、加罗林岛。

伊水蝇亚科 Ilytheinae

51. 刻点水蝇属 *Axysta* Haliday, 1839

Axysta Haliday, 1839. Ann. Nat. Hist. 3: 406. **Type species:** *Hydrina viridula* Robineau-Desvoidy, 1830 (monotypy) [= *Ephydra cesta* Haliday, 1833].

Microlytogaster Clausen, 1983. Trans. Am. Ent. Soc. 109 (1): 72. **Type species:** *Lytogaster extera* Cresson, 1924 (by original designation).

（173）刻点水蝇 *Axysta cesta* (Haliday, 1833)

Ephydra cesta Haliday, 1833. Ent. Mag. 1 (2): 177. **Type locality:** Great Britain: Northern Ireland.

Hydrina viridula Robineau-Desvoidy, 1830. Mém. Prés. Div. Sav. Acad. R. Sci. Inst. Fr. 2 (2): 795. **Type locality:** Not given

(? France).

Timerina coeruleiventris Macquart, 1835. Hist. Nat. Ins., Dipt. 2: 529. **Type locality:** France: Du nord de la France.

Notiphila (*Philygria*) *punctulata* Stenhammar, 1844. K. Vetensk. Acad. Nya Handl. 1843: 241. **Type locality:** Sweden: Uplandia ad Holmiam, Oatrogothia, Scania.

分布（Distribution）：河南（HEN）、贵州（GZ）；俄罗斯、比利时、捷克、芬兰、法国、德国、英国、匈牙利、爱尔兰、意大利、荷兰、挪威、波兰、瑞典、瑞士。

52. 芦丛水蝇属 *Donaceus* Cresson, 1943

Donaceus Cresson, 1943. Trans. Am. Ent. Soc. 69: 5. **Type species:** *Donaceus nigronotatus* Cresson, 1943 (by original designation).

（174）黑斑芦丛水蝇 *Donaceus nigronotatus* Cresson, 1943

Donaceus nigronotatus Cresson, 1943. Trans. Am. Ent. Soc. 69: 5. **Type locality:** China: Taiwan, Takao.

分布（Distribution）：河北（HEB）、台湾（TW）；日本、马达加斯加、澳大利亚、夏威夷群岛、印度尼西亚。

53. 晶水蝇属 *Hyadina* Haliday, 1837

Hyadina Haliday, 1837. A Guide to an Arrangement of British Insects Ed. 2: 282. **Type species:** *Notiphila guttata* Fallén, 1813 (by designation of Westwood, 1840).

（175）黑斑晶水蝇 *Hyadina guttata* (Fallén, 1813)

Notiphilaguttata Fallén, 1813. K. Vetensk. Acad. Nya Handl. 5 (3): 253. **Type locality:** Sweden.

Hyadina guttata var. *nigripes* Strobl, 1900a. Wien. Ent. Ztg. 19 (1): 3. **Type locality:** Spain: Irun.

Hyadina guttata var. *obscuripes* Strobl, 1900b. Wien. Ent. Ztg. 19 (1): 2. **Type locality:** Spain: Algeciras.

Hyadina vernalis Robineau-Desvoidy, 1830. Mém. Prés. Div. Sav. Acad. R. Sci. Inst. Fr. 2 (2): 795. **Type locality:** France (? Not given).

Hydrellia viridis Macquart, 1835. Hist. Nat. Ins., Dipt. 2: 527. **Type locality:** France: N. France.

分布（Distribution）：内蒙古（NM）、河北（HEB）、北京（BJ）、宁夏（NX）、贵州（GZ）、云南（YN）；俄罗斯、奥地利、亚速尔群岛（葡）、比利时、加那利群岛、捷克、爱沙尼亚、芬兰、法国、德国、英国、希腊、匈牙利、意大利、荷兰、波兰、马其顿、马德拉群岛、黑山、摩洛哥、罗马尼亚、斯洛文尼亚、塞尔维亚、西班牙、瑞典、瑞士。

（176）金平晶水蝇 *Hyadina jinpingensis* Zhang et Yang, 2009

Hyadina jinpingensis Zhang et Yang, 2009. Zootaxa 2152: 56. **Type locality:** China: Yunnan.

分布（Distribution）：云南（YN）。

（177）长尾晶水蝇 *Hyadina longicaudata* Zhang et Yang, 2009

Hyadina longicaudata Zhang et Yang, 2009. Zootaxa 2152: 58. **Type locality:** China: Yunnan.

分布（Distribution）：贵州（GZ）、云南（YN）、福建（FJ）、广东（GD）。

（178）多斑晶水蝇 *Hyadina pulchella* Miyagi, 1977

Hyadina pulchella Miyagi, 1977. *In*: Ikada *et al.*, 1977. Fauna Japonica, Ephydridae (Insecta: Diptera): 77. **Type locality:** Japan: Hokkaidō.

分布（Distribution）：河南（HEN）、湖南（HN）；俄罗斯、日本。

（179）五斑晶水蝇 *Hyadina quinquepunctata* Zhang et Yang, 2009

Hyadina quinquepunctata Zhang et Yang, 2009. Zootaxa 2152: 59. **Type locality:** China: Yunnan.

分布（Distribution）：云南（YN）。

（180）寡斑晶水蝇 *Hyadina rufipes* (Meigen, 1830)

Ephydra rufipes Meigen, 1830. Syst. Beschr. Europ. Zweifl. Insekt. 6: 126. **Type locality:** Germany: Aachen.

Ephydra nitida Macquart, 1835. Hist. Nat. Ins., Dipt. 2: 539. **Type locality:** Not given (? France).

Notiphila (*Philygria*) *guttata* var. *brevicornis* Stenhammar, 1844. K. Vetensk. Acad. Nya Handl. 1843: 240. **Type locality:** Sweden: Ostrogothia.

分布（Distribution）：宁夏（NX）、新疆（XJ）；俄罗斯、奥地利、比利时、加那利群岛、捷克、爱沙尼亚、芬兰、法国、德国、英国、匈牙利、意大利、荷兰、波兰、瑞典、瑞士。

（181）沙特晶水蝇 *Hyadina sauteri* Cresson, 1934

Hyadina sauteri Cresson, 1934. Trans. Am. Ent. Soc. 60: 206. **Type locality:** China: Taiwan, Tainan.

分布（Distribution）：四川（SC）、云南（YN）、台湾（TW）；菲律宾。

54. 伊水蝇属 *Ilythea* Haliday, 1837

Ilythea Haliday, 1837. A Guide to an Arrangement of British Insects Ed. 2: 281. **Type species:** *Ephydra spilota* Curtis, 1832 (subsequent monotypy, Haliday, 1839).

（182）日本伊水蝇 *Ilythea japonica* Miyagi, 1977

Ilythea japonica Miyagi, 1977. *In*: Ikada *et al.*, 1977. Fauna Japonica, Ephydridae (Insecta: Diptera): 61. **Type locality:** Japan: Hokkaidō.

分布（Distribution）：北京（BJ）、河南（HEN）、陕西（SN）、宁夏（NX）；日本。

（183）勐腊伊水蝇 *Ilythea menglaensis* **Zhang *et* Yang, 2007**

Ilythea menglaensis Zhang *et* Yang, 2007. Aquat. Ins. 29 (2): 153. **Type locality:** China: Yunnan.

分布（Distribution）：宁夏（NX）、贵州（GZ）、云南（YN）、福建（FJ）。

55. 缝鬃水蝇属 *Nostima* Coquillett, 1900

Nostima Coquillett, 1900. Can. Entomol. 32 (2): 35. **Type species:** *Nostima slossonae* Coquillett, 1900 (by original designation).

（184）黄跗缝鬃水蝇 *Nostima flavitarsis* **Canzoneri *et* Meneghini, 1969**

Nostima flavitarsis Canzoneri *et* Meneghini, 1969. Boll. Mus. Civ. Stor. Nat. Venezia (1966) 19: 120. **Type locality:** Zaire: Albert National Park.

分布（Distribution）：香港（HK）；越南、加纳、阿曼、刚果（金）、新几内亚岛。

（185）彩色缝鬃水蝇 *Nostima picta picta* **(Fallén, 1813)**

Notiphila picta Fallén, 1813. K. Vetensk. Acad. Nya Handl. 5 (3): 254. **Type locality:** Sweden.

Notiphila pullula Fallén, 1823. Hydromyzides Sveciae: 11. **Type locality:** Sweden.

分布（Distribution）：江苏（JS）、贵州（GZ）、福建（FJ）；俄罗斯、日本、阿富汗、奥地利、亚速尔群岛（葡）、比利时、保加利亚、加那利群岛、捷克、埃及、爱沙尼亚、芬兰、法国、德国、英国、匈牙利、意大利、马其顿、马德拉群岛、摩洛哥、荷兰、波兰、罗马、斯洛伐克、斯洛文尼亚、瑞士、瑞典、乌克兰、墨西哥、加拿大、美国。

（186）绒额缝鬃水蝇 *Nostima verisifrons* **Miyagi, 1977**

Nostima verisifrons Miyagi, 1977. *In*: Ikada *et al.*, 1977. Fauna Japonica, Ephydridae (Insecta: Diptera): 39. **Type locality:** Japan: Honshū.

分布（Distribution）：江苏（JS）；日本。

56. 泥水蝇属 *Pelina* Haliday, 1837

Pelina Haliday, 1837. A Guide to an Arrangement of British Insects Ed. 2: 282. **Type species:** *Notiphila aenea* Fallén, 1813 (monotypy).

Telmatobia Stenhammar, 1844. K. Vetensk. Acad. Nya Handl. 1843: 149. **Type species:** *Notiphila aenea* Fallén, 1813 (by original designation).

Caloccephala Zetterstedt, 1846. Dipt. Scand. 5: 1928. **Type species:** *Caloccephala tarsata* Zetterstedt, 1846 (monotypy).

（187）泥水蝇 *Pelina aenea* **(Fallén, 1813)**

Notiphila aenea Fallén, 1813. K. Vetensk. Acad. Nya Handl. 5 (3): 253. **Type locality:** Sweden.

Ephydra glabricula Meigen, 1830. Syst. Beschr. Europ. Zweifl. Insekt. 6: 121. **Type locality:** France: Bourdeaur. Germany: Hamburg.

分布（Distribution）：西藏（XZ）；俄罗斯、日本、阿富汗、奥地利、比利时、前捷克斯洛伐克、埃及、爱沙尼亚、芬兰、法国、德国、英国、匈牙利、意大利、哈萨克斯坦、摩洛哥、挪威、波兰、罗马、西班牙、瑞典、前南斯拉夫、乌克兰。

57. 喜水蝇属 *Philygria* Stenhammar, 1844

Philygria Stenhammar, 1844. K. Vetensk. Acad. Nya Handl. 1843: 35. **Type species:** *Notiphila flavipes* Fallén, 1823 (by designation of Coquillett, 1910).

（188）彩胫喜水蝇 *Philygria femorata* **(Stenhammar, 1844)**

Notiphila femorata Stenhammar, 1844. K. Vetensk. Acad. Nya Handl. 1843: 245. **Type locality:** Sweden: Ostrogothia ad Häradshammar, Smolandia ad Anneberg, Scania.

分布（Distribution）：北京（BJ）、河南（HEN）、陕西（SN）、云南（YN）、广西（GX）；芬兰、德国、瑞典、瑞士。

（189）端腹喜水蝇 *Philygria posticata* **(Meigen, 1830)**

Ephydra posticata Meigen, 1830. Syst. Beschr. Europ. Zweifl. Insekt. 6: 124. **Type locality:** Not given (? Germany).

分布（Distribution）：内蒙古（NM）、河北（HEB）、北京（BJ）、河南（HEN）、宁夏（NX）、新疆（XJ）、贵州（GZ）；俄罗斯、奥地利、捷克、德国、英国、匈牙利、意大利、波兰、斯洛伐克、瑞士。

58. 等脉水蝇属 *Zeros* Cresson, 1943

Zeros Cresson, 1943. Trans. Am. Ent. Soc. 69: 10. **Type species:** *Ilythea obscura* Cresson, 1918 (by original designation).

（190）多斑等脉水蝇 *Zeros maculosus* **Zhang, Yang *et* Mathis, 2007**

Zeros maculosus Zhang, Yang *et* Mathis, 2007. Proc. Ent. Soc. Wash. 109 (4): 874. **Type locality:** China: Fujian.

分布（Distribution）：云南（YN）、福建（FJ）；日本。

（191）东洋等脉水蝇 *Zeros orientalis* **Miyagi, 1977**

Zeros orientalis Miyagi, 1977. *In*: Ikada *et al.*, 1977. Fauna Japonica, Ephydridae (Insecta: Diptera): 60. **Type locality:** Japan: Ryukyu Islands.

分布（Distribution）：河南（HEN）、广西（GX）；日本。

细果蝇科 Diastatidae

1. 毛细果蝇属 *Campichoeta* Macquart, 1835

Campichoeta Macquart, 1835. Hist. Nat. Ins., Dipt. 2: 547. **Type species:** *Campichoeta rufipes* Macquart, 1835 [= *Diastata obscuripennis* Meigen, 1830].
Thryptocheta Rondani, 1856. Dipt. Ital. Prodromus, Vol. I: 134. **Type species:** *Diastata punctum* Meigen, 1830 (by original designation).

（1）刺突毛细果蝇 *Campichoeta spinicauda* Papp, 2005

Campichoeta (*Campichoeta*) *spinicauda* Papp, 2005. Acta Zool. Acad. Sci. Hung. 51 (3): 209. **Type locality:** China: Taiwan, Taipei Hsien, Fu-Shan.
分布（Distribution）：台湾（TW）。

果蝇科 Drosophilidae

果蝇亚科 Drosophilinae

1. 吸汁果蝇属 *Chymomyza* Czerny, 1903

Chymomyza Czerny, 1903c. Zeitschr. Hym. Dipt. 3: 199. **Type species:** *Drosophila fuscimana* Zetterstedt, 1838 (by designation of Sturtevant, 1921).
Amphoroneura de Meijere, 1911. Tijdschr. Ent. 54: 423. **Type species:** *Amphoroneura rufithorax* de Meijere, 1911 (by designation of Okada, 1977).
Zygodrosophila Hendel, 1917. Dtsch. Ent. Z. 33: 43. **Type species:** *Zygodrosophila albitarsis* Hendel, 1917 (by original designation).

（1）黑足吸汁果蝇 *Chymomyza atrimana* Okada, 1956

Chymomyza atrimana Okada, 1956. Systematic Study of Drosophilidae and Allied Families of Japan: 65. **Type locality:** Japan: Kanto, Kanagawa, Kamakura.
分布（Distribution）：台湾（TW）；日本。

（2）尾吸汁果蝇 *Chymomyza caudatula* Oldenberg, 1914

Chymomyza caudatula Oldenberg, 1914a. Arch. Naturgesch. 80A (2): 14. **Type locality:** Romania: Băile Herculane.
分布（Distribution）：吉林（JL）、新疆（XJ）；古北区、新北区。

（3）缘吸汁果蝇 *Chymomyza costata* (Zetterstedt, 1838)

Drosophila costata Zetterstedt, 1838. Insecta Lapp.: 776. **Type**
locality: Sweden.
分布（Distribution）：吉林（JL）、新疆（XJ）；朝鲜、日本、加拿大；欧洲。

（4）突眼吸汁果蝇 *Chymomyza demae* Watabe et Liang, 1990

Chymomyza demae Watabe et Liang, 1990. Jap. J. Ent. 58 (4): 813. **Type locality:** China: Yunnan, Dali.
分布（Distribution）：云南（YN）。

（5）台湾吸汁果蝇 *Chymomyza formosana* Okada, 1976

Chymomyza formosana Okada, 1976a. Kontyû 44 (4): 499. **Type locality:** China: Taiwan, Nan-tou.
分布（Distribution）：台湾（TW）；斯里兰卡。

（6）暗足吸汁果蝇 *Chymomyza fuscimana* (Zetterstedt, 1838)

Drosophila fuscimana Zetterstedt, 1838. Insecta Lapp.: 776. **Type locality:** Sweden: Lappland.
分布（Distribution）：吉林（JL）；日本；欧洲。

（7）日本吸汁果蝇 *Chymomyza japonica* Okada, 1956

Chymomyza japonica Okada, 1956. Systematic Study of Drosophilidae and Allied Families of Japan: 65. **Type locality:** Japan: Chubu, Nagano.
分布（Distribution）：云南（YN）；日本。

（8）新暗吸汁果蝇 *Chymomyza novobscura* Watabe et Liang, 1990

Chymomyza novobscura Watabe et Liang, 1990. Jap. J. Ent. 58 (4): 812. **Type locality:** China: Yunnan, Dali.
分布（Distribution）：云南（YN）。

（9）暗吸汁果蝇 *Chymomyza obscura* (de Meijere, 1911)

Amphoroneura obscura de Meijere, 1911. Tijdschr. Ent. 54: 424. **Type locality:** Indonesia: Java, Djakarta.
分布（Distribution）：台湾（TW）；斯里兰卡、菲律宾、印度尼西亚。

（10）拟暗吸汁果蝇 *Chymomyza obscuroides* Okada, 1976

Chymomyza obscuroides Okada, 1976a. Kontyû 44 (4): 497. **Type locality:** Japan: Kyushu, Yatsushiro.
分布（Distribution）：广东（GD）；日本。

（11）拟红胸吸汁果蝇 *Chymomyza pararufithorax* Vaidya et Godbole, 1973

Chymomyza (*Chymomyza*) *pararufithorax* Vaidya et Godbole, 1973. Dros. Inf. Serv. 50: 71. **Type locality:** India:

Mahārāshtra.

Chymomyza vaidyai Okada, 1976a. Kontyû 44 (4): 500. **Type locality:** India: Mahārāshtra.

分布（Distribution）：广东（GD）、海南（HI）；印度、马来西亚。

（12） 白斑吸汁果蝇 *Chymomyza procnemis* (Williston, 1896)

Drosophila procnemis Williston, 1896b. Trans. R. Ent. Soc. London 1896: 412. **Type locality:** West Indies: St. Vincent.

分布（Distribution）：台湾（TW）；日本、夏威夷群岛、加那利群岛；北美洲、南美洲。

2. 科氏果蝇属 *Collessia* Bock, 1982

Collessia Bock, 1982. Austr. J. Zool. (Suppl. Ser.) 89: 40. **Type species:** *Collessia superba* Bock, 1982 (by original designation).

（13） 日原科氏果蝇 *Collessia hiharai* (Okada, 1967)

Drosophila hiharai Okada, 1967. Mushi 41 (1): 6. **Type locality:** Japan: Kanto, Tokyo.

分布（Distribution）：云南（YN）；日本。

3. 芋果蝇属 *Colocasiomyia* de Meijere, 1914

Colocasiomyia de Meijere, 1914. Tijdschr. Ent. 57: 272. **Type species:** *Colocasiomyia cristata* Meijere, 1914 (monotypy).

Platyforborus de Meijere, 1914. Tijdschr. Ent. 57: 273. **Type species:** *Colocasiomyia crassipes* Meijere, 1914 (monotypy). Syn. Grimaldi, 1992.

Drosophilella Duda, 1923a. Ann. Hist.-Nat. Mus. Natl. Hung. 20: 25. **Type species:** *Colocasiomyia seminigra* Duda (monotypy). Syn. Okada, 1988.

（14） 芋果蝇 *Colocasiomyia alocasiae* (Okada, 1975)

Drosophilella alocasiae Okada, 1975a. Kontyû 43 (3): 358. **Type locality:** Japan: Ryukyu, Okinawa, Yaeyama Is.

分布（Distribution）：云南（YN）、台湾（TW）、广东（GD）、广西（GX）；日本。

（15） 海林芋果蝇 *Colocasiomyia hailini* Li *et* Gao, 2014

Colocasiomyia hailini Li *et* Gao, 2014. *In*: Li *et al.*, 2014. ZooKeys 406: 55. **Type locality:** China: Yunnan, Baoshan.

分布（Distribution）：云南（YN）。

（16） 长突芋果蝇 *Colocasiomyia longifilamentata* Li *et* Gao, 2014

Colocasiomyia longifilamentata Li *et* Gao, 2014. *In*: Li *et al.*, 2014. ZooKeys 406: 48. **Type locality:** China: Yunnan.

分布（Distribution）：云南（YN）。

（17） 长瓣芋果蝇 *Colocasiomyia longivalva* Li *et* Gao, 2014

Colocasiomyia longivalva Li *et* Gao, 2014. *In*: Li *et al.*, 2014. ZooKeys 406: 52. **Type locality:** China: Yunnan, Baoshan.

分布（Distribution）：云南（YN）。

（18）崖角藤芋果蝇 *Colocasiomyia rhaphidophorae* Gao *et* Toda, 2013

Colocasiomyia rhaphidophorae Gao *et* Toda, 2013. *In*: Fartyal *et al.*, 2013. Syst. Ent. 38: 771. **Type locality:** China: Yunnan.

分布（Distribution）：云南（YN）。

（19）异芋果蝇 *Colocasiomyia xenalocasiae* (Okada, 1980)

Drosophillela xenalocasiae Okada, 1980a. Kontyû 48 (2): 218. **Type locality:** Japan: Ryukyu.

分布（Distribution）：云南（YN）、台湾（TW）、广东（GD）、广西（GX）；日本。

（20）殷氏芋果蝇 *Colocasiomyia yini* Li *et* Gao, 2014

Colocasiomyia yini Li *et* Gao, 2014. *In*: Li *et al.*, 2014. ZooKeys 406: 58. **Type locality:** China: Yunnan, Baoshan.

分布（Distribution）：云南（YN）。

4. 斑果蝇属 *Dettopsomyia* Lamb, 1914

Dettopsomyia Lamb, 1914. Trans. Linn. Soc. Lond. (2, Zool.) 16: 349. **Type species:** *Dettopsomyia formosa* Lamb, 1914 (by original designation).

Pictostyloptera Duda, 1924a. Arch. Naturgesch. (A) 90 (3): 192. **Type species:** *Drosophila preciosa* de Meijere, 1911 (monotypy). Syn. Duda, 1926.

（21）绮丽斑果蝇 *Dettopsomyia formosa* Lamb, 1914

Dettopsomyia formosa Lamb, 1914. Trans. Linn. Soc. Lond. (2, Zool.) 16: 350. **Type locality:** Seychelles: Mahé, Cascade Estate.

分布（Distribution）：台湾（TW）；菲律宾、新几内亚岛、所罗门群岛、密克罗尼西亚、斐济、萨摩亚、夏威夷群岛、塞舌尔。

（22） 黑纹斑果蝇 *Dettopsomyia nigrovittata* (Malloch, 1924)

Drosophila nigrovittata Malloch, 1924. Proc. Linn. Soc. N. S. W. 49: 352. **Type locality:** Australia: New South Wales, Sydney.

Dettopsomyia argentifrons Okada, 1956. Systematic Study of Drosophilidae and Allied Families of Japan: 55. **Type locality:**

Japan: Kanto, Tokyo, Setagaya.

分布（Distribution）：安徽（AH）、四川（SC）、云南（YN）、福建（FJ）、广东（GD）；日本、澳大利亚、西班牙、夏威夷群岛；非洲、北美洲、南美洲。

5. 双鬃果蝇属 *Dichaetophora* Duda, 1940

Dichaetophora Duda, 1940. Ann. Hist.-Nat. Mus. Natl. Hung. 33: 19. **Type species:** *Drosophila abberrans* Lamb, 1914 (monotypy).

Nesiodrosophila Wheeler *et* Takada, 1964. Insects Micronesia 14 (6): 238. **Type species:** *Nesiodrosophila lindae* Wheeler *et* Takada, 1964 (by original designation). Syn. Hu *et* Toda, 2002.

（23）奇抱器双鬃果蝇 *Dichaetophora abnormis* Hu *et* Toda, 2005

Dichaetophora abnormis Hu *et* Toda, 2005. Zool. Sci. 22: 1271. **Type locality:** China: Sichuan, Mt. Emei.

分布（Distribution）：四川（SC）、广东（GD）。

（24）锐双鬃果蝇 *Dichaetophora accutissma* (Okada, 1956)

Drosophila acutissima Okada, 1956. Systematic Study of Drosophilidae and Allied Families of Japan: 139. **Type locality:** Japan: Tokyo. Comb. Hu *et* Toda, 2002.

分布（Distribution）：吉林（JL）、辽宁（LN）、台湾（TW）；日本、印度、尼泊尔。

（25）高山双鬃果蝇 *Dichaetophora alticola* (Hu, Watabe *et* Toda, 1999)

Lordiphosa (*Asiaphora*) *alticola* Hu, Watabe *et* Toda, 1999. *In*: Hu *et* Toda, 1999. Entomol. Sci. 2 (1): 110. **Type locality:** China: Sichuan. Comb. Hu *et* Toda, 2002.

分布（Distribution）：湖北（HB）、四川（SC）、广东（GD）。

（26）角双鬃果蝇 *Dichaetophora bicornis* Hu *et* Toda, 2005

Dichaetophora bicornis Hu *et* Toda, 2005. Zool. Sci. 22: 1272. **Type locality:** China: Sichuan.

分布（Distribution）：四川（SC）。

（27）赵氏双鬃果蝇 *Dichaetophora chaoi* (Hu *et* Toda, 1999)

Lordiphosa (*Asiaphora*) *chaoi* Hu *et* Toda, 1999. Entomol. Sci. 2 (1): 109. **Type locality:** China: Taiwan, Fushan. Comb. Hu *et* Toda, 2002.

分布（Distribution）：台湾（TW）。

（28）蓝双鬃果蝇 *Dichaetophora cyanea* (Okada, 1988)

Drosophila (*Lordiphosa*) *cyanea* Okada, 1988b. Ent. Scand. 30 (Suppl.): 143. **Type locality:** Sri Lanka. Comb. Hu *et* Toda, 2002.

分布（Distribution）：台湾（TW）、广东（GD）；斯里兰卡。

（29）峨眉双鬃果蝇 *Dichaetophora emeishanensis* (Hu *et* Toda, 1999)

Lordiphosa (*Asiaphora*) *emeishanensis* Hu *et* Toda, 1999. Entomol. Sci. 2 (1): 107. **Type locality:** China: Sichuan. Comb. Hu *et* Toda, 2002.

分布（Distribution）：安徽（AH）、湖北（HB）、四川（SC）。

（30）丝双鬃果蝇 *Dichaetophora facilis* (Lin *et* Ting, 1971)

Nesiodrosophila facilis Lin *et* Ting, 1971. Bull. Inst. Zool. "Acad. Sinica" 10: 19. **Type locality:** China: Taiwan, Nantou. Comb. Hu *et* Toda, 2002.

Nesiodrosophila fascilis Lin, Tseng *et* Lee, 1977. Quarterly Journal of the Taiwan Museum 30: 352 (misspelling of *facilis* Lin *et* Ting).

分布（Distribution）：湖北（HB）、四川（SC）、台湾（TW）、广东（GD）。

（31）海南双鬃果蝇 *Dichaetophora hainanensis* Hu *et* Toda, 2005

Dichaetophora hainanensis Hu *et* Toda, 2005. Zool. Sci. 22: 1273. **Type locality:** China: Hainan, Jianfengling.

分布（Distribution）：海南（HI）。

（32）镰双鬃果蝇 *Dichaetophora harpophallata* (Hu, Watabe *et* Toda, 1999)

Lordiphosa (*Asiaphora*) *harpophallata* Hu, Watabe *et* Toda, 1999. *In*: Hu *et* Toda, 1999. Entomol. Sci. 2 (1): 115. **Type locality:** China: Hubei, Shennongjia. Comb. Hu *et* Toda, 2002.

Drosophila (*Drosophila*) *accutissma* Okada, 1966. Bull. Br. Mus. (Nat. Hist.) Ent. Suppl. 6: 101. Comb. Hu, Toda *et* Watabe, 1999.

分布（Distribution）：湖北（HB）、四川（SC）、广东（GD）；尼泊尔。

（33）线双鬃果蝇 *Dichaetophora lindae* (Wheeler *et* Takada, 1964)

Nesiodrosophila lindae Wheeler *et* Takada, 1964. Insects Micronesia 14 (6): 238. **Type locality:** Micronesia. Comb. Hu *et* Toda, 2002.

Nesiodrosophila pleurostriata Singh *et* Gupta, 1981c. Proc. Indian Nat. Sci. Acad., Animal Sci. 90: 199. **Type locality:** India: West Bengal; Darjeeling, Rimbick. Syn. Okada, 1984.

Nesiodrosophila delicate Nishiharu, 1981. Kontyû 49: 21. **Type locality:** Japan: Kyushu. Syn. Okada, 1984.

分布（Distribution）：台湾（TW）、广东（GD）；日本、印度、泰国、斯里兰卡、菲律宾、新加坡、印度尼西亚、密克罗尼西亚、新几内亚岛、澳大利亚。

（34）小笠原双鬃果蝇 *Dichaetophora ogasawarensis* (Toda, 1987)

Nesiodrosophila ogasawarensis Toda, 1987. *In*: Toda *et al.*, 1987. Kontyû 55: 244. **Type locality:** Japan: Ogasawara-gunto. Comb. Hu *et* Toda, 2002.

分布（Distribution）：海南（HI）；日本。

（35）双鬃果蝇 *Dichaetophora presuturalis* (Hu *et* Toda, 1999)

Lordiphosa (*Asiaphora*) *presuturalis* Hu *et* Toda, 1999. Entomol. Sci. 2 (1): 112. **Type locality:** China: Sichuan, Mt. Emei. Comb. Hu *et* Toda, 2002.

分布（Distribution）：四川（SC）。

（36）拟蓝双鬃果蝇 *Dichaetophora pseudocyanea* (Hu *et* Toda, 1999)

Lordiphosa (*Asiaphora*) *pseudocyanea* Hu *et* Toda, 1999. Entomol. Sci. 2 (1): 116. **Type locality:** China: Sichuan, Mt. Emei. Comb. Hu *et* Toda, 2002.

分布（Distribution）：湖北（HB）、四川（SC）、海南（HI）；缅甸。

（37）断带双鬃果蝇 *Dichaetophora pseudotenuicauda* (Toda, 1983)

Drosophila (*Lordiphosa*) *pseudotenuicauda* Toda, 1983. Kontyû 51 (3): 470. **Type locality:** China: Taiwan, Fushan. Comb. Hu *et* Toda, 2002.

分布（Distribution）：台湾（TW）；俄罗斯（千岛群岛）、韩国、日本。

（38）辐齿双鬃果蝇 *Dichaetophora raridentata* (Okada *et* Chung, 1960)

Drosophila raridentata Okada *et* Chung, 1960. Akitu 9: 28. **Type locality:** R. O. Korea: Kangwon. Comb. Okada, 1984a.

分布（Distribution）：台湾（TW）；俄罗斯（千岛群岛）、韩国、日本。

（39）圆角双鬃果蝇 *Dichaetophora rotundicornis* (Okada, 1966)

Drosophila rotundicornis Okada, 1966. Bull. Br. Mus. (Nat. Hist.) Ent. Suppl. 6: 74. **Type locality:** Nepal: E Nepal, Talejung. Comb. Okada, 1984.

分布（Distribution）：台湾（TW）；尼泊尔。

（40）阪上双鬃果蝇 *Dichaetophora sakagamii* (Toda, 1989)

Nesiodrosophila sakagamii Toda, 1989. Jap. J. Ent. 57 (2): 379. **Type locality:** Japan: Kinki. Comb. Hu *et* Toda, 2002.

分布（Distribution）：云南（YN）、广东（GD）；朝鲜、日本。

（41）神农架双鬃果蝇 *Dichaetophora shennongjiana* (Hu *et* Toda, 1999)

Lordiphosa (*Asiaphora*) *shengnongjiana* Hu *et* Toda, 1999.

Entomol. Sci. 2 (1): 113. **Type locality:** China: Hubei, Shennongjia. Comb. Hu *et* Toda, 2002.

分布（Distribution）：湖北（HB）、四川（SC）。

（42）中国双鬃果蝇 *Dichaetophora sinensis* Hu *et* Toda, 2005

Dichaetophora sinensis Hu *et* Toda, 2005. Zool. Sci. 22: 1274. **Type locality:** China: Sichuan, Mt. Emei.

分布（Distribution）：四川（SC）。

（43）全带双鬃果蝇 *Dichaetophora tenuicauda* (Okada, 1956)

Drosophila (*Drosophila*) *tenuicauda* Okada, 1956. Systematic Study of Drosophilidae and Allied Families of Japan: 141. **Type locality:** Japan: Hokkaidō, Attoko. Comb. Hu *et* Toda, 2002.

分布（Distribution）：吉林（JL）、辽宁（LN）；俄罗斯、韩国、日本。

（44）乌来双鬃果蝇 *Dichaetophora wulaiensis* (Okada, 1984)

Nesiodrosophila wulaiensis Okada, 1984a. Kontyû 52 (1): 21. **Type locality:** China: Taiwan. Comb. Hu *et* Toda, 2002.

分布（Distribution）：台湾（TW）。

（45）野人双鬃果蝇 *Dichaetophora yeren* (Hu *et* Toda, 1999)

Lordiphosa (*Asiaphora*) *yeren* Hu *et* Toda, 1999. Entomol. Sci. 2 (1): 114. **Type locality:** China: Hubei, Shennongjia. Comb. Hu *et* Toda, 2002.

分布（Distribution）：湖北（HB）。

6. 果蝇属 *Drosophila* Fallén, 1823

Drosophila Fallén, 1823. Geomyzides Sveciae 2: 4. **Type species:** *Musca funebris* Fabricius, 1787 (by designation of Zetterstedt, 1847).

Oinopota Kirby, 1815. *In*: Kirby *et* Spence, 1815. Introduction to Entomology, or Elements of the Natural History of Insects (Ed. 1) 1: 379. **Type species:** *Musca cellaris* Linnaeus (monotypy).

Chaetodrosophilella Duda, 1923a. Ann. Hist.-Nat. Mus. Natl. Hung. 20: 40. **Type species:** *Drosophila quadrilineata* de Meijere, 1923 (monotypy).

Spinulophila Duda, 1923a. Ann. Hist.-Nat. Mus. Natl. Hung. 20: 48. **Type species:** *Spinulophila signata* Duda, 1923 (by designation of Sturtevant, 1927).

（46）巴氏果蝇 *Drosophila* (*Dorsilopha*) *busckii* Coquillett, 1901

Drosophila (*Dorsilopha*) *busckii* Coquillett, 1901a. Entomol. News 12: 16. **Type locality:** USA: Washington.

Drosophila rubrostriata Becker, 1908a. Mitt. Zool. Mus. Berl.

4 (1): 155. **Type locality:** Spain: Canary Is.

Drosophila plurilineata Villeneuve, 1911a. Wien. Ent. Ztg. 30: 83. **Type locality:** France: Paris.

分布（**Distribution**）：吉林（JL）、北京（BJ）、山东（SD）、陕西（SN）、新疆（XJ）、安徽（AH）、江苏（JS）、上海（SH）、浙江（ZJ）、江西（JX）、湖南（HN）、四川（SC）、云南（YN）、福建（FJ）、台湾（TW）、广东（GD）、广西（GX）、海南（HI）；朝鲜、日本、泰国、印度、尼泊尔、缅甸、斯里兰卡、印度尼西亚（苏门答腊岛）、西班牙、法国；北美洲。

（47）粗齿果蝇 *Drosophila* (*Dorsilopha*) *confertidentata* Zhang, Li *et* Feng, 2006

Drosophila (*Drisilopha*) *confertidentata* Zhang, Li *et* Feng, 2006. Acta Zootaxon. Sin. 31 (3): 667. **Type locality:** China: Yunnan, Kunming, Bamboo Temple.

分布（**Distribution**）：云南（YN）。

（48）直齿列果蝇 *Drosophila* (*Dorsilopha*) *linearidentata* Toda, 1986

Drosophila (*Dorsilopha*) *linearidentata* Toda, 1986a. Kontyû 54: 284. **Type locality:** Myanmar: Mandalay.

分布（**Distribution**）：广东（GD）；缅甸、印度尼西亚（爪哇岛）。

（49）新巴氏果蝇 *Drosophila* (*Dorsilopha*) *neobusckii* Toda, 1986

Drosophila (*Dorsilopha*) *neobusckii* Toda, 1986a. Kontyû 54: 285. **Type locality:** Myanmar: Mandalay.

分布（**Distribution**）：云南（YN）、广东（GD）；缅甸、越南。

（50）阿佛果蝇 *Drosophila* (*Drosophila*) *afer* Tan, Hsu *et* Sheng, 1949

Droophila (*Drosophila*) *afer* Tan, Hsu *et* Sheng, 1949. Univ. Tex. Publs. 4920: 200. **Type locality:** China: Zhejiang, Hangchow; Guizhou, Meitan.

分布（**Distribution**）：浙江（ZJ）、贵州（GZ）。

（51）银额果蝇 *Drosophila* (*Drosophila*) *albomicans* Duda, 1924

Spinulophila albomicans Duda, 1924a. Arch. Naturgesch. (A) 90 (3): 209; Duda, 1924d. Arch. Naturgesch. (A) 90 (3): 245. **Type locality:** China: Taiwan, Paroe.

Drosophila komaii Kikkawa *et* Peng, 1938. Jpn. J. Zool. 7: 525. **Type locality:** Japan: Kyushu.

Spinulophila argyreomicans Rohlfien *et* Ewald, 1972. Beitr. Ent. 22: 450. Syn. Brake *et* Bächli, 2008. World Cat. Ins. 9: 43.

分布（**Distribution**）：山东（SD）、河南（HEN）、上海（SH）、浙江（ZJ）、四川（SC）、云南（YN）、福建（FJ）、台湾（TW）、广东（GD）、广西（GX）、海南（HI）、香港（HK）；日本、印度、缅甸、越南、泰国、柬埔寨、马来西亚、新几内亚岛。

（52）圆尾果蝇 *Drosophila* (*Drosophila*) *angor* Lin *et* Ting, 1971

Drosophila (*Drosophila*) *angor* Lin *et* Ting, 1971. Bull. Inst. Zool. "Acad. Sinica" 10: 31. **Type locality:** China: Taiwan, Chia-I, Yun-shui.

Drosophila wakahamai Toda *et* Peng, 1989. Zool. Sci. 6: 163. **Type locality:** China: Guangdong, Nankunshan.

分布（**Distribution**）：台湾（TW）、广东（GD）、海南（HI）；日本。

（53）弯阳果蝇 *Drosophila* (*Drosophila*) *angularis* Okada, 1956

Drosophila (*Drosophila*) *angularis* Okada, 1956. Systematic Study of Drosophilidae and Allied Families of Japan: 128. **Type locality:** Japan: Tohoku.

分布（**Distribution**）：吉林（JL）、山东（SD）、安徽（AH）、江苏（JS）、上海（SH）、浙江（ZJ）、江西（JX）、湖南（HN）、四川（SC）、云南（YN）、福建（FJ）；朝鲜、日本、俄罗斯（西伯利亚）。

（54）竹节果蝇 *Drosophila* (*Drosophila*) *annulipes* Duda, 1924

Drosophila (*Drosophila*) *annulipes* Duda, 1924a. Arch. Naturgesch. (A) 90 (3): 209. **Type locality:** China: Taiwan, Tai-pei.

Drosophila virgata Tan, Hsu *et* Sheng, 1949. Univ. Tex. Publs. 4920: 203. **Type locality:** China: Guizhou, Meitan.

分布（**Distribution**）：山东（SD）、安徽（AH）、浙江（ZJ）、江西（JX）、四川（SC）、贵州（GZ）、福建（FJ）、台湾（TW）、广东（GD）、海南（HI）；朝鲜、日本、印度、尼泊尔、缅甸、斯里兰卡、马来西亚、印度尼西亚。

（55）青塚果蝇 *Drosophila* (*Drosophila*) *aotrukai* Suwito *et* Watabe, 2013

Drosophila (*Drosophila*) *aotrukai* Suwito *et* Watabe, 2013. Entomol. Sci. 16: 76. **Type locality:** China: Taiwan, Nan-tou, Chi-tou.

分布（**Distribution**）：台湾（TW）。

（56）丽果蝇 *Drosophila* (*Drosophila*) *audientis* Lin *et* Ting, 1971

Drosophila (*Drosophila*) *audientis* Lin *et* Ting, 1971. Bull. Inst. Zool. "Acad. Sinica" 10: 26. **Type locality:** China: Taiwan, Nan-tou, Chi-tou.

分布（**Distribution**）：台湾（TW）。

（57）耳形果蝇 _Drosophila (Drosophila) auriculata_ Toda, 1988

Drosophila (Drosophila) auriculata Toda, 1988. Kontyû 56 (3): 636. **Type locality:** Myanmar: Pyin Oo Lwin.

分布（Distribution）：浙江（ZJ）、湖北（HB）、云南（YN）、台湾（TW）；缅甸。

（58） 阿维森纳果蝇 _Drosophila (Drosophila) avicennai_ Máca, 1988

Drosophila (Drosophila) avicennai Máca, 1988. Annot. Zool. Bot. 185: 12. **Type locality:** Kazakhstan: Alam-Ata.

分布（Distribution）：新疆（XJ）；蒙古国、哈萨克斯坦、乌兹别克斯坦。

（59）白族果蝇 _Drosophila (Drosophila) bai_ Watabe _et_ Liang, 1990

Drosophila (Drosophila) bai Watabe _et_ Liang, 1990. _In_: Watabe _et al._, 1990a. Zool. Sci. 7: 136. **Type locality:** China: Yunnan, Dali.

分布（Distribution）：湖北（HB）、四川（SC）、云南（YN）。

（60）手磨型果蝇 _Drosophila (Drosophila) barutani_ Watabe _et_ Liang, 1990

Drosophila (Drosophila) barutani Watabe _et_ Liang, 1990. _In_: Watabe _et al._, 1990b. Zool. Sci. 7: 463. **Type locality:** China: Yunnan, Dali.

分布（Distribution）：陕西（SN）、安徽（AH）、江西（JX）、贵州（GZ）、云南（YN）、福建（FJ）、台湾（TW）、广东（GD）、广西（GX）、海南（HI）；越南。

（61）美丽果蝇 _Drosophila (Drosophila) bella_ Lin _et_ Ting, 1971

Drosophila (Drosophila) bella Lin _et_ Ting, 1971. Bull. Inst. Zool. "Acad. Sinica" 10: 29. **Type locality:** China: Taiwan, Nan-tou, Chi-tou.

分布（Distribution）：台湾（TW）。

（62）别府氏果蝇 _Drosophila (Drosophila) beppui_ Toda _et_ Peng, 1989

Drosophila (Drosophila) beppui Toda _et_ Peng, 1989. Zool. Sci. 6: 158. **Type locality:** China: Guangdong, Nankunshan.

分布（Distribution）：云南（YN）、台湾（TW）、广东（GD）、广西（GX）；越南、印度尼西亚（西苏门答腊岛、爪哇岛）。

（63）双叉果蝇 _Drosophila (Drosophila) bifidaprocera_ Zhang _et_ Gan, 1986

Drosophila (Drosophila) bifidaprocera Zhang _et_ Gan, 1986. Zool. Res. 7 (4): 358. **Type locality:** China: Yunnan, Kunming, Hua-hong Dong.

分布（Distribution）：浙江（ZJ）、云南（YN）；缅甸。

（64）双带果蝇 _Drosophila (Drosophila) bizonata_ Kikkawa _et_ Peng, 1938

Drosophila (Drosophila) bizonata Kikkawa _et_ Peng, 1938. Jpn. J. Zool. 7: 532. **Type locality:** Japan: Kinki.

分布（Distribution）：山东（SD）、安徽（AH）、江苏（JS）、上海（SH）、浙江（ZJ）、江西（JX）、湖南（HN）、四川（SC）、云南（YN）、福建（FJ）、台湾（TW）、广东（GD）、广西（GX）；朝鲜、日本、尼泊尔、缅甸、夏威夷群岛。

（65） 短肾果蝇 _Drosophila (Drosophila) brachynephros_ Okada, 1956

Drosophila (Drosophila) brachynephros Okada, 1956. Systematic Study of Drosophilidae and Allied Families of Japan: 126. **Type locality:** Japan: Tohoku.

分布（Distribution）：黑龙江（HL）、吉林（JL）、辽宁（LN）、北京（BJ）、陕西（SN）、江苏（JS）、上海（SH）、浙江（ZJ）；俄罗斯、朝鲜、日本、印度。

（66） 短乳突果蝇 _Drosophila (Drosophila) brevipapilla_ Zhang, 2000

Drosophila (Drosophila) brevipapilla Zhang, 2000. Acta Ent. Sin. 43 (Suppl.): 174. **Type locality:** China: Yunnan, Lijiang, Loudian.

分布（Distribution）：云南（YN）。

（67）短板果蝇 _Drosophila (Drosophila) brevitabula_ Zhang _et_ Toda, 1992

Drosophila (Drosophila) brevitabula Zhang _et_ Toda, 1992. Jap. J. Ent. 60 (4): 845. **Type locality:** China: Yunnan, Kunming.

分布（Distribution）：云南（YN）。

（68） 缅甸果蝇 _Drosophila (Drosophila) burmae_ Toda, 1986

Drosophila (Drosophila) burmae Toda, 1986b. Kontyû 54: 635. **Type locality:** Myanmar: Maymyo.

分布（Distribution）：云南（YN）；缅甸。

（69）避寒果蝇 _Drosophila (Drosophila) calidata_ Takada, Beppu _et_ Toda, 1979

Drosophila (Drosophila) calidata Takada, Beppu _et_ Toda, 1979. J. Fac. Gener. Educ. Sapporo Univ. 14: 126. **Type locality:** Japan: Hokkaidō, Sapporo.

分布（Distribution）：吉林（JL）；日本。

（70）切达果蝇 _Drosophila (Drosophila) cheda_ Tan, Hsu _et_ Sheng, 1949

Drosophila (Drosophila) cheda Tan, Hsu _et_ Sheng, 1949. Univ. Tex. Publs. 4921: 199. **Type locality:** China: Zhejiang, Hangchow.

分布（Distribution）：安徽（AH）、浙江（ZJ）、江西（JX）、湖北（HB）、四川（SC）、福建（FJ）、广东（GD）；朝鲜。

（71）弯毛果蝇 *Drosophila (Drosophila) curvicapillata* **Duda, 1923**

Drosophila (Drosophila) curvicapillata Duda, 1923a. Ann. Hist.-Nat. Mus. Natl. Hung. 20: 49. **Type locality:** China: Taiwan, Kosempo.

分布（Distribution）：台湾（TW）。

（72）弯头果蝇 *Drosophila (Drosophila) curviceps* **Okada *et* Kurokawa, 1957**

Drosophila (Drosophila) curviceps Okada *et* Kurokawa, 1957. Kontyû 25 (1): 8. **Type locality:** Japan: Kanto, Tokyo.

分布（Distribution）：山东（SD）、浙江（ZJ）、云南（YN）、广东（GD）；朝鲜、日本、印度。

（73）弯刺果蝇 *Drosophila (Drosophila) curvispina* **Watabe *et* Toda, 1984**

Drosophila (Drosophila) curvispina Watabe *et* Toda, 1984. Kontyû 52: 238. **Type locality:** Japan.

分布（Distribution）：吉林（JL）；日本。

（74）不倒翁果蝇 *Drosophila (Drosophila) daruma* **Okada, 1956**

Drosophila (Drosophila) daruma Okada, 1956. Systematic Study of Drosophilidae and Allied Families of Japan: 155. **Type locality:** Japan: Kyushu.

分布（Distribution）：安徽（AH）、浙江（ZJ）、云南（YN）、福建（FJ）、台湾（TW）、广东（GD）；朝鲜、日本、印度、马来西亚、加里曼丹岛。

（75）背突果蝇 *Drosophila (Drosophila) eminentiula* **Zhang *et* Shi, 1995**

Drosophila (Drosophila) eminentiula Zhang *et* Shi, 1995. *In*: Zhang *et al.*, Jap. J. Ent. 63 (1): 47. **Type locality:** China: Yunnan, Tengchong.

分布（Distribution）：云南（YN）。

（76）北海道果蝇 *Drosophila (Drosophila) ezoana* **Takada *et* Okada, 1957**

Drosophila (Drosophila) ezoana Takada *et* Okada, 1957. Dros. Inf. Serv. (31): 164. **Type locality:** Japan: Hokkaidō.

Drosophila ezoana Takada *et* Okada, 1958. Jap. J. Zool. 12: 134.

分布（Distribution）：吉林（JL）、辽宁（LN）、新疆（XJ）；俄罗斯、日本；欧洲。

（77）黄中腿果蝇 *Drosophila (Drosophila) flavimedifemur* **Zhang *et* Toda, 1988**

Drosophila (Drosophila) flavimedifemur Zhang *et* Toda, 1988. Zool. Sci. 5: 1102. **Type locality:** China: Yunnan, Kunming.

分布（Distribution）：四川（SC）、云南（YN）。

（78）黄胫果蝇 *Drosophila (Drosophila) flavitibiae* **Toda, 1986**

Drosophila (Drosophila) flavitibiae Toda, 1986b. Kontyû 54: 648. **Type locality:** Myanmar: Maydalay.

分布（Distribution）：云南（YN）；缅甸。

（79）栖河果蝇 *Drosophila (Drosophila) flumenicola* **Watabe *et* Peng, 1991**

Drosophila (Drosophila) flumenicola Watabe *et* Peng, 1991. Zool. Sci. 8: 152. **Type locality:** China: Guangdong, Babaoshan.

分布（Distribution）：安徽（AH）、浙江（ZJ）、江西（JX）、广东（GD）、海南（HI）；日本。

（80）溪流果蝇 *Drosophila (Drosophila) fluvialis* **Toda *et* Peng, 1989**

Drosophila (Drosophila) fluvialis Toda *et* Peng, 1989. Zool. Sci. 6: 162. **Type locality:** China: Guangdong, Nankunshan.

分布（Distribution）：广东（GD）。

（81）台湾果蝇 *Drosophila (Drosophila) formosana* **Duda, 1926**

Drosophila (Drosophila) tripunctata var. *formosana* Duda, 1926b. Ann. Hist.-Nat. Mus. Natl. Hung. 23: 250. **Type locality:** China: Taiwan, Macuyama.

Drosophila immigrans formosana Sturtevant, 1927. Philipp. J. Sci. 32: 368. **Type locality:** China: Taiwan, Tai-pei.

分布（Distribution）：云南（YN）、台湾（TW）；日本、印度、缅甸、泰国、斯里兰卡、新加坡、印度尼西亚（苏门答腊岛）、加里曼丹岛。

（82）黄果蝇 *Drosophila (Drosophila) fulva* **Watabe *et* Li, 1993**

Drosophila (Drosophila) fulva Watabe *et* Li, 1993. *In*: Watabe *et al.*, 1993. Jap. J. Ent. 61: 532. **Type locality:** China: Xinjiang Uygur Autonomous Region, Gozegou, Ili Valley.

分布（Distribution）：新疆（XJ）。

（83）筋果蝇 *Drosophila (Drosophila) funebris* **(Fabricius, 1787)**

Masca funebris Fabricius, 1787. Mantissa Insectorum [2]: 345. **Type locality:** Denmark: Copenhagen.

Drosophila clarkii Hutton, 1901. Trans. Proc. N. Z. Inst. 33: 91. **Type locality:** New Zealand: Christchurch.

Leucophenga atkinsoni Miller, 1921. N. Z. J. Sci. Tech. 3: 302. **Type locality:** New Zealand.

Drosophila dudai Malloch, 1934a. Diptera of Patagonia and South Chile. Part VI, Fasc. 5: 444. **Type locality:** Chile: La Araucania, Angol.

分布（Distribution）：黑龙江（HL）、吉林（JL）、新疆（XJ）、浙江（ZJ）；蒙古国、朝鲜、日本、黎巴嫩、以色列、夏威夷群岛、澳大利亚；欧洲、非洲、北美洲。

（84）暗缘果蝇 *Drosophila* (*Drosophila*) *fuscicostata* Okada, 1966

Drosophila (*Drosophila*) *fuscicostata* Okada, 1966. Bull. Br. Mus. (Nat. Hist.) Ent. Suppl. 6: 111. **Type locality:** Nepal.

分布（**Distribution**）：云南（YN）；尼泊尔。

（85）棒形果蝇 *Drosophila* (*Drosophila*) *fustiformis* Zhang *et* Liang, 1993

Drosophila (*Drosophila*) *fustiformis* Zhang *et* Liang, 1993. *In*: Liang *et* Zhang, 1993. Acta Ent. Sin. 36: 110. **Type locality:** China: Hunan, Sangzhi, Tian Ping Mt.

分布（**Distribution**）：湖南（HN）。

（86）甘氏果蝇 *Drosophila* (*Drosophila*) *gani* Liang *et* Zhang, 1990

Drosophila (*Drosophila*) *gani* Liang *et* Zhang, 1990. *In*: Watabe *et al.*, 1990a. Zool. Sci. 7: 134. **Type locality:** China: Yunnan, Xiaguan.

分布（**Distribution**）：安徽（AH）、浙江（ZJ）、江西（JX）、湖北（HB）、贵州（GZ）、云南（YN）、福建（FJ）、广东（GD）；日本。

（87）广东果蝇 *Drosophila* (*Drosophila*) *guangdongensis* Toda *et* Peng, 1989

Drosophila (*Drosophila*) *guangdongensis* Toda *et* Peng, 1989. Zool. Sci. 6: 165. **Type locality:** China: Guangdong, Dinghushan.

分布（**Distribution**）：安徽（AH）、江西（JX）、云南（YN）、福建（FJ）、广东（GD）；缅甸。

（88）古普塔果蝇 *Drosophila* (*Drosophila*) *guptai* Dwivedi, 1979

Drosophila (*Drosophila*) *guptai* Dwivedi, 1979. Proc. Ind. Acad. Sci., Sec. B 88 (4): 300. **Type locality:** India: West Bengal.

分布（**Distribution**）：云南（YN）；印度。

（89）阿黑果蝇 *Drosophila* (*Drosophila*) *hei* Watabe *et* Peng, 1991

Drosophila (*Drosophila*) *hei* Watabe *et* Peng, 1991. Zool. Sci. 8: 150. **Type locality:** China: Guangdong, Babaoshan.

分布（**Distribution**）：江西（JX）、广东（GD）。

（90）异鬃果蝇 *Drosophila* (*Drosophila*) *heterobristalis* Tan, Hsu *et* Sheng, 1949

Drosophila (*Drosophila*) *heterobristalis* Tan, Hsu *et* Sheng, 1949. Univ. Tex. Publs. 4920: 204. **Type locality:** China: Guizhou, Meitan.

分布（**Distribution**）：北京（BJ）、浙江（ZJ）、贵州（GZ）、

云南（YN）。

（91）六带果蝇 *Drosophila* (*Drosophila*) *hexastriata* Tan, Hsu *et* Sheng, 1949

Drosophila (*Drosophila*) *hexastriata* Tan, Hsu *et* Sheng, 1949. Univ. Tex. Publs. 4920: 201. **Type locality:** China: Guangxi, Liuchow, Ishan; Guizhou, Meitan.

分布（**Distribution**）：江西（JX）、贵州（GZ）、广西（GX）。

（92）希斯果蝇 *Drosophila* (*Drosophila*) *histrio* Meigen, 1830

Drosophila (*Drosophila*) *histrio* Meigen, 1830. Syst. Beschr. Europ. Zweifl. Insekt. 6: 85. **Type locality:** Austria.

Drosophila pokornyi Duda, 1924a. Arch. Naturgesch. (A) 90 (3): 218. **Type locality:** Europe.

分布（**Distribution**）：黑龙江（HL）、吉林（JL）、辽宁（LN）、河北（HEB）、安徽（AH）、湖南（HN）、云南（YN）、福建（FJ）；俄罗斯、朝鲜、日本；欧洲、非洲。

（93）乌凤山果蝇 *Drosophila* (*Drosophila*) *hoozani* Duda, 1923

Drosophila (*Drosophila*) *hoozani* Duda, 1923a. Ann. Hist.-Nat. Mus. Natl. Hung. 20: 54. **Type locality:** China: Taiwan, Mt. Hoozan.

分布（**Distribution**）：台湾（TW）。

（94）黄山果蝇 *Drosophila* (*Drosophila*) *huangshanensis* Watabe, 2008

Drosophila (*Drosophila*) *huangshanensis* Watabe, 2008. *In*: Brake *et* Bächli, 2008. World Cat. Ins. 9: 60.

Drosophila (*Drosophila*) *nigrescens* Chen *et* Watabe, 1993. Jap. J. Ent. 61: 316. **Type locality:** China: Anhui, Huangshan. Preocc. Okada, 1988.

分布（**Distribution**）：安徽（AH）、浙江（ZJ）、江西（JX）。

（95）海德氏果蝇 *Drosophila* (*Drosophila*) *hydei* Sturtevant, 1921

Drosophila (*Drosophila*) *hydei* Sturtevant, 1921. Publ. Carneg. Inst. Wash. 301: 101. **Type locality:** USA: Florida.

Drosophiloa hydei yucatanensis Spencer, 1940. Am. Nat. 74: 160. **Type locality:** Mexico.

Drosophiloa yucatanensis setosa Dobzhansky *et* Pavan, 1943. Boletim da Faculdade de Filosofia, Ciencias e Letras. Universidade de Sao Paulo 36 (Biol. General, 4): 46. **Type locality:** Brazil: Sao Paulo.

Drosophila marmoria Hutton, 1901. Trans. Proc. N. Z. Inst. 33: 91. **Type locality:** New Zealand: Auckland.

分布（**Distribution**）：辽宁（LN）、山东（SD）、上海（SH）、浙江（ZJ）、台湾（TW）；朝鲜、日本、密克罗尼西亚、黎巴嫩、夏威夷群岛、澳大利亚；欧洲、非洲、北美洲、南

美洲。

（96）雄黑果蝇 *Drosophila (Drosophila) hypocausta* Osten-Sacken, 1882

Drosophila (Drosophila) hypocausta Osten-Sacken, 1882. Berl. Ent. Z. 26: 245. **Type locality:** Philippines.

Drosophila pararubida Mather, 1961. Univ. Queensland Papers. Depart. Zool. 1: 251. **Type locality:** Papua New Guinea.

Drosophila stonei Pipkin, 1952. Dros. Inf. Serv. 26: 117. **Type locality:** Caroline Is.

分布（Distribution）：台湾（TW）；印度、缅甸、泰国、菲律宾、马来西亚、新加坡、印度尼西亚（苏门答腊岛、爪哇岛）、加里曼丹岛、加罗林群岛、帕劳群岛、密克罗尼西亚（雅浦群岛、特鲁克群岛、波纳佩岛）、巴布亚新几内亚。

（97）伊米果蝇 *Drosophila (Drosophila) immigrans* Sturtevant, 1921

Drosophila (Drosophila) immigrans Sturtevant, 1921. Publ. Carneg. Inst. Wash. 301: 83. **Type locality:** USA: New York.

Drosophila cilifemur Villeneuve, 1923. Bull. Soc. Ent. Fr. 1923: 28. **Type locality:** France: Strasbourg.

Drosophila flexipilosa Pipkin, 1964. Proc. Ent. Soc. Wash. 66: 238. **Type locality:** Panama: Chiriqui, EI Volaen.

Drosophila brouni Hutton, 1901. Trans. Proc. N. Z. Inst. 33: 91. **Type locality:** New Zealand: Auckland.

分布（Distribution）：黑龙江（HL）、吉林（JL）、辽宁（LN）、河北（HEB）、北京（BJ）、山东（SD）、陕西（SN）、新疆（XJ）、安徽（AH）、江苏（JS）、上海（SH）、浙江（ZJ）、江西（JX）、湖南（HN）、四川（SC）、云南（YN）、福建（FJ）、台湾（TW）、广东（GD）、广西（GX）、海南（HI）；朝鲜、日本、印度、尼泊尔、缅甸、泰国、斯里兰卡、密克罗尼西亚、法国；北美洲。

（98）金子氏果蝇 *Drosophila (Drosophila) kanekoi* Watabe *et* Higuchi, 1979

Drosophila (Drosophila) kanekoi Watabe *et* Higuchi, 1979. Annot. Zool. Japon. 52: 204. **Type locality:** Japan.

分布（Distribution）：吉林（JL）、辽宁（LN）、安徽（AH）、浙江（ZJ）、广东（GD）；日本。

（99）伞形果蝇 *Drosophila (Drosophila) karakasa* Watabe *et* Liang, 1990

Drosophila (Drosophila) karakasa Watabe *et* Liang, 1990. *In*: Watabe *et al.*, 1990b. Zool. Sci. 7: 461. **Type locality:** China: Yunnan, Dali.

分布（Distribution）：湖南（HN）、贵州（GZ）、云南（YN）、广西（GX）。

（100）克什米尔果蝇 *Drosophila (Drosophila) kashimirensis* Kumar *et* Gupta, 1985

Drosophila (Drosophila) kashimirensis Kumar *et* Gupta, 1985. Entomon 10 (2): 139. **Type locality:** India.

分布（Distribution）：新疆（XJ）；印度。

（101）岛果蝇 *Drosophila (Drosophila) kohkoa* Wheeler, 1969

Drosophila (Drosophila) kohkoa Wheeler, 1969. *In*: Wilson *et al.*, 1969. Univ. Tex. Publs. 6918: 217. **Type locality:** Cambodia.

分布（Distribution）：云南（YN）；缅甸、泰国、柬埔寨、菲律宾、马来西亚、新加坡、加里曼丹岛。

（102）昆茨氏果蝇 *Drosophila (Drosophila) kuntzei* Duda, 1924

Drosophila (Drosophila) kuntzei Duda, 1924a. Arch. Naturgesch. (A) 90 (3): 218. **Type locality:** Europe.

分布（Distribution）：吉林（JL）、辽宁（LN）、北京（BJ）、浙江（ZJ）、四川（SC）、云南（YN）；俄罗斯、朝鲜、日本、伊朗、土耳其；欧洲、非洲。

（103）贵州果蝇 *Drosophila (Drosophila) kweichowensis* Tan, Hsu *et* Sheng, 1949

Drosophila (Drosophila) kweichowensis Tan, Hsu *et* Sheng, 1949. Univ. Tex. Publs. 4920: 205. **Type locality:** China: Guizhou, Meitan.

分布（Distribution）：贵州（GZ）。

（104）锯阳果蝇 *Drosophila (Drosophila) lacertosa* Okada, 1956

Drosophila (Drosophila) lacertosa Okada, 1956. Systematic Study of Drosophilidae and Allied Families of Japan: 158. **Type locality:** Japan.

分布（Distribution）：吉林（JL）、辽宁（LN）、北京（BJ）、陕西（SN）、安徽（AH）、江苏（JS）、浙江（ZJ）、江西（JX）、湖南（HN）、四川（SC）、云南（YN）、西藏（XZ）、福建（FJ）、台湾（TW）、广东（GD）；朝鲜、日本、印度、尼泊尔。

（105）溪边果蝇 *Drosophila (Drosophila) latifshahi* Gupta *et* Ray-Chaudhuri, 1970

Drosophila (Drosophila) latifshahi Gupta *et* Ray-Chaudhuri, 1970. Proc. R. Ent. Soc. London (B) 39: 67. **Type locality:** India.

分布（Distribution）：云南（YN）、广东（GD）、海南（HI）；印度、孟加拉国。

（106）李氏果蝇 *Drosophila (Drosophila) liae* Toda *et* Peng, 1989

Drosophila (Drosophila) liae Toda *et* Peng, 1989. Zool. Sci. 6:

160. **Type locality:** China: Guangdong, Conghua.

分布（**Distribution**）：广东（GD）、海南（HI）。

（107）利川果蝇 *Drosophila (Drosophila) lichuanensis* Zhang, 1994

Drosophila (Drosophila) lichuanensis Zhang, 1994. *In*: Zhang *et* Liang, 1994. Entomotaxon. 16 (3): 214. **Type locality:** China: Hubei, Lichuan, Xingdou Mt.

分布（**Distribution**）：湖北（HB）。

（108）边果蝇 *Drosophila (Drosophila) limbata* Roser, 1840

Drosophila limbata Roser, 1840. Correspondenzbl. K. Württemb. Landw. Ver., Stuttgart 37 [= N. S. 17] (1): 62. **Type locality:** Germany.

Drosophila mutandis Tan, Hsu *et* Sheng, 1949. Univ. Tex. Publs. 4920: 198. **Type locality:** China: Guizhou, Meitan.

Drosophila takadai Lee, 1964. Kor. J. Zool. 7: 108. **Type locality:** R. O. Korea: Kangwon.

分布（**Distribution**）：黑龙江（HL）、吉林（JL）、辽宁（LN）、北京（BJ）、山东（SD）、陕西（SN）、贵州（GZ）、云南（YN）、广西（GX）；朝鲜、韩国、日本；欧洲。

（109）小条纹果蝇 *Drosophila (Drosophila) lineolata* de Meijere, 1914

Drosophila (Drosophila) lineolata de Meijere, 1914. Tijdschr. Ent. 57: 254. **Type locality:** Indonesia: Java.

分布（**Distribution**）：台湾（TW）；印度尼西亚（苏门答腊岛、爪哇岛）。

（110）滨海果蝇 *Drosophila (Drosophila) littoralis* Meigen, 1830

Drosophila (Drosophila) littoralis Meigen, 1830. Syst. Beschr. Europ. Zweifl. Insekt. 6: 87. **Type locality:** Europe.

Drosophila parenti Villeneuve, 1921. Ann. Soc. Ent. Belg. 61: 159. **Type locality:** France: Pas-de-Calais, Trescault.

Drosophila lugubrina Duda, 1924a. Arch. Naturgesch. (A) 90 (3): 224. **Type locality:** Poland.

Drosophila imeretensis Sokolov, 1948. Dokl. Akad. Nauk SSSR 59: 1007. **Type locality:** Russia: Moscow, Georgia, Imerretia, Kutaisi.

分布（**Distribution**）：新疆（XJ）；俄罗斯；欧洲。

（111）蓝脉果蝇 *Drosophila (Drosophila) lividinervis* Duda, 1923

Drosophila (Drosophila) lividinervis Duda, 1923a. Ann. Hist.-Nat. Mus. Natl. Hung. 20: 53. **Type locality:** China: Taiwan.

分布（**Distribution**）：台湾（TW）。

（112）长额果蝇 *Drosophila (Drosophila) longifrons* Duda, 1923

Drosophila (Drosophila) longifrons Duda, 1923a. Ann. Hist.-Nat. Mus. Natl. Hung. 20: 48. **Type locality:** China: Taiwan, Fuhosho.

分布（**Distribution**）：台湾（TW）。

（113）长锯齿果蝇 *Drosophila (Drosophila) longiserrata* Toda, 1988

Drosophila (Drosophila) longiserrata Toda, 1988. Kontyû 56 (3): 627. **Type locality:** Myanmar: Pyin Oo Lwin.

分布（**Distribution**）：云南（YN）；缅甸。

（114）长鬃果蝇 *Drosophila (Drosophila) longisetae* Zhang, Lin *et* Gan, 1989

Drosophila (Drosophila) longisetae Zhang, Lin *et* Gan, 1989. Entomotaxon. 11 (4): 319. **Type locality:** China: Yunnan, Kunming, Hua-hong Dong.

分布（**Distribution**）：云南（YN）。

（115）中缢果蝇 *Drosophila (Drosophila) medioconstricta* Watabe, Zhang *et* Gan, 1990

Drosophila (Drosophila) medioconstricta Watabe, Zhang *et* Gan, 1990. *In*: Watabe *et al.*, 1990. Zool. Sci. 7: 138. **Type locality:** China: Yunnan, Kunming.

分布（**Distribution**）：云南（YN）、广东（GD）。

（116）湄潭果蝇 *Drosophila (Drosophila) meitanensis* Tan, Hsu *et* Sheng, 1949

Drosophila (Drosophila) meitanensis Tan, Hsu *et* Sheng, 1949. Univ. Tex. Publs. 4920: 204. **Type locality:** China: Guizhou, Meitan.

分布（**Distribution**）：贵州（GZ）。

（117）次具齿果蝇 *Drosophila (Drosophila) metasetigerata* Gupta *et* Kumar, 1986

Drosophila (Drosophila) metasetigerata Gupta *et* Kumar, 1986. Senckenbergiana Biol. 67: 44. **Type locality:** India.

分布（**Distribution**）：云南（YN）；印度。

（118）森胁氏果蝇 *Drosophila (Drosophila) moriwakii* Okada *et* Kurokawa, 1957

Drosophila (Drosophila) moriwakii Okada *et* Kurokawa, 1957. Kontyû 25 (1): 9. **Type locality:** Japan: Hokkaidō.

分布（**Distribution**）：黑龙江（HL）、辽宁（LN）；日本。

（119）多齿果蝇 *Drosophila (Drosophila) multidentata* Watabe *et* Zhang, 1990

Drosophila (Drosophila) multidentata Watabe *et* Zhang, 1990. *In*: Watabe *et al.*, 1990b. Zool. Sci. 7: 464. **Type locality:** China: Yunnan, Dali, Xiaguan.

分布（Distribution）：湖南（HN）、贵州（GZ）、云南（YN）。

（120）多刺果蝇　*Drosophila (Drosophila) multispina* Okada, 1956

Drosophila (Drosophila) multispina Okada, 1956. Systematic Study of Drosophilidae and Allied Families of Japan: 143. **Type locality:** Japan: Hokkaidō.

分布（Distribution）：吉林（JL）；日本。

（121）钝突果蝇　*Drosophila (Drosophila) mutica* Toda, 1988

Drosophila (Drosophila) mutica Toda, 1988. Kontyû 56 (3): 637. **Type locality:** Myanmar: Pyin Oo Lwin.

分布（Distribution）：云南（YN）、台湾（TW）、广东（GD）、海南（HI）；缅甸。

（122）新雄黑果蝇　*Drosophila (Drosophila) neohypocausta* Lin *et* Wheeler, 1973

Drosophila (Drosophila) neohypocausta Lin *et* Wheeler, 1973. *In*: Lin *et* Tseng, 1973, Bull. Inst. Zool. "Acad. Sin." 12: 23. **Type locality:** China: Taiwan, I-Lan, Chung-tou.

分布（Distribution）：台湾（TW）；缅甸、菲律宾、加里曼丹岛。

（123）新冈田果蝇　*Drosophila (Drosophila) neokadai* Kaneko *et* Takada, 1964

Drosophila (Drosophila) neokadai Kaneko *et* Takada, 1964. Annot. Zool. Japon. 39: 56. **Type locality:** Japan: Hokkaidō.

分布（Distribution）：吉林（JL）、辽宁（LN）、安徽（AH）、云南（YN）、广东（GD）；俄罗斯、日本。

（124）新昆茨果蝇　*Drosophila (Drosophila) neokuntzei* Singh *et* Gupta, 1981

Drosophila (Drosophila) neokuntzei Singh *et* Gupta, 1981a. Stud. Nat. Sci. 2 (13): 3. **Type locality:** India.

分布（Distribution）：云南（YN）；印度。

（125）新纹整果蝇　*Drosophila (Drosophila) neosignata* Kumar *et* Gupta, 1988

Drosophila (Drosophila) neosignata Kumar *et* Gupta, 1988. Ann. Soc. Entomol. Fr. (N. S.) 24 (3): 340. **Type locality:** India.

Drosophila (Drosophila) serraprocessata Zhang *et* Toda, 1988. Zool. Sci. 5: 1099. **Type locality:** China: Yunnan, Mengla, Meng-long. Syn. Zhang *et al*., 1996.

分布（Distribution）：云南（YN）；印度、加里曼丹岛。

（126）黑齿果蝇　*Drosophila (Drosophila) nigridentata* Watabe, Toda *et* Peng, 1995

Drosophila (Drosophila) nigridentata Watabe, Toda *et* Peng, 1995. *In*: Zhang *et al*., 1995. Jap. J. Ent. 63 (1): 43. **Type locality:** China: Guangdong, Babaoshan.

分布（Distribution）：广东（GD）。

（127）黑趾果蝇　*Drosophila (Drosophila) nigrodigita* (Lin *et* Ting, 1971)

Zaprionus nigrodigita Lin *et* Ting, 1971. Bull. Inst. Zool. "Acad. Sin." 10: 20. **Type locality:** China: Taiwan, Nan-tou, Chi-tou.

分布（Distribution）：台湾（TW）。

（128）黑点果蝇　*Drosophila (Drosophila) nigromaculata* Kikkawa *et* Peng, 1938

Drosophila (Drosophila) nigromaculata Kikkawa *et* Peng, 1938. Jpn. J. Zool. 7: 537. **Type locality:** Japan: Hokkaidō.

分布（Distribution）：吉林（JL）、辽宁（LN）；俄罗斯、朝鲜、日本。

（129）亮额果蝇　*Drosophila (Drosophila) nixifrons* Tan, Hsu *et* Sheng, 1949

Drosophila (Drosophila) nixifrons Tan, Hsu *et* Sheng, 1949. Univ. Tex. Publs. 4920: 202. **Type locality:** China: Guizhou, Meitan.

分布（Distribution）：贵州（GZ）。

（130）背条果蝇　*Drosophila (Drosophila) notostriata* Okada, 1966

Drosophila (Drosophila) notostriata Okada, 1966. Bull. Br. Mus. (Nat. His.) Ent. Suppl. 6: 107. **Type locality:** Nepal.

分布（Distribution）：云南（YN）、广东（GD）；尼泊尔。

（131）无条果蝇　*Drosophila (Drosophila) nullilineata* Zhang *et* Toda, 1988

Drosophila (Drosophila) nullilineata Zhang *et* Toda, 1988. Zool. Sci. 5: 1101. **Type locality:** China: Yunnan, Mengla, Shang-yong.

分布（Distribution）：云南（YN）。

（132）小灰果蝇　*Drosophila (Drosophila) obscurata* de Meijere, 1911

Drosophila (Drosophila) obscurata de Meijere, 1911. Tijdschr. Ent. 54: 410. **Type locality:** Indonesia: Java.

分布（Distribution）：台湾（TW）；印度尼西亚（爪哇岛）。

（133）暗脉果蝇　*Drosophila (Drosophila) obscurinervis* Toda, 1986

Drosophila (Drosophila) obscurinervis Toda, 1986b. Kontyû 54: 649. **Type locality:** Myanmar: Mandalay.

分布（Distribution）：云南（YN）；缅甸。

（134） 东 方 果 蝇 *Drosophila* (*Drosophila*) *orientacea* Grimaldi, James *et* Jaenike, 1992

Drosophila (*Drosophila*) *orientacea* Grimaldi, James *et* Jaenike, 1992. Ann. Ent. Soc. Am. 85: 679. **Type locality:** Japan: Hokkaidō.

分布（**Distribution**）：吉林（JL）；俄罗斯、日本。

（135）宝石果蝇 *Drosophila* (*Drosophila*) *oritisa* Chen, 1990

Drosophila (*Drosophila*) *oritisa* Chen, 1990. J. Fudan Univ. (Nat. Sci.) 29 (1): 86. **Type locality:** China: Sichuan, Mt. Jinyun.

分布（**Distribution**）：湖北（HB）、四川（SC）、重庆（CQ）。

（136） 塔 果 蝇 *Drosophila* (*Drosophila*) *pagoda* Toda, 1988

Drosophila (*Drosophila*) *pagoda* Toda, 1988. Kontyû 56 (3): 634. **Type locality:** Myanmar: Mandalay.

分布（**Distribution**）：云南（YN）；缅甸。

（137）乳头果蝇 *Drosophila* (*Drosophila*) *papilla* Zhang *et* Shi, 1992

Drosophila (*Drosophila*) *papilla* Zhang *et* Shi, 1992. *In*: Zhang *et* Toda, 1992. Jap. J. Ent. 60 (4): 847. **Type locality:** China: Yunnan, Tengchong.

分布（**Distribution**）：云南（YN）。

（138） 拟 髭 果 蝇 *Drosophila* (*Drosophila*) *paravibrissina* Duda, 1924

Drosophila paravibrissina Duda, 1924a. Arch. Naturgesch. (A) 90 (3): 218; Duda, 1924d. Arch. Naturgesch. (A) 90 (3): 248. **Type locality:** China: Taiwan.

分布（**Distribution**）：台湾（TW）。

（139） 拟 带 果 蝇 *Drosophila* (*Drosophila*) *parazonata* Gupta *et* Dwivedi, 1980

Drosophila (*Drosophila*) *parazonata* Gupta *et* Dwivedi, 1980. Entomon 5: 133. **Type locality:** India.

分布（**Distribution**）：云南（YN）；印度。

（140）稀鬃果蝇 *Drosophila* (*Drosophila*) *penispina* Gupta *et* Singh, 1979

Drosophila (*Drosophila*) *penispina* Gupta *et* Singh, 1979. Entomon 4: 167. **Type locality:** India.

分布（**Distribution**）：安徽（AH）、云南（YN）、福建（FJ）、广东（GD）；印度、缅甸。

（141） 棕 五 脉 果 蝇 *Drosophila* (*Drosophila*) *pentafuscata* Gupta *et* Kumar, 1986

Drosophila (*Drosophila*) *pentafuscata* Gupta *et* Kumar, 1986. Senckenbergiana Biol. 67: 43. **Type locality:** India.

Drosophila parviprocessata Toda, 1986b. Kontyû 54: 642.

Type locality: Myanmar: Mandalay. Syn. Zhang *et al.*, 1996.

分布（**Distribution**）：云南（YN）、广东（GD）；印度、缅甸、加里曼丹岛。

（142）透茎果蝇 *Drosophila* (*Drosophila*) *perlucida* Zhang *et* Liang, 1994

Drosophila (*Drosophila*) *perlucida* Zhang *et* Liang, 1994. Entomotaxon. 16 (3): 215. **Type locality:** China: Hubei, Hefeng, Xiaping.

分布（**Distribution**）：陕西（SN）、湖北（HB）。

（143）亮果蝇 *Drosophila* (*Drosophila*) *phalerata* Meigen, 1830

Drosophila (*Drosophila*) *phalerata* Meigen, 1830. Syst. Beschr. Europ. Zweifl. Insekt. 6: 83. **Type locality:** Europe.

分布（**Distribution**）：新疆（XJ）；欧洲。

（144）流苏果蝇 *Drosophila* (*Drosophila*) *pilosa* Watabe *et* Peng, 1991

Drosophila (*Drosophila*) *pilosa* Watabe *et* Peng, 1991. Zool. Sci. 8: 151. **Type locality:** China: Guangdong, Babaoshan.

分布（**Distribution**）：江西（JX）、台湾（TW）、广东（GD）、广西（GX）；越南。

（145） 多 鬃 果 蝇 *Drosophila* (*Drosophila*) *polychaeta* Patterson *et* Wheeler, 1942

Drosophila polychaeta Patterson *et* Wheeler, 1942. Univ. Tex. Publs. 4213: 102. **Type locality:** USA: Texas.

Drosophila baole Burla, 1954. Rev. Suisse Zool. 61 (Suppl.): 187. **Type locality:** Ivory Coast: near Abidjan.

Drosophila asper Lin *et* Tseng, 1971. Bull. Inst. Zool. "Acad. Sin." 10: 69. **Type locality:** China: Taiwan, Hua-lien, Feng-lin.

Drosophila pattersoni Mainland, 1948. Dros. Inf. Serv. 22: 59. **Type locality:** USA: Hawaii.

分布（**Distribution**）：云南（YN）、台湾（TW）、广东（GD）；马来西亚、斯里兰卡、密克罗尼西亚、夏威夷群岛；欧洲、非洲。

（146） 喜 河 果 蝇 *Drosophila* (*Drosophila*) *potamophila* Toda *et* Peng, 1989

Drosophila (*Drosophila*) *potamophila* Toda *et* Peng, 1989. Zool. Sci. 6: 159. **Type locality:** China: Guangdong, Dinghushan.

分布（**Distribution**）：云南（YN）、广东（GD）、广西（GX）；越南、印度尼西亚。

（147）黑袍果蝇 *Drosophila* (*Drosophila*) *pullata* Tan, Hsu *et* Sheng, 1949

Drosophila (*Drosophila*) *pullata* Tan, Hsu *et* Sheng, 1949. Univ. Tex. Publs. 4926: 200. **Type locality:** China: Guizhou.

分布（**Distribution**）：贵州（GZ）。

（148） 四线果蝇 *Drosophila (Drosophila) quadrilineata* de Meijere, 1911

Drosophila (Drosophila) quadrilineata de Meijere, 1911. Tijdschr. Ent. 54: 396. **Type locality:** Indonesia: Java.

分布（Distribution）：云南（YN）、台湾（TW）；日本、印度、缅甸、越南、泰国、斯里兰卡、菲律宾、马来西亚、新加坡、印度尼西亚（苏门答腊岛、爪哇岛）、加里曼丹岛、密克罗尼西亚。

（149） 五条纹果蝇 *Drosophila (Drosophila) quinquestriata* Lin *et* Wheeler, 1973

Drosophila (Drosophila) quinquestriata Lin *et* Wheeler, 1973. Bull. Inst. Zool. "Acad. Sin." 12: 21. **Type locality:** China: Taiwan, Chia-I, Ali-shan.

分布（Distribution）：台湾（TW）；马来西亚。

（150） 黑斑果蝇 *Drosophila (Drosophila) repleta* Wollaston, 1858

Drosophila (Drosophila) repleta Wollaston, 1858. Ann. Mag. Nat. Hist. (3) 1: 117. **Type locality:** Portugal.

Drosophila punctulata Loew, 1862. Berl. Ent. Z. 6: 232. **Type locality:** Cuba.

Drosophila adspersa Mik, 1886b. Wien. Ent. Ztg. 5: 328. **Type locality:** Ghana: Ashanti.

Drosophila nigropunctata van der Wulp, 1891. Tijdschr. Ent. 34: 216. **Type locality:** Indonesia: Java.

Drosophila maculiventris van der Wulp, 1897. Természetr. Füz. 20: 142. **Type locality:** Sri Lanka: Kekirawa.

Drosophila melanopalpa Patterson *et* Wheeler, 1942. Univ. Tex. Publs. 4213: 77. **Type locality:** USA: Arizona.

Drosophila austrorepleta Dobzhansky *et* Pavan, 1943. Boletim da Faculdade de Filosofia, Ciencias e Letras. Universidade de Sao Paulo 36 (Biol. General, 4): 50. **Type locality:** Brazil: Sao Paulo, Mogi das Cruzes.

Drosophila betari Dobzhansky *et* Pavan, 1943. Boletim da Faculdade de Filosofia, Ciencias e Letras. Universidade de Sao Paulo 36 (Biol. General, 4): 48. **Type locality:** Brazil: Sao Paulo, Iporanga.

Drosophila brunneipalpa Dobzhansky *et* Pavan, 1943. Boletim da Faculdade de Filosofia, Ciencias e Letras. Universidade de Sao Paulo 36 (Biol. General, 4): 53. **Type locality:** Brazil: Sao Paulo, Apiai.

分布（Distribution）：云南（YN）、台湾（TW）、广东（GD）、海南（HI）；朝鲜、日本、印度、斯里兰卡、印度尼西亚（苏门答腊岛、爪哇岛）、加里曼丹岛；南美洲。

（151） 拟黑斑果蝇 *Drosophila (Drosophila) repletoides* Hsu, 1943

Drosophila repletoides Hsu, 1943. Kwangsi Agric. 4: 155. **Type locality:** China: Kweichou, Meitan.

Drosophila tumiditarsus Tan, Hsu *et* Sheng, 1949. Univ. Tex. Publs. 4920: 205. **Type locality:** China: Kweichou, Meitan;

Guangxi, Liuchow; Zhejiang, Hangchow.

Drosophila hayashii Okada, 1953. Zool. Mag. 62: 284. **Type locality:** Japan.

Drosophila chinoi Okada, 1956. Systematic Study of Drosophilidae and Allied Families of Japan: 162. **Type locality:** Japan: Kanto, Tokyo Metropolis, Setagaya.

分布（Distribution）：浙江（ZJ）、贵州（GZ）、云南（YN）、广东（GD）、广西（GX）；日本、缅甸。

（152）红缝果蝇 *Drosophila (Drosophila) ruberrima* de Meijere, 1911

Drosophila (Drosophila) ruberrima de Meijere, 1911. Tijdschr. Ent. 54: 403. **Type locality:** Indonesia: Java.

分布（Distribution）：云南（YN）、台湾（TW）、海南（HI）；缅甸、越南、泰国、印度尼西亚（苏门答腊岛、爪哇岛）。

（153） 拟红缝果蝇 *Drosophila (Drosophila) ruberrimoides* Zhang *et* Gan, 1986

Drosophila (Drosophila) ruberrimoides Zhang *et* Gan, 1986. Zool. Res. 7 (4): 360. **Type locality:** China: Yunnan, Kunming, Hua-hong Dong.

分布（Distribution）：云南（YN）、台湾（TW）。

（154）号角果蝇 *Drosophila (Drosophila) salpina* Chen, 1994

Drosophila (Drosophila) salpina Chen, 1994. J. Fudan Univ. (Nat. Sci.) 33 (3): 341. **Type locality:** China: Hunan, Mt. Zhangjiajie.

分布（Distribution）：湖南（HN）。

（155） 棘突果蝇 *Drosophila (Drosophila) senticosa* Zhang *et* Toda, 1995

Drosophila (Drosophila) senticosa Zhang *et* Toda, 1995. *In*: Zhang, Toda and Watabe. 1995. Jap. J. Ent. 63 (1): 49. **Type locality:** China: Taiwan, Shanlinxi.

分布（Distribution）：台湾（TW）。

（156）施氏果蝇 *Drosophila (Drosophila) shi* Zhang, 2000

Drosophila (Drosophila) shi Zhang, 2000. Acta Ent. Sin. 43 (Suppl.): 172. **Type locality:** China: Yunnan, Weixi.

分布（Distribution）：云南（YN）。

（157） 瑞扎耶果蝇 *Drosophila (Drosophila) shwezayana* Toda, 1986

Drosophila (Drosophila) shwezayana Toda, 1986b. Kontyû 54: 638. **Type locality:** Myanmar.

分布（Distribution）：湖南（HN）、云南（YN）；缅甸。

（158）暗侧果蝇 *Drosophila (Drosophila) siamana* Hihara *et* Lin, 1984

Drosophila (Drosophila) siamana Hihara *et* Lin, 1984. Bull.

Inst. Zool. "Acad. Sin." 23: 207. **Type locality:** Malaysia.

分布（Distribution）：云南（YN）、海南（HI）；印度、缅甸、泰国、马来西亚、印度尼西亚（爪哇岛）、加里曼丹岛。

（159）纹整果蝇 *Drosophila (Drosophila) signata* Duda, 1923

Drosophila signata Duda, 1923a. Ann. Hist.-Nat. Mus. Natl. Hung. 20: 48. **Type locality:** China: Taiwan, Chip-chip.

分布（Distribution）：湖南（HN）、云南（YN）、台湾（TW）、海南（HI）。

（160）银黄果蝇 *Drosophila (Drosophila) silvata* de Meijere, 1916

Drosophila (Drosophila) silvata de Meijere, 1916b. Tijdschr. Ent. 59: 206. **Type locality:** Indonesia: Java.

分布（Distribution）：台湾（TW）；印度尼西亚（苏门答腊岛、爪哇岛）。

（161）染果蝇 *Drosophila (Drosophila) sordidula* Kikkawa *et* Peng, 1938

Drosophila (Drosophila) sordidula Kikkawa *et* Peng, 1938. Jpn. J. Zool. 7: 539. **Type locality:** Japan: Hokkaidō.

分布（Distribution）：吉林（JL）；俄罗斯、朝鲜、日本。

（162）拟弯头果蝇 *Drosophila (Drosophila) spuricurviceps* Zhang *et* Gan, 1986

Drosophila (Drosophila) spuricurviceps Zhang *et* Gan, 1986. Zool. Res. 7 (4): 359. **Type locality:** China: Yunnan, Kunming, Hua-hong Dong.

分布（Distribution）：四川（SC）、云南（YN）。

（163）苏氏果蝇 *Drosophila (Drosophila) sui* Lin *et* Tseng, 1973

Drosophila sui Lin *et* Tseng, 1973. Bull. Inst. Zool. "Acad. Sin." 12: 19. **Type locality:** China: Taiwan, Hua-lien, Feng-lin.

分布（Distribution）：江西（JX）、湖南（HN）、四川（SC）、云南（YN）、台湾（TW）。

（164）银眶果蝇 *Drosophila (Drosophila) sulfurigaster albostrigata* Wheeler, 1969

Drosophila (Drosophila) sulfurigaster albostrigata Wheeler, 1969. *In*: Wilson *et al.*, 1969. Univ. Tex. Publs. 6918: 217. **Type locality:** Borneo.

分布（Distribution）：云南（YN）、海南（HI）；缅甸、泰国、柬埔寨、斯里兰卡、菲律宾、马来西亚、新加坡、加里曼丹岛。

（165）泰果蝇 *Drosophila (Drosophila) taiensis* Kumar *et* Gupta, 1988

Drosophila (Drosophila) taiensis Kumar *et* Gupta, 1988. Ann. Soc. Entomol. Fr. (N. S.) 24 (3): 339. **Type locality:** India.

Drosophila (Drosophila) parustulata Zhang *et* Toda, 1988.

Zool. Sci. 5: 1099. **Type locality:** China: Yunnan, Mengla, Meng-long.

分布（Distribution）：云南（YN）；印度。

（166）太平山果蝇 *Drosophila (Drosophila) taipinsanensis* Lin *et* Tseng, 1973

Drosophila (Drosophila) taipinsanensis Lin *et* Tseng, 1973. Bull. Inst. Zool. "Acad. Sin." 12: 16. **Type locality:** China: Taiwan, I-Lan, Tu-chang.

分布（Distribution）：台湾（TW）。

（167）浅褐果蝇 *Drosophila (Drosophila) testacea* Roser, 1840

Drosophila (Drosophila) testacea Roser, 1840. Correspondenzbl. K. Württemb. Landw. Ver., Stuttgart 37 [= N. S. 17] (1): 62. **Type locality:** Germany.

Drosophila fenestrarum var. *nigrithorax* Strobl, 1894. Mitt. Naturwiss. Ver. Steiermark. 30 (1893): 132. **Type locality:** Austria: Styria, Admont.

Drosophila setosa Villeneuve, 1921. Ann. Soc. Ent. Belg. 61: 160. **Type locality:** France: Rambouillet.

分布（Distribution）：黑龙江（HL）、吉林（JL）、辽宁（LN）、新疆（XJ）、云南（YN）；蒙古国、朝鲜、日本、印度；欧洲、北美洲。

（168）东埔果蝇 *Drosophila (Drosophila) tongpua* Lin *et* Tseng, 1973

Drosophila (Drosophila) tongpua Lin *et* Tseng, 1973. Bull. Inst. Zool. "Acad. Sin." 12: 18. **Type locality:** China: Taiwan, Nan-tou, Tong-pu.

分布（Distribution）：台湾（TW）；印度。

（169）横果蝇亚种 *Drosophila (Drosophila) transversa transversa* Fallén, 1823

Drosophila (Drosophila) transversa transversa Fallén, 1823. Dipt. Suec. Geomyz. 2: 6. **Type locality:** Sweden.

分布（Distribution）：黑龙江（HL）、吉林（JL）、新疆（XJ）；古北区广布；欧洲。

（170）三角果蝇 *Drosophila (Drosophila) triantilia* Okada, 1988

Drosophila (Drosophila) triantilia Okada, 1988b. Ent. Scand. 30 (Suppl.): 141. **Type locality:** Sri Lanka.

分布（Distribution）：云南（YN）；斯里兰卡。

（171）三刚毛果蝇 *Drosophila (Drosophila) trisetosa* Okada, 1966

Drosophila (Drosophila) trisetosa Okada, 1966. Bull. Br. Mus. (Nat. Hist.) Ent. Suppl. 6: 99. **Type locality:** Nepal.

分布（Distribution）：云南（YN）、广东（GD）、海南（HI）；印度、尼泊尔、缅甸、斯里兰卡。

（172） 叔双带果蝇 *Drosophila* (*Drosophila*) *trizonata* Okada, 1966

Drosophila (*Drosophila*) *trizonata* Okada, 1966. Bull. Br. Mus. (Nat. Hist.) Ent. Suppl. 6: 97. **Type locality:** Nepal.

分布（Distribution）：云南（YN）；印度、尼泊尔、缅甸。

（173）齐格纳果蝇 *Drosophila* (*Drosophila*) *tsigana* Burla *et* Gloor, 1952

Drosophila (*Drosophila*) *tsigana* Burla *et* Gloor, 1952. Abst. Ver. 84: 164. **Type locality:** France.

Drosophila pengi Okada *et* Kurokawa, 1957. Kontyû 25 (1): 11. **Type locality:** Japan: Kanto, Yokyo Metropolis, Suginami. Syn. Watabe *et al.*, 1990.

Nesiodrosophila septentriata Takada *et* Maekawa, 1984. J. Facl. Gen. Edu. Woman Junior Coll. Sapp. Univ. 25: 42. **Type locality:** Japan: Hokkaidō, Toyotomi Hot Spring. Syn. Watabe *et al.*, 1990.

分布（Distribution）：吉林（JL）、辽宁（LN）；俄罗斯、朝鲜、日本；欧洲（西部）。

（174）单刺果蝇 *Drosophila* (*Drosophila*) *unispina* Okada, 1956

Drosophila (*Drosophila*) *unispina* Okada, 1956. Systematic Study of Drosophilidae and Allied Families of Japan: 129. **Type locality:** Japan: Hokkaidō.

分布（Distribution）：吉林（JL）；俄罗斯、朝鲜、日本。

（175）黑带果蝇 *Drosophila* (*Drosophila*) *velox* Watabe *et* Peng, 1991

Drosophila (*Drosophila*) *velox* Watabe *et* Peng, 1991. Zool. Sci. 8: 148. **Type locality:** China: Guangdong, Babaoshan.

分布（Distribution）：台湾（TW）、广东（GD）。

（176） 大果蝇 *Drosophila* (*Drosophila*) *virilis* Sturtevant, 1916

Drosophila (*Drodsophila*) *virilis* Sturtevant, 1916. Ann. Ent. Soc. Am. 9: 330. **Type locality:** USA: New York.

Drosophila brevicornis Duda, 1935c. *In*: Lindner, 1935. Die Flieg. Palaearkt. Reg. 58g 6 (1): 76. **Type locality:** Russia: Ussuri. Syn. Sidorenko, 1993.

分布（Distribution）：吉林（JL）、辽宁（LN）、北京（BJ）、山东（SD）、安徽（AH）、江苏（JS）、上海（SH）、浙江（ZJ）、江西（JX）、云南（YN）、福建（FJ）、广东（GD）、广西（GX）；朝鲜、日本、夏威夷群岛；欧洲、南美洲。

（177）王氏果蝇 *Drosophila* (*Drosophila*) *wangi* Toda *et* Zhang, 1995

Drosophila (*Drosophila*) *wangi* Toda *et* Zhang, 1995. *In*: Zhang Toda and Watabe, 1995. Jap. J. Ent. 63 (1): 45. **Type locality:** China: Sichuan, Mt Emei.

分布（Distribution）：四川（SC）。

（178） 黄腹果蝇 *Drosophila* (*Drosophila*) *xanthogaster* Duda, 1924

Drosophila (*Drosophila*) *xanthogaster* Duda, 1924a. Arch. Naturgesch. (A) 90 (3): 217; Duda, 1924d. Arch. Naturgesch. (A) 90 (3): 248. **Type locality:** China: Taiwan.

分布（Distribution）：台湾（TW）；印度尼西亚（苏门答腊岛）。

（179） 云南果蝇 *Drosophila* (*Drosophila*) *yunnanensis* Watabe *et* Liang, 1990

Drosophila (*Drosophila*) *yunnanensis* Watabe *et* Liang, 1990. *In*: Watabe *et al.*, 1990a. Zool. Sci. 7: 135. **Type locality:** China: Yunnan, Dali.

分布（Distribution）：云南（YN）、台湾（TW）、广东（GD）。

（180）带果蝇 *Drosophila* (*Drosophila*) *zonata* Chen *et* Watabe, 1993

Drosophila (*Drosophila*) *zonata* Chen *et* Watabe, 1993. Jap. J. Ent. 61: 318. **Type locality:** China: Anhui, Huangshan.

分布（Distribution）：云南（YN）、台湾（TW）、广东（GD）。

（181）丝果蝇 *Drosophila* (*Dudaica*) *senilis* Duda, 1926

Drosophila (*Dudaica*) *senilis* Duda, 1926a. Suppl. Ent. 14: 91. **Type locality:** Indonesia: Sumatra.

分布（Distribution）：海南（HI）；印度、不丹、越南、菲律宾、印度尼西亚（苏门答腊岛、爪哇岛）。

（182）锚茎果蝇 *Drosophila* (*Psilodorha*) *ancora* Okada, 1968

Drosophila (*Psilodorha*) *ancora* Okada, 1968b. Kontyû 36 (4): 334. **Type locality:** Japan.

分布（Distribution）：海南（HI）；日本。

（183）丰日氏果蝇 *Drosophila* (*Psilodorha*) *toyohii* Lin *et* Tseng, 1972

Drosophila (*Psilodorha*) *toyohii* Lin *et* Tseng, 1972. Bull. Inst. Zool. "Acad. Sin." 11: 9. **Type locality:** China: Taiwan.

分布（Distribution）：台湾（TW）。

（184） 阿尔卑斯果蝇 *Drosophila* (*Sophophora*) *alpine* Burla, 1948

Drosophila (*Sophophora*) *alpina* Burla, 1948. Rev. Suisse Zool. 53: 274. **Type locality:** Switzerland: Ftan.

分布（Distribution）：新疆（XJ）；俄罗斯、蒙古国、朝鲜、日本；欧洲。

（185） 嗜凤梨果蝇 *Drosophila* (*Sophophora*) *ananassae* Doleschall, 1858

Drosophila (*Sophophora*) *ananassae* Doleschall, 1858. Natuurkd. Tijdschr. Ned.-Indië 17: 128. **Type locality:** Indonesia: Maluku (Ambon).

Drosophila (*Sophophora*) *imparata* Walker, 1859. J. Proc. Linn. Soc. London Zool. 4: 126. **Type locality:** Indonesia: Maluku, Aru Is.

Drosophila similis Lamb, 1914. Trans. Linn. Soc. Lond. (2, Zool.) 16: 347. **Type locality:** Seychelles: Silhouette, Mare aus Cochons.

Drosophila caribea Sturtevant, 1916. Ann. Ent. Soc. Am. 9: 335. **Type locality:** Cuba: Ciudad de la Habana.

Drosophila errans Malloch, 1933. Ber. Pac. Bishop Mus. Bull. 114: 21. Syn. of *similis* Lamb by Brake *et* Bächli, 2008. World Cat. Ins. 9: 97.

分布（Distribution）：上海（SH）、云南（YN）、台湾（TW）、海南（HI）；世界广布。

（186）端刺铃木果蝇 *Drosophila* (*Sophophora*) *apicespinata* Zhang *et* Gan, 1986

Drosophila (*Sophophora*) *apicespinata* Zhang *et* Gan, 1986. Zool. Res. 7 (4): 356. **Type locality:** China: Yunnan, Kunming, Hua-hong Dong.

分布（Distribution）：湖北（HB）、云南（YN）。

（187）日奈氏果蝇 *Drosophila* (*Sophophora*) *asahinai* Okada, 1964

Drosophila (*Sophophora*) *asahinai* Okada, 1964a. Kontyû 32: 111. **Type locality:** Japan: Kyushu.

分布（Distribution）：台湾（TW）；日本。

（188）白颜果蝇 *Drosophila* (*Sophophora*) *auraria* Peng, 1937

Drosophila (*Sophophora*) *auraria* Peng, 1937. Annot. Zool. Japon. 16: 23. **Type locality:** China: Jiangxi, Nanchang and Sanhu; Zhejiang, Ningbo.

分布（Distribution）：辽宁（LN）、北京（BJ）、陕西（SN）、安徽（AH）、江苏（JS）、上海（SH）、浙江（ZJ）、江西（JX）、湖南（HN）、四川（SC）、云南（YN）、福建（FJ）、广东（GD）、广西（GX）；朝鲜、日本。

（189）南方果蝇 *Drosophila* (*Sophophora*) *austrosaltans* Tsaur *et* Lin, 1991

Drosophila (*Sophophora*) *austrosaltans* Tsaur *et* Lin, 1991. Pan-Pac. Entomol. 67: 24. **Type locality:** China: Taiwan, Taipei, Nankang.

分布（Distribution）：台湾（TW）。

（190）拜迈氏果蝇 *Drosophila* (*Sophophora*) *baimai* Bock *et* Wheeler, 1972

Drosophila (*Sophophora*) *baimai* Bock *et* Wheeler, 1972. Univ. Tex. Publs. 7213: 70. **Type locality:** Thailand: Uthai Thani, Khao Yai.

分布（Distribution）：云南（YN）；泰国、马来西亚、印度尼西亚（爪哇岛）。

（191）泊果蝇 *Drosophila* (*Sophophora*) *barbarae* Bock *et* Wheeler, 1972

Drosophila (*Sophophora*) *barbarae* Bock *et* Wheeler, 1972. Univ. Tex. Publs. 7213: 62. **Type locality:** Thailand: Bon Chakkrarat.

分布（Distribution）：云南（YN）；印度、泰国、菲律宾、马来西亚、加里曼丹岛。

（192）双刺果蝇 *Drosophila* (*Sophophora*) *biarmipes* Malloch, 1924

Drosophila (*Sophophora*) *biarmipes* Malloch, 1924f. Mem. Dept. Agri. India, Ent. Ser. 8: 64. **Type locality:** India: Tamil Nādu.

Drosophila rajasekari Reddy *et* Krishnamurthy, 1968. Proc. Indian Acad. Sci. (B) 68: 202. **Type locality:** India: Mysore.

Drosophila raychaudhurii Gupta, 1969. Proc. Nat. Acad. Sci. Calcutta 22: 54. **Type locality:** India: Uttar Pradesh.

分布（Distribution）：云南（YN）、广东（GD）；印度、斯里兰卡。

（193）仲白颜果蝇 *Drosophila* (*Sophophora*) *biauraria* Bock *et* Wheeler, 1972

Drosophila (*Sophophora*) *biauraria* Bock *et* Wheeler, 1972. Univ. Tex. Publs. 7213: 53. **Type locality:** R. O. Korea: Ka-ari.

分布（Distribution）：吉林（JL）、台湾（TW）；俄罗斯（远东地区）、韩国、日本。

（194）双条果蝇 *Drosophila* (*Sophophora*) *bifasciata* Pomini, 1940

Drosophila (*Sophophora*) *bifasciata* Pomini, 1940. Boll. Ist. Ent. R. Univ. Bologna 12: 155. **Type locality:** Italy: Veneto.

分布（Distribution）：黑龙江（HL）、吉林（JL）、新疆（XJ）、江苏（JS）、浙江（ZJ）、四川（SC）、云南（YN）、台湾（TW）；俄罗斯、朝鲜、韩国、日本、土库曼斯坦、哈萨克斯坦、乌兹别克斯坦、印度；欧洲。

（195）双栉果蝇 *Drosophila* (*Sophophora*) *bipectinata* Duda, 1923

Drosophila (*Sophophora*) *bipectinata* Duda, 1923a. Ann. Hist.-Nat. Mus. Natl. Hung. 20: 52. **Type locality:** India.

Drosophila szentuvanii Mather *et* Dobzhansky, 1962. Pac. Insects 4: 247. **Type locality:** Papua New Guinea: Morobe, Lae.

分布（Distribution）：浙江（ZJ）、云南（YN）、台湾（TW）、广东（GD）、海南（HI）；日本、巴基斯坦、尼泊尔、印度、缅甸、泰国、柬埔寨、斯里兰卡、菲律宾、马来西亚、新加坡、印度尼西亚（苏门答腊岛、爪哇岛）、加里曼丹岛、密克罗尼西亚、巴布亚新几内亚、澳大利亚、斐济。

（196）包克氏果蝇 *Drosophila* (*Sophophora*) *bocki* **Baimai, 1979**

Drosophila (*Sophophora*) *bocki* Baimai, 1979. Pac. Insects 21: 231. **Type locality:** Thailand.

分布（Distribution）：台湾（TW）、广东（GD）、海南（HI）；日本、缅甸、泰国。

（197）滇暗果蝇 *Drosophila* (*Sophophora*) *dianensis* Gao *et* Watabe, 2003

Drosophila (*Sophophora*) *dianensis* Gao *et* Watabe, 2003. Zool. Sci. 20: 775. **Type locality:** China: Yunnan, Kunming, Jiao-Ye Park.

分布（Distribution）：云南（YN）。

（198）牵牛花果蝇 *Drosophila* (*Sophophora*) *elegans* Bock *et* Wheeler, 1972

Drosophila (*Sophophora*) *elegans* Bock *et* Wheeler, 1972. Univ. Tex. Publs. 7213: 28. **Type locality:** Philippines.

分布（Distribution）：云南（YN）、台湾（TW）、广东（GD）；日本、印度、缅甸、菲律宾、新几内亚岛。

（199）细针果蝇 *Drosophila* (*Sophophora*) *eugracilis* Bock *et* Wheeler, 1972

Drosophila (*Sophophora*) *eugracilis* Bock *et* Wheeler, 1972. Univ. Tex. Publs. 7213: 31. **Type locality:** Indonesia: Java.

Tanygastrella gracilis Duda, 1924a. Arch. Naturgesch. (A) 90 (3): 192. **Type locality:** Indonesia, Java.

分布（Distribution）：云南（YN）、台湾（TW）、海南（HI）；朝鲜、日本、印度、缅甸、泰国、柬埔寨、斯里兰卡、菲律宾、马来西亚、新加坡、印度尼西亚（苏门答腊岛、爪哇岛、苏拉威西岛、马鲁古群岛）、加里曼丹岛、安达曼群岛、新几内亚岛、澳大利亚。

（200）封开果蝇 *Drosophila* (*Sophophora*) *fengkaiensis* Chen, 2008

Drosophila (*Sophophora*) *fengkaiensis* Chen, 2008. *In*: Brake *et* Bächli, 2008. World Cat. Ins. 9: 102 .

Drosophila (*Sophophora*) *constricta* Chen, Shao, Fan *et* Okada, 1988. Kontyû 56: 839. **Type locality:** China: Guangdong. Preocc. Okada *et* Carson, 1983.

Drosophila (*Sophophora*) *fengkaiensis* Zhang, Chen, Peng *et* Lin, 1998. *In*: Xue *et* Chao, 1998. Flies of China, Vol. 1: 312.

分布（Distribution）：浙江（ZJ）、福建（FJ）、广东（GD）、广西（GX）。

（201）嗜榕果蝇 *Drosophila* (*Sophophora*) *ficusphila* Kikkawa *et* Peng, 1938

Drosophila (*Sophophora*) *ficusphila* Kikkawa *et* Peng, 1938. Jpn. J. Zool. 7: 531. **Type locality:** Japan: Kohu.

分布（Distribution）：云南（YN）、台湾（TW）、广东（GD）、广西（GX）；朝鲜、日本、印度、缅甸、马来西亚、印度

尼西亚、安达曼群岛、尼克巴群岛、澳大利亚。

（202）光滑暗果蝇 *Drosophila* (*Sophophora*) *glabra* **Chen *et* Gao, 2015**

Drosophila (*Sophophora*) *glabra* Chen *et* Gao, 2015. Zool. Syst. 40 (1): 74. **Type locality:** China: Guangxi, Guilin, Maoershan National Nature Reserve.

分布（Distribution）：广西（GX）。

（203）湖北果蝇 *Drosophila* (*Sophophora*) *hubeiensis* Sperlich *et* Watabe, 1997

Drosophila (*Sophophora*) *hubeiensis* Sperlich *et* Watabe, 1997. *In*: Watabe *et* Sperlich, 1997. Jpn. J. Entom. 38 (8): 622. **Type locality:** China: Hubei, Shennongjia.

分布（Distribution）：湖北（HB）、四川（SC）、云南（YN）。

（204）无斑果蝇 *Drosophila* (*Sophophora*) *immacularis* **Okada, 1966**

Drosophila (*Sophophora*) *immacularis* Okada, 1966. Bull. Br. Mus. (Nat. Hist.) Ent. Suppl. 6: 87. **Type locality:** Nepal: E. Nepal, Taplejung.

分布（Distribution）：云南（YN）、广东（GD）；印度、尼泊尔。

（205）蒲桃果蝇 *Drosophila* (*Sophophora*) *jambulina* Parshad *et* Paika, 1965

Drosophila (*Sophophora*) *jambulina* Parshad *et* Paika, 1965. Panjab Univ. Res. J. Sci. 15 (3-4): 240. **Type locality:** India: Chandīgarh.

分布（Distribution）：台湾（TW）、香港（HK）；印度、柬埔寨、斯里兰卡、印度尼西亚（爪哇岛）、澳大利亚。

（206）吉川氏果蝇 *Drosophila* (*Sophophora*) *kikkawai* **Burla, 1954**

Drosophila (*Sophophora*) *kikkawai* Burla, 1954. Rev. Brasil. Biol. 14: 47. **Type locality:** South America. Brazil.

Drosophila montium var. *atropyga* Duda, 1924a. Arch. Naturgesch. (A) 90 (3): 215. **Type locality:** Indonesia: Java. China: Taiwan, Tainan.

Drosophila montium var. *xanthopyga* Duda, 1924a. Arch. Naturgesch. (A) 90 (3): 215. **Type locality:** Indonesia: Java. China: Taiwan.

分布（Distribution）：吉林（JL）、北京（BJ）、山东（SD）、陕西（SN）、安徽（AH）、江苏（JS）、上海（SH）、浙江（ZJ）、江西（JX）、湖南（HN）、贵州（GZ）、云南（YN）、福建（FJ）、台湾（TW）、广东（GD）、广西（GX）、海南（HI）、香港（HK）；朝鲜、日本、印度、尼泊尔、缅甸、越南、泰国、斯里兰卡、菲律宾、马来西亚、印度尼西亚（苏门答腊岛、爪哇岛）、加里曼丹岛、斐济、新几内亚岛、密克罗尼西亚、萨摩亚、夏威夷群岛、澳大利亚、新喀里多尼亚（法）、毛里求斯；南美洲。

（207） 库森果蝇 *Drosophila (Sophophora) kurseongensis* Gupta *et* Singh, 1978

Drosophila (Sophophora) kurseongensis Gupta *et* Singh, 1978. Ent. Mon. Mag. (1977) 113: 74. **Type locality:** India: West Bengal.

分布（**Distribution**）：云南（YN）；印度。

（208） 立明暗果蝇 *Drosophila (Sophophora) limingi* Gao *et* Watabe, 2003

Drosophila (Sophophora) limingi Gao *et* Watabe, 2003. Zool. Sci. 20: 777. **Type locality:** China: Yunnan, Kunming, Jiao-Ye Park.

分布（**Distribution**）：云南（YN）。

（209）林氏果蝇 *Drosophila (Sophophora) lini* Bock *et* Wheeler, 1972

Drosophila (Sophophora) lini Bock *et* Wheeler, 1972. Univ. Tex. Publs. 7213: 59. **Type locality:** China: Taiwan, Chia-I, Yun-shui.

分布（**Distribution**）：台湾（TW）。

（210） 刘氏果蝇 *Drosophila (Sophophora) liui* Chen, 1988

Drosophila (Sophophora) liui Chen, 1988. Entomotaxon. 10 (3-4): 193. **Type locality:** China: Guangxi, Mt. Huaping.

分布（**Distribution**）：浙江（ZJ）、广西（GX）。

（211） 长梳果蝇 *Drosophila (Sophophora) longipectinata* Takada, Momma *et* Shima, 1973

Drosophila (Sophophora) longipectinata Takada, Momma *et* Shima, 1973. Jour. Fac. Sci. Hokkaido Univ. Ser. VI. Zool. 19: 82. **Type locality:** Malaysia: Sabah.

分布（**Distribution**）：云南（YN）、广东（GD）；马来西亚、加里曼丹岛。

（212） 透明翅果蝇 *Drosophila (Sophophora) lucipennis* Lin, 1972

Drosophila (Sophophora) lucipennis Lin, 1972. *In*: Bock and Wheeler, 1972. Univ. Tex. Publs. 7213: 23. **Type locality:** China: Taiwan, Nan-tou, Chi-tou.

分布（**Distribution**）：云南（YN）、福建（FJ）、台湾（TW）、广东（GD）、广西（GX）；印度、斯里兰卡。

（213） 泸沽湖暗果蝇 *Drosophila (Sophophora) luguensis* Gao *et* Toda, 2003

Drosophila (Sophophora) luguensis Gao *et* Toda, 2003. *In*: Gao *et al.*, 2003 Zool. Sci. 20: 775. **Type locality:** China: Yunnan, Lijiang, Lake Lugu.

分布（**Distribution**）：云南（YN）。

（214）土黄果蝇 *Drosophila (Sophophora) lutescens* Okada, 1975

Drosophila (Sophophora) lutescens Okada, 1975b. Kontyû 43

(2): 241. **Type locality:** Japan.

Drosophila lutea Kikkawa *et* Peng, 1938. Jpn. J. Zool. 7: 533 (preocc. by Wiedemann, 1830). **Type locality:** Japan.

Drosophila luteola Okada, 1974c. Kontyû 42: 282 (preocc. by Hardy, 1965).

分布（**Distribution**）：北京（BJ）、浙江（ZJ）；朝鲜、日本。

（215）马勒哥果蝇亚种 *Drosophila (Sophophora) malerkotliana malerkotliana* Parshad *et* Paika, 1965

Drosophila (Sophophora) malerkotliana malerkotliana Parshad *et* Paika, 1965. Panjab Univ. Res. J. Sci. 15 (3-4): 235. **Type locality:** India.

分布（**Distribution**）：云南（YN）、广东（GD）、海南（HI）；印度、缅甸、泰国、斯里兰卡、马来西亚、新加坡、印度尼西亚（苏门答腊岛、爪哇岛）。

（216） 黑腹果蝇 *Drosophila (Sophophora) melanogaster* Meigen, 1830

Drosophila (Sophophora) melanogaster Meigen, 1830. Syst. Beschr. Europ. Zweifl. Insekt. 6: 85. **Type locality:** Germany. Austria.

Drosophila fasciata Meigen, 1830. Syst. Beschr. Europ. Zweifl. Insekt. 6: 84. **Type locality:** Germany.

Drosophila nigriventris Macquart, 1843b. Mém. Soc. Sci. Agric. Arts Lille [1842]: 416. **Type locality:** Vietnam.

Drosophila approximata Zetterstedt, 1847. Dipt. Scand. 6: 2557. **Type locality:** Sweden.

Drosophila ampelophila Loew, 1862. Berl. Ent. Z. 6: 231. **Type locality:** Cuba.

Drosophila immature Walker, 1849. List of the specimens of dipterous insets in the collection of the British Museum Part IV: 1108. **Type locality:** Not given.

Drosophila balteata Bergroth, 1894. Stettin. Ent. Ztg. 55: 75. **Type locality:** Australia.

Drosophila emulata Ray-Chaudhuri *et* Mukherjee, 1941. Indian J. Ent. 3: 216. **Type locality:** India.

Drosophila uvarum (Rondani, 1875). Boll. Comiz. Agr. Parm. 8: 145. **Type locality:** Italy.

Drosophila pilosula Becker, 1908a. Mitt. Zool. Mus. Berl. 4 (1): 156. **Type locality:** Spain.

Drosophila artificialis Kozhevnikov, 1936. Biologicheskii Zhurnal 5: 729. Metaphase chromosome, as difference to *melanogaster*. **Type locality:** No types. Syn. by Brake *et* Bächli, 2008.

分布（**Distribution**）：黑龙江（HL）、吉林（JL）、辽宁（LN）、北京（BJ）、山东（SD）、陕西（SN）、新疆（XJ）、安徽（AH）、江苏（JS）、上海（SH）、浙江（ZJ）、江西（JX）、湖南（HN）、四川（SC）、贵州（GZ）、云南（YN）、福建（FJ）、台湾（TW）、广东（GD）、广西（GX）、海

南（HI）；世界广布。

（217）模拟果蝇 Drosophila (Sophophora) mimetica Bock et Wheeler, 1972

Drosophila (Sophophora) mimetica Bock et Wheeler, 1972. Univ. Tex. Publs. 7213: 25. **Type locality:** Malaysia.

分布（Distribution）：云南（YN）；缅甸、菲律宾、马来西亚、新加坡、加里曼丹岛。

（218）微细齿果蝇 Drosophila (Sophophora) microdenticulata Panigrahy et Gupta, 1983

Drosophila (Sophophora) microdenticulata Panigrahy et Gupta, 1983. Entomon 8: 143. **Type locality:** India: Orissa.

分布（Distribution）：云南（YN）；印度。

（219）新牵牛花果蝇 Drosophila (Sophophora) neoelegans Gupta et Singh, 1977

Drosophila (Sophophora) neoelegans Gupta et Singh, 1977. Ent. Mon. Mag. 113: 75. **Type locality:** India.

分布（Distribution）：云南（YN）；印度。

（220）尼泊尔果蝇 Drosophila (Sophophora) nepalensis Okada, 1955

Drosophila (Sophophora) nepalensis Okada, 1955. In: Hihara, 1955. Fauna and Flora of Nepal Himalaya 1: 388. **Type locality:** Nepal.

分布（Distribution）：云南（YN）、台湾（TW）、广西（GX）；日本、印度、尼泊尔、缅甸、泰国、新加坡。

（221）山型果蝇 Drosophila (Sophophora) orosa Bock et Wheeler, 1972

Drosophila (Sophophora) orosa Bock et Wheeler, 1972. Univ. Tex. Publs. 7213: 64. **Type locality:** Thailand.

分布（Distribution）：云南（YN）；泰国。

（222）大岛氏果蝇 Drosophila (Sophophora) oshimai Choo et Nakamura, 1973

Drosophila (Sophophora) oshimai Choo et Nakamura, 1973. Kontyû 41: 305. **Type locality:** Japan.

分布（Distribution）：安徽（AH）、台湾（TW）；日本。

（223）副双栉果蝇 Drosophila (Sophophora) parabipectinata Bock, 1971

Drosophila (Sophophora) parabipectinata Bock, 1971. Univ. Tex. Publs. 7103: 277. **Type locality:** Malaysia.

分布（Distribution）：湖南（HN）、云南（YN）、海南（HI）；缅甸、泰国、柬埔寨、菲律宾、马来西亚、印度尼西亚（苏拉威西岛）、加里曼丹岛。

（224）小山果蝇 Drosophila (Sophophora) parvula Bock et Wheeler, 1972

Drosophila (Sophophora) parvula Bock et Wheeler, 1972.

Univ. Tex. Publs. 7213: 73. **Type locality:** Malaysia.

分布（Distribution）：云南（YN）；泰国、马来西亚。

（225）长足果蝇 Drosophila (Sophophora) prolongata Singh et Gupta, 1977

Drosophila (Sophophora) prolongata Singh et Gupta, 1977b. Proc. Zool. Sci. 30: 31. **Type locality:** India.

分布（Distribution）：云南（YN）；印度、缅甸。

（226）黑端翅果蝇 Drosophila (Sophophora) prostipennis Lin, 1972

Drosophila (Sophophora) prostipennis Lin, 1972. Univ. Tex. Publs. 7213: 19. **Type locality:** China: Taiwan, Tai-pei, Wu-lai.

分布（Distribution）：浙江（ZJ）、湖南（HN）、云南（YN）、福建（FJ）、台湾（TW）、广东（GD）；印度、缅甸、越南。

（227）拟嗜凤梨果蝇 Drosophila (Sophophora) pseudoananassae nigrens Bock et Wheeler, 1972

Drosophila (Sophophora) pseudoananassae nigrens Bock et Wheeler, 1972. Univ. Tex. Publs. 7213: 48. **Type locality:** Borneo.

分布（Distribution）：云南（YN）；印度、缅甸、泰国、马来西亚、新加坡、加里曼丹岛。

（228）拟拜迈果蝇 Drosophila (Sophophora) pseudobaimaii Takada, Momma et Shima, 1973

Drosophila (Sophophora) pseudobaimaii Takada, Momma et Shima, 1973. Jour. Fac. Sci. Hokkaido Univ. Ser. VI. Zool. 19: 89. **Type locality:** Malaysia: Sabah.

分布（Distribution）：海南（HI）；缅甸、马来西亚、加里曼丹岛。

（229）艳丽果蝇 Drosophila (Sophophora) pulchrella Tan, Hsu et Sheng, 1949

Drosophila (Sophophora) pulchrella Tan, Hsu et Sheng, 1949. Univ. Tex. Publs. 4920: 198. **Type locality:** China: Guizhou, Meitan.

分布（Distribution）：陕西（SN）、安徽（AH）、浙江（ZJ）、湖南（HN）、四川（SC）、贵州（GZ）、云南（YN）、福建（FJ）、台湾（TW）、广东（GD）、广西（GX）；日本、印度、尼泊尔、缅甸。

（230）旁遮普果蝇 Drosophila (Sophophora) punjabiensis Parshad et Paika, 1965

Drosophila (Sophophora) punjabiensis Parshad et Paika, 1965. Panjab Univ. Res. J. Sci. 15 (3-4): 241. **Type locality:** India.

分布（Distribution）：云南（YN）；印度、泰国、马来西亚、新加坡。

（231）小高桥果蝇 Drosophila (Sophophora) pyo Toda, 1991

Drosophila (Sophophora) pyo Toda, 1991. Orient. Insects 25:

75. **Type locality:** Myanmar.

分布（**Distribution**）：广东（GD）；缅甸。

（232）季白颜果蝇 *Drosophila (Sophophora) quadraria* **Bock** *et* **Wheeler, 1972**

Drosophila (Sophophora) quadraria Bock *et* Wheeler, 1972. Univ. Tex. Publs. 7213: 55. **Type locality:** China: Taiwan, Nan-tou, Chi-tou.

分布（**Distribution**）：台湾（TW）。

（233）雷氏果蝇 *Drosophila (Sophophora) retnasabapathyi* **Tokada** *et* **Momma, 1975**

Drosophila (Sophophora) retnasabapathyi Tokada *et* Momma, 1975. Jour. Fal. Sci. Hokkaido Univ. Ser. VI. Zool. 20: 36. **Type locality:** Malaysia.

分布（**Distribution**）：云南（YN）；马来西亚。

（234）胸带果蝇 *Drosophila (Sophophora) rufa* **Kikkawa** *et* **Peng, 1938**

Drosophila (Sophophora) rufa Kikkawa *et* Peng, 1938. Jpn. J. Zool. 7: 529. **Type locality:** Japan.

分布（**Distribution**）：浙江（ZJ）、贵州（GZ）、云南（YN）、广西（GX）；朝鲜、日本、印度。

（235）桑果蝇 *Drosophila (Sophophora) siangensis* **Kumar** *et* **Gupta, 1988**

Drosophila (Sophophora) siangensis Kumar *et* Gupta, 1988. Ann. Soc. Entomol. Fr. (N. S.) 24 (3): 337. **Type locality:** India.

分布（**Distribution**）：云南（YN）；印度、缅甸。

（236）拟果蝇 *Drosophila (Sophophora) simulans* **Sturtevant, 1919**

Drosophila (Sophophora) simulans Sturtevant, 1919. Psyche 26: 153. **Type locality:** USA: Florida.

分布（**Distribution**）：北京（BJ）、湖南（HN）；日本；世界广布。

（237）中国暗果蝇 *Drosophila (Sophophora) sinobscura* **Watabe, 1996**

Drosophila (Sophophora) sinobscura Watabe, 1996. *In*: Watabe, Terasawa and Lin, 1996. Jap. J. Ent. 64: 490. **Type locality:** China: Taiwan, Nan-tou, Chi-tou.

分布（**Distribution**）：台湾（TW）。

（238）仲夏果蝇 *Drosophila (Sophophora) solstitialis* **Chen, 1994**

Drosophila (Sophophora) solstitialis Chen, 1994. J. Fudan Univ. (Nat. Sci.) 33 (3): 339. **Type locality:** China: Sichuan, Mt. Qingcheng.

分布（**Distribution**）：四川（SC）。

（239）亚白颜果蝇 *Drosophila (Sophophora) subauraria* **Kimura, 1983**

Drosophila (Sophophora) subauraria Kimura, 1983. Kontyû 51: 593. **Type locality:** Japan: Hokkaidō.

分布（**Distribution**）：吉林（JL）；日本。

（240）亚暗果蝇 *Drosophila (Sophophora) subobscura* **Collin, 1936**

Drosophila (Sophophora) subobscura Collin, 1936. *In*: Gordon, 1936. J Genet. 33: 60. **Type locality:** United Kingdom: England.

分布（**Distribution**）：新疆（XJ）；俄罗斯、土库曼斯坦、哈萨克斯坦、乌兹别克斯坦、美国、阿根廷、智利；欧洲、非洲（北部）。

（241）亚艳丽果蝇 *Drosophila (Sophophora) subpulchrella* **Takamori** *et* **Watabe, 2006**

Drosophila (Sophophora) subpulchrella Takamori *et* Watabe, 2006. *In*: Tokamori, Watabe, Fuyama, Zhang *et* Aotruka, 2006. Entomol. Sci. 9: 122. **Type locality:** Japan: Chubu.

分布（**Distribution**）：海南（HI）；日本。

（242）亚树果蝇 *Drosophila (Sophophora) subsilvestris* **Hardy** *et* **Kaneshiro, 1968**

Drosophila (Sophophora) subsilvestris Hardy *et* Kaneshiro, 1968. Univ. Tex. Publs. 6818: 261.

Drosophila (Sophophora) silvestris Basden, 1954. Trans. R. Soc. Edinb. 62: 630 (preocc. by Perkins, 1910). **Type locality:** United Kingdom: Scotland.

分布（**Distribution**）：新疆（XJ）；俄罗斯；欧洲。

（243）铃木氏果蝇 *Drosophila (Sophophora) suzukii* **(Matsumura, 1931)**

Leucophouga suzukii Matsumura, 1931. 6000 Illust. Ins. Jap. Emp.: 367. **Type locality:** Japan: Honshū.

分布（**Distribution**）：黑龙江（HL）、吉林（JL）、辽宁（LN）、北京（BJ）、山东（SD）、陕西（SN）、安徽（AH）、江苏（JS）、上海（SH）、浙江（ZJ）、江西（JX）、湖南（HN）、四川（SC）、贵州（GZ）、云南（YN）、福建（FJ）、广东（GD）、广西（GX）、海南（HI）；朝鲜、日本、印度、缅甸、泰国、夏威夷群岛。

（244）高桥果蝇 *Drosophila (Sophophora) takahashii* **Sturtevant, 1927**

Drosophila (Sophophora) takahashii Sturtevant, 1927. Philipp. J. Sci. 32: 371. **Type locality:** China: Taiwan, Tai-pei.

分布（**Distribution**）：北京（BJ）、山东（SD）、陕西（SN）、新疆（XJ）、安徽（AH）、江苏（JS）、上海（SH）、浙江（ZJ）、江西（JX）、湖南（HN）、贵州（GZ）、云南（YN）、福建

（FJ）、台湾（TW）、广东（GD）、广西（GX）、海南（HI）；朝鲜、日本、印度、尼泊尔、缅甸、泰国、菲律宾、马来西亚、加里曼丹岛、印度尼西亚（爪哇岛）、密克罗尼西亚。

（245）谈氏果蝇 *Drosophila* (*Sophophora*) *tani* Chen *et* Okada, 1985

Drosophila (*Sophophora*) *tani* Chen *et* Okada, 1985. Kontyû 53: 202. **Type locality:** China: Zhejiang, Tiantai.

分布（Distribution）：山东（SD）、安徽（AH）、江苏（JS）、浙江（ZJ）、湖南（HN）、湖北（HB）、四川（SC）、贵州（GZ）、云南（YN）、福建（FJ）、广东（GD）。

（246）梯额果蝇 *Drosophila* (*Sophophora*) *trapezifrons* Okada, 1966

Drosophila (*Sophophora*) *trapezifrons* Okada, 1966. Bull. Br. Mus. (Nat. Hist.) Ent. Suppl. 6: 93. **Type locality:** Nepal: E. Nepal.

分布（Distribution）：北京（BJ）、浙江（ZJ）、江西（JX）、四川（SC）、云南（YN）、广东（GD）、广西（GX）、海南（HI）；尼泊尔。

（247）叔白颜果蝇 *Drosophila* (*Sophophora*) *triauraria* Bock *et* Wheeler, 1972

Drosophila (*Sophophora*) *triauraria* Bock *et* Wheeler, 1972. Univ. Tex. Publs. 7213: 54. **Type locality:** Japan: Kanto.

分布（Distribution）：黑龙江（HL）、吉林（JL）、辽宁（LN）、北京（BJ）、山东（SD）、陕西（SN）、安徽（AH）、江苏（JS）、上海（SH）、浙江（ZJ）、江西（JX）、湖南（HN）、云南（YN）、福建（FJ）、广东（GD）、广西（GX）；朝鲜、日本。

（248）三梳果蝇 *Drosophila* (*Sophophora*) *tricombata* Singh *et* Gupta, 1977

Drosophila (*Sophophora*) *tricombata* Singh *et* Gupta, 1977b. Proc. Zool. Soc. 30: 33. **Type locality:** India.

分布（Distribution）：云南（YN）；印度。

（249）三暗黄果蝇 *Drosophila* (*Sophophora*) *trilutea* Bock *et* Wheeler, 1972

Drosophila (*Sophophora*) *trilutea* Bock *et* Wheeler, 1972. Univ. Tex. Publs. 7213: 17. **Type locality:** China: Taiwan, Ali-shan.

分布（Distribution）：云南（YN）、台湾（TW）、广东（GD）；印度。

（250）三戟翅果蝇 *Drosophila* (*Sophophora*) *tristipennis* Duda, 1924

Drosophila (*Sophophora*) *tristipennis* Duda, 1924a. Arch. Naturgesch. (A) 90 (3): 215; Duda, 1924d. Arch. Naturgesch. (A) 90 (3): 247. **Type locality:** China: Taiwan, Tai-pei.

分布（Distribution）：云南（YN）、台湾（TW）；尼泊尔、印度。

（251）筑波果蝇 *Drosophila* (*Sophophora*) *tsukubaensis* Takamori *et* Okada, 1983

Drosophila (*Sophophora*) *tsukubaensis* Takamori *et* Okada, 1983. Kontyû 51 (2): 265. **Type locality:** Japan: Kanto.

分布（Distribution）：云南（YN）；日本。

（252）单栉果蝇 *Drosophila* (*Sophophora*) *unipectinata* Duda, 1924

Drosophila (*Sophophora*) *unipectinata* Duda, 1924a. Arch. Naturgesch. (A) 90 (3): 215. **Type locality:** China: Taiwan, Tai-pei.

分布（Distribution）：云南（YN）、台湾（TW）；朝鲜、日本、印度、尼泊尔、斯里兰卡。

7. 毛果蝇属 *Hirtodrosophila* Duda, 1923

Hirtodrosophila Duda, 1923a. Ann. Hist.-Nat. Mus. Natl. Hung. 20: 41. **Type species:** *Drosophila carinata* Duda, 1923 (by designation of Frota-Pessoa, 1945) [= *Drosophila latifrontata* Frota-Pessoa].

Dasydrosophila Duda, 1925. Unjustified n. n. *Hirtodrosophila* (automatic).

（253）白口缘毛果蝇 *Hirtodrosophila alboralis* (Momma *et* Takada, 1954)

Drosophila alboralis Momma *et* Takada, 1954. Annot. Zool. Japon. 27: 98. **Type locality:** Japan: Hokkaidō.

分布（Distribution）：吉林（JL）、辽宁（LN）；朝鲜、日本。

（254）贝加尔毛果蝇 *Hirtodrosophila baikalensi* Watabe, Toda *et* Sidorenko, 1996

Hirtodrosophila baikalensi Watabe, Toda *et* Sidorenko, 1996. *In*: Toda *et al.*, 1996. Zool. Sci. 13: 458. **Type locality:** Russia: Irkutsk, Solzan, Baikal.

分布（Distribution）：吉林（JL）；俄罗斯（西伯利亚）。

（255）齿毛果蝇 *Hirtodrosophila dentata* (Duda, 1924)

Drosophila longgecrinita dentata Duda, 1924a. Arch. Naturgesch. (A) 90 (3): 205. **Type locality:** Indonesia: Sumatra.

分布（Distribution）：台湾（TW）；菲律宾、印度尼西亚（苏门答腊岛、爪哇岛）、巴布亚新几内亚。

（256）斑翅毛果蝇 *Hirtodrosophila fascipennis* (Okada, 1967)

Drosophila fascipennis Okada, 1967. Mushi 41 (1): 8. **Type locality:** Japan: Kyushu, Fukuoka.

分布（Distribution）：云南（YN）、台湾（TW）、广东（GD）；日本、印度。

（257）叉茎毛果蝇 *Hirtodrosophila furcapenis* (Zhang *et* Liang, 1995)

Drosophila (*Drosophila*) *furcapenis* Zhang *et* Liang, 1995. Acta Ent. Sin. 38 (4): 486. **Type locality**: China: Yunnan, Deqen, A-dong Mt.

分布（Distribution）：云南（YN）。

（258）拟叉茎毛果蝇 *Hirtodrosophila furcapenisoides* (Zhang *et* Liang, 1995)

Drosophila (*Drosophila*) *furcapenisoides* Zhang *et* Liang, 1995. Acta Ent. Sin. 38 (4): 487. **Type locality**: China: Yunnan, Deqen, A-dong Mt.

分布（Distribution）：云南（YN）。

（259）毛角毛果蝇 *Hirtodrosophila hirticornis* (de Meijere, 1914)

Drosophila hirticornis de Meijere, 1914. Tijdschr. Ent. 57: 261. **Type locality**: Indonesia: Java.

分布（Distribution）：广东（GD）、海南（HI）；斯里兰卡、印度尼西亚（苏门答腊岛、爪哇岛）。

（260）黑毛毛果蝇 *Hirtodrosophila hirtonigra* (Bächli, 1974)

Drosophila hirtonigra Bächli, 1974. Mitt. Zool. Mus. Berl. 49: 301. New name for *nigra* Duda, 1926 by Brake *et* Bächli, 2008.

Drosophila latifrons var. *nigra* Duda, 1926a. Suppl. Ent. 14: 68. **Type locality**: Indonesia: Sumatra, Bukittinggi.

分布（Distribution）：台湾（TW）；斯里兰卡、印度尼西亚（苏门答腊岛）。

（261）拟希斯毛果蝇 *Hirtodrosophila histrioides* (Okada *et* Kurokawa, 1957)

Drosophila histrioides Okada *et* Kurokawa, 1957. Kontyû 25 (1): 4. **Type locality**: Japan: Kanto.

分布（Distribution）：黑龙江（HL）、吉林（JL）、云南（YN）；俄罗斯（西伯利亚）、朝鲜、日本、缅甸。

（262）姜氏毛果蝇 *Hirtodrosophila kangi* (Okada *et* Lee, 1961)

Drosophila kangi Okada *et* Lee, 1961. Akitu 10: 20. **Type locality**: R. O. Korea: Kyungki, Mt. Sori.

分布（Distribution）：四川（SC）；俄罗斯（远东地区）、韩国、日本。

（263）宽鼻毛果蝇 *Hirtodrosophila latifrontata* (Frota-Pessoa, 1945)

Drosophila latifrontata Frota-Pessoa, 1945. Rev. Brasil. Biol. 5: 480. New name for *Hirtodrosophila carinata* Duda, 1923 by Brake *et* Bächli, 2008.

Hirtodrosophila carinata Duda, 1923a. Ann. Hist.-Nat. Mus. Natl. Hung. 20: 41. **Type locality**: China: Taiwan, Kuo-Shing-pu.

分布（Distribution）：台湾（TW）；日本、印度、斯里兰卡、菲律宾、印度尼西亚（苏门答腊岛）。

（264）缘毛果蝇 *Hirtodrosophila limbicosta* (Okada, 1966)

Drosophila limbicosta Okada, 1966. Bull. Br. Mus. (Nat. Hist.) Ent. Suppl. 6: 79. **Type locality**: Nepal.

分布（Distribution）：云南（YN）；尼泊尔。

（265）长毛毛果蝇 *Hirtodrosophila longecrinita* (Duda, 1924)

Drosophila longecrinita Duda, 1924a. Arch. Naturgesch. (A) 90 (3): 204; Duda, 1924d. Arch. Naturgesch. (A) 90 (3): 242. **Type locality**: China: Taiwan.

分布（Distribution）：安徽（AH）、云南（YN）、台湾（TW）；日本、泰国、斯里兰卡、菲律宾、印度尼西亚（爪哇岛）、新几内亚岛。

（266）长毛果蝇弯脉亚种 *Hirtodrosophila longecrinita curvinervis* (Duda, 1924)

Drosophila longecrinita curvinervis Duda, 1924a. Arch. Naturgesch. (A) 90 (3): 204. **Type locality**: China: Taiwan.

分布（Distribution）：台湾（TW）；新几内亚岛。

（267）长脸毛果蝇 *Hirtodrosophila longetrinica* (Bächli, 1974)

Drosophila longetrinica Bächli, 1974. Mitt. Zool. Mus. Berl. 49: 283. **Type locality**: China: Taiwan, Kosempo.

分布（Distribution）：台湾（TW）。

（268）长叉茎果蝇 *Hirtodrosophila longifurcapenis* (Zhang *et* Liang, 1995)

Drosophila (*Drosophila*) *longifurcapenis* Zhang *et* Liang, 1995. Acta Ent. Sin. 38 (4): 489. **Type locality**: China: Yunnan, Deqen, A-dong Mt.

分布（Distribution）：云南（YN）。

（269）牧野氏毛果蝇 *Hirtodrosophila makinoi* (Okada, 1956)

Drosophila (*Drosophila*) *makinoi* Okada, 1956. Systematic Study of Drosophilidae and Allied Families of Japan: 135. **Type locality**: Japan: Hokkaidō.

分布（Distribution）：吉林（JL）、北京（BJ）；朝鲜、日本。

（270）茎中毛毛果蝇 *Hirtodrosophila mediohispida* (Okada, 1967)

Drosophila mediohispida Okada, 1967. Mushi 41 (1): 14. **Type locality**: Japan: Kyushu.

分布（Distribution）：广东（GD）；日本。

（271）黑茎毛果蝇 *Hirtodrosophila nigripennis* (Kang, Lee *et* Bahng, 1965)

Drosophila nigripennis Kang, Lee *et* Bahng, 1965. Kor. J. Zool. 8: 52. **Type locality:** R. O. Korea.

分布（Distribution）：湖北（HB）；韩国。

（272）锯缘毛果蝇 *Hirtodrosophila nokogiri* (Okada, 1956)

Drosophila nokogiri Okada, 1956. Systematic Study of Drosophilidae and Allied Families of Japan: 84. **Type locality:** Japan: Hokkaidō.

分布（Distribution）：吉林（JL）、安徽（AH）、浙江（ZJ）；俄罗斯（西伯利亚）、朝鲜、日本。

（273）无锯缘毛果蝇 *Hirtodrosophila nudinokogiri* (Okada, 1967)

Drosophila nudinokogiri Okada, 1967. Mushi 41 (1): 17. **Type locality:** Japan: Kyushu.

分布（Distribution）：云南（YN）；日本。

（274）冈上氏毛果蝇 *Hirtodrosophila okadomei* (Okada, 1967)

Drosophila okadomei Okada, 1967. Mushi 41 (1): 15. **Type locality:** Japan: Kyushu.

分布（Distribution）：广东（GD）；日本。

（275）拟宽鼻毛果蝇 *Hirtodrosophila paralatifrontata* (Bächli, 1974)

Drosophila paralatifrontata Bächli, 1974. Mitt. Zool. Mus. Berl. 49: 294. **Type locality:** China: Taiwan, Fuhosho.

分布（Distribution）：台湾（TW）、海南（HI）；日本、印度、斯里兰卡。

（276）四条毛果蝇 *Hirtodrosophila quadrivittata* (Okada, 1956)

Drosophila quadrivittata Okada, 1956. Systematic Study of Drosophilidae and Allied Families of Japan: 83. **Type locality:** Japan: Shikoku.

分布（Distribution）：云南（YN）、广东（GD）；俄罗斯（远东地区）、朝鲜、日本、印度。

（277）黑毛果蝇 *Hirtodrosophila seminigra* (Duda, 1926)

Drosophila latifrons var. *seminigra* Duda, 1926a. Suppl. Ent. 14: 68. **Type locality:** Indonesia.

分布（Distribution）：台湾（TW）；日本、加里曼丹岛、斯里兰卡、印度尼西亚（苏门答腊岛）、新几内亚岛、所罗门群岛。

（278）六条毛果蝇 *Hirtodrosophila sexvittata* (Okada, 1956)

Drosophila sexvittata Okada, 1956. Systematic Study of

Drosophilidae and Allied Families of Japan: 78. **Type locality:** Japan: Hokkaidō.

分布（Distribution）：吉林（JL）、辽宁（LN）；朝鲜、日本。

（279）冈田丰日毛果蝇 *Hirtodrosophila toyohiokadai* (Sidorenko, 1990)

Drosophila toyihiokadai Sidorenko, 1990c. Zool. Žhur. 69 (7): 157. **Type locality:** Russia: Far East, Promoriskii Krai.

分布（Distribution）：吉林（JL）；俄罗斯（西伯利亚）。

（280）梯斑毛果蝇 *Hirtodrosophila trapezina* (Duda, 1923)

Drosophila trapezina Duda, 1923a. Ann. Hist.-Nat. Mus. Natl. Hung. 20: 41. **Type locality:** China: Taiwan, Kosempo.

分布（Distribution）：台湾（TW）；泰国。

（281）三带毛果蝇 *Hirtodrosophila trilineata* (Chung, 1960)

Drosophila trilineata Chung, 1960. Kor. J. Zool. 3: 42. **Type locality:** R. O. Korea.

分布（Distribution）：吉林（JL）；俄罗斯（远东地区）、韩国、日本。

（282）三线毛果蝇 *Hirtodrosophila trivittata* (Strobl, 1893)

Drosophila trivittata Strobl, 1893f. Wien. Ent. Ztg. 12: 282. **Type locality:** Austria.

分布（Distribution）：吉林（JL）、台湾（TW）；朝鲜、日本、斯里兰卡、印度尼西亚（爪哇岛）；欧洲。

（283）单色毛果蝇 *Hirtodrosophila unicolorata* (Wheeler, 1959)

Drosophila unicolorata Wheeler, 1959. Univ. Tex. Publs. 5914: 183. New name for *Hirtodrosophila unicolor* Malloch, 1934, by Brake *et* Bächli, 2008.

Hirtodrosophila unicolor Malloch, 1934. Insects Samoa, Pt. 6, Fasc. 8: 293. **Type locality:** Samoa.

分布（Distribution）：海南（HI）；日本、泰国、菲律宾、奥地利。

（284）乌苏里毛果蝇 *Hirtodrosophila ussurica* (Duda, 1935)

Drosophila trivittata var. *ussurica* Duda, 1935c. *In*: Lindner, 1935. Die Flieg. Palaearkt. Reg. 58g 6 (1): 98. **Type locality:** Russia: Ussuri Mt.

Drosophila pirka Toda, 1989. Jap. J. Ent. 57 (2): 375. **Type locality:** Japan: Hokkaidō. Syn. Sidorenko, 1993.

分布（Distribution）：吉林（JL）；俄罗斯（远东地区）、日本。

8. 细翅果蝇属 *Hypselothyrea* de Meijere, 1906

Hypselothyrea de Meijere, 1906. Ann. Hist.-Nat. Mus. Natl.

Hung. 4: 193. **Type species:** *Hypselothyrea* de Meijere, 1906 (by designation of Okada, 1956).

（285）短盾细翅果蝇 *Hypselothyrea (Deplanothyrea) breviscutellata* Duda, 1928

Hypselothyrea breviscutellata Duda, 1928. Ann. Hist.-Nat. Mus. Natl. Hung. 25: 82. **Type locality:** China: Taiwan, Tai-nan.

分布（Distribution）：台湾（TW）；日本、缅甸、斯里兰卡。

（286）台湾细翅果蝇 *Hypselothyrea (Deplanothyrea) formosana* Papp, 2004

Hypselothyrea formosana Papp, 2004. Acta Zool. Acad. Sci. Hung. 49: 289. **Type locality:** China: Taiwan, Nan-tou, Shuili.

分布（Distribution）：台湾（TW）。

（287）浪斑细翅果蝇 *Hypselothyrea (Hypselothyrea) guttata* Duda, 1926

Hypselothyrea guttata Duda, 1926a. Suppl. Ent. 14: 56. **Type locality:** Indonesia: Sumatra.

分布（Distribution）：安徽（AH）、福建（FJ）、台湾（TW）、广东（GD）、海南（HI）；印度、尼泊尔、缅甸、越南、印度尼西亚（苏门答腊岛）。

9. 凤仙花果蝇属 *Impatiophila* Fu *et* Gao, 2016

Impatiophila Fu *et* Gao, 2016. *In*: Fu *et al.*, 2016. Zootaxa 4120 (1): 27. **Type species:** *Hirtodrosophila yapingi* Gao, 2011 (by original designation).

（288）尖锐凤仙花果蝇 *Impatiophila actinia* (Okada, 1991)

Drosophila (Hirtodrosophila) actinia Okada, 1991a. Jap. J. Ent. 59: 481. **Type locality:** China: Taiwan, Chia-I, Ali-shan. Comb. Fu *et al.*, 2016.

分布（Distribution）：四川（SC）、台湾（TW）。

（289）锐瓣凤仙花果蝇 *Impatiophila acutivalva* Fu *et* Gao, 2016

Impatiophila acutivalva Fu *et* Gao, 2016. *In*: Fu *et al.*, 2016. Zootaxa 4120 (1): 73. **Type locality:** China: Xizang, Linzhi.

分布（Distribution）：西藏（XZ）。

（290）盾斑凤仙花果蝇 *Impatiophila aspidosternata* Fu *et* Gao, 2016

Impatiophila aspidosternata Fu *et* Gao, 2016. *In*: Fu *et al.*, 2016. Zootaxa 4120 (1): 45. **Type locality:** China: Guangxi, Guilin.

分布（Distribution）：湖南（HN）、广西（GX）。

（291）双纹凤仙花果蝇 *Impatiophila bifasciata* Fu *et* Gao, 2016

Impatiophila bifasciata Fu *et* Gao, 2016. *In*: Fu *et al.*, 2016. Zootaxa 4120 (1): 57. **Type locality:** China: Sichuan, Emeishan.

分布（Distribution）：湖北（HB）、四川（SC）。

（292）裂瓣凤仙花果蝇 *Impatiophila bifurcata* Fu *et* Gao, 2016

Impatiophila bifurcata Fu *et* Gao, 2016. *In*: Fu *et al.*, 2016. Zootaxa 4120 (1): 86. **Type locality:** China: Yunnan, Baoshan.

分布（Distribution）：云南（YN）。

（293）叉形凤仙花果蝇 *Impatiophila chiasmosternata* Fu *et* Gao, 2016

Impatiophila chiasmosternata Fu *et* Gao, 2016. *In*: Fu *et al.*, 2016. Zootaxa 4120 (1): 70. **Type locality:** China: Yunnan, Diqing.

分布（Distribution）：云南（YN）。

（294）聚齿凤仙花果蝇 *Impatiophila convergens* Fu *et* Gao, 2016

Impatiophila convergens Fu *et* Gao, 2016. *In*: Fu *et al.*, 2016. Zootaxa 4120 (1): 30. **Type locality:** China: Xizang, Linzhi.

分布（Distribution）：西藏（XZ）。

（295）曲瓣凤仙花果蝇 *Impatiophila curvivalva* Fu *et* Gao, 2016

Impatiophila curvivalva Fu *et* Gao, 2016. *In*: Fu *et al.*, 2016. Zootaxa 4120 (1): 67. **Type locality:** China: Yunnan, Diqing.

分布（Distribution）：云南（YN）。

（296）裸甲凤仙花果蝇 *Impatiophila epubescens* Fu *et* Gao, 2016

Impatiophila epubescens Fu *et* Gao, 2016. *In*: Fu *et al.*, 2016. Zootaxa 4120 (1): 65. **Type locality:** China: Xizang, Linzhi.

分布（Distribution）：西藏（XZ）。

（297）浆形凤仙花果蝇 *Impatiophila eretmosternata* Fu *et* Gao, 2016

Impatiophila eretmosternata Fu *et* Gao, 2016. *In*: Fu *et al.*, 2016. Zootaxa 4120 (1): 32. **Type locality:** China: Xizang, Linzhi.

分布（Distribution）：西藏（XZ）。

（298）钳瓣凤仙花果蝇 *Impatiophila forcipivalva* Fu *et* Gao, 2016

Impatiophila forcipivalva Fu *et* Gao, 2016. *In*: Fu *et al.*, 2016. Zootaxa 4120 (1): 52. **Type locality:** China: Xizang, Linzhi.

分布（Distribution）：云南（YN）、西藏（XZ）。

（299）二裂凤仙花果蝇 *Impatiophila furcatosternata* **Fu** *et* **Gao, 2016**

Impatiophila furcatosternata Fu et Gao, 2016. *In*: Fu et al., 2016. Zootaxa 4120 (1): 71. **Type locality:** China: Xizang, Linzhi.

分布（Distribution）：西藏（XZ）。

（300）虎跳凤仙花果蝇 *Impatiophila hutiaoxiana* **Fu** *et* **Gao, 2016**

Impatiophila hutiaoxiana Fu et Gao, 2016. *In*: Fu et al., 2016. Zootaxa 4120 (1): 47. **Type locality:** China: Yunnan, Diqing.

分布（Distribution）：云南（YN）。

（301）宽翼凤仙花果蝇 *Impatiophila latipennata* **Fu** *et* **Gao, 2016**

Impatiophila latipennata Fu et Gao, 2016. *In*: Fu et al., 2016. Zootaxa 4120 (1): 55. **Type locality:** China: Xizang, Linzhi.

分布（Distribution）：西藏（XZ）。

（302）林芝凤仙花果蝇 *Impatiophila linzhiensis* **Fu** *et* **Gao, 2016**

Impatiophila linzhiensis Fu et Gao, 2016. *In*: Fu et al., 2016. Zootaxa 4120 (1): 35. **Type locality:** China: Xizang, Linzhi.

分布（Distribution）：西藏（XZ）。

（303）长突凤仙花果蝇 *Impatiophila longifolia* **Fu** *et* **Gao, 2016**

Impatiophila longifolia Fu et Gao, 2016. *In*: Fu et al., 2016. Zootaxa 4120 (1): 36. **Type locality:** China: Yunnan.

分布（Distribution）：云南（YN）。

（304）大斑凤仙花果蝇 *Impatiophila magnimaculata* **Fu** *et* **Gao, 2016**

Impatiophila magnimaculata Fu et Gao, 2016. *In*: Fu et al., 2016. Zootaxa 4120 (1): 68. **Type locality:** China: Yunnan, Longyang.

分布（Distribution）：云南（YN）。

（305）猫儿山凤仙花果蝇 *Impatiophila maoershanensis* **Fu** *et* **Gao, 2016**

Impatiophila maoershanensis Fu et Gao, 2016. *In*: Fu et al., 2016. Zootaxa 4120 (1): 88. **Type locality:** China: Guangxi, Guilin.

分布（Distribution）：云南（YN）、广西（GX）。

（306）中带凤仙花果蝇 *Impatiophila medivittata* **Fu** *et* **Gao, 2016**

Impatiophila medivittata Fu et Gao, 2016. *In*: Fu et al., 2016. Zootaxa 4120 (1): 47. **Type locality:** China: Yunnan, Xishuangbanna.

分布（Distribution）：云南（YN）。

（307）门巴凤仙花果蝇 *Impatiophila menba* **Fu** *et* **Gao, 2016**

Impatiophila menba Fu et Gao, 2016. *In*: Fu et al., 2016. Zootaxa 4120 (1): 83. **Type locality:** China: Xizang, Linzhi.

分布（Distribution）：西藏（XZ）。

（308）勐海凤仙花果蝇 *Impatiophila menghaiensis* **Fu** *et* **Gao, 2016**

Impatiophila menghaiensis Fu et Gao, 2016. *In*: Fu et al., 2016. Zootaxa 4120 (1): 78. **Type locality:** China: Yunnan, Xishuangbanna.

分布（Distribution）：云南（YN）。

（309）墨脱凤仙花果蝇 *Impatiophila motuoensis* **Fu** *et* **Gao, 2016**

Impatiophila motuoensis Fu et Gao, 2016. *In*: Fu et al., 2016. Zootaxa 4120 (1): 64. **Type locality:** China: Xizang, Linzhi.

分布（Distribution）：西藏（XZ）。

（310）长圆凤仙花果蝇 *Impatiophila oblongata* **Fu** *et* **Gao, 2016**

Impatiophila oblongata Fu et Gao, 2016. *In*: Fu et al., 2016. Zootaxa 4120 (1): 80. **Type locality:** China: Hubei, Shennongjia.

分布（Distribution）：湖北（HB）、四川（SC）。

（311）小凤仙花果蝇 *Impatiophila parvula* **Fu** *et* **Gao, 2016**

Impatiophila parvula Fu et Gao, 2016. *In*: Fu et al., 2016. Zootaxa 4120 (1): 29. **Type locality:** China: Xizang, Linzhi.

分布（Distribution）：西藏（XZ）。

（312）五斑凤仙花果蝇 *Impatiophila pentamaculata* **Fu** *et* **Gao, 2016**

Impatiophila pentamaculata Fu et Gao, 2016. *In*: Fu et al., 2016. Zootaxa 4120 (1): 82. **Type locality:** China: Yunnan, Dali.

分布（Distribution）：湖南（HN）、四川（SC）、云南（YN）。

（313）琵琶凤仙花果蝇 *Impatiophila pipa* **Fu** *et* **Gao, 2016**

Impatiophila pipa Fu et Gao, 2016. *In*: Fu et al., 2016. Zootaxa 4120 (1): 74. **Type locality:** China: Yunnan, Baoshan.

分布（Distribution）：陕西（SN）、云南（YN）、广西（GX）。

（314）扇形凤仙花果蝇 *Impatiophila ptyonosternata* **Fu** *et* **Gao, 2016**

Impatiophila ptyonosternata Fu et Gao, 2016. *In*: Fu et al., 2016. Zootaxa 4120 (1): 38. **Type locality:** China: Xizang, Linzhi.

分布（Distribution）：西藏（XZ）。

（315）黑色凤仙花果蝇 *Impatiophila pulla* **Fu** *et* **Gao, 2016**

Impatiophila pulla Fu et Gao, 2016. *In*: Fu *et al*., 2016. Zootaxa 4120 (1): 62. **Type locality**: China: Yunnan, Xishuangbanna.

分布（**Distribution**）：云南（YN）。

（316）四角凤仙花果蝇 *Impatiophila quadrangulata* **Fu** *et* **Gao, 2016**

Impatiophila quadrangulata Fu et Gao, 2016. *In*: Fu *et al*., 2016. Zootaxa 4120 (1): 58. **Type locality**: China: Sichuan, Emeishan.

分布（**Distribution**）：四川（SC）。

（317）菱形凤仙花果蝇 *Impatiophila rhombivalva* **Fu** *et* **Gao, 2016**

Impatiophila rhombivalva Fu et Gao, 2016. *In*: Fu *et al*., 2016. Zootaxa 4120 (1): 43. **Type locality**: China: Yunnan, Honghe.

分布（**Distribution**）：云南（YN）。

（318）斧形凤仙花果蝇 *Impatiophila securiformis* **Fu** *et* **Gao, 2016**

Impatiophila securiformis Fu et Gao, 2016. *In*: Fu *et al*., 2016. Zootaxa 4120 (1): 85. **Type locality**: China: Yunnan, Dali.

分布（**Distribution**）：云南（YN）、西藏（XZ）。

（319）太白凤仙花果蝇 *Impatiophila taibaishanensis* **Fu** *et* **Gao, 2016**

Impatiophila taibaishanensis Fu et Gao, 2016. *In*: Fu *et al*., 2016. Zootaxa 4120 (1): 49. **Type locality**: China: Shaanxi, Baoji.

分布（**Distribution**）：陕西（SN）。

（320）通麦凤仙花果蝇 *Impatiophila tongmaiensis* **Fu** *et* **Gao, 2016**

Impatiophila tongmaiensis Fu et Gao, 2016. *In*: Fu *et al*., 2016. Zootaxa 4120 (1): 33. **Type locality**: China: Xizang, Linzhi.

分布（**Distribution**）：西藏（XZ）。

（321）三裂凤仙花果蝇 *Impatiophila trifurcatosternata* **Fu** *et* **Gao, 2016**

Impatiophila trifurcatosternata Fu et Gao, 2016. *In*: Fu *et al*., 2016. Zootaxa 4120 (1): 54. **Type locality**: China: Yunnan, Pu'er.

分布（**Distribution**）：云南（YN）。

（322）截瓣凤仙花果蝇 *Impatiophila truncivalva* **Fu** *et* **Gao, 2016**

Impatiophila truncivalva Fu et Gao, 2016. *In*: Fu *et al*., 2016. Zootaxa 4120 (1): 76. **Type locality**: China: Xizang, Linzhi.

分布（**Distribution**）：云南（YN）、西藏（XZ）。

（323）膨瓣凤仙花果蝇 *Impatiophila tumidivalva* **Fu** *et* **Gao, 2016**

Impatiophila tumidivalva Fu et Gao, 2016. *In*: Fu *et al*., 2016. Zootaxa 4120 (1): 39. **Type locality**: China: Xizang, Linzhi.

分布（**Distribution**）：西藏（XZ）。

（324）单色凤仙花果蝇 *Impatiophila unicolorata* **Fu** *et* **Gao, 2016**

Impatiophila unicolorata Fu et Gao, 2016. *In*: Fu *et al*., 2016. Zootaxa 4120 (1): 79. **Type locality**: China: Yunnan, Xishuangbanna.

分布（**Distribution**）：云南（YN）。

（325）丝路凤仙花果蝇 *Impatiophila viasericaria* **Fu** *et* **Gao, 2016**

Impatiophila viasericaria Fu et Gao, 2016. *In*: Fu *et al*., 2016. Zootaxa 4120 (1): 42. **Type locality**: China: Yunnan, Pu'er.

分布（**Distribution**）：云南（YN）。

（326）肖氏凤仙花果蝇 *Impatiophila xiaoi* **Fu** *et* **Gao, 2016**

Impatiophila xiaoi Fu et Gao, 2016. *In*: Fu *et al*., 2016. Zootaxa 4120 (1): 40. **Type locality**: China: Yunnan, Dali.

分布（**Distribution**）：云南（YN）。

（327）杨氏凤仙花果蝇 *Impatiophila yangi* **Fu** *et* **Gao, 2016**

Impatiophila yangi Fu et Gao, 2016. *In*: Fu *et al*., 2016. Zootaxa 4120 (1): 50. **Type locality**: China: Yunnan, Dali.

分布（**Distribution**）：云南（YN）。

10. 曙果蝇属 *Liodrosophila* Duda, 1922

Liodrosophila Duda, 1922. Arch. Naturgesch. 88A (4): 153. **Type species**: *Camilla coeruleifrons* de Meijere, 1911 (by designation of Okada, 1956).

（328）黄铜曙果蝇 *Liodrosophila aerea* **Okada, 1956**

Liodrosophila aerea Okada, 1956. Systematic Study of Drosophilidae and Allied Families of Japan: 57. **Type locality**: Japan: Kanto.

分布（**Distribution**）：北京（BJ）、山东（SD）、安徽（AH）、江苏（JS）、上海（SH）、浙江（ZJ）、湖南（HN）、福建（FJ）、台湾（TW）、广东（GD）、海南（HI）、香港（HK）；朝鲜、日本、新加坡、印度尼西亚（爪哇岛）。

（329）安福曙果蝇 *Liodrosophila anfuensis* **Chen** *et* **Toda, 1994**

Liodrosophila anfuensis Chen et Toda, 1994b. Jap. J. Ent. 62 (3): 548. **Type locality**: China: Jiangxi, Anfu.

分布（**Distribution**）：江西（JX）。

（330）双色曙果蝇 *Liodrosophila bicolor* Okada, 1956

Liodrosophila bicolor Okada, 1956. Systematic Study of Drosophilidae and Allied Families of Japan: 59. **Type locality:** Japan: Kyushu.

分布（**Distribution**）：浙江（ZJ）；朝鲜、日本。

（331）栗色曙果蝇 *Liodrosophila castanea* Okada *et* Chung, 1960

Liodrosophila castanea Okada *et* Chung, 1960. Akitu 9: 26. **Type locality:** R. O. Korea.

分布（**Distribution**）：安徽（AH）、浙江（ZJ）；朝鲜、韩国。

（332）锡兰曙果蝇 *Liodrosophila ceylonica* Okada, 1974

Liodrosophila ceylonica Okada, 1974a. Mushi 48 (5): 47. **Type locality:** Sri Lanka.

分布（**Distribution**）：云南（YN）、台湾（TW）、海南（HI）；印度、缅甸、斯里兰卡。

（333）尖毛曙果蝇 *Liodrosophila ciliatipes* Okada, 1974

Liodrosophila ciliatipes Okada, 1974a. Mushi 48 (5): 42. **Type locality:** China: Taiwan, Chia-i.

分布（**Distribution**）：台湾（TW）。

（334）双梳曙果蝇 *Liodrosophila dictenia* Okada, 1974

Liodrosophila dictenia Okada, 1974a. Mushi 48 (5): 46. **Type locality:** Indonesia: Java.

分布（**Distribution**）：云南（YN）；文莱、马来西亚、印度尼西亚（爪哇岛）。

（335）分瓣曙果蝇 *Liodrosophila dimidiata* Duda, 1922

Liodrosophila dimidiate Duda, 1922. Arch. Naturgesch. 88A (4): 158. **Type locality:** Vietnam.

分布（**Distribution**）：台湾（TW）、香港（HK）；越南、马来西亚、新加坡、印度尼西亚（苏门答腊岛）。

（336）暗红曙果蝇 *Liodrosophila fuscata* Okada, 1974

Liodrosophila fuscata Okada, 1974a. Mushi 48 (5): 41. **Type locality:** China: Taiwan, Nan-tou, Chi-tou.

分布（**Distribution**）：台湾（TW）。

（337）圆身曙果蝇 *Liodrosophila globosa* Okada, 1965

Liodrosophila globosa Okada, 1965. Kontyû 33 (3): 334. **Type locality:** Japan.

分布（**Distribution**）：云南（YN）、台湾（TW）、广东（GD）、海南（HI）；日本、印度、泰国、斯里兰卡、印度尼西亚（苏门答腊岛、爪哇岛）、加里曼丹岛、新几内亚岛、澳大利亚。

（338）簇刺曙果蝇 *Liodrosophila iophacanthusa* Chen, 1994

Liodrosophila iophacanthusa Chen, 1994. J. Fudan Univ. (Nat. Sci.) 33 (3): 337. **Type locality:** China: Sichuan, Mt. Qingcheng.

Liodrosophila iophacantusa Chen, 1994. J. Fudan Univ. (Nat. Sci.) 33 (3): 346. Incorrect original spelling for *iophacanthusa* by Brake *et* Bächli, 2008.

分布（**Distribution**）：四川（SC）。

（339）木村曙果蝇 *Liodrosophila kimurai* Chen *et* Toda, 1994

Liodrosophila kimurai Chen *et* Toda, 1994b. Jap. J. Ent. 62 (3): 547. **Type locality:** China: Zhejiang, Hangzhou.

分布（**Distribution**）：浙江（ZJ）、江西（JX）。

（340）尖腹曙果蝇 *Liodrosophila nitida* Duda, 1922

Liodrosophila nitida Duda, 1922. Arch. Naturgesch. 88A (4): 157. **Type locality:** Vietnam.

分布（**Distribution**）：浙江（ZJ）、云南（YN）、台湾（TW）、广东（GD）、海南（HI）、香港（HK）；日本、尼泊尔、缅甸、越南、泰国、马来西亚、新加坡、印度尼西亚（苏门答腊岛、爪哇岛）、加里曼丹岛、澳大利亚。

（341）冈田氏曙果蝇 *Liodrosophila okadai* Dwivedi *et* Gupta, 1979

Liodrosophila okadai Dwivedi *et* Gupta, 1979. Entomon 4: 185. **Type locality:** India.

分布（**Distribution**）：广东（GD）；印度。

（342）毛曙果蝇 *Liodrosophila penispinosa* Dwivedi *et* Gupta, 1979

Liodrosophila penispinosa Dwivedi *et* Gupta, 1979. *In:* Dwivedi *et al.*, 1979. Orent. Ins. 13: 65. **Type locality:** India.

分布（**Distribution**）：广东（GD）；印度。

（343）四点曙果蝇 *Liodrosophila quadrimaculata* Okada, 1974

Liodrosophila quadrimaculata Okada, 1974a. Mushi 48 (5): 34. **Type locality:** China: Taiwan, Nan-tou, Chi-tou.

分布（**Distribution**）：台湾（TW）。

（344）红棕曙果蝇 *Liodrosophila rufa* Okada, 1974

Liodrosophila rufa Okada, 1974a. Mushi 48 (5): 41. **Type locality:** China: Hong Kong.

分布（**Distribution**）：安徽（AH）、湖南（HN）、广东（GD）、海南（HI）、香港（HK）。

（345）锐突曙果蝇 *Liodrosophila spinata* Okada, 1974

Liodrosophila spinata Okada, 1974a. Mushi 48 (5): 40. **Type locality:** China: Taiwan, Nan-tou, Chi-tou.

分布（Distribution）：台湾（TW）、广东（GD）。

（346）三毛茎曙果蝇 *Liodrosophila trichaetopennis* Takada *et* Momma, 1975

Liodrosophila trichaetopennis Takada *et* Momma, 1975. Jour. Fac. Sci. Hokkaido Univ. Ser. VI. Zool. 20 (1): 31. **Type locality:** Malaysia.

分布（Distribution）：云南（YN）；马来西亚。

11. 头滑果蝇属 *Lissocephala* Malloch, 1929

Lissocephala Malloch, 1929. Ann. Mag. Nat. Hist. (10) 4: 250. **Type species:** *Lissocephala unipunctata* Malloch, 1929 (by original designation).

（347）黑腹头滑果蝇 *Lissocephala bicolor* (de Meijere, 1911)

Drosophila bicolor de Meijere, 1911. Tijdschr. Ent. 54: 399. **Type locality:** Indonesia: Java.

分布（Distribution）：台湾（TW）；日本、马来西亚、印度尼西亚（爪哇岛）。

（348）拟头滑果蝇 *Lissocephala bicoloroides* Okada, 1985

Lissocephala bicoloroides Okada, 1985a. Kontyû 53 (2): 336. **Type locality:** Malaysia: Sabah.

分布（Distribution）：海南（HI）；马来西亚、新加坡、加里曼丹岛。

（349）光泽头滑果蝇 *Lissocephala metallescens* (de Meijere, 1914)

Drosophila metallescens de Meijere, 1914. Tijdschr. Ent. 54: 265. **Type locality:** Indonesia: Java.

分布（Distribution）：台湾（TW）；印度、缅甸、泰国、斯里兰卡、马来西亚、印度尼西亚、密克罗尼西亚、新几内亚岛、所罗门群岛、汤加。

（350）萨氏头滑果蝇 *Lissocephala sabroskyi* Wheeler *et* Takada, 1964

Lissocephala sabroskyi Wheeler *et* Takada, 1964. Insects Micronesia 14 (6): 222. **Type locality:** Palau Is.

分布（Distribution）：海南（HI）；印度、缅甸、菲律宾、加里曼丹岛、密克罗尼西亚。

（351）双色头滑果蝇 *Lissocephala subbicolor* Okada, 1985

Lissocephala subbicolor Okada, 1985a. Kontyû 53 (2): 337. **Type locality:** China: Taiwan, Tai-nan.

分布（Distribution）：台湾（TW）；日本。

12. 拱背果蝇属 *Lordiphosa* Basden, 1961

Lordiphosa Basden, 1961. Beitr. Ent. 11: 186. **Type species:** *Lordiphosa fenestrarum* Fallén, 1823 (by original designation).

（352）不对称拱背果蝇 *Lordiphosa acongruens* (Zhang *et* Liang, 1992)

Drosophila acongruens Zhang *et* Liang, 1992. Acta Zootaxon. Sin. 17 (4): 474. **Type locality:** China: Yunnan.

分布（Distribution）：云南（YN）。

（353）羚角拱背果蝇 *Lordiphosa antillaria* (Okada, 1984)

Drosophila antillaria Okada, 1984b. Kontyû 52 (4): 565. **Type locality:** China: Taiwan, Nan-tou, Chi-tou.

分布（Distribution）：台湾（TW）、广东（GD）。

（354）锚形拱背果蝇 *Lordiphosa archoroides* (Zhang, 1993)

Drosophila archoroides Zhang, 1993a. Acta Zootaxon. Sin. 18 (2): 220. **Type locality:** China: Yunnan, Dali.

分布（Distribution）：云南（YN）。

（355）彼氏拱背果蝇 *Lordiphosa baechlii* Zhang, 2008

Lordiphosa baechlii Zhang, 2008. *In*: Brake *et* Bächli, 2008. World Cat. Ins. 9: 170.

Drosophila forcipata Zhang, 1993a. Acta Zootaxon. Sin. 18 (2): 221. **Type locality:** China: Yunnan, Kunming. Preocc. Collin, 1952.

分布（Distribution）：云南（YN）。

（356）双突拱背果蝇 *Lordiphosa biconvexa* (Zhang *et* Liang, 1992)

Drosophila biconvexa Zhang *et* Liang, 1992. Acta Zootaxon. Sin. 17 (4): 477. **Type locality:** China: Yunnan, Dali.

分布（Distribution）：云南（YN）。

（357）交力坪拱背果蝇 *Lordiphosa chaolipinga* (Okada, 1984)

Drosophila chaolipinga Okada, 1984b. Kontyû 52 (4): 568. **Type locality:** China: Taiwan, Chia-I, Fenchihu.

分布（Distribution）：台湾（TW）。

（358）显斑拱背果蝇 *Lordiphosa clarofinis* (Lee, 1959)

Drosophila clarofinis Lee, 1959. Kor. J. Zool. 2: 43. **Type locality:** R. O. Korea: Kongju.

分布（Distribution）：安徽（AH）、浙江（ZJ）、福建（FJ）、

广东（GD）；韩国、日本。

（359）考氏拱背果蝇 *Lordiphosa coei* (Okada, 1966)

Drosophila coei Okada, 1966. Bull. Br. Mus. (Nat. Hist.) Ent. Suppl. 6: 82. **Type locality:** Nepal.

Drosophila angusi Okada, 1977b. *In*: Hardy *et* Delfinado, 1977. Cat. Dipt. Orient. Reg. 3: 369. Unjustified n. n. *coei* Okada. See Wheeler, 1981.

分布（**Distribution**）：广东（GD）；尼泊尔。

（360）科林氏拱背果蝇 *Lordiphosa collinella* (Okada, 1968)

Drosophila collinella Okada, 1968b. Kontyû 36 (4): 339. **Type locality:** Japan: Chugoku.

分布（**Distribution**）：吉林（JL）、辽宁（LN）、安徽（AH）、四川（SC）；俄罗斯、蒙古国、朝鲜、日本。

（361）刀形拱背果蝇 *Lordiphosa cultrate* Zhang, 1993

Lordiphosa cultrata Zhang, 1993b. Entomotaxon. 15 (2): 145. **Type locality:** China: Yunnan, Kunming.

分布（**Distribution**）：云南（YN）。

（362）双齿拱背果蝇 *Lordiphosa denticeps* (Okada *et* Sasakawa, 1956)

Drosophila denticeps Okada *et* Sasakawa, 1956. Akitu 5: 26. **Type locality:** Japan: Kanto.

分布（**Distribution**）：四川（SC）；日本。

（363）齿突拱背果蝇 *Lordiphosa dentiformis* Ma *et* Zhang, 2013

Lordiphosa dentiformis Ma *et* Zhang, 2013. Acta Zootaxon. Sin. 38 (4): 882. **Type locality:** China: Hubei, Shennongjia.

分布（**Distribution**）：湖北（HB）。

（364）德钦拱背果蝇 *Lordiphosa deqenensis* Zhang, 1993

Lordiphosa deqenensis Zhang, 1993b. Entomotaxon. 15 (2): 146. **Type locality:** China: Yunnan, Deqen.

分布（**Distribution**）：云南（YN）。

（365）突拱背果蝇 *Lordiphosa eminens* Quan *et* Zhang, 2003

Lordiphosa eminens Quan *et* Zhang, 2003. Zool. Res. 24 (3): 229. **Type locality:** China: Yunnan, Lushui.

分布（**Distribution**）：云南（YN）。

（366）拟双叉拱背果蝇 *Lordiphosa falsiramula* Zhang, 1993

Lordiphosa falsiramula Zhang, 1993b. Entomotaxon. 15 (2): 148. **Type locality:** China: Yunnan, Dali.

分布（**Distribution**）：云南（YN）。

（367）窗拱背果蝇 *Lordiphosa fenestrarum* (Fallén, 1823)

Drosophila fenestrarum Fallén, 1823. Dipt. Suec. Geomyz. 2: 4. **Type locality:** Europe: Sweden.

Drosophila virginea Meigen, 1830. Syst. Beschr. Europ. Zweifl. Insekt. 6: 84. **Type locality:** Germany.

Drosophila nitidiventris Macquart, 1835. Hist. Nat. Ins., Dipt.: 551. **Type locality:** France.

分布（**Distribution**）：新疆（XJ）；欧洲。

（368）螯拱背果蝇 *Lordiphosa forcipes* Ma *et* Zhang, 2013

Lordiphosa forcipis Ma *et* Zhang, 2013. Acta Zootaxon. Sin. 38 (4): 881. **Type locality:** China: Sichuan, Emei Mt.

分布（**Distribution**）：四川（SC）。

（369）鹤颈拱背果蝇 *Lordiphosa gruicollara* Quan *et* Zhang, 2003

Lordiphosa gruicollara Quan *et* Zhang, 2003. Zool. Res. 24 (3): 228. **Type locality:** China: Yunnan, Luchun.

分布（**Distribution**）：云南（YN）。

（370）凹缘拱背果蝇 *Lordiphosa incidens* Quan *et* Zhang, 2003

Lordiphosa incidens Quan *et* Zhang, 2003. Zool. Res. 24 (3): 231. **Type locality:** China: Yunnan, Luchun.

分布（**Distribution**）：云南（YN）。

（371）鲁甸拱背果蝇 *Lordiphosa ludianensis* Quan *et* Zhang, 2001

Lordiphosa ludianensis Quan *et* Zhang, 2001. Zool. Res. 22 (6): 480. **Type locality:** China: Yunnan, Lijiang.

分布（**Distribution**）：云南（YN）。

（372）玛氏拱背果蝇 *Lordiphosa macai* Zhang, 2008

Drosophila macai Zhang, 2008. *In*: Brake *et* Bächli, 2008. World Cat. Ins. 9: 171.

Drosophila flava Zhang *et* Liang, 1992. Acta Zootaxon. Sin. 17 (4): 479. **Type locality:** China: Yunnan, Dali. Preocc. *Drosophila flava* Fallén, 1823.

分布（**Distribution**）：云南（YN）。

（373）大梳拱背果蝇 *Lordiphosa magnipectinata* (Okada, 1956)

Drosophila magnipectinata Okada, 1956. Systematic Study of Drosophilidae and Allied Families of Japan: 113. **Type locality:** Japan: Hokkaidō, Sapporo.

分布（**Distribution**）：吉林（JL）；朝鲜、日本。

（374）新黑川拱背果蝇 *Lordiphosa neokurokawai* (Singh *et* Gupta, 1981)

Drosophila neokurokawai Singh *et* Gupta, 1981b. Orient. Insects 15 (2): 207. **Type locality:** India: West Bengal.

分布（Distribution）：云南（YN）；印度。

（375）黑色拱背果蝇 *Lordiphosa nigricolor* (Strobl, 1898)

Drosophila nigricolor Strobl, 1898. Mitt. Naturwiss. Ver. Steiermark (1897) 34: 266. **Type locality:** Austria.

Drosophila pappi Okada, 1974b. Ann. Hist.-Nat. Mus. Natl. Hung. 66: 271. **Type locality:** D. P. R. Korea. Syn. Watabe *et* Watanabe, 1993.

分布（Distribution）：吉林（JL）、新疆（XJ）；朝鲜、俄罗斯、芬兰、德国、奥地利。

（376）黑腿拱背果蝇 *Lordiphosa nigrifemur* Quan *et* Zhang, 2001

Lordiphosa nigrifemur Quan *et* Zhang, 2001. Zool. Res. 22 (6): 478. **Type locality:** China: Yunnan, Deqin.

分布（Distribution）：云南（YN）。

（377）黑小板拱背果蝇 *Lordiphosa nigrovesca* (Lin *et* Ting, 1971)

Drosophila nigrovesca Lin *et* Ting, 1971. Bull. Inst. Zool. "Acad. Sinica" 10: 25. **Type locality:** China: Taiwan, Nan-tou, Chi-tou.

Drosophila aurantifrons Okada, 1984b. Kontyû 52 (4): 568. **Type locality:** China: Taiwan, Nan-tou, Chi-tou.

分布（Distribution）：台湾（TW）。

（378）拟双齿拱背果蝇 *Lordiphosa paradenticeps* (Okada, 1971)

Drosophila paradenticeps Okada, 1971c. Bull. Biogeogr. Soc. Jap. 26 (5): 31. **Type locality:** China: Taiwan, Chia-I, Ali-shan.

分布（Distribution）：台湾（TW）。

（379）毛拱背果蝇 *Lordiphosa penicilla* (Zhang, 1993)

Drosophila penicilla Zhang, 1993a. Acta Zootaxon. Sin. 18 (2): 221. **Type locality:** China: Yunnan, Kunming.

分布（Distribution）：云南（YN）。

（380）具毛拱背果蝇 *Lordiphosa piliferous* Quan *et* Zhang, 2003

Lordiphosa piliferous Quan *et* Zhang, 2003. Zool. Res. 24 (3): 232. **Type locality:** China: Yunnan, Luchun.

分布（Distribution）：云南（YN）。

（381）毛突拱背果蝇 *Lordiphosa pilosella* Ma *et* Zhang, 2009

Lordiphosa pilosella Ma *et* Zhang, 2009. Acta Zootaxon. Sin.

34 (3): 616. **Type locality:** China: Hubei, Shennongjia.

分布（Distribution）：湖北（HB）。

（382）棕额拱背果蝇 *Lordiphosa porrecta* (Okada, 1984)

Drosophila porrecta Okada, 1984b. Kontyû 52 (4): 569. **Type locality:** China: Taiwan, Nan-tou, Chi-tou.

分布（Distribution）：台湾（TW）。

（383）突弓拱背果蝇 *Lordiphosa protrusa* (Zhang *et* Liang, 1992)

Drosophila protrusa Zhang *et* Liang, 1992. Acta Zootaxon. Sin. 17 (4): 475. **Type locality:** China: Yunnan.

分布（Distribution）：云南（YN）。

（384）等枝拱背果蝇 *Lordiphosa ramipara* (Zhang *et* Liang, 1992)

Drosophila ramipara Zhang *et* Liang, 1992. Acta Zootaxon. Sin. 17 (4): 473. **Type locality:** China: Yunnan, Kunming.

分布（Distribution）：云南（YN）。

（385）多枝拱背果蝇 *Lordiphosa ramosissimus* (Zhang *et* Liang, 1992)

Drosophila ramosissimus Zhang *et* Liang, 1992. Acta Zootaxon. Sin. 17 (4): 476. **Type locality:** China: Yunnan, Kunming.

分布（Distribution）：云南（YN）。

（386）双叉拱背果蝇 *Lordiphosa ramula* Zhang, 1993

Lordiphosa ramula Zhang, 1993b. Entomotaxon. 15 (2): 147. **Type locality:** China: Yunnan, Kunming.

分布（Distribution）：云南（YN）。

（387）施氏拱背果蝇 *Lordiphosa shii* Quan *et* Zhang, 2001

Lordiphosa shii Quan *et* Zhang, 2001. Zool. Res. 22 (6): 481. **Type locality:** China: Yunnan, Lushui.

分布（Distribution）：云南（YN）。

（388）斯坦克氏拱背果蝇 *Lordiphosa stackelbergi* (Duda, 1935)

Drosophila stackelbergi Duda, 1935c. *In*: Lindner, 1935. Die Flieg. Palaearkt. Reg. 58g 6 (1): 96. **Type locality:** Russia: Ussuri Mts.

Drosophila japonica Kikkawa *et* Peng, 1938. Jpn. J. Zool. 7: 531. **Type locality:** Japan. Syn. Sidorenko, 1990.

分布（Distribution）：吉林（JL）、辽宁（LN）、陕西（SN）、江苏（JS）、上海（SH）、浙江（ZJ）；俄罗斯（西伯利亚）。

（389）查氏拱背果蝇 *Lordiphosa tsacasi* Zhang, 2008

Lordiphosa tsacasi Zhang, 2008. *In*: Brake *et* Bächli, 2008.

World Cat. Ins. 9: 173.

Drosophila picea Zhang *et* Liang, 1992. Acta Zootaxon. Sin. 17 (4): 478. **Type locality:** China: Yunnan, Dali. Preocc. *Drosophila picea* Hardy, 1978.

分布（Distribution）：云南（YN）。

（390）条纹拱背果蝇 *Lordiphosa vittata* Zhang, 1994

Lordiphosa vittata Zhang, 1994. *In*: Zhang *et* Liang, 1994. Entomotaxon. 16 (3): 213. **Type locality:** China: Yunnan, Kunming.

分布（Distribution）：云南（YN）。

13. 微果蝇属 *Microdrosophila* Malloch, 1921

Microdrosophila Malloch, 1921. Entomol. News 32: 312. **Type species:** *Drosophila quadrata* Sturtevant, 1916 (by original designation).

Hopkinsomyia Malloch, 1934. Insects Samoa, Pt. 6, Fasc. 8: 289. **Type species:** *Hopkinsomyia convergens* Malloch, 1934 (by original designation).

Oxystyloptera Duda, 1924a. Arch. Naturgesch. (A) 90 (3): 192. Syn. subgenus of *Incisurifrons* Duda, 1923 by Brake *et* Bächli, 2008.

（391）基突微果蝇 *Microdrosophila* (*Incisurifrons*) *basiprojecta* Zhang, 2004

Microdrosophila (*Oxystyloptera*) *basiprojecta* Zhang, 2004. *In*: Lu *et* Zhang, 2004. Acta Zootaxon. Sin. 29 (3): 572. **Type locality:** China: Sichuan, Kangding; Yunnan, Gongshan.

分布（Distribution）：四川（SC）、云南（YN）。

（392）垂珍微果蝇 *Microdrosophila* (*Incisurifrons*) *chuii* Chen, 1994

Microdrosophila (*Oxystyloptera*) *chuii* Chen, 1994. J. Fudan Univ. (Nat. Sci.) 33 (3): 335. **Type locality:** China: Sichuan, Mt. Jinyun.

分布（Distribution）：四川（SC）、重庆（CQ）。

（393）棕带微果蝇 *Microdrosophila* (*Incisurifrons*) *congesta* (Zetterstedt, 1847)

Drosophila congesta Zetterstedt, 1847. Dipt. Scand. 6: 2558. **Type locality:** Sweden.

分布（Distribution）：台湾（TW）；亚洲（南部）、欧洲。

（394）圆锥微果蝇 *Microdrosophila* (*Incisurifrons*) *conica* Okada, 1985

Microdrosophila (*Oxystyloptera*) *conica* Okada, 1985b. Internat. J. Ent. 27 (4): 316. **Type locality:** Indonesia: Java.

分布（Distribution）：台湾（TW）；斯里兰卡、印度尼西亚（爪哇岛）。

（395）长毛突微果蝇 *Microdrosophila* (*Incisurifrons*) *distincta* Wheeler *et* Takada, 1964

Microdrosophila (*Oxystyloptera*) *distinct* Wheeler *et* Takada, 1964. Insects Micronesia 14 (6): 217. **Type locality:** Micronesia.

分布（Distribution）：云南（YN）；缅甸、密克罗尼西亚（加罗林群岛）。

（396）镰形微果蝇 *Microdrosophila* (*Incisurifrons*) *falciformis* Chen *et* Toda, 1994

Microdrosophila (*Oxystyloptera*) *falciformis* Chen *et* Toda, 1994b. Jap. J. Ent. 62 (3): 545. **Type locality:** China: Zhejiang, Meichi.

分布（Distribution）：浙江（ZJ）。

（397）棕微果蝇 *Microdrosophila* (*Incisurifrons*) *fuscata* Okada, 1960

Microdrosophila (*Oxystyloptera*) *fuscata* Okada, 1960b. Kontyû 28 (4): 220. **Type locality:** Japan: Kanto.

分布（Distribution）：浙江（ZJ）；朝鲜、日本。

（398）红河微果蝇 *Microdrosophila* (*Incisurifrons*) *honghensis* Zhang, 1989

Microdrosophila (*Oxystyloptera*) *honghensis* Zhang, 1989. Proc. Japn. Soc. Syst. Zool. 40: 59. **Type locality:** China: Yunnan, Honghe, Mu-long.

分布（Distribution）：云南（YN）。

（399）额微果蝇 *Microdrosophila* (*Incisurifrons*) *latifrons* Okada, 1965

Microdrosophila (*Oxystyloptera*) *latifrons* Okada, 1965. Kontyû 33 (3): 332. **Type locality:** Japan: Ryukyu, Okinawa.

分布（Distribution）：云南（YN）；日本、朝鲜。

（400）大黄微果蝇 *Microdrosophila* (*Incisurifrons*) *magniflava* Zhang, 1989

Microdrosophila (*Oxystyloptera*) *magniflava* Zhang, 1989. Proc. Japn. Soc. Syst. Zool. 40: 55. **Type locality:** China: Yunnan, Mengla, Shang-yong.

分布（Distribution）：云南（YN）。

（401）松平微果蝇 *Microdrosophila* (*Incisurifrons*) *matsudairai* Okada, 1960

Microdrosophila (*Oxystyloptera*) *matsudairai* Okada, 1960b. Kontyû 28 (4): 213. **Type locality:** Japan: Kanto.

分布（Distribution）：云南（YN）；朝鲜、日本、斯里兰卡。

（402）黑刺微果蝇 *Microdrosophila* (*Incisurifrons*) *nigrispina* Okada, 1985

Microdrosophila (*Oxystyloptera*) *nigrispina* Okada, 1985b. Internat. J. Ent. 27 (4): 317. **Type locality:** Sri Lanka.

分布（Distribution）：云南（YN）；斯里兰卡。

（403）栉节微果蝇 *Microdrosophila* (*Incisurifrons*) *pectinata* Okada, 1966

Microdrosophila (*Oxystyloptera*) *pectinata* Okada, 1966. Bull. Br. Mus. (Nat. Hist.) Ent. Suppl. 6: 37. **Type locality:** Nepal.

分布（Distribution）：台湾（TW）；尼泊尔。

（404）矢状微果蝇 *Microdrosophila* (*Incisurifrons*) *sagittatusa* Chen, 1994

Microdrosophila (*Oxystyloptera*) *sagittatusa* Chen, 1994. J. Fudan Univ. (Nat. Sci.) 33 (3): 337. **Type locality:** China: Sichuan, Mt. Jinyun.

分布（Distribution）：四川（SC）、重庆（CQ）。

（405）尾叶微果蝇 *Microdrosophila* (*Incisurifrons*) *tectifrons* (de Meijere, 1914)

Leucophenga tectifron de Meijere, 1914. Tijdschr. Ent. 57: 263. **Type locality:** Indonesia: Java.

分布（Distribution）：云南（YN）、台湾（TW）；缅甸、菲律宾、印度尼西亚（爪哇岛）、伊朗、巴布亚新几内亚。

（406）浦岛微果蝇 *Microdrosophila* (*Incisurifrons*) *urashimae* Okada, 1960

Microdrosophila (*Oxystyloptera*) *urashimae* Okada, 1960b. Kontyû 28 (4): 219. **Type locality:** Japan: Kanto.

分布（Distribution）：台湾（TW）；朝鲜、日本。

（407）内折微果蝇 *Microdrosophila* (*Incisurifrons*) *vara* Zhang, 2004

Microdrosophila (*Oxystyloptera*) *vara* Zhang, 2004. *In*: Lu *et* Zhang, 2004. Acta Zootaxon. Sin. 29 (3): 573. **Type locality:** China: Sichuan, Kangding.

分布（Distribution）：四川（SC）。

（408）无冠微果蝇 *Microdrosophila* (*Microdrosophila*) *acristata* Okada, 1968

Microdrosophila (*Microdrosophila*) *acristata* Okada, 1968a. Kontyû 36 (4): 318. **Type locality:** China: Taiwan, Sung-Kuang.

分布（Distribution）：台湾（TW）。

（409）双裂微果蝇 *Microdrosophila* (*Microdrosophila*) *bipartita* Zhang, 1989

Microdrosophila (*Microdrosophila*) *bipartita* Zhang, 1989. Proc. Japn. Soc. Syst. Zool. 40: 72. **Type locality:** China: Yunnan, Honghe, Mu-long.

分布（Distribution）：安徽（AH）、云南（YN）、海南（HI）。

（410）穗微果蝇 *Microdrosophila* (*Microdrosophila*) *conda* Zhang, 1989

Microdrosophila (*Microdrosophila*) *conda* Zhang, 1989. Proc. Japn. Soc. Syst. Zool. 40: 63. **Type locality:** China: Yunnan, Mengla, Meng-long.

分布（Distribution）：云南（YN）。

（411）有冠微果蝇 *Microdrosophila* (*Microdrosophila*) *cristata* Okada, 1960

Microdrosophila (*Microdrosophila*) *cristata* Okada, 1960b. Kontyû 28 (4): 214. **Type locality:** Japan: Chubu.

分布（Distribution）：安徽（AH）、台湾（TW）；朝鲜、日本。

（412）兜微果蝇 *Microdrosophila* (*Microdrosophila*) *cucullata* Zhang, 1989

Microdrosophila (*Microdrosophila*) *cucullata* Zhang, 1989. Proc. Japn. Soc. Syst. Zool. 40: 75. **Type locality:** China: Yunnan, Mengla, Shang-yong.

分布（Distribution）：云南（YN）。

（413）弯板微果蝇 *Microdrosophila* (*Microdrosophila*) *curvula* Zhang, 1989

Microdrosophila (*Microdrosophila*) *curvula* Zhang, 1989. Proc. Japn. Soc. Syst. Zool. 40: 65. **Type locality:** China: Yunnan, Mengla, Shang-yong.

分布（Distribution）：云南（YN）。

（414）齿微果蝇 *Microdrosophila* (*Microdrosophila*) *dentata* Zhang, 1989

Microdrosophila (*Microdrosophila*) *dentata* Zhang, 1989. Proc. Japn. Soc. Syst. Zool. 40: 69. **Type locality:** China: Yunnan, Mengla, Shang-yong.

分布（Distribution）：云南（YN）。

（415）长突微果蝇 *Microdrosophila* (*Microdrosophila*) *elongate* Okada, 1965

Microdrosophila (*Microdrosophila*) *elongate* Okada, 1965. Kontyû 33 (3): 330. **Type locality:** Japan: Ryukyu.

分布（Distribution）：安徽（AH）、云南（YN）、台湾（TW）、广东（GD）；日本、印度、斯里兰卡、菲律宾。

（416）绿春微果蝇 *Microdrosophila* (*Microdrosophila*) *luchunensis* Zhang, 1989

Microdrosophila (*Microdrosophila*) *luchunensis* Zhang, 1989. Proc. Japn. Soc. Syst. Zool. 40: 70. China: Yunnan, Luchun.

分布（Distribution）：四川（SC）、云南（YN）、广东（GD）。

（417）腹斑微果蝇 *Microdrosophila* (*Microdrosophila*) *maculata* Okada, 1960

Microdrosophila (*Microdrosophila*) *maculata* Okada, 1960b. Kontyû 28 (4): 217. **Type locality:** Japan: Kinki.

分布（Distribution）：安徽（AH）、云南（YN）、广东（GD）；日本。

（418）二线微果蝇 *Microdrosophila* (*Microdrosophila*) *pleurolineata* Wheeler *et* Takada, 1964

Microdrosophila (*Microdrosophila*) *pleurolineata* Wheeler *et*

Takada, 1964. Insects Micronesia 14 (6): 217. **Type locality:** Micronesia.

分布（Distribution）：云南（YN）、海南（HI）、香港（HK）；日本、马来西亚、印度、斯里兰卡、新加坡、密克罗尼西亚（加罗林群岛）、斐济、巴布亚新几内亚、澳大利亚。

（419） 拟二线微果蝇 *Microdrosophila (Microdrosophila) pseudopleurolineata* Okada, 1968

Microdrosophila (*Microdrosophila*) *pseudopleurolineata* Okada, 1968a. Kontyû 36 (4): 319. **Type locality:** Japan: Kinki.

分布（Distribution）：台湾（TW）；日本、缅甸、泰国、印度尼西亚（爪哇岛）。

（420） 紫眼微果蝇 *Microdrosophila (Microdrosophila) purpurata* Okada, 1956

Microdrosophila (*Microdrosophila*) *purpurata* Okada, 1956. Systematic Study of Drosophilidae and Allied Families of Japan: 40. **Type locality:** Japan: Kanto.

分布（Distribution）：台湾（TW）；朝鲜、日本、印度。

（421） 刚毛微果蝇 *Microdrosophila (Microdrosophila) setulosa* Zhang, 1989

Microdrosophila (*Microdrosophila*) *setulosa* Zhang, 1989. Proc. Japn. Soc. Syst. Zool. 40: 67. **Type locality:** China: Yunnan, Mengla, Shang-yong.

分布（Distribution）：云南（YN）。

（422） 毛茎微果蝇 *Microdrosophila (Microdrosophila) spiciferipenis* Zhang, 1989

Microdrosophila (*Microdrosophila*) *spiciferipenis* Zhang, 1989. Proc. Japn. Soc. Syst. Zool. 40: 74. **Type locality:** China: Yunnan, Mengla, Shang-yong.

分布（Distribution）：云南（YN）。

（423）板微果蝇 *Microdrosophila (Microdrosophila) tabularis* Zhang, 1989

Microdrosophila (*Microdrosophila*) *tabularis* Zhang, 1989. Proc. Japn. Soc. Syst. Zool. 40: 77. **Type locality:** China: Yunnan, Mengla, Shang-yong.

分布（Distribution）：云南（YN）、海南（HI）。

（424） 三叉微果蝇 *Microdrosophila (Microdrosophila) triaina* Lu *et* Zhang, 2004

Microdrosophila (*Microdrosophila*) *triaina* Lu *et* Zhang, 2004. Acta Zootaxon. Sin. 29 (3): 575. **Type locality:** China: Jiangxi, Yanshan.

分布（Distribution）：江西（JX）。

14. 暮果蝇属 *Mulgravea* Bock, 1982

Mulgravea Bock, 1982. Austr. J. Zool. (Suppl. Ser.) 89: 122. **Type species:** *Mulgravea minima* Bock, 1982 (by original

designation).

Thyreocephala Okada, 1985a. Kontyû 53 (2): 338. **Type species:** *Lissocephala asiatica* Okada, 1985 (by original designation). Syn. Okada, 1987.

（425） 东亚暮果蝇 *Mulgravea asiatica* (Okada, 1964)

Lissocephala asiatica Okada, 1964a. Kontyû 32: 106. **Type locality:** Japan: Kyushu.

分布（Distribution）：云南（YN）、台湾（TW）；日本、缅甸、斯里兰卡、马来西亚、印度尼西亚（爪哇岛）。

（426） 印氏暮果蝇 *Mulgravea indersinghi* (Takada *et* Momma, 1975)

Lissocephala indersinghi Takada *et* Momma, 1975. Jour. Fac. Sci. Hokkaido Univ. Ser. VI. Zool. 20 (1): 24. **Type locality:** Malaysia.

分布（Distribution）：广东（GD）；马来西亚。

15. 菇果蝇属 *Mycodrosophila* Oldenberg, 1914

Mycodrosophila Oldenberg, 1914a. Arch. Naturgesch. 80A (2): 4. **Type species:** *Amiota poecilogastra* Loew, 1874 (monotypy).

（427） 双头菇果蝇 *Mycodrosophila (Mycodrosophila) biceps* Kang, Lee *et* Bahng, 1966

Mycodrosophila (*Mycodrosophila*) *biceps* Kang, Lee *et* Bahng, 1966. Kor. J. Zool. 9: 26. **Type locality:** D. P. R. Korea.

分布（Distribution）：浙江（ZJ）、台湾（TW）；朝鲜、日本。

（428） 直菇果蝇 *Mycodrosophila (Mycodrosophila) erecta* Okada, 1968

Mycodrosophila (*Mycodrosophila*) *erecta* Okada, 1968b. Kontyû 36 (4): 324. **Type locality:** Japan: Chubu.

分布（Distribution）：广东（GD）；朝鲜、日本。

（429） 昏褶菇果蝇 *Mycodrosophila (Mycodrosophila) fumusala* Lin *et* Ting, 1971

Mycodrosophila (*Mycodrosophila*) *fumusala* Lin *et* Ting, 1971. Bull. Inst. Zool. "Acad. Sinica" 10: 17. **Type locality:** China: Taiwan, Tai-pei, Wu-lai.

分布（Distribution）：台湾（TW）。

（430） 腹纹菇果蝇 *Mycodrosophila (Mycodrosophila) gratiosa* (de Meijere, 1911)

Drosophila gratiosa de Meijere, 1911. Tijdschr. Ent. 54: 404. **Type locality:** Indonesia: Java.

Mycodrosophila splendida Okada, 1956. Systematic Study of Drosophilidae and Allied Families of Japan: 48. **Type locality:** Japan: Kanto.

分布（Distribution）：安徽（AH）、上海（SH）、浙江（ZJ）、江西（JX）、湖南（HN）；日本、印度、泰国、斯里兰卡、马来西亚、印度尼西亚（爪哇岛）、斐济、萨摩亚群岛。

（431）黄山菇果蝇 *Mycodrosophila (Mycodrosophila) huangshanensis* Chen *et* Toda, 1994

Mycodrosophila (*Mycodrosophila*) *huangshanensis* Chen *et* Toda, 1994b. Jap. J. Ent. 62 (3): 550. **Type locality:** China: Anhui, Huangshan.

分布（Distribution）：安徽（AH）。

（432）朝鲜菇果蝇 *Mycodrosophila (Mycodrosophila) koreana* Lee *et* Takada, 1959

Mycodrosophila koreana Lee *et* Takada, 1959. Annot. Zool. Japon. 32: 94. **Type locality:** R. O. Korea.

Mycodrosophila liliacea Chen *et* Okada, 1989. *In*: Chen *et al.*, 1989. Jap. J. Ent. 57 (2): 388. **Type locality:** China: Guangxi, Guilin. Syn. Chen *et* Toda, 1994.

分布（Distribution）：安徽（AH）、湖南（HN）、四川（SC）、广西（GX）；韩国、日本。

（433） 黑 侧 板 菇 果 蝇 *Mycodrosophila (Mycodrosophila) nigropleurata* Takada *et* Momma, 1975

Mycodrosophila (*Mycodrosophila*) *nigropleurata* Takada *et* Momma, 1975. Jour. Fac. Sci. Hokkaido Univ. Ser. VI. Zool. 20 (1): 20. **Type locality:** Malaysia.

分布（Distribution）：海南（HI）；马来西亚。

（434）毛菇果蝇 *Mycodrosophila (Mycodrosophila) pennihispidus* Sundaran *et* Gupta, 1991

Mycodrosophila (*Mycodrosophila*) *penihispidus* Sundaran *et* Gupta, 1991. Zool. Sci. 8: 374. **Type locality:** India: Karnātaka.

分布（Distribution）：台湾（TW）、广东（GD）；印度。

（435）杂腹菇果蝇 *Mycodrosophila (Mycodrosophila) poecilogastra* (Loew, 1874)

Amiota poecilogastra Loew, 1874. Z. Naturwiss. N. F. 9: 419. **Type locality:** Iran: Gorgan.

Drosophila johni Pokorny, 1896. Mitt. Naturw. Ver. Troppau. 2: 63. **Type locality:** Slavonia (Yugoslavia).

Mycodrosophila arcuata Chen, Shao *et* Fan, 1989. Jap. J. Ent. 57: 384. **Type locality:** China: Hunan, Mt. Zhangjiajie. Syn. Chen *et* Toda, 1994.

分布（Distribution）：辽宁（LN）、湖南（HN）、四川（SC）、广东（GD）；朝鲜、日本、伊朗；欧洲。

（436） 亚 腹 纹 菇 果 蝇 *Mycodrosophila (Mycodrosophila) subgratiosa* Okada, 1965

Mycodrosophila (*Mycodrosophila*) *subgratiosa* Okada, 1965. Kontyû 33 (3): 339. **Type locality:** Japan: Ryukyu.

分布（Distribution）：广东（GD）；日本。

（437） 高 千 穗 菇 果 蝇 *Mycodrosophila (Mycodrosophila) takachihonis* Okada, 1956

Mycodrosophila (*Mycodrosophila*) *takachihonis* Okada, 1956. Systematic Study of Drosophilidae and Allied Families of Japan: 47. **Type locality:** Japan: Kyushu.

分布（Distribution）：吉林（JL）、辽宁（LN）；朝鲜、日本。

（438） 白 角 菇 果 蝇 *Mycodrosophila (Promycodrosophila) albiconis* (de Meijere, 1916)

Drosophila albiconis de Meijere, 1916d. Tijdschr. Ent. (1915) 58 (Suppl.): 58. **Type locality:** Indonesia.

分布（Distribution）：台湾（TW）；马来西亚、印度尼西亚。

（439） 瓶 叶 菇 果 蝇 *Mycodrosophila ampularia* Chen, Shao *et* Fan, 1989

Mycodrosophila ampularia Chen, Shao *et* Fan, 1989. Jap. J. Ent. 57: 387. **Type locality:** China: Guangdong, Mt. Hei Shi Ding.

分布（Distribution）：广东（GD）。

（440） 翅 基 斑 菇 果 蝇 *Mycodrosophila basalis* Okada, 1956

Mycodrosophila basalis Okada, 1956. Systematic Study of Drosophilidae and Allied Families of Japan: 50. **Type locality:** Japan.

分布（Distribution）：台湾（TW）、广东（GD）、海南（HI）；朝鲜、日本。

（441） 珊 瑚 菇 果 蝇 *Mycodrosophila coralloides* Chen, Shao *et* Fan, 1989

Mycodrosophila coralloides Chen, Shao *et* Fan, 1989. Jap. J. Ent. 57: 385. **Type locality:** China: Jiangxi, Jing De Zhen.

分布（Distribution）：江西（JX）。

（442）刺菇果蝇 *Mycodrosophila echinacea* Chen, Shao *et* Fan, 1989

Mycodrosophila echinacea Chen, Shao *et* Fan, 1989. Jap. J. Ent. 57: 387. **Type locality:** China: Guangdong.

分布（Distribution）：广东（GD）。

（443）日本菇果蝇 *Mycodrosophila japonica* Okada, 1956

Mycodrosophila japonica Okada, 1956. Systematic Study of Drosophilidae and Allied Families of Japan: 44. **Type locality:** Japan.

分布（Distribution）：吉林（JL）、辽宁（LN）；俄罗斯（远东地区）、朝鲜、日本。

（444）手菇果蝇 *Mycodrosophila palmata* Okada, 1956

Mycodrosophila palmata Okada, 1956. Systematic Study of Drosophilidae and Allied Families of Japan: 54. **Type locality:** Japan: Kyushu.

分布（Distribution）：台湾（TW）；朝鲜、日本。

（445）扁须菇果蝇 *Mycodrosophila planipalpis* Kang, Lee *et* Bahng, 1966

Mycodrosophila planipalpis Kang, Lee *et* Bahng, 1966. Kor. J. Zool. 9: 27. **Type locality:** R. O. Korea.

分布（Distribution）：湖北（HB）、四川（SC）、福建（FJ）；俄罗斯（远东地区）、韩国、日本。

（446）四国菇果蝇 *Mycodrosophila shikokuana* Okada, 1956

Mycodrosophila shikokuana Okada, 1956. Systematic Study of Drosophilidae and Allied Families of Japan: 45. **Type locality:** Japan: Shikoku.

分布（Distribution）：吉林（JL）；俄罗斯（远东地区）、朝鲜、日本。

（447）尖齿菇果蝇 *Mycodrosophila stylaria* Chen *et* Okada, 1989

Mycodrosophila stylaria Chen *et* Okada, 1989. *In*: Chen *et al.*, 1989. Jap. J. Ent. 57 (2): 383. **Type locality:** China: Hunan, Mt. Zhangjiajie.

分布（Distribution）：江西（JX）、湖南（HN）、广东（GD）。

16. 副菇果蝇属 *Paramycodrosophila* Duda, 1924

Paramycodrosophila Duda, 1924a. Arch. Naturgesch. (A) 90 (3): 191. **Type species:** *Drosophila pictula* de Meijere, 1911 (monotypy).

Upolumyia Malloch, 1934. Insects Samoa, Pt. 6, Fasc. 8: 280. **Type species:** *Upolumyia pictifrons* Malloch (by original designation). Syn. Wheeler *et* Takada, 1964.

（448）小斑点副菇果蝇 *Paramycodrosophila pictula* (de Meijere, 1911)

Drosophila pictula de Meijere, 1911. Tijdschr. Ent. 54: 412. **Type locality:** Indonesia: Java. Comb. Wheeler *et* Takada, 1964.

Drosophila pistula Sturtevant, 1921. Publ. Carneg. Inst. Wash. 301: 128. Mssp. *pictula* de Meijere.

分布（Distribution）：台湾（TW）；日本、尼泊尔、泰国、斯里兰卡、菲律宾、马来西亚、新加坡、印度尼西亚（苏门答腊岛、爪哇岛）、澳大利亚。

17. 条果蝇属 *Phorticella* Duda, 1923

Phorticella Duda, 1923a. Ann. Hist.-Nat. Mus. Natl. Hung. 20: 26. **Type species:** *Drosophila bistriata* de Meijere, 1911 (by designation of Sturtevant, 1927).

（449）双条条果蝇 *Phorticella* (*Phorticella*) *bistriata* (de Meijere, 1911)

Drosophila bistriata de Meijere, 1911. Tijdschr. Ent. 54: 397. **Type locality:** Indonesia: Java. Comb. Okada, 1977.

Zaprionus albicornis Enderlein, 1922c. Dtsch. Ent. Z. 1922: 295. **Type locality:** China: Taiwan. Syn. Duda, 1926.

Phorticella fenestrata Duda, 1923a. Ann. Hist.-Nat. Mus. Natl. Hung. 20: 36. **Type locality:** China: Taiwan. Syn. Okada *et* Carson, 1983.

分布（Distribution）：台湾（TW）、广东（GD）；缅甸、斯里兰卡、印度尼西亚（苏门答腊岛、爪哇岛）、澳大利亚。

（450）托孟氏条果蝇 *Phorticella* (*Phorticella*) *htunmaungi* Wynn, Toda *et* Peng, 1990

Phorticella (*Phorticella*) *htunmaungi* Wynn, Toda *et* Peng, 1990. Zool. Sci. 7: 299. **Type locality:** Myanmar.

分布（Distribution）：云南（YN）、广东（GD）；缅甸。

（451）无条条果蝇 *Phorticella* (*Phorticella*) *nullistriata* Wynn, Toda *et* Peng, 1990

Phorticella (*Phorticella*) *nullistriata* Wynn, Toda *et* Peng, 1990. Zool. Sci. 7: 301. **Type locality:** China: Guangdong, Guangzhou.

分布（Distribution）：广东（GD）。

（452）单条果蝇 *Phorticella* (*Phorticella*) *singularis* (Duda, 1924)

Drosophila singularis Duda, 1924a. Arch. Naturgesch. (A) 90 (3): 220. **Type locality:** China: Taiwan, Toa Tsui Kutsu and Chip-Chip. Comb. Okada *et* Carson, 1983.

分布（Distribution）：台湾（TW）；斯里兰卡、马来西亚、新加坡、印度尼西亚（爪哇岛）、新几内亚岛。

（453）贝格氏条果蝇 *Phorticella* (*Xenophorticella*) *bakeri* (Sturtevant, 1927)

Zaprionus bakeri Sturtevant, 1927. Philipp. J. Sci. 32: 366. **Type locality:** Philippine Islands.

分布（Distribution）：台湾（TW）；菲律宾。

（454）黄翅条果蝇 *Phorticella* (*Xenophorticella*) *flavipennis* (Duda, 1929)

Zaprionus flavipennis Duda, 1929b. Treubia 7: 416. **Type locality:** Indonesia: Maluku, Buru I.

Drosophila bicolovittata Singh, 1974. Zool. J. Linn. Soc. 54: 162. **Type locality:** India. Comb. Okada, 1977.

Phorticella striata Sajjan *et* Krishnamurthy, 1975. Orient. Insects 9: 118. **Type locality:** India. Syn. Okada *et* Carson, 1983.

Phorticella carinata Takada, 1981. *In*: Takada *et* Makino, 1981. J. Facl. Gen. Edu. Woman Junior Coll. Sapp. Univ. 19:

31. **Type locality:** Japan. Syn. Okada *et* Carson, 1983.

分布（**Distribution**）：台湾（TW）、广东（GD）；日本、印度、缅甸、斯里兰卡、新加坡、新几内亚岛、印度尼西亚。

18. 花果蝇属 *Scaptodrosophila* Duda, 1923

Scaptodrosophila Duda, 1923a. Ann. Hist.-Nat. Mus. Natl. Hung. 20: 37. **Type species:** *Scaptodrosophila scaptomyzoidea* Duda, 1923 (monotypy).

Paradrosophila Duda, 1923a. Ann. Hist.-Nat. Mus. Natl. Hung. 20: 43. **Type species:** *Drosophila pictipennis* Kertész (by designation of Sturtevant, 1927).

Spuriostyloptera Duda, 1923a. Ann. Hist.-Nat. Mus. Natl. Hung. 20: 38. **Type species:** *Scaptodrosophila multipunctata* Duda (by designation of Okada, 1977).

Pugiodrosophila Duda, 1924a. Arch. Naturgesch. (A) 90 (3): 203. **Type species:** *Drosophila pugionata* de Meijere (monotypy). Proposed as a subgenus.

Tanygastrella Duda, 1924d. Arch. Naturgesch. (A) 90 (3): 254. **Type species:** *Scaptodrosophila hypopygialis* Duda (by designation of Bock *et* Parsons, 1978).

Adrosophila Séguy, 1938. Mém. Mus. Natl. Hist. Nat. (N. S.) 8: 344. **Type species:** *Scaptodrosophila minuta* Séguy, 1938 (by original designation). [= *smicra* Tsacas].

Pholadoris Sturtevant, 1942. Univ. Tex. Pulbs. 421: 28. **Type species:** *Drosophila victoria* Sturtevant, 1942 (by original designation). Proposed as a subgenus.

（455）互替花果蝇 *Scaptodrosophila alternata* (de Meijere, 1911)

Paradrosophila alternate de Meijere, 1911. Tijdschr. Ent. 54: 402. **Type locality:** Indonesia: Java.

分布（**Distribution**）：台湾（TW）；尼泊尔、斯里兰卡、印度尼西亚（苏门答腊岛、爪哇岛）。

（456）喜竹花果蝇 *Scaptodrosophila bampuphila* (Gupta, 1971)

Drosophila bampuphila Gupta, 1971. Am. Midl. Nat. 86: 494. **Type locality:** India: Uttar Pradesh, Vārānasi.

分布（**Distribution**）：广东（GD）；印度。

（457）布氏花果蝇 *Scaptodrosophila bryani* (Malloch, 1934)

Drosophila bryani Malloch, 1934. Insects Samoa, Pt. 6, Fasc. 8: 310. **Type locality:** Samoa.

Drosophila levis Mather, 1955. Aust. J. Zool. 3: 561. **Type locality:** Australia. Syn. Mather, 1956.

Drosophila kitazawai Okada, 1964a. Kontyû 32: 109. **Type locality:** Japan. Syn. Okada, 1965.

分布（**Distribution**）：云南（YN）、台湾（TW）、广东（GD）、广西（GX）；日本、印度、缅甸、斯里兰卡、菲律宾、印度尼西亚（苏门答腊岛、爪哇岛）、密克罗尼西亚、萨摩亚群岛、澳大利亚。

（458）鳞翅花果蝇 *Scaptodrosophila clunicrus* (Duda, 1923)

Drosophila clunicrus Duda, 1923a. Ann. Hist.-Nat. Mus. Natl. Hung. 20: 51. **Type locality:** China: Taiwan, Taihorin.

分布（**Distribution**）：台湾（TW）。

（459）扁头花果蝇 *Scaptodrosophila compressiceps* (Duda, 1923)

Drosophila compressiceps Duda, 1923a. Ann. Hist.-Nat. Mus. Natl. Hung. 20: 55. **Type locality:** China: Taiwan, Chip-Chip, Taihorin and Mt. Hoozan.

分布（**Distribution**）：台湾（TW）。

（460）黑花果蝇 *Scaptodrosophila coracina* (Kikkawa *et* Peng, 1938)

Drosophila coracina Kikkawa *et* Peng, 1938. Jpn. J. Zool. 7: 523. **Type locality:** Japan: Kyoto.

分布（**Distribution**）：黑龙江（HL）、吉林（JL）、辽宁（LN）、北京（BJ）、山东（SD）、安徽（AH）、江苏（JS）、上海（SH）、浙江（ZJ）、江西（JX）、湖南（HN）、四川（SC）、云南（YN）、福建（FJ）、广东（GD）、广西（GX）；朝鲜、日本、加里曼丹岛、马来西亚。

（461）华丽花果蝇 *Scaptodrosophila decipiens* (Duda, 1923)

Drosophila decipiens Duda, 1923a. Ann. Hist.-Nat. Mus. Natl. Hung. 20: 55. **Type locality:** China: Taiwan, Kosempo and Taihorin.

分布（**Distribution**）：台湾（TW）。

（462）扬脉花果蝇 *Scaptodrosophila divergens* Duda, 1924

Scaptodrosophila divergens Duda, 1924a. Arch. Naturgesch. (A) 90 (3): 190; Duda, 1924d. Arch. Naturgesch. (A) 90 (3): 240. **Type locality:** China: Taiwan, Toyenmongai bei Tainan.

分布（**Distribution**）：台湾（TW）。

（463）黑背花果蝇 *Scaptodrosophila dorsata* (Duda, 1924)

Drosophila dorsata Duda, 1924a. Arch. Naturgesch. (A) 90 (3): 207; Duda, 1924d. Arch. Naturgesch. (A) 90 (3): 248. **Type locality:** China: Taiwan, Tai-pei.

分布（**Distribution**）：台湾（TW）；日本、越南。

（464）背中花果蝇 *Scaptodrosophila drosocentralis* (Okada, 1965)

Drosophila drosocentralis Okada, 1965. Kontyû 33 (3): 342. **Type locality:** Japan: Ryukyu, Okinawa.

分布（**Distribution**）：广东（GD）、海南（HI）；日本、缅甸、加里曼丹岛、菲律宾。

（465）黎巴嫩花果蝇 *Scaptodrosophila lebanonensis* (Wheeler, 1949)

Drosophila lebanonensis Wheeler, 1949. Univ. Tex. Publs. 4920: 143. **Type locality:** Lebanon.

分布（Distribution）：上海（SH）；黎巴嫩、以色列、希腊、西班牙。

（466）浅黄花果蝇 *Scaptodrosophila lurida* (Walker, 1860)

Drosophila lurida Walker, 1860b. J. Proc. Linn. Soc. London Zool. 4: 169. **Type locality:** Indonesia: Celebes [= Sulawesi], Makassar [= Ujung Pandang].

Discomyza punctipennis van der Wulp, 1881. Midden-Sumatra Exped. Dipt. 4 (9): 56. **Type locality:** Indonesia. Syn. de Meijere, 1908.

分布（Distribution）：云南（YN）；菲律宾、马来西亚、新加坡、印度尼西亚（苏门答腊岛、爪哇岛、苏拉威西岛）。

（467）缘边花果蝇 *Scaptodrosophila marginata* (Duda, 1924)

Paradrosophila marginata Duda, 1924a. Arch. Naturgesch. (A) 90 (3): 209; Duda, 1924d. Arch. Naturgesch. (A) 90 (3): 244. **Type locality:** China: Taiwan, Tai-nan.

分布（Distribution）：台湾（TW）；尼泊尔。

（468）小花果蝇 *Scaptodrosophila minima* (Okada, 1966)

Drosophila minima Okada, 1966. Bull. Br. Mus. (Nat. Hist.) Ent. Suppl. 6: 69. **Type locality:** Nepal: E. Nepal.

分布（Distribution）：云南（YN）、台湾（TW）、广东（GD）、海南（HI）；日本、印度、尼泊尔、缅甸。

（469）点状花果蝇 *Scaptodrosophila multipunctata* (Duda, 1923)

Spuristyloptera multipunctata Duda, 1923a. Ann. Hist.-Nat. Mus. Natl. Hung. 20: 38. **Type locality:** China: Taiwan, Chip-Chip.

分布（Distribution）：台湾（TW）；马来西亚、新几内亚岛。

（470）新梅氏花果蝇 *Scaptodrosophila neomedleri* (Gupta *et* Panigrahy, 1982)

Drosophila neomedleri Gupta *et* Panigrahy, 1982. Proc. Indian Acad. Sci. (Anim. Sci.) 91: 634. **Type locality:** India: Orissa, Korāput.

分布（Distribution）：云南（YN）、广东（GD）；印度。

（471）新几内亚花果蝇 *Scaptodrosophila novoguineensis* (Duda, 1923)

Paradrosophila novoguineensis Duda, 1923a. Ann. Hist.-Nat. Mus. Natl. Hung. 20: 46. **Type locality:** New Guinea.

分布（Distribution）：台湾（TW）；印度尼西亚（苏门答腊岛、马鲁古群岛）、新几内亚岛、澳大利亚。

（472）口须花果蝇 *Scaptodrosophila oralis* (Duda, 1923)

Paradrosophila oralis Duda, 1923a. Ann. Hist.-Nat. Mus. Natl. Hung. 20: 44. **Type locality:** China: Taiwan, Koshun, Chip-Chip and Sokotru.

分布（Distribution）：台湾（TW）。

（473）拟褐花果蝇 *Scaptodrosophila parabrunnea* (Tsacas *et* Chassagnard, 1976)

Drosophila parabrunnea Tsacas *et* Chassagnard, 1976. Bull. Zool. Mus. Univ. Amsterdam 5: 92. **Type locality:** Indonesia: Simeulue.

分布（Distribution）：云南（YN）；印度尼西亚。

（474）毛须花果蝇 *Scaptodrosophila pilopalpus* (Lin *et* Ting, 1971)

Drosophila pilopalpus Lin *et* Ting, 1971. Bull. Inst. Zool. "Acad. Sinica" 10: 28. **Type locality:** China: Taiwan, Chia-I, Yun-shui.

分布（Distribution）：台湾（TW）。

（475）印记花果蝇 *Scaptodrosophila pressobrunnea* (Tsacas *et* Chassagnard, 1976)

Drosophila pressobrunnea Tsacas *et* Chassagnard, 1976. Bull. Zool. Mus. Univ. Amsterdam 5: 93. **Type locality:** Indonesia: Sumatra.

分布（Distribution）：广西（GX）；印度、印度尼西亚。

（476）河花果蝇 *Scaptodrosophila riverata* (Singh *et* Gupta, 1977)

Drosophila riverata Singh *et* Gupta, 1977a. Orient. Insects 11: 240. **Type locality:** India: Uttar Pradesh, Vārānasi.

分布（Distribution）：云南（YN）、广东（GD）；印度。

（477）红额花果蝇 *Scaptodrosophila rufifrons* (Loew, 1873)

Drosophila rufifrons Loew, 1873. Berl. Ent. Z. 17: 50. **Type locality:** Europe: Serbia, Kasan.

Drosophila nitens Buzzati-Traverso, 1943. Rendiconti dell'Istituto Lombardo di Scienze e Lettere 77: 38. **Type locality:** Italy.

分布（Distribution）：黑龙江（HL）、吉林（JL）、北京（BJ）、欧洲。

（478）盾缘花果蝇 *Scaptodrosophila scutellimargo* (Duda, 1924)

Paradrosophila scutellimargo Duda, 1924d. Arch. Naturgesch. (A) 90 (3): 243. **Type locality:** China: Taiwan, Toa Tsui Kutsu.

Drosophila scutellimargo Duda, 1924a. Arch. Naturgesch. (A)

90 (3): 206. **Type locality:** China: Taiwan. Preocc. Duda, 1924.

分布（Distribution）：贵州（GZ）、云南（YN）、台湾（TW）、广东（GD）、广西（GX）、海南（HI）；日本。

（479） 刚 毛 花 果 蝇 *Scaptodrosophila setaria* (Parshad *et* Singh, 1972)

Drosophila setaria Parshad *et* Singh, 1972. Panjab Univ. Res. J. Sci (1971) 22: 386. **Type locality:** India.

分布（Distribution）：广东（GD）；印度。

（480）尾简花果蝇 *Scaptodrosophila simplex* (de Meijere, 1914)

Paradrosophila simplex de Meijere, 1914. Tijdschr. Ent. 57: 266. **Type locality:** Indonesia: Java.

分布（Distribution）：台湾（TW）；新加坡、印度尼西亚（苏门答腊岛、爪哇岛）。

（481）急角脉花果蝇 *Scaptodrosophila subacuticornis* (Duda, 1924)

Paradrosophila subacuticornis Duda, 1924a. Arch. Naturgesch. (A) 90 (3): 207; Duda, 1924d. Arch. Naturgesch. (A) 90 (3): 244. **Type locality:** China: Taiwan, Hokuto.

分布（Distribution）：台湾（TW）。

（ 482 ） 细 花 果 蝇 *Scaptodrosophila subtilis* (Kikkawa *et* Peng, 1938)

Drosophila subtilis Kikkawa *et* Peng, 1938. Jpn. J. Zool. 7: 541. **Type locality:** Japan: Gotenba.

分布（Distribution）：安徽（AH）、浙江（ZJ）、四川（SC）、云南（YN）、福建（FJ）、广东（GD）；朝鲜、日本。

（ 483 ） 斯 罗 克 氏 花 果 蝇 *Scaptodrosophila throckmortoni* (Okada, 1973)

Drosophila throckmortoni Okada, 1973b. Kontyû 41 (4): 436. **Type locality:** Japan: Kanto.

分布（Distribution）：吉林（JL）、辽宁（LN）、江苏（JS）；朝鲜、日本。

19. 姬果蝇属 *Scaptomyza* Hardy, 1850

Scaptomyza Hardy, 1850. Berwickshire Nat. Club. Proc. 2: 361. **Type species:** *Drosophila graminum* Fallén, 1823 (by designation of Coquillett, 1910).

（484）单斑姬果蝇 *Scaptomyza (Hemiscaptomyza) unipunctum bocharensis* Hackman, 1959

Scaptomyza (Hemiscaptomyza) unipunctum bocharensis Hackman, 1959. Acta Zool. Fenn. 97: 58. **Type locality:** Tajikistan.

分布（Distribution）：新疆（XJ）；塔吉克斯坦。

（485）尔姆氏姬果蝇 *Scaptomyza (Parascaptomyza) elmoi* Takada, 1970

Scaptomyza (Parascaptomyza) elmoi Takada, 1970. Annot. Zool. Japon. 43: 144. **Type locality:** China: Taiwan, Chitou.

分布（Distribution）：安徽（AH）、云南（YN）、福建（FJ）、台湾（TW）、广东（GD）；日本、加里曼丹岛、澳大利亚、夏威夷群岛。

（486）喜马拉雅姬果蝇 *Scaptomyza (Parascaptomyza) himalayana* Takada, 1970

Scaptomyza (Parascaptomyza) himalayana Takada, 1970. Annot. Zool. Japon. 43: 146. **Type locality:** Nepal.

分布（Distribution）：云南（YN）；印度、尼泊尔。

（ 487 ） 灰 姬 果 蝇 *Scaptomyza (Parascaptomyza) pallida* (Zetterstedt, 1847)

Drosophila pallid Zetterstedt, 1847. Dipt. Scand. 6: 2571. **Type locality:** Sweden.

Scaptomyza disticha Duda, 1921b. Jh. Ver. Schles. Insektenk. Breslau 13: 64. **Type locality:** Germany.

分布（Distribution）：黑龙江（HL）、吉林（JL）、辽宁（LN）、内蒙古（NM）、河北（HEB）、北京（BJ）、山东（SD）、陕西（SN）、新疆（XJ）、安徽（AH）、江苏（JS）、上海（SH）、浙江（ZJ）、江西（JX）、湖南（HN）、四川（SC）、云南（YN）、福建（FJ）、广东（GD）、广西（GX）；蒙古国、朝鲜、日本、印度、尼泊尔、马来西亚、阿根廷、澳大利亚；欧洲、非洲。

（488）亚纹姬果蝇 *Scaptomyza (Parascaptomyza) substrigata* de Meijere, 1914

Scaptomyza (Parascaptomyza) substrigata de Meijere, 1914. Tijdschr. Ent. 57: 268. **Type locality:** Indonesia: Java.

分布（Distribution）：台湾（TW）；印度尼西亚（爪哇岛）、佛得角。

（489）台湾姬果蝇 *Scaptomyza (Parascaptomyza) taiwanica* Lin *et* Ting, 1971

Scaptomyza (Parascaptomyza) taiwanica Lin *et* Ting, 1971. Bull. Inst. Zool. "Acad. Sinica" 10: 22. **Type locality:** China: Taiwan, Nan-tou, Chi-tou.

分布（Distribution）：台湾（TW）。

（490）曹氏姬果蝇 *Scaptomyza (Scaptomyza) choi* Kang, Lee *et* Bahng, 1965

Scaptomyza (Scaptomyza) choi Kang, Lee *et* Bahng, 1965. Kor. J. Zool. 8: 51. **Type locality:** R. O. Korea.

分布（Distribution）：四川（SC）；朝鲜、韩国。

（ 491 ） 锤 状 姬 果 蝇 *Scaptomyza (Scaptomyza) clavata* Okada, 1973

Scaptomyza (Scaptomyza) clavata Okada, 1973b. Kontyû 41 (4): 435. **Type locality:** Japan: Kinki.

分布（Distribution）：四川（SC）；日本。

（492）似草姬果蝇 *Scaptomyza (Scaptomyza) consimilis* **Hackman, 1955**

Scaptomyza (Scaptomyza) consimilis Hackman, 1955. Notul. Ent. 35: 82. **Type locality:** Finland.

分布（Distribution）：吉林（JL）、新疆（XJ）；日本、芬兰。

（493）黄姬果蝇 *Scaptomyza (Scaptomyza) flava* **(Fallén, 1823)**

Drosophila flava Fallén, 1823. Dipt. Suec. Geomyz. 2: 7. **Type locality:** Sweden.

Notiphila flaveola Meigen, 1830. Syst. Beschr. Europ. Zweifl. Insekt. 6: 66. **Type locality:** Europe.

Scaptomyza apicalis Hardy, 1850. Hist. Berwicksh. Nat. Club 2: 362. **Type locality:** United Kingdom: England.

分布（Distribution）：新疆（XJ）；蒙古国、日本、阿根廷、葡萄牙、西班牙；欧洲。

（494）格雷厄姆氏姬果蝇 *Scaptomyza (Scaptomyza) grahami* **Hackman, 1959**

Scaptomyza (Scaptomyza) grahami Hackman, 1959. Acta Zool. Fenn. 97: 64. **Type locality:** China: Sichuan.

分布（Distribution）：四川（SC）。

（495）草姬果蝇 *Scaptomyza (Scaptomyza) graminum* **(Fallén, 1823)**

Drosophila graminum Fallén, 1823. Dipt. Suec. Geomyz. 2: 8. **Type locality:** Sweden.

Drosophila incana (Meigen, 1830). Syst. Beschr. Europ. Zweifl. Insekt. 6: 86. **Type locality:** Germany.

Drosophila rufipes (Meigen, 1830). Syst. Beschr. Europ. Zweifl. Insekt. 6: 87. **Type locality:** Europe.

Hydrellia amoena (Meigen, 1838). Syst. Beschr. Europ. Zweifl. Insekt. 7: 374. **Type locality:** Germany.

Drosophila flavipennis (Zetterstedt, 1838). Insecta Lapp.: 777. **Type locality:** Sweden.

Drosophila sordida (Zetterstedt, 1838). Insecta Lapp.: 777. **Type locality:** Sweden.

Drosophila ruficeps Roser, 1840. Correspondenzbl. K. Württemb. Landw. Ver., Stuttgart 37 [= N. S. 17] (1): 62. **Type locality:** Germany.

Scaptomyza tetrasticha Becker, 1908a. Mitt. Zool. Mus. Berl. 4 (1): 158. **Type locality:** Spain.

Drosophila granminum semiatricornis (Duda, 1935c). *In*: Lindner, 1935. Die Flieg. Palaearkt. Reg. 58g 6 (1): 69 (*Drosophila*, as var. of *graminum*). **Type locality:** Russia.

Scaptomyza borealis Wheeler, 1952. Univ. Tex. Publs. 5204: 204. **Type locality:** USA.

Diastata claripennis Macquart, 1835. Hist. Nat. Ins., Dipt.:

554. **Type locality:** France.

分布（Distribution）：北京（BJ）、青海（QH）、新疆（XJ）、安徽（AH）、江苏（JS）、上海（SH）、浙江（ZJ）、四川（SC）、云南（YN）；朝鲜、日本、伊朗、阿根廷、美国；欧洲、非洲。

（496）淡姬果蝇 *Scaptomyza (Scaptomyza) griseola* **(Zetterstedt, 1847)**

Drosophila griseola Zetterstedt, 1847. Dipt. Scand. 6: 2562. **Type locality:** Sweden.

Drosophila apicalis var. *grisescens* Duda, 1921b. Jh. Ver. Schles. Insektenk. Breslau 13: 67. **Type locality:** Germany.

分布（Distribution）：新疆（XJ）；欧洲。

（497）拟丽姬果蝇 *Scaptomyza (Scaptomyza) parasplendens* **Okada, 1966**

Scaptomyza (Scaptomyza) parasplendens Okada, 1966. Bull. Br. Mus. (Nat. Hist.) Ent. Suppl. 6: 59. **Type locality:** Nepal.

分布（Distribution）：云南（YN）；尼泊尔。

（498）蓼蛀果蝇 *Scaptomyza (Scaptomyza) polygonia* **Okada, 1956**

Scaptomyza (Scaptomyza) polygonia Okada, 1956. Systematic Study of Drosophilidae and Allied Families of Japan: 74. **Type locality:** Japan: Kanto.

分布（Distribution）：吉林（JL）、河北（HEB）、北京（BJ）、新疆（XJ）；俄罗斯（西伯利亚）、朝鲜、日本、加里曼丹岛。

（499）四川姬果蝇 *Scaptomyza (Scaptomyza) sichuania* **Sidorenko, 1995**

Scaptomyza (Scaptomyza) sichuanica Sidorenko, 1995. Far East. Ent. 21: 2. **Type locality:** China: Sichuan, Markang-Daoping.

分布（Distribution）：四川（SC）。

（500）中华姬果蝇 *Scaptomyza (Scaptomyza) sinica* **Lin et Ting, 1971**

Scaptomyza (Scaptomyza) sinica Lin *et* Ting, 1971. Bull. Inst. Zool. "Acad. Sinica" 10: 24. **Type locality:** China: Taiwan, Tai-pei, Nankang.

分布（Distribution）：台湾（TW）。

（501）亚丽姬果蝇 *Scaptomyza (Scaptomyza) subsplendens* **(Duda, 1935)**

Drosophila subsplendens Duda, 1935c. *In*: Lindner, 1935. Die Flieg. Palaearkt. Reg. 58g 6 (1): 70. **Type locality:** Russia: Ussuri.

分布（Distribution）：台湾（TW）；俄罗斯（西伯利亚）。

20. 球腹果蝇属 *Sphaerogastrella* Duda, 1922

Sphaerogastrella Duda, 1922. Arch. Naturgesch. 88A (4): 159.

Type species: *Camilla javana* de Meijere, 1911 (monotypy).

（502）爪哇球腹果蝇 *Sphaerogastrella javana* (de Meijere, 1911)

Camilla javana de Meijere, 1911. Tijdschr. Ent. 54: 422. **Type locality:** Indonesia: Java.

Sphaerogastrella flavipes Duda, 1922. Arch. Naturgesch. 88A (4): 158. **Type locality:** Indonesia: Sumatra.

Camilla atidis Frey, 1917. Öfvers. Finska Vetensk-Soc. Förh. 59A (20): 30. **Type locality:** Sri Lanka.

Camilla flavipes de Meijere, 1916d. Tijdschr. Ent. (1915) 58 (Suppl.): 95 (nomen nudum).

分布（Distribution）：云南（YN）；缅甸、越南、泰国、斯里兰卡、马来西亚、印度尼西亚（爪哇岛、苏门答腊岛、马鲁古群岛、龙目岛）、新加坡、新几内亚岛、澳大利亚。

21. 尖翅果蝇属 *Styloptera* Duda, 1924

Styloptera Duda, 1924a. Arch. Naturgesch. (A) 90 (3): 192. **Type species:** *Styloptera formosae* Duda, 1924 (by designation of Wheeler *et* Takada, 1964).

（503）丽尖翅果蝇 *Styloptera formosae* Duda, 1924

Styloptera formosae Duda, 1924a. Arch. Naturgesch. (A) 90 (3): 194. **Type locality:** China: Taiwan.

分布（Distribution）：台湾（TW）、广东（GD）。

22. 线果蝇属 *Zaprionus* Coquillett, 1901

Zaprionus Coquillett, 1901b. Proc. U. S. Natl. Mus. (1902) 24: 31. **Type species:** *Zaprionus vittiger* Coquillett, 1902 (by original designation).

（504）苏貌氏线果蝇 *Zaprionus* (*Anaprionus*) *aungsani* Wynn *et* Toda, 1988

Zaprionus (*Anaprionus*) *aungsani* Wynn *et* Toda, 1988. Kontyû 56: 844. **Type locality:** Myanmar: Pyin Oo Lwin.

分布（Distribution）：福建（FJ）、广东（GD）、海南（HI）；日本、缅甸、加里曼丹岛。

（505）茂物线果蝇 *Zaprionus* (*Anaprionus*) *bogoriensis* (Mainx, 1958)

Drosophila bogoriensis Mainx, 1958. Zool. Anz. 161: 126. **Type locality:** Indonesia: Java. Comb. Wheeler, 1986.

Zaprionus multistriata Sturtevant, 1927. Philipp. J. Sci. 32: 365. **Type locality:** Philippines. Syn. Wynn *et* Toda, 1988.

Drosophila argentostriata Bock, 1966. Univ. Queensland Papers 2: 273. **Type locality:** Papua New Guinea. Syn. Wynn *et* Toda, 1988.

分布（Distribution）：云南（YN）；缅甸、泰国、菲律宾、马来西亚、印度尼西亚（爪哇岛、苏拉威西岛）、巴布亚新几内亚、澳大利亚。

（506）大线果蝇 *Zaprionus* (*Anaprionus*) *grandis* (Kikkawa *et* Peng, 1938)

Drosophila grandis Kikkawa *et* Peng, 1938. Jpn. J. Zool. 7: 543. **Type locality:** Japan. Comb. Okada *et* Carson, 1983.

分布（Distribution）：云南（YN）、福建（FJ）、广东（GD）；朝鲜、日本、缅甸。

（507）纹带线果蝇 *Zaprionus* (*Anaprionus*) *lineosus* (Walker, 1860)

Notiphila lineasa Walker, 1860b. J. Proc. Linn. Soc. London Zool. 4: 170. **Type locality:** Indonesia: Celebes [= Sulawesi]. Comb. Sturtevant, 1927.

分布（Distribution）：台湾（TW）；菲律宾、印度尼西亚（苏拉威西岛）。

（508）条带线果蝇 *Zaprionus* (*Anaprionus*) *multistriatus* (Duda, 1923)

Drosophila multistriatus Duda, 1923a. Ann. Hist.-Nat. Mus. Natl. Hung. 20: 57. **Type locality:** China: Taiwan, Chip-Chip.

Steganalineata de Meijere, 1911. Tijdschr. Ent. 54: 420. **Type locality:** Indonesia: Java. Syn. Okada *et* Carson, 1983.

分布（Distribution）：台湾（TW）；印度、马来西亚、印度尼西亚（爪哇岛、苏门答腊岛）。

（509）黑角纹线果蝇 *Zaprionus* (*Anaprionus*) *obscuricornis* (de Meijere, 1916)

Stegana obscuricornis de Meijere, 1916d. Tijdschr. Ent. (1915) 58 (Suppl.): 94. **Type locality:** Indonesia: Java.

Drosophila obscaricornis Duda, 1926a. Suppl. Ent. 14: 108. Mssp. *obscuricornis* de Meijere.

分布（Distribution）：云南（YN）；印度、缅甸、泰国、文莱、马来西亚、印度尼西亚（苏门答腊岛、龙目岛、爪哇岛）。

（510）平奥温线果蝇 *Zaprionus* (*Anaprionus*) *pyinoolwinensis* Wynn *et* Toda, 1988

Zaprionus (*Anaprionus*) *pyinoolwinensis* Wynn *et* Toda, 1988. Kontyû 56: 847. **Type locality:** Myanmar: Pyin Oo Lwin.

分布（Distribution）：云南（YN）；印度、缅甸。

23. 嗜真菌果蝇属 *Zygothrica* Wiedemann, 1830

Zygothrica Wiedemann, 1830. C. F. Mohr, Kiliae Holsatorium: 1. **Type species:** *Achias dispar* Wiedemann (monotypy).

Drosophilura Hendel, 1913e. Ent. Mitt. 2: 387. **Type species:** *Drosophilura caudate* Hendel, 1913 (by original designation). Syn. Sturtevant, 1920.

Tanyglossa Duda, 1925c. Ann. Hist.-Nat. Mus. Natl. Hung. 22: 189. **Type species:** *Zygothrica tenuirostris* Duda, 1925 (monotypy). Proposed as a subgenus. Preocc. Meigen, 1804. Syn. Grimaldi, 1987.

（511）黄嗜真菌果蝇 *Zygothrica flavofinira* Takada, 1976

Zygothrica flavofinira Takada, 1976. Kontyû 44: 70. **Type locality:** Malaysia.

Zygothrica vietnamensis Grimaldi, 1990a. Amer. Mus. Novit. 2964: 15. **Type locality:** Vietnam. Syn. Prigent *et* Toda, 2006.

分布（**Distribution**）：云南（YN）、海南（HI）；越南、泰国、马来西亚、加里曼丹岛、印度尼西亚（爪哇岛）。

（512）派嗜真菌果蝇 *Zygothrica pimacula* Prigent *et* Toda, 2006

Zygothrica pimacula Prigent *et* Toda, 2006. Entomol. Sci. 9: 212. **Type locality:** China: Taiwan, Nan-tou, Chi-tou.

分布（**Distribution**）：台湾（TW）、海南（HI）；越南、菲律宾。

冠果蝇亚科 Steganinae Duda, 1926

24. 嗜粉虱果蝇属 *Acletoxenus* Frauenfeld, 1868

Acletoxenus Frauenfeld, 1868. Verh. K. K. Zool.-Bot. Ges. Wien 18: 152. **Type species:** *Acletoxenus syrphoides* Frauenfeld, 1868 (monotypy) [= *Acletoxenus formosus* Loew, 1864].

Acletoxenus: Bock, 1982. Austr. J. Zool. (Suppl. Ser.) 89: 6; Bächli *et al.*, 2004. Fauna Ent. Scand. 39: 27; Brake *et* Bächli, 2008. World Cat. Ins. 9: 248.

（513）印度嗜粉虱果蝇 *Acletoxenus indicas* Malloch, 1929

Acletoxenus indicus Malloch, 1929g. Ann. Mag. Nat. Hist. (10) 3: 545. **Type locality:** India: Tamil Nādu, Coimbatore.

Acletoxenus indicus: Yu *et al.*, 2012. J. Nat. Hist. 46 (5-6): 351.

分布（**Distribution**）：广东（GD）、海南（HI）；印度。

25. 阿果蝇属 *Amiota* Loew, 1862

Amiota Loew, 1862. Berl. Ent. Z. 6: 229. **Type species:** *Amiota leucostoma* Loew, 1862 (by designation of Coquillett, 1910).

Amiota (s. str.): Wheeler, 1952. Univ. Tex. Publs. 5204: 166; Chen *et* Toda, 2001. J. Nat. Hist. 35: 1521.

Amiota: Máca, 2003. Acta Univ. Carol. (Biol.) 47: 255.

（514）微刺阿果蝇 *Amiota aculeata* Chen *et* Aotsuka, 2005

Amiota aculeata Chen *et* Aotsuka, 2005. *In*: Chen *et al.*, 2005d. J. Nat. Hist. 39 (3): 270. **Type locality:** China: Yunnan, Mengla, Wangtianshu.

分布（**Distribution**）：云南（YN）、海南（HI）。

（515）端尖阿果蝇 *Amiota acuta* Okada, 1968

Amiota acuta Okada, 1968a. Kontyû 36 (4): 306. **Type locality:** Japan: Tokyo, Asakawa.

Amiota acuta: Chen *et* Toda, 2001. J. Nat. Hist. 35: 1549.

分布（**Distribution**）：陕西（SN）、湖南（HN）、湖北（HB）、四川（SC）、云南（YN）；日本。

（516）尖叶阿果蝇 *Amiota acutifoliolata* Xu *et* Chen, 2013

Amiota acutifoliolata Xu *et* Chen, 2013. Entomotaxon. 35 (1): 61. **Type locality:** China: Yunnan, Mengla.

分布（**Distribution**）：云南（YN）。

（517）哀牢山阿果蝇 *Amiota ailaoshanensis* Chen *et* Watabe, 2005

Amiota ailaoshanensis Chen *et* Watabe, 2005. *In*: Chen *et al.*, 2005d. J. Nat. Hist. 39 (3): 287. **Type locality:** China: Yunnan, Ailaoshan.

分布（**Distribution**）：云南（YN）。

（518）白斑阿果蝇 *Amiota albidipuncta* Xu *et* Chen, 2007

Amiota albidipuncta Xu *et* Chen, 2007. *In*: Xu *et al.*, 2007a. Entomol. Sci. 10: 68. **Type locality:** China: Hubei, Shennongjia.

分布（**Distribution**）：湖北（HB）、四川（SC）。

（519）白唇阿果蝇 *Amiota albilabris* (Roth, 1860)

Drosophila albilabris Roth, 1860. *In*: Zetterstedt, 1860. Dipt. Scand. 14: 6425. **Type locality:** Sweden: Östergötlands, Böckestad.

Amiota albilabris: Duda, 1924d. Arch. Naturgesch. (A) 90 (3): 246; Okada, 1960a. Mushi 34 (3): 91; Máca, 1980. Acta Ent. Bohem. 77: 335; Chen *et* Toda, 2001. J. Nat. Hist. 35: 1537; Máca, 2003. Acta Univ. Carol. (Biol.) 47: 263; Bächli *et al.*, 2004. Fauna Ent. Scand. 39: 34.

Leucophenga leucostoma Becker, 1908d. Mitt. Zool. Mus. Berl. 4: 320. **Type locality:** Hungary: Szaszka.

Phortica alboguttata var. *obscuripes* Strobl, 1910. Mitt. Naturwiss. Ver. Steiermark 46 (1909): 210. **Type locality:** Austria: Styria.

Phortica alboguttata var. *nigripes* Basden, 1961. Beitr. Ent. 11: 168 (misspelling of *obscuripes* Strobl, 1910).

分布（**Distribution**）：吉林（JL）、辽宁（LN）；俄罗斯（远东地区）、韩国、日本；欧洲。

（520）尖角阿果蝇 *Amiota angulisternita* Chen *et* Liu, 2004

Amiota angulisternita Chen *et* Liu, 2004. *In*: Chen *et al.*, 2004. Ann. Soc. Entomol. Fr. 40 (1): 61. **Type locality:** China: Liaoning, Benxi (Guanmenshan); Taiwan, Rhoshan.

分布（**Distribution**）：辽宁（LN）、四川（SC）、云南（YN）、

台湾（TW）。

（521）狭叶阿果蝇 *Amiota angustifolia* Zhang *et* Chen, 2006

Amiota angustifolia Zhang *et* Chen, 2006. Eur. J. Ent. 103: 488. **Type locality:** China: Yunnan, Lushui.

分布（Distribution）：云南（YN）。

（522）缺茎阿果蝇 *Amiota apenis* Xu *et* Chen, 2013

Amiota apenis Xu *et* Chen, 2013. Entomotaxon. 35 (1): 62. **Type locality:** China: Hainan, Lingshui.

分布（Distribution）：海南（HI）。

（523）离叶阿果蝇 *Amiota apodemata* Gupta *et* Panigrahy, 1987

Amiota apodemata Gupta *et* Panigrahy, 1987. Proc. Zool. Soc. Calautta 36: 57. **Type locality:** India: Orissa, Korāput.

Amiota apodemata: Chen *et* Toda, 1998a. Entomol. Sci. 1 (2): 272.

分布（Distribution）：海南（HI）；印度。

（524）鹰爪阿果蝇 *Amiota aquilotaurusata* Takada, Beppu *et* Toda, 1979

Amiota aquilotaurusata Takada, Beppu *et* Toda, 1979. J. Fac. Gener. Educ. Sapporo Univ. 14: 110. **Type locality:** Japan: Hokkaidō, Nukarira.

Amiota aquilotaurusata: Chen *et* Toda, 2001. J. Nat. Hist. 35: 1536.

分布（Distribution）：黑龙江（HL）、辽宁（LN）、北京（BJ）、河南（HEN）、陕西（SN）、湖北（HB）、云南（YN）；俄罗斯、日本。

（525）拱叶阿果蝇 *Amiota arcuata* Chen *et* Watabe, 2005

Amiota arcuta Chen *et* Watabe, 2005. *In*: Chen *et al.*, 2005d. J. Nat. Hist. 39 (3): 289. **Type locality:** China: Yunnan, Ninglang, Lake Lugu.

分布（Distribution）：云南（YN）。

（526）芒突阿果蝇 *Amiota aristata* Chen *et* Toda, 2001

Amiota aristata Chen *et* Toda, 2001. J. Nat. Hist. 35: 1533. **Type locality:** China: Hubei, Shennongjia.

分布（Distribution）：河南（HEN）、陕西（SN）、湖北（HB）、四川（SC）。

（527）非对称阿果蝇 *Amiota asymmetrica* Chen *et* Takamori, 2005

Amiota asymmetrica Chen *et* Takamori, 2005. *In*: Chen *et al.*, 2005d. J. Nat. Hist. 39 (3): 283. **Type locality:** China: Yunnan, Jizushan, Lake Lugu, Kunming.

分布（Distribution）：四川（SC）、云南（YN）。

（528）小斑阿果蝇 *Amiota atomia* Máca *et* Lin, 1993

Amiota atomia Máca *et* Lin, 1993a. Bull. Inst. Zool. "Acad. Sin." 32 (1): 3. **Type locality:** China: Taiwan, Nan-tou.

分布（Distribution）：台湾（TW）。

（529）贝氏阿果蝇 *Amiota bachlii* Cao *et* Chen, 2009

Amiota bachlii Cao *et* Chen, 2009. Zootaxa 2193: 57. **Type locality:** China: Hainan, Ledong.

分布（Distribution）：海南（HI）。

（530）棒突阿果蝇 *Amiota bacillia* Zhang *et* Chen, 2006

Amiota bacillia Zhang *et* Chen, 2006. Eur. J. Ent. 103: 488. **Type locality:** China: Yunnan, Gongshan.

分布（Distribution）：云南（YN）。

（531）鲸齿阿果蝇 *Amiota balaenodentata* Takada, Beppu *et* Toda, 1979

Amiota balaenodentata Takada, Beppu *et* Toda, 1979. J. Fac. Gener. Educ. Sapporo Univ. 14: 114. **Type locality:** Japan: Hokkaidō, Tomokomai.

Amiota balaenodentata: Chen *et* Toda, 2001. J. Nat. Hist. 35: 1549; Xu *et* Chen, 2013. Entomotaxon. 35 (1): 59.

分布（Distribution）：河南（HEN）；日本。

（532）双突阿果蝇 *Amiota biacuta* Zhang *et* Chen, 2006

Amiota biacuta Zhang *et* Chen, 2006. Eur. J. Ent. 103: 489. **Type locality:** China: Yunnan, Kunming.

分布（Distribution）：云南（YN）。

（533）双叶阿果蝇 *Amiota bifoliolata* Zhang *et* Chen, 2006

Amiota bifoliolata Zhang *et* Chen, 2006. Eur. J. Ent. 103: 484. **Type locality:** China: Yunnan, Gongshan.

分布（Distribution）：云南（YN）。

（534）短板阿果蝇 *Amiota brevipartita* Chen *et* Gao, 2005

Amiota brevipartita Chen *et* Gao, 2005. *In*: Chen *et al.*, 2005d. J. Nat. Hist. 39 (3): 276. **Type locality:** China: Yunnan, Binchuan, Jizushan.

分布（Distribution）：云南（YN）。

（535）褐股阿果蝇 *Amiota brunneifemoralis* Xu *et* Chen, 2007

Amiota brunneifemoralis Xu *et* Chen, 2007. *In*: Xu *et al.*, 2007a. Entomol. Sci. 10: 69. **Type locality:** China: Hubei, Shennongjia.

分布（Distribution）：湖北（HB）、四川（SC）。

（536）程玉阿果蝇 *Amiota chengyuae* Cao *et* Chen, 2009

Amiota chengyuae Cao *et* Chen, 2009. Zootaxa 2193: 57. **Type locality:** China: Yunnan, Mengla.

分布（Distribution）：云南（YN）。

（537）棒叶阿果蝇 *Amiota clavata* Okada, 1971

Amiota clavata Okada, 1971a. Kontyû 39 (4): 84. **Type locality:** Japan: Honshū, Nagano.

Amiota alboguttata, forma *clavata* Okada, 1960a. Mushi 34 (3): 94.

Amiota clavata: Chen *et* Toda, 2001. J. Nat. Hist. 35: 1531.

分布（Distribution）：吉林（JL）；俄罗斯（远东地区）、日本。

（538）崔氏阿果蝇 *Amiota cuii* Chen *et* Toda, 2001

Amiota cuii Chen *et* Toda, 2001. J. Nat. Hist. 35: 1542. **Type locality:** China: Guangxi, Chongzuo.

分布（Distribution）：陕西（SN）、湖南（HN）、湖北（HB）、广西（GX）。

（539）刀叶阿果蝇 *Amiota cultella* Zhang *et* Chen, 2006

Amiota cultella Zhang *et* Chen, 2006. Eur. J. Ent. 103: 489. **Type locality:** China: Yunnan, Weixi.

分布（Distribution）：四川（SC）、云南（YN）。

（540）弯刺阿果蝇 *Amiota curvispina* Chen *et* Gao, 2005

Amiota curvispina Chen *et* Gao, 2005. *In*: Chen *et al.*, 2005d. J. Nat. Hist. 39 (3): 277. **Type locality:** China: Yunnan, Wuliangshan.

分布（Distribution）：云南（YN）。

（541）弯柱阿果蝇 *Amiota curvistyla* Okada, 1971

Amiota curvistyla Okada, 1971a. Kontyû 39 (4): 86. **Type locality:** Japan: Hoshu, Yamanashi.

Amiota curvistyla: Chen *et* Toda, 2001. J. Nat. Hist. 35: 1531.

分布（Distribution）：福建（FJ）；日本。

（542）裂叶阿果蝇 *Amiota dehiscentia* Chen *et* Watabe, 2005

Amiota dehiscentia Chen *et* Watabe, 2005. *In*: Chen *et al.*, 2005d. J. Nat. Hist. 39 (3): 290. **Type locality:** China: Yunnan, Binchuan, Jizushan.

分布（Distribution）：云南（YN）。

（543）三角阿果蝇 *Amiota delta* Takada, Beppu *et* Toda, 1979

Amiota delta Takada, Beppu *et* Toda, 1979. J. Fac. Gener. Educ. Sapporo Univ. 14: 108. **Type locality:** Japan: Hokkaidō,

Sapporo.

Amiota delta: Chen *et* Toda, 2001. J. Nat. Hist. 35: 1538.

分布（Distribution）：吉林（JL）、辽宁（LN）；俄罗斯（远东地区）、日本。

（544）山叶阿果蝇 *Amiota deltoidea* Zhang *et* Chen, 2006

Amiota deltodea Zhang *et* Chen, 2006. Eur. J. Ent. 103: 490. **Type locality:** China: Yunnan, Shangrila.

分布（Distribution）：四川（SC）、云南（YN）。

（545）具齿阿果蝇 *Amiota dentata* Okada, 1971

Amiota dentata Okada, 1971a. Kontyû 39 (4): 87. **Type locality:** Japan: Honshū, Hikagezawa.

分布（Distribution）：辽宁（LN）、陕西（SN）、湖北（HB）、四川（SC）、云南（YN）、台湾（TW）；日本。

（546）肿腿阿果蝇 *Amiota dilatifemorata* Cao *et* Chen, 2008

Amiota dilatifemorata Cao *et* Chen, 2008. *In*: Cao *et al.*, 2008. Orient. Insects 42: 195. **Type locality:** China: Sichuan, Baoxing; Yunnan, Binchuan, Jizushan.

分布（Distribution）：四川（SC）、云南（YN）。

（547）长茎阿果蝇 *Amiota elongata* Okada, 1971

Amiota elongata Okada, 1971a. Kontyû 39 (4): 86. **Type locality:** Japan: Hoshu, Nagano, Gunma, Yamanashi.

Amiota alboguttata forma *elongata* Okada, 1960a. Mushi 34 (3): 95.

Amiota elongata: Chen *et* Toda, 2001. J. Nat. Hist. 35: 1532.

分布（Distribution）：吉林（JL）、辽宁（LN）；俄罗斯（远东地区）、日本、韩国。

（548）东方阿果蝇 *Amiota eos* Sidorenko, 1989

Amiota eos Sidorenko, 1989. Zool. J. 68: 63. **Type locality:** Russia: Far East, Primorskii Krai.

Amiota eos: Chen *et* Toda, 2001. J. Nat. Hist. 35: 1539.

分布（Distribution）：吉林（JL）、辽宁（LN）、北京（BJ）、山西（SX）；俄罗斯（远东地区）。

（549）弯股阿果蝇 *Amiota femorata* Chen *et* Takamori, 2005

Amiota femorata Chen *et* Takamori, 2005. *In*: Chen *et al.*, 2005d. J. Nat. Hist. 39 (3): 284. **Type locality:** China: Yunnan, Jizushan; Hunan, Badagongshan.

分布（Distribution）：陕西（SN）、湖南（HN）、湖北（HB）、四川（SC）、云南（YN）。

（550）分叶阿果蝇 *Amiota fissifoliolata* Cao *et* Chen, 2008

Amiota fissifoliolata Cao *et* Chen, 2008. *In*: Cao *et al.*, 2008. Orient. Insects 42: 196. **Type locality:** China: Yunnan, Binchuan, Jizushan.

分布（**Distribution**）：云南（YN）。

（551）缨跗阿果蝇 *Amiota flagellata* Okada, 1971

Amiota flagellata Okada, 1971a. Kontyû 39（4）: 88. **Type locality:** Japan: Honshū, Gunma, Yamanashi.

Amiota flagellata: Chen *et* Toda, 2001. J. Nat. Hist. 35: 1533.

分布（**Distribution**）：吉林（JL）、辽宁（LN）；日本、韩国。

（552）黄足阿果蝇 *Amiota flavipes* Xu *et* Chen, 2007

Amiota flavipes Xu *et* Chen, 2007. *In*: Xu *et al.*, 2007a. Entomol. Sci. 10: 66. **Type locality:** China: Hubei, Shennongjia.

分布（**Distribution**）：陕西（SN）、湖北（HB）。

（553）叉叶阿果蝇 *Amiota furcata* Okada, 1971

Amiota furcata Okada, 1971a. Kontyû 39（4）: 85. **Type locality:** Japan: Hokkaidō, Nukabira; Honshū, Tokyo, Yamanashi; Kyushu, Kirishima.

Amiota alboguttata forma *furcata* Okada, 1960a. Mushi 34（3）: 96.

Amiota furcata: Máca *et* Lin, 1993a. Bull. Inst. Zool. "Acad. Sin." 32（1）: 2; Chen *et* Toda, 2001. J. Nat. Hist. 35: 1550.

分布（**Distribution**）：湖南（HN）、湖北（HB）、四川（SC）、云南（YN）、福建（FJ）、台湾（TW）；日本。

（554）褐腿阿果蝇 *Amiota fuscata* Chen *et* Zhang, 2005

Amiota fuscata Chen *et* Zhang, 2005. *In*: Chen *et al.*, 2005d. J. Nat. Hist. 39（3）: 301. **Type locality:** China: Yunnan, Gaoligongshan, Wuliangshan.

分布（**Distribution**）：云南（YN）。

（555）高氏阿果蝇 *Amiota gaoi* Zhang *et* Chen, 2006

Amiota gaoi Zhang *et* Chen, 2006. Eur. J. Ent. 103: 484. **Type locality:** China: Yunnan, Weixi, Deqin.

分布（**Distribution**）：四川（SC）、云南（YN）。

（556）细叶阿果蝇 *Amiota gracilenta* Zhang *et* Chen, 2006

Amiota gracilenta Zhang *et* Chen, 2006. Eur. J. Ent. 103: 485. **Type locality:** China: Yunnan, Gongshan, Lanping, Binchuan, Kunming, Ninglang, Weixi.

分布（**Distribution**）：四川（SC）、云南（YN）。

（557）桂阿果蝇 *Amiota guiensis* Xu *et* Chen, 2013

Amiota guiensis Xu *et* Chen, 2013. *In*: Zhao *et al.*, 2013. Zool. J. Linn. Soc-Lond. 168（4）: 852. **Type locality:** China: Guangxi, Chongzuo.

分布（**Distribution**）：广西（GX）。

（558）贺松阿果蝇 *Amiota hesongensis* Xu *et* Chen, 2013

Amiota hesongensis Xu *et* Chen, 2013. *In*: Zhao *et al.*, 2013. Zool. J. Linn. Soc-Lond. 168（4）: 853. **Type locality:** China: Yunnan, Menghai.

分布（**Distribution**）：云南（YN）。

（559）胡氏阿果蝇 *Amiota huae* Chen *et* Gao, 2005

Amiota huae Chen *et* Gao, 2005. *In*: Chen *et al.*, 2005d. J. Nat. Hist. 39（3）: 280. **Type locality:** China: Hunan, Badagongshan.

分布（**Distribution**）：陕西（SN）、湖南（HN）、四川（SC）。

（560）鸡足山阿果蝇 *Amiota jizushanensis* Chen *et* Watabe, 2005

Amiota jizushanensis Chen *et* Watabe, 2005. *In*: Chen *et al.*, 2005d. J. Nat. Hist. 39（3）: 291. **Type locality:** China: Yunnan, Binchuan, Jizushan.

分布（**Distribution**）：云南（YN）。

（561）北海道阿果蝇 *Amiota kamui* Chen *et* Toda, 2001

Amiota kamui Chen *et* Toda, 2001. J. Nat. Hist. 35: 1551. **Type locality:** Japan: Hokkaidō, Sapporo, Tomakomai.

分布（**Distribution**）：辽宁（LN）、四川（SC）；日本。

（562）北村阿果蝇 *Amiota kitamurai* Chen *et* Liu, 2004

Amiota kitamurai Chen *et* Liu, 2004. *In*: Chen *et al.*, 2004. Ann. Soc. Entomol. Fr. 40（1）: 63. **Type locality:** China: Liaoning, Guanmenshan.

分布（**Distribution**）：辽宁（LN）。

（563）婆罗阿果蝇 *Amiota lambirensis* Chen *et* Toda, 2007

Amiota lambirensis Chen *et* Toda, 2007a. *In*: Chen *et al.*, 2007a. Entomol. Sci. 10: 77. **Type locality:** Malaysia: Sabah, Sarawak.

分布（**Distribution**）：云南（YN）、海南（HI）；马来西亚。

（564）宽板阿果蝇 *Amiota latitabula* Chen *et* Watabe, 2005

Amiota latitabula Chen *et* Watabe, 2005. *In*: Chen *et al.*, 2005d. J. Nat. Hist. 39（3）: 292. **Type locality:** China: Yunnan, Jizushan, Kunming.

分布（**Distribution**）：四川（SC）、贵州（GZ）、云南（YN）。

（565）白肩阿果蝇 *Amiota leucomia* Cao *et* Chen, 2008

Amiota leucomia Cao *et* Chen, 2008. *In*: Cao *et al.*, 2008. Orient. Insects 42: 197. **Type locality:** China: Sichuan, Danba, Baoxing; Yunnan, Ninglang.

分布（Distribution）：四川（SC）、云南（YN）。

（566）丽萍阿果蝇 *Amiota lipingae* **Chen** *et* **Gao, 2005**

Amiota lipingae Chen *et* Gao, 2005. *In*: Chen *et al*., 2005d. J. Nat. Hist. 39 (3): 278. **Type locality:** China: Yunnan, Ninglang, Lake Lugu.

分布（Distribution）：四川（SC）、云南（YN）。

（567）长刺阿果蝇 *Amiota longispinata* **Chen** *et* **Gao, 2005**

Amiota longispinata Chen *et* Gao, 2005. *In*: Chen *et al*., 2005d. J. Nat. Hist. 39 (3): 281. **Type locality:** China: Yunnan, Jizushan, Kunming.

分布（Distribution）：四川（SC）、云南（YN）。

（568）泸沽湖阿果蝇 *Amiota luguhuensis* **Chen** *et* **Watabe, 2005**

Amiota luguhuensis Chen *et* Watabe, 2005. *In*: Chen *et al*., 2005d. J. Nat. Hist. 39 (3): 294. **Type locality:** China: Yunnan, Ninglang, Lake Lugu.

分布（Distribution）：云南（YN）。

（569）梅氏阿果蝇 *Amiota macai* **Chen** *et* **Toda, 2001**

Amiota macai Chen *et* Toda, 2001. J. Nat. Hist. 35: 1535. **Type locality:** China: Hubei, Shennongjia.

分布（Distribution）：陕西（SN）、湖北（HB）、四川（SC）、云南（YN）。

（570）大黄阿果蝇 *Amiota magniflava* **Chen** *et* **Toda, 2001**

Amiota magniflava Chen *et* Toda, 2001. J. Nat. Hist. 35: 1547. **Type locality:** China: Hubei, Shennongjia.

分布（Distribution）：陕西（SN）、湖北（HB）、四川（SC）、云南（YN）。

（571）小叶阿果蝇 *Amiota minufoliolata* **Xu** *et* **Chen, 2013**

Amiota minufoliolata Xu *et* Chen, 2013. Entomotaxon. 35 (1): 63. **Type locality:** China: Yunnan, Pu'er.

分布（Distribution）：四川（SC）、云南（YN）。

（572）山地阿果蝇 *Amiota montuosa* **Zhang** *et* **Chen, 2008**

Amiota montuosa Zhang *et* Chen, 2008. *In*: Cao *et al*., 2008. Orient. Insects 42: 199. **Type locality:** China: Sichuan, Litang.

分布（Distribution）：四川（SC）、云南（YN）。

（573）多刺阿果蝇 *Amiota multispinata* **Zhang** *et* **Chen, 2006**

Amiota multispinata Zhang *et* Chen, 2006. Eur. J. Ent. 103: 486. **Type locality:** China: Yunnan, Gongshan.

分布（Distribution）：四川（SC）、云南（YN）。

（574）长田阿果蝇 *Amiota nagatai* **Okada, 1971**

Amiota nagatai Okada, 1971a. Kontyû 39 (4): 97. **Type locality:** Japan: Kyushu, Miyazaki.

Amiota alboguttata, forma *nagatai* Okada, 1960a. Mushi 34 (3): 96.

Amiota nagatai: Toda *et* Peng, 1992. Ann. Soc. Entomol. Fr. 28 (2): 202; Chen *et* Toda, 2001. J. Nat. Hist. 35: 1529.

分布（Distribution）：贵州（GZ）、福建（FJ）、广东（GD）；日本。

（575）野泽阿果蝇 *Amiota nozawai* **Chen** *et* **Watabe, 2005**

Amiota nozawai Chen *et* Watabe, 2005. *In*: Chen *et al*., 2005d. J. Nat. Hist. 39 (3): 295. **Type locality:** China: Hunan, Badagongshan; Yunnan, Weixi.

分布（Distribution）：河南（HEN）、陕西（SN）、江西（JX）、湖南（HN）、湖北（HB）、四川（SC）、云南（YN）。

（576）努尔哈赤阿果蝇 *Amiota nuerhachii* **Chen** *et* **Toda, 2001**

Amiota nuerhachii Chen *et* Toda, 2001. J. Nat. Hist. 35: 1543. **Type locality:** China: Jilin, Changbaishan.

分布（Distribution）：吉林（JL）、四川（SC）。

（577）冲绳阿果蝇 *Amiota okinawana* **Okada, 1971**

Amiota okinawana Okada, 1971a. Kontyû 39 (4): 86. **Type locality:** Japan: Okinawa.

Amiota okinawana: Toda *et* Peng, 1992. Ann. Soc. Entomol. Fr. 28 (2): 204; Máca *et* Lin, 1993a. Bull. Inst. Zool. "Acad. Sin." 32 (1): 2; Chen *et* Toda, 2001. J. Nat. Hist. 35: 1529.

分布（Distribution）：福建（FJ）、台湾（TW）、广东（GD）；日本、巴布亚新几内亚。

（578）突尾阿果蝇 *Amiota onchopyga* **Nishiharu, 1979**

Amiota onchopyga Nishiharu, 1979. Kontyû 47 (1): 39. **Type locality:** Japan: Tokyo, Hachioji.

分布（Distribution）：陕西（SN）、贵州（GZ）、云南（YN）、福建（FJ）；日本。

（579）钩茎阿果蝇 *Amiota orchidea* **Okada, 1968**

Amiota orchidea Okada, 1968a. Kontyû 36 (4): 307. **Type locality:** Japan: Kyushu, Miyazaki.

Amiota orchidea: Chen *et* Toda, 2001. J. Nat. Hist. 35: 1550; Xu *et* Chen, 2013. Entomotaxon. 35 (1): 60.

分布（Distribution）：广西（GX）；日本。

（580）毛叶阿果蝇 *Amiota palpifera* **Okada, 1971**

Amiota palpifera Okada, 1971a. Kontyû 39 (4): 89. **Type locality:** Japan: Honshū, Gunma.

Amiota palpifera: Chen *et* Toda, 2001. J. Nat. Hist. 35: 1533.

分布（Distribution）：吉林（JL）、辽宁（LN）；俄罗斯（远东地区）、日本。

（581）双刺阿果蝇 *Amiota paraspinata* **Chen** *et* **Watabe, 2005**

Amiota pianmaensis Chen et Watabe, 2005. *In*: Chen *et al.*, 2005d. J. Nat. Hist. 39 (3): 297. **Type locality:** China: Yunnan, Jizushan, Kunming.

分布（Distribution）：云南（YN）。

（582）彭氏阿果蝇 *Amiota pengi* **Chen** *et* **Toda, 1998**

Amiota pengi Chen et Toda, 1998c. Entomol. Sci. 1 (3): 413. **Type locality:** China: Hainan, Ledong.

Amiota pengi: Chen et Toda, 2001. J. Nat. Hist. 35: 1527.

分布（Distribution）：海南（HI）。

（583）片马阿果蝇 *Amiota pianmensis* **Zhang** *et* **Chen, 2006**

Amiota pianmaensis Zhang et Chen, 2006. Eur. J. Ent. 103: 491. **Type locality:** China: Yunnan, Lushui.

分布（Distribution）：云南（YN）。

（584）板叶阿果蝇 *Amiota planata* **Chen** *et* **Toda, 2001**

Amiota planata Chen et Toda, 2001. J. Nat. Hist. 35: 1526. **Type locality:** Japan: Okinawa, Iriomote.

分布（Distribution）：广东（GD）、广西（GX）；日本。

（585）多点阿果蝇 *Amiota polytreta* **Xu** *et* **Chen, 2013**

Amiota polytreta Xu et Chen, 2013. *In*: Zhao *et al.*, 2013. Zool. J. Linn. Soc-Lond. 168 (4): 854. **Type locality:** China: Yunnan, Pu'er.

分布（Distribution）：云南（YN）。

（586）隆胫阿果蝇 *Amiota protuberantis* **Cao** *et* **Chen, 2009**

Amiota protuberantis Cao et Chen, 2009. Zootaxa 2193: 56. **Type locality:** China: Hainan, Ledong; Yunnan, Mengla.

分布（Distribution）：云南（YN）、海南（HI）。

（587）丽华阿果蝇 *Amiota reikae* **Xu** *et* **Chen, 2013**

Amiota reikae Xu et Chen, 2013. *In*: Zhao *et al.*, 2013. Zool. J. Linn. Soc-Lond. 168 (4): 851. **Type locality:** China: Yunnan, Mengla.

分布（Distribution）：云南（YN）。

（588）片突阿果蝇 *Amiota sacculipes* **Máca** *et* **Lin, 1993**

Amiota sacculipes Máca et Lin, 1993a. Bull. Inst. Zool. "Acad. Sin." 32 (1): 5. **Type locality:** China: Taiwan, Nan-tou.

Amiota sacculipes: Chen et Toda, 2001. J. Nat. Hist. 35: 1536.

分布（Distribution）：台湾（TW）。

（589）毛胫阿果蝇 *Amiota setitibia* **Xu** *et* **Chen, 2007**

Amiota setitibia Xu et Chen, 2007. *In*: Xu *et al.*, 2007a. Entomol. Sci. 10: 67. **Type locality:** China: Hubei, Shennongjia.

分布（Distribution）：湖北（HB）。

（590）刚毛阿果蝇 *Amiota setosa* **Zhang** *et* **Chen, 2006**

Amiota setosa Zhang et Chen, 2006. Eur. J. Ent. 103: 491. **Type locality:** China: Yunnan, Gongshan, Shangrila, Weixi.

分布（Distribution）：陕西（SN）、湖北（HB）、四川（SC）、云南（YN）。

（591）香格里拉阿果蝇 *Amiota shangrila* **Chen** *et* **Watabe, 2005**

Amiota shangrila Chen et Watabe, 2005. *In*: Chen *et al.*, 2005d. J. Nat. Hist. 39 (3): 298. **Type locality:** China: Yunnan, Ninglang, Lake Lugu.

分布（Distribution）：云南（YN）。

（592）神农阿果蝇 *Amiota shennongi* **Shao** *et* **Chen, 2014**

Amiota shennongi Shao et Chen, 2014. *In*: Shao *et al.*, 2014. J. Insect Sci. 14 (33): 5. **Type locality:** China: Hubei, Shennongjia.

分布（Distribution）：湖北（HB）。

（593）弯叶阿果蝇 *Amiota sinuata* **Okada, 1968**

Amiota sinuata Okada, 1968a. Kontyû 36 (4): 305. **Type locality:** Japan: Yakushima.

Amiota sinuata: Chen et Toda, 1998c. Entomol. Sci. 1 (3): 410; Chen et Toda, 2001. J. Nat. Hist. 35: 1528.

分布（Distribution）：云南（YN）、广东（GD）、海南（HI）；日本、缅甸、巴布亚新几内亚。

（594）具刺阿果蝇 *Amiota spinata* **Chen** *et* **Toda, 2001**

Amiota spinata Chen et Toda, 2001. J. Nat. Hist. 35: 1544. **Type locality:** China: Jilin, Zhuojia.

分布（Distribution）：吉林（JL）、辽宁（LN）、北京（BJ）、陕西（SN）、贵州（GZ）。

（595）刺股阿果蝇 *Amiota spinifemorata* **Li** *et* **Chen, 2008**

Amiota spinifemorata Li et Chen, 2008. *In*: Cao *et al.*, 2008. Orient. Insects 42: 195. **Type locality:** China: Yunnan, Binchuan.

分布（Distribution）：四川（SC）、贵州（GZ）、云南（YN）。

（596）柱尾阿果蝇 *Amiota stylopyga* **Wakahama** *et* **Okada, 1958**

Amiota stylopyga Wakahama et Okada, 1958. Annot. Zool.

Japon. 31 (2): 109. **Type locality:** Japan: Hokkaidō, Numanohata.

Amiota stylopyga: Chen *et* Toda, 2001. J. Nat. Hist. 35: 1547.

分布（Distribution）：黑龙江（HL）、吉林（JL）、辽宁（LN）、山西（SX）、云南（YN）；俄罗斯（远东地区、西伯利亚）、韩国、日本。

（597）亚叉阿果蝇 *Amiota subfurcata* Okada, 1971

Amiota subfurcata Okada, 1971a. Kontyû 39 (4): 85. **Type locality:** Japan: Hokkaidō; Honshū; Kyushu. China: Taiwan, Taipei.

Amiota alboguttata forma *furcata* Okada, 1960a. Mushi 34 (3): 96.

Amiota pacifica Sidorenko, 1989. Zool. J. 68: 63. **Type locality:** Russia: Primorskii Krai. Syn. Sidorenko, 1992.

Amiota subfurcata: Chen *et* Toda, 2001. J. Nat. Hist. 35: 1551.

分布（Distribution）：吉林（JL）、北京（BJ）、河南（HEN）、陕西（SN）、浙江（ZJ）、湖北（HB）、四川（SC）、福建（FJ）、台湾（TW）、广东（GD）、广西（GX）；俄罗斯（远东地区）、韩国、日本。

（598）亚弯阿果蝇 *Amiota subsinuata* Chen *et* Aotsuka, 2005

Amiota subsinuata Chen *et* Aotsuka, 2005. *In*: Chen *et al.*, 2005d. J. Nat. Hist. 39 (3): 272. **Type locality:** China: Yunnan, Jinghong, Yexianggu.

分布（Distribution）：云南（YN）。

（599）角叶阿果蝇 *Amiota taurusata* Takada, Beppu *et* Toda, 1979

Amiota taurusata Takada, Beppu *et* Toda, 1979. J. Fac. Gener. Educ. Sapporo Univ. 14: 107. **Type locality:** Japan: Hokkaidō, Eniva.

Amiota taurusata: Chen *et* Toda, 2001. J. Nat. Hist. 35: 1537.

分布（Distribution）：吉林（JL）；俄罗斯（远东地区）、日本。

（600）户田阿果蝇 *Amiota todai* Sidorenko, 1989

Amiota todai Sidorenko, 1989. Zool. J. 68: 64. **Type locality:** Russia: Far East (Primorskii Krai).

Amiota todai: Chen *et* Toda, 2001. J. Nat. Hist. 35: 1541.

分布（Distribution）：吉林（JL）、辽宁（LN）；俄罗斯（远东地区）。

（601）三叉阿果蝇 *Amiota trifurcata* Okada, 1968

Amiota trifurcata Okada, 1968a. Kontyû 36 (4): 308. **Type locality:** Japan: Yamanashi, Masutomi.

Amiota trifurcata: Chen *et* Toda, 2001. J. Nat. Hist. 35: 1541.

分布（Distribution）：陕西（SN）、四川（SC）、云南（YN）；俄罗斯（远东地区）、日本。

（602）曲叶阿果蝇 *Amiota undulata* Xu *et* Chen, 2013

Amiota undulata Xu *et* Chen, 2013. Entomotaxon. 35 (1): 64.

Type locality: China: Yunnan, Mengla.

分布（Distribution）：云南（YN）。

（603）爪叶阿果蝇 *Amiota ungulfoliolata* Xu *et* Chen, 2013

Amiota ungulfoliolata Xu *et* Chen, 2013. Entomotaxon. 35 (1): 65. **Type locality:** China: Yunnan, Ximeng.

分布（Distribution）：云南（YN）。

（604）保成阿果蝇 *Amiota wangi* Chen *et* Zhang, 2005

Amiota wangi Chen *et* Zhang, 2005. *In*: Chen *et al.*, 2005d. J. Nat. Hist. 39 (3): 302. **Type locality:** China: Yunnan, Mengla, Wangtianshu.

分布（Distribution）：云南（YN）。

（605）渡部阿果蝇 *Amiota watabei* Chen *et* Toda, 2001

Amiota watabei Chen *et* Toda, 2001. J. Nat. Hist. 35: 1545. **Type locality:** China: Hubei, Shennongjia.

分布（Distribution）：山西（SX）、陕西（SN）、湖北（HB）。

（606）武夷阿果蝇 *Amiota wuyishanensis* Chen *et* Zhang, 2005

Amiota wuyishanensis Chen *et* Zhang, 2005. *In*: Chen *et al.*, 2005d. J. Nat. Hist. 39 (3): 304. **Type locality:** China: Fujian, Wuyishan; Yunnan, Pu'er, Yixiang.

分布（Distribution）：江西（JX）、云南（YN）、福建（FJ）、海南（HI）。

（607）版纳阿果蝇 *Amiota xishuangbanna* Chen *et* Aotsuka, 2005

Amiota xishuangbanna Chen *et* Aotsuka, 2005. *In*: Chen *et al.*, 2005d. J. Nat. Hist. 39 (3): 273. **Type locality:** China: Yunnan, Jinghong, Yexianggu.

分布（Distribution）：云南（YN）。

（608）怡峰阿果蝇 *Amiota yifengi* Zhang *et* Chen, 2006

Amiota yifengi Zhang *et* Chen, 2006. Eur. J. Ent. 103: 486. **Type locality:** China: Yunnan, Weixi, Gongshan.

分布（Distribution）：河南（HEN）、云南（YN）。

（609）倚象阿果蝇 *Amiota yixiangna* Chen *et* Takamori, 2005

Amiota yixiangna Chen *et* Takamori, 2005. *In*: Chen *et al.*, 2005d. J. Nat. Hist. 39 (3): 285. **Type locality:** China: Yunnan, Pu'er, Yixiang.

分布（Distribution）：云南（YN）。

26. 鳞眶鬃果蝇属 *Apenthecia* Tsacas, 1983

Apenthecia Tsacas, 1983. Ann. Natal Mus. 25 (2): 333. **Type** species: *Erima crassiseta* Hackman, 1960 (by original designation).

Apenthecia: McEvey *et al.*, 1988. J. Ent. Soc. South. Afr. 51 (2): 176; Toda *et* Peng, 1992. Ann. Soc. Entomol. Fr. 28 (2): 207.

(610) 叶鳞眶鬃果蝇 *Apenthecia* (*Parapenthecia*) *foliolata* Toda *et* Peng, 1992

Apenthecia (*Parapenthecia*) *foliolata* Toda *et* Peng, 1992. Ann. Soc. Entomol. Fr. 28 (2): 207. **Type locality:** China: Guangdong, Dinghushan.

分布（**Distribution**）：云南（YN）、广东（GD）、海南（HI）。

(611) 齿鳞眶鬃果蝇 *Apenthecia* (*Parapenthecia*) *hispida* Chen *et* Toda, 2008

Apenthecia (*Parapenthecia*) *hispida* Chen *et* Toda, 2008. *In*: Cao *et al.*, 2008. Entomol. Sci. 11: 217. **Type locality:** China: Hainan, Ledong.

分布（**Distribution**）：海南（HI）。

(612) 李彤鳞眶鬃果蝇 *Apenthecia* (*Parapenthecia*) *litongi* Cao *et* Chen, 2008

Apenthecia (*Parapenthecia*) *litongi* Cao *et* Chen, 2008. *In*: Cao *et al.*, 2008. Entomol. Sci. 11: 218. **Type locality:** China: Hainan, Ledong.

分布（**Distribution**）：海南（HI）。

27. 毛胸果蝇属 *Apsiphortica* Okada, 1971

Amiota (*Apsiphortica*) Okada, 1971a. Kontyû 39 (4): 90. **Type species:** *Amiota* (*Apsiphortica*) *lini* Okada, 1971 (by original designation).

Apsiphortica: Máca, 2003. Acta Univ. Carol. (Biol.) 47: 249; Cao *et al.*, 2007. J. Nat. Hist. 41 (41-44): 2708.

(613) 林氏毛胸果蝇 *Apsiphortica lini* (Okada, 1971)

Amiota (*Apsiphortica*) *lini* Okada, 1971a. Kontyû 39 (4): 90. **Type locality:** China: Taiwan, Nan-tou.

Apsiphorticalini: Cao *et al.*, 2007. J. Nat. Hist. 41 (41-44): 2708.

分布（**Distribution**）：江西（JX）、贵州（GZ）、福建（FJ）、台湾（TW）。

(614) 长枝毛胸果蝇 *Apsiphortica longiciliata* Cao *et* Chen, 2007

Apsiphortica longiciliata Cao *et* Chen, 2007. *In*: Cao *et al.*, 2007. J. Nat. Hist. 41 (41-44): 2710. **Type locality:** China: Yunnan, Xishuangbanna.

分布（**Distribution**）：云南（YN）。

(615) 黑腹毛胸果蝇 *Apsiphortica melanogaster* Chen, 2007

Apsiphortica melanogaster Chen, 2007. *In*: Cao *et al.*, 2007. J. Nat. Hist. 41 (41-44): 2712. **Type locality:** China: Yunnan, Xishuangbanna.

分布（**Distribution**）：云南（YN）。

(616) 淼锋毛胸果蝇 *Apsiphortica xui* Chen, 2007

Apsiphortica xui Chen, 2007. *In*: Cao *et al.*, 2007. J. Nat. Hist. 41 (41-44): 2715. **Type locality:** China: Guizhou, Anlong.

分布（**Distribution**）：贵州（GZ）。

28. 异果蝇属 *Cacoxenus* Loew, 1858

Cacoxenus Loew, 1858e. Wien. Ent. Monatschr. 2: 217. **Type species:** *Cacoxenus indagator* Loew, 1858 (monotypy).
Domomyza Rondani, 1856. Dipt. Ital. Prodromus, Vol. I: 121. **Type species:** *Domomyza cincta* Rondani, 1856 (by original designation) [= *Cacoxenus indagator* Loew, 1858].
Paragitona Kröber, 1912. Zeit. Wissensch. Insekten-Biol. 8: 235. **Type species:** *Paragitona obscura* Kröber, 1912 (monotypy) [= *Cacoxenus indagator* Loew, 1858].

(617) 黑点异果蝇 *Cacoxenus* (*Gitonides*) *perspicax* (Knab, 1914)

Gitona perspicax Knab, 1914. Insector Inscit. Menstr. 2: 166. **Type locality:** USA: Hawaii, Honolulu.

Cacoxenus (*Gitonides*) *perspicax*: Tsacas *et* Desmier de Chenon, 1976. Ann. Soc. Entomol. Fr. 12: 500; Tsacas *et* Chassagnard, 1999. Ann. Soc. Entomol. Fr. 35 (1): 109; Chassagnard *et* Tsacas, 2003. Ann. Soc. Entomol. Fr. 39 (3): 281.

分布（**Distribution**）：浙江（ZJ）、云南（YN）、台湾（TW）、广东（GD）、海南（HI）；夏威夷群岛；非洲热带区、澳洲区。

(618) 符氏异果蝇 *Cacoxenus* (*Gitonides*) *vlasovi* (Duda, 1934)

Gitona vlasovi Duda, 1934d. *In*: Lindner, 1934. Flieg. Palaearkt. Reg. 58g 6 (1): 28. **Type locality:** Turkmenistan: Ashkhabad.

Cacoxenus vlasovi pterodactylus Máca, 1988. Annot. Zool. Bot. 185: 7.

分布（**Distribution**）：新疆（XJ）；俄罗斯（西伯利亚）、蒙古国、哈萨克斯坦、塔吉克斯坦、土库曼斯坦、乌兹别克斯坦。

(619) 学园异果蝇 *Cacoxenus* (*Nankangomyia*) *academica* (Máca *et* Lin, 1993)

Leucophenga (*Nankangomyia*) *academica* Máca *et* Lin, 1993a. Bull. Inst. Zool. "Acad. Sin." 32 (1): 8. **Type locality:** China: Taiwan, Taipei.

Cacoxenus (*Nankangomyia*) *academica*: Sidorenko, 2002. Far East. Ent. 111: 18. Comb.

分布（**Distribution**）：台湾（TW）。

（620）甘氏异果蝇 *Cacoxenus* (*Nankangomyia*) *gani* Chen, 2007

Cacoxenus (*Nankangomyia*) *gani* Chen, 2007. *In*: Cao *et al.*, 2007. J. Nat. Hist. 41 (41-44): 2702. **Type locality:** China: Yunnan, Kunming.

分布（Distribution）：云南（YN）。

29. 邻果蝇属 *Gitona* Meigen, 1830

Gitona Meigen, 1830. Syst. Beschr. Europ. Zweifl. Insekt. 6: 129. **Type species:** *Gitona distigma* Meigen, 1830 (monotypy).

（621）双斑邻果蝇 *Gitona distigma* Meigen, 1830

Gitona distigma Meigen, 1830. Syst. Beschr. Europ. Zweifl. Insekt. 6: 130. **Type locality:** France: Southern France and Grenoble.

Gitona distigma: Okada, 1973c. Ann. Hist.-Nat. Mus. Natl. Hung. 66: 273; Bächli *et al.*, 2004. Fauna Ent. Scand. 39: 59.

分布（Distribution）：黑龙江（HL）、吉林（JL）、辽宁（LN）、新疆（XJ）；俄罗斯（远东地区）、蒙古国、哈萨克斯坦、以色列、土耳其、印度；欧洲。

30. 白果蝇属 *Leucophenga* Mik, 1886

Leucophenga Mik, 1886a. Wien. Ent. Ztg. 5: 317. **Type species:** *Drosophila maculata* Dufour, 1839 (by original designation).

Oxyleucophenga Hendel, 1913e. Ent. Mitt. 2: 386. **Type species:** *Oxyleucophenga undulata* Hendel, 1913 (by original designation). Syn. Malloch, 1926d. Proc. U. S. Natl. Mus. 68: 33.

Drosomyiella Hendel, 1914a. Suppl. Ent. 3: 113. **Type species:** *Drosophila abbreviata* de Meijere, 1911 (by original designation). Syn. Sturtevant, 1921. Publ. Carneg. Inst. Wash. 301: 29.

Paraleucophenga Oldenberg, 1914a. Arch. Naturgesch. (A) 80 (2): 18. **Type species:** *Leucophenga quinquemaculata* Strobl, 1893 (monotypy). Syn. Oldenberg, 1915. Arch. Naturgesch. 80 (9): 93.

Neoleucophenga Oldenberg, 1915. Arch. Naturgesch. 80 (9): 93. New name for *Paraleucophenga*, 1914.

Ptyelusimyia Séguy, 1932. Encycl. Ent. (B) II Dipt. 2: 93. **Type species:** *Ptyelusimyiadecaryi* Séguy, 1932 (by original designation). Syn. Tsacas, 1980. *In*: Crosskey, 1980. Catalogue of the Diptera of the Afrotropical Region: 674.

Drosophilopsis Séguy, 1951b. Mém. Inst. Sci. Madagascar 5: 310. **Type species:** *Drosophilopsis scaevolaevora* Séguy, 1951 (by original designation). Syn. Tsacas, 1980. *In*: Crosskey, 1980. Catalogue of the Diptera of the Afrotropical Region: 674.

（622）残脉白果蝇 *Leucophenga abbreviata* (de Meijere, 1911)

Drosophila abbreviata de Meijere, 1911. Tijdschr. Ent. 54: 400.

Type locality: Indonesia: Java.

Drosomyiella abbreviata Hendel, 1914a. Suppl. Ent. 3: 113.

Leucophenga abbreviata: Sturtevant, 1921. Publ. Carneg. Inst. Wash. 301: 131; Duda, 1924a. Arch. Naturgesch. (A) 90 (3): 185; Okada, 1966. Bull. Br. Mus. (Nat. Hist.) Ent. Suppl. 6: 18; Su *et al.*, 2013g. Zootaxa 3637 (3): 365.

分布（Distribution）：云南（YN）、台湾（TW）、广东（GD）、广西（GX）、海南（HI）；印度、尼泊尔、缅甸、斯里兰卡、马来西亚、新加坡、印度尼西亚。

（623）尖叶白果蝇 *Leucophenga acutifoliacea* Huang, Li *et* Chen, 2014

Leucophenga acutifoliacea Huang, Li *et* Chen, 2014. Zootaxa 3893 (1): 36. **Type locality:** China: Yunnan, Mengla.

分布（Distribution）：云南（YN）。

（624）白头白果蝇 *Leucophenga albiceps* (de Meijere, 1914)

Drosophila albiceps de Meijere, 1914. Tijdschr. Ent. 57: 258. **Type locality:** Indonesia: Java, Gunung Ungaran.

Leucophenga albiceps: Duda, 1924d. Arch. Naturgesch. (A) 90 (3): 240; Okada, 1966. Bull. Br. Mus. (Nat. Hist.) Ent. Suppl. 6: 36; Okada, 1990a. Jap. J. Ent. 58 (3): 557.

分布（Distribution）：湖南（HN）、云南（YN）、台湾（TW）、广东（GD）、海南（HI）；日本、印度、尼泊尔、印度尼西亚。

（625）白板白果蝇 *Leucophenga albiterga* Huang, Li *et* Chen, 2014

Leucophenga albiterga Huang, Li *et* Chen, 2014. Zootaxa 3893 (1): 38. **Type locality:** China: Yunnan, Weixi.

分布（Distribution）：云南（YN）。

（626）狭叶白果蝇 *Leucophenga angusta* Okada, 1956

Leucophenga (*Leucophenga*) *angusta* Okada, 1956. Systematic Study of Drosophilidae and Allied Families of Japan: 28. **Type locality:** Japan: Tokyo.

Leucophenga angusta: Okada, 1989. Jap. J. Ent. 57 (4): 807; Fartyal *et al.*, 2005. Entomol. Sci. 8: 411; Zhou *et* Chen, 2015. Zootaxa 4006 (1): 44.

分布（Distribution）：浙江（ZJ）、湖南（HN）、重庆（CQ）、贵州（GZ）、云南（YN）、西藏（XZ）、台湾（TW）、广东（GD）、广西（GX）、海南（HI）；韩国、日本、印度、尼泊尔、缅甸、越南、斯里兰卡、菲律宾、马来西亚、新加坡、印度尼西亚；澳洲区。

（627）细叶白果蝇 *Leucophenga angustifoliacea* Huang, Li *et* Chen, 2014

Leucophenga angustifoliacea Huang, Li *et* Chen, 2014. Zootaxa 3893 (1): 38. **Type locality:** China: Guangxi, Maoershan.

分布（Distribution）：广西（GX）。

（628）缺斑白果蝇 *Leucophenga apunctata* Huang *et* Chen, 2013

Leucophenga apunctata Huang *et* Chen, 2013. *In*: Huang *et al.*, 2013b. Zootaxa 3701 (2): 124. **Type locality:** China: Sichuan, Danba.

分布（Distribution）：四川（SC）。

（629）弓叶白果蝇 *Leucophenga arcuata* Huang *et* Chen, 2013

Leucophenga arcuata Huang *et* Chen, 2013. *In*: Huang *et al.*, 2013b. Zootaxa 3701 (2): 125. **Type locality:** China: Fujian, Wuyishan; Hunan, Mangshan; Guangdong, Guangzhou; Guangxi, Maoershan; Guizhou, Xishui; Yunnan, Menghai.

分布（Distribution）：江西（JX）、湖南（HN）、贵州（GZ）、云南（YN）、福建（FJ）、广东（GD）、广西（GX）。

（630）银色白果蝇 *Leucophenga argentata* (de Meijere, 1914)

Drosophila argentata de Meijere, 1914. Tijdschr. Ent. 57: 258. **Type locality:** Indonesia: Java.

Leucophenga halteropunctata Duda, 1923a. Ann. Hist.-Nat. Mus. Natl. Hung. 20: 28.

Leucophenga halteropunctata: Duda, 1924a. Arch. Naturgesch. (A) 90 (3): 188; Duda, 1924d. Arch. Naturgesch. (A) 90 (3): 239; Burla, 1954. Rev. Suisse Zool. 61 (Suppl.): 29; Wheeler *et* Takada, 1964. Insects Micronesia 14 (6): 228.

Leucophenga argentata: Duda, 1924a. Arch. Naturgesch. (A) 90 (3): 188; Duda, 1924d. Arch. Naturgesch. (A) 90 (3): 238; Wheeler *et* Takada, 1964. Insects Micronesia 14 (6): 226; Lin *et* Wheeler, 1972. Univ. Tex. Publs. 7213: 242; Huang *et* Chen, 2016. Zootaxa 4161 (2): 213.

分布（Distribution）：云南（YN）、台湾（TW）、广东（GD）、海南（HI）；日本、尼泊尔、印度尼西亚；澳洲区。

（631）银粉白果蝇 *Leucophenga argentina* de Meijere, 1924

Drosophila argentina de Meijere, 1924a. Tijdschr. Ent. 67 (Suppl.): 6. **Type locality:** Indonesia: Sumatra.

Leucophenga argentina: de Meijere, 1924. *In*: Duda, 1924a. Arch. Naturgesch. (A) 90 (3): 187; Okada, 1987b. Kontyû 55 (4): 680.

分布（Distribution）：陕西（SN）、湖北（HB）、贵州（GZ）、云南（YN）；泰国、印度尼西亚。

（632）黑胁白果蝇 *Leucophenga atrinervis* Okada, 1968

Leucophenga atrinervis Okada, 1968a. Kontyû 36 (4): 313. **Type locality:** Japan: Honshū, Miyagi.

Leucophenga atrinervis: Okada, 1990b. Jap. J. Ent. 58 (4): 683; Huang *et al.*, 2014. Zootaxa 3893 (1): 7.

分布（Distribution）：辽宁（LN）、河南（HEN）、四川（SC）、云南（YN）。

（633）宽腹白果蝇 *Leucophenga atriventris* Lin *et* Wheeler, 1972

Leucophenga atriventris Lin *et* Wheeler, 1972. Univ. Tex. Publs. 7213: 243. **Type locality:** Papua New Guinea: Morobe.

分布（Distribution）：台湾（TW）；泰国、马来西亚、巴布亚新几内亚、新爱尔兰岛。

（634）杆叶白果蝇 *Leucophenga baculifoliacea* Huang, Li *et* Chen, 2014

Leucophenga baculifoliacea Huang, Li *et* Chen, 2014. Zootaxa 3893 (1): 39. **Type locality:** China: Yunnan, Ximeng.

分布（Distribution）：云南（YN）。

（635）美丽白果蝇 *Leucophenga bellula* (Bergroth, 1894)

Drosophila bellula Bergroth, 1894. Stettin. Ent. Ztg. 55: 75. **Type locality:** Australia: Queensland.

Leucophenga bellula: Okada, 1989. Jap. J. Ent. 57 (4): 808; Fartyal *et al.*, 2005. Entomol. Sci. 8: 411; Zhou *et* Chen, 2015. Zootaxa 4006 (1): 49.

分布（Distribution）：贵州（GZ）、云南（YN）、广西（GX）、海南（HI）；日本、印度、尼泊尔、斯里兰卡、马来西亚、印度尼西亚；非洲区、澳洲区。

（636）双突白果蝇 *Leucophenga bicuspidata* Huang *et* Chen, 2016

Leucophenga bicuspidate Huang *et* Chen, 2016. Zootaxa 4161 (2): 218. **Type locality:** China: Xizang, Motuo; Yunnan, Mengla, Ximeng.

分布（Distribution）：云南（YN）、西藏（XZ）。

（637）双条白果蝇 *Leucophenga bifasciata* Duda, 1923

Leucophenga bifasciata Duda, 1923a. Ann. Hist.-Nat. Mus. Natl. Hung. 20: 30. **Type locality:** China: Taiwan.

分布（Distribution）：台湾（TW）。

（638）双叉白果蝇 *Leucophenga bifurcata* Huang, Li *et* Chen, 2013

Leucophenga bifurcata Huang, Li *et* Chen, 2013. Zootaxa 3750 (5): 595. **Type locality:** China: Yunnan, Mengla.

分布（Distribution）：云南（YN）。

（639）短叶白果蝇 *Leucophenga brevifoliacea* Huang *et* Chen, 2013

Leucophenga brevifoliacea Huang *et* Chen, 2013. Zootaxa 3701 (2): 126. **Type locality:** China: Guangdong, Nanling; Yunnan, Mengla, Jingdong.

分布（Distribution）：云南（YN）、广东（GD）。

（640）短脉白果蝇 *Leucophenga brevivena* Su, Lu *et* Chen, 2013

Leucophenga brevivena Su, Lu *et* Chen, 2013. Zootaxa 3637 (3): 368. **Type locality:** China: Yunnan, Mengla.
分布（Distribution）：云南（YN）。

（641）山纹白果蝇 *Leucophenga concilia* Okada, 1956

Leucophenga concilia Okada, 1956. Systematic Study of Drosophilidae and Allied Families of Japan: 30. **Type locality:** Japan: Tokyo.
Leucophenga concilia: Okada, 1990a. Jap. J. Ent. 58 (3): 558.
分布（Distribution）：江西（JX）、湖南（HN）、云南（YN）、福建（FJ）、台湾（TW）、广东（GD）、广西（GX）；韩国、日本、尼泊尔。

（642）暗带白果蝇 *Leucophenga confluens* Duda, 1923

Leucophenga maculata var. *confluens* Duda, 1923a. Ann. Hist.-Nat. Mus. Natl. Hung. 20: 32. **Type locality:** China: Taiwan.
Leucophenga confluens: Duda, 1924a. Arch. Naturgesch. (A) 90 (3): 190; Lin *et* Wheeler, 1972. Univ. Tex. Publs. 7213: 244; Okada, 1990a. Jap. J. Ent. 58 (3): 556.
分布（Distribution）：江西（JX）、湖南（HN）、贵州（GZ）、云南（YN）、福建（FJ）、台湾（TW）、广东（GD）、广西（GX）、海南（HI）；日本、斯里兰卡。

（643）角叶白果蝇 *Leucophenga cornuta* Huang, Li *et* Chen, 2014

Leucophenga cornuta Huang, Li *et* Chen, 2014. Zootaxa 3893 (1): 42. **Type locality:** China: Yunnan, Wuliangshan.
分布（Distribution）：云南（YN）。

（644）箭盾白果蝇 *Leucophenga digmasoma* Lin *et* Wheeler, 1972

Leucophenga digmasoma Lin *et* Wheeler, 1972. Univ. Tex. Publs. 7213: 244. **Type locality:** China: Taiwan, Taipei.
Leucophenga digmasoma: Okada, 1990b. Jap. J. Ent. 58 (4): 681; Huang *et al*., 2014. Zootaxa 3893 (1): 24.
分布（Distribution）：云南（YN）、台湾（TW）、海南（HI）；日本、斯里兰卡、加里曼丹岛。

（645）膨叶白果蝇 *Leucophenga euryphylla* Huang *et* Chen, 2013

Leucophenga euryphylla Huang *et* Chen, 2013. Zootaxa 3701 (2): 128. **Type locality:** China: Yunnan, Menghai.
分布（Distribution）：云南（YN）。

（646）镰叶白果蝇 *Leucophenga falcata* Huang *et* Chen, 2013

Leucophenga falcata Huang *et* Chen, 2013. Zootaxa 3701 (2): 129. **Type locality:** China: Yunnan, Mengla.

分布（Distribution）：云南（YN）。

（647）奋起湖白果蝇 *Leucophenga fenchihuensis* Okada, 1987

Leucophenga fenchihuensis Okada, 1987a. Kontyû 55 (1): 95. **Type locality:** China: Taiwan, Chia-i.
分布（Distribution）：台湾（TW）。

（648）黄缘白果蝇 *Leucophenga flavicosta* Duda, 1926

Leucophenga subpollinosa var. *flavicosta*, Duda, 1926a. Suppl. Ent. 14: 53. **Type locality:** Indonesia: Sumatra.
Leucophenga flavicosta: Bächli, 1971. Exploration Parc Nat. de l'Upemba, Fasc. 71: 59; Lin *et* Wheeler, 1972. Univ. Tex. Publs. 7213: 245; Okada, 1987b. Kontyû 55 (4): 679.
分布（Distribution）：陕西（SN）、台湾（TW）；印度、帕劳、加里曼丹岛、印度尼西亚、新几内亚岛。

（649）福美白果蝇 *Leucophenga formosa* Okada, 1987

Leucophenga formosa Okada, 1987b. Kontyû 55 (4): 677. **Type locality:** China: Taiwan, Nan-tou.
分布（Distribution）：湖北（HB）、重庆（CQ）、贵州（GZ）、云南（YN）、台湾（TW）、广西（GX）、海南（HI）。

（650）褐胁白果蝇 *Leucophenga fuscinotata* Huang *et* Chen, 2013

Leucophenga fuscinotata Huang *et* Chen, 2013. Zootaxa 3701 (2): 130. **Type locality:** China: Yunnan, Weixi, Jingdong, Menghai.
分布（Distribution）：云南（YN）。

（651）褐茎白果蝇 *Leucophenga fuscipennis* Duda, 1923

Leucophenga fuscipennis Duda, 1923a. Ann. Hist.-Nat. Mus. Natl. Hung. 20: 28. **Type locality:** China: Taiwan.
分布（Distribution）：台湾（TW）、海南（HI）。

（652）褐胸白果蝇 *Leucophenga fuscithorax* Huang *et* Chen, 2013

Leucophenga fuscithorax Huang *et* Chen, 2013. Zootaxa 3701 (2): 133. **Type locality:** China: Yunnan, Mengla.
分布（Distribution）：云南（YN）。

（653）褐脉白果蝇 *Leucophenga fuscivena* Huang *et* Chen, 2016

Leucophenga fuscivena Huang *et* Chen, 2016. Zootaxa 4161 (2): 219. **Type locality:** China: Yunnan, Mengla, Ximeng.
分布（Distribution）：云南（YN）。

（654）缺毛白果蝇 *Leucophenga glabella* Huang *et* Chen, 2013

Leucophenga glabella Huang *et* Chen, 2013. Zootaxa 3701 (2):

133. **Type locality:** China: Yunnan, Menghai.

分布（Distribution）：云南（YN）。

（655）密毛白果蝇 *Leucophenga hirsutina* Huang *et* Chen, 2013

Leucophenga hirsutina Huang *et* Chen, 2013. Zootaxa 3701 (2): 135. **Type locality:** China: Sichuan, Danba.

分布（Distribution）：四川（SC）。

（656）毛头白果蝇 *Leucophenga hirticeps* Huang, Li *et* Chen, 2014

Leucophenga hirticeps Huang, Li *et* Chen, 2014. Zootaxa 3893 (1): 42. **Type locality:** China: Xizang, Bomi; Yunnan, Menghai.

分布（Distribution）：云南（YN）、西藏（XZ）。

（657）蟥叶白果蝇 *Leucophenga hirudinis* Huang *et* Chen, 2013

Leucophenga hirudinis Huang *et* Chen, 2013. Zootaxa 3701 (2): 136. **Type locality:** China: Hubei, Shennongjia; Sichuan, Baoxing; Yunnan, Wuliangshan.

分布（Distribution）：湖北（HB）、四川（SC）、云南（YN）。

（658）断带白果蝇 *Leucophenga interrupta* Duda, 1924

Leucophenga interrupta Duda, 1924a. Arch. Naturgesch. (A) 90 (3): 187. **Type locality:** China: Taiwan.

Leucophenga interrupta: Okada, 1956. Systematic Study of Drosophilidae and Allied Families of Japan: 36; Okada, 1990b. Jap. J. Ent. 58 (4): 684; Huang *et al.*, 2013a. Zootaxa 3750 (5): 591.

分布（Distribution）：云南（YN）、台湾（TW）、海南（HI）；日本、尼泊尔。

（659）珈可白果蝇 *Leucophenga jacobsoni* Duda, 1926

Leucophenga jacobsoni Duda, 1926a. Suppl. Ent. 14: 50. **Type locality:** Indonesia: Sumatra.

Leucophenga jacobsoni: Okada, 1976b. Makunagi, Osaka 8: 2; Okada, 1987a. Kontyû 55 (1): 93.

分布（Distribution）：海南（HI）；泰国、马来西亚、新加坡、印度尼西亚。

（660）日本白果蝇 *Leucophenga japonica* Sidorenko, 1991

Leucophenga japonica Sidorenko, 1991. Ann. Soc. Entomol. Fr. 27: 401. **Type locality:** Japan: Tohoko, Iwate.

分布（Distribution）：辽宁（LN）；日本。

（661）仓桥白果蝇 *Leucophenga kurahashii* Okada, 1987

Leucophenga kurahashii Okada, 1987a. Kontyû 55 (1): 91.

Type locality: Thailand: Namtok.

分布（Distribution）：湖南（HN）、云南（YN）、广东（GD）；泰国。

（662）宽额白果蝇 *Leucophenga latifrons* Duda, 1923

Leucophenga latifrons Duda, 1923a. Ann. Hist.-Nat. Mus. Natl. Hung. 20: 32. **Type locality:** China: Taiwan, Tai-nan.

分布（Distribution）：台湾（TW）。

（663）宽带白果蝇 *Leucophenga latifuscia* Huang, Li *et* Chen, 2014

Leucophenga latifuscia Huang, Li *et* Chen, 2014. Zootaxa 3893 (1): 44. **Type locality:** China: Fujian, Wuyishan; Taiwan, Jiayi; Guangdong, Guangzhou; Hainan, Lingshui; Yunnan, Mengla, Pu'er; Xizang, Bomi.

分布（Distribution）：江西（JX）、云南（YN）、西藏（XZ）、福建（FJ）、台湾（TW）、广东（GD）、海南（HI）。

（664）黑茎白果蝇 *Leucophenga limbipennis* (de Meijere, 1908)

Drosophila limbipennis de Meijere, 1908b. Tijdschr. Ent. 51: 156. **Type locality:** Indonesia: Java.

分布（Distribution）：台湾（TW）、海南（HI）；新加坡、印度尼西亚、斯里兰卡、密克罗尼西亚。

（665）长茎白果蝇 *Leucophenga longipenis* Huang *et* Chen, 2016

Leucophenga longipenis Huang *et* Chen, 2016. Zootaxa 4161 (2): 220. **Type locality:** China: Yunnan, Ximeng, Pu'er, Xishuangbanna; Zhejiang, Lin'an, Lishui; Hunan, Yizhang; Guangdong, Shaoguan, Guangzhou, Zhaoqing; Guangxi, Huanjiang, Guilin; Guizhou, Xishui; Xizang, Motuo.

分布（Distribution）：浙江（ZJ）、湖南（HN）、贵州（GZ）、云南（YN）、西藏（XZ）、广东（GD）、广西（GX）。

（666）黑斑白果蝇 *Leucophenga maculata* (Dufour, 1839)

Drosophila maculata Dufour, 1839. Ann. Sci. Nat. Zool. 12 (2): 50. **Type locality:** France.

Leucophenga maculata Okada, 1956. Systematic Study of Drosophilidae and Allied Families of Japan: 32; Okada, 1990a. Jap. J. Ent. 58 (3): 555.

分布（Distribution）：浙江（ZJ）、湖南（HN）、湖北（HB）、四川（SC）、贵州（GZ）、云南（YN）、西藏（XZ）、福建（FJ）、台湾（TW）、广东（GD）、广西（GX）；日本、尼泊尔、新几内亚岛；欧洲。

（667）大须白果蝇 *Leucophenga magnipalpis* Duda, 1923

Leucophenga magnipalpis Duda, 1923a. Ann. Hist.-Nat. Mus. Natl. Hung. 20: 27. **Type locality:** China: Taiwan.

Leucophenga magnipalpis Okada, 1956. Systematic Study of

Drosophilidae and Allied Families of Japan: 25; Okada, 1989. Jap. J. Ent. 57 (4): 807; Zhou et Chen, 2015. Zootaxa 4006 (1): 50.

分布（Distribution）：山西（SX）、陕西（SN）、湖南（HN）、湖北（HB）、四川（SC）、重庆（CQ）、云南（YN）、西藏（XZ）、台湾（TW）、广东（GD）、广西（GX）；日本、马来西亚。

（668）迈氏白果蝇 *Leucophenga meijerei* Duda, 1924

Leucophenga albiceps var. *meijerei* Duda, 1924d. Arch. Naturgesch. (A) 90 (3): 240. **Type locality:** China: Taiwan, Taihoku.

Leucophenga meijerei: Lin et Wheeler, 1972. Univ. Tex. Publs. 7213: 248; Okada, 1990a. Jap. J. Ent. 58 (3): 556.

分布（Distribution）：湖南（HN）、贵州（GZ）、云南（YN）、台湾（TW）、广东（GD）；日本、印度尼西亚。

（669）多斑白果蝇 *Leucophenga multipunctata* Chen et Aotsuka, 2003

Leucophenga multipunctata Chen et Aotsuka, 2003. Canada Ent. 135: 152. **Type locality:** Japan: Okinawa, Iriomote Is.

Leucophenga multipunctata: Huang et al., 2014. Zootaxa 3893 (1): 25.

分布（Distribution）：海南（HI）；日本。

（670）变斑白果蝇 *Leucophenga neointerrupta* Fartyal et Toda, 2005

Leucophenga neointerrupta Fartyal et Toda, 2005. *In*: Fartyal et al., 2005. Entomol. Sci. 8: 412. **Type locality:** India: Uttar Pradesh.

Leucophenga neointerrupta: Huang et al., 2013a. Zootaxa 3750 (5): 593.

分布（Distribution）：云南（YN）、广东（GD）、海南（HI）；印度。

（671）黑脉白果蝇 *Leucophenga nigrinervis* Duda, 1924

Leucophenga nigrinervis Duda, 1924d. Arch. Naturgesch. (A) 90 (3): 236. **Type locality:** China: Taiwan.

Leucophenga nigrinervis: Lin et Wheeler, 1972. Univ. Tex. Publs. 7213: 248; Okada, 1990b. Jap. J. Ent. 58 (4): 684; Huang et al., 2014. Zootaxa 3893 (1): 27.

分布（Distribution）：四川（SC）、云南（YN）、西藏（XZ）、台湾（TW）；日本。

（672）黑须白果蝇 *Leucophenga nigripalpis* Duda, 1923

Leucophenga nigripalpis Duda, 1923a. Ann. Hist.-Nat. Mus. Natl. Hung. 20: 29. **Type locality:** China: Taiwan, Chip-Chip.

Leucophenga nigripalpis: Okada, 1989. Jap. J. Ent. 57 (4): 808; Zhou et Chen, 2015. Zootaxa 4006 (1): 52.

分布（Distribution）：云南（YN）、台湾（TW）、广东（GD）、海南（HI）；马来西亚、印度尼西亚、巴布亚新几内亚。

（673）黑盾白果蝇 *Leucophenga nigroscutellata* Duda, 1924

Leucophenga nigroscutellata Duda, 1924d. Arch. Naturgesch. (A) 90 (3): 237. **Type locality:** China: Taiwan.

Leucophenga nigroscutellata: Lin et Wheeler, 1972. Univ. Tex. Publs. 7213: 249; Okada, 1987b. Kontyû 55 (4): 679.

分布（Distribution）：云南（YN）、台湾（TW）；尼泊尔、加里曼丹岛、马来西亚、印度尼西亚。

（674）东方白果蝇 *Leucophenga orientalis* Lin et Wheeler, 1972

Leucophenga orientalis Lin et Wheeler, 1972. Univ. Tex. Publs. 7213: 249. **Type locality:** China: Taiwan, Nan-tou.

Leucophenga orientalis: Okada, 1989. Jap. J. Ent. 57 (4): 808; Zhou et Chen, 2015. Zootaxa 4006 (1): 53.

分布（Distribution）：陕西（SN）、浙江（ZJ）、江西（JX）、湖北（HB）、四川（SC）、重庆（CQ）、贵州（GZ）、云南（YN）、西藏（XZ）、福建（FJ）、台湾（TW）、广东（GD）、广西（GX）、海南（HI）、香港（HK）；韩国、日本。

（675）斑翅白果蝇 *Leucophenga ornata* Wheeler, 1959

Leucophenga ornata Wheeler, 1959. Univ. Tex. Publs. 5914: 184. **Type locality:** Indonesia: Java.

Drosophila ornatipennis Meijere, 1914. Tijdschr. Ent. 57: 256.

Leucophenga ornata: Bock, 1979. Aust. J. Zool. (Suppl. Ser.) 71: 33; Okada, 1990b. Jap. J. Ent. 58 (4): 680; Huang et al., 2013b. Zootaxa 3701 (2): 119.

分布（Distribution）：台湾（TW）、广东（GD）；朝鲜、韩国、日本、尼泊尔、菲律宾、印度尼西亚；澳洲区。

（676）梳翅白果蝇 *Leucophenga pectinata* Okada, 1968

Leucophenga pectinata Okada, 1968a. Kontyû 36 (4): 310. **Type locality:** China: Taiwan, Ping-tung.

Leucophenga pectinata: Okada, 1990b. Jap. J. Ent. 58 (4): 682; Huang et al., 2014. Zootaxa 3893 (1): 28.

分布（Distribution）：湖南（HN）、云南（YN）、台湾（TW）、广东（GD）、广西（GX）、海南（HI）；印度尼西亚。

（677）五斑白果蝇 *Leucophenga pentapunctata* Panigrahy et Gupta, 1982

Leucophenga pentapunctata Panigrahy et Gupta, 1982. Entomon 7: 487. **Type locality:** India: Orissa, Korāput.

Leucophenga pentapunctata: Okada, 1990b. Jap. J. Ent. 58 (4): 681; Huang et al., 2014. Zootaxa 3893 (1): 31.

分布（Distribution）：云南（YN）、西藏（XZ）、海南（HI）；印度。

（678）粗叶白果蝇 *Leucophenga pinguifoliacea* Huang, Li *et* Chen, 2014

Leucophenga pinguifoliacea Huang, Li *et* Chen, 2014. Zootaxa 3893 (1): 45. **Type locality:** China: Yunnan, Menghai, Jingdong; Xizang, Bomi.

分布（Distribution）：云南（YN）、西藏（XZ）。

（679） 鱼叶白果蝇 *Leucophenga piscifoliacea* Huang *et* Chen, 2013

Leucophenga piscifoliacea Huang *et* Chen, 2013. Zootaxa 3701 (2): 137. **Type locality:** China: Hubei, Shennongjia; Guangdong, Nanling; Guangxi, Maoershan; Hainan; Yunnan, Jingdong, Diqing, Mengla, Menghai; Xizang, Bomi. Indonesia: Java.

分布（Distribution）：湖北（HB）、云南（YN）、西藏（XZ）、广东（GD）、广西（GX）、海南（HI）；印度尼西亚。

（680）四刺白果蝇 *Leucophenga quadricuspidata* Huang *et* Chen, 2016

Leucophenga qudricuspidata Huang *et* Chen, 2016. Zootaxa 4161 (2): 222. **Type locality:** China: Yunnan, Mengla, Menghai.

分布（Distribution）：云南（YN）。

（681） 四叉白果蝇 *Leucophenga quadrifurcata* Huang, Li *et* Chen, 2013

Leucophenga quadrifurcata Huang, Li *et* Chen, 2013. Zootaxa 3750 (5): 596. **Type locality:** China: Yunnan, Ximeng.

分布（Distribution）：云南（YN）。

（682）四斑白果蝇 *Leucophenga quadripunctata* (de Meijere, 1908)

Drosophila quadripunctata de Meijere, 1908b. Tijdschr. Ent. 51: 154. **Type locality:** Indonesia: Java, Semarang.

Leucophenga quadripunctata: Okada, 1990b. Jap. J. Ent. 58 (4): 683; Huang *et al.*, 2014. Zootaxa 3893 (1): 31.

分布（Distribution）：云南（YN）、台湾（TW）、广西（GX）；俄罗斯（远东地区）、韩国、日本、泰国、斯里兰卡、马来西亚、印度尼西亚、巴布亚新几内亚、澳大利亚。

（ 683 ） 淡斑白果蝇 *Leucophenga quinquemaculipennis* Okada, 1956

Leucophenga quinquemaculipennis Okada, 1956. Systematic Study of Drosophilidae and Allied Families of Japan: 33. **Type locality:** Japan: Honshū, Chubu.

分布（Distribution）：吉林（JL）、辽宁（LN）；俄罗斯（远东地区、西伯利亚）、韩国、日本。

（684） 直叶白果蝇 *Leucophenga rectifoliacea* Huang *et* Chen, 2013

Leucophenga rectifoliacea Huang *et* Chen, 2013. Zootaxa 3701 (2): 139. **Type locality:** China: Fujian, Wuyishan; Taiwan, Chitou; Guangxi, Maoershan; Hainan, Lishui; Yunnan, Ximeng; Xizang, Motuo. Japan: Tokyo, Hachioji.

分布（Distribution）：江西（JX）、云南（YN）、西藏（XZ）、福建（FJ）、台湾（TW）、广西（GX）、海南（HI）；日本。

（685）直脉白果蝇 *Leucophenga rectinervis* Okada, 1966

Leucophenga rectinervis Okada, 1966. Bull. Br. Mus. (Nat. Hist.) Ent. Suppl. 6: 33. **Type locality:** Nepal: Taplejung District.

分布（Distribution）：云南（YN）；尼泊尔。

（686）帝王白果蝇 *Leucophenga regina* Malloch, 1935

Leucophenga regina Malloch, 1935e. Aust. Zool. 8: 90. **Type locality:** Australia: Queensland.

Leucophenga regina: Bock, 1979. Aust. J. Zool. (Suppl. Ser.) 71: 34; Panigrahy *et* Gupta, 1982. Entomon 7: 489; Okada, 1990b. Jap. J. Ent. 58 (4): 682; Chen *et* Aotsuka, 2003. Canada Ent. 135: 148; Huang *et al.*, 2014. Zootaxa 3893 (1): 33.

分布（Distribution）：云南（YN）、广东（GD）、海南（HI）；日本、印度、澳大利亚。

（687）纹叶白果蝇 *Leucophenga retifoliacea* Huang, Li *et* Chen, 2013

Leucophenga retifoliacea Huang, Li *et* Chen, 2013. Zootaxa 3750 (5): 596. **Type locality:** China: Yunnan, Xishuangbanna, Pu'er.

分布（Distribution）：云南（YN）。

（688） 纹毛白果蝇 *Leucophenga retihirta* Huang, Li *et* Chen, 2014

Leucophenga retihirta Huang, Li *et* Chen, 2014. Zootaxa 3893 (1): 46. **Type locality:** China: Yunnan, Weixi.

分布（Distribution）：云南（YN）。

（689）裂叶白果蝇 *Leucophenga rimbickana* Singh *et* Gupta, 1981

Leucophenga rimbickana Singh *et* Gupta, 1981c. Proc. Indian Nat. Sci. Acad., Animal Sci. 90: 197. **Type locality:** India: West Bengal.

分布（Distribution）：云南（YN）、西藏（XZ）；印度、尼泊尔。

（690）三枝白果蝇 *Leucophenga saigusai* Okada, 1968

Leucophenga saigusai Okada, 1968a. Kontyû 36 (4): 312. **Type locality:** Japan: Honshū, Yamanashi.

Leucophenga saigusai: Okada, 1990b. Jap. J. Ent. 58 (4): 683; Huang *et al.*, 2013b. Zootaxa 3701 (2): 120.

分布（Distribution）：四川（SC）；日本。

（691）飒拉白果蝇 *Leucophenga salatigae* (de Meijere, 1914)

Drosophlia salatigae de Meijere, 1914. Tijdschr. Ent. 57: 260. **Type locality:** Indonesia: Java.

分布（Distribution）：云南（YN）、海南（HI）；尼泊尔、印度尼西亚；非洲区。

（692）鳞纹白果蝇 *Leucophenga sculpta* Chen *et* Toda, 1994

Leucophenga sculpta Chen *et* Toda, 1994b. Jap. J. Ent. 62 (3): 541. **Type locality:** China: Anhui, Jiuhuashan.

Leucophenga sculpta: Huang *et al.*, 2013b. Zootaxa 3701 (2): 121.

分布（Distribution）：安徽（AH）、浙江（ZJ）、湖南（HN）、云南（YN）、广东（GD）、广西（GX）。

（693）斧叶白果蝇 *Leucophenga securis* Huang, Li *et* Chen, 2014

Leucophenga securis Huang, Li *et* Chen, 2014. Zootaxa 3893 (1): 49. **Type locality:** China: Hubei, Shennongjia; Shaanxi, Foping; Yunnan, Binchuan, Jingdong, Pu'er.

分布（Distribution）：陕西（SN）、湖北（HB）、云南（YN）。

（694）锯叶白果蝇 *Leucophenga serrateifoliacea* Huang *et* Chen, 2013

Leucophenga serrateifoliacea Huang *et* Chen, 2013. Zootaxa 3701 (2): 140. **Type locality:** China: Hainan, Ledong; Guangxi, Maoershan; Yunnan, Baoshan, Menghai, Ximeng.

分布（Distribution）：云南（YN）、广西（GX）、海南（HI）。

（695）毛须白果蝇 *Leucophenga setipalpis* Duda, 1923

Leucophenga setipalpis Duda, 1923a. Ann. Hist.-Nat. Mus. Natl. Hung. 20: 31. **Type locality:** China: Taiwan, Tai-nan.

Leucophenga setipalpis: Okada, 1988b. Ent. Scand. 30 (Suppl.): 120.

分布（Distribution）：台湾（TW）；斯里兰卡。

（696）西隆白果蝇 *Leucophenga shillomgensis* Dwivedi *et* Gupta, 1979

Leucophenga shillongensis Dwivedi *et* Gupta, 1979. Entomon 4: 186. **Type locality:** India: Meghālaya.

分布（Distribution）：浙江（ZJ）、湖南（HN）、贵州（GZ）、云南（YN）、广东（GD）；印度。

（697）弯茎白果蝇 *Leucophenga sinupenis* Huang, Li *et* Chen, 2014

Leucophenga sinupenis Huang, Li *et* Chen, 2014. Zootaxa 3893 (1): 49. **Type locality:** China: Xizang, Bomi; Sichuan, Danba; Yunnan, Weixi.

分布（Distribution）：四川（SC）、云南（YN）、西藏（XZ）。

（698）体黑白果蝇 *Leucophenga sordida* Duda, 1923

Leucophenga sordida Duda, 1923a. Ann. Hist.-Nat. Mus. Natl. Hung. 20: 31. **Type locality:** China: Taiwan.

分布（Distribution）：台湾（TW）。

（699）具刺白果蝇 *Leucophenga spinifera* Okada, 1987

Leucophenga spinifera Okada, 1987a. Kontyû 55 (1): 92. **Type locality:** China: Taiwan, Taipei, Nantou.

分布（Distribution）：江西（JX）、云南（YN）、西藏（XZ）、福建（FJ）、台湾（TW）、海南（HI）；尼泊尔。

（700）网纹白果蝇 *Leucophenga striatipennis* Okada, 1989

Leucophenga striatipennis Okada, 1989. Jap. J. Ent. 57 (4): 804. **Type locality:** Malaysia: Sarawak, Semongok.

Leucophenga striatipennis: Zhou *et* Chen, 2015. Zootaxa 4006 (1): 54.

分布（Distribution）：贵州（GZ）、云南（YN）、台湾（TW）、广西（GX）、海南（HI）；泰国、加里曼丹岛、巴布亚新几内亚。

（701）亚粉白果蝇 *Leucophenga subpollinosa* (de Meijere, 1914)

Drosophila subpollinosa de Meijere, 1914. Tijdschr. Ent. 57: 263. **Type locality:** Indonesia: Java, Semarang.

Leucophenga subpollinosa: Duda, 1939. Ann. Hist.-Nat. Mus. Natl. Hung. 32: 42; Wheeler *et* Takada, 1964. Insects Micronesia 14 (6): 229; Okada, 1965. Kontyû 33 (3): 327; Okada, 1966. Bull. Br. Mus. (Nat. Hist.) Ent. Suppl. 6: 21; Bächli, 1971. Exploration Parc Nat. de l'Upemba, Fasc. 71: 58; Lin *et* Wheeler, 1972. Univ. Tex. Publs. 7213: 252; Vaidya *et* Godbole, 1976. J. Univ. Poona, Sci. Tech. 48: 86; Bock, 1979. Aust. J. Zool. (Suppl. Ser.) 71: 17; Okada, 1987b. Kontyû 55 (4): 678.

Leucophenga minuta Malloch, 1927g. Proc. Linn. Soc. N. S. W. 52: 2. **Type locality:** Australia: Queensland.

分布（Distribution）：台湾（TW）、广东（GD）、海南（HI）；日本；东洋区、非洲区、澳洲区。

（702）锥叶白果蝇 *Leucophenga subulata* Huang *et* Chen, 2013

Leucophenga subulata Huang *et* Chen, 2013. Zootaxa 3701 (2): 141. **Type locality:** China: Fujian, Wuyishan; Taiwan, Xinbei; Hunan, Mangshan; Guangdong, Guangzhou, Zhaoqing, Nanling; Guangxi, Maoershan; Hainan, Ledong.

分布（Distribution）：江西（JX）、湖南（HN）、福建（FJ）、台湾（TW）、广东（GD）、广西（GX）、海南（HI）。

（703）素娟白果蝇 *Leucophenga sujuanae* Su, Lu *et* Chen, 2013

Leucophenga sujuanae Su, Lu *et* Chen, 2013. Zootaxa 3637 (3): 368. **Type locality:** China: Yunnan, Pu'er, Xishuangbanna.

分布（Distribution）：云南（YN）。

（704）台湾白果蝇 *Leucophenga taiwanensis* Lin *et* Wheeler, 1972

Leucophenga taiwanensis Lin *et* Wheeler, 1972. Univ. Tex. Publs. 7213: 253. **Type locality:** China: Taiwan, Chia-i.

Leucophenga taiwanensis: Okada, 1989. Jap. J. Ent. 57 (4): 806; Zhou *et* Chen, 2015. Zootaxa 4006 (1): 55.

分布（Distribution）：山东（SD）、云南（YN）、西藏（XZ）、台湾（TW）、海南（HI）。

（705）户田白果蝇 *Leucophenga todai* Sidorenko, 1991

Leucophenga todai Sidorenko, 1991. Ann. Soc. Entomol. Fr. 27: 403. **Type locality:** Russia: Far East.

Leucophenga todai: Huang *et al.*, 2013b. Zootaxa 3701 (2): 121.

分布（Distribution）：云南（YN）；俄罗斯（远东地区）、日本。

（706）三刺白果蝇 *Leucophenga tricuspidata* Huang *et* Chen, 2016

Leucophenga tricuspidata Huang *et* Chen, 2016. Zootaxa 4161 (2): 223. **Type locality:** China: Yunnan, Mengla.

分布（Distribution）：云南（YN）。

（707）三条白果蝇 *Leucophenga trivittata* Okada, 1990

Leucophenga trivittata Okada, 1990b. Jap. J. Ent. 58 (4): 679. **Type locality:** Thailand: Chiang Mai.

Leucophenga trivittata: Huang *et al.*, 2014. Zootaxa 3893 (1): 34.

分布（Distribution）：云南（YN）；泰国。

（708）覆黑白果蝇 *Leucophenga umbratula* Duda, 1924

Leucophenga umbratula Duda, 1924a. Arch. Naturgesch. (A) 90 (3): 187. **Type locality:** China: Taiwan, Paroe.

Leucophenga umbratula: Lin *et* Wheeler, 1972. Univ. Tex. Publs. 7213: 253; Okada, 1987b. Kontyû 55 (4): 679.

分布（Distribution）：湖南（HN）、云南（YN）、台湾（TW）、广东（GD）；日本、斯里兰卡。

（709）钩叶白果蝇 *Leucophenga uncinata* Huang *et* Chen, 2013

Leucophenga uncinata Huang *et* Chen, 2013. Zootaxa 3701 (2): 143. **Type locality:** China: Yunnan, Mengla,

Ximeng.

分布（Distribution）：云南（YN）。

（710）异脉白果蝇 *Leucophenga varinervis* Duda, 1923

Leucophenga varinervis Duda, 1923a. Ann. Hist.-Nat. Mus. Natl. Hung. 20: 31. **Type locality:** China: Taiwan.

Leucophenga varinervis: Duda, 1924a. Arch. Naturgesch. (A) 90 (3): 189; Lin *et* Wheeler, 1972. Univ. Tex. Publs. 7213: 254; Bächli, 1984. Folia Ent. Hung. 45: 40; Okada, 1987a. Kontyû 55 (1): 97.

分布（Distribution）：贵州（GZ）、云南（YN）、台湾（TW）、广东（GD）、广西（GX）。

（711）多毛白果蝇 *Leucophenga villosa* Huang, Li *et* Chen, 2014

Leucophengavillosa Huang, Li *et* Chen, 2014. Zootaxa 3893 (1): 51. **Type locality:** China: Yunnan, Jingdong.

分布（Distribution）：云南（YN）。

（712）振芳白果蝇 *Leucophenga zhenfangae* Su, Lu *et* Chen, 2013

Leucophenga zhenfangae Su, Lu *et* Chen, 2013. Zootaxa 3637 (3): 370. **Type locality:** China: Yunnan, Pu'er. Nepal: Beni, Dhawalagini.

分布（Distribution）：云南（YN）；尼泊尔。

31. 芦果蝇属 *Luzonimyia* Malloch, 1926

Luzonimyia Malloch, 1926c. Philipp. J. Sci. 31: 491. **Type species:** *Luzonimyia nigropuncta* Malloch, 1926 (by original designation).

Luzonimyia: Bock, 1982. Austr. J. Zool. (Suppl. Ser.) 89: 26; Cao *et* Chen, 2008b. Raff. Bull. Zool. 56 (2): 251; Gao *et* Chen, 2014. Zootaxa 3852 (2): 295.

（713）黄足芦果蝇 *Luzonimyia flavipedes* Cao *et* Chen, 2008

Luzonimyia flavipedes Cao *et* Chen, 2008b. Raff. Bull. Zool. 56 (2): 252. **Type locality:** China: Hainan, Mt. Jianfengling.

分布（Distribution）：云南（YN）、海南（HI）。

（714）密鬃芦果蝇 *Luzonimyia hirsutina* Gao *et* Chen, 2014

Luzonimyia hirsutina Gao *et* Chen, 2014. Zootaxa 3852 (2): 296. **Type locality:** China: Yunnan, Mengla.

分布（Distribution）：云南（YN）。

（715）鬃尾芦果蝇 *Luzonimyia setocauda* Gao *et* Chen, 2014

Luzonimyia setocauda Gao *et* Chen, 2014. Zootaxa 3852 (2): 296. **Type locality:** China: Yunnan, Mengla.

分布（Distribution）：云南（YN）。

（716）斑腹吕宋果蝇 *Luzonimyia stictogaster* Cao et Chen, 2008

Luzonimyia stictogaster Cao et Chen, 2008b. Raff. Bull. Zool. 56 (2): 252. **Type locality:** China: Yunnan, Kunming, Jiaoye Park.

分布（Distribution）：贵州（GZ）、云南（YN）。

32. 扁腹果蝇属 *Paraleucophenga* Hendel, 1914

Paraleucophenga Hendel, 1914a. Suppl. Ent. 3: 114. **Type species:** *Paraleucophenga triseta* Hendel, 1914 (monotypy) [= *Helomyza invicta* Walker, 1856].

Trichiaspiphenga Duda, 1924a. Arch. Naturgesch. (A) 90 (3): 185 (as a subgenus). **Type species:** *Helomyza invicta* Walker, 1857 (monotypy).

Paraleucophenga: Bächli, 1971. Exploration Parc Nat. de l'Upemba, Fasc. 71: 128; Okada, 1988a. Kontyû 56 (3): 620; Lin et Wheeler, 1972. Univ. Tex. Publs. 7213: 254; Chen et Toda, 1994a. Entomotaxon. 16 (1): 71; Zhao et al., 2009. Zool. J. Linn. Soc. 155: 618.

（717）银白扁腹果蝇 *Paraleucophenga argentosa* (Okada, 1956)

Leucophenga (*Trichiaspiphenga*) *argentosa* Okada, 1956. Systematic Study of Drosophilidae and Allied Families of Japan: 24 (Syn. as *P. invicta* by Okada, 1988a. Kontyû 56 (3): 620). **Type locality:** Japan: Tokyu, Setagaya.

Paraleucophenga shanyinensis Chen et Toda, 1994a. Entomotaxon. 16 (1): 71. **Type locality:** China: Zhejiang, Xiaoshan; Anhui, Jixi.

Leucophenga argentosa: Zhao et al., 2009. Zool. J. Linn. Soc. 155: 620.

分布（Distribution）：安徽（AH）、浙江（ZJ）、广东（GD）、广西（GX）；日本。

（718）短茎扁腹果蝇 *Paraleucophenga brevipenis* Zhao, Gao et Chen, 2009

Paraleucophenga brevipenis Zhao, Gao et Chen, 2009. Zool. J. Linn. Soc. 155: 622. **Type locality:** China: Guangdong, Nanling.

分布（Distribution）：贵州（GZ）、广东（GD）。

（719）峨眉扁腹果蝇 *Paraleucophenga emeiensis* Sidorenko, 1998

Paraleucophenga emeiensis Sidorenko, 1998a. Far East. Ent. 56: 2. **Type locality:** China: Sichuan, Emeishan.

Paraleucophenga emeiensis: Zhao et al., 2009. Zool. J. Linn. Soc. 155: 620.

分布（Distribution）：江西（JX）、四川（SC）、重庆（CQ）、贵州（GZ）、云南（YN）、福建（FJ）、广西（GX）。

（720）毛茎扁腹果蝇 *Paraleucophenga hirtipenis* Zhao, Gao et Chen, 2009

Paraleucophenga hirtipenis Zhao, Gao et Chen, 2009. Zool. J. Linn. Soc. 155: 623. **Type locality:** China: Yunnan, Shibalianshan.

分布（Distribution）：云南（YN）。

（721）隐秘扁腹果蝇 *Paraleucophenga invicta* (Walker, 1856)

Helomyza invicta Walker, 1856b. J. Proc. Linn. Soc. London Zool. 1: 130. **Type locality:** Malaysia: Sarawak.

Paraleucophenga triseta Hendel, 1914a. Suppl. Ent. 3: 114. **Type locality:** China: Taiwan, Kangkou.

Paraleucophenga invicta: Lin et Wheeler, 1972. Univ. Tex. Publs. 7213: 254; Okada, 1988a. Kontyû 56 (3): 620; Zhao et al., 2009. Zool. J. Linn. Soc. 155: 620.

分布（Distribution）：台湾（TW）；马来西亚、印度尼西亚。

（722）爪哇扁腹果蝇 *Paraleucophenga javana* Okada, 1988

Paraleucophenga javana Okada, 1988a. Kontyû 56 (3): 621. **Type locality:** Indonesia: Java, Tugu.

Paraleucophenga javana: Zhao et al., 2009. Zool. J. Linn. Soc. 155: 621.

分布（Distribution）：云南（YN）、广东（GD）、广西（GX）；印度尼西亚。

（723）长鬃扁腹果蝇 *Paraleucophenga longiseta* Zhao, Gao et Chen, 2009

Paraleucophenga longiseta Zhao, Gao et Chen, 2009. Zool. J. Linn. Soc. 155: 624. **Type locality:** China: Guizhou, Kaili; Jiangxi, Yifeng; Guangxi, Maoershan; Sichuan, Emeishan.

分布（Distribution）：江西（JX）、四川（SC）、贵州（GZ）、云南（YN）、广东（GD）、广西（GX）。

（724）岛氏扁腹果蝇 *Paraleucophenga shimai* Okada, 1988

Paraleucophenga shimai Okada, 1988a. Kontyû 56 (3): 621. **Type locality:** Thailand: Erawin Waterfall, Saiyok.

Paraleucophenga shimai: Zhao et al., 2009. Zool. J. Linn. Soc. 155: 621.

分布（Distribution）：云南（YN）、广西（GX）；泰国。

（725）指突扁腹果蝇 *Paraleucophenga tanydactylia* Zhao, Gao et Chen, 2009

Paraleucophenga tanydactylia Zhao, Gao et Chen, 2009. Zool. J. Linn. Soc. 155: 625. **Type locality:** China: Yunnan, Xishuangbanna.

分布（Distribution）：云南（YN）。

33. 亚伏果蝇属 *Paraphortica* Duda, 1934

Paraphortica Duda, 1934d. In: Lindner, 1934. Flieg. Palaearkt. Reg. 58g 6 (1): 36. **Type species:** *Drosophila lata* Becker, 1907 (monotypy).

Amiota (*Paraphortica*): Wheeler, 1981. *In*: Ashurner *et al.*, 1981. The Genetics and Biology of Drosophila 3a: 22.
Paraphortica: Máca, 2003. Acta Univ. Carol. (Biol.) 47: 255 (revised status).

（726）侧亚伏果蝇 *Paraphortica lata* (Becker, 1907)

Drosophila lata Becker, 1907. Annu. Mus. Zool. Acad. Sci. Russ. St.-Pétersb. 12 (3): 306. **Type locality:** China: Xinjiang, Turkestan.
分布（Distribution）：新疆（XJ）。

34. 鼻果蝇属 *Pararhinoleucophenga* Duda, 1924

Pararhinoleucophenga Duda, 1924a. Arch. Naturgesch. (A) 90 (3): 185 (as a subgenus of *Leucophenga*). **Type species:** *Drosophila maura* de Meijere, 1911.
Pararhinoleucophenga: Okada, 1988a. Kontyû 56 (3): 618; Cao *et* Chen, 2009. Zool. Stud. 48 (1): 127; Gao *et* Chen, 2014. Zootaxa 3852 (2): 297.

（727） 褐翅鼻果蝇 *Pararhinoleucophenga alafumosa* Cao *et* Chen, 2009

Pararhinoleucophenga alafumosa Cao *et* Chen, 2009. Zool. Stud. 48 (1): 131. **Type locality:** China: Shaanxi, Foping.
分布（Distribution）：陕西（SN）。

（728）溪边鼻果蝇 *Pararhinoleucophenga amnicola* Gao *et* Chen, 2014

Pararhinoleucophenga amnicola Gao *et* Chen, 2014. Zootaxa 3852 (2): 298. **Type locality:** China: Yunnan, Mengla.
分布（Distribution）：云南（YN）。

（729） 叉叶鼻果蝇 *Pararhinoleucophenga furcila* Cao *et* Chen, 2009

Pararhinoleucophenga furcila Cao *et* Chen, 2009. Zool. Stud. 48 (1): 132. **Type locality:** China: Yunnan, Lushui.
分布（Distribution）：云南（YN）。

（730） 梅溪鼻果蝇 *Pararhinoleucophenga meichiensis* (Chen *et* Toda, 1994)

Stegana (*Oxyphortica*) *meichiensis* Chen *et* Toda, 1994b. Jap. J. Ent. 62 (3): 538. **Type locality:** China: Zhejiang, Meichi.
Pararhinoleucophenga meichiensis: Cao *et* Chen, 2009. Zool. Stud. 48 (1): 130.
分布（Distribution）：浙江（ZJ）、江西（JX）、福建（FJ）、广东（GD）。

（731） 小暗鼻果蝇 *Pararhinoleucophenga minutobscura* Cao *et* Chen, 2009

Pararhinoleucophenga minutobscura Cao *et* Chen, 2009. Zool. Stud. 48 (1): 134. **Type locality:** China: Hainan, Diaoluoshan.
分布（Distribution）：海南（HI）。

（732） 裸鼻果蝇 *Pararhinoleucophenga nuda* Okada, 1988

Pararhinoleucophenga nuda Okada, 1988a. Kontyû 56 (3): 619. **Type locality:** China: Taiwan, Alishan.
Pararhinoleucophenga nuda: Cao *et* Chen, 2009. Zool. Stud. 48 (1): 130.
分布（Distribution）：台湾（TW）。

（733）毛额鼻果蝇 *Pararhinoleucophenga setifrons* Cao *et* Chen, 2009

Pararhinoleucophenga setifrons Cao *et* Chen, 2009. Zool. Stud. 48 (1): 132. **Type locality:** China: Yunnan, Ailaoshan.
分布（Distribution）：云南（YN）。

（734） 毛足鼻果蝇 *Pararhinoleucophenga setipes* Cao *et* Chen, 2009

Pararhinoleucophenga setipes Cao *et* Chen, 2009. Zool. Stud. 48 (1): 133. **Type locality:** China: Yunnan, Wuliangshan.
分布（Distribution）：云南（YN）。

（735）林栖鼻果蝇 *Pararhinoleucophenga sylvatica* Gao *et* Chen, 2014

Pararhinoleucophenga sylvatica Gao *et* Chen, 2014. Zootaxa 3852 (2): 299. **Type locality:** China: Yunnan, Pu'er, Mengla, Menghai.
分布（Distribution）：云南（YN）。

35. 毛盾果蝇属 *Parastegana* Okada, 1971

Stegana (*Parastegana*) Okada, 1971b. Mushi 45 (5): 91. **Type species:** *Protostegana femorata* Duda, 1923 (by original designation).
Parastegana: Sidorenko, 2002. Far East. Ent. 111: 15; Chen *et al.*, 2007c. J. Nat. Hist. 41 (37-40): 2403; Li *et al.*, 2013. Mol. Phyl. Evol. 66 (1): 414.

（736） 短脉毛盾果蝇 *Parastegana* (*Allstegana*) *brevivena* (Chen *et* Zhang, 2007)

Parastegana (*Allstegana*) *brevivena* Chen *et* Zhang, 2007. *In*: Chen *et al.*, 2007c. J. Nat. Hist. 41 (37-40): 2406. **Type locality:** China: Yunnan, Gongshan, Lushui.
分布（Distribution）：四川（SC）、云南（YN）。

（737） 喜露毛盾果蝇 *Parastegana* (*Allstegana*) *drosophiloides* (Toda *et* Peng, 1992)

Stegana (*Parastegana*) *drosophiloides* Toda *et* Peng, 1992. Ann. Soc. Entomol. Fr. 28 (2): 211. **Type locality:** China: Guangdong, Babaoshan.
Parastegana (*Allstegana*) *drosophiloides*: Chen *et al.*, 2007c. J. Nat. Hist. 41 (37-40): 2405.
分布（Distribution）：云南（YN）、广东（GD）、广西（GX）、海南（HI）。

（738）迷股毛盾果蝇 *Parastegana* (*Parastegana*) *femorata* (Duda, 1923)

Protostegana femorata Duda, 1923a. Ann. Hist.-Nat. Mus. Natl. Hung. 20: 33. **Type locality:** China: Taiwan.

Stegana (*Parastegana*) *femorata*: Okada, 1971b. Mushi 45 (5): 92.

分布（Distribution）：台湾（TW）。

（739）黑茎毛盾果蝇 *Parastegana* (*Allstegana*) *maculipennis* (Okada, 1971)

Stegana (*Parastegana*) *maculipennis* Okada, 1971b. Mushi 45 (5): 92. **Type locality:** China: Taiwan, Nan-tou.

Parastegana (*Allstegana*) *maculipennis*: Chen et al., 2007c. J. Nat. Hist. 41 (37-40): 2406.

分布（Distribution）：台湾（TW）。

（740）褐点毛盾果蝇 *Parastegana* (*Allstegana*) *punctalata* (Chen et Watabe, 2007)

Parastegana (*Allstegana*) *punctalata* Chen et Watabe, 2007. *In*: Chen et al., 2007c. J. Nat. Hist. 41 (37-40): 2408. **Type locality:** China: Yunnan, Mengla.

分布（Distribution）：云南（YN）。

36. 伏果蝇属 *Phortica* Schiner, 1862

Phortica Schiner, 1862c. Wien. Ent. Monatschr. 6 (12): 433. **Type species:** *Drosophila variegata* Fallén, 1823 (by original designation).

Amiota (*Phortica*): Wheeler, 1952. Univ. Tex. Publs. 5204: 167.
Phortica: Máca, 2003. Acta Univ. Carol. (Biol.) 47: 251; Cheng et al., 2008. Zool. Stud. 47 (5): 615; Chen et Máca, 2012. Zootaxa 3478: 493.

（741）黄胸伏果蝇 *Phortica* (*Alloparadisa*) *helva* Chen et Gao, 2008

Phortica (*Phortica*) *helva* Chen et Gao, 2008. *In*: Cheng et al., 2008. Zool. Stud. 47 (5): 621. **Type locality:** China: Yunnan, Xishuangbanna. Malaysia: Sabah, Crocker Range.

分布（Distribution）：云南（YN）；马来西亚。

（742）羽芒伏果蝇 *Phortica* (*Ashima*) *afoliolata* Chen et Toda, 2005

Phortica (*Phortica*) *afoliolata* Chen et Toda, 2005. *In*: Chen et al., 2005b. Acta Zootaxon. Sin. 30 (2): 421. **Type locality:** China: Hainan, Ledong. Myanmar: Yangon.

分布（Distribution）：海南（HI）；缅甸。

（743）短毛伏果蝇 *Phortica* (*Ashima*) *brachychaeta* Chen et Toda, 2005

Phortica (*Phortica*) *brachychaeta* Chen et Toda, 2005. *In*: Chen et al., 2005b. Acta Zootaxon. Sin. 30 (2): 422. **Type locality:** China: Yunnan, Xishuangbanna, Simao; Guangdong, Dinghushan.

分布（Distribution）：云南（YN）、广东（GD）。

（744）具刺伏果蝇 *Phortica* (*Ashima*) *foliacea* (Tsacas et Okada, 1983)

Amiota (*Phortica*) *foliacea* Tsacas et Okada, 1983. Kontyû 51: 232. **Type locality:** China: Taiwan, Nan-tou.

Phortica (*Phortica*) *foliacea*: Chen et al., 2005b. Acta Zootaxon. Sin. 30 (2): 420.

分布（Distribution）：台湾（TW）。

（745）叶芒伏果蝇 *Phortica* (*Ashima*) *foliiseta* Duda, 1923

Phortica foliiseta Duda, 1923a. Ann. Hist.-Nat. Mus. Natl. Hung. 20: 35. **Type locality:** China: Taiwan.

Amiota (*Phortica*) *foliiseta*: Tsacas et Okada, 1983. Kontyû 51: 230; Okada, 1971a. Kontyû 39 (4): 92; Okada, 1988. Ent. Scand. 30 (Suppl.): 120.

Phortica (*Phortica*) *foliiseta*: Chen et al., 2005b. Acta Zootaxon. Sin. 30 (2): 420.

分布（Distribution）：贵州（GZ）、台湾（TW）、广东（GD）、广西（GX）；泰国、斯里兰卡、新几内亚岛。

（746）似叶伏果蝇 *Phortica* (*Ashima*) *foliisetoides* Chen et Toda, 2005

Phortica (*Phortica*) *foliisetoides* Chen et Toda, 2005. *In*: Chen et al., 2005b. Acta Zootaxon. Sin. 30 (2): 423. **Type locality:** China: Hainan, Ledong.

分布（Distribution）：海南（HI）。

（747）光叶伏果蝇 *Phortica* (*Ashima*) *glabra* Chen et Toda, 2005

Phortica (*Phortica*) *glabra* Chen et Toda, 2005. *In*: Chen et al., 2005b. Acta Zootaxon. Sin. 30 (2): 424. **Type locality:** China: Guangdong, Nanling, Dinghushan, Nankunshan.

分布（Distribution）：江西（JX）、贵州（GZ）、广东（GD）、广西（GX）。

（748）哈巴伏果蝇 *Phortica* (*Ashima*) *haba* An et Chen, 2015

Phortica (*Ashima*) *haba* An et Chen, 2015. *In*: An et al., 2015. Syst. Biodi. 13 (1): 45. **Type locality:** China: Yunnan, Ximeng.

分布（Distribution）：云南（YN）。

（749）慧荤伏果蝇 *Phortica* (*Ashima*) *huiluoi* Cheng et Chen, 2008

Phortica (*Phortica*) *huiluoi* Cheng et Chen, 2008. *In*: Cheng et al., 2008. Zool. Stud. 47 (5): 617. **Type locality:** China: Yunnan, Binchuan.

分布（Distribution）：云南（YN）。

（750）长茎伏果蝇 *Phortica* (*Ashima*) *longipenis* Chen et Gao, 2005

Phortica (*Phortica*) *longipenis* Chen et Gao, 2005. *In*: Chen et *al*., 2005a. J. Nat. Hist. 39 (46): 3957. **Type locality:** China: Yunnan, Binchuan.

分布（**Distribution**）：贵州（GZ）、云南（YN）。

（751）山寨伏果蝇 *Phortica (Ashima) montipagana* An *et* Chen, 2015

Phortica (Ashima) montipagana An *et al*., 2015. *In*: An *et al*., 2015. Syst. Biodi. 13 (1): 46. **Type locality:** China: Yunnan, Pu'er.

分布（**Distribution**）：云南（YN）。

（752）裸芒伏果蝇 *Phortica (Ashima) nudiarista* Cheng *et* Chen, 2008

Phortica (Phortica) nudiarista Cheng *et* Chen, 2008. *In*: Cheng *et al*., 2008. Zool. Stud. 47 (5): 619. **Type locality:** China: Yunnan, Xishuangbanna.

分布（**Distribution**）：贵州（GZ）、云南（YN）、广西（GX）。

（753）端小伏果蝇 *Phortica (Ashima) pavriarista* Cheng *et* Chen, 2008

Phortica (Phortica) pavriarista Cheng *et* Chen, 2008. *In*: Cheng *et al*., 2008. Zool. Stud. 47 (5): 620. **Type locality:** China: Yunnan, Pu'er.

分布（**Distribution**）：云南（YN）。

（754）青松伏果蝇 *Phortica (Ashima) qingsongi* An *et* Chen, 2015

Phortica (Ashima) qingsongi An *et* Chen, 2015. *In*: An *et al*., 2015. Syst. Biodi. 13 (1): 47. **Type locality:** China: Yunnan, Baoshan.

分布（**Distribution**）：云南（YN）。

（755）箭芒伏果蝇 *Phortica (Ashima) sagittiaristula* Chen *et* Wen, 2005

Phortica (Phortica) sagittiaristula Chen *et* Wen, 2005. *In*: Chen *et al*., 2005a. J. Nat. Hist. 39 (46): 3954. **Type locality:** China: Yunnan, Xishuangbanna; Guangxi, Fushu.

分布（**Distribution**）：云南（YN）、广西（GX）。

（756）舞芒伏果蝇 *Phortica (Ashima) saltaristula* Chen *et* Wen, 2005

Phortica (Phortica) saltaristula Chen *et* Wen, 2005. *In*: Chen *et al*., 2005a. J. Nat. Hist. 39 (46): 3956. **Type locality:** China: Yunnan, Xishuangbanna.

分布（**Distribution**）：云南（YN）。

（757）侦测伏果蝇 *Phortica (Ashima) speculum* (Máca *et* Lin, 1993)

Amiota (Phortica) speculum Máca *et* Lin, 1993b. Bull. Inst. Zool. "Acad. Sin." 32 (3): 172. **Type locality:** China: Taiwan, Tai-tung.

Phortica (Phortica) speculum: Chen *et al*., 2005b. Acta Zootaxon. Sin. 30 (2): 420.

分布（**Distribution**）：陕西（SN）、浙江（ZJ）、江西（JX）、四川（SC）、贵州（GZ）、福建（FJ）、台湾（TW）、广东（GD）、广西（GX）。

（758）刺突伏果蝇 *Phortica (Ashima) spinosa* Chen *et* Gao, 2005

Phortica (Phortica) spinosa Chen *et* Gao, 2005. *In*: Chen *et al*., 2005b. Acta Zootaxon. Sin. 30 (2): 425. **Type locality:** China: Yunnan, Pu'er, Xishuangbanna, Kunming; Hainan, Mt. Jianfengling. Myanmar: Pyinoolwin.

分布（**Distribution**）：云南（YN）、海南（HI）；缅甸。

（759）对称伏果蝇 *Phortica (Ashima) symmetria* Chen *et* Toda, 2005

Phortica (Phortica) symmetria Chen *et* Toda, 2005. *In*: Chen *et al*., 2005b. Acta Zootaxon. Sin. 30 (2): 426. **Type locality:** China: Guangdong, Dinghushan.

分布（**Distribution**）：云南（YN）、广东（GD）。

（760）田边伏果蝇 *Phortica (Ashima) tanabei* Chen *et* Toda, 2005

Phortica (Phortica) tanabei Chen *et* Toda, 2005. *In*: Chen *et al*., 2005b. Acta Zootaxon. Sin. 30 (2): 427. **Type locality:** China: Guangdong, Conghua, Yingde, Nanling; Hainan, Ledong; Yunnan, Xishuangbanna. Myanmar: Pyinoolwin. Malaysia: Sabah.

分布（**Distribution**）：贵州（GZ）、云南（YN）、广东（GD）、广西（GX）、海南（HI）；缅甸、马来西亚。

（761）版纳伏果蝇 *Phortica (Ashima) xishuangbanna* Cheng *et* Chen, 2008

Phortica (Phortica) xishuangbanna Cheng *et* Chen, 2008. *In*: Cheng *et al*., 2008. Zool. Stud. 47 (5): 617. **Type locality:** China: Yunnan, Xishuangbanna.

分布（**Distribution**）：云南（YN）。

（762）不对称伏果蝇 *Phortica (Phortica) acongruens* (Zhang *et* Shi, 1997)

Amiota (Phortica) acongruens Zhang *et* Shi, 1997. Zool. Res. 18 (4): 368. **Type locality:** China: Yunnan, Gongshan.

分布（**Distribution**）：云南（YN）。

（763）羚角伏果蝇 *Phortica (Phortica) antillaria* (Chen *et* Toda, 1997)

Amiota (Phortica) antillaria Chen *et* Toda, 1997. Jap. J. Ent. 65 (4): 789. **Type locality:** China: Taiwan, Shanlinxi.

分布（**Distribution**）：台湾（TW）。

（764）双角伏果蝇 *Phortica (Phortica) bicornuta* (Chen *et* Toda, 1997)

Amiota (Phortica) bicornuta Chen *et* Toda, 1997. Jap. J. Ent. 65 (4): 790. **Type locality:** China: Yunnan, Kunming.

分布（Distribution）：四川（SC）、云南（YN）。

（765）双突伏果蝇 *Phortica* (*Phortica*) *bipartita* (Toda *et* Peng, 1990)

Amiota (*Phortica*) *bipartita* (Toda *et* Peng, 1990). Ann. Soc. Entomol. Fr. 28 (2): 204. **Type locality:** China: Guangdong, Heishiding.

分布（Distribution）：江西（JX）、云南（YN）、广东（GD）、广西（GX）、海南（HI）。

（766）双棘突伏果蝇 *Phortica* (*Phortica*) *biprotrusa* (Chen *et* Toda, 1998)

Amiota (*Phortica*) *biprotrusa* Chen *et* Toda, 1998b. Entomol. Sci. 1 (3): 404. **Type locality:** China: Guangdong, Dinghushan. Myanmar: Pyinoolwin.

分布（Distribution）：江西（JX）、湖南（HN）、湖北（HB）、贵州（GZ）、云南（YN）、广东（GD）、广西（GX）、海南（HI）；印度、缅甸。

（767）棘突伏果蝇 *Phortica* (*Phortica*) *cardua* (Okada, 1977)

Amiota (*Phortica*) *cardua* Okada, 1977. Bull. Biogeogr. Soc. Jap. 32 (3): 24. **Type locality:** China: Taiwan, Tai-pei.

分布（Distribution）：北京（BJ）、河南（HEN）、陕西（SN）、安徽（AH）、浙江（ZJ）、江西（JX）、湖南（HN）、湖北（HB）、贵州（GZ）、云南（YN）、西藏（XZ）、福建（FJ）、台湾（TW）、广东（GD）、广西（GX）、海南（HI）；印度、越南。

（768）希侬伏果蝇 *Phortica* (*Phortica*) *chi* (Toda *et* Sidorenko, 1996)

Amiota (*Phortica*) *chi* Toda *et* Sidorenko, 1996. *In*: Toda *et al.*, 1996. Zool. Sci. 13: 456. **Type locality:** Russia: Far East. China: Jilin, Zuojia, Changbaishan; Liaoning, Benxi.

分布（Distribution）：黑龙江（HL）、吉林（JL）、辽宁（LN）、北京（BJ）、山西（SX）、河南（HEN）、陕西（SN）、四川（SC）；俄罗斯（远东地区、西伯利亚）、日本。

（769）盾茎伏果蝇 *Phortica* (*Phortica*) *eparmata* (Okada, 1977)

Amiota (*Phortica*) *eparmata* Okada, 1977a. Bull. Biogeogr. Soc. Jap. 32 (3): 22. **Type locality:** China: Taiwan, Tai-pei.

分布（Distribution）：江西（JX）、台湾（TW）、广东（GD）。

（770）实叉茎伏果蝇 *Phortica* (*Phortica*) *eugamma* (Toda *et* Peng, 1990)

Amiota (*Phortica*) *eugamma* Toda *et* Peng, 1990. Entomotaxon. 12 (1): 46. **Type locality:** China: Guangdong, Dinghushan.

分布（Distribution）：安徽（AH）、浙江（ZJ）、江西（JX）、湖南（HN）、云南（YN）、西藏（XZ）、台湾（TW）、广东（GD）、广西（GX）。

（771）膨叶伏果蝇 *Phortica* (*Phortica*) *excrescentiosa* (Toda *et* Peng, 1990)

Amiota (*Phortica*) *excrescentiosa* Toda *et* Peng, 1990. Entomotaxon. 12 (1): 51. **Type locality:** China: Guangdong, Dinghushan, Guangzhou.

分布（Distribution）：江西（JX）、云南（YN）、西藏（XZ）、台湾（TW）、广东（GD）、广西（GX）。

（772）方氏伏果蝇 *Phortica* (*Phortica*) *fangae* (Máca *et* Lin, 1993)

Amiota (*Phortica*) *fangae* Máca *et* Lin, 1993b. Bull. Inst. Zool. "Acad. Sin." 32 (3): 175. **Type locality:** China: Taiwan, I-Lan, Taoyuan, Nantou.

分布（Distribution）：台湾（TW）。

（773）锯膜伏果蝇 *Phortica* (*Phortica*) *flexuosa* (Zhang *et* Gan, 1986)

Amiota (*Phortica*) *flexuosa* Zhang *et* Gan, 1986. Zool. Res. 7 (4): 355. **Type locality:** China: Yunnan, Kunming.

分布（Distribution）：河南（HEN）、陕西（SN）、安徽（AH）、浙江（ZJ）、江西（JX）、湖南（HN）、湖北（HB）、四川（SC）、贵州（GZ）、云南（YN）、西藏（XZ）、福建（FJ）、台湾（TW）。

（774）叶突伏果蝇 *Phortica* (*Phortica*) *foliata* (Chen *et* Toda, 1997)

Amiota (*Phortica*) *foliata* Chen *et* Toda, 1997. Jap. J. Ent. 65 (4): 787. **Type locality:** China: Hainan, Wuzhishan; Guangdong, Dinghushan.

分布（Distribution）：江西（JX）、湖南（HN）、贵州（GZ）、云南（YN）、西藏（XZ）、台湾（TW）、广东（GD）、广西（GX）、海南（HI）。

（775）叉茎伏果蝇 *Phortica* (*Phortica*) *gamma* (Toda *et* Peng, 1990)

Amiota (*Phortica*) *gamma* Toda *et* Peng, 1990. Entomotaxon. 12 (1): 45. **Type locality:** China: Guangdong, Dinghushan, Guangzhou.

分布（Distribution）：江西（JX）、湖南（HN）、湖北（HB）、四川（SC）、贵州（GZ）、云南（YN）、福建（FJ）、广东（GD）、广西（GX）、海南（HI）。

（776）巨黑伏果蝇 *Phortica* (*Phortica*) *gigas* (Okada, 1977)

Amiota (*Phortica*) *gigas* Okada, 1977a. Bull. Biogeogr. Soc. Jap. 32 (3): 25. **Type locality:** China: Taiwan, Alishan.

分布（Distribution）：台湾（TW）。

（777）光板伏果蝇 *Phortica* (*Phortica*) *glabtabula* Chen *et* Gao, 2005

Phortica glabtabula Chen *et* Gao, 2005. *In*: Chen *et al.*, 2005a.

J. Nat. Hist. 39 (46): 3967. **Type locality:** China: Yunnan, Simao.

分布（Distribution）：江西（JX）、湖南（HN）、四川（SC）、云南（YN）、广东（GD）、广西（GX）。

（778）海南伏果蝇 *Phortica* (*Phortica*) *hainanensis* (**Chen** *et* **Toda, 1998**)

Amiota (*Phortica*) *hainanensis* Chen et Toda, 1998b. Entomol. Sci. 1 (3): 406. **Type locality:** China: Hainan, Wuzhishan, Jianfengling.

分布（Distribution）：云南（YN）、海南（HI）。

（779）洪氏伏果蝇 *Phortica* (*Phortica*) *hongae* (**Máca, 1993**)

Amiota (*Phortica*) *hongae* Máca, 1993. *In*: Máca et Lin, 1993b. Bull. Inst. Zool. "Acad. Sin." 32 (3): 177. **Type locality:** China: Taiwan, I-Lan.

分布（Distribution）：台湾（TW）。

（780）化志伏果蝇 *Phortica* (*Phortica*) *huazhii* **Cheng** *et* **Chen, 2008**

Phortica (*Phortica*) *huazhii* Cheng et Chen, 2008. *In*: Cheng et al., 2008. Zool. Stud. 47 (5): 623. **Type locality:** China: Hainan, Jianfengling, Diaoluoshan, Wuzhishan.

分布（Distribution）：云南（YN）、西藏（XZ）、海南（HI）。

（781）约塔伏果蝇 *Phortica* (*Phortica*) *iota* (**Toda** *et* **Sidorenko, 1996**)

Amiota (*Phortica*) *iota* Toda et Sidorenko, 1996. *In*: Toda et al., 1996. Zool. Sci. 13: 457. **Type locality:** Russia: Far East. China: Jilin, Changbaishan; Zhejiang, Tianmushan; Liaoning, Shenyang, Qianshan.

分布（Distribution）：黑龙江（HL）、吉林（JL）、辽宁（LN）、河北（HEB）、北京（BJ）、山西（SX）、河南（HEN）、陕西（SN）、安徽（AH）、浙江（ZJ）、江西（JX）、湖北（HB）、贵州（GZ）；俄罗斯（远东地区）、朝鲜。

（782）谷关伏果蝇 *Phortica* (*Phortica*) *kukuanensis* **Máca, 2003**

Phortica (*Phortica*) *kukuanensis* Máca, 2003. Acta Univ. Carol. (Biol.). 47: 256. **Type locality:** China: Taiwan, Kukuan [= *Amiota* (*Phortica*) *flexuosa* Máca et Lin, 1993].

分布（Distribution）：台湾（TW）。

（783）单突伏果蝇 *Phortica* (*Phortica*) *lambda* (**Toda** *et* **Peng, 1990**)

Amiota (*Phortica*) *lambda* Toda et Peng, 1990. Entomotaxon. 12 (1): 50. **Type locality:** China: Guangdong, Dinghushan.

分布（Distribution）：云南（YN）、广东（GD）、广西（GX）、海南（HI）。

（784）宽叶伏果蝇 *Phortica* (*Phortica*) *latifoliacea* **Chen** *et* **Watabe, 2008**

Phortica (*Phortica*) *latifoliacea* Chen et Watabe, 2008. *In*:

Cheng et al., 2008. Zool. Stud. 47 (5): 624. **Type locality:** China: Yunnan, Xishuangbanna.

分布（Distribution）：云南（YN）。

（785）宽茎伏果蝇 *Phortica* (*Phortica*) *latipenis* **Chen** *et* **Gao, 2005**

Phortica latipenis Chen et Gao, 2005. *In*: Chen et al., 2005a. J. Nat. Hist. 39 (46): 3968. **Type locality:** China: Yunnan, Simao.

分布（Distribution）：云南（YN）。

（786）林氏伏果蝇 *Phortica* (*Phortica*) *linae* (**Máca** *et* **Chen, 1993**)

Amiota (*Phortica*) *linae* Máca et Chen, 1993. *In*: Máca et Lin, 1993b. Bull. Inst. Zool. "Acad. Sin." 32 (3): 177. **Type locality:** China: Taiwan, Tai-chung, I-Lan, Nan-tou; Anhui, Huangshan.

分布（Distribution）：安徽（AH）、台湾（TW）、海南（HI）。

（787）多突伏果蝇 *Phortica* (*Phortica*) *multiprocera* **Chen** *et* **Gao, 2008**

Phortica (*Phortica*) *multiprocera* Chen et Gao, 2008. *In*: Cheng et al., 2008. Zool. Stud. 47 (5): 625. **Type locality:** China: Yunnan, Xishuangbanna.

分布（Distribution）：云南（YN）。

（788）冈田伏果蝇 *Phortica* (*Phortica*) *okadai* (**Máca, 1977**)

Amiota (*Phortica*) *okadai* Máca, 1977. Acta Ent. Bohem. 74 (2): 122. **Type locality:** Japan: Honshū, Kanagawa, Chiba.

分布（Distribution）：吉林（JL）、辽宁（LN）、北京（BJ）、山东（SD）、河南（HEN）、陕西（SN）、安徽（AH）、浙江（ZJ）、江西（JX）、湖北（HB）、贵州（GZ）；俄罗斯（远东地区）、朝鲜、韩国、日本。

（789）奥米加伏果蝇 *Phortica* (*Phortica*) *omega* (**Okada, 1977**)

Amiota (*Phortica*) *omega* Okada, 1977c. Bull. Biogeogr. Soc. Jap. 32 (3): 21. **Type locality:** Thailand: Chain Mai.

Amiota (*Phortica*) *omega*: Chen et Toda, 1998b. Entomol. Sci. 1 (3): 404.

分布（Distribution）：陕西（SN）、浙江（ZJ）、江西（JX）、湖南（HN）、湖北（HB）、四川（SC）、贵州（GZ）、云南（YN）、西藏（XZ）、福建（FJ）、广东（GD）、广西（GX）；泰国。

（790）东亚伏果蝇 *Phortica* (*Phortica*) *orientalis* (**Hendel, 1914**)

Amiota orientalis Hendel, 1914a. Suppl. Ent. 3: 116. **Type locality:** China: Taiwan, Kangkou.

Amiota (*Phortica*) *antheria* Okada, 1977a. Bull. Biogeogr. Soc. Jap. 32 (3): 20. **Type locality:** China: Taiwan, Hua-line. Syn. Máca et Lin, 1993b. Bull. Inst. Zool. "Acad. Sin." 32 (3): 181.

分布（Distribution）：台湾（TW）、广东（GD）、广西（GX）、

海南（HI）。

（791）庞氏伏果蝇 *Phortica* (*Phortica*) *pangi* **Chen et Wen, 2005**

Phortica pangi Chen et Wen, 2005. *In*: Chen *et al*., 2005a. J. Nat. Hist. 39 (46): 3973. **Type locality:** China: Yunnan, Xishuangbanna; Hainan, Jianfengling.

分布（**Distribution**）：云南（YN）、海南（HI）。

（792）副大伏果蝇 *Phortica* (*Phortica*) *paramagna* **(Okada, 1971)**

Amiota (*Phortica*) *paramagna* Okada, 1971. Kontyû 39 (4): 92. **Type locality:** China: Taiwan, Miao-li.

分布（**Distribution**）：台湾（TW）。

（793）暗黑伏果蝇 *Phortica* (*Phortica*) *perforcipata* **(Máca et Lin, 1993)**

Amiota (*Phortica*) *perforcipata* Máca et Lin, 1993b. Bull. Inst. Zool. "Acad. Sin." 32 (3): 173. **Type locality:** China: Taiwan, Tai-chung.

分布（**Distribution**）：台湾（TW）。

（794）沟突伏果蝇 *Phortica* (*Phortica*) *pi* **(Toda et Peng, 1990)**

Amiota (*Phortica*) *pi* Toda et Peng, 1990. Entomotaxon. 12 (1): 43. **Type locality:** China: Guangdong, Dinghushan.

分布（**Distribution**）：陕西（SN）、安徽（AH）、浙江（ZJ）、江西（JX）、湖南（HN）、四川（SC）、贵州（GZ）、云南（YN）、广东（GD）、广西（GX）、海南（HI）。

（795）具突伏果蝇 *Phortica* (*Phortica*) *protrusa* **(Zhang et Shi, 1997)**

Amiota (*Phortica*) *protrusa* Zhang et Shi, 1997. Zool. Res. 18 (4): 370. **Type locality:** China: Yunnan, Gongshan.

分布（**Distribution**）：四川（SC）、云南（YN）、西藏（XZ）。

（796）拟巨黑伏果蝇 *Phortica* (*Phortica*) *pseudogigas* **(Zhang et Gan, 1986)**

Amiota (*Phortica*) *pseudogigas* Zhang et Gan, 1986. Zool. Res. 7 (4): 353. **Type locality:** China: Yunnan, Kunming.

分布（**Distribution**）：山西（SX）、陕西（SN）、湖南（HN）、湖北（HB）、四川（SC）、贵州（GZ）、云南（YN）、广西（GX）。

（797）拟沟突伏果蝇 *Phortica* (*Phortica*) *pseudopi* **(Toda et Peng, 1990)**

Amiota (*Phortica*) *pseudopi* Toda et Peng, 1990. Entomotaxon. 12 (1): 45. **Type locality:** China: Guangdong, Dinghushan.

分布（**Distribution**）：陕西（SN）、浙江（ZJ）、江西（JX）、湖南（HN）、四川（SC）、贵州（GZ）、云南（YN）、福建（FJ）、广东（GD）、广西（GX）、海南（HI）。

（798）拟双基伏果蝇 *Phortica* (*Phortica*) *pseudotau* **(Toda et Peng, 1990)**

Amiota (*Phortica*) *pseudopi* Toda et Peng, 1990. Entomotaxon. 12 (1): 49. **Type locality:** China: Guangdong, Nankunshan, Dinghushan.

分布（**Distribution**）：江西（JX）、湖南（HN）、湖北（HB）、四川（SC）、贵州（GZ）、云南（YN）、西藏（XZ）、广东（GD）、广西（GX）。

（799）三叉伏果蝇 *Phortica* (*Phortica*) *psi* **(Zhang et Gan, 1986)**

Amiota (*Phortica*) *psi* Zhang et Gan, 1986. Zool. Res. 7 (4): 351. **Type locality:** China: Yunnan, Kunming.

分布（**Distribution**）：四川（SC）、云南（YN）。

（800）片突伏果蝇 *Phortica* (*Phortica*) *rhagolobos* **Chen et Gao, 2008**

Phortica (*Phortica*) *rhagolobos* Chen et Gao, 2008. *In*: Cheng *et al*., 2008. Zool. Stud. 47 (5): 626. **Type locality:** China: Yunnan, Xishuangbanna.

分布（**Distribution**）：云南（YN）。

（801）刚毛伏果蝇 *Phortica* (*Phortica*) *saeta* **(Zhang et Gan, 1986)**

Amiota (*Phortica*) *saeta* Zhang et Gan, 1986. Zool. Res. 7 (4): 354. **Type locality:** China: Yunnan, Kunming.

分布（**Distribution**）：四川（SC）、云南（YN）。

（802）毛板伏果蝇 *Phortica* (*Phortica*) *setitabula* **Chen et Gao, 2005**

Phortica setitabula Chen et Gao, 2005. *In*: Chen *et al*., 2005a. J. Nat. Hist. 39 (46): 3970. **Type locality:** China: Yunnan, Simao.

分布（**Distribution**）：云南（YN）、广西（GX）。

（803）辐突伏果蝇 *Phortica* (*Phortica*) *subradiata* **(Okada, 1977)**

Amiota (*Phortica*) *subradiata* Okada, 1977a. Bull. Biogeogr. Soc. Jap. 32 (3): 24. **Type locality:** China: Taiwan, Taipei.

分布（**Distribution**）：云南（YN）、西藏（XZ）、台湾（TW）、广东（GD）、广西（GX）、海南（HI）；缅甸、马来西亚。

（804）双基伏果蝇 *Phortica* (*Phortica*) *tau* **(Toda et Peng, 1990)**

Amiota (*Phortica*) *tau* Toda et Peng, 1990. Entomotaxon. 12 (1): 48. **Type locality:** China: Guangdong, Dinghushan.

分布（**Distribution**）：安徽（AH）、浙江（ZJ）、江西（JX）、湖南（HN）、四川（SC）、贵州（GZ）、云南（YN）、福建（FJ）、广东（GD）、广西（GX）、海南（HI）。

（805）叉钩伏果蝇 *Phortica (Phortica) uncinata* Chen *et* Gao, 2005

Phortica uncinata Chen *et* Gao, 2005. *In*: Chen *et al.*, 2005a. J. Nat. Hist. 39 (46): 3962. **Type locality:** China: Yunnan, Xishuangbanna, Simao.

分布（Distribution）：云南（YN）。

（806）单枝伏果蝇 *Phortica (Phortica) unipetala* Chen *et* Wen, 2005

Phortica unipetala Chen *et* Wen, 2005. *In*: Chen *et al.*, 2005a. J. Nat. Hist. 39 (46): 3971. **Type locality:** China: Yunnan, Xishuangbanna.

分布（Distribution）：云南（YN）。

（807）渡边伏果蝇 *Phortica (Phortica) watanabei* (Máca *et* Lin, 1993)

Amiota (Phortica) watanabei Máca *et* Lin, 1993b. Bull. Inst. Zool. "Acad. Sin." 32 (3): 179. **Type locality:** China: Taiwan, Nan-tou [= *Amiota (Phortica) orientalis* Okada, 1977].

分布（Distribution）：台湾（TW）。

（808）直鬃伏果蝇 *Phortica (Shangrila) floccipes* Cao *et* Chen, 2009

Phortica floccipes Cao *et* Chen, 2009. *In*: He *et al.*, 2009a. Zool. J. Linn. Soc. 157: 362. **Type locality:** China: Hubei, Shennongjia; Sichuan, Miyaluo.

分布（Distribution）：湖北（HB）、四川（SC）。

（809）韩氏伏果蝇 *Phortica (Shangrila) hani* (Zhang *et* Shi, 1997)

Amiota (Phortica) hani Zhang *et* Shi, 1997. Zool. Res. 18 (4): 371. **Type locality:** China: Yunnan, Lushui.

Phortica hani: He *et al.*, 2009. Zool. J. Linn. Soc. 157: 362.

分布（Distribution）：云南（YN）。

（810）毛胫伏果蝇 *Phortica (Shangrila) hirtotibia* Cao *et* Chen, 2009

Phortica hirtotibia Cao *et* Chen, 2009. *In*: He *et al.*, 2009. Zool. J. Linn. Soc. 157: 364. **Type locality:** China: Sichuan, Danba.

分布（Distribution）：四川（SC）。

（811）长尾伏果蝇 *Phortica (Shangrila) longicauda* Cao *et* Chen, 2009

Phortica longicauda Cao *et* Chen, 2009. *In*: He *et al.*, 2009. Zool. J. Linn. Soc. 157: 368. **Type locality:** China: Sichuan, Danba; Yunnan, Wuliangshan.

分布（Distribution）：四川（SC）、云南（YN）。

（812）长鬃伏果蝇 *Phortica (Shangrila) longiseta* Cao *et* Chen, 2009

Phortica longiseta Cao *et* Chen, 2009. *In*: He *et al.*, 2009. Zool.

J. Linn. Soc. 157: 368. **Type locality:** China: Hubei, Shennongjia.

分布（Distribution）：湖北（HB）。

（813）盼达伏果蝇 *Phortica (Shangrila) panda* Cao *et* Chen, 2009

Phortica panda Cao *et* Chen, 2009. *In*: He *et al.*, 2009. Zool. J. Linn. Soc. 157: 367. **Type locality:** China: Sichuan, Baoxing.

分布（Distribution）：四川（SC）。

（814）壮鬃伏果蝇 *Phortica (Shangrila) pinguiseta* Cao *et* Chen, 2009

Phortica pinguiseta Cao *et* Chen, 2009. *In*: He *et al.*, 2009. Zool. J. Linn. Soc. 157: 368. **Type locality:** China: Yunnan, Weixi.

分布（Distribution）：云南（YN）。

37. 斑翅果蝇属 *Pseudostegana* Okada, 1978

Stegana (Pseudostegana) Okada, 1978. Kontyû 46: 392. **Type species:** *Stegana (Parastegana) grandipalpis* Takada *et* Momma, 1975 (by original designation).

Stegana (Pseudostegana): Okada, 1982. Pac. Insects 24 (1): 39.

Pseudostegana: Sidorenko, 2002. Far Eas. Ent. 111: 14; Chen *et al.*, 2005c. Insect Syst. Evol. 36: 408; Chen *et al.*, 2007c. J. Nat. Hist. 41 (37-40): 2403; Li *et al.*, 2013. Mol. Phyl. Evol. 66 (1): 414.

（815）尖叶斑翅果蝇 *Pseudostegana acutifoliolata* Li, Gao *et* Chen, 2010

Pseudostegana acutifoliolata Li, Gao *et* Chen, 2010b. J. Nat. Hist. 44 (21-24): 1407. **Type locality:** China: Hainan, Diaoluoshan.

分布（Distribution）：海南（HI）。

（816）狭纹斑翅果蝇 *Pseudostegana angustifasciata* Chen *et* Wang, 2005

Pseudostegana angustifasciata Chen *et* Wang, 2005. *In*: Chen *et al.*, 2005c. Insect Syst. Evol. 36: 424. **Type locality:** China: Yunnan, Mengla.

分布（Distribution）：云南（YN）。

（817）双带斑翅果蝇 *Pseudostegana bifasciata* Chen *et* Wang, 2005

Pseudostegana bifasciata Chen *et* Wang, 2005. *In*: Chen *et al.*, 2005c. Insect Syst. Evol. 36: 425. **Type locality:** China: Yunnan, Mengla.

分布（Distribution）：云南（YN）。

（818）裂叶斑翅果蝇 *Pseudostegana bilobata* Li, Gao *et* Chen, 2010

Pseudostegana bilobata Li, Gao *et* Chen, 2010b. J. Nat. Hist.

44 (21-24): 1408. **Type locality:** China: Yunnan, Pu'er.
分布（Distribution）：云南（YN）。

（819）长足斑翅果蝇 *Pseudostegana dolichopoda* **Chen et Wang, 2005**

Pseudostegana dolichopoda Chen et Wang, 2005. *In*: Chen *et al.*, 2005c. Insect Syst. Evol. 36: 438. **Type locality:** China: Yunnan, Mengla.
分布（Distribution）：云南（YN）。

（820）海岛斑翅果蝇 *Pseudostegana insularis* **Li, Chen et Gao, 2010**

Pseudostegana insularis Li, Chen et Gao, 2010. *In*: Li, Gao *et* Chen, 2010b. J. Nat. Hist. 44 (21-24): 1414. **Type locality:** China: Hainan, Jianfengling.
分布（Distribution）：海南（HI）。

（821）宽须斑翅果蝇 *Pseudostegana latipalpis* **(Sidorenko, 1998)**

Stegana (*Pseudostegana*) *latipalpis* Sidorenko, 1998b. Ann. Soc. Entomol. Fr. 34 (3): 286. **Type locality:** China: Taiwan, Fushan.
Psedostegana latipalpis: Chen *et al.*, 2005c. Insect Syst. Evol. 36: 438.
分布（Distribution）：台湾（TW）。

（822）小须斑翅果蝇 *Pseudostegana minutpalpula* **Li, Gao et Chen, 2010**

Pseudostegana minutpalpula Li, Gao et Chen, 2010b. J. Nat. Hist. 44 (21-24): 1412. **Type locality:** China: Yunnan, Mengla.
分布（Distribution）：云南（YN）。

（823）光额斑翅果蝇 *Pseudostegana nitidifrons* **Chen et Wang, 2005**

Pseudostegana nitidifrons Chen et Wang, 2005. *In*: Chen *et al.*, 2005c. Insect Syst. Evol. 36: 439. **Type locality:** China: Yunnan, Mengla.
分布（Distribution）：云南（YN）。

（824）淡色斑翅果蝇 *Pseudostegana pallidemaculata* **Chen et Wang, 2005**

Pseudostegana pallidemaculata Chen et Wang, 2005. *In*: Chen *et al.*, 2005c. Insect Syst. Evol. 36: 428. **Type locality:** China: Yunnan, Mengla.
分布（Distribution）：云南（YN）。

（825）森林斑翅果蝇 *Pseudostegana silvana* **Li, Chen et Gao, 2010**

Pseudostegana silvana Li, Chen et Gao, 2010b. J. Nat. Hist. 44 (21-24): 1416. **Type locality:** China: Hainan, Diaoluoshan, Jianfengling.
分布（Distribution）：海南（HI）。

（826）黄条斑翅果蝇 *Pseudostegana xanthoptera* **Chen et Wang, 2005**

Pseudostegana xanthoptera Chen et Wang, 2005. *In*: Chen *et al.*, 2005c. Insect Syst. Evol. 36: 408. **Type locality:** China: Yunnan, Mengla.
分布（Distribution）：云南（YN）。

38. 冠果蝇属 *Stegana* Meigen, 1830

Stegana Meigen, 1830. Syst. Beschr. Europ. Zweifl. Insekt. 6: 79. **Type species:** *Stegana nigra* Meigen, 1830 (by original designation).

（827）弯脉冠果蝇 *Stegana* (*Orthostegana*) *curvinervis* **(Hendel, 1914)**

Orthostegana curvinervis Hendel, 1914a. Suppl. Ent. 3: 115. **Type locality:** China: Taiwan.
Stegana curvinervis: Sturtevant, 1921. Publ. Carneg. Inst. Publ. 301: 133; Zhang *et al.*, 2012. Entomotaxon. 34 (2): 365.
分布（Distribution）：台湾（TW）、海南（HI）。

（828）黄尾冠果蝇 *Stegana* (*Orthostegana*) *flavicauda* **Zhang et Chen, 2012**

Stegana (*Orthostegana*) *flavicaudua* Zhang et Chen, 2012. *In*: Zhang *et al.*, 2012. Entomotaxon. 34 (2): 368. **Type locality:** China: Yunnan, Baoshan, Menghai, Pu'er.
分布（Distribution）：云南（YN）。

（829）密毛冠果蝇 *Stegana* (*Orthostegana*) *hirsutina* **Zhang et Chen, 2012**

Stegana (*Orthostegana*) *hirsutina* Zhang et Chen, 2012. *In*: Zhang *et al.*, 2012. Entomotaxon. 34 (2): 369. **Type locality:** China: Yunnan, Mengla.
分布（Distribution）：云南（YN）。

（830）林栖冠果蝇 *Stegana* (*Orthostegana*) *hylecoeta* **Zhang et Chen, 2012**

Stegana (*Orthostegana*) *hylecoeta* Zhang et Chen, 2012. *In*: Zhang *et al.*, 2012. Entomotaxon. 34 (2): 371. **Type locality:** China: Yunnan, Menghai, Wuliangshan.
分布（Distribution）：云南（YN）。

（831）多鬃冠果蝇 *Stegana* (*Orthostegana*) *multicaudua* **Zhang et Chen, 2012**

Stegana (*Orthostegana*) *multicaudua* Zhang et Chen, 2012. *In*: Zhang *et al.*, 2012. Entomotaxon. 34 (2): 372. **Type locality:** China: Yunnan, Mengla.
分布（Distribution）：云南（YN）。

（832）形单冠果蝇 *Stegana* (*Orthostegana*) *singularis* **Sidorenko, 1990**

Stegana (*Stegana*) *singularis* Sidorenko, 1990d. *In*: Lelej *et al.*,

1990. Novosti sistematiki nasekomikh dalnego vostoka: 126.
Type locality: Russia: Far East.

Stegana (Anastega) singularis Sidorenko, 2002. Far East. Ent. 111: 14.

Stegana (Orthostegana) singularis: Zhang *et al.*, 2012. Entomotaxon. 34 (2): 367.

分布（Distribution）：辽宁（LN）；俄罗斯（远东地区）、日本。

（833） 尖 茎 冠 果 蝇 *Stegana (Oxyphortica) acutipenis* Xu, Gao *et* Chen, 2007

Stegana (Oxyphortica) acutipenis Xu, Gao *et* Chen, 2007b. Raff. Bull. Zool. 55 (1): 45. **Type locality:** China: Yunnan, Xishuangbanna.

分布（Distribution）：云南（YN）。

（834）缺齿冠果蝇 *Stegana (Oxyphortica) adentata* Toda *et* Peng, 1992

Stegana (Oxyphortica) adentata Toda *et* Peng, 1992. Ann. Soc. Entomol. Fr. 28 (2): 210. **Type locality:** China: Guangdong, Conghua.

Stegana (Oxyphortica) adentata: Sidorenko, 1998b. Ann. Soc. Entomol. Fr. 34 (3): 296.

分布（Distribution）：云南（YN）、广东（GD）、广西（GX）、海南（HI）；越南。

（835）青塚冠果蝇 *Stegana (Oxyphortica) aotsukai* Chen *et* Wang, 2004

Stegana (Oxyphortica) aotsukai Chen *et* Wang, 2004. Raff. Bull. Zool. 52 (1): 31. **Type locality:** China: Fujian, Wuyishan.

分布（Distribution）：江西（JX）、贵州（GZ）、云南（YN）、福建（FJ）、广西（GX）、海南（HI）。

（836） 端 毛 冠 果 蝇 *Stegana (Oxyphortica) apicopubescens* Cheng, Xu *et* Chen, 2010

Stegana (Oxyphortica) apicopubescens Cheng, Xu *et* Chen, 2010. Zootaxa 2531: 60. **Type locality:** China: Guangxi, Maoershan; Guangdong, Guangzhou.

分布（Distribution）：广东（GD）、广西（GX）。

（837） 棘 突 冠 果 蝇 *Stegana (Oxyphortica) apicosetosa* Cheng, Xu *et* Chen, 2010

Stegana (Oxyphortica) apicosetosa Cheng, Xu *et* Chen, 2010. Zootaxa 2531: 61. **Type locality:** China: Guangxi, Maoershan; Guangdong, Nanling.

分布（Distribution）：贵州（GZ）、广东（GD）、广西（GX）。

（838） 直 脉 冠 果 蝇 *Stegana (Oxyphortica) convergens* (de Meijere, 1911)

Drosophila convergens de Meijere, 1911. Tijdschr. Ent. 54: 400. **Type locality:** Indonesia: Java, Semarang.

Orthostegana convergens: Hendel, 1914a. Suppl. Ent. 3: 115.

Stegana convergens: Sturtevant, 1921. Publ. Carneg. Inst. Publ. 301: 135.

Oxyphortica convergens: Duda, 1924a. Arch. Naturgesch. (A) 90 (3): 182.

Stegana (Oxyphortica) convergens: Okada, 1971b. Mushi 45 (5): 90; Sidorenko, 1998b. Ann. Soc. Entomol. Fr. 34 (3): 296; Cheng, Xu *et* Chen, 2010. Zootaxa 2531: 58; Zhang *et al.*, 2014. Zool. Stud. 53 (2): 2.

分布（Distribution）：台湾（TW）；越南、马来西亚、印度尼西亚、新几内亚岛。

（839）弯叶冠果蝇 *Stegana (Oxyphortica) curvata* Wang, Gao *et* Chen, 2010

Stegana (Oxyphortica) curvata Wang, Gao *et* Chen, 2010. Ann. Zool. 60 (4): 567. **Type locality:** China: Yunnan, Xishuangbanna.

分布（Distribution）：云南（YN）。

（840）毛茎冠果蝇 *Stegana (Oxyphortica) hirtipenis* Xu, Gao *et* Chen, 2007

Stegana (Oxyphortica) hirtipenis Xu, Gao *et* Chen, 2007b. Raff. Bull. Zool. 55 (1): 46. **Type locality:** China: Yunnan, Xishuangbanna.

分布（Distribution）：云南（YN）。

（841）宽茎冠果蝇 *Stegana (Oxyphortica) latipenis* Xu, Gao *et* Chen, 2007

Stegana (Oxyphortica) latipenis Xu, Gao *et* Chen, 2007b. Raff. Bull. Zool. 55 (1): 44. **Type locality:** China: Yunnan, Xishuangbanna.

分布（Distribution）：云南（YN）。

（842） 迈 州 冠 果 蝇 *Stegana (Oxyphortica) maichouensis* Sidorenko, 1998

Stegana (Oxyphortica) maichouensis Sidorenko, 1998b. Ann. Soc. Entomol. Fr. 34 (3): 289. **Type locality:** Vietnam: Mai Chou.

分布（Distribution）：云南（YN）；越南。

（843） 中 刺 冠 果 蝇 *Stegana (Oxyphortica) mediospinosa* Cheng, Xu *et* Chen, 2010

Stegana (Oxyphortica) mediospinosa Cheng, Xu *et* Chen, 2010. Zootaxa 2531: 59. **Type locality:** China: Yunnan, Mengla. Laos: Reu Gnomnolat.

分布（Distribution）：云南（YN）；老挝。

（844） 单 刺 冠 果 蝇 *Stegana (Oxyphortica) monoacaena* Wang, Gao *et* Chen, 2010

Stegana (Oxyphortica) monoacaena Wang, Gao *et* Chen, 2010. Ann. Zool. 60 (4): 567. **Type locality:** China: Fujian, Wuyishan; Jiangxi, Yanshan.

分布（**Distribution**）：江西（JX）、福建（FJ）。

（845） 黑茎冠果蝇 *Stegana* (*Oxyphortica*) *nigripennis* (Hendel, 1914)

Orthostegananigripennis Hendel, 1914a. Suppl. Ent. 3: 115. **Type locality:** China: Taiwan.

Chaetocnema (*Oxyphortica*) *poeciloptera* Duda, 1926b. Ann. Hist.-Nat. Mus. Natl. Hung. 23: 243. Syn. Okada, 1971b. Mushi 45 (5): 89. **Type locality:** China: Taiwan.

Protostegana kanoi Okada, 1956. Systematic Study of Drosophilidae and Allied Families of Japan: 14. Syn. Okada, 1968a. Kontyû 36 (4): 304. **Type locality:** Japan: Okinawa.

Stegana (*Orhtostegana*) *nigripennis* Okada, 1971b. Mushi 45 (5): 89.

Stegana (*Oxyphortica*) *nigripennis*: Wheeler, 1981. *In*: Ashurner *et al.*, 1981. The Genetics and Biology of Drosophila 3a: 30; Zhang *et al.*, 2014. Zool. Stud. 53 (2): 3.

分布（**Distribution**）：台湾（TW）；韩国、日本。

（846） 珀氏冠果蝇 *Stegana* (*Oxyphortica*) *prigenti* Chen *et* Wang, 2004

Stegana (*Oxyphortica*) *prigenti* Chen *et* Wang, 2004. Raff. Bull. Zool. 52 (1): 32. **Type locality:** Thailand: Khao Yai.

分布（**Distribution**）：云南（YN）；泰国。

（847） 毛额冠果蝇 *Stegana* (*Oxyphortica*) *setifrons* Sidorenko, 1997

Stegana (*Oxyphortica*) *setifrons* Sidorenko, 1997a. Ann. Soc. Entomol. Fr. 33 (1): 72. **Type locality:** China: Hubei, Shennongjia.

Stegana (*Oxyphortica*) *setifrons*: Cheng, Xu *et* Chen, 2010. Zootaxa 2531: 58.

分布（**Distribution**）：陕西（SN）、浙江（ZJ）、江西（JX）、湖北（HB）、福建（FJ）。

（848） 王乐冠果蝇 *Stegana* (*Oxyphortica*) *wanglei* Wang, Gao *et* Chen, 2010

Stegana (*Oxyphortica*) *wanglei* Wang, Gao *et* Chen, 2010. Ann. Zool. 60 (4): 568. **Type locality:** China: Yunnan, Jinggu.

分布（**Distribution**）：云南（YN）。

（849） 吴亮冠果蝇 *Stegana* (*Oxyphortica*) *wuliangi* Wang, Gao *et* Chen, 2010

Stegana (*Oxyphortica*) *wuliangi* Wang, Gao *et* Chen, 2010. Ann. Zool. 60 (4): 568. **Type locality:** China: Yunnan, Jiangcheng.

分布（**Distribution**）：云南（YN）。

（850） 花叶冠果蝇 *Stegana* (*Stegana*) *antha* Zhang, Li *et* Chen, 2016

Stegana (*Stegana*) *antha* Zhang, Li *et* Chen, 2016. Syst. Biod. 14 (1): 123. **Type locality:** China: Yunnan, Mengla.

分布（**Distribution**）：云南（YN）。

（851） 角突冠果蝇 *Stegana* (*Stegana*) *antlia* Okada, 1991

Stegana (*Stegana*) *antlia* Okada, 1991. *In*: Sidorenko *et* Okada, 1991. Jap. J. Ent. 59 (3): 658. **Type locality:** China: Taiwan, Tai-nan.

Stegana (*Stegana*) *antlia*: Sidorenko, 1997a. Ann. Soc. Entomol. Fr. 33 (1): 78; Zhang *et al.*, 2016. Syst. Biod. 14 (1): 120.

分布（**Distribution**）：云南（YN）、台湾（TW）；越南。

（852） 端突冠果蝇 *Stegana* (*Stegana*) *apiciprocera* Cao *et* Chen, 2010

Stegana (*Stegana*) *apiciprocera* Cao *et* Chen, 2010. *In*: Li *et al.*, 2010a. Zool. J. Linn. Soc. 158: 729. **Type locality:** China: Guangdong, Guangzhou; Hainan, Ledong.

分布（**Distribution**）：云南（YN）、西藏（XZ）、广东（GD）、海南（HI）。

（853） 陈氏冠果蝇 *Stegana* (*Stegana*) *cheni* Sidorenko, 1997

Stegana (*Stegana*) *cheni* Sidorenko, 1997a. Ann. Soc. Entomol. Fr. 33 (1): 74. **Type locality:** China: Yunnan, Menghai.

Stegana (*Stegana*) *cheni*: Zhang *et al.*, 2016. Syst. Biod. 14 (1): 121.

分布（**Distribution**）：云南（YN）。

（854） 峨眉冠果蝇 *Stegana* (*Stegana*) *emeiensis* Sidorenko, 1997

Stegana (*Stegana*) *emeiensis* Sidorenko, 1997a. Ann. Soc. Entomol. Fr. 33 (1): 73. **Type locality:** China: Sichuan, Emeishan.

Stegana (*Stegana*) *emeiensis*: Li *et al.*, 2010a. Zool. J. Linn. Soc. 158: 729; Zhang *et al.*, 2016. Syst. Biod. 14 (1): 123.

分布（**Distribution**）：四川（SC）、云南（YN）。

（855） 黄嘉冠果蝇 *Stegana* (*Stegana*) *huangjiai* Zhang, Li *et* Chen, 2016

Stegana (*Stegana*) *huangjiai* Zhang, Li *et* Chen, 2016. Syst. Biod. 14 (1): 125. **Type locality:** China: Guizhou, Daozhen; Yunnan, Jinggu.

分布（**Distribution**）：贵州（GZ）、云南（YN）。

（856） 砖红冠果蝇 *Stegana* (*Stegana*) *lateralis* van der Wulp, 1897

Stegana lateralis van der Wulp, 1897. Természetr. Füz. 20: 143. **Type locality:** Sri Lanka: Kandy.

Stegana brunnescens de Meijere, 1911. Tijdschr. Ent. 54: 417. **Type locality:** Indonesia: Java. Syn. Duda, 1923a. Ann. Hist.-Nat. Mus. Natl. Hung. 20: 33.

分布（**Distribution**）：云南（YN）；斯里兰卡、印度尼西亚。

（857）宽口冠果蝇 *Stegana (Stegana) latiorificia* Zhang, Li *et* Chen, 2016

Stegana (Stegana) latiorificia Zhang, Li *et* Chen, 2016. Syst. Biod. 14 (1): 126. **Type locality:** China: Yunnan, Pu'er, Mengla.

分布（**Distribution**）：云南（YN）。

（858）多刺冠果蝇 *Stegana (Stegana) multispinata* Cao *et* Chen, 2010

Stegana (Stegana) multispinata Cao *et* Chen, 2010. *In*: Li *et al.*, 2010a. Zool. J. Linn. Soc. 158: 730. **Type locality:** China: Hainan, Jianfengling.

分布（**Distribution**）：海南（HI）。

（859）黑叶冠果蝇 *Stegana (Stegana) nigrifoliacea* Zhang, Li *et* Chen, 2016

Stegana (Stegana) nigrifoliacea Zhang, Li *et* Chen, 2016. Syst. Biod. 14 (1): 126. **Type locality:** China: Guizhou, Suiyang.

分布（**Distribution**）：贵州（GZ）。

（860）多棒白果蝇 *Stegana (Stegana) polyrhopalia* Cao *et* Chen, 2010

Stegana (Stegana) polyrhopalia Cao *et* Chen, 2010. *In*: Li *et al.*, 2010a. Zool. J. Linn. Soc. 158: 732. **Type locality:** China: Hainan, Jianfengling.

分布（**Distribution**）：海南（HI）。

（861）端平冠果蝇 *Stegana (Stegana) quadrata* Cao *et* Chen, 2010

Stegana (Stegana) quadrata Cao *et* Chen, 2010. *In*: Li *et al.*, 2010a. Zool. J. Linn. Soc. 158: 733. **Type locality:** China: Yunnan, Mengla.

分布（**Distribution**）：重庆（CQ）、云南（YN）。

（862）端圆冠果蝇 *Stegana (Stegana) rotunda* Cao *et* Chen, 2010

Stegana (Stegana) rotunda Cao *et* Chen, 2010. *In*: Li *et al.*, 2010a. Zool. J. Linn. Soc. 158: 735. **Type locality:** China: Guangxi, Maoershan.

分布（**Distribution**）：广西（GX）。

（863）中国冠果蝇 *Stegana (Stegana) sinica* Sidorenko, 1991

Stegana (Stegana) sinica Sidorenko, 1991. *In*: Sidorenko *et* Okada, 1991. Jap. J. Ent. 59 (3): 655. **Type locality:** China: Sichuan, Zhumme, Zhunge.

分布（**Distribution**）：四川（SC）。

（864）台湾冠果蝇 *Stegana (Stegana) taiwana* Okada, 1991

Stegana (Stegana) taiwana Okada, 1991. *In*: Sidorenko *et* Okada, 1991. Jap. J. Ent. 59 (3): 657. **Type locality:** China: Taiwan, Chay-i.

Stegana (Stegana) taiwana: Zhang *et al.*, 2014. Zool. Stud. 53 (2): 4.

分布（**Distribution**）：台湾（TW）。

（865）杨氏冠果蝇 *Stegana (Stegana) yangi* Zhang, Tsaur *et* Chen, 2014

Stegana (Stegana) yangi Zhang, Tsaur *et* Chen, 2014. Zool. Stud. 53 (2): 5. **Type locality:** China: Taiwan, Nan-tou, Hsi-pei, Tai-tung.

分布（**Distribution**）：台湾（TW）。

（866）张氏冠果蝇 *Stegana (Stegana) zhangi* Sidorenko, 1997

Stegana (Stegana) zhangi Sidorenko, 1997a. Ann. Soc. Entomol. Fr. 33 (1): 76. **Type locality:** China: Yunnan, Xishuangbanna; Hainan, Jianfengling.

Stegana (Stegana) zhangi: Li *et al.*, 2010a. Zool. J. Linn. Soc. 158: 729.

分布（**Distribution**）：云南（YN）、海南（HI）。

（867）刺叶冠果蝇 *Stegana (Steganina) acantha* Wu, Gao *et* Chen, 2010

Stegana (Steganina) acantha Wu, Gao *et* Chen, 2010. Zootaxa 2721: 50. **Type locality:** China: Hainan, Diaoluoshan.

分布（**Distribution**）：海南（HI）。

（868）白腹冠果蝇 *Stegana (Steganina) albiventralis* Cheng, Gao *et* Chen, 2009

Stegana (Steganina) albiventralis Cheng, Gao *et* Chen, 2009. Zootaxa 2216: 40. **Type locality:** China: Yunnan, Ailaoshan, Wuliangshan.

分布（**Distribution**）：云南（YN）。

（869）钩叶冠果蝇 *Stegana (Steganina) ancistrophylla* Wu, Gao *et* Chen, 2010

Stegana (Steganina) ancistrophylla Wu, Gao *et* Chen, 2010. Zootaxa 2721: 50. **Type locality:** China: Guangxi, Maoershan; Guangdong, Conghua, Nankunshan.

分布（**Distribution**）：广东（GD）、广西（GX）。

（870）弯突冠果蝇 *Stegana (Steganina) angulistrata* Wu *et* Chen, 2010

Stegana (Steganina) angulistrata Wu *et* Chen, 2010. Orient. Insects 44: 69. **Type locality:** China: Yunnan, Wuliangshan, Jizushan; Guangxi, Maoershan.

分布（**Distribution**）：云南（YN）、广西（GX）。

（871）狭颊冠果蝇 *Stegana (Steganina) angusigena* Cheng, Gao *et* Chen, 2009

Stegana (Steganina) angusigena Cheng, Gao *et* Chen, 2009. Zootaxa 2216: 41. **Type locality:** China: Hainan, Jianfengling, Wuzhishan; Guangxi, Nonggang; Yunnan, Mengla.

分布（**Distribution**）：云南（YN）、广西（GX）、海南（HI）。

（872） 瘦叶冠果蝇 *Stegana* (*Steganina*) *angustifoliacea* **Zhang** *et* **Chen, 2015**

Stegana (*Steganina*) *angustifoliacea* Zhang *et* Chen, 2015. Zootaxa 3905 (1): 132. **Type locality:** China: Yunnan, Pu'er.

分布（**Distribution**）：云南（YN）。

（873） 纹胸冠果蝇 *Stegana* (*Steganina*) *arcygramma* **Chen** *et* **Chen, 2008**

Stegana (*Steganina*) *arcygramma* Chen *et* Chen, 2008. Zootaxa 1891: 61. **Type locality:** China: Yunnan, Mengla.

分布（**Distribution**）：云南（YN）。

（874）棒突冠果蝇 *Stegana* (*Steganina*) *bacilla* **Chen** *et* **Aotsuka, 2004**

Stegana (*Steganina*) *bacilla* Chen *et* Aotsuka, 2004. J. Nat. Hist. 38 (21): 2785. **Type locality:** Japan: Okinawa, Iriomote Is.

Stegana (*Steganina*) *bacilla*: Zhang *et al.*, 2014. Zool. Stud. 53 (2): 6.

分布（**Distribution**）：台湾（TW）；日本。

（875） 贝罗冠果蝇 *Stegana* (*Steganina*) *belokobylskiji* **Sidorenko, 1997**

Stegana (*Oxyphortica*) *belokobylskiji* Sidorenko, 1997a. Ann. Soc. Entomol. Fr. 33 (1): 66. **Type locality:** Vietnam: Vinh Phu, Tam Đao.

Stegana (*Oxyphortica*) *belokobylskiji*: Sidorenko, 1998b. Ann. Soc. Entomol. Fr. 34 (3): 294; Cao *et* Chen, 2008a. Zootaxa 1848: 29.

分布（**Distribution**）：云南（YN）、广西（GX）；越南。

（876）短须冠果蝇 *Stegana* (*Steganina*) *brevibarba* **Cao** *et* **Chen, 2008**

Stegana (*Steganina*) *brevibarba* Cao *et* Chen, 2008a. Zootaxa 1848: 30. **Type locality:** China: Yunnan, Mengla.

分布（**Distribution**）：云南（YN）。

（877）溪头冠果蝇 *Stegana* (*Steganina*) *chitouensis* **Sidorenko, 1998**

Stegana (*Steganina*) *chitouensis* Sidorenko, 1998b. Ann. Soc. Entomol. Fr. 34 (3): 292. **Type locality:** China: Taiwan, Chitou.

Stegana (*Steganina*) *chitouensis*: Cheng, Gao *et* Chen, 2009. Zootaxa 2216: 39; Zhang *et al.*, 2014. Zool. Stud. 53 (2): 6.

分布（**Distribution**）：台湾（TW）。

（878）棒刺冠果蝇 *Stegana* (*Steganina*) *clavispinuta* **Chen** *et* **Chen, 2009**

Stegana (*Steganina*) *clavispinuta* Chen *et* Chen, 2009. Ann. Zool. 59 (4): 495. **Type locality:** China: Hainan, Jianfengling.

分布（**Distribution**）：云南（YN）、海南（HI）。

（879）凹叶冠果蝇 *Stegana* (*Steganina*) *concava* **Wang, Gao** *et* **Chen, 2013**

Stegana (*Steganina*) *concava* Wang, Gao *et* Chen, 2013. J. Nat. Hist. 47 (29-30): 1996. **Type locality:** China: Yunnan, Mengla.

分布（**Distribution**）：云南（YN）。

（880）帚叶冠果蝇 *Stegana* (*Steganina*) *crinata* **Zhang** *et* **Chen, 2015**

Stegana (*Steganina*) *crinata* Zhang *et* Chen, 2015. Zootaxa 3905 (1): 133. **Type locality:** China: Yunnan, Menghai.

分布（**Distribution**）：云南（YN）。

（881）梳齿冠果蝇 *Stegana* (*Steganina*) *ctenaria* **Nishiharu, 1979**

Stegana (*Steganina*) *ctenaria* Nishiharu, 1979. Kontyû 47 (1): 38. **Type locality:** Japan: Tokyo, Hachioji.

Stegana (*Steganina*) *ctenaria*: Chen *et al.*, 2009. J. Nat. Hist. 43 (31-32): 1912; Zhang *et al.*, 2014. Zool. Stud. 53 (2): 6.

分布（**Distribution**）：吉林（JL）、辽宁（LN）、台湾（TW）；俄罗斯（远东地区）、韩国、日本。

（882）圆叶冠果蝇 *Stegana* (*Steganina*) *cyclophylla* **Chen** *et* **Chen, 2009**

Stegana (*Steganina*) *cyclophylla* Chen *et* Chen, 2009. Ann. Zool. 59 (4): 497. **Type locality:** China: Yunnan, Jinghong.

分布（**Distribution**）：云南（YN）。

（883）圆口冠果蝇 *Stegana* (*Steganina*) *cyclostoma* **Wu** *et* **Chen, 2010**

Stegana (*Steganina*) *cyclostoma* Wu *et* Chen, 2010. Orient. Insects 44: 71. **Type locality:** China: Yunnan, Mengla.

分布（**Distribution**）：云南（YN）。

（884）筒叶冠果蝇 *Stegana* (*Steganina*) *cylindrica* **Wang, Gao** *et* **Chen, 2013**

Stegana (*Steganina*) *cylindrica* Wang, Gao *et* Chen, 2013. J. Nat. Hist. 47 (29-30): 1997. **Type locality:** China: Hainan, Diaoluoshan.

分布（**Distribution**）：海南（HI）。

（885）丹巴冠果蝇 *Stegana* (*Steganina*) *danbaensis* **Chen** *et* **Chen, 2012**

Stegana (*Steganina*) *danbaensis* Chen *et* Chen, 2012. Zootaxa 3333: 25. **Type locality:** China: Sichuan, Danba.

分布（**Distribution**）：四川（SC）。

（886）滇冠果蝇 *Stegana* (*Steganina*) *dianensis* **Chen** *et* **Chen, 2012**

Stegana (*Steganina*) *dianensis* Chen *et* Chen, 2012. Zootaxa 3333: 26. **Type locality:** China: Yunnan, Ailaoshan, Weixi.

分布（**Distribution**）：云南（YN）。

（887）膨叶冠果蝇 *Stegana (Steganina) euryphylla* Chen *et* Chen, 2009

Stegana (Steganina) euryphylla Chen *et* Chen, 2009. Ann. Zool. 59 (4): 498. **Type locality:** China: Yunnan, Wuliangshan.

分布（Distribution）：云南（YN）。

（888）广口冠果蝇 *Stegana (Steganina) eurystoma* Wang, Gao *et* Chen, 2013

Stegana (Steganina) eurystoma Wang, Gao *et* Chen, 2013. J. Nat. Hist. 47 (29-30): 1999. **Type locality:** China: Yunnan, Mengla.

Stegana (Steganina) eurystoma: Zhang *et al.*, 2014. Zool. Stud. 53 (2): 8.

分布（Distribution）：云南（YN）。

（889）黄唇冠果蝇 *Stegana (Steganina) flaviclypeata* Chen *et* Chen, 2011

Stegana (Steganina) flaviclypeata Chen *et* Chen, 2011. *In*: Lu *et al.*, 2011. Eur. J. Ent. 108: 145. **Type locality:** China: Sichuan, Luding; Yunnan, Wuliangshan.

分布（Distribution）：四川（SC）、云南（YN）。

（890）黄须冠果蝇 *Stegana (Steganina) flavipalpata* Chen *et* Chen, 2011

Stegana (Steganina) flavipalpata Chen *et* Chen, 2011. *In*: Lu *et al.*, 2011. Eur. J. Ent. 108: 143. **Type locality:** China: Yunnan, Wuliangshan, Kunming.

分布（Distribution）：云南（YN）。

（891）光板冠果蝇 *Stegana (Steganina) glabra* Chen *et* Chen, 2012

Stegana (Steganina) glabra Chen *et* Chen, 2012. Zootaxa 3333: 27. **Type locality:** China: Yunnan, Jizushan, Kunming, Wuliangshan; Guizhou, Kuankuoshui.

分布（Distribution）：贵州（GZ）、云南（YN）。

（892）小钩冠果蝇 *Stegana (Steganina) hamata* Wang, Gao *et* Chen, 2013

Stegana (Steganina) hamata Wang, Gao *et* Chen, 2013. J. Nat. Hist. 47 (29-30): 2000. **Type locality:** China: Yunnan, Mengla.

分布（Distribution）：云南（YN）。

（893）毛头冠果蝇 *Stegana (Steganina) hirticeps* Wang, Gao *et* Chen, 2013

Stegana (Steganina) hirticeps Wang, Gao *et* Chen, 2013. J. Nat. Hist. 47 (29-30): 2002. **Type locality:** China: Guangxi, Maoershan.

分布（Distribution）：广西（GX）。

（894）伊豆冠果蝇 *Stegana (Steganina) izu* Sidorenko, 1997

Stegana (Steganina) izu Sidorenko, 1997b. Ann. Soc. Entomol.

Fr. 33 (2): 167. **Type locality:** Japan: Hachijo Island.

分布（Distribution）：台湾（TW）；日本。

（895）夹金山冠果蝇 *Stegana (Steganina) jiajinshanensis* Chen, Gao *et* Chen, 2009

Stegana (Steganina) jiajinshanensis Chen, Gao *et* Chen, 2009. J. Nat. Hist. 43 (31-32): 1913. **Type locality:** China: Sichuan, Baoxing.

分布（Distribution）：四川（SC）。

（896）尖峰岭冠果蝇 *Stegana (Steganina) jianfenglingensis* Chen, Gao *et* Chen, 2009

Stegana (Steganina) jianfenglingensis Chen, Gao *et* Chen, 2009. J. Nat. Hist. 43 (31-32): 1914. **Type locality:** China: Hainan, Jianfengling, Wuzhishan.

分布（Distribution）：海南（HI）。

（897）建琴冠果蝇 *Stegana (Steganina) jianqinae* Zhang, Tsaur *et* Chen, 2014

Stegana (Steganina) jianqinae Zhang, Tsaur *et* Chen, 2014. Zool. Stud. 53 (2): 10. **Type locality:** China: Hainan, Jianfengling; Guangxi, Nonggang; Taiwan, Wugongshan.

分布（Distribution）：台湾（TW）、广西（GX）、海南（HI）。

（898）神宫冠果蝇 *Stegana (Steganina) kanmiyai* Okada *et* Sidorenko, 1992

Stegana (Steganina) kanmiyai Okada *et* Sidorenko, 1992. Jap. J. Ent. 60 (2): 419. **Type locality:** China: Taiwan, Kang-tsu-lin. Japan: Wakayama, Kozagawa.

分布（Distribution）：台湾（TW）；日本。

（899）弱叶冠果蝇 *Stegana (Steganina) langufoliacea* Wu, Gao *et* Chen, 2010

Stegana (Steganina) langufoliacea Wu, Gao *et* Chen, 2010. Zootaxa 2721: 51. **Type locality:** China: Guangxi, Maoershan.

Stegana (Steganina) langufoliacea: Zhang *et al.*, 2014. Zool. Stud. 53 (2): 8.

分布（Distribution）：台湾（TW）、广西（GX）。

（900）宽颊冠果蝇 *Stegana (Steganina) latigena* Wang, Gao *et* Chen, 2013

Stegana (Steganina) latigena Wang, Gao *et* Chen, 2013. J. Nat. Hist. 47 (29-30): 2003. **Type locality:** China: Guangxi, Maoershan; Guangdong, Guangzhou; Yunnan, Wuliangshan.

分布（Distribution）：云南（YN）、广东（GD）、广西（GX）。

（901）白胸冠果蝇 *Stegana (Steganina) leucothorax* Chen *et* Chen, 2011

Stegana (Steganina) leucothorax Chen *et* Chen, 2011. *In*: Lu *et al.*, 2011. Eur. J. Ent. 108: 144. **Type locality:** China: Yunnan, Xishuangbanna.

分布（Distribution）：云南（YN）。

（902）岭南冠果蝇 *Stegana (Steganina) lingnanensis* **Cheng, Gao *et* Chen, 2009**

Stegana (Steganina) lingnanensis Cheng, Gao *et* Chen, 2009. Zootaxa 2216: 42. **Type locality:** China: Guangdong, Guangzhou.

分布（**Distribution**）：贵州（GZ）、云南（YN）、西藏（XZ）、广东（GD）、广西（GX）。

（903）长锁冠果蝇 *Stegana (Steganina) longifibula* **Takada, 1968**

Stegana (Steganina) longifibula Takada, 1968. J. Fac. Gen. Educ., Sapporo Univ. 1: 123. **Type locality:** Japan: Hokkaidō, Kushiro.

Stegana (Steganina) longifibula: Chen *et* Chen, 2008. Zootaxa 1891: 56.

分布（**Distribution**）：吉林（JL）、辽宁（LN）；俄罗斯（远东地区、欧洲部分）、日本；欧洲。

（904）猫儿山冠果蝇 *Stegana (Steganina) maoershanensis* **Chen, Gao *et* Chen, 2009**

Stegana (Steganina) maoershanensis Chen, Gao *et* Chen, 2009. J. Nat. Hist. 43 (31-32): 1915. **Type locality:** China: Guangxi, Maoershan.

分布（**Distribution**）：广西（GX）。

（905）户田冠果蝇 *Stegana (Steganina) masanoritodai* **Okada *et* Sidorenko, 1992**

Stegana (Steganina) masanoritodai Okada *et* Sidorenko, 1992. Jap. J. Ent. 60 (2): 415. **Type locality:** Russia: Far East, Primorye.

Stegana (Steganina) masanoritodai: Sidorenko, 1997b. Ann. Soc. Entomol. Fr. 33 (2): 172; Chen *et al.*, 2009. J. Nat. Hist. 43 (31-32): 1913.

分布（**Distribution**）：吉林（JL）；俄罗斯（远东地区）、日本。

（906）黑唇冠果蝇 *Stegana (Steganina) melanocheilota* **Chen *et* Chen, 2011**

Stegana (Steganina) melanocheilota Chen *et* Chen, 2011. *In*: Lu *et al.*, 2011. Eur. J. Ent. 108: 142. **Type locality:** China: Yunnan, Xishuangbanna.

分布（**Distribution**）：云南（YN）。

（907）黑斑冠果蝇 *Stegana (Steganina) melanostigma* **Chen *et* Chen, 2008**

Stegana (Steganina) melanostigma Chen *et* Chen, 2008. Zootaxa 1891: 62. **Type locality:** China: Yunnan, Xishuangbanna.

分布（**Distribution**）：云南（YN）。

（908）黑口冠果蝇 *Stegana (Steganina) melanostoma* **Chen *et* Chen, 2008**

Stegana (Steganina) melanostoma Chen *et* Chen, 2008.

Zootaxa 1891: 57. **Type locality:** China: Hubei, Shennongjia.

Stegana (Steganina) melanostoma: Zhang *et al.*, 2014. Zool. Stud. 53 (2): 8.

分布（**Distribution**）：陕西（SN）、湖北（HB）、台湾（TW）。

（909）黑胸冠果蝇 *Stegana (Steganina) melanothorax* **Chen *et* Chen, 2011**

Stegana (Steganina) melanothorax Chen *et* Chen, 2011. *In*: Lu *et al.*, 2011. Eur. J. Ent. 108: 148. **Type locality:** China: Yunnan, Xishuangbanna.

分布（**Distribution**）：云南（YN）。

（910）勐腊冠果蝇 *Stegana (Steganina) mengla* **Cheng, Gao *et* Chen, 2009**

Stegana (Steganina) mengla Cheng, Gao *et* Chen, 2009. Zootaxa 2216: 43. **Type locality:** China: Yunnan, Mengla.

分布（**Distribution**）：云南（YN）。

（911）小齿冠果蝇 *Stegana (Steganina) monodonata* **Chen *et* Chen, 2008**

Stegana (Steganina) monodonata Chen *et* Chen, 2008. Zootaxa 1891: 58. **Type locality:** China: Yunnan, Ailaoshan.

分布（**Distribution**）：云南（YN）。

（912）山地冠果蝇 *Stegana (Steganina) montana* **Chen *et* Chen, 2012**

Stegana (Steganina) montana Chen *et* Chen, 2012. Zootaxa 3333: 28. **Type locality:** China: Yunnan, Wuliangshan, Menghai.

分布（**Distribution**）：云南（YN）。

（913）多齿冠果蝇 *Stegana (Steganina) multidentata* **Chen, Gao *et* Chen, 2009**

Stegana (Steganina) multidentata Chen, Gao *et* Chen, 2009. J. Nat. Hist. 43 (31-32): 1917. **Type locality:** China: Hubei, Shennongjia.

分布（**Distribution**）：湖北（HB）。

（914）黑额冠果蝇 *Stegana (Steganina) nigrifrons* **de Meijere, 1911**.

Stegana (Steganina) nigrifrons de Meijere, 1911. Tijdschr. Ent. 54: 418. **Type locality:** Indonesia: Java.

分布（**Distribution**）：台湾（TW）；印度尼西亚、斯里兰卡；非洲区。

（915）黑足冠果蝇 *Stegana (Steganina) nigripes* **Zhang *et* Chen, 2015**

Stegana (Steganina) nigripes Zhang *et* Chen, 2015. Zootaxa 3905 (1): 135. **Type locality:** China: Yunnan, Menghai, Baoshan.

分布（**Distribution**）：云南（YN）。

（916）乌胸冠果蝇 *Stegana (Steganina) nigrithorax* **Strobl, 1898**

Stegana (Steganina) nigrithorax Strobl, 1898. Mitt. Naturwiss. Ver. Steiermark (1897) 34: 266. **Type locality:** Austria: Styria.

Stegana (Steganina) excavata Okada, 1971b. Mushi 45 (5): 86.

Stegana (Steganina) nigrithorax: Laštovka *et* Máca, 1982. Ann. Zool. Bot. Bratislava 149: 27; Hu *et* Toda, 1994. Jap. J. Ent. 62 (1): 155; Chen *et* Chen, 2008. Zootaxa 1891: 56.

分布（Distribution）：辽宁（LN）、湖北（HB）、台湾（TW）；俄罗斯（远东地区）、韩国、日本；欧洲。

（917）黑缘冠果蝇 *Stegana (Steganina) nigrolimbata* **Duda, 1924**

Stegana (Steganina) nigrolimbata Duda, 1924a. Arch. Naturgesch. (A) 90 (3): 181. **Type locality:** China: Taiwan, Nan-tou.

Stegana (Steganina) nigrolimbata: Okada, 1971b. Mushi 45 (5): 83; Cao *et* Chen, 2008a. Zootaxa 1848: 29; Zhang *et al.*, 2014. Zool. Stud. 53 (2): 8.

分布（Distribution）：贵州（GZ）、云南（YN）、台湾（TW）、广东（GD）、广西（GX）、海南（HI）。

（918）光叶冠果蝇 *Stegana (Steganina) nulliseta* **Cheng, Gao *et* Chen, 2009**

Stegana (Steganina) nulliseta Cheng, Gao *et* Chen, 2009. Zootaxa 2216: 44. **Type locality:** China: Yunnan, Mengla.

分布（Distribution）：云南（YN）。

（919）寡毛冠果蝇 *Stegana (Steganina) oligochaeta* **Chen *et* Chen, 2012**

Stegana (Steganina) oligochaeta Chen *et* Chen, 2012. Zootaxa 3333: 29. **Type locality:** China: Yunnan, Jizushan, Wuliangshan.

分布（Distribution）：云南（YN）。

（920）饰足冠果蝇 *Stegana (Steganina) ornatipes* **Wheeler *et* Takada, 1964**

Stegana (Steganina) ornatipes Wheeler *et* Takada, 1964. Insects Micronesia 14 (6): 233. **Type locality:** Micronesia: Carolina Is.

Stegana (Steganina) ornatipes: Okada, 1971b. Mushi 45 (5): 81; Sidorenko, 1998b. Ann. Soc. Entomol. Fr. 34 (3): 297; Cheng, Gao *et* Chen, 2009. Zootaxa 2216: 39; Zhang *et al.*, 2014. Zool. Stud. 53 (2): 9.

分布（Distribution）：台湾（TW）；日本、密克罗尼西亚。

（921）耳突冠果蝇 *Stegana (Steganina) otocondyloda* **Wu, Gao *et* Chen, 2010**

Stegana (Steganina) otocondyloda Wu, Gao *et* Chen, 2010. Zootaxa 2721: 52. **Type locality:** China: Yunnan, Mengla.

分布（Distribution）：云南（YN）。

（922）微刺冠果蝇 *Stegana (Steganina) parvispina* **Chen *et* Chen, 2012**

Stegana (Steganina) parvispina Chen *et* Chen, 2012. Zootaxa 3333: 31. **Type locality:** China: Shaanxi, Foping.

分布（Distribution）：陕西（SN）。

（923）片马冠果蝇 *Stegana (Steganina) pianmaensis* **Chen *et* Chen, 2012**

Stegana (Steganina) pianmaensis Chen *et* Chen, 2012. Zootaxa 3333: 32. **Type locality:** China: Yunnan, Pianma.

分布（Distribution）：云南（YN）。

（924）毛片冠果蝇 *Stegana (Steganina) pililobasa* **Chen *et* Chen, 2008**

Stegana (Steganina) pililobasa Chen *et* Chen, 2008. Zootaxa 1891: 59. **Type locality:** China: Hubei, Shennongjia.

分布（Distribution）：湖北（HB）。

（925）稀毛冠果蝇 *Stegana (Steganina) pilosella* **Cheng, Gao *et* Chen, 2009**

Stegana (Steganina) pilosella Cheng, Gao *et* Chen, 2009. Zootaxa 2216: 46. **Type locality:** China: Yunnan, Mengla.

分布（Distribution）：云南（YN）。

（926）平头冠果蝇 *Stegana (Steganina) planiceps* **Wang, Gao *et* Chen, 2013**

Stegana (Steganina) planiceps Wang, Gao *et* Chen, 2013. J. Nat. Hist. 47 (29-30): 2005. **Type locality:** China: Hainan, Jianfengling, Wuzhishan; Yunnan, Mengla.

分布（Distribution）：云南（YN）、海南（HI）。

（927）多锤冠果蝇 *Stegana (Steganina) polysphyra* **Zhang *et* Chen, 2015**

Stegana (Steganina) polysphyra Zhang *et* Chen, 2015. Zootaxa 3905 (1): 136. **Type locality:** China: Yunnan, Pu'er, Menghai.

分布（Distribution）：云南（YN）。

（928）多毛冠果蝇 *Stegana (Steganina) polytricapillum* **Wu *et* Chen, 2010**

Stegana (Steganina) polytricapillum Wu *et* Chen, 2010. Orient. Insects 44: 72. **Type locality:** China: Yunnan, Mengla; Hainan, Jianfengling.

分布（Distribution）：云南（YN）、海南（HI）。

（929）膨突冠果蝇 *Stegana (Steganina) protuberans* **Chen *et* Chen, 2012**

Stegana (Steganina) protuberans Chen *et* Chen, 2012. Zootaxa 3333: 32. **Type locality:** China: Yunnan, Wuliangshan.

分布（Distribution）：云南（YN）。

（930）裸片冠果蝇 Stegana (Steganina) psilolobosa Chen et Chen, 2008

Stegana (Steganina) psilolobosa Chen et Chen, 2008. Zootaxa 1891: 60. **Type locality:** China: Hubei, Shennongjia.

分布（Distribution）：湖北（HB）。

（931）秦岭冠果蝇 Stegana (Steganina) qinlingensis Chen, Gao et Chen, 2009

Stegana (Steganina) qinlingensis Chen, Gao et Chen, 2009. J. Nat. Hist. 43 (31-32): 1918. **Type locality:** China: Shaanxi, Foping.

分布（Distribution）：陕西（SN）、湖北（HB）。

（932）任氏冠果蝇 Stegana (Steganina) reni Wang, Gao et Chen, 2011

Stegana (Steganina) reni Wang, Gao et Chen, 2011. J. Nat. Hist. 45 (9-10): 507. **Type locality:** China: Yunnan, Jinghong, Mengla.

Stegana (Steganina) reni: Zhang et al., 2014. Zool. Stud. 53 (2): 9.

分布（Distribution）：云南（YN）、台湾（TW）。

（933）菱叶冠果蝇 Stegana (Steganina) rhomboica Wang, Gao et Chen, 2013

Stegana (Steganina) rhomboica Wang, Gao et Chen, 2013. J. Nat. Hist. 47 (29-30): 2007. **Type locality:** China: Yunnan, Wuliangshan; Guangxi, Maoershan.

分布（Distribution）：云南（YN）、广西（GX）。

（934）鳞叶冠果蝇 Stegana (Steganina) serratoprocessata Chen et Chen, 2009

Stegana (Steganina) serratoprocessata Chen et Chen, 2009. Ann. Zool. 59 (4): 499. **Type locality:** China: Hainan, Diaoluoshan; Guangdong, Guangzhou.

分布（Distribution）：广东（GD）、海南（HI）。

（935）毛脉冠果蝇 Stegana (Steganina) setivena Wang, Gao et Chen, 2013

Stegana (Steganina) setivena Wang, Gao et Chen, 2013. J. Nat. Hist. 47 (29-30): 2009. **Type locality:** China: Yunnan, Mengla, Pu'er.

分布（Distribution）：云南（YN）。

（936）神农冠果蝇 Stegana (Steganina) shennongi Chen, Gao et Chen, 2009

Stegana (Steganina) shennongi Chen, Gao et Chen, 2009. J. Nat. Hist. 43 (31-32): 1921. **Type locality:** China: Hubei, Shennongjia.

分布（Distribution）：湖北（HB）。

（937）白水冠果蝇 Stegana (Steganina) shirozui Okada, 1971

Stegana (Steganina) shirozui Okada, 1971b. Mushi 45 (5): 84.

Type locality: China: Taiwan, Chia-I.

分布（Distribution）：台湾（TW）；印度。

（938）球叶冠果蝇 Stegana (Steganina) sphaerica Wang, Gao et Chen, 2013

Stegana (Steganina) sphaerica Wang, Gao et Chen, 2013. J. Nat. Hist. 47 (29-30): 2010. **Type locality:** China: Yunnan, Mengla, Pu'er; Hainan, Jianfengling.

分布（Distribution）：云南（YN）、海南（HI）。

（939）须鬃冠果蝇 Stegana (Steganina) tentaculifera Chen et Chen, 2012

Stegana (Steganina) tentaculifera Chen et Chen, 2012. Zootaxa 3333: 30. **Type locality:** China: Hubei, Shennongjia.

分布（Distribution）：湖北（HB）。

（940）田氏冠果蝇 Stegana (Steganina) tiani Wang, Gao et Chen, 2011

Stegana (Steganina) tiani Wang, Gao et Chen, 2011. J. Nat. Hist. 45 (9-10): 508. **Type locality:** China: Guangxi, Nonggang.

分布（Distribution）：云南（YN）、广西（GX）。

（941）童氏冠果蝇 Stegana (Steganina) tongi Wang, Gao et Chen, 2011

Stegana (Steganina) tongi Wang, Gao et Chen, 2011. J. Nat. Hist. 45 (9-10): 510. **Type locality:** China: Guangdong, Conghua; Guangxi, Maoershan; Hainan, Diaoluoshan.

Stegana (Steganina) tongi: Zhang et al., 2014. Zool. Stud. 53 (2): 10.

分布（Distribution）：台湾（TW）、广东（GD）、广西（GX）、海南（HI）。

（942）曲叶冠果蝇 Stegana (Steganina) undulata de Meijere, 1911

Stegana (Steganina) undulata de Meijere, 1911. Tijdschr. Ent. 54: 419. **Type locality:** Indonesia: Java.

Stegana (Steganina) undulata: Okada, 1971b. Mushi 45 (5): 87; Sidorenko et Okada, 1991. Jap. J. Ent. 59 (3): 659; Okada et Sidorenko, 1992. Jap. J. Ent. 60 (2): 424; Sidorenko, 1998b. Ann. Soc. Entomol. Fr. 34 (3): 296; Lu et al., 2011. Eur. J. Ent. 108: 141.

分布（Distribution）：云南（YN）、海南（HI）；日本、缅甸、印度尼西亚。

（943）王氏冠果蝇 Stegana (Steganina) wangi Wang, Gao et Chen, 2011

Stegana (Steganina) wangi Wang, Gao et Chen, 2011. J. Nat. Hist. 45 (9-10): 512. **Type locality:** China: Yunnan, Mengla; Hainan, Jianfengling.

分布（Distribution）：云南（YN）、海南（HI）。

（944）维球冠果蝇 *Stegana* (*Steganina*) *weiqiuzhangi* **Wang, Gao** *et* **Chen, 2011**

Stegana (*Steganina*) *weiqiuzhangi* Wang, Gao *et* Chen, 2011. J. Nat. Hist. 45 (9-10): 514. **Type locality:** China: Guangxi, Nonggang.

分布（Distribution）：广西（GX）。

（945）乌来冠果蝇 *Stegana* (*Steganina*) *wulai* **Zhang, Tsaur** *et* **Chen, 2014**

Stegana (*Steganina*) *wulai* Zhang, Tsaur *et* Chen, 2014. Zool. Stud. 53 (2): 11. **Type locality:** China: Taiwan, Hsinpei.

分布（Distribution）：台湾（TW）。

（946）武夷山冠果蝇 *Stegana* (*Steganina*) *wuyishanensis* **Chen, Gao** *et* **Chen, 2009**

Stegana (*Steganina*) *wuyishanensis* Chen, Gao *et* Chen, 2009. J. Nat. Hist. 43 (31-32): 1922. **Type locality:** China: Fujian, Wuyishan; Yunnan: Jizoshan.

分布（Distribution）：江西（JX）、云南（YN）、福建（FJ）。

（947）黄端冠果蝇 *Stegana* (*Steganina*) *xanthosticta* **Chen, Gao** *et* **Chen, 2009**

Stegana (*Steganina*) *xanthosticta* Chen, Gao *et* Chen, 2009. J. Nat. Hist. 43 (31-32): 1923. **Type locality:** China: Hubei, Shennongjia.

分布（Distribution）：湖北（HB）。

（948）晓蕾冠果蝇 *Stegana* (*Steganina*) *xiaoleiae* **Cao** *et* **Chen, 2008**

Stegana (*Steganina*) *xiaoleiae* Cao *et* Chen, 2008a. Zootaxa 1848: 34. **Type locality:** China: Guangxi, Maoershan.

分布（Distribution）：云南（YN）、广西（GX）。

（949）夕鹏冠果蝇 *Stegana* (*Steganina*) *xipengi* **Lu, Li** *et* **Chen, 2011**

Stegana (*Steganina*) *xipengi* Lu, Li *et* Chen, 2011. J. Insect Sci. 11 (20): 4. **Type locality:** China: Hainan, Ledong.

分布（Distribution）：海南（HI）。

（950）版纳冠果蝇 *Stegana* (*Steganina*) *xishuangbanna* **Chen** *et* **Chen, 2012**

Stegana (*Steganina*) *xishuangbanna* Chen *et* Chen, 2012. Zootaxa 3333: 33. **Type locality:** China: Yunnan, Xishuangbanna.

分布（Distribution）：云南（YN）。

（951）薛氏冠果蝇 *Stegana* (*Steganina*) *xuei* **Hu** *et* **Toda, 1994**

Stegana (*Steganina*) *xuei* Hu *et* Toda, 1994. Jap. J. Ent. 62 (1): 156. **Type locality:** China: Beijing; Liaoning, Shenyang. Russia: Far East.

Stegana (*Steganina*) *xuei*: Chen *et* Chen, 2008. Zootaxa 1891: 56.

分布（Distribution）：辽宁（LN）、北京（BJ）；俄罗斯（远东地区）。

（952）许氏冠果蝇 *Stegana* (*Steganina*) *xui* **Wang, Gao** *et* **Chen, 2011**

Stegana (*Steganina*) *xui* Wang, Gao *et* Chen, 2011. J. Nat. Hist. 45 (9-10): 516. **Type locality:** China: Yunnan, Jinghong, Mengla.

Stegana (*Steganina*) *xui*: Zhang *et al.*, 2014. Zool. Stud. 53 (2): 10.

分布（Distribution）：云南（YN）、台湾（TW）。

（953）赵锋冠果蝇 *Stegana* (*Steganina*) *zhaofengi* **Cheng, Gao** *et* **Chen, 2009**

Stegana (*Steganina*) *zhaofengi* Cheng, Gao *et* Chen, 2009. Zootaxa 2216: 47. **Type locality:** China: Yunnan, Mengla.

分布（Distribution）：云南（YN）。

蜂蝇科 Braulidae

1. 蜂蝇属 *Braula* Nitzsch, 1818

Braula Nitzsch, 1818. Mag. Ent. (Germar's) 3: 315. **Type species:** *Braula coeca* Nitzsch, 1818 (monotypy).
Entomibia Costa, 1846. Atti R. Ist. Incorag. Sci. Nat. 7: 291. **Type species:** *Entomibia apum* Costa, 1846 (monotypy).
Melittomyia Bigot, 1885. Ann. Soc. Entomol. Fr. 5 (6): 227, 235 (unnecessary replacement name for *Braula*). **Type species:** *Braula coeca* Nitzsch, 1818 (automatic).

（1）蜂蝇 *Braula coeca* **Nitzsch, 1818**

Braula coeca Nitzsch, 1818. Mag. Ent. (Germar's) 3: 315. **Type locality:** Not given.
Entomibia apum Costa, 1846. Atti R. Ist. Incorag. Sci. Nat. 7: 291. **Type locality:** Italy.
Braula coeca: Smith *et* Caron, 1985. Am. Bee J. 125: 294-296.

分布（Distribution）：中国（省份不明）；澳大利亚；亚洲、欧洲、非洲、美洲。

隐芒蝇科 Cryptochetidae

1. 隐芒蝇属 *Cryptochetum* Rondani, 1875

Cryptochetum Rondani, 1875c. Bull. Soc. Ent. Ital. 7: 167. **Type species:** *Cryptochetum grandicorne* Rondani, 1875 (by original designation).

（1）尖角隐芒蝇 *Cryptochetum acuticornutum* **Yang, 1998**

Cryptochetum acuticornutum Yang, 1998d. *In*: Shen *et* Shi, 1998. The Fauna and Taxonomy of Insects in Henan 2: 97.

Type locality: China: Henan, Luanchuan.
分布（Distribution）：河南（HEN）。

（2）尖顶隐芒蝇 *Cryptochetum acutulum* Yang *et* Yang, 1998

Cryptochetum acutulum Yang *et* Yang, 1998. *In*: Xue *et* Chao, 1998. Flies of China, Vol. 1: 226. **Type locality:** China: Guangxi, Daming Mountain.
分布（Distribution）：广西（GX）。

（3）北京隐芒蝇 *Cryptochetum beijingense* Yang *et* Yang, 1998

Cryptochetum beijingense Yang *et* Yang, 1998. *In*: Xue *et* Chao, 1998. Flies of China, Vol. 1: 226. **Type locality:** China: Beijing, Xiaolongmen.
分布（Distribution）：北京（BJ）。

（4）折横隐芒蝇 *Cryptochetum curvatum* Yang *et* Yang, 1998

Cryptochetum curvatum Yang *et* Yang, 1998. *In*: Xue *et* Chao, 1998. Flies of China, Vol. 1: 228. **Type locality:** China: Yunnan, Tongguan.
分布（Distribution）：云南（YN）、广西（GX）。

（5）三角隐芒蝇 *Cryptochetum deltatum* Yang *et* Yang, 1998

Cryptochetum deltatum Yang *et* Yang, 1998. *In*: Xue *et* Chao, 1998. Flies of China, Vol. 1: 228. **Type locality:** China: Yunnan, Jiegao.
分布（Distribution）：云南（YN）。

（6）梵净山隐芒蝇 *Cryptochetum fanjingshanum* Yang *et* Yang, 1988

Cryptochetum fanjingshanum Yang *et* Yang, 1988. Guizhou Sci. S1: 145. **Type locality:** China: Guizhou, Fanjingshan.
分布（Distribution）：贵州（GZ）。

（7）大角隐芒蝇 *Cryptochetum grandicorne* Rondani, 1875

Crypeochetum grandicorne Rondani, 1875c. Bull. Soc. Ent. Ital. 7: 172. **Type locality:** Italy: Parma.
分布（Distribution）：台湾（TW）；日本、意大利。

（8）昆明隐芒蝇 *Cryptochetum kunmingense* Yang *et* Yang, 1998

Cryptochetum kunmingense Yang *et* Yang, 1998. *In*: Xue *et* Chao, 1998. Flies of China, Vol. 1: 228. **Type locality:** China: Yunnan, Kunming.
分布（Distribution）：云南（YN）。

（9）茂兰隐芒蝇 *Cryptochetum maolanum* Yang *et* Yang, 1998

Cryptochetum maolanum Yang *et* Yang, 1998. *In*: Xue *et* Chao, 1998. Flies of China, Vol. 1: 230. **Type locality:** China: Guizhou, Maolan.
分布（Distribution）：贵州（GZ）。

（10）中原隐芒蝇 *Cryptochetum medianum* Yang, 1998

Cryptochetum medianum Yang, 1998d. *In*: Shen *et* Shi, 1998. The Fauna and Taxonomy of Insects in Henan 2: 97. **Type locality:** China: Henan, Luanchuan.
分布（Distribution）：河南（HEN）。

（11）九七隐芒蝇 *Cryptochetum nonagintaseptem* Yang *et* Yang, 1998

Cryptochetum nonagintaseptem Yang *et* Yang, 1998. *In*: Wu, 1998. Insects of Longwangshan Nature Reserve: 326. **Type locality:** China: Zhejiang, Longwangshan.
分布（Distribution）：浙江（ZJ）。

（12）陕西隐芒蝇 *Cryptochetum shaanxiense* Xi *et* Yang, 2015

Cryptochetum shaanxiense Xi *et* Yang, 2015c. Trans. Am. Ent. Soc. 141: 83. **Type locality:** China: Shaanxi, Ningshan.
分布（Distribution）：陕西（SN）、贵州（GZ）、云南（YN）、广西（GX）。

（13）中华隐芒蝇 *Cryptochetum sinicum* Yang *et* Yang, 1998

Cryptochetum sinicum Yang *et* Yang, 1998. *In*: Xue *et* Chao, 1998. Flies of China, Vol. 1: 230. **Type locality:** China: Hebei, Xinglong.
分布（Distribution）：河北（HEB）、北京（BJ）。

（14）天目山隐芒蝇 *Cryptochetum tianmuense* Yang *et* Yang, 2001

Cryptochetum tianmuense Yang *et* Yang, 2001. *In*: Wu *et* Pan, 2001. Insects of Tianmushan National Nature Reserve 502. **Type locality:** China: Zhejiang, Tianmushan.
分布（Distribution）：浙江（ZJ）。

（15）云南隐芒蝇 *Cryptochetum yunnanum* Xi *et* Yang, 2015

Cryptochetum yunnanum Xi *et* Yang, 2015c. Trans. Am. Ent. Soc. 141: 82. **Type locality:** China: Yunnan, Xianggelila.
分布（Distribution）：浙江（ZJ）、云南（YN）。

（16）宽唇隐芒蝇 *Cryptochetum zalatilabium* Xi *et* Yang, 2015

Cryptochetum zalatilabium Xi *et* Yang, 2015c. Trans. Am. Ent. Soc. 141: 83. **Type locality:** China: Yunnan, Lvchun.
分布（Distribution）：云南（YN）。

卡密蝇科 Camillidae

1. 卡密蝇属 *Camilla* Haliday, 1838

Camilla Haliday, 1838. Ann. Mag. Nat. Hist. 2 (9): 188 (as a subgenus of *Diastata*). **Type species:** *Drosophila glabra* Fallén, 1823 (monotypy).

Noterophila Rondani, 1856. Dipt. Ital. Prodromus, Vol. I: 133. **Type species:** *Drosophila glabra* Fallén, 1823 (monotypy).

Noteromya Rondani, 1856. Dipt. Ital. Prodromus, Vol. I: 228 (in Errata, on unnumbered page; unjustified emendation).

Oxycamilla Oldenberg, 1914a. Arch. Naturgesch. 80A (2): 28 (published conditionally). **Type species:** *Noterophila acutipennis* Loew, 1865 (monotypy).

Ambacis Enderlein, 1922c. Dtsch. Ent. Z. 1922: 296. **Type species:** *Noterophila acutipennis* Loew, 1865 (monotypy).

（1）东方卡密蝇 *Camilla orientalis* **Yang *et* Li, 2002**

Camilla orientalis Yang *et* Li, 2002. *In*: Huang, 2002. Forest Insects of Hainan: 777. **Type locality:** China: Hainan, Nada.

分布（**Distribution**）：海南（HI）。

拟果蝇科 Curtonotidae

1. 斧拟果蝇属 *Axinota* van der Wulp, 1886

Axinota van der Wulp, 1886. Tijdschr. Ent. 29: CVIII. **Type species:** *Axinota pictiventris* van der Wulp, 1886 (monotypy).

Apsinota van der Wulp, 1887. Tijdschr. Ent. 30: 178. **Type species:** *Axinota pictiventris* van der Wulp, 1886 (monotypy).

Thaumastophila Hendel, 1914a. Suppl. Ent. 3: 112. **Type species:** *Thaumastophila hyalipennis* Hendel, 1914 (monotypy).

Anaseiomyia Malloch, 1930. Ann. Mag. Nat. Hist. (10) 6: 328. **Type species:** *Anaseiomyia uniformis* Malloch, 1930 (by original designation).

Axinota: Kirk-Spriggs, 2010. Afr. Ent. 18 (1): 102.

（1）透翅斧拟果蝇 *Axinota hyalipennis* (Hendel, 1914)

Thaumastophila hyalipennis Hendel, 1914a. Suppl. Ent. 3: 113. **Type locality:** China: Taiwan, Pilam.

分布（**Distribution**）：台湾（TW）；柬埔寨。

2. 拟果蝇属 *Curtonotum* Macquart, 1843

Curtonotum Macquart, 1843b. Mém. Soc. Sci. Agric. Arts Lille [1842]: 350. **Type species:** *Musca gibba* Fabricius, 1805 (monotypy).

Diplocentra Loew, 1862. Z. Ent. 13 (1859): 13 (unjustified replacement name for *Curtonotum* Macquart). **Type species:** *Musca gibba* Fabricius, 1805 (automatic).

Parapsinota Duda, 1924a. Arch. Naturgesch. (A) 90 (3): 177. **Type species:** *Drosophila angustipennis* de Meijere, 1911 (monotypy).

Curtonotum: Klymko *et* Marshall, 2011. Zootaxa 3079: 18.

（2）东方拟果蝇 *Curtonotum maai* **Delfinado, 1969**

Curtonotum maai Delfinado, 1969. *In*: Mercedes *et* Delfinado, 1969. Orient. Insects 3 (3): 204. **Type locality:** China: Fujian, Nanping, Shaowu, Chuipei-kai.

分布（**Distribution**）：福建（FJ）。

缟蝇总科 Lauxanioidea

甲蝇科 Celyphidae

1. 甲蝇属 Celyphus Dalman, 1818

Celyphus Dalman, 1818. K. Svenska Vetensk. Akad. Handl. 39: 72. **Type species:** Celyphus obtectus Dalman, 1818 (monotypy).

1）甲蝇亚属 Celyphus Dalman, 1818

Celyphus Dalman, 1818. K. Svenska Vetensk. Akad. Handl. 39: 72. **Type species:** Celyphus obtectus Dalman, 1818 (monotypy).

（1）领甲蝇 Celyphus (Celyphus) collaris Chen, 1949

Celyphus collaris Chen, 1949. Sinensia 20: 4. **Type locality:** China: Sichuan, Emeishan.

分布（Distribution）：浙江（ZJ）、四川（SC）。

（2）齿甲蝇 Celyphus (Celyphus) dentis Shi, 1998

Celyphus (Celyphus) dentis Shi, 1998. In: Xue et Chao, 1998. Flies of China, Vol. 1: 238. **Type locality:** China: Yunnan, Jinping.

分布（Distribution）：云南（YN）。

（3）恼甲蝇 Celyphus (Celyphus) difficilis Malloch, 1927

Celyphus difficilis Malloch, 1927e. Ent. Mitt. 16 (3): 161. **Type locality:** China: Taiwan, Taipei, Gai-So-Kai.

分布（Distribution）：陕西（SN）、江西（JX）、贵州（GZ）、福建（FJ）、台湾（TW）、广东（GD）、广西（GX）、海南（HI）、香港（HK）；越南。

（4）叉甲蝇 Celyphus (Celyphus) forcipus Shi, 1998

Celyphus (Celyphus) forcipus Shi, 1998. In: Xue et Chao, 1998. Flies of China, Vol. 1: 238. **Type locality:** China: Yunnan, Xishuangbanna, Xiaomengyang.

分布（Distribution）：云南（YN）。

（5）福建甲蝇 Celyphus (Celyphus) fujianensis Shi, 1994

Celyphus (Celyphus) fujianensis Shi, 1994a. Wuyi Sci. J. 11: 106. **Type locality:** China: Fujian, Jianyang.

分布（Distribution）：福建（FJ）。

（6）爪甲蝇 Celyphus (Celyphus) immitans Tenorio, 1972

Celyphus (Celyphus) immitans Tenorio, 1972. Trans. R. Ent. Soc. London 123 (4): 399. **Type locality:** Nepal: Arun Valley, East shore of Arun River below Tumlingtar.

分布（Distribution）：西藏（XZ）；尼泊尔。

（7）斑甲蝇 Celyphus (Celyphus) maculis Shi, 1998

Celyphus (Celyphus) maculis Shi, 1998. In: Xue et Chao, 1998. Flies of China, Vol. 1: 240. **Type locality:** China: Yunnan, Jinping.

分布（Distribution）：四川（SC）、云南（YN）。

（8）微毛甲蝇 Celyphus (Celyphus) microchaetus Shi, 1998

Celyphus (Celyphus) microchaetus Shi, 1998. In: Xue et Chao, 1998. Flies of China, Vol. 1: 240. **Type locality:** China: Hubei, Lichuan, Xingdoushan.

分布（Distribution）：湖北（HB）。

（9）奇突甲蝇 Celyphus (Celyphus) mirabilis Yang et Liu, 1998

Celyphus (Celyphus) mirabilis Yang et Liu, 1998. In: Shi, 1996. In: Xue et Chao, 1998. Flies of China, Vol. 1: 240. **Type locality:** China: Shaanxi, Qinling.

分布（Distribution）：天津（TJ）、陕西（SN）。

（10）黑跗甲蝇 Celyphus (Celyphus) nigritarsus Shi, 1998

Celyphus (Celyphus) nigritarsus Shi, 1998. In: Xue et Chao, 1998. Flies of China, Vol. 1: 241. **Type locality:** China: Guangxi, Longsheng.

分布（Distribution）：广西（GX）。

（11）黑纹甲蝇 Celyphus (Celyphus) nigrivittis Shi, 1998

Celyphus (Celyphus) nigrivittis Shi, 1998. In: Xue et Chao, 1998. Flies of China, Vol. 1: 241. **Type locality:** China: Sichuan, Luding (Moxi).

分布（Distribution）：四川（SC）。

（12）盖甲蝇 Celyphus (Celyphus) obtectus Dalman, 1818

Celyphus obtectus Dalman, 1818. K. Svenska. Vetensk. Akad. Handl. 39: 73. **Type locality:** Ind. Or.: Di. F. Lund.

Celyphus lucidus Karsch, 1884. Berl. Ent. Z. 28: 173. **Type locality:** Sri Lanka.

Celyphus ceylanensis Vanschuytbroeck, 1952. Bull. Inst. R. Sci. Nat. Belg. 28 (8): 8. **Type locality:** Sri Lanka: Kandy.

Celyphus strigatus Vanschuytbroeck, 1952. Bull. Inst. R. Sci. Nat. Belg. 28 (8): 9. **Type locality:** India: Walayer Forests, S Malabar.

Celyphus coei Vanschuytbroeck, 1965. Bull. Br. Mus. (Nat. Hist.) Ent. 17: 228. **Type locality:** Nepal: Dobhan, Taplejung District.

分布（**Distribution**）：贵州（GZ）、云南（YN）、西藏（XZ）、海南（HI）；印度、尼泊尔、越南、老挝、泰国、菲律宾、斯里兰卡、马来西亚、印度尼西亚。

（13）刻点甲蝇 *Celyphus* (*Celyphus*) *punctifer* Hendel, 1914

Celyphus punctifer Hendel, 1914a. Suppl. Ent. 3: 92. **Type locality:** China: Taiwan.

分布（**Distribution**）：台湾（TW）。

（14）网纹甲蝇 *Celyphus* (*Celyphus*) *reticulatus* Tenorio, 1972

Celyphus (*Celyphus*) *reticulatus* Tenorio, 1972. Trans. R. Ent. Soc. London 123 (4): 404. **Type locality:** China: Fujian, Liung Chon Shan.

分布（**Distribution**）：陕西（SN）、浙江（ZJ）、江西（JX）、贵州（GZ）、云南（YN）、福建（FJ）、广东（GD）、广西（GX）。

（15）双齿甲蝇 *Celyphus* (*Celyphus*) *signatus* Karsch, 1884

Celyphus signatus Karsch, 1884. Berl. Ent. Z. 28: 173. **Type locality:** Malaysia: Malaya, Bintang, Rottg.

Celyphus signatus var. *discoideus* Frey, 1941. Not. Ent. 21: 12. **Type locality:** Malaysia: Vicuy Vai.

分布（**Distribution**）：云南（YN）；越南、柬埔寨、老挝、泰国、马来西亚。

（16）西藏甲蝇 *Celyphus* (*Celyphus*) *xizanganus* Yang *et* Liu, 1998

Celyphus (*Celyphus*) *xizanganus* Yang *et* Liu, 1998. *In*: Shi, 1998. *In*: Xue *et* Chao, 1998. Flies of China, Vol. 1: 243. **Type locality:** China: Xizang, Tongmai.

分布（**Distribution**）：西藏（XZ）。

2）瓢甲蝇亚属 *Hemiglobus* Frey, 1941

Hemiglobus Frey, 1941. Not. Ent. 21: 13. **Type species:** *Paracelyphus testaceus* Malloch, 1929 (by original designation).

（17）陈氏瓢甲蝇 *Celyphus* (*Hemiglobus*) *cheni* Shi, 1998

Celyphus (*Hemiglobus*) *cheni* Shi, 1998. *In*: Xue *et* Chao, 1998. Flies of China, Vol. 1: 243. **Type locality:** China: Yunnan, Damenglong.

分布（**Distribution**）：云南（YN）。

（18）东方瓢甲蝇 *Celyphus* (*Hemiglobus*) *eos* Frey, 1941

Celyphus eos Frey, 1941. Not. Ent. 21: 13. **Type locality:** Vietnam: Tonkin, Chapa.

分布（**Distribution**）：云南（YN）、福建（FJ）；越南。

（19）扁跗瓢甲蝇 *Celyphus* (*Hemiglobus*) *planitarsalis* Shi, 1998

Celyphus (*Hemiglobus*) *planitarsalis* Shi, 1998. *In*: Xue *et* Chao, 1998. Flies of China, Vol. 1: 245. **Type locality:** China: Yunnan, Menglong.

分布（**Distribution**）：云南（YN）。

（20）毛脸瓢甲蝇 *Celyphus* (*Hemiglobus*) *porosus* Tenorio, 1972

Celyphus (*Hemiglobus*) *porosus* Tenorio, 1972. Trans. R. Ent. Soc. London 123 (4): 409. **Type locality:** Vietnam: Đai Lanh, North of Nha Trang.

分布（**Distribution**）：云南（YN）、西藏（XZ）、广西（GX）、海南（HI）；越南。

（21）丽斑瓢甲蝇 *Celyphus* (*Hemiglobus*) *pulchmaculatus* Yang *et* Liu, 2002

Celyphus (*Hemiglobus*) *pulchmaculatus* Yang *et* Liu, 2002. *In*: Huang, 2002. Forest Insects of Hainan: 757. **Type locality:** China: Hainan, Jianfengling.

分布（**Distribution**）：海南（HI）。

（22）四斑瓢甲蝇 *Celyphus* (*Hemiglobus*) *quadrimaculatus* Tenorio, 1972

Celyphus (*Hemiglobus*) *quadrimaculatus* Tenorio, 1972. Trans. R. Ent. Soc. London 123 (4): 412. **Type locality:** Thailand: Ban Na.

分布（**Distribution**）：云南（YN）；泰国。

（23）毛窝瓢甲蝇 *Celyphus* (*Hemiglobus*) *trichoporis* Shi, 1998

Celyphus (*Hemiglobus*) *trichoporis* Shi, 1998. *In*: Xue *et* Chao, 1998. Flies of China, Vol. 1: 246. **Type locality:** China: Yunnan, Xishuangbanna, Mengla.

分布（**Distribution**）：云南（YN）。

3）准甲蝇亚属 *Paracelyphus* Bigot, 1859

Paracelyphus Bigot, 1859a. Revue Mag. Zool. 7: 10. **Type species:** *Paracelyphus hyacinthus* Bigot, 1859 (monotypy).

（24）风信子准甲蝇 *Celyphus* (*Paracelyphus*) *hyacinthus* (Bigot, 1859)

Paracelyphus hyacinthus Bigot, 1859a. Revue Mag. Zool. 7:

10. **Type locality:** Malaysia: Malaya, Malacca.

Celyphus harmandi Lucas, 1878. Bull. Soc. Ent. Fr. 8: 40. **Type locality:** Viet Nam.

Paracelyphus sumatrensis van der Wulp, 1884. Ann. Soc. Ent. Belg. 28 (3): 297. **Type locality:** Indonesia: Sumatra.

Paracelyphus hyacinthus viridis Frey, 1941. Not. Ent. 21: 16. **Type locality:** Laos: Nam Long and Xieng Klonang.

Celyphus (*Paracelyphus*) *hyacinthus*: Tenorio, 1972. Trans. R. Ent. Soc. London 123 (4): 415; Tenorio, 1977. *In*: Delfinado *et* Hardy, 1977. Cat. Dipt. Orient. Reg. 3: 218.

分布（Distribution）：西藏（XZ）、广西（GX）；印度、越南、老挝、柬埔寨、泰国、马来西亚、印度尼西亚。

（25）墨脱准甲蝇 *Celyphus* (*Paracelyphus*) *medogis* Shi, 1998

Celyphus (*Paracelyphus*) *medogis* Shi, 1998. *In*: Xue *et* Chao, 1998. Flies of China, Vol. 1: 246. **Type locality:** China: Xizang, Motuo.

分布（Distribution）：西藏（XZ）。

（26）条纹准甲蝇 *Celyphus* (*Paracelyphus*) *vittalis* Shi, 1998

Celyphus (*Paracelyphus*) *vittalis* Shi, 1998. *In*: Xue *et* Chao, 1998. Flies of China, Vol. 1: 248. **Type locality:** China: Yunnan, Mengla.

分布（Distribution）：云南（YN）。

2. 卵蝇属 *Oocelyphus* Chen, 1949

Oocelyphus Chen, 1949. Sinensia 20: 4. **Type species:** *Oocelyphus tarsalis* Chen, 1949 (by original designation).

（27）锥卵甲蝇 *Oocelyphus coniferis* Shi, 1998

Oocelyphus coniferis Shi, 1998. *In*: Xue *et* Chao, 1998. Flies of China, Vol. 1: 249. **Type locality:** China: Hubei, Hefeng.

分布（Distribution）：湖北（HB）。

（28）黑卵甲蝇 *Oocelyphus nigritus* Shi, 1998

Oocelyphus nigritus Shi, 1998. *In*: Xue *et* Chao, 1998. Flies of China, Vol. 1: 249. **Type locality:** China: Yunnan, Pianma.

分布（Distribution）：云南（YN）。

（29）神农架卵甲蝇 *Oocelyphus shennongjianus* Yang *et* Yang, 2014

Oocelyphus shennongjianus Yang *et* Yang, 2014. Entomotaxon. 36 (1): 57. **Type locality:** China: Hubei, Shennongjia, Pingzhe.

分布（Distribution）：陕西（SN）、湖北（HB）。

（30）跗角卵甲蝇 *Oocelyphus tarsalis* Chen, 1949

Oocelyphus tarsalis Chen, 1949. Sinensia 20: 5. **Type locality:** China: Zhejiang, Tianmushan.

分布（Distribution）：浙江（ZJ）、四川（SC）。

（31）钩卵甲蝇 *Oocelyphus uncatis* Shi, 1998

Oocelyphus uncatis Shi, 1998. *In*: Xue *et* Chao, 1998. Flies of China, Vol. 1: 249. **Type locality:** China: Gansu, Chengxian.

分布（Distribution）：甘肃（GS）。

3. 狭须甲蝇属 *Spaniocelyphus* Hendel, 1914

Spaniocelyphus Hendel, 1914a. Suppl. Ent. 3: 92. **Type species:** *Celyphus scutatus* Wiedemann, 1830 (by original designation).

（32）铜绿狭须甲蝇 *Spaniocelyphus cupreus* Yang *et* Liu, 1998

Spaniocelyphus cupreus Yang *et* Liu, 1998. *In*: Shi, 1998. *In*: Xue *et* Chao, 1998. Flies of China, Vol. 1: 252. **Type locality:** China: Yunnan, Guanping.

分布（Distribution）：云南（YN）。

（33）戴氏狭须甲蝇 *Spaniocelyphus delfinadoae* Tenorio, 1972

Spaniocelyphus delfinadoae Tenorio, 1972. Trans. R. Ent. Soc. London 123 (4): 430. **Type locality:** China: Hong Kong.

分布（Distribution）：湖北（HB）、香港（HK）。

（34）齿突狭须甲蝇 *Spaniocelyphus dentatus* Tenorio, 1972

Spaniocelyphus dentatus Tenorio, 1972. Trans. R. Ent. Soc. London 123 (4): 431. **Type locality:** China: Taiwan, Tsingtan near Taipei.

分布（Distribution）：江西（JX）、重庆（CQ）、云南（YN）、西藏（XZ）、台湾（TW）、广东（GD）、海南（HI）、香港（HK）；泰国。

（35）棕足狭须甲蝇 *Spaniocelyphus fuscipes* (Macquart, 1851)

Celyphus fuscipes Macquart, 1851. Mém. Soc. Sci. Agric. Lille 1850 [1851]: 274. **Type locality:** India: Mozadabad.

Spaniocelyphus formosanus Malloch, 1927e. Ent. Mitt. 16 (3): 161. **Type locality:** China: Taiwan, Macuyama.

Spaniocelyphus fuscipes: Tenorio, 1972. Trans. R. Ent. Soc. London 123 (4): 432.

分布（Distribution）：浙江（ZJ）、江西（JX）、云南（YN）、福建（FJ）、台湾（TW）、广东（GD）、海南（HI）；印度、越南、泰国、马来西亚。

（36）杭州狭须甲蝇 *Spaniocelyphus hangchowensis* Ôuchi, 1939

Spaniocelyphus hangchowensis Ôuchi, 1939d. J. Shanghai Sci. Inst. (3) 4: 245. **Type locality:** China: Zhejiang, Hangzhou.

分布（Distribution）：浙江（ZJ）。

（37）糙胸狭须甲蝇 *Spaniocelyphus hirtus* Tenorio, 1972

Spaniocelyphus hirtus Tenorio, 1972. Trans. R. Ent. Soc.

London 123 (4): 433. **Type locality:** China: Taiwan, Wulai, Taipei-hsien.

分布（**Distribution**）：台湾（TW）。

（38）茂兰狭须甲蝇 *Spaniocelyphus maolanicus* Yang *et* Liu, 1998

Spaniocelyphus maolanicus Yang *et* Liu, 1998. *In*: Shi, 1998. *In*: Xue *et* Chao, 1998. Flies of China, Vol. 1: 255. **Type locality:** China: Guizhou, Libo, Maolan.

分布（**Distribution**）：贵州（GZ）。

（39）栗色狭须甲蝇 *Spaniocelyphus palmi badius* Tenorio, 1972

Spaniocelyphus palmi badius Tenorio, 1972. Trans. R. Ent. Soc. London 123 (4): 438. **Type locality:** Laos: Vientiane Province, Dong Dok.

分布（**Distribution**）：云南（YN）；越南、老挝、泰国。

（40）异色狭须甲蝇 *Spaniocelyphus palmi palmi* Frey, 1941

Spaniocelyphus scutatus var. *palmi* Frey, 1941. Not. Ent. 21: 10. **Type locality:** Indonesia: Sumatra, Labuan, Bilik.

Spaniocelyphus palawanensis Vanschuytbroeck, 1967. Ent. Medd. 35: 287. **Type locality:** Philippines: Palawan, Uring Uring, Brook's Point.

Spaniocelyphus palmi palmi: Tenorio, 1972. Trans. R. Ent. Soc. London 123 (4): 440.

分布（**Distribution**）：云南（YN）、广东（GD）、海南（HI）、香港（HK）；缅甸、越南、泰国、菲律宾、马来西亚、印度尼西亚。

（41）华毛狭须甲蝇 *Spaniocelyphus papposus* Tenorio, 1972

Spaniocelyphus papposus Tenorio, 1972. Trans. R. Ent. Soc. London 123 (4): 440. **Type locality:** China: S. E. Kiangsi, Hong San.

分布（**Distribution**）：陕西（SN）、甘肃（GS）、江苏（JS）、浙江（ZJ）、江西（JX）、湖北（HB）、重庆（CQ）、贵州（GZ）、福建（FJ）。

（42）毛胸狭须甲蝇 *Spaniocelyphus pilosus* Tenorio, 1972

Spaniocelyphus pilosus Tenorio, 1972. Trans. R. Ent. Soc. London 123 (4): 442. **Type locality:** Thailand: Chiang Mai, Doi Suthep.

分布（**Distribution**）：贵州（GZ）、云南（YN）、福建（FJ）、广西（GX）；越南、泰国、马来西亚。

（43）华盾狭须甲蝇 *Spaniocelyphus scutatus chinensis* (Jacobson, 1896）

Celyphus chinensis Jacobson, 1896. Annu. Mus. Zool. Acad. Imp. Sci. St.-Pétersb.: 250. **Type locality:** China: Sichuan,

Lun-ngan-fu, Cho-dzi-gou.

Spaniocelyphus scutatus var. *chinensis*: Frey, 1941. Not. Ent. 21: 11.

分布（**Distribution**）：四川（SC）。

（44）中华狭须甲蝇 *Spaniocelyphus sinensis* Yang *et* Liu, 1998

Spaniocelyphus sinensis Yang *et* Liu, 1998. *In*: Shi, 1998. *In*: Xue *et* Chao, 1998. Flies of China, Vol. 1: 255. **Type locality:** China: Gansu, Kangxian.

分布（**Distribution**）：陕西（SN）、甘肃（GS）、浙江（ZJ）、江西（JX）、湖北（HB）、四川（SC）、云南（YN）。

（45）多斑狭须甲蝇 *Spaniocelyphus stigmaticus* Hendel, 1914

Spaniocelyphus stigmaticus Hendel, 1914a. Suppl. Ent. 3: 93. **Type locality:** China: Taiwan, Tappani, Kankau and Suisharyo.

Celyphus koannanius Matsumura, 1916. Thousand Ins. Japan Add. 2: 435. **Type locality:** China: Taiwan, Kanshirei, Koannania.

Acelyphus stigmaticus: Malloch, 1929. Proc. U. S. Natl. Mus. 74 (6): 5.

Spaniocelyphus stigmaticus: Tenorio, 1972. Trans. R. Ent. Soc. London 123 (4): 446.

分布（**Distribution**）：台湾（TW）；越南。

斑腹蝇科 Chamaemyiidae

斑腹蝇亚科 Chamaemyiinae

1. 尖斑腹蝇属 *Acrometopia* Schiner, 1862

Acrometopia Schiner, 1862c. Wien. Ent. Monatschr. 6 (12): 434. **Type species:** *Oxyrhina wahlbergi* Zetterstedt, 1846 (by designation of Coquillett, 1910).

Acrometopida Enderlein, 1929. Z. Wiss. Insekt. Biol. 24: 57. **Type species:** *Acrometopida reicherti* Enderlein, 1929 (by original designation).

（1）锥尖斑腹蝇 *Acrometopia conspicua* Papp, 2005

Acrometopia conspicua Papp, 2005. Acta Zool. Acad. Sci. Hung. 51 (3): 203. **Type locality:** China: Taiwan, Nantou, Ho Huan Shan.

分布（**Distribution**）：台湾（TW）。

（2）环尖斑腹蝇 *Acrometopia reicherti* (Enderlein, 1929)

Acrometopida reicherti Enderlein, 1929. Z. Wiss. Insekt. Biol. 24: 57. **Type locality:** Sri Lanka: Rombodde.

Acrometopia anulitibia Smith, 1966. Ent. Medd. 34 (5): 460. **Type locality:** Papua New Guinea: New Ireland.

分布（**Distribution**）：广西（GX）；俄罗斯、斯里兰卡、日本、马来西亚、澳大利亚、巴布亚新几内亚。

2. 喜斑腹蝇属 *Anochthiphila* Tanasijtshuk, 1996

Anochthiphila Tanasijtshuk, 1996. Int. J. Dipt. Res. 7 (1): 8. **Type species:** *Anochthiphila paramonovi* Tanasijtshuk, 1996 (by original designation).

（3）中凹喜斑腹蝇 *Anochthiphila intermedia* (Tanasijtshuk, 1970)

Chamaemyia intermedia Tanasijtshuk, 1970c. Ann. Hist.-Nat. Mus. Natl. Hung. 62: 301. **Type locality:** Mongolia: Central Aimak.

Parochthiphila (*Euestelia*) *intermedia*: Tanasijtshuk, 1986. Fauna of the USSR, New Series 134, Dipt. (4): 129 (combination).

Anochthiphila intermedia: Tanasijtshuk, 1996. Int. J. Dipt. Res. 7 (1): 8 (combination).

分布（**Distribution**）：内蒙古（NM）；俄罗斯、哈萨克斯坦、吉尔吉斯斯坦、蒙古国。

3. 斑腹蝇属 *Chamaemyia* Meigen, 1803

Chamaemyia Meigen, 1803. Mag. Insektenkd. 2: 278. **Type species:** *Chamaemyia elegans* Panzer, 1806-1809 (by designation of ICZN, 1968).

Ochtiphila Fallén, 1823. Phytomyzides et Ochtidiae Sveciae: 9. **Type species:** *Ochtiphila aridella* Fallén, 1823 (by designation of Westwood, 1840).

Estelia Robineau-Desvoidy, 1830. Mém. Prés. Div. Sav. Acad. R. Sci. Inst. Fr. 2 (2): 635. **Type species:** *Estelia herbarum* Robineau-Desvoidy, 1830 (by designation of Coquillett, 1910).

（4）夏斑腹蝇 *Chamaemyia aestiva* Tanasijtshuk, 1970

Chamaemyia aestiva Tanasijtshuk, 1970a. Ent. Obozr. 49 (1): 233. **Type locality:** Russia: Leningrad.

分布（**Distribution**）：内蒙古（NM）、新疆（XJ）、广西（GX）；俄罗斯、白俄罗斯、乌克兰、瑞典、瑞士、波兰、芬兰、捷克、斯洛伐克、保加利亚、匈牙利、哈萨克斯坦、格鲁吉亚、乌兹别克斯坦、吉尔吉斯斯坦、塔吉克斯坦、阿尔及利亚、日本、蒙古国；中亚、非洲（北部）。

（5）棱斑腹蝇 *Chamaemyia juncorum* (Fallén, 1823)

Ochtiophila juncorum Fallén, 1823. Phytomyzides et Ochtidiae Sveciae: 9. **Type locality:** Sweden.

Ochtiphla aridella Fallén, 1823. Phytomyzides et Ochtidiae Sveciae: 10. **Type locality:** Sweden.

Estelia herbarum Robineau-Desvoidy, 1830. Mém. Prés. Div. Sav. Acad. R. Sci. Inst. Fr. 2 (2): 635. **Type locality:** France: department de l'Yonne.

Estelia impunctata Robineau-Desvoidy, 1830. Mém. Prés. Div. Sav. Acad. R. Sci. Inst. Fr. 2 (2): 636. **Type locality:** France: department de l'Yonne.

分布（**Distribution**）：内蒙古（NM）、宁夏（NX）；俄罗斯、捷克、斯洛伐克、保加利亚、匈牙利、西班牙、英国、法国、波兰、瑞士、瑞典、荷兰、芬兰、葡萄牙、意大利、以色列、日本；中亚、非洲（北部）。

（6）亚棱斑腹蝇 *Chamaemyia subjuncorum* Tanasijtshuk, 1970

Chamaemyia subjuncorum Tanasijtshuk, 1970a. Ent. Obozr. 49 (1): 242. **Type locality:** Russia: Yakutsk, Lena River.

分布（**Distribution**）：内蒙古（NM）、甘肃（GS）、新疆（XJ）；俄罗斯、乌克兰、乌兹别克斯坦、保加利亚、匈牙利、以色列、蒙古国。

（7）台湾斑腹蝇 *Chamaemyia taiwanensis* Papp, 2005

Chamaemyia taiwanensis Papp, 2005. Acta Zool. Acad. Sci. Hung. 51 (3): 205. **Type locality:** China: Taiwan, Nantou.

分布（**Distribution**）：台湾（TW）。

4. 准斑腹蝇属 *Parochthiphila* Czerny, 1904

Parochthiphila Czerny, 1904. Wien. Ent. Ztg. 23 (8): 169. **Type species:** *Ochtiphila spectabilis* Loew, 1858 (by designation of Czerny, 1936).

1）真斑腹蝇亚属 *Euestelia* Enderlein, 1927

Euestelia Enderlein, 1927. Stettin. Ent. Ztg. 88 (1): 108. **Type species:** *Ochtiphila coronata* Loew, 1858 (by original designation).

（8）欺准斑腹蝇 *Parochthiphila* (*Euestelia*) *decipia* Tanasijtshuk, 1986

Parochthiphila (*Euestelia*) *decipia* Tanasijtshuk, 1986. Fauna of the USSR, New Series 134, Dipt. (4): 119. **Type locality:** Tajikistan: South Badakhshan.

Ochtiphila coronata Becker, 1908c. Ezheg. Zool. Muz. (1907) 12: 309. **Type locality:** Not given.

分布（**Distribution**）：青海（QH）；摩尔多瓦、格鲁吉亚、亚美尼亚、土库曼斯坦、塔吉克斯坦、吉尔吉斯斯坦、意大利、阿富汗、蒙古国。

（9）特里准斑腹蝇 *Parochthiphila* (*Euestelia*) *trjapitzini* Tanasijtshuk, 1968

Parochthiphila (*Euestelia*) *trjapitzini* Tanasijtshuk, 1968. Ent. Obozr. 47 (3): 642. **Type locality:** Russia: Primorskiy Territory.

Parochthiphila inconstans Tanasijtshuk, 1968. Ent. Obozr.

47 (3): 641. **Type locality:** Not given.

分布（**Distribution**）：宁夏（NX）、青海（QH）；俄罗斯、布里亚特、格鲁吉亚、乌兹别克斯坦、塔吉克斯坦、吉尔吉斯斯坦、蒙古国。

（10）杨氏准斑腹蝇 *Parochthiphila* (*Euestelia*) *yangi* Xie, 1995

Parochthiphila (*Euestelia*) *yangi* Xie, 1995. Entomotaxon. 17 (Suppl.): 103. **Type locality:** China: Qinghai.

分布（**Distribution**）：青海（QH）。

2）准斑腹蝇亚属 *Parochthiphila* Czerny, 1904

Parochthiphila Czerny, 1904. Wien. Ent. Ztg. 23 (8): 169. **Type species:** *Ochthiphila spectabilis* Loew, 1858 (by designation of Czerny, 1936).

（11）钝脊准斑腹蝇 *Parochthiphila* (*Parochthiphila*) *transcaspica* Frey, 1958

Parochthiphila (*Parochthiphila*) *transcaspica* Frey, 1958. Commentat. Biol. (Societas Scientarum Fennica) 18 (1): 28. **Type locality:** Turkmenistan: Krasnovodsk.

Parochthiphila phragmitis Tanasijtshuk, 1963. Zool. Žhur. 42 (12): 1877. **Type locality:** Dagestan: Manaskent.

Parochthiphila kozlovi Tanasijtshuk, 1968. Ent. Obozr. 47 (3): 650. **Type locality:** China: Gansu, Lanzhou.

分布（**Distribution**）：内蒙古（NM）、甘肃（GS）；俄罗斯、亚美尼亚、土库曼斯坦、塔吉克斯坦、蒙古国。

小斑腹蝇亚科 Leucopinae

5. 小斑腹蝇属 *Leucopis* Meigen, 1830

Leucopis Meigen, 1830. Syst. Beschr. Europ. Zweifl. Insekt. 6: 133. **Type species:** *Anthomyza griseola* Fallén, 1823 (by designation of Blanchard, 1840).

（12）狭抱小斑腹蝇 *Leucopis annulipes* Zetterstedt, 1848

Leucopis annulipes Zetterstedt, 1848. Dipt. Scand. 7: 2712. **Type locality:** Sweden: Barsele.

Leucopis caucasica Tanasijtshuk, 1961. Beitr. Ent. 11 (7-8): 877. **Type locality:** Russia: Adygea.

分布（**Distribution**）：河南（HEN）、陕西（SN）、宁夏（NX）、青海（QH）、新疆（XJ）；俄罗斯、芬兰、捷克、斯洛伐克、瑞典、波兰、法国、匈牙利、意大利、保加利亚、伊朗；中亚。

（13）台南齿小斑腹蝇 *Leucopis apicalis* Malloch, 1914

Leucopis apicalis Malloch, 1914. Ann. Hist.-Nat. Mus. Natl. Hung. 12: 332. **Type locality:** China: Taiwan, Tainan.

分布（**Distribution**）：台湾（TW）。

（14）银白齿小斑腹蝇 *Leucopis argentata* Heeger, 1848

Leucopis argentata Heeger, 1848. Isis (Oken's) 12: 998. **Type locality:** Austria: Vienna.

Leucopis conciliata McAlpine *et* Tanasijtshuk, 1972. Can. Entomol. 104 (12): 1871. **Type locality:** Russia: Voronezh.

Leucopis argenticollis Zetterstedt, 1848. Dipt. Scand. 7: 2714. **Type locality:** Sweden: Gottland.

Leucopis impunctata Czerny, 1936. *In*: Lindner, 1936. Flieg. Palaearkt. Reg. 5 (2): 13. **Type locality:** Not given.

Leucopis interruptovittata Aczél, 1937. Folia Ent. Hung. 3 (1-3): 75. **Type locality:** Hungary: Tihani.

分布（**Distribution**）：内蒙古（NM）、河北（HEB）；俄罗斯、匈牙利、芬兰、乌克兰、法国、意大利、瑞典、土库曼斯坦、乌兹别克斯坦、塔吉克斯坦、捷克、斯洛伐克、玻利维亚、奥地利、英国、法国、意大利、瑞士、波兰、荷兰、蒙古国、阿富汗、伊朗、阿曼、哈萨克斯坦、土耳其、南非、加拿大、美国、澳大利亚；中亚。

（15）台湾小斑腹蝇 *Leucopis formosana* Hennig, 1938

Leucopis formosana Hennig, 1938. Arb. Morph. Taxon. Ent. Berl. 5: 209. **Type locality:** China: Taiwan, Tainan.

分布（**Distribution**）：福建（FJ）、台湾（TW）、广东（GD）；俄罗斯、越南、印度、以色列、南非、肯尼亚、澳大利亚。

（16）喙抱小斑腹蝇 *Leucopis glyphinivora* Tanasijtshuk, 1958

Leucopis glyphinivora Tanasijtshuk, 1958. Trudy Zool. Inst. 24: 92. **Type locality:** Russia: Leningrad, Luga.

Leucopis glyphinivora taurica Tanasijtshuk, 1959. Ent. Obozr. 38 (4): 933. **Type locality:** Crimea: Karadag.

分布（**Distribution**）：黑龙江（HL）、吉林（JL）、内蒙古（NM）、河北（HEB）、北京（BJ）、陕西（SN）、宁夏（NX）、贵州（GZ）；俄罗斯、芬兰、捷克、斯洛伐克、法国、以色列、阿富汗、瑞士、荷兰、英国、意大利、西班牙、土耳其；中亚。

（17）巨侧突小斑腹蝇 *Leucopis griseola* (Fallén, 1823)

Anthomyza griseola Fallén, 1823. Agromyzides Sveciae: 4. **Type locality:** "Suecia".

Leucopis puncticornis Hennig, 1938. Arb. Morph. Taxon. Ent. Berl. 5: 209. **Type locality:** Not given.

Leucopis sensu Hennig, 1938. Arb. Morph. Taxon. Ent. Berl. 5: 213. **Type locality:** Not given.

Leucopis magnicerca Tanasijtshuk, 1976. *In*: Tanasijtshuk *et al.*, 1976. Ann. Soc. Entomol. Fr. (N. S.) 12 (4): 694. **Type locality:** France: Paris.

分布（**Distribution**）：内蒙古（NM）、河北（HEB）；俄罗斯、英国、法国、德国、瑞典、奥地利、捷克、斯洛伐克、葡萄牙、芬兰、荷兰、蒙古国、日本；北美洲。

（18）尼氏小斑腹蝇 *Leucopis ninae* Tanasijtshuk, 1966

Leucopis ninae Tanasijtshuk, 1966. Trudy Zool. Inst. 37: 234. **Type locality:** Aksay environs of Alma-Ata.

分布（Distribution）：中国广布；俄罗斯（北高加索地区）、乌克兰、哈萨克斯坦、乌兹别克斯坦、塔吉克斯坦、吉尔吉斯斯坦、英国、法国、意大利、前南斯拉夫、马其顿、希腊、以色列、罗马尼亚、土耳其、瑞士、伊拉克、伊朗、阿富汗、蒙古国、加拿大、美国、南非、摩洛哥。

（19）达格斯坦小斑腹蝇 *Leucopis pallidolineata* Tanasijtshuk, 1961

Leucopis pallidolineata Tanasijtshuk, 1961. Beitr. Ent. 11 (7-8): 882. **Type locality:** North Dagestan: east of Terekli Mekteb.

分布（Distribution）：内蒙古（NM）；俄罗斯、达吉斯坦、摩尔多瓦、亚美尼亚、阿塞拜疆、哈萨克斯坦、土库曼斯坦、吉尔吉斯斯坦、乌克兰、乌兹别克斯坦、塔吉克斯坦、匈牙利、土耳其、伊朗、蒙古国。

（20）西藏小斑腹蝇 *Leucopis sordida* Becker, 1908

Leucopis sordida Becker, 1907. Annu. Mus. Zool. Acad. Sci. Russ. St.-Pétersb. 12 (3): 309. **Type locality:** China: Qinghai, Tsajdam (Chaidamu).

分布（Distribution）：青海（QH）、西藏（XZ）；俄罗斯、蒙古国。

缟蝇科 Lauxaniidae

同脉缟蝇亚科 Homoneurinae

1. 隆额缟蝇属 *Cestrotus* Loew, 1862

Cestrotus Loew, 1862. Öfvers. K. Vetensk. Akad. Förh. 19: 10. **Type species:** *Cestrotus turritus* Loew, 1862 (by designation of Becker, 1895).
Turriger Kertész, 1904. Ann. Hist.-Nat. Mus. Natl. Hung. 2: 73. **Type species:** *Turriger frontalis* Kertész, 1904 (monotypy).

（1）尖弯隆额缟蝇 *Cestrotus acuticurvus* Shi, Yang *et* Gaimari, 2009

Cestrotus acuticurvus Shi, Yang *et* Gaimari, 2009. Zootaxa 2009: 43. **Type locality:** China: Yunnan, Gongshan.

分布（Distribution）：云南（YN）。

（2）顶隆额缟蝇 *Cestrotus apicalis* (Hendel, 1920)

Turriger apicalis Hendel, 1920. Verh. K. K. Zool.-Bot. Ges. Wien 70: 75. **Type locality:** China: Taiwan, Kosempo.

分布（Distribution）：四川（SC）、云南（YN）、台湾（TW）。

（3）黄盾隆额缟蝇 *Cestrotus flavoscutellatus* de Meijere, 1910

Cestrotus flavoscutellatus de Meijere, 1910. Tijdschr. Ent. 53: 142. **Type locality:** Indonesia: Java (Bogor, Gunung Pantjar).
Turriger flavoscutellatus var. *nigrofemoratus* Hendel, 1920. Verh. K. K. Zool.-Bot. Ges. Wien 70: 75. **Type locality:** China: Taiwan, Nantou.

分布（Distribution）：湖南（HN）、西藏（XZ）、台湾（TW）、广西（GX）、海南（HI）；老挝、尼泊尔、越南、马来西亚、印度尼西亚。

（4）异翅隆额缟蝇 *Cestrotus heteropterus* Shi, Yang *et* Gaimari, 2009

Cestrotus heteropterus Shi, Yang *et* Gaimari, 2009. Zootaxa 2009: 54. **Type locality:** China: Yunnan, Xishuangbanna. Thailand: Chaiyaphum, Chonburi, Loei, Phetchabun, Phitsanulok, Sakon Nakhon.

分布（Distribution）：云南（YN）；泰国、越南、马来西亚。

（5）刘氏隆额缟蝇 *Cestrotus liui* Shi, Yang *et* Gaimari, 2009

Cestrotus heteropterus Shi, Yang *et* Gaimari, 2009. Zootaxa 2009: 57. **Type locality:** China: Yunnan, Baihualing; Hainan, Bawangling.

分布（Distribution）：重庆（CQ）、云南（YN）、西藏（XZ）、海南（HI）；马来西亚。

（6）长裸隆额缟蝇 *Cestrotus longinudus* Shi, Yang *et* Gaimari, 2009

Cestrotus longinudus Shi, Yang *et* Gaimari, 2009. Zootaxa 2009: 60. **Type locality:** China: Hainan, Jianfengling, Yinggeling.

分布（Distribution）：海南（HI）。

（7）钝隆额缟蝇 *Cestrotus obtusus* Shi, Yang *et* Gaimari, 2009

Cestrotus obtusus Shi, Yang *et* Gaimari, 2009. Zootaxa 2009: 62. **Type locality:** China: Guangxi, Maoershan, Nonggang; Hunan, Hupingshan; Zhejiang, Tianmushan.

分布（Distribution）：浙江（ZJ）、湖南（HN）、重庆（CQ）、广西（GX）。

2. 异缟蝇属 *Dioides* Kertész, 1915

Dioides Kertész, 1915b. Ann. Hist.-Nat. Mus. Natl. Hung. 13: 491. **Type species:** *Dioides pictipennis* Kertész, 1915 (by original designation).

（8）叉突异缟蝇 *Dioides furcatus* Shi, Li *et* Yang, 2009

Cestrotus obtusus Shi, Li *et* Yang, 2009. Ann. Zool. 59 (1): 95.

Type locality: China: Hainan, Yinggeling.

分布（**Distribution**）：广西（GX）、海南（HI）；泰国、越南。

（9）内弯异缟蝇 *Dioides incurvatus* Shi, Li *et* Yang, 2009

Cestrotus incurvatus Shi, Li *et* Yang, 2009. Ann. Zool. 59 (1): 96. **Type locality:** China: Yunnan, Menglun.

分布（**Distribution**）：云南（YN）；泰国。

（10）金秀异缟蝇 *Dioides jinxiuensis* Shi, Li *et* Yang, 2009

Cestrotus jinxiuensis Shi, Li *et* Yang, 2009. Ann. Zool. 59 (1): 100. **Type locality:** China: Guangxi, Jinxiu, Jinshi; Hainan, Bawangling, Jianfengling.

分布（**Distribution**）：广西（GX）、海南（HI）。

（11）微突异缟蝇 *Dioides minutus* Shi, Li *et* Yang, 2009

Cestrotus minutus Shi, Li *et* Yang, 2009. Ann. Zool. 59 (1): 101. **Type locality:** China: Yunnan, Menglun.

分布（**Distribution**）：云南（YN）、西藏（XZ）。

（12）彩羽异缟蝇 *Dioides pictipennis* Kertész, 1915

Dioides pictipennis Kertész, 1915b. Ann. Hist.-Nat. Mus. Natl. Hung. 13: 493. **Type locality:** China: Taiwan, Chip-Chip.

分布（**Distribution**）：台湾（TW）。

（13）红鼻异缟蝇 *Dioides rufescinasus* Shi, Li *et* Yang, 2009

Cestrotus rufescinasus Shi, Li *et* Yang, 2009. Ann. Zool. 59 (1): 104. **Type locality:** China: Yunnan, Baihualing.

分布（**Distribution**）：云南（YN）。

3. 同脉缟蝇属 *Homoneura* Wulp, 1891

Homoneura Wulp, 1891. Tijdschr. Ent. 34: 213. **Type species:** *Homoneura picea* van der Wulp, 1891 (monotypy).

Cnematomyia Hendel, 1925. Encycl. Ent. (B) II Dipt. 2: 107. **Type species:** *Lauxania quinquevittata* Meijere, 1910 (by original designation).

Drosomyia de Meijere, 1904. Bijdr. Dierkd. 17/18: 114. **Type species:** *Drosomyia picta* de Meijere, 1904 (monotypy).

1）多鬃同脉缟蝇亚属 *Chaetohomoneura* Malloch, 1927

Neohomoneura Malloch, 1927d. Suppl. Ent. 15: 106 (as a subgenus of *Homoneura*). **Type species:** *Lauxania semibrunnea* de Meijere, 1915 (by original designation).

（14）盘形多鬃同脉缟蝇 *Homoneura (Chaetohomoneura) disciformis* Shi, Wang *et* Yang, 2011

Homoneura (Chaetohomoneura) disciformis Shi, Wang *et* Yang, 2011. Zootaxa 2975: 5. **Type locality:** China: Yunnan, Xishuangbanna.

分布（**Distribution**）：云南（YN）。

2）分鬃同脉缟蝇亚属 *Euhomoneura* Malloch, 1927

Neohomoneura Malloch, 1927f. Proc. Linn. Soc. N. S. W. 52: 419 (as a subgenus of *Homoneura*). **Type species:** *Lauxania ornatipennis* de Meijere, 1910 (by original designation).

（15）短突分鬃同脉缟蝇 *Homoneura (Euhomoneura) minuscula* Gao, Yang *et* Gaimari, 2003

Homoneura (Euhomoneura) minuscula Gao, Yang *et* Gaimari, 2003. Pan-Pac. Entomol. 79 (3-4): 193. **Type locality:** China: Beijing, Mentougou.

分布（**Distribution**）：北京（BJ）。

（16）异翅分鬃同脉缟蝇 *Homoneura (Euhomoneura) variipennis* Czerny, 1933

Homoneura variipennis Czerny, 1933. Konowia 12: 231. **Type locality:** Russia: Amur.

Homoneura (Euhomoneura) variipennis: Shatalkin, 2000. Zool. Issledovania 5: 28; Shi, Gaimari *et* Yang, 2012. Zootaxa 3238: 17.

分布（**Distribution**）：北京（BJ）；俄罗斯。

（17）小龙门分鬃同脉缟蝇 *Homoneura (Euhomoneura) xiaolongmenensis* Gao, Yang *et* Gaimari, 2003

Homoneura (Euhomoneura) xiaolongmenensis Gao, Yang *et* Gaimari, 2003. Pan-Pac. Entomol. 79 (3-4): 193. **Type locality:** China: Beijing, Mentougou.

分布（**Distribution**）：北京（BJ）。

3）同脉缟蝇亚属 *Homoneura* Malloch, 1927

Homoneura Malloch, 1927f. Proc. Linn. Soc. N. S. W. 52: 419. **Type species:** *Lauxania ornatipennis* de Meijere, 1910 (by original designation).

（18）异突同脉缟蝇 *Homoneura (Homoneura) abnormis* Gao *et* Yang, 2004

Homoneura (Homoneura) abnormis Gao *et* Yang, 2004. Raff. Bull. Zool. 52 (2): 352. **Type locality:** China: Guangxi, Tianlin, Linaoshan.

分布（**Distribution**）：广西（GX）。

（19）强鬃同脉缟蝇 *Homoneura (Homoneura) acrostichalis* (de Meijere, 1916)

Lauxania acrostichalis de Meijere, 1916d. Tijdschr. Ent. (1915) 58 (Suppl.): 51. **Type locality:** Australia: Cocos Islands.

Homoneura acrostichalis: Malloch, 1929. Bull. Br. Mus. (Nat.

Hist.) Ent. 6 fasc. 4: 207; Sasakawa *et* Ikeuchi, 1985. Kontyû 53 (3): 494; Sasakawa, 1997. Esakia 37: 142; Shewell, 1977. *In*: Delfinado *et* Hardy, 1977. Cat. Dipt. Orient. Reg. 3: 200.

分布（Distribution）：台湾（TW）；斯里兰卡、日本、澳大利亚、密克罗尼西亚、美国、帕劳、基里巴斯、马绍尔群岛、纽埃（新西）、北马里亚纳群岛（美）、萨摩亚、所罗门群岛。

（20）尖突同脉缟蝇 *Homoneura* (*Homoneura*) *acutata* Yang, Zhu *et* Hu, 1999

Homoneura (*Homoneura*) *acutata* Yang, Zhu *et* Hu, 1999. *In*: Shen *et* Shi, 1998. The Fauna and Taxonomy of Insects in Henan Vol. 4: 212. **Type locality:** China: Henan, Xixia.

分布（Distribution）：河南（HEN）。

（21）端毛同脉缟蝇 *Homoneura* (*Homoneura*) *apicomata* Shi *et* Yang, 2009

Homoneura (*Homoneura*) *apicomata* Shi *et* Yang, 2009. Zootaxa 2325: 3. **Type locality:** China: Hainan, Baisha, Shuiman.

分布（Distribution）：云南（YN）、海南（HI）。

（22）沟套同脉缟蝇 *Homoneura* (*Homoneura*) *aulatheca* Sasakawa *et* Ikeuchi, 1985

Homoneura aulatheca Sasakawa *et* Ikeuchi, 1985. Kontyû 53 (3): 497. **Type locality:** Japan.

分布（Distribution）：台湾（TW）；日本、朝鲜。

（23）百花岭同脉缟蝇 *Homoneura* (*Homoneura*) *baihualingensis* Li *et* Yang, 2012

Homoneura (*Homoneura*) *baihualingensis* Li *et* Yang, 2012. Zootaxa 3537: 3. **Type locality:** China: Yunnan, Baoshan.

分布（Distribution）：云南（YN）。

（24）贝氏同脉缟蝇 *Homoneura* (*Homoneura*) *beckeri* (Kertész, 1900)

Sapromyza beckeri Kertész, 1900. Természetr. Füz. 23: 266. **Type locality:** Singapore.

Homoneura (*Homoneura*) *beckeri*: Sasakawa, 1992. Insecta Matsum. (N. S.) 46: 164.

分布（Distribution）：台湾（TW）、海南（HI）；印度、尼泊尔、新加坡、泰国、印度尼西亚、马来西亚。

（25）双尖同脉缟蝇 *Homoneura* (*Homoneura*) *bicuspidata* Shi *et* Yang, 2014

Homoneura (*Homoneura*) *bicuspidata* Shi *et* Yang, 2014. Zootaxa 3890 (1): 18. **Type locality:** China: Hainan, Ledong, Jianfengling.

分布（Distribution）：海南（HI）。

（26）双刺同脉缟蝇 *Homoneura* (*Homoneura*) *bispinalis* Yang, Hu *et* Zhu, 2001

Homoneura (*Homoneura*) *bispinalis* Yang, Hu *et* Zhu, 2001.

In: Wu *et* Pan, 2001. Insects of Tianmushan National Nature Reserve: 448. **Type locality:** China: Zhejiang, Tianmushan, Chanyuansi.

分布（Distribution）：浙江（ZJ）、云南（YN）。

（27）双带同脉缟蝇 *Homoneura* (*Homoneura*) *bistriata* (Kertész, 1915)

Lauxania (*Minettia*) *bistriata* Kertész, 1915b. Ann. Hist.-Nat. Mus. Natl. Hung. 13: 524. **Type locality:** China: Taiwan.

Homoneura bistriata: Sasakawa *et* Ikeuchi, 1982. Kontyû 50 (3): 484.

分布（Distribution）：台湾（TW）、广西（GX）；日本、斯里兰卡。

（28）波密同脉缟蝇 *Homoneura* (*Homoneura*) *bomiensis* Gao *et* Yang, 2003

Homoneura (*Homoneura*) *bomiensis* Gao *et* Yang, 2003. Mitt. Mus. Nat. Kd. Berl., Dtsch. Ent. Z. 50 (2): 243. **Type locality:** China: Tibet, Yigong.

分布（Distribution）：西藏（XZ）。

（29）短角同脉缟蝇 *Homoneura* (*Homoneura*) *brevicornis* (Kertész, 1915)

Lauxania (*Sapromyza*) *brevicornis* Kertész, 1915b. Ann. Hist.-Nat. Mus. Natl. Hung. 13: 525. **Type locality:** China: Taiwan.

Homoneura alini Hering, 1938. Mitt. Dtsch. Ent. Ges. 8: 74. **Type locality:** China: Mandschurei, Charbin.

Homoneura brevicornis: Sasakawa *et* Ikeuchi, 1982. Kontyû 50 (3): 487; Malloch, 1929. Proc. U. S. Natl. Mus. 74 (6): 56; Shatalkin, 1995. Zool. Žhur. 74 (11): 61; Shatalkin, 2000. Zool. Issledovania 5: 26; Sasakawa *et* Ikeuchi, 1982. Kontyû 50 (3): 487; Shi, Gaimari *et* Yang, 2012. Zootaxa 3238: 8.

分布（Distribution）：黑龙江（HL）、台湾（TW）、海南（HI）；印度尼西亚、日本、韩国、菲律宾、所罗门群岛。

（30）短突同脉缟蝇 *Homoneura* (*Homoneura*) *brevis* Gao *et* Yang, 2004

Homoneura (*Homoneura*) *brevis* Gao *et* Yang, 2004. Raff. Bull. Zool. 52 (2): 352. **Type locality:** China: Guangxi.

分布（Distribution）：广西（GX）。

（31）短毛同脉缟蝇 *Homoneura* (*Homoneura*) *breviseta* (Kertész, 1913)

Lauxania (*Minettia*) *bistriata* Kertész, 1913c. Ann. Hist.-Nat. Mus. Natl. Hung. 11: 93. **Type locality:** China: Taiwan.

分布（Distribution）：台湾（TW）。

（32）短管同脉缟蝇 *Homoneura* (*Homoneura*) *brevituba* Li *et* Yang, 2012

Homoneura (*Homoneura*) *brevituba* Li *et* Yang, 2012. Zootaxa 3537: 9. **Type locality:** China: Yunnan, Xishuangbanna.

分布（**Distribution**）：云南（YN）。

（33）美翅同脉缟蝇 *Homoneura* (*Homoneura*) *caloptera* (Kertész, 1915)

Lauxania caloptera Kertész, 1915b. Ann. Hist.-Nat. Mus. Natl. Hung. 13: 519. **Type locality:** China: Taiwan.

Homoneura caloptera: Malloch, 1929. Proc. U. S. Natl. Mus. 74 (6): 53; Shewell, 1977. *In*: Delfinado *et* Hardy, 1977. Cat. Dipt. Orient. Reg. 3: 201; Shi *et* Yang, 2014. Zootaxa 3890 (1): 19.

分布（**Distribution**）：台湾（TW）。

（34）苍山同脉缟蝇 *Homoneura* (*Homoneura*) *cangshanensis* Li *et* Yang, 2013

Homoneura (*Homoneura*) *cangshanensis* Li *et* Yang, 2013. Rev. Suisse Zool. 120 (4): 550. **Type locality:** China: Yunnan, Dali.

分布（**Distribution**）：云南（YN）。

（35）中华同脉缟蝇 *Homoneura* (*Homoneura*) *chinensis* Malloch, 1926

Homoneura chinensis Malloch, 1926d. Proc. U. S. Natl. Mus. 68: 176. **Type locality:** China: Sichuan.

Homoneura (*Homoneura*) *chinensis*: Papp, 1984c. *In*: Soós *et* Papp, 1984. Cat. Palaearct. Dipt. 9: 195; Malloch, 1929. Proc. U. S. Natl. Mus. 74 (6): 55; Shatalkin, 2000. Zool. Issledovania 5: 27; Shi *et* Yang, 2014. Zootaxa 3890 (1): 20.

分布（**Distribution**）：四川（SC）。

（36）赤水同脉缟蝇 *Homoneura* (*Homoneura*) *chishuiensis* Gao *et* Yang, 2006

Homoneura (*Homoneura*) *chishuiensis* Gao *et* Yang, 2006. *In*: Jin *et* Li, 2006. Insect Fauna from National Nature Reserve of Guizhou Province, III. Insects from Chishui Spinulose Tree Fern Landscape: 301. **Type locality:** China: Guizhou, Chishui.

分布（**Distribution**）：贵州（GZ）、云南（YN）、海南（HI）。

（37）圆柱同脉缟蝇 *Homoneura* (*Homoneura*) *columnaria* Shi *et* Yang, 2009

Homoneura (*Homoneura*) *columnaria* Shi *et* Yang, 2009. Zootaxa 2325: 6. **Type locality:** China: Hainan, Bawangling, Jianfengling.

分布（**Distribution**）：海南（HI）。

（38）凹缺同脉缟蝇 *Homoneura* (*Homoneura*) *concava* Sasakawa, 2002

Homoneura (*Homoneura*) *concava* Sasakawa, 2002. Sci. Rep. Kyoto Pref. Univ., Hum. Env. Agr. 54: 54. **Type locality:** China: Taiwan.

Homoneura (*Homoneura*) *concava*: Shi *et* Yang, 2014. Zootaxa 3890 (1): 67.

分布（**Distribution**）：台湾（TW）。

（39）锥形同脉缟蝇 *Homoneura* (*Homoneura*) *conica* Li *et* Yang, 2012

Homoneura (*Homoneura*) *conica* Li *et* Yang, 2012. Zootaxa 3537: 11. **Type locality:** China: Yunnan, Kunming.

分布（**Distribution**）：云南（YN）。

（40）愈斑同脉缟蝇 *Homoneura* (*Homoneura*) *conjunctiva* Shi, Wang *et* Yang, 2011

Homoneura (*Homoneura*) *conjunctiva* Shi, Wang *et* Yang, 2011. Acta Zootaxon. Sin. 36 (1): 80 (replacement name for *Homoneura* (*Homoneura*) *conjuncta* Yang, Hu *et* Zhu, 2002 nec).

Homoneura (*Homoneura*) *conjuncta* Yang, Hu *et* Zhu, 2002. *In*: Huang, 2002. Forest Insects of Hainan: 779 (preoccupied by Yang, Hu *et* Zhu, 2002). **Type locality:** China: Hainan, Haikou, Jianfengling, Nada; Fujian, Xiamen.

分布（**Distribution**）：福建（FJ）、海南（HI）。

（41）腹齿同脉缟蝇 *Homoneura* (*Homoneura*) *conspicua* Sasakawa, 2001

Homoneura (*Homoneura*) *conspicua* Sasakawa, 2001. Sci. Rep. Kyoto Pref. Univ., Hum. Env. Agr. 53: 79. **Type locality:** Vietnam: Karyu Danar.

分布（**Distribution**）：海南（HI）；越南。

（42）聚突同脉缟蝇 *Homoneura* (*Homoneura*) *convergens* Shi *et* Yang, 2009

Homoneura (*Homoneura*) *convergens* Shi *et* Yang, 2009. Zootaxa 2325: 8. **Type locality:** China: Hainan, Bawangling.

分布（**Distribution**）：海南（HI）。

（43）牛角同脉缟蝇 *Homoneura* (*Homoneura*) *cornis* Li *et* Yang, 2012

Homoneura (*Homoneura*) *cornis* Li *et* Yang, 2012. Zootaxa 3537: 13. **Type locality:** China: Yunnan, Baoshan.

分布（**Distribution**）：云南（YN）。

（44）角突同脉缟蝇 *Homoneura* (*Homoneura*) *cornuta* Sasakawa, 2001

Homoneura (*Homoneura*) *cornuta* Sasakawa, 2001. Sci. Rep. Kyoto Pref. Univ., Hum. Env. Agr. 53: 85. **Type locality:** Vietnam.

分布（**Distribution**）：广西（GX）；越南。

（45）重尾同脉缟蝇 *Homoneura* (*Homoneura*) *crassicauda* Malloch, 1927

Homoneura crassicauda Malloch, 1927e. Ent. Mitt. 16 (3): 171. **Type locality:** China: Taiwan. Holotype male in SDEI.

Homoneura (*Homoneura*) *crassicauda*: Malloch, 1929. Proc. U. S. Natl. Mus. 74 (6): 55; Shewell, 1977. *In*: Delfinado *et* Hardy, 1977. Cat. Dipt. Orient. Reg. 3: 202.

分布（**Distribution**）：台湾（TW）；斯里兰卡。

（46）曲茎同脉缟蝇 *Homoneura* (*Homoneura*) *crispa* Li *et* Yang, 2013

Homoneura (*Homoneura*) *crispa* Li *et* Yang, 2013. Rev. Suisse Zool. 120 (4): 551. **Type locality:** China: Yunnan, Fugong, Yaping.

分布（Distribution）：云南（YN）。

（47）卷突同脉缟蝇 *Homoneura* (*Homoneura*) *curvata* Yang, Zhu *et* Hu, 1999

Homoneura (*Homoneura*) *curvata* Yang, Zhu *et* Hu, 1999. *In*: Shen *et* Shi, 1998. The Fauna and Taxonomy of Insects in Henan Vol. 4: 213. **Type locality:** China: Henan, Xixia.

分布（Distribution）：河南（HEN）。

（48）弯背同脉缟蝇 *Homoneura* (*Homoneura*) *curvispina* Gao *et* Yang, 2003

Homoneura (*Homoneura*) *curvispina* Gao *et* Yang, 2003. Mitt. Mus. Nat. Kd. Berl., Dtsch. Ent. Z. 50 (2): 245. **Type locality:** China: Tibet, Bomi.

分布（Distribution）：西藏（XZ）。

（49）弯刺同脉缟蝇 *Homoneura* (*Homoneura*) *curvispinosa* Yang, Hu *et* Zhu, 2001

Homoneura (*Homoneura*) *curvispinosa* Yang, Hu *et* Zhu, 2001. *In*: Wu *et* Pan, 2001. Insects of Tianmushan National Nature Reserve: 448. **Type locality:** China: Zhejiang, Tianmushan.

分布（Distribution）：浙江（ZJ）。

（50）切氏同脉缟蝇 *Homoneura* (*Homoneura*) *czernyi* Shatalkin, 1993

Homoneura (*Homoneura*) *czernyi* Shatalkin, 1993. Russ. Ent. J. 2 (3-4): 106. **Type locality:** China: Sichuan.

分布（Distribution）：四川（SC）。

（51）大东山同脉缟蝇 *Homoneura* (*Homoneura*) *dadongshanica* Shi *et* Yang, 2014

Homoneura (*Homoneura*) *dadongshanica* Shi *et* Yang, 2014. Zootaxa 3890 (1): 22. **Type locality:** China: Guangdong, Lianzhou, Dadongshan.

分布（Distribution）：广东（GD）。

（52）无肢同脉缟蝇 *Homoneura* (*Homoneura*) *degenerata* Shi *et* Yang, 2014

Homoneura (*Homoneura*) *degenerata* Shi *et* Yang, 2014. Zootaxa 3890 (1): 23. **Type locality:** China: Hainan, Baisha, Jianfengling.

分布（Distribution）：海南（HI）。

（53）细齿同脉缟蝇 *Homoneura* (*Homoneura*) *denticulata* Shi *et* Yang, 2014

Homoneura (*Homoneura*) *denticulata* Shi *et* Yang, 2014. Zootaxa 3890 (1): 24. **Type locality:** China: Guangdong.

分布（Distribution）：广东（GD）。

（54）双突同脉缟蝇 *Homoneura* (*Homoneura*) *didyma* Yang, Zhu *et* Hu, 2003

Homoneura (*Homoneura*) *didyma* Yang, Zhu *et* Hu, 2003. *In*: Huang, 2003. Fauna of Insects in Fujian Province of China 8: 556. **Type locality:** China: Fujian, Jianyang.

分布（Distribution）：福建（FJ）。

（55）暗色同脉缟蝇 *Homoneura* (*Homoneura*) *discoglauca* (Walker, 1860)

Ochthiphila discoglauca Walker, 1860b. J. Proc. Linn. Soc. London Zool. 4: 147. **Type locality:** Sri Lanka: Makasar.

Lauxania viatrix de Meijere, 1910. Tijdschr. Ent. 53: 123. **Type locality:** Indonesia: Java, Krakatau, Semarang.

Homoneura discoglauca: Sasakawa *et* Ikeuchi, 1982. Kontyû 50 (3): 492.

分布（Distribution）：台湾（TW）；日本、印度尼西亚、马来西亚、澳大利亚、密克罗尼西亚、新加坡、泰国、越南。

（56）盘状同脉缟蝇 *Homoneura* (*Homoneura*) *discoidalis* (Kertész, 1915)

Lauxania (*Minettia*) *discoidalis* Kertész, 1915b. Ann. Hist.-Nat. Mus. Natl. Hung. 13: 517. **Type locality:** China: Taiwan.

分布（Distribution）：台湾（TW）。

（57）粗茎同脉缟蝇 *Homoneura* (*Homoneura*) *diversa* (Kertész, 1913)

Lauxania (*Minettia*) *diversa* Kertész, 1913c. Ann. Hist.-Nat. Mus. Natl. Hung. 11: 102. **Type locality:** China: Taiwan.

分布（Distribution）：福建（FJ）、台湾（TW）；菲律宾。

（58）独龙江同脉缟蝇 *Homoneura* (*Homoneura*) *dulongjiangica* Li *et* Yang, 2012

Homoneura (*Homoneura*) *dulongjiangica* Li *et* Yang, 2012. Zootaxa 3537: 14. **Type locality:** China: Yunnan, Nujiang.

分布（Distribution）：云南（YN）。

（59）剑状同脉缟蝇 *Homoneura* (*Homoneura*) *ensata* Li *et* Yang, 2012

Homoneura (*Homoneura*) *ensata* Li *et* Yang, 2012. Zootaxa 3537: 16. **Type locality:** China: Yunnan, Baoshan, Lijiang.

分布（Distribution）：云南（YN）。

（60）伸展同脉缟蝇 *Homoneura* (*Homoneura*) *extensa* Yang, Hu *et* Zhu, 2001

Homoneura (*Homoneura*) *extensa* Yang, Hu *et* Zhu, 2001. *In*: Wu *et* Pan, 2001. Insects of Tianmushan National Nature Reserve: 451. **Type locality:** China: Zhejiang, Tianmushan.

分布（Distribution）：浙江（ZJ）。

（61）镰突同脉缟蝇 *Homoneura* (*Homoneura*) *falcata* **Shi *et* Yang, 2014**

Homoneura (*Homoneura*) *falcata* Shi *et* Yang, 2014. Zootaxa 3890 (1): 25. **Type locality:** China: Hainan, Baisha, Yinggeling.

分布（Distribution）：海南（HI）。

（62）束突同脉缟蝇 *Homoneura* (*Homoneura*) *fasciventris* **Malloch, 1927**

Homoneura (*Homoneura*) *fasciventris* Malloch, 1927e. Ent. Mitt. 16 (3): 169. **Type locality:** China: Taiwan.

Homoneura (*Homoneura*) *fasciventris*: Sasakawa, 1992. Insecta Matsum. (N. S.) 46 173.

分布（Distribution）：台湾（TW）；老挝、马来西亚、越南。

（63）凤阳山同脉缟蝇 *Homoneura* (*Homoneura*) *fengyangshanica* **Shi *et* Yang, 2014**

Homoneura (*Homoneura*) *fengyangshanica* Shi *et* Yang, 2014. Zootaxa 3890 (1): 26. **Type locality:** China: Zhejiang, Longquan, Fengyangshan.

分布（Distribution）：浙江（ZJ）。

（64）淡黄同脉缟蝇 *Homoneura* (*Homoneura*) *flavida* **Shi *et* Yang, 2009**

Homoneura (*Homoneura*) *flavida* Shi *et* Yang, 2009. Zootaxa 2325: 10. **Type locality:** China: Hainan, Yinggeling, Jianfengling, Wuzhishan.

分布（Distribution）：云南（YN）、海南（HI）。

（65）黄缘同脉缟蝇 *Homoneura* (*Homoneura*) *flavomarginata* **(Kertész, 1915)**

Lauxania (*Minettia*) *flavomarginata* Kertész, 1915b. Ann. Hist.-Nat. Mus. Natl. Hung. 13: 529. **Type locality:** China: Taiwan.

分布（Distribution）：台湾（TW）。

（66）钳形同脉缟蝇 *Homoneura* (*Homoneura*) *forcipata* **(Kertész, 1913)**

Lauxania (*Minettia*) *forcipata* Kertész, 1913c. Ann. Hist.-Nat. Mus. Natl. Hung. 11: 100. **Type locality:** China: Taiwan.

Homoneura (*Homoneura*) *forcipata*: Sasakawa, 1992. Insecta Matsum. (N. S.) 46: 174.

分布（Distribution）：台湾（TW）；马来西亚、越南。

（67）台湾同脉缟蝇 *Homoneura* (*Homoneura*) *formosae* **(Kertész, 1913)**

Lauxania (*Sapromyza*) *formosae* Kertész, 1913c. Ann. Hist.-Nat. Mus. Natl. Hung. 11: 99. **Type locality:** China: Taiwan.

分布（Distribution）：台湾（TW）。

（68）福建同脉缟蝇 *Homoneura* (*Homoneura*) *fujianensis* **Yang, Zhu *et* Hu, 2003**

Homoneura (*Homoneura*) *fujianensis* Yang, Zhu *et* Hu, 2003. *In*: Huang, 2003. Fauna of Insects in Fujian Province of China 8: 557. **Type locality:** China: Fujian, Jianyang.

分布（Distribution）：福建（FJ）。

（69）花蕾同脉缟蝇 *Homoneura* (*Homoneura*) *gemmiformis* **Li *et* Yang, 2012**

Homoneura (*Homoneura*) *gemmiformis* Li *et* Yang, 2012. Zootaxa 3537: 18. **Type locality:** China: Yunnan, Honghe.

分布（Distribution）：云南（YN）。

（70）格氏同脉缟蝇 *Homoneura* (*Homoneura*) *grahami* **Malloch, 1929**

Homoneura (*Homoneura*) *grahami* Malloch, 1929. Proc. U. S. Natl. Mus. 74 (6): 81. **Type locality:** China: Sichuan, Omei Mountain.

Homoneura (*Homoneura*) *grahami*: Papp, 1984c. *In*: Soós *et* Papp, 1984. Cat. Palaearct. Dipt. 9: 195; Shatalkin, 2000. Zool. Issledovania 5: 26; Sasakawa, 2001. Sci. Rep. Kyoto Pref. Univ., Hum. Env. Agr. 53: 83.

分布（Distribution）：四川（SC）；越南。

（71）大同脉缟蝇 *Homoneura* (*Homoneura*) *grandis* **(Kertész, 1915)**

Lauxania (*Minettia*) *grandis* Kertész, 1915b. Ann. Hist.-Nat. Mus. Natl. Hung. 13: 529. **Type locality:** China: Taiwan, Taihorinsho.

Homoneura (*Homoneura*) *grahami*: Sasakawa, 2001. Sci. Rep. Kyoto Pref. Univ., Hum. Env. Agr. 53: 86.

分布（Distribution）：台湾（TW）、广东（GD）；越南。

（72）贵州同脉缟蝇 *Homoneura* (*Homoneura*) *guizhouensis* **Gao *et* Yang, 2002**

Homoneura (*Homoneura*) *guizhouensis* Gao *et* Yang, 2002. Ann. Zool. 52 (2): 293. **Type locality:** China: Guizhou, Fanjingshan.

分布（Distribution）：贵州（GZ）。

（73）中朝同脉缟蝇 *Homoneura* (*Homoneura*) *haejuana* **Sasakawa *et* Kozánek, 1995**

Homoneura (*Homoneura*) *haejuana* Sasakawa *et* Kozánek, 1995. Jpn. J. Ent. 63 (1): 68. **Type locality:** D. P. R. Korea: Suyangsan.

分布（Distribution）：天津（TJ）；朝鲜。

（74）海南同脉缟蝇 *Homoneura* (*Homoneura*) *hainanensis* **Yang, Hu *et* Zhu, 2002**

Homoneura (*Homoneura*) *hainanensis* Yang, Hu *et* Zhu, 2002. *In*: Huang, 2002. Forest Insects of Hainan: 782. **Type locality:** China: Hainan, Haikou.

分布（**Distribution**）：海南（HI）。

（75）钩茎同脉缟蝇 *Homoneura* (*Homoneura*) *hamata* Shi *et* Yang, 2014

Homoneura (*Homoneura*) *hamata* Shi *et* Yang, 2014. Zootaxa 3890 (1): 28. **Type locality:** China: Hainan, Ledong, Jianfengling.

分布（**Distribution**）：海南（HI）。

（76）河南同脉缟蝇 *Homoneura* (*Homoneura*) *henanensis* Yang, Zhu *et* Hu, 1999

Homoneura (*Homoneura*) *henanensis* Yang, Zhu *et* Hu, 1999. *In*: Shen *et* Shi, 1998. The Fauna and Taxonomy of Insects in Henan Vol. 4: 211. **Type locality:** China: Henan, Baotianman.

分布（**Distribution**）：河南（HEN）。

（77）异斑同脉缟蝇 *Homoneura* (*Homoneura*) *heterosticta* (Kertész, 1913)

Lauxania (*Sapromyza*) *forcipata* Kertész, 1913c. Ann. Hist.-Nat. Mus. Natl. Hung. 11: 97. **Type locality:** China: Taiwan.

分布（**Distribution**）：台湾（TW）。

（78）横小同脉缟蝇 *Homoneura* (*Homoneura*) *hirayamae* (Matsumura, 1916)

Sapromyza hirayamae Matsumura, 1916. Thousand Ins. Japan Add. 2: 425. **Type locality:** Japan.

Euceriella hemistriata Shinji, 1939. Insect World 43: 355. N. syn.

Homoneura hirayamae: Sasakawa *et* Ikeuchi, 1982. Kontyû 50 (3): 482.

分布（**Distribution**）：天津（TJ）；日本。

（79）红茂同脉缟蝇 *Homoneura* (*Homoneura*) *hongmaoensis* Shi *et* Yang, 2014

Homoneura (*Homoneura*) *hongmaoensis* Shi *et* Yang, 2014. Zootaxa 3890 (1): 29. **Type locality:** China: Hainan, Baisha, Yinggeling.

分布（**Distribution**）：海南（HI）。

（80）无斑同脉缟蝇 *Homoneura* (*Homoneura*) *immaculata* (de Meijere, 1910)

Lauxania immaculata de Meijere, 1910. Tijdschr. Ent. 53: 123. **Type locality:** Indonesia: Java, Wonosobo.

分布（**Distribution**）：贵州（GZ）、云南（YN）、广西（GX）、海南（HI）；老挝、越南、印度尼西亚、马来西亚。

（81）汇合同脉缟蝇 *Homoneura* (*Homoneura*) *interstrica* Shi *et* Yang, 2016

Homoneura (*Homoneura*) *interstrica* Shi *et* Yang, 2016. *In*: Shi *et al*., 2016. *In*: Yang *et al*., 2016. Fauna of Tianmu Mountain (Diptera: Lauxaniidae) 9: 87. **Type locality:** China: Zhejiang, Tianmushan, Longquan.

分布（**Distribution**）：浙江（ZJ）。

（82）中断同脉缟蝇 *Homoneura* (*Homoneura*) *interrupta* Sasakawa, 2001

Homoneura (*Homoneura*) *interrupta* Sasakawa, 2001. Sci. Rep. Kyoto Pref. Univ., Hum. Env. Agr. 53: 89. **Type locality:** Vietnam: Lao Kai.

Homoneura (*Homoneura*) *interrupta*: Shi *et* Yang, 2014. Zootaxa 3890 (1): 30.

分布（**Distribution**）：海南（HI）；越南。

（83）蒋氏同脉缟蝇 *Homoneura* (*Homoneura*) *jiangi* Gao *et* Yang, 2004

Homoneura (*Homoneura*) *jiangi* Gao *et* Yang, 2004. Raff. Bull. Zool. 52 (2): 358. **Type locality:** China: Guangxi, Tianlin, Linaoshan.

分布（**Distribution**）：云南（YN）、广西（GX）。

（84）尖岭同脉缟蝇 *Homoneura* (*Homoneura*) *jianlingensis* Shi *et* Yang, 2014

Homoneura (*Homoneura*) *jianlingensis* Shi *et* Yang, 2014. Zootaxa 3890 (1): 31. **Type locality:** China: Hainan, Wanning, Jianling.

分布（**Distribution**）：海南（HI）。

（85）克氏同脉缟蝇 *Homoneura* (*Homoneura*) *kolthoffi* Hendel, 1938

Homoneura (*Homoneura*) *kolthoffi* Hendel, 1938. Ark. Zool. 30A (3): 5. **Type locality:** China: Jiangsu.

分布（**Distribution**）：天津（TJ）、江苏（JS）；朝鲜、俄罗斯。

（86）宽阔水同脉缟蝇 *Homoneura* (*Homoneura*) *kuankuoshuiensis* Wang, Gao *et* Yang, 2012

Homoneura (*Homoneura*) *kuankuoshuiensis* Wang, Gao *et* Yang, 2012. Zootaxa 3262: 42. **Type locality:** China: Guizhou, Suiyang.

分布（**Distribution**）：贵州（GZ）。

（87）宽须同脉缟蝇 *Homoneura* (*Homoneura*) *lata* Yang, Hu *et* Zhu, 2001

Homoneura (*Homoneura*) *lata* Yang, Hu *et* Zhu, 2001. *In*: Wu *et* Pan, 2001. Insects of Tianmushan National Nature Reserve: 447. **Type locality:** China: Zhejiang, Tianmushan.

分布（**Distribution**）：浙江（ZJ）。

（88）叉突同脉缟蝇 *Homoneura* (*Homoneura*) *laticosta* (Thomson, 1869)

Geomyza laticosta Thomson, 1869. K. Svenska Fregatten Eugenies Resa, Zool., Dipt. 2 (1): 598. **Type locality:** Malacc, Singapore, Malaya.

Sapromyza singaporensis Kertész, 1900. Természetr. Füz. 23: 261. **Type locality:** Singapore.

Lauxania laticosta: Meijere, 1915. Tijdschr. Ent. 58: 136.

Homoneura (*Homoneura*) *laticosta*: Malloch, 1929. Proc. U. S. Natl. Mus. 74 (6): 80; Shewell, 1977. *In*: Delfinado *et* Hardy, 1977. Cat. Dipt. Orient. Reg. 3: 204; Sasakawa, 1992. Insecta Matsum. (N. S.) 46: 181; Sasakawa, 2001. Sci. Rep. Kyoto Pref. Univ., Hum. Env. Agr. 53: 82; Sasakawa, 2002. Sci. Rep. Kyoto Pref. Univ., Hum. Env. Agr. 54: 56; Sasakawa, 2003. Sci. Rep. Kyoto Pref. Univ., Hum. Env. Agr. 55: 70; Shi *et* Yang, 2014. Zootaxa 3890 (1): 32.

分布（Distribution）：福建（FJ）、海南（HI）；印度尼西亚、菲律宾、马来西亚、新加坡、泰国、越南、老挝、澳大利亚、新几内亚岛、所罗门群岛。

（89）侧额同脉缟蝇 *Homoneura* (*Homoneura*) *latifrons* **Malloch, 1927**

Homoneura latifrons Malloch, 1927e. Ent. Mitt. 16 (3): 169. **Type locality:** China: Taiwan.

Homoneura latifrons: Sasakawa *et* Ikeuchi, 1982. Kontyû 50 (3): 486.

分布（Distribution）：台湾（TW）；日本。

（90）阔背同脉缟蝇 *Homoneura* (*Homoneura*) *latissima* **Shi *et* Yang, 2009**

Homoneura (*Homoneura*) *latissima* Shi *et* Yang, 2009. Zootaxa 2325: 13. **Type locality:** China: Hainan, Yinggeling, Jianfengling.

分布（Distribution）：云南（YN）、海南（HI）。

（91）侧带同脉缟蝇 *Homoneura* (*Homoneura*) *latizona* **Li *et* Yang, 2012**

Homoneura (*Homoneura*) *latizona* Li *et* Yang, 2012. Zootaxa 3537: 20. **Type locality:** China: Yunnan, Xishuangbanna.

分布（Distribution）：云南（YN）。

（92）光滑同脉缟蝇 *Homoneura* (*Homoneura*) *levis* **(Wiedemann, 1830)**

Lauxania levis Wiedemann, 1830. Aussereurop. Zweifl. Insekt. 2: 520. **Type locality:** China: Macao.

Homoneura (*Homoneura*) *levis*: Shi *et* Yang, 2014. Zootaxa 3890 (1): 57.

分布（Distribution）：澳门（MC）。

（93）李氏同脉缟蝇 *Homoneura* (*Homoneura*) *lii* **Gao *et* Yang, 2005**

Homoneura (*Homoneura*) *lii* Gao *et* Yang, 2005. Zootaxa 1010: 18. **Type locality:** China: Guizhou, Fanjingshan.

分布（Distribution）：贵州（GZ）。

（94）海滨分鬃同脉缟蝇 *Homoneura* (*Homoneura*) *litorea* **Shi, Gaimari *et* Yang, 2012**

Homoneura (*Homoneura*) *litorea* Shi, Gaimari *et* Yang, 2012. Zootaxa 3238: 12. **Type locality:** China: Hainan, Haikou.

分布（Distribution）：海南（HI）。

（95）长突同脉缟蝇 *Homoneura* (*Homoneura*) *longa* **Gao *et* Yang, 2002**

Homoneura (*Homoneura*) *longa* Gao *et* Yang, 2002. Ann. Zool. 52 (2): 294. **Type locality:** China: Guizhou, Guiyang.

分布（Distribution）：贵州（GZ）。

（96）长角同脉缟蝇 *Homoneura* (*Homoneura*) *longicornis* **Sasakawa, 2002**

Homoneura (*Homoneura*) *longicornis* Sasakawa, 2002. Sci. Rep. Kyoto Pref. Univ., Hum. Env. Agr. 54: 56. **Type locality:** China: Taiwan.

分布（Distribution）：台湾（TW）。

（97）长叉同脉缟蝇 *Homoneura* (*Homoneura*) *longifurcata* **Shi *et* Yang, 2014**

Homoneura (*Homoneura*) *longifurcata* Shi *et* Yang, 2014. Zootaxa 3890 (1): 32. **Type locality:** China: Hainan, Changjiang, Bawangling.

分布（Distribution）：海南（HI）。

（98）长膜同脉缟蝇 *Homoneura* (*Homoneura*) *longinotata* **Shi *et* Yang, 2009**

Homoneura (*Homoneura*) *longinotata* Shi *et* Yang, 2009. Acta Zootaxon. Sin. 34 (3): 467. **Type locality:** China: Hainan, Ledong, Jianfengling.

分布（Distribution）：海南（HI）。

（99）长毛同脉缟蝇 *Homoneura* (*Homoneura*) *longiplumaria* **Yang, Hu *et* Zhu, 2002**

Homoneura (*Homoneura*) *longiplumaria* Yang, Hu *et* Zhu, 2002. *In*: Huang, 2002. Forest Insects of Hainan: 785. **Type locality:** China: Hainan, Nada.

分布（Distribution）：海南（HI）。

（100）长腹突同脉缟蝇 *Homoneura* (*Homoneura*) *longiprocessa* **Li *et* Yang, 2012**

Homoneura (*Homoneura*) *longiprocessa* Li *et* Yang, 2012. Zootaxa 3537: 22. **Type locality:** China: Yunnan, Honghe, Xishuangbanna.

分布（Distribution）：云南（YN）。

（101）长刺同脉缟蝇 *Homoneura* (*Homoneura*) *longispina* **Gao *et* Yang, 2004**

Homoneura (*Homoneura*) *longispina* Gao *et* Yang, 2004. Raff. Bull. Zool. 52 (2): 358. **Type locality:** China: Guangxi, Tianlin; Longsheng.

分布（Distribution）：广西（GX）。

（102）麦氏同脉缟蝇 *Homoneura* (*Homoneura*) *mayrhoferi* **Czerny, 1932**

Homoneura mayrhoferi Czerny, 1932. *In*: Lindner, 1932. Flieg. Palaearkt. Reg. 5 (50): 16. **Type locality:** China: Mandzuria.

分布（Distribution）：黑龙江（HL）、内蒙古（NM）、江西（JX）；俄罗斯、蒙古国、朝鲜、日本。

（103）黑角同脉缟蝇 *Homoneura* (*Homoneura*) *nigrantennata* Yang, Hu *et* Zhu, 2002

Homoneura (*Homoneura*) *nigrantennata* Yang, Hu *et* Zhu, 2002. *In*: Huang, 2002. Forest Insects of Hainan: 784. **Type locality:** China: Hainan, Nada.

分布（Distribution）：海南（HI）。

（104）黑跗同脉缟蝇 *Homoneura* (*Homoneura*) *nigritarsis* Shi *et* Yang, 2009

Homoneura (*Homoneura*) *nigritarsis* Shi *et* Yang, 2009. Zootaxa 2325: 15. **Type locality:** China: Hainan, Jianfengling.

分布（Distribution）：海南（HI）。

（105）背毛同脉缟蝇 *Homoneura* (*Homoneura*) *noticomata* Shi *et* Yang, 2014

Homoneura (*Homoneura*) *noticomata* Shi *et* Yang, 2014. Zootaxa 3890 (1): 33. **Type locality:** China: Hainan, Changjiang (Bawangling).

分布（Distribution）：海南（HI）。

（106）背斑同脉缟蝇 *Homoneura* (*Homoneura*) *notostigma* (Kertész, 1913)

Lauxania (*Minettia*) *notostigma* Kertész, 1913c. Ann. Hist.-Nat. Mus. Natl. Hung. 11: 94. **Type locality:** China: Taiwan, Chip-Chip.

分布（Distribution）：台湾（TW）、海南（HI）；泰国。

（107）裸额同脉缟蝇 *Homoneura* (*Homoneura*) *nudifrons* (Kertész, 1913)

Lauxania (*Minettia*) *notostigma* Kertész, 1913c. Ann. Hist.-Nat. Mus. Natl. Hung. 11: 99. **Type locality:** China: Taiwan.

分布（Distribution）：台湾（TW）；马来西亚。

（108）钝突同脉缟蝇 *Homoneura* (*Homoneura*) *obtusa* Yang, Hu *et* Zhu, 2002

Homoneura (*Homoneura*) *obtusa* Yang, Hu *et* Zhu, 2002. *In*: Huang, 2002. Forest Insects of Hainan: 785. **Type locality:** China: Hainan, Nada.

分布（Distribution）：海南（HI）。

（109）后斑同脉缟蝇 *Homoneura* (*Homoneura*) *occipitalis* Malloch, 1927

Homoneura (*Homoneura*) *occipitalis* Malloch, 1927e. Ent. Mitt. 16 (3): 170. **Type locality:** China: Taiwan, Chip-Chip.

分布（Distribution）：浙江（ZJ）、云南（YN）、台湾（TW）、广东（GD）。

（110）饰额同脉缟蝇 *Homoneura* (*Homoneura*) *ornatifrons* (Kertész, 1913)

Lauxania ornatifrons Kertész, 1913c. Ann. Hist.-Nat. Mus. Natl. Hung. 11: 91. **Type locality:** China: Taiwan.

Homoneura (*Homoneura*) *trunciformis* Shi *et* Yang, 2009. Acta Zootaxon. Sin. 34 (3): 464. **Type locality:** China: Hainan. **Syn. nov.**

Homoneura (*Homoneura*) *ornatifrons*: Malloch, 1929. Proc. U. S. Natl. Mus. 74 (6): 49; Shewell, 1977. *In*: Delfinado *et* Hardy, 1977. Cat. Dipt. Orient. Reg. 3: 206; Sasakawa, 2001. Sci. Rep. Kyoto Pref. Univ., Hum. Env. Agr. 53: 93; Shi *et* Yang, 2014. Zootaxa 3890 (1): 34.

分布（Distribution）：江西（JX）、台湾（TW）、海南（HI）；日本、越南。

（111）淡斑同脉缟蝇 *Homoneura* (*Homoneura*) *pallida* Yang, Hu *et* Zhu, 2002

Homoneura pallida Yang, Hu *et* Zhu, 2002. *In*: Huang, 2002. Forest Insects of Hainan: 784. **Type locality:** China: Hainan, Ledong, Jianfengling.

分布（Distribution）：海南（HI）。

（112）浅色同脉缟蝇 *Homoneura* (*Homoneura*) *pallidula* Malloch, 1927

Homoneura (*Homoneura*) *pallidula* Malloch, 1927e. Ent. Mitt. 16 (3): 170. **Type locality:** China: Taiwan.

分布（Distribution）：台湾（TW）。

（113）多斑同脉缟蝇 *Homoneura* (*Homoneura*) *picta* (de Meijere, 1904)

Drosomyia picta de Meijere, 1904. Bijdr. Dierkd. 17/18: 114. **Type locality:** Indonesia: Java.

Sciomyza ocellata Brunetti, 1913c. Rec. India Mus. 8: 176. **Type locality:** India: Assam.

Lauxania (*Sapromyza*) *parviceps* Kertész, 1915b. Ann. Hist.-Nat. Mus. Natl. Hung. 13: 521. **Type locality:** China: Taiwan, Chip-Chip.

Homoneura (*Homoneura*) *picta*: Sasakawa, 1992. Insecta Matsum. (N. S.) 46: 192.

分布（Distribution）：浙江（ZJ）、贵州（GZ）、台湾（TW）、广西（GX）、海南（HI）；俄罗斯、印度、老挝、尼泊尔、泰国、越南、印度尼西亚、马来西亚。

（114）彩翅同脉缟蝇 *Homoneura* (*Homoneura*) *pictipennis* Czerny, 1932

Homoneura (*Homoneura*) *pictipennis* Czerny, 1932. *In*: Lindner, 1932. Flieg. Palaearkt. Reg. 5 (50): 18. **Type locality:** China: Heilongjiang.

分布（Distribution）：黑龙江（HL）；俄罗斯。

（115）环毛同脉缟蝇 *Homoneura* (*Homoneura*) *pilifera* Li *et* Yang, 2012

Homoneura (*Homoneura*) *pilifera* Li *et* Yang, 2012. Zootaxa 3537: 24. **Type locality:** China: Yunnan, Xishuangbanna.

分布（Distribution）：云南（YN）。

（116）多刺同脉缟蝇 *Homoneura* (*Homoneura*) *polyacantha* Yang, Zhu *et* Hu, 1999

Homoneura (*Homoneura*) *polyacantha* Yang, Zhu *et* Hu, 1999. *In*: Shen *et* Shi, 1998. The Fauna and Taxonomy of Insects in Henan Vol. 4: 213. **Type locality:** China: Henan, Xixia.

分布（Distribution）：河南（HEN）。

（117）微突同脉缟蝇 *Homoneura* (*Homoneura*) *procerula* Gao *et* Yang, 2005

Homoneura (*Homoneura*) *procerula* Gao *et* Yang, 2005. Zootaxa 1010: 20. **Type locality:** China: Guizhou, Fanjingshan.

分布（Distribution）：贵州（GZ）。

（118）四带同脉缟蝇 *Homoneura* (*Homoneura*) *quadristriata* Shi *et* Yang, 2014

Homoneura (*Homoneura*) *quadristriata* Shi *et* Yang, 2014. Zootaxa 3890 (1): 35. **Type locality:** China: Hainan, Ledong, Jianfengling.

分布（Distribution）：海南（HI）。

（119）中带同脉缟蝇 *Homoneura* (*Homoneura*) *quinquevittata* (de Meijere, 1910)

Lauxania quinquevittata de Meijere, 1910. Tijdschr. Ent. 53: 135. **Type locality:** Indonesia: Java.

Homoneura formosana Malloch, 1927d. Suppl. Ent. 15: 110. **Type locality:** China: Taiwan.

Sciomyza septemlineata Brunetti, 1913c. Rec. India Mus. 8: 178. **Type locality:** India: Assam.

Homoneura (*Homoneura*) *quinquevittata*: Sasakawa, 1992. Insecta Matsum. (N. S.) 46: 195.

分布（Distribution）：贵州（GZ）、云南（YN）、福建（FJ）、台湾（TW）；印度、尼泊尔、马来西亚、印度尼西亚、菲律宾、日本、老挝、泰国。

（120）五斑同脉缟蝇 *Homoneura* (*Homoneura*) *quiquenotata* (de Meijere, 1915)

Lauxania quinquevittata de Meijere, 1915. Tijdschr. Ent. 58: 137. **Type locality:** Indonesia: Java.

Homoneura (*Homoneura*) *quiquenotata*: Sasakawa, 1992. Insecta Matsum. (N. S.) 46: 194.

分布（Distribution）：福建（FJ）、台湾（TW）、海南（HI）；印度尼西亚、斯里兰卡、马来西亚、日本、老挝、韩国、越南。

（121）索氏同脉缟蝇 *Homoneura* (*Homoneura*) *sauteri* Malloch, 1927

Homoneura sauteri Malloch, 1927e. Ent. Mitt. 16 (3): 171. **Type locality:** China: Taiwan, Kosempo.

Homoneura (*Homoneura*) *sauteri*: Sasakawa, 1992. Insecta Matsum. (N. S.) 46: 196; Shewell, 1977. *In*: Delfinado *et* Hardy, 1977. Cat. Dipt. Orient. Reg. 3: 208.

分布（Distribution）：台湾（TW）、海南（HI）；老挝、马来西亚、斯里兰卡、泰国。

（122）开环同脉缟蝇 *Homoneura* (*Homoneura*) *semiannulata* Li *et* Yang, 2013

Homoneura (*Homoneura*) *semiannulata* Li *et* Yang, 2013. Rev. Suisse Zool. 120 (4): 555. **Type locality:** China: Yunnan, Kunming.

分布（Distribution）：云南（YN）。

（123）半环同脉缟蝇 *Homoneura* (*Homoneura*) *semicircularis* Shi *et* Yang, 2009

Homoneura (*Homoneura*) *semicircularis* Shi *et* Yang, 2009. Zootaxa 2325: 17. **Type locality:** China: Zhejiang, Fengyangshan.

分布（Distribution）：浙江（ZJ）。

（124）离斑同脉缟蝇 *Homoneura* (*Homoneura*) *separata* Yang, Hu *et* Zhu, 2002

Homoneura (*Homoneura*) *separata* Yang, Hu *et* Zhu, 2002. *In*: Huang, 2002. Forest Insects of Hainan: 780. **Type locality:** China: Hainan, Qiongzhong, Nada, Haikou, Maling.

分布（Distribution）：海南（HI）。

（125）北方同脉缟蝇 *Homoneura* (*Homoneura*) *septentrionalis* (Loew, 1847)

Sapromyza septentrionlis Loew, 1847b. Jber. Naturw. Ver. Posen 1846: 32. **Type locality:** Russia: "Das nordliche Russland".

Homoneura septentrionlis: Czerny, 1932. *In*: Lindner, 1932. Flieg. Palaearkt. Reg. 5 (50): 19; Papp, 1984c. *In*: Soós *et* Papp, 1984. Cat. Palaearct. Dipt. 9: 197; Shatalkin, 2000. Zool. Issledovania 5: 31; Shi *et* Yang, 2014. Zootaxa 3890 (1): 38.

分布（Distribution）：黑龙江（HL）；蒙古国、俄罗斯。

（126）齿状同脉缟蝇 *Homoneura* (*Homoneura*) *serrata* Gao *et* Yang, 2002

Homoneura (*Homoneura*) *serrata* Gao *et* Yang, 2002. Ann. Zool. 52 (2): 295. **Type locality:** China: Guizhou, Fanjingshan.

Homoneura (*Homoneura*) *serrata* Sasakawa, 2003. Sci. Rep. Kyoto Pref. Univ., Hum. Env. Agr. 55: 71. **Type locality:** Laos: Ban Van Eue.

分布（Distribution）：贵州（GZ）、广西（GX）；老挝。

（127）顺溪同脉缟蝇 *Homoneura* (*Homoneura*) *shunxica* **Shi** *et* **Yang, 2014**

Homoneura (*Homoneura*) *shunxica* Shi *et* Yang, 2014. Zootaxa 3890 (1): 39. **Type locality:** China: Zhejiang, Shunxi, Hengyuan.

分布（**Distribution**）：浙江（ZJ）。

（128）简大同脉缟蝇 *Homoneura* (*Homoneura*) *simigrandis* **Shi** *et* **Yang, 2014**

Homoneura (*Homoneura*) *simigrandis* Shi *et* Yang, 2014. Zootaxa 3890 (1): 40. **Type locality:** China: Guangdong.

分布（**Distribution**）：广东（GD）。

（129）简化同脉缟蝇 *Homoneura* (*Homoneura*) *simplicissima* **(Meijere, 1910)**

Lauxania simplicissima de Meijere, 1910. Tijdschr. Ent. 53: 132. **Type locality:** Indonesia: Sumatra.

Mallochomyza tagalica Frey, 1927. Acta Soc. Fauna Flora Fenn. 56 (8): 38. **Type locality:** Philippines.

Homoneura (*Homoneura*) *simplicissima*: Malloch, 1929. Proc. U. S. Natl. Mus. 74 (6): 51; Shewell, 1977. *In*: Delfinado *et* Hardy, 1977. Cat. Dipt. Orient. Reg. 3: 208; Sasakawa, 1992. Insecta Matsum. (N. S.) 46: 199; Shi *et* Yang, 2014. Zootaxa 3890 (1): 41.

分布（**Distribution**）：台湾（TW）；印度尼西亚、马来西亚、菲律宾。

（130）单突同脉缟蝇 *Homoneura* (*Homoneura*) *singularis* **Yang, Hu** *et* **Zhu, 2002**

Homoneura (*Homoneura*) *singularis* Yang, Hu *et* Zhu, 2002. *In*: Huang, 2002. Forest Insects of Hainan: 783. **Type locality:** China: Hainan, Nada.

分布（**Distribution**）：海南（HI）。

（131）史氏同脉缟蝇 *Homoneura* (*Homoneura*) *stackelbergiana* **Papp, 1984**

Homoneura (*Homoneura*) *stackelbergiana* Papp, 1984. Acta Zool. Acad. Sci. Hung. 30 (1-2): 168. **Type locality:** D. P. R. Korea.

Homoneura (*Homoneura*) *stackelbergiana*: Sasakawa *et* Kozánek, 1995. Jpn. J. Ent. 63 (1): 72; Shatalkin, 1995. Zool. Žhur. 74 (11): 56; Shatalkin, 2000. Zool. Issledovania 5: 87; Shi, Gaimari *et* Yang, 2012. Zootaxa 3238: 17.

分布（**Distribution**）：北京（BJ）；日本、朝鲜、俄罗斯。

（132）八带同脉缟蝇 *Homoneura* (*Homoneura*) *strigata* **(de Meijere, 1910)**

Lauxania strigata de Meijere, 1910. Tijdschr. Ent. 53: 136. **Type locality:** Indonesia: Java.

Homoneura (*Homoneura*) *strigata*: Malloch, 1929. Proc. U. S. Natl. Mus. 74 (6): 54; Shewell, 1977. *In*: Delfinado *et* Hardy, 1977. Cat. Dipt. Orient. Reg. 3: 209; Sasakawa, 1992. Insecta Matsum. (N. S.) 46: 201; Sasakawa, 2001. Sci. Rep. Kyoto Pref. Univ., Hum. Env. Agr. 53: 84; Shi *et* Yang, 2014. Zootaxa 3890 (1): 41.

分布（**Distribution**）：广西（GX）、海南（HI）；老挝、越南、印度尼西亚、马来西亚。

（133）斑腿同脉缟蝇 *Homoneura* (*Homoneura*) *substigmata* **Yang, Zhu** *et* **Hu, 1999**

Homoneura (*Homoneura*) *substigmata* Yang, Zhu *et* Hu, 1999. *In*: Shen *et* Shi, 1998. The Fauna and Taxonomy of Insects in Henan Vol. 4: 215. **Type locality:** China: Henan, Xixia.

分布（**Distribution**）：河南（HEN）。

（134）锥茎同脉缟蝇 *Homoneura* (*Homoneura*) *subulifera* **Shi** *et* **Yang, 2014**

Homoneura (*Homoneura*) *subulifera* Shi *et* Yang, 2014. Zootaxa 3890 (1): 42. **Type locality:** China: Hainan, Baisha, Yinggeling.

分布（**Distribution**）：海南（HI）。

（135）异带同脉缟蝇 *Homoneura* (*Homoneura*) *subvittata* **Malloch, 1927**

Homoneura subvittata Malloch, 1927e. Ent. Mitt. 16 (3): 170. **Type locality:** China: Taiwan.

Homoneura (*Homoneura*) *subvittata*: Malloch, 1929. Proc. U. S. Natl. Mus. 74 (6): 54; Sasakawa, 1987. Akitu 92: 6; Sasakawa, 1992. Insecta Matsum. (N. S.) 46: 203; Sasakawa, 2002. Sci. Rep. Kyoto Pref. Univ., Hum. Env. Agr. 54: 58; Shewell, 1977. *In*: Delfinado *et* Hardy, 1977. Cat. Dipt. Orient. Reg. 3: 209; Shi *et* Yang, 2014. Zootaxa 3890 (1): 43.

分布（**Distribution**）：台湾（TW）；马来西亚、泰国、印度尼西亚。

（136）缝鬃同脉缟蝇 *Homoneura* (*Homoneura*) *suturalis* **Yang, Zhu** *et* **Hu, 2003**

Homoneura (*Homoneura*) *suturalis* Yang, Zhu *et* Hu, 2003. *In*: Huang, 2003. Fauna of Insects in Fujian Province of China 8: 557. **Type locality:** China: Fujian, Dehua.

分布（**Distribution**）：福建（FJ）。

（137）天峨同脉缟蝇 *Homoneura* (*Homoneura*) *tianeensis* **Gao** *et* **Yang, 2004**

Homoneura (*Homoneura*) *tianeensis* Gao *et* Yang, 2004. Raff. Bull. Zool. 52 (2): 361. **Type locality:** China: Guangxi, Tian'e.

分布（**Distribution**）：广西（GX）。

（138）天井山同脉缟蝇 *Homoneura* (*Homoneura*) *tianjingshanica* **Shi** *et* **Yang, 2014**

Homoneura (*Homoneura*) *tianjingshanica* Shi *et* Yang, 2014. Zootaxa 3890 (1): 44. **Type locality:** China: Guangdong, Ruyuan (Tianjingshan).

分布（**Distribution**）：广东（GD）。

（139）田林同脉缟蝇 *Homoneura* (*Homoneura*) *tianlinensis* Gao *et* Yang, 2004

Homoneura (*Homoneura*) *tianlinensis* Gao *et* Yang, 2004. Raff. Bull. Zool. 52 (2): 361. **Type locality:** China: Guangxi, Tianlin, Linaoshan.

分布（Distribution）：广西（GX）。

（140）天目山同脉缟蝇 *Homoneura* (*Homoneura*) *tianmushana* Yang, Hu *et* Zhu, 2001

Homoneura (*Homoneura*) *tianmushana* Yang, Hu *et* Zhu, 2001. *In*: Wu *et* Pan, 2001. Insects of Tianmushan National Nature Reserve: 446. **Type locality:** China: Zhejiang, Tianmushan.

分布（Distribution）：浙江（ZJ）。

（141）西藏同脉缟蝇 *Homoneura* (*Homoneura*) *tibetensis* Gao *et* Yang, 2003

Homoneura (*Homoneura*) *tibetensis* Gao *et* Yang, 2003. Mitt. Mus. Nat. Kd. Berl., Dtsch. Ent. Z. 50 (2): 245. **Type locality:** China: Tibet, Zayü.

分布（Distribution）：西藏（XZ）。

（142）扭叉同脉缟蝇 *Homoneura* (*Homoneura*) *tortifurcata* Shi *et* Yang, 2009

Homoneura (*Homoneura*) *tortifurcata* Shi *et* Yang, 2009. Zootaxa 2325: 21. **Type locality:** China: Hainan, Bawangling.

分布（Distribution）：海南（HI）。

（143）三角同脉缟蝇 *Homoneura* (*Homoneura*) *triangulata* Shi *et* Yang, 2014

Homoneura (*Homoneura*) *triangulata* Shi *et* Yang, 2014. Zootaxa 3890 (1): 45. **Type locality:** China: Hainan, Baisha, Yinggeling.

分布（Distribution）：海南（HI）。

（144）三带同脉缟蝇 *Homoneura* (*Homoneura*) *trilineata* Li *et* Yang, 2012

Homoneura (*Homoneura*) *trilineata* Li *et* Yang, 2012. Zootaxa 3537: 26. **Type locality:** China: Yunnan, Baoshan.

分布（Distribution）：云南（YN）。

（145）三突同脉缟蝇 *Homoneura* (*Homoneura*) *triprocessa* Shi *et* Yang, 2014

Homoneura (*Homoneura*) *triprocessa* Shi *et* Yang, 2014. Zootaxa 3890 (1): 46. **Type locality:** China: Hainan, Ledong, Jianfengling.

分布（Distribution）：海南（HI）。

（146）三刺同脉缟蝇 *Homoneura* (*Homoneura*) *trispina* Malloch, 1927

Homoneura (*Homoneura*) *trispina* Malloch, 1927d. Suppl. Ent. 15: 109. **Type locality:** Singapore: Baker.

Homoneura (*Homoneura*) *trispina*: Sasakawa, 1992. Insecta Matsum. (N. S.) 46: 205.

分布（Distribution）：海南（HI）；马来西亚、新加坡、印度尼西亚。

（147）三侧突同脉缟蝇 *Homoneura* (*Homoneura*) *trisurstylata* Li *et* Yang, 2013

Homoneura (*Homoneura*) *trisurstylata* Li *et* Yang, 2013. Rev. Suisse Zool. 120 (4): 558. **Type locality:** China: Yunnan, Xishuangbanna.

分布（Distribution）：云南（YN）。

（148）斑翅同脉缟蝇 *Homoneura* (*Homoneura*) *trypetoptera* (Hendel, 1908)

Lauxania (*Sapromyza*) *trypetoptera* Hendel, 1908a. Genera Insect. 68: 27, 47. **Type locality:** Mittel-Anam. Indochina [= ? Vietnam].

Sapromyza histro de Meijere, 1908b. Tijdschr. Ent. 51: 137. **Type locality:** Indonesia: Java.

Homoneura (*Homoneura*) *trypetoptera*: Sasakawa, 1992. Insecta Matsum. (N. S.) 46: 207; Sasakawa, 2003. Sci. Rep. Kyoto Pref. Univ., Hum. Env. Agr. 55: 74; Shi *et* Yang, 2014. Zootaxa 3890 (1): 113.

分布（Distribution）：贵州（GZ）、台湾（TW）、海南（HI）；印度、老挝、尼泊尔、泰国、越南、印度尼西亚、马来西亚、菲律宾、斯里兰卡。

（149）爪突同脉缟蝇 *Homoneura* (*Homoneura*) *unguiculata* (Kertész, 1913)

Lauxania (*Minettia*) *unguiculata* Kertész, 1913c. Ann. Hist.-Nat. Mus. Natl. Hung. 11: 100. **Type locality:** China: Taiwan, Yentempo, Takao, Koshun, Tainan, Taihoku.

Homoneura (*Homoneura*) *japonica* Czerny, 1932. *In*: Lindner, 1932. Flieg. Palaearkt. Reg. 5 (50): 15.

Homoneura (*Homoneura*) *unguiculata*: Malloch, 1929. Proc. U. S. Natl. Mus. 74 (6): 51; Sasakawa *et* Ikeuchi, 1982. Kontyû 50 (3): 494; Sasakawa, 2003. Sci. Rep. Kyoto Pref. Univ., Hum. Env. Agr. 54: 57; Shi *et* Yang, 2014. Zootaxa 3890 (1): 114.

分布（Distribution）：福建（FJ）、台湾（TW）、海南（HI）；日本、印度尼西亚、马来西亚、斯里兰卡、越南、美国。

（150）异脉同脉缟蝇 *Homoneura* (*Homoneura*) *variinervis* (Kertész, 1915)

Lauxania (*Minettia*) *variinervis* Kertész, 1915b. Ann. Hist.-Nat. Mus. Natl. Hung. 13: 527. **Type locality:** China: Taiwan.

Homoneura (*Homoneura*) *variinervis*: Sasakawa *et* Ikeuchi, 1982. Kontyû 50 (3): 489.

分布（Distribution）：台湾（TW）；日本、泰国。

（151）越南同脉缟蝇 *Homoneura* (*Homoneura*) *vietnamensis* Sasakawa, 2001

Homoneura (*Homoneura*) *vietnamensis* Sasakawa, 2001. Sci.

Rep. Kyoto Pref. Univ., Hum. Env. Agr. 53: 86. **Type locality:** Vietnam.

分布（**Distribution**）：云南（YN）；越南。

（152）褐带同脉缟蝇 *Homoneura* (*Homoneura*) *vittigera* Sasakawa, 2001

Homoneura (*Homoneura*) *vittigera* Sasakawa, 2001. Sci. Rep. Kyoto Pref. Univ., Hum. Env. Agr. 53: 82. **Type locality:** Vietnam: Vinh Phu.

Homoneura (*Homoneura*) *vittigera*: Li, Li *et* Yang, 2008. Acta Zootaxon. Sin. 33 (2): 407.

分布（**Distribution**）：云南（YN）、海南（HI）；越南。

（153）杨氏同脉缟蝇 *Homoneura* (*Homoneura*) *yangi* Gao *et* Yang, 2005

Homoneura (*Homoneura*) *yangi* Gao *et* Yang, 2005. Zootaxa 1010: 22. **Type locality:** China: Guizhou, Fanjingshan.

分布（**Distribution**）：贵州（GZ）。

（154）雅氏同脉缟蝇 *Homoneura* (*Homoneura*) *yaromi* Yang, Hu *et* Zhu, 2001

Homoneura (*Homoneura*) *yaromi* Yang, Hu *et* Zhu, 2001. *In*: Wu *et* Pan, 2001. Insects of Tianmushan National Nature Reserve: 451. **Type locality:** China: Zhejiang, Tianmushan.

分布（**Distribution**）：浙江（ZJ）。

（155）野柳同脉缟蝇 *Homoneura* (*Homoneura*) *yehliuensis* Sasakawa, 2002

Homoneura (*Homoneura*) *yehliuensis* Sasakawa, 2002. Sci. Rep. Kyoto Pref. Univ., Hum. Env. Agr. 54: 58. **Type locality:** China: Taiwan.

Homoneura (*Homoneura*) *yehliuensis*: Shi *et* Yang, 2014. Zootaxa 3890 (1): 115.

分布（**Distribution**）：台湾（TW）。

（156）鹦哥岭同脉缟蝇 *Homoneura* (*Homoneura*) *yinggelingica* Shi *et* Yang, 2009

Homoneura (*Homoneura*) *yinggelingica* Shi *et* Yang, 2009. Zootaxa 2325: 23. **Type locality:** China: Hainan, Yinggeling, Jianfengling.

分布（**Distribution**）：海南（HI）。

（157）云南同脉缟蝇 *Homoneura* (*Homoneura*) *yunnanensis* Li, Li *et* Yang, 2008

Homoneura (*Homoneura*) *yunnanensis* Li, Li *et* Yang, 2008. Acta Zootaxon. Sin. 33 (2): 406. **Type locality:** China: Yunnan, Xishuangbanna.

分布（**Distribution**）：云南（YN）。

（158）张氏同脉缟蝇 *Homoneura* (*Homoneura*) *zhangae* Shi *et* Yang, 2009

Homoneura (*Homoneura*) *zhangae* Shi *et* Yang, 2009. Zootaxa

2325: 25. **Type locality:** China: Hainan, Jianfengling, Yinggeling.

分布（**Distribution**）：云南（YN）、海南（HI）。

（159）张家界同脉缟蝇 *Homoneura* (*Homoneura*) *zhangjiajiensis* Shi *et* Yang, 2014

Homoneura (*Homoneura*) *zhangjiajiensis* Shi *et* Yang, 2014. Zootaxa 3890 (1): 47. **Type locality:** China: Hunan, Zhangjiajie.

分布（**Distribution**）：湖南（HN）。

（160）浙江同脉缟蝇 *Homoneura* (*Homoneura*) *zhejiangenisis* Shi *et* Yang, 2014

Homoneura (*Homoneura*) *zhejiangenisis* Shi *et* Yang, 2014. Zootaxa 3890 (1): 48. **Type locality:** China: Zhejiang, Longquan, Fengyangshan.

分布（**Distribution**）：浙江（ZJ）。

（161）带斑同脉缟蝇 *Homoneura* (*Homoneura*) *zonalis* Yang, Zhu *et* Hu, 1999

Homoneura (*Homoneura*) *zonalis* Yang, Zhu *et* Hu, 1999. *In*: Shen *et* Shi, 1998. The Fauna and Taxonomy of Insects in Henan Vol. 4: 214. **Type locality:** China: Henan, Neixiang, Baotianman.

分布（**Distribution**）：河南（HEN）。

4）褐同脉缟蝇亚属 *Minettioides* Malloch, 1929

Minettioides Malloch, 1929. Proc. U. S. Natl. Mus. 74 (6): 65. **Type species:** *Lauxania parvinotata* de Meijere, 1914. Tijdschr. Ent. 57: 231 (by original designation).

（162）瘤褐同脉缟蝇 *Homoneura* (*Minettioides*) *condylostylis* Sasakawa, 2002

Homoneura (*Minettioides*) *condylostylis* Sasakawa, 2002. Sci. Rep. Kyoto Pref. Univ., Hum. Env. Agr. 54: 59. **Type locality:** China: Taiwan.

Homoneura (*Minettioides*) *condylostylis*: Shi, Gaimari *et* Yang, 2012. Zootaxa 3238: 3.

分布（**Distribution**）：台湾（TW）。

（163）燕尾褐同脉缟蝇 *Homoneura* (*Minettioides*) *forcipata* (Kertész, 1913)

Lauxania forcipata Kertész, 1913c. Ann. Hist.-Nat. Mus. Natl. Hung. 11: 100. **Type locality:** China: Taiwan.

Homoneura (*Minettioides*) *forcipata*: Sasakawa, 1992. Insecta Matsum. (N. S.) 46: 174; Sasakawa, 2001. Sci. Rep. Kyoto Pref. Univ., Hum. Env. Agr. 53: 81; Sasakawa, 2009. Micronesica 41 (1): 39; Shi, Gaimari *et* Yang, 2012. Zootaxa 3238: 6.

分布（**Distribution**）：台湾（TW）；马来西亚、越南、密

克罗尼西亚。

（164）羽褐同脉缟蝇 *Homoneura* (*Minettioides*) *fumipennis* Malloch, 1927

Homoneura fumipennis Malloch, 1927e. Ent. Mitt. 16 (3): 169.
Type locality: China: Taiwan.

Homoneura (*Minettioides*) *fumipennis*: Malloch, 1929. Proc. U. S. Natl. Mus. 74 (6): 66; Shi, Gaimari *et* Yang, 2012. Zootaxa 3238: 6.

分布（**Distribution**）：台湾（TW）。

（165）东方褐同脉缟蝇 *Homoneura* (*Minettioides*) *orientis* (Hendel, 1908)

Sapromyza orientis Hendel, 1908a. Genera Insect. 68: 42. (n. name for *Sapromyza orientalis* Kertész, 1900)

Sapromyza orientalis Kertész, 1900. Természetr. Füz. 23: 272 (preoccupied by Wiedemann, 1830). **Type locality:** New Guinea: Friedrich-Wilhelmshafen.

Sapromyza kertészi de Meijere, 1908b. Tijdschr. Ent. 51: 145 (n. name for *Sapromyza orientalis* Kertész, not Wiedemann, but antedated by *Sapromyza orientis* Hendel).

Lauxania bioculata de Meijere, 1914. Tijdschr. Ent. 57: 225. **Type locality:** Indonesia: Java, Babakan.

Homoneura (*Minettioides*) *orientis*: Shi, Gaimari *et* Yang, 2012. Zootaxa 3238: 6.

分布（**Distribution**）：海南（HI）；澳大利亚、印度尼西亚、新几内亚岛、马来西亚、斯里兰卡。

5）新同脉缟蝇亚属 *Neohomoneura* Malloch, 1927

Neohomoneura Malloch, 1927d. Suppl. Ent. 15: 107. **Type species:** *Sciomyza orientis* Wiedemann, 1830 (by original designation).

（166）保山新同脉缟蝇 *Homoneura* (*Neohomoneura*) *baoshanensis* Li *et* Yang, 2015

Homoneura (*Neohomoneura*) *baoshanensis* Li *et* Yang, 2015. Trans. Am. Ent. Soc. 41: 29. **Type locality:** China: Yunnan, Baoshan, Baihualing.

分布（**Distribution**）：云南（YN）。

（167）双凹新同脉缟蝇 *Homoneura* (*Neohomoneura*) *biconcava* Shi, Wang *et* Yang, 2011

Homoneura (*Neohomoneura*) *biconcava* Shi, Wang *et* Yang, 2011. Zootaxa 2975: 8. **Type locality:** China: Guangdong, Ruyuan, Nanling.

分布（**Distribution**）：广东（GD）。

（168）齿新同脉缟蝇 *Homoneura* (*Neohomoneura*) *denticuligera* Shi, Wang *et* Yang, 2011

Homoneura (*Neohomoneura*) *denticuligera* Shi, Wang *et* Yang, 2011. Zootaxa 2975: 11. **Type locality:** China: Hunan,

Zhangjiajie.

分布（**Distribution**）：湖南（HN）。

（169）指突新同脉缟蝇 *Homoneura* (*Neohomoneura*) *digitata* Shi *et* Yang, 2008

Homoneura (*Neohomoneura*) *digitata* Shi *et* Yang, 2008. Zootaxa 1793 (13): 30. **Type locality:** China: Hainan, Yinggeling, Wuzhishan.

分布（**Distribution**）：海南（HI）。

（170）断桥新同脉缟蝇 *Homoneura* (*Neohomoneura*) *dischida* Li *et* Yang, 2015

Homoneura (*Neohomoneura*) *dischida* Li *et* Yang, 2015. Trans. Am. Ent. Soc. 41: 29. **Type locality:** China: Yunnan, Baoshan, Baihualing.

分布（**Distribution**）：云南（YN）。

（171）董氏新同脉缟蝇 *Homoneura* (*Neohomoneura*) *dongae* Li *et* Yang, 2015

Homoneura (*Neohomoneura*) *dongae* Li *et* Yang, 2015. Trans. Am. Ent. Soc. 41: 30. **Type locality:** China: Yunnan, Menglun.

分布（**Distribution**）：云南（YN）。

（172）椭圆新同脉缟蝇 *Homoneura* (*Neohomoneura*) *elliptica* Shi, Wang *et* Yang, 2011

Homoneura (*Neohomoneura*) *elliptica* Shi, Wang *et* Yang, 2011. Zootaxa 2975: 13. **Type locality:** China: Yunnan, Xishuangbanna.

分布（**Distribution**）：云南（YN）。

（173）广斑新同脉缟蝇 *Homoneura* (*Neohomoneura*) *grandipunctata* Gao *et* Yang, 2006

Homoneura (*Neohomoneura*) *grandipunctata* Gao *et* Yang, 2006. *In*: Jin *et* Li, 2006. Insect Fauna from National Nature Reserve of Guizhou Province, III. Insects from Chishui Spinulose Tree Fern Landscape: 302. **Type locality:** China: Guizhou, Chishui.

分布（**Distribution**）：贵州（GZ）、广西（GX）。

（174）广东新同脉缟蝇 *Homoneura* (*Neohomoneura*) *guangdongica* Shi, Wang *et* Yang, 2011

Homoneura (*Neohomoneura*) *guangdongica* Shi, Wang *et* Yang, 2011. Zootaxa 2975: 15. **Type locality:** China: Guangdong, Ruyuan, Nanling.

分布（**Distribution**）：广东（GD）。

（175）广西新同脉缟蝇 *Homoneura* (*Neohomoneura*) *guangxiensis* Gao *et* Yang, 2004

Homoneura (*Neohomoneura*) *guangxiensis* Gao *et* Yang, 2004. *In*: Yang, 2004. Insects from Mt. Shiwandashan Area of Guangxi: 557. **Type locality:** China: Guangxi, Fangcheng.

分布（**Distribution**）：广西（GX）、海南（HI）。

（176）弯针新同脉缟蝇 *Homoneura* (*Neohomoneura*) *honesta* (Kertész, 1915)

Lauxania (*Minettia*) *honesta* Kertész, 1915b. Ann. Hist.-Nat. Mus. Natl. Hung. 13: 532. **Type locality:** China: Taiwan.

Homoneura (*Neohomoneura*) *honesta*: Sasakawa, 1992. Insecta Matsum. (N. S.) 46: 145.

分布（Distribution）：台湾（TW）；柬埔寨、马来西亚、泰国、老挝、越南。

（177）叉刺新同脉缟蝇 *Homoneura* (*Neohomoneura*) *incompleta* Malloch, 1927

Homoneura (*Neohomoneura*) *incompleta* Malloch, 1927d. Suppl. Ent. 15: 108. **Type locality:** Indonesia: Sumatra, Fort de Kock.

Homoneura (*Neohomoneura*) *incompleta*: Li *et* Yang, 2015. Trans. Am. Ent. Soc. 41: 31.

分布（Distribution）：云南（YN）、广西（GX）、海南（HI）；印度尼西亚、越南。

（178）缅甸新同脉缟蝇 *Homoneura* (*Neohomoneura*) *indica* Malloch, 1929

Homoneura (*Neohomoneura*) *indica* Malloch, 1929. Proc. U. S. Natl. Mus. 74 (6): 62. **Type locality:** Burma: Kyondo.

Homoneura (*Neohomoneura*) *indica*: Li *et* Yang, 2015. Trans. Am. Ent. Soc. 41: 32.

分布（Distribution）：云南（YN）；缅甸。

（179）尖峰新同脉缟蝇 *Homoneura* (*Neohomoneura*) *jianfengensis* Yang, Hu *et* Zhu, 2002

Homoneura jianfengensis Yang, Hu *et* Zhu, 2002. *In*: Huang, 2002. Forest Insects of Hainan: 781. **Type locality:** China: Hainan, Bawangling, Jianfengling, Wuzhishan.

分布（Distribution）：海南（HI）。

（180）宽突新同脉缟蝇 *Homoneura* (*Neohomoneura*) *latisurstyla* Li *et* Yang, 2015

Homoneura (*Neohomoneura*) *latisurstyla* Li *et* Yang, 2015. Trans. Am. Ent. Soc. 41: 32. **Type locality:** China: Yunnan, Baoshan, Baihualing.

分布（Distribution）：云南（YN）。

（181）长毛新同脉缟蝇 *Homoneura* (*Neohomoneura*) *longicomata* Shi, Wang *et* Yang, 2011

Homoneura (*Neohomoneura*) *longicomata* Shi, Wang *et* Yang, 2011. Zootaxa 2975: 17. **Type locality:** China: Guangxi, Guilin; Guangdong, Nanling.

分布（Distribution）：广东（GD）、广西（GX）。

（182）勐仑新同脉缟蝇 *Homoneura* (*Neohomoneura*) *menglunensis* Li *et* Yang, 2015

Homoneura (*Neohomoneura*) *menglunensis* Li *et* Yang, 2015. Trans. Am. Ent. Soc. 41: 33. **Type locality:** China: Yunnan, Xishuangbanna, Menglun.

分布（Distribution）：云南（YN）。

（183）那大新同脉缟蝇 *Homoneura* (*Neohomoneura*) *nadaensis* Yang, Hu *et* Zhu, 2002

Homoneura nadaensis Yang, Hu *et* Zhu, 2002. *In*: Huang, 2002. Forest Insects of Hainan: 782. **Type locality:** China: Hainan, Bawangling, Jianfengling, Wuzhishan.

分布（Distribution）：海南（HI）。

（184）雾斑新同脉缟蝇 *Homoneura* (*Neohomoneura*) *nebulosa* Sasakawa, 2001

Homoneura (*Neohomoneura*) *nebulosa* Sasakawa, 2001. Sci. Rep. Kyoto Pref. Univ., Hum. Env. Agr. 53: 72. **Type locality:** Vietnam: Vinh Phu.

Homoneura (*Neohomoneura*) *nebulosa*: Shi, Wang *et* Yang, 2011. Zootaxa 2975: 19.

分布（Distribution）：广西（GX）；越南。

（185）黑缘新同脉缟蝇 *Homoneura* (*Neohomoneura*) *nigrimarginata* Shi, Wang *et* Yang, 2011

Homoneura (*Neohomoneura*) *nigrimarginata* Shi, Wang *et* Yang, 2011. Zootaxa 2975: 20. **Type locality:** China: Yunnan, Xishuangbanna, Jinghong.

分布（Distribution）：云南（YN）。

（186）黑基新同脉缟蝇 *Homoneura* (*Neohomoneura*) *nigrobasis* Li *et* Yang, 2015

Homoneura (*Neohomoneura*) *nigrobasis* Li *et* Yang, 2015. Trans. Am. Ent. Soc. 41: 34. **Type locality:** China: Yunnan, Xishuangbanna, Menglun.

分布（Distribution）：云南（YN）。

（187）小斑新同脉缟蝇 *Homoneura* (*Neohomoneura*) *nigronotata* (Kertész, 1915)

Lauxania nigronotata Kertész, 1915b. Ann. Hist.-Nat. Mus. Natl. Hung. 13: 530. **Type locality:** China: Taiwan.

分布（Distribution）：台湾（TW）。

（188）直斑新同脉缟蝇 *Homoneura* (*Neohomoneura*) *paroeca* (Kertész, 1915)

Lauxania paroeca Kertész, 1915. Ann. Hist.-Nat. Mus. Natl. Hung. 13: 531. **Type locality:** China: Taiwan.

Homoneura (*Neohomoneura*) *paroeca*: Sasakawa, 2002. Sci. Rep. Kyoto Pref. Univ., Hum. Env. Agr. 54: 61.

分布（Distribution）：台湾（TW）。

（189）拇指新同脉缟蝇 *Homoneura* (*Neohomoneura*) *pollex* Sasakawa, 2001

Homoneura (*Neohomoneura*) *pollex* Sasakawa, 2001. Sci. Rep. Kyoto Pref. Univ., Hum. Env. Agr. 53: 69. **Type locality:** Vietnam: Vinh Phu, Mt. Lang Bian.

Homoneura (*Neohomoneura*) *pollex*: Shi *et* Yang, 2008. Zootaxa 1793 (13): 35.

分布（**Distribution**）：海南（HI）；越南。

（190）蒲氏新同脉缟蝇 *Homoneura* (*Neohomoneura*) *pufujii* Shi, Wang *et* Yang, 2011

Homoneura (*Neohomoneura*) *pufujii* Shi, Wang *et* Yang, 2011. Zootaxa 2975: 22. **Type locality**: China: Yunnan, Xishuangbanna.

分布（**Distribution**）：云南（YN）。

（191）四突新同脉缟蝇 *Homoneura* (*Neohomoneura*) *quadrifera* Shi, Wang *et* Yang, 2011

Homoneura (*Neohomoneura*) *quadrifera* Shi, Wang *et* Yang, 2011. Zootaxa 2975: 24. **Type locality**: China: Guangxi, Longzhou, Nonggang.

分布（**Distribution**）：广西（GX）。

（192）环毛多鬃同脉缟蝇 *Homoneura* (*Neohomoneura*) *setuligera* Gao *et* Yang, 2005

Homoneura (*Chaetohomoneura*) *setuligera* Gao *et* Yang, 2005. Zootaxa 1010: 16. **Type locality**: China: Guizhou, Fanjingshan.

Homoneura (*Neohomoneura*) *setuligera*: Shi, Wang *et* Yang, 2011. Zootaxa 2975: 1.

分布（**Distribution**）：贵州（GZ）。

（193）扭突新同脉缟蝇 *Homoneura* (*Neohomoneura*) *tortilis* Shi *et* Yang, 2008

Homoneura (*Neohomoneura*) *tortilis* Shi *et* Yang, 2008. Zootaxa 1793 (13): 30. **Type locality**: China: Hainan, Jianfengling, Wuzhishan.

分布（**Distribution**）：海南（HI）。

（194）三尖新同脉缟蝇 *Homoneura* (*Neohomoneura*) *tricuspidata* Shi *et* Yang, 2008

Homoneura (*Neohomoneura*) *tricuspidata* Shi *et* Yang, 2008. Zootaxa 1793 (13): 38. **Type locality**: China: Hainan, Bawangling, Jianfengling, Wuzhishan.

分布（**Distribution**）：海南（HI）。

（195）三瓣新同脉缟蝇 *Homoneura* (*Neohomoneura*) *tripetata* Shi *et* Yang, 2008

Homoneura (*Neohomoneura*) *tripetata* Shi *et* Yang, 2008. Zootaxa 1793 (13): 39. **Type locality**: China: Hainan, Jianfengling, Yinggeling.

分布（**Distribution**）：海南（HI）。

（196）曾氏新同脉缟蝇 *Homoneura* (*Neohomoneura*) *zengae* Shi *et* Yang, 2008

Homoneura (*Neohomoneura*) *zengae* Shi *et* Yang, 2008. Zootaxa 1793 (13): 42. **Type locality**: China: Hainan, Bawangling, Jianfengling, Wuzhishan, Yinggeling.

分布（**Distribution**）：海南（HI）。

4. 长鬃缟蝇属 *Noonamyia* Stuckenberg, 1971

Noonamyia Stuckenberg, 1971. Ann. Natal Mus. 20: 566. **Type species**: *Noonamyia palawanensis* Stuckenberg, 1971 (by original designation).

（197）二斑长鬃缟蝇 *Noonamyia bipunctata* Shi, Yang *et* Gaimari, 2011

Noonamyia bipunctata Shi, Yang *et* Gaimari, 2011. Rev. Suisse Zool. 118 (4): 682. **Type locality**: China: Guangxi, Jinxiu, Dayaoshan.

分布（**Distribution**）：广西（GX）。

（198）双锥长鬃缟蝇 *Noonamyia bisubulata* Shi *et* Yang, 2009

Noonamyia bisubulata Shi *et* Yang, 2009. Zootaxa 2014: 35. **Type locality**: China: Hainan, Bawangling, Jianfengling, Wuzhishan, Yinggeling.

分布（**Distribution**）：海南（HI）。

（199）黄盾长鬃缟蝇 *Noonamyia flavoscutellata* Shi, Yang *et* Gaimari, 2011

Noonamyia flavoscutellata Shi, Yang *et* Gaimari, 2011. Rev. Suisse Zool. 118 (4): 684. **Type locality**: China: Guangxi, Jinxiu, Dayaoshan.

分布（**Distribution**）：云南（YN）、广西（GX）；泰国、越南。

（200）伞形长鬃缟蝇 *Noonamyia umbrellata* Shi *et* Yang, 2009

Noonamyia umbrellata Shi *et* Yang, 2009. Zootaxa 2014: 37. **Type locality**: China: Hainan, Jianfengling.

分布（**Distribution**）：云南（YN）、广西（GX）、海南（HI）。

5. 凸颜缟蝇属 *Phobeticomyia* Kertész, 1915

Phobeticomyia Kertész, 1915b. Ann. Hist.-Nat. Mus. Natl. Hung. 13: 500. **Type species**: *Lauxania lunifera* de Meijere, 1910 (by original designation).

（201）指形凸颜缟蝇 *Phobeticomyia digitiformis* Shi, Li *et* Yang, 2009

Phobeticomyia digitiformis Shi, Li *et* Yang, 2009. Zootaxa 2009: 58. **Type locality**: China: Yunnan, Menglun.

分布（**Distribution**）：云南（YN）。

（202）月斑凸颜缟蝇 *Phobeticomyia lunifera* (de Meijere, 1910)

Lauxania lunifera de Meijere, 1910. Tijdschr. Ent. 53: 134. **Type locality**: Indonesia: Java.

分布（**Distribution**）：云南（YN）、台湾（TW）、海南（HI）；泰国、越南、尼泊尔、印度、斯里兰卡、印度尼西亚、马来西亚、菲律宾。

（203）多刺凸颜缟蝇 *Phobeticomyia spinosa* Sasakawa, 1987

Phobeticomyia spinosa Sasakawa, 1987. Akitu 92: 7. **Type locality:** Thailand: Chiang Mai, Doi Chang.

分布（**Distribution**）：云南（YN）、西藏（XZ）；泰国。

（204）钩凸颜缟蝇 *Phobeticomyia uncinata* Shi, Li *et* Yang, 2009

Phobeticomyia uncinata Shi, Li *et* Yang, 2009. Zootaxa 2009: 62. **Type locality:** China: Yunnan, Mengyang.

分布（**Distribution**）：云南（YN）；泰国。

6. 凹额缟蝇属 *Prosopophorella* de Meijere, 1918

Prosopophorella de Meijere, 1918. Tijdschr. Ent. 60 (1917): 349 (replacement name for *Prosopophora* de Meijere, 1910). **Type species:** *Prosopophora buccata* de Meijere, (automatic).
Prosopophora de Meijere, 1909. Tijdschr. Ent. 52: liii (nomen nudum).
Prosopophora de Meijere, 1910. Tijdschr. Ent. 53: 143 (preocc. Douglas, 1892). **Type species:** *Prosopophora buccata* de Meijere, 1910 (monotypy).

（205）吉安氏凹额缟蝇 *Prosopophorella yoshiyasui* Sasakawa, 2001

Prosopophorella yoshiyasui Sasakawa, 2001. Sci. Rep. Kyoto Pref. Univ., Hum. Env. Agr. 53: 54. **Type locality:** Vietnam: Vinh Phu.

分布（**Distribution**）：四川（SC）、重庆（CQ）、云南（YN）、广西（GX）；越南。

（206）朱氏凹额缟蝇 *Prosopophorella zhuae* Shi *et* Yang, 2009

Prosopophorella zhuae Shi *et* Yang, 2009. Ann. Zool. 59 (2): 162. **Type locality:** China: Guangxi, Jinxiu, Xing'an.

分布（**Distribution**）：广西（GX）。

7. 瓦屋缟蝇属 *Wawu* Evenhuis, 1989

Wawu Evenhuis, 1989. Cat. Dipt. Austr. Reg. No. 86: 589 (replacement name for *Monocera* Wulp, 1898).
Monocera Wulp, 1898. Természetr. Füz. 21: 425. **Type species:** *Monocera monstruosa* Wulp, 1898 (monotypy).

（207）具角瓦屋缟蝇 *Wawu cornutus* (Hendel, 1913)

Monocera cornuta Hendel, 1913a. Suppl. Ent. 2: 100. **Type locality:** China: Taiwan.

分布（**Distribution**）：台湾（TW）；日本。

缟蝇亚科 Lauxaniinae

8. 长柄缟蝇属 *Cerataulina* Hendel, 1907

Cerataulina Hendel, 1907. Wien. Ent. Ztg. 26: 236. **Type species:** *Cerataulina longicornis* Hendel, 1907 (monotypy).

（208）亚端长柄缟蝇 *Cerataulina subapicalis* Hendel, 1913

Cerataulina subapicalis Hendel, 1913a. Suppl. Ent. 2: 103. **Type locality:** China: Taiwan.

分布（**Distribution**）：台湾（TW）；日本。

9. 毛缟蝇属 *Chaetolauxania* Kertész, 1915

Chaetolauxania Kertész, 1915b. Ann. Hist.-Nat. Mus. Natl. Hung. 13: 496. **Type species:** *Chaetolauxania sternopleuralis* Kertész, 1915 (monotypy).

（209）克氏毛缟蝇 *Chaetolauxania sternopleuralis* Kertész, 1915

Chaetolauxania sternopleuralis Kertész, 1915b. Ann. Hist.-Nat. Mus. Natl. Hung. 13: 498. **Type locality:** China: Taiwan.

分布（**Distribution**）：台湾（TW）。

10. 颜脊缟蝇属 *Diplochasma* Knab, 1914

Diplochasma Knab, 1914. Insecutor Inscit. Menstr. 2: 131. **Type species:** *Trigonometopus monochaeta* Hendel, 1909 (by original designation).

（210）白顶颜脊缟蝇 *Diplochasma alboapicata* (Malloch, 1927)

Trigonometopus alboapicata Malloch, 1927e. Ent. Mitt. 16 (3): 163. **Type locality:** China: Taiwan.

分布（**Distribution**）：台湾（TW）。

（211）单鬃颜脊缟蝇 *Diplochasma monochaeta* (Hendel, 1909)

Trigonometopus monochaeta Hendel, 1909a. Wien. Ent. Ztg. 28: 85. **Type locality:** China: Taiwan.

分布（**Distribution**）：台湾（TW）；印度、印度尼西亚、马来西亚、澳大利亚；非洲（西部）。

11. 凹盾缟蝇属 *Drepanephora* Loew, 1869

Drepanephora Loew, 1869c. Berl. Ent. Z. 13: 95. **Type species:** *Drepanephora horrida* Loew, 1869 (monotypy).
Amphicyphus de Meijere, 1908b. Tijdschr. Ent. 51: 147. **Type species:** *Ensina reticulata* Doleschall, 1856 (monotypy).

（212）微毛凹盾缟蝇 *Drepanephora piliseta* **Hendel, 1913**

Drepanephora piliseta Hendel, 1913a. Suppl. Ent. 2: 101.
Type locality: China: Taiwan.
分布（Distribution）：台湾（TW）；日本。

（213）网状凹盾缟蝇 *Drepanephora reticulata* **(Doleschall, 1856)**

Ensina reticulata Doleschall, 1856. Natuurkd. Tijdschr. Ned.-Indië 10 (7): 412. **Type locality:** China: Taiwan. Indonesia. Malaysia. Philippines. Australia.
分布（Distribution）：台湾（TW）；印度尼西亚、马来西亚、菲律宾、澳大利亚。

12. 缟蝇属 *Lauxania* Latreille, 1804

Lauxania Latreille, 1804. Nouv. Dict. Hist. Nat. 24 (3): 390. **Type species:** *Musca cylindricornis* Fabricius, 1794 (by original designation).

（214）康定缟蝇 *Lauxania potanini* **(Czerny, 1935)**

Calliopum potanini Czerny, 1935. Konowia 14: 269. **Type locality:** China: "Sudchina, Cze-Chuen".
Lauxania (*Lauxania*) *potanini*: Shatalkin, 2000. Zool. Issledovania 5: 82.
分布（Distribution）：宁夏（NX）、四川（SC）。

13. 颊鬃缟蝇属 *Luzonomyza* Malloch, 1929

Luzonomyza Malloch, 1929. Proc. U. S. Natl. Mus. 74 (6): 34 (as a subgenus of *Trigonometopus*). **Type species:** *Trigonometopus bakeri* Bezzi, 1913 (by original designation, monotypy).
Luzonomyia, error, Stuckenberg, 1971. Ann. Natal Mus. 20: 547.

（215）盖氏颊鬃缟蝇 *Luzonomyza gaimarii* **Shi et Yang, 2015**

Luzonomyza gaimarii Shi et Yang, 2015. Zootaxa 3964 (1): 88.
Type locality: China: Yunnan, Menglun.
分布（Distribution）：云南（YN）。

（216）多毛颊鬃缟蝇 *Luzonomyza hirsuta* **Shi et Yang, 2015**

Luzonomyza hirsuta Shi et Yang, 2015. Zootaxa 3964 (1): 91.
Type locality: China: Yunnan, Menglun.
分布（Distribution）：云南（YN）、西藏（XZ）。

（217）中华颊鬃缟蝇 *Luzonomyza sinica* **Shatalkin, 1998**

Luzonomyza sinica Shatalkin, 1998. Russ. Ent. J. 7 (3-4): 210.
Type locality: China: Hainan.
分布（Distribution）：甘肃（GS）、海南（HI）；泰国。

14. 少纹缟蝇属 *Meiosimyza* Hendel, 1925

Meiosimyza Hendel, 1925. Encycl. Ent. (B) II Dipt. 2: 112.
Type species: *Meiosimyza* (*Meiosimyza*) *platycephala* (Loew, 1847) (by original designation).

（218）峨眉少纹缟蝇 *Meiosimyza* (*Lyciella*) *omei* **(Malloch, 1929)**

Sapromyza omei Malloch, 1929. Proc. U. S. Natl. Mus. 74 (6): 32. **Type locality:** China: Sichuan.
分布（Distribution）：四川（SC）。

15. 近缟蝇属 *Melanomyza* Malloch, 1923

Melanomyza Malloch, 1923. Proc. Ent. Soc. Wash. 25: 51.
Type species: *Melanomyza scutellata* Malloch, 1923 (monotypy).

（219）细角近缟蝇 *Melanomyza* (*Lauxaniella*) *tenuicornis* **Malloch, 1927**

Lauxaniella tenuicornis Malloch, 1927e. Ent. Mitt. 16 (3): 162.
Type locality: China: Taiwan.
分布（Distribution）：台湾（TW）。

16. 黑长角缟蝇属 *Melanopachycerina* Malloch, 1927

Melanopachycerina Malloch, 1927e. Ent. Mitt. 16 (3): 162.
Type species: *Melanopachycerina leucochaeta* de Meijere, 1914 (by original designation).

（220）白毛黑长角缟蝇 *Melanopachycerina leucochaeta* **(de Meijere, 1914)**

Pachycerina leucochaeta de Meijere, 1914. Tijdschr. Ent. 57: 236. **Type locality:** Indonesia: Java.
分布（Distribution）：台湾（TW）；印度尼西亚。

17. 突头缟蝇属 *Melinomyia* Kertész, 1915

Melinomyia Kertész, 1915b. Ann. Hist.-Nat. Mus. Natl. Hung. 13: 500. **Type species:** *Melinomyia flava* Kertész, 1915 (monotypy).

（221）黄突头缟蝇 *Melinomyia flava* **Kertész, 1915**

Melinomyia flava Kertész, 1915b. Ann. Hist.-Nat. Mus. Natl. Hung. 13: 500. **Type locality:** China: Taiwan.
Melinomyia flava: Sasakawa, 1997. Nature and Human Activities 2: 34.
分布（Distribution）：台湾（TW）；越南、日本。

18. 黑缟蝇属 *Minettia* Robineau-Desvoidy, 1830

Minettia Robineau-Desvoidy, 1830. Mém. Prés. Div. Sav. Acad. R. Sci. Inst. Fr. 2 (2): 646. **Type species:** *Minettia* *nemorosa* Robineau-Desvoidy, 1830 (monotypy) [= *rivosa* (Meigen, 1826); = *fasciata* (Fallén, 1826)].

Stylocoma Lioy, 1864. Atti R. Ist. Véneto Sci. Lett. Arti (3) 9: 1009. **Type species:** *Sapromyza tulifer* Meigen, 1826 (monotypy).

Euminettia Frey, 1927. Acta Soc. Fauna Flora Fenn. 56 (8): 22. **Type species:** *Musca lupulina* Fabricius, 1787 (by original designation).

Prorhaphochaeta Czerny, 1932. *In*: Lindner, 1932. Flieg. Palaearkt. Reg. 5 (50): 29. Invalid in lack of designation of type species.

1）瘤黑缟蝇亚属 *Frendelia* Collin, 1948

Frendelia Collin, 1948. Trans. R. Ent. Soc. London 99 (5): 228. **Type species:** *Musca longipennis* Fabricius, 1794 (monotypy).

（222）双纹瘤黑缟蝇 *Minettia (Frendelia) bistrigata* Shi, Li *et* Yang, 2010

Minettia (Frendelia) bistrigata Shi, Li *et* Yang, 2010. *In*: Chen, Li *et* Jin, 2010. Insects from Mayanghe Landscape: 388. **Type locality:** China: Guizhou, Guiyang.

分布（**Distribution**）：湖北（HB）、贵州（GZ）。

（223）聚瘤黑缟蝇 *Minettia (Frendelia) decussata* Shi *et* Yang, 2014

Minettia (Frendelia) decussata Shi *et* Yang, 2014. Florida Ent. 97 (4): 1516. **Type locality:** China: Hainan, Changjiang.

分布（**Distribution**）：云南（YN）、海南（HI）。

（224）棕带瘤黑缟蝇 *Minettia (Frendelia) fuscofasciata* (de Meijere, 1910)

Minettia (Frendelia) fuscofasciata (de Meijere, 1910). Tijdschr. Ent. 53: 125. **Type locality:** Indonesia.

Minettia (Frendelia) fuscofasciata: Sasakawa, 2002. Sci. Rep. Kyoto Pref. Univ., Hum. Env. Agr. 54: 44; Sasakawa, 2001. Sci. Rep. Kyoto Pref. Univ., Hum. Env. Agr. 53: 44.

分布（**Distribution**）：云南（YN）、台湾（TW）；印度尼西亚、马来西亚、越南。

（225）宝山瘤黑缟蝇 *Minettia (Frendelia) hoozanensis* Malloch, 1927

Minettia (Frendelia) hoozanensis Malloch, 1927e. Ent. Mitt. 16 (3): 166. **Type locality:** China: Taiwan.

分布（**Distribution**）：台湾（TW）。

（226）壶瓶山瘤黑缟蝇 *Minettia (Frendelia) hupingshanica* Shi *et* Yang, 2014

Minettia (Frendelia) hupingshanica Shi *et* Yang, 2014. Florida Ent. 97 (4): 1516. **Type locality:** China: Hunan, Changde.

分布（**Distribution**）：湖南（HN）。

（227）长叉瘤黑缟蝇 *Minettia (Frendelia) longifurcata* Shi *et* Yang, 2014

Minettia (Frendelia) longifurcata Shi *et* Yang, 2014. Florida Ent. 97 (4): 1521. **Type locality:** China: Hubei, Shennongjia.

分布（**Distribution**）：湖北（HB）、云南（YN）。

（228）长羽瘤黑缟蝇 *Minettia (Frendelia) longipennis* (Fabricius, 1794)

Musca longipennis Fabricius, 1794. Ent. Syst. 4: 323. **Type locality:** Germany.

Minettia (Frendelia) longipennis: Collin, 1948. Trans. R. Ent. Soc. London 99 (5): 228; Sasakawa, 1985. Akitu 73: 4; Sasakawa, 2005. Mem. Natn. Sci. Mus. (Tokyo) (39): 301; Sasakawa *et* Kozánek, 1995. Jpn. J. Ent. 63 (2): 323; Shatalkin, 2000. Zool. Issledovania 5: 46.

分布（**Distribution**）：宁夏（NX）、浙江（ZJ）、湖北（HB）、海南（HI）；新北区、古北区广布。

（229）多毛瘤黑缟蝇 *Minettia (Frendelia) multisetosa* (Kertész, 1915)

Lauxania (Sapromyza) multisetosa Kertész, 1915b. Ann. Hist.-Nat. Mus. Natl. Hung. 13: 523. **Type locality:** China: Taiwan.

分布（**Distribution**）：台湾（TW）。

（230）黑棒瘤黑缟蝇 *Minettia (Frendelia) nigrohalterata* Malloch, 1927

Minettia (Frendelia) nigrohalterata Malloch, 1927e. Ent. Mitt. 16 (3): 166. **Type locality:** China: Taiwan.

分布（**Distribution**）：台湾（TW）。

（231）四刺瘤黑缟蝇 *Minettia (Frendelia) quadrispinosa* Malloch, 1927

Minettia (Frendelia) quadrispinosa Malloch, 1927e. Ent. Mitt. 16 (3): 166. **Type locality:** China: Taiwan.

Minettia (Frendelia) quadrispinosa: Sasakawa, 2001. Sci. Rep. Kyoto Pref. Univ., Hum. Env. Agr. 53: 45.

分布（**Distribution**）：台湾（TW）；越南。

（232）红腹瘤黑缟蝇 *Minettia (Frendelia) rufiventris* (Macquart, 1848)

Lauxania rufiventris Macquart, 1848. Mém. Soc. R. Sci. Agric. Arts Lille 1847 (2): 228. **Type locality:** China: Taiwan.

Minettia (Frendelia) rufiventris: Sasakawa, 2001. Sci. Rep. Kyoto Pref. Univ., Hum. Env. Agr. 53: 44.

分布（**Distribution**）：台湾（TW）；印度、印度尼西亚、老挝、马来西亚、菲律宾、越南。

（233）管瘤黑缟蝇 *Minettia (Frendelia) tubifera* Malloch, 1927

Minettia (Frendelia) tubifera Malloch, 1927e. Ent. Mitt. 16 (3): 165. **Type locality:** China: Taiwan.

Minettia (*Frendelia*) *tubifera*: Sasakawa, 1998. Sci. Rep. Kyoto Pref. Univ., Hum. Env. Agr. 50: 70.

分布（Distribution）：台湾（TW）；日本。

2）黑缟蝇亚属 *Minettia* Robineau-Desvoidy, 1830

Minettia Robineau-Desvoidy, 1830. Mém. Prés. Div. Sav. Acad. R. Sci. Inst. Fr. 2 (2): 646. **Type species:** *Minettia nemorosa* Robineau-Desvoidy, 1830 (monotypy) [= *Minettia rivosa* (Meigen, 1826); = *Minettia fasciata* (Fallén, 1826)].

（234）卢氏盾黑缟蝇 *Minettia* (*Minettia*) *lupulina* (Fabricius, 1787)

Musca lupulina Fabricius, 1787. Mantissa Insectorum [2]: 344. **Type locality:** Denmark.

Minettia (*Minettia*) *lupulina*: Remm *et* Elberg, 1979. Dipt. Uurimusi: 86; Sasakawa, 1985. Akitu 73: 4; Sasakawa *et* Kozánek, 1995. Jpn. J. Ent. 63 (2): 327; Shatalkin, 2000. Zool. Issledovania 5: 46.

分布（Distribution）：新疆（XJ）；亚美尼亚、安道尔、阿塞拜疆、阿拉伯、奥地利、比利时、英国、保加利亚、捷克、丹麦、埃及、爱沙尼亚、芬兰、法国、格鲁吉亚、德国、匈牙利、伊朗、伊拉克、爱尔兰、以色列、意大利、约旦、前南斯拉夫、拉脱维亚、黎巴嫩、立陶宛、黑山、荷兰、挪威、波兰、罗马尼亚、俄罗斯、塞尔维亚、斯洛伐克、西班牙、瑞典、瑞士、叙利亚、土耳其、乌克兰、美国。

3）亮黑缟蝇亚属 *Minettiella* Malloch, 1929

Minettiella Malloch, 1929. Proc. U. S. Natl. Mus. 74 (6): 27 (as a subgenus of *Minettia*). **Type species:** *Lauxania atratula* de Meijere, 1910 (by original designation).

（235）亮黑缟蝇 *Minettia* (*Minettiella*) *atratula* (de Meijere, 1924)

Minettia atratula de Meijere, 1924a. Tijdschr. Ent. 67 (Suppl.): 49. **Type locality:** Indonesia: Sumatra, Gunung Talamau.

分布（Distribution）：云南（YN）、台湾（TW）、海南（HI）；印度尼西亚。

（236）霸王岭亮黑缟蝇 *Minettia* (*Minettiella*) *bawanglingensis* Shi *et* Yang, 2014

Minettia (*Minettiella*) *bawanglingica* Shi *et* Yang, 2014. ZooKeys 449: 85. **Type locality:** China: Hainan, Changjiang.

分布（Distribution）：海南（HI）。

（237）棒亮黑缟蝇 *Minettia* (*Minettiella*) *clavata* Shi *et* Yang, 2014

Minettia (*Minettiella*) *clavata* Shi *et* Yang, 2014. ZooKeys 449: 87. **Type locality:** China: Hubei, Shennongjia.

分布（Distribution）：湖北（HB）。

（238）多叉亮黑缟蝇 *Minettia* (*Minettiella*) *plurifurcata* Shi *et* Yang, 2014

Minettia (*Minettiella*) *plurifurcata* Shi *et* Yang, 2014. ZooKeys 449: 90. **Type locality:** China: Hubei, Shennongjia.

分布（Distribution）：湖北（HB）。

（239）世川亮黑缟蝇 *Minettia* (*Minettiella*) *sasakawai* Shi, Wang *et* Yang, 2011

Minettia (*Minettiella*) *sasakawai* Shi, Wang *et* Yang, 2011. Acta Zootaxon. Sin. 36 (1): 81 (n. comb. preoccupied by *Sapromyza* (*Sapromyza*) *acrostichalis* Sasakawa *et* Kozánek, 1995 [replacement name for *Sapromyza* (*Sapromyza*) *acrostichalis* Sasakawa, 2001].

Sapromyza (*Sapromyza*) *acrostichalis* Sasakawa, 2001. Sci. Rep. Kyoto Pref. Univ., Hum. Env. Agr. 53: 50. **Type locality:** Vietnam: Fyan, Di Linh, Blao.

Minettia (*Minettiella*) *sasakawai*: Shi *et* Yang, 2014. ZooKeys 449: 92.

分布（Distribution）：云南（YN）、海南（HI）；越南。

（240）刺亮黑缟蝇 *Minettia* (*Minettiella*) *spinosa* Shi *et* Yang, 2014

Minettia (*Minettiella*) *spinosa* Shi *et* Yang, 2014. ZooKeys 449: 93. **Type locality:** China: Hubei, Shennongjia.

分布（Distribution）：湖北（HB）、四川（SC）、贵州（GZ）。

（241）天目山亮黑缟蝇 *Minettia* (*Minettiella*) *tianmushanensis* Shi *et* Yang, 2014

Minettia (*Minettiella*) *tianmushanensis* Shi *et* Yang, 2014. ZooKeys 449: 96. **Type locality:** China: Zhejiang, Lin'an.

分布（Distribution）：浙江（ZJ）。

4）近黑缟蝇亚属 *Plesiominettia* Shatalkin, 2000

Plesiominettia Shatalkin, 2000. Zool. Issledovania 5: 52, 98. **Type species:** *Minettia helvola* (Becker, 1895) (by original designation).

（242）厚近黑缟蝇 *Minettia* (*Plesiominettia*) *crassula* Shatalkin, 1998

Minettia (*Plesiominettia*) *crassula* Shatalkin, 1998. Russ. Ent. J. 7 (1-2): 61. **Type locality:** China: Sichuan, Omei.

分布（Distribution）：四川（SC）、云南（YN）；墨西哥。

（243）黄盾黑缟蝇 *Minettia* (*Plesiominettia*) *flavoscutellata* Shi *et* Yang, 2015

Minettia (*Plesiominettia*) *flavoscutellata* Shi *et* Yang, 2015. *In*: Shi, Gaimari *et* Yang, 2015. ZooKeys 520: 63. **Type locality:** China: Hubei, Shennongjia.

分布（Distribution）：湖北（HB）。

（244）长针黑缟蝇 *Minettia (Plesiominettia) longaciculifomis* Shi et Yang, 2015

Minettia (Plesiominettia) longaciculifomis Shi et Yang, 2015. *In*: Shi, Gaimari et Yang, 2015. ZooKeys 520: 65. **Type locality:** China: Zhejiang, Lin'an, Tianmushan.

分布（Distribution）：浙江（ZJ）。

（245）长背黑缟蝇 *Minettia (Plesiominettia) longistylis* Sasakawa, 2002

Minettia (Plesiominettia) longistylis Sasakawa, 2002. Sci. Rep. Kyoto Pref. Univ., Hum. Env. Agr. 54: 45. **Type locality:** China: Taiwan.

分布（Distribution）：台湾（TW）。

（246）角黑缟蝇 *Minettia (Plesiominettia) nigrantennata* Shi et Yang, 2015

Minettia (Plesiominettia) nigrantennata Shi et Yang, 2015. *In*: Shi, Gaimari et Yang, 2015. ZooKeys 520: 68. **Type locality:** China: Hunan, Chengde, Shimen, Hupingshan.

分布（Distribution）：湖南（HN）。

（247）峨眉近黑缟蝇 *Minettia (Plesiominettia) omei* Shatalkin, 1998

Minettia (Plesiominettia) omei Shatalkin, 1998. Russ. Ent. J. 7 (1-2): 61. **Type locality:** China: Sichuan.

分布（Distribution）：四川（SC）、贵州（GZ）、云南（YN）；? 墨西哥。

（248）三齿黑缟蝇 *Minettia (Plesiominettia) tridentata* Shi et Yang, 2015

Minettia (Plesiominettia) tridentata Shi et Yang, 2015. *In*: Shi, Gaimari et Yang, 2015. ZooKeys 520: 70. **Type locality:** China: Hunan, Chengde, Shimen, Hupingshan.

分布（Distribution）：湖南（HN）。

（249）浙江黑缟蝇 *Minettia (Plesiominettia) zhejiangica* Shi et Yang, 2015

Minettia (Plesiominettia) zhejiangica Shi et Yang, 2015. *In*: Shi, Gaimari et Yang, 2015. ZooKeys 520: 73. **Type locality:** China: Zhejiang, Longquan, Fengyangshan.

分布（Distribution）：浙江（ZJ）。

19. 辐斑缟蝇属 *Noeetomima* Enderlein, 1937

Noeetomima Enderlein, 1937. Mitt. Dtsch. Ent. Ges. 7 (6/7): 73. **Type species:** *Noeetomima radiata* Enderlein, 1937 (monotypy).

（250）中华辐斑缟蝇 *Noeetomima chinensis* Shi, Gaimari et Yang, 2013

Noeetomima chinensis Shi, Gaimari et Yang, 2013. Zootaxa 3746 (2): 341. **Type locality:** China: Zhejiang, Longquan.

分布（Distribution）：浙江（ZJ）、贵州（GZ）。

（251）金平辐斑缟蝇 *Noeetomima jinpingensis* Shi, Gaimari et Yang, 2013

Noeetomima jinpingensis Shi, Gaimari et Yang, 2013. Zootaxa 3746 (2): 345. **Type locality:** China: Yunnan, Jinping. Nepal: Arun Valley.

分布（Distribution）：云南（YN）、广西（GX）；尼泊尔。

（252）辐斑缟蝇 *Noeetomima radiata* Enderlein, 1937

Noeetomima radiata Enderlein, 1937. Mitt. Dtsch. Ent. Ges. 7 (6/7): 73. **Type locality:** China: Heilongjiang, Harbin.

分布（Distribution）：黑龙江（HL）；俄罗斯。

（253）腾冲辐斑缟蝇 *Noeetomima tengchongensis* Shi, Gaimari et Yang, 2013

Noeetomima tengchongensis Shi, Gaimari et Yang, 2013. Zootaxa 3746 (2): 348. **Type locality:** China: Yunnan, Tengchong.

分布（Distribution）：云南（YN）。

（254）云南辐斑缟蝇 *Noeetomima yunnanica* Shi, Gaimari et Yang, 2013

Noeetomima yunnanica Shi, Gaimari et Yang, 2013. Zootaxa 3746 (2): 351. **Type locality:** China: Yunnan, Jinping.

分布（Distribution）：云南（YN）。

20. 长角缟蝇属 *Pachycerina* Macquart, 1835

Pachycerina Macquart, 1835. Hist. Nat. Ins., Dipt. 2: 511. **Type species:** *Lauxania seticornis* Fallén, 1820 (monotypy).

（255）脊长角缟蝇 *Pachycerina carinata* Shi, Wu et Yang, 2009

Pachycerina carinata Shi, Wu et Yang, 2009. Ann. Zool. 59 (4): 504. **Type locality:** China: Sichuan, Wanxian; Guangxi, Huaping, Jinxiu.

分布（Distribution）：四川（SC）、广西（GX）。

（256）十纹长角缟蝇 *Pachycerina decemlineata* de Meijere, 1914

Pachycerina decemlineata de Meijere, 1914. Tijdschr. Ent. 57: 236. **Type locality:** Indonesia: Java.

Pachycerina flaviventris Malloch, 1929. Proc. U. S. Natl. Mus. 74 (6): 20. **Type locality:** Philippines: Luzon, Mount. Makiling.

分布（Distribution）：四川（SC）、贵州（GZ）、云南（YN）、西藏（XZ）、台湾（TW）、广东（GD）、广西（GX）；印度尼西亚、老挝、马来西亚、尼泊尔、越南、菲律宾。

（257）爪哇长角缟蝇 *Pachycerina javana* (Macquart, 1851)

Sapromyza javana Macquart, 1851. Mém. Soc. Sci. Agric.

Lille 1850 [1851]: 247. **Type locality:** Indonesia: Java.

Camptoprosopella notatifrons Brunetti, 1913c. Rec. India Mus. 8: 181. **Type locality:** India: NE Assam, Sadiya.

分布（**Distribution**）：湖南（HN）、湖北（HB）、四川（SC）、重庆（CQ）、贵州（GZ）、云南（YN）、西藏（XZ）、台湾（TW）、海南（HI）；印度、日本、尼泊尔、印度尼西亚、马来西亚、菲律宾。

（258）眼长角缟蝇 *Pachycerina ocellaris* **Kertész, 1915**

Pachycerina ocellaris Kertész, 1915b. Ann. Hist.-Nat. Mus. Natl. Hung. 13: 512. **Type locality:** China: Taiwan.

分布（**Distribution**）：台湾（TW）。

（259）羽长角缟蝇 *Pachycerina plumosa* **Kertész, 1915**

Pachycerina plumosa Kertész, 1915b. Ann. Hist.-Nat. Mus. Natl. Hung. 13: 512. **Type locality:** China: Taiwan.

分布（**Distribution**）：台湾（TW）。

21. 平额缟蝇属 *Panurgopsis* Kertész, 1915

Panurgopsis Kertész, 1915b. Ann. Hist.-Nat. Mus. Natl. Hung. 13: 494. **Type species:** *Panurgopsis flava* Kertész, 1915 (monotypy).

（260）黄平额缟蝇 *Panurgopsis flava* **Kertész, 1915**

Panurgopsis flava Kertész, 1915b. Ann. Hist.-Nat. Mus. Natl. Hung. 13: 496. **Type locality:** China: Taiwan.

分布（**Distribution**）：台湾（TW）；斐济。

22. 近长角缟蝇属 *Parapachycerina* Stuckenberg, 1971

Parapachycerina Stuckenberg, 1971. Ann. Natal Mus. 20: 588. **Type species:** *Parapachycerina munroi* Stuckenberg, 1971 (monotypy).

（261）楔纹近长角缟蝇 *Parapachycerina cuneifera* **(Kertész, 1913)**

Lauxania (*Minetia*) *cuneifera* Kertész, 1913c. Ann. Hist.-Nat. Mus. Natl. Hung. 11: 96. **Type locality:** China: Taiwan.

Parapachycerina cuneifera: Sasakawa, 2001. Sci. Rep. Kyoto Pref. Univ., Hum. Env. Agr. 53: 41.

分布（**Distribution**）：台湾（TW）；越南。

（262）微毛近长角缟蝇 *Parapachycerina hirsutiseta* **(de Meijere, 1910)**

Lauxania hirsutiseta de Meijere, 1910. Tijdschr. Ent. 53: 131. **Type locality:** Indonesia: Java.

Sapromyza koshunensis Malloch, 1929. Proc. U. S. Natl. Mus. 74 (6): 29 (nomen nudum).

Parapachycerina hirsutiseta: Stuckenberg, 1971. Ann. Natal

Mus. 20: 540; Sasakawa, 2003. Sci. Rep. Kyoto Pref. Univ., Hum. Env. Agr. 55: 59.

分布（**Distribution**）：台湾（TW）；印度、印度尼西亚、老挝、马来西亚、尼泊尔、斯里兰卡、越南。

23. 杂林缟蝇属 *Poecilolycia* Shewell, 1986

Poecilolycia Shewell, 1986. Can. Entomol. 118 (6): 542. **Type species:** *Sapromyza quadrilineata* Loew, 1861 (by original designation).

（263）四川杂林缟蝇 *Poecilolycia szechuana* **Shatalkin, 2000**

Poecilolycia szechuana Shatalkin, 2000. Zool. Issledovania 5: 64. **Type locality:** China: Sichuan.

分布（**Distribution**）：四川（SC）。

24. 尖额缟蝇属 *Protrigonometopus* Hendel, 1938

Protrigonometopus Hendel, 1938. Ark. Zool. 30A (3): 3. **Type species:** *Protrigonometopus maculifrons* Hendel, 1938 (monotypy).

（264）斑尖额缟蝇 *Protrigonometopus maculifrons* **Hendel, 1938**

Protrigonometopus maculifrons Hendel, 1938. Ark. Zool. 30A (3): 3. **Type locality:** China: Jiangsu.

分布（**Distribution**）：江苏（JS）；越南、日本、韩国。

（265）沙氏尖额缟蝇 *Protrigonometopus shatalkini* **Papp, 2007**

Protrigonometopus shatalkini Papp, 2007. Ann. Hist.-Nat. Mus. Natl. Hung. 99: 73. **Type locality:** China: Taiwan.

分布（**Distribution**）：台湾（TW）。

25. 双鬃缟蝇属 *Sapromyza* Fallén, 1810

Sapromyza Fallén, 1810. Specim. Ent. Novam Dipt.: 18. **Type species:** *Musca flava* Linnaeus, 1758 (a misidentification of *Sapromyza obsoleta* Fallén, 1820).

Paralauxania Hendel, 1908a. Genera Insect. 68: 28 (as a subgenus of *Sapromyza*). **Type species:** *Sapromyza albiceps* Fallén, 1820 (monotypy).

Nannomyza Frey, 1941. Enumeratio Insectorum Fenniae VI: 23 (a name without any description). **Type species:** *Sapromyza basalis* Zetterstedt, 1847.

1）南双鬃缟蝇亚属 *Notiosapromyza* Sasakawa, 2001

Notiosapromyza Sasakawa, 2001. Sci. Rep. Kyoto Pref. Univ., Hum. Env. Agr. 53: 47. **Type species:** *Sapromyza* (*Notiosapromyza*) *quadridentata* Sasakawa, 2001 (by original

designation).

（266）海南双鬃缟蝇 *Sapromyza (Notiosapromyza)* *hainanensis* Shi, Li *et* Yang, 2012

Sapromyza (Notiosapromyza) hainanensis Shi, Li *et* Yang, 2012. Acta Zootaxon. Sin. 37 (1): 187. **Type locality:** China: Hainan, Baisha.

分布（**Distribution**）：海南（HI）。

（267）长茎双鬃缟蝇 *Sapromyza (Notiosapromyza)* *longimentula* Sasakawa, 2001

Sapromyza (Notiosapromyza) longimentula Sasakawa, 2001. Sci. Rep. Kyoto Pref. Univ., Hum. Env. Agr. 53: 47. **Type locality:** Vietnam: Fyan.

Sapromyza (Notiosapromyza) longimentula: Shi, Li *et* Yang, 2012. Acta Zootaxon. Sin. 37 (1): 188.

分布（**Distribution**）：海南（HI）；越南。

2）双鬃缟蝇亚属 *Sapromyza* Fallén, 1810

Sapromyza Fallén, 1810. Specim. Ent. Novam Dipt.: 18. **Type species:** *Musca flava* Linnaeus, 1758 (a misidentification of *Sapromyza obsoleta* Fallén, 1820).

（268）亮双鬃缟蝇 *Sapromyza (Sapromyza)* *agromyzina* (Kertész, 1913).

Lauxania (Sapromyza) agromyzina Kertész, 1913c. Ann. Hist.-Nat. Mus. Natl. Hung. 11: 93. **Type locality:** China: Taiwan, Chip-Chip.

Sapromyza (Sapromyza) agromyzina: Sasakawa, 2008a. Sci. Rep. Kyoto Pref. Univ., Life Env. Sci. 60: 44.

分布（**Distribution**）：台湾（TW）。

（269）白头双鬃缟蝇 *Sapromyza (Sapromyza)* *albiceps* Fallén, 1820

Sapromyza albiceps Fallén, 1820. Ortalides Sveciae: 33. **Type locality:** Sweden: Esperöd.

Sapromyza (Sapromyza) albiceps: Merz, 2003. Insect Syst. Evol. 34 (3): 347 (lectotype designated); Shi, Li *et* Yang, 2012. Acta Zootaxon. Sin. 37 (1): 190.

分布（**Distribution**）：宁夏（NX）、台湾（TW）；澳大利亚、比利时、英国、捷克、丹麦、爱沙尼亚、法国、德国、匈牙利、爱尔兰、意大利、拉脱维亚、立陶宛、挪威、波兰、俄罗斯、斯洛伐克、瑞典、瑞士、荷兰。

（270）环双鬃缟蝇 *Sapromyza (Sapromyza)* *annulifera* Malloch, 1929

Sapromyza (Sapromyza) annulifera Malloch, 1929. Proc. U. S. Natl. Mus. 74 (6): 29 (without formal description or type information). **Type locality:** "Orient".

Sapromyza (Sapromyza) annulifera: Sasakawa, 2008a. Sci. Rep. Kyoto Pref. Univ., Life Env. Sci. 60: 44; Shi, Li *et* Yang, 2012. Acta Zootaxon. Sin. 37 (1): 190.

分布（**Distribution**）：海南（HI）。

（271）连双鬃缟蝇 *Sapromyza (Sapromyza)* *conjuncta* Sasakawa, 2002

Sapromyza (Sapromyza) conjuncta Sasakawa, 2002. Sci. Rep. Kyoto Pref. Univ., Hum. Env. Agr. 54: 46. **Type locality:** China: Taiwan.

Sapromyza (Sapromyza) conjuncta: Shi, Li *et* Yang, 2012. Acta Zootaxon. Sin. 37 (1): 190.

分布（**Distribution**）：台湾（TW）。

（272）纹额双鬃缟蝇 *Sapromyza (Sapromyza)* *fasciatifrons* (Kertész, 1913)

Lauxania fasciatifrons Kertész, 1913c. Ann. Hist.-Nat. Mus. Natl. Hung. 11: 92. **Type locality:** China: Taiwan.

Sapromyza (Sapromyza) fasciatifrons: Malloch, 1929. Proc. U. S. Natl. Mus. 74 (6): 29; Sasakawa, 2008a. Sci. Rep. Kyoto Pref. Univ., Life Env. Sci. 60: 44; Shi, Li *et* Yang, 2012. Acta Zootaxon. Sin. 37 (1): 191.

分布（**Distribution**）：台湾（TW）。

（273）黄侧双鬃缟蝇 *Sapromyza (Sapromyza)* *flavopleura* Malloch, 1927

Sapromyza flavopleura Malloch, 1927e. Ent. Mitt. 16 (3): 167. **Type locality:** China: Taiwan.

Sapromyza flavopleura: Malloch, 1929. Proc. U. S. Natl. Mus. 74 (6): 29; Sasakawa, 1998. Sci. Rep. Kyoto Pref. Univ., Hum. Env. Agr. 50: 72; Sasakawa, 2008a. Sci. Rep. Kyoto Pref. Univ., Life Env. Sci. 60: 44; Shi, Li *et* Yang, 2012. Acta Zootaxon. Sin. 37 (1): 191.

分布（**Distribution**）：台湾（TW）；日本。

（274）侧斑双鬃缟蝇 *Sapromyza (Sapromyza)* *pleuralis* (Kertész, 1913)

Lauxania (Minettia) pleuralis Kertész, 1913c. Ann. Hist.-Nat. Mus. Natl. Hung. 11: 96. **Type locality:** China: Taiwan.

Sapromyza pleuralis: Malloch, 1929. Proc. U. S. Natl. Mus. 74 (6): 30; Sasakawa, 2008a. Sci. Rep. Kyoto Pref. Univ., Life Env. Sci. 60: 44; Shi, Li *et* Yang, 2012. Acta Zootaxon. Sin. 37 (1): 191.

分布（**Distribution**）：台湾（TW）；菲律宾。

（275）粉额双鬃缟蝇 *Sapromyza (Sapromyza)* *pollinifrons* Malloch, 1927

Sapromyza (Sapromyza) pollinifrons Malloch, 1927e. Ent. Mitt. 16 (3): 168. **Type locality:** China: Taiwan, Hoozan.

Sapromyza (Sapromyza) pollinifrons: Malloch, 1929. Proc. U. S. Natl. Mus. 74 (6): 29; Sasakawa, 2008a. Sci. Rep. Kyoto Pref. Univ., Life Env. Sci. 60: 45; Shi, Li *et* Yang, 2012. Acta Zootaxon. Sin. 37 (1): 192.

分布（**Distribution**）：台湾（TW）、海南（HI）。

（276）红角双鬃缟蝇 *Sapromyza (Sapromyza)* *rubricornis* **Becker, 1907**

Sapromyza rubricornis Becker, 1907. Annu. Mus. Zool. Acad. Sci. Russ. St. Pértersb. 12 (3): 264. **Type locality:** China: Tibet.

Sapromyza (Sapromyza) rubricornis: Shi, Li *et* Yang, 2012. Acta Zootaxon. Sin. 37 (1): 193.

分布（Distribution）：西藏（XZ）。

（277）七带双鬃缟蝇 *Sapromyza (Sapromyza)* *septemnotata* **Sasakawa, 2001**

Sapromyza (Sapromyza) septemnotata Sasakawa, 2001. Sci. Rep. Kyoto Pref. Univ., Hum. Env. Agr. 53: 53. **Type locality:** Vietnam.

Sapromyza (Sapromyza) septemnotata: Sasakawa, 2008a. Sci. Rep. Kyoto Pref. Univ., Life Env. Sci. 60: 45; Shi, Li *et* Yang, 2012. Acta Zootaxon. Sin. 37 (1): 194.

分布（Distribution）：云南（YN）、海南（HI）；越南。

（278）点斑双鬃缟蝇 *Sapromyza (Sapromyza)* *sexmaculata* **Sasakawa, 2001**

Sapromyza (Sapromyza) sexmaculata Sasakawa, 2001. Sci. Rep. Kyoto Pref. Univ., Hum. Env. Agr. 53: 52. **Type locality:** Vietnam.

Sapromyza (Sapromyza) sexmaculata: Sasakawa, 2008a. Sci. Rep. Kyoto Pref. Univ., Life Env. Sci. 60: 45; Shi, Li *et* Yang, 2012. Acta Zootaxon. Sin. 37 (1): 195.

分布（Distribution）：浙江（ZJ）、海南（HI）；老挝、越南。

（279）六斑双鬃缟蝇 *Sapromyza (Sapromyza)* *sexpunctata* **Meigen, 1826**

Sapromyza sexpunctata Meigen, 1826. Syst. Beschr. Europ. Zweifl. Insekt. 5: 262. **Type locality:** Germany: Aachen area.

Sapromyza sexpunctata: Shatalkin, 2000. Zool. Issledovania 5: 72; Remm *et* Elberg, 1979. Dipt. Uurimusi: 111; Shi, Li *et* Yang, 2012. Acta Zootaxon. Sin. 37 (1): 195.

分布（Distribution）：宁夏（NX）；澳大利亚、比利时、英国、捷克、丹麦、芬兰、法国、德国、匈牙利、爱尔兰、意大利、日本、拉脱维亚、列支敦士登、立陶宛、朝鲜、挪威、波兰、罗马尼亚、俄罗斯、斯洛伐克、瑞士、瑞典、荷兰、乌克兰、前南斯拉夫。

（280）顶双鬃缟蝇 *Sapromyza (Sapromyza)* *terminalis* **Sasakawa, 2002**

Sapromyza (Sapromyza) terminalis Sasakawa, 2002. Sci. Rep. Kyoto Pref. Univ., Hum. Env. Agr. 54: 47. **Type locality:** China: Taiwan.

Sapromyza (Sapromyza) terminalis: Sasakawa, 2008a. Sci. Rep. Kyoto Pref. Univ., Life Env. Sci. 60: 44; Shi, Li *et* Yang, 2012. Acta Zootaxon. Sin. 37 (1): 195.

分布（Distribution）：台湾（TW）。

（281）腹带双鬃缟蝇 *Sapromyza (Sapromyza)* *ventistriata* **Shi, Li *et* Yang, 2012**

Sapromyza (Sapromyza) ventistriata Shi, Li *et* Yang, 2012. Acta Zootaxon. Sin. 37 (1): 195. **Type locality:** China: Hainan, Ledong.

分布（Distribution）：海南（HI）。

（282）斑马双鬃缟蝇 *Sapromyza (Sapromyza) zebra* **(Kertész, 1913)**

Lauxania (Minettia) zebra Kertész, 1913c. Ann. Hist.-Nat. Mus. Natl. Hung. 11: 95. **Type locality:** China: Taiwan.

Sapromyza (Sapromyza) zebra: Sasakawa, 1998. Sci. Rep. Kyoto Pref. Univ., Hum. Env. Agr. 50: 72; Sasakawa, 2002. Sci. Rep. Kyoto Pref. Univ., Hum. Env. Agr. 54: 36; Sasakawa, 2008a. Sci. Rep. Kyoto Pref. Univ., Life Env. Sci. 60: 45; Shi, Li *et* Yang, 2012. Acta Zootaxon. Sin. 37 (1): 197.

分布（Distribution）：台湾（TW）；日本、尼泊尔。

26. 影缟蝇属 *Sciasmomyia* Hendel, 1907

Sciasmomyia Hendel, 1907. Wien. Ent. Ztg. 26: 233. **Type species:** *Sciasmomyia meijerei* Hendel, 1907 (by designation of Hendel, 1908).

（283）叉影缟蝇 *Sciasmomyia decussata* **Shi, Gaimari *et* Yang, 2013**

Sciasmomyia decussata Shi, Gaimari *et* Yang, 2013. Zootaxa 3691 (4): 404. **Type locality:** China: Guizhou, Fanjingshan.

分布（Distribution）：贵州（GZ）。

（284）雷山影缟蝇 *Sciasmomyia leishanenisis* **Shi, Gaimari *et* Yang, 2013**

Sciasmomyia leishanensis Shi, Gaimari *et* Yang, 2013. Zootaxa 3691 (4): 407. **Type locality:** China: Guizhou, Leishan.

分布（Distribution）：贵州（GZ）。

（285）长弯影缟蝇 *Sciasmomyia longicurvata* **Shi, Gaimari *et* Yang, 2013**

Sciasmomyia longicurvata Shi, Gaimari *et* Yang, 2013. Zootaxa 3691 (4): 411. **Type locality:** China: Sichuan, Emeishan.

分布（Distribution）：四川（SC）。

（286）极影缟蝇 *Sciasmomyia longissima* **Shi, Gaimari *et* Yang, 2013**

Sciasmomyia longissima Shi, Gaimari *et* Yang, 2013. Zootaxa 3691 (4): 414. **Type locality:** China: Zhejiang, Longquan.

分布（Distribution）：浙江（ZJ）。

（287）卢影缟蝇 *Sciasmomyia lui* **Shi, Gaimari *et* Yang, 2013**

Sciasmomyia lui Shi, Gaimari *et* Yang, 2013. Zootaxa 3691 (4): 417. **Type locality:** China: Sichuan, Emeishan.

分布（Distribution）：四川（SC）。

（288）梅氏影缟蝇 *Sciasmomyia meijerei* Hendel, 1907

Sciasmomyia meijerei Hendel, 1907. Wien. Ent. Ztg. 26: 234. **Type locality:** Vietnam: Tonkin.

Sciasmomyia demeijeri Hendel, 1925. Encycl. Ent. (B) II Dipt. 2: 107 (misspelling).

Sciasmomyia meijerei: Shi, Gaimari *et* Yang, 2013. Zootaxa 3691 (4): 420.

分布（Distribution）：浙江（ZJ）、江西（JX）、福建（FJ）；越南。

（289）四尖影缟蝇 *Sciasmomyia quadricuspis* Shi, Gaimari *et* Yang, 2013

Sciasmomyia quadricuspis Shi, Gaimari *et* Yang, 2013. Zootaxa 3691 (4): 423. **Type locality:** China: Hubei, Lichuan.

分布（Distribution）：江西（JX）、湖北（HB）。

（290）东影缟蝇 *Sciasmomyia supraorientalis* (Papp, 1984)

Lyciella (*Shatalkinia*) *supraorientalis* Papp, 1984. Acta Zool. Acad. Sci. Hung. 30 (1-2): 172. **Type locality:** Russia.

Shatalkinia supraorientalis: Papp *et* Shatalkin, 1998. *In*: Papp, Darvas, 1998. Contributions to a Manual of Palaearctic Diptera 3: 390, 394.

Sciasmomyia supraorientalis: Shatalkin, 2000. Zool. Issledovania 5: 41; Schacht *et al.*, 2004. Z. Ent. 25: 49; Lee *et* Han, 2009. Kor. J. Syst. Zool. 25 (2): 210; Shi, Gaimari *et* Yang, 2013. Zootaxa 3691 (4): 426.

分布（Distribution）：云南（YN）、台湾（TW）；朝鲜、日本、俄罗斯。

（291）管影缟蝇 *Sciasmomyia tubata* Shi, Gaimari *et* Yang, 2013

Sciasmomyia tubata Shi, Gaimari *et* Yang, 2013. Zootaxa 3691 (4): 431. **Type locality:** China: Guizhou, Fanjingshan.

分布（Distribution）：四川（SC）、贵州（GZ）、云南（YN）。

27. 沙氏缟蝇属 *Shatalkinella* Papp, 2007

Shatalkinella Papp, 2007. Ann. Hist.-Nat. Mus. Natl. Hung. 99: 75. **Type species:** *Shatalkinella marginata* Papp, 2007.

（292）四列沙氏缟蝇 *Shatalkinella deceptor* (Malloch, 1927)

Sapromyza deceptor Malloch, 1927e. Ent. Mitt. 16 (3): 167. **Type locality:** China: Taiwan.

Shatalkinella deceptor: Papp, 2007. Ann. Hist.-Nat. Mus. Natl. Hung. 99: 76.

分布（Distribution）：台湾（TW）。

28. 曲脉缟蝇属 *Steganopsis* de Meijere, 1910

Steganopsis de Meijere, 1910. Tijdschr. Ent. 53: 145. **Type species:** *Steganopsis pupicola* de Meijere, 1910 (monotypy).

（293）聚曲脉缟蝇 *Steganopsis convergens* Hendel, 1913

Steganopsis convergens Hendel, 1913a. Suppl. Ent. 2: 102. **Type locality:** China: Taiwan, Anping.

Pachycerina apicalis Bezzi, 1914b. Philipp. J. Sci. (D) 8 (4): 316. **Type locality:** Philippines: Luzon, Los Baños.

分布（Distribution）：安徽（AH）、云南（YN）、台湾（TW）、海南（HI）；日本、印度尼西亚、马来西亚、菲律宾、澳大利亚。

（294）多线曲脉缟蝇 *Steganopsis multilineata* de Meijere, 1924

Steganopsis multilineata de Meijere, 1924a. Tijdschr. Ent. 67 (Suppl.): 53. **Type locality:** Indonesia: Sumatra, Fort de Kock.

Steganopsis undecimlineata Frey, 1927. Acta Soc. Fauna Flora Fenn. 56 (8): 11. **Type locality:** Philippines: Luzon, Banahao.

Steganopsis multilineata: de Meijere, 1921. Tijdschr. Ent. 64: liii (nomen nudum).

分布（Distribution）：云南（YN）、海南（HI）；菲律宾、印度尼西亚、斯里兰卡。

三突缟蝇族 Trigonometopini

29. 四带缟蝇属 *Tetroxyrhina* Hendel, 1938

Tetroxyrhina Hendel, 1938. Ark. Zool. 30A (3): 5 (as a subgenus of *Trigonometopus*). **Type species:** *Trigonometopus submaculipennis* Malloch, 1927 (by original designation).

（295）褐缘四带缟蝇 *Tetroxyrhina brunneicosta* (Malloch, 1927)

Trigonometopm bmnneicosta Malloch, 1927e. Ent. Mitt. 16 (3): 165. **Type locality:** China: Taiwan.

Trigonometopm bmnneicosta: Malloch, 1929. Proc. U. S. Natl. Mus. 74 (6): 34.

分布（Distribution）：台湾（TW）；马来西亚。

（296）佩奇四带缟蝇 *Tetroxyrhina peregovitsi* Papp, 2007

Tetroxyrhina peregovitsi Papp, 2007. Ann. Hist.-Nat. Mus. Natl. Hung. 99: 86. **Type locality:** China: Taiwan, Nantou.

分布（Distribution）：台湾（TW）。

（297）索氏四带缟蝇 *Tetroxyrhina sauteri* (Hendel, 1912)

Trigonometopus sauteri Hendel, 1912. Wien. Ent. Ztg. 31: 19. **Type locality:** China: Taiwan, Chip-Chip.

Sauteromyia sauteri: Malloch, 1927e. Ent. Mitt. 16 (3): 164.

Diplochasma sauteri: Shewell, 1977. *In*: Delfinado *et* Hardy, 1977. Cat. Dipt. Orient. Reg. 3: 185.

Tetroxyrhina sauteri: Papp, 2007. Ann. Hist.-Nat. Mus. Natl. Hung. 99: 87.

分布（Distribution）：台湾（TW）。

（298）斑翅四带缟蝇 *Tetroxyrhina submaculipennis* (Malloch, 1927)

Trigonometopus submaculipennis Malloch, 1927e. Ent. Mitt. 16 (3): 164. **Type locality:** China: Taiwan.

Tetroxyrhina submaculipennis: Papp, 2007. Ann. Hist.-Nat. Mus. Natl. Hung. 99: 87.

分布（Distribution）：台湾（TW）；老挝、尼泊尔、越南。

30. 弓背缟蝇属 *Xangelina* Walker, 1856

Xangelina Walker, 1856a. J. Proc. Linn. Soc. London Zool. 1: 32. **Type species:** *Xangelina basigutta* Walker, 1856 (monotypy).

Afrolauxania Curran, 1938. Amer. Mus. Novit. 979: 5. **Type species:** *Afrolauxania bequaerti* Curran, 1938.

（299） 台湾弓背缟蝇 *Xangelina formosana* Sasakawa, 2002

Xangelina formosana Sasakawa, 2002. Sci. Rep. Kyoto Pref. Univ., Hum. Env. Agr. 54: 51. **Type locality:** China: Taiwan.

分布（Distribution）：台湾（TW）。

指角蝇总科 Nerioidea

燕蝇科 Cypselosomatidae

1. 燕蝇属 *Cypselosoma* Hendel, 1913

Cypselosoma Hendel, 1913a. Suppl. Ent. 2: 105. **Type species:** *Cypselosoma gephyrae* Hendel, 1913 (by original designation).
Lipotherina de Meijere, 1914. Tijdschr. Ent. 57: 271. **Type species:** *Lipotherina fiavinotata* de Meijere, 1914 (monotypy) [= *Cypselosoma gephyrae* Hendel, 1913].

（1）戈燕蝇 *Cypselosoma gephyrae* Hendel, 1913

Cypselosoma gephyrae Hendel, 1913a. Suppl. Ent. 2: 105. **Type locality:** China: Taiwan, Hoozan and Tappani.
Lipotherina fiavinotata de Meijere, 1914. Tijdschr. Ent. 57: 272. **Type locality:** Indonesia: Java, Nongkodjadjar.
分布（**Distribution**）：台湾（TW）；尼泊尔、泰国、印度尼西亚。

2. 蚁燕蝇属 *Formicosepsis* de Meijere, 1916

Formicosepsis de Meijere, 1916c. Tijdschr. Ent. 59: 199. **Type species:** *Formicosepsis tinctipennis* de Meijere, 1916 (monotypy).
Lycosepsis Enderlein, 1920c. Wien. Ent. Ztg. 38: 60. **Type species:** *Lycosepsis hamata* Enderlein, 1920 (by original designation).

（2）钩突蚁燕蝇 *Formicosepsis hamata* (Enderlein, 1920)

Lycosepsis hamata Enderlein, 1920c. Wien. Ent. Ztg. 38: 60. **Type locality:** China: Taiwan, Tainan and Taihorin.
分布（**Distribution**）：台湾（TW）。

瘦足蝇科 Micropezidae

雅瘦足蝇亚科 Calobatinae

1. 雅瘦足蝇属 *Calobata* Meigen, 1803

Calobata Meigen, 1803. Mag. Insektenkd. 2: 276. **Type species:** *Musca petronella* Linnaeus, 1761 (by designation of Westwood, 1840).

Trepidaria Meigen, 1800. Nouve. Class.: 35. **Type species:** (suppressed by ICZN, 1963).

（1）尼雅瘦足蝇 *Calobata nigrolamellata* Becker, 1907

Calobata nigrolamellata Becker, 1907. Annu. Mus. Zool. Acad. Sci. Russ. St.-Pétersb. 12 (3): 294. **Type locality:** China: Tibet, "N.-O. Zaidam im N. O.-Tibet: Fl. Bomyn [= Itschegyn"].
分布（**Distribution**）：西藏（XZ）。

2. 秀瘦足蝇属 *Compsobata* Czerny, 1930

Compsobata Czerny, 1930c. *In*: Lindner, 1930. Flieg. Palaearkt. Reg. 5 (1): 5 (as a subgenus of *Trepidaria*). **Type species:** *Musca cibaria* Linnaeus, 1761 (by designation of Cresson, 1938).

1）秀瘦足蝇亚属 *Compsobata* Czerny, 1930

Compsobata Czerny, 1930. *In*: Lindner, 1930. Flieg. Palaearkt. Reg. 5 (1): 5 (as a subgenus of *Trepidaria*). **Type species:** *Musca cibaria* Linnaeus, 1761 (by designation of Cresson, 1938).

（2）食秀瘦足蝇 *Compsobata cibaria* (Linnaeus, 1761)

Musca cibaria Linnaeus, 1761. Fauna Svecica Sistens Animalia Sveciae Regni, Ed. 2: 457. **Type locality:** Not given (? Sweden).
Musca cothurnata Panzer, 1798. Faunae insectorum germanicae initia oder Deutschlands Insecten, Fasc. 54: 20. **Type locality:** Austria.
Calobata solidaginis Robineau-Desvoidy, 1830. Mém. Prés. Div. Sav. Acad. R. Sci. Inst. Fr. 2 (2): 739. **Type locality:** France: "Radiées *et* la Verge d'or".
Calobata soror Robineau-Desvoidy, 1830. Mém. Prés. Div. Sav. Acad. R. Sci. Inst. Fr. 2 (2): 739. **Type locality:** France: "Saint-Sauveur".
Calobata trivialis Loew, 1854. Programm K. Realschule Meseritz 1854: 23. **Type locality:** Russia: "Sibirien".
Compsobata cibaria: Li, Liu *et* Yang, 2012. Acta Zootaxon. Sin. 37 (4): 824.
分布（**Distribution**）：黑龙江（HL）、辽宁（LN）；蒙古国；欧洲。

2）三斑瘦足蝇亚属 *Trilophyrobata* Hennig, 1938

Trilophyrobata Hennig, 1938. Insecta Matsum. 13 (1): 8 (as a subgenus of *Compsobata*). **Type species:** *Trepidaria* (*Compsobata*) *commutata* Czerny, 1930 [= *Calobata nigricornis* (Zetterstedt, 1838)] (by original designation).

（3）华山秀瘦足蝇 *Compsobata huashanica* Li, Liu *et* Yang, 2012

Compsobata huashanica Li, Liu *et* Yang, 2012. Acta Zootaxon. Sin. 37 (4): 826. **Type locality:** China: Shaanxi, Huashan Mountain.

分布（Distribution）：陕西（SN）。

乌瘦足蝇亚科 Eurybatinae

3. 云瘦足蝇属 *Cothornobata* Czerny, 1932

Cothornobata Czerny, 1932. Stettin. Ent. Ztg. 93: 267. **Type species:** *Cothornobata striatifrons* Czerny (monotypy) [= *Trepidaria cyanea* Hendel, 1913].
Sphaericocephala Czerny, 1932. Stettin. Ent. Ztg. 93: 291 (nomen nudum).
Sphaericocephala Steyskal, 1977. *In*: Delfinado *et* Hardy, 1977. Cat. Dipt. Orient. Reg. 3: 12. **Type species:** *Trepidarea cyanea* Hendel, 1913 (by original designation) (nomen nudum).

（4）乌黑云瘦足蝇 *Cothornobata atra* Li, Marshall *et* Yang, 2015

Cothornobata atra Li, Marshall *et* Yang, 2015. Zootaxa 4006 (2): 225. **Type locality:** China: Guangxi, Nanning, Damingshan Mountain.

分布（Distribution）：广西（GX）。

（5）补蚌云瘦足蝇 *Cothornobata bubengensis* Li, Marshall *et* Yang, 2015

Cothornobata bubengensis Li, Marshall *et* Yang, 2015. Zootaxa 4006 (2): 240. **Type locality:** China: Yunnan, Xishuangbanna, Mengla, Bubeng Village.

分布（Distribution）：云南（YN）。

（6）茎曲云瘦足蝇 *Cothornobata curva* Li, Marshall *et* Yang, 2015

Cothornobata curva Li, Marshall *et* Yang, 2015. Zootaxa 4006 (2): 227. **Type locality:** China: Yunnan, Xishuangbanna, Mengla, Menglun.

分布（Distribution）：云南（YN）。

（7）蔚蓝云瘦足蝇 *Cothornobata cyanea* (Hendel, 1913)

Trepidaria cyanea Hendel, 1913b. Suppl. Ent. 38: 43. **Type locality:** China: Taiwan, Koshun.
Cothornobata striatifrons Czerny, 1932. Stettin. Ent. Ztg. 93: 267 (synonymized by Hennig, 1935). **Type locality:** China: Taiwan, Tainan.

Cothornobata cyanea: Steyskal, 1977. *In*: Delfinado *et* Hardy, 1977. Cat. Dipt. Orient. Reg. 3: 12; Li, Marshall *et* Yang, 2015. Zootaxa 4006 (2): 215.

分布（Distribution）：台湾（TW）。

（8）黄褐云瘦足蝇 *Cothornobata fusca* Li, Marshall *et* Yang, 2015

Cothornobata fusca Li, Marshall *et* Yang, 2015. Zootaxa 4006 (2): 209. **Type locality:** China: Hainan, Jianfengling.

分布（Distribution）：海南（HI）。

（9）巨叉云瘦足蝇 *Cothornobata ingensfurca* Li, Marshall *et* Yang, 2015

Cothornobata ingensfurca Li, Marshall *et* Yang, 2015. Zootaxa 4006 (2): 213. **Type locality:** China: Yunnan, Tengchong.

分布（Distribution）：云南（YN）。

（10）长叉云瘦足蝇 *Cothornobata longifurca* Li, Marshall *et* Yang, 2015

Cothornobata longifurca Li, Marshall *et* Yang, 2015. Zootaxa 4006 (2): 217. **Type locality:** China: Guangxi, Nanning, Damingshan Mountain.

分布（Distribution）：广西（GX）。

（11）长叶云瘦足蝇 *Cothornobata longigonitea* Li, Marshall *et* Yang, 2015

Cothornobata curva Li, Marshall *et* Yang, 2015. Zootaxa 4006 (2): 229. **Type locality:** China: Yunnan, Baoshan, Baihualing, Wenquan.

分布（Distribution）：云南（YN）。

（12）墨脱云瘦足蝇 *Cothornobata mentogensis* Li, Marshall *et* Yang, 2015

Cothornobata mentogensis Li, Marshall *et* Yang, 2015. Zootaxa 4006 (2): 233. **Type locality:** China: Tibet, Nyingchi, Mentog.

分布（Distribution）：西藏（XZ）。

（13）暗黑云瘦足蝇 *Cothornobata nigrigenu* (Enderlein, 1922)

Grammicomyia nigrigenu Enderlein, 1922a. Arch. Naturgesch. 88 (5): 173. **Type locality:** Burma: Toungoo, Karenni.
Trepidarioides nigrigenu (Enderlein): Hennig, 1935. Konowia 14: 307.
Cothornobata cyanea: McAlpine, 1975c. J. Ent. (B) 43 (2): 239; Steyskal, 1977. *In*: Delfinado *et* Hardy, 1977. Cat. Dipt. Orient. Reg. 3: 13; Li, Marshall *et* Yang, 2015. Zootaxa 4006 (2): 235.

分布（Distribution）：云南（YN）；缅甸、印度、老挝、泰国、越南。

（14）水满云瘦足蝇 *Cothornobata shuimanensis* Li, Marshall *et* Yang, 2015

Cothornobata shuimanensis Li, Marshall *et* Yang, 2015.

Zootaxa 4006 (2): 211. **Type locality:** China: Hainan, Wuzhishan Mountain.

分布（**Distribution**）：海南（HI）。

（15）单鬃云瘦足蝇 *Cothornobata uniseta* **Li, Marshall** *et* **Yang, 2015**

Cothornobata uniseta Li, Marshall *et* Yang, 2015. Zootaxa 4006 (2): 238. **Type locality:** China: Yunnan, Xishuangbanna, Menglun.

分布（**Distribution**）：云南（YN）。

（16）张氏云瘦足蝇 *Cothornobata zhangae* **Li, Marshall** *et* **Yang, 2015**

Cothornobata zhangae Li, Marshall *et* Yang, 2015. Zootaxa 4006 (2): 223. **Type locality:** China: Guangxi, Nanning, Damingshan Mountain.

分布（**Distribution**）：广西（GX）。

瘦足蝇亚科 Micropezinae

4. 瘦足蝇属 *Micropeza* Meigen, 1803

Micropeza Meigen, 1803. Mag. Insektenkd. 2: 276. **Type species:** *Musca corrigiolata* Linnaeus, 1767 (monotypy).

Tylos Meigen, 1800. Nouve. Class.: 31. **Type species:** *Musca corrigiolata* Linnaeus, 1767 (by designation of Coquillett, 1910) (suppressed by ICZN, 1955).

Phantasma Robineau-Desvoidy, 1830. Mém. Prés. Div. Sav. Acad. R. Sci. Inst. Fr. 2 (2): 739. **Type species:** *Musca filiformis* Fabricius, 1794 (by designation of Coquillett, 1910) [= *Musca corrigiolata* (Linnaeus, 1767)].

Protylos Aczél, 1949. Acta Zool. Lill. 9: 238 (as a subgenus of *Tylos*). **Type species:** *Micropeza stigmatica* van der Wulp, 1897 (by original designation).

Tylus, unjustified emendation.

（17）窄羽瘦足蝇 *Micropeza angustipennis* **Loew, 1868**

Micropeza angustipennis Loew, 1868a. Berl. Ent. Z. 12: 164. **Type locality:** Russia: Sarepta, "Krasnoarmeisk, nr. Volgograd".

分布（**Distribution**）：西藏（XZ）；前南斯拉夫、伊朗、阿富汗、土耳其、巴基斯坦。

（18）环瘦足蝇 *Micropeza annulipes* **(Hendel, 1934)**

Tylus annulipes Hendel, 1934b. Ark. Zool. 25A (21): 9. **Type locality:** China: "S. W. Mongolei".

分布（**Distribution**）：内蒙古（NM）。

（19）灰瘦足蝇 *Micropeza cinerosa* **(Séguy, 1934)**

Tylos cinerosa Séguy, 1934. Encycl. Ent. (B II) Dipt. 7: 10. **Type locality:** China: Gansu, "Chine occidentale: Kan-sou *et* Chen-si; Kasgarie: oisis de Koutchar".

分布（**Distribution**）：甘肃（GS）。

（20）西藏瘦足蝇 *Micropeza tibetana* **(Hennig, 1937)**

Tylos tibetana Hennig, 1937. Stettin. Ent. Ztg. 98: 50. **Type locality:** China: Tibet, Gyantse.

分布（**Distribution**）：西藏（XZ）。

华瘦足蝇亚科 Taeniapterinae

5. 棒瘦足蝇属 *Grammicomyia* Bigot, 1859

Grammicomyia Bigot, 1859b. Revue Mag. Zool. (2) 11: 314. **Type species:** *Grammicomyia testacea* Bigot, 1859 (monotypy).

1）膨瘦足蝇亚属 *Ectemnodera* Enderlein, 1922

Ectemnodera Enderlein, 1922a. Arch. Naturgesch. 88 (5): 168. **Type species:** *Ectemnodera sauteri* Enderlein, 1922 (by original designation).

Oocephala Czerny, 1932. Stettin. Ent. Ztg. 93: 290 (preoccupied by Agassiz, 1846). **Type species:** *Oocephala grata* Czerny, 1932 [= *Ectemnodera sauteri* Enderlein, 1922] (monotypy).

（21）萨德棒瘦足蝇 *Grammicomyia (Ectemnodera) sauteri* **(Enderlein, 1922)**

Ectemnodera sauteri Enderlein, 1922a. Arch. Naturgesch. 88 (5): 168. **Type locality:** China: Taiwan, Taihorin.

Oocephala grata Czerny, 1932. Stettin. Ent. Ztg. 93: 292. **Type locality:** China: Taiwan.

分布（**Distribution**）：台湾（TW）。

6. 缟瘦足蝇属 *Mimegralla* Rondani, 1850

Mimegralla Rondani, 1850. Nuovi Ann. Sci. Nat. (3) 2: 180. **Type species:** *Calobata coeruleifrons* Macquart, 1843 (by original designation).

Hybobata Enderlein, 1922a. Arch. Naturgesch. 88 (5): 196. **Type species:** *Calobata triannulata* Macquart (by original designation).

Cydosphen Frey, 1927b. Not. Ent. 7: 69. **Type species:** *Taeniaptera galbula* Osten-Sacken, 1882 (by original designation).

Neocalobata Malloch, 1935c. Insects Samoa 6: 346 (as a subgenus of *Calobata*). **Type species:** *Calobata deferens* Malloch, 1935 (by original designation).

Tanypomyia Verbeke, 1951. Explor. Parc Natl. Albert Miss. G. F. de Witte 72: 60. **Type species:** *Tanypoda venusta* Enderlein, 1922 (by original designation).

Townesa Steyskal, 1952. Proc. U. S. Natl. Mus. 102 (3294): 171. **Type species:** *Townesa spinosa* Steyskal, 1952 (by original designation).

（22） 白跗缟瘦足蝇 *Mimegralla albimana* (Doleschall, 1856)

Taenioptera albimana Doleschall, 1856. Natuurkd. Tijdschr. Ned.-Indië 10 (7): 413. **Type locality:** Indonesia: Java, Djokjakarta.

Calobata albimana galbula Osten-Sacken, 1882. Berl. Ent. Z. 26: 202. **Type locality:** Philippines.

分布（Distribution）：台湾（TW）；菲律宾、日本、印度尼西亚、马里亚纳群岛。

（23） 岛缟瘦足蝇 *Mimegralla cedens* (Walker, 1856)

Calobata cedens Walker, 1856b. J. Proc. Linn. Soc. London Zool. 1: 135. **Type locality:** Malaysia: Sarawak, Borneo.

Calobata cedens chrysopleura Osten-Sacken, 1882. Berl. Ent. Z. 26: 201. **Type locality:** Philippines.

Cyelosphen cedens formosana Czerny, 1932. Stettin. Ent. Ztg. 93: 269. **Type locality:** China: Taiwan.

分布（Distribution）：台湾（TW）；马来西亚、印度、菲律宾、泰国、印度尼西亚、新几内亚岛。

（24）周氏缟瘦足蝇 *Mimegralla choui* (Li, Liu *et* Yang, 2012) comb. nov.

Cliobata choui Li, Liu *et* Yang, 2012. Entomotaxon. 34 (2): 287. **Type locality:** China: Guangxi, Huaping.

分布（Distribution）：广西（GX）。

（25） 蓝额缟瘦足蝇 *Mimegralla coeruleifrons* (Macquart, 1843)

Calobata coeruleifrons Macquart, 1843b. Mém. Soc. Sci. Agric. Arts Lille [1842]: 246. **Type locality:** "New Holland" (evidently erroneous).

Calobata rufipes Macquart, 1851. Mém. Soc. Sci. Agric. Lille 1850 [1851]: 271 (preoccupied by Fabricius, 1805). **Type locality:** Asia.

Calobata basalis Walker, 1852. Ins. Saund. (Ⅰ) Dipt. 3-4: 391. **Type locality:** India: "East Indies".

Calobata morbida Osten-Sacken, 1881a. Ann. Mus. Civ. St. Nat. Genova 16: 457. **Type locality:** Indonesia: Java, Buitenzorg Bogor; Sumatra, Ajer Mantcior and Kaju Tanam.

Mimegralla birmanensis Bigot, 1886. Ann. Soc. Entomol. Fr. (6) 6: 382. **Type locality:** Burma: "Birmanie".

Calobata trifascipennis Brunetti, 1913c. Rec. India Mus. 8: 186. **Type locality:** India: Assam, Dibrugarh.

分布（Distribution）：海南（HI）；印度尼西亚、缅甸、印度、马来西亚、菲律宾、越南。

（26）浅褐缟瘦足蝇 *Mimegralla ecruis* (Li, Liu *et* Yang, 2012), comb. nov.

Cliobata ecruis Li, Liu *et* Yang, 2012. Entomotaxon. 34 (2): 286. **Type locality:** China: Sichuan, Emei Mountain.

分布（Distribution）：四川（SC）。

（27）中华缟瘦足蝇 *Mimegralla sinensis* (Enderlein, 1922)

Calobata sinensis Enderlein, 1922a. Arch. Naturgesch. 88 (5): 182. **Type locality:** China: Taiwan, Taihorin and Toa-Tsui-Kutsu.

Mimegralla sinensis sinensis Enderlein, 1922a. Arch. Naturgesch. 88 (5): 182. **Type locality:** China: Taiwan, Taihorin and Toa-Tsui-Kutsu.

Mimegralla sinensis niveitarsis Czerny, 1932. Stettin. Ent. Ztg. 93: 279. **Type locality:** China: Taiwan; Fokine [sic].

分布（Distribution）：福建（FJ）、台湾（TW）；缅甸。

7. 绒瘦足蝇属 *Rainieria* Rondani, 1843

Rainieria Rondani, 1843. Nuovi Ann. Sci. Nat. 10 (1): 40. **Type species:** *Rainieria calceata* Fallén, 1820 (by original designation).

Tanipoda Rondani, 1856. Dipt. Ital. Prodromus, Vol. I: 116. **Type species:** *Tanipoda calceata* Fallén, 1820 (by original designation).

（28）亮翅云瘦足蝇 *Rainieria leucochira* Czerny, 1932

Rainieria leucochira Czerny, 1932. Stettin. Ent. Ztg. 93: 274. **Type locality:** China: Taiwan.

Rainieria leucochira: Li *et* Yang, 2012. *In*: Li, Liu *et* Yang, 2012. Acta Zootaxon. Sin. 37 (2): 393.

分布（Distribution）：台湾（TW）。

（29）三鬃绒瘦足蝇 *Rainieria triseta* Li, Liu *et* Yang, 2012

Rainieria triseta Li, Liu *et* Yang, 2012. Acta Zootaxon. Sin. 37 (2): 395. **Type locality:** China: Liaoning, Dahua Mountain.

分布（Distribution）：黑龙江（HL）、辽宁（LN）。

指角蝇科 Neriidae

指角蝇亚科 Neriinae

1. 田指角蝇属 *Gymnonerius* Hendel, 1913

Gymnonerius Hendel, 1913c. Suppl. Ent. 2: 41. **Type species:** *Nerius fuscus* Wiedemann, 1824 (by original designation).

（1）棕色田指角蝇 *Gymnonerius fuscus* (Wiedemann, 1824)

Nerius fuscus Wiedemann, 1824a. Munus Rectoris in Academia Christiana Albertina Aditurus Analecta Entomológica ex Museo Regio Havniensi Máxime Congesta Profert Iconibusque Illustrat: 15. **Type locality:** Indonesia: Java.

Nerius fuscipennis Macquart, 1843b. Mém. Soc. Sci. Agric. Arts Lille [1842]: 398. **Type locality:** Indonesia: Java.

Nerius phalanginus Doleschall, 1857. Natuurkd. Tijdschr.

Ned.-Indië 14: 417. **Type locality:** Indonesia: Java (Midden-Java), Gombong.

Gymnonerius fuscus hendeli Hennig, 1937a. Stettin. Ent. Ztg. 98: 266. **Type locality:** China: Taiwan, Koshun.

分布（**Distribution**）：台湾（TW）；印度尼西亚（爪哇岛、苏门答腊岛、苏拉威西岛）、马来西亚、菲律宾、泰国、安达曼群岛、巴图岛。

2. 基指角蝇属 *Stypocladius* Enderlein, 1922

Stypocladius Enderlein, 1922a. Arch. Naturgesch. 88 (5): 158. **Type species:** *Nerius appendiculatus* Hendel, 1913 (by original designation).

（2）突基指角蝇 *Stypocladius appendiculatus* (Hendel, 1913)

Nerius appendiculatus Hendel, 1913a. Suppl. Ent. 2: 84. **Type locality:** China: Taiwan, Kosempo.

分布（**Distribution**）：台湾（TW）；日本。

纤指角蝇亚科 Telostylinae

3. 毛指角蝇属 *Chaetonerius* Hendel, 1903

Chaetonerius Hendel, 1903. Wien. Ent. Ztg. 22: 205. **Type species:** *Nerius inermis* Schiner, 1868 (by original designation).

（3）双斑毛指角蝇 *Chaetonerius bimaculatus* (Edwards, 1919)

Telostylus bimaculatus Edwards, 1919. J. Fed. Malay St. Mus. 8 (3): 53. **Type locality:** China: Taiwan, Taipei.

分布（**Distribution**）：台湾（TW）。

（4）无刺毛指角蝇 *Chaetonerius inermis* (Schiner, 1868)

Nerius inermis Schiner, 1868. Reise der Österreichischen Fregatte Novara, Diptera 2 (1B): 248. **Type locality:** India: Nicobar Islands, Tellnschong.

分布（**Distribution**）：台湾（TW）、广东（GD）；印度尼西亚、印度（尼科巴群岛）。

4. 纤指角蝇属 *Telostylus* Bigot, 1859

Telostylus Bigot, 1859b. Revue Mag. Zool. (2) 11: 307. **Type species:** *Telostylus binotatus* Bigot, 1859 (monotypy).

Coenurgia Walker, 1860b. J. Proc. Linn. Soc. London Zool. 4: 164. **Type species:** *Coenurgia remipes* Walker, 1860 (monotypy).

（5）十斑纤指角蝇 *Telostylus decemnotatus* Hendel, 1913

Telostylus decemnotatus Hendel, 1913a. Suppl. Ent. 2: 84. **Type locality:** China: Taiwan, Kankau and Koshun.

分布（**Distribution**）：台湾（TW）。

禾蝇总科 Opomyzoidea

潜蝇科 Agromyzidae

潜蝇亚科 Agromyzinae

1. 潜蝇属 *Agromyza* Fallén, 1810

Agromyza Fallén, 1810. Specim. Ent. Novam Dipt.: 21. **Type species:** *Agromyza reptans* Fallén, 1823 (by subsequent designation of Rondani, 1875).

(1) 白翅潜蝇 *Agromyza albipennis* Meigen, 1830

Agromyza albipennis Meigen, 1830. Syst. Beschr. Europ. Zweifl. Insekt. 6: 171. **Type locality:** Austria.

Agromyza fennica Griffiths, 1963. Tijdschr. Ent. 106 (2): 128. **Type locality:** Finland: Messuby.

Agromyza albipennis: Yang, 1998. *In*: Xue *et* Chao, 1998. Flies of China, Vol. 1: 505.

分布（Distribution）：黑龙江（HL）、青海（QH）、新疆（XJ）、江苏（JS）、浙江（ZJ）、福建（FJ）；日本、加拿大、奥地利、芬兰；欧洲。

(2) 西方麦潜蝇 *Agromyza ambigua* Fallén, 1823

Agromyza ambigua Fallén, 1823. Agromyzides Sveciae: 4. **Type locality:** Sweden.

Agromyza ambigua: Yang, 1998. *In*: Xue *et* Chao, 1998. Flies of China, Vol. 1: 505.

分布（Distribution）：青海（QH）、新疆（XJ）、上海（SH）；俄罗斯、印度、加拿大、美国、瑞典；欧洲、非洲（北部）。

(3) 荨麻潜蝇 *Agromyza anthracina* Meigen, 1830

Agromyza anthracina Meigen, 1830. Syst. Beschr. Europ. Zweifl. Insekt. 6: 173. **Type locality:** Not given.

Agromyza freyi Hendel, 1931. *In*: Lindner, 1931. Flieg. Palaearkt. Reg. 6 (2): 119. **Type locality:** Finland: Lojo.

Agromyza anthracina: Yang, 1998. *In*: Xue *et* Chao, 1998. Flies of China, Vol. 1: 505.

分布（Distribution）：新疆（XJ）；芬兰；欧洲。

(4) 麦叶灰潜蝇 *Agromyza cinerascens* Macquart, 1835

Agromyza cinerascens Macquart, 1835. Hist. Nat. Ins., Dipt. 2: 610. **Type locality:** France.

Agromyza cinerascens: Yang, 1998. *In*: Xue *et* Chao, 1998.

Flies of China, Vol. 1: 505.

分布（Distribution）：江苏（JS）；日本、法国；欧洲。

(5) 毛角潜蝇 *Agromyza comosa* Spencer, 1962

Agromyza comosa Spencer, 1962. Pac. Insects 4: 662. **Type locality:** Burma: Kambaiti.

Agromyza comosa: Yang, 1998. *In*: Xue *et* Chao, 1998. Flies of China, Vol. 1: 506.

分布（Distribution）：台湾（TW）；缅甸。

(6) 黄瓣潜蝇 *Agromyza flavisquama* Malloch, 1914

Agromyza flavisquama Malloch, 1914d. Ann. Hist.-Nat. Mus. Natl. Hung. 12: 318. **Type locality:** China: Taiwan.

Agromyza flavisquama: Yang, 1998. *In*: Xue *et* Chao, 1998. Flies of China, Vol. 1: 506.

分布（Distribution）：台湾（TW）。

(7) 禾草潜蝇 *Agromyza graminivora* Spencer, 1960

Agromyza graminivora Spencer, 1960. Trans. R. Ent. Soc. London 112: 16. **Type locality:** India: Bombay.

Agromyza graminivora: Yang, 1998. *In*: Xue *et* Chao, 1998. Flies of China, Vol. 1: 506.

分布（Distribution）：台湾（TW）；印度、印度尼西亚；非洲。

(8) 长毛角潜蝇 *Agromyza latipennis* Malloch, 1914

Agromyza latipennis Malloch, 1914d. Ann. Hist.-Nat. Mus. Natl. Hung. 12: 321. **Type locality:** China: Taiwan.

Agromyza latipennis: Yang, 1998. *In*: Xue *et* Chao, 1998. Flies of China, Vol. 1: 506.

分布（Distribution）：台湾（TW）。

(9) 褐黯潜蝇 *Agromyza mobilis* Meigen, 1830

Agromyza mobilis Meigen, 1830. Syst. Beschr. Europ. Zweifl. Insekt. 6: 169. **Type locality:** Not given (? Germany: nr. Aachen).

Agromyza mobilis: Yang, 1998. *In*: Xue *et* Chao, 1998. Flies of China, Vol. 1: 506.

分布（Distribution）：黑龙江（HL）、上海（SH）、浙江（ZJ）；日本；欧洲、北美洲。

(10) 强壮潜蝇 *Agromyza obesa* Malloch, 1914

Agromyza obesa Malloch, 1914d. Ann. Hist.-Nat. Mus. Natl. Hung. 12: 322. **Type locality:** China: Taiwan.

Agromyza obesa: Yang, 1998. *In*: Xue *et* Chao, 1998. Flies of China, Vol. 1: 507.

分布（Distribution）：台湾（TW）。

（11）帕尼奇潜蝇 *Agromyza panici* Meijere, 1934

Agromyza panici Meijere, 1934. Tijdschr. Ent. 77: 248. **Type locality:** Indonesia: Java.

分布（Distribution）：台湾（TW）；印度尼西亚。

（12）银白捕潜蝇 *Agromyza plebeia* Malloch, 1914

Agromyza plebeia Malloch, 1914d. Ann. Hist.-Nat. Mus. Natl. Hung. 12: 320. **Type locality:** China: Taiwan.

Agromyza plebeia: Yang, 1998. *In*: Xue *et* Chao, 1998. Flies of China, Vol. 1: 507.

分布（Distribution）：台湾（TW）。

（13）蔷薇潜蝇 *Agromyza potentillae* (Kaltenbach, 1864)

Phytomyza potentillae Kaltenbach, 1864. Verh. Naturh. Ver. Preuss. Rheinl. 21: 351. **Type locality:** Germany.

Agromyza spiraeae Kaltenbach, 1867. Verh. Naturh. Ver. Preuss. Rheinl. 24: 104. **Type locality:** Germany.

Dizygomyza stackelbergi Frey, 1946. Not. Ent. 26 (1-2): 46. **Type locality:** Finland: Nyland, Hoplax.

Agromyza potentillae: Yang, 1998. *In*: Xue *et* Chao, 1998. Flies of China, Vol. 1: 507.

分布（Distribution）：黑龙江（HL）、上海（SH）；德国、芬兰；欧洲、北美洲。

（14）黑腿潜蝇 *Agromyza reptans* Fallén, 1823

Agromyza reptans Fallén, 1823. Agromyzides Sveciae: 3. **Type locality:** Sweden: Skåne.

Agromyza reptans: Yang, 1998. *In*: Xue *et* Chao, 1998. Flies of China, Vol. 1: 507.

分布（Distribution）：浙江（ZJ）；日本、印度、加拿大、美国、瑞典；欧洲。

（15）绯足潜蝇 *Agromyza rufipes* Meigen, 1830

Agromyza rufipes Meigen, 1830. Syst. Beschr. Europ. Zweifl. Insekt. 6: 169. **Type locality:** Germany.

Agromyza rufipes: Yang, 1998. *In*: Xue *et* Chao, 1998. Flies of China, Vol. 1: 507.

分布（Distribution）：黑龙江（HL）；日本、印度、德国；欧洲。

（16）刺列潜蝇 *Agromyza spinisera* Sasakawa *et* Fan, 1985

Agromyza spinisera Sasakawa *et* Fan, 1985. *In*: Shanghai Institute of Entomology, Academia Sinica, 1985. Contributions from Shanghai Institute of Entomology, Vol. 5: 286. **Type locality:** China: Heilongjiang.

Agromyza spinisera: Yang, 1998. *In*: Xue *et* Chao, 1998. Flies of China, Vol. 1: 507.

分布（Distribution）：黑龙江（HL）。

（17）透脉潜蝇 *Agromyza vitrinervis* Malloch, 1915

Agromyza vitrinervis Malloch, 1915. Proc. U. S. Natl. Mus. 49: 108. **Type locality:** Unknown.

Agromyza niveipennis Malloch, 1914d. Ann. Hist.-Nat. Mus. Natl. Hung. 12: 319. **Type locality:** China: Taiwan.

Agromyza vitrinervis: Yang, 1998. *In*: Xue *et* Chao, 1998. Flies of China, Vol. 1: 508.

分布（Distribution）：台湾（TW）。

（18）东方麦潜蝇 *Agromyza yanonis* (Matsumura, 1916)

Oscinis yanonis Matsumura, 1916. Konchû Sekai 20: 443. **Type locality:** Japan.

Oscinis yanoniella Matsumura, 1930. Nokonchügaku: 269. **Type locality:** Japan.

Agromyza yanonis: Yang, 1998. *In*: Xue *et* Chao, 1998. Flies of China, Vol. 1: 508.

分布（Distribution）：江苏（JS）；日本。

2. 枝瘿潜蝇属 *Hexomyza* Enderlein, 1936

Hexomyza Enderlein, 1936. Mitt. Dtsch. Ent. Ges. 7 (3): 42. **Type species:** *Melanagromyza sarothamni* Hendel, 1923 (by original designation).

（19）赫氏瘿潜蝇 *Hexomyza cecidogena* (Hering, 1927)

Melanagromyza cecidogena Hering, 1927. Z. Wiss. Insekt Biol. 22: 319. **Type locality:** Germany: "Berlin-Frohnau".

Hexomyza cecidogena: Wen *et* Dong, 1995. Entomotaxon. 17 (1): 77.

分布（Distribution）：河南（HEN）；德国、丹麦、澳大利亚、意大利。

（20）杨枝瘿潜蝇 *Hexomyza schineri* (Giraud, 1861)

Agromyza schineri Giraud, 1861. Verh. K. K. Zool.-Bot. Ges. Wien 11: 484. **Type locality:** Austria: Banks of Danube.

Hexomyza schineri: Yang, 1998. *In*: Xue *et* Chao, 1998. Flies of China, Vol. 1: 508.

分布（Distribution）：青海（QH）；奥地利；欧洲、北美洲。

（21）柳枝瘿潜蝇 *Hexomyza simplicoides* (Hendel, 1920)

Melanagromyza simplicoides Hendel, 1920. Arch. Naturgesch. (A) 84 (7): 128. **Type locality:** Austria.

Melanagromyza kirgizica Rohdendorf-Holmanova, 1959. Ent. Obozr. 38: 695. **Type locality:** USSR: Frunze.

Hexomyza simplicoides: Yang, 1998. *In*: Xue *et* Chao, 1998. Flies of China, Vol. 1: 508.

分布（Distribution）：河南（HEN）、上海（SH）；奥地利、

俄罗斯；欧洲、北美洲。

3. 东潜蝇属 *Japanagromyza* Sasakawa, 1958

Japanagromyza Sasakawa, 1958. Scient. Rep. Saikyo Univ. 10: 138. **Type species:** *Agromyza duchesneae* Sasakawa, 1954 (by original designation).

（22）斧东潜蝇 *Japanagromyza cestra* Sasakawa, 2010

Japanagromyza cestra Sasakawa, 2010. Zootaxa 2485: 18. **Type locality:** Malaysia. South China.

分布（Distribution）：中国（省份不明）；马来西亚。

（23）鬃胫东潜蝇 *Japanagromyza setigera* (Malloch, 1914)

Agromyza setigera Malloch, 1914d. Ann. Hist.-Nat. Mus. Natl. Hung. 12: 328. **Type locality:** China: Taiwan, Tainan.
Japanagromyza setigera: Yang, 1998. *In*: Xue *et* Chao, 1998. Flies of China, Vol. 1: 509.

分布（Distribution）：台湾（TW）。

（24）豆叶东潜蝇 *Japanagromyza tristella* (Thomson, 1869)

Agromyza tristella Thomson, 1869. K. Svenska Fregatten Eugenies Resa, Zool., Dipt. 2 (1): 609. **Type locality:** China.
Japanagromyza koshunensis Malloch, 1914d. Ann. Hist.-Nat. Mus. Natl. Hung. 12: 321. **Type locality:** China: Taiwan, Koshun.
Japanagromyza variihalterata Malloch, 1914d. Ann. Hist.-Nat. Mus. Natl. Hung. 12: 329. **Type locality:** China: Taiwan, Koshun.
Japanagromyza tristella: Yang, 1998. *In*: Xue *et* Chao, 1998. Flies of China, Vol. 1: 509.

分布（Distribution）：北京（BJ）、山东（SD）、河南（HEN）、安徽（AH）、江苏（JS）、上海（SH）、湖北（HB）、云南（YN）、福建（FJ）、台湾（TW）、广西（GX）；日本、印度、尼泊尔、斯里兰卡、越南、马来西亚、新加坡、印度尼西亚、巴布亚新几内亚。

（25）大韩东潜蝇 *Japanagromyza yanoi* (Sasakawa, 1955)

Melanagromyza yanoi Sasakawa, 1955. Trans. Shikoku Ent. Soc. 4 (5-6): 87. **Type locality:** Japan: Dögo, Matsuyama, Shikoku.
Japanagromyza yanoi: Yang, 1998. *In*: Xue *et* Chao, 1998. Flies of China, Vol. 1: 509.

分布（Distribution）：台湾（TW）；日本。

（26）暗棍东潜蝇 *Japanagromyza yoshimotoi* Sasakawa, 1963

Japanagromyza yoshimotoi Sasakawa, 1963a. Pac. Insects 5: 30. **Type locality:** Philippines: Mindanao, Bukidnon.
Japanagromyza yoshimotoi: Yang, 1998. *In*: Xue *et* Chao, 1998. Flies of China, Vol. 1: 509.

分布（Distribution）：台湾（TW）；菲律宾。

4. 黑潜蝇属 *Melanagromyza* Hendel, 1920

Melanagromyza Hendel, 1920. Arch. Naturgesch. (A) 84 (7): 126. **Type species:** *Agromyza aeneoventris* Fallén, 1823 (by original designation).
Hexomyza Enderlein, 1936. Mitt. Dtsch. Ent. Ges. 7 (3): 42.
Type species: *Melanagromyza sarothamni* Hendel, 1923.

（27）沙打旺黑潜蝇 *Melanagromyza adsurgenis* Wenn, 1985

Melanagromyza adsurgenis Wenn, 1985. Entomotaxon. 7 (2): 111. **Type locality:** China: Henan.
Melanagromyza adsurgenis: Yang, 1998. *In*: Xue *et* Chao, 1998. Flies of China, Vol. 1: 511.

分布（Distribution）：河南（HEN）。

（28）白瓣黑潜蝇 *Melanagromyza albisquama* (Malloch, 1927)

Agromyza albisquama Malloch, 1927f. Proc. Linn. Soc. N. S. W. 52: 425. **Type locality:** Australia.
Melanagromyza compositarum Spencer, 1961. Trans. R. Ent. Soc. London 113 (4): 70. **Type locality:** Sri Lanka: Labugama.
Melanagromyza albisquama: Yang, 1998. *In*: Xue *et* Chao, 1998. Flies of China, Vol. 1: 511.

分布（Distribution）：台湾（TW）；斯里兰卡、印度、菲律宾、印度尼西亚、越南、澳大利亚、斐济、南非。

（29）暗腹黑潜蝇 *Melanagromyza alternata* Spencer, 1961

Melanagromyza alternata Spencer, 1961. Trans. R. Ent. Soc. London 113 (4): 67. **Type locality:** China: Taiwan.
Melanagromyza alternata: Yang, 1998. *In*: Xue *et* Chao, 1998. Flies of China, Vol. 1: 511.

分布（Distribution）：台湾（TW）；印度。

（30）苎麻黑潜蝇 *Melanagromyza boehmeriae* Wenn, 1985

Melanagromyza boehmeriae Wenn, 1985. Entomotaxon. 7 (2): 109. **Type locality:** China: Zhejiang.
Melanagromyza boehmeriae: Yang, 1998. *In*: Xue *et* Chao, 1998. Flies of China, Vol. 1: 512.

分布（Distribution）：浙江（ZJ）。

（31）棘阳黑潜蝇 *Melanagromyza conspicua* Spencer, 1961

Melanagromyza conspicua Spencer, 1961. Trans. R. Ent. Soc. London 113 (4): 71. **Type locality:** Sri Lanka, Singapore.
Melanagromyza joycei Sasakawa, 1963b. Pac. Insects 5: 417. **Type locality:** New Caledonia.
Melanagromyza conspicua: Yang, 1998. *In*: Xue *et* Chao, 1998.

Flies of China, Vol. 1: 512.

分布（Distribution）：台湾（TW）；斯里兰卡、新加坡；东洋区、澳洲区。

（32） 逆毛黑潜蝇 *Melanagromyza declinata* Sasakawa, 1963

Melanagromyza declinata Sasakawa, 1963a. Pac. Insects 5: 32. **Type locality:** China: Taiwan, Taibei.

Melanagromyza bowralensis Spencer, 1963. Rec. Aust. Mus. 25: 314. **Type locality:** Australia.

Melanagromyza declinata: Yang, 1998. *In*: Xue *et* Chao, 1998. Flies of China, Vol. 1: 512.

分布（Distribution）：台湾（TW）；印度、澳大利亚。

（33）双黑潜蝇 *Melanagromyza dipetala* Sasakawa, 2006

Melanagromyza dipetala Sasakawa, 2006. Acta Ent. Sin. 49 (5): 835. **Type locality:** China: Hong Kong.

分布（Distribution）：香港（HK）。

（34）长气门黑潜蝇 *Melanagromyza dolichostigma* de Meijere, 1922

Melanagromyza dolichostigma de Meijere, 1922. Bijdr. Dierkd. 22: 20. **Type locality:** Indonesia: Java.

Melanagromyza dolichostigma: Yang, 1998. *In*: Xue *et* Chao, 1998. Flies of China, Vol. 1: 512.

分布（Distribution）：江西（JX）、湖北（HB）、福建（FJ）、台湾（TW）、广西（GX）；日本、印度尼西亚。

（35）毛眼黑潜蝇 *Melanagromyza lasiops* (Malloch, 1914)

Agromyza lasiops Malloch, 1914d. Ann. Hist.-Nat. Mus. Natl. Hung. 12: 324. **Type locality:** China: Taiwan.

Melanagromyza lasiops: Yang, 1998. *In*: Xue *et* Chao, 1998. Flies of China, Vol. 1: 512.

分布（Distribution）：台湾（TW）；越南。

（36）马来西亚黑潜蝇 *Melanagromyza malayensis* Sasakawa, 1963

Melanagromyza malayensis Sasakawa, 1963a. Pac. Insects 5: 35. **Type locality:** Malaysia: Selangor, Ulu Langat.

分布（Distribution）：台湾（TW）；马来西亚。

（37） 铜绿黑潜蝇 *Melanagromyza metallica* (Thomson, 1869)

Agromyza metallica Thomson, 1869. K. Svenska Fregatten Eugenies Resa, Zool., Dipt. 2 (1): 609. **Type locality:** Mauritius.

Melanagromyza similis Lamb, 1912. Trans. Linn. Soc. Lond. (2, Zool.) 15: 346. **Type locality:** "Silhoette, Seychelles".

Melanagromyza metallica: Yang, 1998. *In*: Xue *et* Chao, 1998. Flies of China, Vol. 1: 513.

分布（Distribution）：台湾（TW）；澳大利亚；东洋区；

非洲。

（38） 钝黑潜蝇 *Melanagromyza obtusa* (Malloch, 1914)

Agromyza obtusa Malloch, 1914d. Ann. Hist.-Nat. Mus. Natl. Hung. 12: 323. **Type locality:** China: Taiwan, Tainan, Sokotsu, Takao, Yen tempo.

Melanagromyza weberi de Meijere, 1922. Bijdr. Dierkd. 22: 22. **Type locality:** Indonesia: Java.

Melanagromyza obtusa: Yang, 1998. *In*: Xue *et* Chao, 1998. Flies of China, Vol. 1: 513.

分布（Distribution）：台湾（TW）；印度、印度尼西亚、斯里兰卡。

（39） 毛斑眼黑潜蝇 *Melanagromyza oculata* Sasakawa, 1963

Melanagromyza oculata Sasakawa, 1963c. Pac. Insects 5: 812. **Type locality:** Papua New Guinea: New Britain, St. Paul's.

Melanagromyza oculata: Yang, 1998. *In*: Xue *et* Chao, 1998. Flies of China, Vol. 1: 513.

分布（Distribution）：台湾（TW）；巴布亚新几内亚。

（40）毛芒黑潜蝇 *Melanagromyza piliseta* (Malloch, 1914)

Agromyza piliseta Malloch, 1914d. Ann. Hist.-Nat. Mus. Natl. Hung. 12: 326. **Type locality:** China: Taiwan, Tainan.

Melanagromyza piliseta: Yang, 1998. *In*: Xue *et* Chao, 1998. Flies of China, Vol. 1: 513.

分布（Distribution）：台湾（TW）；斯里兰卡、印度尼西亚。

（41） 毛角黑潜蝇 *Melanagromyza provecta* (de Meijere, 1910)

Agromyza provecta de Meijere, 1910. Tijdschr. Ent. 53: 161. **Type locality:** Indonesia: Krakatau Island.

Melanagromyza provecta: Yang, 1998. *In*: Xue *et* Chao, 1998. Flies of China, Vol. 1: 513.

分布（Distribution）：山东（SD）、福建（FJ）、台湾（TW）；印度尼西亚、泰国；非洲。

（42） 微毛黑潜蝇 *Melanagromyza pubescens* Hendel, 1923

Melanagromyza pubescens Hendel, 1923. Konowia 2 (5-6): 144. **Type locality:** Austria: Donau Auen bei Wien.

Melanagromyza pubescens: Yang, 1998. *In*: Xue *et* Chao, 1998. Flies of China, Vol. 1: 513.

分布（Distribution）：内蒙古（NM）、北京（BJ）、青海（QH）、新疆（XJ）；奥地利、丹麦、英国、德国。

（43） 粉黑潜蝇 *Melanagromyza pulverulenta* Sasakawa, 1956

Melanagromyza pulverulenta Sasakawa, 1956b. Jpn. J. App. Zool. 21 (1): 22. **Type locality:** China: Heilongjiang.

Melanagromyza pulverulenta: Yang, 1998. *In*: Xue *et* Chao, 1998. Flies of China, Vol. 1: 513.

分布（Distribution）：黑龙江（HL）。

（44）蓖麻黑潜蝇 *Melanagromyza ricini* de Meijere, 1922

Melanagromyza ricini de Meijere, 1922. Bijdr. Dierkd. 22: 20. **Type locality:** Indonesia: Java.

Melanagromyza ricini: Yang, 1998. *In*: Xue *et* Chao, 1998. Flies of China, Vol. 1: 514.

分布（Distribution）：台湾（TW）；日本、印度尼西亚。

（45）长眶毛黑潜蝇 *Melanagromyza sauteri* (Malloch, 1914)

Agromyza sauteri Malloch, 1914d. Ann. Hist.-Nat. Mus. Natl. Hung. 12: 320. **Type locality:** China: Taiwan, Chip-Chip.

Melanagromyza sauteri: Yang, 1998. *In*: Xue *et* Chao, 1998. Flies of China, Vol. 1: 514.

分布（Distribution）：台湾（TW）。

（46）豆秆黑潜蝇 *Melanagromyza sojae* (Zehntner, 1900)

Agromyza sojae Zehntner, 1900. Ind. Natuur. 11: 113. **Type locality:** Indonesia: Java.

Agromyza squamata Becker, 1903. Mitt. Zool. Mus. Berl. 2 (3): 189. **Type locality:** Egypt: Cairo, Luxor.

Melanagromyza sojae: Yang, 1998. *In*: Xue *et* Chao, 1998. Flies of China, Vol. 1: 514.

分布（Distribution）：黑龙江（HL）、吉林（JL）、河北（HEB）、山东（SD）、河南（HEN）、陕西（SN）、安徽（AH）、江苏（JS）、上海（SH）、浙江（ZJ）、江西（JX）、湖南（HN）、湖北（HB）、福建（FJ）、台湾（TW）、广东（GD）、广西（GX）；日本、印度、沙特阿拉伯、埃及、马来西亚、印度尼西亚、斐济、密克罗尼西亚、澳大利亚。

（47）拟铜绿黑潜蝇 *Melanagromyza specijica* Spencer, 1963

Melanagromyza specijica Spencer, 1963. Rec. Aust. Mus. 25: 320. **Type locality:** Australia.

Melanagromyza specijica: Yang, 1998. *In*: Xue *et* Chao, 1998. Flies of China, Vol. 1: 514.

分布（Distribution）：台湾（TW）；澳大利亚。

（48）鳞黑潜蝇 *Melanagromyza squamifera* Sasakawa, 2006

Melanagromyza squamifera Sasakawa, 2006. Acta Ent. Sin. 49 (5): 836. **Type locality:** China: Hong Kong.

分布（Distribution）：香港（HK）。

（49）亚褐黑潜蝇 *Melanagromyza subfusca* (Malloch, 1914)

Agromyza subfusca Malloch, 1914d. Ann. Hist.-Nat. Mus. Natl.

Hung. 12: 330. **Type locality:** China: Taiwan, Pilam.

Melanagromyza subfusca: Yang, 1998. *In*: Xue *et* Chao, 1998. Flies of China, Vol. 1: 514.

分布（Distribution）：台湾（TW）。

（50）亚微毛黑潜蝇 *Melanagromyza subpubescens* Sasakawa, 1956

Melanagromyza subpubescens Sasakawa, 1956b. Jpn. J. App. Zool. 21 (1): 23. **Type locality:** China: Heilongjiang.

Melanagromyza subpubescens: Yang, 1998. *In*: Xue *et* Chao, 1998. Flies of China, Vol. 1: 515.

分布（Distribution）：黑龙江（HL）。

（51）蚕豆黑潜蝇 *Melanagromyza viciae* Wenn, 1985

Melanagromyza viciae Wenn, 1985. Entomotaxon. 7 (2): 110. **Type locality:** China: Gansu.

Melanagromyza viciae: Yang, 1998. *In*: Xue *et* Chao, 1998. Flies of China, Vol. 1: 515.

分布（Distribution）：甘肃（GS）。

5. 蛇潜蝇属 *Ophiomyia* Braschnikov, 1897

Ophiomyia Braschnikov, 1897. Izv. Moskva Selsk. Khoz. Inst. 3 (2): 40. **Type species:** *Agromyza pulicaria* Meigen, 1830 (monotypy).

Stiropomyza Enderlein, 1936. Tierwelt Mitteleur. 6 (2), Ins. 3: 179. **Type species:** *Phytomyza aeneonitens* Strobl, 1893.

Solenomyza Enderlein, 1936. Tierwelt Mitteleur. 6 (2), Ins. 3: 179. **Type species:** *Melanagromyza rostrata* Hendel, 1920.

Stirops Enderlein, 1936. Mitt. Dtsch. Ent. Ges. 7 (3): 42. **Type species:** *Ophiomyia submaura* Hering, 1926.

（52）角额蛇潜蝇 *Ophiomyia anguliceps* (Malloch, 1914)

Agromyza anguliceps Malloch, 1914d. Ann. Hist.-Nat. Mus. Natl. Hung. 12: 327. **Type locality:** China: Taiwan, Tainan.

Ophiomyia anguliceps: Yang, 1998. *In*: Xue *et* Chao, 1998. Flies of China, Vol. 1: 516.

分布（Distribution）：台湾（TW）；日本。

（53）距瓣豆蛇潜蝇 *Ophiomyia centrosematis* (de Meijere, 1940)

Melanagromyza centrosematis de Meijere, 1940. Tijdschr. Ent. 83: 128 (?). **Type locality:** Indonesia: Java.

Ophiomyia centrosematis: Yang, 1998. *In*: Xue *et* Chao, 1998. Flies of China, Vol. 1: 516.

分布（Distribution）：福建（FJ）、台湾（TW）；日本、马来西亚、印度尼西亚、澳大利亚；非洲。

（54）鹰嘴豆蛇潜蝇 *Ophiomyia cicerivora* Spencer, 1961

Ophiomyia cicerivora Spencer, 1961. Trans. R. Ent. Soc.

London 113 (4): 79. **Type locality:** Pakistan: Rawalpindi.

Ophiomyia cicerivora: Yang, 1998. *In*: Xue *et* Chao, 1998. Flies of China, Vol. 1: 516.

分布（**Distribution**）：山东（SD）；巴基斯坦。

（55）白黯蛇潜蝇 *Ophiomyia cornuta* de Meijere, 1910

Ophiomyia cornuta de Meijere, 1910. Tijdschr. Ent. 53: 161. **Type locality:** Indonesia: Sumatra, Krakatau Island.

Ophiomyia leucolepsis Bezzi, 1928. Dipt. Brachy. Ather. Fiji Is.: 164. **Type locality:** Fiji.

Ophiomyia cornuta: Yang, 1998. *In*: Xue *et* Chao, 1998. Flies of China, Vol. 1: 517.

分布（**Distribution**）：安徽（AH）；印度尼西亚、斐济、太平洋西南部岛屿。

（56）无花果蛇潜蝇 *Ophiomyia fici* Spencer *et* Hill, 1976

Ophiomyia fici Spencer *et* Hill, 1976. Bull. Dept. Agric. 1: 419. **Type locality:** China: Hong Kong.

Ophiomyia fici: Yang, 1998. *In*: Xue *et* Chao, 1998. Flies of China, Vol. 1: 517.

分布（**Distribution**）：广东（GD）、香港（HK）。

（57）奇刺蛇潜蝇 *Ophiomyia imparispina* Sasakawa, 2006

Ophiomyia imparispina Sasakawa, 2006. Acta Ent. Sin. 49 (5): 838. **Type locality:** China: Hong Kong.

分布（**Distribution**）：香港（HK）。

（58）萱草蛇潜蝇 *Ophiomyia kwansonis* Sasakawa, 1961

Ophiomyia kwansonis Sasakawa, 1961. Pac. Insects 3 (2-3): 355. **Type locality:** Japan: Kyoto, Shimogamo.

Ophiomyia kwansonis: Yang, 1998. *In*: Xue *et* Chao, 1998. Flies of China, Vol. 1: 517.

分布（**Distribution**）：台湾（TW）；日本。

（59）马缨丹蛇潜蝇 *Ophiomyia lantanae* (Froggatt, 1919)

Agromyza lantanae Froggatt, 1919. Agric. Gaz. N. S. W. 30: 665. **Type locality:** Australia.

Ophiomyia lantanae: Yang, 1998. *In*: Xue *et* Chao, 1998. Flies of China, Vol. 1: 517; Shi, Jin *et* Gao, 2015. Entomotaxon. 37 (1): 59.

分布（**Distribution**）：云南（YN）、台湾（TW）；美国；东洋区、非洲热带区、澳洲区。

（60）黑暗蛇潜蝇 *Ophiomyia maura* (Meigen, 1838)

Agromyza maura Meigen, 1838. Syst. Beschr. Europ. Zweifl. Insekt. 7: 399. **Type locality:** Germany: nr. Aachen.

Ophiomyia asteris Kuroda, 1954. Kontyû 21 (3-4): 82. **Type locality:** Japan: Honshū, Yokohama.

Agromyza bicornis Kaltenbach, 1869. Verh. Naturh. Ver. Preuss. Rheinl. 26: 195. **Type locality:** Germany.

Ophiomyia maura: Yang, 1998. *In*: Xue *et* Chao, 1998. Flies of China, Vol. 1: 517.

分布（**Distribution**）：浙江（ZJ）；日本、美国、加拿大、德国；欧洲。

（61）卵阳蛇潜蝇 *Ophiomyia oviformis* Sasakawa *et* Fan, 1985

Ophiomyia oviformis Sasakawa *et* Fan, 1985. *In*: Shanghai Institute of Entomology, Academia Sinica, 1985. Contributions from Shanghai Institute of Entomology, Vol. 5: 287. **Type locality:** China: Heilongjiang.

Ophiomyia oviformis: Yang, 1998. *In*: Xue *et* Chao, 1998. Flies of China, Vol. 1: 517.

分布（**Distribution**）：黑龙江（HL）。

（62）菜豆蛇潜蝇 *Ophiomyia phaseoli* (Tryon, 1894)

Oscinis phaseoli Tryon, 1894. Trans. Nat. Hist. Soc. Qd. 1: 4. **Type locality:** Australia.

Ophiomyia gangetica Garg, 1971. Orient. Insects 1: 188. **Type locality:** India: Uttar Pradesh.

Ophiomyia phaseoli: Yang, 1998. *In*: Xue *et* Chao, 1998. Flies of China, Vol. 1: 517.

分布（**Distribution**）：新疆（XJ）、福建（FJ）、台湾（TW）；澳大利亚、夏威夷群岛、菲律宾、印度；东洋区、非洲热带区、澳洲区。

（63）壮蛇潜蝇 *Ophiomyia pinguis* (Fallén, 1820)

Madiza pinguis Fallén, 1820. Oscinides Sveciae: 10. **Type locality:** Sweden.

Ophiomyia pinguis: Yang, 1998. *In*: Xue *et* Chao, 1998. Flies of China, Vol. 1: 518.

分布（**Distribution**）：新疆（XJ）；瑞典、俄罗斯；欧洲。

（64）蒲公英蛇潜蝇 *Ophiomyia pulicaria* (Meigen, 1830)

Agromyza pulicaria Meigen, 1830. Syst. Beschr. Europ. Zweifl. Insekt. 6: 170. **Type locality:** Germany.

Ophiomyia pulicaria: Yang, 1998. *In*: Xue *et* Chao, 1998. Flies of China, Vol. 1: 518.

分布（**Distribution**）：黑龙江（HL）；德国、加拿大；欧洲。

（65）草海桐蛇潜蝇 *Ophiomyia scaevolana* Shiao *et* Wu, 1996

Ophiomyia scaevolana Shiao *et* Wu, 1996. Trans. Am. Ent. Soc. 122: 214. **Type locality:** China: Taiwan.

分布（**Distribution**）：台湾（TW）。

（66）毛疣蛇潜蝇 *Ophiomyia setituberosa* Sasakawa, 1972

Ophiomyia setituberosa Sasakawa, 1972. Scient. Rep. Kyoto

Prefect. Univ. (Agric.) 24: 57. **Type locality:** China: Taiwan, Taibei, Mount. Yangming Shan.

Ophiomyia setituberosa: Yang, 1998. *In*: Xue *et* Chao, 1998. Flies of China, Vol. 1: 518.

分布（Distribution）：台湾（TW）。

（67）豆根蛇潜蝇 *Ophiomyia shibatsuji* (Kato, 1961)

Melanagromyza shibatsuji Kato, 1961. Bull. Natn. Inst. Agric. Sci. © 13: 172. **Type locality:** Japan: Kariwano, Akita-ken.

Ophiomyia shibatsuji: Yang, 1998. *In*: Xue *et* Chao, 1998. Flies of China, Vol. 1: 518.

分布（Distribution）：黑龙江（HL）、吉林（JL）；日本。

（68）棘尾蛇潜蝇 *Ophiomyia spinicauda* Sasakawa, 1972

Ophiomyia spinicauda Sasakawa, 1972. Scient. Rep. Kyoto Prefect. Univ. (Agric.) 24: 58. **Type locality:** China: Taiwan, Taibei.

Ophiomyia spinicauda: Yang, 1998. *In*: Xue *et* Chao, 1998. Flies of China, Vol. 1: 518.

分布（Distribution）：台湾（TW）。

（69）股蛇潜蝇 *Ophiomyia vasta* Sasakawa, 2006

Ophiomyia vasta Sasakawa, 2006. Acta Ent. Sin. 49 (5): 839. **Type locality:** China: Hong Kong.

分布（Distribution）：香港（HK）。

（70）沃克蛇潜蝇 *Ophiomyia vockerothi* Spencer, 1986

Ophiomyia vockerothi Spencer, 1986. *In*: Spencer *et* Steyskal, 1986. Manual of the Agromyzidae (Diptera) of the United States. U. S. Dep. Agriculture Handbook 638: 261. **Type locality:** America.

Ophiomyia vockerothi: Chen *et* Wang, 2003. Entomotaxon. 25 (2): 155.

分布（Distribution）：福建（FJ）；美国。

6. 热潜蝇属 *Tropicomyia* Spencer, 1973

Tropicomyia Spencer, 1973. Agromyzidae (Diptera) of Economic Importance. Series Ent. 9: 180. **Type species:** *Melanagromyza flacourtiae* Séguy, 1951.

（71）海芋热潜蝇 *Tropicomyia alocasiae* Shiao *et* Wu, 1996

Tropicomyia alocasiae Shiao *et* Wu, 1996. Trans. Am. Ent. Soc. 122: 217. **Type locality:** China: Taiwan.

分布（Distribution）：台湾（TW）。

（72）微小热潜蝇 *Tropicomyia atomella* (Malloch, 1914)

Agromyza atomella Malloch, 1914d. Ann. Hist.-Nat. Mus. Natl. Hung. 12: 331. **Type locality:** China: Taiwan.

Tropicomyia atomella: Yang, 1998. *In*: Xue *et* Chao, 1998. Flies of China, Vol. 1: 519; Chen *et* Wang, 2003. Acta Zootaxon. Sin. 28 (4): 751.

分布（Distribution）：山东（SD）、安徽（AH）、福建（FJ）、台湾（TW）、广东（GD）；日本、斯里兰卡、密克罗尼西亚、菲律宾、新几内亚岛、巴布亚新几内亚（俾斯麦群岛）。

（73）西番莲热潜蝇 *Tropicomyia passiflorella* Shiao *et* Wu, 1996

Tropicomyia passiflorella Shiao *et* Wu, 1996. Trans. Am. Ent. Soc. 122: 219. **Type locality:** China: Taiwan.

分布（Distribution）：台湾（TW）。

（74）具毛热潜蝇 *Tropicomyia pilosa* Spencer, 1986

Tropicomyia pilosa Spencer, 1986. Proc. Indian Acad. Sci. (Anim. Sci.) 95 (5): 494. **Type locality:** Thailand.

分布（Distribution）：台湾（TW）；泰国。

（75）云南热潜蝇 *Tropicomyia yunnanensis* Chen *et* Wang, 2003

Tropicomyia yunnanensis Chen *et* Wang, 2003. Acta Zootaxon. Sin. 28 (4): 752. **Type locality:** China: Yunnan.

分布（Distribution）：云南（YN）。

植潜蝇亚科 Phytomyzinae

7. 暗潜蝇属 *Amauromyza* Hendel, 1931

Amauromyza Hendel, 1931. *In*: Lindner, 1931. Flieg. Palaearkt. Reg. 6 (2): 59. **Type species:** *Agromyza lamii* Kaltenbach, 1858 (by original designation).

Campanulomyza Nowakowski, 1962. Ann. Zool. Warsz. 20 (8): 97. **Type species:** *Agromyza gyrans* Fallén, 1823.

（76）斧角暗潜蝇 *Amauromyza acuta* Sasakawa *et* Fan, 1985

Amauromyza (Trilobomyza) acuta Sasakawa *et* Fan, 1985. *In*: Shanghai Institute of Entomology, Academia Sinica, 1985. Contributions from Shanghai Institute of Entomology, Vol. 5: 290. **Type locality:** China: Qinghai.

Amauromyza acuta: Yang, 1998. *In*: Xue *et* Chao, 1998. Flies of China, Vol. 1: 520.

分布（Distribution）：青海（QH）。

（77）异域暗潜蝇 *Amauromyza aliena* (Malloch, 1914)

Agromyza aliena Malloch, 1914d. Ann. Hist.-Nat. Mus. Natl. Hung. 12: 328. **Type locality:** China: Taiwan, Sokotsu.

Amauromyza aliena: Yang, 1998. *In*: Xue *et* Chao, 1998. Flies of China, Vol. 1: 520.

分布（Distribution）：台湾（TW）；印度、泰国。

（78）端裂暗潜蝇 *Amauromyza bifida* Sasakawa *et* Fan, 1985

Amauromyza (*Cephalomyza*) *bifida* Sasakawa *et* Fan, 1985. *In*: Shanghai Institute of Entomology, Academia Sinica, 1985. Contributions from Shanghai Institute of Entomology, Vol. 5: 288. **Type locality:** China: Xinjiang.

Amauromyza bifida: Yang, 1998. *In*: Xue *et* Chao, 1998. Flies of China, Vol. 1: 520.

分布（Distribution）：新疆（XJ）。

8. 萼潜蝇属 *Calycomyza* Hendel, 1931

Calycomyza Hendel, 1931. *In*: Lindner, 1931. Flieg. Palaearkt. Reg. 6 (2): 65. **Type species:** *Agromyza artemisiae* Kaltenbach, 1856 (by original designation).

（79）蒿萼潜蝇 *Calycomyza artemisiae* (Kaltenbach, 1856)

Agromyza artemisiae Kaltenbach, 1856. Verh. Naturh. Ver. Preuss. Rheinl. 13: 236. **Type locality:** Germany.

Agromyza atripes Zetterstedt, 1860. Dipt. Scand. 14: 6461. **Type locality:** Sweden.

Calycomyza artemisiae: Yang, 1998. *In*: Xue *et* Chao, 1998. Flies of China, Vol. 1: 521; Chen *et* Wang, 2003. Acta Ent. Sin. 46 (3): 360.

分布（Distribution）：河北（HEB）、北京（BJ）、新疆（XJ）、上海（SH）、四川（SC）、台湾（TW）、广东（GD）；日本、德国、瑞典、俄罗斯、印度、尼泊尔、美国、加拿大；欧洲。

（80）中华萼潜蝇 *Calycomyza chinensis* Chen *et* Wang, 2003

Calycomyza chinensis Chen *et* Wang, 2003. Acta Ent. Sin. 46 (3): 360. **Type locality:** China: Hebei.

分布（Distribution）：河北（HEB）、新疆（XJ）、贵州（GZ）。

（81）紫莞萼潜蝇 *Calycomyza humeralis* (von Roser, 1840)

Agromyza humeralis von Roser, 1840. Correspondenzbl. K. Württemb. Landw. Ver., Stuttgart 37 [= N. S. 17] (1): 63. **Type locality:** Germany: Württemberg.

Agromyza bellidis Kaltenbach, 1873. Pflanzen-Feinde: 336. **Type locality:** Germany.

Calycomyza humeralis: Chen *et* Wang, 2003. Acta Ent. Sin. 46 (3): 360.

Calycomyza humeralis: Yang, 1998. *In*: Xue *et* Chao, 1998. Flies of China, Vol. 1: 521.

分布（Distribution）：新疆（XJ）、上海（SH）；日本、德国、俄罗斯、印度、尼泊尔；欧洲、北美洲。

9. 角潜蝇属 *Cerodontha* Rondani, 1861

Cerodontha Rondani, 1861. Dipt. Ital. Prodromus, Vol. IV: 10.

Type species: *Chlorops denticornis* Panzer, 1806.

Odontocera Macquart, 1835. Hist. Nat. Ins., Dipt. 2: 614. **Type species:** *Chlorops denticornis* Panzer, 1806.

Ceratomyza Schiner, 1862c. Wien. Ent. Monatschr. 6 (12): 434. **Type species:** *Chlorops denticornis* Panzer, 1806.

（82）阿里山角潜蝇 *Cerodontha alishana* Sasakawa, 2008

Cerodontha (*Icteromyza*) *alishana* Sasakawa, 2008b. Spec. Div. 13: 135. **Type locality:** China: Taiwan.

分布（Distribution）：台湾（TW）。

（83）双毛禾角潜蝇 *Cerodontha bisetiorbita* (Sasakawa, 1955)

Phytobia (*Poemyza*) *bisetiorbita* Sasakawa, 1955. Scient. Rep. Agric. Saikyo Univ. 7: 64. **Type locality:** Japan.

Cerodontha bisetiorbita: Yang, 1998. *In*: Xue *et* Chao, 1998. Flies of China, Vol. 1: 525.

分布（Distribution）：台湾（TW）；日本。

（84）苔大角潜蝇 *Cerodontha caricicola* (Hering, 1926)

Dizygomyza caricicola Hering, 1926. Z. Morphol. Tiere. 5 (3): 483. **Type locality:** Germany: Berlin-Frohnau.

Dizygomyza soenderupi Hering, 1937. Blattminen Mittel-und Nordeuropas, Lief. 5, 6: 570. **Type locality:** "Dänemark".

Cerodontha caricicola: Yang, 1998. *In*: Xue *et* Chao, 1998. Flies of China, Vol. 1: 524.

分布（Distribution）：新疆（XJ）；德国、俄罗斯；欧洲。

（85）苔禾角潜蝇 *Cerodontha cornigera* (de Meijere, 1934)

Dizygomyza cornigera de Meijere, 1934. Tijdschr. Ent. 77: 264. **Type locality:** Indonesia: Java, Gedeh.

Cerodontha cornigera: Yang, 1998. *In*: Xue *et* Chao, 1998. Flies of China, Vol. 1: 525.

分布（Distribution）：台湾（TW）；马来西亚、印度尼西亚。

（86）齿角潜蝇 *Cerodontha denticornis* (Panzer, 1806)

Chlorops denticornis Panzer, 1806. Faunae insectorum germanicae Initia oder Deutschlands Insecten 104: 22. **Type locality:** Germany.

Chlorops meigeni Fallén, 1823. Agromyzides Sveciae: 9. **Type locality:** Sweden.

Agromyza nigritarsis Meigen, 1830. Syst. Beschr. Europ. Zweifl. Insekt. 6: 174. **Type locality:** "Aus der Berliner Gegend".

Agromyza acuticornis Meigen, 1830. Syst. Beschr. Europ. Zweifl. Insekt. 6: 175. **Type locality:** Germany.

Agromyza tarsella Zetterstedt, 1848. Dipt. Scand. 7: 2763. **Type locality:** Sweden.

Ceratomyza nigroscutellata Strobl, 1900a. Wien. Ent. Ztg. 19: 65. **Type locality:** Spain.

Cerodontha denticornis: Yang, 1998. *In*: Xue *et* Chao, 1998. Flies of China, Vol. 1: 522.

分布（Distribution）：内蒙古（NM）、河北（HEB）、北京（BJ）、新疆（XJ）、台湾（TW）；德国、瑞典、西班牙；亚洲、欧洲、非洲。

（87）暗眶额角潜蝇 *Cerodontha duplicata* (Spencer, 1961)

Phytobia (*Icteromyza*) *duplicata* Spencer, 1961. Trans. R. Ent. Soc. London 113 (4): 84. **Type locality:** "Sadiawa, Flores Island".

Cerodontha (*Icteromyza*) *floresensis* Spencer, 1961. Trans. R. Ent. Soc. London 113 (4): 84. **Type locality:** "Endeh, Flores Island".

Cerodontha duplicata: Yang, 1998. *In*: Xue *et* Chao, 1998. Flies of China, Vol. 1: 525.

分布（Distribution）：云南（YN）、福建（FJ）、台湾（TW）；印度、尼泊尔、印度尼西亚、菲律宾。

（88）福建角潜蝇 *Cerodontha fujianica* Chen *et* Wang, 2003

Cerodontha (*Butomomyza*) *fujianica* Chen *et* Wang, 2003. Acta Zootaxon. Sin. 28 (2): 356. **Type locality:** China: Fujian.

分布（Distribution）：福建（FJ）。

（89）黄腿角潜蝇 *Cerodontha fulvipes* (Meigen, 1830)

Agromyza fulvipes Meigen, 1830. Syst. Beschr. Europ. Zweifl. Insekt. 6: 174. **Type locality:** Not given.

Agromyza occulta Meigen, 1838. Syst. Beschr. Europ. Zweifl. Insekt. 7: 403. **Type locality:** Germany: "Baiern" [= Bavaria].

Cerodontha fulvipes: Yang, 1998. *In*: Xue *et* Chao, 1998. Flies of China, Vol. 1: 524.

分布（Distribution）：新疆（XJ）；德国、乌兹别克斯坦；欧洲。

（90）黄膝额角潜蝇 *Cerodontha geniculata* (Fallén, 1823)

Agromyza geniculata Fallén, 1823. Agromyzides Sveciae: 6. **Type locality:** Sweden.

Cerodontha geniculata: Yang, 1998. *In*: Xue *et* Chao, 1998. Flies of China, Vol. 1: 525.

分布（Distribution）：黑龙江（HL）、台湾（TW）；日本、蒙古国、土库曼斯坦、俄罗斯、阿富汗、伊朗、突尼斯、瑞典；欧洲。

（91）享氏角潜蝇 *Cerodontha hennigi* Nowakowski, 1967

Cerodontha (*Cerodontha*) *hennigi* Nowakowski, 1967. Polskie Pismo Ent. 37 (4): 656. **Type locality:** Not given.

Chlorops lateralis Zetterstedt, 1848. Dipt. Scand. 7: 2799. **Type locality:** Sweden.

Cerodontha hennigi: Yang, 1998. *In*: Xue *et* Chao, 1998. Flies of China, Vol. 1: 524.

分布（Distribution）：新疆（XJ）；哈萨克斯坦、瑞典；欧洲。

（92）毛眼额角潜蝇 *Cerodontha hirsuta* Sasakawa, 1972

Cerodontha hirsuta Sasakawa, 1972. Scient. Rep. Kyoto Prefect. Univ. (Agric.) 24: 62. **Type locality:** China: Taiwan, Ssuchungchi.

Cerodontha hirsuta: Yang, 1998. *In*: Xue *et* Chao, 1998. Flies of China, Vol. 1: 525.

分布（Distribution）：台湾（TW）。

（93）毛阳禾角潜蝇 *Cerodontha hirtipennis* Sasakawa, 1972

Cerodontha hirtipennis Sasakawa, 1972. Scient. Rep. Kyoto Prefect. Univ. (Agric.) 24: 64. **Type locality:** China: Taiwan, Mount. Arisan.

Cerodontha hirtipennis: Yang, 1998. *In*: Xue *et* Chao, 1998. Flies of China, Vol. 1: 526.

分布（Distribution）：台湾（TW）。

（94）切禾角潜蝇 *Cerodontha incisa* (Meigen, 1830)

Agromyza incisa Meigen, 1830. Syst. Beschr. Europ. Zweifl. Insekt. 6: 182. **Type locality:** Not given.

Agromyza carbonella Zetterstedt, 1860. Dipt. Scand. 14: 6455. **Type locality:** Sweden.

Agromyza graminis Kaltenbach, 1873. Pflanzen-Feinde: 738. **Type locality:** Germany.

Cerodontha incisa: Yang, 1998. *In*: Xue *et* Chao, 1998. Flies of China, Vol. 1: 526.

分布（Distribution）：福建（FJ）；日本、蒙古国、俄罗斯、瑞典、德国、巴基斯坦、美国、加拿大；欧洲。

（95）黄禾角潜蝇 *Cerodontha lateralis* (Macquart, 1835)

Agromyza lateralis Macquart, 1835. Hist. Nat. Ins., Dipt. 2: 609. **Type locality:** France: Bordeaux.

Agromyza vitdgera Zetterstedt, 1848. Dipt. Scand. 7: 2760. **Type locality:** Sweden.

Agromyza variceps Zetterstedt, 1860. Dipt. Scand. 14: 6453. **Type locality:** Sweden.

Cerodontha lateralis: Yang, 1998. *In*: Xue *et* Chao, 1998. Flies of China, Vol. 1: 526.

分布（Distribution）：新疆（XJ）；日本、蒙古国、俄罗斯、法国、瑞典、土耳其、伊朗、美国、加拿大；欧洲。

（96）愁大角潜蝇 *Cerodontha luctuosa* (Meigen, 1830)

Agromyza luctuosa Meigen, 1830. Syst. Beschr. Europ. Zweifl.

Insekt. 6: 182. **Type locality:** Germany.

Dizygomyza effusi Karl, 1926. Stettin. Ent. Ztg. 87: 136. **Type locality:** Poland.

Cerodontha luctuosa: Yang, 1998. *In*: Xue *et* Chao, 1998. Flies of China, Vol. 1: 524.

分布（**Distribution**）：新疆（XJ）；日本、德国、波兰、美国、加拿大；欧洲。

（97）迟大角潜蝇 *Cerodontha morosa* (Meigen, 1830)

Agromyza morosa Meigen, 1830. Syst. Beschr. Europ. Zweifl. Insekt. 6: 170. **Type locality:** Not given.

Agromyza grossicornis Zetterstedt, 1860. Dipt. Scand. 14: 6456. **Type locality:** Sweden.

Cerodontha morosa: Yang, 1998. *In*: Xue *et* Chao, 1998. Flies of China, Vol. 1: 524.

分布（**Distribution**）：新疆（XJ）；日本、瑞典、印度、加拿大、美国；欧洲。

(98)黑基额角潜蝇 *Cerodontha nigricoxa* (Malloch, 1914)

Agromyza nigricoxa Malloch, 1914d. Ann. Hist.-Nat. Mus. Natl. Hung. 12: 317. **Type locality:** China: Taiwan, Takao.

Cerodontha nigricoxa: Yang, 1998. *In*: Xue *et* Chao, 1998. Flies of China, Vol. 1: 525.

分布（**Distribution**）：台湾（TW）。

（99）轻大角潜蝇 *Cerodontha omissa* (Spencer, 1961)

Phytobia omissa Spencer, 1961. Trans. R. Ent. Soc. London 113 (4): 86. **Type locality:** China: Taiwan.

Cerodontha omissa: Yang, 1998. *In*: Xue *et* Chao, 1998. Flies of China, Vol. 1: 524.

分布（**Distribution**）：台湾（TW）；日本、印度尼西亚。

（100）黄股额角潜蝇 *Cerodontha piliseta* (Becker, 1903)

Agromyza piliseta Becker, 1903. Mitt. Zool. Mus. Berl. 2 (3): 190. **Type locality:** Egypt.

Cerodontha (Icteromyza) flavofemorata Malloch, 1914d. Ann. Hist.-Nat. Mus. Natl. Hung. 12: 315. **Type locality:** China: Taiwan, Polisha.

Cerodontha piliseta: Yang, 1998. *In*: Xue *et* Chao, 1998. Flies of China, Vol. 1: 525.

分布（**Distribution**）：台湾（TW）；埃及、美拉尼西亚群岛、密克罗尼西亚、新几内亚岛；欧洲、非洲。

（101）狗尾草禾角潜蝇 *Cerodontha setariae* Spencer, 1959

Cerodontha (Poemyza) setariae Spencer, 1959. Trans. R. Ent. Soc. London 111 (10): 308. **Type locality:** Sierra Leone.

Cerodontha setariae: Yang, 1998. *In*: Xue *et* Chao, 1998. Flies of China, Vol. 1: 526.

分布（**Distribution**）：上海（SH）；日本、塞拉利昂；非洲。

（102）多毛禾角潜蝇 *Cerodontha superciliosa* (Zetterstedt, 1860)

Agromyza superciliosa Zetterstedt, 1860. Dipt. Scand. 14: 6455. **Type locality:** Sweden.

Cerodontha superciliosa: Yang, 1998. *In*: Xue *et* Chao, 1998. Flies of China, Vol. 1: 526.

分布（**Distribution**）：新疆（XJ）；瑞典、哈萨克斯坦、乌兹别克斯坦、土库曼斯坦、俄罗斯；欧洲。

（103）缝角潜蝇 *Cerodontha suturalis* (Hendel, 1931)

Dizygomyza suturalis Hendel, 1931. *In*: Lindner, 1931. Flieg. Palaearkt. Reg. 6 (2): 91. **Type locality:** "Kleinasien Österreich".

Cerodontha (Dizygomyza) suturalis: Chen *et* Zlobin, 2005. Entomotaxon. 27 (1): 37.

分布（**Distribution**）：新疆（XJ）；日本、俄罗斯；欧洲（中部和东部）广布。

10. 彩潜蝇属 *Chromatomyia* Hardy, 1849

Chromatomyia Hardy, 1849. Ann. Mag. Nat. Hist. (2) 4: 390. **Type species:** *Phytomyza obscurella* Fallén, 1823 (by subsequent designation of Coquillett, 1910).

（104）豌豆彩潜蝇 *Chromatomyia horticola* (Goureau, 1851)

Phytomyza horticola Goureau, 1851. Ann. Soc. Entomol. Fr. 9 (2): 148. **Type locality:** France.

Phytomyza subaffinis Malloch, 1914d. Ann. Hist.-Nat. Mus. Natl. Hung. 12: 335. **Type locality:** China: Taiwan.

Phytomyza nainiensis Garg, 1971. Orient. Insects 1: 249. **Type locality:** India: Uttar Pradesh.

Chromatomyia horticola: Yang, 1998. *In*: Xue *et* Chao, 1998. Flies of China, Vol. 1: 527.

分布（**Distribution**）：北京（BJ）、山东（SD）、河南（HEN）、甘肃（GS）、江苏（JS）、上海（SH）、浙江（ZJ）、江西（JX）、湖南（HN）、西藏（XZ）、福建（FJ）、台湾（TW）；日本、泰国、印度、埃及、埃塞俄比亚、利比亚、摩洛哥、马达加斯加、南非、喀麦隆、肯尼亚、法国；欧洲、非洲。

（105）黑彩潜蝇 *Chromatomyia nigra* (Meigen, 1830)

Phytomyza nigra Meigen, 1830. Syst. Beschr. Europ. Zweifl. Insekt. 6: 191. **Type locality:** Europe.

Chromatomyia nigra: Yang, 1998. *In*: Xue *et* Chao, 1998. Flies of China, Vol. 1: 528.

分布（**Distribution**）：台湾（TW）；日本、俄罗斯、印度；欧洲。

（106）毛眼彩潜蝇 *Chromatomyia perangusta* **(Sasakawa, 1972)**

Phytomyza perangusta Sasakawa, 1972. Scient. Rep. Kyoto Prefect. Univ. (Agric.) 24: 75. **Type locality:** China: Taiwan, Alishan Mountains.

Chromatomyia perangusta: Yang, 1998. *In*: Xue *et* Chao, 1998. Flies of China, Vol. 1: 528.

分布（Distribution）：台湾（TW）。

（107）车前彩潜蝇 *Chromatomyia plantaginis* **(Robineau-Desvoidy, 1851)**

Phytomyza plantaginis Robineau-Desvoidy, 1851. Armis Soc. Ent. Fr. (2) 9: 142. **Type locality:** France.

Chromatomyia plantaginis: Yang, 1998. *In*: Xue *et* Chao, 1998. Flies of China, Vol. 1: 528.

分布（Distribution）：上海（SH）、台湾（TW）；法国、日本、澳大利亚、新西兰、美国；欧洲。

11. 斑潜蝇属 *Liriomyza* Mik, 1894

Liriomyza Mik, 1894b. Wien. Ent. Ztg. 13: 289. **Type species:** *Liriomyza urophorina* Mik, 1894 (monotypy).

Praspedomyza Hendel, 1931. *In*: Lindner, 1931. Flieg. Palaearkt. Reg. 6 (2): 77. **Type species:** *Dizygomyza approximata* Hendel, 1920.

（108）蒿斑潜蝇 *Liriomyza artemisicola* **de Meijere, 1924**

Liriomyza artemisicola de Meijere, 1924c. Tijdschr. Ent. 67: 142. **Type locality:** "Holland".

Liriomyza artemisicola: Yang, 1998. *In*: Xue *et* Chao, 1998. Flies of China, Vol. 1: 530.

分布（Distribution）：新疆（XJ）；俄罗斯、印度；欧洲。

（109）菜斑潜蝇 *Liriomyza brassicae* **(Riley, 1884)**

Oscinis brassicae Riley, 1884. Annu. Rep. U. S. Dep. Agric. 1884: 322. **Type locality:** USA: Missouri, St. Louis.

Liriomyza brassicae: Yang, 1998. *In*: Xue *et* Chao, 1998. Flies of China, Vol. 1: 530.

分布（Distribution）：云南（YN）、福建（FJ）、台湾（TW）、广东（GD）、海南（HI）；西班牙、德国、加那利群岛、柬埔寨、泰国、印度、斯里兰卡、菲律宾、新加坡、马来西亚、斐济、密克罗尼西亚、马里亚纳群岛、澳大利亚、埃及、埃塞俄比亚、坦桑尼亚、肯尼亚、法属圭亚那、委内瑞拉、南非、莫桑比克、塞内加尔、美国、加拿大等。

（110）番茄斑潜蝇 *Liriomyza bryoniae* **(Kaltenbach, 1858)**

Agromyza bryoniae Kaltenbach, 1858. Verh. Naturh. Ver. Preuss. Rheinl. 15: 158. **Type locality:** Germany.

Liriomyza solani Hering, 1927. Z. Angew. Ent. 13: 181. **Type locality:** Germany: "Güntersberg a. Oder".

Liriomyza citrulli Rohdendorf, 1950. Ent. Obozr. 31: 82. **Type locality:** Ukraine: Cherson.

Liriomyza bryoniae: Yang, 1998. *In*: Xue *et* Chao, 1998. Flies of China, Vol. 1: 530.

分布（Distribution）：河南（HEN）、安徽（AH）、上海（SH）、福建（FJ）、台湾（TW）；日本、印度、俄罗斯、乌克兰、阿尔巴尼亚、丹麦、英国、法国、德国、西班牙、荷兰、埃及、摩洛哥等。

（111）葱斑潜蝇 *Liriomyza chinensis* **(Kato, 1949)**

Dizygomyza chinensis Kato, 1949. Bull. Nat. Hist. Peking. 18 (1): 12. **Type locality:** China: Inner Mongolia.

Liriomyza chinensis: Yang, 1998. *In*: Xue *et* Chao, 1998. Flies of China, Vol. 1: 530.

分布（Distribution）：黑龙江（HL）、内蒙古（NM）、河北（HEB）、北京（BJ）、山西（SX）、山东（SD）、宁夏（NX）、新疆（XJ）、福建（FJ）、台湾（TW）；日本、新加坡、马来西亚。

（112）小菊斑潜蝇 *Liriomyza compositella* **Spencer, 1961**

Liriomyza compositella Spencer, 1961. Trans. R. Ent. Soc. London 113 (4): 87. **Type locality:** China: Taiwan.

Liriomyza pusilla Malloch, 1914d. Ann. Hist.-Nat. Mus. Natl. Hung. 12: 312, 314.

Liriomyza compositella: Yang, 1998. *In*: Xue *et* Chao, 1998. Flies of China, Vol. 1: 530.

分布（Distribution）：上海（SH）、台湾（TW）；印度、斯里兰卡、新几内亚岛。

（113）豌豆斑潜蝇 *Liriomyza congesta* **(Becker, 1903)**

Agromyza congesta Becker, 1903. Mitt. Zool. Mus. Berl. 2 (3): 190. **Type locality:** Egypt: Siala, Fayüm.

Liriomyza leguminosarum de Meijere, 1924c. Tijdschr. Ent. 67: 124. **Type locality:** Netherlands: Amsterdam.

Liriomyza minima Hendel, 1931. *In*: Lindner, 1931. Flieg. Palaearkt. Reg. 6 (2): 233. **Type locality:** Finland: Kyrslätt.

Liriomyza centaureana Hering, 1937. Dtsch. Ent. Z. 1936: 75. **Type locality:** "Birkach near Stuttgart".

Liriomyza congesta: Yang, 1998. *In*: Xue *et* Chao, 1998. Flies of China, Vol. 1: 531.

分布（Distribution）：新疆（XJ）、上海（SH）；荷兰、芬兰、俄罗斯、印度、埃及、美国；欧洲、非洲（北部）。

（114）南美斑潜蝇 *Liriomyza huidobrensis* **(Blanchard, 1926)**

Agromyza huidobrensis Blanchard, 1926. Rev. Soc. Ent. Argent. 1: 10. **Type locality:** Argentina.

Liriomyza huidobrensis Blanchard, 1938. An. Soc. Cient. Argent. 126: 352. **Type locality:** Argentina.

分布（Distribution）：辽宁（LN）、北京（BJ）、山东（SD）、甘肃（GS）、青海（QH）、新疆（XJ）、四川（SC）、贵州（GZ）、云南（YN）、福建（FJ）；欧洲、南美洲、非洲。

（115）黄斑潜蝇 *Liriomyza lutea* (Meigen, 1830)

Agromyza lutea Meigen, 1830. Syst. Beschr. Europ. Zweifl. Insekt. 6: 177. **Type locality**: France: "Ermenonville, near Pari".

Agromyza fulvella Rondani, 1875c. Bull. Soc. Ent. Ital. 7: 183. **Type locality**: Germany.

Liriomyza melanorhabda Hendel, 1931. *In*: Lindner, 1931. Flieg. Palaearkt. Reg. 6 (2): 232. **Type locality**: France: Savoye.

Liriomyza lutea: Yang, 1998. *In*: Xue *et* Chao, 1998. Flies of China, Vol. 1: 531.

分布（Distribution）：黑龙江（HL）；德国、法国；欧洲。

（116）迈斑潜蝇 *Liriomyza maai* Sasakawa, 2008

Liriomyza maai Sasakawa, 2008b. Spec. Div. 13: 138. **Type locality**: China: Taiwan.

分布（Distribution）：台湾（TW）。

（117）小斑潜蝇 *Liriomyza pusilla* (Meigen, 1830)

Agromyza pusilla Meigen, 1830. Syst. Beschr. Europ. Zweifl. Insekt. 6: 185. **Type locality**: Germany.

Agromyza fasciola Meigen, 1838. Syst. Beschr. Europ. Zweifl. Insekt. 7: 402. **Type locality**: Germany: "Baiern" [= Bavaria].

Liriomyza pusilla: Yang, 1998. *In*: Xue *et* Chao, 1998. Flies of China, Vol. 1: 531.

分布（Distribution）：吉林（JL）；德国；欧洲。

（118）美洲斑潜蝇 *Liriomyza sativae* Blanchard, 1938

Liriomyza sativae Blanchard, 1938. An. Soc. Cient. Argent. 126: 354. **Type locality**: Argentina: La Pampa.

Liriomyza munda Frick, 1957. Pan-Pac. Entomol. 33: 61. **Type locality**: America: California.

分布（Distribution）：吉林（JL）、辽宁（LN）、河北（HEB）、天津（TJ）、北京（BJ）、山西（SX）、山东（SD）、河南（HEN）、陕西（SN）、新疆（XJ）、安徽（AH）、浙江（ZJ）、湖南（HN）、湖北（HB）、四川（SC）、重庆（CQ）、贵州（GZ）、福建（FJ）、广东（GD）、广西（GX）、海南（HI）；美国、加拿大、多米尼加共和国、哥斯达黎加、古巴、巴拿马、波多黎各（美）、法属圭亚那、安提瓜和巴布达、巴哈马、瓜德罗普（法）、马提尼克岛、圣卢西亚、圣基茨和尼维斯、巴巴多斯、阿根廷、哥伦比亚、秘鲁、巴西、智利、委内瑞拉、牙买加、阿曼、津巴布韦、新喀里多尼亚（法）、密克罗尼西亚、瓦努阿图、所罗门群岛、库克群岛（新西）、法属波利尼西亚（塔希提岛）、马里亚纳群岛等。

（119）膨大斑潜蝇 *Liriomyza strumosa* Sasakawa, 2008

Liriomyza stromsa Sasakawa, 2008b. Spec. Div. 13: 140. **Type**

locality: China: Taiwan.

分布（Distribution）：台湾（TW）。

（120）微小斑潜蝇 *Liriomyza subpusilla* (Malloch, 1914)

Agromyza subpusilla Malloch, 1914d. Ann. Hist.-Nat. Mus. Natl. Hung. 12: 314. **Type locality**: China: Taiwan, Tainan.

Liriomyza subpusilla: Yang, 1998. *In*: Xue *et* Chao, 1998. Flies of China, Vol. 1: 531.

分布（Distribution）：台湾（TW）。

（121）黑背斑潜蝇 *Liriomyza trifoliearum* Spencer, 1973

Liriomyza trifoliearum Spencer, 1973. *In*: Spencer *et* Stegmaier, 1973. Arthropods of Florida and Neighboring Land Areas 7: 107. **Type locality**: USA: Florida.

分布（Distribution）：贵州（GZ）；美国、加拿大。

（122）牡荆斑潜蝇 *Liriomyza viticola* (Sasakawa, 1972)

Praspedomyza viticola Sasakawa, 1972. Scient. Rep. Kyoto Prefect. Univ. (Agric.) 24: 70. **Type locality**: China: Taiwan, Ssuchungchi.

Liriomyza viticola: Yang, 1998. *In*: Xue *et* Chao, 1998. Flies of China, Vol. 1: 531.

分布（Distribution）：台湾（TW）。

（123）黑胸斑潜蝇 *Liriomyza xanthocer* (Czerny, 1909)

Agromyza xanthocer Czerny, 1909. *In*: Czerny *et* Strobl, 1909. Verh. K. K. Zool.-Bot. Ges. Wien 59 (6): 263. **Type locality**: Spain.

分布（Distribution）：贵州（GZ）；德国、西班牙。

（124）黄顶斑潜蝇 *Liriomyza yasumatsui* Sasakawa, 1972

Liriomyza yasumatsui Sasakawa, 1972. Scient. Rep. Kyoto Prefect. Univ. (Agric.) 24: 69. **Type locality**: China: Taiwan, Kantzuchai.

Liriomyza yasumatsui: Yang, 1998. *In*: Xue *et* Chao, 1998. Flies of China, Vol. 1: 531.

分布（Distribution）：台湾（TW）。

12. 额潜蝇属 *Metopomyza* Enderlein, 1936

Metopomyza Enderlein, 1936. Tierwelt Mitteleur. 6 (2), Ins. 3: 180. **Type species**: *Agromyza flavonotata* Haliday, 1833.

（125）台北额潜蝇 *Metopomyza taipingensis* Shiao *et* Wu, 1996

Metopomyza taipingensis Shiao *et* Wu, 1996. Trans. Am. Ent. Soc. 122: 222. **Type locality**: China: Taiwan.

分布（Distribution）：台湾（TW）。

13. 菁潜蝇属 *Napomyza* Westwood, 1840

Napomyza Westwood, 1840. Synopsis Gen. Brit. Ins. 2: 152. **Type species:** *Phytomyza festiva* Meigen, 1830.

Dineura Lioy, 1864. Atti R. Ist. Véneto Sci. Lett. Arti (3) 9: 1315. **Type species:** *Phytomyza elegans* Meigen, 1830.

（126）环足菁潜蝇 *Napomyza annulipes* (Meigen, 1830)

Phytomyzd annulipes Meigen, 1830. Syst. Beschr. Europ. Zweifl. Insekt. 6: 190. **Type locality:** Not given.

Napomyza annulipes: Chen *et* Wang, 2003. Acta Ent. Sin. 46 (5): 641; Yang, 1998. *In*: Xue *et* Chao, 1998. Flies of China, Vol. 1: 532.

分布（Distribution）：内蒙古（NM）；欧洲。

（127）毛角菁潜蝇 *Napomyza hirticornis* (Hendel, 1932)

Phytomyza (*Napomyza*) *hirticornis* Hendel, 1932. Agromyzidae, Flieg. Palaearkt. Reg. 6 (2): 315. **Type locality:** Austria: Ossiacher-See, Kärnten.

Napomyza hirticornis: Yang, 1998. *In*: Xue *et* Chao, 1998. Flies of China, Vol. 1: 532; Chen *et* Wang, 2003. Acta Ent. Sin. 46 (5): 641.

分布（Distribution）：新疆（XJ）；日本、奥地利；欧洲。

（128）菊菁潜蝇 *Napomyza lateralis* (Fallén, 1823)

Phytomyza lateralis Fallén, 1823. Phytomyzides *et* Ochtidiae Sveciae: 3. **Type locality:** Sweden.

Napomyza lateralis: Yang, 1998. *In*: Xue *et* Chao, 1998. Flies of China, Vol. 1: 532; Chen *et* Wang, 2003. Acta Ent. Sin. 46 (5): 641.

分布（Distribution）：新疆（XJ）、云南（YN）、福建（FJ）；日本、瑞典、加拿大；欧洲。

（129）拟土菁潜蝇 *Napomyza paratripolii* Chen *et* Wang, 2003

Napomyza paratripolii Chen *et* Wang, 2003. Acta Ent. Sin. 46 (5): 641. **Type locality:** China: Xizang.

分布（Distribution）：西藏（XZ）。

（130）微毛菁潜蝇 *Napomyza plumea* Spencer, 1969

Napomyza plumea Spencer, 1969. Mem. Ent. Soc. Can. 64: 217. **Type locality:** Canada: Manitoba, Churchill.

Napomyza plumea: Yang, 1998. *In*: Xue *et* Chao, 1998. Flies of China, Vol. 1: 533; Chen *et* Wang, 2003. Acta Ent. Sin. 46 (5): 642.

分布（Distribution）：新疆（XJ）；瑞典、芬兰、加拿大、美国。

（131）西藏菁潜蝇 *Napomyza xizangensis* Chen *et* Wang, 2003

Napomyza xizangensis Chen *et* Wang, 2003. Acta Ent. Sin.

46 (5): 642. **Type locality:** China: Xizang.

分布（Distribution）：西藏（XZ）。

14. 墨潜蝇属 *Nemorimyza* Frey, 1946

Nemorimyza Frey, 1946. Not. Ent. 26 (1-2): 42. **Type species:** *Agromyza posticata* Meigen, 1830.

（132）紫苑墨潜蝇 *Nemorimyza posticata* (Meigen, 1830)

Agromyza posticata Meigen, 1830. Syst. Beschr. Europ. Zweifl. Insekt. 6: 172. **Type locality:** Germany: "Stolberg nr. Aachen".

Agromyza virgaureae Kaltenbach, 1869. Verh. Naturh. Ver. Preuss. Rheinl. 26: 195. **Type locality:** Germany.

Agromyza argenteolunulata Strobl, 1909. Wien. Ent. Ztg. 28: 294. **Type locality:** Austria.

Nemorimyza posticata: Yang, 1998. *In*: Xue *et* Chao, 1998. Flies of China, Vol. 1: 533.

分布（Distribution）：浙江（ZJ）；德国、奥地利、日本、美国、加拿大；欧洲。

（133）西藏墨潜蝇 *Nemorimyza xizangensis* Chen *et* Wang, 2008

Nemorimyza xizangensis Chen *et* Wang, 2008. Acta Zootaxon. Sin. 33 (1): 77. **Type locality:** China: Xizang.

分布（Distribution）：西藏（XZ）。

15. 拟植潜蝇属 *Paraphytomyza* Enderlein, 1936

Paraphytomyza Enderlein, 1936. Mitt. Dtsch. Ent. Ges. 7 (3): 42. **Type species:** *Paraphytomyza xylostei* Robineau-Desvoidy, 1851.

Aulagromyza Enderlein, 1936. Tierwelt Mitteleur. 6 (2), Ins. 3: 180. **Type species:** *Phytagromyza hamata* Hendel, 1932.

（134）杨柳拟植潜蝇 *Paraphytomyza populi* (Kaltenbach, 1864)

Agromyza populi Kaltenbach, 1864. Verh. Naturh. Ver. Preuss. Rheinl. 21: 336. **Type locality:** Germany.

Phytomyza populivora Hendel, 1926. Blattminenkunde Europas I: 55. **Type locality:** Germany.

Paraphytomyza populi: Chen *et* Wang, 2001. Entomotaxon. 23 (4): 281.

分布（Distribution）：北京（BJ）；德国。

16. 菲潜蝇属 *Phytobia* Lioy, 1864

Phytobia Lioy, 1864. Atti R. Ist. Véneto Sci. Lett. Arti (3) 9: 1313. **Type species:** *Agromyza errans* Meigen, 1830.

Dendromyza Hendel, 1931. *In*: Lindner, 1931. Flieg. Palaearkt. Reg. 6 (2): 22. **Type species:** *Agromyza carbonaria* Zetterstedt,

1848.

Liomycina Enderlein, 1936. Mitt. Dtsch. Ent. Ges. 7 (3): 42.

Type species: *Domomyza lunulata* Hendel, 1920.

（135） 异斑菲潜蝇 *Phytobia diversata* Spencer, 1961

Phytobia diversata Spencer, 1961. Trans. R. Ent. Soc. London 113 (4): 81. **Type locality:** China: Taiwan, Paroe.

Phytobia diversata: Yang, 1998. *In*: Xue *et* Chao, 1998. Flies of China, Vol. 1: 534.

分布（Distribution）：台湾（TW）。

（136） 大型菲潜蝇 *Phytobia magna* (Sasakawa, 1963)

Shizukoa magna Sasakawa, 1963a. Pac. Insects 5: 39. **Type locality:** China: Taiwan, Keelung.

Phytobia magna: Yang, 1998. *In*: Xue *et* Chao, 1998. Flies of China, Vol. 1: 534.

分布（Distribution）：湖南（HN）、台湾（TW）。

（137） 黑菲潜蝇 *Phytobia nigrita* Malloch, 1914

Phytobia nigrita Malloch, 1914d. Ann. Hist.-Nat. Mus. Natl. Hung. 12: 320. **Type locality:** China: Taiwan, Pilam.

Phytobia nigrita: Yang, 1998. *In*: Xue *et* Chao, 1998. Flies of China, Vol. 1: 534.

分布（Distribution）：台湾（TW）；印度尼西亚。

17. 植斑潜蝇属 *Phytoliriomyza* Hendel, 1931

Phytoliriomyza Hendel, 1931. *In*: Lindner, 1931. Flieg. Palaearkt. Reg. 6 (2): 203 (as a subgenus of *Liriomyza*). **Type species:** *Agromyza perpusilla* Meigen, 1830.

Lemurimyza Spencer, 1965. Bull. Br. Mus. (Nat. Hist.) Ent. 16 (1): 26. **Type species:** *Liriomyza enormis* Spencer, 1963.

Pteridomyza Nowakowski, 1962. Ann. Zool. Warsz. 20 (8): 97. **Type species:** *Agromyza hilarella* Zetterstedt, 1848.

（138） 北方植斑潜蝇 *Phytoliriomyza arctica* (Lundbeck, 1901)

Agromyza arctica Lundbeck, 1901. Vidensk. Meddr. Dansk. Naturh. Foren. (6) 2: 304. **Type locality:** "Greenland".

Phytoliriomyza arctica: Yang, 1998. *In*: Xue *et* Chao, 1998. Flies of China, Vol. 1: 534.

分布（Distribution）：台湾（TW）；世界广布。

18. 植潜蝇属 *Phytomyza* Fallén, 1810

Phytomyza Fallén, 1810. Specim. Ent. Novam Dipt.: 10, 21. **Type species:** *Phytomyza flaveola* Fallén, 1810.

Chromatomyia Hardy, 1849. Ann. Mag. Nat. Hist. (2) 4: 390. **Type species:** *Phytomyza obscurella* Fallén, 1823.

（139） 结植潜蝇 *Phytomyza continua* Hendel, 1920

Phytomyza continua Hendel, 1920. Arch. Naturgesch. (A) 84 (7): 158. **Type locality:** "Aust., Germ.".

Phytomyza cardui Hering, 1943. Eos 19: 55. **Type locality:** France.

Phytomyza polyarthrocera Frey, 1946. Not. Ent. 26 (1-2): 54. **Type locality:** Finland.

Phytomyza zetterstedti Ryden, 1951. Ent. Tidskr. 72: 179. **Type locality:** Sweden.

Phytomyza continua: Yang, 1998. *In*: Xue *et* Chao, 1998. Flies of China, Vol. 1: 536.

分布（Distribution）：新疆（XJ）；法国、芬兰、瑞典；欧洲。

（140） 泽兰植潜蝇 *Phytomyza eupatori* Hendel, 1927

Phytomyza eupatori Hendel, 1927. Zool. Anz. 69: 258. **Type locality:** Not given.

Phytomyza eupatori: Yang, 1998. *In*: Xue *et* Chao, 1998. Flies of China, Vol. 1: 536.

分布（Distribution）：台湾（TW）；日本；欧洲。

（141） 黄股植潜蝇 *Phytomyza flavofemoralis* Sasakawa, 1955

Phytomyza flavofemoralis Sasakawa, 1955. Scient. Rep. Agric. Saikyo Univ. 7: 29. **Type locality:** Japan: Hokkaidō, Zyozankei.

Phytomyza flavofemoralis: Yang, 1998. *In*: Xue *et* Chao, 1998. Flies of China, Vol. 1: 536.

分布（Distribution）：新疆（XJ）、安徽（AH）、福建（FJ）、台湾（TW）、广西（GX）；日本、印度。

（142） 台湾植潜蝇 *Phytomyza formosae* Spencer, 1966

Phytomyza formosae Spencer, 1966. Stuttg. Beitr. Naturkd. 147: 12. **Type locality:** China: Taiwan.

Phytomyza formosae: Yang, 1998. *In*: Xue *et* Chao, 1998. Flies of China, Vol. 1: 537.

分布（Distribution）：台湾（TW）。

（143） 菊芋植潜蝇 *Phytomyza helianthi* Sasakawa, 1955

Phytomyza helianthi Sasakawa, 1955. Scient. Rep. Agric. Saikyo Univ. 7: 30. **Type locality:** Japan: Hokkaidō, Kotoni, Sapporogun.

Phytomyza helianthi: Yang, 1998. *In*: Xue *et* Chao, 1998. Flies of China, Vol. 1: 537.

分布（Distribution）：台湾（TW）；日本。

（144） 山白菊植潜蝇 *Phytomyza homogyneae* Hendel, 1927

Phytomyza homogyneae Hendel, 1927b. Zool. Anz. 69 (9-10):

261. Type locality: Austria.

Phytomyza homogyneae: Yang, 1998. *In*: Xue *et* Chao, 1998. Flies of China, Vol. 1: 537.

分布（Distribution）：台湾（TW）；日本、奥地利；欧洲。

（145） 透茎植潜蝇 *Phytomyza hyaloposthia* Sasakawa, 1986

Phytomyza hyaloposthia Sasakawa, 1986. Entomotaxon. 8 (3): 168. Type locality: China: Xinjiang.

Phytomyza hyaloposthia: Yang, 1998. *In*: Xue *et* Chao, 1998. Flies of China, Vol. 1: 537.

分布（Distribution）：新疆（XJ）。

（146）黑眶植潜蝇 *Phytomyza nigroorbitalis* Ryden, 1956

Phytomyza nigroorbitalis Ryden, 1956. Opusc. Ent. 21: 198. Type locality: Sweden: Björkliden, Tome Lappmark.

Phytomyza nigroorbitalis: Yang, 1998. *In*: Xue *et* Chao, 1998. Flies of China, Vol. 1: 537.

分布（Distribution）：河北（HEB）；瑞典。

（147）矮小植潜蝇 *Phytomyza plantaginis* Goureau, 1851

Phytomyza plantaginis Goureau, 1851. Ann. Soc. Entomol. Fr. 9 (2): 142. Type locality: France.

Phytomyza plantaginis Robineau-Desvoidy, 1851d. Rev. Mag. Zool. 3 (2): 404. Type locality: France.

Phytomyza plantaginicaulis Hering, 1944. Mitt. Dtsch. Ent. Ges. 13: 118. Type locality: France: La Baule, Loire inf.

Phytomyza plantaginis: Yang, 1998. *In*: Xue *et* Chao, 1998. Flies of China, Vol. 1: 537.

分布（Distribution）：青海（QH）、新疆（XJ）；日本、法国。

（148） 拟当归植潜蝇 *Phytomyza pseudoangelicae* Sasakawa, 2008

Phytomyza pseudoangelicae Sasakawa, 2008b. Spec. Div. 13: 141. Type locality: China: Taiwan.

分布（Distribution）：台湾（TW）。

（149）四鬃植潜蝇 *Phytomyza quadriseta* Sasakawa, 1972

Phytomyza quadriseta Sasakawa, 1972. Scient. Rep. Kyoto Prefect. Univ. (Agric.) 24: 77. Type locality: China: Taiwan.

Phytomyza quadriseta: Yang, 1998. *In*: Xue *et* Chao, 1998. Flies of China, Vol. 1: 537.

分布（Distribution）：台湾（TW）。

（150） 四棘植潜蝇 *Phytomyza quadrispinosa* Sasakawa, 2008

Phytomyza quadrispinosa Sasakawa, 2008b. Spec. Div. 13: 143. Type locality: China: Taiwan.

分布（Distribution）：台湾（TW）。

（151）分枝植潜蝇 *Phytomyza ramosa* Hendel, 1923

Phytomyza ramosa Hendel, 1923. Dtsch. Ent. Z. 1923 (4): 387. Type locality: "Wiener Donau-Auen".

Phytomyza olgae Hering, 1925. Z. Morphol. Tiere. 4: 527. Type locality: Germany: "Berlin-Brieselang".

Phytomyza nigriventris Hendel, 1935a. *In*: Lindner, 1935. Flieg. Palaearkt. Reg. 6 (2): 440. Type locality: Austria: Rubland.

Phytomyza ramosa: Yang, 1998. *In*: Xue *et* Chao, 1998. Flies of China, Vol. 1: 537.

分布（Distribution）：吉林（JL）；德国、奥地利；欧洲。

（152）毛茛植潜蝇 *Phytomyza ranunculi* (Schrank, 1803)

Musea ranunculi Schrank, 1803. Fauna Boica 3 (1): 140. Type locality: Not given.

Phytomyza flaveola Fallén, 1810. Specim. Ent. Novam Dipt.: 26. Type locality: Sweden.

Phytomyza flava Fallén, 1823. Phytomyzides *et* Ochtidiae Sveciae: 3. Type locality: Sweden.

Phytomyza scutellata Meigen, 1830. Syst. Beschr. Europ. Zweifl. Insekt. 6: 193. Type locality: Germany.

Phytomyza incisa Macquart, 1835. Hist. Nat. Ins., Dipt. 2: 619. Type locality: France.

Phytomyza ranunculi: Yang, 1998. *In*: Xue *et* Chao, 1998. Flies of China, Vol. 1: 538.

分布（Distribution）：吉林（JL）、北京（BJ）、安徽（AH）、上海（SH）；瑞典、德国、法国、日本、印度、美国、加拿大；欧洲。

（153） 多植潜蝇 *Phytomyza redunca* Sasakawa, 2006

Phytomyza redunca Sasakawa, 2006. Acta Ent. Sin. 49 (5): 841. Type locality: China: Hong Kong.

分布（Distribution）：香港（HK）。

（154） 小壮植潜蝇 *Phytomyza robustella* Hendel, 1936

Phytomyza robustella Hendel, 1936. *In*: Lindner, 1936. Flieg. Palaearkt. Reg. 6 (2): 567. Type locality: Russia. Italy. Hungary. Germany. Finland. Austria.

Phytomyza crepidocecis Hering, 1949. Not. Ent. 29: 28. Type locality: Germany: "Mecklenburg, Schwaan".

Phytomyza robustella: Yang, 1998. *In*: Xue *et* Chao, 1998. Flies of China, Vol. 1: 538.

分布（Distribution）：台湾（TW）；意大利、芬兰、德国、奥地利、匈牙利、俄罗斯；欧洲。

（155） 阿里山植潜蝇 *Phytomyza takasagoensis* Sasakawa, 1972

Phytomyza takasagoensis Sasakawa, 1972. Scient. Rep. Kyoto

Prefect. Univ. (Agric.) 24: 78. **Type locality:** China: Taiwan, Alishan Mountains.

Phytomyza takasagoensis: Yang, 1998. *In*: Xue *et* Chao, 1998. Flies of China, Vol. 1: 538.

分布（Distribution）：台湾（TW）。

（156）黄连植潜蝇 *Phytomyza tamui* Sasakawa, 1957

Phytomyza tamui Sasakawa, 1957. Akitu 6: 90. **Type locality:** Japan: Mt. Nachi, Wakayama Prefecture.

Phytomyza tamui: Yang, 1998. *In*: Xue *et* Chao, 1998. Flies of China, Vol. 1: 538.

分布（Distribution）：黑龙江（HL）；日本。

（157）娇嫩植潜蝇 *Phytomyza tenella* Meigen, 1830

Phytomyza tenella Meigen, 1830. Syst. Beschr. Europ. Zweifl. Insekt. 6: 195. **Type locality:** Not given.

Phytomyza zonata Zetterstedt, 1848. Dipt. Scand. 7: 2834. **Type locality:** Sweden.

Phytomyza flavicoxa Strobl, 1900a. Wien. Ent. Ztg. 19: 65. **Type locality:** Spain.

Phytomyza tenella: Yang, 1998. *In*: Xue *et* Chao, 1998. Flies of China, Vol. 1: 538.

分布（Distribution）：北京（BJ）、新疆（XJ）；瑞典、西班牙、加拿大；欧洲。

（158）薄粉植潜蝇 *Phytomyza tomentella* Sasakawa, 1972

Phytomyza tomentella Sasakawa, 1972. Scient. Rep. Kyoto Prefect. Univ. (Agric.) 24: 79. **Type locality:** China: Taiwan, Alishan Mountains.

Phytomyza tomentella: Yang, 1998. *In*: Xue *et* Chao, 1998. Flies of China, Vol. 1: 539.

分布（Distribution）：黑龙江（HL）、台湾（TW）。

（159）钩刺植潜蝇 *Phytomyza uncinata* Sasakawa, 1986

Phytomyza uncinata Sasakawa, 1986. Entomotaxon. 8 (3): 169. **Type locality:** China: Sichuan.

Phytomyza uncinata: Yang, 1998. *In*: Xue *et* Chao, 1998. Flies of China, Vol. 1: 539.

分布（Distribution）：四川（SC）。

（160）微疣植潜蝇 *Phytomyza valida* Sasakawa, 1972

Phytomyza valida Sasakawa, 1972. Scient. Rep. Kyoto Prefect. Univ. (Agric.) 24: 79. **Type locality:** China: Taiwan, Alishan Mountains.

Phytomyza valida: Yang, 1998. *In*: Xue *et* Chao, 1998. Flies of China, Vol. 1: 539.

分布（Distribution）：台湾（TW）。

（161）铁线莲植潜蝇 *Phytomyza vitalbae* Kaltenbach, 1874

Phytomyza vitalbae Kaltenbach, 1874. Die Pflanzenfeide aus

der Klasse der Insecte: 4. **Type locality:** Germany.

Phytomyza vitalbae: Yang, 1998. *In*: Xue *et* Chao, 1998. Flies of China, Vol. 1: 539.

分布（Distribution）：台湾（TW）；澳大利亚、南非、德国；欧洲。

（162）韦氏植潜蝇 *Phytomyza wahlgreni* Ryden, 1944

Phytomyza wahlgreni Ryden, 1944. Opusc. Ent. 9: 49. **Type locality:** Sweden.

Phytomyza taraxacocecis Hering, 1949. Not. Ent. 29: 29. **Type locality:** Germany: "Mecklenburg, Mönkweden".

Phytomyza wahlgreni: Yang, 1998. *In*: Xue *et* Chao, 1998. Flies of China, Vol. 1: 539.

分布（Distribution）：新疆（XJ）；瑞典、德国；欧洲。

（163）银莲花植潜蝇 *Phytomyza yasumatsui* (Sasakawa, 1955)

Napomyza yasumatsui Sasakawa, 1955. Kontyû 23 (1): 16. **Type locality:** Japan: Shikoku, Omogo Valley, Ehime Pref.

Napomyza anemoneae Sasakawa, 1956a. Scient. Rep. Agric. Saikyo Univ. 8: 130. **Type locality:** Japan.

Phytomyza yasumatsui: Yang, 1998. *In*: Xue *et* Chao, 1998. Flies of China, Vol. 1: 539.

分布（Distribution）：四川（SC）、台湾（TW）；日本。

19. 眶潜蝇属 *Praspedomyza* Hendel, 1931

Praspedomyza Hendel, 1931a. *In*: Lindner, 1931. Flieg. Palaearkt. Reg. 6 (2): 77. **Type species:** *Dizygomyza approximata* Hendel, 1920.

（164）棕额眶潜蝇 *Praspedomyza brunnifrons* (Malloch, 1914)

Agromyza brunifrons Malloch, 1914d. Ann. Hist.-Nat. Mus. Natl. Hung. 12: 317. **Type locality:** China: Taiwan, Kosempo.

Praspedomyza brunifrons: Yang, 1998. *In*: Xue *et* Chao, 1998. Flies of China, Vol. 1: 540.

分布（Distribution）：台湾（TW）。

（165）黄额眶潜蝇 *Praspedomyza frontella* (Malloch, 1914)

Agromyza frontella Malloch, 1914d. Ann. Hist.-Nat. Mus. Natl. Hung. 12: 316. **Type locality:** China: Taiwan, Pilam.

Praspedomyza frontella: Yang, 1998. *In*: Xue *et* Chao, 1998. Flies of China, Vol. 1: 540.

分布（Distribution）：台湾（TW）。

20. 拟菊潜蝇属 *Pseudonapomyza* Hendel, 1920

Pseudonapomyza Hendel, 1920. Arch. Naturgesch. (A) 84 (7): 115. **Type species:** *Phytomyza atra* Meigen, 1830 (monotypy).

（166）南亚拟菁潜蝇 *Pseudonapomyza asiatica* Spencer, 1961

Pseudonapomyza asiatica Spencer, 1961. Trans. R. Ent. Soc. London 113 (4): 92. **Type locality:** Singapore.
Pseudonapomyza asiatica: Yang, 1998. *In*: Xue *et* Chao, 1998. Flies of China, Vol. 1: 540.
分布（Distribution）：台湾（TW）；印度、菲律宾、新加坡。

（167）黑拟菁潜蝇 *Pseudonapomyza atrata* (Malloch, 1914)

Napomyzaatrata Malloch, 1914d. Ann. Hist.-Nat. Mus. Natl. Hung. 12: 333. **Type locality:** China: Taiwan.
Pseudonapomyza atrata: Yang, 1998. *In*: Xue *et* Chao, 1998. Flies of China, Vol. 1: 540.
分布（Distribution）：台湾（TW）；印度、越南。

（168）锐角拟菁潜蝇 *Pseudonapomyza spicata* (Malloch, 1914)

Phytomyza spicata Malloch, 1914d. Ann. Hist.-Nat. Mus. Natl. Hung. 12: 334. **Type locality:** China: Taiwan, Takao.
Pseudonapomyza spicata: Yang, 1998. *In*: Xue *et* Chao, 1998. Flies of China, Vol. 1: 541.
分布（Distribution）：上海（SH）、福建（FJ）、台湾（TW）；印度、菲律宾、泰国、澳大利亚、美国、密克罗尼西亚、法属波利尼西亚；非洲。

21. 简潜蝇属 *Ptochomyza* Hering, 1942

Ptochomyza Hering, 1942a. Z. Pflanzenkr. Pflanzenpathol. Pflanzenschutz. 52: 529. **Type species:** *Ptochomyza asparagi* Hering, 1942 (monotypy).

（169）天门冬简潜蝇 *Ptochomyza asparagi* Hering, 1942

Ptochomyza asparagi Hering, 1942a. Z. Pflanzenkr. Pflanzenpathol. Pflanzenschutz. 52: 530. **Type locality:** Germany: Zinna bei Jüterbog.
Ptochomyza asparag: Yang, 1998. *In*: Xue *et* Chao, 1998. Flies of China, Vol. 1: 541.
分布（Distribution）：北京（BJ）；德国；欧洲。

小花蝇科 Anthomyzidae

1. 杏小花蝇属 *Amygdalops* Lamb, 1914

Amygdalops Lamb, 1914. Trans. Linn. Soc. Lond. (2, Zool.) 16: 357. **Type species:** *Amygdalops thomasseti* Lamb, 1914 (by original designation).

（1）短突小花蝇 *Amygdalops curtisi* Roháček, 2008
Amygdalops curtisi Roháček, 2008. Acta Zool. Acad. Sci. Hung. 54 (4): 352. **Type locality:** Thailand: Thonburi Prov.,

Mueng Dist.
分布（Distribution）：台湾（TW）；泰国。

（2）尖突小花蝇 *Amygdalops cuspidatus* Roháček, 2008

Amygdalops cuspidatus Roháček, 2008. Acta Zool. Acad. Sci. Hung. 54 (4): 345. **Type locality:** Indonesia: Isle Flores.
分布（Distribution）：台湾（TW）；印度尼西亚。

（3）黑背小花蝇 *Amygdalops nigrinotum* Sueyoshi *et* Roháček, 2003

Amygdalops nigrinotum Sueyoshi *et* Roháček, 2003. Entomol. Sci. 6: 18. **Type locality:** Japan: Ryukyu, Naha City.
Amygdalops nigrinotum: Roháček, 2004. Afr. Invert. 45: 189; Roháček, 2006. Čas. Slez. Muz. Opava (A) 55 (Suppl. 1): 54; Roháček, 2008. Acta Zool. Acad. Sci. Hung. 54 (4): 363.
分布（Distribution）：台湾（TW）；日本、印度、泰国、菲律宾、印度尼西亚、夏威夷群岛、澳大利亚、塞舌尔。

寡脉蝇科 Asteiidae

1. 寡脉蝇属 *Asteia* Meigen, 1830

Asteia Meigen, 1830. Syst. Beschr. Europ. Zweifl. Insekt. 6: 88. **Type species:** *Asteia amoena* Meigen, 1830 (by designation of Westwood, 1840).
Astia Oldenberg, 1914a. Arch. Naturgesch. 80A (2): 34 (unjustified emendation).
Chaetastia Enderlein, 1935. Mitt. Dtsch. Ent. Ges. 6: 47. **Type species:** *Asteia sexsetosa* Duda, 1927 (by original designation).
Plocastia Enderlein, 1935. Mitt. Dtsch. Ent. Ges. 6: 47. **Type species:** *Asteia decepta* Becker, 1908 (monotypy).
Eisentrautius Enderlein, 1935. Mitt. Dtsch. Ent. Ges. 6: 46. **Type species:** *Asteia ibizanus* Enderlein, 1935 (monotypy).
Subanarista Papp, 1979. Reichenbachia 17: 91 (as a subgenus of *Asteia*). **Type species:** *Asteia (Subanarista) mahunkai* Papp, 1979 (monotypy).
Asteia: Yang *et* Zhang, 1998. *In*: Xue *et* Chao, 1998. Flies of China, Vol. 1: 489; Papp, 1984. *In*: Soós *et* Papp, 1984. Cat. Palaearct. Dipt. 10: 65.

（1）中国寡脉蝇 *Asteia chinica* Yang *et* Zhang, 1998

Asteia chinica Yang *et* Zhang, 1998. *In*: Xue *et* Chao, 1998. Flies of China, Vol. 1: 491. **Type locality:** China: Beijing.
分布（Distribution）：北京（BJ）、新疆（XJ）、贵州（GZ）、云南（YN）。

（2）缘盾寡脉蝇 *Asteia concinna* Meigen, 1830

Asteia concinna Meigen, 1830. Syst. Beschr. Europ. Zweifl. Insekt. 60: 90. **Type locality:** Not given (? Germany).

分布（Distribution）：吉林（JL）、北京（BJ）、山西（SX）、甘肃（GS）；奥地利、德国、法国、前捷克斯洛伐克、前南斯拉夫、前苏联、匈牙利。

（3）弧脉寡脉蝇 *Asteia curvinervis* Duda, 1927

Asteia curvinervis Duda, 1927. Dtsch. Ent. Z. 1927: 145. **Type locality:** China: Taiwan, Chip-Chip.

分布（Distribution）：台湾（TW）。

（4）大眼寡脉蝇 *Asteia megalophthalma* Duda, 1927

Asteia megalophthalma Duda, 1927. Dtsch. Ent. Z. 1927: 142. **Type locality:** China: Taiwan, Yentempo.

Asteia megalophthalma: Sueyoshi, 2003. Eur. J. Ent. 100 (4): 617.

分布（Distribution）：台湾（TW）；泰国、日本。

（5）黑足寡脉蝇 *Asteia nigripes* Duda, 1927

Asteia sexsetosa var. *nigripes* Duda, 1927. Dtsch. Ent. Z. 1927: 134. **Type locality:** China: Taiwan, Toyenmongai.

分布（Distribution）：台湾（TW）。

（6）黑胸寡脉蝇 *Asteia nigrithorax* Duda, 1927

Asteia nigrithorax Duda, 1927. Dtsch. Ent. Z. 1927: 139. **Type locality:** China: Taiwan, Chip-Chip.

分布（Distribution）：台湾（TW）。

（7）黑棒寡脉蝇 *Asteia nigrohalterata* Duda, 1927

Asteia sexsetosa var. *nigrohalterata* Duda, 1927. Dtsch. Ent. Z. 1927: 134. **Type locality:** China: Taiwan, Toyenmongai.

Asteia nigrohalterata: Sabrosky, 1956. Rev. Fr. Ent. 23: 216.

分布（Distribution）：台湾（TW）。

（8）斑背寡脉蝇 *Asteia psaronota* Yang *et* Zhang, 1998

Asteia psaronota Yang *et* Zhang, 1998. *In*: Xue *et* Chao, 1998. Flies of China, Vol. 1: 494. **Type locality:** China: Beijing, Mentougou, Xiaolongmen.

分布（Distribution）：北京（BJ）。

（9）小尾寡脉蝇 *Asteia pumilocaudata* Yang *et* Zhang, 1998

Asteia pumilocaudata Yang *et* Zhang, 1998. *In*: Xue *et* Chao, 1998. Flies of China, Vol. 1: 494. **Type locality:** China: Yunnan, Tengchong.

分布（Distribution）：云南（YN）。

（10）弯刺寡脉蝇 *Asteia recurvispina* Yang *et* Zhang, 1998

Asteia recurvispina Yang *et* Zhang, 1998. *In*: Xue *et* Chao, 1998. Flies of China, Vol. 1: 494. **Type locality:** China: Xinjiang, Kuytun.

分布（Distribution）：宁夏（NX）、新疆（XJ）。

（11）菱斑寡脉蝇 *Asteia rhombica* Yang *et* Zhang, 1998

Asteia rhombica Yang *et* Zhang, 1998. *In*: Xue *et* Chao, 1998. Flies of China, Vol. 1: 495. **Type locality:** China: Yunnan, Lancang.

分布（Distribution）：云南（YN）。

（12）六鬃寡脉蝇 *Asteia sexsetosa* Duda, 1927

Asteia sexsetosa Duda, 1927. Dtsch. Ent. Z. 1927: 128. **Type locality:** China: Taiwan, Toyenmongai.

分布（Distribution）：台湾（TW）。

（13）简芒寡脉蝇 *Asteia simplarista* Yang *et* Zhang, 1998

Asteia simplarista Yang *et* Zhang, 1998. *In*: Xue *et* Chao, 1998. Flies of China, Vol. 1: 495. **Type locality:** China: Shanxi, Mt. Zhongtiao.

分布（Distribution）：山西（SX）。

（14）瑕翅寡脉蝇 *Asteia spiloptera* Yang *et* Zhang, 1998

Asteia spiloptera Yang *et* Zhang, 1998. *In*: Xue *et* Chao, 1998. Flies of China, Vol. 1: 495. **Type locality:** China: Shaanxi, Mt. Hua.

分布（Distribution）：陕西（SN）。

（15）带茎寡脉蝇 *Asteia taeniata* Yang *et* Zhang, 1998

Asteia taeniata Yang *et* Zhang, 1998. *In*: Xue *et* Chao, 1998. Flies of China, Vol. 1: 496. **Type locality:** China: Hainan, Nada.

分布（Distribution）：海南（HI）。

（16）西藏寡脉蝇 *Asteia tibetan* Yang *et* Zhang, 1998

Asteia tibetan Yang *et* Zhang, 1998. *In*: Xue *et* Chao, 1998. Flies of China, Vol. 1: 496. **Type locality:** China: Xizang, Bomi.

分布（Distribution）：西藏（XZ）。

腐木蝇科 Clusiidae

腐木蝇亚科 Clusiinae

1. 真腐木蝇属 *Phylloclusia* Hendel, 1913

Phylloclusia Hendel, 1913a. Suppl. Ent. 2: 78. **Type species:** *Phylloclusia steleocera* Hendel, 1913 (monotypy).

（1）柄角真腐木蝇 *Phylloclusia steleocera* Hendel, 1913

Phylloclusia steleocera Hendel, 1913a. Suppl. Ent. 2: 78.

Type locality: China: Taiwan, Kosempo.

分布（Distribution）：台湾（TW）；菲律宾、加里曼丹岛。

类腐木蝇亚科 Clusiodinae

2. 异后类腐木蝇属 *Allometopon* Kertész, 1906

Allometopon Kertész, 1906. Ann. Hist.-Nat. Mus. Natl. Hung. 4: 320. **Type species:** *Allometopon fumipenne* Kertész, 1906 (monotypy).

1）同缘腐木蝇亚属 *Calometopon* Frey, 1960

Calometopon Frey, 1960. Commentat. Biol. 22 (1): 20. **Type species:** *Calometopon nobile* Frey, 1960 (by original designation).

（2）黑斑同缘腐木蝇 *Allometopon* (*Calometopon*) *atromaculatum* (Hennig, 1938)

Isoclusia atromaculatum Hennig, 1938. Encycl. Ent. 9: 129. **Type locality:** China: Taiwan, Kutsu.

Allometopon (*Calometopon*) *atromaculatum* Frey, 1960. Commentat. Biol. 22 (1): 20. **Type locality:** China: Taiwan.

Allometopon (*Calometopon*) *atromaculatum*: Lonsdale, 2016. Zootaxa 4106 (1): 17.

分布（Distribution）：台湾（TW）。

3. 类腐木蝇属 *Clusiodes* Coquillett, 1904

Clusiodes Coquillett, 1904. Proc. Ent. Soc. Wash. 6: 93 (replacement name for *Heteroneura* Fallén, 1823 nec Fallén, 1810). **Type species:** *Heteroneura geomyzina* Fallén, 1823 (automatic).

Heteroneura Fallén, 1823. Agromyzides Sveciae: 2 (preoccupied by *Heteroneura* Fallén, 1810). **Type species:** *Heteroneura geomyzina* Fallén, 1823 (by designation of Zetterstedt, 1848).

1）小腐木蝇亚属 *Microclusiaria* Frey, 1960

Microclusiaria Frey, 1960. Commentat. Biol. 22 (1): 19. **Type species:** *Microclusiaria obscuripennis* Frey, 1960 (by original designation).

（3）台湾小腐木蝇 *Clusiodes* (*Microclusiaria*) *formosana* Hennig, 1938

Clusiodes (*Microclusiaria*) *formosana* Hennig, 1938. Encycl. Ent. 9: 128. **Type locality:** China: Taiwan, Paroe.

分布（Distribution）：台湾（TW）。

4. 采尔尼腐木蝇属 *Czernyola* Bezzi, 1907

Czernyola Bezzi, 1907. Wien. Ent. Ztg. 26: 52 (replacement name for *Craspedochaeta* Czerny, 1903 nec Macquart, 1851). **Type species:** *Craspedochaeta transversa* Czerny, 1903

(automatic).

Craspedochaeta Czerny, 1903b. Wien. Ent. Ztg. 22: 103 (preoccupied by Macquart, 1851). **Type species:** *Craspedochaeta transversa* Czerny, 1903 (monotypy).

Tonnoiria Malloch, 1929d. Ann. Mag. Nat. Hist. (10) 4: 98. **Type species:** *Tonnoiria palliseta* Malloch, 1929 (by original designation).

（4）双毛采尼尔腐木蝇 *Czernyola biseta* Hendel, 1913

Czernyola biseta Hendel, 1913a. Suppl. Ent. 2: 80. **Type locality:** China: Taiwan, Kosempo.

Czernyola puncticornis Frey, 1928b. Not. Ent. 8: 106. **Type locality:** Philippines.

Czernyola puncticornis laetior Frey, 1960. Commentat. Biol. 22 (1): 22. **Type locality:** China: Taiwan.

分布（Distribution）：台湾（TW）；菲律宾、加里曼丹岛、巴布亚新几内亚、新爱尔兰岛、新几内亚岛。

5. 异脉腐木蝇属 *Heteromeringia* Czerny, 1903

Heteromeringia Czerny, 1903b. Wien. Ent. Ztg. 22: 72. **Type species:** *Heteroneura nigrimana* Loew, 1864 (monotypy).

（5）亮异脉腐木蝇 *Heteromeringia nitobei* Sasakawa, 1966

Heteromeringia nitobei Sasakawa, 1966. Pac. Insects 8 (1): 88. **Type locality:** China: Taiwan, Mount. Arisan.

分布（Distribution）：台湾（TW）。

昂头腐木蝇亚科 Sobarocephalinae

6. 昂头腐木蝇属 *Sobarocephala* Czerny, 1903

Sobarocephala Czerny, 1903b. Wien. Ent. Ztg. 22: 85. **Type species:** *Sobarocephala rubsaameni* Czerny, 1903 (monotypy).

（6）三井昂头腐木蝇 *Sobarocephala mitsuii* Sasakawa *et* Mitsui, 1995

Sobarocephala mitsuii Sasakawa *et* Mitsui, 1995. Jpn. J. Ent. 63 (3): 517. **Type locality:** Japan: Mikajima.

Sobarocephala mitsuii: Lonsdale, 2014. Zootaxa 3760 (2): 224.

分布（Distribution）：浙江（ZJ）；韩国、日本。

刺股蝇科 Megamerinidae

1. 前刺股蝇属 *Protexara* Yang, 1998

Protexara Yang, 1998. *In*: Xue *et* Chao, 1998. Flies of China,

Vol. 1: 420. **Type species:** *Protexara sinica* Yang, 1998 (monotypy).

（1）中华前刺股蝇 *Protexara sinica* **Yang, 1998**

Protexara sinica Yang, 1998. *In*: Xue *et* Chao, 1998. Flies of China, Vol. 1: 420. **Type locality:** China: Hubei, Shennongjia, Dayanwu.

分布（Distribution）：浙江（ZJ）、湖北（HB）、四川（SC）。

2. 旋刺股蝇属 *Texara* Walker, 1856

Texara Walker, 1856a. J. Proc. Linn. Soc. London Zool. 1: 38. **Type species:** *Texara compressa* Walker, 1856 (monotypy).
Texara: Yang, 1998. *In*: Xue *et* Chao, 1998. Flies of China, Vol. 1: 416.

（2）食虫旋刺股蝇 *Texara dioctrioides* **Walker, 1860**

Texara dioctrioides Walker, 1860b. J. Proc. Linn. Soc. London Zool. 4: 166. **Type locality:** Indonesia: Celebes [= Sulawesi] (Makassar [= Ujung Pandang]).
Texara femorata de Meijere, 1914. Tijdschr. Ent. 57: 180. **Type locality:** Indonesia: Java, Nongkodjadjar and Gunung Ungaran.
Megamerina femorata var. *rufifemur* Enderlein, 1920c. Wien. Ent. Ztg. 38: 61. **Type locality:** China: Taiwan, Taihorin and Pilan. Myanmar: Toungoo, Karenni.

分布（Distribution）：云南（YN）、台湾（TW）、广西（GX）；印度尼西亚、斯里兰卡、缅甸、老挝。

（3）哈达旋刺股蝇 *Texara hada* **Yang, 1998**

Texara hada Yang, 1998. *In*: Xue *et* Chao, 1998. Flies of China, Vol. 1: 417. **Type locality:** China: Xizang, Bomi, Tongmai.

分布（Distribution）：西藏（XZ）。

（4）黑足旋刺股蝇 *Texara melanopoda* **Yang, 1998**

Texara melanopoda Yang, 1998. *In*: Xue *et* Chao, 1998. Flies of China, Vol. 1: 419. **Type locality:** China: Yunnan, Ruili, Mengxiu.

分布（Distribution）：云南（YN）。

（5）淡跗旋刺股蝇 *Texara pallitarsula* **Yang, 1998**

Texara pallitarsula Yang, 1998. *In*: Xue *et* Chao, 1998. Flies of China, Vol. 1: 419. **Type locality:** China: Guangxi, Tianlin, Langping.

分布（Distribution）：广西（GX）。

（6）神武旋刺股蝇 *Texara shenwuana* **Yang, 1998**

Texara shenwuana Yang, 1998. *In*: Xue *et* Chao, 1998. Flies of China, Vol. 1: 419. **Type locality:** China: Hubei, Shennongjia, Dayanwu.

分布（Distribution）：湖北（HB）。

（7）三十旋刺股蝇 *Texara tricesima* **Yang, 1998**

Texara tricesima Yang, 1998. *In*: Xue *et* Chao, 1998. Flies of China, Vol. 1: 419. **Type locality:** China: Guangxi, Longzhou, Daqingshan.

分布（Distribution）：广西（GX）。

树创蝇科 Odiniidae

1. 寡树创蝇属 *Traginops* Coquillett, 1900

Traginops Coquillett, 1900. Entomol. News 11: 429. **Type species:** *Traginops irroratus* Coquillett, 1900 (by original designation).

（1）东方寡树创蝇 *Traginops orientalis* **Meijere, 1911**

Traginops orientalis Meijere, 1911. Tijdschr. Ent. 54: 428. **Type locality:** Indonesia: Java, Semarang.
Traginops orientalis: Gaimari *et* Mathis, 2011. Myia 12: 322.

分布（Distribution）：中国（省份不明）；俄罗斯、印度尼西亚。

禾蝇科 Opomyzidae

1. 地禾蝇属 *Geomyza* Fallén, 1810

Geomyza Fallén, 1810. Specim. Ent. Novam Dipt.: 18. **Type species:** *Musca combinata* Linnaeus, 1767 (monotypy).
Balioptera Loew, 1864b. Berl. Ent. Z. 8: 347. **Type species:** *Musca combinata* Linnaeus, 1767 (by designation of Coquillett, 1910).
Geomyzella Enderlein, 1936. Tierwelt Mitteleur. 6 (2), Ins. 3: 167. **Type species:** *Geomyza angustipennis* Zetterstedt, 1847 (by original designation.).
Geomyza: Soós, 1984d. *In*: Soós *et* Papp, 1984. Cat. Palaearct. Dipt. 10: 55; Yang, 1998. *In*: Xue *et* Chao, 1998. Flies of China, Vol. 1: 481.

（1）森林地禾蝇 *Geomyza silvatica* **Yang, 1995**

Geomyza silvatica Yang, 1995. *In*: Wu, 1995. Insects of Baishanzu Mountain, Eastern China: 539. **Type locality:** China: Zhejiang, Mt. Baishanzu.
Geomyza silvatica: Papp, 2005. Acta Zool. Acad. Sci. Hung. 51 (3): 194.

分布（Distribution）：浙江（ZJ）、台湾（TW）。

（2）道地禾蝇 *Geomyza taoismatica* **Yang, 1998**

Geomyza taoismatica Yang, 1998. *In*: Xue *et* Chao, 1998. Flies of China, Vol. 1: 481. **Type locality:** China: Shaanxi, Zhouzhi, Louguantai.

分布（Distribution）：陕西（SN）。

2. 禾蝇属 *Opomyza* Fallén, 1820

Opomyza Fallén, 1820. Opomyzides Sveciae: 12. **Type species:** *Musca germinationis* Linnaeus, 1758 (by designation of Westwood, 1840).

Opomyza: Soós, 1984d. *In*: Soós *et* Papp, 1984. Cat. Palaearct. Dipt. 10: 54; Yang, 1998. *In*: Xue *et* Chao, 1998. Flies of China, Vol. 1: 481.

（3）等室禾蝇 *Opomyza aequicella* Yang, 1998

Opomyza aequicella Yang, 1998. *In*: Xue *et* Chao, 1998. Flies of China, Vol. 1: 482. **Type locality:** China: Hebei, Xinglong, Mt. Wuling.

分布（**Distribution**）：河北（HEB）。

（4）六盘禾蝇 *Opomyza hexaheumata* Yang, 1998

Opomyza aequicella Yang, 1998. *In*: Xue *et* Chao, 1998. Flies of China, Vol. 1: 482. **Type locality:** China: Ningxia, Mt. Liupan.

分布（**Distribution**）：宁夏（NX）。

树洞蝇科 Periscelididae

树洞蝇亚科 **Periscelidinae**

1. 树洞蝇属 *Periscelis* Loew, 1858

Periscelis Loew, 1858d. Berl. Ent. Z. 2: 113. **Type species:** *Periscelis annulipes* Loew, 1858 (by designation of Sturtevant, 1923).

Microperiscelis Oldenberg, 1914a. Arch. Naturgesch. 80A (2): 37, 42. **Type species:** *Notiphila annulata* Fallén, 1813 (by designation of Sturtevant, 1923).

Periscelis: Duda, 1934a. *In*: Lindner, 1934. Flieg. Palaearkt. Reg. 58a 6 (1): 5; Sturtevant, 1923. Amer. Mus. Novit. 76: 1 (synonymy with *Microperiscelis*); Papp, 1984. *In*: Soós *et* Papp, 1984. Cat. Palaearct. Dipt. 9: 233; Mathis *et* Papp, 1998. Manual Palaearct. Dipt. 3: 292.

1）迷树洞蝇亚属 *Myodris* Lioy, 1864

Myodris Lioy, 1864. Atti R. Ist. Véneto Sci. Lett. Arti (3) 9: 1103. **Type species:** *Notiphila annulata* Fallén, 1813 (by original designation).

Meronychina Enderlein, 1914. *In*: Brohmer, 1914. Fauna von Deutschland: 327. **Type species:** *Notiphila annulata* Fallén, 1813 (monotypy).

Microperiscelis Oldenberg, 1914a. Arch. Naturgesch. 80A (2): 37, 42. **Type species:** *Notiphila annulata* Fallén, 1813 (by designation of Sturtevant, 1923).

Phorticoides Malloch, 1915. Bull. Brooklyn Ent. Soc. 10: 86. **Type species:** *Phorticoides flinti* Malloch, 1915 (by original designation).

（1）中华树洞蝇 *Periscelis (Myodris) chinensis* Papp *et* Szappanos, 1998

Periscelis (Myodris) chinensis Papp *et* Szappanos, 1998. Acta Zool. Acad. Sci. Hung. 43 (3): 236. **Type locality:** China: "Heilongkian, Charbin".

分布（**Distribution**）：黑龙江（HL）。

斯树洞蝇亚科 **Stenomicrinae**

2. 斯树洞蝇属 *Stenomicra* Coquillett, 1900

Stenomicra Coquillett, 1900. Proc. U. S. Natl. Mus. 22: 262. **Type species:** *Stenomicra angustata* Coquillett, 1900 (by original designation).

Podocera Czerny, 1929. Konowia 8: 93. **Type species:** *Podocera ramifera* Czerny, 1929 (monotypy).

Neoscaptomyza Séguy, 1938. Mission Scientifi que de L'Omo 4 (39): 347. **Type species:** *Neoscaptomyza bicolor* Séguy, 1938 (by original designation).

Diadelops Collin, 1944. Ent. Mon. Mag. 80: 265. **Type species:** *Diadelops delicatus* Collin, 1944 (monotypy).

Stenomicra: Papp, 1984b. *In*: Soós *et* Papp, 1984. Cat. Palaearct. Dipt. 10: 62; Merz *et* Roháček, 2005. Rev. Suisse Zool. 112 (2): 519.

（2）窄突斯树洞蝇 *Stenomicra angustiforceps* Sabrosky, 1965

Stenomicra angustiforceps Sabrosky, 1965. Bull. Br. Mus. (Nat. Hist.) Ent. 17: 216. **Type locality:** Nepal: Taplejung District, North of Sangu.

Stenomicra angustiforceps: Sabrosky, 1977a. *In*: Delfinado *et* Hardy, 1977. Cat. Dipt. Orient. Reg. 3: 230; Papp, Merz *et* Földvári, 2006. Acta Zool. Acad. Sci. Hung. 52 (2): 211.

Stenomicra (Stenomicra) angustiforceps: Papp, 1984. *In*: Soós *et* Papp, 1984. Cat. Palaearct. Dipt. 10: 62; Sueyoshi *et* Mathis, 2004. Proc. Ent. Soc. Wash. 106: 81.

分布（**Distribution**）：台湾（TW）；日本、印度、尼泊尔、泰国。

（3）带突斯树洞蝇 *Stenomicra fascipennis* **Malloch, 1927**

Stenomicra fascipennis Malloch, 1927h. Ann. Mag. Nat. Hist. (9) 20: 26. **Type locality:** Philippines: Luzon, Mt. Makiling.

Podocera ramifera Czerny, 1929. Konowia 8: 94. **Type locality:** Sri Lanka: Peradeniya.

Stenomicra fascipennis: Sabrosky, 1977a. *In*: Delfinado *et* Hardy, 1977. Cat. Dipt. Orient. Reg. 3: 230.

Stenomicra (Podocera) fascipennis: Papp, 1984. *In*: Soós *et* Papp, 1984. Cat. Palaearct. Dipt. 10: 62; Sueyoshi *et* Mathis, 2004. Proc. Ent. Soc. Wash. 106: 79.

Podocera ramifera: Sabrosky, 1965. Bull. Br. Mus. (Nat. Hist.) Ent. 17: 212.

分布（**Distribution**）：台湾（TW）；日本、印度、斯里兰卡、菲律宾、马来西亚、夏威夷群岛、关岛（美）、所罗门群岛。

奇蝇科　Teratomyzidae

1. 奇蝇属 *Teratomyza* Malloch, 1933

Teratomyza Malloch, 1933. Stylops 2: 113. **Type species:** *Teratomyza neozelandica* Malloch, 1933 (by original designation).
Vitila McAlpine *et* Keyzer, 1994. Syst. Ent. 19: 321 (as a subgenus of *Teratomyza*). **Type species:** *Teratomyza* (*Vitila*) *undulata* McAlpine *et* Keyzer, 1994 (by original designation).
Poecilovitila Papp, 2011. Zootaxa 2916: 11. **Type species:** *Poecilovitila elegans* Papp, 2011 (by original designation).
Teratomyza: Yang, 1998. *In*: Xue *et* Chao, 1998. Flies of China, Vol. 1: 486; Papp, 2011. Zootaxa 2916: 3; Rodrigues, Pereira-Colavite *et* Mello, 2016. Zootaxa 4205 (3): 281.

（1）中国奇蝇 *Teratomyza chinica* Yang, 1998

Teratomyza chinica Yang, 1998. *In*: Xue *et* Chao, 1998. Flies of China, Vol. 1: 486. **Type locality:** China: Guangxi, Xing'an, Mt. Maoer.
Teratomyza chinica: Papp, 2011. Zootaxa 2916: 5.
分布（**Distribution**）：广西（GX）；越南。

（2）优奇蝇 *Teratomyza elegans* (Papp, 2011)

Poecilovitila elegans Papp, 2011. Zootaxa 2916: 18. **Type locality:** China: Taiwan, Taipei Hsien, Han-Lo Dé.

Teratomyza elegans: Rodrigues, Pereira-Colavite *et* Mello, 2016. Zootaxa 4205 (3): 281.
分布（**Distribution**）：台湾（TW）。

（3）丽奇蝇 *Teratomyza formosana* Papp, 2011

Teratomyza formosana Papp, 2011. Zootaxa 2916: 8. **Type locality:** China: Taiwan, Ilan Hsien, Fu-Shan.
分布（**Distribution**）：台湾（TW）。

（4）台湾奇蝇 *Teratomyza taiwanica* (Papp, 2011)

Poecilovitila taiwanica Papp, 2011. Zootaxa 2916: 25. **Type locality:** China: Taiwan, Taichung Hsien, Anmashan Mts.
Teratomyza taiwanica: Rodrigues, Pereira-Colavite *et* Mello, 2016. Zootaxa 4205 (3): 282.
分布（**Distribution**）：台湾（TW）。

萤蝇科　Xenasteiidae

1. 萤蝇属 *Xenasteia* Hardy, 1980

Xenasteia Hardy, 1980. Proc. Hawaii. Ent. Soc. 23 (2): 211. **Type species:** *Xenasteia sabroskyi* Hardy, 1980 (by original designation).

（1）中华萤蝇 *Xenasteia chinensis* Papp, 2005

Xenasteia chinensis Papp, 2005. Acta Zool. Acad. Sci. Hung. 51 (3): 206. **Type locality:** China: Taiwan, Pingtung Hsien, Kenting.
分布（**Distribution**）：台湾（TW）。

沼蝇总科 Sciomyzoidea

鳖蝇科 Dryomyzidae

1. 鳖蝇属 *Dryomyza* Fallén, 1820

Dryomyza Fallén, 1820. Sciomyzides Sveciae: 15. **Type species:** *Dryomyza vetula* Fallén, 1820 (by designation of Westwood, 1840) [= *Musca flaveola* Fabricius, 1794].

（1）丽鳖蝇 *Dryomyza puellaris* Steyskal, 1957

Dryomyza puellaris Steyskal, 1957. Pap. Mich. Acad. Sci. Arts Lett. 42: 65. **Type locality:** China: "Szechuen, Suifu [= Ipin or Xuzhou (Suchow)]".

分布（**Distribution**）：四川（SC）。

2. 脉鳖蝇属 *Neuroctena* Rondani, 1868

Neuroctena Rondani, 1868d. Atti Soc. Ital. Sci. Nat. Milano 11: 254. **Type species:** *Dryomyza analis* Fallén, 1820 (monotypy). *Stenodryomyza* Hendel, 1923. Konowia 2 (5-6): 214 (as a subgenus of *Neuroctena*). **Type species:** *Scatophaga formosa* Wiedemann, 1830 (by original designation).

（2）台湾脉鳖蝇 *Neuroctena formosa* (Wiedemann, 1830)

Scatophaga formosa Wiedemann, 1830. Aussereurop. Zweifl. Insekt. 2: 447. **Type locality:** Japan.
Dryomyza maculipennis Macquart, 1851. Mém. Soc. Sci. Agric. Lille 1850 [1851]: 246 (Dipt. Exot. Suppl. 4: 273). **Type locality:** India.
Dryomyza gigas Vollenhoven, 1862. Versl. Meded. K. Akad. Wet. Amst. Afdel. Natuurk. 15: 18. **Type locality:** Japan.

分布（**Distribution**）：四川（SC）、台湾（TW）；日本、印度。

3. 准鳖蝇属 *Paradryomyza* Ozerov, 1987

Paradryomyza Ozerov, 1987. Byull. Mosk. Obshch. Ispytatel. Prir. Otdel. Biol. 92 (4): 38. **Type species:** *Odontomera setosa* Bigot, 1886 (by original designation).

（3）东方准鳖蝇 *Paradryomyza orientalis* Ozerov et Sueyoshi, 2002

Paradryomyza orientalis Ozerov et Sueyoshi, 2002. Stud. Dipt. (2001) 8: 564. **Type locality:** China: Taiwan, Taichung Hsien, Piluchi.

分布（**Distribution**）：台湾（TW）。

沼蝇科 Sciomyzidae

沼蝇亚科 Sciomyzinae

沼蝇族 Sciomyzini

1. 绒额沼蝇属 *Colobaea* Zetterstedt, 1837

Colobaea Zetterstedt, 1837. Isis (Oken's) 21: 53. **Type species:** *Opomyza bifasciata* Fallén, 1820 (monotypy) [= *Opomyza bifasciella* Fallén, 1820].
Ctenulus Rondani, 1856. Dipt. Ital. Prodromus, Vol. I: 107. **Type species:** *Opomyza pectoralis* Zetterstedt, 1847 (by original designation).
Melanochira Schiner, 1864b. Fauna Austriaca Theil II: 283. **Type species:** *Opomyza distincta* Meigen, 1830 (by original designation).

（1）缘绒额沼蝇 *Colobaea limbata* (Hendel, 1933)

Ctenulus limbata Hendel, 1933a. Dtsch. Ent. Z. 1933 (1): 39. **Type locality:** Uzbekistan: Chiva.

分布（**Distribution**）：新疆（XJ）；乌兹别克斯坦。

2. 钝刺沼蝇属 *Ditaeniella* Sack, 1939

Ditaeniella Sack, 1939. *In*: Lindner, 1939. Flieg. Palaearkt. Reg. 5 (1): 37. **Type species:** *Sciomyza grisecens* Meigen, 1830 (by original designation).

（2）灰胸钝刺沼蝇 *Ditaeniella grisescens* (Meigen, 1830)

Sciomyza grisecens Meigen, 1830. Syst. Beschr. Europ. Zweifl. Insekt. 6: 20. **Type locality:** Not given.

分布（**Distribution**）：黑龙江（HL）、河北（HEB）、北京（BJ）、新疆（XJ）、云南（YN）、西藏（XZ）；古北区、东洋区。

3. 负菊沼蝇属 *Pherbellia* Robineau-Desvoidy, 1830

Pherbellia Robineau-Desvoidy, 1830. Mém. Prés. Div. Sav. Acad. R. Sci. Inst. Fr. 2 (2): 695. **Type species:** *Pherbellia vernalis* Robineau-Desvoidy, 1830 (monotypy) [= *Sciomyza* *schoenherri* Fallén, 1826].

（3）白缘负菊沼蝇 *Pherbellia albocostata* (Fallén, 1820)

Sciomyza albocostata Fallén, 1820. Sciomyzides Sveciae: 12. **Type locality:** Sweden: Scania, Ostrogothia.

Chetocera claripennis Robineau-Desvoidy, 1830. Mém. Prés. Div. Sav. Acad. R. Sci. Inst. Fr. 2 (2): 697. **Type locality:** France: Paris.

分布（Distribution）：北京（BJ）、宁夏（NX）、新疆（XJ）；前苏联；欧洲、北美洲。

（4）炙负菊沼蝇 *Pherbellia causta* (Hendel, 1913)

Sciomyza causta Hendel, 1913a. Suppl. Ent. 2: 81. **Type locality:** China: Taiwan, Chip-Chip.

分布（Distribution）：台湾（TW）。

（5）灰胸负菊沼蝇 *Pherbellia cinerella* (Fallén, 1820)

Sciomyza cinerella Fallén, 1820. Sciomyzides Sveciae: 14. **Type locality:** Sweden: Scania, Gottlandia.

Dyctia herbarum Robineau-Desvoidy, 1830. Mém. Prés. Div. Sav. Acad. R. Sci. Inst. Fr. 2 (2): 693. **Type locality:** Not given.

分布（Distribution）：新疆（XJ）；阿富汗、伊朗、伊拉克、以色列、黎巴嫩、突尼斯、摩洛哥；东洋区；欧洲。

（6）彻尼负菊沼蝇 *Pherbellia czernyi* (Hendel, 1902)

Sciomyza czernyi Hendel, 1902. Abh. Zool.-Bot. Ges. Wien 2 (1): 36. **Type locality:** Austria: Pfarrkirchen.

分布（Distribution）：新疆（XJ）；欧洲。

（7）残脉负菊沼蝇 *Pherbellia ditoma* Steyskal, 1956

Pherbellia ditoma Steyskal, 1956. Pap. Mich. Acad. Sci. Arts Lett. 41: 73. **Type locality:** D. P. R. Korea: Andong.

分布（Distribution）：江西（JX）；朝鲜。

（8）背鬃负菊沼蝇 *Pherbellia dorsata* (Zetterstedt, 1846)

Sciomyza dorsata Zetterstedt, 1846. Dipt. Scand. 5: 2096. **Type locality:** Sweden: Wadstena [= Vadstena], Gottlandia.

分布（Distribution）：新疆（XJ）；前苏联；欧洲。

（9）小灰负菊沼蝇 *Pherbellia griseola* (Fallén, 1820)

Sciomyza griseola Fallén, 1820. Sciomyzides Sveciae: 14. **Type locality:** Sweden: Esperöd.

分布（Distribution）：中国（省份不明）；前苏联、蒙古国、伊朗；欧洲、非洲（北部）、北美洲。

（10）纳负菊沼蝇 *Pherbellia nana* (Fallén, 1820)

Sciomyza nana Fallén, 1820. Sciomyzides Sveciae: 15. **Type**

locality: Sweden: Esperöd.

Pherbellia villiersi Séguy, 1941. Rev. Fr. Ent. 8: 31. **Type locality:** Morocco: Toubkal, Tachdirt.

分布（Distribution）：中国（省份不明）；前苏联、蒙古国、日本、阿富汗；欧洲、非洲（北部）、北美洲。

（11）稀斑负菊沼蝇 *Pherbellia nana reticulata* (Thomson, 1869)

Sciomyza nana teticulata Thomson, 1869. K. Svenska Fregatten Eugenies Resa, Zool., Dipt. 2 (1): 570. **Type locality:** China: Kwangtung.

Pherbellia brevistriata Li, Yang *et* Gu, 2001. Entomotaxon. 23 (2): 137. **Type locality:** China: Hebei, Xiaowutai Mountain. **Syn. nov.**

分布（Distribution）：黑龙江（HL）、河北（HEB）、北京（BJ）、新疆（XJ）、贵州（GZ）、云南（YN）、广东（GD）；前苏联、蒙古国、日本。

（12）阴暗负菊沼蝇 *Pherbellia obscura* (Ringdahl, 1948)

Sciomyza obscura Ringdahl, 1948. Opusc. Ent. 13 (2): 53. **Type locality:** Sweden: aus den nordschwedischen Hochgebirgsgegenden.

分布（Distribution）：新疆（XJ）；前苏联；欧洲、北美洲。

（13）斑翅负菊沼蝇 *Pherbellia schoenherri* (Fallén, 1826)

Sciomyza schoenherri Fallén, 1826. Suppl. Dipt. Sveciae [Part. II]: 13. **Type locality:** Sweden: E. Vestrogothia.

Melina vernalis Robineau-Desvoidy, 1830. Mém. Prés. Div. Sav. Acad. R. Sci. Inst. Fr. 2 (2): 696. **Type locality:** France: Saint-Sauveur.

分布（Distribution）：北京（BJ）、云南（YN）；前苏联、蒙古国；欧洲。

（14）端负菊沼蝇 *Pherbellia terminalis* (Walker, 1858)

Sciomyza terminalis Walker, 1858. Trans. R. Ent. Soc. Lond. (N. S.) [2] 4: 219. **Type locality:** India: Hindostan.

分布（Distribution）：广东（GD）；阿富汗、印度、尼泊尔、缅甸、泰国、菲律宾。

4. 窄翅沼蝇属 *Pteromicra* Lioy, 1864

Pteromicra Lioy, 1864. Atti R. Ist. Véneto Sci. Lett. Arti (3) 9: 1012. **Type species:** *Sciomyza glabricula* Fallén, 1820 (monotypy).

Dichrochira Hendel, 1901c. Wien. Ent. Ztg. 20: 199. **Type species:** *Sciomyza glabricula* Fallén, 1820 (by designation of Steyskal, 1965).

（15）白纹窄翅沼蝇 *Pteromicra leucodactyla* (Hendel, 1913)

Dichrochira leucodactyla Hendel, 1913a. Suppl. Ent. 2: 81. **Type locality:** China: Taiwan.

分布（**Distribution**）：台湾（TW）。

5. 沼蝇属 *Sciomyza* Fallén, 1820

Sciomyza Fallén, 1820. Sciomyzides Sveciae: 11. **Type species:** *Sciomyza simplex* Fallén, 1820 (by designation of Westwood, 1840).

Diplectria Enderlein, 1939. Veröff. Dtsch. Kolon. Übersee-Mus. Bremen 2 (3): 203. **Type species:** *Bischofia lucida* Hendel, 1902 (by original designation).

（16）圆头沼蝇 *Sciomyza dryomyzina* Zetterstedt, 1846

Sciomyza dryomyzina Zetterstedt, 1846. Dipt. Scand. 5: 2094. **Type locality:** Sweden: Lund.

Sciomyza atrimana Zetterstedt, 1860. Dipt. Scand. 14: 6335. **Type locality:** Sweden: Stockholm.

分布（**Distribution**）：青海（QH）；前苏联；欧洲、北美洲。

基芒沼蝇族 Tetanocerini

6. 腹鬃沼蝇属 *Chasmacryptum* Becker, 1907

Chasmacryptum Becker, 1907. Annu. Mus. Zool. Acad. Sci. Russ. St.-Pétersb. 12 (3): 261. **Type species:** *Chasmacryptum seriatimpunctatum* Becker, 1907 (monotypy).

Pseudopherbina Elberg, 1965. Ent. Obozr. 44 (1): 192. **Type species:** *Pseudopherbina loewi* Elberg, 1965 (monotypy).

（17）花翅腹鬃沼蝇 *Chasmacryptum seriatimpunctatum* Becker, 1907

Chasmacryptum seriatimpunctatum Becker, 1907. Annu. Mus. Zool. Acad. Sci. Russ. St.-Pétersb. 12 (3): 262. **Type locality:** China: Tibet, Bomyn.

Pseudopherbina loewi Elberg, 1965. Ent. Obozr. 44 (1): 193. **Type locality:** Russia: Irkutsk.

分布（**Distribution**）：黑龙江（HL）、内蒙古（NM）、青海（QH）、西藏（XZ）；俄罗斯、蒙古国。

7. 毛簇沼蝇属 *Coremacera* Rondani, 1856

Coremacera Rondani, 1856. Dipt. Ital. Prodromus, Vol. I: 106. **Type species:** *Musca marginata* Fabricius, 1775 (by original designation).

Statinia Meigen, 1800. Nouve. Class.: 36. **Type species:** *Musca marginata* Fabricius, 1775 (by designation of Latreille, 1802).

（18）棕斑毛簇沼蝇 *Coremacera halensis* (Loew, 1864)

Tetanocera halensis Loew, 1864g. Z. Ges. Naturw. 24 (11): 391. **Type locality:** Germany: Halle.

分布（**Distribution**）：北京（BJ）；欧洲。

（19）乌苏里毛簇沼蝇 *Coremacera ussuriensis* (Elberg, 1968)

Statinia ussuriensis Elberg, 1968. Beitr. Ent. 18 (5-6): 667. **Type locality:** USSR: Lebekhe.

分布（**Distribution**）：北京（BJ）；前苏联。

8. 二斑沼蝇属 *Dichetophora* Rondani, 1868

Dichetophora Rondani, 1868. Dipt. Ital. Prodromus 7 (Stirps 19): 9. **Type species:** *Scatophaga obliterata* Fabricius, 1805 (by original designation).

（20）日本二斑沼蝇 *Dichetophora japonica* Sueyoshi, 2001

Dichetophora japonica Sueyoshi, 2001. Entomol. Sci. 4 (4): 491. **Type locality:** Japan: Honshu.

分布（**Distribution**）：宁夏（NX）、甘肃（GS）、湖北（HB）、四川（SC）、贵州（GZ）；日本。

（21）白点二斑沼蝇 *Dichetophora meleagris* (Hendel, 1934)

Euthycera meleagris Hendel, 1934b. Ark. Zool. 25A (21): 1. **Type locality:** China: Kansu.

分布（**Distribution**）：内蒙古（NM）、河北（HEB）、宁夏（NX）、甘肃（GS）、浙江（ZJ）、湖北（HB）、四川（SC）。

9. 网翅沼蝇属 *Dictya* Meigen, 1803

Dictya Meigen, 1803. Mag. Insektenkd. 2: 277. **Type species:** *Musca umbrarum* Linnaeus, 1758 (by original designation).

Monochaetophora Hendel, 1900. Verh. K. K. Zool.-Bot. Ges. Wien 50: 355. **Type species:** *Musca umbrarum* Linnaeus, 1758 (monotypy).

（22）杂色网翅沼蝇 *Dictya umbrarum* (Linnaeus, 1758)

Musca umbrarum Linnaeus, 1758. Syst. Nat. Ed. 10 (1): 599. **Type locality:** Europe.

分布（**Distribution**）：黑龙江（HL）；欧洲。

10. 突脉沼蝇属 *Elgiva* Meigen, 1838

Elgiva Meigen, 1838. Syst. Beschr. Europ. Zweifl. Insekt. 7: 365. **Type species:** *Musca cucularia* Linnaeus, 1767 (by designation of Rondani, 1856).

Ilione Hendel, 1901d. Természetr. Füz. 24: 141. **Type species:** *Musca cucularia* Linnaeus, 1767 (by designation of Steyskal, 1965).

（23）戴维突脉沼蝇 *Elgiva divisa* (Loew, 1845)

Tetanocera divisa Loew, 1845. Öffentl. Prüf. Schüler K. Friedrich-Wilhelms-Gymnasiums zu Posen 1845: 43. **Type** locality: Poland: Poznan env.

分布（Distribution）：黑龙江（HL）；前苏联、蒙古国、波兰。

（24）殷勤突脉沼蝇 *Elgiva solicita* (Harris, 1780)

Musca solicita Harris, 1780. Expos. Engl. Ins.: 116. **Type locality:** England.

分布（Distribution）：黑龙江（HL）；前苏联、阿尔及利亚；欧洲、北美洲。

11. 尖角沼蝇属 *Euthycera* Latreille, 1829

Euthycera Latreille, 1829. *In*: Cuvier, 1829. Le règne animal distr. d'après son organ., pour servir de base à l'hist. nat. des animaux *et* d'introd. à l'anat. compar. 5: 529. **Type species:** *Musca chaerophylli* Fabricius, 1798 (by designation of Cresson, 1920).

Oregocera Rondani, 1856. Dipt. Ital. Prodromus, Vol. I: 106. **Type species:** *Scatophaga rufifrons* Fabricius, 1781 (by original designation).

Lunigera Hendel, 1900. Verh. K. K. Zool.-Bot. Ges. Wien 50: 344. **Type species:** *Musca chaerophylli* Fabricius, 1798 (monotypy).

（25）白斑尖角沼蝇 *Euthycera sticticaria* (Mayer, 1953)

Limnia sticticaria Mayer, 1953. Ann. Naturhist. Mus. Wien 59: 213. **Type locality:** Yugoslavia: Skopje.

分布（Distribution）：新疆（XJ）；欧洲。

12. 筒突沼蝇属 *Hydromya* Robineau-Desvoidy, 1830

Hydromya Robineau-Desvoidy, 1830. Mém. Prés. Div. Sav. Acad. R. Sci. Inst. Fr. 2 (2): 691. **Type species:** *Hydromya coeruleipennis* Robineau-Desvoidy, 1830 (by original designation) [= *Hydromya dorsalis* Fabricius, 1775].

（26）灰背筒突沼蝇 *Hydromya dorsalis* (Fabricius, 1775)

Musca dorsalis Fabricius, 1775. Syst. Ent.: 786. **Type locality:** Czechoslovakia: in Bohemiae pratis.

Tetanocera punctipennis Fallén, 1820. Sciomyzides Sveciae: 12. **Type locality:** Sweden: Scania.

Hydromyia coeruleipennis Robineau-Desvoidy, 1830. Mém. Prés. Div. Sav. Acad. R. Sci. Inst. Fr. 2 (2): 691. **Type locality:** France: Paris, Saint-Sauveur.

分布（Distribution）：新疆（XJ）；前苏联、蒙古国、日本、阿富汗、土耳其、以色列、叙利亚、伊朗、阿尔及利亚、突尼斯、前南斯拉夫、前捷克斯洛伐克、希腊；欧洲、非洲（北部）。

13. 弯脉沼蝇属 *Iline* Haliday, 1837

Ilione Haliday, 1837. A Guide to an Arrangement of British

Insects Ed. 2: 280. **Type species:** *Chione communis* Robineau-Desvoidy, 1830 (by designation of Thompson *et* Mathis, 1980) [= *Musca albiseta* Scopoli, 1763].

Knutsonia Verbeke, 1964. Bull. Inst. R. Sci. Nat. Belg. 40 (9): 3. **Type species:** *Musca albiseta* Scopoli, 1763 (by designation of Knutson *et* Berg, 1967).

（27）白毛弯脉沼蝇 *Ilione albiseta* (Scopoli, 1763)

Musca albiseta Scopoli, 1763. Ent. Carniolica: 341. **Type locality:** Europe.

分布（Distribution）：内蒙古（NM）、新疆（XJ）；前苏联、蒙古国、以色列、伊朗、土耳其；欧洲、非洲（北部）。

（28）指突弯脉沼蝇 *Ilione turcestanica* (Hendel, 1903)

Elgiva turcestanica Hendel, 1903. Z. Syst. Hymenopt. Dipt. 3 (4): 214. **Type locality:** Not given.

分布（Distribution）：新疆（XJ）；阿富汗、巴基斯坦、土耳其、以色列、前南斯拉夫、希腊。

14. 利姆沼蝇属 *Limnia* Robineau-Desvoidy, 1830

Limnia Robineau-Desvoidy, 1830. Mém. Prés. Div. Sav. Acad. R. Sci. Inst. Fr. 2 (2): 684. **Type species:** *Limnia limbata* Robineau-Desvoidy, 1830 (by designation of Cresson, 1920) [= *Limnia unguicornis* (Scopoli, 1763)].

（29）角利姆沼蝇 *Limnia unguicornis* (Scopoli, 1763)

Musca unguicornis Scopoli, 1763. Ent. Carniolica: 335. **Type locality:** Yugoslavia: in Carnioliae cultis.

分布（Distribution）：新疆（XJ）；前苏联、土耳其；欧洲。

15. 新网翅沼蝇属 *Neodictya* Elberg, 1965

Neodictya Elberg, 1965. Ent. Obozr. 44 (1): 194. **Type species:** *Neodictya jakovlevi* Elberg, 1965 (monotypy).

（30）雅新网翅沼蝇 *Neodictya jakovlevi* Elberg, 1965

Neodictya jakovlevi Elberg, 1965. Ent. Obozr. 44 (1): 195. **Type locality:** Russia: Irkutsk.

分布（Distribution）：内蒙古（NM）；俄罗斯。

16. 缘鬃沼蝇属 *Pherbina* Robineau-Desvoidy, 1830

Pherbina Robineau-Desvoidy, 1830. Mém. Prés. Div. Sav. Acad. R. Sci. Inst. Fr. 2 (2): 687. **Type species:** *Musca reticulata* Fabricius, 1781 (by designation of Sack, 1939)

[= *Pherbina coryleti* (Scopoli, 1763)].

（31）毛簇缘鬃沼蝇 *Pherbina coryleti* (Scopoli, 1763)

Musca coryleti Scopoli, 1763. Ent. Carniolica: 336. **Type locality:** Yugoslavia.

Tetanocera obsolete Fallén, 1820. Sciomyzides Sveciae: 5. **Type locality:** Sweden.

分布（Distribution）：新疆（XJ）；前苏联、阿富汗、土耳其、伊拉克；欧洲。

（32）中芒缘鬃沼蝇 *Pherbina intermedia* Verbeke, 1948

Pherbina intermedia Verbeke, 1948. Bull. Inst. R. Sci. Nat. Belg. 24 (3): 24. **Type locality:** Belgium: Heusden.

分布（Distribution）：河北（HEB）、北京（BJ）、河南（HEN）、陕西（SN）；前苏联、蒙古国、日本；欧洲。

（33）地中海缘鬃沼蝇 *Pherbina mediterranea* Mayer, 1953

Pherbina mediterranea Mayer, 1953. Ann. Naturhist. Mus. Wien 59: 203. **Type locality:** Spain: Alcantara.

分布（Distribution）：黑龙江（HL）；土耳其、摩洛哥；欧洲。

（34）有壳缘鬃沼蝇 *Pherbina testacea* (Sack, 1939)

Limnia testacea Sack, 1939. *In*: Lindner, 1939. Flieg. Palaearkt. Reg. 5 (1): 37. **Type locality:** Spain: Alcantara.

Pherbina mediterranea Mayer, 1953. Ann. Naturhist. Mus. Wien 59: 203. **Type locality:** Spain: Alcantara.

分布（Distribution）：黑龙江（HL）、云南（YN）；欧洲。

17. 长角沼蝇属 *Sepedon* Latreille, 1804

Sepedon Latreille, 1804. Nouv. Dict. Hist. Nat. 24 (3): 196. **Type species:** *Syrphus sphegeus* Fabricius, 1775 (monotypy).

（35）铜色长角沼蝇 *Sepedon aenescens* Wiedemann, 1830

Sepedon aenescens Wiedemann, 1830. Aussereurop. Zweifl. Insekt. 2: 579. **Type locality:** China: Trentepohl.

Sepedon violacea Hendel, 1909a. Wien. Ent. Ztg. 28: 86. **Type locality:** China: Hong Kong.

Sepedon sauteri Hendel, 1911. Ann. Hist.-Nat. Mus. Natl. Hung. 9: 270. **Type locality:** China: Taiwan, Takao.

Sepedon sinensis Mayer, 1953. Ann. Naturhist. Mus. Wien 59: 217. **Type locality:** China: Jiangsu, Umgebung Nanking.

分布（Distribution）：黑龙江（HL）、辽宁（LN）、内蒙古（NM）、河北（HEB）、天津（TJ）、山西（SX）、陕西（SN）、宁夏（NX）、新疆（XJ）、上海（SH）、浙江（ZJ）、湖南（HN）、湖北（HB）、四川（SC）、贵州（GZ）、云南（YN）、福建（FJ）、台湾（TW）、广东（GD）、广西（GX）、海南（HI）、香港（HK）；前苏联、朝鲜、日本、巴基斯坦、阿富汗、印度、尼泊尔、孟加拉国、泰国、菲律宾。

（36）锈色长角沼蝇 *Sepedon ferruginosa* Wiedemann, 1824

Sepedon ferruginosa Wiedemann, 1824a. Munus Rectoris in Academia Christiana Albertina Aditurus Analecta Entomológica ex Museo Regio Havniensi Máxime Congesta Profert Iconibusque Illustrat: 56. **Type locality:** East Indies.

分布（Distribution）：云南（YN）、台湾（TW）、海南（HI）；巴基斯坦、印度、尼泊尔、斯里兰卡、菲律宾、马来半岛。

（37）裂叶长角沼蝇 *Sepedon lobifera* Hendel, 1911

Sepedon lobifera Hendel, 1911. Ann. Hist.-Nat. Mus. Natl. Hung. 9: 271. **Type locality:** China: Taiwan.

分布（Distribution）：四川（SC）、云南（YN）、台湾（TW）、广西（GX）、海南（HI）、香港（HK）；巴基斯坦、泰国、印度。

（38）台南长角沼蝇 *Sepedon neanias* Hendel, 1913

Sepedon neanias Hendel, 1913a. Suppl. Ent. 2: 34. **Type locality:** China: Taiwan, Tainan.

分布（Distribution）：江苏（JS）、台湾（TW）。

（39）东南长角沼蝇 *Sepedon noteoi* Steyskal, 1980

Sepedon noteoi Steyskal, 1980. *In*: Hardy *et* Delfinado, 1980. Insects of Hawaii: 117. **Type locality:** China: Kwangtung, Yim Na San.

Sepedon oriens Steyskal, 1980. *In*: Hardy *et* Delfinado, 1980. Insects of Hawaii: 119. **Type locality:** China: Szechuan. Philippines: Luzon. Japan: Yamagata.

分布（Distribution）：河北（HEB）、北京（BJ）、山东（SD）、河南（HEN）、陕西（SN）、浙江（ZJ）、湖北（HB）、四川（SC）、贵州（GZ）、云南（YN）、福建（FJ）、广西（GX）；朝鲜、日本、菲律宾。

（40）曲跗长角沼蝇 *Sepedon plumbella* Wiedemann, 1830

Sepedon plumbella Wiedemann, 1830. Aussereurop. Zweifl. Insekt. 2: 577. **Type locality:** China.

Sepedon sanguinipes Brunetti, 1907. Rec. India Mus. 1 (3, 16): 215. **Type locality:** Indonesia: Java, Soerabaya.

分布（Distribution）：云南（YN）、台湾（TW）、香港（HK）；朝鲜、日本、印度、缅甸、泰国、菲律宾、印度尼西亚、新几内亚岛。

（41）伪曲跗长角沼蝇 *Sepedon senex* Wiedemann, 1830

Sepedon senex Wiedemann, 1830. Aussereurop. Zweifl. Insekt. 2: 578. **Type locality:** Not given.

分布（Distribution）：云南（YN）、台湾（TW）、海南（HI）、香港（HK）；印度、印度尼西亚、马来半岛、菲律宾。

（42）伪铜色长角沼蝇 *Sepedon sphegea* (Fabricius, 1775)

Syrphus sphegeus Fabricius, 1775. Syst. Entom. 768. **Type locality:** England: Anglia.

Sepedon aenescens Wiedemann, 1830. Aussereurop. Zweifl. Insekt. 2: 579. **Type locality:** China: Trentepohl.

分布（Distribution）：内蒙古（NM）、北京（BJ）、新疆（XJ）、贵州（GZ）、云南（YN）；前苏联、蒙古国、阿富汗、伊朗、伊拉克、印度、摩洛哥；欧洲。

（43）刺长角沼蝇 *Sepedon spinipes* (Scopoli, 1763)

Musca spinipes Scopoli, 1763. Ent. Carniolica: 342. **Type locality:** Yugoslavia.

Sepedon haeffneri Fallén, 1820. Sciomyzides Sveciae: 3. **Type locality:** Sweden: Uppsala, Hellwig.

分布（Distribution）：北京（BJ）、陕西（SN）、新疆（XJ）；伊朗、前苏联、蒙古国、土耳其、摩洛哥；欧洲。

18. 基芒沼蝇属 *Tetanocera* Duméril, 1800

Tetanocera Duméril, 1800. J. Phys. Chim. Hist. Nat. 51: 439. **Type species:** *Musca elata* Fabricius, 1781 (ICZN validation of the generic name).

Chaetomacera Cresson, 1920. Trans. Am. Ent. Soc. 46: 54. **Type species:** *Musca elata* Fabricius, 1781 (by original designation).

（44）对鬃基芒沼蝇 *Tetanocera arrogans* (Meigen, 1830)

Tetanocera arrogans Meigen, 1830. Syst. Beschr. Europ. Zweifl. Insekt. 6: 41. **Type locality:** Germany.

Tetanocera foveolata Rondani, 1868. Dipt. Ital. Prodromus 7 (Stirps 19): 36. **Type locality:** Italy: in colle ditionis Parmensis.

分布（Distribution）：黑龙江（HL）；前苏联、日本、伊朗、土耳其；欧洲。

（45）短鬃基芒沼蝇 *Tetanocera brevisetosa* Frey, 1924

Tetanocera brevisetosa Frey, 1924. Not. Ent. 4: 52. **Type locality:** USSR: Bolsheretsk.

Tetanocera pallidior Stackelberg, 1963. Ent. Obozr. 42 (4): 922. **Type locality:** USSR: Yashchera, Leningrad Region.

分布（Distribution）：青海（QH）；前苏联；北美洲。

（46）红条基芒沼蝇 *Tetanocera chosenica* Steyskal, 1951

Tetanocera chosenica Steyskal, 1951. Wasmann J. Biol. 9 (1): 79. **Type locality:** D. P. R. Korea: Fusan.

分布（Distribution）：内蒙古（NM）、新疆（XJ）、浙江（ZJ）、四川（SC）；朝鲜、日本。

（47）黑缘基芒沼蝇 *Tetanocera elata* (Fabricius, 1781)

Musca elata Fabricius, 1781. Species Insect. 2: 441. **Type locality:** Germany: Kiel.

Tetanocera nigricosta Rondani, 1868. Dipt. Ital. Prodromus 7 (Stirps 19): 37. **Type locality:** Italy: Italia Superiore *et* centrale.

分布（Distribution）：黑龙江（HL）、宁夏（NX）、青海（QH）；前苏联、蒙古国、日本；欧洲。

（48）锈色基芒沼蝇 *Tetanocera ferruginea* Fallén, 1820

Tetanocera ferruginea Fallén, 1820. Sciomyzides Sveciae: 9. **Type locality:** Sweden: in pratis uliginosis Scaniae.

Tetanocera stictica Robineau-Desvoidy, 1830. Mém. Prés. Div. Sav. Acad. R. Sci. Inst. Fr. 2 (2): 695. **Type locality:** France.

Tetanocera brunnipennis Frey, 1924. Not. Ent. 4: 51. **Type locality:** Finland: Enontekis. USSR: Bjaloguba.

分布（Distribution）：黑龙江（HL）、青海（QH）、新疆（XJ）；前苏联、蒙古国、日本、土耳其；欧洲、北美洲。

（49）亮额基芒沼蝇 *Tetanocera hyalipennis* Roser, 1840

Tetanocera hyalipennis Roser, 1840. Correspondenzbl. K. Württemb. Landw. Ver., Stuttgart 37 [= N. S. 17] (1): 61. **Type locality:** Germany: Württemberg.

分布（Distribution）：黑龙江（HL）、吉林（JL）；前苏联；欧洲。

（50）小灰基芒沼蝇 *Tetanocera ignota* Becker, 1907

Tetanocera ignota Becker, 1907. Annu. Mus. Zool. Acad. Sci. Russ. St.-Pétersb. 12 (3): 260. **Type locality:** China: Tibet.

分布（Distribution）：青海（QH）、西藏（XZ）。

（51）宽腿基芒沼蝇 *Tetanocera latifibula* Frey, 1924

Tetanocera latifibula Frey, 1924. Not. Ent. 4: 51. **Type locality:** Finland: Muonio, Enontekis. USSR: Berezov.

分布（Distribution）：内蒙古（NM）、河南（HEN）、浙江（ZJ）、贵州（GZ）、云南（YN）；前苏联、蒙古国；欧洲、北美洲。

（52）蒙大拿基芒沼蝇 *Tetanocera montana* Day, 1881

Tetanocera montana Day, 1881. Can. Entomol. 13 (4): 87. **Type locality:** USA: Wyoming.

Tetanocera borealis Frey, 1924. Not. Ent. 4: 51. **Type locality:** Finland: Muonio, Enontekis. Sweden: Sarek. USSR: Gavrilovo.

分布（Distribution）：黑龙江（HL）、新疆（XJ）；蒙古国、

土耳其；欧洲、北美洲。

（53）黑条基芒沼蝇 *Tetanocera nigrostriata* **Li, Yang *et* Gu, 2001**

Tetanocera nigrostriata Li, Yang *et* Gu, 2001. Entomotaxon. 23 (2): 138. **Type locality:** China: Yunnan, Kunming.

分布（**Distribution**）：云南（YN）。

（54）点额基芒沼蝇 *Tetanocera punctifrons* **Rondani, 1868**

Tetanocera punctifrons Rondani, 1868. Dipt. Ital. Prodromus 7 (Stirps 19): 37. **Type locality:** Italy: Italia superiore *et* Media.

Tetanocera collarti Verbeke, 1948. Bull. Inst. R. Sci. Nat. Belg. 24 (3): 22. **Type locality:** Belgium: Feschaux.

分布（**Distribution**）：辽宁（LN）、河北（HEB）、北京（BJ）、四川（SC）；前苏联；欧洲。

（55）林地基芒沼蝇 *Tetanocera silvatica* **Meigen, 1830**

Tetanocera silvatica Meigen, 1830. Syst. Beschr. Europ. Zweifl. Insekt. 6: 41. **Type locality:** Germany.

分布（**Distribution**）：黑龙江（HL）；前苏联；欧洲、北美洲。

19. 颜斑沼蝇属 *Trypetolimnia* Mayer, 1953

Trypetolimnia Mayer, 1953. Ann. Naturhist. Mus. Wien 59: 215. **Type species:** *Trypetolimnia rossica* Mayer, 1953 (monotypy).

（56）罗西颜斑沼蝇 *Trypetolimnia rossica* **Mayer, 1953**

Trypetolimnia rossica Mayer, 1953. Ann. Naturhist. Mus. Wien 59: 216. **Type locality:** Russia: Valuyki.

分布（**Distribution**）：青海（QH）、新疆（XJ）；俄罗斯、蒙古国。

鼓翅蝇科 Sepsidae

1. 异鼓翅蝇属 *Allosepsis* Ozerov, 1992

Allosepsis Ozerov, 1992. Byull. Mosk. Obshch. Ispytatel. Prir. Otdel. Biol. 97 (4): 44. **Type species:** *Sepsis indica* Wiedemann, 1824 (by original designation).

（1）印度异鼓翅蝇 *Allosepsis indica* **(Wiedemann, 1824)**

Sepsis indica Wiedemann, 1824a. Munus Rectoris in Academia Christiana Albertina Aditurus Analecta Entomológica ex Museo Regio Havniensi Máxime Congesta Profert Iconibusque Illustrat: 57. **Type locality:** India: "India Orient".

Sepsis decipiens de Meijere, 1906. Ann. Hist.-Nat. Mus. Natl. Hung. 4: 177. **Type locality:** Papua New Guinea: New Guinea Island, "Stephansort, Astrolabe-Bai".

Nemopoda fusciventris Brunetti, 1910. Rec. India Mus. (1909) 3: 357 (nomen nudum).

分布（**Distribution**）：台湾（TW）；俄罗斯、韩国、日本、印度、尼泊尔、孟加拉国、越南、泰国、巴布亚新几内亚。

（2）黄褐鼓翅蝇 *Allosepsis testacea* **(Walker, 1860)**

Sepsis testacea Walker, 1860b. J. Proc. Linn. Soc. London Zool. 4: 163. **Type locality:** Indonesia: Sulawesi Island ("Makassar" [= Ujung Pandang]).

Sepsis trivittata Bigot, 1886. Ann. Soc. Entomol. Fr. (6) 6: 388. **Type locality:** Sri Lanka.

Sepsis retronotata Bigot, 1886. Ann. Soc. Entomol. Fr. (6) 6: 391. **Type locality:** Indonesia: Sulawesi Island.

Sepsis spectabilis de Meijere, 1906. Ann. Hist.-Nat. Mus. Natl. Hung. 4: 178. **Type locality:** Singapore.

分布（**Distribution**）：台湾（TW）；日本、印度、尼泊尔、越南、泰国、斯里兰卡、新加坡、印度尼西亚。

2. 芒鼓翅蝇属 *Aristina* Ozerov, 2012

Aristina Ozerov, 2012. Russ. Ent. J. 21: 113. **Type species:** *Aristina dolichoptera* Ozerov, 2012 (by original designation).

（3）长足芒鼓翅蝇 *Aristina dolichoptera* **Ozerov, 2012**

Aristina dolichoptera Ozerov, 2012. Russ. Ent. J. 21: 113. **Type locality:** China: Sichuan, SW Mianning Town.

分布（**Distribution**）：四川（SC）、云南（YN）。

3. 十鬃鼓翅蝇属 *Decachaetophora* Duda, 1926

Decachaetophora Duda, 1926c. Ann. Naturhist. Mus. Wien 40: 27. **Type species:** *Sepsis aeneipes* de Meijere, 1913 (monotypy).

（4）青铜十鬃鼓翅蝇 *Decachaetophora aeneipes* **(de Meijere, 1913)**

Sepsis aeneipes de Meijere, 1913. Ann. Hist.-Nat. Mus. Natl. Hung. 11: 119. **Type locality:** China: Taiwan, "Chip-Chip".

分布（**Distribution**）：甘肃（GS）、四川（SC）、台湾（TW）；俄罗斯、蒙古国、韩国、日本、阿富汗、巴基斯坦、印度、尼泊尔、越南、斯里兰卡、美国。

4. 二叉鼓翅蝇属 *Dicranosepsis* Duda, 1926

Dicranosepsis Duda, 1926c. Ann. Naturhist. Mus. Wien 40: 43 (as a subgenus of *Sepsis*). **Type species:** *Sepsis bicolor* Wiedemann, 1830 (by original designation).

（5）双色二叉鼓翅蝇 *Dicranosepsis bicolor* **(Wiedemann, 1830)**

Sepsis bicolor Wiedemann, 1830. Aussereurop. Zweifl. Insekt. 2: 468. **Type locality:** China.

Sepsis pubipes Brunetti, 1910. Rec. India Mus. (1909) 3: 365. **Type locality:** Nepal: Thamaspur.

分布（Distribution）：贵州（GZ）、云南（YN）、台湾（TW）；印度、尼泊尔、越南、泰国、斯里兰卡。

（6）短尾二叉鼓翅蝇 *Dicranosepsis breviappendiculata* **(de Meijere, 1913)**

Sepsis bicolor var. *breviappendiculata* de Meijere, 1913. Ann. Hist.-Nat. Mus. Natl. Hung. 11: 118. **Type locality:** China: Taiwan, "Kosempo".

Sepsis breviappendiculata var. *subciliata* Duda, 1925b. Ann. Naturhist. Mus. Wien 39 (1925): 48. **Type locality:** China: Taiwan, "Polisha".

分布（Distribution）：台湾（TW）；越南、泰国、斯里兰卡、印度尼西亚。

（7）长毛二叉鼓翅蝇 *Dicranosepsis crinita* **(Duda, 1926)**

Sepsis bicolor var. *crinita* Duda, 1926c. Ann. Naturhist. Mus. Wien 40: 59. **Type locality:** India: Kerala, "Nedumangad 10 miles NE of Trivandrum".

Dicranosepsis prominula Iwasa, 1994. *In*: Iwasa *et* Jayasekera, 1994. Jpn. J. Sanit. Zool. 45 (1): 59. **Type locality:** Sri Lanka: Ratnapura.

分布（Distribution）：云南（YN）；印度、尼泊尔、越南、泰国、斯里兰卡、马来西亚。

（8）独特二叉鼓翅蝇 *Dicranosepsis distincta* **Iwasa *et* Tewari, 1990**

Dicranosepsis distincta Iwasa *et* Tewari, 1990. Jpn. J. Ent. 58 (4): 795. **Type locality:** India: Madhya Pradesh, "Amarkantak, Jabalpur".

分布（Distribution）：云南（YN）；印度、泰国。

（9）转突二叉鼓翅蝇 *Dicranosepsis hamata* **(de Meijere, 1911)**

Sepsis hamata de Meijere, 1911. Tijdschr. Ent. 54: 364. **Type locality:** Indonesia: Jakarta, "Batavia".

Sepsis bicolor var. *mediotibialis* Duda, 1925b. Ann. Naturhist. Mus. Wien 39 (1925): 48. **Type locality:** China: Taiwan, "Kosempo".

分布（Distribution）：台湾（TW）；印度尼西亚。

（10）爪哇二叉鼓翅蝇 *Dicranosepsis javanica* **(de Meijere, 1904)**

Sepsis javanica de Meijere, 1904. Bijdr. Dierkd. 17/18: 107. **Type locality:** Indonesia: Java Island, Tosari.

分布（Distribution）：台湾（TW）、广东（GD）；巴基斯坦、印度、尼泊尔、越南、泰国、斯里兰卡、菲律宾、马来西亚、印度尼西亚。

（11）胫弯二叉鼓翅蝇 *Dicranosepsis olfactoria* **Iwasa, 1984**

Dicranosepsis olfactoria Iwasa, 1984. Kontyû 52 (1): 84. **Type locality:** Nepal: Bogara.

分布（Distribution）：云南（YN）；巴基斯坦、尼泊尔、越南、泰国。

（12）胫须二叉鼓翅蝇 *Dicranosepsis parva* **Iwasa, 1984**

Dicranosepsis parva Iwasa, 1984. Kontyû 52 (1): 88. **Type locality:** Nepal: "Darapani, 1400 m".

分布（Distribution）：贵州（GZ）、云南（YN）；尼泊尔、越南、泰国。

（13）重凹二叉鼓翅蝇 *Dicranosepsis revocans* **(Walker, 1860)**

Sepsis revocans Walker, 1860b. J. Proc. Linn. Soc. London Zool. 4: 163. **Type locality:** Indonesia: Sulawesi Island ("Makassar" [= Ujung Pandang]).

Sepsis bicolor var. *acuta* de Meijere, 1913. Ann. Hist.-Nat. Mus. Natl. Hung. 11: 118. **Type locality:** China: Taiwan, "Tainan".

Sepsis bicolor var. *bipilosa* Duda, 1925b. Ann. Naturhist. Mus. Wien 39 (1925): 47. **Type locality:** China: Taiwan, "Macuyama".

Sepsis bipilosa var. *bipilosiformis* Duda, 1925b. Ann. Naturhist. Mus. Wien 39 (1925): 48. **Type locality:** Sri Lanka: Colombo.

分布（Distribution）：台湾（TW）、广东（GD）；日本、印度、缅甸、越南、泰国、斯里兰卡、菲律宾、马来西亚、印度尼西亚、澳大利亚、所罗门群岛。

（14）昭德二叉鼓翅蝇 *Dicranosepsis sauteri* **Ozerov, 2003**

Dicranosepsis sauteri Ozerov, 2003. Russ. Ent. J. 12 (1): 87. **Type locality:** China: Taiwan, "Taihoku".

分布（Distribution）：台湾（TW）；越南、泰国。

（15）胫狭二叉鼓翅蝇 *Dicranosepsis tibialis* **Iwasa *et* Tewari, 1990**

Dicranosepsis tibialis Iwasa *et* Tewari, 1990. Jpn. J. Ent. 58 (4): 796. **Type locality:** India: Madhya Pradesh, Jabalpur.

分布（Distribution）：云南（YN）、台湾（TW）、广东（GD）；巴基斯坦、印度、尼泊尔、孟加拉国、越南、泰国、斯里兰卡、菲律宾、马来西亚、印度尼西亚、澳大利亚、巴布亚新几内亚、所罗门群岛、关岛（美）。

（16）交鬃二叉鼓翅蝇 *Dicranosepsis transita* **Ozerov, 1997**

Dicranosepsis transita Ozerov, 1997. Russ. Ent. J. 5 (1-4): 156

(substitute name for *Sepsis gracilis* Duda).

Sepsis bicolor var. *gracilis* Duda, 1925b. Ann. Naturhist. Mus. Wien 39 (1925): 48 (preoccupied by Zetterstedt, 1847). **Type locality:** China: Taiwan, "Chosokei".

分布（**Distribution**）：台湾（TW）；越南。

（17）单毛二叉鼓翅蝇 *Dicranosepsis unipilosa* (Duda, 1925)

Sepsis bicolor var. *unipilosa* Duda, 1925b. Ann. Naturhist. Mus. Wien 39 (1925): 48. **Type locality:** China: Taiwan, "Maruyama".

分布（**Distribution**）：台湾（TW）；韩国、日本、菲律宾、印度尼西亚。

5. 并股鼓翅蝇属 *Meroplius* Rondani, 1874

Meroplius Rondani, 1874a. Bull. Soc. Ent. Ital. 6: 175. **Type species:** *Nemopoda stercoraria* Robineau-Desvoidy, 1830 (by original designation) [= *Sepsis minuta* Wiedemann, 1830].

Parameroplius Duda, 1925b. Ann. Naturhist. Mus. Wien 39 (1925): 37 (as a subgenus of *Meroplius*). **Type species:** *Sepsis fasciculata* Brunetti, 1910 (monotypy).

Protomeroplius Ozerov, 1999. Int. J. Dipt. Res. 10 (2): 92 (as a subgenus of *Meroplius*). **Type species:** *Meroplius trispinifer* Ozerov, 1999 (by original designation).

Xenosepsis Malloch, 1925. Proc. Linn. Soc. N. S. W. 50 (4): 315. **Type species:** *Xenosepsis sydneyensis* Malloch, 1925 (by original designation).

Pseudomeroplius Duda, 1925b. Ann. Naturhist. Mus. Wien 39 (1925): 25 (as a subgenus of *Meroplius* Rondani, 1874). **Type species:** *Pseudomeroplius acrosticalis* Duda, 1926 (monotypy) [= *Xenosepsis sydneyensis* Malloch, 1925].

（18）簇生并股鼓翅蝇 *Meroplius fasciculatus* (Brunetti, 1910)

Sepsis fasciculata Brunetti, 1910. Rec. India Mus. (1909) 3: 365. **Type locality:** Sri Lanka: "Ceylon".

Sepsis plumata de Meijere, 1913e. Zoologie 9 (3): 363. **Type locality:** Irian Jaya: New Guinea Island, "Rivier Kamp".

分布（**Distribution**）：四川（SC）、台湾（TW）、广东（GD）；日本、印度、尼泊尔、孟加拉国、泰国、斯里兰卡、菲律宾、马来西亚、印度尼西亚、巴布亚新几内亚。

（19）福冈并股鼓翅蝇 *Meroplius fukuharai* (Iwasa, 1984)

Xenosepsis fukuharai Iwasa, 1984b. Kontyû 52 (2): 300. **Type locality:** Japan: Hokkaidō, Mori, Oshima.

分布（**Distribution**）：黑龙江（HL）、四川（SC）；俄罗斯、韩国、日本、匈牙利、斯洛伐克、捷克、德国、法国、英国。

（20）琐细并股鼓翅蝇 *Meroplius minutus* (Wiedemann, 1830)

Sepsis minuta Wiedemann, 1830. Aussereurop. Zweifl. Insekt. 2: 468. **Type locality:** USA: New York.

Sepsis lutaria Fallén, 1820. Ortalides Sveciae: 22 (unavailable name).

Nemopoda stercoraria Robineau-Desvoidy, 1830. Mém. Prés. Div. Sav. Acad. R. Sci. Inst. Fr. 2 (2): 745. **Type locality:** Not stated (probably France: Saint-Sauveur).

Meroplius nigrilatera Macquart, 1835. Hist. Nat. Ins., Dipt. 2: 481. **Type locality:** France.

Sepsis rufipes Meigen, 1838. Syst. Beschr. Europ. Zweifl. Insekt. 7: 349. **Type locality:** Germany: Stolberg, "in hiesiger Gegent".

Nemopoda coeruleifrons Macquart, 1847. Mém. Soc. R. Sci. Agric. Arts Lille (1846): 110. **Type locality:** USA: Pennsylvania: "Philadelphia".

Nemopoda varipes Walker, 1871. Entomologist 5: 345 (preoccupied by Meigen, 1838). **Type locality:** Egypt: Cairo.

Nemopoda polita Duda, 1925b. Ann. Naturhist. Mus. Wien 39 (1925): 96 [unavailable name; citation of a Meigen MS name, in synonymy with *Meroplius stercorarius* (Robineau-Desvoidy)].

分布（**Distribution**）：台湾（TW）；俄罗斯、韩国、日本、尼泊尔、越南、格鲁吉亚、加拿大、美国、埃及；欧洲。

（21）台湾并股鼓翅蝇 *Meroplius sauteri* (de Meijere, 1913)

Sepsis sauteri de Meijere, 1913. Ann. Hist.-Nat. Mus. Natl. Hung. 11: 120. **Type locality:** China: Taiwan, "Kosempo".

分布（**Distribution**）：台湾（TW）；马来西亚、印度尼西亚。

（22）悉尼并股鼓翅蝇 *Meroplius sydneyensis* (Malloch, 1925)

Xenosepsis sydneyensis Malloch, 1925. Proc. Linn. Soc. N. S. W. 50 (4): 315. **Type locality:** Australia: New South Wales, Sydney.

Pseudomeroplius acrosticalis Duda, 1925b. Ann. Naturhist. Mus. Wien 39 (1925): 25. **Type locality:** Australia: Northern Queensland, Gordonvale.

分布（**Distribution**）：台湾（TW）；尼泊尔、越南、马来西亚、印度尼西亚、澳大利亚。

6. 慕夏鼓翅蝇属 *Mucha* Ozerov, 1992

Mucha Ozerov, 1992. Zool. Žhur. 73 (3): 147. **Type species:** *Mucha tzokotucha* Ozerov, 1992 (by original designation).

（23）梁氏慕夏鼓翅蝇 *Mucha liangi* Li *et* Yang, 2014

Mucha liangi Li *et* Yang, 2014. Zootaxa 3815 (2): 251. **Type** locality: China: Guangxi, Baise, "Cenwanglaoshan Mt., Dalongping".

分布（Distribution）：广西（GX）。

（24）塔慕夏鼓翅蝇 *Mucha tzokotucha* Ozerov, 1992

Mucha tzokotucha Ozerov, 1992. Zool. Žhur. 73 (3): 148. **Type locality:** Vietnam: Hanoi, "Ba Vi 70 km NW Hanoi". *Mucha tzokotucha*: Li *et* Yang, 2014. Zootaxa 3815 (2): 253.

分布（Distribution）：江西（JX）；越南。

（25）云南慕夏鼓翅蝇 *Mucha yunnanensis* Li *et* Yang, 2014

Mucha yunnanensis Li *et* Yang, 2014. Zootaxa 3815 (2): 254. **Type locality:** China: Yunnan, "Baoshan, Baihualing".

分布（Distribution）：云南（YN）。

7. 丝状鼓翅蝇属 *Nemopoda* Robineau-Desvoidy, 1830

Nemopoda Robineau-Desvoidy, 1830. Mém. Prés. Div. Sav. Acad. R. Sci. Inst. Fr. 2 (2): 743. **Type species:** *Nemopoda putris* Robineau-Desvoidy, 1830 (by designation of d'Orbigny, 1846) [= *Musca nitidula* Fallén, 1820].

（26）翅斑丝状鼓翅蝇 *Nemopoda mamaevi* Ozerov, 1997

Nemopoda mamaevi Ozerov, 1997. Russ. Ent. J. 5 (1-4): 159. **Type locality:** Russia: Primorskiy Kray, "40 km SE of Ussuriysk".

分布（Distribution）：陕西（SN）；俄罗斯。

（27）露尾丝状鼓翅蝇 *Nemopoda nitidula* (Fallén, 1820)

Musca nitidula Fallén, 1820. Heteromyzides Sveciae: 21. **Type locality:** Not stated (Sweden).

Musca cylindrica Fabricius, 1794. Ent. Syst. 4: 336 (preoccupied by De Geer, 1776). **Type locality:** Germany: "Germania".

Nemopoda putris Robineau-Desvoidy, 1830. Mém. Prés. Div. Sav. Acad. R. Sci. Inst. Fr. 2 (2): 744. **Type locality:** Not stated (probably France: Saint-Sauveur).

Nemopoda viridis Macquart, 1835. Hist. Nat. Ins., Dipt. 2: 481. **Type locality:** France: Bordeaux.

Nemopoda ruwenzoriensis Vanschuytbroeck, 1963. Explor. Parc Natl. Garamb. Miss. H. de Saeger 13 (2): 96. **Type locality:** Congo: Virunga National Parc, "Kalonge, riv. Katauleko, affl. Butahu, 2060 m".

分布（Distribution）：吉林（JL）、甘肃（GS）；全北区、非洲热带区。

（28）亮丝鼓翅蝇 *Nemopoda pectinulata* Loew, 1873

Nemopoda pectinulata Loew, 1873. Beschr. Europ. Dipt. 3:

305. Type locality: Not stated ("die posener Gegend", = Poland: near Poznaæ).

分布（Distribution）：四川（SC）、台湾（TW）；印度、波兰。

8. 膨跗鼓翅蝇属 *Ortalischema* Frey, 1925

Ortalischema Frey, 1925a. Not. Ent. 5: 75. **Type species:** *Sepsis albitarsis* Zetterstedt, 1847 (by original designation).

Protothemira Duda, 1925b. Ann. Naturhist. Mus. Wien 39 (1925): 25. **Type species:** *Sepsis albitarsis* Zettersted, 1847 (monotypy).

（29）海栖膨跗鼓翅蝇 *Ortalischema maritima* Ozerov, 1985

Ortalischema maritima Ozerov, 1985. Zool. Žhur. 64 (8): 1268. **Type locality:** Russia: Primorskiy Kray "Майхэ" ("Mayche" = Artemovka).

Ortalischema maritima: Li *et* Yang, 2014. Zootaxa 3815 (2): 256.

分布（Distribution）：宁夏（NX）；俄罗斯、蒙古国、日本。

9. 伟刺鼓翅蝇属 *Perochaeta* Duda, 1925

Perochaeta Duda, 1925b. Ann. Naturhist. Mus. Wien 39 (1925): 29. **Type species:** *Nemopoda orientalis* de Meijere, 1913 (monotypy).

（30）东方伟刺鼓翅蝇 *Perochaeta orientalis* (de Meijere, 1913)

Nemopoda orientalis de Meijere, 1913. Ann. Hist.-Nat. Mus. Natl. Hung. 11: 123. **Type locality:** China: Taiwan, "Chip-Chip".

分布（Distribution）：台湾（TW）；菲律宾、马来西亚、印度尼西亚。

10. 盐生鼓翅蝇属 *Saltella* Robineau-Desvoidy, 1830

Saltella Robineau-Desvoidy, 1830. Mém. Prés. Div. Sav. Acad. R. Sci. Inst. Fr. 2 (2): 746. **Type species:** *Saltella nigripes* Robineau-Desvoidy, 1830 (by designation of Westwood, 1840).

Brachygaster Meigen, 1826. Syst. Beschr. Europ. Zweifl. Insekt. 5: 244 (preoccupied by Brachygaster Leach, 1815). **Type species:** *Brachygaster analis* Meigen, 1826 (by designation of Zuska *et* Pont, 1984) [= *Trupanea sphondylii* Schrank, 1803].

Pandora Haliday, 1833. Ent. Mag. 1 (2): 169 (preoccupied by Pandora Bruguière, 1797). **Type species:** *Piophila scutellaris* Fallén, 1820 (by designation of Hennig, 1949) [= *Trupanea sphondylii* Schrank, 1803].

Anisophysa Macquart, 1835. Hist. Nat. Ins., Dipt. 2: 543. **Type species:** *Piophila scutellaris* Fallén, 1820 (by designation of

Hennig, 1949) [= *Trupanea sphondylii* Schrank, 1803].

Pseudopandora Rapp, 1946. Ann. Mag. Nat. Hist. 12 (11): 500 (replacement name for *Pandora* Haliday, 1833). **Type species:** *Trupanea sphondylii* Schrank, 1803 (automatic).

（31）东方盐生鼓翅蝇 *Saltella orientalis* (Hendel, 1934)

Pandora orientalis Hendel, 1934b. Ark. Zool. 25A (21): 4. **Type locality:** China: Sichuan, "N. O. Szechuan".

分布（Distribution）：四川（SC）；日本、韩国、俄罗斯。

11. 鼓翅蝇属 *Sepsis* Fallén, 1810

Sepsis Fallén, 1810. Specim. Ent. Novam Dipt.: 17. **Type species:** *Musca cynipsea* Linnaeus, 1758 (by designation of Curtis, 1829).

Threx Gistel, 1848. Naturgeschichte des Thierreichs für höhere Schulen, Stuttgart 16: 599 (unjustified substitute name for *Sepsis* Fallén, 1810). **Type species:** *Musca cynipsea* Linnaeus, 1758 (automatic).

Acrometopia Lioy, 1864. Atti R. Ist. Véneto Sci. Lett. Arti 3 (9): 1088. **Type species:** *Sepsis cornuta* Meigen, 1826 (monotypy) [= *Musca cynipsea* Linnaeus, 1758].

Beggiatia Lioy, 1864. Atti R. Ist. Véneto Sci. Lett. Arti 3 (9): 1088. **Type species:** *Sepsis barbipes* Meigen, 1826 (monotypy) [= *Musca cynipsea* Linnaeus, 1758].

Sepsidimorpha Frey, 1908. Dtsch. Ent. Z. 1908: 578. **Type species:** *Sepsis loewi* Hendel, 1902 (monotypy) [= *Sepsis duplicata* Haliday, 1838].

Nicarao Silva, 1995. Stud. Dipt. 2: 203. **Type species:** *Nicarao rarus* Silva, 1995 (by original designation).

Allosepsis Ozerov, 1992. Byull. Mosk. Obshch. Ispytatel. Prir. Otdel. Biol. 97 (4): 44. **Type species:** *Sepsis indica* Wiedemann, 1824 (by original designation).

Australosepsis Malloch, 1925. Proc. Linn. Soc. N. S. W. 50 (4): 314. **Type species:** *Australosepsis fulvescens* Malloch, 1925 (by original designation) [= *Sepsis niveipennis* Becker, 1903].

Saltelliseps Duda, 1925b. Ann. Naturhist. Mus. Wien 39 (1925): 25. **Type species:** *Sepsis niveipennis* Becker, 1903 (by designation of Hennig, 1949).

Lasionemopoda Duda, 1925b. Ann. Naturhist. Mus. Wien 39 (1925): 30. **Type species:** *Sepsis hirsuta* de Meijere, 1906 (monotypy).

（32）须状鼓翅蝇 *Sepsis barbata* Becker, 1907

Sepsis barbata Becker, 1907. Annu. Mus. Zool. Acad. Sci. Russ. St.-Pétersb. 12 (3): 292. **Type locality:** China: Xinjiang, "Bugas near Chami".

Sepsis chopardi Séguy, 1932. Encycl. Ent. (B) II Dipt. 6: 184. **Type locality:** France: Gard, L'Aigoual. Greece: Salonica.

分布（Distribution）：新疆（XJ）、台湾（TW）；巴基斯坦、也门；古北区。

（33）双曲鼓翅蝇 *Sepsis biflexuosa* Strobl, 1893

Sepsis biflexuosa Strobl, 1893e. Wien. Ent. Ztg. 12: 225. **Type locality:** Austria: Styria. Hungary.

Sepsis signifera Melander *et* Spuler, 1917. Bull. Wash., Agric. Exp. Stn. 143: 26. **Type locality:** USA: Pennsylvania, Chester Co.

Sepsis signifera var. *curvitibia* Melander *et* Spuler, 1917. Bull. Wash., Agric. Exp. Stn. 143: 28. **Type locality:** USA: Washington, Chimacum.

Sepsis biflexuosa var. *flavipes* Goetghebuer *et* Bastin, 1925. Bull. Ann. Soc. R. Ent. Belg. 65: 132. **Type locality:** Belgium: Rouge Cloître (Brux.).

Sepsis desultor Séguy, 1932. Encycl. Ent. (B) II Dipt. 6: 185. **Type locality:** France: Callian.

分布（Distribution）：台湾（TW）；蒙古国、土耳其、摩洛哥、加那利群岛、夏威夷群岛；欧洲、北美洲。

（34）中华鼓翅蝇 *Sepsis chinensis* Ozerov, 2012

Sepsis chinensis Ozerov, 2012. Russ. Ent. J. 21: 114. **Type locality:** China: Yunnan, "Ailaoshan Mt. Range W Shuitangzhen Town (24°08′31″N, 101°23′52″E), 2555 m".

分布（Distribution）：云南（YN）。

（35）喜粪鼓翅蝇 *Sepsis coprophila* de Meijere, 1906

Sepsis coprophila de Meijere, 1906. Ann. Hist.-Nat. Mus. Natl. Hung. 4: 176. **Type locality:** Singapore.

分布（Distribution）：台湾（TW）、广东（GD）；日本、印度、尼泊尔、孟加拉国、越南、泰国、斯里兰卡、菲律宾、马来西亚、新加坡、印度尼西亚。

（36）不等鼓翅蝇 *Sepsis dissimilis* Brunetti, 1910

Sepsis dissimilis Brunetti, 1910. Rec. India Mus. (1909) 3: 355. **Type locality:** India: "Shasthancottah, 12 miles N. N. E. of Quilon", Rājmahāl, and "Gathwal District, Western Himalayas".

Sepsis albolimbata de Meijere, 1913. Ann. Hist.-Nat. Mus. Natl. Hung. 11: 115. **Type locality:** China: Taiwan, "Tainan".

Sepsis albopunctata Lamb, 1914. Trans. Linn. Soc. Lond. (2, Zool.) 16: 323. **Type locality:** Seychelles: "Mahé, Cascade Estate, 800 feet or over; marshes on coastal plain of Anse aux Pins and Anse Royale".

Sepsis hirtifemur Malloch, 1925. Proc. Linn. Soc. N. S. W. 50 (4): 314. **Type locality:** Australia: New South Wales, Mosman.

Sepsis albopunctata var. *acroleucoptera* Duda, 1926c. Ann. Naturhist. Mus. Wien 40: 41. **Type locality:** China: Taiwan, "Anping".

Sepsis natalensis Brunetti, 1929. Ann. Mag. Nat. Hist. (10) 4: 27. **Type locality:** South Africa: Natal, Weenen.

分布（Distribution）：台湾（TW）；日本、巴基斯坦、印度、尼泊尔、越南、泰国、菲律宾、马来西亚、印度尼西亚；澳洲区；非洲。

（37）黄领鼓翅蝇 *Sepsis flavimana* Meigen, 1826

Sepsis flavimana Meigen, 1826. Syst. Beschr. Europ. Zweifl. Insekt. 5: 288. **Type locality:** Not stated (probably Germany: Stolberg).

Sepsis ruficornis Meigen, 1826. Syst. Beschr. Europ. Zweifl. Insekt. 5: 288. **Type locality:** Not stated (probably Germany: Stolberg).

Micropeza pygmaea Robineau-Desvoidy, 1830. Mém. Prés. Div. Sav. Acad. R. Sci. Inst. Fr. 2 (2): 743. **Type locality:** France: Saint-Sauveur.

Sepsis maculipes Walker, 1833. Ent. Mag. 1: 248. **Type locality:** England: near London, and near Ambleside, Westmoreland.

Sepsis vicaria Walker, 1849. List of the specimens of dipterous insets in the collection of the British Museum Part IV: 998. **Type locality:** USA: New York.

Sepsis pyrrhosoma Melander *et* Spuler, 1917. Bull. Wash., Agric. Exp. Stn. 143: 25. **Type locality:** USA: Indiana, Lafayette.

Sepsis simplex Goetghebuer *et* Bastin, 1925. Bull. Ann. Soc. R. Ent. Belg. 65: 129, 132. **Type locality:** Belgium: Heusden (Fl.) and Schooten (Camp.).

Sepsis borealis Frey, 1925a. Not. Ent. 5: 71. "New name" for *nigripes sensu* Frey (1908), not Meigen (misidentification). **Type locality:** Finland: Aaland Islands, "Eckerö".

Sepsis melanopoda Duda, 1925b. Ann. Naturhist. Mus. Wien 39 (1925): 58, 121. **Type locality:** Germany: Harz Mts., Brocken.

Sepsis melanopoda var. *kerteszi* Duda, 1925b. Ann. Naturhist. Mus. Wien 39 (1925): 58, 121. **Type locality:** Czech Republic: Tatra Mts.

Sepsis meijerei Duda, 1925b. Ann. Naturhist. Mus. Wien 39 (1925): 60, 128. **Type locality:** Netherlands: Beetsterzwaag.

分布（Distribution）： 中国（省份不明）；俄罗斯、日本、哈萨克斯坦、吉尔吉斯斯坦、塔吉克斯坦、乌兹别克斯坦、土库曼斯坦、伊朗、阿塞拜疆、亚美尼亚、格鲁吉亚、乌克兰；欧洲、北美洲。

（38）额带鼓翅蝇 *Sepsis frontalis* Walker, 1860

Sepsis frontalis Walker, 1860b. J. Proc. Linn. Soc. London Zool. 4: 163. **Type locality:** Indonesia: Sulawesi Island ("Makassar" [= Ujung Pandang]).

Sepsis tenella de Meijere, 1906. Ann. Hist.-Nat. Mus. Natl. Hung. 4: 183. **Type locality:** Singapore.

Sepsis brevis Brunetti, 1910. Rec. India Mus. (1909) 3: 361. **Type locality:** India: Baroda.

Sepsis lieveni Frey, 1917. Öfvers. Finska Vetensk-Soc. Förh. 59A (20): 25. **Type locality:** Sri Lanka: Anuradhapura.

分布（Distribution）： 台湾（TW）、广东（GD）；日本、巴基斯坦、印度、尼泊尔、越南、泰国、斯里兰卡、菲律宾、马来西亚、新加坡、印度尼西亚、澳大利亚、新喀里多尼亚（法）。

（39）肩角鼓翅蝇 *Sepsis humeralis* Brunetti, 1910

Sepsis humeralis Brunetti, 1910. Rec. India Mus. (1909) 3: 362. **Type locality:** India: Silma. China: Hong Kong.

分布（Distribution）： 香港（HK）；印度。

（40）侧突鼓翅蝇 *Sepsis lateralis* Wiedemann, 1830

Sepsis lateralis Wiedemann, 1830. Aussereurop. Zweifl. Insekt. 2: 468. **Type locality:** China.

Sepsis complicata Wiedemann, 1830. Aussereurop. Zweifl. Insekt. 2: 468. **Type locality:** China.

Sepsis inpunctata Macquart, 1839. *In*: Webb *et* Berthelot, 1839. Hist. Nat. Iles Canaries, Entom. 2 (2), 13. Dipt.: 118. **Type locality:** Not stated (probably Canary Is.).

Nemopoda algira Macquart, 1843b. Mém. Soc. Sci. Agric. Arts Lille [1842]: 389. **Type locality:** Algeria: Algiers.

Nemopoda lateralis Macquart, 1843b. Mém. Soc. Sci. Agric. Arts Lille [1842]: 390 (preoccupied by *Sepsis lateralis* Wiedemann, 1830). **Type locality:** "Du Brèsil ou du Chili" (probably from Africa, not South America).

Sepsis immaculata Macquart, 1843b. Mém. Soc. Sci. Agric. Arts Lille [1842]: 391. **Type locality:** Réunion: "De l'ile Bourbon".

Sepsis hyalipennis Macquart, 1851. Mém. Soc. Sci. Agric. Lille 1850 [1851]: 269. **Type locality:** Egypt.

Sepsis rufa Macquart, 1851. Mém. Soc. Sci. Agric. Lille 1850 [1851]: 269. **Type locality:** Egypt: Cairo.

Meroplius melitensis Rondani, 1874a. Bull. Soc. Ent. Ital. 6: 176. **Type locality:** Malta.

Meroplius schembrii Rondani, 1874a. Bull. Soc. Ent. Ital. 6: 176. **Type locality:** Malta.

Nemopoda senegalensis Bigot, 1886. Ann. Soc. Entomol. Fr. (6) 6: 389. **Type locality:** Sierra Leone.

Sepsis fragilis Becker, 1903. Mitt. Zool. Mus. Berl. 2 (3): 145. **Type locality:** Egypt: Lake Birket-el-Karûn.

Sepsis astutis Adams, 1905. Kans. Univ. Sci. Bull. 3: 174. **Type locality:** Zimbabwe: "Salisbury" [= Harare].

Sepsis lutea Duda, 1925b. Ann. Naturhist. Mus. Wien 39 (1925): 51 (unavailable name; citation of a Wiedemann name, in synonymy with *Sepsis lateralis* Wiedemann).

Sepsis unicoloripes Brunetti, 1929. Ann. Mag. Nat. Hist. (10) 4: 27. **Type locality:** Ghana: "Aburi".

Sepsis definita Brunetti, 1929. Ann. Mag. Nat. Hist. (10) 4: 29. **Type locality:** South Africa: Natal, Weenen.

Sepsis kwanzaensis Vanschuytbroeck, 1963. Explor. Parc Natl. Garamb. Miss. H. de Saeger 13 (1): 31. **Type locality:** Congo: Virunga National Parc, "riv. Kombo, affl. riv. Ruanoli, 1550 m".

Sepsis bombokaensis Vanschuytbroeck, 1963. Explor. Parc Natl. Garamb. Miss. H. de Saeger 13 (1): 50. **Type locality:** Congo: Virunga National Parc, "Bomboka, près Kyandolire, 1650 m".

Sepsis migeriensis Vanschuytbroeck, 1963. Explor. Parc Natl.

Garamb. Miss. H. de Saeger 13 (1): 71. **Type locality:** Congo: Virunga National Parc, "Kiribata (Migeri), Moyenne Lume, 1760 m".

Sepsis curiosa Ozerov, 1996. Russ. Ent. J. 4 (1-4): 144 (substitute name for *Nemopoda lateralis* Macquart).

分布（Distribution）：河北（HEB）；土耳其、塞浦路斯、希腊、意大利、马耳他、西班牙、加那利群岛、夏威夷群岛、巴布亚新几内亚；非洲。

（41）宽钳鼓翅蝇 *Sepsis latiforceps* Duda, 1925

Sepsis latiforceps Duda, 1925b. Ann. Naturhist. Mus. Wien 39 (1925): 56. **Type locality:** China: Taiwan, "Chosokei".

分布（Distribution）：吉林（JL）、江苏（JS）、台湾（TW）；俄罗斯、韩国、日本、尼泊尔、越南。

（42）林奈鼓翅蝇 *Sepsis lindneri* Hennig, 1949

Sepsis lindneri Hennig, 1949. *In*: Lindner, 1949. Flieg. Palaearkt. Reg. 5 (1): 83. **Type locality:** China: Guangdong, "Canton".

Sepsis graciliforceps Hennig, 1949. *In*: Lindner, 1949. Flieg. Palaearkt. Reg. 5 (1): 84 (error for *Sepsis lindneri* Hennig).

分布（Distribution）：四川（SC）、广东（GD）；俄罗斯、蒙古国。

（43）单斑鼓翅蝇 *Sepsis monostigma* Thomson, 1869

Sepsis monostigma Thomson, 1869. K. Svenska Fregatten Eugenies Resa, Zool., Dipt. 2 (1): 587. **Type locality:** China.

分布（Distribution）：台湾（TW）、广东（GD）；俄罗斯、韩国、日本、越南、印度、斯里兰卡、菲律宾。

（44）新瘿小鼓翅蝇 *Sepsis neocynipsea* Melander et Spuler, 1917

Sepsis neocynipsea Melander et Spuler, 1917. Bull. Wash., Agric. Exp. Stn. 143: 28. **Type locality:** USA: Idaho, Moscow Mt.

Sepsis neocynipsea var. *pectoralis* Duda, 1925b. Ann. Naturhist. Mus. Wien 39 (1925): 61 (*homonym*, preoccupied by *Sepsis pectoralis* Macquart, 1835). **Type locality:** Not stated.

Sepsis melanderi Duda, 1925b. Ann. Naturhist. Mus. Wien 39 (1925): 61 (substitute name for *pectoralis* Duda).

分布（Distribution）：四川（SC）；日本、尼泊尔、蒙古国、阿富汗、亚美尼亚、哈萨克斯坦、吉尔吉斯斯坦、俄罗斯、塔吉克斯坦、乌兹别克斯坦；欧洲、北美洲。

（45）亮鼓翅蝇 *Sepsis nitens* Wiedemann, 1824

Sepsis nitens Wiedemann, 1824a. Munus Rectoris in Academia Christiana Albertina Aditurus Analecta Entomológica ex Museo Regio Havniensi Máxime Congesta Profert Iconibusque Illustrat: 57. **Type locality:** "India: Orient".

Sepsis brevicosta Brunetti, 1910. Rec. India Mus. (1909) 3: 360. **Type locality:** India: "Calcutta", "Tinpahar", "Bengal",

"Shencottah", "Pūsa", "Lahore".

Sepsis tuberculata Duda, 1925b. Ann. Naturhist. Mus. Wien 39 (1925): 51. **Type locality:** China: Taiwan, "Yentempo".

分布（Distribution）：台湾（TW）、广东（GD）；日本、巴基斯坦、印度、尼泊尔、孟加拉国、越南、泰国、斯里兰卡、菲律宾、印度尼西亚、澳大利亚、巴布亚新几内亚。

（46）无暇鼓翅蝇 *Sepsis niveipennis* Becker, 1903

Sepsis niveipennis Becker, 1903. Mitt. Zool. Mus. Berl. 2 (3): 143. **Type locality:** Egypt: Asyût.

Sepsis flava Brunetti, 1910. Rec. India Mus. (1909) 3: 351. **Type locality:** India: Calcutta.

Sepsis tincta Brunetti, 1910. Rec. India Mus. (1909) 3: 353. **Type locality:** India: Allāhābād.

Australosepsis fulvescens Malloch, 1925. Proc. Linn. Soc. N. S. W. 50 (4): 314. **Type locality:** Australia: New South Wales, Sydney.

Australosepsis fulvescens var. *atratula* Malloch, 1925. Proc. Linn. Soc. N. S. W. 50 (4): 315. **Type locality:** Australia: New South Wales, Sydney.

Saltelliseps niveipennis var. *robusta* Duda, 1925b. Ann. Naturhist. Mus. Wien 39 (1925): 31. **Type locality:** China: Taiwan, "Yentempo".

分布（Distribution）：台湾（TW）；印度、伊朗、以色列、巴基斯坦、土耳其、塞浦路斯、埃及、摩洛哥、澳大利亚、斐济、新喀里多尼亚（法）、巴布亚新几内亚、所罗门群岛、瓦努阿图；非洲。

（47）螯斑鼓翅蝇 *Sepsis punctum* (Fabricius, 1794)

Musca punctum Fabricius, 1794. Ent. Syst. 4: 351. **Type locality:** France: "in Galliae".

Musca stigma Panzer, 1798. Faunae insectorum germanicae initia oder Deutschlands Insecten, Fasc.: 21. **Type locality:** Austria.

Sepsis cornuta Meigen, 1826. Syst. Beschr. Europ. Zweifl. Insekt. 5: 288. **Type locality:** Not stated (probably Germany: Stolberg).

Sepsis ornata Meigen, 1826. Syst. Beschr. Europ. Zweifl. Insekt. 5: 290. **Type locality:** Not stated (probably Germany: Stolberg).

Sepsis pectoralis Macquart, 1835. Hist. Nat. Ins., Dipt. 2: 478. **Type locality:** France: Bordeaux.

Sepsis rufocincta Hoffmeister, 1844. Jahresber. Tät. Ver. Naturk. Cassel (8): 13. **Type locality:** Not stated (Germany: Kassel).

Sepsis referens Walker, 1849. List of the specimens of dipterous insets in the collection of the British Museum Part IV: 999. **Type locality:** North America.

Sepsis similis Macquart, 1851. Mém. Soc. Sci. Agric. Lille 1850 [1851]: 269. **Type locality:** "De l'Amérique septentrionale".

Nemopoda fulvicoxalis Bigot, 1886. Ann. Soc. Entomol. Fr. (6) 6: 390. **Type locality:** USA: California.

Sepsis geniculata Bigot, 1892. Bull. Soc. Zool. Fr. (1891) 16: 278. **Type locality:** Spain: Canarias Is.

Sepsis himalayensis Brunetti, 1910. Rec. India Mus. (1909) 3: 345. **Type locality:** India: Dārjiling.

Sepsis rufibasis Brunetti, 1910. Rec. India Mus. (1909) 3: 348. **Type locality:** India: Dārjiling.

Sepsis major Brunetti, 1910. Rec. India Mus. (1909) 3: 349. **Type locality:** India: Dārjiling.

Sepsis rufibasis var. *obscuripes* Brunetti, 1910. Rec. India Mus. (1909) 3: 349. **Type locality:** India: Dārjiling.

Sepsis violacea var. *hecate* Melander *et* Spuler, 1917. Bull. Wash., Agric. Exp. Stn. 143: 22. **Type locality:** USA: Washington, "Palouse".

Sepsis violacea var. *zernyi* Duda, 1925b. Ann. Naturhist. Mus. Wien 39 (1925): 57. **Type locality:** Italy: Sicily Island, Monreale. Austria: Seebenstein. Tunisia: Tunis.

Sepsis punctum var. *quadrisetosa* Duda, 1925b. Ann. Naturhist. Mus. Wien 39 (1925): 116. **Type locality:** many localities in Europe and Asia.

Sepsis icaria Séguy, 1932. Encycl. Ent. (B) II Dipt. 6: 186. **Type locality:** France: Gard, Aigoual.

Sepsis punctum var. *meridionalis* Séguy, 1932. Encycl. Ent. (B) II Dipt. 6: 190. **Type locality:** France: Cillian. Spain. Morocco. Algeria.

分布（Distribution）： 中国（省份不明）；俄罗斯、印度、吉尔吉斯斯坦、塔吉克斯坦、乌兹别克斯坦、土库曼斯坦、阿富汗、约旦、黎巴嫩、叙利亚、土耳其、塞浦路斯、罗马尼亚、立陶宛、利比亚、突尼斯、阿尔及利亚、摩洛哥、加那利群岛、马德拉群岛、墨西哥；欧洲、北美洲。

（48）克氏鼓翅蝇 *Sepsis richterae* Ozerov, 1986

Sepsis richterae Ozerov, 1986. Ent. Obozr. 65 (3): 639. **Type locality:** Russia: Chitinskaya Oblast', "Bylyra".

分布（Distribution）： 西藏（XZ）；巴基斯坦、俄罗斯。

（49）胸廓鼓翅蝇 *Sepsis thoracica* (Robineau-Desvoidy, 1830)

Micropeza thoracica Robineau-Desvoidy, 1830. Mém. Prés. Div. Sav. Acad. R. Sci. Inst. Fr. 2 (2): 742. **Type locality:** Not stated (France: probably Saint-Sauveur).

Sepsis tridens Becker, 1903. Mitt. Zool. Mus. Berl. 2 (3): 145. **Type locality:** Egypt: Lake Birket-el-Karûn.

Sepsis propinquus Adams, 1905. Kans. Univ. Sci. Bull. 3: 175. **Type locality:** Zimbabwe: "Salisbury" [= Harare].

Sepsis modesta de Meijere, 1906. Ann. Hist.-Nat. Mus. Natl. Hung. 4: 172. **Type locality:** Sri Lanka: "Pattipole". India: Mātherān.

Sepsis consanguinea Villeneuve, 1920e. Bull. Soc. Ent. Fr. 1919 (1920): 355. **Type locality:** France. England: "répandu dans toute la France *et* connu aussi d'Angleterre".

Sepsis goetghebueri Frey, 1925a. Not. Ent. 5: 71. "New name" for *nigripes sensu* Goetghebuer *et* Bastin (1925), not Meigen (misidentifications). **Type locality:** Belgium: Virton.

Sepsis quadratipunctata Brunetti, 1929. Ann. Mag. Nat. Hist. (10) 4: 29. **Type locality:** South Africa: Natal, Weenen.

Sepsis longisetosa Brunetti, 1929. Ann. Mag. Nat. Hist. (10) 4: 30. **Type locality:** South Africa: Natal, Weenen.

Sepsis idmais Séguy, 1932. Encycl. Ent. (B) II Dipt. 6: 187. **Type locality:** France: Cillian.

Sepsis ino Séguy, 1932. Encycl. Ent. (B) II Dipt. 6: 188. **Type locality:** France: La Trinité-sur-Mer, Morbihan.

Sepsis inermis Séguy, 1933. Mem. Est. Mus. Zool. Univ. Coimbra 67 (1): 28. **Type locality:** South Africa: Natal, Durban.

Sepsis kamahoroensis Vanschuytbroeck, 1963. Explor. Parc Natl. Garamb. Miss. H. de Saeger 13 (1): 58. **Type locality:** Congo: Virunga National Parc, "riv. Kamahoro, 2010 m".

分布（Distribution）： 四川（SC）、台湾（TW）；俄罗斯、蒙古国、日本、印度、尼泊尔、斯里兰卡、阿富汗、伊朗、伊拉克、约旦、以色列、黎巴嫩、叙利亚、土耳其、塞浦路斯、罗马尼亚、保加利亚、希腊、阿尔巴尼亚、夏威夷群岛、埃及、突尼斯、阿尔及利亚、摩洛哥、加那利群岛、马德拉群岛、亚速尔群岛（葡）、埃塞俄比亚；欧洲、非洲。

（50）祖卡鼓翅蝇 *Sepsis zuskai* Iwasa, 1982

Sepsis zuskai Iwasa, 1982. Pac. Insects 24 (3-4): 232. **Type locality:** China: Taiwan, Ping Tung, Kenting.

分布（Distribution）： 台湾（TW）；巴基斯坦、越南、印度尼西亚。

12. 温热鼓翅蝇属 *Themira* Robineau-Desvoidy, 1830

Themira Robineau-Desvoidy, 1830. Mém. Prés. Div. Sav. Acad. R. Sci. Inst. Fr. 2 (2): 745. **Type species:** *Themira pilosa* Robineau-Desvoidy, 1830 (by designation of Rondani, 1874) [= *Musca putris* Linnaeus, 1758].

Cheligaster Macquart, 1835. Hist. Nat. Ins., Dipt. 2: 479. **Type species:** *Musca putris* Linnaeus, 1758 (by designation of Duponchel in d'Orbigny, 1843).

Halidaya Rondani, 1856. Dipt. Ital. Prodromus, Vol. I: 117. **Type species:** "*Themira setosa* Desv" (error for *Themira pilosa* Robineau-Desvoidy, 1830 = *Musca putris* Linnaeaus, 1758) (by original designation).

Cheligastrula Strand, 1928. Arch. Naturgesch. (1926) 92A (8): 73 (unjustified substitute name for *Cheligaster* Macquart, 1835). **Type species:** *Musca putris* Linnaeus, 1758 (automatic).

Enicita Westwood, 1840. Synopsis Gen. Brit. Ins. 2: 148 (substitute name for *Enicopus* Walker, 1833). **Type species:** *Sepsis annulipes* Meigen, 1826 (automatic).

Enicopus Walker, 1833. Ent. Mag. 1: 253 (preoccupied by *Enicopus* Stephens, 1830). **Type species:** *Sepsis annulipes* Meigen, 1826 (monotypy).

Enicomira Duda, 1925b. Ann. Naturhist. Mus. Wien 39 (1925): 27 (as a subgenus of *Themira*). **Type species:** *Sepsis minor*

Haliday, 1833 (monotypy).

Annamira Ozerov, 1998. Russ. Ent. J. 5 (3-4): 195 (as a subgenus of *Themira*). **Type species:** *Sepsis leachi* Meigen, 1826 (by original designation).

Nadezhdamira Ozerov, 1998. Russ. Ent. J. 5 (3-4): 199 (as a subgenus of *Themira*). **Type species:** *Sepsis superba* Haliday, 1833 (by original designation).

（51）轮环温热鼓翅蝇 *Themira annulipes* (Meigen, 1826)

Sepsis annulipes Meigen, 1826. Syst. Beschr. Europ. Zweifl. Insekt. 5: 292. **Type locality:** Not stated.

Nemopoda brunicosa Robineau-Desvoidy, 1830. Mém. Prés. Div. Sav. Acad. R. Sci. Inst. Fr. 2 (2): 745. **Type locality:** France: Saint-Sauveur.

Nemopoda varipes Meigen, 1838. Syst. Beschr. Europ. Zweifl. Insekt. 7: 351. **Type locality:** Germany: "Baiern" [= Bavaria].

Sepsis marginata Hoffmeister, 1844. Jahresber. Tät. Ver. Naturk. Cassel 8: 13. **Type locality:** Germany: Hessen.

Enicita annulipes var. *crassiseta* Duda, 1925b. Ann. Naturhist. Mus. Wien 39 (1925): 33. **Type locality:** France: Chamonix.

Enicita nigra Duda, 1925b. Ann. Naturhist. Mus. Wien 39 (1925): 72 (unavailable name).

Enicita elegantipes Ouellet, 1940. Nat. Can. 67: 226. **Type locality:** Canada: Quebeck, "Val d'Espoir, comté Gaspé".

分布（Distribution）：中国（省份不明）；俄罗斯、蒙古国、乌兹别克斯坦、土耳其、保加利亚、罗马尼亚、乌克兰、立陶宛；欧洲。

（52）双裂温热鼓翅蝇 *Themira bifida* Zuska, 1974

Themira bifida Zuska, 1974. Proc. Ent. Soc. Wash. 76 (2): 190. **Type locality:** India: Himāchal Pradesh, "Kulu, Dibibokri Nal, Runi Thach, 3900 m".

分布（Distribution）：甘肃（GS）；印度、尼泊尔。

（53）甘肃温热鼓翅蝇 *Themira przewalskii* Ozerov, 1986

Themira przewalskii Ozerov, 1986. Byull. Mosk. Obshch. Ispytatel. Prir. Otdel. Biol. 91 (2): 53. **Type locality:** China: southern spurs of Gansu.

分布（Distribution）：甘肃（GS）。

（54）朽木温热鼓翅蝇 *Themira putris* (Linnaeus, 1758)

Musca putris Linnaeus, 1758. Syst. Nat. Ed. 10 (1): 597. **Type locality:** Not stated (probably Sweden).

Musca fimeti Linnaeus, 1761. Fauna Svecica Sistens Animalia Sveciae Regni, Ed. 2: 456. **Type locality:** Not stated (Sweden).

Musca conssencis Harris, 1780. Expos. Engl. Ins.: 123. **Type locality:** Not stated (Great Britain: England).

Themira pilosa Robineau-Desvoidy, 1830. Mém. Prés. Div. Sav. Acad. R. Sci. Inst. Fr. 2 (2): 746. **Type locality:** France:

Saint-Sauveur.

分布（Distribution）：中国（省份不明）；俄罗斯、蒙古国、乌克兰、哈萨克斯坦；欧洲、北美洲。

（55）鬃胫温热鼓翅蝇 *Themira seticrus* Duda, 1925

Themira seticrus Duda, 1925b. Ann. Naturhist. Mus. Wien 39 (1925): 89. **Type locality:** China: Qinghai, river "Bomyn (Ichegyn)" [= Iqe He].

分布（Distribution）：青海（QH）；蒙古国。

13. 箭叶鼓翅蝇属 *Toxopoda* Macquart, 1851

Toxopoda Macquart, 1851. Mém. Soc. Sci. Agric. Lille 1850 [1851]: 272. **Type species:** *Toxopoda nitida* Macquart, 1851 (monotypy).

Amydrosoma Becker, 1903. Mitt. Zool. Mus. Berl. 2 (3): 140. **Type species:** *Amydrosoma discedens* Becker, 1903 (monotypy).

Platychiria Enderlein, 1922a. Arch. Naturgesch. 88 (5): 228 (preoccupied by Herrich-Schaeffer, 1853). **Type species:** *Calobata contracta* Walker, 1852 (by original designation).

Platychirella Hedicke, 1923. Dtsch. Ent. Z. 1923: 72 (substitute name for *Platychiria* Enderlein, 1922). **Type species:** *Calobata contracta* Walker, 1852 (automatic).

Podanema Malloch, 1928. Proc. Linn. Soc. N. S. W. 53 (3): 308. **Type species:** *Podanema atrata* Malloch, 1928 (by original designation).

Platytoxopoda Curran, 1929. Amer. Mus. Novit. 339: 9. **Type species:** *Platytoxopoda bequaerti* Curran, 1929 (by original designation).

（56）二叉箭叶鼓翅蝇 *Toxopoda bifurcata* Iwasa, 1989

Toxopoda bifurcata Iwasa, 1989. Jpn. J. Sanit. Zool. 40: 51. **Type locality:** Pakistan: "Dir, Swat".

Toxopoda asymmetrica Ozerov, 1992. Zool. Žhur. 73 (3): 149. **Type locality:** Vietnam: Hanoi, "Ba Vi 70 km NW Hanoi".

分布（Distribution）：福建（FJ）；巴基斯坦、尼泊尔、越南、泰国。

（57）螯齿箭叶鼓翅蝇 *Toxopoda mordax* Iwasa, Zuska *et* Ozerov, 1991

Toxopoda mordax Iwasa, Zuska *et* Ozerov, 1991. Jpn. J. Sanit. Zool. 42 (3): 232. **Type locality:** Bangladesh: Srimongal.

分布（Distribution）：云南（YN）；尼泊尔、孟加拉国、越南、泰国、斯里兰卡。

（58）简单箭叶鼓翅蝇 *Toxopoda simplex* Iwasa, 1986

Toxopoda simplex Iwasa, 1986. Kontyû 54 (4): 657. **Type locality:** Indonesia: Java Island, Bogor.

分布（Distribution）：云南（YN）；越南、泰国、马来西亚、印度尼西亚。

（59）白头箭叶鼓翅蝇 *Toxopoda viduata* (Thomson, 1869)

Sepsis viduata Thomson, 1869. K. Svenska Fregatten Eugenies Resa, Zool., Dipt. 2 (1): 586. **Type locality:** China.

Nemopoda formicioides Brunetti, 1910. Rec. India Mus. (1909) 3: 366 (nomen nudum).

Sepsis formosanus Matsumura, 1911. Mém. Soc. R. Ent. Belg. 18: 139. **Type locality:** China: Taiwan, "Ako".

分布（**Distribution**）：福建（FJ）、台湾（TW）、广东（GD）；日本、斯里兰卡、菲律宾、印度尼西亚、巴布亚新几内亚。

小粪蝇总科 Sphaeroceroidea

液蝇科 Chyromyidae

1. 隐液蝇属 *Aphaniosoma* Becker, 1903

Aphaniosoma Becker, 1903. Mitt. Zool. Mus. Berl. 2 (3): 186. **Type species:** *Aphaniosoma approximatum* Becker, 1903 (monotypy).

Aphaniosoma: Soós, 1984a. *In*: Soós *et* Papp, 1984. Cat. Palaearct. Dipt. 10: 57.

（1）胸甲隐液蝇 *Aphaniosoma thoracale* Hendel, 1913

Aphaniosoma thoracale Hendel, 1913a. Suppl. Ent. 2: 111. **Type locality:** China: Taiwan, Anping.

分布（Distribution）：台湾（TW）。

2. 液蝇属 *Chyromya* Robineau-Desvoidy, 1830

Chyromya Robineau-Desvoidy, 1830. Mém. Prés. Div. Sav. Acad. R. Sci. Inst. Fr. 2 (2): 620. **Type species:** *Chyromya fenestrarum* Robineau-Desvoidy, 1830 (monotypy) [= *Musca flava* Linnaeus, 1758].

Lisella Robineau-Desvoidy, 1830. Mém. Prés. Div. Sav. Acad. R. Sci. Inst. Fr. 2 (2): 649. **Type species:** *Musca flava* Linnaeus, 1758 (by designation of Coquillet, 1910).

Scyphella Robineau-Desvoidy, 1830. Mém. Prés. Div. Sav. Acad. R. Sci. Inst. Fr. 2 (2): 650. **Type species:** *Musca flavicornis* Linnaeus, 1758 (by designation of Bezzi, 1904) [= *Musca flava* Linnaeus, 1758].

Thyrimyza Zetterstedt, 1847. Dipt. Scand. 6: 2336. **Type species:** *Musca flava* Linnaeus, 1758 (by designation of Rondani, 1874).

Chyromya: Soós, 1984a. *In*: Soós *et* Papp, 1984. Cat. Palaearct. Dipt. 10: 58.

（2）安平液蝇 *Chyromya hedia* Hendel, 1913

Chyromya hedia Hendel, 1913a. Suppl. Ent. 2: 111. **Type locality:** China: Taiwan, Anping.

分布（Distribution）：台湾（TW）。

日蝇科 Heleomyzidae

日蝇亚科 Heleomyzinae

1. 棘日蝇属 *Acantholeria* Garrett, 1921

Acantholeria Garrett, 1921. Insecutor Inscit. Menstr. 9 (7-9): 130. **Type species:** *Blepharoptera cineraria* Loew, 1862 (by original designation).

（1）契棘日蝇 *Acantholeria czernyi* Gorodkov, 1966

Acantholeria czernyi Gorodkov, 1966. Trudy Zool. Inst. 37: 252. **Type locality:** China: Qinghai, Koko Nor Lake.

分布（Distribution）：青海（QH）。

2. 裸日蝇属 *Gymnomus* Loew, 1863

Gymnomus Loew, 1863. Wien. Ent. Monatschr. 7 (2): 36. **Type species:** *Gymnomus troglodytes* Loew, 1863 (by original designation).

（2）腹裸日蝇 *Gymnomus ventricosa* (Becker, 1907)

Blepharoptera ventricosa Becker, 1907. Annu. Mus. Zool. Acad. Sci. Russ. St.-Pétersb. 12 (3): 258. **Type locality:** China: "Ost-Tibet, Fluss I-tschu, System des Blauen Flusses".

Amoebaleria ventricosa: Czerny, 1924. Abh. K. K. Zool.-Bot. Ges. Wien 15 (1): 135.

Scoliocentra (*Gymnomus*) *ventricosa*: Gorodkov, 1984. *In*: Soós *et* Papp, 1984. Cat. Palaearct. Dipt. 10: 29.

分布（Distribution）：西藏（XZ）。

3. 日蝇属 *Heleomyza* Fallén, 1810

Heleomyza Fallén, 1810. Specim. Ent. Novam Dipt.: 19. **Type species:** *Musca serrata* Linnaeus, 1758 (monotypy).

Leria Robineau-Desvoidy, 1830. Mém. Prés. Div. Sav. Acad. R. Sci. Inst. Fr. 2 (2): 653. **Type species:** *Leria domestica* Robineau-Desvoidy, 1830 (by designation of Rondani, 1866).

Blephariptera Macquart, 1835. Hist. Nat. Ins., Dipt. 2: 412. **Type species:** *Musca serrata* Linnaeus, 1758 (by designation of Westwood, 1840).

（3）晓日蝇 *Heleomyza (Heleomyza) eoa* **(Gorodkov, 1962)**

Leria eoa Gorodkov, 1962. Ent. Obozr. 41 (3): 663. **Type locality:** Russia: Apuka, Koryak Natl. Area.
分布（**Distribution**）：中国（省份不明）；蒙古国、俄罗斯。

（4）内蒙古日蝇 *Heleomyza (Heleomyza) mongolica* **(Gorodkov, 1962)**

Leria mongolica Gorodkov, 1962. Ent. Obozr. 41 (3): 658. **Type locality:** China: "Central Gobi, Edzin-gol".
分布（**Distribution**）：内蒙古（NM）。

4. 鬃日蝇属 *Oecothea* Haliday, 1837

Oecothea Haliday, 1837. A Guide to an Arrangement of British Insects Ed. 2: 280. **Type species:** *Helomyza fenestralis* Fallén, 1820.

（5）斑鬃日蝇 *Oecothea fenestralis* **(Fallén, 1820)**

Helomyza fenestralis Fallén, 1820. Heteromyzides Sveciae: 5. **Type locality:** Sweden: Skåne [= Scania], "Esperöd".
Helomyza fuscipennis Meigen, 1830. Syst. Beschr. Europ. Zweifl. Insekt. 6: 59. **Type locality:** Germany: "Hamburger Gegend".
分布（**Distribution**）：中国（省份不明）；蒙古国、俄罗斯、美国、澳大利亚、新西兰。

5. 喜日蝇属 *Philotroctes* Czerny, 1930

Philotroctes Czerny, 1930. Konowia (1929) 8 (4): 439. **Type species:** *Philotroctes niger* Czerny, 1930 (monotypy).

（6）黑喜日蝇 *Philotroctes niger* **Czerny, 1930**

Philotroctes niger Czerny, 1930. Konowia (1929) 8 (4): 439. **Type locality:** China: "Tungliao, innere Mandschurei".
分布（**Distribution**）：内蒙古（NM）。

6. 双日蝇属 *Schroederella* Enderlein, 1920

Schroederella Enderlein, 1920a. *In*: Brohmer, 1920. Fauna von Deutschland Ed. 2: 298 (replacement name for *Schroederia* Enderlein, 1914 nec Schmidt, 1911). **Type species:** *Helomyza iners* Meigen, 1830 (automatic).
Schroederia Enderlein, 1914. *In*: Brohmer, 1914. Fauna von Deutschland: 314 (preoccupied by Schmidt, 1911). **Type species:** *Helomyza iners* Meigen, 1830 (monotypy).

（7）梳双日蝇 *Schroederella pectinulata* **(Czerny, 1931)**

Acantholeria pectinulata Czerny, 1931. Konowia 10 (1): 20. **Type locality:** Russia: "Amur-Gebiete".
分布（**Distribution**）：? 中国；俄罗斯。

（8）迟双日蝇 *Schroederella segnis* **Czerny, 1930**

Schroederella segnis Czerny, 1930. Konowia (1929) 8 (4): 438.

Type locality: China: "Tundgliao, innere Mandschurei".
分布（**Distribution**）：内蒙古（NM）。

7. 曲日蝇属 *Scoliocentra* Loew, 1862

Scoliocentra Loew, 1862. Z. Ent. 13 (1859): 43; Loew, 1862. Wien. Ent. Monatschr. 6 (4): 127. **Type species:** *Helomyza villosa* Meigen, 1830 (monotypy).
Achaetomus Coquillett, 1907. Can. Entomol. 39 (3): 75. **Type species:** *Achaetomus pilosus* Coquillett, 1907 (by original designation) [= *Scoliocentra villosa tincta* (Walker)].
Amoebaleria Garrett, 1921. Insecutor Inscit. Menstr. 9 (7-9): 125. **Type species:** *Amoebaleria scutellata* Garrett, 1921 (by designation of Aldrich, 1926).

1）毛日蝇亚属 *Chaetomus* Czerny, 1924

Chaetomus Czerny, 1924. Abh. K. K. Zool.-Bot. Ges. Wien 15 (1): 128. **Type species:** *Helomyza flavotestacea* Zetterstedt, 1838 (by designation of Aldrich, 1926).

（9）暗毛日蝇 *Chaetomus (Chaetomus) obscuriventris* **(Gorodkov, 1972)**

Scoliocentra obscuriventris Gorodkov, 1972. Insects Mongolia 1: 897. **Type locality:** China: Qinghai, Nan Shan, south slope Range Tsinshilin.
分布（**Distribution**）：青海（QH）。

2）曲日蝇亚属 *Scoliocentra* Loew, 1862

Scoliocentra Loew, 1862. Z. Ent. 13 (1859): 43; Loew, 1862. Wien. Ent. Monatschr. 6 (4): 127. **Type species:** *Helomyza villosa* Meigen, 1830 (monotypy).

（10）恩曲日蝇 *Scoliocentra (Scoliocentra) engeli* **(Czerny, 1928)**

Helomyza engeli Czerny, 1928. Konowia 7 (1): 54. **Type locality:** China: Shanghai.
分布（**Distribution**）：上海（SH）；俄罗斯。

舒日蝇亚科 Suillinae

8. 舒日蝇属 *Suillia* Robineau-Desvoidy, 1830

Suillia Robineau-Desvoidy, 1830. Mém. Prés. Div. Sav. Acad. R. Sci. Inst. Fr. 2 (2): 642. **Type species:** *Suillia fungorum* Robineau-Desvoidy, 1830 (by designation of Coquillett, 1910).
Herbina Robineau-Desvoidy, 1830. Mém. Prés. Div. Sav. Acad. R. Sci. Inst. Fr. 2 (2): 698. **Type species:** *Herbina suillioidea* Robineau-Desvoidy, 1830 (by designation of Coquillett, 1910).
Allophyla Loew, 1862. Z. Ent. 13 (1859): 43. **Type species:**

Helomyza atricornis Meigen, 1830 (monotypy).

（11）舒日蝇 *Suillia incognita* Woźnica, 2013

Suillia incognita Woźnica, 2013. Pol. J. Ent. 82 (4): 393. **Type locality:** China: Hunan, Tien-Chan Shan.

分布（Distribution）：湖南（HN）。

（12）黑舒日蝇 *Suillia nigripes* Czerny, 1932

Suillia nigripes Czerny, 1932. Trudy Zool. Inst. 1 (1): 28. **Type locality:** China: "Tze-Tschuan, Ta-tsien-lu".

分布（Distribution）：四川（SC）；尼泊尔。

（13）原舒日蝇 *Suillia prima* Hendel, 1913

Suillia prima Hendel, 1913a. Suppl. Ent. 2: 104. **Type locality:** China: Taiwan, Hoozan.

分布（Distribution）：台湾（TW）。

（14）台湾舒日蝇 *Suillia taiwanensis* Okadome, 1985

Suillia taiwanensis Okadome, 1985. Int. J. Ent. 27 (3): 217. **Type locality:** China: Taiwan, Hokko-kaminoshima-onsen.

分布（Distribution）：台湾（TW）。

（15）高山舒日蝇 *Suillia takasagomontana* Okadome, 1967

Suillia takasagomontana Okadome, 1967. Kontyû 35 (2): 113. **Type locality:** China: Taiwan, Chushan.

分布（Distribution）：台湾（TW）。

（16）上野舒日蝇 *Suillia uenoi* Okadome, 1985

Suillia uenoi Okadome, 1985. Int. J. Ent. 27 (3): 219. **Type locality:** China: Taiwan, Fen-chihu.

分布（Distribution）：台湾（TW）。

（17）暗舒日蝇 *Suillia umbrinervis* Czerny, 1932

Suillia umbrinervis Czerny, 1932. Trudy Zool. Inst. 1 (1): 28. **Type locality:** China: "Sze-Tschuan, Passynkou".

分布（Distribution）：四川（SC）。

锯日蝇亚科 Trixoscelidinae

9. 准日蝇属 *Paratrixoscelis* Soós, 1977

Paratrixoscelis Soós, 1977. Acta Zool. Acad. Sci. Hung. 23 (3-4): 397. **Type species:** *Geomyza oedipus* Becker, 1907 (by original designation).

（18）瘤准日蝇 *Paratrixoscelis oedipus* (Becker, 1907)

Geomyza oedipus Becker, 1907. Annu. Mus. Zool. Acad. Sci. Russ. St.-Pétersb. 12 (3): 307. **Type locality:** China: "nord-östl. Tibet, zwischen der Quelle Chabirga und dem Baga Tsaidamin-Nor, am südl. Fusse des westl. Süd-Kukumor-

Gebirges".

分布（Distribution）：西藏（XZ）；蒙古国。

小粪蝇科 Sphaeroceridae

离脉小粪蝇亚科 Copromyzinae

1. 泥小粪蝇属 *Borborillus* Duda, 1923

Borborillus Duda, 1923b. Arch. Naturgesch. A 89 (4): 54. **Type species:** *Borborus* (*Borborillus*) *uncinatus* Duda, 1923 (by designation of Richards, 1930).

（1）钩泥小粪蝇 *Borborillus uncinatus* (Duda, 1923)

Borborus (*Borborillus*) *uncinatus* Duda, 1923b. Arch. Naturgesch. A 89 (4): 77. **Type locality:** Germany: Westfalen, Herten.

分布（Distribution）：新疆（XJ）；俄罗斯、蒙古国、比利时、捷克、芬兰、法国、德国、英国、匈牙利、拉脱维亚、荷兰、挪威、罗马尼亚、斯洛伐克、斯瓦尔巴群岛、瑞典、瑞士、前南斯拉夫。

2. 离脉小粪蝇属 *Copromyza* Fallén, 1810

Copromyza Fallén, 1810. Specim. Ent. Novam Dipt.: 19. **Type species:** *Copromyza equina* Fallén, 1820 (by subsequent designation of Zetterstedt, 1847).

Cimbometopia Lioy, 1864. Atti R. Ist. Véneto Sci. Lett. Arti (3) 9: 1114. **Type species:** *Borborus stercorarius* Meigen, 1830 (monotypy).

Isogaster Lioy, 1864. Atti R. Ist. Véneto Sci. Lett. Arti (3) 9: 1114. **Type species:** *Borborus nigrifemoratus* Macquart, 1835 (monotypy).

Trichiaspis Duda, 1923b. Arch. Naturgesch. A 89 (4): 57 (as a subgenus of *Borborus* Meigen, 1803). **Type species:** *Copromyza equina* Fallén, 1820 (by subsequent designation of Richards, 1930).

（2）靴离脉小粪蝇 *Copromyza equina* Fallén, 1820

Copromyza equina Fallén, 1820. Heteromyzides Sveciae: 6. **Type locality:** Sweden.

Borborus luridus Meigen, 1830. Syst. Beschr. Europ. Zweifl. Insekt. 6: 203. **Type locality:** Not stated (probably Germany: Hamburg area, by designation of Norrbom).

Borborus nervosus Meigen, 1835. Faunus (Gistel's) 2: 72. **Type locality:** Germany: "Umgegend von München" (Germany: Munich vicinity).

分布（Distribution）：河北（HEB）、天津（TJ）、青海（QH）、新疆（XJ）、四川（SC）、西藏（XZ）；俄罗斯、朝鲜、日本、吉尔吉斯斯坦、塔吉克斯坦、美国、加拿大、刚果（金）、阿尔及利亚、哥斯达黎加、危地马拉、墨西哥；欧洲。

（3）帕氏离脉小粪蝇 *Copromyza pappi* Norrbom *et* Kim, 1985

Copromyza pappi Norrbom *et* Kim, 1985. Ann. Ent. Soc. Am. 78: 338. **Type locality:** China: Szechwan [= Sichuan].

分布（Distribution）：四川（SC）。

（4）中华离脉小粪蝇 *Copromyza zhongensis* Norrbom *et* Kim, 1985

Copromyza zhongensis Norrbom *et* Kim, 1985. Ann. Ent. Soc. Am. 78: 341. **Type locality:** China: Szechwan ([= Sichuan].

分布（Distribution）：浙江（ZJ）、四川（SC）；日本。

3. 硕小粪蝇属 *Crumomyia* Macquart, 1835

Crumomyia Macquart, 1835. Hist. Nat. Ins., Dipt. 2: 569. **Type species:** *Borborus glacialis* Meigen, 1830 (monotypy).

Apterina Macquart, 1835. Hist. Nat. Ins., Dipt. 2: 573. **Type species:** *Borborus pedestris* Meigen, 1830 (monotypy).

Eriosoma Lioy, 1864. Atti R. Ist. Véneto Sci. Lett. Arti (3) 9: 1113. **Type species:** *Borborus niger* Meigen, 1830 (monotypy).

Fungobia Lioy, 1864. Atti R. Ist. Véneto Sci. Lett. Arti (3) 9: 1114. **Type species:** *Borborus nitidus* Meigen, 1830 (monotypy).

Saprobius Rondani, 1880. Bull. Soc. Ent. Ital. 12: 10. **Type species:** *Borborus nitidus* Meigen, 1830 (by subsequent designation of Norrbom *et* Kim, 1985).

Speomyia Bezzi, 1914a. Zool. Anz. 44: 505. **Type species:** *Speomyia absoloni* Bezzi, 1914 (monotypy).

（5）卡米亚硕小粪蝇 *Crumomyia kanmiyai* Hayashi, 2009

Crumomyia kanmiyai Hayashi, 2009. Med. Ent. Zool. 60: 277. **Type locality:** China: Taiwan, Chia-I Hsien, Tatachia-anpu.

分布（Distribution）：台湾（TW）。

（6）日本硕小粪蝇 *Crumomyia nipponica* (Richards, 1964)

Copromyza (*Crumomyia*) *nipponica* Richards, 1964. Ann. Mag. Nat. Hist. (1963) (13) 6: 617. **Type locality:** Japan: Kyoto, Ohara.

分布（Distribution）：？中国；日本。

（7）脊硕小粪蝇 *Crumomyia pedestris* (Meigen, 1830)

Borborus pedestris Meigen, 1830. Syst. Beschr. Europ. Zweifl. Insekt. 6: 209. **Type locality:** Germany: Hamburg.

分布（Distribution）：新疆（XJ）、四川（SC）、福建（FJ）；奥地利、比利时、捷克、丹麦、法国、德国、英国、匈牙利、爱尔兰、意大利、拉脱维亚、荷兰、挪威、波兰、罗马尼亚、俄罗斯、斯洛伐克、瑞典、瑞士、乌克兰。

4. 异瘤小粪蝇属 *Lotophila* Lioy, 1864

Lotophila Lioy, 1864. Atti R. Ist. Véneto Sci. Lett. Arti (3) 9: 1113. **Type species:** *Borborus lugens* Meigen, 1830 [= *Borborus ater* Meigen, 1830] (by designation of Richards, 1930).

Olinea Richards, 1965. *In*: Stone *et al.*, 1965. A Catalog of the Diptera of America North of Mexico 276: 719. **Type species:** *Borborus ater* Meigen, 1830 (by original designation).

（8）角突异瘤小粪蝇 *Lotophila atra* (Meigen, 1830)

Borborus ater Meigen, 1830. Syst. Beschr. Europ. Zweifl. Insekt. 6: 203. **Type locality:** Not stated (probably Germany: Hamburg).

Borborus modestus Meigen, 1830. Syst. Beschr. Europ. Zweifl. Insekt. 6: 203. **Type locality:** France: Montpellier.

Borborus lugens Meigen, 1830. Syst. Beschr. Europ. Zweifl. Insekt. 6: 205. **Type locality:** France: Region of Lyon.

Borborus geniculatus Macquart, 1835. Hist. Nat. Ins., Dipt. 2: 567. **Type locality:** France.

分布（Distribution）：河北（HEB）、新疆（XJ）、四川（SC）、西藏（XZ）；俄罗斯、蒙古国、朝鲜、日本、乌兹别克斯坦、塔吉克斯坦、阿富汗、巴基斯坦、加拿大、美国、阿尔及利亚；欧洲。

（9）迷异瘤小粪蝇 *Lotophila confusa* Norrbom *et* Marshall, 1988

Lotophila confusa Norrbom *et* Marshall, 1988. Proc. Ent. Soc. Ont. 119: 25. **Type locality:** Mexico: Nuevo Leon, E slope Cerro Potosí.

分布（Distribution）：青海（QH）、四川（SC）、西藏（XZ）；美国、墨西哥。

5. 裂小粪蝇属 *Norrbomia* Papp, 1988

Norrbomia Papp, 1988. Acta Zool. Acad. Sci. Hung. 34: 394. **Type species:** *Norrbomia indica* Papp, 1988 (by original designation) [= *Borborus tropica* Duda, 1923].

（10）波裂小粪蝇 *Norrbomia beckeri* (Duda, 1938)

Borborus (*Borborillus*) *beckeri* Duda, 1938. *In*: Lindner, 1938. Flieg. Palaearkt. Reg. 6 (1): 52 [nom. n. for *Borborus opacus* Becker, 1907].

Borborus opacus Becker, 1907. Annu. Mus. Zool. Acad. Sci. Russ. St.-Pétersb. 12 (3): 257. **Type locality:** China: Tibet, Itschegyn, Bomyn River, Chabirga Lake, East Zaidam.

分布（Distribution）：西藏（XZ）。

（11）缘裂小粪蝇 *Norrbomia marginatis* (Adams, 1905)

Borborus marginatis Adams, 1905. Kans. Univ. Sci. Bull. 3: 198. **Type locality:** Zimbabwe: "Salisbury" [= Harare].

Borborus marmoratus Becker, 1908a. Mitt. Zool. Mus. Berl.

4 (1): 133. **Type locality:** Canary Is.: Tenerife.

分布（**Distribution**）：河北（HEB）、云南（YN）、台湾
（TW）；日本、巴基斯坦、印度、马来西亚（沙巴）、尼
泊尔、泰国、斯里兰卡、菲律宾、澳大利亚、帕劳、斐
济、萨摩亚、瓦努阿图、安哥拉、佛得角、埃塞俄比亚、
肯尼亚、马达加斯加、纳米比亚、尼日利亚、南非、多
哥、乌干达、刚果（金）、津巴布韦、加那利群岛、埃及、
希腊、以色列、黎巴嫩、马德拉群岛、马耳他、摩洛哥、
突尼斯、土耳其。

（12）绒裂小粪蝇 *Norrbomia somogyii* (Papp, 1973)

Copromyza (*Borborillus*) *somogyii* Papp, 1973. Acta Zool.
Acad. Sci. Hung. 19: 378. **Type locality:** Mongolia: Central
Aimak, Altan-Bulak.

分布（**Distribution**）：新疆（XJ）、云南（YN）；蒙古国、
日本、吉尔吉斯斯坦、塔吉克斯坦、乌克兰、乌兹别克斯
坦、印度、尼泊尔、亚速尔群岛（葡）、希腊、匈牙利、伊
朗、摩洛哥、斯洛伐克、西班牙。

（13）宽裂小粪蝇 *Norrbomia sordida* (Zetterstedt, 1847)

Copromyza sordida Zetterstedt, 1847. Dipt. Scand. 6: 2484.
Type locality: Southern Sweden.
Copromyza sordida var. *nigritella* Zetterstedt, 1847. Dipt.
Scand. 6: 2484. **Type locality:** Sweden: Scane, Esperöd.
Borborus bilineatus Grimshaw, 1901. Fauna Hawaiiensis
(Diptera) 3 (1): 75. **Type locality:** USA: Hawaii, Kona.
Borborus brevisetus Malloch, 1913a. Proc. U. S. Natl. Mus. 44:
365. **Type locality:** USA: District of Columbia, Washington.
Borborus minutus Johnson, 1913. Ann. Ent. Soc. Am. 6: 449.
Type locality: Bermuda: Spanish Point.

分布（**Distribution**）：新疆（XJ）、云南（YN）；俄罗斯、
蒙古国、日本、哈萨克斯坦、塔吉克斯坦、印度、加拿大、
美国、百慕大（英）、危地马拉、墨西哥；欧洲。

（14）裂小粪蝇 *Norrbomia tropica* (Duda, 1923)

Borborus (*Borborillus*) *sordidus* var. *tropicus* Duda, 1923b.
Arch. Naturgesch. A 89 (4): 86. **Type locality:** India:
Mātherān.
Norrbomia indica Papp, 1988. Acta Zool. Acad. Sci. Hung. 34:
399. **Type locality:** India: Mātherān.
Norrbomia indica: Su, 2011. Lesser Dung Flies: 30.

分布（**Distribution**）：云南（YN）；日本、澳大利亚、斐济、
巴布亚新几内亚、所罗门群岛、汤加、瓦努阿图、萨摩亚、
巴基斯坦、印度、泰国、斯里兰卡、菲律宾。

6. 理小粪蝇属 *Richardsia* Papp, 1973

Richardsia Papp, 1973. Acta Zool. Acad. Sci. Hung. 19: 373.
Type species: *Copromyza* (*Richardsia*) *mongolica* Papp, 1973
(by original designation).
Richardsia: Papp, 1984. *In*: Soós *et* Papp, 1984. Cat. Palaearct.

Dipt.: 77.

（15）蒙古理小粪蝇 *Richardsia mongolica* (Papp, 1973).

Copromyza (*Richardsia*) *mongolica* Papp, 1973. Acta Zool.
Acad. Sci. Hung. 19: 374. **Type locality:** Mongolia: Middle
Gobi aimak, 8 km NW from the ruin Oldoch Chijd, 54 km
NNW from Somon Zogt-Ovoo.
Richardsia mongolica: Papp, 1991. Ann. Hist.-Nat. Mus. Natl.
Hung. 83: 139; Su *et al.*, 2012. Acta Zootaxon. Sin. 37 (1):
248.

分布（**Distribution**）：内蒙古（NM）；蒙古国。

沼小粪蝇亚科 Limosininae

7. 双额小粪蝇属 *Bifronsina* Roháček, 1983

Bifronsina Roháček, 1983. Beitr. Ent. 33: 95. **Type species:**
Limosina bifrons Stenhammar, 1855 (by original designation).

（16）异色双额小粪蝇 *Bifronsina bifrons* (Stenhammar, 1855)

Limosina bifrons Stenhammar, 1855. K. Vetensk. Acad. Nya
Handl. (ser. 3) 1853: 401. **Type locality:** Sweden: Ostrogothia
and Scania.
Limosina puerula Rondani, 1880. Bull. Soc. Ent. Ital. 12: 34.
Type locality: Czech Republic: Asch [= Aš].
Leptocera (*Limosina*) *femorina* Richards, 1946. Proc. R. Ent.
Soc. London (B) 15: 129. **Type locality:** Guam: Pago.
Trachyopella ealensis Vanschuytbroeck, 1951. Bull. Ann. Soc.
R. Ent. Belg. 27 (41): 15. **Type locality:** Zaire: Eala.
Bifronsina bifrons: Papp, 2008a. Acta Zool. Acad. Sci. Hung.
54 (Suppl. 2): 129.

分布（**Distribution**）：台湾（TW）、海南（HI）；俄罗斯、
日本、塔吉克斯坦、阿富汗、阿联酋、埃及、以色列、印
度、菲律宾、加拿大、美国、墨西哥、圣文森特和格林纳
丁斯、圣基茨和尼维斯、巴巴多斯、百慕大（英）、巴西、
哥斯达黎加、多米尼克、多米尼加共和国、厄瓜多尔、牙
买加、澳大利亚、法属波利尼西亚、关岛（美）、基里巴斯、
马绍尔群岛、密克罗尼西亚、北马里亚纳群岛（美）、新西
兰、纽埃（新西）、马达加斯加、塞舌尔、南非、刚果（金）、
阿根廷；欧洲。

8. 毛足小粪蝇属 *Chaetopodella* Duda, 1920

Chaetopodella Duda, 1920. Zool. Jahrb. (Syst.) 43: 435 (as a
subgenus of *Limosina* Macquart, 1835). **Type species:**
Limosina scutellaris Haliday, 1836 (monotypy).

（17）黑背毛足小粪蝇 *Chaetopodella* (*Chaetopodella*) *nigrinotum* Hayashi *et* Papp, 2007

Chaetopodella nigrinotum Hayashi *et* Papp, 2007. Acta Zool.
Acad. Sci. Hung. 53: 122. **Type locality:** Sri Lanka:

Ratnapura.

分布（Distribution）：台湾（TW）、香港（HK）；巴基斯坦、印度、尼泊尔、孟加拉国、越南、泰国、斯里兰卡。

9. 角脉小粪蝇属 *Coproica* Rondani, 1861

Coproica Rondani, 1861. Dipt. Ital. Prodromus, Vol. IV: 10. **Type species:** *Limosina acutangula* Zetterstedt, 1847 (by subsequent designation of ICZN, 1996).

Heteroptera Macquart, 1835. Hist. Nat. Ins., Dipt. 2: 570. **Type species:** *Copromyza pusilla* auct. nec Fallén, 1820 [= *Coproica acutangula* (Zetterstedt, 1847)] (monotypy).

Coprophila Duda, 1918. Abh. K. K. Zool.-Bot. Ges. Wien 10 (1): 45. **Type species:** *Borborus vagans* Haliday, 1833 (by subsequent designation of Spuler, 1925).

Coproica: Papp, 2008b. Acta Zool. Acad. Sci. Hung. 54 (Suppl. 2): 3; Su, 2011. Lesser Dung Flies: 40.

（18）羽角脉小粪蝇 *Coproica acutangula* (Zetterstedt, 1847)

Limosina acutangula Zetterstedt, 1847. Dipt. Scand. 6: 2499. **Type locality:** Sweden: Paradislyckan nr. Lund.

Coproica acutangula: Roháček, 2007. Čas. Slez. Muz. Opava (A) 56: 114; Su, 2011. Lesser Dung Flies: 41.

分布（Distribution）：辽宁（LN）、河北（HEB）、四川（SC）、云南（YN）、西藏（XZ）、台湾（TW）；俄罗斯、蒙古国、日本、哈萨克斯坦、吉尔吉斯斯坦、塔吉克斯坦、乌兹别克斯坦、加拿大、美国、百慕大（英）、哥伦比亚、多米尼加共和国、危地马拉、牙买加、墨西哥、波多黎各（美）、委内瑞拉、巴基斯坦、阿富汗、阿尔及利亚、安道尔、刚果（金）；欧洲。

（19）朝角脉小粪蝇 *Coproica coreana* Papp, 1979

Coproica coreana Papp, 1979. Opusc. Zool. Budapest 16 (1-2): 98. **Type locality:** D. P. R. Korea: Prov. South Pyongan, Changlyong san, 50 km N of Pyongyang and 15 km E from from Sa-gam.

Coproica coreana: Su, 2011. Lesser Dung Flies: 42.

分布（Distribution）：浙江（ZJ）、台湾（TW）、广西（GX）、香港（HK）；日本、朝鲜、韩国、巴基斯坦。

（20）锈角脉小粪蝇 *Coproica ferruginata* (Stenhammar, 1855)

Limosina ferruginata Stenhammar, 1855. K. Vetensk. Acad. Nya Handl. (ser. 3) 1853: 397. **Type locality:** Sweden: "in Ostrogothia ad Häradshammar, Grebo *et* urbem Lincopiam haud parce", "in Scania ad urgem Lund *et* prope Kullen".

Borborus illotus Williston, 1896b. Trans. R. Ent. Soc. London 1896: 434. **Type locality:** West Indies: St. Vincent I.

Coproica ferruginata: Su, 2011. Lesser Dung Flies: 44.

分布（Distribution）：辽宁（LN）、北京（BJ）、西藏（XZ）、台湾（TW）、香港（HK）；俄罗斯、蒙古国、朝鲜、日本、

阿富汗、阿尔及利亚、亚速尔群岛（葡）、加那利群岛、马德拉群岛、埃及、以色列、黎巴嫩、阿联酋、塔吉克斯坦、巴基斯坦、印度、印度尼西亚、斯里兰卡、泰国、澳大利亚、斐济、夏威夷群岛、关岛（美）、新西兰、纽埃（新西）、萨摩亚、汤加、刚果（布）、埃塞俄比亚、加纳、尼日利亚、塞舌尔、南非、坦桑尼亚、多哥、刚果（金）；欧洲、北美洲、南美洲。

（21）柔角脉小粪蝇 *Coproica hirticula* Collin, 1956

Coproica hirticula Collin, 1956. J. Soc. Br. Ent. 5 (5): 178. **Type locality:** England: Cambs, Kirtling.

分布（Distribution）：辽宁（LN）、台湾（TW）、香港（HK）；日本、阿联酋、以色列、加那利群岛、马德拉群岛、加拿大、美国、墨西哥、牙买加、危地马拉、澳大利亚、新西兰、哥伦比亚、阿根廷、巴巴多斯、巴西；欧洲。

（22）鬃角脉小粪蝇 *Coproica hirtula* (Rondani, 1880)

Limosina hirtula Rondani, 1880. Bull. Soc. Ent. Ital. 12: 40. **Type locality:** Italy: nr. Parma.

Limosina exigua Adams, 1904. Kans. Univ. Sci. Bull. 2 (14): 454. **Type locality:** USA: New Mexico, Las Cruces.

Limosina (*Coprophila*) *hirtula* var. *crinita* Duda, 1918. Abh. K. K. Zool.-Bot. Ges. Wien 10 (1): 224. **Type locality:** Germany: Usedom.

Leptocera (*Coprophila*) *exiguella* Spuler, 1925. Can. Entomol. 57 (4): 123 [nom. n. for *Limosina exigua* Adams, 1904]. **Type locality:** USA: New Mexico, Las Cruces.

Coproica hirtula: Su, 2011. Lesser Dung Flies: 45.

分布（Distribution）：辽宁（LN）、台湾（TW）、香港（HK）；俄罗斯、朝鲜、日本、乌兹别克斯坦、阿富汗、阿联酋、巴基斯坦、印度、越南、斯里兰卡、马来西亚、尼泊尔、加拿大、美国、智利、基里巴斯、马绍尔群岛、密克罗尼西亚、新西兰、巴布亚新几内亚、帕劳、刚果（布）、埃塞俄比亚、加纳、肯尼亚、马达加斯加、尼日利亚、塞舌尔、南非、也门、刚果（金）。

（23）冠角脉小粪蝇 *Coproica lugubris* (Haliday, 1836)

Limosina lugubris Haliday, 1836. Ent. Mag. 3: 332. **Type locality:** Not given (probably Ireland).

Limosina stenhammari Zetterstedt, 1860. Dipt. Scand. 14: 6400. **Type locality:** Sweden: nr. Illstorp.

Limosina thalhammeri Strobl, 1898. Mitt. Naturwiss. Ver. Steiermark (1897) 34: 276. **Type locality:** Austria: Admont. Hungary: Kalocsa.

Limosina monfalconensis Strobl, 1909. Wien. Ent. Ztg. 28: 300. **Type locality:** Italy: Monfalcone.

Limosina (*Coprophila*) *lugubris* var. *cilicrus* Duda, 1938. Flieg. Palaearkt. Reg. 6 (1): 166. **Type locality:** Russia (SET): Kuban, "Anlegestelle Tiberdii", "Asgen-Bach".

分布（**Distribution**）：湖南（HN）、台湾（TW）、香港（HK）；俄罗斯、朝鲜、日本、以色列、黎巴嫩、哈萨克斯坦、塔吉克斯坦、吉尔吉斯斯坦、阿富汗、巴基斯坦、印度、巴布亚新几内亚、突尼斯；欧洲。

（24）极角脉小粪蝇 *Coproica pusio* (Zetterstedt, 1847)

Limosina pusio Zetterstedt, 1847. Dipt. Scand. 6: 2496. **Type locality:** Sweden: Esperöd.

Limosina (*Coprophila*) *pseudolugubris* Duda, 1924b. Verh. K. K. Zool.-Bot. Ges. Wien (1923) 73 179. **Type locality:** Hungary: Gyón.

Coproica pusio: Roháček, 1983. Beitr. Ent. 33: 159; Su, 2011. Lesser Dung Flies: 46.

分布（**Distribution**）：河北（HEB）；俄罗斯、蒙古国、日本、阿富汗、巴基斯坦、塞尔维亚、安道尔、奥地利、比利时、捷克、保加利亚、丹麦、芬兰、德国、英国、匈牙利、意大利、拉脱维亚、立陶宛、挪威、斯洛伐克、西班牙、瑞典、瑞士。

（25）诺氏角脉小粪蝇 *Coproica rohaceki* Carles-Tolrá, 1990

Coproica rohaceki Carles-Tolrá, 1990. Ent. Mon. Mag. 126: 37. **Type locality:** Spain: Prov. Barcelona, Cabrils.

Coproica rohaceki: Hayashi, 2007. Med. Ent. Zool. 58: 105.

分布（**Distribution**）：江西（JX）、台湾（TW）；日本、安道尔、加那利群岛、塞浦路斯、意大利、马耳他、挪威、西班牙。

（26）红额角脉小粪蝇 *Coproica rufifrons* Hayashi, 1991

Coproica rufifrons Hayashi, 1991. Jpn. J. Sanit. Zool. 42 (3): 237. **Type locality:** Pakistan: Chilas.

分布（**Distribution**）：辽宁（LN）、河北（HEB）、北京（BJ）、云南（YN）、台湾（TW）、香港（HK）；日本、巴基斯坦、阿联酋、阿富汗、克罗地亚、匈牙利、德国、希腊、意大利、马德拉群岛、也门、马耳他、突尼斯、美国、？墨西哥、圣基茨和尼维斯、格林纳达、美属萨摩亚、澳大利亚、库克群岛（新西）、斐济、法属波利尼西亚（塔希提岛）、基里巴斯、马绍尔群岛、密克罗尼西亚、帕劳、巴布亚新几内亚、所罗门群岛、汤加、瓦努阿图、萨摩亚、阿根廷、百慕大（英）、巴西、？玻利维亚、厄瓜多尔。

（27）单鬃角脉小粪蝇 *Coproica unispinosa* Papp, 2008

Coproica unispinosa Papp, 2008b. Acta Zool. Acad. Sci. Hung. 54 (Suppl. 2): 34. **Type locality:** Thailand: Mae Taeng Elephant Camp, 50 km N of Chiang Mai.

分布（**Distribution**）：北京（BJ）；印度、越南、泰国。

（28）漫角脉小粪蝇 *Coproica vagans* (Haliday, 1833)

Borborus vagans Haliday, 1833. Ent. Mag. 1 (2): 178. **Type locality:** Ireland: Downshire, Holywood.

Limosina opacula Stenhammar, 1855. K. Vetensk. Acad. Nya Handl. (ser. 3) 1853: 389. **Type locality:** Sweden: "Ostrogothia" and "Gottlandia".

Limosina albipennis Rondani, 1880. Bull. Soc. Ent. Ital. 12: 41. **Type locality:** Italy: nr. Parma.

Limosina (*Coprophila*) *vagans* var. *flava* Duda, 1918. Abh. K. K. Zool.-Bot. Ges. Wien 10 (1): 210. **Type locality:** Tunisia: Gafsa.

Coproica vagans: Su, 2011. Lesser Dung Flies: 48.

分布（**Distribution**）：辽宁（LN）、河北（HEB）、浙江（ZJ）、云南（YN）、台湾（TW）；俄罗斯、蒙古国、日本、塔吉克斯坦、突尼斯、阿富汗、土耳其、以色列、圣赫勒拿（英）、阿联酋、沙特阿拉伯、阿尔及利亚、安道尔、阿塞拜疆、加拿大、美国、墨西哥、澳大利亚、埃塞俄比亚、南非、坦桑尼亚、刚果（金）、阿根廷、百慕大（英）、玻利维亚、智利；欧洲。

10. 尤小粪蝇属 *Eulimosina* Roháček, 1983

Eulimosina Roháček, 1983. Beitr. Ent. 33: 64. **Type species:** *Borborus ochripes* Meigen, 1830 (by original designation).

Eulimosina: Papp, 2008a. Acta Zool. Acad. Sci. Hung. 54 (Suppl. 2): 129; Su, Liu *et* Xu, 2013. Orient. Insects 47 (4): 199.

（29）瘤尤小粪蝇 *Eulimosina prominulata* Su, Liu *et* Xu, 2013

Eulimosina prominulata Su, Liu *et* Xu, 2013. Orient. Insects 47 (4): 199. **Type locality:** China: Guangxi, Shangsi, Mt. Shiwanda.

分布（**Distribution**）：浙江（ZJ）、广西（GX）。

11. 寡小粪蝇属 *Gonioneura* Rondani, 1880

Gonioneura Rondani, 1880. Bull. Soc. Ent. Ital. 12: 18. **Type species:** *Gonioneura bisangula* Rondani, 1880 (monotypy) [= *Gonioneura spinipennis* (Haliday, 1836)].

Halidayina Duda, 1918. Abh. K. K. Zool.-Bot. Ges. Wien 10 (1): 17, 32. **Type species:** *Limosina spinipennis* Haliday, 1836 (monotypy).

（30）新疆寡小粪蝇 *Gonioneura xinjiangensis* Marshall, 1995

Gonioneura xinjiangensis Marshall, 1995. *In*: Marshall *et* Sun, 1995. Int. J. Dipt. Res. 6 (4): 369. **Type locality:** China: Xinjiang, Tomart.

分布（**Distribution**）：新疆（XJ）。

12. 雅小粪蝇属 *Leptocera* Olivier, 1813

Leptocera Olivier, 1813. Mém. Soc. Sci. Agric. Lille 16: 489. **Type species:** *Leptocera nigra* Olivier, 1813 (monotypy).

Lotomyia Lioy, 1864. Atti R. Ist. Véneto Sci. Lett. Arti (3) 9: 1116. **Type species:** *Limosina arcuata* Macquart, 1835 [= *Leptocera fontinalis* (Fallén, 1826)] (by subsequent designation of Roháček, 1982).

Paracollinella Duda, 1924b. Verh. K. K. Zool.-Bot. Ges. Wien (1923) 73: 166. **Type species:** *Copromyza fontinalis* Fallén, 1826 (by subsequent designation of Richards, 1930) (synonymy).

Skottsbergia Enderlein, 1938. The Natural History of Juan Fernández and Easter Island, 3 (Zool.): 650. **Type species:** *Skottsbergia cultellipennis* Enderlein, 1938 (by original designation).

Leptocera: Su, 2011. Lesser Dung Flies: 50; Dong *et* Yang, 2015. Zool. Syst. 40 (3): 303.

（31）角突雅小粪蝇 *Leptocera anguliprominens* Su, 2011

Leptocera anguliprominens Su, 2011. Lesser Dung Flies: 52. **Type locality:** China: Ningxia, Liupanshan National Reserve, Fengtai Linchang.

分布（Distribution）：陕西（SN）、宁夏（NX）。

（32）窄突雅小粪蝇 *Leptocera angusta* Su, 2011

Leptocera angusta Su, 2011. Lesser Dung Flies: 53. **Type locality:** China: Sichuan, Gonggashan.

分布（Distribution）：四川（SC）。

（33）溪雅小粪蝇 *Leptocera fontinalis* (Fallén, 1826)

Copromyza fontinalis Fallén, 1826. Suppl. Dipt. Sveciae [Part II]: 16. **Type locality:** Sweden.

Limosina arcuata Macquart, 1835. Hist. Nat. Ins., Dipt. 2: 572. **Type locality:** France.

Leptocera (*Leptocera*) *fontinalis*: Buck *et* Marshall, 2009. Zootaxa 2039: 78; Su, 2011. Lesser Dung Flies: 55; Dong *et* Yang, 2015. Zool. Syst. 40 (3): 305.

分布（Distribution）：陕西（SN）、新疆（XJ）、西藏（XZ）；俄罗斯、塔吉克斯坦、哈萨克斯坦、阿富汗、突尼斯、土耳其、乌兹别克斯坦、加拿大、美国；欧洲。

（34）广西雅小粪蝇 *Leptocera guangxiensis* Dong *et* Yang, 2015

Leptocera guangxiensis Dong *et* Yang, 2015. Zool. Syst. 40 (3): 306. **Type locality:** China: Guangxi, Maoershan, Sanjiangyuan.

分布（Distribution）：广西（GX）。

（35）宽突雅小粪蝇 *Leptocera lata* Su, 2011

Leptocera lata Su, 2011. Lesser Dung Flies: 56. **Type locality:** China: Hainan, Diaoluo [Alt. 902 m].

分布（Distribution）：海南（HI）。

（36）长鬃雅小粪蝇 *Leptocera longiseta* Su, 2011

Leptocera longiseta Su, 2011. Lesser Dung Flies: 58. **Type locality:** China: Qinghai, Datong (Laoyeshan).

分布（Distribution）：青海（QH）。

（37）黑雅小粪蝇 *Leptocera nigra* Olivier, 1813

Leptocera nigra Olivier, 1813. Mém. Soc. Sci. Agric. Lille 16: 489. **Type locality:** France: Méry-sur-Oise.

Limosina curvinervis Stenhammar, 1855. K. Vetensk. Acad. Nya Handl. (ser. 3) 1853: 406. **Type locality:** Sweden: Öland, Halltorps hage.

Limosina roralis Rondani, 1880. Bull. Soc. Ent. Ital. 12: 37. **Type locality:** Italy.

Leptocera (*Paracollinella*) *curvinervis*: Duda, 1925a. Arch. Naturgesch., Abteilung A 90 (11) (1924): 20.

Limosina (*Collinella*) *roralis*: Duda, 1918. Abh. K. K. Zool.-Bot. Ges. Wien 10 (1): 72.

Leptocera nigra: Su, 2011. Lesser Dung Flies: 62.

分布（Distribution）：吉林（JL）、辽宁（LN）、内蒙古（NM）、山西（SX）、陕西（SN）、云南（YN）；俄罗斯、日本、塔吉克斯坦、阿富汗、乌兹别克斯坦、巴基斯坦、印度、尼泊尔、塞浦路斯、伊朗、以色列、约旦、土耳其、博茨瓦纳、喀麦隆、佛得角、埃塞俄比亚、肯尼亚、马达加斯加、马拉维、莫桑比克、卢旺达、南非、刚果（金）、委内瑞拉、阿尔及利亚、安道尔、亚美尼亚；欧洲。

（38）黑缘后小粪蝇 *Leptocera nigrolimbata* Duda, 1925

Leptocera (*Paracollinella*) *nigrolimbata* Duda, 1925a. Arch. Naturgesch., Abteilung A 90 (11) (1924): 60. **Type locality:** China: Taiwan, Taihorin and Chip-Chip and Hokuto.

分布（Distribution）：台湾（TW）；俄罗斯、印度、尼泊尔。

（39）弯尾雅小粪蝇 *Leptocera obunca* Su, 2011

Leptocera obunca Su, 2011. Lesser Dung Flies: 66. **Type locality:** China: Guangxi, Maoer Mt.

分布（Distribution）：广西（GX）。

（40）伪黑缘雅小粪蝇 *Leptocera paranigrolimbata* Duda, 1925

Leptocera (*Paracollinella*) *paranigrolimbata* Duda, 1925a. Arch. Naturgesch., Abteilung A 90 (11) (1924): 61. **Type locality:** China: Taiwan, Polisha and Taihorin and Taihoku [= Taipei], district Macuyama [500 ft].

分布（Distribution）：台湾（TW）；印度。

（41）刺突雅小粪蝇 *Leptocera salatigae* (de Meijere, 1914)

Limosina salatigae de Meijere, 1914. Tijdschr. Ent. 57: 269. **Type locality:** Indonesia: Java, Salatiga.

Leptocera (*Paracollinella*) *parafulva* Duda, 1925a. Arch.

Naturgesch., Abteilung A 90 (11) (1924): 54. **Type locality:** China: Taiwan, Taihoku.

Limosina (Paracollinella) saegeri Vanschuytbroeck, 1959. Parc National de la Garamba, Mission H. de Saeger (1949-52), Bruxelles 17 (2): 74. **Type locality:** Zaire: Parc National de la Garamba.

Leptocera ovata Su, 2011. Lesser Dung Flies: 64. **Type locality:** China: Hainan, Diaoluo [Alt. 900 m].

Leptocera salatigae: Dong *et* Yang, 2015. Zool. Syst. 40 (3): 308.

分布（Distribution）：河北（HEB）、北京（BJ）、河南（HEN）、陕西（SN）、湖南（HN）、四川（SC）、云南（YN）、台湾（TW）、海南（HI）；日本、巴基斯坦、印度、尼泊尔、越南、泰国、斯里兰卡、菲律宾、印度尼西亚、美属萨摩亚、澳大利亚、新喀里多尼亚（法）、巴布亚新几内亚、萨摩亚、汤加、布基纳法索、佛得角、加纳、几内亚、肯尼亚、马达加斯加、马拉维、莫桑比克、尼日利亚、塞舌尔、塞拉利昂、南非、乌干达、刚果（金）。

（42）鳞刺雅小粪蝇 *Leptocera spinisquama* Su, 2011

Leptocera spinisquama Su, 2011. Lesser Dung Flies: 59. **Type locality:** China: Jilin, Changbaishan, Xipo/Nanpo.

分布（Distribution）：吉林（JL）。

（43）腹叶雅小粪蝇 *Leptocera sterniloba* Roháček, 1983

Leptocera (Leptocera) sterniloba Roháček, 1983. Acta Ent. Bohem. 80: 143. **Type locality:** Nepal: Taplejung District, Sangu.

分布（Distribution）：河北（HEB）、北京（BJ）、云南（YN）、海南（HI）；印度、尼泊尔、越南、泰国。

（44）截雅小粪蝇 *Leptocera truncata* Su, 2011

Leptocera truncata Su, 2011. Lesser Dung Flies: 60. **Type locality:** China: Jilin, Changbaishan, Changbai County-Songjiang River.

Leptocera truncate: Dong *et* Yang, 2015. Zool. Syst. 40 (3): 312.

分布（Distribution）：吉林（JL）、北京（BJ）、河南（HEN）、陕西（SN）、四川（SC）、云南（YN）、福建（FJ）、广西（GX）。

13. 微翼小粪蝇属 *Minialula* Papp, 2008

Minialula Papp, 2008a. Acta Zool. Acad. Sci. Hung. 54 (Suppl. 2): 91. **Type species:** *Minialua poeciloptera* Papp, 2008 (by original designation).

（45）斑翅微翼小粪蝇 *Minialula poeciloptera* Papp, 2008

Minialula poeciloptera Papp, 2008a. Acta Zool. Acad. Sci.

Hung. 54 (Suppl. 2): 92. **Type locality:** China: Taiwan, Ilan Hsien, Fu-Shan LTER Site.

分布（Distribution）：台湾（TW）。

14. 微小粪蝇属 *Minilimosina* Roháček, 1983

Minilimosina Roháček, 1983. Beitr. Ent. 33: 27. **Type species:** *Limosina fungicola* Haliday, 1836 (by original designation).

Minilimosina: Dong *et* Yang, 2015. Entomotaxon. 37 (4): 279; Su, Liu *et* Xu, 2015a. Zootaxa 4007 (1): 1; Roháček, 2010. Čas. Slez. Muz. Opava (A) 58 (2009): 97.

1）异小粪蝇亚属 *Allolimosina* Roháček, 1983

Allolimosina Roháček, 1983. Beitr. Ent. 33: 43. **Type species:** *Limosina (Scotophilella) albinervis* Duda, 1918 (by original designation).

Allolimosina: Roháček, 1983. Beitr. Ent. 33: 43.

Allolimosina: Su, Liu *et* Xu, 2015a. Zootaxa 4007 (1): 1.

（46）异脉微小粪蝇 *Minilimosina (Allolimosina) alloneura* (Richards, 1952)

Leptocera (Limosina) alloneura Richards, 1952. Proc. R. Ent. Soc. London (B) 21: 90. **Type locality:** Austria: Hall bei Admont.

Minilimosina (Allolimosina) alloneura: Roháček, 1983. Beitr. Ent. 33: 45.

Minilimosina (Allolimosina) alloneura: Su, Liu *et* Xu, 2015a. Zootaxa 4007 (1): 4.

分布（Distribution）：湖北（HB）；欧洲。

（47）毛尾异小粪蝇 *Minilimosina (Allolimosina) cerciseta* Su, 2011

Minilimosina (Allolimosina) cerciseta Su, 2011. Lesser Dung Flies: 69. **Type locality:** China: Hebei, Mt. Xiaowutai, Mt. Dongling.

Minilimosina (Allolimosina) cerciseta: Su, Liu *et* Xu, 2015a. Zootaxa 4007 (1): 3.

分布（Distribution）：辽宁（LN）、河北（HEB）。

2）微小粪蝇亚属 *Minilimosina* Roháček, 1983

Minilimosina Roháček, 1983. Beitr. Ent. 33: 27. **Type species:** *Limosina fungicola* Haliday, 1836 (by original designation).

（48）菌微小粪蝇 *Minilimosina (Minilimosina) fungicola* (Haliday, 1836)

Limosina fungicola Haliday, 1836. Ent. Mag. 3: 330. **Type locality:** Ireland: Holywood.

Limosina exigua Rondani, 1880. Bull. Soc. Ent. Ital. 12: 24. **Type locality:** Czech Republic: Bohemia, Asch [= Aš].

Minilimosina (Minilimosina) fungicola: Su, 2011. Lesser Dung Flies: 71; Su, Liu *et* Xu, 2015a. Zootaxa 4007 (1): 6.

分布（Distribution）：吉林（JL）、河北（HEB）、陕西（SN）、宁夏（NX）、浙江（ZJ）；加拿大、美国；欧洲。

（49）黄腹微小粪蝇 *Minilimosina* (*Minilimosina*) *luteola* Su, 2011

Minilimosina (*Svarciella*) *luteola* Su, 2011. Lesser Dung Flies: 75. **Type locality:** China: Yunnan, Tengchong, Mt. Laifeng.

Minilimosina (*Svarciella*) *luteola*: Su *et al.*, 2013f. Orient. Insects 47 (1): 18.

Minilimosina (*Minilimosina*) *luteola*: Su, Liu *et* Xu, 2015a. Zootaxa 4007 (1): 7.

分布（Distribution）： 吉林（JL）、辽宁（LN）、陕西（SN）、浙江（ZJ）、江西（JX）、云南（YN）。

（50）四刺微小粪蝇 *Minilimosina* (*Minilimosina*) *quadrispinosa* Su, 2011

Minilimosina (*Minilimosina*) *quadrispinosa* Su, 2011. Lesser Dung Flies: 72. **Type locality:** China: Liaoning, Mt. Qianshan.

Minilimosina (*Minilimosina*) *quadrispinosa*: Su, Liu *et* Xu, 2015a. Zootaxa 4007 (1): 9.

分布（Distribution）： 辽宁（LN）。

3）索小粪蝇亚属 *Svarciella* Roháček, 1983

Svarciella Roháček, 1983. Beitr. Ent. 33: 30. **Type species:** *Limosina* (*Scotophilella*) *splendens* Duda, 1928 [= *Minilimosina v-atrum* (Villeneuve, 1917)] (by original designation).

（51）阿奇索小粪蝇 *Minilimosina* (*Svarciella*) *archboldi* Marshall, 1985

Minilimosina (*Svarciella*) *archboldi* Marshall, 1985. Proc. Ent. Soc. Ont. 116: 21. **Type locality:** USA: Florida, Highlands Co., Archbold Biological Station.

Minilimosina (*Svarciella*) *archboldi*: Roháček *et* Marshall, 1988. Insecta Mundi 2: 244; Su, Liu *et* Xu, 2015a. Zootaxa 4007 (1): 10.

分布（Distribution）： 江西（JX）、湖北（HB）；美国。

（52）犄刺索小粪蝇 *Minilimosina* (*Svarciella*) *cornigera* Roháček *et* Marshall, 1988

Minilimosina (*Svarciella*) *cornigera* Roháček *et* Marshall, 1988. Insecta Mundi 2: 255. **Type locality:** Malaysia: Kuala Lumpur, Ulu Gombak.

Minilimosina (*Svarciella*) *cornigera*: Su, Liu *et* Xu, 2015a. Zootaxa 4007 (1): 12.

分布（Distribution）： 广西（GX）；马来西亚。

（53）翼索小粪蝇 *Minilimosina* (*Svarciella*) *fanta* Roháček *et* Marshall, 1988

Minilimosina (*Svarciella*) *fanta* Roháček *et* Marshall, 1988. Insecta Mundi 2: 249. **Type locality:** Nepal: Katmandu, Pulchauki.

Minilimosina (*Svaeciella*) *fanta*: Su, 2011. Lesser Dung Flies: 74, 184; Su *et al.*, 2013f. Orient. Insects 47 (1): 16; Dong *et* Yang, 2015. Entomotaxon. 37 (4): 280; Su, Liu *et* Xu, 2015a. Zootaxa 4007 (1): 16.

分布（Distribution）： 陕西（SN）、浙江（ZJ）、云南（YN）；尼泊尔。

（54）栉索小粪蝇 *Minilimosina* (*Svarciella*) *furculipexa* Roháček *et* Marshall, 1988

Minilimosina (*Svarciella*) *furculipexa* Roháček *et* Marshall, 1988. Insecta Mundi 2: 250. **Type locality:** Nepal: Arun Valley, below Tumlingtar, River Sabhaya, west shore.

Minilimosina (*Svarciella*) *furculipexa*: Su, Liu *et* Xu, 2015a. Zootaxa 4007 (1): 17; Dong *et* Yang, 2015. Entomotaxon. 37 (4): 280.

分布（Distribution）： 浙江（ZJ）、江西（JX）、西藏（XZ）、广东（GD）、广西（GX）；尼泊尔。

（55）岔腹索小粪蝇 *Minilimosina* (*Svarciella*) *furculisterna* (Deeming, 1969)

Leptocera (*Limosina*) *furculisterna* Deeming, 1969. Bull. Br. Mus. (Nat. Hist.) Ent. 23: 70. **Type locality:** Nepal: Taplejung District, between Sangu and Tamrang.

Limosina furculisterna: Hackman, 1977. *In*: Delfinado *et* Hardy, 1977. Cat. Dipt. Orient. Reg. 3: 403.

Minilimosina (*Svarciella*) *furculisterna*: Dong *et* Yang, 2015. Entomotaxon. 37 (4): 281; Su, Liu *et* Xu, 2015a. Zootaxa 4007 (1): 18.

分布（Distribution）： 河南（HEN）、浙江（ZJ）、云南（YN）、福建（FJ）；日本、尼泊尔。

（56）狭索小粪蝇 *Minilimosina* (*Svarciella*) *gracilenta* Su, 2015

Minilimosina (*Svarciella*) *gracilenta* Su, 2015. *In*: Su, Liu *et* Xu, 2015a. Zootaxa 4007 (1): 13. **Type locality:** China: Jiangxi, Mt. Wuyi, Malaise trap, 1160 m.

分布（Distribution）： 江西（JX）。

（57）林芝索小粪蝇 *Minilimosina* (*Svarciella*) *linzhi* Dong *et* Yang, 2015

Minilimosina (*Svarciella*) *linzhi* Dong *et* Yang, 2015. Entomotaxon. 37 (4): 281. **Type locality:** China: Tibet, Linzhi, Hanmi.

分布（Distribution）： 西藏（XZ）。

（58）圆头索小粪蝇 *Minilimosina* (*Svarciella*) *obtusispina* Su, 2013

Minilimosina (*Svarciella*) *obtusispina* Su, 2013. *In*: Su *et al.*, 2013f. Orient. Insects 47 (1): 19. **Type locality:** China: Jiangxi, Guanshan, Donghe.

Minilimosina (*Svarciella*) *obtusispina*: Su, Liu *et* Xu, 2015a. Zootaxa 4007 (1): 19.

分布（Distribution）： 江西（JX）。

（59）伪翼索小粪蝇 *Minilimosina* (*Svarciella*) *parafanta* Su, 2015

Minilimosina (*Svarciella*) *parafanta* Su, 2015. *In*: Su, Liu *et* Xu, 2015a. Zootaxa 4007 (1): 20. **Type locality:** China: Zhejiang, Tianmu, Grand Canyon, Qianmutian.

分布（Distribution）：浙江（ZJ）。

（60）大别山索小粪蝇 *Minilimosina* (*Svarciella*) *tapiehella* Su, 2015

Minilimosina (*Svarciella*) *tapiehella* Su, 2015. *In*: Su, Liu *et* Xu, 2015a. Zootaxa 4007 (1): 22. **Type locality:** China: Hubei, Mt. Ta-pieh, County Luotian, Qingtaiguan.

分布（Distribution）：湖北（HB）。

（61）墨索小粪蝇 *Minilimosina* (*Svarciella*) *v-atrum* (Villeneuve, 1917)

Leptocera (*Limosina*) *v-atrum* Villeneuve, 1917. Bull. Soc. Ent. Fr. 1917: 142. **Type locality:** Germany: Berlin, Strausberg.

Limosina (*Scotophilella*) *splendens* Duda, 1928. Konowia 7: 167. **Type locality:** Poland: Wustung bei Habelschwerdt [= Bystrzyca Kłodzka].

Minilimosina (*Svarciella*) *splendens*: Roháček, 1982. Beitr. Ent. 32: 278; Roháček, 1983. Beitr. Ent. 33: 33; Roháček *et* Marshall, 1988. Insecta Mundi 2: 244.

Leptocera (*Svarciella*) *v-atrum*: Su, Liu *et* Xu, 2015a. Zootaxa 4007 (1): 25.

分布（Distribution）：江西（JX）；欧洲。

（62）鞭索小粪蝇 *Minilimosina* (*Svarciella*) *vitripennis* (Zetterstedt, 1847)

Limosina vitripennis Zetterstedt, 1847. Dipt. Scand. 6: 2505. **Type locality:** Sweden: "in Scania ad Esperö d".

Leptocera (*Scotophilella*) *albifrons* Spuler, 1925. J. N. Y. Ent. Soc. 33: 147. **Type locality:** USA: Idaho, Kendrick.

Limosina paravitripennis Papp, 1973. Acta Zool. Acad. Sci. Hung. 19: 404. **Type locality:** Mongolia: Bajan-Ölgijaimak, im Tal des Flusses Chavcalyngol, 25 km O von Somon Cagannuur.

Minilimosina (*Svarciella*) *vitripennis*: Su, 2011. Lesser Dung Flies: 76; Dong *et* Yang, 2015. Entomotaxon. 37 (4): 283; Su, Liu *et* Xu, 2015a. Zootaxa 4007 (1): 26.

分布（Distribution）：河北（HEB）；俄罗斯、蒙古国、朝鲜、阿富汗、加拿大、美国；欧洲。

15. 单小粪蝇属 *Monorbiseta* Papp, 2008

Monorbiseta Papp, 2008a. Acta Zool. Acad. Sci. Hung. 54 (Suppl. 2): 161. **Type species:** *Leptocera* (*Limosina*) *monorbiseta* Deeming, 1969 (by original designation).

Monorbiseta: Papp, 2008a. Acta Zool. Acad. Sci. Hung. 54 (Suppl. 2): 161.

（63）单小粪蝇 *Monorbiseta monorbiseta* (Deeming, 1969)

Leptocera (*Limosina*) *monorbiseta* Deeming, 1969. Bull. Br. Mus. (Nat. Hist.) Ent. 23: 71. **Type locality:** Nepal: E. Nepal, Taplejung District, above Sangu.

Monorbiseta monorbiseta: Papp, 2008a. Acta Zool. Acad. Sci. Hung. 54 (Suppl. 2): 161; Su *et al.*, 2011. Entomotaxon. 33 (4): 274.

分布（Distribution）：云南（YN）；印度、尼泊尔。

（64）四刺单小粪蝇 *Monorbiseta quadrispinula* Su, 2011

Monorbiseta quadrispinula Su, 2011. *In*: Su *et al.*, 2011. Entomotaxon. 33 (4): 276. **Type locality:** China: Guangxi, Maoer Mt.

分布（Distribution）：广西（GX）。

16. 新北小粪蝇属 *Nearcticorpus* Roháček *et* Marshall, 1982

Nearcticorpus Roháček *et* Marshall, 1982. Zool. Jahrb. (Syst.) 109: 381. **Type species:** *Nearcticorpus canadense* Roháček *et* Marshall, 1982 (by original designation).

Nearcticorpus: Roháček *et* Marshall, 1982. Zool. Jahrb. (Syst.) 109: 381; Su *et al.*, 2012. Pan-Pac. Entomol. 88 (3): 342.

（65）古新北小粪蝇 *Nearcticorpus palaearcticum* Su, 2012

Nearcticorpus palaearctictum Su, 2012. *In*: Su *et al.*, 2012. Pan-Pac. Entomol. 88 (3): 342. **Type locality:** China: Ningxia, Liupanshan National Reserve.

分布（Distribution）：山西（SX）、宁夏（NX）。

17. 欧小粪蝇属 *Opacifrons* Duda, 1918

Opacifrons Duda, 1918. Abh. K. K. Zool.-Bot. Ges. Wien 10 (1): 22. **Type species:** *Limosina coxata* Stenhammar, 1855 (by subsequent designation of Spuler, 1924).

Bispinicercia Su *et* Liu, 2009a. Orient. Insects 43: 49. **Type species:** *Bispinicercia liupanensis* Su *et* Liu, 2009 (by subsequent designation of Marshall *et al.*, 2011).

（66）髋欧小粪蝇 *Opacifrons coxata* (Stenhammar, 1855)

Limosina coxata Stenhammar, 1855. K. Vetensk. Acad. Nya Handl. (ser. 3) 1853: 396. **Type locality:** Sweden: "Scania, Hallandia, Smolandia, Ostrogothia, Uplandia, ad Holmiam *et* Upsalis".

Limosina (*Opacifrons*) *coxata*: Duda, 1918. Abh. K. K. Zool.-Bot. Ges. Wien 10 (1): 85.

Leptocera (*Opacifrons*) *coxata*: Duda, 1925a. Arch. Naturgesch., Abteilung A 90 (11) (1924): 70.

Opacifrons coxatus: Frey, 1941. Enumeratio Insectorum

Fenniae VI: 26.

Limosina nigricornis Dahl, 1909. Sber. Ges. Naturf. Freunde Berl. 6: 375. **Type locality:** Germany: Plagefenn bei Chorin.

Bispinicerica liupanensis Su *et* Liu, 2009a. Orient. Insects 43: 50. **Type locality:** China: Ningxia, Liupanshan National Nature Reserve.

Opacifrons coxata: Su, 2011. Lesser Dung Flies: 37.

分布（**Distribution**）：吉林（JL）、宁夏（NX）；俄罗斯、蒙古国、阿富汗、埃及、伊朗、埃塞俄比亚、塔吉克斯坦、土耳其、马达加斯加、南非、刚果（金）、安道尔、亚美尼亚；欧洲。

（67）双鬃欧小粪蝇 *Opacifrons dupliciseta* (Duda, 1925)

Leptocera (*Opacifrons*) *dupliciseta* Duda, 1925a. Arch. Naturgesch., Abteilung A 90 (11) (1924): 68. **Type locality:** China: Taiwan, Taihorin.

分布（**Distribution**）：台湾（TW）；越南。

（68）螺欧小粪蝇 *Opacifrons pseudimpudica* (Deeming, 1969)

Leptocera (*Opacifrons*) *pseudimpudica* Deeming, 1969. Bull. Br. Mus. (Nat. Hist.) Ent. 23: 57. **Type locality:** Nepal: Taplejung District, river banks below Tamrang Bridge.

Opacifrons pseudimpudica: Su, 2011. Lesser Dung Flies: 39.

分布（**Distribution**）：山西（SX）、陕西（SN）、浙江（ZJ）、江西（JX）、云南（YN）、广西（GX）；印度、尼泊尔、斯里兰卡。

18. 乳小粪蝇属 *Opalimosina* Roháček, 1983

Opalimosina Roháček, 1983. Beitr. Ent. 33: 137. **Type species:** *Limosina mirabilis* Collin, 1902 (by original designation).

Opalimosina: Roháček, 1985. Beitr. Ent. 35: 159; Hayashi, 2010. Med. Ent. Zool. 61: 309; Su, 2011. Lesser Dung Flies: 79.

1）胡氏小粪蝇亚属 *Hackmanina* Roháček, 1983

Hackmanina Roháček, 1983. Beitr. Ent. 33: 142. **Type species:** *Limosina* (*Scotophilella*) *czernyi* Duda, 1918 (by original designation).

（69）彻尼乳小粪蝇 *Opalimosina* (*Hackmanina*) *czernyi* (Duda, 1918)

Limosina (*Scotophilella*) *czernyi* Duda, 1918. Abh. K. K. Zool.-Bot. Ges. Wien 10 (1): 123. **Type locality:** Austria: Admont.

Limosina (*Scotophilella*) *lambi* Duda, 1928. Konowia 7: 143. **Type locality:** England: New Forest.

Opalimosina (*Hackmanina*) *czernyi*: Roháček, 1983. Beitr. Ent. 33: 143; Dong *et al*., 2016. *In*: Yang *et al*., 2016. Fauna of Tianmu Mountain (Sphaeroceridae) 9: 67.

分布（**Distribution**）：浙江（ZJ）；日本；欧洲。

2）乳小粪蝇亚属 *Opalimosina* Roháček, 1983

Opalimosina Roháček, 1983. Beitr. Ent. 33: 147. **Type species:** *Limosina mirabilis* Collin, 1902 (by original designation).

Opalimosina: Su, 2011. Lesser Dung Flies: 80.

（70）异乳小粪蝇 *Opalimosina* (*Opalimosina*) *differentialis* Su, Liu *et* Xu, 2013

Opalimosina (*Opalimosina*) *differentialis* Su, Liu *et* Xu, 2013b. Entomol. Fennica 24: 95. **Type locality:** China: Shanxi, Qinshui, Zhongcun, Xiachuan.

分布（**Distribution**）：山西（SX）、四川（SC）。

（71）奇乳小粪蝇 *Opalimosina* (*Opalimosina*) *mirabilis* (Collin, 1902)

Limosina mirabilis Collin, 1902. Ent. Mon. Mag. 38: 59. **Type locality:** England: Suffolk, S. L. Newmarket.

Opalimosina (*Opalimosina*) *mirabilis*: Roháček, 1983. Beitr. Ent. 33: 148; Su, 2011. Lesser Dung Flies: 80; Su, Liu *et* Xu, 2013b. Entomol. Fennica 24: 95.

分布（**Distribution**）：四川（SC）；俄罗斯、蒙古国、朝鲜、日本、巴基斯坦、？尼泊尔、土耳其、伊朗、突尼斯、加拿大、美国、阿根廷、巴西、哥伦比亚、哥斯达黎加、墨西哥、澳大利亚、新西兰、黎巴嫩、智利；欧洲。

（72）隆乳小粪蝇 *Opalimosina* (*Opalimosina*) *prominentia* Su, 2013

Opalimosina (*Opalimosina*) *prominentia* Su, 2013. *In*: Su, Liu *et* Xu, 2013b. Entomol. Fennica 24: 96. **Type locality:** China: Shanxi, Qinshui, Zhongcun, Xiachuan.

分布（**Distribution**）：山西（SX）。

（73）拟奇乳小粪蝇 *Opalimosina* (*Opalimosina*) *pseudomirabilis* Hayashi, 1989

Opalimosina (*Opalimosina*) *pseudomirabilis* Hayashi, 1989. Jpn. J. Sanit. Zool. 40 (Suppl.): 63. **Type locality:** Pakistan: Nathia Gali, NWFP.

Opalimosina (*Opalimosina*) *pseudomirabilis*: Su, 2011. Lesser Dung Flies: 82; Su, Liu *et* Xu, 2013b. Entomol. Fennica 24: 95.

分布（**Distribution**）：江西（JX）、云南（YN）；尼泊尔、巴基斯坦。

19. 腹突小粪蝇属 *Paralimosina* Papp, 1973

Paralimosina Papp, 1973. Acta Zool. Acad. Sci. Hung. 19: 385. **Type species:** *Paralimosina kaszabi* Papp, 1973 (by original designation).

Hackmaniella Papp, 1979. Acta Zool. Acad. Sci. Hung. 25: 368. **Type species:** *Hackmaniella ceylanica* Papp, 1979 (by original designation).

Nipponsina Papp, 1982. Acta Zool. Acad. Sci. Hung. 28: 347. **Type species:** *Leptocera* (*Nipponsina*) *sexsetosa* Papp, 1982 (by original designation).

（74）高山腹突小粪蝇 *Paralimosina altimontana* **(Roháček, 1977)**

Limosina altimontana Roháček, 1977. Acta Ent. Bohem. 74: 411. **Type locality:** Nepal: Taplejung District, below Sangu [6000 ft].

Paralimosina (Paralimosina) altimontana: Roháček, 1983. Beitr. Ent. 33: 50.

Paralimosina altimontana: Roháček *et* Papp, 1988. Ann. Hist.-Nat. Mus. Natl. Hung. 80: 111; Hayashi, 1994. Jpn. J. Sanit. Zool. 45 (Suppl.): 36; Dong *et al.*, 2016. *In*: Yang *et al.*, 2016. Fauna of Tianmu Mountain (Sphaeroceridae) 9: 68.

分布（**Distribution**）：陕西（SN）、浙江（ZJ）；巴基斯坦、尼泊尔。

（75）天目山腹突小粪蝇 *Paralimosina tianmushanensis* **Su *et* Liu, 2016**

Paralimosina tianmushanensis Su *et* Liu, 2016. *In*: Dong *et al.*, 2016. *In*: Yang *et al.*, 2016. Fauna of Tianmu Mountain (Sphaeroceridae) 9: 69. **Type locality:** China: Zhejiang, Tianmu Mt., Xianrentai.

分布（**Distribution**）：浙江（ZJ）。

20. 刺胫小粪蝇属 *Phthitia* Enderlein, 1938

Phthitia Enderlein, 1938. The Natural History of Juan Fernández and Easter Island, 3 (Zool.): 650. **Type species:** *Phthitia venosa* Enderlein, 1938 (by original designation).

Pterodrepana Enderlein, 1938. The Natural History of Juan Fernández and Easter Island, 3 (Zool.): 651. **Type species:** *Pterodrepana selkirki* Enderlein, 1938 (by original designation).

Aubertinia Richards, 1951. British Museum (Natural History) Ruwenzori Expedition, 1934-1935 2 (8): 838. **Type species:** *Aubertinia sanctaehelenae* Richards, 1951 (by original designation).

Phthitia: Su, 2011. Lesser Dung Flies: 83; Su, Liu *et* Xu, 2013. J. Kans. Ent. Soc. 86 (2): 155.

（76）宽基中突小粪蝇 *Phthitia basilata* **Su, 2011**

Phthitia basilata Su, 2011. Lesser Dung Flies: 85. **Type locality:** China: Ningxia, Liupanshan National Reserve, Heshangpu Linchang.

Phthitia basilata: Su, Liu *et* Xu, 2013. J. Kans. Ent. Soc. 86 (2): 157.

分布（**Distribution**）：山西（SX）、宁夏（NX）、云南（YN）。

（77）双角中突小粪蝇 *Phthitia bicornis* **Su *et* Liu, 2009**

Phthitia bicornis Su *et* Liu, 2009b. Acta Zootaxon. Sin. 34 (3): 476. **Type locality:** China: Ningxia, Liupanshan National Nature Reserve, Dongshanpo.

Phthitia bicornis: Su, 2011. Lesser Dung Flies: 87; Su, Liu *et*

Xu, 2013. J. Kans. Ent. Soc. 86 (2): 159.

分布（**Distribution**）：宁夏（NX）。

（78）球中突小粪蝇 *Phthitia globosa* **Su, Liu *et* Xu, 2013**

Phthitia globosa Su, Liu *et* Xu, 2013. J. Kans. Ent. Soc. 86 (2): 159. **Type locality:** China: Ningxia, Liupanshan National Nature Reserve, Longtan.

分布（**Distribution**）：宁夏（NX）。

（79）长指中突小粪蝇 *Phthitia longidigita* **Su, 2011**

Phthitia basilata Su, 2011. Lesser Dung Flies: 89. **Type locality:** China: Liaoning Prov., Jianchang (Bailangshan).

Phthitia basilata: Su, Liu *et* Xu, 2013. J. Kans. Ent. Soc. 86 (2): 161.

分布（**Distribution**）：吉林（JL）、辽宁（LN）、陕西（SN）。

（80）长须中突小粪蝇 *Phthitia longula* **Su, Liu *et* Xu, 2013**

Phthitia longula Su, Liu *et* Xu, 2013. J. Kans. Ent. Soc. 86 (2): 163. **Type locality:** China: Yunnan, Dali, Cangshan.

分布（**Distribution**）：云南（YN）。

（81）奥氏中突小粪蝇 *Phthitia oswaldi* **Papp, 2008**

Phthitia (Rufolimosina) oswaldi Papp, 2008a. Acta Zool. Acad. Sci. Hung. 54 (Suppl. 2): 120.

Leptocera (Scotophilella) rufa Duda, 1925a. Arch. Naturgesch., Abteilung A 90 (11) (1924): 172. **Type locality:** China: Taiwan, Takao.

分布（**Distribution**）：台湾（TW）；越南、泰国。

（82）羽中突小粪蝇 *Phthitia plumosula* **(Rondani, 1880)**

Limosina plumosula Rondani, 1880. Bull. Soc. Ent. Ital. 12: 27. **Type locality:** Italy: Parma env.

分布（**Distribution**）：河北（HEB）；俄罗斯、加拿大、美国、？埃塞俄比亚、？厄瓜多尔、突尼斯、智利；欧洲。

（83）拇中突小粪蝇 *Phthitia pollex* **Su, 2011**

Phthitia pollex Su, 2011. Lesser Dung Flies: 84. **Type locality:** China: Liaoning Prov., Jianchang, Bailangshan.

Phthitia pollex: Su, Liu *et* Xu, 2013. J. Kans. Ent. Soc. 86 (2): 165.

分布（**Distribution**）：辽宁（LN）、内蒙古（NM）、宁夏（NX）。

（84）翼中突小粪蝇 *Phthitia pteremoides* **(Papp, 1973)**

Limosina pteremoides Papp, 1973. Acta Zool. Acad. Sci. Hung. 19: 407. **Type locality:** Mongolia: Central Aimak, 25 km E from Somon Lun.

Phthitia (Kimosina) pteremoides: Gatt, 2008. *In*: van Harten, 2008. Arthropod Fauna of the UAE 1: 700.

Phthitia glabrescens: Su, 2011. Lesser Dung Flies: 88; Su *et*

Liu, 2009b. Acta Zootaxon. Sin. 34 (3): 475.

Phthitia pteremoides: Su, Liu *et* Xu, 2013. J. Kans. Ent. Soc. 86 (2): 167.

分布（Distribution）：内蒙古（NM）、宁夏（NX）；蒙古国、塔吉克斯坦、阿富汗、伊朗、阿联酋、西班牙。

（85）端鬃中突小粪蝇 *Phthitia sternipilis* **Su, 2013**

Phthitia sternipilis Su, 2013. *In*: Su, Liu *et* Xu, 2013. J. Kans. Ent. Soc. 86 (2): 167. **Type locality:** China: Yunnan, Dali (Cangshan).

分布（Distribution）：云南（YN）。

21. 星小粪蝇属 *Poecilosomella* Duda, 1925

Poecilosomella Duda, 1925a. Arch. Naturgesch., Abteilung A 90 (11) (1924): 78. **Type species:** *Copromyza punctipennis* Wiedemann, 1824 (by subsequent designation of Richards, 1930).

Poecilosomella: Hayashi, 2002. Med. Ent. Zool. 53: 121; Papp, 2002. Acta Zool. Acad. Sci. Hung. 48: 107; Dong, Yang *et* Hayashi, 2006. Ann. Zool. 56: 643.

（86）具刺星小粪蝇 *Poecilosomella aciculata* **(Deeming, 1969)**

Leptocera (*Poecilosomella*) *aciculata* Deeming, 1969. Bull. Br. Mus. (Nat. Hist.) Ent. 23: 60. **Type locality:** Nepal: Taplejung District, Sangu.

Poecilosomella aciculata: Hayashi, 2005. The Dipterist's Club of Japan 'HANA ABU' 19 (3): 9; Dong, Yang *et* Hayashi, 2006. Ann. Zool. 56: 644.

分布（Distribution）：广东（GD）；日本、印度、尼泊尔、斯里兰卡、印度尼西亚。

（87）仿星小粪蝇 *Poecilosomella affinis* **Hayashi, 2002**

Poecilosomella affinis Hayashi, 2002. Med. Ent. Zool. 53: 121. **Type locality:** Sri Lanka: Kandy.

分布（Distribution）：台湾（TW）；日本、印度、尼泊尔、泰国、越南、斯里兰卡、巴布亚新几内亚、印度尼西亚、马来西亚、新加坡。

（88）短星小粪蝇 *Poecilosomella amputata* **(Duda, 1925)**

Leptocera (*Poecilosomella*) *amputata* Duda, 1925a. Arch. Naturgesch., Abteilung A 90 (11) (1924): 97. **Type locality:** China: Taiwan, Chip Chip.

Poecilosomella amputata: Papp, 2002. Acta Zool. Acad. Sci. Hung. 48: 109.

分布（Distribution）：台湾（TW）；马来西亚、印度尼西亚。

（89）环胫星小粪蝇 *Poecilosomella annulitibia* **(Deeming, 1969)**

Leptocera (*Poecilosomella*) *annulitibia* Deeming, 1969. Bull.

Br. Mus. (Nat. Hist.) Ent. 23: 62. **Type locality:** Nepal: E. Nepal, Taplejung District, river banks below Tamrang Bridge.

分布（Distribution）：台湾（TW）；尼泊尔。

（90）双刺星小粪蝇 *Poecilosomella biseta* **Dong, Yang *et* Hayashi, 2006**

Poecilosomella biseta Dong, Yang *et* Hayashi, 2006. Ann. Zool. 56: 650. **Type locality:** China: Guangdong, Nanling National Nature Reserve.

分布（Distribution）：山西（SX）、浙江（ZJ）、江西（JX）、贵州（GZ）、广东（GD）；日本。

（91）沼星小粪蝇 *Poecilosomella borboroides* **(Walker, 1860)**

Ephydra borboroides Walker, 1860b. J. Proc. Linn. Soc. London Zool. 4: 171. **Type locality:** Indonesia: Celebes [= Sulawesi] (Makassar [= Ujung Pandang]).

Limosina ornata de Meijere, 1908b. Tijdschr. Ent. 51: 177. **Type locality:** Indonesia: Java, Semarang.

Limosina picturatus Malloch, 1913. Proc. U. S. Natl. Mus. 43: 653. **Type locality:** Philippines: Manila.

分布（Distribution）：台湾（TW）；印度、斯里兰卡、菲律宾、马来西亚、印度尼西亚。

（92）布氏星小粪蝇 *Poecilosomella brunettii* **(Deeming, 1969)**

Leptocera (*Poecilosomella*) *brunettii* Deeming, 1969. Bull. Br. Mus. (Nat. Hist.) Ent. 23: 63. **Type locality:** India: Darjeeling.

Poecilosomella brunettii: Hackman, 1977. *In*: Delfinado *et* Hardy, 1977. Cat. Dipt. Orient. Reg. 3: 405.

分布（Distribution）：浙江（ZJ）；印度。

（93）幽星小粪蝇 *Poecilosomella cryptica* **Papp, 1991**

Poecilosomella cryptica Papp, 1991. Acta Zool. Acad. Sci. Hung. 37: 108. **Type locality:** China: Taiwan, Koshun.

分布（Distribution）：台湾（TW）。

（94）弯星小粪蝇 *Poecilosomella curvipes* **Papp, 2002**

Poecilosomella curvipes Papp, 2002. Acta Zool. Acad. Sci. Hung. 48: 123. **Type locality:** China: Taiwan, Ilan Hsien, Fu-shan.

分布（Distribution）：台湾（TW）。

（95）台湾星小粪蝇 *Poecilosomella formosana* **Papp, 2002**

Poecilosomella formosana Papp, 2002. Acta Zool. Acad. Sci. Hung. 48: 124. **Type locality:** China: Taiwan, Ilan Hsien, Fu-shan.

分布（Distribution）：台湾（TW）；日本（冲绳）、尼泊尔、孟加拉国、越南、老挝、泰国、菲律宾、马来西亚、印度尼西亚。

（96）叉脉星小粪蝇 *Poecilosomella furcata* (Duda, 1925)

Leptocera (*Poecilosomella*) *furcata* Duda, 1925a. Arch. Naturgesch., Abteilung A 90 (11) (1924): 91. **Type locality:** China: Taiwan, Chip Chip.

Poecilosomella furcate: Papp, 2002. Acta Zool. Acad. Sci. Hung. 48: 116; Dong, Yang *et* Hayashi, 2006. Ann. Zool. 56: 646.

分布（Distribution）：云南（YN）、台湾（TW）、海南（HI）；越南、马来西亚。

（97）广东星小粪蝇 *Poecilosomella guangdongensis* Dong, Yang *et* Hayashi, 2006

Poecilosomella guangdongensis Dong, Yang *et* Hayashi, 2006. Ann. Zool. 56: 652. **Type locality:** China: Guangdong, Nanling National Nature Reserve.

分布（Distribution）：广东（GD）。

（98）长刺星小粪蝇 *Poecilosomella longicalcar* Papp, 2002

Poecilosomella longicalcar Papp, 2002. Acta Zool. Acad. Sci. Hung. 48: 126. **Type locality:** China: Taiwan, Nantou Hsien, Meifeng.

分布（Distribution）：台湾（TW）。

（99）长毛小粪蝇 *Poecilosomella longichaeta* Dong, Yang *et* Hayashi, 2007

Poecilosomella longichaeta Dong, Yang *et* Hayashi, 2007a. Trans. Am. Ent. Soc. 133: 331. **Type locality:** China: Guangxi, Nonggang.

分布（Distribution）：广西（GX）。

（100）长肋星小粪蝇 *Poecilosomella longinervis* (Duda, 1925)

Leptocera (*Poecilosomella*) *longinervis* Duda, 1925a. Arch. Naturgesch., Abteilung A 90 (11) (1924): 103. **Type locality:** China: Taiwan, Kosempo.

Poecilosomella longinervis: Dong, Yang *et* Hayashi, 2006. Ann. Zool. 56: 647.

分布（Distribution）：浙江（ZJ）、湖北（HB）、云南（YN）、西藏（XZ）、福建（FJ）、台湾（TW）、广东（GD）；巴基斯坦、印度、尼泊尔、缅甸、马来西亚。

（101）多斑星小粪蝇 *Poecilosomella multipunctata* (Duda, 1925)

Leptocera (*Poecilosomella*) *multipunctata* Duda, 1925a. Arch. Naturgesch., Abteilung A 90 (11) (1924): 101. **Type locality:** China: Taiwan, Kankau.

Leptocera (*Poecilosomella*) *apicata* Richards, 1964. Ann. Mag. Nat. Hist. (1963) (13) 6: 614. **Type locality:** Philippines: Mindoro, San Jose.

分布（Distribution）：台湾（TW）；印度、菲律宾、马来西亚、印度尼西亚。

（102）黑星小粪蝇 *Poecilosomella nigra* Papp, 2002

Poecilosomella nigra Papp, 2002. Acta Zool. Acad. Sci. Hung. 48: 129. **Type locality:** China: Taiwan, Pingtung Hsien, Kenting, Heng-Chun Tropical Botanical Gardenal Garden.

分布（Distribution）：台湾（TW）；斯里兰卡。

（103）黑胫星小粪蝇 *Poecilosomella nigrotibiata* (Duda, 1925)

Leptocera (*Poecilosomella*) *nigrotibiata* Duda, 1925a. Arch. Naturgesch., Abteilung A 90 (11) (1924): 98. **Type locality:** China: Taiwan, Takao.

分布（Distribution）：台湾（TW）。

（104）饰星小粪蝇 *Poecilosomella ornata* (de Meijere, 1908)

Limosina ornata de Meijere, 1908b. Tijdschr. Ent. 51: 177. **Type locality:** Not given.

Limosina venalicia var. *ornata*: de Meijere, 1918. Tijdschr. Ent. 60 (1917): 323.

Leptocera (*Poecilosomella*) *borboroides*: Deeming, 1964. Opusc. Ent. 29: 166.

Poecilosomella ornata: Papp, 2002. Acta Zool. Acad. Sci. Hung. 48: 113.

分布（Distribution）：台湾（TW）；印度尼西亚、斯里兰卡、新加坡、老挝。

（105）斑星小粪蝇 *Poecilosomella punctipennis* (Wiedemann, 1824)

Copromyza punctipennis Wiedemann, 1824a. Munus Rectoris in Academia Christiana Albertina Aditurus Analecta Entomológica ex Museo Regio Havniensi Máxime Congesta Profert Iconibusque Illustrat: 59. **Type locality:** "India: Orient".

Poecilosomella punctipennis: Hayashi, 2002. Med. Ent. Zool. 53: 121; Dong, Yang *et* Hayashi, 2006. Ann. Zool. 56: 649.

分布（Distribution）：福建（FJ）、台湾（TW）、广东（GD）、香港（HK）、澳门（MC）；日本、印度、尼泊尔、越南、斯里兰卡、菲律宾、印度尼西亚、美属萨摩亚、澳大利亚、夏威夷群岛、帕劳、斐济、密克罗尼西亚（雅浦群岛）、新喀里多尼亚（法）、巴布亚新几内亚。

（106）直脉星小粪蝇 *Poecilosomella rectinervis* (Duda, 1925)

Leptocera (*Poecilosomella*) *rectinervis* Duda, 1925a. Arch. Naturgesch., Abteilung A 90 (11) (1924): 100. **Type locality:** Indonesia: Java ("Mons Gede").

Poecilosomella rectinervis: Hackman, 1977. *In*: Delfinado *et*

Hardy, 1977. Cat. Dipt. Orient. Reg. 3: 496; Papp, 1991. Acta Zool. Acad. Sci. Hung. 37: 118; Papp, 2002. Acta Zool. Acad. Sci. Hung. 48: 118.

分布（Distribution）：台湾（TW）；缅甸、印度尼西亚。

（107）罗氏星小粪蝇 *Poecilosomella ronkayi* **Papp, 2002**

Poecilosomella ronkayi Papp, 2002. Acta Zool. Acad. Sci. Hung. 48: 139. **Type locality:** China: Taiwan, Ilan Hsien, Fu-Shan.

分布（Distribution）：台湾（TW）。

（108）三叉星小粪蝇 *Poecilosomella tridens* **Dong, Yang *et* Hayashi, 2007**

Poecilosomella longichaeta Dong, Yang *et* Hayashi, 2007a. Trans. Am. Ent. Soc. 133: 332. **Type locality:** China: Yunnan, Xishuangbanna, Mengla, Wangtianshu.

分布（Distribution）：云南（YN）。

（109）异星小粪蝇 *Poecilosomella varians* **(Duda, 1925)**

Leptocera (*Poecilosomella*) *varians* Duda, 1925a. Arch. Naturgesch., Abteilung A 90 (11) (1924): 99. **Type locality:** Singapore.

分布（Distribution）：台湾（TW）；印度、尼泊尔、缅甸、斯里兰卡、马来西亚、新加坡、印度尼西亚。

22. 伪锐小粪蝇属 *Pseudacuminiseta* Papp, 2008

Pseudacuminiseta Papp, 2008a. Acta Zool. Acad. Sci. Hung. 54 (Suppl. 2): 164. **Type species:** *Pseudacuminiseta formosana* Papp, 2008 (by original designation).

（110）台湾伪锐小粪蝇 *Pseudacuminiseta formosana* **Papp, 2008**

Pseudacuminiseta formosana Papp, 2008a. Acta Zool. Acad. Sci. Hung. 54 (Suppl. 2): 164. **Type locality:** China: Taiwan, Pingtung Hsien, Kenting, Heng-Chun Trop. Botanical Garden.

分布（Distribution）：台湾（TW）。

23. 伪丘小粪蝇属 *Pseudocollinella* Duda, 1924

Pseudocollinella Duda, 1924b. Verh. K. K. Zool.-Bot. Ges. Wien (1923) 73: 166. **Type species:** *Limosina septentrionalis* Stenhammar, 1855 (monotypy).

Spinotarsella Richards, 1929. Ent. Mon. Mag. 65: 173. **Type species:** *Limosina humida* Haliday, 1836 (by original designation).

（111）湿伪丘小粪蝇 *Pseudocollinella humida* **(Haliday, 1836)**

Limosina humida Haliday, 1836. Ent. Mag. 3: 328. **Type locality:** Great Britain: Northern Ireland, nr. Holywood; England, ? nr. London.

Leptocera (*Opacifrons*) *humida*: Roháček, 1982. Acta Ent. Bohem. 79: 69.

Pseudocollinella humida: Marshall *et* Smith, 1993. Can. J. Zool. 71: 835; Su, 2011. Lesser Dung Flies: 91.

分布（Distribution）：吉林（JL）、宁夏（NX）；俄罗斯、蒙古国、哈萨克斯坦、塔吉克斯坦、阿富汗、以色列、黎巴嫩、阿尔及利亚、? 马达加斯加、? 刚果（金）；欧洲。

24. 方小粪蝇属 *Pullimosina* Roháček, 1983

Pullimosina Roháček, 1983. Beitr. Ent. 33: 98. **Type species:** *Limosina heteroneura* Haliday, 1836 (by original designation).
Pullimosina: Hayashi, 2006. Med. Ent. Zool. 57: 265; Su, 2011. Lesser Dung Flies: 93; Su, Liu *et* Xu, 2013d. Entomol. Fennica 24: 1.

1）达氏小粪蝇亚属 *Dahlimosina* Roháček, 1983

Dahlimosina Roháček, 1983. Beitr. Ent. 33: 100. **Type species:** *Limosina* (*Scotophilella*) *dahli* Duda, 1918 (by original designation).

（112）四突方小粪蝇 *Pullimosina* (*Dahlimosina*) *quadripulata* **Su, Liu *et* Xu, 2013**

Pullimosina (*Dahlimosina*) *quadripulata* Su, Liu *et* Xu, 2013d. Entomol. Fennica 24: 1. **Type locality:** China: Liaoning Prov., Benxi City (Yanghugou).

分布（Distribution）：辽宁（LN）。

2）方小粪蝇亚属 *Pullimosina* Roháček, 1983

Pullimosina Roháček, 1983. Beitr. Ent. 33: 98. **Type species:** (by original designation).
Pullimosina: Hayashi, 2006. Med. Ent. Zool. 57: 265.

（113）异方小粪蝇 *Pullimosina* (*Pullimosina*) *heteroneura* **(Haliday, 1836)**

Limosina heteroneura Haliday, 1836. Ent. Mag. 3: 331. **Type locality:** Great Britain: Northern Ireland, Holywood.

Limosina jeanneli Bezzi, 1911. Arch. Zool. Expt. Gén. (5e Série) 8 (1): 69. **Type locality:** Algeria: Rhar Ifri, au Djebel Bou Zegza and Grotte du Lac souterrain à Hammam Meskoutine.

Pullimosina heteroneura: Hayashi, 2006. Med. Ent. Zool. 57: 266.

Pullimosina (*Dahlimosina*) *heteroneura*: Su, Liu *et* Xu, 2013, 2013d. Entomol. Fennica 24: 4.

分布（Distribution）：江西（JX）、台湾（TW）；俄罗斯、日本、塔吉克斯坦、阿富汗、以色列、黎巴嫩、澳大利亚、新西兰、加拿大、美国、墨西哥、阿尔及利亚、埃及、佛得角、乌干达、南非、突尼斯、阿联酋、阿根廷、百慕大（英）、厄瓜多尔；欧洲。

（114）锥方小粪蝇 *Pullimosina* (*Pullimosina*) *meta* Su, 2011

Pullimosina (*Pullimosina*) *meta* Su, 2011. Lesser Dung Flies: 93, 197. **Type locality:** China: Yunnan, Laifengshan.

Pullimosina (*Pullimosina*) *meta*: Su, Liu *et* Xu, 2013d. Entomol. Fennica 24: 5.

分布（Distribution）：陕西（SN）、浙江（ZJ）、江西（JX）、云南（YN）。

（115）叉方小粪蝇 *Pullimosina* (*Pullimosina*) *vulgesta* Roháček, 2001

Pullimosina (*Pullimosina*) *vulgesta* Roháček, 2001. Bull. Soc. Ent. Fr. 105 (5) (2000): 474. **Type locality:** Czech Republic: Moravia sept., Úvalenské louky reserve (distr. Opava).

Pullimosina (*Pullimosina*) *vulgesta*: Su, Liu *et* Xu, 2013d. Entomol. Fennica 24: 7.

Pullimosina moesta: Su, 2011. Lesser Dung Flies: 95.

分布（Distribution）：吉林（JL）、陕西（SN）、宁夏（NX）、浙江（ZJ）、江西（JX）、四川（SC）、云南（YN）；俄罗斯、？朝鲜、日本、？尼泊尔；欧洲。

25. 刺足小粪蝇属 *Rachispoda* Lioy, 1864

Rachispoda Lioy, 1864. Atti R. Ist. Véneto Sci. Lett. Arti (3) 9: 1116. **Type species:** *Copromyza limosa* Fallén, 1820 (monotypy).

Collinella Duda, 1918. Abh. K. K. Zool.-Bot. Ges. Wien 10 (1): 13, 27. **Type species:** *Limosina halidayi* Collin, 1902 [= *Rachispoda varicornis* (Strobl, 1900)].

Collinellula Strand, 1928. Arch. Naturgesch. (1926) 92A (8): 49. **Type species:** *Limosina halidayi* Collin, 1902 [= *Rachispoda varicornis* (Strobl, 1900)].

Colluta Strand, 1932. Folia Zool. Hydrobiol. 4 (1): 120. **Type species:** *Limosina zernyi* Duda, 1924 [= *Rachispoda acrosticalis* (Becker, 1903)] (monotypy).

Rachispodina Enderlein, 1936. Tierwelt Mitteleu. 6 (2), Ins. 3: 173. **Type species:** *Borborus fuscipennis* Haliday, 1833 (monotypy).

（116）短突刺足小粪蝇 *Rachispoda breviprominens* Su, 2011

Rachispoda breviprominens Su, 2011. Lesser Dung Flies: 97. **Type locality:** China: Ningxia, Liupanshan National Nature Reserve.

分布（Distribution）：陕西（SN）、宁夏（NX）。

（117）蹠刺足小粪蝇 *Rachispoda filiforceps* (Duda, 1925)

Leptocera (*Collinella*) *filiforceps* Duda, 1925a. Arch.

Naturgesch., Abteilung A 90 (11) (1924): 40. **Type locality:** China: Taiwan, Tainan. Indonesia: Java, Batavia and Goewe Lawa Bobokan. Vietnam: Mittel-Annam.

分布（Distribution）：台湾（TW）；澳大利亚、斯里兰卡、越南、菲律宾、印度尼西亚。

（118）棕刺足小粪蝇 *Rachispoda fuscipennis* (Haliday, 1833)

Borborus fuscipennis Haliday, 1833. Ent. Mag. 1 (2): 178. **Type locality:** Ireland.

Limosina oelandica Stenhammar, 1855. K. Vetensk. Acad. Nya Handl. (ser. 3) 1853: 391. **Type locality:** Sweden: Öland (Oelandia).

Limosina plurisetosa Strobl, 1900a. Wien. Ent. Ztg. 19: 69. **Type locality:** Spain: Algeciras.

Leptocera (*Collinella*) *echinaspis* Spuler, 1924. Ann. Ent. Soc. Am. 17: 108. **Type locality:** USA: California, Palo Alto.

Leptocera downesi Richards, 1944. Proc. R. Ent. Soc. London (B) 13: 137. **Type locality:** Great Britain: Scotland, Glasgow.

分布（Distribution）：台湾（TW）；俄罗斯、蒙古国、日本、阿富汗、吉尔吉斯斯坦、乌兹别克斯坦、土耳其、伊拉克、以色列、约旦、突尼斯、阿联酋、加拿大、美国、巴哈马、百慕大（英）、厄瓜多尔（科隆群岛）、墨西哥、澳大利亚、关岛（美）、新西兰、阿尔及利亚、埃及、马达加斯加、纳米比亚、沙特阿拉伯、也门（索科特拉岛）、刚果（金）、圣赫勒拿（英）；欧洲。

（119）钩刺足小粪蝇 *Rachispoda hamata* Su, 2011

Rachispoda hamata Su, 2011. Lesser Dung Flies: 98. **Type locality:** China: Guangxi, Maoer Mt.

分布（Distribution）：浙江（ZJ）、云南（YN）、广西（GX）。

（120）钝刺足小粪蝇 *Rachispoda hebetis* Su, 2011

Rachispoda hebetis Su, 2011. Lesser Dung Flies: 100. **Type locality:** China: Liaoning, Hulu Island, Jianchang, Bailang Mt.

分布（Distribution）：吉林（JL）、辽宁（LN）、河北（HEB）。

（121）腐刺足小粪蝇 *Rachispoda modesta* (Duda, 1924)

Limosina (*Collinella*) *modesta* Duda, 1924b. Verh. K. K. Zool.-Bot. Ges. Wien (1923) 73: 170. **Type locality:** Hungary: Gyón.

Rachispoda modesta: Su, 2011. Lesser Dung Flies: 102.

分布（Distribution）：辽宁（LN）；阿富汗、乌兹别克斯坦、土耳其、伊拉克、伊朗、以色列、黎巴嫩、塔吉克斯坦、突尼斯、阿尔及利亚；欧洲。

（122）伪鬃刺足小粪蝇 *Rachispoda pseudooctisetosa* (Duda, 1925)

Leptocera (*Collinella*) *pseudooctisetosa* Duda, 1925a. Arch. Naturgesch., Abteilung A 90 (11) (1924): 27. **Type locality:** China: Taiwan, Tainan. Australia: Queensland, Brisbane. Indonesia: Java, Batavia and Semarang. Philippines: Los

Baños.

分布（Distribution）：台湾（TW）；缅甸、斯里兰卡、印度尼西亚（爪哇岛）、菲律宾、澳大利亚、埃塞俄比亚、马达加斯加、坦桑尼亚、刚果（金）。

（123）索刺足小粪蝇 *Rachispoda sauteri* (Duda, 1925)

Leptocera (*Collinella*) *Sauteri* Duda, 1925a. Arch. Naturgesch., Abteilung A 90 (11) (1924): 26. **Type locality:** China: Taiwan, Chip Chip.

分布（Distribution）：台湾（TW）。

（124）斑刺足小粪蝇 *Rachispoda subtinctipennis* (Brunetti, 1913)

Limosina subtinctipennis Brunetti, 1913c. Rec. India Mus. 8: 174. **Type locality:** India: Assam, Dibrugarh.

Rachispoda subtinctipennis: Su, 2011. Lesser Dung Flies: 103.

分布（Distribution）：吉林（JL）、辽宁（LN）、陕西（SN）、浙江（ZJ）、台湾（TW）；日本、印度（阿萨姆邦）、尼泊尔、越南、菲律宾、斯里兰卡、印度尼西亚（爪哇岛）、密克罗尼西亚、帕劳、所罗门群岛、圣赫勒拿（英）、佛得角、埃塞俄比亚、马达加斯加、南非、坦桑尼亚。

26. 刺尾小粪蝇属 *Spelobia* Spuler, 1924

Spelobia Spuler, 1924. Proc. Acad. Nat. Sci. Phila. (1923) 75: 376. **Type species:** *Limosina tenebrarum* Aldrich, 1897 (by original designation).

（125）圆刺尾小粪蝇 *Spelobia circularis* Su *et* Liu, 2016

Spelobia circularis Su *et* Liu, 2016. *In*: Dong *et al.*, 2016. *In*: Yang *et al.*, 2016. Fauna of Tianmu Mountain (Sphaeroceridae) 9: 77. **Type locality:** China: Zhejiang, Tianmu Shan, Xianrentai.

分布（Distribution）：山西（SX）、陕西（SN）、浙江（ZJ）。

（126）克刺尾小粪蝇 *Spelobia clunipes* (Meigen, 1830)

Borborus clunipes Meigen, 1830. Syst. Beschr. Europ. Zweifl. Insekt. 6: 208. **Type locality:** Not given (? Germany).

Limosina crassimana Haliday, 1836. Ent. Mag. 3: 328. **Type locality:** Ireland.

Copromyza pygmaea Zetterstedt, 1838. Insecta Lapp.: 771. **Type locality:** Sweden: Lapponia Tornensi, Lapponia Umensi, Stensele.

Limosina nigrinervis Dahl, 1909. Sber. Ges. Naturf. Freunde Berl. 6: 374. **Type locality:** Germany: Brandenburg, Plagefenn (Plagesee) bei Chorin.

Spelobia pseudoclunipes Su, 2011. Lesser Dung Flies: 110. **Type locality:** China: Hebei, Xiaowutaishan, Donglingshan.

分布（Distribution）：河北（HEB）、新疆（XJ）、西藏（XZ）；俄罗斯、蒙古国、塔吉克斯坦、乌兹别克斯坦、阿富汗、

加拿大、美国、突尼斯；欧洲。

（127）凹刺尾小粪蝇 *Spelobia concave* Su, 2011

Spelobia concave Su, 2011. Lesser Dung Flies: 106. **Type locality:** China: Jilin, Changbai Mt., Beipo [1300-2200 m].

分布（Distribution）：吉林（JL）。

（128）长毛刺尾小粪蝇 *Spelobia longisetula* Su *et* Liu, 2016

Spelobia circularis Su *et* Liu, 2016. *In*: Dong *et al.*, 2016. *In*: Yang *et al.*, 2016. Fauna of Tianmu Mountain (Sphaeroceridae) 9: 78. **Type locality:** China: Zhejiang, Tianmu Mountain, Xianrentai.

分布（Distribution）：陕西（SN）、浙江（ZJ）、江西（JX）。

（129）黄唇刺尾小粪蝇 *Spelobia luteilabris* (Rondani, 1880)

Limosina luteilabris Rondani, 1880. Bull. Soc. Ent. Ital. 12: 32. **Type locality:** Italy: Parma.

Limosina simplicimana Rondani, 1880. Bull. Soc. Ent. Ital. 12: 31. **Type locality:** Italy.

Leptocera (*Scotophilella*) *carinata* Spuler, 1925. J. N. Y. Ent. Soc. 33: 153. **Type locality:** USA: Illinois.

分布（Distribution）：吉林（JL）、辽宁（LN）、河北（HEB）、宁夏（NX）；朝鲜、俄罗斯、日本、加拿大、美国、新西兰；欧洲。

（130）红唇刺尾小粪蝇 *Spelobia rufilabris* (Stenhammar, 1855)

Limosina rufilabris Stenhammar, 1855. K. Vetensk. Acad. Nya Handl. (ser. 3) 1853: 408. **Type locality:** Sweden: "Gttb".

Limosina (*Scotophilella*) *rufilabris*: Duda, 1918. Abh. K. K. Zool.-Bot. Ges. Wien 10 (1): 162.

Spelobia (*Spelobia*) *rufilabris*: Roháček, 1983. Beitr. Ent. 33: 85; Su, 2011. Lesser Dung Flies: 109.

分布（Distribution）：云南（YN）；俄罗斯、蒙古国、尼泊尔；欧洲。

27. 泥刺小粪蝇属 *Spinilimosina* Roháček, 1983

Spinilimosina Roháček, 1983. Beitr. Ent. 33: 110. **Type species:** *Limosina* (*Scotophilella*) *brevicostata* Duda, 1918 (by original designation).

Spinilimosina: Su, 2011. Lesser Dung Flies: 111.

（131）短脉泥刺小粪蝇 *Spinilimosina brevicostata* (Duda, 1918)

Limosina (*Scotophilella*) *brevicostata* Duda, 1918. Abh. K. K. Zool.-Bot. Ges. Wien 10 (1): 183. **Type locality:** Germany: S.-Harz, Ilfeld.

Spinilimosina brevicostata: Roháček, 2004. Folia Facultatis

Scientiarum Naturalium Universitatis Masarykianae Brunensis, Biologia 109: 258; Su, 2011. Lesser Dung Flies: 112; Dong *et al.*, 2016. *In*: Yang *et al.*, 2016. Fauna of Tianmu Mountain (Sphaeroceridae) 9: 80.

分布（Distribution）：陕西（SN）、浙江（ZJ）、四川（SC）、云南（YN）、台湾（TW）；俄罗斯、阿富汗、尼泊尔、斯里兰卡、埃及、以色列、突尼斯、美国、百慕大（英）、巴布亚新几内亚、埃塞俄比亚、马达加斯加、南非、刚果（金）、巴西、多米尼加共和国、洪都拉斯、牙买加、圣基茨和尼维斯；欧洲。

（132）赤额刺沼小粪蝇 *Spinilimosina rufifrons* (Duda, 1925)

Limosina (*Scotophilella*) *brevicostata* var. *rufifrons* Duda, 1925a. Arch. Naturgesch., Abteilung A 90 (11) (1924): 188. **Type locality:** China: Taiwan, Anping and Takao. Papua New Guinea: Guinea, Seleo. India: O. India, Mātherān. Ethiopia: Marako.

分布（Distribution）：台湾（TW）；日本、印度、马来西亚、库克群岛（新西）、夏威夷群岛、巴布亚新几内亚、埃塞俄比亚、刚果（金）、巴西。

28. 泽小粪蝇属 *Telomerina* Roháček, 1983

Telomerina Roháček, 1983. Beitr. Ent. 33: 129. **Type species:** *Borborus flavipes* Meigen, 1830 (by original designation). *Telomerina*: Marshall *et* Roháček, 1984. Syst. Ent. 9: 128; Su, Liu *et* Xu, 2013. Pan-Pac. Entomol. 89 (1): 7.

（133）弯泽小粪蝇 *Telomerina curvibasata* Su, Liu *et* Xu, 2013

Telomerina curvibasata Su, Liu *et* Xu, 2013. Pan-Pac. Entomol. 89 (1): 8. **Type locality:** China: Jiangxi, Mt. Guan, River Dong.

分布（Distribution）：江西（JX）。

（134）黄泽小粪蝇 *Telomerina flavipes* (Meigen, 1830)

Borborus flavipes Meigen, 1830. Syst. Beschr. Europ. Zweifl. Insekt. 6: 208. **Type locality:** Not given (? Austria). *Limosina minutissima* Zetterstedt, 1847. Dipt. Scand. 6: 2505. **Type locality:** Sweden: Scania, nr. Lund *et* Paradislyckan; Ostrogothia, nr. Wadsena; North Jemtlandia, Reskutan. *Leptocera* (*Scotophilella*) *gracilipennis* Spuler, 1925. J. N. Y. Ent. Soc. 33: 78. **Type locality:** USA: Washington, Friday Harbor.
Limosina (*Limosina*) *ventruosella* Venturi, 1965. Frust. Ent. 7: 7. **Type locality:** Italy: Sicily, Mt. Etna, grotta di S. Gregorio.
Telomerina flavipes: Su, Liu *et* Xu, 2013. Pan-Pac. Entomol. 89 (1): 10.

分布（Distribution）：辽宁（LN）、青海（QH）、江西（JX）、台湾（TW）；俄罗斯、蒙古国、日本、阿富汗、塔吉克斯坦、埃及、伊朗、以色列、加拿大、格陵兰（丹）、美国、墨西哥、澳大利亚、新西兰、突尼斯、南非、巴西、智利；欧洲。

（135）侧泽小粪蝇 *Telomerina laterspinata* Su, Liu *et* Xu, 2013

Telomerina laterispinata Su, Liu *et* Xu, 2013. Pan-Pac. Entomol. 89 (1): 11. **Type locality:** China: Jiangxi, Mt. Guan, River Dong.

分布（Distribution）：辽宁（LN）、江西（JX）。

（136）官山泽小粪蝇 *Telomerina levicana* Su, Liu *et* Xu, 2013

Telomerina levicana Su, Liu *et* Xu, 2013. Pan-Pac. Entomol. 89 (1): 12. **Type locality:** China: Jiangxi, Mt. Guan.

分布（Distribution）：江西（JX）。

（137）棒泽小粪蝇 *Telomerina tuberculata* Su, 2013

Telomerina tuberculata Su, 2013. *In*: Su, Liu *et* Xu, 2013. Pan-Pac. Entomol. 89 (1): 14. **Type locality:** China: Jiangxi, Mt. Guan.

分布（Distribution）：江西（JX）。

29. 陆小粪蝇属 *Terrilimosina* Roháček, 1983

Terrilimosina Roháček, 1983. Beitr. Ent. 33: 21. **Type species:** *Limosina racovitzai* Bezzi, 1911 (by original designation). *Terrilimosina*: Hayashi, 1992. Jap. J. Ent. 60 (3): 567; Su *et* Liu, 2009c. Pan-Pac. Entomol. 85 (2): 51; Su, 2011. Lesser Dung Flies: 113.

（138）短毛陆小粪蝇 *Terrilimosina brevipexa* Marshall, 1987

Terrilimosina brevipexa Marshall, 1987. Proc. Ent. Soc. Wash. 89: 503. **Type locality:** Japan: Shikoku, Ishizuchi Mt. National Park, Tsuchigoya.
Terrilimosina brevipexa: Hayashi, 1992. Jpn. J. Ent. 60 (3): 568; Su *et* Liu, 2009c. Pan-Pac. Entomol. 85 (2): 51; Su, 2011. Lesser Dung Flies: 116.

分布（Distribution）：吉林（JL）；日本。

（139）羊角陆小粪蝇 *Terrilimosina capricornis* Su, Liu *et* Xu, 2009

Terrilimosina capricornis Su, Liu *et* Xu, 2009. Acta Zootaxon. Sin. 34 (4): 808. **Type locality:** China: Guangxi Zhuang Autonomous Region, Maoer Mountain.
Terrilimosina capricornis: Su, 2011. Lesser Dung Flies: 115.

分布（Distribution）：浙江（ZJ）、江西（JX）、广西（GX）。

（140）矮陆小粪蝇 *Terrilimosina nana* Hayashi, 1992

Terrilimosina nana Hayashi, 1992. Jpn. J. Ent. 60 (3): 569. **Type locality:** Japan: Saitama, Iruma-gun, Moroyama.

Terrilimosina nana: Su, 2011. Lesser Dung Flies: 117.
分布（Distribution）：辽宁（LN）；日本。

（141）类短毛陆小粪蝇 *Terrilimosina parabrevipexa* Su *et* Liu, 2009

Terrilimosina parabrevipexa Su *et* Liu, 2009c. Pan-Pac. Entomol. 85 (2): 53. **Type locality:** China: Ningxia, Mt. Liupan.

分布（Distribution）：陕西（SN）、宁夏（NX）。

（142）猫儿山陆小粪蝇 *Terrilimosina paralongipexa maoershanensis* Su, 2011

Terrilimosina paralongipexa maoershanensis Su, 2011. Lesser Dung Flies: 120. **Type locality:** China: Guangxi, Maoershan.

分布（Distribution）：广西（GX）。

（143）类长毛陆小粪蝇 *Terrilimosina paralongipexa paralongipexa* Hayashi, 1992

Terrilimosina paralongipexa Hayashi, 1992. Jap. J. Ent. 60 (3): 572. **Type locality:** Japan: Saitama, Iruma-gun, Moroyama.

Terrilimosina paralongipexa: Su *et* Liu, 2009c. Pan-Pac. Entomol. 85 (2): 52; Su, 2011. Lesser Dung Flies: 121.

分布（Distribution）：吉林（JL）、辽宁（LN）、陕西（SN）、江西（JX）；日本。

（144）类毛突陆小粪蝇 *Terrilimosina parasmetanai* Su *et* Liu, 2009

Terrilimosina parasmetanai Su *et* Liu, 2009c. Pan-Pac. Entomol. 85 (2): 55. **Type locality:** China: Ningxia Prov., Mt. Liu-p'an.

Terrilimosina parasmetanai: Su, 2011. Lesser Dung Flies: 122.

分布（Distribution）：宁夏（NX）。

（145）双叶陆小粪蝇 *Terrilimosina schmitzi* (Duda, 1918)

Limosina (*Scotophilella*) *schmitzi* Duda, 1918. Abh. K. K. Zool.-Bot. Ges. Wien 10 (1): 111. **Type locality:** Germany: Südharz, Ilfeld.

Terrilimosina schmitzi: Roháček, 1982. Beitr. Ent. 32: 267; Roháček, 1983. Beitr. Ent. 33: 26; Su *et* Liu, 2009c. Pan-Pac. Entomol. 85 (2): 52; Su, 2011. Lesser Dung Flies: 124.

分布（Distribution）：吉林（JL）、辽宁（LN）；俄罗斯、蒙古国、朝鲜、加拿大、美国；欧洲。

30. 胸刺小粪蝇属 *Thoracochaeta* Duda, 1918

Thoracochaeta Duda, 1918. Abh. K. K. Zool.-Bot. Ges. Wien 10 (1): 32. **Type species:** *Borborus zosterae* Haliday, 1833.
Thoracochaeta: Su, 2011. Lesser Dung Flies: 125.

（146）波斯胸刺小粪蝇 *Thoracochaeta acinaces* Roháček *et* Marshall, 2000

Thoracochaeta acinaces Roháček *et* Marshall, 2000. Stud. Dipt. 7: 362. **Type locality:** China: Fujian, Foochow [= Fuzhou].

分布（Distribution）：福建（FJ）；日本。

（147）短腹胸刺小粪蝇 *Thoracochaeta brachystoma* (Stenhammar, 1855)

Limosina brachystoma Stenhammar, 1855. K. Vetensk. Acad. Nya Handl. (ser. 3) 1853: 393. **Type locality:** Sweden: Såne, Lomma.

Limosina andalusiaca Strobl, 1900a. Wien. Ent. Ztg. 19: 69. **Type locality:** Spain: Algeciras.

Limosina (*Thoracochaeta*) *brachystoma* var. *nigripennis* Duda, 1918. Abh. K. K. Zool.-Bot. Ges. Wien 10 (1): 102. **Type locality:** Germany: Westfalen, Eickel ["Herten" on original label].

Leptocera (*Thoracochaeta*) *rufa* Spuler, 1925. Can. Entomol. 57 (4): 122. **Type locality:** USA: Mas-sachusetts, Horseneck Beach.

Thoracochaeta rudis Vanschuytbroeck, 1951. Bull. Ann. Soc. R. Ent. Belg. 87: 186. **Type locality:** Belgium: Knocke-sur-mer.

Limosina (*Thoracochaeta*) *fittkaui* Remmert, 1955. Zool. Jahrb. (Syst.) 83: 471. **Type locality:** Egypt: Hurghada.

Elachisoma spinicosta Collin, 1966. Boll. Mus. Civ. Stor. Nat. Venezia 16 (1963): 36. **Type locality:** Italy: Delta Padono, Rosolina Mare.

Leptocera (*Thoracochaeta*) *fucicola* Richards, 1973. Aust. J. Zool. Suppl. Ser. 22: 326. **Type locality:** Australia: New South Wales, Long Reef.

Thoracochaeta tunisica Papp, 1978. Folia Ent. Hung. S. N. 31 (2): 198. **Type locality:** Tunisia: Monastir.

分布（Distribution）：辽宁（LN）；？俄罗斯、日本、菲律宾、印度尼西亚（苏门答腊岛）、也门、埃及、黎巴嫩、突尼斯、阿联酋、加拿大、美国、伯利兹、巴哈马、百慕大（英）、牙买加、墨西哥、澳大利亚、夏威夷群岛、帕劳、密克罗尼西亚（雅浦群岛）、新喀里多尼亚（法）、库克群岛（新西）、阿尔及利亚、喀麦隆、加纳、塞舌尔、南非、智利、多米尼加共和国、秘鲁、委内瑞拉、安提瓜和巴布达、阿根廷、复活节岛、高夫岛、特里斯坦-达库尼亚群岛；欧洲。

（148）弯胫胸刺小粪蝇 *Thoracochaeta johnsoni* (Spuler, 1925)

Leptocera (*Thoracochaeta*) *johnsoni* Spuler, 1925. Can. Entomol. 57 (4): 121. **Type locality:** USA: Washington, Seattle.

Thoracochaeta johnsoni: Su, 2011. Lesser Dung Flies: 128.

分布（Distribution）：辽宁（LN）；日本、英国、意大利、加拿大、美国、墨西哥、阿根廷、智利。

（149）直胸刺小粪蝇 *Thoracochaeta recta* **Su, 2011**

Thoracochaeta recta Su, 2011. Lesser Dung Flies: 129. **Type locality:** China: Liaoning, Dalian, Heishijiao.

分布（Distribution）：辽宁（LN）。

（150）异缘胸刺小粪蝇 *Thoracochaeta seticosta* **(Spuler, 1925)**

Leptocera (*Thoracochaeta*) *seticosta* Spuler, 1925. Can. Entomol. 57 (4): 120. **Type locality:** USA: Washington, Seattle.

Thoracochaeta seticosta: Florén, 1989. Ent. Tidskr. 110: 14; Roháček *et* Marshall, 2000. Stud. Dipt. 7: 321; Su, 2011. Lesser Dung Flies: 130.

分布（Distribution）：辽宁（LN）；俄罗斯、日本、丹麦、英国、挪威、瑞典、加拿大、美国、？特里斯坦-达库尼亚群岛。

31. 粗小粪蝇属 *Trachyopella* Duda, 1918

Trachyopella Duda, 1918. Abh. K. K. Zool.-Bot. Ges. Wien 10 (1): 15, 34. **Type species:** *Limosina melania* Haliday, 1836 (automatic).

Trachyops Rondani, 1880. Bull. Soc. Ent. Ital. 12: 24. **Type species:** *Limosina melania* Haliday, 1836 (monotypy).

Insulomyia Papp, 1972. Acta Zool. Acad. Sci. Hung. 18: 109. **Type species:** *Insulomyia microps* Papp, 1972 (by original designation).

Minuscula Roháček *et* Marshall, 1986. Museo Regionale di Scienze Naturali, Torino: 46. **Type species:** *Trachyopella minuscula* Collin, 1956 (by original designation).

（151）台湾粗小粪蝇 *Trachyopella* (*Trachyopella*) *formosae* **(Duda, 1925)**

Leptocera (*Trachyopella*) *formosae* Duda, 1925a. Arch. Naturgesch., Abteilung A 90 (11) (1924): 200. **Type locality:** China: Taiwan, Takao.

分布（Distribution）：台湾（TW）。

32. 三叶小粪蝇属 *Trilobitella* Papp, 2008

Trilobitella Papp, 2008a. Acta Zool. Acad. Sci. Hung. 54 (Suppl. 2): 173. **Type species:** *Trilobitella taiwanica* Papp, 2008 (by original designation).

（152）台湾三叶小粪蝇 *Trilobitella taiwanica* **Papp, 2008**

Trilobitella taiwanica Papp, 2008a. Acta Zool. Acad. Sci. Hung. 54 (Suppl. 2): 175. **Type locality:** China: Taiwan, Ilan Hsien, Fu-Shan LTER Site.

分布（Distribution）：台湾（TW）。

小粪蝇亚科 Sphaerocerinae

33. 栉小粪蝇属 *Ischiolepta* Lioy, 1864

Ischiolepta Lioy, 1864. Atti R. Ist. Véneto Sci. Lett. Arti (3) 9: 1112. **Type species:** *Borborus denticulatus* Meigen, 1830 (monotypy).

Ischiolepta: Han *et* Kim, 1990. Ann. Ent. Soc. Am. 83: 411.

（153）双钩栉小粪蝇 *Ischiolepta biuncialis* **Dong, Yang *et* Hayashi, 2007**

Ischiolepta biuncialis Dong, Yang *et* Hayashi, 2007b. Trans. Am. Ent. Soc. 133: 130. **Type locality:** China: Ningxia, Liupanshan.

分布（Distribution）：河北（HEB）、宁夏（NX）。

（154）亮栉小粪蝇 *Ischiolepta nitida* **(Duda, 1920)**

Sphaerocera nitida Duda, 1920. Tijdschr. Ent. 63: 27. **Type locality:** Germany: Westfalen, Herten.

分布（Distribution）：四川（SC）、西藏（XZ）；俄罗斯、阿富汗、斯洛伐克、保加利亚、克罗地亚、捷克、奥地利、比利时、丹麦、芬兰、波兰、法国、德国、英国、匈牙利、爱尔兰、拉脱维亚、荷兰、挪威、瑞典、瑞士、乌克兰。

（155）东方栉小粪蝇 *Ischiolepta orientalis* **(de Meijere, 1908)**

Sphaerocera orientalis de Meijere, 1908b. Tijdschr. Ent. 51: 178. **Type locality:** Indonesia: Java, Semarang.

Ischiolepta orientalis: Hayashi, 2005. The Dipterist's Club of Japan 'HANA ABU' 19 (3): 11.

分布（Distribution）：河北（HEB）；日本、巴基斯坦、印度、印度尼西亚（爪哇岛）、越南、泰国、斯里兰卡。

（156）类德氏栉小粪蝇 *Ischiolepta paradraskovitsae* **Su, Liu *et* Xu, 2015**

Ischiolepta paradraskovitsae Su, Liu *et* Xu, 2015b. Orient. Insects 49 (1-2): 1. **Type locality:** China: Zhejiang, Tianmu Mountain, Daxiaogu, Qianmutian.

Ischiolepta paraorientalis Dong et al., 2016. *In*: Yang *et al.*, 2016. Fauna of Tianmu Mountain (Sphaeroceridae) 9: 56. **Type locality:** China: Zhejiang, Tianmu Mountain, Daxiaogu, Qianmutian.

分布（Distribution）：浙江（ZJ）。

34. 梳小粪蝇属 *Lotobia* Lioy, 1864

Lotobia Lioy, 1864. Atti R. Ist. Véneto Sci. Lett. Arti (3) 9: 1114. **Type species:** *Borborus pallidiventris* Meigen, 1830 (monotypy).

Allosphaerocera Hendel, 1920. Wien. Ent. Ztg. 38: 54. **Type species:** *Borborus hyalipennis* Meigen, 1838 [= *Lotobia pallidiventris* (Meigen, 1830)] (by original designation).

（157）亚梳小粪蝇 *Lotobia asiatica* **Hayashi *et* Papp, 2004**

Lotobia asiatica Hayashi *et* Papp, 2004. Acta Zool. Acad. Sci. Hung. 50: 212. **Type locality:** Japan: Okinawa Pref., Ishigaki I., Shiraho.

Lotobia asiatica: Papp, Merz *et* Földvári, 2006. Acta Zool. Acad. Sci. Hung. 52 (2): 221.

分布（**Distribution**）：台湾（TW）；日本、巴基斯坦、印度、尼泊尔、泰国、越南、斯里兰卡、菲律宾。

35. 小粪蝇属 *Sphaerocera* Latreille, 1804

Sphaerocera Latreille, 1804. Nouv. Dict. Hist. Nat. 24 (3): 197. **Type species:** *Sphaerocera curvipes* Latreille, 1805 (subsequent monotypy).

Cypsela Meigen, 1800. Nouve. Class.: 31. **Type species:** *Musca subsultans* Linnaeus, 1767 (by subsequent designation of Coquillett, 1910).

Borborus Meigen, 1803. Mag. Insektenkd. 2: 276. **Type species:** *Musca subsultans* Linnaeus, 1767 (by subsequent designation of Curtis, 1833).

Sphaerocera: Dong, Yang *et* Hayashi, 2009. Trans. Am. Ent. Soc. 135: 175; Su, 2011. Lesser Dung Flies: 31.

（158）弯刺小粪蝇 *Sphaerocera curvipes* Latreille, 1805

Sphaerocera curvipes Latreille, 1805. Histoire naturelle, générale *et* particulière des Crustacés *et* des Insectes: 394. **Type locality:** France.

Lordatia merdarum Robineau-Desvoidy, 1830. Mém. Prés. Div. Sav. Acad. R. Sci. Inst. Fr. 2 (2): 808. **Type locality:** Not given (France).

Lordatia stercoraria Robineau-Desvoidy, 1830. Mém. Prés. Div. Sav. Acad. R. Sci. Inst. Fr. 2 (2): 809. **Type locality:** Not given (France).

Lordatia cadaverina Robineau-Desvoidy, 1830. Mém. Prés.

Div. Sav. Acad. R. Sci. Inst. Fr. 2 (2): 809. **Type locality:** Not given (France).

Lordatia necrophaga Robineau-Desvoidy, 1830. Mém. Prés. Div. Sav. Acad. R. Sci. Inst. Fr. 2 (2): 809. **Type locality:** France: Saint-Sauveur and Paris.

Borborus obtusus Meigen, 1835. Faunus (Gistel's) 2: 72. **Type locality:** Germany: München vicinity.

Borborus opacus Meigen, 1835. Faunus (Gistel's) 2: 72. **Type locality:** Germany: München vicinity.

Sphaerocera curvipes: Dong, Yang *et* Hayashi, 2009. Trans. Am. Ent. Soc. 135: 178.

分布（**Distribution**）：河北（HEB）、北京（BJ）、新疆（XJ）、西藏（XZ）；俄罗斯、蒙古国、日本、塔吉克斯坦、阿富汗、印度、尼泊尔、巴基斯坦、埃及、伊朗、突尼斯、加拿大、美国、澳大利亚、新西兰、阿尔及利亚、埃塞俄比亚；欧洲。

（159）千山小粪蝇 *Sphaerocera curvipes qianshanensis* Su, 2011

Sphaerocera curvipes qianshanensis Su, 2011. Lesser Dung Flies: 33. **Type locality:** China: Liaoning, Qianshan.

分布（**Distribution**）：辽宁（LN）。

（160）棒鬃小粪蝇 *Sphaerocera psedomonilia hallux* Roháček *et* Florén, 1987

Sphaerocera pseudomonilis hallux Roháček *et* Florén, 1987. Reichenbachia 24: 171. **Type locality:** Sweden.

Sphaerocera pseudomonilis ssp. *hallux*: Dong, Yang *et* Hayashi, 2009. Trans. Am. Ent. Soc. 135: 180.

分布（**Distribution**）：北京（BJ）、贵州（GZ）；瑞典、美国。

实蝇总科 Tephritoidea

芒蝇科 Ctenostylidae

1. 尼泊尔芒蝇属 *Nepalseta* Barraclough, 1995

Nepalseta Barraclough, 1995. Ann. Natal Mus. 36 (1): 135. **Type species:** *Nepaliseta mirabilis* Barraclough, 1995 (by original designation).

（1）艾什莉尼泊尔芒蝇 *Nepaliseta ashleyi* (Barraclough, 1998)

Ramuliseta ashleyi Barraclough, 1998. Ann. Natal Mus. 39: 120. **Type locality:** Indonesia: Sulawesi Utara.
Nepaliseta ashleyi Korneyev, 2001. Vestn. Zool. 35 (3): 47.
分布（Distribution）：云南（YN）、台湾（TW）；泰国、印度尼西亚。

（2）奇异尼泊尔芒蝇 *Nepaliseta mirabilis* Barraclough, 1995

Nepaliseta mirabilis Barraclough, 1995. Ann. Natal Mus. 36 (1): 135. **Type locality:** Nepal: Godavari.
分布（Distribution）：四川（SC）、西藏（XZ）、广东（GD）；尼泊尔。

2. 枝芒蝇属 *Ramuliseta* Keiser, 1951

Ramuliseta Keiser, 1951. Mitt. Schw. Ent. Ges. 24 (1): 113. **Type species:** *Ramuliseta palpifera* Keiser, 1951 (by original designation).

（3）须枝芒蝇 *Ramuliseta palpifera* Keiser, 1951

Ramuliseta palpifera Keiser, 1951. Mitt. Schw. Ent. Ges. 24 (1): 121. **Type locality:** Indonesia: Lesser Sunda Islands.
分布（Distribution）：云南（YN）；印度尼西亚。

（4）泰国枝芒蝇 *Ramuliseta thaica* Korneyev, 2001

Ramuliseta thaica Korneyev, 2001. Vestn. Zool. 35 (3): 47. **Type locality:** Thailand: Umg. Passhohe NW Pai, Lichtfang.
分布（Distribution）：河南（HEN）、四川（SC）、云南（YN）、西藏（XZ）；越南、泰国。

3. 华丛芒蝇属 *Sinolochmostylia* Yang, 1995

Sinolochmostylia Yang, 1995. *In*: Zhu, 1995. Insects and Macrofungi of Gutianshan, Zhejiang: 247. **Type species:** *Sinolochmostylia sinica* Yang, 1995 (by original designation).

（5）中华丛芒蝇 *Sinolochmostylia sinica* Yang, 1995

Sinolochmostylia sinica Yang, 1995. *In*: Zhu, 1995. Insects and Macrofungi of Gutianshan, Zhejiang: 247. **Type locality:** China: Zhejiang, Mt. Gutian.
Sinolochmostylia sinica: Han, 2006. Zool. Stud. 45 (3): 358.
分布（Distribution）：浙江（ZJ）、四川（SC）；韩国。

尖尾蝇科 Lonchaeidae

毛尖尾蝇亚科 Dasiopinae

1. 毛尖尾蝇属 *Dasiops* Rondani, 1856

Dasiops Rondani, 1856. Dipt. Ital. Prodromus, Vol. I: 120. **Type species:** *Lonchaea latifrons* Meigen, 1826 (by original designation).
Lasiophtalma Lioy, 1864. Atti R. Ist. Véneto Sci. Lett. Arti (3) 9: 992. **Type species:** *Lasiophtalma nigrovirescens* Lioy, 1864 (by original designation) [= *Lonchaea latifrons* Meigen, 1826].
Psilolonchaea Czerny, 1934. *In*: Lindner, 1934. Flieg. Palaearkt. Reg. 5 (1): 8 (as a subgenus of *Lonchaea*). **Type species:** *Lonchaea spatiosa* Becker, 1895 (by original designation).

（1）东洋毛尖尾蝇 *Dasiops orientalis* (Hennig, 1948)

Dasyops orientalis Hennig, 1948. Acta Zool. Lill. 6: 351. **Type locality:** China: Taiwan, Chip-Chip.
分布（Distribution）：台湾（TW）。

尖尾蝇亚科 Lonchaeinae

2. 多鬃尖尾蝇属 *Chaetolonchaea* Czerny, 1934

Chaetolonchaea Czerny, 1934. *In*: Lindner, 1934. Flieg. Palaearkt. Reg. 5 (1): 26 (as a subgenus of *Lonchaea*). **Type species:** *Lonchaea dasyops* Meigen, 1826 (by original designation).

（2）韭菜多鬃尖尾蝇 *Chaetolonchaea alliumi* Zhang *et* Xue, 2017

Chaetolonchaea alliumi Zhang *et* Xue, 2017. Zootaxa 4250 (4):

358-366. **Type locality:** China: Shandong, Tai'an.

分布（**Distribution**）：山东（SD）。

（3）灰粉多鬃尖尾蝇 *Chaetolonchaea pellicula* Morge, 1959

Chaetolonchaea pellicula Morge, 1959. Beitr. Ent. 9: 934. **Type locality:** China: "Mandschurei, Tschen".

分布（**Distribution**）：中国（东北部，省份不明）；蒙古国。

（4）银额多鬃尖尾蝇 *Chaetolonchaea pruinosa* Morge, 1959

Chaetolonchaea pruinosa Morge, 1959. Beitr. Ent. 9: 931. **Type locality:** China: "Mandschurei, Charbin".

分布（**Distribution**）：黑龙江（HL）；蒙古国。

3. 亮尖尾蝇属 *Lamprolonchaea* Bezzi, 1920

Lamprolonchaea Bezzi, 1920. Bull. Entomol. Res. 11: 199 (as a subgenus of *Lonchaea*). **Type species:** *Lonchaea aurea* Macquart, 1851 (by original designation) [= *Notiphila smaragdi* Walker, 1849].

（5）南洋亮尖尾蝇 *Lamprolonchaea metatarsata* (Kertész, 1901)

Lonchaea metatarsata Kertész, 1901b. Természetr. Füz. 24: 83. **Type locality:** New Guinea: Friedrich, Wilhelmshafen.

分布（**Distribution**）：台湾（TW）；菲律宾、印度尼西亚、澳大利亚、新几内亚岛、加罗林群岛、科科斯岛、马绍尔群岛、帕劳、马里亚纳群岛、萨摩亚群岛、夏威夷群岛。

（6）中华亮尖尾蝇 *Lamprolonchaea sinensis* McAlpine, 1964

Lamprolonchaea sinensis McAlpine, 1964. Can. Entomol. 96: 697. **Type locality:** China: "Szechuen, Suifu".

分布（**Distribution**）：四川（SC）。

4. 尖尾蝇属 *Lonchaea* Fallén, 1820

Lonchaea Fallén, 1820. Ortalides Sveciae: 25. **Type species:** *Musca chorea* Fabricius, 1781 (by designation of Westwood, 1840).

Mastigimas Enderlein, 1927. Stettin. Ent. Ztg. 88 (1): 105. **Type species:** *Mastigimas togoensis* Enderlein, 1927 (by original designation).

Tricholonchaea Czerny, 1934. *In*: Lindner, 1934. Flieg. Palaearkt. Reg. 5 (1): 21 (as a subgenus of *Lonchaea*). **Type species:** *Lonchaea albitarsis* Zetterstedt, 1837 (by original designation).

Lasiolonchaea Enderlein, 1936. Tierwelt Mitteleur. 6 (2), Ins. 3: 152. **Type species:** *Lonchaea hirticeps* Zetterstedt, 1837 (monotypy).

（7）双臂尖尾蝇 *Lonchaea biarmata* MacGowan, 2007

Lonchaea biarmata MacGowan, 2007. Zootaxa 1631: 2. **Type**

locality: China: Taiwan, Kaohsiung Hsien, Liukuei Shan Ping L. T. E. R. site.

分布（**Distribution**）：台湾（TW）。

（8）中华尖尾蝇 *Lonchaea chinensis* MacGowan, 2007

Lonchaea chinensis MacGowan, 2007. Zootaxa 1631: 4. **Type locality:** China: "Fukien, Kuaturi".

分布（**Distribution**）：福建（FJ）。

（9）蔚蓝尖尾蝇 *Lonchaea cyaneonitens* Kertész, 1901

Lonchaea cyaneonitens Kertész, 1901b. Természetr. Füz. 24: 86. **Type locality:** New Guinea: Sattelberg, Huon Gulf.

分布（**Distribution**）：台湾（TW）；新几内亚岛。

（10）宝岛尖尾蝇 *Lonchaea formosa* MacGowan, 2004

Lonchaea formosa MacGowan, 2004. Entomofauna 25 (21): 322. **Type locality:** China: Taiwan, E. Taichung, Hueisuen.

分布（**Distribution**）：台湾（TW）。

（11）卓溪尖尾蝇 *Lonchaea incisurata* (Hennig, 1948)

Carpolonchaea incisurata Hennig, 1948. Acta Zool. Lill. 6: 365. **Type locality:** China: Taiwan, Toa Tsui Kutsu, Chip Chip, Hoozan, Macuyama, and Taihoku-District, Okaseki.

分布（**Distribution**）：台湾（TW）；斯里兰卡。

（12）巨须尖尾蝇 *Lonchaea macrocercosa* MacGowan, 2004

Lonchaea macrocercosa MacGowan, 2004. Entomofauna 25 (21): 323. **Type locality:** China: Taiwan, N-Nantou, Meifeng.

分布（**Distribution**）：台湾（TW）。

（13）微小尖尾蝇 *Lonchaea minuta* de Meijere, 1910

Lonchaea minuta de Meijere, 1910. Tijdschr. Ent. 53: 116. **Type locality:** Indonesia: Java, Semarang.

Lonchaea longicornis Lamb, 1912. Trans. Linn. Soc. Lond. (2, Zool.) 15: 304. **Type locality:** Seychelles.

Lonchaea lambiana Bezzi, 1919a. Bull. Entomol. Res. 9: 246. **Type locality:** Seychelles.

分布（**Distribution**）：台湾（TW）；印度尼西亚（爪哇岛）、？马来西亚、？菲律宾、南非、塞舌尔。

5. 双鬃尖尾蝇属 *Silba* Macquart, 1851

Silba Macquart, 1851. Mém. Soc. Sci. Agric. Lille 1850 [1851]: 277. **Type species:** *Silba virescens* Macquart, 1851 (monotypy).

Carpolonchaea Bezzi, 1920. Bull. Entomol. Res. 11: 199 (as a subgenus of *Lonchaea*). **Type species:** *Lonchaea plumosissima* Bezzi, 1919 (by original designation).

Setisquamalonchaea Morge, 1963. Naturk. Jahrb. Stadt Linz 9: 204. **Type species:** *Lonchaea fumosa* Egger, 1862 (by original designation).

（14）黑双鬃尖尾蝇 *Silba atratula* (Walker, 1860)

Lonchaea atratula Walker, 1860b. J. Proc. Linn. Soc. London Zool. 4: 146. **Type locality:** Indonesia: Celebes [= Sulawesi], Makassar.

Lonchaea obscuripennis de Meijere, 1910. Tijdschr. Ent. 53: 117. **Type locality:** Indonesia: Java (Tandjong Priok [= Tanjug Priok], nr. Batavia [= Diakarta], and Batavia [= Djakarta]).

分布（Distribution）：台湾（TW）；菲律宾、印度尼西亚、所罗门群岛。

（15）离双鬃尖尾蝇 *Silba excisa* (Kertész, 1901)

Lochaea excisa Kertész, 1901b. Természetr. Füz. 24: 87. **Type locality:** Singapore.

Lonchaea plumata Lamb, 1912. Trans. Linn. Soc. Lond. (2, Zool.) 15: 303. **Type locality:** Seychelles: Mahé.

分布（Distribution）：台湾（TW）；日本、印度、斯里兰卡、菲律宾、马来西亚、新加坡、印度尼西亚、巽他群岛、澳大利亚、新几内亚岛、所罗门群岛、塞舌尔、马里亚纳群岛。

（16）黄足双鬃尖尾蝇 *Silba flavitarsis* MacGowan, 2004

Silba flavitarsis MacGowan, 2004. Entomofauna 25 (21): 325. **Type locality:** China: Taiwan, Hualien.

分布（Distribution）：台湾（TW）。

（17）香山双鬃尖尾蝇 *Silba fragranti* MacGowan, 2007

Silba fragranti MacGowan, 2007. Zootaxa 1631: 21. **Type locality:** China: Beijing, Fragrant Hill Park.

分布（Distribution）：北京（BJ）。

（18）宽茎双鬃尖尾蝇 *Silba intermedia* (MacGowan, 2007)

Setiquamalochaea intermedia MacGowan, 2007. Zootaxa 1631: 11. **Type locality:** China: Taiwan, Taipei Hsien, Han-Lo-Di.

分布（Distribution）：台湾（TW）。

（19）黑刺双鬃尖尾蝇 *Silba nigrispicata* MacGowan, 2007

Silba nigrispicata MacGowan, 2007. Zootaxa 1631: 28. **Type locality:** China: Taiwan, Nantou Hsien, Shuili.

分布（Distribution）：台湾（TW）。

（20）结双鬃尖尾蝇 *Silba perplexa* (Walker, 1860)

Lauxania perplexa Walker, 1860a. J. Proc. Linn. Soc. London Zool. 5 [1861]: 161. **Type locality:** Indonesia: Moluccas, Amboina.

Lonchaea filifera Bezzi, 1913. Philipp. J. Sci. (D) 8: 320. **Type locality:** Philippines: Los Baños, Laguna.

分布（Distribution）：台湾（TW）；菲律宾、马来西亚、印度尼西亚（马鲁古群岛）、巽他群岛、密克罗尼西亚（波纳佩岛）、澳大利亚、新几内亚岛、瓦努阿图、斐济、汤加、所罗门群岛、萨摩亚群岛、马里亚纳群岛。

（21）沙赫双鬃尖尾蝇 *Silba schachti* MacGowan, 2004

Silba schachti MacGowan, 2004. Entomofauna 25 (21): 326. **Type locality:** China: Taiwan, S-Nantou.

分布（Distribution）：台湾（TW）。

（22）多毛双鬃尖尾蝇 *Silba setifera* (de Meijere, 1910)

Lonchaea setifera de Meijere, 1910. Tijdschr. Ent. 53: 119. **Type locality:** Indonesia: Java, Semarang, and Batavia [= Djakarta].

分布（Distribution）：台湾（TW）；菲律宾、马来西亚、印度尼西亚、澳大利亚、新几内亚岛、斐济、萨摩亚群岛。

（23）斯里兰卡双鬃尖尾蝇 *Silba srilanka* McAlpine, 1975

Silba srilanka McAlpine, 1975a. Ent. Scand. Suppl. 4: 231. **Type locality:** Sri Lanka: Uva, near Haputale.

分布（Distribution）：台湾（TW）；斯里兰卡。

（24）台湾双鬃尖尾蝇 *Silba taiwanica* (Hennig, 1948)

Carpolonchaea taiwanica Hennig, 1948. Acta Zool. Lill. 6: 364. **Type locality:** China: Taiwan.

分布（Distribution）：台湾（TW）。

（25）三突双鬃尖尾蝇 *Silba trigena* MacGowan, 2004

Silba trigena MacGowan, 2004. Entomofauna 25 (21): 328. **Type locality:** China: Taiwan, Sun Moon Lake.

分布（Distribution）：台湾（TW）。

草蝇科 Pallopteridae

1. 草蝇属 *Palloptera* Fallén, 1820

Palloptera Fallén, 1820. Ortalides Sveciae: 23. **Type species:** *Musca umbellatarum* Fabricius, 1775 (by designation of Westwood, 1840).

Alasia Enderlein, 1936. Tierwelt Mitteleur. 6 (2), Ins. 3: 153. **Type species:** *Sapromyza ambusta* Meigen, 1826 (monotypy).

Hemisira Enderlein, 1936. Tierwelt Mitteleur. 6 (2), Ins. 3: 153. **Type species:** *Palloptera costalis* Loew, 1873 (by original designation) [= *Sapromyza marginata* Meigen, 1826].

Sira Enderlein, 1936. Tierwelt Mitteleur. 6 (2), Ins. 3: 153. **Type species:** *Musca umbellatarum* Fabricius, 1775 (by original designation).

Pallopterella Hendel, 1937. Ann. Naturhist. Mus. Wien 48: 181. **Type species:** *Palloptera ustulata* Fallén, 1820 (monotypy).

（1）雅草蝇 *Palloptera elegans* **Merz et Chen, 2005**

Palloptera elegans Merz et Chen, 2005. Mitt. Schweiz. Ent. Ges. 78: 117. **Type locality:** China: Sichuan, Emeishan.

分布（**Distribution**）：四川（SC）。

2. 脉草蝇属 *Toxoneura* Macquart, 1835

Toxoneura Macquart, 1835. Hist. Nat. Ins., Dipt. 2: 404. **Type species:** *Toxoneura fasciata* Macquart, 1835 (monotypy) [= *Musca muliebris* Harris, 1780].

Ocneros Costa, 1844. Atti Accad. Sci. Napoli 5 (2): 102. **Type species:** *Musca pulchella* Rossi, 1790 (by original designation) [= *Musca muliebris* Harris, 1780].

Temnosira Enderlein, 1936. Tierwelt Mitteleur. 6 (2), Ins. 3: 153. **Type species:** *Musca saltuum* Linnaeus, 1758 (monotypy).

（2）甘肃脉草蝇 *Toxoneura kukunorensis* **(Czerny, 1934)**

Palloptera kukunorensis Czerny, 1934. *In*: Lindner, 1934. Flieg. Palaearkt. Reg. 5 (1): 31. **Type locality:** China: Gansu, Kuku Nor Geb.

分布（**Distribution**）：甘肃（GS）、四川（SC）、西藏（XZ）。

（3）条斑脉草蝇 *Toxoneura striata* **Merz et Sueyoshi, 2002**

Toxoneura striata Merz et Sueyoshi, 2002. Stud. Dipt. 9 (1): 293. **Type locality:** China: Taiwan, Nantou, Hsini/Patungkuan.

分布（**Distribution**）：台湾（TW）。

酪蝇科 Piophilidae

1. 平酪蝇属 *Liopiophila* Duda, 1924

Liopiophila Duda, 1924c. Konowia 3: 109 (as a subgenus of *Piophila*). **Type species:** *Piophila varipes* Meigen, 1830 (by designation of Hennig, 1943).

（1）异色平酪蝇 *Liopiophila varipes* **(Meigen, 1830)**

Piophila varipes Meigen, 1830. Syst. Beschr. Europ. Zweifl. Insekt. 6: 384. **Type locality:** Not given.

Piophila laevigata Meigen, 1838. Syst. Beschr. Europ. Zweifl. Insekt. 7: 361. **Type locality:** Germany: "Hiesige Gegend [= Aachen]".

Piophila vicina Meigen, 1838. Syst. Beschr. Europ. Zweifl. Insekt. 7: 362. **Type locality:** Germany: "Hiesige Gegend [= Aachen]".

Piophila affinis var. *nigrifrons* Strobl, 1910. Mitt. Naturwiss. Ver. Steiermark 46 (1909): 197. **Type locality:** Austria: "Um

Admont bis auf die Hochalpen".

Piophila varipes var. *oldenbergi* Duda, 1924c. Konowia 3: 111, 167. **Type locality:** Germany: Pichelsberg and Berlin, Schildhorn. Austria: "Tirolis Obladis".

分布（**Distribution**）：中国（省份不明）；欧洲、北美洲。

2. 酪蝇属 *Piophila* Fallén, 1810

Piophila Fallén, 1810. Specim. Ent. Novam Dipt.: 20. **Type species:** *Musca casei* Linnaeus, 1758 (monotypy).

Tyrophaga Kirby et Spence, 1826. Introd. Ent. 4: 78. **Type species:** *Musca casei* Linnaeus, 1758 (monotypy).

（2）普通酪蝇 *Piophila casei* **(Linnaeus, 1758)**

Musca casei Linnaeus, 1758. Syst. Nat. Ed. 10 (1): 597. **Type locality:** Not given.

Musca atrata Fabricius, 1781. Species insect. 2: 333. **Type locality:** Germany.

Piophila pusilla Meigen, 1838. Syst. Beschr. Europ. Zweifl. Insekt. 7: 360. **Type locality:** Germany: "Hiesige Gegend" [= vie. Aachen].

Piophila petasionis Dufour, 1844. Ann. Sci. Nat. Zool. 1 (3): 369. **Type locality:** France: Saint-Sever.

Piophila melanocera Rondani, 1874b. Bull. Soc. Ent. Ital. 6: 249. **Type locality:** Italy: Parma.

Piophila casei: Hennig, 1943. *In*: Lindner, 1943. Flieg. Palaearkt. Reg. 5 (1): 26; Zuska, 1984. Cat. Palaeaert. Dipt. 9: 238; Deng, 2003. *In*: Huang, 2003. Fauna of Insects in Fujian Province of China 8: 517.

分布（**Distribution**）：北京（BJ）、江苏（JS）、湖北（HB）、福建（FJ）、台湾（TW）、广东（GD）；世界广布。

3. 原酪蝇属 *Protopiophila* Duda, 1924

Protopiophila Duda, 1924c. Konowia 3: 109 (as a subgenus of *Piophila*). **Type species:** *Piophila latipes* Meigen, 1838 (by designation of Hennig, 1943).

（3）潜原酪蝇 *Protopiophila contecta* **Walker, 1860**

Protopiophila contecta Walker, 1860b. J. Proc. Linn. Soc. London Zool. 4: 167. **Type locality:** Indonesia: Celebes [= Sulawesi].

Piophila ruficornis van der Wulp, 1881. Midden-Sumatra Exped. Dipt. 4 (9): 49. **Type locality:** Indonesia: Sumatra.

分布（**Distribution**）：台湾（TW）；泰国、菲律宾、印度尼西亚、巴布亚新几内亚。

广口蝇科 Platystomatidae

原实蝇亚科 Plastotephritinae

1. 多毛广口蝇属 *Agadasys* Whittington, 2000

Agadasys Whittington, 2000. Tijdschr. Ent. 142 (2): 336. **Type**

species: *Agadasys hexablepharis* Whittington, 2000 (by original designation).

（1）六斑多毛广口蝇 *Agadasys hexablepharis* Whittington, 2000

Agadasys hexablepharis Whittington, 2000. Tijdschr. Ent. 142 (2): 338. **Type locality:** Thailand.

Agadasys hexablepharis: Chen *et* Whittington, 2006. Zootaxa 1358: 62.

分布（Distribution）：云南（YN）；泰国、印度、越南。

（2）西藏多毛广口蝇 *Agadasys xizangensis* Chen *et* Whittington, 2006

Agadasys xizangensis Chen *et* Whittington, 2006. Zootaxa 1358: 62. **Type locality:** China: Xizang, Motuo.

分布（Distribution）：西藏（XZ）。

广口蝇亚科 Platystomatinae

2. 小腹广口蝇属 *Elassogaster* Bigot, 1860

Elassogaster Bigot, 1860. Ann. Soc. Entomol. Fr. 7 (3): 546. **Type species:** *Elassogaster metallica* Bigot, 1860 (monotypy).

（3）铜色小腹广口蝇 *Elassogaster aerea* Hendel, 1914

Elassogaster aerea Hendel, 1914f. Abh. Zool.-Bot. Ges. Wien 8 (1): 72. **Type locality:** China: Taiwan, Kagi.

Elassogaster aerea: Steyskal, 1977. *In*: Delfinado *et* Hardy, 1977. Cat. Dipt. Orient. Reg. 3: 137.

分布（Distribution）：台湾（TW）。

（4）希氏小腹广口蝇 *Elassogaster hilgendorfi* Enderlein, 1924

Elassogaster hilgendorfi Enderlein, 1924b. Mitt. Zool. Mus. Berl. 11 (1): 111. **Type locality:** Japan.

Elassogaster hilgendorfi: Steyskal, 1977. *In*: Delfinado *et* Hardy, 1977. Cat. Dipt. Orient. Reg. 3: 137.

分布（Distribution）：台湾（TW）；日本。

（5）线条小腹广口蝇 *Elassogaster linearis* (Walker, 1849)

Sepsis linearis Walker, 1849. List of the specimens of dipterous insets in the collection of the British Museum Part IV: 998. **Type locality:** Philippines.

Cephalia bicoior Bigot, 1886. Ann. Soc. Entomol. Fr. (6) 6: 385. **Type locality:** Sri Lanka.

Elassogaster linearis: Steyskal, 1977. *In*: Delfinado *et* Hardy, 1977. Cat. Dipt. Orient. Reg. 3: 137.

分布（Distribution）：台湾（TW）；斯里兰卡、菲律宾、巴布亚新几内亚（新不列颠岛）、塞兰岛、澳大利亚。

（6）四斑小腹广口蝇 *Elassogaster quadrimaculata* Hendel, 1914

Elassogaster quadrimaculata Hendel, 1914f. Abh. Zool.-Bot. Ges. Wien 8 (1): 77. **Type locality:** China: Taiwan, Kosempo and Daitorinsho.

Elassogaster quadrimaculata: Steyskal, 1977. *In*: Delfinado *et* Hardy, 1977. Cat. Dipt. Orient. Reg. 3: 138.

分布（Distribution）：台湾（TW）。

3. 美颜广口蝇属 *Euprosopia* Macquart, 1847

Euprosopia Macquart, 1847. Mém. Soc. R. Sci. Agric. Arts Lille (1846): 105. **Type species:** *Euprosopia tenuicornis* Macquart, 1847 (monotypy).

Lepidocompsia Enderlein, 1924b. Mitt. Zool. Mus. Berl. 11 (1): 137. **Type species:** *Platystoma impingens* Walker, 1865 (by original designation).

Tetrachaetina Enderlein, 1924b. Mitt. Zool. Mus. Berl. 11 (1): 138. **Type species:** *Tetrachaetina buergersiana* Enderlein, 1924 (by original designation).

（7）台湾美颜广口蝇 *Euprosopia curtoides* Hennig, 1940

Euprosopia curtoides Hennig, 1940. Arb. Morph. Taxon. Ent. 7: 312. **Type locality:** China: Taiwan, Kankau.

Euprosopia curtoides: Steyskal, 1977. *In*: Delfinado *et* Hardy, 1977. Cat. Dipt. Orient. Reg. 3: 139.

分布（Distribution）：台湾（TW）。

（8）格哈美颜广口蝇 *Euprosopia grahami* Malloch, 1931

Euprosopia grahami Malloch, 1931f. Proc. U. S. Natl. Mus. 78 (15): 5. **Type locality:** China: Szechwan, Mount. Omei, Shin Kai Si.

Euprosopia grahami: Steyskal, 1977. *In*: Delfinado *et* Hardy, 1977. Cat. Dipt. Orient. Reg. 3: 139.

分布（Distribution）：安徽（AH）、浙江（ZJ）、四川（SC）；日本。

（9）福建美颜广口蝇 *Euprosopia kienyangensis* (Ôuchi, 1939)

Neoestromyia kienyangensis Ôuchi, 1939. J. Shanghai Sci. Inst. (3) 4: 250. **Type locality:** China: Fukien, Kien-yang.

Euprosopia kienyangensis: Steyskal, 1977. *In*: Delfinado *et* Hardy, 1977. Cat. Dipt. Orient. Reg. 3: 139.

分布（Distribution）：福建（FJ）。

（10）长面美颜广口蝇 *Euprosopia longifacies* Hendel, 1914

Euprosopia longifacies Hendel, 1914f. Abh. Zool.-Bot. Ges. Wien 8 (1): 350. **Type locality:** China: Taiwan, Fuhosho.

Euprosopia longifacies: Steyskal, 1977. *In*: Delfinado *et* Hardy, 1977. Cat. Dipt. Orient. Reg. 3: 140.

分布（Distribution）：台湾（TW）。

（11）峨眉美颜广口蝇 *Euprosopia omei* **Malloch, 1931**

Euprosopia omei Malloch, 1931f. Proc. U. S. Natl. Mus. 78 (15): 4. **Type locality:** China: Szechwan, Mount. Omei.
Euprosopia omei: Soós, 1984. *In*: Soós *et* Papp, 1984. Cat. Palaearct. Dipt. 9: 44.

分布（Distribution）：四川（SC）。

4. 美广口蝇属 *Euthyplatystoma* Hendel, 1914

Euthyplatystoma Hendel, 1914f. Abh. Zool.-Bot. Ges. Wien 8 (1): 13. **Type species:** *Platystoma rigidum* Walker, 1856 (by original designation).

（12）广西美广口蝇 *Euthyplatystoma guangxiensis* **Wang *et* Chen, 2007**

Euthyplatystoma guangxiensis Wang *et* Chen, 2007. Acta Zootaxon. Sin. 32 (1): 114. **Type locality:** China: Guangxi.

分布（Distribution）：广西（GX）。

（13）多斑美广口蝇 *Euthyplatystoma punctiplenum* **(Walker, 1861)**

Platystoma punctiplenum Walker, 1861a. J. Proc. Linn. Soc. London Zool. 5: 268. **Type locality:** Indonesia: Tond.
Euthyplatystoma minutum Frey, 1964. Not. Ent. 44 (1): 15. **Type locality:** Myanmar: S. Shan States, and Kambaiti.
Euthyplatystoma punctiplenum: Steyskal, 1977. *In*: Delfinado *et* Hardy, 1977. Cat. Dipt. Orient. Reg. 3: 141.

分布（Distribution）：云南（YN）；缅甸、新加坡、马来西亚、印度尼西亚。

（14）明带美广口蝇 *Euthyplatystoma rigidum* **(Walker, 1856)**

Platystoma rigidum Walker, 1856a. J. Proc. Linn. Soc. London Zool. 1: 32. **Type locality:** Singapore.
Platystoma stellatum Walker, 1856a. J. Proc. Linn. Soc. London Zool. 1: 32. **Type locality:** Malaysia: Malaya, Malacca.
Euthyplatystoma rigidum: Steyskal, 1977. *In*: Delfinado *et* Hardy, 1977. Cat. Dipt. Orient. Reg. 3: 141.

分布（Distribution）：四川（SC）；印度、新加坡、马来西亚、印度尼西亚。

（15）索氏美广口蝇 *Euthyplatystoma sauteri* **Hendel, 1914**

Euthyplatystoma sauteri Hendel, 1914f. Abh. Zool.-Bot. Ges. Wien 8 (1): 400. **Type locality:** China. Vietnam.
Euthyplatystoma sauteri: Steyskal, 1977. *In*: Delfinado *et*

Hardy, 1977. Cat. Dipt. Orient. Reg. 3: 141.

分布（Distribution）：中国（省份不明）；越南、日本。

5. 刺股广口蝇属 *Icteracantha* Hendel, 1912

Icteracantha Hendel, 1912. Suppl. Ent. 1: 14. **Type species:** *Trypeta chalybeiventris* Wiedemann, 1830 (monotypy).
Scelacanthina Enderlein, 1912. Zool. Jahrb. (Syst.) 33: 348. **Type species:** *Herina cyaneiventris* Wulp, 1881 (by original designation).

（16）斑翅刺股广口蝇 *Icteracantha chalybeiventris* **Wiedemann, 1830**

Icteracantha chalybeiventris Wiedemann, 1830. Aussereurop. Zweifl. Insekt. 2: 479. **Type locality:** Unknown.
Dacus bicolor Walker, 1849. List of the specimens of dipterous insets in the collection of the British Museum Part IV: 1071. **Type locality:** Unknown.
Icteracantha chalybeiventris: Steyskal, 1977. *In*: Delfinado *et* Hardy, 1977. Cat. Dipt. Orient. Reg. 3: 141; Chen *et* Wang, 2007. Acta Zootaxon. Sin. 32 (1): 118.

分布（Distribution）：云南（YN）；泰国、印度。

（17）透翅刺股广口蝇 *Icteracantha spinulosa* **Hendel, 1914**

Icteracantha spinulosa Hendel, 1914f. Abh. Zool.-Bot. Ges. Wien 8 (1): 88. **Type locality:** Myanmar: Jenasserim, Ataran Valley.
Icteracantha spinulosa: Steyskal, 1977. *In*: Delfinado *et* Hardy, 1977. Cat. Dipt. Orient. Reg. 3: 142; Chen *et* Wang, 2007. Acta Zootaxon. Sin. 32 (1): 119.

分布（Distribution）：云南（YN）；泰国、缅甸。

6. 丽广口蝇属 *Lamprophthalma* Portschinsky, 1892

Lamprophthalma Portschinsky, 1892. Horae Soc. Ent. Ross. 26: 225. **Type species:** *Lamprophthama metallica* Portschinsky, 1892 (monotypy).

（18）壮丽广口蝇 *Lamprophthalma rhomalea* **Hendel, 1914**

Lamprophthalma rhomalea Hendel, 1914f. Abh. Zool.-Bot. Ges. Wien 8 (1): 51. **Type locality:** China: Hong Kong.
Lamprophthalma rhomalea: Steyskal, 1977. *In*: Delfinado *et* Hardy, 1977. Cat. Dipt. Orient. Reg. 3: 143.

分布（Distribution）：广东（GD）；越南、印度。

7. 肘角广口蝇属 *Loxoneura* Macquart, 1835

Loxoneura Macquart, 1835. Hist. Nat. Ins., Dipt. 2: 446. **Type species:** *Dictya decora* Fabricius, 1805 (monotypy).
Macrortalis Matsumura, 1916. Thousand Ins. Japan Add. 2: 433. **Type species:** *Macrortalis taiwanus* Matsumura, 1916

(by original designation).

（19）离带肘角广口蝇 *Loxoneura disjuncta* **Wang et Chen, 2004**

Loxoneura disjuncta Wang et Chen, 2004. Acta Zootaxon. Sin. 29 (3): 582. **Type locality:** China: Sichuan.

Loxoneura disjuncta: Wang et Chen, 2004. Acta Ent. Sin. 47 (4): 492.

分布（Distribution）：河南（HEN）、四川（SC）。

（20）大斑肘角广口蝇 *Loxoneura fascialis* **Kertész, 1897**

Loxoneura fascialis Kertész, 1897. Természetr. Füz. 20: 617. **Type locality:** India: Assam.

Loxoneura fascialis: Steyskal, 1977. *In*: Delfinado et Hardy, 1977. Cat. Dipt. Orient. Reg. 3: 144; Wang et Chen, 2004. Acta Ent. Sin. 47 (4): 492.

分布（Distribution）：云南（YN）；印度、越南。

（21）台湾肘角广口蝇 *Loxoneura formosae* **Kertész, 1909**

Loxoneura formosae Kertész, 1909. Ann. Hist.-Nat. Mus. Natl. Hung. 6: 338. **Type locality:** China: Taiwan, Kosempo and Pilam.

Loxoneura formosae: Steyskal, 1977. *In*: Delfinado et Hardy, 1977. Cat. Dipt. Orient. Reg. 3: 144; Wang et Chen, 2004. Acta Ent. Sin. 47 (4): 492.

分布（Distribution）：台湾（TW）；印度。

（22）三带肘角广口蝇 *Loxoneura livida* **Hendel, 1914**

Loxoneura livida Hendel, 1914f. Abh. Zool.-Bot. Ges. Wien 8 (1): 1914. **Type locality:** India: Assam, N Khāsi Hills.

Loxoneura livida: Steyskal, 1977. *In*: Delfinado et Hardy, 1977. Cat. Dipt. Orient. Reg. 3: 144; Wang et Chen, 2004. Acta Ent. Sin. 47 (4): 493.

分布（Distribution）：云南（YN）；印度、老挝。

（23）福建肘角广口蝇 *Loxoneura melliana* **Enderlein, 1924**

Loxoneura melliana Enderlein, 1924b. Mitt. Zool. Mus. Berl. 11 (1): 118. **Type locality:** China: Guangdong, Canton.

Loxoneura melliana: Steyskal, 1977. *In*: Delfinado et Hardy, 1977. Cat. Dipt. Orient. Reg. 3: 144; Wang et Chen, 2004. Acta Ent. Sin. 47 (4): 495.

分布（Distribution）：江西（JX）、四川（SC）、贵州（GZ）、福建（FJ）、广东（GD）。

（24）周光肘角广口蝇 *Loxoneura perilampoides* **Walker, 1858**

Loxoneura perilampoides Walker, 1858. Trans. R. Ent. Soc. Lond. (N. S.) [2] 4: 226. **Type locality:** Unknown.

Loxoneura perilampoides: Steyskal, 1977. *In*: Delfinado et

Hardy, 1977. Cat. Dipt. Orient. Reg. 3: 144; Wang et Chen, 2004. Acta Ent. Sin. 47 (4): 495.

分布（Distribution）：江苏（JS）、浙江（ZJ）、广西（GX）；老挝、印度、印度尼西亚。

（25）花翅肘角广口蝇 *Loxoneura pictipennis* **Walker, 1849**

Loxoneura pictipennis Walker, 1849. List of the specimens of dipterous insets in the collection of the British Museum Part IV: 807. **Type locality:** Nepal.

Loxoneura pictipennis: Steyskal, 1977. *In*: Delfinado et Hardy, 1977. Cat. Dipt. Orient. Reg. 3: 145; Wang et Chen, 2004. Acta Ent. Sin. 47 (4): 495.

分布（Distribution）：云南（YN）、西藏（XZ）；印度、缅甸、尼泊尔。

（26）西藏肘角广口蝇 *Loxoneura tibetana* **Wang et Chen, 2004**

Loxoneura tibetana Wang et Chen, 2004. Acta Ent. Sin. 47 (4): 496. **Type locality:** China: Xizang.

分布（Distribution）：西藏（XZ）。

（27）云南肘角广口蝇 *Loxoneura yunnana* **Wang et Chen, 2004**

Loxoneura yunnana Wang et Chen, 2004. Acta Zootaxon. Sin. 29 (3): 584. **Type locality:** China: Yunnan.

Loxoneura yunnana: Wang et Chen, 2004. Acta Ent. Sin. 47 (4): 497.

分布（Distribution）：云南（YN）。

8. 狭翅广口蝇属 *Plagiostenopterina* Hendel, 1912

Plagiostenopterina Hendel, 1912. Wien. Ent. Ztg. 31: 3. **Type species:** *Dacus longivitta* Walker, 1859 (by designation of McAlpine, 1973).

（28）古铜狭翅广口蝇 *Plagiostenopterina aenea* **(Wiedemann, 1819)**

Dacus aenea Wiedemann, 1819. Zool. Mag. 1 (3): 29. **Type locality:** Indonesia: Java.

Dacus basalis Walker, 1849. List of the specimens of dipterous insets in the collection of the British Museum Part IV: 1072. **Type locality:** Australia: Port Essington.

Senopterina labialis Rondani, 1875b. Ann. Mus. Civ. St. Nat. Genova 7: 430. **Type locality:** Malaysia: Sarawak.

Plagiostenopterina aenea: Steyskal, 1977. *In*: Delfinado et Hardy, 1977. Cat. Dipt. Orient. Reg. 3: 148; Wang et Chen, 2006a. Acta Zootaxon. Sin. 31 (4): 898.

分布（Distribution）：台湾（TW）、广西（GX）、海南（HI）；印度尼西亚、马来西亚、澳大利亚；东洋区、澳洲区广布。

（29）台湾狭翅广口蝇 *Plagiostenopterina formosana* Hendel, 1913

Plagiostenopterina formosana Hendel, 1913c. Suppl. Ent. 2: 35. **Type locality:** China: Taiwan, Kosempo.

Plagiostenopterina formosana: Steyskal, 1977. *In*: Delfinado *et* Hardy, 1977. Cat. Dipt. Orient. Reg. 3: 149. Wang *et* Chen, 2006a. Acta Zootaxon. Sin. 31 (4): 899.

分布（Distribution）：北京（BJ）、云南（YN）、福建（FJ）、台湾（TW）、广西（GX）。

（30）边缘狭翅广口蝇 *Plagiostenopterina marginata* (van der Wulp, 1880)

Senopterina marginata van der Wulp, 1880. Tijdschr. Ent. 23: 179. **Type locality:** Indonesia: Java.

Plagiostenopterina marginata: Steyskal, 1977. *In*: Delfinado *et* Hardy, 1977. Cat. Dipt. Orient. Reg. 3: 147; Wang *et* Chen, 2006a. Acta Zootaxon. Sin. 31 (4): 899.

分布（Distribution）：云南（YN）、广东（GD）、广西（GX）、海南（HI）；印度尼西亚。

（31）橄榄狭翅广口蝇 *Plagiostenopterina olivacia* Hendel, 1913

Plagiostenopterina olivacea Hendel, 1913c. Suppl. Ent. 2: 36. **Type locality:** China: Taiwan.

Plagiostenopterina olivacea: Steyskal, 1977. *In*: Delfinado *et* Hardy, 1977. Cat. Dipt. Orient. Reg. 3: 147; Wang *et* Chen, 2006a. Acta Zootaxon. Sin. 31 (4): 899.

分布（Distribution）：台湾（TW）。

（32）小丘狭翅广口蝇 *Plagiostenopterina soror* Enderlein, 1924

Plagiostenopterina soror Enderlein, 1924b. Mitt. Zool. Mus. Berl. 11 (1): 108. **Type locality:** China: Taiwan, Toyenmongai and Taka (? Takao).

Plagiostenopterina soror: Steyskal, 1977. *In*: Delfinado *et* Hardy, 1977. Cat. Dipt. Orient. Reg. 3: 149; Wang *et* Chen, 2006a. Acta Zootaxon. Sin. 31 (4): 899.

分布（Distribution）：台湾（TW）。

（33）端斑狭翅广口蝇 *Plagiostenopterina teres* Hendel, 1914

Plagiostenopterina teres Hendel, 1914f. Abh. Zool.-Bot. Ges. Wien 8 (1): 69. **Type locality:** India: Assam.

Plagiostenopterina teres: Steyskal, 1977. *In*: Delfinado *et* Hardy, 1977. Cat. Dipt. Orient. Reg. 3: 149; Wang *et* Chen, 2006a. Acta Zootaxon. Sin. 31 (4): 899.

分布（Distribution）：云南（YN）；印度。

（34）云南狭翅广口蝇 *Plagiostenopterina yunnana* Wang *et* Chen, 2006

Plagiostenopterina yunnana Wang *et* Chen, 2006a. Acta Zootaxon. Sin. 31 (4): 899. **Type locality:** China: Yunnan.

分布（Distribution）：云南（YN）。

9. 广口蝇属 *Platystoma* Meigen, 1803

Platystoma Meigen, 1803. Mag. Insektenkd. 2: 277. **Type species:** *Musca seminationis* Fabricius, 1775 (monotypy).

（35）东北广口蝇 *Platystoma mandschuricum* Enderlein, 1937

Platystoma mandschuricum Enderlein, 1937. Mitt. Dtsch. Ent. Ges. 7 (6/7): 71. **Type locality:** China: Charbin, Mandschukuo.

Platystoma mandschuricum: Soós, 1984. *In*: Soós *et* Papp, 1984. Cat. Palaearct. Dipt. 9: 42.

分布（Distribution）：黑龙江（HL）。

（36）新疆广口蝇 *Platystoma murinum* Hendel, 1913

Platystoma suave murinum Hendel, 1913f. Zool. Jb. Syst. 35: 117. **Type locality:** China: Kaschgar, Ost-Turkestan.

Platystoma suave murinum: Soós, 1984. *In*: Soós *et* Papp, 1984. Cat. Palaearct. Dipt. 9: 43.

分布（Distribution）：新疆（XJ）。

（37）微眼广口蝇 *Platystoma oculatum* Becker, 1907

Platystoma oculatum Becker, 1907. Annu. Mus. Zool. Acad. Sci. Russ. St.-Pétersb. 12 (3): 282. **Type locality:** China. Turkestan.

Platystoma oculatum: Soós, 1984. *In*: Soós *et* Papp, 1984. Cat. Palaearct. Dipt. 9: 42.

分布（Distribution）：新疆（XJ）；蒙古国。

10. 前毛广口蝇属 *Prosthiochaeta* Enderlein, 1924

Prosthiochaeta Enderlein, 1924b. Mitt. Zool. Mus. Berl. 11 (1): 134. **Type species:** *Prosthiochaeta cyaneiventris* Enderlein, 1924 (by original designation).

（38）蓝腹前毛广口蝇 *Prosthiochaeta cyaneiventris* Enderlein, 1924

Prosthiochaeta cyaneiventris Enderlein, 1924b. Mitt. Zool. Mus. Berl. 11 (1): 134. **Type locality:** China: Taiwan.

Prosthiochaeta cyaneiventris: Steyskal, 1977. *In*: Delfinado *et* Hardy, 1977. Cat. Dipt. Orient. Reg. 3: 150; Wang *et* Chen, 2002. Acta Ent. Sin. 45 (5): 657.

分布（Distribution）：台湾（TW）。

（39）峨眉前毛广口蝇 *Prosthiochaeta emeishana* Wang *et* Chen, 2002

Prosthiochaeta emeishana Wang *et* Chen, 2002. Acta Ent. Sin. 45 (5): 657. **Type locality:** China: Sichuan.

分布（Distribution）：四川（SC）。

（40）宝岛前毛广口蝇 *Prosthiochaeta formosa* Hara, 1987

Prosthiochaeta formosa Hara, 1987. Kontyû 55 (4): 689. **Type** locality: China: Taiwan.

Prosthiochaeta formosa: Wang *et* Chen, 2002. Acta Ent. Sin. 45 (5): 657.

分布（**Distribution**）：台湾（TW）。

（41）褐翅前毛广口蝇 *Prosthiochaeta fuscipennis* Wang *et* Chen, 2002

Prosthiochaeta fuscipennis Wang *et* Chen, 2002. Acta Ent. Sin. 45 (5): 659. **Type locality:** China: Yunnan.

分布（**Distribution**）：云南（YN）。

（42）花翅前毛广口蝇 *Prosthiochaeta pictipennis* Wang *et* Chen, 2002

Prosthiochaeta pictipennis Wang *et* Chen, 2002. Acta Ent. Sin. 45 (5): 659. **Type locality:** China: Hubei.

分布（**Distribution**）：湖北（HB）。

11. 皱广口蝇属 *Rhytidortalis* Hendel, 1914

Rhytidortalis Hendel, 1914f. Abh. Zool.-Bot. Ges. Wien 8 (1): 7. **Type species:** *Rhytidortalis cribrata* Hendel, 1914 (by original designation).

（43）筛皱广口蝇 *Rhytidortalis cribrata* Hendel, 1914

Rhytidortalis cribrata Hendel, 1914f. Abh. Zool.-Bot. Ges. Wien 8 (1): 121. **Type locality:** China: Taiwan, Takao.

Rhytidortalis cribrata: Steyskal, 1977. *In*: Delfinado *et* Hardy, 1977. Cat. Dipt. Orient. Reg. 3: 151.

分布（**Distribution**）：台湾（TW）。

12. 带广口蝇属 *Rivellia* Robineau-Desvoidy, 1830

Rivellia Robineau-Desvoidy, 1830. Mém. Prés. Div. Sav. Acad. R. Sci. Inst. Fr. 2 (2): 720. **Type species:** *Rivellia herbarum* Robineau-Desvoidy, 1830.

（44）连带广口蝇 *Rivellia alini* Enderlein, 1937

Rivellia alini Enderlein, 1937. Mitt. Dtsch. Ent. Ges. 7 (6/7): 72. **Type locality:** China: Manschurei, Charbin.

Rivellia alini: Soós, 1984. *In*: Soós *et* Papp, 1984. Cat. Palaearct. Dipt. 9: 39.

分布（**Distribution**）：黑龙江（HL）。

（45）端带广口蝇 *Rivellia apicalis* Hendel, 1934

Rivellia apicalis Hendel, 1934b. Ark. Zool. 25A (21): 10. **Type locality:** China: N. O. Sechuan.

Rivellia apicalis: Soós, 1984. *In*: Soós *et* Papp, 1984. Cat. Palaearct. Dipt. 9: 39.

分布（**Distribution**）：四川（SC）。

（46）亚带广口蝇 *Rivellia asiatica* Hennig, 1945

Rivellia asiatica Hennig, 1945. *In*: Lindner, 1945. Flieg.

Palaearkt. Reg. 5 (1): 8. **Type locality:** China: Mandschurei.

Rivellia asiatica: Soós, 1984. *In*: Soós *et* Papp, 1984. Cat. Palaearct. Dipt. 9: 39.

分布（**Distribution**）：黑龙江（HL）。

（47）四川带广口蝇 *Rivellia basilaroides* Hendel, 1933

Rivellia basilaroides Hendel, 1933a. Dtsch. Ent. Z. 1933 (1): 40. **Type locality:** China: Sze-tschuan, Suifu.

Rivellia basilaroides: Soós, 1984. *In*: Soós *et* Papp, 1984. Cat. Palaearct. Dipt. 9: 39.

分布（**Distribution**）：四川（SC）。

（48）哈尔滨带广口蝇 *Rivellia charbinensis* Enderlein, 1937

Rivellia charbinensis Enderlein, 1937. Mitt. Dtsch. Ent. Ges. 7 (6/7): 72. **Type locality:** China: Charbin, Mandschurei.

Rivellia charbinensis: Soós, 1984. *In*: Soós *et* Papp, 1984. Cat. Palaearct. Dipt. 9: 39.

分布（**Distribution**）：黑龙江（HL）；俄罗斯。

（49）分支带广口蝇 *Rivellia cladis* Hendel, 1914

Rivellia cladis Hendel, 1914f. Abh. Zool.-Bot. Ges. Wien 8 (1): 153. **Type locality:** "Tsu-schima, Straße von Korea".

Rivellia cladis: Soós, 1984. *In*: Soós *et* Papp, 1984. Cat. Palaearct. Dipt. 9: 39.

分布（**Distribution**）：辽宁（LN）；日本。

（50）绘带广口蝇 *Rivellia depicta* Hennig, 1945

Rivellia depicta Hennig, 1945. *In*: Lindner, 1945. Flieg. Palaearkt. Reg. 5 (1): 10. **Type locality:** China: Heilongjiang, Maoerschan.

Rivellia depicta: Soós, 1984. *In*: Soós *et* Papp, 1984. Cat. Palaearct. Dipt. 9: 39.

分布（**Distribution**）：黑龙江（HL）。

（51）暗带广口蝇 *Rivellia fusca* (Thomson, 1869)

Herina fusca Thomson, 1869. K. Svenska Fregatten Eugenies Resa, Zool., Dipt. 2 (1): 575. **Type locality:** Philippines: Manila.

Rivellia fusca: Steyskal, 1977. *In*: Delfinado *et* Hardy, 1977. Cat. Dipt. Orient. Reg. 3: 152.

分布（**Distribution**）：台湾（TW）；菲律宾、印度尼西亚、新几内亚岛、所罗门群岛。

（52）帽儿山带广口蝇 *Rivellia madschurica* Hennig, 1945

Rivellia madschurica Hennig, 1945. *In*: Lindner, 1945. Flieg. Palaearkt. Reg. 5 (1): 10. **Type locality:** China: Mandschurei.

Rivellia madschurica: Soós, 1984. *In*: Soós *et* Papp, 1984. Cat. Palaearct. Dipt. 9: 39.

分布（**Distribution**）：黑龙江（HL）；俄罗斯。

（53）邵氏带广口蝇 *Rivellia sauteri* **Hendel, 1914**

Rivellia sauteri Hendel, 1914f. Abh. Zool.-Bot. Ges. Wien 8 (1): 158. **Type locality:** China: Taiwan.

Rivellia sauteri: Steyskal, 1977. *In*: Delfinado *et* Hardy, 1977. Cat. Dipt. Orient. Reg. 3: 153.

分布（Distribution）：台湾（TW）；菲律宾。

（54）盾带广口蝇 *Rivellia scutellaris* **Hendel, 1933**

Rivellia scutellaris Hendel, 1933a. Dtsch. Ent. Z. 1933 (1): 42. **Type locality:** China: Sze-tschuan, Suifu.

Rivellia scutellaris: Soós, 1984. *In*: Soós *et* Papp, 1984. Cat. Palaearct. Dipt. 9: 40.

分布（Distribution）：四川（SC）。

（55）楔带广口蝇 *Rivellia sphenisca* **Hendel, 1933**

Rivellia sphenisca Hendel, 1933a. Dtsch. Ent. Z. 1933 (1): 41. **Type locality:** China: Sze-tschuan, Suifu.

Rivellia sphenisca: Soós, 1984. *In*: Soós *et* Papp, 1984. Cat. Palaearct. Dipt. 9: 40.

分布（Distribution）：四川（SC）。

13. 大广口蝇属 *Xenaspis* Osten-Sacken, 1881

Xenaspis Osten-Sacken, 1881b. Bull. Soc. Ent. Fr. 1 (6): xcix. **Type species:** *Xenaspis polistes* Osten-Sacken, 1881 (monotypy).

Oxycephala Walker, 1849. List of the specimens of dipterous insets in the collection of the British Museum Part IV: 1162. **Type species:** *Oxycephala pictipennis* Walker, 1849 (monotypy).

（56）黄足大广口蝇 *Xenaspis flavipes* **Enderlein, 1924**

Xenaspis flavipes Enderlein, 1924b. Mitt. Zool. Mus. Berl. 11 (1): 102. **Type locality:** China: Taiwan, Toyenmongai bei Tainan.

Xenaspis flavipes: Steyskal, 1977. *In*: Delfinado *et* Hardy, 1977. Cat. Dipt. Orient. Reg. 3: 155; Wang *et* Chen, 2006b. Acta Zootaxon. Sin. 31 (3): 649.

分布（Distribution）：台湾（TW）。

（57）台湾大广口蝇 *Xenaspis formosae* **Hendel, 1914**

Xenaspis formosae Hendel, 1914f. Abh. Zool.-Bot. Ges. Wien 8 (1): 40. **Type locality:** China: Taiwan, Kosempo.

Xenaspis formosae: Steyskal, 1977. *In*: Delfinado *et* Hardy, 1977. Cat. Dipt. Orient. Reg. 3: 155; Wang *et* Chen, 2006b. Acta Zootaxon. Sin. 31 (3): 650.

分布（Distribution）：台湾（TW）。

（58）斑翅大广口蝇 *Xenaspis maculipennis* **Wang** *et* **Chen, 2006**

Xenaspis maculipennis Wang *et* Chen, 2006b. Acta Zootaxon.

Sin. 31 (3): 650. **Type locality:** China: Yunnan, Xishuangbanna.

分布（Distribution）：云南（YN）。

（59）硕大广口蝇 *Xenaspis pictipennis* **(Walker, 1849)**

Oxycephala pictipennis Walker, 1849. List of the specimens of dipterous insets in the collection of the British Museum Part IV: 1162. **Type locality:** India.

Xenaspis vespoi Meijere, 1904. Bijdr. Dierkd. 17/18: 107. **Type locality:** India: Darjeeling.

Xenaspis pictipennis: Steyskal, 1977. *In*: Delfinado *et* Hardy, 1977. Cat. Dipt. Orient. Reg. 3: 155; Wang *et* Chen, 2006b. Acta Zootaxon. Sin. 31 (3): 650.

分布（Distribution）：云南（YN）；印度、印度尼西亚。

逸广口蝇亚科 Scholastinae

14. 舟足广口蝇属 *Naupoda* Osten-Sacken, 1881

Naupoda Osten-Sacken, 1881. Bull. Soc. Ent. Fr. 1 (6): 135. **Type species:** *Naupoda platessa* Osten-Sacken, 1881 (monotypy).

（60）短舟足广口蝇 *Naupoda contracta* **Hendel, 1914**

Naupoda contracta Hendel, 1914f. Abh. Zool.-Bot. Ges. Wien 8 (1): 299. **Type locality:** China: Taiwan, Kosempo and Fuhosho.

Naupoda contracta: Steyskal, 1977. *In*: Delfinado *et* Hardy, 1977. Cat. Dipt. Orient. Reg. 3: 156.

分布（Distribution）：台湾（TW）。

15. 美翅广口蝇属 *Pterogenia* Bigot, 1859

Pterogenia Bigot, 1859b. Revue Mag. Zool. (2) 11: 312. **Type species:** *Pterogenia singularis* Bigot, 1859.

Agastrodes Bigot, 1859b. Revue Mag. Zool. (2) 11: 311. **Type species:** *Agastrodes niveitarsis* Bigot, 1859 (monotypy).

（61）广胸美翅广口蝇 *Pterogenia eurysterna* **Hendel, 1914**

Pterogenia eurysterna Hendel, 1914f. Abh. Zool.-Bot. Ges. Wien 8 (1): 319. **Type locality:** China: Taiwan, Kosempo.

Pterogenia eurysterna: Steyskal, 1977. *In*: Delfinado *et* Hardy, 1977. Cat. Dipt. Orient. Reg. 3: 158.

分布（Distribution）：台湾（TW）；缅甸。

（62）黄彩美翅广口蝇 *Pterogenia flavopicta* **Hennig, 1940**

Pterogenia flavopicta Hennig, 1940. Arb. Morph. Taxon. Ent. 7: 313. **Type locality:** China: Taiwan.

Pterogenia flavopicta: Steyskal, 1977. *In*: Delfinado *et* Hardy, 1977. Cat. Dipt. Orient. Reg. 3: 158.

分布（Distribution）：台湾（TW）。

（63）全腹美翅广口蝇 *Pterogenia hologaster* **Hendel, 1914**

Pterogenia hologaster Hendel, 1914f. Abh. Zool.-Bot. Ges. Wien 8 (1): 311. **Type locality:** China: Taiwan, Kosempo.
Pterogenia hologaster: Steyskal, 1977. *In*: Delfinado *et* Hardy, 1977. Cat. Dipt. Orient. Reg. 3: 159.
分布（Distribution）：台湾（TW）。

（64）忧郁美翅广口蝇 *Pterogenia luctuosa* **Hendel, 1914**

Pterogenia luctuosa Hendel, 1914f. Abh. Zool.-Bot. Ges. Wien 8 (1): 308. **Type locality:** China: Taiwan, Kosempo.
Pterogenia luctuosa: Steyskal, 1977. *In*: Delfinado *et* Hardy, 1977. Cat. Dipt. Orient. Reg. 3: 159.
分布（Distribution）：台湾（TW）。

（65）微彩美翅广口蝇 *Pterogenia minuspicta* **Hennig, 1940**

Pterogenia minuspicta Hennig, 1940. Arb. Morph. Taxon. Ent. 7: 314. **Type locality:** China: Taiwan.
Pterogenia minuspicta: Steyskal, 1977. *In*: Delfinado *et* Hardy, 1977. Cat. Dipt. Orient. Reg. 3: 159.
分布（Distribution）：台湾（TW）。

（66）文彩美翅广口蝇 *Pterogenia ornata* **Hennig, 1940**

Pterogenia ornata Hennig, 1940. Arb. Morph. Taxon. Ent. 7: 314. **Type locality:** China: Taiwan.
Pterogenia ornata: Steyskal, 1977. *In*: Delfinado *et* Hardy, 1977. Cat. Dipt. Orient. Reg. 3: 159.
分布（Distribution）：台湾（TW）。

（67）台南美翅广口蝇 *Pterogenia rectivena* **Enderlein, 1924**

Pterogenia rectivena Enderlein, 1924b. Mitt. Zool. Mus. Berl. 11 (1): 132. **Type locality:** China: Taiwan, Toyenmongai bei Tainan.
Pterogenia rectivena: Steyskal, 1977. *In*: Delfinado *et* Hardy, 1977. Cat. Dipt. Orient. Reg. 3: 160.
分布（Distribution）：台湾（TW）。

16. 三角广口蝇属 *Trigonosoma* Gray, 1832

Trigonosoma Gray, 1832. The Animal Kingdom 15 (Insecta 2): 774. **Type species:** *Trigonosoma perilampiforme* Gray, 1832 (monotypy).
Tropidogastrella Hendel, 1914f. Abh. Zool.-Bot. Ges. Wien 8 (1): 11. **Type species:** *Tropidogastrella tropida* Hendel, 1914 (by original designation).

（68）台湾三角广口蝇 *Trigonosoma tropida* **(Hendel, 1914)**

Tropidogastrella tropida Hendel, 1914f. Abh. Zool.-Bot. Ges.

Wien 8 (1): 285. **Type locality:** China: Taiwan, Taihorinsho.
Trigonosoma tropida: Steyskal, 1977. *In*: Delfinado *et* Hardy, 1977. Cat. Dipt. Orient. Reg. 3: 162.
分布（Distribution）：台湾（TW）。

窄广口蝇亚科 Trapherinae

17. 斓矛广口蝇属 *Poecilotraphera* Hendel, 1914

Poecilotraphera Hendel, 1914f. Abh. Zool.-Bot. Ges. Wien 8 (1): 5. **Type species:** *Urophora taeniata* Macquart, 1843 (by original designation).

（69）海南斓矛广口蝇 *Poecilotraphera honanensis* **Steyskal, 1965**

Poecilotraphera honanensis Steyskal, 1965. Proc. Ent. Soc. Wash. 67: 86. **Type locality:** China: Honan Island (? Hainan).
Poecilotraphera honanensis: Steyskal, 1977. *In*: Delfinado *et* Hardy, 1977. Cat. Dipt. Orient. Reg. 3: 163.
分布（Distribution）：海南（HI）。

（70）条纹斓矛广口蝇 *Poecilotraphera taeniata* **(Macquart, 1843)**

Urophora taeniata Macquart, 1843c. Mém. Soc. Sci. Agric. Arts Lille 1843: 379. **Type locality:** Indonesia: Java.
Poecilotraphera taeniata: Steyskal, 1977. *In*: Delfinado *et* Hardy, 1977. Cat. Dipt. Orient. Reg. 3: 163.
分布（Distribution）：广东（GD）；菲律宾、马来西亚、印度尼西亚、加里曼丹岛。

蜣蝇科 Pyrgotidae

1. 适蜣蝇属 *Adapsilia* Waga, 1842

Adapsilia Waga, 1842. Ann. Soc. Entomol. Fr. 11 (1): 279. **Type species:** *Adapsilia coarctata* Waga, 1842 (monotypy).
Teliophleps Hering, 1940b. Arb. Morph. Taxon. Ent. Berl. 7 (4): 288 (non *Teliophleps* Enderlein, 1942). **Type species:** *Teliophleps mandschurica* Hering, 1940 (monotypy).
Adapsilia: Korneyev, 2004. Vestn. Zool. 38 (1): 22.

（1）宽适蜣蝇 *Adapsilia amplipennis* **Bezzi, 1914**

Adapsilia magnicornis var. *amplipennis* Bezzi, 1914c. Ann. Mag. Nat. Hist. (8) 14: 156. **Type locality:** China: "Yunnan, between Tengyneh and Tali Yu".
分布（Distribution）：云南（YN）。

（2）角适蜣蝇 *Adapsilia antenna* **Shi, 1998**

Adapsilia antenna Shi, 1998. *In*: Xue *et* Chao, 1998. Flies of China, Vol. 1: 586. **Type locality:** China: Yunnan, Jinping.
分布（Distribution）：云南（YN）。

（3）二鬃适蜣蝇 *Adapsilia biseta* Shi, 1998

Adapsilia biseta Shi, 1998. *In*: Xue *et* Chao, 1998. Flies of China, Vol. 1: 587. **Type locality:** China: Beijing.

Adapsilia biseta: Korneyev, 2004. Vestn. Zool. 38 (1): 22.

分布（Distribution）：北京（BJ）。

（4）短刺适蜣蝇 *Adapsilia brevispina* Malloch, 1930

Adapsilia brevispina Malloch, 1930. Ann. Mag. Nat. Hist. (10) 5: 466. **Type locality:** China: "Szechuen, Mt. Omei".

Adapsilia brevispina: Korneyev, 2004. Vestn. Zool. 38 (1): 23.

分布（Distribution）：四川（SC）。

（5）北方适蜣蝇 *Adapsilia coarctata* Waga, 1842

Adapsilia coarctata Waga, 1842. Ann. Soc. Entomol. Fr. 11 (1): 261. **Type locality:** "environs de Varsovie".

Adapsilia alini Hering, 1940b. Arb. Morph. Taxon. Ent. Berl. 7 (4): 289. **Type locality:** China: Heilongjiang, "Charbin".

Adapsilia coarctata: Korneyev, 2004. Vestn. Zool. 38 (1): 24; Kim *et* Han, 2001. Insecta Koreana 18 (3): 264; Kim *et* Han, 2009. Kor. J. Syst. Zool. 25 (1): 67.

分布（Distribution）：黑龙江（HL）、吉林（JL）；蒙古国、韩国、日本；欧洲。

（6）孔氏适蜣蝇 *Adapsilia coomani* Chen, 1947

Adapsilia coomani Chen, 1947. Sinensia 17 (1): 72. **Type locality:** Vietnam: Tonkin, Hoa-Binh.

分布（Distribution）：吉林（JL）、云南（YN）；越南。

（7）毛盾适蜣蝇 *Adapsilia hirtoscutella* Hendel, 1933

Adapsilia hirtoscutella Hendel, 1933b. *In*: Lindner, 1933. Flieg. Palaearkt. Reg. 5 (1): 9. **Type locality:** China: "Szechuan, Suifu".

Adapsilia hirtoscutella: Korneyev, 2004. Vestn. Zool. 38 (1): 28.

分布（Distribution）：四川（SC）。

（8）东北适蜣蝇 *Adapsilia mandschurica* (Hering, 1940)

Teliophleps mandschurica Hering, 1940b. Arb. Morph. Taxon. Ent. Berl. 7 (4): 288. **Type locality:** China: Heilongjiang, "Weihhache".

Adapsilia breviantenna Kim *et* Han, 2001. Insecta Koreana 18 (3): 261. **Type locality:** R. O. Korea: Gyeongsangbuk, Andong-si.

Adapsilia mandschurica: Korneyev, 2004. Vestn. Zool. 38 (1): 31; Kim *et* Han, 2009. Kor. J. Syst. Zool. 25 (1): 69.

分布（Distribution）：黑龙江（HL）；韩国。

（9）大适蜣蝇 *Adapsilia megophthalma* Malloch, 1934

Adapsilia megophthalma Malloch, 1934. Ann. Mag. Nat. Hist. (10) 5: 264. **Type locality:** China: "Szechuen, "Chengtu".

Adapsilia megophthalma: Korneyev, 2004. Vestn. Zool. 38 (1): 31.

分布（Distribution）：四川（SC）。

（10）小适蜣蝇 *Adapsilia microcera* (Portschinsky, 1892)

Pyrgota microcera Portschinsky, 1892. Horae Soc. Ent. Ross. 26: 212. **Type locality:** Russia: Amur, "Wladiwostok".

Adapsilia tenebrosa Kim *et* Han, 2001. Insecta Koreana 18 (3): 279. **Type locality:** R. O. Korea: Gangwon-do, Wonju-si.

Adapsilia microcera: Korneyev, 2004. Vestn. Zool. 38 (1): 32; Kim *et* Han, 2009. Kor. J. Syst. Zool. 25 (1): 69.

分布（Distribution）：吉林（JL）；俄罗斯、朝鲜、韩国、日本。

（11）杂色适蜣蝇 *Adapsilia myopoides* Chen, 1947

Adapsilia myopoides Chen, 1947. Sinensia 17 (1): 66. **Type locality:** China: "Kirin, Kao-lin-tze".

Adapsilia myopoides: Korneyev, 2004. Vestn. Zool. 38 (1): 34.

分布（Distribution）：吉林（JL）；俄罗斯。

（12）东方适蜣蝇 *Adapsilia orientalis* Shi, 1998

Adapsilia orientalis Shi, 1998. *In*: Xue *et* Chao, 1998. Flies of China, Vol. 1: 590. **Type locality:** China: Fujian, Shaowu.

分布（Distribution）：福建（FJ）。

（13）盾适蜣蝇 *Adapsilia scutellaris* Chen, 1947

Adapsilia scutellaris Chen, 1947. Sinensia 17 (1): 70. **Type locality:** China: "Chekiang, Mokanshan".

分布（Distribution）：浙江（ZJ）。

（14）条纹适蜣蝇 *Adapsilia striatis* Shi, 1998

Adapsilia striatis Shi, 1998. *In*: Xue *et* Chao, 1998. Flies of China, Vol. 1: 590. **Type locality:** China: Fujian, Mt. Longxi.

分布（Distribution）：四川（SC）、云南（YN）、西藏（XZ）、福建（FJ）。

（15）艳适蜣蝇 *Adapsilia trypetoides* Chen, 1947

Adapsilia trypetoides Chen, 1947. Sinensia 17 (1): 71. **Type locality:** China: "Szechwan, Peipeh".

Adapsilia trypetoides: Korneyev, 2004. Vestn. Zool. 38 (1): 35.

分布（Distribution）：四川（SC）。

（16）疣适蜣蝇 *Adapsilia verrucifer* Hendel, 1933

Adapsilia verrucifer Hendel, 1933b. *In*: Lindner, 1933. Flieg. Palaearkt. Reg. 5 (1): 9. **Type locality:** China: "Szechuen, near Tatsienlu".

Adapsilia cornugaster Kim *et* Han, 2001. Insecta Koreana 18 (3): 267. **Type locality:** R. O. Korea: Gangwon-do, Wonju-si.

Adapsilia verrucifer: Korneyev, 2004. Vestn. Zool. 38 (1): 35; Kim *et* Han, 2009. Kor. J. Syst. Zool. 25 (1): 71.

分布（**Distribution**）：四川（SC）、福建（FJ）；泰国、韩国。

2. 脉叉蜣蝇属 *Campylocera* Macquart, 1843

Campylocera Macquart, 1843a. Dipt. Exot. 2 (3): 220. **Type species:** *Campylocera ferruginea* Macquart, 1843 (by original designation).

Prosyrogaster Rondani, 1875b. Ann. Mus. Civ. St. Nat. Genova 7: 438. **Type species:** *Prosyrogaster chelyonothus* Rondani, 1875 (monotypy).

Dicrostira Enderlein, 1942. Sber. Ges. Naturf. Freunde Berl. 1941 (4-7): 125. **Type species:** *Dicrostira partitigena* Enderlein, 1942 (by original designation).

Hexamerinx Enderlein, 1942. Sber. Ges. Naturf. Freunde Berl. 1941 (4-7): 131. **Type species:** *Campylocera latigenis* Hendel, 1914 (by original designation).

Teliophleps Enderlein, 1942. Sber. Ges. Naturf. Freunde Berl. 1941 (4-7): 128 (non *Teliophleps* Hering, 1940). **Type species:** *Teliophleps apicalis* Enderlein, 1942 (by original designation).

Campylocera: Korneyev, 2004. Vestn. Zool. 38 (1): 36.

（17）毛脉叉蜣蝇 *Campylocera hirsuta* Aldrich, 1928

Campylocera hirsuta Aldrich, 1928. Proc. U. S. Natl. Mus. 74 (8): 1. **Type locality:** China: Taiwan, Taihoku.

Campylocera hirsuta: Korneyev, 2004. Vestn. Zool. 38 (1): 37.

分布（**Distribution**）：台湾（TW）。

3. 真蜣蝇属 *Eupyrgota* Coquillett, 1898

Eupyrgota Coquillett, 1898. Proc. U. S. Natl. Mus. 21: 337. **Type species:** *Eupyrgota luteola* Coquillett, 1898 (by original designation).

Apyrgota Hendel, 1909b. Gen. Ins. (79): 6. **Type species:** *Eupyrgota scioida* Hendel, 1908 (monotypy).

Peltodasia Enderlein, 1942. Sber. Ges. Naturf. Freunde Berl. 1941 (4-7): 126. **Type species:** *Peltodasia vespiformis* Enderlein, 1942 (by original designation).

Taeniomastix Enderlein, 1942. Sber. Ges. Naturf. Freunde Berl. 1941 (4-7): 130. **Type species:** *Taeniomastix sumatrana* Enderlein, 1942 (by original designation).

Eupyrgota: Korneyev, 2014a. Vestn. Zool. 48 (2): 113.

1）真蜣蝇亚属 *Eupyrgota* Coquillett, 1898

Eupyrgota Coquillett, 1898. Proc. U. S. Natl. Mus. 21: 337. **Type species:** *Eupyrgota luteola* Coquillett, 1898 (by original designation).

Eupyrgota: Korneyev, 2014a. Vestn. Zool. 48 (2): 114.

（18）窄真蜣蝇 *Eupyrgota* (*Eupyrgota*) *angustifrons* (Bezzi, 1914)

Adapsila angustifrons Bezzi, 1914c. Ann. Mag. Nat. Hist. (8) 14: 158. **Type locality:** India: near Bhowali, Kumaon.

Eupyrgota angustifrons: Korneyev, 2014a. Vestn. Zool. 48 (2):

119.

分布（**Distribution**）：四川（SC）；印度。

（19）黄毛真蜣蝇 *Eupyrgota* (*Eupyrgota*) *flavopilosa* Hendel, 1914

Eupyrgota flavopilosa Hendel, 1914. Arch. Naturgesch. 79A (11): 85. **Type locality:** Japan: Yokohama.

分布（**Distribution**）：吉林（JL）；俄罗斯、韩国、日本。

（20）黑斑真蜣蝇 *Eupyrgota* (*Eupyrgota*) *furvimaculis* Shi, 1998

Eupyrgota furvimaculis Shi, 1998. *In*: Xue *et* Chao, 1998. Flies of China, Vol. 1: 582. **Type locality:** China: Yunnan, Jingdong.

分布（**Distribution**）：云南（YN）。

（21）暗真蜣蝇 *Eupyrgota* (*Eupyrgota*) *fusca* Hendel, 1914

Eupyrgota fusca Hendel, 1914e. Arch. Naturgesch. 1913 79 (A): 82. **Type locality:** Japan: Yokohama Districk.

分布（**Distribution**）：江西（JX）、湖南（HN）、西藏（XZ）；日本。

（22）浅黄真蜣蝇 *Eupyrgota* (*Eupyrgota*) *luteola* Coquillett, 1898

Eupyrgota luteola Coquillett, 1898. Proc. U. S. Natl. Mus. 21: 337. **Type locality:** Japan: Yokohama, "Mitsukuri".

Eupyrgota omorii Matsumura, 1916. Thousand Ins. Japan Add. 2: 409. **Type locality:** Japan: Honshū, Morioka. Questionable synonymy.

Eupyrgota luteola: Kim *et* Han, 2000. Kor. J. Ent. 30 (4): 220; Korneyev, 2004. Vestn. Zool. 38 (1): 41; Kim *et* Han, 2009. Kor. J. Syst. Zool. 25 (1): 73.

分布（**Distribution**）：江苏（JS）、台湾（TW）；韩国、日本。

（23）斑翅真蜣蝇 *Eupyrgota* (*Eupyrgota*) *maculiala* Shi, 1998

Eupyrgota maculiala Shi, 1998. *In*: Xue *et* Chao, 1998. Flies of China, Vol. 1: 583. **Type locality:** China: Yunnan, Baoshan.

分布（**Distribution**）：云南（YN）。

（24）北京真蜣蝇 *Eupyrgota* (*Eupyrgota*) *pekinensis* Chen, 1947

Eupyrgota pekinensis Chen, 1947. Sinensia 17 (1): 58. **Type locality:** China: Beijing.

分布（**Distribution**）：北京（BJ）。

（25）皮氏真蜣蝇 *Eupyrgota* (*Eupyrgota*) *pieli* Chen, 1947

Eupyrgota pieli Chen, 1947. Sinensia 17 (1): 60. **Type locality:** China: Jiangsu.

分布（Distribution）：江苏（JS）。

（26）红鬃真蟒蝇 *Eupyrgota* (*Eupyrgota*) *rufosetosa* Chen, 1947

Eupyrgota rufosetosa Chen, 1947. Sinensia 17 (1): 59. **Type locality:** China: "Kiangsu, Chemo; Chekiang: Mokan Shan and Chusan".

Eupyrgota rufosetosa: Kim *et* Han, 2000. Kor. J. Ent. 30 (4): 224; Kim *et* Han, 2009. Kor. J. Syst. Zool. 25 (1): 73.

分布（Distribution）：江苏（JS）、浙江（ZJ）；韩国。

（27）似真蟒蝇 *Eupyrgota* (*Eupyrgota*) *similis* Chen, 1947

Eupyrgota similis Chen, 1947. Sinensia 17 (1): 63. **Type locality:** China: Sichuan.

分布（Distribution）：四川（SC）。

2）泰蟒蝇亚属 *Taeniomastix* Enderlein, 1942

Taeniomastix Enderlein, 1942. Sber. Ges. Naturf. Freunde Berl. 1941 (4-7): 130. **Type species:** *Taeniomastix sumatrana* Enderlein, 1942 (by original designation).

Taeniomastix: Korneyev, 2014b. Vestn. Zool. 48 (3): 212.

（28）台湾真蟒蝇 *Eupyrgota* (*Taeniomastix*) *formosana* (Hennig, 1936)

Apyrgota formosana Hennig, 1936. Arb. Morph. Taxon. Ent. Berl. 3 (4): 253. **Type locality:** China: Taiwan, Kagi.

Eupyrgota fomosana: Korneyev, 2014b. Vestn. Zool. 48 (3): 213.

分布（Distribution）：台湾（TW）。

（29）灰真蟒蝇 *Eupyrgota* (*Taeniomastix*) *griseipennis* (Hendel, 1933)

Adapsilia griseipennis Hendel, 1933b. *In*: Lindner, 1933. Flieg. Palaearkt. Reg. 5 (1): 9. **Type locality:** China: "Szechuen, Mt. Omei".

Taeniomastix sumatrana Enderlein, 1942. Sber. Ges. Naturf. Freunde Berl. 1941 (4-7): 113. **Type locality:** Indonesia: "Sumatra, Nonfried S.".

Eupyrgota griseipennis: Korneyev, 2004. Vestn. Zool. 38 (1): 39; Korneyev, 2014b. Vestn. Zool. 48 (3): 213.

分布（Distribution）：四川（SC）；老挝、印度尼西亚。

（30）斑真蟒蝇 *Eupyrgota* (*Taeniomastix*) *pictiventris* (Hendel, 1914)

Apyrgota pictiventris Hendel, 1914e. Arch. Naturgesch. 1913 79 (A): 107. **Type locality:** "Ceylon".

Adapsilia facialis Hendel, 1933. Encyl. Ent. (B II) Dipt. 7: 148. **Type locality:** China: Taiwan.

Eupyrgota tigrina Kim *et* Han, 2000. Kor. J. Ent. 30 (4): 227. **Type locality:** R. O. Korea: Gangwon-do, Wonju-si.

Eupyrgota tigrina: Korneyev, 2004. Vestn. Zool. 38 (1): 40; Kim *et* Han, 2009. Kor. J. Syst. Zool. 25 (1): 75.

Eupyrgota pictiventris: Korneyev, 2014b. Vestn. Zool. 48 (3):

216.

分布（Distribution）：云南（YN）、台湾（TW）；越南、泰国、印度、斯里兰卡、韩国、马来西亚、菲律宾。

4. 硬蟒蝇属 *Geloemyia* Hendel, 1908

Geloemyia Hendel, 1908b. Wien. Ent. Ztg. 27: 151. **Type species:** *Geloemyia stylata* Hendel, 1908 (monotypy).

Trichempodia Malloch, 1930. Ann. Mag. Nat. Hist. (10) 5: 466. **Type species:** *Trichempodia cockerelli* Malloch, 1930 (by original designation).

Parageloemyia Hendel, 1934c. Encycl. Ent. (B) II. Dipt. 7: 142. **Type species:** *Geloemyia quadriseta* Hendel, 1933 (by original designation).

Dicranostira Enderlein, 1942. Sber. Ges. Naturf. Freunde Berl. 1941 (4-7): 111. **Type species:** *Parageloemyia ornata* Hering, 1940 (by original designation).

Parageloemyia: Korneyev, 2004. Vestn. Zool. 38 (1): 42.

Geloemyia: Korneyev, 2015b. Vestn. Zool. 49 (6): 498.

（31）陈氏硬蟒蝇 *Geloemyia cheni* Kim, Han *et* Korneyev, 2015

Geloemyia cheni Kim, Han *et* Korneyev, 2015. *In*: Korneyev, 2015b. Vestn. Zool. 49 (6): 502. **Type locality:** R. O. Korea: Gangwon-do, Wonju-si, Heungeob-myeon, Mt. Deoggasan.

Parageloemyia nigrofasciata: Chen, 1947. Sinensia 17 (1): 55; Shi, 1998. *In*: Xue *et* Chao, 1998. Flies of China, Vol. 1: 577; Kim *et* Han, 2001. Insecta Koreana 18 (3): 281 (misidentification).

分布（Distribution）：吉林（JL）、四川（SC）、云南（YN）；韩国。

（32）中俄硬蟒蝇 *Geloemyia dorsocentralis* (Hering, 1940)

Adapsilia dorsocentralis Hering, 1940b. Arb. Morph. Taxon. Ent. Berl. 7 (4): 291. **Type locality:** China: Heilongjiang, "Charbin, Maoershan".

Adapsila dorsocentralis: Soós, 1984b. *In*: Soós *et* Papp, 1984. Cat. Palaearct. Dipt. 9: 36; Korneyev, 2004. Vestn. Zool. 38 (1): 26.

Geloemyia dorsocentralis: Korneyev, 2015b. Vestn. Zool. 49 (6): 507.

分布（Distribution）：黑龙江（HL）；俄罗斯。

（33）球硬蟒蝇 *Geloemyia globa* (Shi, 1998), comb. nov.

Parageloemyia globa Shi, 1998. *In*: Xue *et* Chao, 1998. Flies of China, Vol. 1: 577. **Type locality:** China: Yunnan, Jinping.

分布（Distribution）：云南（YN）。

（34）四带硬蟒蝇 *Geloemyia quadriseta* Hendel, 1933

Geloemyia quadriseta Hendel, 1933b. *In*: Lindner, 1933. Flieg.

Palaearkt. Reg. 5 (1): 13. **Type locality:** China: "Szechuen, Mt. Omei".

Geloemyia nigrofasciata Hendel, 1933b. *In*: Lindner, 1933. Flieg. Palaearkt. Reg. 5 (1): 13. **Type locality:** China: "Szechuan, Suifu". Possible synonym by Korneyev, 2015.

Parageloemyia ornata Hering, 1940b. Arb. Morph. Taxon. Ent. Berl. 7 (4): 293. **Type locality:** China: Heilongjiang, "Chandaoche".

Parageloemyia nigrofasciata: Soós, 1984. *In*: Soós *et* Papp, 1984. Cat. Palaearct. Dipt. 9: 37.

Parageloemyia quadriseta: Kim *et* Han, 2009. Kor. J. Syst. Zool. 25 (1): 76.

Geloemyia quadriseta: Korneyev, 2015b. Vestn. Zool. 49 (6): 510.

分布（**Distribution**）：黑龙江（HL）、浙江（ZJ）、四川（SC）；俄罗斯、日本。

（35）芒硬蜣蝇 *Geloemyia stylata* Hendel, 1908

Geloemyia stylata Hendel, 1908b. Wien. Ent. Ztg. 27: 151. **Type locality:** Vietnam: "Tonkin".

分布（**Distribution**）：吉林（JL）；越南。

5. 三节芒蜣蝇属 *Porpomastix* Enderlein, 1942

Porpomastix Enderlein, 1942. Sber. Ges. Naturf. Freunde Berl. 1941 (4-7): 122. **Type species:** *Porpomastix fasciolata* Enderlein, 1942 (by original designation).

Paradapsilia Chen, 1947. Sinensia 17 (1): 53. **Type species:** *Paradapsilia trinotata* Chen, 1947 (by original designation).

Porpomastix: Korneyev, 2004. Vestn. Zool. 38 (1): 44.

（36）三点三节芒蜣蝇 *Porpomastix fasciolata* Enderlein, 1942

Porpomastix fasciolata Enderlein, 1942. Sber. Ges. Naturf. Freunde Berl. 1941 (4-7): 123. **Type locality:** Japan: Hokkaidō, "Ohmorin".

Paradapsilia trinotata Chen, 1947. Sinensia 17 (1): 53. **Type locality:** China: Hunan.

Paradapsilia trinotata: Kim *et* Han, 2000. Kor. J. Ent. 30 (4): 231.

Porpomastix fasciolata: Korneyev, 2004. Vestn. Zool. 38 (1): 44; Kim *et* Han, 2009. Kor. J. Syst. Zool. 25 (1): 77.

分布（**Distribution**）：湖南（HN）；俄罗斯、韩国、日本。

6. 灰蜣蝇属 *Tephrilopyrgota* Hendel, 1914

Tephrilopyrgota Hendel, 1914. Arch. Naturgesch. 79A (11): 79. **Type species:** *Tephrilopyrgota passerine* Hendel, 1913 (by original designation).

Tephrilopyrgota: Korneyev, 2004. Vestn. Zool. 38 (1): 38.

（37）栗斑灰蜣蝇 *Tephrilopyrgota miliaria* Hendel, 1933

Tephrilopyrgota miliaria Hendel, 1933b. *In*: Lindner, 1933. Flieg. Palaearkt. Reg. 5 (1): 12. **Type locality:** China: "Szechuan, Suifu".

Tephrilopyrgota miliaria: Korneyev, 2004. Vestn. Zool. 38 (1): 38.

分布（**Distribution**）：四川（SC）。

（38）云南灰蜣蝇 *Tephrilopyrgota yunnanensis* Shi, 1998

Tephrilopyrgota yunnanensis Shi, 1998. *In*: Xue *et* Chao, 1998. Flies of China, Vol. 1: 591. **Type locality:** China: Yunnan, Jinping.

分布（**Distribution**）：云南（YN）、台湾（TW）。

7. 突蜣蝇属 *Tylotrypes* Bezzi, 1914

Tylotrypes Bezzi, 1914c. Ann. Mag. Nat. Hist. (8) 14: 161. **Type species:** *Tylotrypes immsi* Bezzi, 1914 (by original designation).

Tylotrypes: Korneyev, 2015a. Vestn. Zool. 49 (1): 38.

（39）短腹突蜣蝇 *Tylotrypes breviventris* (Shi, 1998)

Apyrgota breviventris Shi, 1998. *In*: Xue *et* Chao, 1998. Flies of China, Vol. 1: 580. **Type locality:** China: Yunnan, Baoshan.

分布（**Distribution**）：云南（YN）。

（40）浅黑突蜣蝇 *Tylotrypes fura* (Shi, 1998)

Apyrgota fura Shi, 1998. *In*: Xue *et* Chao, 1998. Flies of China, Vol. 1: 580. **Type locality:** China: Yunnan, Jinping.

分布（**Distribution**）：云南（YN）。

（41）将乐突蜣蝇 *Tylotrypes jiangleensis* (Shi, 1994)

Apyrgota jiangleensis Shi, 1994b. Wuyi Sci. J. 11: 108. **Type locality:** China: Fujian, Jiangle.

分布（**Distribution**）：福建（FJ）。

（42）长突蜣蝇 *Tylotrypes longa* (Shi, 1998)

Apyrgota longa Shi, 1998. *In*: Xue *et* Chao, 1998. Flies of China, Vol. 1: 581. **Type locality:** China: Yunnan, Jinping.

分布（**Distribution**）：贵州（GZ）、云南（YN）。

（43）长毛突蜣蝇 *Tylotrypes longipilosa* Wang *et* Yang, 2012

Tylotrypes longipilosa Wang *et* Yang, 2012. Entomotaxon. 34 (4): 652. **Type locality:** China: Chongqing, Jinfo Mountain.

分布（**Distribution**）：重庆（CQ）、云南（YN）、台湾（TW）、海南（HI）。

实蝇科 Tephritidae

小条实蝇亚科 Ceratitidinae

小条实蝇族 Ceratitidini

1. 肩实蝇属 *Anoplomus* Bezzi, 1913

Anoplomus Bezzi, 1913. Mem. Indian Mus. 3 (3): 100. **Type species:** *Anoplomus flexuosus* Bezzi, 1913 (by original designation).

（1）虹纹肩实蝇 *Anoplomus cassandra* (Osten-Sacken, 1882)

Trypeta cassandra Osten-Sacken, 1882. Berl. Ent. Z. 26: 228. **Type locality:** Philippines.
Anoplomus cassandra: Wang, 1996. Acta Zootaxon. Sin. 21 (Suppl.): 14.
分布（Distribution）：云南（YN）；印度、泰国、老挝、菲律宾、印度尼西亚。

（2）长尾肩实蝇 *Anoplomus caudatus* Zia, 1964

Anoplomus caudatus Zia, 1964. Acta Zootaxon. Sin. 1 (1): 44. **Type locality:** China: Yunnan, Xishuangbanna.
Anoplomus caudatus: Wang, 1996. Acta Zootaxon. Sin. 21 (Suppl.): 14.
分布（Distribution）：云南（YN）。

（3）海南肩实蝇 *Anoplomus hainanensis* Wang, 1996

Anoplomus hainanensis Wang, 1996. Acta Zootaxon. Sin. 21 (Suppl.): 14. **Type locality:** China: Hainan, Yinggen.
分布（Distribution）：海南（HI）。

2. 岔实蝇属 *Ceratitella* Malloch, 1939

Ceratitella Malloch, 1939. Proc. Linn. Soc. N. S. W. 64 (3-4): 452. **Type species:** *Ceratitis loranthi* Froggatt, 1911 (by original designation).

（4）褐颜岔实蝇 *Ceratitella sobrina* (Zia, 1937)

Ceratitis sobrina Zia, 1937. Sinensia 8 (2): 177. **Type locality:** China: Szechuan [= Sichuan].
分布（Distribution）：四川（SC）；日本。

3. 奈实蝇属 *Neoceratitis* Hendel, 1927

Neoceratitis Hendel, 1927. *In*: Lindner, 1927. Flieg. Palaearkt. Reg. 5 (2): 61. **Type species:** *Ceratitis asiatica* Becker, 1908 (by original designation).

（5）枸杞奈实蝇 *Neoceratitis asiatica* (Becker, 1907)

Ceratitis asiatica Becker, 1907. Annu. Mus. Zool. Acad. Sci. Russ. St.-Pétersb. 12 (3): 291. **Type locality:** China: Xizang, E Zaidam, Kurlyk on Baingol R.
Neoceratitis asiatica: Wang, 1996. Acta Zootaxon. Sin. 21 (Suppl.): 16.
分布（Distribution）：宁夏（NX）、青海（QH）、新疆（XJ）、西藏（XZ）；哈萨克斯坦、土库曼斯坦。

4. 瓜蒂实蝇属 *Paratrirhithrum* Shiraki, 1933

Paratrirhithrum Shiraki, 1933. Mem. Fac. Sci. Agric. Taihoku Imp. Univ. 8 (2): 137. **Type species:** *Paratrirhithrum nitobei* Shiraki, 1933 (by original designation).

（6）四纹瓜蒂实蝇 *Paratrirhithrum nitobei* Shiraki, 1933

Paratrirhithrum nitobei Shiraki, 1933. Mem. Fac. Sci. Agric. Taihoku Imp. Univ. 8 (2): 138. **Type locality:** China: Taiwan, Arisan.
Paratrirhithrum nitobei: Wang, 1996. Acta Zootaxon. Sin. 21 (Suppl.): 16.
分布（Distribution）：台湾（TW）。

5. 痣辐实蝇属 *Pardalaspinus* Hering, 1952

Pardalaspinus Hering, 1952. Treubia 21 (2): 282. **Type species:** *Pardalaspis migrata* Hering, 1944 (by original designation).
Notophosa Zia, 1964. Acta Zootaxon. Sin. 1 (1): 48. **Type species:** *Notophosa connexa* Zia, 1964 (by original designation).
Ceratitisoma Zia, 1964. Acta Zootaxon. Sin. 1 (1): 50. **Type species:** *Ceratitisoma bimaculatum* Zia, 1964 (by original designation).

（7）二点痣辐实蝇 *Pardalaspinus bimaculatum* (Zia, 1964)

Ceratitisoma bimaculatum Zia, 1964. Acta Zootaxon. Sin. 1 (1): 50, 54. **Type locality:** China: Yunnan, Shishong Baanna.
Pardalaspinus bimaculatum: Wang, 1996. Acta Zootaxon. Sin. 21 (Suppl.): 17.
分布（Distribution）：云南（YN）、海南（HI）；泰国。

（8）黄斑痣辐实蝇 *Pardalaspinus laqueatus* (Enderlein, 1920)

Ceratitis laqueata Enderlein, 1920b. Zool. Jahrb. (Syst.) 43: 347. **Type locality:** Indonesia: Java.
Pardalaspinus laqueatus: Wang, 1996. Acta Zootaxon. Sin. 21 (Suppl.): 18.
分布（Distribution）：云南（YN）；越南、老挝、印度尼西亚。

6. 中横实蝇属 *Proanoplomus* Shiraki, 1933

Proanoplomus Shiraki, 1933. Mem. Fac. Sci. Agric. Taihoku

Imp. Univ. 8 (2): 127. **Type species:** *Proanopromus japonicus* Shiraki, 1933 (by original designation).
Paranoplomus Shiraki, 1933. Mem. Fac. Sci. Agric. Taihoku Imp. Univ. 8 (2): 131. **Type species:** *Paranoplomus formosanus* Shiraki, 1933 (by original designation).

（9）四鬃中横实蝇 *Proanoplomus affinis* Chen, 1948

Proanoplomus affinis Chen, 1948. Sinensia 18 (1-6): 89. **Type locality:** China: Zhejiang, Tianmushan.
Proanoplomus affinis: Wang, 1996. Acta Zootaxon. Sin. 21 (Suppl.): 19.
分布（Distribution）：浙江（ZJ）。

（10）筒尾中横实蝇 *Proanoplomus cylindricus* Chen, 1948

Proanoplomus cylindricus Chen, 1948. Sinensia 18 (1-6): 91. **Type locality:** China: Taiwan.
Proanoplomus cylindricus: Wang, 1996. Acta Zootaxon. Sin. 21 (Suppl.): 19.
分布（Distribution）：台湾（TW）。

（11）台湾中横实蝇 *Proanoplomus formosanus* (Shiraki, 1933)

Paranoplomus formosanus Shiraki, 1933. Mem. Fac. Sci. Agric. Taihoku Imp. Univ. 8 (2): 131. **Type locality:** China: Taiwan, Arisan.
Proanoplomus formosanus: Wang, 1996. Acta Zootaxon. Sin. 21 (Suppl.): 20.
分布（Distribution）：台湾（TW）；缅甸、印度尼西亚。

（12）福建中横实蝇 *Proanoplomus intermedius* Chen, 1948

Proanoplomus intermedius Chen, 1948. Sinensia 18 (1-6): 91. **Type locality:** China: Fujian, Shao-Woo.
Proanoplomus intermedius Wang, 1996. Acta Zootaxon. Sin. 21 (Suppl.): 20.
分布（Distribution）：福建（FJ）。

（13）黑盾中横实蝇 *Proanoplomus nigroscutellatus* Zia, 1964

Proanoplomus nigroscutellatus Zia, 1964. Acta Zootaxon. Sin. 1 (1): 45, 53. **Type locality:** China: Yunnan, Shishong-Baanna.
Proanoplomus nigroscutellatus: Wang, 1996. Acta Zootaxon. Sin. 21 (Suppl.): 20.
分布（Distribution）：云南（YN）。

（14）峨眉中横实蝇 *Proanoplomus omeiensis* Zia, 1964

Proanoplomus omeiensis Zia, 1964. Acta Zootaxon. Sin. 1 (1): 47. **Type locality:** China: Szechuan, Omeishan.
Proanoplomus omeiensis: Wang, 1996. Acta Zootaxon. Sin. 21 (Suppl.): 21.
分布（Distribution）：四川（SC）。

（15）云南中横实蝇 *Proanoplomus yunnanensis* Zia, 1964

Proanoplomus yunnanensis Zia, 1964. Acta Zootaxon. Sin. 1 (1): 46. **Type locality:** China: Yunnan, Shishong Baanna.
Proanoplomus yunnanensis: Wang, 1996. Acta Zootaxon. Sin. 21 (Suppl.): 21.
分布（Distribution）：云南（YN）、广西（GX）。

7. 辛实蝇属 *Sinanoplomus* Zia, 1955

Sinanoplomus Zia, 1955. Acta Zool. Sin. 7 (1): 64. **Type species:** *Sinanoplomus sinensis* Zia, 1955 (by original designation).

（16）中华辛实蝇 *Sinanoplomus sinensis* Zia, 1955

Sinanoplomus sinensis Zia, 1955. Acta Zool. Sin. 7 (1): 64. **Type locality:** China: Guangdong .
Sinanoplomus sinensis: Wang, 1996. Acta Zootaxon. Sin. 21 (Suppl.): 22.
分布（Distribution）：广东（GD）。

羽角实蝇族 Gastrozonini

8. 刺角实蝇属 *Acroceratitis* Hendel, 1913

Acroceratitis Hendel, 1913a. Suppl. Ent. 2: 82. **Type species:** *Acroceratitis plumosa* Hendel, 1913 (by original designation).
Stictaspis Bezzi, 1913. Mem. Indian Mus. 3 (3): 102. **Type species:** *Stictaspis ceratitina* Bezzi, 1913 (by original designation).

（17）纹背刺角实蝇 *Acroceratitis bimacula* Hardy, 1973

Acroceratitis bimacula Hardy, 1973. Pac. Insects Monogr. 31: 223. **Type locality:** Thailand: Pak Chong.
Acroceratitis bimacula Wang, 1996. Acta Zootaxon. Sin. 21 (Suppl.): 24.
分布（Distribution）：云南（YN）、广西（GX）；印度、泰国、越南、老挝。

（18）二鬃刺角实蝇 *Acroceratitis ceratitina* (Bezzi, 1913)

Stictaspis ceratitina Bezzi, 1913. Mem. Indian Mus. 3 (3): 103. **Type locality:** India: Paresnath.
Acroceratitis biseta: Wang, 1996. Acta Zootaxon. Sin. 21 (Suppl.): 24.
分布（Distribution）：云南（YN）；印度、缅甸、泰国。

（19）缘点刺角实蝇 *Acroceratitis distincta* (Zia, 1964)

Chelyophora distincta Zia, 1964. Acta Zootaxon. Sin. 1 (1): 47. **Type locality:** China: Yunnan.
Phseospilodes distincta: Wang, 1996. Acta Zootaxon. Sin. 21 (Suppl.): 43.

分布（Distribution）：云南（YN）；泰国、越南、老挝。

（20）黄肩刺角实蝇 *Acroceratitis incompleta* Hardy, 1973

Acroceratitis incompleta Hardy, 1973. Pac. Insects Monogr. 31: 227. **Type locality:** Thailand: Chiang Mai Province, Doi Suthep.

Acroceratitis incompleta: Wang, 1996. Acta Zootaxon. Sin. 21 (Suppl.): 25.

分布（Distribution）：云南（YN）；老挝、泰国。

（21）马氏刺角实蝇 *Acroceratitis maai* (Chen, 1948)

Chelyophora maai Chen, 1948. Sinensia 18 (1-6): 92. **Type locality:** China: Fukien, Shao-Woo.

Acroceratitis maa: Wang, 1996. Acta Zootaxon. Sin. 21 (Suppl.): 25.

分布（Distribution）：云南（YN）、福建（FJ）；老挝。

（22）竹笋刺角实蝇 *Acroceratitis plumosa* Hendel, 1913

Acroceratitis plumosa Hendel, 1913a. Suppl. Ent. 2: 82. **Type locality:** China: Taiwan, Kankau.

Acroceratitis plumosa: Wang, 1996. Acta Zootaxon. Sin. 21 (Suppl.): 25.

分布（Distribution）：浙江（ZJ）、云南（YN）、台湾（TW）、海南（HI）；越南。

9. 短羽实蝇属 *Acrotaeniostola* Hendel, 1914

Acrotaeniostola Hendel, 1914d. Wien. Ent. Ztg. 33: 80. **Type species:** *Acrotaeniostola sexvittata* Hendel, 1914 (by original designation).

（23）斑翅短羽实蝇 *Acrotaeniostola dissimilis* Zia, 1937

Acrotaeniostola dissimilis Zia, 1937. Sinensia 8 (2): 159. **Type locality:** China: Szechuan.

Acrotaeniostola dissimilis: Wang, 1996. Acta Zootaxon. Sin. 21 (Suppl.): 27.

分布（Distribution）：湖北（HB）、四川（SC）、云南（YN）；越南。

（24）黄盾短羽实蝇 *Acrotaeniostola flavoscutellata* Shiraki, 1933

Acrotaeniostola flavoscutellata Shiraki, 1933. Mem. Fac. Sci. Agric. Taihoku Imp. Univ. 8 (2): 149. **Type locality:** China: Taiwan, Shinchiku.

Acrotaeniostola flavoscutellata: Wang, 1996. Acta Zootaxon. Sin. 21 (Suppl.): 27.

分布（Distribution）：台湾（TW）；日本。

（25）长尾短羽实蝇 *Acrotaeniostola morosa* (Hering, 1938)

Taeniostola morosa Hering, 1938. Ark. Zool. 30A (25): 15. **Type locality:** Burma: Kachin, Kambaiti.

Acrotaeniostola longicauda: Wang, 1996. Acta Zootaxon. Sin. 21 (Suppl.): 28.

分布（Distribution）：云南（YN）；泰国、缅甸。

（26）皮氏短羽实蝇 *Acrotaeniostola pieli* Zia, 1937

Acrotaeniostola pieli Zia, 1937. Sinensia 8 (2): 157. **Type locality:** China: Chekiang, Tien-Mo-Shan.

Acrotaeniostola pieli Zia: Wang, 1996. Acta Zootaxon. Sin. 21 (Suppl.): 29.

分布（Distribution）：浙江（ZJ）。

（27）黄纹短羽实蝇 *Acrotaeniostola quadrivittata* Chen, 1948

Acrotaeniostola honei quadriivttata Chen, 1948. Sinensia 18 (1-6): 94. **Type locality:** China: Fujian, Shao-woo.

Acrotaeniostola quadrivittata: Wang, 1996. Acta Zootaxon. Sin. 21 (Suppl.): 29.

分布（Distribution）：湖北（HB）、云南（YN）、福建（FJ）、海南（HI）。

（28）四带短羽实蝇 *Acrotaeniostola quinaria* (Coquillett, 1910)

Trypeta quinaria Coquillett, 1910. Entomol. News 21: 308. **Type locality:** China: Kwangtung; Hong Kong.

Acrotaeniostola quadrifasciata: Wang, 1996. Acta Zootaxon. Sin. 21 (Suppl.): 29.

分布（Distribution）：广东（GD）、海南（HI）、香港（HK）；泰国、越南、老挝、马来西亚、印度尼西亚。

（29）日纹短羽实蝇 *Acrotaeniostola scutellaris* (Matsumura, 1916)

Trypeta scutellaris Matsumura, 1916. Thousand Ins. Japan Add. 2: 416. **Type locality:** China: Taiwan.

Acrotaeniostola scutellaris: Wang, 1996. Acta Zootaxon. Sin. 21 (Suppl.): 30.

分布（Distribution）：浙江（ZJ）、台湾（TW）、广西（GX）；韩国、日本。

（30）六纹短羽实蝇 *Acrotaeniostola sexvittata* Hendel, 1915

Acrotaeniostola sexvittata Hendel, 1915. Ann. Hist.-Nat. Mus. Natl. Hung. 13: 438. **Type locality:** China: Taiwan, Taihorin, Mount. Hoozan and Kankau.

Acrotaeniostola sexvittata: Wang, 1996. Acta Zootaxon. Sin. 21 (Suppl.): 30.

分布（Distribution）：台湾（TW）；日本。

（31）钩纹短羽实蝇 *Acrotaeniostola spiralis* **Munro, 1935**

Acrotaeniostola spiralis Munro, 1935. Rec. India Mus. 37: 18. **Type locality:** Pakistan: Rangamati, Chittagong Hills.

Acrotaeniostola spiralis: Wang, 1996. Acta Zootaxon. Sin. 21 (Suppl.): 30.

分布（**Distribution**）：云南（YN）、海南（HI）；印度、老挝、孟加拉国、马来西亚、印度尼西亚。

（32）云南短羽实蝇 *Acrotaeniostola yunnana* **Wang, 1996**

Acrotaeniostola yunnana Wang, 1996. Acta Zootaxon. Sin. 21 (Suppl.): 31. **Type locality:** China: Yunnan, Cheli.

分布（**Distribution**）：云南（YN）。

10. 额鬃实蝇属 *Carpophthorella* Hendel, 1914

Carpophthorella Hendel, 1914d. Wien. Ent. Ztg. 33: 80. **Type species:** *Carpophthorella magnifica* Hendel, 1914 (by original designation) [= *Carpophthorella nigrifascia* (Walker, 1860)].

（33）二纹额鬃实蝇 *Carpophthorella nigrifascia* (**Walker, 1860**)

Trypeta nigrifascia Walker, 1860b. J. Proc. Linn. Soc. London Zool. 4: 158. **Type locality:** Indonesia: Sulawesi (Makassar).

Carpophthorella nigrifascia: Wang, 1996. Acta Zootaxon. Sin. 21 (Suppl.): 32; Hancock *et* Drew, 1999. H. Nat. Hist. 33: 678.

分布（**Distribution**）：台湾（TW）；马来西亚、印度尼西亚、巴布亚新几内亚、所罗门群岛、澳大利亚。

11. 秃额实蝇属 *Chaetellipsis* Bezzi, 1913

Chaetellipsis Bezzi, 1913. Mem. Indian Mus. 3 (3): 126. **Type species:** *Chaetellipsis paradoxa* Bezzi, 1913 (by original designation).

Poecillis Bezzi, 1913. Mem. Indian Mus. 3 (3): 128. **Type species:** *Poecillis judicanda* Bezzi, 1913 (by original designation) (synonymized by Hardy, 1973).

Podophysa Hering, 1938. Ark. Zool. 30A (25): 8. **Type species:** *Podophysa pretiosa* Hering, 1938 (by original designation) (synonymized by Hancock, 1991).

（34）斑盾秃额实蝇 *Chaetellipsis alternata* (**Zia, 1963**)

Podophysa alternata Zia, 1963. Acta Zool. Sin. 15 (3): 457. **Type locality:** China: Yunnan, Xishuangbanna.

分布（**Distribution**）：云南（YN）；泰国。

（35）纹背秃额实蝇 *Chaetellipsis bivittata* (**Hardy, 1988**)

Carpophthorella bivittata Hardy, 1988. Bishop Mus. Bull. Ent. 1: 89. **Type locality:** Malaysia: Sabah.

Chaetellipsis atrata: Wang, 1996. Acta Zootaxon. Sin. 21 (Suppl.): 33 (misident).

分布（**Distribution**）：云南（YN）；泰国、马来西亚。

（36）黄背秃额实蝇 *Chaetellipsis paradoxa* **Bezzi, 1913**

Chaetellipsis paradoxa Bezzi, 1913. Mem. Indian Mus. 3 (3): 127. **Type locality:** India: Paresnath.

Poecillis judicanda Bezzi, 1913. Mem. Indian Mus. 3 (3): 128. **Type locality:** India: Paresnath.

Gastrozona flavostriata Hering, 1938. Ark. Zool. 30A (25): 12. **Type locality:** Burma: Kambaiti.

分布（**Distribution**）：云南（YN）；泰国、印度、斯里兰卡、缅甸、老挝。

12. 细尾实蝇属 *Cyrtostola* Hancock *et* Drew, 1999

Cyrtostola Hancock *et* Drew, 1999. H. Nat. Hist. 33: 699. **Type species:** *Taeniostola limbata* Hendel, 1915 (by original designation).

（37）四条细尾实蝇 *Cyrtostola limbata* (**Hendel, 1915**)

Taeniostola limbata Hendel, 1915. Ann. Hist.-Nat. Mus. Natl. Hung. 13: 435. **Type locality:** China: Taiwan.

Taeniostola limbata: Wang, 1996. Acta Zootaxon. Sin. 21 (Suppl.): 47.

分布（**Distribution**）：云南（YN）、台湾（TW）；泰国、印度、缅甸、尼泊尔、马来西亚。

13. 二鬃实蝇属 *Dietheria* Hardy, 1973

Dietheria Hardy, 1973. Pac. Insects Monogr. 31: 183. **Type species:** *Dietheria fasciata* Hardy, 1973 (by original designation).

（38）四带二鬃实蝇 *Dietheria fasciata* **Hardy, 1973**

Dietheria fasciata Hardy, 1973. Pac. Insects Monogr. 31: 184. **Type locality:** Viet Nam: Ban Me Thuot.

Dietheria fasciata: Wang, 1996. Acta Zootaxon. Sin. 21 (Suppl.): 34.

分布（**Distribution**）：云南（YN）；泰国、越南。

14. 纤实蝇属 *Galbifascia* Hardy, 1973

Galbifascia Hardy, 1973. Pac. Insects Monogr. 31: 247. **Type species:** *Galbifascia sexpunctata* Hardy, 1973 (by original designation).

（39）六点纤实蝇 *Galbifascia sexpunctata* **Hardy, 1973**

Galbifascia sexpunctata Hardy, 1973. Pac. Insects Monogr. 31: 248. **Type locality:** Laos: Muong Tourakom.

Galbifascia sexpunctata: Wang, 1996. Acta Zootaxon. Sin. 21 (Suppl.): 35.

分布（Distribution）：云南（YN）；印度、斯里兰卡、泰国、老挝、越南、菲律宾。

15. 羽角实蝇属 *Gastrozona* Bezzi, 1913

Gastrozona Bezzi, 1913. Mem. Indian Mus. 3 (3): 105. **Type species:** *Tephritis fasciventris* Macquart, 1843 (by original designation).

（40）附脉羽角实蝇 *Gastrozona appendiculata* Zia, 1938

Gastrozona appendiculata Zia, 1938. Sinensia 9 (1-2): 22. **Type locality:** China: SE Kansu.

Gastrozona appendiculata: Wang *et* Chen, 2002. Acta Ent. Sin. 45 (4): 508.

分布（Distribution）：甘肃（GS）。

（41）短带羽角实蝇 *Gastrozona balioptera* Hardy, 1973

Gastrozona balioptera Hardy, 1973. Pac. Insects Monogr. 31: 188. **Type locality:** Thailand: Chiang Mai Province, Chiang Dao.

Gastrozona balioptera: Wang, 1996. Acta Zootaxon. Sin. 21 (Suppl.): 36; Wang *et* Chen, 2002. Acta Ent. Sin. 45 (4): 510.

分布（Distribution）：云南（YN）；印度、缅甸、泰国。

（42）笋黄羽角实蝇 *Gastrozona fasciventris* (Macquart, 1843)

Tephritis fasciventris Macquart, 1843b. Mém. Soc. Sci. Agric. Arts Lille [1842]: 382. **Type locality:** India.

Gastrozona fasciventris: Wang, 1996. Acta Zootaxon. Sin. 21 (Suppl.): 36; Wang *et* Chen, 2002. Acta Ent. Sin. 45 (4): 511.

分布（Distribution）：台湾（TW）、广西（GX）；印度、缅甸、孟加拉国、泰国、老挝、越南、马来西亚、印度尼西亚。

（43）汉氏羽角实蝇 *Gastrozona hancocki* Wang *et* Chen, 2002

Gastrozona hancocki Wang *et* Chen, 2002. Acta Ent. Sin. 45 (4): 511. **Type locality:** China: Guizhou.

分布（Distribution）：贵州（GZ）。

（44）毛腹羽角实蝇 *Gastrozona hirtiventris* Chen, 1948

Gastrozona hirtiventris Chen, 1948. Sinensia 18 (1-6): 97. **Type locality:** China: Chekiang, Mokanshan.

Gastrozona hirtiventris: Wang, 1996. Acta Zootaxon. Sin. 21 (Suppl.): 37; Wang *et* Chen, 2002. Acta Ent. Sin. 45 (4): 513.

分布（Distribution）：浙江（ZJ）。

（45）两带羽角实蝇 *Gastrozona parviseta* Hardy, 1973

Gastrozona parviseta Hardy, 1973. Pac. Insects Monogr. 31: 192. **Type locality:** Thailand: Chiang Mai Province, Chiang Dao.

Gastrozona parviseta: Wang, 1996. Acta Zootaxon. Sin. 21 (Suppl.): 38; Wang *et* Chen, 2002. Acta Ent. Sin. 45 (4): 513.

分布（Distribution）：云南（YN）；印度、缅甸、泰国。

（46）四条羽角实蝇 *Gastrozona quadrivittata* Wang, 1992

Gastrozona quadrivittata Wang, 1992. *In*: Peng *et* Leu, 1992. Iconography of Forest Insects in Hunan China: 1150. **Type locality:** China: Guizhou, Mt. Leigong.

Gastrozona quadrivittata: Wang, 1996. Acta Zootaxon. Sin. 21 (Suppl.): 38; Wang *et* Chen, 2002. Acta Ent. Sin. 45 (4): 513.

分布（Distribution）：湖南（HN）、贵州（GZ）。

（47）微连羽角实蝇 *Gastrozona soror* (Schiner, 1868)

Acidia soror Schiner, 1868. Reise der Österreichischen Fregatte Novara, Diptera 2 (1B): 264. **Type locality:** Indonesia: Java, Batavia [= Djakarta].

Gastrozona soror: Wang *et* Chen, 2002. Acta Ent. Sin. 45 (4): 514.

分布（Distribution）：云南（YN）；印度、泰国、印度尼西亚。

16. 拟羽角实蝇属 *Paragastrozona* Shiraki, 1933

Paragastrozona Shiraki, 1933. Mem. Fac. Sci. Agric. Taihoku Imp. Univ. 8 (2): 154. **Type species:** *Gastrozona japonica* Miyake, 1919 (by original designation).

（48）福建羽角实蝇 *Paragastrozona fukienica* (Hering, 1953)

Gastrozona fukienica Hering, 1953. Siruna Seva 8: 5. **Type locality:** China: Fukien, Kuantun.

Gastrozona fukienica: Wang, 1996. Acta Zootaxon. Sin. 21 (Suppl.): 37.

分布（Distribution）：福建（FJ）。

（49）日本拟羽角实蝇 *Paragastrozona japonica* (Miyake, 1919)

Gastrozona japonica Miyake, 1919. Bull. Imp. Cent. Agric. Expt. Sta. Japan 2 (2): 152. **Type locality:** Japan: Oji.

Paragastrozona japonica: Wang, 1996. Acta Zootaxon. Sin. 21 (Suppl.): 40.

分布（Distribution）：台湾（TW）；朝鲜、日本、俄罗斯。

（50）五斑拟羽角实蝇 *Paragastrozona quinquemaculata* **Wang, 1996**

Paragastrozona quinquemaculata Wang, 1996. Acta Zootaxon. Sin. 21 (Suppl.): 40. **Type locality:** China: Sichuan, Mount. Emei.

分布（**Distribution**）：四川（SC）。

（51）淡笋拟羽角实蝇 *Paragastrozona vulgaris* **(Zia, 1937)**

Gastrozona vulgaris Zia, 1937. Sinensia 8 (2): 151. **Type locality:** China: Jiangsu, Nanking, Chemo, Chingkiang; Shanghai, Zò-sé, Mokan-shan.

Gastrozona vulgaris: Wang, 1996. Acta Zootaxon. Sin. 21 (Suppl.): 39.

分布（**Distribution**）：安徽（AH）、江苏（JS）、上海（SH）、浙江（ZJ）、四川（SC）、福建（FJ）、广东（GD）。

17. 缘腹实蝇属 *Paraxarnuta* Hardy, 1973

Paraxarnuta Hardy, 1973. Pac. Insects Monogr. 31: 195. **Type species:** *Paraxarnuta bambusae* Hardy, 1973 (by original designation).

（52）黄毛缘腹实蝇 *Paraxarnuta anephelobasis* **Hardy, 1973**

Paraxarnuta anephelobasis Hardy, 1973. Pac. Insects Monogr. 31: 196. **Type locality:** Thailand: Loey Province, Muang District, Kokdun.

Paraxarnuta anephelobasis: Wang, 1996. Acta Zootaxon. Sin. 21 (Suppl.): 42.

分布（**Distribution**）：云南（YN）；泰国。

（53）黑毛缘腹实蝇 *Paraxarnuta bambusae* **Hardy, 1973**

Paraxarnuta bambusae Hardy, 1973. Pac. Insects Monogr. 31: 197. **Type locality:** Laos: Vientiane Province, Muong Tourakom.

Paraxarnuta bambusae: Wang, 1996. Acta Zootaxon. Sin. 21 (Suppl.): 42.

分布（**Distribution**）：云南（YN）；泰国、老挝、越南。

（54）盾斑缘腹实蝇 *Paraxarnuta maculata* **Wang, 1996**

Paraxarnuta maculata Wang, 1996. Acta Zootaxon. Sin. 21 (Suppl.): 42. **Type locality:** China: Yunnan, Cheli.

分布（**Distribution**）：云南（YN）。

18. 花印实蝇属 *Phaeospilodes* Hering, 1939

Phaeospilodes Hering, 1939. Verb. VII Int. Kongr. Ent. (Berlin) (1938) 1: 170. **Type species:** *Phaeospilodes torquata* Hering, 1939 (by original designation).

（55）二鬃花印实蝇 *Phaeospilodes fenestella* **(Coquillett, 1910)**

Oxyphora fenestella Coquillett, 1910. Entomol. News 21: 308. **Type locality:** China: Hong Kong.

Phaeospilodes poeciloptera: Hardy, 1977. *In*: Delfinado *et* Hardy, 1977. Cat. Dipt. Orient. Reg. 3: 96; Hardy, 1988. Zool. Scr. 17 (1): 104; Wang, 1996. Acta Zootaxon. Sin. 21 (Suppl.): 44.

分布（**Distribution**）：福建（FJ）、广西（GX）、海南（HI）、香港（HK）；泰国、越南、印度尼西亚。

19. 斜带实蝇属 *Spilocosmia* Bezzi, 1913

Spilocosmia Bezzi, 1913. Philipp. J. Sci. (D) 8: 327. **Type species:** *Spilocosmia bakeri* Bezzi, 1913 (by original designation).

Prospilocosmia Shiraki, 1933. Mem. Fac. Sci. Agric. Taihoku Imp. Univ. 8 (2): 212 (as a subgenus of *Spilocosmia*). **Type species:** *Spilocosmia (Prosilocosmia) punctata* Shiraki, 1933 (by original designation).

（56）巴克氏斜带实蝇 *Spilocosmia bakeri* **Bezzi, 1914**

Spilocosmia bakeri Bezzi, 1914b. Philipp. J. Sci. (D) 8 (4): 327. **Type locality:** Philippines: Mount. Makiling.

Spilocosmia incomplete: Wang, 1996. Acta Zootaxon. Sin. 21 (Suppl.): 45.

分布（**Distribution**）：浙江（ZJ）、台湾（TW）；日本、老挝、越南、菲律宾、印度尼西亚。

20. 笋实蝇属 *Taeniostola* Bezzi, 1913

Taeniostola Bezzi, 1913. Mem. Indian Mus. 3 (3): 119. **Type species:** *Taeniostola vittigera* Bezzi, 1913 (by original designation).

（57）五条笋实蝇 *Taeniostola vittigera* **Bezzi, 1913**

Taeniostola vittigera Bezzi, 1913. Mem. Indian Mus. 3 (3): 119. **Type locality:** Pakistan: Sylhet and Lungleh.

分布（**Distribution**）：云南（YN）、台湾（TW）；泰国、印度、缅甸、老挝、马来西亚、印度尼西亚。

21. 黄条实蝇属 *Xanthorrachis* Bezzi, 1913

Xanthorrachis Bezzi, 1913. Mem. Indian Mus. 3 (3): 137. **Type species:** *Xanthorrachis annandalei* Bezzi, 1913 (by original designation).

（58）四点黄条实蝇 *Xanthorrachis annandalei* **Bezzi, 1913**

Xanthorrachis annandalei Bezzi, 1913. Mem. Indian Mus. 3 (3): 138. **Type locality:** Burma: Dawna Hills.

Xanthorrachis annandalei: Wang, 1996. Acta Zootaxon. Sin.

21 (Suppl.): 48.

分布（Distribution）：云南（YN）；印度、缅甸、越南、泰国、老挝、印度尼西亚。

（59）阿萨姆黄条实蝇 *Xanthorrachis assamensis* Hardy, 1973

Xanthorrachis assamensis Hardy, 1973. Pac. Insects Monogr. 31: 283. **Type locality**: India: N Khāsi Hills.

分布（Distribution）：云南（YN）、西藏（XZ）；印度。

寡鬃实蝇亚科 Dacinae

22. 果实蝇属 *Bactrocera* Macquart, 1835

Bactrocera Macquart, 1835. Hist. Nat. Ins., Dipt. 2: 452. **Type species**: *Dacus longicornis* Macquart, 1835 (monotypy).

1）亚果实蝇亚属 *Asiadacus* Perkins, 1937

Asiadacus Perkins, 1937. Proc. R. Soc. Qd. 48 (9): 57. **Type species**: *Chaetodacus bakeri* Bezzi, 1919 (by original designation).

（60）黑华果实蝇 *Bactrocera* (*Asiadacus*) *fuscans* (Wang, 1988)

Sinodacus fuscans Wang, 1988. Sinozool. 6: 292. **Type locality**: China: Yunnan, Xiaomengyang.

Bactrocera (*Asiadacus*) *fuscans*: Wang, 1996. Acta Zootaxon. Sin. 21 (Suppl.): 59.

分布（Distribution）：云南（YN）。

（61）泰中果实蝇 *Bactrocera* (*Asiadacus*) *modica* (Hardy, 1973)

Dacus (*Asiadacus*) *modicus* Hardy, 1973. Pac. Insects Monogr. 31: 17. **Type locality**: Thailand: Nakornsawan [= Nakhon Sawan].

分布（Distribution）：云南（YN）；泰国。

（62）那大果实蝇 *Bactrocera* (*Asiadacus*) *nadanus* (Chao *et* Lin, 1993)

Dacus (*Asiadacus*) *nadanus* Chao *et* Lin, 1993. Entomotaxon. 15 (2): 139. **Type locality**: China: Hainan, Nada, Dan Xian.

分布（Distribution）：广西（GX）、海南（HI）。

2）果实蝇亚属 *Bactrocera* Macquart, 1835

Bactrocera Macquart, 1835. Hist. Nat. Ins., Dipt. 2: 452. **Type species**: *Dacus longicornis* Macquart, 1835 (monotypy).
Strumeta Walker, 1856a. J. Proc. Linn. Soc. London Zool. 1: 33. **Type species**: *Strumeta conformis* Walker, 1856 (monotypy) [= *Dacus umbrosus* Fabricius, 1805].
Chaetodacus Bezzi, 1913. Mem. Indian Mus. 3 (3): 93. **Type species**: *Musca ferruginea* Fabricius, 1794 [= *Dacus dorsalis* Hendel, 1912].

Apodacus Perkins, 1939. Pap. Dep. Bio I. Univ. Qd. 1(10): 26. **Type species**: *Apodacus cheesmani* Perkins, 1939 (by original designation) [= *Apodacus cheesmnae* Perkins, 1939].

（63）二条果实蝇 *Bactrocera* (*Bactrocera*) *bivittata* Lin *et* Wang, 2005

Bactrocera (*Bactrocea*) *bivittata* Lin *et* Wang, 2005. *In*: Lin *et al.*, 2005. Acta Zootaxon. Sin. 30 (4): 842. **Type locality**: China: Hainan.

分布（Distribution）：海南（HI）。

（64）番石榴果实蝇 *Bactrocera* (*Bactrocera*) *correcta* (Bezzi, 1916)

Chaetodacus correctus Bezzi, 1916. Bull. Entomol. Res. 7: 107. **Type locality**: India.

Bactrocera (*Bactrocera*) *correcta*: Wang, 1996. Acta Zootaxon. Sin. 21 (Suppl.): 52.

分布（Distribution）：云南（YN）；泰国、尼泊尔、巴基斯坦、印度、斯里兰卡。

（65）径褐果实蝇 *Bactrocera* (*Bactrocera*) *costalis* (Shiraki, 1933)

Chaetodacus costalis Shiraki, 1933. Mem. Fac. Sci. Agric. Taihoku Imp. Univ. 8 (2): 66. **Type locality**: China: Taiwan.

Bactrocera (*Bactrocera*) *costalis*: Wang, 1996. Acta Zootaxon. Sin. 21 (Suppl.): 52.

分布（Distribution）：台湾（TW）。

（66）桔小实蝇 *Bactrocera* (*Bactrocera*) *dorsalis* (Hendel, 1912)

Dacus dorsalis Hendel, 1912. Suppl. Ent. 1: 18. **Type locality**: China: Taiwan, Koshun.

Bactrocera conformis Doleschall, 1858. Natuurkd. Tijdschr. Ned.-Indië 17: 122. **Type locality**: Indonesia: Moluccas (Amboina).

Chaetodacus ferrugineus var. *versicolor* Bezzi, 1916. Bull. Entomol. Res. 7: 105. **Type locality**: Sri Lanka: Peradeniya.

Chaetodacus ferrugineus var. *okinawanus* Shiraki, 1933. Mem. Fac. Sci. Agric. Taihoku Imp. Univ. 8 (2): 62. **Type locality**: Japan.

Bactrocera (*Bactrocera*) *dorsalis*: Wang, 1996. Acta Zootaxon. Sin. 21 (Suppl.): 53.

分布（Distribution）：湖南（HN）、四川（SC）、贵州（GZ）、云南（YN）、福建（FJ）、台湾（TW）、广东（GD）、广西（GX）、海南（HI）；日本、泰国、越南、老挝、不丹、尼泊尔、巴基斯坦、孟加拉国、柬埔寨、缅甸、印度、斯里兰卡、菲律宾、新加坡、马来西亚、印度尼西亚、密克罗尼西亚、马里亚纳群岛、夏威夷群岛。

（67）黄盾短条果实蝇 *Bactrocera* (*Bactrocera*) *flavoscutellata* Lin *et* Wang, 2005

Bactrocera (*Bactrocea*) *flavoscutellata* Lin *et* Wang, 2005. *In*:

Lin *et al.*, 2005. Acta Zootaxon. Sin. 30 (4): 844. **Type locality:** China: Hainan.

分布（Distribution）：海南（HI）。

（68）哈迪氏果实蝇 *Bactrocera (Bactrocera) hardyi* Zhang, Ji *et* Chen, 2011

Bactrocera (Bactrocera) hardyi Zhang, Ji *et* Chen, 2011. Acta Zootaxon. Sin. 36 (3): 600. **Type locality:** China: Yunnan, Jinghong.

分布（Distribution）：云南（YN）。

（69）徐氏果实蝇 *Bactrocera (Bactrocera) hsui* (Tseng, Chen *et* Chu, 1992)

Dacus (Bactrocera) hsui Tseng, Chen *et* Chu, 1992. J. Taiwan Mus. 45: 34. **Type locality:** China: Taiwan, Yilan, Taipingshan.

分布（Distribution）：台湾（TW）。

（70） 木姜子果实蝇 *Bactrocera (Bactrocera) hyalina* (Shiraki, 1933)

Chaetodacus hyalinus Shiraki, 1933. Mem. Fac. Sci. Agric. Taihoku Imp. Univ. 8 (2): 62. **Type locality:** Japan: Kagoshima.

Bactrocera (Bactrocera) hyalina: Wang, 1996. Acta Zootaxon. Sin. 21 (Suppl.): 54.

分布（Distribution）：广东（GD）；日本。

（71） 景洪果实蝇 *Bactrocera (Bactrocera) jinghongensis* Zhang, Ji *et* Chen, 2011

Bactrocera (Bactrocera) jinghongensis Zhang, Ji *et* Chen, 2011. Acta Zootaxon. Sin. 36 (3): 600. **Type locality:** China: Yunnan, Jinghong.

分布（Distribution）：云南（YN）。

（72）辣椒果实蝇 *Bactrocera (Bactrocera) latifrons* (Hendel, 1915)

Chaetodacus latifrons Hendel, 1915. Ann. Hist.-Nat. Mus. Natl. Hung. 13: 425. **Type locality:** China: Taiwan.

Bactrocera (Bactrocera) latifrons: Wang, 1996. Acta Zootaxon. Sin. 21 (Suppl.): 55.

分布（Distribution）：云南（YN）、福建（FJ）、台湾（TW）、海南（HI）；泰国、老挝、印度、斯里兰卡、新加坡、马来西亚。

（73） 滇黑果实蝇 *Bactrocera (Bactrocera) nigrifacia* Zhang, Ji *et* Chen, 2011

Bactrocera (Bactrocera) nigrifacia Zhang, Ji *et* Chen, 2011. Acta Zootaxon. Sin. 36 (3): 598. **Type locality:** China: Yunnan, Jinghong.

分布（Distribution）：云南（YN）。

（74） 黑股果实蝇 *Bactrocera (Bactrocera) nigrifemorata* Lin *et* Wang, 2011

Bactrocera (Bactrocera) nigrifemorata Lin *et* Wang, 2011. *In*: Lin, Wang *et* Zeng, 2011. Acta Zootaxon. Sin. 36 (4): 898. **Type locality:** China: Hainan.

分布（Distribution）：海南（HI）。

（75）芒果实蝇 *Bactrocera (Bactrocera) occipitalis* (Bezzi, 1919)

Chaetodacus ferrugineus var. *occipitalis* Bezzi, 1919b. Philipp. J. Sci. 15 (5): 423. **Type locality:** Philippines: Manila, Luzon.

分布（Distribution）：台湾（TW）；菲律宾、加里曼丹岛。

（76） 缺斑果实蝇 *Bactrocera (Bactrocera) paradiospyri* Chen, Zhou *et* Li, 2011

Bactrocera (Bactrocera) paradiospyri Chen, Zhou *et* Li, 2011. *In*: Chen *et al.*, 2011. Zootaxa 3014: 60. **Type locality:** China: Yunnan, Nujiang.

分布（Distribution）：云南（YN）。

（77） 百乐果实蝇 *Bactrocera (Bactrocera) paratappana* (Tseng, Chen *et* Chu, 1992)

Dacus (Bactrocera) paratappanus Tseng, Chen *et* Chu, 1992. J. Taiwan Mus. 45: 38. **Type locality:** China: Taiwan, Kaohsiung, Paulei.

分布（Distribution）：台湾（TW）。

（78） 斑翅果实蝇 *Bactrocera (Bactrocera) pictipennis* Lin *et* Zeng, 2011

Bactrocera (Bactrocera) pictipennis Lin *et* Zeng, 2011. *In*: Lin, Wang *et* Zeng, 2011. Acta Zootaxon. Sin. 36 (4): 897. **Type locality:** China: Hainan.

分布（Distribution）：海南（HI）。

（79）锈红果实蝇 *Bactrocera (Bactrocera) rubigina* (Wang *et* Zhao, 1989)

Dacus (Bactrocera) rubiginus Wang *et* Zhao, 1989. Acta Zootaxon. Sin. 14 (2): 211. **Type locality:** China: Hainan.

Bactrocera (Bactrocera) rubigina: Wang, 1996. Acta Zootaxon. Sin. 21 (Suppl.): 56.

分布（Distribution）：广东（GD）、广西（GX）、海南（HI）。

（80）瑞丽果实蝇 *Bactrocera (Bactrocera) ruiliensis* Wang, Long *et* Zhang, 2008

Bactrocera (Bactrocera) ruiliensis Wang, Long *et* Zhang, 2008. *In*: Wang *et al.*, 2008. Acta Zootaxon. Sin. 33 (1): 74. **Type locality:** China: Yunnan, Ruili.

分布（Distribution）：云南（YN）。

（81） 西米果实蝇 *Bactrocera (Bactrocera) semifemoralis* (Tseng, Chen *et* Chu, 1992)

Dacus (Bactrocera) semifemoralis Tseng, Chen *et* Chu, 1992.

J. Taiwan Mus. 45: 46. **Type locality:** China: Taiwan, Kaohsiung.

分布（Distribution）：台湾（TW）。

（82）塔帕果实蝇 *Bactrocera* (*Bactrocera*) *tappanus* (Shiraki, 1933)

Chaetodacus tappanus Shiraki, 1933. Mem. Fac. Sci. Agric. Taihoku Imp. Univ. 8 (2): 76. **Type locality:** China: Taiwan.

Bactrocera (*Bactrocera*) *tappanus*: Wang, 1996. Acta Zootaxon. Sin. 21 (Suppl.): 56.

分布（Distribution）：台湾（TW）。

（83）窄纹果实蝇 *Bactrocera* (*Bactrocera*) *tenuivittata* (Tseng, Chen *et* Chu, 1992)

Dacus (*Bactrocera*) *tenuivittata* Tseng, Chen *et* Chu, 1992. J. Taiwan Mus. 45: 47. **Type locality:** China: Taiwan, Taichung, Pashenshan.

分布（Distribution）：台湾（TW）。

（84）泰国果实蝇 *Bactrocera* (*Bactrocera*) *thailandica* Drew *et* Hancock, 1994

Bactrocera thailandica: Drew *et* Hancock, 1994. Bull. Entomol. Res. 84 (Suppl.) (2): 61. **Type locality:** Thailand: Prachin Buri, Haewnarok.

分布（Distribution）：云南（YN）；泰国。

（85）短尾果实蝇 *Bactrocera* (*Bactrocera*) *tuberculata* (Bezzi, 1916)

Chaetodacus tuberculatus Bezzi, 1916. Bull. Entomol. Res. 7: 106. **Type locality:** Burma: S. Shan, Taung-gyi.

Bactrocera (*Bactrocera*) *tuberculata*: Wang, 1996. Acta Zootaxon. Sin. 21 (Suppl.): 56.

分布（Distribution）：云南（YN）；泰国、越南、缅甸。

（86）异色果实蝇 *Bactrocera* (*Bactrocera*) *variabilis* Lin *et* Wang, 2011

Bactrocera (*Bactrocera*) *variabilis* Lin *et* Wang, 2011. *In*: Lin, Wang *et* Zeng, 2011. Acta Zootaxon. Sin. 36 (4): 896. **Type locality:** China: Hainan.

分布（Distribution）：海南（HI）。

（87）五指山果实蝇 *Bactrocera* (*Bactrocera*) *wuzhishana* Lin *et* Yang, 2006

Bactrocera (*Bactrocera*) *wuzhishana* Lin *et* Yang, 2006. *In*: Lin *et al*., 2006. Acta Ent. Sin. 49 (2): 312. **Type locality:** China: Hainan.

分布（Distribution）：海南（HI）。

（88）越南果实蝇 *Bactrocera* (*Bactrocera*) *yoshimotoi* (Hardy, 1973)

Dacus (*Strumeta*) *yoshimotoi* Hardy, 1973. Pac. Insects Monogr. 31: 53. **Type locality:** Vietnam: Nha Trang.

分布（Distribution）：广西（GX）；越南。

3）爪哇果实蝇亚属 *Javadacus* Hardy, 1983

Javadacus Hardy, 1983. Treubia 29: 26. **Type species:** *Dacus montanus* Hardy, 1983 (by original designation).

（89）端黄果实蝇 *Bactrocera* (*Javadacus*) *apiciflava* Yu, He *et* Chen, 2011

Bactrocera (*Javadacus*) *apiciflava* Yu, He *et* Chen, 2011. *In*: Yu *et al*., 2011. Acta Zootaxon. Sin. 36 (3): 605. **Type locality:** China: Yunnan. India. Sri Lanka.

分布（Distribution）：云南（YN）；印度、斯里兰卡。

（90）三条果实蝇 *Bactrocera* (*Javadacus*) *trilineata* (Hardy, 1955)

Dacus (*Afrodacus*) *trilineatus* Hardy, 1955. J. Kans. Ent. Soc. 28 (I): 12. **Type locality:** India: Bangalore.

分布（Distribution）：云南（YN）；印度、斯里兰卡。

4）巴布亚果实蝇亚属 *Papuodacus* Drew, 1972

Papuodacus Drew, 1972. J. Aust. Ent. Soc. 11: 13. **Type species:** *Dacus pallescentis* Drew, 1971.

（91）中华果实蝇 *Bactrocera* (*Papuodacus*) *sinensis* Yu, Bai *et* Chen, 2011

Bactrocera (*Papuodacus*) *sinensis* Yu, Bai *et* Chen, 2011. *In*: Yu *et al*., 2011. Acta Zootaxon. Sin. 36 (3): 607. **Type locality:** China: Yunnan.

分布（Distribution）：云南（YN）。

5）拟果实蝇亚属 *Paradacus* Perkins, 1938

Paradacus Perkins, 1938. Proc. R. Soc. Qd. 49 (11): 143. **Type species:** *Paradacus fulvipes* Perkins, 1938 (by original designation).

（92）南瓜果实蝇 *Bactrocera* (*Paradacus*) *depressa* (Shiraki, 1933)

Zeugodacus depressus Shiraki, 1933. Mem. Fac. Sci. Agric. Taihoku Imp. Univ. 8 (2): 90. **Type locality:** Japan: Nagano Ken.

Bactrocera (*Paradacus*) *depressa*: Wang, 1996. Acta Zootaxon. Sin. 21 (Suppl.): 60.

分布（Distribution）：四川（SC）、台湾（TW）；朝鲜、日本。

6）异果实蝇亚属 *Paratridacus* Shiraki, 1933

Paratridacus Shiraki, 1933. Mem. Fac. Sci. Agric. Taihoku Imp. Univ. 8 (2): 109. **Type species:** *Dacus yayeyamanus* Matsumura, 1916 (by original designation).

Hemigymnadacus Hardy, 1973. Pac. Insects Monogr. 31: 19 (as a subgenus of *Dacus*). **Type species:** *Dacus diversus* Coquillett, 1904 (by original designation).

（93）异颜果实蝇 *Bactrocera (Paratridacus) diversa* **(Coquillett, 1904)**

Dacus diversus Coquillett, 1904. Proc. Ent. Soc. Wash. 6 (2): 139. **Type locality:** Sri Lanka. India: Karnātaka, Bangalore.
Dacus quadrifidus Hendel, 1928. Ent. Mitt. 17 (5): 343. **Type locality:** Sri Lanka.
分布（Distribution）：四川（SC）、云南（YN）；印度、巴基斯坦、斯里兰卡、尼泊尔、泰国。

（94）山竹果实蝇 *Bactrocera (Paratridacus) garciniae* **(Bezzi, 1913)**

Bactrocera garciniae Bezzi, 1913. Mem. Indian Mus. 3 (3): 97. **Type locality:** Sri Lanka: Peradeniya.
Dacus yayeyamanus Matsumura, 1916. Thousand Ins. Japan Add. 2: 412. **Type locality:** Japan: Yayeyama.
Bactrocera (Paratridacus) garciniae: Wang, 1996. Acta Zootaxon. Sin. 21 (Suppl.): 62.
分布（Distribution）：云南（YN）；斯里兰卡、新加坡、马来西亚。

7）华实蝇亚属 *Sinodacus* Zia, 1936

Sinodacus Zia, 1936. Chin. J. Zool. 2: 157. **Type species:** *Sinodacus hochii* Zia, 1936 (by original designation).
Pacifodacus Drew, 1972. J. Aust. Ent. Soc. 11: 12 (as a subgenus of *Dacus*). **Type species:** *Asiadacus triangularis* Drew, 1968 (by original designation).

（95）崇乐华实蝇 *Bactrocera (Sinodacus) chonglui* **(Zhao et Lin, 1996)**

Sinodacus chonglui Zhao *et* Lin, 1996. Entomotaxon. 18 (2): 131. **Type locality:** China: Guangxi, Luzhai.
分布（Distribution）：广西（GX）。

（96）端小华实蝇 *Bactrocera (Sinodacus) disturgida* **Yu, Deng et Chen, 2012**

Bactrocera (Sinodacus) disturgida Yu, Deng *et* Chen, 2012. Acta Zootaxon. Sin. 37 (4): 834. **Type locality:** China: Yunnan.
分布（Distribution）：云南（YN）。

（97）海南华实蝇 *Bactrocera (Sinodacus) hainanus* **(Zhao et Lin, 1996)**

Sinodacus hainanus Zhao *et* Lin, 1996. Entomotaxon. 18 (2): 126. **Type locality:** China: Hainan, Baoting.
分布（Distribution）：海南（HI）。

（98）何氏华实蝇 *Bactrocera (Sinodacus) hochii* **(Zia, 1936)**

Sinodacus hochii Zia, 1936. Chin. J. Zool. 2: 157. **Type locality:** China: Hainan Island.
Bactrocera (Sinodacus) hochii: Wang, 1996. Acta Zootaxon. Sin. 21 (Suppl.): 63.

分布（Distribution）：云南（YN）、海南（HI）；泰国、马来西亚。

（99）黔南华实蝇 *Bactrocera (Sinodacus) jiannanus* **(Zhao et Lin, 1996)**

Sinodacus jiannanus Zhao *et* Lin, 1996. Entomotaxon. 18 (2): 130. **Type locality:** China: Guizhou, Luodian.
分布（Distribution）：贵州（GZ）。

（100）近仁华实蝇 *Bactrocera (Sinodacus) jinreni* **(Zhao et Lin, 1996)**

Sinodacus jinreni Zhao *et* Lin, 1996. Entomotaxon. 18 (2): 128. **Type locality:** China: Guangxi, Tiandeng.
分布（Distribution）：广西（GX）。

（101）侧条华实蝇 *Bactrocera (Sinodacus) laterum* **(Wang, 1988)**

Sinodacus laterum Wang, 1988. Sinozool. 6: 294. **Type locality:** China: Yunnan, Hongtupo.
Bactrocera (Sinodacus) laterum: Wang, 1996. Acta Zootaxon. Sin. 21 (Suppl.): 64.
分布（Distribution）：云南（YN）、广西（GX）。

（102）琼华实蝇 *Bactrocera (Sinodacus) qionganus* **(Zhao et Lin, 1996)**

Sinodacus qionganus Zhao *et* Lin, 1996. Entomotaxon. 18 (2): 127. **Type locality:** China: Hainan, Baoting.
分布（Distribution）：海南（HI）。

（103）四鬃华实蝇 *Bactrocera (Sinodacus) quaterum* **(Wang, 1988)**

Sinodacus quarterum Wang, 1988. Sinozool. 6: 293. **Type locality:** China: Yunnan, Fohai.
Bactrocera (Sinodacus) quarterum: Wang, 1996. Acta Zootaxon. Sin. 21 (Suppl.): 64.
分布（Distribution）：云南（YN）。

（104）鲁布卓夫华实蝇 *Bactrocera (Sinodacus) rubzovi* **(Chao et Lin, 1996)**

Sinodacus rubzovi Chao *et* Lin, 1996. Entomotaxon. 18 (2): 129. **Type locality:** China: Guangxi, Tiandeng.
分布（Distribution）：广西（GX）。

8）大实蝇亚属 *Tetradacus* Miyake, 1919

Tetradacus Miyake, 1919. Bull. Imp. Cent. Agric. Expt. Sta. Japan 2 (2): 92 (as a subgenus of *Dacus*). **Type species:** *Dacus (Tetradacus) tsuneonis* Miyake, 1919 (by original designation).
Polistomimetes Enderlein, 1920b. Zool. Jahrb. (Syst.) 43: 358. **Type species:** *Polistomimetes minax* Enderlein, 1920 (by original designation).

（105）桔大实蝇 *Bactrocera* (*Tetradacus*) *minax* (Enderlein, 1920)

Polistomimetes minax Enderlein, 1920b. Zool. Jahrb. (Syst.) 43: 358. **Type locality:** India.

Bactrocera (*Tetradacus*) *minax*: Wang, 1996. Acta Zootaxon. Sin. 21 (Suppl.): 57.

分布（Distribution）：江苏（JS）、湖南（HN）、湖北（HB）、四川（SC）、贵州（GZ）、云南（YN）、广西（GX）；不丹、印度。

（106）蜜柑大实蝇 *Bactrocera* (*Tetradacus*) *tsuneonis* (Miyake, 1919)

Dacus (*Tetradacus*) *tsuneonis* Miyake, 1919. Bull. Imp. Cent. Agric. Expt. Sta. Japan 2 (2): 92. **Type locality:** Japan: Tsugumi.

分布（Distribution）：四川（SC）、贵州（GZ）、台湾（TW）、广西（GX）；日本（九州岛）、琉球群岛。

9）镞果实蝇亚属 *Zeugodacus* Hendel, 1927

Zeugodacus Hendel, 1927. *In*: Lindner, 1927. Flieg. Palaearkt. Reg. 49: 26 (as a subgenus of *Dacus*). **Type species:** *Dacus caudatus* Fabricius, 1805 (by original designation).

（107）短条果实蝇 *Bactrocera* (*Zeugodacus*) *abbreviata* (Hardy, 1974)

Dacus (*Zeugodacus*) *abbreviatus* Hardy, 1974. Pac. Insects Monogr. 32: 44. **Type locality:** Philippines: Los Baños, Laguna.

分布（Distribution）：云南（YN）；菲律宾。

（108）盾条果实蝇 *Bactrocera* (*Zeugodacus*) *adusta* (Wang *et* Zhao, 1989)

Dacus (*Zeugodacus*) *adustus* Wang *et* Zhao, 1989. Acta Zootaxon. Sin. 14 (2): 212. **Type locality:** China: Sichuan, Mt. Emei.

Bactrocera (*Zeugodacus*) *adusta*: Wang, 1996. Acta Zootaxon. Sin. 21 (Suppl.): 65.

分布（Distribution）：甘肃（GS）、四川（SC）、云南（YN）。

（109）径中果实蝇 *Bactrocera* (*Zeugodacus*) *ambigua* (Shiraki, 1933)

Zeugodacus ambiguus Shiraki, 1933. Mem. Fac. Sci. Agric. Taihoku Imp. Univ. 8 (2): 85. **Type locality:** China: Taiwan, Koshun.

Bactrocera (*Zeugodacus*) *ambigua*: Wang, 1996. Acta Zootaxon. Sin. 21 (Suppl.): 65.

分布（Distribution）：台湾（TW）。

（110）臀带果实蝇 *Bactrocera* (*Zeugodacus*) *anala* Chen *et* Zhou, 2013

Bactrocera (*Zeugodacus*) *anala* Chen *et* Zhou, 2013. *In*: Zhou *et al*., 2013. Zootaxa 3647 (1): 195. **Type locality:** China: Yunnan, Xishuangbanna, Mengsong, Benggangxinzhai.

分布（Distribution）：云南（YN）。

（111）端黑果实蝇 *Bactrocera* (*Zeugodacus*) *apicinigra* Yu, Bai *et* Yang, 2011

Bactrocera (*Zeugodacus*) *apicinigra* Yu, Bai *et* Yang, 2011. *In*: Yu *et al*., 2011. Acta Zootaxon. Sin. 36 (2): 315. **Type locality:** China: Yunnan.

分布（Distribution）：云南（YN）。

（112）阿里山果实蝇 *Bactrocera* (*Zeugodacus*) *arisanica* (Shiraki, 1933)

Zeugodacus arisanicus Shiraki, 1933. Mem. Fac. Sci. Agric. Taihoku Imp. Univ. 8 (2): 81. **Type locality:** China: Taiwan, Arisan.

Bactrocera (*Zeugodacus*) *arisanicus*: Wang, 1996. Acta Zootaxon. Sin. 21 (Suppl.): 65.

分布（Distribution）：云南（YN）、台湾（TW）；日本。

（113）环果实蝇 *Bactrocera* (*Zeugodacus*) *armillata* (Hering, 1938)

Strumeta armillata Hering, 1938. Ark. Zool. 30A (25): 6. **Type locality:** Burma: Kambaiti.

分布（Distribution）：云南（YN）；缅甸。

（114）围颜果实蝇 *Bactrocera* (*Zeugodacus*) *atrifacies* (Perkins, 1938)

Zeugodacus atrifacies Perkins, 1938. Proc. R. Soc. Qd. 49 (11): 140. **Type locality:** Malaysia: Bukit Kutu, Selangor, Malaya.

分布（Distribution）：云南（YN）；印度、马来西亚、不丹。

（115）普通果实蝇 *Bactrocera* (*Zeugodacus*) *caudata* (Fabricius, 1805)

Dacus caudatus Fabricius, 1805. Syst. Antliat.: 276. **Type locality:** Indonesia: Java.

Bactrocera (*Zeugodacus*) *caudata*: Wang, 1996. Acta Zootaxon. Sin. 21 (Suppl.): 66.

分布（Distribution）：台湾（TW）、海南（HI）；缅甸、印度、泰国、越南、新加坡、印度尼西亚、马来西亚、文莱。

（116）两带果实蝇 *Bactrocera* (*Zeugodacus*) *cilifera* (Hendel, 1912)

Dacus cilifer Hendel, 1912. Suppl. Ent. 1: 15. **Type locality:** China: Taiwan, Alikang, Koshun.

Bactrocera (*Zeugodacus*) *cilifera*: Wang, 1996. Acta Zootaxon. Sin. 21 (Suppl.): 66.

分布（Distribution）：云南（YN）、台湾（TW）、广西（GX）；泰国、越南、老挝、新加坡。

（117）瓜实蝇 *Bactrocera* (*Zeugodacus*) *cucurbitae* (Coquillett, 1899)

Dacus cucurbitae Coquillett, 1899. Entomol. News 10: 129. **Type locality:** America: Hawaii, Honolulu.

Bactrocera (*Zeugodacus*) *cucurbitae*: Wang, 1996. Acta

Zootaxon. Sin. 21 (Suppl.): 67.

分布（Distribution）：上海（SH）、贵州（GZ）、云南（YN）、福建（FJ）、台湾（TW）、广东（GD）、广西（GX）、海南（HI）、香港（HK）；日本、伊朗、印度、斯里兰卡、缅甸、尼泊尔、巴基斯坦、孟加拉国、柬埔寨、泰国、越南、老挝、菲律宾、印度尼西亚、马来西亚、文莱、巴布亚新几内亚、马里亚纳群岛、夏威夷群岛、埃及、肯尼亚、坦桑尼亚、毛里求斯、索马里、留尼汪（法）等。

（118） 黑颜果实蝇 *Bactrocera* (*Zeugodacus*) *diaphora* (Hendel, 1915)

Chaetodacus diaphorus Hendel, 1915. Ann. Hist.-Nat. Mus. Natl. Hung. 13: 425. **Type locality:** China: Taiwan.

Bactrocera (*Zeugodacus*) *diaphora*: Wang, 1996. Acta Zootaxon. Sin. 21 (Suppl.): 68.

分布（Distribution）：四川（SC）、云南（YN）、台湾（TW）；印度、斯里兰卡、泰国、越南、马来西亚。

（119） 优雅果实蝇 *Bactrocera* (*Zeugodacus*) *elegantis* (Tseng, Chen *et* Chu, 1992)

Dacus (*Zeugodacus*) *elegantis* Tseng, Chen *et* Chu, 1992. J. Taiwan Mus. 45: 61. **Type locality:** China: Taiwan, Taichung.

分布（Distribution）：台湾（TW）。

（120）黄色果实蝇 *Bactrocera* (*Zeugodacus*) *flava* (Tseng, Chen *et* Chu, 1992)

Dacus (*Zeugodacus*) *flavus* Tseng, Chen *et* Chu, 1992. J. Taiwan Mus. 45: 63. **Type locality:** China: Taiwan, Taichung, Wufeng.

分布（Distribution）：台湾（TW）。

（121） 甘肃果实蝇 *Bactrocera* (*Zeugodacus*) *gansuica* Chen, Han *et* Zhou, 2012

Bactrocera (*Zeugodacus*) *gansuica* Chen, Han *et* Zhou, 2012. *In*: Chen *et al*., 2012. Entomotaxon. 34 (2): 352. **Type locality:** China: Gansu.

分布（Distribution）：甘肃（GS）。

（122） 广西果实蝇 *Bactrocera* (*Zeugodacus*) *guangxiana* (Chao *et* Lin, 1993)

Dacus (*Zeugodacus*) *guangxianus* Chao *et* Lin, 1993. Entomotaxon. 15 (2): 137. **Type locality:** China: Guangxi, Napo.

分布（Distribution）：云南（YN）、广西（GX）。

（123） 河口果实蝇 *Bactrocera* (*Zeugodacus*) *hekouana* Yu, He *et* Yang, 2011

Bactrocera (*Zeugodacus*) *hekouana* Yu, He *et* Yang, 2011. *In*: Yu *et al*., 2011. Acta Zootaxon. Sin. 36 (2): 317. **Type locality:** China: Yunnan.

分布（Distribution）：云南（YN）。

（124） 裂果实蝇 *Bactrocera* (*Zeugodacus*) *incisa* (Walker, 1861)

Dacus incisus Walker, 1861d. Trans. Ent. Soc. Lond. 5 (2): 323. **Type locality:** Burma: Burmah.

分布（Distribution）：云南（YN）；印度、缅甸、泰国。

（125） 丽普果实蝇 *Bactrocera* (*Zeugodacus*) *lipsanus* (Hendel, 1915)

Chaetodacus lipsanus Hendel, 1915. Ann. Hist.-Nat. Mus. Natl. Hung. 13: 427. **Type locality:** China: Taiwan, Tapani, Tainan and Kankan.

Bactrocera (*Zeugodacus*) *lipsanus*: Wang, 1996. Acta Zootaxon. Sin. 21 (Suppl.): 69.

分布（Distribution）：台湾（TW）。

（126） 新月果实蝇 *Bactrocera* (*Zeugodacus*) *lunulata* (Tseng, Chen *et* Chu, 1992)

Dacus (*Zeugodacus*) *lunulatus* Tseng, Chen *et* Chu, 1992. J. Taiwan Mus. 45: 66. **Type locality:** China: Taiwan, Taipei City.

分布（Distribution）：台湾（TW）。

（127） 勐腊果实蝇 *Bactrocera* (*Zeugodacus*) *menglana* Yu, Liu *et* Yang, 2011

Bactrocera (*Zeugodacus*) *menglana* Yu, Liu *et* Yang, 2011. *In*: Yu *et al*., 2011. Acta Zootaxon. Sin. 36 (2): 317. **Type locality:** China: Yunnan.

分布（Distribution）：云南（YN）。

（128）笋瓜果实蝇 *Bactrocera* (*Zeugodacus*) *munda* (Bezzi, 1919)

Chaetodacus mundus Bezzi, 1919b. Philipp. J. Sci. 15 (5): 429. **Type locality:** Philippines: Luzon.

Bactrocera (*Zeugodacus*) *mundus*: Wang, 1996. Acta Zootaxon. Sin. 21 (Suppl.): 69.

分布（Distribution）：台湾（TW）；菲律宾。

（129）台湾黑颜果实蝇 *Bactrocera* (*Zeugodacus*) *nigrifacies* (Shiraki, 1933)

Zeugodacus nigrifacies Shiraki, 1933. Mem. Fac. Sci. Agric. Taihoku Imp. Univ. 8 (2): 99. **Type locality:** China: Taiwan, Arisan and Tamaru.

Bactrocera (*Zeugodacus*) *nigrifacies*: Wang, 1996. Acta Zootaxon. Sin. 21 (Suppl.): 69.

分布（Distribution）：台湾（TW）。

（130）黄颜果实蝇 *Bactrocera* (*Zeugodacus*) *okunii* (Shiraki, 1933)

Zeugodacus okunii Shiraki, 1933. Mem. Fac. Sci. Agric. Taihoku Imp. Univ. 8 (2): 104. **Type locality:** China: Taiwan, Kotosho.

Bactrocera (*Zeugodacus*) *okunii*: Wang, 1996. Acta Zootaxon.

Sin. 21 (Suppl.): 70.

分布（Distribution）：台湾（TW）。

（131）近黑颜果实蝇 *Bactrocera* (*Zeugodacus*) *parater* (Chao *et* Lin, 1993)

Dacus (*Zeugodacus*) *parater* Chao *et* Lin, 1993. Entomotaxon. 15 (2): 138. **Type locality:** China: Guangxi, Baise.

分布（Distribution）：广西（GX）。

（132）小叶果实蝇 *Bactrocera* (*Zeugodacus*) *parvifoliacea* (Tseng, Chen *et* Chu, 1992)

Dacus (*Zeugodacus*) *parvifoliacea* Tseng, Chen *et* Chu, 1992. J. Taiwan Mus. 45: 71. **Type locality:** China: Taiwan, Kaohsiung, Paulei.

分布（Distribution）：台湾（TW）。

（133）包乐果实蝇 *Bactrocera* (*Zeugodacus*) *pauleiensis* (Tseng, Chen *et* Chu, 1992)

Dacus (*Zeugodacus*) *pauleiensis* Tseng, Chen *et* Chu, 1992. J. Taiwan Mus. 45: 72. **Type locality:** China: Taiwan.

分布（Distribution）：台湾（TW）。

（134）拟黑颜果实蝇 *Bactrocera* (*Zeugodacus*) *proprediaphora* Wang, Xiao *et* Chen, 2008

Bactrocera (*Zeugodacus*) *proprediaphora* Wang, Xiao *et* Chen, 2008. *In*: Wang *et al.*, 2008. Acta Zootaxon. Sin. 33 (1): 73. **Type locality:** China: Yunnan, Ruili.

分布（Distribution）：云南（YN）。

（135）拟具条果实蝇 *Bactrocera* (*Zeugodacus*) *proprescutellata* Zhang, Chen *et* Gao, 2011

Bactrocera (*Zeugodacus*) *proprescutellata* Zhang, Chen *et* Gao, 2011. Acta Zootaxon. Sin. 36 (2): 322. **Type locality:** China: Yunnan.

分布（Distribution）：云南（YN）。

（136）拟宽带果实蝇 *Bactrocera* (*Zeugodacus*) *pseudoscutellata* (Tseng, Chen *et* Chu, 1992)

Dacus (*Zeugodacus*) *pseudoscutellata* Tseng, Chen *et* Chu, 1992. J. Taiwan Mus. 45: 74. **Type locality:** China: Taiwan.

分布（Distribution）：台湾（TW）。

（137）曼谷果实蝇 *Bactrocera* (*Zeugodacus*) *rubella* (Hardy, 1973)

Dacus (*Zeugodacus*) *rubellus* Hardy, 1973. Pac. Insects Monogr. 31: 66. **Type locality:** Thailand: Bangkok.

Bactrocera (*Zeugodacus*) *rubella*: Wang, 1996. Acta Zootaxon. Sin. 21 (Suppl.): 70.

分布（Distribution）：云南（YN）；泰国。

（138）印度果实蝇 *Bactrocera* (*Zeugodacus*) *scutellaris* Bezzi, 1913

Bactrocera scutellaris Bezzi, 1913. Mem. Indian Mus. 3 (3): 98. **Type locality:** India.

Bactrocera (*Zeugodacus*) *scutellaris*: Wang, 1996. Acta Zootaxon. Sin. 21 (Suppl.): 70.

分布（Distribution）：云南（YN）、广西（GX）；缅甸、印度、尼泊尔、泰国。

（139）宽带果实蝇 *Bactrocera* (*Zeugodacus*) *scutellata* (Hendel, 1912)

Dacus scutellatus Hendel, 1912. Suppl. Ent. 1: 20. **Type locality:** China: Taiwan, Kushun.

Dacus (*Chaetodacus*) *bezzii* Miyake, 1919. Bull. Imp. Cent. Agric. Expt. Sta. Japan 2 (2): 146. **Type locality:** China: Taiwan.

Bactrocera (*Zeugodacus*) *scutellata*: Wang, 1996. Acta Zootaxon. Sin. 21 (Suppl.): 71.

分布（Distribution）：安徽（AH）、江苏（JS）、上海（SH）、浙江（ZJ）、江西（JX）、湖南（HN）、湖北（HB）、四川（SC）、贵州（GZ）、云南（YN）、福建（FJ）、台湾（TW）、广东（GD）、广西（GX）；韩国、日本。

（140）狭腹果实蝇 *Bactrocera* (*Zeugodacus*) *stenoma* (Wang *et* Zhao, 1989)

Dacus (*Zeugodacus*) *stenomus* Wang *et* Zhao, 1989. Acta Zootaxon. Sin. 14 (2): 213. **Type locality:** China: Yunnan, Menga, Mengde.

Bactrocera (*Zeugodacus*) *stenomus*: Wang, 1996. Acta Zootaxon. Sin. 21 (Suppl.): 72.

分布（Distribution）：云南（YN）；泰国。

（141）中达果实蝇 *Bactrocera* (*Zeugodacus*) *synnephes* (Hendel, 1913)

Dacus synnephes Hendel, 1913c. Suppl. Ent. 2: 40. **Type locality:** China: Taiwan, Fuhosho.

分布（Distribution）：云南（YN）、台湾（TW）；日本。

（142）南亚果实蝇 *Bactrocera* (*Zeugodacus*) *tau* (Walker, 1849)

Dasyneura tau Walker, 1849. List of the specimens of dipterous insets in the collection of the British Museum Part IV: 1074. **Type locality:** China: Fukien, Foochow [= Fuzhou].

Zeugodacus bezzianus Hering, 1941. Arb. Physiol. Angew. Ent. Berl. 8 (1): 26. **Type locality:** China: Szechwan, Mou Pin (Pao Hing).

Zeugodacus bezzianus f. *signata* Hering, 1941. Siruna Seva 3: 10. **Type locality:** India: Sikkim.

Bactrocera (*Zeugodacus*) *tau*: Wang, 1996. Acta Zootaxon. Sin. 21 (Suppl.): 72.

分布（Distribution）：浙江（ZJ）、江西（JX）、湖南（HN）、湖北（HB）、四川（SC）、贵州（GZ）、云南（YN）、西藏（XZ）、福建（FJ）、台湾（TW）、广东（GD）、广西（GX）、海南（HI）；印度、斯里兰卡、不丹、孟加拉国、泰国、越南、老挝、菲律宾、印度尼西亚、马来西亚。

（143）乌颜果实蝇 *Bactrocera (Zeugodacus) vultus* (Hardy, 1973)

Dacus (Zeugodacus) vultus Hardy, 1973. Pac. Insects Monogr. 31: 74. **Type locality:** Thailand: Yala.

分布（Distribution）：云南（YN）；缅甸、印度尼西亚、老挝、泰国。

23. 寡鬃实蝇属 *Dacus* Fabricius, 1805

Dacus Fabricius, 1805. Syst. Antliat.: 272. **Type species:** *Dacus armatus* Fabricius, 1805.

1）棍腹实蝇亚属 *Callantra* Walker, 1860

Callantra Walker, 1860b. J. Proc. Linn. Soc. London Zool. 4: 153. **Type species:** *Callantra smieroides* Walker, 1860 (monotypy).

Mellesis Bezzi, 1916. Bull. Entomol. Res. 7: 114. **Type species:** *Monacrostichus crabroniformis* Bezzi, 1914 (by original designation).

Paracallantra Hendel, 1927. *In:* Lindner, 1927. Flieg. Palaearkt. Reg. 5: 59. **Type species:** *Paracallantra vespiformis* Hendel, 1927 (by original designation).

（144）版纳棍腹实蝇 *Dacus (Callantra) bannatus* (Wang, 1990)

Callantra bannata Wang, 1990. Acta Zootaxon. Sin. 15 (1): 69. **Type locality:** China: Yunnan, Xishuangbanna.

Dacus (Callantra) bannata: Wang, 1996. Acta Zootaxon. Sin. 21 (Suppl.): 75.

分布（Distribution）：云南（YN）。

（145）二点棍腹实蝇 *Dacus (Callantra) bimaculatus* Lin, Wang et Zeng, 2011

Dacus (Callantra) bimaculatus Lin, Wang et Zeng, 2011. Acta Zootaxon. Sin. 36 (3): 620. **Type locality:** China: Hainan.

分布（Distribution）：海南（HI）。

（146）对刺棍腹实蝇 *Dacus (Callantra) bispinosus* (Wang, 1990)

Callantra bispinosa Wang, 1990. Acta Zootaxon. Sin. 15 (1): 71. **Type locality:** China: Yunnan, Kunming.

Dacus (Callantra) bispinosus: Wang, 1996. Acta Zootaxon. Sin. 21 (Suppl.): 75.

分布（Distribution）：江苏（JS）、云南（YN）。

（147）东方棍腹实蝇 *Dacus (Callantra) esakii* (Shiraki, 1939)

Mellesis esaki Shiraki, 1939. Zool. Mag. Tokyo 51: 410. **Type locality:** Japan: Hikosan.

Dacus (Callantra) esakii: Wang, 1996. Acta Zootaxon. Sin. 21 (Suppl.): 76.

分布（Distribution）：台湾（TW）；日本。

（148）台湾棍腹实蝇 *Dacus (Callantra) formosanus* (Tseng et Chu, 1983)

Callantra formosana Tseng et Chu, 1983. Chin. J. Ent. 3: 119. **Type locality:** China: Taiwan, Kaoshiung, Paulei.

分布（Distribution）：台湾（TW）。

（149）海口棍腹实蝇 *Dacus (Callantra) haikouensis* Wang et Chen, 2002

Dacus (Callantra) haikouensis Wang et Chen, 2002. Acta Zootaxon. Sin. 27 (3): 634. **Type locality:** China: Hainan.

分布（Distribution）：海南（HI）。

（150）瓜棍腹实蝇 *Dacus (Callantra) longicornis* Wiedemann, 1830

Dacus longicornis Wiedemann, 1830. Aussereurop. Zweifl. Insekt. 2: 524. **Type locality:** Indonesia: Java.

分布（Distribution）：云南（YN）；缅甸、不丹、泰国、老挝、菲律宾、马来西亚、文莱、印度尼西亚。

（151）端纹棍腹实蝇 *Dacus (Callantra) nummularius* (Bezzi, 1916)

Mellesia nummularia Bezzi, 1916. Bull. Entomol. Res. 7: 115. **Type locality:** Philippines: Luzon, Laguna, Mt. Banahao.

分布（Distribution）：台湾（TW）；菲律宾、马来西亚。

（152）尖槐藤棍腹实蝇 *Dacus (Callantra) polistiformis* (Senior-White, 1922)

Mellesis polistiformis Senior-White, 1922. Mem. Dept. Agric. India (Ent. Ser.) 7: 156. **Type locality:** Bangladesh: Sukna.

分布（Distribution）：云南（YN）；尼泊尔、印度。

（153）越南棍腹实蝇 *Dacus (Callantra) satanas* (Hering, 1939)

Callantra satanas Hering, 1939. Verb. VII Int. Kongr. Ent. (Berlin) (1938) 1: 166. **Type locality:** Vietnam: Tonkin, Hoa Binh.

Dacus (Callantra) satanas: Wang, 1996. Acta Zootaxon. Sin. 21 (Suppl.): 77.

分布（Distribution）：云南（YN）；越南。

（154）中华棍腹实蝇 *Dacus (Callantra) sinensis* (Wang, 1990)

Callantra sinensis Wang, 1990. Acta Zootaxon. Sin. 15 (1): 70. **Type locality:** China: Yunnan, Damenglong.

Dacus (Callantra) sinensis: Wang, 1996. Acta Zootaxon. Sin. 21 (Suppl.): 77.

分布（Distribution）：云南（YN）。

（155）圆斑棍腹实蝇 *Dacus* (*Callantra*) *sphaeroidalis* (Bezzi, 1916)

Mellesis sphaeroidalis Bezzi, 1916. Bull. Entomol. Res. 7: 115. **Type locality:** India: Dehra Dun.

Dacus (*Callantra*) *sphaeroidalis*: Wang, 1996. Acta Zootaxon. Sin. 21 (Suppl.): 77.

分布（Distribution）：福建（FJ）；越南、泰国、印度、巴基斯坦。

（156）三点棍腹实蝇 *Dacus* (*Callantra*) *trimacula* (Wang, 1990)

Callantra trimacula Wang, 1990. Acta Zootaxon. Sin. 15 (1): 68. **Type locality:** China: Yunnan, Kunming.

Dacus (*Callantra*) *trimacula*: Wang, 1996. Acta Zootaxon. Sin. 21 (Suppl.): 78.

分布（Distribution）：山东（SD）、贵州（GZ）、云南（YN）、福建（FJ）。

2）寡鬃实蝇亚属 *Dacus* Fabricius, 1805

Dacus Fabricius, 1805. Syst. Antliat.: 272. **Type species:** *Dacus armatus* Fabricius, 1805.

Neodacus Perkins, 1937. Proc. R. Soc. Qd. 48: 58. **Type species:** *Neodacus newmani* Perkins, 1937 (monotypy).

Desmodacus Munro, 1984. Ent. Mem. Dep. Agric. Techn. Serv. Repub. S. Afr. 61: 56. **Type species:** *Desmodacus claricognatus* Munro, 1984 (by original designation).

Rhamphodacus Munro, 1984. Ent. Mem. Dep. Agric. Techn. Serv. Repub. S. Afr. 61: 62. **Type species:** *Dacus adustus* Munro, 1948 (by original designation).

Dorylodacus Munro, 1984. Ent. Mem. Dep. Agric. Techn. Serv. Repub. S. Afr. 61: 65. **Type species:** *Leptoxyda fuscinervis* Malloch, 1932 (by original designation).

Ancylodacus Munro, 1984. Ent. Mem. Dep. Agric. Techn. Serv. Repub. S. Afr. 61: 66. **Type species:** *Dacus collarti* Munro, 1938 (by original designation).

（157）海南寡鬃实蝇 *Dacus* (*Dacus*) *hainanus* Wang *et* Zhao, 1989

Dacus (*Didacus*) *hainanus* Wang *et* Zhao, 1989. Acta Zootaxon. Sin. 14 (2): 216. **Type locality:** China: Hainan.

分布（Distribution）：海南（HI）；泰国。

花翅实蝇亚科 Tephritinae

带实蝇族 Dithrycini

鼓盾实蝇亚族 Oedaspidina

24. 鼓盾实蝇属 *Oedaspis* Loew, 1862

Oedaspis Loew, 1862. Europ. Bohrfl.: 46. **Type species:**

Trypeta multifasciata Loew, 1850.

Dichoedaspis Hendel, 1927. *In*: Lindner, 1927. Flieg. Palaearkt. Reg. 5 (2): 83. **Type species:** *Oedaspis villeneuvei* Bezzi, 1913.

Melanoedaspis Hendel, 1927. *In*: Lindner, 1927. Flieg. Palaearkt. Reg. 5 (2): 83 (as a subgenus of *Oedaspis*). **Type species:** *Oedaspis trotteriana* Bezzi, 1913.

Bulgaroedaspis Drensky, 1943. God. Sof. Univ. 3: 94 (as a subgenus of *Oedaspis*). **Type species:** *Oedaspis sofianus* Drensky, 1943 (monotypy).

（158）中华鼓盾实蝇 *Oedaspis chinensis* Bezzi, 1920

Oedspis chinensis Bezzi, 1920. Brotéria 18: 12. **Type locality:** China: Hubei, Hankow.

Oedspis chinensis: Wang, 1996. Acta Zootaxon. Sin. 21 (Suppl.): 219.

分布（Distribution）：湖北（HB）。

（159）背中鬃鼓盾实蝇 *Oedaspis dorsocentralis* Zia, 1938

Oedaspis dorsocentralis Zia, 1938. Sinensia 9 (1-2): 52. **Type locality:** China: Shansi, Huye-ping-chan.

Oedaspis dorsocentralis: Wang, 1996. Acta Zootaxon. Sin. 21 (Suppl.): 219.

分布（Distribution）：山西（SX）、四川（SC）；俄罗斯。

（160）台湾鼓盾实蝇 *Oedaspis formosana* Shiraki, 1933

Oedaspis formosana Shiraki, 1933. Mem. Fac. Sci. Agric. Taihoku Imp. Univ. 8 (2): 348. **Type locality:** China: Taiwan, Taito, Rikiriki and Rato.

Oedaspis formosana: Wang, 1996. Acta Zootaxon. Sin. 21 (Suppl.): 220.

分布（Distribution）：福建（FJ）、台湾（TW）。

（161）日本鼓盾实蝇 *Oedaspis japonica* Shiraki, 1933

Oedaspis japonica Shiraki, 1933. Mem. Fac. Sci. Agric. Taihoku Imp. Univ. 8 (2): 350. **Type locality:** Japan: Tsukami, Yoichi.

Oedaspis japonica: Wang, 1996. Acta Zootaxon. Sin. 21 (Suppl.): 220.

分布（Distribution）：北京（BJ）、上海（SH）、浙江（ZJ）、四川（SC）；韩国、日本、俄罗斯。

（162）离带鼓盾实蝇 *Oedaspis kaszabi* Richter, 1973

Oedaspis kaszabi Richter, 1973. Ent. Obozr. 52: 463. **Type locality:** Mongolia: Sukhe-Bator aymak, Ikh-Bulak spring.

Oedaspis kaszabi: Wang, 1996. Acta Zootaxon. Sin. 21 (Suppl.): 220.

分布（Distribution）：内蒙古（NM）；蒙古国。

（163）梅氏鼓盾实蝇 *Oedaspis meissneri* **Hering, 1938**

Oedaspis meissneri Hering, 1938. Dtsch. Ent. Z. 1938 (2): 400. **Type locality:** China: Shanghai.

Oedaspis meissneri: Wang, 1996. Acta Zootaxon. Sin. 21 (Suppl.): 221.

分布（Distribution）：江苏（JS）、上海（SH）。

（164）卧龙鼓盾实蝇 *Oedaspis wolongata* **(Wang, 1993)**

Platyparea wolongata Wang, 1993. Insects of the Hengduan Mountains Region 2: 1121. **Type locality:** China: Sichuan.

Oedaspis wolongata: Wang, 1996. Acta Zootaxon. Sin. 21 (Suppl.): 221.

分布（Distribution）：四川（SC）。

龙实蝇族 Eutretini

25. 网斑实蝇属 *Xanthomyia* Phillips, 1923

Xanthomyia Phillips, 1923. J. N. Y. Ent. Soc. 31: 140. **Type species:** *Trypeta platyptera* Loew, 1873 (by original designation).

（165）古北网斑实蝇 *Xanthomyia alpestris* **(Pokorny, 1887)**

Carphotricha alpestris Pokorny, 1887. Verh. Zool.-Bot. Ges. Wien 37: 413. **Type locality:** Austria: Tirolian Alps, Stilfserjoch, near Franzenshohe.

Xanthomyia alpestris: Wang, 1996. Acta Zootaxon. Sin. 21 (Suppl.): 222.

分布（Distribution）：内蒙古（NM）、山西（SX）；蒙古国、哈萨克斯坦、俄罗斯、芬兰、奥地利。

瘿实蝇族 Myopitini

26. 艾喙实蝇属 *Asimoneura* Czerny, 1909

Asimoneura Czerny, 1909. *In*: Czerny et Strobl, 1909. Verh. K. K. Zool.-Bot. Ges. Wien 59 (6): 253. **Type species:** *Euribia* (*Asimoneura*) *stroblii* Czerny, 1909 (momotypy).

（166）素木氏艾喙实蝇 *Asimoneura shirakii* **(Munro, 1935)**

Euribia (*Asimoneura*) *shirakii* Munro, 1935. Arb. Physiol. Angew. Ent. Berl. 2 (4): 261. **Type locality:** China: Taiwan, Anping.

Asimoneura shirakii: Wang, 1996. Acta Zootaxon. Sin. 21 (Suppl.): 223.

分布（Distribution）：台湾（TW）。

27. 筒尾实蝇属 *Urophora* Robineau-Desvoidy, 1830

Urophora Robineau-Desvoidy, 1830. Mém. Prés. Div. Sav.

Acad. R. Sci. Inst. Fr. 2 (2): 769. **Type species:** *Musca cardui* Linnaeus, 1758.

Euribia Meigen, 1800. Nouve. Class.: 36. **Type species:** *Musca cardui* Linnaeus, 1758.

（167）麻花头筒尾实蝇 *Urophora egestata* **(Hering, 1953)**

Euribia egestata Hering, 1953. Siruna Seva 8: 3. **Type locality:** China: Heilongjiang, Charbin.

Urophora egestata: Wang, 1996. Acta Zootaxon. Sin. 21 (Suppl.): 224.

分布（Distribution）：黑龙江（HL）、甘肃（GS）、四川（SC）；蒙古国、俄罗斯。

（168）黑股筒尾实蝇 *Urophora formosana* **(Shiraki, 1933)**

Euribia fornosana Shiraki, 1933. Mem. Fac. Sci. Agric. Taihoku Imp. Univ. 8 (2): 370. **Type locality:** China: Taiwan, Niitaka Prefecture.

Urophora formosana: Wang, 1996. Acta Zootaxon. Sin. 21 (Suppl.): 225.

分布（Distribution）：台湾（TW）。

（169）明翅筒尾实蝇 *Urophora mandschurica* **(Hering, 1940)**

Euribia mandschurica Hering, 1940c. Siruna Seva 2: 3. **Type locality:** China: Heilongjiang, Maoershan.

Urophora mandschurica: Wang, 1996. Acta Zootaxon. Sin. 21 (Suppl.): 225.

分布（Distribution）：黑龙江（HL）、内蒙古（NM）；俄罗斯。

（170）蓟筒尾实蝇 *Urophora misakiana* **(Matsumura, 1916)**

Trypeta misakiana Matsumura, 1916. Thousand Ins. Japan Add. 2: 419. **Type locality:** Japan: Misaki.

Urophora misakiana: Wang, 1996. Acta Zootaxon. Sin. 21 (Suppl.): 225.

分布（Distribution）：河北（HEB）、天津（TJ）、北京（BJ）、山东（SD）、甘肃（GS）、上海（SH）；日本。

（171）中华筒尾实蝇 *Urophora sinica* **(Zia, 1938)**

Euribia sinica Zia, 1938. Sinensia 9 (1-2): 56. **Type locality:** China: W. Kansu, Sin-long-chan.

Urophora sinica: Wang, 1996. Acta Zootaxon. Sin. 21 (Suppl.): 226.

分布（Distribution）：甘肃（GS）。

（172）三纹筒尾实蝇 *Urophora stylata* **(Fabricius, 1775)**

Musca atylata Fabricius, 1775. Syst. Entom. 785. **Type locality:** England: Angliae.

Urophora stylata: Wang, 1996. Acta Zootaxon. Sin. 21

(Suppl.): 226.

分布（Distribution）：新疆（XJ）；日本、以色列、阿富汗、巴基斯坦、澳大利亚；中亚、欧洲、北美洲。

（173）风毛菊筒尾实蝇 *Urophora tenuis* Becker, 1907

Urophora tenuis Becker, 1907. Annu. Mus. Zool. Acad. Sci. Russ. St.-Pétersb. 12 (3): 287. **Type locality:** China: Gaschun-Gobi.

Urophora tenuis: Wang, 1996. Acta Zootaxon. Sin. 21 (Suppl.): 227.

分布（Distribution）：新疆（XJ）；蒙古国、俄罗斯；中亚。

头鬃实蝇族 Noeetini

28. 长喙实蝇属 *Ensina* Robineau-Desvoidy, 1830

Ensina Robineau-Desvoidy, 1830. Mém. Prés. Div. Sav. Acad. R. Sci. Inst. Fr. 2 (2): 753. **Type species:** *Ensina scozoneurae* Robineau-Desvoidy, 1830.

（174）苦苣菜长喙实蝇 *Ensina sonchi* (Linnaeus, 1767)

Musca sonchi Linnaeus, 1767. Syst. Nat. Ed. 12, 1 (2): 998. **Type locality:** Not given.

Ensina lacteripennis Hendel, 1915. Ann. Hist.-Nat. Mus. Natl. Hung. 13: 464. **Type locality:** China: Taiwan, Tapani.

Ensina sonchi: Wang, 1996. Acta Zootaxon. Sin. 21 (Suppl.): 228.

分布（Distribution）：黑龙江（HL）、内蒙古（NM）、河北（HEB）、青海（QH）、新疆（XJ）、西藏（XZ）、台湾（TW）；朝鲜、日本；古北区、东洋区、非洲热带区、澳洲区。

29. 坡额实蝇属 *Hypenidum* Loew, 1862

Hypenidium Loew, 1862. Berl. Ent. Z. 6: 88. **Type species:** *Hypenidium graecum* Loew, 1862 (monotypy).

（175）叉带坡额实蝇 *Hypenidium roborowskii* (Becker, 1907)

Hemilea roborowskii Becker, 1907. Annu. Mus. Zool. Acad. Sci. Russ. St.-Pétersb. 12 (3): 290. **Type locality:** China: Gaschun Gobi, Bugas R., S Hami to S E Thian-Schan.

Hypenidium roborowskii: Wang, 1996. Acta Zootaxon. Sin. 21 (Suppl.): 229.

分布（Distribution）：新疆（XJ）；蒙古国、俄罗斯、阿富汗；中亚。

30. 头鬃实蝇属 *Noeeta* Robineau-Desvoidy, 1830

Noeeta Robineau-Desvoidy, 1830. Mém. Prés. Div. Sav. Acad. R. Sci. Inst. Fr. 2 (2): 778. **Type species:** *Noeeta flavipes*

Robineau-Desvoidy, 1830.

Pseudonoeeta Hering, 1942c. Siruna Seva 4: 6. **Type species:** *Noeeta crepidis* Hering, 1936 (by original designation).

（176）黄头鬃实蝇 *Noeeta alini* (Hering, 1951)

Pseudonoeeta alini Hering, 1951. Siruna Seva 7: 15. **Type locality:** China: Heilongjiang, Charbin.

Noeeta alini: Wang, 1996. Acta Zootaxon. Sin. 21 (Suppl.): 230.

分布（Distribution）：黑龙江（HL）；俄罗斯、蒙古国。

（177）黑头鬃实蝇 *Noeeta sinica* Chen, 1938

Noeeta sinica Chen, 1938. *In*: Zia *et* Chen, 1938. Sinensia 9 (1-2): 169. **Type locality:** China: Shensi, Wei-Tze-ping.

Noeeta sinica: Wang, 1996. Acta Zootaxon. Sin. 21 (Suppl.): 230.

分布（Distribution）：山西（SX）；俄罗斯。

31. 尖角实蝇属 *Paracanthella* Hendel, 1927

Paracanthella Hendel, 1927. *In*: Lindner, 1927. Flieg. Palaearkt. Reg. 5 (2): 205. **Type species:** *Carphotricha pavonina* Portschinsky, 1875 (by original designation).

（178）花翅尖角实蝇 *Paracanthella guttata* Chen, 1938

Parcabthella guttata Chen, 1938. *In*: Zia *et* Chen, 1938. Sinensia 9 (1-2): 166. **Type locality:** China: Nei Mongol, Ordos, Tou-Keou.

Parcabthella guttata: Wang, 1996. Acta Zootaxon. Sin. 21 (Suppl.): 231.

分布（Distribution）：内蒙古（NM）；蒙古国。

32. 拟头鬃实蝇属 *Paranoeeta* Shiraki, 1933

Paranoeeta Shiraki, 1933. Mem. Fac. Sci. Agric. Taihoku Imp. Univ. 8 (2): 480. **Type species:** *Noeeta japonica* Shiraki, 1933 (monotypy).

（179）窗斑拟头鬃实蝇 *Paranoeeta japonica* Shiraki, 1933

Noeeta (Paranoeeta) japonica Shiraki, 1933. Mem. Fac. Sci. Agric. Taihoku Imp. Univ. 8 (2): 480. **Type locality:** Japan: Iwate, Tokyo.

Paranoeeta japonica: Wang, 1996. Acta Zootaxon. Sin. 21 (Suppl.): 231.

分布（Distribution）：内蒙古（NM）、甘肃（GS）；日本、俄罗斯。

裂翅实蝇族 Schistopterini

33. 平裂翅实蝇属 *Rhabdochaeta* de Meijere, 1904

Rhabdochaeta de Meijere, 1904. Bijdr. Dierkd. 17/18: 109. **Type species:** *Rhabdochaeta pulchella* de Meijere, 1904 (monotypy).

（180）斑平裂翅实蝇 *Rhabdochaeta ampla* **Hardy, 1973**

Rhabdochaeta ampla Hardy, 1973. Pac. Insects Monogr. 31: 286. **Type locality:** Vietnam: Mount. Lang, Vlan.

Rhabdochaeta ampla: Wang, 1996. Acta Zootaxon. Sin. 21 (Suppl.): 232.

分布（Distribution）：云南（YN）；越南、泰国。

（181）见霜黄平裂翅实蝇 *Rhabdochaeta asteria* **Hendel, 1915**

Rhabdochaeta asteria Hendel, 1915. Ann. Hist.-Nat. Mus. Natl. Hung. 13: 462. **Type locality:** China: Taiwan, Tainan, Takao, and Chip Chip.

Rhabdochaeta asteria: Wang, 1996. Acta Zootaxon. Sin. 21 (Suppl.): 233.

分布（Distribution）：福建（FJ）、台湾（TW）、广西（GX）；日本、泰国、老挝、越南、印度、菲律宾、巴布亚新几内亚。

（182）四鬃平裂翅实蝇 *Rhabdochaeta formosana* **Shiraki, 1933**

Rhabdochaeta formosana Shiraki, 1933. Mem. Fac. Sci. Agric. Taihoku Imp. Univ. 8 (2): 491. **Type locality:** China: Taiwan, Taito, Chipon, Koshun and Kanshirei.

Rhabdochaeta formosana: Wang, 1996. Acta Zootaxon. Sin. 21 (Suppl.): 233.

分布（Distribution）：台湾（TW）。

34. 杂裂翅实蝇属 *Rhochmopterum* Speiser, 1910

Rhochmopterum Speiser, 1910. Sjöstedt's Zool. Kilimandjaro-Meru Exped. 2(10): 185. **Type species:** *Rhochmopterum neuropteripenne* Speiser, 1910 (monotypy).

（183）中杂裂翅实蝇 *Rhochmopterum centralis* **(Hendel, 1915)**

Rhabdochaeta centralis Hendel, 1915. Ann. Hist.-Nat. Mus. Natl. Hung. 13: 464. **Type locality:** China: Taiwan, Tainan.

Rhabdochaeta centralis: Wang, 1996. Acta Zootaxon. Sin. 21 (Suppl.): 234.

分布（Distribution）：台湾（TW）。

（184）三楔杂裂翅实蝇 *Rhochmopterum venustum* **(de Meijere, 1914)**

Rhabdochaeta venusta de Meijere, 1914. Tijdschr. Ent. 57: 215. **Type locality:** Indonesia: Java, Salatiga.

Rhabdochaeta venusta: Wang, 1996. Acta Zootaxon. Sin. 21 (Suppl.): 234.

分布（Distribution）：海南（HI）；日本、越南、泰国、马来西亚、印度尼西亚、巴布亚新几内亚。

楔实蝇族 Tephrellini

阔翅实蝇亚族 Platensinina

35. 锦翅实蝇属 *Elaphromyia* Bigot, 1859

Elaphromyia Bigot, 1859b. Revue Mag. Zool. (2) 11: 314. **Type species:** *Elaphromyia melas* Bigot, 1859 (monotypy).
Paralleloptera Bezzi, 1913. Mem. Indian Mus. 3 (3): 154. **Type species:** *Paralleloptera pterocallaeformis* Bezzi, 1913.

（185）明中锦翅实蝇 *Elaphromyia hardyi* **Wang, 1996**

Elaphromyia hardyi Wang, 1996. Acta Zootaxon. Sin. 21 (Suppl.): 235. **Type locality:** China: Sichuan, Mount. Emei.

分布（Distribution）：四川（SC）。

（186）颚毛锦翅实蝇 *Elaphromyia multisetosa* **Shiraki, 1933**

Elaphromyia multisetosa Shiraki, 1933. Mem. Fac. Sci. Agric. Taihoku Imp. Univ. 8 (2): 396. **Type locality:** China: Taiwan, Rikiriki and Shinchiku.

Elaphromyia multisetosa: Wang, 1996. Acta Zootaxon. Sin. 21 (Suppl.): 236.

分布（Distribution）：台湾（TW）。

（187）四斑锦翅实蝇 *Elaphromyia pterocallaeformis* **(Bezzi, 1913)**

Paralleloptera pterocallaeformis Bezzi, 1913. Mem. Indian Mus. 3 (3): 155. **Type locality:** India: Simla Hills.

Elaphromyia pterocallaeformis: Wang, 1996. Acta Zootaxon. Sin. 21 (Suppl.): 236.

分布（Distribution）：江苏（JS）、浙江（ZJ）、贵州（GZ）、云南（YN）、福建（FJ）、台湾（TW）、广东（GD）、广西（GX）、海南（HI）；日本、老挝、斯里兰卡、印度、菲律宾。

（188）云南锦翅实蝇 *Elaphromyia yunnanensis* **Wang, 1990**

Elaphromyia yunnanensis Wang, 1990. Acta Zootaxon. Sin. 15 (4): 489. **Type locality:** China: Yunnan, Hengduan Mts., Lushui.

Elaphromyia yunnanensis: Wang, 1996. Acta Zootaxon. Sin. 21 (Suppl.): 237.

分布（Distribution）：四川（SC）、云南（YN）。

36. 阔翅实蝇属 *Platensina* Enderlein, 1911

Platensina Enderlein, 1911. Zool. Jahrb. (Syst.) 31: 454. **Type species:** *Platensina sumbana* Enderlein, 1911 (by original designation).
Tephrostola Bezzi, 1913. Mem. Indian Mus. 3 (3): 153. **Type species:** *Trypeta acrostacta* Wiedemann, 1824 (by original designation).

（189）丁香蓼阔翅实蝇 *Platensina acrostacta* (Wiedemann, 1824)

Tephritis acrostacta Wiedemann, 1824a. Munus Rectoris in Academia Christiana Albertina Aditurus Analecta Entomológica ex Museo Regio Havniensi Máxime Congesta Profert Iconibusque Illustrat: 54. **Type locality:** India.

Ensina guttata Macquart, 1843b. Mém. Soc. Sci. Agric. Arts Lille [1842]: 387. **Type locality:** India: Coromandel.

Trypeta stella Walker, 1849. List of the specimens of dipterous insets in the collection of the British Museum Part IV: 1030. **Type locality:** India: N Bengal.

Platensina acrostacta: Wang, 1996. Acta Zootaxon. Sin. 21 (Suppl.): 238.

分布（Distribution）：云南（YN）；泰国、孟加拉国、印度、斯里兰卡、柬埔寨。

（190）双楔阔翅实蝇 *Platensina amplipennis* (Walker, 1860)

Trypeta amplipennis Walker, 1860a. J. Proc. Linn. Soc. London Zool. 5 [1861]: 159. **Type locality:** Indonesia: Sulawesi (Makassar).

Platensina amplipennis: Wang, 1996. Acta Zootaxon. Sin. 21 (Suppl.): 238.

分布（Distribution）：台湾（TW）；日本、印度、新加坡、马来西亚、印度尼西亚、所罗门群岛、密克罗尼西亚、巴布亚新几内亚。

（191）端斑阔翅实蝇 *Platensina apicalis* Hendel, 1915

Platensina apicalis Hendel, 1915. Ann. Hist.-Nat. Mus. Natl. Hung. 13: 462. **Type locality:** China: Taiwan, Chip Chip.

Platensina apicalis: Wang, 1996. Acta Zootaxon. Sin. 21 (Suppl.): 238.

分布（Distribution）：台湾（TW）。

（192）缘点阔翅实蝇 *Platensina fukienica* Hering, 1939

Platansina fukienica Hering, 1939. Decheniana 98: 146. **Type locality:** China: Kwang-tseh.

Platansina fukienica: Wang, 1996. Acta Zootaxon. Sin. 21 (Suppl.): 239.

分布（Distribution）：福建（FJ）、广西（GX）。

（193）黑颜阔翅实蝇 *Platensina nigrifacies* Wang, 1996

Platensina nigrifacies Wang, 1996. Acta Zootaxon. Sin. 21 (Suppl.): 239. **Type locality:** China: Yunnan, Jinping.

分布（Distribution）：云南（YN）。

（194）端带阔翅实蝇 *Platansina nigripennis* Wang, 1996

Platansina nigripennis Wang, 1996. Acta Zootaxon. Sin. 21

(Suppl.): 239. **Type locality:** China: Yunnan, Damonglong.

分布（Distribution）：云南（YN）。

（195）星点阔翅实蝇 *Platensina tetrica* Hering, 1939

Platensina tetrica Hering, 1939. Verb. VII Int. Kongr. Ent. (Berlin) (1938) 1: 179. **Type locality:** India: Trichinopoly.

Platensina tetrica: Wang, 1996. Acta Zootaxon. Sin. 21 (Suppl.): 240.

分布（Distribution）：台湾（TW）；越南、印度、马来西亚。

（196）两盾鬃阔翅实蝇 *Platensina zodiacalis* (Bezzi, 1913)

Tephritis zodiacalis Bezzi, 1913. Mem. Indian Mus. 3 (3): 165. **Type locality:** India: Calcutta.

Platensina zodiacalis: Wang, 1996. Acta Zootaxon. Sin. 21 (Suppl.): 240.

分布（Distribution）：云南（YN）、广东（GD）、海南（HI）；泰国、老挝、菲律宾、尼泊尔、印度、斯里兰卡、马来西亚。

37. 缘斑实蝇属 *Pliomelaena* Bezzi, 1918

Pliomelaena Bezzi, 1918b. Bull. Entomol. Res. 8: 220 (key); Bezzi, 1918c. Bull. Entomol. Res. 9: 30 (descr.). **Type species:** *Pliomelaena brevifrons* Bezzi, 1918.

Protephritis Shiraki, 1933. Mem. Fac. Sci. Agric. Taihoku Imp. Univ. 8 (2): 439. **Type species:** *Tephritis sauteri* Enderlein, 1911 (by original designation).

Indaresta Hering, 1941. Arb. Morph Taxon. Ent. Berl. 8 (1): 36. **Type species:** *Indaresta callista* Hering, 1941 (by original designation).

（197）黑腹缘斑实蝇 *Pliomelaena assimilis* (Shiraki, 1968)

Protephritis assimilis Shiraki, 1968. Bull. U. S. Natl. Mus. 263: 79. **Type locality:** Japan: Ryukyu Is.

Pliomelaena assimilis: Wang, 1996. Acta Zootaxon. Sin. 21 (Suppl.): 241.

分布（Distribution）：四川（SC）、台湾（TW）、广西（GX）；日本。

（198）二鬃缘斑实蝇 *Pliomelaena biseta* Wang, 1996

Pliomelaena biseta Wang, 1996. Acta Zootaxon. Sin. 21 (Suppl.): 241. **Type locality:** China: Yunnan, Melongbanna.

分布（Distribution）：云南（YN）。

（199）四点缘斑实蝇 *Pliomelaena sauteri* (Enderlein, 1911)

Tephritis sauteri Enderlein, 1911. Zool. Jahrb. (Syst.) 31: 456.

Type locality: China: Taiwan, Ryukokado.

Pliomelaena sauteri: Wang, 1996. Acta Zootaxon. Sin. 21 (Suppl.): 242.

分布（**Distribution**）：台湾（TW）、海南（HI）；印度尼西亚。

（200）三点缘斑实蝇 *Pliomelaena shirozui* Ito, 1984

Pliomelaena shirozui Ito, 1984. Die Japanischen Bohrfliegen. Maruzen Co., Ltd., Osaka.: 226. **Type locality:** Japan.

Pliomelaena shirozui: Wang, 1996. Acta Zootaxon. Sin. 21 (Suppl.): 242.

分布（**Distribution**）：四川（SC）；日本。

（201）八点缘斑实蝇 *Pliomelaena sonani* (Shiraki, 1933)

Protephritis sonani Shiraki, 1933. Mem. Fac. Sci. Agric. Taihoku Imp. Univ. 8 (2): 443. **Type locality:** China: Taiwan, Taikan and Arisan.

Pliomelaena sonani: Wang, 1996. Acta Zootaxon. Sin. 21 (Suppl.): 242.

分布（**Distribution**）：台湾（TW）。

（202）V形缘斑实蝇 *Pliomelaena zonogastra* (Bezzi, 1913)

Tephritis zonogastra Bezzi, 1913. Mem. Indian Mus. 3 (3): 164. **Type locality:** India: Puri.

Pliomelaena zonogastra: Wang, 1996. Acta Zootaxon. Sin. 21 (Suppl.): 242.

分布（**Distribution**）：四川（SC）；印度。

花楔实蝇亚族 Tephrellina

38. 饰翅实蝇属 *Malaisinia* Hering, 1938

Malaisinia Hering, 1938. Ark. Zool. 30A (25): 54. **Type species:** *Malaisinia pulcherrima* Hering, 1938 (by original designation).

（203）宝饰翅实蝇 *Malaisinia pulcherrima* Hering, 1938

Malaisinia pulcherrima Hering, 1938. Ark. Zool. 30A (25): 54. **Type locality:** Burma: Kambaiti.

Malaisinia pulcherrima: Wang, 1996. Acta Zootaxon. Sin. 21 (Suppl.): 243.

分布（**Distribution**）：西藏（XZ）；缅甸。

39. 奥楔实蝇属 *Oxyaciura* Hendel, 1927

Oxyaciura Hendel, 1927. *In*: Lindner, 1927. Flieg. Palaearkt. Reg. 49: 111. **Type species:** *Aciura tibialis* Robineau-Desvoidy, 1830 (by original designation).

Pristaciura Hendel, 1928. Ent. Mitt. 17 (5): 366. **Type species:** *Pristaciura incisa* Hendel, 1928.

Indaciura Hering, 1942b. Mitt. Zool. Mus. Berl. 25 (2): 283. **Type species:** *Aciura formosae* Hendel, 1915 (by original designation).

（204）后四奥楔实蝇 *Oxyaciura formosae* (Hendel, 1915)

Aciura formosae Hendel, 1915. Ann. Hist.-Nat. Mus. Natl. Hung. 13: 460. **Type locality:** China: Taiwan, Takao.

Oxyaciura formosae: Wang, 1996. Acta Zootaxon. Sin. 21 (Suppl.): 244.

分布（**Distribution**）：台湾（TW）；日本。

（205）褐基奥楔实蝇 *Oxyaciura monochaeta* (Bezzi, 1913)

Aciura monochaeta Bezzi, 1913. Mem. Indian Mus. 3 (3): 150. **Type locality:** India: W. Bengal, Calcutta.

Oxyaciura monochaeta: Wang, 1996. Acta Zootaxon. Sin. 21 (Suppl.): 244.

分布（**Distribution**）：云南（YN）；印度、尼泊尔、斯里兰卡。

（206）中二奥楔实蝇 *Oxyaciura tibialis* (Robineau-Desvoidy, 1830)

Aciura tibialis Robineau-Desvoidy, 1830. Mém. Prés. Div. Sav. Acad. R. Sci. Inst. Fr. 2 (2): 773. **Type locality:** Spain: Espagne.

Trypeta gagates Loew, 1846c. Linn. Ent. 1: 505. **Type locality:** Italy: Sicily.

Oxyaciura tibialis: Wang, 1996. Acta Zootaxon. Sin. 21 (Suppl.): 244.

分布（**Distribution**）：新疆（XJ）；俄罗斯、阿富汗、伊朗、意大利、西班牙；中亚、欧洲（南部）、非洲（北部）。

（207）后三奥楔实蝇 *Oxyaciura xanthotricha* (Bezzi, 1913)

Aciura xanthotricha Bezzi, 1913. Mem. Indian Mus. 3 (3): 151. **Type locality:** India: Dhikata, Gharwal District, W Himalayas.

Oxyaciura xanthotricha: Wang, 1996. Acta Zootaxon. Sin. 21 (Suppl.): 245.

分布（**Distribution**）：海南（HI）；泰国、越南、印度、斯里兰卡、印度尼西亚。

40. 楔实蝇属 *Sphaeniscus* Becker, 1908

Sphaeniscus Becker, 1908a. Mitt. Zool. Mus. Berl. 4 (1): 138. **Type species:** *Sphaeniscus brevicauda* Becker, 1908 (monotypy).

Pseudopheniscus Hendel, 1913a. Suppl. Ent. 2: 82. **Type species:** *Urophora sexmaculata* Macquart, 1843 (by original designation).

（208）五楔实蝇 *Sphaeniscus atilius* (Walker, 1849)

Trypeta atilius Walker, 1849. List of the specimens of

dipterous insets in the collection of the British Museum Part IV: 1021. **Type locality:** China.

Trypeta sexincisa Thomson, 1869. K. Svenska Fregatten Eugenies Resa, Zool., Dipt. 2 (1): 579. **Type locality:** China.

Sphaeniscus atilius: Wang, 1996. Acta Zootaxon. Sin. 21 (Suppl.): 245.

分布（Distribution）：黑龙江（HL）、辽宁（LN）、山西（SX）、山东（SD）、陕西（SN）、江苏（JS）、上海（SH）、江西（JX）、湖南（HN）、湖北（HB）、四川（SC）、福建（FJ）、台湾（TW）、广西（GX）、海南（HI）；朝鲜、日本；东洋区、澳洲区及大洋区广布。

（209）四楔实蝇 *Sphaeniscus quadrincisus* (Wiedemann, 1824)

Trypeta quadrincisus Wiedemann, 1824a. Munus Rectoris in Academia Christiana Albertina Aditurus Analecta Entomológica ex Museo Regio Havniensi Máxime Congesta Profert Iconibusque Illustrat: 55. **Type locality:** India.

Sphaeniscus quadrincisus: Wang, 1996. Acta Zootaxon. Sin. 21 (Suppl.): 246.

分布（Distribution）：台湾（TW）；印度、斯里兰卡、印度尼西亚。

花翅实蝇族 Tephritini

41. 棘实蝇属 *Acanthiophilus* Becker, 1908

Acanthiophilus Becker, 1908a. Mitt. Zool. Mus. Berl. 4 (1): 136. **Type species:** *Tetanocera walkeri* Wollaston, 1858 (by original designation).

（210）向日葵棘实蝇 *Acanthiophilus helianthi* (Rossi, 1794)

Musca helianthi Rossi, 1794. Mantissa Insect. 2: 73. **Type locality:** Italy: Etruria.

Acanthiophilus helianthi: Wang, 1996. Acta Zootaxon. Sin. 21 (Suppl.): 248.

分布（Distribution）：北京（BJ）、新疆（XJ）；泰国、印度、巴基斯坦、蒙古国、俄罗斯、阿富汗、伊朗、以色列、意大利、埃塞俄比亚、肯尼亚、苏丹、马德拉群岛；中亚、欧洲。

42. 斑痣实蝇属 *Acinia* Robineau-Desvoidy, 1830

Acinia Robineau-Desvoidy, 1830. Mém. Prés. Div. Sav. Acad. R. Sci. Inst. Fr. 2 (2): 775. **Type species:** *Acinia jaceae* Robineau-Desvoidy, 1830.

（211）旋复花斑痣实蝇 *Acinia biflexa* (Loew, 1844)

Trypeta biflexa Loew, 1844. Z. Ent. (Germar.) 5: 403. **Type locality:** Poland: Schlesien.

Acinia biflexa: Wang, 1996. Acta Zootaxon. Sin. 21 (Suppl.): 249.

分布（Distribution）：内蒙古（NM）；蒙古国、俄罗斯、波兰；中亚、欧洲（中部）。

（212）黑颜斑痣实蝇 *Acinia depuncta* (Hering, 1936)

Icterica depuncta Hering, 1936. Konowia 15 (3-4): 184. **Type locality:** China: Heilongjiang, Charbin.

Acinia depuncta: Wang, 1996. Acta Zootaxon. Sin. 21 (Suppl.): 249.

分布（Distribution）：黑龙江（HL）、陕西（SN）。

43. 短痣实蝇属 *Actinoptera* Rondani, 1871

Actinoptera Rondani, 1871. Boll. Soc. Ent. Ital. 3: 162. **Type species:** *Trypeta aestiva* Meigen, 1826.

（213）双鬃短痣实蝇 *Actinoptera formosana* Shiraki, 1933

Actinoptera formosana Shiraki, 1933. Mem. Fac. Sci. Agric. Taihoku Imp. Univ. 8 (2): 447. **Type locality:** China: Taiwan, Shukoran, Royeichi and Arisan.

Actinoptera formosana: Wang, 1996. Acta Zootaxon. Sin. 21 (Suppl.): 250.

分布（Distribution）：湖南（HN）、台湾（TW）；印度、斯里兰卡、缅甸、尼泊尔、菲律宾。

（214）山地短痣实蝇 *Actinoptera montana* (de Meijere, 1924)

Tephritis montana de Meijere, 1924b. Tijdschr. Ent. 67: 223. **Type locality:** Indonesia: Java (Pangerango).

Actinoptera montana: Wang, 1996. Acta Zootaxon. Sin. 21 (Suppl.): 251.

分布（Distribution）：内蒙古（NM）、河北（HEB）、山西（SX）、浙江（ZJ）、江西（JX）、湖南（HN）、云南（YN）、福建（FJ）；朝鲜、日本、印度、印度尼西亚、菲律宾。

（215）三斑短痣实蝇 *Actinoptera reticulata* Ito, 1984

Actinoptera reticulata Ito, 1984. Die Japanischen Bohrfliegen. Maruzen Co., Ltd., Osaka.: 239. **Type locality:** Japan: Honshū, Settu, Yodogawa-Amanogawa.

Actinoptera reticulate: Wang, 1996. Acta Zootaxon. Sin. 21 (Suppl.): 251.

分布（Distribution）：云南（YN）、福建（FJ）；日本、尼泊尔。

（216）长尾短痣实蝇 *Actinoptera shirakiana* Munro, 1935

Actinoptera shirakiana Munro, 1935. Arb. Physiol. Angew. Ent. Berl. 2 (4): 267. **Type locality:** China: Taiwan, Maruyama,

Taihoku.

Actinoptera shirakiana: Wang, 1996. Acta Zootaxon. Sin. 21 (Suppl.): 251.

分布（Distribution）：台湾（TW）。

（217）四斑短痣实蝇 *Actinoptera sinica* Wang, 1990

Actinoptera sinica Wang, 1990. Acta Zootaxon. Sin. 15 (4): 490. **Type locality:** China: Sichuan, Hengduan Mts., Kangding.

Actinoptera sinica: Wang, 1996. Acta Zootaxon. Sin. 21 (Suppl.): 251.

分布（Distribution）：四川（SC）。

(218) 花翅短痣实蝇 *Actinoptera tatarica* Hendel, 1927

Actinoptera tatarica Hendel, 1927. *In*: Lindner, 1927. Flieg. Palaearkt. Reg. 5 (2): 163. **Type locality:** China: Mongolei (Kuku-noor-Gebiet).

Actinoptera tatarica: Wang, 1996. Acta Zootaxon. Sin. 21 (Suppl.): 252.

分布（Distribution）：青海（QH）；蒙古国。

（219）天津短痣实蝇 *Actinoptera tientsinensis* Chen, 1938

Actinoptera tientsinensis Chen, 1938. *In*: Zia *et* Chen, 1938. Sinensia 9 (1-2): 95. **Type locality:** China: Hopei, Tientsin.

Actinoptera tientsinensis: Wang, 1996. Acta Zootaxon. Sin. 21 (Suppl.): 252.

分布（Distribution）：河北（HEB）、天津（TJ）。

44. 斑翅实蝇属 *Campiglossa* Rondani, 1870

Campiglossa Rondani, 1870. Dipt. Ital. Prodromus 7 (4): 49. **Type species:** *Tephritis irrorata* Fallén, 1814 (monotypy).

Gonioxyna Hendel, 1927. *In*: Lindner, 1927. Flieg. Palaearkt. Reg. 5 (2): 160. **Type species:** *Gonioxyna magniceps* Hendel, 1927 (by original designation).

Paroxyna Hendel, 1927. *In*: Lindner, 1927. Flieg. Palaearkt. Reg. 5 (2): 146. **Type species:** *Trypeta tessellata* Loew, 1844 (by original designation).

Sinotephritis Chen, 1938. *In*: Zia *et* Chen, 1938. Sinensia 9 (1-2): 148. **Type species:** *Sinotephritis propria* Chen, 1938 (by original designation).

（220）万寿菊斑翅实蝇 *Campiglossa absinthii* (Fabricius, 1805)

Tepritis absinthii Fabricius, 1805. Syst. Antliat.: 322. **Type locality:** Denmark: Daniae.

Paroxyna absinthii: Wang, 1996. Acta Zootaxon. Sin. 21 (Suppl.): 255.

分布（Distribution）：黑龙江（HL）、内蒙古（NM）、山西（SX）、台湾（TW）；日本、俄罗斯、以色列、丹麦、伊朗；

欧洲、非洲（北部）等。

（221）阿氏斑翅实蝇 *Campiglossa aliniana* (Hering, 1937)

Euaresta aliniana Hering, 1937a. Mitt. Dtsch. Ent. Ges. 8: 60. **Type locality:** China: Northeast China, Erzendjanzs.

Campiglossa aliniana: Wang, 1996. Acta Zootaxon. Sin. 21 (Suppl.): 256.

分布（Distribution）：黑龙江（HL）、内蒙古（NM）、北京（BJ）、陕西（SN）、湖北（HB）；俄罗斯。

（222）阿穆尔斑翅实蝇 *Campiglossa amurensis* Hendel, 1927

Campiglossa amurensis Hendel, 1927. *In*: Lindner, 1927. Flieg. Palaearkt. Reg. 5 (2): 165. **Type locality:** Russia: Amur Region.

Campiglossa amurensis: Wang, 1996. Acta Zootaxon. Sin. 21 (Suppl.): 256.

分布（Distribution）：黑龙江（HL）、内蒙古（NM）、河北（HEB）；日本、俄罗斯、蒙古国。

（223）明基斑翅实蝇 *Campiglossa basalis* (Chen, 1938)

Paroxyna basalis Chen, 1938. *In*: Zia *et* Chen, 1938. Sinensia 9 (1-2): 136. **Type locality:** China: Shansi, Tchao-yinn-tchenn.

Paroxyna basalis: Wang, 1996. Acta Zootaxon. Sin. 21 (Suppl.): 256.

分布（Distribution）：山西（SX）、陕西（SN）。

（224）履斑翅实蝇 *Campiglossa binotata* (Wang, 1990)

Paroxyna binotata Wang, 1990. Entomotaxon. 12 (3-4): 292. **Type locality:** China: Nei Mongol, Hulun Buir L.

Paroxyna binotata: Wang, 1996. Acta Zootaxon. Sin. 21 (Suppl.): 256.

分布（Distribution）：内蒙古（NM）。

（225）康斑翅实蝇 *Campiglossa confinis* (Chen, 1938)

Paroxyna confinis Chen, 1938. *In*: Zia *et* Chen, 1938. Sinensia 9 (1-2): 143. **Type locality:** China: Kansu, Mahoshan.

Campiglossa confinis: Wang, 1996. Acta Zootaxon. Sin. 21 (Suppl.): 257.

分布（Distribution）：甘肃（GS）。

（226）邻斑斑翅实蝇 *Campiglossa contingens* (Becker, 1907)

Oxyna contingens Becker, 1907. Annu. Mus. Zool. Acad. Sci. Russ. St.-Pétersb. 12 (3): 288. **Type locality:** China: Xizang.

Oxyna evanescens Becker, 1907. Annu. Mus. Zool. Acad. Sci. Russ. St.-Pétersb. 12 (3): 289. **Type locality:** China: Tibet.

Campiglossa contingens: Wang, 1996. Acta Zootaxon. Sin. 21

(Suppl.): 257.

分布（Distribution）：黑龙江（HL）、内蒙古（NM）、甘肃（GS）、青海（QH）、新疆（XJ）、西藏（XZ）；蒙古国；中亚。

（227）黑龙江斑翅实蝇 *Campiglossa defasciata* (Hering, 1936)

Paroxyna defasciata Hering, 1936. Konowia 15 (3-4): 185. **Type locality:** China: Charbin (Mandschurei).

Campiglossa defasciata: Wang, 1996. Acta Zootaxon. Sin. 21 (Suppl.): 257.

分布（Distribution）：黑龙江（HL）。

（228）东亚斑翅实蝇 *Campiglossa deserta* (Hering, 1939)

Paroxyna deserta Hering, 1939. Verb. VII Int. Kongr. Ent. (Berlin) (1938) 1: 183. **Type locality:** China: Heilongjiang, Harbin, Maoershan.

Campiglossa deserta: Wang, 1996. Acta Zootaxon. Sin. 21 (Suppl.): 258.

分布（Distribution）：黑龙江（HL）、河北（HEB）、北京（BJ）、山西（SX）、湖南（HN）、贵州（GZ）、广西（GX）；朝鲜、日本。

（229）异点斑翅实蝇 *Campiglossa distichera* (Wang, 1990)

Paroxyna distichera Wang, 1990. Acta Zootaxon. Sin. 15 (4): 490. **Type locality:** China: Yunnan, Hengduan Mts., Weixi.

Campiglossa distichera: Wang, 1996. Acta Zootaxon. Sin. 21 (Suppl.): 258.

分布（Distribution）：云南（YN）。

（230）二条斑翅实蝇 *Campiglossa dorema* (Hering, 1941)

Paroxyna dorema Hering, 1941. Siruna Seva 3: 29. **Type locality:** China: Northeast China, Sjaolin.

Campiglossa dorema: Wang, 1996. Acta Zootaxon. Sin. 21 (Suppl.): 258.

分布（Distribution）：黑龙江（HL）。

（231）小斑翅实蝇 *Campiglossa exigua* (Chen, 1938)

Paroxyna exigua Chen, 1938. *In*: Zia *et* Chen, 1938. Sinensia 9 (1-2): 134. **Type locality:** China: Shansi, Tsai-tchang.

Campiglossa exigua: Wang, 1996. Acta Zootaxon. Sin. 21 (Suppl.): 259.

分布（Distribution）：山西（SX）。

（232）花股斑翅实蝇 *Campiglossa femorata* Wang, 1996

Campiglossa femorata Wang, 1996. Acta Zootaxon. Sin. 21

(Suppl.): 259. **Type locality:** China: Qinghai, Menyuan.

分布（Distribution）：青海（QH）。

（233）拱痣斑翅实蝇 *Campiglossa festiva* (Chen, 1938)

Paroxyna festiva Chen, 1938. *In*: Zia *et* Chen, 1938. Sinensia 9 (1-2): 114. **Type locality:** China: Shansi, Tsin-ling, Choei-mouo-pouo.

Campiglossa festiva: Wang, 1996. Acta Zootaxon. Sin. 21 (Suppl.): 259.

分布（Distribution）：山西（SX）、陕西（SN）、宁夏（NX）、四川（SC）。

（234）淡黄斑翅实蝇 *Campiglossa flavescens* (Chen, 1938)

Paroxyna flavescens Chen, 1938. *In*: Zia *et* Chen, 1938. Sinensia 9 (1-2): 132. **Type locality:** China: Shansi, Kiaochen.

Paroxyna rufula Chen, 1938. *In*: Zia *et* Chen, 1938. Sinensia 9 (1-2): 133. **Type locality:** China: Hopei, Paita.

Campiglossa flavescens: Wang, 1996. Acta Zootaxon. Sin. 21 (Suppl.): 260.

分布（Distribution）：黑龙江（HL）、内蒙古（NM）、河北（HEB）、山西（SX）、甘肃（GS）。

（235）甘肃斑翅实蝇 *Campiglossa gansuica* (Chen, 1938)

Paroxyna gansuica Chen, 1938. *In*: Zia *et* Chen, 1938. Sinensia 9 (1-2): 143. **Type locality:** China: Kansu, Mahoshan.

Campiglossa gansuica: Wang, 1996. Acta Zootaxon. Sin. 21 (Suppl.): 260.

分布（Distribution）：甘肃（GS）、青海（QH）。

（236）黄足斑翅实蝇 *Campiglossa gilversa* (Wang, 1990)

Paroxyna gilversa Wang, 1990. Acta Zootaxon. Sin. 15 (4): 491. **Type locality:** China: Sichuan, Hengduan Mts., Maerkang.

Campiglossa gilversa: Wang, 1996. Acta Zootaxon. Sin. 21 (Suppl.): 260.

分布（Distribution）：湖北（HB）、四川（SC）。

（237）痣点斑翅实蝇 *Campiglossa grandinata* (Rondani, 1870)

Oxyna grandinata Rondani, 1870. Bull. Soc. Ent. Ital. 2: 131. **Type locality:** Italy: Pedemontio [= Piemonte].

Campiglossa grandinata: Wang, 1996. Acta Zootaxon. Sin. 21 (Suppl.): 261.

分布（Distribution）：河北（HEB）、新疆（XJ）、湖北（HB）、四川（SC）；蒙古国、俄罗斯、意大利；中亚。

（238）方楔斑翅实蝇 *Campiglossa hirayamae* (Matsumura, 1916)

Tephritis hirayamae Matsumura, 1916. Thousand Ins. Japan Add. 2: 424. **Type locality:** Japan: Honshū, Tokyo.

Campiglossa hirayamae: Wang, 1996. Acta Zootaxon. Sin. 21 (Suppl.): 261.

分布（Distribution）：黑龙江（HL）、吉林（JL）、甘肃（GS）、江苏（JS）、湖南（HN）、湖北（HB）、四川（SC）、云南（YN）、西藏（XZ）、福建（FJ）、台湾（TW）、广西（GX）；韩国、日本、俄罗斯。

（239）居中斑翅实蝇 *Campiglossa intermedia* (Zia, 1937)

Icterica intermedia Zia, 1937. Sinensia 8 (2): 190. **Type locality:** China: Kiangsi, Ruling.

Campiglossa intermedia: Wang, 1996. Acta Zootaxon. Sin. 21 (Suppl.): 262.

分布（Distribution）：河北（HEB）、浙江（ZJ）、江西（JX）；俄罗斯、蒙古国。

（240）南亚斑翅实蝇 *Campiglossa iracunda* (Hering, 1938)

Paroxyna iracunda Hering, 1938. Ark. Zool. 30A (25): 55. **Type locality:** Burma: Kambaiti.

Campiglossa iracunda: Wang, 1996. Acta Zootaxon. Sin. 21 (Suppl.): 262.

分布（Distribution）：云南（YN）；越南、泰国、缅甸、印度。

（241）康定斑翅实蝇 *Campiglossa kangdingensis* Wang, 1996

Campiglossa kangdingensis Wang, 1996. Acta Zootaxon. Sin. 21 (Suppl.): 263. **Type locality:** China: Sichuan, Kangding.

分布（Distribution）：四川（SC）。

（242）劳氏斑翅实蝇 *Campiglossa loewiana* (Hendel, 1927)

Paroxyna loewiana Hendel, 1927. *In*: Lindner, 1927. Flieg. Palaearkt. Reg. 5 (2): 154. **Type locality:** Not given.

Campiglossa loewiana: Wang, 1996. Acta Zootaxon. Sin. 21 (Suppl.): 263.

分布（Distribution）：吉林（JL）、河北（HEB）、山西（SX）；日本、蒙古国、俄罗斯；亚洲（中北部）。

（243）长尾斑翅实蝇 *Campiglossa longicauda* Wang, 1996

Campiglossa longicauda Wang, 1996. Acta Zootaxon. Sin. 21 (Suppl.): 264. **Type locality:** China: Xinjiang, Tomort.

分布（Distribution）：青海（QH）、新疆（XJ）。

（244）长痣斑翅实蝇 *Campiglossa longistigma* (Wang, 1990)

Paroxyna longistigma Wang, 1990. Acta Zootaxon. Sin. 15 (4): 491. **Type locality:** China: Sichuan, Hengduan Mts., Kangding.

Campiglossa longistigma: Wang, 1996. Acta Zootaxon. Sin. 21 (Suppl.): 264.

分布（Distribution）：四川（SC）、西藏（XZ）。

（245）黄褐斑翅实蝇 *Campiglossa luxorientis* (Hering, 1940)

Paroxyna luxorientis Hering, 1940c. Siruna Seva 2: 16. **Type locality:** China: Heilongjiang, Charbin.

Paroxyna oxynoides Hering, 1936. Konowia 15 (3-4): 186. **Type locality:** China: Heilongjiang, Charbin.

Campiglossa luxorientis: Wang, 1996. Acta Zootaxon. Sin. 21 (Suppl.): 265.

分布（Distribution）：黑龙江（HL）、内蒙古（NM）、河北（HEB）；蒙古国、俄罗斯。

（246）点阵斑翅实蝇 *Campiglossa magniceps* (Hendel, 1927)

Gonioxyna magniceps Hendel, 1927. *In*: Lindner, 1927. Flieg. Palaearkt. Reg. 5 (2): 161. **Type locality:** China: Mongolei, Kuku-noor.

Campiglossa magniceps: Wang, 1996. Acta Zootaxon. Sin. 21 (Suppl.): 265.

分布（Distribution）：甘肃（GS）、青海（QH）；蒙古国。

（247）梅斑翅实蝇 *Campiglossa medora* (Hering, 1936)

Paroxyna medora Hering, 1936. Konowia 15 (3-4): 186. **Type locality:** China: Heilongjiang, Charbin.

Campiglossa medora: Wang, 1996. Acta Zootaxon. Sin. 21 (Suppl.): 265.

分布（Distribution）：黑龙江（HL）。

（248）梅菜斑翅实蝇 *Campiglossa melaena* (Hering, 1941)

Sinotephritis melaena Hering, 1941. Siruna Seva 3: 27. **Type locality:** China: Northeast China, Sjaolin.

Campiglossa melaena: Wang, 1996. Acta Zootaxon. Sin. 21 (Suppl.): 265.

分布（Distribution）：黑龙江（HL）；俄罗斯。

（249）肘点斑翅实蝇 *Campiglossa melanochroa* (Hering, 1941)

Paroxyna melanochroa Hering, 1941. Siruna Seva 3: 30. **Type locality:** China: Manchukuo, Charbin.

Campiglossa melanochroa: Wang, 1996. Acta Zootaxon. Sin. 21 (Suppl.): 266.

分布（Distribution）：黑龙江（HL）。

（250）门源斑翅实蝇 *Campiglossa menyuanana* Wang, 1996

Campiglossa menyuanana Wang, 1996. Acta Zootaxon. Sin. 21 (Suppl.): 266. **Type locality:** China: Qinghai, Menyuan.

分布（Distribution）：青海（QH）。

（251） 散点斑翅实蝇 *Campiglossa messalina* (Hering, 1937)

Paroxyna messalina Hering, 1937a. Mitt. Dtsch. Ent. Ges. 8: 58. **Type locality:** China: Mandschurei, Charbin.

Paroxyna cleopatra Hering, 1937a. Mitt. Dtsch. Ent. Ges. 8: 60. **Type locality:** China: Mandschurei, Erzendjans.

Campiglossa messalina: Wang, 1996. Acta Zootaxon. Sin. 21 (Suppl.): 266.

分布（Distribution）：黑龙江（HL）、河北（HEB）、四川（SC）；韩国、日本、俄罗斯。

（252） 蒿斑翅实蝇 *Campiglossa misella* (Loew, 1869)

Oxyna misella Loew, 1869. Z. Ges. Naturw. Halle 34 (7-8): 19. **Type locality:** Russia: Sarepta Region.

Campiglossa misella: Wang, 1996. Acta Zootaxon. Sin. 21 (Suppl.): 267.

分布（Distribution）：山西（SX）、新疆（XJ）、四川（SC）、西藏（XZ）；俄罗斯、阿富汗；中亚、欧洲。

（253） 黑尾斑翅实蝇 *Campiglossa nigricauda* (Chen, 1938)

Acinia nigricauda Chen, 1938. *In*: Zia *et* Chen, 1938. Sinensia 9 (1-2): 108. **Type locality:** China: Kansu, Sin-long-chan.

Campiglossa nigricauda: Wang, 1996. Acta Zootaxon. Sin. 21 (Suppl.): 267.

分布（Distribution）：山西（SX）、甘肃（GS）；蒙古国、俄罗斯。

（254）三楔斑翅实蝇 *Campiglossa occultella* (Chen, 1938)

Paroxyna occultella Chen, 1938. *In*: Zia *et* Chen, 1938. Sinensia 9 (1-2): 134. **Type locality:** China: Kansu, Koan-shan.

Campiglossa occultella: Wang, 1996. Acta Zootaxon. Sin. 21 (Suppl.): 267.

分布（Distribution）：甘肃（GS）。

（255） 悦斑翅实蝇 *Campiglossa ornalibera* (Wang, 1990)

Paroxyna ornalibera Wang, 1990. Entomotaxon. 12 (3-4): 291. **Type locality:** China: Nei Mongol, Ulanqab L., Wuchuan B.

Campiglossa ornalibera: Wang, 1996. Acta Zootaxon. Sin. 21 (Suppl.): 268.

分布（Distribution）：内蒙古（NM）。

（256） 褐径斑翅实蝇 *Campiglossa propria* (Chen, 1938)

Sinotephritis propria Chen, 1938. *In*: Zia *et* Chen, 1938. Sinensia 9 (1-2): 149. **Type locality:** China: Kansu, Mi-tching-ngai.

Campiglossa propria: Wang, 1996. Acta Zootaxon. Sin. 21 (Suppl.): 268.

分布（Distribution）：甘肃（GS）。

（257） 三条斑翅实蝇 *Campiglossa punctata* (Shiraki, 1933)

Tephritis punctata Shiraki, 1933. Mem. Fac. Sci. Agric. Taihoku Imp. Univ. 8 (2): 424. **Type locality:** China: Taiwan, Musha and Kanko.

Campiglossa punctata: Wang, 1996. Acta Zootaxon. Sin. 21 (Suppl.): 268.

分布（Distribution）：台湾（TW）。

（258）褐痣斑翅实蝇 *Campiglossa pusilla* (Chen, 1938)

Paroxyna pusilla Chen, 1938. *In*: Zia *et* Chen, 1938. Sinensia 9 (1-2): 142. **Type locality:** China: Hopei, Tien-eull-ling; Kansu, Ma-ho-shan.

Campiglossa pusilla: Wang, 1996. Acta Zootaxon. Sin. 21 (Suppl.): 268.

分布（Distribution）：河北（HEB）、甘肃（GS）。

（259）五楔斑翅实蝇 *Campiglossa qinquemaculata* Wang, 1996

Campiglossa qinquemaculata Wang, 1996. Acta Zootaxon. Sin. 21 (Suppl.): 269. **Type locality:** China: Sichuan, Lixian, Miyaluo.

分布（Distribution）：四川（SC）。

（260） 四楔斑翅实蝇 *Campiglossa quadriguttata* (Hendel, 1927)

Paroxyna quadriguttata Hendel, 1927. *In*: Lindner, 1927. Flieg. Palaearkt. Reg. 5 (2): 158. **Type locality:** Russia: Chitinskaya.

Campiglossa quadriguttata: Wang, 1996. Acta Zootaxon. Sin. 21 (Suppl.): 269.

分布（Distribution）：黑龙江（HL）、内蒙古（NM）、河北（HEB）、宁夏（NX）、甘肃（GS）、新疆（XJ）；蒙古国、俄罗斯。

（261）陕西斑翅实蝇 *Campiglossa shensiana* (Chen, 1938)

Paroxyna shensiana Chen, 1938. *In*: Zia *et* Chen, 1938. Sinensia 9 (1-2): 139. **Type locality:** China: Shensi, Tsin-ling.

Campiglossa shensiana: Wang, 1996. Acta Zootaxon. Sin. 21 (Suppl.): 270.

分布（Distribution）：陕西（SN）。

（262）片楔斑翅实蝇 *Campiglossa simplex* (Chen, 1938)

Paroxyna simplex Chen, 1938. *In*: Zia *et* Chen, 1938. Sinensia 9 (1-2): 130. **Type locality:** China: Kansu, Sin-long-chan.

Campiglossa simplex: Wang, 1996. Acta Zootaxon. Sin. 21 (Suppl.): 270.

分布（Distribution）：甘肃（GS）。

（263）中华斑翅实蝇 *Campiglossa sinensis* Chen, 1938

Campiglossa sinensis Chen, 1938. *In*: Zia *et* Chen, 1938. Sinensia 9 (1-2): 123. **Type locality:** China: Central Mongolia, Ma-hoany-yu.

Campiglossa sinensis: Wang, 1996. Acta Zootaxon. Sin. 21 (Suppl.): 270.

分布（Distribution）：内蒙古（NM）。

（264）越川斑翅实蝇 *Campiglossa spenceri* (Hardy, 1973)

Stylia spenceri Hardy, 1973. Pac. Insects Monogr. 31: 330. **Type locality:** Vietnam: Mount. Lang, Bian.

Campiglossa spenceri: Wang, 1996. Acta Zootaxon. Sin. 21 (Suppl.): 270.

分布（Distribution）：四川（SC）、西藏（XZ）；越南。

（265）苴荬菜斑翅实蝇 *Campiglossa tessellata* (Loew, 1844)

Trypeta tessellata Loew, 1844. Z. Ent. (Germar.) 5: 396. **Type locality:** Deutschland.

Campiglossa tessellata: Wang, 1996. Acta Zootaxon. Sin. 21 (Suppl.): 271.

分布（Distribution）：内蒙古（NM）、甘肃（GS）、青海（QH）、新疆（XJ）、湖北（HB）、四川（SC）、西藏（XZ）；蒙古国、俄罗斯、伊朗、以色列、阿富汗；欧洲、非洲（北部）等。

（266）特斑翅实蝇 *Campiglossa trassaerti* (Chen, 1938)

Paroxyna transsaerti Chen, 1938. *In*: Zia *et* Chen, 1938. Sinensia 9 (1-2): 129. **Type locality:** China: Hopei, Tielingsseu; Shansi, Tsi-li-yu.

Campiglossa trassaerti: Wang, 1996. Acta Zootaxon. Sin. 21 (Suppl.): 271.

分布（Distribution）：黑龙江（HL）、河北（HEB）、山西（SX）。

（267）轮斑翅实蝇 *Campiglossa trochlina* Wang, 1990

Campiglossa trochlina Wang, 1990. Entomotaxon. 12 (3-4): 297. **Type locality:** China: Nei Mongol, Xilin Gol L.

Campiglossa trochlina: Wang, 1996. Acta Zootaxon. Sin. 21 (Suppl.): 271.

分布（Distribution）：内蒙古（NM）。

（268）波径斑翅实蝇 *Campiglossa undata* (Chen, 1938)

Paroxyna undata Chen, 1938. *In*: Zia *et* Chen, 1938. Sinensia

9 (1-2): 133. **Type locality:** China: Shansi, Mao-eull-ting.

Campiglossa undata: Wang, 1996. Acta Zootaxon. Sin. 21 (Suppl.): 272.

分布（Distribution）：山西（SX）。

（269）变色斑翅实蝇 *Campiglossa varia* (Chen, 1938)

Paroxyna varia Chen, 1938. *In*: Zia *et* Chen, 1938. Sinensia 9 (1-2): 131. **Type locality:** China: Shansi, Ta-ping-ti.

Campiglossa varia: Wang, 1996. Acta Zootaxon. Sin. 21 (Suppl.): 272.

分布（Distribution）：山西（SX）。

（270）弗斑翅实蝇 *Campiglossa virgata* (Hering, 1940)

Paroxyna virgata Hering, 1940c. Siruna Seva 2: 13. **Type locality:** China: Heilongjiang, Charbin.

Campiglossa virgata: Wang, 1996. Acta Zootaxon. Sin. 21 (Suppl.): 272.

分布（Distribution）：黑龙江（HL）。

（271）卧龙斑翅实蝇 *Campiglossa wolongensis* Wang, 1996

Campiglossa wolongensis Wang, 1996. Acta Zootaxon. Sin. 21 (Suppl.): 272. **Type locality:** China: Sichuan, Wolong.

分布（Distribution）：四川（SC）。

45. 长唇实蝇属 *Dioxyna* Frey, 1945

Dioxyna Frey, 1945. Commentat. Biol. (1944), 8 (10): 62. **Type species:** *Trypeta sororcula* Wiedemann, 1830 (by original designation).

（272）鬼针长唇实蝇 *Dioxyna bidentis* (Robineau-Desvoidy, 1830)

Stylia bidentis Robineau-Desvoidy, 1830. Mém. Prés. Div. Sav. Acad. R. Sci. Inst. Fr. 2 (2): 755. **Type locality:** Not given.

Dioxyna bidentis: Wang, 1996. Acta Zootaxon. Sin. 21 (Suppl.): 273.

分布（Distribution）：黑龙江（HL）、内蒙古（NM）、河北（HEB）、北京（BJ）、山西（SX）、山东（SD）、陕西（SN）、江苏（JS）、上海（SH）、浙江（ZJ）、江西（JX）、湖南（HN）；日本、蒙古国、俄罗斯、伊朗、阿富汗；中亚、欧洲、非洲（北部）。

（273）莴苣长唇实蝇 *Dioxyna sororcula* (Wiedemann, 1830)

Trypeta sororcula Wiedemann, 1830. Aussereurop. Zweifl. Insekt. 2: 509. **Type locality:** Canary Is.: Teneriffa.

Dioxyna sororcula: Wang, 1996. Acta Zootaxon. Sin. 21 (Suppl.): 273.

分布（Distribution）：四川（SC）、云南（YN）、福建（FJ）、广西（GX）、海南（HI）；韩国、日本，加那利群岛；旧世界热带和亚热带地区广布。

46. 亨实蝇属 *Hendrella* Munro, 1938

Hendrella Munro, 1938. Proc. R. Ent. Soc. London 7: 117. **Type species:** *Trypeta caloptera* Loew, 1850 (by original designation).

（274）明基亨实蝇 *Hendrella basalis* (Hendel, 1927)

Tephrella basalis Hendel, 1927. *In*: Lindner, 1927. Flieg. Palaearkt. Reg. 5 (2): 113. **Type locality:** China: Qinghai, Kuku-noor.

Hendrella basalis: Wang, 1996. Acta Zootaxon. Sin. 21 (Suppl.): 275.

分布（Distribution）：吉林（JL）、内蒙古（NM）、河北（HEB）、山西（SX）、陕西（SN）、宁夏（NX）、新疆（XJ）；蒙古国、俄罗斯。

（275）三楔亨实蝇 *Hendrella caloptera* (Loew, 1850)

Trypeta caloptera Loew, 1850. Stettin. Ent. Ztg. 11: 54. **Type locality:** Russia: Sibirien.

Hendrella caloptera: Wang, 1996. Acta Zootaxon. Sin. 21 (Suppl.): 275.

分布（Distribution）：内蒙古（NM）、河北（HEB）、山西（SX）；蒙古国、俄罗斯；中亚。

（276）四楔亨实蝇 *Hendrella sinensis* Wang, 1996

Hendrella sinensis Wang, 1996. Acta Zootaxon. Sin. 21 (Suppl.): 276. **Type locality:** China: Sichuan, Lixian.

分布（Distribution）：四川（SC）。

（277）五楔亨实蝇 *Hendrella winnertzii* (Frauenfeld, 1864)

Trypeta winnertzii Frauenfeld, 1864. Verh. K. K. Zool.-Bot. Ges. Wien 14: 149. **Type locality:** Russia: Sarepta.

Hendrella winnertzii: Wang, 1996. Acta Zootaxon. Sin. 21 (Suppl.): 276.

分布（Distribution）：甘肃（GS）、新疆（XJ）；蒙古国、俄罗斯；中亚。

47. 叶喙实蝇属 *Homoeotricha* Hering, 1944

Homoeotricha Hering, 1944. Siruna Seva 5: 7. **Type species:** *Paroxyna arisanica* Shiraki, 1933 (by original designation).

（278）三条叶喙实蝇 *Homoeotricha arisanica* (Shiraki, 1933)

Paroxyna arisanica Shiraki, 1933. Mem. Fac. Sci. Agric. Taihoku Imp. Univ. 8 (2): 409. **Type locality:** China: Taiwan, Arisan.

Homoeotricha arisanica: Wang, 1996. Acta Zootaxon. Sin. 21 (Suppl.): 277.

分布（Distribution）：台湾（TW）。

（279）拱痣叶喙实蝇 *Homoeotricha atrata* (Wang, 1990)

Gonioxyna atrata Wang, 1990. Entomotaxon. 12 (3-4): 296. **Type locality:** China: Nei Mongol, Ulanqab L., Wuchuan Co.

Homoeotricha atrata: Wang, 1996. Acta Zootaxon. Sin. 21 (Suppl.): 277.

分布（Distribution）：内蒙古（NM）。

（280）两盾鬃叶喙实蝇 *Homoeotricha brevicornis* (Chen, 1938)

Gonioxyna brevicornis Chen, 1938. *In*: Zia *et* Chen, 1938. Sinensia 9 (1-2): 117. **Type locality:** China: Kansu, Tchenn-tsaing-i.

Homoeotricha brevicornis: Wang, 1996. Acta Zootaxon. Sin. 21 (Suppl.): 277.

分布（Distribution）：甘肃（GS）、青海（QH）；蒙古国、俄罗斯。

（281）褐痣叶喙实蝇 *Homoeotricha procusa* (Dirlbek *et* Dirlbeková, 1971)

Paroxyna procusa Dirlbek *et* Dirlbeková, 1971. Sb. Faun. Praci Ent. Odd. Nàr. Mus. Praze. 14: 167. **Type locality:** Mongolia: Bulgan.

Homoeotricha procusa: Wang, 1996. Acta Zootaxon. Sin. 21 (Suppl.): 278.

分布（Distribution）：河北（HEB）；蒙古国。

48. 旧东实蝇属 *Orotava* Frey, 1936

Orotava Frey, 1936. Commentat. Biol. 6: 93. **Type species:** *Sphenella caudata* Becker, 1908 (by original designation).

（282）钩纹旧东实蝇 *Orotava hamula* (de Meijere, 1914)

Tephritis hamula de Meijere, 1914. Tijdschr. Ent. 57: 219. **Type locality:** Indonesia: Java, Nongkodjadjar.

Paratephritis naucina Hering, 1952. Treubia 21 (2): 288. **Type locality:** Indonesia: E Java, Idjen.

Orotava hamula: Wang, 1996. Acta Zootaxon. Sin. 21 (Suppl.): 279.

分布（Distribution）：浙江（ZJ）、湖北（HB）、福建（FJ）；日本、印度尼西亚。

（283）背中鬃旧东实蝇 *Orotava licenti* (Chen, 1938)

Acinia licenti Chen, 1938. *In*: Zia *et* Chen, 1938. Sinensia 9 (1-2): 109. **Type locality:** China: Shansi, Yao-chen.

Orotava licenti: Wang, 1996. Acta Zootaxon. Sin. 21 (Suppl.): 279.

分布（Distribution）：山西（SX）；俄罗斯。

49. 灿翅实蝇属 *Oxyna* Robineau-Desvoidy, 1830

Oxyna Robineau-Desvoidy, 1830. Mém. Prés. Div. Sav. Acad. R. Sci. Inst. Fr. 2 (2): 755. **Type species:** *Oxyna flavescens* Robineau-Desvoidy, 1830.

Sinoxyna Chen, 1938. *In*: Zia *et* Chen, 1938. Sinensia 9 (1-2): 84. **Type species:** *Sinoxyna notabilis* Chen, 1938 (by original designation).

Grandoxyna Dirlbek *et* Dirlbek, 1971. Sb. Faun. Praci Ent. Odd. Nàr. Mus. Praze. 14: 16. **Type species:** *Grandoxyna gilva* Dirlbek *et* Dirlbek, 1971 (by original designation).

（284）双翅灿翅实蝇 *Oxyna albofasciata* Chen, 1938

Oxyna albofasciata Chen, 1938. *In*: Zia *et* Chen, 1938. Sinensia 9 (1-2): 99. **Type locality:** China: Kansu, Mi-tching-ngai.

Oxyna albofasciata: Wang, 1996. Acta Zootaxon. Sin. 21 (Suppl.): 280.

分布（Distribution）：黑龙江（HL）、甘肃（GS）；俄罗斯。

（285）头鬃灿翅实蝇 *Oxyna amurensis* Hendel, 1927

Oxyna amurensis Hendel, 1927. *In*: Lindner, 1927. Flieg. Palaearkt. Reg. 5 (2): 165. **Type locality:** Russia: Amur Region.

Oxyna amurensis: Wang, 1996. Acta Zootaxon. Sin. 21 (Suppl.): 280.

分布（Distribution）：甘肃（GS）；韩国、日本、俄罗斯。

（286）单带灿翅实蝇 *Oxyna distincta* Chen, 1938

Oxyna distincta Chen, 1938. *In*: Zia *et* Chen, 1938. Sinensia 9 (1-2): 105. **Type locality:** China: Hopei, Pai-ta.

Oxyna distincta: Wang, 1996. Acta Zootaxon. Sin. 21 (Suppl.): 281.

分布（Distribution）：河北（HEB）、天津（TJ）。

（287）带纹灿翅实蝇 *Oxyna fasciata* Wang, 1996

Oxyna fasciata Wang, 1996. Acta Zootaxon. Sin. 21 (Suppl.): 184. **Type locality:** China: Xinjiang.

分布（Distribution）：新疆（XJ）。

（288）褐基灿翅实蝇 *Oxyna fusca* Chen, 1938

Oxyna fusca Chen, 1938. *In*: Zia *et* Chen, 1938. Sinensia 9 (1-2): 103. **Type locality:** China: Kansu, Pei-la-hia.

Oxyna fusca: Wang, 1996. Acta Zootaxon. Sin. 21 (Suppl.): 281.

分布（Distribution）：甘肃（GS）；俄罗斯。

（289）甘肃灿翅实蝇 *Oxyna gansuica* Wang, 1996

Oxyna gansuica Wang, 1996. Acta Zootaxon. Sin. 21 (Suppl.): 282. **Type locality:** China: Gansu, Zhangye.

分布（Distribution）：甘肃（GS）。

（290）古塔灿翅实蝇 *Oxyna guttatofasciata* (Loew, 1850)

Trypeta guttatofasciata Loew, 1850. Stettin. Ent. Ztg. 11: 55. **Type locality:** Russia: Siberia.

Oxyna guttatofasciata: Wang, 1996. Acta Zootaxon. Sin. 21 (Suppl.): 282.

分布（Distribution）：黑龙江（HL）、内蒙古（NM）、河北（HEB）、山西（SX）、青海（QH）、新疆（XJ）、西藏（XZ）；蒙古国、俄罗斯、哈萨克斯坦。

（291）门源灿翅实蝇 *Oxyna menyuanana* Wang, 1996

Oxyna menyuanana Wang, 1996. Acta Zootaxon. Sin. 21 (Suppl.): 282. **Type locality:** China: Qinghai.

分布（Distribution）：青海（QH）。

（292）径点灿翅实蝇 *Oxyna parietina* (Linnaeus, 1758)

Musca parietina Linnaeus, 1758. Syst. Nat. Ed. 10 (1): 599. **Type locality:** Europe.

Oxyna parientina: Wang, 1996. Acta Zootaxon. Sin. 21 (Suppl.): 283.

分布（Distribution）：黑龙江（HL）；韩国、日本、俄罗斯；中亚、欧洲。

（293）小灿翅实蝇 *Oxyna parva* Chen, 1938

Oxyna parva Chen, 1938. *In*: Zia *et* Chen, 1938. Sinensia 9 (1-2): 101. **Type locality:** China: Kirin.

Oxyna parva: Wang, 1996. Acta Zootaxon. Sin. 21 (Suppl.): 283.

分布（Distribution）：吉林（JL）、内蒙古（NM）。

（294）背中鬃灿翅实蝇 *Oxyna variabilis* Chen, 1938

Oxyna variabilis Chen, 1938. *In*: Zia *et* Chen, 1938. Sinensia 9 (1-2): 97. **Type locality:** China: Hebei, Wei-chang.

Oxyna variabilis: Wang, 1996. Acta Zootaxon. Sin. 21 (Suppl.): 284.

分布（Distribution）：黑龙江（HL）、内蒙古（NM）、新疆（XJ）；俄罗斯、蒙古国。

50. 异侧鬃实蝇属 *Oxyparna* Korneyev, 1990

Oxyparna Korneyev, 1990. Insects Mongolia 11: 421. **Type species:** *Oxyna duluta* Becker, 1908 (by original designation).

（295）三斑异侧鬃实蝇 *Oxyparna diluta* (Becker, 1907)

Oxyna diluta Becker, 1907. Annu. Mus. Zool. Acad. Sci. Russ. St.-Pétersb. 12 (3): 289. **Type locality:** China: Gaschun-Gobi, Danche R. S. of Satschou.

Oxyparna diluta: Wang, 1996. Acta Zootaxon. Sin. 21 (Suppl.): 284.

分布（Distribution）：新疆（XJ）；蒙古国；中亚。

51. 拟花翅实蝇属 *Paratephritis* Shiraki, 1933

Paratephritis Shiraki, 1933. Mem. Fac. Sci. Agric. Taihoku Imp. Univ. 8 (2): 433. **Type species:** *Paratephritis fukaii* Shiraki, 1933 (by original designation).

Tephritoedaspis Rohdendorf, 1934. Konowia 13: 94. **Type species:** *Tephritoedaspis transitoria* Rohdendorf, 1934 (by original designation).

（296）长尾拟花翅实蝇 *Paratephritis formosensis* Shiraki, 1933

Paratephritis formosensis Shiraki, 1933. Mem. Fac. Sci. Agric. Taihoku Imp. Univ. 8 (2): 438. **Type locality:** China: Taiwan, Tamaru.

Paratephritis formosensis: Wang, 1996. Acta Zootaxon. Sin. 21 (Suppl.): 285.

分布（Distribution）：台湾（TW）。

（297）中条拟花翅实蝇 *Paratephritis fukaii* Shiraki, 1933

Paratephritis fukaii Shiraki, 1933. Mem. Fac. Sci. Agric. Taihoku Imp. Univ. 8 (2): 436. **Type locality:** Japan: Miyasaki, Tsukum Miyasaki.

Paratephritis fukaii: Wang, 1996. Acta Zootaxon. Sin. 21 (Suppl.): 285.

分布（Distribution）：湖北（HB）；日本。

（298）褐痣拟花翅实蝇 *Paratephritis unifasciata* Chen, 1938

Paratephritis unifasciata Chen, 1938. *In*: Zia *et* Chen, 1938. Sinensia 9 (1-2): 111. **Type locality:** China: Kansu, Peilahia.

Paratephritis unifasciata: Wang, 1996. Acta Zootaxon. Sin. 21 (Suppl.): 286.

分布（Distribution）：甘肃（GS）。

（299）额鬃拟花翅实蝇 *Paratephritis vitrefasciata* (Hering, 1938)

Acanthiophilus vitrefasciatus Hering, 1938. Dtsch. Ent. Z. 1938 (2): 404. **Type locality:** China: Kuku-Nor.

Paratephritis vitreifasciata: Wang, 1996. Acta Zootaxon. Sin. 21 (Suppl.): 286.

分布（Distribution）：青海（QH）。

52. 布楔实蝇属 *Placaciura* Hendel, 1927

Placaciura Hendel, 1927. *In*: Lindner, 1927. Flieg. Palaearkt. Reg. 5 (2): 110. **Type species:** *Aciura alacris* Loew, 1869 (by original designation).

（300）亚布楔实蝇 *Placaciura alacris* (Loew, 1869)

Aciura alacris Loew, 1869. Z. Ges. Naturw. Halle 34 (7-8): 24. **Type locality:** Russia: Sarepta.

Placaciura alacris: Wang, 1996. Acta Zootaxon. Sin. 21 (Suppl.): 287.

分布（Distribution）：新疆（XJ）；乌克兰、俄罗斯。

53. 斯实蝇属 *Scedella* Munro, 1957

Scedella Munro, 1957. Ruwenzori Exped. 1934-35, Trypetidae 2 (9): 988. **Type species:** *Trypeta caffra* Loew, 1860 (by original designation).

（301）蟛蜞菊斯实蝇 *Scedella formosella* (Hendel, 1915)

Euribia formosella Hendel, 1915. Ann. Hist.-Nat. Mus. Natl. Hung. 13: 465. **Type locality:** China: Taiwan, Tainan, Takao and Anping.

Scedella formosella: Wang, 1996. Acta Zootaxon. Sin. 21 (Suppl.): 287.

分布（Distribution）：台湾（TW）、海南（HI）；日本、印度尼西亚、马来西亚、菲律宾、密克罗尼西亚、所罗门群岛、巴布亚新几内亚。

54. 匙斑实蝇属 *Spathulina* Rondani, 1856

Spathulina Rondani, 1856. Dipt. Ital. Prodromuas, Vol. I: 113. **Type species:** *Spathulina sicula* Rondani, 1856 (by original designation).

（302）端匙斑实蝇 *Spathulina acroleuca* (Schiner, 1868)

Tephritis acroleuca Schiner, 1868. Reise der Österreichische Fregatten Novara, Diptera 2 (1B): 268. **Type locality:** Australia: Sydney.

Trypeta undecimguttata Thomson, 1869. K. Svenska Fregatten Eugenies Resa, Zool., Dipt. 2 (1): 581. **Type locality:** Australia: Sydney.

Oxyna parca Bezzi, 1913. Mem. Indian Mus. 3 (3): 159. **Type locality:** India: Calcutta.

Spathulina acroleuca: Wang, 1996. Acta Zootaxon. Sin. 21 (Suppl.): 287.

分布（Distribution）：江西（JX）、湖南（HN）、云南（YN）、福建（FJ）、台湾（TW）、广西（GX）、海南（HI）；日本、印度、澳大利亚；非洲热带区、东洋区、澳洲区广布。

55. 花带实蝇属 *Sphenella* Robineau-Desvoidy, 1830

Sphenella Robineau-Desvoidy, 1830. Mém. Prés. Div. Sav. Acad. R. Sci. Inst. Fr. 2 (2): 773. **Type species:** *Sphenella linariae* Robineau-Desvoidy, 1830 (monotypy).

Sinevra Lioy, 1864. Atti R. Ist. Véneto Sci. Lett. Arti (3) 9:

1024. **Type species:** *Tephritis marginata* Fallén, 1814 (monotypy).

（303） 千里光花带实蝇 *Sphenella marginata* (Fallén, 1814)

Tephritis marginata Fallén, 1814. K. Svenska Vetensk. Akad. Handl. 35: 165. **Type locality:** Sweden: Esperod, Skåne.

Sphenella linariae Robineau-Desvoidy, 1830. Mém. Prés. Div. Sav. Acad. R. Sci. Inst. Fr. 2 (2): 774. **Type locality:** Not given.

Sphenella marginata: Wang, 1996. Acta Zootaxon. Sin. 21 (Suppl.): 289.

分布（**Distribution**）：河北（HEB）、山西（SX）；俄罗斯、以色列、阿富汗、加那利群岛、瑞典、澳大利亚；中亚、欧洲、非洲。

（304） 中华花带实蝇 *Sphenella sinensis* Schiner, 1868

Sphenella sinensis Schiner, 1868. Reise der Österreichischen Fregatte Novara, Diptera 2 (1B): 267. **Type locality:** China: Shanghai.

Trypeta sinensis Thomson, 1869. K. Svenska Fregatten Eugenies Resa, Zool., Dipt. 2 (1): 585. **Type locality:** China.

Sphenella sinensis: Wang, 1996. Acta Zootaxon. Sin. 21 (Suppl.): 289.

分布（**Distribution**）：上海（SH）、云南（YN）、福建（FJ）、台湾（TW）、广东（GD）、广西（GX）、海南（HI）；日本、巴布亚新几内亚；东洋区广布。

56. 花翅实蝇属 *Tephritis* Latreille, 1804

Tephritis Latreille, 1804. Nouv. Dict. Hist. Nat. 24 (3): 196. **Type species:** *Musca arnicae* Linnaeus, 1758.

（305） 阿氏花翅实蝇 *Tephritis alini* Hering, 1936

Tephritis alini Hering, 1936. Konowia 15 (3-4): 188. **Type locality:** China: Heilongjiang, Charbin.

Tephritis alini: Wang, 1996. Acta Zootaxon. Sin. 21 (Suppl.): 292.

分布（**Distribution**）：黑龙江（HL）。

（306）紫菀花翅实蝇 *Tephritis angustipennis* (Loew, 1844)

Trypeta angustipennis Loew, 1844. Z. Ent. (Germar.) 5: 382. **Type locality:** Not given.

Tephritis angustipennis: Wang, 1996. Acta Zootaxon. Sin. 21 (Suppl.): 292.

分布（**Distribution**）：黑龙江（HL）、新疆（XJ）；俄罗斯、中亚、欧洲、北美洲（北部）。

（307）环蚊花翅实蝇 *Tephritis annuliformis* Wang, 1990

Tephritis annuliformis Wang, 1990. Entomotaxon. 12 (3-4): 293. **Type locality:** China: Nei Mongol, Xilin Gol L, Xilin Hot T.

Tephritis annuliformis: Wang, 1996. Acta Zootaxon. Sin. 21 (Suppl.): 292.

分布（**Distribution**）：内蒙古（NM）。

（308）牛蒡花翅实蝇 *Tephritis bardanae* (Schrank, 1803)

Trupanea bardanae Schrank, 1803. Fauna Boica 3 (1): 149. **Type locality:** Not given.

Tephritis bardanae: Wang, 1996. Acta Zootaxon. Sin. 21 (Suppl.): 293.

分布（**Distribution**）：新疆（XJ）；俄罗斯；中亚、欧洲。

（309）中枝花翅实蝇 *Tephritis brachyura* Loew, 1869

Tephritis brachyura Loew, 1869. Z. Ges. Naturw. Halle 34 (7-8): 22. **Type locality:** Russia: Sarepta Region.

Tephritis brachyuran: Wang, 1996. Acta Zootaxon. Sin. 21 (Suppl.): 293.

分布（**Distribution**）：青海（QH）、新疆（XJ）；蒙古国、俄罗斯、乌克兰、伊朗。

（310）佳丽花翅实蝇 *Tephritis calliopsis* Wang, 1990

Tephritis calliopsis Wang, 1990. Entomotaxon. 12 (3-4): 296. **Type locality:** China: Nei Mongol, Xilin Gol L, Xilin Hot T.

Tephritis calliopsis: Wang, 1996. Acta Zootaxon. Sin. 21 (Suppl.): 294.

分布（**Distribution**）：内蒙古（NM）。

（311）五纹花翅实蝇 *Tephritis coei* Hardy, 1964

Tephritis coei Hardy, 1964. Bull. Br. Mus. (Nat. Hist.) Ent. 15: 164. **Type locality:** Nepal: Taplejung District, North of Sangu.

Tephritis coei: Wang, 1996. Acta Zootaxon. Sin. 21 (Suppl.): 294.

分布（**Distribution**）：云南（YN）；尼泊尔。

（312）丘斑花翅实蝇 *Tephritis collina* Wang, 1990

Tephritis collinus Wang, 1990. Entomotaxon. 12 (3-4): 295. **Type locality:** China: Inner Mongolia.

Tephritis collinus: Wang, 1996. Acta Zootaxon. Sin. 21 (Suppl.): 294.

分布（**Distribution**）：内蒙古（NM）。

（313）蓟花翅实蝇 *Tephritis cometa* (Loew, 1840)

Trypeta cometa Loew, 1840. Stettin. Ent. Ztg. 1: 157. **Type locality:** Austria: Wiener region.

Tephritis cometa: Wang, 1996. Acta Zootaxon. Sin. 21 (Suppl.): 294.

分布（**Distribution**）：黑龙江（HL）、内蒙古（NM）、河北（HEB）、北京（BJ）、山西（SX）、新疆（XJ）；俄罗斯、

阿富汗、奥地利；中亚、欧洲。

（314）连纹花翅实蝇 *Tephritis connexa* **Wang, 1996**

Tephritis connexa Wang, 1996. Acta Zootaxon. Sin. 21 (Suppl.): 295. **Type locality:** China: Xinjiang.

分布（**Distribution**）：新疆（XJ）。

（315）浪花翅实蝇 *Tephritis consimilis* **Chen, 1938**

Tephritis consimilis Chen, 1938. *In*: Zia *et* Chen, 1938. Sinensia 9 (1-2): 158. **Type locality:** China: Shansi, Ta-ning.
Tephritis consimilis: Wang, 1996. Acta Zootaxon. Sin. 21 (Suppl.): 295.

分布（**Distribution**）：山西（SX）。

（316）钳斑花翅实蝇 *Tephritis consuta* **Wang, 1990**

Tephritis consutus Wang, 1990. Entomotaxon. 12 (3-4): 292. **Type locality:** China: Nei Mongol, Chifeng.
Tephritis consutus: Wang, 1996. Acta Zootaxon. Sin. 21 (Suppl.): 295.

分布（**Distribution**）：内蒙古（NM）。

（317）还阳参花翅实蝇 *Tephritis crepidis* **Hendel, 1927**

Tephritis crepidis Hendel, 1927. *In*: Lindner, 1927. Flieg. Palaearkt. Reg. 5 (2): 186. **Type locality:** Austria: Schneeberg.
Tephritis crepidis: Wang, 1996. Acta Zootaxon. Sin. 21 (Suppl.): 296.

分布（**Distribution**）：河北（HEB）；俄罗斯、奥地利；中亚、欧洲。

（318）赤纹花翅实蝇 *Tephritis dentata* **Wang, 1990**

Tephritis dentatus Wang, 1990. Entomotaxon. 12 (3-4): 293. **Type locality:** China: Nei Menggu.
Tephritis dentatus: Wang, 1996. Acta Zootaxon. Sin. 21 (Suppl.): 296.

分布（**Distribution**）：内蒙古（NM）。

（319）斑股花翅实蝇 *Tephritis femoralis* **Chen, 1938**

Tephritis femoralis Chen, 1938. *In*: Zia *et* Chen, 1938. Sinensia 9 (1-2): 155. **Type locality:** China: Kansu.
Tephritis femoralis: Wang, 1996. Acta Zootaxon. Sin. 21 (Suppl.): 296.

分布（**Distribution**）：内蒙古（NM）、山西（SX）、甘肃（GS）；蒙古国。

（320）麻点花翅实蝇 *Tephritis formosa* **(Loew, 1844)**

Trypeta formosa Loew, 1844. Z. Ent. (Germar.) 5: 388. **Type locality:** Germany.
Tephritis formosa: Wang, 1996. Acta Zootaxon. Sin. 21 (Suppl.): 296.

分布（**Distribution**）：新疆（XJ）；俄罗斯、以色列、伊朗、德国；中亚、欧洲。

（321）亨氏花翅实蝇 *Tephritis hendelina* **Hering, 1944**

Tephritis hendelina Hering, 1944. Siruna Seva 5: 16. **Type locality:** France: Douelle.
Tephritis heiseri Hendel: Wang, 1996. Acta Zootaxon. Sin. 21 (Suppl.): 297.

分布（**Distribution**）：内蒙古（NM）、青海（QH）、新疆（XJ）；蒙古国、俄罗斯、乌克兰、法国、德国、意大利、西班牙。

（322）横断山花翅实蝇 *Tephritis hengduana* **Wang, 1990**

Tephritis hengduana Wang, 1990. Acta Zootaxon. Sin. 15 (4): 492. **Type locality:** China: Sichuan, Hengduan Mts., Ganzi.
Tephritis hengduana: Wang, 1996. Acta Zootaxon. Sin. 21 (Suppl.): 297.

分布（**Distribution**）：四川（SC）。

（323）褐痣花翅实蝇 *Tephritis impunctata* **Shiraki, 1933**

Tephritis impunctata Shiraki, 1933. Mem. Fac. Sci. Agric. Taihoku Imp. Univ. 8 (2): 427. **Type locality:** China: Taiwan, Musha, Horisha and Niitaka Prefecture.
Tephritis impunctata: Wang, 1996. Acta Zootaxon. Sin. 21 (Suppl.): 297.

分布（**Distribution**）：台湾（TW）。

（324）伊斯花翅实蝇 *Tephritis ismene* **Hering, 1953**

Tephritis ismene Hering, 1953. Siruna Seva 8: 14. **Type locality:** China: Mandschurei, Tigroa Padj, Nordchina.
Tephritis ismene: Wang, 1996. Acta Zootaxon. Sin. 21 (Suppl.): 298.

分布（**Distribution**）：黑龙江（HL）。

（325）乔卡花翅实蝇 *Tephritis jocaste* **Hering, 1953**

Tephritis jocaste Hering, 1953. Siruna Seva 8: 11. **Type locality:** China: Chandaoehezsy, Nordchina.
Tephritis jocaste: Wang, 1996. Acta Zootaxon. Sin. 21 (Suppl.): 298.

分布（**Distribution**）：黑龙江（HL）。

（326）中亚花翅实蝇 *Tephritis kogardtauica* **Hering, 1944**

Tephritis kogardtauica Hering, 1944. Siruna Seva 5: 15. **Type locality:** China: Togus Tjurae; Kogard Tau.
Tephritis kogardtauica: Wang, 1996. Acta Zootaxon. Sin. 21 (Suppl.): 298.

分布（**Distribution**）：新疆（XJ）。

（327）明端花翅实蝇 *Tephritis kukunoria* **Hendel, 1927**

Tephritis kukunoria Hendel, 1927. *In*: Lindner, 1927. Flieg.

Palaearkt. Reg. 5 (2): 189. **Type locality:** China: Qinghai, Kuku-noor.

Tephritis kukunoria: Wang, 1996. Acta Zootaxon. Sin. 21 (Suppl.): 299.

分布（Distribution）：青海（QH）；蒙古国。

（328）黑龙江花翅实蝇 *Tephritis mandschurica* Hering, 1953

Tephritis mandschurica Hering, 1953. Siruna Seva 8: 12. **Type locality:** China: Heilongjiang, Charbin.

Tephritis mandschurica: Wang, 1996. Acta Zootaxon. Sin. 21 (Suppl.): 298.

分布（Distribution）：黑龙江（HL）。

（329）歧点花翅实蝇 *Tephritis monapunctata* Wang, 1990

Tephritis monapunctatum Wang, 1990. Entomotaxon. 12 (3-4): 295. **Type locality:** China: Nei Mongol, Ih Ju L, Uxin B.

Tephritis monapunctatum: Wang, 1996. Acta Zootaxon. Sin. 21 (Suppl.): 299.

分布（Distribution）：内蒙古（NM）。

（330）肘斑花翅实蝇 *Tephritis mongolica* Hendel, 1927

Tephritis mongolica Hendel, 1927. *In*: Lindner, 1927. Flieg. Palaearkt. Reg. 5 (2): 191. **Type locality:** China: Qinghai.

Tephritis mongolica: Wang, 1996. Acta Zootaxon. Sin. 21 (Suppl.): 299.

分布（Distribution）：青海（QH）。

（331）多点花翅实蝇 *Tephritis multiguttulata* Hering, 1953

Tephritis multiguttulata Hering, 1953. Siruna Seva 8: 14. **Type locality:** China: Fukien, Kuantun.

Tephritis multiguttulata: Wang, 1996. Acta Zootaxon. Sin. 21 (Suppl.): 299.

分布（Distribution）：浙江（ZJ）、湖北（HB）、四川（SC）、云南（YN）、福建（FJ）、广西（GX）。

（332）云斑花翅实蝇 *Tephritis nebulosa* (Becker, 1907)

Urellia nebulosa Becker, 1907. Annu. Mus. Zool. Acad. Sci. Russ. St.-Pétersb. 12 (3): 286. **Type locality:** China: Tibet, Schlucht Chatu.

Tephritis nebulosa: Wang, 1996. Acta Zootaxon. Sin. 21 (Suppl.): 300.

分布（Distribution）：新疆（XJ）、西藏（XZ）。

（333）苜蓿花翅实蝇 *Tephritis oedipus* Hendel, 1927

Tephritis oedipus Hendel, 1927. *In*: Lindner, 1927. Flieg. Palaearkt. Reg. 5 (2): 192. **Type locality:** Not given.

Tephritis oedipus: Wang, 1996. Acta Zootaxon. Sin. 21 (Suppl.): 298.

分布（Distribution）：内蒙古（NM）、山西（SX）、新疆（XJ）、云南（YN）；蒙古国；中亚。

（334）皮山花翅实蝇 *Tephritis pishanica* Wang, 1996

Tephritis pishanica Wang, 1996. Acta Zootaxon. Sin. 21 (Suppl.): 188. **Type locality:** China: Xinjiang.

分布（Distribution）：新疆（XJ）。

（335）大翅蓟花翅实蝇 *Tephritis postica* (Loew, 1844)

Trypeta postica Loew, 1844. Z. Ent. (Germar.) 5: 393. **Type locality:** France.

Tephritis postica: Wang, 1996. Acta Zootaxon. Sin. 21 (Suppl.): 301.

分布（Distribution）：新疆（XJ）；俄罗斯、以色列、伊朗、法国；中亚、欧洲、非洲（北部）。

（336）鸦葱花翅实蝇 *Tephritis pulchra* (Loew, 1844)

Trypeta pulchra Loew, 1844. Z. Ent. (Germar.) 5: 406. **Type locality:** Austria: Wien [= Vienna]. Turkey: Smyrna [= Izmir].

Tephritis pulchra: Wang, 1996. Acta Zootaxon. Sin. 21 (Suppl.): 301.

分布（Distribution）：新疆（XJ）；俄罗斯、土耳其、奥地利；欧洲、非洲（北部）。

（337）斜斑花翅实蝇 *Tephritis puncta* (Becker, 1907)

Urellia punctum Becker, 1907. Annu. Mus. Zool. Acad. Sci. Russ. St.-Pétersb. 12 (3): 285. **Type locality:** China: Xinjiang.

Tephritis puncta: Wang, 1996. Acta Zootaxon. Sin. 21 (Suppl.): 301.

分布（Distribution）：新疆（XJ）；蒙古国；中亚。

（338）山西花翅实蝇 *Tephritis shansiana* Chen, 1940

Tephritis shansiana Chen, 1940. Sinensia 11 (5-6): 529. **Type locality:** China: Shansi, Kiao-cheu.

Tephritis shansiana: Wang, 1996. Acta Zootaxon. Sin. 21 (Suppl.): 302.

分布（Distribution）：内蒙古（NM）、山西（SX）。

（339）中华花翅实蝇 *Tephritis sinensis* (Hendel, 1927)

Euaresta sinensis Hendel, 1927. *In*: Lindner, 1927. Flieg. Palaearkt. Reg. 5 (2): 173. **Type locality:** China: Sze-tschuan, Mt. Omei.

Tephritis sinensis: Wang, 1996. Acta Zootaxon. Sin. 21 (Suppl.): 302.

分布（Distribution）：河北（HEB）、北京（BJ）、山西（SX）、江苏（JS）、四川（SC）、广西（GX）；日本。

（340）富带花翅实蝇 *Tephritis sinica* (Wang, 1990)

Acrorellia sinica Wang, 1990. Entomotaxon. 12 (3-4): 300. **Type locality:** China: Nei Mongol, Ertenhot C., Xilin Gol L.
Tephritis sinica: Wang, 1996. Acta Zootaxon. Sin. 21 (Suppl.): 303.

分布（Distribution）：内蒙古（NM）。

（341）苦苣菜花翅实蝇 *Tephritis sonchina* Hering, 1937

Tephritis sonchina Hering, 1937c. Arb. Physiol. Angew. Ent. Berl. 4: 112. **Type locality:** China: Northeast China, vie. Chulan.
Tephritis sonchina: Wang, 1996. Acta Zootaxon. Sin. 21 (Suppl.): 303.

分布（Distribution）：黑龙江（HL）、内蒙古（NM）、新疆（XJ）。

（342）草原花翅实蝇 *Tephritis variata* (Becker, 1907)

Urellia variata Becker, 1907. Annu. Mus. Zool. Acad. Sci. Russ. St.-Pétersb. 12 (3): 286. **Type locality:** China: Gaschun-Gobi, Danche R. S of Satschou.
Tephritis variata: Wang, 1996. Acta Zootaxon. Sin. 21 (Suppl.): 303.

分布（Distribution）：内蒙古（NM）、河北（HEB）、山西（SX）、甘肃（GS）、青海（QH）、新疆（XJ）；蒙古国；中亚。

57. 星斑实蝇属 *Trupanea* Schrank, 1795

Trupanea Schrank, 1795. Naturh. Ökonom. Briefe Donaumoor Mannheim: 147. **Type species:** *Trupanea radiata* Schrank, 1795 (monotypy).
Urellia Robineau-Desvoidy, 1830. Mém. Prés. Div. Sav. Acad. R. Sci. Inst. Fr. 2 (2): 774. **Type species:** *Urellia calcitrapae* Robineau-Desvoidy, 1830.

（343）透点星斑实蝇 *Trupanea ambigua* Shiraki, 1933

Trypanea ambigua Shiraki, 1933. Mem. Fac. Sci. Agric. Taihoku Imp. Univ. 8 (2): 454. **Type locality:** China: Taiwan, Ranrun.
Trypanea ambigua: Wang, 1996. Acta Zootaxon. Sin. 21 (Suppl.): 304.

分布（Distribution）：台湾（TW）。

（344）莴苣星斑实蝇 *Trupanea amoena* (Frauenfeld, 1857)

Trypeta amoena Frauenfeld, 1857. Sber. Akad. Wiss. Wien 22: 542. **Type locality:** Croatia: Dalmatia.

Trupanea amoena: Wang, 1996. Acta Zootaxon. Sin. 21 (Suppl.): 305.

分布（Distribution）：内蒙古（NM）、河北（HEB）、甘肃（GS）、新疆（XJ）、江苏（JS）、四川（SC）、云南（YN）、台湾（TW）；日本、韩国；古北区、东洋区广布；非洲广布。

（345）会聚星斑实蝇 *Trupanea convergens* Hering, 1936

Trypanea convergens Hering, 1936. Konowia 15 (3-4): 188. **Type locality:** China: Heilongjiang, Charbin.
Trypanea cosmina Hendel, 1938. Ark. Zool. 30A (3): 9. **Type locality:** China: Kiangsu.
Trypanea convergen: Wang, 1996. Acta Zootaxon. Sin. 21 (Suppl.): 305.

分布（Distribution）：黑龙江（HL）、内蒙古（NM）、河北（HEB）、天津（TJ）、北京（BJ）、山东（SD）、甘肃（GS）、青海（QH）、江苏（JS）、上海（SH）、浙江（ZJ）、湖南（HN）、福建（FJ）、台湾（TW）；日本、蒙古国、菲律宾、马来西亚。

（346）二带星斑实蝇 *Trupanea distincta* Shiraki, 1933

Trypanea distincta Shiraki, 1933. Mem. Fac. Sci. Agric. Taihoku Imp. Univ. 8 (2): 458. **Type locality:** China: Taiwan, Rikiriki.
Trypanea distincta: Wang, 1996. Acta Zootaxon. Sin. 21 (Suppl.): 306.

分布（Distribution）：台湾（TW）。

（347）台湾星斑实蝇 *Trupanea formosae* Hendel, 1927

Trypanea formosae Hendel, 1927. *In*: Lindner, 1927. Flieg. Palaearkt. Reg. 49: 201. **Type locality:** China: Taiwan, Tainan and Polisha.
Trypanea formosae: Wang, 1996. Acta Zootaxon. Sin. 21 (Suppl.): 306.

分布（Distribution）：台湾（TW）。

（348）端纹星斑实蝇 *Trupanea guttistella* Hering, 1951

Trupanea guttistella Hering, 1951. Siruna Seva 7: 13. **Type locality:** China: Heilongjiang, Charbin.
Trupanea guttistella: Wang, 1996. Acta Zootaxon. Sin. 21 (Suppl.): 307.

分布（Distribution）：黑龙江（HL）。

（349）褐痣星斑实蝇 *Trupanea pterostigma* Wang, 1996

Trupanea pterostigma Wang, 1996. Acta Zootaxon. Sin. 21 (Suppl.): 307. **Type locality:** China: Qinghai, Yushu.

分布（**Distribution**）：青海（QH）。

（350）春黄菊星斑实蝇 *Trupanea stellata* (Fuessly, 1775)

Musca stellata Fuessly, 1775. Verzeichn. Bekannt, Schweizer. Insekt: 56. **Type locality:** Not given.

Trupanea radiata Schrank, 1795. Naturh. Ökonom. Briefe Donaumoor Mannheim: 147. **Type locality:** Not given.

Trupanea stellata: Wang, 1996. Acta Zootaxon. Sin. 21 (Suppl.): 307.

分布（**Distribution**）：内蒙古（NM）、河北（HEB）、山西（SX）、甘肃（GS）、新疆（XJ）、上海（SH）、福建（FJ）、海南（HI）；古北区、东洋区。

（351）天目山星斑实蝇 *Trupanea tianmushana* Wang, 1996

Trupanea tianmushana Wang, 1996. Acta Zootaxon. Sin. 21 (Suppl.): 308. **Type locality:** China: Zhejiang, Tianmushan.

分布（**Distribution**）：浙江（ZJ）。

58. 厄实蝇属 *Urelliosoma* Hendel, 1927

Urelliosoma Hendel, 1927. *In*: Lindner, 1927. Flieg. Palaearkt. Reg. 5 (2): 118. **Type species:** *Tephritis desertorum* Efflatoun, 1924 (by original designation).

Allocraspeda Richter, 1972. Zool. Žhur. 60 (8): 1254 (as a subgenus of *Urelliosoma*). **Type species:** *Urelliosoma* (*Allocraspeda*) *napaea* Richter, 1972 (by original designation).

（352）端斑厄实蝇 *Urelliosoma triste* Chen, 1938

Urelliosoma tristis Chen, 1938. *In*: Zia *et* Chen, 1938. Sinensia 9 (1-2): 93. **Type locality:** China: Kansu, Ha-si-tan.

Urelliosoma tristis: Wang, 1996. Acta Zootaxon. Sin. 21 (Suppl.): 309.

分布（**Distribution**）：甘肃（GS）、青海（QH）；蒙古国、俄罗斯。

花背实蝇族 Terelliini

59. 背中鬃实蝇属 *Chaetorellia* Hendel, 1927

Chaetorellia Hendel, 1927. *In*: Lindner, 1927. Flieg. Palaearkt. Reg. 5 (2): 121. **Type species:** *Acinia jaceae* Robineau-Desvoidy, 1830 (by original designation).

（353）蒙古背中鬃实蝇 *Chaetorellia blanda* (Richter, 1975)

Orellia blanda Richter, 1975. Insects Mongolia 3 (1): 592. **Type locality:** Mongolia: Dornod.

Chaetorellia blanda: Wang, 1996. Acta Zootaxon. Sin. 21 (Suppl.): 309.

分布（**Distribution**）：内蒙古（NM）；蒙古国。

60. 鬃实蝇属 *Chaetostomella* Hendel, 1927

Chaetostomella Hendel, 1927. *In*: Lindner, 1927. Flieg.

Palaearkt. Reg. 5 (2): 124. **Type species:** *Trypeta onotrophes* Loew, 1846 (by original designation).

（354）阿氏鬃实蝇 *Chaetostomella alini* Hering, 1936

Chaetostomella alini Hering, 1936. Konowia 15 (3-4): 184. **Type locality:** China: Mandschurei, Charbin.

Chaetostomella alini: Wang, 1996. Acta Zootaxon. Sin. 21 (Suppl.): 310.

分布（**Distribution**）：黑龙江（HL）、内蒙古（NM）、新疆（XJ）。

（355）离带鬃实蝇 *Chaetostomella cylindrica* (Robineau-Desvoidy, 1830)

Tephrytis cylindrica Robineau-Desvoidy, 1830. Mém. Prés. Div. Sav. Acad. R. Sci. Inst. Fr. 2 (2): 767. **Type locality:** Not given.

Chaetostomella cylindrica: Wang, 1996. Acta Zootaxon. Sin. 21 (Suppl.): 311.

分布（**Distribution**）：北京（BJ）；俄罗斯、土耳其、阿富汗；中亚、欧洲、非洲。

（356）黑斑鬃实蝇 *Chaetostomella nigripunctata* Shiraki, 1933

Chaetostomella nigripunctata Shiraki, 1933. Mem. Fac. Sci. Agric. Taihoku Imp. Univ. 8 (2): 383. **Type locality:** China: Taiwan, Musha, Roeichi, Horisha, Kanko and Niitaka Prefecture.

Chaetostomella nigripunctata: Wang, 1996. Acta Zootaxon. Sin. 21 (Suppl.): 311.

分布（**Distribution**）：湖北（HB）、福建（FJ）、台湾（TW）。

（357）山牛蒡鬃实蝇 *Chaetostomella stigmataspis* (Wiedemann, 1830)

Trypeta stigmataspis Wiedemann, 1830. Aussereurop. Zweifl. Insekt. 2: 478. **Type locality:** Russia: Südlichen Russlands.

Chaetostomella stigmataspis: Wang, 1996. Acta Zootaxon. Sin. 21 (Suppl.): 311.

分布（**Distribution**）：黑龙江（HL）、吉林（JL）、河北（HEB）、陕西（SN）；韩国、日本、俄罗斯。

（358）连带鬃实蝇 *Chaetostomella vibrissata* (Coquillett, 1898)

Trypeta vibrissata Coquillett, 1898. Proc. U. S. Natl. Mus. 21: 338. **Type locality:** Japan: Mitsukuri.

Chaetostomella vibrissata: Wang, 1996. Acta Zootaxon. Sin. 21 (Suppl.): 312.

分布（**Distribution**）：黑龙江（HL）、陕西（SN）、江西（JX）；朝鲜、日本、俄罗斯。

61. 缝点实蝇属 *Orellia* Robineau-Desvoidy, 1830

Orellia Robineau-Desvoidy, 1830. Mém. Prés. Div. Sav. Acad.

R. Sci. Inst. Fr. 2 (2): 765. **Type species:** *Orellia flavicans* Robineau-Desvoidy, 1830 (monotypy).

（359）婆罗门参缝点实蝇 *Orellia falcata* (Scopoli, 1763)

Musca falcata Scopoli, 1763. Ent. Carniolica: 330. **Type locality:** Not given.

Orellia falcata: Wang, 1996. Acta Zootaxon. Sin. 21 (Suppl.): 312.

分布（Distribution）：新疆（XJ）；俄罗斯、以色列；中亚、欧洲（南部）。

62. 花背实蝇属 *Terellia* Robineau-Desvoidy, 1830

Terellia Robineau-Desvoidy, 1830. Mém. Prés. Div. Sav. Acad. R. Sci. Inst. Fr. 2 (2): 758. **Type species:** *Terellia palpata* Robineau-Desvoidy, 1830.

Squamensina Hering, 1938. Dtsch. Ent. Z. 1938 (2): 405. **Type species:** *Squamensina oasis* Hering, 1938.

Galada Hering, 1961. Beitr. Naturk. Forsch. Sudw. Dtl. 19: 324. **Type species:** *Galada vilis* Hering, 1961.

1）钩花背实蝇亚属 *Cerajocera* Rondani, 1856

Cerajocera Rondani, 1856. Dipt. Ital. Prodromus, Vol. I: 111. **Type species:** *Musca cornuta* Fabricius, 1794 (by original designation).

Trichoterellia Hendel, 1927. *In*: Lindner, 1927. Flieg. Palaearkt. Reg. 5 (2): 127 (as a subgenus of *Terellia*). **Type species:** *Terellia setifera* Hendel, 1927 (by original designation).

（360）黑花背实蝇 *Terellia* (*Cerajocera*) *maculicauda* (Chen, 1938)

Orellia maculicauda Chen, 1938. *In*: Zia *et* Chen, 1938. Sinensia 9 (1-2): 77. **Type locality:** China: Hopei, Tie-ling-sseu.

Terellia (*Cerajocera*) *maculicauda*: Wang, 1996. Acta Zootaxon. Sin. 21 (Suppl.): 313.

分布（Distribution）：河北（HEB）。

（361）红端花背实蝇 *Terellia* (*Cerajocera*) *tussilaginis* (Fabricius, 1775)

Musca tussilaginis Fabricius, 1775. Syst. Entom.: 787. **Type locality:** Denmark: Daniae floribus.

Terellia (*cerajocera*) *tussilaginis*: Wang, 1996. Acta Zootaxon. Sin. 21 (Suppl.): 314.

分布（Distribution）：新疆（XJ）；俄罗斯、丹麦；中亚、欧洲。

2）花背实蝇亚属 *Terellia* Robineau-Desvoidy, 1830

Terellia Robineau-Desvoidy, 1830. Mém. Prés. Div. Sav. Acad.

R. Sci. Inst. Fr. 2 (2): 758. **Type species:** *Terellia palpata* Robineau-Desvoidy, 1830.

（362）端带花背实蝇 *Terellia* (*Terellia*) *apicalis* (Chen, 1938)

Orellia apicalis Chen, 1938. *In*: Zia *et* Chen, 1938. Sinensia 9 (1-2): 78. **Type locality:** China: Shensi, Wei-tze-ping, Koan-yin-miao.

Orellia vicina Chen, 1938. *In*: Zia *et* Chen, 1938. Sinensia 9 (1-2): 80. **Type locality:** China: Shansi, Tsien-ou.

Orellia caerulea Hering, 1939. Verb. VII Int. Kongr. Ent. (Berlin) (1938) 1: 178. **Type locality:** China: Heilongjiang, Harbin, Maoershan.

Terellia apicalis: Wang, 1996. Acta Zootaxon. Sin. 21 (Suppl.): 314.

分布（Distribution）：黑龙江（HL）、河北（HEB）、山西（SX）、陕西（SN）；日本。

（363）大板花背实蝇 *Terellia* (*Terellia*) *megalopyge* (Hering, 1936)

Orellia megalopyge Hering, 1936. Konowia 15 (3-4): 183. **Type locality:** China: Mandschurei, Charbin.

Terellia megalopyge: Wang, 1996. Acta Zootaxon. Sin. 21 (Suppl.): 315.

分布（Distribution）：黑龙江（HL）、内蒙古（NM）、河北（HEB）；蒙古国、俄罗斯。

（364）点花背实蝇 *Terellia* (*Terellia*) *ruficauda* (Fabricius, 1794)

Musca ruficauda Fabricius, 1794. Ent. Syst. 4: 353. **Type locality:** France: Galliae.

Terellia ruficauda: Wang, 1996. Acta Zootaxon. Sin. 21 (Suppl.): 315.

分布（Distribution）：黑龙江（HL）、内蒙古（NM）、新疆（XJ）；蒙古国、俄罗斯、法国；中亚、欧洲（北部和中部）、北美洲。

（365）透翅花背实蝇 *Terellia* (*Terellia*) *serratulae* (Linnaeus, 1758)

Musca serratulae Linnaeus, 1758. Syst. Nat. Ed. 10 (1): 600. **Type locality:** Not given.

Terellia (*Terellia*) *serratulae*: Wang, 1996. Acta Zootaxon. Sin. 21 (Suppl.): 312.

分布（Distribution）：内蒙古（NM）、河北（HEB）、山西（SX）、陕西（SN）、青海（QH）、新疆（XJ）；蒙古国、俄罗斯、以色列、叙利亚、伊朗、伊拉克；中亚、欧洲、非洲（北部）。

彩实蝇族 Xyphosiini

63. 背伊实蝇属 *Ictericodes* Hering, 1942

Ictericodes Hering, 1942c. Siruna Seva 4: 6. **Type species:** *Trypeta japonica* Wiedemann, 1830 (by original designation).

（366） 黄 背 伊 实 蝇 *Ictericodes japonicus* **(Wiedemann, 1830)**

Trypeta japonica Wiedemann, 1830. Aussereurop. Zweifl. Insekt. 2: 485. **Type locality:** Japan.

Ictericodes japonicus: Wang, 1996. Acta Zootaxon. Sin. 21 (Suppl.): 317.

分布（Distribution）：黑龙江（HL）、新疆（XJ）；日本；中亚、欧洲（中部和东部）。

（367）黑背伊实蝇 *Ictericodes maculatus* **(Shiraki, 1933)**

Icterica maculata Shiraki, 1933. Mem. Fac. Sci. Agric. Taihoku Imp. Univ. 8 (2): 475. **Type locality:** China: Taiwan, Arisan.

Ictericodes maculate: Wang, 1996. Acta Zootaxon. Sin. 21 (Suppl.): 317.

分布（Distribution）：台湾（TW）。

64. 彩实蝇属 *Xyphosia* Robineau-Desvoidy, 1830

Xyphosia Robineau-Desvoidy, 1830. Mém. Prés. Div. Sav. Acad. R. Sci. Inst. Fr. 2 (2): 762. **Type species:** *Xyphosia cirsioru* Robineau-Desvoidy, 1830.

（368）黑彩实蝇 *Xyphosia malaisei* **Hering, 1938**

Xyphosia malaisei Hering, 1938. Ark. Zool. 30A (25): 52. **Type locality:** Burma: Kambaiti.

Xyphosia malaisei: Wang, 1996. Acta Zootaxon. Sin. 21 (Suppl.): 318.

分布（Distribution）：云南（YN）；泰国、老挝、缅甸。

（369）黄彩实蝇 *Xyphosia miliaria* **(Schrank, 1781)**

Musca miliaria Schrank, 1781. Enum. Insect. Austr. Indig.: 476. **Type locality:** Austria: Pratter.

Xyphosia miliaria: Wang, 1996. Acta Zootaxon. Sin. 21 (Suppl.): 319.

分布（Distribution）：黑龙江（HL）、吉林（JL）、辽宁（LN）、新疆（XJ）；俄罗斯、蒙古国、奥地利；中亚、欧洲。

实蝇亚科 Trypetinae

刺脉实蝇族 Acanthonevrini

65. 刺脉实蝇属 *Acanthonevra* Macquart, 1843

Acanthonevra Macquart, 1843b. Mém. Soc. Sci. Agric. Arts Lille [1842]: 377. **Type species:** *Acanthonevra fuscipennis* Macquart, 1843 (monotypy).

Chaetomerella de Meijere, 1914. Tijdschr. Ent. 57: 212. **Type species:** *Chaetomerella nigrifacies* de Meijere, 1914 (monotypy).

Rioxoptilona Hendel, 1914d. Wien. Ent. Ztg. 33: 78. **Type species:** *Trypeta vaga* Wiedemann, 1830 (by original designation).

Yunacantha Zia et Chen, 1963. *In*: Zia, 1963. Acta Ent. Sin. 12 (5-6): 647. **Type species:** *Yunacantha nigrolimbata* Zia et Chen, 1963 (by original designation).

（370） 黑胫刺脉实蝇 *Acanthonevra desperata* **(Hering, 1939)**

Rioxoptilona desperata Hering, 1939. Verb. VII Int. Kongr. Ent. (Berlin) (1938) 1: 176. **Type locality:** Vietnam: Mont de Chaudoc.

Acanthonevra desperata: Wang, 1996. Acta Zootaxon. Sin. 21 (Suppl.): 82.

分布（Distribution）：云南（YN）；越南、老挝。

（371）敦氏刺脉实蝇 *Acanthonevra dunlopi* **(van der Wulp, 1880)**

Ptilona dunlopi van der Wulp, 1880. Tijdschr. Ent. 23: 186. **Type locality:** Indonesia: Sumatra, Padang.

Acanthonevra dunlopi: Wang, 1996. Acta Zootaxon. Sin. 21 (Suppl.): 82.

分布（Distribution）：云南（YN）；泰国、印度、缅甸、孟加拉国、马来西亚、印度尼西亚。

（372） 台湾刺脉实蝇 *Acanthonevra formosana* **Enderlein, 1911**

Acanthonevra formosana Enderlein, 1911. Zool. Jahrb. (Syst.) 31: 419. **Type locality:** China: Taiwan.

Acanthonevra formosana: Wang, 1996. Acta Zootaxon. Sin. 21 (Suppl.): 83.

分布（Distribution）：四川（SC）、云南（YN）、台湾（TW）、海南（HI）；韩国、日本、俄罗斯、印度、缅甸、泰国、越南、老挝。

（373）半刺脉实蝇 *Acanthonevra hemileina* **Hering, 1939**

Acanthonevra hemileina Hering, 1939. Verb. VII Int. Kongr. Ent. (Berlin) (1938) 1: 137. **Type locality:** India: Tamil Nādu, Trichinopoly.

Acanthonevra hemileina: Wang, 1996. Acta Zootaxon. Sin. 21 (Suppl.): 84.

分布（Distribution）：云南（YN）；印度、越南。

（374）黑股刺脉实蝇 *Acanthonevra melanostoma* **Hering, 1941**

Acanthonevra melanostoma Hering, 1941. Siruna Seva 3: 19. **Type locality:** China: Heilongjiang, Maoershan.

Acanthonevra melanostoma: Wang, 1996. Acta Zootaxon. Sin. 21 (Suppl.): 84.

分布（Distribution）：黑龙江（HL）；日本。

（375）帽儿山刺脉实蝇 *Acanthonevra nigrolimbata* (Chen *et* Zia, 1963)

Yunacantha nigrolimbata Chen *et* Zia, 1963. *In*: Zia, 1963. Acta Ent. Sin. 12: 648. **Type locality:** China: Yunnan, Siao-meng-yan.

Acanthonevra nigrolimbata: Wang, 1996. Acta Zootaxon. Sin. 21 (Suppl.): 84.

分布（Distribution）：云南（YN）；越南、马来西亚。

（376）媚刺脉实蝇 *Acanthonevra speciosa* (Hendel, 1915)

Rioxoptilona speciosa Hendel, 1915. Ann. Hist.-Nat. Mus. Natl. Hung. 13: 445. **Type locality:** China: Taiwan, Hoozan.

Acanthonevra speciosa: Wang, 1996. Acta Zootaxon. Sin. 21 (Suppl.): 85.

分布（Distribution）：台湾（TW）；朝鲜、日本、印度尼西亚。

（377）东亚刺脉实蝇 *Acanthonevra trigona* (Matsumura, 1905)

Trypeta trigona Matsumura, 1905. Thousand Ins. Japan 2: 117. **Type locality:** Japan.

Acanthonevra trigona sinica Zia, 1938. Sinensia 9 (1-2): 16. **Type locality:** China: Kansu, Cheumen.

Acanthonevra trigona: Wang, 1996. Acta Zootaxon. Sin. 21 (Suppl.): 85.

分布（Distribution）：黑龙江（HL）、吉林（JL）、浙江（ZJ）；日本、朝鲜、俄罗斯。

（378）纹背刺脉实蝇 *Acanthonevra trigonina* (Zia, 1963)

Rioxoptilona trigonina Zia, 1963. Acta Ent. Sin. 12 (5-6): 639. **Type locality:** China: Zhejiang, Tianmushan.

Acanthonevra trigonina: Wang, 1996. Acta Zootaxon. Sin. 21 (Suppl.): 85.

分布（Distribution）：黑龙江（HL）、浙江（ZJ）、湖北（HB）。

（379）黄褐刺脉实蝇 *Acanthonevra unicolor* (Shiraki, 1933)

Diarrhegma unicolor Shiraki, 1933. Mem. Fac. Sci. Agric. Taihoku Imp. Univ. 8 (2): 303. **Type locality:** China: Taiwan, Arisan.

Acanthonevra unicolor: Wang, 1996. Acta Zootaxon. Sin. 21 (Suppl.): 86.

分布（Distribution）：台湾（TW）、海南（HI）。

（380）长羽刺脉实蝇 *Acanthonevra vaga* (Wiedemann, 1830)

Trypeta vaga Wiedemann, 1830. Aussereurop. Zweifl. Insekt. 2: 490. **Type locality:** India: Bengal.

Acanthonevra vaga: Wang, 1996. Acta Zootaxon. Sin. 21 (Suppl.): 86.

分布（Distribution）：云南（YN）；印度、缅甸、泰国、越南、马来西亚、印度尼西亚。

66. 白背实蝇属 *Diarrhegma* Bezzi, 1913

Diarrhegma Bezzi, 1913. Mem. Indian Mus. 3 (3): 108. **Type species:** *Dacus modestus* Fabricius, 1805 (by original designation).

（381）双斑白背实蝇 *Diarrhegma bimaculata* Xu, Liao *et* Zhang, 2009

Diarrhegma bimaculata Xu, Liao *et* Zhang, 2009. Acta Zootaxon. Sin. 34 (1): 69. **Type locality:** China: Guangdong, Zhuhai.

分布（Distribution）：广东（GD）。

（382）小白背实蝇 *Diarrhegma paritii* (Doleschall, 1856)

Tephritis paritii Doleschall, 1856. Natuurkd. Tijdschr. Ned.-Indië 10 (7): 412. **Type locality:** Indonesia: Java (Djokjakarta).

Diarrhegma paritii: Wang, 1996. Acta Zootaxon. Sin. 21 (Suppl.): 87.

分布（Distribution）：云南（YN）、广西（GX）、海南（HI）；泰国、菲律宾、印度尼西亚。

67. 枝股实蝇属 *Ectopomyia* Hardy, 1973

Ectopomyia Hardy, 1973. Pac. Insects Monogr. 31: 101. **Type species:** *Ectopomyia baculigera* Hardy, 1973 (by original designation).

（383）缘斑枝股实蝇 *Ectopomyia baculigera* Hardy, 1973

Ectopomyia baculigera Hardy, 1973. Pac. Insects Monogr. 31: 102. **Type locality:** Laos: Muong Paksong.

Ectopomyia baculigera: Wang, 1996. Acta Zootaxon. Sin. 21 (Suppl.): 87.

分布（Distribution）：云南（YN）；老挝。

68. 凤实蝇属 *Felderimyia* Hendel, 1914

Felderimyia Hendel, 1914d. Wien. Ent. Ztg. 33: 81. **Type species:** *Felderimyia fuscipennis* Hendel, 1914 (by original designation).

（384）黑翅凤实蝇 *Felderimyia fuscipennis* Hendel, 1914

Felderimyia fuscipennis Hendel, 1914d. Wien. Ent. Ztg. 33: 81. **Type locality:** India: Ost. Indien.

Felderimyia fuscipennis: Wang *et* Chen, 2002. Acta Zootaxon. Sin. 27 (4): 803.

分布（Distribution）：广西（GX）；印度、缅甸、泰国、老挝、马来西亚。

69. 歧鬃实蝇属 *Hexacinia* Hendel, 1914

Hexacinia Hendel, 1914d. Wien. Ent. Ztg. 33: 82. **Type species:** *Acinia stellata* Macquart, 1851 (by original designation).

(385) 明端歧鬃实蝇 *Hexacinia radiosa* (Rondani, 1868)

Tephritis radiosa Rondani, 1868. Ann. Soc. Nat. Modena 3: 31. **Type locality:** Philippines: Manila.

分布 (**Distribution**): 云南 (YN); 缅甸、斯里兰卡、泰国、越南、菲律宾、印度尼西亚。

70. 异羽实蝇属 *Hexamela* Zia, 1963

Hexamela Zia, 1963. Acta Ent. Sin. 12 (5-6): 637. **Type species:** *Hexamela bipunctata* Zia, 1963 (by original designation).

(386) 二斑异羽实蝇 *Hexamela bipunctata* Zia, 1963

Hexamela bipunctata Zia, 1963. Acta Ent. Sin. 12 (5-6): 638. **Type locality:** China: Yunnan, Xi-Sang-Ban-Na.
Hexamela bipunctata: Wang, 1996. Acta Zootaxon. Sin. 21 (Suppl.): 89.

分布 (**Distribution**): 云南 (YN)。

71. 侧鬃实蝇属 *Hexaptilona* Hering, 1941

Hexaptilona Hering, 1941. Ark. Zool. 33 B(II): 7. **Type species:** *Rioxoptilona hexacinioides* Hering, 1938 (by original designation).

(387) 花背侧鬃实蝇 *Hexaptilona palpata* (Hendel, 1915)

Hexacinia palpata Hendel, 1915. Wien. Ent. Ztg. 13: 459. **Type locality:** China: Taiwan, Chip-Chip, Mount. Hoozan and Toyenmongai.
Hexaptilona palpata: Wang, 1996. Acta Zootaxon. Sin. 21 (Suppl.): 89.

分布 (**Distribution**): 陕西 (SN)、安徽 (AH)、浙江 (ZJ)、四川 (SC)、台湾 (TW); 俄罗斯。

72. 拟刺脉实蝇属 *Orienticaelum* Ito, 1984

Orienticaelum Ito, 1984. Die Japanischen Bohrfliegen. Maruzen Co., Ltd., Osaka.: 61. **Type species:** *Rioxoptilona femorata* Shiraki, 1933 (by original designation).

(388) 四纹拟刺脉实蝇 *Orienticaelum parvisetalis* (Hering, 1939)

Rioxoptilona parvisetalis Hering, 1939. Decheniana 98: 144. **Type locality:** China: Fukien, Kwang-Tseh.
Orienticaelum parvisetali: Wang, 1996. Acta Zootaxon. Sin.

21 (Suppl.): 91.

分布 (**Distribution**): 湖北 (HB)、四川 (SC)、福建 (FJ)、广西 (GX)。

(389) 三纹拟刺脉实蝇 *Orienticaelum varipes* (Chen, 1948)

Chaetomerella varipes Chen, 1948. Sinensia 18 (1-6): 87. **Type locality:** China: Taiwan.
Orienticaelum varipes: Wang, 1996. Acta Zootaxon. Sin. 21 (Suppl.): 91.

分布 (**Distribution**): 台湾 (TW); 日本。

73. 丰实蝇属 *Phorelliosoma* Hendel, 1914

Phorelliosoma Hendel, 1914d. Wien. Ent. Ztg. 33: 85. **Type species:** *Phorelliosoma hexachaeta* Hendel, 1915 (by original designation).
Mimosophira Hardy, 1973. Pac. Insects Monogr. 31: 106. **Type species:** *Mimosophira rubra* Hardy, 1973 (by original designation).

(390) 毛丰实蝇 *Phorelliosoma hexachaeta* Hendel, 1914

Phorelliosoma hexachaeta Hendel, 1914d. Wien. Ent. Ztg. 33: 85; Hendel, 1915. Ann. Hist.-Nat. Mus. Natl. Hung. 13: 447. **Type locality:** China: Taiwan, Fuhosho, Mount. Hoozan and Toyenmongai.
Phorelliosoma hexachaeta: Wang, 1996. Acta Zootaxon. Sin. 21 (Suppl.): 92.

分布 (**Distribution**): 西藏 (XZ)、台湾 (TW); 缅甸、越南。

74. 邻实蝇属 *Ptilona* van der Wulp, 1880

Ptilona van der Wulp, 1880. Tijdschr. Ent. 23: 183. **Type species:** *Ptilona brevicornis* Wulp, 1880.

(391) 竹邻实蝇 *Ptilona confinis* (Walker, 1856)

Rioxa confinis Walker, 1856b. J. Proc. Linn. Soc. London Zool. 1: 132. **Type locality:** Malaysia: Sarawak.
Ptilona nigriventris Bezzi, 1913. Mem. Indian Mus. 3 (3): 110. **Type locality:** Pakistan: Sylhet.
Ptilona armatipes Hering, 1953. Siruna Seva 8: 4. **Type locality:** China: Fukien, Kuatun.
Ptilona confinis: Wang, 1996. Acta Zootaxon. Sin. 21 (Suppl.): 93.

分布 (**Distribution**): 云南 (YN)、福建 (FJ)、台湾 (TW)、广东 (GD); 巴基斯坦、马来西亚; 东南亚及南太平洋岛屿。

(392) 珀邻实蝇 *Ptilona persimilis* Hendel, 1915

Ptilona persimilis Hendel, 1915. Ann. Hist.-Nat. Mus. Natl. Hung. 13: 446. **Type locality:** China: Taiwan.
Ptilona persimilis: Wang, 1996. Acta Zootaxon. Sin. 21 (Suppl.): 93.

分布 (**Distribution**): 云南 (YN)、台湾 (TW); 缅甸、泰

国、越南、老挝、马来西亚。

（393）西藏邻实蝇 *Ptilona xizangensis* Wang, 1996

Ptilona xizangensis Wang, 1996. Acta Zootaxon. Sin. 21 (Suppl.): 94. **Type locality:** China: Xizang, Mêdog.
分布（**Distribution**）：西藏（XZ）。

75. 脉实蝇属 *Rioxa* Walker, 1856

Rioxa Walker, 1856a. J. Proc. Linn. Soc. London Zool. 1: 35. **Type species:** *Rioxa lanceolata* Walker, 1856 (monotypy).

（394）前缘脉实蝇 *Rioxa discalis* (Walker, 1861)

Tetranocera discalis Walker, 1861d. Trans. Ent. Soc. Lond. 5 (2): 321. **Type locality:** Burma.
Rioxa discalis: Wang, 1996. Acta Zootaxon. Sin. 21 (Suppl.): 95.
分布（**Distribution**）：云南（YN）；泰国、缅甸、马来西亚、印度尼西亚、所罗门群岛。

（395）径斑脉实蝇 *Rioxa lanceolata* Walker, 1856

Rioxa lanceolata Walker, 1856a. J. Proc. Linn. Soc. London Zool. 1: 35. **Type locality:** Singapore.
Rioxa nox Rondani, 1875b. Ann. Mus. Civ. St. Nat. Genova 7: 437. **Type locality:** Malaysia: Sarawak, Borneo.
Rioxa lanceolata: Wang, 1996. Acta Zootaxon. Sin. 21 (Suppl.): 95.
分布（**Distribution**）：云南（YN）；斯里兰卡、新加坡、马来西亚、印度尼西亚。

（396）缘斑脉实蝇 *Rioxa sexmaculata* (van der Wulp, 1880)

Ptilona sexmaculata van der Wulp, 1880. Tijdschr. Ent. 23: 185. **Type locality:** Indonesia: Sumatra.
Rioxa quinquemaculata Bezzi, 1913. Mem. Indian Mus. 3 (3): 115. **Type locality:** Burma: Tenasserim.
Rioxa sexmaculata: Wang, 1996. Acta Zootaxon. Sin. 21 (Suppl.): 95.
分布（**Distribution**）：云南（YN）；泰国、印度、缅甸、斯里兰卡、菲律宾、马来西亚、印度尼西亚。

76. 索菲实蝇属 *Sophira* Walker, 1856

Sophira Walker, 1856a. J. Proc. Linn. Soc. London Zool. 1: 34. **Type species:** *Sophira venusta* Walker, 1856 (monotypy).
Seraca Walker, 1860b. J. Proc. Linn. Soc. London Zool. 4: 165. **Type species:** *Seraca signifera* Walker, 1860.
Icteroptera van der Wulp, 1899. Tijdschr. Ent. 41: 212. **Type species:** *Icteroptera limbipennis* van der Wulp, 1899.
Colobostrella Hendel, 1914d. Wien. Ent. Ztg. 33: 79. **Type species:** *Colobostrella ruficauda* Hendel, 1914 (by original designation).

（397）云南索菲实蝇 *Sophira yunnana* (Zia, 1965)

Proptilona yunnana Zia, 1965. Acta Zootaxon. Sin. 2 (3): 214.

Type locality: China: Yunnan, Shishong-Baana.
Sophira yunnana: Wang, 1996. Acta Zootaxon. Sin. 21 (Suppl.): 96.
分布（**Distribution**）：云南（YN）。

77. 宽头实蝇属 *Themara* Walker, 1856

Themara Walker, 1856a. J. Proc. Linn. Soc. London Zool. 1: 33. **Type species:** *Themara ampla* Walker, 1856 (monotypy).

（398）四纹宽头实蝇 *Themara hirtipes* Rondani, 1875

Themara hirtipes Rondani, 1875b. Ann. Mus. Civ. St. Nat. Genova 7: 435. **Type locality:** Malaysia: Sarawak, Borneo.
Themara enderleini Hering, 1938. Dtsch. Ent. Z. 1938 (2): 409. **Type locality:** Indonesia: Sumatra.
Themara palawanica Hering, 1938. Dtsch. Ent. Z. 1938 (2): 410. **Type locality:** Philippines: Binaluan.
Themara hirtipes: Wang, 1996. Acta Zootaxon. Sin. 21 (Suppl.): 97.
分布（**Distribution**）：云南（YN）；泰国、老挝、缅甸、印度、马来西亚、印度尼西亚、菲律宾。

（399）五纹宽头实蝇 *Themara maculipennis* (Westwood, 1848)

Achias maculipennis Westwood, 1848. Cab. Orient. Ent.: 38. **Type locality:** Indonesia: Java.
Themara maculipennis: Wang, 1996. Acta Zootaxon. Sin. 21 (Suppl.): 97.
分布（**Distribution**）：海南（HI）；印度、新加坡、马来西亚、印度尼西亚。

78. 三带实蝇属 *Tritaeniopteron* de Meijere, 1914

Tritaeniopteron de Meijere, 1914. Tijdschr. Ent. 57: 209. **Type species:** *Tritaeniopteron ebumeum* de Meijere, 1914 (monotypy).

（400）黄颜三带实蝇 *Tritaeniopteron excellens* (Hendel, 1915)

Sophira excellens Hendel, 1915. Ann. Hist.-Nat. Mus. Natl. Hung. 13: 441. **Type locality:** China: Taiwan, Kankau.
Tritaeniopteron excellens: Wang, 1996. Acta Zootaxon. Sin. 21 (Suppl.): 98.
分布（**Distribution**）：台湾（TW）。

狭腹实蝇族 Adramini

狭腹实蝇亚族 Adramina

79. 狭腹实蝇属 *Adrama* Walker, 1859

Adrama Walker, 1859. J. Proc. Linn. Soc. London Zool. 3: 117.

Type species: *Adrama selecta* Walker, 1859 (monotypy).
Acanthipeza Rondani, 1875b. Ann. Mus. Civ. St. Nat. Genova 7: 438. **Type species:** *Acanthipeza maculifrons* Rondani, 1875 (monotypy).

（401）茶狭腹实蝇 *Adrama apicalis* Shiraki, 1933

Adrama apicalis Shiraki, 1933. Mem. Fac. Sci. Agric. Taihoku Imp. Univ. 8 (2): 44. **Type locality:** China: Taiwan, Koshun.
Adrama apicalis: Wang, 1996. Acta Zootaxon. Sin. 21 (Suppl.): 99.
分布（Distribution）：云南（YN）、台湾（TW）；泰国、老挝、缅甸、印度。

80. 透翅实蝇属 *Dimeringophrys* Enderlein, 1911

Dimeringophrys Enderlein, 1911. Zool. Jahrb. (Syst.) 31: 452. **Type species:** *Dimeringophrys ortalina* Enderlein, 1911 (by original designation).
Tetrameringophrys Hardy, 1973. Pac. Insects Monogr. 31: 165. **Type species:** *Tetrameringophrys parilis* Hardy, 1973 (by original designation).

（402）波罗蜜透翅实蝇 *Dimeringophrys pallidipennis* Hardy, 1973

Dimeringophrys pallidipennis Hardy, 1973. Pac. Insects Monogr. 31: 143. **Type locality:** Thailand: Nan.
Dimeringophrys pallidipennis: Wang, 1996. Acta Zootaxon. Sin. 21 (Suppl.): 100.
分布（Distribution）：云南（YN）、澳门（MC）；泰国、老挝、菲律宾。

81. 光沟实蝇属 *Euphranta* Loew, 1862

Euphranta Loew, 1862. Europ. Bohrfl.: 28. **Type species:** *Musca connexa* Fabricius, 1794 (monotypy).
Lagarosia van der Wulp, 1891. Tijdschr. Ent. 34: 210. **Type species:** *Lagarosia lacteata* van der Wulp, 1891.

1）光沟实蝇亚属 *Euphranta* Loew, 1862

Euphranta Loew, 1862. Europ. Bohrfl.: 28. **Type species:** *Musca connexa* Fabricius, 1794.

（403）黄背光沟实蝇 *Euphranta* (*Euphranta*) *flavorufa* Hering, 1936

Euphranta flavorufa Hering, 1936. Konowia 15 (3-4): 180. **Type locality:** China: Charbin (Mandschurei).
Euphranta flavorufa: Wang, 1996. Acta Zootaxon. Sin. 21 (Suppl.): 101.
分布（Distribution）：黑龙江（HL）、吉林（JL）、河北（HEB）；俄罗斯。

（404）斑光沟实蝇 *Euphranta* (*Euphranta*) *macularis* (Wiedemann, 1830)

Chyliza macularis Wiedemann, 1830. Aussereurop. Zweifl.

Insekt. 2: 531. **Type locality:** Indonesia: Java.
Euphranta macularis: Wang, 1996. Acta Zootaxon. Sin. 21 (Suppl.): 102.
分布（Distribution）：云南（YN）；印度、马来西亚、印度尼西亚、菲律宾。

（405）带光沟实蝇 *Euphranta* (*Euphranta*) *sexsignata* Hendel, 1915

Euphranta sexsignata Hendel, 1915. Ann. Hist.-Nat. Mus. Natl. Hung. 13: 439. **Type locality:** China: Taiwan, Toyenmongai.
Euphranta sexsignata: Wang, 1996. Acta Zootaxon. Sin. 21 (Suppl.): 103.
分布（Distribution）：台湾（TW）。

2）前光沟实蝇亚属 *Rhacochlaena* Loew, 1862

Rhacochlaena Loew, 1862. Europ. Bohrfl.: 50. **Type species:** *Trypeta toxoneura* Loew, 1846 (monotypy).
Macrotrypeta Portschinsky, 1892. Horae Soc. Ent. Ross. 26: 223. **Type species:** *Macrotrypeta ortalidina* Portschinsky, 1892 (monotypy).
Staurella Bezzi, 1913. Mem. Indian Mus. 3 (3): 121. **Type species:** *Musca crux* Fabricius, 1794 (by original designation).
Staurocneros Hering, 1944. Siruna Seva 5: 2. **Type species:** *Staurella circumscripta* Hering, 1944 (by original designation).

（406）端斑光沟实蝇 *Euphranta* (*Rhacochlaena*) *apicalis* Hendel, 1915

Euphranta apicalis Hendel, 1915. Ann. Hist.-Nat. Mus. Natl. Hung. 13: 440. **Type locality:** China: Taiwan, Tapani.
Euphranta (*Rhacochlaena*) *apicalil*: Wang, 1996. Acta Zootaxon. Sin. 21 (Suppl.): 103.
分布（Distribution）：台湾（TW）；越南、缅甸、菲律宾。

（407）褐光沟实蝇 *Euphranta* (*Rhacochlaena*) *chrysopila* Hendel, 1913

Euphranta chrysopila Hendel, 1913c. Suppl. Ent. 2: 37. **Type locality:** China: Taiwan, Koshun.
Euphranta (*Rhacochlaena*) *chrysopila*: Wang, 1996. Acta Zootaxon. Sin. 21 (Suppl.): 104.
分布（Distribution）：台湾（TW）、广西（GX）。

（408）海南光沟实蝇 *Euphranta* (*Rhacochlaena*) *hainanensis* (Zia, 1955)

Staurella hainanensis Zia, 1955. Acta Zool. Sin. 7 (1): 65. **Type locality:** China: Hainan.
Euphranta (*Rhacochlaena*) *hainanensis*: Wang, 1996. Acta Zootaxon. Sin. 21 (Suppl.): 104.
分布（Distribution）：海南（HI）。

（409）颜带光沟实蝇 *Euphranta* (*Rhacochlaena*) *jucunda* Hendel, 1915

Euphranta jucunda Hendel, 1915. Ann. Hist.-Nat. Mus. Natl. Hung. 13: 439. **Type locality:** China: Taiwan, Sokutsu.

Euphranta (*Rhacochlaena*) *jucunda*: Wang, 1996. Acta Zootaxon. Sin. 21 (Suppl.): 105.

分布（Distribution）：台湾（TW）；日本。

（410）连带光沟实蝇 *Euphranta* (*Rhacochlaena*) *lemniscata* (Enderlein, 1911)

Trypeta lemniscata Enderlein, 1911. Zool. Jahrb. (Syst.). 31: 426. **Type locality:** China: Taiwan, Takao.

Euphranta (*Rhacochlaena*) *lemniscata*: Wang, 1996. Acta Zootaxon. Sin. 21 (Suppl.): 105.

分布（Distribution）：台湾（TW）；印度、缅甸、斐济、巴布亚新几内亚、密克罗尼西亚。

（411）理氏光沟实蝇 *Euphranta* (*Rhacochlaena*) *licenti* Zia, 1938

Euphranta licenti Zia, 1938. Sinensia 9 (1-2): 19. **Type locality:** China: Shansi, Tsiliyu.

Euphranta (*Rhacochlaena*) *licenti*: Wang, 1996. Acta Zootaxon. Sin. 21 (Suppl.): 105.

分布（Distribution）：山西（SX）、四川（SC）。

（412）大斑光沟实蝇 *Euphranta* (*Rhacochlaena*) *nigrescens* (Zia, 1937)

Staurella nigrescens Zia, 1937. Sinensia 8 (2): 134. **Type locality:** China: Chekiang, Tienmu-shan.

Euphranta (*Rhacochlaena*) *nigrescens*: Wang, 1996. Acta Zootaxon. Sin. 21 (Suppl.): 106.

分布（Distribution）：安徽（AH）、浙江（ZJ）、四川（SC）、云南（YN）、广西（GX）；日本。

（413）卫矛光沟实蝇 *Euphranta* (*Rhacochlaena*) *oshimensis* (Shiraki, 1933)

Staurella oshimensis Shiraki, 1933. Mem. Fac. Sci. Agric. Taihoku Imp. Univ. 8 (2): 210. **Type locality:** Japan: Izu-Oshima.

Euphranta (*Rhacochlaena*) *oshimensis*: Wang, 1996. Acta Zootaxon. Sin. 21 (Suppl.): 107.

分布（Distribution）：江苏（JS）、浙江（ZJ）；日本、俄罗斯。

（414）斑盾光沟实蝇 *Euphranta* (*Rhacochlaena*) *scutellaris* (Chen, 1948)

Staurella suspiciosa scutellaris Chen, 1948. Sinensia 18 (1-6): 86. **Type locality:** China: Anhwei, Hwangshan.

Euphranta (*Rhacochlaena*) *scutellaris*: Wang, 1996. Acta Zootaxon. Sin. 21 (Suppl.): 107.

分布（Distribution）：安徽（AH）、福建（FJ）；越南。

82. 长缝实蝇属 *Meracanthomyia* Hendel, 1910

Meracanthomyia Hendel, 1910. Wien. Ent. Ztg. 29: 107. **Type species:** *Meracantha maculipennis* Macquart, 1851 (by original designation).

（415）黄股长缝实蝇 *Meracanthomyia arisana* Shiraki, 1933

Meracanthomyia arisana Shiraki, 1933. Mem. Fac. Sci. Agric. Taihoku Imp. Univ. 8 (2): 41. **Type locality:** China: Taiwan, Arisan.

Meracanthomyia arisana: Wang, 1996. Acta Zootaxon. Sin. 21 (Suppl.): 109.

分布（Distribution）：台湾（TW）。

（416）黑股长缝实蝇 *Meracanthomyia kotiensis* Kapoor, 1971

Meracanthomyia kotiensis Kapoor, 1971. Orient. Insects 5 (4): 483. **Type locality:** India: Koti.

Meracanthomyia kotiensis: Wang, 1996. Acta Zootaxon. Sin. 21 (Suppl.): 109.

分布（Distribution）：四川（SC）、西藏（XZ）；印度、缅甸。

83. 尼实蝇属 *Nitobeia* Shiraki, 1933

Nitobeia Shiraki, 1933. Mem. Fac. Sci. Agric. Taihoku Imp. Univ. 8 (2): 47. **Type species:** *Nitobeia formosana* Shiraki, 1933 (by original designation).

（417）台湾尼实蝇 *Nitobeia formosana* Shiraki, 1933

Nitobeia formosana Shiraki, 1933. Mem. Fac. Sci. Agric. Taihoku Imp. Univ. 8 (2): 48. **Type locality:** China: Taiwan, Arisan.

Nitobeia formosana: Wang, 1996. Acta Zootaxon. Sin. 21 (Suppl.): 119.

分布（Distribution）：台湾（TW）。

84. 长足实蝇属 *Phantasmiella* Hendel, 1914

Phantasmiella Hendel, 1914d. Wien. Ent. Ztg. 33: 87. **Type species:** *Phantasmiella cylidrica* Hendel, 1915 (by original designation).

（418）刺脉长足实蝇 *Phantasmiella cylindrica* Hendel, 1914

Phantasmiella cylindrica Hendel, 1914d. Wien. Ent. Ztg. 33: 87. **Type locality:** China: Taiwan.

Phantasmiella cylindrical: Wang, 1996. Acta Zootaxon. Sin. 21 (Suppl.): 110.

分布（Distribution）：台湾（TW）；印度尼西亚。

突眼实蝇亚族 Pelmatopina

85. 突眼实蝇属 *Pelmatops* Enderlein, 1912

Pelmatops Enderlein, 1912. Zool. Jahrb. (Syst.) 33: 355. **Type** species: *Achias ichneumoneus* Westwood, 1849 (by original designation).

（419）福建突眼实蝇 *Pelmatops fukienensis* Zia et Chen, 1954

Pelmatops fukienensis Zia et Chen, 1954. Acta Ent. Sin. 4 (3): 307. **Type locality:** China: Fujian, Shao-Woo.
Pelmatops fukienensis: Wang, 1996. Acta Zootaxon. Sin. 21 (Suppl.): 111; Chen, Zhang, Li *et* Zhu, 2010. Zootaxa 2654: 3; Chen, Norrbom, Freidberg, Chesters, Islam *et* Zhu, 2015. Zootaxa 4013 (3): 317.
分布（Distribution）：陕西（SN）、四川（SC）、福建（FJ）、台湾（TW）；缅甸。

（420）缺鬃突眼实蝇 *Pelmatops ichneumoneus* (Westwood, 1849)

Achias ichneumoneus Westwood, 1849. Trans. Ent. Soc. Lond. 5: 235. **Type locality:** India: Orientali.
Pelmatops ichneumoneus: Wang, 1996. Acta Zootaxon. Sin. 21 (Suppl.): 111; Chen, Zhang, Li *et* Zhu, 2010. Zootaxa 2654: 4; Chen, Norrbom, Freidberg, Chesters, Islam *et* Zhu, 2015. Zootaxa 4013 (3): 319.
分布（**Distribution**）：四川（SC）、云南（YN）、西藏（XZ）、海南（HI）；印度、尼泊尔、缅甸、泰国。

（421）汤亮突眼实蝇 *Pelmatops tangliangi* Chen, 2010

Pelmatops tangliangi Chen, 2010. *In*: Chen, Zhang, Li *et* Zhu, 2010. Zootaxa 2654: 5. **Type locality:** China: Yunnan. India. Vietnam.
Pelmatops tangliangi: Chen, Norrbom, Freidberg, Chesters, Islam *et* Zhu, 2015. Zootaxa 4013 (3): 321.
分布（**Distribution**）：云南（YN）；印度、越南。

86. 拟突眼实蝇属 *Pseudopelmatops* Shiraki, 1933

Pseudopelmatops Shiraki, 1933. Mem. Fac. Sci. Agric. Taihoku Imp. Univ. 8 (2): 49. **Type species:** *Pseudopelmatops nigricostalis* Shiraki, 1933 (by original designation).

（422）窄带拟突眼实蝇 *Pseudopelmatops angustifasciatus* Zia et Chen, 1954

Pseudopelmatops angustifasciatus Zia et Chen, 1954. Acta Ent. Sin. 4 (3): 310. **Type locality:** China: Zhejiang, Tianmushan; Fujian, Shao-Woo.
Pseudopelmatops angustifasciatus: Wang, 1996. Acta Zootaxon. Sin. 21 (Suppl.): 112; Chen, Zhang, Li *et* Zhu, 2010. Zootaxa 2654: 7; Chen, Norrbom, Freidberg, Chesters, Islam *et* Zhu, 2015. Zootaxa 4013 (3): 322.
分布（**Distribution**）：浙江（ZJ）、湖南（HN）、湖北（HB）、四川（SC）、贵州（GZ）、云南（YN）、福建（FJ）；越南。

（423）宽条拟突眼实蝇 *Pseudopelmatops continentalis* Zia et Chen, 1954

Pseudopelmatops nigricostalis continentalis Zia et Chen, 1954. Acta Ent. Sin. 4 (3): 310. **Type locality:** China: Zhejiang, Tienmushan; Fujian, Chong'an.
Pseudopelmatops continentalis: Wang, 1996. Acta Zootaxon. Sin. 21 (Suppl.): 112; Chen, Zhang, Li *et* Zhu, 2010. Zootaxa 2654: 9; Chen, Norrbom, Freidberg, Chesters, Islam *et* Zhu, 2015. Zootaxa 4013 (3): 325.
分布（**Distribution**）：河南（HEN）、陕西（SN）、浙江（ZJ）、湖南（HN）、湖北（HB）、四川（SC）、贵州（GZ）、云南（YN）、福建（FJ）、广西（GX）。

（424）黑股拟突眼实蝇 *Pseudopelmatops nigricostalis* Shiraki, 1933

Pseudopelmatops nigricostalis Shiraki, 1933. Mem. Fac. Sci. Agric. Taihoku Imp. Univ. 8 (2): 51. **Type locality:** China: Taiwan, Arisan.
Pseudopelmatops nigricostalis: Wang, 1996. Acta Zootaxon. Sin. 21 (Suppl.): 113; Chen, Zhang, Li *et* Zhu, 2010. Zootaxa 2654: 13; Chen, Norrbom, Freidberg, Chesters, Islam *et* Zhu, 2015. Zootaxa 4013 (3): 328.
分布（**Distribution**）：台湾（TW）。

（425）云南拟突眼实蝇 *Pseudopelmatops yunnanensis* Chen, 2010

Pseudopelmatops yunnanensis Chen, 2010. *In*: Chen, Zhang, Li *et* Zhu, 2010. Zootaxa 2654: 14. **Type locality:** China: Yunnan.
Pseudopelmatops yunnanensis: Chen, Norrbom, Freidberg, Chesters, Islam *et* Zhu, 2015. Zootaxa 4013 (3): 328.
分布（**Distribution**）：云南（YN）。

川实蝇族 Ortalotrypetini

87. 墨实蝇属 *Cyaforma* Wang, 1989

Cyaforma Wang, 1989. Acta Zootaxon. Sin. 14 (3): 358. **Type species:** *Cyaforma shenonica* Wang, 1989 (by original designation).

（426）四斑墨实蝇 *Cyaforma macula* (Wang, 1988)

Ortalotrypeta macula Wang, 1988. Acta Ent. Sin. 31 (2): 220. **Type locality:** China: Yunnan, Lushui.
Cyaforma macula: Wang, 1996. Acta Zootaxon. Sin. 21 (Suppl.): 114.
分布（**Distribution**）：云南（YN）。

（427）神峨墨实蝇 *Cyaforma shenonica* Wang, 1989

Cyaforma shenonica Wang, 1989. Acta Zootaxon. Sin. 14 (3): 359. **Type locality:** China: Hubei, Shennongjia.
Cyaforma shenonica: Wang, 1996. Acta Zootaxon. Sin. 21

(Suppl.): 114.

分布（Distribution）：湖北（HB）、四川（SC）。

88. 川实蝇属 *Ortalotrypeta* Hendel, 1927

Ortalotrypeta Hendel, 1927. *In*: Lindner, 1927. Flieg. Palaearkt. Reg. 49: 55. **Type species:** *Ortalotrypeta idana* Hendel, 1927 (by original designation).

（428）甘肃川实蝇 *Ortalotrypeta gansuica* Zia, 1938

Ortalotrypeta gansuica Zia, 1938. Sinensia 9 (1-2): 13. **Type locality:** China: Kansu, Ma-ho-Shan.

Ortalotrypeta gansuica: Wang, 1996. Acta Zootaxon. Sin. 21 (Suppl.): 116.

分布（Distribution）：甘肃（GS）、西藏（XZ）。

（429）三斑川实蝇 *Ortalotrypeta gigas* Hendel, 1927

Ortalotrypeta gigas Hendel, 1927. *In*: Lindner, 1927. Flieg. Palaearkt. Reg. 5 (2): 55. **Type locality:** China: Sze-tschuan, Mt. Omei.

Ortalotrypeta gigas: Wang, 1996. Acta Zootaxon. Sin. 21 (Suppl.): 116.

分布（Distribution）：湖南（HN）、湖北（HB）、四川（SC）；越南。

（430）云斑川实蝇 *Ortalotrypeta idana* Hendel, 1927

Ortalotrypeta idana Hendel, 1927. *In*: Lindner, 1927. Flieg. Palaearkt. Reg. 5 (2): 56. **Type locality:** China: Sze-tschuan, Tatsicula.

Ortalotrypeta idana: Wang, 1996. Acta Zootaxon. Sin. 21 (Suppl.): 116.

分布（Distribution）：四川（SC）。

（431）曲纹川实蝇 *Ortalotrypeta idanina* Zia, 1963

Ortalotrypeta idanina Zia, 1963. Acta Ent. Sin. 12 (5-6): 634. **Type locality:** China: Szechuan, Omei Shan.

Ortalotrypeta idanina: Wang, 1996. Acta Zootaxon. Sin. 21 (Suppl.): 117.

分布（Distribution）：四川（SC）；越南。

（432）东亚川实蝇 *Ortalotrypeta isshikii* (Matsumura, 1916)

Hexachaeta issikii Matsumura, 1916. Thousand Ins. Japan Add. 2: 419. **Type locality:** Japan: Honshu.

Ortalotrypeta issikii: Wang, 1996. Acta Zootaxon. Sin. 21 (Suppl.): 117.

分布（Distribution）：湖北（HB）、四川（SC）、西藏（XZ）；日本。

（433）单鬃川实蝇 *Ortalotrypeta singula* Wang, 1989

Ortalotrypeta singula Wang, 1989. Acta Zootaxon. Sin. 14 (3): 360. **Type locality:** China: Sichuan, Mt. Emei [= Emei Shan].

Ortalotrypeta singula: Wang, 1996. Acta Zootaxon. Sin. 21 (Suppl.): 117.

分布（Distribution）：四川（SC）。

（434）西藏川实蝇 *Ortalotrypeta tibeta* Wang, 1989

Ortalotrypeta tibeta Wang, 1989. Acta Zootaxon. Sin. 14 (3): 360. **Type locality:** China: Xizang, Yigong.

Ortalotrypeta tibeta: Wang, 1996. Acta Zootaxon. Sin. 21 (Suppl.): 118.

分布（Distribution）：西藏（XZ）。

（435）五斑川实蝇 *Ortalotrypeta trypetoides* Chen, 1948

Ortalotrypeta trypetoides Chen, 1948. Sinensia 18 (1-6): 119. **Type locality:** China: Kongting, Sikong.

Ortalotrypeta trypetoides: Wang, 1996. Acta Zootaxon. Sin. 21 (Suppl.): 118.

分布（Distribution）：四川（SC）、云南（YN）。

（436）谢氏川实蝇 *Ortalotrypeta ziae* Norrbom, 1994

Ortalotrypeta ziae Norrbom, 1994. Insecta Mundi 8: 9. **Type locality:** China: Taiwan, Musha.

Ortalotrypeta ziae: Wang, 1996. Acta Zootaxon. Sin. 21 (Suppl.): 118.

分布（Distribution）：湖北（HB）、台湾（TW）。

实蝇族 Trypetini

蛀果实蝇亚族 Carpomyina

89. 咔实蝇属 *Carpomya* Costa, 1854

Carpomya Costa, 1854. Annali Scient. Napoli. 1: 87. **Type species:** *Carpomya vesuviana* Costa, 1854 (monotypy).

（437）枣实蝇 *Carpomya vesuviana* Costa, 1854

Carpomya vesuviana Costa, 1854. Annali Scient. Napoli. 1: 87. **Type locality:** Italy.

Orellia bucchichi (Frauenfeld, 1867). Verh. K. K. Zool.-Bot. Ges. Wien 17: 500. **Type locality:** Italy: "Lesina".

分布（Distribution）：新疆（XJ）；意大利、俄罗斯、阿富汗、巴基斯坦、印度、泰国等；欧洲（南部）。

90. 绕实蝇属 *Rhagoletis* Loew, 1862

Rhagoletis Loew, 1862. Europ. Bohrfl.: 44. **Type species:** *Musca cerasi* Linnaeus, 1758 (monotypy).

Zonosema Loew, 1862. Europ. Bohrfl.: 43. **Type species:** *Tephritis alternata* Fallén, 1814.

Microrrhagoletis Rohdendorf, 1961. Ent. Obozr. 40: 187. **Type species:** *Microrrhagoletis samojlovitshae* Rohdendorf, 1961 (by original designation).

Megarrhagoletis Rohdendorf, 1961. Ent. Obozr. 40: 197. **Type** species: *Megarrhagoletis magniterebra* Rohdendorf, 1961 (by original designation).

（438）蔷薇绕实蝇 *Rhagoletis alternata* (Fallén, 1814)

Tephritis alternata Fallén, 1814. K. Svenska Vetensk. Akad. Handl. 35: 162. **Type locality:** Sweden: Scania: Esperod.

Rhagoletis alternata: Wang, 1996. Acta Zootaxon. Sin. 21 (Suppl.): 122.

分布（**Distribution**）：河北（HEB）、四川（SC）；日本、俄罗斯、瑞典、哈萨克斯坦；欧洲（北部和中部）。

（439）小蘗绕实蝇 *Rhagoletis chumsanica* (Rohdendorf, 1961)

Zonosema chumsanica Rohdendorf, 1961. Ent. Obozr. 40: 190. **Type locality:** Kazakhstan: Khumsan, Bostandyk District, Ugam R.

Rhagoletis chumsanica: Wang, 1996. Acta Zootaxon. Sin. 21 (Suppl.): 123.

分布（**Distribution**）：新疆（XJ）；哈萨克斯坦。

（440）忍冬绕实蝇 *Rhagoletis reducta* Hering, 1936

Rhagoletis reducta Hering, 1936. Konowia 15 (3-4): 182. **Type locality:** China: Heilongjiang, Charbin.

Rhagoletis reducta: Wang, 1996. Acta Zootaxon. Sin. 21 (Suppl.): 124.

分布（**Distribution**）：黑龙江（HL）、吉林（JL）；俄罗斯。

（441）斑盾绕实蝇 *Rhagoletis scutellata* Zia, 1938

Rhagoletis scutellata Zia, 1938. Sinensia 9 (1-2): 34. **Type locality:** China: Kansu, King-yuan-fu.

Rhagoletis scutellata: Wang, 1996. Acta Zootaxon. Sin. 21 (Suppl.): 124.

分布（**Distribution**）：甘肃（GS）。

实蝇亚族 Trypetina

91. 平脉实蝇属 *Acidiella* Hendel, 1914

Acidiella Hendel, 1914d. Wien. Ent. Ztg. 33: 83 (key) and 1915: 457 (descri.). **Type species:** *Acidiella longipennis* Hendel, 1914 (by original designation).

Pseudacidia Shiraki, 1933. Mem. Fac. Sci. Agric. Taihoku Imp. Univ. 8 (2): 216. **Type species:** *Acidia (Pseudacidia) issikii* Shiraki, 1933 (by original designation).

Tetramyiolia Shiraki, 1933. Mem. Fac. Sci. Agric. Taihoku Imp. Univ. 8 (2): 342. **Type species:** *Tetramyiolia sapporensis* Shiraki, 1933 (by original designation).

Matsumuracidia Ito, 1949. Insecta Matsum. 17 (1): 55. **Type species:** *Matsumuracidia mira* Ito, 1949 (by original designation) [= *Acidia kogashimensis* Miyake, 1919].

（442）斑腹平脉实蝇 *Acidiella abdominalis* (Zia, 1938)

Myiolia abdominalis Zia, 1938. Sinensia 9 (1-2): 45. **Type locality:** China: Kansu, Cheumenn.

Acidiella abdominalis: Wang, 1996. Acta Zootaxon. Sin. 21 (Suppl.): 127.

分布（**Distribution**）：甘肃（GS）。

（443）亚平脉实蝇 *Acidiella ambigua* (Shiraki, 1933)

Acidia (Pseudacidia) ambigua Shiraki, 1933. Mem. Fac. Sci. Agric. Taihoku Imp. Univ. 8 (2): 230. **Type locality:** China: Taiwan, Arisan.

Acidiella ambigua: Wang, 1996. Acta Zootaxon. Sin. 21 (Suppl.): 127.

分布（**Distribution**）：台湾（TW）。

（444）阿里山平脉实蝇 *Acidiella arisanica* (Shiraki, 1933)

Myiolia (Acidiella) arisanica Shiraki, 1933. Mem. Fac. Sci. Agric. Taihoku Imp. Univ. 8 (2): 258. **Type locality:** China: Taiwan, Arisan.

Acidiella arisanica: Wang, 1996. Acta Zootaxon. Sin. 21 (Suppl.): 127.

分布（**Distribution**）：台湾（TW）。

（445）后鬃平脉实蝇 *Acidiella consobrina* (Zia, 1937)

Myiolia consobrina Zia, 1937. Sinensia 8 (2): 170. **Type locality:** China: Zhejiang, Tien-Mu-Shan.

Acidiella consobrina: Wang, 1996. Acta Zootaxon. Sin. 21 (Suppl.): 128.

分布（**Distribution**）：浙江（ZJ）、四川（SC）。

（446）双楔平脉实蝇 *Acidiella didymera* Wang, 1993

Acidiella didymera Wang, 1993. Insects of the Hengduan Mountains Region 2: 1119. **Type locality:** China: Yunnan.

Acidiella didymera: Wang, 1996. Acta Zootaxon. Sin. 21 (Suppl.): 128.

分布（**Distribution**）：云南（YN）。

（447）异点平脉实蝇 *Acidiella diversa* Ito, 1952

Acidiella diversa Ito, 1952. Trans. Shikoku Ent. Soc. 3 (1): 5. **Type locality:** Japan: Kyushu, Sata.

分布（**Distribution**）：四川（SC）；日本。

（448）宝岛平脉实蝇 *Acidiella formosana* (Shiraki, 1933)

Myiolia formosana Shiraki, 1933. Mem. Fac. Sci. Agric. Taihoku Imp. Univ. 8 (2): 264. **Type locality:** China: Taiwan,

Tamaru.

Acidiella formosana: Wang, 1996. Acta Zootaxon. Sin. 21 (Suppl.): 130.

分布（Distribution）：台湾（TW）。

（449）透带平脉实蝇 *Acidiella funesta* (Hering, 1938)

Pseudacidia funesta Hering, 1938. Ark. Zool. 30A (25): 31. **Type locality:** Burma: Kambaiti.

Acidiella funesta: Wang, 1996. Acta Zootaxon. Sin. 21 (Suppl.): 130.

分布（Distribution）：四川（SC）；缅甸。

（450）褐基平脉实蝇 *Acidiella fuscibasis* Hering, 1953

Acidiella fuscibasis Hering, 1953. Siruna Seva 8: 6. **Type locality:** China: Fukien, Kuantun.

Acidiella fuscibasis: Wang, 1996. Acta Zootaxon. Sin. 21 (Suppl.): 130.

分布（Distribution）：四川（SC）、福建（FJ）。

（451）细纹平脉实蝇 *Acidiella lineata* (Shiraki, 1933)

Pseudacidia lineata Shiraki, 1933. Mem. Fac. Sci. Agric. Taihoku Imp. Univ. 8 (2): 232. **Type locality:** China: Taiwan, Musha.

Acidiella lineata: Wang, 1996. Acta Zootaxon. Sin. 21 (Suppl.): 131.

分布（Distribution）：台湾（TW）。

（452）长平脉实蝇 *Acidiella longipennis* Hendel, 1914

Acidiella longipennis Hendel, 1914d. Wien. Ent. Ztg. 33: 83. **Type locality:** China: Taiwan, Tapani.

Acidiella longipennis: Wang, 1996. Acta Zootaxon. Sin. 21 (Suppl.): 132.

分布（Distribution）：四川（SC）、贵州（GZ）、云南（YN）、台湾（TW）；缅甸、菲律宾、印度尼西亚。

（453）斑平脉实蝇 *Acidiella maculipennis* (Hendel, 1927)

Myiolia (Acidiella) maculipennis Hendel, 1927. *In*: Lindner, 1927. Flieg. Palaearkt. Reg. 5 (2): 104. **Type locality:** China: Sichuan, Mt. Omei.

Acidiella maculipennis: Wang, 1996. Acta Zootaxon. Sin. 21 (Suppl.): 132.

分布（Distribution）：四川（SC）。

（454）褐翅平脉实蝇 *Acidiella obscuripennis* Chen, 1948

Acidiella obscuripennis Chen, 1948. Sinensia 18 (1-6): 114. **Type locality:** China: Kirin.

Acidiella obscuripennis: Wang, 1996. Acta Zootaxon. Sin. 21

(Suppl.): 133.

分布（Distribution）：吉林（JL）。

（455）常平脉实蝇 *Acidiella persimilis* Hendel, 1915

Acidiella persimilis Hendel, 1915. Ann. Hist.-Nat. Mus. Natl. Hung. 13: 457. **Type locality:** China: Taiwan, Tapani.

Acidiella persimilis: Wang, 1996. Acta Zootaxon. Sin. 21 (Suppl.): 133.

分布（Distribution）：台湾（TW）。

（456）黑腹平脉实蝇 *Acidiella rectangularis* (Munro, 1935)

Myiolia (Acidiella) rectangularis Munro, 1935. Arb. Physiol. Angew. Ent. Berl. 2 (4): 258. **Type locality:** China: Taiwan.

Acidiella rectangularis: Wang, 1996. Acta Zootaxon. Sin. 21 (Suppl.): 133.

分布（Distribution）：四川（SC）、台湾（TW）。

（457）峨后鬃平脉实蝇 *Acidiella retroflexa* (Wang, 1990)

Sineuleia retroflexa Wang, 1990. Acta Ent. Sin. 33 (4): 484. **Type locality:** China: Sichuan, Mt. Emei.

Acidiella retroflexa: Wang, 1996. Acta Zootaxon. Sin. 21 (Suppl.): 134.

分布（Distribution）：四川（SC）。

（458）眉平脉实蝇 *Acidiella rioxaeformis* (Bezzi, 1913)

Acidia rioxaeformis Bezzi, 1913. Mem. Indian Mus. 3 (3): 143. **Type locality:** India: Himāchal Pradesh, Simla.

Acidiella rioxaeformis: Wang, 1996. Acta Zootaxon. Sin. 21 (Suppl.): 134.

分布（Distribution）：云南（YN）；印度。

（459）黄平脉实蝇 *Acidiella turgida* (Hering, 1939)

Pseudacidia turgida Hering, 1939. Verb. VII Int. Kongr. Ent. (Berlin) (1938) 1: 170. **Type locality:** China: Heilongjiang, Maoershan.

Acidiella turgida: Wang, 1996. Acta Zootaxon. Sin. 21 (Suppl.): 135.

分布（Distribution）：黑龙江（HL）、吉林（JL）。

92. 长痣实蝇属 *Acidiostigma* Hendel, 1927

Acidiostigma Hendel, 1927. *In*: Lindner, 1927. Flieg. Palaearkt. Reg. 49: 101 (as a subgenus of *Myiolia*). **Type species:** *Myiolia (Acidiostigma) longipennis* Hendel, 1927 (monotypy). *Parahypenidium* Shiraki, 1933. Mem. Fac. Sci. Agric. Taihoku Imp. Univ. 8 (2): 203. **Type species:** *Hypenidium polyfasciatum* Miyake, 1919 (by original designation).

（460）雅长痣实蝇 *Acidiostigma amoenum* Wang, 1990

Acidiostigma amoena Wang, 1990. Sinozoologia 7: 315. **Type** locality: China: Sichuan.

Acidiostigma amoena: Wang, 1996. Acta Zootaxon. Sin. 21 (Suppl.): 136; Chen, Zhang *et* Zhao, 2016. Zootaxa 4092 (3): 402.

分布（Distribution）：四川（SC）。

（461） 二斑长痣实蝇 *Acidiostigma bimaculata* Wang, 1996

Acidiostigma bimaculata Wang, 1996. Acta Zootaxon. Sin. 21 (Suppl.): 137. **Type locality:** China: Sichuan, Mount. Emei.

Acidiostigma bimaculata: Chen, Zhang *et* Zhao, 2016. Zootaxa 4092 (3): 403.

分布（Distribution）：四川（SC）。

（462）波密长痣实蝇 *Acidiostigma bomiensis* Wang, 1996

Acidiostigma bomiensis Wang, 1996. Acta Zootaxon. Sin. 21 (Suppl.): 137. **Type locality:** China: Xizang, Bomi.

Acidiostigma bomiensis: Chen, Zhang *et* Zhao, 2016. Zootaxa 4092 (3): 402.

分布（Distribution）：西藏（XZ）。

（463） 褐尾长痣实蝇 *Acidiostigma brunneum* (Wang, 1990)

Parahypenidium brunneum Wang, 1990. Acta Zootaxon. Sin. 15 (2): 226. **Type locality:** China: Yunnan, Lushui.

Acidiostigma brunnea: Wang, 1996. Acta Zootaxon. Sin. 21 (Suppl.): 137.

分布（Distribution）：云南（YN）。

（464）陈氏长痣实蝇 *Acidiostigma cheni* Han *et* Wang, 1997

Acidiostigma cheni Han *et* Wang, 1997. Insecta Koreana 14: 94. **Type locality:** China: Sichuan, Mount. Omei.

Acidiostigma cheni: Chen, Zhang *et* Zhao, 2016. Zootaxa 4092 (3): 402.

分布（Distribution）：四川（SC）。

（465） 丽长痣实蝇 *Acidiostigma longipennis* (Hendel, 1927)

Myiolia (Acidiostigma) longipennis Hendel, 1927. *In*: Lindner, 1927. Flieg. Palaearkt. Reg. 5 (2): 103. **Type locality:** China: Szetschuan.

Acidiostigma longipennis: Wang, 1996. Acta Zootaxon. Sin. 21 (Suppl.): 138.

分布（Distribution）：湖北（HB）、四川（SC）。

（466）山地长痣实蝇 *Acidiostigma montana* Wang, 1996

Acidiostigma montana Wang, 1996. Acta Zootaxon. Sin. 21 (Suppl.): 138. **Type locality:** China: Sichuan, Wulong, Baimashan.

Acidiostigma montana: Chen, Zhang *et* Zhao, 2016. Zootaxa

4092 (3): 403.

分布（Distribution）：甘肃（GS）、湖北（HB）、四川（SC）。

（467）黑腹长痣实蝇 *Acidiostigma nigritum* (Wang, 1990)

Parahypenidium nigritum Wang, 1990. Acta Zootaxon. Sin. 15 (2): 227. **Type locality:** China: Yunnan, Ruili.

Acidiostigma nigrita: Wang, 1996. Acta Zootaxon. Sin. 21 (Suppl.): 139.

分布（Distribution）：云南（YN）。

（468） 黑带长痣实蝇 *Acidiostigma nigrofasciola* Chen *et* Zhang, 2016

Acidiostigma nigrofasciola Chen *et* Zhang, 2016. *In*: Chen, Zhang *et* Zhao, 2016. Zootaxa 4092 (3): 406. **Type locality:** China: Yunnan.

分布（Distribution）：云南（YN）。

（469）峨眉长痣实蝇 *Acidiostigma omeium* Han *et* Wang, 1997

Acidiostigma omeium Han *et* Wang, 1997. Insecta Koreana 14: 101. **Type locality:** China: Sichuan, Mount. Omei.

Acidiostigma omeium: Chen, Zhang *et* Zhao, 2016. Zootaxa 4092 (3): 402.

分布（Distribution）：四川（SC）。

（470） 秀长痣实蝇 *Acidiostigma postsignatum* (Chen, 1948)

Acidiella (Acidiostigma) postsignata Chen, 1948. Sinensia 18 (1-6): 112. **Type locality:** China: Chekiang, Tianmushan.

Acidiostigma postsignata: Wang, 1996. Acta Zootaxon. Sin. 21 (Suppl.): 140.

Acidiostigma postsignatum: Chen, Zhang *et* Zhao, 2016. Zootaxa 4092 (3): 403.

分布（Distribution）：浙江（ZJ）、福建（FJ）。

（471）索氏长痣实蝇 *Acidiostigma sonani* (Shiraki, 1933)

Acidia (Pseudacidia) sonani Shiraki, 1933. Mem. Fac. Sci. Agric. Taihoku Imp. Univ. 8 (2): 226. **Type locality:** China: Taiwan, Roeichi.

Acidiella sonani: Wang, 1996. Acta Zootaxon. Sin. 21 (Suppl.): 135.

分布（Distribution）：台湾（TW）。

（472）端斑长痣实蝇 *Acidiostigma spimaculata* (Wang, 1993)

Acidiella spimaculata Wang, 1993. Insects of the Hengduan Mountains Region 2: 1120. **Type locality:** China: Yunnan.

Acidiostigma spimaculata: Wang, 1996. Acta Zootaxon. Sin. 21 (Suppl.): 140.

分布（Distribution）：云南（YN）。

（473）亚长痣实蝇 *Acidiostigma subpostsignatum* Chen *et* Zhao, 2016

Acidiostigma subpostsignatum Chen *et* Zhao, 2016. *In*: Chen, Zhang *et* Zhao, 2016. Zootaxa 4092 (3): 406. **Type locality:** China: Yunnan.

分布（Distribution）：云南（YN）。

（474）通麦长痣实蝇 *Acidiostigma tongmaiensis* Chen, 2016

Acidiostigma tongmaiensis Chen, 2016. *In*: Chen, Zhang *et* Zhao, 2016. Zootaxa 4092 (3): 411. **Type locality:** China: Xizang.

分布（Distribution）：西藏（XZ）。

（475）紫背长痣实蝇 *Acidiostigma voilaceum* (Wang, 1990)

Parahypenidium voilaceum Wang, 1990. Acta Zootaxon. Sin. 15 (2): 228. **Type locality:** China: Sichuan, Mt. Emei [= Emei Shan].

Acidiostigma voilacea: Wang, 1996. Acta Zootaxon. Sin. 21 (Suppl.): 140.

分布（Distribution）：四川（SC）。

（476）吉野长痣实蝇 *Acidiostigma yoshinoi* (Shiraki, 1933)

Acidia (*Pseudacidia*) *yoshinoi* Shiraki, 1933. Mem. Fac. Sci. Agric. Taihoku Imp. Univ. 8 (2): 225. **Type locality:** China: Taiwan, Musha.

Acidiostigma yoshinoi: Wang, 1996. Acta Zootaxon. Sin. 21 (Suppl.): 141.

分布（Distribution）：台湾（TW）。

93. 黄鬃实蝇属 *Acidoxantha* Hendel, 1914

Acidoxantha Hendel, 1914d. Wien. Ent. Ztg. 33: 83. **Type species:** *Acidoxantha punctiventris* Hendel, 1915 (by original designation).

（477）点黄鬃实蝇 *Acidoxantha punctiventris* Hendel, 1914

Acidoxantha punctiventris Hendel, 1914. Ann. Hist.-Nat. Mus. Natl. Hung. 13: 451. **Type locality:** China: Taiwan, Alikang.

Acidoxantha punctiventris: Wang, 1996. Acta Zootaxon. Sin. 21 (Suppl.): 141.

分布（Distribution）：台湾（TW）；印度尼西亚。

（478）四条黄鬃实蝇 *Acidoxantha quadrivittata* Hardy, 1974

Acidoxantha quadrivittata Hardy, 1974. Pac. Insects Monogr. 32: 189. **Type locality:** Philippines: Baguio, Luzon.

Acidoxantha quadrivittata: Wang, 1996. Acta Zootaxon. Sin. 21 (Suppl.): 142.

分布（Distribution）：云南（YN）、广西（GX）；菲律宾。

94. 偶角实蝇属 *Aischrocrania* Hendel, 1927

Aischrocrania Hendel, 1927. *In*: Lindner, 1927. Flieg. Palaearkt. Reg. 49: 70. **Type species:** *Aischrocrania aldrichi* Hendel, 1927 (by original designation).

Moritsugia Shiraki, 1933. Mem. Fac. Sci. Agric. Taihoku Imp. Univ. 8 (2): 243. **Type species:** *Moritsugia quadrimaculata* Shiraki, 1933 (by original designation).

（479）散带偶角实蝇 *Aischrocrania aldrichi* Hendel, 1927

Aischrocrania aldrichi Hendel, 1927. *In*: Lindner, 1927. Flieg. Palaearkt. Reg. 49: 71. **Type locality:** China: Szechwan.

Aischrocrania aldrichi: Wang, 1996. Acta Zootaxon. Sin. 21 (Suppl.): 143; Chen *et* Wang, 2008. Pan-Pac. Entomol. 84 (1): 10.

分布（Distribution）：四川（SC）。

（480）短带偶角实蝇 *Aischrocrania brevimedia* Wang, 1992

Aischrocrania brevimedia Wang, 1992. Acta Ent. Sin. 35 (1): 105. **Type locality:** China: Shaanxi, Riquan.

Aischrocrania brevimedia: Wang, 1996. Acta Zootaxon. Sin. 21 (Suppl.): 143; Chen *et* Wang, 2008. Pan-Pac. Entomol. 84 (1): 10.

分布（Distribution）：陕西（SN）。

（481）拟短带偶角实蝇 *Aischrocrania parabrevimedia* Chen *et* Wang, 2008

Aischrocrania parabrevimedia Chen *et* Wang, 2008. Pan-Pac. Entomol. 84 (1): 14. **Type locality:** China: Shanxi.

分布（Distribution）：山西（SX）。

（482）刺鬃偶角实蝇 *Aischrocrania quadrimaculata* (Shiraki, 1933)

Moritsugia quadrimaculata Shiraki, 1933. Mem. Fac. Sci. Agric. Taihoku Imp. Univ. 8 (2): 245. **Type locality:** China: Taiwan, Taihoku.

Aischrocrania quadrimaculata: Wang, 1996. Acta Zootaxon. Sin. 21 (Suppl.): 144; Chen *et* Wang, 2008. Pan-Pac. Entomol. 84 (1): 10.

分布（Distribution）：台湾（TW）。

95. 古按实蝇属 *Anastrephoides* Hendel, 1927

Anastrephoides Hendel, 1927. *In*: Lindner, 1927. Flieg. Palaearkt. Reg. 5 (2): 105. **Type species:** *Anastrephoides gerckei* Hendel, 1927 (by original designation).

（483）环古按实蝇 *Anastrephoides annulifera* **Hering, 1940**

Anastrephoides annulifera Hering, 1940. Stettin. Ent. Ztg. 101: 25. **Type locality:** China: Heilongjiang, Gaolinszy.

Anastrephoides annulifera: Wang, 1996. Acta Zootaxon. Sin. 21 (Suppl.): 145.

分布（**Distribution**）：黑龙江（HL）。

（484）带古按实蝇 *Anastrephoides matsumurai* **Shiraki, 1933**

Anastrephoides matsumurai Shiraki, 1933. Mem. Fac. Sci. Agric. Taihoku Imp. Univ. 8 (2): 282. **Type locality:** Japan: Hokkaidō, Sapporo.

Anastrephoides matsumura: Wang, 1996. Acta Zootaxon. Sin. 21 (Suppl.): 145.

分布（**Distribution**）：吉林（JL）；日本、俄罗斯。

96. 安吉实蝇属 *Angelogelasinus* Ito, 1984

Angelogelasinus Ito, 1984. Die Japanischen Bohrfliegen. Maruzen Co., Ltd., Osaka.: 186. **Type species:** *Myiolia naganoensis* Shiraki, 1933 (by original designation).

（485）阿穆尔安吉实蝇 *Angelogelasinus amuricola* **(Hendel, 1927)**

Myiolia amuricola Hendel, 1927. *In*: Lindner, 1927. Flieg. Palaearkt. Reg. 5 (2): 101. **Type locality:** Russia: Amurgebiet.

Angelogelasinus amuricola: Wang, 1996. Acta Zootaxon. Sin. 21 (Suppl.): 145.

分布（**Distribution**）：黑龙江（HL）、辽宁（LN）；俄罗斯。

97. 斜脉实蝇属 *Anomoia* Walker, 1835

Anomoia Walker, 1835. Ent. Mag. Lond. 3 (1): 80. **Type species:** *Trypeta gaedii* Meigen, 1830 (monotypy).

Phagocarpus Rondani, 1870. Dipt. Ital. Prodromus 7 (4): 19. **Type species:** *Musca permunda* Harris, 1780 (by original designation).

（486）黄盾斜脉实蝇 *Anomoia alboscutellata* **(van der Wulp, 1898)**

Anomoea alboscutellata van der Wulp, 1898. Tijdschr. V. Ent. 41: 217. **Type locality:** Indonesia: Sumatra.

Anomoia alboscutellata: Wang, 1996. Acta Zootaxon. Sin. 21 (Suppl.): 148.

分布（**Distribution**）：台湾（TW）；印度、印度尼西亚。

（487）狭带斜脉实蝇 *Anomoia angusta* **(Wang, 1989)**

Myoleja angusta Wang, 1989. Acta Zootaxon. Sin. 14 (4): 458. **Type locality:** China: Sichuan, Mt. Emei.

Anomoia angusta: Wang, 1996. Acta Zootaxon. Sin. 21 (Suppl.): 149.

分布（**Distribution**）：四川（SC）。

（488）黑腹斜脉实蝇 *Anomoia approximata* **(Hendel, 1914)**

Neanomoea approximata Hendel, 1914d. Wien. Ent. Ztg. 33: 84; Hendel, 1915. Ann. Hist.-Nat. Mus. Natl. Hung. 13: 455. **Type locality:** China: Taiwan, Kosempo and Toyenmongai.

Anomoia appreximata: Wang, 1996. Acta Zootaxon. Sin. 21 (Suppl.): 149.

分布（**Distribution**）：台湾（TW）、广西（GX）。

（489）斑背斜脉实蝇 *Anomoia bivittata* **Wang, 1996**

Anomoia bivittata Wang, 1996. Acta Zootaxon. Sin. 21 (Suppl.): 150. **Type locality:** China: Guangxi, Longsheng, Tianpingshan.

分布（**Distribution**）：广西（GX）。

（490）连带斜脉实蝇 *Anomoia connexa* **(Shiraki, 1933)**

Phagocarpus connexus Shiraki, 1933. Mem. Fac. Sci. Agric. Taihoku Imp. Univ. 8 (2): 188. **Type locality:** China: Taiwan, Kobayashi.

Anomoia connexa: Wang, 1996. Acta Zootaxon. Sin. 21 (Suppl.): 150.

分布（**Distribution**）：四川（SC）、云南（YN）、台湾（TW）。

（491）瘤额斜脉实蝇 *Anomoia cornuta* **Ito, 1984**

Anomoia cornuta Ito, 1984. Die Japanischen Bohrfliegen. Maruzen Co., Ltd., Osaka.: 85. **Type locality:** Japan: Kyushu, Higo, Kumamoto.

Anomoia cornuta: Wang, 1996. Acta Zootaxon. Sin. 21 (Suppl.): 151.

分布（**Distribution**）：四川（SC）、云南（YN）；日本。

（492）鬃斜脉实蝇 *Anomoia distincta* **(Zia, 1939)**

Phagocarpus distinctus Zia, 1939. Sinensia 10 (1-6): 3. **Type locality:** China: Guangxi, Yaosan.

Anomoia distincta: Wang, 1996. Acta Zootaxon. Sin. 21 (Suppl.): 151.

分布（**Distribution**）：四川（SC）、广西（GX）。

（493）峨眉斜脉实蝇 *Anomoia emeia* **Wang, 1996**

Anomoia emeia Wang, 1996. Acta Zootaxon. Sin. 21 (Suppl.): 151. **Type locality:** China: Sichuan, Mount. Emei.

分布（**Distribution**）：四川（SC）。

（494）台湾斜脉实蝇 *Anomoia formosana* **(Shiraki, 1933)**

Phagocarpus formosanus Shiraki, 1933. Mem. Fac. Sci. Agric. Taihoku Imp. Univ. 8 (2): 186. **Type locality:** China: Taiwan, Arisan and Horisha.

分布（**Distribution**）：台湾（TW）。

（495）依氏斜脉实蝇 *Anomoia immsi* **(Bezzi, 1913)**

Phagocarpus immsi Bezzi, 1913. Mem. Indian Mus. 3 (3): 131.

Type locality: India: Bhowali, Kumaon.

Anomoia immsi: Wang, 1996. Acta Zootaxon. Sin. 21 (Suppl.): 152.

分布（Distribution）：浙江（ZJ）、湖北（HB）、贵州（GZ）、台湾（TW）；印度。

（496）克氏斜脉实蝇 *Anomoia klossi* (Edwards, 1919)

Phagocarpus klossi Edwards, 1919. J. Fed. Malay St. Mus. 8 (3): 51. Type locality: Indonesia: Sumatra, Sandaran Agong.

Anomoia klossi: Wang, 1996. Acta Zootaxon. Sin. 21 (Suppl.): 152.

分布（Distribution）：福建（FJ）；菲律宾、印度尼西亚、巴布亚新几内亚。

（497）米拉斜脉实蝇 *Anomoia mirabilis* (Séguy, 1934)

Phagocarpus mirabilis Séguy, 1934. Encycl. Ent. (B II) Dipt. 7: 7. Type locality: China: Sichuan, Moupin.

Anomoia mirabilis: Wang, 1996. Acta Zootaxon. Sin. 21 (Suppl.): 153.

分布（Distribution）：四川（SC）；印度。

（498）蔷薇斜脉实蝇 *Anomoia purmunda* (Harris, 1780)

Musca purmunda Harris, 1780. Expos. Engl. Ins.: 74. Type locality: England: Kent, near Dartford.

Anomoia purmunda: Wang, 1996. Acta Zootaxon. Sin. 21 (Suppl.): 154.

分布（Distribution）：陕西（SN）、甘肃（GS）、四川（SC）；韩国、日本、俄罗斯；欧洲。

（499）四条斜脉实蝇 *Anomoia quadrivittata* Wang, 1996

Anomoia quadrivittata Wang, 1996. Acta Zootaxon. Sin. 21 (Suppl.): 154. Type locality: China: Yunnan, Lushui.

分布（Distribution）：云南（YN）。

（500）瓦纳斜脉实蝇 *Anomoia vana* (Hering, 1942)

Phagocarpus vanus Hering, 1942b. Mitt. Zool. Mus. Berl. 25 (2): 279. Type locality: China: Taiwan, Toyenmongai.

Anomoia vana: Wang, 1996. Acta Zootaxon. Sin. 21 (Suppl.): 155.

分布（Distribution）：云南（YN）、台湾（TW）；泰国。

（501）普通斜脉实蝇 *Anomoia vulgaris* (Shiraki, 1933)

Phagocarpus vulgaris Shiraki, 1933. Mem. Fac. Sci. Agric. Taihoku Imp. Univ. 8 (2): 190. Type locality: Japan: Kumamoto, Tokusa, Kii, and Kurama.

Anomoia vulgaris: Wang, 1996. Acta Zootaxon. Sin. 21 (Suppl.): 155.

分布（Distribution）：浙江（ZJ）、福建（FJ）、台湾（TW）；

韩国、日本。

（502）云南斜脉实蝇 *Anomoia yunnana* Wang, 1996

Anomoia yunnana Wang, 1996. Acta Zootaxon. Sin. 21 (Suppl.): 156. Type locality: China: Yunnan, Xiaomengyang.

分布（Distribution）：云南（YN）。

（503）佘山斜脉实蝇 *Anomoia zoseana* (Zia, 1937)

Phagocarpus zoseanus Zia, 1937. Sinensia 8 (2): 148. Type locality: China: Kiangsu.

Anomoia zeseana: Wang, 1996. Acta Zootaxon. Sin. 21 (Suppl.): 156.

分布（Distribution）：江苏（JS）。

98. 端脉实蝇属 *Apiculonia* Wang, 1990

Apiculonia Wang, 1990. Acta Zootaxon. Sin. 15 (3): 358. Type species: *Apiculonia tibetana* Wang, 1990 (by original designation).

（504）西藏端脉实蝇 *Apiculonia tibetana* Wang, 1990

Apiculonia tibetana Wang, 1990. Acta Zootaxon. Sin. 15 (3): 359. Type locality: China: Xizang, Zhamo.

Apiculonia tibetana: Wang, 1996. Acta Zootaxon. Sin. 21 (Suppl.): 157.

分布（Distribution）：西藏（XZ）。

99. 褐翅实蝇属 *Breviculala* Ito, 1984

Breviculala Ito, 1984. Die Japanischen Bohrfliegen. Maruzen Co., Ltd., Osaka.: 193. Type species: *Breviculala fuliginosa* Ito, 1984 (by original designation).

（505）半褐翅实蝇 *Breviculala hemileoides* (Munro, 1935)

Pseudacidia hemileoides Munro, 1935. Arb. Physiol. Angew. Ent. Berl. 2 (4): 257. Type locality: China: Taiwan.

Breviculala hemileoides: Wang, 1996. Acta Zootaxon. Sin. 21 (Suppl.): 157.

分布（Distribution）：四川（SC）、台湾（TW）；日本。

100. 美目实蝇属 *Callistomyia* Bezzi, 1913

Callistomyia Bezzi, 1913. Mem. Indian Mus. 3 (3): 124. Type species: *Callistomyia pavonina* Bezzi, 1913 (by original designation).

（506）颜点美目实蝇 *Callistomyia pavonina* Bezzi, 1913

Callistomyia pavonina Bezzi, 1913. Mem. Indian Mus. 3 (3): 125. Type locality: India: Chilka Lake and Calcutta.

Callistomyia pavonina: Wang, 1996. Acta Zootaxon. Sin. 21 (Suppl.): 158.

分布（**Distribution**）：云南（YN）、台湾（TW）、海南（HI）、香港（HK）；泰国、越南、老挝、印度、巴基斯坦、斯里兰卡、印度尼西亚。

101. 眼缘实蝇属 *Calospheniscina* Hendel, 1914

Calospheniscina Hendel, 1914d. Wien. Ent. Ztg. 33: 88. **Type species:** *Calospheniscina volucris* Hendel, 1915 (by original designation).

（507）五斑眼缘实蝇 *Calospheniscina quinquemaculata* Shiraki, 1933

Calospheniscina quinquemaculata Shiraki, 1933. Mem. Fac. Sci. Agric. Taihoku Imp. Univ. 8 (2): 162. **Type locality:** China: Taiwan, Kotosho.

Calospheniscina quinquemaculata: Wang, 1996. Acta Zootaxon. Sin. 21 (Suppl.): 159.

分布（**Distribution**）：台湾（TW）。

（508）明端眼缘实蝇 *Calospheniscina volucris* Hendel, 1914

Calospheniscina volucris Hendel, 1914d. Wien. Ent. Ztg. 33: 88; Hendel, 1915. Ann. Hist.-Nat. Mus. Natl. Hung. 13: 454. **Type locality:** China: Taiwan, Kankau.

Calospheniscina volucris: Wang, 1996. Acta Zootaxon. Sin. 21 (Suppl.): 159.

分布（**Distribution**）：台湾（TW）。

102. 卡咆实蝇属 *Carpophthoracidia* Shiraki, 1968

Carpophthoracidia Shiraki, 1968. Bull. U. S. Natl. Mus. 263: 31. **Type species:** *Carpophthoracidia matsumotoi* Shiraki, 1968 (by original designation).

（509）双条卡咆实蝇 *Carpophthoracidia bivittata* Xu, Liao *et* Zhang, 2009

Carpophthoracidia bivittata Xu, Liao *et* Zhang, 2009. Acta Zootaxon. Sin. 34 (1): 69. **Type locality:** China: Guangdong, Zhuhai.

分布（**Distribution**）：广东（GD）。

103. 陈实蝇属 *Chenacidiella* Shiraki, 1968

Chenacidiella Shiraki, 1968. Bull. U. S. Natl. Mus. 263: 34. **Type species:** *Acidiella purpureiseta* Chen, 1948 (by original designation).

（510）黄鬃陈实蝇 *Chenacidiella aureiseta* (Chen, 1948)

Acidiella aureiseta Chen, 1948. Sinensia 18 (1-6): 116. **Type locality:** China: Zhejiang, Tianmushan.

Chenacidiella aureiseta: Wang, 1996. Acta Zootaxon. Sin. 21 (Suppl.): 160.

分布（**Distribution**）：浙江（ZJ）、湖北（HB）、广西（GX）。

（511）常鬃陈实蝇 *Chenacidiella normaseta* Chen *et* Wang, 2016

Chenacidiella normaseta Chen *et* Wang, 2016. *In*: Yang *et al.*, 2016. Fauna of Tianmu Mountain (Diptera) 9: 133. **Type locality:** China: Zhejiang, Tianmushan.

分布（**Distribution**）：浙江（ZJ）。

（512）紫鬃陈实蝇 *Chenacidiella purpureiseta* (Chen, 1948)

Acidiella purpureiseta Chen, 1948. Sinensia 18 (1-6): 115. **Type locality:** China: Taiwan.

Chenacidiella purpureiseta: Wang, 1996. Acta Zootaxon. Sin. 21 (Suppl.): 160.

分布（**Distribution**）：福建（FJ）、台湾（TW）；日本。

104. 颊鬃实蝇属 *Chetostoma* Rondani, 1856

Chetostoma Rondani, 1856. Dipt. Ital. Prodromus, Vol. I: 112. **Type species:** *Chetostoma curvinerve* Rondani, 1856 (by original designation).

（513）黑股颊鬃实蝇 *Chetostoma admirandum* Hering, 1953

Chaetostoma admirandum Hering, 1953. Bonn. Zool. Beitr. 4: 346. **Type locality:** China: Fukien, Kuantun.

Chetostoma admirandu: Wang, 1996. Acta Zootaxon. Sin. 21 (Suppl.): 161.

分布（**Distribution**）：福建（FJ）。

（514）黄背颊鬃实蝇 *Chetostoma continuans* Zia, 1938

Chaetostoma continuans Zia, 1938. Sinensia 9 (1-2): 31. **Type locality:** China: Shansi, Tsiliyu.

Chetostoma continuans: Wang, 1996. Acta Zootaxon. Sin. 21 (Suppl.): 161.

分布（**Distribution**）：山西（SX）；韩国、俄罗斯。

（515）淡带颊鬃实蝇 *Chetostoma dilutum* Zia, 1938

Chaetostoma diluta Zia, 1938. Sinensia 9 (1-2): 28. **Type locality:** China: Tsienou.

Chetostoma dilutum: Wang, 1996. Acta Zootaxon. Sin. 21 (Suppl.): 162.

分布（**Distribution**）：山西（SX）。

（516）叶突颊鬃实蝇 *Chetostoma mirabilis* (Chen, 1948)

Euchaetostoma mirabilis Chen, 1948. Sinensia 18 (1-6): 105. **Type locality:** China: Fukien, Shao-Woo.

Chetostoma mirabilis: Wang, 1996. Acta Zootaxon. Sin. 21 (Suppl.): 162.

分布（Distribution）：福建（FJ）。

105. 脊额实蝇属 *Cornutrypeta* Han *et* Wang, 1993

Cornutrypeta Han *et* Wang, 1993. *In*: Han, Wang *et* Kim, 1993. Ent. Scand. 24: 169. **Type species:** *Trypeta superciliata* Frey, 1935 (by original designation).

（517）赤水脊额实蝇 *Cornutrypeta chishuiensis* Chen, 2013

Cornutrypeta chishuiensis Chen, 2013. *In*: Chen, Wang *et* Zhu, 2013. Zootaxa 3710 (4): 334. **Type locality:** China: Guizhou.
分布（Distribution）：贵州（GZ）。

（518）甘肃脊额实蝇 *Cornutrypeta gansunica* Chen *et* Wang, 2007

Cornutrypeta gansunica Chen *et* Wang, 2007. Entomol. News 118 (5): 498. **Type locality:** China: Gansu.
分布（Distribution）：甘肃（GS）。

（519）二剑脊额实蝇 *Cornutrypeta gigantocornuta* Han *et* Wang, 1993

Cornutrypeta gigantocornuta Han *et* Wang, 1993. *In*: Han, Wang *et* Kim, 1993. Ent. Scand. 24: 172. **Type locality:** China: Sichuan, Mt. Omei.
Cornutrypeta gigantocornuta Wang, 1996. Acta Zootaxon. Sin. 21 (Suppl.): 163; Chen, Wang *et* Zhu, 2013. Zootaxa 3710 (4): 334.
分布（Distribution）：四川（SC）。

（520）湖南脊额实蝇 *Cornutrypeta hunanica* Chen *et* Wang, 2007

Cornutrypeta hunanica Chen *et* Wang, 2007. Entomol. News 118 (5): 500. **Type locality:** China: Hunan.
Cornutrypeta hunanica: Chen, Wang *et* Zhu, 2013. Zootaxa 3710 (4): 336.
分布（Distribution）：湖南（HN）、贵州（GZ）。

（521）墨脱脊额实蝇 *Cornutrypeta motuonia* Chen, 2013

Cornutrypeta motuonia Chen, 2013. *In*: Chen, Wang *et* Zhu, 2013. Zootaxa 3710 (4): 338. **Type locality:** China: Xizang.
分布（Distribution）：西藏（XZ）。

（522）黑股脊额实蝇 *Cornutrypeta nigrifemur* Han *et* Wang, 1993

Cornutrypeta nigrifemur Han *et* Wang, 1993. *In*: Han, Wang *et* Kim, 1993. Ent. Scand. 24: 173. **Type locality:** China: Xizang, Nyalam.
Cornutrypeta nigrifemur: Chen, Wang *et* Zhu, 2013. Zootaxa 3710 (4): 334.
分布（Distribution）：西藏（XZ）。

（523）黑背脊额实蝇 *Cornutrypeta nigritata* (Wang, 1991)

Vidalia nigritata Wang, 1991. Acta Zootaxon. Sin. 16 (4): 465.
Type locality: China: Sichuan, Xiangcheng.
Cornutrypeta nigritata: Wang, 1996. Acta Zootaxon. Sin. 21 (Suppl.): 164; Chen, Wang *et* Zhu, 2013. Zootaxa 3710 (4): 334.
分布（Distribution）：青海（QH）、四川（SC）、西藏（XZ）。

（524）峨眉脊额实蝇 *Cornutrypeta omeishana* Han *et* Wang, 1993

Cornutrypeta omeishana Han *et* Wang, 1993. *In*: Han, Wang *et* Kim, 1993. Ent. Scand. 24: 178. **Type locality:** China: Sichuan, Mt. Omei [= Emei Shan].
Cornutrypeta omeishana: Wang, 1996. Acta Zootaxon. Sin. 21 (Suppl.): 164; Chen, Wang *et* Zhu, 2013. Zootaxa 3710 (4): 334.
分布（Distribution）：四川（SC）。

（525）刺脊额实蝇 *Cornutrypeta spinifrons* (Schroeder, 1913)

Spilographa spinifrons Schroeder, 1913. Stettin. Ent. Ztg. 74: 178. **Type locality:** Poland: Silesia, Riesengebirge.
Cornutrypeta spinifrons: Chen, Wang *et* Zhu, 2013. Zootaxa 3710 (4): 340.
分布（Distribution）：四川（SC）；俄罗斯（西北部）、朝鲜；欧洲。

（526）三剑脊额实蝇 *Cornutrypeta triceratops* (Bezzi, 1913)

Vidalia triceratops Bezzi, 1913. Mem. Indian Mus. 3 (3): 137. **Type locality:** India: Darjeeling.
Cornutrypeta triceratpos: Wang, 1996. Acta Zootaxon. Sin. 21 (Suppl.): 164; Chen, Wang *et* Zhu, 2013. Zootaxa 3710 (4): 334.
分布（Distribution）：四川（SC）；印度。

（527）玉树脊额实蝇 *Cornutrypeta yushunia* Han *et* Wang, 1993

Cornutrypeta yushunia Han *et* Wang, 1993. *In*: Han, Wang *et* Kim, 1993. Ent. Scand. 24: 183. **Type locality:** China: Qinghai, Yushu.
Cornutrypeta yushunia: Wang, 1996. Acta Zootaxon. Sin. 21 (Suppl.): 165; Chen, Wang *et* Zhu, 2013. Zootaxa 3710 (4): 334.
分布（Distribution）：青海（QH）、四川（SC）。

106. 彩条实蝇属 *Esacidia* Ito, 1984

Esacidia Ito, 1984. Die Japanischen Bohrfliegen. Maruzen Co., Ltd., Osaka.: 161. **Type species:** *Esacidia kuwayamai* Ito, 1984 (by original designation).

（528）东方彩条实蝇 *Esacidia kuwayamai* **Ito, 1984**

Esacidia kuwayamai Ito, 1984. Die Japanischen Bohrfliegen. Maruzen Co., Ltd., Osaka.: 161. **Type locality:** Russia: Tisima Is.

分布（**Distribution**）：四川（SC）；俄罗斯。

107. 芬实蝇属 *Feshyia* Ito, 1984

Feshyia Ito, 1984. Die Japanischen Bohrfliegen. Maruzen Co., Ltd., Osaka.: 94. **Type species:** *Acidiella okinawaensis* Shiraki, 1968.

（529）斑腹芬实蝇 *Feshyia mushaensis* **(Shiraki, 1933)**

Acidiella mushaensis Shiraki, 1933. Mem. Fac. Sci. Agric. Taihoku Imp. Univ. 8 (2): 261. **Type locality:** China: Taiwan, Musha.

Acidiella okinawaensis Shiraki, 1968. Bull. U. S. Natl. Mus. 263: 29. **Type locality:** Japan: Mount. Yonaha, Okinawa.

Feshyia mushaensi: Wang, 1996. Acta Zootaxon. Sin. 21 (Suppl.): 167.

分布（**Distribution**）：台湾（TW）；日本。

108. 五加实蝇属 *Flaviludia* Ito, 1984

Flaviludia Ito, 1984. Die Japanischen Bohrfliegen. Maruzen Co., Ltd., Osaka.: 192. **Type species:** *Flaviludia zephyria* Ito, 1984 (by original designation).

（530）狭条五加实蝇 *Flaviludia angustifascia* **(Hering, 1936)**

Myiolia angustifascia Hering, 1936. Konowia 15 (3-4): 181. **Type locality:** China: Charbin, Mandschurei.

Flaviludia angustifascia: Wang, 1996. Acta Zootaxon. Sin. 21 (Suppl.): 167.

分布（**Distribution**）：黑龙江（HL）、北京（BJ）；俄罗斯。

109. 半实蝇属 *Hemilea* Loew, 1862

Hemilea Loew, 1862. Europ. Bohrfl.: 32. **Type species:** *Trypeta dimidiata* Costa, 1844 (monotypy).

Pseudhemilea Chen, 1948. Sinensia 18 (1-6): 111. **Type species:** *Acidiella* (*Pseudhemilea*) *nudiarista* Chen, 1948 (by original designation).

Drosanthus Hering, 1952. Treubia 21 (2): 287. **Type species:** *Drosanthus melanopteryx* Hering, 1952 (by original designation).

（531）明缘半实蝇 *Hemilea clarilimbata* **(Chen, 1948)**

Acidiella (*Pseudacidia*) *clarilimbata* Chen, 1948. Sinensia 18 (1-6): 117. **Type locality:** China: Zhejiang, Tianmushan.

Hemilea clarilimbata: Wang, 1996. Acta Zootaxon. Sin. 21 (Suppl.): 170.

分布（**Distribution**）：浙江（ZJ）、四川（SC）、福建（FJ）。

（532）透点半实蝇 *Hemilea hyalina* **Wang, 1996**

Hemilea hyalina Wang, 1996. Acta Zootaxon. Sin. 21 (Suppl.): 171. **Type locality:** China: Sichuan, Mount. Emei.

分布（**Distribution**）：四川（SC）、西藏（XZ）。

（533）蒲公英半实蝇 *Hemilea infuscata* **Hering, 1937**

Hemilea dimidiata infuscata Hering, 1937a. Mitt. Dtsch. Ent. Ges. 8: 57. **Type locality:** China: Erzendjanzs (Mandschurei).

Hemilea infuscata: Wang, 1996. Acta Zootaxon. Sin. 21 (Suppl.): 172.

分布（**Distribution**）：黑龙江（HL）、北京（BJ）、山东（SD）、陕西（SN）、浙江（ZJ）；韩国、日本。

（534）长痣半实蝇 *Hemilea longistigma* **Shiraki, 1933**

Hemilea longistigma Shiraki, 1933. Mem. Fac. Sci. Agric. Taihoku Imp. Univ. 8 (2): 201. **Type locality:** Japan: Hokkaidō, Sapporo.

Hemilea longistigma: Wang, 1996. Acta Zootaxon. Sin. 21 (Suppl.): 172.

分布（**Distribution**）：黑龙江（HL）；韩国、日本、缅甸。

（535）米亚罗半实蝇 *Hemilea miyaluoia* **Wang, 1996**

Hemilea miyaluoia Wang, 1996. Acta Zootaxon. Sin. 21 (Suppl.): 173. **Type locality:** China: Sichuan, Lixian, Miyaluo.

分布（**Distribution**）：四川（SC）。

（536）裸芒半实蝇 *Hemilea nudiarista* **(Chen, 1948)**

Acidiella (*Pseudhemilea*) *nudiarista* Chen, 1948. Sinensia 18 (1-6): 112. **Type locality:** China: Anhwei, Hwangshan; Zhejiang, Tianmushan.

Hemilea nudiarista: Wang, 1996. Acta Zootaxon. Sin. 21 (Suppl.): 173.

分布（**Distribution**）：安徽（AH）、浙江（ZJ）。

（537）黄胸半实蝇 *Hemilea praestans* **(Bezzi, 1913)**

Acidia praestans Bezzi, 1913. Mem. Indian Mus. 3 (3): 141. **Type locality:** India: Bhowali, Kumaon.

Hemilea praestans: Wang, 1996. Acta Zootaxon. Sin. 21 (Suppl.): 174.

分布（**Distribution**）：四川（SC）、台湾（TW）；印度。

（538）楔斑半实蝇 *Hemilea tumifrons* **(Chen, 1948)**

Acidiella tumifrons Chen, 1948. Sinensia 18 (1-6): 114. **Type locality:** China: Zhejiang.

Acidiella tumifrons fusca Ito, 1949. Insecta Matsum. 17 (1): 54. **Type locality:** Japan: Honshū and Kyushu.

Hemilea tumifrons: Wang, 1996. Acta Zootaxon. Sin. 21 (Suppl.): 174.

分布（**Distribution**）：浙江（ZJ）；日本。

110. 拟半实蝇属 *Hemileophila* Hering, 1940

Hemileophila Hering, 1940b. Arb. Morph. Taxon. Ent. Berl. 7 (4): 55. **Type species:** *Hemileophila alini* Hering, 1940 (by original designation).

（539）宽带拟半实蝇 *Hemileophila alini* **Hering, 1940**

Hemileophila alini Hering, 1940b. Arb. Morph. Taxon. Ent. Berl. 7 (4): 55. **Type locality:** China: Northeast China, Sjaolin. *Hemileophila alini* Wang, 1996. Acta Zootaxon. Sin. 21 (Suppl.): 175.

分布（**Distribution**）：黑龙江（HL）；日本。

（540）黄胸拟半实蝇 *Hemileophila flavoscutum* **Chen** *et* **Wang, 2016**

Hemileophila flavoscutum Chen *et* Wang, 2016. *In*: Yang *et al.*, 2016. Fauna of Tianmu Mountain (Diptera) 9: 136. **Type locality:** China: Zhejiang, Tianmushan.

分布（**Distribution**）：浙江（ZJ）。

（541）狭带拟半实蝇 *Hemileophila tianmushana* **Wang, 1996**

Hemileophila tianmushana Wang, 1996. Acta Zootaxon. Sin. 21 (Suppl.): 175. **Type locality:** China: Zhejiang, Tianmushan. *Hemileophila tianmushana*: Chen *et* Wang, 2016. *In*: Yang *et al.*, 2016. Fauna of Tianmu Mountain (Diptera) 9: 137.

分布（**Distribution**）：浙江（ZJ）。

111. 山额实蝇属 *Hopladromyia* Bezzi, 1923

Hoplandromyia Bezzi, 1923. Bull. Mus. Natl. Hist. Nat. 1923: 577. **Type species:** *Hoplandromyia tetracera* Bezzi, 1923 (by original designation).

（542）湖北山额实蝇 *Hopladromyia hubeiensis* **Chen, 2013**

Hopladromyia hubeiensis Chen, 2013. *In*: Chen, Wang *et* Zhu, 2013. Zootaxa 3710 (4): 341. **Type locality:** China: Hubei.

分布（**Distribution**）：湖北（HB）。

（543）墨脱山额实蝇 *Hopladromyia motuonica* **Chen, 2013**

Hopladromyia motuonica Chen, 2013. *In*: Chen, Wang *et* Zhu, 2013. Zootaxa 3710 (4): 342. **Type locality:** China: Xizang.

分布（**Distribution**）：西藏（XZ）。

（544）三鬃山额实蝇 *Hopladromyia pulla* (**Wang, 1991**)

Vidalia pulla Wang, 1991. Acta Zootaxon. Sin. 16 (4): 466. **Type locality:** China: Sichuan, Mt. Emei [= Emei Shan]. *Hoplandromyia pulla*: Wang, 1996. Acta Zootaxon. Sin. 21 (Suppl.): 176; Chen, Wang *et* Zhu, 2013. Zootaxa 3710 (4): 340.

分布（**Distribution**）：四川（SC）。

112. 尾叶实蝇属 *Machaomyia* Hendel, 1914

Machaomyia Hendel, 1914d. Wien. Ent. Ztg. 33: 83. **Type species:** *Machaomyia caudata* Hendel, 1915 (by original designation).

（545）华南尾叶实蝇 *Machaomyia caudata* **Hendel, 1914**

Machaomyia caudata Hendel, 1914d. Wien. Ent. Ztg. 33: 83. **Type locality:** China: Taiwan, Toyenmongai. *Machaomyia caudate*: Wang, 1996. Acta Zootaxon. Sin. 21 (Suppl.): 171.

分布（**Distribution**）：台湾（TW）、广西（GX）。

113. 直颜实蝇属 *Magnimyiolia* Shiraki, 1933

Magnimyiolia Shiraki, 1933. Mem. Fac. Sci. Agric. Taihoku Imp. Univ. 8 (2): 285. **Type species:** *Magnimyiolia jozana* Shiraki, 1933 (by original designation).

（546）褐翅直颜实蝇 *Magnimyiolia convexifrons* **Chen, 1948**

Magnimyiolia convexifrons Chen, 1948. Sinensia 18 (1-6): 118. **Type locality:** China: Zhejiang, Tianmushan. *Magnimyiolia convexifrons*: Wang, 1996. Acta Zootaxon. Sin. 21 (Suppl.): 178; Chen, Wang *et* Zhu, 2013. Zootaxa 3710 (4): 344.

分布（**Distribution**）：浙江（ZJ）。

（547）间断直颜实蝇 *Magnimyiolia disrupta* **Chen, 2013**

Magnimyiolia disrupta Chen, 2013. *In*: Chen, Wang *et* Zhu, 2013. Zootaxa 3710 (4): 345. **Type locality:** China.

分布（**Distribution**）：中国（省份不明）。

（548）湖南直颜实蝇 *Magnimyiolia hunana* **Wang, 1996**

Magnimyiolia hunana Wang, 1996. Acta Zootaxon. Sin. 21 (Suppl.): 178. **Type locality:** China: Hunan, Sangzhi, Tianpingshan. *Magnimyiolia hunana*: Chen, Wang *et* Zhu, 2013. Zootaxa 3710 (4): 345.

分布（**Distribution**）：湖南（HN）。

（549）腾冲直颜实蝇 *Magnimyiolia tengchongnica* **Chen, 2013**

Magnimyiolia tengchongnica Chen, 2013. *In*: Chen, Wang *et* Zhu, 2013. Zootaxa 3710 (4): 348. **Type locality:** China: Yunnan.

分布（**Distribution**）：云南（YN）。

（550）西藏直颜实蝇 *Magnimyiolia tibetana* **Chen** *et* **Wang, 2013**

Magnimyiolia tibetana Chen *et* Wang, 2013. *In*: Chen, Wang *et* Zhu, 2013. Zootaxa 3710 (4): 348. **Type locality:** China: Xizang.

分布（**Distribution**）：西藏（XZ）。

（551）云南直颜实蝇 *Magnimyiolia yunnanica* **Chen** *et* **Wang, 2013**

Magnimyiolia yunnanica Chen *et* Wang, 2013. *In*: Chen, Wang *et* Zhu, 2013. Zootaxa 3710 (4): 351. **Type locality:** China: Yunnan.

分布（**Distribution**）：云南（YN）。

114. 摩实蝇属 *Morinowotome* Ito, 1984

Morinowotome Ito, 1984. Die Japanischen Bohrfliegen. Maruzen Co., Ltd., Osaka.: 196. **Type species:** *Pseudacidia egregia* Ito, 1953 (by original designation).

（552）狭带摩实蝇 *Morinowotome connexa* **Wang, 1996**

Morinowotome connexa Wang, 1996. Acta Zootaxon. Sin. 21 (Suppl.): 181. **Type locality:** China: Sichuan, Lixian, Miyaluo.

分布（**Distribution**）：四川（SC）。

（553）弯带摩实蝇 *Morinowotome flavonigra* **(Hendel, 1927)**

Myiolia flavonigra Hendel, 1927. *In*: Lindner, 1927. Flieg. Palaearkt. Reg. 5 (2): 102. **Type locality:** China: Sichuan, Mt. Omei.

Morinowotome flavonigra: Wang, 1996. Acta Zootaxon. Sin. 21 (Suppl.): 182.

分布（**Distribution**）：四川（SC）；俄罗斯。

（554）褐痣摩实蝇 *Morinowotome minowai* **(Shiraki, 1933)**

Acidia (*Pseudacidia*) *minowai* Shiraki, 1933. Mem. Fac. Sci. Agric. Taihoku Imp. Univ. 8 (2): 228. **Type locality:** China: Taiwan, Nimandaira, Arisan.

Morinowotome minowai: Wang, 1996. Acta Zootaxon. Sin. 21 (Suppl.): 182.

分布（**Distribution**）：台湾（TW）。

115. 迈实蝇属 *Myoleja* Rondani, 1856

Myoleja Rondani, 1856. Dipt. Ital. Prodromus, Vol. I: 112. **Type species:** *Tephritis lucida* Fallén, 1826 (by original designation).

（555）山地迈实蝇 *Myoleja montana* **Wang, 1996**

Myoleja montana Wang, 1996. Acta Zootaxon. Sin. 21 (Suppl.): 183. **Type locality:** China: Yunnan, Deqen, Moirigkawagabo.

分布（**Distribution**）：云南（YN）、西藏（XZ）。

（556）中华迈实蝇 *Myoleja sinensis* **(Zia, 1937)**

Anastrephoides sinensis Zia, 1937. Sinensia 8 (2): 166. **Type locality:** China: Eastern Tomb.

Myoleja sinensis: Wang, 1996. Acta Zootaxon. Sin. 21 (Suppl.): 184.

分布（**Distribution**）：吉林（JL）、北京（BJ）、陕西（SN）；俄罗斯。

116. 突额实蝇属 *Paramyiolia* Shiraki, 1933

Paramyiolia Shiraki, 1933. Mem. Fac. Sci. Agric. Taihoku Imp. Univ. 8 (2): 279. **Type species:** *Paramyiolia takeuchii* Shiraki, 1933 (by original designation).

（557）黑突额实蝇 *Paramyiolia atra* **Han** *et* **Chen, 2015**

Paramyiolia atra Han *et* Chen, 2015. Florida Ent. 98 (1): 91. **Type locality:** China: Yunnan.

分布（**Distribution**）：云南（YN）。

（558）黑带突额实蝇 *Paramyiolia atrifasciata* **Han** *et* **Chen, 2015**

Paramyiolia atrifasciata Han *et* Chen, 2015. Florida Ent. 98 (1): 92. **Type locality:** China: Sichuan.

分布（**Distribution**）：四川（SC）。

（559）黑腹突额实蝇 *Paramyiolia melanogaster* **Han** *et* **Chen, 2015**

Paramyiolia melanogaster Han *et* Chen, 2015. Florida Ent. 98 (1): 94. **Type locality:** China: Sichuan.

分布（**Distribution**）：四川（SC）。

（560）黑肩突额实蝇 *Paramyiolia nigrihumera* **Han** *et* **Chen, 2015**

Paramyiolia nigrihumera Han *et* Chen, 2015. Florida Ent. 98 (1): 96. **Type locality:** China: Sichuan; Yunnan.

分布（**Distribution**）：四川（SC）、云南（YN）。

（561）云南突额实蝇 *Paramyiolia yunnana* **(Wang, 1996)**

Anomoia yunnana Wang, 1996. Acta Zootaxon. Sin. 21 (Suppl.): 156. **Type locality:** China: Yunnan.

Anomoia yunnana: Han *et* Chen, 2015. Florida Ent. 98 (1): 98.

分布（**Distribution**）：云南（YN）。

117. 副脉实蝇属 *Paratrypeta* Han *et* Wang, 1994

Paratrypeta Han *et* Wang, 1994. *In*: Han, Wang *et* Kim, 1994a. Orient. Insects 28: 50. **Type species:** *Vidalia appendiculata* Hendel, 1927 (by original designation).

（562）纹背副脉实蝇 *Paratrypeta appendiculata* **(Hendel, 1927)**

Vidalia appendiculata Hendel, 1927. *In*: Lindner, 1927. Flieg. Palaearkt. Reg. 5 (2): 72. **Type locality:** China: Sze-tschuan, Suifu.

Paratrypeta appendiculata: Wang, 1996. Acta Zootaxon. Sin. 21 (Suppl.): 186.

分布（**Distribution**）：四川（SC）；越南。

（563）斑盾副脉实蝇 *Paratrypeta dorsata* **(Zia, 1938)**

Platyparella dorsata Zia, 1938. Sinensia 9 (1-2): 26. **Type locality:** China: Kansu, Cheumen.

Paratrypeta dorsata: Wang, 1996. Acta Zootaxon. Sin. 21 (Suppl.): 186.

分布（**Distribution**）：甘肃（GS）。

（564）黄背副脉实蝇 *Paratrypeta flavoscutata* **Han et Wang, 1994**

Paratrypeta flavoscutata Han *et* Wang, 1994. *In*: Han, Wang *et* Kim, 1994a. Orient. Insects 28: 52. **Type locality:** China: Xizang, Yadong.

Paratrypeta flavoscutata: Wang, 1996. Acta Zootaxon. Sin. 21 (Suppl.): 187.

分布（**Distribution**）：西藏（XZ）。

118. 叶实蝇属 *Philophylla* Rondani, 1870

Philophylla Rondani, 1870. Bull. Soc. Ent. Ital. 2: 9. **Type species:** *Musca caesio* Harris, 1780 (by original designation).
Hendelina Hardy, 1951. Pac. Sci. 5 (2): 179. **Type species:** *Spheniscus angulatus* Hendel, 1913 (by original designation).

（565）黑痣叶实蝇 *Philophylla aethiops* **(Hering, 1939)**

Neanomoea aethiops Hering, 1939. Decheniana 98: 143. **Type locality:** China: Fukien, Shaowu.

Philophylla aethiops: Wang, 1996. Acta Zootaxon. Sin. 21 (Suppl.): 188.

分布（**Distribution**）：浙江（ZJ）、四川（SC）、福建（FJ）。

（566）黑股叶实蝇 *Philophylla angulata* **(Hendel, 1913)**

Spheniscus angulatus Hendel, 1913c. Suppl. Ent. 2: 38. **Type locality:** China: Taiwan, Alikang.

Philophylla angulata: Wang, 1996. Acta Zootaxon. Sin. 21 (Suppl.): 189.

分布（**Distribution**）：台湾（TW）。

（567）基明叶实蝇 *Philophylla basihyalina* **(Hering, 1951)**

Euleia basihyalina Hering, 1951. Siruna Seva 7: 8. **Type locality:** China: Erzendjanzsy, Nordchina.

Philophylla basihyalina: Wang, 1996. Acta Zootaxon. Sin. 21 (Suppl.): 189.

分布（**Distribution**）：黑龙江（HL）。

（568）荨麻叶实蝇 *Philophylla caesio* **(Harris, 1780)**

Musca caesio Harris, 1780. Expos. Engl. Ins.: 75. **Type locality:** England.

Philophylla caesio: Wang, 1996. Acta Zootaxon. Sin. 21 (Suppl.): 189.

分布（**Distribution**）：新疆（XJ）；英国、俄罗斯；欧洲。

（569）川叶实蝇 *Philophylla chuanensis* **(Wang, 1989)**

Myoleja chuanensis Wang, 1989. Acta Zootaxon. Sin. 14 (4): 460. **Type locality:** China: Sichuan, Mt. Emei.

Philophylla chuanensis: Wang, 1996. Acta Zootaxon. Sin. 21 (Suppl.): 190.

分布（**Distribution**）：四川（SC）。

（570）豆腐柴叶实蝇 *Philophylla connexa* **(Hendel, 1915)**

Pseudospheniscus connexus Hendel, 1915. Ann. Hist.-Nat. Mus. Natl. Hung. 13: 453. **Type locality:** China: Taiwan, Kankau.

Philophylla connexa: Wang, 1996. Acta Zootaxon. Sin. 21 (Suppl.): 190.

分布（**Distribution**）：台湾（TW）；菲律宾、马来西亚。

（571）离带叶实蝇 *Philophylla discreta* **(Wang, 1989)**

Myoleja discreta Wang, 1989. Acta Zootaxon. Sin. 14 (4): 458. **Type locality:** China: Yunnan, Jingdong.

Philophylla discreta: Wang, 1996. Acta Zootaxon. Sin. 21 (Suppl.): 190.

分布（**Distribution**）：云南（YN）。

（572）异叶实蝇 *Philophylla diversa* **(Wang, 1989)**

Myoleja diversa Wang, 1989. Acta Zootaxon. Sin. 14 (4): 459. **Type locality:** China: Sichuan, Mt. Gongga.

Philophylla diversa: Wang, 1996. Acta Zootaxon. Sin. 21 (Suppl.): 190.

分布（**Distribution**）：四川（SC）。

（573）法叶实蝇 *Philophylla farinosa* **(Hendel, 1915)**

Neanomoea farinosa Hendel, 1915. Ann. Hist.-Nat. Mus. Natl. Hung. 13: 455. **Type locality:** China: Taiwan, Chip-Chip, Mount. Hoozan and Janner.

Philophylla farinosa: Wang, 1996. Acta Zootaxon. Sin. 21 (Suppl.): 191.

分布（**Distribution**）：台湾（TW）。

（574）眉叶实蝇 *Philophylla fossata* (Fabricius, 1805)

Tephritis fossata Fabricius, 1805. Syst. Antliat.: 320. **Type locality:** India: Tranquebar.

Trypeta elimia Walker, 1849. List of the specimens of dipterous insets in the collection of the British Museum Part IV: 1033. **Type locality:** Philippines.

Philophylla fossata: Wang, 1996. Acta Zootaxon. Sin. 21 (Suppl.): 191.

分布（Distribution）：青海（QH）、浙江（ZJ）、四川（SC）、云南（YN）、台湾（TW）、广西（GX）、海南（HI）；韩国、日本、越南、泰国、老挝、印度、巴基斯坦、菲律宾、新加坡、印度尼西亚、巴布亚新几内亚、所罗门群岛。

（575）硕大叶实蝇 *Philophylla incerta* (Chen, 1948)

Euleia incerta Chen, 1948. Sinensia 18 (1-6): 108. **Type locality:** China: Sikong.

Philophylla incerta: Wang, 1996. Acta Zootaxon. Sin. 21 (Suppl.): 192.

分布（Distribution）：四川（SC）；越南。

（576）阔翅叶实蝇 *Philophylla latipennis* (Chen, 1948)

Euleia latipennis Chen, 1948. Sinensia 18 (1-6): 109. **Type locality:** China: Szechuan, Omeishan.

Euleia latipennis: Wang, 1996. Acta Zootaxon. Sin. 21 (Suppl.): 192.

分布（Distribution）：四川（SC）。

（577）尾带叶实蝇 *Philophylla marumoi* (Miyake, 1919)

Acidia marumoi Miyake, 1919. Bull. Imp. Cent. Agric. Expt. Sta. Japan 2 (2): 151. **Type locality:** Japan: Honshū, Nagano.

Philophylla marumoi: Wang, 1996. Acta Zootaxon. Sin. 21 (Suppl.): 192.

分布（Distribution）：河北（HEB）；韩国、日本、俄罗斯。

（578）黑带叶实蝇 *Philophylla nigrofasciata* (Zia, 1938)

Myiolia nigrofasciata Zia, 1938. Sinensia 9 (1-2): 50. **Type locality:** China: Kansu, Cheumenn.

Philophylla nigrofasciata: Wang, 1996. Acta Zootaxon. Sin. 21 (Suppl.): 193.

分布（Distribution）：甘肃（GS）。

（579）缅甸叶实蝇 *Philophylla nigroscutellata* (Hering, 1938)

Neanomoea nigroscutellata Hering, 1938. Ark. Zool. 30A (25): 18. **Type locality:** Burma: Kambaiti.

Philophylla nigroscutellata: Wang, 1996. Acta Zootaxon. Sin. 21 (Suppl.): 193.

分布（Distribution）：北京（BJ）、四川（SC）、广西（GX）；缅甸、马来西亚、印度尼西亚。

（580）诺叶实蝇 *Philophylla nummi* (Munro, 1935)

Neanomoea nummi Munro, 1935. Arb. Physiol. Angew. Ent. Berl. 2 (4): 254. **Type locality:** China: Taiwan, Toa Tsui Kutsu.

Philophylla nummi: Wang, 1996. Acta Zootaxon. Sin. 21 (Suppl.): 194.

分布（Distribution）：台湾（TW）。

（581）双楔叶实蝇 *Philophylla radiata* (Hardy, 1973)

Myoleja radiata Hardy, 1973. Pac. Insects Monogr. 31: 257. **Type locality:** Laos: Kien Then.

Philophylla radiata: Wang, 1996. Acta Zootaxon. Sin. 21 (Suppl.): 194.

分布（Distribution）：云南（YN）；老挝、马来西亚。

（582）对距叶实蝇 *Philophylla ravida* (Hardy, 1973)

Myoleja ravida Hardy, 1973. Pac. Insects Monogr. 31: 258. **Type locality:** Thailand: Khao Yai, Nakhon Ratchasima.

Philophylla ravida: Wang, 1996. Acta Zootaxon. Sin. 21 (Suppl.): 194.

分布（Distribution）：云南（YN）、海南（HI）；泰国、老挝。

（583）淡红叶实蝇 *Philophylla rufescens* (Hendel, 1915)

Neanomoea rufescens Hendel, 1915. Ann. Hist.-Nat. Mus. Natl. Hung. 13: 456. **Type locality:** China: Taiwan, Kankau, and Sokutsu.

Philophylla rufescens: Wang, 1996. Acta Zootaxon. Sin. 21 (Suppl.): 195.

分布（Distribution）：台湾（TW）、广西（GX）。

（584）黄足叶实蝇 *Philophylla setigera* (Hardy, 1973)

Myoleja setigera Hardy, 1973. Pac. Insects Monogr. 31: 260. **Type locality:** Thailand: Petchaboon.

Philophylla setigera: Wang, 1996. Acta Zootaxon. Sin. 21 (Suppl.): 195.

分布（Distribution）：云南（YN）、广西（GX）；泰国。

（585）苦郎树叶实蝇 *Philophylla superflucta* (Enderlein, 1911)

Trypeta superflucta Enderlein, 1911. Zool. Jahrb. (Syst.) 31: 428. **Type locality:** China: Taiwan, Takao.

Philophylla superflucta: Wang, 1996. Acta Zootaxon. Sin. 21 (Suppl.): 195.

分布（Distribution）：台湾（TW）、海南（HI）；日本、菲律宾、新加坡、马来西亚、印度尼西亚。

119. 股鬃实蝇属 *Poecilothea* Hendel, 1914

Poecilothea Hendel, 1914d. Wien. Ent. Ztg. 33: 83. **Type species:** *Poecilothea angustifrons* Hendel, 1915 (by original designation).

（586）三带股鬃实蝇 *Poecilothea angustifrons* Hendel, 1914

Poecilothea angustifrons Hendel, 1914d. Wien. Ent. Ztg. 33: 83; Hendel, 1915. Ann. Hist.-Nat. Mus. Natl. Hung. 13: 443. **Type locality:** China: Taiwan, Toyenmongai and Mount. Hoozan.
Poecilothea angustifrons: Wang, 1996. Acta Zootaxon. Sin. 21 (Suppl.): 196.
分布（Distribution）： 台湾（TW）。

120. 前叶实蝇属 *Prospheniscus* Shiraki, 1933

Prospheniscus Shiraki, 1933. Mem. Fac. Sci. Agric. Taihoku Imp. Univ. 8 (2): 174. **Type species:** *Prospheniscus miyakei* Shiraki, 1933 (by original designation).

（587）三宅前叶实蝇 *Prospheniscus miyakei* Shiraki, 1933

Prospheniscus miyakei Shiraki, 1933. Mem. Fac. Sci. Agric. Taihoku Imp. Univ. 8 (2): 175. **Type locality:** China: Taiwan, Musha.
Prospheniscus miyakei: Wang, 1996. Acta Zootaxon. Sin. 21 (Suppl.): 197.
分布（Distribution）： 台湾（TW）。

121. 坡翅实蝇属 *Pterochila* Richter *et* Kandybina, 1981

Pterochila Richter *et* Kandybina, 1981. Zool. Inst. Leningrad. 92: 133. **Type species:** *Pterochila scorpioides* Richter *et* Kandybina, 1981 (by original designation).

（588）三楔坡翅实蝇 *Pterochila scorpioides* Richter *et* Kandybina, 1981

Pterochila scorpioides Richter *et* Kandybina, 1981. Tr. Zool. Inst. Leningrad. 92: 134. **Type locality:** Russia: Primorskiy.
Pterochila scorpioides: Wang, 1996. Acta Zootaxon. Sin. 21 (Suppl.): 197.
分布（Distribution）： 吉林（JL）；俄罗斯。

122. 曲带实蝇属 *Sinacidia* Chen, 1948

Sinacidia Chen, 1948. Sinensia 18 (1-6): 103. **Type species:** *Myiolia flexuosa* Zia, 1938 (by original designation).

（589）离曲带实蝇 *Sinacidia esakii* (Ito, 1960)

Euleia esakii Ito, 1960. Esakia 2: 1. **Type locality:** Japan: Kyushu, Buzen, Hikosan.

Sinacidia esakii: Wang, 1996. Acta Zootaxon. Sin. 21 (Suppl.): 198.
分布（Distribution）： 吉林（JL）；日本。

（590）连曲带实蝇 *Sinacidia flexuosa* (Zia, 1938)

Myiolia flexuosa Zia, 1938. Sinensia 9 (1-2): 43. **Type locality:** China: Gansu, Tsien-Ou.
Sinacidia flexuosa: Wang, 1996. Acta Zootaxon. Sin. 21 (Suppl.): 198.
分布（Distribution）： 甘肃（GS）；日本。

123. 角额实蝇属 *Stemonocera* Rondani, 1870

Stemonocera Rondani, 1870. Dipt. Ital. Prodromus 7 (4): 30. **Type species:** *Musca cornuta* Scopoli, 1772 (monotypy).

（591）斑背角额实蝇 *Stemonocera bipunctata* (Zia, 1937)

Vidalia bipunctata Zia, 1937. Sinensia 8 (2): 163. **Type locality:** China: Zhejiang, Tien-mu-shan.
Stemonocera bipunctata: Wang, 1996. Acta Zootaxon. Sin. 21 (Suppl.): 199.
分布（Distribution）： 浙江（ZJ）。

（592）六鬃角额实蝇 *Stemonocera cervicornis* (Brunetti, 1917)

Vidalia cervicornis Brunetti, 1917. Rec. India Mus. 13: 95. **Type locality:** India: Himāchal Pradesh, Simla Hills, Phagu.
Stemonocera cervicornis: Wang, 1996. Acta Zootaxon. Sin. 21 (Suppl.): 199.
分布（Distribution）： 西藏（XZ）；印度、巴基斯坦。

（593）四鬃角额实蝇 *Stemonocera cornuta* (Scopoli, 1772)

Musca cornuta Scopoli, 1772. Ann. Hist. Nat. Lipsiae 5: 123. **Type locality:** Not given.
Trypeta abrotani Meigen, 1826. Syst. Beschr. Europ. Zweifl. Insekt. 5: 314. **Type locality:** Not given.
Stemonocera cornuta: Wang, 1996. Acta Zootaxon. Sin. 21 (Suppl.): 200.
分布（Distribution）： 黑龙江（HL）、湖北（HB）、西藏（XZ）；日本、俄罗斯；欧洲（中部）。

（594）黄带角额实蝇 *Stemonocera corruca* (Hering, 1937)

Trypeta corruca Hering, 1937d. Mitt. Zool. Mus. Berl. 22: 248. **Type locality:** Russia: Russland.
Stemonocera corruca: Wang, 1996. Acta Zootaxon. Sin. 21 (Suppl.): 200.
分布（Distribution）： 黑龙江（HL）、北京（BJ）、山西（SX）；俄罗斯。

（595）亨氏角额实蝇 *Stemonocera hendeli* **(Munro, 1938)**

Vidalia hendeli Munro, 1938. Rec. India Mus. 40: 29. **Type locality:** China: Sichuan.

Stemonocera hendeli: Wang, 1996. Acta Zootaxon. Sin. 21 (Suppl.): 201.

分布（Distribution）：四川（SC）。

（596）独纹角额实蝇 *Stemonocera unicinata* **(Wang, 1991)**

Vidalia unicinata Wang, 1991. Acta Zootaxon. Sin. 16 (4): 464. **Type locality:** China: Qinghai, Yushu.

Stemonocera unicinata: Wang, 1996. Acta Zootaxon. Sin. 21 (Suppl.): 201.

分布（Distribution）：青海（QH）。

124. 实蝇属 *Trypeta* Meigen, 1803

Trypeta Meigen, 1803. Mag. Insektenkd. 2: 277. **Type species:** *Musca artemisiae* Fabricius, 1794.

Spilographa Loew, 1862. Europ. Bohrfl.: 39. **Type species:** *Trypeta hamifera* Loew, 1846.

（597）肘叶实蝇 *Trypeta amanda* **Hering, 1938**

Trypeta amanda Hering, 1938. Ark. Zool. 30A (25): 38. **Type locality:** Burma: Kachin, Kambaiti.

Trypeta amanda: Wang, 1996. Acta Zootaxon. Sin. 21 (Suppl.): 203.

分布（Distribution）：四川（SC）；缅甸。

（598）蒿实蝇 *Trypeta artemisiae* **(Fabricius, 1794)**

Musca artemisiae Fabricius, 1794. Ent. Syst. 4: 351. **Type locality:** Denmark: Daniae.

Trypeta artemisia: Wang, 1996. Acta Zootaxon. Sin. 21 (Suppl.): 204.

分布（Distribution）：黑龙江（HL）、陕西（SN）、甘肃（GS）、新疆（XJ）、四川（SC）；韩国、日本、俄罗斯、丹麦、蒙古国；中亚、欧洲。

（599）纹背实蝇 *Trypeta binotata* **Zia, 1938**

Trypeta binotata Zia, 1938. Sinensia 9 (1-2): 37. **Type locality:** China: Shansi, Maoeulting, Hoyepingchan, Tsai Tchang, Tsiliyu.

Trypeta binotata: Wang, 1996. Acta Zootaxon. Sin. 21 (Suppl.): 205.

分布（Distribution）：内蒙古（NM）、山西（SX）、宁夏（NX）、甘肃（GS）；蒙古国、俄罗斯。

（600）波密实蝇 *Trypeta bomiensis* **Wang, 1996**

Trypeta bomiensis Wang, 1996. Acta Zootaxon. Sin. 21 (Suppl.): 205. **Type locality:** China: Xizang, Bomi.

分布（Distribution）：西藏（XZ）。

（601）周氏实蝇 *Trypeta choui* **Chen, 1948**

Trypeta choui Chen, 1948. Sinensia 18 (1-6): 101. **Type locality:** China: Kongting, Sikong.

Trypeta choui: Wang, 1996. Acta Zootaxon. Sin. 21 (Suppl.): 206.

分布（Distribution）：四川（SC）。

（602）背中鬃实蝇 *Trypeta dorsocentralis* **Richter** *et* **Kandybina, 1985**

Trypeta (*Heliotrypeta*) *dorsocentralis* Richter *et* Kandybina, 1985. Vestn. Zool. (1985) 1: 23. **Type locality:** Russia: Primorskiy.

Trypeta dorsocentralis: Wang, 1996. Acta Zootaxon. Sin. 21 (Suppl.): 206.

分布（Distribution）：黑龙江（HL）；俄罗斯。

（603）斑腹实蝇 *Trypeta fujianica* **Wang, 1996**

Trypeta fujianica Wang, 1996. Acta Zootaxon. Sin. 21 (Suppl.): 206. **Type locality:** China: Fujian, Jianyang.

分布（Distribution）：福建（FJ）。

（604）印度实蝇 *Trypeta indica* **(Hendel, 1915)**

Phorellia indica Hendel, 1915. Ann. Hist.-Nat. Mus. Natl. Hung. 13: 448. **Type locality:** India: Darjeeling.

Trypeta indica: Wang, 1996. Acta Zootaxon. Sin. 21 (Suppl.): 207.

分布（Distribution）：西藏（XZ）；印度、缅甸。

（605）伊藤氏实蝇 *Trypeta itoi* **Wang, 1996**

Trypeta itoi Wang, 1996. Acta Zootaxon. Sin. 21 (Suppl.): 208. **Type locality:** China: Sichuan, Lixian, Miyaluo.

分布（Distribution）：四川（SC）。

（606）常股鬃实蝇 *Trypeta longiseta* **Wang, 1996**

Trypeta longiseta Wang, 1996. Acta Zootaxon. Sin. 21 (Suppl.): 208. **Type locality:** China: Sichuan, Mount. Emei.

分布（Distribution）：四川（SC）。

（607）臀斑实蝇 *Trypeta luteonota* **Shiraki, 1933**

Trypeta luteonota Shiraki, 1933. Mem. Fac. Sci. Agric. Taihoku Imp. Univ. 8 (2): 274. **Type locality:** China: Taiwan.

Trypeta luteonota: Wang, 1996. Acta Zootaxon. Sin. 21 (Suppl.): 209.

分布（Distribution）：福建（FJ）、台湾（TW）；日本。

（608）小斑实蝇 *Trypeta mainlingensis* **Wang, 1996**

Trypeta mainlingensis Wang, 1996. Acta Zootaxon. Sin. 21 (Suppl.): 209. **Type locality:** China: Xizang, Mainling.

分布（Distribution）：西藏（XZ）。

（609）宽额实蝇 *Trypeta pictiventris* **Chen, 1948**

Trypeta seticauda Chen, 1948. Sinensia 18 (1-6): 101. **Type locality:** China: Kongting, Sikong.

Trypeta seticauda: Wang, 1996. Acta Zootaxon. Sin. 21

(Suppl.): 210.

分布（Distribution）：四川（SC）。

（610）五斑实蝇 *Trypeta quinquemaculata* Wang, 1996

Trypeta quinquemaculata Wang, 1996. Acta Zootaxon. Sin. 21 (Suppl.): 210. **Type locality:** China: Xizang, Bomi.

分布（Distribution）：四川（SC）、西藏（XZ）。

（611）三斑实蝇 *Trypeta semipicta* (Zia, 1939)

Myiolia semipicta Zia, 1939. Sinensia 10 (1-6): 4. **Type locality:** China: Szechuan, Pehpei.

Trypeta semipicta: Wang, 1996. Acta Zootaxon. Sin. 21 (Suppl.): 211.

分布（Distribution）：湖北（HB）、四川（SC）。

（612）鬃尾实蝇 *Trypeta seticauda* Wang, 1996

Trypeta seticauda Wang, 1996. Acta Zootaxon. Sin. 21 (Suppl.): 211. **Type locality:** China: Sichuan, Mount. Emei.

分布（Distribution）：四川（SC）。

（613）甘川实蝇 *Trypeta submicans* Zia, 1938

Trypeta submicans Zia, 1938. Sinensia 9 (1-2): 40. **Type locality:** China: Kansu, Cheumenn.

Trypeta submicans: Wang, 1996. Acta Zootaxon. Sin. 21 (Suppl.): 212.

分布（Distribution）：甘肃（GS）、四川（SC）。

（614）宽条实蝇 *Trypeta xingshana* Wang, 1996

Trypeta xingshana Wang, 1996. Acta Zootaxon. Sin. 21 (Suppl.): 212. **Type locality:** China: Hubei, Xingshan.

分布（Distribution）：湖北（HB）。

（615）玉树实蝇 *Trypeta yushunica* Wang, 1996

Trypeta yushunica Wang, 1996. Acta Zootaxon. Sin. 21 (Suppl.): 213. **Type locality:** China: Qinghai, Yushu.

分布（Distribution）：青海（QH）。

（616）西藏实蝇 *Trypeta zayuensis* Wang, 1996

Trypeta zayuensis Wang, 1996. Acta Zootaxon. Sin. 21 (Suppl.): 213. **Type locality:** China: Xizang, Zayü.

分布（Distribution）：西藏（XZ）。

125. 瘤额实蝇属 *Vidalia* Robineau-Desvoidy, 1830

Vidalia Robineau-Desvoidy, 1830. Mém. Prés. Div. Sav. Acad. R. Sci. Inst. Fr. 2 (2): 719. **Type species:** *Vidalia impressifrons* Robineau-Desvoidy, 1830 (monotypy).

Sinaida Hering, 1940c. Siruna Seva 2: 10. **Type species:** *Sinaida alini* Hering, 1940 (by original designation).

（617）中住瘤额实蝇 *Vidalia accola* (Hardy, 1973)

Trypeta accola Hardy, 1973. Pac. Insects Monogr. 31: 281.

Type locality: Burma: Mount. Victoria, Chin Hills.

Vidalia accola: Wang, 1996. Acta Zootaxon. Sin. 21 (Suppl.): 215.

分布（Distribution）：四川（SC）；日本、缅甸。

（618）二剑瘤额实蝇 *Vidalia armifrons* (Portschinsky, 1892)

Spilographa armifrons Portschinsky, 1892. Horae Soc. Ent. Ross. 26: 221. **Type locality:** Russia: Siberia, Raddewka.

Vidalia armifroms: Wang, 1996. Acta Zootaxon. Sin. 21 (Suppl.): 215.

分布（Distribution）：黑龙江（HL）、辽宁（LN）、四川（SC）、福建（FJ）；日本、俄罗斯。

（619）双楔瘤额实蝇 *Vidalia bidens* Hendel, 1915

Vidalia bidens Hendel, 1915. Ann. Hist.-Nat. Mus. Natl. Hung. 13: 443. **Type locality:** China: Taiwan, Toyenmongai and Mount. Hoozan.

Vidalia bidens: Wang, 1996. Acta Zootaxon. Sin. 21 (Suppl.): 215.

分布（Distribution）：台湾（TW）、广西（GX）；马来西亚、菲律宾。

（620）二斑瘤额实蝇 *Vidalia duplicata* (Han *et* Wang, 1994)

Pseudina duplicata Han *et* Wang, 1994. *In*: Han, Wang *et* Kim, 1994b. Orient. Insects 28: 114. **Type locality:** China: Xizang, Mêdog.

Vidalia duplicata: Wang, 1996. Acta Zootaxon. Sin. 21 (Suppl.): 216.

分布（Distribution）：西藏（XZ）。

（621）异鬃瘤额实蝇 *Vidalia eritima* (Han *et* Wang, 1994)

Pseudina eritima Han *et* Wang, 1994. *In*: Han, Wang *et* Kim, 1994b. Orient. Insects 28: 115. **Type locality:** China: Xizang, Xigonghu.

Vidalia eritima: Wang, 1996. Acta Zootaxon. Sin. 21 (Suppl.): 216.

分布（Distribution）：西藏（XZ）。

（622）栗褐瘤额实蝇 *Vidalia spadix* Chen, 1948

Vidalia spadix Chen, 1948. Sinensia 18 (1-6): 100. **Type locality:** China: Fujian, Shao-Woo.

Vidalia spadix: Wang, 1996. Acta Zootaxon. Sin. 21 (Suppl.): 217.

分布（Distribution）：福建（FJ）。

126. 盾鬃实蝇属 *Xarnuta* Walker, 1856

Xarnuta Walker, 1856a. J. Proc. Linn. Soc. London Zool. 1: 28. **Type species:** *Xarnuta leucotelus* Walker, 1856 (monotypy).

（623）褐翅盾鬃实蝇 *Xarnuta leucotelus* Walker, 1856

Xarnuta leucotelus Walker, 1856a. J. Proc. Linn. Soc. London Zool. 1: 28. **Type locality:** Singapore.

Oxyphora malaica Schiner, 1868. Reise der Österreichischen Fregatte Novara, Diptera 2 (1B): 274. **Type locality:** Sri Lanka.

Xarnuta leucotelus: Wang, 1996. Acta Zootaxon. Sin. 21 (Suppl.): 217.

分布（Distribution）：云南（YN）；泰国、老挝、斯里兰卡、菲律宾、新加坡、马来西亚、印度尼西亚。

斑蝇科 Ulidiidae

斑蝇亚科 Otitinae

1. 角斑蝇属 *Ceroxys* Macquart, 1835

Ceroxys Macquart, 1835. Hist. Nat. Ins., Dipt. 2: 437. **Type species:** *Musca urticae* Linnaeus, 1758 (by designation of Westwood, 1840).

Anacampta Loew, 1868b. Z. Ges. Naturw. Halle 32: 7. **Type species:** *Musca urticae* Linnaeus, 1758 (by designation of Coquillett, 1910).

Holodasia Loew, 1868b. Z. Ges. Naturw. Halle 32: 7. **Type species:** *Ortalis fraudulosa* Loew, 1864 (monotypy).

（1）光亮角斑蝇 *Ceroxys cinifera* (Loew, 1846)

Ortalis cinifera Loew, 1846c. Stettin. Ent. Ztg. 7: 92. **Type locality:** Nördliche Rußland.

Ceroxys cinifera: Soós, 1984. *In*: Soós *et* Papp, 1984. Cat. Palaearct. Dipt. 9: 53.

分布（Distribution）：新疆（XJ）；蒙古国、俄罗斯。

（2）蒙新角斑蝇 *Ceroxys confluens* (Becker, 1907)

Meckelia confluens Becker, 1907. Annu. Mus. Zool. Acad. Sci. Russ. St.-Pétersb. 12 (3): 275. **Type locality:** Mongolia. China: "Gaschun-Gobi im Chines. Turkestan: Fl. Danche südlich von Satschou".

Ceroxys confluens: Soós, 1984. *In*: Soós *et* Papp, 1984. Cat. Palaearct. Dipt. 9: 53.

分布（Distribution）：新疆（XJ）；蒙古国。

（3）联角斑蝇 *Ceroxys connexa* (Becker, 1907)

Meckelia connexa Becker, 1907. Annu. Mus. Zool. Acad. Sci. Russ. St.-Pétersb. 12 (3): 274. **Type locality:** China: "Turkestan: O. -Thian-Schan bei Hami in der Gobi, Kara Tjube, westlich von Hami, Bugas, sudlich von Hami nach S. vom O. -Thian-Schan".

Ceroxys connexa: Soós, 1984. *In*: Soós *et* Papp, 1984. Cat. Palaearct. Dipt. 9: 53.

分布（Distribution）：新疆（XJ）。

（4）黄盾角斑蝇 *Ceroxys flavoscutellata* Hendel, 1935

Ceroxys flavoscutellata Hendel, 1935b. *In*: Visser *et* Visser-Hooft, 1935. Wiss. Ergebn. Niederl. Exped. Karakorum 1: 403. **Type locality:** "Maralbaschi, am Kaschgar-Darja".

Ceroxys flavoscutellata: Soós, 1984. *In*: Soós *et* Papp, 1984. Cat. Palaearct. Dipt. 9: 53.

分布（Distribution）：新疆（XJ）。

（5）毛角斑蝇 *Ceroxys hortulana* (Rossi, 1790)

Musca hortulana Rossi, 1790. Fauna Etrusca 2: 313. **Type locality:** Not given.

Musca hyalinata Panzer, 1798. Faunae insectorum germanicae initia oder Deutschlands Insecten, Fasc. 60: 24. **Type locality:** Austria.

Ceroxys hortulana: Soós, 1984. *In*: Soós *et* Papp, 1984. Cat. Palaearct. Dipt. 9: 53.

分布（Distribution）：黑龙江（HL）、吉林（JL）、新疆（XJ）；俄罗斯、奥地利；欧洲（中部和南部）。

（6）偏角斑蝇 *Ceroxys laticornis* (Loew, 1873)

Ortalis laticornis Loew, 1873. Beschr. Europ. Dipt. 3: 269. **Type locality:** Russia: East Siberia, Kultuk.

Ceroxys laticornis: Soós, 1984. *In*: Soós *et* Papp, 1984. Cat. Palaearct. Dipt. 9: 54.

分布（Distribution）：黑龙江（HL）；俄罗斯。

（7）钝角斑蝇 *Ceroxys morosa* (Loew, 1873)

Anacampta morosa Loew, 1873. Beschr. Europ. Dipt. 3: 278. **Type locality:** Russia: Sarepta.

Ceroxys morosa: Soós, 1984. *In*: Soós *et* Papp, 1984. Cat. Palaearct. Dipt. 9: 54.

分布（Distribution）：新疆（XJ）；蒙古国、俄罗斯。

（8）洁角斑蝇 *Ceroxys munda* (Loew, 1868)

Anacampta munda Loew, 1868b. Z. Ges. Naturw. Halle 32: 10. **Type locality:** Russia: Sarepta.

Ceroxys munda: Soós, 1984. *In*: Soós *et* Papp, 1984. Cat. Palaearct. Dipt. 9: 54; Chen *et* Wang, 2006. Entomotaxon. 28 (3): 237.

分布（Distribution）：新疆（XJ）、云南（YN）；蒙古国、俄罗斯；欧洲。

（9）壮角斑蝇 *Ceroxys robusta* (Loew, 1873)

Anacampta robusta Loew, 1873. Beschr. Europ. Dipt. 3: 279. **Type locality:** "Sarawschan-Tal".

Ceroxys robusta: Soós, 1984. *In*: Soós *et* Papp, 1984. Cat. Palaearct. Dipt. 9: 54; Chen *et* Wang, 2006. Entomotaxon. 28 (3): 238.

分布（Distribution）：新疆（XJ）；俄罗斯。

（10）刺角斑蝇 *Ceroxys splendens* (Becker, 1907)

Meckelia splendens Becker, 1907. Annu. Mus. Zool. Acad. Sci.

Russ. St.-Pétersb. 12 (3): 274. **Type locality:** China: Tibet.
Ceroxys splendens: Soós, 1984. *In*: Soós *et* Papp, 1984. Cat. Palaearct. Dipt. 9: 54.

分布（Distribution）：西藏（XZ）；蒙古国。

（11）荨麻角斑蝇 *Ceroxys urticae* (Linnaeus, 1758)

Musca urticae Linnaeus, 1758. Syst. Nat. Ed. 10 (1): 600. **Type locality:** Not given.
Ceroxys urticae: Soós, 1984. *In*: Soós *et* Papp, 1984. Cat. Palaearct. Dipt. 9: 54.

分布（Distribution）：新疆（XJ）；俄罗斯；欧洲。

（12）奇角斑蝇 *Ceroxys zaidami* (Becker, 1907)

Meckelia zaidami Becker, 1907. Annu. Mus. Zool. Acad. Sci. Russ. St.-Pétersb. 12 (3): 273. **Type locality:** China: Tibet.
Ceroxys zaidami: Soós, 1984. *In*: Soós *et* Papp, 1984. Cat. Palaearct. Dipt. 9: 54.

分布（Distribution）：新疆（XJ）、西藏（XZ）；蒙古国。

2. 英斑蝇属 *Herina* Robineau-Desvoidy, 1830

Herina Robineau-Desvoidy, 1830. Mém. Prés. Div. Sav. Acad. R. Sci. Inst. Fr. 2 (2): 724. **Type species:** *Herina liturata* Robineau-Desvoidy, 1830 (by designation of Hennig, 1939).

（13）亨尼希英斑蝇 *Herina hennigi* Hering, 1940

Herina hennigi Hering, 1940b. Arb. Morph. Taxon. Ent. Berl. 7 (4): 294. **Type locality:** China: Gaolinsy.
Herina hennigi: Soós, 1984. *In*: Soós *et* Papp, 1984. Cat. Palaearct. Dipt. 9: 55.

分布（Distribution）：黑龙江（HL）。

（14）火英斑蝇 *Herina igniceps* Hendel, 1933

Herina igniceps Hendel, 1933a. Dtsch. Ent. Z. 1933 (1): 40. **Type locality:** China: Szechwan, Suifu and Mount. Omei.
Herina igniceps: Steyskal, 1977. *In*: Delfinado *et* Hardy, 1977. Cat. Dipt. Orient. Reg. 3: 166.

分布（Distribution）：四川（SC）。

3. 苍斑蝇属 *Hypochra* Loew, 1868

Hypochra Loew, 1868b. Z. Ges. Naturw. Halle 32: 7. **Type species:** *Ortalis albipennis* Loew, 1846 (monotypy).

（15）亚苍斑蝇 *Hypochra asiatica* Hennig, 1939

Hypochra asiatica Hennig, 1939. *In*: Lindner, 1939. Flieg. Palaearkt. Reg. 5 (1): 42. **Type locality:** China: Kansu.
Hypochra asiatica: Soós, 1984. *In*: Soós *et* Papp, 1984. Cat. Palaearct. Dipt. 9: 50.

分布（Distribution）：河北（HEB）、甘肃（GS）；伊朗。

4. 蜜斑蝇属 *Melieria* Robineau-Desvoidy, 1830

Melieria Robineau-Desvoidy, 1830. Mém. Prés. Div. Sav.

Acad. R. Sci. Inst. Fr. 2 (2): 715. **Type species:** *Melieria gangraenosa* Robineau-Desvoidy, 1830 (by designation of Rondani, 1869).

（16）卡那蜜斑蝇 *Melieria cana* (Loew, 1858)

Ortalis cana Loew, 1858g. Berl. Ent. Z. 2: 374. **Type locality:** "Zante prope Tergestum".
Melieria cana: Soós, 1984. *In*: Soós *et* Papp, 1984. Cat. Palaearct. Dipt. 9: 51.

分布（Distribution）：黑龙江（HL）、内蒙古（NM）、新疆（XJ）；古北区。

（17）矮斑蜜斑蝇 *Melieria immaculata* Becker, 1907

Melieria immaculata Becker, 1907. Annu. Mus. Zool. Acad. Sci. Russ. St.-Pétersb. 12 (3): 280. **Type locality:** China: "O-Zaidam im n.-ostl. Tibet: Fluss Orogyn, Systyn-Ebene, sudlich von W.-Nan-schan".
Melieria immaculate: Soós, 1984. *In*: Soós *et* Papp, 1984. Cat. Palaearct. Dipt. 9: 51.

分布（Distribution）：西藏（XZ）；蒙古国。

（18）侧生蜜斑蝇 *Melieria latigenis* Hendel, 1934

Melieria latigenis Hendel, 1934b. Ark. Zool. 25A (21): 10. **Type locality:** Mongolei.
Melieria latigenis: Soós, 1984. *In*: Soós *et* Papp, 1984. Cat. Palaearct. Dipt. 9: 51.

分布（Distribution）：内蒙古（NM）；蒙古国。

（19）污羽蜜斑蝇 *Melieria limpidipennis* Becker, 1907

Melieria limpidipennis Becker, 1907. Annu. Mus. Zool. Acad. Sci. Russ. St.-Pétersb. 12 (3): 281. **Type locality:** China: "Gaschun-Gobi im Chines.
Melieria limpidipennis: Soós, 1984. *In*: Soós *et* Papp, 1984. Cat. Palaearct. Dipt. 9: 52.

分布（Distribution）：新疆（XJ）；蒙古国。

（20）暗蜜斑蝇 *Melieria obscuripes* (Loew, 1873)

Ceroxys obscuripes Loew, 1873. Beschr. Europ. Dipt. 3: 276. **Type locality:** "Sarawschan-Tal".
Melieria laevipunctata Becker, 1907. Annu. Mus. Zool. Acad. Sci. Russ. St.-Pétersb. 12 (3): 279. **Type locality:** China: Tibet.
Melieria obscuripes: Soós, 1984. *In*: Soós *et* Papp, 1984. Cat. Palaearct. Dipt. 9: 52.

分布（Distribution）：西藏（XZ）；蒙古国、俄罗斯。

（21）后蜜斑蝇 *Melieria occulta* Becker, 1907

Melieria occulta Becker, 1907. Annu. Mus. Zool. Acad. Sci. Russ. St.-Pétersb. 12 (3): 281. **Type locality:** China: Tibet.
Melieria occulta: Soós, 1984. *In*: Soós *et* Papp, 1984. Cat. Palaearct. Dipt. 9: 52.

分布（Distribution）：西藏（XZ）；蒙古国。

5. 迈斑蝇属 *Myennis* Robineau-Desvoidy, 1830

Myennis Robineau-Desvoidy, 1830. Mém. Prés. Div. Sav. Acad. R. Sci. Inst. Fr. 2 (2): 717. **Type species:** *Scatophaga fasciata* Fabricius, 1805 (monotypy).

（22）东北迈斑蝇 *Myennis mandschurica* Hering, 1956

Myennis mandschurica Hering, 1956. Dtsch. Ent. Z. 3 (1): 89. **Type locality:** China: Manschuria.
Myennis mandschurica: Soós, 1984. *In*: Soós *et* Papp, 1984. Cat. Palaearct. Dipt. 9: 58.

分布（Distribution）：黑龙江（HL）。

6. 斑蝇属 *Otites* Latreille, 1804

Otites Latreille, 1804. Nouv. Dict. Hist. Nat. 24 (3): 196. **Type species:** *Otites elegans* Latreille, 1805 (monotypy).
Myoris Robineau-Desvoidy, 1830. Mém. Prés. Div. Sav. Acad. R. Sci. Inst. Fr. 2 (2): 711. **Type species:** *Myoris silvatica* Robineau-Desvoidy, 1830 (monotypy).
Carmocoris Loew, 1868b. Z. Ges. Naturw. Halle 32: 4. **Type species:** *Sciomyza bucephala* Meigen, 1830 (monotypy).

（23）三点斑蝇 *Otites trimaculata* Loew, 1847

Otites trimaculata Loew, 1847d. Stettin. Ent. Ztg. 8: 375. **Type locality:** Russia: "Sibirien".

分布（Distribution）：西藏（XZ）；蒙古国、俄罗斯。

7. 暗斑蝇属 *Phaeosoma* Becker, 1907

Phaeosoma Becker, 1907. Annu. Mus. Zool. Acad. Sci. Russ. St.-Pétersb. 12 (3): 277. **Type species:** *Phaeosoma nigricornis* Becker, 1907 (monotypy).

（24）灰暗斑蝇 *Phaeosoma griseicolle* (Becker, 1907)

Meckelia griseicolle Becker, 1907. Annu. Mus. Zool. Acad. Sci. Russ. St.-Pétersb. 12 (3): 276. **Type locality:** China: Tibet.
Phaeosoma griseicolle: Soós, 1984. *In*: Soós *et* Papp, 1984. Cat. Palaearct. Dipt. 9: 50.

分布（Distribution）：西藏（XZ）；蒙古国。

（25）黑角暗斑蝇 *Phaeosoma nigricorne* Becker, 1907

Phaeosoma nigricorne Becker, 1907. Annu. Mus. Zool. Acad. Sci. Russ. St.-Pétersb. 12 (3): 278. **Type locality:** China: Tibet.
Phaeosoma nigricorne: Soós, 1984. *In*: Soós *et* Papp, 1984. Cat. Palaearct. Dipt. 9: 50.

分布（Distribution）：西藏（XZ）。

（26）污角暗斑蝇 *Phaeosoma obscuricorne* (Becker, 1907)

Melieria obscuricorne Becker, 1907. Annu. Mus. Zool. Acad.

Sci. Russ. St.-Pétersb. 12 (3): 280. **Type locality:** China: "aus der Gaschun-Gobi im Chines. Turkestan: Oase Satschou".
Phaeosoma obscuricorne: Soós, 1984. *In*: Soós *et* Papp, 1984. Cat. Palaearct. Dipt. 9: 51.

分布（Distribution）：新疆（XJ）。

8. 森斑蝇属 *Seioptera* Kirby, 1817

Seioptera Kirby, 1817. *In*: Kirby *et* Spence, 1817. Introduct. Ent. 2: 305. **Type species:** *Musca vibrans* Linnaeus, 1758 (monotypy).

（27）多曲森斑蝇 *Seioptera demonstrans* Hennig, 1941

Seioptera demonstrans Hennig, 1941b. Arb. Morph. Taxon. Ent. Berl. 8 (1): 75. **Type locality:** China: Northeast China, Sjaolin, Gaolinzsy.
Seioptera demonstrans: Soós, 1984. *In*: Soós *et* Papp, 1984. Cat. Palaearct. Dipt. 9: 57.

分布（Distribution）：黑龙江（HL）。

（28）多振森斑蝇 *Seioptera vibrans* (Linnaeus, 1758)

Musca vibrans Linnaeus, 1758. Syst. Nat. Ed. 10 (1): 599. **Type locality:** Europa.
Seioptera vibrans: Soós, 1984. *In*: Soós *et* Papp, 1984. Cat. Palaearct. Dipt. 9: 57.

分布（Distribution）：新疆（XJ）；俄罗斯；欧洲。

9. 直斑蝇属 *Tetanops* Fallén, 1820

Tetanops Fallén, 1820. Ortalides Sveciae: 2. **Type species:** *Tetanops myopina* Fallén, 1820 (monotypy).
Terelliosoma heryngii Rondani, 1856. Dipt. Ital. Prodromus, Vol. I: 109. **Type species:** *Tetanops impunctata* Loew, 1854 (by designation of Rondani, 1869).

（29）内蒙古直斑蝇 *Tetanops neimonggolica* Chen *et* Wang, 2008

Tetanops neimonggolica Chen *et* Wang, 2008. Acta Zootaxon. Sin. 33 (4): 709. **Type locality:** China: Neimonggol Autonomous Region.

分布（Distribution）：内蒙古（NM）。

金斑蝇亚科 Ulidiinae

10. 菲思斑蝇属 *Physiphora* Fallén, 1810

Physiphora Fallén, 1810. Specim. Ent. Novam Dipt.: 11. **Type species:** *Chrysomyza splendida* Fallén, 1817 (by designation of Fabricius, 1798).
Chloria Schiner, 1862d. Wien. Ent. Monatschr. 6: 151. **Type species:** *Musca demandata* Fabricius, 1798 (by original

designation).

（30）广菲思斑蝇 *Physiphora alceae* Preyssler, 1791

Physiphora alceae Preyssler, 1791. Samml. Physik. Aufsätze J. Mayer, Dresden 1: 129. **Type locality:** "Czechoslovakia: Bohemia".

Ulidia smaragdi Walker, 1849. List of the specimens of dipterous insets in the collection of the British Museum Part IV: 1059. **Type locality:** Not given.

Physiphora alceae: Zaitzev, 1984. *In*: Soós *et* Papp, 1984. Cat. Palaearct. Dipt. 9: 60; Chen *et* Kameneva, 2007. Zootaxa 1398: 17.

分布（Distribution）：北京（BJ）、新疆（XJ）、江苏（JS）；日本、伊朗、伊拉克、捷克、巴基斯坦、印度、阿拉伯半岛、南非、澳大利亚；中亚、欧洲、非洲（北部）、美洲。

（31）亮菲思斑蝇 *Physiphora chalybea* (Hendel, 1909)

Chrysomyza chalybea Hendel, 1909c. Zool. Anz. 34: 620. **Type locality:** "Sary Yasy".

Physiphora chalybea: Zaitzev, 1984. *In*: Soós *et* Papp, 1984. Cat. Palaearct. Dipt. 9: 60; Chen *et* Kameneva, 2007. Zootaxa 1398: 22.

分布（Distribution）：新疆（XJ）；土库曼斯坦、塔吉克斯坦、突尼斯。

（32）闭菲思斑蝇 *Physiphora clausa* (Macquart, 1843)

Physiphora clausa Macquart, 1843b. Mém. Soc. Sci. Agric. Arts Lille [1842]: 408. **Type locality:** Indonesia: Java.

Musca aenea Fabricius, 1794. Ent. Syst. 4: 335. **Type locality:** India.

Physiphora clausa: Steyskal, 1977. *In*: Delfinado *et* Hardy, 1977. Cat. Dipt. Orient. Reg. 3: 167; Chen *et* Kameneva, 2007. Zootaxa 1398: 20.

分布（Distribution）：云南（YN）、台湾（TW）、广西（GX）、海南（HI）；印度、印度尼西亚、日本至夏威夷群岛、澳大利亚、南非；美洲。

（33）海南菲思斑蝇 *Physiphora hainanensis* Chen *et* Kameneva, 2007

Physiphora hainanensis Chen *et* Kameneva, 2007. Zootaxa 1398: 24. **Type locality:** China: Hainan.

分布（Distribution）：海南（HI）。

（34）长角菲思斑蝇 *Physiphora longicornis* (Hendel, 1909)

Chrysomyza longicornis Hendel, 1909c. Zool. Anz. 34: 621. **Type locality:** China: Taiwan.

Physiphora longicornis: Steyskal, 1977. *In*: Delfinado *et* Hardy, 1977. Cat. Dipt. Orient. Reg. 3: 167; Chen *et*

Kameneva, 2007. Zootaxa 1398: 25.

分布（Distribution）：台湾（TW）；斯里兰卡。

11. 誉斑蝇属 *Timia* Wiedemann, 1824

Timia Wiedemann, 1824a. Munus Rectoris in Academia Christiana Albertina Aditurus Analecta Entomológica ex Museo Regio Havniensi Máxime Congesta Profert Iconibusque Illustrat: 15. **Type species:** *Timia erythrocephala* Pallas Roder, 1889 (monotypy).

（35）海誉斑蝇 *Timia alini* Hering, 1938

Timia alini Hering, 1938. Mitt. Dtsch. Ent. Ges. 8: 73. **Type locality:** China: Charbin, Mandschurei.

Timia alini: Zaitzev, 1984. *In*: Soós *et* Papp, 1984. Cat. Palaearct. Dipt. 9: 63.

分布（Distribution）：中国（省份不明）。

（36）离誉斑蝇 *Timia anomala* Becker, 1907

Timia anomala Becker, 1907. Annu. Mus. Zool. Acad. Sci. Russ. St.-Pétersb. 12 (3): 270. **Type locality:** China: Tibet.

Timia anomala: Zaitzev, 1984. *In*: Soós *et* Papp, 1984. Cat. Palaearct. Dipt. 9: 63.

分布（Distribution）：西藏（XZ）。

（37）管誉斑蝇 *Timia canaliculata* Becker, 1906

Timia canaliculata Becker, 1906. Wien. Ent. Ztg. 25: 117. **Type locality:** China: Tjän-Schan.

Timi canaliculata: Zaitzev, 1984. *In*: Soós *et* Papp, 1984. Cat. Palaearct. Dipt. 9: 63.

分布（Distribution）：中国（省份不明）。

（38）半誉斑蝇 *Timia dimidiata* Becker, 1906

Timia dimidiata Becker, 1906. Wien. Ent. Ztg. 25: 115. **Type locality:** China: Kaschgar.

Timia dimidiata: Zaitzev, 1984. *In*: Soós *et* Papp, 1984. Cat. Palaearct. Dipt. 9: 63.

分布（Distribution）：中国（省份不明）；俄罗斯。

（39）蒙古誉斑蝇 *Timia klugi* Hendel, 1908

Timia klugi Hendel, 1908c. Z. Syst. Hymenopt. Dipt. 8: 10. **Type locality:** Mongolei.

Timia klugi: Zaitzev, 1984. *In*: Soós *et* Papp, 1984. Cat. Palaearct. Dipt. 9: 62.

分布（Distribution）：中国（省份不明）；俄罗斯、蒙古国。

（40）塔克拉玛誉斑蝇 *Timia komarowii* Mik, 1889

Timia komarowii Mik, 1889. Wien. Ent. Ztg. 8: 200. **Type locality:** "Askhabad, Turkmenien".

Timia komarowii: Zaitzev, 1984. *In*: Soós *et* Papp, 1984. Cat. Palaearct. Dipt. 9: 62.

分布（Distribution）：新疆（XJ）；前苏联、蒙古国。

（41）亮誉斑蝇 *Timia nitida* (Hendel, 1935)

Empyelocera nitida Hendel, 1935b. *In*: Visser *et* Visser-Hooft,

1935. Wiss. Ergebn. Niederl. Exped. Karakorum 1: 402. **Type locality:** China: Shyok-Tal, zwischen Kataklik un Saser Brangsa.

Timia nitida: Zaitzev, 1984. *In*: Soós *et* Papp, 1984. Cat. Palaearct. Dipt. 9: 64.

分布（**Distribution**）：中国（省份不明）。

（42）突誉斑蝇 *Timia protuberans* Becker, 1906

Timia protuberans Becker, 1906. Wien. Ent. Ztg. 25: 113. **Type locality:** China: "Burchan Gebirge, Budda-Schlucht Chatu, Tibet; Fluss Danche, Sud-Satschou, Geschun-Gobi".

Timia protuberans: Zaitzev, 1984. *In*: Soós *et* Papp, 1984. Cat. Palaearct. Dipt. 9: 62.

分布（**Distribution**）：西藏（XZ）；俄罗斯、蒙古国。

（43）具点誉斑蝇 *Timia punctulata* Becker, 1906

Timia punctulata Becker, 1906. Wien. Ent. Ztg. 25: 112. **Type locality:** China: Kurlyk, Baingol, Ostzaidam.

Timia punctulata: Zaitzev, 1984. *In*: Soós *et* Papp, 1984. Cat. Palaearct. Dipt. 9: 62.

分布（**Distribution**）：中国（省份不明）。

（44）壳誉斑蝇 *Timia testacea* Portschinsky, 1892

Timia testacea Portschinsky, 1892. Horae Soc. Ent. Ross. 26: 211. **Type locality:** China.

Timia testacea: Zaitzev, 1984. *In*: Soós *et* Papp, 1984. Cat. Palaearct. Dipt. 9: 62.

分布（**Distribution**）：新疆（XJ）；俄罗斯。

（45）膨誉斑蝇 *Timia turgida* Becker, 1906

Timia turgida Becker, 1906. Wien. Ent. Ztg. 25: 114. **Type locality:** China: "Kurlyk, Gaingol, Ost-Zaidam, Oase Satschou, Gaschun-Gobi".

Timia turgida: Zaitzev, 1984. *In*: Soós *et* Papp, 1984. Cat.

Palaearct. Dipt. 9: 62.

分布（Distribution）：中国（省份不明）；俄罗斯、蒙古国。

（46）黄口誉斑蝇 *Timia xanthostoma* (**Becker, 1907**)

Empyelocera xanthostoma Becker, 1907. Annu. Mus. Zool. Acad. Sci. Russ. St.-Pétersb. 12 (3): 269. **Type locality:** China.

Timia xanthostoma: Zaitzev, 1984. *In*: Soós *et* Papp, 1984. Cat. Palaearct. Dipt. 9: 64.

分布（**Distribution**）：中国（省份不明）；俄罗斯。

12. 金斑蝇属 *Ulidia* Meigen, 1826

Ulidia Meigen, 1826. Syst. Beschr. Europ. Zweifl. Insekt. 5: 385. **Type species:** *Ulidia erythrophthalma* Meigen, 1826 (by designation of Hennig, 1940).

（47）贡觉金斑蝇 *Ulidia gongjuensis* Chen *et* Kameneva, 2009

Ulidia gongjuensis Chen *et* Kameneva, 2009. Zootaxa 2175: 45. **Type locality:** China: Xizang.

分布（**Distribution**）：西藏（XZ）。

（48）蒙古金斑蝇 *Ulidia kandybinae* Zaitzev, 1982

Ulidia kandybinae Zaitzev, 1982. Nasekomye Mongolii 8: 425. **Type locality:** Mongolia.

分布（**Distribution**）：内蒙古（NM）；蒙古国、俄罗斯。

（49）西藏金斑蝇 *Ulidia xizangensis* Chen *et* Kameneva, 2009

Ulidia xizangensis Chen *et* Kameneva, 2009. Zootaxa 2175: 47. **Type locality:** China: Xizang.

分布（**Distribution**）：西藏（XZ）。

虱蝇总科 Hippoboscoidea

虱蝇科 Hippoboscidae

利虱蝇亚科 Lipopteninae

1. 利虱蝇属 *Lipoptena* Nitzsch, 1818

Lipoptena Nitzsch, 1818. Mag. Ent. (Germar's) 3: 310. **Type species:** *Hippobosca cervina* Linnaeus, 1761 (monotypy) [= *Pediculus cervi* Linnaeus, 1758].
Haemobora Curtis, 1824. Brit. Ent. 1: 14. **Type species:** *Haemobora pallipes* Curtis, 1824 (monotypy) [= *Pediculus cervi* Linnaeus, 1758].
Ornithobia Meigen, 1830. Syst. Beschr. Europ. Zweifl. Insekt. 6: 229. **Type species:** *Ornithobia pallida* Meigen, 1830 (monotypy) [= *Pediculus cervi* Linnaeus, 1758].
Alcephagus Gimmerthal, 1845. Stettin. Ent. Ztg. 6: 152 (unjustified replacement name for *Ornithobia* Meigen). **Type species:** *Ornithobia pallida* Meigen, 1830 (automatic) [= *Pediculus cervi* Linnaeus, 1758].

（1）颈利虱蝇 *Lipoptena cervi* (Linnaeus, 1758)

Pediculus cervi Linnaeus, 1758. Syst. Nat. Ed. 10 (1): 611. **Type locality:** Not given (? Sweden).
Hippobosca moschi Pallas, 1779. Spicil. Zool. 13: 18. **Type locality:** Not given (Russia: ? Transbaicalia).
Melophagus trifasciata Olfers, 1816. Veget. *et* Anim. Corporis Part 1: 99. **Type locality:** Not given.
Pediculus capreoli Olfers, 1816. Veget. *et* Anim. Corporis Part 1: 99. **Type locality:** Not given.
Hippobosca cervina Nitzsch, 1818. Mag. Ent. (Germar's) 3: 311. **Type locality:** Not given.
Haemobora pallipes Curtis, 1824. Brit. Ent. 1: 14. **Type locality:** England: New Forest.
Ornithobia pallida Meigen, 1830. Syst. Beschr. Europ. Zweifl. Insekt. 6: 230. **Type locality:** Unknown.
Ornithomyia nigrirostris von Roser, 1840. Correspondenzbl. K. Württemb. Landw. Ver., Stuttgart 37 [= N. S. 17] (1): 64. **Type locality:** Not given (? Wiirttemberg).
Lipoptena alcis Schnabl, 1881b. Pam. Fizyogr. 1: 390. **Type locality:** Lituania: Pinks.

分布（**Distribution**）：中国（东部和北部，省份不明）；土耳其、伊朗、阿富汗、乌克兰、哈萨克斯坦、俄罗斯（西西伯利亚、东西伯利亚）；古北区；欧洲（中部）、非洲、美洲。

（2）革利虱蝇 *Lipoptena grahami* Bequaert, 1942

Lipoptena grahami Bequaert, 1942. Entomol. Am. 22: 81. **Type locality:** China: Sichuan.
分布（**Distribution**）：四川（SC）。

（3）钩利虱蝇 *Lipoptena pauciseta* Edwards, 1919

Lipoptena pauciseta Edwards, 1919. J. Fed. Malay St. Mus. 8 (3): 55. **Type locality:** Indonesia: Sumatra, Korinchi, Sungei Kumbang.
分布（**Distribution**）：四川（SC）；泰国、老挝、越南、印度尼西亚（苏门答腊岛）、印度。

（4）帕特利虱蝇 *Lipoptena pteropi* Denny, 1843

Lipoptena pteropi Denny, 1843. Ann. Mag. Nat. Hist. 12: 314. **Type locality:** "E Indies".
Lipoptena gracilis Speiser, 1903. Fasc. Malayenses. Zool. 1901-1902: 121. **Type locality:** Thailand: Patani State, Jalor.
Lipoptena traguli Ferris *et* Cole, 1922. Parasitology 14: 185. **Type locality:** Indonesia: Lingga Archipelago.
分布（**Distribution**）：中国（省份不明）；马来西亚、缅甸（丹老群岛）、泰国、越南、印度尼西亚（爪哇岛）。

（5）梅鹿虱蝇 *Lipoptena sigma* Maa, 1965

Lipoptena sigma Maa, 1965. J. Med. Ent. 2 (3): 241. **Type locality:** China: Taiwan.
分布（**Distribution**）：湖北（HB）、台湾（TW）。

2. 虱蝇属 *Melophagus* Latreille, 1802

Melophagus Latreille, 1802. Histoire naturelle, générale *et* particulière des Crustés *et* des Insectes 3: 463. **Type species:** *Hippobosca ovina* Linnaeus, 1758 (monotypy).
Melophaga Olfers, 1816. Veget. *et* Anim. Corporis Part 1: 99. **Type species:** *Melophaga hirtella* Olfers, 1816 (monotypy) [= *Hippobosca ovinus* Linnaeus, 1758].
Melophila Nitzsch, 1818. Mag. Ent. (Germar's) 3: 311. **Type species:** *Melophila ovina* Linnaeus, 1758 (monotypy).

（6）羊虱蝇 *Melophagus ovinus* (Linnaeus, 1758)

Hippobosca ovinus Linnaeus, 1758. Syst. Nat. Ed. 10 (1): 607. **Type locality:** Not given (? Sweden).
Melophaga hirtella Olfers, 1816. Veget. *et* Anim. Corporis Part 1: 99. **Type locality:** Not given (? Germany).
分布（**Distribution**）：黑龙江（HL）、吉林（JL）、内蒙古（NM）、天津（TJ）、山西（SX）、陕西（SN）、宁夏（NX）、

甘肃（GS）、青海（QH）、新疆（XJ）、四川（SC）、西藏（XZ）；尼泊尔、澳大利亚；亚洲（北部）、欧洲、非洲（北部）、北美洲、南美洲。

马虱蝇亚科 Ornothomyinae

3. 短翅虱蝇属 *Crataerina* Olfers, 1816

Crataerina Olfers, 1816. Veget. *et* Anim. Corporis Part 1: 101. **Type species:** *Crataerina lonchoptera* Olfers, 1816 (monotypy) [= *Ornithomya pallida* Olivier *in* Latreille, 1811].
Oxypterum Leach, 1817. Gen. *et* Spec. Eprobosc. Insect.: 5. **Type species:** *Oxypterum kirbyanum* Leach, 1817 (by designation of Westwood, 1840) [= *Ornithomya pallida* Olivier *in* Latreille, 1811].
Anapera Meigen, 1830. Syst. Beschr. Europ. Zweifl. Insekt. 6: 234. **Type species:** *Ornithomya pallida* Latreille, 1811 (automatic, but also by designation of Bequaert, 1954).

1）短翅虱蝇亚属 *Crataerina* Olfers, 1816

Crataerina Olfers, 1816. Veget. *et* Anim. Corporis Part 1: 101. **Type species:** *Crataerina lonchoptera* Olfers, 1816 (monotypy) [= *Ornithomya pallida* Olivier *in* Latreille, 1811].

（7）鄂毕短翅虱蝇 *Crataerina* (*Crataerina*) *obtusipennis* Austen, 1926

Crataerina obtusipennis Austen, 1926. Parasitology 18 (3): 356. **Type locality:** Mongolia. Malaysia: Malacca, Penang.
分布（Distribution）：内蒙古（NM）；蒙古国、俄罗斯；东洋区。

2）狭翅虱蝇亚属 *Stenepteryx* Leach, 1817

Stenepteryx Leach, 1817. Gen. *et* Spec. Eprobosc. Insect.: 5. **Type species:** *Hippobosca hirundinis* Linnaeus, 1758 (monotypy).
Chelidomyia Rondani, 1879. Bull. Soc. Ent. Ital. 11: 10. **Type species:** *Hippobosca hirundinis* Linnaeus, 1758 (by original designation).

（8）燕狭翅虱蝇 *Crataerina* (*Stenepteryx*) *hirundinis* (Linnaeus, 1758)

Hippobosca hirundinis Linnaeus, 1758. Syst. Nat. Ed. 10 (1): 607. **Type locality:** Not given (? Sweden).
Ornithomyia stenoptera Olfers, 1816. Veget. *et* Anim. Corporis Part 1: 105. **Type locality:** Germania.
Chelidomyia cypseli Rondani, 1879. Bull. Soc. Ent. Ital. 11: 16. **Type locality:** Italy.
Lynchia nipponica Kishida, 1932. Iconogr. Ins. Jap. Tokyo 1: 248. **Type locality:** Not given.
分布（Distribution）：辽宁（LN）、新疆（XJ）、四川（SC）、台湾（TW）；土耳其、巴勒斯坦、阿富汗、日本、印度、高加索地区（南部）、哈萨克斯坦、乌兹别克斯坦、塔吉克斯坦、吉尔吉斯斯坦、土库曼斯坦、俄罗斯[西西伯利亚、东西伯利亚、萨哈林岛（库页岛）]；欧洲。

（9）浅色短翅虱蝇 *Crataerina* (*Stenepteryx*) *pallida* (Latreille, 1811)

Ornithomya pallida Latreille, 1811. Encycl. Méthod. Hist. Nat. 8 (2): 544. **Type locality:** Not given ("Elle se trouve en Europe").
Crataerina lonchoptera Olfers, 1816. Veget. *et* Anim. Corporis Part 1: 102. **Type locality:** Not given (? Germany).
Oxypterum kirbyanum Leach, 1817. Gen. *et* Spec. Eprobosc. Insect.: 17. **Type locality:** England.
Anapera tangerii Guérin-Méneville, 1835. Iconographie du Règne Animal de G. Cuvier: pl. 104 (text published in 1844). **Type locality:** Morocco.
Anapera sibiriana Gimmerthal, 1847. Bull. Soc. Imp. Nat. Moscou 20 (2): 208. **Type locality:** Russia: Sibirien.
分布（Distribution）：新疆（XJ）；摩洛哥、高加索地区（南部）、哈萨克斯坦、俄罗斯（西伯利亚）；欧洲、非洲（北部）。

4. 马虱蝇属 *Hippobosca* Linnaeus, 1758

Hippobosca Linnaeus, 1758. Syst. Nat. Ed. 10 (1): 607. **Type species:** *Hippobosca equina* Linnaeus, 1758 (by designation of Latreille, 1810).
Nirmomyia Nitzsch, 1818. Mag. Ent. (Germar's) 3: 309 (as a subgenus of *Hippobosca*). **Type species:** *Hippobosca equina* Linnaeus, 1758 (monotypy).
Zoomyia Bigot, 1885. Ann. Soc. Entomol. Fr. 5 (6): 234 (unjustified replacement name for *Hippobosca*). **Type species:** *Hippobosca equina* Linnaeus, 1758 (automatic).

（10）驼马虱蝇 *Hippobosca camelina* Leach, 1817

Hippobosca camelina Leach, 1817. Gen. *et* Spec. Eprobosc. Insect.: 10. **Type locality:** Egypt.
Hippobosca bactriana Rondani, 1878. Annali Mus. Civ. Stor. Nat. Giacomo Doria 12: 165. **Type locality:** Iran.
Hippobosca dromedarina Speiser, 1902. Z. Syst. Hymenopt. Dipt. 2: 176. **Type locality:** Africa: nördliche.
分布（Distribution）：辽宁（LN）、内蒙古（NM）、河北（HEB）、北京（BJ）、山西（SX）、山东（SD）、新疆（XJ）、江苏（JS）、浙江（ZJ）、湖南（HN）、云南（YN）、福建（FJ）、广东（GD）、广西（GX）、海南（HI）；朝鲜、日本、巴勒斯坦、伊朗、土耳其、叙利亚、阿富汗、伊拉克、沙特阿拉伯、阿尔及利亚、埃及、土库曼斯坦；欧洲。

（11）马虱蝇 *Hippobosca equina* Linnaeus, 1758

Hippobosca equina Linnaeus, 1758. Syst. Nat. Ed. 10 (1): 607. **Type locality:** Not given ("Hab. in Europa & America septentrionali").
Hippobosca equi Macquart, 1835. Hist. Nat. Ins., Dipt. 2: 638. **Type locality:** "Sénégale".

Hippobosca taurina Rondani, 1879. Bull. Soc. Ent. Ital. 11: 25.
Type locality: "Italiae centralis".
分布（Distribution）：内蒙古（NM）、陕西（SN）、新疆（XJ）、台湾（TW）；印度、越南、菲律宾、日本、土耳其、巴勒斯坦、伊朗、埃及、黎巴嫩、突尼斯、摩洛哥、西班牙、葡萄牙、阿尔及利亚、高加索地区（南部）、哈萨克斯坦、乌兹别克斯坦、塔吉克斯坦、吉尔吉斯斯坦、土库曼斯坦；美洲。

（12）狗马虱蝇 *Hippobosca longipennis* Fabricius, 1805

Hippobosca longipennis Fabricius, 1805. Syst. Antliat.: 338.
Type locality: India: "Tranquebari".
Hippobosca capensis Olfers, 1816. Veget. *et* Anim. Corporis Part 1: 101. **Type locality:** South Africa: Cape of Good Hope.
Ornithomyia chinensis Giglioli, 1864. Q. J. Microsc. Sci. (N. S.) 4: 23. **Type locality:** China: Fujian.
Hippobosca canina Rondani, 1878. Annali Mus. Civ. Stor. Nat. Giacomo Doria 12: 164. **Type locality:** "In tota Italia *et* in Europa saltern austräte".
Hippobosca canina Drensky, 1926. Mitt. Bulg. Ent. Ges. 3: 98.
Type locality: Not given (? Bulgaria).
分布（Distribution）：辽宁（LN）、内蒙古（NM）、河北（HEB）、北京（BJ）、山西（SX）、山东（SD）、新疆（XJ）、江苏（JS）、浙江（ZJ）、湖南（HN）、云南（YN）、福建（FJ）、台湾（TW）、广东（GD）、广西（GX）、海南（HI）；朝鲜、日本、尼泊尔、土耳其、伊朗、印度；中东地区；欧洲、非洲（北部）。

（13）牛马虱蝇 *Hippobosca rufipes* Olfers, 1816

Hippobosca rufipes Olfers, 1816. Veget. *et* Anim. Corporis Part 1: 101. **Type locality:** South Africa.
分布（Distribution）：陕西（SN）、新疆（XJ）、福建（FJ）；南非。

5. 鹭虱蝇属 *Lynchia* Weyenbergh, 1881

Lynchia Weyenbergh, 1881. An. Soc. Cient. Argent. 11: 195.
Type species: *Lynchia penelopes* Weyenbergh, 1881 (monotypy).

1）水虱蝇亚属 *Ardmoeca* Maa, 1969

Ardmoeca Maa, 1969. Pac. Insects Monogr. 20: 137. **Type species:** *Olfersia ardeae* Macquart, 1835 (by original designation).

（14）苍鹭虱蝇 *Lynchia (Ardmoeca) ardeae* (Macquart, 1835)

Olfersia ardeae Macquart, 1835. Hist. Nat. Ins., Dipt. 2: 640.
Type locality: Italy: en Sicilie.
Olfersia botauri Rondani, 1879. Bull. Soc. Ent. Ital. 11: 22.
Type locality: Italy.

分布（Distribution）：中国（省份不明）；意大利；世界广布。

（15）吐毛拟鹭虱蝇 *Lynchia (Ardmoeca) omnisetosa* Maa, 1969

Icosta omnisetosa Maa, 1969. Pac. Insects Monogr. 20: 152.
Type locality: Papua New Guinea.
分布（Distribution）：浙江（ZJ）；泰国、菲律宾、新几内亚岛、马来西亚、巴布亚新几内亚。

（16）黑拟鹭虱蝇 *Lynchia (Ardmoeca) schoutedeni* Bequaert, 1945

Lynchia schoutedeni Bequaert, 1945. Psyche 52: 93. **Type locality:** Botswana. Ethiopia. Kenya. Rwanda. South Africa. Uganda.
分布（Distribution）：福建（FJ）；刚果（金）。

2）鹭虱蝇亚属 *Icosta* Speiser, 1905

Icosta Speiser, 1905. Z. Syst. Hymenopt. Dipt. 5: 358. **Type species:** *Olfersia dioxyrrhina* Speiser, 1904 (by original designation).

（17）斜附鹭虱蝇 *Lynchia (Icosta) chalcolampra* (Speiser, 1904)

Olfersia chalcolampra Speiser, 1904. Annali Mus. Civ. Stor. Nat. Giacomo Doria 41: 335. **Type locality:** New Guinea: Moroka.
分布（Distribution）：四川（SC）、台湾（TW）；哈萨克斯坦、印度尼西亚、缅甸、泰国、菲律宾、新几内亚岛、澳大利亚。

（18）翼窦鹭虱蝇 *Lynchia (Icosta) fenestella* Maa, 1969

Icosta fenestella Maa, 1969. Pac. Insects Monogr. 20: 109.
Type locality: China: Taiwan, Gaoxiong.
分布（Distribution）：台湾（TW）；泰国、印度尼西亚（爪哇岛、科莫多岛）、菲律宾、缅甸、加里曼丹岛。

（19）五色鹭虱蝇 *Lynchia (Icosta) trita* (Speiser, 1905)

Icosta (Olfersia) trita Speiser, 1905. Z. Syst. Hymenopt. Dipt. 5: 357. **Type locality:** Burma: Tenasserim, Mount Mooleyit.
分布（Distribution）：台湾（TW）；泰国、越南、缅甸。

3）鸟虱蝇亚属 *Ornithoponus* Aldrich, 1923

Ornithoponus Aldrich, 1923. Insecutor Inscit. Menstr. 11: 77.
Type species: *Feronia americana* Leach, 1817 (by original designation).

（20）文鸟虱蝇 *Lynchia (Ornithoponus) lonchurae* Maa, 1969

Icosta lonchurae Maa, 1969. Pac. Insects Monogr. 20: 77.
Type locality: China: Taiwan, Gaoxiong.

分布（Distribution）：台湾（TW）；泰国、马来西亚、菲律宾。

（21）竹鸡虱蝇 *Lynchia* **(*Ornithoponus*)** *maquilingensis* **(Ferris, 1924)**

Ornithophila maquilingensis Ferris, 1924. Philipp. J. Sci. 25: 392. **Type locality:** Philippines: Luzon, Mount. Makiling.

分布（Distribution）：台湾（TW）；缅甸、加里曼丹岛、泰国、菲律宾、老挝、越南、尼泊尔。

（22）突拟鹭虱蝇 *Lynchia* **(*Ornithoponus*)** *sensilis* **Maa, 1969**

Icosta sensilis Maa, 1969. Pac. Insects Monogr. 20: 74. **Type locality:** Thailand: Nakhon Sawan, Kowkat.

分布（Distribution）：台湾（TW）；泰国、缅甸、巴基斯坦、马来西亚、菲律宾。

6. 雀虱蝇属 *Myophthiria* Rondani, 1875

Myophthiria Rondani, 1875b. Ann. Mus. Civ. St. Nat. Genova 7: 464. **Type species:** *Myophthiria reduvioides* Rondani, 1875 (monotypy).

（23）金丝雀虱蝇 *Myophthiria* **(*Myophthiria*)** *reduvioides* **Rondani, 1875**

Myophthiria reduvioides Rondani, 1875b. Ann. Mus. Civ. St. Nat. Genova 7: 464. **Type locality:** Borneo: Insula Bona Fortuna.

分布（Distribution）：台湾（TW）；日本、菲律宾、加里曼丹岛。

7. 钩鸟虱蝇属 *Ornithoctona* Speiser, 1902

Ornithoctona Speiser, 1902. Természetr. Füz. 25: 328. **Type species:** *Ornithoctona erythrocephala* Leach, 1817 (by original designation).

（24）褶翅钩鸟虱蝇 *Ornithoctona plicata* **(Olfers, 1816)**

Ornithomyia plicata Olfers, 1816. Veget. *et* Anim. Corporis Part 1: 102, **Type locality:** Mauritius: in Insula Franciae.
Ornithoica annalis Kishida, 1932. Iconogr. Ins. Jap. Tokyo 1: 247. **Type locality:** Not given.

分布（Distribution）：江苏（JS）、福建（FJ）、台湾（TW）；朝鲜、日本、蒙古国、俄罗斯[千岛群岛、堪察加半岛、萨哈林岛（库页岛）]；除非洲大陆以外的热带区。

8. 棘虱蝇属 *Ornithoica* Rondani, 1878

Ornithoica Rondani, 1878. Annali Mus. Civ. Stor. Nat. Giacomo Doria 12: 159. **Type species:** *Ornithoica beccariina* Rondani, 1878 (by original designation).

（25）多棘虱蝇 *Ornithoica* **(*Ornithoica*)** *exilis* **(Walker, 1861)**

Ornithomyia exilis Walker, 1861a. J. Proc. Linn. Soc. London

Zool. 5: 254. **Type locality:** Indonesia: West Papua, Dorei, Manokwari.
Ornithoica simplicis Maa, 1966. Pac. Insects Monogr. 10: 68. **Type locality:** Indonesia: Irian Jaya.

分布（Distribution）：台湾（TW）；加里曼丹岛、缅甸、澳大利亚、马来西亚、尼泊尔、菲律宾、日本、泰国、斐济、新几内亚岛、萨摩亚、印度尼西亚。

（26）跗棘虱蝇 *Ornithoica* **(*Ornithoica*)** *stipituri* **Schiner, 1868**

Ornithomyia stipiruri Schiner, 1868. Reise der Österreichischen Fregatte Novara, Diptera 2 (1B): 374. **Type locality:** Australia: Sydney.
Ornithoica momiyamai Kishida, 1932. Iconogr. Ins. Jap. Tokyo 1: 245. **Type locality:** Not given.

分布（Distribution）：台湾（TW）；日本、澳大利亚；亚洲（东部）。

（27）三齿棘虱蝇 *Ornithoica* **(*Ornithoica*)** *tridens* **Maa, 1966**

Ornithoica tridens Maa, 1966. Pac. Insects Monogr. 10: 65. **Type locality:** China: Taiwan, Nantou.

分布（Distribution）：台湾（TW）。

（28）鹰棘虱蝇 *Ornithoica* **(*Ornithoica*)** *turdi* **(Latreille, 1811)**

Ornithomyia turdi Latreille, 1811. Encycl. Méthod. Hist. Nat. 8 (2): 544. **Type locality:** dans le Levant.
Stenopteryx pygmaea Macquart, 1835. Hist. Nat. Ins., Dipt. 2: 644. **Type locality:** Not given (? France).

分布（Distribution）：内蒙古（NM）、江苏（JS）、台湾（TW）；刚果（金）、马达加斯加、摩洛哥、黎巴嫩、摩尔多瓦、哈萨克斯坦、土库曼斯坦、英国、荷兰、比利时、法国、意大利、前捷克斯洛伐克。

9. 鸟虱蝇属 *Ornithomya* Latreille, 1802

Ornithomya Latreille, 1802. Histoire naturelle, générale *et* particulière des Crustés *et* des Insectes 3: 466. **Type species:** *Hippobosca avicularia* Linnaeus, 1758 (monotypy).

（29）双叶鸟虱蝇 *Ornithomya biloba* **(Dufour, 1827)**

Ornithomyia biloba Dufour, 1827. Ann. Sci. Nat. Zool. Biol. Anim. 10: 244. **Type locality:** France: Saint-Sever.
Ornithomyia ptenoletis Loew, 1857. Wien. Ent. Monatschr. 1 (1): 9. **Type locality:** Deutschland.
Ornithomyia tenella Schiner, 1864b. Fauna Austriaca Theil II: 646. **Type locality:** Not given.
Ornithomyia transfuga Séguy, 1938b. Encycl. Ent. (B) II Dipt. 9: 77. **Type locality:** China: Beijing; Hebei; Neimenggu; Heilongjiang.

分布（Distribution）：黑龙江（HL）、内蒙古（NM）、河北

（HEB）、北京（BJ）、澳门（MC）；埃及、瑞典、德国、荷兰、比利时、法国、意大利、奥地利、前捷克斯洛伐克、哈萨克斯坦；非洲（北部）。

（30）鹊鸲鸟虱蝇 *Ornithomya fringillina* (Curtis, 1836)

Ornithomyia fringillina Curtis, 1836. Brit. Ent. 13: 585. **Type locality:** "Weston on the Green, near Oxford".

Ornithomyia pallida Say, 1823. J. Acad. Nat. Sci. Philad. 3: 103. **Type locality:** Not given (? USA).

分布（Distribution）：福建（FJ）、香港（HK）；日本、朝鲜、哈萨克斯坦；欧洲。

（31）阔颊鸟虱蝇 *Ornithomya fuscipennis* Bigot, 1885

Ornithomya fuscipennis Bigot, 1885. Ann. Soc. Entomol. Fr. 5 (6): 242. **Type locality:** Colombie.

分布（Distribution）：台湾（TW）、香港（HK）；菲律宾、缅甸、马来西亚、印度尼西亚、印度、泰国、澳大利亚、加里曼丹岛、新几内亚岛、所罗门群岛。

10. 喜鸟虱蝇属 *Ornithophila* Rondani, 1879

Ornithophila Rondani, 1879. Bull. Soc. Ent. Ital. 11: 20. **Type species:** *Ornithophila vagans* Rondani, 1879 (by original designation) [= *Ornithomyia metallica* Schiner, 1864].

Ornitheza Speiser, 1902. Természetr. Füz. 25: 329. **Type species:** *Ornithomyia gestroi* Rondani, 1878 (by original designation).

（32）金光喜鸟虱蝇 *Ornithophila metallica* (Schiner, 1864)

Ornithomyia metallica Schiner, 1864b. Fauna Austriaca Theil II: 646. **Type locality:** Not given (? Austria).

Ornithophila vagans Rondani, 1879. Bull. Soc. Ent. Ital. 11: 21. **Type locality:** Italy: Parma.

Ornitheza pallipes Speiser, 1904. Z. Syst. Hymenopt. Dipt. 4 (3): 177. **Type locality:** Not given.

Ornitheza odontoscelis Speiser, 1904. Ann. Hist.-Nat. Mus. Natl. Hung. 2: 392. **Type locality:** Yugoslavia: Lednice in der Gegend von Novi.

分布（Distribution）：内蒙古（NM）、北京（BJ）、台湾（TW）、广东（GD）、海南（HI）；土耳其、阿富汗、朝鲜、日本、埃及、乌克兰、哈萨克斯坦、乌兹别克斯坦、塔吉克斯坦、吉尔吉斯斯坦、土库曼斯坦；欧洲。

11. 拟虱蝇属 *Pseudolynchia* Bequaert, 1926

Pseudolynchia Bequaert, 1926. Psyche 32 (6): 271. **Type species:** *Olfersia maura* Bigot, 1885 (by original designation) [= *Olfersia canariensis* Macquart, 1839].

（33）家鸽拟虱蝇 *Pseudolynchia canariensis* (Macquart, 1839)

Olfersia canariensis Macquart, 1839. *In:* Webb *et* Berthelot, 1839. Hist. Nat. Iles Canaries, Entom. 2 (2), 13. Dipt.: 119. **Type locality:** Not given (? Canary Is.).

Olfersia rufipes Macquart, 1847. Mém. Soc. R. Sci. Agric. Arts Lille 1847 (2): 229. **Type locality:** Reunion Island.

Olfersia falcinelli Rondani, 1879. Bull. Soc. Ent. Ital. 11: 23. **Type locality:** Malta Island: ad littora Insulae melitae.

Olfersia maura Bigot, 1885. Ann. Soc. Entomol. Fr. 5 (6): 237. **Type locality:** Algeria.

分布（Distribution）：中国（省份不明）；世界广布。

（34）夜鹰拟虱蝇 *Pseudolynchia garzettae* (Rondani, 1879)

Olfersia garzettae Rondani, 1879. Bull. Soc. Ent. Ital. 11: 23. **Type locality:** Italy: Insubria.

分布（Distribution）：台湾（TW）；菲律宾、泰国、意大利；非洲。

蛛蝇科 Nycteribiidae

环足蛛蝇亚科 Cyclopodiinae

1. 环足蛛蝇属 *Cyclopodia* Kolenati, 1863

Cyclopodia Kolenati, 1863. Horae Soc. Ent. Ross. 2: 82. **Type species:** *Nycteribia sykesii* Westwood, 1835 (by designation of Musgrave, 1925).

（1）马环足蛛蝇 *Cyclopodia horsfieldi* de Meijere, 1899

Cyclopodia horsfieldi de Meijere, 1899. Tijdschr. Ent. 42: 153. **Type locality:** Indonesia: Java.

Cyclopodia magna Kishida, 1932. Iconogr. Ins. Jap. Tokyo 1: 242. **Type locality:** Philippines.

分布（Distribution）：台湾（TW）；日本、马来西亚、菲律宾、泰国、安达曼群岛、柬埔寨、印度尼西亚。

2. 细环蛛蝇属 *Leptocyclopodia* Theodor, 1959

Leptocyclopodia Theodor, 1959. Parasitology 49: 284. **Type species:** *Nycteribia ferrarii* Rondani, 1878 (by original designation).

（2）铁细环蛛蝇 *Leptocyclopodia ferrarii ferrarii* (Rondani, 1878)

Nycteribia ferrarii ferrarii Rondani, 1878. Annali Mus. Civ. Stor. Nat. Giacomo Doria 12: 151. **Type locality:** Indonesia: Java (Bogor).

Nycteribia minuta van der Wulp, 1892b. Midden-Sumatra Exped. Dipt.: 58. **Type locality:** Indonesia: Sumatra.

分布（Distribution）：香港（HK）；加里曼丹岛、缅甸、柬埔寨、斯里兰卡、印度、马来西亚、印度尼西亚（苏门答腊岛、爪哇岛）、泰国、越南。

蛛蝇亚科 Nycteribiinae

3. 巴氏蛛蝇属 *Basilia* Miranda-Ribeiro, 1903

Basilia Miranda-Ribeiro, 1903. Arch. Mus. Nac. Rio de J. 12: 177. **Type species:** *Basilia ferruginea* Miranda-Ribeiro, 1903 (monotypy).

Pseudelytromyia Miranda-Ribeiro, 1907. Arch. Mus. Nac. Rio de J. 14: 233. **Type species:** *Pseudelytromyia speiseri* Miranda-Ribeiro, 1907 (monotypy).

Tripselia Scott, 1917. Parasitology 9: 608. **Type species:** *Nycteribia* (*Acrocholidia*) *fryeri* Scott, 1914 (by original designation) [= *Phthiridium blainvillii* Leach, 1817].

Guimaraesia Schuurmans Stekhoven, 1951. Acta Zool. Lill. 12: 109. **Type species:** *Guimaraesia guimaraesi* Schuurmans Stekhoven, 1951 (tautonymy).

（3）旧巴氏蛛蝇 *Basilia* (*Basilia*) *neamericana* Schuurmans Stekhoven, 1951

Basilia neamericana Schuurmans Stekhoven, 1951. Acta Zool. Lill. 12: 102. **Type locality:** Argentina: La Rioja, El Tucson.

分布（Distribution）：台湾（TW）；阿根廷。

（4）罗巴氏蛛蝇 *Basilia* (*Basilia*) *roylii* (Westwood, 1835)

Nycteribia roylii Westwood, 1835. Trans. Zool. Soc. Lond. 1: 290. **Type locality:** India: Orientali.

分布（Distribution）：中国（省份不明）；日本、马来西亚、斯里兰卡、印度、巴基斯坦、阿富汗；东南亚。

4. 蛛蝇属 *Nycteribia* Latreille, 1796

Nycteribia Latreille, 1796. Précis Caract. Gén. Ins.: 176. **Type species:** *Nycteribia pedicularis* Latreille, 1805 (by designation of ICZN, 1958).

Listropoda Kolenati, 1857. Wien. Ent. Monatschr. 1: 62. **Type species:** *Listropoda blasii* Kolenati, 1856 (by designation of Coquillett, 1910) [= *Nycteribia schmidlii* Schiner, 1853].

Acrocholidia Kolenati, 1857. Wien. Ent. Monatschr. 1: 62. **Type species:** *Acrocholidia bechsteinii* Kolenati, 1857 (by designation of Coquillett, 1910) [= *Nycteribia vexata* Westwood, 1835].

Nycteriphila Grulich *et* Povolný, 1955. Zool. Ent. Listy Brno 4: 116. **Type species:** *Listropodia schmidlii* Schiner, 1853 (by original designation).

（5）长铗蛛蝇 *Nycteribia* (*Nycteribia*) *allotopa allotopa* Speiser, 1901

Nycteribia allotopa allotopa Speiser, 1901. Arch. Naturgesch. 67 (1): 47. **Type locality:** Indonesia: Cave at Lian si Paghe, W Sumatra.

Nycteribia insolita Scott, 1908. Trans. R. Ent. Soc. London 1908: 364. **Type locality:** China: Taiwan, Tainan.

Listropodia wui Hsü, 1935. Bull. Peking Soc. Nat. Hist. 9: 295. **Type locality:** China: Jiangsu, Sooehow.

分布（Distribution）：江苏（JS）、云南（YN）、福建（FJ）、台湾（TW）；缅甸、印度、马来西亚、菲律宾、印度尼西亚（苏门答腊岛、爪哇岛、马鲁古群岛）、日本、朝鲜。

（6）米氏长铗蛛蝇 *Nycteribia* (*Nycteribia*) *allotopa mikado* Maa, 1967

Nycteribia allotopa mikado Maa, 1967. Pac. Insects 9 (4): 748. **Type locality:** Japan: Honshu, Wiigata-ken, Syozyodo Cave.

分布（Distribution）：江苏（JS）、台湾（TW）；日本、琉球群岛。

（7）福懋蛛蝇 *Nycteribia* (*Nycteribia*) *formosana* (Karaman, 1939)

Listropodia formosana Karaman, 1939. Ann Mus. Serb. 1 (3): 35. **Type locality:** China: Taiwan, Tainan.

分布（Distribution）：台湾（TW）。

（8）短铗蛛蝇 *Nycteribia* (*Nycteribia*) *parvula* Speiser, 1901

Nycteribia parvula Speiser, 1901. Arch. Naturgesch. 67 (1): 48. **Type locality:** Indonesia.

Nycteribia sauteri Scott, 1908. Trans. R. Ent. Soc. London 1908: 366. **Type locality:** China: Taiwan, Tainan.

分布（Distribution）：甘肃（GS）、台湾（TW）；阿富汗、日本、印度尼西亚；东洋区。

（9）足疾蛛蝇 *Nycteribia* (*Nycteribia*) *pedicularia* Latreille, 1805

Nycteribia pedicularia Latreille, 1805. Histoire naturelle, générale *et* particulière des Crustés *et* des Insectes 14: 403. **Type locality:** Not given.

分布（Distribution）：福建（FJ）、台湾（TW）；日本、印度、突尼斯、伊朗、以色列、土耳其；亚洲、欧洲、非洲（北部）。

（10）方形蛛蝇 *Nycteribia* (*Nycteribia*) *quasiocellata* Theodor, 1966

Nycteribia quasiocellata Theodor, 1966. Mitt. Zool. Mus. Berl. 42: 197. **Type locality:** "Chonocharajch-Golim Westen der Mongolischen Volksrepublik, nahe dem See Char-us-Nur".

分布（Distribution）：中国（省份不明）；俄罗斯、蒙古国、哈萨克斯坦。

5. 笔蛛蝇属 *Penicillidia* Kolenati, 1863

Penicillidia Kolenati, 1863. Horae Soc. Ent. Ross. 2: 69. **Type species:** *Nycteribia dufourii* Westwood, 1835 (by designation of Speiser, 1901).

Megistopoda Kolenati, 1857. Wien. Ent. Monatschr. 1: 62 (a junior homonym of *Megistopoda* Macquart, 1852). **Type species:** *Nycteribia dufourii* Westwood, 1835.

（11）台南叉笔蛛蝇 *Penicillidia dufourii tainani* Karaman, 1939

Penicillidia dufourii tainani Karaman, 1939. Bull. Soc. Sci. Skoplje 20: 133. **Type locality:** China: Taiwan, Tainan.

分布（Distribution）：台湾（TW）；日本。

（12）印度笔蛛蝇 *Penicillidia indica* Scott, 1925

Penicillidia jenynsii var. *indica* Scott, 1925. Rec. India Mus. 27: 363. **Type locality:** India: Mahābaleshwar, Sātāra, Mahārāshtra.

分布（Distribution）：台湾（TW）；斯里兰卡、印度。

（13）姜宜笔蛛蝇 *Penicillidia jenynsii* (Westwood, 1834)

Nycteribia jenynsii Westwood, 1834. Proc. Zool. Soc. Lond. 1834: 139. **Type locality:** China.

分布（Distribution）：山东（SD）、江苏（JS）、湖北（HB）、云南（YN）、台湾（TW）；阿富汗、日本、印度、斯里兰卡、印度尼西亚。

6. 虱蛛蝇属 *Phthiridium* Hermann, 1804

Phthiridium Hermann, 1804. Mém. Aptérol. Strassbourg: 124. **Type species:** *Phthiridium biarticulatum* Hermann, 1804 (by designation of Coquillett, 1910).

Celeripes Montagu, 1808. Trans. Linn. Soc. Lond. 9: 166 (nomen nudum; a name given as a footnote only).

Celeripes Montagu, 1815. Trans. Linn. Soc. Lond. 11: 11. **Type species:** *Nycteribia vespertilionis* Montagu, 1815 (monotypy) [= *Phthiridium biarticulatum* Hermann, 1804].

Stylidia Westwood, 1840. Synopsis Gen. Brit. Ins. 2: 154 (as a subgenus of *Nycteribia* Latreille, 1796). **Type species:** *Phthiridium biarticulatum* Hermann, 1804 (by original designation).

1）棘蛛蝇亚属 *Stylidia* Westwood, 1840

Stylidia Westwood, 1840. Synopsis Gen. Brit. Ins. 2: 154 (as a subgenus of *Nycteribia* Latreille, 1796). **Type species:** *Phthiridium biarticulatum* Hermann, 1804 (by original designation).

（14）双节虱蛛蝇 *Phthiridium* (*Stylidia*) *biarticulatum* Hermann, 1804

Phthiridium biarticulatum Hermann, 1804. Mém. Aptérol. Strassbourg: 124. **Type locality:** Not given ["Il a été découvert en 1795 (an 4) sur les chauvesouris fer à cheval, dans les poilis avec les chrochets de ses pieds"].

Celeripes vespertilionis Montagu, 1808. Trans. Linn. Soc. Lond. 9: 166 (nomen nudum).

Phthiridium hermanni Leach, 1817. Zool. Misc. 3: 55. **Type locality:** Not given (? England).

分布（Distribution）：湖北（HB）；土耳其、黎巴嫩、以色列、约旦、伊朗、阿富汗、摩洛哥、阿尔及利亚、突尼斯、利比亚、埃及；欧洲。

（15）中华虱蛛蝇 *Phthiridium* (*Stylidia*) *chinense* Theodor, 1954

Nycteribia (*Stylidia*) *chinense* Theodor, 1954. Flieg. Palaearkt. Reg. 12: 24. **Type locality:** China: Yunnan, Ngluko.

分布（Distribution）：云南（YN）。

（16）天神虱蛛蝇 *Phthiridium* (*Stylidia*) *devatae* (Klein, 1970)

Stylidia devatae Klein, 1970. Bull. Soc. Ent. Fr. 75: 48. **Type locality:** Camdodia: temple at Prah Kahn, Siem Réap.

分布（Distribution）：中国（省份不明）；柬埔寨。

（17）后冠虱蛛蝇 *Phthiridium* (*Stylidia*) *hindlei* (Scott, 1936)

Nycteribia hindlei Scott, 1936. J. Proc. Linn. Soc. London Zool. 39: 479. **Type locality:** China: Shandong.

分布（Distribution）：山东（SD）；日本。

（18）吐虱蛛蝇 *Phthiridium* (*Stylidia*) *ornatum* (Theodor, 1954)

Nycteribia (*Stylidia*) *ornatum* Theodor, 1954. Flieg. Palaearkt. Reg. 12: 27. **Type locality:** China: Yunnan, Nguluko.

分布（Distribution）：云南（YN）。

（19）四川虱蛛蝇 *Phthiridium* (*Stylidia*) *szechuanum* (Theodor, 1954)

Nycteribia (*Stylidia*) *szechuanum* Theodor, 1954. Flieg. Palaearkt. Reg. 12: 27. **Type locality:** China: Sichuan, Kwan Yen Chiao.

分布（Distribution）：四川（SC）；吉尔吉斯斯坦。

蝠蝇科 Streblidae

1. 囊翅蝠蝇属 *Ascodipteron* Adensamer, 1896

Ascodipteron Adensamer, 1896. Sber. Akad. Wien. Math.-Naturw. Kl. 105 (1): 400. **Type species:** *Ascodipteron phyllorhinae* Adensamer, 1896 (monotypy).

（1）长囊翅蝠蝇 *Ascodipteron longiascus* **Hastriter, 2007**

Ascodipteron longiascus Hastriter, 2007. Zootaxa 1636: 11. **Type locality:** China: Yunnan, Ruili River.

分布（Distribution）：云南（YN）。

（2）植囊翅蝠蝇 *Ascodipteron phyllorhinae* **Adensamer, 1896**

Ascodipteron phyllorhinae Adensamer, 1896. Sber. Akad. Wien. Math.-Naturw. Kl. 105 (1): 400. **Type locality:** Indonesia: Java.

分布（Distribution）：中国（省份不明）；泰国、越南、菲律宾、马来西亚、印度尼西亚、所罗门群岛、澳大利亚、新几内亚岛。

（3）穴囊翅蝠蝇 *Ascodipteron speiserianum* **Muir, 1912**

Ascodipteron speiserianum Muir, 1912. Bull. Mus. Comp. Zool. Harv. Univ. 54: 352. **Type locality:** Indonesia: Moluccas (Amboina).

分布（Distribution）：台湾（TW）；日本、泰国、菲律宾、马来西亚、印度尼西亚、澳大利亚、新几内亚岛。

2. 短跗蝠蝇属 *Brachytarsina* Macquart, 1851

Brachytarsina Macquart, 1851. Mém. Soc. R. Sci. Agric. Arts Lille 1850 [1851]: 280. **Type species:** *Brachytarsina flavipennis* Macquart, 1851 (monotypy).

Nycteribosca Speiser, 1900. Arch. Naturgesch. 66 (1): 46. **Type species:** *Raymondia kollari* Frauenfeld, 1856 (by designation of Séguy, 1936) [= *Brachytarsina flavipennis* Macquart, 1851].

（4）安邦蝠蝇 *Brachytarsina amboinensis* **Rondani, 1878**

Brachytarsina (*Brachytarsina*) *amboinensis* Rondani, 1878. Annali Mus. Civ. Stor. Nat. Giacomo Doria 12: 166. **Type locality:** Indonesia: Moluccas (Amboina).

分布（Distribution）：台湾（TW）；日本、缅甸、斯里兰卡、印度、泰国、马来西亚、菲律宾、新喀里多尼亚（法）、印度尼西亚。

（5）否蝠蝇 *Brachytarsina kanoi* **Maa, 1967**

Brachytarsina kanoi Maa, 1967. Pac. Insects 9 (4): 754. **Type locality:** Japan: Honshu, Shizuoka-ken, Kozu.

Trichobius molossus Kishida, 1932. Iconogr. Ins. Jap. Tokyo 1: 236 (misidentification of *Brachytarsina amboinensis* Rondani, 1878 or/and *Brachytarsina kanoi* Maa, 1967).

分布（Distribution）：台湾（TW）；日本、朝鲜。

3. 马氏蝠蝇属 *Maabella* Hastriter *et* Bush, 2006

Maabella Hastriter *et* Bush, 2006. Zootaxa 1176: 32. **Type species:** *Maabella stomalata* Hastriter *et* Bush, 2006 (monotypy).

（6）胃马氏蝠蝇 *Maabella stomalata* **Hastriter *et* Bush, 2006**

Maabella stomalata Hastriter *et* Bush, 2006. Zootaxa 1176: 33. **Type locality:** Vietnam: Tuyen Quang, Na Hang Nature Reserve.

分布（Distribution）：广西（GX）；越南。

4. 雷蝠蝇属 *Raymondia* Frauenfeld, 1856

Raymondia Frauenfeld, 1856. Sber. Akad. Wiss. Math.-Naturw. Cl. 18: 328. **Type species:** *Raymondia huberi* Frauenfeld, 1856 (by designation of Speiser, 1900).

（7）拟雷蝠蝇 *Raymondia pseudopagodarum* **Jobling, 1951**

Raymondia pseudopagodarum Jobling, 1951. Trans. R. Ent. Soc. London 102: 241. **Type locality:** Philippines: Mindanao, Davao City, Sitio Tegato, Cantor.

分布（Distribution）：四川（SC）；泰国、缅甸、加里曼丹岛、马来西亚、菲律宾。

蝇总科 Muscoidea

花蝇科 Anthomyiidae

花蝇亚科 Anthomyiinae

蝗蝇族 Acridomyiini

1. 蝗蝇属 *Acridomyia* Stackelberg, 1929

Acridomyia Stackelberg, 1929. Izv. Otd. Prikl. Ent. 4: 121, 126. **Type species:** *Acridomyia sacharovi* Stackelberg, 1929 (by original designation).

（1）古北蝗蝇 *Acridomyia sacharovi* Stackelberg, 1929

Acridomyia sacharovi Stackelberg, 1929. Izv. Otd. Prikl. Ent. 4: 123. **Type locality:** Russia: Astrakhan and Daghestan. Kazakhstan.

分布（**Distribution**）：辽宁（LN）；俄罗斯、哈萨克斯坦、法国。

花蝇族 Anthomyiini

2. 花蝇属 *Anthomyia* Meigen, 1803

Anthomyia Meigen, 1803. Mag. Insektenkd. 2: 281. **Type species:** *Musca pluvialis* Linnaeus, 1758 (by designation of Bezzi, 1907).

Cerochetus Duméril, 1806. Zool. Analitique: 282. **Type species:** *Musca pluvialis* Linnaeus, 1758 (by designation of Westwood, 1840).

Craspedochoeta Macquart, 1851. Mém. Soc. R. Sci. Agric. Arts Lille 1850 [1851]: 241. **Type species:** *Anthomyia punctipennis* Wiedemann, 1830 (monotypy).

Cheilisia Rondani, 1856. Dipt. Ital. Prodromus, Vol. I: 101. **Type species:** *Coenosia monilis* Meigen, 1826 (by original designation).

Eriostyla Lioy, 1864. Atti R. Ist. Véneto Sci. Lett. Arti (3) 9: 997. **Type species:** *Coenosia dubia* Macquart, 1835 (by designation of Coquillett, 1901) [= *Coenosia monilis* Meigen, 1826].

Ceratochaetus Bezzi, 1907. Wien. Ent. Ztg. 26: 51 (unjustified emendation of *Cerochetus*).

Melinia Ringdahl, 1929b. Ent. Tidskr. 50: 270. **Type species:** *Aricia pullula* Zetterstedt, 1845 (by original designation)

[= *Delia liturata* Robineau-Desvoidy, 1830].

（2）阿里山花蝇 *Anthomyia alishana* Ackland *et* Suwa, 1987

Anthomyia alishana Ackland *et* Suwa, 1987. *In*: Ackland, 1987. Insecta Matsum. (N. S.) 36: 46. **Type locality:** China: Taiwan, Alishan.

分布（**Distribution**）：台湾（TW）。

（3）鸟斑花蝇 *Anthomyia avisignata* Suwa, 1987

Anthomyia avisignata Suwa, 1987. Insecta Matsum. (N. S.) 36: 10. **Type locality:** Japan: Hokkaidō.

分布（**Distribution**）：辽宁（LN）；朝鲜、日本、俄罗斯。

（4）巢花蝇 *Anthomyia cannabina* (Stein, 1916)

Chortophila cannabina Stein, 1916. Arch. Naturgesch. 81A (10) (1915): 169. **Type locality:** Germany: Bautzen.

分布（**Distribution**）：黑龙江（HL）、辽宁（LN）；德国、英国、波兰、瑞典。

（5）同锤花蝇 *Anthomyia confusanea* Michelsen, 1985

Anthomyia confusanea Michelsen, 1985. Steenstrupia 11 (2): 37. **Type locality:** Spain: Cuenca.

Delia liturata Robineau-Desvoidy, 1830. Mém. Prés. Div. Sav. Acad. R. Sci. Inst. Fr. 2 (2): 575. **Type locality:** France: Paris District (misidentification).

Delia cinerascens Robineau-Desvoidy, 1830. Mém. Prés. Div. Sav. Acad. R. Sci. Inst. Fr. 2 (2): 575. **Type locality:** France: Saint-Sauveur.

Delia vernalis Robineau-Desvoidy, 1830. Mém. Prés. Div. Sav. Acad. R. Sci. Inst. Fr. 2 (2): 576. **Type locality:** France: Paris District.

Aricia pullula Zetterstedt, 1845. Dipt. Scand. 4: 1449. **Type locality:** Denmark: Dyrehaven, Copenhagen, NE Zealand.

Anthomyza immatura Zetterstedt, 1845. Dipt. Scand. 4: 1649. **Type locality:** Sweden: Skåne, Esperöd.

Hylemyia maura Stein, 1908. Mitt. Zool. Mus. Berl. 4: 195. **Type locality:** Madeira.

Pegomyia kuntzei Schnabl, 1911a. Dtsch. Ent. Z. 1911: 83. **Type locality:** France: Corsica.

分布（**Distribution**）：黑龙江（HL）、内蒙古（NM）、山西（SX）、新疆（XJ）；西班牙、法国、丹麦、瑞典、俄罗斯、叙利亚、约旦、土耳其、摩洛哥、阿尔及利亚、突尼斯、马德拉群岛、加那利群岛。

（6）多毛花蝇 *Anthomyia hirsuticorpa* (Feng, Fan et Zeng, 1999)

Craspedochoeta hirsuticorpa Feng, Fan et Zeng, 1999. Chin. J. Vector Biol. & Control 10 (5): 321. **Type locality:** China: Sichuan, Kangding.

分布（Distribution）：四川（SC）。

（7）横带花蝇 *Anthomyia illocata* Walker, 1857

Anthomyia illocata Walker, 1857. J. Proc. Linn. Soc. London Zool. 1: 129. **Type locality:** Malaysia: Borneo, Sarawak.

分布（Distribution）：黑龙江（HL）、宁夏（NX）、青海（QH）、新疆（XJ）、江西（JX）、西藏（XZ）；朝鲜、日本、菲律宾、泰国、尼泊尔、印度、斯里兰卡、马来西亚；澳洲区。

（8）七星花蝇 *Anthomyia imbrida* Rondani, 1866

Anthomyia imbrida Rondani, 1866. Atti Soc. Ital. Sci. Nat. Milano 9: 148. **Type locality:** Not given (presumably Italy).

分布（Distribution）：河北（HEB）、北京（BJ）、山西（SX）、甘肃（GS）、四川（SC）、云南（YN）；小亚细亚半岛、马来半岛、丹麦、西班牙、希腊、匈牙利、意大利、瑞典、摩洛哥。

（9）毛目花蝇 *Anthomyia lasiommata* Fan et Chen, 1992

Anthomyia lasiommata Fan et Chen, 1992. Chin. J. Vector Biol. & Control 3 (4): 197. **Type locality:** China: Hainan, Jianfeng.

分布（Distribution）：海南（HI）。

（10）宽颜花蝇 *Anthomyia latifasciata* Suwa, 1987

Anthomyia latifasciata Suwa, 1987. Insecta Matsum. (N. S.) 36: 25. **Type locality:** Japan: Honshû.

分布（Distribution）：贵州（GZ）；日本。

（11）拟形花蝇 *Anthomyia mimetica* (Malloch, 1918)

Hylemyia mimetica Malloch, 1918. Trans. Am. Ent. Soc. 44: 313. **Type locality:** USA: New Mexico, Cloudcroft.

Melinia angulata Tiensuu, 1938. Ann. Ent. Fenn. 4: 26. **Type locality:** Finland: north Finland.

分布（Distribution）：黑龙江（HL）、辽宁（LN）；日本、美国、芬兰。

（12）大眼花蝇 *Anthomyia oculifera* Bigot, 1885

Anthomyia oculifera Bigot, 1885. Ann. Soc. Entomol. Fr. 6 (4): 299. **Type locality:** USA: Maryland, Baltimore.

Anthomyia koreana Suh et Kwon, 1985. Insecta Koreana 5: 170. **Type locality:** D. P. R. Korea.

分布（Distribution）：辽宁（LN）；朝鲜、美国。

（13）小片花蝇 *Anthomyia parvilamina* Feng, 1987

Anthomyia parvilamina Feng, 1987. Acta Zootaxon. Sin. 12 (2): 202. **Type locality:** China: Sichuan, Ya'an.

分布（Distribution）：四川（SC）。

（14）羽芒花蝇 *Anthomyia plumiseta* Stein, 1918

Anthomyia plumiseta Stein, 1918. Ann. Hist.-Nat. Mus. Natl. Hung. 16: 158. **Type locality:** China: Taiwan, Fengshan.

分布（Distribution）：贵州（GZ）、云南（YN）、台湾（TW）、海南（HI）；朝鲜、日本、俄罗斯、加里曼丹岛、菲律宾、马来西亚、缅甸、斯里兰卡、印度。

（15）复斑花蝇 *Anthomyia plurinotata* Brullé, 1832

Anthomyia plurinotata Brullé, 1832. Expédition Scientifique de Morée: Section des Sciences Physiques III (1e) 2: 316. **Type locality:** Greece: Peloponnesus Is., Morea.

分布（Distribution）：黑龙江（HL）、吉林（JL）、辽宁（LN）、甘肃（GS）、云南（YN）；捷克、斯洛伐克、德国、法国、希腊、匈牙利、挪威、瑞典、芬兰、俄罗斯。

（16）雨兆花蝇 *Anthomyia pluvialis* (Linnaeus, 1758)

Musca pluvialis Linnaeus, 1758. Syst. Nat. Ed. 10 (1): 597. **Type locality:** Not given (presumably Europe).

Mused litus Harris, 1780. Expos. Engl. Ins. [4]: 119. **Type locality:** Not given (presumably England).

Anthomyia chorea Robineau-Desvoidy, 1830. Mém. Prés. Div. Sav. Acad. R. Sci. Inst. Fr. 2 (2): 582. **Type locality:** Not given (presumably France).

Anthomyia flavescens Robineau-Desvoidy, 1830. Mém. Prés. Div. Sav. Acad. R. Sci. Inst. Fr. 2 (2): 582. **Type locality:** France: Saint-Sauveur.

Anthomyia floralis Robineau-Desvoidy, 1830. Mém. Prés. Div. Sav. Acad. R. Sci. Inst. Fr. 2 (2): 583. **Type locality:** France: Saint-Sauveur.

Anthomyia mollis Robineau-Desvoidy, 1830. Mém. Prés. Div. Sav. Acad. R. Sci. Inst. Fr. 2 (2): 583. **Type locality:** France: Paris and Saint-Sauveur.

Anthomyia soror Robineau-Desvoidy, 1830. Mém. Prés. Div. Sav. Acad. R. Sci. Inst. Fr. 2 (2): 583. **Type locality:** France: Saint-Sauveur.

Aricia pygmaea Zetterstedt, 1855. Dipt. Scand. 12: 4734. **Type locality:** Sweden: Skåne, Ljungby.

Chortophila ignota Rondani, 1866. Atti Soc. Ital. Sci. Nat. Milano 9: 168. **Type locality:** Italy: Parma.

分布（Distribution）：黑龙江（HL）、辽宁（LN）、河北（HEB）、甘肃（GS）、青海（QH）、新疆（XJ）、四川（SC）；日本、摩洛哥、亚速尔群岛（葡）、马德拉群岛、奥地利、捷克、斯洛伐克、德国、丹麦、西班牙、法国、希腊、匈牙利、意大利、罗马尼亚、瑞典、芬兰、前南斯拉夫、俄罗斯。

（17）骚花蝇 *Anthomyia procellaris* Rondani, 1866

Anthomyia procellaris Rondani, 1866. Atti Soc. Ital. Sci. Nat. Milano 9: 147. **Type locality:** Italy: Rome and Giarre, Sicily.

分布（Distribution）：黑龙江（HL）、辽宁（LN）、山西（SX）、甘肃（GS）、四川（SC）、云南（YN）。

（18）裸目花蝇 *Anthomyia psilommata* **Fan** *et* **Chen, 1992**

Anthomyia psilommata Fan *et* Chen, 1992. Chin. J. Vector Biol. & Control 3 (4): 198. **Type locality:** China: Hainan, Jianfeng.

分布（Distribution）：海南（HI）。

（19）斑脉花蝇 *Anthomyia pullulula* **(Fan, 1984)**

Craspedochoeta pullulula Fan, 1984. *In*: Fan *et al.*, 1984a. *In*: Shanghai Institute of Entomology, Academia Sinica, 1984. Contributions from Shanghai Institute of Entomology, Vol. 4: 239. **Type locality:** China: Qinghai, Menyuan.

分布（Distribution）：山西（SX）、青海（QH）、新疆（XJ）。

（20）中华花蝇 *Anthomyia sinensis* **Zhang** *et* **Sun, 1997**

Anthomyia sinensis Zhang *et* Sun, 1997. Zool. Res. 18 (1): 23. **Type locality:** China: Liaoning, Chaoyang (Lingyuan).

分布（Distribution）：辽宁（LN）。

柳花蝇族 Eglini

3. 球喙花蝇属 *Acklandia* Hennig, 1976

Acklandia Hennig, 1976. Flieg. Palaearkt. Reg. 7 (1): 950. **Type species:** *Hylemyia servade* Séguy, 1933 (by original designation).

（21）翘尾球喙花蝇 *Acklandia aculeata* **(Ringdahl, 1930)**

Hylemyia (*Euryparia*) *aculeata* Ringdahl, 1930. Ark. Zool. 21A (20): 9. **Type locality:** Russia: Kamchatka.

分布（Distribution）：黑龙江（HL）、辽宁（LN）；俄罗斯、日本。

（22）直叶球喙花蝇 *Acklandia aculeatoides* **Cui** *et* **Fan, 1983**

Acklandia aculeatoides Cui *et* Fan, 1983. *In*: Cui, Fan *et* Ma, 1982-1983. *In*: Shanghai Institute of Entomology, Academia Sinica, 1982-1983. Contributions from Shanghai Institute of Entomology, Vol. 3: 236. **Type locality:** China: Heilongjiang, Tahe.

分布（Distribution）：黑龙江（HL）。

（23）曲叶球喙花蝇 *Acklandia curvata* **Cui** *et* **Fan, 1983**

Acklandia curvata Cui *et* Fan, 1983. *In*: Cui, Fan *et* Ma, 1982-1983. *In*: Shanghai Institute of Entomology, Academia Sinica, 1982-1983. Contributions from Shanghai Institute of Entomology, Vol. 3: 236. **Type locality:** China: Heilongjiang, Jiagedaqi.

分布（Distribution）：黑龙江（HL）、辽宁（LN）。

4. 蕨蝇属 *Chirosia* Rondani, 1856

Chirosia Rondani, 1856. Dipt. Ital. Prodromus, Vol. I: 102. **Type species:** *Arida albitarsis* Zetterstedt, 1845 (by original designation).

Pachystoma Lioy, 1864. Atti R. Ist. Véneto Sci. Lett. Arti (3) 9: 910. **Type species:** *Anthomyia crassirostris* Meigen, 1826 (monotypy) [= *Musca flavipennis* Fallén, 1823].

Rhadina Kowarz, 1893b. Wien. Ent. Ztg. 12: 144. **Type species:** *Chirosia montana* Pokorny, 1893 (monotypy).

Pycnoglossa Coquillett, 1901. Proc. U. S. Natl. Mus. 23: 613. **Type species:** *Pycnoglossa flavipennis* Coquillett, 1901 (by original designation) [= *Musca flavipennis* Fallén, 1823].

Pogonomyza Schnabl, 1911b. Nova Acta Acad. Caesar. Leop. Carol. 95 (2): 99. **Type species:** *Musca flavipennis* Fallén, 1823 (by designation of Karl, 1928).

Acrostilpna Ringdahl, 1929b. Ent. Tidskr. 50: 269. **Type species:** *Arida latipennis* Zetterstedt, 1838 (by original designation).

Meliniella Suwa, 1974. Insecta Matsum. (N. S.) 4: 37. **Type species:** *Meliniella sikisima* Suwa, 1974 (by original designation).

Shakshainia Suwa, 1974. Insecta Matsum. (N. S.) 4: 35. **Type species:** *Shakshainia rametoka* Suwa, 1974 (by original designation).

（24）白跗蕨蝇 *Chirosia albitarsis* **(Zetterstedt, 1845)**

Aricia albitarsis Zetterstedt, 1845. Dipt. Scand. 4: 1610. **Type locality:** Sweden: Gotland, Stenkyrka.

Anthomyza albimana Zetterstedt, 1845. Dipt. Scand. 4: 1726. **Type locality:** Sweden: Östergötlands, Gusum.

Chirosia kuntzei Schnabl, 1911a. Dtsch. Ent. Z. 1911: 87. **Type locality:** France: Corsica.

Chirosia villeneuvei Schnabl, 1911a. Dtsch. Ent. Z. 1911: 84. **Type locality:** France: Corsica.

分布（Distribution）：贵州（GZ）、西藏（XZ）；朝鲜、日本、乌兹别克斯坦、法国、瑞典（哥得兰岛）。

（25）附突蕨蝇 *Chirosia appendiprotuberans* **Xue** *et* **Du, 2017**

Chirosia appendiprotuberans Xue *et* Du, 2017. *In*: Du *et* Xue, 2017. Sichuan J. Zool. 36 (2): 208. **Type locality:** China: Liaoning, Benxi.

分布（Distribution）：辽宁（LN）。

（26）芒叶蕨蝇 *Chirosia betuleti* **(Ringdahl, 1935)**

Hylemyia (*Melinia*) *betuleti* Ringdahl, 1935. Not. Ent. 15: 30. **Type locality:** Sweden: Kågeröd.

Melinia cannata Tiensuu, 1939. Ann. Ent. Fenn. 5: 245. **Type locality:** Finland: Helsinki district, Terijoki and Uusikirkko.

分布（Distribution）：黑龙江（HL）、辽宁（LN）；日本、朝鲜、捷克、斯洛伐克、法国、英国、意大利、挪威、荷兰、葡萄牙、瑞典、芬兰。

（27）双曲蕨蝇 *Chirosia bisinuata* (Tiensuu, 1939)

Melinia bisinuata Tiensuu, 1939. Ann. Ent. Fenn. 5: 244. **Type locality:** Japan: Hokkaidō, Sapporo.

分布（**Distribution**）：黑龙江（HL）；朝鲜、日本、瑞典、芬兰。

（28）灰蕨蝇 *Chirosia cinerosa* (Zetterstedt, 1845)

Aricia cinerosa Zetterstedt, 1845. Dipt. Scand. 4: 1450. **Type locality:** Denmark: Zealand, Copenhagen.

Aricia flavipennis Zetterstedt, 1845. Dipt. Scand. 4: 1451 (not Saeger, misidentification).

Aricia xanthoptera Boheman, 1864. Öfvers. K. Svenska Vetensk. Akad. Förh. 20 (2): 83. **Type locality:** Sweden: Klinta.

Pycnoglossa luteipennis Ringdahl, 1937. Opusc. Ent. 2: 126. **Type locality:** Sweden: Schonen and Jämtland.

分布（**Distribution**）：黑龙江（HL）、辽宁（LN）；日本、朝鲜、捷克、斯洛伐克、德国、丹麦、法国、英国、罗马尼亚、瑞典、俄罗斯。

（29）异侧叶蕨蝇 *Chirosia enallostylata* Wei, 1998

Chirosia enallostylata Wei, 1998. *In*: Xue et Chao, 1998. Flies of China, Vol. 1: 656. **Type locality:** China: Guizhou, Suiyang (Kuankuoshui).

分布（**Distribution**）：贵州（GZ）。

（30）叶匙蕨蝇 *Chirosia forcipispatula* Xue, 2001

Chirosia forcipispatula Xue, 2001. Zool. Res. 22 (4): 307. **Type locality:** China: Yunnan, Lushui, Pianma.

分布（**Distribution**）：云南（YN）。

（31）钝叶蕨蝇 *Chirosia frontata* Suwa, 1983

Chirosia frontata Suwa, 1983. Akitu (n. s.) 52: 2. **Type locality:** Japan: Honshû, Ishikawa-ken, Kanazawa.

分布（**Distribution**）：贵州（GZ）、云南（YN）、西藏（XZ）；日本。

（32）凹凸蕨蝇 *Chirosia griseifrons* (Séguy, 1923)

Hylemyia griseifrons Séguy, 1923a. Ann. Soc. Entomol. Fr. 91 (1922): 361. **Type locality:** France: Tarbes.

分布（**Distribution**）：黑龙江（HL）、辽宁（LN）；日本、朝鲜、德国、丹麦、法国、英国、波兰、瑞典、俄罗斯。

（33）厚尾蕨蝇 *Chirosia grossicauda* Strobl, 1899

Chirosia grossicauda Strobl, 1899c. Wien. Ent. Ztg. 18: 222. **Type locality:** Spain: Irun.

分布（**Distribution**）：辽宁（LN）、福建（FJ）；日本、捷克、斯洛伐克、德国、西班牙、法国、英国、荷兰、瑞典、芬兰、前南斯拉夫、俄罗斯。

（34）豪蕨蝇 *Chirosia histricina* (Rondani, 1866)

Chortophila histricina Rondani, 1866. Atti Soc. Ital. Sci. Nat. Milano 9: 169. **Type locality:** Italy: Parma Appennines.

Anthomyia hystrix Brischke, 1881. Schr. Naturf. Ges. Danzig (N. F.) 5 (1-2): 287. **Type locality:** Poland: Gdansk.

Anthomyia (Chortophila) nigronitens Pandellé, 1900. Rev. Ent. 19 (Suppl.): 265. **Type locality:** France: Tarbes.

Pycnoglossa setifemur Ringdahl, 1939. Opusc. Ent. 4: 147. **Type locality:** Lithuania: Schonoe.

分布（**Distribution**）：黑龙江（HL）、辽宁（LN）；日本、奥地利、比利时、捷克、斯洛伐克、德国、法国、英国、意大利、爱尔兰、荷兰、瑞典、芬兰、波兰、前南斯拉夫、俄罗斯。

（35）宽尾蕨蝇 *Chirosia laticerca* Fan, 1984

Chirosia laticerca Fan, 1984. *In*: Fan *et al*., 1984b. *In*: Shanghai Institute of Entomology, Academia Sinica, 1984. Contributions from Shanghai Institute of Entomology, Vol. 4: 255. **Type locality:** China: Tibet, Yadong.

分布（**Distribution**）：西藏（XZ）。

（36）黑足蕨蝇 *Chirosia nigripes* Bezzi, 1895

Chirosia nigripes Bezzi, 1895. Bull. Soc. Ent. Ital. 27: 63. **Type locality:** Italy: Calabria.

分布（**Distribution**）：福建（FJ）；日本、意大利。

（37）节阳蕨蝇 *Chirosia nodula* (Li, Cui *et* Fan, 1993)

Meliniella nodula Li, Cui *et* Fan, 1993. *In*: Li, Cui *et* Fan, 1992-1993. *In*: Shanghai Institute of Entomology, Academia Sinica, 1992-1993. Contributions from Shanghai Institute of Entomology, Vol. 11: 129. **Type locality:** China: Henan, Lushi County, Xiaoqimahe.

分布（**Distribution**）：河南（HEN）。

（38）直叶蕨蝇 *Chirosia orthostylata* Qian *et* Fan, 1981

Chirosia orthostylata Qian *et* Fan, 1981. Acta Ent. Sin. 24 (4): 439. **Type locality:** China: Xinjiang, Manasi.

分布（**Distribution**）：新疆（XJ）。

（39）小角蕨蝇 *Chirosia parvicornis* (Zetterstedt, 1845)

Aricia parvicornis Zetterstedt, 1845. Dipt. Scand. 4: 1600. **Type locality:** Sweden: Portland Island.

分布（**Distribution**）：辽宁（LN）、福建（FJ）；日本、瑞典。

（40）疏毛蕨蝇 *Chirosia paucisetosa* Deng *et al*., 1987

Chirosia paucisetosa Deng *et al*., 1987. Entomotaxon. 9 (2):

91. Type locality: China: Sichuan, Emeishan.

分布（Distribution）：四川（SC）、贵州（GZ）。

（41）锡蕨蝇 *Chirosia rametoka* (Suwa, 1974)

Shakshainia rametoka Suwa, 1974. Insecta Matsum. (N. S.) 4: 36. Type locality: Japan: Hokkaidō, Shikotsu-ko.

分布（Distribution）：黑龙江（HL）、辽宁（LN）；日本。

（42）四川蕨蝇 *Chirosia sichuanensis* Feng, 1987

Chirosia sichuanensis Feng, 1987. Acta Zootaxon. Sin. 12 (2): 212. Type locality: China: Sichuan, Ya'an.

分布（Distribution）：四川（SC）、贵州（GZ）。

（43）锤叶蕨蝇 *Chirosia similata* (Tiensuu, 1939)

Acrostilpna similata Tiensuu, 1939. Ann. Ent. Fenn. 5: 246. Type locality: Finland: Helsinki.

分布（Distribution）：辽宁（LN）、西藏（XZ）；日本、英国、芬兰。

（44）匙叶蕨蝇 *Chirosia spatuliforceps* (Fan *et* Chu, 1982)

Meliniella spatuliforceps Fan *et* Chu, 1982. *In*: Fan *et al.*, 1982. *In*: Shanghai Institute of Entomology, Academia Sinica, 1982. Contributions from Shanghai Institute of Entomology, Vol. 2: 228. Type locality: China: Yunnan, Ruili.

分布（Distribution）：四川（SC）、云南（YN）、福建（FJ）。

（45）刷状蕨蝇 *Chirosia strigilliformis* (Deng *et* Li, 1986)

Meliniella strigilliformis Deng *et* Li, 1986. J. W. China Univ. Med. Sci. 17 (2): 105. Type locality: China: Sichuan, Emeishan.

分布（Distribution）：四川（SC）。

（46）垂突蕨蝇 *Chirosia styloplasis* (Zheng *et* Fan, 1990)

Meliniella styloplasis Zheng *et* Fan, 1990. *In*: Zheng *et* Fan, 1989-1990. *In*: Shanghai Institute of Entomology, Academia Sinica, 1989-1990. Contributions from Shanghai Institute of Entomology, Vol. 9: 181. Type locality: China: Tibet, Motuo.

分布（Distribution）：西藏（XZ）。

（47）变色蕨蝇 *Chirosia variegata* (Stein, 1907)

Myopina variegata Stein, 1907b. Annu. Mus. Zool. Acad. Sci. Russ. St.-Pétersb. 12: 346. Type locality: China: S. O. Tibet, Dsatschu, Bassin des Blauen Flusses und aus anderen Gegenden des Kham.

分布（Distribution）：青海（QH）、西藏（XZ）。

（48）北海道蕨蝇 *Chirosia yukara* Suwa, 1974

Chirosia yukara Suwa, 1974. Insecta Matsum. (N. S.) 4: 29. Type locality: Japan: Hokkaidō, Mt. Soranuma.

分布（Distribution）：辽宁（LN）；日本。

5. 柳花蝇属 *Egle* Robineau-Desvoidy, 1830

Egle Robineau-Desvoidy, 1830. Mém. Prés. Div. Sav. Acad. R. Sci. Inst. Fr. 2 (2): 584. **Type species:** *Egle parva* Robineau-Desvoidy, 1830 (by designation of Coquillett, 1910).

Xenophorbia Malloch, 1920b. Trans. Am. Ent. Soc. 46: 175. **Type species:** *Stomoxys muscaria* Fabricius, 1776 (misidentification) (by original designation and monotypy) [= *Eriphia ciliata* Walker, 1849].

（49）拟花柳花蝇 *Egle anthomyioides* (Fan, 1981)

Lasiomma anthomyioides Fan, 1981. *In*: Jin *et al.*, 1981. Entomotaxon. 3 (2): 90. Type locality: China: South Gansu.

分布（Distribution）：甘肃（GS）。

（50）亚洲柳花蝇 *Egle asiatica* Hennig, 1976

Egle asiatica Hennig, 1976. Flieg. Palaearkt. Reg. 7 (1): 938. Type locality: China: Northeast China, Tschen.

分布（Distribution）：辽宁（LN）。

（51）纤毛柳花蝇 *Egle ciliata* (Walker, 1849)

Eriphia ciliata Walker, 1849. List. of the specimens of dipterous insets in the collection of the British Museum Part IV: 961. Type locality: North America: Hudson's Bay, Albany River, St. Martin's Falls.

Anthomyia determinata Walker, 1849. List of the specimens of dipterous insets in the collection of the British Museum Part IV: 961. Type locality: Canada: Nova Scotia.

Chortophila palpella Rondani, 1871. Bull. Soc. Ent. Ital. 2 (1870): 328. Type locality: Italy: in Alpibus.

分布（Distribution）：中国（东北部）；日本、奥地利、捷克、斯洛伐克、德国、法国、英国、意大利、波兰、瑞典、芬兰、俄罗斯；新北区。

（52）鞍板柳花蝇 *Egle concomitans* (Pandellé, 1900)

Anthomyia (*Chortophila*) *concomitans* Pandellé, 1900. Rev. Ent. 19 (Suppl.): 251. Type locality: France: Tarbes. Russia: Prusse Orient.

分布（Distribution）：黑龙江（HL）、辽宁（LN）、北京（BJ）、山西（SX）、青海（QH）；捷克、斯洛伐克、德国、法国、波兰、俄罗斯。

（53）弯头柳花蝇 *Egle cyrtacra* Fan *et* Wang, 1982

Egle cyrtacra Fan *et* Wang, 1982. *In*: Fan *et al.*, 1982. *In*: Shanghai Institute of Entomology, Academia Sinica, 1982. Contributions from Shanghai Institute of Entomology, Vol. 2: 225. Type locality: China: Shanxi, Taiyuan, Jinci.

分布（Distribution）：山西（SX）。

（54）少鬃柳花蝇 *Egle korpokkur* Suwa, 1974

Egle korpokkur Suwa, 1974. Insecta Matsum. (N. S.) 4: 91. **Type locality:** Japan: Hokkaidō, Nopporo.

分布（Distribution）：辽宁（LN）；日本。

（55）长须柳花蝇 *Egle longipalpis* (Malloch, 1924)

Hylemyia longipalpis Malloch, 1924d. Psyche, Camb. v. London 31 (5): 197. **Type locality:** Great Britain: Waterville.

分布（Distribution）：辽宁（LN）；日本、英国、瑞典。

（56）微小柳花蝇 *Egle minuta* (Meigen, 1826)

Anthomyia minuta Meigen, 1826. Syst. Beschr. Europ. Zweifl. Insekt. 5: 177. **Type locality:** Not given (presumably "Von Hrn. v. Winthem").

分布（Distribution）：辽宁（LN）、山西（SX）、甘肃（GS）、四川（SC）；日本、奥地利、捷克、斯洛伐克、德国、英国、冰岛、瑞典、芬兰、俄罗斯。

（57）方头柳花蝇 *Egle parva* Robineau-Desvoidy, 1830

Egle parva Robineau-Desvoidy, 1830. Mém. Prés. Div. Sav. Acad. R. Sci. Inst. Fr. 2 (2): 590. **Type locality:** France: Saint-Sauveur.

分布（Distribution）：辽宁（LN）、山西（SX）、陕西（SN）、甘肃（GS）；日本、捷克、斯洛伐克、德国、法国、英国、意大利、瑞典、芬兰、俄罗斯。

（58）直头柳花蝇 *Egle rectapica* Ge et Fan, 1988

Egle rectapica Ge et Fan, 1988. Entomotaxon. 3 (2): 88. **Type locality:** China: Gansu, Wenxian.

分布（Distribution）：甘肃（GS）、青海（QH）。

（59）长管柳花蝇 *Egle steini* Schnabl, 1911

Egle steini Schnabl, 1911b. Nova Acta Acad. Caesar. Leop. Carol. 95 (2): 105. **Type locality:** Not given.

分布（Distribution）：辽宁（LN）；英国、波兰、俄罗斯。

6. 纤目花蝇属 *Lasiomma* Stein, 1916

Lasiomma Stein, 1916. Arch. Naturgesch. 81A (10) (1915): 168. **Type species:** *Lasiops ctenocnema* Kowarz, 1880 (by designation of Séguy, 1937) [= *Anthomyza strigilaturm* Zetterstedt, 1838].

Crinurina Karl, 1928. Tierwelt Deutschlands 13: 185. **Type species:** *Aricia pictiventris* Zetterstedt, 1845 (by original designation) [= *Anthomyza cuneicorne* Zetterstedt, 1838].

Monotrixa Karl, 1943. Stettin. Ent. Ztg. 104: 66. **Type species:** *Aricia octoguttata* Zetterstedt, 1845 (by original designation).

（60）凹叶纤目花蝇 *Lasiomma anthomyinum* (Rondani, 1866)

Lasiops anthomyinum Rondani, 1866. Atti Soc. Ital. Sci. Nat.

Milano 9: 143. **Type locality:** Italy: Ager Parmensis [= in the Parma countryside].

Chortophila (*Egle*) *rondanii* Pandellé, 1900. Rev. Ent. 19 (Suppl.): 240. **Type locality:** France: Amiens.

分布（Distribution）：黑龙江（HL）、甘肃（GS）；日本、捷克、斯洛伐克、德国、法国、意大利、瑞典、加那利群岛。

（61）缘齿纤目花蝇 *Lasiomma craspedodonta* (Hsue, 1980)

Sinohylemya craspedodonta Hsue, 1980. Acta Zootaxon. Sin. 5 (4): 414. **Type locality:** China: Liaoning, Benxi.

分布（Distribution）：吉林（JL）、辽宁（LN）、四川（SC）。

（62）密毛纤目花蝇 *Lasiomma dasyommatum* Zhong, 1985

Lasiomma dasyommatum Zhong, 1985. Zool. Res. 6 (4) (Suppl.): 133. **Type locality:** China: Tibet, Lasa.

分布（Distribution）：西藏（XZ）。

（63）密鬃纤目花蝇 *Lasiomma densisetibasis* Feng, 1987

Lasiomma densisetibasis Feng, 1987. Acta Zootaxon. Sin. 12 (2): 203. **Type locality:** China: Sichuan, Ya'an (Zhougongshan).

分布（Distribution）：四川（SC）。

（64）离叶纤目花蝇 *Lasiomma divergens* Fan et Zhang, 1982

Lasiomma divergens Fan et Zhang, 1982. *In*: Fan et al., 1982. J. North-Eastern For. Inst. 1: 9. **Type locality:** China: Heilongjiang, Mudanjiang, Dongcunmuchang.

分布（Distribution）：黑龙江（HL）；朝鲜。

（65）瘦端纤目花蝇 *Lasiomma graciliapicum* Fan et Ge, 1982

Lasiomma graciliapicum Fan et Ge, 1982. *In*: Fan et al., 1982. J. North-Eastern For. Inst. 1: 9. **Type locality:** China: Gansu, Diebu.

分布（Distribution）：甘肃（GS）。

（66）宽翅纤目花蝇 *Lasiomma latipennis* (Zetterstedt, 1838)

Artcia latipennis Zetterstedt, 1838. Insecta Lapp.: 676. **Type locality:** Lapland.

分布（Distribution）：黑龙江（HL）、四川（SC）；日本、拉普兰；北美洲。

（67）扭叶纤目花蝇 *Lasiomma pectinicrus* Hennig, 1967

Lasiomma octoguttatum pectinicrus Hennig, 1967. Flieg. Palaearkt. Reg. 7 (1): 195. **Type locality:** China: Heilongjiang,

Harbin.

分布（Distribution）：黑龙江（HL）、辽宁（LN）、北京（BJ）、安徽（AH）、江苏（JS）、上海（SH）、湖南（HN）；北美洲。

（68）鹊足纤目花蝇 *Lasiomma picipes* (Meigen, 1826)

Anthomyia picipes Meigen, 1826. Syst. Beschr. Europ. Zweifl. Insekt. 5: 178. **Type locality:** Not given (presumably Germany).

Aricia octoguttatum Zetterstedt, 1845. Dipt. Scand. 4: 1570. **Type locality:** Sweden: Gotland, Torsburgen.

分布（Distribution）：辽宁（LN）、上海（SH）、西藏（XZ）；朝鲜、日本、瑞士、捷克、斯洛伐克、德国、法国、英国、冰岛、荷兰、瑞典、芬兰、俄罗斯。

（69）垂突纤目花蝇 *Lasiomma pseudostylatum* Wei, 1988

Lasiomma pseudostylatum Wei, 1988. Acta Zootaxon. Sin. 13 (4): 381. **Type locality:** China: Guizhou, Anshun.

分布（Distribution）：贵州（GZ）。

（70）山纤目花蝇 *Lasiomma replicatum* (Huckett, 1929)

Hylemyia replicatum Huckett, 1929. Can. Entomol. 61: 136. **Type locality:** Canada: Alberta, Nordegg.

Acrostilpna montana Ma, 1988. *In*: Fan *et al.*, 1988. Economic Insect Fauna of China 37: 84. **Type locality:** China: Heilongjiang, Yichun; Liaoning, Xinbin.

分布（Distribution）：黑龙江（HL）、辽宁（LN）；加拿大。

（71）黑尾纤目花蝇 *Lasiomma strigilatum* (Zetterstedt, 1838)

Anthomyza strigilatum Zetterstedt, 1838. Insecta Lapp.: 684. **Type locality:** Sweden: Lycksele Lappmark, Lycksele.

Anthomyza strigilatum Zetterstedt, 1837. Isis (Oken's) 21: 44 (nomen nudum).

Aricia nitidicauda Zetterstedt, 1855. Dipt. Scand. 12: 4730. **Type locality:** Sweden: Skåne, Ljungby.

Aricia eriophthalma Zetterstedt, 1860. Dipt. Scand. 14: 6236. **Type locality:** Sweden: Lycksele Lappmark, Tärna.

Lasiops ctenocnema Kowarz, 1880. Mitt. Münch. Ent. Ges. 4: 130. **Type locality:** Czechoslovakia: Marienbad and Asch.

Lasiops roederi Kowarz, 1880. Mitt. Münch. Ent. Ges. 4: 128. **Type locality:** Czechoslovakia and Germany: in dem Umgebung vor Franzenbad und Asch in Böhmen und dem Harze.

分布（Distribution）：四川（SC）、西藏（XZ）；尼泊尔；欧洲。

（72）铁刹山纤目花蝇 *Lasiomma tiechashanensis* Xue, 2017

Lasiomma tiechashanensis Xue, 2017. *In*: Hao, Du *et* Xue,

2017. Sichuan J. Zool. 36 (5): 572. **Type locality:** China: Liaoning, Benxi.

Lasiomma ctenocnema Hsue, 1980. Acta Zootaxon. Sin. 5 (4): 416 (preoccupied by Kowarz, 1880). **Type locality:** China: Liaoning, Benxi.

Lasiomma monticola Kwon, 1985. Insecta Koreana (Ser. 5): 181. **Type locality:** Korea.

分布（Distribution）：黑龙江（HL）、辽宁（LN）；朝鲜半岛。

7. 林纤蕨蝇属 *Ringdahlia* Michelsen, 2014

Ringdahlia Michelsen, 2014. Zootaxa 3790: 12. **Type species:** *Hylemyia curtigena* Ringdahl, 1935 (by original designation).

（73）短颊林纤蕨蝇 *Ringdahlia curtigena* (Ringdahl, 1935)

Hylemyia curtigena Ringdahl, 1935. Not. Ent. 15: 28. **Type locality:** Finland: Sortavala.

分布（Distribution）：黑龙江（HL）、甘肃（GS）；日本、芬兰。

8. 球果花蝇属 *Strobilomyia* Michelsen, 1988

Strobilomyia Michelsen, 1988. Syst. Ent. 13: 274. **Type species:** *Chortophila anthaina* Czerny, 1906 (by original designation).

（74）炭色球果花蝇 *Strobilomyia anthracinum* (Czerny, 1906)

Chortophila anthracinum Czerny, 1906. Wien. Ent. Ztg. 25 (8-9): 251. **Type locality:** Austria.

分布（Distribution）：黑龙江（HL）；日本、奥地利；北美洲。

（75）贝加尔球果花蝇 *Strobilomyia baicalense* (Elberg, 1970)

Lasiomma baicalense Elberg, 1970. *In*: Popova *et* Elberg, 1970. Ent. Obozr. 49 (3): 557. **Type locality:** Russia: Siberia, Lake Baikal.

分布（Distribution）：黑龙江（HL）、内蒙古（NM）；俄罗斯。

（76）稀球果花蝇 *Strobilomyia infrequens* (Ackland, 1964)

Lasiomma infrequens Ackland, 1964. Ent. Mon. Mag. 100: 142. **Type locality:** Britain.

分布（Distribution）：黑龙江（HL）、辽宁（LN）、内蒙古（NM）、山西（SX）；俄罗斯、英国。

（77）落叶松球果花蝇 *Strobilomyia laricicola* (Karl, 1928)

Chortophila (*Thrixina*) *laricicola* Karl, 1928. Tierwelt

Deutschlands 13: 69. **Type locality:** Austria: Semmering.

分布（Distribution）：黑龙江（HL）、内蒙古（NM）；日本、俄罗斯、奥地利。

（78）丽江球果花蝇 *Strobilomyia lijiangensis* **Roques *et* Sun, 1996**

Strobilomyia lijiangensis Roques *et* Sun, 1996. *In*: Roques *et al.*, 1996. Mitt. Schweiz. Ent. Ges. 69 (3-4): 421. **Type locality:** China: Yunnan, Lijiang.

分布（Distribution）：云南（YN）。

（79）黄尾球果花蝇 *Strobilomyia luteoforceps* **(Fan *et* Fang, 1981)**

Lasiomma luteoforceps Fan *et* Fang, 1981. Acta Zootaxon. Sin. 6 (2): 179. **Type locality:** China: Heilongjiang, Yichun.

分布（Distribution）：黑龙江（HL）。

（80）黑胸球果花蝇 *Strobilomyia melaniola* **(Fan, 1982)**

Lasiomma melaniola Fan, 1982. *In*: Fan *et al.*, 1982. J. North-Eastern For. Inst. 1: 7. **Type locality:** China: Heilongjiang; Liaoning.

分布（Distribution）：黑龙江（HL）、辽宁（LN）；俄罗斯。

（81）东方球果花蝇 *Strobilomyia oriens* **(Suwa, 1983)**

Lasiomma oriens Suwa, 1983. Akitu (n. s.) 52: 7. **Type locality:** Japan: Hokkaidō, Sopporo.

Lasiomma abietes Huckett, 1953. Bull. Brooklyn Ent. Soc. 48: 107 [misspelling of *abietis*, misidentification]. **Type locality:** USA: California.

分布（Distribution）：辽宁（LN）；日本、朝鲜、美国。

（82）西伯利亚球果花蝇 *Strobilomyia sibirica* **Michelsen, 1988**

Strobilomyia sibirica Michelsen, 1988. Syst. Ent. 13: 297. **Type locality:** Finland: Punkaharju.

分布（Distribution）：黑龙江（HL）；芬兰。

（83）斯氏球果花蝇 *Strobilomyia svenssoni* **Michelsen, 1988**

Strobilomyia svenssoni Michelsen, 1988. Syst. Ent. 13: 308. **Type locality:** Sweden: Helsingland.

分布（Distribution）：黑龙江（HL）；瑞典。

隰蝇族 Hydrophoriini

9. 粪种蝇属 *Adia* Robineau-Desvoidy, 1830

Adia Robineau-Desvoidy, 1830. Mém. Prés. Div. Sav. Acad. R. Sci. Inst. Fr. 2 (2): 558. **Type species:** *Adia oralis* Robineau-Desvoidy, 1830 (monotypy) [= *Musca cinerella* Fallén, 1825].

Nerina Robineau-Desvoidy, 1830. Mém. Prés. Div. Sav. Acad. R. Sci. Inst. Fr. 2 (2): 557. **Type species:** *Nerina albipennis* Robineau-Desvoidy, 1830 (by designation of Coquillett, 1910).

Scategle Fan, 1982. *In*: Ye, Ni *et* Fan, 1982. *In*: Lu, 1982. Identification Handbook for Medically Important Animals in China: 379. **Type species:** *Musca cinerella* Fallén, 1825 (by original designation).

（84）天山粪种蝇 *Adia alatavensis* **(Hennig, 1967)**

Paregle alatavensis Hennig, 1967. Flieg. Palaearkt. Reg. 7 (1): 158. **Type locality:** Kyrgyzstan: Terskei-Alatau-Gebirge.

分布（Distribution）：甘肃（GS）、青海（QH）、新疆（XJ）；塔吉克斯坦、吉尔吉斯斯坦。

（85）小灰粪种蝇 *Adia cinerella* **(Fallén, 1825)**

Musca cinerella Fallén, 1825a. Monogr. Musc. Sveciae VIII: 77. **Type locality:** Sweden.

Anthomyia pusilla Meigen, 1826. Syst. Beschr. Europ. Zweifl. Insekt. 5: 151. **Type locality:** Not given (presumably Germany: Aachen).

Nerina albipennis Robineau-Desvoidy, 1830. Mém. Prés. Div. Sav. Acad. R. Sci. Inst. Fr. 2 (2): 558. **Type locality:** France: Paris.

Nerina flavescens Robineau-Desvoidy, 1830. Mém. Prés. Div. Sav. Acad. R. Sci. Inst. Fr. 2 (2): 558. **Type locality:** France: Paris.

Adia oralis Robineau-Desvoidy, 1830. Mém. Prés. Div. Sav. Acad. R. Sci. Inst. Fr. 2 (2): 558. **Type locality:** France: Saint-Sauveur.

Anthomyia trigonomaculata Macquart, 1851. Mém. Soc. R. Sci. Agric. Arts Lille 1850 [1851]: 266. **Type locality:** Egypt: De l'Égypte.

Anthomyia virescens Macquart, 1851. Mém. Soc. R. Sci. Agric. Arts Lille 1850 [1851]: 266. **Type locality:** Egypt: De l'Égypte.

Aricia interruptilinea Zetterstedt, 1860. Dipt. Scand. 14: 6232. **Type locality:** Sweden: Skåne.

Aricia remorata Holmgren, 1883. Ent. Tidskr. 4: 171. **Type locality:** Russia: Novaya Zemlya.

Chortophila excubans Pandellé, 1900. Rev. Ent. 19 (Suppl.): 282. **Type locality:** France: Tarbes.

Egle trigonigaster Pandellé, 1900. Rev. Ent. 19 (Suppl.): 242. **Type locality:** France: Tarbes, Toulouse, Aude, Hyères, Apt. Poland: Gdansk. Hungary: Hongrie.

分布（Distribution）：广西（GX）；俄罗斯；亚洲、欧洲、非洲（北部）、北美洲。

（86）单叶粪种蝇 *Adia danieli* **(Gregor, 1975)**

Paregle danieli Gregor, 1975. Acta Ent. Bohem. 72: 266. **Type locality:** Nepal: Himalayas.

分布（Distribution）：青海（QH）；尼泊尔。

（87）密胡粪种蝇 *Adia densibarbata* **(Fan, 1982)**

Paregle densibarbata Fan, 1982. *In*: Fan *et al*., 1982. *In*: Shanghai Institute of Entomology, Academia Sinica, 1982. Contributions from Shanghai Institute of Entomology, Vol. 2: 232. **Type locality:** China: Qinghai, Qilian.

分布（**Distribution**）：青海（QH）。

（88）中亚灰粪种蝇 *Adia grisella asiatica* **Fan, 1988**

Adia grisella asiatica Fan, 1988. *In*: Fan *et al*., 1988. Economic Insect Fauna of China 37: 101. **Type locality:** China: Qinghai, Delingha.

分布（**Distribution**）：内蒙古（NM）、青海（QH）；塔吉克斯坦。

10. 隰蝇属 *Hydrophoria* Robineau-Desvoidy, 1830

Hydrophoria Robineau-Desvoidy, 1830. Mém. Prés. Div. Sav. Acad. R. Sci. Inst. Fr. 2 (2): 503. **Type species:** *Hydrophoria littoralis* Robineau-Desvoidy, 1830 [= *Musca lancifer* (Harris, 1780)] (by designation of International Commission on Zoological Nomenclature, 1996).

（89）异隰蝇 *Hydrophoria aberrans* **Stein, 1918**

Hydrophoria aberrans Stein, 1918. Ann. Hist.-Nat. Mus. Natl. Hung. 16: 159. **Type locality:** China: Taiwan.

分布（**Distribution**）：台湾（TW）。

（90）白头隰蝇 *Hydrophoria albiceps* **(Meigen, 1826)**

Anthomyia albiceps Meigen, 1826. Syst. Beschr. Europ. Zweifl. Insekt. 5: 95. **Type locality:** Not given (presumably "Von Hrn. v. Winthem").

分布（**Distribution**）：黑龙江（HL）、内蒙古（NM）、山西（SX）、青海（QH）、新疆（XJ）、四川（SC）；奥地利、捷克、斯洛伐克、德国、法国、匈牙利、意大利、前南斯拉夫。

（91）灰隰蝇 *Hydrophoria cinerascens* **Stein, 1907**

Hydrophoria cinerascens Stein, 1907b. Annu. Mus. Zool. Acad. Sci. Russ. St.-Pétersb. 12: 350. **Type locality:** China: Qinghai, Qaidam.

分布（**Distribution**）：青海（QH）。

（92）肥叶隰蝇 *Hydrophoria crassiforceps* **Qian** *et* **Fan, 1981**

Hydrophoria crassiforceps Qian *et* Fan, 1981. Acta Ent. Sin. 24 (4): 440. **Type locality:** China: Xinjiang, Tashkurgan.

分布（**Distribution**）：青海（QH）、新疆（XJ）。

（93）锥叶隰蝇 *Hydrophoria lancifer* **(Harris, 1780)**

Musca lancifer Harris, 1780. Expos. Engl. Ins. [4]: 126. **Type locality:** Not given (presumably England).

Anthomyia conica Wiedemann, 1817. Zool. Mag. 1 (1): 79.

Type locality: Germany: Holstein.

Musca dubitata Fallén, 1825b. Monogr. Musc. Sveciae IX: 82. **Type locality:** Sweden: Scania.

Anthomyia distincta Meigen, 1826. Syst. Beschr. Europ. Zweifl. Insekt. 5: 101. **Type locality:** Not given (presumably "Von Hrn. v. Winthem").

Anthomyia operosa Meigen, 1826. Syst. Beschr. Europ. Zweifl. Insekt. 5: 102. **Type locality:** Not given (presumably "Von Hrn. v. iedemann").

Hydrophoria littoralis Robineau-Desvoidy, 1830. Mém. Prés. Div. Sav. Acad. R. Sci. Inst. Fr. 2 (2): 506. **Type locality:** France: Saint-Sauveur.

Hydrophoria sagittariae Robineau-Desvoidy, 1830. Mém. Prés. Div. Sav. Acad. R. Sci. Inst. Fr. 2 (2): 505. **Type locality:** France: "bords de la Seine".

Hydrophoria tibialis Robineau-Desvoidy, 1830. Mém. Prés. Div. Sav. Acad. R. Sci. Inst. Fr. 2 (2): 505. **Type locality:** France.

Hydrophoria caesia Macquart, 1835. Hist. Nat. Ins., Dipt. 2: 298. **Type locality:** France: "Du nord de la France".

Hydrophoria nigricans Meigen, 1838. Syst. Beschr. Europ. Zweifl. Insekt. 7: 321. **Type locality:** France: "Nord de la France".

Anthomyia subtessellata Zetterstedt, 1845. Dipt. Scand. 4: 1648. **Type locality:** Sweden: Skåne, Lund.

Anthomyia inquirenda Zetterstedt, 1849. Dipt. Scand. 8: 3307. **Type locality:** Denmark: NE Zealand.

Anthomyia monticola Zetterstedt, 1849. Dipt. Scand. 8: 3306. **Type locality:** Norway: Nord-Trøndelag, Verdal, Suul.

分布（**Distribution**）：黑龙江（HL）、吉林（JL）、山西（SX）；奥地利、瑞士、捷克、斯洛伐克、德国、丹麦、法国、英国、匈牙利、意大利、挪威、罗马尼亚、瑞典、芬兰、前南斯拉夫、俄罗斯。

（94）长喙隰蝇 *Hydrophoria longissima* **Fan** *et* **Zhong, 1984**

Hydrophoria longissima Fan *et* Zhong, 1984. *In*: Fan *et al*., 1984b. *In*: Shanghai Institute of Entomology, Academia Sinica, 1984. Contributions from Shanghai Institute of Entomology, Vol. 4: 256. **Type locality:** China: Tibet, Anduo.

分布（**Distribution**）：西藏（XZ）。

（95）大叶隰蝇 *Hydrophoria megaloba* **Li** *et* **Deng, 1981**

Hydrophoria megaloba Li *et* Deng, 1981. Acta Acad. Med. Sichuan 12 (2): 125. **Type locality:** China: Sichuan, Emeishan.

分布（**Distribution**）：四川（SC）。

（96）山隰蝇 *Hydrophoria montana* **Suwa, 1970**

Hydrophoria montana Suwa, 1970. Kontyû 38: 248. **Type locality:** Japan: Tokyo.

分布（**Distribution**）：黑龙江（HL）、辽宁（LN）、四川（SC）、

台湾（TW）；朝鲜、日本。

（97）弓叶隰蝇 *Hydrophoria pronata* **Fan** *et* **Qian, 1984**

Hydrophoria pronata Fan et Qian, 1984. *In*: Fan et al., 1984a. *In*: Shanghai Institute of Entomology, Academia Sinica, 1984. Contributions from Shanghai Institute of Entomology, Vol. 4: 245. **Type locality:** China: Qinghai, Nuomuhong.

分布（Distribution）：山西（SX）、青海（QH）、新疆（XJ）。

（98）绯胫隰蝇 *Hydrophoria rufitibia* **Stein, 1907**

Hydrophoria rufitibia Stein, 1907b. Annu. Mus. Zool. Acad. Sci. Russ. St.-Pétersb. 12: 350. **Type locality:** China: "Bomyn-Itschegyn-Fluss" and "Ost-Zaidam, Kurlyk am Fl. Baingol".

分布（Distribution）：辽宁（LN）、山西（SX）、陕西（SN）、甘肃（GS）、青海（QH）。

（99）乡隰蝇 *Hydrophoria ruralis* **(Meigen, 1826)**

Anthomyia ruralis Meigen, 1826. Syst. Beschr. Europ. Zweifl. Insekt. 5: 101. **Type locality:** Not given (presumably "Von Hrn. v. Winthem").

Anthomyia puella Meigen, 1826. Syst. Beschr. Europ. Zweifl. Insekt. 5: 96. **Type locality:** "hiesige Gegend" (presumably Germany: Aachen district).

Hydrophoria testacea Robineau-Desvoidy, 1830. Mém. Prés. Div. Sav. Acad. R. Sci. Inst. Fr. 2 (2): 506. **Type locality:** Not given.

Hydrophoria maculata Macquart, 1835. Hist. Nat. Ins., Dipt. 2: 299. **Type locality:** France: "Du nord de la France".

Anthomyia bsens Walker, 1853. Ins. Brit., Dípt. 2: 135. **Type locality:** Not given (presumably Great Britain).

Hydrophoria anthomyea Rondani, 1866. Atti Soc. Ital. Sci. Nat. Milano 9: 141. **Type locality:** Italy: "in planitie *et* collibus Parmensis".

Anthomyia (Hylemyid) plumosior Pandellé, 1899c. Rev. Ent. 18 (Suppl.): 216. **Type locality:** France: Lyon and Paris. Germany: Genthin. Italy: Toscane.

分布（Distribution）：黑龙江（HL）、吉林（JL）、辽宁（LN）、内蒙古（NM）、山西（SX）、安徽（AH）、江苏（JS）、上海（SH）、浙江（ZJ）、四川（SC）、贵州（GZ）、云南（YN）、福建（FJ）；朝鲜、日本、俄罗斯、奥地利、捷克、斯洛伐克、德国、法国、英国、意大利、罗马尼亚；北美洲、南美洲。

11. 鞭隰蝇属 *Zaphne* Robineau-Desvoidy, 1830

Zaphne Robineau-Desvoidy, 1830. Mém. Prés. Div. Sav. Acad. R. Sci. Inst. Fr. 2 (2): 527. **Type species:** *Zaphne hylemyoidea* Robineau-Desvoidy, 1830 (by designation of Hennig, 1969) [= *Anthomyia divisa* Meigen, 1826].

Acroptena Pokorny, 1893. Wien. Ent. Ztg. 12: 60. **Type species:** *Acroptena simonyi* Pokorny, 1893 (monotypy)

[= *Anthomyza frontata* Zetterstedt, 1838].

（100）迷鞭隰蝇 *Zaphne ambigua* **(Fallén, 1823)**

Musca ambigua Fallén, 1823b. Monogr. Musc. Sveciae V: 56. **Type locality:** Sweden: Scania.

Anthomyia (Hydrophoria) speculiventris Pandellé, 1900. Rev. Ent. 19 (Suppl.): 221. **Type locality:** Czechoslovakia: Boheme.

分布（Distribution）：黑龙江（HL）；日本、俄罗斯、奥地利、前捷克斯洛伐克、德国、英国、冰岛、挪威、波兰、瑞典、芬兰；北美洲。

（101）粉腹鞭隰蝇 *Zaphne divisa* **(Meigen, 1826)**

Anthomyia divisa Meigen, 1826. Syst. Beschr. Europ. Zweifl. Insekt. 5: 99. **Type locality:** Not given (presumably "Von Hrn. v. Winthem").

Zaphne egerioidea Robineau-Desvoidy, 1830. Mém. Prés. Div. Sav. Acad. R. Sci. Inst. Fr. 2 (2): 527. **Type locality:** France: Saint-Sauveur.

Zaphne hylemyoidea Robineau-Desvoidy, 1830. Mém. Prés. Div. Sav. Acad. R. Sci. Inst. Fr. 2 (2): 527. **Type locality:** France: Saint-Sauveur.

Hydrophoria nimphaeicola Robineau-Desvoidy, 1830. Mém. Prés. Div. Sav. Acad. R. Sci. Inst. Fr. 2 (2): 506. **Type locality:** Not given (presumably France: Saint-Sauveur).

Hydrophoria nymphaea Robineau-Desvoidy, 1830. Mém. Prés. Div. Sav. Acad. R. Sci. Inst. Fr. 2 (2): 504. **Type locality:** France: Saint-Sauveur.

Hydrophoria trapaxe Robineau-Desvoidy, 1830. Mém. Prés. Div. Sav. Acad. R. Sci. Inst. Fr. 2 (2): 505. **Type locality:** France: Saint-Sauveur.

Hylemyia dispar Macquart, 1835. Hist. Nat. Ins., Dipt. 2: 317 (replacement name for *Zaphne hylemyoidea* Robineau-Desvoidy, 1830). **Type locality:** France: Saint-Sauveur.

Anthomyza coronata Zetterstedt, 1845. Dipt. Scand. 4: 1658. **Type locality:** Sweden: Skåne, Källby, Höjeån.

Anthomyia dignota Bidenkap, 1890. Ent. Tidskr. 11: 199. **Type locality:** Norway: sommer i Jarlsberg of Laurvigs.

分布（Distribution）：黑龙江（HL）、内蒙古（NM）、天津（TJ）；俄罗斯、奥地利、捷克、斯洛伐克、德国、丹麦、法国、英国、挪威、波兰、瑞典、芬兰；北美洲。

（102）腹束鞭隰蝇 *Zaphne fasciculata* **(Schnabl, 1915)**

Acroptena fasciculata Schnabl, 1915. Zap. Imp. Akad. Nauk (VIII), cl. Phys. Math. 28 (7): 15. **Type locality:** Russia: Karskaja Tundra.

Acroptena incisurata Ringdahl, 1918. Ent. Tidskr. 39: 185. **Type locality:** Sweden: Abisko.

分布（Distribution）：黑龙江（HL）；俄罗斯、挪威、瑞典、芬兰；北美洲。

（103）卑鞭隰蝇 *Zaphne ignobilis* (Zetterstedt, 1845)

Aricia ignobilis Zetterstedt, 1845. Dipt. Scand. 4: 1448. **Type locality:** Sweden: Norrbotten, Överluleå, Råbäcken.

Aricia ignobilis Boheman, 1844. Öfvers. K. Vetensk. Akad. Förh. 1: 101 (nomen nudum).

分布（Distribution）：黑龙江（HL）、吉林（JL）、云南（YN）；俄罗斯、挪威、瑞典、芬兰。

（104）涂鞭隰蝇 *Zaphne inuncta* (Zetterstedt, 1838)

Anthomyza inuncta Zetterstedt, 1838. Insecta Lapp.: 672. **Type locality:** Sweden: Lycksele Lappmark, Lycksele.

Anthomyza inuncta Zetterstedt, 1837. Isis (Oken's) 21: 43 (nomen nudum).

Aricia hyalipennis Zetterstedt, 1855. Dipt. Scand. 12: 4720. **Type locality:** Sweden: Östergötlands, Häradshammer.

Acroptena villosa Ringdahl, 1918. Ent. Tidskr. 39: 184. **Type locality:** Sweden: Vejby and Krylbo.

分布（Distribution）：黑龙江（HL）、吉林（JL）；日本、俄罗斯、德国、西班牙、法国、英国、挪威、波兰、瑞典、芬兰。

（105）宽须腹鞭隰蝇 *Zaphne laxibarbiventris* Xue *et* Dong, 2009

Zaphne laxibarbiventris Xue *et* Dong, 2009. *In*: Xue, Bai *et* Dong, 2009. Entomol. News 120 (4): 425. **Type locality:** China: Yunnan, Shangri-La, Bitahai.

分布（Distribution）：云南（YN）。

（106）长针鞭隰蝇 *Zaphne lineatocollis* (Zetterstedt, 1838)

Anthomyza lineatocollis Zetterstedt, 1838. Insecta Lapp.: 679. **Type locality:** Sweden: Lycksele Lappmark, Lycksele.

Anthomyza lineatocollis Zetterstedt, 1837. Isis (Oken's) 21: 44 (nomen nudum).

Acroptena laticornis Ringdahl, 1916. Ent. Tidskr. 37: 236. **Type locality:** Sweden: Jämtland, Mt. Vällista.

分布（Distribution）：黑龙江（HL）；俄罗斯、瑞典、芬兰；北美洲。

（107）班翅鞭隰蝇 *Zaphne maculipennis* (Stein, 1907)

Hydrophoria maculipennis Stein, 1907b. Annu. Mus. Zool. Acad. Sci. Russ. St.-Pétersb. 12: 349. **Type locality:** China: Qinghai, Qaidam.

分布（Distribution）：内蒙古（NM）、山西（SX）、青海（QH）、西藏（XZ）。

（108）暗胸鞭隰蝇 *Zaphne melaena* (Stein, 1907)

Hydrophoria melaena Stein, 1907b. Annu. Mus. Zool. Acad. Sci. Russ. St.-Pétersb. 12: 350. **Type locality:** China: Qinghai, Qaidam.

分布（Distribution）：黑龙江（HL）、辽宁（LN）、内蒙古（NM）、山西（SX）、青海（QH）、新疆（XJ）、四川（SC）。

（109）裸鞭隰蝇 *Zaphne nuda* (Schnabl, 1911)

Acroptena nuda Schnabl, 1911b. Nova Acta Acad. Caesar. Leop. Carol. 95 (2): 255. **Type locality:** Russia: Petersburger Gegend.

分布（Distribution）：黑龙江（HL）；俄罗斯、德国、瑞典、芬兰；北美洲。

（110）黑鞭隰蝇 *Zaphne pullata* (Wu, Liu *et* Wei, 1995)

Hydrophoria pullata Wu, Liu *et* Wei, 1995. Entomotaxon. 17 (4): 290. **Type locality:** China: Guizhou, Puding.

Hydrophoria disticrassa Xue *et* Bai, 2009. *In*: Xue, Bai *et* Dong, 2009. Entomol. News 120 (4): 418. **Type locality:** China: Yunnan, Yulong Snowberg, Maoniuping.

分布（Distribution）：贵州（GZ）、云南（YN）。

（111）冰沼鞭隰蝇 *Zaphne tundrica* (Schnabl, 1911)

Acroptena tundrica Schnabl, 1911. Mém. Acad. Sci. St.-Pétersb., cl. Phys. Math. (8) 28 (7): 13. **Type locality:** Russia: Karskaja Tundra.

Anthomyza verticina Zetterstedt, 1838. Insecta Lapp.: 665. **Type locality:** Sweden: Norrbotten, Junosuando (misidentification).

分布（Distribution）：新疆（XJ）；俄罗斯、瑞典；北美洲。

（112）猎叉鞭隰蝇 *Zaphne venatifurca* (Zhong, 1985)

Hydrophoria venatifurca Zhong, 1985. Zool. Res. 6 (4) (Suppl.): 133. **Type locality:** China: Tibet, Naqu.

分布（Distribution）：西藏（XZ）。

（113）鬃腹鞭隰蝇 *Zaphne ventribarbata* (Hsue, 1981)

Hydrophoria ventribarbata Hsue, 1981. Acta Ent. Sin. 24 (1): 89. **Type locality:** China: Jilin, Tonghua.

分布（Distribution）：吉林（JL）。

（114）瘦足鞭隰蝇 *Zaphne wierzejskii* (Mik, 1867)

Spilogaster wierzejskii Mik, 1867. Verh. K. K. Zool.-Bot. Ges. Wien 17: 420. **Type locality:** Russia: Halicia.

分布（Distribution）：黑龙江（HL）、辽宁（LN）、内蒙古（NM）、山西（SX）、青海（QH）、新疆（XJ）；俄罗斯、捷克、斯洛伐克、德国、法国、英国、波兰、瑞典、芬兰；北美洲。

（115）矩突鞭隰蝇 *Zaphne zetterstedti* (Ringdahl, 1918)

Acroptena zetterstedti Ringdahl, 1918. Ent. Tidskr. 39: 185. **Type locality:** Sweden: Abisko and Gaddede.

分布（Distribution）：黑龙江（HL）、四川（SC）；俄罗斯、挪威、瑞典；北美洲。

海花蝇亚科 Fucelliinae

植种蝇族 Botanophilini

12. 植种蝇属 *Botanophila* Lioy, 1864

Botanophila Lioy, 1864. Atti R. Ist. Véneto Sci. Lett. Arti (3) 9: 990. **Type species:** *Anthomyia varicolor* Meigen, 1826 (monotypy).

Egeria Robineau-Desvoidy, 1830. Mém. Prés. Div. Sav. Acad. R. Sci. Inst. Fr. 2 (2): 555. **Type species:** *Egeria silvática* Robineau-Desvoidy, 1830 (by designation of Coquillett, 1910).

Pegohylemyia Schnabl, 1911a. Dtsch. Ent. Z. 1911: 75. **Type species:** *Musca cinerea* Fallén, 1824 (by designation of Huckett, 1965). [= *Egeria silvatica* Robineau-Desvoidy, 1830.

Thrixina Karl, 1928. Tierwelt Deutschlands 13: 165. **Type species:** *Anthomyia fugax* Meigen, 1826 (by original designation).

Collinomyia Ringdahl, 1929b. Ent. Tidskr. 50: 269. **Type species:** *Aricia gemmata* Zetterstedt, 1860 (monotypy).

Euryparia Ringdahl, 1929b. Ent. Tidskr. 50: 269. **Type species:** *Anthomyia varicolor* Meigen, 1826 (monotypy).

Bucearía Karl, 1932. Zool. Anz. 98: 304. **Type species:** *Bucearía montícola* Karl, 1932 (monotypy).

Pseudomyopina Ringdahl, 1933b. Ent. Tidskr. 54: 31. **Type species:** *Aricia moriens* Zetterstedt, 1845 (monotypy).

Atrichomyia Karl, 1943. Stettin. Ent. Ztg. 104: 66. **Type species:** *Chortophila* (*Nudaria*) *lineatula* Karl, 1928 (by original designation) [= *Anthomyza verticella* Zetterstedt, 1838].

Xanthocnemia Karl, 1943. Stettin. Ent. Ztg. 104: 65. **Type species:** *Hylemyia pseudomaculipes* Strobl, 1893 (by original designation) [= *Anthomyza maculipes* Zetterstedt, 1845].

Monochrotogaster Ringdahl, 1932a. Not. Ent. 12: 19. **Type species:** *Monochrotogaster unicolor* Ringdahl, 1932 (monotypy).

（116）尖扁植种蝇 *Botanophila acudepressa* (Fan *et* Ma, 1984)

Pegohylemyia acudepressa Fan *et* Ma, 1984. *In*: Fan *et al.*, 1984a. *In*: Shanghai Institute of Entomology, Academia Sinica, 1984. Contributions from Shanghai Institute of Entomology, Vol. 4: 246. **Type locality:** China: Qinghai, Dachaidan.

分布（Distribution）：青海（QH）、四川（SC）。

（117）尖叉植种蝇 *Botanophila aculeifurca* (Zhong, 1985)

Pegohylemyia aculeifurca Zhong, 1985. Zool. Res. 6 (4) (Suppl.): 135. **Type locality:** China: Tibet, Cuona.

分布（Distribution）：西藏（XZ）。

（118）缺齿植种蝇 *Botanophila adentata* (Deng, 1983)

Pegohylemyia adentata Deng, 1983. Acta Acad. Med. Sichuan 14 (2): 131. **Type locality:** China: Sichuan, Emeishan.

分布（Distribution）：辽宁（LN）、山西（SX）、四川（SC）。

（119）天山植种蝇 *Botanophila alatavensis* (Hennig, 1970)

Pegohylemyia alatavensis Hennig, 1970. Flieg. Palaearkt. Reg. 7 (1): 352. **Type locality:** Kyrgyzstan: Kara-Batkak, Terskei-Alatau.

分布（Distribution）：辽宁（LN）、青海（QH）、新疆（XJ）；吉尔吉斯斯坦。

（120）巨板植种蝇 *Botanophila alcaecerca* (Deng, 1997)

Pegohylemyia alcaecerca Deng, 1997. Acta Zootaxon. Sin. 22 (2): 201. **Type locality:** China: Sichuan, Maowenxian.

分布（Distribution）：山东（SD）、四川（SC）。

（121）阿里山植种蝇 *Botanophila alishana* Suwa, 1996

Botanophila alishana Suwa, 1996. Orient. Insects 30: 147. **Type locality:** China: Taiwan.

分布（Distribution）：台湾（TW）。

（122）无中突植种蝇 *Botanophila amedialis* (Zhong, 1985)

Pegohylemyia amedialis Zhong, 1985. Zool. Res. 6 (4) (Suppl.): 135. **Type locality:** China: Tibet, Yadong.

分布（Distribution）：西藏（XZ）。

（123）角侧叶植种蝇 *Botanophila angulisurstyla* Xue *et* Zhang, 1996

Botanophila angulisurstyla Xue *et* Zhang, 1996. *In*: Wu *et* Feng, 1996. The Biology and Human Physiology in the Hoh-Xil Region: 168. **Type locality:** China: Qinghai, Hoh Xil.

分布（Distribution）：青海（QH）。

（124）瘦林植种蝇 *Botanophila angustisilva* Xue *et* Yang, 2002

Botanophila angustisilva Xue *et* Yang, 2002. Entomol. Sin. 9 (2): 73. **Type locality:** China: Shaanxi, Houzhi; Gansu, Wenxian.

分布（Distribution）：陕西（SN）、甘肃（GS）。

（125）黑额植种蝇 *Botanophila anthracimetopa* (Zhong, 1985)

Pegohylemyia anthracimetopa Zhong, 1985. Zool. Res. 6 (4) (Suppl.): 136. **Type locality:** China: Tibet, Yadong.

分布（Distribution）：西藏（XZ）。

（126）方端植种蝇 _Botanophila apiciquadrata_ (Deng, Li _et_ Fan, 1990)

Pegohylemyia apiciquadrata Deng, Li _et_ Fan, 1990. J. W. China Univ. Med. Sci. 21 (3): 247. **Type locality:** China: Sichuan, Emeishan.

分布（Distribution）：四川（SC）。

（127）离叉植种蝇 _Botanophila apodicra_ (Feng, 1987)

Pegohylemyia apodicra Feng, 1987. Acta Zootaxon. Sin. 12 (2): 204. **Type locality:** China: Sichuan, Ya'an.

分布（Distribution）：四川（SC）。

（128）银额植种蝇 _Botanophila argyrometopa_ (Zhong, 1985)

Pegohylemyia argyrometopa Zhong, 1985. Zool. Res. 6 (4): 329. **Type locality:** China: Tibet, Cuona.

分布（Distribution）：辽宁（LN）、内蒙古（NM）、陕西（SN）、四川（SC）、西藏（XZ）。

（129）阿斯植种蝇 _Botanophila askoldica_ (Schnabl, 1911)

Hylemyia (Pegohylemyia) askoldica Schnabl, 1911b. Nova Acta Acad. Caesar. Leop. Carol. 95 (2): 253. **Type locality:** Russia: Askold Is.

分布（Distribution）：黑龙江（HL）、辽宁（LN）；日本、俄罗斯。

（130）黑角植种蝇 _Botanophila atricornis_ (Fan _et_ Wu, 1982)

Monochrotogaster atricornis Fan _et_ Wu, 1982. _In_: Fan _et al._, 1982. _In_: Shanghai Institute of Entomology, Academia Sinica, 1982. Contributions from Shanghai Institute of Entomology, Vol. 2: 230. **Type locality:** China: Qinghai, Menyuan.

分布（Distribution）：青海（QH）、四川（SC）。

（131）钩叶植种蝇 _Botanophila betarum_ (Lintner, 1883)

Chortophila betarum Lintner, 1883. Rep. Ins. N. York: 208. **Type locality:** USA: New York.

Pegohylemyia macra Karl, 1940. Stettin. Ent. Ztg. 101: 44. **Type locality:** Finland: Mosku and Magala, Luirojoki.

分布（Distribution）：内蒙古（NM）、青海（QH）、新疆（XJ）；日本、芬兰、俄罗斯、美国。

（132）双色植种蝇 _Botanophila bicoloripennis_ Xue _et_ Zhang, 1996

Botanophila bicoloripennis Xue _et_ Zhang, 1996. _In_: Wu _et_ Feng, 1996. The Biology and Human Physiology in the Hoh-Xil Region: 169. **Type locality:** China: Qinghai, Hoh Xil.

分布（Distribution）：河北（HEB）、青海（QH）、四川（SC）。

（133）冥形植种蝇 _Botanophila bidens_ (Ringdahl, 1933)

Hylemya (Pegohylemyia) bidens Ringdahl, 1933b. Ent. Tidskr. 54: 14. **Type locality:** Sweden: Tornetrask and Storlien.

Pegohylemyia coronata Ringdahl, 1951. Opusc. Ent. 16: 35. **Type locality:** Sweden: Abisko.

分布（Distribution）：黑龙江（HL）、吉林（JL）、新疆（XJ）、四川（SC）；瑞典。

（134）双指植种蝇 _Botanophila bidigitata_ (Xue _et_ Liang, 1990)

Pegohylemyia bidigitata Xue _et_ Liang, 1990. _In_: Xue, Liang _et_ Chen, 1990. 2nd. Int. Con. Dipt.: 8. **Type locality:** China: Jilin, Changbaishan.

分布（Distribution）：吉林（JL）。

（135）短须植种蝇 _Botanophila brevipalpis_ (Jin, 1983)

Pegohylemyia brevipalpis Jin, 1983. Entomotaxon. 5 (1): 19. **Type locality:** China: Gansu, Xiahe.

分布（Distribution）：甘肃（GS）、云南（YN）。

（136）靴叶植种蝇 _Botanophila caligotypa_ (Zheng _et_ Fan, 1990)

Pegohylemyia caligotypa Zheng _et_ Fan, 1990. _In_: Zheng _et_ Fan, 1989-1990. _In_: Shanghai Institute of Entomology, Academia Sinica, 1989-1990. Contributions from Shanghai Institute of Entomology, Vol. 9: 181. **Type locality:** China: Qinghai, Menyuan.

分布（Distribution）：青海（QH）、四川（SC）、西藏（XZ）。

（137）尖尾植种蝇 _Botanophila cercocerata_ (Deng, 1985)

Pegohylemyia cercocerata Deng, 1985. Acta Acad. Med. Sichuan 16 (2): 102. **Type locality:** China: Sichuan, Emeishan.

分布（Distribution）：四川（SC）。

（138）盘叶植种蝇 _Botanophila cercodiscoides_ (Fan, Zhong _et_ Deng, 1988)

Pegohylemyia okai cercodiscoides Fan, Zhong _et_ Deng, 1988. _In_: Fan _et al._, 1988. Economic Insect Fauna of China 37: 255. **Type locality:** China: Sichuan, Emeishan.

分布（Distribution）：四川（SC）。

（139）长白山植种蝇 _Botanophila changbaishanensis_ (Xue _et_ Liang, 1990)

Pegohylemyia changbaishanensis Xue _et_ Liang, 1990. _In_: Xue, Liang _et_ Chen, 1990. 2nd. Int. Con. Dipt.: 8. **Type locality:** China: Jilin, Changbaishan.

分布（Distribution）：吉林（JL）。

（140）龟叶植种蝇 *Botanophila chelonocerca* **Xue et Yang, 2002**

Botanophila chelonocerca Xue et Yang, 2002. Entomol. Sin. 9 (2): 74. **Type locality:** China: Gansu, Zhouqu.
分布（Distribution）：甘肃（GS）。

（141）周氏植种蝇 *Botanophila choui* **Fan, Chen et Ma, 2000**

Botanophila choui Fan, Chen et Ma, 2000. Entomotaxon. 22 (2): 129. **Type locality:** China: Qinghai, Banma.
分布（Distribution）：青海（QH）。

（142）朱氏植种蝇 *Botanophila chui* **Suwa, 1996**

Botanophila chui Suwa, 1996. Orient. Insects 30: 140. **Type locality:** China: Taiwan.
分布（Distribution）：台湾（TW）。

（143）棒叶植种蝇 *Botanophila clavata* **(Hennig, 1970)**

Pegohylemyia clavata Hennig, 1970. Flieg. Palaearkt. Reg. 7 (1): 362. **Type locality:** Kyrgyzstan: Tian-Schan Werch. r. B. Naryn.
分布（Distribution）：河北（HEB）、青海（QH）、云南（YN）；吉尔吉斯斯坦。

（144）彩叶植种蝇 *Botanophila coloriforcipis* **(Fan, 1984)**

Pegohylemyia coloriforcipis Fan, 1984. *In*: Fan et al., 1984b. *In*: Shanghai Institute of Entomology, Academia Sinica, 1984. Contributions from Shanghai Institute of Entomology, Vol. 4: 258. **Type locality:** China: Tibet, Yadong.
分布（Distribution）：西藏（XZ）。

（145）突额植种蝇 *Botanophila convexifrons* **(Fan, Chen et Chen, 1993)**

Pegohylemyia convexifrons Fan, Chen et Chen, 1993. Entomotaxon. 15 (1): 59. **Type locality:** China: Henan, Xinxiang.
分布（Distribution）：河南（HEN）、新疆（XJ）。

（146）亚暗瓣植种蝇 *Botanophila cordifrons* **(Zetterstedt, 1845)**

Aricia cordifrons Zetterstedt, 1845. Dipt. Scand. 4: 1616. **Type locality:** Sweden: Jämtland, Mullfjällen.
Hylemyia (Pegohylemyia) subfuscisquama Ringdahl, 1933b. Ent. Tidskr. 54: 18. **Type locality:** Sweden: Jämtland.
分布（Distribution）：四川（SC）；日本、瑞典、芬兰。

（147）角植种蝇 *Botanophila cornuta* **(Deng, 1997)**

Pegohylemyia cornuta Deng, 1997. Acta Zootaxon. Sin. 22 (2): 202. **Type locality:** China: Sichuan, Songpan.
分布（Distribution）：江西（JX）、四川（SC）。

（148）棘缘植种蝇 *Botanophila costispinata* **(Fan et Zheng, 1993)**

Pegohylemyia costispinata Fan et Zheng, 1993. *In*: The Comprehensive Scientific Expedition to the Qinghai-Xizang Plateau, Chinese Academy of Sciences, 1993. Insects of the Hengduan Mountains Region, Vol. 2: 1141. **Type locality:** China: Sichuan, Wolong.
分布（Distribution）：黑龙江（HL）、四川（SC）。

（149）锥叶植种蝇 *Botanophila cuneata* **(Deng, Li et Liu, 1996)**

Pegohylemyia cuneata Deng, Li et Liu, 1996. Acta Ent. Sin. 39 (4): 427. **Type locality:** China: Sichuan, Songpan.
分布（Distribution）：江西（JX）、四川（SC）。

（150）弯缘植种蝇 *Botanophila curvimargo* **(Zheng et Fan, 1990)**

Pegohylemyia curvimargo Zheng et Fan, 1990. *In*: Zheng et Fan, 1989-1990. *In*: Shanghai Institute of Entomology, Academia Sinica, 1989-1990. Contributions from Shanghai Institute of Entomology, Vol. 9: 181. **Type locality:** China: Qinghai, Menyuan.
分布（Distribution）：甘肃（GS）、青海（QH）、西藏（XZ）。

（151）简阳植种蝇 *Botanophila cylindrophalla* **(Deng, 1983)**

Pegohylemyia cylindrophalla Deng, 1983. Acta Acad. Med. Sichuan 14 (2): 132. **Type locality:** China: Sichuan, Emeishan.
分布（Distribution）：四川（SC）。

（152）德格植种蝇 *Botanophila degeensis* **(Fan et Zheng, 1993)**

Pegohylemyia degeensis Fan et Zheng, 1993. *In*: The Comprehensive Scientific Expedition to the Qinghai-Xizang Plateau, Chinese Academy of Sciences, 1993. Insects of the Hengduan Mountains Region, Vol. 2: 1142. **Type locality:** China: Sichuan, Dege.
分布（Distribution）：辽宁（LN）、内蒙古（NM）、四川（SC）。

（153）密棘植种蝇 *Botanophila densispinula* **Xue et Song, 2007**

Botanophila densispinula Xue et Song, 2007. Zootaxa 1633: 25. **Type locality:** China: Sichuan, Daocheng.
分布（Distribution）：四川（SC）。

（154）扁狭植种蝇 *Botanophila depressa* **(Stein, 1907)**

Chortophila depressa Stein, 1907b. Annu. Mus. Zool. Acad. Sci. Russ. St.-Pétersb. 12: 364. **Type locality:** China: Zaidam, Kurlyk am Fl. Baingol; Zwischen der Quelle Chabirga und dem Baga-tsajdamin-nor, am südl. Fusse der westl. Süd-

Kukunor-Kette; Fl. Bomyn = Itschegyn (t. t. restricta), Fl. Orogyn, Syrtyn-Ebene, nach Süd vom W-Nanshan und aus der Gaschun-Gobi im Chines. Turkestan: Oase Schatschou.

分布（Distribution）：内蒙古（NM）、甘肃（GS）、青海（QH）、新疆（XJ）、西藏（XZ）；欧洲。

（155）重肛叶植种蝇 *Botanophila deuterocerci* (Jin, 1983)

Pegohylemyia deuterocerci Jin, 1983. Entomotaxon. 5 (1): 18. **Type locality:** China: Gansu, Shandan.

分布（Distribution）：甘肃（GS）、云南（YN）。

（156）滇泽菊植种蝇 *Botanophila dianisenecio* Xue *et* Wang, 2010

Botanophila dianisenecio Xue *et* Wang, 2010. Ann. Soc. Entomol. Fr. 46 (3-4): 457. **Type locality:** China: Yunnan, Yulong Snowberg.

分布（Distribution）：云南（YN）。

（157）离眼植种蝇 *Botanophila dichops* (Fan, 1988)

Pegohylemyia dichops Fan, 1988. *In*: The Mountaineering and Scientific Expedition, Academia Sinica, 1988. Insects of Mt. Namjagbarwa Region of Xizang: 493. **Type locality:** China: Tibet, Motuo.

分布（Distribution）：辽宁（LN）、西藏（XZ）。

（158）棘叶植种蝇 *Botanophila dissecta* (Meigen, 1826)

Anthomyia dissecta Meigen, 1826. Syst. Beschr. Europ. Zweifl. Insekt. 5: 176. **Type locality:** Not given (presumably Germany: Aachen).

Chortophila brevicauda Karl, 1928. Tierwelt Deutschlands 13: 173. **Type locality:** Poland: Slupsk.

Pegohylemyia divaricata Collin, 1967. Ent. Mon. Mag. 102: 185. **Type locality:** Great Britain: Berks, Wytham Wood.

分布（Distribution）：河北（HEB）；捷克、斯洛伐克、德国、英国、波兰。

（159）长叶植种蝇 *Botanophila dolichocerca* (Zheng *et* Fan, 1990)

Pegohylemyia dolichocerca Zheng *et* Fan, 1990. *In*: Zheng *et* Fan, 1989-1990. *In*: Shanghai Institute of Entomology, Academia Sinica, 1989-1990. Contributions from Shanghai Institute of Entomology, Vol. 9: 182. **Type locality:** China: Qinghai, Menyuan.

分布（Distribution）：黑龙江（HL）、青海（QH）。

（160）峨泽菊植种蝇 *Botanophila emeisencio* (Deng, 1983)

Pegohylemyia emeisencio Deng, 1983. Acta Acad. Med. Sichuan 14 (2): 131. **Type locality:** China: Sichuan, Emeishan.

分布（Distribution）：四川（SC）、西藏（XZ）。

（161）内棘植种蝇 *Botanophila endotylata* (Deng, Li *et* Liu, 1996)

Pegohylemyia endotylata Deng, Li *et* Liu, 1996. Acta Ent. Sin. 39 (4): 427-428. **Type locality:** China: Sichuan, Emeishan.

分布（Distribution）：河南（HEN）、四川（SC）。

（162）阔叶植种蝇 *Botanophila euryisurstyla* (Deng, Liu *et* Li, 1995)

Pegohylemyia euryisurstyla Deng, Liu *et* Li, 1995. J. W. China Univ. Med. Sci. 26 (4): 375. **Type locality:** China: Sichuan, Dayixian.

分布（Distribution）：四川（SC）。

（163）梵净植种蝇 *Botanophila fanjingensis* Wei, 2006

Botanophila fanjingensis Wei, 2006e. *In*: Li *et* Jin, 2006. Insects from Fanjingshan Landscape: 528. **Type locality:** China: Guizhou, Fanjingshan.

分布（Distribution）：贵州（GZ）。

（164）裸叶植种蝇 *Botanophila fugax* (Meigen, 1826)

Anthomyia fugax Meigen, 1826. Syst. Beschr. Europ. Zweifl. Insekt. 5: 174. **Type locality:** Not given (presumably Germany: Aachen).

Anthomyia melanura Meigen, 1826. Syst. Beschr. Europ. Zweifl. Insekt. 5: 172. **Type locality:** Not given (presumably Germany: Aachen).

Chortophila pudica Rondani, 1866. Atti Soc. Ital. Sci. Nat. Milano 9: 173. **Type locality:** Italy: Piemonte.

Aricia betae Holmgren, 1880b. Ent. Tidskr. 2: 89. **Type locality:** Not given (presumably Sweden).

分布（Distribution）：黑龙江（HL）、新疆（XJ）；比利时、瑞士、捷克、斯洛伐克、德国、法国、英国、匈牙利、意大利、冰岛、挪威、瑞典、芬兰、俄罗斯、加那利群岛。

（165）亮尾植种蝇 *Botanophila fulgicauda* (Deng, Liu *et* Li, 1995)

Pegohylemyia fulgicauda Deng, Liu *et* Li, 1995. J. W. China Univ. Med. Sci. 26 (4): 375. **Type locality:** China: Sichuan, Dayixian.

分布（Distribution）：四川（SC）。

（166）突叶植种蝇 *Botanophila fumidorsis* (Fan, 1982)

Pseudomyopina fumidorsis probola Fan, 1982. *In*: Lu, 1982. Identification Handbook for Medically Important Animals in China: 374. **Type locality:** China: Xinjiang, Wubulanggou.

分布（Distribution）：新疆（XJ）。

（167）拟龙胆草植种蝇 *Botanophila genitianaella* (Zhong, 1985)

Pegohylemyia genitianaella Zhong, 1985. Zool. Res. 6 (4):

329. **Type locality:** China: Tibet, Lasa.
分布（Distribution）：西藏（XZ）。

（168）勤植种蝇 *Botanophila gnava* (Meigen, 1826)

Anthomyia gnava Meigen, 1826. Syst. Beschr. Europ. Zweifl. Insekt. 5: 164. **Type locality:** Not given (presumably Germany: Aachen).

Anthomyia lactucarom Bouché, 1833. Naturgeschichte der schädlichen und nützlichen Garten-Insecten und die bewährtesten Mittel zur Vertilgung der ersteren: 132. **Type locality:** Not given (presumably Germany).

Anthomyia lactucae Bouché, 1834. Naturgeschichte der Insekten, besonderes in Hinsicht ihrer ersten Zustände als Larven und Puppen: 77. **Type locality:** Not given (presumably Germany).

Chortophila incognita Rondani, 1866. Atti Soc. Ital. Sci. Nat. Milano 9: 168. **Type locality:** Italy: Piedmont Mountains.

Pegohylemyia dziedzickii Séguy, 1932c. Encycl. Ent. (B) II Dipt. 6: 75. **Type locality:** Not given (presumably France).

分布（Distribution）：黑龙江（HL）、新疆（XJ）；日本、捷克、斯洛伐克、德国、法国、英国、西班牙、意大利、瑞典、芬兰。

（169）若勤植种蝇 *Botanophila gnavoides* (Hennig, 1970)

Pegohylemyia gnavoides Hennig, 1970. Flieg. Palaearkt. Reg. 7 (1): 375. **Type locality:** Kyrgyzstan: Kara-Batkak, Terskei Alatau.

分布（Distribution）：甘肃（GS）、新疆（XJ）；吉尔吉斯斯坦。

（170）贵州植种蝇 *Botanophila guizhouensis* Wei, 2006

Botanophila guizhouensis Wei, 2006e. *In*: Li *et* Jin, 2006. Insects from Fanjingshan Landscape: 529. **Type locality:** China: Guizhou, Fanjingshan.

分布（Distribution）：贵州（GZ）。

（171）戟植种蝇 *Botanophila hastata* (Deng, Li *et* Fan, 1990)

Pegohylemyia hastata Deng, Li *et* Fan, 1990. J. W. China Univ. Med. Sci. 21 (3): 250. **Type locality:** China: Sichuan, Emeishan.

分布（Distribution）：辽宁（LN）、四川（SC）。

（172）半光尾植种蝇 *Botanophila hemiliocerca* (Deng *et* Li, 1986)

Pegohylemyia hemiliocerca Deng *et* Li, 1986. J. W. China Univ. Med. Sci. 17 (2): 106. **Type locality:** China: Sichuan, Emeishan.

分布（Distribution）：陕西（SN）、四川（SC）。

（173）樋口植种蝇 *Botanophila higuchii* (Suwa, 1974)

Pegohylemyia higuchii Suwa, 1974. Insecta Matsum. (N. S.) 4: 110. **Type locality:** Japan: Rebun-tô, Hokkaidō.

分布（Distribution）：陕西（SN）、甘肃（GS）。

（174）喜马拉雅植种蝇 *Botanophila himalaica* (Suwa, 1977)

Pegohylemyia himalaica Suwa, 1977b. Insecta Matsum. (N. S.) 10: 32. **Type locality:** Nepal: Palpa.

分布（Distribution）：西藏（XZ）；尼泊尔。

（175）可可西里植种蝇 *Botanophila hohxiliensis* Xue *et* Zhang, 1996

Botanophila hohxiliensis Xue *et* Zhang, 1996. *In*: Wu *et* Feng, 1996. The Biology and Human Physiology in the Hoh-Xil Region: 170. **Type locality:** China: Qinghai, Hoh Xil.

分布（Distribution）：吉林（JL）、青海（QH）。

（176）扁鬃植种蝇 *Botanophila hucketti* (Ringdahl, 1935)

Hylemyia hucketti Ringdahl, 1935. Not. Ent. 15: 26. **Type locality:** Sweden: Jämtland and Lapland.

分布（Distribution）：黑龙江（HL）、新疆（XJ）；日本、英国、挪威、瑞典、芬兰、俄罗斯。

（177）坠叉植种蝇 *Botanophila infrafurcata* (Fan, 1986)

Pegohylemyia infrafurcata Fan, 1986. *In*: Shanghai Institute of Entomology, Academia Sinica, 1986. Contributions from Shanghai Institute of Entomology, Vol. 6: 232. **Type locality:** China: Sichuan, Ya'an (Erlangshan).

分布（Distribution）：四川（SC）。

（178）神宫植种蝇 *Botanophila kanmiyai* Suwa, 1996

Botanophila kanmiyai Suwa, 1996. Orient. Insects 30: 137. **Type locality:** China: Taiwan.

分布（Distribution）：台湾（TW）。

（179）朝鲜植种蝇 *Botanophila koreacula* (Suh *et* Kwon, 1983)

Pegohylemyia koreacula Suh *et* Kwon, 1983. Korean J. Plant Protect. 22 (4): 326. **Type locality:** D. P. R. Korea.

分布（Distribution）：辽宁（LN）；朝鲜。

（180）圆叶植种蝇 *Botanophila latifrons* (Zetterstedt, 1845)

Aricia latifrons Zetterstedt, 1845. Dipt. Scand. 4: 1598. **Type locality:** Sweden: Östergötlands, Gusum.

Pegohylemyia humeralis Hennig, 1970. Flieg. Palaearkt. Reg.

7 (1): 378. **Type locality:** Switzerland: Schweizer Alpen.

分布（Distribution）：青海（QH）、四川（SC）；瑞士、捷克、斯洛伐克、德国、丹麦、法国、英国、瑞典、芬兰、俄罗斯。

（181）宽额植种蝇 *Botanophila latigena* (Stein, 1907)

Chortophila latigena Stein, 1907b. Annu. Mus. Zool. Acad. Sci. Russ. St.-Pétersb. 12: 358. **Type locality:** China: Qinghai, Zaidam, Bassin des gelben Flusses, Schlucht Chatu, Nordabhang des Gebirgszuges Burchan-Budda。

分布（Distribution）：河北（HEB）、甘肃（GS）、青海（QH）、新疆（XJ）。

（182）宽红额植种蝇 *Botanophila latirufifrons* (Fan, 1984)

Pegohylemyia latirufifrons Fan, 1984. *In*: Fan *et al.*, 1984a. *In*: Shanghai Institute of Entomology, Academia Sinica, 1984. Contributions from Shanghai Institute of Entomology, Vol. 4: 247. **Type locality:** China: Qinghai, Qilian.

分布（Distribution）：黑龙江（HL）、青海（QH）。

（183）宽棘腹植种蝇 *Botanophila latispinisternata* Xue *et* Wang, 2010

Botanophila latispinisternata Xue *et* Wang, 2010. Ann. Soc. Entomol. Fr. 46 (3-4): 461. **Type locality:** China: Yunnan, Baima Snowberg.

分布（Distribution）：云南（YN）。

（184）锄叶植种蝇 *Botanophila ligoniformis* (Deng, 1993)

Pegohylemyia ligoniformis Deng, 1993. J. W. China Univ. Med. Sci. 24 (1): 58. **Type locality:** China: Sichuan, Emeishan.

分布（Distribution）：四川（SC）、西藏（XZ）。

（185）裂叶植种蝇 *Botanophila lobata* (Collin, 1967)

Pegohylemyia lobata Collin, 1967. Ent. Mon. Mag. 102: 188. **Type locality:** Great Britain: Norfolk, Fowlmere near Wretham.

分布（Distribution）：吉林（JL）、辽宁（LN）；朝鲜、捷克、斯洛伐克、英国。

（186）长须植种蝇 *Botanophila longibarbata* Xue *et* Wang, 2010

Botanophila longibarbata Xue *et* Wang, 2010. Ann. Soc. Entomol. Fr. 46 (3-4): 455. **Type locality:** China: Yunnan, Yulong Snowberg.

分布（Distribution）：云南（YN）。

（187）长叉植种蝇 *Botanophila longifurca* Fan, 1982

Botanophila longifurca Fan, 1982. *In*: Fan *et al.*, 1982. *In*:

Shanghai Institute of Entomology, Academia Sinica, 1982. Contributions from Shanghai Institute of Entomology, Vol. 2: 221. **Type locality:** China: Heilongjiang, Yichun.

分布（Distribution）：黑龙江（HL）。

（188）长中叉植种蝇 *Botanophila longifurcula* (Zhong, 1985)

Pegohylemyia longifurcula Zhong, 1985. Zool. Res. 6 (4): 331. **Type locality:** China: Tibet, Lasa.

分布（Distribution）：西藏（XZ）。

（189）巨刺植种蝇 *Botanophila macrospinigera* (Deng, Fan *et* Li, 1990)

Pegohylemyia macrospinigera Deng, Fan *et* Li, 1990. *In*: Deng, Li *et* Fan, 1990. J. W. China Univ. Med. Sci. 21 (3): 247. **Type locality:** China: Sichuan, Emeishan.

分布（Distribution）：四川（SC）。

（190）斑足植种蝇 *Botanophila maculipedella* (Suwa, 1974)

Pegohylemyia maculipedella Suwa, 1974. Insecta Matsum. (N. S.) 4: 138. **Type locality:** Japan: Nagano.

分布（Distribution）：吉林（JL）；日本。

（191）伪斑足植种蝇 *Botanophila maculipes* (Zetterstedt, 1845)

Anthomyza maculipes Zetterstedt, 1845. Dipt. Scand. 4: 1708. **Type locality:** Sweden: Jämtland, Åreskutan.

Hylemyia pseudomaculipes Strobl, 1893d. Verh. K. K. Zool.-Bot. Ges. Wien 43: 249. **Type locality:** Austria: im Wolfsgraben bei Trieben.

分布（Distribution）：黑龙江（HL）、辽宁（LN）、四川（SC）、西藏（XZ）、福建（FJ）；日本、朝鲜、奥地利、捷克、斯洛伐克、德国、法国、英国、意大利、挪威、瑞典、芬兰。

（192）拟山字植种蝇 *Botanophila mediospicula* (Fan, 1988)

Pegohylemyia mediospicula Fan, 1988. *In*: Fan *et al.*, 1988. Economic Insect Fauna of China 37: 252. **Type locality:** China: Xinjiang, Ürümqi.

分布（Distribution）：新疆（XJ）、云南（YN）。

（193）中距植种蝇 *Botanophila mediotubera* (Deng, Li *et* Liu, 1996)

Pegohylemyia mediotubera Deng, Li *et* Liu, 1996. Acta Ent. Sin. 39 (4): 428-429. **Type locality:** China: Sichuan, Maowenxian.

分布（Distribution）：江西（JX）、四川（SC）。

（194）墨脱植种蝇 *Botanophila medoga* (Fan, 1988)

Pegohylemyia medoga Fan, 1988. *In*: The Mountaineering and Scientific Expedition, Academia Sinica, 1988. Insects of Mt.

Namjagbarwa Region of Xizang: 492. **Type locality:** China: Tibet, Motuo.

分布（Distribution）：黑龙江（HL）、西藏（XZ）。

（195）乌眉植种蝇 *Botanophila melametopa* **(Fan, 1993)**

Pegohylemyia melametopa Fan, 1993. *In*: Fan *et* Zheng, 1993. *In*: The Comprehensive Scientific Expedition to the Qinghai-Xizang Plateau, Chinese Academy of Sciences, 1993. Insects of the Hengduan Mountains Region, Vol. 2: 1143. **Type locality:** China: Sichuan, Xiangcheng (Zhongrewu).

Pegohylemyia nigrifrontata Fan, 1993. *In*: Fan *et* Zheng, 1993. *In*: The Comprehensive Scientific Expedition to the Qinghai-Xizang Plateau, Chinese Academy of Sciences, 1993. Insects of the Hengduan Mountains Region, Vol. 2: 1144. **Type locality:** China: Sichuan, Wolong (Balangshan).

分布（Distribution）：四川（SC）。

（196） 门源植种蝇 *Botanophila menyuanensis* **(Zheng *et* Fan, 1990)**

Pegohylemyia menyuanensis Zheng *et* Fan, 1990. *In*: Zheng *et* Fan, 1989-1990. *In*: Shanghai Institute of Entomology, Academia Sinica, 19889-1990. Contributions from Shanghai Institute of Entomology, Vol. 9: 182. **Type locality:** China: Qinghai, Menyuan.

分布（Distribution）：青海（QH）。

（197）中歧植种蝇 *Botanophila midvirgella* **(Deng, 1985)**

Pegohylemyia midvirgella Deng, 1985. Acta Acad. Med. Sichuan 16 (2): 102. **Type locality:** China: Sichuan, Emeishan.

分布（Distribution）：四川（SC）。

（198） 摩 纳 植 种 蝇 *Botanophila monacensis* **(Hennig, 1970)**

Pegohylemyia monacensis Hennig, 1970. Flieg. Palaearkt. Reg. 7 (1): 386. **Type locality:** Germany: München.

分布（Distribution）：河北（HEB）；奥地利、德国。

（199）单锥植种蝇 *Botanophila monoconica* **(Chen *et* Fan, 1995)**

Pegohylemyia monoconica Chen *et* Fan, 1995. Acta Zootaxon. Sin. 20 (4): 492-493. **Type locality:** China: Qinghai, Menyuan.

分布（Distribution）：青海（QH）。

（200）高山植种蝇 *Botanophila montivaga* **(Hennig, 1970)**

Pegohylemyia montivaga Hennig, 1970. Flieg. Palaearkt. Reg. 7 (1): 389. **Type locality:** Tadzhikistan: okr. Tschetschekty.

分布（Distribution）：新疆（XJ）、四川（SC）；塔吉克

斯坦。

（201）黑丽植种蝇 *Botanophila nigribella* **(Deng, Geng, Liu *et* Li, 1995)**

Pegohylemyia nigribella Deng, Geng, Liu *et* Li, 1995. J. W. China Univ. Med. Sci. 26 (1): 58. **Type locality:** China: Sichuan, Dayixian.

分布（Distribution）：河南（HEN）、四川（SC）。

（202）黑尾植种蝇 *Botanophila nigricauda* **(Wei, 1988)**

Pegohylemyia nigricauda Wei, 1988. Zool. Res. 9 (4): 427. **Type locality:** China: Guizhou, Suiyang and Anlong.

分布（Distribution）：贵州（GZ）。

（203）黑膝植种蝇 *Botanophila nigrigenisa* **(Suwa, 1974)**

Pegohylemyia nigrigenisa Suwa, 1974. Insecta Matsum. (N. S.) 4: 140. **Type locality:** Japan: Honshû, Fukushima-ken, Mt. Bandai.

分布（Distribution）：吉林（JL）、辽宁（LN）、甘肃（GS）、四川（SC）、台湾（TW）；日本。

（204） 黑背条植种蝇 *Botanophila nigrodorsata* **Suwa, 1986**

Botanophila nigrodorsata Suwa, 1986. Insecta Matsum. (N. S.) 34: 36. **Type locality:** Japan: Hokkaidō, Mt. Soranuma.

分布（Distribution）：黑龙江（HL）、辽宁（LN）、陕西（SN）、贵州（GZ）；日本。

（205） 齿 腹 植 种 蝇 *Botanophila odontogaster* **(Zetterstedt, 1845)**

Aricia odontogaster Zetterstedt, 1845. Dipt. Scand. 4: 1519. **Type locality:** Sweden: Östergötlands, Lärketorp.

分布（Distribution）：中国（省份不明）；奥地利、瑞士、捷克、斯洛伐克、德国、法国、英国、匈牙利、意大利、挪威、波兰、罗马尼亚、瑞典、芬兰、前南斯拉夫、俄罗斯。

（206） 海岸植种蝇 *Botanophila oraria* **(Collin, 1967)**

Pegohylemyia oraria Collin, 1967. Ent. Mon. Mag. 102: 183. **Type locality:** Great Britain: Norfolk, Blackeney Point.

分布（Distribution）：内蒙古（NM）、甘肃（GS）、青海（QH）；德国、英国。

（207） 帕米尔植种蝇 *Botanophila pamirensis* **(Ackland, 1967)**

Pseudomyopina pamirensis Ackland, 1967. Bull. Br. Mus. (Nat. Hist.) Ent. 20 (4): 137. **Type locality:** Tadzhikistan: E. Pamir, Tzirk Zor, Tschetchsekty.

分布（Distribution）：新疆（XJ）；塔吉克斯坦。

（208）蝶肛植种蝇 *Botanophila papiliocerca* (Deng, 1997)

Pegohylemyia papiliocerca Deng, 1997. Acta Zootaxon. Sin. 22 (2): 201. **Type locality:** China: Sichuan, Maowenxian.

分布（Distribution）：山西（SX）、四川（SC）。

（209）蝶尾植种蝇 *Botanophila papilioformis* (Fan et Zheng, 1993)

Pegohylemyia papilioformis Fan *et* Zheng, 1993. *In*: The Comprehensive Scientific Expedition to the Qinghai-Xizang Plateau, Chinese Academy of Sciences, 1993. Insects of the Hengduan Mountains Region, Vol. 2: 1145. **Type locality:** China: Sichuan, Wolong, Sanshenggou.

分布（Distribution）：山西（SX）、四川（SC）。

（210）豹头植种蝇 *Botanophila pardocephalla* (Deng, Fan et Li, 1990)

Pegohylemyia pardocephalla Deng, Fan *et* Li, 1990. *In*: Deng, Li *et* Fan, 1990. J. W. China Univ. Med. Sci. 21 (3): 249. **Type locality:** China: Sichuan, Emeishan.

分布（Distribution）：甘肃（GS）、四川（SC）。

（211）类线纹植种蝇 *Botanophila parvicornis* (Malloch, 1920)

Hylemyia parvicornis Malloch, 1920c. Ohio J. Sci. 20 (7): 283. **Type locality:** North America: Alaska.

分布（Distribution）：黑龙江（HL）、辽宁（LN）；日本、加拿大、美国。

（212）条盾植种蝇 *Botanophila peltophora* (Li, Cui et Fan, 1993)

Pegohylemyia peltophora Li, Cui *et* Fan, 1993. *In*: Li, Cui *et* Fan, 1992-1993. *In*: Shanghai Institute of Entomology, Academia Sinica, 1992-1993. Contributions from Shanghai Institute of Entomology, Vol. 11: 129. **Type locality:** China: Henan, Lushi County, Xiaoqimahe.

分布（Distribution）：内蒙古（NM）、河南（HEN）。

（213）半岛植种蝇 *Botanophila peninsularis* Suh et Kwon, 1986

Botanophila peninsularis Suh *et* Kwon, 1986. Kor. J. Ent. 16 (2): 157. **Type locality:** D. P. R. Korea.

分布（Distribution）：辽宁（LN）；朝鲜。

（214）五鬃植种蝇 *Botanophila pentachaeta* (Fan, 1993)

Pegohylemyia pentachaeta Fan, 1993. *In*: Fan *et* Zheng, 1993. *In*: The Comprehensive Scientific Expedition to the Qinghai-Xizang Plateau, Chinese Academy of Sciences, 1993. Insects of the Hengduan Mountains Region, Vol. 2: 1146. **Type locality:** China: Sichuan, Jiuzhaigou.

分布（Distribution）：河南（HEN）、四川（SC）。

（215）毛冕植种蝇 *Botanophila pilicoronata* Xue et Zhang, 1996

Botanophila pilicoronata Xue *et* Zhang, 1996. *In*: Wu *et* Feng, 1996. The Biology and Human Physiology in the Hoh-Xil Region: 171. **Type locality:** China: Qinghai, Hoh Xil.

分布（Distribution）：青海（QH）。

（216）毛颊植种蝇 *Botanophila pilosibucca* (Zhong, 1985)

Pegohylemyia pilosibucca Zhong, 1985. Zool. Res. 6 (4): 331. **Type locality:** China: Tibet, Anduo.

分布（Distribution）：西藏（XZ）。

（217）厚垫植种蝇 *Botanophila pinguilamella* (Fan et Zheng, 1993)

Pegohylemyia pinguilamella Fan *et* Zheng, 1993. *In*: The Comprehensive Scientific Expedition to the Qinghai-Xizang Plateau, Chinese Academy of Sciences, 1993. Insects of the Hengduan Mountains Region, Vol. 2: 1147. **Type locality:** China: Yunnan, Deqin.

分布（Distribution）：云南（YN）。

（218）宽叶植种蝇 *Botanophila platysurstyla* Xue et Song, 2007

Botanophila platysurstyla Xue *et* Song, 2007. Zootaxa 1633: 26. **Type locality:** China: Sichuan, Rilong.

分布（Distribution）：四川（SC）。

（219）垂叉植种蝇 *Botanophila prenochirella* (Zheng et Fan, 1990)

Pegohylemyia prenochirella Zheng *et* Fan, 1990. *In*: Zheng *et* Fan, 1989-1990. *In*: Shanghai Institute of Entomology, Academia Sinica, 1989-1990. Contributions from Shanghai Institute of Entomology, Vol. 9: 182. **Type locality:** China: Qinghai, Menyuan.

分布（Distribution）：青海（QH）。

（220）三齿植种蝇 *Botanophila profuga* (Stein, 1916)

Hylemyia profuga Stein, 1916. Arch. Naturgesch. 81A (10) (1915): 141. **Type locality:** Sweden: Jämtland. Finland: Kittila. Greenland: Grönland.

分布（Distribution）：黑龙江（HL）、吉林（JL）、辽宁（LN）、青海（QH）；奥地利、英国、冰岛、挪威、瑞典、芬兰、格陵兰（丹）。

（221）端片植种蝇 *Botanophila pulvinata* (Hennig, 1970)

Pegohylemyia pulvinata Hennig, 1970. Flieg. Palaearkt. Reg. 7 (1): 400. **Type locality:** Kyrgyzstan: Tien-Shan.

分布（Distribution）：青海（QH）；吉尔吉斯斯坦。

（222）青泽菊植种蝇 *Botanophila qinghaisenecio* (Fan, 1984)

Pegohylemyia qinghaisenecio Fan, 1984. *In*: Fan *et al.*, 1984a. *In*: Shanghai Institute of Entomology, Academia Sinica, 1984. Contributions from Shanghai Institute of Entomology, Vol. 4: 247. **Type locality:** China: Qinghai, Menyuan.

分布（**Distribution**）：青海（QH）。

（223）端栉植种蝇 *Botanophila quinlani* (Ackland, 1967)

Pegohylemyia quinlani Ackland, 1967. Bull. Br. Mus. (Nat. Hist.) Ent. 20 (4): 126. **Type locality:** Nepal.

分布（**Distribution**）：云南（YN）；尼泊尔。

（224）直角植种蝇 *Botanophila rectangularis* (Ringdahl, 1952)

Pegohylemyia rectangularis Ringdahl, 1952. Ent. Tidskr. 73: 233. **Type locality:** Sweden: Jämtland, Mt. Wällista.

分布（**Distribution**）：山西（SX）；日本、瑞典。

（225）圆门植种蝇 *Botanophila rotundivalva* (Ringdahl, 1937)

Hylemyia (Pegohylemyia) rotundivalva Ringdahl, 1937. Opusc. Ent. 2: 128. **Type locality:** Sweden: Lappland and Jämtland.

分布（**Distribution**）：山东（SD）、陕西（SN）；瑞典、芬兰。

（226）红额植种蝇 *Botanophila rubrifrons* (Ringdahl, 1933)

Hylemyia (Pegohylemyia) rubrifrons Ringdahl, 1933b. Ent. Tidskr. 54: 18. **Type locality:** Sweden: Jämtland.

分布（**Distribution**）：辽宁（LN）；奥地利、捷克、斯洛伐克、瑞典、芬兰、俄罗斯。

（227）红膝植种蝇 *Botanophila rubrigena* (Schnabl, 1915)

Hylemyia (Pegohylemyia) rubrigena Schnabl, 1915. Zap. Imp. Akad. Nauk (VIII), cl. Phys. Math. 28 (7): 11. **Type locality:** Russia: West Siberia, Karskaya Tundra.

Hylemyia nuoljensis Ringdahl, 1926. Ent. Tidskr. 47: 111. **Type locality:** Sweden: Berg Nuolja, nördl. Lappland, oberhalb der Baumgrenze.

Hylemyia simplex Ringdahl, 1930. Ark. Zool. 21A (20): 10. **Type locality:** Russia: Kamchatka, Achamten Bay.

分布（**Distribution**）：青海（QH）；奥地利、瑞士、德国、冰岛、挪威、瑞典、芬兰、俄罗斯。

（228）绯角植种蝇 *Botanophila rufifrons* (Fan *et* Chen, 1982)

Monochrotogaster rufifrons Fan *et* Chen, 1982. *In*: Fan *et al.*, 1982. *In*: Shanghai Institute of Entomology, Academia Sinica, 1982. Contributions from Shanghai Institute of Entomology, Vol. 2: 230. **Type locality:** China: Qinghai, Nangqian.

分布（**Distribution**）：青海（QH）。

（229）柳植种蝇 *Botanophila salicis* (Ringdahl, 1918)

Chortophila salicis Ringdahl, 1918. Ent. Tidskr. 39: 192. **Type locality:** Sweden: Abisko.

分布（**Distribution**）：西藏（XZ）；奥地利、挪威、瑞典、芬兰。

（230）妙钳植种蝇 *Botanophila sanctiforceps* Xue *et* Yang, 2002

Botanophila sanctiforceps Xue *et* Yang, 2002. Entomol. Sin. 9 (2): 76. **Type locality:** China: Gansu, Wenxian.

分布（**Distribution**）：甘肃（GS）。

（231）山字植种蝇 *Botanophila sanctimarci* (Czerny, 1906)

Chortophila, sanctimarci Czerny, 1906. Wien. Ent. Ztg. 25 (8-9): 252. **Type locality:** Austria: Bad Hall.

Hylemyia (Pegohylemyia) brevirostris Ringdahl, 1933b. Ent. Tidskr. 54: 16. **Type locality:** Sweden: Hälsingborg.

分布（**Distribution**）：青海（QH）；日本、奥地利、英国、波兰、瑞典。

（232）丝植种蝇 *Botanophila sericea* (Malloch, 1920)

Hylemyia sericea Malloch, 1920c. Ohio J. Sci. 20 (7): 280. **Type locality:** USA: Alaska, Katmai.

Aricia obscura Zetterstedt, 1845. Dipt. Scand. 4: 1553 (not Macquart, 1835, misidentification).

Hylemyia rutilifrons Ringdahl, 1926. Ent. Tidskr. 47: 110. **Type locality:** Sweden: Abisko.

分布（**Distribution**）：新疆（XJ）；法国、瑞典；新北区。

（233）拟亮喙植种蝇 *Botanophila shirozui* (Suwa, 1981)

Pegohylemyia shirozui Suwa, 1981. Kontyû 49 (1): 104. **Type locality:** Japan: Ryuzinkaku.

分布（**Distribution**）：黑龙江（HL）、辽宁（LN）；朝鲜、日本。

（234）四川植种蝇 *Botanophila sichuanensis* (Li, 1980)

Pegohylemyia sichuanensis Li, 1980. Acta Zootaxon. Sin. 5 (3): 274. **Type locality:** China: Sichuan, Emeishan.

分布（**Distribution**）：四川（SC）、云南（YN）。

（235）葫肛植种蝇 *Botanophila sicyocerca* (Deng *et* Li, 1986)

Pegohylemyia sicyocerca Deng *et* Li, 1986. J. W. China Univ. Med. Sci. 17 (2): 106. **Type locality:** China: Sichuan, Emeishan.

分布（**Distribution**）：四川（SC）。

（236）林植种蝇 *Botanophila silva* (Suwa, 1974)

Pegohylemyia silva Suwa, 1974. Insecta Matsum. (N. S.) 4: 129. **Type locality:** Japan: Honshû, Nagano-ken, Mt. Yatsugatake.

Pegohylemyia setisilva Jin, 1983. Entomotaxon. 5 (1): 13. **Type locality:** China: Gansu, Tianshui.

分布（**Distribution**）：黑龙江（HL）、吉林（JL）、甘肃（GS）、四川（SC）；日本。

（237）苦荬植种蝇 *Botanophila sonchi* (Hardy, 1872)

Anthomyia sonchi Hardy, 1872. Scot. Nat. 1: 209. **Type locality:** Great Britain: Scotland.

Chortophila lineata Stein, 1914. Arch. Naturgesch. 79A (8) (1913): 53. **Type locality:** Germany: Genthin *et* Treptow. Austria: Innsbruck. Poland: Westpreussen.

分布（**Distribution**）：黑龙江（HL）、青海（QH）；日本、奥地利、德国、丹麦、法国、英国、波兰、俄罗斯。

（238）棘腹植种蝇 *Botanophila spinisternata* (Suwa, 1974)

Pegohylemyia spinisternata Suwa, 1974. Insecta Matsum. (N. S.) 4: 131. **Type locality:** Japan: Hokkaidō, Mt. Soranuma.

分布（**Distribution**）：黑龙江（HL）、吉林（JL）；日本、朝鲜。

（239）类棘腹植种蝇 *Botanophila spinisternatodea* Xue *et* Wang, 2010

Botanophila spinisternatodea Xue *et* Wang, 2010. Ann. Soc. Entomol. Fr. 46 (3-4): 460. **Type locality:** China: Yunnan, Baima Snowberg.

分布（**Distribution**）：云南（YN）。

（240）长刺植种蝇 *Botanophila spinosa* (Rondani, 1866)

Hylemyia spinosa Rondani, 1866. Atti Soc. Ital. Sci. Nat. Milano 9: 181. **Type locality:** Italy: M. Portella.

分布（**Distribution**）：黑龙江（HL）、新疆（XJ）；捷克、斯洛伐克、英国、意大利、瑞典、芬兰、吉尔吉斯斯坦。

（241）棘基植种蝇 *Botanophila spinulibasis* (Li *et* Deng, 1981)

Pegohylemyia spinulibasis Li *et* Deng, 1981. Acta Acad. Med. Sichuan 12 (2): 126. **Type locality:** China: Sichuan, Emeishan.

分布（**Distribution**）：四川（SC）。

（242）狭叉植种蝇 *Botanophila stenocerca* (Zheng *et* Fan, 1990)

Pegohylemyia stenocerca Zheng *et* Fan, 1990. *In*: Zheng *et* Fan, 1989-1990. *In*: Shanghai Institute of Entomology,

Academia Sinica, 1989-1990. Contributions from Shanghai Institute of Entomology, Vol. 9: 182. **Type locality:** China: Qinghai, Menyuan.

分布（**Distribution**）：青海（QH）。

（243）瘦刷毛植种蝇 *Botanophila strictistriolata* Xue *et* Zhang, 2005

Botanophila strictistriolata Xue *et* Zhang, 2005. *In*: Yang, 2005. Insect Fauna of Middle-West Qinling Range and South Mountains of Gansu Province: 789. **Type locality:** China: Gansu, Dangchang.

分布（**Distribution**）：甘肃（GS）。

（244）刷毛植种蝇 *Botanophila striolata* (Fallén, 1824)

Musca striolata Fallén, 1824. Monogr. Musc. Sveciae VII: 71. **Type locality:** Sweden: Suecia.

Anthomyia discreta Meigen, 1826. Syst. Beschr. Europ. Zweifl. Insekt. 5: 172. **Type locality:** Not given (presumably Germany: Aachen).

Aricia arrogans Zetterstedt, 1845. Dipt. Scand. 4: 1567. **Type locality:** Sweden: Skåne, Lund.

Aricia trapezoides Zetterstedt, 1845. Dipt. Scand. 4: 1554. **Type locality:** Norway: Nord-Trøndelag, Verdal, Tysnes.

Aricia auctinervis Zetterstedt, 1860. Dipt. Scand. 14: 6240. **Type locality:** Sweden: Lappmark, Lycksele.

Aricia sulcella Zetterstedt, 1860. Dipt. Scand. 14: 6259. **Type locality:** Norway: Nord-Trøndelag, Verdal, Tysnes.

Chortophila sexdentata Bigot, 1885. Ann. Soc. Entomol. Fr. 5 (6): 227. **Type locality:** France: Pyrénées-Orientales, Vernet-les-Bains, Gallia.

Anthomyia (Chortophila) insperata Pandellé, 1900. Rev. Ent. 19 (Suppl.): 260. **Type locality:** France: Lyon, Landes.

Pegomyia (Anthomyia) fugitiva Schnabl, 1911. *In*: Schnabl *et* Dziedzicki, 1911. Nova Acta Acad. Caesar. Leop. Carol. 95 (2): 368. **Type locality:** Poland: Skierniewice, Kujavien.

Pegomyia (Anthomyia) arctica Schnabl, 1915. Zap. Imp. Akad. Nauk (VIII), cl. Phys. Math. 28 (7): 20. **Type locality:** Russia, West Siberia, Karskaja Tundra.

Chortophila bompadrei Bezzi, 1918a. Memorie Soc. Ital. Sci. Nat. 9: 113. **Type locality:** Italy: Rifugio di Peraciaval nelle Alpi Graje.

Chortophila villeneuvei Séguy, 1923b. Faune de France 6: 135. **Type locality:** France: Hautes-Pyrénées, Barèges and Allier.

Hylemyia quadriseta Ringdahl, 1926. Ent. Tidskr. 47: 115. **Type locality:** Sweden: Regio alpina und subalpina bei dem Tornetrask.

Hylemyia angustifrons Ringdahl, 1930. Ark. Zool. 21A (20): 11. **Type locality:** Russia: Kamchatka, Klutchi.

分布（**Distribution**）：黑龙江（HL）、辽宁（LN）、内蒙古（NM）、北京（BJ）、新疆（XJ）、四川（SC）；日本、俄罗斯、奥地利、瑞士、捷克、斯洛伐克、德国、法国、英国、西班牙、匈牙利、意大利、挪威、罗马尼亚、瑞典、芬兰、前南斯拉夫。

（245）拟高荡植种蝇 *Botanophila submontivaga* Xue *et* Zhang, 1996

Botanophila submontivaga Xue *et* Zhang, 1996. *In*: The Comprehensive Scientific Expedition to the Qinghai-Xizang Plateau, Chinese Academy of Sciences, 1996. Insects of the Karakorum-Kunlun Mountains: 199. **Type locality:** China: Xinjiang, Hetian.

分布（Distribution）：甘肃（GS）、新疆（XJ）。

（246）拟暗瓣植种蝇 *Botanophila subobscura* Xue *et* Yang, 2002

Botanophila subobscura Xue *et* Yang, 2002. Entomol. Sin. 9 (2): 77. **Type locality:** China: Gansu, Qiujiaba.

分布（Distribution）：甘肃（GS）。

（247）亚方植种蝇 *Botanophila subquadrata* (Jin, 1983)

Pegohylemyia subquadrata Jin, 1983. Entomotaxon. 5 (1): 17. **Type locality:** China: Gansu, Zhuoni.

分布（Distribution）：甘肃（GS）。

（248）拟棘基植种蝇 *Botanophila subspinulibasis* Xue *et* Song, 2007

Botanophila subspinulibasis Xue *et* Song, 2007. Zootaxa 1633: 28. **Type locality:** China: Sichuan, Luding.

分布（Distribution）：四川（SC）。

（249）诹访植种蝇 *Botanophila suwai* (Wei, 1992)

Pegohylemyia suwai Wei, 1992. Acta Ent. Sin. 35 (4): 490. **Type locality:** China: Guizhou, Suiyang.

分布（Distribution）：贵州（GZ）。

（250）四尖植种蝇 *Botanophila tetracrula* (Deng, 1997)

Pegohylemyia tetracrula Deng, 1997. Acta Zootaxon. Sin. 22 (2): 203. **Type locality:** China: Sichuan, Songpanxian.

分布（Distribution）：四川（SC）。

（251）四鬃植种蝇 *Botanophila tetraseta* (Fan *et* Zheng, 1993)

Pegohylemyia tetraseta Fan *et* Zheng, 1993. *In*: The Comprehensive Scientific Expedition to the Qinghai-Xizang Plateau, Chinese Academy of Sciences, 1993. Insects of the Hengduan Mountains Region, Vol. 2: 1148. **Type locality:** China: Sichuan, Xiangcheng.

分布（Distribution）：四川（SC）。

（252）绒心植种蝇 *Botanophila tomentocorpa* (Deng, Fan *et* Li, 1990)

Pegohylemyia tomentocorpa Deng, Fan *et* Li, 1990. *In*: Deng, Li *et* Fan, 1990. J. W. China Univ. Med. Sci. 21 (3): 249. **Type**

locality: China: Sichuan, Emeishan.

分布（Distribution）：四川（SC）。

（253）扭叶植种蝇 *Botanophila tortiforceps* (Deng, 1993)

Pegohylemyia tortiforceps Deng, 1993. J. W. China Univ. Med. Sci. 24 (1): 58. **Type locality:** China: Sichuan, Maowenxian and Songpanxian.

分布（Distribution）：四川（SC）。

（254）三针植种蝇 *Botanophila tridentifera* (Suwa, 1986)

Pegohylemyia tridentifera Suwa, 1986. Insecta Matsum. (N. S.) 34: 39. **Type locality:** Japan: Honshû, Hokkaidō.

分布（Distribution）：辽宁（LN）、河南（HEN）、四川（SC）；日本。

（255）三指植种蝇 *Botanophila tridigitata* Fan *et* Chen, 1984

Botanophila tridigitata Fan *et* Chen, 1984. *In*: Fan *et al.*, 1984a. *In*: Shanghai Institute of Entomology, Academia Sinica, 1984. Contributions from Shanghai Institute of Entomology, Vol. 4: 239. **Type locality:** China: Qinghai, Qilian.

分布（Distribution）：青海（QH）。

（256）拱叶植种蝇 *Botanophila triforialis* (Jin, 1983)

Pegohylemyia triforialis Jin, 1983. Entomotaxon. 5 (1): 19. **Type locality:** China: Gansu, Zhuoni.

分布（Distribution）：甘肃（GS）。

（257）三叉植种蝇 *Botanophila trifurcata* (Hennig, 1970)

Pegohylemyia trifurcata Hennig, 1970. Flieg. Palaearkt. Reg. 7 (1): 953. **Type locality:** China: Datudinzsa, Mandschurei.

分布（Distribution）：黑龙江（HL）。

（258）三条植种蝇 *Botanophila trinivittata* (Zheng *et* Fan, 1990)

Pegohylemyia trinivittata Zheng *et* Fan, 1990. *In*: Zheng *et* Fan, 1989-1990. *In*: Shanghai Institute of Entomology, Academia Sinica, 1989-1990. Contributions from Shanghai Institute of Entomology, Vol. 9: 182. **Type locality:** China: Qinghai, Menyuan.

分布（Distribution）：青海（QH）。

（259）三毛植种蝇 *Botanophila trisetigonita* (Jin, 1983)

Pegohylemyia trisetigonita Jin, 1983. Entomotaxon. 5 (1): 15. **Type locality:** China: Gansu, Xiahe.

分布（Distribution）：甘肃（GS）。

（260）截叶植种蝇 *Botanophila truncata* (Fan, 1988)

Pegohylemyia truncata Fan, 1988. *In*: The Mountaineering and Scientific Expedition, Academia Sinica, 1988. Insects of Mt. Namjagbarwa Region of Xizang: 493. **Type locality:** China: Tibet, Motuo.

分布（**Distribution**）：西藏（XZ）。

（261）叉裂植种蝇 *Botanophila tuxeni* (Ringdahl, 1953)

Pegohylemyia tuxeni Ringdahl, 1953b. Ent. Medd. 26: 462. **Type locality:** Iceland: Maelifell, Merkigarour, Hjeraostvotn, Egilsstaoir, Reykholt and Buoarhraun.

分布（**Distribution**）：辽宁（LN）、新疆（XJ）、西藏（XZ）；冰岛。

（262）单色植种蝇 *Botanophila unicolor* (Ringdahl, 1932)

Monochrotogaster unicolor Ringdahl, 1932a. Not. Ent. 12: 19. **Type locality:** Russia: Kol'skiy Poluostrov, Ponoy.

分布（**Distribution**）：新疆（XJ）；俄罗斯。

（263）单枝植种蝇 *Botanophila unicrucianella* (Xue *et* Zhang, 1996)

Pseudomyopina unicrucianella Xue *et* Zhang, 1996. *In*: Wu *et* Feng, 1996. The Biology and Human Physiology in the Hoh-Xil Region: 186. **Type locality:** China: Qinghai, Hoh Xil.

分布（**Distribution**）：青海（QH）。

（264）隐斑植种蝇 *Botanophila unimacula* Xue *et* Zhang, 1996

Botanophila unimacula Xue *et* Zhang, 1996. *In*: Wu *et* Feng, 1996. The Biology and Human Physiology in the Hoh-Xil Region: 172. **Type locality:** China: Qinghai, Hoh Xil.

分布（**Distribution**）：青海（QH）。

（265）变色植种蝇 *Botanophila varicolor* (Meigen, 1826)

Anthomyia varicolor Meigen, 1826. Syst. Beschr. Europ. Zweifl. Insekt. 5: 167. **Type locality:** Not given (presumably Germany).

分布（**Distribution**）：新疆（XJ）、四川（SC）；奥地利、瑞士、捷克、斯洛伐克、德国、法国、英国、匈牙利、意大利、挪威、波兰、罗马尼亚、瑞典、芬兰、前南斯拉夫、俄罗斯。

（266）拟微叉植种蝇 *Botanophila vicariola* (Fan, 1987)

Pegohylemyia vicariola Fan, 1987. *In*: Fan, Chen *et* Fang, 1987. *In*: Zhang, 1987. Agricultural Insects, Spiders, Plant Diseases and Weeds of Tibet 1: 300. **Type locality:** China: Tibet, Zongga

Town of Jilong County.

分布（**Distribution**）：西藏（XZ）。

（267）卓尼植种蝇 *Botanophila zhuoniensis* (Jin, 1983)

Pegohylemyia zhuoniensis Jin, 1983. Entomotaxon. 5 (1): 14. **Type locality:** China: Gansu, Zhuoni.

分布（**Distribution**）：甘肃（GS）。

海花蝇族 Fucelliini

13. 短角花蝇属 *Chiastocheta* Pokorny, 1889

Chiastocheta Pokorny, 1889. Verh. K. K. Zool.-Bot. Ges. Wien 39: 568. **Type species:** *Aricia trollii* Zetterstedt, 1845 (by original designation).

（268）曲基短角花蝇 *Chiastocheta curvibasis* Chen *et* Fan, 1988

Chiastocheta curvibasis Chen *et* Fan, 1988. *In*: Fan *et al.*, 1988. Economic Insect Fauna of China 37: 228. **Type locality:** China: Jilin, Changbaishan.

分布（**Distribution**）：吉林（JL）。

（269）侧刺短角花蝇 *Chiastocheta latispinigera* Fan, Chen *et* Jiang, 1982

Chiastocheta latispinigera Fan, Chen *et* Jiang, 1982. *In*: Fan *et al.*, 1982. *In*: Shanghai Institute of Entomology, Academia Sinica, 1982. Contributions from Shanghai Institute of Entomology, Vol. 2: 223. **Type locality:** China: Jilin, Changbaishan.

分布（**Distribution**）：吉林（JL）。

14. 海花蝇属 *Fucellia* Robineau-Desvoidy, 1841

Fucellia Robineau-Desvoidy, 1841. Ann. Soc. Entomol. Fr. 10: 269. **Type species:** *Fucellia arenaria* Robineau-Desvoidy, 1841 (monotypy) [= *Scatophaga* (*Halithea*) *maritima* Haliday, 1838].

Halithea Haliday, 1838. Ann. Mag. Nat. Hist. 2: 185. **Type species:** *Scatomy zafucorum* Fallén, 1819 (by designation of Coquillett, 1901).

Parachortophila Bigot, 1885. Ann. Soc. Entomol. Fr. 6 (4): 280. **Type species:** *Parachortophila modesta* Bigot, 1885 (monotypy) [= *Scatophaga* (*Halithea*) *maritima* Haliday, 1838].

Fucellina Schnabl *et* Dziedzicki, 1911. Nova Acta Acad. Caesar. Leop. Carol. 95 (2): 123. **Type species:** *Scatomyza griseola* Fallén, 1819 (by designation of Séguy, 1937).

Protofucellia Séguy, 1936. Bull. Soc. Ent. Fr. 41: 281. **Type species:** *Protofucellia syuitimorii* Séguy, 1936 (by original designation).

（270）黑斑海花蝇 *Fucellia apicalis* **Kertész, 1908**

Fucellia apicalis Kertész, 1908. Wien. Ent. Ztg. 27 (2-3): 71.
Type locality: China: Guangdong, Swatow.

分布（Distribution）：上海（SH）、浙江（ZJ）、福建（FJ）、广东（GD）；日本、俄罗斯（千岛群岛）。

（271）小笠原海花蝇 *Fucellia boninensis* **Snyder, 1965**

Fucellia boninensis Snyder, 1965. Insects Micronesia 13 (6): 204. **Type locality:** Japan: Bonin Is.

分布（Distribution）：河北（HEB）；日本、朝鲜。

（272）中华海花蝇 *Fucellia chinensis* **Kertész, 1908**

Fucellia chinensis Kertész, 1908. Wien. Ent. Ztg. 27 (2-3): 71.
Type locality: China: Guangdong, Swatow.
Chirosia alutia Séguy, 1948. Notes Ent. Chin. 12 (14): 171.
Type locality: China: Shanghai, Zi-ka-wei [now: "Xujiahui"].

分布（Distribution）：山东（SD）、安徽（AH）、上海（SH）、浙江（ZJ）、福建（FJ）、广东（GD）。

（273）堪察加海花蝇 *Fucellia kamtchatica* **Ringdahl, 1930**

Fucellia kamtchatica Ringdahl, 1930. Ark. Zool. 21A (20): 7.
Type locality: Russia: Kamchatka, Klutchi, Avatcha Bay, Tarja and Petropavlovsk.

分布（Distribution）：辽宁（LN）；日本、朝鲜、俄罗斯。

种蝇亚科 Hylemyinae

弱脉花蝇族 Acyglossini

15. 邻种蝇属 *Paregle* Schnabl, 1911

Paregle Schnabl, 1911a. Dtsch. Ent. Z. 1911: 71. **Types species**: *Musca radicum* Huckett, 1924 [= *Musca audacula* Harris, 1780] (misidentified type species).
Chionomyia Ringdahl, 1933b. Ent. Tidskr. 54: 30. **Type species:** *Anthomyza vetula* Zetterstedt, 1838 (by original designation).
Chinomyia Karl, 1943. Stettin. Ent. Ztg. 104: 66 (error).

（274）亚黑邻种蝇 *Paregle aterrima* **Hennig, 1967**

Paregle aterrima Hennig, 1967. Flieg. Palaearkt. Reg. 7 (1): 159. **Type locality:** Tajikistan: okr. Tschetschekty, Ost-Pamir.

分布（Distribution）：甘肃（GS）、青海（QH）、新疆（XJ）；塔吉克斯坦。

（275）根邻种蝇 *Paregle audacula* **(Harris, 1780)**

Musca audacula Harris, 1780. Expos. Engl. Ins. [4]: 121.
Type locality: Not given (presumably England).
Musca napobrassicae Bjerkander, 1780. K. Svenska Vetensk. Akad. Handl. 1: 196. **Type locality:** Not given.

Anthomyia ruficeps Meigen, 1826. Syst. Beschr. Europ. Zweifl. Insekt. 5: 177. **Type locality:** Not given (presumably Germany: Aachen).
Anthomyia spreta Meigen, 1826. Syst. Beschr. Europ. Zweifl. Insekt. 5: 171. **Type locality:** Not given (presumably Germany: Aachen).
Anthomyia stigmatica Meigen, 1826. Syst. Beschr. Europ. Zweifl. Insekt. 5: 167. **Type locality:** Not given (presumably Germany: Aachen).
Egle campestris Robineau-Desvoidy, 1830. Mém. Prés. Div. Sav. Acad. R. Sci. Inst. Fr. 2 (2): 585. **Type locality:** Not given (presumably France).
Egle ludibunda Robineau-Desvoidy, 1830. Mém. Prés. Div. Sav. Acad. R. Sci. Inst. Fr. 2 (2): 585. **Type locality:** Not given (presumably France).
Egle vulgaris Robineau-Desvoidy, 1830. Mém. Prés. Div. Sav. Acad. R. Sci. Inst. Fr. 2 (2): 584. **Type locality:** Not given (presumably France).
Anthomyia obliqua Macquart, 1835. Hist. Nat. Ins., Dipt. 2: 342. **Type locality:** France: "Du nord de la France".
Anthomyza canescens Zetterstedt, 1837. Isis (Oken's) 21: 44 (nomen nudum).
Anthomyza canescens Zetterstedt, 1838. Insecta Lapp.: 676. **Type locality:** Sweden: Bottnia.
Aricia diadema Holmgren, 1883. Ent. Tidskr. 4: 170. **Type locality:** Russia: Novaya Zemlya, Matotschkin Scharr.
Anthomyia (Chortophila) litigata Pandellé, 1900. Rev. Ent. 19 (Suppl.): 274. **Type locality:** France: Clermont-Ferrand, Seine-et-Oise, Landes and Tarbes.
Paregle montalpina Gregor *et* Povolny, 1964. Zool. Listy 13 (3): 244 (as subspecies of *Musca radicum* Linnaeus, 1758). **Type locality:** Austria: Tirol *et* Innsbruck; Gurgler Alpen.

分布（Distribution）：黑龙江（HL）、吉林（JL）、辽宁（LN）、山西（SX）、甘肃（GS）、青海（QH）、四川（SC）；奥地利、比利时、捷克、斯洛伐克、德国、丹麦、西班牙、法国、英国、希腊、匈牙利、意大利、挪威、荷兰、瑞典、芬兰、俄罗斯、摩洛哥、阿尔及利亚、突尼斯、利比亚、亚速尔群岛（葡）、马德拉群岛。

（276）密胡邻种蝇 *Paregle densibarbata* **Fan, 1982**

Paregle densibarbata Fan, 1982. *In*: Fan *et al.*, 1982. *In*: Shanghai Institute of Entomology, Academia Sinica, 1982. Contributions from Shanghai Institute of Entomology, Vol. 2: 232. **Type locality:** China: Qinghai, Qilian.

分布（Distribution）：河南（HEN）、甘肃（GS）、青海（QH）、四川（SC）、云南（YN）、西藏（XZ）。

（277）毛腹邻种蝇 *Paregle vetula* **(Zetterstedt, 1838)**

Anthomyza vetula Zetterstedt, 1838. Insecta Lapp.: 682. **Type locality:** Sweden: Torne Lappmark, Vittangi.
Anthomyza vetula Zetterstedt, 1837. Isis (Oken's) 21: 44 (nomen nudum).

Aricianaso Zetterstedt, 1845. Dipt. Scand. 4: 1551. **Type locality:** Sweden: Småland, Dorarp.

分布（**Distribution**）：黑龙江（HL）、吉林（JL）、辽宁（LN）、内蒙古（NM）、河北（HEB）、北京（BJ）、山西（SX）、山东（SD）、河南（HEN）、四川（SC）；日本、奥地利、瑞士、捷克、斯洛伐克、德国、挪威、瑞典、芬兰。

地种蝇族 Deliini

16. 地种蝇属 *Delia* Robineau-Desvoidy, 1830

Delia Robineau-Desvoidy, 1830. Mém. Prés. Div. Sav. Acad. R. Sci. Inst. Fr. 2 (2): 571. **Type species:** *Delia floricola* Robineau-Desvoidy, 1830 (by designation of Coquillett, 1910) [= *Anthomyia cardui* Meigen, 1826].

Cimbotoma Lioy, 1864. Atti R. Ist. Véneto Sci. Lett. Arti (3) 9: 994. **Type species:** *Delia floricola* Robineau-Desvoidy, 1830 (by original designation) [= *Anthomyia cardui* Meigen, 1826].

Erioischia Lioy, 1864. Atti R. Ist. Véneto Sci. Lett. Arti (3) 9: 991. **Type species:** *Chortophila fioccosa* Macquart, 1835 (monotypy) [= *Musca radicum* Linnaeus, 1758].

Gastrolepta Lioy, 1864. Atti R. Ist. Véneto Sci. Lett. Arti (3) 9: 990. **Type species:** *Musca coarctata* Fallén, 1825 (monotypy) (a junior homonym of *Gastrolepta* Rondani, 1862).

Trigonostoma Lioy, 1864. Atti R. Ist. Véneto Sci. Lett. Arti (3) 9: 990 (a junior homonym of *Trigonostoma* Blainville, 1825, of *Trigonostoma* Dejean, 1833, of *Trigonostoma* Fitzinger, 1933, of *Trigonostoma* Gray, 1847). **Type species:** *Chortophila frontalis* Macquart, 1835 (monotypy) [= *Musca radicum* Linnaeus, 1758].

Crinura Schnabl et Dziedzicki, 1911. Nova Acta Acad. Caesar. Leop. Carol. 95 (2): 95. **Type species:** *Chortophila cilicrura* Rondani, 1866 (monotypy) [= *Anthomyiä platura* Meigen, 1826].

Leptohylemyia Schnabl et Dziedzicki, 1911. Nova Acta Acad. Caesar. Leop. Carol. 95 (2): 94. **Type species:** *Musca coarctata* Fallén, 1825 (by designation of Séguy, 1937).

Chortophilina Karl, 1928. Tierwelt Deutschlands 13: 203. **Type species:** *Chirosia fallax* Loew, 1873 (by original designation).

Flavena Karl, 1928. Tierwelt Deutschlands 13: 147. **Type species:** *Anthomyza criniventris* Zetterstedt, 1860 (by original designation).

Tricharia Karl, 1928. Tierwelt Deutschlands 13: 160. **Type species:** *Chortophila trichodactyla* Rondani, 1866 (by original designation) [= *Aricia florilega* Zetterstedt, 1845].

Atrichodelia Karl, 1943. Stettin. Ent. Ztg. 104: 66. **Type species:** *Chortophila flavidipennis* Stein, 1916 (by original designation) [= *Aricia pruinosa* Zetterstedt, 1845].

Bisetaria Karl, 1943. Stettin. Ent. Ztg. 104: 65. **Type species:** *Chortophila quadripila* Stein, 1916 (by original designation).

Chaetodelia Karl, 1943. Stettin. Ent. Ztg. 104: 66. **Type species:** *Phorbia exigua* Meade, 1883 (by original designation) [= *Anthomyza frontella* Zetterstedt, 1838].

Leucodelia Karl, 1943. Stettin. Ent. Ztg. 104: 66. **Type species:** *Aricia candens* Zetterstedt, 1845 (by original designation) [= *Anthomyia pallipennis* Zetterstedt, 1838].

Monodelia Karl, 1943. Stettin. Ent. Ztg. 104: 66. **Type species:** *Anthomyia longicauda* Strobl, 1898 (by original designation).

Subdelia Karl, 1943. Stettin. Ent. Ztg. 104: 65. **Type species:** *Musca floralis* Fallén, 1824 (by original designation).

Trichohylemyia Karl, 1943. Stettin. Ent. Ztg. 104: 66. **Type species:** *Hylemyia testaceifrons* Karl, 1943 (by original designation) [= *Hylemyia nigrescens* Rondani, 1877].

（278）弓地种蝇 *Delia absidata* **Xue et Du, 2008**

Delia absidata Xue et Du, 2008. Entomol. News 119 (2): 114. **Type locality:** China: Yunnan, Shangri-La.

分布（**Distribution**）：云南（YN）。

（279）乌拉尔地种蝇 *Delia alaba* **(Walker, 1849)**

Anthomyia alaba Walker, 1849. List of the specimens of dipterous insets in the collection of the British Museum Part IV: 948. **Type locality:** Not given (presumably England).

Delia uralensis Hennig, 1974. Flieg. Palaearkt. Reg. 7 (1): 918. **Type locality:** Russia: S. Ural.

分布（**Distribution**）：黑龙江（HL）、吉林（JL）、辽宁（LN）、青海（QH）；俄罗斯。

（280）天山地种蝇 *Delia alatavensis* **Hennig, 1974**

Delia alatavensis Hennig, 1974. Flieg. Palaearkt. Reg. 7 (1): 722. **Type locality:** Kyrgyzstan: Terskei Alatau.

分布（**Distribution**）：新疆（XJ）；吉尔吉斯斯坦。

（281）曲叶地种蝇 *Delia ancylosurstyla* **Xue, 2002**

Delia ancylosurstyla Xue, 2002. Entomol. Sin. 9 (1): 73. **Type locality:** China: Gansu, Zhouqu.

分布（**Distribution**）：甘肃（GS）。

（282）瘦形地种蝇 *Delia angustaeformis* **(Ringdahl, 1933)**

Hylemyia (*Leptohylemyia*) *angustaeformis* Ringdahl, 1933b. Ent. Tidskr. 54: 26. **Type locality:** Sweden: Gällivara and Abisko.

分布（**Distribution**）：新疆（XJ）；瑞典、芬兰。

（283）瘦腹地种蝇 *Delia angustissima* **(Stein, 1907)**

Chortophila angustissima Stein, 1907b. Annu. Mus. Zool. Acad. Sci. Russ. St.-Pétersb. 12: 363. **Type locality:** China: Qinghai.

分布（**Distribution**）：青海（QH）。

（284）葱地种蝇 *Delia antiqua* **(Meigen, 1826)**

Anthomyia antiqua Meigen, 1826. Syst. Beschr. Europ. Zweifl. Insekt. 5: 166. **Type locality:** Not given (presumably Germany).

Anthomyia ceparum Meigen, 1830. Syst. Beschr. Europ. Zweifl. Insekt. 6: 376. **Type locality:** Not given (presumably Germany).

Anthomyia ceparum Bouché, 1834. Naturgeschichte der Insekten, besonderes in Hinsicht ihrer ersten Zustände als Larven und Puppen: 73. **Type locality:** Not given (presumably Germany).

Musca (Anthomyia) liturariae Ratzeburg, 1844. Die Forst-Insecten III: 170. **Type locality:** Not given (presumably Germany).

Phorbia cepetorum Meade, 1883. Ent. Mon. Mag. 19: 218. **Type locality:** Not given (presumably Great Britain).

分布（**Distribution**）：黑龙江（HL）、吉林（JL）、辽宁（LN）、内蒙古（NM）、河北（HEB）、北京（BJ）、山西（SX）、山东（SD）、甘肃（GS）、青海（QH）、上海（SH）、四川（SC）、云南（YN）；世界广布。

（285）尖花地种蝇 *Delia apicifloralis* Xue, 2002

Delia apicifloralis Xue, 2002. Entomol. Sin. 9 (1): 74. **Type locality:** China: Gansu, Zhouqu.

分布（**Distribution**）：甘肃（GS）。

（286）黑额地种蝇 *Delia atrifrons* Fan, 1982

Delia atrifrons Fan, 1982. *In*: Fan *et al.*, 1982. *In*: Shanghai Institute of Entomology, Academia Sinica, 1982. Contributions from Shanghai Institute of Entomology, Vol. 2: 223. **Type locality:** China: Tibet, Lage.

分布（**Distribution**）：西藏（XZ）。

（287）金翅地种蝇 *Delia aurosialata* Fan, 1993

Delia aurosialata Fan, 1993. *In*: Fan *et* Zheng, 1993. *In*: The Comprehensive Scientific Expedition to the Qinghai-Xizang Plateau, Chinese Academy of Sciences, 1993. Insects of the Hengduan Mountains Region, Vol. 2: 1128. **Type locality:** China: Yunnan, Yunlong, Mt. Zhiben.

分布（**Distribution**）：云南（YN）。

（288）杆突地种蝇 *Delia bacilligera* Hennig, 1974

Delia bacilligera Hennig, 1974. Flieg. Palaearkt. Reg. 7(1): 743. **Type locality:** China: Heilongjiang, Harbin.

分布（**Distribution**）：黑龙江（HL）、山西（SX）、陕西（SN）、甘肃（GS）；日本。

（289）分爿地种蝇 *Delia bipartita* Suwa, 1977

Delia bipartita Suwa, 1977a. Insecta Matsum. (N. S.) 10: 9. **Type locality:** Japan: Hokkaidō-Rishiri-tô.

分布（**Distribution**）：四川（SC）；日本。

（290）双毛地种蝇 *Delia bisetosa* (Stein, 1907)

Chortophila bisetosa Stein, 1907b. Annu. Mus. Zool. Acad. Sci. Russ. St.-Pétersb. 12: 366. **Type locality:** China: Kurlyk am Fl. Baingol, zwischen der Quelle Chabirge und dem Baga-tsajdamin-nor am südl. Flusse der westl. Süd-Kukunor-Kette, Fl. Bomyn Itshegyn, Fl. Orogyn, Syrtyn-Ebene, nach Südvom W.-Nanschan.

Chortophila elymi Ringdahl, 1916. Ent. Tidskr. 37: 237. **Type locality:** Sweden: in nordwestlichem Sconnen.

分布（**Distribution**）：内蒙古（NM）、青海（QH）；德国、丹麦、波兰、瑞典。

（291）黄基地种蝇 *Delia bracata* (Rondani, 1866)

Hylemyia bracata Rondani, 1866. Atti Soc. Ital. Sci. Nat. Milano 9: 183. **Type locality:** Italy: Parma.

Pegomyia albigena Villeneuve, 1911. Bull. Soc. Amis Sci. Nat. Mus. Rouen 12: 23. **Type locality:** Lebanon: Mezze.

Hylemyia flavitibia Karl, 1939a. Boll. 1st. Ent. Univ. Bologna 11: 17. **Type locality:** Italy: Bologna.

分布（**Distribution**）：云南（YN）、西藏（XZ）；印度、伊朗、以色列、黎巴嫩、西班牙、法国、希腊、匈牙利、意大利、波兰。

（292）拟甘蓝地种蝇 *Delia brassicaeformis* (Ringdahl, 1926)

Hylemyia brassicaeformis Ringdahl, 1926. Ent. Tidskr. 47: 109. **Type locality:** Sweden: Abisko.

分布（**Distribution**）：青海（QH）、西藏（XZ）；瑞典、芬兰。

（293）短须地种蝇 *Delia brevipalpis* Xue *et* Zhang, 1996

Delia brevipalpis Xue *et* Zhang, 1996. *In*: Wu *et* Feng, 1996. The Biology and Human Physiology in the Hoh-Xil Region: 174. **Type locality:** China: Qinghai, Hoh Xil.

分布（**Distribution**）：青海（QH）。

（294）沟跗地种蝇 *Delia canalis* Fan *et* Wu, 1984

Delia canalis Fan *et* Wu, 1984. *In*: Fan *et al.*, 1984a. *In*: Shanghai Institute of Entomology, Academia Sinica, 1984. Contributions from Shanghai Institute of Entomology, Vol. 4: 240. **Type locality:** China: Qinghai, Menyuan.

分布（**Distribution**）：青海（QH）。

（295）麦地种蝇 *Delia coarctata* (Fallén, 1825)

Musca coarctata Fallén, 1825b. Monogr. Musc. Sveciae IX: 84. **Type locality:** Sweden: Scania.

Anthomyza leptogaster Zetterstedt, 1837. Isis (Oken's) 21: 43 (nomen nudum).

Anthomyza leptogaster Zetterstedt, 1838. Insecta Lapp.: 666. **Type locality:** Sweden: Lycksele Lappmark, Lycksele.

Aricia paralleliventris Zetterstedt, 1855. Dipt. Scand. 12: 4725. **Type locality:** Sweden: Skåne, Trolla Ljungby.

Hylemyia garbiglietti Rondani, 1866. Atti Soc. Ital. Sci. Nat. Milano 9: 184. **Type locality:** Italy: Pedemontio [= Piemonte].

分布（**Distribution**）：黑龙江（HL）、内蒙古（NM）、甘肃（GS）、青海（QH）、新疆（XJ）；伊拉克、俄罗斯、捷克、斯洛伐克、德国、丹麦、法国、英国、匈牙利、意大利、挪威、瑞典、罗马尼亚、芬兰、前南斯拉夫、突尼斯。

（296）合叶地种蝇 *Delia conjugata* **Deng** *et* **Li, 1994**

Delia conjugata Deng *et* Li, 1994. J. W. China Univ. Med. Sci. 25 (1): 20. **Type locality:** China: Sichuan, Emeishan.

分布（Distribution）：四川（SC）。

（297）拟狭跗地种蝇 *Delia conversatoides* **Xue** *et* **Zhang, 1996**

Delia conversatoides Xue *et* Zhang, 1996. *In*: Wu *et* Feng, 1996. The Biology and Human Physiology in the Hoh-Xil Region: 175. **Type locality:** China: Qinghai, Hoh Xil.

分布（Distribution）：青海（QH）。

（298）花地种蝇 *Delia coronariae* **(Hendel, 1925)**

Chortophila coronariae Hendel, 1925c. Konowia 4: 305. **Type locality:** Poland: Giintersberga/Od. [= by Oder].

Hylemyia (*Delia*) *striatula* Karl, 1943. Stettin. Ent. Ztg. 104: 71. **Type locality:** Poland: Stolp [= Stupsk].

Hylemyia (*Delia*) *nudiventris* Ringdahl, 1948b. Opusc. Ent. 13: 164. **Type locality:** Austria: Alps, Uberlinger Moore.

Delia paludosa Fonseca, 1966. Ent. Mon. Mag. 101: 276. **Type locality:** Great Britain: Glamorgan, Kenfig Burrows.

分布（Distribution）：黑龙江（HL）、辽宁（LN）；奥地利、捷克、斯洛伐克、芬兰、英国、匈牙利、波兰。

（299）楔叶地种蝇 *Delia cuneata* **Tiensuu, 1946**

Delia cuneata Tiensuu, 1946. Ann. Ent. Fenn. 12: 65. **Type locality:** Finland: LK, Harlu.

分布（Distribution）：黑龙江（HL）、青海（QH）、新疆（XJ）；俄罗斯、芬兰。

（300）圆叶地种蝇 *Delia cyclocerca* **Hsue, 1981**

Delia cyclocerca Hsue, 1981. Acta Ent. Sin. 24 (2): 209. **Type locality:** China: Liaoning, Benxi.

分布（Distribution）：辽宁（LN）。

（301）齿阳地种蝇 *Delia dentiaedeagus* **Xue, 2017**

Delia dentiaedeagus Xue, 2017. *In*: Du *et* Xue, 2017b. ZooKeys 693: 142. **Type locality:** China: Yunnan.

分布（Distribution）：云南（YN）。

（302）淡色地种蝇 *Delia diluta* **(Stein, 1916)**

Chortophila diluta Stein, 1916. Arch. Naturgesch. 81A (10) (1915): 170. **Type locality:** Slovakia: Pöstyén [= Piešťany].

Chortophila segmentata van der Wulp, 1896. Insecta. Diptera. Biologia Centrali-Americana 2: 336. **Type locality:** Mexico: Omilteme and Sierra de eas Aguas Escondidas (misidentification).

分布（Distribution）：青海（QH）、四川（SC）、西藏（XZ）；德国、捷克、斯洛伐克；新北区。

（303）长板地种蝇 *Delia dolichosternita* **Cao, Liu** *et* **Xue, 1985**

Delia dolichosternita Cao, Liu *et* Xue, 1985. Acta Zootaxon. Sin. 10 (3): 292. **Type locality:** China: Shaanxi, Taibaishan.

分布（Distribution）：陕西（SN）。

（304）挪威地种蝇 *Delia dovreensis* **Ringdahl, 1953**

Delia dovreensis Ringdahl, 1953a. Ent. Tidskr. 9: 53. **Type locality:** Norway: Dovrefjell.

分布（Distribution）：山西（SX）；挪威。

（305）双栉地种蝇 *Delia duplicipectina* **Fan, 1993**

Delia duplicipectina Fan, 1993. *In*: Fan *et* Zheng, 1993. *In*: The Comprehensive Scientific Expedition to the Qinghai-Xizang Plateau, Chinese Academy of Sciences, 1993. Insects of the Hengduan Mountains Region, Vol. 2: 1129. **Type locality:** China: Sichuan, Xiangcheng.

分布（Distribution）：四川（SC）。

（306）菠茎地种蝇 *Delia echinata* **(Séguy, 1923)**

Chortophila echinata Séguy, 1923a. Ann. Soc. Entomol. Fr. 91 (1922): 360. **Type locality:** France: Paris.

Hylemyia scanica Ringdahl, 1926. Ent. Tidskr. 47: 118. **Type locality:** Sweden: Hälsingborg.

分布（Distribution）：四川（SC）、云南（YN）、西藏（XZ）；日本、朝鲜、以色列、加那利群岛、葡萄牙、俄罗斯、奥地利、捷克、斯洛伐克、德国、法国、英国、希腊、意大利、冰岛、罗马尼亚、瑞典、芬兰、前南斯拉夫。

（307）镰叶地种蝇 *Delia falciforceps* **Xue** *et* **Zhang, 1996**

Delia falciforceps Xue *et* Zhang, 1996. *In*: The Comprehensive Scientific Expedition to the Qinghai-Xizang Plateau, Chinese Academy of Sciences, 1996. Insects of the Karakorum-Kunlun Mountains: 204. **Type locality:** China: Xinjiang, Hetian.

分布（Distribution）：新疆（XJ）。

（308）伪沟跗地种蝇 *Delia felsicanalis* **Fan** *et* **Wu, 1984**

Delia felsicanalis Fan *et* Wu, 1984. *In*: Fan *et al*., 1984a. *In*: Shanghai Institute of Entomology, Academia Sinica, 1984. Contributions from Shanghai Institute of Entomology, Vol. 4: 241. **Type locality:** China: Qinghai, Menyuan.

分布（Distribution）：青海（QH）。

（309）缨簇地种蝇 *Delia fimbrifascia* **Xue** *et* **Du, 2009**

Delia fimbrifascia Xue *et* Du, 2009. Entomol. Am. 115 (2): 155. **Type locality:** China: Yunnan, Baimang Snowberg.

分布（Distribution）：云南（YN）。

（310）黄杂地种蝇 *Delia flavicommixta* **Xue** *et* **Zhang, 1996**

Delia flavicommixta Xue *et* Zhang, 1996. *In*: The Comprehensive Scientific Expedition to the Qinghai-Xizang Plateau, Chinese Academy of Sciences, 1996. Insects of the Karakorum-Kunlun Mountains: 206. **Type locality:** China:

Xinjiang, Cele.

分布（**Distribution**）：新疆（XJ）。

（311）黄足地种蝇 *Delia flavipes* **Tian *et* Ma, 1999**

Delia flavipes Tian *et* Ma, 1999. Acta Zootaxon. Sin. 24 (2): 217. **Type locality:** China: Neimenggu, Alashanzuoqi.

分布（**Distribution**）：内蒙古（NM）。

（312）黄灰地种蝇 *Delia flavogrisea* **(Ringdahl, 1926)**

Hylemyia flavogrisea Ringdahl, 1926. Ent. Tidskr. 47: 109. **Type locality:** Sweden: Abisko.

分布（**Distribution**）：黑龙江（HL）；挪威、瑞典、波兰。

（313）拟萝卜地种蝇 *Delia floraliformis* **Hennig, 1974**

Delia floraliformis Hennig, 1974. Flieg. Palaearkt. Reg. 7(1): 814. **Type locality:** China: Heilongjiang, Harbin.

分布（**Distribution**）：黑龙江（HL）、山西（SX）。

（314）萝卜地种蝇 *Delia floralis* **(Fallén, 1824)**

Musca floralis Fallén, 1824. Monogr. Musc. Sveciae VII: 71. **Type locality:** Sweden: Scania.

Anthomyia (Hydrophoria) vacans Pandellé, 1900. Rev. Ent. 19 (Suppl.): 235. **Type locality:** Poland or Russia (Prusse Orient).

Anthomyia flavopicta Matsumura, 1915. Conspectus Japan Injur. Ins.: 763. **Type locality:** Not given (presumably Japan).

分布（**Distribution**）：黑龙江（HL）、辽宁（LN）、内蒙古（NM）、河北（HEB）、山西（SX）、青海（QH）、新疆（XJ）、云南（YN）；朝鲜、日本、俄罗斯、捷克、斯洛伐克、德国、丹麦、西班牙、法国、英国、匈牙利、挪威、波兰、瑞典、芬兰。

（315）恋花地种蝇 *Delia floricola* **Robineau-Desvoidy, 1830**

Delia floricola Robineau-Desvoidy, 1830. Mém. Prés. Div. Sav. Acad. R. Sci. Inst. Fr. 2 (2): 572. **Type locality:** Not given (presumably France).

Anthomyia cardui Meigen, 1826. Syst. Beschr. Europ. Zweifl. Insekt. 5: 104. **Type locality:** Not given (presumably Germany: Aachen).

Anthomyia impressitarsis Macquart, 1835. Hist. Nat. Ins., Dipt. 2: 335. **Type locality:** Not given (presumably France).

Chortophila laminifera Rondani, 1866. Atti Soc. Ital. Sci. Nat. Milano 9: 167. **Type locality:** Italy: in collibus agri Parmensis [= in the hills of the Parma countryside].

分布（**Distribution**）：新疆（XJ）；俄罗斯、奥地利、保加利亚、捷克、斯洛伐克、德国、西班牙、法国、英国、匈牙利、意大利、波兰、土耳其、瑞典、芬兰。

（316）毛跗地种蝇 *Delia florilega* **(Zetterstedt, 1845)**

Aricia florilega Zetterstedt, 1845. Dipt. Scand. 4: 1555. **Type**

locality: Sweden: Skåne, Tranås, Esperöd.

Anthomyia liturata Meigen, 1838. Syst. Beschr. Europ. Zweifl. Insekt. 7: 329. **Type locality:** Not given (probably Germany: Aachen).

Ariciamacula Zetterstedt, 1845. Dipt. Scand. 4: 1600. **Type locality:** Sweden: Gotland, Öja.

Chortophila trichodactyla Rondani, 1866. Atti Soc. Ital. Sci. Nat. Milano 9: 164. **Type locality:** Italy: in colle subappennino lunensi [= on a hill of the Lunensi sub-Apennines].

分布（**Distribution**）：黑龙江（HL）、青海（QH）、西藏（XZ）；奥地利、保加利亚、捷克、斯洛伐克、德国、丹麦、法国、英国、意大利、挪威、罗马尼亚、瑞典、芬兰、俄罗斯。

（317）台湾地种蝇 *Delia formosana* **Suwa, 1994**

Delia formosana Suwa, 1994b. Proc. Jpn. Soc. Syst. Zool. 51: 63. **Type locality:** China: Taiwan.

分布（**Distribution**）：台湾（TW）。

（318）后黄地种蝇 *Delia fulviposticrus* **Li *et* Deng, 1981**

Delia fulviposticrus Li *et* Deng, 1981. Acta Acad. Med. Sichuan 12 (2): 128. **Type locality:** China: Sichuan, Emeishan.

分布（**Distribution**）：四川（SC）。

（319）甘肃地种蝇 *Delia gansuensis* **Fan, 1988**

Delia gansuensis Fan, 1988. *In*: Fan *et al.*, 1988. Economic Insect Fauna of China 37: 189. **Type locality:** China: Gansu, Wenxian.

分布（**Distribution**）：甘肃（GS）。

（320）瘦杆地种蝇 *Delia gracilibacilla* **Chen, 1982**

Delia gracilibacilla Chen, 1982. *In*: Fan *et al.*, 1982. *In*: Shanghai Institute of Entomology, Academia Sinica, 1982. Contributions from Shanghai Institute of Entomology, Vol. 2: 223. **Type locality:** China: Shanghai.

分布（**Distribution**）：上海（SH）、湖南（HN）。

（321）瘦喙地种蝇 *Delia gracilis* **(Stein, 1907)**

Chortophila gracilis Stein, 1907b. Annu. Mus. Zool. Acad. Sci. Russ. St.-Pétersb. 12: 360. **Type locality:** China: Qinghai, Chaidamu.

分布（**Distribution**）：青海（QH）。

（322）毛胫地种蝇 *Delia hirtitibia* **(Stein, 1916)**

Chortophila hirtitibia Stein, 1916. Arch. Naturgesch. 81A (10) (1915): 172. **Type locality:** Russia: Kola Peninsula.

分布（**Distribution**）：新疆（XJ）；英国、瑞典、芬兰、俄罗斯。

（323）可可西里地种蝇 *Delia hohxiliensis* **Xue *et* Zhang, 1996**

Delia hohxiliensis Xue *et* Zhang, 1996. *In*: Wu *et* Feng, 1996.

The Biology and Human Physiology in the Hoh-Xil Region: 176. **Type locality:** China: Qinghai, Hoh Xil, Gangqiqu.

分布（Distribution）：青海（QH）。

（324）毛板地种蝇 *Delia hystricosternita* Hsue, 1981

Delia hystricosternita Hsue, 1981. Acta Ent. Sin. 24 (2): 213. **Type locality:** China: Liaoning, Benxi.

分布（Distribution）：黑龙江（HL）、辽宁（LN）；朝鲜。

（325）黄瓣地种蝇 *Delia interflua* (Pandellé, 1900)

Chortophila interflua Pandellé, 1900. Rev. Ent. 19 (Suppl.): 262. **Type locality:** France: Hautes-Pyrénées, Arrens.

Chortophila flavisquama Stein, 1916. Arch. Naturgesch. 81A (10) (1915): 171. **Type locality:** Germany: Treptow. Austria: Insbruck. Sweden.

Chortophila setitibia Stein, 1916. Arch. Naturgesch. 81A (10) (1915): 176. **Type locality:** Yugoslavia: Istria. Austria: Schneeberg in Krain.

Hylemyia latifasciata Ringdahl, 1926. Ent. Tidskr. 47: 117. **Type locality:** Sweden: Jämtland.

Delia karasawana Suwa, 1974. Insecta Matsum. (N. S.) 4: 150. **Type locality:** Japan: Honshû, Nagano-ken, Mt. Hodaka.

分布（Distribution）：青海（QH）、四川（SC）；日本、奥地利、瑞士、捷克、斯洛伐克、德国、法国、英国、匈牙利、意大利、波兰、瑞典、前南斯拉夫。

（326）吉林地种蝇 *Delia jilinensis* Chen, 1988

Delia jilinensis Chen, 1988. *In*: Fan *et al.*, 1988. Economic Insect Fauna of China 37: 188. **Type locality:** China: Jilin, Changbaishan.

分布（Distribution）：吉林（JL）。

（327）拟片刺地种蝇 *Delia lamellisetoides* Hsue, 1981

Delia lamellisetoides Hsue, 1981. Acta Ent. Sin. 24 (2): 209. **Type locality:** China: Jilin, Tonghua.

分布（Distribution）：吉林（JL）。

（328）宽额麦地种蝇 *Delia latissima* (Fan, Ma *et* Li, 1982)

Leptohylemyia latissima Fan, Ma *et* Li, 1982. *In*: Fan *et al.*, 1982. *In*: Shanghai Institute of Entomology, Academia Sinica, 1982. Contributions from Shanghai Institute of Entomology, Vol. 2: 228. **Type locality:** China: Qinghai, Gonghe.

分布（Distribution）：黑龙江（HL）、宁夏（NX）、青海（QH）。

（329）沐地种蝇 *Delia lavata* (Boheman, 1863)

Anthomyza lavata Boheman, 1863. Öfvers. K. Vetensk. Akad. Förh. 20 (2): 83. **Type locality:** Sweden: Östra Karup and Halmstad.

Chortophila insularis Kuntze, 1894. Dtsch. Ent. Z.: 335. **Type locality:** Germany: Borkum Is.

分布（Distribution）：青海（QH）；德国、丹麦、荷兰、瑞典。

（330）三条地种蝇 *Delia linearis* (Stein, 1898)

Hylemyia linearis Stein, 1898. Berl. Ent. Z. 42 (1897): 219. **Type locality:** North America: Minn.

Anthomyia (Hydrophoria) flabellifera Pandellé, 1900. Rev. Ent. 19 (Suppl.): 234. **Type locality:** Germany: Genthin.

Hylemyia tristriata Stein, 1900. Ent. Nachr. 26: 310. **Type locality:** Germany: Genthin.

Anthomyia (Hydrophoria) uniciliata Pandellé, 1900. Rev. Ent. 19 (Suppl.): 235. **Type locality:** Poland or Russia (Prusse Orient). Germany: Genthin. Czechoslovakia: Bohême.

分布（Distribution）：黑龙江（HL）、吉林（JL）、山西（SX）、新疆（XJ）、云南（YN）；日本、前捷克斯洛伐克、德国、法国、英国、波兰、瑞典、芬兰、前南斯拉夫、俄罗斯；新北区。

（331）纹腹地种蝇 *Delia lineariventris* (Zetterstedt, 1845)

Aricia lineariventris Zetterstedt, 1845. Dipt. Scand. 4: 1541. **Type locality:** Sweden: Lule Lappmark, Kvikkjokk.

分布（Distribution）：黑龙江（HL）；日本、奥地利、保加利亚、捷克、斯洛伐克、德国、法国、挪威、波兰、瑞典、芬兰、俄罗斯。

（332）长腹地种蝇 *Delia longiabdomina* Xue, 2017

Delia longiabdomina Xue, 2017. *In*: Du *et* Xue, 2017b. ZooKeys 693: 144. **Type locality:** China: Yunnan.

分布（Distribution）：云南（YN）。

（333）长芒地种蝇 *Delia longiarista* Xue, 2002

Delia longiarista Xue, 2002. Entomol. Sin. 9 (1): 77. **Type locality:** China: Gansu, Wenxian.

分布（Distribution）：甘肃（GS）。

（334）长尾地种蝇 *Delia longicauda* (Strobl, 1898)

Anthomyia longicauda Strobl, 1898. Mitt. Naturwiss. Ver. Steiermark (1897) 34: 245. **Type locality:** Austria: Kreuzkogel [= Admont district].

分布（Distribution）：黑龙江（HL）、四川（SC）；奥地利、瑞士、捷克、斯洛伐克、德国、西班牙、法国、意大利、波兰、瑞典、芬兰。

（335）长鞭地种蝇 *Delia longimastica* Xue *et* Zhang, 1996

Delia longimastica Xue *et* Zhang, 1996. *In*: Wu *et* Feng, 1996. The Biology and Human Physiology in the Hoh-Xil Region: 177. **Type locality:** China: Qinghai, Geladandong.

分布（Distribution）：青海（QH）。

（336）长鬃地种蝇 *Delia longisetigera* **Fan, 1984**

Delia longisetigera Fan, 1984. *In*: Fan *et al*., 1984a. *In*: Shanghai Institute of Entomology, Academia Sinica, 1984. Contributions from Shanghai Institute of Entomology, Vol. 4: 242. **Type locality:** China: Qinghai, Yushu.

分布（**Distribution**）：青海（QH）。

（337）三刺地种蝇 *Delia longitheca* **Suwa, 1974**

Delia longitheca Suwa, 1974. Insecta Matsum. (N. S.) 4: 160. **Type locality:** Japan: Hokkaidō, Mt. Soranuma.

分布（**Distribution**）：黑龙江（HL）、辽宁（LN）、山西（SX）、河南（HEN）、陕西（SN）、四川（SC）、贵州（GZ）、云南（YN）；朝鲜、日本、俄罗斯。

（338）玛多地种蝇 *Delia madoensis* **Fan, 1988**

Delia rondanii madoensis Fan, 1988. *In*: Fan *et al*., 1988. Economic Insect Fauna of China 37 172. **Type locality:** China: Qinghai, Maduo.

分布（**Distribution**）：甘肃（GS）、青海（QH）。

（339）短刺跗地种蝇 *Delia majuscula* **(Pokorny, 1889)**

Chortophila majuscula Pokorny, 1889. Verh. K. K. Zool.-Bot. Ges. Wien 39: 564. **Type locality:** Italy: Pari-Alpe bei Pieve di Ledro.

Hylemyia (*Delia*) *gracilipes* Ringdahl, 1930. Ark. Zool. 21A (20): 10. **Type locality:** Russia: Kamchatka, Petropavlovsk.

Hylemyia (*Delia*) *nudicosta* Ringdahl, 1949. Opusc. Ent. 14: 42. **Type locality:** Sweden: Skåne and Småland.

分布（**Distribution**）：新疆（XJ）；意大利、瑞典、俄罗斯、摩洛哥。

（340）短鞭地种蝇 *Delia mastigella* **Xue et Zhang, 1996**

Delia mastigella Xue *et* Zhang, 1996. *In*: Wu *et* Feng, 1996. The Biology and Human Physiology in the Hoh-Xil Region: 178. **Type locality:** China: Qinghai, Hoh Xil.

分布（**Distribution**）：青海（QH）。

（341）鞭阳地种蝇 *Delia mastigophalla* **Xue, Wang et Li, 1993**

Delia mastigophalla Xue, Wang *et* Li, 1993. Acta Zootaxon. Sin. 18 (4): 482. **Type locality:** China: Shanxi, Kelan, Dayingpan.

分布（**Distribution**）：山西（SX）。

（342）大毛地种蝇 *Delia megatricha* **(Kertész, 1901)**

Hylemyia megatricha Kertész, 1901c. *In*: Horváth, 1901. Zoologische Ergebnisse der dritten asiatischen Forschungsreise des Grafen Eugen Zichy 2: 199. **Type locality:** Russia: Omsk.

Hylemyia (*Leptohylemyia*) *villosa* Schnabl, 1911b. Nova Acta Acad. Caesar. Leop. Carol. 95 (2): 240. **Type locality:** Russia: Petersburger Gegend [= Leningrad District] and Orenburg.

分布（**Distribution**）：新疆（XJ）；俄罗斯。

（343）小灰地种蝇 *Delia minutigrisea* **Xue et Zhang, 1996**

Delia minutigrisea Xue *et* Zhang, 1996. *In*: Wu *et* Feng, 1996. The Biology and Human Physiology in the Hoh-Xil Region: 179. **Type locality:** China: Qinghai, Geladandong.

分布（**Distribution**）：青海（QH）。

（344）细叶地种蝇 *Delia nemostylata* **Deng et Li, 1984**

Delia nemostylata Deng *et* Li, 1984. Sichuan J. Zool. 3 (4): 5. **Type locality:** China: Sichuan, Emeishan.

分布（**Distribution**）：四川（SC）。

（345）黑腹地种蝇 *Delia nigriabdominis* **Xue, 2001**

Delia nigriabdominis Xue, 2001. Zool. Res. 22 (4): 307. **Type locality:** China: Yunnan, Luquan.

分布（**Distribution**）：云南（YN）。

（346）黑基地种蝇 *Delia nigribasis* **(Stein, 1907)**

Chortophila nigribasis Stein, 1907b. Annu. Mus. Zool. Acad. Sci. Russ. St.-Pétersb. 12: 362. **Type locality:** China: O.-Tibet, am Oberlauf des Dshagyn-gol, Bassin des gelben Flusses.

分布（**Distribution**）：西藏（XZ）。

（347）黑棒地种蝇 *Delia nigrihalteres* **Xue, 2017**

Delia nigrihalteres Xue, 2017. *In*: Du *et* Xue, 2017b. ZooKeys 693: 147. **Type locality:** China: Yunnan.

分布（**Distribution**）：云南（YN）。

（348）泛毛地种蝇 *Delia pansihirta* **Jin et Fan, 1981**

Delia pansihirta Jin *et* Fan, 1981. *In*: Jin *et al*., 1981. Entomotaxon. 3 (2): 87. **Type locality:** China: Gansu, Wenxian.

分布（**Distribution**）：甘肃（GS）。

（349）三棒地种蝇 *Delia parafrontella* **Hennig, 1974**

Delia parafrontella Hennig, 1974. Flieg. Palaearkt. Reg. 7 (1): 865. **Type locality:** China: Heilongjiang, Harbin.

分布（**Distribution**）：黑龙江（HL）、辽宁（LN）、陕西（SN）。

（350）明缘地种蝇 *Delia partivitra* **Fan, 1993**

Delia partivitra Fan, 1993. *In*: Fan *et* Zheng, 1993. *In*: The Comprehensive Scientific Expedition to the Qinghai-Xizang Plateau, Chinese Academy of Sciences, 1993. Insects of the Hengduan Mountains Region, Vol. 2: 1131. **Type locality:** China: Yunnan, Lijiang.

分布（**Distribution**）：云南（YN）。

（351）小沟跗地种蝇 *Delia parvicanalis* Fan, 1984

Delia parvicanalis Fan, 1984. *In*: Fan *et al*., 1984a. *In*: Shanghai Institute of Entomology, Academia Sinica, 1984. Contributions from Shanghai Institute of Entomology, Vol. 4: 243. **Type locality:** China: Qinghai, Menyuan.

分布（Distribution）：青海（QH）、四川（SC）。

（352）梳地种蝇 *Delia pectinator* Suwa, 1984

Delia pectinator Suwa, 1984a. Insecta Matsum. (N. S.) 29: 41. **Type locality:** Japan: Honshû, Mount Shibutsu.

Delia pectinator fuscilateralis Fan, 1993. *In*: Fan *et* Zheng, 1993. *In*: The Comprehensive Scientific Expedition to the Qinghai-Xizang Plateau, Chinese Academy of Sciences, 1993. Insects of the Hengduan Mountains Region, Vol. 2: 1131. **Type locality:** China: Sichuan, Hongyuan (Longri).

分布（Distribution）：黑龙江（HL）、四川（SC）；日本。

（353）栉胫地种蝇 *Delia pectinitibia* Jin *et* Fan, 1981

Delia pectinitibia Jin *et* Fan, 1981. *In*: Jin *et al*., 1981. Entomotaxon. 3 (2): 87. **Type locality:** China: Gansu, Wenxian.

分布（Distribution）：甘肃（GS）。

（354）肖帚腹地种蝇 *Delia penicillella* Fan, 1984

Delia penicillella Fan, 1984. *In*: Fan *et al*., 1984a. *In*: Shanghai Institute of Entomology, Academia Sinica, 1984. Contributions from Shanghai Institute of Entomology, Vol. 4: 243. **Type locality:** China: Qinghai, Huangyuan.

分布（Distribution）：青海（QH）。

（355）帚腹地种蝇 *Delia penicilliventris* Ackland, 2010

Delia penicilliventris Ackland, 2010. Dipterists Digest 17: 80. **Type locality:** Sweden: Skåne, Fågelsång.

Hylemyia penicillaris Rondani, 1866. Atti Soc. Ital. Sci. Nat. Milano 9: 177. **Type locality:** Italy: in planitie *et* collibus agri Parmensis [= in the plains and hills of the Parma countryside] (misidentification).

Aricia criniventris Zetterstedt, 1860. Dipt. Scand. 14: 6244 (a junior secondary homonym of *Anthomyza criniventris* Zetterstedt, 1860). **Type locality:** Sweden: Uppland, Stockholm.

分布（Distribution）：黑龙江（HL）；奥地利、捷克、斯洛伐克、希腊、意大利、瑞典、俄罗斯。

（356）拟帚腹地种蝇 *Delia penicillosa* Hennig, 1974

Delia penicillosa Hennig, 1974. Flieg. Palaearkt. Reg. 7 (1): 869. **Type locality:** Italy: Trient [= Trento].

分布（Distribution）：新疆（XJ）；瑞士、捷克、斯洛伐克、芬兰、英国、意大利、瑞典、前南斯拉夫。

（357）波斯地种蝇 *Delia persica* Hennig, 1974

Delia persica Hennig, 1974. Flieg. Palaearkt. Reg. 7 (1): 871. **Type locality:** Iran: Persia (s. Elburs, Kendevan).

分布（Distribution）：河南（HEN）；伊朗。

（358）胫毛地种蝇 *Delia piliseritibia* Fan *et* Zheng, 1993

Delia piliseritibia Fan *et* Zheng, 1993. *In*: The Comprehensive Scientific Expedition to the Qinghai-Xizang Plateau, Chinese Academy of Sciences, 1993. Insects of the Hengduan Mountains Region, Vol. 2: 1132. **Type locality:** China: Sichuan, Dege.

分布（Distribution）：四川（SC）。

（359）松叶地种蝇 *Delia piniloba* Hsue, 1981

Delia piniloba Hsue, 1981. Acta Ent. Sin. 24 (2): 211. **Type locality:** China: Liaoning, Benxi.

分布（Distribution）：辽宁（LN）。

（360）毛尾地种蝇 *Delia planipalpis* (Stein, 1898)

Chortophila planipalpis Stein, 1898. Berl. Ent. Z. 42 (1897): 234. **Type locality:** North America: Idaho.

分布（Distribution）：黑龙江（HL）、内蒙古（NM）；日本、俄罗斯、瑞士、捷克、斯洛伐克、德国、丹麦、法国、荷兰、瑞典、芬兰；新北区。

（361）灰地种蝇 *Delia platura* (Meigen, 1826)

Anthomyia platura Meigen, 1826. Syst. Beschr. Europ. Zweifl. Insekt. 5: 171. **Type locality:** Not given (presumably Germany: Aachen).

Anthomyia cana Macquart, 1835. Hist. Nat. Ins., Dipt. 2: 340. **Type locality:** France: "Du nord de la France" (probably Lille District).

Aricia fusciceps Zetterstedt, 1845. Dipt. Scand. 4: 1552. **Type locality:** Denmark: NE Zealand, Copenhagen.

Anthomyia sergia Walker, 1849. List of the specimens of dipterous insets in the collection of the British Museum Part IV: 947. **Type locality:** Italy.

Anthomyia tyana Walker, 1849. List of the specimens of dipterous insets in the collection of the British Museum Part IV: 945. **Type locality:** Azores: Fayal.

Chortophila cilicrura Rondani, 1866. Atti Soc. Ital. Sci. Nat. Milano 9: 165. **Type locality:** Italy.

Anthomyia funesta Kühn, 1870. Zeitschr. Landw. Centralver. Prov. Sachsen 6: 3. **Type locality:** Poland: Zedlitz bei Lüben in Schlesien.

分布（Distribution）：中国广布；世界广布。

（362）膨尾地种蝇 *Delia podagricicauda* Xue, 1997

Delia podagricicauda Xue, 1997. *In*: Yang, 1997. Insects of the Three Gorge Reservoir area of Yangtze River: 1493. **Type locality:** China: Sichuan, Wushan, Liziping.

分布（Distribution）：四川（SC）。

（363）梯叶地种蝇 *Delia quadrilateralis* **Fan** *et* **Zhong, 1982**

Delia quadrilateralis Fan et Zhong, 1982. *In*: Fan *et al*., 1982. *In*: Shanghai Institute of Entomology, Academia Sinica, 1982. Contributions from Shanghai Institute of Entomology, Vol. 2: 223. **Type locality:** China: Tibet, Anduo.

分布（Distribution）：西藏（XZ）。

（364）甘蓝地种蝇 *Delia radicum* **(Linnaeus, 1758)**

Musca radicum Linnaeus, 1758. Syst. Nat. Ed. 10 (1): 596. **Type locality:** Not given.

Anthomyia brassicae Wiedemann, 1817. Zool. Mag. 1 (1): 78. **Type locality:** Germany.

Anthomyia brassicae Bouché, 1833. Naturgeschichte der schädlichen und nützlichen Garten-Insecten und die bewährtesten Mittel zur Vertilgung der ersteren: 131. **Type locality:** Not given (presumably Germany).

Chortophila floccosa Macquart, 1835. Hist. Nat. Ins., Dipt. 2: 326. **Type locality:** France: "Du nord de la France".

Chortophila frontalis Macquart, 1835. Hist. Nat. Ins., Dipt. 2: 325. **Type locality:** France: "Du nord de la France".

Aricia villipes Zetterstedt, 1845. Dipt. Scand. 4: 1456. **Type locality:** Sweden: Småland.

Chortophila appendiculata Bigot, 1885. Ann. Soc. Entomol. Fr. 6 (4): 278. **Type locality:** France: Pyrénées-Orientales, Vernet-les-Bains.

Anthomyia (Hydrophoria) detergens Pandellé, 1900. Rev. Ent. 19 (Suppl.): 229. **Type locality:** France: Tarbes.

Anthomyia (Hydrophoria) stimulea Pandellé, 1900. Rev. Ent. 19 (Suppl.): 232. **Type locality:** France: Tarbes.

分布（Distribution）：新疆（XJ）；摩洛哥、阿尔及利亚、葡萄牙、俄罗斯、德国、捷克、斯洛伐克、丹麦、英国、法国、西班牙、匈牙利、意大利、爱尔兰、冰岛、挪威、罗马尼亚、瑞典、芬兰、奥地利；非洲（北部）。

（365）反曲地种蝇 *Delia recurvata* **Fan, 1986**

Delia recurvata Fan, 1986. *In*: Shanghai Institute of Entomology, Academia Sinica, 1986. Contributions from Shanghai Institute of Entomology, Vol. 6: 230. **Type locality:** China: Sichuan, Daofu.

分布（Distribution）：四川（SC）。

（366）坚铗地种蝇 *Delia sclerostylata* **Fan, 1993**

Delia sclerostylata Fan, 1993. *In*: Fan *et* Zheng, 1993. *In*: The Comprehensive Scientific Expedition to the Qinghai-Xizang Plateau, Chinese Academy of Sciences, 1993. Insects of the Hengduan Mountains Region, Vol. 2: 1134. **Type locality:** China: Yunnan, Lushui.

分布（Distribution）：云南（YN）。

（367）豚颜地种蝇 *Delia scrofifacialis* **Xue** *et* **Zhang, 1996**

Delia scrofifacialis Xue et Zhang, 1996. *In*: Wu *et* Feng, 1996.

The Biology and Human Physiology in the Hoh-Xil Region: 180. **Type locality:** China: Qinghai, Geladandong.

分布（Distribution）：青海（QH）。

（368）拟毛股地种蝇 *Delia setigera* **(Stein, 1920)**

Pegomyia setigera Stein, 1920a. Arch. Naturgesch. 84A (9) (1918): 70. **Type locality:** North America: Wash., Prosser.

分布（Distribution）：新疆（XJ）；英国、冰岛、瑞典、芬兰；新北区。

（369）波叶地种蝇 *Delia sinuiforcipis* **Zhong, 1985**

Delia sinuiforcipis Zhong, 1985. Zool. Res. 6 (4) (Suppl.): 131. **Type locality:** China: Tibet, Naqu.

分布（Distribution）：西藏（XZ）。

（370）坚腹地种蝇 *Delia solidilamina* **Fan** *et* **Zheng, 1993**

Delia solidilamina Fan *et* Zheng, 1993. *In*: The Comprehensive Scientific Expedition to the Qinghai-Xizang Plateau, Chinese Academy of Sciences, 1993. Insects of the Hengduan Mountains Region, Vol. 2: 1135. **Type locality:** China: Sichuan, Kangding.

分布（Distribution）：四川（SC）。

（371）球基地种蝇 *Delia sphaerobasis* **Fan** *et* **Qian, 1984**

Delia sphaerobasis Fan *et* Qian, 1984. *In*: Fan *et al*., 1984a. *In*: Shanghai Institute of Entomology, Academia Sinica, 1984. Contributions from Shanghai Institute of Entomology, Vol. 4: 244. **Type locality:** China: Qinghai, Qilian (Niuxinshan).

分布（Distribution）：内蒙古（NM）、青海（QH）、新疆（XJ）。

（372）针叶地种蝇 *Delia spicularis* **Fan, 1984**

Delia spicularis Fan, 1984. *In*: Fan *et al*., 1984a. *In*: Shanghai Institute of Entomology, Academia Sinica, 1984. Contributions from Shanghai Institute of Entomology, Vol. 4: 244. **Type locality:** China: Qinghai, Yushu.

分布（Distribution）：青海（QH）。

（373）瘦叶地种蝇 *Delia stenostyla* **Deng** *et* **Li, 1994**

Delia stenostyla Deng *et* Li, 1994. J. W. China Univ. Med. Sci. 25 (1): 20. **Type locality:** China: Sichuan, Emeishan, Songpan, Maowen.

分布（Distribution）：四川（SC）。

（374）拟黑额地种蝇 *Delia subatrifrons* **Xue** *et* **Du, 2009**

Delia subatrifrons Xue *et* Du, 2009. Entomol. Am. 115 (2): 157. **Type locality:** China: Yunnan, Baimang Snowberg; Sichuan, Jiajinshan.

分布（**Distribution**）：四川（SC）、云南（YN）。

（375）拟黄瓣地种蝇 *Delia subinterflua* Xue *et* Du, 2008

Delia subinterflua Xue *et* Du, 2008. Entomol. News 119 (2): 116. **Type locality:** China: Sichuan, Wolong (Balangshan); Yunnan, Yulong Snowberg and Baimang Snowberg.

分布（**Distribution**）：四川（SC）、云南（YN）。

（376）亚黑基地种蝇 *Delia subnigribasis* Fan *et* Wang, 1982

Delia subnigribasis Fan *et* Wang, 1982. *In*: Fan *et al*., 1982. *In*: Shanghai Institute of Entomology, Academia Sinica, 1982. Contributions from Shanghai Institute of Entomology, Vol. 2: 223. **Type locality:** China: Shanxi, Mt. Wutai.

分布（**Distribution**）：山西（SX）。

（377）短棘地种蝇 *Delia takizawai* Suwa, 1974

Delia takizawai Suwa, 1974. Insecta Matsum. (N. S.) 4: 155. **Type locality:** Japan: Hokkaidō, Sapporo.

分布（**Distribution**）：辽宁（LN）；朝鲜、日本、俄罗斯。

（378）孔雀尾地种蝇 *Delia taonura* Deng *et* Li, 1994

Delia taonura Deng *et* Li, 1994. J. W. China Univ. Med. Sci. 25 (1): 18. **Type locality:** China: Sichuan, Songpanxian.

分布（**Distribution**）：四川（SC）。

（379）细阳地种蝇 *Delia tenuipenis* Fan *et* Zhong, 1982

Delia tenuipenis Fan *et* Zhong, 1982. *In*: Fan *et al*., 1982. *In*: Shanghai Institute of Entomology, Academia Sinica, 1982. Contributions from Shanghai Institute of Entomology, Vol. 2: 225. **Type locality:** China: Tibet, Anduo.

分布（**Distribution**）：西藏（XZ）。

（380）窄腹地种蝇 *Delia tenuiventris* (Zetterstedt, 1860)

Aricia tenuiventris Zetterstedt, 1860. Dipt. Scand. 14: 6205. **Type locality:** Sweden: Lycksele Lappmark, Tärna.

Hylemyia (*Cleptohylemyia*) *conversata* Tiensuu, 1936. Acta Soc. Fauna Flora Fenn. 58 (4) (1935): 23. **Type locality:** Finland: Kuusamo.

分布（**Distribution**）：黑龙江（HL）、新疆（XJ）；日本、奥地利、瑞士、捷克、斯洛伐克、德国、英国、意大利、波兰、瑞典、俄罗斯。

（381）长刺跗地种蝇 *Delia trispinosa* (Karl, 1937)

Hylemyia (*Delia*) *trispinosa* Karl, 1937. Arb. Morph. Taxon. Ent. Berl. 4 (2): 83. **Type locality:** Hungary: Debrecen district, Nagyhát.

分布（**Distribution**）：新疆（XJ）；奥地利、德国、匈牙利、

波兰。

（382）突侧叶地种蝇 *Delia tuberisurstyla* Xue, 2017

Delia tuberisurstyla Xue, 2017. *In*: Du *et* Xue, 2017b. ZooKeys 693: 149. **Type locality:** China: Yunnan.

分布（**Distribution**）：云南（YN）。

（383）突厥地种蝇 *Delia turcmenica* Hennig, 1974

Delia turcmenica Hennig, 1974. Flieg. Palaearkt. Reg. 7 (1): 915. **Type locality:** Kazakhstan: Gultscha, Turkestan.

分布（**Distribution**）：青海（QH）；哈萨克斯坦。

（384）虎爪地种蝇 *Delia unguitigris* Xue, 1997

Delia unguitigris Xue, 1997. *In*: Yang, 1997. Insects of the Three Gorge Reservoir area of Yangtze River: 1494. **Type locality:** China: Sichuan, Wushan.

分布（**Distribution**）：四川（SC）。

（385）单列地种蝇 *Delia uniseriata* (Stein, 1914)

Chortophila uniseriata Stein, 1914. Arch. Naturgesch. 79A (8) (1913): 51. **Type locality:** Germany: Genthin. Austria: Stadleau.

分布（**Distribution**）：黑龙江（HL）；德国、奥地利、匈牙利、芬兰。

17. 荨蝇属 *Eustalomyia* Kowarz, 1873

Eustalomyia Kowarz, 1873. Verh. K. K. Zool.-Bot. Ges. Wien 23: 461. **Type species:** *Musca hilaria* Fallén, 1823 (monotypy).

Dendrophila Lioy, 1864. Atti R. Ist. Véneto Sci. Lett. Arti (3) 9: 990. **Type species:** *Musca hilaris* Fallén, 1823 (monotypy).

（386）泛色荨蝇 *Eustalomyia festiva* (Zetterstedt, 1845)

Aricia festiva Zetterstedt, 1845. Dipt. Scand. 4: 1424. **Type locality:** Sweden: Östergötlands, Sätra.

分布（**Distribution**）：辽宁（LN）、青海（QH）；日本、奥地利、捷克、斯洛伐克、德国、法国、英国、匈牙利、意大利、波兰、罗马尼亚、瑞典、芬兰、俄罗斯。

（387）圆斑荨蝇 *Eustalomyia hilaris* (Fallén, 1823)

Musca hilaris Fallén, 1823a. Monogr. Musc. Sveciae VI: 57. **Type locality:** Sweden: Scania, Smolandia, Westrogothia.

分布（**Distribution**）：黑龙江（HL）、辽宁（LN）、北京（BJ）；日本、奥地利、瑞士、捷克、斯洛伐克、德国、法国、英国、匈牙利、意大利、挪威、波兰、罗马尼亚、瑞典、芬兰、前南斯拉夫、俄罗斯。

（388）斑足荨蝇 *Eustalomyia vittipes* (Zetterstedt, 1845)

Anthomyza vittipes Zetterstedt, 1845. Dipt. Scand. 4: 1649.

Type locality: Sweden: Västergötland, Fassberg, Gunnebo.

Anthomyza decorata Zetterstedt, 1852. Dipt. Scand. 11: 4323.

Type locality: Sweden: Östergötlands, Gryt, Grasmaro.

Anthomyia arrogans Rondani, 1866. Atti Soc. Ital. Sci. Nat. Milano 9: 185. Type locality: Italy: in agro parmensi [= in the Parma countryside].

分布（Distribution）：黑龙江（HL）、辽宁（LN）、青海（QH）、上海（SH）；日本、捷克、斯洛伐克、德国、法国、英国、匈牙利、意大利、瑞典、芬兰。

18. 植蝇属 *Leucophora* Robineau-Desvoidy, 1830

Leucophora Robineau-Desvoidy, 1830. Mém. Prés. Div. Sav. Acad. R. Sci. Inst. Fr. 2 (2): 562. Type species: *Leucophora* Robineau-Desvoidy, 1830 (by designation of Coquillett, 1901).

Nevrorta Lioy, 1864. Atti R. Ist. Véneto Sci. Lett. Arti (3) 9: 910. Type species: *Musca grisea* Fallén, 1823 (monotypy) [= *Leucophora grisella* Hennig, 1967].

Ocromyia Lioy, 1864. Atti R. Ist. Véneto Sci. Lett. Arti (3) 9: 910. Type species: *Hylemyia pallida* Macquart, 1835 (monotypy) [= *Leucophora cinerea* Robineau-Desvoidy, 1830].

Hammomyia Rondani, 1877. Dipt. Ital. Prodromus, Vol. VI: 13. Type species: *Aricia albescens* Zetterstedt, 1845 (by original designation) [= *Leucophora cinerea* Robineau-Desvoidy, 1830].

Hylephila Rondani, 1877. Dipt. Ital. Prodromus, Vol. VI: 13. Type species: *Musca buccola* Fallén, 1824 (by original designation) [= *Leucophora sericea* Robineau-Desvoidy, 1830] (a junior homonym of *Hylephila* Billberg, 1820).

Ammomyia Stein, 1916. Arch. Naturgesch. 81A (10) (1915): 163 (unjustified emendation for *Hammomyia* Rondani, 1877).

（389）合睫植蝇 *Leucophora amicula* (Séguy, 1928)

Hylephila amicula Séguy, 1928b. Bull. Soc. Ent. Fr. 1928: 46. Type locality: Tunisia: Nefta.

分布（Distribution）：新疆（XJ）；以色列、突尼斯、加那利群岛。

（390）橙额植蝇 *Leucophora aurantifrons* Fan *et* Zhong, 1984

Leucophora aurantifrons Fan *et* Zhong, 1984. *In*: Fan *et al*., 1984b. *In*: Shanghai Institute of Entomology, Academia Sinica, 1984. Contributions from Shanghai Institute of Entomology, Vol. 4: 255. Type locality: China: Tibet, Longzi.

分布（Distribution）：西藏（XZ）。

（391） 短额植蝇 *Leucophora brevifrons* (Stein, 1916)

Hylephila brevifrons Stein, 1916. Arch. Naturgesch. 81A (10) (1915): 159. Type locality: France: Col du Lautaret.

Hylephila presponsa Séguy, 1925d. Encycl. Ent. (B) II Dipt. 1: 160. Type locality: France: Hautes-Alpes, cirque de Ronche.

分布（Distribution）：辽宁（LN）；奥地利、瑞士、法国。

（392）灰白植蝇 *Leucophora cinerea* Robineau-Desvoidy, 1830

Leucophora cinerea Robineau-Desvoidy, 1830. Mém. Prés. Div. Sav. Acad. R. Sci. Inst. Fr. 2 (2): 563. Type locality: Not given (presumably France).

Hylemyia pallida Macquart, 1835. Hist. Nat. Ins., Dipt. 2: 319. Type locality: France: "Nord de la France".

Anthomyia albiseta von Roser, 1840. Correspondenzbl. K. Württemb. Landw. Ver., Stuttgart 37 [= N. S. 17] (1): 59. Type locality: Germany: Württemberg.

Aricia albescens Zetterstedt, 1845. Dipt. Scand. 4: 1520. Type locality: Sweden: Östergötlands, Vadstena.

Hylephila argentea Séguy, 1923a. Ann. Soc. Entomol. Fr. 91 (1922): 359. Type locality: France: Le Vésinet, Seine-*et*-Oise.

Hylephila hirsuta Séguy, 1923b. Faune de France 6: 75. Type locality: France: Hautes-Alpes, La Grave.

Hammomyia jacquineti Séguy, 1925d. Encycl. Ent. (B) II Dipt. 1: 163. Type locality: France: Hautes-Alpes, La Grave.

分布（Distribution）：山西（SX）；捷克、斯洛伐克、德国、西班牙、法国、英国、匈牙利、意大利、挪威、波兰、罗马尼亚、瑞典、芬兰、土耳其、俄罗斯。

（393）毛胸短额植蝇 *Leucophora dasyprosterna* Fan *et* Qian, 1988

Leucophora brevifrons dasyprosterna Fan *et* Qian, 1988. *In*: Fan *et al*., 1988. Economic Insect Fauna of China 37: 205. Type locality: China: Xinjiang, Xinyuan, Nalati.

分布（Distribution）：新疆（XJ）。

（394）羽芒植蝇 *Leucophora grisella* Hennig, 1967

Leucophora grisella Hennig, 1967. Flieg. Palaearkt. Reg. 7 (1): 120 (replacement name for *Musca grisea* Fallén, 1823, a junior primary homonym of *Musca grisea* Fabricius, 1805).

Musca grisea Fallén, 1823a. Monogr. Musc. Sveciae VI: 57. Type locality: Sweden: Westrogothia.

分布（Distribution）：黑龙江（HL）、辽宁（LN）、甘肃（GS）；日本、朝鲜、奥地利、瑞士、捷克、斯洛伐克、德国、法国、英国、爱尔兰、波兰、瑞典、芬兰、俄罗斯。

（395）杭州植蝇 *Leucophora hangzhouensis* Fan, 1988

Leucophora hangzhouensis Fan, 1988. *In*: Fan *et al*., 1988. Economic Insect Fauna of China 37: 202. Type locality: China: Zhejiang, Hangzhou.

分布（Distribution）：浙江（ZJ）。

（396）辽宁植蝇 *Leucophora liaoningensis* Zhang *et* Zhang, 1998

Leucophora liaoningensis Zhang *et* Zhang, 1998. Acta Ent.

Sin. 41 (1): 103. **Type locality:** China: Liaoning, Chaoyang.
分布（Distribution）：辽宁（LN）。

（397）裸灰植蝇 *Leucophora nudigrisella* **Fan, 1986**

Leucophora nudigrisella Fan, 1986. *In*: Shanghai Institute of Entomology, Academia Sinica, 1986. Contributions from Shanghai Institute of Entomology, Vol. 6: 231. **Type locality:** China: Sichuan, Daofu.
分布（Distribution）：四川（SC）。

（398）钝植蝇 *Leucophora obtusa* **(Zetterstedt, 1838)**

Anthomyza obtusa Zetterstedt, 1838. Insecta Lapp.: 682. **Type locality:** Sweden: Lycksele Lappmark, Lycksele.
Anthomyza obtusa Zetterstedt, 1837. Isis (Oken's) 21: 44 (nomen nudum).
Hylephila bazini Séguy, 1925c. Congr. Soc. Sav. Paris Sect. Sci. 1925: 476. **Type locality:** China: Shanghai, Zi-ka-wei [now: "Xujiahui"].
分布（Distribution）：辽宁（LN）；日本、奥地利、捷克、斯洛伐克、德国、法国、英国、匈牙利、波兰、瑞典、芬兰、俄罗斯。

（399）捂嘴植蝇 *Leucophora personata* **(Collin, 1922)**

Hylephila personata Collin, 1922. Trans. R. Ent. Soc. London (3-5) 1922: 318. **Type locality:** Great Britain: Oxford and Margate.
分布（Distribution）：辽宁（LN）、河北（HEB）、上海（SH）；朝鲜、日本、捷克、斯洛伐克、德国、法国、英国、匈牙利、意大利、瑞典。

（400）毛眼植蝇 *Leucophora piliocularis* **Feng, 1987**

Leucophora piliocularis Feng, 1987. Acta Zootaxon. Sin. 12 (2): 208. **Type locality:** China: Sichuan, Kangding (Paomashan).
分布（Distribution）：四川（SC）。

（401）鬃胸植蝇 *Leucophora sericea* **Robineau-Desvoidy, 1830**

Leucophora sericea Robineau-Desvoidy, 1830. Mém. Prés. Div. Sav. Acad. R. Sci. Inst. Fr. 2 (2): 563. **Type locality:** France: Saint-Sauveur.
Musca buccata Fallén, 1824. Monogr. Musc. Sveciae VII: 65. **Type locality:** Sweden: Scania and Oelania.
Anthomyia (Hammomyia) disquamea Pandellé, 1901. Rev. Ent. 20 (Suppl.): 301. **Type locality:** France: Marseille, Tarbes.
分布（Distribution）：黑龙江（HL）、辽宁（LN）、河北（HEB）、甘肃（GS）、青海（QH）；日本、奥地利、捷克、斯洛伐克、德国、法国、英国、匈牙利、挪威、罗马尼亚、瑞典、芬兰、俄罗斯。

（402）山西植蝇 *Leucophora shanxiensis* **Fan et Wang, 1982**

Leucophora shanxiensis Fan et Wang, 1982. *In*: Fan et al., 1982. *In*: Shanghai Institute of Entomology, Academia Sinica, 1982. Contributions from Shanghai Institute of Entomology, Vol. 2: 228. **Type locality:** China: Shanxi, Huoxian.
分布（Distribution）：山西（SX）、四川（SC）。

（403）社牺植蝇 *Leucophora sociata* **(Meigen, 1826)**

Anthomyia sociata Meigen, 1826. Syst. Beschr. Europ. Zweifl. Insekt. 5: 228. **Type locality:** Not given (presumably "Von Hrn. v. Winthem").
Anthomyia (Hammomyia) bifolia Pandellé, 1901. Rev. Ent. 20 (Suppl.): 300. **Type locality:** Not given (presumably France).
Anthomyia (Hammomyia) ciliosa Pandellé, 1901. Rev. Ent. 20 (Suppl.): 300. **Type locality:** France: Tarbes.
Hammomyia gallica Schnabl, 1911b. Nova Acta Acad. Caesar. Leop. Carol. 95 (2): 263. **Type locality:** France: Rambouillet.
分布（Distribution）：辽宁（LN）、山西（SX）、甘肃（GS）、青海（QH）、新疆（XJ）；德国、法国、英国、匈牙利、意大利；北美洲。

（404）束植蝇 *Leucophora sponsa* **(Meigen, 1826)**

Anthomyia sponsa Meigen, 1826. Syst. Beschr. Europ. Zweifl. Insekt. 5: 147. **Type locality:** Not given (presumably "Von Hrn. v. Wiedemann").
分布（Distribution）：黑龙江（HL）、山西（SX）；日本、朝鲜、奥地利、捷克、斯洛伐克、德国、西班牙、法国、英国、瑞典。

（405）扫把植蝇 *Leucophora tavastica* **(Tiensuu, 1939)**

Hylephlia tavastica Tiensuu, 1939. Ann. Ent. Fenn. 5: 242. **Type locality:** Finland: EH, Kirchspiel Hattula, Lagergebiet Parola.
分布（Distribution）：山西（SX）；芬兰。

（406）杵叶植蝇 *Leucophora triptolobos* **Wang et Xue, 1985**

Leucophora triptolobos Wang et Xue, 1985. Zool. Res. 6 (4) (Suppl.): 61. **Type locality:** China: Shanxi, Tianzhen, Shizihe.
分布（Distribution）：山西（SX）。

（407）单纹植蝇 *Leucophora unilineata* **(Zetterstedt, 1838)**

Anthomyza unilineata Zetterstedt, 1838. Insecta Lapp.: 675. **Type locality:** Sweden: Lycksele Lappmark, Lycksele.
Anthomyza unilineata Zetterstedt, 1837. Isis (Oken's) 21: 44 (nomen nudum).
分布（Distribution）：黑龙江（HL）、辽宁（LN）、内蒙古

（NM）；日本、俄罗斯、瑞典；北美洲。

（408）单条植蝇 *Leucophora unistriata* (Zetterstedt, 1838)

Anthomyza unistriata Zetterstedt, 1838. Insecta Lapp.: 677. **Type locality:** Finland: Ostrobottnia, borealis, Pello.

Anthomyza unistriata Zetterstedt, 1837. Isis (Oken's) 21: 44 (nomen nudum).

Hylephila pleskei Séguy, 1925c. Congr. Soc. Sav. Paris Sect. Sci. 1925: 477. **Type locality:** China: Shanghai, Zi-ka-wei [now: "Xujiahui"].

分布（Distribution）：黑龙江（HL）、辽宁（LN）、山西（SX）、江苏（JS）；日本、朝鲜、奥地利、捷克、斯洛伐克、德国、法国、波兰、瑞典、芬兰；北美洲。

（409）新疆植蝇 *Leucophora xinjiangensis* Xue et Zhang, 1996

Leucophora xinjiangensis Xue et Zhang, 1996. *In*: The Comprehensive Scientific Expedition to the Qinghai-Xizang Plateau, Chinese Academy of Sciences, 1996. Insects of the Karakorum-Kunlun Mountains: 209. **Type locality:** China: Xinjiang, Qiemo, Aqiang.

分布（Distribution）：新疆（XJ）。

（410）西藏植蝇 *Leucophora xizangensis* Fan et Zhong, 1984

Leucophora xizangensis Fan et Zhong, 1984. *In*: Fan et al., 1984b. *In*: Shanghai Institute of Entomology, Academia Sinica, 1984. Contributions from Shanghai Institute of Entomology, Vol. 4: 256. **Type locality:** China: Tibet, Longzi.

分布（Distribution）：西藏（XZ）。

19. 次种蝇属 *Subhylemyia* Ringdahl, 1933

Subhylemyia Ringdahl, 1933b. Ent. Tidskr. 54: 30. **Type species:** *Musca longula* Fallén, 1824 (monotypy).

Deliomyia Fan, 1988. *In*: Fan et al., 1988. Economic Insect Fauna of China 37: 189. **Type species:** *Subhylemyia lineola* (Collin, 1936) (by original designation and monotypy) [= *Chortophila dorsilinea* Stein, 1920].

（411）背条次种蝇 *Subhylemyia dorsilinea* (Stein, 1920)

Chortophila dorsilinea Stein, 1920a. Arch. Naturgesch. 84A (9) (1918): 87. **Type locality:** America: Colorado.

Delia (*Subhylemyia*) *lineola* Collin, 1936. Ark. Zool. 27A (35): 2. **Type locality:** Mongolia: Hartjertu Gol.

分布（Distribution）：青海（QH）；蒙古国。

（412）拢合次种蝇 *Subhylemyia longula* (Fallén, 1824)

Musca longula Fallén, 1824. Monogr. Musc. Sveciae VII: 72. **Type locality:** Not given (presumably Sweden).

Musca parvula Fallén, 1825a. Monogr. Musc. Sveciae VIII: 75. **Type locality:** Sweden: Esperöd (a junior primary homonym of *Musca parvula* Harris, [1776]).

Aricia punctiventris Zetterstedt, 1860. Dipt. Scand. 14: 6212. **Type locality:** Sweden: Skåne.

分布（Distribution）：青海（QH）；俄罗斯、印度、保加利亚、瑞士、捷克、斯洛伐克、德国、丹麦、西班牙、法国、英国、希腊、意大利、挪威、瑞典、芬兰、前南斯拉夫、加那利群岛。

种蝇族 Hylemyini

20. 北草种蝇属 *Boreophorbia* Michelsen, 1987

Boreophorbia Michelsen, 1987. Ent. Scand. 18: 273. **Type species:** *Chirosia hirtipes* Stein, 1907 (by original designation) (monotypy).

（413）毛足北草种蝇 *Boreophorbia hirtipes* (Stein, 1907)

Chirosia hirtipes Stein, 1907b. Annu. Mus. Zool. Acad. Sci. Russ. St.-Pétersb. 12: 368. **Type locality:** China: Qinghai Province.

Chirosia subarctica Ringdahl, 1937. Opusc. Ent. 2: 125. **Type locality:** Sweden: Abisko.

分布（Distribution）：青海（QH）；瑞典。

21. 菊种蝇属 *Heterostylodes* Hennig, 1967

Heterostylodes Hennig, 1967. Flieg. Palaearkt. Reg. 7 (1): 148. **Type species:** *Anthomyia pratensis* Meigen, 1826 (autotype).

Heterostylus Schnabl et Dziedzicki, 1911. Nova Acta Acad. Caesar. Leop. Carol. 95 (2): 98. **Type species:** *Anthomyia pratensis* Meigen, 1826 (by designation of Karl, 1928).

（414）草坪菊种蝇 *Heterostylodes pilifera* (Zetterstedt, 1845)

Aricia pilifera Zetterstedt, 1845. Dipt. Scand. 4: 1623. **Type locality:** Sweden: Jämtland, Skalstugan.

Arida confidella Zetterstedt, 1845. Dipt. Scand. 4: 1621. **Type locality:** Sweden: Jämtland, Åreskutan.

Arida denigrata Boheman, 1864. Öfvers. K. Svenska Vetensk Akad. Förh. 20 (2): 82 (not Zetterstedt, 1845, misidentification).

分布（Distribution）：黑龙江（HL）；奥地利、瑞士、捷克、斯洛伐克、德国、法国、英国、意大利、波兰、罗马尼亚、瑞典、芬兰、前南斯拉夫、俄罗斯。

22. 种蝇属 *Hylemya* Robineau-Desvoidy, 1830

Hylemya Robineau-Desvoidy, 1830. Mém. Prés. Div. Sav.

Acad. R. Sci. Inst. Fr. 2 (2): 550. **Type species:** *Musca vagans* Panzer, [1798] (by designation of Rondani, 1866).

Hylemyia Macquart, 1835. Hist. Nat. Ins., Dipt. 2: 316 (unjustified emendation or unnecessary replacement name of *Hylemya* Robineau-Desvoidy, 1830). **Type species:** *Hylemya strenua* Robineau-Desvoidy, 1830 (by designation of Coquillett, 1910).

Musciosoma Lioy, 1864. Atti R. Ist. Véneto Sci. Lett. Arti (3) 9: 908. **Type species:** *Hylemya strenua* Robineau-Desvoidy, 1830 (by designation of Coquillett, 1910).

Lopesohylemya Fan, Chen *et* Ma, 1989. Mem. Inst. Oswaldo Cruz, Rio de Janeiro 84 (4): 567-568. **Type species:** *Lopesohylemya qinghaiensis* Fan, Chen *et* Ma, 1989 (by original designation).

（415）褐须种蝇 *Hylemya bruneipalpis* Fan, 1982

Hylemya bruneipalpis Fan, 1982. *In*: Fan *et al.*, 1982. *In*: Shanghai Institute of Entomology, Academia Sinica, 1982. Contributions from Shanghai Institute of Entomology, Vol. 2: 227. **Type locality:** China: Qinghai, Huzhu.

分布（**Distribution**）：青海（QH）。

（416）黄股种蝇 *Hylemya detracta* (Walker, 1852)

Anthomyia detracta Walker, 1852. Ins. Saund. (I) Dipt. 3-4: 356. **Type locality:** East Indies.

分布（**Distribution**）：四川（SC）、贵州（GZ）、云南（YN）、福建（FJ）；东印度群岛、尼泊尔。

（417）异股种蝇 *Hylemya femoralis* Stein, 1915

Hylemya femoralis Stein, 1915. Suppl. Ent. 4: 47. **Type locality:** China: Taiwan.

分布（**Distribution**）：四川（SC）、云南（YN）、西藏（XZ）、台湾（TW）；尼泊尔、印度（北部）。

（418）黑跗种蝇 *Hylemya nigrimana* (Meigen, 1826)

Anthomyia nigrimana Meigen, 1826. Syst. Beschr. Europ. Zweifl. Insekt. 5: 132. **Type locality:** Not given (presumably Germany: Muhlfeld und Von Hrn. v. Wiedemann).

Hylemya hyemails Robineau-Desvoidy, 1830. Mém. Prés. Div. Sav. Acad. R. Sci. Inst. Fr. 2 (2): 552. **Type locality:** France: Saint-Sauveur.

Hylemya luteipes Robineau-Desvoidy, 1830. Mém. Prés. Div. Sav. Acad. R. Sci. Inst. Fr. 2 (2): 551. **Type locality:** France: Paris District.

分布（**Distribution**）：青海（QH）、四川（SC）、云南（YN）、台湾（TW）；日本、奥地利、捷克、斯洛伐克、德国、法国、英国、匈牙利、挪威、瑞典、芬兰、前南斯拉夫、俄罗斯。

（419）后眶种蝇 *Hylemya probilis* Ackland, 1967

Hylemya probilis Ackland, 1967. Bull. Br. Mus. (Nat. Hist.) Ent. 20 (4): 121. **Type locality:** Nepal.

分布（**Distribution**）：甘肃（GS）、四川（SC）、云南（YN）；印度（北部）、尼泊尔。

（420）青海种蝇 *Hylemya qinghaiensis* (Fan, Chen *et* Ma, 1989)

Lopesohylemya qinghaiensis Fan, Chen *et* Ma, 1989. Mem. Inst. Oswaldo Cruz, Rio de Janeiro 84 (4): 567. **Type locality:** China: Qinghai, Xunhua.

分布（**Distribution**）：青海（QH）。

（421）上眶种蝇 *Hylemya supraorbitalis* Fan, 1982

Hylemya supraorbitalis Fan, 1982. *In*: Fan *et al.*, 1982. *In*: Shanghai Institute of Entomology, Academia Sinica, 1982. Contributions from Shanghai Institute of Entomology, Vol. 2: 228. **Type locality:** China: Heilongjiang, Yichun.

分布（**Distribution**）：黑龙江（HL）。

（422）宽侧叶种蝇 *Hylemya teinosurstylia* Xue *et* Zhang, 2004

Hylemya teinosurstylia Xue *et* Zhang, 2004. *In*: Yang, 2004. Insects from Mt. Shiwandashan Area of Guangxi: 546. **Type locality:** China: Guangxi, Jinxiu, Shengtangshan.

分布（**Distribution**）：云南（YN）、广西（GX）。

（423）宅城种蝇 *Hylemya urbica* van der Wulp, 1896

Hylemya urbica van der Wulp, 1896. Insecta. Diptera. Biologia Centrali-Americana 2: 338. **Type locality:** Mexico: Mexico City.

Hylemya latifrons Schnabl, 1911b. Nova Acta Acad. Caesar. Leop. Carol. 95 (2): 242. **Type locality:** Poland: Klimontovbei Proszowice (Krakow district).

Hylemya variabilis Stein, 1916. Arch. Naturgesch. 81A (10) (1915): 155. **Type locality:** Germany: Lobauer Berg.

分布（**Distribution**）：黑龙江（HL）、辽宁（LN）、新疆（XJ）、四川（SC）、台湾（TW）；奥地利、保加利亚、捷克、斯洛伐克、德国、英国、希腊、匈牙利、罗马尼亚、瑞典、芬兰、波兰、俄罗斯、墨西哥。

（424）迷走种蝇 *Hylemya vagans* (Panzer, 1798)

Musca vagans Panzer, 1798. Faunae insectorum germanicae initia oder Deutschlands Insecten, Fasc. 59: 18. **Type locality:** Not given.

Mused strigosa Fabricius, 1794. Ent. Syst. 4: 322. **Type locality:** Germany: Kiliae [= Kiel].

Hylemya strenua Robineau-Desvoidy, 1830. Mém. Prés. Div. Sav. Acad. R. Sci. Inst. Fr. 2 (2): 550. **Type locality:** France: Saint-Sauveur.

Hylemya tibialis Robineau-Desvoidy, 1830. Mém. Prés. Div. Sav. Acad. R. Sci. Inst. Fr. 2 (2): 552. **Type locality:** France: Saint-Sauveur.

Anthomyza ferrugineovittata Zetterstedt, 1845. Dipt. Scand. 4: 1703. **Type locality:** Sweden: Gotland.

Hylemya parva Schnabl, 1911a. Dtsch. Ent. Z. 1911: 70. **Type locality:** Not given.

分布（**Distribution**）：新疆（XJ）；叙利亚、阿尔巴尼亚、保加利亚、捷克、斯洛伐克、德国、丹麦、法国、英国、意大利、爱尔兰、马耳他、挪威、瑞典、芬兰、前南斯拉夫、俄罗斯、摩洛哥、阿尔及利亚、突尼斯。

23. 梓种蝇属 *Hylemyza* Schnabl *et* Dziedzicki, 1911

Hylemyza Schnabl *et* Dziedzicki, 1911. Nova Acta Acad. Caesar. Leop. Carol. 95 (2): 94. **Type species:** *Anthomyza lasciva* Zetterstedt, 1838 (by designation of Sy de, 1937).

（425）曲叶梓种蝇 *Hylemyza partita* (Meigen, 1826)

Anthomyia partita Meigen, 1826. Syst. Beschr. Europ. Zweifl. Insekt. 5: 100. **Type locality:** Not given (presumably Germany).

Anthomyia asella Meigen, 1826. Syst. Beschr. Europ. Zweifl. Insekt. 5: 110. **Type locality:** Not given (presumably Germany).

Anthomyza lasciva Zetterstedt, 1837. Isis (Oken's) 21: 43 (nomen nudum).

Anthomyza lasciva Zetterstedt, 1838. Insecta Lapp.: 666. **Type locality:** Sweden: Torne Lappmark, Vittangi.

分布（**Distribution**）：黑龙江（HL）、青海（QH）；日本、奥地利、捷克、斯洛伐克、德国、丹麦、法国、英国、匈牙利、罗马尼亚、瑞典、芬兰、荷兰、俄罗斯；北美洲。

24. 草种蝇属 *Phorbia* Robineau-Desvoidy, 1830

Phorbia Robineau-Desvoidy, 1830. Mém. Prés. Div. Sav. Acad. R. Sci. Inst. Fr. 2 (2): 559. **Type species:** *Phorbia musca* Robineau-Desvoidy, 1830 (by designation of Coquillett, 1910) [= *Anthomyia sepia* Meigen, 1826].

Chortophila Macquart, 1835. Hist. Nat. Ins., Dipt. 2: 323. **Type species:** *Anthomyia sepia* Meigen, 1826 (by designation of Westwood, 1840).

（426）亚洲草种蝇 *Phorbia asiatica* Hsue, 1981

Phorbia asiatica Hsue, 1981. Acta Zootaxon. Sin. 6 (4): 416. **Type locality:** China: Liaoning, Benxi.

分布（**Distribution**）：辽宁（LN）；日本。

（427）丝阳草种蝇 *Phorbia curvicauda* (Zetterstedt, 1845)

Aricia curvicauda Zetterstedt, 1845. Dipt. Scand. 4: 1618. **Type locality:** Sweden: Dalarne.

Aricia remotella Zetterstedt, 1845. Dipt. Scand. 4: 1619. **Type locality:** Sweden: Jämtland, Forsa near Mullfjällen.

Anthomyia (Chortophila) pygialis Pandellé, 1900. Rev. Ent. 19 (Suppl.): 252. **Type locality:** Poland or Russia (Prusse Orient).

分布（**Distribution**）：黑龙江（HL）、新疆（XJ）；俄罗斯；

欧洲。

（428）弯叶草种蝇 *Phorbia curvifolia* Hsue, 1981

Phorbia curvifolia Hsue, 1981. Acta Zootaxon. Sin. 6 (4): 415. **Type locality:** China: Liaoning, Benxi.

分布（**Distribution**）：辽宁（LN）。

（429）二郎山草种蝇 *Phorbia erlangshana* Feng, 1987

Phorbia erlangshana Feng, 1987. Acta Zootaxon. Sin. 12 (2): 205. **Type locality:** China: Sichuan, Ya'an (Erlangshan).

分布（**Distribution**）：四川（SC）。

（430）范氏草种蝇 *Phorbia fani* Xue, 2001

Phorbia fani Xue, 2001. Zool. Res. 22 (6): 485. **Type locality:** China: Yunnan, Luquan.

分布（**Distribution**）：四川（SC）、云南（YN）。

（431）伏牛草种蝇 *Phorbia funiuensis* Ge *et* Li, 1985

Phorbia funiuensis Ge *et* Li, 1985. Zool. Res. 6 (3): 242. **Type locality:** China: Henan, Lushi.

分布（**Distribution**）：河南（HEN）。

（432）小牙草种蝇 *Phorbia gemmullata* Feng, Liu *et* Zhou, 1984

Phorbia gemmullata Feng, Liu *et* Zhou, 1984. Entomotaxon. 6 (1): 4. **Type locality:** China: Sichuan, Ya'an (Erlangshan).

分布（**Distribution**）：四川（SC）。

（433）裸踝草种蝇 *Phorbia genitalis* (Schnabl, 1911)

Hylemyia (Adia) genitalis Schnabl, 1911b. Nova Acta Acad. Caesar. Leop. Carol. 95 (2): 248. **Type locality:** Poland: Zwir [= Warsaw district].

Chortophila unipila Karl, 1917. Stettin. Ent. Ztg. 78: 300. **Type locality:** Not given (presumably Poland: Stolp [= Slupsk].

Phorbia securis xibeina Wu, Zhang *et* Fan, 1988. *In*: Fan *et al*., 1988. Economic Insect Fauna of China 37: 137. **Type locality:** China: Shaanxi, Yan'an.

分布（**Distribution**）：陕西（SN）、甘肃（GS）、青海（QH）；奥地利、瑞士、捷克、斯洛伐克、德国、英国、匈牙利、波兰、瑞典、芬兰、前南斯拉夫、俄罗斯。

（434）异版草种蝇 *Phorbia hypandrium* Li *et* Zhou, 1981

Phorbia hypandrium Li *et* Zhou, 1981. *In*: Li *et* Deng, 1981. Acta Acad. Med. Sichuan 12 (2): 127. **Type locality:** China: Sichuan, Ya'an (Erlangshan).

分布（**Distribution**）：四川（SC）。

（435）古茶草种蝇 *Phorbia kochai* Suwa, 1974

Phorbia kochai Suwa, 1974. Insecta Matsum. (N. S.) 4: 176.

Type locality: Japan: Honshû, Nagano-ken, Mt. Yatsugatake.

分布（Distribution）：四川（SC）；日本。

（436）裂叶草种蝇 *Phorbia lobata* (Huckett, 1929)

Hylemyia lobata Huckett, 1929. Can. Entomol. 61: 137. **Type locality:** Canada: Alberta, Banff.

Phorbia perssoni Hennig, 1976. Flieg. Palaearkt. Reg. 7 (1): 948. **Type locality:** Russia: Irkutsk District, Listvjanka.

分布（Distribution）：新疆（XJ）、四川（SC）；俄罗斯。

（437）长毛草种蝇 *Phorbia longipilis* (Pandellé, 1900)

Anthomyia (*Chortophild*) *longipilis* Pandellé, 1900. Rev. Ent. 19 (Suppl.): 261. **Type locality:** Germany: Prusse saxonne, Genthin.

Chortophila (*Adia*) *pseudopenicillaris* Kramer, 1917. Abh. Naturforsch. Ges. Görlitz 28: 306. **Type locality:** Germany: Rothstein und Löbauerberg, "M" [= Mandautal].

Hylemyia (*Phorbia*) *grisescens* Ringdahl, 1933b. Ent. Tidskr. 54: 18. **Type locality:** Sweden: Stockholm.

分布（Distribution）：黑龙江（HL）；奥地利、德国、波兰、瑞典、芬兰。

（438）桑草种蝇 *Phorbia morula* Ackland, 1967

Phorbia morula Ackland, 1967. Bull. Br. Mus. (Nat. Hist.) Ent. 20 (4): 130. **Type locality:** Nepal: Baidita.

分布（Distribution）：西藏（XZ）；尼泊尔。

（439）墨草种蝇 *Phorbia morulella* Fan, Li *et* Cui, 1993

Phorbia morulella Fan, Li *et* Cui, 1993. *In*: Fan, Li *et* Cui, 1992-1993. *In*: Shanghai Institute of Entomology, Academia Sinica, 1992-1993. Contributions from Shanghai Institute of Entomology, Vol. 11: 133. **Type locality:** China: Henan, Lushi County, Qimahe.

分布（Distribution）：河南（HEN）。

（440）尼泊尔草种蝇 *Phorbia nepalensis* Suwa, 1977

Phorbia nepalensis Suwa, 1977b. Insecta Matsum. (N. S.) 10: 38. **Type locality:** Nepal: Ulleri.

分布（Distribution）：云南（YN）；尼泊尔。

（441）峨眉草种蝇 *Phorbia omeishanensis* Fan, 1982

Phorbia omeishanensis Fan, 1982. *In*: Fan *et al.*, 1982. *In*: Shanghai Institute of Entomology, Academia Sinica, 1982. Contributions from Shanghai Institute of Entomology, Vol. 2: 234. **Type locality:** China: Sichuan, Emeishan.

分布（Distribution）：四川（SC）。

（442）栉铗草种蝇 *Phorbia pectiniforceps* Fan, Wang *et* Yang, 1988

Phorbia pectiniforceps Fan, Wang *et* Yang, 1988. *In*: Fan,

Wang *et* Yang, 1988. *In*: Shanghai Institute of Entomology, Academia Sinica, 1988. Contributions from Shanghai Institute of Entomology, Vol. 8: 199. **Type locality:** China: Sichuan, Yanbian.

分布（Distribution）：四川（SC）。

（443）侧毛草种蝇 *Phorbia pilostyla* Suwa, 1977

Phorbia pilostyla Suwa, 1977b. Insecta Matsum. (N. S.) 10: 43. **Type locality:** Nepal: Bangel Kharka.

分布（Distribution）：西藏（XZ）；尼泊尔。

（444）多曲草种蝇 *Phorbia polystrepsis* Fan, Chen *et* Ma, 2000

Phorbia polystrepsis Fan, Chen *et* Ma, 2000. Entomotaxon. 22 (2): 130. **Type locality:** China: Qinghai, Datongxian.

分布（Distribution）：青海（QH）。

（445）西北草种蝇 *Phorbia securis xibeina* Wu, Zhang *et* Fan, 1988

Phorbia securis xibeina Wu, Zhang *et* Fan, 1988. *In*: Fan *et al.*, 1988. Economic Insect Fauna of China 37: 137. **Type locality:** China: Shaanxi, Yan'an.

分布（Distribution）：陕西（SN）、青海（QH）。

（446）简腹草种蝇 *Phorbia simplisternita* Fan, Li *et* Cui, 1993

Phorbia simplisternita Fan, Li *et* Cui, 1993. *In*: Fan, Li *et* Cui, 1992-1993. *In*: Shanghai Institute of Entomology, Academia Sinica, 1992-1993. Contributions from Shanghai Institute of Entomology, Vol. 11: 133. **Type locality:** China: Henan, Lushi County, Qimahe.

分布（Distribution）：河南（HEN）。

（447）华异草种蝇 *Phorbia sinosingularis* Zhang, Fan *et* Zhu, 2011

Phorbia sinosingularis Zhang, Fan *et* Zhu, 2011. Acta Zootaxon. Sin. 36 (2): 298. **Type locality:** China: Shanxi, Wenshuixian.

分布（Distribution）：山西（SX）。

（448）类弯叶草种蝇 *Phorbia subcurvifolia* Zhang, Fan *et* Zhu, 2011

Phorbia subcurvifolia Zhang, Fan *et* Zhu, 2011. Acta Zootaxon. Sin. 36 (2): 297. **Type locality:** China: Heilongjiang, Daxinganling.

分布（Distribution）：黑龙江（HL）。

（449）亚长尾草种蝇 *Phorbia subfascicularis* Suwa, 1994

Phorbia subfascicularis Suwa, 1994a. Jap. J. Ent. 62 (3): 529. **Type locality:** Japan: Honshû.

Phorbia fascicularis Tiensuu, 1936. Acta Soc. Fauna Flora Fenn. 58 (4) (1935): 15. **Type locality:** Finland: Sortavala,

Kontiolahti, Harlu, Helsinki and Lohja Ruissalo (misidentification).

分布（Distribution）：黑龙江（HL）；日本、朝鲜、奥地利、捷克、斯洛伐克、波兰、芬兰、俄罗斯。

（450）亚均草种蝇 *Phorbia subsymmetrica* **Fan, 1982**

Phorbia subsymmetrica Fan, 1982. *In*: Fan *et al.*, 1982. *In*: Shanghai Institute of Entomology, Academia Sinica, 1982. Contributions from Shanghai Institute of Entomology, Vol. 2: 234. **Type locality:** China: Tibet, Yadong.

分布（Distribution）：西藏（XZ）。

（451）畸形草种蝇 *Phorbia tysoni* **Ackland, 1967**

Phorbia tysoni Ackland, 1967. Bull. Br. Mus. (Nat. Hist.) Ent. 20 (4): 129. **Type locality:** Nepal: Baidita.

分布（Distribution）：四川（SC）、西藏（XZ）；尼泊尔。

（452）透阳草种蝇 *Phorbia vitripenis* **Fan, 1986**

Phorbia vitripenis Fan, 1986. *In*: Shanghai Institute of Entomology, Academia Sinica, 1986. Contributions from Shanghai Institute of Entomology, Vol. 6: 234. **Type locality:** China: Sichuan, Daofu.

分布（Distribution）：四川（SC）。

25. 华草花蝇属 *Sinophorbia* Xue, 1998

Sinophorbia Xue, 1998. *In*: Xue *et* Chao, 1998. Flies of China, Vol. 2: 2301. **Type species:** *Sinophorbia tergiprotuberans* Xue, 1996 (monotypy).

（453）背叶华草花蝇 *Sinophorbia tergiprotuberans* **Xue, 1998**

Sinophorbia tergiprotuberans Xue, 1998. *In*: Xue *et* Chao, 1998. Flies of China, Vol. 2: 2301. **Type locality:** China: Sichuan, Wushan, Liziping.

分布（Distribution）：四川（SC）。

山花蝇族 Hyporitini

26. 山花蝇属 *Hyporites* Pokorny, 1893

Hyporites Pokorny, 1893. Wien. Ent. Ztg. 12: 54. **Type species:** *Eriphia montana* Schiner, 1862 (monotypy).
Hyporytes Séguy, 1923b. Faune de France 6: 78 (error).
Engyneura Stein, 1907b. Annu. Mus. Zool. Acad. Sci. Russ. St.-Pétersb. 12: 352. **Type species:** *Engyneura setigera* Stein, 1907 (by designation of Séguy, 1937).

（454）曲叶山花蝇 *Hyporites curvostylata* **(Fan *et* Chen, 1980)**

Engyneura curvostylata Fan *et* Chen, 1980. *In*: Fan *et al.*, 1980. Entomotaxon. 2 (2): 124. **Type locality:** China: Qinghai, Yushu.

分布（Distribution）：青海（QH）。

（455）瘦喙山花蝇 *Hyporites gracilior* **(Fan *et* Zhong, 1980)**

Engyneura gracilior Fan *et* Zhong, 1980. *In*: Fan *et al.*, 1980. Entomotaxon. 2 (2): 127. **Type locality:** China: Tibet, Anduo.

分布（Distribution）：西藏（XZ）。

（456）瘦叶山花蝇 *Hyporites leptinostylata* **(Fan, Van *et* Ma, 1980)**

Engyneura leptinostylata Fan, Van *et* Ma, 1980. *In*: Fan *et al.*, 1980. Entomotaxon. 2 (2): 126. **Type locality:** China: Qinghai, Huzhu.

分布（Distribution）：青海（QH）。

（457）毛足山花蝇 *Hyporites pilipes* **(Stein, 1907)**

Engyneura pilipes Stein, 1907b. Annu. Mus. Zool. Acad. Sci. Russ. St.-Pétersb. 12: 354. **Type locality:** China: von der Nomochunschlucht im Gebirgszug Burchan- Budda, in N.-O.-Tibet [= mountain in Tibet].

分布（Distribution）：西藏（XZ）。

（458）鬃股山花蝇 *Hyporites setifemorata* **(Fan, 1993)**

Engyneura setifemorata Fan, 1993. *In*: Fan *et* Zheng, 1993. *In*: The Comprehensive Scientific Expedition to the Qinghai-Xizang Plateau, Chinese Academy of Sciences, 1993. Insects of the Hengduan Mountains Region, Vol. 2: 1136. **Type locality:** China: Sichuan, Daocheng.

分布（Distribution）：四川（SC）。

（459）鬃足山花蝇 *Hyporites setigera* **(Stein, 1907)**

Engyneura setigera Stein, 1907b. Annu. Mus. Zool. Acad. Sci. Russ. St.-Pétersb. 12: 354. **Type locality:** China: Chi-tschu [= river in Tibet].

分布（Distribution）：青海（QH）。

（460）亚山花蝇 *Hyporites shakshain* **Suwa, 1974**

Hyporites shakshain Suwa, 1974. Insecta Matsum. (N. S.) 4: 59. **Type locality:** Japan: Hokkaidō, Jozankei.

分布（Distribution）：黑龙江（HL）；日本。

（461）媛烨山花蝇 *Hyporites yuanyea* **(Xue *et* Liu, 2013)**

Engyneura yuanyea Xue *et* Liu, 2013. Orient. Insects 47 (2-3): 147. **Type locality:** China: Yunnan, Shangri-La, Pudasuo.

分布（Distribution）：云南（YN）。

泉蝇亚科 Pegomyinae

叉泉蝇族 Eutrichotini

27. 叉泉蝇属 *Eutrichota* Kowarz, 1893

Eutrichota Kowarz, 1893b. Wien. Ent. Ztg. 12: 140. **Type** species: *Coenosia inornata* Loew, 1873 (by original designation).

Eremomyia Stein, 1898. Berl. Ent. Z. 42 (1897): 223. **Type species:** *Eremomyia humeralis* Stein, 1898 (by designation of Coquillett, 1901).

Pegomyza Schnabl *et* Dziedzicki, 1911. Nova Acta Acad. Caesar. Leop. Carol. 95 (2): 109. **Type species:** *Anthomyia praepotens* Wiedemann, 1817 (by designation of Ringdahl, 1938).

Hervebazinia Séguy, 1923a. Ann. Soc. Entomol. Fr. 91 (1922): 364. **Type species:** *Hervebazinia longipes* Séguy, 1923 (by original designation) [= *Pegomyia* (*Pegomyza*) *similis* Schnabl, 1911].

Arctopegomyia Ringdahl, 1938. Ent. Tidskr. 59: 190. **Type species:** *Anthomyza tunicata* Zetterstedt, 1846 (by original designation).

（462）阿尔泰叉泉蝇 *Eutrichota aertaica* Qian *et* Fan, 1981

Eutrichota aertaica Qian *et* Fan, 1981. Acta Ent. Sin. 24 (4): 443. **Type locality:** China: Xinjiang, Habahe.

分布（Distribution）：新疆（XJ）。

（463）蛇端叉泉蝇 *Eutrichota apiciserpentis* Xue *et* Dong, 2010

Eutrichota apiciserpentis Xue *et* Dong, 2010. Orient. Insects 44 (1): 81. **Type locality:** China: Yunnan.

分布（Distribution）：云南（YN）。

（464）双叶叉泉蝇 *Eutrichota bilobella* Li *et* Deng, 1988

Eutrichota bilobella Li *et* Deng, 1988. *In*: Fan *et al.*, 1988. Economic Insect Fauna of China 37: 318. **Type locality:** China: Sichuan, Emeishan.

分布（Distribution）：四川（SC）、西藏（XZ）。

（465）短爪叉泉蝇 *Eutrichota breviungula* Xue *et* Dong, 2010

Eutrichota breviungula Xue *et* Dong, 2010. Orient. Insects 44 (1): 83. **Type locality:** China: Sichuan; Yunnan; Xizang Autonomous Region.

分布（Distribution）：四川（SC）、云南（YN）、西藏（XZ）。

（466）暗膝叉泉蝇 *Eutrichota fuscigenua* Feng, 1987

Eutrichota fuscigenua Feng, 1987. Acta Zootaxon. Sin. 12 (2): 206. **Type locality:** China: Sichuan, Ya'an (Erlangshan).

分布（Distribution）：四川（SC）。

（467）硕大叉泉蝇 *Eutrichota gigas* Fan, 1988

Eutrichota (*Pegomyza*) *gigas* Fan, 1988. *In*: Fan *et al.*, 1988. Economic Insect Fauna of China 37: 314. **Type locality:** China: Zhejiang, Tianmushan.

分布（Distribution）：浙江（ZJ）。

（468）钩叶叉泉蝇 *Eutrichota hamata* Qian *et* Fan, 1981

Eutrichota hamata Qian *et* Fan, 1981. Acta Ent. Sin. 24 (4): 442. **Type locality:** China: Xinjiang, Xinyuan.

分布（Distribution）：新疆（XJ）。

（469）端膜叉泉蝇 *Eutrichota hymenacra* Jin, 1985

Eutrichota hymenacra Jin, 1985. Entomotaxon. 7 (4): 260. **Type locality:** China: Gansu, Shandan.

分布（Distribution）：甘肃（GS）。

（470）真毛叉泉蝇 *Eutrichota inornata* (Loew, 1873)

Coenosia inornata Loew, 1873. Berl. Ent. Z. 17: 49. **Type locality:** Not given (from title: Hungary and Roumania. Yugoslavia: Semlin).

Eutrichota exomma Séguy, 1923a. Ann. Soc. Entomol. Fr. 91 (1922): 365. **Type locality:** Yugoslavia: Semlin.

分布（Distribution）：黑龙江（HL）、辽宁（LN）、山西（SX）；日本、德国、匈牙利、波兰、罗马尼亚、前南斯拉夫。

（471）拉巴叉泉蝇 *Eutrichota labradorensis* (Malloch, 1920)

Pegomyia labradorensis Malloch, 1920b. Trans. Am. Ent. Soc. 46: 176. **Type locality:** Canada: Labrador.

分布（Distribution）：吉林（JL）；日本；新北区。

（472）薄片叉泉蝇 *Eutrichota lamellata* Fan *et* Chen, 1988

Eutrichota lamellata Fan *et* Chen, 1988. *In*: Fan *et al.*, 1988. Economic Insect Fauna of China 37: 315. **Type locality:** China: Hunan, Xuefengshan.

分布（Distribution）：湖南（HN）。

（473）锈颊叉泉蝇 *Eutrichota latirubigena* Zhong, 1985

Eutrichota latirubigena Zhong, 1985. Zool. Res. 6 (4) (Suppl.): 131. **Type locality:** China: Tibet, Anduo.

分布（Distribution）：西藏（XZ）。

（474）小爪叉泉蝇 *Eutrichota minutiungula* Xue *et* Bai, 2010

Eutrichota minutiungula Xue *et* Bai, 2010. *In*: Xue *et al.*, 2010. Orient. Insects 44: 84. **Type locality:** China: Sichuan.

分布（Distribution）：四川（SC）。

（475）亮黑叉泉蝇 *Eutrichota nigriscens* (Fan *et* Qian, 1982)

Eremomyia nigriscens Fan *et* Qian, 1982. *In*: Fan *et al.*, 1982. *In*: Shanghai Institute of Entomology, Academia Sinica, 1982.

Contributions from Shanghai Institute of Entomology, Vol. 2: 227. **Type locality:** China: Xinjiang, Wubulanggou.

分布（Distribution）：新疆（XJ）。

（476）灰款颊叉泉蝇 *Eutrichota pallidolatigena* Fan *et* Wu, 1987

Eutrichota pallidolatigena Fan *et* Wu, 1987. Zool. Res. 8 (4): 375. **Type locality:** China: Gansu, Subei.

分布（Distribution）：甘肃（GS）。

（477） 帕米尔叉泉蝇 *Eutrichota pamirensis* (Hennig, 1972）

Eremomyia pamirensis Hennig, 1972. Flieg. Palaearkt. Reg. 7 (1): 460. **Type locality:** Tajikistan: okr. Tschetschekty, Ost-Pamir.

分布（Distribution）：新疆（XJ）；塔吉克斯坦、吉尔吉斯斯坦。

（478）毛缘叉泉蝇 *Eutrichota pilimarginata* (Fan *et* Qian, 1982)

Eremomyia pilimarginata Fan *et* Qian, 1982. *In*: Fan *et al.*, 1982. *In*: Shanghai Institute of Entomology, Academia Sinica, 1982. Contributions from Shanghai Institute of Entomology, Vol. 2: 227. **Type locality:** China: Xinjiang, Manasi.

分布（Distribution）：新疆（XJ）。

（479）坚阳叉泉蝇 *Eutrichota sclerotacra* Fan, 1984

Eutrichota sclerotacra Fan, 1984. *In*: Fan *et al.*, 1984a. *In*: Shanghai Institute of Entomology, Academia Sinica, 1984. Contributions from Shanghai Institute of Entomology, Vol. 4: 245. **Type locality:** China: Qinghai, Huzhu.

分布（Distribution）：青海（QH）。

（480） 山丹叉泉蝇 *Eutrichota shandanensis* (Jin, 1985)

Eremomyia shandanensis Jin, 1985. Entomotaxon. 7 (4): 259. **Type locality:** China: Gansu, Shandan.

分布（Distribution）：甘肃（GS）。

（481）宽侧额叉泉蝇 *Eutrichota similis* (Schnabl, 1911)

Pegomyia (*Pegomyza*) *similis* Schnabl, 1911b. Nova Acta Acad. Caesar. Leop. Carol. 95 (2): 260. **Type locality:** Russia: Lugan and Kasbek.

Pegomyia eximia Stein, 1916. Arch. Naturgesch. 81A (10) (1915): 128. **Type locality:** Turkey: Brussa.

Hervebazinia iongipes Séguy, 1923a. Ann. Soc. Entomol. Fr. 91 (1922): 364. **Type locality:** France: Saint-Pierre-de-Chartreuse.

分布（Distribution）：黑龙江（HL）、辽宁（LN）、内蒙古（NM）、山西（SX）；日本、俄罗斯、土耳其、法国、黎巴嫩、叙利亚。

（482）同缘叉泉蝇 *Eutrichota socculata* (Zetterstedt, 1845)

Anthomyza socculata Zetterstedt, 1845. Dipt. Scand. 4: 1683. **Type locality:** Sweden: Jämtland, Åreskutan.

Anthomyia egens Meigen, 1826. Syst. Beschr. Europ. Zweifl. Insekt. 5: 181. **Type locality:** Not given (presumably "Von Hrn. v. Winthem").

Pegomyza consaguinea Tiensuu, 1938. Ann. Ent. Fenn. 4: 27. **Type locality:** Finland: Ks. Salla.

分布（Distribution）：黑龙江（HL）、辽宁（LN）；日本、俄罗斯、芬兰、瑞典。

（483） 亚双叶叉泉蝇 *Eutrichota subbilobella* Jin, 1985

Eutrichota subbilobella Jin, 1985. Entomotaxon. 7 (4): 261. **Type locality:** China: Gansu, Zhuoni.

分布（Distribution）：甘肃（GS）。

（484） 突叶叉泉蝇 *Eutrichota tuberifolia* Deng, Li *et* Fan, 1990

Eutrichota tuberifolia Deng, Li *et* Fan, 1990. J. W. China Univ. Med. Sci. 21 (3): 247. **Type locality:** China: Sichuan, Emeishan.

分布（Distribution）：四川（SC）。

蕈泉蝇族 Mycophagini

28. 毛眼花蝇属 *Alliopsis* Schnabl *et* Dziedzicki, 1911

Alliopsis Schnabl *et* Dziedzicki, 1911. Nova Acta Acad. Caesar. Leop. Carol. 95 (2): 92. **Type species:** *Aricia glacialis* Zetterstedt, 1845 (monotypy).

Prosalpia Pokorny, 1893. Wien. Ent. Ztg. 12: 55 (a junior homonym of *Prosalpia* Koch, 1872). **Type species:** *Prosalpia styriaca* Pokorny, 1893 [= *Anthomyza billbergi* Zetterstedt, 1838].

Paraprosalpia Villeneuve, 1922e. Bull. Mus. Natl. Hist. Nat. 28: 511 (as a subgenus of *Prosalpia* Pokorny, 1893). **Type species:** *Prosalpia* (*Paraprosalpia*) *rambolitensis* Villeneuve, 1922 (by original designation).

Pseudochirosia Ringdahl, 1928. Ent. Tidskr. 49: 22 (as a subgenus with *Paraprosalpia* Villeneuve, 1922). **Type species:** *Chirosia fractiseta* Stein, 1908 (by original designation).

Eurydactylomyia Ringdahl, 1932a. Not. Ent. 12: 19 (as a subgenus of *Hylemyia* Robineau-Desvoidy, 1830). **Type species:** *Hylemyia* (*Eurydactylomyia*) *freyi* Ringdahl, 1932 (by original designation).

Colpotomyia Ringdahl, 1933b. Ent. Tidskr. 54: 31. **Type species:** *Anthomyza laminata* Zetterstedt, 1838 (monotypy).

Prosalpiella Ringdahl, 1933b. Ent. Tidskr. 54: 32. **Type species:** *Hylemyia benanderi* Ringdahl, 1926 (monotypy).

Arctoprosalpia Ringdahl, 1942b. Ent. Tidskr. 63: 144. **Type species:** *Chortophila longipennis* Ringdahl, 1918 (monotypy).
Pseudoprosalpia Ringdahl, 1942b. Ent. Tidskr. 63: 145. **Type species:** *Anthomyia (Chortophila) atronitens* Strobl, 1893 (monotypy).
Rhynchoprosalpia Ringdahl, 1942b. Ent. Tidskr. 63: 141. **Type species:** *Anthomyza moerens* Zetterstedt, 1838 (monotypy).
Subprosalpia Ringdahl, 1942b. Ent. Tidskr. 63: 140. **Type species:** *Anthomyza denticauda* Zetterstedt, 1838 (monotypy).
Sinoprosa Qian et Fan, 1981. Acta Ent. Sin. 24 (4): 438. **Type species:** *Sinoprosa aertaica* Qian et Fan, 1981 (by original designation).
Analliopsis Fan, 1983. *In*: Fan et al., 1983. Entomotaxon. 5 (2): 95 (as a subgenus of *Alliopsis* Schnabl et Dziedzicki, 1911). **Type species:** *Alliopsis (Analliopsis) heterophalla* Fan et Wu, 1983 (by original designation).

（485）阿尔泰毛眼花蝇 *Alliopsis aertaica* (Qian et Fan, 1981)

Sinoprosa aertaica Qian et Fan, 1981. Acta Ent. Sin. 24 (4): 438. **Type locality:** China: Xinjiang, Habahe.
分布（Distribution）：新疆（XJ）。

（486）毛踝毛眼花蝇 *Alliopsis aldrichi* (Ringdahl, 1934)

Prosalpia aldrichi Ringdahl, 1934a. Ent. Tidskr. 55: 6. **Type locality:** Sweden: Jämtland.
分布（Distribution）：新疆（XJ）；瑞典。

（487）黑缨毛眼花蝇 *Alliopsis atrifimbriae* (Fan et Chen, 1983)

Paraprosalpia atrifimbriae Fan et Chen, 1983. *In*: Fan et al., 1982-1983. *In*: Shanghai Institute of Entomology, Academia Sinica, 1982-1983. Contributions from Shanghai Institute of Entomology, Vol. 3: 221. **Type locality:** China: Neimenggu, Jiwen.
分布（Distribution）：黑龙江（HL）、内蒙古（NM）。

（488）边裂毛眼花蝇 *Alliopsis billbergi* (Zetterstedt, 1838)

Anthomyza billbergi Zetterstedt, 1838. Insecta Lapp.: 678. **Type locality:** Sweden: Lappmark, Lycksele.
Anthomyza aethiops Zetterstedt, 1837. Isis (Oken's) 21: 44 (nomen nudum).
Anthomyza billbergi Zetterstedt, 1837. Isis (Oken's) 21: 44 (nomen nudum).
Anthomyza maculifrons Zetterstedt, 1838. Insecta Lapp.: 672. **Type locality:** Norway: Dowre.
Aricia lepturoides Zetterstedt, 1845. Dipt. Scand. 4: 1515. **Type locality:** Sweden: Uppland, Stockholm.
Prosalpia styriaca Pokorny, 1893. Wien. Ent. Ztg. 12: 56. **Type locality:** Austria: Stuhleck, Alpes Styriae.
Anthomyia (Chortophila) dilaminata Pandellé, 1900. Rev. Ent.

19 (Suppl.): 263. **Type locality:** France: Landes.
Paraprosalpia billbergi shanghaina Fan, 1983. *In*: Fan et al., 1982-1983. *In*: Shanghai Institute of Entomology, Academia Sinica, 1982-1983. Contributions from Shanghai Institute of Entomology, Vol. 3: 221. **Type locality:** China: Shanghai, Shenhan.
分布（Distribution）：黑龙江（HL）、新疆（XJ）、上海（SH）；韩国、日本、俄罗斯、奥地利、瑞士、捷克、斯洛伐克、德国、西班牙、法国、希腊、挪威、瑞典、芬兰。

（489）锥额毛眼花蝇 *Alliopsis conifrons* (Zetterstedt, 1845)

Aricia conifrons Zetterstedt, 1845. Dipt. Scand. 4: 1569. **Type locality:** Sweden: Jämtland, Skalstugan.
Anthomyia incisivalva Strobl, 1898. Mitt. Naturwiss. Ver. Steiermark (1897) 34: 247. **Type locality:** Austria: Natterriegel.
Paraprosalpia conifrons shanghaiensis Fan et Chen, 1983. *In*: Fan et al., 1982-1983. *In*: Shanghai Institute of Entomology, Academia Sinica, 1982-1983. Contributions from Shanghai Institute of Entomology, Vol. 3: 221. **Type locality:** China: Jilin, Changbaishan.
分布（Distribution）：吉林（JL）；奥地利、捷克、斯洛伐克、德国、丹麦、英国、挪威、波兰、瑞典、芬兰、俄罗斯。

（490）栉叶毛眼花蝇 *Alliopsis ctenostylata* Li et Deng, 1981

Alliopsis ctenostylata Li et Deng, 1981. Acta Acad. Med. Sichuan 12 (2): 126. **Type locality:** China: Sichuan, Emeishan.
分布（Distribution）：四川（SC）。

（491）弯股毛眼花蝇 *Alliopsis curvifemoralis* Fan et Wu, 1983

Alliopsis curvifemoralis Fan et Wu, 1983. *In*: Fan et al., 1983. Entomotaxon. 5 (2): 96. **Type locality:** China: Tibet, Motuo, Gedang.
分布（Distribution）：西藏（XZ）。

（492）多毛毛眼花蝇 *Alliopsis dasyops* (Fan, 1983)

Paraprosalpia dasyops Fan, 1983. *In*: Fan et al., 1982-1983. *In*: Shanghai Institute of Entomology, Academia Sinica, 1982-1983. Contributions from Shanghai Institute of Entomology, Vol. 3: 222. **Type locality:** China: Qinghai, Nangqian.
分布（Distribution）：青海（QH）、四川（SC）。

（493）地种毛眼花蝇 *Alliopsis delioides* (Fan, 1983)

Paraprosalpia delioides Fan, 1983. *In*: Fan et al., 1982-1983. *In*: Shanghai Institute of Entomology, Academia Sinica, 1982-1983. Contributions from Shanghai Institute of

Entomology, Vol. 3: 222. **Type locality:** China: Heilongjiang, Yichun.

分布（Distribution）：黑龙江（HL）。

（494） 虎牙毛眼花蝇 *Alliopsis denticauda* (Zetterstedt, 1838)

Anthomyza denticauda Zetterstedt, 1838. Insecta Lapp.: 675. **Type locality:** Finland: Ostrobottnia, borealis, Pello.

Anthomyza denticauda Zetterstedt, 1837. Isis (Oken's) 21: 44 (nomen nudum).

Anthomyza senilis Zetterstedt, 1837. Isis (Oken's) 21: 44 (nomen nudum).

Anthomyza senilis Zetterstedt, 1838. Insecta Lapp.: 682. **Type locality:** Sweden: Lycksele Lappmark.

分布（Distribution）：黑龙江（HL）；挪威、瑞典、芬兰、俄罗斯。

（495）齿叶毛眼花蝇 *Alliopsis dentilamella* Fan et Wu, 1983

Alliopsis dentilamella Fan et Wu, 1983. *In*: Fan *et al.*, 1983. Entomotaxon. 5 (2): 97. **Type locality:** China: Tibet, Motuo, Gedang.

分布（Distribution）：西藏（XZ）。

（496）黄足毛眼花蝇 *Alliopsis flavipes* (Fan et Cui, 1983)

Paraprosalpia flavipes Fan et Cui, 1983. *In*: Fan *et al.*, 1982-1983. *In*: Shanghai Institute of Entomology, Academia Sinica, 1982-1983. Contributions from Shanghai Institute of Entomology, Vol. 3: 222. **Type locality:** China: Heilongjiang, Gulian.

分布（Distribution）：黑龙江（HL）。

（497）丛毛毛眼花蝇 *Alliopsis fruticosa* Fan, 1983

Alliopsis fruticosa Fan, 1983. *In*: Fan *et al.*, 1983. Entomotaxon. 5 (2): 98. **Type locality:** China: Qinghai, Zeku, Maixiushan.

分布（Distribution）：青海（QH）。

（498）巨腹毛眼花蝇 *Alliopsis gigantosternita* Fan, 1983

Alliopsis gigantosternita Fan, 1983. *In*: Fan *et al.*, 1983. Entomotaxon. 5 (2): 99. **Type locality:** China: Gansu, Wuduliangshui.

分布（Distribution）：甘肃（GS）。

（499）半裸毛眼花蝇 *Alliopsis hemiliostylata* Fan et Wu, 1983

Alliopsis hemiliostylata Fan et Wu, 1983. *In*: Fan *et al.*, 1983. Entomotaxon. 5 (2): 100. **Type locality:** China: Tibet, Motuo, Gedang.

分布（Distribution）：西藏（XZ）。

（500）异毛毛眼花蝇 *Alliopsis heterochaeta* Fan et Wu, 1983

Alliopsis helerochaeta Fan et Wu, 1983. *In*: Fan *et al.*, 1983. Entomotaxon. 5 (2): 100. **Type locality:** China: Tibet, Motuo, Gedang.

分布（Distribution）：西藏（XZ）。

（501）拟异毛眼花蝇 *Alliopsis heterochaetoides* Jin et Fan, 1983

Alliopsis helerochaetoides Jin et Fan, 1983. *In*: Fan *et al.*, 1983. Entomotaxon. 5 (2): 102. **Type locality:** China: Gansu, Yuzhong.

分布（Distribution）：甘肃（GS）、青海（QH）。

（502）异阳毛眼花蝇 *Alliopsis heterophalla* Fan, 1983

Alliopsis (*Analliopsis*) *heterophalla* Fan, 1983. *In*: Fan *et al.*, 1983. Entomotaxon. 5 (2): 100. **Type locality:** China: Tibet, Motuo, Gedang.

分布（Distribution）：西藏（XZ）。

（503）宽额毛眼花蝇 *Alliopsis latifrons* Fan et Wu, 1983

Alliopsis latifrons Fan et Wu, 1983. *In*: Fan *et al.*, 1983. Entomotaxon. 5 (2): 104. **Type locality:** China: Tibet, Motuo, Gedang.

分布（Distribution）：西藏（XZ）。

（504）黄鳞毛眼花蝇 *Alliopsis lutebasicosta* Fan, 1983

Paraprosalpia lutebasicosta Fan, 1983. *In*: Fan *et al.*, 1982-1983. *In*: Shanghai Institute of Entomology, Academia Sinica, 1982-1983. Contributions from Shanghai Institute of Entomology, Vol. 3: 225. **Type locality:** China: Heilongjiang, Yichun.

分布（Distribution）：黑龙江（HL）。

（505）大板毛眼花蝇 *Alliopsis magnilamella* (Fan, 1983)

Paraprosalpia magnilamella Fan, 1983. *In*: Fan *et al.*, 1982-1983. *In*: Shanghai Institute of Entomology, Academia Sinica, 1982-1983. Contributions from Shanghai Institute of Entomology, Vol. 3: 225. **Type locality:** China: Qinghai, Qilian.

分布（Distribution）：青海（QH）。

（506）钩板毛眼花蝇 *Alliopsis moerens* (Zetterstedt, 1838)

Anthomyza moerens Zetterstedt, 1838. Insecta Lapp.: 681. **Type locality:** Sweden, Torne Lappmark, area between Vittangi and Tornetrask.

Anthomyza moerens Zetterstedt, 1837. Isis (Oken's) 21: 44

(nomen nudum).

分布（Distribution）：黑龙江（HL）；挪威、瑞典、芬兰。

（507）毛跗节毛眼花蝇 *Alliopsis pilitarsis* (Stein, 1900)

Prosalpia pilitarsis Stein, 1900. Ent. Nachr. 26: 313. **Type locality:** Roumania: Zernest.

分布（Distribution）：新疆（XJ）；罗马尼亚。

（508）小突毛眼花蝇 *Alliopsis problella* Fan *et* Wu, 1983

Alliopsis problella Fan *et* Wu, 1983. *In*: Fan *et al*., 1983. Entomotaxon. 5 (2): 104. **Type locality:** China: Tibet, Motuo, Gedang.

分布（Distribution）：西藏（XZ）。

（509）清河毛眼花蝇 *Alliopsis qinghoensis* (Hsue, 1981)

Paraprosalpia qinghoensis Hsue, 1981. Acta Ent. Sin. 24 (1): 90. **Type locality:** China: Liaoning, Benxi (Qinghecheng).

分布（Distribution）：辽宁（LN）。

（510）直钩毛眼花蝇 *Alliopsis recta* (Fan *et* Cui, 1983)

Paraprosalpia recta Fan *et* Cui, 1983. *In*: Fan *et al*., 1982-1983. *In*: Shanghai Institute of Entomology, Academia Sinica, 1982-1983. Contributions from Shanghai Institute of Entomology, Vol. 3: 226. **Type locality:** China: Neimenggu, Guyuan.

分布（Distribution）：内蒙古（NM）。

（511）直叶毛眼花蝇 *Alliopsis rectiforceps* Fan *et* Wu, 1983

Alliopsis (*Analliopsis*) *rectiforceps* Fan *et* Wu, 1983. *In*: Fan *et al*., 1983. Entomotaxon. 5 (2): 104. **Type locality:** China: Sichuan, Pingwu.

分布（Distribution）：四川（SC）。

（512）毛蹠毛眼花蝇 *Alliopsis sepiella* (Zetterstedt, 1845)

Aricia sepiella Zetterstedt, 1845. Dipt. Scand. 4: 1541. **Type locality:** Sweden: Lule Lappmark, Kvikkjokk.

Chortophila setitarsis Stein, 1916. Arch. Naturgesch. 81A (10) (1915): 175. **Type locality:** Sweden: Jämtland.

分布（Distribution）：新疆（XJ）；奥地利、捷克、斯洛伐克、德国、英国、冰岛、挪威、波兰、瑞典、芬兰。

（513）拟林毛眼花蝇 *Alliopsis silvatica* (Suwa, 1974)

Paraprosalpia silvatica Suwa, 1974. Insecta Matsum. (N. S.) 4: 62. **Type locality:** Japan: Hokkaidō, Mt. Shokambetsu.

分布（Distribution）：黑龙江（HL）、吉林（JL）、辽宁（LN）；

日本、俄罗斯。

（514）林毛眼花蝇 *Alliopsis silvestris* (Fallén, 1824)

Musca silvestris Fallén, 1824. Monogr. Musc. Sveciae VII: 70. **Type locality:** Sweden: Westrogothia.

Anthomyza argyrocephala Zetterstedt, 1837. Isis (Oken's) 21: 43 (nomen nudum).

Anthomyza argyrocephala Zetterstedt, 1838. Insecta Lapp.: 670. **Type locality:** Sweden: N. Nordland, Bjøorkvik.

Anthomyza murina Zetterstedt, 1837. Isis (Oken's) 21: 44 (nomen nudum).

Anthomyza murina Zetterstedt, 1838. Insecta Lapp.: 682. **Type locality:** Sweden: Lycksele Lappmark.

Aricia argyrata Zetterstedt, 1845. Dipt. Scand. 4: 1443 (unjustified replacement name for *Anthomyza argyrocephala* Zetterstedt, 1837).

Aricia decrepita Zetterstedt, 1845. Dipt. Scand. 4: 1454. **Type locality:** Sweden: Småland.

Prosalpia hydrophorina Pokorny, 1893. Wien. Ent. Ztg. 12: 59. **Type locality:** "Europa septemtr. *et* centr.".

分布（Distribution）：黑龙江（HL）、吉林（JL）、辽宁（LN）；日本、奥地利、瑞士、捷克、斯洛伐克、德国、法国、英国、匈牙利、挪威、瑞典、芬兰、俄罗斯。

（515）波曲毛眼花蝇 *Alliopsis subsinuata* (Fan, 1986)

Analliopsis subsinuata Fan, 1986. *In*: Shanghai Institute of Entomology, Academia Sinica, 1986. Contributions from Shanghai Institute of Entomology, Vol. 6: 229. **Type locality:** China: Sichuan, Daofu.

分布（Distribution）：四川（SC）。

（516）毛胫毛眼花蝇 *Alliopsis tibialis* (Fan *et* Wang, 1982)

Paraprosalpia varicilia Fan *et* Wang, 1982. *In*: Fan *et al*., 1982. *In*: Shanghai Institute of Entomology, Academia Sinica, 1982. Contributions from Shanghai Institute of Entomology, Vol. 2: 221. **Type locality:** China: Shanxi, Fangshan.

分布（Distribution）：山西（SX）。

（517）异纤毛眼花蝇 *Alliopsis varicilia* (Fan *et* Wang, 1983)

Paraprosalpia varicilia Fan *et* Wang, 1983. *In*: Fan *et al*., 1982-1983. *In*: Shanghai Institute of Entomology, Academia Sinica, 1982-1983. Contributions from Shanghai Institute of Entomology, Vol. 3: 226. **Type locality:** China: Shanxi, Wenshui.

分布（Distribution）：山西（SX）。

（518）掌叶毛眼花蝇 *Alliopsis ventripalmata* Fan *et* Wu, 1983

Alliopsis ventripalmata Fan *et* Wu, 1983. *In*: Fan *et al*., 1983. Entomotaxon. 5 (2): 106. **Type locality:** China: Tibet, Motuo,

Gedang.

分布（**Distribution**）：西藏（XZ）。

29. 蕈泉蝇属 *Mycophaga* Rondani, 1856

Mycophaga Rondani, 1856. Dipt. Ital. Prodromus, Vol. I: 102. **Type species:** *Musca fungorum* De Geer, 1776 (monotypy) [= *Coenosia testacea* Gimmerthal, 1834].

Comostyla Lioy, 1864. Atti R. Ist. Véneto Sci. Lett. Arti (3) 9: 910. **Type species:** *Hylemyia rufiventris* Macquart, 1835 (monotypy) [= *Coenosia testacea* Gimmerthal, 1834].

（519）壳蕈泉蝇 *Mycophaga testacea* (Gimmerthal, 1834)

Coenosia testacea Gimmerthal, 1834a. Bull. Soc. Imp. Nat. Moscou 7: 113. **Type locality:** Not given.

Musca fungorum De Geer, 1776. Mém. Pour Serv. Hist. Insect. 6: 89. **Type locality:** Not given (presumably Sweden).

Hylemyia rufiventris Macquart, 1835. Hist. Nat. Ins., Dipt. 2: 320. **Type locality:** France: Bordeaux.

Anthomyza palliditincta Boheman, 1864. Öfvers. K. Svenska Vetensk. Akad. Förh. 20 (2): 84. **Type locality:** Sweden: Kullen.

分布（**Distribution**）：四川（SC）；日本、朝鲜、捷克、斯洛伐克、德国、法国、英国、匈牙利、瑞典、芬兰、俄罗斯。

30. 邻泉蝇属 *Paradelia* Ringdahl, 1933

Paradelia Ringdahl, 1933b. Ent. Tidskr. 54: 33. **Type species:** *Pegomyia lundbeckii* Ringdahl, 1918 (monotypy).

Pseudonupedia Ringdahl, 1959. Svensk Insektfauna 11 (3): 292. **Type species:** *Anthomyia intersecta* Meigen, 1826 (by designation of Hennig, 1972).

Pegomyilla Ringdahl, 1938. Ent. Tidskr. 59: 191. **Type species:** *Anthomyza lunatifrons* Zetterstedt, 1846 (by original designation).

（520）棕黑邻泉蝇 *Paradelia brunneonigra* (Schnabl, 1911)

Pegomyia (Anthomyia) brunneonigra Schnabl, 1911b. Nova Acta Acad. Caesar. Leop. Carol. 95 (2): 271. **Type locality:** Poland: Zwir [= Warsaw district].

Pegomyia alpestris Karl, 1943. Stettin. Ent. Ztg. 104: 76. **Type locality:** Austria: Kalbling.

分布（**Distribution**）：陕西（SN）、甘肃（GS）；日本、奥地利、德国、波兰、瑞典、前南斯拉夫。

（521）缢头邻泉蝇 *Paradelia intersecta* (Meigen, 1826)

Anthomyia intersecta Meigen, 1826. Syst. Beschr. Europ. Zweifl. Insekt. 5: 175. **Type locality:** Not given (presumably "Von Hrn. v. Winthem").

Chortophila pilosella Rondani, 1877. Dipt. Ital. Prodromus,

Vol. VI: 218. **Type locality:** Italy: in montuosis agri Parmensis [= in the mountains of the Parma countryside].

Phorbia neglecta Meade, 1883. Ent. Mon. Mag. 19: 219. **Type locality:** Great Britain: West Yorkshire, Bingley.

Anthomyia (Chortophila) quintilis Pandellé, 1900. Rev. Ent. 19 (Suppl.): 253. **Type locality:** Poland or Russia: Prusse Orient. Germany: Genthin. Hungary: Hongrie.

Hylemyia (Nupedia) intersecta var. *arctica* Ringdahl, 1933a. Skr. Svalbard Ishavet 53: 16. **Type locality:** "Herschelhus. -Grönland, N.-Skandinavien".

Hylemyia mouillei Séguy, 1944. Bull. Soc. Ent. Fr. 49: 15. **Type locality:** France: Rouen.

分布（**Distribution**）：吉林（JL）、山西（SX）、甘肃（GS）；奥地利、捷克、斯洛伐克、德国、丹麦、法国、英国、匈牙利、意大利、瑞典、芬兰、波兰、俄罗斯、突尼斯、格陵兰（丹）。

（522）伦氏邻泉蝇 *Paradelia lundbeckii* (Ringdahl, 1918)

Pegomyia lundbeckii Ringdahl, 1918. Ent. Tidskr. 39: 188. **Type locality:** Sweden: Abisko.

分布（**Distribution**）：四川（SC）；瑞典。

（523）拟三角邻泉蝇 *Paradelia nototrigona* Ge *et* Fan, 1981

Paradelia nototrigona Ge *et* Fan, 1981. *In*: Jin *et al.*, 1981. Entomotaxon. 3 (2): 90. **Type locality:** China: Gansu, Wenxian.

分布（**Distribution**）：甘肃（GS）、四川（SC）。

（524）小须邻泉蝇 *Paradelia palpata* (Stein, 1906)

Pegomyia palpata Stein, 1906. Wien. Ent. Ztg. 25: 101. **Type locality:** Poland: Pommern, Rügenwalde.

Pegomyia trigonalis Karl, 1928. Tierwelt Deutschlands 13: 140. **Type locality:** Poland: Stolp [= Slupsk].

分布（**Distribution**）：青海（QH）；波兰、瑞典。

（525）三角邻泉蝇 *Paradelia trigonalis* (Karl, 1928)

Pegomyia trigonalis Karl, 1928. Tierwelt Deutschlands 13: 140. **Type locality:** Poland: Stolp [= Slupsk].

分布（**Distribution**）：辽宁（LN）、青海（QH）；波兰、挪威。

广额花蝇族 Myopinini

31. 拟花蝇属 *Calythea* Schnabl *et* Dziedzicki, 1911

Calythea Schnabl *et* Dziedzicki, 1911. Nova Acta Acad. Caesar. Leop. Carol. 95 (2): 274. **Type species:** *Musca albicincta* Fallén, 1825 (monotypy) [= *Anthomyia nigricans* Robineau-Desvoidy, 1830].

Anthomyiella Malloch, 1920b. Trans. Am. Ent. Soc. 46: 174. **Type species:** *Anthomyia pratincola* Panzer, [1809] (by

original designation).

（526）双齿拟花蝇 *Calythea bidentata* (Malloch, 1913)

Anthomyia bidentata Malloch, 1913. Proc. U. S. Natl. Mus. 45: 606. **Type locality:** Canada: British Columbia.

分布（Distribution）：甘肃（GS）、青海（QH）、新疆（XJ）；俄罗斯、加拿大；亚洲（东部）。

（527）陈氏拟花蝇 *Calythea cheni* **Fan, 1965**

Calythea cheni Fan, 1965. Key to the Common Flies of China: 40. **Type locality:** China: Northeast China and Tibet.

分布（Distribution）：黑龙江（HL）、辽宁（LN）、山西（SX）、陕西（SN）、甘肃（GS）、云南（YN）、西藏（XZ）。

（528）台湾拟花蝇 *Calythea limnophorina* (Stein, 1915)

Fallacia limnophorina Stein, 1915. Suppl. Ent. 4: 29. **Type locality:** China: Taiwan, Jiji.

分布（Distribution）：辽宁（LN）、台湾（TW）、海南（HI）；泰国、缅甸。

（529）白斑拟花蝇 *Calythea nigricans* (Robineau-Desvoidy, 1830)

Anthomyia nigricans Robineau-Desvoidy, 1830. Mém. Prés. Div. Sav. Acad. R. Sci. Inst. Fr. 2 (2): 584. **Type locality:** France: Saint-Sauveur.

Musca albicincta Fallén, 1825a. Monogr. Musc. Sveciae VIII: 73. **Type locality:** Sweden: Westrogothia and Ostrogothia (a junior primary homonym of *Musca albicincta* Rossi, 1794).

分布（Distribution）：辽宁（LN）、北京（BJ）、甘肃（GS）、上海（SH）、四川（SC）；阿尔巴尼亚、保加利亚、捷克、斯洛伐克、德国、西班牙、法国、英国、匈牙利、意大利、挪威、芬兰、瑞典、前南斯拉夫、俄罗斯、叙利亚、摩洛哥、阿尔及利亚。

（530）草原拟花蝇 *Calythea pratincola* (Panzer, 1809)

Anthomyia pratincola Panzer, 1809. Faunae insectorum germanicae initia oder Deutschlands Insecten 108: 12. **Type locality:** Not given.

Anthomyia pratinicola Meigen, 1826. Syst. Beschr. Europ. Zweifl. Insekt. 5: 162 (unjustified emendation).

Aricia praticola Zetterstedt, 1845. Dipt. Scand. 4: 1559 (unjustified emendation).

分布（Distribution）：黑龙江（HL）、辽宁（LN）、内蒙古（NM）、河北（HEB）、北京（BJ）、山西（SX）、甘肃（GS）、新疆（XJ）、云南（YN）、西藏（XZ）；叙利亚、捷克、斯洛伐克、德国、丹麦、西班牙、法国、英国、匈牙利、瑞典、俄罗斯。

（531）鬃额拟花蝇 *Calythea setifrons* **Ackland, 1968**

Calythea setifrons Ackland, 1968. Ent. Mon. Mag. 104: 137.

Type locality: India: Darjeeling.

分布（Distribution）：河南（HEN）、四川（SC）、贵州（GZ）、云南（YN）、西藏（XZ）；缅甸、尼泊尔、印度。

（532）西藏拟花蝇 *Calythea xizangensis* **Fan et Zhong, 1982**

Calythea xizangensis Fan et Zhong, 1982. *In*: Fan *et al.*, 1982. *In*: Shanghai Institute of Entomology, Academia Sinica, 1982. Contributions from Shanghai Institute of Entomology, Vol. 2: 221. **Type locality:** China: Tibet, Lasa.

分布（Distribution）：青海（QH）、西藏（XZ）。

32. 九点花蝇属 *Enneastigma* Stein, 1916

Enneastigma Stein, 1916. Arch. Naturgesch. 81A (10) (1915): 122. **Type species:** *Anthomyia triplex* Loevi, 1873 (by designation of Séguy, 1937).

（533）毛腹九点花蝇 *Enneastigma pilosiventrosa* **Fan et Chen, 1984**

Enneastigma pilosiventrosa Fan et Chen, 1984. Zool. Res. 5 (3): 253. **Type locality:** China: Hunan, Mangshan.

分布（Distribution）：湖南（HN）、四川（SC）、贵州（GZ）。

（534）上海九点花蝇 *Enneastigma shanghaiensis* **Fan et Chen, 1984**

Enneastigma shanghaiensis Fan et Chen, 1984. Zool. Res. 5 (3): 251. **Type locality:** China: Shanghai, Songjiang.

分布（Distribution）：上海（SH）、浙江（ZJ）、四川（SC）。

33. 广额花蝇属 *Myopina* Robineau-Desvoidy, 1830

Myopina Robineau-Desvoidy, 1830. Mém. Prés. Div. Sav. Acad. R. Sci. Inst. Fr. 2 (2): 675. **Type species:** *Myopina reflexa* Robineau-Desvoidy, 1830 (monotypy) [= *Musca myopina* Fallén, 1824].

（535）广额花蝇 *Myopina myopina* (Fallén, 1824)

Musca myopina Fallén, 1824. Monogr. Musc. Sveciae VII: 65. **Type locality:** Sweden: Westrogothia, Esperod, Lund.

Myopina reflexa Robineau-Desvoidy, 1830. Mém. Prés. Div. Sav. Acad. R. Sci. Inst. Fr. 2 (2): 676. **Type locality:** France: Saint-Sauveur.

Scatomyza muscaria Zetterstedt, 1837. Isis (Oken's) 21: 49 (nomen nudum).

Scatomyza muscaria Zetterstedt, 1838. Insecta Lapp.: 723. **Type locality:** Sweden: Torne Lappmark, Juckasjärvi.

分布（Distribution）：山西（SX）；前捷克斯洛伐克、德国、法国、英国、希腊、挪威、瑞典、芬兰、俄罗斯。

34. 须泉蝇属 *Pegoplata* Schnabl et Dziedzicki, 1911

Pegoplata Schnabl et Dziedzicki, 1911. Nova Acta Acad.

Caesar. Leop. Carol. 95 (2): 108. **Type species:** *Pegomyia palpata* Stein, 1906 (error) [= *Hydrophoria palposa* (Stein, 1897)] (by designation of Séguy, 1937).

Gymnogaster Lioy, 1864. Atti R. Ist. Véneto Sci. Lett. Arti. (3) 9: 989. **Type species:** *Anthomyia* "*dissecta* Meigen": Lioy, 1864: not Meigen, 1826 [= *Anthomyia infirma* Meigen, 1826] (a case of misidentified type species).

Nupedia Karl, 1930. Zool. Anz. 86: 174 (replacement name for *Nudaria* Karl, 1928, a junior homonym of *Nudaria* Haworth, 1809). **Type species:** *Anthomyia* "*dissecta* Meigen": Lioy, 1864: not Meigen, 1826 [= *Anthomyia infirma* Meigen, 1826] (a case of misidentified type species).

Psiloplastinx Enderlein, 1936. Tierwelt Mitteleur. 6 (2), Ins. 3: 199 (replacement name for *Nudaria* Karl, 1928).

Nudaria Karl, 1928. Tierwelt Deutschlands 13: 171. **Type species:** *Anthomyia* "*dissecta* Meigen": Lioy, 1864: not Meigen, 1826 [= *Anthomyia infirma* Meigen, 1826] (a case of misidentified type species).

（536）夏原须泉蝇 *Pegoplata aestiva* (Meigen, 1826)

Anthomyia aestiva Meigen, 1826. Syst. Beschr. Europ. Zweifl. Insekt. 5: 169. **Type locality:** Not given (presumably Germany: Aachen).

Stomoxys muscaria Fabricius, 1794. Ent. Syst. 4: 395. **Type locality:** "Habitat in Doma" (a junior primary homonym of *Stomoxys muscaria* Fabricius, 1777).

Anthomyia obelisca Meigen, 1826. Syst. Beschr. Europ. Zweifl. Insekt. 5: 172. **Type locality:** Not given (presumably "Von Hrn. v. Winthem").

Egle fabricii Robineau-Desvoidy, 1830. Mém. Prés. Div. Sav. Acad. R. Sci. Inst. Fr. 2 (2): 587. **Type locality:** Not given (presumably France).

Nerina prompta Robineau-Desvoidy, 1830. Mém. Prés. Div. Sav. Acad. R. Sci. Inst. Fr. 2 (2): 558. **Type locality:** France: Saint-Sauveur.

分布（Distribution）：山西（SX）、青海（QH）、新疆（XJ）、四川（SC）、云南（YN）、西藏（XZ）；奥地利、保加利亚、瑞士、捷克、斯洛伐克、德国、丹麦、法国、英国、匈牙利、意大利、挪威、罗马尼亚、瑞典、芬兰。

（537）环形须泉蝇 *Pegoplata annulata* (Pandellé, 1899)

Anthomyia (*Hylemyia*) *annulata* Pandellé, 1899c. Rev. Ent. 18 (Suppl.): 212. **Type locality:** Germany: Genthin. Poland or Russia (Prusse Orient).

Hylemyia juvenilis Stein, 1898. Berl. Ent. Z. 42 (1897): 211 (misidentification).

分布（Distribution）：黑龙江（HL）、辽宁（LN）、陕西（SN）、上海（SH）、贵州（GZ）；朝鲜、日本、德国、波兰、俄罗斯。

（538）毛眼须泉蝇 *Pegoplata dasiomma* Fan, 1982

Pegoplata dasiomma Fan, 1982. *In*: Fan *et al*., 1982. *In*:

Shanghai Institute of Entomology, Academia Sinica, 1982. Contributions from Shanghai Institute of Entomology, Vol. 2: 232. **Type locality:** China: Taiwan, Zhibenshan.

分布（Distribution）：贵州（GZ）、台湾（TW）。

（539）棕黄须泉蝇 *Pegoplata fulva* (Malloch, 1934)

Pegomyia fulva Malloch, 1934. Peking Nat. Hist. Bull. 9 (2): 148. **Type locality:** China: Szechuen, Mt. Omei (Shin Kai Si).

分布（Distribution）：河南（HEN）、四川（SC）、贵州（GZ）、云南（YN）。

（540）单薄须泉蝇 *Pegoplata infirma* (Meigen, 1826)

Anthomyia infirma Meigen, 1826. Syst. Beschr. Europ. Zweifl. Insekt. 5: 176. **Type locality:** Not given (presumably "Von Hrn v. Wiedemann und von Winthem").

Aricia stigmatella Zetterstedt, 1845. Dipt. Scand. 4: 1599. **Type locality:** Sweden: Skåne, Lund.

分布（Distribution）：黑龙江（HL）、山西（SX）、甘肃（GS）、新疆（XJ）；日本、奥地利、瑞士、捷克、斯洛伐克、德国、丹麦、法国、英国、匈牙利、意大利、冰岛、挪威、罗马尼亚、瑞典、芬兰、前南斯拉夫、俄罗斯。

（541）老秃顶须泉蝇 *Pegoplata laotudingga* Zheng *et* Xue, 2002

Pegoplata laotudingga Zheng *et* Xue, 2002. Acta Zootaxon. Sin. 27 (1): 158. **Type locality:** China: Liaoning, Laotuding.

分布（Distribution）：辽宁（LN）。

（542）冷山须泉蝇 *Pegoplata lengshanensis* Xue, 2001

Pegoplata lengshanensis Xue, 2001. Zool. Res. 22 (6): 486. **Type locality:** China: Yunnan, Lanping, Lengshan.

分布（Distribution）：云南（YN）。

（543）丁斑须泉蝇 *Pegoplata linotaenia* (Ma, 1988)

Nupedia linotaenia Ma, 1988. *In*: Fan *et al*., 1988. Economic Insect Fauna of China 37: 269. **Type locality:** China: Liaoning, Jianchang.

分布（Distribution）：黑龙江（HL）、辽宁（LN）。

（544）黑小盾须泉蝇 *Pegoplata nigroscutellata* (Stein, 1920)

Chortophila nigroscutellata Stein, 1920a. Arch. Naturgesch. 84A (9) (1918): 90. **Type locality:** North America: Monroe Wash.

分布（Distribution）：黑龙江（HL）、青海（QH）；日本、朝鲜、捷克、斯洛伐克、德国、英国；新北区。

（545）宽须须泉蝇 *Pegoplata palposa* (Stein, 1897)

Hydrophoria palposa Stein, 1897. Ent. Nachr. 23: 320. **Type locality:** Germany: Genthin *et* Usedom Is. Poland: Muskau.

分布（Distribution）：黑龙江（HL）、辽宁（LN）、台湾（TW）；日本、朝鲜、捷克、斯洛伐克、德国、法国、波兰。

（546）板须须泉蝇 *Pegoplata patellans* (Pandellé, 1900)

Hydrophoria patellans Pandellé, 1900. Rev. Ent. 19 (Suppl.): 222. **Type locality:** France: Hautes-Pyrénées, Rieumajou.
分布（Distribution）：甘肃（GS）、青海（QH）、新疆（XJ）、四川（SC）；奥地利、捷克、斯洛伐克、德国、法国、英国、挪威、瑞典、芬兰、俄罗斯。

（547）棱叶须泉蝇 *Pegoplata plicatura* (Hsue, 1981)

Nupedia plicatura Hsue, 1981. Acta Ent. Sin. 24 (3): 305. **Type locality:** China: Liaoning, Benxi.
分布（Distribution）：辽宁（LN）。

（548）黔滇须泉蝇 *Pegoplata qiandianensis* Wei, 2006

Pegoplata qiandianensis Wei, 2006e. *In*: Li *et* Jin, 2006. Insects from Fanjingshan Landscape: 534. **Type locality:** China: Guizhou, Fanjingshan.
分布（Distribution）：贵州（GZ）。

泉蝇族 Pegomyini

35. 粪泉蝇属 *Emmesomyia* Malloch, 1917

Emmesomyia Malloch, 1917. Bull. Brooklyn Ent. Soc. 12: 114. **Type species:** *Emmesomyia unica* Malloch, 1917 (by original designation) [= *Spilogaster socialis* Stein, 1898].

（549）拱腹粪泉蝇 *Emmesomyia dorsalis* (Stein, 1915)

Chortophila dorsalis Stein, 1915. Suppl. Ent. 4: 48. **Type locality:** China: Taiwan.
分布（Distribution）：台湾（TW）；日本。

（550）黄跗粪泉蝇 *Emmesomyia flavitarsis* Suwa, 1974

Emmesomyia flavitarsis Suwa, 1974. Insecta Matsum. (N. S.) 4: 184. **Type locality:** Japan: Honshû, Tôkyô-to, Mt. Kariyose.
分布（Distribution）：上海（SH）、四川（SC）、云南（YN）；朝鲜、日本。

（551）朔粪泉蝇 *Emmesomyia grisea* (Robineau-Desvoidy, 1830)

Phorbia grisea Robineau-Desvoidy, 1830. Mém. Prés. Div. Sav. Acad. R. Sci. Inst. Fr. 2 (2): 560. **Type locality:** France: Paris.
Chortophila tibialis Macquart, 1835. Hist. Nat. Ins., Dipt. 2: 326. **Type locality:** France: Paris.
分布（Distribution）：黑龙江（HL）、浙江（ZJ）、四川（SC）、贵州（GZ）、台湾（TW）；日本、朝鲜、奥地利、捷克、斯洛伐克、瑞士、德国、法国、英国、意大利、罗马尼亚、波兰、芬兰、俄罗斯。

（552）长板粪泉蝇 *Emmesomyia hasegawai* Suwa, 1979

Emmesomyia hasegawai Suwa, 1979. Akitu (n. s.) 27: 1. **Type locality:** Japan: Hokkaidō, Obihiro.
分布（Distribution）：辽宁（LN）、江苏（JS）、浙江（ZJ）、四川（SC）；朝鲜、日本。

（553）海南粪泉蝇 *Emmesomyia kempi* (Brunetti, 1924)

Pegomyia kempi Brunetti, 1924. Rec. India Mus. 26: 101. **Type locality:** India: Assam.
分布（Distribution）：四川（SC）、贵州（GZ）、福建（FJ）、广东（GD）；印度、尼泊尔。

（554）大孔粪泉蝇 *Emmesomyia megastigmata* Ma, Mou *et* Fan, 1982

Emmesomyia megastigmata Ma, Mou *et* Fan, 1982. *In*: Fan *et al.*, 1982. *In*: Shanghai Institute of Entomology, Academia Sinica, 1982. Contributions from Shanghai Institute of Entomology, Vol. 2: 225. **Type locality:** China: Liaoning, Beizhen.
分布（Distribution）：辽宁（LN）、河南（HEN）、四川（SC）、贵州（GZ）、福建（FJ）、海南（HI）。

（555）东方粪泉蝇 *Emmesomyia oriens* Suwa, 1974

Emmesomyia oriens Suwa, 1974. Insecta Matsum. (N. S.) 4: 187. **Type locality:** Japan: Honshû, Nagano-ken, Mt. Kiso-Komagatake.
分布（Distribution）：浙江（ZJ）、四川（SC）、贵州（GZ）、台湾（TW）、海南（HI）；日本。

（556）卵形粪泉蝇 *Emmesomyia ovata* (Stein, 1915)

Chortophila ovata Stein, 1915. Suppl. Ent. 4: 47. **Type locality:** China: Taiwan.
分布（Distribution）：台湾（TW）。

（557）坚刺粪泉蝇 *Emmesomyia roborospinosa* Cui, Li *et* Fan, 1993

Emmesomyia roborospinosa Cui, Li *et* Fan, 1993. *In*: Li, Cui *et* Fan, 1992-1993. *In*: Shanghai Institute of Entomology, Academia Sinica, 1992-1993. Contributions from Shanghai Institute of Entomology, Vol. 11: 137. **Type locality:** China: Heilongjiang, Mudanjiang City, Sandaoguan.
分布（Distribution）：黑龙江（HL）。

（558）相似粪泉蝇 *Emmesomyia similata* Suwa, 1991

Emmesomyia similata Suwa, 1991. Insecta Matsum. (N. S.) 45: 10. **Type locality:** Japan: Kyûshû, Yakushima.
分布（Distribution）：贵州（GZ）；日本。

（559）类绒粪泉蝇 *Emmesomyia subvillica* Fan, Ma *et* Mou, 1982

Emmesomyia subvillica Fan, Ma *et* Mou, 1982. *In*: Fan *et al*., 1982. *In*: Shanghai Institute of Entomology, Academia Sinica, 1982. Contributions from Shanghai Institute of Entomology, Vol. 2: 227. **Type locality:** China: Liaoning, Jianchang.

分布（Distribution）：辽宁（LN）、山西（SX）、四川（SC）、贵州（GZ）。

（560）诹访粪泉蝇 *Emmesomyia suwai* Ge *et* Fan, 1988

Emmesomyia socia suwai Ge *et* Fan, 1988. *In*: Fan *et al*., 1988. Economic Insect Fauna of China 37: 374. **Type locality:** China: Henan, Xixia.

分布（Distribution）：黑龙江（HL）、河南（HEN）、四川（SC）、贵州（GZ）、云南（YN）。

36. 泉蝇属 *Pegomya* Robineau-Desvoidy, 1830

Pegomya Robineau-Desvoidy, 1830. Mém. Prés. Div. Sav. Acad. R. Sci. Inst. Fr. 2 (2): 598. **Type species:** *Anthomyia hyoscyami* Panzer, 1809 (by designation of Coquillett, 1901).
Chlorina Robineau-Desvoidy, 1830. Mém. Prés. Div. Sav. Acad. R. Sci. Inst. Fr. 2 (2): 602. **Type species:** *Chlorina thoracica* Robineau-Desvoidy, 1830 (by designation of Coquillett, 1910) [= *Anthomyia solennis* Meigen, 1826].
Phoraea Robineau-Desvoidy, 1830. Mém. Prés. Div. Sav. Acad. R. Sci. Inst. Fr. 2 (2): 600. **Type species:** *Phoraea flavescens* Robineau-Desvoidy, 1830 (by designation of Coquillett, 1910) [= *Anthomyia silacea* Meigen, 1830].
Phyllis Robineau-Desvoidy, 1830. Mém. Prés. Div. Sav. Acad. R. Sci. Inst. Fr. 2 (2): 603. **Type species:** *Phyllis brunea* Robineau-Desvoidy, 1830 (by designation of Hennig, 1962) [= *Anthomyia silacea* Meigen, 1830].
Zabia Robineau-Desvoidy, 1830. Mém. Prés. Div. Sav. Acad. R. Sci. Inst. Fr. 2 (2): 600. **Type species:** *Zabia longipes* Robineau-Desvoidy, 1851 (monotypy) [= *Anthomyia bicolor* Wiedemann, 1817].
Carduophila Hendel, 1925b. Z. Morph. Ökol. Tiere 4 (3): 333. **Type species:** *Carduophila fodiens* Hendel, 1925 (monotypy).
Chaetopegomya Ringdahl, 1938. Ent. Tidskr. 59: 196. **Type species:** *Anthomyia setaria* Meigen, 1826 (by original designation).

（561）尖阳泉蝇 *Pegomya acisophalla* Xue, 2003

Pegomya acisophalla Xue, 2003. Acta Ent. Sin. 46 (1): 80. **Type locality:** China: Yunnan, Lushui, Pianma.
分布（Distribution）：云南（YN）。

（562）敏泉蝇 *Pegomya agilis* Wei, 2006

Pegomya agilis Wei, 2006a. *In*: Jin *et* Li, 2006. Insect Fauna from National Nature Reserve of Guizhou Province, III. Insects from Chishui Spinulose Tree Fern Landscape: 286. **Type locality:** China: Guizhou.
分布（Distribution）：贵州（GZ）。

（563）阿克塞泉蝇 *Pegomya aksayensis* Fan *et* Wu, 1987

Pegomya aksayensis Fan *et* Wu, 1987. Zool. Res. 8 (4): 376. **Type locality:** China: Gansu, Akesai.
分布（Distribution）：甘肃（GS）。

（564）眷高泉蝇 *Pegomya alticola* (Huckett, 1939)

Pegomyia alticola Huckett, 1939. Trans. Am. Ent. Soc. 65: 25. **Type locality:** America: Utah.
Pegomya criniventris Suwa, 1974. Insecta Matsum. (N. S.) 4: 193. **Type locality:** Japan: Honshû, Nagano-ken, Mt. Yatsugatake.
分布（Distribution）：黑龙江（HL）；日本、俄罗斯、美国。

（565）狭肛泉蝇 *Pegomya angusticerca* Li *et* Deng, 1983

Pegomya angusticerca Li *et* Deng, 1983. Entomotaxon. 5 (3): 206. **Type locality:** China: Sichuan, Emeishan.
分布（Distribution）：四川（SC）。

（566）异鬃泉蝇 *Pegomya aniseta* (Stein, 1907)

Pegomyia aniseta Stein, 1907b. Annu. Mus. Zool. Acad. Sci. Russ. St.-Pétersb. 12: 357. **Type locality:** China: vom Flusse Bomyn-Itschegyn, vom Orogyn-Fluss, Syrtyn-Ebene, nach Süd vom W-Nanschan und zwischen der Quelle Chabirga und dem See Baga-tsajdamin; Zaidam.
Pegomyia carnosa Stein, 1907b. Annu. Mus. Zool. Acad. Sci. Russ. St.-Pétersb. 12: 354. **Type locality:** China: zwischen der Quelle Chabirga und dem Baga-tsajdamin nor, am Südlichen Fusse der westl. S.-Kukunor-kette undzwischen dem Itsche-See und dem Flusse Orogyn im N.-O.-Tibet.
Pegomyia tenuipalpis Stein, 1907b. Annu. Mus. Zool. Acad. Sci. Russ. St.-Pétersb. 12: 356. **Type locality:** China: aus Barun Zsassaka in Ost-Zaidam.
分布（Distribution）：青海（QH）。

（567）亮叶泉蝇 *Pegomya argacra* Fan, 1980

Pegomya argacra Fan, 1980. *In*: Shanghai Institute of Entomology, Academia Sinica, 1980. Contributions from Shanghai Institute of Entomology, Vol. 1: 201. **Type locality:** China: Shanghai, Songjiang.
分布（Distribution）：江苏（JS）、上海（SH）、浙江（ZJ）、四川（SC）。

（568）金叶泉蝇 *Pegomya aurapicalis* Fan, 1980

Pegomyia aurapicalis Fan, 1980. *In*: Shanghai Institute of Entomology, Academia Sinica, 1980. Contributions from

Shanghai Institute of Entomology, Vol. 1: 201. **Type locality:** China: Jiangsu, Nanjing, Linggusi.

分布（Distribution）：江苏（JS）、浙江（ZJ）、四川（SC）、贵州（GZ）。

（569）金绒泉蝇 *Pegomya aurivillosa* Fan *et* Chen, 1984

Pegomya aurivillosa Fan *et* Chen, 1984. *In*: Fan *et al.*, 1984a. *In*: Shanghai Institute of Entomology, Academia Sinica, 1984. Contributions from Shanghai Institute of Entomology, Vol. 4: 248. **Type locality:** China: Qinghai, Zeku (Maixiushan).

分布（Distribution）：青海（QH）。

（570）鸟喙泉蝇 *Pegomya avirostrata* Fan, 1986

Pegomya avirostrata Fan, 1986. *In*: Shanghai Institute of Entomology, Academia Sinica, 1986. Contributions from Shanghai Institute of Entomology, Vol. 6: 232. **Type locality:** China: Sichuan, Daofu.

分布（Distribution）：四川（SC）。

（571）基鬃泉蝇 *Pegomya basichaeta* Li, Liu *et* Fan, 1999

Pegomya basichaeta Li, Liu *et* Fan, 1999. *In*: Li *et al.*, 1999. Chin. J. Vector Biol. & Control 10 (4): 244. **Type locality:** China: Henan, Lushixian, Qimahe.

分布（Distribution）：河南（HEN）。

（572）甜菜泉蝇 *Pegomya betae* (Curtis, 1847)

Anthomyia betae Curtis, 1847. Journ. Agric. Soc. England 8: 412. **Type locality:** Great Britain: Surrey.

Anthomyza dissimilipes Zetterstedt, 1849. Dipt. Scand. 8: 3311. **Type locality:** Denmark: NE Zealand.

Anthomyia femoralis Brischke, 1881. Schr. Naturf. Ges. Danzig (N. F.) 5 (1-2): 275. **Type locality:** Poland: Gdansk District, Oliva.

分布（Distribution）：青海（QH）；捷克、斯洛伐克、丹麦、英国、挪威、波兰、瑞典、俄罗斯。

（573）双色泉蝇 *Pegomya bicolor* (Hoffmannsegg, 1817)

Anthomyia bicolor Wiedemann, 1817. Zool. Mag. 1 (1): 77. **Type locality:** Germany: Holstein.

Anthomyia mitis Meigen, 1826. Syst. Beschr. Europ. Zweifl. Insekt. 5: 183. **Type locality:** Not given (presumably Germany: Aachen).

Anthomyia rumicis Bouché, 1834. Naturgeschichte der Insekten, besonderes in Hinsicht ihrer ersten Zustände als Larven und Puppen: 209. **Type locality:** Not given (probably Germany: Berlin).

Zabia longipes Robineau-Desvoidy, 1851c. Rev. Mag. Zool. 3 (2): 233. **Type locality:** Not given (presumably France).

Pegomyza jynx Séguy, 1926. Encycl. Ent. (B II) Dipt. 3: 44.

Type locality: China: Shanghai, Zi-ka-wei [now: "Xujiahui"].

Pegomyia cinereorufa Ringdahl, 1930. Ent. Tidskr. 51: 173. **Type locality:** Island [= Iceland].

Pegomyia sapporensis Kato, 1941. Kontyû 15 (2): 62. **Type locality:** Japan: Hokkaidō, Sapporo.

分布（Distribution）：黑龙江（HL）、辽宁（LN）、甘肃（GS）、青海（QH）、上海（SH）、四川（SC）；日本、朝鲜、奥地利、瑞士、捷克、斯洛伐克、丹麦、德国、西班牙、法国、英国、匈牙利、意大利、冰岛、挪威、瑞典、芬兰、俄罗斯、叙利亚、以色列、摩洛哥、阿尔及利亚、突尼斯。

（574）双突泉蝇 *Pegomya biniprojiciens* Wei, 1998

Pegomya biniprojiciens Wei, 1998. *In*: Xue *et* Chao, 1998. Flies of China, Vol. 1: 783. **Type locality:** China: Guizhou, Suiyang.

分布（Distribution）：贵州（GZ）。

（575）褐色泉蝇 *Pegomya brunnescens* Wei, 1988

Pegomya brunnescens Wei, 1988. Zool. Res. 9 (4): 430. **Type locality:** China: Guizhou, Suiyang (Kuankuoshui).

分布（Distribution）：贵州（GZ）。

（576）翅瓣泉蝇 *Pegomya calyptrata* (Zetterstedt, 1846)

Anthomyza calyptrata Zetterstedt, 1846. Dipt. Scand. 5: 1775. **Type locality:** Sweden: Skåne, Reften.

Pegomyia iniqua Stein, 1906. Wien. Ent. Ztg. 25: 63. **Type locality:** Germany: Genthin, Berlin. Poland: Riigenwalde. Lithuania: Sintenis. France: Lille. Great Britain.

Pegomyia hucketti Ringdahl, 1951. Opusc. Ent. 16: 33. **Type locality:** Sweden: Jämtland, Åre.

分布（Distribution）：青海（QH）；捷克、斯洛伐克、德国、法国、英国、挪威、波兰、瑞典、芬兰、俄罗斯。

（577）端角泉蝇 *Pegomya caudiangulus* Wei, 1998

Pegomya caudiangulus Wei, 1998. *In*: Xue *et* Chao, 1998. Flies of China, Vol. 1: 783. **Type locality:** China: Guizhou, Suiyang.

分布（Distribution）：贵州（GZ）。

（578）鬃孔泉蝇 *Pegomya chaetostigmata* Zheng *et* Fan, 1990

Pegomya chaetostigmata Zheng *et* Fan, 1990. *In*: Zheng *et* Fan, 1989-1990. *In*: Shanghai Institute of Entomology, Academia Sinica, 1989-1990. Contributions from Shanghai Institute of Entomology, Vol. 9: 182. **Type locality:** China: Tibet, Yadong.

分布（Distribution）：西藏（XZ）。

（579）中华泉蝇 *Pegomya chinensis* Hennig, 1973

Pegomya chinensis Hennig, 1973. Flieg. Palaearkt. Reg. 7 (1): 542. **Type locality:** China: Fujian, Congan.

分布（Distribution）：上海（SH）、浙江（ZJ）、湖南（HN）、

四川（SC）、福建（FJ）。

（580）卷毛泉蝇 *Pegomya cincinnata* **Li** *et* **Deng, 1990**

Pegomya cincinnata Li *et* Deng, 1990. J. W. China Univ. Med. Sci. 21 (2): 150. **Type locality:** China: Sichuan, Emeishan.

分布（Distribution）：四川（SC）。

（581）棒叶泉蝇 *Pegomya clavellata* **Fan, 1980**

Pegomya clavellata Fan, 1980. *In*: Shanghai Institute of Entomology, Academia Sinica, 1980. Contributions from Shanghai Institute of Entomology, Vol. 1: 201. **Type locality:** China: Shanghai, Songjiang.

分布（Distribution）：上海（SH）、湖南（HN）。

（582）宽茎泉蝇 *Pegomya conformis* **(Fallén, 1825)**

Musca conformis Fallén, 1825b. Monogr. Musc. Sveciae IX: 82. **Type locality:** Not given (presumably Sweden).
Anthomyia egens Meigen, 1826. Syst. Beschr. Europ. Zweifl. Insekt. 5: 181. **Type locality:** Not given (presumably "Von Hrn. v. Winthem").
Anthomyia esuriens Meigen, 1826. Syst. Beschr. Europ. Zweifl. Insekt. 5: 181. **Type locality:** Not given (presumably "Von Hrn. v. Wiedemann und v. Winthem").
Anthomyza mimula Zetterstedt, 1845. Dipt. Scand. 4: 1707. **Type locality:** Not given (presumably Sweden).
Chortophila chenopodii Rondani, 1866. Atti Soc. Ital. Sci. Nat. Milano 9: 156. **Type locality:** Italy: La Specola [= Florence].
Anthomyia rogenhoferi Strobl, 1880. Progr. K. K. Obergymn. Benedictiner Seitenstetten 14: 25. **Type locality:** Austria: Trefling.

分布（Distribution）：山西（SX）、青海（QH）、新疆（XJ）；日本、奥地利、捷克、斯洛伐克、德国、丹麦、西班牙、法国、英国、匈牙利、意大利、波兰、罗马尼亚、瑞典、芬兰、俄罗斯、埃及。

（583）环阳泉蝇 *Pegomya cricophalla* **Xue, 2003**

Pegomya cricophalla Xue, 2003. Acta Ent. Sin. 46 (1): 81. **Type locality:** China: Yunnan, Lushui, Pianma.

分布（Distribution）：云南（YN）。

（584）缨尾泉蝇 *Pegomya crinicauda* **Xue** *et* **Wang, 2016**

Pegomya crinicauda Xue *et* Wang, 2016. Orient. Insects 49 (3-4): 288. **Type locality:** China: Yunnan.

分布（Distribution）：云南（YN）。

（585）毛板泉蝇 *Pegomya crinilamella* **Fan** *et* **Qian, 1988**

Pegomya crinilamella Fan *et* Qian, 1988. *In*: Fan *et al.*, 1988. Economic Insect Fauna of China 37: 339. **Type locality:** China: Xinjiang, Xinyuan, Nalati.

分布（Distribution）：新疆（XJ）。

（586）缨腹泉蝇 *Pegomya crinisternita* **Fan, Fan** *et* **Ma, 1988**

Pegomya crinilamella Fan, Fan *et* Ma, 1988. *In*: Fan *et al.*, 1988. Economic Insect Fauna of China 37: 336. **Type locality:** China: Qinghai, Qilian.

分布（Distribution）：青海（QH）。

（587）肖藜泉蝇 *Pegomya cunicularia* **(Rondani, 1866)**

Chortophila cunicularia Rondani, 1866. Atti Soc. Ital. Sci. Nat. Milano 9: 163. **Type locality:** Italy: Etruria.
Pegomyia tristriata Stein, 1908. Mitt. Zool. Mus. Berl. 4: 106. **Type locality:** Canary Is.: Orotava.
Pegomya mixta Villeneuve, 1922f. Bull. Soc. Ent. Egypte 6 (1921): 52. **Type locality:** Not given (presumably Egypt).

分布（Distribution）：黑龙江（HL）、河北（HEB）、北京（BJ）、新疆（XJ）、湖南（HN）、四川（SC）；日本、朝鲜、以色列、捷克、斯洛伐克、丹麦、西班牙、意大利、瑞典、埃及、加那利群岛。

（588）密毛泉蝇 *Pegomya densipilosa* **Li, Deng, Zhu** *et* **Sun, 1984**

Pegomya densipilosa Li, Deng, Zhu *et* Sun, 1984. Acta Acad. Med. Sichuan 15 (2): 108. **Type locality:** China: Sichuan, Emeishan.

分布（Distribution）：四川（SC）。

（589）小齿泉蝇 *Pegomya dentella* **Li** *et* **Deng, 1983**

Pegomya dentella Li *et* Deng, 1983. Entomotaxon. 5 (3): 205. **Type locality:** China: Sichuan, Emeishan.

分布（Distribution）：四川（SC）。

（590）近稚泉蝇 *Pegomya deprimata* **(Zetterstedt, 1845)**

Anthomyza deprimata Zetterstedt, 1845. Dipt. Scand. 4: 1706. **Type locality:** Sweden: Skåne, Kävlinge.
Pegomyia pallipes Stein, 1906. Wien. Ent. Ztg. 25: 89. **Type locality:** Germany: Usedom. Poland: Rügenwalde. The Netherlands.

分布（Distribution）：江西（JX）；捷克、斯洛伐克、德国、荷兰、波兰、瑞典、芬兰、俄罗斯。

（591）重毫泉蝇 *Pegomya dichaetomyiola* **Fan, 1980**

Pegomya dichaetomyiola Fan, 1980. *In*: Shanghai Institute of Entomology, Academia Sinica, 1980. Contributions from Shanghai Institute of Entomology, Vol. 1: 202. **Type locality:** China: Tibet, Yadong.

分布（Distribution）：西藏（XZ）。

（592）双栉泉蝇 *Pegomya dictenata* **Deng** *et* **Li, 1988**

Pegomya dictenata Deng *et* Li, 1988. Entomotaxon. 10 (3-4):

197. **Type locality:** China: Sichuan, Emeishan.

分布（Distribution）：四川（SC）。

（593）双毛泉蝇 *Pegomya diplothrixa* Li, Liu *et* Fan, 1999

Pegomya diplothrixa Li, Liu *et* Fan, 1999. *In*: Li *et al.*, 1999. Chin. J. Vector Biol. & Control 10 (4): 243. **Type locality:** China: Henan, Lushixian, Qimahe.

分布（Distribution）：河南（HEN）。

（594）峨眉黑泉蝇 *Pegomya emeinigra* Deng, Li, Sun *et* Zhu, 1987

Pegomya emeinigra Deng, Li, Sun *et* Zhu, 1987. Entomotaxon. 9 (2): 93. **Type locality:** China: Sichuan, Emeishan.

分布（Distribution）：四川（SC）。

（595）宽板泉蝇 *Pegomya eurysosternita* Xue *et* Du, 2016

Pegomya eurysosternita Xue *et* Du, 2016. *In*: Xue *et al.*, 2016. Orient. Insects 49 (3-4): 292. **Type locality:** China: Yunnan.

分布（Distribution）：云南（YN）。

（596）藜泉蝇 *Pegomya exilis* (Meigen, 1826)

Anthomyia exilis Meigen, 1826. Syst. Beschr. Europ. Zweifl. Insekt. 5: 184. **Type locality:** Not given (presumably Germany).

Chortophila perforans Rondani, 1866. Atti Soc. Ital. Sci. Nat. Milano 9: 156. **Type locality:** Italy: in planitie Parmensis [= in the Parma plain].

分布（Distribution）：西藏（XZ）；日本、德国、丹麦、意大利、瑞典；北美洲。

（597）黄额泉蝇 *Pegomya flavifrons* (Walker, 1849)

Eriphia flavifrons Walker, 1849. List of the specimens of dipterous insets in the collection of the British Museum Part IV: 966. **Type locality:** Canada: Ontario.

Anthomyia (Pegomyia) albimargo Pandellé, 1901. Rev. Ent. 20 (Suppl.): 296. **Type locality:** France: Tarbes and Paris.

Pegomyia villeneuviana Hendel, 1925c. Konowia 4: 302. **Type locality:** Austria: Wien.

Pegomyia celosiae Hering, 1932. Z. Pfl. Krankh. 42: 570. **Type locality:** Germany: Geisenheim.

分布（Distribution）：山西（SX）、青海（QH）、新疆（XJ）；日本、朝鲜、奥地利、捷克、斯洛伐克、德国、法国、英国、匈牙利、意大利、挪威、波兰、罗马尼亚、瑞典、芬兰、俄罗斯；新北区；非洲（北部）。

（598）黄前基泉蝇 *Pegomya flaviprecoxa* Li *et* Deng, 1983

Pegomya flaviprecoxa Li *et* Deng, 1983. Entomotaxon. 5 (3): 203. **Type locality:** China: Sichuan, Emeishan.

分布（Distribution）：四川（SC）。

（599）弧阳泉蝇 *Pegomya flavoscutellata* (Zetterstedt, 1838)

Anthomyza flavoscutellata Zetterstedt, 1838. Insecta Lapp.: 697. **Type locality:** Sweden: Torne Lappmark, Juckasjärvi.

分布（Distribution）：青海（QH）；奥地利、瑞士、捷克、斯洛伐克、德国、挪威、波兰、瑞典、芬兰、俄罗斯；北美洲。

（600）叶突泉蝇 *Pegomya folifera* Li *et* Deng, 1983

Pegomya folifera Li *et* Deng, 1983. Entomotaxon. 5 (3): 207. **Type locality:** China: Sichuan, Emeishan.

分布（Distribution）：四川（SC）。

（601）曲茎泉蝇 *Pegomya geniculata* (Bouché, 1834)

Anthomyia geniculata Bouché, 1834. Naturgeschichte der Insekten, besonderes in Hinsicht ihrer ersten Zustände als Larven und Puppen: 81. **Type locality:** Not given (presumably Germany: Berlin).

Anthomyia univittata von Roser, 1840. Correspondenzbl. K. Württemb. Landw. Ver., Stuttgart 37 [= N. S. 17] (1): 59. **Type locality:** Not given (presumably Germany: Württemberg).

Anthomyia ephippium Zetterstedt, 1846. Dipt. Scand. 5: 1790. **Type locality:** Denmark: NE Zealand.

分布（Distribution）：黑龙江（HL）、河北（HEB）；日本、奥地利、捷克、斯洛伐克、德国、丹麦、法国、英国、意大利、挪威、罗马尼亚、瑞典、芬兰、俄罗斯；北美洲。

（602）钩泉蝇 *Pegomya hamata* Wei, 1998

Pegomya hamata Wei, 1998. *In*: Xue *et* Chao, 1998. Flies of China, Vol. 1: 787. **Type locality:** China: Guizhou, Suiyang.

分布（Distribution）：贵州（GZ）。

（603）钩阳泉蝇 *Pegomya hamatacrophalla* Li *et* Deng, 1983

Pegomya hamatacrophalla Li *et* Deng, 1983. Entomotaxon. 5 (3): 203. **Type locality:** China: Sichuan, Emeishan.

分布（Distribution）：四川（SC）。

（604）异突泉蝇 *Pegomya heteroparamera* Zheng *et* Fan, 1990

Pegomya heteroparamera Zheng *et* Fan, 1990. *In*: Zheng *et* Fan, 1989-1990. *In*: Shanghai Institute of Entomology, Academia Sinica, 1989-1990. Contributions from Shanghai Institute of Entomology, Vol. 9: 184. **Type locality:** China: Sichuan, Emeishan.

分布（Distribution）：四川（SC）。

（605）可可西里泉蝇 *Pegomya hohxiliensis* Xue *et* Zhang, 1996

Pegomya hohxiliensis Xue *et* Zhang, 1996. The Biology and Human Physiology in the Hoh-Xil Region: 185. **Type locality:** China: Qinghai, Hoh Xil.

分布（Distribution）：青海（QH）。

（606）并棘泉蝇 *Pegomya holosteae* (Hering, 1924)

Hylemyia holosteae Hering, 1924. Z. Morph. Ökol. Tiere 2: 232. **Type locality:** Germany: Berlin, Finkenkrug.

Pegomyia cerastii Hering, 1931. Z. Pfl. Krankh. 41: 546. **Type locality:** Germany: Berlin.

Pegomyia globosa Ringdahl, 1951. Opusc. Ent. 16: 34. **Type locality:** Sweden: Abisko.

分布（Distribution）：辽宁（LN）、四川（SC）；日本、捷克、斯洛伐克、德国、瑞典、俄罗斯；北美洲。

（607）黄龙泉蝇 *Pegomya huanglongensis* Deng *et* Li, 1993

Pegomya huanglongensis Deng *et* Li, 1993. Sichuan J. Zool. 12 (4): 8. **Type locality:** China: Sichuan, Huanglong.

分布（Distribution）：四川（SC）。

（608）厚重泉蝇 *Pegomya incrassata* Stein, 1907

Pegomya incrassata Stein, 1907b. Annu. Mus. Zool. Acad. Sci. Russ. St.-Pétersb. 12: 356. **Type locality:** China: Nanschan, Humboldt-Kette, Quelle Ulanbulak.

分布（Distribution）：青海（QH）、广东（GD）。

（609）日本泉蝇 *Pegomya japonica* Suwa, 1974

Pegomya japonica Suwa, 1974. Insecta Matsum. (N. S.) 4: 225. **Type locality:** Japan: Hokkaidō, Nopporo.

Pegomya mokanensis Fan, 1980. *In*: Shanghai Institute of Entomology, Academia Sinica, 1980. Contributions from Shanghai Institute of Entomology, Vol. 1: 202. **Type locality:** China: Zhejiang, Mt. Mogan.

分布（Distribution）：浙江（ZJ）、四川（SC）、福建（FJ）、海南（HI）；日本。

（610）江苏泉蝇 *Pegomya kiangsuensis* Fan, 1964

Pegomya kiangsuensis Fan, 1964. Acta Ent. Sin. 13 (4): 615. **Type locality:** China: Jiangsu, Nanjing, Xiashu.

分布（Distribution）：安徽（AH）、江苏（JS）、上海（SH）、湖南（HN）、四川（SC）、贵州（GZ）、福建（FJ）。

（611）宽阔泉蝇 *Pegomya kuankoshuiensis* Wei, 1988

Pegomya kuankoshuiensis Wei, 1988. Acta Zootaxon. Sin. 13 (3): 294. **Type locality:** China: Guizhou, Suiyang.

分布（Distribution）：贵州（GZ）。

（612）葫叶泉蝇 *Pegomya lageniforceps* Xue, 2003

Pegomya lageniforceps Xue, 2003. Acta Ent. Sin. 46 (1): 82. **Type locality:** China: Yunnan, Lushui, Pianma.

分布（Distribution）：云南（YN）。

（613）列鬃泉蝇 *Pegomya laterisetata* Deng *et* Li, 1988

Pegomya laterisetata Deng *et* Li, 1988. Entomotaxon. 10 (3-4): 197. **Type locality:** China: Sichuan, Emeishan.

分布（Distribution）：四川（SC）。

（614）拉萨泉蝇 *Pegomya lhasaensis* Zhong, 1985

Pegomya lhasaensis Zhong, 1985. Zool. Res. 6 (4): 332. **Type locality:** China: Tibet, Lasa.

分布（Distribution）：西藏（XZ）。

（615）龙山泉蝇 *Pegomya longshanensis* Wei, 1988

Pegomya longshanensis Wei, 1988. Zool. Res. 9 (4): 431. **Type locality:** China: Guizhou, Anlong (Longshan Preserve).

分布（Distribution）：贵州（GZ）。

（616）灰黄泉蝇 *Pegomya lurida* (Zetterstedt, 1846)

Anthomyza lurida Zetterstedt, 1846. Dipt. Scand. 5: 1780. **Type locality:** Sweden: Jämtland, Skalstugan.

Anthomyza strigipes Zetterstedt, 1846. Dipt. Scand. 5: 1775. **Type locality:** Sweden: Jämtland, Åreskutan.

Pegomya valgenovensis Hennig, 1973. Flieg. Palaearkt. Reg. 7 (1): 662. **Type locality:** Italy: Val (di) Genova.

Pegomya centaureodes Hsue, 1981. Acta Ent. Sin. 24 (1): 92. **Type locality:** China: Liaoning, Benxi.

分布（Distribution）：黑龙江（HL）、吉林（JL）、辽宁（LN）、四川（SC）；意大利、瑞典、芬兰。

（617）黄尖泉蝇 *Pegomya luteapiculis* Deng *et* Li, 1988

Pegomya luteapiculis Deng *et* Li, 1988. Entomotaxon. 10 (3-4): 199. **Type locality:** China: Sichuan, Emeishan.

分布（Distribution）：四川（SC）。

（618）枸杞泉蝇 *Pegomya lycii* Fan *et* Gao, 1989

Pegomya lycii Fan *et* Gao, 1989. Entomotaxon. 11 (4): 333. **Type locality:** China: Ningxia, Yinchuan.

分布（Distribution）：宁夏（NX）。

（619）琴叶泉蝇 *Pegomya lyrura* Fan, 1980

Pegomya lyrura Fan, 1980. *In*: Shanghai Institute of Entomology, Academia Sinica, 1980. Contributions from Shanghai Institute of Entomology, Vol. 1: 202. **Type locality:** China: Zhejiang, Tianmushan.

分布（Distribution）：浙江（ZJ）、四川（SC）。

（620）巨肛泉蝇 *Pegomya magnicercalis* Wei, 1988

Pegomya magnicercalis Wei, 1988. Acta Zootaxon. Sin 13 (3): 295. **Type locality:** China: Guizhou, Suiyang.

分布（Distribution）：贵州（GZ）。

（621）中叶泉蝇 *Pegomya mediarmata* Zheng *et* Xue, 2002

Pegomya mediarmata Zheng *et* Xue, 2002. Acta Zootaxon. Sin. 27 (1): 159. **Type locality:** China: Liaoning, Benxi (Nandian).

分布（Distribution）：辽宁（LN）。

（622）墨脱泉蝇 *Pegomya medogensis* Fan et Chen, 1984

Pegomya medogensis Fan et Chen, 1984. *In*: Fan et al., 1984b. *In*: Shanghai Institute of Entomology, Academia Sinica, 1984. Contributions from Shanghai Institute of Entomology, Vol. 4: 258. Type locality: China: Tibet, Motuo.

分布（Distribution）：西藏（XZ）。

（623）黑跗泉蝇 *Pegomya melaotarsis* Wei, 1998

Pegomya melaotarsis Wei, 1998. *In*: Xue et Chao, 1998. Flies of China, Vol. 1: 787. Type locality: China: Guizhou, Suiyang.

分布（Distribution）：贵州（GZ）。

（624）黑转泉蝇 *Pegomya melatrochanter* Li et Deng, 1983

Pegomya melatrochanter Li et Deng, 1983. Entomotaxon. 5 (3): 208. Type locality: China: Sichuan, Emeishan.

分布（Distribution）：四川（SC）。

（625）月茎泉蝇 *Pegomya meniscoides* Li, Deng, Zhu et Sun, 1984

Pegomya meniscoides Li, Deng, Zhu et Sun, 1984. Acta Acad. Med. Sichuan 15 (2): 109. Type locality: China: Sichuan, Emeishan.

分布（Distribution）：四川（SC）。

（626）微端鬃泉蝇 *Pegomya minutisetaria* Zhong, 1985

Pegomya minutisetaria Zhong, 1985. Zool. Res. 6 (4): 332. Type locality: China: Tibet, Motuo.

分布（Distribution）：西藏（XZ）。

（627）奇叶泉蝇 *Pegomya mirabifurca* Cui, Li et Fan, 1993

Pegomya mirabifurca Cui, Li et Fan, 1993. *In*: Li, Cui et Fan, 1992-1993. *In*: Shanghai Institute of Entomology, Academia Sinica, 1992-1993. Contributions from Shanghai Institute of Entomology, Vol. 11: 137. Type locality: China: Neimenggu, Guyuan.

分布（Distribution）：黑龙江（HL）、内蒙古（NM）、河南（HEN）。

（628）多齿泉蝇 *Pegomya multidentis* Wei, 1998

Pegomya multidentis Wei, 1998. *In*: Xue et Chao, 1998. Flies of China, Vol. 1: 787. Type locality: China: Guizhou, Suiyang.

分布（Distribution）：贵州（GZ）。

（629）类多齿泉蝇 *Pegomya multidentisoides* Wei, 1998

Pegomya multidentisoides Wei, 1998. *In*: Xue et Chao, 1998.

Flies of China, Vol. 1: 788. Type locality: China: Guizhou, Suiyang.

分布（Distribution）：贵州（GZ）。

（630）黑头泉蝇 *Pegomya nigericeps* Xue, 2016

Pegomya nigericeps Xue, 2016. *In*: Xue et al., 2016. Orient. Insects 49 (3-4): 293. Type locality: China: Yunnan.

分布（Distribution）：云南（YN）。

（631）黑泉蝇 *Pegomya nigra* Suwa, 1974

Pegomya nigra Suwa, 1974. Insecta Matsum. (N. S.) 4: 201. Type locality: Japan: Honshû, Nagano-ken, Mt. Yatsugatake.

分布（Distribution）：吉林（JL）；日本。

（632）黑前足泉蝇 *Pegomya nigripraepeda* Feng, 2006

Pegomya nigripraepeda Feng, 2006. Entomol. J. East China 15 (1): 2. Type locality: China: Sichuan, Emeishan.

分布（Distribution）：四川（SC）。

（633）黑前股泉蝇 *Pegomya nigriprefemora* Li, Deng, Zhu et Sun, 1984

Pegomya nigriprefemora Li, Deng, Zhu et Sun, 1984. Acta Acad. Med. Sichuan 15 (2): 105. Type locality: China: Sichuan, Emeishan.

分布（Distribution）：四川（SC）。

（634）裸端泉蝇 *Pegomya nudapicalis* Li et Deng, 1988

Pegomya dichaetomyiola nudapicalis Li et Deng, 1988. *In*: Fan et al., 1988. Economic Insect Fauna of China 37: 332. Type locality: China: Sichuan, Emeishan.

分布（Distribution）：四川（SC）。

（635）少刚毛泉蝇 *Pegomya oligochaita* Deng et Li, 1988

Pegomya oligochaita Deng et Li, 1988. Entomotaxon. 10 (3-4): 199. Type locality: China: Sichuan, Emeishan.

分布（Distribution）：四川（SC）。

（636）东方泉蝇 *Pegomya orientis* Suwa, 1974

Pegomya orientis Suwa, 1974. Insecta Matsum. (N. S.) 4: 219. Type locality: Japan: Hokkaidō, Sapporo.

分布（Distribution）：上海（SH）；日本。

（637）厚尾泉蝇 *Pegomya pachura* Fan, 1980

Pegomya pachura Fan, 1980. *In*: Shanghai Institute of Entomology, Academia Sinica, 1980. Contributions from Shanghai Institute of Entomology, Vol. 1: 203. Type locality: China: Shanghai, Songjiang.

分布（Distribution）：上海（SH）、浙江（ZJ）、湖南（HN）、四川（SC）。

（638）小缨尾泉蝇 *Pegomya parvicrinicauda* Xue, 2016

Pegomya parvicrinicauda Xue, 2016. *In*: Xue *et al.*, 2016. Orient. Insects 49 (3-4): 295. **Type locality:** China: Sichuan.

分布 （Distribution）：四川（SC）。

（639）毛笋泉蝇 *Pegomya phyllostachys* Fan, 1964

Pegomya phyllostachys Fan, 1964. Acta Ent. Sin. 13 (4): 614. **Type locality:** China: Zhejiang, Anji.

分布（Distribution）：浙江（ZJ）、湖南（HN）、四川（SC）。

（640）皱叶泉蝇 *Pegomya pliciforceps* Fan, 1980

Pegomya pliciforceps Fan, 1980. *In*: Shanghai Institute of Entomology, Academia Sinica, 1980. Contributions from Shanghai Institute of Entomology, Vol. 1: 203. **Type locality:** China: Jiangsu, Nanjing, Xiashu.

分布（Distribution）：江苏（JS）、上海（SH）、浙江（ZJ）。

（641）绯腹泉蝇 *Pegomya prominens* (Stein, 1907)

Pegomyia prominens Stein, 1907b. Annu. Mus. Zool. Acad. Sci. Russ. St.-Pétersb. 12: 355. **Type locality:** China: Qinghai, Qilianshan.

分布（Distribution）：青海（QH）、新疆（XJ）、四川（SC）。

（642）靓足泉蝇 *Pegomya pulchripes* (Loew, 1857)

Anthomyia pulchripes Loew, 1857. Z. Ges. Naturw. Halle 10 (4): 104. **Type locality:** Germany: Harzburg bei Wernigerode.

Mused flavipes Fallén, 1825b. Monogr. Musc. Sveciae IX: 90 (preoccupied by de Villers, 1789 and Schrank, 1803). **Type locality:** Sweden: Scania.

Pegomya diluta Stein, 1906. Wien. Ent. Ztg. 25: 71. **Type locality:** Italy: Sondrio.

分布（Distribution）：河北（HEB）、四川（SC）；日本、捷克、斯洛伐克、德国、法国、英国、意大利、挪威、波兰、瑞典、芬兰、俄罗斯。

（643）四条泉蝇 *Pegomya quadrivittata* (Karl, 1935)

Pegomyia quadrivittata Karl, 1935. Arb. Morph. Taxon. Ent. 2: 44. **Type locality:** China: Taiwan.

分布（Distribution）：辽宁（LN）、河南（HEN）、四川（SC）、贵州（GZ）、云南（YN）、福建（FJ）、台湾（TW）、广东（GD）；朝鲜、日本；东洋区。

（644）稀鬃泉蝇 *Pegomya rarifemoriseta* Li *et* Deng, 1983

Pegomya rarifemoriseta Li *et* Deng, 1983. Entomotaxon. 5 (3): 205. **Type locality:** China: Sichuan, Emeishan.

分布（Distribution）：四川（SC）。

（645）卷叶泉蝇 *Pegomya revolutiloba* Zheng *et* Fan, 1990

Pegomya revolutiloba Zheng *et* Fan, 1990. *In*: Zheng *et* Fan,

1989-1990. *In*: Shanghai Institute of Entomology, Academia Sinica, 1989-1990. Contributions from Shanghai Institute of Entomology, Vol. 9: 184. **Type locality:** China: Tibet, Yadong.

分布（Distribution）：西藏（XZ）。

（646）裂叶泉蝇 *Pegomya rhagolobs* Li, Deng, Zhu *et* Sun, 1984

Pegomya rhagolobs Li, Deng, Zhu *et* Sun, 1984. Acta Acad. Med. Sichuan 15 (2): 107. **Type locality:** China: Sichuan, Emeishan.

分布（Distribution）：四川（SC）。

（647）悬钩子泉蝇 *Pegomya rubivora* (Coquillett, 1897)

Phorbia rubivora Coquillett, 1897a. Can. Entomol. 29: 162. **Type locality:** USA: New York, Ithaca.

Anthomyia (Chortophila) dentiens Pandellé, 1900. Rev. Ent. 19 (Suppl.): 268. **Type locality:** France: Landes.

Chortophila laticornis Stein, 1914. Arch. Naturgesch. 79A (8) (1913): 50. **Type locality:** Germany: Genthin.

Chortophila rubicola Enderlein, 1933d. Z. Angew. Ent. 20 (2): 328. **Type locality:** Germany: Kiel district, Kitzeberg.

分布（Distribution）：黑龙江（HL）、辽宁（LN）；日本、朝鲜、俄罗斯、奥地利、捷克、斯洛伐克、德国、丹麦、法国、英国、荷兰、瑞典、芬兰；新北区。

（648）棕头泉蝇 *Pegomya ruficeps* (Zetterstedt, 1838)

Anthomyza ruficeps Zetterstedt, 1838. Insecta Lapp.: 698. **Type locality:** Sweden: Lycksele Lappmark, Vojmsjön.

Anthomyza rufieeps Zetterstedt, 1837. Isis (Oken's) 21: 46 (nomen nudum).

Pegomyia solitaria Stein, 1906. Wien. Ent. Ztg. 25: 80. **Type locality:** Austria: Wölfersgrund.

分布（Distribution）：黑龙江（HL）；日本、俄罗斯、奥地利、法国、波兰、罗马尼亚、瑞典、芬兰；北美洲。

（649）淡红泉蝇 *Pegomya rufina* (Fallén, 1825)

Musca rufina Fallén, 1825b. Monogr. Musc. Sveciae IX: 92. **Type locality:** Not given (presumably Sweden).

Anthomyza ochreata Zetterstedt, 1838. Insecta Lapp.: 697. **Type locality:** Sweden: Umensis ad Lycksele.

Anthomyza guttifrons Zetterstedt, 1846. Dipt. Scand. 5: 1772. **Type locality:** Sweden: Ostrogothia and Westrogothia.

Anthomyia damianitschi Schiner, 1865. Verh. K. K. Zool.-Bot. Ges. Wien 15: 998. **Type locality:** Not given (presumably Austria).

Pegomyia squamifera Stein, 1906. Wien. Ent. Ztg. 25: 63. **Type locality:** Germany: Genthin *et* Berlin. Austria: Schlesien *et* Wien. Poland: Rügenwalde *et* Warsaw. England. France.

分布（Distribution）：陕西（SN）；奥地利、捷克、斯洛伐克、德国、西班牙、法国、英国、匈牙利、挪威、波兰、瑞典、芬兰、俄罗斯。

（650）细眶泉蝇 *Pegomya seitenstettensis* (Strobl, 1880)

Anthomyia seitenstettensis Strobl, 1880. Progr. K. K. Obergymn. Benedictiner Seitenstetten 1880: 25. **Type locality:** Austria: Trefling.

Pegomya angustiorbitae Suwa, 1974. Insecta Matsum. (N. S.) 4: 198. **Type locality:** Japan: Honshû, Nagano-ken, Mt. Yatsugatake.

分布（Distribution）：吉林（JL）；日本、奥地利、捷克、斯洛伐克、德国、英国、意大利、瑞典、芬兰。

（651）半环泉蝇 *Pegomya semiannula* Li, Deng, Zhu *et* Sun, 1984

Pegomya semiannula Li, Deng, Zhu *et* Sun, 1984. Acta Acad. Med. Sichuan 15 (2): 106. **Type locality:** China: Sichuan, Emeishan.

分布（Distribution）：四川（SC）。

（652）半圆泉蝇 *Pegomya semicircula* Li, Liu *et* Fan, 1999

Pegomya semicircula Li, Liu *et* Fan, 1999. *In*: Li *et al.*, 1999. Chin. J. Vector Biol. & Control 10 (4): 243. **Type locality:** China: Henan, Lushixian, Qimahe.

分布（Distribution）：河南（HEN）。

（653）狗尾草泉蝇 *Pegomya setaria* (Meigen, 1826)

Anthomyia setaria Meigen, 1826. Syst. Beschr. Europ. Zweifl. Insekt. 5: 178. **Type locality:** Not given (presumably Germany: Aachen).

Anthomyza salicis Zetterstedt, 1837. Isis (Oken's) 21: 45 (nomen nudum).

Anthomyza salicis Zetterstedt, 1838. Insecta Lapp.: 692. **Type locality:** Sweden: Tome Lappmark, Juckasjärvi.

Anthomyza calceolata Zetterstedt, 1845. Dipt. Scand. 4: 1704. **Type locality:** Sweden: Östergötlands, Mjölby, Lärketorp.

Anthomyia grossa Brischke, 1881. Schr. Naturf. Ges. Danzig (N. F.) 5 (1-2): 268. **Type locality:** Poland: Zopot.

分布（Distribution）：上海（SH）；保加利亚、捷克、斯洛伐克、德国、法国、英国、匈牙利、波兰、瑞典、芬兰、俄罗斯。

（654）简尾泉蝇 *Pegomya simpliciforceps* Li *et* Deng, 1983

Pegomya simpliciforceps Li *et* Deng, 1983. Entomotaxon. 5 (3): 208. **Type locality:** China: Sichuan, Emeishan.

分布（Distribution）：四川（SC）。

（655）匙叶泉蝇 *Pegomya spatulans* Deng, Li, Sun *et* Zhu, 1987

Pegomya spatulans Deng, Li, Sun *et* Zhu, 1987. Entomotaxon. 9 (2): 93. **Type locality:** China: Sichuan, Hongchunping.

分布（Distribution）：四川（SC）。

（656）棘基泉蝇 *Pegomya spinulosa* Fan, 1980

Pegomya spinulosa Fan, 1980. *In*: Shanghai Institute of Entomology, Academia Sinica, 1980. Contributions from Shanghai Institute of Entomology, Vol. 1: 203. **Type locality:** China: Hunan, Mangshan.

分布（Distribution）：浙江（ZJ）、湖南（HN）、四川（SC）、福建（FJ）。

（657）小孔泉蝇 *Pegomya spiraculata* Suwa, 1974

Pegomya spiraculata Suwa, 1974. Insecta Matsum. (N. S.) 4: 207. **Type locality:** Japan: Hokkaidō, Kami-no-kuni.

分布（Distribution）：辽宁（LN）；朝鲜、日本。

（658）亚端泉蝇 *Pegomya subapicalis* Feng, Liu *et* Zhou, 1984

Pegomya subapicalis Feng, Liu *et* Zhou, 1984. Entomotaxon. 6 (1): 3. **Type locality:** China: Guizhou.

分布（Distribution）：贵州（GZ）。

（659）拟灰黄泉蝇 *Pegomya sublurida* Hsue, 1981

Pegomya sublurida Hsue, 1981. Acta Ent. Sin. 24 (1): 89. **Type locality:** China: Liaoning, Benxi.

分布（Distribution）：辽宁（LN）。

（660）隘形泉蝇 *Pegomya tabida* (Meigen, 1826)

Anthomyia tabida Meigen, 1826. Syst. Beschr. Europ. Zweifl. Insekt. 5: 180. **Type locality:** Not given.

Anthomyza gilva Zetterstedt, 1846. Dipt. Scand. 5: 1789. **Type locality:** Sweden: Gotland.

Pegomyia pallida Stein, 1906. Wien. Ent. Ztg. 25: 69. **Type locality:** Germany: Genthin *et* Sachsen. Poland: Rügenwalde. Lithuania: Sintenis. Russia.

分布（Distribution）：陕西（SN）；德国、英国、挪威、瑞典、芬兰、波兰、俄罗斯。

（661）台湾泉蝇 *Pegomya taiwanensis* Suwa, 1984

Pegomya taiwanensis Suwa, 1984b. Insecta Matsum. (N. S.) 29: 17. **Type locality:** China: Taiwan, Jiayi.

分布（Distribution）：台湾（TW）。

（662）细枝泉蝇 *Pegomya tenuiramula* Ge, Li *et* Fan, 1988

Pegomya tenuiramula Ge, Li *et* Fan, 1988. *In*: Fan *et al.*, 1988. Economic Insect Fauna of China 37: 339. **Type locality:** China: Gansu, Diebu.

分布（Distribution）：甘肃（GS）。

（663）单鬃泉蝇 *Pegomya unilongiseta* Fan *et* Huang, 1984

Pegomya unilongiseta Fan *et* Huang, 1984. *In*: Fan *et al.*, 1984. Wuyi Sci. J. 4: 220. **Type locality:** China: Fujian, Wuyishan.

分布（Distribution）：福建（FJ）。

（664）独中鬃泉蝇 *Pegomya unimediseta* Deng et Li, 1988

Pegomya unimediseta Deng et Li, 1988. Entomotaxon. 10 (3-4): 200. **Type locality:** China: Sichuan, Emeishan.

分布（Distribution）：四川（SC）。

（665）拟矢车菊泉蝇 *Pegomya valgenovensis* Hennig, 1973

Pegomya valgenovensis Hennig, 1973. Flieg. Palaearkt. Reg. 7 (1): 662. **Type locality:** Italy: Val (di) Genova.

Pegomya centaureodes Hsue, 1981. Acta Ent. Sin. 24 (1): 92. **Type locality:** China: Liaoning, Benxi.

分布（Distribution）：黑龙江（HL）、吉林（JL）、辽宁（LN）、四川（SC）；日本、意大利；北美洲。

（666）黄端泉蝇 *Pegomya winthemi* (Meigen, 1826)

Anthomyia winthemi Meigen, 1826. Syst. Beschr. Europ. Zweifl. Insekt. 5: 186. **Type locality:** Not given (presumably "Von Hrn. v. Winthem").

Sapromyza blepharipteroides Dufour, 1839. Ann. Sci. Nat. Zool. 12 (2): 42. **Type locality:** Not given (presumably France).

Anthomyia scutellaris von Roser, 1840. Correspondenzl. K. Württemb. Landw. Ver., Stuttgart 37 [= N. S. 17] (1): 59. **Type locality:** Not given (presumably Germany: Württemberg).

Anthomyza latitarsis Zetterstedt, 1846. Dipt. Scand. 5: 1754. **Type locality:** Sweden: Skåne.

Anthomyia digitaria Rondani, 1866. Atti Soc. Ital. Sci. Nat. Milano 9: 152. **Type locality:** Italy: in colle ditionis Parmensis [= in the hills of the Parma district].

Pegomyia obscura Stein, 1906. Wien. Ent. Ztg. 25: 62. **Type locality:** Austria: aus dem Österreichischen Litorale.

分布（Distribution）：黑龙江（HL）、辽宁（LN）；日本、俄罗斯、奥地利、捷克、斯洛伐克、德国、丹麦、西班牙、法国、英国、意大利、挪威、罗马尼亚、瑞典、芬兰、前南斯拉夫；北美洲。

（667）武夷泉蝇 *Pegomya wuyiensis* Fan et Huang, 1984

Pegomya wuyiensis Fan et Huang, 1984. *In*: Fan et al., 1984. Wuyi Sci. J. 4: 220. **Type locality:** China: Fujian, Wuyishan.

分布（Distribution）：福建（FJ）。

（668）薛氏泉蝇 *Pegomya xuei* Deng et Li, 1988

Pegomya xuei Deng et Li, 1988. Flies of China, Vol. 1: 795. **Type locality:** China: Sichuan, Emeishan.

Pegomya unilongiseta Deng et Li, 1988. Entomotaxon. 10 (3-4): 199. **Type locality:** China: Sichuan, Emeishan.

分布（Distribution）：四川（SC）。

（669）云南泉蝇 *Pegomya yunnanensis* Xue, 2001

Pegomya yunnanensis Xue, 2001. Zool. Res. 22 (6): 487. **Type locality:** China: Yunnan, Lushui, Pianma.

分布（Distribution）：云南（YN）。

（670）玉树泉蝇 *Pegomya yushuensis* Fan, 1986

Pegomya yushuensis Fan, 1986. Entomotaxon. 8 (1-2): 28. **Type locality:** China: Qinghai, Jiegu.

分布（Distribution）：青海（QH）。

厕蝇科 Fanniidae

1. 宽额厕蝇属 *Euryomma* Stein, 1899

Euryomma Stein, 1899. Ent. Nachr. 25: 19. **Type species:** *Euryomma hispaniense* Stein, 1899 (monotypy) [= *Anthomyia peregrinum* Meigen, 1826].

Cerodiscia Enderlein, 1936. Tierwelt Mitteleur. 6 (2), Ins. 3: 201. **Type species:** *Cerodiscia zelleri* Enderlein, 1936 (monotypy) [= *Anthomyia peregrinum* Meigen, 1826].

（1）锈腹宽额厕蝇 *Euryomma peregrinum* (Meigen, 1826)

Anthomyia peregrinum Meigen, 1826. Syst. Beschr. Europ. Zweifl. Insekt. 5: 187. **Type locality:** Germany: in the cabin of an American ship.

Homalomya schembrii Rondani, 1866. Atti Soc. Ital. Sci. Nat. Milano 9: 127. **Type locality:** Italy: "ab insula Melita"[= Malta] and "in colle agri Parmensis"[= on a hill of the Parma countryside].

Homalomya observanda Rondani, 1877. Dipt. Ital. Prodromus, Vol. VI: 61. **Type locality:** Italy: "in colle sub-apennino ditionis Parmensis" [= on a subapennine hill of the Parma countryside].

Euryomma hispaniense Stein, 1899. Ent. Nachr. 25: 20. **Type locality:** Spain: Algeciras.

Cerodiscia zelleri Enderlein, 1936. Tierwelt Mitteleur. 6 (2), Ins. 3: 201. **Type locality:** Italy.

Euryomma peregrinum var. *obscurigastris* Santos Abreu, 1976. Monogr. Anthom. Islas Canar.: 53 (unavailable).

分布（Distribution）：台湾（TW）；比利时、德国、奥地利、葡萄牙、西班牙、意大利、马耳他；新北区、东洋区、新热带区；非洲。

2. 厕蝇属 *Fannia* Robineau-Desvoidy, 1830

Fannia Robineau-Desvoidy, 1830. Mém. Prés. Div. Sav. Acad. R. Sci. Inst. Fr. 2 (2): 567. **Type species:** *Fannia saltatrix* Robineau-Desvoidy, 1830 (monotypy) [= *Musca scalaris* Fabricius, 1794].

Philinta Robineau-Desvoidy, 1830. Mém. Prés. Div. Sav. Acad. R. Sci. Inst. Fr. 2 (2): 568. **Type species:** *Musca canicularis*

Linnaeus, 1761.

Aminta Robineau-Desvoidy, 1830. Mém. Prés. Div. Sav. Acad. R. Sci. Inst. Fr. 2 (2): 569. **Type species:** *Aminta ludibunda* Robineau-Desvoidy, 1830.

Homalomyia Bouché, 1834. Naturgeschichte der Insekten, besonderes in Hinsicht ihrer ersten Zustände als Larven und Puppen: 89. **Type species:** *Musca canicularis* Linnaeus, 1761.

Myantha Rondani, 1856. Dipt. Ital. Prodromus, Vol. I: 95. **Type species:** *Musca canicularis* Linnaeus, 1761.

Eriopoda Lioy, 1864. Atti R. Ist. Véneto Sci. Lett. Arti (3) 9: 994. **Type species:** *Anthomyia ornata* Meigen, 1826.

Parmalomyia Bigot, 1882. Ann. Soc. Entomol. Fr. (6) 2: 18 (in key; without included species).

Gymnochoristomma Strobl, 1898. Glasn. Zemalj. Mus. Bosni Herceg. 10: 462 (as a subgenus of *Homalomyia*). **Type species:** *Homalomyia* (*Gymnochoristomma*) *bosnica* Strobl, 1898 (monotypy) [= *Musca scalaris* Fabricius, 1794].

Steinomyia Malloch, 1912. Proc. U. S. Natl. Mus. 43: 656. **Type species:** *Steinomyia steini* Malloch, 1912 (by original designation) [= *Musca scalaris* Fabricius, 1794].

Fanniosoma Ringdahl, 1932b. Ent. Tidskr. 53: 160. **Type species:** *Fanniosoma latifrons* Ringdahl, 1932 (monotypy) [= *Fannia latifrontalis* Hennig, 1955].

Beckerinella Enderlein, 1936. Tierwelt Mitteleur. 6 (2), Ins. 3: 195. **Type species:** *Bekerinella pygmaea* Enderlein, 1936 (monotypy) [= *Homalomyia parva* Stein, 1895].

Ivalomyia Tiensuu, 1938 Ann. Ent. Fenn. 4: 29. **Type species:** *Ivalomyia limbata* Tiensuu, 1938.

Hennigomyia Mihályi, 1973. Ann. Hist.-Nat. Mus. Natl. Hung. 65: 281. **Type species:** *Hennigomyia aenigmatica* Mihályi, 1973 (by original designation) [= *Anthomyia armata* Meigen, 1826].

（2）离厕蝇 *Fannia abrupta* Malloch, 1924

Fannia abrupta Malloch, 1924b. Ann. Mag. Nat. Hist. (9) 13: 423. **Type locality:** USA: New Hampshire, Mt. Washington.

Fannia abrupta: Chillcott, 1961a. Can. Entomol. Suppl. 14: 174.

分布（Distribution）：云南（YN）；美国。

（3）拟线厕蝇 *Fannia aequilineata* Ringdahl, 1945

Fannia aequilineata Ringdahl, 1945. Opusc. Ent. 10: 145. **Type locality:** Sweden: near Hälsingborg.

分布（Distribution）：内蒙古（NM）；捷克、德国、斯洛伐克、英国、丹麦、爱尔兰、瑞典、瑞士、匈牙利、西班牙、马耳他。

（4）双毛厕蝇 *Fannia aethiops* Malloch, 1913

Fannia aethiops Malloch, 1913e. Proc. U. S. Natl. Mus. 44: 628. **Type locality:** USA: New Hampshire, White Mts.

Fannia bisetosa Ringdahl, 1926. Ent. Tidskr. 47: 105. **Type locality:** Sweden.

Fannia bisetosa: Hennig, 1955. Flieg. Palaearkt. Reg. 7 (2): 21.

分布（Distribution）：吉林（JL）、山西（SX）；瑞典；新北区。

（5）白瓣厕蝇 *Fannia albisquama* Wang *et* Zhang, 2008

Fannia albisquama Wang *et* Zhang, 2008. *In*: Wang, Zhang, Wang, 2008. Insect Syst. Evol. 39 (1): 89. **Type locality:** China: Shanxi, Qinshui.

分布（Distribution）：山西（SX）。

（6）阿拉善厕蝇 *Fannia alxaensis* Tian *et* Xue, 1999

Fannia alxaensis Tian *et* Xue, 1999. Zool. Res. 20 (1): 58. **Type locality:** China: Inner Mongolia, Alxa-youqi.

分布（Distribution）：内蒙古（NM）。

（7）宽厕蝇 *Fannia ampla* Nishida, 1994

Fannia ampla Nishida, 1994. Jpn. J. Sanit. Zool. Suppl. 45: 82. **Type locality:** Nepal.

分布（Distribution）：四川（SC）；尼泊尔。

（8）羚角厕蝇 *Fannia antilocera* Wang, Xue *et* Su, 2004

Fannia antilocera Wang, Xue *et* Su, 2004. Insect Sci. 11 (2): 137. **Type locality:** China: Guizhou, Fanjingshan.

分布（Distribution）：贵州（GZ）。

（9）尖头厕蝇 *Fannia ardua* Nishida, 1976

Fannia ardua Nishida, 1976. Jpn. J. Sanit. Zool. 27 (2): 135. **Type locality:** Japan: Hokkaidō, Sapporo.

Fannia ardua: Pont, 1986a. *In*: Soós *et* Papp, 1986. Cat. Palaearct. Dipt. 11: 44.

分布（Distribution）：吉林（JL）；日本。

（10）中跗厕蝇 *Fannia armata*（Meigen, 1826）

Anthomyia armata Meigen, 1826. Syst. Beschr. Europ. Zweifl. Insekt. 5: 139. **Type locality:** Not given (presumably Germany).

Anthomyia (*Homalomyia*) *macrophthalma* Bouché, 1834. Naturgeschichte der Insekten, besonders *in* Hinsicht ihrer ersten Zustände als Larven und Puppen: 90. **Type locality:** Not given (probably Germany: Berlin).

Homalomyia marginata Pokorny, 1889. Verh. K. K. Zool.-Bot. Ges. Wien 39: 565. **Type locality:** Italy: near Gomagoi, Val di Solda.

Homalomyia pseudoarmata Strobl, 1893d. Verh. K. K. Zool.-Bot. Ges. Wien 43: 239. **Type locality:** Austria: Admont *et* Seitenstetten.

Homalomyia majuscula Stein, 1895. Berl. Ent. Z. 40: 112. **Type locality:** unavailable; published in synonymy with *glaucescens* Zetterstedt.

Hennigomyia aenigmatica Mihályi, 1973. Acta Zool. Acad. Sci. Hung. 65: 282. **Type locality:** Hungary.

Fannia armata: Hennig, 1955. Flieg. Palaearkt. Reg. 7 (2): 20.

分布（Distribution）：黑龙江（HL）；奥地利、阿尔巴尼亚、保加利亚、比利时、瑞士、捷克、斯洛伐克、德国、丹麦、西班牙、法国、英国、希腊、匈牙利、意大利、爱尔兰、挪威、荷兰、波兰、罗马尼亚、瑞典、芬兰、乌克兰、俄罗斯；新北区。

（11）黑足厕蝇 *Fannia atripes* Stein, 1916

Fannia atripes Stein, 1916. Arch. Naturgesch. 81A (10) (1915): 80. **Type locality:** Poland: Trzebiatów.

分布（Distribution）：河北（HEB）；奥地利、波兰；新北区。

（12）尾须厕蝇 *Fannia barbata* Stein, 1892

Homalomyia barbata Stein, 1892. Wien. Ent. Ztg. 11: 73. **Type locality:** Germany.

分布（Distribution）：辽宁（LN）；蒙古国、日本、奥地利、保加利亚、瑞士、捷克、斯洛伐克、德国、法国、匈牙利、罗马尼亚、波兰、芬兰、俄罗斯。

（13）二鬃厕蝇 *Fannia biseta* Wang *et* Zhang, 2008

Fannia biseta Wang *et* Zhang, 2008. *In*: Wang, Zhang, Wang, 2008. Insect Syst. Evol. 39 (1): 89. **Type locality:** China: Sichuan, Rilong.

分布（Distribution）：四川（SC）。

（14）夏厕蝇 *Fannia canicularis*（Linnaeus, 1761）

Musca canicularis Linnaeus, 1761. Fauna Svecica Sistens Animalia Sveciae Regni, Ed. 2: 454. **Type locality:** Not given.

Musca latealis Linnaeus, 1758. Syst. Nat. Ed. 10 (1): 597. **Type locality:** "in Europa".

Musca socio Harris, 1780. Expos. Engl. Ins. (5): 147. **Type locality:** Not given.

Musca sociominor Harris, 1780. Expos. Engl. Ins. (5): 153. **Type locality:** Not given (Sweden, Spain, England).

Aminta rivulars Robineau-Desvoidy, 1830. Mém. Prés. Div. Sav. Acad. R. Sci. Inst. Fr. 2 (2): 571. **Type locality:** Not given (presumably France: Saint-Sauveur).

Anthomyia fulvomaculata von Roser, 1840. Correspondenzbl. K. Württemb. Landw. Ver., Stuttgart 37 [= N. S. 17] (1): 59. **Type locality:** Not given (from title: Germany: Württemberg).

Anthomyia constantina Macquart, 1843b. Mém. Soc. Sci. Agric. Arts Lille [1842]: 327. **Type locality:** Algeria.

Anthomyia hilaris Zetterstedt, 1845. Dipt. Scand. 4: 1574. **Type locality:** Not given.

Anthomyia tuberosa Ruricola, 1845. Gdnrs. Chron. 1845 (49): 817. **Type locality:** Not given (presumably Great Britain: London).

Anthomyia muscoides Walker, 1871. Entomologist 5: 334. **Type locality:** Egypt.

Homalomyia fucivorax Kieffer, 1898. Ann. Soc. Entomol. Fr.

67: 100. **Type locality:** Not given (from title: France: Petites-Dalles, Seine-infer).

Fannia canicularis: Wu, 1940. Cat. Ins. Sin. 5: 339; Hennig, 1955. Flieg. Palaearkt. Reg. 7 (2): 12; Chillcott, 1961a. Can. Entomol. Suppl. 14: 188.

分布（Distribution）：黑龙江（HL）、吉林（JL）、辽宁（LN）、内蒙古（NM）、河北（HEB）、北京（BJ）、山西（SX）、山东（SD）、河南（HEN）、陕西（SN）、宁夏（NX）、甘肃（GS）、青海（QH）、新疆（XJ）、江苏（JS）、上海（SH）、浙江（ZJ）、江西（JX）、湖南（HN）、四川（SC）、重庆（CQ）、贵州（GZ）、云南（YN）、西藏（XZ）、台湾（TW）、广东（GD）、广西（GX）；德国、法国、瑞典、西班牙、英国。

（15）羊角厕蝇 *Fannia capricornis* Xue, 1998

Fannia capricornis Xue, 1998. *In*: Xue *et* Chao, 1998. Flies of China, Vol. 1: 820. **Type locality:** China: Sichuan.

分布（Distribution）：四川（SC）、贵州（GZ）。

（16）炭色厕蝇 *Fannia carbonaria*（Meigen, 1826）

Anthomyia carbonaria Meigen, 1826. Syst. Beschr. Europ. Zweifl. Insekt. 5: 154. **Type locality:** Not given (presumably Germany: Stolberg).

Anthomyia stygia Meigen, 1826. Syst. Beschr. Europ. Zweifl. Insekt. 5: 155. **Type locality:** Not given (presumably Germany: Stolberg).

Anthomyia nigella Meigen, 1826. Syst. Beschr. Europ. Zweifl. Insekt. 5: 156. **Type locality:** Not given (presumably Germany: Stolberg).

Fannia carbonaria: Stein, 1915. Suppl. Ent. 4: 28.

分布（Distribution）：北京（BJ）、台湾（TW）；日本、挪威、瑞典、芬兰、丹麦、德国、波兰、捷克、斯洛伐克、瑞士、奥地利、匈牙利、罗马尼亚、加拿大、美国。

（17）灰厕蝇 *Fannia cinerea* Chillcott, 1961

Fannia cinerea Chillcott, 1961b. Can. Entomol. 93 (2): 90. **Type locality:** China: Sichuan, Emei Mountain.

分布（Distribution）：四川（SC）。

（18）合尾厕蝇 *Fannia coculea* Nishida, 1975

Fannia cocula Nishida, 1975. Kontyû 43 (3): 368. **Type locality:** China: Taiwan, Alishan.

分布（Distribution）：台湾（TW）。

（19）乌厕蝇 *Fannia corvina*（Verrall, 1892）

Homalomyia corvina Verrall, 1892. Ent. Mon. Mag. 28 [= (2) 3]: 149. **Type locality:** Great Britain.

Fannia corvine: Chillcott, 1961a. Can. Entomol. Suppl. 14: 130.

分布（Distribution）：辽宁（LN）、山西（SX）、新疆（XJ）；日本、挪威、瑞典、爱尔兰、丹麦、德国、波兰、捷克、瑞士、奥地利、匈牙利、意大利、美国、加拿大。

（20）靴厕蝇 *Fannia cothurnata* (Loew, 1873)

Homalomyia cothurnata Loew, 1873. Berl. Ent. Z. 17: 47. **Type locality:** Not given ("im Sesseminthale", Roumania. Ref. Kowarz, 1873).

Fannia cothurnata: Hennig, 1955. Flieg. Palaearkt. Reg. 7 (2): 21.

分布（Distribution）： 山西（SX）、宁夏（NX）；奥地利、捷克、斯洛伐克、德国、匈牙利、挪威、列支敦士登、罗马尼亚、芬兰、拉脱维亚、波兰、俄罗斯。

（21）栉股厕蝇 *Fannia ctenophona* Fan, 1974

Fannia ctenophona Fan, 1974. Acta Ent. Sin. 17 (1): 93. **Type locality:** China: Sichuan, Emei Mountain.

分布（Distribution）： 四川（SC）。

（22）弯叶厕蝇 *Fannia curvostylata* Wang, Zhang *et* Wang, 2007

Fannia curvostylata Wang, Zhang *et* Wang, 2007. Ann. Soc. Entomol. Fr. 43 (3): 358. **Type locality:** China: Yunnan, Deqen.

分布（Distribution）： 云南（YN）。

（23）尖尾厕蝇 *Fannia cuspicenca* Nishida, 1975

Fannia cuspicenca Nishida, 1975. Kontyû 43 (3): 373. **Type locality:** China: Taiwan, Alishan.

分布（Distribution）： 台湾（TW）。

（24）圆板厕蝇 *Fannia cylosternita* Xue *et* Wang, 1998

Fannia cylosternita Xue *et* Wang, 1998. *In*: Xue *et* Chao, 1998. Flies of China, Vol. 1: 819. **Type locality:** China: Shanxi, Hunyuan County.

分布（Distribution）： 山西（SX）。

（25）毛簇厕蝇 *Fannia dasytophacela* Feng *et* Xue, 2006

Fannia dasytophacela Feng *et* Xue, 2006. Acta Zootaxon. Sin. 31 (1): 218. **Type locality:** China: Sichuan, Ya'an (Erlang Mountain).

分布（Distribution）： 四川（SC）。

（26）糜角厕蝇 *Fannia davidianicornis* Wang, Zhang *et* Xue, 2006

Fannia davidianicornis Wang, Zhang *et* Xue, 2006. Orient. Insects 40: 181. **Type locality:** China: Xizang, Milin County, Duoxiongla Mountain.

分布（Distribution）： 西藏（XZ）。

（27）齿厕蝇 *Fannia densa* Nishida, 1994

Fannia densa Nishida, 1994. Jpn. J. Sanit. Zool. Suppl. 45: 89. **Type locality:** Nepal: Thudam.

Fannia densa: Wang *et al.*, 2007d. Ann. Soc. Entomol. Fr. 43 (3): 358.

分布（Distribution）： 云南（YN）；尼泊尔。

（28）滇厕蝇 *Fannia dianensis* Wang *et* Zhang, 2010

Fannia dianensis Wang *et* Zhang, 2010. *In*: Wang, Zhang *et* Cheng, 2010. Ann. Soc. Entomol. Fr. (N. S.) 46 (3-4): 483. **Type locality:** China: Yunnan, Deqin.

分布（Distribution）： 云南（YN）。

（29）毛胸厕蝇 *Fannia difficilis* (Stein, 1895)

Homalomyia difficilis Stein, 1895. Berl. Ent. Z. 40: 58. **Type locality:** Austria: near Vienna, Rekawinkl. Asch [= Aš, Czechoslovakia]. Germany. Romania.

Fannia difficilis: Hennig, 1955. Flieg. Palaearkt. Reg. 7 (2): 22.

分布（Distribution）： 辽宁（LN）、陕西（SN）；挪威、瑞典、芬兰、英国、白俄罗斯、德国、波兰、捷克、斯洛伐克、俄罗斯、奥地利、匈牙利、罗马尼亚、西班牙、法国、意大利、阿尔巴尼亚、保加利亚、美国。

（30）双尾厕蝇 *Fannia diploura* Wang, Xue *et* Zhang, 2006

Fannia diploura Wang, Xue *et* Zhang, 2006. *In*: Wang, Zhang *et* Xue, 2006. Zootaxa 1162: 35. **Type locality:** China: Xinjiang, Tianshan, North slope.

分布（Distribution）： 新疆（XJ）。

（31）异合尾厕蝇 *Fannia discoculea* Xue, 1998

Fannia discoculea Xue, 1998. *In*: Xue *et* Chao, 1998. Flies of China, Vol. 1: 822. **Type locality:** China: Xinjiang, Tuokesi.

分布（Distribution）： 新疆（XJ）。

（32）条背厕蝇 *Fannia dorsovittata* Wang *et* Zhang, 2009

Fannia dorsovittata Wang *et* Zhang, 2009. *In*: Wang, Zhang, Zheng *et* Zhang, 2009. Zootaxa 2204: 40. **Type locality:** China: Liaoning, Jianchang.

分布（Distribution）： 辽宁（LN）。

（33）多雄拉厕蝇 *Fannia doxonlaensis* Wang *et* Zhang, 2008

Fannia doxonlaensis Wang *et* Zhang, 2008. *In*: Wang, Zhang, Wang, 2008. Insect Syst. Evol. 39 (1): 93. **Type locality:** China: Tibet, Mainling County.

分布（Distribution）： 西藏（XZ）。

（34）双重厕蝇 *Fannia dupla* Nishida, 1974

Fannia dupla Nishida, 1974. Jpn. J. Sanit. Zool. Suppl. 45: 82. **Type locality:** Japan: Ishicawa.

分布（Distribution）： 北京（BJ）、四川（SC）、台湾（TW）；

日本。

（35）文厕蝇 *Fannia eremna* Chillcott, 1961

Fannia eremna Chillcott, 1961b. Can. Entomol. 93 (2): 89.
Type locality: China: Sichuan, Emei Mountain.
分布（Distribution）：四川（SC）。

（36）毛颜厕蝇 *Fannia facisetosa* Feng *et* Xue, 2000

Fannia facisetosa Feng *et* Xue, 2000. J. Shenyang Norm. Univ. (Nat. Sci.) 18 (4): 49. **Type locality:** China: Sichuan, Ya'an (Erlang Mountain).
分布（Distribution）：山西（SX）、四川（SC）、贵州（GZ）。

（37）范氏厕蝇 *Fannia fani* Wang *et* Wu, 2017

Fannia fani Wang *et* Wu, 2017. *In*: Wang *et al*., 2017. ZooKeys 657: 97. **Type locality:** China: Heilongjiang.
分布（Distribution）：黑龙江（HL）。

（38）暗黄厕蝇 *Fannia flavifuscinata* Xue, 1997

Fannia flavifuscinata Xue, 1997. *In*: Yang, 1997. Insects of the Three Gorge Reservoir Area of Yangtze River: 1498. **Type locality:** China: Hubei, Xingshan, Longmenhe.
分布（Distribution）：湖北（HB）。

（39）暗厕蝇 *Fannia fuscinata* Chillcott, 1961

Fannia fuscinata Chillcott, 1961b. Can. Entomol. 93 (2): 86.
Type locality: Japan: Karuizawa, Nagano, Pres.
分布（Distribution）：四川（SC）、云南（YN）；日本。

（40）胸刺厕蝇 *Fannia fuscula* (Fallén, 1825)

Musca fuscula Fallén, 1825b. Monogr. Musc. Sveciae IX: 86.
Type locality: Sweden: Esperöd.
Anthomyia floricola Meigen, 1826. Syst. Beschr. Europ. Zweifl. Insekt. 5: 145. **Type locality:** Not given (presumably Germany).
Homalomya cilicrura Rondani, 1866. Atti Soc. Ital. Sci. Nat. Milano 9: 128. **Type locality:** Italy: "in agro parmensi" [= in the Parma countryside].
Homalomyia obesa Loew, 1873. Berl. Ent. Z. 17: 47. **Type locality:** Not given (presumably Orsova and Herkulesbad [= Băile Herculane, Romania].
Fannia fuscula: Hennig, 1955. Flieg. Palaearkt. Reg. 7 (2): 43.
分布（Distribution）：辽宁（LN）、河北（HEB）、山西（SX）、宁夏（NX）、四川（SC）、台湾（TW）；日本、蒙古国、捷克、斯洛伐克、德国、丹麦、西班牙、英国、匈牙利、意大利、爱尔兰、挪威、荷兰、波兰、瑞典、芬兰、罗马尼亚、奥地利、比利时、保加利亚、瑞士、法国、俄罗斯；北美洲。

（41）瘦厕蝇 *Fannia gracilis* Nishida, 1975

Fannia gracilis Nishida, 1975. Kontyû 43 (3): 364. **Type locality:** China: Taiwan, Nantou.

分布（Distribution）：云南（YN）、台湾（TW）。

（42）川西厕蝇 *Fannia grahami* Chillcott, 1961

Fannia grahami Chillcott, 1961b. Can. Entomol. 93 (2): 83.
Type locality: China: Sichuan, near Songpan, Yellow Dragon Gorge.
分布（Distribution）：四川（SC）、云南（YN）。

（43）巨角厕蝇 *Fannia grandicornus* Xue *et* Zhang, 2005

Fannia grandicornus Xue *et* Zhang, 2005. *In*: Yang, 2005. Insect Fauna of Middle-West Qinling Range and South Mountains of Gansu Province: 797. **Type locality:** China: Gansu, Wenxian.
分布（Distribution）：甘肃（GS）。

（44）毛头厕蝇 *Fannia hirticeps* (Stein, 1892)

Homalomyia hirticeps Stein, 1892. Wien. Ent. Ztg. 11: 70.
Type locality: Germany: near Genthin.
Fannia hirticeps: Hennig, 1955. Flieg. Palaearkt. Reg. 7 (2): 21.
分布（Distribution）：北京（BJ）、山西（SX）、山东（SD）；德国、英国、匈牙利、挪威、瑞典、芬兰、爱沙尼亚、比利时、捷克；新北区。

（45）可可西里厕蝇 *Fannia hohxiliensis* Wang, 2007

Fannia hohxiliensis Wang, 2007. Pan-Pac. Entomol. 83 (4): 131. **Type locality:** China: Qinghai.
分布（Distribution）：青海（QH）。

（46）无斑厕蝇 *Fannia immaculata* Malloch, 1913

Fannia immaculata Malloch, 1913e. Proc. U. S. Natl. Mus. 44: 626. **Type locality:** Canada: Quebec, Montreal.
Fannia immaculate: Chillcott, 1961a. Can. Entomol. Suppl. 14: 169.
分布（Distribution）：宁夏（NX）；加拿大。

（47）栉胫厕蝇 *Fannia immutica* Collin, 1939

Fannia immutica Collin, 1939. Ent. Mon. Mag. 75 [= (3) 25]: 142. **Type locality:** Great Britain.
分布（Distribution）：吉林（JL）；日本、瑞士、英国、德国、捷克、意大利；北美洲。

（48）双突厕蝇 *Fannia imperatoria* Nishida, 2002

Fannia imperatoria Nishida, 2002. Med. Ent. Zool. 53 (Suppl. 2): 174. **Type locality:** Japan: Tokyo, Mperial Palace.
Fannia imperatoria: Wang *et al*., 2004. Entomol. Sin. 11 (2): 136.
分布（Distribution）：辽宁（LN）；日本。

（49）截尾厕蝇 *Fannia incisurata* Zetterstedt, 1838

Anthomyza incisurata Zetterstedt, 1838. Insecta Lapp.: 679.

Type locality: Sweden.

Anthomyza incisurata Zetterstedt, 1837. Isis (Oken's) 21: 44 (nomen nudum).

Anthomyza impura Zetterstedt, 1838. Insecta Lapp.: 683. **Type locality:** Norway.

Anthomyza inermis Zetterstedt, 1845. Dipt. Scand. 4: 1578 (nomen nudum).

Anthomyia subnitida Macquart, 1851. Mém. Soc. R. Sci. Agric. Arts Lille 1850 [1851]: 238. **Type locality:** Israel: Jerusalem.

Homalomyia hispanica Bigot, 1885. Ann. Soc. Entomol. Fr. 6 (4): 283. **Type locality:** Spain.

Anthomyia vomitoria Séguy, 1924. Encycl. Ent. (B) II Dipt. 1: 135 (nomen nudum).

Fannia incisurata: Hennig, 1955. Flieg. Palaearkt. Reg. 7 (2): 51.

分布（Distribution）：黑龙江（HL）、吉林（JL）、辽宁（LN）、河北（HEB）、新疆（XJ）、四川（SC）；奥地利、阿尔巴尼亚、比利时、保加利亚、捷克、斯洛伐克、西班牙、瑞士、德国、丹麦、法国、英国、希腊、匈牙利、意大利、爱尔兰、冰岛、马耳他、挪威、荷兰、波兰、罗马尼亚、瑞典、芬兰、俄罗斯；新北区、新热带区、东洋区。

（50）印度厕蝇 *Fannia indica* Chillcott, 1961

Fannia indica Chillcott, 1961b. Can. Entomol. 93 (2): 91. **Type locality:** India: Madras, Kodaikānal, Pulney Hills.

分布（Distribution）：山西（SX）、湖南（HN）、四川（SC）、云南（YN）；印度。

（51）宜宾厕蝇 *Fannia ipinensis* Chillcott, 1961

Fannia ipinensis Chillcott, 1961b. Can. Entomol. 93 (2): 88. **Type locality:** China: Sichuan, Yibin.

分布（Distribution）：四川（SC）。

（52）北海道厕蝇 *Fannia jezoensis* Nishida, 1976

Fannia jezoensis Nishida, 1976. Jpn. J. Sanit. Zool. 27 (2): 137. **Type locality:** Japan: Hokkaidō, Sapporo.

Fannia jezoensis: Pont, 1986a. *In*: Soós *et* Papp, 1988. Cat. Palaearct. Dipt. 11: 49; Wang *et al.*, 2007d. Ann. Soc. Entomol. Fr. 43 (3): 358.

分布（Distribution）：云南（YN）；日本。

（53）暗棒厕蝇 *Fannia kelaenohaltera* Wang *et* Sun, 2010

Fannia kelaenohaltera Wang *et* Sun, 2010. Acta Zootaxon. Sin. 35 (4): 756. **Type locality:** China: Xinjiang, Tomor Peak.

分布（Distribution）：新疆（XJ）。

（54）溪口厕蝇 *Fannia kikowensis* Ôuchi, 1938

Fannia kikowensis Ôuchi, 1938. J. Shanghai Sci. Inst. 4 (3): 20. **Type locality:** China: Zhejiang.

分布（Distribution）：辽宁（LN）、江苏（JS）、浙江（ZJ）、四川（SC）；朝鲜、日本。

（55）铗叶厕蝇 *Fannia labidocerca* Feng *et* Xue, 2006

Fannia labidocerca Feng *et* Xue, 2006. Acta Zootaxon. Sin. 31 (1): 217. **Type locality:** China: Sichuan, Emei Mountain.

分布（Distribution）：陕西（SN）、四川（SC）、云南（YN）。

（56）宽钩厕蝇 *Fannia latihamata* Xue, Gao *et* Wang, 1996

Fannia latihamata Xue, Gao *et* Wang, 1996. *In*: Xue *et* Chao, 1996. Flies of China, Vol. 1: 2303. **Type locality:** China: Jilin, Changbai Mountain.

Fannia latihamata: Wang *et al.*, 2006. Zootaxa 1162: 36.

分布（Distribution）：吉林（JL）。

（57）宽叶厕蝇 *Fannia latistylata* Wang, 2007

Fannia latistylata Wang, 2007. *In*: Wang *et al.*, 2007b. Pan-Pac. Entomol. 83 (4): 267. **Type locality:** China: Tibet, Xigong Lake.

分布（Distribution）：西藏（XZ）。

（58）雅厕蝇 *Fannia lepida* (Wiedemann, 1817)

Anthomyia lepida Wiedemann, 1817. Zool. Mag. 1 (1): 82. **Type locality:** Germany.

Fannia ludibunda Robineau-Desvoidy, 1830. Mém. Prés. Div. Sav. Acad. R. Sci. Inst. Fr. 2 (2): 570. **Type locality:** Not given (France: Saint-Sauveur).

Fannia brunipennis Robineau-Desvoidy, 1830. Mém. Prés. Div. Sav. Acad. R. Sci. Inst. Fr. 2 (2): 570. **Type locality:** Not given (France: presumably Saint-Sauveur).

Aricia lugens Zetterstedt, 1845. Dipt. Scand. 4: 1578. **Type locality:** Sweden: "in Scania *et* Ostrogothia".

Aricia mutica Zetterstedt, 1845. Dipt. Scand. 4: 1580. **Type locality:** Sweden: "in horto Lundensi … in Gotlandiae pratis ad Wamlingbo, Rhone *et* Slitö".

Homalomya triangulifera Rondani, 1866. Atti Soc. Ital. Sci. Nat. Milano 9: 130. **Type locality:** Italy: Florence.

Homalomya nigrisquama Meade, 1887. Ent. Mon. Mag. 23: 253. **Type locality:** Great Britain: Bicester and Conishead Priory.

Homalomya lauta Stein, 1895. Berl. Ent. Z. 40: 125 (unavailable; published in synonymy with *Aricia mutica* Zetterstedt, 1845).

Fannia mutica: Hennig, 1955. Flieg. Palaearkt. Reg. 7 (2): 22.

分布（Distribution）：山西（SX）、四川（SC）；日本、挪威、瑞典、芬兰、爱尔兰、英国、荷兰、比利时、卢森堡、德国、波兰、捷克、斯洛伐克、俄罗斯、瑞士、奥地利、匈牙利、罗马尼亚、葡萄牙、西班牙、意大利、阿尔巴尼亚、保加利亚、阿尔及利亚、法国；北美洲。

（59）白纹厕蝇 *Fannia leucosticta* (Meigen, 1838)

Anthomyia leucosticta Meigen, 1838. Syst. Beschr. Europ. Zweifl. Insekt. 7: 328. **Type locality:** Not given (presumably Germany).

Fannia leucosticta: Stein, 1915. Suppl. Ent. 4: 28.

分布（Distribution）：黑龙江（HL）、辽宁（LN）、内蒙古（NM）、河北（HEB）、北京（BJ）、山西（SX）、山东（SD）、河南（HEN）、陕西（SN）、甘肃（GS）、新疆（XJ）、江苏（JS）、上海（SH）、浙江（ZJ）、湖北（HB）、四川（SC）、重庆（CQ）、福建（FJ）、台湾（TW）、广东（GD）；日本、以色列、阿富汗、芬兰、荷兰、德国、波兰、捷克、斯洛伐克、俄罗斯、瑞士、奥地利、匈牙利、罗马尼亚、葡萄牙、法国、意大利、马耳他、阿尔巴尼亚、保加利亚、土耳其、美国；热带区、澳洲区、东洋区。

（60）折叶厕蝇 *Fannia limbata* (Tiensuu, 1938)

Ivalomyia limbata Tiensuu, 1938. Ann. Ent. Fenn. 4: 30. **Type locality:** Finland: Ivalo.

Fannia berolinensis Hennig, 1955. Flieg. Palaearkt. Reg. 7 (2): 31.

Fannia limbata: Gregor *et* Rozkošný, 1993. Eur. J. Ent. 90 (2): 228; Rozkošný *et al.*, 1997. Acta Sci. Nat. Brno 31 (2): 41.

分布（Distribution）：黑龙江（HL）；挪威、瑞典、芬兰。

（61）长鬃厕蝇 *Fannia longiseta* Wang, 2008

Fannia longiseta Wang, 2008. *In*: Wang *et* Liu, 2008. Orient. Insects 42: 274. **Type locality:** China: Sichuan, Ya'an (Erlang Mountain).

分布（Distribution）：四川（SC）。

（62）巨尾厕蝇 *Fannia lucidula* (Zetterstedt, 1860)

Aricia lucidula Zetterstedt, 1860. Dipt. Scand. 14: 6248. **Type locality:** Sweden: "ad Illstorp".

Fannia glaucescens: Hennig, 1955. Flieg. Palaearkt. Reg. 7 (2): 21.

分布（Distribution）：黑龙江（HL）、吉林（JL）、辽宁（LN）、内蒙古（NM）、河北（HEB）、山西（SX）、山东（SD）、宁夏（NX）、甘肃（GS）、青海（QH）、新疆（XJ）；蒙古国、瑞典、冰岛、挪威、芬兰、英国、爱沙尼亚、拉脱维亚、荷兰、白俄罗斯、德国、波兰、捷克、斯洛伐克、俄罗斯、奥地利、匈牙利、罗马尼亚、西班牙、法国、意大利、保加利亚、美国、加拿大。

（63）钩厕蝇 *Fannia lustrator* (Harris, 1780)

Musca lustrator Harris, 1780. Expos. Engl. Ins. 5: 148. **Type locality:** Not given (presumably Sweden, Spain, Great Britain).

分布（Distribution）：辽宁（LN）、河北（HEB）、山西（SX）、甘肃（GS）；日本、奥地利、比利时、瑞士、捷克、斯洛伐克、德国、丹麦、英国、匈牙利、意大利、爱尔兰、挪威、荷兰、波兰、瑞典、芬兰、罗马尼亚、法国、俄罗斯、西班牙。

（64）米林厕蝇 *Fannia mainling* Wang *et* Zhang, 2008

Fannia mainling Wang *et* Zhang, 2008. *In*: Wang, Zhang, Wang, 2008. Insect Syst. Evol. 39 (1): 94. **Type locality:** China: Tibet, Mainling Country.

分布（Distribution）：西藏（XZ）。

（65）毛踝厕蝇 *Fannia manicata* (Meigen, 1826)

Anthomyia manicata Meigen, 1826. Syst. Beschr. Europ. Zweifl. Insekt. 5: 140. **Type locality:** Not given (presumably Germany).

Anthomyza armillata Zetterstedt, 1837. Isis (Oken's) 21: 44. (nomen nudum).

Anthomyza armillata Zetterstedt, 1838. Insecta Lapp.: 679. **Type locality:** Sweden.

Aricia fasciculifera Zetterstedt, 1844. Dipt. Scand. 3: 951 (nomen nudum).

分布（Distribution）：黑龙江（HL）、内蒙古（NM）、河北（HEB）、山西（SX）、宁夏（NX）、新疆（XJ）、江苏（JS）、四川（SC）、贵州（GZ）、西藏（XZ）、台湾（TW）；日本、奥地利、阿尔巴尼亚、比利时、保加利亚、捷克、斯洛伐克、西班牙、瑞士、德国、丹麦、法国、英国、匈牙利、意大利、爱尔兰、挪威、荷兰、波兰、罗马尼亚、瑞典、芬兰、俄罗斯；新北区、东洋区；非洲（北部）。

（66）巨斑厕蝇 *Fannia maximiguttatus* Feng *et* Xue, 2006

Fannia maximiguttatus Feng *et* Xue, 2006. Acta Zootaxon. Sin. 31 (1): 216. **Type locality:** China: Sichuan, Kangding.

分布（Distribution）：四川（SC）。

（67）墨脱厕蝇 *Fannia medogensis* Wang, 2011

Fannia medogensis Wang, 2011. *In*: Wang, Dong *et* Ao, 2011. Ann. Soc. Entomol. Fr. 47 (3-4): 493. **Type locality:** China: Tibet.

分布（Distribution）：西藏（XZ）。

（68）毛胫厕蝇 *Fannia melania* (Dufour, 1839)

Anthomyia melania Dufour, 1839. Ann. Sci. Nat. Zool. 12 (2): 35. **Type locality:** Not given.

Homalomyia ciliata Stein, 1895. Berl. Ent. Z. 40: 44. **Type locality:** Germany: Thüringia.

分布（Distribution）：吉林（JL）、内蒙古（NM）、河北（HEB）、山西（SX）；日本、奥地利、捷克、斯洛伐克、法国、德国、英国、匈牙利、意大利、波兰、瑞典、芬兰；新北区。

（69）南厕蝇 *Fannia meridionalis* Chillcott, 1961

Fannia meridionalis Chillcott, 1961a. Can. Entomol. Suppl. 14: 171. **Type locality:** USA: Indiana, Lafayette.

分布（Distribution）：黑龙江（HL）；美国。

（70）刷股厕蝇 *Fannia metallipennis* (Zetterstedt, 1838)

Anthomyia metallipennis Zetterstedt, 1838. Insecta Lapp.: 695. **Type locality:** Sweden: "in Lapponia Tornensi".

Homalomyia kowarzi Verrall, 1892. Ent. Mon. Mag. 28 [= (2)

3]: 149. **Type locality:** Great Britain: between Matlock and Matlock Bath.

Fannia metallipennis: Pont, 1986a. *In*: Soós *et* Papp, 1986. Cat. Palaearct. Dipt. 11: 51.

分布（Distribution）：吉林（JL）、辽宁（LN）、山西（SX）；日本、瑞典、芬兰、英国、德国、波兰、捷克、斯洛伐克、美国、加拿大。

（71）小须厕蝇 *Fannia minutipalpis* (Stein, 1895)

Homalomyia minutipalpis Stein, 1895. Berl. Ent. Z. 40: 106. **Type locality:** Germany: near Genthin.

Fannia minutipalpis: Chillcott, 1961a. Can. Entomol. Suppl. 14: 139.

分布（Distribution）：黑龙江（HL）、辽宁（LN）、台湾（TW）；挪威、瑞士、芬兰、英国、丹麦、比利时、德国、波兰、捷克、斯洛伐克、奥地利、匈牙利；新北区。

（72）柔厕蝇 *Fannia mollissima* (Haliday, 1840)

Coelomyia mollissima Haliday, 1840. Synopsis: 143. **Type locality:** Not given (presumably Great Britain: Northern Ireland, Holywood).

Aricia spathulata Zetterstedt, 1845. Dipt. Scand. 4: 1543. **Type locality:** Sweden. Norway.

Coelomyia mollissima: Hennig, 1955. Flieg. Palaearkt. Reg. 7 (2): 95.

Fannia mollissima: Pont, 1986a. *In*: Soós *et* Papp, 1986. Cat. Palaearct. Dipt. 11: 51; Rozkošný *et al.*, 1997. Acta Sci. Nat. Brno 31 (2): 42.

分布（Distribution）：黑龙江（HL）、辽宁（LN）、山西（SX）、宁夏（NX）；日本、蒙古国、冰岛、挪威、瑞典、芬兰、爱尔兰、英国、丹麦、荷兰、比利时、德国、波兰、捷克、斯洛伐克、奥地利、匈牙利、罗马尼亚、俄罗斯、美国、加拿大、加那利群岛、马德拉群岛。

（73）山厕蝇 *Fannia montana* Nishida, 1975

Fannia montana Nishida, 1975. Kontyû 43 (3): 376. **Type locality:** China: Taiwan, Nantou Hsien.

分布（Distribution）：台湾（TW）。

（74）多鬃厕蝇 *Fannia multiseta* Wang *et* Zhang, 2008

Fannia multiseta Wang *et* Zhang, 2008. *In*: Wang, Zhang, Wang, 2008. Insect Syst. Evol. 39 (1): 96. **Type locality:** China: Tibet, Mainling County.

分布（Distribution）：西藏（XZ）。

（75）尼泊尔厕蝇 *Fannia nepalensis* Nishida, 1991

Fannia nepalensis Nishida, 1991. Jap. J. Ent. 59 (1): 87. **Type locality:** Nepal: Thudam.

分布（Distribution）：西藏（XZ）；尼泊尔。

（76）黑鳞厕蝇 *Fannia nigribasicosta* Wang *et* Zhang, 2008

Fannia nigribasicosta Wang *et* Zhang, 2008. *In*: Wang, Zhang,

Wang, 2008. Insect Syst. Evol. 39 (1): 97. **Type locality:** China: Tibet, Mainling County.

分布（Distribution）：西藏（XZ）。

（77）亮黑厕蝇 *Fannia nigriclara* Zhang *et* Xue, 1993

Fannia nigriclara Zhang *et* Xue, 1993. Acta Zootaxon. Sin. 18 (1): 85. **Type locality:** China: Liaoning, Chaoyang (Lingyuan).

分布（Distribution）：辽宁（LN）。

（78）宁夏厕蝇 *Fannia ningxiaensis* Wang *et* Zhang, 2016

Fannia ningxiaensis Wang *et* Zhang, 2016. *In*: Wang *et al.*, 2016. ZooKeys (598): 120. **Type locality:** China: Ningxia, Guyuan [Jingyuan (Dongshanpo)].

分布（Distribution）：宁夏（NX）。

（79）亮腹厕蝇 *Fannia nitidiventris* Wang *et* Zhang, 2017

Fannia nitidiventris Wang *et* Zhang, 2017. *In*: Wang *et al.*, 2017. ZooKeys 657: 100. **Type locality:** China: Ningxia, Jingyuan.

分布（Distribution）：宁夏（NX）。

（80）挪威厕蝇 *Fannia norvegica* Ringdahl, 1934

Fannia norvegica Ringdahl, 1934d. Konowia 13: 98. **Type locality:** Norway.

Fannia norvegica: Pont, 1986a. *In*: Soós *et* Papp, 1986. Cat. Palaearct. Dipt. 11: 52; Rozkošný *et al.*, 1997. Acta Sci. Nat. Brno 31 (2): 43.

分布（Distribution）：内蒙古（NM）；挪威、英国。

（81）裸股厕蝇 *Fannia nudifemorata* Wang *et* Zhang, 2011

Fannia nudifemorata Wang *et* Zhang, 2011. *In*: Wang, Li *et* Zhang, 2011. ZooKeys 112: 12. **Type locality:** China: Yunnan.

分布（Distribution）：云南（YN）。

（82）欠鬃厕蝇 *Fannia nudiseta* Chillcott, 1961

Fannia nudiseta Chillcott, 1961b. Can. Entomol. 93 (2): 82. **Type locality:** China: Tibet border.

分布（Distribution）：西藏（XZ）。

（83）淡胫厕蝇 *Fannia pallitibia* Rondani, 1866

Homalomia pallitibia Rondani, 1866. Atti Soc. Ital. Sci. Nat. Milano 9: 127. **Type locality:** Italy: " in Apennino parmensi" [= in the Parma Apennines].

Fannia palliditibia Pandellé, 1899b. Rev. Ent. 18 (Suppl.): 184 (unjustified emendation of *Homalomia pallitibia* Rondani, 1866).

分布（Distribution）：陕西（SN）；意大利、挪威、瑞典、

芬兰、英国、丹麦、爱尔兰、比利时、德国、波兰、捷克、斯洛伐克、瑞士、奥地利、匈牙利、法国、马耳他、保加利亚。

（84）帕氏厕蝇 *Fannia papei* Zhang *et* Wang, 2016

Fannia papei Zhang *et* Wang, 2016. *In*: Zhang *et al*., 2016. Zootaxa 4079 (4): 401. **Type locality:** China: Beijing.

分布（**Distribution**）：北京（BJ）。

（85）拟小须厕蝇 *Fannia pauli* Pont, 1997

Fannia pauli Pont, 1997. *In*: Rozkošný *et al*., 1997. Acta Sci. Nat. Brno 31 (2): 44. **Type locality:** Romania: Herkulesbad [= Băile Herculane].

分布（**Distribution**）：陕西（SN）、上海（SH）；罗马尼亚、俄罗斯。

（86）似明厕蝇 *Fannia penesrena* Nishida, 1972

Fannia penesrena Nishida, 1972. Sci. Rep. Kanazawa Univ. 17 (1): 25. **Type locality:** Japan: Ishikawa.

分布（**Distribution**）：山西（SX）；日本。

（87）鸽厕蝇 *Fannia pigeonisternita* Xue *et* Wang, 1998

Fannia pigeonisternita Xue *et* Wang, 1998. *In*: Xue *et* Chao, 1998. Flies of China, Vol. 1: 818. **Type locality:** China: Shanxi, Luya Mountain.

分布（**Distribution**）：山西（SX）。

（88）叶猴厕蝇 *Fannia pileatus* Xue, Wang *et* Li, 2001

Fannia pileatus Xue, Wang *et* Li, 2001. Acta Zootaxon. Sin. 26 (2): 226. **Type locality:** China: Yunnan, Mengla.

分布（**Distribution**）：云南（YN）。

（89）多毛厕蝇 *Fannia polychaeta* (Stein, 1895)

Homalomyia polychaeta Stein, 1895. Berl. Ent. Z. 40: 108. **Type locality:** Germany. Sweden. Austria. England.

分布（**Distribution**）：吉林（JL）；挪威、瑞典、芬兰、爱尔兰、英国、丹麦、立陶宛、荷兰、比利时、波兰、捷克、斯洛伐克、乌克兰、俄罗斯、瑞士、奥地利、匈牙利、罗马尼亚、西班牙、法国、意大利、阿尔巴尼亚、保加利亚、德国。

（90）多突厕蝇 *Fannia polystylata* Wang *et* Xue, 1997

Fannia polystylata Wang *et* Xue, 1997. *In*: Wang *et al*., 1997. Acta Zootaxon. Sin. 22 (1): 95. **Type locality:** China: Shanxi, Qinshui.

分布（**Distribution**）：山西（SX）、陕西（SN）、宁夏（NX）。

（91）类多突厕蝇 *Fannia polystylodes* Feng *et* Xue, 2000

Fannia polystylodes Feng *et* Xue, 2000. J. Shenyang Norm. Univ. (Nat. Sci.) 18 (4): 48. **Type locality:** China: Sichuan, Ya'an (Erlang Mountain).

分布（**Distribution**）：四川（SC）。

（92）珍稀厕蝇 *Fannia posticata* (Meigen, 1826)

Anthomyia posticata Meigen, 1826. Syst. Beschr. Europ. Zweifl. Insekt. 5: 190. **Type locality:** Not given.

Philinta testacea Robineau-Desvoidy, 1830. Mém. Prés. Div. Sav. Acad. R. Sci. Inst. Fr. 2 (2): 569. **Type locality:** Not given.

Philinta pallipes Robineau-Desvoidy, 1830. Mém. Prés. Div. Sav. Acad. R. Sci. Inst. Fr. 2 (2): 569. **Type locality:** France: Saint-Sauveur.

Homalomyia pretiosa Schiner, 1862b. Fauna Austriaca 1: 654. **Type locality:** Austria.

Homalomya roserii Rondani, 1866. Atti Soc. Ital. Sci. Nat. Milano 9: 126. **Type locality:** Germany.

Fannia posticata: Pont, 1986a. *In*: Soós *et* Papp, 1986. Cat. Palaearct. Dipt. 11: 53; Rozkošný *et al*., 1997. Acta Sci. Nat. Brno 31 (2): 23.

分布（**Distribution**）：黑龙江（HL）、吉林（JL）、宁夏（NX）、四川（SC）；日本、挪威、芬兰、爱尔兰、英国、拉脱维亚、荷兰、比利时、卢森堡、德国、波兰、捷克、斯洛伐克、俄罗斯、奥地利、匈牙利、罗马尼亚、法国、意大利。

（93）后钩厕蝇 *Fannia postica* (Stein, 1895)

Homalomyia postica Stein, 1895. Berl. Ent. Z. 40: 89. **Type locality:** England (by lectotype designation).

Homalomyia stroblii Stein, 1895. Berl. Ent. Z. 40: 49. **Type locality:** Austria: Styria.

Fannia parapostica Hennig, 1955. Flieg. Palaearkt. Reg. 7 (2): 73. **Type locality:** Germany: Berlin.

Fannia postica var. *posticaria* Assis-Fonseca, 1968. Handb. Ident. Brit. Ins. 10: 88 (unavailable).

Fannia postica: Chillcott, 1961a. Can. Entomol. Suppl. 14: 103.

分布（**Distribution**）：黑龙江（HL）；冰岛、挪威、瑞典、芬兰、爱尔兰、英国、丹麦、比利时、卢森堡、德国、波兰、捷克、斯洛伐克、瑞士、奥地利、罗马尼亚、西班牙、法国、意大利、保加利亚；北美洲。

（94）元厕蝇 *Fannia prisca* Stein, 1918

Fannia prisca Stein, 1918. Ann. Hist.-Nat. Mus. Natl. Hung. 16: 154. **Type locality:** China: Taiwan, Tainan, Takao, Kankau.

分布（**Distribution**）：黑龙江（HL）、辽宁（LN）、河北（HEB）、北京（BJ）、山西（SX）、山东（SD）、河南（HEN）、陕西（SN）、宁夏（NX）、甘肃（GS）、安徽（AH）、江苏（JS）、上海（SH）、浙江（ZJ）、江西（JX）、湖南（HN）、湖北（HB）、四川（SC）、重庆（CQ）、贵州（GZ）、云南（YN）、福建（FJ）、台湾（TW）、广东（GD）、广西（GX）、海南（HI）；韩国、日本、俄罗斯、马来西亚、蒙古国；澳洲区。

（95）突尾厕蝇 *Fannia processicauda* Wang, Xue et Cheng, 1997

Fannia processicauda Wang, Xue *et* Cheng, 1997. Acta Zootaxon. Sin. 22 (4): 418. **Type locality:** China: Shanxi.

分布（Distribution）：山西（SX）、四川（SC）、贵州（GZ）。

（96）前伸厕蝇 *Fannia prolata* Chillcott, 1961

Fannia prolata Chillcott, 1961b. Can. Entomol. 93 (2): 81. **Type locality:** China: Sichuan, Suifu.

分布（Distribution）：陕西（SN）、四川（SC）、贵州（GZ）。

（97）羽胫厕蝇 *Fannia pterylitibia* Feng, 2003

Fannia pterylitibia Feng, 2003c. Chin. J. Vector Biol. & Control 14 (2): 118. **Type locality:** China: Sichuan, Kangding. *Fannia pterylitibia*: Wang et al., 2007b. Pan-Pac. Entomol. 83 (4): 267.

分布（Distribution）：四川（SC）。

（98）毳毛厕蝇 *Fannia pubescens* Stein, 1908

Fannia pubescens Stein, 1908. Mitt. Zool. Mus. Berl. 4: 98. **Type locality:** Italy: La Laguna Tenerife.

分布（Distribution）：陕西（SN）；意大利。

（99）斑股厕蝇 *Fannia punctifemoralis* Wang et Cheng, 2010

Fannia punctifemoralis Wang *et* Cheng, 2010. *In*: Wang, Zhang *et* Cheng, 2010. Ann. Soc. Entomol. Fr. 46 (3-4): 484. **Type locality:** China: Sichuan, Ya'an (Erlang Mountain).

分布（Distribution）：四川（SC）。

（100）点厕蝇 *Fannia pusio* (Wiedemann, 1830)

Anthomyia pusio Wiedemann, 1830. Aussereurop. Zweifl. Insekt. 2: 437. **Type locality:** "South America".

Fannia pusio: Malloch, 1913e. Proc. U. S. Natl. Mus. 44: 623; Rozkošný *et al.*, 1997. Acta Sci. Nat. Brno 31 (2): 45.

分布（Distribution）：上海（SH）；日本、马耳他；新北区、新热带区。

（101）黔厕蝇 *Fannia qiana* Wei et Yang, 2007

Fannia qiana Wei *et* Yang, 2007 *In*: Li, Yang *et* Jin, 2007. Insects from Leigongshan Landscape: 540. **Type locality:** China: Guizhou.

分布（Distribution）：贵州（GZ）。

（102）直刺厕蝇 *Fannia rabdionata* Karl, 1940

Fannia rabdionata Karl, 1940. Stettin. Ent. Ztg. 101: 42. **Type locality:** Finland: near Magala on the Luirojoki. *Fannia rabdionata*: Wang *et al.*, 2007b. Pan-Pac. Entomol. 83 (4): 267.

分布（Distribution）：四川（SC）；芬兰。

（103）舌叶厕蝇 *Fannia ringdahlana* Collin, 1939

Fannia ringdahlana Collin, 1939. Ent. Mon. Mag. 75 [= (3)

25]: 143. **Type locality:** Sweden.

分布（Distribution）：吉林（JL）、山西（SX）、四川（SC）、云南（YN）、台湾（TW）；日本、瑞典、芬兰、英国、德国、波兰、捷克、斯洛伐克、俄罗斯、瑞士、奥地利、意大利。

（104）瘤胫厕蝇 *Fannia scalaris* (Fabricius, 1794)

Musca scalaris Fabricius, 1794. Ent. Syst. 4: 332. **Type locality:** Denmark: "Hafniae" [= Copenhagen]. *Fannia scalaris*: Hennig, 1955. Flieg. Palaearkt. Reg. 7 (2): 81.

分布（Distribution）：黑龙江（HL）、吉林（JL）、辽宁（LN）、内蒙古（NM）、河北（HEB）、天津（TJ）、北京（BJ）、山西（SX）、山东（SD）、河南（HEN）、陕西（SN）、宁夏（NX）、甘肃（GS）、青海（QH）、新疆（XJ）、安徽（AH）、江苏（JS）、浙江（ZJ）、江西（JX）、湖南（HN）、湖北（HB）、四川（SC）、重庆（CQ）、贵州（GZ）、西藏（XZ）、福建（FJ）、台湾（TW）、广东（GD）、广西（GX）；奥地利、阿尔巴尼亚、比利时、保加利亚、瑞士、捷克、斯洛伐克、德国、丹麦、西班牙、法国、英国、希腊、匈牙利、意大利、爱尔兰、冰岛、挪威、荷兰、波兰、罗马尼亚、瑞典、芬兰、俄罗斯、叙利亚、以色列、土耳其、伊朗、阿富汗、蒙古国、韩国、日本、巴基斯坦、印度；非洲热带区、新北区、新热带区、澳洲区；非洲（北部）。

（105）裂叶厕蝇 *Fannia scissifolia* Xue, Wang et Huang, 1997

Fannia scissifolia Xue, Wang *et* Huang, 1997. *In*: Wang *et al.*, 1997. Acta Zootaxon. Sin. 22 (1): 97. **Type locality:** China: Hunan, Changde.

分布（Distribution）：陕西（SN）、湖南（HN）。

（106）小盾厕蝇 *Fannia scutellaris* Xue, Wang et Feng, 2001

Fannia scutellaris Xue, Wang *et* Feng, 2001. Acta Zootaxon. Sin. 26 (1): 94. **Type locality:** China: Sichuan, Ya'an (Erlang Mountain).

分布（Distribution）：四川（SC）。

（107）明厕蝇 *Fannia serena* (Fallén, 1825)

Musca serena Fallén, 1825a. Monogr. Musc. Sveciae VIII: 76. **Type locality:** Sweden: Scania.

Anthomyia luctuosa Meigen, 1826. Syst. Beschr. Europ. Zweifl. Insekt. 5: 156. **Type locality:** Not given (presumably Germany: Stolberg).

Aminta floralis Robineau-Desvoidy, 1830. Mém. Prés. Div. Sav. Acad. R. Sci. Inst. Fr. 2 (2): 571. **Type locality:** Not given (presumably France: Saint-Sauveur).

Anthomyia nitida Macquart, 1835. Hist. Nat. Ins., Dipt.: 338. **Type locality:** "au nord de la France" (presumably France: Lille District).

Anthomyia frontalis Macquart, 1835. Hist. Nat. Ins., Dipt.: 338. **Type locality:** "au nord de la France" (presumably France: Lille District).

分布（Distribution）：吉林（JL）、山西（SX）、新疆（XJ）；日本、挪威、瑞典、芬兰、爱尔兰、英国、丹麦、荷兰、比利时、卢森堡、德国、波兰、捷克、斯洛伐克、白俄罗斯、乌克兰、俄罗斯、瑞士、奥地利、匈牙利、罗马尼亚、法国、意大利、保加利亚、土耳其；新北区。

（108）鬃股厕蝇 *Fannia setifemorata* Wang, Xue *et* Zhang, 2006

Fannia setifemorata Wang, Xue *et* Zhang, 2006. *In*: Wang, Zhang *et* Xue, 2006. Zootaxa 1162: 36. **Type locality:** China: Shanxi, Kelan County.

分布（Distribution）：山西（SX）。

（109）胫鬃厕蝇 *Fannia setitibia* Wang, 2008

Fannia setitibia Wang, 2008. *In*: Wang *et* Liu, 2008. Orient. Insects 42: 277. **Type locality:** China: Yunnan, Deqin, Baimaxueshan.

分布（Distribution）：云南（YN）。

（110）杯叶厕蝇 *Fannia similis* (Stein, 1895)

Homalomyia similis Stein, 1895. Berl. Ent. Z. 40: 93. **Type locality:** Germany: Genthin.

Fannia similis: Hennig, 1955. Flieg. Palaearkt. Reg. 7 (2): 84; Pont, 1986a. *In*: Soós *et* Papp, 1986. Cat. Palaearct. Dipt. 11: 54; Wang *et al.*, 2006. Zootaxa 1162: 35.

分布（Distribution）：山西（SX）；挪威、瑞典、芬兰、爱尔兰、英国、丹麦、爱沙尼亚、荷兰、比利时、波兰、捷克、斯洛伐克、俄罗斯、瑞士、奥地利、匈牙利、罗马尼亚、法国、意大利、德国。

（111）拟刺厕蝇 *Fannia sociella* (Zetterstedt, 1845)

Aricia sociella Zetterstedt, 1845. Dipt. Scand. 4: 1564. **Type locality:** Denmark.

Anthomyia geniculata Macquart, 1835. Hist. Nat. Ins., Dipt.: 339. **Type locality:** France.

Fannia sociella: Hennig, 1955. Flieg. Palaearkt. Reg. 7 (2): 85; Pont, 1986a. *In*: Soós *et* Papp, 1986. Cat. Palaearct. Dipt. 11: 56; Rozkošný *et al.*, 1997. Acta Sci. Nat. Brno 31 (2): 46.

分布（Distribution）：黑龙江（HL）、辽宁（LN）、山西（SX）、陕西（SN）、宁夏（NX）；日本、挪威、瑞典、芬兰、爱尔兰、英国、丹麦、拉脱维亚、荷兰、比利时、德国、波兰、捷克、斯洛伐克、俄罗斯、瑞士、奥地利、匈牙利、罗马尼亚、葡萄牙、西班牙、法国、意大利；新北区。

（112）鬃胫厕蝇 *Fannia spathiophora* Malloch, 1918

Fannia spathiophora Malloch, 1918. Trans. Am. Ent. Soc. 44: 294. **Type locality:** Canada: Ontario.

Fannia nodulosa Ringdahl, 1926. Ent. Tidskr. 47: 105. **Type locality:** Sweden: Söderåsen, Arkelstorp and Hälsingborg.

Fannia spathiophora: Chillcott, 1961a. Can. Entomol. Suppl. 14: 112.

分布（Distribution）：黑龙江（HL）、吉林（JL）、辽宁（LN）、山西（SX）；日本、挪威、瑞典、芬兰、德国、波兰、俄罗斯、奥地利；新北区。

（113）虎足厕蝇 *Fannia stigi* Rognes, 1982

Fannia stigi Rognes, 1982. Ent. Scand. 13: 325. **Type locality:** Norway: Rogaland.

Fannia tigripeda Xue, Wang *et* Li, 2001. Acta Zootaxon. Sin. 26 (2): 225.

分布（Distribution）：吉林（JL）、山西（SX）；挪威、瑞典。

（114）拟双毛厕蝇 *Fannia subaethiops* Wang *et* Zhu, 2016

Fannia subaethiops Wang *et* Zhu, 2016. *In*: Wang *et al.*, 2016. ZooKeys (598): 124. **Type locality:** China: Heilongjiang, Yichun, Wuying.

分布（Distribution）：黑龙江（HL）。

（115）拟褐胫厕蝇 *Fannia subfuscitibia* Wang, 2009

Fannia subfuscitibia Wang, 2009. *In*: Wang, Zhang, Zheng *et* Zhang, 2009. Zootaxa 2204: 43. **Type locality:** China: Yunnan.

分布（Distribution）：宁夏（NX）、云南（YN）。

（116）拟斑厕蝇 *Fannia submaculata* Wang *et* Zhao, 2017

Fannia submaculata Wang *et* Zhao, 2017. *In*: Wang *et al.*, 2017. ZooKeys 657: 101. **Type locality:** China: Ningxia, Jingyuan, Dongshanpo.

分布（Distribution）：宁夏（NX）。

（117）类项圈厕蝇 *Fannia submonilis* Ma, 1981

Fannia submonilis Ma, 1981. Acta Zootaxon. Sin. 6 (3): 304. **Type locality:** China: Liaoning, Chaoyang, Jianchang.

分布（Distribution）：辽宁（LN）、四川（SC）。

（118）亚明厕蝇 *Fannia subpellucens* (Zetterstedt, 1845)

Aricia subpellucens Zetterstedt, 1845. Dipt. Scand. 4: 1561. **Type locality:** Sweden.

Fannia subpellucens: Pont, 1986a. *In*: Soós *et* Papp, 1986. Cat. Palaearct. Dipt. 11: 56; Rozkošný *et al.*, 1997. Acta Sci. Nat. Brno 31 (2): 47.

分布（Distribution）：黑龙江（HL）、吉林（JL）、河北（HEB）、山西（SX）、陕西（SN）、宁夏（NX）、甘肃（GS）、四川（SC）；挪威、瑞典、芬兰、俄罗斯、日本、美国、加拿大。

（119）拟杯叶厕蝇 *Fannia subsimilis* Ringdahl, 1934

Fannia subsimilis Ringdahl, 1934b. Ent. Tidskr. 55: 120. **Type locality:** Sweden: Pålsjö wood in Hälsingborg.

Fannia subsimilis: Pont, 1986a. *In*: Soós *et* Papp, 1986. Cat. Palaearct. Dipt. 11: 56; Rozkošný *et al.*, 1997. Acta Sci. Nat. Brno 31 (2): 46.

分布（Distribution）：吉林（JL）；瑞典。

（120）台湾厕蝇 *Fannia taiwanensis* Nishida, 1975

Fannia taiwanensis Nishida, 1975. Kontyû 43 (3): 366. **Type locality:** China: Taiwan.

分布（Distribution）：台湾（TW）。

（121）长跗厕蝇 *Fannia tanotasis* Feng *et* Xue, 2006

Fannia tanotasis Feng *et* Xue, 2006. Acta Zootaxon. Sin. 31 (1): 215-223. **Type locality:** China: Sichuan, Ya'an, Erlang Mountain.

分布（Distribution）：陕西（SN）、宁夏（NX）、四川（SC）。

（122）牛角厕蝇 *Fannia tauricornis* Wang, Xue *et* Su, 2004

Fannia tauricornis Wang, Xue *et* Su, 2004. Entomol. Sin. 11 (2): 136. **Type locality:** China: Guangdong, Xinyi, Dawuling.

分布（Distribution）：广东（GD）。

（123）天府厕蝇 *Fannia tianfuensis* (Feng, 2003)

Coelomyia tianfuensis Feng, 2003a. Entomol. J. East China 12 (2): 1. **Type locality:** China: Sichuan, Ya'an, Erlang Mountain.

分布（Distribution）：四川（SC）。

（124）西藏厕蝇 *Fannia tibetana* Wang *et* Zhang, 2008

Fannia tibetana Wang *et* Zhang, 2008. *In*: Wang, Zhang, Wang, 2008. Insect Syst. Evol. 39 (1): 100. **Type locality:** China: Tibet, Mainling.

分布（Distribution）：西藏（XZ）。

（125）三叉厕蝇 *Fannia triaenocerca* Xue *et* Yang, 2000

Fannia triaenocerca Xue *et* Yang, 2000. Acta Zootaxon. Sin. 25 (2): 204. **Type locality:** China: Zhejiang, Longwang Mountain.

分布（Distribution）：浙江（ZJ）。

（126）三角厕蝇 *Fannia triangula* Wang, 2007

Fannia triangula Wang, 2007. *In*: Wang *et al.*, 2007e. Orient. Insects 41: 345. **Type locality:** China: Shanxi, Qinshui County, Xiachuan.

分布（Distribution）：山西（SX）。

（127）三重厕蝇 *Fannia tripla* Nishida, 1975

Fannia tripla Nishida, 1975. Kontyû 43 (3): 371. **Type locality:** China: Taiwan, Chiai Hsien.

Fannia tripla: Wang *et al.*, 2006. Zootaxa 1162: 36.

分布（Distribution）：台湾（TW）。

（128）翘指厕蝇 *Fannia uptiodactyla* Wang *et* Xue, 1998

Fannia uptiodactyla Wang *et* Xue, 1998. Acta Ent. Sin. 41 (2): 184. **Type locality:** China: Shanxi, Yingxian County.

Fannia uptiodactyla: Wang *et al.*, 2006. Zootaxa 1162: 36.

分布（Distribution）：山西（SX）。

（129）黄厕蝇 *Fannia vespertilionis* Ringdahl, 1934

Fannia vespertilionis Ringdahl, 1934a. Ent. Tidskr. 55: 7. **Type locality:** Sweden.

Fannia vespertilionis: Pont, 1986a. *In*: Soós *et* Papp, 1986. Cat. Palaearct. Dipt. 11: 57; Rozkošný *et al.*, 1997. Acta Sci. Nat. Brno 31 (2): 23; Wang *et al.*, 2007e. Orient. Insects 41: 341.

分布（Distribution）：黑龙江（HL）；瑞典、英国、丹麦、荷兰、德国、乌克兰、俄罗斯、匈牙利、罗马尼亚、奥地利。

（130）肖氏厕蝇 *Fannia xiaoi* Fan, 2000

Fannia xiaoi Fan, 2000. Acta Zootaxon. Sin. 25 (3): 345. **Type locality:** China: Neimonggol, Hulunbeier League.

分布（Distribution）：黑龙江（HL）、内蒙古（NM）。

（131）薛氏厕蝇 *Fannia xuei* Wang *et* Wang, 2006

Fannia xuei Wang *et* Wang, 2006. Zootaxa 1295: 64. **Type locality:** China: Guizhou, Fanjing Mountain.

分布（Distribution）：贵州（GZ）。

（132）雅安厕蝇 *Fannia yaanensis* Feng *et* Xue, 2001

Fannia yaanensis Feng *et* Xue, 2001. J. Shenyang Norm. Univ. (Nat. Sci.) 19 (4): 47. **Type locality:** China: Sichuan, Ya'an, Zhougong Mountain.

分布（Distribution）：四川（SC）。

（133）张氏厕蝇 *Fannia zhangi* Xue, 1998

Fannia zhangi Xue, 1998. *In*: Xue *et* Chao, 1998. Flies of China, Vol. 1: 830. **Type locality:** China: Xizang, Zuogong.

Fannia zhangi: Wang *et al.*, 2007d. Ann. Soc. Entomol. Fr. 43 (3): 358.

分布（Distribution）：西藏（XZ）。

3. 扁尾厕蝇属 *Piezura* Rondani, 1866

Piezura Rondani, 1866. Atti Soc. Ital. Sci. Nat. Milano 9: 122. **Type species:** *Piezura pardalina* Rondani, 1866 (by original designation) [= *Anthomyza graminicola* Zetterstedt, 1846].

Platycoenosia Strobl, 1894b. Wien. Ent. Ztg. 13: 72. **Type** species: *Platycoenosia mikii* Strobl, 1894 (by original designation) [= *Mycophaga boletorum* Rondani, 1866].

Chorisomma Stein, 1895. Berl. Ent. Z. 40: 138. **Type species:** *Chorisomma pokornyi* Stein, 1895 (monotypy) [= *Mycophaga boletorum* Rondani, 1866].

（134） 羽芒扁尾厕蝇 *Piezura graminicola* (Zetterstedt, 1846)

Anthomyza graminicola Zetterstedt, 1846. Dipt. Scand. 5: 1747. **Type locality:** Sweden: "ad Esperod in paroeceia Tranas Scaniae".

Syllegopterula flava Hsue, 1983. Acta Ent. Sin. 26 (4): 459. **Type locality:** China: Liaoning, Benxi.

Thricops flavidus Xue, 1998. *In*: Xue *et* Chao, 1998. Flies of China, Vol. 1: 917. **Type locality:** China: Liaoning, Benxi.

Piezura graminicola: Pont, 2002. Insect Syst. Evol. 33: 107; Moores *et* Savage, 2005. Zootaxa 1096: 56.

分布（Distribution）：辽宁（LN）、新疆（XJ）；日本、加拿大、美国、阿尔巴尼亚、奥地利、法国、捷克、丹麦、爱沙尼亚、芬兰、德国、英国、匈牙利、荷兰、意大利、挪威、波兰、斯洛伐克、西班牙、瑞士、瑞典。

（135） 山西扁尾厕蝇 *Piezura shanxiensis* Xue, Wang *et* Wu, 1998

Piezura graminicola shanxiensis Xue, Wang *et* Wu, 1998. *In*: Xue *et* Chao, 1998. Flies of China, Vol. 1: 811.

Piezura shanxiensis Xue, Wang *et* Wu, 2010. *In*: Wang, Zhang *et* Ao, 2010. Zootaxa 2412: 59. **Type locality:** China: Shanxi.

分布（Distribution）：山西（SX）。

蝇科 Muscidae

芒蝇亚科 Atherigoninae

芒蝇族 Atherigonini

1. 茸芒蝇属 *Acritochaeta* Grimshaw, 1901

Acritochaeta Grimshaw, 1901. Fauna Hawaiiensis (Diptera) 3 (1): 41 (as a subgenus of *Atherigona* Rondani, 1956). **Type species:** *Acritochaeta pulvinata* Grimshow, 1901 (monotypy) [= *Atherigona orientalis* Schiner, 1868].

（1） 端斑茸芒蝇 *Acritochaeta apicemaculata* (Hennig, 1952)

Atherigona (Acritochaeta) apicemaculata Hennig, 1952. Beitr. Ent. 2 (1): 62. **Type locality:** Indonesia: Flores.

分布（Distribution）：广东（GD）；菲律宾、斯里兰卡、印度尼西亚、马来西亚、巴布亚新几内亚、澳大利亚。

（2） 黑背茸芒蝇 *Acritochaeta atritergita* (Fan, 1988)

Atherigona (Acritochaeta) atritergita Fan, 1988. *In*: Fang *et* Fan, 1988. *In*: The Mountaineering and Scientific Expedition, Academia Sinica, 1988. Insects of Mt. Namjagbarwa Region of Xizang: 501. **Type locality:** China: Tibet, Mêdog.

分布（Distribution）：陕西（SN）、西藏（XZ）。

（3） 端鬃茸芒蝇 *Acritochaeta maculigera* (Stein, 1910)

Atherigona maculigera Stein, 1910. Ann. Hist.-Nat. Mus. Natl. Hung. 8: 560. **Type locality:** Sri Lanka: Pattipola.

Acritochaeta (Atherigona) crassiseta Stein, 1915. Suppl. Ent. 4: 41. **Type locality:** China: Taiwan, Chip-chip (synonymized by Pont *et* Magpayo, 1995).

分布（Distribution）：四川（SC）、云南（YN）、福建（FJ）、台湾（TW）、海南（HI）；菲律宾、马来西亚、尼泊尔、印度尼西亚、斯里兰卡、斐济。

（4） 东方茸芒蝇 *Acritochaeta orientalis* (Schiner, 1868)

Atherigona orientalis Schiner, 1868. Reise der Österreichischen Fregatte Novara, Diptera 2 (1B): 295. **Type locality:** India: Nicobar Islands.

Coenosia excise Thomson, 1869. K. Svenska Fregatten Eugenies Resa, Zool., Dipt. 2 (1): 560. **Type locality:** Indonesia: Cocos-Keeling Island.

Atherigona trilineata Stein, 1900. Természetr. Füz. 23: 157. **Type locality:** Indonesia: Irian.

Atherigona magnipalpalis Stein, 1906. Berl. Ent. Z. 51: 66. **Type locality:** Cameroun.

Acritochaeta pulvinata Grimshaw, 1901. Fauna Hawaiiensis (Diptera) 3 (1): 42. **Type locality:** USA: Hawaii Island.

分布（Distribution）：陕西（SN）、江苏（JS）、上海（SH）、浙江（ZJ）、江西（JX）、湖南（HN）、湖北（HB）、四川（SC）、贵州（GZ）、福建（FJ）、台湾（TW）、广东（GD）、海南（HI）、香港（HK）；日本、菲律宾、泰国、马来西亚、印度尼西亚、印度、尼泊尔、巴基斯坦、孟加拉国、斯里兰卡、密克罗尼西亚、萨摩亚、澳大利亚、马达加斯加、伊拉克、以色列、利比亚、埃及、加那利群岛、佛得角、塞浦路斯、美国；非洲、南美洲。

（5） 鬃尾茸芒蝇 *Acritochaeta setrcauda* (Malloch, 1926)

Atherigona seticauda Malloch, 1926. Philipp. J. Sci. 31: 504. **Type locality:** Philippines: Mount Maquiling, Laguna province, Luzon.

Atherigona dorsovittata Malloch, 1928. Ent. Mitt. 17: 300. **Type locality:** Indonesia: Forte de Kock, Sumatra.

分布（Distribution）：台湾（TW）；菲律宾、马来西亚、印度尼西亚、斯里兰卡。

2. 芒蝇属 *Atherigona* Rondani, 1856

Atherigona Rondani, 1856. Dipt. Ital. Prodromus, Vol. I: 97. **Type species:** *Atherigona varia* Meigen, 1862 (by original designation).

Orthostylum Macquart, 1851. Mém. Soc. R. Sci. Agric. Arts Lille 1850 [1851]: 245. **Type species:** *Orthostylum rufipes* Macquart, 1851 (by original designation).

（6） 黑前足芒蝇 *Atherigona acritochaeta ateripraepeda* He, Huang *et* Fang, 2007

Atherigona acritochaeta ateripraepeda He, Huang *et* Fang, 2007. *In*: He *et al.*, 2007. Acta Parasitol. Med. Entomol. Sin. 14 (4): 241. **Type locality:** China: Sichuan, Pengzhou, Mt. Longmenshan.

分布（Distribution）：四川（SC）。

（7） 黑须芒蝇 *Atherigona atripalpis* Malloch, 1925

Atherigona atripalpis Malloch, 1925. Mem. Dept. Agric. India Ent. Ser. 8: 116. **Type locality:** India: Coimbatore.

分布（Distribution）：山西（SX）、河南（HEN）、江苏（JS）、上海（SH）、浙江（ZJ）、湖南（HN）、湖北（HB）、四川（SC）、重庆（CQ）、贵州（GZ）、云南（YN）、福建（FJ）、广东（GD）、海南（HI）；菲律宾、缅甸、印度尼西亚、印度、尼泊尔、斯里兰卡、澳大利亚。

（8） 双齿芒蝇 *Atherigona bidens* Hennig, 1952

Atherigona (s. str.) *tridens bidens* Hennig, 1952. Beitr. Ent. 2 (1): 67. **Type locality:** Indonesia: Flores.

分布（Distribution）：云南（YN）、台湾（TW）；菲律宾、印度尼西亚、印度、尼泊尔、澳大利亚、巴布亚新几内亚。

（9） 粟芒蝇 *Atherigona biseta* Karl, 1939

Atherigona biseta Karl, 1939b. Arb. Morph. Taxon. Ent. 6 (3): 279. **Type locality:** China: Heilongjiang, Maoershan.

分布（Distribution）：黑龙江（HL）、吉林（JL）、辽宁（LN）、河北（HEB）、山西（SX）、山东（SD）、陕西（SN）、甘肃（GS）、四川（SC）、福建（FJ）、台湾（TW）；日本、俄罗斯。

（10） 小笠原芒蝇 *Atherigona boninensis* Snyder, 1965

Atherigona boninensis Snyder, 1965. Insects Micronesia 13 (6): 256. **Type locality:** Japan: Chichi Jima Island; Bonin Islands.

Atherigona shibuyai Pont, 1968. Bull. Entomol. Res. 58: 201. **Type locality:** Japan: Kyushu, Kagoshima (synonymized by Pont, 1973).

分布（Distribution）：四川（SC）、西藏（XZ）；日本、缅甸、菲律宾。

（11） 瘦叶芒蝇 *Atherigona confusa* Malloch, 1928

Atherigona confuse Malloch, 1928. Ent. Mitt. 17 (4): 302.

Type locality: Indonesia: Sumatra, Fort de Kock.

Atherigona yiwulushan Mou, 1981. Acta Zootaxon. Sin. 6 (2): 184. **Type locality:** China: Liaoning, Mt. Yiwulushan.

Atherigona ligurriens Meng *et* Xue, 1982. Acta Zootaxon. Sin. 7 (1): 92. **Type locality:** China: Shandong, Jinan.

分布（Distribution）：辽宁（LN）、河北（HEB）、山西（SX）、山东（SD）；菲律宾、马来西亚、缅甸、尼泊尔、印度、斯里兰卡、印度尼西亚、巴布亚新几内亚。

（12）钝突芒蝇 *Atherigona crassibifurca* Fan *et* Liu, 1982

Atherigona crassibifurca Fan *et* Liu, 1982. Entomotaxon. 4 (1-2): 8. **Type locality:** China: Guangdong, Taishan.

分布（Distribution）：广东（GD）。

（13） 肥芒芒蝇 *Atherigona crassiseta* (Stein, 1915)

Acritochaeta crassiseta Stein, 1915. Suppl. Ent. 4: 41. **Type locality:** China: Taiwan, Chip-chip.

分布（Distribution）：台湾（TW）；马来西亚、印度尼西亚。

（14） 柳叶箸芒蝇 *Atherigona delta* Pont, 1981

Atherigon delta Pont, 1981. Bull. Entomol. Res. 71: 390. **Type locality:** India: Tamil Nādu, Coimbatore.

分布（Distribution）：台湾（TW）；印度、斯里兰卡。

（15） 条背芒蝇 *Atherigona dorsovittata* Malloch, 1928

Atherigona dorsovittata Malloch, 1928. Ent. Mitt. 17: 300. **Type locality:** Indonesia: Sumatra (Bukittinggi).

分布（Distribution）：台湾（TW）；印度尼西亚。

（16） 肠芒蝇 *Atherigona enterona* Wei *et* Yang, 2007

Atherigona enterona Wei *et* Yang, 2007. *In*: Li, Yang *et* Jin, 2007. Insects from Leigongshan Landscape: 458. **Type locality:** China: Guizhou, Mt. Leigongshan.

分布（Distribution）：贵州（GZ）。

（17） 野黍芒蝇 *Atherigona eriochloae* Malloch, 1925

Atherigona eriochloae Malloch, 1925. Mem. Dept. Agric. India Ent. Ser. 8: 117. **Type locality:** India: Madras.

分布（Distribution）：河北（HEB）；印度。

（18） 短柄芒蝇 *Atherigona exigua* Stein, 1900

Atherigona exigua Stein, 1900. Természetr. Füz. 23: 157. **Type locality:** Singapore.

分布（Distribution）：广东（GD）、海南（HI）；斯里兰卡、印度尼西亚、马来西亚、新加坡。

（19）大叶芒蝇 *Atherigona falcata* (Thomson, 1869)

Coenosia falcata Thomson, 1869. K. Svenska Fregatten Eugenies Resa, Zool., Dipt. 2 (1): 560. **Type locality:** China: Hong Kong.

Atherigona nudiseta Malloch, 1923. Ann. Mag. Nat. Hist. (9) 12: 186. **Type locality:** India: Coimbatore.

Atherigona nudiseta megaloba Fan, 1965. Key to the Common Flies of China: 69. **Type locality:** China: Shanghai (synonymized by Pont, 1973).

分布（Distribution）：河北（HEB）、天津（TJ）、北京（BJ）、山西（SX）、山东（SD）、河南（HEN）、江苏（JS）、上海（SH）、浙江（ZJ）、江西（JX）、湖南（HN）、湖北（HB）、四川（SC）、贵州（GZ）、云南（YN）、福建（FJ）、台湾（TW）、广东（GD）、广西（GX）、海南（HI）、香港（HK）；菲律宾、缅甸、孟加拉国、印度、斯里兰卡、尼泊尔、巴布亚新几内亚、澳大利亚、南非、纳米比亚。

（20）幸运芒蝇 *Atherigona fortunata* Wei *et* Yang, 2007

Atherigona fortunata Wei *et* Yang, 2007. *In*: Li, Yang *et* Jin, 2007. Insects from Leigongshan Landscape: 459. **Type locality:** China: Guizhou, Mt. Leigongshan.

分布（Distribution）：贵州（GZ）。

（21）元宝芒蝇 *Atherigona hennigi* **Pont, 1986**

Atherigona (*Atherigona*) *hennigi* Pont, 1986b. Aust. J. Zool. Suppl. Ser. 120: 48. **Type locality:** Australia: Torres Strait (Banks Island).

分布（Distribution）：上海（SH）；菲律宾、马来西亚、印度尼西亚、澳大利亚。

（22）环山芒蝇 *Atherigona huanshanensis* **Shinonaga *et* Huang, 2007**

Atherigona (*Acritochaeta*) *huanshanensis* Shinonaga *et* Huang, 2007. Jpn. J. Syst. Ent. 13 (1): 17. **Type locality:** China: Taiwan, Taichung, Huanshan.

分布（Distribution）：台湾（TW）。

（23）库氏芒蝇 *Atherigona kurahashii* **Shinonaga, 2000**

Atherigona kurahashii Shinonaga, 2000. Jpn. J. Syst. Ent. 6 (1): 52. **Type locality:** Vietnam: Lao Cai (nr. Sa Pa, Deo Tram Ton).

分布（Distribution）：台湾（TW）；越南。

（24）扁蹠芒蝇 *Atherigona laeta* (Wiedemann, 1830)

Coenosia laeta Wiedemann, 1830. Aussereurop. Zweifl. Insekt. 2: 440. **Type locality:** Indonesia.

分布（Distribution）：云南（YN）、台湾（TW）、广东（GD）、海南（HI）；菲律宾、缅甸、斯里兰卡、印度、尼泊尔、马来西亚、萨摩亚、印度尼西亚、斐济。

（25）宽基芒蝇 *Atherigona latibasis* **Fan *et* Liu, 1982**

Atherigona latibasis Fan *et* Liu, 1982. Entomotaxon. 4 (1-2): 8.

Type locality: China: Guangdong, Taishan.

分布（Distribution）：广东（GD）。

（26）雷公山芒蝇 *Atherigona leigongshana* **Wei *et* Yang, 2007**

Atherigona leigongshana Wei *et* Yang, 2007. *In*: Li, Yang *et* Jin, 2007. Insects from Leigongshan Landscape: 460. **Type locality:** China: Guizhou, Mt. Leigongshan.

分布（Distribution）：贵州（GZ）。

（27）斑芒蝇 *Atherigona maculigera* **Stein, 1910**

Atherigona maculigera Stein, 1910. Ann. Hist.-Nat. Mus. Natl. Hung. 8: 560. **Type locality:** Sri Lanka: Pattipola.

分布（Distribution）：台湾（TW）；斯里兰卡、印度尼西亚。

（28）黑月尾芒蝇 *Atherigona melameniscura* **Fan *et* Chen, 2008**

Atherigona melameniscura Fan *et* Chen, 2008. *In*: Fan, 2008. Fauna Sinica, Insecta, Vol. 49: 957. **Type locality:** China: Hainan, Baisha.

分布（Distribution）：海南（HI）。

（29）黍芒蝇 *Atherigona miliaceae* **Malloch, 1925**

Atherigona miliaceae Malloch, 1925. Mem. Dept. Agric. India Ent. Ser. 8: 118. **Type locality:** India: Pūsa.

分布（Distribution）：吉林（JL）、河北（HEB）、北京（BJ）、河南（HEN）、贵州（GZ）、广东（GD）；印度、澳大利亚。

（30）长毛跗芒蝇 *Atherigona nigripes* **Stein, 1900**

Atherigona nigripes Stein, 1900. Természetr. Füz. 23: 155. **Type locality:** Papua New Guinea: Friedr.-Wilh.-Hafen (Madang) (by lectotype designation of Pont, 1969).

Atherigona nigripes Stein, 1900. Annali Mus. Civ. Stor. Nat. Giacomo Doria 40: 395 (nomen nudum).

Atherigona longiseta Malloch, 1924a. Not. Ent. 4: 74. **Type locality:** Philippines: Port Bange (synonymized by Pont *et* Magpayo, 1995).

Atherigona pilimana Hennig, 1952. Beitr. Ent. 2 (1): 67. **Type locality:** Indonesia: W. Flores (synonymized by Pont *et* Magpayo, 1995).

Atherigona ferrari Pont, 1986b. Aust. J. Zool. Suppl. Ser. 120: 45. **Type locality:** Australia: New South Wales, Ku-ring-gai (synonymized by Pont *et* Magpayo, 1995).

分布（Distribution）：台湾（TW）；菲律宾、马来西亚、澳大利亚、印度尼西亚、巴布亚新几内亚。

（31）黑胫芒蝇 *Atherigona nigritibiella* **Fan *et* Liu, 1982**

Atherigona nigritibiella Fan *et* Liu, 1982. Entomotaxon. 4 (1-2): 9. **Type locality:** China: Guangdong, Taishan.

分布（Distribution）：广东（GD）。

（32）亮芒蝇 Atherigona nitella Wei et Yang, 2007

Atherigona nitella Wei et Yang, 2007. In: Li, Yang et Jin, 2007. Insects from Leigongshan Landscape: 460. **Type locality:** China: Guizhou, Mt. Leigongshan.

分布（Distribution）：贵州（GZ）。

（33）曲阜芒蝇 Atherigona omega Pont, 1981

Atherigona omega Pont, 1981. Bull. Entomol. Res. 71: 380. **Type locality:** Indonesia: Ternate Island, Moluccas.

分布（Distribution）：山东（SD）；菲律宾、印度尼西亚、缅甸、印度、澳大利亚。

（34）圆叶芒蝇 Atherigona orbicularis Fan et Liu, 1982

Atherigona orbicularis Fan et Liu, 1982. Entomotaxon. 4 (1-2): 9. **Type locality:** China: Guangdong, Taishan.

Atherigona occulta Pont, 1986b. Aust. J. Zool. Suppl. Ser. 120: 59. **Type locality:** Australia: Northern Territory (synonymized by Pont et Magpayo, 1995).

分布（Distribution）：广东（GD）。

（35）稻芒蝇 Atherigona oryzae Malloch, 1925

Atherigona oryzae Malloch, 1925. Mem. Dept. Agric. India Ent. Ser. 8: 117. **Type locality:** India: Coimbatore.

Atherigona samoaensis Malloch, 1929. Insects Samoa 6 (3): 159. **Type locality:** Western Samoa.

分布（Distribution）：辽宁（LN）、河北（HEB）、山西（SX）、河南（HEN）、江苏（JS）、上海（SH）、浙江（ZJ）、湖南（HN）、湖北（HB）、四川（SC）、福建（FJ）、台湾（TW）、广东（GD）、广西（GX）、海南（HI）；日本、缅甸、孟加拉国、斯里兰卡、巴基斯坦、印度尼西亚、印度、马来西亚、尼泊尔、菲律宾、澳大利亚、巴布亚新几内亚、新喀里多尼亚（法）、新赫布里底群岛、萨摩亚、汤加、加罗林群岛。

（36）庞特芒蝇 Atherigona ponti Xue et Yang, 1998

Atherigona ponti Xue et Yang, 1998. In: Wu, 1998. Insects of Longwangshan Nature Reserve: 329. **Type locality:** China: Zhejiang, Mt. Longwangshan.

分布（Distribution）：浙江（ZJ）。

（37）黄髭芒蝇 Atherigona pulla (Wiedemann, 1830)

Coenosia pulla Wiedemann, 1830. Aussereurop. Zweifl. Insekt 2: 441. **Type locality:** India: Tranquebar.

Orthostylum rufipes Macquart, 1851. Mém. Soc. R. Sci. Agric. Arts Lille 1850 [1851]: 246. **Type locality:** Egypt.

Atherigona destructor Malloch, 1923. Ann. Mag. Nat. Hist. (9) 12: 185. **Type locality:** India: Coimbatore.

分布（Distribution）：云南（YN）；尼泊尔、斯里兰卡、印度、塞浦路斯、伊拉克、以色列、土耳其、摩洛哥、阿尔

及利亚、埃及、西班牙、意大利、尼日利亚、苏丹、赞比亚、南非；中东地区、地中海地区。

（38）点芒蝇 Atherigona punctata Karl, 1940

Atherigona punctate Karl, 1940. Arb. Morph. Taxon. Ent. Berl. 7: 147. **Type locality:** China: Taiwan, Taipei.

分布（Distribution）：台湾（TW）；斯里兰卡、印度尼西亚、印度、澳大利亚。

（39）黔芒蝇 Atherigona qiana Wei et Yang, 2007

Atherigona qiana Wei et Yang, 2007. In: Li, Yang et Jin, 2007. Insects from Leigongshan Landscape: 461. **Type locality:** China: Guizhou, Mt. Leigongshan.

分布（Distribution）：贵州（GZ）。

（40）毛蹠芒蝇 Atherigona reversura Villeneuve, 1936

Atherigona reversura Villeneuve, 1936. Ark. Zool. 27A (34): 11. **Type locality:** China: Sichuan.

Atherigona (Atherigona) bella sinobella Fan, 1965. Key to the Common Flies of China: 69. **Type locality:** China: Shanghai (synonymized by Pont, 1973).

分布（Distribution）：河北（HEB）、天津（TJ）、山西（SX）、河南（HEN）、江苏（JS）、上海（SH）、浙江（ZJ）、湖南（HN）、湖北（HB）、四川（SC）、重庆（CQ）、云南（YN）、福建（FJ）、台湾（TW）、广东（GD）、海南（HI）；日本。

（41）乳山芒蝇 Atherigona rushanensis Shinonaga et Huang, 2007

Atherigona (Acritochaeta) rushanensis Shinonaga et Huang, 2007. Jpn. J. Syst. Ent. 13 (1): 16. **Type locality:** India: Puri.

分布（Distribution）：台湾（TW）；印度。

（42）帚叶芒蝇 Atherigona scopula Fan et Liu, 1982

Atherigona scopula Fan et Liu, 1982. Entomotaxon. 4 (1-2): 9. **Type locality:** China: Guangdong, Taishan.

分布（Distribution）：广东（GD）。

（43）三地门芒蝇 Atherigona santimensis Shinonaga et Huang, 2007

Atherigona (Acritochaeta) santimensis Shinonaga et Huang, 2007. Jpn. J. Syst. Ent. 13 (1): 16. **Type locality:** China: Taiwan, Pingtung, Santimen.

分布（Distribution）：台湾（TW）。

（44）双疣芒蝇 Atherigona simplex (Thomson, 1869)

Coenosia simplex Thomson, 1869. K. Svenska Fregatten Eugenies Resa, Zool., Dipt. 2 (1): 560. **Type locality:** China: Hong Kong.

Atherigona bituberculata Malloch, 1925. Mem. Dept. Agric.

India Ent. Ser. 8: 119. **Type locality:** India: Bihār, Pūsa.

分布（**Distribution**）：江苏（JS）、上海（SH）、湖北（HB）、云南（YN）、福建（FJ）、台湾（TW）、广东（GD）、海南（HI）、香港（HK）；缅甸、斯里兰卡、菲律宾、印度尼西亚、马来西亚、印度、尼泊尔、澳大利亚、巴布亚新几内亚、新喀里多尼亚（法）、新赫布里底群岛。

（45）高粱芒蝇 *Atherigona soccata* **Rondani, 1871**

Atherigona soccata Rondani, 1871. Bull. Soc. Ent. Ital. 2 (1870): 332. **Type locality:** Italy: Etruria.

Atherigona indica Malloch, 1923. Ann. Mag. Nat. Hist. (9) 12: 193. **Type locality:** India: Madras, Coimbatore.

Atherigona varia Meigen, 1826. Syst. Beschr. Europ. Zweifl. Insekt. 5: 187. **Type locality:** Not given.

Atherigona indica infuscate Emden, 1940. Ruwenzori Exped. 1934-35, 2: 123. **Type locality:** Uganda.

分布（**Distribution**）：山西（SX）、湖南（HN）、四川（SC）、贵州（GZ）、云南（YN）、广东（GD）、广西（GX）、海南（HI）；菲律宾、缅甸、印度、巴基斯坦、泰国、伊拉克、也门、以色列、土耳其、阿富汗、埃塞俄比亚、尼日利亚、摩洛哥、利比亚、意大利、法国、埃及。

（46）三叉芒蝇 *Atherigona triaena* **Wei** *et* **Yang, 2007**

Atherigona triaena Wei et Yang, 2007. *In*: Li, Yang et Jin, 2007. Insects from Leigongshan Landscape: 462. **Type locality:** China: Guizhou, Mt. Leigongshan.

分布（**Distribution**）：贵州（GZ）。

（47）彩叶芒蝇 *Atherigona tricolorifolia* **Fan** *et* **Liu, 1982**

Atherigona tricolorifolia Fan et Liu, 1982. Entomotaxon. 4 (1-2): 9. **Type locality:** China: Guangdong, Taishan.

分布（**Distribution**）：广东（GD）。

（48）三齿芒蝇 *Atherigona tridens* **Malloch, 1928**

Atherigona tridens Malloch, 1928. Ent. Mitt. 17: 310. **Type locality:** Indonesia: Sumatra: Singgalung.

分布（**Distribution**）：台湾（TW）、广东（GD）、海南（HI）；加里曼丹岛、印度、印度尼西亚。

（49）三珠芒蝇 *Atherigona triglomerata* **Fan, 1965**

Atherigona triglomerata Fan, 1965. Key to the Common Flies of China: 70. **Type locality:** China: Shanghai.

分布（**Distribution**）：上海（SH）。

（50）四点芒蝇 *Atherigona varia* **(Meigen, 1826)**

Anthomyia varia Meigen, 1826. Syst. Beschr. Europ. Zweifl. Insekt. 5: 187. **Type locality:** Europe.

Atherigona variata Couri, Pont *et* Penny, 2006. Proc. Calif. Acad. Sci. 57: 813. **Type locality:** Madagascar: Fianarantsoa, Parc National Ranomafana, Belle Vue at Talatakely.

分布（**Distribution**）：新疆（XJ）；葡萄牙、西班牙、亚洲、欧洲、非洲（北部）。

（51）阎山芒蝇 *Atherigona yiwulushan* **Mou, 1981**

Atherigona yiwulushan Mou, 1981. Acta Zootaxon. Sin. 6 (2): 184. **Type locality:** China: Liaoning, Mt. Yiwulüshan.

分布（**Distribution**）：辽宁（LN）、山东（SD）。

点蝇亚科 Azeliinae

毛脉蝇族 Achanthiperini

3. 毛脉蝇属 *Achanthiptera* Rondani, 1856

Achanthiptera Rondani, 1856. Dipt. Ital. Prodromus, Vol. I: 95. **Type species:** *Musca inanis* Fallén, 1825 (by original designation) [= *Phyllis rohrelliformis* Robineau-Desvoidy, 1830].

Acanthiptera Lioy, 1864. Atti R. Ist. Véneto Sci. Lett. Arti (3) 9: 897 (error).

Sphecolyma Perris, 1876. Ann. Soc. Entomol. Fr. (5) 6: 242. **Type species:** *Sphecolyma flava* Perris, 1876 (monotypy) [= *Phyllis rohrelliformis* Robineau-Desvoidy, 1830].

（52）毛脉蝇 *Achanthiptera rohrelliformis* (Robineau-Desvoidy, 1830)

Phyllis rohrelliformis Robineau-Desvoidy, 1830. Mém. Prés. Div. Sav. Acad. R. Sci. Inst. Fr. 2 (2): 604. **Type locality:** France: Saint-Sauveur.

Musca inanis Fallén, 1825b. Monogr. Musc. Sveciae IX: 91. **Type locality:** Sweden: Skåne.

Antomyza insignita Zetterstedt, 1846. Dipt. Scand. 5: 1783 (unavailable; published in synonymy with *Musca inanis* Fallén).

Sphecolyma flava Perris, 1876. Ann. Soc. Entomol. Fr. (5) 6: 242. **Type locality:** Not given (presumably France: Mont-de-Marsan, Landes).

分布（**Distribution**）：山西（SX）；塔吉克斯坦；欧洲。

点蝇族 Azeliini

4. 点蝇属 *Azelia* Robineau-Desvoidy, 1830

Azelia Robineau-Desvoidy, 1830. Mém. Prés. Div. Sav. Acad. R. Sci. Inst. Fr. 2 (2): 592. **Type species:** *Azelia florae* Robineau-Desvoidy, 1830 (by designation of Rondani, 1866) viz. *Anthomyia triquetra* Wiedemann, 1817.

Atomogaster Macquart, 1835. Hist. Nat. Ins., Dipt. 2: 329. **Type species:** *Anthomyia triquetra* Wiedemann, 1817 (by original designation).

Prohydrotaea Emden, 1951. Ruwenzori Exped. 1934-35, 2: 441. **Type species:** *Prohydrotaea fasciata* Emden, 1951 (by original designation) (synonymized by Hennig, 1965).

Parazelia Bigot, 1882. Ann. Soc. Entomol. Fr. (6) 2: 18. **Type locality:** Not given.

（53）黑点蝇 *Azelia aterrima* (Meigen, 1826)

Azelia aterrima Meigen, 1826. Syst. Beschr. Europ. Zweifl. Insekt. 5: 157. **Type locality:** Europe.

分布（Distribution）：浙江（ZJ）；俄罗斯、蒙古国；欧洲。

（54）毛足点蝇 *Azelia cilipes* (Haliday, 1838)

Anthomyia cilipes Haliday, 1838. Ann. Mag. Nat. Hist. 2: 185. **Type locality:** Great Britain: Ireland.

Atomogaster duodecimpunctata Curtis, 1837. Guide Arrang. Br. Insects, 2nd Ed.: 279 (nomen nudum). **Type locality:** Great Britain: Ireland.

Atomogaster tibialis Staeger, 1843. Naturh. Tidsskr. (1) 4: 320. **Type locality:** Denmark.

Aricia staegeri Zetterstedt, 1845. Dipt. Scand. 4: 1592. **Type locality:** Sweden. Denmark.

分布（Distribution）：辽宁（LN）；日本；新北区；欧洲。

（55）冯氏点蝇 *Azelia fengi* Fan, 1965

Azelia fengi Fan, 1965. Key to the Common Flies of China: 73. **Type locality:** China: Inner Mongolia, Boketu.

分布（Distribution）：内蒙古（NM）、山西（SX）。

（56）鬃跗点蝇 *Azelia gibbera* (Meigen, 1826)

Anthomyia gibbera Meigen, 1826. Syst. Beschr. Europ. Zweifl. Insekt. 5: 152. **Type locality:** Not given, but presumably Germany.

Azelia gentilis Robineau-Desvoidy, 1830. Mém. Prés. Div. Sav. Acad. R. Sci. Inst. Fr. 2 (2): 592. **Type locality:** Not given, but probably France.

分布（Distribution）：新疆（XJ）；俄罗斯、芬兰、瑞典、挪威、爱沙尼亚、德国、丹麦、罗马尼亚、前捷克斯洛伐克、匈牙利、奥地利、瑞士、比利时、法国、英国、爱尔兰、加拿大、美国。

（57）异爪点蝇 *Azelia monodactyla* Loew, 1874

Azelia monodactyla Loew, 1874. Ent. Misc.: 34. **Type locality:** Slovakia: Lucenec.

分布（Distribution）：黑龙江（HL）、辽宁（LN）；日本、哈萨克斯坦、匈牙利、斯洛伐克、德国。

（58）羽胫点蝇 *Azelia plumitibia* Feng, Fan *et* Zeng, 1999

Azelia plumitibia Feng, Fan *et* Zeng, 1999. Chin. J. Vector Biol. & Control 10 (5): 323. **Type locality:** China: Sichuan, Mianyang (Mt. Fule).

分布（Distribution）：四川（SC）。

（59）丹麦点蝇 *Azelia zetterstedtii* Rondani, 1866

Azelia zetterstedtii Rondani, 1866. Atti Soc. Ital. Sci. Nat. Milano 9: 135. **Type locality:** Denmark: Séguy.

分布（Distribution）：山西（SX）、青海（QH）、四川（SC）；

塔吉克斯坦、美国；欧洲。

5. 胡蝇属 *Drymeia* Meigen, 1826

Drymeia Meigen, 1826. Syst. Beschr. Europ. Zweifl. Insekt. 5: 204. **Type species:** *Drymeia obscura* Meigen, 1826 (monotypy) viz. *Musca hamate* Fallén, 1823.

Eriphia Meigen, 1826. Syst. Beschr. Europ. Zweifl. Insekt. 5: 206. **Type species:** *Eriphia cinerea* Meigen, 1826 (monotypy).

Bebryx Gistel, 1848. Naturgesch. Thierr. 16: 9. **Type species:** *Eriphia cinerea* Meigen, 1826 (aut.).

Pogonomyia Rondani, 1871. Bull. Soc. Ent. Ital. 2 (1870): 336. **Type species:** *Pogonomyia alpicola* Rondani, 1871 (monotypy).

Neopogonomyia Schnabl *et* Dziedzicki, 1911. Nova Acta Acad. Caesar. Leop. Carol. 95 (2): 198. **Type species:** *Aspilia brumalis* Rondani, 1866 (by designation of Séguy, 1923).

Pogonomyioides Malloch, 1919. Rep. Canad. Arctic Exped. 3: 67c. **Type species:** *Pogonomyia atrata* Malloch, 1919 (monotypy) viz. *Aricia segnis* Holmgren, 1883.

Eupogonomyia Malloch, 1921a. Proc. Calif. Acad. Sci. (4) 11: 178. **Type species:** *Eupogonomyia pribilofensis* Malloch, 1921 (by original designation).

Trichopticoides Ringdahl, 1931. Ent. Tidskr. 52: 173. **Type species:** *Musca decolor* Fallén, 1824 (monotypy) viz. *Musca vicana* Harris, 1780.

（60）针踝胡蝇 *Drymeia aculeate* (Stein, 1907)

Pogonomyia aculeate Stein, 1907b. Annu. Mus. Zool. Acad. Sci. Russ. St.-Pétersb. 12: 328. **Type locality:** China: Qinghai, Yushu and Guoluo.

分布（Distribution）：陕西（SN）、青海（QH）、四川（SC）、西藏（XZ）。

（61）铜腹胡蝇 *Drymeia aeneoventrosa* (Fan, Jin *et* Wu, 1988)

Pogonomyia aeneoventrosa Fan, Jin *et* Wu, 1988. *In*: Shanghai Institute of Entomology, Academia Sinica, 1988. Contributions from Shanghai Institute of Entomology, Vol. 8: 202. **Type locality:** China: Qinghai, Menyuan.

分布（Distribution）：青海（QH）、四川（SC）。

（62）山栖胡蝇 *Drymeia alpicola* (Rondani, 1871)

Pogonomyia alpicola Rondani, 1871. Bull. Soc. Ent. Ital. 2 (1870): 337. **Type locality:** Italy: in Monte Cinesio.

Pogonomyia alpicola var. *tundrica* Schnabl, 1915. In Zap. Imp. Akad. Nauk (VIII), cl. Phys. Math. 28 (7): 48. **Type locality:** Russia: West Siberia.

分布（Distribution）：吉林（JL）、山西（SX）、陕西（SN）、甘肃（GS）、青海（QH）；土耳其、奥地利、阿尔及利亚、保加利亚、瑞士、捷克、德国、意大利、波兰、法国、乌克兰、俄罗斯、美国。

（63）高山胡蝇 *Drymeia altica* (Pont, 1981)

Pogonomyia altica Pont, 1981. Spixiana 4 (2): 136. **Type locality:** China: Tibet.

分布（**Distribution**）：西藏（XZ）。

（64）直突胡蝇 *Drymeia apiciventris* **(Fan, 1993)**

Pogonomyia apiciventris Fan, 1993. *In*: The Comprehensive Scientific Expedition to the Qinghai-Xizang Plateau, Chinese Academy of Sciences, 1993. Insects of the Hengduan Mountains Region, Vol. 2: 1252. **Type locality:** China: Yunnan, Zhongdian.

分布（**Distribution**）：四川（SC）、云南（YN）、西藏（XZ）。

（65）魔胡蝇 *Drymeia beelzebub* **(Pont, 1981)**

Pogonomyia beelzebub Pont, 1981. Spixiana 4 (2): 129. **Type locality:** Nepal: Prov. nr. 3 Rast, Umg.

分布（**Distribution**）：新疆（XJ）、西藏（XZ）；尼泊尔、印度。

（66）毛肋胡蝇 *Drymeia beretiseta* **Xue, 1992**

Drymeia beretiseta Xue, 1992. *In*: Xue *et al.*, 1992. The 19th International Congress of Entomology: 7. **Type locality:** China: Qinghai, Yushu.

分布（**Distribution**）：青海（QH）。

（67）双刺胡蝇 *Drymeia bispinula* **Xue, Pont** *et* **Wang, 2008**

Drymeia bispinula Xue, Pont *et* Wang, 2008. Proc. Ent. Soc. Wash. 110 (2): 498. **Type locality:** China: Shaanxi, Ningshaan, Huoditang.

分布（**Distribution**）：陕西（SN）。

（68）短颜胡蝇 *Drymeia brevifacies* **(Fan, 1993)**

Pogonomyia brevifacies Fan, 1993. *In*: The Comprehensive Scientific Expedition to the Qinghai-Xizang Plateau, Chinese Academy of Sciences, 1993. Insects of the Hengduan Mountains Region, Vol. 2: 1253. **Type locality:** China: Sichuan, Hongyuan.

分布（**Distribution**）：四川（SC）。

（69）新短须胡蝇 *Drymeia brevipalpis* **Xue** *et* **Xiang, 1992**

Drymeia brevipalpis Xue *et* Xiang, 1992. *In*: Xue *et al.*, 1992. The 19th International Congress of Entomology: 7. **Type locality:** China: Xinjiang, East Kunlun, Kaerdong Cave.

分布（**Distribution**）：新疆（XJ）。

（70）短足胡蝇 *Drymeia brevipes* **Xue** *et* **Wu, 1992**

Drymeia brevipes Xue *et* Wu, 1992. *In*: Xue *et al.*, 1992. The 19th International Congress of Entomology: 9. **Type locality:** China: Gansu, Maqu.

分布（**Distribution**）：甘肃（GS）。

（71）短喙胡蝇 *Drymeia breviprobosca* **Xue** *et* **Zhang, 1992**

Drymeia breviprobosca Xue *et* Zhang, 1992. *In*: Xue *et al.*, 1992. The 19th International Congress of Entomology: 9.

Type locality: China: Tibet, Chaya.

分布（**Distribution**）：西藏（XZ）。

（72）冬胡蝇 *Drymeia brumalis* **(Rondani, 1866)**

Aspilia brumalis Rondani, 1866. Atti Soc. Ital. Sci. Nat. Milano 9: 88. **Type locality:** Italy: Insubrian Alps.

Pogonomyia meadei Pokorny, 1893a. Verh. K. K. Zool.-Bot. Ges. Wien 43: 8. **Type locality:** England.

分布（**Distribution**）：河北（HEB）、甘肃（GS）、青海（QH）；波兰、德国、捷克、斯洛伐克、奥地利、瑞士、法国、意大利、英国。

（73）拟灰腹胡蝇 *Drymeia cinerascens* **(Fan, 1993)**

Pogonomyia cinerascens Fan, 1993. *In*: The Comprehensive Scientific Expedition to the Qinghai-Xizang Plateau, Chinese Academy of Sciences, 1993. Insects of the Hengduan Mountains Region, Vol. 2: 1254. **Type locality:** China: Sichuan, Xiangcheng.

分布（**Distribution**）：四川（SC）。

（74）尖踝胡蝇 *Drymeia cordyloaculeata* **Xue** *et* **Wang, 1992**

Drymeia cordyloaculeata Xue *et* Wang, 1992. *In*: Xue *et al.*, 1992. The 19th International Congress of Entomology: 9. **Type locality:** China: Shanxi, Mt. Fangshan.

分布（**Distribution**）：山西（SX）、陕西（SN）。

（75）曲股胡蝇 *Drymeia curvifemorata* **Xue** *et* **Zhang, 1992**

Drymeia cutvifemorata Xue *et* Zhang, 1992. *In*: Xue *et al.*, 1992. The 19th International Congress of Entomology: 9. **Type locality:** China: Xinjiang, Zhaosu.

分布（**Distribution**）：新疆（XJ）。

（76）毛胸胡蝇 *Drymeia dasyprosterna* **Xue** *et* **Wu, 1992**

Drymeia dasyprosterna Xue *et* Wu, 1992. *In*: Xue *et al.*, 1992. The 19th International Congress of Entomology: 9. **Type locality:** China: Gansu, Dacha pasture.

分布（**Distribution**）：甘肃（GS）。

（77）峨眉胡蝇 *Drymeia emeishanensis* **Xue, 1992**

Drymeia emeishanensis Xue, 1992. *In*: Xue *et al.*, 1992. The 19th International Congress of Entomology: 9. **Type locality:** China: Sichuan, Mt. Emeishan.

分布（**Distribution**）：四川（SC）。

（78）镰股胡蝇 *Drymeia falcifemora* **Xue, Pont** *et* **Wang, 2008**

Drymeia falcifemora Xue, Pont *et* Wang, 2008. Proc. Ent. Soc. Wash. 110 (2): 501. **Type locality:** China: Tibet, Duoxong.

分布（**Distribution**）：西藏（XZ）。

（79）丛胡蝇 *Drymeia fasciculata* (Stein, 1916)

Pogonomyia fasciculata Stein, 1916. Arch. Naturgesch. 81A (10) (1915): 46. **Type locality:** France: La Bastide, Auvergne.

分布（**Distribution**）：山西（SX）；奥地利、保加利亚、法国、意大利。

（80）股刺胡蝇 *Drymeia femoratispina* **Xue et Zhang, 1992**

Drymeia femoratispina Xue et Zhang, 1992. *In*: Xue *et al.*, 1992. The 19th International Congress of Entomology: 9. **Type locality:** China: Inner Mongolia, Oroqen Autonomous Banner, Xiaoyangqi.

分布（**Distribution**）：内蒙古（NM）。

（81）缨尾胡蝇 *Drymeia fimbricauda* **Xue, 2009**

Drymeia fimbricauda Xue, 2009. *In*: Xue, Wang *et* Wang, 2009. Entomol. Fennica 20: 86. **Type locality:** China: Yunnan, Baimang.

分布（**Distribution**）：云南（YN）。

（82）黄脉胡蝇 *Drymeia fulvinervula* **(Fan, Jin et Wu, 1988)**

Pogonomyia fulvinervata Fan, Jin *et* Wu, 1988. *In*: Shanghai Institute of Entomology, Academia Sinica, 1988. Contributions from Shanghai Institute of Entomology, Vol. 8: 203. **Type locality:** China: Qinghai, Menyuan.

分布（**Distribution**）：青海（QH）。

（83）甘孜胡蝇 *Drymeia ganziensis* **(Fan, 1993)**

Pogonomyia ganziensis Fan, 1993. *In*: The Comprehensive Scientific Expedition to the Qinghai-Xizang Plateau, Chinese Academy of Sciences, 1993. Insects of the Hengduan Mountains Region, Vol. 2: 1254. **Type locality:** China: Sichuan, Garzê.

分布（**Distribution**）：四川（SC）。

（84）蒙灰腹胡蝇 *Drymeia glaucescens* **Xue, 1992**

Drymeia glaucescens Xue, 1992. *In*: Xue *et al.*, 1992. The 19th International Congress of Entomology: 10. **Type locality:** China: Inner Mongolia, Bayanchuoer League.

分布（**Distribution**）：内蒙古（NM）。

（85）贡山胡蝇 *Drymeia gongshanensis* **(Fan, 1993)**

Pogonomyia gongshanensis Fan, 1993. *In*: The Comprehensive Scientific Expedition to the Qinghai-Xizang Plateau, Chinese Academy of Sciences, 1993. Insects of the Hengduan Mountains Region, Vol. 2: 1255. **Type locality:** China: Yunnan, Deqin.

分布（**Distribution**）：云南（YN）。

（86）蟹爪胡蝇 *Drymeia grapsopoda* **(Xue et Cao, 1989)**

Pogonomyia grapsopoda Xue *et* Cao, 1989. Entomotaxon.

11 (1-2): 171. **Type locality:** China: Shaanxi, Mt. Taibaishan.

分布（**Distribution**）：陕西（SN）、四川（SC）、云南（YN）。

（87）蓬胫胡蝇 *Drymeia hirsutitibia* **(Fan, 1993)**

Pogonomyia hirsutitibia Fan, 1993. *In*: The Comprehensive Scientific Expedition to the Qinghai-Xizang Plateau, Chinese Academy of Sciences, 1993. Insects of the Hengduan Mountains Region, Vol. 2: 1255. **Type locality:** China: Sichuan, Wolong.

分布（**Distribution**）：四川（SC）。

（88）毛头胡蝇 *Drymeia hirticeps* **(Stein, 1907)**

Pogonomyia hirticeps Stein, 1907b. Annu. Mus. Zool. Acad. Sci. Russ. St.-Pétersb. 12: 330. **Type locality:** China: Qinghai, Yushu.

分布（**Distribution**）：甘肃（GS）、青海（QH）。

（89）康定胡蝇 *Drymeia kangdinga* **Xue, 1992**

Drymeia kangdinga Xue, 1992. *In*: Xue *et al.*, 1992. The 19th International Congress of Entomology: 10. **Type locality:** China: Sichuan, Kangding.

分布（**Distribution**）：四川（SC）。

（90）肋毛胡蝇 *Drymeia katepimeronipilosa* **Xue, 2009**

Drymeia katepimeronipilosa Xue, 2009. *In*: Xue, Wang *et* Wang, 2009. Entomol. Fennica 20: 87. **Type locality:** China: Sichuan, Luhuo.

分布（**Distribution**）：四川（SC）。

（91）可可西里胡蝇 *Drymeia kekexiliensis* **Xue et Zhang, 1992**

Drymeia kekexiliensis Xue et Zhang, 1992. *In*: Xue *et al.*, 1992. The 19th International Congress of Entomology: 3. **Type locality:** China: Qinghai, Kekexili.

Drymeia hohxiliensis Xue et Zhang, 1996. *In*: Wu *et* Feng, 1996. The Biology and Human Physiology in the Hoh-Xil Region: 199 (unjustified emendation).

分布（**Distribution**）：青海（QH）。

（92）立栉跗胡蝇 *Drymeia magnifica* **(Pont, 1981)**

Pogonomyia magnifica Pont, 1981. Spixiana 4 (2): 126. **Type locality:** China: Tibet, Lamala.

分布（**Distribution**）：西藏（XZ）。

（93）玛曲胡蝇 *Drymeia maquensis* **Xue et Wu, 1992**

Drymeia maquensis Xue *et* Wu, 1992. *In*: Xue *et al.*, 1992. The 19th International Congress of Entomology: 12. **Type locality:** China: Gansu, Maqu.

分布（**Distribution**）：甘肃（GS）。

（94）庸须胡蝇 *Drymeia mediocripalpis* **Xue, 1992**

Drymeia mediocripalpis Xue, 1992. *In*: Xue *et al.*, 1992. The

19th International Congress of Entomology: 12. **Type locality:** China: Tibet, Jiangda.

分布（**Distribution**）：西藏（XZ）。

（95）庸喙胡蝇 *Drymeia mediocriproboscis* **Xue** *et* **Zhang, 1992**

Drymeia mediocriprobosca Xue et Zhang, 1992. *In*: Xue *et al.*, 1992. The 19th International Congress of Entomology: 12. **Type locality:** China: Xinjiang, Tashiku'ergan.

分布（**Distribution**）：新疆（XJ）。

（96）银颧胡蝇 *Drymeia melargentea* **(Fan, 1993)**

Pogonomyia melargentea Fan, 1993. *In*: The Comprehensive Scientific Expedition to the Qinghai-Xizang Plateau, Chinese Academy of Sciences, 1993. Insects of the Hengduan Mountains Region, Vol. 2: 1256. **Type locality:** China: Yunnan, Deqin.

分布（**Distribution**）：云南（YN）。

（97）缨基胡蝇 *Drymeia metatarsata fimbricoxa* **(Fan, Jin** *et* **Wu, 1988)**

Pogonomyia metatarsata fimbricoxa Fan, Jin *et* Wu, 1988. *In*: Shanghai Institute of Entomology, Academia Sinica, 1988. Contributions from Shanghai Institute of Entomology, Vol. 8: 203. **Type locality:** China: Qinghai, Menyuan.

分布（**Distribution**）：青海（QH）、新疆（XJ）。

（98）缨足胡蝇 *Drymeia metatarsata* **(Stein, 1907)**

Eriphia metatarsata Stein, 1907b. Annu. Mus. Zool. Acad. Sci. Russ. St.-Pétersb. 12: 326. **Type locality:** China: Qinghai, Yushu.

分布（**Distribution**）：青海（QH）。

（99）毛中胫胡蝇 *Drymeia midtibia* **(Fan, 1993)**

Pogonomyia midtibia Fan, 1993. *In*: The Comprehensive Scientific Expedition to the Qinghai-Xizang Plateau, Chinese Academy of Sciences, 1993. Insects of the Hengduan Mountains Region, Vol. 2: 1257. **Type locality:** China: Yunnan, Deqin.

分布（**Distribution**）：四川（SC）、云南（YN）。

（100）小蜜胡蝇 *Drymeia minutifica* **Xue** *et* **Xiang, 1992**

Drymeia seticauda Xue *et* Xiang, 1992. *In*: Xue *et al.*, 1992. The 19th International Congress of Entomology: 15. **Type locality:** China: Gansu, Shandan.

分布（**Distribution**）：甘肃（GS）、新疆（XJ）。

（101）小羽芒胡蝇 *Drymeia minutiplumula* **Xue, 1992**

Drymeia minutiplumula Xue, 1992. *In*: Xue *et al.*, 1992. The

19th International Congress of Entomology: 12. **Type locality:** China: Tibet, Jiangda.

分布（**Distribution**）：西藏（XZ）。

（102）青毛掌胡蝇 *Drymeia monsteroides* **Xue, 1992**

Drymeia monsteroides Xue, 1992. *In*: Xue *et al.*, 1992. The 19th International Congress of Entomology: 12. **Type locality:** China: Qinghai, Yushu.

分布（**Distribution**）：青海（QH）。

（103）山胡蝇 *Drymeia montana* **Xue, 1992**

Drymeia montana Xue, 1992. *In*: Xue *et al.*, 1992. The 19th International Congress of Entomology: 12. **Type locality:** China: Xinjiang, Aletai.

分布（**Distribution**）：新疆（XJ）。

（104）臀叶胡蝇 *Drymeia naticerca* **Xue** *et* **Xiang, 1992**

Drymeia naticerca Xue *et* Xiang, 1992. *In*: Xue *et al.*, 1992. The 19th International Congress of Entomology: 15. **Type locality:** China: Gansu, Shandan.

分布（**Distribution**）：甘肃（GS）、新疆（XJ）。

（105）黑间额胡蝇 *Drymeia nigrinterfrons* **(Fan, 1993)**

Pogonomyia nigrinterfrons Fan, 1993. *In*: The Comprehensive Scientific Expedition to the Qinghai-Xizang Plateau, Chinese Academy of Sciences, 1993. Insects of the Hengduan Mountains Region, Vol. 2: 1257. **Type locality:** China: Sichuan, Dege.

分布（**Distribution**）：四川（SC）。

（106）亮腹胡蝇 *Drymeia nitiventris* **(Xue** *et* **Zhang, 1996), comb. nov.**

Phaonia nitiventris Xue *et* Zhang, 1996. *In*: The Comprehensive Scientific Expedition to the Qinghai-Xizang Plateau, Chinese Academy of Sciences, 1996. Insects of the Karakorum-Kunlun Mountains: 225. **Type locality:** China: Xinjiang, Qiemo, Aqiang.

Phaonia nitiventris: Feng, 2002. *In*: Ma, Xue *et* Feng, 2002. Fauna Sinica, Insecta, Vol. 26: 37, 38, 44.

分布（**Distribution**）：新疆（XJ）。

（107）疏栉胡蝇 *Drymeia nudiapica* **Xue, 1992**

Drymeia nudiapica Xue, 1992. *In*: Xue *et al.*, 1992. The 19th International Congress of Entomology: 15. **Type locality:** China: Gansu, Shandan.

分布（**Distribution**）：甘肃（GS）、西藏（XZ）。

（108）裸股胡蝇 *Drymeia nudifemorata* **Xue, 1992**

Drymeia nudifemorata Xue, 1992. *In*: Xue *et al.*, 1992. The

19th International Congress of Entomology: 13. **Type locality:** China: Hebei, Mt. Xiaowutaishan.

分布（**Distribution**）：河北（HEB）。

（109）裸胫胡蝇 *Drymeia nuditibia* Xue, 1992

Drymeia nuditibia Xue, 1992. *In*: Xue et al., 1992. The 19th International Congress of Entomology: 13. **Type locality:** China: Qinghai, Yushu.

分布（**Distribution**）：青海（QH）。

（110）毛眼胡蝇 *Drymeia oculipilosa* (Fan, 1993)

Pogonomyia oculipilosa Fan, 1993. *In*: The Comprehensive Scientific Expedition to the Qinghai-Xizang Plateau, Chinese Academy of Sciences, 1993. Insects of the Hengduan Mountains Region, Vol. 2: 1258. **Type locality:** China: Sichuan, Daocheng.

分布（**Distribution**）：四川（SC）。

（111）短须胡蝇 *Drymeia palpibrevis* (Fan, Jin *et* Wu, 1988)

Ogonomyia palpibrevis Fan, Jin *et* Wu, 1988. *In*: Shanghai Institute of Entomology, Academia Sinica, 1988. Contributions from Shanghai Institute of Entomology, Vol. 8: 204. **Type locality:** China: Qinghai, Menyuan.

分布（**Distribution**）：青海（QH）。

（112）栉胫胡蝇 *Drymeia pectinitibia* (Fan, Jin *et* Wu, 1988)

Pogonomyia pectinitibia Fan, Jin *et* Wu, 1988. *In*: Shanghai Institute of Entomology, Academia Sinica, 1988. Contributions from Shanghai Institute of Entomology, Vol. 8: 204. **Type locality:** China: Qinghai, Menyuan.

分布（**Distribution**）：青海（QH）。

（113）毛股胡蝇 *Drymeia pilifemorata* Xue, 1992

Drymeia pilifemorata Xue, 1992. *In*: Xue et al., 1992. The 19th International Congress of Entomology: 15. **Type locality:** China: Gansu, Shandan.

分布（**Distribution**）：甘肃（GS）、青海（QH）、西藏（XZ）。

（114）新毛掌胡蝇 *Drymeia pilipalma* Xue *et* Zhang, 1996

Drymeia pilipalma Xue *et* Zhang, 1996. *In*: The Comprehensive Scientific Expedition to the Qinghai-Xizang Plateau, Chinese Academy of Sciences, 1996. Insects of the Karakorum-Kunlun Mountains: 218. **Type locality:** China: Xinjiang, Cele.

分布（**Distribution**）：新疆（XJ）。

（115）毛胫胡蝇 *Drymeia pilitibia* Xue, 1992

Drymeia pilitibia Xue, 1992. *In*: Xue et al., 1992. The 19th International Congress of Entomology: 15. **Type locality:** China: Sichuan, Maerkang.

分布（**Distribution**）：四川（SC）。

（116）密毛胡蝇 *Drymeia pilosa* Xue, Pont *et* Wang, 2008

Drymeia pilosa Xue, Pont *et* Wang, 2008. Proc. Ent. Soc. Wash. 110 (2): 500. **Type locality:** China: Tibet, Doxong La.

分布（**Distribution**）：西藏（XZ）。

（117）羽芒胡蝇 *Drymeia plumisaeta* (Fan, Jin *et* Wu, 1988)

Pogonomyia plumisaeta Fan, Jin *et* Wu, 1988. *In*: Shanghai Institute of Entomology, Academia Sinica, 1988. Contributions from Shanghai Institute of Entomology, Vol. 8: 205. **Type locality:** China: Qinghai, Menyuan.

Drymeia plumiseta: Xue, 1998. *In*: Xue *et* Chao, 1998. Flies of China, Vol. 1: 868, 873, 879 [subsequent incorrect spelling of *plumisaeta*].

分布（**Distribution**）：青海（QH）。

（118）蒙羽芒胡蝇 *Drymeia plumisetata* (Xue *et* Fan, 1992)

Drymeia plumiseta Xue *et* Fan, 1992. *In*: Xue et al., 1992. The 19th International Congress of Entomology: 15. **Type locality:** China: Inner Mongolia, Tumuertai.

分布（**Distribution**）：内蒙古（NM）。

（119）粉腹胡蝇 *Drymeia pollinosa* (Stein, 1907)

Pogonomyia pollinosa Stein, 1907b. Annu. Mus. Zool. Acad. Sci. Russ. St.-Pétersb. 12: 329. **Type locality:** China: Qinghai, Yushu and Guoluo.

分布（**Distribution**）：山西（SX）、青海（QH）、新疆（XJ）。

（120）雀儿山胡蝇 *Drymeia qiaoershanensis* (Fan, 1993)

Pogonomyia qiaoershanensis Fan, 1993. *In*: The Comprehensive Scientific Expedition to the Qinghai-Xizang Plateau, Chinese Academy of Sciences, 1993. Insects of the Hengduan Mountains Region, Vol. 2: 1258. **Type locality:** China: Sichuan, Mt. Qiaoershan.

分布（**Distribution**）：四川（SC）。

（121）方斑胡蝇 *Drymeia quadratimacula* Xue, 2009

Drymeia quadratimacula Xue, 2009. *In*: Xue, Wang *et* Wang, 2009. Entomol. Fennica 20: 89. **Type locality:** China: Yunnan, Shangri-La.

分布（**Distribution**）：云南（YN）。

（122）鬃尾胡蝇 *Drymeia seticauda* Xue *et* Wu, 1992

Drymeia seticauda Xue *et* Wu, 1992. *In*: Xue et al., 1992. The 19th International Congress of Entomology: 15. **Type locality:** China: Gansu, Shandan.

分布（**Distribution**）：甘肃（GS）。

（123）四川胡蝇 *Drymeia sichuanensis* Feng, 1999

Drymeia sichuanensis Feng, 1999. Acta Ent. Sin. 42 (4): 423. **Type locality:** China: Sichuan, Hanyuan (Mt. Jiaodingshan).
分布（Distribution）：四川（SC）。

（124）栉缘胡蝇 *Drymeia spinicosta* Xue, 1992

Drymeia spinicosta Xue, 1992. *In*: Xue *et al*., 1992. The 19th International Congress of Entomology: 15. **Type locality:** China: Gansu, Shandan.
分布（Distribution）：甘肃（GS）、青海（QH）。

（125）刺股胡蝇 *Drymeia spinifemorata* (Stein, 1907)

Pogonomyia spinifemorata Stein, 1907b. Annu. Mus. Zool. Acad. Sci. Russ. St.-Pétersb. 12: 327. **Type locality:** China: Qinghai, Yushu.
分布（Distribution）：青海（QH）、四川（SC）。

（126）直颊胡蝇 *Drymeia stenoperistoma* (Fan, 1993)

Pogonomyia stenoperistoma Fan, 1993. *In*: The Comprehensive Scientific Expedition to the Qinghai-Xizang Plateau, Chinese Academy of Sciences, 1993. Insects of the Hengduan Mountains Region, Vol. 2: 1259. **Type locality:** China: Sichuan, Wolong.
分布（Distribution）：四川（SC）。

（127）高跷胡蝇 *Drymeia tanopodagra* Xue *et* Zhang, 1992

Drymeia tanopodagra Xue *et* Zhang, 1992. *In*: Xue *et al*., 1992. The 19th International Congress of Entomology: 3. **Type locality:** China: Qinghai, Kekexili.
分布（Distribution）：青海（QH）。

（128）四鬃胡蝇 *Drymeia tetra* (Meigen, 1826)

Anthomyia tetra Meigen, 1826. Syst. Beschr. Europ. Zweifl. Insekt. 5: 158. **Type locality:** Germany: Jueneburger.
分布（Distribution）：吉林（JL）、内蒙古（NM）、山西（SX）；奥地利、瑞士、捷克、德国、挪威、瑞典、芬兰、拉脱维亚、丹麦、俄罗斯。

（129）青藏胡蝇 *Drymeia tibetana* (Schnabl, 1911)

Pogonomyia tibetana Schnabl, 1911b. Nova Acta Acad. Caesar. Leop. Carol. 95 (2): 299. **Type locality:** China: Qinghai, Mts. Qilianshan.
分布（Distribution）：青海（QH）。

（130）全列胡蝇 *Drymeia totipilosa* (Fan, 1988)

Pogonomyia totipilosa Fan, 1988. *In*: Fang *et* Fan, 1988. *In*: The Mountaineering and Scientific Expedition, Academia Sinica, 1988. Insects of Mt. Namjagbarwa Region of Xizang: 503. **Type locality:** China: Tibet, Mêdog.
分布（Distribution）：青海（QH）、四川（SC）、云南（YN）、西藏（XZ）。

（131）脱色胡蝇 *Drymeia vicana* (Harris, 1780)

Musca mantes Harris, 1780. Expos. Engl. Ins. (5): 148. **Type locality:** England (synonymized with *Musca vicanus* Harris by Pont *et* Michelsen, 1982).
Musca vicanus Harris, 1780. Expos. Engl. Ins. (5): 152. **Type locality:** England.
Musca decolor Fallén, 1824. Monogr. Musc. Sveciae VII: 68. **Type locality:** Sweden: Scania.
分布（Distribution）：甘肃（GS）；俄罗斯、塔吉克斯坦、土耳其、英国、瑞典。

（132）新疆胡蝇 *Drymeia xinjiangensis* (Qian *et* Fan, 1979)

Pogonomyia xinjiangensis Qian *et* Fan, 1979. Acta Ent. Sin. 24 (4): 444. **Type locality:** China: Xinjiang, Ürümqi.
分布（Distribution）：新疆（XJ）。

（133）薛氏胡蝇 *Drymeia xuei* Fan, 2008

Drymeia xuei Fan, 2008. Fauna Sinica, Insecta, Vol. 49: 518. **Type locality:** China: Xinjiang.
分布（Distribution）：新疆（XJ）。

（134）亚东胡蝇 *Drymeia yadongensis* (Zhong, Wu *et* Fan, 1982)

Pogonomyia yadongensis Zhong, Wu *et* Fan, 1982. *In*: Shanghai Institute of Entomology, Academia Sinica, 1982. Contributions from Shanghai Institute of Entomology, Vol. 2: 246. **Type locality:** China: Tibet, Yadong.
分布（Distribution）：西藏（XZ）。

（135）滇高山胡蝇 *Drymeia yunnanaltica* (Fan, 1993)

Pogonomyia yunnanaltica Fan, 1993. *In*: The Comprehensive Scientific Expedition to the Qinghai-Xizang Plateau, Chinese Academy of Sciences, 1993. Insects of the Hengduan Mountains Region, Vol. 2: 1259. **Type locality:** China: Yunnan, Zhongdian.
分布（Distribution）：云南（YN）。

6. 毛胸蝇属 *Huckettomyia* Pont *et* Shinonaga, 1970

Huckettomyia Pont *et* Shinonaga, 1970. Japn. J. Sanit. Zool. 21 (4): 193. **Type species:** *Huckettomyia watanabei* Pont *et* Shinonaga, 1970 (by original designation).

（136）弯突毛胸蝇 *Huckettomyia watanabei* Pont *et* Shinonaga, 1970

Huckettomyia watanabei Pont *et* Shinonaga, 1970. Japn. J. Sanit. Zool. 21 (4): 196. **Type locality:** Japan: Honshu, Miyagi, Mt. Zaoshan.

分布（**Distribution**）：辽宁（LN）；日本、俄罗斯。

7. 齿股蝇属 *Hydrotaea* Robineau-Desvoidy, 1830

Hydrotaea Robineau-Desvoidy, 1830. Mém. Prés. Div. Sav. Acad. R. Sci. Inst. Fr. 2 (2): 509. **Type species:** *Musca meteorica* Linnaeus, 1758 (by designation of Curtis, 1839).

Blainvillia Robineau-Desvoidy, 1830. Mém. Prés. Div. Sav. Acad. R. Sci. Inst. Fr. 2 (2): 514. **Type species:** *Blainvillia palpate* Robineau-Desvoidy, 1830 (monotypy).

Lasiops Meigen, 1838. Syst. Beschr. Europ. Zweifl. Insekt. 7: 323. **Type species:** *Musca hirticeps* Fallén, 1824 (by designation of Coquillett, 1901).

Hydrothaea Rondani, 1856. Dipt. Ital. Prodromus, Vol. I: 94 (unjustified emendation of *Hydrotaea* Robineau-Desvoidy, 1830).

Onodontha Rondani, 1856. Dipt. Ital. Prodromus, Vol. I: 94. **Type species:** *Hydrotaea floccosa* Macquart, 1835 (by original designation) (misidentification of *Onodontha penicillata* Rondani, 1866).

Psiloptera Lioy, 1864. Atti R. Ist. Véneto Sci. Lett. Arti (3) 9: 906 (nec Solier, 1833). **Type species:** *Musca irritans* Fallén, 1823 (monotypy).

Microcera Lioy, 1864. Atti R. Ist. Véneto Sci. Lett. Arti (3) 9: 906 (nec Meigen, 1803). **Type species:** *Musca ciliate* Fabricius, 1794 (by designation of Séguy, 1937) viz. *Hydrotaea diabolus* (Harris, 1780).

Anodontha Schiner, 1868. Reise der Österreichischen Fregatte Novara, Diptera 2 (1B): 293 (unjustified emendation of *Onodontha* Rondani, 1866).

Hydrothea Pandellé, 1898. Rev. Ent. 17 (Suppl.): 26 (unjustified emendation of *Hydrotaea* Robineau-Desvoidy, 1830).

Alloeonota Schnabl, 1911b. Nova Acta Acad. Caesar. Leop. Carol. 95 (2): 98 (as a subgenus of *Hydrotaea* Robineau-Desvoidy, 1830). **Type species:** *Anthomyia militaris* Meigen, 1826 (by designation of Séguy, 1937) viz. *Hydrotaea diabolus* (Hamis, 1780).

Achaetina Malloch, 1918. Proc. Biol. Soc. Wash. 31: 67. **Type species:** *Musca ciliate* Fabricius, 1794 (by original designation) viz. *Hydrotaea diabolus* (Harris, 1780).

Parahydrotaea Stein, 1919. Arch. Naturgesch. 83A (1) (1917): 90, 129. **Type species:** *Parahydrotaea jacobsoni* Stein, 1919 (monotypy).

Hydrotaeoides Skidmore, 1985. The Biology of the Muscidae of the World 29: 119 (as a subgenus of *Hydrotaea* Robineau-Desvoidy, 1830). **Type species:** *Musca dentipes* Fabricius, 1805 (by original designation).

（137）邻齿股蝇 *Hydrotaea affinis* Karl, 1935

Hydrotaea affinis Karl, 1935. Arb. Morph. Taxon. Ent. 2: 38. **Type locality:** China: Taiwan, Tainan.

分布（**Distribution**）：台湾（TW）；泰国、印度。

（138）类邻齿股蝇 *Hydrotaea affinoides* Feng *et* Feng, 1997

Hydrotaea affinoides Feng *et* Feng, 1997. Entomotaxon. 19 (1): 37. **Type locality:** China: Sichuan, Ya'an.

分布（**Distribution**）：四川（SC）。

（139）白点齿股蝇 *Hydrotaea albipuncta* Zetterstedt, 1845

Aricia albipuncta Zetterstedt, 1845. Dipt. Scand. 4: 1581. **Type locality:** Sweden: near Lund and in Jemtland.

Hydrotaea fasciculata Meade, 1881. Ent. Mon. Mag. 18: 125. **Type locality:** Great Britain.

分布（**Distribution**）：新疆（XJ）；日本、蒙古国、俄罗斯、乌克兰、瑞典。

（140）无齿齿股蝇 *Hydrotaea anodonta* Feng, 2008

Hydrotaea anodonta Feng, 2008. *In*: Fan, 2008. Fauna Sinica, Insecta, Vol. 49: 489. **Type locality:** China: Sichuan, Ya'an (Mt. Erlangshan).

分布（**Distribution**）：四川（SC）。

（141）刺足齿股蝇 *Hydrotaea armipes* (Fallén, 1825)

Musca armipes Fallén, 1825a. Monogr. Musc. Sveciae VIII: 75. **Type locality:** Sweden: Skåne.

Anthomyia occulta Meigen, 1826. Syst. Beschr. Europ. Zweifl. Insekt. 5: 133. **Type locality:** Germany: Stolberg.

Hydrotaea riparia Robineau-Desvoidy, 1830. Mém. Prés. Div. Sav. Acad. R. Sci. Inst. Fr. 2 (2): 512. **Type locality:** France: Paris and Saint-Sauveur.

分布（**Distribution**）：吉林（JL）、辽宁（LN）、内蒙古（NM）、河北（HEB）、天津（TJ）、北京（BJ）、山西（SX）、河南（HEN）、陕西（SN）、宁夏（NX）、甘肃（GS）、青海（QH）、新疆（XJ）、浙江（ZJ）、四川（SC）、台湾（TW）；朝鲜、日本、韩国、俄罗斯、蒙古国、吉尔吉斯斯坦、塔吉克斯坦、乌兹别克斯坦、阿富汗、土库曼斯坦、伊朗、冰岛、叙利亚、缅甸、印度、摩洛哥、突尼斯、利比亚、葡萄牙、西班牙、瑞典、德国、法国；新北区。

（142）双齿齿股蝇 *Hydrotaea bidentipes* Xue, Wang *et* Du, 2007

Hydrotaea bidentipes Xue, Wang *et* Du, 2007. J. Kans. Ent. Soc. 80 (4): 295. **Type locality:** China: Tibet, Lhasa, Luobulinka.

分布（**Distribution**）：西藏（XZ）。

（143）拟双斑齿股蝇 *Hydrotaea bimaculoides* Wang, 1982

Hydrotaea bimaculoides Wang, 1982. *In*: Wang *et al.*, 1982. *In*: Shanghai Institute of Entomology, Academia Sinica, 1982. Contributions from Shanghai Institute of Entomology, Vol. 2: 257. **Type locality:** China: Shanxi, Hequ.

分布（**Distribution**）：山西（SX）、青海（QH）。

（144）二刺齿股蝇 *Hydrotaea bispinosa*, Xue *et* Zhang, 1996

Hydrotaea bispinosa Xue *et* Zhang, 1996. *In*: Wu *et* Feng, 1996. The Biology and Human Physiology in the Hoh-Xil Region: 198. **Type locality:** China: Qinghai, Mt. Hoh Xil.

分布（Distribution）：青海（QH）、四川（SC）。

（145）双列齿股蝇 *Hydrotaea bistoichas* Xue, Wang *et* Wang, 2007

Hydrotaea bistoichas Xue, Wang *et* Wang, 2007. Orient. Insects 41: 283. **Type locality:** China: Sichuan, Rilong (Haizigou).

分布（Distribution）：四川（SC）。

（146）林齿股蝇 *Hydrotaea calcarata* Loew, 1858

Hydrotaea calcarata Loew, 1858a. Wien. Ent. Monatschr. 2: 112. **Type locality:** Not given (from title: Japan).

Hydrotaea silva Hsue, 1976. Acta Ent. Sin. 19 (1): 109. **Type locality:** China: Liaoning, Benxi.

分布（Distribution）：吉林（JL）、辽宁（LN）、四川（SC）；朝鲜、日本；欧洲、北美洲。

（147）枇足齿股蝇 *Hydrotaea cinerea* Robineau-Desvoidy, 1830

Hydrotaea cinerea Robineau-Desvoidy, 1830. Mém. Prés. Div. Sav. Acad. R. Sci. Inst. Fr. 2 (2): 511. **Type locality:** France: Beauvais.

Hydrotaea trimucronata Pandelle, 1899b. Rev. Ent. 18 (Suppl.): 171. **Type locality:** France: Paris, Hautil.

分布（Distribution）：黑龙江（HL）、辽宁（LN）、山西（SX）、陕西（SN）、宁夏（NX）、甘肃（GS）、青海（QH）、新疆（XJ）、江苏（JS）、上海（SH）；日本、蒙古国、法国；非洲（北部）。

（148）并刺齿股蝇 *Hydrotaea compositispina* Xue, Wang *et* Wang, 2007

Hydrotaea compositispina Xue, Wang *et* Wang, 2007. Orient. Insects 41: 284. **Type locality:** China: Tibet, Duoxiongla Valley.

分布（Distribution）：西藏（XZ）。

（149）南曲脉齿股蝇 *Hydrotaea cyrtoneura* Séguy, 1938

Hydrotaea cyrtoneura Séguy, 1938a. Encycl. Ent. (B) II Dipt. 9: 115. **Type locality:** China: Zhejiang, Hangzhou.

分布（Distribution）：浙江（ZJ）。

（150）曲脉齿股蝇 *Hydrotaea cyrtoneurina* (Zetterstedt, 1845)

Aricia cyrtoneurina Zetterstedt, 1845. Dipt. Scand. 4: 1486. **Type locality:** Denmark: Copenhagen.

Hydrotaea silvicola Loew, 1857. Z. Ges. Naturw. Halle 10 (4): 106. **Type locality:** Germany: Wemigerode.

分布（Distribution）：辽宁（LN）、山西（SX）、河南（HEN）、陕西（SN）、宁夏（NX）、甘肃（GS）、青海（QH）；韩国、蒙古国、塔吉克斯坦、印度、土耳其、俄罗斯、丹麦、德国。

（151）常齿股蝇 *Hydrotaea dentipes* (Fabricius, 1805)

Musca dentipes Fabricius, 1805. Syst. Antliat.: 303. **Type locality:** Denmark.

Hydrotaea monacantha Robineau-Desvoidy, 1830. Mém. Prés. Div. Sav. Acad. R. Sci. Inst. Fr. 2 (2): 509. **Type locality:** France: Paris.

Hydrotaea flavifacies Robineau-Desvoidy, 1830. Mém. Prés. Div. Sav. Acad. R. Sci. Inst. Fr. 2 (2): 511. **Type locality:** France: Picardie.

Hydrotaea brunnipennis Macquart, 1835. Hist. Nat. Ins., Dipt. 2: 304. **Type locality:** France.

Hydrotaea obscuripennis Macquart, 1835. Hist. Nat. Ins., Dipt. 2: 304. **Type locality:** France.

分布（Distribution）：黑龙江（HL）、吉林（JL）、辽宁（LN）、内蒙古（NM）、河北（HEB）、北京（BJ）、山西（SX）、山东（SD）、陕西（SN）、宁夏（NX）、甘肃（GS）、青海（QH）、新疆（XJ）、江苏（JS）、上海（SH）、四川（SC）、云南（YN）、西藏（XZ）；朝鲜、韩国、日本、俄罗斯、蒙古国、阿富汗、吉尔吉斯斯坦、塔吉克斯坦、乌兹别克斯坦、哈萨克斯坦、尼泊尔、印度、高加索地区、丹麦、土耳其、法国；新北区；非洲（北部）。

（152）双斑齿股蝇 *Hydrotaea diabolus* (Harris, 1780)

Musca diabolus Harris, 1780. Expos. Engl. Ins. [4]: 126. **Type locality:** England.

Musca ciliate Fabricius, 1794. Ent. Syst. 4: 333. **Type locality:** Germany.

Musca spinipes Fallén, 1823a. Monogr. Musc. Sveciae VI: 61. **Type locality:** Sweden: Skåne.

Anthomyia bimaculata Meigen, 1826. Syst. Beschr. Europ. Zweifl. Insekt. 5: 160. **Type locality:** Germany: Aachen.

分布（Distribution）：黑龙江（HL）、吉林（JL）、辽宁（LN）、内蒙古（NM）、河北（HEB）、甘肃（GS）；俄罗斯、英国、德国、瑞典；新北区。

（153）多刺齿股蝇 *Hydrotaea dispilipes* Xue, Wang *et* Du, 2007

Hydrotaea dispilipes Xue, Wang *et* Du, 2007. J. Kans. Ent. Soc. 80 (4): 284 (replacement name for *Hydrotaea spinosus* Ye *et* Ma, 1992).

Hydrotaea spinosus Ye *et* Ma, 1992. Acta Zootaxon. Sin. 17 (2): 227. **Type locality:** China: Gansu, Zhouqu (a junior secondary homonym of *Hydrotaea spinosus* Stein, 1907).

分布（Distribution）：甘肃（GS）。

（154）渡口齿股蝇 *Hydrotaea dukouensis* Ni, 1982

Hydrotaea dukouensis Ni, 1982. *In*: Ye, Ni *et* Fan, 1982. *In*: Lu, 1982. Identification Handbook for Medically Important Animals in China: 356, 400, 434. **Type locality:** China: Sichuan, Panzhihua.

分布（Distribution）：四川（SC）。

（155）梵净齿股蝇 *Hydrotaea fanjingshanensis* Wei, 2006

Hydrotaea fanjingshanensis Wei, 2006c. *In*: Li *et* Jin, 2006. Insects from Fanjingshan Landscape: 505. **Type locality:** China: Guizhou, Mt. Fanjingshan.

分布（Distribution）：贵州（GZ）。

（156）缨足齿股蝇 *Hydrotaea fimbripeda* Xue, Wang *et* Wang, 2007

Hydrotaea fimbripeda Xue, Wang *et* Wang, 2007. Orient. Insects 41: 285. **Type locality:** China: Yunnan.

分布（Distribution）：云南（YN）。

（157）隐齿股蝇 *Hydrotaea floccosa* Macquart, 1835

Hydrotaea floccose Macquart, 1835. Hist. Nat. Ins., Dipt. 2: 307. **Type locality:** France: Lille.

分布（Distribution）：吉林（JL）、内蒙古（NM）、河北（HEB）、北京（BJ）、山西（SX）、河南（HEN）、陕西（SN）、甘肃（GS）、青海（QH）、新疆（XJ）、湖北（HB）、台湾（TW）；蒙古国、俄罗斯、吉尔吉斯斯坦、塔吉克斯坦、哈萨克斯坦、阿富汗、伊朗、印度、克什米尔地区、高加索地区、摩洛哥、突尼斯、土耳其、叙利亚、法国；新北区。

（158）裸齿股蝇 *Hydrotaea glabricula* (Fallén, 1825)

Musca glabricula Fallén, 1825a. Monogr. Musc. Sveciae VIII: 76. **Type locality:** Not given (presumably Sweden: Skåne).

Hydrotaea nitida Robineau-Desvoidy, 1830. Mém. Prés. Div. Sav. Acad. R. Sci. Inst. Fr. 2 (2): 514. **Type locality:** France: Saint-Sauveur.

Hydrotaea atrata Robineau-Desvoidy, 1830. Mém. Prés. Div. Sav. Acad. R. Sci. Inst. Fr. 2 (2): 514. **Type locality:** France: Saint-Sauveur.

Ophira minima Rondani, 1871. Bull. Soc. Ent. Ital. 2 (1870): 317. **Type locality:** Italy: Biella.

分布（Distribution）：辽宁（LN）、山西（SX）、陕西（SN）、宁夏（NX）；朝鲜、韩国、日本、俄罗斯、蒙古国、哈萨克斯坦、土库曼斯坦、土耳其、摩洛哥；欧洲。

（159）亨尼希齿股蝇 *Hydrotaea hennigi* Pont, 1986

Hydrotaea hennigi Pont, 1986a. *In*: Soós *et* Papp, 1986. Cat. Palaearct. Dipt. 11: 78. **Type locality:** Sweden: Skåne.

分布（Distribution）：黑龙江（HL）、山西（SX）；瑞典、保加利亚、罗马尼亚。

（160）夏氏齿股蝇 *Hydrotaea hsiai* Fan, 1965

Hydrotaea hsiai Fan, 1965. Key to the Common Flies of China: 87. **Type locality:** China: Qinghai, Haiyan.

分布（Distribution）：内蒙古（NM）、陕西（SN）、青海（QH）；蒙古国。

（161）爪哇齿股蝇 *Hydrotaea jacobsoni* (Stein, 1919)

Parahydrotaea jacobsoni Stein, 1919. Arch. Naturgesch. 83A (1) (1917): 129. **Type locality:** Indonesia: Java, Semarang.

分布（Distribution）：湖北（HB）、四川（SC）、台湾（TW）、广东（GD）；泰国、斯里兰卡、马来西亚、菲律宾、印度尼西亚。

（162）长鬃齿股蝇 *Hydrotaea longiseta* Feng *et* Feng, 1997

Hydrotaea longiseta Feng *et* Feng, 1997. Entomotaxon. 19 (1): 35. **Type locality:** China: Sichuan, Ya'an (Mt. Erlangshan).

分布（Distribution）：四川（SC）。

（163）泸定齿股蝇 *Hydrotaea ludingensis* Ma, Li *et* Fan, 2008

Hydrotaea unicidentata Ma, Li *et* Fan, 2008. *In*: Fan, 2008. Fauna Sinica, Insecta, Vol. 49: 435. **Type locality:** China: Sichuan, Luding.

分布（Distribution）：四川（SC）、云南（YN）。

（164）玛曲齿股蝇 *Hydrotaea maquensis* Wu, 1990

Hydrotaea maquensis Wu, 1990. Acta Ent. Sin. 33 (1): 106. **Type locality:** China: Gansu, Maqu.

分布（Distribution）：甘肃（GS）。

（165）速跃齿股蝇 *Hydrotaea meteorica* (Linnaeus, 1758)

Musca meteorica Linnaeus, 1758. Syst. Nat. Ed. 10 (1): 597. **Type locality:** Europe.

Musca vaccarum De Geer, 1776. Mém. Pour Serv. Hist. Insect. 6: 85. **Type locality:** Not given (presumably Sweden).

Musca constans Harris, 1780. Expos. Engl. Ins. [5]: 149. **Type locality:** England.

分布（Distribution）：黑龙江（HL）、吉林（JL）、辽宁（LN）、内蒙古（NM）、河北（HEB）、山西（SX）、陕西（SN）、甘肃（GS）、新疆（XJ）、西藏（XZ）；日本、俄罗斯、蒙古国、伊朗、土耳其、以色列；东洋区；欧洲、非洲（北部）、北美洲。

（166）斑翅齿股蝇 *Hydrotaea militaris* (Meigen, 1826)

Anthomyia militaris Meigen, 1826. Syst. Beschr. Europ.

Zweifl. Insekt. 5: 136. **Type locality:** Not given, presumably Germany: Stolberg.

Hydrotaea nebulosi Robineau-Desvoidy, 1830. Mém. Prés. Div. Sav. Acad. R. Sci. Inst. Fr. 2 (2): 510. **Type locality:** France: Paris.

Hydrotaea impexa Loew, 1873. Beschr. Europ. Dipt. 3: 243. **Type locality:** Germany: Bavaria, Kreuth and Walchensee.

分布（Distribution）：吉林（JL）、山西（SX）；俄罗斯、摩尔多瓦、乌克兰、德国、法国；新北区。

（167）拟毛足齿股蝇 *Hydrotaea mimopilipes* Ma *et* Zhao, 1992

Hydrotaea mimopilipes Ma *et* Zhao, 1992. *In*: Fan, 1992. Key to the Common Flies of China, 2nd Ed.: 241, 914. **Type locality:** China: Ningxia, Jingyuan.

分布（Distribution）：宁夏（NX）。

（168）单鬃齿股蝇 *Hydrotaea monochaeta* Ma *et* Wu, 1986

Hydrotaea monochaeta Ma *et* Wu, 1986. Acta Zootaxon. Sin. 11 (4): 422. **Type locality:** China: Gansu, Sunanounty.

分布（Distribution）：甘肃（GS）。

（169）多鬃齿股蝇 *Hydrotaea multichaeta* Wu, 1990

Hydrotaea multichaeta Wu, 1990. Acta Ent. Sin. 33 (1): 105. **Type locality:** China: Gansu, Shandan.

分布（Distribution）：甘肃（GS）。

（170）尖刺齿股蝇 *Hydrotaea muricilies* Wu, Fang *et* Fan, 1988

Hydrotaea muricilies Wu, Fang *et* Fan, 1988. J. Fourth Milit. Med. Univ. 9 (5): 350. **Type locality:** China: Shaanxi, Huanglong.

分布（Distribution）：陕西（SN）。

（171）尼泊尔齿股蝇 *Hydrotaea nepalensis* Pont, 1975

Hydrotaea nepalensis Pont, 1975. Opuscula Zool. 139: 5. **Type locality:** Nepal.

分布（Distribution）：四川（SC）、云南（YN）；尼泊尔。

（172）裸股刺齿股蝇 *Hydrotaea nudispinosata* Xue, Liu *et* Xiang, 1998

Hydrotaea nudispinosata Xue, Liu *et* Xiang, 1998. *In*: Xue *et* Chao, 1998. Flies of China, Vol. 1: 902.

Hydrotaea nudispinosa Xue, Liu *et* Xiang, 1994. Acta Ent. Sin. 37 (2): 218. **Type locality:** China: Xinjiang, Dongkunlun.

分布（Distribution）：新疆（XJ）。

（173）裸刺齿股蝇 *Hydrotaea nudispinosa* Ma, 1992

Hydrotaea nudispinosa Ma, 1992. *In*: Fan, 1992. Key to the Common Flies of China, 2nd Ed.: 236, 237, 914. **Type locality:**

China: Qinghai, Haiyan.

分布（Distribution）：青海（QH）。

（174）钝鬃齿股蝇 *Hydrotaea obtusiseta* Feng *et* Feng, 1997

Hydrotaea obtusiseta Feng *et* Feng, 1997. Entomotaxon. 19 (1): 36. **Type locality:** China: Sichuan, Ya'an (Mt. Erlangshan).

分布（Distribution）：四川（SC）。

（175）角逐齿股蝇 *Hydrotaea palaestrica* (Meigen, 1826)

Anthomyia palaestrica Meigen, 1826. Syst. Beschr. Europ. Zweifl. Insekt. 5: 135. **Type locality:** "Von Hrn. v. Winthem" (Not given, presumably Germany).

Anthomyia blanda Meigen, 1826. Syst. Beschr. Europ. Zweifl. Insekt. 5: 142. **Type locality:** Not given (probably Denmark).

Hydrotaea claripennis Robineau-Desvoidy, 1830. Mém. Prés. Div. Sav. Acad. R. Sci. Inst. Fr. 2 (2): 510. **Type locality:** France: Saint-Sauveur.

Hydrotaea rondanii Meade, 1881. Ent. Mon. Mag. 18: 125. **Type locality:** Great Britain: Oxfordshire, Bicester.

Hydrotaea harpagospinosa Ni, 1982. *In*: Ye, Ni *et* Fan, 1982. *In*: Lu, 1982. Identification Handbook for Medically Important Animals in China: 356, 399, 434. **Type locality:** China: Xinjiang, Manasi.

Hydrotaea mai Fan, 1965. Key to the Common Flies of China: 85. **Type locality:** China: Qinghai, Haiyan.

分布（Distribution）：山西（SX）、陕西（SN）、宁夏（NX）、甘肃（GS）、青海（QH）、新疆（XJ）；蒙古国、俄罗斯、拉脱维亚、芬兰、瑞典、波兰、保加利亚、法国、德国、英国、丹麦；北美洲。

（176）曲股齿股蝇 *Hydrotaea pandellei* Stein, 1899

Hydrotaea pandellei Stein, 1899. Ent. Nachr. 25: 22. **Type locality:** Austria: Landeck.

分布（Distribution）：山西（SX）、新疆（XJ）；日本、俄罗斯、蒙古国、吉尔吉斯斯坦、塔吉克斯坦、阿富汗、土耳其、波兰。

（177）跑马山齿股蝇 *Hydrotaea paomashanensis* Feng, 2008

Hydrotaea paomashanensis Feng, 2008. *In*: Fan, 2008. Fauna Sinica, Insecta, Vol. 49: 444. **Type locality:** China: Sichuan, Kangding (Mt. Paomashan).

分布（Distribution）：四川（SC）。

（178）豹股齿股蝇 *Hydrotaea pardifemorata* Xue, Zhang *et* Liu, 1994

Hydrotaea pardifemorata Xue, Zhang *et* Liu, 1994a. Acta Zootaxon. Sin. 19 (2): 228. **Type locality:** China: Shaanxi, Mt. Taibaishan.

分布（Distribution）：陕西（SN）。

（179）小齿股蝇 *Hydrotaea parva* Meade, 1889

Hydrotaea parva Meade, 1889. Ent. Mon. Mag. 25: 448. **Type locality:** Great Britain: near Buckingham.

分布（Distribution）：内蒙古（NM）、山西（SX）、甘肃（GS）、新疆（XJ）；日本、蒙古国、俄罗斯、芬兰、瑞典、前南斯拉夫、匈牙利、德国、丹麦、法国、英国。

（180）毛足齿股蝇 *Hydrotaea pilipes* Stein, 1903

Hydrotaea pilipes Stein, 1903. Verh. K. K. Zool.-Bot. Ges. Wien 53: 312. **Type locality:** Finland: Akkas.

Hydrotaea orbitalis Aldrich, 1918. Can. Entomol. 50: 311. **Type locality:** USA: Indiana, Lafayette.

分布（Distribution）：辽宁（LN）、河南（HEN）、陕西（SN）、甘肃（GS）；日本、俄罗斯、芬兰；新北区。

（181）毛胫齿股蝇 *Hydrotaea pilitibia* Stein, 1916

Hydrotaea pilitibia Stein, 1916. Arch. Naturgesch. 81A (10) (1915): 73. **Type locality:** Sweden: Jamtland, Undersaker.

Hydrotaea abdominalis Aldrich, 1926. Proc. U. S. Natl. Mus. 69 (22): 6. **Type locality:** Canada: British Columbia, Maslo. USA: Yellow Stone Park.

分布（Distribution）：新疆（XJ）；蒙古国、吉尔吉斯斯坦、俄罗斯、芬兰、瑞典、挪威、波兰、丹麦；新北区；欧洲（中部和西部）。

（182）毛肋齿股蝇 *Hydrotaea pilobereta* Xue *et* Zhang, 2005

Hydrotaea pilobereta Xue *et* Zhang, 2005. *In*: Yang, 2005. Insect Fauna of Middle-West Qinling Range and South Mountains of Gansu Province: 802. **Type locality:** China: Gansu, Zhouqu.

分布（Distribution）：甘肃（GS）。

（183）羽胫齿股蝇 *Hydrotaea plumitibiata* Xue, Wang *et* Du, 2007

Hydrotaea plumitibiata Xue, Wang *et* Du, 2007. J. Kans. Ent. Soc. 80 (4): 293. **Type locality:** China: Yunnan, Shangri-La, Mt. Yizhongshan.

分布（Distribution）：云南（YN）。

（184）单毛齿股蝇 *Hydrotaea ringdahli* Stein, 1916

Hydrotaea ringdahli Stein, 1916. Arch. Naturgesch. 81A (10) (1915): 74. **Type locality:** Sweden: Jämtland.

分布（Distribution）：吉林（JL）、山西（SX）、陕西（SN）、甘肃（GS）、青海（QH）；俄罗斯；欧洲（北部）、北美洲。

（185）长白齿股蝇 *Hydrotaea scambus changbaiensis* Xue, Zhang *et* Liu, 1994

Hydrotaea scambus changbaiensis Xue, Zhang *et* Liu, 1994b. Acta Zootaxon. Sin. 19 (2): 223. **Type locality:** China:

Liaoning, Xinbin (Mt. Gangshan).

分布（Distribution）：吉林（JL）、辽宁（LN）。

（186）曲胫齿股蝇 *Hydrotaea scambus* (Zetterstedt, 1838)

Anthomyza scambus Zetterstedt, 1838. Insecta Lapp.: 668. **Type locality:** Sweden: Lappland.

分布（Distribution）：黑龙江（HL）、辽宁（LN）、河北（HEB）、山西（SX）、甘肃（GS）、四川（SC）；日本、蒙古国、俄罗斯、瑞典、挪威；北美洲。

（187）颊鬃齿股蝇 *Hydrotaea setigena* Deng, Mou *et* Feng, 1995

Hydrotaea setigena Deng, Mou *et* Feng, 1995. Commemorative Publication in 10th Anniversary of Establishment of Parasitological Specialistic Society under China Zoological Society: 306. **Type locality:** China: Sichuan, Mt. Emeishan.

分布（Distribution）：四川（SC）。

（188）拟常齿股蝇 *Hydrotaea similis* Meade, 1887

Hydrotaea similis Meade, 1887. Ent. Mon. Mag. 23: 250. **Type locality:** Great Britain: Isle of Man, Douglas.

Hydrotaea eximia Stein, 1888. Wien. Ent. Ztg. 7: 289. **Type locality:** Germany: Saxion.

分布（Distribution）：吉林（JL）、辽宁（LN）、内蒙古（NM）、河北（HEB）、山西（SX）、河南（HEN）、陕西（SN）、甘肃（GS）、新疆（XJ）、四川（SC）；日本、俄罗斯、以色列、巴勒斯坦；欧洲。

（189）刺股齿股蝇 *Hydrotaea spinifemora* Shinonaga *et* Kano, 1971

Hydrotaea spinifemora Shinonaga *et* Kano, 1971. *In*: Ikada *et al.*, 1971. Fauna Japonica, Muscidae (Insecta: Diptera) I: 141. **Type locality:** Japan: Honshu, Miyagi.

分布（Distribution）：湖南（HN）、贵州（GZ）、台湾（TW）；朝鲜、韩国、日本。

（190）刺颊齿股蝇 *Hydrotaea spinigena* Xue *et* Li, 1994

Hydrotaea spinigena Xue *et* Li, 1994. Acta Zootaxon. Sin. 19 (4): 487. **Type locality:** China: Yunnan, Qujing.

分布（Distribution）：云南（YN）。

（191）拟具刺齿股蝇 *Hydrotaea spinigeroides* Ma *et* Cui, 2008

Hydrotaea spinigeroides Ma *et* Cui, 2008. *In*: Fan, 2008. Fauna Sinica, Insecta, Vol. 49: 437. **Type locality:** China: Heilongjiang, Jiagedaqi.

分布（Distribution）：黑龙江（HL）。

（192）刺齿股蝇 *Hydrotaea spinosa* Stein, 1907

Hydrotaea spinosa Stein, 1907b. Annu. Mus. Zool. Acad. Sci.

Russ. St.-Pétersb. 12: 331. **Type locality:** China: Qinghai, vom linken Nebenfluss des Blauen Flusses.

分布（Distribution）：山西（SX）、青海（QH）、四川（SC）。

（193）似曲胫齿股蝇 *Hydrotaea subscambus* **Xue, Wang *et* Du, 2007**

Hydrotaea subscambus Xue, Wang *et* Du, 2007. J. Kans. Ent. Soc. 80 (4): 294. **Type locality:** China: Yunnan, Shangri-La, Bitahai.

分布（Distribution）：云南（YN）。

（194）台湾齿股蝇 *Hydrotaea taiwanensis* **Shinonaga *et* Kano, 1987**

Hydrotaea taiwanensis Shinonaga *et* Kano, 1987. Sieboldia (Suppl.) 1987: 40. **Type locality:** China: Taiwan, Nantou, Tsiufeng.

分布（Distribution）：台湾（TW）。

（195）虎股齿股蝇 *Hydrotaea tigrifemorata* **Xue, Zhang *et* Liu, 1994**

Hydrotaea tigrifemorata Xue, Zhang *et* Liu, 1994a. Acta Zootaxon. Sin. 19 (2): 227. **Type locality:** China: Jilin, Mt. Changbaishan.

分布（Distribution）：吉林（JL）。

（196）独齿齿股蝇 *Hydrotaea unicidentata* **Feng, 2008**

Hydrotaea unicidentata Feng, 2008. *In*: Fan, 2008. Fauna Sinica, Insecta, Vol. 49: 428. **Type locality:** China: Sichuan, Ya'an.

分布（Distribution）：四川（SC）。

（197）微齿齿股蝇 *Hydrotaea unidenticulata* **Xue, Wang *et* Du, 2007**

Hydrotaea unidenticulata Xue, Wang *et* Du, 2007. J. Kans. Ent. Soc. 80 (4): 290. **Type locality:** China: Hainan, Mt. Jianfengshan.

分布（Distribution）：海南（HI）。

（198）单刺齿股蝇 *Hydrotaea unispinosa* **Stein, 1898**

Hydrotaea unispinosa Stein, 1898. Berl. Ent. Z. 42 (1897): 165. **Type locality:** USA: Colorado. Canada: Ontario.

分布（Distribution）：青藏高原（省份不明）；美国。

（199）黑胸齿股蝇 *Hydrotaea velutina* **Robineau-Desvoidy, 1830**

Hydrotaea velutina Robineau-Desvoidy, 1830. Mém. Prés. Div. Sav. Acad. R. Sci. Inst. Fr. 2 (2): 513. **Type locality:** France: Bondigoux.

Hydrotaea gagatea Robineau-Desvoidy, 1830. Mém. Prés. Div. Sav. Acad. R. Sci. Inst. Fr. 2 (2): 514. **Type locality:** France: Montmorency.

Hydrotaea brevipennis Loew, 1857. Z. Ges. Naturw. Halle 10 (4): 107. **Type locality:** Germany: Wenigerode.

分布（Distribution）：新疆（XJ）；俄罗斯、蒙古国、伊朗、土耳其；欧洲、非洲（北部）。

（200）新疆齿股蝇 *Hydrotaea xinjiangensis* **Ni, 1982**

Hydrotaea xinjiangensis Ni, 1982. *In*: Ye, Ni *et* Fan, 1982. *In*: Lu, 1982. Identification Handbook for Medically Important Animals in China: 434, 398, 357. **Type locality:** China: Xinjiang, Manasi.

分布（Distribution）：新疆（XJ）。

（201）西蜀齿股蝇 *Hydrotaea xishuensis* **Feng, 2008**

Hydrotaea xishuensis Feng, 2008. *In*: Fan, 2008. Fauna Sinica, Insecta, Vol. 49: 441. **Type locality:** China: Sichuan, Ya'an.

分布（Distribution）：四川（SC）。

（202）昭盟齿股蝇 *Hydrotaea zhaomenga* **Xue, 1994**

Hydrotaea zhaomenga Xue, 1994. *In*: Xue, Zhang *et* Liu, 1994b. Acta Zootaxon. Sin. 19 (2): 224. **Type locality:** China: Nei Monggu, Zhaowuda League, Keshiketeng Banner.

分布（Distribution）：内蒙古（NM）。

8. 巨黑蝇属 *Megophyra* Emden, 1965

Megophyra Emden, 1965. Fauna of India and the Adjacent Countries. Diptera 7, Muscidae I: 289. **Type species:** *Megophyra penicillata* Emden, 1965 (by original designation).

（203）二鬃巨黑蝇 *Megophyra biseta* **Ma *et* Cui, 1992**

Megophyra biseta Ma *et* Cui, 1992. *In*: Fan, 1992. Key to the Common Flies of China, 2nd Ed.: 247, 914. **Type locality:** China: Heilongjiang, Raohe.

分布（Distribution）：黑龙江（HL）。

（204）褐胫巨黑蝇 *Megophyra fuscitibia* **Emden, 1965**

Megophyra fuscitibia Emden, 1965. Fauna of India and the Adjacent Countries. Diptera 7, Muscidae I: 295. **Type locality:** Burma: Kambaiti.

分布（Distribution）：四川（SC）；缅甸。

（205）翅内巨黑蝇 *Megophyra intraalaris* **Emden, 1965**

Megophyra intraalaris Emden, 1965. Fauna of India and the Adjacent Countries. Diptera 7, Muscidae I: 294. **Type locality:** India: Darjeeling.

分布（Distribution）：西藏（XZ）；印度。

（206）拟多毛巨黑蝇 *Megophyra mimimultisetosa* **Feng, 2000**

Megophyra mimimultisetosa Feng, 2000. Sichuan J. Zool. 19 (1): 5. **Type locality:** China: Sichuan, Ya'an (Mt. Erlangshan).

分布（**Distribution**）：四川（SC）。

（207）多鬃巨黑蝇 *Megophyra multisetosa* **Shinonaga, 1970**

Megophyra multisetosa Shinonaga, 1970. Mem. Natn. Sci. Mus. (Tokyo) 3: 238. **Type locality:** Japan: Mt. Mitake, Kamigata-cho, Tsushima Island.

分布（**Distribution**）：辽宁（LN）、陕西（SN）、四川（SC）、台湾（TW）；朝鲜、韩国、日本。

（208）黑胫巨黑蝇 *Megophyra nigritibia* **Feng *et* Ma, 2001**

Megophyra nigritibia Feng *et* Ma, 2001. Chin. J. Vect. Biol. & Contr. 12 (1): 10. **Type locality:** China: Sichuan, Ya'an (Mt. Erlangshan).

分布（**Distribution**）：四川（SC）。

（209）短肛巨黑蝇 *Megophyra pedanocerca* **Feng *et* Ma, 2001**

Megophyra pedanocerca Feng *et* Ma, 2001. Chin. J. Vect. Biol. & Contr. 12 (1): 10. **Type locality:** China: Sichuan, Ya'an (Mt. Erlangshan).

分布（**Distribution**）：四川（SC）。

（210）毛股巨黑蝇 *Megophyra penicillata* **Emden, 1965**

Megophyra penicillata Emden, 1965. Fauna of India and the Adjacent Countries. Diptera 7, Muscidae I: 292. **Type locality:** Burma: Kambaiti.

分布（**Distribution**）：四川（SC）、贵州（GZ）；缅甸。

（211）石棉巨黑蝇 *Megophyra shimianensis* **Feng, 2008**

Megophyra shimianensis Feng, 2008. *In*: Fan, 2008. Fauna Sinica, Insecta, Vol. 49: 573. **Type locality:** China: Sichuan, Shimian.

分布（**Distribution**）：四川（SC）。

（212）简足巨黑蝇 *Megophyra simplicipes* **Emden, 1965**

Megophyra simplicipes Emden, 1965. Fauna of India and the Adjacent Countries. Diptera 7, Muscidae I: 297. **Type locality:** Burma: Kambaiti.

分布（**Distribution**）：甘肃（GS）、四川（SC）；缅甸。

（213）亚毛股巨黑蝇 *Megophyra subpenicillata* **Ma *et* Feng, 1992**

Megophyra subpenicillata Ma *et* Feng, 1992. *In*: Fan, 1992.

Key to the Common Flies of China, 2nd Ed.: 247, 915. **Type locality:** China: Sichuan, Ya'an.

分布（**Distribution**）：四川（SC）。

（214）翱巨黑蝇 *Megophyra volitanta* **Feng *et* Xu, 2008**

Megophyra volitanta Feng *et* Xu, 2008. Acta Parasitol. Med. Entomol. Sin. 15 (1): 48. **Type locality:** China: Tibet, Yadong.

分布（**Distribution**）：西藏（XZ）。

9. 黑蝇属 *Ophyra* Robineau-Desvoidy, 1830

Ophyra Robineau-Desvoidy, 1830. Mém. Prés. Div. Sav. Acad. R. Sci. Inst. Fr. 2 (2): 516. **Type species:** *Ophyra nitida* Robineau-Desvoidy, 1830 (by designation of Rondani, 1866 viz. *Anthomyia leucostoma* Wiedemann, 1817) viz. *Musca ignava* Harris, 1780.

（215）古铜黑蝇 *Ophyra aenescens* **(Wiedemann, 1830)**

Anthomyia aenescens Wiedemann, 1830. Aussereurop. Zweifl. Insekt. 2: 435. **Type locality:** USA: New Orleans and West Indies.

分布（**Distribution**）：上海（SH）；丹麦、挪威、德国、捷克、波兰、匈牙利、法国、罗马尼亚、希腊、马耳他、意大利、西班牙、加那利群岛、英国及爱尔兰、美国、墨西哥；南美洲、中美洲、大洋洲。

（216）双列黑蝇 *Ophyra biseritibiata* **Fan *et* Chen, 2008**

Ophyra biseritibiata Fan *et* Chen, 2008. *In*: Fan, 2008. Fauna Sinica, Insecta, Vol. 49: 404. **Type locality:** China: Hainan, Wanning.

分布（**Distribution**）：海南（HI）。

（217）开普黑蝇 *Ophyra capensis* **(Wiedemann, 1818)**

Anthomyia capensis Wiedemann, 1818. Zool. Mag., Kiel 1 (2): 46. **Type locality:** South Africa: Cape of Good Hope.

Anthomyia anthrax Meigen, 1826. Syst. Beschr. Europ. Zweifl. Insekt. 5: 161. **Type locality:** Not given, presumably Germany: Stolberg.

Ophyra rutilans Robineau-Desvoidy, 1830. Mém. Prés. Div. Sav. Acad. R. Sci. Inst. Fr. 2 (2): 516. **Type locality:** France: Saint-Sauveur [= Yonne].

Ophyra viridescens Robineau-Desvoidy, 1830. Mém. Prés. Div. Sav. Acad. R. Sci. Inst. Fr. 2 (2): 517. **Type locality:** France: Saint-Sauveur. USA: Pennsylvania (Philadelphia).

Ophyra caerulea Brunetti, 1913c. Rec. India Mus. 8: 171. **Type locality:** India: Rotung.

Ophyra villosa Aldrich, 1928. Proc. U. S. Natl. Mus. 74 (8): 6. **Type locality:** Chile: Perales.

分布（**Distribution**）：辽宁（LN）、山东（SD）、陕西（SN）、

新疆（XJ）；尼泊尔、印度、斯里兰卡、俄罗斯、吉尔吉斯斯坦、塔吉克斯坦、乌兹别克斯坦、土库曼斯坦、伊朗、土耳其、叙利亚、以色列、南非、美国、智利；欧洲、非洲（北部）。

（218）斑蹠黑蝇 *Ophyra chalcogaster* (Wiedemann, 1824)

Anthomyia chalcogaster Wiedemann, 1824. Munus Rectoris in Academia Christiana Albertina Aditurus Analecta Entomológica ex Museo Regio Havniensi Máxime Congesta Profert Iconibusque Illustrat: 52. **Type locality:** Indonesia: Java.

Anthomyia nigra Wiedemann, 1830. Aussereurop. Zweifl. Insekt. 2: 432, 22. **Type locality:** China: Guangdong, Guangzhou.

Anthomyia gracilrs Wiedemann, 1830. Aussereurop. Zweifl. Insekt. 2: 432, 23. **Type locality:** China: Guangdong, Guangzhou.

分布（Distribution）：吉林（JL）、辽宁（LN）、内蒙古（NM）、河北（HEB）、天津（TJ）、北京（BJ）、山西（SX）、山东（SD）、河南（HEN）、陕西（SN）、宁夏（NX）、甘肃（GS）、安徽（AH）、江苏（JS）、上海（SH）、浙江（ZJ）、江西（JX）、湖南（HN）、湖北（HB）、四川（SC）、重庆（CQ）、贵州（GZ）、云南（YN）、福建（FJ）、台湾（TW）、广东（GD）、广西（GX）、海南（HI）；韩国、日本、蒙古国、印度尼西亚、澳大利亚；新北区、新热带区；非洲。

（219）毛胫黑蝇 *Ophyra hirtitibia* Stein, 1920

Ophyra hirtitibia Stein, 1920b. Tijdschr. Ent. 62 (1919) (Suppl.): 53. **Type locality:** Indonesia: Java, Goenoeng Gedeh.

分布（Distribution）：四川（SC）；韩国、日本、马来西亚、印度尼西亚。

（220）银眉黑蝇 *Ophyra ignava* (Harris, 1780)

Musca ignavus Harris, 1780. Expos. Engl. Ins. 5: 154. **Type locality:** Not given, presumably South-eastem England.

Anthomyia leucostoma Wiedemann, 1817. Zool. Mag. 1 (1): 82. **Type locality:** Germany: Holstein.

分布（Distribution）：黑龙江（HL）、吉林（JL）、辽宁（LN）、内蒙古（NM）、河北（HEB）、天津（TJ）、北京（BJ）、山西（SX）、山东（SD）、河南（HEN）、陕西（SN）、宁夏（NX）、甘肃（GS）、青海（QH）、新疆（XJ）、安徽（AH）、江苏（JS）、上海（SH）、浙江（ZJ）、江西（JX）、湖南（HN）、四川（SC）、重庆（CQ）、贵州（GZ）、云南（YN）、西藏（XZ）、福建（FJ）、台湾（TW）、广西（GX）；朝鲜、韩国、日本、蒙古国、俄罗斯、吉尔吉斯斯坦、塔吉克斯坦、乌兹别克斯坦、哈萨克斯坦、土库曼斯坦、阿塞拜疆、亚美尼亚、伊朗、叙利亚、土耳其、巴勒斯坦、以色列、马来西亚、印度、克什米尔地区、尼泊尔、英国、亚速尔群岛（葡）、加那利群岛、澳大利亚、委内瑞拉、德国；新北区；

非洲（北部）。

（221）暗额黑蝇 *Ophyra obscurifrons* Sabrosky, 1949

Ophyra obscurifrons Sabrosky, 1949. Proc. Hawaii. Ent. Soc. 13: 424, 426, 430. **Type locality:** China: Shandong, Tsinan.

分布（Distribution）：辽宁（LN）、内蒙古（NM）、河北（HEB）、天津（TJ）、北京（BJ）、山西（SX）、山东（SD）、河南（HEN）、陕西（SN）、甘肃（GS）、江苏（JS）、上海（SH）、浙江（ZJ）、湖南（HN）、四川（SC）、贵州（GZ）、云南（YN）、福建（FJ）、广东（GD）、广西（GX）、香港（HK）；日本、越南、印度、缅甸、尼泊尔。

（222）拟斑蹠黑蝇 *Ophyra okazakii* Shinonaga *et* Kano, 1971

Ophyra okazakii Shinonaga et Kano, 1971. *In*: Ikada *et al.*, 1971. Fauna Japonica, Muscidae (Insecta: Diptera) I: 126. **Type locality:** Japan: Honshu, Niigata, Nakazato.

分布（Distribution）：辽宁（LN）、陕西（SN）；日本。

（223）简黑蝇 *Ophyra simplex* Stein, 1915

Ophyra simplex Stein, 1915. Suppl. Ent. 4: 27. **Type locality:** China: Taiwan, "Chip-chip" (Ji-ji, Taizhong), "Hoozan" (Fengshan) and "Kosempo" (Jiaxianpu, Gaoxiong).

分布（Distribution）：台湾（TW）、海南（HI）。

（224）厚环黑蝇 *Ophyra spinigera* Stein, 1910

Ophyra spinigera Stein, 1910. Ann. Hist.-Nat. Mus. Natl. Hung. 8: 555. **Type locality:** Singapore.

分布（Distribution）：黑龙江（HL）、吉林（JL）、辽宁（LN）、内蒙古（NM）、河北（HEB）、天津（TJ）、北京（BJ）、山西（SX）、山东（SD）、河南（HEN）、陕西（SN）、甘肃（GS）、江苏（JS）、上海（SH）、浙江（ZJ）、湖南（HN）、湖北（HB）、四川（SC）、重庆（CQ）、贵州（GZ）、云南（YN）、福建（FJ）、台湾（TW）、广东（GD）、广西（GX）、海南（HI）；朝鲜、韩国、日本、俄罗斯、越南、菲律宾、文莱、印度尼西亚、马来西亚、新加坡、印度、尼泊尔、斯里兰卡、澳大利亚、关岛（美）、巴布亚新几内亚、所罗门群岛、瓦努阿图、斐济、萨摩亚。

10. 河蝇属 *Potamia* Robineau-Desvoidy, 1830

Potamia Robineau-Desvoidy, 1830. Mém. Prés. Div. Sav. Acad. R. Sci. Inst. Fr. 2 (2): 507. **Type species:** *Potamia littoralis* Robineau-Desvoidy, 1830 (by designation of Séguy, 1937).

Dendrophaonia Malloch, 1923. Trans. Am. Ent. Soc. 48 (1922): 237. **Type species:** *Spilogaster hilariformis* Stein, 1898 (by original designation) [= *Spilogaster scabra* Giglio-Tos, 1893].

（225）双鬃河蝇 *Potamia diprealar* **Fan** *et* **Kong, 1991**

Potamia diprealar Fan et Kong, 1991. *In*: Shanghai Institute of Entomology, Academia Sinica, 1991. Contributions from Shanghai Institute of Entomology, Vol. 10: 146. **Type locality:** China: Shandong, Qufu.

分布（**Distribution**）：山东（SD）。

（226）全北河蝇 *Potamia littoralis* **Robineau-Desvoidy, 1830**

Potamia littoralis Robineau-Desvoidy, 1830. Mém. Prés. Div. Sav. Acad. R. Sci. Inst. Fr. 2 (2): 507. **Type locality:** France: the banks of Seine.

Anthomyia querceti Bouché, 1834. Naturgeschichte der Insekten, besonderes in Hinsicht ihrer ersten Zustände als Larven und Puppen: 82. **Type locality:** Not given, presumably Berlin.

Aricia platyptera Zetterstedt, 1849. Dipt. Scand. 8: 3281. **Type locality:** Sweden: "ad urbem Wadstena [= Vadstena]".

Spilogaster meadei Meunier, 1893. Ann. Soc. Entomol. Fr. 62: CLVIII. **Type locality:** Austria: Feldkirch.

Aricia (*Spilogaster*) *versipellis* Pandelle, 1899a. Rev. Ent. 18 (Suppl.): 108. **Type locality:** France: Seine-*et*-Oise, Apt. Hyères, Gran-Chartreuse.

分布（**Distribution**）：辽宁（LN）、北京（BJ）、山西（SX）；蒙古国、缅甸、塔吉克斯坦、乌兹别克斯坦、吉尔吉斯斯坦、法国、加拿大、瑞典、奥地利。

（227）鬃跗河蝇 *Potamia seitarsis* **Feng, 1999**

Potamia setitarsis Feng, 1999. Acta Ent. Sin. 42 (4): 422. **Type locality:** China: Sichuan, Ya'an (Mt. Erlangshan).

分布（**Distribution**）：四川（SC）。

11. 毛基蝇属 *Thricops* Rondani, 1856

Thricops Rondani, 1856. Dipt. Ital. Prodromus, Vol. I: 96. **Type species:** *Anthomyza hirtula* Zettererstedt, 1838 (by original designation) (misidentification of *Trichopticus culminum* Pokorny, 1898).

Tricophthicus Rondani, 1861. Dipt. Ital. Prodromus, Vol. IV: 9 (unjustified replacement name for *Thricops* Rondani, 1856).

Alloeostylus Schnabl, 1888. Ent. Nachr. 14: 49. **Type species:** *Alloeostylus sudeticus* Schnabl, 1888 (monotypy).

Hera Schnabl, 1888. Ent. Nachr. 14: 113. **Type species:** *Musca variabilis* Fallén, 1823 (by designation of Karl, 1928) viz. *Fellaea nigrijrrons* Robineau-Desvoidy, 1830.

Rhynchostrichops Schnabl, 1889b. Trudy Russk. Ent. Obshch. 23: 344 (as a subgenus of *Trichopticus* Rondani, 1861). **Type species:** *Anthomyza aculeipes* Zetterstedt, 1838 (by designation of Coquillett, 1901).

Brachylabis Schnabl, 1889a. Trudy Russk. Ent. Obshch. 24: 275, foot note (as a subgenus of *Alloeostylus* Schnabl, 1888) (nec *Brachylabis* Dohm, 1864). **Type species:** *Aricia flaveolus*

Fallén (by original designation) (misidentification of *Anthomyia diaphana* Wiedemann, 1817).

Syllegopterula Pokorny, 1893a. Verh. K. K. Zool.-Bot. Ges. Wien 43: 18. **Type species:** *Syllegopterula beckeri* Pokorny, 1893 (monotypy).

Rhynchopsilops Hendel, 1903. Wien. Ent. Ztg. 22: 129. **Type species:** *Rhynchopsilops villosus* Hendel, 1903.

Mydaria Schnabl, 1915. Zap. Imp. Akad. Nauk (VIII), cl. Phys. Math. 28 (7): 45. **Type species:** *Musca rufisquama* Schnabl, 1915 (monotypy).

Pterocanthus Malloch, 1921. Ann. Mag. Nat. Hist. (9) 8: 418. **Type species:** *Anthomyza sundewalli* Zetterstedt, 1845 (by original designation) viz. *Anthomyza genarum* Zetterstedt, 1838.

Lasiothricops Skidmore, 1985. The Biology of the Muscidae of the World 29: 155 (as a subgenus of *Thricops* Rondani, 1856. **Type species:** *Thricops semicinereus* (Wiedemann, 1817) (by original designation).

Setulipteroclus Xue, 1998. *In*: Xue *et* Chao, 1998. Flies of China, Vol. 1: 914 (as a subgenus of *Thricops* Rondani, 1856). **Type species:** *Anthomyza genarum* Zetterstedt, 1838 (by original designation).

（228）拉普兰毛基蝇 *Thricops coquilletti* **(Malloch, 1920)**

Tricopticus coquilletti Malloch, 1920b. Trans. Am. Ent. Soc. 46: 156. **Type locality:** USA: Popoff I., Alaska.

分布（**Distribution**）：吉林（JL）、辽宁（LN）、山西（SX）、青海（QH）、新疆（XJ）、四川（SC）、西藏（XZ）；蒙古国、美国；欧洲（北部）。

（229）冠阳毛基蝇 *Thricops coronaedeagus* **Feng, 2008**

Thricops coronaedeagus Feng, 2008. *In*: Fan, 2008. Fauna Sinica, Insecta, Vol. 49: 596. **Type locality:** China: Sichuan, Ya'an (Mt. Erlangshan).

分布（**Distribution**）：四川（SC）。

（230）曲胫毛基蝇 *Thricops curvitibia* **Ma, Xing** *et* **Deng, 2008**

Thricops curvitibia Ma, Xing et Deng, 2008. *In*: Fan, 2008. Fauna Sinica, Insecta, Vol. 49: 591. **Type locality:** China: Sichuan, Luding.

分布（**Distribution**）：四川（SC）。

（231）明黄毛基蝇 *Thricops diaphanus* **(Wiedemann, 1817)**

Anthomyia diaphanous Wiedemann, 1817. Zool. Mag. 1 (1): 81. **Type locality:** Germany: Kiel district, Holstein.

Phyllis flava Robineau-Desvoidy, 1830. Mém. Prés. Div. Sav. Acad. R. Sci. Inst. Fr. 2 (2): 640. **Type locality:** Not given (presumably France: Saint-Sauveur).

Anthomyza varians Zetterstedt, 1838. Insecta Lapp.: 698. **Type locality:** Sweden. Norway.

Anthomyia signia Walker, 1849. List of the specimens of dipterous insets in the collection of the British Museum Part IV: 939. **Type locality:** Canada: Nova Scotia.

Anthomyia geldria Walker, 1849. List of the specimens of dipterous insets in the collection of the British Museum Part IV: 940. **Type locality:** Canada: Nova Scotia.

Anthomyia rutilis Walker, 1853. Ins. Brit., Dípt. 2: 137. **Type locality:** England.

Aricia aculeate Loew, 1873. Berl. Ent. Z. 17: 48. **Type locality:** "in Pannonia inferiori *et* in confinibus Daciae regionibus".

分布（**Distribution**）：山西（SX）、青海（QH）；日本、俄罗斯、土耳其、德国、法国、瑞典、挪威；新北区。

（232）冯氏毛基蝇 *Thricops fengi* (Fan, 1965)

Aricia fengi Fan, 1965. Key to the Common Flies of China: 73. **Type locality:** China: Inner Mongolia, Boketu.

分布（**Distribution**）：内蒙古（NM）。

（233）黄毛基蝇 *Thricops flavidus* Hsue, 1983

Thricops flavidus Hsue, 1983. Acta Ent. Sin. 26 (4): 459. **Type locality:** China: Liaoning, Huanren.

分布（**Distribution**）：辽宁（LN）。

（234）毛脉毛基蝇 *Thricops genarum* (Zetterstedt, 1838)

Anthomyza genarum Zetterstedt, 1838. Insecta Lapp.: 695. **Type locality:** Sweden: "in summon aipium Tornentnsium jugo".

Anthomvza sundewalli Zetterstedt, 1845. Dipt. Scand. 4: 1680. **Type locality:** Sweden: Jamtland [= Jemtlandia]: Skalstugan; Areskutan and Mullfjellen.

Limnophora argyrata Strobl, 1898. Mitt. Naturwiss. Ver. Steiermark (1897) 34: 241. **Type locality:** Hochschwung.

分布（**Distribution**）：新疆（XJ）；俄罗斯、瑞典。

（235）喜马毛基蝇 *Thricops himalayensis* (Pont, 1975)

Alloeostylus rufisquamus himalayensis Pont, 1975. Opuscula Zool. 139: 8. **Type locality:** Nepal.

分布（**Distribution**）：四川（SC）；尼泊尔。

（236）平安毛基蝇 *Thricops innocuus* (Zetterstedt, 1838)

Anthomyza innocua Zetterstedt, 1838. Insecta Lapp: 674. **Type locality:** Swedecien: "ad Stensele *et* ad Lycksele".

Anthomyza innocuus Zetterstedt, 1838. Insecta Lapp: 674. **Type locality:** Sweden: Västerbotten, Lappland, Lycksele *et* Stensele.

Aricia pubipes Zetterstedt, 1845. Dipt. Scand. 4: 1499. **Type locality:** Sweden: "ad radicem Mullfjell *et* Jemtlantnaiae". Norway: "ad Kongsstue Vaerdaliae".

分布（**Distribution**）：陕西（SN）、青海（QH）、云南（YN）、

西藏（XZ）；蒙古国、俄罗斯、瑞典；新北区。

（237）继尧毛基蝇 *Thricops jiyaoi* Feng, 2000

Thricops jiyaoi Feng, 2000. Sichuan J. Zool. 19 (1): 5. **Type locality:** China: Sichuan, Mt. Emeishan.

分布（**Distribution**）：四川（SC）。

（238）灰毛基蝇 *Thricops lividiventris plumbeus* (Hennig, 1962)

Alloeostylus lividiventris plumbea Hennig, 1962. Flieg. Palaearkt. Reg. 63b: 659. **Type locality:** China: Heilongjiang, "Mandschurei (Datudinzsa)" (Datudingzi).

分布（**Distribution**）：中国（省份不明）。

（239）铅腹毛基蝇 *Thricops lividiventris* (Zetterstedt, 1845)

Aricia lividiventris Zetterstedt, 1845. Dipt. Scand. 4: 1444. **Type locality:** Sweden: Lapponia Lulensis (Quickjock).

分布（**Distribution**）：新疆（XJ）；俄罗斯、瑞典；北美洲。

（240）小黑毛基蝇 *Thricops nigritellus* (Zetterstedt, 1838)

Anthomyza nigritella Zetterstedt, 1838. Insecta Lapp.: 666. **Type locality:** Sweden: "ad Lycksele, Badstutraesk *et* Wilhelmina". Norway: "in inferalpinis Nordlandiae, ad Evenas, in Dowre".

Hera mikii Schnabl, 1888. Ent. Nachr. 14: 114. **Type locality:** Nesselkoppe, ad Graefenberg [= Läzne Jesenik] (viz. Lazne Jesenik, formerly Czechoslovakia).

分布（**Distribution**）：新疆（XJ）；俄罗斯、土库曼斯坦、土耳其；欧洲。

（241）绯瓣毛基蝇 *Thricops rufisquamus* (Schnabl, 1915)

Mydaea (*Mydaria*) *rufisquamus* Schnabl, 1915. Zap. Imp. Akad. Nauk (VIII), cl. Phys. Math. 28 (7): 45. **Type locality:** Russia: Northern Ural, Sverdlovsk District, Kushva, Mt. Blagodat.

Trichopticus johnsoni Malloch, 1920b. Trans. Am. Ent. Soc. 46: 160. **Type locality:** USA: Massachusetts, North A. Adams.

Alloeostylus penicillatus Ringdahl, 1926. Ent. Tidskr. 47: 104. **Type locality:** Sweden: Undersaker.

Trichopticus michitanii Kato, 1936. Insecta Matsum. 11 (1-2): 25. **Type locality:** Japan: Honshu, Mt. Norikura.

分布（**Distribution**）：吉林（JL）、山西（SX）、陕西（SN）、青海（QH）；日本、俄罗斯、芬兰、瑞典；新北区。

（242）半灰毛基蝇 *Thricops semicinereus* (Wiedemann, 1817)

Anthomyia semicinereus Wiedemann, 1817. Zool. Mag. 1 (1): 84. **Type locality:** Germany: Holstein.

Musca hyalinata Fallén, 1823a. Monogr. Musc. Sveciae VI: 64

(nec Panzer, 1981). **Type locality:** Not given (presumably Sweden: Skåne).

Anthomyia apicalis Meigen, 1830. Syst. Beschr. Europ. Zweifl. Insekt. 6: 375. **Type locality:** Germany: Berlin.

Yetodesia subhyalina Rondani, 1877. Dipt. Ital. Prodromus, Vol. VI: 137. **Type locality:** Germany: Württemberg.

分布（Distribution）：新疆（XJ）；蒙古国、俄罗斯、土耳其、德国、瑞典。

（243）小瘤毛基蝇 *Thricops tuberculatus* Deng, Mou *et* Feng, 1995

Tricops tuberculate Deng, Mou *et* Feng, 1995. Commemorative Publication in 10th Anniversory of Establishment of Parasitological Specialistic Society under China Zoological Society: 306. **Type locality:** China: Sichuan, Songpan.

分布（Distribution）：四川（SC）。

12. 亮黑蝇属 *Xestomyia* Stein, 1907

Xestomyia Stein, 1907b. Annu. Mus. Zool. Acad. Sci. Russ. St.-Pétersb. 12: 33. **Type species:** *Xestomyia hirtifemur* Stein, 1907 (monotypy).

Crucianella Xue *et* Xiang, 1994. Acta Zootaxon. Sin. 19 (3): 363. **Type species:** *Crucianella longibarbata* Xue *et* Xiang, 1994 (monotypy).

（244）缨跗亮黑蝇 *Xestomyia fimbrunana* Fan *et* Wu, 2008

Xestomyia fimbrunana Fan *et* Wu, 2008. *In*: Fan, 2008. Fauna Sinica, Insecta, Vol. 49: 493. **Type locality:** China: Qinghai, Menyuan.

分布（Distribution）：青海（QH）。

（245）毛股亮黑蝇 *Xestomyia hirtifemur* Stein, 1907

Xestomyia hirtifemur Stein, 1907b. Annu. Mus. Zool. Acad. Sci. Russ. St.-Pétersb. 12: 334. **Type locality:** China: Qinghai, Yushu.

分布（Distribution）：青海（QH）。

（246）毛跗亮黑蝇 *Xestomyia hirtitarsis* (Stein, 1907)

Ophyra hirtitarsis Stein, 1907b. Annu. Mus. Zool. Acad. Sci. Russ. St.-Pétersb. 12: 355. **Type locality:** China: Qinghai, Kurlyk.

分布（Distribution）：青海（QH）。

（247）长胡亮黑蝇 *Xestomyia longibarbata* (Xue *et* Xiang, 1994)

Crucianella longibarbata Xue *et* Xiang, 1994. Acta Zootaxon. Sin. 19 (3): 364. **Type locality:** China: Xinjiang, Mt. East Kunlun.

分布（Distribution）：新疆（XJ）。

秽蝇亚科 Coenosiinae

秽蝇族 Coenosiini

13. 花秽蝇属 *Anthocoenosia* Xue *et* Xiang, 1994

Anthocoenosia Xue *et* Xiang, 1994. Acta Zootaxon. Sin. 19 (3): 362. **Type species:** *Anthocoenosia sinuata* Xue *et* Xiang, 1994 (by original designation).

（248）曲叶花秽蝇 *Anthocoenosia sinuata* Xue *et* Xiang, 1994

Anthocoenosia sinuata Xue *et* Xiang, 1994. Acta Zootaxon. Sin. 19 (3): 362. **Type locality:** China: Xinjiang, Kaerdong, Dongkunlun.

分布（Distribution）：新疆（XJ）。

14. 溜秽蝇属 *Cephalispa* Malloch, 1935

Cephalispa Malloch, 1935. J. Fed. Malay St. Mus. 17 (4): 658 (as a subgenus of *Lispocephala*). **Type species:** *Lispocephala* (*Cephalispa*) *scutellata* Ma Iloch, 1935 (by original designation).

（249）无尾溜秽蝇 *Cephalispa acerca* (Xue, Wang *et* Ni, 1989)

Caricea acerca Xue, Wang *et* Ni, 1989. Mem. Inst. Oswaldo Cruz, Rio de Janeiro 84 (Suppl. 4): 547. **Type locality:** China: Shaanxi, Mt. Taibaishan.

分布（Distribution）：辽宁（LN）、山西（SX）、陕西（SN）。

（250）洁溜秽蝇 *Cephalispa apinesa* Wei *et* Yang, 2007

Cephalispa apinesa Wei *et* Yang, 2007. *In*: Li, Yang *et* Jin, 2007. Insects from Leigongshan Landscape: 485. **Type locality:** China: Guizhou, Mt. Leigongshan.

分布（Distribution）：贵州（GZ）。

（251）双叶溜秽蝇 *Cephalispa biloba* Cui *et* Xue, 1995

Cephalispa biloba Cui *et* Xue, 1995. *In*: Cui, Xue *et* Chen, 1995. Entomol. Sin. 2 (1): 21. **Type locality:** China, Mt. Emeishan.

分布（Distribution）：四川（SC）。

（252）短腹溜秽蝇 *Cephalispa breviabdominis* Cui *et* Xue, 1995

Cephalispa breviabdominis Cui *et* Xue, 1995. *In*: Cui, Xue *et* Chen, 1995. Entomol. Sin. 2 (1): 31. **Type locality:** China:

Yunnan, Xishuangbanna.

分布（Distribution）：云南（YN）。

（253）短板溜秽蝇 *Cephalispa brevilamina* **Cui et Xue, 1995**

Cephalispa brevilamina Cui et Xue, 1995. *In*: Cui, Xue *et* Chen, 1995. Entomol. Sin. 2 (1): 28. **Type locality:** China: Tibet, Yadong.

分布（Distribution）：西藏（XZ）。

（254）剪溜秽蝇 *Cephalispa cultrata* **Cui et Xue, 1995**

Cephalispa cultrata Cui et Xue, 1995. *In*: Cui, Xue *et* Chen, 1995. Entomol. Sin. 2 (1): 29. **Type locality:** China: Yunnan, Xishuangbanna.

分布（Distribution）：云南（YN）。

（255）弯曲溜秽蝇 *Cephalispa curva* **(Malloch, 1935)**

Lispocephala curva Malloch, 1935. J. Fed. Malay St. Mus. 17 (4): 658. **Type locality:** Philippines: Luzon, Benguet, Baguio.

分布（Distribution）：台湾（TW）；菲律宾、缅甸。

（256）范氏溜秽蝇 *Cephalispa fani* **Cui et Xue, 1995**

Cephalispa fani Cui et Xue, 1995. *In*: Cui, Xue *et* Chen, 1995. Entomol. Sin. 2 (1): 22. **Type locality:** China: Guizhou, Mt. Fanjingshan.

分布（Distribution）：贵州（GZ）。

（257）福建溜秽蝇 *Cephalispa fujianensis* **Cui et Xue, 1995**

Cephalispa fujianensis Cui et Xue, 1995. *In*: Cui, Xue *et* Chen, 1995. Entomol. Sin. 2 (1): 24. **Type locality:** China: Fujian, Xianfengling, Chong'anxing.

分布（Distribution）：福建（FJ）。

（258）钩溜秽蝇 *Cephalispa hamata* **Cui et Xue, 1995**

Cephalispa hamata Cui et Xue, 1995. *In*: Cui, Xue *et* Chen, 1995. Entomol. Sin. 2 (1): 27. **Type locality:** China: Guangdong, Chaoan, Mt. Fenghuangshan.

分布（Distribution）：广东（GD）。

（259）雷公山溜秽蝇 *Cephalispa leigongshana* **Wei et Yang, 2007**

Cephalispa leigongshana Wei et Yang, 2007. *In*: Li, Yang *et* Jin, 2007. Insects from Leigongshan Landscape: 487. **Type locality:** China: Guizhou, Mt. Leigongshan.

分布（Distribution）：贵州（GZ）。

（260）瘦溜秽蝇 *Cephalispa leptysmosa* **Wei et Yang, 2007**

Cephalispa leptysmosa Wei *et* Yang, 2007. *In*: Li, Yang *et* Jin, 2007. Insects from Leigongshan Landscape: 488. **Type locality:** China: Guizhou, Mt. Leigongshan.

分布（Distribution）：贵州（GZ）。

（261）奇溜秽蝇 *Cephalispa mira* **(Stein, 1910)**

Cephalispa mira Stein, 1910. Ann. Hist.-Nat. Mus. Natl. Hung. 8: 569. **Type locality:** Sri Lanka.

分布（Distribution）：台湾（TW）；斯里兰卡、印度。

（262）黔溜秽蝇 *Cephalispa qiana* **Wei et Yang, 2007**

Cephalispa qiana Wei *et* Yang, 2007. *In*: Li, Yang *et* Jin, 2007. Insects from Leigongshan Landscape: 486. **Type locality:** China: Guizhou, Mt. Leigongshan.

分布（Distribution）：贵州（GZ）。

（263）突溜秽蝇 *Cephalispa prominentia* **Cui et Xue, 1995**

Cephalispa prominentia Cui et Xue, 1995. *In*: Cui, Xue *et* Chen, 1995. Entomol. Sin. 2 (1): 25. **Type locality:** China: Guizhou, Mt. Fanjingshan.

分布（Distribution）：湖南（HN）、贵州（GZ）。

（264）小盾溜秽蝇 *Cephalispa scutellata* **(Malloch, 1935)**

Lispocephala (*Cephalispa*) *scutellata* Malloch, 1935. J. Fed. Malay St. Mus. 17 (4): 658. **Type locality:** Malaysia: Pengxiangzhou.

分布（Distribution）：台湾（TW）；马来西亚、菲律宾。

（265）刺溜秽蝇 *Cephalispa spina* **Cui et Xue, 1995**

Cephalispa spina Cui et Xue, 1995. *In*: Cui, Xue *et* Chen, 1995. Entomol. Sin. 2 (1): 19. **Type locality:** China: Sichuan, Mt. Emeishan.

分布（Distribution）：湖北（HB）、四川（SC）。

15. 秽蝇属 *Coenosia* Meigen, 1826

Coenosia Meigen, 1826. Syst. Beschr. Europ. Zweifl. Insekt. 5: 210. **Type species:** *Musca tigrina* Fabricius, 1775 (by designation of Westwood, 1840).

Caenosia, error.

Limosia Robineau-Desvoidy, 1830. Mém. Prés. Div. Sav. Acad. R. Sci. Inst. Fr. 2 (2): 535. **Type species:** *Limosia campestris* Robineau-Desvoidy, 1830 (by designation of Coquillett, 1901).

Palusia Robineau-Desvoidy, 1830. Mém. Prés. Div. Sav. Acad. R. Sci. Inst. Fr. 2 (2): 542. **Type species:** *Palusia testacea* Robineau-Desvoidy, 1830 (by designation of Coquillett, 1901).

Oplogaster Rondani, 1856. Dipt. Ital. Prodromus, Vol. I: 98. **Type species:** *Musca mollicula* Fallén 1825 (by original designation).

Hoplogaster Rondani, 1871. Bull. Soc. Ent. Ital. 2 (1870): 331 (unjustified emendation of *Oplogaster* Rondani, 1856).

Allognota Pokorny, 1893c. Wien. Ent. Ztg. 12: 64. **Type species:** *Musca agromyzina* Fallén, 1825 (monotypy).

Allognotha, error.

Centriocera Pokorny, 1893b. Verh. K. K. Zool.-Bot. Ges. Wien 43: 537. **Type species**: *Coenosia deeipiens* Meigen, 1826 (by original designation) [= *pedella* (Fallén, 1825)].

Centrocera, error.

Rhynchocoenops Bezzi, 1918a. Memorie Soc. Ital. Sci. Nat. 9: 77. **Type species:** *Hoplogaster obscuricula* Rondani, 1871 (by original designation).

Hebdomostilba Enderlein, 1936. Tierwelt Mitteleur. 6 (2), Ins. 3: 200. **Type species:** *Hoplogaster obscuricula* Rondani, 1871 (monotypy).

Mesodiplectra Enderlein, 1936. Tierwelt Mitteleur. 6 (2), Ins. 3: 201. **Type species:** *Coenosia discrepans* Stein, 1916 (monotypy) [= *flavicornis* (Fallén, 1825)].

Psephidocera Enderlein, 1936. Tierwelt Mitteleur. 6 (2), Ins. 3: 201. **Type species:** *Coenosia orbicornis* Stein, 1916 (monotypy) [= *dealbata* (Zetterstedt, 1838)].

Diatinoza Enderlein, 1936. Tierwelt Mitteleur. 6 (2), Ins. 3: 201. **Type species:** *Diatinoza trentina* Enderlein, 1936 (monotypy) [= *agromyzina* (Fallén, 1825)].

Platychiracra Enderlein, 1936. Tierwelt Mitteleur. 6 (2), Ins. 3: 201. **Type species:** *Platychiracra siciliana* Enderlein, 1936 (monotypy) [= *Patelligera* Rondani, 1866].

Adiplectra Enderlein, 1936. Tierwelt Mitteleur. 6 (2), Ins. 3: 201. **Type species:** *Coenosia sexnotata* Meigen, 1826 (by original designation) (a misidentification of *campestris* Robineau-Desvoidy, 1830).

Trilasia Karl, 1936. Stettin. Ent. Ztg. 97: 140. **Type species:** *Musca intermedia* Fallén, 1825 (by original designation).

Lamprocoenosia Ringdahl, 1945. Ent. Tidskr. 66: 15 (as a subgenus of *Coenosia* Meigen, 1826). **Type species:** *Coenosia atra* Meigen, 1830 (monotypy).

Leucocoenosia Ringdahl, 1945. Ent. Tidskr. 66: 20 (as a subgenus of *Coenosia* Meigen, 1826). **Type species:** *Anthomyza albatella* Zetterstedt, 1849 (monotypy) [= *flavimana* (Zetterstedt, 1845)].

Xanthorrhinia Ringdahl, 1945. Ent. Tidskr. 66: 20 (as a subgenus of *Coenosia* Meigen, 1826). **Type species:** *Anthomyza fulvicornis* Zetterstedt, 1845 (monotypy) [= *dealbata* (Zetterstedt, 1838)].

Xanthorrinia, error.

（266）膨棒秽蝇 *Coenosia adrohalter* Xue *et* Wang, 2014

Coenosia adrohalter Xue *et* Wang, 2014. Acta Zool. Acad. Sci. Hung. 60 (2): 160. **Type locality:** China: Yunnan, Pianma, Yakou.

分布（Distribution）：云南（YN）。

（267）白角秽蝇 *Coenosia albicornis* Meigen, 1826

Coenosia albicornis Meigen, 1826. Syst. Beschr. Europ. Zweifl. Insekt. 5: 220. **Type locality:** Germany.

分布（Distribution）：辽宁（LN）；俄罗斯；欧洲。

（268）白额秽蝇 *Coenosia albifronta* Xue *et* Wang, 2014

Coenosia albifronta Xue *et* Wang, 2014. Acta Zool. Acad. Sci. Hung. 60 (2): 162. **Type locality:** China: Yunnan, Pianma, Yakou.

分布（Distribution）：云南（YN）。

（269）步行秽蝇 *Coenosia ambulans* Meigen, 1826

Coenosia ambulans Meigen, 1826. Syst. Beschr. Europ. Zweifl. Insekt. 5: 217. **Type locality:** Germany.

分布（Distribution）：黑龙江（HL）、吉林（JL）、辽宁（LN）、内蒙古（NM）、新疆（XJ）；蒙古国、吉尔吉斯斯坦、哈萨克斯坦、俄罗斯、德国。

（270）宽尾秽蝇 *Coenosia amplicauda* Xue *et* Zhu, 2006

Coenosia amplicauda Xue *et* Zhu, 2006. Zootaxa 1326: 8. **Type locality:** China: Sichuan, Ya'an (Mt. Erlangshan).

分布（Distribution）：四川（SC）。

（271）弯叶秽蝇 *Coenosia ancylocerca* Xue, Wang *et* Zhang, 2007

Coenosia ancylocerca Xue, Wang *et* Zhang, 2007. Pan-Pac. Entomol. 82 (3): 312. **Type locality:** China: Liaoning, Xiuyan.

分布（Distribution）：辽宁（LN）。

（272）角斑秽蝇 *Coenosia angulipunctata* Xue, Wang *et* Zhang, 1992

Coenosia angulipunctata Xue, Wang *et* Zhang, 1992. Acta Ent. Sin. 35 (3): 365. **Type locality:** China: Shanxi.

分布（Distribution）：辽宁（LN）、山西（SX）。

（273）狭叶秽蝇 *Coenosia angustifolia* Zheng, Xue *et* Tong, 2004

Coenosia angustifolia Zheng, Xue *et* Tong, 2004. J. Northeast Forestry Univ. 32 (3): 48. **Type locality:** China: Yunnan, Mt. Gaoligongshan.

Coenosia cladosa Wei *et* Yang, 2007. *In*: Li, Yang *et* Jin, 2007. Insects from Leigongshan Landscape: 473. **Type locality:** China: Guizhou, Mt. Leigongshan.

分布（Distribution）：贵州（GZ）、云南（YN）。

（274）歪叶秽蝇 *Coenosia ansymmetrocerca* Xue *et* Feng, 2000

Coenosia ansymmetrocerca Xue *et* Feng, 2000. Acta Zootaxon. Sin. 25 (4): 454. **Type locality:** China: Sichuan, Ya'an (Mt.

Laobanshan).

分布（Distribution）：四川（SC）。

（275）安特秽蝇 *Coenosia anta* Xue *et* Cui, 2001

Coenosia anta Xue *et* Cui, 2001. Entomol. Sin. 8 (2): 107. **Type locality:** China: Xinjiang, Eastern Kunlun Mountains.

分布（Distribution）：新疆（XJ）。

（276）附膜秽蝇 *Coenosia appendimembrana* Xue *et* Zhu, 2008

Coenosia appendimembrana Xue *et* Zhu, 2008. *In*: Xue, Zhu *et* Wang, 2008. Orient. Insects 42: 144. **Type locality:** China: Yunnan, Huanglong.

分布（Distribution）：云南（YN）。

（277）褐瘦弱秽蝇 *Coenosia attenuata brunnea* Xue *et* Tong, 2003

Coenosia attenuata brunnea Xue *et* Tong, 2003. Entomol. Sin. 10 (4): 284. **Type locality:** China: Yunnan, Xishuangbanna, Menglun.

分布（Distribution）：云南（YN）。

（278）瘦弱秽蝇 *Coenosia attenuata* Stein, 1903

Coenosia attenuata Stein, 1903. Mitt. Zool. Mus. Berl. 2 (3): 121. **Type locality:** Egypt: Alexandria and Cairo.

Coenosia (Caricea) flavicornis Schnabl, 1911b. Nova Acta Acad. Caesar. Leop. Carol. 95 (2): 80 (unavailable).

Coenosia confalonierii Séguy, 1930. Annali Mus. Civ. Stor. Nat. Giacomo Doria 55: 86. **Type locality:** Egypt: Giarabub.

Coenosia (Caricea) attenuata var. *affinis* Santos Abreu, 1976. Monogr. Anthom. Islas Canar.: 13 (unavailable).

Coenosia (Caricea) flavipes Santos Abreu, 1976. Monogr. Anthom. Islas Canar.: 13. **Type locality:** Spain: Castillo de San Carlos, Canary Is.

分布（Distribution）：中国（南部，省份不明）；亚洲（中部和西部）、欧洲、非洲（北部）、大洋洲。

（279）金秽蝇 *Coenosia aurea* Xue *et* Cui, 2001

Coenosia aurea Xue *et* Cui, 2001. Entomol. Sin. 8 (2): 105. **Type locality:** China: Xinjiang, Bachu.

分布（Distribution）：新疆（XJ）。

（280）短指秽蝇 *Coenosia brachyodactyla* Feng *et* Xue, 1997

Coenosia brachyodactyla Feng *et* Xue, 1997. Sichuan J. Zool. 16 (4): 153. **Type locality:** China: Zhejiang, Baishanzu.

分布（Distribution）：浙江（ZJ）、四川（SC）。

（281）短突秽蝇 *Coenosia brachyosurstyl* Xue *et* Wang, 2015

Coenosia brachyosurstyl Xue *et* Wang, 2015. Orient. Insects 49 (3-4): 276. **Type locality:** China: Ningxia, Longde.

分布（Distribution）：宁夏（NX）。

（282）短阳秽蝇 *Coenosia breviaedeagus* Wu *et* Xue, 1996

Coenosia breviaedeagus Wu *et* Xue, 1996. J. Zhejiang For. Coll. 13 (4): 418. **Type locality:** China: Zhejiang, Baishanzu.

Coenosia leigongshana Wei *et* Yang, 2007. *In*: Li, Yang *et* Jin, 2007. Insects from Leigongshan Landscape: 480. **Type locality:** China: Guizhou, Mt. Leigongshan.

分布（Distribution）：浙江（ZJ）、贵州（GZ）。

（283）短尾秽蝇 *Coenosia brevicauda* Pont, 2005

Coenosia brevicauda Pont, 2005. *In*: Pont *et al.*, 2005. Zool. Middle East 36: 84. **Type locality:** Armenia.

分布（Distribution）：中国（省份不明）；美国。

（284）短跗秽蝇 *Coenosia brevimana* Cui *et* Xue, 2001

Coenosia brevimana Cui *et* Xue, 2001. Entomol. Sin. 8 (3): 203. **Type locality:** China: Guizhou, Mt. Fanjingshan.

分布（Distribution）：贵州（GZ）、广东（GD）。

（285）短刺秽蝇 *Coenosia brevispinula* Xue *et* Zhu, 2008

Coenosia brevispinula Xue *et* Zhu, 2008. *In*: Xue, Zhu *et* Wang, 2008. Orient. Insects 42: 144. **Type locality:** China: Sichuan, Ya'an (Mt. Erlangshan).

分布（Distribution）：四川（SC）。

（286）褐翅秽蝇 *Coenosia brunneipennis* (Cui, Xue *et* Liu, 1995)

Dexiopsis brunneipennis Cui, Xue *et* Liu, 1995. Zool. Res. 16 (1): 8. **Type locality:** China: Guangdong, Dawuling.

分布（Distribution）：贵州（GZ）、福建（FJ）、广东（GD）。

（287）原栖秽蝇 *Coenosia campestris* (Robineau-Desvoidy, 1830)

Limosia campestris Robineau-Desvoidy, 1830. Mém. Prés. Div. Sav. Acad. R. Sci. Inst. Fr. 2 (2): 537. **Type locality:** France.

分布（Distribution）：中国（省份不明）；俄罗斯；新北区；欧洲。

（288）毛头秽蝇 *Coenosia capillicaput* Xue *et* Wang, 2015

Coenosia capillicaput Xue *et* Wang, 2015. Orient. Insects 49 (3-4): 278. **Type locality:** China: Guangxi, Mt. Maoershan.

分布（Distribution）：广西（GX）。

（289）脊秽蝇 *Coenosia carinata* Cui *et* Li, 1996

Coenosia carinata Cui *et* Li, 1996. Entomol. Sin. 3 (3): 218. **Type locality:** China: Jilin, Changbaishan.

分布（Distribution）：黑龙江（HL）、吉林（JL）。

（290）长江秽蝇 *Coenosia changjianga* Xue, 1997

Coenosia changjianga Xue, 1997. *In*: Yang, 1997. Insects of the Three Gorge Reservoir Area of Yangtze River: 1503. **Type locality:** China: Hubei, Shennongjia.

分布（Distribution）：湖北（HB）、云南（YN）。

（291）赵氏秽蝇 *Coenosia chaoi* Xue *et* Cui, 2001

Coenosia chaoi Xue *et* Cui, 2001. Entomol. Sin. 8 (2): 108. **Type locality:** China: Xinjiang, Tianshan, Hotspring.

分布（Distribution）：新疆（XJ）。

（292）中华秽蝇 *Coenosia chinensis* Malloch, 1934

Coenosia chinensis Malloch, 1934. Peking Nat. Hist. Bull. 9 (2): 147. **Type locality:** China: Sichuan.

分布（Distribution）：四川（SC）。

（293）带秽蝇 *Coenosia cingulata* Stein, 1918

Coenosia cingulata Stein, 1918. Ann. Hist.-Nat. Mus. Natl. Hung. 16: 160. **Type locality:** China: Taiwan.

分布（Distribution）：台湾（TW）。

（294）缺秽蝇 *Coenosia clambosa* Wei *et* Yang, 2007

Coenosia clambosa Wei *et* Yang, 2007. *In*: Li, Yang *et* Jin, 2007. Insects from Leigongshan Landscape: 474. **Type locality:** China: Guizhou, Mt. Leigongshan.

Coenosia paraclambosa Wei *et* Yang, 2007. *In*: Li, Yang *et* Jin, 2007. Insects from Leigongshan Landscape: 481. **Type locality:** China: Guizhou, Mt. Leigongshan.

分布（Distribution）：贵州（GZ）。

（295）锥秽蝇 *Coenosia conica* Cui *et* Li, 1996

Coenosia conica Cui *et* Li, 1996. Entomol. Sin. 3 (3): 215. **Type locality:** China: Liaoning, Mt. Laotuding.

分布（Distribution）：辽宁（LN）。

（296）连秽蝇 *Coenosia connectens* (Hennig, 1961)

Allognota connectens Hennig, 1961. Flieg. Palaearkt. Reg. 7 (2): 512. **Type locality:** Russia.

分布（Distribution）：新疆（XJ）；俄罗斯。

（297）交秽蝇 *Coenosia copulatusa* Wei *et* Zhou, 2012

Coenosia copulatusa Wei *et* Zhou, 2012. *In*: Wei *et al.*, 2012. *In*: Dai, Li *et* Jin, 2012. Insects from Kuankuoshui Landscape: 527. **Type locality:** China: Guizhou, Suiyang (Kuankuoshui).

分布（Distribution）：贵州（GZ）。

（298）迅敏秽蝇 *Coenosia curracis* (Wei *et* Yang, 2007)

Dexiopsis curracis Wei *et* Yang, 2007. *In*: Li, Yang *et* Jin, 2007. Insects from Leigongshan Landscape: 483. **Type locality:** China: Guizhou, Mt. Leigongshan.

分布（Distribution）：贵州（GZ）。

（299）曲叶秽蝇 *Coenosia curvisystylusa* Wei *et* Zhou, 2012

Coenosia curvisystylusa Wei *et* Zhou, 2012. *In*: Wei *et al.*, 2012. *In*: Dai, Li *et* Jin, 2012. Insects from Kuankuoshui Landscape: 531. **Type locality:** China: Guizhou, Suiyang (Kuankuoshui).

分布（Distribution）：贵州（GZ）。

（300）曲秽蝇 *Coenosia curvusa* Wei *et* Zhou, 2012

Coenosia curvusa Wei *et* Zhou, 2012. *In*: Wei *et al.*, 2012. *In*: Dai, Li *et* Jin, 2012. Insects from Kuankuoshui Landscape: 530. **Type locality:** China: Guizhou, Suiyang (Kuankuoshui).

分布（Distribution）：贵州（GZ）。

（301）十鬃秽蝇 *Coenosia deciseta* Xue *et* Wang, 2014

Coenosia deciseta Xue *et* Wang, 2014. Acta Zool. Acad. Sci. Hung. 60 (2): 165. **Type locality:** China: Ningxia, Mt. Liupanshan.

分布（Distribution）：宁夏（NX）。

（302）膨蹠秽蝇 *Coenosia dilatitarsis* Stein, 1907

Coenosia dilatitarsis Stein, 1907b. Annu. Mus. Zool. Acad. Sci. Russ. St.-Pétersb. 12: 371. **Type locality:** China: Qinghai, Tsaidam.

分布（Distribution）：青海（QH）。

（303）异缺秽蝇 *Coenosia disclambosa* Xue *et* Wang, 2015

Coenosia disclambosa Xue *et* Wang, 2015. *In*: Wang *et* Xue, 2015. Entomol. Fennica 26 (6): 102. **Type locality:** China: Yunnan, Lushui, Pianma.

分布（Distribution）：青海（QH）、云南（YN）。

（304）矛秽蝇 *Coenosia doryponosa* Wei *et* Yang, 2007

Coenosia doryponosa Wei *et* Yang, 2007. *In*: Li, Yang *et* Jin, 2007. Insects from Leigongshan Landscape: 475. **Type locality:** China: Guizhou, Mt. Leigongshan.

分布（Distribution）：贵州（GZ）。

（305）鄂尔多斯秽蝇 *Coenosia erdosica* Tian, 2000

Coenosia erdosica Tian, 2000. Chin. J. Vector Biol. & Control 11 (4): 243. **Type locality:** China: Inner Mongolia, Huoluoqi.

分布（Distribution）：内蒙古（NM）。

（306）短小秽蝇 *Coenosia exigua* Stein, 1910

Coenosia exigua Stein, 1910. Trans. Linn. Soc. Lond. (2) 14: 161. **Type locality:** Seychelles: Mahé.

分布（Distribution）：浙江（ZJ）、湖南（HN）、贵州（GZ）、云南（YN）、台湾（TW）、广东（GD）、广西（GX）、海南（HI）；缅甸、斯里兰卡、印度、印度尼西亚、马来西亚、尼泊尔、埃塞俄比亚、澳大利亚。

（307）梵净秽蝇 *Coenosia fanjingensis* **Cui et Xue, 2001**

Coenosia fanjingensis Cui et Xue, 2001. Entomol. Sin. 8 (3): 205. Type locality: China: Guizhou, Mt. Fanjingshan.
分布（Distribution）：贵州（GZ）。

（308）冯氏秽蝇 *Coenosia fengi* **Yang et Xue, 2002**

Coenosia fengi Yang et Xue, 2002. *In*: Yang et Zhao, 2002. Acta Ent. Sin. 45 (Suppl.): 73. Type locality: China: Sichuan, Ya'an.
分布（Distribution）：四川（SC）。

（309）缨基秽蝇 *Coenosia fimbribasis* **Xue et Zhu, 2008**

Coenosia fimbribasis Xue et Zhu, 2008. *In*: Xue, Zhu et Wang, 2008. Orient. Insects 42: 145. Type locality: China: Sichuan, Ya'an (Mt. Erlangshan).
分布（Distribution）：四川（SC）。

（310）缨足秽蝇 *Coenosia fimbripeda* **Wu et Xue, 1996**

Coenosia fimbripeda Wu et Xue, 1996. J. Zhejiang For. Coll. 13 (4): 422. Type locality: China: Zhejiang, Baishanzu.
Coenosia homorosa Wei et Yang, 2007. *In*: Li, Yang et Jin, 2007. Insects from Leigongshan Landscape: 479. Type locality: China: Guizhou, Mt. Leigongshan.
分布（Distribution）：浙江（ZJ）、贵州（GZ）。

（311）黄秽蝇 *Coenosia flavescentis* **Wei et Yang, 2007**

Coenosia flavescentis Wei et Yang, 2007. *In*: Li, Yang et Jin, 2007. Insects from Leigongshan Landscape: 477. Type locality: China: Guizhou, Mt. Leigongshan.
分布（Distribution）：贵州（GZ）。

（312）黄路秽蝇 *Coenosia flaviambulans* **Xue, 1997**

Coenosia flaviambulans Xue, 1997. *In*: Yang, 1997. Insects of the Three Gorge Reservoir Area of Yangtze River: 1507. Type locality: China: Sichuan, Liziping, Wang'erbao, Wanxian.
分布（Distribution）：四川（SC）。

（313）黄角秽蝇 *Coenosia flavicornis* **(Fallén, 1825)**

Musca flavicornis Fallén, 1825b. Monogr. Musc. Sveciae IX: 88. Type locality: Sweden.
分布（Distribution）：黑龙江（HL）、辽宁（LN）；俄罗斯；欧洲。

（314）黄跗秽蝇 *Coenosia flavimana* **(Zetterstedt, 1845)**

Anthomyza flavimana Zetterstedt, 1845. Dipt. Scand. 4: 1729. Type locality: Sweden.
分布（Distribution）：青海（QH）；奥地利、保加利亚、

德国、丹麦、法国、英国、匈牙利、意大利、爱尔兰、荷兰、波兰、瑞典、芬兰、前南斯拉夫、俄罗斯、爱沙尼亚、拉脱维亚。

（315）黄杂秽蝇 *Coenosia flavimixta* **Feng et Xue, 1998**

Coenosia flavimixta Feng et Xue, 1998. Zool. Res. 19 (1): 79. Type locality: China: Sichuan, Ya'an.
分布（Distribution）：四川（SC）。

（316）黄笔秽蝇 *Coenosia flavipenicillata* **Xue, 1997**

Coenosia flavipenicillata Xue, 1997. *In*: Yang, 1997. Insects of the Three Gorge Reservoir Area of Yangtze River: 1505. Type locality: China: Hubei, Xingshan, Shennongjia.
分布（Distribution）：湖北（HB）。

（317）黄足秽蝇 *Coenosia flavipes* **(Stein, 1908)**

Dexiopsis flavipes Stein, 1908. Mitt. Zool. Mus. Berl. 4: 108. Type locality: Spain: Canary Is.
分布（Distribution）：陕西（SN）；西班牙。

（318）钳爪秽蝇 *Coenosia forcipiungula* **Xue et Zhang, 2011**

Coenosia forcipiungula Xue et Zhang, 2011. Dtsch. Ent. Z. 58 (1): 156. Type locality: China: Yunnan, Baimaxueshan.
分布（Distribution）：云南（YN）。

（319）芽秽蝇 *Coenosia germinis* **Wei et Yang, 2007**

Coenosia germinis Wei et Yang, 2007. *In*: Li, Yang et Jin, 2007. Insects from Leigongshan Landscape: 478. Type locality: China: Guizhou, Mt. Leigongshan.
分布（Distribution）：贵州（GZ）。

（320）大秽蝇 *Coenosia grandis* **Xue et Zhao, 1998**

Coenosia grandis Xue et Zhao, 1998. Acta Zootaxon. Sin. 23 (3): 321. Type locality: China: Zhejiang, Baishanzu.
分布（Distribution）：浙江（ZJ）。

（321）乐秽蝇 *Coenosia grata* **Wiedemann, 1830**

Coenosia grata Wiedemann, 1830. Aussereurop. Zweifl. Insekt. 2: 438. Type locality: China.
分布（Distribution）：中国（省份不明）。

（322）灰腹秽蝇 *Coenosia griseiventris* **Ringdahl, 1930**

Coenosia griseiventris Ringdahl, 1930. Ark. Zool. 21A (20): 11. Type locality: Russia: Dal'nevostocnij.
分布（Distribution）：黑龙江（HL）；俄罗斯。

（323）灰石秽蝇 *Coenosia grisella* **Hennig, 1961**

Coenosia grisella Hennig, 1961. Flieg. Palaearkt. Reg. 7 (2): 527. Type locality: Tajikistan: Mt. Jisha'ersa.

分布（**Distribution**）：新疆（XJ）；塔吉克斯坦、吉尔吉斯斯坦。

（324）贵州秽蝇 *Coenosia guizhouensis* Wei, 2006

Coenosia guizhouensis Wei, 2006c. *In*: Li *et* Jin, 2006. Insects from Fanjingshan Landscape: 507. **Type locality:** China: Guizhou, Mt. Fanjingshan.

分布（**Distribution**）：贵州（GZ）。

（325）钩尾秽蝇 *Coenosia hamaticauda* Xue *et* Tong, 2004

Coenosia hamaticauda Xue *et* Tong, 2004. *In*: Zheng, Xue *et* Tong, 2004. J. Northeast Forestry Univ. 32 (3): 48. **Type locality:** China: Yunnan, Zhongdian.

分布（**Distribution**）：云南（YN）。

（326）毛叶秽蝇 *Coenosia hirsutiloba* Ma, 1981

Coenosia hirsutiloba Ma, 1981. Acta Zootaxon. Sin. 6 (3): 300. **Type locality:** China: Liaoning, Jianchang.

分布（**Distribution**）：辽宁（LN）。

（327）小秽蝇 *Coenosia humilis* Meigen, 1826

Coenosia humilis Meigen, 1826. Syst. Beschr. Europ. Zweifl. Insekt. 5: 220. **Type locality:** Germany.

Coenosia pinguitia Wei *et* Yang, 2007. *In*: Li, Yang *et* Jin, 2007. Insects from Leigongshan Landscape: 482. **Type locality:** China: Guizhou, Mt. Leigongshan.

分布（**Distribution**）：四川（SC）、贵州（GZ）、云南（YN）；塔吉克斯坦、土库曼斯坦、土耳其、以色列、阿富汗；新北区；欧洲、非洲（北部）。

（328）豪板秽蝇 *Coenosia hystricosternita* Xue, 2005

Coenosia hystricosternita Xue, 2005. *In*: Xue, Song *et* Zheng, 2005. J. Med. Pest Control 21 (2): 118. **Type locality:** China: Yunnan, Mt. Gaoligongshan.

分布（**Distribution**）：云南（YN）。

（329）短角秽蝇 *Coenosia incisurata* van der Wulp, 1869

Coenosia incisurata van der Wulp, 1869. Tijdschr. Ent. 12: 86. **Type locality:** America: Wisconsin.

分布（**Distribution**）：黑龙江（HL）、山西（SX）；俄罗斯、美国。

（330）间秽蝇 *Coenosia intermedia* (Fallén, 1825)

Musca intermedia Fallén, 1825b. Monogr. Musc. Sveciae IX: 87. **Type locality:** Sweden.

分布（**Distribution**）：新疆（XJ）；俄罗斯；欧洲。

（331）宽阔水秽蝇 *Coenosia kuankoshuiensis* (Wei *et* Zhou, 2012)

Dexiopsis kuankoshuiensis Wei *et* Zhou, 2012. *In*: Wei *et al.*, 2012. *In*: Dai, Li *et* Jin, 2012. Insects from Kuankuoshui Landscape: 525. **Type locality:** China: Guizhou, Suiyang (Kuankuoshui).

分布（**Distribution**）：贵州（GZ）。

（332）乳翅秽蝇 *Coenosia lacteipennis* (Zetterstedt, 1845)

Aricia lacteipennis Zetterstedt, 1845. Dipt. Scand. 4: 1586. **Type locality:** Sweden.

分布（**Distribution**）：河北（HEB）；欧洲。

（333）湖滨秽蝇 *Coenosia lacustris* Schnabl, 1926

Coenosia lacustris Schnabl, 1926. Ent. Mitt. 15: 41. **Type locality:** Russia: Bajkal, Oz.

分布（**Distribution**）：山西（SX）；俄罗斯。

（334）葫尾秽蝇 *Coenosia lagenicauda* Xue *et* Zhao, 1998

Coenosia lagenicauda Xue *et* Zhao, 1998. Acta Zootaxon. Sin. 23 (3): 319. **Type locality:** China: Zhejiang, Baishanzu.

分布（**Distribution**）：浙江（ZJ）。

（335）宽阳秽蝇 *Coenosia latiaedeaga* Xue *et* Wang, 2014

Coenosia latiaedeaga Xue *et* Wang, 2014. Acta Zool. Acad. Sci. Hung. 60 (2): 167. **Type locality:** China: Sichuan, Mt. Emeishan.

分布（**Distribution**）：四川（SC）。

（336）宽束秽蝇 *Coenosia latisponsa* Xue *et* Zhang, 2011

Coenosia latisponsa Xue *et* Zhang, 2011. Dtsch. Ent. Z. 58 (1): 158. **Type locality:** China: Yunnan, Baimaxueshan.

分布（**Distribution**）：云南（YN）。

（337）长缨秽蝇 *Coenosia longicrina* Xue *et* Wang, 2015

Coenosia longicrina Xue *et* Wang, 2015. Orient. Insects 49 (3-4): 280. **Type locality:** China: Hainan, Mt. Diaoluoshan.

分布（**Distribution**）：海南（HI）。

（338）长足秽蝇 *Coenosia longipeda* Wu *et* Xue, 1996

Coenosia longipeda Wu *et* Xue, 1996. J. Zhejiang For. Coll. 13 (4): 423. **Type locality:** China: Zhejiang, Baishanzu.

Coenosia curata Wei *et* Yang, 2007. *In*: Li, Yang *et* Jin, 2007. Insects from Leigongshan Landscape: 475. **Type locality:** China: Guizhou, Mt. Leigongshan.

Coenosia qiana Wei *et* Yang, 2007. *In*: Li, Yang *et* Jin, 2007. Insects from Leigongshan Landscape: 483. **Type locality:** China: Guizhou, Mt. Leigongshan.

分布（**Distribution**）：浙江（ZJ）、贵州（GZ）。

（339）矩叶秽蝇 *Coenosia longiquadrata* Xue *et* Wang, 1992

Coenosia longiquadrata Xue et Wang, 1992. *In*: Xue, Wang *et* Zhang, 1992. Acta Ent. Sin. 35 (3): 366. **Type locality:** China: Shanxi, Yingxian (Baimashi).

分布（Distribution）：山西（SX）。

（340）足黄秽蝇 *Coenosia luteipes* Ringdahl, 1930

Coenosia luteipes Ringdahl, 1930. Ark. Zool. 21A (20): 11. **Type locality:** Russia: Dal'nevostocnij, Kamcatskaja.

分布（Distribution）：吉林（JL）、内蒙古（NM）；俄罗斯。

（341）帽儿山秽蝇 *Coenosia mandschurica* Hennig, 1961

Coenosia mandschurica Hennig, 1961. Flieg. Palaearkt. Reg. 7 (2): 572. **Type locality:** China: Heilongjiang, Mt. Maoershan.

分布（Distribution）：黑龙江（HL）、辽宁（LN）。

（342）猫儿山秽蝇 *Coenosia maoershanensis* Xue *et* Wang, 2015

Coenosia maoershanensis Xue et Wang, 2015. *In*: Wang *et* Xue, 2015. Entomol. Fennica 26 (6): 104. **Type locality:** China: Guangxi, Mt. Maoer.

分布（Distribution）：广西（GX）。

（343）拟长足秽蝇 *Coenosia mimilongipeda* Li, Feng *et* Xue, 1999

Coenosia mimilongipeda Li, Feng *et* Xue, 1999. Entomotaxon. 21 (4): 296. **Type locality:** China: Yunnan, Mt. Gongshan.

分布（Distribution）：四川（SC）、云南（YN）。

（344）软毛秽蝇 *Coenosia mollicula* (Fallén, 1825)

Musca mollicula Fallén, 1825b. Monogr. Musc. Sveciae IX: 90. **Type locality:** Sweden.

分布（Distribution）：黑龙江（HL）、辽宁（LN）、山西（SX）；俄罗斯、土耳其；新北区；欧洲。

（345）山栖秽蝇 *Coenosia monticola* Xue *et* Zhao, 1998

Coenosia monticola Xue et Zhao, 1998. Acta Zootaxon. Sin. 23 (3): 322. **Type locality:** China: Zhejiang, Baishanzu.

分布（Distribution）：浙江（ZJ）。

（346）黑头秽蝇 *Coenosia nigriceps* Xue *et* Wang, 2014

Coenosia nigriceps Xue et Wang, 2014. Acta Zool. Acad. Sci. Hung. 60 (2): 169. **Type locality:** China: Yunnan, Pianma, Yakou.

分布（Distribution）：云南（YN）。

（347）黑角秽蝇 *Coenosia nigricornis* Wu *et* Xue, 1996

Coenosia nigricornis Wu *et* Xue, 1996. J. Zhejiang For. Coll.

13 (4): 420. **Type locality:** China: Zhejiang, Baishanzu.

分布（Distribution）：浙江（ZJ）。

（348）黑额秽蝇 *Coenosia nigrifrons* Cui *et* Li, 1996

Coenosia nigrifrons Cui et Li, 1996. Entomol. Sin. 3 (3): 217. **Type locality:** China: Jilin, Changbaishan.

分布（Distribution）：吉林（JL）。

（349）黑附秽蝇 *Coenosia nigrimanodes* Xue, Chen *et* Yang, 1998

Coenosia nigrimanodes Xue, Chen *et* Yang, 1998. J. Shenyang Teach. Coll. (Nat. Sci.) 16 (3): 36. **Type locality:** China: Sichuan, Ya'an (Mt. Zhougongshan).

分布（Distribution）：四川（SC）。

（350）黑杂秽蝇 *Coenosia nigrimixta* Feng *et* Xue, 1998

Coenosia nigrimixta Feng et Xue, 1998. Zool. Res. 19 (1): 78. **Type locality:** China: Sichuan, Ya'an (Mt. Erlangshan).

分布（Distribution）：四川（SC）。

（351）暗腹秽蝇 *Coenosia obscuriabdominis* Xue *et* Tong, 2004

*Coenosia obscuriabdomini*s Xue et Tong, 2004. Insect Sci. 11 (1): 73. **Type locality:** China: Yunnan, Mt. Gaoligongshan.

分布（Distribution）：云南（YN）。

（352）暗翅秽蝇 *Coenosia obscuripennis* Xue *et* Feng, 2000

Coenosia obscuripennis Xue et Feng, 2000. Acta Zootaxon. Sin. 25 (4): 455. **Type locality:** China: Sichuan, Ya'an (Mt. Zhougongshan).

Coenosiafestiva Wei et Yang, 2007. *In*: Li, Yang et Jin, 2007. Insects from Leigongshan Landscape: 476. **Type locality:** China: Guizhou, Mt. Leigongshan.

分布（Distribution）：四川（SC）、贵州（GZ）。

（353）八点秽蝇 *Coenosia octopunctata* (Zetterstedt, 1838)

Anthomyza octopunctata Zetterstedt, 1838. Insecta Lapp.: 693. **Type locality:** Sweden.

分布（Distribution）：山西（SX）；俄罗斯；新北区；欧洲。

（354）少鬃秽蝇 *Coenosia oligochaeta* Hennig, 1961

Coenosia oligochaeta Hennig, 1961. Flieg. Palaearkt. Reg. 7 (2): 511. **Type locality:** Kazakhstan.

分布（Distribution）：新疆（XJ）；哈萨克斯坦。

（355）环斑秽蝇 *Coenosia orbimacula* Xue *et* Zhu, 2006

Coenosia orbimacula Xue et Zhu, 2006. Zootaxa 1326: 10.

Type locality: China: Sichuan, Ya'an (Mt. Zhougong).

分布（**Distribution**）：四川（SC）。

（356）沼泽秽蝇 *Coenosia paludis* **Tiensuu, 1939**

Coenosia paludis Tiensuu, 1939. Ann. Ent. Fenn. 5: 241. **Type locality:** Finland: Tvarminne and Hammaaslahti.

分布（**Distribution**）：新疆（XJ）；德国、英国、波兰、芬兰、俄罗斯。

（357）并秽蝇 *Coenosia parallelosa* **Wei et Zhou, 2012**

Coenosia parallelosa Wei et Zhou, 2012. *In*: Wei et al., 2012. *In*: Dai, Li *et* Jin, 2012. Insects from Kuankuoshui Landscape: 58. Type locality: China: Guizhou, Suiyang (Kuankuoshui).

分布（**Distribution**）：贵州（GZ）。

（358）点秽蝇 *Coenosia parva* **Xue et Cui, 2001**

Coenosia parva Xue *et* Cui, 2001. Entomol. Sin. 8 (2): 107. **Type locality:** China: Xinjiang, Aqike, Dongkunlun.

分布（**Distribution**）：新疆（XJ）。

（359）金足秽蝇 *Coenosia pauli* **Pont, 2001**

Coenosia pauli Pont, 2001. Stud. Dipt. 8 (1): 266. **Type locality:** Spain: Canarias Is.

分布（**Distribution**）：陕西（SN）；西班牙。

（360）差秽蝇 *Coenosia pedella* **(Fallén, 1825)**

Musca pedella Fallén, 1825b. Monogr. Musc. Sveciae IX: 88. **Type locality:** Sweden: Esperod.

分布（**Distribution**）：新疆（XJ）；俄罗斯；新北区；欧洲。

（361）刷尾秽蝇 *Coenosia penicullicauda* **Xue et Zhu, 2008**

Coenosia penicullicauda Xue *et* Zhu, 2008. *In*: Xue, Zhu *et* Wang, 2008. Orient. Insects 42: 146. **Type locality:** China: Sichuan, Mt. Baima.

分布（**Distribution**）：四川（SC）。

（362）彭特秽蝇 *Coenosia pontii* **Xue et Zhang, 2011**

Coenosia pontii Xue *et* Zhang, 2011. Dtsch. Ent. Z. 58 (1): 155 (new replacement name for *Coenosia albisquama* Xue *et* Tong, 2003).

Coenosia albisquama Xue *et* Tong, 2003. Entomol. Sin. 10 (4): 282. **Type locality:** China: Tibet, Motuo; Yunnan, Xishuangbanna (a junior homonym of *Coenosia niveifrons albisquama* Emden, 1940).

分布（**Distribution**）：云南（YN）、西藏（XZ）。

（363）玫瑰秽蝇 *Coenosia pudorosa* **Collin, 1953**

Coenosia pudorosa Collin, 1953. J. Soc. Br. Ent. 4: 170. **Type locality:** Britain.

分布（**Distribution**）：辽宁（LN）；俄罗斯、瑞士、德国、英国、挪威。

（364）蚤秽蝇 *Coenosia pulicaria* **(Zetterstedt, 1845)**

Anthomyza pulicaria Zetterstedt, 1845. Dipt. Scand. 4: 1733. **Type locality:** Swede.

分布（**Distribution**）：河北（HEB）；哈萨克斯坦、俄罗斯；新北区；欧洲。

（365）矮秽蝇 *Coenosia pumilio* **Stein, 1900**

Coenosia pumilio Stein, 1900. Természetr. Füz. 23: 151. **Type locality:** Papua New Guinea.

分布（**Distribution**）：台湾（TW）；巴布亚新几内亚。

（366）斑股秽蝇 *Coenosia punctifemorata* **Cui et Wang, 1996**

Coenosia punctifemorata Cui *et* Wang, 1996. Zool. Res. 17 (2): 113. **Type locality:** China: Shanxi, Pangquangou.

分布（**Distribution**）：山西（SX）、宁夏（NX）。

（367）侏儒秽蝇 *Coenosia pygmaea* **(Zetterstedt, 1845)**

Anthomyza pygmaea Zetterstedt, 1845. Dipt. Scand. 4: 1721. **Type locality:** Denmark.

分布（**Distribution**）：中国（省份不明）；俄罗斯；欧洲。

（368）千山秽蝇 *Coenosia qianshanensis* **Xue, Wang et Zhang, 2007**

Coenosia qianshanensis Xue, Wang *et* Zhang, 2007. Pan-Pac. Entomol. 82 (3): 314. **Type locality:** China: Liaoning, Mt. Qianshan.

分布（**Distribution**）：辽宁（LN）。

（369）辐秽蝇 *Coenosia radiata* **Stein, 1918**

Coenosia radiata Stein, 1918. Ann. Hist.-Nat. Mus. Natl. Hung. 16: 162. **Type locality:** China: Taiwan.

分布（**Distribution**）：台湾（TW）。

（370）萨拉秽蝇 *Coenosia sallae* **Tiensuu, 1938**

Coenosia sallae Tiensuu, 1938. Ann. Ent. Fenn. 4: 21. **Type locality:** Finland.

分布（**Distribution**）：辽宁（LN）；芬兰。

（371）叉叶秽蝇 *Coenosia scissura* **Ma, 1981**

Dexiopsis scissura Ma, 1981. Acta Zootaxon. Sin. 6 (3): 301. **Type locality:** China: Liaoning, Jianchang.

分布（**Distribution**）：辽宁（LN）。

（372）骨阳秽蝇 *Coenosia scleroaidomia* **Xue et Wang, 2015**

Coenosia scleroaidomia Xue *et* Wang, 2015. Orient. Insects 49 (3-4): 283. **Type locality:** China: Yunnan, Yulongxueshan.

分布（**Distribution**）：云南（YN）。

（373）神农秽蝇 *Coenosia shennonga* Xue, 1997

Coenosia shennonga Xue, 1997. *In*: Yang, 1997. Insects of the Three Gorge Reservoir Area of Yangtze River: 1504. **Type locality**: China: Hubei, Shennongjia and Xingshan.

分布（Distribution）：湖北（HB）。

（374）离叶秽蝇 *Coenosia sparagmocerca* Zheng, Xue *et* Tong, 2004

Coenosia sparagmocerca Zheng, Xue *et* Tong, 2004. J. Northeast Forestry Univ. 32 (3): 48. **Type locality**: China: Yunnan, Mt. Gaoligongshan.

分布（Distribution）：云南（YN）。

（375）匙叶秽蝇 *Coenosia spatuliforceps* Xue *et* Zhao, 1998

Coenosia spatuliforceps Xue *et* Zhao, 1998. Acta Zootaxon. Sin. 23 (3): 320. **Type locality**: China: Zhejiang, Baishanzu.

分布（Distribution）：浙江（ZJ）。

（376）刺股秽蝇 *Coenosia spinifemorata* Xue *et* Zhu, 2006

Coenosia spinifemorata Xue *et* Zhu, 2006. Zootaxa 1326: 12. **Type locality**: China: Sichuan, Ya'an [Hanyuan (Mt. Jiaoding)].

分布（Distribution）：四川（SC）。

（377）束秽蝇 *Coenosia sponsa* Zheng, Xue *et* Tong, 2004

Coenosia sponsa Zheng, Xue *et* Tong, 2004. J. Northeast Forestry Univ. 32 (3): 48. **Type locality**: China: Yunnan, Mt. Gaoligongshan.

分布（Distribution）：云南（YN）。

（378）毛足秽蝇 *Coenosia strigipes* Stein, 1916

Coenosia strigipes Stein, 1916. Arch. Naturgesch. 81A (10) (1915): 215. **Type locality**: Germany.

分布（Distribution）：中国（省份不明）；俄罗斯；欧洲、非洲。

（379）版纳秽蝇 *Coenosia strigipes bannaensis* Xue *et* Tong, 2003

Coenosia strigipes bannaensis Xue *et* Tong, 2003. Entomol. Sin. 10 (4): 287. **Type locality**: China: Yunnan, Xishuangbanna; Guangxi, Nonggang.

分布（Distribution）：云南（YN）、广西（GX）。

（380）条纹秽蝇 *Coenosia striolata* Hennig, 1961

Coenosia striolata Hennig, 1961. Flieg. Palaearkt. Reg. 7 (2): 531. **Type locality**: Russia: Dal'nevostocnij, Kamcatskaja.

分布（Distribution）：新疆（XJ）；俄罗斯。

（381）类脊秽蝇 *Coenosia subcarinata* Xue *et* Zhu, 2008

Coenosia subcarinata Xue *et* Zhu, 2008. *In*: Xue, Zhu *et*

Wang, 2008. Orient. Insects 42: 147. **Type locality**: China: Sichuan, Ya'an (Mt. Erlangshan).

分布（Distribution）：四川（SC）。

（382）似黄角秽蝇 *Coenosia subflavicornis* Hsue, 1981

Coenosia subflavicornis Hsue, 1981. Acta Ent. Sin. 24 (4): 436. **Type locality**: China: Liaoning, Benxi.

分布（Distribution）：吉林（JL）、辽宁（LN）。

（383）亚黄鬃秽蝇 *Coenosia subflaviseta* Xue *et* Cui, 2001

Coenosia subflaviseta Xue *et* Cui, 2001. Entomol. Sin. 8 (2): 102. **Type locality**: China: Xinjiang, Baigu'erte, Wuqian Xian.

分布（Distribution）：新疆（XJ）。

（384）亚细秽蝇 *Coenosia subgracilis* Xue *et* Cui, 2001

Coenosia subgracilis Xue *et* Cui, 2001. Entomol. Sin. 8 (2): 104. **Type locality**: China: Xinjiang, Ningjiahe, Shawan.

Coenosia altaica Sorokina, 2009. Zootaxa 2308: 15. **Type locality**: Russia: East Altai.

分布（Distribution）：青海（QH）、新疆（XJ）；俄罗斯。

（385）似乳翅秽蝇 *Coenosia sublacteipennis* Xue *et* Wang, 2015

Coenosia sublacteipennis Xue *et* Wang, 2015. *In*: Wang *et* Xue, 2015. Entomol. Fennica 26 (6): 106. **Type locality**: China: Guangxi, Mt. Maoer.

分布（Distribution）：广西（GX）。

（386）拟束秽蝇 *Coenosia subsponsa* Xue *et* Zhang, 2011

Coenosiasubsponsa Xue *et* Zhang, 2011. Dtsch. Ent. Z. 58 (1): 158. **Type locality**: China: Yunnan, Baimaxueshan.

分布（Distribution）：云南（YN）。

（387）太白山秽蝇 *Coenosia taibaishanna* Cui *et* Wang, 1996

Coenosia taibaishanna Cui *et* Wang, 1996. Zool. Res. 17 (2): 114. **Type locality**: China: Shaanxi, Mt. Taibaishan.

分布（Distribution）：陕西（SN）。

（388）壳秽蝇 *Coenosia testacea* (Robineau-Desvoidy, 1830)

Palusia testacea Robineau-Desvoidy, 1830. Mém. Prés. Div. Sav. Acad. R. Sci. Inst. Fr. 2 (2): 544. **Type locality**: France: Paris.

分布（Distribution）：新疆（XJ）；哈萨克斯坦、乌兹别克斯坦、塔吉克斯坦、吉尔吉斯斯坦、土库曼斯坦、叙利亚、土耳其、摩洛哥、阿尔及利亚；欧洲。

（389）三角秽蝇 *Coenosia trigonalis* Stein, 1918

Coenosia trigonalis Stein, 1918. Ann. Hist.-Nat. Mus. Natl. Hung. 16: 163. **Type locality:** China: Taiwan.

分布（Distribution）：台湾（TW）。

（390）膨尾秽蝇 *Coenosia tumidicauda* Xue, 2005

Coenosia tumidicauda Xue, 2005. *In*: Xue, Song *et* Zheng, 2005. J. Med. Pest Control, 21 (2): 118. **Type locality:** China: Yunnan, Mt. Gaoligongshan.

分布（Distribution）：云南（YN）。

（391）鹰爪秽蝇 *Coenosia unguligentilis* Xue, Yang *et* Feng, 2000

Coenosia unguligentilis Xue, Yang *et* Feng, 2000. Acta Ent. Sin. 43 (4): 418. **Type locality:** China: Sichuan.

分布（Distribution）：四川（SC）。

（392）豹爪秽蝇 *Coenosia ungulipardus* Xue *et* Feng, 2002

Coenosia ungulipardus Xue *et* Feng, 2002a. Acta Ent. Sin. 45 (Suppl.): 76. **Type locality:** China: Sichuan, Tianquan.

分布（Distribution）：四川（SC）。

（393）寡斑秽蝇 *Coenosia unpunctata* Xue, Yang *et* Feng, 2000

Coenosia unpunctata Xue, Yang *et* Feng, 2000. Acta Ent. Sin. 43 (4): 417. **Type locality:** China: Sichuan, Ya'an.

分布（Distribution）：四川（SC）。

（394）费氏秽蝇 *Coenosia verralli* Collin, 1953

Coenosia verralli Collin, 1953. J. Soc. Br. Ent. 4: 171. **Type locality:** Austria.

分布（Distribution）：新疆（XJ）；哈萨克斯坦、吉尔吉斯斯坦、塔吉克斯坦、俄罗斯、土耳其；新北区；欧洲。

（395）膜尾秽蝇 *Coenosia vesicicauda* Xue *et* Tong, 2004

Coenosia vesicicauda Zheng, Xue *et* Tong, 2004. J. Northeast Forestry Univ. 32 (3): 48. **Type locality:** China: Yunnan, Xianggelila, Zhongshan.

分布（Distribution）：云南（YN）。

（396）黄蜡秽蝇 *Coenosia xanthocera* Hennig, 1961

Coenosia xanthocera Hennig, 1961. Flieg. Palaearkt. Reg. 7 (2): 528. **Type locality:** Kirghiz: ur. Kizlu-yar, Gulcha, Fergana.

分布（Distribution）：新疆（XJ）；塔吉克斯坦、吉尔吉斯斯坦。

（397）薛氏秽蝇 *Coenosia xuei* Cui *et* Li, 1996

Coenosia xuei Cui *et* Li, 1996. Entomol. Sin. 3 (3): 213. **Type locality:** China: Jilin, Mt. Changbaishan.

分布（Distribution）：吉林（JL）。

（398）玉龙雪山秽蝇 *Coenosia yulongxueshanensis* Xue, 2005

Coenosia yulongxueshanensis Xue, 2005. *In*: Xue, Song *et* Zheng, 2005. J. Med. Pest Control 21 (2): 118. **Type locality:** China: Yunnan, Mt. Yulongxueshan.

分布（Distribution）：云南（YN）。

（399）镰叶秽蝇 *Coenosia zanclocerca* Xue *et* Zhu, 2008

Coenosia zanclocerca Xue *et* Zhu, 2008. *In*: Xue, Zhu *et* Wang, 2008. Orient. Insects 42: 148. **Type locality:** China: Sichuan, Ya'an (Mt. Erlangshan).

分布（Distribution）：四川（SC）。

（400）中甸秽蝇 *Coenosia zhongdianensis* Xue *et* Zhang, 2011

Coenosia zhongdianensis Xue *et* Zhang, 2011. Dtsch. Ent. Z. 58 (1): 161. **Type locality:** China: Yunnan, Bitahai.

分布（Distribution）：云南（YN）。

16. 池秽蝇属 *Limnospila* Schnabl, 1902

Limnospila Schnabl, 1902. Wien. Ent. Ztg. 21: 111. **Type species:** *Aricia albifrons* Zetterstedt, 1849 (by original designation).

Aphanoneura Stein, 1919. Arch. Naturgesch. 83A (1) (1917): 95, 140. **Type species:** *Coenosia echinata* Stein, 1907 (monotypy).

（401）白额池秽蝇 *Limnospila albifrons* (Zetterstedt, 1849)

Aricia albifrons Zetterstedt, 1849. Dipt. Scand. 8: 3301. **Type locality:** Denmark.

分布（Distribution）：黑龙江（HL）、内蒙古（NM）、甘肃（GS）、新疆（XJ）、西藏（XZ）；欧洲、北美洲。

（402）猬池秽蝇 *Limnospila* (*Aphanoneura*) *echinata* (Stein, 1907)

Coenosia (*Aphanoneura*) *echinata* Stein, 1907b. Annu. Mus. Zool. Acad. Sci. Russ. St.-Pétersb. 12: 370. **Type locality:** China: Qinghai, Tsaidam.

分布（Distribution）：青海（QH）、新疆（XJ）；蒙古国。

17. 溜头秽蝇属 *Lispocephala* Pokorny, 1893

Lispocephala Pokorny, 1893b. Verh. K. K. Zool.-Bot. Ges. Wien 43: 532. **Type species:** *Anthomyia alma* Meigen, 1826 (by original designation).

Caricea Robineau-Desvoidy, 1830. Mém. Prés. Div. Sav. Acad. R. Sci. Inst. Fr. 2 (2): 530. **Type species:** *Caricea erythrocera* Robineau-Desvoidy, 1830 (by designation of Stein,

1908).

（403）孔溜头秽蝇 *Lispocephala apertura* (Xue *et* Zhang, 2011)

Caricea aperture Xue et Zhang, 2011. Acta Zool. Acad. Sci. Hung. 57 (2): 178. **Type locality:** China: Yunnan, Xishuangbanna, Damenglong.

分布（Distribution）：云南（YN）。

（404）端鬃溜头秽蝇 *Lispocephala apicaliseta* Xue *et* Zhang, 2006

Lispocephala apicaliseta Xue et Zhang, 2006. *In*: Xue, Zhang et Feng, 2006. Orient. Insects 40: 65. **Type locality:** China: Sichuan, Ya'an, Mt. Emeishan.

分布（Distribution）：四川（SC）。

（405）端钩溜头秽蝇 *Lispocephala apicihamata* Xue *et* Zhang, 2011

Lispocephala apicihamata Xue et Zhang, 2011. Acta Zool. Acad. Sci. Hung. 57 (2): 174. **Type locality:** China: Yunnan, Mengzhe.

分布（Distribution）：云南（YN）。

（406）赘叶溜头秽蝇 *Lispocephala applicatilobata* Xue *et* Zhang, 2011

Lispocephala applicatilobata Xue et Zhang, 2011. Acta Zool. Acad. Sci. Hung. 57 (2): 172. **Type locality:** China: Heilongjiang, Tuqiang.

分布（Distribution）：黑龙江（HL）。

（407）干溜头秽蝇 *Lispocephala arefacta* (Wei *et* Yang, 2007)

Caricea arefacta Wei et Yang, 2007. *In*: Li, Yang et Jin, 2007. Insects from Leigongshan Landscape: 464. **Type locality:** China: Guizhou, Mt. Leigongshan.

Caricea barbarosa Wei et Yang, 2007. *In*: Li, Yang et Jin, 2007. Insects from Leigongshan Landscape: 466. **Type locality:** China: Guizhou, Mt. Leigongshan.

Caricea diserma Wei et Yang, 2007. *In*: Li, Yang et Jin, 2007. Insects from Leigongshan Landscape: 467. **Type locality:** China: Guizhou, Mt. Leigongshan.

Caricea divulsa Wei et Yang, 2007. *In*: Li, Yang et Jin, 2007. Insects from Leigongshan Landscape: 468. **Type locality:** China: Guizhou, Mt. Leigongshan.

Caricea eirena Wei et Yang, 2007. *In*: Li, Yang et Jin, 2007. Insects from Leigongshan Landscape: 469. **Type locality:** China: Guizhou, Mt. Leigongshan.

Caricea subdivulsa Wei et Yang, 2007. *In*: Li, Yang et Jin, 2007. Insects from Leigongshan Landscape: 472. **Type locality:** China: Guizhou, Mt. Leigongshan.

分布（Distribution）：贵州（GZ）。

（408）黑斑溜头秽蝇 *Lispocephala atrimaculata* (Stein, 1915)

Coenosi atrimaculata Stein, 1915. Suppl. Ent. 4: 50. **Type locality:** China: Taiwan.

分布（Distribution）：台湾（TW）。

（409）波密溜头秽蝇 *Lispocephala bomiensis* Xue *et* Zhang, 2011

Lispocephala bomiensis Xue et Zhang, 2011. Acta Zool. Acad. Sci. Hung. 57 (2): 162. **Type locality:** China: Tibet, Bomi.

分布（Distribution）：西藏（XZ）。

（410）牛眼溜头秽蝇 *Lispocephala boops* (Thomson, 1869)

Coenosi boops Thomson, 1869. K. Svenska Fregatten Eugenies Resa, Zool., Dipt. 2 (1): 559. **Type locality:** China: Hong Kong.

分布（Distribution）：台湾（TW）、广东（GD）、香港（HK）；日本、印度、印度尼西亚。

（411）靴溜头秽蝇 *Lispocephala cothurnata* Xue, Wang *et* Zhang, 2006

Lispocephalacothurnata Xue, Wang et Zhang, 2006. *In*: Xue, Zhang et Wang, 2006. Pan-Pac. Entomol. 82 (3-4): 321. **Type locality:** China: Guangxi, Guilin, Mt. Maoershan.

分布（Distribution）：广西（GX）。

（412）曲叶溜头秽蝇 *Lispocephala curvilobata* Xue *et* Zhang, 2011

Lispocephala curvilobata Xue et Zhang, 2011. Acta Zool. Acad. Sci. Hung. 57 (2): 179. **Type locality:** China: Fujian, Chong'an.

分布（Distribution）：福建（FJ）。

（413）曲膜溜头秽蝇 *Lispocephala curvivesica* (Xue, Feng *et* Liu, 1998)

Caricea curvivesica Xue, Feng et Liu, 1998. Zool. Res. 19 (1): 72. **Type locality:** China: Sichuan, Ya'an (Mt. Jinfengshan).

分布（Distribution）：四川（SC）。

（414）壮阳溜头秽蝇 *Lispocephala dynatophallus* Xue *et* Zhang, 2011

Lispocephaladynatophallus Xue et Zhang, 2011. Acta Zool. Acad. Sci. Hung. 57 (2): 164. **Type locality:** China: Shanxi, Puxian.

分布（Distribution）：山西（SX）。

（415）红角溜头秽蝇 *Lispocephala erythrocera* (Robineau-Desvoidy, 1830)

Caricea erythrocera Robineau-Desvoidy, 1830. Mém. Prés. Div. Sav. Acad. R. Sci. Inst. Fr. 2 (2): 534. **Type locality:** France.

分布（Distribution）：内蒙古（NM）、青海（QH）、台湾

（TW）；日本、土耳其、俄罗斯；欧洲、北美洲。

（416）黄基溜头秽蝇 *Lispocephala flavibasis* (Stein, 1915)

Caricea flavibasis Stein, 1915. Suppl. Ent. 4: 46. **Type locality:** China: Taiwan.

分布（Distribution）：台湾（TW）。

（417）黄盾溜头秽蝇 *Lispocephala flaviscutella* Xue *et* Zhang, 2011

Lispocephala flaviscutella Xue *et* Zhang, 2011. Acta Zool. Acad. Sci. Hung. 57 (2): 168. **Type locality:** China: Yunnan, Mengyang.

分布（Distribution）：云南（YN）。

（418）寒溜头秽蝇 *Lispocephala frigida* (Feng *et* Xue, 1997)

Caricea frigida Feng *et* Xue, 1997. Sichuan J. Zool. 16 (4): 155. **Type locality:** China: Sichuan, Ya'an (Nanjiao).

Caricea leigongshana Wei *et* Yang, 2007. *In*: Li, Yang *et* Jin, 2007. Insects from Leigongshan Landscape: 470. **Type locality:** China: Guizhou, Mt. Leigongshan.

Caricea liparosa Wei *et* Yang, 2007. *In*: Li, Yang *et* Jin, 2007. Insects from Leigongshan Landscape: 471. **Type locality:** China: Guizhou, Mt. Leigongshan.

Cariceaqiana Wei *et* Yang, 2007. *In*: Li, Yang *et* Jin, 2007. Insects from Leigongshan Landscape: 471. **Type locality:** China: Guizhou, Mt. Leigongshan.

分布（Distribution）：四川（SC）、贵州（GZ）。

（419）截尾溜头秽蝇 *Lispocephala incisicauda* Xue *et* Wang, 2006

Lispocephalaincisicauda Xue *et* Wang, 2006. *In*: Xue, Zhang *et* Wang, 2006. Pan-Pac. Entomol. 82 (3-4): 323. **Type locality:** China: Tibet, Mêdog, Mt. Gawa.

分布（Distribution）：西藏（XZ）。

（420）开米亚溜头秽蝇 *Lispocephala kanmiyai* Shinonaga *et* Huang, 2007

Lispocephala kanmiyai Shinonaga *et* Huang, 2007. Jpn. J. Syst. Ent. 13 (1): 48. **Type locality:** China: Taiwan, Taitung, Kukan.

分布（Distribution）：台湾（TW）。

（421）宽阔水溜芒蝇 *Lispocephala kuankuoshuiensis* Wei *et* Zhou, 2012

Lispocephala kuankuoshuiensis Wei *et* Zhou, 2012. *In*: Wei *et al*., 2012. *In*: Dai, Li *et* Jin, 2012. Insects from Kuankuoshui Landscape: 524. **Type locality:** China: Guizhou, Suiyang (Kuankuoshui).

分布（Distribution）：贵州（GZ）。

（422）蝙蝠溜头秽蝇 *Lispocephala leschenaulti* Xue *et* Zhang, 2011

Lispocephala leschenaulti Xue *et* Zhang, 2011. Acta Zool.

Acad. Sci. Hung. 57 (2): 187. **Type locality:** China: Shanxi, Qinshui.

分布（Distribution）：山西（SX）。

（423）长毛溜芒蝇 *Lispocephala longihirsuta* Xue *et* Zhang, 2011

Lispocephala longihirsuta Xue *et* Zhang, 2011. Acta Zool. Acad. Sci. Hung. 57 (2): 176. **Type locality:** China: Xinjiang, Kuerle.

分布（Distribution）：新疆（XJ）。

（424）长毛溜头秽蝇 *Lispocephala longihirsutus* Xue *et* Zhang, 2011

Lispocephalalongihirsutus Xue *et* Zhang, 2011. Acta Zool. Acad. Sci. Hung. 57 (2): 176. **Type locality:** China: Xinjiang, Kuerle.

分布（Distribution）：新疆（XJ）。

（425）长茎溜芒蝇 *Lispocephala longipenis* Xue, Wang *et* Zhang, 2006

Lispocephala longipenis Xue, Wang *et* Zhang, 2006. *In*: Xue, Zhang *et* Wang, 2006. Pan-Pac. Entomol. 82 (3-4): 324. **Type locality:** China: Xinjiang, Tulufan.

分布（Distribution）：新疆（XJ）。

（426）钝叶溜头秽蝇 *Lispocephala mikii* (Strobl, 1893)

Coenosia mikii Strobl, 1893a. Wien. Ent. Ztg. 12: 107. **Type locality:** China: Liaoning. Yugoslavia.

分布（Distribution）：辽宁（LN）；日本、俄罗斯、前南斯拉夫、西班牙、葡萄牙、埃塞俄比亚。

（427）单鬃溜头秽蝇 *Lispocephala monochaitis* Xue, Wang *et* Zhang, 2006

Lispocephala monochaitis Xue, Wang *et* Zhang, 2006. *In*: Xue, Zhang *et* Wang, 2006. Pan-Pac. Entomol. 82 (3-4): 326. **Type locality:** China: Guangxi, Guilin.

分布（Distribution）：广西（GX）。

（428）锐溜头秽蝇 *Lispocephala mucronata* Xue *et* Zhang, 2011

Lispocephala mucronata Xue *et* Zhang, 2011. Acta Zool. Acad. Sci. Hung. 57 (2): 183. **Type locality:** China: Xinjiang, Wulumuqi.

分布（Distribution）：新疆（XJ）。

（429）黑溜芒蝇 *Lispocephala nigriala* Xue *et* Zhang, 2011

Lispocephala nigriala Xue *et* Zhang, 2011. Acta Zool. Acad. Sci. Hung. 57 (2): 185. **Type locality:** China: Sichuan, Mt. Emeishan.

分布（Distribution）：四川（SC）。

（430）黑颊溜头秽蝇 *Lispocephala nigrigeneris* **Xue *et* Zhang, 2006**

Lispocephala nigrigeneris Xue *et* Zhang, 2006. *In*: Xue, Zhang *et* Feng, 2006. Orient. Insects 40: 66. **Type locality:** China: Xinjiang, Yadong.

分布（**Distribution**）：新疆（XJ）。

（431）暗翅溜头秽蝇 *Lispocephala obfuscatipennis* **(Xue, 1998)**

Caricea obfuscatipennis Xue, 1998. Acta Zootaxon. Sin. 23 (1): 88. **Type locality:** China: Zhejiang, Baishanzu.

分布（**Distribution**）：浙江（ZJ）。

（432）齿溜头秽蝇 *Lispocephala odonta* **Hsue, 1981**

Lispocephala odonta Hsue (Xue), 1981. Acta Zootaxon. Sin. 6 (2): 183. **Type locality:** China: Liaoning, Benxi.

分布（**Distribution**）：辽宁（LN）。

（433）球突溜头秽蝇 *Lispocephala orbiprotuberans* **(Xue *et* Yang, 1998)**

Caricea orbiprotuberans Xue *et* Yang, 1998. *In*: Wu, 1998. Insects of Longwangshan Nature Reserve: 332. **Type locality:** China: Zhejiang, Anji, Mt. Longwangshan.

分布（**Distribution**）：浙江（ZJ）。

（434）极乐溜头秽蝇 *Lispocephala paradise* **Zheng *et* Li, 2007**

Lispocephala paradise Zheng *et* Li, 2007. J. Northeast Forestry Univ. 35 (11): 92. **Type locality:** China: Yunnan, Lvquanxueshan.

分布（**Distribution**）：云南（YN）。

（435）少鬃溜头秽蝇 *Lispocephala parciseta* **Xue *et* Zhang, 2011**

Lispocephala parciseta Xue *et* Zhang, 2011. Acta Zool. Acad. Sci. Hung. 57 (2): 170. **Type locality:** China: Yunnan, Mengsong.

分布（**Distribution**）：云南（YN）。

（436）小钩溜头秽蝇 *Lispocephala paulihamata* **(Xue, Feng *et* Liu, 1998)**

Caricea paulihamata Xue, Feng *et* Liu, 1998. Zool. Res. 19 (1): 74. **Type locality:** China: Zhejiang, Baishanzu.

分布（**Distribution**）：浙江（ZJ）。

（437）羽芒溜头秽蝇 *Lispocephala pecteniseta* **Xue, Wang *et* Zhang, 2006**

Lispocephala pecteniseta Xue, Wang *et* Zhang, 2006. *In*: Xue, Zhang *et* Wang, 2006. Pan-Pac. Entomol. 82 (3-4): 328. **Type locality:** China: Guangdong, Yangchun.

分布（**Distribution**）：贵州（GZ）、广东（GD）、广西（GX）。

（438）突额溜头秽蝇 *Lispocephala pectinata* **(Stein, 1900)**

Coenosia pectinata Stein, 1900. Természetr. Füz. 23: 147. **Type locality:** New Guinea.

分布（**Distribution**）：台湾（TW）；菲律宾、马来西亚、印度尼西亚、新几内亚岛、太平洋岛屿；非洲、大洋洲。

（439）毛阳溜头秽蝇 *Lispocephala pilimutinus* **Xue *et* Zhang, 2006**

Lispocephala pilimutinus Xue *et* Zhang, 2006. *In*: Xue, Zhang *et* Feng, 2006. Orient. Insects 40: 67. **Type locality:** China: Xinjiang, Tacheng.

分布（**Distribution**）：新疆（XJ）。

（440）后侧叶溜头秽蝇 *Lispocephala postifolifera* **(Feng *et* Xue, 1997)**

Caricea postifolifera Feng *et* Xue, 1997. Sichuan J. Zool. 16 (4): 155. **Type locality:** China: Sichuan, Ya'an (Mt. Jinfengshan).

Caricea athola Wei *et* Yang, 2007. *In*: Li, Yang *et* Jin, 2007. Insects from Leigongshan Landscape: 465. **Type locality:** China: Guizhou, Mt. Leigongshan.

Caricea discosa Wei *et* Yang, 2007. *In*: Li, Yang *et* Jin, 2007. Insects from Leigongshan Landscape: 466. **Type locality:** China: Guizhou, Mt. Leigongshan.

Caricea duplica Wei *et* Yang, 2007. *In*: Li, Yang *et* Jin, 2007. Insects from Leigongshan Landscape: 468. **Type locality:** China: Guizhou, Mt. Leigongshan.

Caricea subduplica Wei *et* Yang, 2007. *In*: Li, Yang *et* Jin, 2007. Insects from Leigongshan Landscape: 473. **Type locality:** China: Guizhou, Mt. Leigongshan.

分布（**Distribution**）：四川（SC）、贵州（GZ）。

（441）斧叶溜头秽蝇 *Lispocephala secura* **Ma, 1981**

Lispocephala secura Ma, 1981. Acta Zootaxon. Sin. 6 (3): 302. **Type locality:** China: Liaoning, Jianchang.

分布（**Distribution**）：辽宁（LN）。

（442）伴斧溜头秽蝇 *Lispocephala securisocialis* **(Xue, Feng *et* Liu, 1998)**

Caricea securisocialis Xue, Feng *et* Liu, 1998. Zool. Res. 19 (1): 71. **Type locality:** China: Sichuan, Ya'an (Mt. Jinfengshan).

分布（**Distribution**）：四川（SC）。

（443）毛板溜芒蝇 *Lispocephala setilobata* **Xue *et* Zhang, 2011**

Lispocephala setilobata Xue *et* Zhang, 2011. Acta Zool. Acad. Sci. Hung. 57 (2): 185. **Type locality:** China: Yunnan, Hushui, Pianma, Yakou.

分布（Distribution）：四川（SC）、云南（YN）。

（444）四川溜头秽蝇 *Lispocephala sichuanensis* Xue *et* Zhang, 2006

Lispocephala sichuanensis Xue *et* Zhang, 2006. *In*: Xue, Zhang *et* Feng, 2006. Orient. Insects 40: 68. **Type locality:** China: Sichuan, Ya'an.

分布（Distribution）：四川（SC）。

（445）透翅溜头秽蝇 *Lispocephala spuria* (Zetterstedt, 1838)

Anthomyza spuria Zetterstedt, 1838. Insecta Lapp.: 693. **Type locality:** Sweden.

分布（Distribution）：黑龙江（HL）；日本、瑞典。

（446）斯腾溜头秽蝇 *Lispocephala steini* Shinonaga *et* Huang, 2007

Lispocephala steini Shinonaga *et* Huang, 2007. Jpn. J. Syst. Ent. 13 (1): 48. **Type locality:** China: Taiwan, Chia-i, Mt. Yuishan.

分布（Distribution）：台湾（TW）。

（447）拟曲叶溜头秽蝇 *Lispocephala subcurvilobata* Xue *et* Zhang, 2011

Lispocephala subcurvilobata Xue *et* Zhang, 2011. Acta Zool. Acad. Sci. Hung. 57 (2): 181. **Type locality:** China: Sichuan.

分布（Distribution）：四川（SC）。

（448）虎爪溜头秽蝇 *Lispocephala ungulitigris* (Feng *et* Xue, 1997)

Caricea ungulitigris Feng *et* Xue, 1997. Sichuan J. Zool. 16 (4): 154. **Type locality:** China: Sichuan, Ya'an (Mt. Laobanshan).

分布（Distribution）：四川（SC）。

（449）单色溜头秽蝇 *Lispocephala unicolor* (Stein, 1907)

Caricea unicolor Stein, 1907b. Annu. Mus. Zool. Acad. Sci. Russ. St.-Pétersb. 12: 348. **Type locality:** China: Xinjiang, Keluqin.

分布（Distribution）：新疆（XJ）。

（450）瓣溜头秽蝇 *Lispocephala valva* Xue *et* Zhang, 2011

Lispocephala valva Xue *et* Zhang, 2011. Acta Zool. Acad. Sci. Hung. 57 (2): 166. **Type locality:** China: Guangdong.

分布（Distribution）：广东（GD）。

（451）春溜头秽蝇 *Lispocephala vernalis* (Stein, 1907)

Caricea vernalis Stein, 1907b. Annu. Mus. Zool. Acad. Sci. Russ. St.-Pétersb. 12: 348. **Type locality:** China: Xinjiang, Mt.

Tianshan.

分布（Distribution）：新疆（XJ）；蒙古国。

18. 四鬃秽蝇属 *Macrorchis* Rondani, 1877

Macrorchis Rondani, 1877. Dipt. Ital. Prodromus, Vol. VI: 280. **Type species:** *Musca meditata* Fallén, 1825 (by original designation).

（452）长叶四鬃秽蝇 *Macrorchis meditata* (Fallén, 1825)

Musca meditata Fallén, 1825b. Monogr. Musc. Sveciae IX: 87. **Type locality:** "ubique frequens" (presumably Sweden: Skåne).

分布（Distribution）：新疆（XJ）；瑞典、俄罗斯、土耳其、蒙古国。

19. 缘秽蝇属 *Orchisia* Rondani, 1877

Orchisia Rondani, 1877. Dipt. Ital. Prodromus, Vol. VI: 279. **Type species:** *Sapromyza costata* Meigen, 1822 (by original designation).

（453）黑缘秽蝇 *Orchisia costata* (Meigen, 1826)

Sapromyza costata Meigen, 1826. Syst. Beschr. Europ. Zweifl. Insekt. 5: 266. **Type locality:** Germany.
Coenosia marginata Wiedemann, 1830. Zweiter Theil. Schulz Hamm.: 440. **Type locality:** China.
Coenosia pictipennis Loew, 1858. Wien. Ent. Monatschr. 2: 10. **Type locality:** Italy: Sicily.
Caricea marginipennis Johnson, 1898. Proc. Acad. Nat. Sci. Phila. 1898: 162. **Type locality:** Somalia.

分布（Distribution）：黑龙江（HL）、辽宁（LN）、山西（SX）、上海（SH）、福建（FJ）、台湾（TW）、海南（HI）；菲律宾、尼泊尔、巴基斯坦、印度、印度尼西亚、斯里兰卡；欧洲、非洲、澳大利亚。

（454）亚缘秽蝇 *Orchisia subcostata* Cui, Xue *et* Liu, 1995

Orchisia subcostata Cui, Xue *et* Liu, 1995. Zool. Res. 16 (1): 7. **Type locality:** China: Yunnan, Xishuangbanna.

分布（Distribution）：云南（YN）。

20. 小瓣秽蝇属 *Parvisquama* Malloch, 1935

Parvisquama Malloch, 1935. J. Fed. Malay St. Mus. 17 (4): 662 (as a subgenus of *Lispocephola*). **Type species:** *Lispocephala* (*Parvisquama*) *pahagensis* Malloch, 1935 (by original designation).

（455）苏门小瓣秽蝇 *Parvisquama sumatrana* (Malloch, 1935)

Lispocephala sumatrana Malloch, 1935. J. Fed. Malay St. Mus. 17 (4): 665. **Type locality:** Indonesia: Jawa, Sumatra.

分布（Distribution）：云南（YN）；印度尼西亚。

21. 栉芒秽蝇属 *Pectiniseta* Stein, 1919

Pectiniseta Stein, 1919. Arch. Naturgesch. 83A (1) (1917): 145. **Type species:** *Caricea prominens* Stein, 1919 (monotypy).

(456) 中华栉芒秽蝇 *Pectiniseta mediastina* Wei *et* Yang, 2007

Pectiniseta mediastina Wei *et* Yang, 2007. *In*: Li, Yang *et* Jin, 2007. Insects from Leigongshan Landscape: 489. **Type locality:** China: Guizhou, Mt. Leigongshan.

分布（Distribution）：贵州（GZ）。

(457) 突额栉芒秽蝇 *Pectiniseta pectinata* (Stein, 1900)

Coenosia pectinata Stein, 1900. Természetr. Füz. 23: 147. **Type locality:** New Guinea: Friedr.-Wilh.-Hafen (Madang).
Caricea prominens Stein, 1910. Denkschr. Akad. Wiss. Wien. Math.-Naturw. Kl. 71: 152. **Type locality:** Yemen: Socotra.
Coenosia pallitarsis Stein, 1920b. Tijdschr. Ent. 62 (1919) (Suppl.): 63. **Type locality:** Indonesia: Java, Djakarta.

分布（Distribution）：台湾（TW）；菲律宾、马来西亚、印度尼西亚、新几内亚岛、太平洋岛屿（西部）；非洲（东部）、大洋洲。

(458) 八重山栉芒秽蝇 *Pectiniseta yaeyamensis* Shinonaga, 2003

Pectiniseta yaeyamensis Shinonaga, 2003. A Monograph of the Muscidae of Japan: 305. **Type locality:** Japan.

分布（Distribution）：台湾（TW）；日本。

22. 伪秽蝇属 *Pseudocoenosia* Stein, 1916

Pseudocoenosia Stein, 1916. Arch. Naturgesch. 81A (10) (1915): 113, 220. **Type species:** *Aricia longicauda* Zetterstedt, 1860 [= *Anthomyza solitaria* Zetterstedt, 1838] (by designation of Karl, 1928).
Paracoenosia Ringdahl, 1945. Ent. Tidskr. 66: 5. **Type species:** *Pseudocoenosia abnormis* Stein, 1916 (by original designation).
Coenosiosoma Ringdahl, 1947. Ent. Tidskr. 68: 28. **Type species:** *Pseudocoenosia abnormis* Stein, 1916 (aut.).

(459) 乌拉尔伪秽蝇 *Pseudocoenosia fletcheri* (Malloch, 1919)

Helina fletcheri Malloch, 1919. Can. Entomol. 51: 274. **Type locality:** Canada: Radisson, Saskatchewan.

分布（Distribution）：陕西（SN）；俄罗斯、加拿大。

(460) 黑龙江伪秽蝇 *Pseudocoenosia heilongjianga* Xue, 1998

Pseudocoenosia heilongjianga Xue, 1998. *In*: Shi, 1998. *In*: Xue *et* Chao, 1998. Flies of China, Vol. 1: 242. **Type locality:** China: Heilongjiang, Sunwu.

分布（Distribution）：黑龙江（HL）。

(461) 孤独伪秽蝇 *Pseudocoenosia solitaria* (Zetterstedt, 1838)

Anthomyza solitaria Zetterstedt, 1838. Insecta Lapp.: 677. **Type locality:** Sweden.

分布（Distribution）：陕西（SN）；俄罗斯、瑞典；新北区。

23. 尾秽蝇属 *Pygophora* Schiner, 1868

Pygophora Schiner, 1868. Reise der Österreichischen Fregatte Novara, Diptera 2 (1B): 25. **Type species:** *Pygophora apicalis* Schiner, 1868 (by original designation).
Macrochoeta Macquart, 1851. Mém. Soc. R. Sci. Agric. Arts Lille 1850 [1851]: 242. **Type species:** *Macrochoeta rufipes* Macquart, 1851 (by original designation).

(462) 顶生尾秽蝇 *Pygophora apicalis* Schiner, 1868

Pygophora apicalis Schiner, 1868. Reise der Österreichischen Fregatte Novara, Diptera 2 (1B): 205. **Type locality:** Australia.
Hoplogaster australis notatus Bigot, 1885. Ann. Soc. Entomol. Fr. 6 (4): 281. **Type locality:** Australia.

分布（Distribution）：台湾（TW）。

(463) 棕瓣尾秽蝇 *Pygophora brunneisquama* Xue, 1998

Pygophora brunneisquama Xue, 1998. *In*: Xue *et* Chao, 1998. Flies of China, Vol. 1: 938. **Type locality:** China: Yunnan, Xishuangbanna, Meng'a.

分布（Distribution）：云南（YN）。

(464) 锤尾秽蝇 *Pygophora capitata* Cui *et* Xue, 1995

Pygophora capitata Cui *et* Xue, 1995. *In*: Cui, Xue *et* Zhang, 1995. Entomol. Sin. 2 (2): 113. **Type locality:** China: Yunnan, Xishuangbanna, Mengyang.

分布（Distribution）：云南（YN）。

(465) 周氏尾秽蝇 *Pygophora choui* Cui *et* Xue, 1995

Pygophora choui Cui *et* Xue, 1995. *In*: Cui, Xue *et* Zhang, 1995. Entomol. Sin. 2 (2): 116. **Type locality:** China: Guizhou, Mt. Fanjingshan.

分布（Distribution）：贵州（GZ）。

(466) 露尾秽蝇 *Pygophora confusa* Stein, 1915

Pygophora confusa Stein, 1915. Suppl. Ent. 4: 54. **Type locality:** China: Taiwan, Tainan.

分布（Distribution）：台湾（TW）、广东（GD）；日本。

(467) 弯叶尾秽蝇 *Pygophora curva* (Cui *et* Xue, 1996)

Chouicoenosia curva Cui *et* Xue, 1996. Entomol. Sin. 3 (1):

123. **Type locality:** China: Yunnan, Xishuangbanna, Damenglong.

分布（Distribution）：云南（YN）。

（468）指尾秽蝇 *Pygophora digitata* **Cui** *et* **Xue, 1995**

Pygophora digitata Cui *et* Xue, 1995. *In*: Cui, Xue *et* Zhang, 1995. Entomol. Sin. 2 (2): 113. **Type locality:** China: Hunan, Mt. Mangshan, Zaikou.

分布（Distribution）：湖南（HN）。

（469）异斑尾秽蝇 *Pygophora immacularis* **Cui** *et* **Xue, 1995**

Pygophora immacularis Cui *et* Xue, 1995. *In*: Cui, Xue *et* Zhang, 1995. Entomol. Sin. 2 (2): 113. **Type locality:** China: Yunnan, Xishuangbanna, Meng'a.

分布（Distribution）：云南（YN）。

（470）净翅尾秽蝇 *Pygophora immaculipennis* **Frey, 1917**

Pygophora immaculipennis Frey, 1917. Öfvers. finska Vetensk-Soc. Förh. 59A (20): 15. **Type locality:** Sri Lanka: Anuradhapura.

分布（Distribution）：湖南（HN）、四川（SC）、贵州（GZ）、云南（YN）、福建（FJ）、台湾（TW）、广东（GD）、海南（HI）；日本、缅甸、斯里兰卡、印度。

（471）鳞尾秽蝇 *Pygophora lepidofera* **(Stein, 1915)**

Coenosia lepidofera Stein, 1915. Suppl. Ent. 4: 50. **Type locality:** China: Taiwan.

分布（Distribution）：云南（YN）、台湾（TW）；日本、马来西亚。

（472）长角尾秽蝇 *Pygophora longicornis* **(Stein, 1918)**

Coenosia longicornis Stein, 1918. Ann. Hist.-Nat. Mus. Natl. Hung. 16: 161. **Type locality:** China: Taiwan.

分布（Distribution）：福建（FJ）、台湾（TW）；日本、印度尼西亚、马来西亚。

（473）斑翅尾秽蝇 *Pygophora maculipennis* **Stein, 1909**

Pygophora maculipennis Stein, 1909. Tijdschr. Ent. 52: 271. **Type locality:** Indonesia: Sulawesi, Krakatau Island.

分布（Distribution）：台湾（TW）；印度尼西亚。

（474）小鬃尾秽蝇 *Pygophora microchaeta* **Crosskey, 1962**

Pygophora microchaeta Crosskey, 1962. Trans. Zool. Soc. Lond. 29 (6): 503. **Type locality:** India: Assam.

分布（Distribution）：云南（YN）、海南（HI）；斯里兰卡、印度。

（475）黑基尾秽蝇 *Pygophora nigribasis* **(Stein, 1915)**

Coenosia nigribasis Stein, 1915. Suppl. Ent. 4: 51. **Type locality:** China: Taiwan.

分布（Distribution）：台湾（TW）。

（476）黑缘尾秽蝇 *Pygophora nigrimargiala* **Xue** *et* **Zhang, 2013**

Pygophora nigrimargiala Xue *et* Zhang, 2013b. Orient. Insects 47 (1): 70. **Type locality:** China: Yunnan, Mt. Gong.

分布（Distribution）：云南（YN）。

（477）黑斑尾秽蝇 *Pygophora nigromaculata* **Crosskey, 1962**

Pygophora nigromaculata Crosskey, 1962. Trans. Zool. Soc. Lond. 29 (6): 513. **Type locality:** Myanmar: Kambaita.

分布（Distribution）：云南（YN）；缅甸、尼泊尔、泰国。

（478）球尾秽蝇 *Pygophora orbiculata* **Cui** *et* **Zhang, 1995**

Pygophora orbiculata Cui *et* Zhang, 1995. *In*: Cui, Xue *et* Zhang, 1995. Entomol. Sin. 2 (2): 112. **Type locality:** China: Yunnan, Xishuangbanna.

分布（Distribution）：云南（YN）。

（479）苍白尾秽蝇 *Pygophora pallens* **(Stein, 1915)**

Coenosia pallens Stein, 1915. Suppl. Ent. 4: 52. **Type locality:** China: Taiwan.

分布（Distribution）：云南（YN）、台湾（TW）、海南（HI）；泰国。

（480）扁毛尾秽蝇 *Pygophora planiseta* **Xue** *et* **Cui, 1998**

Pygophora planiseta Xue *et* Cui, 1998. *In*: Shi, 1998. *In*: Xue *et* Chao, 1998. Flies of China, Vol. 1: 242. **Type locality:** China: Hainan, Yinggen.

分布（Distribution）：海南（HI）。

（481）直叶尾秽蝇 *Pygophora recta* **(Cui** *et* **Xue, 1996)**

Chouicoenosia recta Cui *et* Xue, 1996. Entomol. Sin. 3 (1): 124. **Type locality:** China: Guangdong, Mt. Dawuling; Yunnan, Xishuangbanna.

分布（Distribution）：云南（YN）、广东（GD）。

（482）侧毛尾秽蝇 *Pygophora respondena* **(Walker, 1859)**

Coenosia respondena Walker, 1859. J. Proc. Linn. Soc. London Zool. 4: 142. **Type locality:** Indonesia: Sulawesi (Makassar [= Ujung Pandang]).

Coenosia (Pygophora) lobata Stein, 1900. Természetr. Füz. 23: 147. **Type locality:** Singapore.

Pygophora semilutea Malloch, 1921d. Ann. Mag. Nat. Hist. (7)

41: 422. **Type locality:** Sri Lanka: Kandy.

分布（Distribution）：台湾（TW）、海南（HI）；印度尼西亚、斯里兰卡、印度、马来西亚、菲律宾、泰国、澳大利亚、塞舌尔。

（483）亚斑尾秽蝇 *Pygophora submacularis* Xue *et* Cui, 1998

Pygophora submacularis Xue *et* Cui, 1998. *In*: Xue *et* Chao, 1998. Flies of China, Vol. 1: 942. **Type locality:** China: Yunnan, Xishuangbanna, Damenglong.

分布（Distribution）：云南（YN）。

（484）干尾秽蝇 *Pygophora torrida* (Wiedemann, 1830)

Coenosia torrida Wiedemann, 1830. Aussereurop. Zweifl. Insekt. 2: 437. **Type locality:** China.

Atomogaster triseriata Walker, 1862. J. Proc. Linn. Soc. London Zool. 6: 11. **Type locality:** Indonesia: Maluku, Halmahera.

Coenosia eompressicauda Stein, 1900. Annali Mus. Civ. Stor. Nat. Giacomo Doria 40: 391. **Type locality:** Indonesia: Sulawesi.

分布（Distribution）：云南（YN）、广西（GX）；泰国、菲律宾、印度尼西亚。

（485）三斑尾秽蝇 *Pygophora trimaculata* Karl, 1935

Pygophora trimaculata Karl, 1935. Arb. Morph. Taxon. Ent. 2: 48. **Type locality:** China: Taiwan, Tainan.

分布（Distribution）：台湾（TW）。

（486）三支尾秽蝇 *Pygophora trina* (Wiedemann, 1830)

Anthomyia trina Wiedemann, 1830. Aussereurop. Zweifl. Insekt. 2: 657. **Type locality:** China: Guangdong; Macao.

分布（Distribution）：广东（GD）、澳门（MC）。

（487）膨腹尾秽蝇 *Pygophora tumidiventris* (Stein, 1904)

Coenosia tumidiventris Stein, 1904. Tijdschr. Ent. 47: 112. **Type locality:** Indonesia: Jawa.

分布（Distribution）：云南（YN）；印度尼西亚。

（488）单色尾秽蝇 *Pygophora unicolor* (Stein, 1920)

Coenosia unicolor Stein, 1920b. Tijdschr. Ent. 62 (1919) (Suppl.): 64. **Type locality:** Indonesia: Java, Wonosobo.

分布（Distribution）：台湾（TW）；印度、印度尼西亚、新几内亚岛。

24. 芦蝇属 *Schoenomyza* Haliday, 1833

Schoenomyza Haliday, 1833. Ent. Mag. 1 (2): 149, 166. **Type**

species: *Sciomyza fasciata* Meigen, 1830 [= *Ochtiphila litorella* Fallén, 1823] (by designation of Westwood, 1840).

Litorella Rondani, 1856. Dipt. Ital. Prodromus, Vol. I: 101. **Type species:** *Litorella ochtiphilina* Rondani, 1856 (by original designation).

（489）滨芦蝇 *Schoenomyza litorella* (Fallén, 1823)

Ochtiphila litorella Fallén, 1823d. Phytomyzides *et* Ochtidiae Sveciae: 10. **Type locality:** Sweden.

分布（Distribution）：内蒙古（NM）、青海（QH）；俄罗斯、阿富汗、尼泊尔、土耳其、黎巴嫩；新北区、新热带区；欧洲、非洲。

池蝇族 Limnophorini

25. 毛溜蝇属 *Chaetolispa* Malloch, 1922

Chaetolispa Malloch, 1922b. Ann. Mag. Nat. Hist. (9) 10: 386. **Type species:** *Lispa genista* Stein, 1909 (by original designation).

（490）鬃颊毛溜蝇 *Chaetolispa geniseta* (Stein, 1909)

Lispa geniseta Stein, 1909. Tijdschr. Ent. 52: 256. **Type locality:** Indonesia: Java.

Lispe macfiei Emden, 1941. Bull. Entomol. Res. 32: 272. **Type locality:** Ghana.

分布（Distribution）：台湾（TW）、广东（GD）、海南（HI）；缅甸、斯里兰卡、印度、印度尼西亚、马来西亚、泰国、澳大利亚；非洲。

26. 闪池蝇属 *Heliographa* Malloch, 1921

Heliographa Malloch, 1921b. Ann. Mag. Nat. Hist. (9) 7: 169. **Type species:** *Heliographa tonsa* Stein, 1909 (as *intonsa*) [= *Hydrotaea javana* Macquart, 1851] (by original designation).

Limnella Malloch, 1928.

（491）宽斑闪池蝇 *Heliographa insignis* (Stein, 1900)

Spilogaster insignis Stein, 1900. Annali Mus. Civ. Stor. Nat. Giacomo Doria 40: 390. **Type locality:** Indonesia: Jawa.

分布（Distribution）：台湾（TW）；印度、印度尼西亚、菲律宾、马来西亚、巴布亚新几内亚、所罗门群岛。

（492）爪哇闪池蝇 *Heliographa javana* (Macquart, 1851)

Hydrotaea javana Macquart, 1851. Mém. Soc. R. Sci. Agric. Arts Lille 1850 [1851]: 235. **Type locality:** Indonesia: Jawa.

Limnophora tonsa Stein, 1909. Tijdschr. Ent. 52: 245. **Type locality:** Indonesia: Java, Tankoeban Prahoe.

分布（Distribution）：台湾（TW）；缅甸、印度、印度尼西亚、马来西亚、泰国。

（493）扁头闪池蝇 *Heliographa lenticeps* Wei, 2006

Heliographa lenticeps Wei, 2006c. *In*: Li *et* Jin, 2006. Insects from Fanjingshan Landscape: 509. **Type locality:** China: Guizhou, Mt. Fanjingshan.

分布（Distribution）：贵州（GZ）。

27. 池蝇属 *Limnophora* Robineau-Desvoidy, 1830

Limnophora Robineau-Desvoidy, 1830. Mém. Prés. Div. Sav. Acad. R. Sci. Inst. Fr. 2 (2): 517. **Type species:** *Limnophora palustris* Robineau-Desvoidy, 1830 (by designation of Coqullett, 1910) [= *maculosa* (Meigen, 1826)].

Cuculla Robineau-Desvoidy, 1830. Mém. Prés. Div. Sav. Acad. R. Sci. Inst. Fr. 2 (2): 523 (a junior homonym of *Cuculla* Seba, 1761). **Type species:** *Cuculla cinerea* Robineau-Desvoidy, 1830 (by designation of Séguy, 1937) [= *triangula* (Fallén, 1825)].

Leucomelina Macquart, 1851. Mém. Soc. R. Sci. Agric. Arts Lille 1850 [1851]: 229. **Type species:** *Leucomelina pica* Macquart, 1851 (by original designation).

Melanochelia Rondani, 1866. Atti Soc. Ital. Sci. Nat. Milano 9: 136. **Type species:** *Aricia surda* Zetterstedt, 1845 (by original designation).

Pseudolimnophora Strobl, 1893d. Verh. K. K. Zool.-Bot. Ges. Wien 43: 272 (as a subgenus of *Coenosia* Mengen, 1826). **Type species:** *Musca triangula* Fallén, 1825 (by designation of Coqullett, 1901).

Calliophrys Kowarz, 1893a. Wien. Ent. Ztg. 12: 49. **Type species:** *Musca riparia* Fallén, 1824 (by designation of Séguy, 1937).

Limnophorites Schnabl *et* Dziedzicki, 1911. Nova Acta Acad. Caesar. Leop. Carol. 95 (2): 151 (as a subgenus of *Limnophora* Robineau-Desvoidy, 1830). **Type species:** *Limnophora setinerva* Schnabl, 1911 (monotypy).

Strobila Pokorny, 1893b. Verh. K. K. Zool.-Bot. Ges. Wien 43: 541. **Type species:** *Musca triangula Fallén*, 1825 (by original designation).

Emmesina Malloch, 1921. Ann. Mag. Nat. Hist. (9) 8: 423. **Type species:** *Emmesina annandalei* Malloch, 1921 (by original designation).

Limnina Malloch, 1928. Proc. Linn. Soc. N. S. W. 53: 327. **Type species:** *Limnina elongata* Malloch, 1928 (by original designation).

（494）匿池蝇 *Limnophora adelosa* Wei *et* Yang, 2007

Limnophora adelosa Wei *et* Yang, 2007. *In*: Li, Yang *et* Jin, 2007. Insects from Leigongshan Landscape: 490. **Type locality:** China: Guizhou, Mt. Leigongshan.

分布（Distribution）：贵州（GZ）。

（495）白跗池蝇 *Limnophora albitarsis* Stein, 1915

Limnophora albitarsis Stein, 1915. Suppl. Ent. 4: 34. **Type locality:** China: Taiwan, Takao and Tainan.

分布（Distribution）：台湾（TW）、香港（HK）；缅甸、印度、印度尼西亚。

（496）白黑池蝇 *Limnophora albonigra* Emden, 1965

Limnophora albonigra Emden, 1965. Fauna of India and the Adjacent Countries. Diptera 7, Muscidae I: 562. **Type locality:** Sri Lanka: Suduganga.

分布（Distribution）：云南（YN）；斯里兰卡。

（497）尖叶池蝇 *Limnophora apicicerca* Xiang *et* Xue, 1998

Limnophora apicicerca Xiang *et* Xue, 1998. *In*: Xue *et* Chao, 1998. Flies of China, Vol. 1: 958. **Type locality:** China: Xinjiang, Aerjinshan.

分布（Distribution）：新疆（XJ）。

（498）端鬃池蝇 *Limnophora apiciseta* Emden, 1965

Limnophora apiciseta Emden, 1965. Fauna of India and the Adjacent Countries. Diptera 7, Muscidae I: 598. **Type locality:** Myanmar: Kambaita.

分布（Distribution）：贵州（GZ）、云南（YN）、广东（GD）、广西（GX）、海南（HI）；缅甸、印度、尼泊尔。

（499）银池蝇 *Limnophora argentata* Emden, 1965

Limnophora argentata Emden, 1965. Fauna of India and the Adjacent Countries. Diptera 7, Muscidae I: 583. **Type locality:** Myanmar: Kambaiti.

分布（Distribution）：山西（SX）、陕西（SN）、四川（SC）、贵州（GZ）；缅甸。

（500）银额池蝇 *Limnophora argentifrons* Shinonaga *et* Kano, 1977

Limnophora argentifrons Shinonaga *et* Kano, 1977. Jpn. J. Sanit. Zool. 28 (2): 113 **Type locality:** Japan: Okinawa.

分布（Distribution）：海南（HI）；日本。

（501）银三角池蝇 *Limnophora argentitriangula* Xue *et* Wang, 1985

Limnophora argentitriangula Xue *et* Wang, 1985. Acta Zootaxon. Sin. 10 (3): 289. **Type locality:** China: Shanxi, Lingqiu.

分布（Distribution）：山西（SX）。

（502）亚洲池蝇 *Limnophora asiatica* Xue *et* Zhang, 1998

Limnophora asiatica Xue *et* Zhang, 1998. *In*: Xue *et* Chao, 1998. Flies of China, Vol. 1: 958. **Type locality:** China: Hebei, Qinglonghe.

分布（Distribution）：河北（HEB）。

（503）版纳池蝇 *Limnophora bannaensis* Zhang, Xue *et* Wang, 1998

Limnophora bannaensis Zhang, Xue *et* Wang, 1998. *In*: Xue *et* Chao, 1998. Flies of China, Vol. 1: 961. **Type locality:** China: Yunnan, Xishuangbanna.

分布（Distribution）：云南（YN）。

（504）黑额池蝇 *Limnophora beckeri* (Stein, 1908)

Calliophry beckeri Stein, 1908. Mitt. Zool. Mus. Berl. 4: 104. **Type locality:** Canary Is.: La Palmas and Guimar, Orotava.

分布（Distribution）：贵州（GZ）、广西（GX）；伊朗、加那利群岛；东洋区。

（505）双突池蝇 *Limnophora biprominens* Zhang *et* Xue, 1996

Limnophora biprominens Zhang *et* Xue, 1996. Entomol. Sin. 3 (3): 198. **Type locality:** China: Guizhou, Mt. Fanjingshan.

分布（Distribution）：贵州（GZ）、广西（GX）。

（506）短头池蝇 *Limnophora breviceps* Emden, 1965

Limnophora breviceps Emden, 1965. Fauna of India and the Adjacent Countries. Diptera 7, Muscidae I: 582. **Type locality:** Myanmar: Kambaiti.

分布（Distribution）：台湾（TW）；缅甸。

（507）短匙池蝇 *Limnophora brevispatula* Xue, Bai *et* Dong, 2012

Limnophora brevispatula Xue, Bai *et* Dong, 2012. J. Insect Sci. 12: 9. **Type locality:** China: Hainan, Mt. Jianfeng.

分布（Distribution）：海南（HI）。

（508）短腹池蝇 *Limnophora breviventris* Stein, 1915

Limnophora breviventris Stein, 1915. Suppl. Ent. 4: 33. **Type locality:** China: Taiwan, Chip-chip.

分布（Distribution）：台湾（TW）。

（509）棕瓣池蝇 *Limnophora brunneisquama* Mu *et* Zhang, 1990

Limnophora brunneisquama Mu *et* Zhang, 1990. *In*: Zhang *et* Xue, 1990. 2nd. Int. Con. Dipt.: 14. **Type locality:** China: Liaoning, Heishan, Nanhu.

分布（Distribution）：辽宁（LN）、山西（SX）。

（510）棕胫池蝇 *Limnophora brunneitibia* Tong, Xue *et* Wang, 2004

Limnophora brunneitibia Tong, Xue *et* Wang, 2004. Acta Zootaxon. Sin. 29 (3): 578. **Type locality:** China: Tibet, Motuo, Beibeng.

分布（Distribution）：西藏（XZ）。

（511）灰黄池蝇 *Limnophora cinerifulva* Feng, 1999

Limnophora cinerifulva Feng, 1999. Acta Ent. Sin. 42 (4): 425. **Type locality:** China: Sichuan, Ya'an (Mt. Laobanshan).

分布（Distribution）：四川（SC）。

（512）锥纹池蝇 *Limnophora conica* Stein, 1915

Limnophora conica Stein, 1915. Suppl. Ent. 4: 30. **Type locality:** China: Taiwan, Chip-chip.

分布（Distribution）：台湾（TW）、海南（HI）；缅甸、印度、印度尼西亚、马来西亚、泰国。

（513）靴侧叶池蝇 *Limnophora cothurnosurstyla* Xue, Bai *et* Dong, 2012

Limnophora cothurnosurstyla Xue, Bai *et* Dong, 2012. J. Insect Sci. 12: 9. **Type locality:** China: Hainan, Mt. Wuzhi.

分布（Distribution）：海南（HI）。

（514）圆叶池蝇 *Limnophora cyclocerca* Zhou *et* Xue, 1987

Limnophora cyclocerca Zhou *et* Xue, 1987. Zool. Res. 8 (2): 111. **Type locality:** China: Guizhou, Guiyang (Mt. Qianlingshan).

分布（Distribution）：四川（SC）、贵州（GZ）、广西（GX）、海南（HI）。

（515）大渡河池蝇 *Limnophora daduhea* Feng, 2001

Limnophora daduhea Feng, 2001. Acta Zootaxon. Sin. 26 (4): 580. **Type locality:** China: Sichuan, Shimian (Anshunchang).

分布（Distribution）：四川（SC）。

（516）中叶池蝇 *Limnophora dyadocerca* Xue, Bai *et* Dong, 2012

Limnophora dyadocerca Xue, Bai *et* Dong, 2012. J. Insect Sci. 12: 11. **Type locality:** China: Hainan, Mt. Wuzhi.

分布（Distribution）：海南（HI）。

（517）峨眉池蝇 *Limnophora emeishanica* Feng, 2005

Limnophora emeishanica Feng, 2005. Entomol. J. East China 14 (1): 3. **Type locality:** China: Sichuan, Mt. Emeishan.

分布（Distribution）：四川（SC）。

（518）斑板池蝇 *Limnophora exigua* (Wiedemann, 1830)

Anthomyia exigua Wiedemann, 1830. Aussereurop. Zweifl. Insekt. 2: 658. **Type locality:** China.

Limnophora plumiseta Stein, 1903. Mitt. Zool. Mus. Berl. 2 (3): 109. **Type locality:** Egypt: Cairo and Asyût.

分布（Distribution）：贵州（GZ）、云南（YN）、台湾（TW）、广东（GD）；以色列、埃及、澳大利亚；东洋区、新热带区。

（519）隐斑池蝇 *Limnophora fallax* Stein, 1919

Limnophora maculosa var. *fallax* Stein, 1919. Arch. Naturgesch. 83A (1) (1917): 72. **Type locality:** Indonesia: Sumatra.

分布（Distribution）：安徽（AH）、江苏（JS）、上海（SH）、浙江（ZJ）、湖南（HN）、湖北（HB）、四川（SC）、贵州（GZ）、云南（YN）、台湾（TW）、广东（GD）、广西（GX）；日本、印度尼西亚；东洋区。

（520）黄额池蝇 *Limnophora flavifrons* Stein, 1915

Limnophora flavifrons Stein, 1915. Suppl. Ent. 4: 35. **Type locality:** China: Taiwan, Gaoxiong, Anping.

分布（Distribution）：台湾（TW）。

（521）台湾池蝇 *Limnophora formosa* Shinonaga *et* Huang, 2007

Limnophora formosa Shinonaga *et* Huang, 2007. Jpn. J. Syst. Ent. 13 (1): 42. **Type locality:** China: Taiwan, Kukuwan.

分布（Distribution）：台湾（TW）。

（522）裂叶池蝇 *Limnophora furcicerca* Xue *et* Liu, 1990

Limnophora furcicerca Xue *et* Liu, 1990. *In*: Zhang *et* Xue, 1990. 2nd. Int. Con. Dipt.: 14. **Type locality:** China.

分布（Distribution）：云南（YN）、广东（GD）、广西（GX）、海南（HI）。

（523）苍白池蝇 *Limnophora glaucescens* Emden, 1965

Limnophora glaucescens Emden, 1965. Fauna of India and the Adjacent Countries. Diptera 7, Muscidae I: 594. **Type locality:** Myanmar: Kambaiti.

分布（Distribution）：台湾（TW）；缅甸、印度、马来西亚、尼泊尔。

（524）贵州池蝇 *Limnophora guizhouensis* Zhou *et* Xue, 1987

Limnophora guizhouensis Zhou *et* Xue, 1987. Zool. Res. 8 (2): 113. **Type locality:** China: Guizhou, Mt. Fanjingshan.

分布（Distribution）：贵州（GZ）。

（525）喜马池蝇 *Limnophora himalayensis* Brunetti, 1907

Limnophora himalayensis Brunetti, 1907. Rec. India Mus. 1 (4): 382. **Type locality:** India: Dharampur, Simla.

分布（Distribution）：陕西（SN）、甘肃（GS）、湖南（HN）、四川（SC）、贵州（GZ）、云南（YN）；缅甸、印度、尼泊尔、斯里兰卡。

（526）狭额池蝇 *Limnophora interfrons* Hsue, 1982

Limnophora interfrons Hsue, 1982. Acta Zootaxon. Sin. 7 (4): 416. **Type locality:** China: Liaoning, Benxi.

分布（Distribution）：辽宁（LN）。

（527）宽额池蝇 *Limnophora latifrons* Zhang *et* Xue, 1996

Limnophora latifrons Zhang *et* Xue, 1996. Entomol. Sin. 3 (3): 201. **Type locality:** China: Guizhou, Anshun (Longgong).

分布（Distribution）：贵州（GZ）。

（528）宽眶池蝇 *Limnophora latiorbitalis* Hsue, 1982

Limnophora latiorbitalis Hsue, 1982. Acta Zootaxon. Sin. 7 (4): 417. **Type locality:** China: Liaoning, Huanren (Juhugou).

分布（Distribution）：辽宁（LN）、河北（HEB）。

（529）雷公山池蝇 *Limnophora leigongshana* Wei *et* Yang, 2007

Limnophora leigongshana Wei *et* Yang, 2007. *In*: Li, Yang *et* Jin, 2007. Insects from Leigongshan Landscape: 492. **Type locality:** China: Guizhou, Mt. Leigongshan.

分布（Distribution）：贵州（GZ）。

（530）瘦板池蝇 *Limnophora leptosternita* Tong, Xue *et* Wang, 2004

Limnophora leptosternita Tong, Xue *et* Wang, 2004. Acta Zootaxon. Sin. 29 (3): 579. **Type locality:** China: Tibet, Motuo, Beibeng.

分布（Distribution）：西藏（XZ）。

（531）长匙池蝇 *Limnophora longispatula* Xue *et* Tong, 2003

Limnophora longispatula Xue *et* Tong, 2003. Entomol. Sin. 10 (1): 57. **Type locality:** China: Yunnan, Xianggelila, Mt. Luquanxueshan.

分布（Distribution）：云南（YN）。

（532）长跗池蝇 *Limnophora longitarsis* Xue, Bai *et* Dong, 2012

Limnophora longitarsis Xue, Bai *et* Dong, 2012. J. Insect Sci. 12: 13. **Type locality:** China: Hainan, Mt. Jianfengling.

分布（Distribution）：海南（HI）。

（533）笨池蝇 *Limnophora mataiosa* Wei *et* Yang, 2007

Limnophora mataiosa Wei *et* Yang, 2007. *In*: Li, Yang *et* Jin, 2007. Insects from Leigongshan Landscape: 493. **Type locality:** China: Guizhou, Mt. Leigongshan.

分布（Distribution）：贵州（GZ）。

（534）晨池蝇 *Limnophora matutinusa* Wei *et* Yang, 2007

Limnophora matutinusa Wei *et* Yang, 2007. *In*: Li, Yang *et* Jin, 2007. Insects from Leigongshan Landscape: 494. **Type locality:** China: Guizhou, Mt. Leigongshan.

分布（Distribution）：贵州（GZ）。

（535） 黑头池蝇 *Limnophora melanocephala* Shinonaga *et* Kano, 1977

Limnophora melanocephala Shinonaga *et* Kano, 1977. Med. Ent. Zool. 28 (2): 115. **Type locality:** China: Taiwan.

分布（Distribution）：台湾（TW）。

（536）小隐斑池蝇 *Limnophora minutifallax* Lin *et* Xue, 1986

Limnophora minutifallax Lin *et* Xue, 1986. Acta Zootaxon. Sin. 11 (4): 419. **Type locality:** China: Guangdong, Chaoan.

分布（Distribution）：陕西（SN）、浙江（ZJ）、湖南（HN）、贵州（GZ）、云南（YN）、广东（GD）。

（537）蒙古池蝇 *Limnophora mongolica* Zhang *et* Xue, 1997

Limnophora mongolica Zhang *et* Xue, 1997. J. Shenyang Norm. Univ. (Nat. Sci.) 15 (1): 45. **Type locality:** China: Inner Mongolia, Bameng.

Limnophora nigriscrupulosa Xue *et* Zhang, 1998. *In*: Xue *et* Chao, 1998. Flies of China, Vol. 1: 968. **Type locality:** China: Xinjiang, East Kunlun.

分布（Distribution）：内蒙古（NM）、新疆（XJ）。

（538）黑池蝇 *Limnophora nigra* Xue, 1984

Limnophora nigra Xue, 1984. Acta Zootaxon. Sin. 9 (4): 378. **Type locality:** China: Liaoning, Benxi (Caohekou).

分布（Distribution）：吉林（JL）、辽宁（LN）、河北（HEB）、北京（BJ）。

（539）黑纹池蝇 *Limnophora nigrilineata* Xue, 1984

Limnophora nigrilineata Xue, 1984. Acta Zootaxon. Sin. 9 (4): 380. **Type locality:** China: Liaoning, Benxi (Mt. Weilianshan).

分布（Distribution）：辽宁（LN）。

（540）黑足池蝇 *Limnophora nigripes* (Robineau-Desvoidy, 1830)

Limosia nigripes Robineau-Desvoidy, 1830. Mém. Prés. Div. Sav. Acad. R. Sci. Inst. Fr. 2 (2): 541. **Type locality:** France: Saint-Sauveur.

分布（Distribution）：黑龙江（HL）、辽宁（LN）、新疆（XJ）；俄罗斯、爱沙尼亚、拉脱维亚、格鲁吉亚、阿塞拜疆、亚美尼亚；新北区；欧洲。

（541） 黑锐池蝇 *Limnophora nigriscrupulosa* Xiang *et* Xue, 1998

Limnophora nigriscrupulosa Xiang *et* Xue, 1998. *In*: Xue *et* Chao, 1998. Flies of China, Vol. 1: 968. **Type locality:** China: Xinjiang, East Kunlun.

分布（Distribution）：新疆（XJ）。

（542）黑瓣池蝇 *Limnophora nigrisquama* Tong, Xue *et* Wang, 2004

Limnophora nigrisquama Tong, Xue *et* Wang, 2004. Acta Zootaxon. Sin. 29 (3): 580. **Type locality:** China: Tibet, Motuo, Beibeng.

分布（Distribution）：西藏（XZ）。

（543）裸茎池蝇 *Limnophora nuditibia* Xue, Bai *et* Dong, 2012

Limnophora nuditibia Xue, Bai *et* Dong, 2012. J. Insect Sci. 12: 14. **Type locality:** China: Hainan, Mt. Wuzhi.

分布（Distribution）：海南（HI）。

（544）银眶池蝇 *Limnophora orbitalis* Stein, 1907

Limnophora orbitalis Stein, 1907b. Annu. Mus. Zool. Acad. Sci. Russ. St.-Pétersb. 12: 339. **Type locality:** China: Qinghai, Tsaidam.

分布（Distribution）：吉林（JL）、辽宁（LN）、河北（HEB）、山西（SX）、陕西（SN）、青海（QH）、云南（YN）；日本、塔吉克斯坦。

（545）山顶池蝇 *Limnophora oreosoacra* Feng, 2005

Limnophora oreosoacra Feng, 2005. Entomol. J. East China 14 (1): 4. **Type locality:** China: Sichuan.

分布（Distribution）：四川（SC）。

（546）丘叶池蝇 *Limnophora papulicerca* Xue *et* Zhang, 1998

Limnophora papulicerca Xue *et* Zhang, 1998. *In*: Xue *et* Chao, 1998. Flies of China, Vol. 1: 968. **Type locality:** China: Jilin, Mt. Changbaishan.

分布（Distribution）：吉林（JL）。

（547） 壮鬃池蝇 *Limnophora papulicerca pubertiseta* Xue *et* Zhang, 1996

Limnophora pubertiseta Xue *et* Zhang, 1996. J. Shenyang Norm. Univ. (Nat. Sci.) 15 (1): 46. **Type locality:** China: Sichuan, Mt. Emeishan.

分布（Distribution）：四川（SC）。

（548）侧突池蝇 *Limnophora parastylata* Xue, 1984

Limnophora parastylata Xue, 1984. Acta Zootaxon. Sin. 9 (4): 381. **Type locality:** China: Liaoning, Benxi (Dayugou).

分布（Distribution）：辽宁（LN）、北京（BJ）。

（549）类三角池蝇 *Limnophora paratriangula* Wei *et* Yang, 2007

Limnophora paratriangula Wei *et* Yang, 2007. *In*: Li, Yang *et* Jin, 2007. Insects from Leigongshan Landscape: 495. **Type locality:** China: Guizhou, Mt. Leigongshan.

分布（Distribution）：贵州（GZ）。

（550）粉额池蝇 *Limnophora pollinifrons* Stein, 1916

Limnophora pollinifrons Stein, 1916. Arch. Naturgesch. 81A (10) (1915): 107. **Type locality:** Germany: Wittenberg *et* Genthin. Poland: Deep *et* Stolp, Rügenwalde, Wien.

分布（Distribution）：黑龙江（HL）、辽宁（LN）、山西（SX）、陕西（SN）；日本、俄罗斯、塔吉克斯坦、土耳其、摩洛哥；欧洲。

（551）裂呻池蝇 *Limnophora procellaria* (Walker, 1858)

Anthomyia procellaria (Walker, 1858). J. Proc. Linn. Soc. London Zool. 3: 108. **Type locality:** Indonesia: Jawa.

分布（Distribution）：贵州（GZ）、云南（YN）、福建（FJ）；日本、印度尼西亚；东洋区。

（552）突出池蝇 *Limnophora prominens* Stein, 1904

Limnophora prominens Stein, 1904. Tijdschr. Ent. 47: 106. **Type locality:** Indonesia: Jawa.

分布（Distribution）：贵州（GZ）、福建（FJ）；日本、印度尼西亚；东洋区。

（553）阴鬃池蝇 *Limnophora pubiseta* Emden, 1965

Limnophora pubiseta Emden, 1965. Fauna of India and the Adjacent Countries. Diptera 7, Muscidae I: 587. **Type locality:** Myanmar: Kambaiti.

分布（Distribution）：四川（SC）、贵州（GZ）；缅甸。

（554）净池蝇 *Limnophora purgata* Xue, 1992

Limnophora purgata Xue, 1992. *In*: Fan, 1992. Key to the Common Flies of China, 2nd Ed.: 362. **Type locality:** China: Liaoning, Benxi (Dayugou).

分布（Distribution）：辽宁（LN）。

（555）黔池蝇 *Limnophora qiana* Wei *et* Yang, 2007

Limnophora qiana Wei *et* Yang, 2007. *In*: Li, Yang *et* Jin, 2007. Insects from Leigongshan Landscape: 496. **Type locality:** China: Guizhou, Mt. Leigongshan.

分布（Distribution）：贵州（GZ）。

（556）回归池蝇 *Limnophora reventa* Feng, 1999

Limnophora reventa Feng, 1999. *In*: Feng, Fan *et* Zeng, 1999. Chin. J. Vector Biol. & Control 10 (5): 324. **Type locality:** China: Sichuan, Yingjing (Paocaowan).

分布（Distribution）：四川（SC）。

（557）绯蹠池蝇 *Limnophora rufimana* (Strobl, 1893)

Coenosia (Pseudolimnophora) rufimana Strobl, 1893d. Verh. K. K. Zool.-Bot. Ges. Wien 43: 272. **Type locality:** Austria.

分布（Distribution）：黑龙江（HL）、辽宁（LN）、北京（BJ）、新疆（XJ）；以色列、土耳其、阿富汗、乌克兰、摩尔多瓦、哈萨克斯坦、塔吉克斯坦；欧洲、非洲（北部）。

（558）锐池蝇 *Limnophora scrupulosa* (Zetterstedt, 1845)

Aricia scrupulosa Zetterstedt, 1845. Dipt. Scand. 4: 1483. **Type locality:** Denmark: Amager.

分布（Distribution）：新疆（XJ）；爱沙尼亚、俄罗斯、丹麦、波兰；欧洲（西部和北部）。

（559）北方池蝇 *Limnophora septentrionalis* Xue, 1984

Limnophora septentrionalis Xue, 1984. Acta Zootaxon. Sin. 9 (4): 382. **Type locality:** China: Liaoning, Mt. Yingbishan.

分布（Distribution）：黑龙江（HL）、吉林（JL）、辽宁（LN）、河北（HEB）、山西（SX）、陕西（SN）。

（560）鬃脉池蝇 *Limnophora setinerva* Schnabl, 1911

Limnophora setinerva Schnabl, 1911b. Nova Acta Acad. Caesar. Leop. Carol. 95 (2): 279. **Type locality:** France: Furon Waterfall, Sassenage, nr. Grenoble.

分布（Distribution）：吉林（JL）、辽宁（LN）、河北（HEB）、山西（SX）、河南（HEN）、陕西（SN）、湖南（HN）、湖北（HB）、四川（SC）、贵州（GZ）、云南（YN）、广东（GD）、广西（GX）；日本、以色列、土耳其、西班牙、法国、希腊、葡萄牙、塞尔维亚、黑山、埃及。

（561）类鬃脉池蝇 *Limnophora setinevoides* Ma, 1979

Limnophora setinevoides Ma, 1979. Acta Zootaxon. Sin. 4 (4): 378. **Type locality:** China: Liaoning, Jianchang, Mt. Daheishan.

分布（Distribution）：辽宁（LN）。

（562）掠池蝇 *Limnophora spoliata* Stein, 1915

Limnophora spoliata Stein, 1915. Suppl. Ent. 4: 31. **Type locality:** China: Taiwan, Jiji.

分布（Distribution）：台湾（TW）；印度尼西亚。

（563）肖锐池蝇 *Limnophora subscrupulosa* Zhang *et* Xue, 1990

Limnophora subscrupulosa Zhang *et* Xue, 1990. 2nd. Int. Con. Dipt.: 15. **Type locality:** China: Jilin, Changbaishan.

分布（Distribution）：吉林（JL）。

（564）直叶池蝇 *Limnophora surrecticerca* Xue *et* Zhang, 1998

Limnophora surrecticerca Xue *et* Zhang, 1998. *In*: Xue *et* Chao, 1998. Flies of China, Vol. 1: 975. **Type locality:** China: Guizhou, Shiqian.

分布（Distribution）：贵州（GZ）。

（565）缝池蝇 *Limnophora suturalis* Stein, 1915

Limnophora suturalis Stein, 1915. Suppl. Ent. 4: 36. **Type locality:** China: Taiwan, Jiji and Gaoxiong, Anping.

分布（Distribution）：台湾（TW）。

（566）西藏池蝇 *Limnophora tibetana* Xue *et* Zhang, 1996

Limnophora tibetana Xue *et* Zhang, 1996. J. Shenyang Norm. Univ. (Nat. Sci.) 15 (1): 46. **Type locality:** China: Tibet, Rikaze.

分布（Distribution）：西藏（XZ）。

（567）显斑池蝇 *Limnophora tigrina* (Am Stein, 1860)

Anthomyiatigrina Am Stein, 1860. Jber. Naturf. Ges. Graubündens (N. F.) 5: 96. **Type locality:** Switzerland: Marschlin District.

Musca notate Fallén, 1823a. Monogr. Musc. Sveciae VI: 62 (a junior primary homonym of *Musca notata* Fauricius, 1781). **Type locality:** Sweden: Esperod.

分布（Distribution）：黑龙江（HL）、辽宁（LN）、内蒙古（NM）、山西（SX）、新疆（XJ）；俄罗斯、拉脱维亚、格鲁吉亚、阿塞拜疆、亚美尼亚、塔吉克斯坦、伊朗；欧洲、非洲（北部）。

（568）三角池蝇 *Limnophora triangula* (Fallén, 1825)

Musca triangula Fallén, 1825a. Monogr. Musc. Sveciae VIII: 74. **Type locality:** Sweden: Skåne, Esperod.

Anthomyia omissa Meigen, 1826. Syst. Beschr. Europ. Zweifl. Insekt. 5: 149. **Type locality:** Europe.

Limnophora coenosa Robineau-Desvoidy, 1830. Mém. Prés. Div. Sav. Acad. R. Sci. Inst. Fr. 2 (2): 522. **Type locality:** France: Yonne, Saint-Sauveur.

Limnophora brunicosa Robineau-Desvoidy, 1830. Mém. Prés. Div. Sav. Acad. R. Sci. Inst. Fr. 2 (2): 522. **Type locality:** France: Yonne, Saint-Sauveur.

Cuculla cinerea Robineau-Desvoidy, 1830. Mém. Prés. Div. Sav. Acad. R. Sci. Inst. Fr. 2 (2): 523. **Type locality:** France: Rogny.

Cuculla grísea Robineau-Desvoidy, 1830. Mém. Prés. Div. Sav. Acad. R. Sci. Inst. Fr. 2 (2): 523. *Type locality:* France: Yonne, Saint-Sauveur.

Cuculla palustris (Robineau-Desvoidy, 1830). Mém. Prés. Div. Sav. Acad. R. Sci. Inst. Fr. 2 (2): 523 (a junior secondary homonym of *Limnophora palustris* Robineau-Desvoidy, 1830). **Type locality:** France: Yonne, Saint-Sauveur.

分布（Distribution）：辽宁（LN）、河北（HEB）、北京（BJ）、山西（SX）、陕西（SN）；日本、俄罗斯、爱沙尼亚、拉脱维亚、格鲁吉亚、阿塞拜疆、塔吉克斯坦；欧洲。

（569）脉鬃池蝇 *Limnophora veniseta* Stein, 1915

Limnophora veniseta Stein, 1915. Suppl. Ent. 4: 39. **Type locality:** Indonesia: Java, Tjibodas.

分布（Distribution）：台湾（TW）、海南（HI）；印度尼西亚。

（570）直池蝇 *Limnophora virago recta* Wei, 1993

Limnophora virago recta Wei, 1993. Acta Ent. Sin. 36 (2): 223. **Type locality:** China: Guizhou, Ziyun, Bandang.

分布（Distribution）：贵州（GZ）。

（571）坤池蝇 *Limnophora virago* Emden, 1965

Limnophora virago Emden, 1965. Fauna of India and the Adjacent Countries. Diptera 7, Muscidae I: 600. **Type locality:** Malaysia: Kedah Peak.

分布（Distribution）：云南（YN）、广东（GD）、海南（HI）；印度、马来西亚。

（572）亚叶池蝇 *Limnophora ypocerca* Xue, Bai *et* Dong, 2012

Limnophora ypocerca Xue, Bai *et* Dong, 2012. J. Insect Sci. 12: 16. **Type locality:** China: Hainan, Mt. Jianfeng.

分布（Distribution）：海南（HI）。

（573）玉龙雪山池蝇 *Limnophora yulongxueshanna* Xue *et* Tong, 2003

Limnophora yulongxueshanna Xue *et* Tong, 2003. Entomol. Sin. 10 (1): 59. **Type locality:** China: Yunnan.

分布（Distribution）：云南（YN）。

（574）云南池蝇 *Limnophora yunnan* Xue *et* Tong, 2003

Limnophora yunnan Xue *et* Tong, 2003. Entomol. Sin. 10 (1): 61. **Type locality:** China: Yunnan.

分布（Distribution）：云南（YN）。

28. 溜蝇属 *Lispe* Latreille, 1796

Lispe Latreille, 1796. Précis Caract. Gén. Ins.: 169. **Type species:** *Musca tentaculata* De Geer, 1776 (subsequent monotypy by Latreille, 1802).

Myoda Lamarck, 1816. Hist. Nat. Anim. Sans Vert. 3: 365. **Type species:** *Musca tentaculata* De Geer, 1776 (by designation of Hennig, 1960).

Chaetolispa Malloch, 1922b. Ann. Mag. Nat. Hist. (9) 10: 386. **Type species:** *Lispa geniseta* Stein, 1909 (by original designation).

Coenolispa Malloch, 1933. Ber. Pac. Bishop Mus. Bull. 98: 194. **Type species:** *Coenolispa erratica* Malloch, 1932 (by original designation).

Listriapha Enderlein, 1934. Sber. Ges. Naturf. Freunde Berl. 1933 (3): 423. **Type species:** *Lispa kowarzi* Becker, 1903 (by

original designation).

Diplectrolispa Enderlein, 1934. Sber. Ges. Naturf. Freunde Berl. 1933 (3): 424. **Type species:** *Lispa pectinipes* Becker, 1903 (by original designation).

Discopterna Enderlein, 1934. Sber. Ges. Naturf. Freunde Berl. 1933 (3): 424. **Type species:** *Lispa odessae* Becker, 1904 (by original designation).

Blepharopoda Enderlein, 1936. Tierwelt Mitteleur. 6 (2), Ins. 3: 195 (a junior homonym of *Blepharopoda* Ronidani, 1850). **Type species:** *Lispe caesia* Meigen, 1826 (monotypy).

（575）高原螯溜蝇 *Lispe alpinicola* Zhong, Wu *et* Fan, 1982

Lispe alpinicola Zhong, Wu *et* Fan, 1982. *In*: Shanghai Institute of Entomology, Academia Sinica, 1982. Contributions from Shanghai Institute of Entomology, Vol. 2: 245. **Type locality:** China: Tibet, Lasa.

分布（Distribution）：西藏（XZ）。

（576）端斑溜蝇 *Lispe apicalis* Mik, 1869

Lispe apicalis Mik, 1869. Verh. K. K. Zool.-Bot. Ges. Wien 19: 33. **Type locality:** Austria: Vienna.

Lispa comitata Becker, 1904. Z. Ent. (N. F.) 29: 34. **Type locality:** Iran: Bairam-ali.

分布（Distribution）：内蒙古（NM）、新疆（XJ）；奥地利、土耳其、伊朗、摩洛哥、阿尔及利亚。

（577）赘棒溜蝇 *Lispe appendibacula* Xue *et* Zhang, 2005

Lispe appendibacula Xue *et* Zhang, 2005. Orient. Insects 39: 127. **Type locality:** China: Liaoning, Shenyang; Hebei, Yixunhe.

分布（Distribution）：辽宁（LN）、河北（HEB）。

（578）银头溜蝇 *Lispe aquamarina* Shinonaga *et* Kano, 1983

Lispe aquamarina Shinonaga *et* Kano, 1983. Jpn. J. Sanit. Zool. 34 (2): 84. **Type locality:** Japan: Kagoshima.

Lispe argenteiceps Ma *et* Mou, 1992. *In*: Fan, 1992. Key to the Common Flies of China, 2nd Ed.: 370. **Type locality:** China: Liaoning, Dalian (Changhai).

分布（Distribution）：辽宁（LN）；日本。

（579）肖溜蝇 *Lispe assimilis* Wiedemann, 1824

Lispe assimilis Wiedemann, 1824. Munus Rectoris in Academia Christiana Albertina Aditurus Analecta Entomológica ex Museo Regio Havniensi Máxime Congesta Profert Iconibusque Illustrat: 51. **Type locality:** "ex India Oriental" [= East Indies].

Lispe quadrilineata Macquart, 1835. Hist. Nat. Ins., Dipt. 2: 315. **Type locality:** France: Bordeaux.

Lispe inexpectata Canzoneri *et* Meneghini, 1966. Boll. Mus. Civ. Stor. Nat. Venezia 16 (1963): 139. **Type locality:** Turkey: Tarsus, Mersin.

分布（Distribution）：台湾（TW）、广东（GD）；日本、斯里兰卡、缅甸、印度、尼泊尔、菲律宾、印度尼西亚、斐济、巴基斯坦、泰国、萨摩亚、美国、法国、意大利、保加利亚、法属波利尼西亚。

（580）拟双条溜蝇 *Lispe bivittata subbivitata* Mou, 1992

Lispe bivittata subbivitata Mou, 1992. *In*: Fan, 1992. Key to the Common Flies of China, 2nd Ed.: 375. **Type locality:** China: Liaoning, Suizhong, Xingcheng.

分布（Distribution）：辽宁（LN）。

（581）双条溜蝇 *Lispe bivittata* Stein, 1909

Lispe bivittata Stein, 1909. Tijdschr. Ent. 52: 262. **Type locality:** Indonesia: Jawa.

分布（Distribution）：浙江（ZJ）、湖南（HN）、台湾（TW）、海南（HI）；日本、印度尼西亚、斯里兰卡、印度、马来西亚、埃及。

（582）棕蛛溜蝇 *Lispe brunnicosa* (Becker, 1904)

Lispe brunnicosa Becker, 1904. Z. Ent. (N. F.) 29: 40. **Type locality:** China: Qinghai.

分布（Distribution）：青海（QH）；塔吉克斯坦、蒙古国。

（583）青灰溜蝇 *Lispe caesia* Meigen, 1826

Lispe caesia Meigen, 1826. Syst. Beschr. Europ. Zweifl. Insekt. 5: 228. **Type locality:** Europe.

分布（Distribution）：辽宁（LN）、山西（SX）；乌克兰、叙利亚、以色列、土耳其；欧洲、非洲（北部）。

（584）微毛青灰溜蝇 *Lispe caesia microchaeta* Séguy, 1940

Lispe caesia microchaeta Séguy, 1940. Bull. Mus. Natl. Hist. Nat. (2) 12: 342. **Type locality:** Spanish: Sahara, Villa Cisneros.

分布（Distribution）：辽宁（LN）、山西（SX）、新疆（XJ）；非洲（北部）。

（585）朱氏溜蝇 *Lispe chui* Shinonaga *et* Kano, 1989

Lispe chui Shinonaga *et* Kano, 1989. Jap. J. Ent. 57 (4): 819. **Type locality:** China: Taiwan, Pingtung, Oluanpi.

分布（Distribution）：台湾（TW）。

（586）长芒溜蝇 *Lispe cinifera* Becker, 1904

Lispe cinifera Becker, 1904. Z. Ent. (N. F.) 29: 41. **Type locality:** China: Qinghai, East Tsaidam, Mt. Qilianshan.

分布（Distribution）：辽宁（LN）、青海（QH）；亚洲（中部）。

（587）吸溜蝇 *Lispe consanguinea* Loew, 1858

Lispe consanguinea Loew, 1858. Wien. Ent. Monatschr. 2: 8. **Type locality:** Germany. Sweden.

分布（Distribution）：黑龙江（HL）、吉林（JL）、辽宁（LN）、内蒙古（NM）、河北（HEB）、北京（BJ）、山西（SX）、山东（SD）、陕西（SN）；日本、伊朗、土耳其；欧洲、非洲（北部）。

（588）梯斑溜蝇 *Lispe cotidiana* Snyder, 1954

Lispe cotidiana Snyder, 1954. Amer. Mus. Novit. 1765: 2. **Type locality:** Canada: Albert.

分布（Distribution）：中国（省份不明）；蒙古国、俄罗斯；新北区、新热带区。

（589）华丽溜蝇 *Lispe elegantissima* 1937

Lispe elegantissima , 1937. Trudy Akad. Nauk Turkmen. SSR 9: 131. **Type locality:** Turkmenistan: Tashauz.

分布（Distribution）：内蒙古（NM）；土库曼斯坦。

（590）梵净溜蝇 *Lispe fanjingshanensis* Wei, 2006

Lispe fanjingshanensis Wei, 2006c. *In*: Li *et* Jin, 2006. Insects from Fanjingshan Landscape: 511. **Type locality:** China: Guizhou, Mt. Fanjingshan.

分布（Distribution）：贵州（GZ）。

（591）黄角溜蝇 *Lispe flavicornis* (Stein, 1909)

Lispe flavicornis Stein, 1909. Tijdschr. Ent. 52: 260. **Type locality:** Indonesia: Jawa.

分布（Distribution）：台湾（TW）；斯里兰卡、印度尼西亚、菲律宾。

（592）黄脉溜蝇 *Lispe flavinervis* (Becker, 1904)

Lispe flavinervis Becker, 1904. Z. Ent. (N. F.) 29: 20. **Type locality:** China: Qinghai, Tsaidam.

分布（Distribution）：青海（QH）、广东（GD）；蒙古国、乌克兰、俄罗斯。

（593）寒溜蝇 *Lispe frigida* Erichson, 1851

Lispe frigida Erichson, 1851. Reise äusserst. Norden Osten Sibiriens (1843): 67. **Type locality:** Russia: East Siberia.

分布（Distribution）：辽宁（LN）、山西（SX）；俄罗斯；欧洲、北美洲。

（594）光彩溜蝇 *Lispe geniseta* Stein, 1909

Lispe geniseta Stein, 1909. Tijdschr. Ent. 52: 256. **Type locality:** Indonesia: Java, Batavia [= Djakarta].

分布（Distribution）：台湾（TW）、广东（GD）；缅甸、斯里兰卡、印度、印度尼西亚、马来西亚、泰国、澳大利亚、埃塞俄比亚。

（595）贵州溜蝇 *Lispe guizhouensis* Wei, 2006

Lispe guizhouensis Wei, 2006c. *In*: Li *et* Jin, 2006. Insects from Fanjingshan Landscape: 513. **Type locality:** China: Guizhou, Mt. Fanjingshan.

分布（Distribution）：贵州（GZ）。

（596）河北溜蝇 *Lispe hebeiensis* Ma *et* Tian, 1993

Lispe hebeiensis Ma *et* Tian, 1993. Acta Zootaxon. Sin. 18 (1): 82. **Type locality:** China: Hebei, Zhangjiakou.

分布（Distribution）：河北（HEB）。

（597）毛胫溜蝇 *Lispe hirsutipes* Mou, 1992

Lispe hirsutipes Mou, 1992. *In*: Fan, 1992. Key to the Common Flies of China, 2nd Ed.: 371. **Type locality:** China: Liaoning, Suizhong, Miaowan, Xinli, Xingcheng.

分布（Distribution）：辽宁（LN）。

（598）黄蹠溜蝇 *Lispe kowarzi* (Becker, 1903)

Lispe kowarzi Becker, 1903. Mitt. Zool. Mus. Berl. 2 (3): 116. **Type locality:** Africa: Al Qâhirah.

分布（Distribution）：云南（YN）、台湾（TW）、广东（GD）、广西（GX）、海南（HI）；缅甸、斯里兰卡、印度、印度尼西亚、马来西亚、泰国、尼泊尔；非洲。

（599）柳叶溜蝇 *Lispe lanceoseta* Wang *et* Fan, 1982

Lispe lanceoseta Wang *et* Fan, 1982. *In*: Shanghai Institute of Entomology, Academia Sinica, 1982. Contributions from Shanghai Institute of Entomology, Vol. 2: 253. **Type locality:** China: Shanxi, Baode, Hequ.

分布（Distribution）：山西（SX）。

（600）雷公山溜蝇 *Lispe leigongshana* Wei *et* Yang, 2007

Lispe leigongshana Wei *et* Yang, 2007. *In*: Li, Yang *et* Jin, 2007. Insects from Leigongshan Landscape: 497. **Type locality:** China: Guizhou, Mt. Leigongshan.

分布（Distribution）：贵州（GZ）。

（601）白点溜蝇 *Lispe leucospila* (Wiedemann, 1830)

Coenosialeucospila Wiedemann, 1830. Aussereurop. Zweifl. Insekt. 2: 441. **Type locality:** East Indies.

分布（Distribution）：山东（SD）、河南（HEN）、上海（SH）、浙江（ZJ）、福建（FJ）、台湾（TW）、广东（GD）、广西（GX）、海南（HI）；东印度群岛、斯里兰卡、印度尼西亚、马来西亚、巴基斯坦、菲律宾；非洲、澳大利亚。

（602）海滨溜蝇 *Lispe litorea* (Fallén, 1825)

Lispe litorea Fallén, 1825b. Monogr. Musc. Sveciae IX: 94. **Type locality:** Sweden.

Lispepilosa Loew, 1862. Wien. Ent. Monatschr. 6: 298. **Type locality:** Germany: North Sea Coast.

Lispegemina van der Wulp, 1868. Tijdschr. Ent. 11: 233. **Type locality:** Netherlands: Oosterschelde dike N of Goes, and nr.

Hague.

Lispe monochaita Mou et Ma, 1992. *In*: Fan, 1992. Key to the Common Flies of China, 2nd Ed.: 374. **Type locality:** China: Liaoning, Xingcheng.

分布（Distribution）：吉林（JL）、辽宁（LN）、山西（SX）；俄罗斯、瑞典、丹麦、德国、英国、荷兰、芬兰。

（603）缺髭溜蝇 *Lispe loewi* (Ringdahl, 1922)

Lispa loewi Ringdahl, 1922. Ent. Tidskr. 43: 177. **Type locality:** Sweden: Götlands.

Lispa bayardi Séguy, 1950. Bull. Soc. Ent. Fr. 55: 120. **Type locality:** France: Didonne Marshes, Charente-Maritime.

分布（Distribution）：辽宁（LN）、山西（SX）；瑞典、法国、苏丹；非洲（北部）。

（604）长条溜蝇 *Lispe longicollis* Meigen, 1826

Lispe longicollis Meigen, 1826. Syst. Beschr. Europ. Zweifl. Insekt. 5: 225. **Type locality:** Germany.

分布（Distribution）：黑龙江（HL）、吉林（JL）、辽宁（LN）、河北（HEB）、天津（TJ）、北京（BJ）、山西（SX）、山东（SD）、新疆（XJ）、安徽（AH）、广东（GD）；俄罗斯、以色列、土耳其、伊朗、印度、德国、保加利亚、捷克、斯洛伐克、英国、匈牙利、前南斯拉夫、阿尔及利亚、丹麦。

（605）长角溜蝇 *Lispe longicornia* Wei, 2006

Lispe longicornia Wei, 2006c. *In*: Li et Jin, 2006. Insects from Fanjingshan Landscape: 512. **Type locality:** China: Guizhou, Mt. Fanjingshan.

分布（Distribution）：贵州（GZ）。

（606）月纹溜蝇 *Lispe melaleuca* Loew, 1847

Lispe melaleuca Loew, 1847. Stettin. Ent. Ztg. 8: 287. **Type locality:** Italy: Sicilia.

分布（Distribution）：黑龙江（HL）、辽宁（LN）、河北（HEB）、天津（TJ）、北京（BJ）、山东（SD）、新疆（XJ）；俄罗斯、蒙古国、土耳其、印度、摩洛哥；欧洲。

（607）内蒙古溜蝇 *Lispe neimongola* Tian *et* Ma, 2000

Lispe neimongola Tian et Ma, 2000. Acta Zootaxon. Sin. 25 (2): 212. **Type locality:** China: Inner Mongolia, Alashan Left Banner.

分布（Distribution）：内蒙古（NM）。

（608）新湿溜蝇 *Lispe neouliginosa* Snyder, 1954

Lispe neouliginosa Snyder, 1954. Amer. Mus. Novit. 1675: 24. **Type locality:** USA: California.

Lispe neuliginosa: Mou, 1998. *In*: Xue et Chao, 1998. Flies of China, Vol. 1: 991, 1005, 1006 [subsequent incorrect spelling of *plumisaeta*].

分布（Distribution）：辽宁（LN）；美国（加利福尼亚）；新北区。

（609）东方溜蝇 *Lispe orientalis* Wiedemann, 1824

Lispe orientalis Wiedemann, 1824. Munus Rectoris in Academia Christiana Albertina Aditurus Analecta Entomológica ex Museo Regio Havniensi Máxime Congesta Profert Iconibusque Illustrat: 51. **Type locality:** Eastern India.

分布（Distribution）：吉林（JL）、辽宁（LN）、河北（HEB）、北京（BJ）、山东（SD）、安徽（AH）、江苏（JS）、上海（SH）、浙江（ZJ）、湖北（HB）、四川（SC）、云南（YN）、福建（FJ）、台湾（TW）、广东（GD）、广西（GX）、海南（HI）；朝鲜、日本、印度、缅甸、斯里兰卡、印度尼西亚、马来西亚、巴基斯坦。

（610）大洋溜蝇 *Lispe pacifica* Shinonaga *et* Pont, 1992

Lispe pacifica Shinonaga et Pont, 1992. Jap. J. Ent. 60: 716. **Type locality:** Japan: Ogasawara and Ryukyu Islands.

分布（Distribution）：台湾（TW）；日本、马来西亚。

（611）盘蹠溜蝇 *Lispe patellitarsis* (Becker, 1914)

Lispe patellitarsis Becker, 1914. Suppl. Ent. 3: 87. **Type locality:** China: Taiwan, Anping.

分布（Distribution）：辽宁（LN）、河北（HEB）、台湾（TW）；日本。

（612）侏溜蝇 *Lispe pumila* (Wiedemann, 1824)

Coenosia pumila Wiedemann, 1824. Munus Rectoris in Academia Christiana Albertina Aditurus Analecta Entomológica ex Museo Regio Havniensi Máxime Congesta Profert Iconibusque Illustrat: 51. **Type locality:** East India.

分布（Distribution）：台湾（TW）；缅甸、斯里兰卡、印度、新加坡、印度尼西亚、马来西亚、泰国、澳大利亚、所罗门群岛。

（613）瘦须溜蝇 *Lispe pygmaea* Fallén, 1825

Lispe pumila Fallén, 1825b. Monogr. Musc. Sveciae IX: 94. **Type locality:** Sweden.

分布（Distribution）：吉林（JL）、辽宁（LN）、北京（BJ）、山东（SD）、新疆（XJ）、上海（SH）、福建（FJ）、台湾（TW）；巴基斯坦、蒙古国、美国；亚洲（西部）、欧洲、非洲（北部）。

（614）天目溜蝇 *Lispe quaerens* (Villeneuve, 1936)

Lispe quaerens Villeneuve, 1936. Konowia 15: 157. **Type locality:** Turkey.

分布（Distribution）：吉林（JL）、辽宁（LN）、山西（SX）、浙江（ZJ）；塔吉克斯坦、土耳其、伊朗、意大利、前南斯拉夫、西班牙。

（615）北方溜蝇 *Lispe septentrionalis* Xue *et* Zhang, 2005

Lispe septentrionalis Xue et Zhang, 2005. Orient. Insects 39: 129. **Type locality:** China: Liaoning, Benxi (Mt. Tiechashan).

分布（Distribution）：辽宁（LN）。

（616）绢溜蝇 *Lispe sericipalpis* (Stein, 1904)

Lispa sericipalpis Stein, 1904. Tijdschr. Ent. 47: 110. **Type locality:** Indonesia: Jawa.

分布（Distribution）：台湾（TW）；斯里兰卡、印度、印度尼西亚、缅甸。

（617）中华溜蝇 *Lispe sinica* Hennig, 1960

Lispe sinica Hennig, 1960. Flieg. Palaearkt. Reg. 7 (2): 440. **Type locality:** China: Heilongjiang, Harbin.

分布（Distribution）：黑龙江（HL）、辽宁（LN）、内蒙古（NM）、北京（BJ）；印度。

（618）毛附溜蝇 *Lispe superciliosa* Loew, 1861

Lispe superciliosa Loew, 1861. Wien. Ent. Monatschr. 5: 351. **Type locality:** Silesia *et* Carinthian Alps.

Lispe monacha Schiner, 1862b. Fauna Austriaca 1: 660. **Type locality:** Austria: Neusiedler See.

分布（Distribution）：新疆（XJ）；欧洲。

（619）饰跗溜蝇 *Lispe tarsocilica* Xue *et* Zhang, 2005

Lispe tarsocilica Xue *et* Zhang, 2005. Orient. Insects 39: 129. **Type locality:** China: Hebei, Guyuan.

分布（Distribution）：河北（HEB）。

（620）螯溜蝇 *Lispe tentaculata* (De Geer, 1776)

Musca tentaculata De Geer, 1776. Mém. Pour Serv. Hist. Insect. 6: 86. **Type locality:** Sweden.

分布（Distribution）：黑龙江（HL）、吉林（JL）、辽宁（LN）、河北（HEB）、北京（BJ）、山西（SX）、山东（SD）、新疆（XJ）；朝鲜、日本、蒙古国、土耳其、埃及、西班牙、印度（北部）、危地马拉、秘鲁、亚洲（中部和西部）、欧洲、非洲（北部）、北美洲。

（621）四点溜蝇 *Lispe tetrastigma* Schiner, 1868

Lispe tetrastigma Schiner, 1868. Reise der Österreichischen Fregatte Novara, Diptera 2 (1B): 297. **Type locality:** Sri Lanka.

分布（Distribution）：台湾（TW）；斯里兰卡、印度。

（622）明翅溜蝇 *Lispe vittipennis* Thomson, 1869

Lispe vittipennis Thomson, 1869. K. Svenska Fregatten Eugenies Resa, Zool., Dipt. 2 (1): 561. **Type locality:** China: Hong Kong.

分布（Distribution）：台湾（TW）、香港（HK）。

29. 点池蝇属 *Spilogona* Schnabl, 1911

Spilogona Schnabl, 1911a. Dtsch. Ent. Z. 1911: 92 (as a subgenus of *Limnophora* Robineau-desvody, 1830). **Type species:** *Aricia carbonella* Zetterstedt, 1845 (monotypy).

Limnaricia Schnabl *et* Dziedzicki, 1911. Nova Acta Acad. Caesar. Leop. Carol. 95 (2): 168. **Type species:** *Limnaricia tundrica* Schnabl, 1911 (monotypy).

Coenosites Schnabl *et* Dziedzicki, 1911. Nova Acta Acad. Caesar. Leop. Carol. 95 (2): 169. **Type species:** *Coenosites tundrica* Schnabl, 1911 (monotypy).

Scatocoenosia Schnabl, 1915. Zap. Imp. Akad. Nauk (VIII), cl.

Phys.-Math. 28 (7): 2. **Type species:** *Scatocoenosia cordyluraeformis* Schnabl, 1915 (monotypy).

Forcepsia Schnabl, 1915. Zap. Imp. Akad. Nauk (VIII), cl. Phys.-Math. 28 (7): 42 (as a subgenus of *Limnaricia* Schnabl *et* Dziedzicki, 1911). **Type species:** *Limnaricia* (*Forcepsia*) *fimbriata* Schnabl, 1915 (monotypy).

Mydaricia Schnabl, 1915. Zap. Imp. Akad. Nauk (VIII), cl. Phys.-Math. 28 (7): 44. **Type species:** *Limnaricia* (*Forcepsia*) *fimbriata* Schnabl, 1915 (monotypy).

Spilogonoides Ringdahl, 1932b. Ent. Tidskr. 53: 158 (as a subgenus of *Limnophora* Robineau-Desvoidy, 1830). **Type species:** *Limnophora* (*Spilogonoides*) *lapponica* Ringdahl, 1932 (monotypy).

（623）白沙点池蝇 *Spilogona albiarenosa* Xue *et* Wang, 1989

Spilogona albiarenosa Xue *et* Wang, 1989. Acta Ent. Sin. 32 (2): 232. **Type locality:** China: Shanxi.

分布（Distribution）：山西（SX）。

（624）长喙点池蝇 *Spilogona almqvistii* (Holmgren, 1880)

Aricia almqvistii Holmgren, 1880a. Nov. Spec. Ins. Nordensk. Nov. Semlia.: 17. **Type locality:** Russia: Novaya Zemlya.

Limnophora rostrata Ringdahl, 1920. Ent. Tidskr. 41 (1): 26. **Type locality:** Sweden: "auf den Hochgebirgen bei Tornetràsk".

分布（Distribution）：山西（SX）；俄罗斯；欧洲、北美洲（北部）。

（625）狭叶点池蝇 *Spilogona angustifolia* Xue *et* Zhang, 2009

Spilogona angustifolia Xue *et* Zhang, 2009. *In*: Xue, Zhang *et* Wang, 2009. Proc. Ent. Soc. Wash. 111 (2): 532. **Type locality:** China: Tibet, Mt. Duoxiongla.

分布（Distribution）：西藏（XZ）。

（626）附毛点池蝇 *Spilogona appendicilia* Xue *et* Zhang, 2009

Spilogona appendicilia Xue *et* Zhang, 2009. *In*: Xue, Zhang *et* Wang, 2009. Proc. Ent. Soc. Wash. 111 (2): 534. **Type locality:** China: Tibet, Mt. Duoxiongla.

分布（Distribution）：西藏（XZ）。

（627）沙点池蝇 *Spilogona arenosa* (Ringdahl, 1918)

Limnophora arenosa Ringdahl, 1918. Ent. Tidskr. 39: 155. **Type locality:** Sweden: near Gallivara.

分布（Distribution）：新疆（XJ）；瑞典、挪威、芬兰；北美洲。

（628）银点池蝇 *Spilogona argentea* (Stein, 1907)

Limnophora argentea Stein, 1907b. Annu. Mus. Zool. Acad. Sci. Russ. St.-Pétersb. 12: 338. **Type locality:** China: "vom Flusse Bomyn [= Itschegyn], Nord-Ost Zaidam".

分布（Distribution）：青海（QH）。

（629）毛股点池蝇 *Spilogona baltica* (Ringdahl, 1918)

Limnophora baltica Ringdahl, 1918. Ent. Tidskr. 39: 165. **Type locality:** Germany. Poland. Sweden.

分布（Distribution）：山西（SX）；保加利亚、德国、丹麦、英国、冰岛、挪威、芬兰、波兰、瑞典、俄罗斯、拉脱维亚；北美洲。

（630）双突点池蝇 *Spilogona binigloba* Xue, 2015

Spilogona binigloba Xue, 2015. *In*: Yu *et* Xue, 2015a. Ann. Soc. Entomol. Fr. 51 (2): 165. **Type locality:** China: Sichuan, Wolong (Mt. Balang).

分布（Distribution）：四川（SC）。

（631）柴达木点池蝇 *Spilogona bomynensis* Hennig, 1959

Spilogona bomynensis Hennig, 1959. Flieg. Palaearkt. Reg. 7 (2): 280. **Type locality:** China: Qinghai.

分布（Distribution）：青海（QH）。

（632）短毛池蝇 *Spilogona brevipila* Xue, 2015

Spilogona brevipila Xue, 2015. *In*: Yu *et* Xue, 2015a. Ann. Soc. Entomol. Fr. 50 (2): 165. **Type locality:** China: Sichuan, Mt. Jiajin.

分布（Distribution）：四川（SC）。

（633）褐翅池蝇 *Spilogona brunneipinna* Xue, 2015

Spilogona brunneipinna Xue, 2015. *In*: Yu *et* Xue, 2015a. Ann. Soc. Entomol. Fr. 50 (2): 168. **Type locality:** China: Qinghai Province, Yushu.

分布（Distribution）：青海（QH）。

（634）大黑点池蝇 *Spilogona capaciatrata* Xue *et* Wang, 1990

Spilogona capaciatrata Xue *et* Wang, 1990. *In*: Wang, Xue *et* Ni, 1990. 2nd. Int. Con. Dipt.: 14. **Type locality:** China.

分布（Distribution）：山西（SX）、甘肃（GS）。

（635）煤漠点池蝇 *Spilogona carbiarenosa* Xue *et* Tong, 2003

Spilogona carbiarenosa Xue *et* Tong, 2003. Entomol. Sin. 10 (2): 131. **Type locality:** China: Xinjiang Uygur Autonomous Region.

分布（Distribution）：新疆（XJ）。

（636）长白山点池蝇 *Spilogona changbaishanensis* Xue, 1981

Spilogona changbaishanensis Xue, 1981. Zool. Res. 2 (4): 353. **Type locality:** China: Liaoning, Benxi.

分布（Distribution）：辽宁（LN）。

（637）心点池蝇 *Spilogona cordis* Xue *et* Zhang, 2008

Spilogona cordis Xue *et* Zhang, 2008. *In*: Xue *et al.*, 2008. Entomol. Sci. 11: 90-91. **Type locality:** China: Sichuan, Wolong (Mt. Balang).

分布（Distribution）：四川（SC）。

（638）缘刺点池蝇 *Spilogona costalis* (Stein, 1907)

Limnophora costalis Stein, 1907b. Annu. Mus. Zool. Acad. Sci. Russ. St.-Pétersb. 12: 345. **Type locality:** China: "Bomyn".

分布（Distribution）：山西（SX）、青海（QH）；俄罗斯。

（639）毛眼点池蝇 *Spilogona dasyoomma* Xue *et* Tong, 2003

Spilogona dasyoomma Xue *et* Tong, 2003. Entomol. Sin. 10 (2): 133. **Type locality:** China: Yunnan.

分布（Distribution）：云南（YN）。

（640）小沉点池蝇 *Spilogona depressiuscula* (Zetterstedt, 1838)

Anthomyza depressiuscula Zetterstedt, 1838. Insecta Lapp.: 674. **Type locality:** Giebestad.

Anthomyza tristiola Zetterstedt, 1838. Insecta Lapp.: 675. **Type locality:** Sweden: Västerbotten, Lappland, Lycksele.

分布（Distribution）：新疆（XJ）；挪威、瑞典、芬兰、冰岛、英国、法国、奥地利。

（641）宽颧点池蝇 *Spilogona eximia* (Stein, 1907)

Limnophora eximia Stein, 1907b. Annu. Mus. Zool. Acad. Sci. Russ. St.-Pétersb. 12: 336. **Type locality:** China.

分布（Distribution）：青海（QH）、新疆（XJ）。

（642）法氏点池蝇 *Spilogona falleni* Pont, 1984

Spilogona falleni Pont, 1984. Ent. Scand. 15: 288. **Type locality:** Great Britain: Scotland.

分布（Distribution）：中国（省份不明）；英国（苏格兰）。

（643）戈壁点池蝇 *Spilogona gobiensis* Hennig, 1959

Spilogona gobiensis Hennig, 1959. Flieg. Palaearkt. Reg. 7 (2): 263. **Type locality:** China: Qinghai, "Kurlyk Baingol, west Zaidam".

分布（Distribution）：青海（QH）、新疆（XJ）。

（644）尖角点池蝇 *Spilogona impar* (Stein, 1907)

Limnophora impar Stein, 1907b. Annu. Mus. Zool. Acad. Sci. Russ. St.-Pétersb. 12: 343. **Type locality:** China.

分布（Distribution）：青海（QH）、新疆（XJ）。

（645）弯须池蝇 *Spilogona klinocerca* Xue, 2015

Spilogona klinocerca Xue, 2015. *In*: Yu *et* Xue, 2015a. Ann.

Soc. Entomol. Fr. 50 (2): 169. **Type locality:** China: Sichuan, Mt. Jiajin.

分布（**Distribution**）：四川（SC）。

（646）红其拉甫点池蝇 *Spilogona kunjirapensis* **Xue *et* Tong, 2003**

Spilogona kunjirapensis Xue *et* Tong, 2003. Entomol. Sin. 10 (2): 135. **Type locality:** China: Xinjiang Uygur Autonomous Region.

分布（**Distribution**）：新疆（XJ）。

（647）瘦叶点池蝇 *Spilogona leptocerci* **Mou, 1985**

Spilogona leptocerci Mou, 1985. Entomotaxon. 7 (1): 13. **Type locality:** China: Liaoning.

分布（**Distribution**）：辽宁（LN）、河北（HEB）。

（648）瘦侧叶池蝇 *Spilogona leptostylata* **(Xue *et* Xiang, 1998), comb. nov.**

Drymeia leptostylata Xue *et* Xiang, 1998. *In*: Xue *et* Chao, 1998. Flies of China, Vol. 1: 871. **Type locality:** China: Xinjiang, East Kunlun.

分布（**Distribution**）：新疆（XJ）。

（649）白翅点池蝇 *Spilogona leuciscipennis* **(Xue *et* Xiang, 1998), comb. nov.**

Drymeia leuciscipennis Xue *et* Xiang, 1998. *In*: Xue *et* Chao, 1998. Flies of China, Vol. 1: 872. **Type locality:** China: Xinjiang, East Kunlun.

分布（**Distribution**）：新疆（XJ）。

（650）鸭绿江点池蝇 *Spilogona litorea yaluensis* **Ma *et* Wang, 1992**

Spilogona litorea yaluensis Ma *et* Wang, 1992. *In*: Fan, 1992. Key to the Common Flies of China, 2nd Ed.: 351. **Type locality:** China: Jilin.

分布（**Distribution**）：吉林（JL）。

（651）海滨点池蝇 *Spilogona littoralis* **Mou, 1985**

Spilogona littoralis Mou, 1985. Entomotaxon. 7 (1): 14. **Type locality:** China: Liaoning.

分布（**Distribution**）：辽宁（LN）。

（652）片爪点池蝇 *Spilogona lobuliunguis* **Xue *et* Wang, 2008**

Spilogona lobuliunguis Xue *et* Wang, 2008. *In*: Xue *et al.*, 2008. Entomol. Sci. 11: 91-92. **Type locality:** China: Sichuan, Wolong (Mt. Balang).

分布（**Distribution**）：四川（SC）。

（653）墨色点池蝇 *Spilogona lolliguncula* **(Xue *et* Xiang, 1998), comb. nov.**

Drymeia lolliguncula Xue *et* Xiang, 1998. *In*: Xue *et* Chao,

1998. Flies of China, Vol. 1: 872. **Type locality:** China: Xinjiang, East Kunlun.

分布（**Distribution**）：新疆（XJ）。

（654）长唇点池蝇 *Spilogona longilabella* **Xue, 2015**

Spilogona longilabella Xue, 2015. *In*: Yu *et* Xue, 2015a. Ann. Soc. Entomol. Fr. 50 (2): 171. **Type locality:** China: Yunnan, Mt. Yulong.

分布（**Distribution**）：云南（YN）。

（655）中叶点池蝇 *Spilogona midlobulus* **Xue *et* Wang, 2008**

Spilogona midlobulus Xue *et* Wang, 2008. *In*: Xue *et al.*, 2008. Entomol. Sci. 11: 92-93. **Type locality:** China: Sichuan, Wolong (Mt. Balang).

分布（**Distribution**）：四川（SC）。

（656）小眼点池蝇 *Spilogona minutiocula* **Xue *et* Zhang, 2009**

Spilogona minutiocula Xue *et* Zhang, 2009. *In*: Xue, Zhang *et* Wang, 2009. Proc. Ent. Soc. Wash. 111 (2): 535. **Type locality:** China: Tibet, Mt. Duoxiongla.

分布（**Distribution**）：西藏（XZ）。

（657）亮尾点池蝇 *Spilogona nitidicauda* **Schnabl, 1911**

Spilogona nitidicauda Schnabl, 1911b. Nova Acta Acad. Caesar. Leop. Carol. 95 (2): 154. **Type locality:** Russia: West Siberia (Kara District, Yugorskiy Penninsula, "aus der Karskaja Tundra").

Limnophora depressa Schnabl, 1915. Zap. Imp. Akad. Nauk (VIII), cl. Phys.-Math. 28 (7): 27. **Type locality:** Russia: West Siberia (Kara District, Yugorskiy Penninsula, "aus der Karskaja Tundra").

Limnophora jamtlandica Ringdahl, 1918. Ent. Tidskr. 39: 154. **Type locality:** Snasahogarna.

分布（**Distribution**）：新疆（XJ）；俄罗斯；新北区；欧洲。

（658）裸毛点池蝇 *Spilogona nudisetula* **Xue, 2015**

Spilogona nudisetula Xue, 2015. *In*: Yu *et* Xue, 2015a. Ann. Soc. Entomol. Fr. 50 (2): 172. **Type locality:** China: Qinghai, Yushu.

分布（**Distribution**）：青海（QH）。

（659）直叶点池蝇 *Spilogona orthosurstyla* **Xue *et* Tian, 1988**

Spilogona orthosurstyla Xue *et* Tian, 1988. *In*: Xue, Zhao *et* Tian, 1988. Acta Zootaxon. Sin. 13 (3): 287. **Type locality:** China: Hebei.

分布（**Distribution**）：河北（HEB）。

（660）和平点池蝇 *Spilogona pacifica* (Meigen, 1826)

Anthomyiapacifica Meigen, 1826. Syst. Beschr. Europ. Zweifl. Insekt. 5: 149. **Type locality:** Germany.

Limnophora crassiventris Huckett, 1932. J. N. Y. Ent. Soc. 40: 292. **Type locality:** USA: Alaska.

Aricia nupta Zetterstedt, 1860. Dipt. Scand. 14: 6217. **Type locality:** Sweden: Illstorp.

Aricia vana Zetterstedt, 1845. Dipt. Scand. 4: 1465. **Type locality:** Sweden: Öland [= Ölandia] and Gotland [= Gottlandia].

分布（**Distribution**）：山西（SX）；俄罗斯、奥地利、英国、德国、荷兰、保加利亚、波兰、瑞典；北美洲。

（661）极乐点池蝇 *Spilogona paradise* Xue et Yu, 2015

Spilogona paradise Xue et Yu, 2015. *In*: Yu et Xue, 2015a. Ann. Soc. Entomol. Fr. 50 (2): 173. **Type locality:** China: Sichuan, Mt. Jiajin.

分布（**Distribution**）：四川（SC）。

（662）彭点池蝇 *Spilogona ponti* Xue et Zhang, 2008

Spilogona ponti Xue et Zhang, 2008. *In*: Xue et al., 2008. Entomol. Sci. 11: 93-94. **Type locality:** China: Sichuan, Wolong (Mt. Balang).

分布（**Distribution**）：四川（SC）。

（663）清河点池蝇 *Spilogona qingheensis* Xue, 2015

Spilogona qingheensis Xue, 2015. *In*: Yu et Xue, 2015a. Ann. Soc. Entomol. Fr. 50 (2): 173. **Type locality:** China: Xinjiang, Qinghe.

分布（**Distribution**）：新疆（XJ）。

（664）方侧颜点池蝇 *Spilogona quadrula* (Xue et Xiang, 1998), comb. nov.

Drymeia quadrula Xue et Xiang, 1998. *In*: Xue et Chao, 1998. Flies of China, Vol. 1: 874. **Type locality:** China: Xinjiang, East Kunlun.

分布（**Distribution**）：新疆（XJ）。

（665）小盾点池蝇 *Spilogona scutulata* (Schnabl, 1911)

Limnophora scutulata Schnabl, 1911b. Nova Acta Acad. Caesar. Leop. Carol. 95 (2): 284. **Type locality:** Poland: Warsaw, Vorstadt Park Praga.

Limnophora munda Tiensuu, 1936. Acta Soc. Fauna Flora Fenn. 58 (4) (1935): 37. **Type locality:** Salmi Mantsinsaari et Lunkulansaari.

Limnophora signata Stein, 1914. Arch. Naturgesch. 79A (8)

(1913): 48. **Type locality:** Germany: Borkum Is.; Wittenberg, on the Elbe.

分布（**Distribution**）：山西（SX）；欧洲。

（666）半球点池蝇 *Spilogona semiglobosa* (Ringdahl, 1916)

Limnophora semiglobosa Ringdahl, 1916. Ent. Tidskr. 37: 236. **Type locality:** Sweden: Undersaker.

分布（**Distribution**）：山西（SX）；欧洲。

（667）鬃胫点池蝇 *Spilogona setigera* (Stein, 1907)

Limnophorasetigera Stein, 1907b. Annu. Mus. Zool. Acad. Sci. Russ. St.-Pétersb. 12: 341. **Type locality:** China: Nord-Zaidam; von Fl. Bomyn [= Itschegyn].

分布（**Distribution**）：中国（省份不明）；欧洲。

（668）毛点点池蝇 *Spilogona setimacula* Xue et Wang, 2009

Spilogona setimacula Xue et Wang, 2009. *In*: Xue, Zhang et Wang, 2009. Proc. Ent. Soc. Wash. 111 (2): 536. **Type locality:** China: Tibet, Dajiang.

分布（**Distribution**）：西藏（XZ）。

（669）山西点池蝇 *Spilogona shanxiensis* Wang et Xue, 1997

Spilogona shanxiensis Wang et Xue, 1997. Entomotaxon. 19 (2): 114. **Type locality:** China: Shanxi.

分布（**Distribution**）：山西（SX）。

（671）基棘缘点池蝇 *Spilogona spinicosta* (Stein, 1907)

Limnophora spinicosta Stein, 1907b. Annu. Mus. Zool. Acad. Sci. Russ. St.-Pétersb. 12: 342. **Type locality:** China: Qinghai.

分布（**Distribution**）：青海（QH）。

（671）刺侧叶点池蝇 *Spilogona spinisurstyla* (Xue et Xiang, 1998), comb. nov.

Drymeia spinisurstyla Xue et Xiang, 1998. *In*: Xue et Chao, 1998. Flies of China, Vol. 1: 874. **Type locality:** China: Xinjiang, East Kunlun.

分布（**Distribution**）：新疆（XJ）。

（672）棘肛点池蝇 *Spilogona spiniterebra* (Stein, 1907)

Limnophoraspiniterebra Stein, 1907b. Annu. Mus. Zool. Acad. Sci. Russ. St.-Pétersb. 12: 337. **Type locality:** China: Qinghai.

分布（**Distribution**）：青海（QH）。

（673）似杯茎池蝇 *Spilogona subcaliginosa* Xue, 2015

Spilogona subcaliginosa Xue, 2015. *In*: Yu et Xue, 2015a. Ann. Soc. Entomol. Fr. 50 (2): 175. **Type locality:** China: Sichuan, Mt. Jiajin.

分布（**Distribution**）：四川（SC）。

（674）亚沉点池蝇 *Spilogona subdepressiuscula* **Xue, 2015**

Spilogona subdepressiuscula Xue, 2015. *In*: Yu *et* Xue, 2015a. Ann. Soc. Entomol. Fr. 50 (2): 175. **Type locality:** China: Xinjiang, Mt. Zhonghaizi.

分布（**Distribution**）：新疆（XJ）。

（675）似平池蝇 *Spilogona subdepressula* **Xue, 2015**

Spilogona subdepressula Xue, 2015. *In*: Yu *et* Xue, 2015a. Ann. Soc. Entomol. Fr. 50 (2): 176. **Type locality:** China: Qinghai, Yushu.

分布（**Distribution**）：青海（QH）。

（676）似海滨点池蝇 *Spilogona sublitorea* **Xue, 2015**

Spilogona sublitorea Xue, 2015. *In*: Yu *et* Xue, 2015a. Ann. Soc. Entomol. Fr. 50 (2): 178. **Type locality:** China: Xinjiang, Shawan.

分布（**Distribution**）：新疆（XJ）。

（677）聋点池蝇 *Spilogona surda* **(Zetterstedt, 1845)**

Aricia surda Zetterstedt, 1845. Dipt. Scand. 4: 1476. **Type locality:** Denmark: Copenhagen. Sweden: Ostrogothia: Gusum.

分布（**Distribution**）：黑龙江（HL）；俄罗斯、丹麦、瑞典；北美洲。

（678）塔河点池蝇 *Spilogona taheensis* **Ma *et* Cui, 1992**

Spilogona taheensis Ma *et* Cui, 1992. *In*: Fan, 1992. Key to the Common Flies of China, 2nd Ed.: 350. **Type locality:** China: Heilongjiang.

分布（**Distribution**）：黑龙江（HL）。

（679）狭侧叶点池蝇 *Spilogona tenuisurstyla* **Xue, 2015**

Spilogona tenuisurstyla Xue, 2015. *In*: Yu *et* Xue, 2015a. Ann. Soc. Entomol. Fr. 50 (2): 179. **Type locality:** China: Xinjiang, Mt. Kaerdong.

分布（**Distribution**）：新疆（XJ）。

（680）天池点池蝇 *Spilogona tianchia* **Xue *et* Zhang, 1993**

Spilogona tianchia Xue *et* Zhang, 1993. Acta Ent. Sin. 36 (1): 100. **Type locality:** China: Jilin.

分布（**Distribution**）：吉林（JL）。

（681）青藏点池蝇 *Spilogona tibetana* **Hennig, 1959**

Spilogona tibetana Hennig, 1959. Flieg. Palaearkt. Reg. 7 (2): 259. **Type locality:** China: Qinghai, Bassin des oberen Hoang-ho.

分布（**Distribution**）：青海（QH）。

（682）夕阳点池蝇 *Spilogona veterrima* **(Zetterstedt, 1845)**

Aricia veterrima Zetterstedt, 1845. Dipt. Scand. 4: 1588. **Type locality:** Sweden: Skåne, Esperod.
Aricia alulata Zetterstedt, 1855. Dipt. Scand. 12: 4732. **Type locality:** Norway: Hof, Asnes, N.
Aricia serta Pandelle, 1899b. Rev. Ent. 18 (Suppl.): 128. **Type locality:** Poland: Gdansk.

分布（**Distribution**）：山西（SX）；瑞典、挪威、俄罗斯、波兰。

（683）薛氏点池蝇 *Spilogona xuei* **Wang *et* Xu, 1997**

Spilogona xuei Wang *et* Xu, 1997. Acta Zootaxon. Sin. 22 (2): 206. **Type locality:** China: Shanxi, Ninwu.

分布（**Distribution**）：山西（SX）。

30. 客溜蝇属 *Xenolispa* Malloch, 1922

Xenolispa Malloch, 1922d. Ann. Mag. Nat. Hist. (9) 51: 279. **Type species:** *Xenolispa atrifrontata* Malloch, 1922 (by original designation).

（684）双点客溜蝇 *Xenolispa binotata* **(Becker, 1914)**

Lispa binotata Becker, 1914. Suppl. Ent. 3: 81. **Type locality:** China: Taiwan.

分布（**Distribution**）：台湾（TW）；斯里兰卡、印度尼西亚、印度。

（685）黄蹠客溜蝇 *Xenolispa kowarzi* **(Becker, 1903)**

Lispa kowarzi Becker, 1903. Mitt. Zool. Mus. Berl. 2 (3): 116. **Type locality:** Egypt: Cairo.
Lispa pallitarsis Stein, 1909. Tijdschr. Ent. 52: 259. **Type locality:** Indonesia: Java, Semarang.
Lispe pallitarsis var. *unicolor* Hennig, 1960. Flieg. Palaearkt. Reg. 7 (2): 437.

分布（**Distribution**）：云南（YN）、台湾（TW）、广东（GD）、广西（GX）、海南（HI）；缅甸、马来西亚、斯里兰卡、泰国、尼泊尔、印度、印度尼西亚、埃及。

夜蝇亚科 Eginiinae

夜蝇族 Eginiini

31. 合夜蝇属 *Syngamoptera* Schnabl, 1902

Syngamoptera Schnabl, 1902. Russk. Ent. Obozr. 2: 79. **Type species:** *Syngamoptera amurensis* Schnabl, 1902 (monotypy).
Eginiella Malloch, 1925. Ann. Mag. Nat. Hist. (9) 16: 93.

Type species: *Eginiella brunnescens* Malloch, 1925 (by original designation).

Tertiuseginia Ôuchi, 1938. J. Shanghai Sci. Inst. (3) 4: 15. **Type species:** *Tertiuseginia chekiangensis* Ôuchi, 1938 (by original designation).

Magma Albuquerque, 1949. Rev. Brasil. Biol. 9 (2): 163. **Type species:** *Magma opportunum* Albuquerque, 1949 (by original designation).

（686）黑龙江合夜蝇 *Syngamoptera amurensis* Schnabl, 1902

Syngamoptera amurensis Schnabl, 1902. Russk. Ent. Obozr. 2: 82. **Type locality:** Russia: Far East, Siberia, Vladivostok.

分布（Distribution）：辽宁（LN）；日本、俄罗斯。

（687）狭额合夜蝇 *Syngamoptera angustifrontata* Fan, 1990

Syngamoptera angustifrontata Fan, 1990. Zool. Res. 11 (2): 115. **Type locality:** China: Yunnan, Yongshan.

Syngamoptera angustifrontata: Fan, 1965. Key to the Common Flies of China: 222; Xue, 1998. *In*: Xue et Chao, 1998. Flies of China, Vol. 1: 1011, 1012 [subsequent incorrect spelling of *plumisaeta*].

分布（Distribution）：云南（YN）。

（688）棕色合夜蝇 *Syngamoptera brunnescens* (Malloch, 1925)

Eginiella brunnescens Malloch, 1925. Ann. Mag. Nat. Hist. (9) 16: 93. **Type locality:** China: Sichuan, Huanglong Xia.

分布（Distribution）：四川（SC）、台湾（TW）。

（689）浙江合夜蝇 *Syngamoptera chekiangensis* (Ôuchi, 1938)

Tertiuseginia chekiangensis Ôuchi, 1938. J. Shanghai Sci. Inst. (3) 4: 15. **Type locality:** China: Zhejiang, Mt. Tianmushan.

分布（Distribution）：浙江（ZJ）。

（690）黄足合夜蝇 *Syngamoptera flavipes* (Coquillett, 1898)

Spilogaster flavipes Coquillett, 1898. Proc. U. S. Natl. Mus. 21: 334. **Type locality:** Japan.

分布（Distribution）：黑龙江（HL）、吉林（JL）、辽宁（LN）；日本、俄罗斯。

（691）巨合夜蝇 *Syngamoptera gigas* Fan, 1990

Syngamoptera gigas Fan, 1990. Zool. Res. 11 (2): 117. **Type locality:** China: Shanghai.

分布（Distribution）：上海（SH）。

（692）智异山合夜蝇 *Syngamoptera jirisanensis* Fan, 1990

Syngamoptera jirisanensis Fan, 1990. Zool. Res. 11 (2): 117. **Type locality:** D. P. R. Korea: Chirisan.

分布（Distribution）：黑龙江（HL）、吉林（JL）、辽宁（LN）；朝鲜。

（693）单线合夜蝇 *Syngamoptera unilineata* Fan, 1992

Syngamoptera unilineata Fan, 1992. Key to the Common Flies of China, 2nd Ed.: 224. **Type locality:** China: Liaoning, Xinbin (Mt. Gangshan).

分布（Distribution）：辽宁（LN）。

32. 客夜蝇属 *Xenotachina* Malloch, 1921

Xenotachina Malloch, 1921d. Ann. Mag. Nat. Hist. (7) 41: 420. **Type species:** *Xenotachina pallida* Malloch, 1921 (by original designation).

Cypselopteryx Townsend, 1926. Suppl. Ent. 14: 16. **Type species:** *Cypselopteryx mima* Townsend, 1926 (by original designation).

Macroeginia Malloch, 1928. Ann. Mag. Nat. Hist. (10) 1: 476. **Type species:** *Macroeginia pandleburyi* Malloch, 1928 (by original designation).

Cypselodopteryx Townsend, 1934b. Entomol. News 45: 20 [preoccupied by *Cypselopteryx* Townsend, 1926, nec Kaup, 1850: (aves)].

Atelia Enderlein, 1934. Sber. Ges. Naturf. Freunde Berl. 1934 (4-7): 187. **Type species:** *Atelia javanc* Enderlein, 1934 (by original designation).

Nystomyia Séguy, 1935. Encycl. Ent. (B) II Dipt. 8: 167. **Type species:** *Nystomyia latifrons* Séguy, 1935 (by original designation).

Cypselodoptera, error.

（694）狭颊客夜蝇 *Xenotachina angustigena* Fan, 1992

Xenotachina angustigena Fan, 1992. Key to the Common Flies of China, 2nd Ed.: 227. **Type locality:** China: Sichuan, Ya'an (Mt. Zhougongshan).

分布（Distribution）：四川（SC）。

（695）峨眉客夜蝇 *Xenotachina armata* Malloch, 1929

Xenotachina armata Malloch, 1929. Ann. Mag. Nat. Hist. (10) 4: 323. **Type locality:** China: Sichuan, Mt. Emeishan.

分布（Distribution）：四川（SC）。

（696）毛腹客夜蝇 *Xenotachina basisternita* Fan, 1992

Xenotachina basisternita Fan, 1992. Key to the Common Flies of China, 2nd Ed.: 227. **Type locality:** China: Yunnan, Yongshan.

分布（Distribution）：云南（YN）。

（697）彩背客夜蝇 *Xenotachina bicoloridorsalis* Fan et Feng, 2008

Xenotachina bicoloridorsalis Fan et Feng, 2008. *In*: Feng,

2008. Fauna Sinica, Insecta, Vol. 49: 375. **Type locality:** China: Sichuan, Ya'an (Mt. Erlangshan).

分布（Distribution）：四川（SC）。

（698）棕孔客夜蝇 *Xenotachina brunneispiracula* Fan *et* Feng, 2008

Xenotachina brunneispiracula Fan *et* Feng, 2008. *In*: Feng, 2008. Fauna Sinica, Insecta, Vol. 49: 382. **Type locality:** China: Sichuan, Ya'an (Mt. Laobanshan).

分布（Distribution）：四川（SC）。

（699）赴战客夜蝇 *Xenotachina busenensis* Fan, 1992

Xenotachina busenensis Fan, 1992. Key to the Common Flies of China, 2nd Ed.: 229. **Type locality:** D. P. R. Korea: Busen.

分布（Distribution）：黑龙江（HL）、吉林（JL）、辽宁（LN）；朝鲜。

（700）重庆客夜蝇 *Xenotachina chongqingensis* Fan, 1992

Xenotachina chongqingensis Fan, 1992. Key to the Common Flies of China, 2nd Ed.: 229. **Type locality:** China: Chongqing, Mt. Jinyunshan.

分布（Distribution）：四川（SC）。

（701）双栉客夜蝇 *Xenotachina dictenata* Fan, 1992

Xenotachina dictenata Fan, 1992. Key to the Common Flies of China, 2nd Ed.: 226. **Type locality:** China: Chongqing, Jinfoshan.

分布（Distribution）：重庆（CQ）。

（702）双鬃客夜蝇 *Xenotachina disternopleuraliss* Fan *et* Feng, 2008

Xenotachina disternopleuraliss Fan *et* Feng, 2008. *In*: Feng, 2008. Fauna Sinica, Insecta, Vol. 49: 363. **Type locality:** China: Sichuan, Ya'an.

分布（Distribution）：四川（SC）。

（703）黄腹客夜蝇 *Xenotachina flaviventris* Fan, 1992

Xenotachina flaviventris Fan, 1992. Key to the Common Flies of China, 2nd Ed.: 229. **Type locality:** China: Jilin, Baihe.

分布（Distribution）：吉林（JL）。

（704）烟股客夜蝇 *Xenotachina fumifemoralis* Fan, 1992

Xenotachina fumifemoralis Fan, 1992. Key to the Common Flies of China, 2nd Ed.: 229. **Type locality:** China: Shaanxi, Weiziping.

分布（Distribution）：陕西（SN）。

（705）暗基客夜蝇 *Xenotachina fuscicoxae* Fan *et* Feng, 2008

Xenotachina fuscicoxae Fan *et* Feng, 2008. *In*: Feng, 2008. Fauna Sinica, Insecta, Vol. 49: 374. **Type locality:** China: Sichuan, Ya'an (Mt. Erlangshan).

分布（Distribution）：四川（SC）。

（706）黄山客夜蝇 *Xenotachina huangshanensis* Fan, 1992

Xenotachina huangshanensis Fan, 1992. Key to the Common Flies of China, 2nd Ed.: 226. **Type locality:** China: Anhui, Mt. Huangshan.

分布（Distribution）：安徽（AH）。

（707）短栉客夜蝇 *Xenotachina latifrons* (Séguy, 1935)

Nystomyia tatifrons Séguy, 1935. Encycl. Ent. (B) II Dipt. 8: 167. **Type locality:** China: Jiangxi, Kouling.

分布（Distribution）：江西（JX）。

（708）黑尾客夜蝇 *Xenotachina nigricaudalis* Fan *et* Feng, 2008

Xenotachina nigricaudalis Fan *et* Feng, 2008. *In*: Feng, 2008. Fauna Sinica, Insecta, Vol. 49: 376. **Type locality:** China: Sichuan, Ya'an (Mt. Zhougongshan).

分布（Distribution）：四川（SC）。

（709）前股客夜蝇 *Xenotachina profemoralis* Fan, 1992

Xenotachina profemoralis Fan, 1992. Key to the Common Flies of China, 2nd Ed.: 229. **Type locality:** China: Jilin, Baihe.

分布（Distribution）：吉林（JL）。

（710）彩额客夜蝇 *Xenotachina pulchellifrons* Fan, 1992

Xenotachina pulchellifrons Fan, 1992. Key to the Common Flies of China, 2nd Ed.: 229. **Type locality:** China: Yunnan, Mt. Zhibenshan.

分布（Distribution）：云南（YN）。

（711）亚股客夜蝇 *Xenotachina subfemoralis* Fan, 1992

Xenotachina subfemoralis Fan, 1992. Key to the Common Flies of China, 2nd Ed.: 227. **Type locality:** China: Jilin, Manjiang.

分布（Distribution）：吉林（JL）。

（712）雅安客夜蝇 *Xenotachina yaanensis* Feng, 2008

Xenotachina yaanensis Feng, 2008. *In*: Fan, 2008. Fauna

Sinica, Insecta, Vol. 49: 385. **Type locality:** China: Sichuan, Ya'an (Mt. Laobanshan).

分布（Distribution）：四川（SC）。

（713）云南客夜蝇 *Xenotachina yunnanica* **Fan, 1992**

Xenotachina yunnanica Fan, 1992. Key to the Common Flies of China, 2nd Ed.: 227. **Type locality:** China: Yunnan, Yongshan.

分布（Distribution）：云南（YN）。

（714）知本客夜蝇 *Xenotachina zhibenensis* **Fan, 1992**

Xenotachina zhibenensis Fan, 1992. Key to the Common Flies of China, 2nd Ed.: 229. **Type locality:** China: Taiwan, Zhibenshan.

分布（Distribution）：台湾（TW）。

家蝇亚科 Muscinae

家蝇族 Muscini

33. 毛蝇属 *Dasyphora* Robineau-Desvoidy, 1830

Dasyphora Robineau-Desvoidy, 1830. Mém. Prés. Div. Sav. Acad. R. Sci. Inst. Fr. 2 (2): 409. **Type species:** *Musca agilis* Meigen, 1826 (designated by Townsend, 1916).
Dasyphorina Enderlein, 1936. Tierwelt Mitteleur. 6 (2), Ins. 3: 202. **Type species:** *Dasiphora saltuum* Rondani, 1862 (monotypy) viz. *Dasyphorina albofasciata* (Macquart, 1839).

（715）白纹毛蝇 *Dasyphora albofasciata* **(Macquart, 1839)**

Lucilia albofasciata Macquart, 1839. *In*: Webb *et* Berthelot, 1839. Hist. Nat. Iles Canaries, Entom. 2 (2), 13. Dipt.: 114. **Type locality:** Not given (from title: Canary Is.).
Lucilia hirsutoculata Macquart, 1849. Explor. Scient. Algérie, Zool. 3: 486. **Type locality:** Algeria: Algiers, Mustapha.
Dasiphora saltuum Rondani, 1862. Dipt. Ital. Prodromus, Vol. V: 207. **Type locality:** Italy: Insubria.
Dasyphora aeneomicans Portschinsky, 1881a. Horae Soc. Ent. Ross. 16: 143. **Type locality:** Armenia.

分布（Distribution）：内蒙古（NM）、北京（BJ）、山西（SX）、西藏（XZ）；俄罗斯、乌克兰、亚美尼亚、格鲁吉亚、阿塞拜疆、伊拉克、叙利亚、土耳其、阿尔及利亚、摩洛哥；欧洲（西部和南部）、非洲（北部）。

（716）缘带毛蝇 *Dasyphora apicotaeniata* **Ni, 1982**

Dasyphora apicotaeniata Ni, 1982. *In*: Ye, Ni *et* Fan, 1982. *In*: Lu, 1982. Identification Handbook for Medically Important Animals in China: 357, 402, 435, 470. **Type locality:** China: Xinjiang, Manasi.

分布（Distribution）：新疆（XJ）。

（717）亚洲毛蝇 *Dasyphora asiatica* **Zimin, 1947**

Dasyphora asiatica Zimin, 1947. Ent. Obozr. 28 (3-4): 116, 118. **Type locality:** Middle Asia.

分布（Distribution）：内蒙古（NM）、新疆（XJ）；蒙古国、乌兹别克斯坦、塔吉克斯坦、土库曼斯坦、伊拉克；亚洲（中部）。

（718）甘肃毛蝇 *Dasyphora gansuensis* **Ni, 1982**

Dasyphora gansuensis Ni, 1982. *In*: Ye, Ni *et* Fan, 1982. *In*: Lu, 1982. Identification Handbook for Medically Important Animals in China: 435. **Type locality:** China: Gansu, Qingshui.

分布（Distribution）：甘肃（GS）。

（719）中亚毛蝇 *Dasyphora gussakovskii* **Zimin, 1947**

Dasyphora gussakovskii Zimin, 1947. Ent. Obozr. 28 (3-4): 117. **Type locality:** Uzbekistan.

分布（Distribution）：内蒙古（NM）、新疆（XJ）、西藏（XZ）；蒙古国、乌兹别克斯坦、塔吉克斯坦、印度（北部）、尼泊尔。

（720）柳氏毛蝇 *Dasyphora liui* **Zhong et Fan, 2008**

Dasyphora liui Zhong *et* Fan, 2008. *In*: Fan, 2008. Fauna Sinica, Insecta, Vol. 49: 730. **Type locality:** China: Tibet, Yadong.

分布（Distribution）：西藏（XZ）。

（721）陆氏毛蝇 *Dasyphora lui* **Zhong et Fan, 2008**

Dasyphora lui Zhong *et* Fan, 2008. *In*: Fan, 2008. Fauna Sinica, Insecta, Vol. 49: 734. **Type locality:** China: Tibet, San'anqulin.

分布（Distribution）：西藏（XZ）。

（722）拟变色毛蝇 *Dasyphora paraversicolor* **Zimin, 1951**

Dasyphora paraversicolor Zimin, 1951. Fauna USSR Dipt. 18 (4), Muscidae, 1: 194. **Type locality:** Kirghiz.

分布（Distribution）：甘肃（GS）、青海（QH）、新疆（XJ）、西藏（XZ）；吉尔吉斯斯坦、塔吉克斯坦、俄罗斯、巴基斯坦。

（723）四鬃毛蝇 *Dasyphora quadrisetosa* **Zimin, 1951**

Dasyphora quadrisetosa Zimin, 1951. Fauna USSR Dipt. 18 (4), Muscidae, 1: 191. **Type locality:** China: Sichuan, Fubianhe.
Dasyphora sinensis Ma, 1979. Acta Zootaxon. Sin. 4 (4): 378. **Type locality:** China: Liaoning, Mt. Dahei.
Dasyphora huiliensis Ni, 1982. *In*: Ye, Ni *et* Fan, 1982. *In*: Lu, 1982. Identification Handbook for Medically Important

Animals in China: 403, 435, 480.

分布（Distribution）：辽宁（LN）、山西（SX）、陕西（SN）、宁夏（NX）、甘肃（GS）、湖北（HB）、四川（SC）、云南（YN）、西藏（XZ）。

（724）天山毛蝇 *Dasyphora tianshanensis* Ni, 1982

Dasyphora tianshanensis Ni, 1982. *In*: Ye, Ni *et* Fan, 1982. *In*: Lu, 1982. Identification Handbook for Medically Important Animals in China: 435. **Type locality:** China: Xinjiang, Manasi.

分布（Distribution）：新疆（XJ）。

（725）毛胸毛蝇 *Dasyphora trichosterna* Zimin, 1951

Dasyphora trichosterna Zimin, 1951. Fauna USSR Dipt. 18 (4), Muscidae, 1: 198. **Type locality:** China: Xinjiang, Aletai.

分布（Distribution）：内蒙古（NM）、宁夏（NX）、青海（QH）、新疆（XJ）；蒙古国。

34. 优毛蝇属 *Eudasyphora* Townsend, 1911

Eudasyphora Townsend, 1911. Proc. Ent. Soc. Wash. 13: 170. **Type species:** *Lucilia lasiophthalma* Macquart, 1834 [= *Musca cyanella* Meigen, 1826].
Dasyphoromima Zimin, 1951. Fauna USSR Dipt. 18 (4), Muscidae, 1: 175. **Type species:** *Pyrellilllia* (*Dasyphoromima*) *pavlovskyi* Zimin, 1951 (by original designation) (as a subgenus of *Pyrellia* Robineau-Desvoidy, 1830).
Dasypyrellia Lobanov, 1976. Zool. Žhur. 55: 1181. **Type species:** *Pyrellia cyanicolor* Zetterstedt, 1845 (by original designation).

（726）刺肛优毛蝇 *Eudasyphora acanepiprocta* Feng, 2008

Eudasyphora acanepiprocta Feng, 2008. *In*: Fan, 2008. Fauna Sinica, Insecta, Vol. 49: 715. **Type locality:** China: Sichuan, Ya'an (Mt. Erlang).

分布（Distribution）：四川（SC）。

（727）赛伦优毛蝇 *Eudasyphora cyanicolor* (Zetterstedt, 1845)

Pyrellia cyanicolor Zetterstedt, 1845. Dipt. Scand. 4: 1323. **Type locality:** Sweden.
Musca seplasia Walker, 1849. List of the specimens of dipterous insets in the collection of the British Museum Part IV: 891. **Type locality:** Not given.
Pyrellia cognata Schiner, 1862b. Fauna Austriaca 1: 592 (unavailable; published in synonymy with *serena* Meigen).
Pyrellia bisignata Schiner, 1862b. Fauna Austriaca 1: 592 (unavailable; published in synonymy with *serena* Meigen).

分布（Distribution）：黑龙江（HL）、辽宁（LN）、新疆（XJ）；朝鲜、日本、蒙古国、俄罗斯、伊朗；欧洲。

（728）毛胸优毛蝇 *Eudasyphora dasyprosterna* Fan *et* Qian, 1992

Eudasyphoradasyprosterna Fan *et* Qian, 1992. *In*: Fan, 1992. Key to the Common Flies of China, 2nd Ed.: 299. **Type locality:** China: Xinjiang, Baihaba, Habahe.

分布（Distribution）：新疆（XJ）。

（729）黄足优毛蝇 *Eudasyphora flavipes* (Malloch, 1931)

Pyrellia flavipes Malloch, 1931b. Ann. Mag. Nat. Hist. (10) 7: 190. **Type locality:** Indonesia: Sumatra.

分布（Distribution）：西藏（XZ）；朝鲜、日本、泰国、缅甸、印度、尼泊尔、印度尼西亚。

（730）棕褐优毛蝇 *Eudasyphora fulvescenta* Feng, 2008

Eudasyphora fulvescenta Feng, 2008. *In*: Fan, 2008. Fauna Sinica, Insecta, Vol. 49: 717. **Type locality:** China: Sichuan, Ya'an (Mt. Erlangshan).

分布（Distribution）：四川（SC）。

（731）紫蓝优毛蝇 *Eudasyphora kempi* (Emden, 1965)

Dasyphora cyanicolor kempi Emden, 1965. Fauna of India and the Adjacent Countries. Diptera 7, Muscidae I: 144. **Type locality:** India: Darjeeling, Assam, Kashmir.

分布（Distribution）：青海（QH）、四川（SC）、云南（YN）、西藏（XZ）；印度、尼泊尔。

（732）中缅优毛蝇 *Eudasyphora malaisei* (Emden, 1965)

Dasyphora (*Pyrellia*) *malaisei* Emden, 1965. Fauna of India and the Adjacent Countries. Diptera 7, Muscidae I: 145. **Type locality:** Myanmar: Kambaita.

分布（Distribution）：云南（YN）；缅甸、泰国。

（733）兴凯优毛蝇 *Eudasyphora pavlovskyi* (Zimin, 1951)

Pyrellia (*Dasyphoromima*) *pavlovskyi* Zimin, 1951. Fauna USSR Dipt. 18 (4), Muscidae, 1: 175. **Type locality:** Russia: Far East, Primorckovo Territory, Yevseevki.
Eudasyphora dasyprosterna Fan *et* Qian, 1992. *In*: Fan, 1992. Key to the Common Flies of China, 2nd Ed.: 299. **Type locality:** China: Xinjiang, Habahe.

分布（Distribution）：新疆（XJ）；俄罗斯。

（734）裂腹优毛蝇 *Eudasyphora schizosternita* Feng, 2008

Eudasyphora schizosternita Feng, 2008. *In*: Fan, 2008. Fauna Sinica, Insecta, Vol. 49: 717. **Type locality:** China: Sichuan, Ya'an (Mt. Erlangshan).

分布（Distribution）：四川（SC）。

（735） 半透优毛蝇 *Eudasyphora semilutea* (Malloch, 1923)

Orthellisemilutea Malloch, 1923. Ann. Mag. Nat. Hist. (9) 12: 515. **Type locality:** Indonesia: Jawa.

分布（Distribution）：浙江（ZJ）、湖南（HN）、四川（SC）、云南（YN）、台湾（TW）；尼泊尔、印度尼西亚。

（736）岫岩优毛蝇 *Eudasyphora xiuyanensis* Xue, Wang *et* Zhang, 2007

Eudasyphora xiuyanensis Xue, Wang *et* Zhang, 2007. Pan-Pac. Entomol. 82 (3): 316. **Type locality:** China: Liaoning, Xiuyan, Huashan.

分布（Distribution）：辽宁（LN）。

35. 碧莫蝇属 *Mitroplatia* Enderlein, 1935

Mitroplatia Enderlein, 1935. Sber. Ges. Naturf. Freunde Berl. 18: 236. **Type species:** *Mitroplatia pygmaea* Enderlein, 1935 (by original designation).

Weyerellia Zielke, 1971. Series Ent. 7. Revision der Muscinae der Athiopischen Region: 76. **Type species:** *Morellia smaragdina* Séguy, 1935 (by original designation).

（737）白斑碧莫蝇 *Mitroplatia nivemaculata* Fan, Fang *et* Yang, 1992

Mitroplatia nivemaculata Fan, Fang *et* Yang, 1992. *In*: Fan, 1992. Key to the Common Flies of China, 2nd Ed.: 269. **Type locality:** China: Yunnan, Menglun, Mengla.

分布（Distribution）：云南（YN）。

36. 莫蝇属 *Morellia* Robineau-Desvoidy, 1830

Morellia Robineau-Desvoidy, 1830. Mém. Prés. Div. Sav. Acad. R. Sci. Inst. Fr. 2 (2): 405. **Type species:** *Morellia agilia* Robineau-Desvoidy, 1830 (designated by Townsend, 1916) [= *Musca hortorum* Fallén, 1817].

Alina Robineau-Desvoidy, 1863. Hist. Nat. Dipt. Envir. Paris 2: 639 (nec Risso, 1826). **Type species:** *Alina pratensis* Robineau-Desvoidy, 1863 (designated by Coquillett, 1910) [= *Cyrtoneurcrra simplex* Loew, 1857].

Camilla Robineau-Desvoidy, 1863. Hist. Nat. Dipt. Envir. Paris 2: 641 (nec Haliday, 1836). **Type species:** *Morellia aenescens* Robineau-Desvoidy, 1830 (designated by Coquillett, 1910).

Dasysterna Zimin, 1951. Fauna USSR Dipt. 18 (4), Muscidae, 1: 212 (as a subgenus of *Morellia* Robineau-Desvoidy, 1830, nec Dejean, 1833). **Type species:** *Cyrtoneura simplex* Loew, 1857 (by original designation).

（738） 曲胫莫蝇 *Morellia aenescens* Robineau-Desvoidy, 1830

Morellia aenescens Robineau-Desvoidy, 1830. Mém. Prés. Div. Sav. Acad. R. Sci. Inst. Fr. 2 (2): 406. **Type locality:** France.

分布（Distribution）：黑龙江（HL）、吉林（JL）、内蒙古（NM）、陕西（SN）、新疆（XJ）；日本、蒙古国、俄罗斯；欧洲。

（739）济州莫蝇 *Morellia asetosa* Baranov, 1925

Morellia asetosa Baranov, 1925. Encycl. Ent. (B II) Dipt. 2: 59. **Type locality:** Yugoslavia.

Morella saishuensis Ôuchi, 1942a. J. Shanghai Sci. Inst. (n. Ser.) 2 (2): 55. **Type locality:** D. P. R. Korea.

Morellia (Dasysterna) simplicissima Zimin, 1951. Fauna USSR Dipt. 18 (4), Muscidae, 1: 221. **Type locality:** Russia: Smolino, Minusinsk, Sorokino, Listvenichinoe, Yakutsk, Khamurgan, Voroshilov (Shkotovskiy Region, Vladivostokovo Area, Yankovskovo Peninsula, Primorskiy Territory, Siberia).

分布（Distribution）：黑龙江（HL）、吉林（JL）、辽宁（LN）、内蒙古（NM）、山东（SD）、新疆（XJ）、江苏（JS）、上海（SH）；朝鲜、日本、蒙古国、俄罗斯、前南斯拉夫、波兰、匈牙利、奥地利、西班牙。

（740）海南莫蝇 *Morellia hainanensis* Ni, 1982

Morellia hainanensis Ni, 1982. *In*: Ye, Ni *et* Fan, 1982. *In*: Lu, 1982. Identification Handbook for Medically Important Animals in China: 359, 411, 436. **Type locality:** China: Hainan, Mt. Diaoluoshan.

分布（Distribution）：云南（YN）、海南（HI）。

（741）园莫蝇 *Morellia hortensia* (Wiedemann, 1824)

Musca hortensia Wiedemann, 1824. Munus Rectoris in Academia Christiana Albertina Aditurus Analecta Entomológica ex Museo Regio Havniensi Máxime Congesta Profert Iconibusque Illustrat: 49. **Type locality:** Indonesia: Jawa.

Musca hortulana Wiedemnn, 1830. Aussereurop. Zweifl. Insekt. 2: 417. **Type locality:** between West Malaysia: Melaka, St. Paul's Hill. China: Guangdong, Guangzhou (apud Pont, 1977) (preoccupied, nec Scopoli, 1763).

Pyrellia nigerrima Enderlein, 1934. Sber. Ges. Naturf. Freunde Berl. 1933 (3): 422. **Type locality:** China: Taiwan, Dongyuanmenwai.

Morellia (Dasysterna) pingi Hsieh, 1958. Acta Ent. Sin. 8 (1): 82. **Type locality:** China: Fujian, Xiamen.

分布（Distribution）：黑龙江（HL）、吉林（JL）、辽宁（LN）、内蒙古（NM）、山西（SX）、山东（SD）、河南（HEN）、陕西（SN）、甘肃（GS）、新疆（XJ）、江苏（JS）、上海（SH）、浙江（ZJ）、湖南（HN）、湖北（HB）、贵州（GZ）、云南（YN）、福建（FJ）、台湾（TW）、广东（GD）、广西（GX）；

日本、朝鲜、俄罗斯、印度、斯里兰卡、马来西亚、印度尼西亚、新加坡、新几内亚岛、澳大利亚；非洲热带区。

（742）林莫蝇 *Morellia hortorum* (Fallén, 1817)

Musca hortorum Fallén, 1817. K. Svenska Vetensk. Akad. Handl. (3) [1816]: 252. **Type locality:** Sweden.

Anthomyia hortorum Wiedemann, 1817. Zool. Mag. 1 (1): 83 (junior secondary homonym of *Musca hortorum* Fallén, 1817). **Type locality:** Germany: Holstein.

分布（Distribution）：黑龙江（HL）、内蒙古（NM）、河北（HEB）、山西（SX）、甘肃（GS）、青海（QH）、新疆（XJ）、四川（SC）；朝鲜、日本、蒙古国、俄罗斯、巴基斯坦、土耳其；欧洲（西部）。

（743）西藏莫蝇 *Morellia hortorum tibetana* Fan, 1974

Morellia hortorum tibetana Fan, 1974. Acta Ent. Sin. 17 (1): 95. **Type locality:** China: Tibet, Lasa.

分布（Distribution）：青海（QH）、四川（SC）、西藏（XZ）。

（744）隐刺莫蝇 *Morellia latensispina* Fang *et* Fan, 1993

Morellia latensispina Fang *et* Fan, 1993. *In*: The Comprehensive Scientific Expedition to the Qinghai-Xizang Plateau, Chinese Academy of Sciences, 1993. Insects of the Hengduan Mountains Region, Vol. 2: 1244. **Type locality:** China: Sichuan, Mt. Que'ershan.

分布（Distribution）：四川（SC）。

（745）黑背莫蝇 *Morellia nigridorsata* Mou, 1984

Morellia nigridorsata Mou, 1984. Acta Zootaxon. Sin. 9 (3): 288. **Type locality:** China: Liaoning, Yixian.

分布（Distribution）：辽宁（LN）。

（746）黑瓣莫蝇 *Morellia nigrisquama* Malloch, 1928

Morellia nigrisquama Malloch, 1928. Ent. Mitt. 17: 329. **Type locality:** Indonesia: Sumatra.

分布（Distribution）：湖南（HN）、云南（YN）、西藏（XZ）、台湾（TW）；缅甸、印度、印度尼西亚、泰国。

（747）瘤胫莫蝇 *Morellia podagrica* (Loew, 1857)

Cyrtoneura podagrica Loew, 1857. Wien. Ent. Monatschr. 1: 45. **Type locality:** Austria.

分布（Distribution）：吉林（JL）、新疆（XJ）；蒙古国、吉尔吉斯斯坦、塔吉克斯坦、阿塞拜疆、奥地利、比利时、保加利亚、瑞士、捷克、斯洛伐克、德国、西班牙、法国、意大利、挪威、荷兰、波兰、罗马尼亚、瑞典、芬兰、前南斯拉夫、俄罗斯；新北区。

（748）简莫蝇 *Morellia simplex* (Loew, 1857)

Cyrtoneura simplex Loew, 1857. Wien. Ent. Monatschr. 1: 45.

Type locality: Britain.

分布（Distribution）：新疆（XJ）；吉尔吉斯斯坦、乌兹别克斯坦、高加索地区、俄罗斯、土耳其、英国、德国、匈牙利、意大利、希腊。

（749）中华莫蝇 *Morellia sinensis* Ôuchi, 1942

Morellia sinensis Ôuchi, 1942a. J. Shanghai Sci. Inst. (n. Ser.) 2 (2): 53. **Type locality:** China: Zhejiang, Mt. Tianmushan.

分布（Distribution）：河南（HEN）、江苏（JS）、上海（SH）、浙江（ZJ）、江西（JX）、四川（SC）、云南（YN）、西藏（XZ）、台湾（TW）。

（750）污瓣莫蝇 *Morellia sordidisquama* Stein, 1918

Morellia sordidisquama Stein, 1918. Ann. Hist.-Nat. Mus. Natl. Hung. 16: 164. **Type locality:** Sri Lanka.

分布（Distribution）：台湾（TW）；印度、斯里兰卡。

（751）绥芬河莫蝇 *Morellia suifenhensis* Ni, 1982

Morellia suifenhensis Ni, 1982. *In*: Ye, Ni *et* Fan, 1982. *In*: Lu, 1982. Identification Handbook for Medically Important Animals in China: 359, 411, 436. **Type locality:** China: Heilongjiang, Suifenhe.

分布（Distribution）：黑龙江（HL）。

37. 家蝇属 *Musca* Linnaeus, 1758

Musca Linnaeus, 1758. Syst. Nat. Ed. 10 (1): 589. **Type species:** *Musca domestica* Linnaeus, 1758 (by designation of ICZN, 1925).

Byomya Robineau-Desvoidy, 1830. Mém. Prés. Div. Sav. Acad. R. Sci. Inst. Fr. 2 (2): 392. **Type species:** *Byomya violacea* Robineau-Desvoidy, 1830 [= *Musca tempestiva* Fallén, 1817].

Sphora Robineau-Desvoidy, 1830. Mém. Prés. Div. Sav. Acad. R. Sci. Inst. Fr. 2 (2): 394. **Type species:** *Sphora nigricans* Robineau-Desvoidy, 1830 [= *Musca domestica* Linnaeus, 1758].

Placomyia Agassiz, 1847. Nom. Zool. Index Univ.: 297 (unjustified emendation of *Plaxemya* Robineau-Desvoidy).

Synamphoneura Bezzi, 1892. Annali Mus. Civ. Stor. Nat. Giacomo Doria (2) 12: 190 (nec Bigot, 1886).

Philaematomyia Austen, 1909. Ann. Mag. Nat. Hist. (8) 3: 295. **Type species:** *Philaematomyia insignis* Austen, 1909 (viz. *Musca crassirostris* Stein, 1903) (by original designation).

Pristirhynchomyia Brunetti, 1910. Rec. India Mus. 4: 91. **Type species:** *Pristirhynchomyia lineata* Brunetti, 1910 (viz. *Musca conducens* Walker, 1859) (monotypy).

Awatia Townsend, 1921. Insecutor Inscit. Menstr. 9: 132. **Type species:** *Musca irnindica* Awati, 1916 (viz. *Musca planiceps* Wiedemann, 1 824) (by original designation).

Ptilolepis Bezzi, 1921. Ann. Trop. Med. Paras. 14: 335. **Type species:** *Musca injinferior* Stein, 1909 (by original designation).

Lissosterna Bezzi, 1923. Bull. Soc. R. Ent. Egypte 7: 110.
Type species: *Musca albina* Wiedemann, 1830 (by original designation, as a subgenus of *Musca* Linnaeus, 1758).
Emusca Malloch, 1925. Ann. Mag. Nat. Hist. (9) 15: 136 (nom. Nov. pro *Eumusca* Townsend, 1911).
Pattonia Ho, 1938. Ann. Trop. Med. Paras. 32: 202. **Type species:** *Musca sorbens* Wiedemann, 1830 (by original designation) (nec Peach, 1899).
Setimusca Emden, 1965. Fauna of India and the Adjacent Countries. Diptera 7, Muscidae I: 91. **Type species:** *Musca (Setimusca) malaise* Emden, 1965 (by original designation, as a subgenus of *Musca* Linnaeus, 1758).
Pseudosetimusca Joseph *et* Parui, 1972. Zool. Anz. 189 (3/4): 180. **Type species:** *Musca (Pseudosetimusca) santoshi* Joseph *et* Parui, 1972 (by original designation, as a subgenus of *Musca* Linnaeus, 1758).

1）优家蝇亚属 *Eumusca* Townsend, 1911

Eumusca Townsend, 1911. Proc. Ent. Soc. Wash. 13: 170.
Type species: *Musca corvine* Fabricius, 1781 [= *Musca autumnalis* De Geer, 1776] (monotypy).
Emusca Malloch, 1925. Ann. Mag. Nat. Hist. (9) 16: 372 (as a subgenus of *Musca*). **Type species:** *Musca autumnalis* De Geer, 1776 (by original designation).

（752）肖秋家蝇 *Musca (Eumusca) amita* Hennig, 1964

Musca amita Hennig, 1964. Flieg. Palaearkt. Reg. 7 (2): 986.
Type locality: Russia: Siberia.
分布（Distribution）：黑龙江（HL）、吉林（JL）、辽宁（LN）、内蒙古（NM）、河北（HEB）、山东（SD）、宁夏（NX）、新疆（XJ）、四川（SC）；蒙古国、俄罗斯。

（753）秋家蝇 *Musca (Eumusca) autumnalis* De Geer, 1776

Musca autumnalis De Geer, 1776. Mém. Pour Serv. Hist. Insect. 6: 83. **Type locality:** Europe: Not given (presumably Sweden: Uppland).
Musca corvine Fabricius, 1781. Species Insect. 2: 440 (original spelling as *coruina*; unjustified replacement name for *autumnalis* De Geer, 1776).
Musca ovipara Portschinsky, 1910. Trudy Byuro Ent. (8) 8 (2): 13. **Type locality:** "throughout Russia".
Musca prashadi Patton, 1922. Indian J. Med. Res. 10 (1): 69.
Type locality: Kashmir: Gundarbal; Baniar; Kohamag.
分布（Distribution）：甘肃（GS）、青海（QH）、新疆（XJ）；俄罗斯、印度、巴基斯坦、叙利亚、土耳其、以色列、克什米尔地区；新北区；欧洲、非洲（北部）、北美洲和南美洲的热带地区。

（754）扰家蝇 *Musca (Eumusca) craggi* Patton, 1922

Musca craggi Patton, 1922. Indian J. Med. Res. 10 (1): 75.

Type locality: India: Kerala.
分布（Distribution）：云南（YN）、福建（FJ）、广东（GD）、海南（HI）；斯里兰卡、印度、马来西亚、尼泊尔、菲律宾、泰国。

（755）牛耳家蝇 *Musca (Eumusca) fletcheri* Patton *et* Senior-White, 1924

Musca fletcheri Patton *et* Senior-White, 1924. Rec. India Mus. 26: 574. **Type locality:** India: Samalkata, Andhra Pradesh, and Shencottah, Madras.
Byomya jacobsoni Malloch, 1928. Ent. Mitt. 17 (5): 334. **Type locality:** Indonesia: Sumatra.
分布（Distribution）：云南（YN）、西藏（XZ）、福建（FJ）、海南（HI）；马来西亚、老挝、泰国、斯里兰卡、印度尼西亚、印度。

（756）黑边家蝇 *Musca (Eumusca) hervei* Villeneuve, 1922

Musca (Eumusca) hervei Villeneuve, 1922b. Ann. Sci. Nat. Zool. Biol. Anim. (10) 5: 335. **Type locality:** Southern China. Vietnam: Tonkin.
分布（Distribution）：吉林（JL）、辽宁（LN）、河北（HEB）、天津（TJ）、北京（BJ）、山西（SX）、山东（SD）、河南（HEN）、陕西（SN）、宁夏（NX）、甘肃（GS）、安徽（AH）、江苏（JS）、浙江（ZJ）、江西（JX）、湖南（HN）、湖北（HB）、四川（SC）、贵州（GZ）、云南（YN）、西藏（XZ）、福建（FJ）；朝鲜、日本、缅甸、斯里兰卡、越南、印度、尼泊尔。

（757）长突家蝇 *Musca (Eumusca) lusoria* Wiedemann, 1824

Musca lusoria Wiedemann, 1824. Munus Rectoris in Academia Christiana Albertina Aditurus Analecta Entomológica ex Museo Regio Havniensi Máxime Congesta Profert Iconibusque Illustrat: 47. **Type locality:** South Africa: Cape of Good Hope.
Musca spectanda Speiser, 1910 (nec Wiedemann, 1830). Sjöstedt's Zool. Kilimandjaro-Meru Exped. 2 (10): 160.
Musca spinohumera Awati, 1916. Indian J. Med. Res. 4: 138 (key only). **Type locality:** Not given, presumably India.
Musca lusoriakihuria Zielke, 1971. Series Ent. 7. Revision der Muscinae der Athiopischen Region: 127. **Type locality:** Tanzania.
分布（Distribution）：台湾（TW）；缅甸、印度、斯里兰卡、尼泊尔、阿拉伯半岛（南部）、苏丹、肯尼亚、乌干达、坦桑尼亚、马拉维、利比里亚、刚果（金）、博茨瓦纳、津巴布韦、斯威士兰、莱索托、南非、纳米比亚。

（758）毛颧家蝇 *Musca (Eumusca) malaisei* Emden, 1965

Musca (Setimusca) malaisei Emden, 1965. Fauna of India and the Adjacent Countries. Diptera 7, Muscidae I: 91. **Type locality:** Myanmar: Kambaita.

分布（Distribution）：西藏（XZ）；缅甸。

（759）牲家蝇 *Musca (Eumusca) seniorwhitei* Patton, 1922

Musca seniorwhitei Patton, 1922. Indian J. Med. Res. 10 (1): 73. **Type locality:** India: Madras.

Musca tibiseta Malloch, 1928. Ent. Mitt. 17 (5): 334. **Type locality:** Indonesia: Sumatra.

分布（Distribution）：云南（YN）、台湾（TW）、海南（HI）；缅甸、斯里兰卡、印度、马来西亚、菲律宾、印度尼西亚、泰国。

（760）黄黑家蝇 *Musca (Eumusca) xanthomelas* Wiedemann, 1824

Musca xanthomelas Wiedemann, 1824. Munus Rectoris in Academia Christiana Albertina Aditurus Analecta Entomológica ex Museo Regio Havniensi Máxime Congesta Profert Iconibusque Illustrat: 49. **Type locality:** Indonesia: Java.

Musca setigera Awati, 1916. Indian J. Med. Res. 4: 138; Awati, 1917. Ibid. 5: 170. **Type locality:** India.

分布（Distribution）：四川（SC）、广东（GD）、海南（HI）；泰国、缅甸、印度、印度尼西亚、乌干达、毛里求斯、科摩罗、莫桑比克、马拉维、津巴布韦、博茨瓦纳、纳米比亚、南非。

2）柔家蝇亚属 *Lissosterna* Bezzi, 1923

Lissosterna Bezzi, 1923. Bull. Soc. R. Ent. Egypte 7: 110. **Type species:** *Musca albina* Wiedemann, 1830 (by original designation, as a subgenus of *Musca* Linnaeus, 1758).

（761）裸侧家蝇 *Musca (Lissosterna) albina* Wiedemann, 1830

Musca albina Wiedemann, 1830. Aussereurop. Zweifl. Insekt. 2: 415. **Type locality:** India.

Musca speculifera Bezzi, 1911. Boll. Lab. Zool. Gen. Agr. R. Scuola Agric. Portici 6: 96. **Type locality:** Tunisia: Djerba I.

分布（Distribution）：中国（省份不明）；印度、巴基斯坦、斯里兰卡、哈萨克斯坦、乌兹别克斯坦、阿富汗、土库曼斯坦、高加索地区（东南部）、伊朗、伊拉克、叙利亚、以色列、沙特阿拉伯、埃及、苏丹、突尼斯、南非、博茨瓦纳、纳米比亚。

（762）亚洲家蝇 *Musca (Lissosterna) asiatica* Shinonaga *et* Kano, 1977

Musca (Lissosterna) asiatica Shinonaga *et* Kano, 1977. Jpn. J. Sanit. Zool. 28 (2): 112. **Type locality:** Thailand.

分布（Distribution）：海南（HI）；泰国、加里曼丹岛、马来西亚、菲律宾。

（763）鱼尸家蝇 *Musca (Lissosterna) pattoni* Austen, 1910

Musca (Lissosterna) pattoni Austen, 1910. Ann. Mag. Nat. Hist. (8) 5: 115. **Type locality:** India: Madras.

Musca spinose Awati, 1916. Indian J. Med. Res. 4: 138 (key only). **Type locality:** Not given, presumably India.

Musca incerta Patton, 1922. Indian J. Med. Res. 10 (1): 71 (preoccupied by Walker, 1852). **Type locality:** India: Madras, Saidapet and Coonoor.

分布（Distribution）：云南（YN）、广西（GX）、海南（HI）；缅甸、斯里兰卡、孟加拉国、印度、尼泊尔。

（764）毛堤家蝇 *Musca (Lissosterna) pilifacies* Emden, 1965

Musca (Plaxemyia) interrupta pilifacies Emden, 1965. Fauna of India and the Adjacent Countries. Diptera 7, Muscidae I: 58. **Type locality:** China: Taiwan, Mt. Lulin.

Musca (Lissosterna) hoi Fan, 1965. Key to the Common Flies of China: 119. **Type locality:** China: Shaanxi, Mt. Cuihuashan.

分布（Distribution）：陕西（SN）、湖北（HB）、四川（SC）、台湾（TW）、广东（GD）、香港（HK）；缅甸、泰国。

（765）市蝇 *Musca (Lissosterna) sorbens* Wiedemann, 1830

Musca (Lissosterna) sorbens Wiedemann, 1830. Aussereurop. Zweifl. Insekt. 2: 418. **Type locality:** Sierra Leone.

Musca humilis Wiedemann, 1830. Aussereurop. Zweifl. Insekt. 2: 418. **Type locality:** East Indies.

Musca latifrons Wiedemann, 1830. Aussereurop. Zweifl. Insekt. 2: 656. **Type locality:** China: Macao (nec *Musca latifrons* Fallén, 1817).

Musca mediana Wiedemann, 1830. Aussereurop. Zweifl. Insekt. 2: 657. **Type locality:** China: Macao (by designation of Pont, 1973).

Musca primitive Walker, 1849. List of the specimens of dipterous insets in the collection of the British Museum Part IV: 903. **Type locality:** China.

Musca niveisquama Thomson, 1869. K. Svenska Fregatten Eugenies Resa, Zool., Dipt. 2 (1): 547. **Type locality:** China: Hong Kong. Philippines: Luzon. Singapore. Malaysia: Malaya (Malacca).

Musca bivittata Thomson, 1869. K. Svenska Fregatten Eugenies Resa, Zool., Dipt. 2 (1): 547. **Type locality:** Philippines: Luzon.

Musca eutaeniata Bigot, 1888. Bull. Soc. Zool. Fr. [1887] 12 (5-6): 605. **Type locality:** India: Madras, Pondicherry.

分布（Distribution）：辽宁（LN）、内蒙古（NM）、河北（HEB）、山西（SX）、山东（SD）、河南（HEN）、陕西（SN）、甘肃（GS）、新疆（XJ）、安徽（AH）、江苏（JS）、浙江（ZJ）、湖南（HN）、湖北（HB）、四川（SC）、云南（YN）、福建（FJ）、台湾（TW）、广东（GD）、广西（GX）、海南（HI）、香港（HK）、澳门（MC）；菲律宾、马来西亚、新加坡、

印度；非洲区、东洋区、古北区（南部）。

（766）西藏家蝇 *Musca (Lissosterna) tibetana* Fan, 1978

Musca (Plaxemya) tibetana Fan, 1978. Acta Ent. Sin. 21 (3): 329. **Type locality:** China: Tibet, Langxian.

分布（Distribution）：云南（YN）、西藏（XZ）。

3）家蝇亚属 *Musca* Linnaeus, 1758

Musca Linnaeus, 1758. Syst. Nat. Ed. 10 (1): 589. **Type species:** *Musca domestica* Linnaeus, 1758 (by designation of ICZN, 1925).

Promusca Townsend, 1915a. J. Wash. Acad. Sci. 5: 434. **Type species:** *Musca dodomestica* Linnaeus, 1758 (by original designation).

（767）家蝇 *Musca (Musca) domestica* Linnaeus, 1758

Musca domestica Linnaeus, 1758. Syst. Nat. Ed. 10 (1): 596. **Type locality:** North America.

Musca nebulo Fabricius, 1794. Ent. Syst. 4: 321. **Type locality:** "India Oriental".

Musca vicina Macquart, 1851. Mém. Soc. R. Sci. Agric. Arts Lille 1850 [1851]: 226. **Type locality:** America.

分布（Distribution）：中国广布；世界广布。

4）锐家蝇亚属 *Plaxemya* Robineau-Desvoidy, 1830

Plaxemya Robineau-Desvoidy, 1830. Mém. Prés. Div. Sav. Acad. R. Sci. Inst. Fr. 2 (2): 392. **Type species:** *Plaxemya sugillatris* Robineau-Desvoidy, 1830 (monotypy) [= *Musca osiris* Wiedemann, 1830].

Plaxemyia, error.

（768）亮家蝇 *Musca (Plaxemya) cassara* Pont, 1973

Musca (Plaxemya) cassara Pont, 1973. Aust. J. Zool. Suppl. Ser. 21: 160. **Type locality:** Solomon Is.

分布（Distribution）：海南（HI）；加里曼丹岛、缅甸、斯里兰卡、所罗门群岛。

（769）逐畜家蝇 *Musca (Plaxemya) conducens* Walker, 1859

Musca conducens Walker, 1859. J. Proc. Linn. Soc. London Zool. 4: 138. **Type locality:** Indonesia: Sulawesi (Makassar [= Ujung Pandang]).

Musca praecox Walker, 1864. J. Proc. Linn. Soc. London Zool. 7: 236. **Type locality:** Indonesia: Ceram.

Musca seapularis Rondani, 1875b. Ann. Mus. Civ. St. Nat. Genova 7: 428. **Type locality:** Malaysia: Sarawak.

Pristirhynchomyia lineata Brunetti, 1910. Rec. India Mus. 4: 91. **Type locality:** India: Calcutta (nec Harris, 1776; nec Fabricius, 1781).

Musca pulla Bezzi, 1911. Boll. Lab. Zool. Gen. Agr. R. Scuola Agric. Portici 6: 92. **Type locality:** South Africa: Pretoria (apud Malloch, 1929).

Pristirhynchomyia lucens Villeneuve, 1922b. Ann. Sci. Nat. Zool. Biol. Anim. (10) 5: 336. **Type locality:** Sri Lanka: Kandy (apud Pont, 1973).

Musca kweilinensis Ôuchi, 1938. J. Shanghai Sci. Inst. (3) 4: 31. **Type locality:** China: Guangxi, Guilin (apud Chu, 1956).

分布（Distribution）：辽宁（LN）、河北（HEB）、山东（SD）、河南（HEN）、陕西（SN）、安徽（AH）、江苏（JS）、浙江（ZJ）、江西（JX）、湖南（HN）、湖北（HB）、四川（SC）、云南（YN）、西藏（XZ）、福建（FJ）、台湾（TW）、广东（GD）、广西（GX）、海南（HI）；朝鲜、日本、越南、菲律宾、印度尼西亚、加里曼丹岛、印度、斯里兰卡、缅甸、马来西亚、尼泊尔、泰国、埃塞俄比亚、新几内亚岛；古北区（南部）。

（770）带纹家蝇 *Musca (Plaxemya) confiscata* Speiser, 1924

Musca confiscata Speiser, 1924. Beitr. Tierk.: 104 (replacement name for *fasciata* Stein, 1910).

Musca fasciata Stein, 1910. Trans. Linn. Soc. Lond. (2) 14: 149 (preoccupied by *Musca fasciata* Fabricius, 1775). **Type locality:** Seychelles: Mahé.

Musca minuta Awati, 1916. Indian J. Med. Res. 4: 148 (key only) (preoccupied by *Musca minutus* Harris, 1780). **Type locality:** India: Delhi (apud Awati, 1917).

分布（Distribution）：江苏（JS）、浙江（ZJ）、江西（JX）、云南（YN）、福建（FJ）、台湾（TW）、广西（GX）；日本、缅甸、斯里兰卡、印度、越南、阿富汗、马来西亚、菲律宾、埃塞俄比亚、塞舌尔、埃及。

（771）肥喙家蝇 *Musca (Plaxemya) crassirostris* Stein, 1903

Musca crassirostris Stein, 1903. Mitt. Zool. Mus. Berl. 2 (3): 99. **Type locality:** Egypt: Cairo.

Musca modesta de Meijere, 1904. Bijdr. Dierkd. 17/18: 106. **Type locality:** Indonesia: Java.

Musca inconstans Wiedemann, 1830. Aussereurop. Zweifl. Insekt. 2: 672 (index only) (nomen nudum).

Philaematomyia insignis Austen, 1909. Ann. Mag. Nat. Hist. (8) 3: 298. **Type locality:** India.

分布（Distribution）：江苏（JS）、湖北（HB）、云南（YN）、福建（FJ）、台湾（TW）、广东（GD）、广西（GX）、海南（HI）；越南、印度、斯里兰卡、印度尼西亚、菲律宾、缅甸、埃塞俄比亚、马来西亚、尼泊尔、泰国、埃及。

（772）平头家蝇 *Musca (Plaxemya) planiceps* Wiedemann, 1824

Musca (Plaxemya) planiceps Wiedemann, 1824. Munus Rectoris in Academia Christiana Albertina Aditurus Analecta

Entomológica ex Museo Regio Havniensi Máxime Congesta Profert Iconibusque Illustrat: 48. **Type locality:** Indonesia: Jawa.

Musca cingalaisina Bigot, 1888. Bull. Soc. Zool. Fr. [1887] 12 (5-6): 606. **Type locality:** .

Musca poliinosa Stein, 1909. Tijdschr. Ent. 52: 211. **Type locality:** Indonesia: Jawa.

Musca indica Awati, 1916. Indian J. Med. Res. 4: 138 (preoccupied by *Indica* Harris, 1776) (key only). **Type locality:** India: Delhi, Kasauli, and S India.

Musca (Plaxemyia) chui Fan, 1965. Key to the Common Flies of China: 124. **Type locality:** China: Hainan, Nada.

分布（Distribution）：云南（YN）、福建（FJ）、广东（GD）、广西（GX）、海南（HI）；菲律宾、斯里兰卡、印度、尼泊尔、印度尼西亚。

（773）骚家蝇 *Musca (Plaxemya) tempestiva* **Fallén, 1817**

Musca tempestiva Fallén, 1817. K. Svenska Vetensk. Akad. Handl. (3) [1816]: 254. **Type locality:** Sweden: Kivik.

Musca albipennis Meigen, 1826. Syst. Beschr. Europ. Zweifl. Insekt. 5: 58. **Type locality:** Not given, presumably Germany: Stolberg.

Musca phasiaeformis Meigen, 1826. Syst. Beschr. Europ. Zweifl. Insekt. 5: 72. **Type locality:** Austria. S. France.

Musca nana Meigen, 1830. Syst. Beschr. Europ. Zweifl. Insekt. 6: 375. **Type locality:** Germany: Berlin.

Byomya carnifex Robineau-Desvoidy, 1830. Mém. Prés. Div. Sav. Acad. R. Sci. Inst. Fr. 2 (2): 39 (nec *Musca violacea* Scopoli, 1763). **Type locality:** France: Saint-Sauveur.

Byomya stimulans Robineau-Desvoidy, 1830. Mém. Prés. Div. Sav. Acad. R. Sci. Inst. Fr. 2 (2): 393. **Type locality:** France: Saint-Sauveur.

Musca cuprea Macquart, 1835. Hist. Nat. Ins., Dipt. 2: 268 (nec *Musca cuprea* Fourcroy, 1785). **Type locality:** France: Bordeaux.

Musca minima Rondani, 1868b. Atti Soc. Ital. Sci. Nat. Milano 11: 52 (nec *Musca minima* Zetterstedt, 1838). **Type locality:** Italy: Parma.

分布（Distribution）：吉林（JL）、辽宁（LN）、内蒙古（NM）、河北（HEB）、山西（SX）、山东（SD）、河南（HEN）、陕西（SN）、宁夏（NX）、甘肃（GS）、青海（QH）、新疆（XJ）、江苏（JS）、湖北（HB）、四川（SC）；朝鲜、日本、印度、俄罗斯；东洋区；亚洲（北部和南部）、欧洲、非洲。

（774）黄腹家蝇 *Musca (Plaxemya) ventrosa* **Wiedemann, 1830**

Musca ventrosa Wiedemann, 1830. Aussereurop. Zweifl. Insekt. 2: 656. **Type locality:** Indonesia: Sumatra. China (lectotype from China, designated by Pont, 1973).

Musca xanthomela Walker, 1860b. J. Proc. Linn. Soc. London Zool. 4: 139. **Type locality:** Indonesia: Sulawesi, Ujung Pandang.

Musca nigrithorax Stein, 1909. Tijdschr. Ent. 52: 212. **Type locality:** Indonesia: Java, Semarang.

Musca kasauliensis Awati, 1916. Indian J. Med. Res. 4: 138 (key only). **Type locality:** Not given, presumably India: Kasauli.

分布（Distribution）：河北（HEB）、河南（HEN）、陕西（SN）、江苏（JS）、浙江（ZJ）、湖北（HB）、四川（SC）、云南（YN）、福建（FJ）、台湾（TW）、广东（GD）、广西（GX）、海南（HI）；日本、加里曼丹岛、缅甸、斯里兰卡、印度、马来西亚、尼泊尔、菲律宾、印度尼西亚、泰国；澳洲区、新热带区。

（775）中亚家蝇 *Musca (Plaxemya) vitripennis* **Meigen, 1826**

Musca vitripennis Meigen, 1826. Syst. Beschr. Europ. Zweifl. Insekt. 5: 73. **Type locality:** France: Fontainebleau.

分布（Distribution）：新疆（XJ）；蒙古国、印度、巴基斯坦、埃及、哈萨克斯坦、乌克兰、乌兹别克斯坦、塔吉克斯坦、阿塞拜疆、亚美尼亚、法国；古北区。

5）胎家蝇亚属 *Viviparomusca* Townsend, 1915

Viviparomusca Townsend, 1915a. J. Wash. Acad. Sci. 5: 435.

Type species: *Musca bezzii* Patton *et* Cragg, 1913 (by original designation).

（776）北栖家蝇 *Musca (Viviparomusca) bezzii* **Patton *et* Cragg, 1913**

Musca bezzii Patton *et* Cragg, 1913. Indian J. Med. Res. 1: 19. **Type locality:** India: Madras.

Musca pilosa Awati, 1916. Indian J. Med. Res. 4: 137 (key only). **Type locality:** Not given (presumably India).

分布（Distribution）：黑龙江（HL）、吉林（JL）、辽宁（LN）、山东（SD）、河南（HEN）、陕西（SN）、甘肃（GS）、安徽（AH）、江苏（JS）、浙江（ZJ）、湖南（HN）、湖北（HB）、四川（SC）、云南（YN）、西藏（XZ）、台湾（TW）、广东（GD）、海南（HI）；朝鲜、日本、俄罗斯、缅甸、印度、尼泊尔、马来西亚；古北区（东部）。

（777）突额家蝇 *Musca (Viviparomusca) convexifrons* **Thomson, 1869**

Musca convexifrons Thomson, 1869. K. Svenska Fregatten Eugenies Resa, Zool., Dipt. 2 (1): 547. **Type locality:** China: Hong Kong.

Musca gibsoni Patton *et* Cragg, 1913. Indian J. Med. Res. 1: 14. **Type locality:** India: Madras.

Musca latiparafrons Awati, 1916. Indian J. Med. Res. 4: 138 (key only). **Type locality:** India.

Musca shanghaiensis Ôuchi, 1938. J. Shanghai Sci. Inst. (3) 4: 5. **Type locality:** China: Shanghai; Zhejiang, Mt. Tianmushan.

分布（Distribution）：山东（SD）、陕西（SN）、江苏（JS）、上海（SH）、浙江（ZJ）、湖南（HN）、湖北（HB）、四川

（SC）、云南（YN）、福建（FJ）、台湾（TW）、广东（GD）、广西（GX）、海南（HI）、香港（HK）；日本、加里曼丹岛、缅甸、斯里兰卡、印度、马来西亚、尼泊尔、菲律宾、印度尼西亚。

（778）台湾家蝇 *Musca* (*Viviparomusca*) *formosana* Malloch, 1925

Musca (*Viviparomusca*) *formosana* Malloch, 1925. Ann. Mag. Nat. Hist. (9) 16: 375. **Type locality:** China: Taiwan, Taibei.

Musca greeni Patton, 1933. Ann. Trop. Med. Paras. 27: 477. **Type locality:** Malaysia: Malaya.

Musca shanghaiensis Ôuchi, 1938. J. Shanghai Sci. Inst. (3) 4: 5. **Type locality:** China: Shanghai; Zhejiang, Mt. Tianmushan.

分布（Distribution）：上海（SH）、浙江（ZJ）、四川（SC）、云南（YN）、福建（FJ）、台湾（TW）、广东（GD）、广西（GX）、海南（HI）；斯里兰卡、马来西亚、印度、尼泊尔、泰国。

（779）异列家蝇 *Musca* (*Viviparomusca*) *illingworthi* Patton, 1923

Musca illingworthi Patton, 1923. Philipp. J. Sci. 23: 323. **Type locality:** Indonesia: Java.

分布（Distribution）：陕西（SN）、台湾（TW）；越南、菲律宾、印度尼西亚、马来西亚、泰国、印度。

（780）毛瓣家蝇 *Musca* (*Viviparomusca*) *inferior* Stein, 1909

Musca inferior Stein, 1909. Tijdschr. Ent. 52: 213. **Type locality:** Indonesia: Java.

Philaematomyia gurneyi Patton *et* Cragg, 1912. Ann. Trop. Med. Paras. 5: 513 (as gumei). **Type locality:** India: Kodaikānal.

分布（Distribution）：云南（YN）、台湾（TW）、广东（GD）、广西（GX）、海南（HI）；加里曼丹岛、缅甸、斯里兰卡、印度、马来西亚、印度尼西亚、尼泊尔、菲律宾、泰国、越南、新几内亚岛。

（781）孕幼家蝇 *Musca* (*Viviparomusca*) *larvipara* Portschinsky, 1910

Musca larvipara Portschinsky, 1910. Trudy Byuro Ent. (8) 8 (2): 13, 29. **Type locality:** Russia.

Musca corvinoides Schnabl *et* Dziedzicki, 1911. Nova Acta Acad. Caesar. Leop. Carol. 95 (2): 180, 327 (unavailable; published in synonym with *M. larvipara* Portschinsky) (apud Zimin, 1951; Pont, 1986).

Musca mesopotamiensis Patton, 1920. Indian J. Med. Res. 7: 700. **Type locality:** Not given (from title Mesopotamia, viz. Iraq) (apud Pont, 1986).

Musca (*Viviparomusca*) *vivipara* Bezzi, 1911. Boll. Lab. Zool. Gen. Agr. R. Scuola Agric. Portici 6: 86 (erroneous spelling for

M. larvipara Portschinsky, nec *Musca vivipara* De Geer, 1776).

分布（Distribution）：内蒙古（NM）、陕西（SN）、宁夏（NX）、甘肃（GS）、新疆（XJ）；蒙古国、俄罗斯；欧洲、非洲（北部）。

（782）伪毛颧家蝇 *Musca* (*Viviparomusca*) *santoshi* Joseph *et* Parui, 1972

Musca (*Viviparomusca*) *santoshi* Joseph *et* Parui, 1972. Zool. Anz. 189 (3/4): 179. **Type locality:** India: Assam.

分布（Distribution）：四川（SC）；印度。

38. 翠蝇属 *Neomyia* Walker, 1859

Neomyia Walker, 1859. J. Proc. Linn. Soc. London Zool. 4: 138. **Type species:** *Musca gavisa* Walker, 1859 (monotypy).

Euphoria Robineau-Desvoidy, 1863. Hist. Nat. Dipt. Envir. Paris 2: 799 (nec Burmeister, 1842). **Type species:** *Euphoria nitidula* Robineau-Desvoidy, 1863 (designated by Townsend, 1916) viz. *Neomyia cornicina* (Fabricius, 1781).

Orthellia Robineau-Desvoidy, 1863. Hist. Nat. Dipt. Envir. Paris 2: 837. **Type species:** *Orthellia rectinervis* Robineau-Desvoidy, 1863 (designated by Townsend, 1916) [= *Neomyia viridescens* (Robineau-Desvoidy, 1830)].

Cryptolucilia Brauer *et* Bergenstamm, 1893. Denkschr. Akad. Wiss. Wien. Math.-Naturw. Kl. 60 (3): 179, 206. **Type species:** *Cryptolucilia asiatica* Brauer *et* Bergenstamm, 1893 (monotypy) [= *Neomyia cornicina* (Fabircius, 1781)].

Pseudopyrellia Girschner, 1894. Berl. Ent. Z. 38 (1893): 306. **Type species:** *Musca cornicina* Fabricius, 1781 (by original designation).

Lasiopyrellia Villeneuve, 1913. Revue Zool. Bot. Afr. 3: 151. **Type species:** *Cosmina diademata* Bigot, 1879 viz. *Lucilia peronei* Robineau-Desvoidy, 1830.

Pseudogymnosoma Townsend, 1918. Insecutor Inscit. Menstr. 6: 151. **Type species:** *Pseudogymnosoma inflatum* Townsend, 1918 (by original designation).

Scutellorthellia Townsend, 1933. J. N. Y. Ent. Soc. 40: 439. **Type species:** *Scutelorthellia lauta* (Wiedemann, 1830) (by original designation).

Anacrostichia Enderlein, 1934. Sber. Ges. Naturf. Freunde Berl. 1933 (3): 417. **Type species:** *Pyrellia nudissima* Loew, 1852 (by original designation).

Stenomitra Enderlein, 1934. Sber. Ges. Naturf. Freunde Berl. 1933 (3): 421. **Type species:** *Musca chalybea* Wiedemann (nec Wiedemann, 1830) (by original designation) viz. *Orthellia claripennis* Malloch, 1923 (apud Hennig, 1952).

Agalmia Enderlein, 1934. Sber. Ges. Naturf. Freunde Berl. 1933 (3): 421. **Type species:** *Musca agalmiasauteri* Enderlein, 1934 (by original designation) viz. *Orthellia claripennis* Mallochj, 1923.

Comonsia Enderlein, 1934. Sber. Ges. Naturf. Freunde Berl. 1933 (3): 421. **Type species:** *Pyrellia rhingiaeformis* Villeneuve, 1914 (monotypy).

Pyrelliomima Zimin, 1951. Fauna USSR Dipt. 18 (4), Muscidae, 1: 86 (as a subgenus of *Orthellia* Robineau-Desvoidy, 1863). **Type species:** *Orthellia* (*Pyrelliomima*) *latipalpis* Zimin, 1951 (by original designation) [= *Neomyia timorensis* (Robineau-Desvoidy, 1830)].

（783）鬃叶翠蝇 *Neomyia bristocercus* **(Ni, 1982)**

Orthelliabristocercus Ni, 1982. *In*: Ye, Ni *et* Fan, 1982. *In*: Lu, 1982. Identification Handbook for Medically Important Animals in China: 361, 405. **Type locality:** China: Yunnan, Dashujiao and Mengla.

分布（**Distribution**）：云南（YN）。

（784）明翅翠蝇 *Neomyia claripennis* **(Malloch, 1923)**

Orthelliaclaripennis Malloch, 1923. Ann. Mag. Nat. Hist. (9) 12: 515. **Type locality:** India: Karl.

Agalmia sauteri Enderlein, 1934. Sber. Ges. Naturf. Freunde Berl. 1933 (3): 421. **Type locality:** China: Taiwan, Dongyuanmenwai (apud Hennig, 1952).

Neomyia nana Enderlein, 1935. Sber. Ges. Naturf. Freunde Berl. 18: 238. **Type locality:** Indonesia: Sumatra, Serapai Kar (apud Pont, 1977).

Orthellia chiponensis Ôuchi, 1942a. J. Shanghai Sci. Inst. (n. Ser.) 2 (2): 50. **Type locality:** China: Taiwan, Mt. Zhibenshan (apud Fan, 1965).

分布（**Distribution**）：浙江（ZJ）、湖南（HN）、四川（SC）、云南（YN）、西藏（XZ）、台湾（TW）、广东（GD）、广西（GX）；日本、缅甸、印度、尼泊尔、泰国、菲律宾、马来西亚、印度尼西亚、斯里兰卡。

（785）绿额翠蝇 *Neomyia coeruleifrons* **(Macquart, 1851)**

Lucilia coeruleifrons Macquart, 1851. Mém. Soc. R. Sci. Agric. Arts Lille 1850 [1851]: 248. **Type locality:** Indonesia: Jawa.

Lucilia trita Walker, 1857. J. Proc. Linn. Soc. London Zool. 1: 24. **Type locality:** Indonesia: Malacca.

Orthellia siamensis Malloch, 1923. Ann. Mag. Nat. Hist. (9) 12: 509. **Type locality:** Thailand: Nah Khum.

分布（**Distribution**）：河南（HEN）、浙江（ZJ）、云南（YN）、西藏（XZ）、台湾（TW）、广东（GD）、广西（GX）；日本、印度尼西亚、菲律宾、尼泊尔、泰国、老挝、马来西亚。

（786）绿翠蝇 *Neomyia cornicina* **(Fabricius, 1781)**

Musca cornicina Fabricius, 1781. Species Insect. 2: 438. **Type locality:** Italy.

Idia viridis Wiedemann, 1824. Munus Rectoris in Academia Christiana Albertina Aditurus Analecta Entomológica ex Museo Regio Havniensi Máxime Congesta Profert Iconibusque Illustrat: 50. **Type locality:** North America.

Musca caesarion Meigen, 1826. Syst. Beschr. Europ. Zweifl. Insekt. 5: 57 (nec Bechstein *et* Scharfenberg, 1805). **Type locality:** Portugal.

Euphoria nitidula Robineau-Desvoidy, 1863. Hist. Nat. Dipt. Envir. Paris 2: 800. **Type locality:** France: Paris.

Cryptolucilia asiatica Brauer *et* Bergenstamm, 1893. Denkschr. Akad. Wiss. Wien. Math.-Naturw. Kl. 60 (3): 179, 207. **Type locality:** Mongolia: Changai.

Pseudopyrellia fennica Frey, 1909. Acta Soc. Fauna Flora Fenn. 31 (9): 9. **Type locality:** Finlnland. Russia: West Siberia. Great Britain.

分布（**Distribution**）：内蒙古（NM）、甘肃（GS）、青海（QH）、新疆（XJ）、四川（SC）、西藏（XZ）；日本、蒙古国、俄罗斯、小亚细亚半岛、印度、尼泊尔、巴基斯坦、美国；古北区、新北区；亚洲（中部）、欧洲。

（787）羞怯翠蝇 *Neomyia diffidens* **(Walker, 1856)**

Musca (*Pyrellia*) *diffidens* Walker, 1856a. J. Proc. Linn. Soc. London Zool. 1: 26. **Type locality:** Singapore.

Musca (*Pyrellia*) *perfixa* Walker, 1857. J. Proc. Linn. Soc. London Zool. 1: 26. **Type locality:** Malaysia: Mt. Ophir.

Musca (*Pyrellia*) *refixa* Walker, 1857. J. Proc. Linn. Soc. London Zool. 1: 26. **Type locality:** Singapore.

Musca (*Pyrellia*) *optata* Walker, 1860b. J. Proc. Linn. Soc. London Zool. 4: 137. **Type locality:** Indonesia: Celebes [= Sulawesi] (Makassar [= Ujung Pandang]).

Neomyia sumatrana Enderlein, 1934. Sber. Ges. Naturf. Freunde Berl. 1933 (3): 418. **Type locality:** Indonesia: Sumatra, Djambi.

分布（**Distribution**）：贵州（GZ）、云南（YN）；新加坡、马来西亚、印度尼西亚；东洋区。

（788）锡兰翠蝇 *Neomyia fletcheri* **(Emden, 1965)**

Orthellia fletcheri Emden, 1965. Fauna of India and the Adjacent Countries. Diptera 7, Muscidae I: 122. **Type locality:** Sri Lanka.

分布（**Distribution**）：四川（SC）、贵州（GZ）、西藏（XZ）、广西（GX）；越南、缅甸、尼泊尔、泰国、斯里兰卡。

（789）紫翠蝇 *Neomyia gavisa* **(Walker, 1859)**

Musca gavisa Walker, 1859. J. Proc. Linn. Soc. London Zool. 4: 138. **Type locality:** Indonesia: Sulawesi.

Musca chalybea Wiedemann, 1830. Aussereurop. Zweifl. Insekt. 2: 402. **Type locality:** Indonesia: Java (nec Turton, 1802; nec Gravenhorst, 1807).

Pyrellia violacea Macquart, 1851. Mém. Soc. R. Sci. Agric. Arts Lille 1850 [1851]: 251 (preoccupied by *Pyrellia violacea* Robineau-Desvoidy, 1830). **Type locality:** Indonesia: Sumatra.

Somomyia nitidifacies Bigot, 1888. Bull. Soc. Zool. Fr. 12 (5-6): 603. **Type locality:** Indonesia: Java.

Neomyia faceta Enderlein, 1934. Sber. Ges. Naturf. Freunde Berl. 1933 (3): 420. **Type locality:** China: Taiwan, Gaoxiong, Qishan.

Neornyia latifrons Enderlein, 1934. Sber. Ges. Naturf. Freunde Berl. 1933 (3): 421. **Type locality:** India: Simla.

Orthellia sinensis Ôuchi, 1942a. J. Shanghai Sci. Inst. (n. Ser.)

2 (2): 51. **Type locality:** China: Anhui: Mt. Huangshan; Zhejiang, Zhoushan, Mt. Moganshan, Mt. Tianmushan.

分布（Distribution）：河南（HEN）、陕西（SN）、甘肃（GS）、安徽（AH）、江苏（JS）、浙江（ZJ）、江西（JX）、湖南（HN）、湖北（HB）、四川（SC）、云南（YN）、福建（FJ）、台湾（TW）、广西（GX）；缅甸、印度、尼泊尔、巴基斯坦、印度尼西亚、斯里兰卡。

（790）印度翠蝇 *Neomyia indica* (Robineau-Desvoidy, 1830)

Lucilia indica Robineau-Desvoidy, 1830. Mém. Prés. Div. Sav. Acad. R. Sci. Inst. Fr. 2 (2): 453. **Type locality:** Bengal.
Cryptolucilia obscuripes Stein, 1918. Ann. Hist.-Nat. Mus. Natl. Hung. 16: 149. **Type locality:** China: Taiwan, Gaoxiong and Yandianpu.

分布（Distribution）：江苏（JS）、浙江（ZJ）、江西（JX）、贵州（GZ）、云南（YN）、福建（FJ）、台湾（TW）、广东（GD）、广西（GX）；日本、菲律宾、老挝、缅甸、斯里兰卡、马来西亚、印度尼西亚、泰国、印度、孟加拉湾。

（791）大洋翠蝇 *Neomyia laevifrons* (Loew, 1858)

Pyrellia laevifrons Loew, 1858a. Wien. Ent. Monatschr. 2: 111. **Type locality:** Japan.
Orthellia pacifica Zimin, 1951. Fauna USSR Dipt. 18 (4), Muscidae, 1: 85. **Type locality:** Russia: Shkotovskiy, Golden-Hom Bay, Spesski Region, Lake Khanka, Pogranichnaya Station, Sedemi.

分布（Distribution）：黑龙江（HL）、吉林（JL）、辽宁（LN）、内蒙古（NM）、河北（HEB）、山西（SX）、山东（SD）、宁夏（NX）、甘肃（GS）；日本、俄罗斯、朝鲜、蒙古国。

（792）宽叶翠蝇 *Neomyia latifolia* (Ni et Fan, 1986)

Orthellia latifolia Ni et Fan, 1986. Acta Acad. Med. Wuhan (5): 342. **Type locality:** China: Yunnan, Menglun.

分布（Distribution）：云南（YN）。

（793）黑斑翠蝇 *Neomyia lauta* (Wiedemann, 1830)

Musca lauta Wiedemann, 1830. Aussereurop. Zweifl. Insekt. 2: 410. **Type locality:** Indonesia: Jawa.
Lucilia eximia Robineau-Desvoidy, 1830. Mém. Prés. Div. Sav. Acad. R. Sci. Inst. Fr. 2 (2): 456 (preoccupied, nec Wiedemann, 1830). **Type locality:** Timor.
Lucilia bengalensis Robineau-Desvoidy, 1830. Mém. Prés. Div. Sav. Acad. R. Sci. Inst. Fr. 2 (2): 460. **Type locality:** Bengal.
Lucilia flavicalyptrata Macquart, 1848. Mém. Soc. R. Sci. Agric. Arts Lille 1847 (2): 215. **Type locality:** Indonesia: Java.
Musca polita Walker, 1852. Ins. Saund. (I) Dipt. 3-4: 338 (preoccupied, nec Linnaeus, 1758). **Type locality:** East Indies.
Neomyia argentigena Enderlein, 1934. Sber. Ges. Naturf. Freunde Berl. 1933 (3): 419. **Type locality:** China: Taiwan, Gaoxiong.

分布（Distribution）：云南（YN）、西藏（XZ）、福建（FJ）、台湾（TW）、广东（GD）、广西（GX）；日本、缅甸、老挝、印度、尼泊尔、巴基斯坦、泰国、菲律宾、马来西亚、印度尼西亚、斯里兰卡、伊朗、澳大利亚、孟加拉湾。

（794）乌翠蝇 *Neomyia melania* Feng, 2008

Neomyia melania Feng, 2008. *In*: Fan, 2008. Fauna Sinica, Insecta, Vol. 49: 664. **Type locality:** China: Sichuan, Mt. Mengdingshan.

分布（Distribution）：四川（SC）。

（795）孟氏翠蝇 *Neomyia mengi* (Fan, 1965)

Orthellia (*Neomyia*) *mengi* Fan, 1965. Key to the Common Flies of China: 102. **Type locality:** China: Guizhou, Guiyang.

分布（Distribution）：贵州（GZ）、云南（YN）、西藏（XZ）、广西（GX）。

（796）亮绿翠蝇 *Neomyia nitelivirida* Feng, 2000

Neomyia nitelivirida Feng, 2000. Entomotaxon. 22 (1): 53. **Type locality:** China: Sichuan, Ya'an (Mt. Zhougongshan, Mt. Laobanshan).

分布（Distribution）：四川（SC）。

（797）绯角翠蝇 *Neomyia ruficornis* (Shinonaga, 1970)

Orthellia ruficornis Shinonaga, 1970. Pac. Insects 12 (2): 291. **Type locality:** Viet Nam: M'drak, east of Ben Me Thout.

分布（Distribution）：云南（YN）、广东（GD）、广西（GX）、海南（HI）；越南、印度。

（798）绯颜翠蝇 *Neomyia rufifacies* (Ni, 1982)

Orthellia rufifacies Ni, 1982. *In*: Ye, Ni *et* Fan, 1982. *In*: Lu, 1982. Identification Handbook for Medically Important Animals in China: 361, 405. **Type locality:** China: Guangxi.

分布（Distribution）：广西（GX）。

（799）四川翠蝇 *Neomyia sichuanensis* Feng, 2008

Neomyia sichuanensis Feng, 2008. *In*: Fan, 2008. Fauna Sinica, Insecta, Vol. 49: 664. **Type locality:** China: Sichuan, Ya'an (Mt. Erlang).

分布（Distribution）：四川（SC）。

（800）蓝翠蝇 *Neomyia timorensis* (Robineau-Desvoidy, 1830)

Lucilia timorensis Robineau-Desvoidy, 1830. Mém. Prés. Div. Sav. Acad. R. Sci. Inst. Fr. 2 (2): 460. **Type locality:** Timor-Pulau.
Musca coerulea Wiedemann, 1830. Zool. Mag. 1 (3): 23. **Type locality:** Indonesia: Java (nom. Dubium).
Lucilia coeruleifrons Macquart, 1851. Mém. Soc. R. Sci. Agric. Arts Lille 1850 [1851]: 248 (pro partete). **Type locality:** Indonesia: Java (nec Macquart, 1851).
Orthellia latipalpis Zimin, 1951. Fauna USSR Dipt. 18 (4), Muscidae, 1: 87 (subgenus *Pyrelliomima*). **Type locality:**

China: Sichuan. Japan.

分布(Distribution)：辽宁(LN)、内蒙古(NM)、河北(HEB)、山东（SD）、河南（HEN）、陕西（SN）、宁夏（NX）、甘肃（GS）、安徽（AH）、江苏（JS）、浙江（ZJ）、湖南（HN）、湖北（HB）、四川（SC）、福建（FJ）、台湾（TW）、广东（GD）、广西（GX）、香港（HK）；日本、越南、缅甸、印度、帝汶岛、孟加拉国、斯里兰卡、印度尼西亚、尼泊尔、泰国、菲律宾、马来西亚。

（801）四鬃翠蝇 *Neomyia viridescens* (Robineau-Desvoidy, 1830)

Luciliaviridescens Robineau-Desvoidy, 1830. Mém. Prés. Div. Sav. Acad. R. Sci. Inst. Fr. 2 (2): 458. **Type locality:** Not given (presumably France: Saint-Sauveur).

Lucilia aurulans Robineau-Desvoidy, 1830. Mém. Prés. Div. Sav. Acad. R. Sci. Inst. Fr. 2 (2): 458. **Type locality:** France: La Rochelle.

Lucilia calens Robineau-Desvoidy, 1830. Mém. Prés. Div. Sav. Acad. R. Sci. Inst. Fr. 2 (2): 459. **Type locality:** France: Paris.

Lucilia scutellata Macquart, 1834. Mém. Soc. Sci. Agric. Arts Lille [1833]: 166. **Type locality:** France: "environs de Lille".

Orthellia rectinervis Robineau-Desvoidy, 1863. Hist. Nat. Dipt. Envir. Paris 2: 837 (a junior secondary homonym of *Lucilia rectinevris* Macquart, 1851). **Type locality:** Not given (from title: France: Paris).

Orthellia mollis Robineau-Desvoidy, 1863. Hist. Nat. Dipt. Envir. Paris 2: 838 (a junior secondary homonym of *Euphoria mollis* Robineau-Desvoidy, 1863. **Type locality:** Not given (from title: France: Paris).

Orthellia hyemalis Robineau-Desvoidy, 1863. Hist. Nat. Dipt. Envir. Paris 2: 838. **Type locality:** France: Nice.

Orthellia lubrica Robineau-Desvoidy, 1863. Hist. Nat. Dipt. Envir. Paris 2: 839. **Type locality:** France: Nice.

分布（Distribution）：黑龙江（HL）、新疆（XJ）；蒙古国、朝鲜、俄罗斯；欧洲、非洲（北部）。

（802）云南翠蝇 *Neomyia yunnanensis* (Fan, 1965)

Orthellia yunnanensis Fan, 1965. Key to the Common Flies of China: 108. **Type locality:** China: Yunnan.

分布（Distribution）：云南（YN）、西藏（XZ）。

39. 碧蝇属 *Pyrellia* Robineau-Desvoidy, 1830

Pyrellia Robineau-Desvoidy, 1830. Mém. Prés. Div. Sav. Acad. R. Sci. Inst. Fr. 2 (2): 462. **Type species:** *Pyrellia vivida* Robineau-Desvoidy, 1830 (designated by Townsend, 1916).

（803）哈巴河碧蝇 *Pyrellia habaheensis* Fan *et* Qian, 1992

Pyrellia habaheensis Fan *et* Qian, 1992. *In*: Fan, 1992. Key to the Common Flies of China, 2nd Ed.: 303. **Type locality:**

China: Xinjiang, Habahe.

分布（Distribution）：新疆（XJ）。

（804）粉被碧蝇 *Pyrellia rapax* (Harris, 1780)

Musca rapax Harris, 1780. Expos. Engl. Ins. (5): 144. **Type locality:** Southeast Britain.

Musca serena Meigen, 1826. Syst. Beschr. Europ. Zweifl. Insekt. 5: 59 [nec *Musca serena* Fallén, 1825 viz. *Fanniaserena* (Fallén)] (nec *Lucilia serena* Meigen) (apud Pont *et* Michelsen, 1982).

Pyrellia ignita Robineau-Desvoidy, 1830. Mém. Prés. Div. Sav. Acad. R. Sci. Inst. Fr. 2 (2): 464. **Type locality:** Not given, presumably France: Saint-Sauveur (apud Pont, 1986).

Musca aenea Zetterstedt, 1838. Insecta Lapp.: 656. **Type locality:** Not given (presumably Sweden: Skåne) (apud Pont, 1986).

Musea coeo Harris, 1780. Expos. Engl. Ins. [5]: 143 (unavailable name; incorrectly formed).

Musea serena Meigen, 1826. Syst. Beschr. Europ. Zweifl. Insekt. 5: 59 (a junior primary homonym of *Musca serena* Fallén, 1825). **Type locality:** presumably Germany: Stolberg, D, "hier selten" and "aus dem Wiedemannischen Museum" Denmark: Copenhagen.

Pyrellia calida Robineau-Desvoidy, 1830. Mém. Prés. Div. Sav. Acad. R. Sci. Inst. Fr. 2 (2): 464. **Type locality:** France: Paris.

Pyrellia littoralis Robineau-Desvoidy, 1830. Mém. Prés. Div. Sav. Acad. R. Sci. Inst. Fr. 2 (2): 464. **Type locality:** Not given, presumably France.

Pyrellia bicolor Robineau-Desvoidy, 1830. Mém. Prés. Div. Sav. Acad. R. Sci. Inst. Fr. 2 (2): 465. **Type locality:** France: Paris.

Pyrellia fervida Robineau-Desvoidy, 1830. Mém. Prés. Div. Sav. Acad. R. Sci. Inst. Fr. 2 (2): 465. **Type locality:** France: Paris.

Musca fuscipennis von Roser, 1840. Correspondenzbl. K. Württemb. Landw. Ver., Stuttgart 37 [= N. S. 17] (1): 58. (a junior primary homonym of *Musca fuscipennis* Fabricius, 1805). **Type locality:** Not given (from title: Germany: Württemberg).

Musca luteipennis Zetterstedt, 1845. Dipt. Scand. 4: 1325 (unavailable; published in synonymy with *aenea* Zetterstedt).

Musca parviceps Zetterstedt, 1845. Dipt. Scand. 4: 1325 (unavailable; published in synonymy with *aenea* Zetterstedt).

Pyrellia suda Rondani, 1862. Dipt. Ital. Prodromus, Vol. V: 205. **Type locality:** Italy: Venice, "in planitie *et* collibus agri Parmensis" [= in the plain and hills of the Parma countryside].

Pyrellia scintilla Robineau-Desvoidy, 1863. Hist. Nat. Dipt. Envir. Paris 2: 842. **Type locality:** Not given (from title: France: Paris).

Pyrellia saphyrea Robineau-Desvoidy, 1863. Hist. Nat. Dipt. Envir. Paris 2: 843. **Type locality:** Not given (from title: France: Paris).

分布（**Distribution**）：辽宁（LN）、山西（SX）、新疆（XJ）；俄罗斯、乌克兰、哈萨克斯坦、以色列；欧洲。

（805）双毛碧蝇 *Pyrellia secunda* **Zimin, 1951**

Pyrellia secunda Zimin, 1951. Fauna USSR Dipt. 18 (4), Muscidae, 1: 170. **Type locality:** Tajikistan.

分布（**Distribution**）：新疆（XJ）；塔吉克斯坦、土库曼斯坦、哈萨克斯坦、俄罗斯。

（806）马粪碧蝇 *Pyrellia vivida* **Robineau-Desvoidy, 1830**

Pyrellia vivida Robineau-Desvoidy, 1830. Mém. Prés. Div. Sav. Acad. R. Sci. Inst. Fr. 2 (2): 463. **Type locality:** France: Paris.

Pyrellia usta Robineau-Desvoidy, 1830. Mém. Prés. Div. Sav. Acad. R. Sci. Inst. Fr. 2 (2): 463. **Type locality:** France: La Rochelle.

Lucilia violacea Macquart, 1834. Mém. Soc. Sci. Agric. Arts Lille [1833]: 167 (a junior secondary homonym of *Pyrellia violacea* Robineau-Desvoidy, 1830). **Type locality:** France: "environs de Lille".

Pyrellia nitida Meigen, 1838. Syst. Beschr. Europ. Zweifl. Insekt. 7: 298. **Type locality:** Germany: Stolberg, D., "hiesige Gegend".

Pyrellia polita Meigen, 1838. Syst. Beschr. Europ. Zweifl. Insekt. 7: 298. **Type locality:** Not given, presumably Germany: Stolberg, D., "hiesige Gegend".

Pyrellia fasciata Gimmerthal, 1842. Bull. Soc. Imp. Nat. Moscou 15: 654 (nomen nudum).

Pyrellia fasciata Gimmerthal, 1842. Bull. Soc. Imp. Nat. Moscou 15 (3): 678. **Type locality:** Not given (from title: USSR: "Livonia").

Pyrellia purpureofasciata Zetterstedt, 1845. Dipt. Scand. 4: 1321. **Type locality:** Sweden: "in Scania ad villam Esperöd in paroecia Mellby".

Pyrellia amaena Robineau-Desvoidy, 1863. Hist. Nat. Dipt. Envir. Paris 2: 841. **Type locality:** Not given (from title: France: Paris).

Pyrellia smaragdula Robineau-Desvoidy, 1863. Hist. Nat. Dipt. Envir. Paris 2: 843. **Type locality:** Not given (from title: France: Paris).

Pyrellia cadaverina (Linnaeus): auctt. (nec Linnaeus, 1758).

分布（**Distribution**）：黑龙江（HL）、吉林（JL）、辽宁（LN）、内蒙古（NM）、河北（HEB）、山西（SX）、甘肃（GS）、青海（QH）、新疆（XJ）；法国、德国、前苏联、瑞典；古北区、东洋区。

40. 璃蝇属 *Rypellia* Malloch, 1931

Rypellia Malloch, 1931b. Ann. Mag. Nat. Hist. (10) 7: 190. **Type species:** *Rypellia flavipes* Malloch, 1931 (by original designation).

（807）恼璃蝇 *Rypellia difficila* **Feng, 2008**

Rypellia difficila Feng, 2008. *In*: Fan, 2008. Fauna Sinica,

Insecta, Vol. 49: 697. **Type locality:** China: Sichuan, Ya'an (Mt. Zhougongshan).

分布（**Distribution**）：四川（SC）。

（808）粪璃蝇 *Rypellia faeca* **Feng, 2008**

Rypellia faeca Feng, 2008. *In*: Fan, 2008. Fauna Sinica, Insecta, Vol. 49: 697. **Type locality:** China: Sichuan, Ya'an (Mt. Zhougongshan).

分布（**Distribution**）：四川（SC）。

（809）黄足璃蝇 *Rypellia flavipes* **Malloch, 1931**

Rypellia flavipes Malloch, 1931b. Ann. Mag. Nat. Hist. (10) 7: 190. **Type locality:** Indonesia: Sumatra.

分布（**Distribution**）：西藏（XZ）；韩国、日本、泰国、缅甸、印度、尼泊尔、印度尼西亚。

（810）花璃蝇 *Rypellia flora* **Feng, 2008**

Rypellia faeca Feng, 2008. *In*: Fan, 2008. Fauna Sinica, Insecta, Vol. 49: 697. **Type locality:** China: Sichuan Ya'an (Mt. Laobanshan).

分布（**Distribution**）：四川（SC）。

（811）中缅璃蝇 *Rypellia malaise* （Emden, 1965）

Dasyphora (*Rypellia*) *malaise* Emden, 1965. Fauna of India and the Adjacent Countries. Diptera 7, Muscidae I: 145. **Type locality:** Burma: Kambaiti.

分布（**Distribution**）：云南（YN）；缅甸、泰国。

（812）半透璃蝇 *Rypellia semilutea* （Malloch, 1923）

Orthellia semilutea Malloch, 1923. Ann. Mag. Nat. Hist. (9) 12: 115. **Type locality:** Indonesia: Java.

Rypellia fulvipes Malloch, 1932. Ann. Mag. Nat. Hist. (10) 10: 307. **Type locality:** China: Taiwan, Chip-chip.

Pyrellia flavipes Enderlein, 1934. Sber. Ges. Naturf. Freunde Berl. 1933 (3): 422 (preoccupied by *Rypellia flavipes* Malloch, 1931). **Type locality:** China: Taiwan, Tainan.

分布（**Distribution**）：浙江（ZJ）、湖南（HN）、四川（SC）、云南（YN）、台湾（TW）；尼泊尔、印度尼西亚。

墨蝇族 Mesembrinini

41. 墨蝇属 *Mesembrina* Meigen, 1826

Mesembrina Meigen, 1826. Syst. Beschr. Europ. Zweifl. Insekt. 5: 10. **Type species:** *Musca meridian* Linnaeus, 1758 (designated by Westwood, 1840).

Eumesembrina Townsend, 1908. Smithson. Misc. Collect. 51 (2): 124. **Type species:** *Meseminbrina latreillei* Robineau-Desvoidy, 1830 (by original designation).

Metamesembrina Townsend, 1908. Smithson. Misc. Collect. 51 (2): 124. **Type species:** *Mzqusca meridiana* Linnaeus, 1758 (by original designation).

Neomesembrina Schnabl *et* Dziedzicki, 1911. Nova Acta Acad. Caesar. Leop. Carol. 95 (2): 226. **Type species:** *Musca*

meridian Linnaeus, 1758 (monotypy).

Hypodermodes Townsend, 1912. Proc. Ent. Soc. Wash. 14: 46. **Type species:** *Musca mystacea* Linnaeus, 1758 (by original designation).

（813）金尾墨蝇 *Mesembrina aurocaudata* Emden, 1965

Mesembrinaaurocaudata Emden, 1965. Fauna of India and the Adjacent Countries. Diptera 7, Muscidae I: 115. **Type locality:** Myanmar.

分布（Distribution）：云南（YN）、西藏（XZ）；缅甸。

（814）迷墨蝇 *Mesembrina decipiens* Loew, 1873

Mesembrinadecipiens Loew, 1873. Beschr. Europ. Dipt. 3: 239. **Type locality:** Russia: Siberia, Kultuk.

Mesembrina putziloi Portschinsky, 1873. Trudy Russk. Ent. Obshch. 7: 57. **Type locality:** Russia: Siberia, Kultuk.

分布（Distribution）：黑龙江（HL）、吉林（JL）、内蒙古（NM）；朝鲜、俄罗斯。

（815）介墨蝇 *Mesembrina intermedia* Zetterstedt, 1849

Mesembrinaintermedia Zetterstedt, 1849. Dipt. Scand. 8: 3274. **Type locality:** Sweden.

分布（Distribution）：内蒙古（NM）、山西（SX）、新疆（XJ）；欧洲。

（816）壮墨蝇 *Mesembrina magnifica* Aldrich, 1925

Mesembrinamagnifica Aldrich, 1925. Proc. U. S. Natl. Mus. 66 (18): 9. **Type locality:** China: Sichuan, Yibin.

分布（Distribution）：内蒙古（NM）、山西（SX）、新疆（XJ）、四川（SC）；欧洲。

（817）南墨蝇 *Mesembrina meridiana meridiana* (Linnaeus, 1758)

Musca meridiana meridian Linnaeus, 1758. Syst. Nat. Ed. 10 (1): 595. **Type locality:** Sweden.

Mesembrina ingrica Portschinsky, 1873. Trudy Russk. Ent. Obshch. 7: 59. **Type locality:** "Petersburgsk. Gub.".

分布（Distribution）：内蒙古（NM）、甘肃（GS）、青海（QH）、新疆（XJ）、四川（SC）；蒙古国、俄罗斯；欧洲。

（818）裸颧南墨蝇 *Mesembrina meridiana nudiparafacia* Fan, 1965

Mesembrina meridiana nudiparafacia Fan, 1965. Key to the Common Flies of China: 100. **Type locality:** China: Tibet, Lasa.

分布（Distribution）：新疆（XJ）、西藏（XZ）。

（819）裸侧山墨蝇 *Mesembrina montana asternopleuralis* Fan, 1992

Mesembrina montana asternopleuralis Fan, 1992. Key to the Common Flies of China, 2nd Ed.: 267. **Type locality:** China: Sichuan, Xiangcheng (Mt. Wumingshan).

分布（Distribution）：四川（SC）。

（820）山墨蝇 *Mesembrina montana* Zimin, 1951

Mesembrina montana Zimin, 1951. Fauna USSR Dipt. 18 (4), Muscidae, 1: 239. **Type locality:** China: Qinghai.

分布（Distribution）：青海（QH）。

（821）蜂墨蝇 *Mesembrina mystacea* (Linnaeus, 1758)

Musca mystacea Linnaeus, 1758. Syst. Nat. Ed. 10 (1): 591. **Type locality:** Europe.

Musca bombylius De Geer, 1776. Mém. Pour Serv. Hist. Insect. 6: 58. **Type locality:** Sweden.

Syrphus apiaries Fabricius, 1781. Species Insect. 2: 422. **Type locality:** Italy.

Mesembrina matutina Rondani, 1862. Dipt. Ital. Prodromus, Vol. V: 210. **Type locality:** N. France.

Mesembrina vespertina Rondani, 1862. Dipt. Ital. Prodromus, Vol. V: 211. **Type locality:** Alpes Insbriae.

分布（Distribution）：新疆（XJ）；蒙古国、俄罗斯、土耳其；欧洲、非洲（北部山地）。

（822）毛斑亮墨蝇 *Mesembrina resplendens ciliimaculata* Fan *et* Zheng, 1992

Mesembrinaresplendensciliimaculata Fan *et* Zheng, 1992. *In*: Fan, 1992. Key to the Common Flies of China, 2nd Ed.: 265. **Type locality:** China: Yunnan, Xianggelila.

分布（Distribution）：黑龙江（HL）、吉林（JL）、辽宁（LN）、四川（SC）、云南（YN）、西藏（XZ）。

（823）亮墨蝇 *Mesembrina resplendens* Wahlberg, 1844

Mesembrina resplendens Wahlberg, 1844. Öfvers. K. Vetensk. Akad. Förh. 1 (5): 66. **Type locality:** Sweden: Lapland.

Mesembrina gracilior Zimin, 1951. Fauna USSR Dipt. 18 (4), Muscidae, 1: 238. **Type locality:** Russia: Kamchatka, Khabarovsk Region, , Yakutiya, Altay, Little Ural.

分布（Distribution）：新疆（XJ）；俄罗斯；欧洲。

（824）幽墨蝇 *Mesembrina tristis* Aldrich, 1926

Mesembrinatristis Aldrich, 1926. Proc. U. S. Natl. Mus. 69 (22): 7. **Type locality:** China: Sichuan, Songpan.

分布（Distribution）：青海（QH）、四川（SC）、云南（YN）。

42. 直脉蝇属 *Polietes* Rondani, 1866

Polietes Rondani, 1866. Atti Soc. Ital. Sci. Nat. Milano 9: 71, 19. **Type species:** *Musca lardaria* Fabricius, 1781 (by original designation).

Macrosoma Robineau-Desvoidy, 1830. Mém. Prés. Div. Sav. Acad. R. Sci. Inst. Fr. 2 (2): 402 (nec Hübner, 1818). **Type species:** *Musca lardaria* Fabricius, 1781 (designated by Séguy, 1937).

Pseudophaonia Malloch, 1918. Proc. Biol. Soc. Wash. 31: 66. **Type species:** *Aricia orichalcea* Stein, 1898 (by original designation) [= *Polietes orichalceoides* (Huckett, 1965)].

Polietella Ringdahl, 1922. Ent. Tidskr. 43: 2. **Type species:** *Trichopticus steinii* Ringdahl, 1913 (by original designation).

Pseudomorellia Ringdahl, 1929a. Ent. Tidskr. 50: 11; Ringdahl, 1929b. Ent. Tidskr. 50: 273. **Type species:** *Musca albolineata* Fallén, 1825 (by original designation) [= *Polietes domitor* (Harris, 1780)].

（825）白线直脉蝇 *Polietes domitor* (Harris, 1780)

Musca domitor Harris, 1780. Expos. Engl. Ins. (5): 148. **Type locality:** Britain.

Musca albolineata Fallén, 1823b. Monogr. Musc. Sveciae V: 54. **Type locality:** Sweden: Esperod.

Macrosoma floralis Robineau-Desvoidy, 1830. Mém. Prés. Div. Sav. Acad. R. Sci. Inst. Fr. 2 (2): 405. **Type locality:** France: Saint-Sauveur.

分布（Distribution）：黑龙江（HL）、吉林（JL）、辽宁（LN）、内蒙古（NM）、河北（HEB）、山西（SX）、陕西（SN）、新疆（XJ）；日本、蒙古国、俄罗斯、英国、葡萄牙；欧洲（中部和北部）。

（826）峨眉直脉蝇 *Polietes fuscisquamosus* Emden, 1965

Polietes (*Pseudomorellia*) *fuscisquamosus* Emden, 1965. Fauna of India and the Adjacent Countries. Diptera 7, Muscidae I: 149. **Type locality:** India: Darjeeling District.

Polietes (*Pseudomorellia*) *omeishanensis* Fan, 1965. Key to the Common Flies of China: 141. **Type locality:** China: Sichuan, Mt. Emeishan.

分布（Distribution）：四川（SC）；缅甸、印度、尼泊尔、巴基斯坦。

（827）毛胫直脉蝇 *Polietes hirticrura* Meade, 1887

Polietes hirticrura Meade, 1887. Ent. Mon. Mag. 23: 179. **Type locality:** Britain.

Pseudophaonia griseocaerulea Malloch, 1923. Trans. Am. Ent. Soc. 48 (1922): 235. **Type locality:** North America.

分布（Distribution）：中国（省份不明）；蒙古国、俄罗斯、英国、爱尔兰、美国。

（828）朝鲜直脉蝇 *Polietes koreicus* Park *et* Shinonaga, 1985

Polietes koreicus Park *et* Shinonaga, 1985. Jap. J. Ent. 53 (1): 213. **Type locality:** D. P. R. Korea.

分布（Distribution）：中国（北部，省份不明）；朝鲜。

（829）黑缘直脉蝇 *Polietes nigrolimbata* Bonsdorff, 1866

Aricia nigrolimbata Bonsdorff, 1866. Bidr. Känn. Finl. Nat. Folk. 7: 172. **Type locality:** Finland.

分布（Distribution）：黑龙江（HL）、吉林（JL）、辽宁（LN）；日本、蒙古国、俄罗斯、挪威、瑞典、芬兰。

（830）类黑缘直脉蝇 *Polietes nigrolimbatoides* Feng, 2008

Polietes nigrolimbatoides Feng, 2008. *In*: Fan, 2008. Fauna Sinica, Insecta, Vol. 49: 617. **Type locality:** China: Sichuan, Ya'an (Mt. Erlangshan).

分布（Distribution）：四川（SC）。

（831）东方直脉蝇 *Polietes orientalis* Pont, 1972

Polietes orientalis Pont, 1972. Khumbu Himal 4 (2): 328. **Type locality:** China: Sichuan, Ya'an (Mt. Erlangshan).

分布（Distribution）：四川（SC）、云南（YN）；尼泊尔、印度。

（832）荣氏直脉蝇 *Polietes ronghuae* Wang *et* Xue, 2016

Polietes ronghuae Wang *et* Xue, 2016. Orient. Insects 49 (1-2): 12. **Type locality:** China: Guizhou; Zhejiang, Mt. Tianmushan.

分布（Distribution）：浙江（ZJ）、贵州（GZ）。

（833）小直脉蝇 *Polietes steinii* (Ringdahl, 1913)

Trichopticus steinii Ringdahl, 1913. Ent. Tidskr. 34: 56. **Type locality:** Sweden.

分布（Distribution）：黑龙江（HL）；日本、俄罗斯、德国、丹麦、英国、挪威、瑞典、芬兰。

圆蝇亚科 Mydaeinae

圆蝇族 Mydaeini

43. 裸圆蝇属 *Brontaea* Kowarz, 1873

Brontaea Kowarz, 1873. Verh. K. K. Zool.-Bot. Ges. Wien 23: 461. **Type species:** *Anthomyia polystigma* Meigen, 1826 (by designation of Coquillett, 1910).

Brontea, error.

Gymnodia Robineau-Desvoidy, 1863. Hist. Nat. Dipt. Envir. Paris 2: 635 (a junior homonym of *Gymnodia* Robineau-Desvoidy, 1830). **Type species:** *Gymnodia pratensis* Robineau-Desvoidy, 1863 (monotypy) = *polystigma* (Meigen, 1826).

Gymnodia Robineau-Desvoidy, 1830 [Mém. Prés. Div. Sav. Acad. R. Sci. Inst. Fr. 2 (2): 603] is available because it is cited in combination with an available specific name, *phyllioidea* Robineau-Desvoidy, and it is therefore a junior synonym of *Pegomya* Robineau-Desvoidy (Anthomyiidae).

Anaclysta Brauer *et* Bergenstamm, 1894. Denkschr. Akad. Wiss. Wien. Math.-Naturw. Kl. 61: 622. **Type species:** *Anaclysta eremophila* Brauer *et* Bergenstamm, 1894 (by

original designation).

Anaclysta Stein, 1919. Arch. Naturgesch. 83A (1) (1917): 138 (a junior homonym of *Anaclysta* Brauer *et* Bergenstamm, 1894). **Type species:** *Limnophora ultipunctata* Stein, 1903 (by designation of Malloch, 1923) [= *Anaclysta eremophila* Brauer *et* Bergenstamm, 1894].

（834） 升斑裸圆蝇 *Brontaea ascendens* (Stein, 1915)

Limnophora ascendens Stein, 1915. Suppl. Ent. 4: 32. **Type locality:** China: Shanghai.

Gymnodia spilogaster Séguy, 1932c. Encycl. Ent. (B) II Dipt. 6: 81. **Type locality:** China: Jiangsu.

Gymnodia expansa Snyder, 1965. Insects Micronesia 13 (6): 280. **Type locality:** Japan: "Bull Beach", Sakai Ura, Chichi Jima, Bonin Islands.

分布（Distribution）：河南（HEN）、陕西（SN）、江苏（JS）、上海（SH）、浙江（ZJ）、江西（JX）、湖南（HN）、四川（SC）、贵州（GZ）、云南（YN）、福建（FJ）、台湾（TW）、广东（GD）、海南（HI）；日本、印度、泰国、斯里兰卡、缅甸、印度尼西亚。

（835） 分斑裸圆蝇 *Brontaea distincta* (Stein, 1909)

Limnophoradistincta Stein, 1909. Tijdschr. Ent. 52: 251. **Type locality:** Indonesia: Java.

分布（Distribution）：湖南（HN）、云南（YN）、台湾（TW）；印度尼西亚、缅甸、尼泊尔、印度、斯里兰卡。

（836） 拟黄膝裸圆蝇 *Brontaea genurufoides* Xue *et* Wang, 1992

Brontaea genurufoides Xue *et* Wang, 1992. *In*: Fan, 1992. Key to the Common Flies of China, 2nd Ed.: 393. **Type locality:** China: Shanxi, Guangling.

分布（Distribution）：山西（SX）。

（837） 小裸圆蝇 *Brontaea humilis* (Zetterstedt, 1860)

Aricia humilis Zetterstedt, 1860. Dipt. Scand. 14: 6221. **Type locality:** Sweden: Lower and Lule Lappmark.

分布（Distribution）：内蒙古（NM）；日本、俄罗斯、瑞士、德国、丹麦、法国、英国、匈牙利、爱尔兰、荷兰、波兰、罗马尼亚、瑞典、芬兰；新北区。

（838） 毛颊裸圆蝇 *Brontaea lasiopa* (Emden, 1965)

Gymnodia lasiopa Emden, 1965. Fauna of India and the Adjacent Countries. Diptera 7, Muscidae I: 636. **Type locality:** India.

分布（Distribution）：四川（SC）、云南（YN）、广东（GD）；日本、缅甸、印度。

（839） 宽额裸圆蝇 *Brontaea latifronta* (Xue *et* Wang, 1992)

Brontaea ezensis latifronta Xue *et* Wang, 1992. *In*: Fan, 1992. Key to the Common Flies of China, 2nd Ed.: 395. **Type locality:** China: Shanxi, Guangling.

分布（Distribution）：山西（SX）。

（840） 黑灰裸圆蝇 *Brontaea nigrogrisea* Karl, 1939

Gymnodia nigrogrisea Karl, 1939b. Arb. Morph. Taxon. Ent. 6 (3): 279. **Type locality:** China: Heilongjiang.

Gymnodia interposita Emden, 1965. Fauna of India and the Adjacent Countries. Diptera 7 Muscidae I: 628. **Type locality:** India: Pūsa, Bihār.

Gymnodia marguerita Snyder, 1965. Insects Micronesia 13 (6): 279. **Type locality:** Japan: "Bull Beach", Sakai Ura, Chichi Jima, Bonin Islands.

分布（Distribution）：黑龙江（HL）、辽宁（LN）、山西（SX）；日本、泰国、印度；澳洲区。

（841） 多点裸圆蝇 *Brontaea polystigma* (Meigen, 1826)

Anthomyia polystigma Meigen, 1826. Syst. Beschr. Europ. Zweifl. Insekt. 5: 150. **Type locality:** Not given.

Limnophora rivularis Robineau-Desvoidy, 1830. Mém. Prés. Div. Sav. Acad. R. Sci. Inst. Fr. 2 (2): 519. **Type locality:** France: Auxerre.

Anthomyia singularis Macquart, 1835. Hist. Nat. Ins., Dipt. 2: 341. **Type locality:** France: Bordeaux.

Gymnodia pratensis Robineau-Desvoidy, 1863. Hist. Nat. Dipt. Envir. Paris 2: 635. **Type locality:** France: Paris District (Not given, from title).

Limnophora scripta Nowicki, 1868. Verh. Naturf. Ver. Brünn 6 (1867) Abh.: 91. **Type locality:** "des galizischen Podoliens" (SET: Britain, Former Soviet Union).

分布（Distribution）：内蒙古（NM）；俄罗斯、奥地利、前捷克斯洛伐克、法国、意大利、罗马尼亚。

（842） 四川裸圆蝇 *Brontaea sichuanensis* (Xue *et* Feng, 1992)

Brontaea sichuanensis Xue *et* Feng, 1992. *In*: Fan, 1992. Key to the Common Flies of China, 2nd Ed.: 394. **Type locality:** China: Sichuan, Mingshan.

分布（Distribution）：四川（SC）。

（843） 花裸圆蝇 *Brontaea tonitrui* (Wiedemann, 1824)

Anthomyia tonitrui Wiedemann, 1824. Munus Rectoris in Academia Christiana Albertina Aditurus Analecta Entomológica ex Museo Regio Havniensi Máxime Congesta Profert Iconibusque Illustrat: 52. **Type locality:** East India Islands.

Anthomyid canache Walker, 1849. List of the specimens of dipterous insets in the collection of the British Museum Part IV: 953. **Type locality:** Egypt.

Limnophora variegata Stein, 1903. Mitt. Zool. Mus. Berl.

2 (3): 104. **Type locality:** Egypt: Cairo; Alexandria; Asyut.

Limnophora macei Robineau-Desvoidy, 1830. Mém. Prés. Div. Sav. Acad. R. Sci. Inst. Fr. 2 (2): 519. **Type locality:** Bengal. N. syn.

Anthomyia aliena Walker, 1852. Ins. Saund. (I) Dipt. 3-4: 363. **Type locality:** India.

分布（Distribution）：上海（SH）、浙江（ZJ）、贵州（GZ）、云南（YN）、福建（FJ）、台湾（TW）、广东（GD）；斯里兰卡、印度、马来西亚、尼泊尔、巴基斯坦、埃塞俄比亚、摩洛哥、突尼斯、利比亚、埃及、马德拉群岛、东印度群岛、孟加拉湾。

（844）云南裸圆蝇 *Brontaea yunnanensis* (Xue *et* Chen, 1992)

Brontaea yunnanensis Xue *et* Chen, 1992. *In*: Fan, 1992. Key to the Common Flies of China, 2nd Ed.: 393. **Type locality:** China: Yunnan.

分布（Distribution）：云南（YN）。

44. 纹蝇属 *Graphomya* Robineau-Desvoidy, 1830

Graphomya Robineau-Desvoidy, 1830. Mém. Prés. Div. Sav. Acad. R. Sci. Inst. Fr. 2 (2): 403. **Type species:** *Musca maculata* Scopoli, 1763 (by designation of Westwood, 1840).

Graphomyia Agassiz, 1847. Nom. Zool. Index Univ.: 167 (unjustified emendation of *Graphomya* Robineau-Desvoidy, 1830).

Curtonevra Macquart, 1834. Mém. Soc. Sci. Agric. Arts Lille [1833]: 146. **Type species:** *Musca maculata* Scopoli, 1763 (by designation of Westwood, 1840).

Cyrtoneura, error.

Curtoneura, error.

Cyrtonevra Agassiz, 1847. Nom. Zool. Index Univ.: 108 (unjustified emendation of *Curtonevra* Macquart, 1834).

（845）斑纹蝇 *Graphomya maculata* (Scopoli, 1763)

Musca maculata Scopoli, 1763. Ent. Carniolica: 326. **Type locality:** Yugoslavia.

Musca vulpina Fabricius, 1775. Syst. Entom.: 776. **Type locality:** "Habitat in Europa".

Musca compunctus Harris, 1780. Expos. Engl. Ins. (4): 113. **Type locality:** Not given (S. E. England).

Musca maculata Harris, 1780. Expos. Engl. Ins. (5): 140 (a junior primary homonym of *Musca maculata* Scopoli, 1763). **Type locality:** Not given (S. E. England).

分布（Distribution）：吉林（JL）、辽宁（LN）、内蒙古（NM）、河北（HEB）、山西（SX）、新疆（XJ）；缅甸、斯里兰卡、印度、菲律宾、日本、前南斯拉夫、黎巴嫩、叙利亚、伊拉克、以色列、土耳其、伊朗、蒙古国、韩国、摩洛哥、阿尔及利亚、突尼斯、埃及、奥地利、阿尔巴尼亚、保加利亚、瑞士、前捷克斯洛伐克、德国、丹麦、西班牙、法国、英国、匈牙利、意大利、爱尔兰、冰岛、挪威、马耳他、荷兰、波兰、罗马尼亚、瑞典、芬兰、俄罗斯；澳洲区。

（846）天目斑纹蝇 *Graphomya maculata tienmushanensis* Ôuchi, 1939

Graphomyiamaculata tienmushanensis Ôuchi, 1939c. J. Shanghai Sci. Inst. (3) 4: 231. **Type locality:** China: Zhejiang, Tianmushan.

分布（Distribution）：浙江（ZJ）。

（847）疏斑纹蝇 *Graphomya paucimaculata* Ôuchi, 1938

Graphomyia paucimaculata Ôuchi, 1938. J. Shanghai Sci. Inst. (3) 4: 10. **Type locality:** China: Zhejiang, Tianmushan.

分布（Distribution）：浙江（ZJ）、福建（FJ）。

（848）绯胫纹蝇 *Graphomya rufitibia* Stein, 1918

Graphomyia rufitibia Stein, 1918. Ann. Hist.-Nat. Mus. Natl. Hung. 16: 147. **Type locality:** China: Taiwan, Kosempo, Koshun, Polisha, Takao, Kuschirei.

分布（Distribution）：吉林（JL）、辽宁（LN）、河北（HEB）、天津（TJ）、北京（BJ）、山西（SX）、山东（SD）、河南（HEN）、陕西（SN）、上海（SH）、浙江（ZJ）、江西（JX）、湖南（HN）、湖北（HB）、云南（YN）、福建（FJ）、台湾（TW）、广东（GD）、广西（GX）、海南（HI）；朝鲜、日本、缅甸、斯里兰卡、巴基斯坦、印度、印度尼西亚、奥地利。

45. 毛膝蝇属 *Hebecnema* Schnabl, 1889

Hebecnema Schnabl, 1889b. Trudy Russk. Ent. Obshch. 23: 331 (as a subgenus of *Aricia* Robineau-Desvoidy, 1830). **Type species:** *Anthomyia umbratica* (Meigen, 1826) (by designation of Coquillett, 1901).

（849）白毛膝蝇 *Hebecnema alba* Hsue, 1983

Hebecnema alba Hsue, 1983. Acta Ent. Sin. 26 (2): 226. **Type locality:** China: Liaoning, Benxi (Nandian).

分布（Distribution）：辽宁（LN）、山西（SX）。

（850）狭颜毛膝蝇 *Hebecnema angustifacialis* Mou, 1984

Hebecnema angustifacialis Mou, 1984. Entomotaxon. 6 (1): 7. **Type locality:** China: Liaoning, Jinzhou (Beizhen).

分布（Distribution）：辽宁（LN）。

（851）拱毛膝蝇 *Hebecnema arcuatiabdomina* (Feng *et* Fan, 2001)

Helina arcuatiabdomina Feng *et* Fan, 2001. Entomotaxon. 23 (3): 188. **Type locality:** China: Sichuan, Ya'an (Erlangshan).

分布（**Distribution**）：四川（SC）。

（852）冠状毛膝蝇 *Hebecnema coronata* Feng *et* Wang, 2010

Hebecnema coronata Feng *et* Wang, 2010. *In*: Wang *et* Feng, 2010. Sichuan J. Zool. 29 (4): 567. **Type locality:** China: Sichuan, Mingshan (Chelingzhen).

分布（**Distribution**）：四川（SC）。

（853）毛眼毛膝蝇 *Hebecnema dasyopos* Feng, 2009

Hebecnema dasyopos Feng, 2009. Acta Zootaxon. Sin. 34 (3): 625. **Type locality:** China: Sichuan, Ya'an (Erlangshan).

分布（**Distribution**）：四川（SC）。

（854）暗毛膝蝇 *Hebecnema fumosa* (Meigen, 1826)

Anthomyia fumosa Meigen, 1826. Syst. Beschr. Europ. Zweifl. Insekt. 5: 109. **Type locality:** Germany (presumed; not stated).

Mydina maura Robineau-Desvoidy, 1830. Mém. Prés. Div. Sav. Acad. R. Sci. Inst. Fr. 2 (2): 501. **Type locality:** France: Saint-Sauveur.

Anthomyza fuscipes Zetterstedt, 1845. Dipt. Scand. 4: 1647. **Type locality:** Sweden.

Aricia carbo Schiner, 1862b. Fauna Austriaca 1: 602. **Type locality:** Italy: Triest. Yugoslavia: Fiume.

Yetodesia solifuga Rondani, 1877. Dipt. Ital. Prodromus, Vol. VI: 138. **Type locality:** Italy: Bologna, Apennines.

Trichophticus tristis Bigot, 1885. Ann. Soc. Entomol. Fr. 6 (4): 282. **Type locality:** France: Vernet-les-Bains, Pyrénées-Orientales.

Hebecnema tibialis Santos Abreu, 1976. Monogr. Anthom. Islas Canar.: 78 (unavailable).

Hebecnema abdominalis Santos Abreu, 1976. Monogr. Anthom. Islas Canar.: 79 (unavailable).

分布（**Distribution**）：山西（SX）、贵州（GZ）、台湾（TW）、广东（GD）；奥地利、阿尔巴尼亚、保加利亚、前捷克斯洛伐克、塞浦路斯、德国、西班牙、法国、英国、希腊、匈牙利、意大利、爱尔兰、挪威、葡萄牙、波兰、罗马尼亚、瑞典、芬兰、前南斯拉夫、俄罗斯、叙利亚、以色列、土耳其、日本、摩洛哥、阿尔及利亚、利比亚。

（855）隐颜毛膝蝇 *Hebecnema invisifacies* Feng, 2009

Hebecnema invisifacies Feng, 2009. Acta Zootaxon. Sin. 34 (3): 625. **Type locality:** China: Sichuan, Ya'an (Laobanshan, Erlangshan, Muyepeng), Kangding (Paomashan), Mingshan (Mengdingshan); Chongqing (Beibei).

分布（**Distribution**）：四川（SC）、重庆（CQ）。

（856）玛纳斯毛膝蝇 *Hebecnema manasicus* Feng, 2009

Hebecnema manasicus Feng, 2009. Acta Zootaxon. Sin. 34 (3):

627. **Type locality:** China: Xinjiang, Manasi.

分布（**Distribution**）：新疆（XJ）。

（857）螯毛膝蝇 *Hebecnema umbratica* (Meigen, 1826)

Anthomyia umbratica Meigen, 1826. Syst. Beschr. Europ. Zweifl. Insekt. 5: 88. **Type locality:** Not given.

Aricia capucina Zetterstedt, 1849. Dipt. Scand. 8: 3283. **Type locality:** Sweden.

Anthomyia debilis Walker, 1853. Ins. Brit., Dípt. 2: 122. **Type locality:** England.

Anthomyia lithantrax Wiedemann, 1857. Gistel's Vacuna 1: 73 (in part) (nomen nudum).

Aricia (*Hebecnema*) *pictipennis* Schnabl, 1889b. Trudy Russk. Ent. Obshch. 23: 331 (nomen nudum).

Aricia umbrata Storm, 1896. Norske Vidensk. Selsk. Skr. 1895: 238. **Type locality:** Norway.

Hebecnema pictipennis Schnabl, 1911b. Nova Acta Acad. Caesar. Leop. Carol. 95 (2): 278. **Type locality:** Former Soviet Union: Leningrad.

分布（**Distribution**）：山西（SX）、四川（SC）、贵州（GZ）、云南（YN）；阿尔巴尼亚、奥地利、比利时、保加利亚、瑞士、前捷克斯洛伐克、丹麦、西班牙、法国、英国、匈牙利、意大利、爱尔兰、挪威、荷兰、波兰、罗马尼亚、瑞典、芬兰、前南斯拉夫、俄罗斯、黎巴嫩、以色列、日本、摩洛哥、阿尔及利亚、利比亚、葡萄牙、缅甸、印度、德国。

（858）夜毛膝蝇 *Hebecnema vespertina* (Fallén, 1823)

Musca vespertina Fallén, 1823a. Monogr. Musc. Sveciae VI: 58. **Type locality:** Not given (presumably Sweden).

Musca nigrita Fallén, 1823a. Monogr. Musc. Sveciae VI: 60. **Type locality:** Sweden (a junior primary homonym of *Musca nigrita* Scopoli, 1763).

Anthomyia dispar Stephens, 1829. Nomencl. Brit. Ins. 2: 60 (nomen nudum).

Spilogaster (*Mydaea*) *meiningensis* Schnabl, 1889a. Trudy Russk. Ent. Obshch. 24: 275 (nomen nudum).

Hebecnema affinis Malloch, 1921c. Can. Entomol. 53: 214. **Type locality:** USA: Rutland, Vermont.

分布（**Distribution**）：吉林（JL）、辽宁（LN）、山西（SX）；奥地利、比利时、保加利亚、瑞士、前捷克斯洛伐克、德国、丹麦、西班牙、法国、英国、希腊、匈牙利、意大利、爱尔兰、挪威、荷兰、波兰、罗马尼亚、瑞典、芬兰、前南斯拉夫、俄罗斯、以色列、日本。

（859）西蜀毛膝蝇 *Hebecnema xishuicum* Feng, 2009

Hebecnema xishuicum Feng, 2009. Acta Zootaxon. Sin. 34 (3): 627. **Type locality:** China: Sichuan, Kangding (Paomashan).

分布（**Distribution**）：四川（SC）。

46. 毛盾蝇属 *Lasiopelta* Malloch, 1928

Lasiopelta Malloch, 1928. Ann. Mag. Nat. Hist. (10) 2: 309. **Type species:** *Lasiopelta orientalis* Malloch, 1928 (by original designation).

Pendleburyia Malloch, 1928. Ann. Mag. Nat. Hist. (10) 2: 312. **Type species:** *Pendleburyia longicornis* (Stein, 1915) (by original designation) (synonym).

（860）黄色毛盾蝇 *Lasiopelta flava* Wei *et* Cao, 2010

Lasiopelta flava Wei *et* Cao, 2010. *In*: Wei, Jiang *et* Cao, 2010. Acta Zootaxon. Sin. 35 (3): 492. **Type locality:** China: Guizhou, Anshun.

分布（Distribution）：贵州（GZ）。

（861）长角毛盾蝇 *Lasiopelta longicornis* (Stein, 1915)

Mydaea longicornis Stein, 1915. Suppl. Ent. 4: 15. **Type locality:** China: Taiwan, Chip-Chip.

分布（Distribution）：台湾（TW）；缅甸、马来西亚、印度尼西亚。

（862）斑翅毛盾蝇 *Lasiopelta maculipennis* Wei, 1992

Lasiopelta maculipennis Wei, 1992. Acta Ent. Sin. 35 (1): 108. **Type locality:** China: Guizhou, Suiyang (Kuankuoshui).

分布（Distribution）：贵州（GZ）。

（863）红棕毛盾蝇 *Lasiopelta rufescenta* Wei *et* Jiang, 2010

Lasiopelta rufescenta Wei *et* Jiang, 2010. *In*: Wei, Jiang *et* Cao, 2010. Acta Zootaxon. Sin. 35 (3): 489. **Type locality:** China: Guizhou, Anshun.

分布（Distribution）：贵州（GZ）。

47. 圆蝇属 *Mydaea* Robineau-Desvoidy, 1830

Mydaea Robineau-Desvoidy, 1830. Mém. Prés. Div. Sav. Acad. R. Sci. Inst. Fr. 2 (2): 479. **Type species:** *Mydaea scutellaris* Robineau-Desvoidy, 1830 (by designation of Coquillett, 1901).

Xenomydaea Malloch, 1920b. Trans. Am. Ent. Soc. 46: 144. **Type species:** *Xenomydaea buccata* Malloch, 1920 (by original designation).

Subphaonia Ringdahl, 1934a. Ent. Tidskr. 55: 6. **Type species:** *Subphaonia nitidiventris* Ringdahl, 1934 (monotypy).

（864）拟美丽圆蝇 *Mydaea affinis* Meade, 1891

Mydaea affinis Meade, 1891. Ent. Mon. Mag. 27 [= (2) 2]: 42. **Type locality:** Britain.

Mydaea discimana Malloch, 1920b. Trans. Am. Ent. Soc. 46: 136. **Type locality:** America: Massachusetts, New Bedford.

Mydaea flavifemora Feng, 2000. Sichuan J. Zool. 19 (1): 4. **Type locality:** China: Sichuan, Ya'an (Erlangshan, Forestry Centre), Kangding (Paomashan). **Syn. nov.**

分布（Distribution）：黑龙江（HL）、吉林（JL）、辽宁（LN）、四川（SC）；德国、丹麦、英国、匈牙利、意大利、爱尔兰、挪威、瑞典、芬兰、俄罗斯、蒙古国、日本；新北区。

（865）拟少毛圆蝇 *Mydaea ancilloides* Xue, 1992

Mydaea ancilloides Xue, 1992. *In*: Fan, 1992. Key to the Common Flies of China, 2nd Ed.: 338. **Type locality:** China: Liaoning, Benxi.

分布（Distribution）：辽宁（LN）。

（866）双圆蝇 *Mydaea bideserta* Xue *et* Wang, 1992

Mydaea bideserta Xue *et* Wang, 1992. *In*: Fan, 1992. Key to the Common Flies of China, 2nd Ed.: 340. **Type locality:** China: Hubei, Shennongjia.

分布（Distribution）：陕西（SN）、湖北（HB）。

（867）短圆蝇 *Mydaea brevis* Wei, 1994

Mydaea brevis Wei, 1994. Acta Ent. Sin. 37 (1): 112. **Type locality:** China: Guizhou, Suiyang (Kuankuoshui).

分布（Distribution）：贵州（GZ）。

（868）褐翅圆蝇 *Mydaea brunneipennis* Wei, 1994

Mydaea brunneipennis Wei, 1994. Acta Ent. Sin. 37 (1): 113. **Type locality:** China: Guizhou, Suiyang (Kuankuoshui).

分布（Distribution）：贵州（GZ）。

（869）小盾圆蝇 *Mydaea corni* (Scopoli, 1763)

Musca corni Scopoli, 1763. Ent. Carniolica: 328. **Type locality:** Not given.

分布（Distribution）：中国（省份不明）；澳大利亚、土耳其、日本；欧洲、非洲（北部）。

（870）圆尾圆蝇 *Mydaea discocerca* Feng, 2000

Mydaea discocerca Feng, 2000. Entomotaxon. 22 (1): 57. **Type locality:** China: Sichuan, Ya'an (Erlangshan, Ganhaizi).

分布（Distribution）：四川（SC）。

（871）峨眉山圆蝇 *Mydaea emeishanna* Feng *et* Deng, 2001

Mydaea emeishanna Feng *et* Deng, 2001. Sichuan J. Zool. 20 (4): 171. **Type locality:** China: Sichuan, Emeishan (Hongchunping).

分布（Distribution）：四川（SC）。

（872）缨板圆蝇 *Mydaea franzosternita* Xue *et* Tian, 2014

Mydaea franzosternita Xue *et* Tian, 2014. J. Insect Sci. 14: 8. **Type locality:** China: Jilin, Changbaishan.

分布（Distribution）：吉林（JL）。

（873）付超圆蝇 *Mydaea fuchaoi* Xue *et* Tian, 2012

Mydaea fuchaoi Xue *et* Tian, 2012. Orient. Insects 46 (2): 147. **Type locality:** China: Yunnan, Xianggelila, Pudacuo.

分布（Distribution）：云南（YN）。

（874）甘肃圆蝇 *Mydaea gansuensis* (Ma *et* Wu, 1992), comb. nov.

Phaonia gansuensis Ma *et* Wu, 1992. *In*: Fan, 1992. Key to the Common Flies of China, 2nd Ed.: 440. **Type locality:** China: Gansu, Subei.

分布（Distribution）：甘肃（GS）。

（875）蓝灰圆蝇 *Mydaea glaucina* Wei, 1994

Mydaea glaucina Wei, 1994. Acta Ent. Sin. 37 (1): 115. **Type locality:** China: Guizhou, Suiyang (Kuankuoshui).

分布（Distribution）：贵州（GZ）。

（876）瘦叶圆蝇 *Mydaea gracilior* Xue, 1992

Mydaea gracilior Xue, 1992. *In*: Fan, 1992. Key to Common Flies of China, 2nd Ed.: 338. **Type locality:** China: Jilin, Tonghua, Hani.

分布（Distribution）：吉林（JL）、宁夏（NX）。

（877）鬃腹圆蝇 *Mydaea jubiventera* Feng *et* Deng, 2001

Mydaea jubiventera Feng *et* Deng, 2001. Sichuan J. Zool. 20 (4): 171. **Type locality:** China: Sichuan, Maowen (Sanlong).

分布（Distribution）：四川（SC）。

（878）宽叶圆蝇 *Mydaea latielecta* Xue, 1992

Mydaea latielecta Xue, 1992. *In*: Fan, 1992. Key to the Common Flies of China, 2nd Ed.: 338. **Type locality:** China: Liaoning, Benxi (Nandian).

分布（Distribution）：辽宁（LN）。

（879）宽屑圆蝇 *Mydaea laxidetrita* Xue *et* Wang, 1992

Mydaea laxidetrita Xue *et* Wang, 1992. *In*: Fan, 1992. Key to the Common Flies of China, 2nd Ed.: 340. **Type locality:** China: Shanxi, Pinglu.

分布（Distribution）：山西（SX）。

（880）小圆蝇 *Mydaea minor* Ma *et* Wu, 1986

Mydaea minor Ma *et* Wu, 1986. *In*: Ma, Wu *et* Cui, 1986. Acta Zootaxon. Sin. 11 (3): 317. **Type locality:** China: Gansu, Kang Xian.

分布（Distribution）：甘肃（GS）、湖南（HN）、四川（SC）。

（881）小蓝圆蝇 *Mydaea minutiglaucina* Xue *et* Tian, 2012

Mydaea minutiglaucina Xue *et* Tian, 2012. Orient. Insects 46 (2): 149. **Type locality:** China: Sichuan, Ya'an (Erlangshan).

分布（Distribution）：甘肃（GS）、湖南（HN）、四川（SC）。

（882）黑圆蝇 *Mydaea nigra* Wei, 1994

Mydaea nigra Wei, 1994. Acta Ent. Sin. 37 (1): 116. **Type locality:** China: Guizhou, Panxian (Laochang).

分布（Distribution）：贵州（GZ）。

（883）黑鳞圆蝇 *Mydaea nigribasicosta* Xue *et* Feng, 1996

Mydaea nigribasicosta Xue *et* Feng, 1996. Acta Zootaxon. Sin. 21 (2): 232. **Type locality:** China: Sichuan, Ya'an (Erlangshan).

分布（Distribution）：四川（SC）。

（884）云圆蝇 *Mydaea nubila* Stein, 1916

Mydaea nubile Stein, 1916. Arch. Naturgesch. 81A (10) (1915): 65. **Type locality:** America: Pennsylvania. Germany: Genthin (replacement name for *Spilogaster obscura* Stein, 1898).

Spilogaster obscura Stein, 1898. Berl. Ent. Z. 42 (1897): 197. **Type locality:** America: Pennsylvania. Germany: Genthin (homonym of *Mydaea obscura* van der Wulp, 1896).

Mydaea jiuzhaigouensis Feng *et* Deng, 2001. Sichuan J. Zool. 20 (4): 172. **Type locality:** China: Sichuan, Jiuzhaigou (Nanping). **Syn. nov.**

分布（Distribution）：四川（SC）；奥地利、保加利亚、瑞士、德国、匈牙利、波兰、美国；新北区。

（885）康定圆蝇 *Mydaea setifemur kangdinga* Xue *et* Feng, 1992

Mydaea setifemur kangdinga Xue *et* Feng, 1992. *In*: Fan, 1992. Key to the Common Flies of China, 2nd Ed.: 336. **Type locality:** China: Sichuan, Kangding (Paomashan).

分布（Distribution）：四川（SC）。

（886）鬃股圆蝇 *Mydaea setifemur* Ringdahl, 1924

Mydaea setifemur setifemur Ringdahl, 1924. Ent. Tidskr. 45: 42. **Type locality:** Not given (presumably Sweden).

分布（Distribution）：吉林（JL）、辽宁（LN）、内蒙古（NM）、陕西（SN）、四川（SC）、云南（YN）；日本、蒙古国、俄罗斯、奥地利、瑞士、前捷克斯洛伐克、德国、法国、英国、匈牙利、意大利、爱尔兰、挪威、瑞典、芬兰。

（887）蜀圆蝇 *Mydaea shuensis* Feng, 2003

Mydaea shuensis Feng, 2003a. Entomol. J. East China 12 (2): 2. **Type locality:** China: Sichuan, Ya'an (Laobanshan).

分布（Distribution）：四川（SC）。

（888）中华圆蝇 *Mydaea sinensis* Ma *et* Cui, 1986

Mydaea sinensis Ma *et* Cui, 1986. *In*: Ma, Wu *et* Cui, 1986. Acta Zootaxon. Sin. 11 (3): 316. **Type locality:** China:

Neimenggu, Elunchun.

分布（Distribution）：内蒙古（NM）。

（889）次尖叶圆蝇 *Mydaea subelecta* Feng, 2000

Mydaea subelecta Feng, 2000. Sichuan J. Zool. 19 (1): 4. **Type locality:** China: Sichuan, Kangding (Paomashan).

Mydaea scolocerca Feng, 2000. Sichuan J. Zool. 19 (1): 4. **Type locality:** China: Sichuan, Kangding (Paomashan). **Syn. nov.**

分布（Distribution）：四川（SC）。

（890）饰盾圆蝇 *Mydaea tinctoscutaris* Xue, 1992

Mydaea tinctoscutaris Xue, 1992. *In:* Fan, 1992. Key to the Common Flies of China, 2nd Ed.: 337. **Type locality:** China: Liaoning, Benxi.

分布（Distribution）：辽宁（LN）。

（891）美丽圆蝇 *Mydaea urbana* (Meigen, 1826)

Anthomyia urbana Meigen, 1826. Syst. Beschr. Europ. Zweifl. Insekt. 5: 118. **Type locality:** Not given (presumably Germany).

Musca rustica Fallén, 1825a. Monogr. Musc. Sveciae VIII: 79. **Type locality:** Not given (presumably Sweden).

Mydaea musca Robineau-Desvoidy, 1830. Mém. Prés. Div. Sav. Acad. R. Sci. Inst. Fr. 2 (2): 481. **Type locality:** France: Paris.

分布（Distribution）：辽宁（LN）、河北（HEB）、山西（SX）、四川（SC）、云南（YN）、西藏（XZ）；奥地利、比利时、保加利亚、瑞士、前捷克斯洛伐克、德国、丹麦、法国、英国、匈牙利、意大利、爱尔兰、挪威、荷兰、波兰、罗马尼亚、瑞典、芬兰、前南斯拉夫、俄罗斯、土耳其、蒙古国；新北区。

48. 妙蝇属 *Myospila* Rondani, 1856

Myospila Rondani, 1856. Dipt. Ital. Prodromus, Vol. I: 91. **Type species:** *Musca meditabunda* Fabricius, 1781 (by original designation).

Xenosia Malloch, 1921d. Ann. Mag. Nat. Hist. (9) 7: 421. **Type species:** *Mydaea ungulata* Stein, 1909 (by original designation) [= *Anthomyia bina* Wiedemann, 1830].

Xenosina Malloch, 1925. Philipp. J. Sci. 26 (3): 509 (preoccupied by Warren, 1900). **Type species:** *Mydaea morosa* Stein, 1918 (by original designation).

Eumyiospila Malloch, 1926. Philipp. J. Sci. 31: 499. **Type species:** *Eumyiospila spinifemorata* Malloch, 1926 (by original designation) [= *Aricia argentata* Walker, 1856].

Helinella Malloch, 1926. Philipp. J. Sci. 31: 498. **Type species:** *Spilogaster propinqua* Stein (by original designation) [= *Anthomyia lenticeps* Thomson, 1869].

Pahangia Malloch, 1928. Ann. Mag. Nat. Hist. (10) 2: 311. **Type species:** *Pahangia flavipennis* Malloch, 1928 (by

original designation).

Eumydaea Karl, 1935. Arb. Morph. Taxon. Ent. 2: 41. **Type species:** *Aricia argentata* Walker, 1856 (by original designation).

Sinomuscina Séguy, 1937. Genera Insect. 205: 358. **Type species:** *Sinomuscina grisea* Séguy, 1937 (by original designation).

Parapictia Pont, 1968. Ent. Medd. 36: 179. **Type species:** *Parapictia nudisterna* Pont, 1968 (by original designation).

（892）弯端妙蝇 *Myospila acrula* Wei, 2012

Myospila acrula Wei, 2012a. Acta Zootaxon. Sin. 37 (2): 418. **Type locality:** China: Guizhou, Pingba, Dapo Forestry Centre.

分布（Distribution）：贵州（GZ）。

（893）狭额妙蝇 *Myospila angustifrons* Malloch, 1922

Myospila angustifrons Malloch, 1922a. Ann. Mag. Nat. Hist. (9) 10: 132. **Type locality:** India: Kashmir.

分布（Distribution）：新疆（XJ）、西藏（XZ）；缅甸、印度。

（894）端毛妙蝇 *Myospila apicaliciliola* Xue *et* Tian, 2014

Myospila apicaliciliola Xue *et* Tian, 2014. J. Insect Sci. 14: 13. **Type locality:** China: Guangxi, Maoershan.

分布（Distribution）：广西（GX）。

（895）银额妙蝇 *Myospila argentata* (Walker, 1856)

Aricia argentata Walker, 1856a. J. Proc. Linn. Soc. London Zool. 1: 27. **Type locality:** Malaysia: Melaka.

Aricia integra Walker, 1859. J. Proc. Linn. Soc. London Zool. 4: 140. **Type locality:** Indonesia: Celebes [= Sulawesi] (Makassar [= Ujung Pandang]).

Aricia nigricosta Walker, 1859. J. Proc. Linn. Soc. London Zool. 4: 140. **Type locality:** Indonesia: Celebes [= Sulawesi] (Makassar [= Ujung Pandang]).

Spilogaster pellucida Stein, 1900. Annali Mus. Civ. Stor. Nat. Giacomo Doria 40: 381. **Type locality:** Indonesia: Moluccas, Ternate.

Mydaea attenta Stein, 1918. Ann. Hist.-Nat. Mus. Natl. Hung. 16: 167. **Type locality:** India: Calcutta, W Bengal.

Eumyiospila spinifemorata Malloch, 1926. Philipp. J. Sci. 31: 500. **Type locality:** Philippines: Laguna, Luzon, Mount. Makiling.

分布（Distribution）：贵州（GZ）、台湾（TW）、广东（GD）；缅甸、斯里兰卡、印度、印度尼西亚、马来西亚、菲律宾、泰国、美拉尼西亚群岛。

（896）武妙蝇 *Myospila armata* Snyder, 1940

Myospila armata Snyder, 1940. Amer. Mus. Novit. 1087: 9. **Type locality:** China: Xizang, Himalayas.

分布（Distribution）：西藏（XZ）。

（897）黑前股妙蝇 *Myospila ateripraefemura* Feng, 2005

Myospila ateripraefemura Feng, 2005. Acta Parasitol. Med. Entomol. Sin. 12 (4): 216. **Type locality:** China: Sichuan, Mingshan (Mengdingshan).

分布（Distribution）：四川（SC）。

（898）基妙蝇 *Myospila basilara* Wei, 2012

Myospila basilara Wei, 2012b. Acta Zootaxon. Sin. 37 (2): 398. **Type locality:** China: Guizhou, Guanling (Duanqiao).

分布（Distribution）：贵州（GZ）。

（899）双色妙蝇 *Myospila bina* (Wiedemann, 1830)

Anthomyia bina Wiedemann, 1830. Aussereurop. Zweifl. Insekt. 2: 426. **Type locality:** China: Guangdong.

Mydaea ungulate Stein, 1909. Tijdschr. Ent. 52: 233. **Type locality:** Indonesia: Java, Semarang.

分布（Distribution）：贵州（GZ）、云南（YN）、台湾（TW）、广东（GD）；日本、缅甸、斯里兰卡、巴基斯坦、孟加拉国、印度、印度尼西亚、马来西亚、菲律宾。

（900）拟双色妙蝇 *Myospila binoides* Feng, 2005

Myospila binoides Feng, 2005. Entomol. J. East China 14 (3): 200. **Type locality:** China: Guangxi, Lingle; Hainan, Shanlong.

分布（Distribution）：广西（GX）、海南（HI）。

（901）百色妙蝇 *Myospila boseica* Feng, 2005

Myospila boseica Feng, 2005. Entomol. J. East China 14 (3): 197. **Type locality:** China: Guangxi, Baise; Zhejiang, Tianmushan; Yunnan, Manhao and Kaiyuan; Hainan, Diaoluo, Yulin, Shanlong.

分布（Distribution）：浙江（ZJ）、云南（YN）、广西（GX）、海南（HI）。

（902）短盾妙蝇 *Myospila breviscutellata* (Xue et Kuang, 1992)

Mydaea breviscutellata Xue et Kuang, 1992. *In*: Fan, 1992. Key to the Common Flies of China, 2nd Ed.: 338. **Type locality:** China: Guangdong, Zhanjiang, Dawuling.

分布（Distribution）：广东（GD）。

（903）冬妙蝇 *Myospila bruma* Feng, 2003

Myospila bruma Feng, 2003b. Sichuan J. Zool. 22 (4): 203. **Type locality:** China: Sichuan, Ya'an (Jinfengshan).

分布（Distribution）：四川（SC）。

（904）棕色妙蝇 *Myospila brunnea* Feng, 2005

Myospila brunnea Feng, 2005. Entomol. J. East China 14 (3): 198. **Type locality:** China: Yunnan, Manhao.

分布（Distribution）：云南（YN）。

（905）褐妙蝇 *Myospila brunneusa* Wei, 2012

Myospila brunneusa Wei, 2012b. Acta Zootaxon. Sin. 37 (2): 400. **Type locality:** China: Guizhou, Anshun (Jiaozishan Forestry Centre).

分布（Distribution）：贵州（GZ）。

（906）余妙蝇 *Myospila cetera* Wei, 2012

Myospila cetera Wei, 2012b. Acta Zootaxon. Sin. 37 (2): 401. **Type locality:** China: Guizhou, Anshun (Jiaozishan Forestry Centre).

分布（Distribution）：贵州（GZ）。

（907）长征妙蝇 *Myospila changzhenga* Feng, 2000

Myospila changzhenga Feng, 2000. Chin. J. Vector Biol. & Control 11 (2): 82. **Type locality:** China: Sichuan, Shimian (Anshunchang), Baoxing (Yongfu), Ya'an (Tianquan, Laobanshan).

分布（Distribution）：四川（SC）。

（908）移妙蝇 *Myospila elongata* (Emden, 1965)

Xenosina elongata Emden, 1965. Fauna of India and the Adjacent Countries. Diptera 7, Muscidae I: 450. **Type locality:** Malaysia.

Myospila magnatra Wei, 1991. Zool. Res. 12 (1): 13. **Type locality:** China: Guizhou, Anshun.

分布（Distribution）：湖南（HN）、贵州（GZ）、云南（YN）、广东（GD）；马来西亚、尼泊尔。

（909）峨眉妙蝇 *Myospila emeishanensis* Feng, 2005

Myospila emeishanensis Feng, 2005. Acta Parasitol. Med. Entomol. Sin. 12 (4): 219. **Type locality:** China: Sichuan, Emeishan.

分布（Distribution）：四川（SC）。

（910）黄股妙蝇 *Myospila femorata* (Malloch, 1935)

Xenosina femorata Malloch, 1935. Ann. Mag. Nat. Hist. (10) 16: 229. **Type locality:** Sri Lanka: Sabah, Bettotan, nr. Sandakan, N Borneo.

Myospila flavicauda Wei, 1991. Zool. Res. 12 (1): 12. **Type locality:** China: Guizhou, Ziyun.

分布（Distribution）：湖南（HN）、贵州（GZ）、台湾（TW）、广东（GD）；日本、缅甸、斯里兰卡、印度、菲律宾。

（911）冯氏妙蝇 *Myospila fengi* Wei, 2011

Myospila fengi Wei, 2011. Acta Zootaxon. Sin. 36 (2): 313. **Type locality:** China: Guizhou, Anshun (Jiaozishan).

分布（Distribution）：贵州（GZ）。

（912）肖黄基妙蝇 *Myospila flavibasisoides* Wei, 2011

Myospila flavibasisoides Wei, 2011. Acta Zootaxon. Sin. 36 (2): 313. **Type locality:** China: Guizhou, Anshun

(Longgong).

分布（Distribution）：贵州（GZ）。

（913）黄基妙蝇 *Myospila flavibasis* (Malloch, 1925)

Xenosina flavibasis Malloch, 1925. Philipp. J. Sci. 26 (3): 510. **Type locality:** China: Taiwan.

分布（Distribution）：台湾（TW）。

（914）黄肩妙蝇 *Myospila flavihumera* Feng, 2001

Myospila flavihumera Feng, 2001. Entomotaxon. 23 (1): 28. **Type locality:** China: Sichuan, Ya'an (Jinfengshan, Tianquan), Luojishan.

Myospila flavihumeroides Feng, 2001. Entomotaxon. 23 (1): 29. **Type locality:** China: Sichuan, Ya'an (Jinfengshan, Laobanshan). **Syn. nov.**

分布（Distribution）：四川（SC）。

（915）黄净妙蝇 *Myospila flavilauta* Xue *et* Li, 1998

Myospila flavilauta Xue *et* Li, 1998. *In*: Xue *et* Chao, 1998. Flies of China, Vol. 1: 1089. **Type locality:** China: Yunnan, Binzhou.

分布（Distribution）：云南（YN）。

（916）黄叶妙蝇 *Myospila flavilobulusa* Wei, 2011

Myospila flavilobulusa Wei, 2011. Acta Zootaxon. Sin. 36 (2): 313. **Type locality:** China: Guizhou, Guanling (Huajiang Grand Canyon).

分布（Distribution）：贵州（GZ）。

（917）黄足妙蝇 *Myospila flavipedis* Shinonaga *et* Huang, 2007

Myospila flavipedis Shinonaga *et* Huang, 2007. Jpn. J. Syst. Ent. 13 (1): 30. **Type locality:** China: Taiwan.

分布（Distribution）：台湾（TW）。

（918）黄翅妙蝇 *Myospila flavipennis* (Malloch, 1928)

Pahangia flavipennis Malloch, 1928. Ann. Mag. Nat. Hist. (10) 2: 311. **Type locality:** Malaysia: Pahang, Gunong Benom.

分布（Distribution）：广东（GD）；马来西亚、美拉尼西亚群岛。

（919）寒妙蝇 *Myospila frigora* Qian *et* Feng, 2005

Myospila frigora Qian *et* Feng, 2005. Sichuan J. Zool. 24 (2): 126. **Type locality:** China: Sichuan, Ya'an (Laobanshan).

分布（Distribution）：四川（SC）。

（920）类寒妙蝇 *Myospila frigoroida* Qian *et* Feng, 2005

Myospila frigoroida Qian *et* Feng, 2005. Sichuan J. Zool. 24 (2): 127. **Type locality:** China: Sichuan, Ya'an (Laobanshan).

分布（Distribution）：四川（SC）。

（921）暗基妙蝇 *Myospila fuscicoxa* (Li, 1980)

Eumyiospila fuscicoxa Li, 1980. Acta Zootaxon. Sin. 5 (3): 274. **Type locality:** China: Sichuan, Emeishan.

分布（Distribution）：山西（SX）、四川（SC）。

（922）拟暗基妙蝇 *Myospila fuscicoxoides* Xue *et* Lin, 1998

Myospila fuscicoxoides Xue *et* Lin, 1998. *In*: Xue *et* Chao, 1998. Flies of China, Vol. 1: 1090. **Type locality:** China: Guangdong, Chaoan.

分布（Distribution）：广东（GD）。

（923）广东妙蝇 *Myospila guangdonga* Xue, 1998

Myospila guangdonga Xue, 1998. *In*: Xue *et* Chao, 1998. Flies of China, Vol. 1: 1090. **Type locality:** China: Guangdong, Xinyi (Dawuling), Chaozhou (Chaoan), Lianxian (Weishanchong).

分布（Distribution）：广东（GD）。

（924）海南妙蝇 *Myospila hainanensis* Xue, 1998

Myospila hainanensis Xue, 1998. *In*: Xue *et* Chao, 1998. Flies of China, Vol. 1: 1092. **Type locality:** China: Hainan.

分布（Distribution）：海南（HI）。

（925）康定妙蝇 *Myospila kangdingica* Qian *et* Feng, 2005

Myospila kangdingica Qian *et* Feng, 2005. Sichuan J. Zool. 24 (2): 127. **Type locality:** China: Sichuan, Kangding (Paomashan).

分布（Distribution）：四川（SC）。

（926）棕跗妙蝇 *Myospila laevis* (Stein, 1900)

Spilogaster laevis Stein, 1900. Annali Mus. Civ. Stor. Nat. Giacomo Doria 40: 380. **Type locality:** Indonesia: Moluccas, Ternate.

Spilogaster arminervis Stein, 1900. Természetr. Füz. 23: 138. **Type locality:** New Guinea: Huon Gulf.

Xenosina tarsalis Malloch, 1935. Ann. Mag. Nat. Hist. (10) 16: 232. **Type locality:** Malaysia: Pahang, Fraser's Hill.

Xenosina scutellaris Malloch, 1935. Ann. Mag. Nat. Hist. (10) 16: 233. **Type locality:** Malaysia: Pahang, Gunong Benom.

分布（Distribution）：湖南（HN）、云南（YN）、台湾（TW）、广东（GD）；斯里兰卡、缅甸、印度尼西亚、马来西亚、菲律宾、印度、日本、加里曼丹岛、新几内亚岛、密克罗尼西亚、美拉尼西亚群岛。

（927）毛眼妙蝇 *Myospila lasiophthalma* (Emden, 1965)

Xenosina lasiophthalma Emden, 1965. Fauna of India and the Adjacent Countries. Diptera 7, Muscidae I: 440. **Type locality:** Myanmar: Kambaiti.

分布（**Distribution**）：贵州（GZ）、广东（GD）；缅甸、尼泊尔。

（928）宽额妙蝇 *Myospila latifrons* Wei, 1991

Myospila latifrons Wei, 1991. Zool. Res. 12 (1): 12. **Type locality:** China: Guizhou, Anshun (Ganbao Forestry Centre).

分布（**Distribution**）：贵州（GZ）。

（929）净妙蝇 *Myospila lauta* (Stein, 1918)

Mydaea lauta Stein, 1918. Ann. Hist.-Nat. Mus. Natl. Hung. 16: 152. **Type locality:** China: Hong Kong.

分布（**Distribution**）：台湾（TW）、广东（GD）、香港（HK）；缅甸、泰国、印度尼西亚。

（930）似净妙蝇 *Myospila lautoides* Feng, 2005

Myospila lautoides Feng, 2005. Acta Parasitol. Med. Entomol. Sin. 12 (4): 217. **Type locality:** China: Sichuan, Ya'an (Jinfengshan).

分布（**Distribution**）：四川（SC）。

（931）扁头妙蝇 *Myospila lenticeps* (Thomson, 1869)

Anthomyia lenticeps Thomson, 1869. K. Svenska Fregatten Eugenies Resa, Zool., Dipt. 2 (1): 553. **Type locality:** China: Guangdong.

分布（**Distribution**）：湖南（HN）、四川（SC）、贵州（GZ）、云南（YN）、台湾（TW）、广东（GD）；日本、斯里兰卡、印度、印度尼西亚、马来西亚、菲律宾、泰国、尼泊尔、基里巴斯（圣诞岛）；非洲。

（932）长妙蝇 *Myospila longa* Wei, 2011

Myospila longa Wei, 2011. Acta Zootaxon. Sin. 36 (4): 905. **Type locality:** China: Guizhou.

分布（**Distribution**）：贵州（GZ）。

（933）猫儿山妙蝇 *Myospila maoershanensis* Xue et Tian, 2014

Myospila maoershanensis Xue et Tian, 2014. J. Insect Sci. 14: 14. **Type locality:** China: Guangxi, Maoershan.

分布（**Distribution**）：广西（GX）。

（934）欧妙蝇 *Myospila meditabunda* (Fabricius, 1781)

Musca meditabunda Fabricius, 1781. Species Insect. 2: 444. **Type locality:** Italy.

Mydina cinerascens Robineau-Desvoidy, 1830. Mém. Prés. Div. Sav. Acad. R. Sci. Inst. Fr. 2 (2): 499. **Type locality:** France: Saint-Sauveur.

Mydina ludibunda Robineau-Desvoidy, 1830. Mém. Prés. Div. Sav. Acad. R. Sci. Inst. Fr. 2 (2): 499. **Type locality:** Not given (presumably France: Saint-Sauveur).

Mydina campestris Robineau-Desvoidy, 1830. Mém. Prés. Div.

Sav. Acad. R. Sci. Inst. Fr. 2 (2): 499. **Type locality:** France: Saint-Sauveur.

Mydina pellucida Robineau-Desvoidy, 1830. Mém. Prés. Div. Sav. Acad. R. Sci. Inst. Fr. 2 (2): 500. **Type locality:** Not given (presumably France: Saint-Sauveur).

Musca incurvata Bouché, 1834. Naturgeschichte der Insekten, besonderes in Hinsicht ihrer ersten Zustände als Larven und Puppen: 68. **Type locality:** Not given (probably Germany: Berlin).

Musca nora Walker, 1849. List of the specimens of dipterous insets in the collection of the British Museum Part IV: 910. **Type locality:** Lapland (probably Norway). France.

Musca aluta Walker, 1849. List of the specimens of dipterous insets in the collection of the British Museum Part IV: 911. **Type locality:** Lapland (probably Norway). France.

分布（**Distribution**）：青海（QH）、江苏（JS）、浙江（ZJ）、湖北（HB）、云南（YN）、西藏（XZ）；朝鲜、日本、蒙古国、阿富汗、俄罗斯、土耳其、巴基斯坦、伊拉克、叙利亚、马德拉群岛、加那利群岛；东洋区（北部）、新北区、新热带区；亚洲（西部）、欧洲、非洲（北部）。

（935）仿移妙蝇 *Myospila mimelongata* Feng, 2007

Myospila mimelongata Feng, 2007. Entomol. J. East China 16 (4): 243. **Type locality:** China: Sichuan.

分布（**Distribution**）：四川（SC）。

（936）名山妙蝇 *Myospila mingshanana* Feng, 2000

Myospila mingshanana Feng, 2000. Entomotaxon. 22 (1): 55. **Type locality:** China: Sichuan, Mingshan.

分布（**Distribution**）：四川（SC）。

（937）黑股妙蝇 *Myospila nigrifemura* Feng, 2005

Myospila nigrifemura Feng, 2005. Entomol. J. East China 14 (3): 199. **Type locality:** China: Guangxi; Yunnan, Kunming; Sichuan, Emeishan, Mingshan (Mengdingshan), Ya'an (Jinfengshan, Bifengxia).

分布（**Distribution**）：四川（SC）、云南（YN）、广西（GX）。

（938）亚毛眼妙蝇 *Myospila paralasiophthalma* Wei, 2012

Myospila paralasiophthalma Wei, 2012b. Acta Zootaxon. Sin. 37 (2): 404. **Type locality:** China: Guizhou, Ziyun (Langfengguan Forest Center).

分布（**Distribution**）：贵州（GZ）。

（939）亚转妙蝇 *Myospila paratrochanterata*, Wei, 2012

Myospila paratrochanterata, Wei, 2012b. Acta Zootaxon. Sin. 37 (2): 405. **Type locality:** China: Guizhou, Anshun (Jiaozishan).

分布（**Distribution**）：贵州（GZ）。

（940）亚毛爪妙蝇 _Myospila piliungulisoides_ Wei, 2012

Myospila piliungulisoides Wei, 2012b. Acta Zootaxon. Sin. 37 (2): 409. **Type locality:** China: Guizhou, Guanling (Huajiang, Grand Canyon).

分布（Distribution）：贵州（GZ）。

（941）毛爪妙蝇 _Myospila piliungulis_ Xue _et_ Yang, 1998

Myospila piliungulis Xue _et_ Yang, 1998. _In_: Wu, 1998. Insects of Longwangshan Nature Reserve: 335. **Type locality:** China: Zhejiang, Longwangshan.

分布（Distribution）：浙江（ZJ）。

（942）庞特妙蝇 _Myospila ponti_ Xue _et_ Liu, 1998

Myospila ponti Xue _et_ Liu, 1998. _In_: Xue _et_ Chao, 1998. Flies of China, Vol. 1: 1093. **Type locality:** China: Guangdong, Yangchun, Zhanjiang; Hunan, Xinhuang.

分布（Distribution）：湖南（HN）、广东（GD）。

（943）怯妙蝇 _Myospila pudica_ (Stein, 1915)

Mydaea pudica Stein, 1915. Suppl. Ent. 4: 21. **Type locality:** China: Taiwan.

分布（Distribution）：湖南（HN）、湖北（HB）、云南（YN）、台湾（TW）、广东（GD）；印度尼西亚、菲律宾。

（944）绯角妙蝇 _Myospila ruficornica_ Wei, 2012

Myospila ruficornica Wei, 2012a. Acta Zootaxon. Sin. 37 (2): 421. **Type locality:** China: Guizhou, Guanling (Huajiang, Grand Canyon).

分布（Distribution）：贵州（GZ）。

（945）红缘妙蝇 _Myospila rufomarginata_ (Malloch, 1925)

Myospila xenosinapudica var. _rufomarginata_ Malloch, 1925. Philipp. J. Sci. 26 (3): 509. **Type locality:** Philippines.

分布（Distribution）：湖南（HN）、四川（SC）、云南（YN）、广东（GD）；日本、缅甸、斯里兰卡、尼泊尔、泰国、印度尼西亚、菲律宾。

（946）鬃翅妙蝇 _Myospila setipennis_ (Malloch, 1930)

Xenosina setipennis Malloch, 1930. Ann. Mag. Nat. Hist. (10) 6: 332. **Type locality:** Malaysia.

Xenosina dubitalis Malloch, 1935. Ann. Mag. Nat. Hist. (10) 16: 231. **Type locality:** Malaysia: Pahang, Fraser's Hill.

分布（Distribution）：贵州（GZ）；马来西亚。

（947）少鬃妙蝇 _Myospila sparsiseta_ (Stein, 1915)

Mydaea sparsiseta Stein, 1915. Suppl. Ent. 4: 20. **Type locality:** China: Taiwan.

分布（Distribution）：台湾（TW）；印度尼西亚。

（948）亚冬妙蝇 _Myospila subbruma_ Feng, 2003

Myospila subbruma Feng, 2003b. Sichuan J. Zool. 22 (4): 203. **Type locality:** China: Sichuan, Ya'an (Jinfengshan, Zhougongshan), Baoxing (Muping).

分布（Distribution）：四川（SC）。

（949）亚黄基妙蝇 _Myospila subflavibasis_ Wei, 2011

Myospila subflavibasis Wei, 2011. Acta Zootaxon. Sin. 36 (2): 307. **Type locality:** China: Guizhou, Anshun (Longgong).

分布（Distribution）：贵州（GZ）。

（950）类黄翅妙蝇 _Myospila subflavipennis_ Xue _et_ Tian, 2014

Myospila subflavipennis Xue _et_ Tian, 2014. J. Insect Sci. 14: 15. **Type locality:** China: Hainan, Jianfengling.

分布（Distribution）：海南（HI）。

（951）亚黄胫妙蝇 _Myospila subflavitibia_ Wei, 2012

Myospila subflavitibia Wei, 2012b. Acta Zootaxon. Sin. 37 (2): 410. **Type locality:** China: Guizhou, Ziyun (Langfengguan Forest Center).

分布（Distribution）：贵州（GZ）。

（952）亚净妙蝇 _Myospila sublauta_ Wei, 2011

Myospila sublauta Wei, 2011. Acta Zootaxon. Sin. 36 (2): 308. **Type locality:** China: Guizhou.

分布（Distribution）：贵州（GZ）。

（953）肖韧妙蝇 _Myospila subtenax_ Xue, 1998

Myospila subtenax Xue, 1998. _In_: Xue _et_ Chao, 1998. Flies of China, Vol. 1: 1095. **Type locality:** China: Hubei, Shennongjia.

分布（Distribution）：湖北（HB）。

（954）束带妙蝇 _Myospila tenax_ (Stein, 1918)

Mydaea tenax Stein, 1918. Ann. Hist.-Nat. Mus. Natl. Hung. 16: 172. **Type locality:** China: Guangdong.

分布（Distribution）：湖南（HN）、贵州（GZ）、云南（YN）、台湾（TW）、广东（GD）；缅甸、印度。

（955）天目妙蝇 _Myospila tianmushanica_ Feng, 2005

Myospila tianmushanica Feng, 2005. Entomol. J. East China 14 (3): 201. **Type locality:** China: Zhejiang, Tianmushan.

分布（Distribution）：浙江（ZJ）。

（956）转妙蝇 _Myospila trochanterata_ (Emden, 1965)

Xenosina trochanterata Emden, 1965. Fauna of India and the Adjacent Countries. Diptera 7, Muscidae I: 442. **Type locality:** Myanmar.

分布（**Distribution**）：湖南（HN）、贵州（GZ）；缅甸、印度、尼泊尔。

（957）春妙蝇 *Myospila vernata* Feng, 2005

Myospila vernata Feng, 2005. Acta Parasitol. Med. Entomol. Sin. 12 (4): 216. **Type locality**: China: Sichuan, Ya'an (Zhougongshan).

分布（**Distribution**）：四川（SC）。

（958）条妙蝇 *Myospila vittata* Wei, 2012

Myospila vittata Wei, 2012b. Acta Zootaxon. Sin. 37 (2): 412. **Type locality**: China: Guizhou, Guanling (Huajiang, Grand Canyon).

分布（**Distribution**）：贵州（GZ）。

（959）黄体妙蝇 *Myospila xanthisma* Shinonaga *et* Huang, 2007

Myospila xanthisma Shinonaga *et* Huang, 2007. Jpn. J. Syst. Ent. 13 (1): 36. **Type locality**: China: Taiwan.

分布（**Distribution**）：台湾（TW）。

（960）黄褐妙蝇 *Myospila xuthosa* Wei, 2011

Myospila xuthosa Wei, 2011. Acta Zootaxon. Sin. 36 (2): 310. **Type locality**: China: Guizhou, Huangguoshu.

分布（**Distribution**）：贵州（GZ）。

49. 华圆蝇属 *Sinopelta* Xue *et* Zhang, 1996

Sinopelta Xue *et* Zhang, 1996. *In*: Wu *et* Feng, 1996. The Biology and Human Physiology in the Hoh-Xil Region: 201. **Type species**: *Sinopelta latifrons* Xue *et* Zhang, 1996 (by original designation).

（961）宽额华圆蝇 *Sinopelta latifrons* Xue *et* Zhang, 1996

Sinopelta latifrons Xue *et* Zhang, 1996. *In*: Wu *et* Feng, 1996. The Biology and Human Physiology in the Hoh-Xil Region: 202. **Type locality**: China: Qinghai, Geladandong (Jirixiang), Xidatan Ge'ermu (Sangqia, Gangqiqu), Malanshan.

分布（**Distribution**）：青海（QH）。

（962）斑腹华圆蝇 *Sinopelta maculiventra* Xue *et* Zhang, 1996

Sinopelta maculiventra Xue *et* Zhang, 1996. *In*: Wu *et* Feng, 1996. The Biology and Human Physiology in the Hoh-Xil Region: 203. **Type locality**: China: Xinjiang, Celenu'er.

分布（**Distribution**）：新疆（XJ）。

棘蝇亚科 Phaoniinae

重毫蝇族 Dichaetomyiini

50. 重毫蝇属 *Dichaetomyia* Malloch, 1921

Dichaetomyia Malloch, 1921b. Ann. Mag. Nat. Hist. (9) 7:

163. **Type species**: *Dichaetomyia polita* Malloch, 1921 (by original designation) [= *Dichaetomyia emdeni* Pont, 1969].

Lophomala Enderlein, 1927. Konowia 6: 54. **Type species**: *Mydaea flavipalpis* Stein, 1915 (by designation of Malloch, 1928).

Agdestis Séguy, 1937. Genera Insect. 205: 246, 359. **Type species**: *Agdestis kouligianus* Séguy, 1937 (by original designation) [= *Anthomyia bibax* Wiedemann, 1830].

（963）白头重毫蝇 *Dichaetomyia albiceps* (van der Wulp, 1881)

Spilogaster albiceps van der Wulp, 1881. Midden-Sumatra Exped. Dipt. 4 (9): 47. **Type locality**: Indonesia: Sumatra, Moeara Laboe.

Mydaea latitarsis Stein, 1909. Tijdschr. Ent. 52: 232. **Type locality**: Indonesia: Java, Poentjak nr. Buitenzorg (Bogor).

分布（**Distribution**）：广西（GX）；印度尼西亚。

（964）条点重毫蝇 *Dichaetomyia alterna* (Stein, 1915)

Mydaea alterna Stein, 1915. Suppl. Ent. 4: 18. **Type locality**: China: Taiwan.

分布（**Distribution**）：台湾（TW）。

（965）显角重毫蝇 *Dichaetomyia antennata* (Stein, 1918)

Mydaea antennata Stein, 1918. Ann. Hist.-Nat. Mus. Natl. Hung. 16: 151. **Type locality**: China: Taiwan.

分布（**Distribution**）：台湾（TW）。

（966）暗端重毫蝇 *Dichaetomyia apicalis* (Stein, 1904)

Spilogaster apicalis Stein, 1904. Tijdschr. Ent. 47: 103. **Type locality**: Indonesia: Jawa.

分布（**Distribution**）：台湾（TW）、广东（GD）；斯里兰卡、印度、印度尼西亚、马来西亚、菲律宾。

（967）金缘重毫蝇 *Dichaetomyia aureomarginata* Emden, 1965

Dichaetomyia nubiana aureomarginata Emden, 1965. Fauna of India and the Adjacent Countries. Diptera 7, Muscidae I: 358. **Type locality**: Malaysia: Perak, Larut Hills.

分布（**Distribution**）：福建（FJ）、台湾（TW）、广东（GD）、海南（HI）；印度、印度尼西亚、马来西亚。

（968）双角重毫蝇 *Dichaetomyia biangulata* Xue, 1998

Dichaetomyia biangulata Xue, 1998. *In*: Xue *et* Chao, 1998. Flies of China, Vol. 1: 1105. **Type locality**: China: Hunan, Zhenjiayu.

分布（**Distribution**）：湖南（HN）。

（969）铜腹重毫蝇 *Dichaetomyia bibax* (Wiedemann, 1830)

Anthomyia bibax Wiedemann, 1830. Aussereurop. Zweifl. Insekt. 2: 431. **Type locality:** China: Guangdong.

Mydaea laeviventrs Stein, 1915. Suppl. Ent. 4: 16. **Type locality:** China: Taiwan.

Agdestis kouligianus Séguy, 1937. Genera Insect. 205: 359. **Type locality:** China: "Kouling". N. syn.

Dichaetomyia kaga Hori *et* Kurahashi, 1967. Sci. Rep. Kanazawa Univ. 12: 68. **Type locality:** Japan: Honshu, Kanazawa City, Kanazawa Castle.

分布（Distribution）：吉林（JL）、辽宁（LN）、内蒙古（NM）、河北（HEB）、山西（SX）、山东（SD）、河南（HEN）、陕西（SN）、浙江（ZJ）、湖北（HB）、四川（SC）、重庆（CQ）、贵州（GZ）、云南（YN）、西藏（XZ）、福建（FJ）、台湾（TW）、广东（GD）、广西（GX）、海南（HI）；日本、缅甸、泰国、印度、印度尼西亚、马来西亚、菲律宾。

（970）翘叶重毫蝇 *Dichaetomyia corrugicerca* Xue *et* Liu, 1998

Dichaetomyia corrugicerca Xue *et* Liu, 1998. *In*: Xue *et* Chao, 1998. Flies of China, Vol. 1: 1107. **Type locality:** China: Guangdong, Zhanjiang, Xinyi (Mt. Dawuling).

分布（Distribution）：广东（GD）。

（971）毛眼重豪蝇 *Dichaetomyia dasiomma* Xue *et* Kano, 1994

Dichaetomyia dasiomma Xue *et* Kano, 1994. Bull. Natl. Sci. Mus. Tokyo, Ser. A (Zool.) 20 (3): 127. **Type locality:** China: Yunnan, Binchuan.

分布（Distribution）：云南（YN）。

（972）毛坡重毫蝇 *Dichaetomyia declivityata* Xue *et* Lin, 1998

Dichaetomyia declivityata Xue *et* Lin, 1998. *In*: Xue *et* Chao, 1998. Flies of China, Vol. 1: 1109. **Type locality:** China: Guangdong, Zhaoqing.

分布（Distribution）：广东（GD）。

（973）拟栉足重毫蝇 *Dichaetomyia femorata* (Stein, 1915)

Mydaea femorata Stein, 1915. Suppl. Ent. 4: 21. **Type locality:** China: Taiwan, Hoozan.

分布（Distribution）：台湾（TW）。

（974）黄须重毫蝇 *Dichaetomyia flavipalpis* (Stein, 1915)

Mydaea flavipalpis Stein, 1915. Suppl. Ent. 4: 17. **Type locality:** China: Taiwan.

分布（Distribution）：四川（SC）、台湾（TW）；日本、缅甸、印度、印度尼西亚、马来西亚。

（975）黄尾重毫蝇 *Dichaetomyia flavocaudata* Malloch, 1925

Dichaetomyia flavocaudata Malloch, 1925. Philipp. J. Sci. 26 (3): 327. **Type locality:** Philippines.

分布（Distribution）：云南（YN）、广东（GD）；马来西亚、菲律宾。

（976）黄端重毫蝇 *Dichaetomyia fulvoapicata* Emden, 1965

Dichaetomyia fulvoapicata Emden, 1965. Fauna of India and the Adjacent Countries. Diptera 7, Muscidae I: 391. **Type locality:** India.

分布（Distribution）：湖南（HN）、湖北（HB）、四川（SC）、贵州（GZ）、云南（YN）、广东（GD）；印度、马来西亚。

（977）海南重毫蝇 *Dichaetomyia hainanensis* Xue *et* Liu, 2011

Dichaetomyia hainanensis Xue *et* Liu, 2011. Orient. Insects 45 (2-3): 166. **Type locality:** China: Hainan, Bawangling.

分布（Distribution）：海南（HI）。

（978）新奇重毫蝇 *Dichaetomyia heteromma* Emden, 1965

Dichaetomyia heteromma Emden, 1965. Fauna of India and the Adjacent Countries. Diptera 7, Muscidae I: 385. **Type locality:** Myanmar.

分布（Distribution）：贵州（GZ）；缅甸。

（979）尖峰岭重毫蝇 *Dichaetomyia jianfenglingensis* Xue *et* Liu, 2011

Dichaetomyia jianfenglingensis Xue *et* Liu, 2011. Orient. Insects 45 (2-3): 173. **Type locality:** China: Hainan, Jianfengling.

分布（Distribution）：海南（HI）。

（980）三条重毫蝇 *Dichaetomyia keiseri* Emden, 1965

Dichaetomyia keiseri Emden, 1965. Fauna of India and the Adjacent Countries. Diptera 7, Muscidae I: 354. **Type locality:** Sri Lanka: C. P. Nanu Oya.

分布（Distribution）：西藏（XZ）；斯里兰卡。

（981）宽额重毫蝇 *Dichaetomyia latiorbitalis* Xue *et* Wei, 1998

Dichaetomyia latiorbitalis Xue *et* Wei, 1998. *In*: Xue *et* Chao, 1998. Flies of China, Vol. 2: 1109. **Type locality:** China: Guizhou, Ganpu.

分布（Distribution）：贵州（GZ）、海南（HI）；印度。

（982）黄腹重毫蝇 *Dichaetomyia luteiventris* (Rondani, 1873)

Anthomyia luteiventris Rondani, 1873. Annali Mus. Civ. Stor. Nat. Giacomo Doria 4: 288. **Type locality:** Ethiopia.

Spilogaster pruinosa Bigot, 1885. Ann. Soc. Entomol. Fr. 6 (4): 287. **Type locality:** Sri Lanka: "Ceylon". N. syn.

Spilogaster nubiana Bigot, 1885. Ann. Soc. Entomol. Fr. 6 (4): 288. **Type locality:** Sudan: Khartoum. N. syn.

Spilogaster lineata Stein, 1904. Tijdschr. Ent. 47: 102. **Type locality:** Indonesia: Java. N. syn.

分布（Distribution）：福建（FJ）、台湾（TW）、香港（HK）；泰国、缅甸、斯里兰卡、马来西亚、印度、印度尼西亚、尼泊尔、埃塞俄比亚。

（983）山栖重毫蝇 *Dichaetomyia monticola* Emden, 1965

Dichaetomyia monticola Emden, 1965. Fauna of India and the Adjacent Countries. Diptera 7, Muscidae I: 361. **Type locality:** Malaysia.

分布（Distribution）：云南（YN）、福建（FJ）、广东（GD）；印度、印度尼西亚、马来西亚、菲律宾、泰国。

（984） 黑尾重毫蝇 *Dichaetomyia nigricauda* Emden, 1965

Dichaetomyia nigricauda Emden, 1965. Fauna of India and the Adjacent Countries. Diptera 7, Muscidae I: 390. **Type locality:** Malaysia: Pahang.

分布（Distribution）：湖南（HN）；马来西亚。

（985）黑叶岭重毫蝇 *Dichaetomyia nigrifolia* Xue *et* Liu, 2011

Dichaetomyia nigrifolia Xue *et* Liu, 2011. Orient. Insects 45 (2-3): 169. **Type locality:** China: Hainan, Wuzhishan.

分布（Distribution）：海南（HI）。

（986） 彭亨重毫蝇 *Dichaetomyia pahangensis* Malloch, 1925

Dichaetomyia pahangensis Malloch, 1925. Ann. Mag. Nat. Hist. (9) 15: 137. **Type locality:** Malaysia: Pahang, Gunung Tahan Padang.

分布（Distribution）：贵州（GZ）、福建（FJ）、广东（GD）；缅甸、马来西亚。

（987）淡角重毫蝇 *Dichaetomyia pallicornis* (Stein, 1915)

Mydaea pallicornis Stein, 1915. Suppl. Ent. 4: 14. **Type locality:** China: Taiwan.

分布（Distribution）：湖北（HB）、福建（FJ）、台湾（TW）。

（988） 毛跗重毫蝇 *Dichaetomyia pallitarsis* (Stein, 1909)

Mydaea pallitarsis Stein, 1909. Tijdschr. Ent. 52: 236. **Type locality:** Indonesia: Jawa.

分布（Distribution）：湖南（HN）、福建（FJ）、台湾（TW）；印度尼西亚、马来西亚、菲律宾。

（989） 橙须重毫蝇 *Dichaetomyia palpiaurantiaca* Feng, 1999

Dichaetomyia palpiaurantiaca Feng, 1999. Entomotaxon. 21 (2): 140. **Type locality:** China: Sichuan, Ya'an (Zhougongshan).

分布（Distribution）：四川（SC）。

（990） 栉足重毫蝇 *Dichaetomyia pectinipes* (Stein, 1909)

Mydaea pectinipes Stein, 1909. Tijdschr. Ent. 52: 230. **Type locality:** Indonesia: Jawa, Buitenzorg (Bogor) District.

分布（Distribution）：湖南（HN）、台湾（TW）、广西（GX）；印度、印度尼西亚、马来西亚、菲律宾。

（991） 四鬃重毫蝇 *Dichaetomyia quadrata* (Wiedemann, 1824)

Anthomyia quadrata Wiedemann, 1824. Munus Rectoris in Academia Christiana Albertina Aditurus Analecta Entomológica ex Museo Regio Havniensi Máxime Congesta Profert Iconibusque Illustrat: 52. **Type locality:** Indonesia: Jawa.

Aricia patula Walker, 1856a. J. Proc. Linn. Soc. London Zool. 1: 28. **Type locality:** Singapore.

Aricia inaperta Walker, 1856b. J. Proc. Linn. Soc. London Zool. 1: 129. **Type locality:** Malaysia: Sarawak.

分布（Distribution）：福建（FJ）、台湾（TW）、广东（GD）、广西（GX）；缅甸、斯里兰卡、印度、印度尼西亚、马来西亚、菲律宾、新加坡、日本。

（992） 鳞被重毫蝇 *Dichaetomyia scabipollinosa* Xue, 1998

Dichaetomyia scabipollinosa Xue, 1998. In: Xue *et* Chao, 1998. Flies of China, Vol. 1: 1115. **Type locality:** China: Guangdong, Dawuling.

分布（Distribution）：广东（GD）。

（993）鬃股重毫蝇 *Dichaetomyia setifemur* Malloch, 1928

Dichaetomyia setifemur Malloch, 1928. Ent. Mitt. 17: 321. **Type locality:** Indonesia: Sumatra, Fort de Kock.

分布（Distribution）：广东（GD）；缅甸、印度尼西亚、马来西亚。

（994）中华重毫蝇 *Dichaetomyia sinica* Feng, 2003

Dichaetomyia sinica Feng, 2003a. Entomol. J. East China 12 (2): 3. **Type locality:** China: Sichuan, Mingshan (Mt. Mengshan).

分布（Distribution）：四川（SC）。

（995）五指山重毫蝇 *Dichaetomyia wuzhishanensis* Xue *et* Liu, 2011

Dichaetomyia wuzhishanensis Xue *et* Liu, 2011. Orient.

Insects 45 (2-3): 171. **Type locality:** China: Hainan, Wuzhishan.

分布（**Distribution**）：海南（HI）。

（996）云南重毫蝇 *Dichaetomyia yunnanensis* Xue *et* Liu, 2011

Dichaetomyia yunnanensis Xue *et* Liu, 2011. Orient. Insects 45 (2-3): 167. **Type locality:** China: Yunnan, Gaoligongshan.

分布（**Distribution**）：云南（YN）。

棘蝇族 Phaoniini

51. 阳蝇属 *Helina* Robineau-Desvoidy, 1830

Helina Robineau-Desvoidy, 1830. Mém. Prés. Div. Sav. Acad. R. Sci. Inst. Fr. 2 (2): 493. **Type species:** *Helina euphemioidea* Robineau-Desvoidy, 1830 (by designation of Coquillett, 1901) [= *Helina pertusa* (Meigen, 1826)].

Euspilaria Malloch, 1921. Ann. Mag. Nat. Hist. (9) 8: 228. **Type species:** *Euspilaria fuscorufa* Malloch, 1921 (monotypy) [= *Emmesomyia dorsalis* Stein, 1915].

Aricia Robineau-Desvoidy, 1830. Mém. Prés. Div. Sav. Acad. R. Sci. Inst. Fr. 2 (2): 486 (a junior homonym of *Aricia* Savigny, 1822). **Type species:** *Aricia impundata* Robineau-Desvoidy, 1830 (by designation of Coquillett, 1901) [= *Musca impuncta* Fallén, 1825].

Mydina Robineau-Desvoidy, 1830. Mém. Prés. Div. Sav. Acad. R. Sci. Inst. Fr. 2 (2): 495. **Type species:** *Mydina dispar* Robineau-Desvoidy, 1830 (by designation of Coquillett, 1901) [= *Musca quadrum* Fabricius, 1805].

Spilogaster Macquart, 1835. Hist. Nat. Ins., Dipt. 2: 293. **Type species:** *Musca quadrum* FABRICIUS, 1805 (by designation of Westwood, 1840).

Deiphoba Gistel, 1848. Naturgesch. Thierr.: 487 (replacement name for *Aricia* Robineau-Desvoidy, 1830). **Type species:** *Aricia impunctata* Robineau-Desvoidy, 1830 [= *Musca impuncta* Fallén, 1825].

Yetodesia Rondani, 1861. Dipt. Ital. Prodromus, Vol. IV: 9 (replacement name for *Aricia* Robineau-Desvoidy, 1830). **Type species:** *Aricia impunctata* Robineau-Desvoidy, 1830 [= *Musca impuncta* Fallén, 1825].

Hyetodesia, error.

Aspilia Rondani, 1866. Atti Soc. Ital. Sci. Nat. Milano 9: 70, 86. **Type species:** *Anthomyia allotalla* Meigen, 1830 (by original designation).

Aspila, error.

Parapsilogaster Bigot, 1882. Ann. Soc. Entomol. Fr. (6) 2: 15 (in key; without included species).

Quadrula Pandellé, 1898. Rev. Ent. 17 (Suppl.): 51 (as a subgenus of *Aricia* Robineau-Desvoidy, 1830) (a junior homonym of *Quadrula* Rafinesque, 1820). **Type species:** *Anthomyza annosa* Zetterstedt, 1838 (by designation of Coquillett, 1901).

Enoplopteryx Hendel, 1902. Wien. Ent. Ztg. 21: 145. **Type species:** *Musca obtusipennis* Fallén, 1823 (by original designation).

Spilaria Schnabl, 1911a. Dtsch. Ent. Z. 1911: 96 (as a subgenus of *Mydaea* Robineau-Desvoidy, 1830). **Type species:** *Pilogaster pubescens* Stein, 1893 (by designation of Séguy, 1937).

Arctohelina Ringdahl, 1929a. Ent. Tidskr. 50: 11. **Type species:** *Anthomyza longicornis* Zetterstedt, 1838 (by original designation).

Ammitzbollia Ringdahl, 1929a. Ent. Tidskr. 50: 12. **Type species:** *Anthomyza spinicosta* Zetterstedt, 1845 (by original designation).

Quadrularia Huckett, 1965. Mem. Ent. Soc. Can. 42: 262 (replacement name for *Quadrula* Pandellé, 1898). **Type species:** *Anthomyza annosa* Zetterstedt, 1938 (automatically).

（997）锐叶阳蝇 *Helina acocerca* Feng *et* Ye, 2007

Helina acocerca Feng *et* Ye, 2007. Acta Zootaxon. Sin. 32 (4): 971. **Type locality:** China: Xinjiang, Manasi.

分布（**Distribution**）：新疆（XJ）。

（998）夏阳蝇 *Helina aestiva* Feng *et* Xue, 2003

Helina aestiva Feng *et* Xue, 2003. Entomol. J. East China 12 (1): 8. **Type locality:** China: Sichuan, Ya'an (Erlangshan).

分布（**Distribution**）：四川（SC）。

（999）炽阳蝇 *Helina alea* Feng *et* Xue, 2004

Helina alea Feng *et* Xue, 2004. Entomotaxon. 26 (1): 64. **Type locality:** China: Sichuan, Ya'an (Erlangshan).

分布（**Distribution**）：四川（SC）、云南（YN）。

（1000）异阳蝇 *Helina allotalla* (Meigen, 1830)

Anthomyia allotalla Meigen, 1830. Syst. Beschr. Europ. Zweifl. Insekt. 6: 376. **Type locality:** Germany: Berlin.

Aricia bisignta Zetterstedt, 1855. Dipt. Scand. 12: 4718. **Type locality:** Sweden: Öland I. "ad Borgholm".

Mydaea behnigi Enderlein, 1923. Raboty Volzh. Biol. Sta. 7: 72. **Type locality:** Former Soviet Union: Saratov.

分布（**Distribution**）：黑龙江（HL）；俄罗斯、保加利亚、德国、丹麦、法国、英国、意大利、爱尔兰、荷兰、波兰、瑞典、芬兰。

（1001）高居阳蝇 *Helina alpigenus* Xue, Wang *et* Tong, 2003

Helina alpigenus Xue, Wang *et* Tong, 2003. Acta Zootaxon. Sin. 28 (4): 754. **Type locality:** China: Qinghai, Yushu, Guinan.

分布（**Distribution**）：青海（QH）。

（1002）变斑阳蝇 *Helina alternimacula* Xue *et* Wang, 1986

Helina alternimacula Xue *et* Wang, 1986. *In*: Xue, Wang *et*

Cao, 1986. 1st. Int. Con. Dipt. Hung.: 1-12. **Type locality:** China: Shanxi, Yingxian.

分布（Distribution）：山西（SX）。

（1003）高山阳蝇 *Helina altica* Wang, Xue *et* Wang, 2005

Helina altica Wang, Xue *et* Wang, 2005. Acta Zootaxon. Sin. 30 (1): 191. **Type locality:** China: Xizang, Duoxionglashan.

分布（Distribution）：西藏（XZ）。

（1004）圆叶阳蝇 *Helina ampycoloba* Fang *et* Fan, 1993

Helina ampycoloba Fang *et* Fan, 1993. *In*: The Comprehensive Scientific Expedition to the Qinghai-Xizang Plateau, Chinese Academy of Sciences, 1993. Insects of the Hengduan Mountains Region, Vol. 2: 1221. **Type locality:** China: Sichuan, Wolong.

分布（Distribution）：四川（SC）。

（1005）圆板阳蝇 *Helina ampyxocerca* Xue, 2001

Helina ampyxocerca Xue, 2001. Entomotaxon. 23 (2): 134. **Type locality:** China: Shaanxi, Ningshan, Pingheliang.

分布（Distribution）：陕西（SN）。

（1006）角叶阳蝇 *Helina angulicerca* Xue *et* Wang, 1989

Helina angulicerca Xue *et* Wang, 1989. Acta Ent. Sin. 32 (2): 230. **Type locality:** China: Shanxi, Guangling.

分布（Distribution）：山西（SX）。

（1007）角板阳蝇 *Helina angulisternita* Xue *et* Feng, 1988

Helina angulisternita Xue *et* Feng, 1988. Entomotaxon. 10 (3-4): 203. **Type locality:** China: Sichuan, Ya'an (Erlangshan).

分布（Distribution）：四川（SC）。

（1008）角侧叶阳蝇 *Helina angulisurstyla* Xue *et* Xiang, 1998

Helina angulisurstyla Xue *et* Xiang, 1998. *In*: Xue *et* Chao, 1998. Flies of China, Vol. 1: 1126. **Type locality:** China: Xinjiang, Dongkunlun, Kaerdong.

分布（Distribution）：新疆（XJ）。

（1009）古阳蝇 *Helina annosa* (Zetterstedt, 1838)

Anthomyza annosa Zetterstedt, 1838. Insecta Lapp.: 663. **Type locality:** Sweden.

Anthomyza annosa Zetterstedt, 1837. Isis (Oken's) 21: 43 (nomen nudum).

Aricia bicolor (Pokorny, 1889). Verh. K. K. Zool.-Bot. Ges. Wien 39: 549 (junior primary homonym, preoccupied by *Aricia bicolor* Macquart, 1855). **Type locality:** Switzerland. Itlay: Stelvio Pass.

Aricia multisetosa (Strobl, 1898). Mitt. Naturwiss. Ver. Steiermark (1897) 34: 238. **Type locality:** Austria: Kematenwald, Admont.

分布（Distribution）：黑龙江（HL）、山西（SX）、四川（SC）、云南（YN）；日本、以色列、奥地利、比利时、保加利亚、瑞士、捷克、斯洛伐克、德国、丹麦、西班牙、法国、英国、匈牙利、意大利、冰岛、挪威、波兰、瑞典、芬兰、俄罗斯；新北区；北美洲。

（1010）羚指阳蝇 *Helina antilodactyla* Xue *et* Cui, 2003

Helina antilodactyla Xue *et* Cui, 2003. Acta Ent. Sin. 46 (1): 76. **Type locality:** China: Heilongjiang, Langxiang.

分布（Distribution）：黑龙江（HL）。

（1011）尖尾阳蝇 *Helina apicicauda* Xue, Wang *et* Tong, 2003

Helina apicicauda Xue, Wang *et* Tong, 2003. Acta Zootaxon. Sin. 28 (4): 754. **Type locality:** China: Qinghai, Yushu.

分布（Distribution）：青海（QH）。

（1012）赘脉阳蝇 *Helina appendicivena* Xue *et* Feng, 2002

Helina appendicivena Xue *et* Feng, 2002. Zool. Res. 23 (6): 502. **Type locality:** China: Sichuan, Ya'an (Erlangshan).

分布（Distribution）：四川（SC）。

（1013）拟毛股阳蝇 *Helina appendiculata* (Stein, 1910)

Mydaea appendiculata Stein, 1910. Ann. Hist.-Nat. Mus. Natl. Hung. 8: 547. **Type locality:** Sri Lanka: Pattipola.

分布（Distribution）：台湾（TW）；斯里兰卡、印度。

（1014）赘叶阳蝇 *Helina appendifolia* Wang *et* Xue, 2004

Helina appendifolia Wang *et* Xue, 2004. Acta Zootaxon. Sin. 29 (4): 794. **Type locality:** China: Xizang, Linzhi.

分布（Distribution）：西藏（XZ）。

（1015）拱阳蝇 *Helina arcuatiabdomina* Feng *et* Fan, 2001

Helina arcuatiabdomina Feng *et* Fan, 2001. Entomotaxon. 23 (3): 188. **Type locality:** China: Sichuan, Ya'an (Erlangshan).

分布（Distribution）：四川（SC）。

（1016）银额阳蝇 *Helina argentifrons* Xue *et* Kano, 1994

Helina argentifrons Xue *et* Kano, 1994. Bull. Natl. Sci. Mus. Tokyo, Ser. A (Zool.) 20 (4): 179. **Type locality:** China: Liaoning, Benxi.

分布（Distribution）：辽宁（LN）。

（1017）盾叶阳蝇 *Helina aspidocerca* Feng, 2001

Helina aspidocerca Feng, 2001. Entomotaxon. 23 (1): 31. **Type locality:** China: Sichuan, Ya'an (Erlangshan).
分布（Distribution）：四川（SC）。

（1018）黑褐阳蝇 *Helina atereta* Feng, Yang *et* Fan, 2004

Helina atereta Feng, Yang *et* Fan, 2004. Sichuan J. Zool. 23 (4): 320. **Type locality:** China: Sichuan, Emeishan.
分布（Distribution）：四川（SC）。

（1019）黑肩阳蝇 *Helina ateritegula* Feng *et* Fan, 2001

Helina ateritegula Feng *et* Fan, 2001. Entomotaxon. 23 (3): 187. **Type locality:** China: Sichuan, Ya'an (Erlangshan).
分布（Distribution）：四川（SC）。

（1020）黑前股阳蝇 *Helina atripraefemura* Feng, Shi *et* Li, 2005

Helina atripraefemura Feng, Shi *et* Li, 2005. Chin. J. Vector Biol. & Control 16 (2): 93. **Type locality:** China: Sichuan, Ya'an (Zhougongshan).
分布（Distribution）：四川（SC）。

（1021）金阳蝇 *Helina aureolicolorata* Feng *et* Xue, 2002

Helina aureolicolorata Feng *et* Xue, 2002. Entomotaxon. 24 (4): 261. **Type locality:** China: Sichuan, Ya'an (Erlangshan).
分布（Distribution）：四川（SC）。

（1022）映山红阳蝇 *Helina azaleella* Feng, Yang *et* Fan, 2004

Helina azaleella Feng, Yang *et* Fan, 2004. Sichuan J. Zool. 23 (4): 319. **Type locality:** China: Sichuan, Ya'an (Erlangshan).
分布（Distribution）：四川（SC）。

（1023）保山阳蝇 *Helina baoshanensis* Xue *et* Li, 2000

Helina baoshanensis Xue *et* Li, 2000. Zool. Res. 21 (4): 303-304, fig. 1-3. **Type locality:** China: Yunnan, Mt. Taibaoshan, Baoshan.
分布（Distribution）：云南（YN）。

（1024）马尔康阳蝇 *Helina barkamica* Xie *et al.*, 2008

Helina barkamica Xie *et al.*, 2008. J. Med. Pest Control 24 (9): 644. **Type locality:** China: Sichuan, Maerkang.
Helina dasyodolychomma Feng, Ni *et* Ye, 2010. Sichuan J. Zool. 29 (6): 939. **Type locality:** China: Sichuan, Maerkang.
分布（Distribution）：四川（SC）。

（1025）桦阳蝇 *Helina betula* Xue, 2015

Helina betula Xue, 2015. *In*: Xue *et* Sun, 2015. J. Ent. Res. Soc. 17 (2): 21. **Type locality:** China: Jilin, Changbaishan.
分布（Distribution）：吉林（JL）。

（1026）壮叶阳蝇 *Helina biastocerca* Xue, 2015

Helina biastocerca Xue, 2015. *In*: Xue *et* Sun, 2015. J. Ent. Res. Soc. 17 (2): 22. **Type locality:** China: Sichuan, Changliang, Yanzigou.
分布（Distribution）：四川（SC）。

（1027）重短羽阳蝇 *Helina bibreviplumosa* Xue *et* Feng, 1988

Helina bibreviplumosa Xue *et* Feng, 1988. Entomotaxon. 10 (3-4): 204. **Type locality:** China: Sichuan, Hanyuan.
Helina tuanbaoshanica Feng, 2007. Entomol. J. East China 16 (3): 163. **Type locality:** China: Sichuan, Hanyuan (Mt. Tuanbao).
分布（Distribution）：四川（SC）。

（1028）重锥阳蝇 *Helina biconiformis* Xue *et* Wang, 1986

Helina biconiformis Xue *et* Wang, 1986. *In*: Xue, Wang *et* Cao, 1986. 1st. Int. Con. Dipt. Hung.: 2. **Type locality:** China: Shanxi, Youyu.
分布（Distribution）：山西（SX）。

（1029）二刺阳蝇 *Helina bispina* Xue, Wang *et* Tong, 2003

Helina bispina Xue, Wang *et* Tong, 2003. Acta Zootaxon. Sin. 28 (4): 755. **Type locality:** China: Qinghai, Yushu.
分布（Distribution）：青海（QH）。

（1030）折脉阳蝇 *Helina blaesonerva* Ma *et* Wang, 1992

Helina blaesonerva Ma *et* Wang, 1992. *In*: Fan, 1992. Key to the Common Flies of China, 2nd Ed.: 411. **Type locality:** China: Jilin, Changbaishan.
分布（Distribution）：吉林（JL）。

（1031）薄黑阳蝇 *Helina bohemani* (Ringdahl, 1916)

Mydaea bohemani Ringdahl, 1916. Ent. Tidskr. 37: 235. **Type locality:** Sweden: Äreskutan, and Lappland.
分布（Distribution）：山西（SX）、宁夏（NX）、甘肃（GS）、青海（QH）；俄罗斯、塔吉克斯坦、芬兰、挪威；欧洲（北部）。

（1032）西北阳蝇 *Helina borehesperica* Feng *et* Ye, 2007

Helina borehesperica Feng *et* Ye, 2007. Acta Zootaxon. Sin. 32 (4): 969. **Type locality:** China: Xinjiang, Manasi.
分布（Distribution）：新疆（XJ）。

（1033） 短阳阳蝇 *Helina brachytophalla* Feng, 2004

Helina brachytophalla Feng, 2004. Acta Parasitol. Med. Entomol. Sin. 11 (2): 93. **Type locality:** China: Sichuan, Ya'an (Erlangshan).

分布（Distribution）：四川（SC）。

（1034）壮刺阳蝇 *Helina briaroacantha* Xue *et* Tian, 2012

Helina briaroacantha Xue *et* Tian, 2012. J. Nat. Hist. 46 (9-10): 566. **Type locality:** China: Yunnan, Yulongxueshan.

分布（Distribution）：云南（YN）。

（1035） 棕膝阳蝇 *Helina brunneigena* Emden, 1965

Helina brunneigena Emden, 1965. Fauna of India and the Adjacent Countries. Diptera 7, Muscidae I: 523. **Type locality:** Malaysia.

分布（Distribution）：云南（YN）、广东（GD）；马来西亚。

（1036） 棕须阳蝇 *Helina brunneipalpis* Ma, Wang *et* Sun, 1992

Helina brunneipalpis Ma, Wang *et* Sun, 1992. *In*: Fan, 1992. Key to the Common Flies of China, 2nd Ed.: 413. **Type locality:** China: Qinghai, Yushu.

分布（Distribution）：青海（QH）。

（1037）缢叶阳蝇 *Helina calathocerca* Xue *et* Wang, 1986

Helina calathocerca Xue *et* Wang, 1986. *In*: Xue, Wang *et* Cao, 1986. 1st. Int. Con. Dipt. Hung.: 4. **Type locality:** China: Shanxi, Hunyuan, Shanyin.

分布（Distribution）：山西（SX）。

（1038） 少毛阳蝇 *Helina calceataeformis* (Schnabl, 1911)

Mydaea (*Spilogaster*) *calceataeformis* Schnabl, 1911b. Nova Acta Acad. Caesar. Leop. Carol. 95 (2): 293. **Type locality:** Poland.

Spilogaster parcepilosa Stein, 1907b. Annu. Mus. Zool. Acad. Sci. Russ. St.-Pétersb. 12: 325. **Type locality:** China. Turkestan.

Mydaea (*Spilogaster*) *fulvipes* Santos Abreu, 1976. Monogr. Anthom. Islas Canar.: 114 (as var. of *Spilogaster parcepilosa* Stein, 1907) (unavailable).

分布（Distribution）：吉林（JL）、辽宁（LN）、内蒙古（NM）、山西（SX）、宁夏（NX）、甘肃（GS）、新疆（XJ）；俄罗斯、黎巴嫩、叙利亚、突尼斯、伊拉克、以色列、土耳其、伊朗、奥地利、阿尔巴尼亚、比利时、保加利亚、捷克、斯洛伐克、德国、丹麦、西班牙、法国、英国、希腊、匈牙利、意大利、爱尔兰、葡萄牙、波兰、瑞典。

（1039）履叶阳蝇 *Helina calceicerca* Xue *et* Wang, 1986

Helina calceicerca Xue *et* Wang, 1986. *In*: Xue, Wang *et* Cao, 1986. 1st. Int. Con. Dipt. Hung.: 6. **Type locality:** China: Shanxi, Youyu.

分布（Distribution）：山西（SX）。

（1040） 华丽阳蝇 *Helina callia* Feng, 2004

Helina callia Feng, 2004. Chin. J. Vector Biol. & Control 15 (1): 31. **Type locality:** China: Sichuan, Ya'an (Erlangshan, Forestry Centre).

分布（Distribution）：四川（SC）。

（1041）大黄阳蝇 *Helina capaciflava* Xue, Wang *et* Ni, 1989

Helina capaciflava Xue, Wang *et* Ni, 1989. Mem. Inst. Oswaldo Cruz, Rio de Janeiro 84 (Suppl. 4): 547. **Type locality:** China: Shaanxi, Taibaishan.

分布（Distribution）：陕西（SN）。

（1042） 高阳蝇 *Helina celsa* (Harris, 1780)

Musca celsa Harris, 1780. Expos. Engl. Ins. [4]: 125. **Type locality:** Not given (England).

Musca signata Preyssler, 1791. Samml. Physik. Aufsätze J. Mayer, Dresden 1: 95. **Type locality:** Czechoslovakia: Prague, botanical garden.

Musca quadrimaculata Fallén, 1823a. Monogr. Musc. Sveciae VI: 63 (junior primary homonym of *Musca quadrimaculata* Swederus, 1787 and *Musca quadrimaculata* Fabricius, 1787). **Type locality:** Sweden: Scania.

Helina nigripes Robineau-Desvoidy, 1830. Mém. Prés. Div. Sav. Acad. R. Sci. Inst. Fr. 2 (2): 694. **Type locality:** France: Saint-Sauveur.

Helina rustica Robineau-Desvoidy, 1830. Mém. Prés. Div. Sav. Acad. R. Sci. Inst. Fr. 2 (2): 695. **Type locality:** France: Paris District.

Limnophora melanochrottica (Strobl, 1893d). Verh. K. K. Zool.-Bot. Ges. Wien 43: 225 (as a form of *quadrimaculata*). **Type locality:** Austria: Gumpeneck.

Helina quadrimaculella Hennig, 1957. Flieg. Palaearkt. Reg. 7 (2): 152 (replacement name for *Musca quadrimaculata* Fallén, 1823).

quadrimacuella, error.

分布（Distribution）：吉林（JL）；俄罗斯、奥地利、瑞士、德国、丹麦、法国、英国、匈牙利、爱尔兰、挪威、荷兰、波兰、罗马尼亚、瑞典、芬兰、前南斯拉夫、前捷克斯洛伐克。

（1043） 纤阳蝇 *Helina ciliata* Karl, 1929

Helina ciliata Karl, 1929. Zool. Anz. 80: 277. **Type locality:**

Poland.

分布（Distribution）：河北（HEB）、宁夏（NX）；俄罗斯、芬兰、瑞典、波兰。

（1044）毛边阳蝇 *Helina cilitruncata* Xue, 2015

Helina cilitruncata Xue, 2015. *In*: Xue et Sun, 2015. J. Ent. Res. Soc. 17 (2): 24. **Type locality:** China: Sichuan, Ya'an (Erlangshan).

分布（Distribution）：四川（SC）。

（1045）小灰阳蝇 *Helina cinerella* (van der Wulp, 1867)

Aricia cinerella van der Wulp, 1867. Tijdschr. Ent. 10: 150. **Type locality:** Not given (America: Wisconsin).

Aricia vanderwulpi Schnabl, 1888. Trudy Russk. Ent. Obshch. 22: 387. **Type locality:** Netherlands.

Aricia vanderwulpii, error.

Aricia propinqua Storm, 1896. Norske Vidensk. Selsk. Skr. 1895: 239. **Type locality:** Not given (Norway: Trondheim district).

Aricia (Quadrula) menechma Pandellé, 1898. Rev. Ent. 17 (Suppl.): 56. **Type locality:** France: Hautes-Pyrénées; "Prusse Orient." (either Poland or Former Soviet Union).

Helina tuleskovi Lavčiev, 1968. Reichenbachia 10: 63. **Type locality:** England: Rodopi Planina Mts., North slope of Mt. Golyam Perelik.

分布（Distribution）：黑龙江（HL）、山西（SX）、宁夏（NX）、新疆（XJ）；俄罗斯、奥地利、保加利亚、德国、丹麦、法国、意大利、挪威、荷兰、波兰、瑞典、芬兰；新北区。

（1046）拟小灰阳蝇 *Helina cinerellioides* Fang *et* Fan, 1993

Helina cinerellioides Fang *et* Fan, 1993. *In*: The Comprehensive Scientific Expedition to the Qinghai-Xizang Plateau, Chinese Academy of Sciences, 1993. Insects of the Hengduan Mountains Region, Vol. 2: 1221. **Type locality:** China: Sichuan, Ganzi.

分布（Distribution）：四川（SC）。

（1047）圆尾阳蝇 *Helina circinanicauda* Xue *et* Cui, 2003

Helina circinanicauda Xue *et* Cui, 2003. Acta Ent. Sin. 46 (1): 76. **Type locality:** China: Heilongjiang, Yichun, Wuying.

分布（Distribution）：黑龙江（HL）。

（1048）并鬃阳蝇 *Helina combinisetata* Xue *et* Du, 2008

Helina combinisetata Xue *et* Du, 2008. *In*: Xue, Du *et* Wang, 2008. Entomol. Fennica 19: 107. **Type locality:** China: Xizang, Saluobulinka.

分布（Distribution）：西藏（XZ）。

（1049）并斑阳蝇 *Helina compositimacula* Xue, 2015

Helina compositimacula Xue, 2015. *In*: Xue et Sun, 2015. J. Ent. Res. Soc. 17 (2): 25. **Type locality:** China: Yunnan, Baimaxueshan.

分布（Distribution）：云南（YN）。

（1050）双头阳蝇 *Helina confinis* (Fallén, 1825)

Musca confinis Fallén, 1825a. Monogr. Musc. Sveciae VIII: 80. **Type locality:** Not given (probably Sweden).

Anthomyia confinis Meigen, 1826. Syst. Beschr. Europ. Zweifl. Insekt. 5: 122 (a junior secondary homonym of *Musca confinis* Fallén, 1825). **Type locality:** Not given.

Anthomyza anceps Zetterstedt, 1837. Isis (Oken's) 21: 45 (nomen nudum).

Anthomyza anceps Zetterstedt, 1838. Insecta Lapp.: 689. **Type locality:** Sweden: "Lapp.-Scan, Pass".

Anthomyia extrema Walker, 1853. Ins. Brit., Dípt. 2: 129. **Type locality:** England.

分布（Distribution）：黑龙江（HL）、甘肃（GS）、新疆（XJ）；俄罗斯、奥地利、保加利亚、捷克、斯洛伐克、德国、丹麦、西班牙、法国、英国、匈牙利、意大利、爱尔兰、挪威、荷兰、波兰、罗马尼亚、瑞典、芬兰。

（1051）锥肛阳蝇 *Helina conicocerca* Feng *et* Xu, 2008

Helina conicocerca Feng *et* Xu, 2008. Acta Parasitol. Med. Entomol. Sin. 15 (1): 45. **Type locality:** China: Xizang, Zhangmu.

分布（Distribution）：西藏（XZ）。

（1052）翘叶阳蝇 *Helina corrugicerca* Xue *et* Tian, 2012

Helina corrugicerca Xue *et* Tian, 2012. J. Nat. Hist. 46 (9-10): 568. **Type locality:** China: Heilongjiang, Yichun.

分布（Distribution）：黑龙江（HL）。

（1053）靴阳蝇 *Helina cothurnata* (Rondani, 1866)

Spilogaster cothurnata Rondani, 1866. Atti Soc. Ital. Sci. Nat. Milano 9: 116. **Type locality:** Italy: "in agro parmensi" [= the Parma country side].

分布（Distribution）：辽宁（LN）、山西（SX）；俄罗斯、奥地利、前捷克斯洛伐克、德国、法国、英国、匈牙利、意大利、爱尔兰、挪威、波兰、瑞典、芬兰。

（1054）楔尾阳蝇 *Helina cuneicauda* Xue *et* Tian, 2012

Helina cuneicauda Xue *et* Tian, 2012. J. Nat. Hist. 46 (9-10): 571. **Type locality:** China: Yunnan, Yulongxueshan.

分布（Distribution）：云南（YN）。

（1055）曲叶阳蝇 *Helina curtostylata* **Fang** *et* **Fan, 1986**

Helina curtostylata Fang *et* Fan, 1986. *In*: Fang *et al.*, 1986. *In*: Shanghai Institute of Entomology, Academia Sinica, 1986. Contributions form Shanghai Institute of Entomology, Vol. 6: 239. **Type locality:** China: Sichuan, Ya'an (Mt. Erlangshan).

分布（Distribution）：四川（SC）。

（1056）弯股阳蝇 *Helina curvoifemoralisa* **Xue** *et* **Tian, 2012**

Helina curvoifemoralisa Xue *et* Tian, 2012. J. Nat. Hist. 46 (9-10): 573. **Type locality:** China: Yunnan, Yulongxueshan.

分布（Distribution）：云南（YN）。

（1057）犬阳蝇 *Helina cynocercata* **Xue, Feng** *et* **Tong, 2005**

Helina cynocercata Xue, Feng *et* Tong, 2005. Orient. Insects 39 (1): 56. **Type locality:** China: Sichuan, Hanyuan (Jiaodingshan).

分布（Distribution）：四川（SC）。

（1058）毛尾阳蝇 *Helina dasyouraea* **Feng** *et* **Ye, 2007**

Helina dasyouraea Feng *et* Ye, 2007. Acta Zootaxon. Sin. 32 (4): 970. **Type locality:** China: Xinjiang, Manasi.

分布（Distribution）：新疆（XJ）。

（1059）大兴安岭阳蝇 *Helina daxinganlingensis* **Guan, Cui** *et* **Ma, 2000**

Helina daxinganlingensis Guan, Cui *et* Ma, 2000. Chin. J. Vector Biol. & Control 11 (4): 241. **Type locality:** China: Heilongjiang, Guyuan.

分布（Distribution）：黑龙江（HL）。

（1060）毁阳蝇 *Helina deleta* **(Stein, 1914)**

Mydaea deleta Stein, 1914. Arch. Naturgesch. 79A (8) (1913): 47. **Type locality:** Italy: Pavia.

Helina xingkaiensis Xue *et* Zhang, 2008. *In*: Xue *et al.*, 2008. Entomol. Fennica 19: 111. **Type locality:** China: Heilongjiang, Xingkai (figure of *surstyli* is not lateral view).

Helina cuonaica Feng *et* Xu, 2008. Acta Parasitol. Med. Entomol. Sin. 15 (1): 46. **Type locality:** China: Xizang, Cuona (figure of *surstyli* is not lateral view).

分布（Distribution）：黑龙江（HL）、吉林（JL）、辽宁（LN）、内蒙古（NM）、山西（SX）、宁夏（NX）、甘肃（GS）、青海（QH）、四川（SC）、云南（YN）、西藏（XZ）；日本、奥地利、捷克、斯洛伐克、德国、西班牙、匈牙利、意大利、前南斯拉夫。

（1061）密胡阳蝇 *Helina densibarbata* **Xue, 2002**

Helina densibarbata Xue, 2002. Acta Zootaxon. Sin. 27 (3): 637. **Type locality:** China: Jilin, Changbaishan.

分布（Distribution）：吉林（JL）。

（1062）密鬃腹阳蝇 *Helina densihirsuta* **Fang** *et* **Fan, 1993**

Helina densihirsuta Fang *et* Fan, 1993. *In*: The Comprehensive Scientific Expedition to the Qinghai-Xizang Plateau, Chinese Academy of Sciences, 1993. Insects of the Hengduan Mountains Region, Vol. 2: 1222. **Type locality:** China: Yunnan, Weixi.

分布（Distribution）：云南（YN）。

（1063）密鬃阳蝇 *Helina densiseta* **Xue, 2012**

Helina densiseta Xue, 2012. *In*: Xue, Wang *et* Tian, 2012. Orient. Insects 46 (2): 113. **Type locality:** China: Yunnan, Baimaxueshan.

分布（Distribution）：云南（YN）。

（1064）德钦阳蝇 *Helina deqinensis* **Xue** *et* **Tian, 2012**

Helina deqinensis Xue *et* Tian, 2012. J. Nat. Hist. 46 (9-10): 577. **Type locality:** China: Yunnan, Baimaxueshan.

分布（Distribution）：云南（YN）。

（1065）异大毁阳蝇 *Helina deslargideleta* **Xue, 2015**

Helina deslargideleta Xue, 2015. *In*: Xue *et* Sun, 2015. J. Ent. Res. Soc. 17 (2): 27. **Type locality:** China: Yunnan, Baimang.

分布（Distribution）：云南（YN）。

（1066）异裸股阳蝇 *Helina desnudifemorata* **Xue, 2012**

Helina desnudifemorata Xue, 2012. *In*: Xue, Wang *et* Tian, 2012. Orient. Insects 46 (2): 109. **Type locality:** China: Yunnan, Yulongxueshan.

分布（Distribution）：云南（YN）。

（1067）滇棕膝阳蝇 *Helina dianibrunneigena* **Xue** *et* **Tian, 2012**

Helina dianibrunneigena Xue *et* Tian, 2012. J. Nat. Hist. 46 (9-10): 578. **Type locality:** China: Yunnan, Yulongxueshan.

分布（Distribution）：云南（YN）。

（1068）滇阳蝇 *Helina dianica* **Qian** *et* **Feng, 2005**

Helina dianica Qian *et* Feng, 2005. Chin. J. Vector Biol. & Control 16 (4): 258. **Type locality:** China: Yunnan, Deqin.

分布（Distribution）：云南（YN）。

（1069）滇西阳蝇 *Helina dianxiia* **Xue** *et* **Li, 2002**

Helina dianxiia Xue *et* Li, 2002. Acta Ent. Sin. 45 (Suppl.): 78. **Type locality:** China: Yunnan, Lushui.

分布（Distribution）：云南（YN）。

（1070）异尾阳蝇 *Helina dibrachiata* Fang, Li *et* Deng, 1986

Helina dibrachiata Fang, Li *et* Deng, 1986. *In*: Fang *et al*., 1986. *In*: Shanghai Institute of Entomology, Academia Sinica, 1986. Contributions from Shanghai Institute of Entomology, Vol. 6: 237. **Type locality:** China: Sichuan, Emeishan.

分布（Distribution）：四川（SC）。

（1071）叉叶阳蝇 *Helina dicrocercacma* Feng, 2004

Helina dicrocercacma Feng, 2004. Chin. J. Vector Biol. & Control 15 (1): 31. **Type locality:** China: Sichuan, Hanyuan (Jiaodingshan).

分布（Distribution）：四川（SC）。

（1072）双叉阳蝇 *Helina didicrocerca* Feng, 2005

Helina didicrocerca Feng, 2005. Entomotaxon. 27 (2): 118. **Type locality:** China: Sichuan, Ya'an (Erlangshan).

分布（Distribution）：四川（SC）。

（1073）异井鬃阳蝇 *Helina discombinisetata* Xue *et* Du, 2008

Helina discombinisetata Xue *et* Du, 2008. *In*: Xue, Du *et* Wang, 2008. Entomol. Fennica 19: 107. **Type locality:** China: Xinjiang, Tianshan.

分布（Distribution）：新疆（XJ）。

（1074）双鬃阳蝇 *Helina dupliciseta* Deng *et* Feng, 1995

Helina dupliciseta Deng *et* Feng, 1995. Sichuan J. Zool. 14 (4): 139. **Type locality:** China: Sichuan, Songpan.

分布（Distribution）：四川（SC）。

（1075）春阳蝇 *Helina eara* Feng *et* Xu, 2008

Helina eara Feng *et* Xu, 2008. Acta Parasitol. Med. Entomol. Sin. 15 (1): 45. **Type locality:** China: Xizang, Zhangmu.

分布（Distribution）：西藏（XZ）。

（1076）峨眉山阳蝇 *Helina emeishanana* Guan, Feng *et* Ma, 2001

Helina emeishanana Guan, Feng *et* Ma, 2001. Chin. J. Vector Biol. & Control 12 (3): 166. **Type locality:** China: Sichuan, Emeishan.

分布（Distribution）：四川（SC）。

（1077）腹猬阳蝇 *Helina erinaceiventra* Xue *et* Chen, 1990

Helina erinaceiventra Xue *et* Chen, 1990. *In*: Xue, Liang *et* Chen, 1990. 2nd. Int. Con. Dipt.: 1-12. **Type locality:** China: Jilin, Changbaishan.

分布（Distribution）：吉林（JL）。

（1078）二郎山阳蝇 *Helina erlangshanna* Feng, 2007

Helina erlangshanna Feng, 2007. Entomol. J. East China 16 (3): 165. **Type locality:** China: Sichuan, Ya'an (Mt. Erlang).

Helina postiflexa Xue, Feng *et* Tong, 2008. Ann. Soc. Entomol. Fr. (N. S.) 44 (3): 308. **Type locality:** China: Sichuan, Ya'an (Mt. Erlang).

分布（Distribution）：四川（SC）。

（1079）广额阳蝇 *Helina eurymetopa* Emden, 1965

Helina eurymetopa Emden, 1965. Fauna of India and the Adjacent Countries. Diptera 7, Muscidae I: 522. **Type locality:** Burma: Kambaiti.

分布（Distribution）：云南（YN）；缅甸、瑞典、芬兰。

（1080）喜蜜阳蝇 *Helina evecta* (Harris, 1780)

Musca evecta Harris, 1780. Expos. Engl. Ins. [4]: 125. **Type locality:** Southeast Britain.

Musca lucorum Fallén, 1823b. Monogr. Musc. Sveciae V: 55 (a junior primary homonym of *Musca lucorum* Linnaeus, 1758). **Type locality:** Not given (presumably Sweden: Skåne).

Mydina laetifica Robineau-Desvoidy, 1830. Mém. Prés. Div. Sav. Acad. R. Sci. Inst. Fr. 2 (2): 500. **Type locality:** France: Paris.

Mydina nitens Robineau-Desvoidy, 1830. Mém. Prés. Div. Sav. Acad. R. Sci. Inst. Fr. 2 (2): 500. **Type locality:** France: Paris.

Mydaea soror Robineau-Desvoidy, 1830. Mém. Prés. Div. Sav. Acad. R. Sci. Inst. Fr. 2 (2): 501. **Type locality:** Not given (presumably France: Saint-Sauveur).

Anthomyza nivalis Zetterstedt, 1837. Isis (Oken's) 21: 43 (nomen nudum).

Anthomyza nivalis Zetterstedt, 1838. Insecta Lapp.: 663. **Type locality:** Sweden: "in summo alpium Tornensium jugo".

Spilogaster venosa Rondani, 1877. Dipt. Ital. Prodromus, Vol. VI: 98. **Type locality:** Italy: Apennines, "in Apennini Parmensis colle".

Aricia obscurataeformis Schnabl, 1888. Trudy Russk. Ent. Obshch. 22: 383. **Type locality:** Germany: Dolmar.

Aricia graefenbergiana Schnabl, 1888. Trudy Russk. Ent. Obshch. 22: 447. **Type locality:** Not given (presumably Czechoslovakia: Graefenberg [= Läzne Jesenik]).

Aricia mohyleviensis Schnabl, 1888. Trudy Russk. Ent. Obshch. 22: 449. **Type locality:** Former Soviet Union: Mogilev district; Czechoslovakia: Graefenberg [= Läzne Jesenik].

Mydaea vulnifera Villeneuve, 1927b. Bull. Ann. Soc. R. Ent. Belg. 67: 266. **Type locality:** France: towards the foot of the Sancy, banks of the Dordogne.

Spilogaster limbovenosa Hennig, 1961. Beitr. Ent. 11 (1/2): 228 (unavailable; published in synonymy with *Mydina laetifica* Robineau-Desvoidy, 1830).

分布（Distribution）：黑龙江（HL）、吉林（JL）、辽宁（LN）、河北（HEB）、山西（SX）、甘肃（GS）、新疆（XJ）；日本、俄罗斯、奥地利、阿尔巴尼亚、比利时、保加利亚、前南斯拉夫、德国、丹麦、西班牙、法国、英国、希腊、匈牙利、意大利、爱尔兰、挪威、荷兰、波兰、罗马尼亚、瑞士、芬兰、前捷克斯洛伐克、叙利亚、以色列、印度、斯里兰卡、摩洛哥、委内瑞拉、瑞典；新北区、新热带区；非洲（北部）。

（1081）小阳蝇 *Helina exigua* Xue *et* Wang, 2014

Helina exigua Xue *et* Wang, 2014. *In*: Xue *et* Sun, 2014. Orient. Insects 48 (1-2): 95. **Type locality:** China: Ningxia, Jingyuan, Liupanshan, Laolongtan.

分布（Distribution）：宁夏（NX）。

（1082）蜜阳蝇 *Helina fica* Hsue, 1985

Helina fica Hsue, 1985. Acta Ent. Sin. 28 (1): 104. **Type locality:** China: Liaoning, Benxi (Huanren, Balidian).

分布（Distribution）：辽宁（LN）、河北（HEB）、山西（SX）、湖北（HB）、四川（SC）、云南（YN）。

（1083）膝阳蝇 *Helina flavigena* Xue *et* Li, 2002

Helina flavigena Xue *et* Li, 2002. Acta Ent. Sin. 45 (Suppl.): 79. **Type locality:** China: Yunnan, Lushui, Liuku.

分布（Distribution）：云南（YN）。

（1084）黄足阳蝇 *Helina flavipes* Wang, 2012

Helina flavipes Wang, 2012. *In*: Wang, Sun *et* Wang, 2012. Entomol. Fennica 23: 109. **Type locality:** China: Sichuan, Ya'an (Erlangshan).

分布（Distribution）：四川（SC）。

（1085）黄靓阳蝇 *Helina flavipulchella* Xue *et* Du, 2008

Helina flavipulchella Xue *et* Du, 2008. *In*: Xue, Du *et* Wang, 2008. Entomol. Fennica 19: 110. **Type locality:** China: Yunnan, Xishuangbanna.

分布（Distribution）：云南（YN）。

（1086）黄四点阳蝇 *Helina flaviquadrum* Xue *et* Feng, 1998

Helina flaviquadrum Xue *et* Feng, 1998. *In*: Xue *et* Wang, 1998. *In*: Xue *et* Chao, 1998. Flies of China, Vol. 1: 1137. **Type locality:** China: Sichuan, Ya'an (Erlangshan).

分布（Distribution）：四川（SC）。

（1087）黄盾阳蝇 *Helina flaviscutellata* Xue, Feng *et* Song, 2005

Helina flaviscutellata Xue, Feng *et* Song, 2005. Pan-Pac. Entomol. 81 (3-4): 123. **Type locality:** China: Sichuan, Ya'an (Erlangshan).

分布（Distribution）：四川（SC）。

（1088）黄瓣阳蝇 *Helina flavisquama* (Zetterstedt, 1849)

Aricia flavisquama Zetterstedt, 1849. Dipt. Scand. 8: 3287. **Type locality:** Sweden: "ad Qvickjock".

Anthomyza basalis Zetterstedt, 1837. Isis (Oken's) 21: 43 (nomen nudum).

Anthomyza basalis Zetterstedt, 1838. Insecta Lapp.: 663 (a junior primary homonym of *Anthomyza basalis* Zetterstedt, 1838). **Type locality:** Sweden: "ad lacum Stor-Uman".

Aricia setigera Stein, 1900. Ent. Nachr. 26: 305 (a junior secondary homonym of *Caricea setigera* Pokorny, 1887). **Type locality:** Sweden: "nördlichen Schweden" = Are and Mörsil.

Mydaea setitibia Stein, 1914. Arch. Naturgesch. 79A (8) (1913): 19 (replacement name for *Aricia setigera* Stein, 1900).

分布（Distribution）：黑龙江（HL）、内蒙古（NM）；俄罗斯、芬兰、挪威、瑞士、奥地利、瑞典。

（1089）黄翅阳蝇 *Helina flavitegula* Xue, Feng *et* Song, 2005

Helina flavitegula Xue, Feng *et* Song, 2005. Pan-Pac. Entomol. 81 (3-4): 124. **Type locality:** China: Sichuan, Ya'an (Laobanshan).

分布（Distribution）：四川（SC）。

（1090）花阳蝇 *Helina floscula* Feng *et* Xue, 2003

Helina floscula Feng *et* Xue, 2003. Sichuan J. Zool. 22 (1): 3. **Type locality:** China: Sichuan, Hanyuan.

分布（Distribution）：四川（SC）。

（1091）福瑞特库拉阳蝇 *Helina fratercula* (Zetterstedt, 1845)

Anthomyza fratercula Zetterstedt, 1845. Dipt. Scand. 4: 1672. **Type locality:** Sweden.

Anthomyza consors Zetterstedt, 1845. Dipt. Scand. 4: 1674. **Type locality:** Sweden: "ad Esperöd".

Anthomyza sororia Zetterstedt, 1845. Dipt. Scand. 4: 1673. **Type locality:** Sweden: "e Gusum …, ad Quickjock".

Anthomyia collina Walker, 1853. Ins. Brit., Dípt. 2: 132. **Type locality:** England: on the hills by the upper part of Wharfdale.

Spilogaster spinifemorata Meade, 1889. Ent. Mon. Mag. 25: 426. **Type locality:** England: N. Wales, Bontddu.

Limnophora ciliaris (Strobl, 1893d). Verh. K. K. Zool.-Bot. Ges. Wien 43: 225 (as var. of *Anthomyza fratercula* Zetterstedt, 1845). **Type locality:** Austria: Krumau and Kaiserau nr. Admont, Bruck, around Seitenstetten.

分布（Distribution）：中国（省份不明）；奥地利、比利时、保加利亚、瑞士、捷克、德国、法国、英国、意大利、爱尔兰、挪威、波兰、瑞典、芬兰、俄罗斯。

（1092）黄前缘基鳞阳蝇 *Helina fulvibasicosta* Wang, 2012

Helina fulvibasicosta Wang, 2012. *In*: Wang, Sun *et* Wang, 2012. Entomol. Fennica 23: 108. **Type locality:** China: Sichuan, Wolong (Balangshan).

分布（Distribution）：四川（SC）。

（1093）刃叶阳蝇 *Helina gladisurstylata* **Feng, 2004**

Helina gladisurstylata Feng, 2004. Acta Parasitol. Med. Entomol. Sin. 11 (2): 94. **Type locality:** China: Sichuan, Ya'an (Erlangshan).

分布（Distribution）：四川（SC）。

（1094）贡山阳蝇 *Helina gongshanensis* **Xue et Li, 2000**

Helina gongshanensis Xue et Li, 2000. Zool. Res. 21 (4): 303. **Type locality:** China: Yunnan, Gongshan.

分布（Distribution）：云南（YN）。

（1095）瘦尖阳蝇 *Helina graciliapica* **Xue et Wang, 1986**

Helina graciliapica Xue et Wang, 1986. *In*: Xue, Wang et Cao, 1986. 1st. Int. Con. Dipt. Hung.: 7. **Type locality:** China: Shanxi, Zuoyun/Hunyuan, Pinglu.

分布（Distribution）：山西（SX）。

（1096）桂阳蝇 *Helina guica* **Qian et Feng, 2005**

Helina guica Qian et Feng, 2005. Chin. J. Vector Biol. & Control 16 (4): 259. **Type locality:** China: Guangxi, Honggu, Mubian; Yunnan, Kunming.

分布（Distribution）：云南（YN）、广西（GX）。

（1097）广西阳蝇 *Helina guangxiensis* **Wang, Wang et Xue, 2006**

Helina guangxiensis Wang, Wang et Xue, 2006. Orient. Insects 40: 174. **Type locality:** China: Guangxi, Guilin.

分布（Distribution）：广西（GX）。

（1098）贵真阳蝇 *Helina guizhenae* **Feng, 1999**

Helina guizhenae Feng, 1999. Chin. J. Vector Biol. & Control 10 (2): 81. **Type locality:** China: Sichuan, Ya'an (Erlangshan, Muyepeng).

分布（Distribution）：四川（SC）。

（1099）吉隆阳蝇 *Helina gyirongensis* **Wang, Zhang et Wang, 2008**

Helina gyirongensis Wang, Zhang et Wang, 2008. Ann. Soc. Entomol. Fr. (N. S.) 44 (2): 141. **Type locality:** China: Xizang, Jilong.

分布（Distribution）：西藏（XZ）。

（1100）海晏阳蝇 *Helina haiyanicus* **Feng et Ye, 2010**

Helina haiyanicus Feng et Ye, 2010. Acta Parasitol. Med. Entomol. Sin. 17 (4): 241. **Type locality:** China: Qinghai, Haiyan.

分布（Distribution）：青海（QH）。

（1101）汉源阳蝇 *Helina hanyuana* **Feng et Xue, 2003**

Helina hanyuana Feng et Xue, 2003. Entomol. J. East China 12 (1): 6. **Type locality:** China: Sichuan, Hanyuan (Tuanbaoshan).

分布（Distribution）：四川（SC）。

（1102）哈尔滨阳蝇 *Helina harbinensis* **Zhang et Ma, 1997**

Helina harbinensis Zhang et Ma, 1997. Acta Zootaxon. Sin. 22 (1): 100. **Type locality:** China: Heilongjiang, Harbin, Taiyang Island.

分布（Distribution）：黑龙江（HL）。

（1103）横山阳蝇 *Helina hengshanensis* **Wang et Ma, 1992**

Helina hengshanensis Wang et Ma, 1992. *In*: Fan, 1992. Key to the Common Flies of China, 2nd Ed.: 416. **Type locality:** China: Jilin, Changbaishan, Hengshan.

分布（Distribution）：吉林（JL）。

（1104）欢愉阳蝇 *Helina hesta* **Feng, 1995**

Helina hesta Feng, 1995. *In*: Deng et Feng, 1995. Sichuan J. Zool. 14 (4): 141. **Type locality:** China: Sichuan, Ya'an (Zhougongshan).

分布（Distribution）：四川（SC）。

（1105）毛胫阳蝇 *Helina hirsutitibia* **Ma et Zhao, 1984**

Helina hirsutitibia Ma et Zhao, 1984. Acta Zootaxon. Sin. 9 (1): 80. **Type locality:** China: Ningxia, Liupanshan.

分布（Distribution）：山西（SX）、宁夏（NX）。

（1106）毛股阳蝇 *Helina hirtifemorata* **Malloch, 1926**

Helina hirtifemorata Malloch, 1926. Philipp. J. Sci. 31: 495. **Type locality:** Philippines: Luzon Benguet Subprovince, Baguio.

分布（Distribution）：四川（SC）、云南（YN）、西藏（XZ）、广东（GD）；菲律宾、印度尼西亚、印度。

（1107）毛叶阳蝇 *Helina hirtisurstyla* **Feng, 2000**

Helina hirtisurstyla Feng, 2000. Sichuan J. Zool. 19 (1): 3. **Type locality:** China: Sichuan, Ya'an (Erlangshan).

分布（Distribution）：四川（SC）。

（1108）胡氏阳蝇 *Helina huae* **Xue, 2001**

Helina huae Xue, 2001. Entomotaxon. 23 (2): 131. **Type locality:** China: Heilongjiang, Dailing, Liangshui.

Helina xiaoxinganna Xue, 2001. Entomotaxon. 23 (2): 132. **Type locality:** China: Heilongjiang, Dailing, Liangshui.

分布（Distribution）：黑龙江（HL）。

（1109）华夏阳蝇 *Helina huaxia* **Feng, 1999**

Helina huaxia Feng, 1999. Chin. J. Vector Biol. & Control

10 (2): 81. **Type locality:** China: Sichuan, Ya'an (Erlangshan, Forestry Centre).

分布（Distribution）：四川（SC）。

（1110）浑源阳蝇 *Helina hunyuanensis* **Wang** *et* **Xue, 1990**

Helina hunyuanensis Wang *et* Xue, 1990. *In*: Wang, Xue *et* Ni, 1990. 2nd. Int. Con. Dipt.: 11. **Type locality:** China: Shanxi, Hunyuan.

分布（Distribution）：山西（SX）。

（1111）雨阳蝇 *Helina hyeta* **Feng** *et* **Xue, 2002**

Helina hyeta Feng *et* Xue, 2002. Entomotaxon. 24 (4): 264. **Type locality:** China: Sichuan, Kangding.

分布（Distribution）：四川（SC）。

（1112）宽角阳蝇 *Helina inflata* **Fang, Li** *et* **Deng, 1986**

Helina inflata Fang, Li *et* Deng, 1986. *In*: Shanghai Institute of Entomology, Academia Sinica, 1986. Contributions from Shanghai Institute of Entomology, Vol. 6: 237. **Type locality:** China: Sichuan, Emeishan.

分布（Distribution）：四川（SC）。

（1113）类宽角阳蝇 *Helina inflatoidea* **Feng** *et* **Xue, 2003**

Helina inflatoidea Feng *et* Xue, 2003. Sichuan J. Zool. 22 (1): 3. **Type locality:** China: Sichuan, Emeishan.

分布（Distribution）：四川（SC）。

（1114）中夏阳蝇 *Helina interaesta* **Guan, Feng** *et* **Ma, 2004**

Helina interaesta Guan, Feng *et* Ma, 2004. Chin. J. Vector Biol. & Control 15 (4): 274. **Type locality:** China: Sichuan, Hanyuan.

分布（Distribution）：四川（SC）。

（1115）介阳蝇 *Helina intermedia* **(Villeneuve, 1899)**

Spilogaster intermedia Villeneuve, 1899. Bull. Soc. Ent. Fr. 1899: 134. **Type locality:** France.

分布（Distribution）：辽宁（LN）、河北（HEB）、宁夏（NX）；丹麦、法国、英国、荷兰、罗马尼亚。

（1116）轿顶山阳蝇 *Helina jiaodingshanica* **Feng, 2004**

Helina jiaodingshanica Feng, 2004. Acta Parasitol. Med. Entomol. Sin. 11 (2): 91. **Type locality:** China: Sichuan, Hanyuan (Jiaodingshan).

分布（Distribution）：四川（SC）。

（1117）吉林阳蝇 *Helina jilinensis* **Xue, 2002**

Helina jilinensis Xue, 2002. Acta Zootaxon. Sin. 27 (3): 638.

Type locality: China: Jilin, Changbaishan.

分布（Distribution）：吉林（JL）。

（1118）鬃背阳蝇 *Helina jubidorsa* **Feng** *et* **Xue, 2003**

Helina jubidorsa Feng *et* Xue, 2003. Entomol. J. East China 12 (1): 5. **Type locality:** China: Sichuan, Ya'an (Erlangshan).

分布（Distribution）：四川（SC）。

（1119）康定阳蝇 *Helina kangdingensis* **Xue** *et* **Feng, 2002**

Helina kangdingensis Xue *et* Feng, 2002. Zool. Res. 23 (6): 501. **Type locality:** China: Sichuan, Kangding.

分布（Distribution）：四川（SC）。

（1120）匙侧叶阳蝇 *Helina kytososurstylia* **Xue** *et* **Tian, 2012**

Helina kytososurstylia Xue *et* Tian, 2012. J. Nat. Hist. 46 (9-10): 581. **Type locality:** China: Yunnan, Xianggelila, Lanapahai.

分布（Distribution）：云南（YN）。

（1121）葫叶阳蝇 *Helina lagenicauda* **Xue, 1997**

Helina lagenicauda Xue, 1997. Acta Ent. Sin. 40 (1): 76. **Type locality:** China: Xinjiang, A'erjinshan.

分布（Distribution）：新疆（XJ）。

（1122）朗乡阳蝇 *Helina langxiangi* **Xue** *et* **Cui, 2003**

Helina langxiangi Xue *et* Cui, 2003. Acta Ent. Sin. 46 (1): 78. **Type locality:** China: Heilongjiang, Langxiang.

分布（Distribution）：黑龙江（HL）。

（1123）大毁阳蝇 *Helina largideleta* **Xue, Wang** *et* **Tong, 2003**

Helina largideleta Xue, Wang *et* Tong, 2003. Acta Zootaxon. Sin. 28 (4): 756. **Type locality:** China: Qinghai, Yushu.

分布（Distribution）：青海（QH）、四川（SC）、云南（YN）。

（1124）大黑阳蝇 *Helina larginigra* **Xue** *et* **Li, 2000**

Helina larginigra Xue *et* Li, 2000. Zool. Res. 21 (4): 304. **Type locality:** China: Yunnan, Lushui.

分布（Distribution）：云南（YN）。

（1125）盾毛阳蝇 *Helina lasiopelta* **Xue** *et* **Zhang, 1996**

Helina lasiopelta Xue *et* Zhang, 1996. *In*: The Comprehensive Scientific Expedition to the Qinghai-Xizang Plateau, Chinese Academy of Sciences, 1996. Insects of the Karakorum-Kunlun Mountains: 220. **Type locality:** China: Xinjiang, Celenu'er.

分布（Distribution）：新疆（XJ）。

（1126）毛眼阳蝇 *Helina lasiophthalma* **(Macquart, 1835)**

Spilogater lasiophthalma Macquart, 1835. Hist. Nat. Ins., Dipt. 2: 297. **Type locality:** France. Italy.

分布（Distribution）：宁夏（NX）；土耳其、俄罗斯、塔吉克斯坦、格鲁吉亚、瑞士、捷克、斯洛伐克、德国、丹麦、西班牙、法国、英国、希腊、匈牙利、意大利、爱尔兰、荷兰、波兰、瑞典、罗马尼亚、前南斯拉夫。

（1127）冠阳蝇 *Helina lateralis* **(Stein, 1904)**

Spilogater lateralis Stein, 1904. Tijdschr. Ent. 47: 105. **Type locality:** Indonesia: Jawa, Tosari.

Mydaea coronata Stein, 1915. Suppl. Ent. 4: 19. **Type locality:** China: Taiwan.

分布（Distribution）：台湾（TW）、广东（GD）、广西（GX）、香港（HK）；缅甸、印度尼西亚、马来西亚、印度、尼泊尔、菲律宾。

（1128）宽叶阳蝇 *Helina laticerca* **Xue** *et* **Wang, 1986**

Helina laticerca Xue *et* Wang, 1986. *In*: Xue, Wang *et* Cao, 1986. 1st. Int. Con. Dipt. Hung.: 8. **Type locality:** China: Shanxi, Youyu.

分布（Distribution）：山西（SX）。

（1129）裂叶阳蝇 *Helina latiscissa* **Xue** *et* **Yu, 1992**

Helina latiscissa Xue *et* Yu, 1992. *In*: Fan, 1992. Key to the Common Flies of China, 2nd Ed.: 418. **Type locality:** China: Liaoning, Benxi.

分布（Distribution）：辽宁（LN）。

（1130）宽跗阳蝇 *Helina latitarsis* **Ringdahl, 1924**

Helina latitarsis Ringdahl, 1924. Ent. Tidskr. 45: 46, 54. **Type locality:** Germany: Genthin and Riigen, Urdingen. Poland: Treptow [= Trzebiatów]: Bohemia. Austria: Innsbruck and Hochschwab. Italy: Trafoi. Sweden: also Skåne, Småland, Öland and Abisko.

分布（Distribution）：山西（SX）、新疆（XJ）；俄罗斯、土耳其、奥地利、阿尔巴尼亚、比利时、保加利亚、瑞士、捷克、斯洛伐克、德国、丹麦、西班牙、法国、英国、匈牙利、意大利、挪威、荷兰、波兰、瑞典、罗马尼亚、芬兰。

（1131）宽额阳蝇 *Helina laxifrons* **(Zetterstedt, 1860)**

Arcia laxifrons Zetterstedt, 1860. Dipt. Scand. 14: 6200. **Type locality:** Sweden.

Aricia nigripennis Schnabl, 1888. Trudy Russk. Ent. Obshch. 22: 378 (a junior secondary homonym of *Anthomyia nigripennis* Walker, 1849). **Type locality:** Poland: Wolomin district, Warszawa, Czarna Struga.

Aricia curvipes Schnabl, 1888. Trudy Russk. Ent. Obshch. 22: 383 (as var. of *Anthomyia nigripennis* Walker, 1849). **Type locality:** Former Soviet Union: Kouriage monastery, nr. Kharkov.

Mydaea tinctipennis Stein, 1916. Arch. Naturgesch. 81A (10) (1915): 69 (replacement name for *Aricia nigripennis* Schnabl, 1888).

分布（Distribution）：黑龙江（HL）、辽宁（LN）、河北（HEB）、山西（SX）、甘肃（GS）、新疆（XJ）；奥地利、保加利亚、德国、丹麦、西班牙、匈牙利、意大利、挪威、波兰、瑞典、芬兰、俄罗斯；新北区。

（1132）瘦阳蝇 *Helina leptinocorpus* **Fang** *et* **Fan, 1986**

Helina leptinocorpus Fang *et* Fan, 1986. *In*: Fang *et al.*, 1986. *In*: Shanghai Institute of Entomology, Academia Sinica, 1986. Contributions form Shanghai Institute of Entomology, Vol. 6: 239. **Type locality:** China: Sichuan, Hanyuan, Batang.

分布（Distribution）：四川（SC）。

（1133）六盘山阳蝇 *Helina liupanshanensis* **Yang** *et* **Ma, 2000**

Helina liupanshanensis Yang *et* Ma, 2000. Acta Zootaxon. Sin. 25 (4): 452. **Type locality:** China: Ningxia, Longde, Liupanshan.

分布（Distribution）：宁夏（NX）。

（1134）长角阳蝇 *Helina longicornis* **(Zetterstedt, 1838)**

Anthomyza longicornis Zetterstedt, 1838. Insecta Lapp.: 678. **Type locality:** Sweden.

Anthomyza longicornis Zetterstedt, 1837. Isis (Oken's) 21: 44 (nomen nudum).

Spilogaster angulicornis Pokorny, 1889. Verh. K. K. Zool.-Bot. Ges. Wien 39: 555. **Type locality:** "vom Stilfserjoch" [= Switzerland]. Italy: Stelvio Pass.

分布（Distribution）：黑龙江（HL）、吉林（JL）；蒙古国、俄罗斯、芬兰、瑞典、挪威、奥地利、意大利；新北区。

（1135）长蜜阳蝇 *Helina longievecta* **Xue, 2014**

Helina longievecta Xue, 2014. J. Nat. Hist. 3 (17): 8. **Type locality:** China: Ningxia, Guamagou.

分布（Distribution）：宁夏（NX）。

（1136）矩叶阳蝇 *Helina longiquadrata* **Xue** *et* **Wang, 1986**

Helina longiquadrata Xue *et* Wang, 1986. *In*: Xue, Wang *et* Cao, 1986. 1st. Int. Con. Dipt. Hung.: 9. **Type locality:** China: Shanxi, Shanyin.

分布（Distribution）：山西（SX）。

（1137）长侧叶阳蝇 *Helina longisurstyla* **Xue** *et* **Sun, 2014**

Helina longisurstyla Xue *et* Sun, 2014. J. Nat. Hist. 3 (17): 11. **Type locality:** China: Yunnan, Luobixueshan.

分布（Distribution）：四川（SC）、云南（YN）。

（1138）鲁阳蝇 *Helina luensis* Feng *et* Ye, 2010

Helina luensis Feng *et* Ye, 2010. Acta Parasitol. Med. Entomol. Sin. 17 (4): 242. **Type locality:** China: Shandong, Shidao.

分布（Distribution）：山东（SD）。

（1139）芦芽山阳蝇 *Helina luyashanensis* Wang, Xue *et* Lu, 1990

Helina luyashanensis Wang, Xue *et* Lu, 1990. *In*: Wang, Xue *et* Ni, 1990. 2nd. Int. Con. Dipt.: 11. **Type locality:** China: Shanxi, Luyashan.

分布（Distribution）：山西（SX）。

（1140）马氏阳蝇 *Helina maae* Xue *et* Li, 2000

Helina maae Xue *et* Li, 2000. Zool. Res. 21 (4): 305, fig. 10-12. **Type locality:** China: Yunnan, Luquan.

分布（Distribution）：云南（YN）。

（1141）斑翅阳蝇 *Helina maculipennis* (Zetterstedt, 1845)

Aricia maculipennis Zetterstedt, 1845. Dipt. Scand. 4: 1475. **Type locality:** Sweden: "ad Quickjock ...; in Dalecarlia".
Aricia maculipennis Boheman, 1844. Öfvers. K. Vetensk. Akad. Förh. 1: 101 (nomen nudum).
Anthomyza obscuripes Zetterstedt, 1845. Dipt. Scand. 4: 1678 (*Anthomyza*). **Type locality:** Sweden: Àreskutan.

分布（Distribution）：吉林（JL）、陕西（SN）；俄罗斯、奥地利、瑞士、德国、丹麦、西班牙、法国、英国、匈牙利、意大利、爱尔兰、挪威、波兰、罗马尼亚、瑞典、芬兰、前南斯拉夫；新北区。

（1142）斑胫阳蝇 *Helina maculitibia* Xue *et* Cao, 1998

Helina maculitibia Xue *et* Cao, 1998. *In*: Xue *et* Chao, 1998. Flies of China, Vol. 1: 1149. **Type locality:** China: Shanxi, Taibaishan.

分布（Distribution）：陕西（SN）。

（1143）大斑阳蝇 *Helina magnimuculata* Feng, 1995

Helina magnimuculata Feng, 1995. *In*: Deng *et* Feng, 1995. Sichuan J. Zool. 14 (4): 140. **Type locality:** China: Sichuan, Ya'an (Jinfengshan).

分布（Distribution）：四川（SC）。

（1144）粘叶阳蝇 *Helina mallocerca* Xue, 2002

Helina mallocerca Xue, 2002. Acta Zootaxon. Sin. 27 (2): 365. **Type locality:** China: Xinjiang, Nianqi.

分布（Distribution）：新疆（XJ）。

（1145）东北阳蝇 *Helina mandschurica* Hennig, 1957

Helina mandschurica Hennig, 1957. Flieg. Palaearkt. Reg. 7 (2): 150. **Type locality:** China: Heilongjiang, Harbin.

分布（Distribution）：黑龙江（HL）、辽宁（LN）、内蒙古（NM）、山西（SX）；蒙古国、俄罗斯。

（1146）茂汶阳蝇 *Helina maowenna* Feng *et* Xue, 2002

Helina maowenna Feng *et* Xue, 2002. Entomotaxon. 24 (4): 263. **Type locality:** China: Sichuan, Maowen.

分布（Distribution）：四川（SC）。

（1147）玛曲阳蝇 *Helina maquensis* Wu, 1989

Helina maquensis Wu, 1989. Entomotaxon. 11 (4): 329. **Type locality:** China: Gansu, Maqu, Nima.

分布（Distribution）：甘肃（GS）。

（1148）墨脱阳蝇 *Helina medogensis* Wang, Wang *et* Xue, 2006

Helina medogensis Wang, Wang *et* Xue, 2006. Zootaxa 1137: 65. **Type locality:** China: Xizang, Motuo.

分布（Distribution）：西藏（XZ）。

（1149）美姑阳蝇 *Helina meiguica* Qian *et* Feng, 2005

Helina meiguica Qian *et* Feng, 2005. Chin. J. Vector Biol. & Control 16 (4): 258. **Type locality:** China: Sichuan, Meigu.

分布（Distribution）：四川（SC）。

（1150）中叶阳蝇 *Helina mesolobata* Xue *et* Tian, 2012

Helina mesolobata Xue *et* Tian, 2012. J. Nat. Hist. 46 (9-10): 583. **Type locality:** China: Gaoligongshan.

分布（Distribution）：云南（YN）。

（1151）中缘鬃阳蝇 *Helina midmargiseta* Xue, 2014

Helina midmargiseta Xue, 2014. J. Nat. Hist. 49: 13. **Type locality:** China: Yunnan, Baimangxueshan.

分布（Distribution）：四川（SC）、云南（YN）。

（1152）拟喜蜜阳蝇 *Helina mimievecta* Feng *et* Xue, 2003

Helina mimievecta Feng *et* Xue, 2003. Entomol. J. East China 12 (1): 7. **Type locality:** China: Sichuan, Ya'an (Erlangshan).

分布（Distribution）：四川（SC）。

（1153）拟蜜阳蝇 *Helina mimifica* Feng, 2000

Helina mimifica Feng, 2000. Sichuan J. Zool. 19 (1): 3. **Type locality:** China: Sichuan, Ya'an (Mt. Erlangshan).

分布（Distribution）：四川（SC）。

（1154）类介阳蝇 *Helina mimintermedia* **Feng et Xue, 2002**

Helina mimintermedia Feng et Xue, 2002. Entomotaxon. 24 (4): 265. **Type locality:** China: Sichuan, Ya'an (Erlangshan).

分布（**Distribution**）：四川（SC）。

（1155）小毁阳蝇 *Helina minutideleta* **Xue, 2002**

Helina minutideleta Xue, 2002. Acta Zootaxon. Sin. 27 (3): 638. **Type locality:** China: Jilin, Changbaishan.

分布（**Distribution**）：吉林（JL）。

（1156）默德林阳蝇 *Helina moedlingensis* **(Schnabl et Dziedzicki, 1911)**

Mydaea (Spilogaster) moedlingensis Schnabl et Dziedzicki, 1911. Nova Acta Acad. Caesar. Leop. Carol. 95 (2): 290. **Type locality:** Poland. Germany. Austria.

分布（**Distribution**）：山西（SX）、新疆（XJ）；奥地利、阿尔巴尼亚、保加利亚、瑞士、德国、法国、希腊、匈牙利、意大利、波兰、前南斯拉夫、吉尔吉斯斯坦、塔吉克斯坦、巴基斯坦、哈萨克斯坦。

（1157）梅里阳蝇 *Helina moirigkawagarboensis* **Xue, 2015**

Helina moirigkawagarboensis Xue, 2015. *In*: Xue et Sun, 2015. J. Ent. Res. Soc. 17 (2): 29. **Type locality:** China: Yunnan, Meilixueshan.

分布（**Distribution**）：云南（YN）。

（1158）山阳蝇 *Helina montana* **(Rondani, 1866)**

Spilogaster montana Rondani, 1866. Atti Soc. Ital. Sci. Nat. Milano 9: 121. **Type locality:** Italy.

Spilogaster dexiaeformis Mik, 1867. Verh. K. K. Zool.-Bot. Ges. Wien 17: 418. **Type locality:** Austria: Tyrol, Seebenstein.

分布（**Distribution**）：青海（QH）；克什米尔地区、伊朗、瑞士、保加利亚、奥地利、意大利。

（1159）麝指阳蝇 *Helina moschodactyla* **Xue, 1997**

Helina moschodactyla Xue, 1997. Acta Ent. Sin. 40 (1): 75. **Type locality:** China: Xinjiang, A'erjinshan.

分布（**Distribution**）：新疆（XJ）。

（1160）林阳蝇 *Helina nemorum* **(Stein, 1915)**

Mydaea nemorum Stein, 1915. Suppl. Ent. 4: 19. **Type locality:** China: Taiwan, Gaoxiong, Fengshan.

分布（**Distribution**）：四川（SC）、云南（YN）、台湾（TW）；缅甸、印度。

（1161）脉阳蝇 *Helina nervosa* **(Stein, 1909)**

Mydaea nervosa Stein, 1909. Tijdschr. Ent. 52: 240. **Type locality:** Indonesia: Jawa, Jakarta, Lombok (Pulau), Sumatra.

Helina mindanaensis Malloch, 1926. Philipp. J. Sci. 31: 496. **Type locality:** Philippines: Mindanao, Surigao Province, Surigao.

分布（**Distribution**）：云南（YN）、台湾（TW）；菲律宾、印度尼西亚、印度、斯里兰卡。

（1162）黑腹阳蝇 *Helina nigriabdomilis* **Xue, 2014**

Helina nigriabdomilis Xue, 2014. J. Nat. Hist. 49: 16. **Type locality:** China: Sichuan, Kangding (Paomashan).

分布（**Distribution**）：四川（SC）。

（1163）黑古阳蝇 *Helina nigriannosa* **Xue et Zhao, 1989**

Helina nigriannosa Xue et Zhao, 1989. *In*: Xue, Zhao et Li, 1989. Acta Ent. Sin. 32 (1): 92. **Type locality:** China: Liaoning, Benxi (Nandian); Hebei, Mt. Xiaowutai.

分布（**Distribution**）：吉林（JL）、辽宁（LN）、河北（HEB）、山西（SX）。

（1164）黑小灰阳蝇 *Helina nigricinerella* **Xue et Wu, 1998**

Helina nigricinerella Xue et Wu, 1998. *In*: Xue et Chao, 1998. Flies of China, Vol. 1: 1150. **Type locality:** China: Gansu, Zhangye.

分布（**Distribution**）：甘肃（GS）。

（1165）黑毛叶阳蝇 *Helina nigrihirtisurstyla* **Xue et Zhang, 2005**

Helina nigrihirtisurstyla Xue et Zhang, 2005. *In*: Yang, 2005. Insect Fauna of Middle-West Qinling Range and South Mountains of Gansu Province: 813. **Type locality:** China: Gansu.

分布（**Distribution**）：甘肃（GS）。

（1166）黑四点阳蝇 *Helina nigriquadrum* **Xue et Zhao, 1989**

Helina nigriquadrum Xue et Zhao, 1989. *In*: Xue, Zhao et Li, 1989. Acta Ent. Sin. 32 (1): 93. **Type locality:** China: Hebei, Xiaowutaishan.

分布（**Distribution**）：河北（HEB）。

（1167）黑介阳蝇 *Helina nigrointermedia* **Xue et Tian, 2012**

Helina nigrointermedia Xue et Tian, 2012. J. Nat. Hist. 46 (9-10): 585. **Type locality:** China: Sichuan, Luding, Yanzigou.

分布（**Distribution**）：四川（SC）。

（1168）宁武阳蝇 *Helina ningwuensis* **Xue et Wang, 1998**

Helina ningwuensis Xue et Wang, 1998. *In*: Xue et Chao, 1998. Flies of China, Vol. 1: 151. **Type locality:** China: Shanxi, Ningwu, Luyashan.

分布（**Distribution**）：山西（SX）。

（1169）宁夏阳蝇 *Helina ningxiaensis* Xue *et* Sun, 2014

Helina ningxiaensis Xue *et* Sun, 2014. Orient. Insects 48 (1-2): 97. **Type locality:** China: Ningxia, Longde, Forestry Centre of Sutai.

分布（Distribution）：宁夏（NX）。

（1170）雪山阳蝇 *Helina nivimonta* Xue, 2014

Helina nivimonta Xue, 2014. J. Nat. Hist. 49: 19. **Type locality:** China: Yunnan, Baimangxueshan.

分布（Distribution）：云南（YN）。

（1171）裸股阳蝇 *Helina nudifemorata* Hennig, 1952

Helina nudifemorata Hennig, 1952. Beitr. Ent. 2 (1): 81. **Type locality:** Indonesia: Flores, Lombok (Pulau).

分布（Distribution）：西藏（XZ）；印度尼西亚。

（1172）裸斑阳蝇 *Helina nudusimacula* Xue *et* Tian, 2012

Helina nudusimacula Xue *et* Tian, 2012. J. Nat. Hist. 46 (9-10): 588. **Type locality:** China: Sichuan, Luding, Yanzigou.

分布（Distribution）：四川（SC）。

（1173）暗阳蝇 *Helina obscurata* (Meigen, 1826)

Anthomyia obscurata Meigen, 1826. Syst. Beschr. Europ. Zweifl. Insekt. 5: 89. **Type locality:** Germany.

Mydina vernalis Robineau-Desvoidy, 1830. Mém. Prés. Div. Sav. Acad. R. Sci. Inst. Fr. 2 (2): 498. **Type locality:** France: Paris.

Mydina fuliginosa Robineau-Desvoidy, 1830. Mém. Prés. Div. Sav. Acad. R. Sci. Inst. Fr. 2 (2): 498. **Type locality:** France: Paris.

Anthomyza sahlbergi Zetterstedt, 1837. Isis (Oken's) 21: 43 (nomen nudum).

Anthomyza sahlbergi Zetterstedt, 1838. Insecta Lapp.: 664. **Type locality:** Sweden: "in Lapponia Tornensi".

Aricia sordidiventris Zetterstedt, 1845. Dipt. Scand. 4: 1416. **Type locality:** Sweden: "in Gottlandia ad Gothem, Nähr & Kräcklingbo".

Anthyomyia detracta Walker, 1853. Ins. Brit., Dípt. 2: 122. **Type locality:** England.

Aricia charcoviensis Schnabl, 1888. Trudy Russk. Ent. Obshch. 22: 391. **Type locality:** Former Soviet Union: Kouriage monastery, nr. Kharkov.

分布（Distribution）：黑龙江（HL）、吉林（JL）、山西（SX）、甘肃（GS）、新疆（XJ）；日本、俄罗斯、奥地利、阿尔巴尼亚、保加利亚、捷克、斯洛伐克、德国、丹麦、西班牙、法国、英国、匈牙利、意大利、爱尔兰、挪威、荷兰、波兰、瑞典、芬兰、前南斯拉夫；新北区。

（1174）拟暗阳蝇 *Helina obscuratoides* (Schnabl, 1887)

Aricia obscuratoides Schnabl, 1887. Trudy Russk. Ent. Obshch. 20 (1886): 347. **Type locality:** Poland: Ciechocinek salt works nr. Toruň.

Aricia (Quadrula) obscuratidea Pandellé, 1898. Rev. Ent. 17 (Suppl.): 59 (unjustified emendation of *Aricia obscuratoides* Schnabl, 1887).

分布（Distribution）：山西（SX）；俄罗斯、哈萨克斯坦、波兰、捷克、斯洛伐克、德国、法国、意大利；新北区；欧洲（中部）。

（1175）眼鬃阳蝇 *Helina ocellijuba* Xue, 2002

Helina ocellijuba Xue, 2002. Acta Zootaxon. Sin. 27 (2): 364. **Type locality:** China: Xinjiang, Hetian.

分布（Distribution）：新疆（XJ）。

（1176）跑马山阳蝇 *Helina paomashana* Feng, 2000

Helina paomashana Feng, 2000. Sichuan J. Zool. 19 (1): 3. **Type locality:** China: Sichuan, Kangding.

Helina dehiscideleta Xue *et* Li, 2002. Acta Ent. Sin. 45 (Suppl.): 78. **Type locality:** China: Yunnan, Luquan.

分布（Distribution）：四川（SC）、云南（YN）。

（1177）豹腹阳蝇 *Helina pardiabdominis* Xue *et* Li, 2000

Helina pardiabdominis Xue *et* Li, 2000. Zool. Res. 21 (4): 305. **Type locality:** China: Yunnan, Lushui.

分布（Distribution）：云南（YN）。

（1178）短叶阳蝇 *Helina pedana* Feng, 2007

Helina pedana Feng, 2007. Entomol. J. East China 16 (3): 164. **Type locality:** China: Sichuan, Ya'an.

分布（Distribution）：四川（SC）。

（1179）桃形阳蝇 *Helina persiciformis* Fang *et* Fan, 1993

Helina persiciformis Fang *et* Fan, 1993. *In*: The Comprehensive Scientific Expedition to the Qinghai-Xizang Plateau, Chinese Academy of Sciences, 1993. Insects of the Hengduan Mountains Region, Vol. 2: 1222. **Type locality:** China: Sichuan, Xiangcheng.

分布（Distribution）：四川（SC）。

（1180）露齿阳蝇 *Helina phantodonta* Feng, 2004

Helina phantodonta Feng, 2004. Acta Parasitol. Med. Entomol. Sin. 11 (2): 91. **Type locality:** China: Sichuan, Hanyuan (Jiaodingshan).

分布（Distribution）：四川（SC）。

（1181）扁头阳蝇 *Helina platycephala* Feng, 2000

Helina platycephala Feng, 2000. Chin. J. Vector Biol. &

Control 11 (2): 84. **Type locality:** China: Sichuan, Ya'an (Erlangshan).
分布（**Distribution**）：四川（SC）。

（1182）广叶阳蝇 *Helina platycerca* **Feng, 2000**

Helina platycerca Feng, 2000. Entomotaxon. 22 (1): 56. **Type locality:** China: Sichuan, Hanyuan.
分布（**Distribution**）：四川（SC）。

（1183）侧毛阳蝇 *Helina pleuranthus* **Wu, Fang *et* Fan, 1988**

Helina pleuranthus Wu, Fang *et* Fan, 1988. J. Med. Coll. PLA 3 (4): 349. **Type locality:** China: Shaanxi, Fuxian, Ziwuling.
分布（**Distribution**）：陕西（SN）。

（1184）羽胫阳蝇 *Helina plumipostitibia* **Feng *et* Xue, 2002**

Helina plumipostitibia Feng *et* Xue, 2002. Entomotaxon. 24 (4): 262. **Type locality:** China: Sichuan, Ya'an.
分布（**Distribution**）：四川（SC）。

（1185）软鬃阳蝇 *Helina plumiseta* **Wang *et* Li, 2011**

Helina plumiseta Wang *et* Li, 2011. Orient. Insects 45 (2-3): 120. **Type locality:** China: Yunnan, Baimaxueshan.
分布（**Distribution**）：四川（SC）、云南（YN）。

（1186）突尾阳蝇 *Helina prominenicauda* **Wu, 1989**

Helina prominenicauda Wu, 1989. Entomotaxon. 11 (4): 326. **Type locality:** China: Gansu, Shandan and Maqu.
分布（**Distribution**）：甘肃（GS）。

（1187）刺阳蝇 *Helina punctata* **Robineau-Desvoidy, 1830**

Rhorella punctata Robineau-Desvoidy, 1830. Mém. Prés. Div. Sav. Acad. R. Sci. Inst. Fr. 2 (2): 492. **Type locality:** France: Saint-Sauveur.
Musca uliginosa Fallén, 1825b. Monogr. Musc. Sveciae IX: 81. **Type locality:** Sweden.
Helina pellucidiventris Malloch, 1922d. Ann. Mag. Nat. Hist. (9) 51: 275. **Type locality:** India: Kasauli.
分布（**Distribution**）：台湾（TW）；法国、瑞典、缅甸、印度、尼泊尔；全北区。

（1188）斑股阳蝇 *Helina punctifemoralis* **Wang *et* Feng, 1986**

Helina punctifemoralis Wang *et* Feng, 1986. Entomotaxon. 8 (3): 173. **Type locality:** China: Sichuan, Ya'an (Erlangshan).
分布（**Distribution**）：山西（SX）、四川（SC）。

（1189）梨阳蝇 *Helina pyriforma* **Feng *et* Xue, 2004**

Helina pyriforma Feng *et* Xue, 2004. Entomotaxon. 26 (1): 65. **Type locality:** China: Sichuan, Ya'an (Erlangshan).

分布（**Distribution**）：四川（SC）。

（1190）祁连阳蝇 *Helina qilianshanensis* **Wu, 1989**

Helina qilianshanensis Wu, 1989. Entomotaxon. 11 (4): 325. **Type locality:** China: Gansu, Qilianshan.
分布（**Distribution**）：甘肃（GS）。

（1191）四方阳蝇 *Helina quadrata* **Feng, 2007**

Helina quadrata Feng, 2007. Entomol. J. East China 16 (3): 162. **Type locality:** China: Sichuan, Baoxing (Yongfu).
分布（**Distribution**）：四川（SC）。

（1192）方板阳蝇 *Helina quadratisterna* **Xue *et* Wang, 1989**

Helina quadratisterna Xue *et* Wang, 1989. Acta Ent. Sin. 32 (2): 230. **Type locality:** China: Shanxi, Youyu.
分布（**Distribution**）：山西（SX）。

（1193）四点阳蝇 *Helina quadrum* **(Fabricius, 1805)**

Musca quadrum Fabricius, 1805. Syst. Antliat.: 297. **Type locality:** Austria.
Musca subpuncta Fallén, 1825a. Monogr. Musc. Sveciae VIII: 80. **Type locality:** Not given (presumably Sweden: Skåne). *subpunctata*, error.
Anthomyia aequalis Meigen, 1826. Syst. Beschr. Europ. Zweifl. Insekt. 5: 99. **Type locality:** Not given ("Von Hrn. v. Winthem") (probably Germany).
Mydina impunctata Robineau-Desvoidy, 1830. Mém. Prés. Div. Sav. Acad. R. Sci. Inst. Fr. 2 (2): 496 (a junior secondary homonym of *Aricia impunctata* Robineau-Desvoidy, 1830). **Type locality:** France: Saint-Sauveur.
Mydina dispar Robineau-Desvoidy, 1830. Mém. Prés. Div. Sav. Acad. R. Sci. Inst. Fr. 2 (2): 497. **Type locality:** France: Saint-Sauveur.
Anthomyia didyma Meigen, 1838. Syst. Beschr. Europ. Zweifl. Insekt. 7: 317. **Type locality:** Not given (Germany: Bavaria).
Anthomyia impulsa Walker, 1853. Ins. Brit., Dípt. 2: 130. **Type locality:** England.
Anthomyia repulse Walker, 1853. Ins. Brit., Dípt. 2: 131. **Type locality:** England.
Anthomyia depulse Walker, 1853. Ins. Brit., Dípt. 2: 131. **Type locality:** England.
Anthomyia supera Walker, 1853. Ins. Brit., Dípt. 2: 131. **Type locality:** England.
Anthomyia dignota Bidenkap, 1890. Ent. Tidskr. 11: 199. **Type locality:** Norway: Vestfold.
分布（**Distribution**）：黑龙江（HL）、辽宁（LN）、河北（HEB）、山西（SX）、陕西（SN）、甘肃（GS）、云南（YN）、西藏（XZ）；日本、西班牙、俄罗斯、摩洛哥、奥地利、比利时、保加利亚、瑞士、捷克、斯洛伐克、德国、丹麦、法国、英国、希腊、匈牙利、意大利、爱尔兰、挪威、荷兰、波

兰、瑞典、芬兰。

（1194）饶河阳蝇 *Helina raoheensis* Liu, Cui *et* Ma, 2000

Helina raoheensis Liu, Cui *et* Ma, 2000. Chin. J. Vector Biol. & Control 11 (3): 164. **Type locality:** China: Heilongjiang, Raohe.

分布（**Distribution**）：黑龙江（HL）。

（1195）耙叶阳蝇 *Helina rastrella* Hsue, 1985

Helina rastrella Hsue, 1985. Acta Ent. Sin. 28 (1): 104. **Type locality:** China: Liaoning, Benxi (Nandian, Huanren).

分布（**Distribution**）：辽宁（LN）。

（1196）任氏阳蝇 *Helina reni* Wang, Xue *et* Zhang, 2005

Helina reni Wang, Xue *et* Zhang, 2005. *In*: Wang, Zhang *et* Xue, 2005. Pan-Pac. Entomol. 81 (3-4): 88. **Type locality:** China: Xizang, Motuo.

分布（**Distribution**）：西藏（XZ）。

（1197）双阳蝇 *Helina reversio* (Harris, 1780)

Musca reversion Harris, 1780. Expos. Engl. Ins. 5: 146. **Type locality:** Sweden. Spain. Britain.

Anthomyia compunctai Wiedemann, 1817. Zool. Mag. 1 (1): 80. **Type locality:** Germany: Kiel district.

Anthomyia duplicate Meigen, 1826. Syst. Beschr. Europ. Zweifl. Insekt. 5: 92. **Type locality:** Not given (presumably Germany: Stolberg).

Helina tibialis Robineau-Desvoidy, 1830. Mém. Prés. Div. Sav. Acad. R. Sci. Inst. Fr. 2 (2): 494. **Type locality:** France: Saint-Sauveur.

Mydina nigricans Robineau-Desvoidy, 1830. Mém. Prés. Div. Sav. Acad. R. Sci. Inst. Fr. 2 (2): 497. **Type locality:** Not given.

Mydina communis Robineau-Desvoidy, 1830. Mém. Prés. Div. Sav. Acad. R. Sci. Inst. Fr. 2 (2): 497. **Type locality:** Not given (presumably France: Saint-Sauveur).

Mydina claripennis Robineau-Desvoidy, 1830. Mém. Prés. Div. Sav. Acad. R. Sci. Inst. Fr. 2 (2): 497. **Type locality:** France: Paris.

Mydina limpidipennis Robineau-Desvoidy, 1830. Mém. Prés. Div. Sav. Acad. R. Sci. Inst. Fr. 2 (2): 498. **Type locality:** France: Paris.

Mydina nigripes Robineau-Desvoidy, 1830. Mém. Prés. Div. Sav. Acad. R. Sci. Inst. Fr. 2 (2): 498. **Type locality:** Not given (presumably France: Saint-Sauveur).

Anthomyia (*Mydina*) *quadripunctata* Brullé, 1832. Expédition Scientifique de Morée: Section des Sciences Physiques III (1e) 2: 315. **Type locality:** Not given (from title: Greece: Pelopônnisos).

Spilogaster caesia Macquart, 1835. Hist. Nat. Ins., Dipt. 2: 296. **Type locality:** "Du nord de la France" (presumably France: Lille District).

Spilogaster quadrivittata Macquart, 1843b. Mém. Soc. Sci. Agric. Arts Lille [1842]: 320; Macquart, 1843a. Dipt. Exot. 2 (3): 163. **Type locality:** Ile Bourbon [= Italy: Reunion; actually an error, and in fact from Europe].

Aricia duplaris Zetterstedt, 1845. Dipt. Scand. 4: 1411. **Type locality:** Sweden: "ad Lund, Râften, Esperôd & c.; in Gottlandia ad Gothem, Stenkyrka, Furillen, Wamlingbo & c. ...; in Dalecarliae alpibus ...; Luleå *et* ad Ràbâcken;...ad Tjomotis, Mattisudden, Porsi & Quickjock". Denmark. Norway: "ad diversorium Suul".

Anthomyza vilis Zetterstedt, 1845. Dipt. Scand. 4: 1669. **Type locality:** Sweden: "ad Skàrsjô Smolandiae".

Anthomyia concana Walker, 1849. List of the specimens of dipterous insets in the collection of the British Museum Part IV: 934. **Type locality:** China.

Anthomyia fixa Walker, 1853. Ins. Brit., Dípt. 2: 121. **Type locality:** England.

Anthomyia decedens Walker, 1853. Ins. Brit., Dípt. 2: 121. **Type locality:** England.

Anthomyia infixa Walker, 1853. Ins. Brit., Dípt. 2: 132. **Type locality:** England.

Anthomyza flavogrisea Zetterstedt, 1860. Dipt. Scand. 14: 6275. **Type locality:** Sweden: "ad Torekow ... atque in Gottlandia".

Aricia (*Quadrula*) *prospinosa* Pandellé, 1898. Rev. Ent. 17 (Suppl.): 56. **Type locality:** France: Hautes-Pyrénées and Rieumajou.

Mydaea (*Spilogaster*) *multimaculata* Schnabl, 1911a. Dtsch. Ent. Z. 1911: 95 (as var. of *Anthomyia duplicate* Meigen, 1826). **Type locality:** France: Corsica.

Mydaea (*Spilogaster*) *tagojana* Santos Abreu, 1976. Monogr. Anthom. Islas Canar.: 115 (as var. of *Anthomyia duplicate* Meigen, 1826) (unavailable).

分布（**Distribution**）：黑龙江（HL）、内蒙古（NM）、山西（SX）、甘肃（GS）、新疆（XJ）、四川（SC）、台湾（TW）；日本、俄罗斯、摩洛哥、土耳其、以色列、叙利亚、阿尔及利亚、比利亚、奥地利、阿尔巴尼亚、比利时、保加利亚、瑞士、塞浦路斯、捷克、斯洛伐克、德国、丹麦、西班牙、法国、英国、希腊、匈牙利、意大利、爱尔兰、挪威、马耳他、荷兰、葡萄牙、波兰、瑞典、芬兰、前南斯拉夫；新北区；欧洲。

（1198）长鬃阳蝇 *Helina sarmentosa* Fang *et* Fan, 1993

Helina sarmentosa Fang *et* Fan, 1993. *In*: The Comprehensive Scientific Expedition to the Qinghai-Xizang Plateau, Chinese Academy of Sciences, 1993. Insects of the Hengduan Mountains Region, Vol. 2: 1223. **Type locality:** China: Yunnan, Deqin, Meilixueshan.

分布（**Distribution**）：云南（YN）。

（1199）北方阳蝇 *Helina septentrionalis* **Xue et Cui, 2003**

Helina septentrionalis Xue *et* Cui, 2003. Acta Ent. Sin. 46 (1): 78. Type locality: China: Heilongjiang, Yichun, Wuying.
分布（Distribution）：黑龙江（HL）。

（1200）鬃胫阳蝇 *Helina setipostitibia* **Wang, Xue et Zhang, 2004**

Helina setipostitibia Wang, Xue *et* Zhang, 2004. Insect Sci. 11 (4): 297. Type locality: China: Xizang, Duoxionglashan.
分布（Distribution）：西藏（XZ）。

（1201）多鬃古阳蝇 *Helina setosiannosa* **Xue, 2014**

Helina setosiannosa Xue, 2014. J. Nat. Hist. 49: 22. Type locality: China: Sichuan, Emeishan (Qingyinge).
分布（Distribution）：四川（SC）。

（1202）六斑阳蝇 *Helina sexmaculata* **Preyssler, 1791**

Helina sexmaculata Preyssler, 1791. Samml. Physik. Aufsätze J. Mayer, Dresden 1: 88 (*Musca*). Type locality: Czech Republic.
Musca deduco Harris, 1780. Expos. Engl. Ins. [4]: 125 (unavailable name; incorrectly formed).
Musca uliginosa Fallén, 1825b. Monogr. Musc. Sveciae IX: 81 (a junior primary homonym of *Musca uliginosa* Linnaeus, 1767). Type locality: Not given (presumably Sweden: Skåne).
Rohrella punctata Robineau-Desvoidy, 1830. Mém. Prés. Div. Sav. Acad. R. Sci. Inst. Fr. 2 (2): 492. Type locality: Not given (presumably France: Saint-Sauveur).
Anthomyza flavicoxa Zetterstedt, 1860. Dipt. Scand. 14: 6277. Type locality: Sweden: Gotland I.
分布（Distribution）：吉林（JL）、湖南（HN）、台湾（TW）、广东（GD）；奥地利、保加利亚、捷克、斯洛伐克、塞浦路斯、德国、丹麦、西班牙、法国、英国、匈牙利、意大利、马耳他、荷兰、葡萄牙、波兰、罗马尼亚、瑞典、芬兰、前南斯拉夫、印度、缅甸、新西兰、日本、俄罗斯、埃及、亚速尔群岛（葡）、尼泊尔、以色列；非洲（北部）。

（1203）石氏阳蝇 *Helina shii* **Xue, 2014**

Helina shii Xue, 2014. J. Nat. Hist. 49: 24. Type locality: China: Sichuan, Kowloon Hongba.
分布（Distribution）：四川（SC）。

（1204）世纪阳蝇 *Helina shijia* **Feng, 2001**

Helina shijia Feng, 2001. Entomotaxon. 23 (1): 32. Type locality: China: Sichuan, Hanyuan (Jiaodingshan).
分布（Distribution）：四川（SC）。

（1205）蜀阳蝇 *Helina shuensis* **Feng, 2000**

Helina shuensis Feng, 2000. Chin. J. Vector Biol. & Control 11 (2): 83. Type locality: China: Sichuan, Ya'an (Erlangshan).
分布（Distribution）：四川（SC）。

（1206）蜀北阳蝇 *Helina sichuaniarctica* **Feng et Qiao, 2004**

Helina sichuaniarctica Feng *et* Qiao, 2004. J. Med. Pest Control 20 (5): 300. Type locality: China: Sichuan, Maoxian.
分布（Distribution）：四川（SC）。

（1207）四川阳蝇 *Helina sichuanica* **Feng, 2005**

Helina sichuanica Feng, 2005. Entomotaxon. 27 (2): 119. Type locality: China: Sichuan, Meigu.
分布（Distribution）：四川（SC）。

（1208）拟密胡阳蝇 *Helina similidensibarbata* **Feng, 2008**

Helina similidensibarbata Feng, 2008. Acta Zootaxon. Sin. 33 (4): 799. Type locality: China: Sichuan, Hanyuan (Daxiangling).
分布（Distribution）：四川（SC）。

（1209）华西阳蝇 *Helina sinoccidentala* **Feng, 2005**

Helina sinoccidentala Feng, 2005. Entomotaxon. 27 (2): 115. Type locality: China: Sichuan, Ya'an (Zhougongshan).
分布（Distribution）：四川（SC）。

（1210）阳阳蝇 *Helina solata* **Xue et Feng, 2002**

Helina solata Xue *et* Feng, 2002. Zool. Res. 23 (6): 500. Type locality: China: Sichuan, Hanyuan.
分布（Distribution）：四川（SC）。

（1211）豹斑阳蝇 *Helina spilopardalis* **Xue et Zhang, 2005**

Helina spilopardalis Xue *et* Zhang, 2005. *In*: Yang, 2005. Insect Fauna of Middle-West Qinling Range and South Mountains of Gansu Province: 814. Type locality: China: Gansu, Wenxian, Qiujiaba.
分布（Distribution）：甘肃（GS）。

（1212）刺尾阳蝇 *Helina spinicauda* **Xue et Wang, 1986**

Helina spinicauda Xue *et* Wang, 1986. *In*: Xue, Wang *et* Cao, 1986. 1st. Int. Con. Dipt. Hung.: 10. Type locality: China: Shanxi, Lingqiu.
分布（Distribution）：山西（SX）。

（1213）刺腹阳蝇 *Helina spinisternita* **Fang et Fan, 1993**

Helina spinisternita Fang *et* Fan, 1993. *In*: The Comprehensive Scientific Expedition to the Qinghai-Xizang Plateau, Chinese Academy of Sciences, 1993. Insects of the Hengduan Mountains Region, Vol. 2: 1222. Type locality: China: Yunnan, Diqing (Xianggelila, Weixi), Dali.

分布（Distribution）：云南（YN）。

（1214）棘侧叶阳蝇 *Helina spinisurstyla* Xue *et* Sun, 2014

Helina spinisurstyla Xue *et* Sun, 2014. Orient. Insects 48 (1-2): 99. **Type locality:** China: Yunnan, Meilixueshan.

分布（Distribution）：云南（YN）。

（1215）棘腹阳蝇 *Helina spinusiabdomena* Xue *et* Tian, 2012

Helina spinusiabdomena Xue *et* Tian, 2012. J. Nat. Hist. 46 (9-10): 590. **Type locality:** China: Yunnan, Gaoligongshan.

分布（Distribution）：云南（YN）。

（1216）瓣黄阳蝇 *Helina squamoflava* Wu, Fang *et* Fan, 1988

Helina squamoflava Wu, Fang *et* Fan, 1988. J. Med. Coll. PLA 3 (4): 388. **Type locality:** China: Shaanxi, Fuxian, Ziwuling.

分布（Distribution）：陕西（SN）。

（1217）狭跗阳蝇 *Helina stenotarsis* Xue, 2002

Helina stenotarsis Xue, 2002. Acta Zootaxon. Sin. 27 (2): 366. **Type locality:** China: Xinjiang, Aletai, Xichahe.

分布（Distribution）：新疆（XJ）。

（1218）板刺阳蝇 *Helina sterniteoacaena* Xue, 2002

Helina sterniteoacaena Xue, 2002. Acta Zootaxon. Sin. 27 (2): 366. **Type locality:** China: Xinjiang, Qinghe.

分布（Distribution）：新疆（XJ）。

（1219）腹刺阳蝇 *Helina sternitoscola* Feng, 2005

Helina sternitoscola Feng, 2005. Entomotaxon. 27 (2): 114. **Type locality:** China: Sichuan, Ya'an (Erlangshan).

分布（Distribution）：四川（SC）。

（1220）类棕膝阳蝇 *Helina subbrunneigena* Fang *et* Fan, 1993

Helina subbrunneigena Fang *et* Fan, 1993. *In*: The Comprehensive Scientific Expedition to the Qinghai-Xizang Plateau, Chinese Academy of Sciences, 1993. Insects of the Hengduan Mountains Region, Vol. 2: 1223. **Type locality:** China: Sichuan, Wolong.

分布（Distribution）：四川（SC）。

（1221）类少毛阳蝇 *Helina subcalceataeformis* Zhang, 1997

Helina subcalceataeformis Zhang, 1997. Chin. J. Vector Biol. & Control 8 (3): 179. **Type locality:** China: Liaoning, Lingyuandahe, Nandashan.

分布（Distribution）：辽宁（LN）。

（1222）异毁阳蝇 *Helina subdeleta* Xue, 2015

Helina subdeleta Xue, 2015. *In*: Xue *et* Sun, 2015. J. Ent. Res. Soc. 17 (2): 30. **Type locality:** China: Sichuan, Changliang,

Kangding (Paomashan).

分布（Distribution）：四川（SC）。

（1223）亚蜜胡阳蝇 *Helina subdensibarbata* Xue *et* Yang, 1998

Helina subdensibarbata Xue *et* Yang, 1998. *In*: Wu, 1998. Insects of Longwangshan Nature Reserve: 336. **Type locality:** China: Zhejiang, Anji, Longwangshan.

分布（Distribution）：浙江（ZJ）。

（1224）拟异尾阳蝇 *Helina subdibrachiata* Xue, Feng *et* Tong, 2008

Helina subdibrachiata Xue, Feng *et* Tong, 2008. Ann. Soc. Entomol. Fr. (N. S.) 44 (3): 309. **Type locality:** China: Sichuan, Maoxian.

Helina maoxianica Feng, 2008. Acta Zootaxon. Sin. 33 (4): 779. **Type locality:** China: Sichuan, Maoxian.

分布（Distribution）：四川（SC）。

（1225）亚喜蜜阳蝇 *Helina subevecta* Xue *et* Feng, 2002

Helina subevecta Xue *et* Feng, 2002. Zool. Res. 23 (6): 499. **Type locality:** China: Sichuan, Ya'an.

分布（Distribution）：四川（SC）。

（1226）亚蜜阳蝇 *Helina subfica* Feng, 2005

Helina subfica Feng, 2005. Entomotaxon. 27 (2): 116. **Type locality:** China: Sichuan, Ya'an.

分布（Distribution）：四川（SC）。

（1227）拟花阳蝇 *Helina subfloscula* Xue, 2014

Helina subfloscula Xue, 2014. J. Nat. Hist. 49: 28. **Type locality:** China: Sichuan, Jiajinshan.

分布（Distribution）：四川（SC）。

（1228）亚毛胫阳蝇 *Helina subhirsutitibia* Wu, 1989

Helina subhirsutitibia Wu, 1989. Entomotaxon. 11 (4): 328. **Type locality:** China: Gansu, Maqu.

分布（Distribution）：甘肃（GS）。

（1229）次毛叶阳蝇 *Helina subhirtisurstyla* Xue, Feng *et* Tong, 2005

Helina subhirtisurstyla Xue, Feng *et* Tong, 2005. Orient. Insects 39 (1): 57. **Type locality:** China: Sichuan, Kangding (Paomashan).

分布（Distribution）：四川（SC）。

（1230）亚介阳蝇 *Helina subintermedia* Fang *et* Fan, 1993

Helina subintermedia Fang *et* Fan, 1993. *In*: The Comprehensive Scientific Expedition to the Qinghai-Xizang Plateau, Chinese Academy of Sciences, 1993. Insects of the

Hengduan Mountains Region, Vol. 2: 1223. **Type locality:** China: Yunnan, Lijiang.

分布（Distribution）：云南（YN）。

（1231）拟宽额阳蝇 *Helina sublaxifrons* Xue *et* Cao, 1986

Helina sublaxifrons Xue *et* Cao, 1986. *In*: Xue, Wang *et* Cao, 1986. 1st. Int. Con. Dipt. Hung.: 1-12. **Type locality:** China: Shaanxi, Taibaishan.

分布（Distribution）：陕西（SN）。

（1232）拟斑胫阳蝇 *Helina submaculitibia* Wang, 2011

Helina submaculitibia Wang, 2011. *In*: Zhang *et al.*, 2011. Trans. Am. Ent. Soc. 137 (1+2): 195-198. **Type locality:** China: Ningxia, Longde.

分布（Distribution）：宁夏（NX）。

（1233）拟黑腹阳蝇 *Helina subnigriabdomilis* Xue *et* Sun, 2014

Helina subnigriabdomilis Xue *et* Sun, 2014. J. Nat. Hist. 3 (17): 30. **Type locality:** China: Yunnan, Snow Mount Meili.

分布（Distribution）：云南（YN）。

（1234）拟微毛阳蝇 *Helina subpubiseta* Xue, 1986

Helina subpubiseta Xue, 1986. *In*: Xue, Wang *et* Cao, 1986. 1st. Int. Con. Dipt. Hung.: 16. **Type locality:** China: Liaoning, Benxi (Caohekou).

分布（Distribution）：辽宁（LN）。

（1235）拟梨阳蝇 *Helina subpyriforma* Wang, 2011

Helina subpyriforma Wang, 2011. Entomol. Fennica 22: 2. **Type locality:** China: Yunnan, Gaoligongshan.

分布（Distribution）：云南（YN）。

（1236）亚鬃腹阳蝇 *Helina subsetiventris* Xue *et* Zhang, 2008

Helina subsetiventris Xue *et* Zhang, 2008. *In*: Xue *et al.*, 2008. Entomol. Fennica 19: 109. **Type locality:** China: Xinjiang, Wulumuqi.

分布（Distribution）：新疆（XJ）。

（1237）毛胸阳蝇 *Helina subvittata* (Séguy, 1923)

Phaonia subvittata Séguy, 1923b. Faune de France 6: 336. **Type locality:** France: Lautaret.

Helina rothi Ringdahl, 1939. Opusc. Ent. 4: 150. "N. nomen pro *H. marmorata* Stein (nec Zett.)". **Type locality:** Finland: Kittilä (by lectotype designation).

分布（Distribution）：黑龙江（HL）；日本、法国、俄罗斯、吉尔吉斯斯坦、哈萨克斯坦；新北区。

（1238）太白山阳蝇 *Helina taibaishanensis* Xue *et* Cao, 1998

Helina taibaishanensis Xue *et* Cao, 1998. *In*: Xue *et* Chao, 1998. Flies of China, Vol. 1: 1163. **Type locality:** China: Shaanxi, Taibaishan.

分布（Distribution）：陕西（SN）、四川（SC）。

（1239）台湾阳蝇 *Helina taiwanensis* Shinonaga *et* Huang, 2007

Helina taiwanensis Shinonaga *et* Huang, 2007. Jpn. J. Syst. Ent. 13 (1): 30. **Type locality:** China: Taiwan, Nantou, Hehuanshan.

分布（Distribution）：台湾（TW）。

（1240）虎足阳蝇 *Helina tigrisipedisa* Xue *et* Tian, 2012

Helina tigrisipedisa Xue *et* Tian, 2012. J. Nat. Hist. 46 (9-10): 593. **Type locality:** China: Liaoning, Benxi (Laotuding).

分布（Distribution）：辽宁（LN）。

（1241）虎迹阳蝇 *Helina tigrivestigia* Xue, 2015

Helina tigrivestigia Xue, 2015. *In*: Xue *et* Sun, 2015. J. Ent. Res. Soc. 17 (2): 32. **Type locality:** China: Yunnan, Baimangxueshan.

分布（Distribution）：云南（YN）。

（1242）三条阳蝇 *Helina trivittata* (Zetterstedt, 1860)

Anthomyza trivittata Zetterstedt, 1860. Dipt. Scand. 14: 6267. **Type locality:** Sweden: "n Fogelsängprope Lund".

Spilogaster atripes Meade, 1889. Ent. Mon. Mag. 25: 425. **Type locality:** England: Hornsea, nr. Hull.

Aricia (*Quadrula*) *corollata* Pandellé, 1898. Rev. Ent. 17 (Suppl.): 61. **Type locality:** Former Soviet Union: Kaliningrad, "Prusse ori Ent.".

Spilogaster duplaris Stein, 1893. Ent. Nachr. 19: 217 (unavailable; published in synonymy with *Spilogaster atripes* Meade, 1889).

Mydaea schnabli Kramer, 1917. Abh. Naturforsch. Ges. Görlitz 28: 292. **Type locality:** Poland: Ciechocinek salt works (PL). Germany: Oberlausitz, Mandautal.

分布（Distribution）：山西（SX）、宁夏（NX）、甘肃（GS）；俄罗斯、保加利亚、捷克、斯洛伐克、德国、丹麦、法国、英国、匈牙利、意大利、挪威、荷兰、波兰、瑞典、芬兰、前南斯拉夫。

（1243）直边阳蝇 *Helina truncata* Fang *et* Fan, 1986

Helina truncata Fang *et* Fan, 1986. *In*: Fang *et al.*, 1986. *In*: Shanghai Institute of Entomology, Academia Sinica, 1986. Contributions form Shanghai Institute of Entomology, Vol. 6: 240. **Type locality:** China: Qinghai, Yushu.

分布（Distribution）：青海（QH）。

（1244）托木尔阳蝇 *Helina tuomuerra* Xue, 2001

Helina tuomuerra Xue, 2001. Entomotaxon. 23 (1): 35. **Type locality:** China: Xinjiang, Tuomu'erfeng.

分布（Distribution）：新疆（XJ）。

（1245）单鬃阳蝇 *Helina uniseta* Wang, 2011

Helina uniseta Wang, 2011. *In*: Wang *et* Li, 2011. Orient. Insects 45 (2-3): 123. **Type locality:** China: Sichuan, Kangding (Laoyulin).

分布（Distribution）：四川（SC）。

（1246）单条阳蝇 *Helina unistriata* Ma *et* Wang, 1984

Helina unistriata Ma *et* Wang, 1984. Acta Zootaxon. Sin. 9 (2): 179. **Type locality:** China: Liaoning, Xiuyan (Qingliangshan).

分布（Distribution）：辽宁（LN）。

（1247）拟单条阳蝇 *Helina unistriatoides* Fang *et* Cui, 1988

Helina unistriatoides Fang *et* Cui, 1988. Acta Zootaxon. Sin. 13 (3): 291. **Type locality:** China: Heilongjiang, Yichun, Wuying.

分布（Distribution）：黑龙江（HL）。

（1248）五寨阳蝇 *Helina wuzhaiensis* Wang, Wang *et* Xue, 1990

Helina wuzhaiensis Wang, Wang *et* Xue, 1990. *In*: Wang, Xue *et* Ni, 1990. 2nd. Int. Con. Dipt.: 12. **Type locality:** China: Shanxi, Wuzhai.

分布（Distribution）：山西（SX）。

（1249）香格里拉阳蝇 *Helina xianggelilaensis* Xue, Feng *et* Tong, 2005

Helina xianggelilaensis Xue, Feng *et* Tong, 2005. Orient. Insects 39 (1): 59. **Type locality:** China: Yunnan, Xianggelila.

分布（Distribution）：云南（YN）。

（1250）小五台阳蝇 *Helina xiaowutaiensis* Zhao *et* Xue, 1985

Helina xiaowutaiensis Zhao *et* Xue, 1985. Zool. Res. 6 (4) (Suppl.): 57. **Type locality:** China: Hebei, Xiaowutaishan.

分布（Distribution）：河北（HEB）。

（1251）西南阳蝇 *Helina xinanana* Feng, 2000

Helina xinanana Feng, 2000. Entomotaxon. 22 (1): 56. **Type locality:** China: Sichuan, Ya'an (Erlangshan).

分布（Distribution）：四川（SC）。

（1252）新疆阳蝇 *Helina xinjiangensis* Xue, 2001

Helina xinjiangensis Xue, 2001. Entomotaxon. 23 (1): 36. **Type locality:** China: Xinjiang, Bositan.

分布（Distribution）：新疆（XJ）。

（1253）西藏阳蝇 *Helina xizangensis* Fang *et* Fan, 1986

Helina xizangensis Fang *et* Fan, 1986. *In*: Fang *et al.*, 1986. *In*:

Shanghai Institute of Entomology, Academia Sinica, 1986. Contributions form Shanghai Institute of Entomology, Vol. 6: 238. **Type locality:** China: Xizang, Zuogong.

分布（Distribution）：西藏（XZ）。

（1254）雅安阳蝇 *Helina yaanensis* Feng *et* Xue, 2003

Helina yaanensis Feng *et* Xue, 2003. Sichuan J. Zool. 22 (1): 3. **Type locality:** China: Sichuan, Ya'an.

分布（Distribution）：四川（SC）。

（1255）雁北阳蝇 *Helina yanbeiensis* Xue *et* Wang, 1982

Helina yanbeiensis Xue *et* Wang, 1982. Entomotaxon. 4 (1-2): 15. **Type locality:** China: Shanxi, Yanbei.

分布（Distribution）：河北（HEB）、山西（SX）、河南（HEN）、宁夏（NX）。

（1256）云南阳蝇 *Helina yunnanica* Feng *et* Ye, 2010

Helina yunnanica Feng *et* Ye, 2010. Acta Parasitol. Med. Entomol. Sin. 17 (4): 240. **Type locality:** China: Yunnan, Majie.

分布（Distribution）：云南（YN）。

（1257）玉树阳蝇 *Helina yushuensis* Sun, Sun *et* Ma, 1998

Helina yushuensis Sun, Sun *et* Ma, 1998. Chin. J. Vector Biol. & Control 9 (1): 28. **Type locality:** China: Qinghai, Yushu.

分布（Distribution）：青海（QH）。

（1258）张氏阳蝇 *Helina zhangi* Wang, Zhang *et* Wang, 2008

Helina zhangi Wang, Zhang *et* Wang, 2008. Ann. Soc. Entomol. Fr. (N. S.) 44 (2): 142. **Type locality:** China: Sichuan, Daocheng.

分布（Distribution）：四川（SC）。

（1259）周公山阳蝇 *Helina zhougongshanna* Xue *et* Feng, 2002

Helina zhougongshanna Xue *et* Feng, 2002. Zool. Res. 23 (6): 501. **Type locality:** China: Sichuan, Ya'an (Zhougongshan).

分布（Distribution）：四川（SC）。

（1260）舟曲阳蝇 *Helina zhouquensis* Xue, 2001

Helina zhouquensis Xue, 2001. Entomotaxon. 23 (2): 133. **Type locality:** China: Gansu, Zhouqu.

分布（Distribution）：甘肃（GS）。

52. 饰足蝇属 *Lophosceles* Ringdahl, 1922

Lophosceles Ringdahl, 1922. Ent. Tidskr. 43: 3. **Type species:**

Musca mutate Fallén, 1825 (by original designation).

（1261）曲股饰足蝇 *Lophosceles blaesomera* (Feng, 2002), comb. nov.

Phaonia blaesomera Feng, 2002. Entomol. J. East China 11 (1): 1. **Type locality:** China: Sichuan, Hanyuan (Jiaodingshan).

分布（Distribution）：四川（SC）。

（1262） 灰腹饰足蝇 *Lophosceles cinereiventris* (Zetterstedt, 1845)

Aricia cinereiventris Zetterstedt, 1845. Dipt. Scand. 4: 1500. **Type locality:** Sweden: "ad diversorium Skalstugan".

Aricia cristata Zetterstedt, 1845. Dipt. Scand. 4: 1579. **Type locality:** Sweden: "in Scania & Suecia media raro; … ad radicem alp. Mullfjellet …; ad lacum Randijaure".

Trichophthicus pulcher Meade, 1882. Ent. Mon. Mag. 18: 175. **Type locality:** England: Bingley (by lectotype designation).

分布（Distribution）：黑龙江（HL）、吉林（JL）；俄罗斯、奥地利、瑞士、捷克、斯洛伐克、德国、丹麦、法国、英国、匈牙利、意大利、爱尔兰、挪威、波兰、瑞典、芬兰；新北区。

（1263）缰饰足蝇 *Lophosceles frenarus* (Holmgren, 1872)

Aricia frenarus Holmgren, 1872. Öfvers. K. Vetensk Akad. Förh. 29: 103. **Type locality:** Not given (from title: Norway: Greenland).

Trichopticus appendiculatus (Strobl, 1910). Mitt. Naturwiss. Ver. Steiermark. 46 (1909): 163. **Type locality:** Austria: Scheiplalm.

分布（Distribution）：西藏（XZ）；俄罗斯、奥地利、前捷克斯洛伐克、挪威、瑞典、芬兰；新北区。

53. 棘蝇属 *Phaonia* Robineau-Desvoidy, 1830

Phaonia Robineau-Desvoidy, 1830. Mém. Prés. Div. Sav. Acad. R. Sci. Inst. Fr. 2 (2): 482. **Type species:** *Phaonia viarum* Robineau-Desvoidy, 1830 (by designation of Coquillett, 1901) [= *Musca valida* Harris, 1780].

Dialyta Meigen, 1826. Syst. Beschr. Europ. Zweifl. Insekt. 5: 208. **Type species:** *Musca erinacea* Fallén, 1824 (monotypy) [= *Phaonia angulicornis* Zetterstedt, 1838].

Fellaea Robineau-Desvoidy, 1830. Mém. Prés. Div. Sav. Acad. R. Sci. Inst. Fr. 2 (2): 476. **Type species:** *Fellaea fera* Robineau-Desvoidy, 1830 (by designation of Coquillett, 1901) [= *Musca angelicae* Scopoli, 1763].

Trennia Robineau-Desvoidy, 1830. Mém. Prés. Div. Sav. Acad. R. Sci. Inst. Fr. 2 (2): 484. **Type species:** *Trennia nigricornis* Robineau-Desvoidy, 1830 (monotypy) [= *Anthomyia errans* Meigen, 1826].

Euphemia Robineau-Desvoidy, 1830. Mém. Prés. Div. Sav. Acad. R. Sci. Inst. Fr. 2 (2): 485. **Type species:** *Euphemia*

pratensis Robineau-Desvoidy, 1830 (by designation of Coquillett, 1901).

Rohrella Robineau-Desvoidy, 1830. Mém. Prés. Div. Sav. Acad. R. Sci. Inst. Fr. 2 (2): 489. **Type species:** *Rohrella fragilis* Robineau-Desvoidy, 1830 (by designation of Coquillett, 1901) [= *Musca pallida* Fabricius, 1787].

Stagnia Robineau-Desvoidy, 1830. Mém. Prés. Div. Sav. Acad. R. Sci. Inst. Fr. 2 (2): 508. **Type species:** *Stagnia nymphaearum* Robineau-Desvoidy, 1830 (by designation of Hennig, 1963).

Wahlgrenia Ringdahl, 1929a. Ent. Tidskr. 50: 12 (in Swedish, 1929, I.e.: 273, in German). **Type species:** *Anthomyza magnicornis* Zetterstedt, 1845 (by original designation).

Dialytina Ringdahl, 1945. Ent. Tidskr. 66: 3, 6. **Type species:** *Dialyta atriceps* Loew, 1858 (by original designation).

（1264）酸棘蝇 *Phaonia acerba* Stein, 1918

Phaonia acerba Stein, 1918. Ann. Hist.-Nat. Mus. Natl. Hung. 16: 166. **Type locality:** India: Darjeeling.

分布（Distribution）：云南（YN）；印度、缅甸。

（1265）高峰棘蝇 *Phaonia acronocerca* Feng, 2002

Phaonia acronocerca Feng, 2002. *In*: Ma, Xue *et* Feng, 2002. Fauna Sinica, Insecta, Vol. 26: 182. **Type locality:** China: Sichuan, Ya'an (Erlangshan).

分布（Distribution）：四川（SC）。

（1266）友谊棘蝇 *Phaonia amica* Ma *et* Deng, 2002

Phaonia amica Ma *et* Deng, 2002. *In*: Ma, Xue *et* Feng, 2002. Fauna Sinica, Insecta, Vol. 26: 169. **Type locality:** China: Sichuan, Maowen (Sanlongxiang).

分布（Distribution）：四川（SC）。

（1267） 圆叶棘蝇 *Phaonia ampycocerca* Xue *et* Yang, 1998

Phaonia ampycocerca Xue *et* Yang, 1998. Acta Ent. Sin. 41 (1): 98. **Type locality:** China: Guangxi, Neicujiang, Longsheng.

分布（Distribution）：广西（GX）。

（1268） 阿穆尔棘蝇 *Phaonia amurensis* Hennig, 1963

Phaonia amurensis Hennig, 1963. Flieg. Palaearkt. Reg. 7 (2): 799. **Type locality:** Former Soviet Union: Amur region, 40 km W of Svobodnyy, Klimoutsy.

分布（Distribution）：黑龙江（HL）；俄罗斯。

（ 1269 ） 宽银额棘蝇 *Phaonia angulicornis* (Zetterstedt, 1838)

Anthomyza angulicornis Zetterstedt, 1838. Insecta Lapp.: 681. **Type locality:** Sweden: Asele.

Musca erinacea Fallén, 1824. Monogr. Musc. Sveciae VII: 65 (a junior primary homonym of *Musca erinaceus* Fabricius, 1794). **Type locality:** Sweden: "in Smolandia" (by lectotype

designation).

Anthomyza angulicornis Zetterstedt, 1838. Isis 21: 44 (nomen nudum).

分布（Distribution）：黑龙江（HL）；比利时、捷克、斯洛伐克、德国、丹麦、挪威、波兰、瑞典、芬兰、俄罗斯。

（1270）角棘蝇 *Phaonia angusta* Wei, 2006

Phaonia angusta Wei, 2006c. *In*: Li *et* Jin, 2006. Insects from Fanjingshan Landscape: 520. **Type locality:** China: Guizhou, Fanjingshan.

分布（Distribution）：贵州（GZ）。

（1271）狭棕斑棘蝇 *Phaonia angustifuscata* Xue, Liang *et* Chen, 1990

Phaonia angustifuscata Xue, Liang *et* Chen, 1990. 2nd. Int. Con. Dipt.: 11. **Type locality:** China: Liaoning, Kuandian (Baishilazi).

分布（Distribution）：辽宁（LN）。

（1272）狭裸鬃棘蝇 *Phaonia angustinudiseta* Xue, 1998

Phaonia angustinudiseta Xue, 1998. *In*: Xue *et* Chao, 1998. Flies of China, Vol. 1: 1184. **Type locality:** China: Xinjiang, Hejing, Baluntai, Tianshan.

分布（Distribution）：新疆（XJ）。

（1273）瘦须棘蝇 *Phaonia angustipalpata* Xue, 1998

Phaonia angustipalpata Xue, 1998. *In*: Xue *et* Chao, 1998. Flies of China, Vol. 1: 1186. **Type locality:** China: Xizang, Jiangda.

分布（Distribution）：西藏（XZ）。

（1274）瘦角棘蝇 *Phaonia antenniangusta* Xue, Chen *et* Cui, 1997

Phaonia antenniangusta Xue, Chen *et* Cui, 1997. Acta Ent. Sin. 40 (3): 305. **Type locality:** China: Guizhou, Fanjingshan.

分布（Distribution）：贵州（GZ）。

（1275）肥角棘蝇 *Phaonia antennicrassa* Xue, 1988

Phaonia antennicrassa Xue, 1988. Acta Zootaxon. Sin. 13 (2): 161. **Type locality:** China: Liaoning, Benxi (Tiechashan).

分布（Distribution）：辽宁（LN）。

（1276）惊棘蝇 *Phaonia anttonita* Wei, 2006

Phaonia anttonita Wei, 2006c. *In*: Li *et* Jin, 2006. Insects from Fanjingshan Landscape: 520. **Type locality:** China: Guizhou, Fanjingshan.

分布（Distribution）：贵州（GZ）。

（1277）类黄端棘蝇 *Phaonia apicaloides* Ma *et* Cui, 1992

Phaonia apicaloides Ma *et* Cui, 1992. *In*: Fan, 1992. Key to the Common Flies of China, 2nd Ed.: 426, 922. **Type locality:**

China: Heilongjiang, Yichun, Wuying.

分布（Distribution）：黑龙江（HL）。

（1278）拱腹棘蝇 *Phaonia arcuaticauda* Chen *et* Xue, 1997

Phaonia arcuaticauda Chen *et* Xue, 1997. *In*: Chen, Xue *et* Cui, 1997. Acta Zootaxon. Sin. 22 (4): 430. **Type locality:** China: Guizhou, Fanjingshan.

分布（Distribution）：贵州（GZ）。

（1279）银额棘蝇 *Phaonia argentifrons* Xue, Chen *et* Liang, 1993

Phaonia argentifrons Xue, Chen *et* Liang, 1993. Acta Zootaxon. Sin. 18 (4): 476. **Type locality:** China: Liaoning, Kuandian.

分布（Distribution）：辽宁（LN）。

（1280）亚洲游荡棘蝇 *Phaonia asierrans* Zinovjev, 1981

Phaonia asierrans Zinovjev, 1981. Zool. J. 60 (4): 623. **Type locality:** Russia: Hasan Leak.

分布（Distribution）：辽宁（LN）、四川（SC）；俄罗斯。

（1281）乌股棘蝇 *Phaonia aterrimifemura* Feng *et* Ye, 2009

Phaonia aterrimifemura Feng *et* Ye, 2009. Acta Parasitol. Med. Entomol. Sin. 16 (3): 169. **Type locality:** China: Liaoning.

分布（Distribution）：辽宁（LN）。

（1282）乌跗棘蝇 *Phaonia atritasus* Feng, 2004

Phaonia atritasus Feng, 2004. J. Med. Pest Control 20 (10): 615. **Type locality:** China: Sichuan, Mingshan (Mengdingshan).

分布（Distribution）：四川（SC）。

（1283）高贵棘蝇 *Phaonia aulica* Wei, 2006

Phaonia aulica Wei, 2006c. *In*: Li *et* Jin, 2006. Insects from Fanjingshan Landscape: 519. **Type locality:** China: Guizhou, Fanjingshan.

分布（Distribution）：贵州（GZ）。

（1284）金粉鬃棘蝇 *Phaonia aureipollinosa* Xue *et* Wang, 1986

Phaonia aureipollinosa Xue *et* Wang, 1986. Acta Zootaxon. Sin. 11 (3): 321. **Type locality:** China: Shanxi, Guangling.

分布（Distribution）：山西（SX）、甘肃（GS）。

（1285）金尾棘蝇 *Phaonia aureolicauda* Ma *et* Wu, 1989

Phaonia aureolicauda Ma *et* Wu, 1989. Acta Zootaxon. Sin. 14 (1): 75. **Type locality:** China: Gansu, Shandan.

分布（Distribution）：甘肃（GS）。

（1286）金斑棘蝇 *Phaonia aureolimaculata* Wu, 1988

Phaonia aureolimaculata Wu, 1988. Entomotaxon. 10 (1-2): 15. **Type locality:** China: Gansu, Yuzhong.

分布（Distribution）：甘肃（GS）。

（1287）金跗棘蝇 *Phaonia aureolitarsis* Xue *et* Xiang, 1993

Phaonia aureolitarsis Xue et Xiang, 1993. Acta Zootaxon. Sin. 18 (2): 213. **Type locality:** China: Xinjiang, Aqike, Dongkunlun.

分布（Distribution）：新疆（XJ）。

（1288）似金棘蝇 *Phaonia aureoloides* Hsue, 1984

Phaonia aureoloides Hsue, 1984. Acta Ent. Sin. 27 (1): 112. **Type locality:** China: Liaoning, Benxi.

分布（Distribution）：辽宁（LN）。

（1289）斧叶棘蝇 *Phaonia axinoides* Feng, 1995

Phaonia axinoides Feng, 1995. Sichuan J. Zool. 14 (2): 53. **Type locality:** China: Sichuan, Yingjing (Paocaowan).

分布（Distribution）：四川（SC）。

（1290）杜鹃花棘蝇 *Phaonia azaleella* Feng *et* Ma, 2002

Phaonia azaleella Feng et Ma, 2002. *In*: Ma, Xue et Feng, 2002. Fauna Sinica, Insecta, Vol. 26: 199. **Type locality:** China: Sichuan, Ya'an (Erlangshan).

分布（Distribution）：四川（SC）。

（1291）杆喙棘蝇 *Phaonia bacillirostris* Xue *et* Wang, 2009

Phaonia bacillirostris Xue et Wang, 2009. Acta Zool. Acad. Sci. Hung. 55 (1): 5. **Type locality:** China: Xizang, Duoxiongla.

分布（Distribution）：西藏（XZ）。

（1292）类竹叶棘蝇 *Phaonia bambusoida* Ma, 2002

Phaonia bambusoida Ma, 2002. *In*: Ma, Xue et Feng, 2002. Fauna Sinica, Insecta, Vol. 26: 187. **Type locality:** China: Ningxia, Longde; Sichuan, Ya'an (Erlangshan).

分布（Distribution）：宁夏（NX）、四川（SC）。

（1293）宝麟棘蝇 *Phaonia baolini* Feng, 2000

Phaonia baolini Feng, 2000. Acta Zootaxon. Sin. 25 (2): 209. **Type locality:** China: Sichuan, Yingjing.

分布（Distribution）：四川（SC）。

（1294）宝兴棘蝇 *Phaonia baoxingensis* Feng *et* Ma, 2002

Phaonia baoxingensis Feng et Ma, 2002. *In*: Ma, Xue et Feng, 2002. Fauna Sinica, Insecta, Vol. 26: 252. **Type locality:** China: Sichuan, Baoxing.

分布（Distribution）：四川（SC）。

（1295）马尔康棘蝇 *Phaonia barkama* Xue, 1998

Phaonia barkama Xue, 1998. *In*: Xue et Chao, 1998. Flies of China, Vol. 1: 1190. **Type locality:** China: Sichuan, Yidaoping, Abei (Barkam).

分布（Distribution）：四川（SC）。

（1296）北镇棘蝇 *Phaonia beizhenensis* Mou, 1986

Phaonia beizhenensis Mou, 1986. Acta Zootaxon. Sin. 11 (3): 312. **Type locality:** China: Liaoning, Beizhen, Yiwulüshan.

分布（Distribution）：辽宁（LN）。

（1297）美丽棘蝇 *Phaonia bellusa* Li, Dong *et* Wei, 2015

Phaonia bellusa Li, Dong et Wei, 2015. Chin. J. Vector Biol. & Control 26 (3): 286. **Type locality:** China: Guizhou, Puding.

分布（Distribution）：贵州（GZ）。

（1298）本溪棘蝇 *Phaonia benxiensis* Xue *et* Yu, 1986

Phaonia benxiensis Xue et Yu, 1986. Acta Zootaxon. Sin. 11 (2): 214. **Type locality:** China: Liaoning, Benxi (Yanghugou).

分布（Distribution）：辽宁（LN）。

（1299）双耳棘蝇 *Phaonia biauriculata* Feng, 1998

Phaonia biauriculata Feng, 1998. Zool. Res. 19 (4): 316. **Type locality:** China: Sichuan, Mingshan.

分布（Distribution）：四川（SC）。

（1300）双色棘蝇 *Phaonia bicolorantis* Xue, Wang *et* Du, 2006

Phaonia bicolorantis Xue, Wang et Du, 2006. Zootaxa 1350: 7. **Type locality:** China: Sichuan, Kangding (Paomashan).

分布（Distribution）：四川（SC）。

（1301）锥棘蝇 *Phaonia bitrigona* Xue, 1984

Phaonia bitrigona Xue, 1984. Acta Ent. Sin. 27 (3): 338. **Type locality:** China: Liaoning, Benxi.

分布（Distribution）：辽宁（LN）。

（1302）短须棘蝇 *Phaonia brevipalpata* Feng *et* Fan, 1988

Phaonia brevipalpata Feng et Fan, 1988. *In*: Fang et Fan, 1988. *In*: The Mountaineering and Scientific Expedition, Academia Sinica, 1988. Insects of Mt. Namjagbarwa Region of Xizang: 502. **Type locality:** China: Xizang, Galongla, Motuo.

分布（Distribution）：西藏（XZ）。

（1303）棕金棘蝇 *Phaonia bruneiaurea* Xue *et* Feng, 1986

Phaonia bruneiaurea Xue et Feng, 1986. Acta Zootaxon. Sin.

11 (4): 412. **Type locality:** China: Sichuan, Kangding.

分布（Distribution）：四川（SC）。

（1304）棕腹棘蝇 *Phaonia brunneiabdomina* Xue *et* Cao, 1989

Phaonia brunneiabdomina Xue *et* Cao, 1989. Entomotaxon. 11 (1-2): 163. **Type locality:** China: Shaanxi, Taibaishan.

分布（Distribution）：陕西（SN）。

（1305）棕须棘蝇 *Phaonia brunneipalpis* Mou, 1986

Phaonia brunneipalpis Mou, 1986. Acta Zootaxon. Sin. 11 (3): 313. **Type locality:** China: Liaoning, Shuangshu, Xingcheng.

分布（Distribution）：辽宁（LN）。

（1306）布朗棘蝇 *Phaonia bulanga* Xue, 1998

Phaonia bulanga Xue, 1998. *In*: Xue *et* Chao, 1998. Flies of China, Vol. 1: 1196. **Type locality:** China: Qinghai, Yushu.

分布（Distribution）：青海（QH）。

（1307）球棒棘蝇 *Phaonia bulbiclavula* Xue *et* Li, 2001

Phaonia bulbiclavula Xue *et* Li, 2001. Acta Zootaxon. Sin. 26 (4): 573. **Type locality:** China: Yunnan, Lushui, Pianma.

分布（Distribution）：云南（YN）。

（1308）蓝粉鬃棘蝇 *Phaonia caesiipollinosa* Xue *et* Rong, 2014

Phaonia caesiipollinosa Xue *et* Rong, 2014. *In*: Xue, Rong *et* Du, 2014. J. Insect Sci. 14: 7. **Type locality:** China: Gansu.

分布（Distribution）：甘肃（GS）。

（1309）履叶棘蝇 *Phaonia calceicerca* Xue, 1998

Phaonia calceicerca Xue, 1998. *In*: Xue *et* Chao, 1998. Flies of China, Vol. 1: 1198. **Type locality:** China: Xinjiang, Road Wuku.

分布（Distribution）：新疆（XJ）。

（1310）侧圆尾棘蝇 *Phaonia caudilata* Fg *et* Fan, 1993

Phaonia caudilata Fg *et* Fan, 1993. *In*: The Comprehensive Scientific Expedition to the Qinghai-Xizang Plateau, Chinese Academy of Sciences, 1993. Insects of the Hengduan Mountains Region, Vol. 2: 1241. **Type locality:** China: Yunnan, Deqin, Meilixueshan.

分布（Distribution）：云南（YN）。

（1311）百棘蝇 *Phaonia centa* Feng *et* Ma, 2002

Phaonia centa Feng *et* Ma, 2002. *In*: Ma, Xue *et* Feng, 2002. Fauna Sinica, Insecta, Vol. 26: 312. **Type locality:** China: Sichuan, Ya'an (Erlangshan).

分布（Distribution）：四川（SC）。

（1312）叉尾刺棘蝇 *Phaonia cercoechinata* Feng *et* Fan, 1986

Phaonia cercoechinata Feng *et* Fan, 1986. *In*: Shanghai Institute of Entomology, Academia Sinica, 1986. Contributions from Shanghai Institute of Entomology, Vol. 6: 242. **Type locality:** China: Sichuan, Emeishan.

分布（Distribution）：四川（SC）、云南（YN）。

（1313）类叉尾刺棘蝇 *Phaonia cercoechinatoida* Feng *et* Ma, 2002

Phaonia cercoechinatoida Feng *et* Ma, 2002. *In*: Ma, Xue *et* Feng, 2002. Fauna Sinica, Insecta, Vol. 26: 68. **Type locality:** China: Sichuan, Hanyuan (Jiaodingshan).

分布（Distribution）：四川（SC）。

（1314）长白山棘蝇 *Phaonia changbaishanensis* Ma *et* Wang, 1992

Phaonia changbaishanensis Ma *et* Wang, 1992. *In*: Fan, 1992. Key to the Common Flies of China, 2nd Ed.: 451. **Type locality:** China: Jilin, Tianchi, Changbaishan.

分布（Distribution）：黑龙江（HL）、吉林（JL）。

（1315）赵氏棘蝇 *Phaonia chaoi* Xue *et* Zhang, 1996

Phaonia chaoi Xue *et* Zhang, 1996. *In*: Wu *et* Feng, 1996. The Biology and Human Physiology in the Hoh-Xil Region: 192. **Type locality:** China: Qinghai, Hohxili.

分布（Distribution）：青海（QH）、新疆（XJ）。

（1316）朝阳棘蝇 *Phaonia chaoyangensis* Zhang, Cui *et* Wang, 1993

Phaonia chaoyangensis Zhang, Cui *et* Wang, 1993. Acta Zootaxon. Sin. 18 (4): 473. **Type locality:** China: Liaoning, Lingyuan.

分布（Distribution）：辽宁（LN）。

（1317）似唇棘蝇 *Phaonia chilitica* Deng *et* Feng, 1998

Phaonia chilitica Deng *et* Feng, 1998. Acta Zootaxon. Sin. 23 (1): 93. **Type locality:** China: Sichuan, Maowenxian (Sanlong).

分布（Distribution）：四川（SC）。

（1318）川荡棘蝇 *Phaonia chuanierrans* Xue *et* Feng, 1986

Phaonia chuanierrans Xue *et* Feng, 1986. Acta Zootaxon. Sin. 11 (4): 413. **Type locality:** China: Sichuan, Luding, Ya'an (Erlangshan).

分布（Distribution）：四川（SC）。

（1319）川西棘蝇 *Phaonia chuanxiensis* Feng *et* Ma, 2002

Phaonia chuanxiensis Feng *et* Ma, 2002. *In*: Ma, Xue *et* Feng,

2002. Fauna Sinica, Insecta, Vol. 26: 270. **Type locality:** China: Sichuan, Ya'an (Zhougongshan).

分布（**Distribution**）：四川（SC）。

（1320）灰粉鬃棘蝇 *Phaonia cineripollinosa* **Xue, Tong et Wang, 2008**

Phaonia cineripollinosa Xue, Tong *et* Wang, 2008. Orient. Insects 42: 155. **Type locality:** China: Xizang, Motuo, Hanmi.

分布（**Distribution**）：西藏（XZ）。

（1321）亮黑棘蝇 *Phaonia clarinigra* **Feng, 2004**

Phaonia clarinigra Feng, 2004. Entomol. J. East China 13 (2): 6. **Type locality:** China: Sichuan, Ya'an (Erlangshan).

分布（**Distribution**）：四川（SC）。

（1322）棒跗棘蝇 *Phaonia clavitarsis* **Feng et Ma, 2002**

Phaonia clavitarsis Feng *et* Ma, 2002. *In*: Ma, Xue *et* Feng, 2002. Fauna Sinica, Insecta, Vol. 26: 242. **Type locality:** China: Sichuan, Ya'an (Erlangshan, Zhougongshan).

分布（**Distribution**）：四川（SC）。

（1323）并肩棘蝇 *Phaonia comihumera* **Feng et Ma, 2002**

Phaonia comihumera Feng *et* Ma, 2002. *In*: Ma, Xue *et* Feng, 2002. Fauna Sinica, Insecta, Vol. 26: 330. **Type locality:** China: Sichuan, Ya'an (Erlangshan).

分布（**Distribution**）：四川（SC）。

（1324）靴叶棘蝇 *Phaonia cothurnoloba* **Xue et Feng, 1986**

Phaonia cothurnoloba Xue *et* Feng, 1986. Acta Zootaxon. Sin. 11 (4): 415. **Type locality:** China: Sichuan, Ya'an.

分布（**Distribution**）：四川（SC）。

（1325）肥尾棘蝇 *Phaonia crassicauda* **Xue, Chen et Liang, 1993**

Phaonia crassicauda Xue, Chen *et* Liang, 1993. Acta Zootaxon. Sin. 18 (4): 478. **Type locality:** China: Liaoning, Kuandian.

分布（**Distribution**）：辽宁（LN）。

（1326）浙江肥须棘蝇 *Phaonia crassipalpis zhejianga* **Xue et Yang, 1998**

Phaonia crassipalpis zhejianga Xue *et* Yang, 1998. *In*: Wu, 1998. Insects of Longwangshan Nature Reserve: 337. **Type locality:** China: Zhejiang, Longwangshan.

分布（**Distribution**）：浙江（ZJ）。

（1327）肋棘蝇 *Phaonia crata* **Sun, Wu, Li et Wei, 2015**

Phaonia crata Sun, Wu, Li *et* Wei, 2015. Chin. J. Vector Biol.

& Control 26 (5): 501. **Type locality:** China: Guizhou, Duyun.

分布（**Distribution**）：贵州（GZ）。

（1328）秘突棘蝇 *Phaonia crytoista* **Fang et Fan, 1993**

Phaonia crytoista Fang *et* Fan, 1993. *In*: The Comprehensive Scientific Expedition to the Qinghai-Xizang Plateau, Chinese Academy of Sciences, 1993. Insects of the Hengduan Mountains Region, Vol. 2: 1241. **Type locality:** China: Yunnan, Dali (Diancangshan).

分布（**Distribution**）：云南（YN）。

（1329）铜棘蝇 *Phaonia cuprina* **Feng et Ma, 2002**

Phaonia cuprina Feng *et* Ma, 2002. *In*: Ma, Xue *et* Feng, 2002. Fauna Sinica, Insecta, Vol. 26: 104. **Type locality:** China: Sichuan, Ya'an (Zhougongshan).

分布（**Distribution**）：四川（SC）。

（1330）曲叶棘蝇 *Phaonia curvicercalis* **Wei, 1990**

Phaonia curvicercalis Wei, 1990. Acta Zootaxon. Sin. 15 (4): 497. **Type locality:** China: Guizhou, Panxian.

分布（**Distribution**）：贵州（GZ）。

（1331）曲鬃棘蝇 *Phaonia curvisetata* **Xue et Yu, 2017**

Phaonia curvisetata Xue *et* Yu, 2017. J. Ent. Res. Soc. 19 (2): 14. **Type locality:** China: Yunnan, Mt. Moirigkawagarbo.

分布（**Distribution**）：云南（YN）。

（1332）圆板棘蝇 *Phaonia cyclosternita* **Xue, 1998**

Phaonia cyclosternita Xue, 1998. *In*: Xue *et* Chao, 1998. Flies of China, Vol. 1: 1203. **Type locality:** China: Xinjiang, Hejing.

分布（**Distribution**）：新疆（XJ）。

（1333）大理棘蝇 *Phaonia daliensis* **Xue et Rong, 2014**

haonia daliensis Xue *et* Rong, 2014. *In*: Xue, Rong *et* Du, 2014. J. Insect Sci. 14: 17. **Type locality:** China: Yunnan.

分布（**Distribution**）：云南（YN）。

（1334）大同棘蝇 *Phaonia datongensis* **Xue et Wang, 1986**

Phaonia datongensis Xue *et* Wang, 1986. Acta Zootaxon. Sin. 11 (3): 322. **Type locality:** China: Shanxi, Aoshi Yanggao.

分布（**Distribution**）：山西（SX）。

（1335）大雾山棘蝇 *Phaonia dawushanensis* **Xue et Liu, 1985**

Phaonia dawushanensis Xue *et* Liu, 1985. Zool. Res. 6 (4) (Suppl.): 15. **Type locality:** China: Guangdong, Zhanjiang, Xinyi (Dawuling).

分布（**Distribution**）：广东（GD）。

（1336）大兴安岭棘蝇 *Phaonia daxinganlinga* Ma et Cui, 2002

Phaonia daxinganlinga Ma et Cui, 2002. *In*: Ma, Xue et Feng, 2002. Fauna Sinica, Insecta, Vol. 26: 293. **Type locality:** China: Heilongjiang, Huma, Guyuan.

分布（Distribution）：黑龙江（HL）。

（1337）大雄棘蝇 *Phaonia daxiongi* Feng, 2001

Phaonia daxiongi Feng, 2001. Entomotaxon. 23 (1): 30. **Type locality:** China: Sichuan, Ya'an (Erlangshan).

分布（Distribution）：四川（SC）。

（1338）大邑棘蝇 *Phaonia dayiensis* Ma et Deng, 2002

Phaonia dayiensis Ma et Deng, 2002. *In*: Ma, Xue et Feng, 2002. Fauna Sinica, Insecta, Vol. 26: 163. **Type locality:** China: Sichuan, Xiling.

分布（Distribution）：四川（SC）。

（1339）残金棘蝇 *Phaonia debiliaureola* Xue et Cui, 1996

Phaonia debiliaureola Xue et Cui, 1996. Acta Zootaxon. Sin. 21 (3): 366. **Type locality:** China: Hainan, Wuzhishan.

分布（Distribution）：海南（HI）。

（1340）残头棘蝇 *Phaonia debiliceps* Xue, 1998

Phaonia debiliceps Xue, 1998. *In*: Xue et Chao, 1998. Flies of China, Vol. 1: 1205. **Type locality:** China: Sichuan, Huili.

分布（Distribution）：四川（SC）。

（1341）残股棘蝇 *Phaonia debilifemoralis* Xue et Cui, 1996

Phaonia debilifemoralis Xue et Cui, 1996. Acta Zootaxon. Sin. 21 (3): 368. **Type locality:** China: Hainan, Wuzhishan.

分布（Distribution）：海南（HI）。

（1342）叉纹棘蝇 *Phaonia decussata* (Stein, 1907)

Aricia decussata Stein, 1907b. Annu. Mus. Zool. Acad. Sci. Russ. St.-Pétersb. 12: 321. **Type locality:** China: Qinghai.

分布（Distribution）：青海（QH）；俄罗斯。

（1343）类叉纹棘蝇 *Phaonia decussatoides* Ma et Wu, 1989

Phaonia decussatoides Ma et Wu, 1989. Acta Zootaxon. Sin. 14 (1): 76. **Type locality:** China: Qinghai.

分布（Distribution）：青海（QH）。

（1344）畸尾棘蝇 *Phaonia deformicauda* Xue et Li, 2001

Phaonia deformicauda Xue et Li, 2001. Acta Zootaxon. Sin. 26 (4): 574. **Type locality:** China: Yunnan, Lushui.

分布（Distribution）：云南（YN）。

（1345）滇荡棘蝇 *Phaonia dianierrans* Xue et Li, 1991

Phaonia dianierrans Xue et Li, 1991. Acta Ent. Sin. 34 (1): 94. **Type locality:** China: Yunnan, Longchuan.

分布（Distribution）：云南（YN）。

（1346）滇西棘蝇 *Phaonia dianxiia* Li et Xue, 2001

Phaonia dianxiia Li et Xue, 2001. Acta Zootaxon. Sin. 26 (3): 379. **Type locality:** China: Yunnan, Lushui, Pianma.

分布（Distribution）：云南（YN）。

（1347）端叉棘蝇 *Phaonia discauda* Wei, 1994

Phaonia discauda Wei, 1994. Acta Ent. Sin. 37 (2): 221. **Type locality:** China: Guizhou, Suiyang (Kuankuoshui).

分布（Distribution）：贵州（GZ）。

（1348）叉角棘蝇 *Phaonia dismagnicornis* Xue et Cao, 1989

Phaonia dismagnicornis Xue et Cao, 1989. Entomotaxon. 11 (1-2): 164. **Type locality:** China: Shaanxi, Taibaishan.

分布（Distribution）：陕西（SN）。

（1349）背纹棘蝇 *Phaonia dorsolineata* Shinonaga et Kano, 1971

Phaonia dorsolineata Shinonaga et Kano, 1971. *In*: Ikada et al., 1971. Fauna Japonica, Muscidae (Insecta: Diptera) I: 171. **Type locality:** Japan: Qiyu.

分布（Distribution）：吉林（JL）；日本。

（1350）类背纹棘蝇 *Phaonia dorsolineatoides* Ma et Xue, 1992

Phaonia dorsolineatoides Ma et Xue, 1992. *In*: Fan, 1992. Key to the Common Flies of China, 2nd Ed.: 429, 922. **Type locality:** China: Sichuan, Ya'an (Laobanshan).

分布（Distribution）：陕西（SN）、四川（SC）。

（1351）二鬃棘蝇 *Phaonia dupliciseta* Ma et Cui, 1992

Phaonia dupliciseta Ma et Cui, 1992. *In*: Fan, 1992. Key to the Common Flies of China, 2nd Ed.: 442. **Type locality:** China: Heilongjiang, Mohe.

分布（Distribution）：黑龙江（HL）。

（1352）双刺棘蝇 *Phaonia duplicispina* Deng et Ma, 2002

Phaonia duplicispina Deng et Ma, 2002. *In*: Ma, Xue et Feng, 2002. Fauna Sinica, Insecta, Vol. 26: 160. **Type locality:** China: Sichuan.

分布（Distribution）：四川（SC）。

（1353）峨眉山棘蝇 *Phaonia emeishanensis* Xue, 1998

Phaonia emeishanensis Xue, 1998. *In*: Xue et Chao, 1998.

Flies of China, Vol. 1: 1208. **Type locality:** China: Sichuan, Emeishan (Qingyinge).

分布（**Distribution**）：四川（SC）。

（1354）二郎山棘蝇 *Phaonia erlangshanensis* Ma *et* Feng, 1998

Phaonia erlangshanensis Ma *et* Feng, 1998. *In*: Xue *et* Chao, 1998. Flies of China, Vol. 1: 1209. **Type locality:** China: Sichuan, Ya'an (Erlangshan).

分布（**Distribution**）：四川（SC）。

（1355）游荡棘蝇 *Phaonia errans* (Meigen, 1826)

Anthomyia errans Meigen, 1826. Syst. Beschr. Europ. Zweifl. Insekt. 5: 112. **Type locality:** Not given.

Musco erratica Fallén, 1825a. Monogr. Musc. Sveciae VIII: 77 (a junior primary homonym of *Musca erratica* Linnaeus, 1758). **Type locality:** Sweden: Beckaskog and Esperöd.

Trennia nigricornis Robineau-Desvoidy, 1830. Mém. Prés. Div. Sav. Acad. R. Sci. Inst. Fr. 2 (2): 484. **Type locality:** France: Saint-Sauveur.

Yedotesia tinctipennis Rondani, 1866. Atti Soc. Ital. Sci. Nat. Milano 9: 104. **Type locality:** Italy: "in Luco collino ditionis Parmensis".

Anthomyza zetterstedti Bonsdorff, 1866. Bidr. Känn. Finl. Nat. Folk. 7: 273. **Type locality:** Finland: Sääksmäki.

Yetodesia manicata Rondani, 1871. Bull. Soc. Ent. Ital. 2 (1870): 322. **Type locality:** Italy: "in montuosis Pedemontii".

Arida girschneri Schnabl, 1888. Trudy Russk. Ent. Obshch. 22: 401. **Type locality:** German Democratic Republic: Schmalkalden, and not given.

Phaonia corsicana Schnabl *et* Dziedzicki, 1911. Nova Acta Acad. Caesar. Leop. Carol. 95 (2): 212. **Type locality:** Not given (presumably France: Corsica).

Phaonia errans biseta Ringdahl, 1935. Not. Ent. 15: 31 (a junior primary homonym of *Phaonia biseta* Stein, 1913). **Type locality:** Sweden: Abisko.

分布（**Distribution**）：黑龙江（HL）、青海（QH）；日本、蒙古国、奥地利、阿尔巴尼亚、比利时、瑞士、捷克、斯洛伐克、德国、丹麦、西班牙、法国、英国、匈牙利、意大利、爱尔兰、冰岛、挪威、荷兰、波兰、罗马尼亚、瑞典、芬兰、前南斯拉夫、俄罗斯；新北区；北美洲。

（1356）伪黄基棘蝇 *Phaonia falsifuscicoxa* Fang *et* Fan, 1993

Phaonia falsifuscicoxa Fang *et* Fan, 1993. *In*: The Comprehensive Scientific Expedition to the Qinghai-Xizang Plateau, Chinese Academy of Sciences, 1993. Insects of the Hengduan Mountains Region, Vol. 2: 1243. **Type locality:** China: Sichuan, Emeishan, Gonggashan (Yanzigou).

分布（**Distribution**）：四川（SC）。

（1357）方山棘蝇 *Phaonia fangshanensis* Wang, Xue *et* Wu, 1997

Phaonia fangshanensis Wang, Xue *et* Wu, 1997. Entomotaxon. 19 (1): 29. **Type locality:** China: Shanxi, Fangshan.

分布（**Distribution**）：山西（SX）。

（1358）范氏棘蝇 *Phaonia fani* Ma *et* Wang, 1992

Phaonia fani Ma *et* Wang, 1992. Acta Zootaxon. Sin. 17 (1): 84. **Type locality:** China: Shanxi, Yanggao.

分布（**Distribution**）：山西（SX）。

（1359）梵净山棘蝇 *Phaonia fanjingshana* Xue, Chen *et* Cui, 1997

Phaonia fanjingshana Xue, Chen *et* Cui, 1997. Acta Ent. Sin. 40 (3): 306. **Type locality:** China: Guizhou, Fanjingshan.

分布（**Distribution**）：贵州（GZ）。

（1360）冯炎棘蝇 *Phaonia fengyani* Xue, 2017

Phaonia fengyani Xue, 2017. *In*: Hao, Du *et* Xue, 2017. Sichuan J. Zool. 36 (5): 572-575. **Type locality:** China: Sichuan, Ya'an.

Phaonia longipalpis Feng *et* Ma, 2002. *In*: Ma, Xue *et* Feng, 2002. Fauna Sinica, Insecta, Vol. 26: 96, 97. **Type locality:** China: Sichuan, Ya'an.

分布（**Distribution**）：四川（SC）。

（1361）缨足棘蝇 *Phaonia fimbripeda* Yang, Xue *et* Li, 2002

Phaonia fimbripeda Yang, Xue *et* Li, 2002. Acta Ent. Sin. 45 (Suppl.): 81. **Type locality:** China: Yunnan, Lushui, Pianma.

分布（**Distribution**）：四川（SC）、云南（YN）。

（1362）裂棘蝇 *Phaonia fissa* Xue, 1984

Phaonia fissa Xue, 1984. Acta Ent. Sin. 27 (3): 337. **Type locality:** China: Liaoning, Benxi (Huanren).

分布（**Distribution**）：辽宁（LN）。

（1363）平叶棘蝇 *Phaonia flaticerca* Deng *et* Feng, 1998

Phaonia flaticerca Deng *et* Feng, 1998. Acta Zootaxon. Sin. 23 (1): 95. **Type locality:** China: Sichuan, Dachengsi, Emeishan.

分布（**Distribution**）：四川（SC）。

（1364）黄鳞棘蝇 *Phaonia flavibasicosta* Ma, Deng *et* Zhang, 2002

Phaonia flavibasicosta Ma, Deng *et* Zhang, 2002. *In*: Ma, Xue *et* Feng, 2002. Fauna Sinica, Insecta, Vol. 26: 300. **Type locality:** China: Sichuan, Dayi (Xilingxueshan).

分布（**Distribution**）：四川（SC）。

（1365）黄尾棘蝇 *Phaonia flavicauda* Cui, Zhang *et* Xue, 1998

Phaonia flavicauda Cui, Zhang *et* Xue, 1998. Acta Zootaxon.

Sin. 23 (1): 84. **Type locality:** China: Heilongjiang, Hegang.
分布（Distribution）：黑龙江（HL）。

（1366）黄角棘蝇 *Phaonia flavicornis* Feng, 1995

Phaonia flavicornis Feng, 1995. Sichuan J. Zool. 14 (2): 54.
Type locality: China: Sichuan, Mingshan.
分布（Distribution）：四川（SC）。

（1367）黄黑棒棘蝇 *Phaonia flavinigra* Xue et Zhao, 2014

Phaonia flavinigra Xue et Zhao, 2014. Orient. Insects 48 (1-2):
77. **Type locality:** China: Guizhou.
分布（Distribution）：贵州（GZ）。

（1368）黄足棘蝇 *Phaonia flavipes* Feng et Ma, 2002

Phaonia flavipes Feng et Ma, 2002. *In*: Ma, Xue et Feng, 2002.
Fauna Sinica, Insecta, Vol. 26: 120. **Type locality:** China:
Sichuan, Ya'an (Zhougongshan).
分布（Distribution）：四川（SC）。

（1369）黄橙腹棘蝇 *Phaonia flaviventris* Wei, 1991

Phaonia rubriventris flaviventris Wei, 1991. Entomotaxon.
13 (2): 144. **Type locality:** China: Guizhou.
分布（Distribution）：贵州（GZ）。

（1370）黄活棘蝇 *Phaonia flavivivida* Xue et Cao, 1989

Phaonia flavivivida Xue et Cao, 1989. Entomotaxon. 11 (1-2):
165. **Type locality:** China: Shaanxi, Taibaishan.
分布（Distribution）：陕西（SN）。

（1371）巨瓣棘蝇 *Phaonia fortilabra* Xue et Zhao, 2014

Phaonia fortilabra Xue et Zhao, 2014. Orient. Insects 48 (1-2):
80. **Type locality:** China: Guangxi.
分布（Distribution）：广西（GX）。

（1372）奋进棘蝇 *Phaonia fortis* Feng et Ma, 2002

Phaonia fortis Feng et Ma, 2002. *In*: Ma, Xue et Feng, 2002.
Fauna Sinica, Insecta, Vol. 26: 301. **Type locality:** China:
Sichuan, Ya'an (Zhougongshan).
分布（Distribution）：四川（SC）。

（1373）迅棘蝇 *Phaonia fugax* Tiensuu, 1946

Phaonia fugax Tiensuu, 1946. Ann. Ent. Fenn. 12: 66. **Type
locality:** Russia: Petrozavodsk, Soutjarvi.
分布（Distribution）：黑龙江（HL）、吉林（JL）；俄罗斯、
瑞典、芬兰。

（1374）褐棘蝇 *Phaonia fulvescenta* Feng et Ma, 2002

Phaonia fulvescenta Feng et Ma, 2002. *In*: Ma, Xue et Feng,

2002. Fauna Sinica, Insecta, Vol. 26: 130. **Type locality:**
China: Sichuan, Ya'an (Zhougongshan).
分布（Distribution）：四川（SC）。

（1375）褐基棘蝇 *Phaonia fulvescenticoxa* Feng et Ma, 2002

Phaonia fulvescenticoxa Feng et Ma, 2002. *In*: Ma, Xue et
Feng, 2002. Fauna Sinica, Insecta, Vol. 26: 150. **Type locality:**
China: Sichuan, Yingjing (Nibashan), Ya'an (Zhougongshan).
分布（Distribution）：四川（SC）。

（1376）褐跗棘蝇 *Phaonia fulvescentitarsis* Feng et Ma, 2002

Phaonia fulvescentitarsis Feng et Ma, 2002. *In*: Ma, Xue et
Feng, 2002. Fauna Sinica, Insecta, Vol. 26: 324. **Type locality:**
China: Sichuan, Ya'an (Zhougongshan).
分布（Distribution）：四川（SC）。

（1377）棕斑棘蝇 *Phaonia fuscata* (Fallén, 1825)

Musca fuscata Fallén, 1825b. Monogr. Musc. Sveciae IX: 85.
Type locality: Sweden.
Anthomyia sericata Meigen, 1826. Syst. Beschr. Europ. Zweifl.
Insekt. 5: 124. **Type locality:** Germany: Stolberg.
Euphemia piumata Robineau-Desvoidy, 1830. Mém. Prés. Div.
Sav. Acad. R. Sci. Inst. Fr. 2 (2): 486. **Type locality:** France:
Saint-Sauveur.
Helina buhri Hering, 1935. Z. Pfl. Krankh. (Pfl. Path.) Pfl.
Schutz 45: 12. **Type locality:** German Federal Republic:
Ribnitz.
分布（Distribution）：吉林（JL）、辽宁（LN）、山西（SX）；
朝鲜、日本、蒙古国、俄罗斯、奥地利、保加利亚、瑞士、
捷克、斯洛伐克、德国、丹麦、法国、英国、希腊、匈牙
利、意大利、爱尔兰、荷兰、波兰、瑞典、芬兰、前南斯
拉夫。

（1378）暗棕角棘蝇 *Phaonia fusciantenna* Feng et Ma, 2002

Phaonia fusciantenna Feng et Ma, 2002. *In*: Ma, Xue et Feng,
2002. Fauna Sinica, Insecta, Vol. 26: 94. **Type locality:** China:
Sichuan, Ya'an (Zhougongshan).
分布（Distribution）：四川（SC）。

（1379）褐端棘蝇 *Phaonia fusciapicalis* Feng et Ma, 2002

Phaonia fusciapicalis Feng et Ma, 2002. *In*: Ma, Xue et Feng,
2002. Fauna Sinica, Insecta, Vol. 26: 250. **Type locality:**
China: Sichuan, Ya'an (Erlangshan).
分布（Distribution）：四川（SC）。

（1380）褐金棘蝇 *Phaonia fusciaurea* Xue et Feng, 1986

Phaonia fusciaurea Xue et Feng, 1986. Acta Zootaxon. Sin.

11 (4): 416. **Type locality:** China: Sichuan, Yingjing (Nibashan).

分布（**Distribution**）：四川（SC）。

（1381）棕鳞棘蝇 *Phaonia fuscibasicosta* Ma *et* Deng, 2002

Phaonia fuscibasicosta Ma *et* Deng, 2002. *In*: Ma, Xue *et* Feng, 2002. Fauna Sinica, Insecta, Vol. 26: 157. **Type locality:** China: Sichuan, Dayi.

分布（**Distribution**）：四川（SC）。

（1382）黄基棘蝇 *Phaonia fuscicoxa* Emden, 1965

Phaonia fuscicoxa Emden, 1965. Fauna of India and the Adjacent Countries. Diptera 7, Muscidae I: 278. **Type locality:** Myanmar: Kambaiti.

分布（**Distribution**）：四川（SC）、云南（YN）；缅甸、印度、尼泊尔。

（1383）棕胫棘蝇 *Phaonia fuscitibia* Shinonaga *et* Kano, 1971

Phaonia angelicae fuscitibia Shinonaga *et* Kano, 1971. *In*: Ikada *et al.*, 1971. Fauna Japonica, Muscidae (Insecta: Diptera) I: 177. **Type locality:** Japan: Hokkaidō, Sapporo.

分布（**Distribution**）：黑龙江（HL）、吉林（JL）；日本、俄罗斯、蒙古国。

（1384）暗转棘蝇 *Phaonia fuscitrochanter* Ma *et* Deng, 2002

Phaonia fuscitrochanter Ma *et* Deng, 2002. *In*: Ma, Xue *et* Feng, 2002. Fauna Sinica, Insecta, Vol. 26: 175. **Type locality:** China: Sichuan, Dayi (Xilingxueshan).

分布（**Distribution**）：四川（SC）。

（1385）暗斑棘蝇 *Phaonia fuscula* Xue *et* Zhang, 1996

Phaonia fuscula Xue *et* Zhang, 1996. Acta Ent. Sin. 39 (1): 84. **Type locality:** China: Jilin, Changbaishan.

分布（**Distribution**）：吉林（JL）。

（1386）高黎贡棘蝇 *Phaonia gaoligongshanensis* Xue *et* Yu, 2015

Phaonia gaoligongshanensis Xue *et* Yu, 2015. *In*: Yu *et* Xue, 2015b. Entomol. Fennica 26: 2. **Type locality:** China: Yunnan.

分布（**Distribution**）：云南（YN）。

（1387）拟洁棘蝇 *Phaonia gobertii* (Mik, 1881)

Aricia gobertii Mik, 1881. Verh. K. K. Zool.-Bot. Ges. Wien 30: 599. **Type locality:** France. Austria.

Hyetodesia dubia Meade, 1881. Ent. Mon. Mag. 18: 4. **Type locality:** Great Britain: Lake Windermere and Wakefield. "Hungary".

Phaonia mimofausta Ma *et* Wu, 1989. Acta Zootaxon. Sin.

14 (1): 73. **Type locality:** China: Liaoning, Qianshan.

分布（**Distribution**）：辽宁（LN）、山西（SX）；朝鲜、日本、奥地利、捷克、斯洛伐克、塞浦路斯、德国、丹麦、法国、英国、匈牙利、意大利、爱尔兰、挪威、波兰、俄罗斯。

（1388）类瘦棘蝇 *Phaonia graciloides* Ma *et* Wang, 1985

Phaonia graciloides Ma *et* Wang, 1985. Acta Zootaxon. Sin. 10 (2): 178. **Type locality:** China: Shanxi, Taigu, Wumahe.

分布（**Distribution**）：山西（SX）。

（1389）牦角棘蝇 *Phaonia grunnicornis* Xue, 1998

Phaonia grunnicornis Xue, 1998. *In*: Xue *et* Chao, 1998. Flies of China, Vol. 1: 1216. **Type locality:** China: Qinghai.

分布（**Distribution**）：青海（QH）。

（1390）广东棘蝇 *Phaonia guangdongensis* Xue *et* Liu, 1985

Phaonia guangdongensis Xue *et* Liu, 1985. Zool. Res. 6 (4) (Suppl.): 16. **Type locality:** China: Guangdong, Zhanjiang, Xinyi (Dawuling).

分布（**Distribution**）：广东（GD）。

（1391）贵州棘蝇 *Phaonia guizhouensis* Wei, 1991

Phaonia guizhouensis Wei, 1991. Entomotaxon. 13 (2): 143. **Type locality:** China: Guizhou, Suiyang (Kuankuoshui).

分布（**Distribution**）：贵州（GZ）。

（1392）古莲棘蝇 *Phaonia gulianensis* Ma *et* Cui, 1992

Phaonia gulianensis Ma *et* Cui, 1992. *In*: Fan, 1992. Key to the Common Flies of China, 2nd Ed.: 434, 923. **Type locality:** China: Heilongjiang, Gulian, Mohe.

分布（**Distribution**）：黑龙江（HL）。

（1393）海南棘蝇 *Phaonia hainanensis* Xue, Tong *et* Wang, 2008

Phaonia hainanensis Xue, Tong *et* Wang, 2008. Orient. Insects 42: 165. **Type locality:** China: Hainan.

分布（**Distribution**）：海南（HI）。

（1394）钩叶棘蝇 *Phaonia hamiloba* Ma, 1992

Phaonia hamiloba Ma, 1992. *In*: Fan, 1992. Key to the Common Flies of China, 2nd Ed.: 443. **Type locality:** China: Qinghai, Yushu.

分布（**Distribution**）：河北（HEB）、青海（QH）、四川（SC）。

（1395）汗密棘蝇 *Phaonia hanmiensis* Xue *et* Zhang, 2013

Phaonia hanmiensis Xue *et* Zhang, 2013a. J. Insect Sci. 13: 5.

Type locality: China: Xizang.

分布（Distribution）：西藏（XZ）。

（1396）汉源棘蝇 *Phaonia hanyuanensis* Feng *et* Ma, 2002

Phaonia hanyuanensis Feng *et* Ma, 2002. *In*: Ma, Xue *et* Feng, 2002. Fauna Sinica, Insecta, Vol. 26: 166. **Type locality:** China: Sichuan, Hanyuan (Jiaodingshan).

分布（Distribution）：四川（SC）。

（1397）钝棘蝇 *Phaonia hebeta* Feng *et* Fan, 1986

Phaonia hebeta Feng *et* Fan, 1986. *In*: Fang *et al.*, 1986. *In*: Shanghai Institute of Entomology, Academia Sinica, 1986. Contributions from Shanghai Institute of Entomology, Vol. 6: 240. **Type locality:** China: Sichuan, Ya'an (Erlangshan).

分布（Distribution）：四川（SC）。

（1398）类钝棘蝇 *Phaonia hebetoida* Ma *et* Deng, 2002

Phaonia hebetoida Ma *et* Deng, 2002. *In*: Ma, Xue *et* Feng, 2002. Fauna Sinica, Insecta, Vol. 26: 172. **Type locality:** China: Sichuan, Xiling.

分布（Distribution）：四川（SC）。

（1399）黑龙山棘蝇 *Phaonia heilongshanensis* Xue, Cui *et* Zhang, 1996

Phaonia heilongshanensis Xue, Cui *et* Zhang, 1996. *In*: Zhang, Xue *et* Cui, 1996. Entomol. Sin. 3 (2): 120. **Type locality:** China: Heilongjiang, Wudalianchi.

分布（Distribution）：黑龙江（HL）。

（1400）和静棘蝇 *Phaonia hejinga* Xue, 1998

Phaonia hejinga Xue, 1998. *In*: Xue *et* Chao, 1998. Flies of China, Vol. 1: 1219. **Type locality:** China: Xinjiang, Baluntai, Hejing.

分布（Distribution）：新疆（XJ）。

（1401）黄胫棘蝇 *Phaonia helvitibia* Feng, 2002

Phaonia helvitibia Feng, 2002. Entomol. J. East China 11 (1): 4. **Type locality:** China: Sichuan, Ya'an (Ganhaizi, Erlangshan).

分布（Distribution）：四川（SC）。

（1402）毛喙棘蝇 *Phaonia hirtirostris* (Stein, 1907)

Aricia hirtirostris Stein, 1907b. Annu. Mus. Zool. Acad. Sci. Russ. St.-Pétersb. 12: 318. **Type locality:** China: Amdo im O.-Tibet, das Ostufer des Oring-nor; der Übergang an dem rechten Ufer des Flusses Chuan-che, an dessen Ausfluss aus dem See Chnor; das Bassin des Gelben Flusses, TalSergtschu.

分布（Distribution）：四川（SC）、西藏（XZ）；乌兹别克斯坦、塔吉克斯坦、俄罗斯。

（1403）可可西里棘蝇 *Phaonia hohxilia* Xue *et* Zhang, 1996

Phaonia hohxilia Xue *et* Zhang, 1996. *In*: Wu *et* Feng, 1996. The Biology and Human Physiology in the Hoh-Xil Region: 193. **Type locality:** China: Qinghai.

分布（Distribution）：青海（QH）。

（1404）凹铗棘蝇 *Phaonia holcocerca* Feng *et* Ma, 2000

Phaonia holcocerca Feng *et* Ma, 2000. Acta Ent. Sin. 43 (2): 201. **Type locality:** China: Sichuan, Ya'an (Erlangshan).

分布（Distribution）：四川（SC）。

（1405）洪奎棘蝇 *Phaonia hongkuii* Xue *et* Yu, 2015

Phaonia hongkuii Xue *et* Yu, 2015. *In*: Yu *et* Xue, 2015b. Entomol. Fennica 26: 3. **Type locality:** China: Yunnan.

分布（Distribution）：云南（YN）。

（1406）黄龙山棘蝇 *Phaonia huanglongshana* Wu, Fang *et* Fan, 1988

Phaonia huanglongshana Wu, Fang *et* Fan, 1988. J. Med. Coll. PLA 3 (4): 388. **Type locality:** China: Shaanxi, Huanglongshan.

分布（Distribution）：陕西（SN）。

（1407）桓仁棘蝇 *Phaonia huanrenensis* Xue, 1984

Phaonia huanrenensis Xue, 1984. Acta Ent. Sin. 27 (3): 336. **Type locality:** China: Liaoning, Benxi (Huanren), Anshan (Qianshan), Fushun.

分布（Distribution）：辽宁（LN）。

（1408）浑源棘蝇 *Phaonia hunyuanensis* Ma *et* Wang, 1998

Phaonia hunyuanensis Ma *et* Wang, 1998. *In*: Xue *et* Chao, 1998. Flies of China, Vol. 1: 1221. **Type locality:** China: Shanxi, Hunyuan.

分布（Distribution）：山西（SX）。

（1409）巨突杂棘蝇 *Phaonia hybrida biastostyla* Xue, 1998

Phaonia hybrida biastostyla Xue, 1998. *In*: Xue *et* Chao, 1998. Flies of China, Vol. 1: 1222. **Type locality:** China: Jilin.

分布（Distribution）：吉林（JL）、辽宁（LN）。

（1410）红其拉甫棘蝇 *Phaonia hybrida kunjirapensis* Xue *et* Zhang, 1996

Phaonia hybrida kunjirapensis Xue *et* Zhang, 1996. *In*: The Comprehensive Scientific Expedition to the Qinghai-Xizang Plateau, Chinese Academy of Sciences, 1996. Insects of the Karakorum-Kunlun Mountains: 225. **Type locality:** China: Xinjiang, Kunjirap, Tashiku'ergan.

分布（Distribution）：新疆（XJ）。

（1411）杂棘蝇 *Phaonia hybrida* (Schnabl, 1888)

Aricia hybrida Schnabl, 1888. Trudy Russk. Ent. Obshch. 22: 396. **Type locality:** Nesselkoppenr, Graefenberg [= Läzne Jesenik].

分布（Distribution）：黑龙江（HL）、青海（QH）、新疆（XJ）、四川（SC）、云南（YN）、西藏（XZ）；蒙古国、奥地利、保加利亚、瑞士、捷克、斯洛伐克、德国、西班牙、意大利、挪威、波兰、罗马尼亚、瑞典、芬兰。

（1412）拟瘤叶棘蝇 *Phaonia hypotuberosurstyla* Xue *et* Rong, 2014

Phaonia hypotuberosurstyla Xue *et* Rong, 2014. *In*: Xue, Rong *et* Du, 2014. J. Insect Sci. 14: 11. **Type locality:** China: Yunnan.

分布（Distribution）：云南（YN）。

（1413）毛板棘蝇 *Phaonia hystricosternita* Xue, 1991

Phaonia hystricosternita Xue, 1991. Sichuan J. Zool. 10 (2): 9. **Type locality:** China: Liaoning, Benxi (Nandian, Huanren).

分布（Distribution）：辽宁（LN）。

（1414）亮棘蝇 *Phaonia illustridorsata* Feng *et* Ma, 2002

Phaonia illustridorsata Feng *et* Ma, 2002. *In*: Ma, Xue *et* Feng, 2002. Fauna Sinica, Insecta, Vol. 26: 190. **Type locality:** China: Sichuan, Ya'an (Erlangshan, Zhougongshan).

分布（Distribution）：四川（SC）。

（1415）次细鬃棘蝇 *Phaonia imitenuiseta* Xue *et* Zhang, 1996

Phaonia imitenuiseta Xue *et* Zhang, 1996. *In*: The Comprehensive Scientific Expedition to the Qinghai-Xizang Plateau, Chinese Academy of Sciences, 1996. Insects of the Karakorum-Kunlun Mountains: 224. **Type locality:** China: Xinjiang, Yecheng, Celeyamen, Muzitagefeng.

分布（Distribution）：新疆（XJ）。

（1416）黾勉棘蝇 *Phaonia impigerata* Feng *et* Ma, 2002

Phaonia impigerata Feng *et* Ma, 2002. *In*: Ma, Xue *et* Feng, 2002. Fauna Sinica, Insecta, Vol. 26: 327. **Type locality:** China: Sichuan, Ya'an (Erlangshan).

分布（Distribution）：四川（SC）。

（1417）灰白棘蝇 *Phaonia incana* (Wiedemann, 1817)

Anthomyia incana Wiedemann, 1817. Zool. Mag. 1 (1): 81. **Type locality:** Germany: Holstein [= Kiel district], Deutschland.

Musca nemorum Fallén, 1823b. Monogr. Musc. Sveciae V: 55 (junior primary homonym of *Musca nemorum* Linnaeus, 1758). **Type locality:** Sweden: Scania.

Anthomyia plumbea Meigen, 1826. Syst. Beschr. Europ. Zweifl. Insekt. 5: 85. **Type locality:** Not given (presumably German, Stolberg).

Fellaea nigripes Robineau-Desvoidy, 1830. Mém. Prés. Div. Sav. Acad. R. Sci. Inst. Fr. 2 (2): 477. **Type locality:** France: Saint-Sauveur.

Anthomyia indecisa Walker, 1853. Ins. Brit., Dípt. 2: 120. **Type locality:** England.

分布（Distribution）：吉林（JL）、青海（QH）；蒙古国、土耳其、俄罗斯、奥地利、比利时、保加利亚、瑞士、捷克、斯洛伐克、德国、丹麦、法国、英国、匈牙利、意大利、爱尔兰、挪威、荷兰、波兰、罗马尼亚、瑞典、芬兰。

（1418）裸胫棘蝇 *Phaonia insetitibia* Fang *et* Fan, 1988

Phaonia insetitibia Fang *et* Fan, 1988. *In*: The Mountaineering and Scientific Expedition, Academia Sinica, 1988. Insects of Mt. Namjagbarwa Region of Xizang: 502. **Type locality:** China: Xizang, Motuo, Galongla.

分布（Distribution）：西藏（XZ）。

（1419）加格达奇棘蝇 *Phaonia jiagedaqiensis* Ma *et* Cui, 1992

Phaonia jiagedaqiensis Ma *et* Cui, 1992. *In*: Fan, 1992. Key to the Common Flies of China, 2nd Ed.: 445, 924. **Type locality:** China: Heilongjiang, Jiagedaqi.

分布（Distribution）：黑龙江（HL）。

（1420）轿顶棘蝇 *Phaonia jiaodingshanica* Feng, 2004

Phaonia jiaodingshanica Feng, 2004. Entomol. J. East China 13 (2): 10. **Type locality:** China: Sichuan.

分布（Distribution）：四川（SC）。

（1421）吉林棘蝇 *Phaonia jilinensis* Ma *et* Wang, 1992

Phaonia jilinensis Ma *et* Wang, 1992. *In*: Fan, 1992. Key to the Common Flies of China, 2nd Ed.: 429, 922. **Type locality:** China: Jilin, Tonghua, Laotuding, Changbaishan.

分布（Distribution）：黑龙江（HL）、吉林（JL）。

（1422）晋北棘蝇 *Phaonia jinbeiensis* Xue *et* Wang, 1989

Phaonia jinbeiensis Xue *et* Wang, 1989. Acta Zootaxon. Sin. 14 (3): 347. **Type locality:** China: Shanxi, Youyu.

分布（Distribution）：山西（SX）。

（1423）金凤山棘蝇 *Phaonia jinfengshanensis* Feng *et* Ma, 2002

Phaonia jinfengshanensis Feng *et* Ma, 2002. *In*: Ma, Xue *et*

Feng, 2002. Fauna Sinica, Insecta, Vol. 26: 153. **Type locality:** China: Sichuan, Ya'an (Jinfengshan).

分布（Distribution）：四川（SC）。

（1424）九龙棘蝇 *Phaonia jiulongensis* Xue, Tong *et* Wang, 2008

Phaonia jiulongensis Xue, Tong *et* Wang, 2008. Orient. Insects 42: 166. **Type locality:** China: Sichuan.

分布（Distribution）：四川（SC）。

（1425）江达棘蝇 *Phaonia jomdaensis* Xue, 1998

Phaonia jomdaensis Xue, 1998. *In*: Xue *et* Chao, 1998. Flies of China, Vol. 1: 1227. **Type locality:** China: Xizang, Changdu, Jiangda.

分布（Distribution）：西藏（XZ）。

（1426）黑体棘蝇 *Phaonia kambaitiana* Emden, 1965

Phaonia kambaitiana Emden, 1965. Fauna of India and the Adjacent Countries. Diptera 7, Muscidae I: 236. **Type locality:** Burma: Kambaiti.

分布（Distribution）：台湾（TW）；缅甸。

（1427）康定棘蝇 *Phaonia kangdingensis* Ma *et* Feng, 1986

Phaonia kangdingensis Ma *et* Feng, 1986. Ya'an Sci. Tech. 19 (2): 27. **Type locality:** China: Sichuan, Zhibenshan.

分布（Distribution）：四川（SC）。

（1428）加纳棘蝇 *Phaonia kanoi* Shinonaga *et* Huang, 2007

Phaonia kanoi Shinonaga *et* Huang, 2007. Jpn. J. Syst. Ent. 13 (1): 23. **Type locality:** China: Taiwan.

分布（Distribution）：台湾（TW）。

（1429）斜列棘蝇 *Phaonia klinostoichas* Xue, Tong *et* Wang, 2008

Phaonia klinostoichas Xue, Tong *et* Wang, 2008. Orient. Insects 42: 163. **Type locality:** China: Sichuan.

分布（Distribution）：四川（SC）。

（1430）黄腹棘蝇 *Phaonia kowarzii* (Schnabl, 1887)

Phaonia kowarzii Schnabl, 1887. Trudy Russk. Ent. Obshch. 20 (1886): 406. **Type locality:** Zaczernie.

Phaonia fulvicornis Tiensuu, 1936. Acta Soc. Fauna Flora Fenn. 58 (4) (1935): 51. **Type locality:** Finland: Lohja, Torhola.

分布（Distribution）：黑龙江（HL）、辽宁（LN）；朝鲜、日本、俄罗斯、瑞典、芬兰。

（1431）宽阔水棘蝇 *Phaonia kuankuoshuiensis* Wei, 1990

Phaonia kuankuoshuiensis Wei, 1990. Acta Zootaxon. Sin.

15 (4): 496. **Type locality:** China: Guizhou, Suiyang (Kuankuoshui).

分布（Distribution）：贵州（GZ）。

（1432）钳叶棘蝇 *Phaonia labidocerca* Feng *et* Ma, 2002

Phaonia labidocerca Feng *et* Ma, 2002. *In*: Ma, Xue *et* Feng, 2002. Fauna Sinica, Insecta, Vol. 26: 58. **Type locality:** China: Sichuan, Ya'an (Erlangshan).

分布（Distribution）：四川（SC）。

（1433）铗棘蝇 *Phaonia labidosternita* Sun *et* Feng, 2004

Phaonia labidosternita Sun *et* Feng, 2004. Chin. J. Vector Biol. & Control 15 (3): 192. **Type locality:** China: Sichuan.

分布（Distribution）：四川（SC）。

（1434）拉拉山棘蝇 *Phaonia lalashanensis* Shinonaga *et* Huang, 2007

Phaonia lalashanensis Shinonaga *et* Huang, 2007. Jpn. J. Syst. Ent. 13 (1): 22. **Type locality:** China: Taiwan.

分布（Distribution）：台湾（TW）。

（1435）薄尾棘蝇 *Phaonia lamellata* Fang, Li *et* Deng, 1986

Phaonia lamellata Fang, Li *et* Deng, 1986. *In*: Shanghai Institute of Entomology, Academia Sinica, 1986. Contributions from Shanghai Institute of Entomology, Vol. 6: 241, 242. **Type locality:** China: Sichuan, Emeishan.

分布（Distribution）：四川（SC）。

（1436）片尾棘蝇 *Phaonia lamellicauda* Xue *et* Feng, 2002

Phaonia lamellicauda Xue *et* Feng, 2002b. Acta Ent. Sin. 45 (Suppl.): 86. **Type locality:** China: Sichuan, Ya'an (Tuanniuping, Erlangshan).

分布（Distribution）：四川（SC）。

（1437）板齿棘蝇 *Phaonia laminidenta* Xue *et* Cui, 1997

Phaonia laminidenta Xue *et* Cui, 1997. *In*: Chen, Xue *et* Cui, 1997. Acta Zootaxon. Sin. 22 (4): 432. **Type locality:** China: Guizhou, Fanjingshan.

分布（Distribution）：贵州（GZ）。

（1438）侧突棘蝇 *Phaonia laticrassa* Xue, Chen *et* Cui, 1997

Phaonia laticrassa Xue, Chen *et* Cui, 1997. Acta Ent. Sin. 40 (3): 307. **Type locality:** China: Guizhou, Fanjingshan.

分布（Distribution）：贵州（GZ）。

（1439）宽荡棘蝇 *Phaonia latierrans* Xue, 1998

Phaonia latierrans Xue, 1998. *In*: Xue *et* Chao, 1998. Flies of

China, Vol. 1: 1230. **Type locality:** China: Xinjiang, Wusu, Tacheng.

分布（Distribution）：新疆（XJ）。

（1440）宽板棘蝇 *Phaonia latilamella* **Feng *et* Ma, 2002**

Phaonia latilamella Feng *et* Ma, 2002. *In*: Ma, Xue *et* Feng, 2002. Fauna Sinica, Insecta, Vol. 26: 164. **Type locality:** China: Sichuan, Ya'an (Erlangshan).

分布（Distribution）：四川（SC）。

（1441）类宽板棘蝇 *Phaonia latilamelloida* **Ma *et* Deng, 2002**

Phaonia latilamelloida Ma *et* Deng, 2002. *In*: Ma, Xue *et* Feng, 2002. Fauna Sinica, Insecta, Vol. 26: 164. **Type locality:** China: Sichuan, Xiling.

分布（Distribution）：四川（SC）。

（1442）宽黑缘棘蝇 *Phaonia latimargina* **Fang *et* Fan, 1988**

Phaonia latimargina Fang *et* Fan, 1988. *In*: The Mountaineering and Scientific Expedition, Academia Sinica, 1988. Insects of Mt. Namjagbarwa Region of Xizang: 503. **Type locality:** China: Xizang, Galongla, Motuo.

分布（Distribution）：西藏（XZ）。

（1443）蛰棘蝇 *Phaonia latipalpis* **Schnabl, 1911**

Phaonia (*Aricia*) *latipalpis* Schnabl, 1911b. Nova Acta Acad. Caesar. Leop. Carol. 95 (2): 310. **Type locality:** Mongilev.

分布（Distribution）：黑龙江（HL）、吉林（JL）、辽宁（LN）；朝鲜、日本、俄罗斯、英国、挪威、奥地利。

（1444）宽拟乌棘蝇 *Phaonia latipullatoides* **Wang *et* Xue, 1998**

Phaonia latipullatoides Wang *et* Xue, 1998. Acta Zootaxon. Sin. 23 (1): 90. **Type locality:** China: Shanxi, Wuzhai.

分布（Distribution）：山西（SX）。

（1445）宽条棘蝇 *Phaonia latistriata* **Deng *et* Feng, 1998**

Phaonia latistriata Deng *et* Feng, 1998. Acta Zootaxon. Sin. 23 (1): 92. **Type locality:** China: Sichuan, Songpan.

分布（Distribution）：四川（SC）。

（1446）舐棘蝇 *Phaonia leichopodosa* **Sun, Feng *et* Ma, 2001**

Phaonia leichopodosa Sun, Feng *et* Ma, 2001. Chin. J. Vector Biol. & Control 12 (4): 257. **Type locality:** China: Sichuan, Ya'an (Erlangshan).

分布（Distribution）：四川（SC）。

（1447）小鸦棘蝇 *Phaonia leptocorax* **Li *et* Xue, 1998**

Phaonia leptocorax Li *et* Xue, 1998. Entomotaxon. 20 (3): 205.

Type locality: China: Yunnan, Binchuan.

分布（Distribution）：云南（YN）。

（1448）凉山棘蝇 *Phaonia liangshanica* **Feng, 2004**

Phaonia liangshanica Feng, 2004. J. Med. Pest Control 20 (10): 615. **Type locality:** China: Sichuan, Meigu.

分布（Distribution）：四川（SC）。

（1449）辽宁棘蝇 *Phaonia liaoningensis* **Ma *et* Xue, 1998**

Phaonia liaoningensis Ma *et* Xue, 1998. *In*: Xue *et* Chao, 1998. Flies of China, Vol. 1: 1233. **Type locality:** China: Liaoning, Benxi (Qinghecheng).

分布（Distribution）：辽宁（LN）。

（1450）辽西棘蝇 *Phaonia liaoshiensis* **Zhang *et* Zhang, 1995**

Phaonia liaoshiensis Zhang *et* Zhang, 1995. Entomotaxon. 17 (2): 129. **Type locality:** China: Liaoning, Chaoyang.

分布（Distribution）：辽宁（LN）。

（1451）六盘山棘蝇 *Phaonia liupanshanensis* **Ma, 2002**

Phaonia liupanshanensis Ma, 2002. *In*: Ma, Xue *et* Feng, 2002. Fauna Sinica, Insecta, Vol. 26: 255. **Type locality:** China: Ningxia, Longde, Liupanshan.

分布（Distribution）：宁夏（NX）。

（1452）长叉棘蝇 *Phaonia longifurca* **Xue, 1984**

Phaonia longifurca Xue, 1984. Acta Ent. Sin. 27 (3): 335. **Type locality:** China: Liaoning, Benxi.

分布（Distribution）：辽宁（LN）。

（1453）长须棘蝇 *Phaonia longipalpis* **Emden, 1965**

Phaonia longipalpis Emden, 1965. Fauna of India and the adjacent Countries. Diptera 7, Muscidae I: 264. **Type locality:** Burma: Kambaiti.

Phaonia longipalpis: Shinonaga, 2003. A Monograph of the Muscidae of Japan: 134.

分布（Distribution）：台湾（TW）；日本、缅甸。

（1454）长喙棘蝇 *Phaonia longirostris* **Xue *et* Zhao, 1998**

Phaonia longirostris Xue *et* Zhao, 1998. *In*: Feng *et al.*, 1998. *In*: Xue *et* Chao, 1998. Flies of China, Vol. 2: 1233. **Type locality:** China: Hebei.

分布（Distribution）：河北（HEB）。

（1455）长鬃棘蝇 *Phaonia longiseta* **Feng *et* Ma, 2002**

Phaonia longiseta Feng *et* Ma, 2002. *In*: Ma, Xue *et* Feng, 2002. Fauna Sinica, Insecta, Vol. 26: 211. **Type locality:** China: Sichuan, Emeishan.

分布（Distribution）：四川（SC）。

（1456）明腹棘蝇 *Phaonia lucidula* Fang *et* Fan, 1993

Phaonia lucidula Fang *et* Fan, 1993. *In*: The Comprehensive Scientific Expedition to the Qinghai-Xizang Plateau, Chinese Academy of Sciences, 1993. Insects of the Hengduan Mountains Region, Vol. 2: 1240. **Type locality:** China: Sichuan, Gonggashan, Alt. 2500 m.

分布（Distribution）：四川（SC）。

（1457）明突棘蝇 *Phaonia luculenta* Fang *et* Fan, 1993

Phaonia luculenta Fang *et* Fan, 1993. *In*: The Comprehensive Scientific Expedition to the Qinghai-Xizang Plateau, Chinese Academy of Sciences, 1993. Insects of the Hengduan Mountains Region, Vol. 2: 1242. **Type locality:** China: Yunnan, Lushui, Yaojiaping.

分布（Distribution）：云南（YN）。

（1458）明斑棘蝇 *Phaonia luculentimacula* Xue, 2000

Phaonia luculentimacula Xue, 2000. Zool. Res. 21 (3): 227. **Type locality:** China: Yunnan, Wuding.

分布（Distribution）：云南（YN）。

（1459）泸水棘蝇 *Phaonia lushuiensis* Xue *et* Li, 2001

Phaonia lushuiensis Xue *et* Li, 2001. Acta Zootaxon. Sin. 26 (4): 575. **Type locality:** China: Yunnan, Lushui, Liuku.

分布（Distribution）：云南（YN）。

（1460）黄腰棘蝇 *Phaonia luteovittata* Shinonaga *et* Kano, 1971

Phaonia luteovittata Shinonaga *et* Kano, 1971. *In*: Ikada *et al.*, 1971. Fauna Japonica, Muscidae (Insecta: Diptera) I: 174. **Type locality:** Japan: Hokkaidō.

分布（Distribution）：黑龙江（HL）、吉林（JL）；日本、俄罗斯。

（1461）类黄腰棘蝇 *Phaonia luteovittoida* Feng *et* Ma, 2002

Phaonia luteovittoida Feng *et* Ma, 2002. *In*: Ma, Xue *et* Feng, 2002. Fauna Sinica, Insecta, Vol. 26: 26. **Type locality:** China: Sichuan, Ya'an.

分布（Distribution）：四川（SC）。

（1462）巨眼棘蝇 *Phaonia macroomata* Xue *et* Yang, 1998

Phaonia macroomata Xue *et* Yang, 1998. Acta Ent. Sin. 41 (1): 99. **Type locality:** China: Liaoning, Benxi (Yanghugou).

分布（Distribution）：吉林（JL）、辽宁（LN）。

（1463）巨尾棘蝇 *Phaonia macropygus* Feng, 1998

Phaonia macropygus Feng, 1998. *In*: Feng *et al.*, 1998. *In*: Xue *et* Chao, 1998. Flies of China, Vol. 2: 1234. **Type locality:** China: Sichuan, Ya'an.

分布（Distribution）：四川（SC）。

（1464）斑金棘蝇 *Phaonia maculiaurea* Xue *et* Wang, 1998

Phaonia maculiaurea Xue *et* Wang, 1998. *In*: Xue *et* Chao, 1998. Flies of China, Vol. 1: 1234. **Type locality:** China: Beijing, Yanqing.

分布（Distribution）：北京（BJ）。

（1465）拟斑金棘蝇 *Phaonia maculiaureata* Wang *et* Xue, 1997

Phaonia maculiaureata Wang *et* Xue, 1997. Acta Zootaxon. Sin. 22 (3): 312. **Type locality:** China: Shanxi, Youyu, Fanjiayao.

分布（Distribution）：山西（SX）。

（1466）斑荡棘蝇 *Phaonia maculierrans* Xue, Zhang *et* Chen, 1993

Phaonia maculierrans Xue, Zhang *et* Chen, 1993. Acta Zootaxon. Sin. 18 (4): 469. **Type locality:** China: Liaoning, Benxi (Tiechashan).

分布（Distribution）：辽宁（LN）。

（1467）大棘蝇 *Phaonia magna* Wei, 1994

Phaonia magna Wei, 1994. Acta Ent. Sin. 37 (2): 221, 224. **Type locality:** China: Guizhou, Suiyang (Kuankuoshui).

分布（Distribution）：贵州（GZ）。

（1468）马氏棘蝇 *Phaonia mai* Xue, 1998

Phaonia mai Xue, 1998. *In*: Xue *et* Chao, 1998. Flies of China, Vol. 2: 1235. **Type locality:** China: Heilongjiang, Harbin.

分布（Distribution）：黑龙江（HL）。

（1469）古源棘蝇 *Phaonia malaisei* Ringdahl, 1930

Phaonia malaisei Ringdahl, 1930. Ark. Zool. 21 (A): 6. **Type locality:** Russia: Kamchatskaya.

分布（Distribution）：黑龙江（HL）；蒙古国、俄罗斯。

（1470）乳头棘蝇 *Phaonia mammilla* Xue *et* Zhang, 2013

Phaonia mammilla Xue *et* Zhang, 2013c. Orient. Insects 47 (2/3): 127. **Type locality:** China: Sichuan.

分布（Distribution）：四川（SC）。

（1471）猫儿山棘蝇 *Phaonia maoershanensis* Xue *et* Rong, 2014

Phaonia maoershanensis Xue *et* Rong, 2014. *In*: Xue, Rong *et* Du, 2014. J. Insect Sci. 14: 20. **Type locality:** China: Guangxi.

分布（Distribution）：广西（GX）。

（1472）茂汶棘蝇 _Phaonia maowenensis_ Deng _et_ Feng, 1998

Phaonia maowenensis Deng et Feng, 1998. Acta Zootaxon. Sin. 23 (1): 95. **Type locality:** China: Sichuan, Maowenxian (Sanlong).

分布（Distribution）：四川（SC）。

（1473）大叶棘蝇 _Phaonia megacerca_ Feng _et_ Ma, 2002

Phaonia megacerca Feng et Ma, 2002. _In_: Ma, Xue _et_ Feng, 2002. Fauna Sinica, Insecta, Vol. 26: 95. **Type locality:** China: Sichuan, Ya'an (Erlangshan).

分布（Distribution）：四川（SC）。

（1474）大孔棘蝇 _Phaonia megastigma_ Ma _et_ Fang, 1998

Phaonia megastigma Ma et Fang, 1998. _In_: Feng et al., 1998. _In_: Xue et Chao, 1998. Flies of China, Vol. 2: 1238. **Type locality:** China: Sichuan, Ya'an (Erlangshan).

分布（Distribution）：四川（SC）。

（1475）阔颊棘蝇 _Phaonia megistogenysa_ Feng _et_ Ma, 2002

Phaonia megistogenysa Feng et Ma, 2002. _In_: Ma, Xue _et_ Feng, 2002. Fauna Sinica, Insecta, Vol. 26: 86. **Type locality:** China: Sichuan, Ya'an (Erlangshan).

分布（Distribution）：四川（SC）。

（1476）孟氏棘蝇 _Phaonia mengi_ Feng, 2000

Phaonia mengi Feng, 2000. _In_: Feng et Ma, 2000. Acta Ent. Sin. 43 (2): 203. **Type locality:** China: Sichuan, Hanyuan (Jiaodingshan).

分布（Distribution）：四川（SC）。

（1477）蒙山棘蝇 _Phaonia mengshanensis_ Feng, 1993

Phaonia mengshanensis Feng, 1993. Sichuan J. Zool. 12 (2): 8. **Type locality:** China: Sichuan, Ya'an (Zhougongshan, Mengdingshan).

分布（Distribution）：四川（SC）。

（1478）疣叶棘蝇 _Phaonia microthelis_ Fang, Fan _et_ Feng, 1991

Phaonia microthelis Fang, Fan _et_ Feng, 1991. _In_: Shanghai Institute of Entomology, Academia Sinica, 1991. Contributions from Shanghai Institute of Entomology, Vol. 10: 141. **Type locality:** China: Sichuan, Mingshan (Mengdingshan).

分布（Distribution）：四川（SC）。

（1479）拟游荡棘蝇 _Phaonia mimerrans_ Ma, 1989

Phaonia mimerrans Ma, 1989. _In_: Ma et Feng, 1989. Acta Zootaxon. Sin. 14 (3): 343. **Type locality:** China: Jilin, Changbaishan.

分布（Distribution）：吉林（JL）。

（1480）拟金棘蝇 _Phaonia mimoaureola_ Ma, Ge _et_ Li, 1992

Phaonia mimoaureola Ma, Ge et Li, 1992. _In_: Fan, 1992. Key to the Common Flies of China, 2nd Ed.: 453. **Type locality:** China: Henan, Jigongshan.

分布（Distribution）：河南（HEN）、湖北（HB）。

（1481）拟变白棘蝇 _Phaonia mimocandicans_ Ma _et_ Tian, 1991

Phaonia mimocandicans Ma et Tian, 1991. Acta Zootaxon. Sin. 16 (4): 484. **Type locality:** China: Hebei, Chicheng, Houdingshan.

分布（Distribution）：河北（HEB）。

（1482）拟灰白棘蝇 _Phaonia mimoincana_ Ma _et_ Feng, 1986

Phaonia mimoincana Ma et Feng, 1986. Ya'an Sci. Tech. 2: 26. **Type locality:** China: Sichuan, Ya'an (Erlangshan).

分布（Distribution）：四川（SC）。

（1483）拟宽须棘蝇 _Phaonia mimopalpata_ Ma _et_ Cui, 1992

Phaonia mimopalpata Ma et Cui, 1992. _In_: Fan, 1992. Key to the Common Flies of China, 2nd Ed.: 447. **Type locality:** China: Heilongjiang, Mudanjiang.

分布（Distribution）：黑龙江（HL）。

（1484）拟细鬃棘蝇 _Phaonia mimotenuiseta_ Ma _et_ Wu, 1989

Phaonia mimotenuiseta Ma et Wu, 1989. Acta Zootaxon. Sin. 14 (1): 78. **Type locality:** China: Gansu.

分布（Distribution）：甘肃（GS）。

（1485）拟活棘蝇 _Phaonia mimovivida_ Ma _et_ Feng, 1986

Phaonia mimovivida Ma et Feng, 1986. Ya'an Sci. Tech. 19 (2): 28. **Type locality:** China: Sichuan, Ya'an (Erlangshan).

分布（Distribution）：四川（SC）。

（1486）小距棘蝇 _Phaonia minoricalcar_ Wei, 1994

Phaonia minoricalcar Wei, 1994. Acta Ent. Sin. 37 (2): 222. **Type locality:** China: Guizhou, Jiaozi Anshun.

分布（Distribution）：贵州（GZ）。

（1487）小角棘蝇 _Phaonia minuticornis_ Xue _et_ Zhang, 1996

Phaonia minuticornis Xue et Zhang, 1996. _In_: Wu et Feng, 1996. The Biology and Human Physiology in the Hoh-Xil Region: 194, 205. **Type locality:** China: Qinghai, Hohxili.

分布（Distribution）：青海（QH）。

（1488）小阳棘蝇 *Phaonia minutimutina* **Xue, 1998**

Phaonia minutimutina Xue, 1998. *In*: Feng *et al*., 1998. *In*: Xue *et* Chao, 1998. Flies of China, Vol. 2: 1242. **Type locality:** China: Sichuan, Barkam.

分布（**Distribution**）：四川（SC）。

（1489）小爪棘蝇 *Phaonia minutiungula* **Zhang *et* Xue, 1996**

Phaonia minutiungula Zhang *et* Xue, 1996. *In*: Xue *et* Cui, 1996. Acta Zootaxon. Sin. 21 (3): 369. **Type locality:** China: Jilin, Changbaishan.

分布（**Distribution**）：吉林（JL）。

（1490）小毛背棘蝇 *Phaonia minutivillana* **Xue, Yang *et* Li, 2000**

Phaonia minutivillana Xue, Yang *et* Li, 2000. Research on Insects' Classification and Fauna: 181. **Type locality:** China: Yunnan, Wuding.

分布（**Distribution**）：云南（YN）。

（1491）乏斑棘蝇 *Phaonia misellimaculata* **Feng *et* Ma, 2002**

Phaonia misellimaculata Feng *et* Ma, 2002. *In*: Ma, Xue *et* Feng, 2002. Fauna Sinica, Insecta, Vol. 26: 109. **Type locality:** China: Sichuan, Ya'an (Erlangshan).

分布（**Distribution**）：四川（SC）。

（1492）梅里雪山棘蝇 *Phaonia moirigkawagarboensis* **Xue *et* Zhao, 2014**

Phaonia moirigkawagarboensis Xue *et* Zhao, 2014. Orient. Insects 48 (1-2): 73. **Type locality:** China: Yunnan.

分布（**Distribution**）：云南（YN）。

（1493）山棘蝇 *Phaonia montana* **Shinonaga *et* Kano, 1971**

Phaonia montana Shinonaga *et* Kano, 1971. *In*: Ikada *et al*., 1971. Fauna Japonica, Muscidae (Insecta: Diptera) I: 188. **Type locality:** Japan: Hachimantai, Akita.

分布（**Distribution**）：辽宁（LN）、山西（SX）；日本。

（1494）秘棘蝇 *Phaonia mystica* **(Meigen, 1826)**

Anthomyia mystica Meigen, 1826. Syst. Beschr. Europ. Zweifl. Insekt. 5: 126. **Type locality:** Not given.

Anthomyza vittifera Zetterstedt, 1845. Dipt. Scand. 4: 1700. **Type locality:** Sweden: "ad Esperöd in paroecia Mellby".

Yetodesia diluta Rondani, 1866. Atti Soc. Ital. Sci. Nat. Milano 9: 101. **Type locality:** Italy: "in collibus agri Parmensis" [= in the hills of the Parma countryside].

Spilogaster trigonospila Czerny, 1901. Wien. Ent. Ztg. 20: 39. **Type locality:** Austria: Pfarrkirchen *et* Steyr.

分布（**Distribution**）：贵州（GZ）、台湾（TW）；奥地利、前捷克斯洛伐克、德国、丹麦、英国、匈牙利、意大利、爱尔兰、挪威、荷兰、波兰、罗马尼亚、瑞典、芬兰、前苏联。

（1495）类秘棘蝇 *Phaonia mysticoides* **Ma *et* Wang, 1980**

Phaonia mysticoides Ma *et* Wang, 1980. Trans. Liaoning Zool. Soc. 1 (1): 3. **Type locality:** China: Liaoning, Anshan (Qianshan).

分布（**Distribution**）：辽宁（LN）。

（1496）南岭棘蝇 *Phaonia nanlingensis* **Xue *et* Zhang, 2013**

Phaonia nanlingensis Xue *et* Zhang, 2013a. J. Insect Sci. 13: 7. **Type locality:** China: Guangdong.

分布（**Distribution**）：广东（GD）。

（1497）球鼻棘蝇 *Phaonia nasiglobata* **Xue *et* Xiang, 1993**

Phaonia nasiglobata Xue *et* Xiang, 1993. Acta Zootaxon. Sin. 18 (2): 215. **Type locality:** China: Xinjiang.

分布（**Distribution**）：青海（QH）、新疆（XJ）、西藏（XZ）。

（1498）臀叶棘蝇 *Phaonia naticerca* **Xue, Chen *et* Liang, 1993**

Phaonia naticerca Xue, Chen *et* Liang, 1993. Acta Zootaxon. Sin. 18 (4): 477. **Type locality:** China: Liaoning, Kuandian (Baishilazi).

分布（**Distribution**）：辽宁（LN）。

（1499）内蒙棘蝇 *Phaonia neimongolica* **Feng *et* Ye, 2009**

Phaonia neimongolica Feng *et* Ye, 2009. Acta Parasitol. Med. Entomol. Sin. 16 (3): 166. **Type locality:** China: Neimenggu.

分布（**Distribution**）：内蒙古（NM）。

（1500）黑肩棘蝇 *Phaonia nigeritegula* **Feng, 2002**

Phaonia nigeritegula Feng, 2002. Entomol. J. East China 11 (1): 3. **Type locality:** China: Sichuan, Emeishan (Taiziping).

分布（**Distribution**）：四川（SC）。

（1501）黑基棘蝇 *Phaonia nigribasalis* **Xue, 1998**

Phaonia nigribasalis Xue, 1998. *In*: Feng *et al*., 1998. *In*: Xue *et* Chao, 1998. Flies of China, Vol. 2: 1245. **Type locality:** China: Sichuan, Daocheng.

分布（**Distribution**）：四川（SC）。

（1502）黑鳞棘蝇 *Phaonia nigribasicosta* **Xue, 1998**

Phaonia nigribasicosta Xue, 1998. *In*: Feng *et al*., 1998. *In*: Xue *et* Chao, 1998. Flies of China, Vol. 2: 1248. **Type locality:** China: Xinjiang, Azubai.

分布（**Distribution**）：新疆（XJ）。

（1503）黑锥棘蝇 *Phaonia nigribitrigona* **Xue, 2017**

Phaonia nigribitrigona Xue, 2017. Fauna of Qinling. Diptera, Vol. 10: 1025. **Type locality:** China: Shanxi, Zhenan.

分布（**Distribution**）：陕西（SN）。

（1504）黑躯棘蝇 *Phaonia nigricorpus* **Shinonaga** *et* **Huang, 2007**

Phaonia nigricorpus Shinonaga *et* Huang, 2007. Jpn. J. Syst. Ent. 13 (1): 21. **Type locality:** China: Taiwan.

分布（**Distribution**）：台湾（TW）。

（1505）暗基棘蝇 *Phaonia nigricoxa* **Deng** *et* **Feng, 1998**

Phaonia nigricoxa Deng *et* Feng, 1998. Acta Zootaxon. Sin. 23 (1): 91. **Type locality:** China: Sichuan, Maowen.

分布（**Distribution**）：四川（SC）。

（1506）黑荡棘蝇 *Phaonia nigrierrans* **Cui, Zhang** *et* **Xue, 1998**

Phaonia nigrierrans Cui, Zhang *et* Xue, 1998. Acta Zootaxon. Sin. 23 (1): 85. **Type locality:** China: Heilongjiang, Wudalianchi, Heilongshan.

分布（**Distribution**）：黑龙江（HL）。

（1507）黑棕棘蝇 *Phaonia nigrifusca* **Xue, 1998**

Phaonia nigrifusca Xue, 1998. *In*: Feng *et al.*, 1998. *In*: Xue *et* Chao, 1998. Flies of China, Vol. 2: 1248. **Type locality:** China: Neimenggu.

分布（**Distribution**）：内蒙古（NM）。

（1508）黑黄基棘蝇 *Phaonia nigrifuscicoxa* **Xue, Wang** *et* **Du, 2006**

Phaonia nigrifuscicoxa Xue, Wang *et* Du, 2006. Zootaxa 1350: 15. **Type locality:** China: Xizang.

分布（**Distribution**）：西藏（XZ）。

（1509）黑膝棘蝇 *Phaonia nigrigenis* **Ma** *et* **Feng, 1986**

Phaonia nigrigenis Ma *et* Feng, 1986. Ya'an Sci. Tech. 19 (2): 28. **Type locality:** China: Sichuan, Ya'an (Erlangshan).

分布（**Distribution**）：四川（SC）。

（1510）黑裸鬃棘蝇 *Phaonia nigrinudiseta* **Xue** *et* **Zhang, 1996**

Phaonia nigrinudiseta Xue *et* Zhang, 1996. *In*: Wu *et* Feng, 1996. The Biology and Human Physiology in the Hoh-Xil Region: 195. **Type locality:** China: Qinghai.

分布（**Distribution**）：青海（QH）。

（1511）黑眶棘蝇 *Phaonia nigriorbitalis* **Xue, 1998**

Phaonia nigriorbitalis Xue, 1998. *In*: Feng *et al.*, 1998. *In*: Xue *et* Chao, 1998. Flies of China, Vol. 2: 1249. **Type locality:** China: Xizang.

分布（**Distribution**）：西藏（XZ）。

（1512）黑翅棘蝇 *Phaonia nigripennis* **Ma** *et* **Cui, 1992**

Phaonia nigripennis Ma *et* Cui, 1992. *In*: Fan, 1992. Key to the Common Flies of China, 2nd Ed.: 434. **Type locality:** China: Heilongjiang, Mohe.

分布（**Distribution**）：黑龙江（HL）。

（1513）黑林棘蝇 *Phaonia nigriserva* **Xue, 1998**

Phaonia nigriserva Xue, 1998. *In*: Feng *et al.*, 1998. *In*: Xue *et* Chao, 1998. Flies of China, Vol. 2: 1250. **Type locality:** China: Xinjiang, Tuomu'erfeng.

分布（**Distribution**）：新疆（XJ）。

（1514）黑细鬃棘蝇 *Phaonia nigritenuiseta* **Xue** *et* **Zhang, 1996**

Phaonia nigritenuiseta Xue *et* Zhang, 1996. *In*: The Comprehensive Scientific Expedition to the Qinghai-Xizang Plateau, Chinese Academy of Sciences, 1996. Insects of the Karakorum-Kunlun Mountains: 225. **Type locality:** China: Xinjiang, Ka'erlong Aketao.

分布（**Distribution**）：新疆（XJ）。

（1515）黑毛背棘蝇 *Phaonia nigrivillana* **Xue, Yang** *et* **Li, 2000**

Phaonia nigrivillana Xue, Yang *et* Li, 2000. Research on Insects' Classification and Fauna: 180. **Type locality:** China: Yunnan, Luquan, Sayingpan.

分布（**Distribution**）：云南（YN）。

（1516）宁武棘蝇 *Phaonia ningwuensis* **Wang** *et* **Xue, 1998**

Phaonia ningwuensis Wang *et* Xue, 1998. Acta Zootaxon. Sin. 23 (3): 325. **Type locality:** China: Shanxi, Wujiagou.

分布（**Distribution**）：山西（SX）。

（1517）宁夏棘蝇 *Phaonia ningxiaensis* **Ma** *et* **Zhao, 1992**

Phaonia ningxiaensis Ma *et* Zhao, 1992. *In*: Fan, 1992. Key to the Common Flies of China, 2nd Ed.: 445. **Type locality:** China: Ningxia, Jingyuan.

分布（**Distribution**）：宁夏（NX）。

（1518）亮纹棘蝇 *Phaonia nititerga* **Xue, 1988**

Phaonia nititerga Xue, 1988. Acta Zootaxon. Sin. 13 (2): 163. **Type locality:** China: Liaoning, Benxi (Nandian).

分布（**Distribution**）：辽宁（LN）。

（1519）雪山棘蝇 *Phaonia niximountaina* **Xue** *et* **Yu, 2017**

Phaonia niximountaina Xue *et* Yu, 2017. J. Ent. Res. Soc.

19 (2): 16. **Type locality:** China: Yunnan, Mt. Luquan.
分布（**Distribution**）：云南（YN）。

（1520）稳重棘蝇 *Phaonia nounechesa* **Wei** *et* **Yang, 2007**

Phaonia nounechesa Wei *et* Yang, 2007. *In*: Li, Yang *et* Jin, 2007. Insects from Leigongshan Landscape: 102. **Type locality:** China: Guizhou.
分布（**Distribution**）：贵州（GZ）。

（1521）裸鬃棘蝇 *Phaonia nudiseta* **(Stein, 1907)**

Aricia nudiseta Stein, 1907b. Annu. Mus. Zool. Acad. Sci. Russ. St.-Pétersb. 12: 323. **Type locality:** China: Qinghai.
分布（**Distribution**）：青海（QH）。

（1522）裸腹棘蝇 *Phaonia nuditarsis* **Xue** *et* **Wang, 2009**

Phaonia nuditarsis Xue *et* Wang, 2009. Proc. Ent. Soc. Wash. 111 (1): 20. **Type locality:** China: Yunnan.
分布（**Distribution**）：云南（YN）。

（1523）暗翅棘蝇 *Phaonia obfuscatipennis* **Xue** *et* **Zhang, 2005**

Phaonia obfuscatipennis Xue *et* Zhang, 2005. *In*: Yang, 2005. Insect Fauna of Middle-West Qinling Range and South Mountains of Gansu Province: 816. **Type locality:** China: Gansu, Wenxian, Qiujiaba.
分布（**Distribution**）：甘肃（GS）。

（1524）叶突棘蝇 *Phaonia oncocerca* **Feng** *et* **Ma, 2002**

Phaonia oncocerca Feng *et* Ma, 2002. *In*: Ma, Xue *et* Feng, 2002. Fauna Sinica, Insecta, Vol. 26: 302. **Type locality:** China: Sichuan, Mengdingshan, Mingshan.
分布（**Distribution**）：四川（SC）。

（1525）东方棘蝇 *Phaonia orientalis* **Xue, Song** *et* **Chen, 2002**

Phaonia orientalis Xue, Song *et* Chen, 2002. Acta Ent. Sin. 45 (Suppl.): 83. **Type locality:** China: Jilin, Changbaishan.
分布（**Distribution**）：吉林（JL）。

（1526）粗叶棘蝇 *Phaonia paederocerca* **Feng** *et* **Ma, 2002**

Phaonia paederocerca Feng *et* Ma, 2002. *In*: Ma, Xue *et* Feng, 2002. Fauna Sinica, Insecta, Vol. 26: 55. **Type locality:** China: Sichuan, Emeishan.
分布（**Distribution**）：四川（SC）。

（1527）宽须棘蝇 *Phaonia palpata* **(Stein, 1897)**

Aricia palpate Stein, 1897. Ent. Nachr. 23: 322. **Type locality:** Germany.
Spilogaster trigonostigma Czerny, 1901. Wien. Ent. Ztg. 20: 40. **Type locality:** Austria: Pfarrkirchen.

分布（**Distribution**）：台湾（TW）；奥地利、比利时、保加利亚、瑞士、捷克、斯洛伐克、德国、丹麦、法国、英国、希腊、匈牙利、爱尔兰、挪威、荷兰、葡萄牙、波兰、罗马尼亚、瑞典、芬兰。

（1528）须短棘蝇 *Phaonia palpibrevis* **Xue, 1998**

Phaonia palpibrevis Xue, 1998. *In*: Feng *et al.*, 1998. *In*: Xue *et* Chao, 1998. Flies of China, Vol. 2: 1256. **Type locality:** China: Sichuan, Emeishan.
分布（**Distribution**）：四川（SC）。

（1529）须长棘蝇 *Phaonia palpilongus* **Xue** *et* **Zhang, 2013**

Phaonia palpilongus Xue *et* Zhang, 2013c. Orient. Insects 47 (2/3): 129. **Type locality:** China: Sichuan.
分布（**Distribution**）：四川（SC）。

（1530）常须棘蝇 *Phaonia palpinormalis* **Feng** *et* **Ma, 2002**

Phaonia palpinormalis Feng *et* Ma, 2002. *In*: Ma, Xue *et* Feng, 2002. Fauna Sinica, Insecta, Vol. 26: 207. **Type locality:** China: Sichuan, Emeishan.
分布（**Distribution**）：四川（SC）。

（1531）跑马棘蝇 *Phaonia paomashanica* **Feng, 2004**

Phaonia paomashanica Feng, 2004. Entomol. J. East China 13 (2): 8. **Type locality:** China: Sichuan.
分布（**Distribution**）：四川（SC）。

（1532）乳突棘蝇 *Phaonia papillaria* **Fang** *et* **Fan, 1993**

Phaonia papillaria Fang *et* Fan, 1993. *In*: The Comprehensive Scientific Expedition to the Qinghai-Xizang Plateau, Chinese Academy of Sciences, 1993. Insects of the Hengduan Mountains Region, Vol. 2: 1241. **Type locality:** China: Yunnan, Pantiange.
分布（**Distribution**）：云南（YN）。

（1533）极乐棘蝇 *Phaonia paradisia* **Li** *et* **Xue, 2001**

Phaonia paradisia Li *et* Xue, 2001. Acta Zootaxon. Sin. 26 (3): 380. **Type locality:** China: Yunnan.
分布（**Distribution**）：云南（YN）。

（1534）天居棘蝇 *Phaonia paradisincola* **Xue, Zhang** *et* **Zhu, 2006**

Phaonia paradisincola Xue, Zhang *et* Zhu, 2006. Orient. Insects 40: 129. **Type locality:** China: Liaoning.
分布（**Distribution**）：辽宁（LN）。

（1535）副钝棘蝇 *Phaonia parahebeta* Ma *et* Deng, 2002

Phaonia parahebeta Ma *et* Deng, 2002. *In*: Ma, Xue *et* Feng, 2002. Fauna Sinica, Insecta, Vol. 26: 171. **Type locality:** China: Sichuan, Xiling.

分布（Distribution）：四川（SC）。

（1536）肥阳棘蝇 *Phaonia paramersicrassa* Xue, 1998

Phaonia paramersicrassa Xue, 1998. *In*: Feng *et al.*, 1998. *In*: Xue *et* Chao, 1998. Flies of China, Vol. 2: 1258. **Type locality:** China: Qinghai, Yushu.

分布（Distribution）：青海（QH）。

（1537）豹爪棘蝇 *Phaonia pardiungula* Xue *et* Li, 2001

Phaonia pardiungula Xue *et* Li, 2001. Acta Zootaxon. Sin. 26 (4): 576. **Type locality:** China: Yunnan, Pianma, Lushui.

分布（Distribution）：云南（YN）。

（1538）钉棘蝇 *Phaonia pattalocerca* Feng, 1998

Phaonia pattalocerca Feng, 1998. Zool. Res. 19 (4): 314. **Type locality:** China: Sichuan, Hanyuan.

分布（Distribution）：四川（SC）。

（1539）少刺棘蝇 *Phaonia paucispina* Fang *et* Cui, 1988

Phaonia paucispina Fang *et* Cui, 1988. Acta Zootaxon. Sin. 13 (3): 292. **Type locality:** China: Heilongjiang.

分布（Distribution）：黑龙江（HL）。

（1540）褐翅棘蝇 *Phaonia pennifuscata* Fan, 1996

Phaonia pennifuscata Fan, 1996. Acta Zootaxon. Sin. 21 (2): 235. **Type locality:** China: Qinghai.

分布（Distribution）：青海（QH）。

（1541）毛足棘蝇 *Phaonia pilipes* Ma *et* Feng, 1986

Phaonia pilipes Ma *et* Feng, 1986. Ya'an Sci. Tech. 19 (2): 30. **Type locality:** China: Sichuan, Ya'an (Erlangshan).

分布（Distribution）：四川（SC）。

（1542）毛翅棘蝇 *Phaonia pilosipennis* Xue, Zhang *et* Zhu, 2006

Phaonia pilosipennis Xue, Zhang *et* Zhu, 2006. Orient. Insects 40: 130. **Type locality:** China: Liaoning.

分布（Distribution）：辽宁（LN）。

（1543）毛腹棘蝇 *Phaonia pilosiventris* Feng, 1998

Phaonia pilosiventris Feng, 1998. *In*: Feng *et al.*, 1998. *In*: Xue *et* Chao, 1998. Flies of China, Vol. 2: 1259. **Type locality:** China: Sichuan, Ya'an (Zhougongshan).

分布（Distribution）：四川（SC）。

（1544）平坝棘蝇 *Phaonia pingbaensis* Wu, Dong *et* Wei, 2015

Phaonia pingbaensis Wu, Dong *et* Wei, 2015. Chin. J. Vector Biol. & Control 26 (4): 404. **Type locality:** China: Guizhou.

分布（Distribution）：贵州（GZ）。

（1545）漫游棘蝇 *Phaonia planeta* Feng *et* Ma, 2002

Phaonia planeta Feng *et* Ma, 2002. *In*: Ma, Xue *et* Feng, 2002. Fauna Sinica, Insecta, Vol. 26: 86. **Type locality:** China: Sichuan, Ya'an (Erlangshan).

分布（Distribution）：四川（SC）。

（1546）宽侧叶棘蝇 *Phaonia platysurstylus* Xue *et* Wang, 2009

Phaonia platysurstylus Xue *et* Wang, 2009. Proc. Ent. Soc. Wash. 111 (1): 22. **Type locality:** China: Yunnan.

分布（Distribution）：云南（YN）。

（1547）战棘蝇 *Phaonia polemikosa* Wei, 2006

Phaonia polemikosa Wei, 2006c. *In*: Li *et* Jin, 2006. Insects from Fanjingshan Landscape: 518. **Type locality:** China: Guizhou.

分布（Distribution）：贵州（GZ）。

（1548）后迅棘蝇 *Phaonia postifugax* Xue, 1998

Phaonia postifugax Xue, 1998. *In*: Feng *et al.*, 1998. *In*: Xue *et* Chao, 1998. Flies of China, Vol. 2: 1259. **Type locality:** China: Sichuan, Emeishan.

分布（Distribution）：四川（SC）。

（1549）褐股棘蝇 *Phaonia praefuscifemora* Feng *et* Ma, 2002

Phaonia praefuscifemora Feng *et* Ma, 2002. *In*: Ma, Xue *et* Feng, 2002. Fauna Sinica, Insecta, Vol. 26: 198. **Type locality:** China: Sichuan, Ya'an (Erlangshan, Zhougongshan, Jiaodingshan).

分布（Distribution）：四川（SC）。

（1550）拟乌棘蝇 *Phaonia pullatoides* Xue *et* Zhao, 1985

Phaonia pullatoides Xue *et* Zhao, 1985. *In*: Xue, Wang *et* Zhao, 1985. Zool. Res. 6 (4) (Suppl.): 100. **Type locality:** China: Hebei, Fuping.

分布（Distribution）：河北（HEB）。

（1551）斑脉棘蝇 *Phaonia punctinerva* Xue *et* Cao, 1988

Phaonia punctinerva Xue *et* Cao, 1988. Acta Ent. Sin. 31 (1): 94. **Type locality:** China: Shaanxi, Taibaishan.

分布（Distribution）：陕西（SN）。

（1552）类斑脉棘蝇 *Phaonia punctinervoida* **Feng** *et* **Ma, 2002**

Phaonia punctinervoida Feng *et* Ma, 2002. *In*: Ma, Xue *et* Feng, 2002. Fauna Sinica, Insecta, Vol. 26: 213. **Type locality:** China: Sichuan, Ya'an (Zhougongshan).

分布（Distribution）：四川（SC）。

（1553）洁棘蝇 *Phaonia pura* (**Loew, 1873**)

Aricia pura Loew, 1873. Berl. Ent. Z. 17: 48. **Type locality:** Not given.

分布（Distribution）：辽宁（LN）、山西（SX）；俄罗斯、奥地利、德国、西班牙、法国、匈牙利、罗马尼亚。

（1554）清河棘蝇 *Phaonia qingheensis* **Xue, 1984**

Phaonia qingheensis Xue, 1984. Acta Ent. Sin. 27 (3): 339. **Type locality:** China: Liaoning, Benxi (Qinghecheng).

分布（Distribution）：辽宁（LN）。

（1555）沁水棘蝇 *Phaonia qinshuiensis* **Wang, Xue** *et* **Wu, 1997**

Phaonia qinshuiensis Wang, Xue *et* Wu, 1997. Acta Ent. Sin. 40 (4): 410. **Type locality:** China: Shanxi, Qinshui.

分布（Distribution）：山西（SX）。

（1556）方板棘蝇 *Phaonia quadratilamella* **Xue** *et* **Rong, 2014**

Phaonia guadratilamella Xue *et* Rong, 2014. *In*: Xue, Rong *et* Du, 2014. J. Insect Sci. 14: 18. **Type locality:** China: Yunnan.

分布（Distribution）：云南（YN）。

（1557）直棘蝇 *Phaonia recta* **Xue, 1984**

Phaonia recta Xue, 1984. Acta Ent. Sin. 27 (1): 112. **Type locality:** China: Liaoning.

分布（Distribution）：辽宁（LN）。

（1558）拟直棘蝇 *Phaonia rectoides* **Xue, 1998**

Phaonia rectoides Xue, 1998. *In*: Feng *et al.*, 1998. *In*: Xue *et* Chao, 1998. Flies of China, Vol. 2: 1262. **Type locality:** China: Xinjiang, Wusuli.

分布（Distribution）：新疆（XJ）。

（1559）回归棘蝇 *Phaonia redactata* **Feng, 1998**

Phaonia redactata Feng, 1998. Zool. Res. 19 (4): 315. **Type locality:** China: Sichuan, Yingjing.

分布（Distribution）：四川（SC）。

（1560）翘尾棘蝇 *Phaonia reduncicauda* **Xue** *et* **Zhang, 2013**

Phaonia reduncicauda Xue *et* Zhang, 2013a. J. Insect Sci. 13: 9. **Type locality:** China: Xizang.

分布（Distribution）：西藏（XZ）。

（1561）肾叶棘蝇 *Phaonia reniformis* **Fang, Fan** *et* **Feng, 1991**

Phaonia reniformis Fang, Fan *et* Feng, 1991. *In*: Shanghai Institute of Entomology, Academia Sinica, 1991. Contributions from Shanghai Institute of Entomology, Vol. 10: 141. **Type locality:** China: Sichuan, Ya'an.

分布（Distribution）：四川（SC）。

（1562）眷溪棘蝇 *Phaonia ripara* **Liu** *et* **Xue, 1996**

Phaonia ripara Liu *et* Xue, 1996. Acta Zootaxon. Sin. 21 (1): 107. **Type locality:** China: Liaoning, Benxi (Yanghugou).

分布（Distribution）：辽宁（LN）。

（1563）橙腹棘蝇 *Phaonia rubriventris* **Emden, 1965**

Phaonia rubriventris Emden, 1965. Fauna of India and the Adjacent Countries. Diptera 7, Muscidae I: 243. **Type locality:** Burma: Kambaiti.

分布（Distribution）：四川（SC）；缅甸。

（1564）红棒棘蝇 *Phaonia rufihalter* **Ma** *et* **Cui, 1998**

Phaonia rufihalter Ma *et* Cui, 1998. *In*: Feng *et al.*, 1998. *In*: Xue *et* Chao, 1998. Flies of China, Vol. 2: 1262, 1265, 1362. **Type locality:** China: Heilongjiang, Mohe.

分布（Distribution）：黑龙江（HL）。

（1565）绯筏棘蝇 *Phaonia rufitarsis* (**Stein, 1907**)

Phaonia rufitarsis Stein, 1907b. Annu. Mus. Zool. Acad. Sci. Russ. St.-Pétersb. 12: 321. **Type locality:** China: Qinghai.

分布（Distribution）：青海（QH）。

（1566）常红棘蝇 *Phaonia rufivulgaris* **Xue** *et* **Wang, 1989**

Phaonia rufivulgaris Xue *et* Wang, 1989. Acta Zootaxon. Sin. 14 (3): 349. **Type locality:** China: Shanxi, Youyu.

分布（Distribution）：黑龙江（HL）、山西（SX）。

（1567）琉球棘蝇 *Phaonia ryukyuensis* **Shinonaga** *et* **Kano, 1971**

Phaonia ryukyuensis Shinonaga *et* Kano, 1971. *In*: Ikada *et al.*, 1971. Fauna Japonica, Muscidae (Insecta: Diptera) I: 193. **Type locality:** Japan: Ishigaki.

分布（Distribution）：辽宁（LN）、湖南（HN）；日本。

（1568）佐佐木棘蝇 *Phaonia sasakii* **Shinonaga** *et* **Huang, 2007**

Phaonia sasakii Shinonaga *et* Huang, 2007. Jpn. J. Syst. Ent. 13 (1): 23. **Type locality:** China: Taiwan.

分布（Distribution）：台湾（TW）。

（1569）豚颊棘蝇 *Phaonia scrofigena* Ma *et* Xue, 1998

Phaonia scrofigena Ma *et* Xue, 1998. *In*: Xue *et* Chao, 1998. Flies of China, Vol. 2: 1266. **Type locality:** China: Sichuan, Barkam.

分布（Distribution）：四川（SC）。

（1570）半脊棘蝇 *Phaonia semicarina* Fan, 1996

Phaonia semicarina Fan, 1996. Acta Zootaxon. Sin. 21 (2): 236. **Type locality:** China: Qinghai, Menyuan.

分布（Distribution）：青海（QH）。

（1571）半月棘蝇 *Phaonia semilunara* Feng, 2000

Phaonia semilunara Feng, 2000. Acta Zootaxon. Sin. 25 (2): 208. **Type locality:** China: Sichuan, Ya'an (Zhougongshan).

分布（Distribution）：四川（SC）。

（1572）类半月棘蝇 *Phaonia semilunaroida* Feng, 2002

Phaonia semilunaroida Feng, 2002. Entomol. J. East China 11 (1): 2. **Type locality:** China: Sichuan, Ya'an (Erlangshan).

分布（Distribution）：四川（SC）。

（1573）北方棘蝇 *Phaonia septentrionalis* Xue *et* Yu, 1986

Phaonia septentrionalis Xue *et* Yu, 1986. Acta Zootaxon. Sin. 11 (2): 215. **Type locality:** China: Liaoning, Benxi (Yanghugou).

分布（Distribution）：辽宁（LN）。

（1574）林棘蝇 *Phaonia serva* (Meigen, 1826)

Anthomyia serva Meigen, 1826. Syst. Beschr. Europ. Zweifl. Insekt. 5: 86. **Type locality:** Not given.

分布（Distribution）：黑龙江（HL）、吉林（JL）；日本、蒙古国、俄罗斯、奥地利、保加利亚、瑞士、捷克、斯洛伐克、丹麦、西班牙、法国、德国、英国、匈牙利、意大利、爱尔兰、挪威、荷兰、波兰、罗马尼亚、瑞典、芬兰。

（1575）鬃板棘蝇 *Phaonia setisternita* Ma *et* Deng, 2002

Phaonia setisternita Ma *et* Deng, 2002. *In*: Ma, Xue *et* Feng, 2002. Fauna Sinica, Insecta, Vol. 26: 160. **Type locality:** China: Sichuan, Xiling.

分布（Distribution）：四川（SC）。

（1576）陕西棘蝇 *Phaonia shaanxiensis* Xue *et* Cao, 1989

Phaonia shaanxiensis Xue *et* Cao, 1989. Entomotaxon. 11 (1-2): 166, 174. **Type locality:** China: Shanxi.

分布（Distribution）：陕西（SN）。

（1577）陕北棘蝇 *Phaonia shanbeiensis* Wu, Fang *et* Fan, 1988

Phaonia shanbeiensis Wu, Fang *et* Fan, 1988. J. Med. Coll.

PLA 3 (4): 391. **Type locality:** China: Shaanxi, Huanglongshan.

分布（Distribution）：陕西（SN）。

（1578）山西棘蝇 *Phaonia shanxiensis* Zhang, Zhao *et* Wu, 1985

Phaonia shanxiensis Zhang, Zhao *et* Wu, 1985. Acta Zootaxon. Sin. 10 (1): 79. **Type locality:** China: Shanxi, Wenshui, Wutaishan.

分布（Distribution）：辽宁（LN）、山西（SX）。

（1579）沈阳棘蝇 *Phaonia shenyangensis* Ma, 1998

Phaonia shenyangensis Ma, 1998. *In*: Feng *et al.*, 1998. *In*: Xue *et* Chao, 1998. Flies of China, Vol. 2: 1269. **Type locality:** China: Liaoning, Park Nanhu Shenyang.

分布（Distribution）：辽宁（LN）。

（1580）蜀荡棘蝇 *Phaonia shuierrans* Feng, 1995

Phaonia shuierrans Feng, 1995. Sichuan J. Zool. 14 (2): 54. **Type locality:** China: Sichuan, Ya'an (Laobanshan, Jinfengshan).

分布（Distribution）：四川（SC）。

（1581）蜀棘蝇 *Phaonia sichuanna* Feng, 2004

Phaonia sichuanna Feng, 2004. Entomol. J. East China 13 (2): 9. **Type locality:** China: Sichuan.

分布（Distribution）：四川（SC）。

（1582）西伯克棘蝇 *Phaonia siebecki* Schnabl *et* Dziedzicki, 1911

Phaonia siebecki Schnabl *et* Dziedzicki, 1911. Nova Acta Acad. Caesar. Leop. Carol. 95 (2): 321. **Type locality:** Not given.

分布（Distribution）：四川（SC）；俄罗斯、奥地利、保加利亚、捷克、斯洛伐克、德国、法国、英国、匈牙利、挪威、波兰。

（1583）华叉纹棘蝇 *Phaonia sinidecussata* Xue *et* Xiang, 1993

Phaonia sinidecussata Xue *et* Xiang, 1993. Acta Zootaxon. Sin. 18 (2): 216. **Type locality:** China: Shaanxi, Taibaishan.

分布（Distribution）：陕西（SN）。

（1584）中华游荡棘蝇 *Phaonia sinierrans* Xue *et* Cao, 1989

Phaonia sinierrans Xue *et* Cao, 1989. Entomotaxon. 11 (1-2): 167. **Type locality:** China: Shaanxi, Taibaishan.

分布（Distribution）：陕西（SN）。

（1585）膨叶棘蝇 *Phaonia spargocerca* Xue *et* Zhang, 2013

Phaonia spargocerca Xue *et* Zhang, 2013a. J. Insect Sci. 13: 10. **Type locality:** China: Yunnan.

分布（Distribution）：云南（YN）。

（1586）散毛棘蝇 *Phaonia sparsicilium* Xue *et* Wang, 2009

Phaonia sparsicilium Xue *et* Wang, 2009. Proc. Ent. Soc. Wash. 111 (1): 23. **Type locality:** China: Xizang.

分布（Distribution）：西藏（XZ）。

（1587）刺尾棘蝇 *Phaonia spinicauda* Xue, 2000

Phaonia spinicauda Xue, 2000. Zool. Res. 21 (3): 227. **Type locality:** China: Yunnan, Lushui.

分布（Distribution）：云南（YN）。

（1588）灿黑棘蝇 *Phaonia splendida* Hennig, 1963

Phaonia splendida Hennig, 1963. Flieg. Palaearkt. Reg. 7 (2): 787 (*Phaonia*). **Type locality:** Russia.

分布（Distribution）：青海（QH）、新疆（XJ）；俄罗斯。

（1589）伪毛足棘蝇 *Phaonia spuripilipes* Fang *et* Fan, 1993

Phaonia spuripilipes Fang *et* Fan, 1993. *In*: The Comprehensive Scientific Expedition to the Qinghai-Xizang Plateau, Chinese Academy of Sciences, 1993. Insects of the Hengduan Mountains Region, Vol. 2: 1244. **Type locality:** China: Yunnan, Meilixueshan.

分布（Distribution）：云南（YN）。

（1590）狭颧棘蝇 *Phaonia stenoparafacia* Fang *et* Fan, 1993

Phaonia stenoparafacia Fang *et* Fan, 1993. *In*: The Comprehensive Scientific Expedition to the Qinghai-Xizang Plateau, Chinese Academy of Sciences, 1993. Insects of the Hengduan Mountains Region, Vol. 2: 1240. **Type locality:** China: Sichuan, Gonggashan.

分布（Distribution）：四川（SC）。

（1591）低山棘蝇 *Phaonia subalpicola* Xue, 1998

Phaonia subalpicola Xue, 1998. *In*: Feng *et al.*, 1998. *In*: Xue *et* Chao, 1998. Flies of China, Vol. 2: 1273. **Type locality:** China: Sichuan, Emeishan.

分布（Distribution）：四川（SC）。

（1592）类低山棘蝇 *Phaonia subalpicoloida* Ma *et* Deng, 2002

Phaonia subalpicoloida Ma *et* Deng, 2002. *In*: Ma, Xue *et* Feng, 2002. Fauna Sinica, Insecta, Vol. 26: 168. **Type locality:** China: Sichuan, Xiling.

分布（Distribution）：四川（SC）。

（1593）亚端棘蝇 *Phaonia subapicalis* Wei, 1991

Phaonia subapicalis Wei, 1991. Entomotaxon. 13 (2): 145. **Type locality:** China: Guizhou, Suiyang.

分布（Distribution）：贵州（GZ）。

（1594）亚金棘蝇 *Phaonia subaureola* Feng *et* Ma, 2002

Phaonia subaureola Feng *et* Ma, 2002. *In*: Ma, Xue *et* Feng, 2002. Fauna Sinica, Insecta, Vol. 26: 331. **Type locality:** China: Sichuan, Ya'an (Zhougongshan).

分布（Distribution）：四川（SC）。

（1595）亚关联棘蝇 *Phaonia subconsobrina* Ma, 1992

Phaonia subconsobrina Ma, 1992. *In*: Fan, 1992. Key to the Common Flies of China, 2nd Ed.: 442, 923. **Type locality:** China: Jilin, Changbaishan.

分布（Distribution）：吉林（JL）。

（1596）肃北棘蝇 *Phaonia subeiensis* Ma *et* Wu, 1992

Phaonia subeiensis Ma *et* Wu, 1992. *In*: Fan, 1992. Key to the Common Flies of China, 2nd Ed.: 427, 922. **Type locality:** China: Gansu.

分布（Distribution）：甘肃（GS）。

（1597）浅凹棘蝇 *Phaonia subemarginata* Fang, Li *et* Deng, 1986

Phaonia subemarginata Fang, Li *et* Deng, 1986. *In*: Fang *et al.*, 1986. *In*: Shanghai Institute of Entomology, Academia Sinica, 1986. Contributions from Shanghai Institute of Entomology, Vol. 6: 241. **Type locality:** China: Sichuan, Emeishan.

分布（Distribution）：四川（SC）。

（1598）次游荡棘蝇 *Phaonia suberrans* Feng, 1989

Phaonia suberrans Feng, 1989. *In*: Ma *et* Feng, 1989. Acta Zootaxon. Sin. 14 (3): 344. **Type locality:** China: Sichuan, Ya'an (Zhougongshan).

分布（Distribution）：四川（SC）。

（1599）亚幸运棘蝇 *Phaonia subfausta* Ma *et* Wu, 1989

Phaonia subfausta Ma *et* Wu, 1989. Acta Zootaxon. Sin. 14 (1): 80. **Type locality:** China: Gansu.

分布（Distribution）：甘肃（GS）、青海（QH）、新疆（XJ）。

（1600）亚黄活棘蝇 *Phaonia subflavivivida* Feng *et* Ma, 2002

Phaonia subflavivivida Feng *et* Ma, 2002. *In*: Ma, Xue *et* Feng, 2002. Fauna Sinica, Insecta, Vol. 26: 205. **Type locality:** China: Sichuan, Emeishan.

分布（Distribution）：四川（SC）。

（1601）亚棕鳞棘蝇 *Phaonia subfuscibasicosta* Ma *et* Deng, 2002

Phaonia subfuscibasicosta Ma *et* Deng, 2002. *In*: Ma, Xue *et* Feng, 2002. Fauna Sinica, Insecta, Vol. 26: 158. **Type locality:**

China: Sichuan, Xiling.

分布（Distribution）：四川（SC）。

（1602）拟黄基棘蝇 *Phaonia subfuscicoxa* Xue *et* Rong, 2014

Phaonia subfuscicoxa Xue *et* Rong, 2014. *In*: Xue, Rong *et* Du, 2014. J. Insect Sci. 14: 9. **Type locality:** China: Guizhou.

分布（Distribution）：贵州（GZ）。

（1603）亚暗转棘蝇 *Phaonia subfuscitrochenter* Ma *et* Deng, 2002

Phaonia subfuscitrochenter Ma *et* Deng, 2002. *In*: Ma, Xue *et* Feng, 2002. Fauna Sinica, Insecta, Vol. 26: 173. **Type locality:** China: Sichuan, Xiling.

分布（Distribution）：四川（SC）。

（1604）亚钝棘蝇 *Phaonia subhebeta* Ma *et* Deng, 2002

Phaonia subhebeta Ma *et* Deng, 2002. *In*: Ma, Xue *et* Feng, 2002. Fauna Sinica, Insecta, Vol. 26: 172. **Type locality:** China: Sichuan, Xiling.

分布（Distribution）：四川（SC）。

（1605）次杂棘蝇 *Phaonia subhybrida* Feng *et* Ma, 2002

Phaonia subhybrida Feng *et* Ma, 2002. *In*: Ma, Xue *et* Feng, 2002. Fauna Sinica, Insecta, Vol. 26: 58. **Type locality:** China: Sichuan, Ya'an (Erlangshan).

分布（Distribution）：四川（SC）。

（1606）亚灰白棘蝇 *Phaonia subincana* Xue *et* Zhang, 2013

Phaonia subincana Xue *et* Zhang, 2013a. J. Insect Sci. 13: 12. **Type locality:** China: Xizang.

分布（Distribution）：西藏（XZ）。

（1607）亚宽板棘蝇 *Phaonia sublatilamella* Xue *et* Zhao, 2009

Phaonia sublatilamella Xue *et* Zhao, 2009. *In*: Xue, Zhao *et* Wang, 2009. Acta Zool. Acad. Sci. Hung. 55 (1): 1. **Type locality:** China: Sichuan.

分布（Distribution）：四川（SC）。

（1608）亚黄腰棘蝇 *Phaonia subluteovittata* Ma *et* Deng, 2002

Phaonia subluteovittata Ma *et* Deng, 2002. *In*: Ma, Xue *et* Feng, 2002. Fauna Sinica, Insecta, Vol. 26: 26. **Type locality:** China: Sichuan, Xilingxueshan.

分布（Distribution）：四川（SC）。

（1609）亚山棘蝇 *Phaonia submontana* Ma *et* Wang, 1992

Phaonia submontana Ma *et* Wang, 1992. Acta Zootaxon. Sin.

17 (1): 88, 92. **Type locality:** China: Shanxi, Hunyuan.

分布（Distribution）：山西（SX）。

（1610）拟秘棘蝇 *Phaonia submystica* Xue *et* Cao, 1989

Phaonia submystica Xue *et* Cao, 1989. Entomotaxon. 11 (1-2): 169. **Type locality:** China: Shaanxi, Taibaishan.

分布（Distribution）：陕西（SN）。

（1611）亚类秘棘蝇 *Phaonia submysticoida* Ma *et* Wang, 2002

Phaonia submysticoida Ma *et* Wang, 2002. *In*: Ma, Xue *et* Feng, 2002. Fauna Sinica, Insecta, Vol. 26: 259. **Type locality:** China: Liaoning, Anshan (Qianshan).

分布（Distribution）：辽宁（LN）。

（1612）亚黑基棘蝇 *Phaonia subnigribasalis* Xue *et* Zhang, 2005

Phaonia subnigribasalis Xue *et* Zhang, 2005. *In*: Yang, 2005. Insect Fauna of Middle-West Qinling Range and South Mountains of Gansu Province: 817. **Type locality:** China: Shaanxi, Liuba, Dahongqu.

分布（Distribution）：陕西（SN）。

（1613）暗瓣棘蝇 *Phaonia subnigrisquama* Xue *et* Li, 1989

Phaonia subnigrisquama Xue *et* Li, 1989. *In*: Xue, Zhao *et* Li, 1989. Acta Ent. Sin. 32 (1): 95. **Type locality:** China: Hebei, Fuping.

分布（Distribution）：河北（HEB）。

（1614）肖裸鬃棘蝇 *Phaonia subnudiseta* Xue, 1998

Phaonia subnudiseta Xue, 1998. *In*: Feng *et al.*, 1998. *In*: Xue *et* Chao, 1998. Flies of China, Vol. 2: 1277. **Type locality:** China: Qinghai.

分布（Distribution）：青海（QH）。

（1615）亚巨眼棘蝇 *Phaonia subommatina* Ma *et* Feng, 1985

Phaonia subommatina Ma *et* Feng, 1985. Ya'an Sci. Tech. 19 (2): 29. **Type locality:** China: Sichuan, Ya'an (Erlangshan).

分布（Distribution）：四川（SC）。

（1616）亚宽须棘蝇 *Phaonia subpalpata* Fang, Li *et* Deng, 1986

Phaonia subpalpata Fang, Li *et* Deng, 1986. *In*: Shanghai Institute of Entomology, Academia Sinica, 1986. Contributions from Shanghai Institute of Entomology, Vol. 6: 241. **Type locality:** China: Sichuan, Emeishan, Gonggashan (Yanzigou).

分布（Distribution）：四川（SC）。

（1617）亚毛足棘蝇 *Phaonia subpilipes* Xue *et* Yu, 2017

Phaonia subpilipes Xue *et* Yu, 2017. J. Ent. Res. Soc. 19 (2):

17. **Type locality:** China: Xizang, Duoxiongla Mountain.
分布（Distribution）：西藏（XZ）。

（1618）亚毛翅棘蝇 *Phaonia subpilosipennis* **Wu, Dong *et* Wei, 2015**

Phaonia subpilosipennis Wu, Dong *et* Wei, 2015. Chin. J. Vector Biol. & Control 26 (4): 413. **Type locality:** China: Guizhou.
分布（Distribution）：贵州（GZ）。

（1619）小黑棘蝇 *Phaonia subpullata* **Wei, 1994**

Phaonia subpullata Wei, 1994. Acta Ent. Sin. 37 (2): 223. **Type locality:** China: Guizhou, Suiyang (Kuankuoshui).
分布（Distribution）：贵州（GZ）。

（1620）亚斑脉棘蝇 *Phaonia subpunctinerva* **Feng *et* Ma, 2002**

Phaonia subpunctinerva Feng *et* Ma, 2002. *In*: Ma, Xue *et* Feng, 2002. Fauna Sinica, Insecta, Vol. 26: 215. **Type locality:** China: Sichuan, Ya'an (Zhougongshan).
分布（Distribution）：四川（SC）。

（1621）肖盾棘蝇 *Phaonia subscutellata* **Xue, 1991**

Phaonia subscutellata Xue, 1991. Sichuan J. Zool. 10 (2): 10. **Type locality:** China: Jilin, Changbaishan.
分布（Distribution）：吉林（JL）。

（1622）亚半月棘蝇 *Phaonia subsemilunara* **Feng, 2000**

Phaonia subsemilunara Feng, 2000. Acta Zootaxon. Sin. 25 (2): 207. **Type locality:** China: Sichuan, Ya'an (Zhougongshan).
分布（Distribution）：四川（SC）。

（1623）亚细鬃棘蝇 *Phaonia subtenuiseta* **Ma *et* Wu, 1989**

Phaonia subtenuiseta Ma *et* Wu, 1989. Acta Zootaxon. Sin. 14 (1): 81. **Type locality:** China: Gansu.
分布（Distribution）：甘肃（GS）。

（1624）亚三斑棘蝇 *Phaonia subtrimaculata* **Feng *et* Ma, 2002**

Phaonia subtrimaculata Feng *et* Ma, 2002. *In*: Ma, Xue *et* Feng, 2002. Fauna Sinica, Insecta, Vol. 26: 114. **Type locality:** China: Sichuan, Ya'an (Zhougongshan).
分布（Distribution）：四川（SC）。

（1625）亚三鬃酸棘蝇 *Phaonia subtrisetiacerba* **Ma *et* Deng, 2002**

Phaonia subtrisetiacerba Ma *et* Deng, 2002. *In*: Ma, Xue *et* Feng, 2002. Fauna Sinica, Insecta, Vol. 26: 52. **Type locality:** China: Sichuan, Xiling.
分布（Distribution）：四川（SC）。

（1626）亚活棘蝇 *Phaonia subvivida* **Ma *et* Cui, 1992**

Phaonia subvivida Ma *et* Cui, 1992. *In*: Fan, 1992. Key to the Common Flies of China, 2nd Ed.: 436, 923. **Type locality:** China: Heilongjiang, Hulin, Xiaomuhe.
分布（Distribution）：黑龙江（HL）。

（1627）缢角棘蝇 *Phaonia succinctiantenna* **Feng *et* Ma, 2002**

Phaonia succinctiantenna Feng *et* Ma, 2002. *In*: Ma, Xue *et* Feng, 2002. Fauna Sinica, Insecta, Vol. 26: 50. **Type locality:** China: Sichuan, Emeishan.
分布（Distribution）：四川（SC）。

（1628）孙吴棘蝇 *Phaonia sunwuensis* **Xue *et* Ma, 1998**

Phaonia sunwuensis Xue *et* Ma, 1998. *In*: Feng *et al.*, 1998. *In*: Xue *et* Chao, 1998. Flies of China, Vol. 2: 1281. **Type locality:** China: Heilongjiang, Sunwu.
分布（Distribution）：黑龙江（HL）。

（1629）高巅棘蝇 *Phaonia supernapica* **Feng *et* Ma, 2000**

Phaonia supernapica Feng *et* Ma, 2000. Acta Ent. Sin. 43 (2): 202. **Type locality:** China: Sichuan, Emeishan.
分布（Distribution）：四川（SC）。

（1630）持棘蝇 *Phaonia suscepta* **Xue, 1998**

Phaonia suscepta Xue, 1998. *In*: Feng *et al.*, 1998. *In*: Xue *et* Chao, 1998. Flies of China, Vol. 2: 1282. **Type locality:** China: Xinjiang.
分布（Distribution）：新疆（XJ）。

（1631）斑棘蝇 *Phaonia suspiciosa* **(Stein, 1907)**

Spilogaster suspiciosa Stein, 1907b. Annu. Mus. Zool. Acad. Sci. Russ. St.-Pétersb. 12: 324. **Type locality:** China: Qinghai, Tsaidam.
分布（Distribution）：青海（QH）。

（1632）台湾棘蝇 *Phaonia taiwanensis* **Shinonaga *et* Huang, 2007**

Phaonia taiwanensis Shinonaga *et* Huang, 2007. Jpn. J. Syst. Ent. 13 (1): 26. **Type locality:** China: Taiwan.
分布（Distribution）：台湾（TW）。

（1633）太子棘蝇 *Phaonia taizipingga* **Feng, 2002**

Phaonia taizipingga Feng, 2002. Acta Zootaxon. Sin. 27 (2): 362. **Type locality:** China: Sichuan, Emeishan (Wanfoding), Hanyuan [Jiaodingshan (Taiziping), Tuanbaoshan].
分布（Distribution）：四川（SC）。

（1634）薄叶棘蝇 *Phaonia tenuilobatus* Sun, Wu, Li *et* Wei, 2015

Phaonia tenuilobatus Sun, Wu, Li *et* Wei, 2015. Chin. J. Vector Biol. & Control 26 (5). 501. **Type locality:** China: Guizhou.

分布（Distribution）：贵州（GZ）。

（1635）细喙棘蝇 *Phaonia tenuirostris* (Stein, 1907)

Aaricia tenuirostris Stein, 1907b. Annu. Mus. Zool. Acad. Sci. Russ. St.-Pétersb. 12: 320. **Type locality:** China: Qinghai.

分布（Distribution）：青海（QH）。

（1636）螽棘蝇 *Phaonia tettigona* Feng *et* Ma, 2002

Phaonia tettigona Feng *et* Ma, 2002. *In*: Ma, Xue *et* Feng, 2002. Fauna Sinica, Insecta, Vol. 26: 212. **Type locality:** China: Sichuan, Ya'an (Erlangshan).

分布（Distribution）：四川（SC）。

（1637）天山棘蝇 *Phaonia tianshanensis* Xue, 1998

Phaonia tianshanensis Xue, 1998. *In*: Feng *et al.*, 1998. *In*: Xue *et* Chao, 1998. Flies of China, Vol. 2: 1284. **Type locality:** China: Xinjiang, Road Wuku.

分布（Distribution）：新疆（XJ）。

（1638）次金棘蝇 *Phaonia tiefii subaureola* Xue, Zhang *et* Chen, 1993

Phaonia tiefii subaureola Xue, Zhang *et* Chen, 1993. Acta Zootaxon. Sin. 18 (4): 470. **Type locality:** China: Liaoning, Benxi.

分布（Distribution）：辽宁（LN）。

（1639）饰盾棘蝇 *Phaonia tinctiscutaris* Xue, Zhang *et* Zhu, 2006

Phaonia tinctiscutaris Xue, Zhang *et* Zhu, 2006. Orient. Insects 40: 131. **Type locality:** China: Liaoning.

分布（Distribution）：辽宁（LN）。

（1640）三列棘蝇 *Phaonia triseriata* Emden, 1965

Phaonia triseriata Emden, 1965. Fauna of India and the Adjacent Countries. Diptera 7, Muscidae I: 282. **Type locality:** Myanmar: Kambaita.

分布（Distribution）：浙江（ZJ）；缅甸。

（1641）三鬃酸棘蝇 *Phaonia trisetiacerba* Feng *et* Ma, 2002

Phaonia trisetiacerba Feng *et* Ma, 2002. *In*: Ma, Xue *et* Feng, 2002. Fauna Sinica, Insecta, Vol. 26: 51. **Type locality:** China: Sichuan, Emeishan.

分布（Distribution）：四川（SC）。

（1642）三条棘蝇 *Phaonia tristriolata* Ma *et* Wang, 1992

Phaonia tristriolata Ma *et* Wang, 1992. Acta Zootaxon. Sin. 17 (1): 87. **Type locality:** China: Shanxi, Hunyuan.

分布（Distribution）：山西（SX）。

（1643）瘤叶棘蝇 *Phaonia tuberosurstyla* Deng *et* Feng, 1998

Phaonia tuberosurstyla Deng *et* Feng, 1998. Acta Zootaxon. Sin. 23 (1): 94. **Type locality:** China: Xizang, Zayü.

分布（Distribution）：西藏（XZ）。

（1644）单刺棘蝇 *Phaonia unispina* Xue, Chen *et* Liang, 1993

Phaonia unispina Xue, Chen *et* Liang, 1993. Acta Zootaxon. Sin. 18 (4): 479. **Type locality:** China: Jilin, Changbaishan.

分布（Distribution）：吉林（JL）。

（1645）迷走棘蝇 *Phaonia vagata* Xue *et* Wang, 1985

Phaonia vagata Xue *et* Wang, 1985. *In*: Xue, Wang *et* Zhao, 1985. Zool. Res. 6 (4): 99. **Type locality:** China: Shanxi, Youyu.

分布（Distribution）：山西（SX）。

（1646）迷东棘蝇 *Phaonia vagatiorientalis* Xue, 1998

Phaonia vagatiorientalis Xue, 1998. *In*: Feng *et al.*, 1998. *In*: Xue *et* Chao, 1998. Flies of China, Vol. 2: 1288. **Type locality:** China: Jilin, Manjiang.

分布（Distribution）：吉林（JL）。

（1647）变色棘蝇 *Phaonia varicolor* Wei, 1990

Phaonia varicolor Wei, 1990. Acta Zootaxon. Sin. 15 (4): 495. **Type locality:** China: Guizhou, Suiyang.

分布（Distribution）：贵州（GZ）。

（1648）变斑棘蝇 *Phaonia varimacula* Feng *et* Ma, 2002

Phaonia varimacula Feng *et* Ma, 2002. *In*: Ma, Xue *et* Feng, 2002. Fauna Sinica, Insecta, Vol. 26: 266. **Type locality:** China: Sichuan, Ya'an (Zhougongshan).

分布（Distribution）：四川（SC）。

（1649）变带棘蝇 *Phaonia varimargina* Xue *et* Zhang, 2013

Phaonia varimargina Xue *et* Zhang, 2013a. J. Insect Sci. 13: 14. **Type locality:** China: Xizang.

分布（Distribution）：西藏（XZ）。

（1650）独居棘蝇 *Phaonia vidua* Stein, 1907

Phaonia vidua Stein, 1907b. Annu. Mus. Zool. Acad. Sci. Russ. St.-Pétersb. 12: 322. **Type locality:** China: Xizang.

分布（Distribution）：西藏（XZ）。

（1651）毛背棘蝇 *Phaonia villana* Robineau-Desvoidy, 1830

Phaonia villana Robineau-Desvoidy, 1830. Mém. Prés. Div. Sav. Acad. R. Sci. Inst. Fr. 2 (2): 484. **Type locality:** France.

分布（Distribution）：黑龙江（HL）、辽宁（LN）、台湾（TW）；朝鲜、日本、俄罗斯、保加利亚、瑞士、捷克、斯洛伐克、德国、法国、英国、意大利、爱尔兰、挪威、波兰、瑞典、芬兰。

（1652）毛盾棘蝇 *Phaonia villscutellata* Xue, 2000

Phaonia villscutellata Xue, 2000. Zool. Res. 21 (3): 229. **Type locality:** China: Yunnan, Wuding.

分布（Distribution）：云南（YN）。

（1653）活态棘蝇 *Phaonia vividiformis* Fang, Fan et Feng, 1991

Phaonia vividiformis Fang, Fan *et* Feng, 1991. *In*: Shanghai Institute of Entomology, Academia Sinica, 1991. Contributions from Shanghai Institute of Entomology, Vol. 10: 142. **Type locality:** China: Sichuan, Hanyuan (Jiaodingshan).

分布（Distribution）：四川（SC）。

（1654）常见棘蝇 *Phaonia vulgaris* Shinonaga et Kano, 1971

Phaonia vulgaris Shinonaga *et* Kano, 1971. *In*: Ikada *et al.*, 1971. Fauna Japonica, Muscidae (Insecta: Diptera) I: 201. **Type locality:** Japan: Tokyo.

分布（Distribution）：辽宁（LN）；俄罗斯、朝鲜、日本。

（1655）狸棘蝇 *Phaonia vulpinus* Wu, Fang et Fan, 1988

Phaonia vulpinus Wu, Fang *et* Fan, 1988. J. Med. Coll. PLA 3 (4): 389. **Type locality:** China: Shaanxi, Qinling.

分布（Distribution）：陕西（SN）。

（1656）万佛顶棘蝇 *Phaonia wanfodinga* Feng et Ma, 2002

Phaonia wanfodinga Feng *et* Ma, 2002. *In*: Ma, Xue *et* Feng, 2002. Fauna Sinica, Insecta, Vol. 26: 98. **Type locality:** China: Sichuan, Emeishan (Wanfoding), Ya'an (Erlangshan).

分布（Distribution）：四川（SC）。

（1657）文水棘蝇 *Phaonia wenshuiensis* Zhang, Zhao et Wu, 1985

Phaonia wenshuiensis Zhang, Zhao *et* Wu, 1985. Acta Zootaxon. Sin. 10 (1): 80. **Type locality:** China: Shanxi, Wenshui, Yundingshan.

分布（Distribution）：陕西（SN）。

（1658）武陵棘蝇 *Phaonia wulinga* Xue, 1998

Phaonia wulinga Xue, 1998. *In*: Feng *et al.*, 1998. *In*: Xue *et* Chao, 1998. Flies of China, Vol. 2: 1290. **Type locality:** China: Guizhou, Leigongshan.

分布（Distribution）：贵州（GZ）。

（1659）黄体棘蝇 *Phaonia xanthosoma* Shinonaga et Huang, 2007

Phaonia xanthosoma Shinonaga *et* Huang, 2007. Jpn. J. Syst. Ent. 13 (1): 26. **Type locality:** China: Taiwan.

分布（Distribution）：台湾（TW）。

（1660）西安棘蝇 *Phaonia xianensis* Xue et Cao, 1989

Phaonia xianensis Xue *et* Cao, 1989. Entomotaxon. 11 (1-2): 170. **Type locality:** China: Shaanxi, Taibaishan.

分布（Distribution）：陕西（SN）。

（1661）乡宁棘蝇 *Phaonia xiangningensis* Ma et Wang, 1985

Phaonia xiangningensis Ma *et* Wang, 1985. Acta Zootaxon. Sin. 10 (2): 181. **Type locality:** China: Shanxi, Xiangning, Xiangningshan.

分布（Distribution）：山西（SX）。

（1662）西华棘蝇 *Phaonia xihuaensis* Sun et Feng, 2004

Phaonia xihuaensis Sun *et* Feng, 2004. Chin. J. Vector Biol. & Control 15 (3): 192. **Type locality:** China: Sichuan, Ya'an (Erlangshan).

分布（Distribution）：四川（SC）。

（1663）兴县棘蝇 *Phaonia xingxianensis* Ma et Wang, 1985

Phaonia xingxianensis Ma *et* Wang, 1985. Acta Zootaxon. Sin. 10 (2): 179. **Type locality:** China: Shanxi, Xing Xian.

分布（Distribution）：山西（SX）。

（1664）新荡棘蝇 *Phaonia xinierrans* Feng et Ye, 2009

Phaonia xinierrans Feng *et* Ye, 2009. Acta Parasitol. Med. Entomol. Sin. 16 (3): 168. **Type locality:** China: Xinjiang.

分布（Distribution）：新疆（XJ）。

（1665）西蜀棘蝇 *Phaonia xishuensis* Feng et Ma, 2002

Phaonia xishuensis Feng *et* Ma, 2002. *In*: Ma, Xue *et* Feng, 2002. Fauna Sinica, Insecta, Vol. 26: 113. **Type locality:** China: Sichuan, Ya'an (Zhougongshan).

分布（Distribution）：四川（SC）。

（1666）洗象棘蝇 *Phaonia xixianga* Xue, 1998

Phaonia xixianga Xue, 1998. *In*: Feng *et al.*, 1998. *In*: Xue *et* Chao, 1998. Flies of China, Vol. 2: 1292. **Type locality:** China: Sichuan, Emeishan (Xixiangchi).

分布（**Distribution**）：四川（SC）。

（1667）薛氏棘蝇 *Phaonia xuei* **Wang** *et* **Xu, 1998**

Phaonia xuei Wang *et* Xu, 1998. Acta Zootaxon. Sin. 23 (3): 316. **Type locality:** China: Shanxi, Tianzhen.

分布（**Distribution**）：山西（SX）。

（1668）雅安棘蝇 *Phaonia yaanensis* **Ma, Xue** *et* **Feng, 1998**

Phaonia yaanensis Ma, Xue *et* Feng, 1998. *In*: Feng *et al.*, 1998. *In*: Xue *et* Chao, 1998. Flies of China, Vol. 2: 1295, 1365. **Type locality:** China: Sichuan, Ya'an.

分布（**Distribution**）：四川（SC）。

（1669）鸭绿江棘蝇 *Phaonia yaluensis* **Ma, 1992**

Phaonia yaluensis Ma, 1992. *In*: Fan, 1992. Key to the Common Flies of China, 2nd Ed.: 449. **Type locality:** China: Jilin (Ji'an).

分布（**Distribution**）：黑龙江（HL）、吉林（JL）、辽宁（LN）、山西（SX）。

（1670）阳高棘蝇 *Phaonia yanggaoensis* **Ma** *et* **Wang, 1992**

Phaonia yanggaoensis Ma *et* Wang, 1992. Acta Zootaxon. Sin. 17 (1): 86. **Type locality:** China: Shanxi, Aoshi.

分布（**Distribution**）：山西（SX）。

（1671）叶氏棘蝇 *Phaonia yei* **Feng, 1995**

Phaonia yei Feng, 1995. Sichuan J. Zool. 14 (2): 53. **Type locality:** China: Sichuan, Ya'an (Zhougongshan).

分布（**Distribution**）：四川（SC）。

（1672）鹦歌棘蝇 *Phaonia yinggeensis* **Xue, Wang** *et* **Ni, 1989**

Phaonia yinggeensis Xue, Wang *et* Ni, 1989. Mem. Inst. Oswaldo Cruz, Rio de Janeiro 84 (Suppl. 4): 548. **Type locality:** China: Shaanxi, Taibaishan.

分布（**Distribution**）：陕西（SN）。

（1673）荥经棘蝇 *Phaonia yingjingensis* **Feng** *et* **Ma, 2002**

Phaonia yingjingensis Feng *et* Ma, 2002. *In*: Ma, Xue *et* Feng, 2002. Fauna Sinica, Insecta, Vol. 26: 43. **Type locality:** China: Sichuan, Yingjing.

分布（**Distribution**）：四川（SC）。

（1674）右玉棘蝇 *Phaonia youyuensis* **Xue** *et* **Wang, 1989**

Phaonia youyuensis Xue *et* Wang, 1989. Acta Zootaxon. Sin. 14 (3): 351. **Type locality:** China: Shanxi, Youyu.

分布（**Distribution**）：黑龙江（HL）、山西（SX）。

（1675）玉山棘蝇 *Phaonia yuishanensis* **Shinonaga** *et* **Huang, 2007**

Phaonia yuishanensis Shinonaga *et* Huang, 2007. Jpn. J. Syst. Ent. 13 (1): 24. **Type locality:** China: Taiwan.

分布（**Distribution**）：台湾（TW）。

（1676）亚黄端棘蝇 *Phaonia yunapicalis* **Fang** *et* **Fan, 1998**

Phaonia yunapicalis Fang *et* Fan, 1998 (nom. nov.). *In*: Xue *et* Chao, 1998. Flies of China, Vol. 2: 2288.

Phaonia subapicalis Fang *et* Fan, 1993. *In*: The Comprehensive Scientific Expedition to the Qinghai-Xizang Plateau, Chinese Academy of Sciences, 1993. Insects of the Hengduan Mountains Region, Vol. 2: 1243. **Type locality:** China: Yunnan, Lushui, Pianma.

Phaonia stenostylata: Ma *et* Liu, 1999. *In*: Ma, Liu *et* Xue, 1999. J. Shenyang Teach. Coll. (Nat. Sci.) 17 (2): 46; Ma, Xue *et* Feng, 2002. Fauna Sinica, Insecta, Vol. 26: 123, 128.

分布（**Distribution**）：云南（YN）。

（1677）镰叶棘蝇 *Phaonia zanclocerca* **Feng** *et* **Ma, 2002**

Phaonia zanclocerca Feng *et* Ma, 2002. *In*: Ma, Xue *et* Feng, 2002. Fauna Sinica, Insecta, Vol. 26: 125. **Type locality:** China: Sichuan, Ya'an (Erlangshan).

分布（**Distribution**）：四川（SC）。

（1678）张翔棘蝇 *Phaonia zhangxianggi* **Xue** *et* **Yu, 2015**

Phaonia zhangxianggi Xue *et* Yu, 2015. *In*: Yu *et* Xue, 2015b. Entomol. Fennica 26: 4. **Type locality:** China: Yunnan.

分布（**Distribution**）：云南（YN）。

（1679）张掖棘蝇 *Phaonia zhangyeensis* **Ma** *et* **Wu, 1992**

Phaonia zhangyeensis Ma *et* Wu, 1992. *In*: Fan, 1992. Key to the Common Flies of China, 2nd Ed.: 442. **Type locality:** China: Gansu, Zhangye.

分布（**Distribution**）：甘肃（GS）。

（1680）翅斑棘蝇 *Phaonia zhelochovtsevi* **Zinovjev, 1980**

Dialyta zhelochovtsevi Zinovjev, 1980. Ent. Obozr. 59 (4): 905. **Type locality:** Russia: Yakovlevka.

Phaonia maculobambusa Hsue *et* Wang, 1981. Jour. Zool. Soc. 2: 37. **Type locality:** China: Liaoning.

分布（**Distribution**）：吉林（JL）、辽宁（LN）；俄罗斯。

（1681）周公山棘蝇 *Phaonia zhougongshana* **Ma** *et* **Feng, 2002**

Phaonia zhougongshana Ma *et* Feng, 2002. *In*: Ma, Xue *et*

Feng, 2002. Fauna Sinica, Insecta, Vol. 26: 85. **Type locality:** China: Sichuan, Ya'an (Zhougongshan).

分布（**Distribution**）：四川（SC）。

54. 鼻颜蝇属 *Rhynchomydaea* Malloch, 1922

Rhynchomydaea Malloch, 1922a. Ann. Mag. Nat. Hist. (9) 10: 134. **Type species:** *Mydaea tuberculifacies* Stein, 1909 (by original designation).

（1682）瘤鼻颜蝇 *Rhynchomyadea tuberculifacies* (Stein, 1909)

Mydaea tuberculifacies Stein, 1909. Tijdschr. Ent. 52: 226. **Type locality:** Indonesia: Jawa.

Graphomyia luteicornis Senior-White, 1924. Spolia Zeyl. 12: 405. **Type locality:** Sri Lanka: Suduganga, Matale.

分布（**Distribution**）：云南（YN）；缅甸、斯里兰卡、尼泊尔、印度、印度尼西亚。

55. 华棘蝇属 *Sinophaonia* Xue, 2001

Sinophaonia Xue, 2001. Acta Ent. Sin. 44 (1): 95. **Type species:** *Sinophaonia pectinitibia* Xue, 2001 (monotypy).

（1683）栉胫华棘蝇 *Sinophaonia pectinitibia* Xue, 2001

Sinophaonia pectinitibia Xue, 2001. Acta Ent. Sin. 44 (1): 95. **Type locality:** China: Xinjiang, Kaerdong, Dongkunlun.

分布（**Distribution**）：新疆（XJ）。

邻家蝇亚科 **Reinwardtiinae**

邻家蝇族 Reinwardtiini

56. 腐蝇属 *Muscina* Robineau-Desvoidy, 1830

Muscina Robineau-Desvoidy, 1830. Mém. Prés. Div. Sav. Acad. R. Sci. Inst. Fr. 2 (2): 406. **Type species:** *Musca stabulans* Fallén, 1817 (by designation of Coquillett, 1910).

Blissonia Robineau-Desvoidy, 1863. Hist. Nat. Dipt. Envir. Paris 2: 648. **Type species:** *Muscina fungivora* Robineau-Desvoidy, 1830 (by designation of Hennig, 1962) [= *Musca levida* Harris, 1780].

Pararicia Brauer et Bergenstamm, 1891. Denkschr. Akad. Wiss. Wien. Math.-Naturw. Kl. 58: 391. **Type species:** *Musca pascuorum* Meigen, 1826 (by designation of Brauer, 1893).

Steelea Emden, 1965. Fauna of India and the Adjacent Countries. Diptera 7, Muscidae I: 187, 196. **Type species:** *Steelea pales* Emden, 1965 (by original designation) [= *Musca pascuorum* Meigen, 1826].

（1684）狭额腐蝇 *Muscina angustifrons* (Loew, 1858)

Cyrtoneura angustifrons Loew, 1858a. Wien. Ent. Monatschr.

2: 111. **Type locality:** Japan.

分布（**Distribution**）：黑龙江（HL）、吉林（JL）、辽宁（LN）、河北（HEB）、山西（SX）、山东（SD）、河南（HEN）、陕西（SN）、甘肃（GS）、新疆（XJ）、安徽（AH）、江西（JX）、四川（SC）、广西（GX）；朝鲜、日本、俄罗斯。

（1685）宝兴腐蝇 *Muscina baoxingensis* Feng, 2008

Muscina baoxingensis Feng, 2008. *In*: Fan, 2008. Fauna Sinica, Insecta, Vol. 49: 878. **Type locality:** China: Sichuan, Baoxing, Ya'an, Kangding.

分布（**Distribution**）：四川（SC）。

（1686）日本腐蝇 *Muscina japonica* Shinonaga, 1974

Muscind japonica Shinonaga, 1974. Jpn. J. Sanit. Zool. 25: 118 (as a replacement name for *Muscina nigra* Shinonaga, 1970). **Type locality:** Japan.

Muscind nigra Shinonaga, 1970. Mem. Natn. Sci. Mus. (Tokyo) 3: 239. (a junior secondary homonym of *Anthomyia nigra* Walker, 1849). **Type locality:** Japan: Tsushima, Mt. Shiratake, Mitsushima-chö.

Muscina pascuorum (Meigen, 1826): Kano *et* Okazaki, 1956. Bull. Tokyo Med. Dent. Univ. 3 (2): 137 (nec Meigen, 1826; misidentification).

分布（**Distribution**）：吉林（JL）、辽宁（LN）、河北（HEB）、山西（SX）；韩国、日本。

（1687）肖腐蝇 *Muscina levida* (Harris, 1780)

Musca levida Harris, 1780. Expos. Engl. Ins. 4: 124. **Type locality:** Not given (Sweden. Spain. England).

Musca assimilis Fallén, 1823b. Monogr. Musc. Sveciae V: 56. **Type locality:** Sweden.

Muscina fungivora Robineau-Desvoidy, 1830. Mém. Prés. Div. Sav. Acad. R. Sci. Inst. Fr. 2 (2): 408. **Type locality:** Not given (presumably France: Saint-Sauveur).

Curtonevra apeka Macquart, 1834. Mém. Soc. Sci. Agric. Arts Lille [1833]: 147. **Type locality:** France: "environs de Lille".

Curtonevra nigripalpis Macquart, 1834. Mém. Soc. Sci. Agric. Arts Lille [1833]: 148. **Type locality:** France: "environs de Lille".

Musca borealis Zetterstedt, 1837. Isis (Oken's) 21: 42 (nomen nudum).

Musca borealis Zetterstedt, 1838. Insecta Lapp.: 660. **Type locality:** Sweden: "ad Wittangi Lapponiae borealis, *et* ad Lycksele *et* Wilhelmina Lapponiae meridionalis…Bottnia ad Johannis Ro".

Blissonia caesia Robineau-Desvoidy, 1863. Hist. Nat. Dipt. Envir. Paris 2: 648. **Type locality:** Not given (presumably France: Paris).

Blissonia rustica Robineau-Desvoidy, 1863. Hist. Nat. Dipt. Envir. Paris 2: 649. **Type locality:** Not given (presumably France: Paris).

分布（**Distribution**）：黑龙江（HL）、吉林（JL）、辽宁（LN）、内蒙古（NM）、河北（HEB）、北京（BJ）、山西（SX）、

陕西（SN）、新疆（XJ）、西藏（XZ）；韩国、日本、蒙古国、吉尔吉斯斯坦、塔吉克斯坦、乌兹别克斯坦、哈萨克斯坦、巴基斯坦、俄罗斯、叙利亚、以色列、土耳其、奥地利、阿尔巴尼亚、保加利亚、瑞士、前南斯拉夫、捷克、斯洛伐克、塞浦路斯、德国、丹麦、西班牙、法国、英国、希腊、匈牙利、意大利、爱尔兰、挪威、荷兰、葡萄牙、波兰、罗马尼亚、瑞典、芬兰；非洲（北部）、北美洲。

（1688）长簇腐蝇 *Muscina longifascis* Feng, 2010

Muscina longifascis Feng, 2010. Chin. J. Vector Biol. & Control 21 (5): 476. **Type locality:** China: Sichuan, Mingshan.
分布（Distribution）：四川（SC）。

（1689）牧场腐蝇 *Muscina pascuorum* (Meigen, 1826)

Musca pascuorum Meigen, 1826. Syst. Beschr. Europ. Zweifl. Insekt. 5: 74. **Type locality:** Not given (presumably Germany).
Steelea pales Emden, 1965. Fauna of India and the Adjacent Countries. Diptera 7, Muscidae I: 197. **Type locality:** India: Assam, Mishmi Hills, Delai Valley, Chanliang.
Muscina pascuorum: Robineau-Desvoidy, 1863. Hist. Nat. Dipt. Envir. Paris 2: 644.
分布（Distribution）：黑龙江（HL）、吉林（JL）、辽宁（LN）、内蒙古（NM）、河北（HEB）、山西（SX）、山东（SD）、新疆（XJ）、江苏（JS）、浙江（ZJ）、云南（YN）；印度、日本、蒙古国、韩国、俄罗斯、奥地利、保加利亚、瑞士、前南斯拉夫、捷克、斯洛伐克、德国、丹麦、西班牙、法国、英国、匈牙利、意大利、荷兰、波兰、罗马尼亚、瑞典、芬兰；非洲（北部）、北美洲。

（1690）胖腐蝇 *Muscina prolaspa* (Harris, 1780)

Musca prolaspa Harris, 1780. Expos. Engl. Ins. (5): 139. **Type locality:** Not given (Sweden. Spain. England).
Musca pabulorum Fallén, 1817. K. Svenska Vetensk. Akad. Handl. (3) [1816]: 252. **Type locality:** Sweden: Skåne.
Musca caesia Meigen, 1826. Syst. Beschr. Europ. Zweifl. Insekt. 5: 76. **Type locality:** Austria: "aus".
分布（Distribution）：中国（省份不明）；伊拉克、以色列、日本、阿尔及利亚、埃及、葡萄牙、俄罗斯、奥地利、阿尔巴尼亚、保加利亚、瑞士、前南斯拉夫、捷克、斯洛伐克、德国、塞浦路斯、丹麦、西班牙、法国、英国、希腊、匈牙利、意大利、爱尔兰、挪威、荷兰、波兰、罗马尼亚、瑞典、芬兰；新热带区、新北区。

（1691）厩腐蝇 *Muscina stabulans* (Fallén, 1817)

Musca stabulans Fallén, 1817. K. Svenska Vetensk. Akad. Handl. (3) [1816]: 252. **Type locality:** Sweden: Skåne.
Musca prodeo Harris, 1780. Expos. Engl. Ins. (5): 141 (unavailable name; incorrectly formed).
Anthomyia cinerascens Wiedemann, 1817. Zool. Mag. 1 (1): 79. **Type locality:** Germany: Kiel district.

Muscina grisea Robineau-Desvoidy, 1830. Mém. Prés. Div. Sav. Acad. R. Sci. Inst. Fr. 2 (2): 408. **Type locality:** Not given (presumably France: Saint-Sauveur).
Muscina picaena Robineau-Desvoidy, 1830. Mém. Prés. Div. Sav. Acad. R. Sci. Inst. Fr. 2 (2): 408. **Type locality:** France: Saint-Sauveur.
Mydaea vomiturionis Robineau-Desvoidy, 1849. Ann. Soc. Entomol. Fr. 7 (2): XVIII. **Type locality:** Not given [France: Foulain (Haute-Marne), according to Duméril, 1847. Bull. Acad. R. Med. Paris 12: 214].
分布（Distribution）：黑龙江（HL）、吉林（JL）、辽宁（LN）、内蒙古（NM）、河北（HEB）、天津（TJ）、北京（BJ）、山西（SX）、山东（SD）、河南（HEN）、陕西（SN）、宁夏（NX）、甘肃（GS）、青海（QH）、新疆（XJ）、江苏（JS）、上海（SH）、浙江（ZJ）、江西（JX）、湖北（HB）、四川（SC）、重庆（CQ）、贵州（GZ）、云南（YN）、西藏（XZ）、福建（FJ）、台湾（TW）、广东（GD）；朝鲜、韩国、日本、蒙古国、俄罗斯、吉尔吉斯斯坦、哈萨克斯坦、乌兹别克斯坦、塔吉克斯坦、土库曼斯坦、阿富汗、印度、克什米尔地区、巴基斯坦、土耳其、叙利亚、以色列、澳大利亚、新喀里多尼亚（法）、斐济、瓦努阿图、新西兰、美国、墨西哥、委内瑞拉、智利、巴西、阿根廷、乌拉圭、肯尼亚、南非、奥地利、阿尔巴尼亚、比利时、保加利亚、瑞士、前南斯拉夫、捷克、斯洛伐克、德国、丹麦、西班牙、法国、英国、匈牙利、意大利、爱尔兰、冰岛、马耳他、葡萄牙、挪威、荷兰、波兰、罗马尼亚、瑞典、芬兰。

57. 雀蝇属 *Passeromyia* Rodhain *et* Villeneuve, 1915

Passeromyia Rodhain *et* Villeneuve, 1915. Bull. Soc. Path. Exot. 8 (8): 592. **Type species:** *Muscina heterochaeta* Villeneuve, 1915 (monotypy).

（1692）异芒雀蝇 *Passeromyia heterochaeta* (Villeneuve, 1915)

Muscina heterochaeta Villeneuve, 1915. Bull. Soc. Ent. Fr. 8: 225. **Type locality:** Zambia: Chilanga.
分布（Distribution）：四川（SC）、云南（YN）、台湾（TW）、广东（GD）；缅甸、斯里兰卡、印度、印度尼西亚、肯尼亚、坦桑尼亚、乌干达、布隆迪、马拉维、赞比亚、博茨瓦纳、南非、刚果（金）、喀麦隆、尼日利亚、塞内加尔。

58. 综蝇属 *Synthesiomyia* Brauer *et* Bergenstamm, 1893

Synthesiomyia Brauer *et* Bergenstamm, 1893. Denkschr. Akad. Wiss. Wien. Math.-Naturw. Kl. 60 (3): 96, 110, 178. **Type species:** *Synthesiomyia brasiliana* Brauer *et* Bergenstamm, 1893 (by original designation) [= *Cyrtoneura nudiseta* Wulp, 1883].

（1693）裸芒综蝇 *Synthesiomyia nudiseta* (van der Wulp, 1883)

Cyrtoneura nudiseta van der Wulp, 1883. Tijdschr. Ent. 26: 42. **Type locality:** Agentina.

Synthesiomyia brasiliana Brauer *et* Bergenstamm, 1893. Denkschr. Akad. Wiss. Wien. Math.-Naturw. Kl. 60 (3): 96.

Gymnostylina schmitzi Becker, 1908. Mitt. Zool. Mus. Berl. 4: 196. **Type locality:** Not given (from title: Madeira).

分布（Distribution）： 辽宁（LN）、上海（SH）、湖南（HN）、福建（FJ）、台湾（TW）、广东（GD）；日本、文莱、印度、埃及、塞舌尔、马德拉群岛、加那利群岛、佛得角、关岛（美）、美国、巴布亚新几内亚、澳大利亚、瓦努阿图、斐济、萨摩亚、汤加、法国、智利、墨西哥、尼加拉瓜、牙买加、圣多明各、波多黎各（美）、特立尼达和多巴哥、厄瓜多尔、委内瑞拉、圭亚那、巴西、玻利维亚、阿根廷、巴拉圭；非洲热带区。

螫蝇亚科 Stomoxyinae

角蝇族 Haematobiini

59. 角蝇属 *Haematobia* Le Peletier *et* Serville, 1828

Haematobia Le Peletier *et* Serville, 1828. *In*: Latreille *et al.*, 1828. Encycl. Méth. Hist. Nat. 10 (2): 499 (as a subgenus of *Stomoxys* Geoffroy, 1762). **Type species:** *Conops irritans* Linnaeus, 1758 (by designation of Westwood, 1840, as validated by ICZN, 1974).

Lyperosia Rondani, 1856. Dipt. Ital. Prodromus, Vol. I: 93. **Type species:** *Conops irritans* Linnaeus, 1758 (by original designation).

Priophora Robineau-Desvoidy, 1863. Hist. Nat. Dipt. Envir. Paris 2: 611. **Type species:** *Haematobia serrata* Robineau-Desvoidy, 1830 (monotypy) [= *Haematobia irritans* Linnaeus, 1758].

Siphona: authors, not Meigen.

（1694）东方角蝇 *Haematobia exigua* de Meijere, 1903

Haematobia exigua de Meijere, 1903. Proefstn Oost-Java (3) 44: 17. **Type locality:** Indonesia: Jawa.

Lyperosia flavohirta Brunetti, 1910. Rec. India Mus. 4: 89. **Type locality:** Burma: Kawkareik.

分布（Distribution）： 新疆（XJ）、西藏（XZ）、香港（HK）、澳门（MC）；日本、朝鲜、俄罗斯、马来西亚、印度、菲律宾、越南、美国、密克罗尼西亚、塞舌尔、印度尼西亚、缅甸。

（1695）西方角蝇 *Haematobia irritans* (Linnaeus, 1758)

Conops irritans Linnaeus, 1758. Syst. Nat. Ed. 10 (1): 604.

Type locality: Not given (presumably Sweden).

Stomoxys pungens Fabricius, 1787. Mantissa Insectorum [2]: 362. **Type locality:** "in Europa".

Haematobia serrata Robineau-Desvoidy, 1830. Mém. Prés. Div. Sav. Acad. R. Sci. Inst. Fr. 2 (2): 389. **Type locality:** France: Lyon.

Haematobia tibialis Robineau-Desvoidy, 1830. Mém. Prés. Div. Sav. Acad. R. Sci. Inst. Fr. 2 (2): 389. **Type locality:** France: Lyon.

Lyperosia meridionalis Strobl, 1893a. Wien. Ent. Ztg. 12: 104 (unavailable, published in synonymy with *irritans* Linnaeus).

Lyperosia meridionalis Bezzi, 1911. Archs Parasit. 15: 135. **Type locality:** alities: Italy. Roumania. America: New Jersey and Texas, Riverton.

Lyperosia weissi Bezzi, 1911. Archs Parasit. 15: 135. **Type locality:** Tunisia: Djerba I.

分布（Distribution）： 新疆（XJ）；朝鲜、日本、俄罗斯、伊朗、伊拉克、土耳其、以色列、比利时、保加利亚、捷克、斯洛伐克、德国、丹麦、西班牙、法国、英国、希腊、匈牙利、意大利、荷兰、波兰、罗马尼亚、瑞典、芬兰、前南斯拉夫、密克罗尼西亚、夏威夷群岛；非洲（北部）。

（1696）微小角蝇 *Haematobia minuta* (Bezzi, 1892)

Lyperosia minuta Bezzi, 1892. Annali Mus. Civ. Stor. Nat. Giacomo Doria (2) 12: 192. **Type locality:** Somalia.

分布（Distribution）： 广东（GD）、海南（HI）；泰国、印度、斯里兰卡、伊朗、伊拉克、巴勒斯坦、西班牙、苏丹、马拉维、阿拉伯半岛（西南部）、索马里。

（1697）截脉角蝇 *Haematobia titilans* (Bezzi, 1907)

Lyperosia titilans Bezzi, 1907. Rc. Ist. Lomb. Sci. Lett. (2) 40: 454. **Type locality:** Italy.

Haphospatha equine Enderlein, 1928. Z. Angew. Ent. 14: 364. **Type locality:** Poland: Bromberg. Yugoslavia, Deliblàt.

Haphospatha latirostris Enderlein, 1928. Z. Angew. Ent. 14: 367. **Type locality:** ality: France: Corsica.

Haphospatha bovina Peus, 1937. Z. Angew. Ent. 24: 152. **Type locality:** Former Soviet Union: Riga, Duna-Aa Canal.

Haphospatha scolopax Peus, 1937. Z. Angew. Ent. 24: 152. **Type locality:** Roumania: Bàziàs.

分布（Distribution）： 黑龙江（HL）、吉林（JL）、辽宁（LN）、内蒙古（NM）、陕西（SN）、青海（QH）、新疆（XJ）；蒙古国、俄罗斯、乌克兰、乌兹别克斯坦、哈萨克斯坦、塔吉克斯坦、土库曼斯坦、拉脱维亚、土耳其、保加利亚、德国、西班牙、法国、希腊、匈牙利、意大利、波兰、罗马尼亚、前南斯拉夫。

60. 血喙蝇属 *Haematobosca* Bezzi, 1907

Haematobosca Bezzi, 1907. Z. Syst. Hymenopt. Dipt. 7: 414. **Type species:** *Haematobia atripalpis* Bezzi, 1895 (by original designation).

Bdellolarynx Austen, 1909. Ann. Mag. Nat. Hist. (8) 3: 290. **Type species:** *Bdellolarynx sanguinolentus* Austen, 1909 (by original designation).

Lyperosiops Townsend, 1912. Proc. Ent. Soc. Wash. 14: 47. **Type species:** *Stomoxys stimulans* Meigen, 1824 (by original designation).

（1698）长毛血喙蝇 *Haematobosca atripalpis* (Bezzi, 1895)

Haematobia atripalpis Bezzi, 1895. Bull. Soc. Ent. Ital. 27: 60. **Type locality:** Italy.

Haematobia impunctata Bezzi, 1895. Bull. Soc. Ent. Ital. 27: 61. **Type locality:** Not given (published in synonymy with *atripalpis* Bezzi).

分布（**Distribution**）：新疆（XJ）；俄罗斯、吉尔吉斯斯坦、土库曼斯坦、乌克兰、土耳其、罗马尼亚、前南斯拉夫、阿尔巴尼亚、保加利亚、意大利、匈牙利、西班牙、希腊、法国、英国。

（1699）骚血喙蝇 *Haematobosca perturbans* (Bezzi, 1907)

Siphona perturbans Bezzi, 1907. Rc. Ist. Lomb. Sci. Lett. (2) 40: 451. **Type locality:** China: Hebei, Tangshan.

分布（**Distribution**）：黑龙江（HL）、吉林（JL）、辽宁（LN）、内蒙古（NM）、河北（HEB）、天津（TJ）、北京（BJ）、山西（SX）、河南（HEN）、陕西（SN）；朝鲜、俄罗斯[符拉迪沃斯托克（海参崴）]。

（1700） 刺血喙蝇 *Haematobosca sanguinolenta* (Austen, 1909)

Bdellolarynx sanguinolenta Austen, 1909. Ann. Mag. Nat. Hist. (8) 3: 290. **Type locality:** India: Kolkata.

Haematobia nudinervis Stein, 1918. Ann. Hist.-Nat. Mus. Natl. Hung. 16: 150. **Type locality:** Taihorin: Polisha, Kosempo and Formosa, Kankau.

Haematobia rufipes Stein, 1918. Ann. Hist.-Nat. Mus. Natl. Hung. 16: 151. **Type locality:** Formosa: Polisha.

Stomoxys chinensis Patton, 1933. Ann. Trop. Med. Paras. 27: 503, 517, 534. **Type locality:** China: Shantung, Tsinan.

Haematobia aculeate Séguy, 1935c. Encycl. Ent. (B) II Dipt. 8: 50. **Type locality:** China: Tchen-Kiang. *sinensis*, error.

分布（**Distribution**）：几乎遍布全国；朝鲜、日本、泰国、越南、老挝、柬埔寨、缅甸、印度、尼泊尔、菲律宾、印度尼西亚、斯里兰卡、密克罗尼西亚。

（1701） 刺扰血喙蝇 *Haematobosca stimulans* (Meigen, 1824)

Stomoxys stimulans Meigen, 1824. Syst. Beschr. Europ. Zweifl. Insekt. 4: 161. **Type locality:** Germany.

Stomoxys melanogaster Wiedemann, 1824. Syst. Beschr. Europ. Zweifl. Insekt. 4: 163. **Type locality:** Austria.

Haematobia ferox Robineau-Desvoidy, 1830. Mém. Prés. Div.

Sav. Acad. R. Sci. Inst. Fr. 2 (2): 388. **Type locality:** France: Saint-Sauveur.

Haematobia geniculata Robineau-Desvoidy, 1830. Mém. Prés. Div. Sav. Acad. R. Sci. Inst. Fr. 2 (2): 388. **Type locality:** France: Paris.

Haematobia vernalis Robineau-Desvoidy, 1863. Hist. Nat. Dipt. Envir. Paris 2: 610. **Type locality:** Not given (from title: France: Paris District).

Haematobia crassipalpis Ringdahl, 1926. Ent. Tidskr. 4 (7): 102. **Type locality:** Sweden: Jämtland, Mt. Vällista.

分布（**Distribution**）：新疆（XJ）；蒙古国、尼泊尔、印度（北部）、土耳其、奥地利、阿尔巴尼亚、比利时、保加利亚、瑞士、德国、丹麦、西班牙、法国、瑞典。

螫蝇族 Stomoxyini

61. 螫蝇属 *Stomoxys* Geoffroy, 1762

Stomoxys Geoffroy, 1762. Hist. Abreg. Insect. Paris 2: 449, 538. **Type species:** *Conops calcitrans* Linnaeus, 1758 (by designation of ICZN, 1957).

Stomoxis, error.

（1702） 厩螫蝇 *Stomoxys calcitrans* (Linnaeus, 1758)

Conops calcitrans Linnaeus, 1758. Syst. Nat. Ed. 10 (1): 604. **Type locality:** Sweden.

Musca pungens De Geer, 1776. Mém. Pour Serv. Hist. Insect. 6: 78 (unjustified replacement name for *Conops calcitrans* Linnaeus).

Stomoxys parasite Fabricius, 1781. Species Insect. 2: 467. **Type locality:** Not given (North America, see Fabricius, 1805. Syst. Antliat.: 280).

Stomoxys tessellata Fabricius, 1794. Ent. Syst. 4: 395. **Type locality:** German Federal Republic "Kiliae" [= Kiel].

Stomoxis pungens Robineau-Desvoidy, 1830. Mém. Prés. Div. Sav. Acad. R. Sci. Inst. Fr. 2 (2): 386. **Type locality:** France.

Stomoxis aculcata Robineau-Desvoidy, 1830. Mém. Prés. Div. Sav. Acad. R. Sci. Inst. Fr. 2 (2): 386. **Type locality:** France: La Rochelle.

Stomoxis infesta Robineau-Desvoidy, 1830. Mém. Prés. Div. Sav. Acad. R. Sci. Inst. Fr. 2 (2): 387. **Type locality:** France: Saint-Sauveur.

Stomoxis claripennis Robineau-Desvoidy, 1863. Hist. Nat. Dipt. Envir. Paris 2: 604. **Type locality:** Not given (from title: France: Paris District).

Stomoxis chrysocephala Robineau-Desvoidy, 1863. Hist. Nat. Dipt. Envir. Paris 2: 604. **Type locality:** Not given (from title: France: Paris District).

Stomoxis flavescens Robineau-Desvoidy, 1863. Hist. Nat. Dipt. Envir. Paris 2: 604. **Type locality:** Not given (from title: France: Paris District).

Stomoxis vulnerans Robineau-Desvoidy, 1863. Hist. Nat. Dipt.

Envir. Paris 2: 604. **Type locality:** Not given (from title: France: Paris District).

Stomoxis minuta Robineau-Desvoidy, 1863. Hist. Nat. Dipt. Envir. Paris 2: 604. **Type locality:** Not given (from title: France: Paris District).

Stomoxis rubrifrons Robineau-Desvoidy, 1863. Hist. Nat. Dipt. Envir. Paris 2: 604. **Type locality:** Not given (from title: France: Paris District).

Stomoxis cunctans Robineau-Desvoidy, 1863. Hist. Nat. Dipt. Envir. Paris 2: 607. **Type locality:** France: Nice.

Stomoxis aurifacies Robineau-Desvoidy, 1863. Hist. Nat. Dipt. Envir. Paris 2: 607. **Type locality:** France: Nice.

Stomoxis praecox Robineau-Desvoidy, 1863. Hist. Nat. Dipt. Envir. Paris 2: 607. **Type locality:** France: Nice.

Stomoxys griseiceps Becker, 1908. Mitt. Zool. Mus. Berl. 4: 195. **Type locality:** Not given (from title: Portugal: Madeira).

分布（Distribution）：中国广布；世界广布。

（1703）印度螫蝇 *Stomoxys indicus* **Picard, 1908**

Stomoxys indicus Picard, 1908. Bull. Soc. Ent. Fr. 1908: 20. **Type locality:** India.

Stomoxys limbata Austen, 1909. Ann. Mag. Nat. Hist. (8) 3: 292. **Type locality:** India: W Bengal, Calcutta.

Stomoxys pusilla Austen, 1909. Ann. Mag. Nat. Hist. (8) 3: 293. **Type locality:** India: Uttar Pradesh, Allāhābād.

Stomoxys triangularis Brunetti, 1910. Rec. India Mus. 4: 77. **Type locality:** India: Kerala, Maddathorai.

Stomoxys pratti Summers, 1911. Ann. Mag. Nat. Hist. (8) 8: 238. **Type locality:** Malaysia: Malaya, Lumpur, Kuala (presumed; not stated).

Stomoxys discalis Malloch, 1932. Ann. Mag. Nat. Hist. (10) 9: 425. **Type locality:** Sabah, nr. Sandakan, Bettotan.

Stomoxys latipennis Karl, 1935. Arb. Morph. Taxon. Ent. 2: 30. **Type locality:** China: Taiwan, Hoozan.

Stomoxys hastate Séguy, 1935c. Encycl. Ent. (B) II Dipt. 8: 42. **Type locality:** Vietnam: Saigon.

分布（Distribution）：河北（HEB）、天津（TJ）、北京（BJ）、山西（SX）、山东（SD）、河南（HEN）、陕西（SN）、宁夏（NX）、甘肃（GS）、江苏（JS）、上海（SH）、浙江（ZJ）、江西（JX）、湖南（HN）、湖北（HB）、四川（SC）、贵州（GZ）、云南（YN）、福建（FJ）、台湾（TW）、广东（GD）、广西（GX）、海南（HI）；日本、越南、印度、缅甸、泰国、斯里兰卡、菲律宾、印度尼西亚、马来西亚、斐济、萨摩亚、美国、密克罗尼西亚。

（1704）南螫蝇 *Stomoxys sitiens* **Rondani, 1873**

Stomoxys sitiens Rondani, 1873. Annali Mus. Civ. Stor. Nat. Giacomo Doria 4: 288. **Type locality:** Ethiopia.

Stomoxys dubitalis Malloch, 1932. Ann. Mag. Nat. Hist. (10) 9: 426. **Type locality:** Malaysia: Malaya (Upper Perak).

Stomoxys separabilis Séguy, 1935c. Encycl. Ent. (B) II Dipt. 8:

45. **Type locality:** Singapore.

分布（Distribution）：云南（YN）、福建（FJ）、台湾（TW）、广东（GD）、广西（GX）、海南（HI）、香港（HK）；泰国、老挝、马来西亚、新加坡、缅甸、印度、斯里兰卡、菲律宾、埃及、埃塞俄比亚、尼日利亚、冈比亚、佛得角、阿拉伯半岛（西南部）。

（1705）琉球螫蝇 *Stomoxys uruma* **Shinonaga** *et* **Kano, 1966**

Stomoxys uruma Shinonaga *et* Kano, 1966. Jpn. J. Sanit. Zool. 17 (3): 161. **Type locality:** Japan: Ryūkyū-guntō.

分布（Distribution）：台湾（TW）、广东（GD）、海南（HI）、香港（HK）；日本、印度、越南、泰国。

粪蝇科 Scathophagidae

粪蝇亚科 Scathophaginae

皂粪蝇族 Amaurosomini

1. 米粪蝇属 *Miroslava* Šifner, 1999

Miroslava Šifner, 1999. Folia Heyrovskyana 7: 54. **Type species:** *Miroslava montana* Šifner, 1999 (by original designation).

（1）伊特卡米粪蝇 *Miroslava jitkae* Šifner, 1999

Miroslava jitkae Šifner, 1999. Folia Heyrovskyana 7: 56. **Type locality:** China: Yunnan, "Xue Shan near Zhongdian". 分布（Distribution）：云南（YN）。

（2）山林米粪蝇 *Miroslava montana* Šifner, 1999

Miroslava montana Šifner, 1999. Folia Heyrovskyana 7: 54. **Type locality:** China: Yunnan, "Xue Shan near Zhongdian". 分布（Distribution）：云南（YN）。

2. 穗蝇属 *Nanna* Strobl, 1894

Nanna Strobl, 1894a. Mitt. Naturwiss. Ver. Steiermark 30 (1893): 77 (as a subgenus of *Cordilura* Fallén, 1810b). **Type species:** *Cordylura flavipes* Fallén, 1819 (by designation of Vockeroth, 1965).

Amaurosoma Becker, 1894. Berl. Ent. Z. 39: 109. **Type species:** *Cordylura flavipes* Fallén, 1819 (by original designation).

Pselaphephila Becker, 1894. Berl. Ent. Z. 39: 122. **Type species:** *Pselaphephila loewi* Becker, 1894 (monotypy).

（3）黄穗蝇 *Nanna flavipes* (Fallén, 1819)

Cordylura flavipes Fallén, 1819. Scatomyzidae Sveciae: 9. **Type locality:** Sweden: "ad lacum Gyllebo Scaniae".

Cleigastra frontalis Macquart, 1835. Hist. Nat. Ins., Dipt. 2: 387. **Type locality:** France: "Du nord de la France".

Cordylura trilineata Meigen, 1838. Syst. Beschr. Europ. Zweifl. Insekt. 1: 341. **Type locality:** Not given.

Amaurosoma minuta Becker, 1894. Berl. Ent. Z. 39: 116. **Type locality:** Latvia or Estonia: "Livland".

Amaurosoma multisetosum Hackman, 1956. Fauna Fennica 2: 16. **Type locality:** Finland: Nyland, "N: Helsinge".

分布（**Distribution**）：四川（SC）；俄罗斯、蒙古国；欧洲。

（4）青稞穗蝇 *Nanna truncatum* Fan, 1976

Nanna truncata Fan, 1976. Acta Ent. Sin. 19 (2): 228. **Type locality:** China: Qinghai, "Shi-ning, Hwu-zhu, Chinghai Province".

分布（**Distribution**）：青海（QH）。

盖粪蝇族 Cleigastrini

3. 诹访粪蝇属 *Suwaia* Šifner, 2009

Suwaia Šifner, 2009 Acta Ent. Mus. Natl. Prag. 49 (1): 290. **Type species:** *Parallelomma longicornis* Hendel, 1913 (by designation of Šifner, 2009).

（5）长谷诹访粪蝇 *Suwaia longicornis* (Hendel, 1913)

Parallelomma longicornis Hendel, 1913. Suppl. Ent. 2: 77. **Type locality:** China: Taiwan, "Hoozan".

分布（**Distribution**）：台湾（TW）。

理粪蝇族 Cordilurini

4. 理粪蝇属 *Cordilura* Fallén, 1810

Cordilura Fallén, 1810b. Berlingianis, Lund: 15. **Type species:** *Musca pubera* Linnaeus, 1758 (monotypy, misidentified) [= *Cordilura rufimana* Meigen, 1826].

Mosina Robineau-Desvoidy, 1830. Mém. Prés. Div. Sav. Acad. R. Sci. Inst. Fr. 2 (2): 670. **Type species:** *Musca pubera* Linnaeus, 1758 (monotypy, misidentified) [= *Cordilura rufimana* Meigen, 1826].

Paratidia Malloch, 1931a. Ann. Mag. Nat. Hist. (10) 8: 432. **Type species:** *Acicephala intermedia* Curran, 1927 (by designation of Malloch, 1931).

（6）肿腿理粪蝇 *Cordilura femoralis* Sun, 1993

Cordilura femoralis Sun, 1993. Sinozool. 5: 437. **Type locality:** China: Heilongjiang, Tangwanghe, Yichun.

分布（**Distribution**）：黑龙江（HL）。

（7）黑额理粪蝇 *Cordilura nigrifrons* Sun, 1993

Cordilura nigrifrons Sun, 1993. Sinozool. 5: 438. **Type locality:** China: Sichuan, Emeishan.

分布（**Distribution**）：四川（SC）。

（8）毛理粪蝇 *Cordilura pubera* (Linnaeus, 1758)

Musca pubera Linnaeus, 1758. Syst. Nat. Ed. 10 (1): 598 (misidentification). **Type locality:** "Habitat in Europa [= found in Europe]".

Cordylura rufipes Meigen, 1826. Syst. Beschr. Europ. Zweifl. Insekt. 5: 232. **Type locality:** England.

Musca asiliformis Stephens, 1829a. Nomencl. Brit. Ins. 2: 311 (unavailable name).

Mosina dejeani Robineau-Desvoidy, 1830. Mém. Prés. Div. Sav. Acad. R. Sci. Inst. Fr. 2 (2): 671. **Type locality:** France.

Mosina latreillei Robineau-Desvoidy, 1830. Mém. Prés. Div. Sav. Acad. R. Sci. Inst. Fr. 2 (2): 671. **Type locality:** France.

分布（**Distribution**）：北京（BJ）、新疆（XJ）；俄罗斯、蒙古国；欧洲。

（9）逊理粪蝇 *Cordilura pudica* Meigen, 1826

Cordylura pudica Meigen, 1826. Syst. Beschr. Europ. Zweifl. Insekt. 5: 231. **Type locality:** Not given.

Cordylura geniculata Zetterstedt, 1846. Dipt. Scand. 5: 1997. **Type locality:** Sweden.

Cordylura alberta Curran, 1929. Can. Entomol. 61 (6): 132. **Type locality:** Canada: Alberta, "Banff, Alta".

分布（**Distribution**）：黑龙江（HL）；俄罗斯；欧洲、北美洲。

5. 米兰粪蝇属 *Milania* Šifner, 2010

Milania Šifner, 2010. Acta Ent. Mus. Natl. Prag. 50 (2): 610. **Type species:** *Norellisoma agrion* Séguy, 1948 (by designation of Šifner, 2010).

（10）长腹米兰粪蝇 *Milania longiabdominum* (Sun, 1992)

Norellia longiabdomina Sun, 1992. Sinozool. 4: 336. **Type locality:** China: Sichuan, Emeishan.

Milania longiabdominum: Šifner, 2010. Acta Ent. Mus. Natl. Prag. 50 (2): 612.

分布（**Distribution**）：四川（SC）；日本。

6. 诺粪蝇属 *Norellisoma* Wahlgren, 1917

Norellisoma Wahlgren, 1917. Svensk Insektfauna 11: 148. **Type species:** *Cordylura spinimana* Fallén, 1819 (by designation of Vockeroth, 1965).

Norellisoma Hendel, 1910. Wien. Ent. Ztg. 29: 308 (nomen nudum).

（11）刺腹诺粪蝇 *Norellisoma spinimanum* (Fallén, 1819)

Cordylura spinimana Fallén, 1819. Scatomyzidae Sveciae: 7. **Type locality:** Sweden: "Habitat passim in Scania [= lives across Skåne]".

Musca semiflava Panzer, 1798. Faunae insectorum germanicae initia oder Deutschlands Insecten, Fasc. 59: 19. **Type locality:** Not given.

Cordylura armipes Meigen, 1826. Syst. Beschr. Europ. Zweifl. Insekt. 5: 234. **Type locality:** Not given.

Cordylura flavicauda Meigen, 1826. Syst. Beschr. Europ. Zweifl. Insekt. 5: 235. **Type locality:** Not given.

Cordylura ruficauda Zetterstedt, 1838. Insecta Lapp.: 733. **Type locality:** Norway: "Hab. in Dowre [= Dovre]".

Cordylura flava von Roser, 1840. Correspondenzbl. K. Württemb. Landw. Ver., Stuttgart 37 [= N. S. 17] (1): 59. **Type locality:** Germany: "Württemberg".

Cordylura zetterstedti Gimmerthal, 1846. Korresp Bl. Naturf. Ver. Riga 1: 104. **Type locality:** Latvia: "Kurland".

Norellia roserii Rondani, 1867. Atti Soc. Ital. Sci. Nat. Milano 10: 101. **Type locality:** Germany.

Norellia occidentalis Malloch, 1919. Proc. Calif. Acad. Sci. 4 (9): 311. **Type locality:** USA: Oregon, Corvalis.

Norellisoma septentrionalis Hendel, 1930. Ark. Zool. 21A (18): 2. **Type locality:** Russia: "Kamtschatka [= Kamchatka], Petropavlovsk".

分布（Distribution）：吉林（JL）；俄罗斯；欧洲、北美洲。

（12）小纹诺粪蝇 *Norellisoma striolatum* (Meigen, 1826)

Cordylura striolata Meigen, 1826. Syst. Beschr. Europ. Zweifl. Insekt. 5: 235. **Type locality:** Italy. England.

分布（Distribution）：四川（SC）；乌克兰；欧洲。

（13）角板诺粪蝇 *Norellisoma triangulum* (Sun, 1992)

Norellia triangula Sun, 1992. Sinozool. 4: 336. **Type locality:** China: Sichuan; Xizang, Yadong.

分布（Distribution）：四川（SC）、西藏（XZ）。

7. 齐粪蝇属 *Parallelomma* Becker, 1894

Parallelomma Becker, 1894. Berl. Ent. Z. 39: 94. **Type species:** *Cordylura albipes* Fallén, 1819 (by original designation).

（14）白颈齐粪蝇 *Parallelomma albamentum* (Séguy, 1962)

Chylizosoma albamentum Séguy, 1962. Bull. Mus. Natl. Hist. Nat. (2) 34 (6): 453. **Type locality:** China: Gansu.

分布（Distribution）：甘肃（GS）；日本、俄罗斯；欧洲、北美洲。

（15）鲁索夫齐粪蝇 *Parallelomma belousovi* Ozerov, 2012

Parallelomma belousovi Ozerov, 2012. Far East. Ent. 244: 5.

Type locality: China: Sichuan, "SW Pingchuan Town".

分布（Distribution）：四川（SC）。

（16）中国齐粪蝇 *Parallelomma chinensis* Ozerov, 2012

Parallelomma chinensis Ozerov, 2012. Far East. Ent. 244: 4. **Type locality:** China: Sichuan, "SW Mianning Town".

分布（Distribution）：四川（SC）。

（17）卡巴克齐粪蝇 *Parallelomma kabaki* Ozerov, 2012

Parallelomma kabaki Ozerov, 2012. Far East. Ent. 244: 7. **Type locality:** China: Sichuan, "SW Pingchuan Town".

分布（Distribution）：四川（SC）。

（18）劳特罗齐粪蝇 *Parallelomma lautereri* Šifner, 2002

Parallelomma lautereri Šifner, 2002. Acta Musei Moraviae, Scientiae Biologicae 87: 83. **Type locality:** China: Shaanxi, Qinling Mts., Xunyangba, 6 km E.

分布（Distribution）：陕西（SN）。

（19）黑胸齐粪蝇 *Parallelomma melanothorax* Ozerov, 2012

Parallelomma melanothorax Ozerov, 2012. Far East. Ent. 244: 2. **Type locality:** China: Sichuan, "SW Mianning Town".

分布（Distribution）：四川（SC）。

8. 长角粪蝇属 *Phrosia* Robineau-Desvoidy, 1830

Phrosia Robineau-Desvoidy, 1830. Mém. Prés. Div. Sav. Acad. R. Sci. Inst. Fr. 2 (2): 668. **Type species:** *Phrosia scirpi* Robineau-Desvoidy, 1830 (by monotypy).

（20）白毛长角粪蝇 *Phrosia albilabris* (Fabricius, 1805)

Ocyptera albilabris Fabricius, 1805. Syst. Antliat.: 315. **Type locality:** Austria: "Hab. in Austria".

Phrosia scirpi Robineau-Desvoidy, 1830. Mém. Prés. Div. Sav. Acad. R. Sci. Inst. Fr. 2 (2): 669. **Type locality:** France: canton Saint-Sauveur, department Yonne.

Cordylura albofasciata Gimmerthal, 1846. Korresp Bl. Naturf. Ver. Riga 1: 104. **Type locality:** Latvia: "Kurland".

分布（Distribution）：新疆（XJ）；俄罗斯、阿尔及利亚、阿塞拜疆；欧洲。

瘦颜粪蝇族 Microprosopini

9. 广粪蝇属 *Megaphthalmoides* Ringdahl, 1936

Megaphthalmoides Ringdahl, 1936. Not. Ent. 57: 179. **Type** species: *Cordylura unilineata* Zetterstedt, 1838 (by original designation).

（21）黑角广粪蝇 *Megaphthalmoides nigroantennatus* Ozerov, 2012

Megaphthalmoides nigroantennatus Ozerov, 2012. Far East. Ent. 244: 8. **Type locality:** China: Sichuan, "SW Mianning Town".

分布（**Distribution**）：四川（SC）。

粪蝇族 Scathophagini

10. 粉胸粪蝇属 *Coniosternum* Becker, 1894

Coniosternum Becker, 1894. Berl. Ent. Z. 39: 176. **Type species:** *Cordylura obscura* Fallén, 1819 (by original designation).

（22）底下粪蝇 *Coniosternum infumatum* Becker, 1907

Coniosternum infumatum Becker, 1907. Annu. Mus. Zool. Acad. Sci. Russ. St.-Pétersb. 12 (3): 256. **Type locality:** China: Tibet, "I-tschu" River.

分布（**Distribution**）：西藏（XZ）。

（23）卡氏粉胸粪蝇 *Coniosternum kaszabi* Šifner, 1975

Coniosternum kaszabi Šifner, 1975. Ann. Hist.-Nat. Mus. Natl. Hung. 67: 224. **Type locality:** Mongolia: Bajan Chongor Aimak, Oase Echin gol.

分布（**Distribution**）：中国（省份不明）；蒙古国。

11. 粪蝇属 *Scathophaga* Meigen, 1803

Scathophaga Meigen, 1803. Mag. Insektenkd. 2: 277. **Type species:** *Musca merdaria* Fabricius, 1794 (monotypy).
Scatophaga Fabricius, 1805. Syst. Antliat.: 203 (unjustified emendation of *Scathophaga* Meigen, 1803).
Scopeuma Meigen, 1800. Nouve. Class.: 36. **Type species:** *Musca merdaria* Fabricius, 1794 (by designation of Coquillett, 1901).
Pyropa Illiger, 1807. Favna Etrvsca (Ed. 2): 475. **Type species:** *Musca stercoraria* Linnaeus, 1758 (by designation of Vockeroth, 1965).
Scatomyza Fallén, 1810b. Scatomyzidae Sveciae: 15. **Type species:** *Musca scybalaria* Linnaeus (by designation of Lucas, 1848).
Amina Robineau-Desvoidy, 1830. Mém. Prés. Div. Sav. Acad. R. Sci. Inst. Fr. 2 (2): 629. **Type species:** *Amina parisiensis* Robineau-Desvoidy, 1830 (monotypy).
Scatina Robineau-Desvoidy, 1830. Mém. Prés. Div. Sav. Acad. R. Sci. Inst. Fr. 2 (2): 629. **Type species:** *Scatina claripennis* Robineau-Desvoidy, 1830 (monotypy).
Pseudopogonota Malloch, 1920b. Proc. Ent. Soc. Wash. 22:

35. **Type species:** *Psedopogonota aldrichi* Malloch, 1920 (by original designation).
Scatophagella Szilády, 1926. Ann. Hist.-Nat. Mus. Natl. Hung. 24: 596. **Type species:** *Scatophagella pubescens* Szilády, 1926 (by original designation).

（24）白毛粪蝇 *Scathophaga albidohirta* (Becker, 1907)

Scathophaga albidohirta Becker, 1907. Annu. Mus. Zool. Acad. Sci. Russ. St.-Pétersb. 12 (3): 254. **Type locality:** China: Tibet.

分布（**Distribution**）：西藏（XZ）；土库曼斯坦。

（25）长翅粪蝇 *Scathophaga amplipennis* (Portschinsky, 1887)

Scathophaga amplipennis Portschinsky, 1887a. Horae Soc. Ent. Ross. 21: 199. **Type locality:** China: Tibet, "Chuanche Mts.".

分布（**Distribution**）：西藏（XZ）；俄罗斯。

（26）华西粪蝇 *Scathophaga chinensis* (Malloch, 1935)

Scathophaga chinensis Malloch, 1935. Ann. Mag. Nat. Hist. (10) 15: 260. **Type locality:** China: Sichuan, "Suifu".

分布（**Distribution**）：四川（SC）。

（27）短毛粪蝇 *Scathophaga curtipilata* Feng, 2002

Scathophaga curtipilata Feng, 2002. Chin. J. Vector Biol. & Control 13 (5): 365. **Type locality:** China: Sichuan, Emeishan (Taiziping).

分布（**Distribution**）：四川（SC）。

（28）黄毛粪蝇 *Scathophaga flavihirta* Sun, 1998

Scathophaga flavihirta Sun, 1998. *In*: Xue *et* Chao, 1998. Flies of China, Vol. 1: 628. **Type locality:** China: Sichuan, Gongga Mt.

分布（**Distribution**）：四川（SC）、西藏（XZ）。

（29）巨形粪蝇 *Scathophaga gigantea* (Aldrich, 1932)

Scathophaga gigantea Aldrich, 1932. Proc. U. S. Natl. Mus. 81 (9): 11. **Type locality:** China: Tibet, Yu Long Gong.
Scathophaga gigantea obscura Aldrich, 1932. Proc. U. S. Natl. Mus. 81 (9): 13. **Type locality:** China: Tibet, Yu Long Gong.

分布（**Distribution**）：西藏（XZ）。

（30）巧粪蝇 *Scathophaga inquinata* (Meigen, 1826)

Scatophaga inquinata Meigen, 1826. Syst. Beschr. Europ. Zweifl. Insekt. 5: 250. **Type locality:** Not given.
Cordylura analis Meigen, 1826. Syst. Beschr. Europ. Zweifl. Insekt. 5: 244. **Type locality:** Austria.
Scatophaga analis Meigen, 1826. Syst. Beschr. Europ. Zweifl. Insekt. 5: 251. **Type locality:** Not given.
Scatophaga thoracica Robineau-Desvoidy, 1830. Mém. Prés. Div. Sav. Acad. R. Sci. Inst. Fr. 2 (2): 626. **Type locality:**

France.

Scatophaga umbrarum Robineau-Desvoidy, 1830. Mém. Prés. Div. Sav. Acad. R. Sci. Inst. Fr. 2 (2): 626. **Type locality:** France: canton Saint-Sauveur, department Yonne.

Scatophaga turpis Haliday, 1832. *In*: Curtis, 1832. Brit. Ent. 9: 495. **Type locality:** England.

分布（**Distribution**）：中国（省份不明）；俄罗斯；欧洲。

（31）巨翅粪蝇 *Scathophaga magnipennis* (Portschinsky, 1887)

Scatophaga magnipennis Portschinsky, 1887a. Horae Soc. Ent. Ross. 21: 198. **Type locality:** Russia: "Son-Kyal".

分布（**Distribution**）：新疆（XJ）；俄罗斯、蒙古国、吉尔吉斯斯坦。

（32）蜜足粪蝇 *Scathophaga mellipes* (Coquillett, 1899)

Scatophaga mellipes Coquillett, 1899. Proc. U. S. Natl. Mus. 23: 335. **Type locality:** Japan.

Scatophaga eoa Ozerov, 2007. Far East. Ent. 170: 2. **Type locality:** Russia: "Primorskii krai: environs of Lazo".

分布（**Distribution**）：福建（FJ）；日本、俄罗斯、印度、尼泊尔、缅甸。

（33）柔毛粪蝇 *Scathophaga mollis* (Becker, 1894)

Scatophaga mollis Becker, 1894. Berl. Ent. Z. 39: 171. **Type locality:** Russia: Siberia, "Sibirien".

分布（**Distribution**）：青海（QH）、新疆（XJ）；俄罗斯、蒙古国；北美洲。

（34）齿腹粪蝇 *Scathophaga odontosternita* Feng, 1999

Scatophaga odontosternita Feng, 1999. Entomotaxon. 21 (2): 142. **Type locality:** China: Sichuan, Yingjing (Paocaowan).

分布（**Distribution**）：四川（SC）。

（35）丝翅粪蝇 *Scathophaga scybalaria* (Linnaeus, 1758)

Musca scybalaria Linnaeus, 1758. Syst. Nat. Ed. 10 (1): 599. **Type locality:** Not given.

Scatophaga scybalaria var. *anomala* Collin, 1958. Trans. Soc. Br. Ent. 13 (3): 51. **Type locality:** England: Elgin, Nethy Bridge.

Musca lucophaeus Harris, 1780. Expos. Engl. Ins.: 34. **Type locality:** England: SE England.

Scopeuma bicolor Collart, 1942. Bull. Mus. R. Hist. Nat. Belg. 18 (63): 6. **Type locality:** Romania: "Carobana micà dela Corba Mare, Scarisoara, Turda".

分布（**Distribution**）：黑龙江（HL）、内蒙古（NM）、新疆（XJ）、贵州（GZ）、云南（YN）、福建（FJ）；日本、俄罗斯、蒙古国；欧洲。

（36）中华粪蝇 *Scathophaga sinensis* Sun, 1998

Scatophaga sinensis Sun, 1998. *In*: Xue *et* Chao, 1998. Flies of China, Vol. 1: 630. **Type locality:** China: Sichuan, Emeishan.

分布（**Distribution**）：四川（SC）、西藏（XZ）。

（37）小黄粪蝇 *Scathophaga stercoraria* (Linnaeus, 1758)

Musca stercoraria Linnaeus, 1758. Syst. Nat. Ed. 10 (1): 599. **Type locality:** Not given.

Musca exilis Harris, 1780. Expos. Engl. Ins.: 117. **Type locality:** England: SE England.

Musca merdaria Fabricius, 1794. Ent. Syst. 4: 344. **Type locality:** Germany: "Habitat Kilia [= Kiel]".

Scatophaga soror Wiedemann, 1818. Zool. Mag., Kiel 1 (2): 46. **Type locality:** South Africa: Cape of Good Hope.

Amina parisiensis Robineau-Desvoidy, 1830. Mém. Prés. Div. Sav. Acad. R. Sci. Inst. Fr. 2 (2): 628. **Type locality:** France: "trouvé à Paris".

Scatophaga capensis Robineau-Desvoidy, 1830. Mém. Prés. Div. Sav. Acad. R. Sci. Inst. Fr. 2 (2): 625. **Type locality:** South Africa: Cape of Good Hope.

Scatophaga claripennis Robineau-Desvoidy, 1830. Mém. Prés. Div. Sav. Acad. R. Sci. Inst. Fr. 2 (2): 628. **Type locality:** France.

Scatophaga humilis Robineau-Desvoidy, 1830. Mém. Prés. Div. Sav. Acad. R. Sci. Inst. Fr. 2 (2): 628. **Type locality:** France.

Scatophaga lutipes Wiedemann, 1830. Aussereurop. Zweifl. Insekt. 2: 448. **Type locality:** South Africa: Cape of Good Hope.

Scatophaga merdivora Robineau-Desvoidy, 1830. Mém. Prés. Div. Sav. Acad. R. Sci. Inst. Fr. 2 (2): 625. **Type locality:** South Africa: Cape of Good Hope.

Scatophaga hottentota Macquart, 1843b. Mém. Soc. Sci. Agric. Arts Lille [1842]: 185. **Type locality:** South Africa: Cape of Good Hope.

Scatophaga helenae Thomson, 1868. K. Svenska Vetensk. Akad. Handl. 2: 562. **Type locality:** Island of St. Helene.

Scatomyza erythrostoma Holmgren, 1883. Ent. Tidskr. 4: 176. **Type locality:** Russia: Novaya Zemlya, "Matotschkin Scharr".

Scatophaga merdaria var. *asticha* Szilády, 1926. Ann. Hist.-Nat. Mus. Natl. Hung. 24: 594. **Type locality:** Hungary. Tunisia. Caucasus.

Scatophaga merdaria var. *polysticha* Szilády, 1926. Ann. Hist.-Nat. Mus. Natl. Hung. 24: 594. **Type locality:** Hungary.

Scatopaga stercoraria var. *asticha* Szilády, 1926. Ann. Hist.-Nat. Mus. Natl. Hung. 24: 594. **Type locality:** Romania.

Scatophaga stercoraria var. *disticha* Szilády, 1926. Ann. Hist.-Nat. Mus. Natl. Hung. 24: 594. **Type locality:** Hungary. Russia.

Scatophaga stercoraria var. *nigricans* Szilády, 1926. Ann. Hist.-Nat. Mus. Natl. Hung. 24: 595. **Type locality:** Iceland.

Scatophaga stercoraria var. *alpestre* Sack, 1937. Flieg.

Palaearkt. Reg. 7: 58. **Type locality:** Not given.

分布（**Distribution**）：中国各地（西南部分布较少）；日本、俄罗斯；东洋区；欧洲、非洲、北美洲。

（38）豕粪蝇 *Scathophaga suilla* (**Fabricius, 1794**)

Musca suilla Fabricius, 1794. Ent. Syst. 4: 343. **Type locality:** Germany: Kiel.

Scatophaga spurca Meigen, 1826. Syst. Beschr. Europ. Zweifl. Insekt. 5: 250. **Type locality:** Not given.

Scatophaga lateralis Meigen, 1826. Syst. Beschr. Europ. Zweifl. Insekt. 5: 251. **Type locality:** Not given.

Scatophaga nemorosa Robineau-Desvoidy, 1830. Mém. Prés. Div. Sav. Acad. R. Sci. Inst. Fr. 2 (2): 625. **Type locality:** France: canton Saint-Sauveur, department Yonne.

Scatomyza glabrata Zetterstedt, 1838. Insecta Lapp.: 721. **Type locality:** Norway: Norwegian Lappland. Sweden: Dalarna.

Cordylura incisa Meigen, 1838. Syst. Beschr. Europ. Zweifl. Insekt. 7: 340. **Type locality:** Not given.

Cordylura scatomyzoides Zetterstedt, 1838. Insecta Lapp.: 727. **Type locality:** Sweden: Lycksele Lappmark, Vilhelmina.

分布（**Distribution**）：中国（省份不明）；日本、俄罗斯、蒙古国；欧洲、北美洲。

（39）带状粪蝇 *Scathophaga taeniopa* (**Rondani, 1867**)

Scatophaga taeniopa Rondani, 1867. Atti Soc. Ital. Sci. Nat. Milano 10: 111. **Type locality:** Italy: Parma, "agri Parmensis".

Scatophaga ordinata Becker, 1894. Berl. Ent. Z. 39: 168. **Type locality:** Switzerland: St. Moritz.

Scatophaga striatipes Becker, 1894. Mitt. Naturwiss. Ver. Steiermark 30: 79 (nomen nudum).

Scatophaga horvathi Szilády, 1926. Ann. Hist.-Nat. Mus. Natl. Hung. 24: 596. **Type locality:** Slovakia. Hungary.

分布（**Distribution**）：内蒙古（NM）；俄罗斯；欧洲。

（40）新疆粪蝇 *Scathophaga xinjiangensis* **Sun, 1998**

Scathophaga xinjiangensis Sun, 1998. *In*: Xue *et* Chao, 1998. Flies of China, Vol. 1: 630. **Type locality:** China: Xinjiang, Qinghe.

分布（**Distribution**）：新疆（XJ）。